Allgemeine und Anorganische Chemie

Hauptgruppen

10	11	12	13	14	15	16	17	18
								4,0026 $_2$He Helium $1s^2$
			10,811 $_5$B Bor [He]$2s^2p^1$ III	12,011 $_6$C Kohlenstoff [He]$2s^2p^2$ IV, II, –IV 2,5	14,0067 $_7$N Stickstoff [He]$2s^2p^3$ –III, V, IV 3,0	15,9994 $_8$O Sauerstoff [He]$2s^2p^4$ –II, –I 3,4	18,9984 $_9$F Fluor [He]$2s^2p^5$ –I 4,0	20,180 $_{10}$Ne Neon [He]$2s^2p^6$
			2,0					
			26,9815 $_{13}$Al Aluminium [Ne]$3s^2p^1$ III 1,6	28,0855 $_{14}$Si Silicium [Ne]$3s^2p^2$ IV 1,9	30,9738 $_{15}$P Phosphor [Ne]$3s^2p^3$ V, III, I 2,2	32,066 $_{16}$S Schwefel [Ne]$3s^2p^4$ –II, VI, IV 2,6	35,453 $_{17}$Cl Chlor [Ne]$3s^2p^5$ –I, V, VII 3,2	39,948 $_{18}$Ar Argon [Ne]$3s^2p^6$
58,6934 $_{28}$Ni Nickel [Ar]$3d^84s^2$ II 1,9	63,546 $_{29}$Cu Kupfer [Ar]$3d^{10}4s^1$ II, I 1,9	65,38 $_{30}$Zn Zink [Ar]$3d^{10}4s^2$ II 1,7	69,723 $_{31}$Ga Gallium [Ar]$3d^{10}4s^2p^1$ III, I 1,8	72,6 $_{32}$Ge Germanium [Ar]$3d^{10}4s^2p^2$ IV, II 2,0	74,9216 $_{33}$As Arsen [Ar]$3d^{10}4s^2p^3$ III, V 2,2	78,96 $_{34}$Se Selen [Ar]$3d^{10}4s^2p^4$ IV, –II 2,6	79,904 $_{35}$Br Brom [Ar]$3d^{10}4s^2p^5$ –I, V 3,0	83,80 $_{36}$Kr Krypton [Ar]$3d^{10}4s^2p^6$
106,4 $_{46}$Pd Palladium [Kr]$4d^{10}$ 2,2	107,868 $_{47}$Ag Silber [Kr]$4d^{10}5s^1$ I 1,9	112,41 $_{48}$Cd Cadmium [Kr]$4d^{10}5s^2$ II 1,7	114,82 $_{49}$In Indium [Kr]$4d^{10}5s^2p^1$ III, I 1,8	118,71 $_{50}$Sn Zinn [Kr]$4d^{10}5s^2p^2$ IV, II 1,8	121,75 $_{51}$Sb Antimon [Kr]$4d^{10}5s^2p^3$ III, V 2,1	127,60 $_{52}$Te Tellur [Kr]$4d^{10}5s^2p^4$ IV 2,1	126,9045 $_{53}$I Iod [Kr]$4d^{10}5s^2p^5$ –I, V, VII 2,7	131,29 $_{54}$Xe Xenon [Kr]$4d^{10}5s^2p^6$ II, IV 2,6
195,08 $_{78}$Pt Platin [Xe]$4f^{14}5d^96s^1$ V 2,3	196,9665 $_{79}$Au Gold [Xe]$4f^{14}5d^{10}6s^1$ III, I 2,5	200,59 $_{80}$Hg Quecksilber [Xe]$4f^{14}5d^{10}6s^2$ II, I 2,0	204,38 $_{81}$Tl Thallium [Xe]$4f^{14}5d^{10}6s^2p^1$ I, III 2,0	207,2 $_{82}$Pb Blei [Xe]$4f^{14}5d^{10}6s^2p^2$ II, IV 1,9	208,9804 $_{83}$Bi Bismut [Xe]$4f^{14}5d^{10}6s^2p^3$ III, V 2,0	(209) $_{84}$Po Polonium [Xe]$4f^{14}5d^{10}6s^2p^4$ 2,0	(210) $_{85}$At Astat [Xe]$4f^{14}5d^{10}6s^2p^5$ 2,2	(222) $_{86}$Rn Radon [Xe]$4f^{14}5d^{10}6s^2p^6$
(269) $_{110}$Ds Darmstadtium	(272) $_{111}$Rg Roentgenium	(283) $_{112}$Cn Copernicium		(287) $_{114}$Uuq Ununquadium		(291) $_{116}$Uuh Ununhexium		

| 157,25 $_{64}$Gd Gadolinium [Xe]$4f^75d^16s^2$ 1,2 | 158,9254 $_{65}$Tb Terbium [Xe]$4f^96s^2$ III 1,2 | 162,50 $_{66}$Dy Dysprosium [Xe]$4f^{10}6s^2$ III 1,2 | 164,93 $_{67}$Ho Holmium [Xe]$4f^{11}6s^2$ III 1,2 | 167,26 $_{68}$Er Erbium [Xe]$4f^{12}6s^2$ III 1,2 | 168,9342 $_{69}$Tm Thulium [Xe]$4f^{13}6s^2$ III 1,2 | 173,054 $_{70}$Yb Ytterbium [Xe]$4f^{14}6s^2$ III, II 1,1 | 174,967 $_{71}$Lu Lutetium [Xe]$4f^{14}5d^16s^2$ III, II 1,2 |
| (247) $_{96}$Cm Curium [Rn]$5f^76d^17s^2$ 1,3 | (249) $_{97}$Bk Berkelium [Rn]$5f^97s^2$ III 1,3 | (252) $_{98}$Cf Californium [Rn]$5f^{10}7s^2$ III 1,3 | (252) $_{99}$Es Einsteinium [Rn]$5f^{11}7s^2$ III 1,3 | (257) $_{100}$Fm Fermium [Rn]$5f^{12}7s^2$ III 1,3 | (258) $_{101}$Md Mendelevium [Rn]$5f^{13}7s^2$ III 1,3 | (259) $_{102}$No Nobelium [Rn]$5f^{14}7s^2$ II 1,3 | (262) $_{103}$Lr Lawrencium [Rn]$5f^{14}6d^17s^2$ III |

Michael Binnewies, Manfred Jäckel, Helge Willner,
Geoff Rayner-Canham

Allgemeine und Anorganische Chemie

2. Auflage

Autoren

Prof. Dr. Michael Binnewies
Institut f. Anorganische Chemie
Leibniz-Universität Hannover
Callinstr. 9
30167 Hannover

Manfred Jäckel
Institut f. Anorganische Chemie
Leibniz-Universität Hannover
Callinstr. 9
30167 Hannover

Prof. Dr. Helge Willner
FB9, Anorganische Chemie
Bergische Universität Wuppertal
Gaußstr. 20
42097 Wuppertal

Für die 1. Auflage des Werkes wurde in Teilen eine Übersetzung des englischsprachigen Lehrbuches *Descriptive Inorganic Chemistry*, 2nd ed. von Geoff Rayner-Canham, erschienen bei W. H. Freeman, New York, New York and Basingstoke (© 2000, 1996 W.H. Freeman and Company, all rights reserved; Übersetzung: Saskya Speer, Heiko Strugalla und Peter Ripplinger) verwendet.

Wichtiger Hinweis für den Benutzer

Der Verlag und die Autoren haben alle Sorgfalt walten lassen, um vollständige und akkurate Informationen in diesem Buch zu publizieren. Der Verlag übernimmt weder Garantie noch die juristische Verantwortung oder irgendeine Haftung für die Nutzung dieser Informationen, für deren Wirtschaftlichkeit oder fehlerfreie Funktion für einen bestimmten Zweck. Der Verlag übernimmt keine Gewähr dafür, dass die beschriebenen Verfahren, Programme usw. frei von Schutzrechten Dritter sind. Die Wiedergabe von Gebrauchsnamen, Handelsnamen, Warenbezeichnungen usw. in diesem Buch berechtigt auch ohne besondere Kennzeichnung nicht zu der Annahme, dass solche Namen im Sinne der Warenzeichen- und Markenschutz-Gesetzgebung als frei zu betrachten wären und daher von jedermann benutzt werden dürften. Der Verlag hat sich bemüht, sämtliche Rechteinhaber von Abbildungen zu ermitteln. Sollte dem Verlag gegenüber dennoch der Nachweis der Rechtsinhaberschaft geführt werden, wird das branchenübliche Honorar gezahlt.

Bibliografische Information der Deutschen Nationalbibliothek

Die Deutsche Nationalbibliothek verzeichnet diese Publikation in der Deutschen Nationalbibliografie; detaillierte bibliografische Daten sind im Internet über http://dnb.d-nb.de abrufbar.

Springer ist ein Unternehmen von Springer Science+Business Media
springer.de

2. Auflage 2011
© Spektrum Akademischer Verlag Heidelberg 2011
Spektrum Akademischer Verlag ist ein Imprint von Springer

11 12 13 14 15   5 4 3 2 1

Das Werk einschließlich aller seiner Teile ist urheberrechtlich geschützt. Jede Verwertung außerhalb der engen Grenzen des Urheberrechtsgesetzes ist ohne Zustimmung des Verlages unzulässig und strafbar. Das gilt insbesondere für Vervielfältigungen, Übersetzungen, Mikroverfilmungen und die Einspeicherung und Verarbeitung in elektronischen Systemen.

Planung und Lektorat: Frank Wigger, Martina Mechler
Zeichnungen und Bearbeitung: Martin Lay, Breisach a. Rh.
Satz: TypoStudio Tobias Schaedla, Heidelberg
Titelbild: (Steinsalzkristall / Kristallstruktur) Rudolf Wölki / Rudolf Wartchow, Jörg Mattik
Umschlaggestaltung: SpieszDesign, Neu-Ulm

ISBN 978-3-8274-2533-1

Vorwort zur 2. Auflage

Die 2004 erschienene erste Auflage dieses Lehrbuches ist überwiegend freundlich und wohlwollend aufgenommen worden. Bei der Vorbereitung der Neuauflage ging es deshalb – neben der Beseitigung kleiner Fehler und Ungereimtheiten – primär um Aktualisierungen und Verbesserungen in der Darstellung komplexer Zusammenhänge. Eine wichtige Orientierungshilfe bot uns die konstruktive Kritik aus zahlreichen Zuschriften: Sämtliche Anregungen wurden sorgfältig geprüft und – soweit sie nicht in gegenläufige Richtungen wiesen – auch weitgehend umgesetzt.

Hinzugekommen sind eine Reihe von Exkursen zu fachübergreifenden Themen wie „Ionische Flüssigkeiten", „Einlagerungsverbindungen, Gashydrate und MOFs", „Moissanit – ein Diamantersatz", „Biominerale", „Chemie im Schwimmbad". Neu sind auch ein Abschnitt zur Molekülsymmetrie und ein Exkurs zur Infrarot- und Raman-Spektroskopie in Kapitel 5.

Die übrigen Ergänzungen betreffen sowohl allgemein-chemische Grundlagen (z. B. die Berechnung von pH-Werten) als auch wichtige Stoffe und ihre Verwendung. Die erweiterte Neufassung des Abschnitts „Einführung in die Chemie metallorganischer Verbindungen" geht wesentlich auf die Mitarbeit unseres Wuppertaler Kollegen Fabian Mohr zurück. Ein herzliches Dankeschön dafür an dieser Stelle.

Den Anregungen mehrerer Kollegen folgend, haben wir versucht, auch neuere bindungstheoretische Konzepte zu berücksichtigen. Das betrifft vor allem die Interpretation der sogenannten *Hypervalenz* im Sinne einer *Hyperkoordination* unter Erhaltung des Oktettprinzips, die *Hyperkonjugation* und das Problem der *relativistischen Effekte*. Aufgenommen wurde auch eine zeitgemäße Darstellung zur Abstufung der Orbitalenergien im Rahmen von Kapitel 2.

Hinweise auf weiterhin bestehende Mängel und Anregungen zu Verbesserungen erreichen uns zuverlässig über die Verlagsredaktion (frank.wigger@springer.com). Den Mitarbeitern des Verlages danken wir für die erfreulich unkomplizierte Zusammenarbeit, allen voran Martina Mechler und Frank Wigger.

Michael Binnewies
Manfred Jäckel
Helge Willner

Hannover bzw. Wuppertal
September 2010

Hinweise:
Die ausführlichen Lösungen zu den Übungsaufgaben am Ende der Kapitel stehen allen Lesern elektronisch über die Homepage des Verlages (www.spektrum-verlag.de/978-3-8274-2533-1) zur Verfügung. Dort finden Sie auch etwa 150 Farbfotos von Elementen, Laborchemikalien und Mineralien; siehe die Übersicht im Anschluss an den Index.

Begleitend zu diesem Buch sind erhältlich eine Bild-DVD mit sämtlichen Abbildungen und Tabellen der 2. Auflage sowie den etwa 150 zusätzlichen Farbfotos (vor allem zum Einsatz in der Lehre; ISBN 978-3-8274-2744-1) sowie ein „Übungsbuch Allgemeine Chemie" für Studierende (Autoren Binnewies, Jäckel, Willner; ISBN 978-3-8274-1828-9).

Vorwort zur 1. Auflage

Allgemeine und Anorganische Chemie bilden gemeinsam den Schwerpunkt der Ausbildung in den Anfangssemestern chemiebezogener Studiengänge. Das gilt sowohl für die Diplom-Studiengänge an Universitäten und Fachhochschulen als auch für Bachelor-Studiengänge, das Unterrichtsfach Chemie in Lehramtsstudiengängen und viele „Nebenfächler". Ein Lehrbuch für diesen Bereich muss deshalb zunächst eine Brücke schlagen zwischen Schule und weiterführenden Lehrveranstaltungen. Neben einer praxisgerechten Vertiefung allgemein-chemischer Vorkenntnisse gehört dazu auch ein erster Überblick über die Vielfalt anorganischer Stoffe sowie eine Auswahl an ausbaufähigen Konzepten, die ein Verständnis für den Zusammenhang zwischen Struktur und Eigenschaften ermöglichen.

Aufgrund der heute kaum noch überschaubaren Anzahl anorganischer Verbindungen kann ein einführendes Lehrbuch nur exemplarisch vorgehen. Im Mittelpunkt der Kapitel zur Chemie der Elemente stehen deshalb praxisnahe Beispiele aus Labor und Technik. Besonders berücksichtigt werden auch die wichtigsten Laborreagenzien und ihr Verhalten in wässeriger Lösung. Einblicke in die Systematik anorganischer Stoffe geben die relativ kurzen Abschnitte zur Chemie wichtiger Stoffklassen. Gelegentlich werden auch interessante neuere Forschungsergebnisse aufgenommen.

Zahlreiche *Exkurse* ergänzen die Darstellung grundlegender Inhalte der Allgemeinen und Anorganischen Chemie. Sie beziehen sich überwiegend auf wichtige Untersuchungsmethoden (z. B. NMR-Spektroskopie), Umweltaspekte (z. B. Luftschadstoffe), Chemie in Natur, Alltag und Technik (z. B. Tropfsteinhöhlen, Wasserhärte, Laser, Lichtwellenleiter) oder historische Zusammenhänge (z. B. Entdeckung der Fullerene). Zusätzlich gefördert wird der Blick über den Tellerrand hinaus durch Abschnitte zu *Biologischen Aspekten* am Ende der meisten Kapitel.

Der vorliegende Lehrbuchtext ist eine stark erweiterte Bearbeitung des 2000 in 2. Auflage (bei Freeman, New York) erschienenen Titels *Descriptive Inorganic Chemistry* von Geoff Rayner-Canham. Das dort realisierte Konzept entsprach in vielen Punkten unserer Vorplanung, sodass zahlreiche Abschnitte und Exkurse sowie die Mehrzahl der Übungsaufgaben ohne wesentliche Änderungen übernommen werden konnten. (Ohne diese Basis wäre es uns kaum möglich gewesen, das für Spektrum Akademischer Verlag geplante Lehrbuch in einem vertretbaren Zeitrahmen zu realisieren.) Unterschiedliche Vorstellungen über das didaktische Konzept im Bereich der Allgemeinen Chemie erforderten jedoch Kürzungen, Umstellungen oder größere Ergänzungen. Völlig neu sind die Kapitel 1, 8, 9, 12, 13 sowie die Anhänge A und B. Erhebliche Erweiterungen im Bereich der Anorganischen Chemie betreffen neben der Stoffsystematik insbesondere Reaktionen, die in den Praktika des Grundstudiums – z. B. in der Analytischen Chemie – häufig angewendet werden. Hinzugekommen sind auch zahlreiche Abschnitte und Exkurse über anorganische Stoffe in Alltag, Technik und Umwelt. Neben Hilfen zum Verständnis grundlegender Zusammenhänge und der Vermittlung des Basiswissens geht es damit auch um fachübergreifende Aspekte und Beiträge zu einer „chemischen Allgemeinbildung".

Wir hoffen, dass sich das Lehrbuch – trotz (oder gerade wegen) der Fülle des Materials – auch dann bewährt, wenn enger begrenzte Ziele im Vordergrund stehen:
- Verständnis für das Reaktionsverhalten einzelner Stoffe
- Sicherung von Basiswissen bzw. Vertiefung im Bereich grundlegender Konzepte der Allgemeinen Chemie (z. B. für die Vorbereitung auf Klausuren)
- Überblick über die Chemie einzelner Elemente und die praktische Bedeutung der wichtigsten Verbindungen (z. B. für die Vorbereitung auf eine Prüfung)

Übungsaufgaben am Ende der einzelnen Kapitel sollen helfen, Sicherheit im Umgang mit Regeln und Gesetzmäßigkeiten zu erreichen und den Lernerfolg zu kontrollieren. Die ausführlichen Lösungen der Aufgaben sind über die Internet-Adresse www.spektrumverlag.de/binnewies abrufbar.

Die Ausbildung im Bereich der Allgemeinen und Anorganischen Chemie ist keineswegs einheitlich strukturiert; Unterschiede in Auswahl und Gewichtung der Themen kommen hinzu. Die Kapitel dieses Buches sind deshalb in der Regel so aufgebaut, dass sie – einige Grundlagenkenntnisse vorausgesetzt – in nahezu beliebiger Abfolge verwendbar sind. (Einzelne weiterführende Abschnitte müssen dabei ggf. übersprungen werden.)

Um die Haupttexte zu entlasten, werden Kurztexte mit Beispielen, fachlichen Vertiefungen und Zusatzinformationen verschiedenster Art häufig in der Randspalte platziert. Bei den dort zu findenden Kurzbiographien wichtiger Wissenschaftler sind lebende Forscher nur aufgenommen, wenn sie mit dem Nobelpreis ausgezeichnet wurden.

Die als Anhänge A und B aufgenommenen ergänzenden Kapitel erläutern einige grundlegende Begriffe und elementare Zusammenhänge aus *Physik* und *Mathematik*. Diese kurzen Texte sollen Studienanfängern helfen, Vorkenntnisse aufzufrischen, und ihnen so den Start in die Chemie erleichtern.

Der Anhang C enthält eine umfangreiche, mit Sorgfalt zusammengetragene *Datensammlung* mit physikalisch-chemischen Größen zahlreicher Stoffe und Teilchenarten. Weitere Orientierungshilfen bieten das *Glossar* und Hinweise auf *weiterführende Literatur*.

Ergänzt wird das Lehrbuch durch die beiliegende *CD-ROM*. Sie enthält sämtliche Abbildungen und Tabellen des Lehrbuchs (in bearbeitbarer Form). Zahlreiche Aufnahmen von Mineralien und (farbigen) Chemikalien vermitteln ästhetische Eindrücke und helfen auch, wichtige Lerninhalte aus der Welt der Stoffe bildhaft in Erinnerung zu behalten. Die Fotos der Mineralien (aus der Sammlung des Instituts für Mineralogie der Universität Hannover) verdanken wir Rudolf Wölki. Die meisten übrigen Aufnahmen stammen von Herrn Dr. Zimmermann, Universität Duisburg. Die CD-Applikation wurde von Alexander Willner entwickelt.

Eine ganze Reihe von Personen haben durch ihr wohlwollendes Interesse und zahlreiche Hinweise, Ratschläge und Hilfestellungen die Erarbeitung des Lehrbuches entscheidend gefördert. So wurden beispielsweise einzelne Kapitel von den Kollegen Peter Behrens, Dietrich Feldmann, Hermann Josef Frohn, Paul Heitjans, Jürgen Janek, Gerhard Holste, Hartmut Plautz und Werner Urland sowie Herrn Uwe Lins kritisch durchgesehen. Rudolf Wartchow und Jörg Mattik erstellten die überwiegende Mehrzahl der Kristallstruktur-Darstellungen. Die Reaktionsschemata am Ende der Kapitel gestaltete Herr Dr. Stefan von Ahsen, Universität Duisburg.

Eine wichtige Arbeitsgrundlage bildete die von Saskya Speer, Heiko Strugalla und Peter Ripplinger im Auftrag des Verlags angefertigte Übersetzung von Geoff Rayner-Canhams *Descriptive Inorganic Chemistry*. Thomas Burchardt, Sebastian Mros und Gunnar Söhlke haben dann später die Texterweiterungen und vielfachen Korrekturen elektronisch erfasst. Zahlreiche Verbesserungen im Einzelnen steuerte Frau Dr. Angela Simeon als Außenlektorin bei. Sie verfasste auch die Randnotizen mit biographischen Angaben zu den im Text erwähnten Wissenschaftlern.

Allen Beteiligten sagen wir an dieser Stelle ein herzliches Dankeschön. Unser Dank gilt auch den Mitarbeitern des Verlags für die konstruktive Zusammenarbeit, insbesondere unseren ständigen Ansprechpartnern Martina Mechler und Frank Wigger. Wenn trotz professioneller Hilfe bei der Einarbeitung der Korrekturen gelegentlich ein Fehler, eine Unklarheit oder eine allzu grobe Vereinfachung übersehen wurde, bleibt die Verantwortung bei uns. Hinweise auf wünschenswerte Verbesserungen sind uns jederzeit willkommen.

Michael Binnewies
Manfred Jäckel
Helge Willner

Hannover bzw. Wuppertal
September 2003

Inhaltsübersicht

	Vorwort zur 2. Auflage	V
	Vorwort zur 1. Auflage	VI
1	Einführung: Regeln und Normen erleichtern die Verständigung	1
2	Aufbau der Atome	13
3	Ein Überblick über das Periodensystem	41
4	Die Ionenbindung	61
5	Die kovalente Bindung	83
6	Die metallische Bindung	121
7	Thermodynamik anorganischer Stoffe	135
8	Reine Stoffe und Zweistoffsysteme	155
9	Das chemische Gleichgewicht	193
10	Säuren und Basen	213
11	Oxidation und Reduktion	247
12	Komplexreaktionen	277
13	Geschwindigkeit chemischer Reaktionen	303
14	Wasserstoff	323
15	Die Elemente der Gruppe 1: Die Alkalimetalle	343
16	Die Elemente der Gruppe 2: Die Erdalkalimetalle	369
17	Die Elemente der Gruppe 13	389
18	Die Elemente der Gruppe 14: Die Kohlenstoffgruppe	415
19	Die Elemente der Gruppe 15	469
20	Die Elemente der Gruppe 16: Die Chalkogene	529
21	Die Elemente der Gruppe 17: Die Halogene	573
22	Die Elemente der Gruppe 18: Die Edelgase	601
23	Einführung in die Chemie der Übergangsmetalle	611
24	Die Nebengruppenelemente	651
25	Lanthanoide, Actinoide und verwandte Elemente	731
26	Anhang A: Einige Grundbegriffe der Physik	747
27	Anhang B: Mathematische Grundlagen	767
28	Anhang C: Datensammlung	781
	Weiterführende Literatur	815
	Glossar	819
	Index	839

Inhalt

1	**Einführung: Regeln und Normen erleichtern die Verständigung**	1
1.1	Reaktionsgleichungen und Reaktionsschemata	2
1.2	Größen und Einheiten	4
1.3	Nomenklatur – systematisch oder traditionell?	9
2	**Aufbau der Atome**	13
2.1	**Atomkern und Elementarteilchen**	14
	Exkurs: Massenspektrometrie	16
	Isotope	16
	Massendefekt und Kernbindungsenergie	18
	Radioaktivität	19
2.2	**Kernreaktionen**	21
	Energiegewinnung durch Kernspaltung	23
	Exkurs: Isotopentrennung	23
2.3	**Der Aufbau der Elektronenhülle**	25
	Exkurs: Atomabsorptionsspektroskopie (AAS)	27
	Die Schrödinger-Gleichung und ihre Bedeutung	28
	Die Form der Atomorbitale	31
	Besetzung der Orbitale mit Elektronen	34
	Elektronenkonfigurationen von Ionen	39
3	**Ein Überblick über das Periodensystem**	41
3.1	**Das moderne Periodensystem**	43
3.2	**Die Entstehung der Elemente**	46
	Stabilität der Elemente und ihrer Isotope	46
	Exkurs: Zur Geschichte des Schalenmodells der Atomkerne	48
3.3	**Einteilung der Elemente**	49
3.4	**Periodische Eigenschaften: Atomradius**	51
	Die Slater-Regeln	53
3.5	**Periodische Eigenschaften: Ionisierungsenergie**	54
3.6	**Periodische Eigenschaften: Elektronenaffinität**	56
3.7	**Biochemie der Elemente**	57
4	**Die Ionenbindung**	61
4.1	**Eigenschaften ionischer Verbindungen**	62
	Exkurs: Energetische Verhältnisse bei der Ionenbindung	64
4.2	**Polarisierung und Kovalenz**	65
4.3	**Hydratation von Ionen**	67

4.4	**Ionengitter**	68
	Die dichteste Kugelpackung	69
	Aufbau einfacher AB-Verbindungen	74
	Aufbau einfacher AB2-Verbindungen	76
	Ausnahmen von den Regeln	78
	Kristallstrukturen mit komplexen Ionen	78
	Exkurs: Ionische Flüssigkeiten	79
5	**Die kovalente Bindung**	**83**
5.1	**Lewis-Konzept und Oktettregel**	84
5.2	**Gebrochene Bindungsordnungen und das Konzept der Mesomerie**	85
5.3	**Formalladungen**	86
5.4	**Das Valenzschalen-Elektronenpaar-Abstoßungsmodell (VSEPR-Modell)**	87
	Lineare Geometrie	88
	Trigonal-planare Geometrie	89
	Tetraedrische Geometrie	90
	Trigonal-bipyramidale Geometrie	90
	Oktaedrische Geometrie	92
	Mehr als sechs Bindungspartner	92
5.5	**Stoffe mit kovalenten Netzwerken**	93
5.6	**Intermolekulare Kräfte**	94
	Dispersionskräfte	94
5.7	**Elektronegativität und polare Bindung**	95
5.8	**Dipol/Dipol-Wechselwirkungen**	98
5.9	**Wasserstoffbrückenbindungen**	98
5.10	**Die Valenzbindungstheorie (VB-Theorie)**	99
	Hybridisierung von Orbitalen	99
5.11	**Einführung in die Molekülorbitaltheorie (MO-Theorie)**	101
	Molekülorbitale zweiatomiger Moleküle der ersten Periode	103
	Molekülorbitale zweiatomiger Moleküle der zweiten Periode	105
	Molekülorbitale heteronuklearer zweiatomiger Moleküle	109
	Exkurs: Oktettüberschreitung bei den schwereren Hauptgruppenelementen	111
5.12	**Molekülsymmetrie**	112
	Symmetrieoperationen	112
	Punktgruppen	113
	Exkurs: Infrarot- und Raman-Spektroskopie	115
6	**Die metallische Bindung**	**121**
6.1	**Bindungsmodelle für Metalle und Halbleiter**	122
	Das Bändermodell	123
	Halbleiter, Dotierung	124
	Die Struktur der Metalle	127
6.2	**Bindungstypen im Vergleich**	128
	Das Bindungsdreieck	128
	Exkurs: Das Bindungstetraeder	129
	Exkurs: Zintl-Phasen	130

Periodische Trends im Bindungsverhalten 130
Exkurs: Einlagerungsverbindungen, Gashydrate und MOFs 132

7 Thermodynamik anorganischer Stoffe 135
7.1 Energieumsatz bei chemischen Reaktionen 136
Enthalpie 137
Exkurs: Was ist ein Standardzustand? 138
Von der Bildungsenthalpie zur Reaktionsenthalpie 138
7.2 Ermittlung der Gitterenthalpie ionischer Verbindungen – der Born-Haber-Kreisprozess 141
Warum gibt es weder MgF3 noch MgF? 142
7.3 Theoretische Berechnung der Gitterenergie – Coulomb-Energie und Madelung-Konstante 143
7.4 Thermodynamik des Lösevorgangs ionischer Verbindungen 145
Exkurs: Kälte- und Wärmepackungen 147
7.5 Bildung kovalenter Verbindungen 148
7.6 Entropie 148
Exkurs: Statistische Deutung der Entropie 150
7.7 Die freie Enthalpie als treibende Kraft einer Reaktion 151
Exkurs: Metastabile Stoffe 151
Exkurs: Temperaturabhängigkeit der Gleichgewichtskonstante 152

8 Reine Stoffe und Zweistoffsysteme 155
8.1 Ideale und reale Gase 156
Das ideale Gas 156
Reale Gase 159
Gasgemische 161
8.2 Flüssigkeiten 161
8.3 Kristalline Feststoffe 163
Exkurs: Strukturanalyse durch Röntgenstrahlbeugung 165
8.4 Amorphe Stoffe und Gläser 166
Exkurs: Flüssigkristalle 167
8.5 Phasendiagramme reiner Stoffe 168
8.6 Lösungen 172
Löslichkeit von Gasen 172
Exkurs: Hydrothermalsynthese 173
Mischbarkeit von Flüssigkeiten 174
8.7 Dampfdruck einer Lösung – Siedetemperaturerhöhung und Schmelztemperaturerniedrigung 175
8.8 Osmose und Umkehrosmose 177
8.9 Siedediagramme, Destillation und Rektifikation 178
Azeotrope lassen sich durch Destillation nicht trennen 179
Exkurs: Destillation 181
8.10 Schmelzdiagramme und Kristallisation 182
Exkurs: Thermische Analyse und Differenzthermoanalyse (DTA) 185
8.11 Moderne Trennverfahren, Chromatographie 186
Die Nernst-Verteilung 187
Chromatographische Verfahren 187

9 Das chemische Gleichgewicht ... 193

- **9.1 Umkehrbare Reaktionen und chemisches Gleichgewicht** ... 194
  - Gleichgewichtsverschiebung und das Prinzip des kleinsten Zwangs ... 196
- **9.2 Quantitative Beschreibung des chemischen Gleichgewichts** ... 198
  - Löslichkeitsgleichgewicht und Löslichkeitsprodukt ... 198
  - *Exkurs:* Ionenstärke und Aktivitätskoeffizient ... 201
  - Homogene Gleichgewichte und das Massenwirkungsgesetz ... 202
  - Heterogene Gleichgewichte ... 204
  - Berechnung von Gleichgewichtskonzentrationen und -drücken ... 205
  - Gekoppelte Gleichgewichte ... 206
- **9.3 Massenwirkungsgesetz und chemische Energetik** ... 209

10 Säuren und Basen ... 213

- Das Arrhenius-Konzept ... 214
- **10.1 Das Brønsted-Lowry-Konzept** ... 215
- **10.2 Quantitative Beschreibung von Säure/Base-Gleichgewichten in wässeriger Lösung** ... 217
  - Säurekonstante und Basenkonstante ... 217
  - Berechnung von pH-Werten ... 219
- **10.3 Säure/Base-Titration und Titrationskurven** ... 222
  - *Exkurs:* Säure/Base-Indikatoren ... 226
  - Pufferlösungen in der Praxis – ideales und reales Verhalten ... 227
- **10.4 Trends im Säure/Base-Verhalten** ... 229
  - Säurestärke und Moleküleigenschaften ... 230
  - Hydratisierte Metallkationen als Brønsted-Säuren ... 232
  - Säure/Base-Verhalten von Oxiden ... 233
  - *Exkurs:* Nichtwässerige Lösemittel ... 234
- **10.5 Säuren und Basen nach Lewis** ... 235
  - *Exkurs:* Supersäuren ... 236
- **10.6 Harte und weiche Säuren und Basen nach Pearson** ... 237
  - Anwendung des HSAB-Konzepts ... 238

11 Oxidation und Reduktion ... 247

- **11.1 Regeln zur Bestimmung von Oxidationszahlen** ... 248
  - Oxidationszahl und Formalladung ... 251
  - Oxidationszahlen und Periodensystem ... 251
- **11.2 Redox-Gleichungen** ... 252
- **11.3 Spannungsreihe und Standard-Elektrodenpotential** ... 254
- **11.4 Die Nernstsche Gleichung** ... 257
  - *Exkurs:* Vom Experiment zum Standardpotential ... 259
  - *Exkurs:* Konzentrationsketten ... 260
- **11.5 Redox-Reaktionen in der analytischen Chemie** ... 261
- **11.6 Elektrodenpotential und Energieumsatz bei Redox-Reaktionen** ... 262
- **11.7 Oxidationszustands-/Frost-Diagramme** ... 264
- **11.8 Elektrolyse** ... 266
- **11.9 Galvanische Spannungsquellen** ... 269
- **11.10 Korrosion und Korrosionsschutz** ... 272

12 Komplexreaktionen ... 277
12.1 Grundbegriffe der Komplexchemie ... 279
12.2 Nomenklatur der Komplexverbindungen ... 282
12.3 Isomerie bei Komplexverbindungen ... 283
Strukturisomerie ... 284
12.4 Beschreibung von Ligandenaustauschreaktionen durch Stabilitätskonstanten ... 285
Stabilitätskonstanten ... 286
12.5 Chelatkomplexe ... 288
Der Chelateffekt ... 290
Exkurs: Grundlagen der Photometrie ... 291
12.6 Komplexone und Komplexometrie ... 293
Bestimmung der Wasserhärte ... 296
12.7 Biologische Aspekte ... 297

13 Geschwindigkeit chemischer Reaktionen ... 303
13.1 Grundbegriffe ... 305
13.2 Geschwindigkeitsgesetze und Reaktionsordnung ... 307
Exkurs: Methode der Anfangsgeschwindigkeit ... 311
13.3 Warum steigt die Reaktionsgeschwindigkeit mit der Temperatur? ... 312
Exkurs: Übergangszustand und Aktivierungsenergie ... 315
Exkurs: Explosion und Detonation ... 317
13.4 Katalyse ... 318

14 Wasserstoff ... 323
14.1 Isotope des Wasserstoffs ... 324
Exkurs: Isotope in der Chemie ... 325
Exkurs: NMR-Spektroskopie (Kernresonanz-Spektroskopie) ... 326
14.2 Eigenschaften des Wasserstoffs ... 329
Herstellung von Wasserstoff ... 330
Exkurs: Wasserstoff als Treibstoff ... 331
14.3 Hydride ... 333
Ionische Hydride ... 333
Kovalente Hydride ... 333
Exkurs: Wasserstoffbrückenbindung und MO-Modell ... 336
Metallische Hydride der d-Block-Elemente ... 337
14.4 Wasser und Wasserstoffbrückenbindungen ... 337
Biologische Aspekte der Wasserstoffbrückenbindung ... 339
14.5 Die wichtigsten Reaktionen im Überblick ... 340

15 Die Elemente der Gruppe 1: Die Alkalimetalle ... 343
15.1 Die Eigenschaften der Elemente ... 344
15.2 Eigenschaften der Alkalimetallverbindungen ... 345
Flammenfärbungen ... 346
Exkurs: Komplexbildung mit Kronenethern ... 347
Exkurs: Die Reaktion der Alkalimetalle mit Ammoniak ... 348
15.3 Löslichkeitstrends bei Salzen der Alkalimetalle ... 348

15.4	**Lithium und seine Verbindungen**	352
	Exkurs: Lithium-Ionen-Batterien	353
15.5	**Natrium: Gewinnung und Verwendung des Metalls**	354
15.6	**Verbindungen mit Sauerstoff**	355
15.7	**Hydroxide**	357
	Herstellung von Natriumhydroxid	357
	Verwendung von Natriumhydroxid	360
15.8	**Gewinnung von Natriumchlorid und Kaliumchlorid**	361
15.9	**Natriumcarbonat**	362
	Herstellung von Natriumcarbonat	363
	Verwendung von Natriumcarbonat	363
	Natriumhydrogencarbonat	364
15.10	**Ähnlichkeiten zwischen Lithium und den Erdalkalimetallen**	364
15.11	**Biologische Aspekte**	365
	Exkurs: Lithiumsalze in der Medizin	366
15.12	**Die wichtigsten Reaktionen im Überblick**	366

16	**Die Elemente der Gruppe 2: Die Erdalkalimetalle**	369
	Gruppentrends	370
16.1	**Eigenschaften der Erdalkalimetallverbindungen**	371
	Löslichkeit der Erdalkalimetallsalze	372
16.2	**Beryllium**	373
16.3	**Magnesium**	374
16.4	**Calcium, Strontium und Barium**	376
16.5	**Oxide**	376
16.6	**Hydroxide**	377
16.7	**Calciumcarbonat**	378
	Exkurs: Tropfsteinhöhlen	379
	Exkurs: Wasserhärte	379
	Exkurs: Wie bildet sich Dolomit?	380
16.8	**Zement**	381
16.9	**Erdalkalimetallsalze in Alltag und Technik**	381
	Magnesiumsulfat und Calciumsulfat	381
	Calciumchlorid	382
	Calciumcarbid	382
	Strontium- und Bariumverbindungen in der Technik	383
	Exkurs: Biominerale	384
16.10	**Ähnlichkeiten zwischen Beryllium und Aluminium**	385
16.11	**Biologische Aspekte**	385
16.12	**Die wichtigsten Reaktionen im Überblick**	386

17	**Die Elemente der Gruppe 13**	389
	Gruppeneigenschaften	390
	Cluster-Verbindungen	391
17.1	**Bor und seine Verbindungen mit Sauerstoff**	391
17.2	**Borane**	393
	Exkurs: Struktur und Bindung in Bor/Wasserstoff-Verbindungen	394

Natriumtetrahydroborat: NaBH4 397
Exkurs: Anorganische Fasern 398

17.3 **Borhalogenide** 398

17.4 **Isoelektronische Bor/Stickstoff- und Kohlenstoffverbindungen** 399
Exkurs: Das CVD-Verfahren und die Bildung von Hartstoffen 400

17.5 **Aluminium und seine Eigenschaften** 402
Chemische Eigenschaften des Aluminiums 403

17.6 **Herstellung von Aluminium** 404

17.7 **Aluminiumhalogenide** 406
Exkurs: Alaune 407
Exkurs: Spinelle 407

17.8 **Gallium und Indium** 408

17.9 **Thallium und der Inert-Pair-Effekt** 408

17.10 **Ähnlichkeiten zwischen Bor und Silicium** 410

17.11 **Biologische Aspekte** 411

17.12 **Die wichtigsten Reaktionen im Überblick** 412

18   **Die Elemente der Gruppe 14: Die Kohlenstoffgruppe** 415
Gruppeneigenschaften 416

18.1 **Kohlenstoff und seine Modifikationen** 417
Diamant 417
Graphit 418
Fullerene 420
Exkurs: Die Entdeckung der Fullerene 421
Kohlenstoffprodukte in Alltag und Technik 422

18.2 **Isotope des Kohlenstoffs** 423
Exkurs: Kohlenstoff-Nanoröhrchen und Graphen 424

18.3 **Carbide** 425
Ionische Carbide 425
Exkurs: Warum gibt es so viele Kohlenstoffverbindungen? 425
Exkurs: Moissanit – ein Diamantersatz 426
Kovalente Carbide 426
Metallische Carbide 427

18.4 **Kohlenstoffmonoxid** 427

18.5 **Kohlenstoffdioxid** 428
Exkurs: Kohlenstoffdioxid, ein überkritisches Lösemittel 430
Exkurs: Kohlenstoffdioxid, das Killergas 431

18.6 **Hydrogencarbonate und Carbonate** 432
Hydrogencarbonate 432
Carbonate 432

18.7 **Der Treibhauseffekt** 433

18.8 **Kohlenstoffdisulfid und Kohlenstoffoxidsulfid** 435

18.9 **Die Halogenide des Kohlenstoffs** 436

18.10 **Chlorfluorkohlenwasserstoffe (CFKs) und verwandte Verbindungen** 437

18.11 **Methan** 439

18.12 **Cyanide** 439

18.13	Silicium – das Element der Halbleitertechnik	440
	Exkurs: Metallsilicide	442
18.14	Molekülverbindungen des Siliciums	442
18.15	Siliciumdioxid	444
	Kieselgel	445
	Aerosile	445
	Exkurs: Silicium/Schwefel-Verbindungen	446
18.16	Silicate und Alumosilicate	446
	Exkurs: Vom Wasserglas zum Kieselgel	447
	Zeolithe	450
18.17	Gläser	452
18.18	Keramische Werkstoffe	454
18.19	Silicone	455
18.20	Germanium, Zinn und Blei	456
	Exkurs: Lichtwellenleiter – Informationsübertragung mit Licht	457
	Oxidationsstufen im Überblick	459
	Zinn- und Bleioxide	461
	Zinn- und Bleichloride	461
	Tetraethylblei	462
18.21	Biologische Aspekte	463
	Der Kohlenstoffkreislauf	463
	Silicium – ein essentielles Element	464
	Toxische Zinnverbindungen	464
	Gesundheitsgefahren durch Bleiverbindungen	464
18.22	Die wichtigsten Reaktionen im Überblick	465
19	**Die Elemente der Gruppe 15**	**469**
19.1	Gruppeneigenschaften	470
	Die Sonderstellung des Stickstoffs	471
	Die chemische Bindung – Stickstoff und Phosphor im Vergleich	472
	Exkurs: Raketentreibstoffe und Sprengstoffe	473
19.2	Elementarer Stickstoff und seine Reaktionen	474
	Exkurs: Autoabgaskatalysatoren	476
19.3	Überblick über die Chemie des Stickstoffs	477
19.4	Ammoniak und Ammoniumsalze	478
	Stickstoffdünger und die großtechnische Ammoniaksynthese	479
	Exkurs: Fritz Haber – Nobelpreis für den Griff in die Luft	482
19.5	Weitere Wasserstoffverbindungen des Stickstoffs	483
	Hydrazin	483
	Stickstoffwasserstoffsäure	483
	Hydroxylamin	484
19.6	Stickstoffoxide	484
	Distickstoffoxid	485
	Stickstoffmonoxid	485
	Distickstofftrioxid	486
	Stickstoffdioxid und Distickstofftetraoxid	487
	Stickstoff(V)-oxid	488
	Exkurs: Photochemie der Luftschadstoffe	489

19.7	**Oxosäuren des Stickstoffs und ihre Salze**	491
	Salpetrige Säure und Nitrite	491
	Salpetersäure und Nitrate	492
	Ostwald-Verfahren	492
	Nitrate	493
19.8	**Stickstoff/Halogen-Verbindungen**	496
19.9	**Elementarer Phosphor und seine Modifikationen**	497
	Industrielle Phosphorgewinnung	499
19.10	**Oxosäuren des Phosphors und ihre Salze**	500
	Phosphorsäure und ihre Salze	501
	Kondensierte Phosphorsäuren und ihre Salze	502
19.11	**Phosphoroxide und Phosphorsulfide**	505
	Phosphoroxide	505
	Phosphorsulfide	506
19.12	**Phosphor/Halogen-Verbindungen**	506
	Phosphor(III)-halogenide	506
	Phosphor(V)-halogenide	508
	Phosphor(V)-oxidchlorid und Phosphor(V)-sulfidchlorid	509
	Exkurs: Phosphorverbindungen im Pflanzenschutz	509
19.13	**Phosphor/Wasserstoff-Verbindungen (Phosphane) und Metallphosphide**	511
	Phosphan	511
	Höhere Phosphane	511
	Metallphosphide	512
19.14	**Phosphor/Stickstoff-Verbindungen**	513
19.15	**Arsen, Antimon und Bismut**	515
	Sauerstoff- und Schwefelverbindungen	516
	Halogenverbindungen	517
	Exkurs: Arsen(V)-chlorid – eine lange gesuchte Verbindung	517
19.16	**Biologische Aspekte**	518
	Stickstoff	518
	Exkurs: Die erste Verbindung des molekularen Stickstoffs – Stickstofffixierung	520
	Phosphor	522
	Arsen	523
	Exkurs: Paul Ehrlich und das Salvarsan	524
19.17	**Die wichtigsten Reaktionen im Überblick**	524
20	**Die Elemente der Gruppe 16: Die Chalkogene**	529
	Gruppeneigenschaften	530
	Die Anomalie des Sauerstoffs	531
	Exkurs: Sauerstoff-Isotope in der Geochemie	531
	Polykationen von Schwefel, Selen und Tellur	532
20.1	**Sauerstoff**	533
	Sauerstoff (O_2)	533
	Ozon (O_3)	536
	Exkurs: Die Ozonschicht in der Stratosphäre	537
20.2	**Bindungsverhältnisse in Sauerstoffverbindungen**	539
20.3	**Wasser**	541
20.4	**Wasserstoffperoxid (H_2O_2)**	542

20.5	**Schwefel**	543
	Modifikationen des Schwefels	544
	Industrielle Gewinnung von Schwefel	546
	Exkurs: Io – ein schwefelreicher Mond	548
20.6	**Schwefelwasserstoff und Sulfide**	548
	Exkurs: Sulfidfällungen im Trennungsgang der qualitativen Analyse	550
20.7	**Oxide des Schwefels**	550
	Schwefeldioxid, Schweflige Säure und ihre Salze	551
	Schwefeltrioxid	553
	Schwefelsuboxide	553
20.8	**Schwefelsäure (H_2SO_4)**	554
	Industrielle Herstellung von Schwefelsäure	556
	Sulfate und Hydrogensulfate	558
	Thiosulfate	559
	Peroxodisulfate	560
	Oxosäuren des Schwefels im Überblick	560
20.9	**Schwefelhalogenide und Schwefel/Stickstoff-Verbindungen**	561
	Schwefelfluoride	562
	Schwefelchloride und -bromide	564
	Thionyl- und Sulfurylhalogenide	565
	Schwefel/Stickstoff-Verbindungen	565
20.10	**Selen und Tellur**	566
	Oxide und Oxosäuren	567
	Halogenide	567
	Exkurs: Das Haar und die Disulfid-Bindungen	568
20.11	**Biologische Aspekte**	568
	Sauerstoff	568
	Schwefel	568
	Selen	569
20.12	**Die wichtigsten Reaktionen im Überblick**	569

21	**Die Elemente der Gruppe 17: Die Halogene**	**573**
21.1	**Gruppeneigenschaften**	574
	Exkurs: Chemie im Schwimmbad	578
21.2	**Gewinnung und Verwendung der Halogene**	579
	Exkurs: Fluor – Element der extremen Möglichkeiten	581
21.3	**Halogenwasserstoffe und Halogenide**	582
	Ionische Halogenide	585
	Kovalente Halogenide	586
21.4	**Sauerstoffsäuren der Halogene und ihre Salze**	587
	Sauerstoffsäuren des Chlors	587
	Exkurs: Die Entdeckung des Perbromat-Ions	590
	Sauerstoffsäuren des Broms	590
	Sauerstoffsäuren des Iods	590
21.5	**Halogenoxide**	591
21.6	**Interhalogenverbindungen, Polyhalogenid-Ionen und Halogen-Kationen**	593
	Interhalogenverbindungen	593
	Polyhalogenid-Ionen	594
	Halogen-Kationen	596
	Pseudohalogenide und Pseudohalogene	596

| 21.7 | Biologische Aspekte | 597 |
| 21.8 | Die wichtigsten Reaktionen im Überblick | 598 |

22 Die Elemente der Gruppe 18: Die Edelgase ... 601

22.1 Gewinnung und Verwendung der Edelgase ... 603
Exkurs: Eine kurze Geschichte der Edelgasverbindungen ... 604

22.2 Edelgasverbindungen ... 604
Xenonfluoride ... 605
Xenonoxide ... 607
Wie lassen sich Xe/O-, Xe/N- und Xe/C-Bindungen knüpfen? ... 607
Exkurs: Elektrophile Kationen und nukleophile Anionen ... 608

22.3 Biologische Aspekte ... 608

22.4 Die wichtigsten Reaktionen des Xenons im Überblick ... 609

23 Einführung in die Chemie der Übergangsmetalle ... 611

23.1 Bindungskonzepte für Übergangsmetallverbindungen im Überblick ... 613
Die 18-Elektronen-Regel ... 614
Die Valenzbindungstheorie ... 615

23.2 Die Ligandenfeldtheorie – Grundlagen ... 616
Oktaedrische Komplexe ... 617
Tetraedrische Komplexe ... 620
Quadratisch-planare Komplexe ... 621
Der Jahn-Teller-Effekt ... 621

23.3 Die Ligandenfeldtheorie – Anwendungen ... 623
Magnetische Eigenschaften und ihre Deutung ... 623
Exkurs: Magnetische Eigenschaften von Festkörpern ... 626
Ligandenfeldeffekte bei Spinellen ... 627
Hydratationsenthalpien ... 628
Farben und Absorptionsspektren der Übergangsmetallkomplexe ... 628

23.4 Anwendung der Molekülorbitaltheorie auf Übergangsmetallkomplexe ... 631

23.5 Einführung in die Chemie metallorganischer Verbindungen ... 634
Carbonylkomplexe ... 635
Metallorganische Verbindungen der Hauptgruppenelemente ... 638
Metallorganische Verbindungen der Übergangsmetalle ... 639
Metallorganische Verbindungen als Katalysatoren ... 641

23.6 Thermodynamik und Kinetik bei Koordinationsverbindungen ... 645

23.7 Das HSAB-Konzept in der Chemie der Übergangsmetalle ... 646

23.8 Biologische Aspekte ... 647

24 Die Nebengruppenelemente ... 651

24.1 Ein Überblick über die d-Block-Elemente ... 652
Gruppeneigenschaften ... 653
Relative Stabilität der Oxidationsstufen der 3d-Metalle ... 654
Exkurs: Nichtstöchiometrische Verbindungen ... 655

24.2 Gewinnung der Metalle ... 656
Eisen – vom Eisenerz zum Stahl ... 656

Exkurs: Das Boudouard-Gleichgewicht 658
Zink 661
Kupfer – vom Erz zum Elektrolytkupfer 662
Gold – die Cyanidlaugerei 663
Titan – das Kroll-Verfahren 663
Exkurs: Chemische Transportreaktionen 664
Das aluminothermische Verfahren 665

24.3 Die Elemente der Gruppe 4: Titan, Zirconium und Hafnium 666
Titan 666
Exkurs: Piezoelektrische und ferroelektrische Stoffe 668
Zirconium und Hafnium 670

24.4 Die Elemente der Gruppe 5: Vanadium, Niob und Tantal 671
Biologische Aspekte 673

24.5 Die Elemente der Gruppe 6: Chrom, Molybdän und Wolfram 673
Chrom 674
Exkurs: Charge-Transfer-Übergänge 677
Exkurs: Chromate in der quantitativen Analyse 678
Exkurs: Rubin – Edelstein und Lasermaterial 679
Molybdän und Wolfram 681
Exkurs: Von der ersten Glühlampe zur modernen Beleuchtung 683
Biologische Aspekte 685

24.6 Die Elemente der Gruppe 7: Mangan, Technetium und Rhenium . . . 686
Oxidationsstufen von Mangan 686
Exkurs: Bergbau am Meeresboden 690

24.7 Die Eisenmetalle: Eisen, Cobalt und Nickel 691
Die Eisenmetalle im Überblick 691
Eisen 692
Cobalt 698
Nickel 700

24.8 Die Platinmetalle 702
Komplexverbindungen 703
Exkurs: Heterogene Katalyse 705
Biologische Aspekte 706

24.9 Die Elemente der Gruppe 11: Kupfer, Silber und Gold 706
Die Elemente 706
Oxidationsstufen 707
Stereochemie 708
Kupfer 709
Exkurs: Supraleiter 712
Silber 713
Exkurs: Der fotografische Prozess 714
Gold 715
Biologische Aspekte 717

24.10 Die Elemente der Gruppe 12: Zink, Cadmium und Quecksilber 717
Die Elemente 718
Oxidationsstufen 719
Zink- und Cadmiumverbindungen 719
Exkurs: Konservierung von Büchern 720
Quecksilber 722
Biologische Aspekte 723

24.11 Die wichtigsten Reaktionen im Überblick 725

25	**Lanthanoide, Actinoide und verwandte Elemente**	731
25.1	Die Lanthanoide	733
	Verbindungen	737
25.2	Die Actinoide	739
	Exkurs: Ein natürlicher Kernreaktor	741
25.3	Die Transactinoide	744
26	**Anhang A: Einige Grundbegriffe der Physik**	747
26.1	Mechanik	748
	Bewegung von Körpern	748
	Arbeit, Energie und Leistung	750
	Mechanische Eigenschaften von Flüssigkeiten	752
26.2	Schwingungen	754
26.3	Wellen	756
26.4	Elektrizität	759
26.5	Optik	763
27	**Anhang B: Mathematische Grundlagen**	767
27.1	Rechnen mit Potenzen und Wurzeln	768
27.2	Logarithmen	769
27.3	Funktionen und ihre grafische Darstellung	772
27.4	Algebraische Gleichungen	778
28	**Anhang C: Datensammlung**	781
	Bindungsenthalpien von Einfachbindungen (in kJ · mol^{-1} bei 298 K)	782
	Bindungsenthalpien einiger Mehrfachbindungen (in kJ · mol^{-1} bei 298 K)	783
	Physikalische Eigenschaften anorganischer Stoffe	783
	Löslichkeit anorganischer Verbindungen in Wasser bei verschiedenen Temperaturen	801
	Ionisierungsenthalpien für die schrittweise Ionisierung der Atome bei 25°C (in MJ · mol^{-1})	807
	Elektronenaffinitäten einiger Atome (Enthalpiewerte bei 25°C in kJ · mol^{-1})	809
	Elektronenaffinitäten einiger einfach negativer Ionen (Enthalpiewerte bei 25°C in kJ · mol^{-1})	809
	Ionenradien und Ladungsdichten ausgewählter Ionen	810
	Radien einiger mehratomiger Ionen	813
	Gitterenthalpien einiger Salze bei 25°C (in kJ · mol^{-1})	813
	Hydratationsenthalpien einiger Ionen bei 25°C	814
Weiterführende Literatur		815
Glossar		819
Index		839

Jeder, der mit diesem Lehrbuch arbeitet, kennt bereits zahlreiche Grundbegriffe der Chemie und ist wenigstens mit den einfachen Vorstellungen über den Aufbau von Stoffen vertraut. Zu den wichtigsten Vorkenntnissen gehört der Umgang mit Formeln und Reaktionsgleichungen sowie die Anwendung von Regeln zur Benennung von Stoffen. Auch einige Regeln zur Berechnung chemisch relevanter Größen dürften allgemein bekannt sein. In der Praxis gibt es allerdings erhebliche Unterschiede bezüglich der verwendeten Schreibweisen, der Formulierung von Regeln und Gesetzmäßigkeiten und in der Sorgfalt bei der Anwendung international vereinbarter Regeln.

In den folgenden Abschnitten werden daher einige Hinweise allgemeiner Art zum Umgang mit der chemischen Fachsprache in diesem Lehrbuch gegeben. Fachlich komplexere Aspekte werden in den entsprechenden Kapiteln näher erläutert.

Einführung: Regeln und Normen erleichtern die Verständigung

1

木炭（炭素）が酸素と化合して二酸化炭素ができる。

炭素　＋　　酸素　　⟶　　二酸化炭素

C　＋　O O　⟶　O C O

この変化を化学式を使って表すと，炭素の原子1個と酸素の分子1個とが反応して二酸化炭素の分子1個ができることから，次のようになる。

$$C \; + \; O_2 \; \longrightarrow \; CO_2$$

Kapitelübersicht

1.1 Reaktionsgleichungen und Reaktionsschemata

1.2 Größen und Einheiten

1.3 Nomenklatur – systematisch oder traditionell?

1. Einführung: Regeln und Normen erleichtern die Verständigung

Jöns Jakob Freiherr von Berzelius, schwedischer Chemiker, 1779–1848; Professor in Stockholm, ab 1808 Mitglied und ab 1818 Sekretär der Schwedischen Akademie der Wissenschaften.

Der Ursprung der Chemie als Naturwissenschaft wird häufig auf das Ende des 18. Jahrhunderts datiert. Tatsächlich gehen wesentliche grundlegende Vorstellungen der Chemie auf Forschungsergebnisse dieser Zeit zurück. Insbesondere gehören dazu die Klärung der Begriffe *Element* und *Verbindung* und ihre Interpretation auf der Teilchenebene. Jedes Element besteht danach aus einer bestimmten Art von Atomen. Diese Atome können durch chemische Reaktionen weder vernichtet noch erzeugt werden. Die Bildung einer Verbindung ist letztlich nichts anderes als die Verknüpfung von Atomen verschiedener Elemente in einem bestimmten Anzahlverhältnis. Bereits um 1815 waren zahlreiche Stoffe unter diesen Gesichtspunkten charakterisiert worden, sodass ihre Zusammensetzung durch Formeln beschrieben werden konnte. Man verwendete dazu die von Berzelius 1814 eingeführten, noch heute gültigen Buchstabensymbole für die chemischen Elemente (bzw. Atomarten), erhielt aber ein deutlich anderes Formelbild als nach heutigen Regeln (Abbildung 1.1).

$\overset{..}{Ca}\overset{..}{C}$ ($\triangleq CaO \cdot CO_2$)
Calciumcarbonat ($CaCO_3$)

$\overset{.}{\bar{C}u}$ ($\triangleq Cu_2O$)
Kupfer(I)-oxid

$\overset{...}{\bar{C}r}$ ($\triangleq Cr_2O_3$)
Chrom(III)-oxid

$\overset{.}{K}\overset{...}{Cr}$ ($\triangleq K_2O \cdot CrO_3$)
Kaliumchromat (K_2CrO_4)

1.1 Formeln nach Berzelius und ihre Bedeutung.

Der Sauerstoffanteil wurde lediglich durch eine entsprechende Anzahl von Punkten oberhalb des Symbols für den Bindungspartner angegeben. Ein Querstrich durch ein Elementsymbol bedeutete eine Verdopplung der Anzahl der betreffenden Atome. Indizes zur Beschreibung der Atomanzahlverhältnisse wurden also noch nicht verwendet. Salze von Sauerstoffsäuren wurden generell als Kombination aus Metalloxid und Nichtmetalloxid aufgefasst (*Beispiel*: $CaSO_4 \triangleq CaO \cdot SO_3$). Im Laufe des 19. Jahrhunderts näherte sich die Formelschreibweise allmählich der heutigen Praxis an. Besonders vielfältig waren dabei Diskussionen über die *Strukturformeln* von Molekülen und mehratomigen Ionen.

1.1 Reaktionsgleichungen und Reaktionsschemata

Ähnlich komplex wie die Entwicklung der chemischen Zeichensprache ist die Geschichte von heute allgemein verwendeten Begriffen und Konzepten zur Beschreibung von Reaktionstypen wie Säure/Base- oder Redox-Reaktionen. Vielfach blieben dabei verbreitete fachsprachliche Bezeichnungen (z.B. *Säure* und *Base*) erhalten, wurden aber neu definiert bzw. interpretiert.

Elementsymbole, Formeln und Reaktionsgleichungen werden heute weltweit einheitlich geschrieben, unabhängig davon, welche Schriftzeichen man für die Landessprache verwendet. Soweit ein Text von rechts nach links zu lesen ist, wird in einigen Fällen auch die Reaktionsgleichung in Leserichtung geschrieben. Das gilt beispielsweise für arabische Texte.

Eine deutsche Norm aus dem Jahre 1992 (DIN 32642) trägt den Titel „Symbolische Beschreibung chemischer Reaktionen". Diese Norm erläutert vor allem Regeln, die bei der Formulierung von Reaktionsgleichungen zu beachten sind. Sie stellt außerdem klar, wie sich die Begriffe *Reaktionsschema* und *Reaktionsgleichung* unterscheiden. Ein Reaktionsschema gibt danach eine *qualitative* symbolische Beschreibung einer oder mehrerer Reaktionen mithilfe von Formeln, Reaktionspfeilen und ggf. Angaben zu den Reaktionsbedingungen. Auf die Angabe der Anzahlverhältnisse durch sogenannte *stöchiometrische Zahlen* (Koeffizienten) wird dabei verzichtet. Solche Schemata werden vor allem dann verwendet, wenn ein Überblick über aufeinander folgende Reaktionen oder über mehrere Reaktionsmöglichkeiten eines Stoffes gegeben werden soll (Abbildung 1.2).

Reaktionsgleichungen sind unter Verwendung der Stöchiometriezahlen grundsätzlich stöchiometrisch auszugleichen. (Die Zahl 1 wird dabei ebensowenig geschrieben wie im Fall der Indizes von Formeln.) Links und rechts vom Reaktionspfeil stehen damit gleich viele Atome:

$2\,CO + O_2 \rightarrow 2\,CO_2$
$2\,H_2 + O_2 \rightarrow 2\,H_2O$

$$S \xrightarrow{+O_2} SO_2 \xrightarrow[\text{Katalysator}]{+O_2} SO_3 \xrightarrow{H_2O} H_2SO_4$$

$$S \begin{cases} \xrightarrow{+O_2} SO_2 \\ \xrightarrow{+Cl_2} S_2Cl_2 \\ \xrightarrow{+F_2} SF_6 \end{cases}$$

1.2 Reaktionsschemata zu Reaktionsmöglichkeiten des Schwefels.

Reaktionsgleichungen beziehen sich in der Regel auf den Umsatz wägbarer Stoffportionen, die außerordentlich viele Atome enthalten, und nicht auf einzelne Atome oder Moleküle. Die Stöchiometriezahlen geben daher nicht die Anzahl der Moleküle oder Atome an, die miteinander reagieren, sondern beschreiben das *Verhältnis* der Anzahlen. Die Gleichung 2 CO + $O_2 \rightarrow$ 2 CO_2 ist im Einklang mit DIN 32642 also folgendermaßen zu interpretieren: Kohlenstoffmonoxid-Moleküle (CO) und (molekularer) Sauerstoff (O_2) reagieren im Anzahlverhältnis 2:1 unter Bildung von Kohlenstoffdioxid-Molekülen. (Eine Erläuterung der Stöchiometriezahl 2 auf Seiten des Produkts CO_2 ist dann praktisch überflüssig. Allenfalls könnte man hinzufügen: Die Anzahl der gebildeten CO_2-Moleküle stimmt mit der Anzahl der CO-Moleküle überein.)

Oberhalb und unterhalb eines Reaktionspfeils werden gelegentlich Angaben über die Reaktionsbedingungen (Temperatur, Druck, Katalysator) gemacht. Das Dreieckszeichen Δ (Delta) zeigt an, dass die betreffende Reaktion erst bei erhöhter (aber nicht genau bestimmter) Temperatur abläuft.

Beispiel: 2 Hg + $O_2 \xrightarrow{\Delta}$ 2 HgO

Phasensymbole Eine Reaktionsgleichung lässt sich rascher mit einer anschaulichen Vorstellung verknüpfen, wenn den Formeln in der Reaktionsgleichung eine Angabe über den Aggregatzustand des betreffenden Stoffes hinzugefügt wird. Für die eigentlichen Aggregatzustände *fest*, *flüssig* und *gasförmig* verwendet man international die Symbole **s** (*solid*), **l** (*liquid*) und **g** (*gaseous*). Für Stoffe (bzw. Teilchen), die in wässeriger Lösung vorliegen, kommt das Symbol **aq** (*aqueous*) hinzu. Diese Phasensymbole werden in runden Klammern in normaler Schrift direkt hinter die Formel gesetzt:

2 Na(s) + Cl_2(g) $\rightarrow$ 2 NaCl(s)

Fe(s) + 2 HCl(aq) $\rightarrow$ $FeCl_2$(aq) + H_2(g)

Für das zweite Reaktionsbeispiel wird allerdings häufig die sogenannte *Ionengleichung* bevorzugt:

Fe(s) + 2 H^+(aq) $\rightarrow$ Fe^{2+}(aq) + H_2(g)

Auf diese Weise wird deutlich gemacht, dass die in Salzsäure (HCl(aq) $\triangleq$ H^+(aq) + Cl^-(aq)) vorliegenden Chlorid-Ionen an der Reaktion nicht beteiligt sind. Dass die Reaktion mit Salzsäure durchgeführt wird und das Reaktionsgemisch somit Cl^--Ionen als Anionen enthält, muss dann aber im begleitenden Text mitgeteilt werden.

Da in diesem Lehrbuch auch eine Reihe von Reaktionen in nichtwässerigen Lösungen zu betrachten sind, wird als weiteres Kurzzeichen das Symbol **solv** verwendet. Es steht jeweils bei den Teilchen, die durch Moleküle des betreffenden Lösemittels umgeben (solvatisiert) sind. Ein Beispiel ist die Reaktion von Ammonium-Ionen (NH_4^+) mit Amid-Ionen (NH_2^-) in flüssigem Ammoniak als Lösemittel:

NH_4^+(solv) + NH_2^-(solv) $\rightarrow$ 2 NH_3(l)

Welches Lösemittel im Einzelfall durch solv gemeint ist, ist jeweils dem Begleittext zu entnehmen.

Reaktionsdoppelpfeile An die Stelle des einfachen Reaktionspfeils tritt vielfach ein Doppelpfeil $\rightleftharpoons$. Dieser sogenannte *Gleichgewichtspfeil* (mit einfachen Pfeilspitzen) wird immer dann verwendet, wenn die betreffende Reaktion nicht vollständig abläuft, sodass im Endzustand – dem chemischen Gleichgewicht – Ausgangsstoffe und Reaktionsprodukte nebeneinander vorliegen. Als Beispiel sei die Bildung von Ammoniak aus den Elementen angeführt:

N_2(g) + 3 H_2(g) $\rightleftharpoons$ 2 NH_3(g)

Formeleinheiten Die Kristalle zahlreicher Verbindungen bestehen aus einer dreidimensionalen, gitterartigen Anordnung von Ionen. In Bezug auf solche salzartigen Stoffe (z.B. NaCl, $AgNO_3$, $BaSO_4$) macht es also keinen Sinn, von Molekülen zu sprechen. Das gilt ebenso für diamantartige Stoffe wie Quarz (SiO_2), bei denen ein Kristall ein dreidimensionales Netzwerk darstellt, in dem die Atome über gemeinsame Elektronenpaare miteinander verknüpft sind. Man spricht daher bei solchen nichtmolekularen Verbindungen von Formeleinheiten, wenn man sich für bestimmte formale Betrachtungen auf Atomgruppierungen bezieht, die der Verhältnisformel entsprechend zusammengesetzt sind. Eine Formeleinheit des Silberchlorids (AgCl) besteht also aus je einem Silber- und Chlor-Atom (bzw. -Ion). Im Falle von Quarz (SiO_2) umfasst die Formeleinheit ein Silicium-Atom und zwei (benachbarte) Sauerstoff-Atome.

In der von der **IUPAC** (*International Union of Pure and Applied Chemistry*) herausgegebenen Schrift „Größen, Einheiten und Symbole in der Physikalischen Chemie" (Deutsche Ausgabe 1996) werden neben den Symbolen s, l, g und aq eine Reihe weiterer Kurzzeichen aufgeführt, die einen durch die Formel bezeichneten Stoff näher charakterisieren können, z.B. **am** für *amorph*, **cr** für *kristallin* oder **ads** für *adsorbiert*.

Gelegentlich werden Phasensymbole der Formel als Index hinzugefügt. Diese Praxis sollte nicht übernommen werden, denn sie ist weder in DIN 32642 noch in den genannten IUPAC-Empfehlungen vorgesehen. Auch sollten keinesfalls die den deutschen Bezeichnungen *flüssig* und *fest* entsprechenden Symbole fl und f verwendet werden.

Bei der Angabe von Größen können sich sehr kleine oder auch sehr große Zahlenwerte ergeben, wenn man die entsprechende SI-Einheit direkt verwendet. Man hat daher für bestimmte Faktoren Vorsatzzeichen festgelegt (Tabelle 1.1), sodass man jeweils einen gut überschaubaren Zahlenwert erhält. Ein typisches Beispiel ist die Angabe von Längen in Kilometern (1 km = 10^3 m), Zentimetern (1 cm = 10^{-2} m) oder Millimetern (1 mm = 10^{-3} m). Längen im atomaren Bereich liegen in der Größenordnung von 100 Pikometern (1 pm = 10^{-12} m). In diesem Zusammenhang findet man auch heute noch die traditionelle Ångström-Einheit: 1 Å = 10^{-10} m.

Ein Doppelpfeil mit vollständigen Pfeilspitzen zeigt an, dass neben der (nach rechts laufenden) *Hinreaktion* auch die unter anderen Bedingungen ablaufende *Rückreaktion* betrachtet wird. Ein typisches Beispiel dieser Art ist die Reaktionsgleichung für das Entladen und das Laden eines Bleiakkumulators (Autobatterie):

$$\text{Pb(s)} + \text{PbO}_2\text{(s)} + 2\ \text{H}_2\text{SO}_4\text{(aq)} \rightleftarrows 2\ \text{PbSO}_4\text{(s)} + 2\ \text{H}_2\text{O(l)}$$

1.2 Größen und Einheiten

Informationen über Gesetzmäßigkeiten in Naturwissenschaft und Technik sowie über messbare Eigenschaften von Stoffen lassen sich heute problemlos austauschen. Denn die Messungen erfolgen weltweit auf der Grundlage eines einheitlichen Systems von Größen und Einheiten. Dieses Internationale Einheitensystem **SI** (*Système International d'Unités*) wurde 1960 vereinbart und allmählich in die Praxis eingeführt.

Neben den Einheiten für die sieben Basisgrößen (Tabelle 1.2) sind zahlreiche abgeleitete Größen und Einheiten im Rahmen des SI definiert. Zu den abgeleiteten Einheiten gehören beispielsweise das Volt (V) als Einheit der elektrischen Spannung oder das Newton (N) als Einheit der Kraft. Die SI-Einheit einer abgeleiteten Größe kann jeweils auf ein „Potenzprodukt" der Basiseinheiten zurückgeführt werden; Zahlenfaktoren $\neq 1$ treten dabei nicht auf. Für die Einheit der Kraft gilt beispielsweise: 1 N = 1 m · kg · s^{-2}. Einige wichtige abgeleitete Größen und ihre SI-Einheiten sind in Tabelle 1.3 zusammengestellt.

Tabelle 1.1 SI-Vorsätze

Faktor	Vorsatz	Symbol
10^{24}	Yotta	Y
10^{21}	Zetta	Z
10^{18}	Exa	E
10^{15}	Peta	P
10^{12}	Tera	T
10^{9}	Giga	G
10^{6}	Mega	M
10^{3}	Kilo	k
10^{2}	Hekto	h
10	Deka	da
10^{-1}	Dezi	d
10^{-2}	Zenti	c
10^{-3}	Milli	m
10^{-6}	Mikro	μ
10^{-9}	Nano	n
10^{-12}	Piko	p
10^{-15}	Femto	f
10^{-18}	Atto	a
10^{-21}	Zepto	z
10^{-24}	Yokto	y

Tabelle 1.2 Basiseinheiten des SI

physikalische Größe		SI-Einheit	
Name	Symbol (Formelzeichen)	Name	Symbol
Länge	l	Meter	m
Masse	m	Kilogramm	kg
Zeit	t	Sekunde	s
elektrische Stromstärke	I	Ampere	A
thermodynamische Temperatur	T	Kelvin	K
Stoffmenge	n	Mol	mol
Lichtstärke	I_v	Candela	cd

Das SI ist weltweit von der internationalen und nationalen Normung übernommen worden (z.B. ISO 1000, DIN 1301). In den Mitgliedsstaaten der EU ist es die Grundlage für die *Richtlinie über Einheiten im Messwesen*.

ISO: *International Organization for Standardization*
DIN: *Deutsches Institut für Normung*

Nach §2 des Zeitgesetzes von 1978 hat die PTB auch die Aufgabe, die gesetzliche Zeit darzustellen und – über Funksignale – zu verbreiten.

In Deutschland ist das *Gesetz über Einheiten im Messwesen* die Rechtsgrundlage für die Angabe physikalischer Größen in gesetzlichen Einheiten im geschäftlichen und amtlichen Verkehr. Die *Ausführungsverordnung zum Gesetz über Einheiten im Messwesen* verweist auf die Norm DIN 1301 und führt in der Anlage die gesetzlichen Einheiten in alphabetischer Reihenfolge auf. Laut Einheitengesetz gehört es zu den Aufgaben der *Physikalisch-Technischen Bundesanstalt* (PTB) in Braunschweig, die gesetzlichen Einheiten darzustellen und entsprechende Verfahren bekannt zu machen.

In Formeln zur Beschreibung von allgemein gültigen Zusammenhängen verwendet man Kurzzeichen für die jeweiligen Größen. Im Gegensatz zu den Einheitenzeichen sind diese Größenzeichen oder *Formelzeichen* kursiv zu setzen. Als Beispiel sei die Formel für die Fläche (A) eines Kreises mit dem Radius (r) angeführt: $A = \pi \cdot r^2$. Die für die Berechnung einzusetzenden Größenwerte sind dabei als Produkt aus dem Zahlenwert und der gewählten Einheit aufzufassen. Man erhält so automatisch ein Ergebnis mit einer korrekten Angabe der Einheit. (Mit $r = 2$ cm ergibt sich für das genannte Beispiel $A = \pi \cdot (2\ \text{cm})^2 = 4\pi\ \text{cm}^2 = 12{,}57\ \text{cm}^2$.) Nicht selten bedarf es aber einiger Umformungen um das zunächst erhaltene Ergebnis in die in dem betreffenden Zusammenhang vertraute Form zu bringen.

Tabelle 1.3 Häufig benutzte abgeleitete SI-Einheiten

physikalische Größe	Symbol	Einheit	Symbol	Beziehung zu anderen SI-Einheiten
Frequenz	ν^1	Hertz	Hz	$1\,\text{Hz} = 1\,\text{s}^{-1}$
Energie, Arbeit, Wärmemenge	E, W, Q	Joule	J	$1\,\text{J} = 1\,\text{N} \cdot \text{m} = 1\,\text{W} \cdot \text{s}$ $= 1\,\text{kg} \cdot \text{m}^2 \cdot \text{s}^{-2}$
Kraft	F	Newton	N	$1\,\text{N} = 1\,\text{J} \cdot \text{m}^{-1} = 1\,\text{kg} \cdot \text{m} \cdot \text{s}^{-2}$
Druck	p	Pascal	Pa	$1\,\text{Pa} = 1\,\text{N} \cdot \text{m}^{-2} = 1\,\text{kg} \cdot \text{m}^{-1} \cdot \text{s}^{-2}$
Leistung	P	Watt	W	$1\,\text{W} = 1\,\text{A} \cdot \text{V} = 1\,\text{J} \cdot \text{s}^{-1} = 1\,\text{kg} \cdot \text{m}^2 \cdot \text{s}^{-3}$
elektrische Ladung	Q	Coulomb	C	$1\,\text{C} = 1\,\text{A} \cdot \text{s} = 1\,\text{J} \cdot \text{V}^{-1}$
elektrische Spannung	U	Volt	V	$1\,\text{V} = 1\,\text{W} \cdot \text{A}^{-1} = 1\,\text{J} \cdot \text{C}^{-1}$ $= 1\,\text{kg} \cdot \text{m}^2 \cdot \text{A}^{-1} \cdot \text{s}^{-3}$
elektrischer Widerstand	R	Ohm	Ω	$1\,\Omega = 1\,\text{V} \cdot \text{A}^{-1} = 1\,\text{S}^{-1}$ $= 1\,\text{kg} \cdot \text{m}^2 \cdot \text{A}^{-2} \cdot \text{s}^{-3}$
elektrischer Leitwert	G	Siemens	S	$1\,\text{S} = \Omega^{-1} = 1\,\text{A} \cdot \text{V}^{-1}$ $= 1\,\text{A}^2 \cdot \text{s}^3 \cdot \text{kg}^{-1} \cdot \text{m}^{-2}$
elektrische Kapazität	C	Farad	F	$1\,\text{F} = 1\,\text{C} \cdot \text{V}^{-1} = 1\,\text{J} \cdot \text{V}^{-2}$ $= 1\,\text{A}^2 \cdot \text{s}^4 \cdot \text{kg}^{-1} \cdot \text{m}^{-2}$
magnetischer Fluss	Φ^2	Weber	Wb	$1\,\text{Wb} = 1\,\text{V} \cdot \text{s} = 1\,\text{kg} \cdot \text{m}^2 \cdot \text{A}^{-1} \cdot \text{s}^{-2}$
magnetische Flussdichte	B	Tesla	T	$1\,\text{T} = 1\,\text{Wb} \cdot \text{m}^{-2} = 1\,\text{V} \cdot \text{s} \cdot \text{m}^{-2}$ $= 1\,\text{kg} \cdot \text{A}^{-1} \cdot \text{s}^{-2}$
Induktivität	L	Henry	H	$1\,\text{H} = 1\,\text{Wb} \cdot \text{A}^{-1} = 1\,\text{V} \cdot \text{s} \cdot \text{A}^{-1}$ $= 1\,\text{kg} \cdot \text{m}^2 \cdot \text{A}^{-2} \cdot \text{s}^{-2}$

[1] ν: nü
[2] Φ: Phi

Großbuchstaben als Einheitenzeichen weisen in der Regel darauf hin, dass dieses Zeichen von einem Eigennamen abgeleitet ist: V (Volta), A (Ampère), Ω (Ohm), S (Siemens), Wb (Weber). Die Verwendung des Einheitenzeichens L für die neben der SI-Einheit (dm^3) verwendete Volumeneinheit Liter ist in dieser Hinsicht eine Ausnahme. Das große L wird gelegentlich verwendet, um möglichen Verwechslungen zwischen dem Schriftzeichen für den Kleinbuchstaben l und dem für die Ziffer 1 vorzubeugen. Im vorliegenden Buch ist durchgehend der der Grundregel entsprechende Kleinbuchstabe gewählt.

Bei der Angabe von Größen ist grundsätzlich ein Abstand von einem Leerzeichen zwischen Zahlenwert und Einheitenzeichen einzuhalten (2 cm, 3,5 kg; nicht 2cm, 3,5kg). Das gilt auch für Angaben in der Einheit Prozent (4,5 %, 30 %; nicht 4,5%, 30%) oder für Temperaturangaben in °C (25 °C; nicht 25° C oder 25°C).

Temperaturangaben In der wissenschaftlichen Literatur gibt man bevorzugt die *thermodynamische Temperatur* in Kelvin (K) an, die sogenannte *absolute* Temperatur. In Alltag und Technik findet man dagegen meist Angaben in der Celsius-Temperatur (°C). Als Formelzeichen für die Celsius-Temperaturen verwendet man überwiegend den kursiv gestellten griechischen Kleinbuchstaben theta: ϑ. Der Nullpunkt der Celsius-Skala entspricht $T_0 = 273{,}15\,\text{K}$, der Gefriertemperatur von Wasser. Da die Einheiten auf beiden Skalen gleich groß sind (1 °C = 1 K), ist bei der Umrechnung der Celsius-Temperatur in die thermodynamische Temperatur der Zahlenwert entsprechend um 273,15 zu erhöhen. Soweit für die Celsius-Temperatur ein ganzzahliger (gerundeter) Wert angegeben ist, addiert man natürlich auch nur den ganzzahligen Wert 273, damit kein falsches Bild über die Genauigkeit der Temperaturmessung entsteht.

Besonders hinzuweisen ist auf das Problem einer nur scheinbaren Genauigkeit bei der Angabe hoher Temperaturen. So wird in vielen Datensammlungen für die Schmelztemperatur von Calciumoxid $\vartheta_m = 2927\,°\text{C}$ angegeben. Wegen der großen Schwierigkeiten, derart hohe Temperaturen zu messen, gibt es aber einen erheblichen Unsicherheitsbereich. Als wissenschaftlich gesichert gilt in diesem Fall $T_m = (3200 \pm 50)\,\text{K}$. Der durch die Subtraktion $3200 - 273 = 2927$ ermittelte „genaue" Wert ist letztlich irreführend. (Sinnvoller wäre die Angabe $\vartheta_m \approx 2950\,°\text{C}$.)

Druckangaben In der SI-Einheit Pascal (1 Pa = 1 N · m^{-2}) ergibt sich für den normalen Luftdruck ein relativ großer Zahlenwert: 101 300 Pa. Im Wetterbericht wird dieser Druck mit dem – sonst selten verwendeten – Vorsatz Hekto (für den Faktor für 100) als 1013 hPa angegeben. Auf diese Weise erhält man den gleichen Zahlenwert wie bei der über lange Zeit gebräuchlichen Angabe in Millibar (1013 mbar). In der Technik wird die Druckeinheit Bar (1 bar = 10^5 Pa) auch heute noch relativ häufig verwendet, denn der Zahlenwert macht sofort klar, in welchem Verhältnis der Druck zum Luftdruck steht.

Das in vielen physikalisch-chemischen Berechnungen auftretende Produkt aus Volumen und Druck eines Gases entspricht jeweils einer Energie. Nützlich ist gelegentlich die Beziehung 1 l · bar = 100 J. Schreibt man nämlich 1 l als 10^{-3} m^3 und multipliziert mit 10^5 N · m^{-2}, also dem 1 bar entsprechenden Druckwert, so erhält man $10^{-3} \cdot 10^5\,\text{N} \cdot \text{m} = 10^2\,\text{N} \cdot \text{m} = 100\,\text{J}$.

Stoffmengen und stoffmengenbezogene Größen Von den sieben Basiseinheiten des SI-Systems wird das **Mol** als Einheit der Basisgröße *Stoffmenge* (Formelzeichen n) als einzige nahezu ausschließlich im Bereich der Chemie angewendet. Seine Definition hängt eng mit der Definition der **Atommasseneinheit u** zusammen: 1 u ist definitionsgemäß 1/12 der Masse eines ^{12}C-Atoms; dessen Masse beträgt damit genau 12 u. Auf eine Masse von genau 12 g dieses C-Isotops bezieht man die Definition der Stoffmengeneinheit: »*Das Mol ist die Stoffmenge eines Systems, das aus ebenso vielen Einzelteilchen besteht, wie Atome in 0,012 Kilogramm des Kohlenstoffnuklids ^{12}C enthalten sind.*« Die Stoffmenge n ist damit direkt proportional zur Anzahl der Teilchen N ($n \sim N$). Natürlich muss jeweils angegeben werden, auf welche Einzelteilchen man sich bezieht. Schließlich enthält eine bestimmte Portion Sauerstoffgas doppelt so viele O-Atome wie O_2-Moleküle ($n(O) = 2\, n(O_2)$).

Zwischen der Stoffmenge einer Teilchenart und der Anzahl N dieser Teilchen besteht folgende Beziehung: $N = n \cdot N_A$. Die **Avogadro-Konstante N_A** ist der Proportionalitätsfaktor für die Umrechnung. Es gilt: $N_A = 6{,}022 \cdot 10^{23}$ mol^{-1}. Eine Stoffmenge von 1 mol entspricht also $6{,}022 \cdot 10^{23}$ Teilchen der betreffenden Art. Diesen Zahlenwert bezeichnet man gelegentlich auch als *Avogadro-Zahl* oder *Loschmidt-Zahl*.

Als **molare Masse M** bezeichnet man den Quotienten aus der Masse und der Stoffmenge einer Stoffportion. Gibt man M in der Einheit g · mol^{-1} an, so stimmt der Zahlenwert mit dem Zahlenwert für die Masse eines Teilchens in der Einheit u überein: $m(1\ H_2O\text{-Molekül}) = 18$ u $\Leftrightarrow M(H_2O) = 18$ g · mol^{-1}. Mithilfe der molaren Masse M ergibt sich ein einfacher Zusammenhang zwischen der Masse m einer Stoffportion und ihrer Stoffmenge n:

$$m = n \cdot M \Leftrightarrow n = m/M$$

> Eine Quotienten-Größe des Typs „Größe X durch Stoffmenge" bezeichnet man allgemein als **stoffmengenbezogene Größe**. Als Name einer solchen Größe wird meist der Name der im Zähler stehenden Größe mit dem Vorsatz **molar** verwendet (z.B. *molare Masse* statt stoffmengenbezogene Masse).

Diese Beziehungen sind die Grundlage für sogenannte stöchiometrische Berechnungen. (*Beispiel*: Wie viel Eisen kann aus 1 t Magnetit (Fe_3O_4) gewonnen werden?)

Das **molare Volumen V_m** ist definitionsgemäß der Quotient aus Volumen und Stoffmenge. Bei (idealen) Gasen ist der Wert von V_m unabhängig von der Masse der Moleküle. Für die Stoffmenge einer Gasportion gilt dann $n = V/V_m$. Die für V und V_m eingesetzten Werte müssen natürlich für die gleichen Bedingungen gelten. Bei Normaldruck (1013 hPa) ergeben sich für V_m beispielsweise die folgenden Werte: $V_m = 22{,}4$ l · mol^{-1} bei 0 °C, bzw. $V_m = 24{,}5$ l · mol^{-1} bei 25 °C.

Praktisch alle chemischen Reaktionen sind mit einem Energieumsatz verbunden. Wie viel Energie jeweils aufgenommen oder abgegeben wird, ist den umgesetzten Stoffmengen direkt proportional. Man gibt daher bevorzugt *stoffmengenbezogene* Werte (Energie durch Stoffmenge) an, sodass der Zahlenwert (in der Einheit kJ · mol^{-1}) allgemein gültig ist. Besonders häufig begegnen uns Angaben für die **molare Reaktionsenthalpie ΔH_R**. Der in der Regel im Anschluss an die Reaktionsgleichung notierte Wert gilt jeweils für den Energieumsatz bei *konstanten Druck*; ein negatives Vorzeichen weist darauf hin, dass Wärme an die Umgebung abgegeben wird (*exotherme Reaktion*):

$$2\ Mg(s) + O_2(g) \to 2\ MgO(s); \quad \Delta H_R = -1202\ \text{kJ} \cdot \text{mol}^{-1}$$

Bei der Bildung von 2 mol Magnesiumoxid aus den Elementen würde demnach eine Wärmemenge von 1202 kJ frei. Diese Schlussfolgerung hat eine wichtige Auswirkung: Verwendet man eine Reaktionsgleichung, bei der die Stöchiometriezahlen halb so groß sind, so halbiert sich auch der Zahlenwert:

$$Mg(s) + \tfrac{1}{2} O_2(g) \to MgO(s); \quad \Delta H_R = -601\ \text{kJ} \cdot \text{mol}^{-1}$$

> Die Stoffmengenkonzentration einer Teilchenart wird gelegentlich auch mithilfe eckiger Klammern angegeben: [Cl$^-$] steht also für $c(Cl^-)$ und [Cl$^-$] = 0,1 mol · l^{-1} ist gleichbedeutend mit $c(Cl^-) = 0{,}1$ mol · l^{-1}.
> Eine Lösung, die beispielsweise die Stoffmengenkonzentration 2 mol · l^{-1} aufweist, wird auch als *zweimolare Lösung* bezeichnet. Für diesen Fall wurde früher die Stoffmengenkonzentration häufig durch die Kurzangabe 2 M gekennzeichnet. Man sprach in diesem Zusammenhang auch von der „Molarität" einer Lösung.

Gehaltsangaben für Mischphasen Die Eigenschaften einer Lösung oder eines Gasgemisches hängen nicht nur von den betreffenden Stoffen, sondern auch von ihrem Anteil ab. Je nach Fragestellung bevorzugt man unterschiedliche Größen, um den Gehalt eines bestimmten Stoffes an einem Mehrstoffsystem anzugeben. Von besonderer Bedeutung ist dabei die **Stoffmengenkonzentration c**, die als Quotient aus der Stoffmenge des gelösten Stoffes und dem Volumen der Lösung definiert ist (SI-Einheit mol · l^{-1}). Die

Massenanteil w ***	**Massenverhältnis** ζ [1] **	**Massenkonzentration** β ***
(ζ: zeta)		
$w = \dfrac{m(G)}{m(L)}$	$\zeta = \dfrac{m(G)}{m(LM)}$	$\beta = \dfrac{m(G)}{V(L)}$
	[1] häufig als Gehaltsangabe für gesättigte Lösungen	
$\boxed{1\ \%}$	$\boxed{1\ \%}$	$\boxed{g \cdot l^{-1}}$
Volumenanteil φ [1] **	**Volumenverhältnis** ψ *	**Volumenkonzentration** σ **
(φ: phi)	(ψ: psi)	(σ: sigma)
$\varphi = \dfrac{V(G)}{V(G) + V(LM)}$	$\psi = \dfrac{V(G)}{V(LM)}$	$\sigma = \dfrac{V(G)}{V(L)}$
[1] praktisch nur für ideale Gasmischungen		
$\boxed{1\ \%}$	$\boxed{1\ \%}$	$\boxed{1\ \%\ \text{„\%vol"}}$
Stoffmengenanteil x [1] ***	**Stoffmengenverhältnis** r *	**Stoffmengenkonzentration** c ****
$x = \dfrac{n(G)}{n(L)} = \dfrac{n(G)}{n(G) + n(LM)}$	$r = \dfrac{n(G)}{n(LM)}$	$c = \dfrac{n(G)}{V(L)}$
[1] früher: Molenbruch $\boxed{1\ \%}$	$\boxed{1\ \%}$	$\boxed{1\ mol \cdot l^{-1}}$
Genormt sind auch Gehaltsangaben in Bezug auf Teilchenzahlen N: Teilchenzahlanteil X Teilchenzahlverhältnis R Teilchenzahlkonzentration C $\square$: mögliche bzw. häufigste Einheit		**Molalität** b *** $b = \dfrac{n(G)}{m(LM)}$ $\boxed{1\ mol \cdot kg^{-1}}$

1.3 Gehaltsangaben für Mischphasen nach DIN 1310 (L: Lösung; G: gelöster Stoff; LM: Lösemittel). Die Anzahl der Sternchen (**) weist auf die Bedeutung der jeweiligen Größe hin.

Massenkonzentration β ist dementsprechend der Quotient aus der Masse des gelösten Stoffes und dem Volumen der Lösung. Der **Massenanteil** w dagegen ist der Quotient aus der Masse des gelösten Stoffes und der Masse der Lösung. Er wird meist in Prozent angegeben; früher sprach man deshalb auch von „Massenprozenten".

Die Benennung der Größen zur Beschreibung der Zusammensetzung von Lösungen folgt einer bestimmten Systematik: Wortverbindungen mit *-konzentration* bezeichnen Quotienten mit dem *Volumen der Lösung* im Nenner. Wortverbindungen mit *-anteil* oder *-verhältnis* stehen jeweils für Quotienten aus Größen gleicher Art. Diese Quotientengrößen entsprechen damit einem Zahlenwert, der meist in Prozent ausgedrückt wird. Die Angabe des „Anteils" bezieht sich jeweils auf die gesamte Lösung, die des „Verhältnisses" auf das Lösemittel allein.

Abbildung 1.3 gibt einen Gesamtüberblick über die nach DIN 1310 genormten Gehaltsangaben für Mischphasen am Beispiel einer Lösung (L) eines gelösten Stoffes (G) in einem Lösemittel (LM). (Die Anzahl der Sternchen in dem jeweiligen Feld gibt einen Hinweis auf die praktische Bedeutung der Größe.)

Probleme bei Berechnungen Zahlreiche Fragestellungen im Bereich der Chemie erfordern die Kombination mehrerer Größen. Die bei einer bestimmten Berechnung eingesetzten Zahlenwerte sind überwiegend gerundete Werte, trotzdem liefert der Taschenrechner oft ein Ergebnis mit mehreren Nachkommastellen. Es bedarf immer einigen Nachdenkens, um aus diesem zunächst errechneten Wert ein *sinnvoll* gerundetes Ergebnis abzuleiten. Dass schematische Regeln dabei wenig hilfreich sind, wird bereits an dem folgenden Beispiel deutlich: Für die Berechnung der molaren Masse verschiedener Verbindungen oder Teilchenarten setzt man oft nur die ganzzahlig gerundeten Werte für die einzelnen Atomarten ein. Für die molare Masse des Wassers ergibt sich damit:

Tabelle 1.4 Wichtige Konstanten

Name	Symbol	Wert
Atommassenkonstante	m_u	$1{,}6605402 \cdot 10^{-27}$ kg = 1 u
Ruhemasse des Protons	m_p	$1{,}6726231 \cdot 10^{-27}$ kg
Ruhemasse des Elektrons	m_e	$9{,}1093897 \cdot 10^{-31}$ kg
Elementarladung	e	$1{,}6021773 \cdot 10^{-19}$ C
Bohrscher Radius	a_0	$5{,}29177249 \cdot 10^{-11}$ m
Boltzmann-Konstante	k	$1{,}380658 \cdot 10^{-23}$ J · K^{-1}
Avogadro-Konstante	N_A	$6{,}02214 \cdot 10^{23}$ mol^{-1}
Faraday-Konstante	$F (= N_A \cdot e)$	$9{,}6485309 \cdot 10^4$ C · mol^{-1}
universelle Gaskonstante	$R (= N_A \cdot k)$	$8{,}31451$ J · K^{-1} · mol^{-1} = $0{,}0831246$ l · bar · K^{-1} · mol^{-1}
Lichtgeschwindigkeit (im Vakuum)	c	$2{,}99792458 \cdot 10^8$ m · s^{-1}
Dielektrizitätskonstante des Vakuums	ε_0*	$8{,}85418782 \cdot 10^{-12}$ F · m^{-1}
Planck-Konstante	h	$6{,}6260755 \cdot 10^{-34}$ J · s
Bohrsches Magneton	μ_B**	$9{,}2740154 \cdot 10^{-24}$ J · T^{-1}

* ε: epsilon
** μ: mü

Tabelle 1.5 Umrechnungsbeziehungen für einige neben dem SI verwendete Einheiten

Größe	Beziehungen	
Länge	1 Å = 10^2 pm = 10^{-10} m	(Å: Ångström)
Energie	1 cal = 4,184 J	
	1 eV = $1{,}6022 \cdot 10^{-19}$ J $\stackrel{\wedge}{=}$ 96,4852 kJ · mol^{-1}	
	1 cm^{-1}* $\stackrel{\wedge}{=}$ $1{,}9865 \cdot 10^{-23}$ J $\stackrel{\wedge}{=}$ $1{,}1963 \cdot 10^{-2}$ kJ · mol^{-1}	
Dipolmoment	1 D = $3{,}336 \cdot 10^{-30}$ C · m	(D: Debye)
Druck	1 bar = 10^5 Pa	
	1 atm = 760 Torr = $1{,}01325 \cdot 10^5$ Pa (= 1013 hPa)	
	1 Torr = 133,32 Pa	

* Einheit der Wellenzahl in der Spektroskopie

>»Der Mangel an mathematischer Bildung gibt sich durch nichts so auffallend zu erkennen, wie durch maßlose Schärfe im Zahlenrechnen.«
>C. F. Gauß

$M(H_2O) = (2 \cdot 1 + 16)$ g · mol^{-1} = 18 g · mol^{-1}. Berücksichtigt man drei Stellen nach dem Komma, ändert sich das Ergebnis kaum: $M(H_2O) = (2 \cdot 1{,}008 + 15{,}999)$ g · mol^{-1} = 18,015 g · mol^{-1}; der genauere Wert ist nur um 0,083 % größer. Für Magnesiumchlorid erhält man bei entsprechendem Vorgehen jedoch erheblich unterschiedliche Werte: $M(MgCl_2)$ = $(24 + 2 \cdot 35)$ g · mol^{-1} = 94 g · mol^{-1}, bzw. $M(MgCl_2) = (24{,}305 + 2 \cdot 35{,}453)$ g · mol^{-1} = 95,211 g · mol^{-1}; der genauere Wert ist um immerhin 1,3 % größer. Mit ganzzahlig gerundetem Zahlenwert wäre also 95 g · mol^{-1} anzugeben. Dieser Wert ergibt sich *gerundet* auch bei einer Berechnung mit *einer* Nachkommastelle: 24,3 + 2 · 35,5 = 95,3 ($\approx$95). Der Wert 95,3 sollte jedoch nicht direkt in weitere Berechnungen übernommen werden, da nach dem Komma korrekt die Ziffer 2 stehen müsste. Das Beispiel macht deutlich, dass in der Regel für die Berechnung einer Größe Zahlenwerte mit zwei Nachkommastellen berücksichtigt werden müssen, damit man im Ergebnis die erste Nachkommastelle gesichert angeben kann.

Die wichtigsten *Konstanten*, die für Berechnungen im Bereich der allgemeinen Chemie benötigt werden, sind in Tabelle 1.4 zusammengestellt. Tabelle 1.5 gibt für einige Einheiten, die neben SI-Einheiten benutzt werden, die Umrechnungsbeziehungen an.

Im Bereich der allgemeinen und physikalischen Chemie verwendet man traditionell einige Formeln, die den natürlichen oder den dekadischen *Logarithmus* (ln bzw. lg) einer Größe enthalten. Ein Beispiel ist die Beziehung $E = E^0 + 0{,}059 \text{ V} \cdot \lg c(\text{Ag}^+)$ zur Berechnung des Elektrodenpotentials (bei 25 °C) für das Redoxsystem Ag⁺(aq)/Ag in Abhängigkeit von der Stoffmengenkonzentration der Silber-Ionen. Soll der Größenwert beispielsweise für $c(\text{Ag}^+) = 10^{-2}$ mol·l⁻¹ berechnet werden, ergibt sich ein Faktor von $\lg(10^{-2}$ mol·l⁻¹$)$. Streng genommen ist damit der Logarithmus eines Produktes zu berechnen, sodass man nach den Rechenregeln die Summe $\lg(10^{-2}) + \lg(\text{mol} \cdot \text{l}^{-1})$ bilden müsste. Da der Logarithmus einer Einheit jedoch nicht definiert (und auch physikalisch sinnlos) ist, rechnete man in diesem Fall früher nur mit dem Zahlenwert und überging einfach dieses Problem einer formal korrekten Berechnung. Nach IUPAC-Empfehlung sollte man dafür sorgen, dass der Logarithmus auch *formal* nur vom jeweiligen Zahlenwert berechnet wird. Man erreicht dies, indem man die jeweilige Größe durch die zugehörige Einheit dividiert. Für das erwähnte Beispiel wäre die Beziehung also folgendermaßen zu formulieren:

$$E = E^0 + 0{,}059 \text{ V} \cdot \lg \frac{c(\text{Ag}^+)}{\text{mol} \cdot \text{l}^{-1}}$$

Nach Einsetzen des Größenwertes 10^{-2} mol·l⁻¹ lässt sich die Einheit herauskürzen, sodass die Berechnung ($\lg 10^{-2} = -2$) völlig korrekt ist. Diese IUPAC-Empfehlung wird bisher nicht immer beachtet, kann aber relativ problemlos beim Umgang mit entsprechenden Gesetzmäßigkeiten berücksichtigt werden.

1.3 Nomenklatur – systematisch oder traditionell?

Die heute in der Praxis verwendeten Namen für chemische Verbindungen entsprechen längst nicht alle dem aktuellen System der IUPAC-Regeln. Denn viele seit langer Zeit verwendete Stoffe haben ihre traditionellen Namen behalten. Solche Namen wie *Wasser*, *Salpetersäure*, *Kaliumpermanganat* oder *Natronlauge* werden wohl kaum aus Labor und Technik verschwinden. Das wird auch durch die IUPAC-Empfehlungen nicht angestrebt. Die Regeln und Erläuterungen geben aber zahlreiche Hinweise und Anregungen, wie sich die Benennung von Stoffen und die Schreibweise von Formeln vereinheitlichen lässt. Einige elementare Aspekte sollen hier kurz erwähnt werden:

- Für die Namen einiger Elemente wird eine Schreibweise festgelegt, die dem Elementsymbol und damit auch weitgehend der englischen Schreibweise entspricht: Co: Cobalt, I: Iod (statt Jod), Bi: Bismut (statt Wismut), Cs: Caesium (statt Cäsium). Für die Chemie gelten grundsätzlich die „wissenschaftlichen" Schreibweisen wie *Calcium*, *Silicium* oder *Zirconium* (nicht: Kalzium, Silizium, Zirkonium).
- In der Formel einer Verbindung werden die Elemente in der Regel nach zunehmender Elektronegativität der betreffenden Atome aufgeführt: NaCl, MgO, ICl, H_2S, H_2SO_4, HNO_3. Eine Ausnahme in dieser Hinsicht ist allerdings die Formel für Ammoniak (NH_3). Soweit eine Verbindung zwei verschiedene Kationen (in einem bestimmten Anzahlverhältnis) enthält, werden sie sowohl in der Formel als auch im Namen jeweils in *alphabetischer* Reihenfolge genannt (Beispiel: KNH_4HPO_4: Ammonium-kalium-hydrogenphosphat).
- Für einige Atomarten tritt in den systematischen Namen von Verbindungen an die Stelle des deutschen Elementnamens eine dem Elementsymbol entsprechende Bezeichnung. Ein Beispiel ist *Hydrogen* für Wasserstoff in Verbindungen mit Elementen höherer Elektronegativität. Der systematische Name für Chlorwasserstoff (HCl) ist also *Hydrogenchlorid*, für Schwefelwasserstoff (H_2S) *Hydrogensulfid* (bzw. Dihydrogensulfid); für Wasser („Wasserstoffoxid", H_2O) ergäbe sich damit der Name *Hydrogenoxid*. Für solche häufig verwendeten Stoffe wird man in der deutschsprachigen Literatur aber überwiegend die traditionellen Bezeichnungen finden.

Die deutsche Ausgabe des aktuellen Regelwerkes der IUPAC „Nomenklatur der Anorganischen Chemie" erschien 1994. Der Text mit einem Umfang von 340 Seiten richtet sich im Wesentlichen an Fachleute. Als Lehrbuch der Nomenklatur ist er kaum geeignet.

Hinweis: Eine Überarbeitung aus dem Jahre 2005 liegt bisher nur in englischer Sprache vor. Die dort enthaltenen Neuregelungen sind in der deutschen Fachliteratur bisher kaum beachtet worden.

Hinweis: Der Begriff der Elektronegativität und die Elektronegativitätsskala werden ausführlich in Abschnitt 5.7 behandelt.

Im Falle der Elemente Kohlenstoff, Stickstoff, Sauerstoff und Schwefel spielen die Stammsilben der Bezeichnungen *Carbon*, *Nitrogen*, *Oxygen* und *Sulfur* eine große Rolle für die Benennung von Verbindungen. Zusammen mit einer charakteristischen Endung bezeichnen sie bestimmte anionische Teilchenarten: Carbid (C^{4-}), Carbonat (CO_3^{2-}), Nitrid (N^{3-}), Nitrit (NO_2^-), Nitrat (NO_3^-), Oxid (O^{2-}), Sulfid (S^{2-}), Sulfit (SO_3^{2-}), Sulfat (SO_4^{2-})

- Das Anzahlverhältnis kann im Namen durch sogenannte multiplikative Präfixe (mono-, di-, tri-, tetra- usw.) ausgedrückt werden, soweit es zur Klarstellung erforderlich ist (Beispiel: $CO_2 \triangleq$ Kohlenstoffdioxid, $CO \triangleq$ Kohlenstoffmonoxid). Der Name für die Verbindung $CaCl_2$ ist jedoch *Calciumchlorid* (und nicht Calciumdichlorid), für Na_2SO_4 entsprechend *Natriumsulfat* (und nicht Dinatriumsulfat). Es wird also vorausgesetzt, dass die Ladungszahlen der betreffenden Ionen (Ca^{2+}, Na^+, Cl^-, SO_4^{2-}) allgemein bekannt sind und somit die Verbindungen durch die kürzeren Namen bereits eindeutig beschrieben sind. (In Lehrbüchern oder Chemikalienkatalogen würde man vergeblich „Dinatriumsulfat" suchen!)

- Soweit Elemente Verbindungen in verschiedenen Oxidationsstufen bilden, verwendet man für ihre Verbindungen meist Namen, welche die Oxidationsstufe direkt angeben. So wird wohl jeder Chemiker die Oxide Cu_2O und CuO als Kupfer(I)-oxid bzw. Kupfer(II)-oxid bezeichnen und nicht von „Dikupferoxid" oder „Kupfermonoxid" sprechen. Auch für PbO_2, TiO_2 oder MnO_2 werden die Namen Blei(IV)-oxid, Titan(IV)-oxid bzw. Mangan(IV)-oxid bevorzugt. Fe_2O_3 wird in der Praxis immer Eisen(III)-oxid genannt; das formal zulässige *Dieisentrioxid* würde kaum akzeptiert. Bei den (molekularen) Verbindungen der Nichtmetalle ist die Angabe der Oxidationsstufe dagegen weniger gebräuchlich. Die Stickstoffoxide N_2O, NO und NO_2 beispielsweise werden überwiegend Distickstoffoxid, Stickstoffmonoxid bzw. Stickstoffdioxid genannt.

   Der Name *Tetraphosphordecaoxid* ($\triangleq P_4O_{10}$) für das bei der Verbrennung von Phosphor gebildete Oxid (mit Phosphor in der Oxidationsstufe V) spielt *praktisch* keine Rolle. Will man aber klarstellen, dass Phosphor(V)-oxid aus P_4O_{10}-Molekülen besteht (und nicht etwa aus P_2O_5-Molekülen), so bietet es sich an, die Formel hinzuzufügen: Phosphor(V)-oxid (P_4O_{10}). Die auch heute noch – zusammen mit der Formel P_2O_5 – verwendete Bezeichnung „Phosphorpentoxid" sollte nicht mehr akzeptiert werden, denn nach den allgemeinen Regeln würde sie die nicht existierende Verbindung PO_5 bezeichnen. Entsprechendes gilt im Falle von Arsen(III)-oxid (As_2O_3, „Diarsentrioxid") für den veralteten Namen „Arsentrioxid".

- Bei der Benennung von allgemein bekannten Sauerstoffsäuren und ihren Salzen wird durchweg die traditionelle Bezeichnung bevorzugt. Namen wie Schwefelsäure (H_2SO_4), Bariumsulfat ($BaSO_4$), Salpetersäure (HNO_3), Silbernitrat ($AgNO_3$) sind kurz und bieten kaum Anlass zu Missverständnissen. Die Endung **-at** stellt dabei in der Regel klar, dass das jeweilige Nichtmetall in der höchsten Oxidationsstufe vorliegt. Die Endung **-it** kennzeichnet dann ein Anion, in dem die Oxidationsstufe des Nichtmetalls um zwei Einheiten niedriger ist: Natriumnitrit ($NaNO_2$), Kaliumsulfit (K_2SO_3). Die entsprechenden Säuren nennt man „Salpetrige Säure" (HNO_2) bzw. „Schweflige Säure" (H_2SO_3).

Hinweis: Die Regeln zur Ermittlung von Oxidationsstufen werden in Abschnitt 11.1 ausführlich erläutert.

Da bei einigen Elementen Sauerstoffsäuren in mehr als zwei Oxidationsstufen auftreten, wurden weitere Namenszusätze eingeführt. So steht *Chlorsäure* für die Verbindung $HClO_3$ (mit Chlor in der Oxidationsstufe V); das ClO_3^--Anion heißt dementsprechend *Chlorat*. $HClO_4$ (mit Chlor in der höchstmöglichen Oxidationsstufe VII) wird als *Perchlorsäure* bezeichnet; ihre Salze nennt man *Perchlorate*. Neben der *Chlorigen Säure* ($HClO_2$) kennt man $HClO$ als eine weitere Sauerstoffsäure des Chlors; sie wird als *Hypochlorige Säure* bezeichnet.

Hinweis: Regeln zur Benennung der sogenannten **Komplexverbindungen** werden in Abschnitt 12.2 ausführlich erläutert.

Die nach den allgemeinen Regeln gebildeten Namen für Sauerstoffsäuren und ihre Salze werden kaum verwendet, da sie relativ umständlich wirken. Die im Falle von Schwefelsäure (H_2SO_4) möglichen Namen wären nämlich *Dihydrogentetraoxosulfat*, *Hydrogentetraoxosulfat(VI)* oder *Hydrogentetraoxosulfat(2–)*. Natriumnitrit ($NaNO_2$) und Natriumnitrat ($NaNO_3$) beispielsweise wären *Natriumdioxonitrat(III)* bzw. *Natriumtrioxonitrat(V)* zu nennen.

Trivialnamen und Mineralnamen Neben regelgerechten Stoffbezeichnungen und allgemein verwendeten traditionellen (halbsystematischen) Namen kennt jeder Chemiker auch heute eine ganze Reihe von Trivialnamen. Als Beispiele seien *Braunstein* (MnO_2, Mangan(IV)-oxid), *Soda* (Na_2CO_3, Natriumcarbonat), *Kalkstein* ($CaCO_3$, Calciumcarbonat) und *Lachgas* (N_2O, Distickstoffoxid) genannt. Es handelt sich dabei um zusätzliche Bezeichnungen, die vorzugsweise in Alltag und Technik verwendet werden. Gelegentlich werden auch neue Trivialnamen eingeführt. Sie beziehen sich in der Regel auf neu entdeckte Verbindungen oder Stoffklassen, für die eine systematische Bezeich-

1.3 Nomenklatur – systematisch oder traditionell?

Tabelle 1.6 Beispiele für Stoffe, die überwiegend mit dem traditionellen Namen bezeichnet werden.

Formel	traditioneller Name (bzw. Trivialname)	systematischer Name
H_2	Wasserstoff	Diwasserstoff (Dihydrogen)
O_2	Sauerstoff	Disauerstoff (Dioxygen)
O_3	Ozon	Trisauerstoff (Trioxygen)
P_4	weißer Phosphor	Tetraphosphor
H_2O_2	Wasserstoffperoxid	Hydrogendioxid(2−)
BaO_2	Bariumperoxid	Bariumdioxid(2−)
KO_2	Kaliumhyperoxid	Kaliumdioxid(1−)
$AgNO_3$	Silbernitrat	Silbertrioxonitrat(V) Silber(I)-trioxonitrat Silbertrioxonitrat(1−)
$BaSO_3$	Bariumsulfit	Bariumtrioxosulfat(IV) Bariumtrioxosulfat(2−)
$NaHSO_4$	Natriumhydrogensulfat	Natriumhydrogentetraoxosulfat(VI) Natriumhydrogentetraoxosulfat(1−)

nung viel zu unhandlich wäre. Beispiele dieser Art sind *Fullerene* für Kohlenstoff-Moleküle wie C_{60} oder C_{70} und *Kronenether* für ringförmige Polyether.

Tabelle 1.6 enthält einige weitere Beispiele, bei denen der systematische Name in der Praxis kaum verwendet wird.

Im Sinne der IUPAC-Nomenklatur haben auch *Mineralnamen* den Charakter von Trivialnamen, denn die Namen selbst beschreiben die *Zusammensetzung* der Stoffe nur unvollständig oder gar nicht: Diamant (C), Bleiglanz (PbS), Zinkblende (ZnS), Zinnstein (SnO_2), Rutil (TiO_2), Quarz (SiO_2). Jeder Chemiker sollte natürlich die Namen der wichtigsten Mineralien kennen, denn sie begegnen ihm nicht nur im Gespräch mit Mineralogen, sondern auch bei Diskussionen über die Verarbeitung von Erzen und anderen Rohstoffen.

Einige Mineralnamen haben aber auch unmittelbar Bedeutung für die Fachsprache der Chemie: *Strukturtypen* werden oft nach dem entsprechenden *Mineral* benannt. So spricht man beispielsweise vom Steinsalz-, vom Zinkblende- oder vom Rutil-Typ. Mineralnamen und andere Trivialnamen werden vielfach auch benutzt, um verschiedene *Modifikationen* (d.h. Stoffe gleicher Zusammensetzung, aber unterschiedlicher Struktur) zu unterscheiden. Beispiele sind „weißer Phosphor", „roter Phosphor" und „schwarzer Phosphor", „Graphit" und „Diamant" (im Falle des Kohlenstoffs), „Zinkblende" und „Wurtzit" (im Falle des Zinksulfids) oder „Calcit" und „Aragonit" (im Falle des Calciumcarbonats).

Die kurz als **18**-Krone-**6** bezeichnete Verbindung wäre systematisch als „1,4,7,10,13,16-Hexaoxacyclooctadecan" zu berennen.

Das moderne Weltbild der Naturwissenschaften wurde nicht zuletzt durch eine Reihe von Entdeckungen über den Aufbau der Atome geprägt. Diese Entdeckungsgeschichte begann vor wenig mehr als 100 Jahren; sie ist mit den Namen vieler berühmter Physiker und Chemiker verknüpft. Unser heutiges Leben mit all seinen Annehmlichkeiten – aber auch einigen Gefahren – wäre ohne diese Entdeckungen nicht möglich.

Aufbau der Atome

2

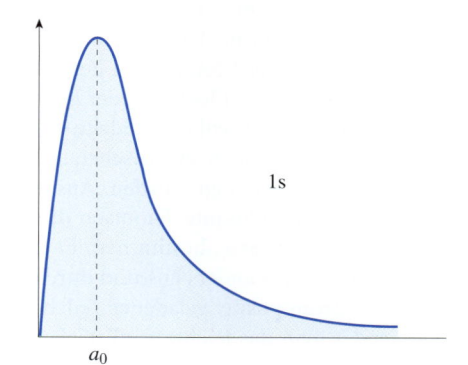

Kapitelübersicht

2.1 Atomkern und Elementarteilchen
Exkurs: Massenspektrometrie

2.2 Kernreaktionen
Exkurs: Isotopentrennung

2.3 Der Aufbau der Elektronenhülle
Exkurs: Atomabsorptionsspektroskopie (AAS)

Die Grenzen zwischen den klassischen Naturwissenschaften Physik, Chemie und Biologie verlieren zunehmend an Bedeutung. So ist es für einen Chemiker heute unerlässlich, physikalische und biologische Grundprinzipien zu kennen und zu verstehen. Auch wenn der Atomkern und seine Bausteine, die Elementarteilchen, Gegenstand physikalischer Forschungen sind, kann ein Lehrbuch über Allgemeine und Anorganische Chemie nicht darauf verzichten, einige grundlegende Tatsachen hierzu zu vermitteln.

2.1 Atomkern und Elementarteilchen

Demokrit von Abdera, griechisch *Demokritos*, griechischer Philosoph, um 460 v. Chr. bis um 375 v. Chr.; einer der größten Philosophen des Altertums.

John Dalton, britischer Chemiker und Physiker, 1766–1844; Autodidakt und Privatgelehrter, 1817 Präsident der Manchester Literary and Philosophical Society; ab 1816 Mitglied der Académie Française in Paris; ab 1822 Mitglied der *Royal Society* in London.

Sir Joseph John Thomson, englischer Physiker, 1856–1940; Professor in Cambridge, Direktor des Cavendish Laboratory, 1906 Nobelpreis für Physik (für die Arbeiten über den Durchgang der Elektrizität durch Gase).

Der Begriff des Atoms für die kleinsten und nicht weiter teilbaren Bausteine jeder Art von Materie wurde von griechischen Philosophen, namentlich Demokrit, in der Zeit um 400 v. Chr. geprägt. Trotz mancher Wandlungen – vor allem durch Dalton (um 1810) – blieb diese Vorstellung bis zum Ende des 19. Jahrhunderts grundlegender Bestandteil des naturwissenschaftlichen Weltbildes.

Es war ein einfaches Experiment, durchgeführt und gedeutet von Joseph John Thomson im Jahre 1897, das dieses Weltbild mit einem Schlage zerstörte und den Zugang zur modernen Naturwissenschaft eröffnete. Thomson brachte zwei Elektroden in ein Glasrohr ein, füllte es mit einem Gas und legte eine hohe elektrische Spannung von einigen tausend Volt an. Er beobachtete eine Leuchterscheinung, die sich durch elektrische und magnetische Felder beeinflussen ließ. Da die Leuchterscheinung von der mit dem Minuspol verbundenen Elektrode, der Kathode, ausging, nannte er sie **Kathodenstrahlung** (Abbildung 2.1). Offenbar handelte es sich um negativ geladene Teilchen, die durch Einwirkung der hohen elektrischen Feldstärke entstanden und von der Kathode zur Anode hin beschleunigt wurden. Aus Ablenkungsversuchen in elektrischen und magnetischen Feldern konnte Thomson die *spezifische Ladung* der Teilchen, das Verhältnis von Ladung zu Masse, bestimmen. Er nannte die Teilchen **Elektronen**. Führt man das Experiment etwas anders aus und durchbohrt die Kathode, lässt sich auf analoge Weise auch ein Strom positiv geladener Teilchen nachweisen, die sogenannten **Kanalstrahlen**. Verwendet man das leichteste aller chemischen Elemente, den Wasserstoff, als Füllgas,

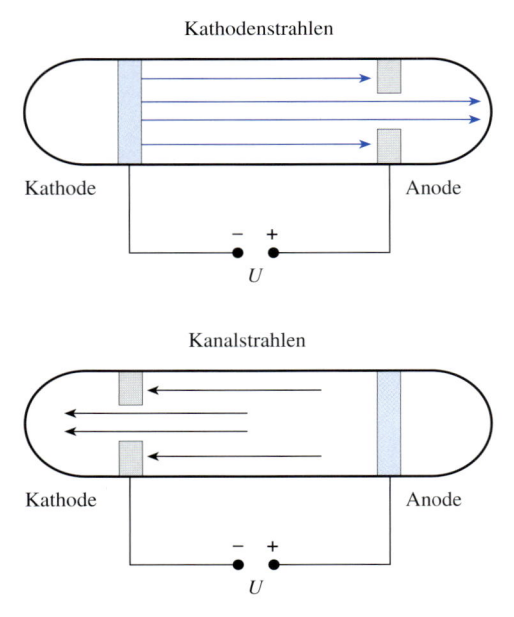

2.1 Prinzip der Erzeugung von Kathoden- und Kanalstrahlen.

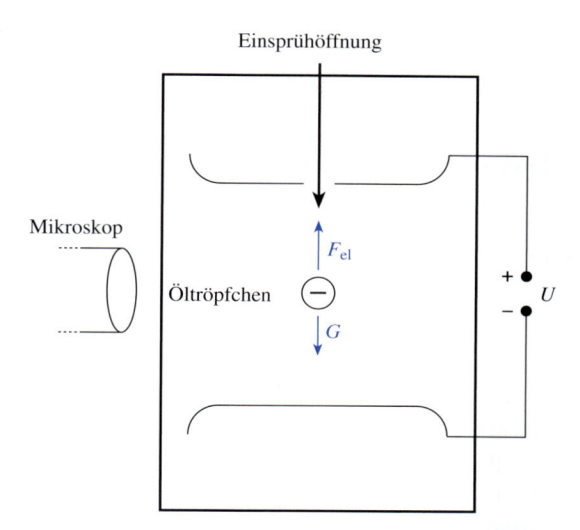

2.2 Versuchsanordnung von Millikan zur Bestimmung der Elementarladung.

bestehen die Kanalstrahlteilchen aus **Protonen**. Damit war der Beweis erbracht, dass Atome nicht unteilbar sind; sie lassen sich in positive und negative Teilchen zerlegen.

Seit 1909 weiß man, dass es eine kleinste Einheit der elektrischen Ladung gibt, die **Elementarladung** e. Das entscheidende Experiment wurde von Robert Millikan durchgeführt und ausgewertet: Er erzeugte durch Versprühen von Öl elektrisch aufgeladene winzige Tröpfchen und untersuchte ihr Verhalten im elektrischen Feld eines Plattenkondensators (Abbildung 2.2). Dort wirken sich zwei Kräfte auf die Bewegung der Öltröpfchen aus: Gewichtskraft (G) und elektrostatische Kraft (F_{el}). Aus Messungen der Bewegungsgeschwindigkeit in Abhängigkeit von Teilchengröße und Polung des Kondensators ließ sich der genaue Zahlenwert der Elementarladung bestimmen. Alle höheren positiven wie negativen Ladungen sind ganzzahlige Vielfache dieser Elementarladung. Mithilfe von **Ladungszahlen** gibt man an, wie viele Elementarladungen ein Teilchen aufweist: Al^{3+}, SO_4^{2-}.

Erst sehr viel später, im Jahre 1932, gelang James Chadwick der Nachweis eines weiteren Teilchens als Bestandteil der Atome, des ungeladenen **Neutrons**. Die drei Teilchen – Elektronen, Protonen und Neutronen – werden **Elementarteilchen** genannt. Sie sind die Bausteine der Atome. Heute wissen wir, dass Protonen und Neutronen aus noch kleineren Teilchen, den Quarks, aufgebaut sind. Von ihnen soll jedoch an dieser Stelle nicht weiter die Rede sein, da sie für das Verständnis chemischer Zusammenhänge nicht von Bedeutung sind. In Tabelle 2.1 sind Masse und Ladung von Elektron, Proton und Neutron zusammengestellt.

Die Masse eines Protons ist beinahe genauso groß wie die eines Neutrons. Beide sind etwa zweitausend mal so schwer wie ein Elektron. Bis auf das Vorzeichen sind die Ladung des Elektrons und die des Protons identisch.

Robert Andrews **Millikan**, amerikanischer Physiker, 1868–1953; Professor in Chicago, 1921–1945 Präsident des California Institute of Technology in Pasadena, 1923 Nobelpreis für Physik (für die Präzisionsbestimmungen der Elementarladung).

Sir James **Chadwick**, englischer Physiker, 1891–1974; Professor in Liverpool und Cambridge, 1935 Nobelpreis für Physik (für die Entdeckung des Neutrons).

Tabelle 2.1 Masse und Ladung von Elementarteilchen

	Elektron (e)	Proton (p)	Neutron (n)
Masse	$0,9109 \cdot 10^{-27}$ g = 0,0005486 u	$1,6726 \cdot 10^{-24}$ g = 1,00726 u	$1,6749 \cdot 10^{-24}$ g = 1,00865 u
Ladung	e^- $-1,602 \cdot 10^{-19}$ C	e^+ $1,602 \cdot 10^{-19}$ C	– –

Für die Atommasseneinheit u gilt:
1 u = $1,6605402 \cdot 10^{-24}$ g

Ein Atom besteht aus dem Atomkern und der Elektronenhülle. Mehr als 99,9% der Masse eines Atoms konzentriert sich im Atomkern. Dieser enthält Protonen und (mit Ausnahme des Wasserstoffs) Neutronen. Die Bausteine des Atomkerns werden auch als **Nukleonen** bezeichnet (lateinisch *nucleus*, Kern). Die Anzahl der Protonen im Atomkern wird **Kernladungszahl** oder auch **Ordnungszahl** genannt. Die Ordnungszahl ist charakteristisch für ein chemisches Element und in neutralen Atomen identisch mit der Anzahl der Elektronen in der Elektronenhülle. Der Durchmesser eines Atoms liegt in der Größenordnung von 10^{-10} m (100 pm), der des Atomkerns beträgt hingegen nur etwa 10^{-15} m.

Isotope

Die meisten Elemente bestehen aus Atomen mit verschiedenen Massen; ihre Atomkerne weisen eine unterschiedliche Anzahl von Neutronen auf. Solche Atome mit gleicher Protonen-, jedoch unterschiedlicher Neutronenanzahl bezeichnet man als **Isotope**. Die Atome eines Elements können aus einem (z. B. Aluminium) oder aus bis zu zehn Isotopen (z.B. Zinn) bestehen. Das chemische Verhalten aller Isotope eines Elementes ist gleich. Manche physikalische Eigenschaften der einzelnen Isotope unterscheiden sich jedoch aufgrund ihrer unterschiedlichen Masse deutlich voneinander. Zur eindeutigen Bezeichnung eines Isotops wird die folgende Schreibweise verwendet: Dem Elementsymbol wird die tiefgesetzte Protonenzahl und die hochgesetzte Nukleonenanzahl vorangestellt. Für das häufigste Isotop des Kohlenstoffs ergibt sich so das Symbol $^{12}_{6}C$. Die gesamte Nukleonenanzahl wird auch als **Massenzahl** bezeichnet.

Beim Element Wasserstoff treten geringfügige Unterschiede im chemischen Verhalten zwischen den drei Isotopen $^{1}_{1}H$, $^{2}_{1}H$ und $^{3}_{1}H$ auf. Dies lässt sich auf die relativ großen Unterschiede der Atommassen der einzelnen Isotope zurückführen. Für die

EXKURS

Massenspektrometrie

Bereits im 19. Jahrhundert hatte man Methoden entwickelt, mit denen sich Atommassen sehr genau bestimmen ließen. All diese Methoden lieferten jedoch stets die *mittlere* Atommasse des jeweils analysierten natürlichen Gemischs der verschiedenen Isotope eines Elements. Da die Massen von Protonen und Neutronen sehr nahe bei 1 u liegen, gibt häufig schon die mittlere Atommasse eines Elements Auskunft darüber, ob es sich um ein Isotopengemisch oder ein **Reinelement** handelt. Liegt der Wert der Atommasse nahe bei einer ganzen Zahl, handelt es sich oft um ein einziges Isotop. Weist hingegen die Atommasse einen zwischen benachbarten ganzen Zahlen liegenden Wert auf, muss es sich um ein Isotopengemisch handeln. So besteht Chlor mit einer (mittleren) Atommasse von 35,45 u aus zwei Isotopen mit den Massenzahlen 35 und 37.

Eine Methode, die Massen der Isotope und ihre relative Häufigkeit sehr genau zu bestimmen, ist die **Massenspektrometrie**. Die Funktionsweise eines Massenspektrometers ist schematisch in Abbildung 2.3 dargestellt.

Mit dieser Methode können nur gasförmige Stoffe untersucht werden; die Proben müssen daher im Allgemeinen erhitzt werden. Aus den gasförmigen Teilchen wird durch Energiezufuhr ein Elektron abgespalten. Dies geschieht meist durch Beschuss mit Elektronen hinreichend großer Energie. Die dabei gebildeten positiven Ionen werden in ein elektrisches und/oder magnetisches Feld hinein beschleunigt. Dort wirken auf die Ionen ablenkende Kräfte, deren Ausmaß vom Verhältnis der Masse zur Ladung abhängt. Auf diese Weise werden Ionen verschiedener Masse – also auch Isotope – voneinander getrennt. Nach erfolgter Trennung werden sie mithilfe geeigneter Detektoren registriert. Praktisch erfasst man in fast allen Fällen nur einfach positive Ionen.

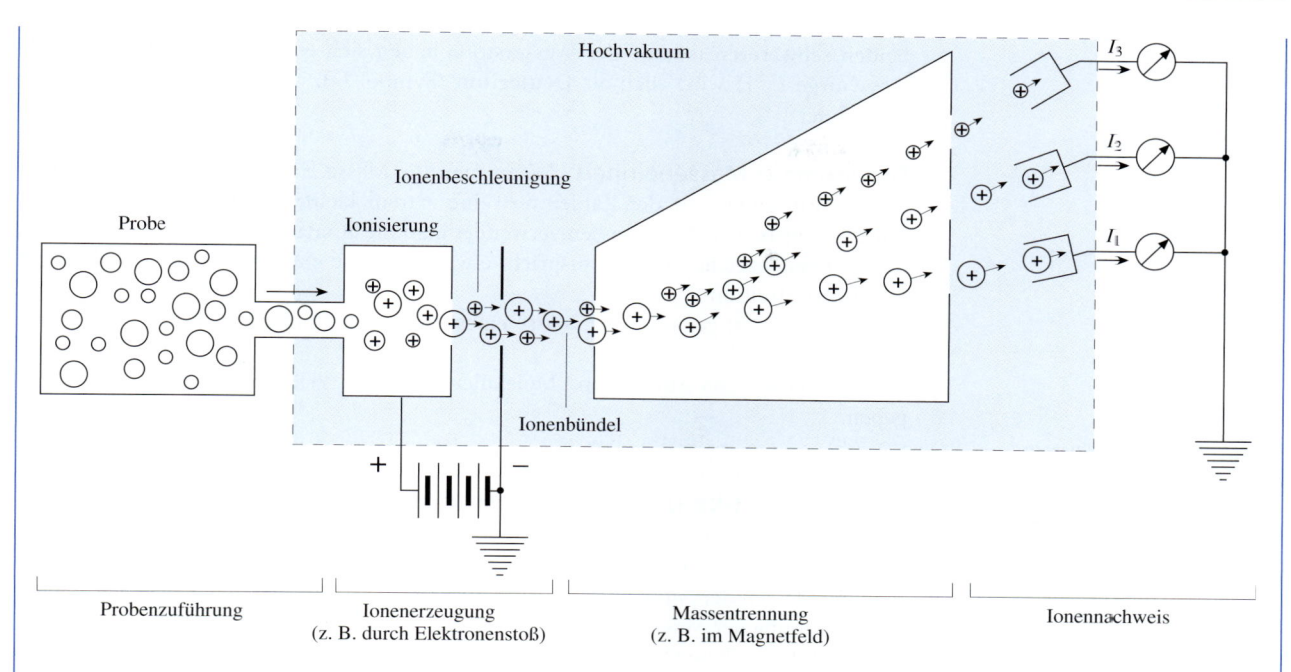

2.3 Funktionsprinzip eines Massenspektrometers.

In einem **Massenspektrum** wird ein Maß für die Anzahl der gebildeten Ionen, der Ionenstrom, gegen die Massenzahl aufgetragen. Abbildung 2.4 zeigt einen Ausschnitt aus dem Massenspektrum von Quecksilber. Man erkennt die nach Massen getrennten Isotope des Quecksilbers. Die Höhe eines **Peaks** entspricht der relativen Häufigkeit des jeweiligen Isotops in der Probe. Diese ursprünglich für den Nachweis von Isotopen entwickelte Massenspektrometrie wird heute in vielen Bereichen der Naturwissenschaften angewendet: Der Nachweis chemischer Substanzen, Spuren- und Umweltanalytik, Strukturaufklärung, Altersbestimmung geologischer und historischer Proben sowie Dopingkontrollen seien hier als Beispiele genannt.

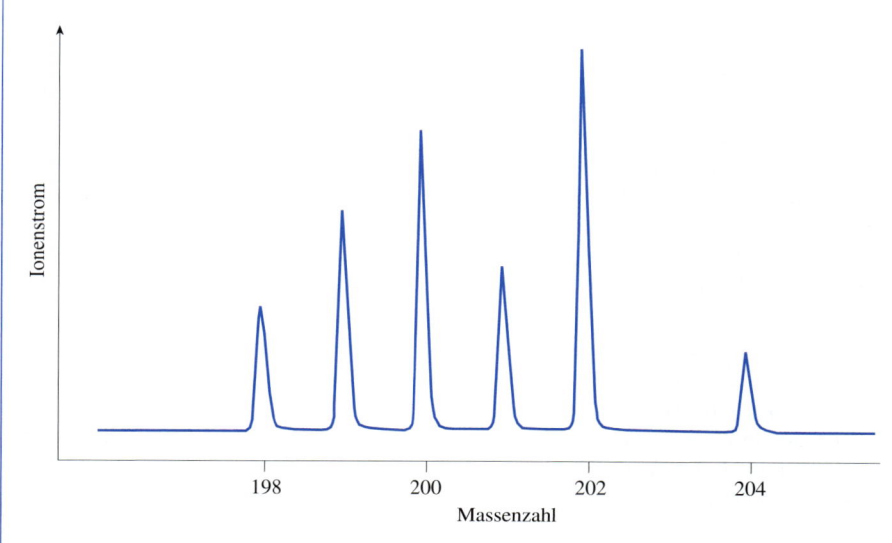

2.4 Massenspektrum von Quecksilber.

beiden schwereren Isotope des Wasserstoffs haben sich eigene Namen und Symbole eingebürgert. $^{2}_{1}H$ wird auch als **Deuterium** (Symbol D), $^{3}_{1}H$ als **Tritium** (Symbol T) bezeichnet.

Die atomare Masseneinheit Wenn man die Masse eines Atoms in Gramm oder Milligramm angibt, ist der Zahlenwert eine extrem kleine, wenig einprägsame Zahl. Für die Angabe von Atommassen verwendet man die atomare Masseneinheit (unit) mit dem Einheitenzeichen u. 1 u entspricht etwa der Masse eines Nukleons. Seit 1961 gilt folgende Definition:

1 u entspricht genau $\frac{1}{12}$ der Masse eines Atoms des Kohlenstoff-Isotops $^{12}_{6}C$. Dabei gilt: $1\,u = 1{,}66054 \cdot 10^{-24}$ g.

Alle Massen von Atomen und Molekülen werden in Vielfachen dieser Einheit angegeben.

Albert **Einstein**, deutsch-schweizerisch-amerikanischer Physiker, 1879–1955; Professor in Zürich, Prag, Berlin und Princeton, ab 1914 Mitglied der Preußischen Akademie der Wissenschaften, 1914–1934 Direktor des Kaiser-Wilhelm-Instituts für Physik in Berlin, 1921 Nobelpreis für Physik (für seine Verdienste um die theoretische Physik, besonders für seine Entdeckung des Gesetzes des fotoelektrischen Effekts).

Massendefekt und Kernbindungsenergie

Der Atomkern des Heliums besteht aus zwei Protonen und zwei Neutronen. Addiert man die Massen der Nukleonen, erhält man einen Wert von 4,0319 u. Die experimentelle Bestimmung der Masse des Helium-Atomkerns liefert hingegen einen etwas kleineren Wert: 4,0015 u. Diese Diskrepanz gilt nicht nur für den Atomkern von Helium, sondern für alle aus mehreren Nukleonen bestehenden Atomkerne. Sie sind stets leichter als die Summe der Massen der Nukleonen. Man bezeichnet diese Erscheinung als **Massendefekt**. Beim Helium beträgt er mit 0,0304 u etwa 0,75 %. Albert Einstein konnte zeigen, dass Masse und Energie äquivalent zueinander sind. Prinzipiell kann also Masse in Energie und Energie in Masse umgewandelt werden. Quantitativ wird dies durch die Einsteinsche Gleichung beschrieben:

$$E = m \cdot c^2$$

Die Umwandlung von 1 g Materie in Energie entspricht danach einem Energiebetrag von 931,5 MeV (Megaelektronvolt) bzw. $9 \cdot 10^{10}$ kJ. Dieselbe Energiemenge wird bei der Verbrennung von 2700 t Kohlenstoff zu Kohlenstoffdioxid freigesetzt.

Für das Beispiel Helium bedeutet dies, dass bei der Bildung von 4,0015 g Helium-Kernen aus Protonen und Neutronen eine Energie von $0{,}03 \cdot 9 \cdot 10^{10}$ kJ = $2{,}7 \cdot 10^{9}$ kJ (bzw. 28 MeV) frei werden würde. Ob eine solche Bildung von Helium-Kernen aus Nukleonen tatsächlich realisierbar wäre, ist eine andere Frage. Ein Mol Helium-Kerne ist also um den genannten Energiebetrag stabiler als die Bausteine, zwei Mol Protonen und zwei Mol Neutronen. Umgekehrt muss dieser Energiebetrag aufgewendet werden, um die Helium-Kerne in ihre Bestandteile zu spalten. Man bezeichnet die sich auf diese Weise für eine Atomart aus dem Massendefekt ergebende Energie als die **Kernbindungsenergie**. Dies ist die Energie, durch welche die Nukleonen in einem Atomkern zusammengehalten werden. Sie ist um ein Vielfaches größer als die Abstoßungsenergie der gleichsinnig geladenen Protonen. Der Absolutwert der Kernbindungsenergie nimmt mit steigender Atommasse der Elemente zu. Um die Stabilität der Atomkerne sinnvoll vergleichen zu können, betrachtet man jedoch nicht die Zahlenwerte des Massendefekts (bzw. der Kernbindungsenergie) pro Atom, sondern pro Nukleon. Für den Fall des Heliums mit vier Nukleonen ergibt sich so für den Massendefekt pro Nukleon ein Wert von $\frac{0{,}03}{4}$ u bzw. eine Kernbindungsenergie von etwa 7 MeV. In Abbildung 2.5 ist die auf entsprechende Weise normierte Kernbindungsenergie für die Atomkerne einiger chemischer Elemente gegen deren Atommasse aufgetragen.

Die Kernbindungsenergie der Atomkerne zeigt einen charakteristischen Verlauf. Für Eisen ergibt sich der größte Wert pro Nukleon. Der Kern des Eisen-Atoms ist demnach als der stabilste aller Atomkerne anzusehen.

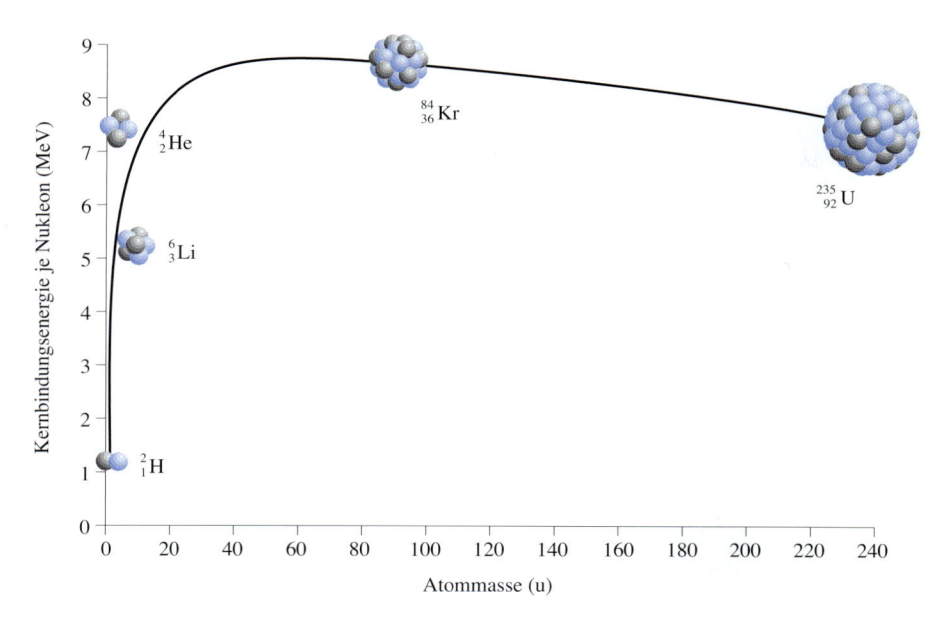

2.5 Kernbindungsenergie je Nukleon in Abhängigkeit von der Atommasse.

Radioaktivität

Die Entdeckung der Radioaktivität ist in erster Linie mit den Namen von Henri Becquerel sowie von Marie und Pierre Curie verbunden. Sie entdeckten, dass einige natürlich vorkommende Stoffe kontinuierlich Strahlung aussenden. Man unterscheidet dabei α-, β- und γ-Strahlung. Die α-Strahlung besteht aus Helium-Atomkernen, die β-Strahlung aus Elektronen, also gleichfalls aus geladenen Teilchen. Die γ-Strahlung hingegen ist eine sehr kurzwellige und damit energiereiche elektromagnetische Strahlung, vergleichbar mit Röntgenstrahlung. Die Reichweite und Durchdringungstiefe nimmt in der Reihenfolge α, β, γ stark zu.

Der radioaktive Zerfall Radioaktive Strahlung ist mit der Umwandlung von Atomkernen verbunden. Sendet ein radioaktiver Stoff **α-Strahlen** aus, muss sich folglich die Zahl der Protonen und der Neutronen jeweils um zwei verringern. Aus dem Atom eines α-Strahlers entsteht ein Atom mit einer um zwei geringeren Kernladungszahl, also ein Atom eines anderen Elements. Das Isotop $^{226}_{88}$Ra beispielsweise zerfällt unter Abgabe von α-Strahlung in $^{222}_{86}$Rn. Häufig entsteht bei einem solchen Zerfallsprozess der gebildete Atomkern nicht in seinem stabilsten Zustand, dem *Grundzustand*, sondern in einem *angeregten Zustand*. Der stabilere Grundzustand wird dann in einem gesonderten Prozess durch Abgabe von γ-Strahlung erreicht.

Die bei einem **β-Zerfall** abgegebenen Elektronen stammen nicht aus der Elektronenhülle, sondern aus dem Atomkern des Isotops. Sie entstehen durch den Zerfall eines Neutrons in ein Proton und ein Elektron. Sendet also ein Isotop β-Strahlen aus, entsteht dabei ein Isotop gleicher Massenzahl und einer um eins höheren Kernladungszahl. Auch bei einem β-Zerfall können angeregte Atomkerne entstehen, die dann durch Abgabe von γ-Strahlung in den Grundzustand übergehen.

Zerfallsgesetz Die Geschwindigkeit des radioaktiven Zerfalls folgt einem einfachen Gesetz: Pro Zeiteinheit zerfällt immer der gleiche Anteil der jeweils vorhandenen radio-

Antoine Henri **Becquerel**, französischer Physiker, 1852–1908; Professor in Paris, ab 1889 Mitglied, seit 1908 Präsident der Académie des Sciences, 1903 Nobelpreis für Phyik zusammen mit dem Ehepaar Curie (für die Entdeckung der spontanen Radioaktivität).

Marie **Curie**, französische Chemikerin und Physikerin, 1867–1934; Professorin in Paris, 1903 Nobelpreis für Physik zusammen mit P. Curie und A.H. Becquerel, 1911 Nobelpreis für Chemie (für die Arbeiten über das Radium), ab 1922 Mitglied der Académie der Médicine.

Pierre **Curie**, französischer Physiker, 1859–1906; Professor in Paris, 1903 Nobelpreis für Physik zusammen mit M. Curie und A. H. Becquerel (für die Arbeiten zur Radioaktivität), ab 1905 Mitglied der Académie des Sciences.

Nachweis radioaktiver Strahlung
Es gibt mehrere Möglichkeiten, radioaktive Strahlen nachzuweisen. Die einfachste ist die Schwärzung eines lichtdicht verpackten fotografischen Films. Eine andere bedient sich des sogenannten **Geiger-Müller-Zählrohrs**. Dies ist ein mit Argon gefülltes Metallrohr, in dem axial eine nadelförmige Elektrode angeordnet ist. Zwischen Elektrode und Gehäuse wird eine hohe Gleichspannung angelegt. Tritt durch ein Fenster radioaktive Strahlung in das Zählrohr ein, bewirkt diese eine Ionisierung des Argons. Dabei entstehen Elektronen, die zur Elektrode hin beschleunigt werden. Die Anzahl der dadurch entstehenden Stromstöße pro Zeiteinheit ist ein Maß für die Intensität der radioaktiven Strahlung.

Manche feste Stoffe, insbesondere geringfügig „verunreinigte" (dotierte) Ionenkristalle haben die Eigenschaft zu leuchten, wenn Strahlung in sie eindringt. Dieses Phänomen macht man sich in sogenannten **Szintillationszählern** zu Nutze, indem die Intensität des ausgesandten Lichts gemessen wird.

Bei einem anderen Verfahren wird in einem Behälter übersättigter Wasserdampf erzeugt. Treten α- oder β-Strahlen in diese **Wilsonsche Nebelkammer** ein, bewirken die durch Ionisierung der Wasser-Moleküle gebildeten Ionen, dass entlang der Bahn der Teilchen Wasser-Moleküle zu kleinsten Tröpfchen kondensieren, die mit bloßem Auge als Nebel erkannt werden können. Diese Nebelspur macht also radioaktive Strahlung indirekt sichtbar.

aktiven Kerne. Bezeichnet man die Anzahl der zu einem beliebigen Zeitpunkt vorhandenen radioaktiven Kerne mit N, gilt für den zeitlichen Verlauf das Zerfallsgesetz:

$$-dN/dt = k \cdot N$$

Der Proportionalitätsfaktor k wird als *Zerfallskonstante* bezeichnet. Ihr Zahlenwert ist für den jeweils betrachteten Zerfallsprozess charakteristisch; er wird weder von der Art der chemischen Bindung noch von der Temperatur oder vom Druck beeinflusst. Integriert man das Zerfallsgesetz in den Grenzen von 0 bis t, so ergibt sich:

$$N(t) = N_0 \cdot e^{-k \cdot t}$$

N_0 ist hier die zum Zeitpunkt null, $N(t)$ die zur Zeit t vorhandene Anzahl radioaktiver Kerne. Für die Praxis sehr nützlich und anschaulich ist der Begriff der **Halbwertszeit** ($t_{1/2}$). Dies ist die Zeit, die vergeht, bis die Hälfte der jeweils vorhandenen Kerne zerfallen ist. Für diesen speziellen Fall gilt:

$$N(t_{1/2}) = 0{,}5 \cdot N_0$$

Abbildung 2.6 zeigt den exponentiellen Verlauf des radioaktiven Zerfalls und den Zusammenhang mit der Halbwertszeit.

Altersbestimmung Bei historisch oder geologisch interessanten Proben ist die Kenntnis des Alters von besonderer Bedeutung. Die Messung der Radioaktivität kann hier zuverlässige Informationen liefern. Eine wichtige Methode ist die **^{14}C-Methode**. Durch kosmische Strahlung entsteht in der Erdatmosphäre aus dem Stickstoff-Isotop $^{14}_{7}N$ das Kohlenstoff-Isotop $^{14}_{6}C$. $^{14}_{6}C$ ist ein β-Strahler mit einer Halbwertszeit von 5730 Jahren. Über die Photosynthese gelangt dieses radioaktive Isotop in alle Pflanzen und damit über die Nahrungskette in Tiere und Menschen. Jedes Lebewesen weist zu Lebzeiten das gleiche Verhältnis von $^{14}_{6}C$ zu den beiden anderen Kohlenstoff-Isotopen $^{12}_{6}C$ und $^{13}_{6}C$ auf. Nach dem Tod eines Lebewesens nimmt der Anteil an $^{14}_{6}C$ im Gegensatz zu den anderen Isotopen durch radioaktiven Zerfall nach dem Zerfallsgesetz ständig ab. Durch Bestimmung des verbliebenen $^{14}_{6}C$-Anteils lässt sich mithilfe der Halbwertszeit das Alter des Lebewesens ermitteln.

Um eine hinreichende Genauigkeit zu erreichen, sollte die Halbwertszeit des jeweils verwendeten radioaktiven Isotops in der gleichen Größenordnung liegen wie das zu bestimmende Alter. Die Ermittlung des Anteils eines radioaktiven Isotops erfolgt entweder durch Messung der Intensität der radioaktiven Strahlung oder durch massenspektrometrische Untersuchungen.

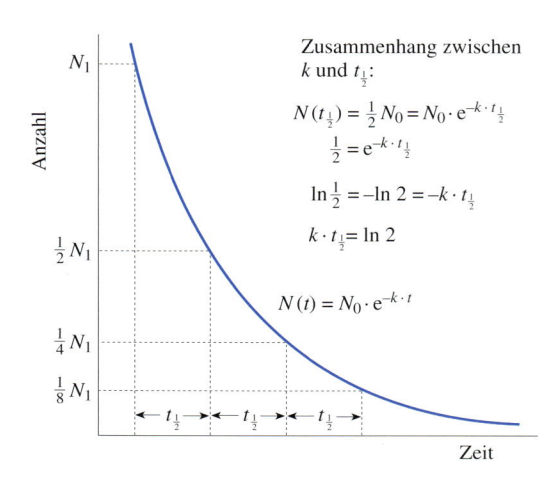

Zusammenhang zwischen k und $t_{\frac{1}{2}}$:

$$N(t_{\frac{1}{2}}) = \tfrac{1}{2} N_0 = N_0 \cdot e^{-k \cdot t_{\frac{1}{2}}}$$

$$\tfrac{1}{2} = e^{-k \cdot t_{\frac{1}{2}}}$$

$$\ln \tfrac{1}{2} = -\ln 2 = -k \cdot t_{\frac{1}{2}}$$

$$k \cdot t_{\frac{1}{2}} = \ln 2$$

$$N(t) = N_0 \cdot e^{-k \cdot t}$$

2.6 Radioaktiver Zerfall: Zusammenhang zwischen Halbwertszeit und Teilchenanzahl des radioaktiven Isotops.

2.2 Kernreaktionen

Bei den natürlichen radioaktiven Vorgängen erfolgt die Umwandlung von Atomkernen durch spontane Zerfallsprozesse. Zerfallsprozesse können jedoch auch erzwungen werden, indem man bestimmte Atome mit Teilchen wie Protonen, Neutronen, Deuteronen ($_1^2$H-Kerne) oder α-Teilchen geeigneter Energie beschießt. Der britische Physiker Ernest Rutherford entdeckte im Jahre 1919 als erste Reaktion dieser Art die Bildung von $_8^{17}$O beim Beschuss von $_7^{14}$N mit α-Teilchen:

$$_7^{14}N + _2^4He \longrightarrow _1^1p + _8^{17}O$$

In einer verkürzten Schreibweise kann dies auch folgendermaßen formuliert werden:

$$_7^{14}N\,(\alpha, p)\,_8^{17}O$$

Man nennt eine derartige Reaktion, bei der durch Einwirkung eines α-Teilchens ein Proton freigesetzt wird, auch eine (α, p)-Reaktion. 1932 entdeckte Chadwick eine (α, n)-Reaktion:

$$_4^9Be\,(\alpha, n)\,_6^{12}C$$

Noch heute verwendet man diese Reaktion, um Neutronen zu erzeugen. Man vermischt dazu ein Beryllium-Salz mit einer Radium-Verbindung als α-Strahler.

Reaktionen mit Neutronen Besonders leicht können Kernumwandlungen durch Neutronen bewirkt werden, da diese als ungeladene Teilchen verhältnismäßig leicht in Atomkerne eindringen können. So lassen sich durch *Neutroneneinfang* **Transurane**, d.h. Elemente mit einer Ordnungszahl größer als 92, künstlich herstellen. Häufig schließen sich an die Neutroneneinfangreaktion noch β-Zerfälle an, sodass noch höhere Transurane entstehen. Ein technisch bedeutsamer Prozess ist die Bildung des Plutonium-Isotops ^{239}Pu aus ^{238}U:

$$_{92}^{238}U\,(n, \gamma)\,_{92}^{239}U \xrightarrow{\beta} _{93}^{239}Np \xrightarrow{\beta} _{94}^{239}Pu$$

Kernspaltung Otto Hahn und Fritz Straßmann versuchten 1938, durch Beschuss von natürlichem Uran mit Neutronen Transurane zu erzeugen. Als Produkte fanden sie jedoch Isotope von Krypton und Barium:

$$_{92}^{235}U + _0^1n \longrightarrow _{36}^{89}Kr + _{56}^{144}Ba + 3\,_0^1n + \gamma$$

Offenbar war bei dieser Reaktion kein schwererer Kern erzeugt worden; statt dessen hatte eine Kernspaltung stattgefunden. Abbildung 2.7 veranschaulicht den Vorgang.

Diese Kernspaltung läuft jedoch nur dann ab, wenn die Energie bzw. die Geschwindigkeit der Neutronen, mit denen das Uran beschossen wird, in einem bestimmten Bereich liegt; sie dürfen weder zu schnell noch zu langsam sein.

Die Bedeutung dieser Entdeckung wurde schnell erkannt: Die Kernspaltung setzt riesige Mengen an Energie frei, da die Kerne der entstandenen Elemente zusammen einen größeren Massendefekt aufweisen als der Urankern (vergleiche Abbildung 2.5). Wie aus Abbildung 2.7 ersichtlich ist, entstehen bei der Kernspaltungsreaktion drei (schnelle) Neutronen, während nur eines benötigt wird, um die Reaktion auszulösen. Bremst man die entstehenden Neutronen so weit ab, dass auch sie eine Kernspaltung auslösen können, kann es zu einer Kettenreaktion kommen (Abbildung 2.8). Dabei werden keine zusätzlichen Neutronen mehr benötigt, und das gesamte ^{235}U wird in kürzester Zeit unter Freisetzung gewaltiger Energiemengen gespalten.

Kritische Masse Der spontane Ablauf der Kettenreaktion setzt jedoch voraus, dass eine bestimmte Mindestmenge, die *kritische Masse*, an spaltbarem Material vorhanden ist. Um dies zu verstehen, stellen wir uns eine Kugel aus spaltbarem Material mit einem

---

Zerfallsreihen Das beim Zerfall eines radioaktiven Isotops gebildete Isotop ist meist selbst radioaktiv und zerfällt weiter. Auf diese Weise ergeben sich sogenannte Zerfallsreihen. Am Ende jeder Zerfallsreihe steht ein stabiles Isotop. Beim Zerfall der in der Natur vorkommenden radioaktiven Isotope der Actinoide steht am Ende der Zerfallsreihe jeweils ein Blei-Isotop. Die sogenannte Neptunium-Reihe beginnt mit dem durch Kernreaktionen gebildeten Plutonium-Isotop ^{241}Pu und endet mit dem stabilen Bismut-Isotop ^{209}Bi.

Ernest **Rutherford**, seit 1931 Lord Rutherford of Nelson, neuseeländisch-britischer Physiker, 1871–1937; Professor in Manchester und Cambridge, 1908 Nobelpreis für Chemie (für die Erklärung der Radioaktivität (Zerfallstheorie)).

Otto **Hahn**, deutscher Chemiker, 1879–1968; ab 1912 Leitung der Abteilung für Radioaktivität am Kaiser-Wilhelm-Institut (KWI) für Chemie in Berlin-Dahlem, 1944 Nobelpreis für Chemie (für die Entdeckung der Kernspaltung bei schweren Atomen), 1946–1960 Präsident der Max-Planck-Gesellschaft.

Friedrich (Fritz) Wilhelm **Straßmann**, deutscher Chemiker, 1902–1980; Professor in Mainz, 1950–1953 Direktor des Max-Planck-Instituts für Chemie in Mainz.

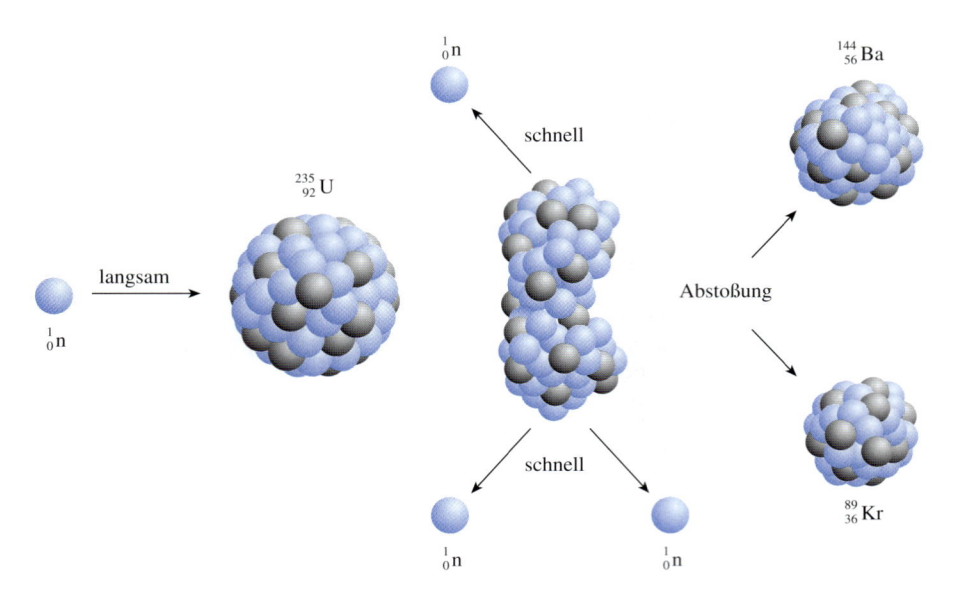

2.7 Schematische Darstellung der Kernspaltung von $^{235}_{92}$U.

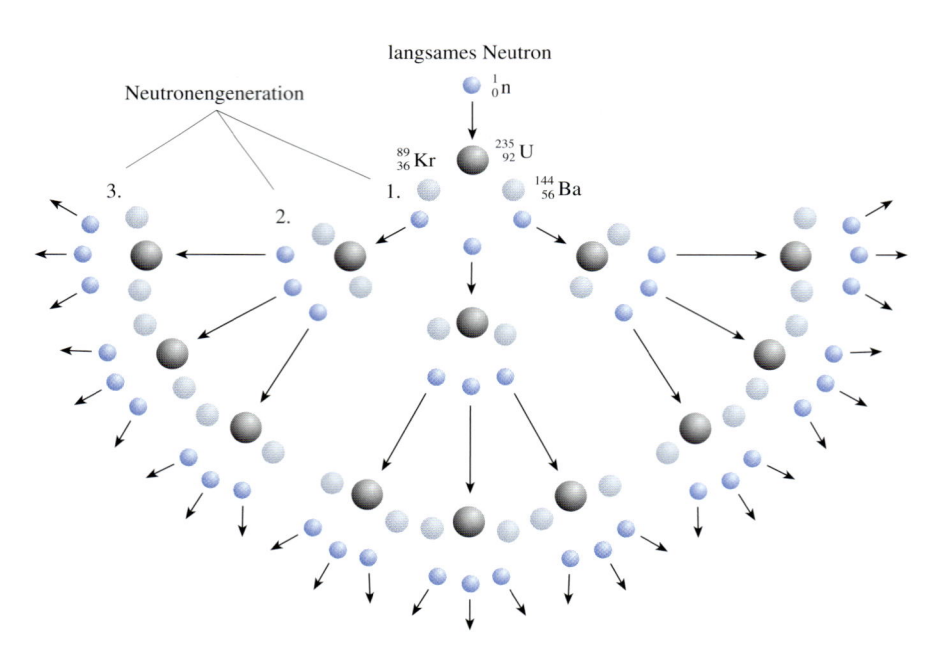

2.8 Kettenreaktion bei der Kernspaltung.

bestimmten Radius r vor. Die Anzahl der spaltbaren Atome ist proportional zum Volumen der Kugel ($V = \frac{4}{3}\pi \cdot r^3$). Die beim Neutronenbeschuss entstehenden Neutronen können (nach Abbremsung auf die erforderliche Geschwindigkeit) entweder innerhalb des Kugelvolumens eine weitere Kernspaltung auslösen oder aber sie verlassen die Kugel und gehen für weitere Reaktionen verloren. Die Anzahl dieser nach außen abgegebenen Neutronen ist proportional zur Oberfläche der Kugel ($A = 4\pi \cdot r^2$). Vergrößert man den Radius der Kugel, wächst ihr Volumen und damit die Zahl der gebildeten Neutronen wesentlich schneller als ihre Oberfläche. Der Anteil der verloren gehenden Neutronen

> **EXKURS**
>
> ### Isotopentrennung
>
> Um Uran als Energiequelle oder in Atomwaffen einsetzen zu können, muss das Isotop $^{235}_{92}U$ angereichert werden. Da das chemische Verhalten aller Uran-Isotope identisch ist, kommen chemische Trennverfahren nicht in Betracht.
>
> Einige physikalische Eigenschaften hängen jedoch von der Masse ab, so zum Beispiel die Zentrifugalkraft F, die auf ein Teilchen wirkt, das sich mit der Geschwindigkeit v auf einer Kreisbahn mit dem Radius r bewegt. Prinzipiell sollte es also möglich sein, mithilfe einer Zentrifuge eine gewisse Trennung zu bewirken. Um dies wirkungsvoll nutzen zu können, muss das natürliche Isotopengemisch zuvor in eine gasförmige Verbindung überführt werden. Hier ist zu beachten, dass der Bindungspartner selbst ein Reinelement ist, also nur aus einem Isotop besteht. Diese Anforderungen werden von der Verbindung Uran(VI)-fluorid (UF_6) mit einer Sublimationstemperatur von 57 °C erfüllt. Die Massen von $^{235}UF_6$ und $^{238}UF_6$ unterscheiden sich allerdings nur um weniger als 1 %, sodass der Trenneffekt sehr gering ist. Im Allgemeinen reicht es zwar aus, ^{235}U von 0,7 % auf etwa 4 % anzureichern; trotzdem müssen die Trennoperationen vielfach hintereinander durchgeführt werden. Da das Verfahren technisch sehr aufwendig ist, kann es zur Zeit nur in hoch industrialisierten Ländern durchgeführt werden.
>
> Ein anderes Verfahren beruht auf der Abhängigkeit der Geschwindigkeit gasförmiger UF_6-Teilchen von der Masse beim Durchströmen einer engen Düse. Die Strömungsgeschwindigkeiten v_1 und v_2 verhalten sich umgekehrt proportional zur Quadratwurzel ihrer Massen. Auch hier ist der Trenneffekt bei einem Trennschritt sehr gering.
>
> Nahezu reines ^{235}U – mit einer kritischen Masse von nur 15 kg – wurde erstmals gegen Ende des zweiten Weltkriegs für den Bau von Atomwaffen hergestellt. Das für die Isotopentrennung angewendete Gasdiffusionsverfahren (mit UF_6) erforderte riesige beheizbare Anlagen mit Tausenden von porösen Trennwänden. Bis etwa 1975 war die Gasdiffusion das einzige großtechnisch angewendete Verfahren zur Anreicherung von ^{235}U.
>
> Auch die Anreicherung der selteneren stabilen Isotope leichterer Elemente (z. B. ^2D, ^{13}C, ^{15}N, ^{18}O, ^{29}Si, ^{33}S) hat praktische Bedeutung. Verbindungen mit erhöhten Anteilen dieser Isotope werden in der medizinischen Diagnostik und in vielen anderen Wissenschaftsbereichen eingesetzt.

$$F = \frac{m \cdot v^2}{r}$$

Grahamsches Gesetz:

$$\frac{v_1}{v_2} = \sqrt{\frac{m_2}{m_1}}$$

nimmt also ab. Bei einer bestimmten Größe stehen dann so viele Neutronen für die Kernspaltung zur Verfügung, dass die Kettenreaktion langsam weiterläuft: Die kritische Masse ist erreicht.

Während die Spaltungsreaktionen bei einer unterkritischen Masse an spaltbarem Material sofort unterbleiben, sobald man die auslösende Neutronenquelle entfernt, wird bei einer überkritischen Masse eine sich selbst verstärkende Kettenreaktion ausgelöst. In einer *Atombombe* werden zwei jeweils unterkritische Massen spaltbaren Materials vereinigt, mit langsamen Neutronen bestrahlt und so zur Reaktion gebracht. Im Falle des Urans ist lediglich das Isotop $^{235}_{92}U$ spaltbar. Natürlich vorkommendes Uran enthält dieses Isotop jedoch nur in sehr kleinen Anteilen ($^{234}_{92}U$ zu 0,006 %, $^{235}_{92}U$ zu 0,720 % und $^{238}_{92}U$ zu 99,27 %). Natürliches Uran ist daher militärisch nicht einsetzbar; seine kritische Masse wäre viel zu groß.

Energiegewinnung durch Kernspaltung

Um Kernenergie friedlich nutzen zu können, müssen die bei der Spaltungsreaktion entstehenden Neutronen zunächst abgebremst (moderiert) werden, damit sie die Kettenreaktion in Gang setzen können. Für dieses Abbremsen der Neutronen benötigt man Teilchen, die etwa die gleiche Masse besitzen wie die Neutronen selbst. Hierzu wird

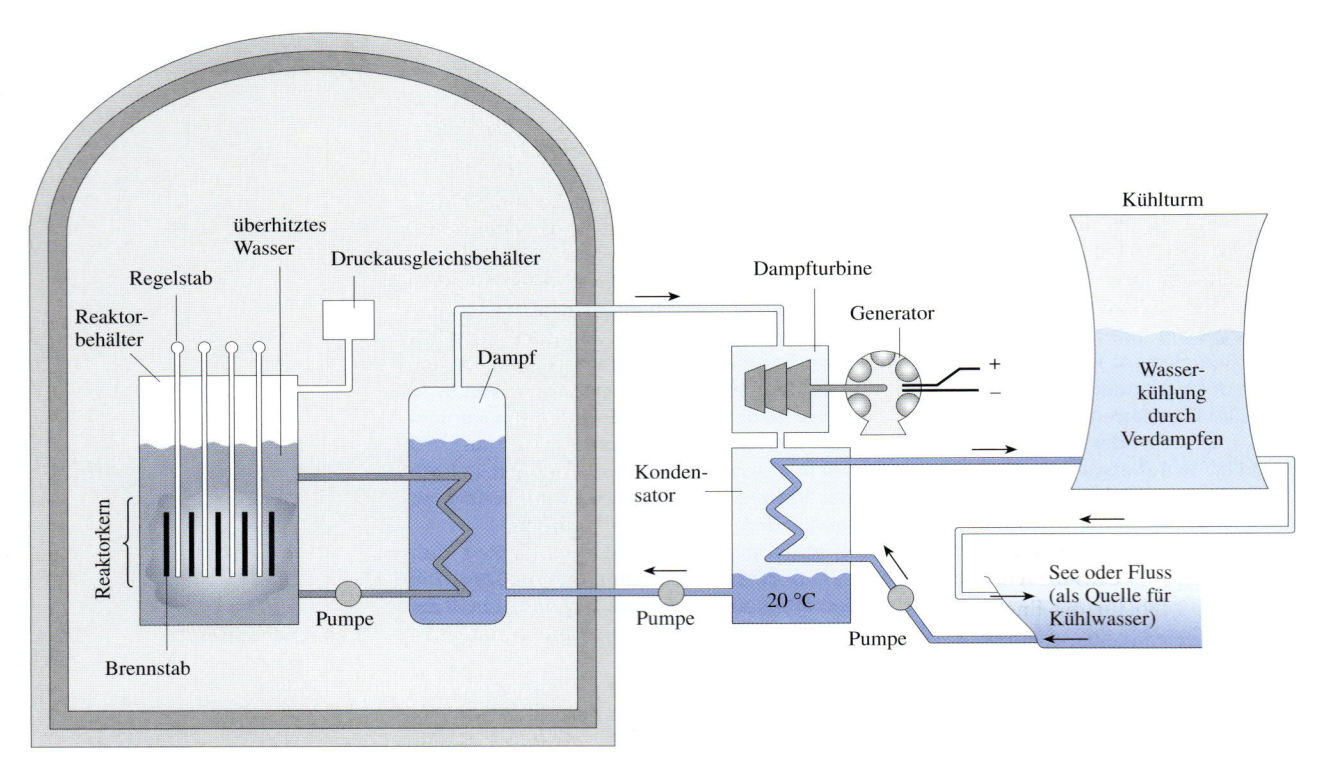

2.9 Schematische Darstellung eines Kernkraftwerks.

Wasser verwendet, dessen Protonen einen erheblichen Teil der kinetischen Energie der Neutronen aufnehmen. Die Zahl der für die Kernspaltung zur Verfügung stehenden Neutronen muss sehr genau geregelt werden. Ist sie zu gering, findet keine Kettenreaktion statt; ist sie zu groß, wird der Reaktor überkritisch, und die Kettenreaktion gerät außer Kontrolle. Die Regelung des Neutronenflusses erfolgt durch sogenannte Regelstäbe, die aus einem Material bestehen, das Neutronen einfängt, wie Borcarbid oder Cadmium. Diese Regelstäbe werden gerade so weit in den Reaktor eingefahren, dass die Kettenreaktion kontrolliert abläuft.

Die bei der Kernspaltung frei werdende Energie entsteht in Form von Wärme. Wie in einem konventionellen Kohle-, Öl- oder Gaskraftwerk wird Wasserdampf erhitzt, um damit über eine Turbine einen Generator anzutreiben. Mehrere Barrieren verhindern dabei, dass radioaktive Stoffe aus dem Reaktor in die Umwelt gelangen. Zunächst einmal befinden sich im wassergefüllten Reaktorkern Bündel von sogenannten Brennstäben. Dies sind rund 4 m lange, druck- und korrosionsbeständige Rohre aus einer Zirconium-Legierung, die mit UO_2-Tabletten gefüllt sind. Das von den Brennstäben überhitzte Wasser aus dem Reaktorkern treibt überdies die Turbine nicht direkt an. Es wird vielmehr genutzt, um in einem Sekundärkreislauf Wasserdampf für den Antrieb zu erzeugen. Abbildung 2.9 zeigt schematisch den Aufbau eines derartigen Reaktors.

Brutreaktoren Beim Betrieb jedes Kernreaktors laufen Nebenreaktionen ab. Bei einer dieser Kernreaktionen bildet sich aus dem $^{238}_{92}U$ durch Neutroneneinfang und anschließendem β-Zerfall $^{239}_{94}Pu$ (siehe Beginn dieses Abschnitts). Es hängt von der Energie der Neutronen ab, in welchem Umfang diese Reaktion abläuft. Langsame (thermische) Neutronen führen bevorzugt zur Spaltung von $^{235}_{92}U$, schnelle Neutronen führen zur Bildung großer Anteile von $^{239}_{94}Pu$. Dieses Plutonium kann wie $^{235}_{92}U$ als

Kernbrennstoff dienen. Will man Plutonium als Kernbrennstoff nutzen, muss dieses durch den genannten Prozess künstlich hergestellt werden. Dies geschieht in einem *schnellen Brüter*, einem Reaktor, der mithilfe schneller Neutronen $^{238}_{92}$U in $^{239}_{94}$Pu umwandelt. Diesen Prozess bezeichnet man auch als Brüten. Der Begriff *schneller* Brüter bezieht sich auf die Geschwindigkeit der für das Brüten erforderlichen Neutronen. Auf diese Weise gelingt es, das sonst für die Energiegewinnung unbrauchbare $^{238}_{92}$U zu nutzen. Aufgrund des großen Anteils an $^{238}_{92}$U im natürlich vorkommenden Uran ergibt sich rein rechnerisch ein etwa 100-mal größerer Nutzfaktor bei der Verwendung von Uran als Energieträger. In der Praxis geht man heute davon aus, dass bei der Nutzung dieser Technologie der Uranvorrat etwa 60-mal mehr Energie liefern kann als bei der Spaltung von $^{235}_{92}$U. In ganz ähnlicher Weise kann man $^{232}_{90}$Th in spaltbares $^{233}_{92}$U umwandeln:

$$^{232}_{90}\text{Th (n, γ)} \to {}^{233}_{90}\text{Th} \to (β) \to {}^{233}_{91}\text{Pa} \to (β) \, {}^{233}_{92}\text{U}$$

Da der Anteil an Thorium in der Erdkruste etwa fünf mal so groß ist wie der von Uran, ergeben sich im Prinzip riesige, bisher weitgehend ungenutzte Energievorräte. Man schätzt die weltweiten Ressourcen an wirtschaftlich nutzbarem Uran heute auf ca. 15 Millionen t. Bei einem jährlichen Verbrauch von derzeit etwa 60000 t ergibt sich daraus rechnerisch, dass die Vorräte in etwa 250 Jahren am Ende sind. Bezöge man auch $^{238}_{92}$U und $^{232}_{90}$Th für die Energiegewinnung mit ein, ergibt sich rechnerisch eine Nutzungsdauer von $250 \cdot 60 \cdot 5 = 75\,000$ Jahre, unter der Voraussetzung, dass der jährliche Verbrauch in etwa konstant ist. Die Technologie des schnellen Brüters ist anders als die der herkömmlichen Kernkraftwerke. Die Spaltung des $^{239}_{94}$Pu -Kerns erfolgt durch den Einfang schneller Neutronen. Aus diesem Grunde, kann die Abführung der beim Spaltprozess frei werdenden Wärme nicht durch Wasser erfolgen, denn Wasser bremst die Neutronen sehr schnell auf niedrige Geschwindigkeiten ab. Zudem ist Wasser nicht in der Lage, die wegen des hohen Anteils an spaltbarem Material im Kernbrennstoff besonders große frei werdende Wärmeenergie schnell genug abzutransportieren. Man nutzt statt Wasser als Wärmeüberträger flüssiges Natrium. Dieses tritt mit einer Temperatur von 395 °C in den Reaktor ein und verlässt ihn wieder mit 545 °C. Diese Wärme des Primärkreislaufs wird über einen Wärmetauscher an einen, gleichfalls mit flüssigem Natrium betriebenen Sekundärkreislauf abgegeben. Die Wärme in diesem Kreislauf dient dann dazu, Wasserdampf zu erzeugen, der eine Turbine antreibt. Aufgrund der hohen Reaktivität des flüssigen Natriums insbesondere gegenüber Wasser sind die Ansprüche an die Sicherheitstechnik außerordentlich hoch, zudem ist die Regelung eines schnellen Brüters deutlich komplizierter als in einem herkömmlichen Kernreaktor. Nachdem der leistungsfähigste Brutreaktor der Welt in Frankreich nach zehnjährigem Betrieb 1996 wegen technischer Probleme abgeschaltet wurde, betreibt nun Russland den größten Brutraktor der Welt. In Japan, Indien und den USA dienen Versuchsreaktoren der Weiterentwicklung dieser Technologie.

2.3 Der Aufbau der Elektronenhülle

Es war Isaac Newton, der um 1700 eine Entdeckung machte, die später für die Aufklärung der Elektronenstruktur des Atoms wichtig werden sollte. Er beobachtete, dass Sonnenlicht durch ein Prisma zerlegt werden kann und so ein kontinuierliches, sichtbares *Spektrum* von rot bis violett entsteht.

Im Jahre 1860 untersuchte dann Robert Bunsen die Lichtemission von Flammen und von elektrischen Entladungen in Gasen. Er beobachtete, dass *Emissionsspektren* nicht kontinuierlich sind, sondern aus einer Serie farbiger Linien bestehen (Linienspektren; Abbildung 2.11). Er fand heraus, dass jedes chemische Element ein ganz charakteristisches Spektrum besitzt. Andere Forscher zeigten später, dass das Emissionsspektrum

Sir Isaac **Newton**, englischer Physiker, Mathematiker und Astronom, 1643–1727; Professor in Cambridge, 1699 königlicher Münzmeister in London, zweimal Vertreter der Universität im Parlament, 1672 Mitglied, 1703–1727 Präsident der Royal Society.

Robert Wilhelm **Bunsen**, deutscher Chemiker und Physiker, 1811–1899; Professor in Marburg, Breslau und Heidelberg.

Niels Henrik David **Bohr**, dänischer Physiker, 1885–1962; Professor und Institutsleiter in Kopenhagen, 1922 Nobelpreis für Physik (für die Arbeiten über den Atombau und atomare Strahlungen).

Max **Planck**, deutscher Physiker, 1858–1947; Professor in Kiel und (von 1889 bis 1927) in Berlin, einer der führenden Repräsentanten der Wissenschaft im Deutschland der ersten Hälfte des 20. Jahrhunderts, langjähriger Präsident der Kaiser-Wilhelm-Gesellschaft (heute Max-Planck-Gesellschaft), 1918 Nobelpreis für Physik (für die Entwicklung der Quantentheorie).

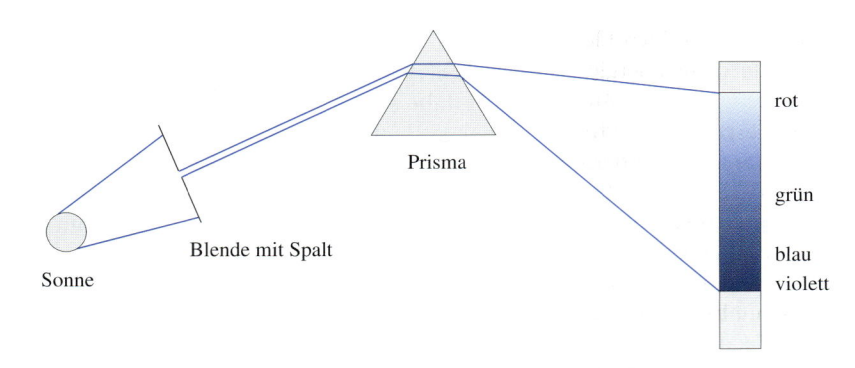

2.10 Ein Prisma spaltet weißes Licht in ein kontinuierliches Farbspektrum auf.

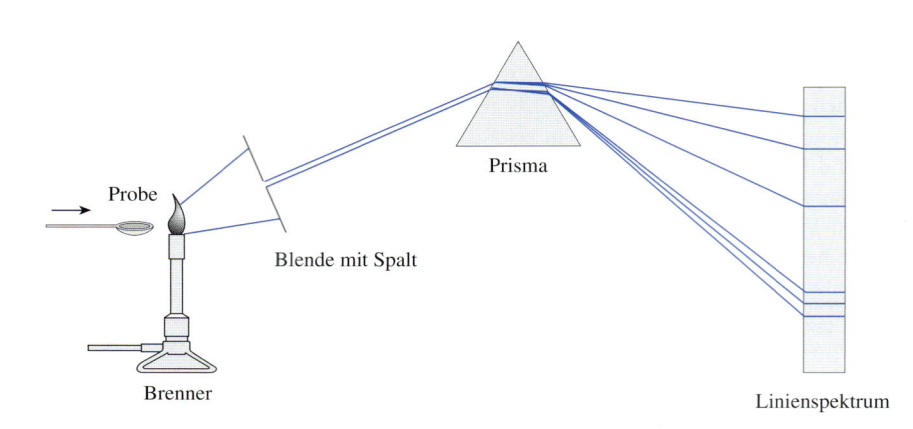

2.11 Erzeugung von Linienspektren: Die Atome eines Elements werden in einer Flamme angeregt, und das emittierte Licht wird durch ein Prisma zerlegt.

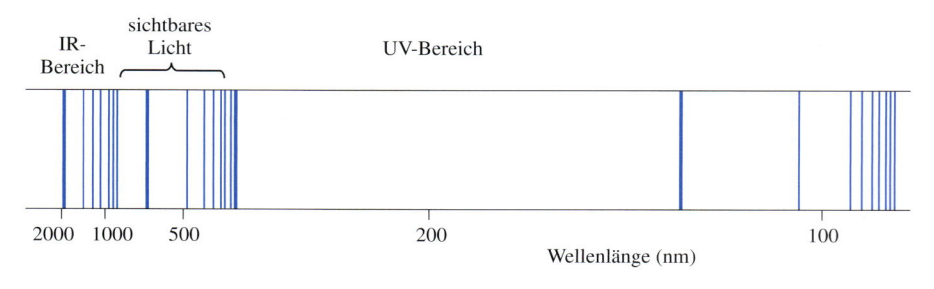

2.12 Emissionsspektrum von Wasserstoff-Atomen.

Die Energie des Lichts Die Frequenz ν beziehungsweise die Wellenlänge λ des abgegebenen Lichts entspricht direkt dem Energieunterschied ΔE zwischen dem niedrigeren und dem höheren Energieniveau.
In Bezug auf die Frequenz gilt:

$$\Delta E = h \cdot \nu$$

Dabei ist h das **Plancksche Wirkungsquantum**, eine Naturkonstante. Sie hat folgenden Wert: $h = 6{,}63 \cdot 10^{-34}$ J · s.
Die Wellenlänge und die Frequenz elektromagnetischer Wellen hängen über die Beziehung $c = \nu \cdot \lambda$ zusammen, wobei c die Geschwindigkeit des Lichts im Vakuum ist: $c = 2{,}998 \cdot 10^8$ m · s^{-1}.

von Wasserstoff aus mehreren Gruppen von Spektrallinien besteht, einer im ultravioletten Bereich, einer im sichtbaren Bereich und mehreren Gruppen im infraroten Bereich des elektromagnetischen Spektrums.

Die Deutung des Wasserstoff-Spektrums war einer der Triumphe des **Bohrschen Atommodells**. 1913 schlug der dänische Physiker Niels Bohr eine Theorie vor, die eine Analogie zu den Planetenbahnen im Sonnensystem herstellt. Elektronen können danach nur ganz bestimmte Energien haben, die anschaulich Kreisbahnen um den Atomkern mit festgelegten Radien entsprechen. Anders als nach den Gesetzen der klassischen Physik sollten Elektronen auf diesen Bahnen keine Energie abgeben. Bohr kennzeichnete diese Energieniveaus durch ganze Zahlen 1, 2, 3, ... n, sogenannte *Quantenzahlen*. Wenn ein Atom durch Wärmezufuhr oder elektrische Entladung Energie aufnimmt, werden Elektronen von einem *Niveau* in das nächst höhere oder noch weiter vom Atomkern entfernte Niveaus angehoben. Diese angeregten Elektronen fallen jedoch früher oder später wieder auf niedrigere Energieniveaus zurück und geben die dabei frei werdende Energie in Form von elektromagnetischer Strahlung ab, zum Beispiel als sichtbares Licht.

Der Zustand, in dem alle Elektronen möglichst niedrige Niveaus besetzen, wird als **Grundzustand** bezeichnet. Ein **angeregter Zustand** liegt vor, wenn sich ein oder mehrere Elektronen durch Energieaufnahme weiter vom Kern entfernen.

Das Modell von Bohr beschreibt jedoch nur das Wasserstoff-Atom nahezu korrekt. So haben beispielsweise die Spektren von Atomen mit mehreren Elektronen weit mehr Linien, als das einfache Bohrsche Modell voraussagt. Auch gibt das Modell keine Erklärung für die als *Zeeman-Effekt* bekannte Aufspaltung der Spektrallinien in einem magnetischen Feld. Schon kurze Zeit später wurde ein radikal anderes Modell, das *quantenmechanische Modell*, zur Erklärung dieser Beobachtungen vorgeschlagen.

Pieter **Zeeman**, niederländischer Physiker, 1865–1943; Professor in Amsterdam, 1902 Nobelpreis für Physik zusammen mit H. A. Lorentz (für die Entdeckung des Zeeman-Effekts).

EXKURS

Atomabsorptionsspektroskopie (AAS)

Joseph **von Fraunhofer**, deutscher Physiker und Glastechniker, 1787–1826; Professor in München, ab 1823 Konservator des Physikalischen Kabinetts der Bayerischen Akademie.

Man erwartet, dass ein glühender Körper, wie z. B. die Sonne, ein kontinuierliches elektromagnetisches Spektrum aussendet. Im frühen 19. Jahrhundert jedoch stellte der deutsche Physiker und Glastechniker Joseph von Fraunhofer fest, dass das sichtbare Spektrum der Sonne eine Reihe von dunklen Linien enthält. Später fand man heraus, dass diese Linien das Ergebnis der *Absorption* bestimmter Wellenlängen durch Atome in der „Atmosphäre" oberhalb der Sonnenoberfläche sind. Die Elektronen dieser Atome absorbieren Strahlung bestimmter Wellenlängen. Dies führt zu einer Anhebung auf höhere Energieniveaus. Eine Studie dieser *Absorptionsspektren* führte zur Entdeckung von Helium. Derartige Untersuchungen sind immer noch von großer Bedeutung für die Kosmochemie – das Studium der chemischen Zusammensetzung der Sterne.

1955 fand man, dass die Absorptionsmethode genutzt werden kann, um Elemente nicht nur qualitativ nachzuweisen, sondern auch bis zu sehr geringen Konzentrationen hin quantitativ zu bestimmen.

Das Prinzip der **A**tomabsorptions**s**pektroskopie (AAS) lässt sich folgendermaßen beschreiben: Die zu untersuchende Probelösung wird zerstäubt und in einer sehr heißen Flamme (Acetylen/Sauerstoff) oder in einem glühenden Graphitrohr atomisiert. Die atomisierte Probe wird jetzt mit dem Licht einer Entladungslampe durchstrahlt, die das zu bestimmende Element enthält. Das von einer solchen „Atomlampe" emittierte Licht besteht also gerade aus den Wellenlängen, die von den Atomen des betreffenden Elements in der Probe absorbiert werden. Die Intensität des eingestrahlten Lichts wird daher geschwächt. Um Störungen durch Streulicht zu unterdrücken, wird das Licht spektral zerlegt, sodass der Intensitätsvergleich jeweils bei der Wellenlänge einer speziellen Atomlinie durchgeführt werden kann. Die Schwächung der Intensität ist ein Maß für die Konzentration des zu bestimmenden Elements in der Probe. Die Methode ist extrem empfindlich, sodass Konzentrationen im ppm-Bereich (*parts per million*) leicht bestimmt werden können. Bei einigen Elementen gelingt es sogar, Konzentrationen im ppb-Bereich (amerik. *billion*: Milliarde) zu bestimmen. Die Atomabsorptionsspektroskopie ist heute ein analytisches Routineverfahren in Chemie, Metallurgie, Geologie, Medizin, Kriminaltechnik und vielen anderen Bereichen.

Louis Victor Pierre Raymond **de Broglie**, Prinz von, französischer Physiker, 1892–1987; Professor in Paris, ab 1933 Mitglied der Académie des Sciences, ab 1944 Mitglied der Académie Française.

Erwin **Schrödinger**, österreichischer Physiker, 1887–1961; Professor in Zürich, Berlin, Oxford, Graz, Dublin und Wien, 1933 Nobelpreis für Physik zusammen mit P. A. Dirac (für die Entwicklung der Wellenmechanik).

Die 1927 von Heisenberg aufgestellte **Unschärferelation** lautet:

$$\Delta p \cdot \Delta x \geq h/4\pi$$

Δx steht hier für die Ortsunschärfe; Δp für die Impulsunschärfe des Elektrons; für den Impuls p gilt:

$$p = m \cdot v$$

Das mit 4π multiplizierte Produkt aus Ortsunschärfe und Impulsunschärfe ist also mindestens so groß wie die Naturkonstante h, das Plancksche Wirkungsquantum ($h = 6{,}63 \cdot 10^{-34}$ J · s).

Werner Karl **Heisenberg**, deutscher Physiker, 1901–1976; Professor in Leipzig, Leitung des Kaiser-Wilhelm-/Max-Planck-Institutes für Physik in Berlin, Göttingen und München, 1932 Nobelpreis für Physik (für die Aufstellung der Quantenmechanik).

Die Schrödinger-Gleichung und ihre Bedeutung

Das im Vergleich zum Bohrschen Atommodell wesentlich leistungsfähigere quantenmechanische Atommodell ging aus den Arbeiten des französischen Physikers Louis de Broglie hervor. Er zeigte 1924, dass sehr kleine, sich bewegende Teilchen auch als sogenannte *Materiewellen* betrachtet werden können. Umgekehrt kann man eine elektromagnetische Welle, wie beispielsweise sichtbares Licht, auch als Fluss kleiner Teilchen ansehen, die *Photonen* genannt werden. So ist es gleichermaßen gerechtfertigt, sich Elektronen als Partikel oder aber als Wellen vorzustellen.

Zwischen der Wellenlänge und der Masse des entsprechenden Teilchens besteht ein einfacher Zusammenhang:

$$\lambda = \frac{h}{m \cdot v}$$

Dabei ist m die Masse und v die Geschwindigkeit des Teilchens; h steht für das Plancksche Wirkungsquantum.

Auf der Basis dieses **Welle-Teilchen-Dualismus** entwickelte der österreichische Physiker Erwin Schrödinger 1926 eine Differentialgleichung, die das Verhalten von Elektronen im Umfeld eines Atomkerns beschreibt. Das Elektron wird nicht mehr wie im Bohrschen Modell als ein Teilchen beschrieben, das sich auf einer Bahn um den Atomkern bewegt, sondern als stehende Materiewelle.

Die Schrödinger-Gleichung beschreibt den Zusammenhang zwischen der sogenannten **Wellenfunktion** ψ (Psi) eines Elektrons und seiner gesamten (E) bzw. potentiellen Energie (V). Legt man ein kartesisches Koordinatensystem (x, y, z) zugrunde, so lässt sich für ein Atom mit nur einem Elektron folgender Zusammenhang formulieren:

$$\frac{\delta^2 \psi}{\delta x^2} + \frac{\delta^2 \psi}{\delta y^2} + \frac{\delta^2 \psi}{\delta z^2} + \frac{8\pi^2 \cdot m_e}{h^2}(E - V)\psi = 0$$

In der Schrödinger-Gleichung treten also neben der Wellenfunktion ψ auch ihre zweiten Ableitungen nach den Ortskoordinaten auf. Die in die Gleichung einsetzbaren Wellenfunktionen ψ bezeichnet man als *Lösungen* der Schrödinger-Gleichung.

Herleitung und Lösung der Gleichung gehören in den Bereich der Physik und der physikalischen Chemie, aber die Ergebnisse sind für Chemiker von großer Bedeutung. Dabei sollte uns bewusst bleiben, dass die Schrödinger-Gleichung lediglich eine mathematische Beziehung darstellt. Wir messen ihr aber deshalb Bedeutung bei, weil ihre Lösungen uns eine anschauliche Vorstellung vom Bau der Elektronenhülle eines Atoms vermitteln. Viele Erscheinungen, physikalische Gesetzmäßigkeiten und anschauliche Bilder, die uns von der makroskopischen Welt her vertraut sind, lassen sich nicht in den atomaren und subatomaren Bereich übertragen. Die Anschauung versagt hier in vielen Fällen. So ist eine exakte Beschreibung des Aufbaus der Elektronenhülle nur mithilfe mathematisch-physikalischer Modelle möglich.

Das Bohrsche Atommodell macht eine exakte Aussage über den Aufenthaltsort und die Energie eines Elektrons. Durch die Arbeiten des deutschen Physikers Werner Heisenberg wissen wir jedoch, dass es prinzipiell unmöglich ist, den Ort und gleichzeitig die Geschwindigkeit eines Elektrons exakt festzulegen (*Heisenbergsche Unschärferelation*). Diese wichtige Entdeckung hat zur Einführung des wenig exakt klingenden Begriffs der *Wahrscheinlichkeit* in die sonst so präzise erscheinende Beschreibung der Natur durch die Physik geführt.

Anschaulich interpretieren lässt sich das Quadrat der Wellenfunktion, ψ^2. Nach dem deutsch-britischen Physiker Max Born beschreibt es die Wahrscheinlichkeit, mit der sich ein Elektron an einer beliebigen Stelle im Umfeld des Atomkerns aufhält.

Die Schrödinger-Gleichung hat entsprechend den verschiedenen Energiezuständen der Elektronen eine Reihe von mathematischen Lösungen. Diese Wellenfunktionen ψ werden auch als **Orbitale** bezeichnet. Jedes einzelne Orbital lässt sich durch drei ganze Zahlen charakterisieren, die mit den Buchstaben n, l und m_l gekennzeichnet und (wie im Bohrschen Modell) **Quantenzahlen** genannt werden.

Zusätzlich zu den drei Quantenzahlen in der ursprünglichen Theorie musste eine vierte Quantenzahl definiert werden, um die Ergebnisse eines späteren Experiments zu erklären. In diesem Experiment wurde ein Strahl von Wasserstoff-Atomen durch ein magnetisches Feld geleitet. Dabei stellte man fest, dass die Atome abgelenkt wurden, eine Hälfte in die eine, die andere Hälfte in die entgegengesetzte Richtung. Man führte diese Beobachtung auf die unterschiedliche Spinorientierung der Elektronen zurück, die durch das Pauli-Prinzip gegeben ist: In einem anschaulichen Bild entspricht der Spin eines Elektrons einer Rotation um seine eigene Achse, die sowohl im Uhrzeigersinn als auch in entgegengesetzter Richtung erfolgen kann. Bei einer solchen Rotation des Elektrons entsteht ein Magnetfeld, das entsprechend den beiden Drehrichtungen zwei verschiedene, entgegengesetzte räumliche Orientierungen aufweisen kann. Dieses Magnetfeld führt zu einer Ablenkung der Wasserstoff-Atome im Magnetfeld. Offenkundig gibt es zwei physikalisch verschiedene „Sorten" von Wasserstoff-Atomen. Da die Wahrscheinlichkeit für beide Spinorientierungen gleich groß ist, wird genau die Hälfte der Atome in die eine, die andere Hälfte in die andere Richtung abgelenkt. Man kennzeichnet dieses Verhalten durch die sogenannte **Spinquantenzahl** (m_s).

Die Quantenzahlen können nicht beliebige Werte annehmen. Folgende Werte sind möglich:
1. Die Hauptquantenzahl n kann positive, ganzzahlige Werte von 1 bis zu beliebig hohen Werten annehmen.
2. Die zugehörige Nebenquantenzahl l kann ganzzahlige Werte von null bis $n-1$ annehmen.
3. Für die magnetische Quantenzahl m_l ergeben sich dann ganzzahlige Werte von $-l$ bis $+l$.
4. Die magnetische Spinquantenzahl m_s nimmt Werte von $+½$ und $-½$ an.

Bei der Hauptquantenzahl $n = 1$ gibt es für die Werte von n, l und m_l folglich nur die Kombination (1, 0, 0), während für die Hauptquantenzahl $n = 2$ vier Kombinationen möglich sind: (2, 0, 0), (2, 1, –1), (2, 1, 0), (2, 1, +1). Diese Situation ist in Abbildung 2.13 dargestellt.

Es hat sich als nützlich erwiesen, die verschiedenen Orbitale durch Buchstaben zu beschreiben. Wir sprechen bei $l = 0$ von einem *s-Orbital*, bei $l = 1$ von einem *p-Orbital*, bei $l = 2$ von einem *d-Orbital* und bei $l = 3$ von einem *f-Orbital*. (Die Buchstaben *s*, *p*, *d* und *f* stammen aus der Spektroskopie, sie stehen für: **s**harp, **p**rincipal, **d**iffuse und **f**undamental.) Jedem dieser Symbole wird die Hauptquantenzahl n voran gestellt. So ergibt sich beispielsweise für das durch die Quantenzahlen $n = 2$ und $l = 1$ charakterisierte Orbital das Symbol 2p.

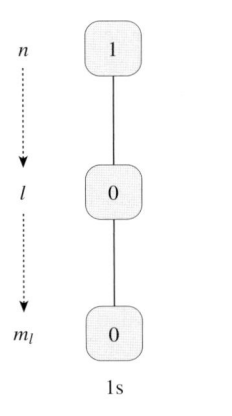

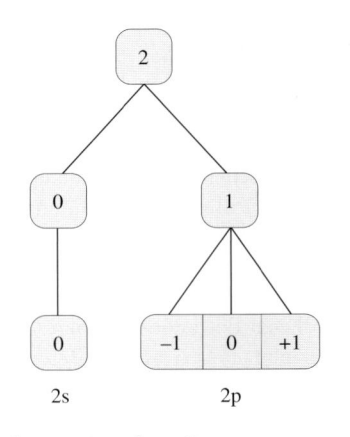

Max **Born**, deutsch-britischer Physiker, 1882–1970; Professor in Frankfurt, Göttingen, Cambridge und Edinburgh, 1954 Nobelpreis für Physik zusammen mit W. Bothe (für die grundlegenden Forschungen in der Quantenmechanik, besonders für seine statistische Interpretation der Wellenfunktion).

2.13 Mögliche Quantenzahlkombinationen für $n = 1$ und $n = 2$.

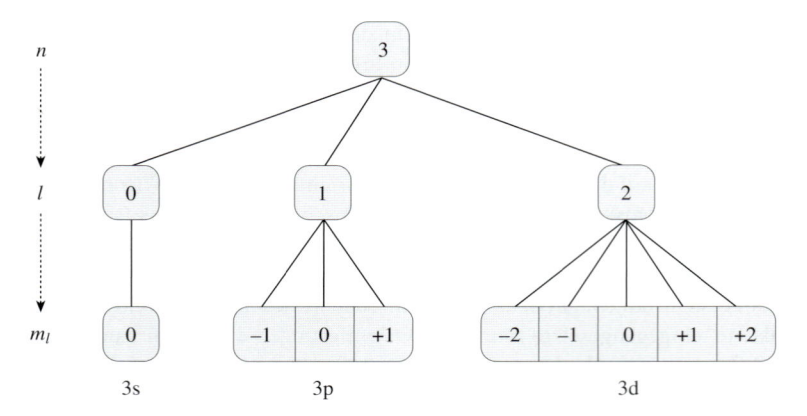

2.14 Mögliche Quantenzahlkombinationen für $n = 3$.

Die Anzahl der möglichen Werte für m_l ist gleich der Anzahl der jeweiligen Orbitale. So kann m_l bei $l = 1$ (p-Orbital) die Werte –1, 0 und +1 annehmen. Dementsprechend gibt es auch drei p-Orbitale. Für $l = 2$ erhält man fünf d-Orbitale (m_l = –2, –1, 0, +1, +2). Für die Hauptquantenzahl $n = 3$ ergeben sich damit neun Kombinationen von Quantenzahlen; sie entsprechen einem 3s-, drei 3p- und fünf 3d-Orbitalen (Abbildung 2.14).

Ein ähnliches Diagramm für die Hauptquantenzahl $n = 4$ würde 16 Kombinationen von Quantenzahlen ergeben, entsprechend einem 4s-, drei 4p-, fünf 4d- und sieben 4f-Orbitalen. Theoretisch könnte man diesen Gedanken noch weiter führen. Wie wir jedoch sehen werden, stellen die f-Orbitale praktisch die Grenze der Orbitaltypen für die Elemente des Periodensystems in ihrem elektronischen Grundzustand dar.

Die Lösungen der Schrödinger-Gleichung werden meist als exakte Darstellung der Elektronen eines Atoms aufgefasst, dies ist jedoch nicht ganz richtig. Wie wir in Abschnitt 3.4 zeigen werden, bleibt die Tatsache außer Betracht, dass in den Atomen schwerer Elemente die nahe am Atomkern befindlichen Elektronen sich teilweise mit extrem hoher Geschwindigkeit, nahe der Lichtgeschwindigkeit c, bewegen. Aus der *Relativitätstheorie* von Albert Einstein wissen wir, dass die Masse m eines Teilchens, das sich mit so hoher Geschwindigkeit v bewegt, größer ist als die Masse m_0 im Ruhezustand. Die folgende Gleichung beschreibt diesen Zusammenhang:

$$m = \frac{m_0}{\sqrt{1 - v^2/c^2}}$$

Als Folge dieser *relativistischen Effekte* kommt es zu Abweichungen des tatsächlichen Verhaltens von Elektronen gegenüber dem, was aus der Beschreibung durch die Schrödinger-Gleichung folgt. Obwohl man die Schrödinger-Gleichung modifizieren kann, um dem Problem Rechnung zu tragen, entwickelte der englische Physiker Paul A. M. Dirac 1928 eine bessere Wellengleichung, die auch relativistische Effekte mit einbezieht. Die *Dirac-Gleichung* sieht direkt vier Quantenzahlen vor, wobei jedoch nur die Hauptquantenzahl n in der Schrödinger- und der Dirac-Gleichung dieselbe Bedeutung hat. Sogar die Orbitalgeometrien, die sich aus der Dirac-Gleichung ergeben, unterscheiden sich von denen, die aus der Schrödinger-Gleichung hervorgehen. Da sich dieses Buch jedoch mit den Grundlagen der anorganischen Chemie befasst, werden wir uns hier mit den Merkmalen der einfacheren und häufiger verwendeten Orbitale aus der Schrödinger-Gleichung begnügen.

Paul Adrien Maurice **Dirac**, englischer Physiker, 1902–1984; Professor in Cambridge und Tallahassee, ab 1930 Mitglied der Royal Society; 1933 Nobelpreis für Physik zusammen mit E. Schrödinger (für die Entdeckung neuer produktiver Formen der Atomtheorie).

Die Form der Atomorbitale

Die Bedeutung einer Wellenfunktion anschaulich zu machen, ist keine leichte Aufgabe. Man müsste – wenn es nur möglich wäre – eine vierdimensionale graphische Darstellung verwenden, um sie für jedes Orbital vollständig wiederzugeben. Unsere Darstellung kann daher nur ziemlich vereinfacht sein.

Jede der vier Quantenzahlen beschreibt einen anderen Aspekt des Orbitals:
1. Die Hauptquantenzahl n beschreibt die Größe des Orbitals.
2. Die Nebenquantenzahl l steht für die Form des Orbitals.
3. Die magnetische Quantenzahl m_l repräsentiert die räumliche Orientierung des Orbitals.
4. Die Spinquantenzahl m_s hat wenig physikalische Bedeutung; sie sagt aus, dass jedem Orbital maximal zwei Elektronen zugeordnet werden können.

Grafische Darstellungen der Orbitale gehen meist von den Funktionswerten für ψ^2 aus und veranschaulichen damit die räumliche Verteilung der Elektronen. Sie deuten also an, mit welcher Wahrscheinlichkeit ein Elektron an einem bestimmten Ort anzutreffen ist. Eine hohe *Elektronendichte* ist immer dort zu erwarten, wo sich ein Elektron besonders häufig aufhält. Entsprechend ergibt sich für Bereiche, in denen Elektronen selten anzutreffen sind, eine niedrigere Elektronendichte.

Die s-Orbitale Allen s-Orbitalen entspricht eine *kugelsymmetrische* Verteilung der Elektronendichte. Mittelpunkt der Kugel ist jeweils der Atomkern. Abbildung 2.15 stellt die Formen des 1s- und des 2s-Orbitals im Vergleich maßstabgerecht dar. Das Volumen eines 2s-Orbitals ist ungefähr viermal so groß wie das eines 1s-Orbitals. In beiden Fällen besetzt der Atomkern ein sehr kleines Volumen im Zentrum der Kugel. Die dargestellten Kugeln umfassen meist 90 % der gesamten Aufenthaltswahrscheinlichkeit der Elektronen; begrenzt werden sie durch Flächen gleicher Elektronendichte. Der gesamte Bereich mit endlicher Aufenthaltswahrscheinlichkeit lässt sich nicht darstellen, da die Elektronendichte nur asymptotisch mit wachsendem Abstand vom Atomkern auf null sinkt.

Abgesehen vom Größenunterschied zwischen dem 1s-Orbital und dem 2s-Orbital hat das 2s-Orbital in einem bestimmten Abstand vom Atomkern eine kugelförmige Fläche, auf der die Elektronendichte gleich null ist. Eine solche Fläche, auf der die Wahrscheinlichkeit, ein Elektron anzutreffen, gleich null ist, bezeichnet man allgemein als **Knotenfläche**. Nimmt die Hauptquantenzahl um eins zu, so steigt auch jeweils die Anzahl der Knotenflächen um eins. Das Auftreten von Knotenflächen spiegelt sich in Abbildung 2.16 wider.

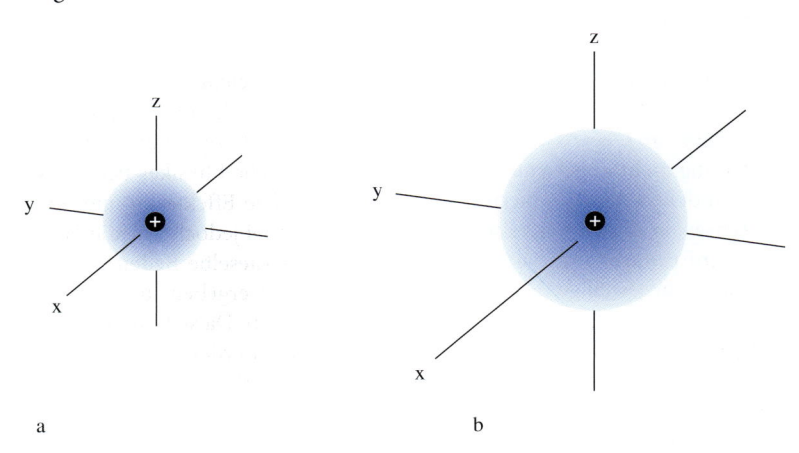

2.15 Form des 1s- (a) und des 2s-Orbitals (b).

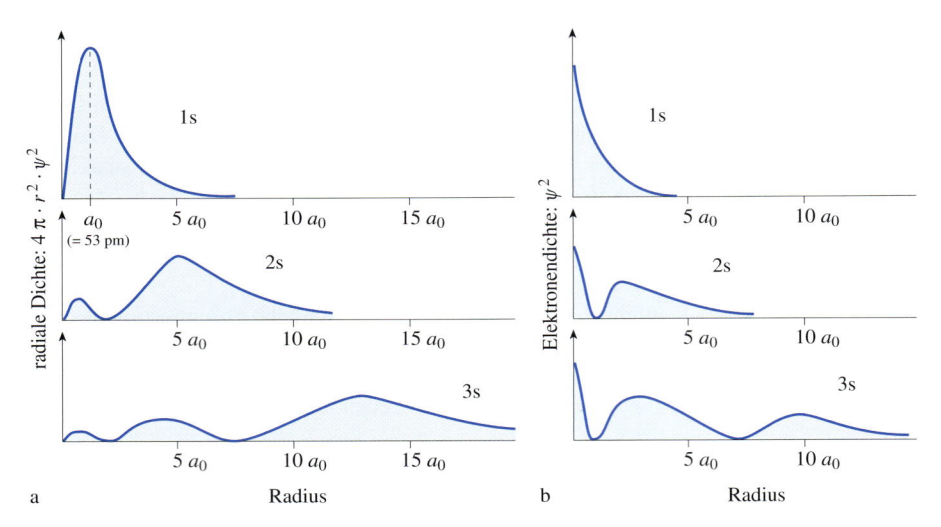

2.16 Verteilung der Elektronendichte als Funktion des Abstands zum Atomkern für Elektronen im 1s-, 2s- und 3s-Orbital des Wasserstoff-Atoms: a) Aufenthaltswahrscheinlichkeit in einer Kugelschale mit dem Radius r (Radialverteilung); b) *zum Vergleich*: Aufenthaltswahrscheinlichkeit in einem einzelnen Volumenelement im Abstand r (Elektronendichte).

Die Kurven zeigen jeweils die sogenannte **Radialverteilung** oder *radiale Dichte* für ein Elektron in einem 1s-, 2s- bzw. 3s-Orbital. Man versteht darunter die Wahrscheinlichkeit, mit der ein Elektron des entsprechenden Energiezustands in einer Kugelschale mit dem Radius r anzutreffen ist. Für den Fall einer kugelsymmetrischen Elektronendichteverteilung entsprechen diese Werte jeweils dem Produkt aus der Kugeloberfläche ($A = 4\pi \cdot r^2$) und dem Wert für ψ^2 für einen Punkt auf dieser Fläche. Für das 1s-Elektron eines Wasserstoff-Atoms ergibt sich die größte Aufenthaltswahrscheinlichkeit bei einem Abstand von 53 pm vom Atomkern. Dieser Wert entspricht genau dem Radius a_0 der Umlaufbahn des Elektrons für den Grundzustand des Wasserstoff-Atoms im Bohrschen Modell.

Man erkennt auch, dass sich die Elektronen mit steigender Hauptquantenzahl im Mittel in größerem Abstand vom Atomkern aufhalten. Die Gesamtflächen unter den Kurven sind jeweils gleich groß.

Elektronen in s-Orbitalen unterscheiden sich von denen in p-, d- oder f-Orbitalen in zweierlei Hinsicht. Zum einen ist aufgrund ihrer Kugelsymmetrie nur bei s-Orbitalen die Elektronendichte unabhängig von der Richtung. Zum anderen gibt es eine begrenzte Wahrscheinlichkeit dafür, dass sich ein Elektron in einem s-Orbital am Ort des Atomkerns aufhält. Alle anderen Orbitale ergeben am Kern eine Knotenfläche mit einer Elektronendichte von null.

Die p-Orbitale Im Gegensatz zu den s-Orbitalen ist die zu p-Orbitalen gehörige Elektronenverteilung nicht kugelsymmetrisch. Es ergeben sich jeweils zwei getrennte Bereiche, zwischen denen der Atomkern liegt. Die drei p-Orbitale weisen in die Richtungen der drei Achsen in einem kartesischen Koordinatensystem; dementsprechend werden sie p_x-, p_y- und p_z-Orbital genannt. Abbildung 2.17 stellt die drei 2p-Orbitale dar. Im rechten Winkel zur jeweiligen Achse liegt eine Knotenebene, in der auch der Atomkern liegt. Das $2p_z$-Orbital beispielsweise hat eine Knotenebene in der xy-Ebene. Die Funktionswerte der Wellenfunktion ψ sind in einem Bereich positiv, im anderen negativ.

Die Wahrscheinlichkeit, mit der man ein Elektron an einer bestimmten Stelle antrifft, ist immer positiv, denn sie ist proportional zum Quadrat der Wellenfunktion. Auch wenn die Wellenfunktion ψ selbst negative Werte hat, ergeben sich durch Quadrieren positive Werte. Bei der Diskussion von chemischen Bindungen spielt jedoch

p_x-Orbital p_y-Orbital p_z-Orbital

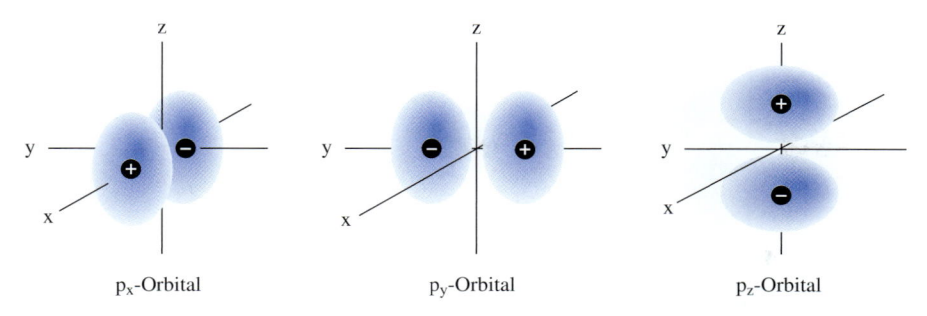

2.17 Form der 2p-Orbitale.

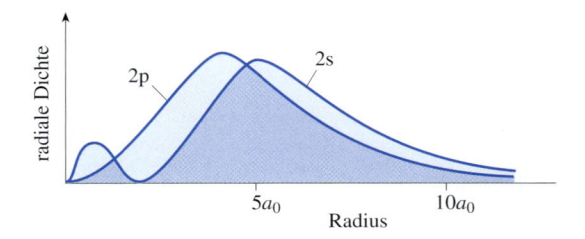

2.18 Verteilung der Elektronendichte als Funktion des Abstands zum Atomkern für Elektronen im 2s- und 2p-Orbital des Wasserstoff-Atoms (Radialverteilung).

auch das Vorzeichen der Wellenfunktion eine Rolle. Aus diesem Grund gibt man bei der Darstellung von Atomorbitalen häufig auch das Vorzeichen der Wellenfunktion für die einzelnen Bereiche an.

Vergleicht man die Graphen der radialen Dichte für das 2s-Orbital und das 2p-Orbital, so stellt man fest, dass sich die Elektronen des 2s-Zustands häufiger in der Nähe des Atomkerns aufhalten als die des 2p-Zustands. Andererseits ist das zweite Maximum beim 2s-Orbital weiter vom Kern entfernt als das Maximum beim 2p-Orbital. Die durchschnittliche Entfernung vom Atomkern, die ein Elektron in einem der beiden Orbitale aufweist, ist jedoch gleich (Abbildung 2.18).

Wie bei den s-Orbitalen ergeben sich auch bei den p-Orbitalen mit steigender Hauptquantenzahl zusätzliche Knotenebenen. Daher sieht ein 3p-Orbital nicht genauso aus wie ein 2p-Orbital. Die Unterschiede in den Orbitalgeometrien für verschiedene Hauptquantenzahlen sind jedoch für die anorganische Chemie nur von untergeordneter Bedeutung.

Die d-Orbitale Die fünf d-Orbitale haben eine komplexere Form. Drei von ihnen liegen entlang der Winkelhalbierenden zwischen den Achsen des kartesischen Koordinatensystems, die anderen beiden sind entlang der Achsen orientiert. In allen Fällen liegt auch hier der Atomkern im Schnittpunkt der Achsen. Das d_{z^2}-Orbital ähnelt in gewisser Weise einem p_z-Orbital, mit dem Unterschied, dass es zusätzlich einen Ring hoher Elektronendichte in der xy-Ebene aufweist. Das $d_{x^2-y^2}$-Orbital ist identisch mit dem d_{xy}-Orbital, es ist jedoch um 45° gedreht (Abbildung 2.19).

Die f-Orbitale Die Gestalt der f-Orbitale ist noch komplexer als die der d-Orbitale. Es gibt insgesamt sieben f-Orbitale, von denen vier jeweils acht Bereiche aufweisen. Die anderen drei ähneln dem d_{z^2}-Orbital, haben jedoch nicht einen, sondern zwei Ringe. Diese Orbitale sind selten an Bindungen beteiligt, sodass wir sie hier nicht im Detail besprechen.

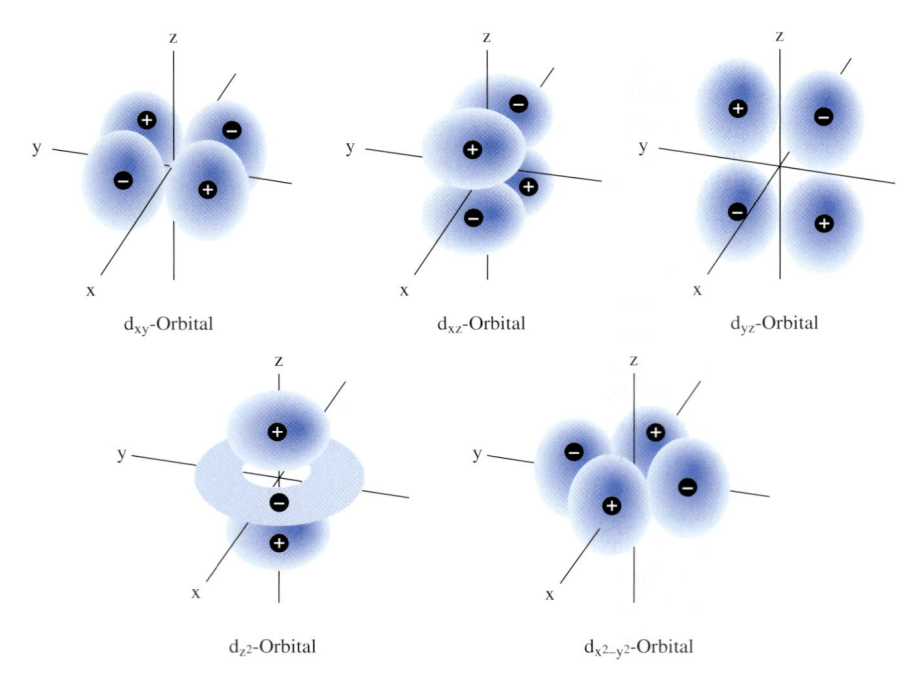

d_{xy}-Orbital d_{xz}-Orbital d_{yz}-Orbital

d_{z^2}-Orbital $d_{x^2-y^2}$-Orbital

2.19 Form der 3d-Orbitale.

Besetzung der Orbitale mit Elektronen

Jedem Orbital in einem realen Atom entspricht eine bestimmte Energie, die maßgeblich durch die Hauptquantenzahl n und in geringerem Ausmaß auch durch die Nebenquantenzahl l bestimmt wird.

Für das chemische Verhalten der Atome ist es von großer Bedeutung, welche Orbitale von den Elektronen besetzt sind. Dies wird durch drei einfache Regeln beschrieben. Die ersten beiden dieser Regeln sind:

1. Die Orbitale eines Atoms in seinem Grundzustand werden in der Reihenfolge ihrer Energien mit Elektronen besetzt. Das energieärmste Orbital ist das 1s-Orbital, es wird zuerst besetzt.
2. Jedes Orbital kann maximal zwei Elektronen aufnehmen.

Wolfgang **Pauli**, österreichisch-amerikanischer Physiker, 1900–1958; Professor in Zürich und Princeton.

Die zweite Regel ist eine Folge des **Pauli-Prinzips**. Danach dürfen zwei Elektronen eines Atoms nicht in allen vier Quantenzahlen übereinstimmen. Da für ein bestimmtes Orbital die Quantenzahlen n, l und m_l festliegen, müssen sich die Elektronen in diesem Orbital zumindest in der Spinquantenzahl unterscheiden. Da diese nur die Werte $+\frac{1}{2}$ und $-\frac{1}{2}$ annehmen kann, beträgt die maximale Zahl von Elektronen pro Orbital zwei. Diese weisen stets entgegengesetzten oder *antiparallelen* Spin auf.

In einem *Atomorbitalschema* werden die Orbitale als waagerechte Linien (oder auch als Kästchen) symbolisiert, die entsprechend ihrer Orbitalenergien entlang der Energieachse angeordnet sind. Elektronen werden als Pfeile dargestellt, wobei die unterschiedliche Pfeilrichtung den Spinzustand symbolisiert.

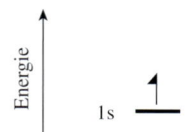

Das am einfachsten gebaute Atom ist das Wasserstoff-Atom; es enthält nur ein Elektron. Nach den Besetzungsregeln für den Grundzustand besetzt es das 1s-Orbital. Führt man dem Wasserstoff-Atom genügend Energie zu, kann das Elektron in ein anderes, energiereicheres Orbital überführt werden: Das Atom befindet sich dann in einem *angeregten* Zustand. Das Atomorbitaldiagramm für den Grundzustand des Wasserstoff-Atoms ist in Abbildung 2.20 dargestellt.

2.20 Elektronenkonfiguration (Atomorbitaldiagramm) des H-Atoms.

Vielfach wählt man jedoch eine andere Möglichkeit, die Besetzung der Orbitale mit Elektronen zu beschreiben: Man schreibt das Symbol des jeweiligen Atomorbitals in der gewohnten Weise und gibt die Zahl der zugehörigen Elektronen durch eine hochgesetzte Ziffer an. Für den Grundzustand des Wasserstoff-Atoms ergibt sich so die Schreibweise $1s^1$. Für ein Atom mit zwei Elektronen, das Helium, ergibt die Anwendung dieser Regeln als Grundzustand die *Elektronenkonfiguration* $1s^2$. Es ist jedoch nicht ganz selbstverständlich, dass sich auch das zweite Elektron im 1s-Orbital aufhält, denn die beiden Elektronen müssen sich den zur Verfügung stehenden, begrenzten Raum teilen, den das Orbital bietet. Dies führt zu einer beträchtlichen elektrostatischen Abstoßung, die zahlenmäßig durch die *Spinpaarungsenergie* ausgedrückt wird. Es ist die Energie, die aufzubringen ist, um die Abstoßung zweier Elektronen in einem Orbital zu überwinden. Eine Alternative ist die Besetzung des energetisch gesehen nächst höheren 2s-Orbitals durch das zweite Elektron. Für Helium beträgt der Energieunterschied zwischen dem 1s- und dem 2s-Orbital 4 MJ·mol^{-1}, während die Spinpaarungsenergie bei 3 MJ·mol^{-1} liegt. Daher ist hier die Konfiguration des Grundzustands $1s^2$ und nicht $1s^1 2s^1$ (Abbildung 2.21). Allgemein muss jedoch betont werden, dass sich zwei Elektronen nur dann im selben Orbital aufhalten, wenn dies auch tatsächlich der energieärmere Zustand für das gesamte Atom ist.

Im Lithium-Atom ist das 1s-Orbital mit zwei Elektronen besetzt, das dritte Elektron befindet sich im nächst energiereicheren Orbital, dem 2s-Orbital. Lithium hat daher die Konfiguration $1s^2 2s^1$. In einem Atom mit mehreren Elektronen ist der Energieunterschied zwischen einem s- und dem p-Orbital der gleichen Hauptquantenzahl immer größer als die Spinpaarungsenergie. Aus diesem Grund ist die Elektronenkonfiguration von Beryllium $1s^2 2s^2$ und nicht $1s^2 2s^1 2p^1$.

Beim Bor beginnt die Besetzung der p-Orbitale. Das Bor-Atom hat im Grundzustand die Elektronenkonfiguration $1s^2 2s^2 2p^1$. Die drei p-Orbitale, p_x, p_y und p_z, weisen exakt die gleiche Energie auf, man sagt, sie sind *entartet*. Aus diesem Grund kann man nicht entscheiden, in welchem der drei p-Orbitale sich das Elektron aufhält. Üblicherweise geht man von einem einfach besetzten p_x-Orbital aus.

Kohlenstoff ist das zweite Atom, das im Grundzustand Elektronen in p-Orbitalen enthält. Seine Elektronenkonfiguration wirft jedoch eine weitere Frage auf, denn es sind drei Anordnungen der zwei 2p-Elektronen möglich (Abbildung 2.22): Zwei Elektronen mit antiparallelem Spin besetzen ein p-Orbital (a); zwei Elektronen mit parallelem Spin besetzen zwei verschiedene p-Orbitale (b); zwei Elektronen mit entgegengesetztem Spin

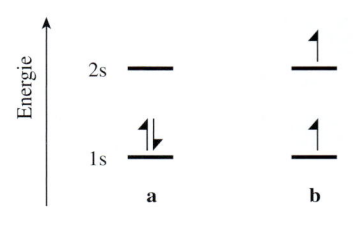

2.21 Zwei mögliche Elektronenkonfigurationen für Helium: $1s^2$ (a), $1s^1 2s^1$ (b).

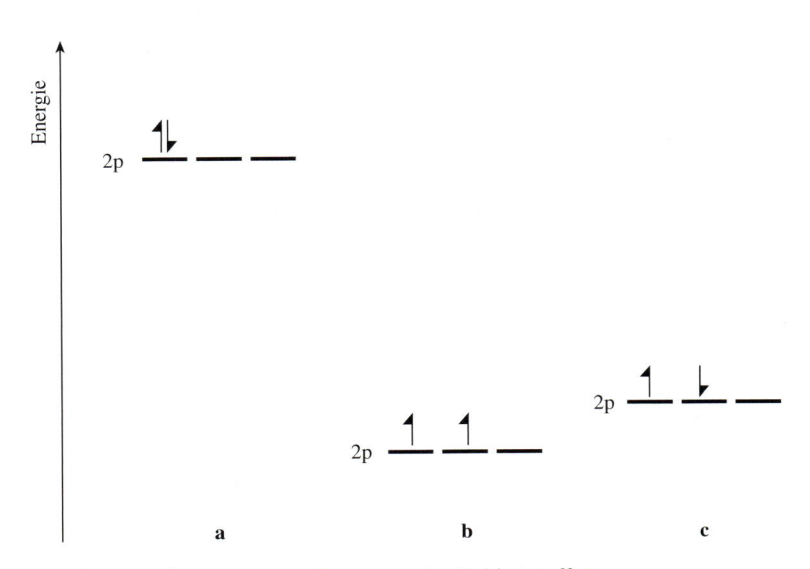

2.22 Mögliche Verteilungen der p-Elektronen im Kohlenstoff-Atom.

Friedrich Hund, deutscher Physiker; 1896–1997; Professor in Rostock, Leipzig, Jena, Frankfurt a. M. und Göttingen.

befinden sich in zwei verschiedenen p-Orbitalen (c). Aufgrund der elektrostatischen Abstoßung kann die Möglichkeit a ausgeschlossen werden. Die Entscheidung zwischen den anderen beiden Möglichkeiten ist weniger offensichtlich und erfordert ein tieferes Verständnis der Quantentheorie. Diese lehrt, dass die Elektronenkonfiguration, bei der zwei Elektronen sich in zwei Orbitalen gleichen Typs befinden (hier p-Orbitale), parallelen Spin aufweisen muss. Daher ist die Variante b der energieärmste Zustand.

Dass bevorzugt ungepaarte Elektronen mit parallelem Spin vorliegen, wurde von Friedrich Hund erkannt. Die **Hundsche Regel** lautet:

Entartete – also energetisch gleichwertige – Orbitale gleichen Typs werden so besetzt, dass sich die maximale Anzahl ungepaarter Elektronen gleichen Spins ergibt.

Man spricht auch vom Prinzip der größten *Spinmultiplizität*. Neben den bereits genannten beiden Regeln ist die Hundsche Regel die dritte (und letzte) Regel, die bei Voraussagen über die Besetzung der Orbitale eines Atoms beachtet werden muss.

Bei Neon ($1s^2 2s^2 2p^6$) ist die Besetzung der 2p-Orbitale abgeschlossen. Beginnend mit dem Natrium werden dann das 3s- und die 3p-Orbitale besetzt. Eine entsprechende Elektronenkonfiguration $ns^2 np^6$ für die Valenzschale der Hauptquantenzahl n finden wir auch bei den anderen Edelgasen (mit Ausnahme des Heliums). Diese besonders stabile Elektronenkonfiguration wird als **Edelgaskonfiguration** bezeichnet.

Anstelle der vollständigen Angabe der Elektronenkonfiguration verwendet man oft eine Kurzform, bei der die inneren Elektronen durch das Symbol des entsprechenden Edelgases dargestellt werden. Für die Elektronenkonfiguration von Magnesium, $1s^2 2s^2 2p^6 3s^2$, schreibt man dann $[Ne]3s^2$. Diese Darstellungsweise hat den Vorteil, dass sie unmittelbar die Elektronen erkennen lässt, die für die chemische Bindung entscheidend sind.

Schreibt man mit ansteigender Kernladungszahl die Elementsymbole mit ihren Elektronenkonfigurationen nebeneinander und beginnt eine neue Zeile, sobald die nächsthöhere Hauptquantenzahl ins Spiel kommt, ergibt sich das periodische System der Elemente, kurz *Periodensystem*, mit 18 *Gruppen* und 7 *Perioden* (Abbildung 2.23).

1	2											13	14	15	16	17	18	
							H										He	1
Li	Be											B	C	N	O	F	Ne	2
Na	Mg	3	4	5	6	7	8	9	10	11	12	Al	Si	P	S	Cl	Ar	3
K	Ca	Sc	Ti	V	Cr	Mn	Fe	Co	Ni	Cu	Zn	Ga	Ge	As	Se	Br	Kr	4
Rb	Sr	Y	Zr	Nb	Mo	Tc	Ru	Rh	Pd	Ag	Cd	In	Sn	Sb	Te	I	Xe	5
Cs	Ba	La … * Lu	Hf	Ta	W	Re	Os	Ir	Pt	Au	Hg	Tl	Pb	Bi	Po	At	Rn	6
Fr	Ra	Ac … ** Lr	Rf	Db	Sg	Bh	Hs	Mt	Ds	Rg	Cn	Hauptgruppen						7

Hauptgruppen   Nebengruppen

*Lanthanoide	La	Ce	Pr	Nd	Pm	Sm	Eu	Gd	Tb	Dy	Ho	Er	Tm	Yb	Lu
**Actinoide	Ac	Th	Pa	U	Np	Pu	Am	Cm	Bk	Cf	Es	Fm	Md	No	Lr

2.23 Periodensystem der Elemente. Die oberen Zahlen geben die Gruppen (Spalten) der Elemente an, die Zahlen rechts bezeichnen die Perioden (Reihen).

Tabelle 2.2 Nebengruppenelemente – Elektronenkonfigurationen der freien Atome in ihrem Grundzustand

Atom	Konfiguration	Atom	Konfiguration	Atom	Konfiguration
Sc	$3d^14s^2$	Y	$4d^15s^2$	La	$5d^16s^2$
Ti	$3d^24s^2$	Zr	$4d^25s^2$	Hf	$5d^26s^2$
V	$3d^34s^2$	Nb	$4d^45s^1$	Ta	$5d^36s^2$
Cr	$3d^54s^1$	Mo	$4d^55s^1$	W	$5d^46s^2$
Mn	$3d^54s^2$	Tc	$4d^55s^2$	Re	$5d^56s^2$
Fe	$3d^64s^2$	Ru	$4d^75s^1$	Os	$5d^66s^2$
Co	$3d^74s^2$	Rh	$4d^85s^1$	Ir	$5d^76s^2$
Ni	$3d^84s^2$	Pd	$4d^{10}5s^0$	Pt	$5d^96s^1$
Cu	$3d^{10}4s^1$	Ag	$4d^{10}5s^1$	Au	$5d^{10}6s^1$
Zn	$3d^{10}4s^2$	Cd	$4d^{10}5s^2$	Hg	$5d^{10}6s^2$

Hinweis: Tabelle 2.2 entspricht weitgehend der bisherigen Lehrbuchtradition. Die Schreibweise berücksichtigt aber, dass das nd-Niveau unterhalb des $(n+1)$s-Niveaus liegt. Nach neueren Untersuchungen weicht die tatsächliche Besetzung der Niveaus jedoch in mehreren Fällen von diesen Angaben ab. So liegt bei freien Nickel-Atomen der $3d^94s^1$-Zustand energetisch um rund 100 kJ · mol^{-1} niedriger als der allgemein angegebene $3d^84s^2$-Zustand.
Die hier prinzipiell notwendigen Korrekturen wurden nicht aufgenommen, da alle gängigen Nachschlagewerke ausschließlich die bisherigen Angaben verwenden.

Eine **Gruppe** besteht aus den untereinander stehenden Elementen mit gleicher Anzahl an Valenzelektronen. Elemente einer Gruppe weisen dementsprechend auch erhebliche chemische Ähnlichkeiten auf. Die in einer **Periode** nebeneinander stehenden Elemente unterscheiden sich dagegen meist deutlich in ihrem Reaktionsverhalten. Da viele chemische Eigenschaften direkt mit der Stellung des Elements im Periodensystem zusammenhängen, sollte man sich das Periodensystem möglichst genau einprägen. Im Einzelnen wird der Aufbau des Periodensystems im folgenden Kapitel besprochen.

Besetzung der d-Orbitale Im Falle des Argon-Atoms sind die 3s- und 3p-Orbitale vollständig besetzt ($3s^23p^6$). Man könnte daher annehmen, dass beim darauf folgenden Kalium-Atom die Besetzung der 3d-Orbitale beginnt. Für Kalium findet man jedoch die Konfiguration [Ar]$4s^1$ und für Calcium [Ar]$4s^2$. Offenkundig ist dies energetisch günstiger als die zunächst erwartete Konfiguration $3s^23p^63d^1$ bzw. $3s^23p^63d^2$. Die Ursache dafür spiegelt sich in Abbildung 2.24 wider: Das 3d-Niveau liegt bei diesen Elementen energetisch gesehen oberhalb des 4s-Niveaus. Erst nach dem Calcium beginnt dann die Besetzung der 3d-Orbitale. Bei den dann folgenden zehn Elementen vom Scandium bis zum Zink werden die 3d-Orbitale mit Elektronen aufgefüllt. Zur Unterscheidung von den bisher besprochenen **Hauptgruppenelementen** spricht man von *d-Block-Elementen* oder auch **Nebengruppenelementen**. Die Elektronenkonfigurationen dieser Atome in ihrem Grundzustand sind in Tabelle 2.2 angegeben.

Bei der Besetzung der 3d-, 4d- und 5d-Orbitale kommt es in einigen Fällen zu Unregelmäßigkeiten. So hat das Chrom-Atom nicht die erwartete $3d^44s^2$-, sondern die offenbar stabilere $3d^54s^1$-Konfiguration. Das Kupfer-Atom weist die Elektronenkonfiguration $3d^{10}4s^1$ und nicht $3d^94s^2$ auf. Ganz entsprechend findet man bei den 4d-Elementen Palladium und Silber jeweils die $4d^{10}$-Konfiguration.

Diese Beispiele zeigen, dass eine Konfiguration, in der sämtliche Orbitale eines Typs (hier d-Orbitale) entweder je ein oder aber je zwei Elektronen enthalten, besonders stabil ist. Man spricht auch von der erhöhten Stabilität halb- oder vollbesetzter *Unterschalen*. Der Begriff *Schale* ist historisch aus dem Bohrschen Atommodell erwachsen; er wird immer noch verwendet, obwohl das moderne Atommodell dies eigentlich nicht rechtfertigt.

Für die Elemente zwischen Lanthan (La) und Lutetium (Lu) sind die Verhältnisse noch komplizierter, da die 4f-, 5d- und 6s-Orbitale alle sehr ähnliche Energien haben. Das Lanthan-Atom beispielsweise hat die Konfiguration [Xe]$5d^16s^2$, während das nächste Atom, Cer, eine Konfiguration von [Xe]$4f^15d^16s^2$ aufweist.

Trotz der angesprochenen Unregelmäßigkeiten bei den Elektronenkonfigurationen einiger Elemente des d-Blocks und des f-Blocks ergibt sich für die Reihenfolge in der Besetzung der Orbitale mit Elektronen ein relativ gut überschaubares System.

Bei der großen Mehrzahl der Atome entspricht es der in Abbildung 2.25 schematisch dargestellten Abstufung der Orbitalenergien:

Die Tatsache, dass bei den 3d-Elementen neben dem teilweise besetzten 3d-Niveau auch das energetisch etwas höher liegende 4s-Niveau besetzt ist, lässt sich folgendermaßen erklären: Elektronen des 3d-Niveaus erhöhen die Elektronendichte vor allem im kernnahen Bereich. Die Besetzung des wesentlich größeren 4s-Orbitals liefert hingegen eine merkliche Elektronendichte im Außenbereich. Damit verringern sich die Abstoßungskräfte zwischen den Elektronen des Atoms und das gesamte System erreicht einen Zustand minimaler Energie. Ganz ähnlich liegen die Verhältnisse bei den Elementen der 4d- und der 5d-Reihe.

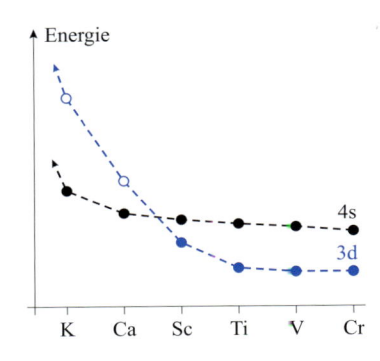

2.24 Orbitalenergien der 3d- und 4s-Orbitale.

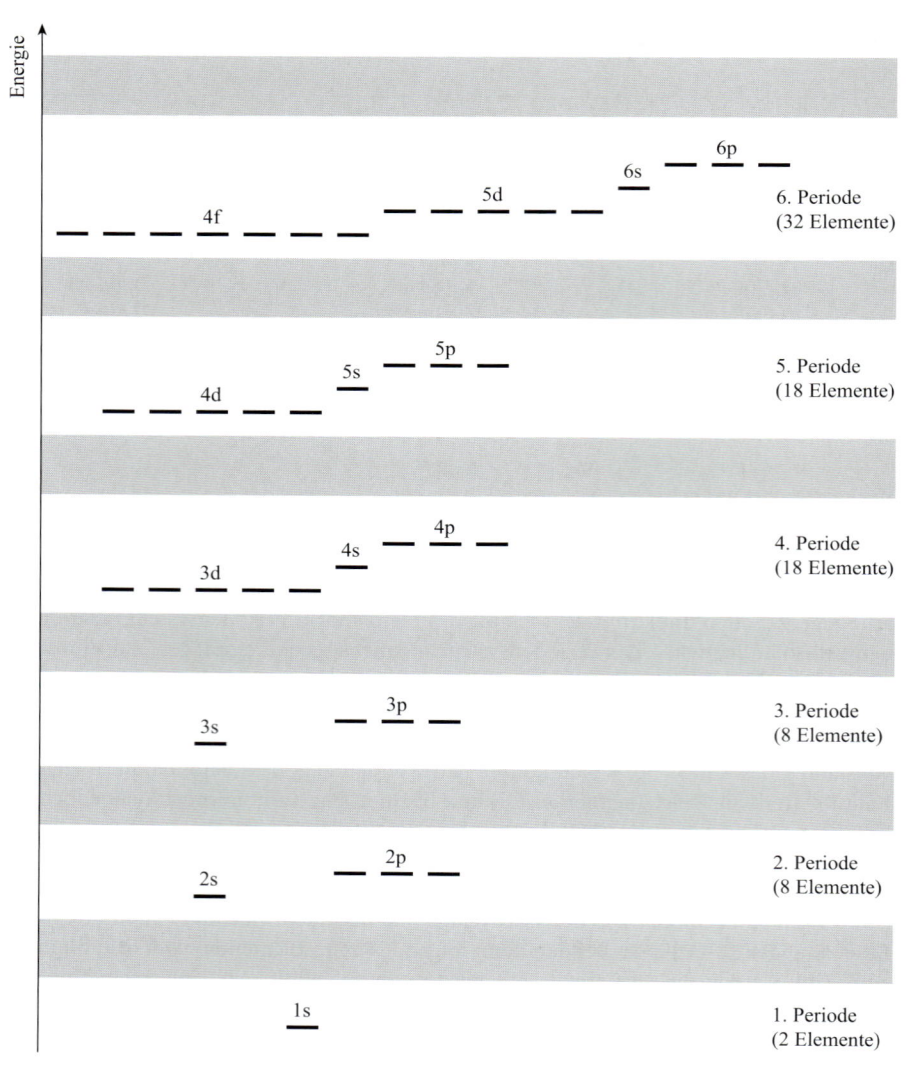

2.25 Reihenfolge der Orbitalenergien bei den meisten Atomen der 1. bis 6. Periode. Die grauen Bereiche deuten an, dass die aufeinander folgenden Gruppen von Orbitalen ähnlicher Energie durch relativ große Energielücken getrennt sind.

$$1s \ll 2s < 2p \ll 3s < 3p \ll 3d < 4s < 4p \ll 4d < 5s < 5p \ll 4f < 5d < 6s < 6p \ll 5f < 6d < \ldots$$

Obwohl diese Reihenfolge seit langer Zeit empirisch gesichert und auch theoretisch gut fundiert ist, wird sie bisher in Lehrbüchern nur selten angegeben. Stattdessen findet man meist Angaben, wie sie nur für die Alkali- und Erdalkalimetalle zutreffen, das heißt, das $(n-1)$d-Niveau liegt jeweils oberhalb des ns-Niveaus (z. B. 3d oberhalb 4s). Damit gehört dann – scheinbar – die große Mehrzahl der Elemente zu den Ausnahmen, ohne dass dafür eine überzeugende Erklärung gegeben werden kann.

Zu beachten ist, dass die hier dargestellte Reihenfolge der Besetzung nicht die Reihenfolge für jedes Element darstellen muss. Bei den Elementen jenseits von Zink beispielsweise ist die Energie der Elektronen in den 3d-Orbitalen deutlich geringer als in den 4s-Orbitalen. Beginnend beim Gallium werden daher die 3d-Orbitale zu vollbesetzten „inneren" Orbitalen; sie sind an Bindungen nicht beteiligt und spielen für das chemische Verhalten keine Rolle.

Elektronenkonfigurationen von Ionen

Für die Ionen der leichten Hauptgruppenelemente wie Magnesium oder Aluminium lässt sich die Elektronenkonfiguration und damit ihre Ladungszahl leicht vorhersagen: Metallatome geben bei der Bildung von Verbindungen meist alle Elektronen der äußeren Schale ab und werden so zu Kationen mit der Elektronenkonfiguration des nächst leichteren Edelgasatoms an. Umgekehrt nehmen die Atome typischer Nichtmetalle wie Chlor oder Sauerstoff so viele Elektronen auf, dass sie die Konfiguration des nächst schwereren Edelgases erreichen. Beispiele für solche Ionen mit *Edelgaskonfiguration* sind: $Na^+ \triangleq [Ne]$, $Mg^{2+} \triangleq [Ne]$, $Al^{3+} \triangleq [Ne]$, $O^{2-} \triangleq [Ne]$, $Cl^- \triangleq [Ar]$.

Die schweren Hauptgruppenmetalle wie Blei oder Thallium bilden verschiedene Ionen, deren Ladungen sich im Allgemeinen um zwei Einheiten unterscheiden. So kennen wir beim Blei die Ionen Pb^{2+} und Pb^{4+} sowie beim Thallium Tl^+ und Tl^{3+}. Nur die Ionen mit der jeweils höheren Ladung weisen die Edelgaskonfiguration auf. Im Falle von Pb^{2+} und Tl^+ werden nur die 6p-Elektronen abgegeben, sodass für beide Ionen die Elektronenkonfiguration $[Xe]6s^2$ resultiert.

Schwieriger vorauszusagen ist die Elektronenkonfiguration für Kationen der *Nebengruppenelemente*. Eine allgemeine Regel ist hier, dass zuerst die Elektronen mit der höchsten Hauptquantenzahl abgegeben werden. Eisen beispielsweise bildet Fe^{2+}-Ionen ($[Ar]3d^6$) und Fe^{3+}-Ionen ($[Ar]3d^5$). Beide Ionen besitzen keine 4s-Elektronen mehr; dabei ist im Falle des Fe^{3+}-Ions das 3d-Niveau halb besetzt. Anders als bei den Hauptgruppenelementen Thallium und Blei unterscheiden sich hier die Ionen nur um ein Elektron.

ÜBUNGEN

2.1 Was versteht man unter a) Kanalstrahlen, b) Elementarladung, c) Elementarteilchen, d) Nukleonen, e) Massenzahl, f) Ladungszahl, g) Massendefekt?

2.2 Nennen Sie drei Möglichkeiten zum Nachweis radioaktiver Strahlung.

2.3 Welche Art der radioaktiven Strahlung besitzt die größte Reichweite?

2.4 Welche Vorgänge sind mit dem b-Zerfall eines Atoms verbunden?

2.5 Definieren Sie folgende Begriffe: a) Knotenfläche, b) Pauli-Prinzip, c) Orbital, d) Entartung, e) Hundsche Regel.

2.6 Konstruieren Sie ein Quantenzahlendiagramm für die Hauptquantenzahl $n = 4$, so wie es in Abbildung 2.14 für $n = 3$ dargestellt wird.

2.7 Bestimmen Sie den niedrigsten Wert für n, bei dem m_l (theoretisch) einen Wert von +4 annehmen könnte.

2.8 Benennen Sie die Orbitale mit $n = 4, l = 1$ und mit $n = 6, l = 0$.

2.9 Was sagen die Quantenzahlen n und l über die Eigenschaften eines Orbitals aus?

2.10 Erläutern Sie, warum beim Kohlenstoff-Atom im Grundzustand zwei Elektronen mit parallelem Spin zwei verschiedene p-Orbitale besetzen.

2.11 Erläutern Sie, warum die Elektronenkonfiguration von Beryllium im Grundzustand $1s^22s^2$ und nicht $1s^22s^12p^1$ ist.

2.12 Geben Sie die Elektronenkonfiguration (im Grundzustand) für Atome der folgenden Elemente an: a) Natrium, b) Nickel, c) Kupfer, d) Calcium, e) Chrom, f) Blei. Verwenden Sie die Kurzschreibweise, bei der innere Elektronen durch das jeweilige Edelgassymbol dargestellt werden.

2.13 Geben Sie die Elektronenkonfiguration (im Grundzustand) für folgende Ionen an: a) K^+, b) Sc^{3+}, c) Cu^{2-}, d) Cl^-, e) Co^{2+}, f) Mn^{4+}. Verwenden Sie die Kurzschreibweise.

2.14 Welche Ladungszahlen treten Ihrer Meinung nach bei Ionen der folgenden Elemente häufig auf? a) Thallium, b) Zinn, c) Silber, d) Zirconium. Begründen Sie Ihre Entscheidung.

2.15 Verwenden Sie ähnliche Diagramme wie in Abbildung 2.22 zur Bestimmung der Anzahl ungepaarter Elektronen in den Atomen von a) Sauerstoff, b) Magnesium, c) Chrom, d) Stickstoff, e) Silicium, f) Eisen.

Das Periodensystem der Elemente ist das wichtigste Ordnungsprinzip für die anorganische Chemie. In diesem Kapitel werden die grundlegenden Fakten und Zusammenhänge beschrieben und erläutert, wie sie für ein Verständnis der chemischen Eigenschaften der Elemente und ihrer Verbindungen notwendig sind.

Ein Überblick über das Periodensystem

3

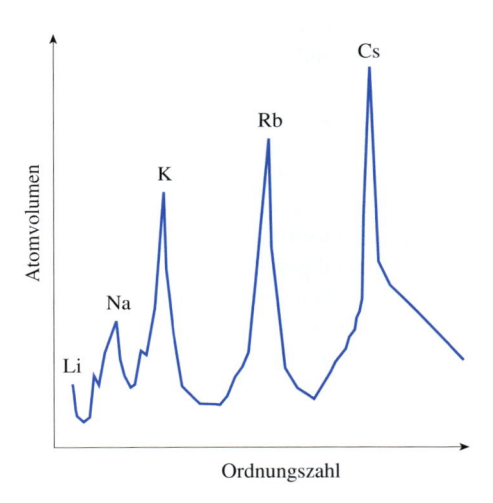

Kapitelübersicht

3.1 Das moderne Periodensystem
3.2 Die Entstehung der Elemente
    Exkurs: Zur Geschichte des Schalenmodells der Atomkerne
3.3 Einteilung der Elemente
3.4 Periodische Eigenschaften: Atomradius
3.5 Periodische Eigenschaften: Ionisierungsenergie
3.6 Periodische Eigenschaften: Elektronenaffinität
3.7 Biochemie der Elemente

Johann Wolfgang Döbereiner, deutscher Chemiker, 1780–1849; Professor in Jena.

John Alexander Reina Newlands, englischer Chemiker, 1837–1898.

Julius Lothar Meyer, deutscher Chemiker, 1830–1895; Professor in Eberswalde, Karlsruhe und Tübingen.

Dimitrij Iwanowitsch Mendeleev, russischer Chemiker, 1834–1907; Professor in St. Petersburg, 1893–1907 Direktor des Amtes für Maße und Gewichte.

Clemens Winkler, deutscher Chemiker, 1838–1904; Professor in Freiberg (Sachsen).

Die Suche nach Regelmäßigkeiten bei den chemischen Elementen begann lange vor der Entwicklung von Atommodellen. Bereits 1817 beschrieb Johann Döbereiner Gruppen von jeweils drei Elementen, wie z.B. Calcium, Strontium und Barium, die sich in ihren Eigenschaften ähneln; er bezeichnete sie als „Triaden".

Wesentliche Fortschritte ergaben sich erst nach der als „Karlsruher Kongress" (1860) in die Chemiegeschichte eingegangenen Diskussion: Führende Chemiker aus vielen Ländern erreichten weitgehendes Einvernehmen über die bis dahin strittigen (relativen) Atommassen der Elemente. Innerhalb weniger Jahre wurden eine Reihe von Versuchen zur Ordnung der etwa 60 bekannten Elemente veröffentlicht. So traf John Newlands, ein britischer Zuckerfabrikant, 1865 die folgende Feststellung: Ordnet man die Elemente in der Reihenfolge ihrer Atommasse an, so wiederholt sich ein Zyklus von Eigenschaften mit jedem achten Element. Newlands nannte dieses Schema das „Oktavengesetz".

Auch Lothar Meyer und Dimitrij Mendeleev (Mendelejew), beide Teilnehmer des Karlsruher Kongresses, hatten sich – zunächst unabhängig voneinander – mit den periodischen Eigenschaften der Elemente befasst. Ihre Ordnungsversuche führten zu sehr ähnlichen Ergebnissen, die als Vorläufer unseres heutigen Periodensystems angesehen werden können.

In Mendeleevs Vorschlag waren die damals bekannten Elemente in acht Spalten in der Reihenfolge ihrer Atommasse angeordnet. Er behauptete, dass jedes achte Element ähnliche Eigenschaften habe. Die Gruppen I bis VII enthielten zusätzlich jeweils zwei Untergruppen, während der Gruppe VIII vier Untergruppen zugeordnet wurden. Die etwas verwirrende Anordnung der Elemente in einem seiner Entwürfe des Periodensystems ist in Abbildung 3.1 dargestellt.

Die Elemente wurden nach ihren Eigenschaften und denen ihrer Verbindungen in die Tabelle eingeordnet. Gelegentlich traten dabei Lücken auf. Mendeleev nahm an, dass diese Lücken unbekannten Elementen entsprächen. Er vertrat die Ansicht, dass man die Eigenschaften der noch fehlenden Elemente auf der Basis der Kenntnisse über die Nachbarn in derselben Gruppe voraussagen könne. Eine Lücke im Periodensystem befand sich zur damaligen Zeit zwischen Silicium und Zinn. Mendeleev nannte das fehlende Element Eka-Silicium (Es) und sagte einige seiner Eigenschaften mit bemerkenswerter Präzision voraus. 15 Jahre später wurde dieses Element von Clemens Winkler entdeckt und *Germanium* genannt. Tabelle 3.1 enthält einige Voraussagen Mendeleevs im Vergleich mit den späteren Befunden.

I	II	III	IV	V	VI	VII	VIII
H = 1							
Li = 7	Be = 9,4	B = 11	C = 12	N = 14	O = 16	F = 19	
Na = 23	Mg = 24	Al = 27,3	Si = 28	P = 31	S = 32	Cl = 35,5	
K = 39	Ca = 40	— = 44	Ti = 48	V = 51	Cr = 52	Mn = 55	Fe = 56, Co = 59, Ni = 59, Cu = 63
(Cu = 63)	Zn = 65	— = 68	— = 72	As = 75	Se = 78	Br = 80	
Rb = 85	Sr = 87	?Yt = 88	Zr = 90	Nb = 90	Mo = 96	— = 100	Ru = 104, Rh = 104, Pd = 106, Ag = 108
(Ag = 108)	Cd = 112	In = 113	Sn = 118	Sb = 122	Te = 125	J = 127	
Cs = 133	Ba = 137	?Di = 138	?Ce = 140	—	—	—	— — — —
—	—	?Er = 178	?La = 180	Ta = 182	W = 184	—	Os = 195, Ir = 197, Pt = 198, Au = 199
(Au = 199)	Hg = 200	Tl = 204	Pb = 207	Bi = 208	—	—	
—	—	—	Th = 231	—	U = 240	—	— — — —

3.1 Periodensystem der Elemente nach Mendeleev (1871).

Tabelle 3.1 Vergleich zwischen Mendeleevs Annahmen für Eka-Silicium („Es") und den tatsächlichen Eigenschaften von Germanium

Eigenschaft	Eka-Silicium	Germanium
rel. Atommasse (bzw. molare Masse)	72 (72 g · mol^{-1})	72,3 (72,3 g · mol^{-1})
Dichte des Elements	5,5 g · cm^{-3}	5,3 g · cm^{-3}
Dichte des Oxids (EsO$_2$/GeO$_2$)	4,7 g · cm^{-3}	4,3 g · cm^{-3}
Siedetemperatur des Chlorids (EsCl$_4$/GeCl$_4$)	etwas unterhalb 100 °C	84 °C

Das Periodensystem nach Mendeleev hatte jedoch drei Unzulänglichkeiten:
1. Nimmt man die Anordnung der Elemente strikt nach der Reihenfolge ihrer Atommassen vor, so finden die Elemente nicht immer in der Gruppe mit den entsprechenden Eigenschaften ihren Platz. Daher mussten sowohl Nickel und Cobalt als auch Iod und Tellur in ihrer Reihenfolge vertauscht werden.
2. Es wurden Elemente entdeckt, wie z. B. Holmium und Samarium, für die man in der Tabelle keinen sinnvollen Platz fand. Insbesondere diese Schwierigkeit brachte die Verfechter des Konzepts in Verlegenheit.
3. Manche Elemente, die der gleichen Gruppe zugeordnet waren, unterschieden sich teilweise gravierend in ihren chemischen Eigenschaften. Diese Diskrepanz galt besonders für die erste Gruppe, zu der die sehr reaktiven Alkalimetalle und die sehr unreaktiven Münzmetalle (Kupfer, Silber, Gold) gerechnet wurden.

Wie wir heute wissen, hatte das Konzept einen weiteren Mangel: Von jeder Gruppe, die in die Tabelle eingesetzt wurde, musste zumindest ein Element bekannt sein. Da jedoch zu Mendeleevs Zeit noch keines der Edelgase entdeckt war, wurde hierfür in der Tabelle keine Lücke gelassen. Umgekehrt waren einige Lücken in Mendeleevs Tabelle schlichtweg falsch, da er versucht hatte, alle Elemente in Achterreihen (Perioden) einzuordnen. Heute wissen wir, dass nicht alle Perioden acht Elemente umfassen, sondern dass sie nach einem bestimmten Schema unterschiedlich lang sind.

Der entscheidende Durchbruch zu der modernen Version des Periodensystems gelang Henry Moseley, einem britischen Physiker. Man hatte entdeckt, dass die Atome eines Elements bei der Bestrahlung mit Röntgenstrahlen selbst Röntgenstrahlen einer für das jeweilige Element charakteristischen Wellenlänge emittieren. Moseley zeigte 1913, dass die Wellenlänge λ (lambda) der von verschiedenen Elementen emittierten Röntgenstrahlen durch eine einfache Formel, das **Moseleysche Gesetz**, beschrieben werden kann:

$$\frac{1}{\lambda} = \frac{3}{4} R_\infty (Z-1)^2$$

Henry Gwyn Jeffreys **Moseley**, englischer Physiker, 1887–1915.

R_∞ ist die sogenannte Rydberg-Konstante, Z ist eine ganze Zahl, die – wie Moseley zeigen konnte – identisch ist mit der Anzahl der Protonen im Atomkern des jeweiligen Elements. Fortan ordnete man die Elemente anhand dieser Zahl, der **Ordnungszahl**, anstatt nach Atommassen. So wurden die Unregelmäßigkeiten im Periodensystem Mendeleevs beseitigt und bestehende Lücken für damals noch unentdeckte Elemente eindeutig erkannt.

Johannes Robert **Rydberg**, schwedischer Physiker, 1854–1919; Professor in Lund.

3.1 Das moderne Periodensystem

Im modernen Periodensystem ist die Ordnungszahl – und damit die Anzahl der Protonen – das entscheidende Kriterium für die Einordnung der Elemente.

Der Beginn einer Periode entspricht dabei jeweils der Besetzung des s-Orbitals einer neuen Hauptquantenzahl durch ein Elektron. Die Anzahl der Elemente in einer Periode ergibt sich aus der Anzahl der Elektronen, mit denen die nachfolgenden Orbitale besetzt werden, bevor das nächsthöhere s-Orbital wieder mit einem Elektron besetzt

1s				
2s				2p
3s			Nebengruppen	3p
4s			3d	4p
5s			4d	5p
6s	4f	Lanthanoide	5d	6p
7s	5f	Actinoide	6d	

a

b

3.2 Reihenfolge der Orbitalbesetzung im Periodensystem der Elemente (a) und Merkschema für die Besetzung der Orbitale nach dem Aufbauprinzip (b).

Zur Abstufung der Orbitalenergien vergleiche man Abschnitt 2.3 mit den Abbildungen 2.24 und 2.25.

wird (Abbildung 3.2). In allen Perioden gehören die s- und p-Orbitale stets zur selben Quantenzahl n, die d-Orbitale gehören zur nächstniedrigeren Hauptquantenzahl $n-1$, die Hauptquantenzahl der f-Orbitale beträgt $n-2$. Die Elemente, bei denen die s- und die p-Orbitale aufgefüllt werden, bezeichnet man als *Hauptgruppenelemente*. Bei den *Nebengruppenelementen* werden die d-Orbitale besetzt.

Die Atome einer Elementgruppe haben sehr ähnliche Elektronenkonfigurationen. Zahlreiche ähnliche Eigenschaften der Elemente und ihrer Verbindungen sind die Folge. Dennoch zeigt jedes Element auch ein unverwechselbares chemisches Verhalten. Die größten Unterschiede innerhalb einer Gruppe werden zwischen dem leichtesten und dem nächstschwereren Element beobachtet. Obwohl beispielsweise Stickstoff und Phosphor in derselben Gruppe direkt aufeinander folgen, ist elementarer Stickstoff ein sehr wenig reaktives Gas, während weißer Phosphor so reaktiv ist, dass er spontan an der Luft verbrennt.

In der heute üblichen Darstellung des Periodensystems werden die Elemente, bei denen f-Orbitale aufgefüllt werden, gesondert in zwei Reihen unterhalb des eigentlichen Periodensystems dargestellt: die Lanthanoide (La…Lu) und die Actinoide (Ac…Lr) (Abbildung 3.3).

Nach Empfehlungen der **IUPAC** (*International Union of Pure and Applied Chemistry*) werden heute die Gruppen des Periodensystems von 1 bis 18 durchnummeriert. Dieses System ersetzt die alte Schreibweise, in der römische Zahlen und Buchstaben verwendet wurden. Dies hat einige Verwirrung gestiftet, da sich in verschiedenen Ländern unterschiedliche Bezeichnungsweisen eingebürgert hatten. Die Lanthanoide und Actinoide (außer Lanthan und Actinium selbst) werden in diese Nummerierung *nicht* einbezogen.

Die Gruppen 1 und 2 sowie 13 bis 18 enthalten die Hauptgruppenelemente; die Gruppen 3 bis 12 die Nebengruppenelemente. Diese Bezeichnungen gehen noch auf die historische Anordnung des Periodensystems zurück. Obwohl die Gruppe 12 zu den Nebengruppen gehört, verhalten sich die zugehörigen Elemente Zink, Cadmium und Quecksilber

1	2											13	14	15	16	17	18
					H												He
Li	Be											B	C	N	O	F	Ne
Na	Mg	3	4	5	6	7	8	9	10	11	12	Al	Si	P	S	Cl	Ar
K	Ca	Sc	Ti	V	Cr	Mn	Fe	Co	Ni	Cu	Zn	Ga	Ge	As	Se	Br	Kr
Rb	Sr	Y	Zr	Nb	Mo	Tc	Ru	Rh	Pd	Ag	Cd	In	Sn	Sb	Te	I	Xe
Cs	Ba	La ... * Lu	Hf	Ta	W	Re	Os	Ir	Pt	Au	Hg	Tl	Pb	Bi	Po	At	Rn
Fr	Ra	Ac ... ** Lr	Rf	Db	Sg	Bh	Hs	Mt	Ds	Rg	Cn						

*Lanthanoide	La	Ce	Pr	Nd	Pm	Sm	Eu	Gd	Tb	Dy	Ho	Er	Tm	Yb	Lu
**Actinoide	Ac	Th	Pa	U	Np	Pu	Am	Cm	Bk	Cf	Es	Fm	Md	No	Lr

3.3 Periodensystem in der heute üblichen Form. Die Hauptgruppenelemente sind blau hervorgehoben.

chemisch eher wie Hauptgruppenelemente. Der Grund für dieses Verhalten ist darin zu sehen, dass in Verbindungen dieser Metalle nur die s-Elektronen abgegeben werden, während die d-Orbitale mit 10 Elektronen stets voll besetzt bleiben. Die Elemente der Gruppe 3 (Scandium, Yttrium, Lanthan) ähneln in ihrem chemischen Verhalten den Lanthanoiden.

Gelegentlich wird noch zwischen *Nebengruppenelementen* und *Übergangselementen* unterschieden: Ein Übergangselement ist ein Element, das im elementaren Zustand oder in einer seiner Verbindungen *unvollständig* besetzte d-Orbitale aufweist. Zink ist demnach ein Nebengruppenelement, aber kein Übergangselement. Wir werden diese Unterscheidung nicht machen und verwenden beide Begriffe gleichermaßen für die Elemente der Gruppen 3 bis 12. Für einige der Hauptgruppen haben sich Namen eingebürgert: *Alkalimetalle* (Gruppe 1), *Erdalkalimetalle* (Gruppe 2), *Chalkogene* (Gruppe 16), *Halogene* (Gruppe 17) und *Edelgase* (Gruppe 18). Die Elemente der Gruppe 11 (Kupfer, Silber, Gold) werden gelegentlich als *Münzmetalle* bezeichnet.

Wie bereits mehrfach angesprochen, sind die Atome anhand des Aufbaus der Elektronenhülle in das Periodensystem eingeordnet. Die Anordnung von zwei Elementen, Helium und Wasserstoff, bedarf jedoch einer kurzen Erläuterung. So wird Helium (Elektronenkonfiguration $1s^2$) nicht den anderen Elementen der Konfiguration ns^2, also den Erdalkalimetallen, sondern den Edelgasen (Elektronenkonfiguration ns^2np^6) zugeordnet. Der Grund hierfür ist, dass Helium wie die anderen Edelgase eine voll besetzte Außenschale aufweist. Als Folge ist es den Edelgasen in seinen physikalischen und chemischen Eigenschaften sehr ähnlich. Die Einordnung von Wasserstoff stellt ein größeres Problem dar. Obwohl er in einigen Darstellungsweisen des Periodensystems der Gruppe 1 oder der Gruppe 17, oder beiden, zugeordnet wird, ähnelt Wasserstoff chemisch weder den Alkalimetallen noch den Halogenen. In diesem Buche widmen wir dem Wasserstoff ein eigenes Kapitel, um seine Einzigartigkeit zum Ausdruck zu bringen.

Die Elemente, bei denen die 4f-Orbitale aufgefüllt werden, bezeichnet man als *Lanthanoide*; die 5f-Orbitale werden bei den 14 *Actinoiden* mit Elektronen aufgefüllt. (Auch

Für die Elemente der Gruppe 15 (N, P, As, Sb, Bi) wird auch die Sammelbezeichnung *Pnictogene* verwendet.

die früher üblichen Bezeichnungen Lanthanide und Actinide werden noch verwendet.) Die Elemente Scandium (Sc), Yttrium (Y), Lanthan (La) und die Lanthanoide werden zusammenfassend als *Seltenerdmetalle* bezeichnet. Diese Bezeichnung deutet an, dass Scandium, Yttrium und Lanthan chemisch eher den Lanthanoiden als den Übergangsmetallen ähneln. Einzelheiten dazu werden in Kapitel 25 diskutiert.

3.2 Die Entstehung der Elemente

Um zu verstehen, warum es so viele Elemente gibt, und um die Regelmäßigkeiten zu erklären, die innerhalb dieser Fülle von Elementen auftreten, betrachten wir die heute allgemein anerkannte Theorie zur Entstehung des Universums. Es ist die **Urknall-Theorie**. Sie geht davon aus, dass die Materie des gesamten Universums einmal an einem Ort (als Energie) konzentriert war. Nach einer gewaltigen Explosion, dem Urknall, entfernt sich seitdem alle Materie von diesem Ausgangspunkt des Universums. Etwa eine Sekunde nach dem Urknall sank die Temperatur auf ungefähr 10^{10} K. Unterhalb dieser Temperatur können Protonen und Neutronen existieren. Innerhalb der nächsten drei Minuten bildeten sich daraus ^{1}H, ^{2}H, ^{3}He, ^{4}He, ^{7}Be und ^{7}Li-Atomkerne. (Die hochgestellte Zahl ist die *Massenzahl*, die Summe der Anzahl an Protonen und Neutronen des Isotops.) Nach diesen wenigen ersten Minuten hatte sich das Universum ausgedehnt und so weit abgekühlt, dass *Kernfusionsreaktionen*, bei denen leichte Atomkerne sich zu schwereren vereinigen, nicht mehr möglich waren. Zu diesem Zeitpunkt bestand, wie auch heute noch, der Großteil der Materie des Universums aus ^{1}H- und ^{4}He-Atomen.

Durch Anziehungseffekte konzentrierten sich die Atome später auf kleine Raumbereiche, in denen der Druck groß genug wurde, um Energie liefernde Kernfusionsreaktionen wieder möglich zu machen. Diese Bereiche nennen wir heute Sterne. In den Sternen, wie unserer Sonne, verschmelzen Wasserstoffkerne zu ^{4}He-Kernen. Ungefähr 10 % des Heliums in unserem Universum ist durch Fusion von Wasserstoff-Atomen in den Sternen entstanden. Bei größeren Sternen führen die Bildung von ^{4}He und zusätzliche Anziehungseffekte mit der Zeit dazu, dass mehrere Heliumkerne zu ^{8}Be, ^{12}C und ^{16}O verschmelzen. Gleichzeitig zerfallen die instabilen ^{3}He-, ^{7}Be- und ^{7}Li-Kerne. In den meisten Sternen sind ^{16}O und ^{20}Ne die Elemente mit der höchsten Massenzahl. Die Temperatur von Sternen kann auf bis zu 10^9 K steigen und ihre Dichte kann bis zu 10^6 g·cm^{-3} betragen. Nur unter diesen Bedingungen können die Abstoßungskräfte zwischen den positiven Ladungen der Kohlenstoff- und Sauerstoffkerne überwunden werden. Diese Fusionsreaktionen führen zur Bildung aller Elemente bis hin zum Eisen. Hier wird eine prinzipielle Grenze erreicht, da die Bildung von noch schwereren Atomen keine Energie mehr liefert, sondern verbraucht.

Wenn sich die schwereren Elemente im Kern des Sterns ansammeln und die Energie aus der Kernfusion die enormen Anziehungskräfte nicht mehr ausgleicht, kommt es zu einem katastrophalen Zusammenbruch innerhalb von wenigen Sekunden. Während dieser als *Supernova* bezeichneten Explosion ist so viel Energie vorhanden, dass sich schwere Atomkerne (mit mehr als 26 Protonen) in endothermen Kernreaktionen bilden. Diese Elemente haben sich im gesamten Universum verteilt; sie sind am Aufbau unseres Sonnensystems und auch unseres Körpers beteiligt.

Stabilität der Elemente und ihrer Isotope

In unserem Universum gibt es 81 stabile Elemente. Von diesen Elementen gibt es also jeweils ein oder auch mehrere Isotope, die nicht dem radioaktiven Zerfall unterliegen. Für die Elemente oberhalb von Bismut existieren keine stabilen Isotope und auch bei zwei leichteren Elementen, Technetium und Promethium, kennt man nur radioaktive Isotope (Abbildung 3.4). Zwei radioaktive Elemente, Uran und Thorium, kommen auf der Erde

3.2 Die Entstehung der Elemente

1	2							H				13	14	15	16	17	18 He
Li	Be											B	C	N	O	F	Ne
Na	Mg	3	4	5	6	7	8	9	10	11	12	Al	Si	P	S	Cl	Ar
K	Ca	Sc	Ti	V	Cr	Mn	Fe	Co	Ni	Cu	Zn	Ga	Ge	As	Se	Br	Kr
Rb	Sr	Y	Zr	Nb	Mo	Tc	Ru	Rh	Pd	Ag	Cd	In	Sn	Sb	Te	I	Xe
Cs	Ba	La…Lu *	Hf	Ta	W	Re	Os	Ir	Pt	Au	Hg	Tl	Pb	Bi	Po	At	Rn
Fr	Ra	Ac…Lr **	Rf	Db	Sg	Bh	Hs	Mt	Ds	Rg	Cn						

*Lanthanoide	La	Ce	Pr	Nd	Pm	Sm	Eu	Gd	Tb	Dy	Ho	Er	Tm	Yb	Lu
**Actinoide	Ac	Th	Pa	U	Np	Pu	Am	Cm	Bk	Cf	Es	Fm	Md	No	Lr

3.4 Elemente, von denen nur radioaktive Isotope existieren (blau).

Tabelle 3.2 Neutronen/Protonen-Verhältnis häufiger Isotope

Element	Protonenzahl	Neutronenzahl	Verhältnis
Wasserstoff	1	0	0,00
Helium	2	2	1,00
Kohlenstoff	6	6	1,00
Eisen	26	30	1,15
Iod	53	74	1,40
Blei	82	126	1,54
Bismut	83	126	1,52
Uran	92	146	1,59

relativ häufig vor, da die Halbwertszeit einiger ihrer Isotope – 10^8 bis 10^9 Jahre – fast so groß ist wie das Alter der Erde.

Die Tatsache, dass die Anzahl der stabilen Elemente begrenzt ist, lässt sich darauf zurückführen, dass zwischen den Protonen im Kern elektrostatische Abstoßungskräfte wirken wie zwischen allen gleichnamig geladenen Teilchen. Die Neutronen im Atomkern allerdings vergrößern den Abstand zwischen den Protonen und verringern auf diese Weise die Abstoßungskräfte. Tabelle 3.2 zeigt, dass die Zahl der Neutronen für die häufigsten Isotope der Elemente schneller ansteigt als die Protonenzahl. Jenseits von Bismut jedoch ist die Zahl der positiven Ladungen offenbar so groß, dass der Kern nicht mehr stabil ist.

Wie die Elektronenhülle hat auch der Atomkern eine Struktur. Ähnlich wie sich Bohr die Elektronen auf verschiedenen Schalen vorstellte, können wir uns einen schichtförmigen Bau des Atomkerns vorstellen. Eine Schicht Protonen wechselt sich mit einer Schicht Neutronen ab. Die Energieniveaus werden auch hier durch eine Hauptquantenzahl n festgelegt. Die Nebenquantenzahl ist jedoch zahlenmäßig nicht begrenzt, wie dies für Elektronen der Fall ist. Die Reihenfolge der Energieniveaus im Atomkern ist 1s, 1p, 2s, 1d…. . Für jedes Energieniveau im Kern gelten dieselben Regeln für die magnetische Quantenzahl

> **EXKURS**
>
> ## Zur Geschichte des Schalenmodells der Atomkerne
>
> Die Idee, dass auch der Atomkern eine Struktur haben könnte, entstand erst lange nach Bohrs Modell der unterschiedlichen Energiezustände von Elektronen. Den entscheidenden Beitrag zur Entwicklung des Modells leistete wohl Maria Goeppert-Mayer. Sie beschäftigte sich 1946 mit der Verteilung der verschiedenen Elemente im Universum. Dabei fiel ihr auf, dass manche Elemente weit häufiger vorkommen als ihre Nachbarn im Periodensystem. Sie ging davon aus, dass das häufigere Vorkommen eine größere Stabilität der entsprechenden Atomkerne widerspiegelt. Sie erklärte diese Stabilität durch ein Modell, in dem, analog zur Struktur der Elektronenhülle, Protonen und Neutronen ganz bestimmte Energieniveaus besetzen.
>
> Mayer publizierte ihre Ideen als noch unvollständiges Konzept. So konnte sie noch nicht verstehen, warum die einzelnen Energieniveaus maximal 2, 8, 20, 28, 50, 82 bzw. 126 Nukleonen aufnehmen können. Nachdem sie drei Jahre lang an diesem Problem gearbeitet hatte, hatte sie eines Abends einen Geistesblitz, der ihr ermöglichte, die Zahl der Energiezustände theoretisch herzuleiten. Ein anderer Physiker, Hans Jensen, der von ihrem Konzept des Schalenmodells erfahren hatte, kam unabhängig von ihr im selben Jahr zu den gleichen Ergebnissen. Die beiden Wissenschaftler trafen sich und arbeiteten zusammen an einem grundlegenden Buch über die Struktur der Atomkerne. Mayer und Jensen, die gute Freunde geworden waren, erhielten für ihre Entdeckung 1963 gemeinsam den Nobelpreis für Physik.
>
> Maria **Goeppert-Mayer**, deutsch-amerikanische Physikerin, 1906–1972; Professorin in La Jolla, 1963 Nobelpreis für Physik zusammen mit H. Jensen und E. P. Wigner (für ihre Entdeckung der nuklearen Schalenstruktur).
>
> Hans Daniel **Jensen**, deutscher Physiker, 1907–1973; Professor in Hannover, Hamburg und Heidelberg. 1963 Nobelpreis für Physik zusammen mit M. Goeppert-Mayer und E. P. Wigner.

wie bei den Elektronen in der Hülle, es gibt also *ein* s-Niveau, *drei* p-Niveaus und *fünf* d-Niveaus. Protonen wie Neutronen haben Spinquantenzahlen, die Werte von +½ oder −½ annehmen können.

Anhand dieser Regeln lässt sich zeigen, dass bei Kernen vollständig besetzte Energieniveaus vorliegen, wenn sie insgesamt 2, 8, 20, 28, 50, 82 und 126 Nukleonen einer Sorte enthalten (verglichen mit den Gesamtelektronenzahlen 2, 10, 18, 36, 54 und 86 bei den Edelgasen). Das erste voll besetzte Niveau entspricht einer $1s^2$-Konfiguration, das zweite einer $1s^2 1p^6$-Konfiguration und das dritte einer $1s^2 1p^6 2s^2 1d^{10}$-Konfiguration. Das gilt unabhängig voneinander sowohl für Protonen als auch für Neutronen. Es zeigt sich, dass wie bei Elektronen voll besetzte Nukleonenniveaus besonders stabile Kerne ergeben. So führt beispielsweise der Zerfall aller natürlich vorkommenden radioaktiven Elemente jenseits von Blei zur Bildung von Atomkernen mit 82 Protonen im Kern; es bildet sich jeweils ein Blei-Isotop.

Der Einfluss der voll besetzten Energieniveaus zeigt sich auch in den Regelmäßigkeiten bei den stabilen Isotopen. So hat Zinn, mit 50 Protonen, die größte Anzahl stabiler Isotope (insgesamt 10). Besonders häufig sind auch Isotope verschiedener Elemente mit 50 bzw. 82 Neutronen. Sechs Elemente haben Isotope mit 50, sieben mit 82 Neutronen. Wenn ein voll besetztes Niveau einer Nukleonensorte einem Kern Stabilität verleiht, so könnte man erwarten, dass Kerne mit voll besetzten Niveaus bei Protonen und Neutronen noch stabiler sind. Dies ist tatsächlich der Fall. ^{4}He, mit einer $1s^2$-Konfiguration für Protonen und Neutronen, ist das zweithäufigste Isotop im Universum; bei vielen Kernreaktionen werden ^{4}He-Kerne (α-Teilchen) gebildet. Ähnlich sieht es für den nächsten Kern mit zweifach vollständig besetzten Energieniveaus aus: ^{16}O macht 99,8 % des Sauerstoffs auf diesem Planeten aus. Ebenso zeigt sich dies für Calcium, das zu 97 % als ^{40}Ca mit je 20 Protonen und Neutronen vorliegt. Wie wir in Tabelle 3.2 gesehen haben, steigt die Zahl der Neutronen schneller an als die der Protonen. Daher ist das nächste besondere Isotop ^{208}Pb (82 Protonen und 126 Neutronen); dieses schwerste stabile Blei-Isotop kommt in der Natur am häufigsten vor.

Anders als für Elektronen ist Spinpaarung bei Nukleonen ein besonders wichtiger Faktor. Tatsächlich haben von den 273 stabilen Kernen nur vier eine ungerade Anzahl sowohl an Protonen als auch an Neutronen. Elemente mit einer geraden Anzahl an Protonen haben meist viele stabile Isotope, während Elemente mit einer ungeraden Protonenzahl nur ein oder höchstens zwei stabile Isotope haben. Beispielsweise hat Caesium

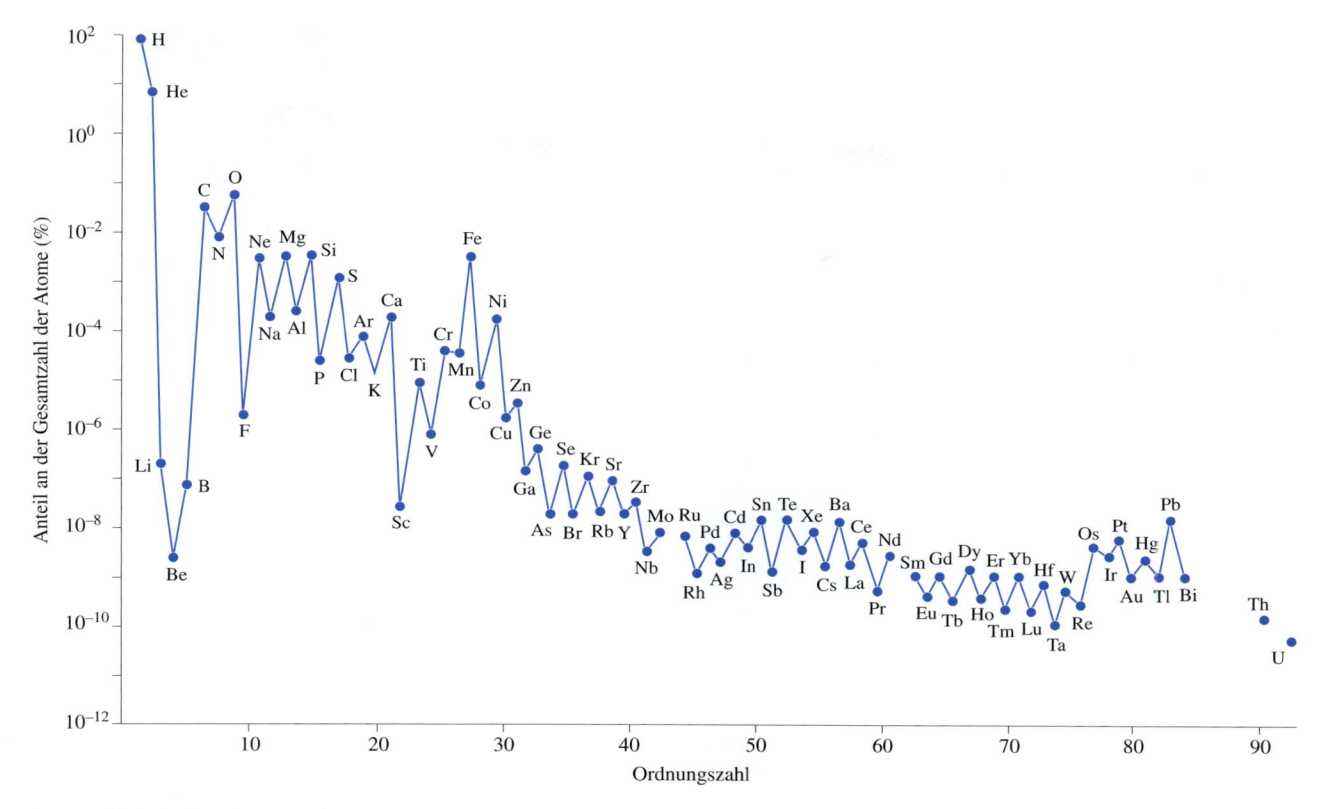

3.5 Häufigkeit der Elemente im Sonnensystem.

(55 Protonen) nur ein stabiles Isotop, während Barium (56 Protonen) sieben stabile Isotope aufweist. Technetium und Promethium, die einzigen Elemente vor Bismut, von denen nur radioaktive Isotope existieren, haben beide eine ungerade Protonenzahl.

Die größere Stabilität von Kernen mit gerader Protonenzahl spiegelt sich in der Häufigkeit des Vorkommens dieser Elemente auf der Erde wider (Abbildung 3.5). So wie zum einen die Häufigkeit mit steigender Ordnungszahl abnimmt, zeigt sich zum anderen, dass Elemente mit gerader Protonenzahl etwa zehnmal häufiger vorkommen als ihre Nachbarn mit ungerader Protonenzahl.

3.3 Einteilung der Elemente

Die meisten Elemente sind bei 25 °C und 1013 hPa Feststoffe. Nur zwei Elemente, Quecksilber und Brom, sind flüssig und weitere elf sind gasförmig. Abbildung 3.6 zeigt, wo diese Elemente im Periodensystem zu finden sind. Ein brauchbares Ordnungskriterium ist der Aggregatzustand jedoch nicht, denn die hier zugrunde gelegte Temperatur von 25 °C ist völlig willkürlich gewählt. Schon bei 30 °C sind zwei weitere Elemente flüssig, Caesium und Gallium.

Ein sehr viel sinnvolleres Einteilungsschema unterscheidet *Metalle* und *Nichtmetalle*. Was aber macht ein Metall aus? Eine glänzende Oberfläche ist kein gutes Kriterium, da auch einige Elemente, die typische Nichtmetalle sind, wie zum Beispiel Iod, eine glänzende Oberfläche haben. Selbst einige Verbindungen, wie das Mineral Pyrit, FeS_2 (auch als *Katzengold* bekannt), sehen wie Metalle aus. Auch die Dichte ist kein guter Anhaltspunkt, denn die Dichte des typischen Metalls Lithium ist nur halb so groß wie die des Wassers, während

1	2											13	14	15	16	17	18
						H											He
Li	Be											B	C	N	O	F	Ne
Na	Mg	3	4	5	6	7	8	9	10	11	12	Al	Si	P	S	Cl	Ar
K	Ca	Sc	Ti	V	Cr	Mn	Fe	Co	Ni	Cu	Zn	Ga	Ge	As	Se	Br	Kr
Rb	Sr	Y	Zr	Nb	Mo	Tc	Ru	Rh	Pd	Ag	Cd	In	Sn	Sb	Te	I	Xe
Cs	Ba	La … *Lu	Hf	Ta	W	Re	Os	Ir	Pt	Au	Hg	Tl	Pb	Bi	Po	At	Rn
Fr	Ra	Ac … **Lr	Rf	Db	Sg	Bh	Hs	Mt	Ds	Rg	Cn						

*Lanthanoide	La	Ce	Pr	Nd	Pm	Sm	Eu	Gd	Tb	Dy	Ho	Er	Tm	Yb	Lu
**Actinoide	Ac	Th	Pa	U	Np	Pu	Am	Cm	Bk	Cf	Es	Fm	Md	No	Lr

3.6 Einteilung der Elemente in Gase (blau), Flüssigkeiten (grau) und Feststoffe (weiß) (bei 25 °C und 1013 hPa).

die Dichte von Osmium den 20fachen Wert von Wasser aufweist. Auch die Härte bietet sich nicht als typisches Merkmal an, denn die Alkalimetalle sind sehr weich. Manchmal werden als typische Eigenschaften von Metallen die Verformbarkeit und Dehnbarkeit angeführt; einige der Übergangsmetalle, wie z.B. Wolfram, sind jedoch recht spröde. Eine hohe Wärmeleitfähigkeit ist zwar typisch für Metalle, jedoch hat auch Diamant, ein Nichtmetall, eine sehr hohe Wärmeleitfähigkeit. Auch dies ist offenbar kein eindeutiges Merkmal.

Das beste Kriterium für die Unterteilung in Metalle und Nichtmetalle ist die hohe elektrische Leitfähigkeit der Metalle. Auch in diesem Punkt bedarf es einer Ergänzung, denn auch Graphit, eine Modifikation des Kohlenstoffs, zeigt eine hohe elektrische Leitfähigkeit. Der Unterschied zwischen Graphit und den Metallen besteht darin, dass Metalle den elektrischen Strom in allen Raumrichtungen exakt gleich gut leiten; die Leitfähigkeit von Graphit hingegen ist in zwei Raumrichtungen hoch, in der dritten, dazu senkrecht orientierten Richtung kaum messbar. Dies hängt mit der Schichtstruktur des Graphits zusammen.

Die elektrischen Leitfähigkeiten der Metalle variieren etwa um einen Faktor 100 zwischen dem am besten leitfähigen Metall (Silber) und dem am wenigsten leitfähigen (Plutonium). Aber selbst die elektrische Leitfähigkeit von Plutonium ist noch um den Faktor 10^5 höher als die des am besten leitenden Nichtmetalls. Die elektrischen Eigenschaften eines Stoffes können jedoch ganz entscheidend von den äußeren Bedingungen abhängen. So leitet die unterhalb von 18 °C stabile Modifikation des Zinns den elektrischen Strom nicht; Iod andererseits wird bei höherem Druck elektrisch leitend. Ein weiteres physikalisches Kriterium für ein Metall ist die Temperaturabhängigkeit der elektrischen Leitfähigkeit: Die Leitfähigkeit der Metalle nimmt mit steigender Temperatur ab, während die Leitfähigkeit der Nichtmetalle zunimmt.

Ein anderes Charakteristikum für ein Metall kann auch das chemische Verhalten sein, insbesondere die Neigung eines Elements Ionenverbindungen zu bilden, in denen es dann als Kation vorliegt. Unabhängig davon, welche Kriterien man verwendet, ergeben sich immer einige Elemente, die an der Grenze zwischen Metallen und Nicht-

3.7 Einteilung der Elemente in Nichtmetalle (blau), Halbmetalle (grau) und Metalle (weiß).

metallen liegen. Zu diesen zählen Bor, Silicium, Germanium, Arsen und Tellur. Man bezeichnet sie daher als *Halbmetalle* (Abbildung 3.7).

Die Einteilung der Elemente in drei Kategorien ist recht grob. So zeigen einige Metalle teilweise ein chemisches Verhalten, das eher für Halbmetalle typisch ist, besonders die Bildung anionischer Spezies. Es sind dies Beryllium, Aluminium, Zink, Gallium, Zinn, Antimon, Blei, Bismut und Polonium. Erwartungsgemäß stehen sie im Periodensystem in der Nähe der Halbmetalle. Als Beispiel für die Bildung anionischer Spezies betrachten wir hier das Aluminium. Aluminium bildet in stark alkalischer Lösung Aluminate, $[Al(OH)_4]^-$(aq), wie wir in Kapitel 17 sehen werden. Die anderen genannten Metalle bilden in ähnlicher Weise Beryllate, Zinkate, Gallate, Stannate, Antimonate, Plumbate, Bismutate und Polonate.

3.4 Periodische Eigenschaften: Atomradius

Eine der auffälligsten periodischen Eigenschaften der Elemente ist der *Atomradius*. Dieser Begriff wirft jedoch ein Problem auf: Da die Aufenthaltsorte der den Radius bestimmenden Elektronen nur unter dem Wahrscheinlichkeitsaspekt definiert werden können, hat die Elektronenhülle eines Atoms keine scharfe Grenze. Man verwendet heute folgende, praktikable Definitionen für den Atomradius:

- Der *Kovalenzradius*, r_{kov}, ist definiert als der halbe Abstand zwischen den Kernen zweier Atome desselben Elements in einer kovalenten Bindung, also zum Beispiel im Cl_2-Molekül.
- Der *Van-der-Waals-Radius*, r_{vdw}, ist definiert als der halbe Abstand zwischen den Kernen zweier benachbarter, aber nicht miteinander verbundener Atome (Abbildung 3.8).
- Bei Metallen ist der *metallische Radius* definiert als der halbe Abstand zwischen den Kernen zweier benachbarter Atome im festen Metall.

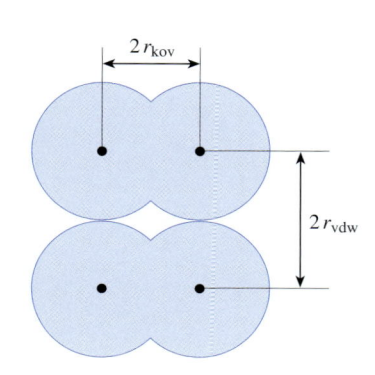

3.8 Vergleich zwischen Kovalenzradius r_{kov} und Van-der-Waals-Radius r_{vdw}.

Li	Be	B	C	N	O	F
134	91	82	77	74	70	68
Na						
154						
K						
196						
Rb						
216						
Cs						
235						

3.9 Kovalenzradien der Elemente der 1. Gruppe und der 2. Periode (in pm).

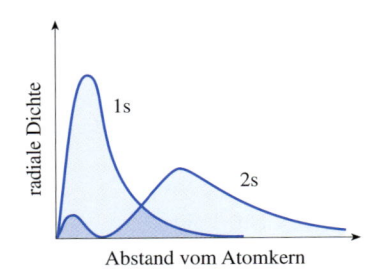

3.10 Aufenthaltswahrscheinlichkeit für Elektronen im 1s- und 2s-Orbital in Abhängigkeit vom Abstand zum Kern (Radialverteilung).

Für fast alle Elemente sind recht zuverlässige Werte für den Kovalenzradius bekannt, daher werden wir bei unseren Vergleichen mit diesen Werten arbeiten. Kovalenzradien werden experimentell bestimmt, sodass sich aus unterschiedlichen Experimenten leicht unterschiedliche Werte ergeben können. Typische Werte (in Picometer, 1 pm = 10^{-12} m) für Elemente der 2. Periode und der Gruppe 1 sind in Abbildung 3.9 aufgeführt.

Innerhalb einer Gruppe werden die Atome mit steigender Ordnungszahl größer, innerhalb einer Periode jedoch kleiner. Dies steht in engem Zusammenhang mit dem Aufbau der Elektronenhülle. Ein Lithium-Atom enthält drei Protonen und hat die Elektronenkonfiguration $1s^2 2s^1$. Die Größe des Atoms ist bestimmt durch die Größe des äußersten besetzten Orbitals. Auf das Elektron im 2s-Orbital wirkt die Anziehungskraft des Atomkerns. Diese ist jedoch bei weitem nicht so groß wie es der Kernladungszahl von 3 entspricht, da sich zwischen dem Atomkern und dem 2s-Elektron die beiden dem Kern näheren 1s-Elektronen befinden (Abbildung 3.10). Daher ist die *effektive Kernladung*, Z_{eff}, die auf das Valenzelektron wirkt, viel kleiner als drei. Man bezeichnet diesen Effekt auch als *Abschirmung*. Die Elektronen des inneren Orbitals tragen jedoch nicht mit ihrer gesamten Ladung zur Abschirmung bei, da das 1s- und das 2s-Orbital einander überlappen. Z_{eff} ist also etwas größer als 1. Der Wert liegt ungefähr bei 1,3 Ladungseinheiten.

Ein Beryllium-Kern hat vier Protonen, die Elektronenkonfiguration ist $1s^2 2s^2$. Zwei weitere Faktoren müssen bei Beryllium in Betracht gezogen werden: Zum einen ist Z_{eff} aufgrund der größeren Anzahl an Protonen größer und zum anderen stoßen sich die beiden 2s-Elektronen ab. Die höhere effektive Kernladung wirkt sich auf beide 2s-Elektronen gleichermaßen aus, da sich jedes 2s-Elektron durchschnittlich im selben Abstand vom Kern aufhält. Es hat sich gezeigt, dass die Anziehung durch den Kern größer ist als die Abstoßung der beiden Valenzelektronen. Daher kommt es zur Verkleinerung des 2s-Orbitals. Im Verlauf der Periode setzt sich dieser Trend weiter fort: Z_{eff} steigt aufgrund der steigenden Kernladung immer weiter und damit verstärkt sich der anziehende Effekt auf die Valenzelektronen. Atome innerhalb einer Periode werden daher mit zunehmender Ordnungszahl kleiner.

Innerhalb einer Gruppe werden die Atome größer (Abbildung 3.9). Dieser Trend lässt sich durch die zunehmende Größe der Orbitale und den Einfluss des Abschirmungseffekts erklären. Vergleicht man beispielhaft das Lithium- (3 Protonen) mit dem größeren Natrium-Atom (11 Protonen), so können folgende Argumente angeführt werden: Aufgrund der größeren Anzahl von Protonen und der damit größeren Kernladung erwartet man zunächst für Natrium einen kleineren Atomradius. Natrium hat jedoch 10 „innere" Elektronen, $1s^2 2s^2 2p^6$, die das Elektron im $3s^1$-Orbital abschirmen. Die Anziehung des 3s-Elektrons durch den Kern ist daher nur geringfügig größer als für ein Elektron in einem 3s-Orbital eines Wasserstoff-Atoms mit nur einem Proton. Das äußerste Orbital des Natrium-Atoms ist deshalb ziemlich groß. Dementsprechend wird für Natrium ein größerer kovalenter Radius gemessen als für Lithium.

Es gibt jedoch auch einige kleine Abweichungen von den geschilderten Trends. Gallium beispielsweise hat trotz einer um eins höheren Hauptquantenzahl den gleichen Kovalenzradius (126 pm) wie Aluminium. Es besitzt gegenüber Aluminium 18 zusätzliche Protonen im Kern, zehn der zusätzlichen Elektronen besetzen die 3d-Orbitale. Diese werden Schritt für Schritt bei den Elementen vom Scandium bis zum Zink aufgefüllt. Dabei sinkt der Radius dieser Atome, weil die Kernladungszahl steigt, die zusätzlichen Elektronen jedoch die inneren 3d-Orbitale besetzen. Das Zink-Atom ist praktisch genauso groß wie das Aluminium-Atom, obwohl es im Gegensatz zu Aluminium auch Elektronen mit der Hauptquantenzahl 4 besitzt. Zudem schirmen d-Elektronen aufgrund der Geometrie der Orbitale die Wirkung des Kerns auf weiter vom Kern entfernte Elektronen nicht sehr effektiv ab. 4p-Elektronen sind deshalb einer höheren effektiven Kernladung ausgesetzt als man erwarten würde. Der Radius des Gallium-Atoms ähnelt daher dem des Aluminiums.

Die Slater-Regeln

Bisher haben wir den Begriff der effektiven Kernladung (Z_{eff}), sehr vage verwendet. 1930 entwickelte J. C. Slater ein Konzept, um die effektive Kernladung näherungsweise zu berechnen. Er schlug dazu eine Formel vor, in der neben der tatsächlichen Kernladung Z die *Slatersche Abschirmungskonstante* σ auftritt:

$$Z_{eff} = Z - \sigma$$

Slater formulierte einige empirische Regeln zur Berechnung von σ. Um diese Regeln anwenden zu können, ordnet man die Orbitale nach ihrer Hauptquantenzahl, also 1s, 2s, 2p, 3s, 3p, 3d, 4s, 4p, 4d, 4f ... Die Abschirmungskonstante für ein bestimmtes Elektron wird folgendermaßen ermittelt:

1. Alle Elektronen in Orbitalen höherer Hauptquantenzahl haben keinen Einfluss.
2. Jedes Elektron derselben Hauptquantenzahl trägt 0,35 zur Konstante bei.
3. Elektronen der Hauptquantenzahl ($n - 1$) tragen jeweils 0,85 bei. Wenn das betrachtete Elektron jedoch ein d- oder f-Elektron ist, so tragen die Elektronen mit der Hauptquantenzahl ($n - 1$) jeweils 1,00 bei.
4. Alle Elektronen der Hauptquantenzahlen ($n - 2$) oder niedriger tragen jeweils 1,00 bei.

Obwohl die Abschirmungsregeln von Slater Zahlenwerte für die effektiven Kernladungen liefern, entsprechen diese aufgrund des einfachen empirischen Ansatzes keineswegs immer der physikalischen Realität. Die Regeln gehen beispielsweise davon aus, dass auf die s- und p-Elektronen einer Hauptquantenzahl dieselbe Kernladung wirkt. Wie wir in den Orbitaldiagrammen in Kapitel 2 gesehen haben, ist dies jedoch offensichtlich nicht der Fall, denn die Energie eines p-Orbitals ist höher als die des entsprechenden s-Orbitals. Aus Berechnungen mithilfe der Schrödinger-Gleichung haben Clementi und Raimondi genauere Werte für die effektive Kernladung abgeleitet, von denen einige in Tabelle 3.3 wiedergegeben sind. Die Werte für s-Elektronen und p-Elektronen einer Hauptquantenzahl weisen tatsächlich einen kleinen, aber signifikanten Unterschied in der effektiven Kernladung aus.

John Clarke **Slater**, amerikanischer Physiker, 1900–1976; Professor in Cambridge und Florida.

Beispiel: Für die Berechnung der effektiven Kernladung, die auf die 2p-Elektronen im Sauerstoff-Atom ($1s^2 2s^2 2p^4$) wirkt, ergibt sich die Abschirmungskonstante folgendermaßen:

$\sigma = (2 \cdot 0{,}85) + (5 \cdot 0{,}35) = 3{,}45$

Daher ist $Z_{eff} = Z - \sigma = 8 - 3{,}45 = 4{,}55$. Die 2p-Elektronen des Sauerstoff-Atoms erfahren also nicht die volle Anziehung der acht Protonen des Kerns, sondern nur entsprechend einer Ladung von 4,55.

Relativistische Effekte Wellenfunktionen als Lösungen der Schrödinger-Gleichung liefern für Atome der leichteren Elemente eine akzeptable Beschreibung. Bei den Elementen im unteren Teil des Periodensystems treten jedoch erhebliche Abweichungen auf, die sich auf relativistische Effekte zurückführen lassen. Man schätzt beispielsweise, dass sich die 1s-Elektronen von Quecksilber mit mehr als halber Lichtgeschwindigkeit bewegen. Eine solche Geschwindigkeit führt dazu, dass die Masse des Elektrons um rund 20 % zunimmt und dadurch das Orbital um etwa 20 % kleiner wird. Diese Größenabnahme wirkt sich besonders auf s- und p-Orbitale aus, da Elektronen in dieser Orbitale eine hohe Aufenthaltswahrscheinlichkeit in der Nähe des Kerns haben. Die p-Orbitale werden ebenfalls, jedoch in geringerem Maße, verkleinert. Die d- und f-Orbitale besitzen keine Aufenthaltswahrscheinlichkeit am Kern und durch die verkleinerten s- und p-Orbitale wird die Wirkung des Kerns noch stärker abgeschirmt. Daher dehnen sich die d- und f-Orbitale aus. Die Valenzorbitale, die den Atomradius bestimmen, sind jedoch fast stets die s- und p-Orbitale. Der Gesamteffekt ist also eine Verringerung des Atomradius der Elemente von der sechsten Periode an aufwärts, was sich aus den klassischen Berechnungen nicht ergibt. Wir werden in späteren Kapiteln sehen, dass sich relativistische Effekte auch auf das chemische Verhalten der schwereren Elemente auswirken.

Tabelle 3.3 Effektive Kernladung für Elektronen der Atome der zweiten Periode nach Clementi und Raimondi

Element	Li	Be	B	C	N	O	F	Ne
Z	3	4	5	6	7	8	9	10
1s	2,69	3,68	4,68	5,67	6,66	7,66	8,65	9,64
2s	1,28	1,91	2,85	3,22	3,85	4,49	5,13	5,76
2p			2,42	3,14	3,83	4,45	5,10	5,76

3.5 Periodische Eigenschaften: Ionisierungsenergie

Eine messbare Eigenschaft, die sehr eng mit der Elektronenkonfiguration zusammenhängt, ist die Ionisierungsenergie. Besonders aufschlussreich ist vor allem die *erste Ionisierungsenergie*; dies ist die Energie, die aufgewendet werden muss, um ein Elektron aus dem äußersten besetzten Orbital eines gasförmigen Atoms X zu lösen und das entstandene Ion und das Elektron unendlich weit voneinander zu entfernen:

$$X(g) \rightarrow X^+(g) + e^-$$

Während die Werte für Kovalenzradien merklich von der Art der untersuchten Moleküle abhängen, können Ionisierungsenergien eindeutig und sehr präzise gemessen werden. Abbildung 3.11 stellt für die ersten zwei Perioden die ersten Ionisierungsenergien dar.

Die Ursache für den großen Unterschied zwischen Wasserstoff und Helium ist die wesentlich größere Anziehungskraft, die aufgrund der höheren Kernladung auf die Elektronen im Helium-Atom wirkt, zumal das zweite Elektron im 1s-Orbital nur einen geringen Beitrag zur Abschirmung der Kernladung leistet.

Im Lithium-Atom ist das 2s-Elektron durch die zwei Elektronen im 1s-Orbital wirksam vom Kern abgeschirmt (Z_{eff} = 1,28, siehe Tabelle 3.3). Dementsprechend ist die zur Ionisierung notwendige Energie weitaus geringer. Die erste Ionisierungsenergie für Beryllium ist höher als die für Lithium. Ursache ist wiederum der geringe Beitrag des zweiten Elektrons im 2s-Orbital zur Abschirmung der erhöhten Kernladung.

Ein leichter Abfall der Ionisierungsenergie beim Bor macht ein Phänomen deutlich, das aus einem Vergleich der Kovalenzradien nicht ersichtlich ist. Es ist ein Anzeichen dafür, dass Elektronen in s-Orbitalen die Wirkung des Kerns auf Elektronen in p-Orbitalen der gleichen Hauptquantenzahl teilweise abschirmen. Dieser Effekt ist zu erwarten: Wie in Kapitel 2 erläutert, liegen die s-Orbitale näher am Kern als die zugehörigen p-Orbitale. Jenseits von Bor setzt sich der Trend der steigenden Ionisierungsenergie fort, da die effektive Kernladung ansteigt und die hinzukommenden Elektronen die übrigen p-Orbitale besetzen.

Die letzte Abweichung von diesem Trend zeigt sich beim Sauerstoff. Die Absenkung der ersten Ionisierungsenergie kann hier auf die Abstoßung zwischen den beiden gepaarten Elektronen in einem der 2p-Orbitale zurückgeführt werden. Eines dieser Elektronen kann leichter abgegeben werden als ein Elektron in einem nur einfach besetzten Orbital. Für das Sauerstoff-Ion O$^+$ ergibt sich dementsprechend die Elektronenkonfiguration $1s^2 2s^2 2p^3$. Jenseits von Sauerstoff setzt sich das gleichmäßige Ansteigen der ersten Ionisierungsenergie bis zum Ende der zweiten Periode fort. Dieser Anstieg ist aufgrund der steigenden effektiven Kernladung auch zu erwarten. Innerhalb einer Gruppe nimmt die erste Ionisierungsenergie im Allgemeinen ab. Dies ist eine Folge des größeren Abstandes der Valenzelektronen vom Kern und der Abschirmung durch die inneren Elektronen mit kleineren Hauptquantenzahlen. Abbildung 3.12 gibt einen Überblick über die Ionisierungsenergien aller Hauptgruppenelemente.

Vergleicht man Lithium mit Natrium, sieht man, dass die Protonenzahl zwar von 3 für Lithium auf 11 für Natrium ansteigt, Natrium jedoch hat 10 abschirmende innere Elektronen. Daher steigt die effektive Kernladung, die auf das äußerste Elektron wirkt, bei weitem nicht so stark an wie die Protonenzahl (Z_{eff}(Na) = 2,51). Gleichzeitig nimmt das 3s-Valenzorbital von Natrium ein weit größeres Volumen ein als das 2s-Orbital von Lithium. Das Valenzelektron ist daher im Durchschnitt weiter vom Kern entfernt. Die Folge dieser beiden Effekte ist eine etwas geringere erste Ionisierungsenergie bei Natrium (Abbildungen 3.12, 3.13).

Ein ähnlicher Trend lässt sich bei den Halogenen feststellen, wenngleich hier die Werte selbst weit höher liegen als bei den Alkalimetallen.

Betrachtet man eine lange Periode wie die von Kalium bis Brom, so stellt man fest, dass die Ionisierungsenergie bei den Atomen der Nebengruppen vom Scandium bis

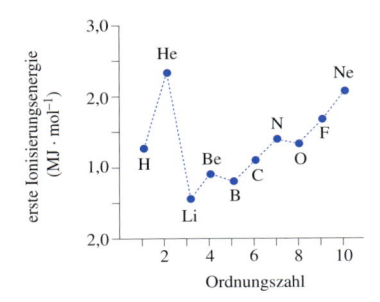

3.11 Erste Ionisierungsenergien der Atome der ersten und zweiten Periode.

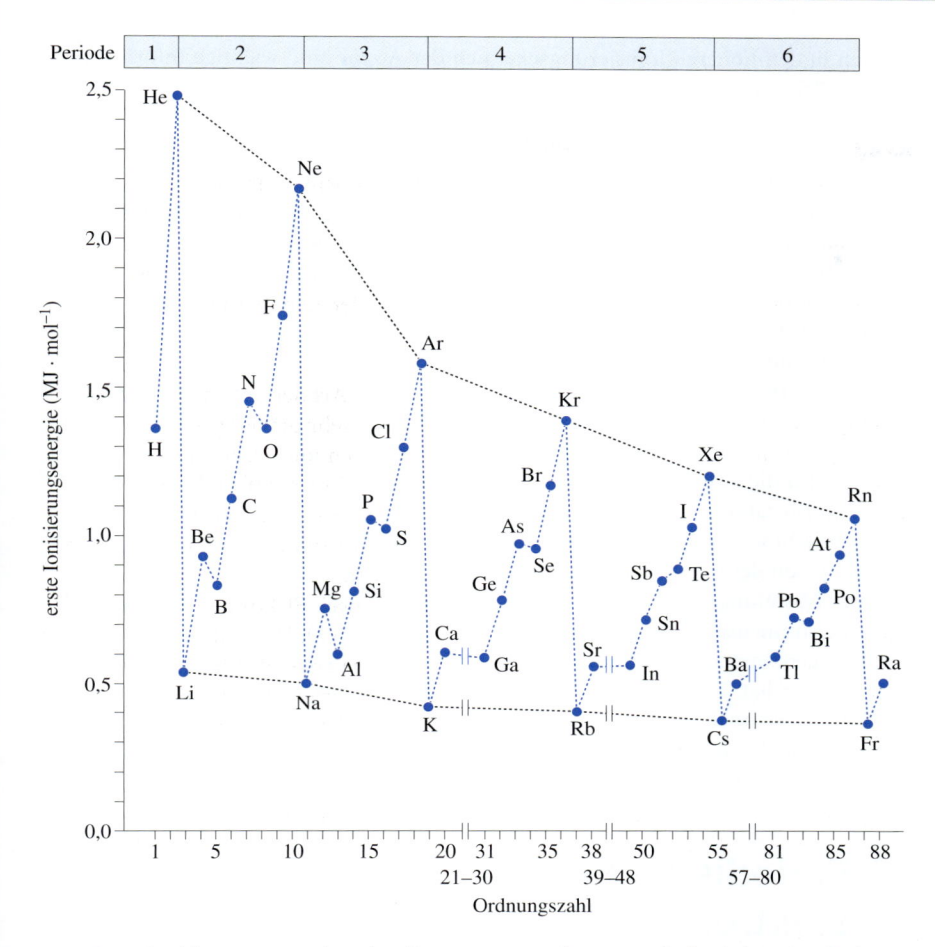

3.12 Erste Ionisierungsenergien der Hauptgruppenelemente als Funktion der Ordnungszahl.

Li 0,52									F 1,68
Na 0,50									Cl 1,26
K 0,42	Ca 0,59	Sc 0,63	...	Cu 0,75	Zn 0,91	Ga 0,58	Ge 0,76	As 0,95	Se 0,94	Br 1,14
Rb 0,40			...						I 1,01
Cs 0,38									

3.13 Erste Ionisierungsenergien für Atome der Gruppen 1 und 17 sowie eines Teils einer langen Periode (in MJ·mol^{-1}).

zum Zink deutlich ansteigt. Dieser Trend kann auf die schlechte Abschirmungswirkung von 3d-Elektronen zurückgeführt werden. Die auf die 4s-Elektronen wirkende effektive Kernladung steigt daher mit steigender Protonenzahl. Die abschirmende Wirkung voll besetzter d-Orbitale auf 4p-Orbitale ist aufgrund ihrer Geometrie und ihrer Orientierung deutlich stärker. Die Folge ist eine recht niedrige Ionisierungsenergie bei Gallium.

Auch in den höheren Ionisierungsenergien der Atome sind wichtige Informationen enthalten. Die zweite Ionisierungsenergie entspricht dem folgenden Prozess

$$X^+(g) \rightarrow X^{2+}(g) + e^-$$

In analoger Weise sind die höheren Ionisierungsenergien definiert.

Lithium liefert ein gutes Beispiel für typische Trends. Seine erste Ionisierungsenergie beträgt 0,52 MJ·mol^{-1}, die zweite 7,4 MJ·mol^{-1} und die dritte 11,8 MJ·mol^{-1}. Zur Entfernung des zweiten Elektrons, eines 1s-Elektrons, wird also mehr als zehnmal soviel Energie benötigt wie für das 2s-Valenzelektron. Zur Entfernung des dritten und letzten Elektrons wird sogar noch mehr Energie benötigt. Dass die zweite Ionisierungsenergie größer sein muss als die erste, entspricht der Erwartung, denn bei diesem Vorgang wird ein Elektron von einem schon einfach positiven Ion abgelöst. Es müssen also zusätzliche Anziehungskräfte überwunden werden. Dieser Aspekt erklärt jedoch keinesfalls den sehr großen Unterschied zwischen den ersten beiden Ionisierungsenergien. Der sehr hohe Wert für die zweite Ionisierungsenergie ergibt sich hauptsächlich aus dem sehr viel geringeren Abstand des 1s-Elektrons vom Atomkern und der wesentlich höheren effektiven Kernladung, die auf dieses innere Elektron wirkt. Vergleichsweise gering ist dann der Sprung von der zweiten zur dritten Ionisierungsenergie.

Diese Abstufung der Ionisierungsenergien der Atome hat wichtige Konsequenzen für die Zusammensetzung chemischer Verbindungen. So kennt man vom Lithium nur Verbindungen, in denen das Lithium-Atom formal ein Elektron an einen Bindungspartner abgegeben hat. Der Energieaufwand für die Abgabe eines zweiten Elektrons ist mit 7,4 MJ·mol^{-1} so hoch, dass er durch den Energiegewinn bei der Ausbildung chemischer Bindungen nicht kompensiert werden kann. So kann beispielsweise eine Verbindung der Zusammensetzung LiF$_2$ mit zweifach positivem Lithium nicht stabil sein.

Allgemein gilt: Bei der Bildung von Verbindungen können Atome maximal sämtliche Valenzelektronen abgeben, niemals jedoch mehr.

3.6 Periodische Eigenschaften: Elektronenaffinität

Atome können nicht nur Elektronen abgeben, sondern auch aufnehmen. Wie die Abgabe ist auch die Aufnahme eines oder mehrerer Elektronen mit einer Energieänderung verbunden. Man bezeichnet sie als *Elektronenaffinität*. Sie ist definiert als die Energieänderung, die durch Besetzung des niedrigsten unbesetzten Orbitals in einem freien Atom durch ein Elektron resultiert:

$$X(g) + e^- \rightarrow X^-(g)$$

In Abbildung 3.14 sind Werte für die Elektronenaffinitäten einiger Atome zusammengestellt. Die meisten Elektronenaffinitäten haben – im Gegensatz zu allen Ionisierungs-

Li	Be	B	C	N	O	F	Ne
−66	−6	−33	−128	≈ 0	−147	−334	−6
Na							
−59							
K							
−55							
Rb							
−53							
Cs							
−52							

3.14 Elektronenaffinitäten für die Atome der 2. Periode und der 1. Gruppe (Enthalpiewerte in kJ·mol^{-1} bei 25 °C).

energien – ein negatives Vorzeichen; bei der Aufnahme eines Elektrons durch das Atom wird also Energie freigesetzt.

Überraschend ist, dass auch bei der Aufnahme eines Elektrons durch ein Atom eines Alkalimetalls Energie frei wird. Die Abgabe eines Elektrons durch diese Atome erfordert hingegen Energie. Energetisch gesehen ist die Bildung eines gasförmigen negativen Ions bei den Alkalielementen im Vergleich zur Bildung eines positiven Ions bevorzugt! Diese Tatsache steht in deutlichem Gegensatz zu der weit verbreiteten Meinung, dass die Alkalielemente „gern" das Valenzelektron abgeben, um Kationen mit Edelgaskonfiguration zu bilden. Das trifft natürlich zu, wenn ein Alkalielement eine ionische Verbindung wie Natriumchlorid bildet. Doch bei der Bildung von Verbindungen sind offenbar weitere Gesichtspunkte zu berücksichtigen, um begründete Aussagen über die Stabilität von Ionen machen zu können. Die Betrachtungen, die für ein isoliertes gasförmiges Teilchen gelten, müssen keineswegs für dieses Teilchen als Baustein einer chemischen Verbindung gelten.

Um den Wert der Elektronenaffinität von Beryllium zu verstehen, können wir annehmen, dass die Elektronen im 2s-Orbital das Elektron abschirmen, welches beim Übergang zum Be$^-$ in das 2p-Orbital aufgenommen wird. Daher ist die Anziehung, die auf ein 2p-Elektron wirkt, fast gleich null. Die stark negative Elektronenaffinität von Kohlenstoff deutet an, dass die Aufnahme eines Elektrons, die ein halb besetztes 2p-Orbital mit einer $1s^22s^22p^3$-Konfiguration des C$^-$-Ions zur Folge hat, einen Energiegewinn bedeutet. Der für Stickstoff nahe bei null liegende Wert lässt vermuten, dass die interelektronische Abstoßung, die sich durch den Übergang von der $2p^3$-Konfiguration zur $2p^4$-Konfiguration ergibt, der entscheidende Faktor ist. Die hohen Werte für Sauerstoff und Fluor andererseits deuten an, dass hier die hohen effektiven Kernladungen gegenüber der interelektronischen Abstoßung bei den 2p-Elektronen überwiegen.

Schließlich gibt es, ebenso wie bei den Ionisierungsenergien, aufeinander folgende Elektronenaffinitäten. Auch bei diesen Werten zeigen sich Überraschungen. Wir betrachten hier als Beispiel die erste und zweite Elektronenaffinität von Sauerstoff:

$$O(g) + e^- \rightarrow O^-(g); \quad \Delta H = -147 \text{ kJ} \cdot \text{mol}^{-1}$$

$$O^-(g) + e^- \rightarrow O^{2-}(g); \quad \Delta H = 738 \text{ kJ} \cdot \text{mol}^{-1}$$

Die Aufnahme eines zweiten Elektrons ist also ein sehr energieaufwendiger Prozess. Dass dieser Prozess energetisch ungünstig ist, überrascht nicht, wenn man bedenkt, dass hier ein Elektron und ein negatives Ion zusammengebracht werden. Es überrascht jedoch, dass das Oxid-Ion (O^{2-}) so häufig ist. Tatsächlich kann das Oxid-Ion nur als Baustein in chemischen Verbindungen auftreten. Hier wird der hohe Energieaufwand für die Bildung des O^{2-}-Ions durch andere energieliefernde Faktoren zumindest kompensiert. Entscheidend ist im Allgemeinen die Bildung eines stabilen Kristallgitters.

3.7 Biochemie der Elemente

Bioanorganische Chemie, also das Studium der für die anorganische Chemie typischen Elemente im Zusammenhang mit lebenden Organismen, ist ein hochaktuelles Forschungsthema. Einzelheiten zur Rolle der verschiedenen Elemente in biologischen Systemen werden bei den jeweiligen Elementen angesprochen. An dieser Stelle folgt lediglich ein Überblick über die für das Leben *essentiellen* Elemente.

Ein Element wird als essentiell betrachtet, wenn seine Abwesenheit eine Beeinträchtigung der Funktionen des Organismus zur Folge hat und eine Verabreichung

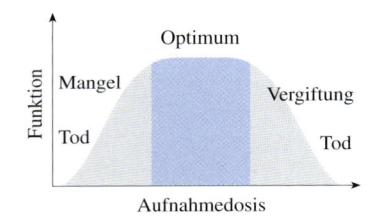

	1	2											13	14	15	16	17	18
							H											He
	Li	Be											B	C	N	O	F	Ne
	Na	Mg	3	4	5	6	7	8	9	10	11	12	Al	Si	P	S	Cl	Ar
	K	Ca	Sc	Ti	V	Cr	Mn	Fe	Co	Ni	Cu	Zn	Ga	Ge	As	Se	Br	Kr
	Rb	Sr	Y	Zr	Nb	Mo	Tc	Ru	Rh	Pd	Ag	Cd	In	Sn	Sb	Te	I	Xe
	Cs	Ba	La … *Lu	Hf	Ta	W	Re	Os	Ir	Pt	Au	Hg	Tl	Pb	Bi	Po	At	Rn
	Fr	Ra	Ac … **Lr	Rf	Db	Sg	Bh	Hs	Mt	Ds	Rg	Cn						

*Lanthanoide	La	Ce	Pr	Nd	Pm	Sm	Eu	Gd	Tb	Dy	Ho	Er	Tm	Yb	Lu
**Actinoide	Ac	Th	Pa	U	Np	Pu	Am	Cm	Bk	Cf	Es	Fm	Md	No	Lr

3.15 Die lebensnotwendigen Elemente (grau: in größeren Mengen erforderlich; blau: in Spuren erforderlich).

3.16 Reaktion des menschlichen Körpers auf essentielle Elemente in Abhängigkeit von der Einnahmedosis (Bertrands Regel).

dieses Elements den gesunden Zustand wieder herstellt. Vierzehn Elemente werden in erheblichen Mengen benötigt, ihre Bedeutung für den Organismus lässt sich leicht beweisen.

Es stellt jedoch eine Herausforderung dar, auch diejenigen Elemente zu identifizieren und ihre Wirkungsweise zu verstehen, die der Körper nur in sehr kleinen Mengen benötigt. Man nennt sie in diesem Zusammenhang *Spurenelemente*. Da wir nur so wenig von ihnen benötigen, ist es so gut wie unmöglich, sie aus einer normalen Ernährung zu eliminieren, um die Auswirkungen eines Mangels zu untersuchen. Heute geht man von zwölf zusätzlichen Elementen aus, die für ein gesundes Leben notwendig sind (Abbildung 3.15). Es ist erstaunlich, dass unser Körper mehr als ein Viertel aller stabilen Elemente benötigt, um gesund zu sein. Die genaue Wirkungsweise einiger Spurenelemente ist bis heute noch nicht bekannt. Es ist auch durchaus möglich, dass in Zukunft weitere Elemente als essentiell erkannt werden.

Für fast alle essentiellen Elemente gibt es einen optimalen Konzentrationsbereich im Körper, während oberhalb und unterhalb dieses Bereichs Körperfunktionen beeinträchtigt werden. Dieses Prinzip ist bekannt als **Bertrands Regel** (Abbildung 3.16). Viele Menschen sind sich dieser Regel im Zusammenhang mit der Einnahme von Eisen bewusst. Zu wenig Eisen kann Anämie verursachen; es sind jedoch auch schon Kinder gestorben, nachdem sie zu viele Eisenpräparate eingenommen hatten.

Die optimale Versorgungsmenge variiert extrem von Element zu Element. Der Bereich für Selen ist sehr klein, er ist optimal zwischen 50 µg und 200 µg pro Tag. Weniger als 10 µg pro Tag führen zu Mangelerscheinungen, während die Einnahme von mehr als 1 mg pro Tag tödlich wirkt. Glücklicherweise nehmen die meisten Menschen durch ihre normale Nahrung Mengen auf, die im erforderlichen Bereich liegen.

ÜBUNGEN

3.1 Definieren Sie folgende Begriffe: a) Seltenerdmetalle, b) van der Waals-Radius, c) effektive Kernladung, d) zweite Ionisierungsenergie, e) Elektronenaffinität, f) Bertrands Regel.

3.2 Geben Sie zwei Gründe an, warum die Entdeckung von Argon für das ursprüngliche Periodensystem von Mendeleev Probleme aufwarf.

3.3 Erklären Sie, warum Nickel eine höhere Ordnungszahl hat als Cobalt, obwohl die Atommasse von Nickel kleiner ist als die von Cobalt.

3.4 Warum werden die Elemente der Gruppe 11 auch Münzmetalle genannt?

3.5 Warum ist Eisen das schwerste Element, das in stellaren Prozessen gebildet wird?

3.6 Warum müssen die schweren Elemente auf diesem Planeten in sehr frühen Supernovae gebildet worden sein?

3.7 Benennen Sie
a) das Element mit der höchsten Ordnungszahl, für das stabile Isotope existieren;
b) das einzige Übergangsmetall, für das keine stabilen Isotope bekannt sind;
c) das einzige bei Raumtemperatur und normalem Druck flüssige Nichtmetall.

3.8 Nennen Sie die beiden einzigen radioaktiven Elemente, die in größeren Mengen auf der Erde existieren. Erklären Sie, warum diese vorhanden sind.

3.9 Welches Element – Natrium oder Magnesium – hat Ihrer Meinung nach nur ein stabiles Isotop? Begründen Sie Ihre Entscheidung.

3.10 Welche Neutronenzahl ist für das häufigste Isotop des Calciums zu erwarten?

3.11 ^{20}Ne und ^{56}Fe sind die häufigsten Isotope dieser beiden Elemente. Schlagen Sie auf der Basis des Schalenmodells eine mögliche Erklärung für diese Tatsache vor.

3.12 ^{210}Po und ^{211}At sind die Isotope dieser Elemente mit den längsten Halbwertszeiten. Schlagen Sie eine Erklärung vor.

3.13 Die Elemente werden in Metalle und Nichtmetalle eingeteilt.
a) Warum ist metallischer Glanz kein geeignetes Kriterium für die Zuordnung?
b) Warum ist die thermische Leitfähigkeit kein eindeutiges Unterscheidungskriterium?
c) Warum ist es wichtig, die elektrische Leitfähigkeit in drei Dimensionen als Kriterium für metallisches Verhalten zu definieren?

3.14 Aufgrund welcher Eigenschaften werden einige Elemente als Halbmetalle bezeichnet?

3.15 Für welches Atom erwarten Sie jeweils den größeren Kovalenzradius?
a) Kalium bzw. Calcium
b) Fluor bzw. Chlor
Begründen Sie Ihre Entscheidung.

3.16 Warum ist der Kovalenzradius von Germanium (122 pm) kaum größer als der von Silicium (117 pm), obwohl Germanium 18 Elektronen mehr hat als Silicium?

3.17 Warum ist der Kovalenzradius von Zirconium (145 pm) größer als der von Hafnium (144 pm), obwohl Zirconium im Periodensystem oberhalb von Hafnium steht?

3.18 In Tabelle 3.3 werden die Werte für die effektive Kernladung der Elemente der zweiten Periode dargestellt, die nach der differenzierten Methode von Clementi und Raimondi berechnet wurden. Berechnen Sie für jedes dieser Elemente die effektive Kernladung für das 1s-, das 2s- und das 2p-Orbital anhand der Regeln von Slater. Vergleichen Sie die Werte und diskutieren Sie, ob die Unterschiede wirklich signifikant sind.

3.19 Berechnen Sie anhand der Regeln von Slater die effektive Kernladung für jedes Elektron im Kalium-Atom.

3.20 Berechnen Sie anhand der Regeln von Slater die effektive Kernladung, die auf die 3d-Elektronen bzw. die 4s-Elektronen von Mangan wirkt.

3.21 Berechnen Sie anhand der Regeln von Slater die effektive Kernladung, die auf ein 3p-Elektron von a) Aluminium und b) Chlor wirkt. Inwiefern stehen die Ergebnisse in Beziehung zu
i) den relativen Atomradien der beiden Atome,
ii) den relativen ersten Ionisierungsenergien der beiden Atome?

3.22 Für welches Element erwarten Sie eine höhere Ionisierungsenergie?
a) Silicium bzw. Phosphor
b) Arsen bzw. Phosphor
Begründen Sie Ihre Entscheidung.

3.23 Bei einem Element ergeben sich für die erste, zweite, dritte und vierte Ionisierungsenergie folgende Werte (in MJ·mol^{-1}): 0,7; 1,5; 7,7; 10,5. Zu welcher Gruppe im Periodensystem gehört es wahrscheinlich? Begründen Sie Ihre Entscheidung.

3.24 Für welches Element erwarten Sie jeweils eine höhere zweite Ionisierungsenergie?
   a) Bor bzw. Kohlenstoff
   b) Kohlenstoff bzw. Stickstoff
   Begründen Sie Ihre Entscheidung.

3.25 Für welches Element erwarten Sie eine höhere erste Ionisierungsenergie, für Natrium oder für Magnesium? Was erwarten Sie bezüglich der zweiten und der dritten Ionisierungsenergie?

3.26 Für welches Element, Natrium oder Magnesium, erwarten Sie eine Elektronenaffinität, die näher bei null liegt? Begründen Sie Ihre Entscheidung.

3.27 Würden Sie für die Elektronenaffinität von Helium ein positives oder ein negatives Vorzeichen erwarten? Begründen Sie Ihre Entscheidung.

3.28 Welcher Teil des Periodensystems enthält die Elemente, die wir in großen Mengen zum Leben benötigen? In welcher Beziehung steht dies zur Häufigkeit dieser Elemente auf der Erde?

3.29 Welche Massenzahl erwarten Sie für
   a) das häufigste Blei-Isotop (Element 82)?
   b) das einzige stabile Isotop von Bismut (Element 83)?
   c) das längstlebige Isotop von Polonium (Element 84)?
   Beantworten Sie die Fragen ohne Zuhilfenahme von Tabellen und Periodensystem.

3.30 Entgegen dem allgemeinen Trend ist die erste Ionisierungsenergie von Blei (722 kJ·mol^{-1}) höher als die von Zinn (715 kJ·mol^{-1}). Schlagen Sie hierzu eine Begründung vor.

3.31 Warum kommen elementarer Wasserstoff und Helium kaum in der Erdatmosphäre vor, obwohl sie zu den häufigsten Elementen im Universum gehören?

3.32 Welche physikalischen und chemischen Eigenschaften wären für das Element 117 zu erwarten?

Chemische Reaktionen beruhen häufig auf der Übertragung von Elektronen. Dabei werden geladene Teilchen gebildet, die elektrostatische Kräfte aufeinander ausüben. Einführende Chemiekurse vermitteln oft den Eindruck, dass es eine klare Trennlinie gibt zwischen der ionischen Bindung in salzartigen Stoffen und der auf gemeinsamen Elektronenpaaren beruhenden kovalenten Bindung in Feststoffen wie Diamant sowie in Molekülverbindungen. Tatsächlich sind nur wenige Verbindungen rein ionisch. Am besten sollte man chemische Bindungen als ein Kontinuum zwischen den verschiedenen Bindungsarten betrachten.

Die Ionenbindung

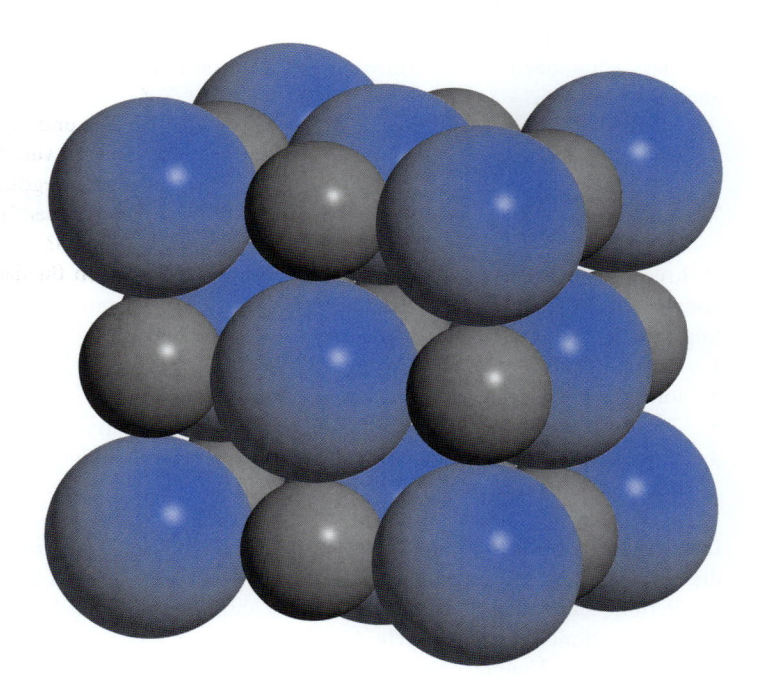

4

Kapitelübersicht

4.1 Eigenschaften ionischer Verbindungen
Exkurs: Energetische Verhältnisse bei der Ionenbindung

4.2 Polarisierung und Kovalenz
4.3 Hydratation von Ionen
4.4 Ionengitter
Exkurs: Ionische Flüssigkeiten

Svante August **Arrhenius**, schwedischer Physikochemiker, 1859–1927; Professor in Stockholm, seit 1905 Direktor des Nobelinstituts für physikalische Chemie, 1903 Nobelpreis für Chemie (für seine Arbeiten zur Dissoziation).

Prüft man destilliertes Wasser auf seine Leitfähigkeit, so zeigt das Messgerät nur einen sehr kleinen Leitwert an. Gibt man jedoch Salz in das Wasser, so leitet die Lösung sehr gut. Diese Beobachtung spielte eine entscheidende Rolle in der Geschichte der Chemie. Bereits 1884 gab Svante Arrhenius die noch heute gültige Erklärung für dieses Phänomen. Damals glaubte jedoch kaum jemand seiner *Theorie der elektrolytischen Dissoziation*. Seine Doktorarbeit zu diesem Thema wurde sogar schlecht benotet mit der Begründung, dass seine Schlussfolgerungen nicht akzeptabel seien. Erst 1891 wurde seine Vorstellung, dass ein Salz in einer Lösung in Ionen dissoziiert vorliegt, allgemein akzeptiert. Als man schließlich die Bedeutung seiner Arbeit erkannt hatte, wurde Arrhenius für den Nobelpreis sowohl für Physik als auch für Chemie vorgeschlagen. Die Physiker sträubten sich jedoch, sodass Arrhenius 1903 lediglich den Nobelpreis für Chemie erhielt.

Obwohl wir Arrhenius' Gegner heute belächeln, war die Kritik zu seiner Zeit verständlich. Unter den Wissenschaftlern gab es zwei Lager: Die einen *glaubten* an die Existenz von Atomen (die „Atomisten") und die anderen verwarfen diese Idee. Die „Atomisten" waren von der Unteilbarkeit der Atome überzeugt. Dann trat Arrhenius auf den Plan, der gegen beide Seiten argumentierte. Er behauptete, dass Natriumchlorid in Lösung in Natrium-Ionen und Chlorid-Ionen zerfällt, dass diese Ionen jedoch nicht dasselbe seien wie Natrium-Atome und Chlor-Atome. Weder war Natrium im gelösten Zustand reaktiv und metallisch, noch war Chlor grün und toxisch. Es ist also kein Wunder, dass seine Ideen bis zur Ära von J. J. Thomson und der Entdeckung des Elektrons abgelehnt wurden.

4.1 Eigenschaften ionischer Verbindungen

Während kovalente Verbindungen bei Raumtemperatur fest, flüssig oder gasförmig sein können, sind alle einfach aufgebauten ionischen Verbindungen Feststoffe. Sie haben die folgenden gemeinsamen Eigenschaften:
1. Kristalle ionischer Verbindungen sind hart und spröde.
2. Ionische Verbindungen haben hohe Schmelztemperaturen.
3. Die Schmelze einer ionischen Verbindung leitet den elektrischen Strom.
4. Viele ionische Verbindungen lösen sich in Wasser und anderen stark polaren Lösemitteln, die Lösungen sind elektrisch leitend.

Das Ionenmodell und die Größe von Ionen In Kapitel 2 wurde besprochen, dass die Größe der Atome aufgrund der zunehmenden effektiven Kernladung innerhalb einer Periode allmählich von links nach rechts abnimmt. Die Abgabe von Elektronen hat bei vielen Atomen eine erhebliche Verkleinerung zur Folge. Die auffälligsten Beispiele hierfür sind die Hauptgruppenmetalle, die jeweils Kationen unter Abgabe sämtlicher Valenzelektronen bilden. Für ein Natrium-Atom im Metall ergibt sich beispielsweise ein Radius von 186 pm ($1{,}86 \cdot 10^{-7}$mm), während der Radius von Na^+ nur 116 pm beträgt. Tatsächlich ist die Größenabnahme noch weit größer, wenn man das Volumen betrachtet: $V = \frac{4}{3} \pi \cdot r^3$. Die Abnahme des Radius um den Faktor $116/186 = 0{,}624$ bewirkt, dass das Ion um den Faktor $0{,}624^3 = 0{,}243$ kleiner wird. Das Volumen des Ions beträgt also nur noch ein Viertel des Atomvolumens.

Trends bei Ionenradien Die Kationen werden noch kleiner, wenn die Ionen mehrfach geladen sind, wie man an einer Reihe sogenannter **isoelektronischer** Ionen erkennen kann (Tabelle 4.1). Jedes dieser Ionen hat insgesamt 10 Elektronen ($1s^2 2s^2 2p^6$), und sie unterscheiden sich nur in der Anzahl der Protonen im Kern. Je höher die Protonenzahl, desto höher ist die *effektive Kernladung* Z_{eff} und umso stärker ist die Anziehung zwischen Elektronen und Kern. Dementsprechend sind isoelektronische Kationen umso kleiner, je höher die Ladung ist.

Tabelle 4.1 Radien einiger isoelektronischer Kationen

Ion	Radius (pm)
Na^+	116
Mg^{2+}	86
Al^{3+}	68

Für Anionen gilt genau das Gegenteil: Ein negatives Ion ist größer als das zugehörige Atom. Der Kovalenzradius des Sauerstoff-Atoms beispielsweise liegt bei 74 pm, während der Radius des Oxid-Ions 126 pm beträgt. Die Ionenbildung ist also mit einer fünffachen Volumenzunahme verbunden. Durch die zusätzlichen Elektronen ergeben sich weitere interelektronische Abstoßungen, die zur Vergrößerung des Ions führen. Dadurch sinkt auch die effektive Kernladung, die auf jedes einzelne Außenelektron wirkt, sodass diese Elektronen weniger stark vom Kern angezogen werden. Daher ist das Anion stets größer als das Atom. Tabelle 4.2 zeigt, dass in einer isoelektronischen Reihe die Größe des Anions mit zunehmender Kernladung abnimmt. Die hier aufgeführten Anionen sind zudem isoelektronisch mit den Kationen in Tabelle 4.1. Man sieht, dass Anionen erheblich größer sind als isoelektronische Kationen.

Innerhalb einer Gruppe im Periodensystem werden die Atome mit zunehmender Ordnungszahl größer. Dies gilt auch für die Ionen, und zwar sowohl für Anionen als auch für Kationen. Die Werte für die Radien von Halogenid-Ionen sind in Tabelle 4.3 aufgeführt.

Schließlich sollte man noch beachten, dass Ionenradien sich nicht direkt messen lassen und ihre Werte daher fehlerbehaftet sind. Man kann heute sehr genau den Abstand zwischen den Kernen eines Natrium- und eines Chlorid-Ions in einem Steinsalzkristall messen, das Ergebnis ist jedoch die Summe der beiden Radien. Über die Aufteilung dieses Abstands auf die beiden Ionen besteht in der Literatur nicht immer Einigkeit. Die physikalisch sinnvollste Aufteilung ergibt sich aus der Betrachtung der Elektronendichteverteilung im Natriumchlorid-Kristall. Diese kennt man heute durch sehr präzise Kristallstrukturbestimmungen mithilfe von Röntgenstrahlen. Im Natriumchlorid-Kristall besetzen die Natrium- und die Chlorid-Ionen abwechselnd in regelmäßiger Weise Positionen im Kristallgitter. Trägt man für eine Ebene dieses Gitters die gemessenen Elektronendichten in Form von „Höhenlinien" auf, so ergibt sich das in Abbildung 4.1a dargestellte Bild. Erwartungsgemäß ist die Elektronendichte in der Nähe der Atomkerne am höchsten. Sie sinkt, je weiter man sich vom Atomkern entfernt. Entlang der Verbindungslinie zwischen zwei benachbarten Na^+- und Cl^--Ionen durchläuft die Elektronendichte ein Minimum, das nahe bei null liegt. Dieses Minimum wird als die Grenze zwischen den beiden Ionen betrachtet und liefert die Aufteilung des Abstands auf die beiden Ionen und damit deren Radius (Abbildung 4.1b). Wir verwenden in diesem Text

Tabelle 4.2 Radien von isoelektronischen Anionen

Ion	Radius (pm)
N^{3-}	132
O^{2-}	126
F^-	117

Tabelle 4.3 Radien von Halogenid-Ionen

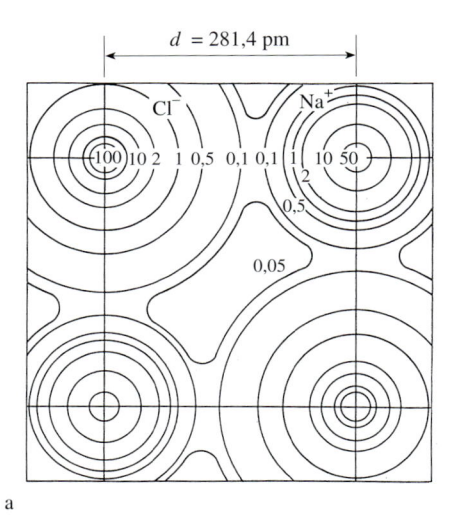

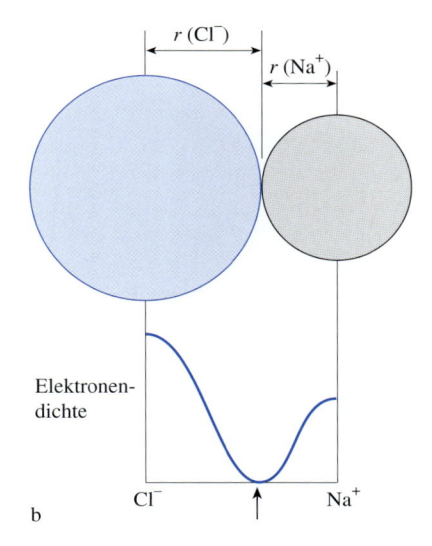

Ion	Radius (pm)
F^-	117
Cl^-	167
Br^-	182
I^-	206

4.1 Elektronendichteverteilung in Natriumchlorid: a) Konturlinien der Elektronendichte; b) Elektronendichteverteilungsfunktion. Der Abstand benachbarter Atomkerne stimmt mit der Summe der für die Radien von Na^+ und Cl^- tabellierten Durchschnittswerte ($r(Na^+)$=116 pm; $r(Cl^-)$ = 167 pm) weitgehend überein. (Die Zahlen an den Konturlinien in a stellen ein Maß für die Elektronendichte dar.)

4. Die Ionenbindung

EXKURS

Charles Augustin **de Coulomb**, französischer Physiker und Ingenieur, 1736–1806; er gehörte zu den vielseitigsten Physikern des 18. Jahrhunderts.

Energetische Verhältnisse bei der Ionenbindung

Elektrisch geladene Teilchen, also zum Beispiel Ionen, üben abstoßende oder anziehende Kräfte aufeinander aus. Eine anziehende Kraft – die Coulomb-Kraft F_C – besteht zwischen entgegengesetzt geladenen Teilchen. Sie wird durch das **Coulombsche Gesetz** beschrieben:

$$F_C = -\frac{1}{4\pi\varepsilon_0}\frac{q_1 \cdot q_2}{d^2}$$

Das negative Vorzeichen ist erforderlich, da eine der beiden Ladungen (q_1 bzw. q_2) negativ ist, insgesamt aber ein positiver Wert resultieren muss. d ist der Abstand der Teilchen, ε_0 die Dielektrizitätskonstante des Vakuums, eine Naturkonstante. Aus der Coulomb-Kraft ergibt sich durch Integration die Coulomb-Energie E_C, die potentielle Energie, die ein System aus zwei punktförmigen, geladenen Teilchen im Abstand d aufweist:

$$E_C = \frac{1}{4\pi\varepsilon_0}\frac{q_1 \cdot q_2}{d}$$

Jedes stoffliche System versucht in den Zustand niedrigster Energie überzugehen. Für den Fall, dass die beiden Ladungen q_1 und q_2 unterschiedliche Vorzeichen haben (Kation und Anion), sollten sich daher die Ionen bis auf einen Abstand null annähern. Wir wissen jedoch, dass Ionen keine punktförmigen Ladungen darstellen, sondern eine bestimmte Größe haben, die durch den Durchmesser der Elektronenhülle festgelegt ist. Kommen sich Kation und Anion so nahe, dass ihre Elektronenhüllen mehr und mehr in Kontakt geraten, tritt zusätzlich zur Coulombschen Anziehung die abstoßende Energie der sich durchdringenden Elektronenhüllen auf. Man nennt dies die **Bornsche Abstoßung**:

$$E_A = \frac{B}{d^n}$$

E_A ist die abstoßende Energie, B ist eine Konstante mit positivem Zahlenwert. Der Exponent n, der von den jeweiligen Ionen abhängt und experimentell ermittelt werden muss, hat etwa den Wert 8. Die Abstoßungsenergie wird mit steigendem Abstand also

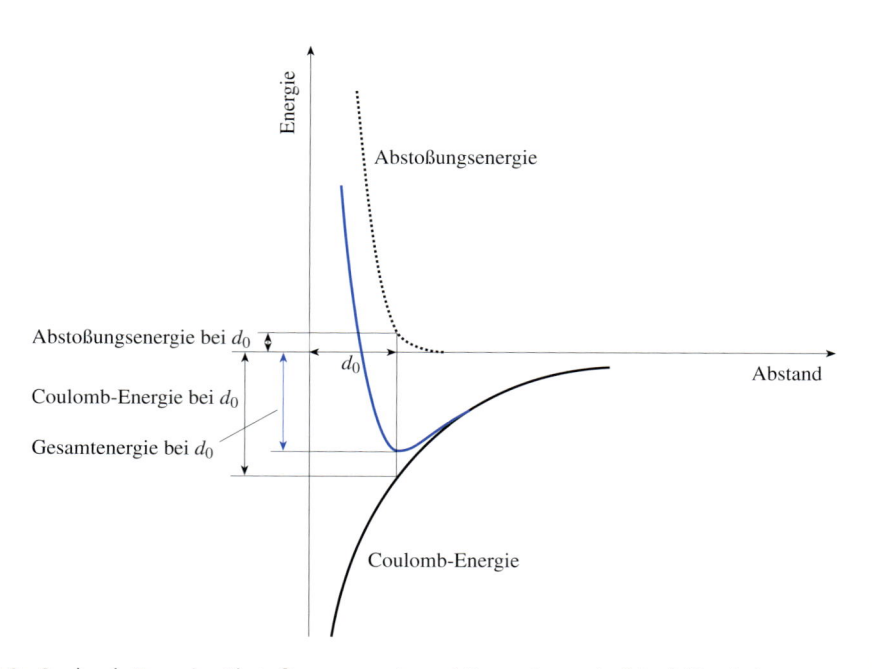

4.2 Coulomb-Energie, Abstoßungsenergie und Gesamtenergie (blau) für ein Ionenpaar als Funktion des Abstands.

sehr schnell kleiner. Die gesamte Energie unseres Systems zweier Ionen ergibt sich dann als Summe aus Coulomb-Energie und Abstoßungsenergie:

$E = E_C + E_A$

In Abbildung 4.2 sind beide Energien und die Gesamtenergie als Funktion des Abstands aufgetragen. Hier wird deutlich, dass es einen Zustand minimaler Energie bei einem ganz bestimmten Abstand der Ionen, dem Gleichgewichtsabstand d_0, gibt.

Das hier Gesagte gilt zunächst nur für ein System von zwei Ionen. Ein Ionenkristall besteht aber aus einer riesigen Zahl von Kationen und Anionen in einer regelmäßigen Anordnung. Wie wir noch sehen werden, lassen sich die Verhältnisse von dem hier betrachteten System aus zwei Ionen jedoch ohne weiteres auf einen ganzen Ionenkristall übertragen (Abschnitt 7.3).

die auf dieser Basis ermittelten Werte nach Shannon und Prewitt für die Ionenradien. Charakteristisch für diesen Datensatz ist ein Radius von 126 pm für das O^{2-}-Ion. Die gleichen Autoren haben aber auch einen Datensatz zusammengestellt, der von dem traditionellen Wert von 140 pm für das O^{2-}-Ion ausgeht, sodass für die Radien der Kationen jeweils um 14 pm kleinere Werte resultieren.

Trends bei Schmelztemperaturen Die ionische Bindung beruht auf elektrostatischen Kräften zwischen den Ionen. In einem Ionenkristall überwiegen die Anziehungskräfte zwischen Ionen entgegengesetzter Ladung. Beim Schmelzprozess wird diese Anziehung teilweise überwunden, sodass sich die Ionen in der flüssigen Phase bewegen können. Ionische Verbindungen haben in der Regel hohe Schmelztemperaturen, die ionische Bindung muss also sehr stark sein. Je kleiner die Ionenradien sind, desto geringer ist der Abstand zwischen den einzelnen Ionen und umso stärker ist die elektrostatische Anziehung. Auch die Schmelztemperatur steigt entsprechend. Dieser Trend zeigt sich beispielsweise an den Schmelztemperaturen der Kaliumhalogenide (Tabelle 4.4). Noch wesentlich höhere Schmelztemperaturen treten auf, wenn die Ionen mehrfach geladen sind. So hat Magnesiumoxid ($Mg^{2+}O^{2-}$) eine Schmelztemperatur von 2830 °C, während die Schmelztemperatur von Natriumchlorid (Na^+Cl^-) mit 801 °C deutlich niedriger ist.

Ionische Verbindungen mit sehr großen einfach geladenen organischen Kationen und anorganischen Anionen können bei Raumtemperatur flüssig sein. Sie werden als *ionische Flüssigkeiten* bezeichnet.

Tabelle 4.4 Schmelztemperaturen der Kaliumhalogenide

Verbindung	Schmelz-temperatur (°C)
KF	858
KCl	770
KBr	734
KI	681

4.2 Polarisierung und Kovalenz

Obwohl in den meisten Fällen die Reaktion eines Metalls mit einem Nichtmetall zu einer ionischen Verbindung führt, gibt es eine Reihe von Ausnahmen. Zu diesen Ausnahmen kommt es, wenn die äußersten Elektronen des Anions so stark vom Kation angezogen werden, dass sich zwischen den Ionen eine merkliche Elektronendichte ergibt und somit ein kovalenter Bindungsanteil erzeugt wird. Die Elektronenhülle des Anions wird dabei in Richtung auf das Kation verzerrt. Diese Abweichung von der Kugelform des idealen Anions bezeichnet man als **Polarisierung**.

Der Physikochemiker Kasimir Fajans fasste die Faktoren, welche die Polarisierung von Ionen und damit eine Zunahme an Kovalenz bewirken, in den folgenden Regeln zusammen:
1. Ein Kation wirkt umso stärker polarisierend, je kleiner und je höher positiv geladen es ist.
2. Ein Anion wird umso leichter polarisiert, je größer es ist und je höher seine negative Ladung ist.
3. Polarisierung findet bevorzugt durch Kationen statt, die keine Edelgaskonfiguration haben.

Kasimir **Fajans**, polnisch-amerikanischer Physikochemiker, 1887–1975; Professor in München und Ann Arbor.

Ein Maß für das Polarisierungsvermögen eines Atoms ist seine *Ladungsdichte*. Die Ladungsdichte entspricht dem Quotienten aus Ionenladung und Ionenvolumen. Für das Natrium-Ion beispielsweise mit einer Ladungszahl von +1 und einem Ionenradius von 116 pm ($1{,}16 \cdot 10^{-7}$ mm) erhält man:

$$\text{Ladungsdichte} = \frac{1 \cdot 1{,}60 \cdot 10^{-19}\,\text{C}}{\frac{4}{3}\pi\,(1{,}16 \cdot 10^{-7}\,\text{mm})^3} = 24\,\text{C} \cdot \text{mm}^{-3}$$

In entsprechender Weise ergibt sich für die Ladungsdichte des Aluminium-Ions ein Wert von 370 C·mm^{-3}. Mit dieser erheblich höheren Ladungsdichte wirkt das Aluminium-Ion viel stärker polarisierend als das Natrium-Ion und wird daher eher als Natrium zur Ausbildung kovalenter Bindungen tendieren.

Ein offenkundiges Unterscheidungsmerkmal zwischen ionischen und kovalenten Stoffen ist die Schmelztemperatur (ϑ_m). Die Schmelztemperaturen ionischer Verbindungen sind im Allgemeinen hoch, die Schmelztemperaturen kovalenter Verbindungen, die aus isolierten Molekülen bestehen, dagegen niedrig. Ein Vergleich von Aluminiumfluorid (ϑ_m = 1291 °C) und Aluminiumiodid (ϑ_m = 191 °C) zeigt eindrucksvoll den Einfluss der Anionengröße. Das Fluorid-Ion ist mit einem Ionenradius von 115 pm viel kleiner als das Iodid-Ion (206 pm). Damit hat das Iodid-Ion ein fünfmal so großes Volumen wie das Fluorid-Ion. Das Fluorid-Ion wird durch das Aluminium-Ion kaum polarisiert. Die Bindung ist daher überwiegend ionisch. Die Elektronenhülle des Iodid-Ions dagegen wird durch das Aluminium-Ion mit seiner hohen Ladungsdichte so stark polarisiert, dass Moleküle mit erheblichen Anteilen kovalenter Bindung gebildet werden.

Da der Ionenradius in erheblichem Umfang von der Ionenladung abhängig ist, erweist sich der Wert der Kationenladung häufig als ein qualitatives Maß, um den kovalenten Bindungsanteil in einer Metallverbindung abzuschätzen. Bei einer Kationenladung von +1 oder +2 überwiegt normalerweise das ionische Verhalten. Bei einer Kationenladung von +3 haben nur Verbindungen mit schlecht polarisierbaren Anionen, wie dem Fluorid-Ion, überwiegend ionische Eigenschaften. Teilchen, die formal noch höhere Ladungen haben, existieren nicht mehr als Kationen. Bei ihren Verbindungen kann man immer von überwiegend kovalentem Bindungscharakter ausgehen. Dieses Prinzip lässt sich durch einen Vergleich zweier Manganoxide illustrieren: Mangan(II)-oxid (MnO) schmilzt bei etwa 1850 °C, während Mangan(VII)-oxid (Mn_2O_7) bei Raumtemperatur in flüssigem Zustand vorliegt. Strukturuntersuchungen haben gezeigt, dass Mangan(II)-oxid ein ionisches Kristallgitter bildet, während Mangan(VII)-oxid aus Mn_2O_7-Molekülen besteht, in denen die Atome durch gemeinsame Elektronenpaare verknüpft sind. Vergleicht man die Ladungsdichten, so findet man für das Mangan(II)-Ion einen Wert von 84 C/mm^3, während sich für das Mangan(VII)-Ion eine Ladungsdichte von 4500 C/mm^3 ergäbe. Dieser Wert ist so hoch, dass das Mangan(VII)-Ion jedes beliebige Anion stark polarisieren kann, sodass ausschließlich kovalente Bindungen gebildet werden.

Die dritte Regel von Fajans bezieht sich auf Kationen, die keine Edelgaskonfiguration aufweisen. Die meisten Kationen, wie z.B. Calcium, haben eine Elektronenkonfiguration, die dem Edelgas der vorausgehenden Periode entspricht (Ca^{2+}-Ionen sind isoelektronisch mit Ar-Atomen). Für manche Kationen gilt dies jedoch nicht. Das Silber-Ion (Ag^+) mit der Elektronenkonfiguration [Kr]4d^{10} ist hier ein gutes Beispiel (auch Cu^+, Sn^{2+} und Pb^{2+} gehören zu diesen Ausnahmen). In Tabelle 4.5 sind die Schmelztemperaturen der Silberhalogenide aufgeführt. Im Vergleich zu den Kaliumhalogeniden (Tabelle 4.4) kann man zwei wesentliche Unterschiede erkennen. Zum einen sind die Werte selbst viel niedriger – um ungefähr 300 °C –, zum anderen gibt es im Gegensatz zu den Werten der Kaliumhalogenide keinen gleichmäßig abfallenden Trend bei den Silberhalogeniden.

Im festen Zustand sind die Silber-Ionen und die Halogenid-Ionen wie in jeder „ionischen" Verbindung in einem typischen Ionengitter angeordnet. Da jedoch die Elektronendichte zwischen Anionen und Kationen ausreichend groß ist, kann man sich vorstellen, dass beim Schmelzprozess tatsächlich Silberhalogenid-*Moleküle* gebildet

Tabelle 4.5 Schmelztemperaturen der Silberhalogenide

Verbindung	Schmelztemperatur (°C)
AgF	435
AgCl	455
AgBr	430
AgI	558

werden. Anscheinend benötigt der Übergang von einem teilweise ionischen Feststoff zu kovalent gebundenen Molekülen weniger Energie als der normale Schmelzprozess einer ionischen Verbindung.

Ein weiteres Zeichen für das unterschiedliche Bindungsverhalten des Kalium-Ions und des Silber-Ions ist die unterschiedliche Löslichkeit ihrer Salze in Wasser. Alle Kaliumhalogenide sind sehr leicht löslich, während Silberchlorid, -bromid und -iodid in Wasser so gut wie unlöslich sind. Wie später noch näher erläutert wird, muss beim Löseprozess die Wechselwirkung zwischen den polaren Wasser-Molekülen und den geladenen Ionen berücksichtigt werden. Wird die Ionenladung durch kovalente Bindungsanteile zwischen Anion und Kation verringert, so sind die Wechselwirkungen zwischen Ionen und Wasser schwächer und die Löslichkeit ist geringer. Im Gegensatz zu den anderen Silberhalogeniden ist Silberfluorid wasserlöslich. Diese Beobachtung entspricht den Regeln von Fajans, aus denen hervorgeht, dass Silberfluorid von allen Silberhalogeniden den höchsten ionischen Bindungsanteil hat.

In der Chemie lassen sich beobachtete Phänomene häufig auf mehrere Arten erklären. Dies gilt auch für die Eigenschaften ionischer Verbindungen. Als Beispiel betrachten wir die Oxide und Sulfide von Natrium und Kupfer(I). Die beiden Kationen haben ungefähr den gleichen Radius, jedoch verhalten sich nur Natriumoxid und Natriumsulfid wie typisch ionische Verbindungen. So lösen sich beide Stoffe gut in Wasser; im Falle des Natriumoxids entsteht dabei Natronlauge (NaOH(aq)). Kupfer(I)-oxid und Kupfer(I)-sulfid sind dagegen in Wasser so gut wie unlöslich. Man kann dies mit der dritten Regel von Fajans erklären, die besagt, dass ein Kation mit Edelgaskonfiguration stärker zur Bildung ionischer Bindungen tendiert. Eine andere Erklärung dieses unterschiedlichen Verhaltens ergibt sich aus den Differenzen der Elektronegativitäten zwischen Kation und Anion. Wir werden diesen Begriff im Abschnitt 5.7 ausführlich erläutern.

4.3 Hydratation von Ionen

Wenn durch die elektrostatische Anziehung zwischen den Ionen eine so starke ionische Bindung zustande kommt, stellt sich die Frage, warum sich so viele ionische Verbindungen in Wasser lösen. Wasser-Moleküle sind gewinkelt und polar, wobei eine negative Teilladung beim Sauerstoff und eine positive Teilladung beim Wasserstoff vorliegt. Man kann sich den Lösevorgang so vorstellen, dass sich das negative Ende eines oder mehrerer Wasser-Moleküle zum Kation hin orientiert und das positive Ende zum Anion. Die Ursache ist eine elektrostatische Anziehung zwischen dem jeweiligen Ion und dem Dipolmolekül Wasser, eine *Ion/Dipol-Wechselwirkung* (Abbildung 4.3). Die Verbindung löst sich in Wasser, wenn diese Kräfte stärker sind als die Summe der Kräfte im Kristallgitter der Ionenverbindung und der intermolekularen Kräfte zwischen den Wasser-Molekülen. In Abschnitt 7.4 werden diese Zusammenhänge quantitativ diskutiert.

Da sich ionische Verbindungen nur lösen, wenn die Ion/Dipol-Wechselwirkungen in der Lösung im Vergleich zur ionischen Bindung im Kristall sehr stark sind, muss das Lösemittel stark polar sein. Von den gängigen Flüssigkeiten ist nur Wasser polar genug, um typisch ionische Verbindungen zu lösen.

Wenn eine ionische Verbindung aus wässeriger Lösung auskristallisiert, werden oft Wasser-Moleküle in den festen Kristall mit eingebaut. Diese wasserhaltigen ionischen Verbindungen bezeichnet man als **Hydrate**. In einigen Hydraten sitzen die Wasser-Moleküle in den Lücken des Kristallgitters, bei den meisten Hydraten jedoch sind die Wasser-Moleküle bevorzugt an das Kation gebunden. Aluminiumchlorid beispielsweise kristallisiert als Aluminiumchlorid-Hexahydrat: $AlCl_3 \cdot 6\,H_2O$. Die sechs Wasser-Moleküle sind oktaedrisch um das Aluminium-Ion angeordnet, wobei die Sauerstoff-Atome zum Aluminium-Ion hin orientiert sind. Es ist daher richtiger, die feste Verbindung als Hexaaquaaluminiumchlorid ($[Al(H_2O)_6]Cl_3$) zu bezeichnen. Gelegentlich schreibt

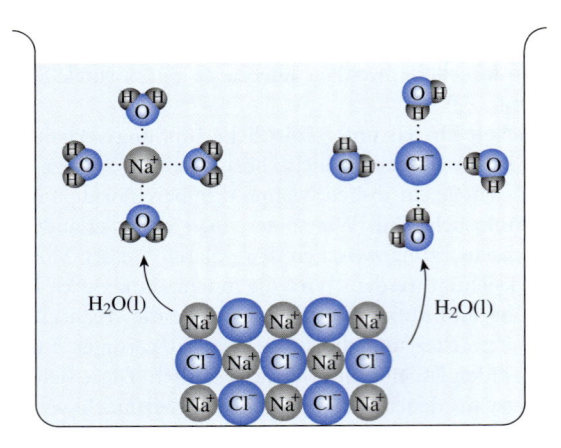

4.3 Löseprozess von Natriumchlorid in Wasser.

man hier für das Wasser-Molekül auch OH$_2$, um deutlich zu machen, dass es das Sauerstoff-Atom ist, das mit dem Aluminium-Ion Ion/Dipol-Wechselwirkungen eingeht: [Al(OH$_2$)$_6$]Cl$_3$. Hexaaquaaluminium-Kationen und Chlorid-Anionen sind also die Bausteine der Kristalle von Aluminiumchlorid-Hexahydrat.

Das Ausmaß der Hydratisierung im festen Zustand hängt mit der Ionenladung und der Größe der Ionen zusammen. Man kann daher davon ausgehen, dass die binären Alkalimetallsalze wie Natriumchlorid nicht als Hydrate vorliegen, da beide Ionen niedrige Ladungsdichten haben. Die Kristallisation von dreifach positiv geladenen Ionen aus wässeriger Lösung hat immer die Bildung eines sechsfach hydratisierten Ions im Kristallgitter zur Folge, da die kleinen, hoch geladenen Kationen starke Ion/Dipol-Wechselwirkungen verursachen. Auch das Ausmaß der Hydratisierung von Anionen hängt von der Ladungsdichte ab. Daher sind die höher geladenen Oxoanionen fast immer hydratisiert, wenn auch nicht im gleichen Ausmaß wie die Kationen. Zinksulfat bildet beispielsweise ein Heptahydrat. Sechs der Wasser-Moleküle sind an das Zink-Ion gebunden und das siebte an das Sulfat-Ion. Daher ist es richtiger, die Verbindung als [Zn(H$_2$O)$_6$][SO$_4$(H$_2$O)] zu schreiben. Viele andere Sulfate zweifach positiv geladener Metallionen bilden Heptahydrate mit entsprechender Struktur.

4.4 Ionengitter

Die ionische Bindung beruht auf elektrostatischer Anziehung entgegengesetzt geladener Ionen. Die Bindungskräfte sind ungerichtet, sie wirken in alle Raumrichtungen gleichermaßen. Aus diesem Grund sind die Aufbauprinzipien von Ionenkristallen sehr einfach und folgen im Wesentlichen geometrischen Gesetzmäßigkeiten: Die kugelförmigen Ionen versuchen eine möglichst dichte Anordnung zu bilden, weil dies energetisch besonders günstig ist. Im Allgemeinen sind die Anionen viel größer als die Kationen. Wir können uns vorstellen, dass diese das Grundgerüst, häufig eine dichteste Kugelpackung, bilden und die Kationen in den Lücken zwischen den Anionen liegen. Bevor wir verschiedene Strukturtypen besprechen, sollten wir generelle Prinzipien, die für Ionengitter gelten, betrachten.

1. Ionen werden als geladene, nicht kompressible und nicht polarisierbare Kugeln betrachtet. Wir haben zwar gezeigt, dass normalerweise in allen ionischen Verbindungen kovalente Bindungsanteile vorkommen; das Kugelmodell scheint jedoch für die meisten Verbindungen, die wir als ionisch klassifizieren, auszureichen.

2. Jedes Ion wird so nahe wie möglich umgeben von möglichst vielen Ionen entgegengesetzter Ladung. Dieses Prinzip gilt insbesondere für die kleineren Kationen. Besonders häufig ist ein Kation von vier, sechs oder acht Anionen umgeben.
3. Das Anzahlverhältnis zwischen Kationen und Anionen entspricht der Zusammensetzung der Verbindung. Die Kristallstruktur von Calciumchlorid ($CaCl_2$) beispielsweise muss aus einem Gerüst von Chlorid-Anionen und nur halb so vielen Calcium-Kationen bestehen.

Die dichteste Kugelpackung

Versucht man möglichst viele, gleich große Kugeln in einem gegebenen Volumen unterzubringen, ergeben sich aus geometrischen Gründen ganz bestimmte, regelmäßige Anordnungen, die dichtesten Kugelpackungen. Bei chemischen Verbindungen begegnen uns solche Baumuster sehr häufig, vor allem dann, wenn ungerichtete Bindungskräfte wirksam sind, insbesondere bei Metallen und bei Ionenverbindungen. Es ist daher nützlich, sich eingehender mit diesem rein geometrischen Prinzip der dichtesten Kugelpackung zu beschäftigen, da es die Grundlage für die Beschreibung zahlreicher Strukturen der Elemente und vieler chemischer Verbindungen darstellt.

Versucht man gleich große Kugeln entlang einer Geraden möglichst dicht anzuordnen, so gibt es hierfür nur eine Möglichkeit: Die Kugeln werden aufgereiht wie auf einer Perlenschnur, jede Kugel berührt zwei andere. Stellen wir nun uns eine zweite dichte Reihe von Kugeln vor und versuchen, diese so dicht wie möglich an die erste Reihe heranzubringen, so bieten sich zunächst zwei Möglichkeiten an, die in Abbildung 4.4 dargestellt sind.

Es ist offensichtlich, dass die Anordnung b die dichtere von beiden ist. Führt man dieses Prinzip fort, ergibt sich bei der Packung von drei Reihen die in Abbildung 4.5 wiedergegebene Anordnung; jede Kugel in dieser zweidimensional-dichtesten Kugelpackung berührt sechs weitere Kugeln, deren Mittelpunkte ein regelmäßiges Sechseck bilden.

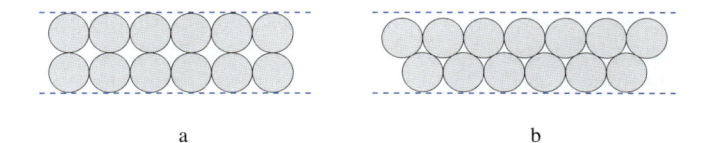

4.4 Verschiedene Anordnungen gleich großer Kugeln in einer Doppelreihe.

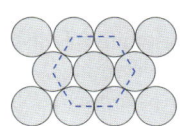

4.5 Dichteste Packung gleich großer Kugeln in einer Ebene.

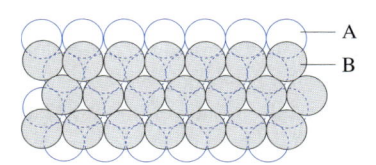

4.6 Dichteste Packung von zwei übereinander liegenden Kugelschichten.

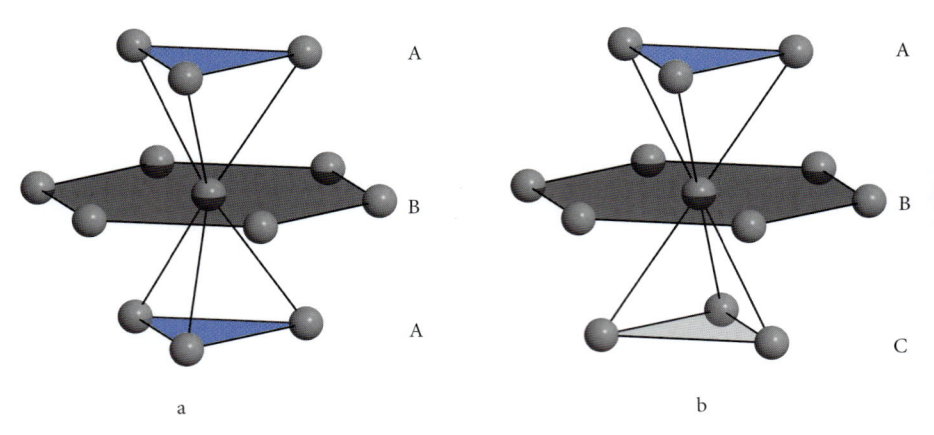

4.7 Unterschiedliche Anordnungen von jeweils drei dichtest gepackten Kugelschichten: hexagonal-dichteste Kugelpackung (a) und kubisch-dichteste Kugelpackung (b).

Prinzipiell gibt es beliebig viele Möglichkeiten, Schichten gleichgroßer Kugeln in dichtesten Packungen zu stapeln. In den allermeisten Fällen werden aber nur die Schichtenfolgen ABAB… oder ABCABC… realisiert.

Stapelt man zwei solcher Schichten übereinander, so ergibt sich die dichteste Anordnung dann, wenn jede Kugel der zweiten Schicht in einer Vertiefung liegt, die aus je drei Kugeln der ersten Schicht gebildet wird. Diese Anordnung ist in Abbildung 4.6 schematisch dargestellt; die beiden Schichten sind durch die Buchstaben A und B gekennzeichnet.

Legt man nun in entsprechender Weise eine dritte Schicht auf dieses Schichtpaket aus A und B, so gibt es zwei unterschiedliche Möglichkeiten der Stapelung, die beide exakt die gleiche *Raumerfüllung* haben (Abbildung 4.7).

In Abbildung 4.7a liegen die Kugeln der dritten Schicht exakt über denen der ersten. Die Schichtenfolge ist ABA… . In Abbildung 4.7b liegen die Atome der dritten Schicht weder über denen der Schicht A noch über denen der Schicht B. Die dritte Schicht hat also eine neue Anordnung C, die Schichtenfolge ist ABC… . In der Tat sind dies die beiden einzigen einfachen und regelmäßigen Anordnungen gleich großer Kugeln, die den Raum bestmöglich ausfüllen. (Der Übersichtlichkeit wegen ist in der Abbildung von der untersten und obersten Schicht jeweils nur ein Ausschnitt mit drei Kugeln dargestellt.) Jede Kugel in einer dichtesten Kugelpackung berührt zwölf weitere, sechs innerhalb der eigenen Schicht sowie je drei in den Schichten darüber und darunter.

Im Zusammenhang mit dem Aufbau chemischer Verbindungen spricht man oft von der **Koordinationszahl**; man meint damit die Zahl der nächsten, gleich weit entfernten Nachbarteilchen eines Atoms oder Ions.

Die Elementarzelle In der Kristallografie bedient man sich häufig des Begriffs der *Elementarzelle*, um den Aufbau von Kristallen zu beschreiben. Die Elementarzelle ist der kleinste Ausschnitt aus einem kristallinen Feststoff, der alle Informationen über seinen Aufbau enthält. Durch Aneinanderreihung sehr vieler Elementarzellen in alle drei Raumrichtungen ergibt sich ein makroskopischer Kristall.

Betrachtet man die beiden Varianten der dichtesten Kugelpackung in Abbildung 4.7, erscheinen beide recht ähnlich. Das Grundmuster scheint offenbar ein Sechseck zu sein. In der Tat kann man die Elementarzelle für die Schichtenfolge ABAB… durch eine *hexagonale* Anordnung beschreiben.

Die in Abbildung 4.8a und 4.8b dargestellten Strukturen sind identisch, nur ist in Abbildung 4.8b die Schichtenfolge ABA noch einmal wie in Abbildung 4.7a hervorgehoben, um zu zeigen, dass die Anordnungen dort und in Abbildung 4.8 dieselben sind. Bei genauerer Betrachtung der Darstellung 4.8a fällt jedoch auf, dass es eine noch kleinere Einheit – im kristallografischen Sinne die eigentliche Elementarzelle – gibt, die den gesamten Aufbau beschreibt. Diese ist durch fette Linien hervorgehoben. Sie ist jedoch nicht sehr anschaulich, und sehr häufig wird als „kleinste" Einheit (Elementarzelle) die Darstellung aller in

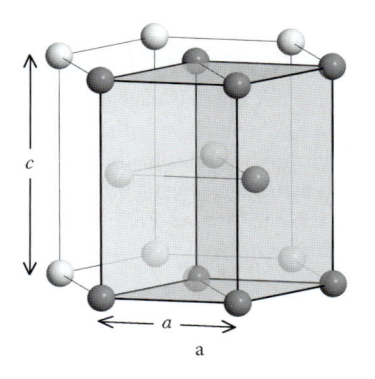

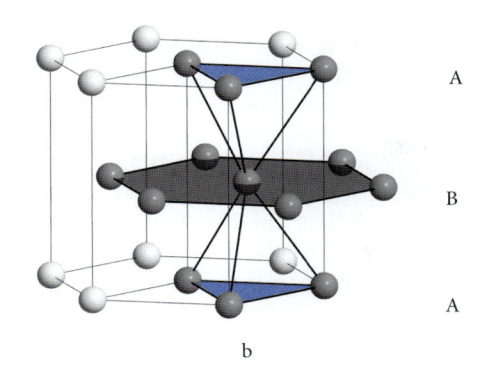

4.8 Elementarzelle der hexagonal-dichtesten Kugelpackung (a) und die Schichtenfolge in dieser Packung (b).

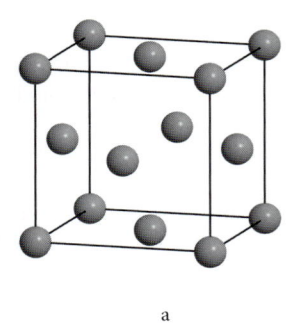

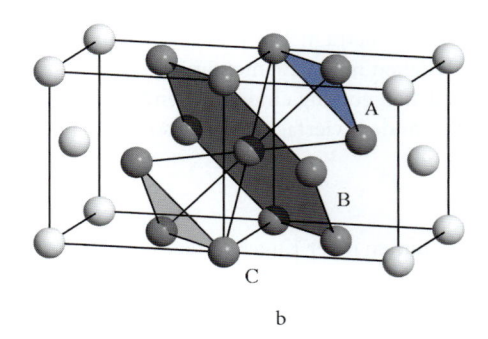

4.9 Die Elementarzelle der kubisch-dichtesten Kugelpackung (a) und die Schichtenfolge in dieser Packung (b).

Abbildung 4.8a dargestellten Kugeln gewählt. Die Grundfläche ist dann ein regelmäßiges Sechseck. Die Geometrie wird durch die Kantenlänge des Sechsecks (a) und die Höhe der Elementarzelle (c) sowie durch den Winkel zwischen den Kanten der Grundfläche (120°) beschrieben. Die Längen der Strecken a und c werden als **Gitterkonstanten** bezeichnet. Aufgrund ihrer hexagonalen Symmetrie spricht man hier von einer **hexagonal-dichtesten Kugelpackung**. Versucht man die Elementarzelle für die Schichtenfolge ABC... , die der soeben diskutierten so ähnlich sieht, zu konstruieren, erlebt man eine Überraschung. Die Elementarzelle ist hier nicht *hexagonal*, sondern *kubisch*. Die *kubisch-dichteste Kugelpackung* kann man als einen Würfel beschreiben, bei dem alle acht Ecken sowie die sechs Flächenmitten besetzt sind (kubisch-flächenzentriertes Gitter, Abbildung 4.9a).

Es erscheint zunächst unverständlich, dass die in den Abbildungen 4.7b und 4.9a dargestellten Anordnungen identisch sein sollen. Deutlich wird dies erst, wenn man zwei Elementarwürfel nebeneinander zeichnet (Abbildung 4.9b). In der Tat enthalten diese beiden Elementarzellen alle Kugeln, die in Abbildung 4.7b dargestellt sind. Die dichtgepackten Schichten in dem flächenzentrierten Würfel liegen senkrecht zu jeder Raumdiagonalen des Würfels. Dies ist an einem Elementarwürfel schwierig zu erkennen. Am besten verwendet man hier ein Gittermodell, das mehrere dieser kubischen Elementarzellen umfasst.

Wie viele Atome gehören zur Elementarzelle? Bei der systematischen Betrachtung von Kristallstrukturen ist es sehr hilfreich, die Anzahl der Teilchen in der Elementarzelle zu bestimmen. Auf den ersten Blick erscheint dies trivial; man muss jedoch berücksichtigen, dass die Elementarzelle Bestandteil eines dreidimensionalen Kristallgitters ist: In allen drei Raumrichtungen schließen sich also weitere Elementarzellen an. Betrachten wir dies beispielhaft an der kubisch-flächenzentrierten Elementarzelle: Ein Teilchen auf der Flächenmitte gehört gleichermaßen zum jeweils dargestellten Würfel als auch zum unmittelbar benachbarten Würfel. Ein Teilchen auf der Ecke des Würfels dagegen gehört gleichzeitig zu *acht* Würfeln; die kubisch-flächenzentrierte Elementarzelle enthält also $6/2 + 8/8 = 4$ Teilchen pro Elementarzelle. In Abbildung 4.10 wird dies veranschaulicht.

In analoger Weise gehören Teilchen auf einer Würfelkante gleichermaßen zu insgesamt vier Würfeln. Nur Teilchen, die sich vollständig innerhalb einer Elementarzelle befinden, werden dieser auch voll zugerechnet. Diese Zählprinzipien gelten für Elementarzellen beliebiger Symmetrie, nicht nur der kubischen.

Raumerfüllung in dichtesten Kugelpackungen In den dichtesten Kugelpackungen liegt die größtmögliche Raumerfüllung vor, die bei einer Packung gleich großer Kugeln erreicht werden kann. Ein beträchtlicher Anteil des Raumes wird jedoch nicht von den Kugeln beansprucht. Wir wollen berechnen, wie groß jeweils der Anteil der Kugeln und der der verbleibenden Lücken am gesamten Raumvolumen ist. Am einfachsten lässt sich dies am Beispiel der kubisch-flächenzentrierten Elementarzelle ermitteln. Ihr Volumen V beträgt: $V = a^3$. Zu berechnen ist nun das gesamte Volumen der insgesamt vier Teilchen in der Elementarzelle. Wie man in Abbildung 4.10 erkennt, berühren sich die Teilchen entlang einer Flächendiagonalen des Würfels. Diese hat die Länge $a\sqrt{2}$ und entspricht dem vierfachen Radius r eines Teilchens. Also gilt:

$$r = \frac{a}{4}\sqrt{2}$$

Das Volumen einer Kugel beträgt:

$$V_{Kugel} = \frac{4}{3}\pi \cdot r^3$$

Das Volumen aller vier Kugeln in der Elementarzelle ist also

$$4 \cdot \frac{4}{3}\pi \left(\frac{a}{4}\sqrt{2}\right)^3 = 0{,}74\, a^3$$

Es werden also 74 % des Volumens der kubischen Elementarzelle von Teilchen eingenommen, 26 % des Volumens entfallen auf die Lücken. Die gleichen Zahlenwerte ergeben sich bei einer analogen Betrachtung der hexagonal-dichtesten Kugelpackung.

Lücken in dichtesten Kugelpackungen Beim Aufbau von Ionenverbindungen bilden die größeren Anionen häufig eine dichteste Kugelpackung, während die kleineren Kationen einen Teil der Lücken besetzen. Es ist daher nützlich, sich etwas eingehender mit diesen Lücken zu befassen. In Abbildung 4.11 ist die kubisch-flächenzentrierte Elementarzelle noch einmal dargestellt. Zusätzlich zu den Begrenzungslinien der Elementarzelle sind einige der Kugeln durch blaue Linien miteinander verbunden. Diese Linien begrenzen sogenannte **Polyeder**. In Abbildung 4.11a ist ein **Oktaeder** (Polyeder mit acht Begrenzungsflächen) dargestellt. Die Grundfläche des Oktaeders ist ein Quadrat. Spitze und Fuß des Oktaeders liegen über bzw. unter dem Mittelpunkt der Grundfläche. In der Mitte dieses Oktaeders befindet sich eine der Lücken der dichtesten Kugelpackung, die **Oktaederlücke**. In ihr kann ein Teilchen bequem Platz finden, sofern seine Größe im Verhältnis zu den Teilchen, aus denen die dichteste Packung gebildet wird, einen bestimmten Wert nicht überschreitet. Eine solche Oktaederlücke befindet sich also genau in der Mitte des Elementarwürfels. Es gibt jedoch noch eine ganze Reihe entsprechender Positionen. So ist in Abbildung 4.11a ein weiteres Oktaeder angedeutet. Zwei Ecken gehören allerdings zu benachbarten Elementarzellen. Der Mittelpunkt dieses Oktaeders ist die Mitte der entsprechenden Würfelkante. Analog dazu sind auch die Mitten der übrigen elf Würfelkanten Zentren von Oktaederlücken. Zählt man die Oktaederlücken in dem betrachteten Elementarwürfel, müssen die gleichen Regeln beachtet werden wie

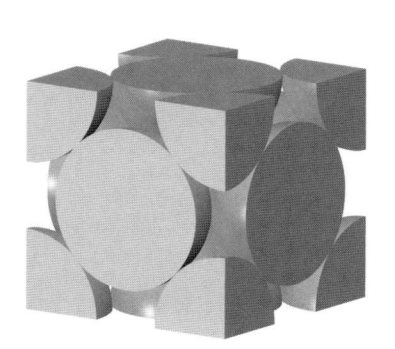

4.10 Die Elementarzelle der kubisch-dichtesten Kugelpackung (kubisch-flächenzentrierte Elementarzelle).

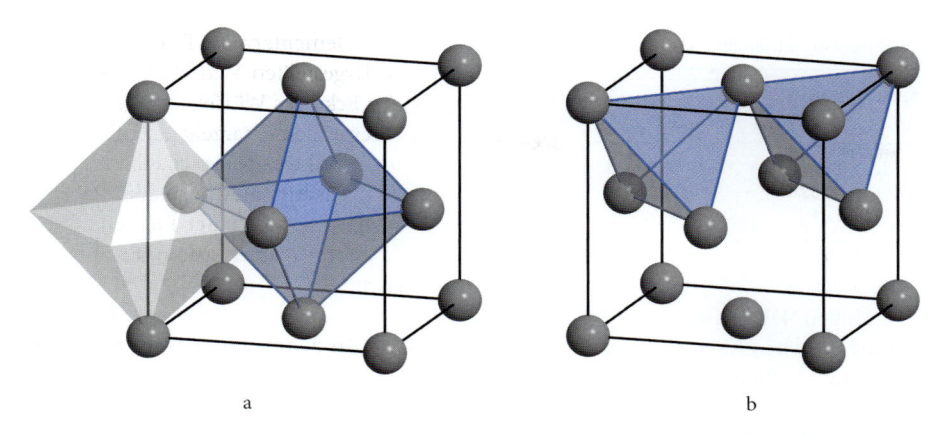

4.11 Oktaederlücken (a) und Tetraederlücken (b) in der kubisch-dichtesten Kugelpackung.

beim Zählen der Teilchen in einer Elementarzelle. Die Oktaederlücke in der Würfelmitte gehört ausschließlich zu dem betrachteten Elementarwürfel, die zwölf Oktaederlücken auf den Kantenmitten jedoch nur zu je einem Viertel. Insgesamt enthält der Elementarwürfel also $1 + {}^{12}/_4 = 4$ Oktaederlücken.

In Abbildung 4.11b sind die Begrenzungslinien zweier **Tetraeder** (Polyeder mit vier Begrenzungsflächen) gezeichnet. In der Mitte zwischen den vier Teilchen befindet sich eine **Tetraederlücke**. Die beiden hervorgehobenen Tetraederlücken liegen innerhalb des Elementarwürfels, müssen ihm also voll zugerechnet werden. Der Übersichtlichkeit wegen sind nur zwei solche Tetraeder eingezeichnet, insgesamt befinden sich jedoch in diesem Elementarwürfel acht Tetraederlücken, vier in der oberen und vier in der unteren Würfelhälfte.

Die kubisch-flächenzentrierte Elementarzelle besteht, wie wir gesehen haben, aus insgesamt vier ($^8/_8 + {}^6/_2$) Teilchen; darauf entfallen vier Oktaederlücken und acht Tetraederlücken. Verallgemeinert bedeutet dies: *Eine dichteste Kugelpackung aus n Teilchen enthält n Oktaederlücken und 2n Tetraederlücken.*

Die Größe der Lücken in dichtesten Kugelpackungen Eine für den Aufbau von Ionenverbindungen wichtige Frage ist die nach der Größe der Oktaeder- bzw. Tetraederlücken, denn diese bestimmt maßgeblich, welchen Platz ein Kation in einer dichten Packung von Anionen einnimmt. Abbildung 4.12 zeigt vier durchgezogene Kreise, welche die Grundfläche eines Oktaeders darstellen und einen gestrichelten Kreis, der die beiden Anionen oberhalb und unterhalb dieser Ebene repräsentiert. Das Kation muss genau die Größe des blauen Kreises haben, um die Lücke zwischen den sechs Anionen optimal

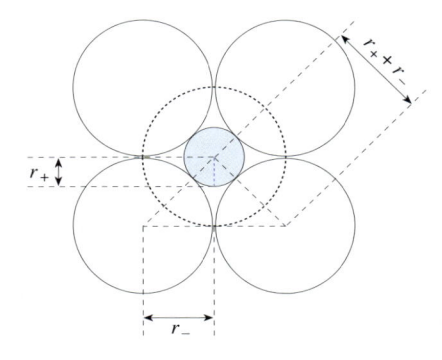

4.12 Zur Größe einer Oktaederlücke.

Tabelle 4.6 Zusammenhang zwischen Radienquotient und Ionenanordnung

Radienquotient r_+/r_-	bevorzugte Koordinationszahl	Koordination
0,732 – 0,999	8	würfelförmig
0,414 – 0,732	6	oktaedrisch
0,225 – 0,414	4	tetraedrisch

auszufüllen. Die Anwendung des Satzes von Pythagoras ergibt, dass das optimale Verhältnis zwischen Kationenradius und Anionenradius 0,414 beträgt. Der Zahlenwert von r_+/r_- wird als *Radienquotient* bezeichnet.

In ähnlicher Weise lässt sich das optimale Radienverhältnis bei der Besetzung einer Tetraederlücke berechnen. Es beträgt 0,225. Die Tetraederlücke ist also wesentlich kleiner als die Oktaederlücke. Ein kleines Kation bevorzugt die Besetzung einer Tetraederlücke und hat dann vier nächste Nachbarn – die Koordinationszahl beträgt vier –, ein größeres Kation bevorzugt die Oktaederlücke und hat sechs nächste Nachbarn; seine Koordinationszahl beträgt sechs. Ist das Kation noch größer, als es dem Radienverhältnis 0,414 entspricht, so werden die Anionen auseinander gedrückt.

Mit den größten Kationen kommt es zu einer Anordnung mit der Koordinationszahl acht. Das Kation ist dann würfelförmig von acht Anionen koordiniert (idealer Wert $r_+/r_- = 0{,}732$). Da die dichtesten Kugelpackungen derartige Lücken nicht aufweisen, lassen sich die Strukturen solcher Verbindungen auch nicht von den dichtesten Packungen herleiten. In Tabelle 4.6 sind die Radienquotienten mit den dazu gehörenden Koordinationszahlen zusammenfassend dargestellt.

Aufbau einfacher AB-Verbindungen

Bei der systematischen Betrachtung der Strukturen von Ionenverbindungen verwendet man als Ordnungsprinzipien die Koordinationszahlen von Kation und Anion und die Zusammensetzungen der Verbindungen. Wir wollen an dieser Stelle exemplarisch nur einige ausgewählte Verbindungen zweier Elemente der Zusammensetzungen AB und AB_2 betrachten. Es ist üblich, eine Verbindung als Namensgeber auszuwählen, stellvertretend für andere Verbindungen mit der gleichen Kristallstruktur. So spricht man beispielsweise vom *Steinsalz-Typ* oder NaCl-Typ und meint damit die Struktur zahlreicher analog aufgebauter Verbindungen.

Koordinationszahl 4 AB-Verbindungen, in denen die Kationen sehr viel kleiner sind als die Anionen, kann man sich als dicht gepackte Anionenschichten mit Kationen in Tetraederlücken vorstellen. Sowohl die hexagonal-dichteste Packung (hdp) als auch die kubisch-dichteste Packung (kdp) sind möglich. Die Energieunterschiede zwischen den beiden Strukturen sind in der Regel sehr klein; manche Verbindungen kennt man in beiden Strukturen.

Der Namensgeber dieser Strukturtypen ist Zinksulfid (ZnS), das in der Natur in zwei Kristallformen vorkommt: Bei dem häufig vorkommenden Mineral *Zinkblende* (auch Sphalerit genannt) bilden die Sulfid-Ionen eine kubisch-dichteste Packung, während beim *Wurtzit* die Anionen eine hexagonal-dichteste Packung aufweisen. Dementsprechend spricht man vom Zinkblende- bzw. Wurtzit-Typ. Da in der Packung der Sulfid-Ionen doppelt so viele Tetraederlücken wie Kationen vorhanden sind, kann im Zinksulfid nur die Hälfte der Tetraederlücken besetzt sein. Diese werden in geordneter Weise so belegt, dass die Kationen den größtmöglichen Abstand voneinander haben, um die elektrostatische Abstoßung so klein wie möglich zu halten. In der kubisch-flächenzentrierten Elementarzelle der Zinkblende sind in der oberen und unteren Hälfte des

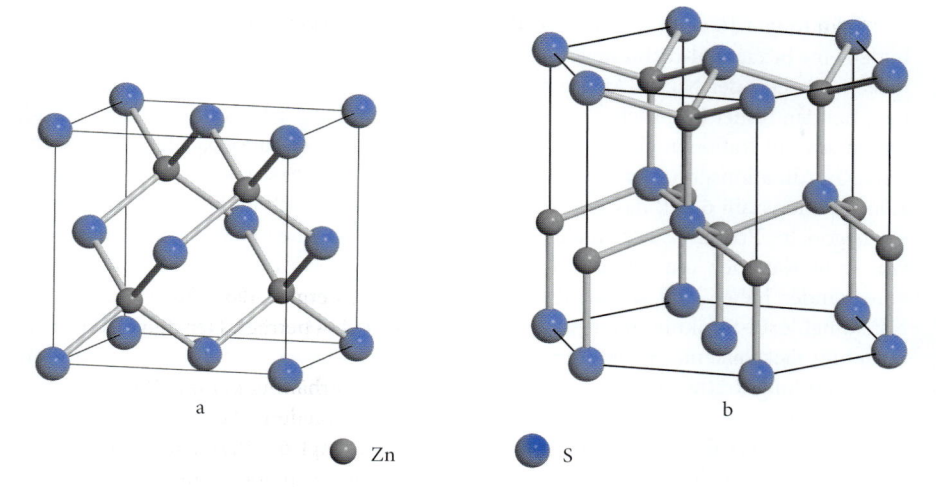

4.13 Kubisches Zinkblende-Gitter (a) und hexagonales Wurtzit-Gitter (b).

Halbleiter mit Zinkblende-Struktur
Die Zinkblende- bzw. Diamant-Struktur ist im Zusammenhang mit Halbleitern besonders bedeutsam. Wichtigstes Beispiel ist Silicium, das die Grundlage der modernen Elektronik- und Computertechnologie darstellt. Hier sind alle Positionen der Elementarzelle mit Silicium-Atomen besetzt. Ein anderes Beispiel ist Bornitrid (BN), das in einer seiner Modifikationen in der Zinkblende-Struktur vorliegt. Andere Verbindungen, die in der Zinkblende-Struktur kristallisieren, sind z.B. Galliumarsenid (GaAs), Zinkselenid (ZnSe) und Kupfer(I)-bromid (CuBr). Alle genannten Beispiele weisen pro Formeleinheit AB acht Valenzelektronen auf. Sie sind also nicht nur *isostrukturell*, sondern auch isoelektronisch. Neben dem Silicium spielen in der Halbleitertechnologie insbesondere AB-Verbindungen eine wichtige Rolle, bei denen A ein Element aus Gruppe 13 und B eines aus Gruppe 15 ist, also z. B. GaAs. Man bezeichnet diese als III/V-Halbleiter. (Entsprechend der heute üblichen Nummerierung der Gruppen des Periodensystems müsste man sie eigentlich 13/15-Halbleiter nennen.)

Elementarwürfels je zwei Tetraederlücken besetzt, die jedoch nicht übereinander liegen. Abbildung 4.13 zeigt den Aufbau der beiden Modifikationen von Zinksulfid. Sowohl die Zink- als auch die Sulfid-Ionen sind jeweils vierfach in Form eines Tetraeders koordiniert. Die Zinkblende-Struktur ist eng verwandt mit der Diamant-Struktur, bei der die gleichen Positionen mit Kohlenstoff-Atomen als einziger Teilchenart besetzt sind.

Koordinationszahl 6 Wenn das Radienverhältnis r_+/r_- den Wert 0,414 erreicht, ist eine oktaedrische Koordination des Kations die bevorzugte Anordnung. Dies wird erreicht, indem alle Oktaederlücken einer dichtesten Anionenpackung mit Kationen besetzt werden, während die Tetraederlücken unbesetzt bleiben. Mit einer kubisch-dichtesten Packung erhalten wir die Natriumchlorid-Struktur (NaCl- oder Steinsalz-Typ), im Fall der hexagonalen Packung die *Nickelarsenid-Struktur* (NiAs-Typ).

In Abbildung 4.14 ist die Natriumchlorid-Struktur in zweierlei Weise dargestellt. Sowohl für die Natrium- wie auch für die Chlorid-Ionen beträgt die Koordinationszahl 6. Beide Ionen sind jeweils oktaedrisch von sechs Ionen entgegengesetzter Ladung umgeben.

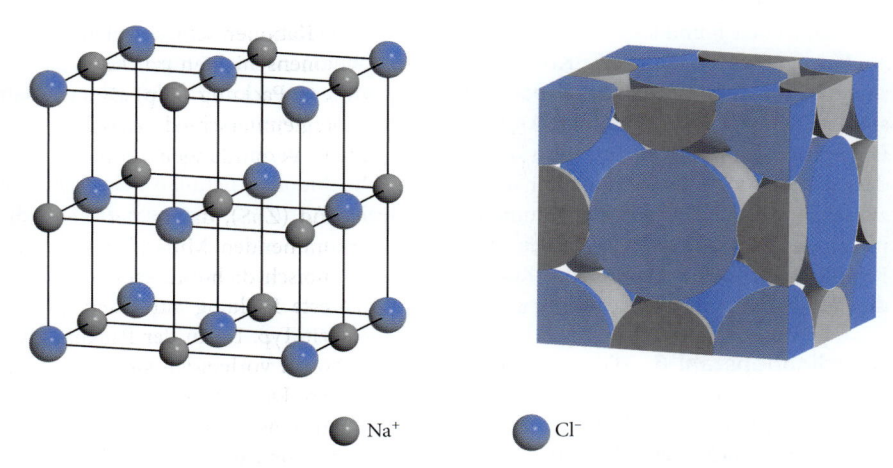

4.14 Elementarzelle von Steinsalz (NaCl) in verschiedenen Darstellungen.

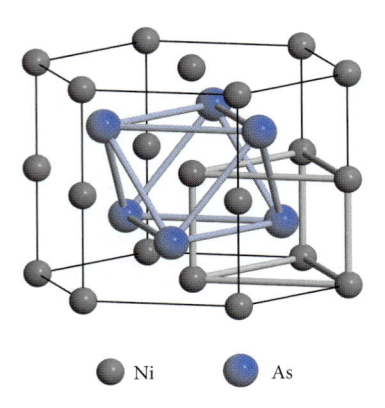

Abbildung 4.15 zeigt die hexagonale Struktur von Nickelarsenid. Die Arsen-Atome bilden eine hexagonal-dichteste Kugelpackung, die Nickel-Atome besetzen die Oktaederlücken. Für eins der Nickel-Atome ist die oktaedrische Koordination farbig hervorgehoben. Bei den bisher besprochenen Beispielen, Zinkblende, Wurtzit und Natriumchlorid, hatten sowohl Kationen als auch Anionen identische Koordinationszahlen und identische Koordinationspolyeder. Beim Nickelarsenid weist das Arsen-Atom zwar auch eine Koordinationszahl 6 auf, das Koordinationspolyeder ist jedoch kein Oktaeder, sondern ein trigonales Prisma. Aus rein elektrostatischer Sicht ist eine oktaedrische Anordnung von sechs Kationen um ein Anion günstiger, weil diese dann einen größeren Abstand voneinander haben und so die abstoßenden Kräfte geringer sind. Verbindungen mit Natriumchlorid-Struktur treten wesentlich häufiger auf als Vertreter der Nickelarsenid Struktur. Nickelarsenid-Strukturen ergeben sich, wenn neben den ungerichteten ionischen Bindungskräften auch gerichtete kovalente Bindungen eine Rolle spielen.

4.15 Nickelarsenid-Struktur.

Koordinationszahl 8 Bei der Behandlung der dichtesten Kugelpackungen haben wir gesehen, dass die größte dort vorhandene Lücke die Oktaederlücke ist. Bei sehr großen Kationen ist es elektrostatisch günstiger, mehr als sechs Anionen um ein Kation anzuordnen. Die dichtesten Kugelpackungen bieten hierfür jedoch keine Möglichkeiten. Die Strukturen von Ionenverbindungen mit besonders großem Radienquotienten r_+/r_- lassen sich also nicht von dichtesten Kugelpackungen ableiten. Eine Anionenpackung, welche die Koordinationszahl 8 möglich macht, wird durch eine Elementarzelle beschrieben, in der die Anionen die acht Ecken eines Würfels besetzen. Das Kation besetzt dann die Mitte des Würfels. Der ideale Radienquotient für diese Anordnung ist 0,732. Der Namensgeber ist das *Caesiumchlorid* (CsCl-Typ).

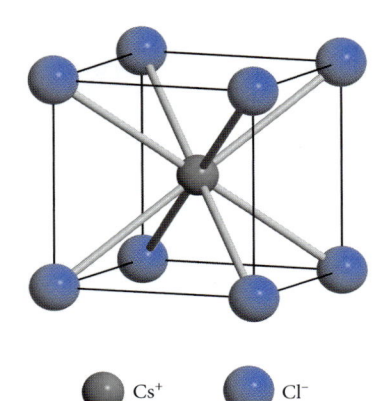

Aufbau einfacher AB$_2$-Verbindungen

Das Prinzip, dass die Radienquotienten eng mit der Koordinationszahl verknüpft sind, gilt auch für AB$_2$-Verbindungen. Aufgrund der Zusammensetzung AB$_2$ können die Koordinationszahlen für Kation A und Anion B aber nicht gleich sein. Jedes Kation muss von doppelt so vielen Teilchen umgeben sein wie das Anion. In einer Reihe von Fällen lässt sich auch für die Strukturen von AB$_2$-Verbindungen leicht ein Zusammenhang mit den dichtesten Kugelpackungen herstellen.

4.16 Elementarzelle von Caesiumchlorid.

Koordinationszahl 4 Ein bei kleinen Radienquotienten auftretender Strukturtyp ist der *β-Cristobalit-Typ*. β-Cristobalit selbst ist eine Modifikation von Silicium(IV)-oxid (SiO$_2$). Seine Struktur ist dem Aufbau der anderen Modifikationen von SiO$_2$ recht ähnlich. Sie ist besonders einfach und lässt sich formal von der dichtesten Kugelpackung ableiten.

Bei der Beschreibung der Kristallstrukturen von Ionenverbindungen ist es häufig sinnvoll, die Anordnung der Kationen und Anionen gesondert zu betrachten. Man spricht hier von Kationen- bzw. Anionen-*Untergittern*. Betrachten wir das Kationen-Untergitter des β-Cristobalits, also die Anordnung der Silicium-Atome, erkennt man, dass dieses mit dem Diamantgitter identisch ist. Die Anionen nehmen Plätze ein, die zwischen zwei benachbarten Silicium-Atomen liegen. Auf diese Weise ist die Koordinationszahl des Siliciums 4, die des Sauerstoffs 2. Man spricht auch von einer (4:2)-Koordination. Das Verhältnis der Koordinationszahlen spiegelt die Zusammensetzung der Verbindung umgekehrt wider.

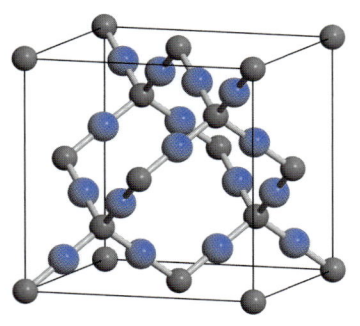

4.17 Elementarzelle von β-Cristobalit (SiO$_2$).

Koordinationszahl 6 Wie wir bereits gesehen haben, führt die Besetzung von genau der Hälfte der Tetraederlücken in den dichtesten Anionenpackungen zu den Strukturtypen von Zinkblende und Wurtzit. In ähnlicher Weise kann durch die Besetzung der Hälfte aller Oktaederlücken eine AB$_2$-Struktur aufgebaut werden. Tatsächlich gibt es zahlreiche Verbindungen dieser Art. Allerdings entspricht deren Aufbau oft nicht den Regeln, die für den Aufbau von Ionenverbindungen gelten. Überraschenderweise werden häufig zwischen zwei Anionenschichten *alle* Oktaederlücken mit Kationen besetzt, während zwischen den darauf folgenden Schichten alle Oktaederlücken unbesetzt bleiben. Dies führt zu der unerwarteten Situation, dass zwei Anionenschichten unmittelbar benachbart sind, die nicht durch die anziehende Kraft von Kationen zusammengehalten werden. Man nennt derartige Strukturen auch Schichtstrukturen. Der Aufbau dieser Verbindungen spiegelt sich in ihren Eigenschaften wider: Kristalle von Schichtverbindungen lassen sich sehr leicht in dünne Plättchen aufspalten. Die Spaltung erfolgt stets parallel zu den Schichten. Ein häufig auftretender Strukturtyp dieser Art ist die *Cadmiumiodid-Struktur* (CdI_2; Abbildung 4.18).

Schichtstrukturen treten besonders dann auf, wenn zusätzlich zu ionischen Bindungskräften auch kovalente Bindungsanteile eine Rolle spielen. Ihre Behandlung gehört daher eigentlich nicht in das Kapitel „Ionenbindung". Im Rahmen einer systematischen Beschreibung von Kristallstrukturen anhand der dichtesten Kugelpackungen sollten die Schichtverbindungen dennoch kurz angesprochen werden.

Typisch *ionische* Verbindungen mit der Koordinationszahl 6 für das Kation kristallisieren besonders häufig im sogenannten *Rutil-Typ* (Abbildung 4.19). Rutil ist eine der Modifikationen von Titan(IV)-oxid (TiO_2).

Das Kation ist in der Rutil-Struktur oktaedrisch von sechs Sauerstoff-Ionen umgeben. Die Koordinationszahl für den Sauerstoff beträgt drei. Ein Sauerstoff-Ion ist in Form eines gleichseitigen Dreiecks von drei Titan(IV)-Ionen umgeben (trigonal-planare Koordination). Eine unmittelbare Beziehung dieses Strukturtyps zur dichtesten Kugelpackung besteht nicht.

Koordinationszahl 8 Wie wir schon bei der Diskussion des Aufbaus von AB-Verbindungen gesehen haben, gibt es bei einer dichtesten Kugelpackung aus Anionen keine Möglichkeiten für das Kation, acht Anionen um sich herum anzuordnen. Im Calciumfluorid, CaF_2 (*Trivialnamen*: Fluorit, Flussspat), ist der Radienquotient so groß, dass die Koordinationszahl 8 erwartet werden muss. In Analogie zum Aufbau von AB-Verbindungen erwarten wir wie beim Caesiumchlorid eine würfelförmige Koordination für die Calcium-Ionen. Um die Zusammensetzung 1:2 im Calciumfluorid zu gewährleisten, muss jedoch die Mitte jedes zweiten Würfels unbesetzt bleiben. Abbildung 4.20a zeigt eine Möglichkeit, den CaF_2-Typ (*Fluorit-Typ*) darzustellen. Häufig wird jedoch eine andere Art der Darstellung gewählt (Abbildung 4.20b). Man muss sich eine gewisse Zeit mit den beiden Darstellungen beschäftigen, um zu erkennen, dass beide identisch sind. Kurioserweise bilden im CaF_2 die kleineren Kationen eine (aufgeweitete) kubisch-dichte Kugelpackung mit F^--Ionen in allen Tetraederlücken. Die Struktur ist also auch der von

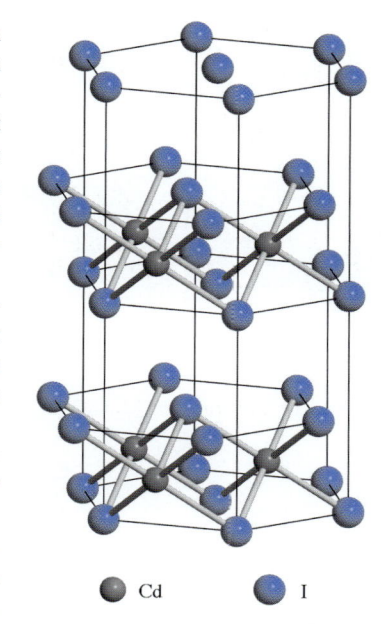

4.18 Schichtstruktur von Cadmiumiodid.

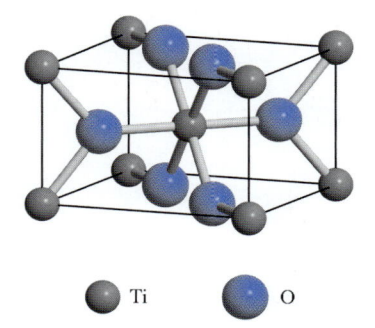

4.19 Elementarzelle von Rutil.

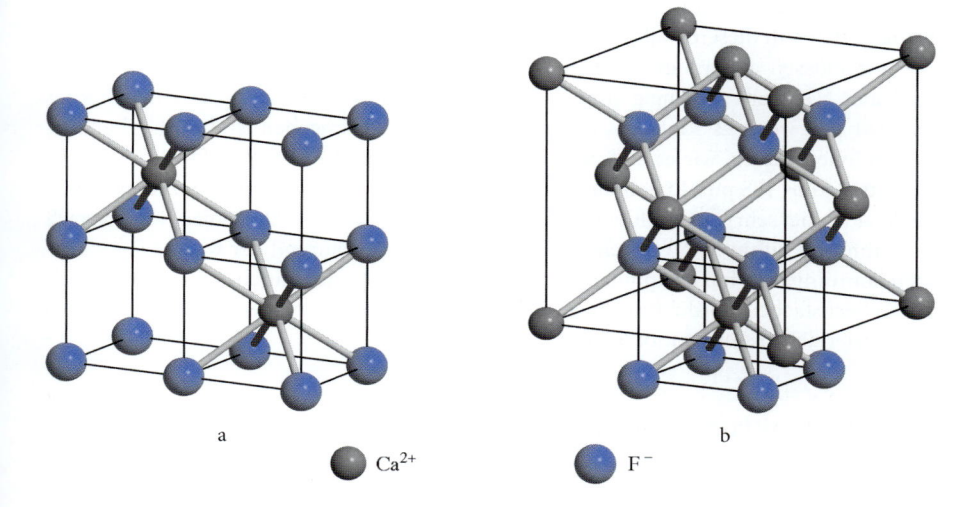

4.20 Verschiedene Darstellungen der Fluorit-Struktur.

Zinkblende nahe verwandt. Vom Standpunkt der Radienquotienten aus gesehen, ist die Beziehung zum CsCl-Typ jedoch näher liegend.

Ausnahmen von den Regeln

Bisher haben wir verschiedene Ionenanordnungen im Zusammenhang mit dem jeweiligen Radienquotienten diskutiert. Das Radienverhältnis ist jedoch nur ein grober Leitfaden. Obwohl ein Großteil der ionischen Verbindungen in der vorausgesagten Struktur vorliegt, gibt es auch zahlreiche Ausnahmen. In der Praxis sagen die Regeln für ungefähr zwei Drittel aller Fälle die richtige Anordnung voraus. Tabelle 4.7 zeigt einige extreme Ausnahmen.

Tabelle 4.7 Einige Beispiele für Ausnahmen von der Radienquotientenregel

Verbindung	r_+/r_-	erwartete Struktur	tatsächliche Struktur
HgS (schwarz)	0,68	NaCl	ZnS (Blende)
LiI	0,35	ZnS	NaCl
RbCl	0,99	CsCl	NaCl

Die Beschränkung auf ein Kriterium, den Radienquotienten, ist offenbar nicht ausreichend, um den Aufbau ionischer Verbindungen zu beschreiben und zu verstehen. Insbesondere sind die kovalenten Bindungsanteile von Bedeutung, die in den meisten ionischen Verbindungen enthalten sind. Daher wird das Kugelmodell der Ionen für viele Verbindungen als nicht angemessen betrachtet. Quecksilber(II)-sulfid beispielsweise hat einen so hohen kovalenten Bindungsanteil, dass das Modell der Ionenbindung hier nur noch sehr eingeschränkt gültig ist.

Auch Lithiumiodid zeigt teilweise kovalentes Verhalten. Geht man von den Tabellenwerten der Ionenradien aus, so macht die oktaedrische Koordination in einem Gitter des NaCl-Typs keinen Sinn. Die Iodid-Anionen würden einander berühren und die kleinen Lithium-Ionen würden sich in den Oktaederlücken hin und her bewegen. Es wird jedoch ein kovalenter Bindungsanteil von etwa 30 % angenommen. Studien der Kristallstruktur zeigen, dass die Elektronendichte von Lithium nicht kugelförmig um den Atomkern verteilt ist, sondern sich in Richtung der sechs benachbarten Anionen ausbreitet. Des Weiteren weiß man, dass die Energieunterschiede zwischen den verschiedenen Strukturtypen häufig sehr gering sind. Rubidiumchlorid beispielsweise nimmt normalerweise wider Erwarten Natriumchlorid-Struktur an, unter Druck jedoch kristallisiert es in der Caesiumchlorid-Struktur. Daher muss der Energieunterschied zwischen den beiden Strukturtypen in diesem Fall sehr gering sein.

Wir müssen außerdem beachten, dass die Ionenradien auch von der Anzahl der nächsten Nachbarn abhängig sind. Das Caesium-Ion beispielsweise hat einen Radius von 181 pm, wenn es von sechs benachbarten Anionen umgeben ist, bei acht benachbarten Ionen jedoch, wie es im Caesiumchlorid-Gitter der Fall ist, beträgt der Shannon-Prewitt-Radius 188 pm. In den meisten Berechnungen spielt diese Differenz keine große Rolle, doch bei sehr kleinen Ionen ergibt sich ein signifikanter Unterschied. Ein vierfach koordiniertes Lithium-Ion hat einen Radius von 73 pm, während der Radius des sechsfach koordinierten Ions 90 pm beträgt. In diesem Text werden durchweg die Ionenradien für sechsfache Koordination angegeben, außer bei den Elementen der 2. Periode, bei denen vierfache Koordination häufiger vorkommt.

Kristallstrukturen mit komplexen Ionen

Bisher wurden nur binäre ionische Verbindungen besprochen. Verbindungen, die mehratomige Ionen enthalten, sind häufig ganz ähnlich aufgebaut wie die besprochenen binären Verbindungen. In solchen Kristallen nimmt das mehratomige Ion den Platz eines einatomigen Ions ein. Kaliumperchlorat (KClO$_4$) beispielsweise kristallisiert in einer verzerrten Natriumchlorid-Struktur, wobei die ClO$_4^-$-Ionen die Plätze der Chlorid-Ionen und die Kalium-Ionen die Plätze der Natrium-Ionen besetzen.

In manchen Fällen können sogar chemische Eigenschaften von Verbindungen anhand des Radienquotienten erklärt werden. Bilden ein großes Anion und ein sehr kleines Kation eine Verbindung, so ist diese in der Regel nicht sehr stabil, weil das kleine Kation die Lücke zwischen den Anionen nicht ausfüllt. Eine Möglichkeit der Stabilisierung besteht in der Hydratisierung des Kations. Das hydratisierte Kation ist deutlich größer und das Kristallgitter wird stabiler. Magnesiumperchlorat (Mg(ClO$_4$)$_2$) ist ein gutes Beispiel für eine solche Anordnung. Die wasserfreie Verbindung ist so hygroskopisch, dass sie als Trocknungsmittel verwendet wird. Im Kristall des Hydrats besetzen Hexaaquamagnesium-Ionen die Kationenplätze, während die Perchlorat-Ionen die Anionenplätze besetzen.

Ein ungünstiges Größenverhältnis zwischen den Ionen kann auch bewirken, dass Verbindungen thermisch instabil sind. Lithiumcarbonat, mit einem kleinen, niedrig geladenen Kation und einem großen, höher geladenen Anion, ist in diesem Zusammenhang ein gutes Beispiel. Während alle anderen Alkalimetallcarbonate thermisch recht stabil sind, zersetzt sich diese Verbindung schon bei mäßigem Erhitzen unter Bildung von Lithiumoxid:

$$Li_2CO_3(s) \rightarrow Li_2O(s) + CO_2(g)$$

In einigen Fällen ist das Größenverhältnis so ungünstig, dass unter keinen Umständen Verbindungen gebildet werden. So bilden große, niedrig geladene Anionen nur mit großen, einfach geladenen Kationen stabile Verbindungen. Das Hydrogencarbonat-Ion (HCO$_3^-$) beispielsweise ergibt nur mit Alkalimetall-Ionen und dem Ammonium-Ion stabile Salze.

Ionische Flüssigkeiten

EXKURS

Ionische Flüssigkeiten sind neuartige Lösemittel mit besonderen Eigenschaften, die zurzeit intensiv erforscht werden. Diese Stoffe bestehen nur aus Kationen und Anionen, haben aber dennoch ganz andere Eigenschaften als typische Salze.

Typische Salze weisen in der Regel hohe Schmelz- und Siedetemperaturen auf. Dies ist eine unmittelbare Folge der starken Bindungskräfte in Ionenkristallen, die mit steigender Ionenladung und sinkendem Teilchenabstand immer stärker werden. Besteht aber eine ionische Verbindung aus besonders großen niedrig geladenen Ionen, kann der ionische Bindungsanteil so gering werden, dass die Schmelztemperatur unterhalb von 100 °C liegt. Man spricht dann von einer Ionischen Flüssigkeit (ionic liquid, IL). Ein erstes Beispiel, $C_2H_5NH_3^+NO_3^-$ mit einer Schmelztemperatur von 34 °C, wurde bereits 1914 von P. Walden beschrieben. Heute kennt man eine große Zahl von Ionischen Flüssigkeiten. Beispiele für häufig verwendete Kationen und Anionen sind in Abbildung 4.21 zusammengestellt.

Typisch für Ionische Flüssigkeiten ist eine einzigartige Kombination von Eigenschaften:
- Sie weisen gute Löseeigenschaften für organische und anorganische Verbindungen auf.
- Sie sind über einen weiten Temperaturbereich flüssig (-50 bis 300 °C) und ihre Viskosität nimmt mit steigender Temperatur exponentiell ab.
- Ihr Dampfdruck ist sehr niedrig ($p_{298} < 10^{-3}$ mbar).
- Sie sind in der Regel thermisch sehr beständig (bis 300 °C).
- Sie sind nicht brennbar.
- Sie sind polar, schwach koordinierend und elektrisch leitfähig.
- Die elektrische Leitfähigkeit wächst mit steigender Temperatur exponentiell an.

[NR₄]⁺ Alkylammonium

[PR₄]⁺ Alkylphosphonium

Imidazolium

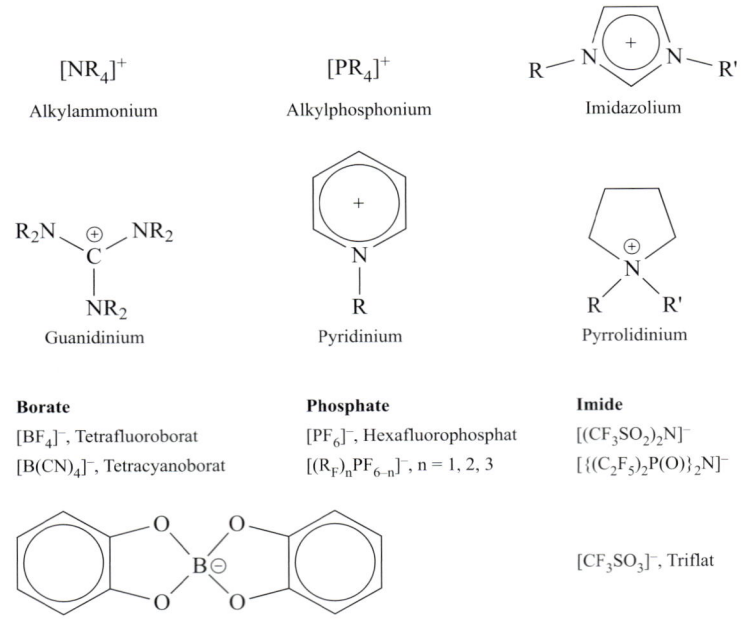

Guanidinium

Pyridinium

Pyrrolidinium

Borate
[BF$_4$]⁻, Tetrafluoroborat
[B(CN)$_4$]⁻, Tetracyanoborat

Phosphate
[PF$_6$]⁻, Hexafluorophosphat
[(R$_F$)$_n$PF$_{6-n}$]⁻, n = 1, 2, 3

Imide
[(CF$_3$SO$_2$)$_2$N]⁻
[{(C$_2$F$_5$)$_2$P(O)}$_2$N]⁻

[CF$_3$SO$_3$]⁻, Triflat

4.21 Beispiele für Kationen und Anionen in Ionischen Flüssigkeiten. Die Kurzzeichen R und R$_F$ stehen für Alkyl- bzw. vollständig fluorierte Alkyl-Reste.

Je nach Wahl der (meist organischen) Kationen und der (meist anorganischen) Anionen kann man die Eigenschaften der Ionischen Flüssigkeiten gezielt einstellen. Die Schmelztemperatur ist allerdings schwer voraussagbar. Neben der Größe der Ionen spielt hier auch ihre Symmetrie eine Rolle. Aufschlussreich in dieser Hinsicht ist ein Vergleich der Schmelztemperaturen einiger Verbindungen mit dem 1-Ethyl-3-methylimidazolium-Kation [EMIM]⁺:

[EMIM][PF$_6$]   (62 °C),   [EMIM][C$_2$F$_5$PF$_5$]   (-2 °C),
[EMIM] [C$_2$F$_5$)$_2$PF$_4$] (63 °C),   [EMIM][(C$_2$F$_5$)$_3$PF$_3$]   (-1 °C).

Auch die Löslichkeit in Wasser wird oft stark durch das Anion beeinflusst. So ist beispielsweise [EMIM][BF$_4$] vollständig mit Wasser mischbar, [EMIM][B(CN)$_4$] löst sich dagegen nur wenig.

Aufgrund der günstigen Eigenschaftskombinationen wurden in den vergangenen 20 Jahren Ionische Flüssigkeiten auf verschiedenen Gebieten der Naturwissenschaften mit viel versprechenden Ergebnissen erprobt:
- **als Lösemittel in der organischen Synthese**: Aufgrund ihrer geringen Flüchtigkeit ist eine saubere, „grüne" Chemie möglich, denn die Reaktionsprodukte können nach beendeter Reaktion abdestilliert oder abgetrennt werden, ohne dass die IL verloren geht.
- **für elektrochemische Anwendungen**: Die hohe Redoxbeständigkeit ermöglicht den Einsatz als Elektrolyt in Batterien und Brennstoffzellen.
- **für Flüssig-Flüssig-Extraktionen**: ILs sind eine Alternative zu klassischen organischen Lösemitteln bei der Trennung von Stoffgemischen, beim Recycling von Katalysatoren, bei der Gasreinigung und in der Biotechnologie.
- **weitere Anwendungen**: Zu erwähnen sind Anwendungen in der Sensorik und Analytik sowie als Schmiermittel oder als Wärmespeicher/Wärmeübertragungs-Flüssigkeiten.

Voraussetzung für den künftigen Einsatz von ILs im industriellen Maßstab ist, dass auch die Kosten in einem vernünftigen Verhältnis zum Nutzen stehen. Die Suche nach chemisch robusten und preisgünstigen Ionen für ILs geht deshalb weiter.

ÜBUNGEN

4.1 Definieren Sie folgende Begriffe: a) Polarisierung, b) Oktaederlücke, c) Kationen-Untergitter, d) Ion/Dipol-Wechselwirkungen, e) Radienquotient.

4.2 Welche Eigenschaften einer Verbindung lassen auf ionische Bindungen schließen?

4.3 Welches der folgenden Teilchen ist jeweils kleiner? Begründen Sie Ihre Entscheidung für jeden Fall. a) K$^+$ oder K$^+$, b) K$^+$ oder Ca^{2+}, c) Br$^-$ oder Rb$^+$, d) Se^{2-} oder Br$^-$, e) O^{2-} oder S^{2-}.

4.4 Für welche Verbindung erwarten Sie die höhere Schmelztemperatur, für NaCl oder für NaI, für NaCl oder für KCl? Begründen Sie Ihre Entscheidungen.

4.5 Vergleichen Sie die Ladungsdichten der drei Silber-Ionen Ag$^+$, Ag^{2+} und Ag^{3+} (siehe Anhang). Für welches Ion würden Sie die Bildung ionischer Bindungen erwarten?

4.6 Vergleichen Sie die Ladungsdichten des Fluorid-Ions und des Iodid-Ions (siehe Anhang). Welches Ion halten Sie für leichter polarisierbar?

4.7 Erklären Sie den großen Unterschied in den Schmelztemperaturen von Zinn(II)-chlorid (247 °C) und Zinn(IV)-chlorid (–33 °C).

4.8 Das Magnesium-Ion und das Kupfer(II)-Ion haben fast den gleichen Ionenradius. Würden Sie für Magnesiumchlorid (MgCl$_2$) oder für Kupfer(II)-chlorid (CuCl$_2$) die höhere Schmelztemperatur erwarten? Begründen Sie Ihre Entscheidung.

4.9 Würden Sie erwarten, dass sich Natriumchlorid in Tetrachlormethan (CCl$_4$) löst? Begründen Sie Ihre Entscheidung.

4.10 Schlagen Sie einen Grund vor, warum Calciumcarbonat (CaCO$_3$) in Wasser praktisch unlöslich ist.

4.11 Erwarten Sie eher von Natriumchlorid oder von Magnesiumchlorid, dass es im festen Zustand hydratisiert vorliegt? Begründen Sie Ihre Entscheidung.

4.12 Eisen(II)-sulfat liegt häufig als Hydrat vor. Schlagen Sie eine Formel für das Hydrat vor und begründen Sie Ihre Entscheidung.

4.13 Welches sind die wichtigsten Annahmen des Ionengitterkonzepts?

4.14 Welcher Faktor beeinflusst in erster Linie die Koordinationszahl in einer ionischen Verbindung?

4.15 Warum geht man bei der Betrachtung von Ionengittern von der Anordnung der Anionen als Grundgerüst aus?

4.16 Schlagen Sie eine mögliche Kristallstruktur für a) Bariumfluorid, b) Kaliumbromid und c) Magnesiumsulfid vor. Sie können Vergleiche anstellen oder aber die Ionenradien aus Tabellen entnehmen.

4.17 Würden Sie erwarten, dass das Hydrogensulfat-Ion eher mit Natrium oder eher mit Magnesium eine stabile feste Verbindung bildet? Begründen Sie Ihre Entscheidung.

4.18 Der Abstand zwischen den Atomkernen von Natrium und Chlor im Natriumchloridgitter beträgt 281 pm, während der Abstand im gasförmigen Zustand nur 236 pm beträgt. Warum ist der Abstand in der Gasphase viel geringer?

4.19 Die Schmelztemperatur von Natriumfluorid ist höher als die von Natriumchlorid, die Schmelztemperatur von Tetrafluormethan ist jedoch niedriger als die von Tetrachlormethan. Schlagen Sie einen Grund für diese unterschiedlichen Trends vor.

4.20 Welche der folgenden Verbindungen hat jeweils die höhere Schmelztemperatur? Geben Sie für beide Fälle eine Begründung. a) Kupfer(I)-chlorid (CuCl) oder Kupfer(II)-chlorid (CuCl$_2$), b) Blei(II)-chlorid (PbCl$_2$) oder Blei(IV)-chlorid (PbCl$_4$).

4.21 Die Elementarzelle einer Verbindung hat Titan-Atome an den Würfelecken, Sauerstoff-Atome an jeder Kantenmitte und ein Calcium-Atom im Zentrum des Würfels. Wie lautet die Verhältnisformel für diese Verbindung?

4.22 Astat, das letzte (und radioaktive) Element der Gruppe der Halogene, bildet das Astatid-Ion (At$^-$) mit einem Ionenradius von ungefähr 225 pm. Welche Gittertypen würden Sie für die verschiedenen Alkalimetallverbindungen mit dem Astatid-Ion erwarten?

Bei den meisten chemischen Verbindungen werden die Atome durch gemeinsame Elektronenpaare zusammengehalten. In der Wissenschaft wird diese *kovalente Bindung* heute bevorzugt mithilfe der Molekülorbitaltheorie beschrieben. Auf dieser Basis lässt sich der Aufbau kovalenter chemischer Verbindungen recht genau voraussagen. Qualitative Aussagen können auch mit einfacheren Modellen gemacht werden.

Die kovalente Bindung 5

Kapitelübersicht

5.1 Lewis-Konzept und Oktettregel
5.2 Gebrochene Bindungsordnungen und das Konzept der Mesomerie
5.3 Formalladungen
5.4 Das Valenzschalen-Elektronenpaar-Abstoßungsmodell (VSEPR-Modell)
5.5 Stoffe mit kovalenten Netzwerken
5.6 Intermolekulare Kräfte
5.7 Elektronegativität und polare Bindung
5.8 Dipol/Dipol-Wechselwirkungen
5.9 Wasserstoffbrückenbindungen
5.10 Die Valenzbindungstheorie (VB-Theorie)
5.11 Einführung in die Molekülorbitaltheorie (MO-Theorie)
 Exkurs: Oktettüberschreitung bei den schweren Hauptgruppenelementen
5.12 Molekülsymmetrie
 Exkurs: Infrarot- und Raman-Spektroskopie

Eine der spannendsten Fragen, die zu Beginn des 20. Jahrhunderts gestellt wurden, war diejenige, wie sich Atome zu Molekülen verbinden. Ein Pionier im Studium der chemischen Bindung war Gilbert N. Lewis. 1916 schlug er vor, sich die Außenelektronen eines Atoms in den Ecken eines imaginären Würfels um den Atomkern vorzustellen (Abbildung 5.1). Ein Atom mit weniger als acht Elektronen auf den Ecken des Würfels sollte nach diesem Modell gemeinsame Würfelkanten mit einem anderen Atom haben, um ein Oktett zu erreichen.

Trotz anfänglicher Kritik wurde Lewis' Konzept der gemeinsamen Elektronenpaare schließlich zum allgemein akzeptierten Modell, wenn auch das Würfelmodell bald von anderen Darstellungsweisen abgelöst wurde.

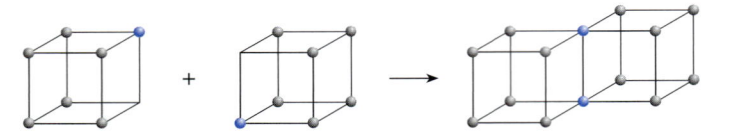

5.1 Lewis' Würfelmodell der chemischen Bindung für die Bildung eines zweiatomigen Halogen-Moleküls.

Gilbert Newton **Lewis**, amerikanischer Physikochemiker, 1875–1946; Professor in Cambridge und Berkeley.

So wie es bei den meisten revolutionären Ideen der Fall ist, lehnten viele Chemiker der damaligen Zeit das Modell ab. Der bekannte Chemiker Kasimir Fajans kommentierte Lewis' Ideen folgendermaßen:
„Zu behaupten, dass zwei Atome zu vollen Elektronenschalen gelangen, indem sie Elektronen teilen, ähnelt der Idee, dass ein Mann und seine Frau, die zwei Dollar auf einem gemeinsamen Bankkonto und jeweils sechs Dollar auf ihren individuellen Bankkonten besitzen, insgesamt jeweils acht Dollar haben."

5.1 Lewis-Konzept und Oktettregel

Wenn wir heute *Strukturformeln* verwenden, um die Verknüpfung der Atome in einem Molekül darzustellen, so steht das Lewis-Konzept dahinter. Gleichzeitig versuchen wir meist auch, den räumlichen Bau des Moleküls anzudeuten. Ein typisches Beispiel ist die Strukturformel für das gewinkelte Wasser-Molekül:

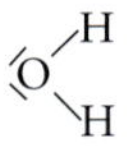

In solchen *Lewis-Formeln* oder *Valenzstrichformeln* werden die Elektronen der Außenschalen – die Valenzelektronen – durch Striche oder Punkte symbolisiert. Ein Strich (oder gleichberechtigt dazu zwei Punkte) entspricht einem Elektronenpaar, ein Punkt einem einzelnen Elektron. Nach Lewis ist das Streben der einzelnen Atome nach einem Elektronenoktett auf der Valenzschale die treibende Kraft bei der Ausbildung von Bindungen (mit Ausnahme des Wasserstoff-Atoms, das ein Duett anstrebt). Man bezeichnet die Tendenz, eine stabile Außenschale mit acht Elektronen zu erreichen, als **Oktettregel**. Die einzelnen Atome gelangen zu einem vollständigen Oktett, indem sie die Elektronen einer Bindung gemeinsam nutzen. Betrachten wir das Beispiel Stickstoff(III)-fluorid (NF_3) (Abbildung 5.2). Das Stickstoff-Atom hat fünf, ein Fluor-Atom sieben Außenelektronen. Zur Ausbildung der drei Bindungen steuern das Stickstoff-Atom drei und die drei Fluor-Atome je ein Elektron bei. Die so gebildeten drei bindenden Elektronenpaare werden sowohl dem einen als auch den anderen Bindungspartner zugerechnet. Auf diese Weise ergibt sich für jedes der Atome ein Elektronenoktett.

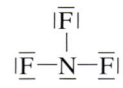

5.2 Valenzstrichformel für Stickstoff(III)-fluorid.

Grenzen der Oktettregel Wichtige Ausnahmen sind Moleküle, in denen die Zentralatome formal weniger als acht Elektronen haben, zum Beispiel das BCl_3-Molekül. Bei einer beträchtlichen Anzahl von Molekülen oder Ionen werden dem Zentralatom auch mehr als acht Bindungselektronen zugeordnet. Man spricht in diesen Fällen von *Hypervalenz* oder besser von **Hyperkoordination**. Beispiele für solche Verbindungen sind PF_5, SF_6, oder IF_7. Die Zentralatome haben hier formal 10 (PF_5), 12 (SF_6) bzw. 14 (IF_7) Elektronen. Früher nahm man zur Erklärung der *Oktettüberschreitung* an, dass d-Orbitale der Zentralatome an der chemischen Bindung beteiligt sind. Neuere theoretische Untersuchungen haben jedoch gezeigt, dass d-Orbitale hier keine Rolle spielen und die Oktettregel erfüllt ist. Das einfache Lewis-Konzept, nach dem ein Bindungsstrich für ein Elektronenpaar steht, kann somit die Bindungsverhältnisse in diesen Fällen nicht korrekt beschreiben. Dennoch ist es üblich, für eine Verbindung wie PF$_5$ die in Abbildung 5.3 dargestellte Strichformel anzugeben. Selbst, wenn der räumliche Aufbau unberücksichtigt bleibt, macht sie doch auf einfache Weise deutlich, dass alle Fluor-Atome *gleichartig* gebunden sind.

Eine der Unzulänglichkeiten des Lewis-Modells ist, dass es die Bindungsverhältnisse im Sauerstoff-Molekül nicht erklären kann. Abbildung 5.4 zeigt eine der Oktettregel entsprechende Struktur mit einer Doppelbindung.

Seinem paramagnetischen Verhalten entsprechend, sollte das O$_2$-Molekül jedoch zwei ungepaarte Elektronen aufweisen. Alternativ könnte man auch eine Struktur mit zwei ungepaarten Elektronen zeichnen (Abbildung 5.5). Danach liegt nur eine Einfachbindung vor. Außerdem verfügt hier jedes Sauerstoff-Atom nur über sieben Elektronen – eine Situation, die bei einfachen Molekülen gewöhnlich nicht vorkommt. Eine angemessene Darstellung der Bindungsverhältnisse im Sauerstoff-Molekül erfordert die später zu besprechende Molekülorbital-Theorie (siehe Abschnitt 5.11 sowie den anschließenden Exkurs).

5.3 Valenzstrichformel für Phosphor(V)-fluorid.

5.4 Valenzstrichformel für das Sauerstoff-Molekül mit einer Doppelbindung.

5.5 Valenzstrichformel für das Sauerstoff-Molekül mit zwei ungepaarten Elektronen.

5.2 Gebrochene Bindungsordnungen und das Konzept der Mesomerie

In einigen Fällen lässt sich nur eine Lewis-Formel zeichnen, die im Widerspruch zu experimentellen Daten steht. Das Nitrat-Ion ist hier ein typisches Beispiel. Eine konventionelle Valenzstrichformel für das Nitrat-Ion wird in Abbildung 5.6 dargestellt.

Eine der Stickstoff/Sauerstoff-Bindungen ist eine Doppelbindung, während die anderen beiden Einfachbindungen sind. Tatsächlich sind jedoch alle drei Stickstoff/Sauerstoff-Bindungen mit 122 pm gleich lang. Dieser Wert liegt zwischen den für eine N/O-Einfachbindung (136 pm) und eine N/O-Doppelbindung (119 pm) zu erwartenden Bindungslängen. Die Bindungslänge im Nitrat-Ion entspricht damit einer Bindungsordnung zwischen eins und zwei. Man sagt auch, die N/O-Bindung im Nitrat-Ion habe einen *partiellen Doppelbindungscharakter*. Formal ergibt sich eine Bindungsordnung von 1⅓, da insgesamt vier Elektronenpaare auf drei N/O-Bindungen zu verteilen sind.

Da die Elektronenverteilung im Nitrat-Ion durch *eine* Valenzstrichformel offensichtlich nicht angemessen dargestellt werden kann, verwendet man insgesamt *drei* Valenzstrichformeln, wobei jeweils ein anderes Sauerstoff-Atom doppelt gebunden ist (Abbildung 5.7). Diese sogenannten **Grenzformeln** werden durch einen speziellen Doppelpfeil, den *Mesomeriepfeil* ↔ miteinander verknüpft.

Diese Schreibweise zeigt an, dass die tatsächlichen Bindungsverhältnisse *zwischen* den durch die einzelnen Grenzformeln beschriebenen Zuständen liegen. Der tatsächliche Zustand wird auch als *mesomerer Zustand* oder als *Resonanzhybrid* bezeichnet. Die Begriffe *Mesomeriestabilisierung* oder *Resonanzstabilisierung* weisen darauf hin, dass der tatsächliche Zustand energetisch stabiler ist als der durch eine der Grenzformeln beschriebene Zustand. Gelegentlich verwendet man auch gepunktete Linien in Strukturformeln, um auf gleichartige Bindungen mit gebrochener Bindungsordnung hinzuweisen (Abbildung 5.8).

5.6 Valenzstrichformel für das Nitrat-Ion.

5.7 Darstellung der Elektronenverteilung im Nitrat-Ion mithilfe von Grenzformeln.

5.8 Alternative Darstellung des partiellen Doppelbindungscharakters im Nitrat-Ion.

5.3 Formalladungen

In einigen Fällen gibt es mehrere mögliche Valenzstrichformeln. Als Beispiel zeigt Abbildung 5.9 drei verschiedene Valenzstrichformeln für das asymmetrische, lineare Molekül des Distickstoffoxids (N_2O).

Um herauszufinden, welche der Möglichkeiten unrealistisch sind, arbeitet man mit dem Begriff der *Formalladung*. Zur Bestimmung der Formalladung verteilen wir die Bindungselektronen zu gleichen Teilen auf die an der Bindung beteiligten Atome und vergleichen die Anzahl der so den Atomen zugeteilten Elektronen mit der Anzahl der Valenzelektronen in den isolierten Atomen. Die Differenz wird jeweils als Ladungszahl ausgedrückt (Abbildung 5.10). In Formel a hat beispielsweise das linke Stickstoff-Atom sechs Außenelektronen, während ein freies Stickstoff-Atom nur über fünf Außenelektronen verfügt. Die Formalladung ist daher $(5 - 6) = -1$. Das zentrale Stickstoff-Atom hat in diesem Fall vier Elektronen und damit eine Formalladung von $(5 - 4) = +1$. Das Sauerstoff-Atom hat in der Formel dieselbe Anzahl an Elektronen wie im freien Atom, daher ist seine Formalladung 0.

Als energetisch günstigste Elektronenverteilung gilt allgemein diejenige Struktur, die die wenigsten Formalladungen aufweist. Man spricht in diesem Zusammenhang auch vom *Konzept möglichst niedriger Formalladungen* oder einfach vom *Formalladungskriterium*.

5.9 Drei mögliche Valenzstrichformeln für das Distickstoffoxid-Molekül.

5.10 Zuordnung von Formalladungen in den drei Valenzstrichformeln des Distickstoffoxid-Moleküls.

Im Falle des Distickstoffoxids scheidet danach die Struktur c aus. Die Strukturen a und b weisen zwar unterschiedlich verteilte, jedoch gleich hohe Formalladungen auf. Die tatsächliche Elektronenverteilung liegt zwischen diesen beiden *Grenzstrukturen*. Es liegt also ein Fall von Mesomerie vor, der sich mithilfe von Grenzformeln beschreiben lässt. Man verwendet daher die Valenzstrichformeln a und b und setzt einen Mesomeriepfeil dazwischen:

$$\langle N=N=O \rangle \leftrightarrow |N\equiv N - \overline{O}|$$

Wären beide Grenzstrukturen gleichberechtigt, so hätte die N/N-Bindung eine Bindungsordnung von 2½ und die N/O-Bindung eine Bindungsordnung von 1½, was den experimentell ermittelten Bindungslängen entspricht.

Die Mesomerie kann auch durch eine Formulierung entsprechend Abbildung 5.11 dargestellt werden.

$N\equiv N\equiv O$

5.11 Alternative Darstellung der Bindungsverhältnisse im Distickstoffoxid-Molekül.

Zu Linus Pauling vergleiche man Abschnitt 5.7.

Neuere Anschauungen Über lange Zeit ging man davon aus, dass die Oktettregel für das Zentralatom in Molekülen oder Ionen nicht maßgebend ist, soweit es sich um ein Atom einer höheren Periode handelt (z. B. P, S, Cl). Als vorrangig galt die Beachtung des von Pauling aufgestellten Formalladungskriteriums.

Für das SO_2- und das SO_3-Molekül verwendete man deshalb Valenzstrichformeln, die ausschließlich S/O-Doppelbindungen aufweisen, sodass keine einzige Formalladung auftritt (Abbildungen 20.20/22). Dementsprechend wurden auch für das Sulfat-Ion nur solche Grenzformeln als relevant angesehen, in denen lediglich zwei einfach gebundene Sauerstoff-Atome über ihre einfach-negative Formalladung die nach außen wirksame Gesamtladung des Ions ergeben. Eine der Oktettregel entsprechende Grenzformel mit vier S/O-Einfachbindungen wurde aufgrund der wesentlich größeren Zahl an Formalladungen als nicht sinnvoll eingestuft (Abbildung 5.12).

Heute wird überwiegend die Auffassung vertreten, dass die Oktettregel auch für das Sulfat-Ion und viele ähnliche Ionen oder Moleküle gültig ist. Auch für Teilchen wie PF_5 oder SF_6, in denen mehr als vier Atome direkt mit dem Zentralatom verküpft sind, lassen sich Grenzformeln angeben, die der Oktettregel entsprechen. Im Falle des PF_5-Moleküls sind dann formal nur vier F-Atome jeweils über ein Elektronenpaar gebunden. Somit ergibt sich für das P-Atom eine positive Formalladung, die durch die negative Ladung eines F^--Ions als fünftem Bindungspartner ausgeglichen wird. Oft verwendet man auch Darstellungen, die den räumlichen Bau des Moleküls (trigonale Bipyramide) berücksichtigen (Abbildung 5.13). Prinzipiell gibt es hier vier weitere gleichberechtigte Grenzformeln, in denen jeweils ein anderes F-Atom die Rolle des F^--Ions übernimmt. Insgesamt gesehen aber sind alle P/F-Bindungen des Moleküls nahezu gleichartig. Meist gibt man aus Zeitersparnis und der Übersichtlichkeit wegen jedoch nur eine Grenzformel an.

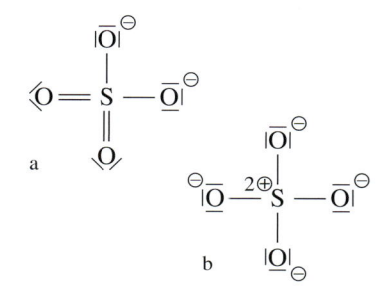

5.12 Grenzformeln für das Sulfat-Ion: Anwendung des Formalladungskriteriums (a), Anwendung der Oktettregel (b).

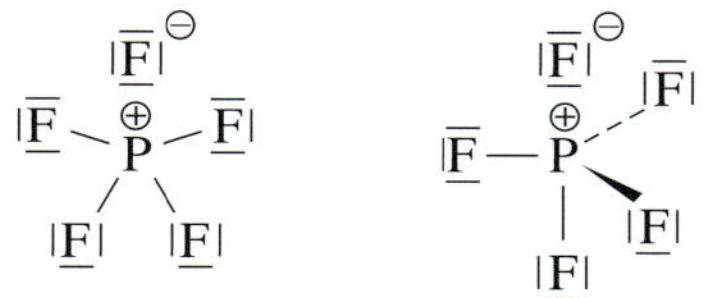

5.13 Grenzformeln für das PF_5-Molekül in unterschiedlicher Darstellung.

5.4 Das Valenzschalen-Elektronenpaar-Abstoßungsmodell (VSEPR-Modell)

Bei der Behandlung ionischer Verbindungen haben wir gesehen, dass dort bevorzugt die Koordinationszahlen 4, 6 und 8 auftreten. Die Koordinationszahlen 2, 3, 5 oder 7 treten bei Ionenverbindungen höchst selten oder gar nicht auf. Dies ist zum einen bedingt durch die Radienquotienten r_+/r_-, die besonders niedrige Koordinationszahlen nicht zulassen. Zum anderen lässt die geometrische Anordnung der größeren Ionen in einer dichtesten Kugelpackung keine Lücken zu, die zu einer Koordinationszahl fünf oder sieben führen würden. Im Gegensatz dazu stellt ein Molekül mit kovalenten chemischen Bindungen eine kleine, in sich geschlossene Einheit dar, in der sich die Bindungspartner so um ein Zentralatom anordnen können, wie es die elektronische Situation der beteiligten Atome erfordert. Dabei können auch Koordinationszahlen und -geometrien auftreten, die bei Ionenverbindungen nicht anzutreffen sind. Die wichtigsten sind in Abbildung 5.14 zusammengestellt.

Die Anordnung der einzelnen Moleküle im Molekülgitter einer festen kovalenten Verbindung hingegen erfolgt in der Regel nach geometrischen Gesichtspunkten; Grundprinzip ist wie bei Ionengittern eine möglichst hohe Raumerfüllung. Wir wollen uns an dieser Stelle aber nur mit der Struktur der einzelnen Moleküle befassen.

Anhand von Valenzstrichformeln lassen sich bereits Strukturvoraussagen für Moleküle treffen. Weltweit verwendet man dazu seit Ende der Sechzigerjahre des zwanzigsten Jahrhunderts ein sehr einfaches, von R. J. Gillespie und R. S. Nyholm entwickeltes Konzept, das *Valenzschalen-Elektronenpaar-Abstoßungs-Modell*; oft wird es auch als **VSEPR**-Modell (*valence shell electron pair repulsion*) bezeichnet.

Es geht davon aus, dass sich Elektronenpaare abstoßen und deshalb so weit wie möglich voneinander entfernt anordnen. Neben den Bindungselektronenpaaren spielen auch die freien Elektronenpaare eine wesentliche Rolle für den Bau eines Moleküls. Die Auswirkungen von Einfachbindungen, Doppelbindungen oder Dreifachbindungen auf die Bindungswinkel unterscheiden sich allerdings nur wenig. Bei der Anwendung des Modells kommt es entscheidend auf die Anzahl der *Elektronengruppen* um ein zentrales Atom an. Die wichtigsten Fälle werden in den folgenden Abschnitten erläutert.

J. **Gillespie**, englischer Chemiker, geb. 1924; Professor in Hamilton, Ontario.

Sir Ronald Sydney **Nyholm**, englischer Chemiker, 1917–1971; Professor in London.

Vorläufer des Elektronenpaar-Abstoßungs-Modells war ein von Sidgwick und Powell bereits in den Vierzigerjahren entwickeltes Konzept.

Nevil Vincent **Sidgwick**, englischer Chemiker, 1874–1952; Professor in Oxford, 1935-1937 Präsident der Faraday Society.

Cecil Frank **Powell**, englischer Physiker, 1903–1969; Professor in Bristol, 1950 Nobelpreis für Physik (für die Entwicklung der fotografischen Methode zum Studium von Kernprozessen und die dabei gemachten Entdeckungen zu den Mesonen).

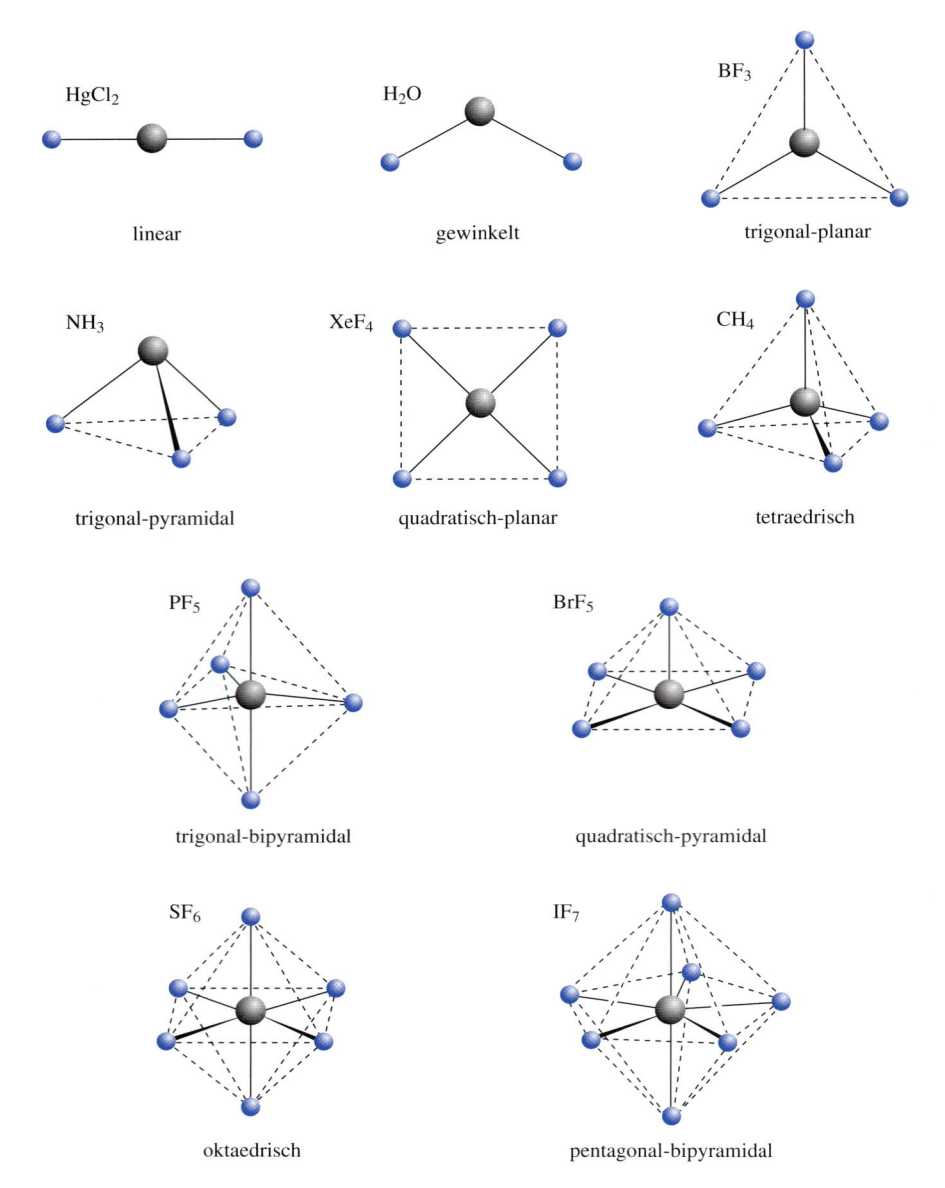

HgCl₂ — linear	H₂O — gewinkelt	BF₃ — trigonal-planar
NH₃ — trigonal-pyramidal	XeF₄ — quadratisch-planar	CH₄ — tetraedrisch
PF₅ — trigonal-bipyramidal	BrF₅ — quadratisch-pyramidal	
SF₆ — oktaedrisch	IF₇ — pentagonal-bipyramidal	

5.14 Mögliche Anordnungen von Atomen in Molekülen mit jeweils einem Beispiel. (Die durchgezogenen Linien entsprechen den chemischen Bindungen, die gestrichelten den Begrenzungslinien des jeweiligen Polyeders).

Lineare Geometrie

Alle zweiatomigen Moleküle und Ionen sind naturgemäß linear. An dieser Stelle wollen wir uns jedoch mit dreiatomigen Molekülen und Ionen mit linearer Geometrie befassen. Ein Beispiel hierfür ist Berylliumchlorid (BeCl₂). Diese Verbindung ist bei Raumtemperatur fest und liegt in einer kettenförmigen Struktur vor. In der Gasphase bildet sie überwiegend monomere, lineare Moleküle. Gemäß der Lewis-Theorie bilden die beiden Elektronen des Beryllium-Atoms jeweils mit dem Valenzelektron eines Chlor-Atoms zwei Elektronenpaare um das zentrale Beryllium-Atom. Da hier nur zwei Elektronengruppen um das Zentralatom angeordnet sind, haben sie den größten möglichen

5.15 Die tatsächliche Geometrie entspricht der Vorhersage: a) Berylliumchlorid-Molekül (in der Gasphase); b) Kohlenstoffdioxid-Molekül; c) Bor(III)-fluorid-Molekül; d) Nitrit-Ion.

Abstand bei einem Bindungswinkel von 180°. Das Molekül sollte daher linear sein, was auch der Fall ist (Abbildung 5.15a).

Ein weiteres Beispiel für ein Molekül mit zwei Elektronengruppen ist Kohlenstoffdioxid (CO_2). Obwohl an beiden Kohlenstoff-Sauerstoff-Bindungen zwei Elektronenpaare beteiligt sind, wird jede Doppelbindung als nur eine Elektronengruppe betrachtet. Daher ist das Kohlenstoffdioxid-Molekül linear (Abbildung 5.15b).

Trigonal-planare Geometrie

Bor(III)-fluorid (BF_3) ist ein typisches Beispiel für trigonal-planare Geometrie. Die drei Außenelektronen des Bor-Atoms bilden jeweils mit einem Außenelektron eines Fluor-Atoms drei bindende Elektronenpaare. Der maximale Abstand zwischen drei Elektronenpaaren wird bei einem Bindungswinkel von jeweils 120° erreicht (Abbildung 5.15c).

Das Nitrit-Ion (NO_2^-) ist ein Beispiel für ein Teilchen mit einem freien Elektronenpaar am Zentralatom. Die Gesamtzahl der Valenzelektronen beträgt $(5 + 2 \cdot 6 + 1) = 18$. Diese werden so verteilt, dass jedes Atom ein Elektronenoktett aufweist. Abbildung 5.15d zeigt eine der Grenzstrukturen. Am zentralen Stickstoff-Atom befindet sich also ein freies Elektronenpaar, dessen Platzbedarf mit dem der bindenden Elektronenpaare vergleichbar ist. Dementsprechend ist die Anordnung der Elektronenpaare um das Stickstoff-Atom näherungsweise trigonal-planar. Man spricht allerdings oft nur von einem *gewinkelten* Ion, da sich freie Elektronenpaare in der Regel nicht beobachten lassen.

Beim Nitrit-Ion tritt ein Phänomen auf, das generell bei allen Molekülen und Ionen mit freien Elektronenpaaren zu finden ist. Die Bindungswinkel weichen vom Idealwert für regelmäßige Koordinationspolyeder ab. Der O/N/O-Bindungswinkel beispielsweise ist von 120° für eine ideale trigonal-planare Umgebung auf 115° verringert. Eine Erklärung hierfür ist, dass ein freies Elektronenpaar mehr Raum einnimmt als ein bindendes Elektronenpaar. Dieses Konzept lässt sich anhand der Reihe NO_2^+, NO_2, NO_2^- illustrieren: Das Nitryl-Ion (NO_2^+) mit nur zwei Elektronengruppen ist linear. Das neutrale Stickstoffdioxid-Molekül (NO_2) mit drei Elektronengruppen – in einem Fall ein ungepaartes Elektron – hat einen O/N/O-Bindungswinkel von 134°. Das Nitrit-Ion, das anstelle des einzelnen Elektrons ein freies Elektronenpaar besitzt, hat einen Bindungswinkel von 115° (Abbildung 5.16). Selbst wenn wir also freie Elektronenpaare nicht experimentell beobachten können, bestimmen sie doch offensichtlich entscheidend die Molekülstruktur. Molekülstrukturen mit drei Elektronengruppen am Zentralatom sind in Tabelle 5.1 aufgeführt.

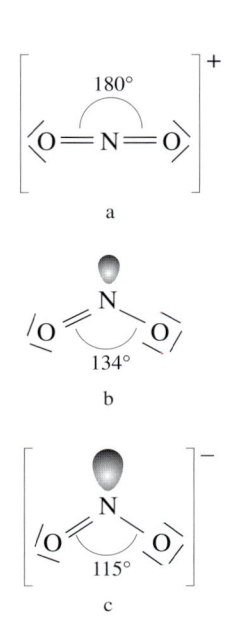

5.16 Geometrie des Nitryl-Ions (a), des Stickstoffdioxid-Moleküls (b) und des Nitrit-Ions (c).

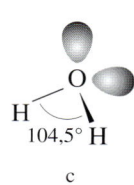

5.17 Moleküle mit vier Elektronenpaaren am Zentralatom: a) Methan-Molekül; b) Ammoniak-Molekül; c) Wasser-Molekül.

Tabelle 5.1 Moleküle und Ionen mit trigonal-planarer Geometrie

Anzahl bindender Elektronenpaare	Anzahl freier Elektronenpaare	Anordnung der Atome
3	0	trigonal-planar
2	1	gewinkelt

Tetraedrische Geometrie

Die häufigste Molekülgeometrie leitet sich vom Tetraeder ab: Vier Elektronenpaare sind so weit wie möglich voneinander entfernt, sodass sich ein Bindungswinkel von 109,5°, der *Tetraederwinkel*, ergibt. Das einfachste Beispiel ist Methan (CH_4), dessen Aufbau in Abbildung 5.17a dargestellt ist. Zur Darstellung der räumlichen Struktur verwendet man oft keilförmige Linien für Bindungen, die nach vorne aus der Zeichenebene herausragen, und gestrichelte Linien für nach hinten gerichtete Bindungen.

Ammoniak (NH_3) ist ein Beispiel für ein Molekül, in dem eines der vier Elektronenpaare am Zentralatom ein freies Elektronenpaar ist. Die entstehende Molekülstruktur ist trigonal-pyramidal (Abbildung 5.17b). Wie im Beispiel des Nitrit-Ions ist auch hier der H/N/H-Bindungswinkel mit 107° etwas kleiner als der Tetraederwinkel (109,5°). Das bekannteste Molekül mit zwei freien Elektronenpaaren am Zentralatom ist das Wasser-Molekül (Abbildung 5.17c). Der H/O/H-Bindungswinkel dieses gewinkelten Moleküls beträgt anstelle der 109,5° nur 104,5°.

Die Molekülstrukturen mit vier Elektronengruppen am Zentralatom sind in Tabelle 5.2 aufgeführt:

Tabelle 5.2 Moleküle und Ionen mit tetraedrischer Geometrie

Anzahl bindender Elektronenpaare	Anzahl freier Elektronenpaare	Anordnung der Atome
4	0	tetraedrisch
3	1	trigonal-pyramidal
2	2	gewinkelt

Trigonal-bipyramidale Geometrie

Traditionell werden den als Zentralatom von Molekülen oder Ionen auftretenden Atomen der Nichtmetalle der dritten und höherer Perioden (S, P, As, Cl, I ...) häufig mehr als vier Elektronenpaare zugeordnet. Im einfachsten Fall geht es dabei um Moleküle des AB_5-Typs (ohne freie Elektronenpaare). So nimmt man beim Phosphor(V)-fluorid-Molekül fünf bindende Elektronenpaare an. (Zu den neueren bindungstheoretischen Anschauungen vegleiche man Abbildung 5.13 und die Erläuterungen in Abschnitt 5.3.)

Der experimentell ermittelte Aufbau des PF_5-Moleküls (Abbildung 5.18) entspricht genau der Vorhersage des Elektronenpaar-Abstoßungsmodells für ein Teilchen mit fünf Elek-tronenpaaren am Zentralatom. Es handelt sich hierbei um eine Molekülgeometrie, in der nicht alle Bindungswinkel gleich sind. Drei *äquatoriale* Bindungen liegen in einer Ebene und haben zueinander einen Bindungswinkel von 120°. Die beiden anderen, *axialen* Bindungen ragen nach oben und nach unten aus dieser Ebene heraus und stehen im rechten Winkel dazu.

Schwefeltetrafluorid ist ein Beispiel für ein Molekül mit einer trigonal-bipyramidalen Elektronenanordnung mit einem freien Elektronenpaar. Es gibt zwei mögliche

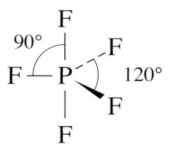

5.18 Tatsächliche Geometrie des Phosphor(V)-fluorid-Moleküls.

5.19 Mögliche Geometrien des Schwefel(IV)-fluorid-Moleküls: a) freies Elektronenpaar in axialer Position; b) freies Elektronenpaar in äquatorialer Position

5.20 Tatsächliche Geometrie des Schwefel(IV)-fluorid-Moleküls.

Anordnungen für dieses freie Elektronenpaar: Es kann sich entweder in einer der beiden axialen (Abbildung 5.19a) oder aber in einer der drei äquatorialen Positionen (Abbildung 5.19b) befinden. Tatsächlich sind freie Elektronenpaare fast immer so angeordnet, dass sie erstens so weit wie möglich voneinander und zweitens auch so weit wie möglich von den Bindungselektronen entfernt sind. Schwefeltetrafluorid besitzt nur ein freies Elektronenpaar, sodass hier nur letzteres zu berücksichtigen ist. In axialer Position wären drei bindende Elektronenpaare um 90° und eines um 180° entfernt. In äquatorialer Position dagegen betrüge der Winkel zu zwei bindenden Elektronenpaaren 90° und zu zwei weiteren 120°.

Die zweite Möglichkeit, in der die Atome trigonal-bipyramidal angeordnet sind, stellt also die günstigere Situation dar. Messungen der Bindungswinkel ergaben, dass die axialen Fluor-Atome einen Winkel von 93,5° anstelle der erwarteten 90° zum freien Elektronenpaar aufweisen. Auffälliger noch ist der verkleinerte äquatoriale F/S/F-Bindungswinkel von 103° (anstelle von 120°), der auf den Einfluss des freien Elektronenpaars zurückzuführen ist (Abbildung 5.20).

Das Brom(III)-fluorid-Molekül ist ein Beispiel für eine trigonal-bipyramidale Anordnung mit zwei freien Elektronenpaaren (Abbildung 5.21). Die Abstoßung zwischen den freien und den bindenden Elektronenpaaren ist minimal, wenn sich die beiden freien Elektronenpaare in der äquatorialen Ebene befinden, auch wenn eine transständige Anordnung der freien Elektronenpaare auf den ersten Blick günstiger erscheint. Das Molekül ist daher in etwa T-förmig aufgebaut. Die axialen Fluor-Atome werden jedoch von den freien Elektronenpaaren etwas zur Seite gedrückt, sodass sich ein Bindungswinkel F_{axial}/Br/$F_{äquatorial}$ von nur 86° ergibt.

Es gibt eine Reihe von Beispielen für Moleküle mit trigonal-bipyramidaler Elektronenanordnung mit drei freien Elektronenpaaren. Dazu gehören das Triiodid-Ion I_3^- und das Xenondifluorid-Molekül (Abbildung 5.22). Auch das dritte freie Elektronenpaar befindet sich in der äquatorialen Ebene, daher ist die Anordnung der Atome im Molekül linear.

Einige Molekülstrukturen für Moleküle und Ionen mit trigonal-bipyramidaler Elektronenanordnung sind in Tabelle 5.3 aufgeführt:

5.21 Geometrie des Brom(III)-fluorid-Moleküls.

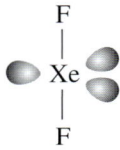

5.22 Vorhergesagte und tatsächliche Geometrie des Xenon(II)-fluorid-Moleküls.

Tabelle 5.3 Moleküle und Ionen mit trigonal-bipyramidaler Geometrie

Anzahl bindender Elektronenpaare	Anzahl freier Elektronenpaare	Anordnung der Atome
5	0	trigonal-bipyramidal
4	1	siehe Abb. 5.20
3	2	T-förmig
2	3	linear

Oktaedrische Geometrie

Ein bekanntes Beispiel für ein Molekül mit sechs Elektronengruppen ist Schwefelhexafluorid (SF_6). Die größtmöglichen Abstände zwischen den Bindungen ergeben sich in einer oktaedrischen Anordnung. Die Bindungswinkel betragen einheitlich 90° (Abbildung 5.23a).

Iodpentafluorid (IF_5) liefert ein Beispiel für ein Molekül mit einem freien und fünf bindenden Elektronenpaaren um ein Zentralatom. Da in einem Oktaeder alle Winkel gleich sind, kann das freie Elektronenpaar jeden Platz einnehmen (Abbildung 5.23b), sodass sich eine quadratisch-pyramidale Anordnung der Atome ergibt. Messungen ergaben, dass das Iod-Atom leicht nach unten aus der Äquatorebene der Pyramide heraus gerückt ist. Damit verkleinert sich der Bindungswinkel $F_{axial}/I/F_{äquatorial}$ auf 82°. Wieder einmal zeigt sich also, dass ein freies Elektronenpaar einen größeren Raumbedarf hat als ein Bindungselektronenpaar.

Xenontetrafluorid (XeF_4) schließlich ist ein Beispiel für ein Molekül mit vier bindenden und zwei freien Elektronenpaaren um ein zentrales Xenon-Atom. Die freien Elektronenpaare besetzen gegenüber liegende Ecken des Oktaeders, sodass sich eine quadratisch-planare Anordnung der Fluor-Atome ergibt (Abbildung 5.23c). Einige Molekülstrukturen für Moleküle und Ionen mit oktaedrischer Elektronenanordnung sind in Tabelle 5.4 aufgeführt.

5.23 Moleküle mit sechs Elektronenpaaren am Zentralatom:
a) Schwefelhexafluorid-Molekül;
b) Iodpentafluorid-Molekül;
c) Xenontetrafluorid-Molekül.

Tabelle 5.4 Moleküle und Ionen mit oktaedrischer Geometrie

Anzahl bindender Elektronenpaare	Anzahl freier Elektronenpaare	Anordnung der Atome
6	0	oktaedrisch
5	1	quadratisch-pyramidal
4	2	quadratisch-planar

Mehr als sechs Bindungspartner

Hinweis: Der Exkurs auf S. 111 beschreibt die Bindungssituation im SF_6-Molekül auf der Grundlage der MO-Theorie.

Es gibt einige wenige Beispiele für Moleküle und Ionen, in denen das Zentralatom mit mehr als sechs Nachbarn verbunden ist. Damit man sieben oder acht Atome um ein Zentralatom anordnen kann, muss das Zentralatom selbst sehr groß und die Bindungspartner müssen sehr klein sein. Daher ergeben die schwereren Elemente aus dem unteren Teil des Periodensystems in Kombination mit dem kleinen Fluorid-Ion Beispiele für solche Strukturen. Die MX_7-Spezies sind besonders interessant, da es für ihre Geometrie drei Möglichkeiten gibt: eine pentagonale Bipyramide, ein einfach überkapptes trigonales Prisma und ein einfach überkapptes Oktaeder. (Bei einem einfach überkapptem Polyeder befindet sich ein weiteres Atom über einer der Polyederflächen.) Die drei möglichen Anordnungen sind anscheinend vom energetischen Standpunkt aus betrachtet gleichermaßen günstig, denn alle drei kommen vor (Abbildung 5.24). So nimmt das Iodheptafluorid-Molekül (IF_7) die pentagonal-bipyramidale Anordnung an und das Heptafluoro-niobat(V)-Anion NbF_7^{2-} entspricht einem einfach überkappten trigonalen Prisma. Für Xenonhexafluorid (XeF_6) in der Gasphase nimmt man eine einfach überkappte oktaedrische Struktur an.

Über die grobe Vorhersage von Molekülstrukturen hinaus kann das VSEPR-Modell auch einige Feinheiten im Bau von Molekülen vorhersagen. So nehmen beispielsweise in den Trihalogeniden des Phosphors (PX_3) die X/P/X-Bindungswinkel von 98° (PF_3) auf 102° (PI_3) zu. Als Erklärung kann man annehmen, dass Fluor-Atome aufgrund ihrer hohen Elektronegativität die Bindungselektronen besonders stark anziehen und auf diese Weise den Platzbedarf des bindenden Elektronenpaars vermindern.

Auch bei den Wasserstoffverbindungen der Nichtmetalle beobachtet man eindeutige Tendenzen bezüglich der Bindungswinkel: So nimmt in der Reihe H_2O…H_2Te der

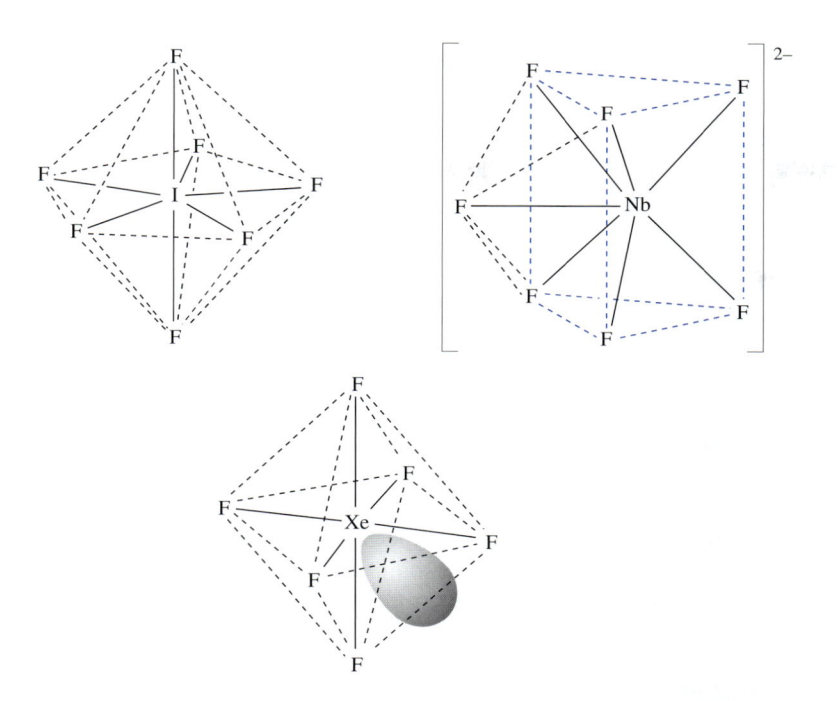

5.24 Anordnung von sieben Elektronenpaaren um ein Zentralatom: a) Iodheptafluorid-Molekül, b) Heptafluoro-niobat(V)-Anion, c) Xenonhexafluorid.

Bindungswinkel von 104° auf 89° ab. Sauerstoff als das elektronegativste Atom in der Gruppe 16 zieht die beiden freien Elektronenpaare besonders stark an, vermindert so deren Raumbedarf und ermöglicht einen größeren Bindungswinkel als bei den schwereren Homologen.

Dass die Argumentation mit der Elektronegativität der Atome stichhaltig ist, wird auch durch die folgende Beobachtung gestützt: In den trigonal bipyramidalen Molekülen PCl_4F und PCl_3F_2 nehmen die Fluor-Atome stets die axialen Positionen ein. Diese Positionen bieten den geringsten Raum und werden folgerichtig auch von den bindenden Elektronenpaaren der P/F-Bindung eingenommen.

Als letztes sei angemerkt, dass erwartungsgemäß Doppelbindungen stets mehr Raum beanspruchen als Einfachbindungen. Dies wird zum Beispiel deutlich bei der Betrachtung der Bindungswinkel im (verzerrt) tetraedrisch gebauten POF_3-Molekül. Die F/P/F-Winkel liegen hier mit 101° deutlich unterhalb des Tetraederwinkels von 109,5°.

So plausibel die Argumente des VSEPR-Modells auch sein mögen, kennt man doch eine ganze Anzahl von Ausnahmen, die – ohne Zusatzannahmen – mit diesem einfachen Modell nicht erklärt werden können. Die Schlussfolgerungen des VSEPR-Modells ergeben nicht zwingend den wirklichen Molekülaufbau.

5.5 Stoffe mit kovalenten Netzwerken

Im Diamant oder im Quarz werden die Atome durch kovalente Bindungen zusammengehalten. Der Diamant ist eine Modifikation des Kohlenstoffs, in der jedes einzelne Kohlenstoff-Atom in tetraedrischer Anordnung mit vier Nachbaratomen verbunden ist (Abbildung 5.25). Eine solche Verknüpfung durch kovalente Bindungen innerhalb des gesamten Gitters bezeichnet man auch als *kovalentes Netzwerk*. Der gesamte Kristall kann als ein riesiges Molekül aufgefasst werden. Ein zweites typisches Beispiel für ein

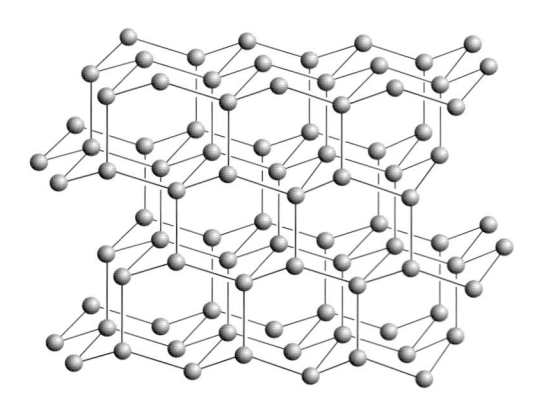

5.25 Anordnung der Kohlenstoff-Atome im Diamant-Gitter.

derartiges Netzwerk bietet Siliciumdioxid (SiO_2). Unabhängig von kleinen Unterschieden im Kristallbau der verschiedenen Modifikationen (Quarz, Cristobalit) ist jedes Silicium-Atom tetraedrisch von vier Sauerstoff-Atomen umgeben und jedes Sauerstoff-Atom ist an zwei Silicium-Atome gebunden.

Will man eine Substanz schmelzen, die als kovalentes Netzwerk aufgebaut ist, muss man die kovalenten Bindungen aufbrechen. Die molaren Bindungsenergien kovalenter Bindungen liegen jedoch im Bereich von mehreren hundert Kilojoule pro Bindung, sodass sehr hohe Temperaturen aufgebracht werden müssen. Daher schmilzt Diamant erst bei ungefähr 4000 °C; Siliciumdioxid schmilzt bei etwa 1700 °C. Aus demselben Grund sind Stoffe dieser Art unlöslich in allen Lösemitteln und extrem hart. Diamant ist der härteste aller bekannten Stoffe.

5.6 Intermolekulare Kräfte

Kovalente Molekülverbindungen bestehen aus voneinander unabhängigen molekularen Einheiten. Gäbe es aber nur die *innerhalb* des Moleküls wirksamen kovalenten Bindungen, also lediglich *intra*molekulare Kräfte, so würden sich die Moleküle nicht gegenseitig anziehen. Folglich müssten alle kovalenten Stoffe bei jeder Temperatur gasförmig sein. Wie wir wissen, ist dies nicht der Fall. Es muss daher Kräfte *zwischen* den Molekülen, also *inter*molekulare Kräfte geben. Eine intermolekulare Kraft, die zwischen *allen* Molekülen wirksam ist, besteht in induzierten Dipol/Dipol-Wechselwirkungen, die man als *Dispersionskräfte* oder London-Kräfte (nach dem Wissenschaftler Fritz London) bezeichnet. Unter bestimmten Voraussetzungen treten auch andere Arten von Wechselwirkungen auf, die in späteren Abschnitten besprochen werden: *Dipol/Dipol*-Wechselwirkungen, *Ion/Dipol*-Wechselwirkungen und *Wasserstoffbrückenbindungen*.

Fritz Wolfgang **London**, deutsch-amerikanischer Physiker, 1900–1954; Professor in Durham.

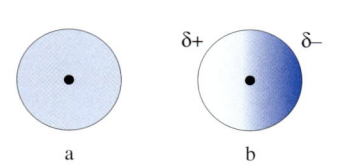

Dispersionskräfte

Die für Atome und Moleküle berechnete Aufenthaltswahrscheinlichkeit der Elektronen (Elektronendichte) ist als zeitlicher Durchschnittswert anzusehen. Erst das Oszillieren um diesen Durchschnittswert bewirkt die gegenseitige Anziehung benachbarter Moleküle. Die Edelgase liefern uns hier das einfachste Beispiel: Im Durchschnitt sollte die Elektronendichte kugelsymmetrisch um den Atomkern verteilt sein (Abbildung 5.26a). Meist bestehen jedoch Asymmetrien, sodass in einem Bereich des Atoms die Elektronendichte erhöht ist, während sie in einem anderen Bereich erniedrigt ist (Abbildung 5.26b).

5.26 a) Elektronenverteilung in der Elektronenhülle eines Atoms im zeitlichen Mittel; b) Momentaufnahme der Elektronenverteilung, die einen temporären Dipol erzeugt.

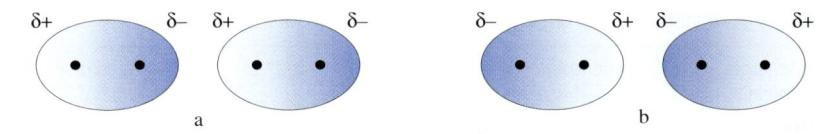

5.27 Anziehung benachbarter Moleküle (a) und entgegengesetzte Polarität im nächsten Moment (b).

Die Seite, zu der sich die Elektronendichte verlagert hat, trägt eine negative Teilladung (δ−) (delta minus). Auf der anderen Seite ergibt sich eine positive Teilladung (δ+), da die Kernladung aufgrund der verminderten Elektronendichte weniger gut abgeschirmt wird. Das Atom wird damit zu einem *temporären Dipol*, da die Elektronendichteverteilung zeitlich schwankt. Die positive Seite eines Atoms zieht nun die Elektronen eines benachbarten Atoms an. Die Anziehung zwischen dem zuerst betrachteten und dem auf diese Weise induzierten Dipol stellt die *Dispersionskraft* zwischen Atomen (bzw. Molekülen) dar. Einen Moment später verlagert sich jedoch die Elektronendichte schon wieder und die Partialladungen sind anders verteilt. Abbildung 5.27 stellt den entsprechenden Sachverhalt für ein zweiatomiges, unpolares Molekül wie N_2, O_2 oder Cl_2 dar.

Die Stärke der Dispersionskraft hängt qualitativ mit der Anzahl der Elektronen eines Atoms oder Moleküls zusammen. Denn die Anzahl der Elektronen bestimmt, wie leicht die Elektronenhülle polarisiert werden kann; je größer die Polarisierbarkeit ist, desto stärker sind auch die Dispersionskräfte. Von der Stärke der intermolekularen Kräfte wiederum hängen sowohl die Schmelztemperatur als auch die Siedetemperatur ab. Diese Beziehung wird durch Abbildung 5.28 illustriert. Als Beispiel wurden die Wasserstoffverbindungen der Elemente der Gruppe 14 gewählt.

5.7 Elektronegativität und polare Bindung

Ein einfaches Experiment verdeutlicht, dass es zwei verschiedene Molekültypen gibt: Man hält einen elektrostatisch aufgeladenen Stab in die Nähe eines Flüssigkeitsstrahls. Viele Flüssigkeiten, wie zum Beispiel Tetrachlormethan, werden von dem geladenen Stab nicht abgelenkt, während andere (beispielsweise Wasser) durch den Stab angezogen werden. Der Effekt ist unabhängig davon, ob der Stab positiv oder negativ aufgeladen ist. Wir schließen aus diesen Beobachtungen, dass die durch den Stab abgelenkten Flüssigkeiten aus Molekülen bestehen, in denen eine dauerhafte Ladungstrennung und damit ein *permanenter* Dipol vorliegt. Daher werden die Enden der Moleküle, die die negative Partialladung tragen, zu einem positiv geladenen Stab hin angezogen, während die positiven Enden sich zu einem negativ geladenen Stab hin wenden. Warum jedoch sollten manche Moleküle eine permanente Ladungstrennung haben? Zur Erklärung ziehen wir ein Konzept heran, das durch Linus Pauling populär gemacht wurde: die **Elektronegativität**.

Pauling definierte Elektronegativität als die Fähigkeit eines Atoms, innerhalb einer chemischen Bindung Elektronen anzuziehen. Die unterschiedliche Anziehung von Bindungselektronen spiegelt die unterschiedlichen effektiven Ladungen wider, die von beiden Kernen aus auf die Elektronen wirken. Die Elektronegativität steigt also von links nach rechts innerhalb einer Periode. Innerhalb einer Gruppe nimmt sie von oben nach unten ab, in gleicher Weise wie die Ionisierungsenergien.

Aufgrund der Elektronegativitätsdifferenz sind also beispielsweise in einem Chlorwasserstoff-Molekül die Elektronen nicht gleichmäßig zwischen den beiden Atomen verteilt. Statt dessen bewirkt die höhere Elektronegativität des Chlor-Atoms, dass das

---

Als sekundärer Faktor beeinflusst auch die Form des Moleküls die Stärke der Dispersionskräfte. Ein kugelsymmetrisches Molekül erlaubt nur eine geringe Verlagerung der Ladung, während ein gestrecktes Molekül eine weit größere Ladungstrennung möglich macht. Aus diesem Grunde unterscheiden sich beispielsweise Schwefelhexafluorid (SF_6) und Decan ($C_{10}H_{22}$) in ihren physikalischen Eigenschaften. Schwefelhexafluorid – mit 70 Elektronen pro Molekül – schmilzt (unter Druck) bei −51 °C und weist eine Sublimationstemperatur von −64 °C auf; Decan – mit 72 Elektronen pro Molekül – schmilzt dagegen bei −30 °C und hat eine Siedetemperatur von 174 °C.
Die Dispersionskräfte zwischen den langen Decan-Molekülen sind also weit größer als zwischen den fast kugelförmigen SF_6-Molekülen.

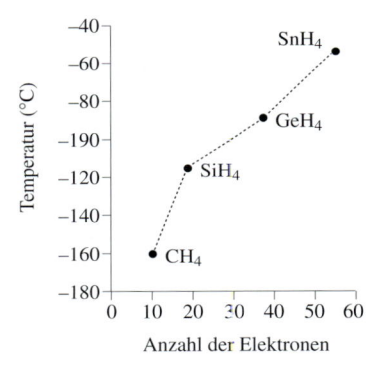

5.28 Abhängigkeit der Siedetemperaturen von der Elektronenzahl am Beispiel der Wasserstoff-Verbindungen von Elementen der Gruppe 14.

Linus Carl **Pauling**, amerikanischer Chemiker, 1901–1994; Professor in Pasadena, San Diego und Palo Alto, 1954 Nobelpreis für Chemie (für die Arbeiten über die Natur der chemischen Bindung), 1962 Friedensnobelpreis (für seine Bemühungen zur Beendigung der Kernwaffentests), damit bisher einziger Laureat mit zwei *ungeteilten* Nobelpreisen.

Tabelle 5.5 Bindungsenergien (ΔH_B^0) einiger zweiatomiger Moleküle AB als Grundlage der Paulingschen Elektronegativitätsskala

AB	Bindungsenergie des AB-Moleküls ΔH_B^0 (AB) (kJ · mol^{-1})	Bindungsenergie des A$_2$-Moleküls ΔH_B^0 (A$_2$) (kJ · mol^{-1})	Bindungsenergie des B$_2$-Moleküls ΔH_B^0 (B$_2$) (kJ · mol^{-1})	Δ (kJ · mol^{-1})	Elektronegativitäts-differenz $\Delta\chi$
HF	570	436	159	273	1,7
HCl	432	436	243	92	1,0
HBr	366	436	193	51	0,7
HI	298	436	151	5	0,2

$$\overset{\delta+}{H} - \overset{\delta-}{Cl}$$

5.29 Permanenter Dipol im Chlorwasserstoff-Molekül.

$$\overset{\delta-}{O} = \overset{\delta+}{C} = \overset{\delta-}{O}$$

5.30 Das Kohlenstoffdioxid-Molekül ist insgesamt unpolar, da es entgegengesetzte Bindungsdipole enthält.

bindende Elektronenpaar auf das Chlor-Atom zugerückt ist. Daher stellt dieses Molekül einen permanenten Dipol dar. Der Dipol ist in Abbildung 5.29 angedeutet, wobei der Pfeil die Richtung des Dipols andeutet.

Individuelle Bindungsdipole können sich in einem Molekül gegenseitig „auslöschen". Ein einfaches Beispiel ist hier das Kohlenstoffdioxid, in dem die beiden Bindungsdipole entgegengesetzt gerichtet sind. Das Molekül weist insgesamt kein Dipolmoment auf, es ist unpolar (Abbildung 5.30).

Elektronegativitätswerte Schon 1932 versuchte Pauling, den verschiedenen Atomen Zahlenwerte für die Elektronegativität zuzuordnen. Er betrachtete dazu eine Reihe von Reaktionen des folgenden Typs:

½ A$_2$ + ½ B$_2$ → AB

Ist die chemische Bindung im Molekül AB rein kovalent wie in den Molekülen A$_2$ und B$_2$, sollte die Bindungsenergie (ΔH_B^0) von AB dem Mittelwert aus den Bindungsenergien von A$_2$ und B$_2$ entsprechen. Ist die Bindungsenergie von AB jedoch größer, so bedeutet das nach Pauling einen zusätzlichen *ionischen* Anteil an der Bindung, der durch die unterschiedlichen Elektronegativitäten von A und B verursacht wird. Eine große Differenz Δ zwischen der Bindungsenergie im AB-Molekül und dem arithmetischen Mittelwert der Bindungsenergien in A$_2$ und B$_2$ weist damit auch auf eine große Differenz der Elektronegativitäten hin. In der Tat ergeben sich für einige beispielhaft ausgewählte Reaktionen (½ H$_2$ + ½ X$_2$ → HX, X = Halogen) beträchtliche Unterschiede für den Δ-Wert, wie Tabelle 5.5 zeigt.

$$\Delta = \Delta H_B^0 (AB) - \frac{1}{2}(\Delta H_B^0 (A_2) + \Delta H_B^0 (B_2))$$

Pauling ging davon aus, dass Δ proportional zum Quadrat der Differenzen der Elektronegativitäten χ (chi) von A und B ist:

$$\Delta = 96(\chi_A - \chi_B)^2$$

(Der Faktor 96 ist (näherungsweise) der Umrechnungsfaktor zwischen kJ · mol^{-1} und eV). Um aus den so erhaltenen Differenzen Absolutwerte für die Elektronegativitäten zu berechnen, setzte Pauling die Elektronegativität des Fluor-Atoms willkürlich gleich vier. Das Fluor-Atom hat die höchste Elektronegativität, Caesium weist mit 0,7 den kleinsten Wert auf. Für die Berechnung der Werte wurde das arithmetische Mittel durch das geometrische Mittel ersetzt:

$$\sqrt{\Delta H_B^0 (A_2) \cdot \Delta H_B^0 (B_2)}$$

Obwohl das Paulingsche Konzept keine solide physikalische Basis vorweisen kann, wurde es weltweit angewendet.

Hauptgruppen

H 2,2 2,2						
Li 1,0 1,0	Be 1,5 1,5	B 2,0 2,0	C 2,5 2,5	N 3,0 3,1	O 3,4 3,5	F 4,0 4,1
Na 0,9 1,0	Mg 1,3 1,2	Al 1,6 1,5	Si 1,9 1,7	P 2,2 2,1	S 2,6 2,4	Cl 3,2 2,8
K 0,8 0,9	Ca 1,0 1,0	Ga 1,8 1,8	Ge 2,0 2,0	As 2,2 2,2	Se 2,6 2,5	Br 3,0 2,7
Rb 0,8 0,9	Sr 1,0 1,0	In 1,8 1,5	Sn 1,8 1,7	Sb 2,1 1,8	Te 2,1 2,0	I 2,7 2,2
Cs 0,8 0,9	Ba 0,9 1,0	Tl 2,0 1,4	Pb 1,9 1,5	Bi 2,0 1,7		

Nebengruppen

Sc 1,4 1,2	Ti 1,5 1,3	V 1,6 1,4	Cr 1,7 1,6	Mn 1,6 1,6	Fe 1,8 1,6	Co 1,9 1,7	Ni 1,9 1,8	Cu 1,9 1,8	Zn 1,7 1,7
Y 1,2 1,1	Zr 1,3 1,2	Nb 1,6 1,2	Mo 2,2 1,3	Tc 1,9 1,4	Ru 2,2 1,4	Rh 2,3 1,5	Pd 2,2 1,4	Ag 1,9 1,4	Cd 1,7 1,5
La 1,1 1,1	Hf 1,3 1,2	Ta 1,5 1,3	W 2,4 1,4	Re 1,9 1,5	Os 2,2 1,5	Ir 2,2 1,5	Pt 2,3 1,4	Au 2,5 1,4	Hg 2,0 1,4

5.31 Elektronegativitätswerte der Elemente nach Pauling (obere Zahl) und Allred-Rochow (untere Zahl). Bei den hier aufgeführten Werten nach Pauling sind die Ergebnisse von Neuberechnungen berücksichtigt; die Werte weichen daher z. T. von den ursprünglichen Angaben Paulings ab.

Eine andere, von A. L. Allred und E. G. Rochow 1958 vorgeschlagene Skala der Elektronegativitäten basiert auf einer klaren physikalischen Grundlage. Hier wird die auf ein Valenzelektron eines Atoms wirkende Coulomb-Kraft F_C als unmittelbares Maß für die Elektronegativität verwendet:

$$\chi \sim F_C \sim \frac{Z^*}{r^2}$$

(Z^* = effektive Kernladungszahl, r = Atomradius)

Um die so erhaltenen Werte mit der Paulingschen Skala vergleichen zu können, verwendet man die folgende empirische Formel, wobei der Atomradius r in pm anzugeben ist:

$$\chi = 3590 \frac{Z^*}{r^2} + 0{,}744$$

Trotz des vollständig anderen Ansatzes führen beide Wege erstaunlicherweise zu nahezu den gleichen Werten. Diese sind in Abbildung 5.31 gegenübergestellt.

Ein dritter – gleichfalls zu ähnlichen Werten führender Ansatz – ist der von R. S. Mulliken. Er ging davon aus, dass die Elektronegativität unmittelbar mit der ersten Ionisierungsenergie und der Elektronenaffinität der Atome zusammenhängt, denn diese beiden Werte drücken zahlenmäßig die Bereitschaft eines Atoms aus, Elektronen abzugeben

Eugene George **Rochow**, amerikanischer Chemiker, geb. 1909; Professor in Cambridge.

Robert Sanderson **Mulliken**, amerikanischer Chemiker und Physiker, 1896–1986; Professor in New York, Chicago und Tallahassee, 1966 Nobelpreis für Chemie (für seine grundlegenden Arbeiten über die chemischen Bindungen und die Elektronenstruktur der Moleküle mithilfe der Orbitalmethode).

bzw. aufzunehmen. Da zuverlässige Werte für die Elektronenaffinitäten vieler Atome erst in den letzten Jahrzehnten ermittelt wurden, blieb der Satz von Elektronegativitäts-Werten nach Mulliken über lange Zeit unvollständig.

5.8 Dipol/Dipol-Wechselwirkungen

Wenn Moleküle mit einem permanenten Dipolmoment vorliegen, sind die intermolekularen Wechselwirkungen stärker als bei induzierten Dipolen. Kohlenstoffmonoxid beispielsweise hat höhere Schmelz- und Siedetemperaturen (−205 °C und −191 °C) als Stickstoff (−210 °C und −196 °C), obwohl die beiden Moleküle isoelektronisch sind, also dieselbe Anzahl an Elektronen haben.

Zu beachten ist, dass neben Dipol/Dipol-Wechselwirkungen jeweils auch Dispersionskräfte auftreten. Dieser Punkt wird deutlich, wenn man Chlorwasserstoff mit Bromwasserstoff vergleicht. Im Chlorwasserstoff liegt die Elektronegativitätsdifferenz der beteiligten Atome bei 1,0, während sie im Bromwasserstoff bei 0,8 liegt. Die Dipol/Dipol-Wechselwirkungen zwischen benachbarten Chlorwasserstoff-Molekülen sind also stärker als zwischen Bromwasserstoff-Molekülen. Dennoch ist die Siedetemperatur des Bromwasserstoffs (−67 °C) höher als die des Chlorwasserstoffs (−85 °C). Die Dispersionskräfte (durch induzierte Dipole), die für Bromwasserstoff höher sind (HBr hat 36 Elektronen, während HCl nur 18 Elektronen hat), müssen also der dominierende Faktor sein. In der Tat ergeben ausführliche Berechnungen, dass Dispersionskräfte 83 % der Anziehung zwischen benachbarten Chlorwasserstoff-Molekülen und 96 % der Anziehung zwischen benachbarten Bromwasserstoff-Molekülen ausmachen.

Alle intermolekularen Kräfte, die auf Wechselwirkungen zwischen permanenten oder temporären Dipolen zurückzuführen sind, werden in ihrer Gesamtheit als **Van-der-Waals-Wechselwirkungen** bezeichnet.

Johannes Diderik **van der Waals**, niederländischer Physiker, 1837–1923; Professor in Amsterdam, 1910 Nobelpreis für Physik (für die Arbeiten über die Zustandsgleichung von Gasen und Flüssigkeiten).

5.9 Wasserstoffbrückenbindungen

Wenn wir die Siedetemperaturen der Halogenwasserstoff-Verbindungen betrachten (Abbildung 5.32), stellen wir für Fluorwasserstoff einen außergewöhnlich hohen Wert fest. Auch die Siedetemperaturen von Ammoniak und Wasser sind bei den Wasserstoffverbindungen der Elemente der Gruppen 15 und 16 auffallend hoch. In den drei Verbindungen haben die Zentralatome eine hohe Elektronegativität und zusätzlich freie Elektronenpaare. Man kann davon ausgehen, dass hier besonders starke intermolekulare Kräfte wirken: die *Wasserstoffbrückenbindungen*. Ihre Bindungsstärke kann 5 bis 20 % der einer kovalenten Bindung betragen. Wasserstoffbrückenbindungen sind damit die stärksten intermolekularen Kräfte. Die Stärke der Wasserstoffbrückenbindung zwischen Molekülen hängt davon ab, an welches Atom Wasserstoff gebunden ist. In der Reihe H/F, H/O, H/N nimmt mit der Elektronegativitätsdifferenz auch die Bindungsstärke der Wasserstoffbrückenbindung ab. Die Elektronegativität kann jedoch nicht der einzig bestimmende Faktor sein, denn obwohl die H/Cl-Bindung polarer ist als die H/N-Bindung, treten bei Chlorwasserstoff keine ungewöhnlich starken intermolekularen Wechselwirkungen auf.

Da die Abstände zwischen Molekülen, die eine Wasserstoffbrückenbindung ausbilden, signifikant kürzer sind als die Summe der entsprechenden Van-der-Waals-Radien, muss man sich vorstellen, dass die Elektronendichte des freien Elektronenpaars am F-, O- oder N-Atom über die Wasserstoffbrückenbindung hinweg mit dem Nachbarmolekül geteilt wird. Nach diesem Ansatz ist die Wasserstoffbrückenbindung eher eine schwache kovalente Bindung als eine intermolekulare Kraft. Wir werden diesen Punkt in Kapitel 14 eingehender besprechen.

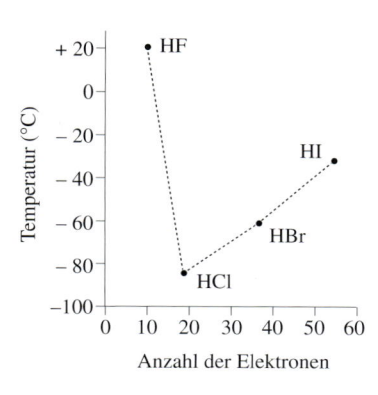

5.32 Abhängigkeit der Siedetemperaturen von der Elektronenzahl am Beispiel der Wasserstoffverbindungen von Elementen der Gruppe 17.

5.10 Die Valenzbindungstheorie (VB-Theorie)

Schon bald nach der Entwicklung des Orbitalmodells für den Aufbau der Elektronenhülle des Atoms versuchte man, auch die Bindungsverhältnisse in Molekülen auf dieser Basis zu beschreiben.

Ein 1931 von Linus Pauling entwickeltes Modell führt die chemische Bindung auf die Überlappung von Atomorbitalen zurück. Dieses Modell wird meist als **Valenzbindungstheorie** bezeichnet.

Damit wird das Lewis-Konzept in einen quantenmechanischen Zusammenhang gestellt. Heute wird die VB-Theorie weit weniger verwendet als noch vor 20 Jahren. Einige Chemiker, vor allem Organiker, bevorzugen sie jedoch auch heute noch für bestimmte Diskussionen. Wir werden in Abschnitt 23.1 sehen, dass sich die Valenzbindungstheorie auch auf Bindungen in Übergangsmetallverbindungen anwenden lässt.

Die Prinzipien der VB-Theorie kann man in wenigen Punkten zusammenfassen:
1. Eine kovalente Bindung beruht auf dem Zusammenschluss ungepaarter Elektronen benachbarter Atome zu gemeinsamen Elektronenpaaren.
2. Die Spins der gepaarten Elektronen müssen antiparallel sein.
3. Damit die maximale Anzahl von Bindungen gebildet werden kann, nimmt man an, dass Elektronen vor der Bindungsbildung angeregt werden und leere Orbitale besetzen.
4. Die Struktur des Moleküls wird bestimmt durch die Geometrie der Orbitale des Zentralatoms.

Hybridisierung von Orbitalen

Schon die Betrachtung der Bindungswinkel in einfachen Molekülen zeigt, dass die VB-Theorie in dieser einfachen Form die Realität nicht richtig beschreibt. Ein Beispiel ist das Ammoniak-Molekül (NH_3). Geht man von der Annahme aus, dass die drei ungepaarten 2p-Elektronen des zentralen Stickstoff-Atoms für die Ausbildung der Bindungen verwendet werden, so sagt uns Regel 4, dass die Bindungen zu den Wasserstoff-Atomen entlang der Achsen der $2p_x$-, $2p_y$- und $2p_z$-Orbitale liegen sollten. Dies bedeutet, dass die H/N/H-Winkel 90° sein sollten. Wir wissen jedoch, dass der tatsächliche Bindungswinkel im Ammoniak 107° beträgt. Um dem Unterschied zwischen theoretischem und tatsächlichem Bindungswinkel in diesem und anderen Molekülen Rechnung zu tragen, bedienen wir uns einer Modifikation des Konzepts, die mit dem Begriff der **Hybridisierung** von Orbitalen verbunden ist.

Das Hybridisierungskonzept sagt, dass die Bindungsbildung von sogenannten *Hybridorbitalen* eines Atoms (meist des Zentralatoms eines Moleküls) ausgeht. Diese neuen Atomorbitale ergeben sich durch eine Kombination der ursprünglichen Atomorbitale. Wird das s-Orbital mit einem oder mehreren p-Orbitalen kombiniert, so ähneln die gebildeten Hybridorbitale in ihrer Gestalt alle dem in Abbildung 5.33 dargestellten Orbital. Solche Hybridorbitale werden als sp-, sp^2- und sp^3-Hybridorbitale bezeichnet, je nachdem ob ein, zwei oder alle drei p-Orbitale mit dem s-Orbital kombiniert werden. Die Hybridorbitale sind nicht wie ein s-Orbital kugelsymmetrisch, sie haben bestimmte Richtungen und können dadurch effektiver mit den Orbitalen eines anderen Atoms überlappen als ein kugelförmiges s-Orbital oder ein hantelförmiges p-Orbital. Eine bessere Überlappung wiederum bedeutet eine stärkere kovalente Bindung.

Die Anzahl der gebildeten Hybridorbitale ist gleich der Summe der Atomorbitale, aus denen sie gebildet worden sind. Ebenso wie s- und p-Orbitale können auch d-Orbitale in die Hybridisierung mit einbezogen werden. Theoretische Chemiker sind heute allerdings der Ansicht, dass im Bereich der kovalenten Bindung d-Orbitale nur eine kleine Rolle spielen. Dennoch kann es in einem vereinfachten Konzept nützlich sein, eine Beteiligung der d-Orbitale anzunehmen, um für Zentralatome mit mehr als vier Nachbarn die Geometrie des Moleküls zu erklären. Die Anzahl der beteiligten Atomorbitale,

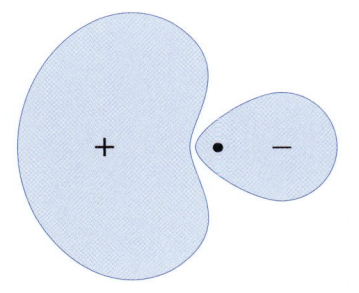

5.33 Räumliche Verteilung der Elektronendichte eines Hybridorbitals aus s- und p-Orbitalen. Der schwarze Punkt deutet den Atomkern an.

Tabelle 5.6 Anzahl der Hybridorbitale und Art der Hybridisierung bei unterschiedlicher Molekülgeometrie

Anzahl beteiligter Orbitale			Art der Hybridisierung	Anzahl der Hybridorbitale	Molekülgeometrie
s	p	d			
1	1	0	sp	2	linear
1	2	0	sp^2	3	trigonal-planar
1	3	0	sp^3	4	tetraedrisch
1	3	1	sp^{3}d	5	trigonal-bipyramidal
1	3	2	sp^{3}d^2	6	oktaedrisch

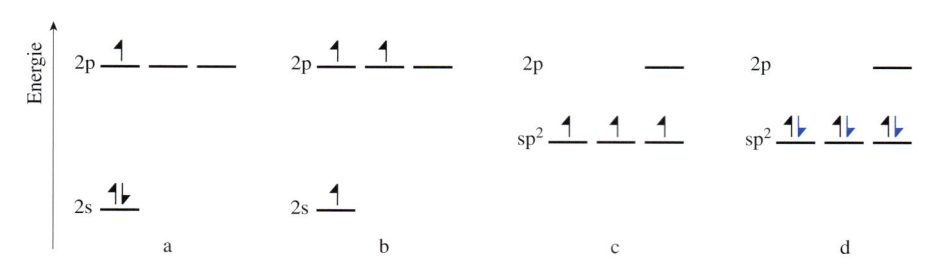

5.34 Bildung von Hybridorbitalen am Beispiel des Bor(III)-fluorids: a) Elektronenkonfiguration des freien Atoms; b) ein Elektron geht aus dem 2s-Orbital in ein 2p-Orbital über; c) Bildung von drei sp^2-Hybridorbitalen; d) die Elektronen des Bors paaren sich mit drei Elektronen der Fluor-Atome (blaue Pfeile).

das Symbol für das daraus gebildete Hybridorbital und die Geometrie des entstehenden Moleküls sind in Tabelle 5.6 aufgeführt.

Das Konzept der Hybridisierung soll am Beispiel des Bor(III)-fluorids ausführlich erläutert werden: Das Bor-Atom hat in seinem Grundzustand die Elektronenkonfiguration [He]2s^{2}2p^1 (Abbildung 5.34a), die Elektronenkonfiguration [He]2s^{1}2p^2 (Abbildung 5.34b) entspricht einem angeregten Zustand. Die einfach besetzten Orbitale des angeregten Zustands mischen sich und bilden drei äquivalente, energetisch niedriger liegende sp^2-Orbitale (Abbildung 5.34c), die im Winkel von 120° zueinander angeordnet sind. Die einfach besetzten sp^2-Hybridorbitale überlappen mit den einfach besetzten 2p-Orbitalen der Fluor-Atome, sodass sich drei kovalente Bindungen ergeben (Abbildung 5.34d). Die Elektronendichteverteilung ist jeweils rotationssymmetrisch zur Verbindungslinie B-F. Bindungen dieser Art bezeichnet man auch als **σ-Bindungen** (σ: sigma). Diese Erklärung stimmt mit der experimentellen Beobachtung überein, dass im Bortrifluorid drei äquivalente Bor/Fluor-Bindungen in trigonal-planarer Geometrie, also mit Bindungswinkeln von jeweils 120°, vorliegen.

Kohlenstoffdioxid ist ein Beispiel für ein Molekül, in dem nicht alle besetzten Valenzorbitale an der Hybridisierung beteiligt sind. Durch Anregung wird aus dem Grundzustand des Kohlenstoff-Atoms [He] 2s^{2}2p^2 (Abbildung 5.35a) die Konfiguration [He]2s^{1}2p^3 (Abbildung 5.35b). Im nächsten Schritt hybridisieren das s-Orbital und eines der p-Orbitale (Abbildung 5.35c). Die entstehenden sp-Hybridorbitale stehen zueinander im Winkel von 180°, überlappen mit jeweils einem 2p-Orbital eines Sauerstoff-Atoms und bilden so zwei einfache σ-Bindungen in einem linearen Molekül. Es verbleiben zunächst zwei einzelne Elektronen in den anderen beiden 2p-Orbitalen des Kohlenstoff-Atoms. Jedes dieser p-Orbitale überlappt mit dem verbliebenen, einfach besetzten 2p-Orbital des jeweiligen Sauerstoff-Atoms, sodass sich jeweils eine zweite Bindung zwischen Kohlenstoff und Sauerstoff ergibt (Abbildung 5.35d). Die Elektronendichte verteilt sich in diesem Fall auf Bereiche oberhalb und unterhalb der Bindungsachse. Bindungen dieser Art bezeichnet man als **π-Bindungen** (π: pi). Insgesamt ermöglicht

5.35 Bildung von Hybridorbitalen am Beispiel des Kohlenstoffdioxids: a) Elektronenkonfiguration des freien Kohlenstoff-Atoms; b) ein Elektron geht aus dem 2s-Orbital in das freie 2p-Orbital über; c) Bildung von zwei sp-Hybridorbitalen; d) die Elektronen des Kohlenstoffs paaren sich mit vier Elektronen der Sauerstoff-Atome (blaue Pfeile).

das Konzept der Hybridisierung, die lineare Geometrie des Kohlenstoffdioxid-Moleküls und die Anwesenheit von zwei Doppelbindungen zu erklären.

Wie die Beispiele zeigen, lassen sich bestimmte Molekülstrukturen auf die Bildung von Hybridorbitalen zurückführen. Im Grunde beruht das Konzept der Hybridisierung jedoch auf mathematischen Manipulationen mit Wellenfunktionen und es gibt keinen Beweis, dass eine Hybridisierung tatsächlich stattfindet. Man kann zudem anhand des Konzepts der Hybridisierung keine Vorhersagen treffen, sondern es nur auf schon bekannte Molekülstrukturen anwenden. Die Molekülorbitaltheorie dagegen, in der die Elektronen dem gesamten Molekül zugeordnet werden, macht Vorhersagen möglich. Das Problem der Molekülorbitaltheorie liegt allerdings in der Komplexität der Berechnungen, die man zur Vorhersage der Molekülstruktur anstellen muss. Leistungsfähige Computer und ausgefeilte Programme erleichtern dem Wissenschaftler die Arbeit.

5.11 Einführung in die Molekülorbitaltheorie (MO-Theorie)

Molekülorbitale (MOs) stellen ein heute allgemein anerkanntes, äußerst nützliches Modell zur Beschreibung der kovalenten Bindung dar. Die Molekülorbitaltheorie wird jedoch sehr komplex, wenn man sie auf Moleküle anwendet, die aus mehr als zwei Atomen bestehen. In solchen Fällen werden wir daher auch später auf die bereits besprochenen einfacheren Bindungstheorien zurückgreifen.

Wenn sich zwei Atome einander nähern, überlagern sich ihre Atomorbitale. Die Elektronen gehören nun nicht mehr zu einem Atom, sondern zum Molekül als Ganzem. Dieser Prozess lässt sich durch eine Kombination der Wellenfunktionen der beiden beteiligten Atomorbitale zu zwei Molekülorbitalen beschreiben. Mathematisch gesehen wird damit die Bildung kovalenter Bindungen als *Linearkombination* von Atomorbitalen behandelt; man spricht daher auch von der **LCAO-Theorie** (*Linear Combination of Atomic Orbitals*). Eine Linearkombination im mathematischen Sinne ist dabei nichts anderes als eine Addition bzw. Subtraktion. Die Addition von zwei s-Orbitalen verschiedener Atome ergibt ein σ-Molekülorbital. Die Subtraktion ergibt das entsprechende σ*-Molekülorbital. Abbildung 5.36 zeigt am Beispiel des Wasserstoffs eine einfache Darstellung der Wellenfunktionen und der Elektronendichte in den Atomorbitalen und den daraus gebildeten Molekülorbitalen.

Für das σ-Orbital ist die Elektronendichte zwischen den beiden Kernen größer als die Elektronendichte zwischen zwei von einander unabhängigen Atomen. Dadurch verändern sich die elektrostatischen Kräfte zwischen den Elektronen in diesem Bereich höherer Elektronendichte und den positiven Kernen; die anziehenden Kräfte überwiegen.

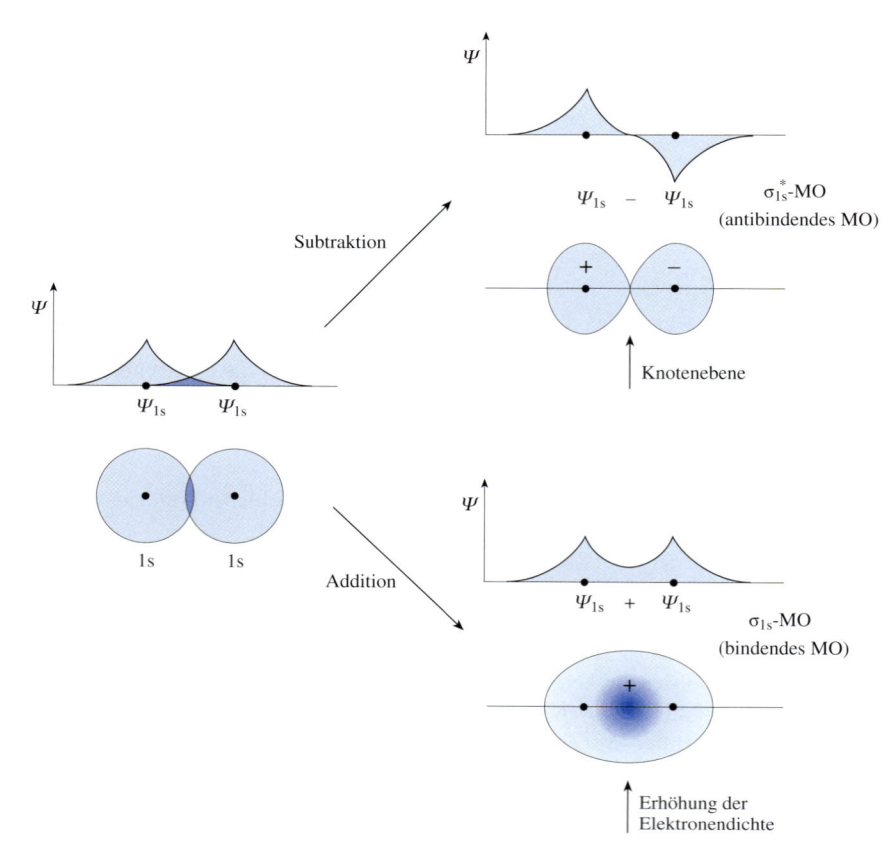

5.36 Kombination von zwei s-Atomorbitalen zu σ- und σ-*-Molekülorbitalen.

Dieses energetisch niedriger liegende Orbital wird als **bindendes Molekülorbital** bezeichnet. Umgekehrt würde durch ein besetztes σ*-Orbital die Elektronendichte zwischen den Kernen verringert, sodass sich die beiden Atome stärker abstoßen. Das energetisch höher liegende σ*-Orbital ist daher ein **antibindendes Molekülorbital**. Abbildung 5.37 stellt die Energie der Molekülorbitale als Funktion des Abstands der Atome dar.

Wenn die Atome unendlich weit voneinander entfernt sind, gibt es weder Anziehung noch Abstoßung. Unter solchen Bedingungen kann man daher den Atomen eine Energie von null zuweisen. Die Energie der Elektronen im bindenden Molekülorbital ist als Folge der elektrostatischen Anziehung niedriger als in den Atomorbitalen, aus denen das Molekülorbital gebildet wird. Abbildung 5.37 zeigt, dass, wie bei der ionischen Bindung, diese Energie des Moleküls für einen bestimmten Abstand zwischen den Kernen ein Minimum annimmt. Dieser Abstand ist der Gleichgewichtsabstand d_0 im Molekül. Bei diesem Kernabstand sind die anziehenden und abstoßenden elektrostatischen Kräfte zwischen den Bindungselektronen und den Atomkernen gleich groß. Bei weiterer Annäherung der Atome gewinnt die abstoßende Kraft zwischen den Kernen die Oberhand und die Energie des Moleküls steigt.

Man kann die beiden Arten von Molekülorbitalen auch als *Interferenz* von Wellen betrachten. Führt die Interferenz zweier Wellen zu einer Verstärkung, so bilden die Wellenfunktionen der betreffenden Elektronen ein bindendes MO. Ein antibindendes MO entspricht der Abschwächung von Wellen durch Interferenz.

Über Molekülorbitale lassen sich eine Reihe von Aussagen treffen:

1. Atomorbitale können nur überlappen, wenn die Wellenfunktionen in den entsprechenden Bereichen dasselbe Vorzeichen aufweisen.

Hinweis: Das Phänomen der Interferenz ist in Abschnitt 26.3 näher erläutert.

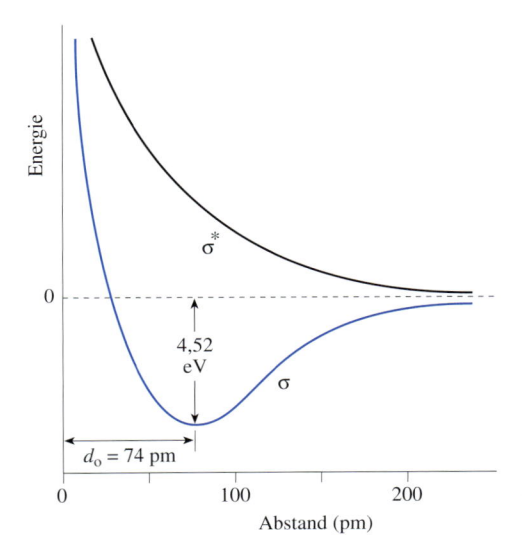

5.37 Energie der Molekülorbitale als Funktion des Abstands zweier Wasserstoff-Atome.

2. Aus zwei Atomorbitalen bilden sich jeweils zwei Molekülorbitale, ein bindendes und ein antibindendes. Die Energie des bindenden Orbitals ist geringer als die des antibindenden Orbitals.
3. Eine signifikante Überlappung setzt voraus, dass die Atomorbitale eine ähnliche Energie aufweisen.
4. Jedes Molekülorbital enthält maximal zwei Elektronen mit einem Spin von + ½ bzw. − ½.
5. Die Elektronenkonfiguration eines Moleküls ergibt sich – wie bei Atomen – durch die Besetzung der Molekülorbitale in der Reihenfolge ansteigender Energie.
6. Sind Elektronen auf mehrere Molekülorbitale gleicher Energie zu verteilen, so werden diese Orbitale entsprechend der *Hundschen Regel* zunächst einfach besetzt. Energetisch begünstigt ist dabei die parallele Anordnung der Spins.
7. Die *Bindungsordnung* in einem zweiatomigen Molekül ist definiert als die Anzahl der bindenden Elektronenpaare vermindert um die Anzahl der antibindenden Elektronenpaare.

Molekülorbitale zweiatomiger Moleküle der ersten Periode

Das einfachste Teilchen mit zwei Atomkernen bildet sich aus einem Wasserstoff-Atom und einem Proton. Abbildung 5.38 stellt in einem Energieniveau-Diagramm die Besetzung der Atomorbitale sowie die entstehenden Molekülorbitale und deren Besetzung dar. Die Indizes zeigen, aus welchen Atomorbitalen sich die Molekülorbitale jeweils herleiten. Das σ-Orbital, das aus zwei 1s-Atomorbitalen entsteht, wird daher als σ_{1s} bezeichnet. Beachten Sie, dass die Energie des Elektrons im σ_{1s}–Molekülorbital geringer ist, als es im 1s-Atomorbital der Fall war, eine Folge der gleichzeitigen Anziehung des Elektrons durch zwei Wasserstoff-Kerne. Diese Abnahme der Gesamtenergie ist die treibende Kraft bei der Bildung kovalenter Bindungen.

Als Symbol für die Elektronenkonfiguration des Dihydrogen-Kations schreibt man $(\sigma_{1s})^1$. Eine „typische" kovalente Bindung besteht aber aus einem Elektronen*paar*. Da sich im bindenden Orbital des H_2^+-Ions nur ein Elektron befindet, ist die Bindungsordnung ½. Experimentelle Untersuchungen dieses Ions zeigen, dass es eine Bindungslänge von 106 pm und eine Bindungsenergie von 255 kJ · mol^{-1} hat.

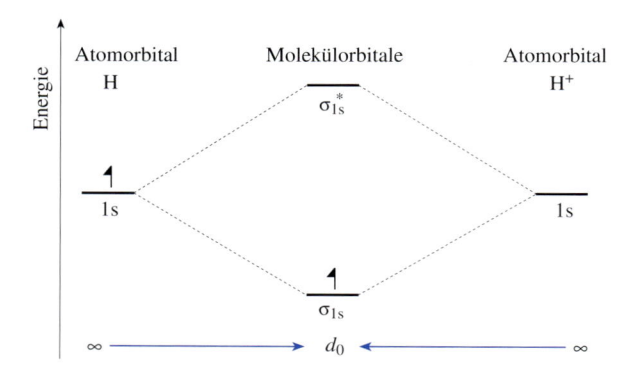

5.38 Molekülorbital-Diagramm für das H_2^+-Ion.

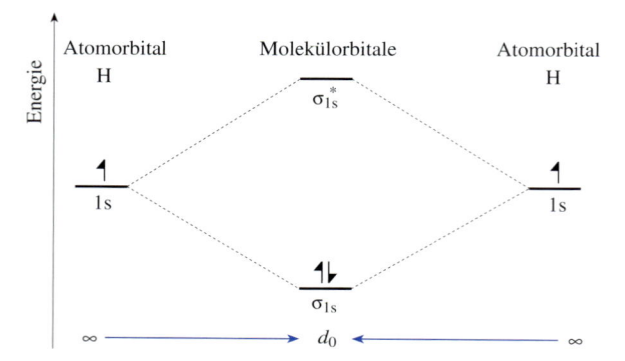

5.39 Molekülorbital-Diagramm für das H_2-Molekül.

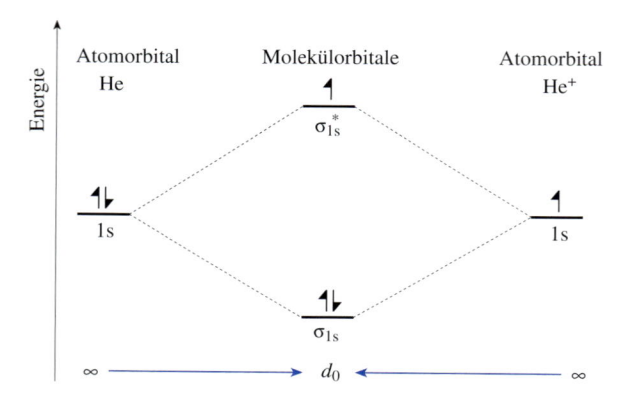

5.40 Molekülorbital-Diagramm für das He_2^+-Ion.

Abbildung 5.39 zeigt das Energieniveau-Diagramm für ein H_2-Molekül. In diesem Fall ist die Bindungsordnung 1. Als grobe Regel gilt, dass Bindungsordnung, Bindungsenergie und Bindungslänge miteinander zusammenhängen: Je höher die Bindungsordnung ist, desto stärker und desto kürzer ist die Bindung. Diese Korrelation passt gut mit den experimentellen Befunden zusammen: Die Bindungslänge ist geringer (74 pm) und die Bindungsenergie ist weit höher (436 kJ·mol^{-1}) als im Dihydrogen-Kation. Die Kurzschreibweise für die Elektronenkonfiguration ist $(\sigma_{1s})^2$.

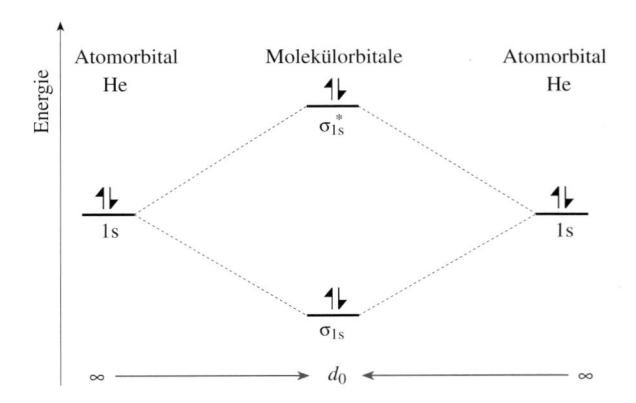

5.41 Molekülorbital-Diagramm für das (fiktive) He$_2$-Molekül.

Unter bestimmten Bedingungen ist es möglich, ein Helium-Atom und ein Helium-Ion zu einem He$_2^+$-Ion zu kombinieren. In dieser Spezies besetzt das dritte Elektron das σ*-Orbital (Abbildung 5.40). Das Ion hat also die Elektronenkonfiguration $(\sigma_{1s})^2(\sigma_{1s}^\star)^1$ und die Bindungsordnung ist 1 − ½ = ½. Die Bindungsordnung ½ wird durch die Werte für die Bindungslänge (108 pm) und die Bindungsenergie (251 kJ·mol^{-1}) bestätigt, die denen des H$_2^+$-Ions ähneln.

Auch für das hypothetische He$_2$-Molekül lässt sich ein Molekülorbital-Diagramm erstellen (Abbildung 5.41). Zwei Elektronen besetzen das niedrigere, die beiden anderen das höhere Energieniveau. Daher nimmt bei der Bildung der Bindungen die Energie insgesamt nicht ab und die Bindungsordnung in einem solchen „Molekül" ist null. Erwartungsgemäß wird keine kovalente Bindung gebildet: Helium liegt als einatomiges Gas vor.

Molekülorbitale zweiatomiger Moleküle der zweiten Periode

Mit zunehmender Kernladung schrumpfen die 1s-Atomorbitale. Als Folge davon sinkt ihre Energie, sie sind an chemischen Bindungen nicht beteiligt. Man kann daher bei den ersten beiden Atomen der zweiten Periode ein Energieniveauschema unter ausschließlicher Beteiligung der aus den 2s-Atomorbitalen gebildeten Molekülorbitale erstellen. Nur diese obersten besetzten Orbitale sind jeweils entscheidend für die Bindung im Molekül; sie werden oft auch als *Grenzorbitale* bezeichnet.

Lithium ist das erste Element der zweiten Periode. Sowohl in der festen als auch in der flüssigen Phase sind die Atome metallisch gebunden. In der Gasphase jedoch lässt sich massenspektroskopisch die Existenz zweiatomiger Moleküle nachweisen. Die Elektronen der beiden 2s-Atomorbitale besetzen das σ_{2s}-Molekülorbital, wodurch sich eine Bindungsordnung von 1 ergibt (Abbildung 5.42). Sowohl die gemessene Bindungslänge als auch die Bindungsenergie (267 pm bzw. 105 kJ·mol^{-1}) sind mit diesem Wert für die Bindungsordnung vereinbar.

Die vollständige Elektronenkonfiguration für Li$_2$-Moleküle wird kurz auf folgende Weise dargestellt: KK$(\sigma_{2s})^2$. Das Symbol KK steht für die voll besetzten inneren Orbitale der beiden Lithium-Atome.

Bevor wir die weiteren Atome der zweiten Periode besprechen, müssen wir uns mit der Bildung von Molekülorbitalen aus 2p-Atomorbitalen befassen. 2p-Atomorbitale können auf zwei Arten kombiniert werden. Zum einen können aufeinander zu gerichtete p-Orbitale überlappen. In diesem Fall entstehen wieder ein bindendes und ein antibindendes Molekülorbital, ähnlich den σ_{1s}-Orbitalen. Diese Orbitale werden als σ_{2p}- und $\sigma_{2p}^\star$-Molekülorbitale bezeichnet (Abbildung 5.43). Wie schon erwähnt, können Orbitale

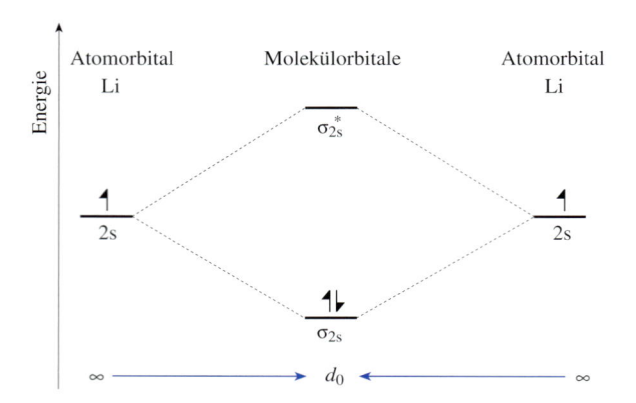

5.42 Molekülorbital-Diagramm für das gasförmige Li$_2$-Molekül.

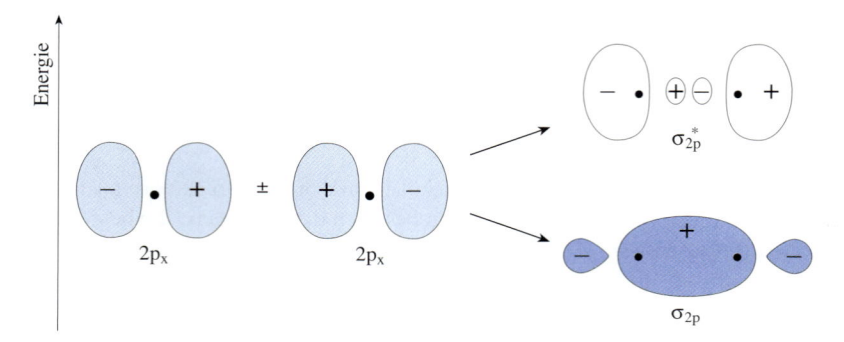

5.43 Bildung eines bindenden σ_{2p}- und eines antibindenden σ_{2p}^*-Molekülorbitals durch Überlappung von zwei 2p$_x$-Atomorbitalen.

nur überlappen, wenn die zugehörigen Wellenfunktionen das gleiche – in unserer Darstellung ein positives – Vorzeichen aufweisen.

Auch parallel zueinander ausgerichtete 2p-Atomorbitale können überlappen. Die auf diese Weise gebildeten bindenden und antibindenden Molekülorbitale werden als π-Orbitale bezeichnet (Abbildung 5.44). Bei den π-Orbitalen liegt die erhöhte Elektronendichte des bindenden Orbitals nicht zwischen den beiden Kernen, sondern oberhalb und unterhalb einer Ebene, in der die Kerne liegen. Da jedes Atom über drei 2p-Atomorbitale verfügt, ergeben sich bei der Kombination von zwei Atomen aus den 2p-Orbitalen insgesamt drei bindende und drei antibindende Molekülorbitale. Wenn wir annehmen, dass die Bindungsrichtung mit der x-Richtung übereinstimmt, erhalten wir ein σ_{2px}- und ein σ_{2px}^*-MO. Im rechten Winkel dazu bilden die anderen 2p-Atomorbitale π_{2py}-, π_{2py}^*-, π_{2pz}- und π_{2pz}^*-Molekülorbitale.

Bei den Elementen der zweiten Periode sind Bindungsenergien von 200–300 kJ·mol^{-1} typisch für Einfachbindungen. Bindungsenergien von 500–600 kJ·mol^{-1} entsprechen Doppelbindungen und Bindungen mit Bindungsenergien von 900–1000 kJ·mol^{-1} sind als Dreifachbindungen anzusehen. Daher muss für Stickstoff, Sauerstoff und Fluor das Molekülorbital-Modell die Bindungsordnung ergeben, die den in Tabelle 5.7 aufgeführten experimentellen Daten entspricht.

Bei diesen drei zweiatomigen Molekülen (N$_2$, O$_2$ und F$_2$) sind sowohl die bindenden als auch die antibindenden Orbitale des 1s- und des 2s-Niveaus voll besetzt, diese Orbitale tragen also insgesamt nicht zur Bindung bei. Daher müssen wir nur die Besetzung der Molekülorbitale betrachten, die sich aus den 2p-Atomorbitalen herleiten.

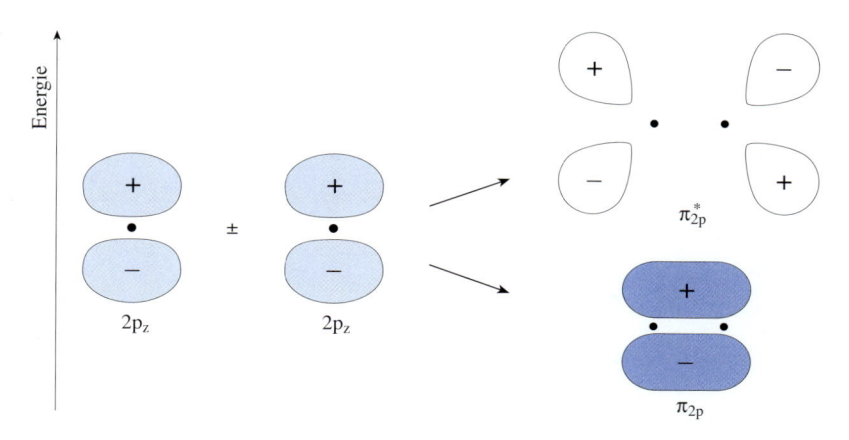

5.44 Bildung eines bindenden π_{2p}- und eines antibindenden π_{2p}^*-Molekülorbitals durch Überlappung von zwei $2p_z$-Atomorbitalen.

Tabelle 5.7 Zahlenwerte zur Bindungsordnung einiger Moleküle

Molekül	Bindungslänge (pm)	Bindungsenthalpie (kJ · mol^{-1})	zugewiesene Bindungsordnung
N_2	110	945	3
O_2	121	498	2
F_2	142	159	1

Besonders interessant ist das Sauerstoff-Molekül O_2. Bereits 1845 zeigte Michael Faraday, dass Sauerstoff als einziges der gebräuchlichen Gase von einem Magnetfeld angezogen wird. Dies bedeutet, dass Sauerstoff ungepaarte Elektronen enthalten muss. Diese Eigenschaft wird als *Paramagnetismus* bezeichnet. Man geht heute davon aus, dass im O_2-Molekül eine Doppelbindung und zwei ungepaarte Elektronen vorliegen.

Bei den Elementen der zweiten Periode jenseits von Stickstoff hat das σ_{2p}-Orbital die niedrigste Energie. Danach folgen mit ansteigender Energie die π_{2p}-Orbitale, die π_{2p}^*-Orbitale und das σ_{2p}^*-Orbital. Im vollständigen MO-Diagramm des O_2-Moleküls (Abbildung 5.45) sieht man, dass gemäß der Hundschen Regel tatsächlich zwei ungepaarte Elektronen vorliegen – das Diagramm stimmt also mit den experimentellen Beobachtungen überein. Des Weiteren ist eine Bindungsordnung von zwei (3 − 2 · ½ = 2) vereinbar mit den experimentellen Werten für Bindungslänge und Bin-

Michael **Faraday**, engl. Physiker und Chemiker, 1791–1867; Autodidakt, Professor in London, ab 1824 Mitglied der Royal Society, ab 1825 Direktor des Laboratoriums der Royal Institution.

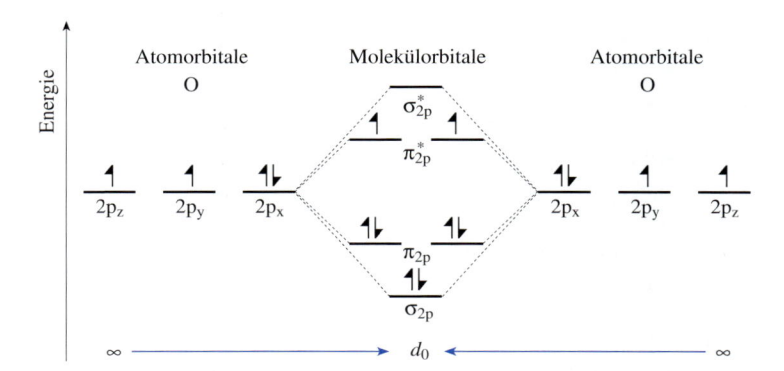

5.45 Molekülorbital-Diagramm für die 2p-Orbitale des O_2-Moleküls.

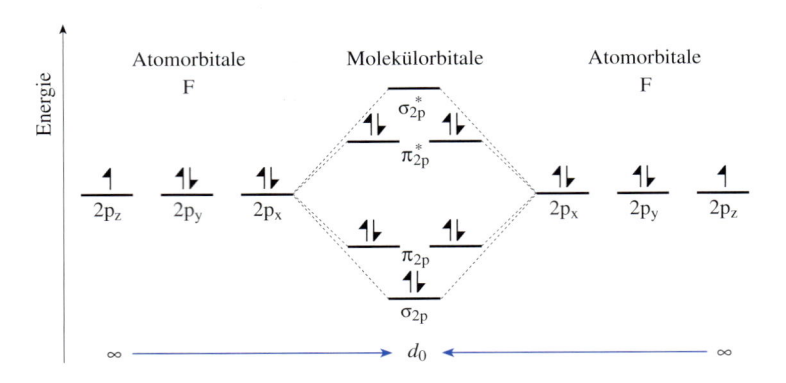

5.46 Molekülorbital-Diagramm für die 2p-Orbitale des F$_2$-Moleküls.

dungsenergie. Das Molekülorbital-Modell erklärt also unsere experimentellen Beobachtungen.

Im Fluor-Molekül sind die antibindenden Orbitale mit zwei weiteren Elektronen besetzt (Abbildung 5.46). Die Bindungsordnung von eins ergibt sich durch die Besetzung von drei bindenden Orbitalen und zwei antibindenden Orbitalen. Die vollständige Elektronenkonfiguration ist KK$(\sigma_{2s})^2 (\sigma_{2s}^\star)^2 (\sigma_{2p})^2 (\pi_{2p})^4 (\pi_{2p}^\star)^4$.

Neon ist das letzte Element der zweiten Periode. Konstruiert man ein MO-Diagramm für das fiktive Ne$_2$-Molekül, so sind alle bindenden und antibindenden Molekülorbitale, die sich aus den 2p-Atomorbitalen herleiten, vollständig besetzt. Als Folge davon ist die Bindungsordnung insgesamt null. Diese Voraussage stimmt überein mit der Beobachtung, dass Neon als einatomiges Gas vorliegt.

Bisher haben wir die mittleren Elemente der zweiten Periode, insbesondere Stickstoff, in unserer Diskussion noch nicht berücksichtigt. Der Grund hierfür ergibt sich aus der Betrachtung der Energieunterschiede zwischen 2s- und 2p-Orbitalen. Bei Fluor, mit einer hohen effektiven Kernladung, ist das Energieniveau der 2p-Elektronen um 2,5 MJ·mol^{-1} höher als das 2s-Niveau. Am Anfang der Periode unterscheiden sich die Niveaus jedoch nur um ungefähr 0,2 MJ·mol^{-1}. Unter diesen Umständen gibt es Wechselwirkungen zwischen den aus den 2s- und 2p-Orbitalen gebildeten Molekülorbitalen. Als Folge davon resultiert eine Anhebung des σ_{2p}- und eine Absenkung des σ_{2s}-Molekülorbitals, sodass das σ_{2p}-Orbital eine höhere Energie besitzt als das π_{2p}-Orbital. Diese Reihenfolge der Orbitale liegt bei Stickstoff und den vorangehenden Elementen der zweiten Periode vor. Wenn wir dieses modifizierte MO-Diagramm verwenden und die aus den 2p-Atomorbitalen gebildeten Molekülorbitale des N$_2$-Moleküls besetzen, so ergibt sich eine Konfiguration mit einer Bindungsordnung von drei (Abbildung 5.47). Diese Voraussage stimmt überein mit der starken Bindung, die bekanntlich in diesem Molekül vorliegt. Die vollständige Elektronenkonfiguration für das N$_2$-Molekül ist KK$(\sigma_{2s})^2 (\sigma_{2s}^\star)^2 (\pi_{2p})^4 (\sigma_{2p})^2$.

Wie können wir so sicher sein, dass die Lage der Energieniveaus der Molekülorbitale tatsächlich unseren Voraussagen entspricht? Eine spektroskopische Methode, die **U**ltraviolett-**P**hotoelektronen**s**pektroskopie (UV-PES), liefert experimentelle Fakten. Monochromatische ultraviolette Strahlung hoher Energie wird auf einen Molekül-Strahl gerichtet. Dabei werden Moleküle unter Bildung von einfach positiven Kationen ionisiert und Elektronen werden frei. Die emittierten Elektronen besitzen bestimmte Energien, die von den Energien der verschiedenen Molekülorbitale abhängig sind. Dies wird am Beispiel des N$_2$-Moleküls in Abbildung 5.48 dargestellt. Die drei obersten besetzten Molekülorbitale entsprechen in ihrer Energie den Linien im beobachteten UV-PES-Spektrum. Aufgrund von Molekülschwingungen entstehen für jedes aus den π_{2p}-Orbitalen entfernte Elektron mehrere Linien.

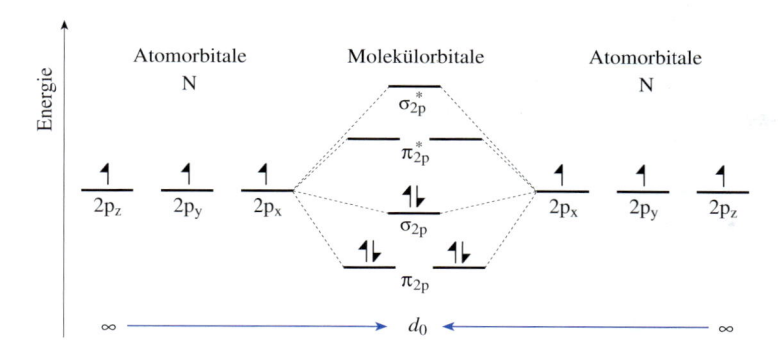

5.47 Molekülorbital-Diagramm für die 2p-Orbitale des N₂-Moleküls.

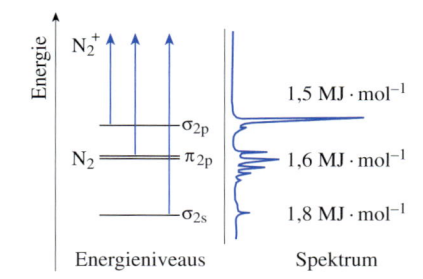

5.48 Zusammenhang zwischen den drei obersten besetzten Molekülorbitalen des Stickstoff-Moleküls und dessen Photoelektronenspektrum.

Molekülorbitale heteronuklearer zweiatomiger Moleküle

Wenn wir die Atomorbitale von Atomen verschiedener Elemente kombinieren, müssen wir bedenken, dass diese unterschiedliche Energien besitzen. Innerhalb einer Periode steigt die effektive Kernladung mit der Ordnungszahl. Als Folge davon sinken die Energieniveaus der Orbitale. Betrachten wir unter dieser Voraussetzung die Bindung im Kohlenstoffmonoxid-Molekül. Abbildung 5.49 stellt ein vereinfachtes Diagramm der Molekülorbitale dar, die sich aus den 2s- und den 2p-Atomorbitalen herleiten. Die Energieniveaus der Atomorbitale des Sauerstoff-Atoms liegen aufgrund der höheren effektiven Kernladung niedriger als die des Kohlenstoff-Atoms, sie liegen jedoch nahe genug bei denen des Kohlenstoff-Atoms, um Molekülorbitale bilden zu können.

Das Diagramm macht einen wesentlichen Unterschied zwischen homonuklearen und heteronuklearen zweiatomigen Molekülen deutlich. Die Molekülorbitale, die sich in erster Linie aus den 2s-Atomorbitalen des einen Atoms (hier das C-Atom) herleiten, überlappen in ihrer Energie signifikant mit den Molekülorbitalen aus den 2p-Atomorbitalen des anderen Atoms (hier das O-Atom). Wir müssen daher im Diagramm die Molekülorbitale beider Orbitaltypen betrachten. Außerdem werden durch die unterschiedlichen Orbitalenergien der beiden Atome die bindenden Molekülorbitale in erster Linie aus den Atomorbitalen des Sauerstoffs gebildet, während die antibindenden Molekülorbitale sich hauptsächlich aus den Atomorbitalen des Kohlenstoffs herleiten. Des Weiteren gibt es zwei Molekülorbitale, deren Energieniveau zwischen denen der beteiligten Atomorbitale liegt. Diese Orbitale, σ_{nb}, werden als nichtbindend bezeichnet, da sie nicht signifikant zur Bindung beitragen. Zur Bestimmung der Bindungsordnung des Kohlenstoffmonoxids zieht man die Anzahl der Elektronenpaare in antibindenden Molekülorbitalen (0) von der Anzahl in bindenden Molekülorbitalen (3) ab, eine Rech-

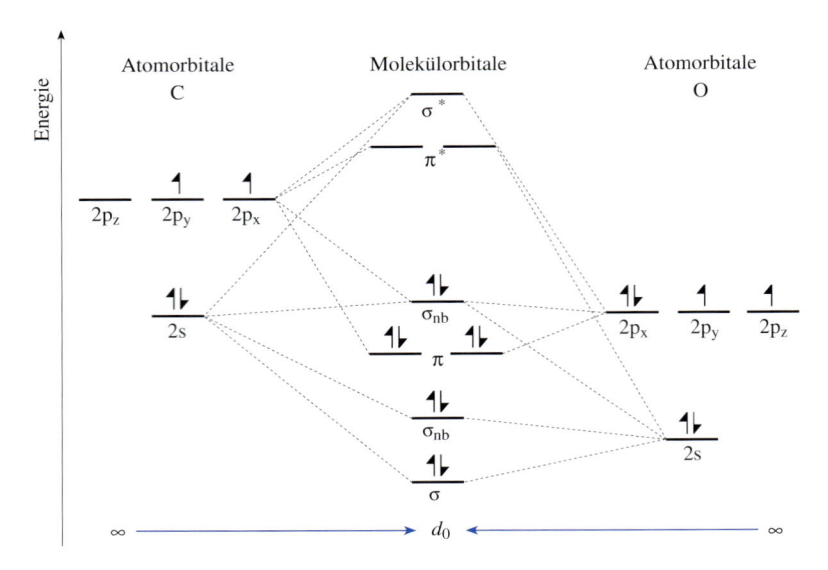

5.49 Vereinfachtes Molekülorbital-Diagramm für die 2s- und 2p-Atomorbitale des CO-Moleküls (nb: nichtbindend).

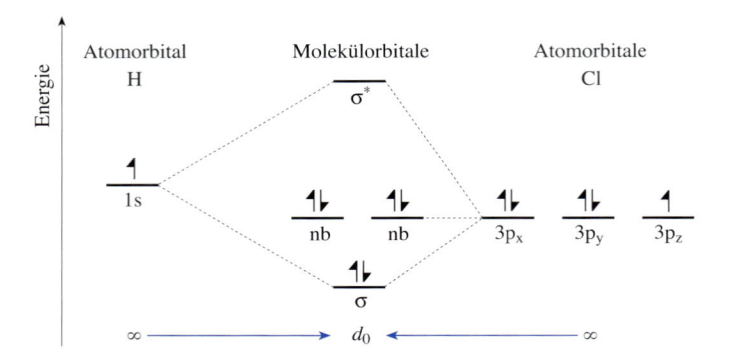

5.50 Molekülorbital-Diagramm für das HCl-Molekül.

nung, die zur Annahme einer Dreifachbindung führt. Die sehr hohe Bindungsenergie von 1072 kJ · mol^{-1} unterstützt diese Vermutung.

Die MO-Theorie kann auch auf zweiatomige Moleküle aus Atomen verschiedener Perioden angewendet werden. Es ist dann jedoch notwendig, in den beiden Atomen die Orbitale ähnlicher Energie zu identifizieren, eine Aufgabe, die weit über den Rahmen dieses Kapitels hinaus geht. Da es jedoch aufschlussreich ist, zumindest ein Beispiel zu geben, betrachten wir das Chlorwasserstoff-Molekül (Abbildung 5.50). Messungen ergeben, dass die 3p-Orbitale des Chlor-Atoms ein etwas niedrigeres Energieniveau haben als das 1s-Orbital des Wasserstoff-Atoms. Das 1s-Orbital kann nur eine σ-Bindung bilden und zwar mit dem 3p-Orbital, das entlang der Bindungsachse ausgerichtet ist (definitionsgemäß das p$_x$-Orbital). Wir schlussfolgern also, dass aus dem 1s- und dem 3p-Orbital ein bindendes und ein antibindendes σ-Molekülorbital gebildet werden. Da jedes Atom ein Elektron zur Bindung beiträgt, ist das bindende Molekülorbital vollständig besetzt. Diese Konfiguration ergibt eine Einfachbindung. Die beiden anderen 3p-Orbitale sind so orientiert, dass sie nicht mit dem 1s-Orbital des Wasserstoff-Atoms überlappen können. Daher werden diese mit Elektronenpaaren besetzten Orbitale als nichtbindende Orbitale betrachtet, d.h. dass sie im Molekül dieselbe Energie haben wie ursprünglich im Chlor-Atom.

Oktettüberschreitung bei den schwereren Hauptgruppenelementen

EXKURS

Viele Nichtmetalle bilden Molekül-Verbindungen oder Ionen, bei denen die Zahl der Elektronen am Zentralatom formal größer ist als acht. Typische Beispiele dafür sind PF_5, SF_6, SiF_6^{2-}, ClO_4^-, IF_7, XeF_2, XeF_4, XeF_6 und TeF_8^{2-}. Während man früher annahm, dass d-Orbitale des jeweiligen Zentralatoms an der Bindung beteiligt sind, haben neuere theoretische Untersuchungen gezeigt, dass deren Beitrag sehr gering ist. Man beschreibt die Bindung in diesen Teilchen heute durch *Mehrzentrenbindungen*. Eine Mehrzentrenbindung ist eine besondere Art der kovalenten Bindung, bei der ein Elektronenpaar nicht wie üblich für die Bindung zwischen zwei, sondern zwischen drei oder mehr Atomen verantwortlich ist.

Besonders gut untersucht ist in dieser Hinsicht das oktaedrisch aufgebaute SF_6-Molekül. Die drei F-S-F-Bindungsachsen fallen hier mit den drei Achsen eines kartesischen Koordinatensystems zusammen. Die 3s- und 3p-Orbitale des Schwefel-Atoms haben eine ähnliche Energie wie die 2p-Orbitale der sechs Fluor-Atome. Die Energie der 3d-Orbitale des Schwefel-Atoms ist sehr viel höher; d-Orbitale sind daher an den besetzten Molekülorbitalen so gut wie gar nicht beteiligt. Wir betrachten hier nur die p-Orbitale der sechs Fluor-Atome, die auf das Schwefel-Atom gerichtet sind. Das kugelförmige 3s-Orbital des Schwefel-Atoms bildet mit diesen auf den Bindungsachsen liegenden p-Orbitalen (p_σ) der Fluor-Atome ein bindendes und ein antibindendes Mehrzentren-Molekülorbital, an dem alle sieben Atome beteiligt sind. Jedes der drei p-Orbitale des Schwefel-Atoms kann hingegen nur mit den p-Orbitalen von jeweils zwei (*trans*-ständigen) Fluor-Atomen überlappen, die übrigen vier stehen senkrecht dazu. So entstehen dreifach entartete bindende und antibindende σ-Molekülorbitale. Dies entspricht drei Dreizentrenbindungen, an denen jeweils das Schwefel-Atom und zwei *trans*-ständige Fluor-Atome beteiligt sind. Weitere bindende oder antibindende Molekülorbitale sind mit diesem Satz von Atomorbitalen aus Symmetriegründen nicht möglich. Es gibt jedoch darüber hinaus zwei nichtbindende Molekülorbitale, die durch Kombination der p_σ-Orbitale von je vier Fluor-Atomen entstehen. Das vereinfachte MO-Diagramm für die σ-Bindungen ist in Abbildung 5.51 dargestellt. Eine zusätzliche Bindungsverstärkung kommt durch π-Wechselwirkungen zustande. Die insgesamt 12 Elektronen besetzen nun die vier bindenden und die beiden nichtbindenden, an den Fluor-Atomen lokalisierten Molekülorbitale. Tatsächlich sind am Schwefel-Atom also nur 8 und nicht wie die Lewis-Formel vermuten lässt 12 Valenzelektronen lokalisiert. Aus diesem Grunde sollte man besser von *Hyperkoordination* anstelle von *Hypervalenz* sprechen.

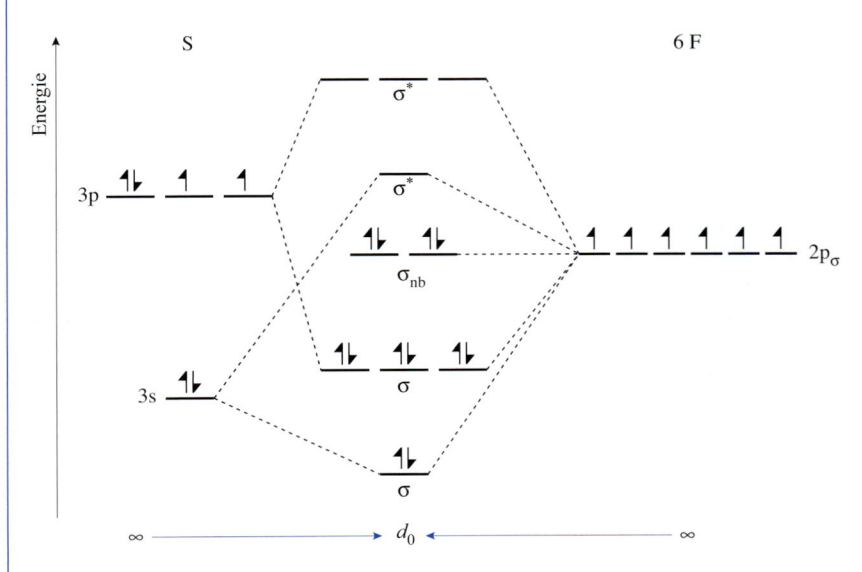

5.51 Vereinfachtes MO-Diagramm für das SF_6-Molekül.

Moleküorbital-Diagramme lassen sich also auch für Moleküle erstellen, die mehr als zwei Atome enthalten. Die Energieniveaudiagramme und die Orbitalformen werden jedoch immer komplizierter. In späteren Kapiteln werden wir an einigen Beispielen die Energieniveaudiagramme der π-Molekülorbitale einiger dreiatomiger Moleküle betrachten, um die experimentell ermittelten Bindungsordnungen zu erklären. Wir werden auf die MO-Theorie zurückkommen, wenn wir die Bindungen in den Komplexverbindungen der Übergangsmetalle besprechen (Kapitel 23).

Bei den meisten mehratomigen Molekülen und Komplexen sind wir jedoch eher an Vorhersagen über die Struktur als an detaillierten Beschreibungen der Energieniveaus der Orbitale interessiert.

5.12 Molekülsymmetrie

Um die Symmetrieeigenschaften von Molekülen oder Kristallen in knapper Form beschreiben zu können, verwendet man heute zwei Arten von **Symmetriesymbolen**, die *Schoenflies*-Symbole und die *Hermann-Mauguin*-Symbole. Die Schoenflies-Symbole werden bevorzugt verwendet, um die Symmetrie von *Molekülen* zu beschreiben; mithilfe der Hermann-Mauguin-Symbole charakterisiert man die Symmetrie von *Kristallgittern*. Der Text beschränkt sich auf die auch in Spektroskopie und Bindungstheorie verwendete Schoenflies-Symbolik.

Bei einer umfassenden Behandlung von Symmetrieoperationen stützt man sich auf Begriffe der mathematischen Gruppentheorie, einem Teilgebiet der Algebra. Die Symmetrieoperationen bilden danach eine algebraische Struktur mit den Eigenschaften einer Gruppe. Diese formale Betrachtung setzt voraus, dass man die sogenannte *Identität* als Symmetrieoperation hinzunimmt.

Eigenschaften von Molekülen wie das Dipolmoment und die Schwingungsbewegungen der Atome werden durch ihre Symmetrieeigenschaften bestimmt. Während wir im täglichen Leben qualitativ beurteilen, ob etwas „symmetrisch" aussieht, werden Symmetrieeigenschaften in den Naturwissenschaften systematisch und mathematisch exakt behandelt.

Symmetrieoperationen

Bei der Betrachtung von Symmetrieeigenschaften werden Moleküle vereinfacht als ein Gerüst mit punktförmigen Atomen aufgefasst. Ein solches System lässt sich beispielsweise durch eine Drehung oder eine Spiegelung in eine neue Lage bringen, die sich von der Ausgangslage nicht unterscheidet. Solche Vorgänge bezeichnet man allgemein als *Symmetrieoperationen*. Zu jeder Symmetrieoperation gehört ein charakterisitisches *Symmetrieelement*. Dies ist ein Punkt, eine Achse oder eine Ebene, die bei der Ausführung der Symmetrieoperation unverändert bleibt. Bei Molekülen sind folgende Arten von Symmetrieoperationen von Bedeutung:
1. die Rotation um eine Achse,
2. die Reflexion an einer Spiegelebene,
3. die Inversion durch ein Symmetriezentrum (Spiegelung durch einen Punkt),
4. die Drehspiegelung (Rotation um eine Achse, gefolgt von einer Spiegelung senkrecht zur Achse).

Rotation Die Symmetrieoperation *Rotation* ist eine Drehung des Moleküls um eine bestimmte Drehachse, die zu einer Lage führt, die von der Ausgangslage nicht zu unterscheiden ist.

Betrachten wir als Beispiel das trigonal-planare BF_3-Molekül. Bei einer Rotation des Moleküls um eine Drehachse durch das Bor-Atom und senkrecht zur Molekülebene kommt das Molekül nach 120, 240 und 360° mit der Ausgangslage zur Deckung. Wir nennen diese Achse eine *dreizählige* Rotationsachse (Schoenflies-Symbol C_3). Die drei einzelnen Rotationsschritte werden als C_3^1, C_3^2 und C_3^3 bezeichnet. Das Molekül weist zusätzlich drei *zweizählige* Achsen C_2 auf: Dreht man das Molekül um eine der drei B/F-Bindungsachsen, kommt es nach einer 180°-Drehung ebenfalls mit sich zur Deckung. Sämtliche Rotationsachsen im BF_3-Molekül sind in Abbildung 5.52 dargestellt.

In Molekülen mit mehr als einer Rotationsachse bezeichnet man die Achse mit der höchsten Zähligkeit als *Hauptdrehachse*; bei einer bildhaften Darstellung wird sie immer senkrecht angeordnet. Bei linearen Molekülen wie dem H_2-Molekül bringen beliebige, auch noch so kleine Drehungen um die Bindungsachse das Molekül mit sich selbst zur Deckung. Eine solche *unendlichzählige* Rotationsachse wird durch das Symbol C_∞ gekennzeichnet.

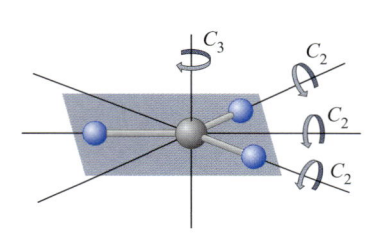

5.52 Drehachsen im BF_3-Molekül.

Spiegelung Ein Molekül weist eine *Spiegelebene* σ auf, wenn eine Fläche so angeordnet werden kann, dass sich Atome auf beiden Seiten der Fläche wie Bild und Spiegelbild verhalten. Um diese Ebene eindeutig zu beschreiben, bezieht man sich auf die senkrecht orientierte Hauptdrehachse. Im Falle von BF_3 ist die senkrecht zur C_3-Achse liegende Molekülebene eine Spiegelebene. Man nennt sie eine *horizontale* Spiegelebene, σ_h. Die drei parallel zur Hauptdrehachse liegenden Flächen, in denen die Bor/Fluor-Bindungen liegen, sind gleichfalls Spiegelebenen; sie werden entsprechend durch das Symbol σ_v (v von vertikal) gekennzeichnet. Die Spiegelebenen des BF_3-Moleküls sind in Abbildung 5.53 zu erkennen.

Im quadratisch-planaren XeF_4-Molekül (Abbildung 5.54) lassen sich *zwei* Arten von Spiegelebenen unterscheiden, die beide parallel zur Hauptdrehachse C_4 verlaufen. Die eine Art enthält die F-Xe-F-Achse (σ_v), die andere halbiert den F-Xe-F-Winkel. Man bezeichnet diese mit dem Symbol σ_d (d von diagonal).

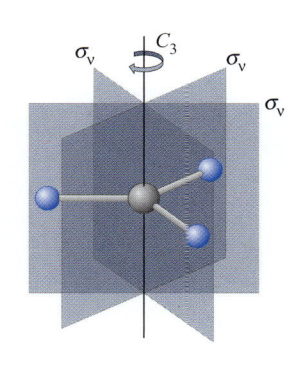

5.53 Vertikale Spiegelebenen im BF_3-Molekül.

Inversion Moleküle weisen ein Symmetrie- oder *Inversions-Zentrum* auf, wenn sich alle Atome eines Moleküls durch einen zentralen Punkt spiegeln lassen. Die Symmetrieoperation *Inversion* wird mit i abgekürzt. Im Falle des BF_3-Moleküls tritt kein Symmetriezentrum auf, wohl aber bei allen Molekülen mit einer geradzahligen Hauptdrehachse (C_2, C_4, C_6...) und einer horizontalen Spiegelebene σ_h (z.B. XeF_4). So weisen die Moleküle Ethin (C_2H_2), *trans*-Diazen (N_2H_2) oder Benzol (C_6H_6) ein Symmetriezentrum auf, die Moleküle von Wasser, *cis*-Diazen oder Methan hingegen nicht.

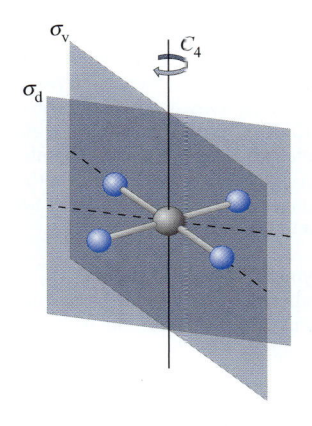

Drehspiegelung Die *Drehspiegelung* ist eine Kombination aus einer Drehung, gefolgt von einer Spiegelung senkrecht zur Drehachse. Sie wird mit S_n bezeichnet. Als Beispiel betrachten wir das tetraedrische CH_4-Molekül: Entlang der C-H-Bindungen gibt es insgesamt vier C_3-Achsen. Dazu kommen drei C_2-Achsen, die den Winkelhalbierenden der H-C-H- Winkel entsprechen. Abbildung 5.55 zeigt die Drehung um 90° entlang einer der C_2-Achsen gefolgt von einer dazu senkrechten Spiegelung, die das Methan-Molekül mit sich selbst zur Deckung bringt. Diese Transformation entspricht einer S_4-Operation. Es gibt also Molekülsymmetrien, bei denen die Zähligkeit der Drehspiegelachse größer ist als die der Hauptdrehachse.

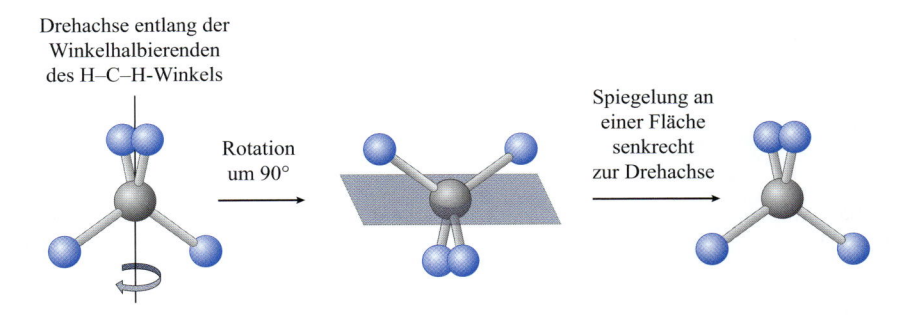

5.54 Vertikale Spiegelebenen im XeF_4-Molekül.

Drehachse entlang der Winkelhalbierenden des H–C–H-Winkels

Rotation um 90°

Spiegelung an einer Fläche senkrecht zur Drehachse

5.55 Drehspiegelachse S_4 im CH_4-Molekül.

Punktgruppen

Die Anzahl und Art der Symmetrieoperationen, die man an einer Molekülstruktur durchführen kann, wird kurz durch die sogenannte *Punktgruppe* beschrieben. Zum Beispiel hat das tetraedrische Methan-Molekül vier C_3-Achsen, drei C_2-Achsen, sechs Spie-

Das Punktgruppensymbol *D* wird verwendet, wenn senkrecht zur Hauptdreachse C_n insgesamt n C_2-Achsen verlaufen.

gelebenen σ_v drei Drehspiegelachsen S_4. Die Gesamtheit dieser Symmetrieoperationen wird durch das Punktgruppensymbol T_d gekennzeichnet (T von Tetraeder).

Zur Ermittlung der Punktgruppe einer Molekülstruktur ist es oft ausreichend, die Rotationsachsen, die Spiegelebenen und ein mögliches Symmetriezentrum zu ermitteln. In Tabelle 5.8 sind die häufigsten Punktgruppen zusammen mit den wichtigsten Symmetrieelementen und den zugehörigen Strukturen zusammengestellt. Abbildung 5.56 zeigt ein Fließschema zur Ermittlung von Punktgruppen.

Am Beispiel des Ammoniak-Moleküls soll gezeigt werden, wie das Fließschema benutzt wird. Wir bewegen uns in Frage und Antwort durch das Schema:

- Ist das Molekül linear? nein.
- Hat das Molekül T_d- oder O_h-Symmetrie? nein.
- Gibt es eine Hauptdrehachse C_n? ja, eine C_3-Achse.
- Gibt es n C_2-Achsen senkrecht zur C_3-Achse? nein.
- Gibt es drei Spiegelebenen σ_v? ja.

Die Punktgruppe ist somit C_{3v}.

Eine besondere Art der Symmetrie ist die sogenannte *Chiralität* (Händigkeit), die für den Ablauf von Lebensvorgängen von großer Bedeutung ist. Ein chirales Molekül ist nicht deckungsgleich mit seinem Spiegelbild. Solche Stoffe drehen die Ebene des polarisierten Lichts; sie werden als *optische Isomere* oder *Enantiomere* bezeichnet. Eine Mischung aus zwei gleich großen Anteilen zweier Enantiomere ist nicht mehr optisch aktiv. Solche Mischungen werden als *Racemat* bezeichnet. Beispiele für chirale Moleküle in der anorganischen Chemie sind oktaedrische Komplexe mit drei zweizähnigen Liganden, wie dem Ethylendiamin. Es ist nicht immer einfach zu erkennen, ob ein Molekül deckungsgleich zu seinem Spiegelbild ist oder nicht. Ein chirales Molekül hat prinzipiell keine Drehspiegelachse S_n.

Ein tetraedrisches Molekül wie CH_4 hat T_d-Symmetrie.
Ein oktaedrisches Molekül wie das SF_6 hat O_h-Symmetrie.

Die Symmetrieeigenschaften von Molekülen spielen bei Wechselwirkungen von Atomorbitalen, der Bildung chemischer Bindungen sowie dem Ablauf chemischer Reaktionen durch Wechselwirkungen zwischen Grenzorbitalen (HOMO, LUMO) eine Rolle. Auch ein tiefergehendes Verständnis der Infrarot- und UV/VIS-Spektren von Verbindungen erfordert Kenntnisse der Symmetrieeigenschaften.

Symmetrie von Kristallen.
Neben den für Moleküle besprochenen Symmetrieelementen, gibt es im Kristall zusätzlich Schraubenachsen und Gleitspiegelebenen. Es gibt 230 Kombinationsmöglichkeiten aller Symmetrieelemente im Kristall, die man *Raumgruppen*typen nennt.

Tabelle 5.8 Symmetrieelemente der häufigsten Punktgruppen, Molekülstruktur und Beispiele.

Punktgruppe	Symmetrieelemente	Struktur	Beispiel
C_1	kein		CHFClBr
C_i	Inversionszentrum		ClFHC-CHFCl
C_s	eine σ_v-Ebene		$SOCl_2$
C_2	eine C_2-Achse		H_2O_2
C_{2v}	eine C_2-Achse, zwei σ_v-Ebenen	gewinkelt (AB_2) oder planar (AB_2C)	H_2O $BFCl_2$
C_{3v}	eine C_3-Achse, drei σ_v-Ebenen	trigonal-pyramidal (AB_3)	NH_3
C_{4v}	eine C_4-Achse, zwei σ_v-Ebenen	quadratisch-pyramidal	BrF_5
$C_{\infty v}$	eine C_∞-Achse, unendlich viele σ_v-Ebenen	linear (ABC)	HCN
D_{2h}	drei C_2-Achsen, eine σ_h-, zwei σ_v-Ebenen, Symmetrie-Zentrum	planar	N_2O_4
D_{3h}	eine C_3-, drei C_2-Achsen, eine σ_h-, drei σ_v-Ebenen	trigonal-planar (AB_3)	BF_3
D_{4h}	eine C_4-, vier C_2-Achsen, eine σ_h-, vier σ_v-Ebenen, Symmetrie-Zentrum	quadratisch-planar (AB_4)	XeF_4
D_∞	eine C_∞-, unendlich viele C_2-Achsen, unendlich viele σ_v-, eine σ_h-Ebene, Symmetrie-Zentrum	linear (AB_2)	CO_2
T_d	vier C_3-, drei C_2-Achsen, sechs σ_v-Ebenen	tetraedrisch (AB_4)	CH_4
O_h	drei C_4-, vier C_3-, sechs C_2-Achsen, neun σ_v-Ebenen, Symmetrie-Zentrum	oktaedrisch (AB_6)	SF_6

5.12 Molekülsymmetrie

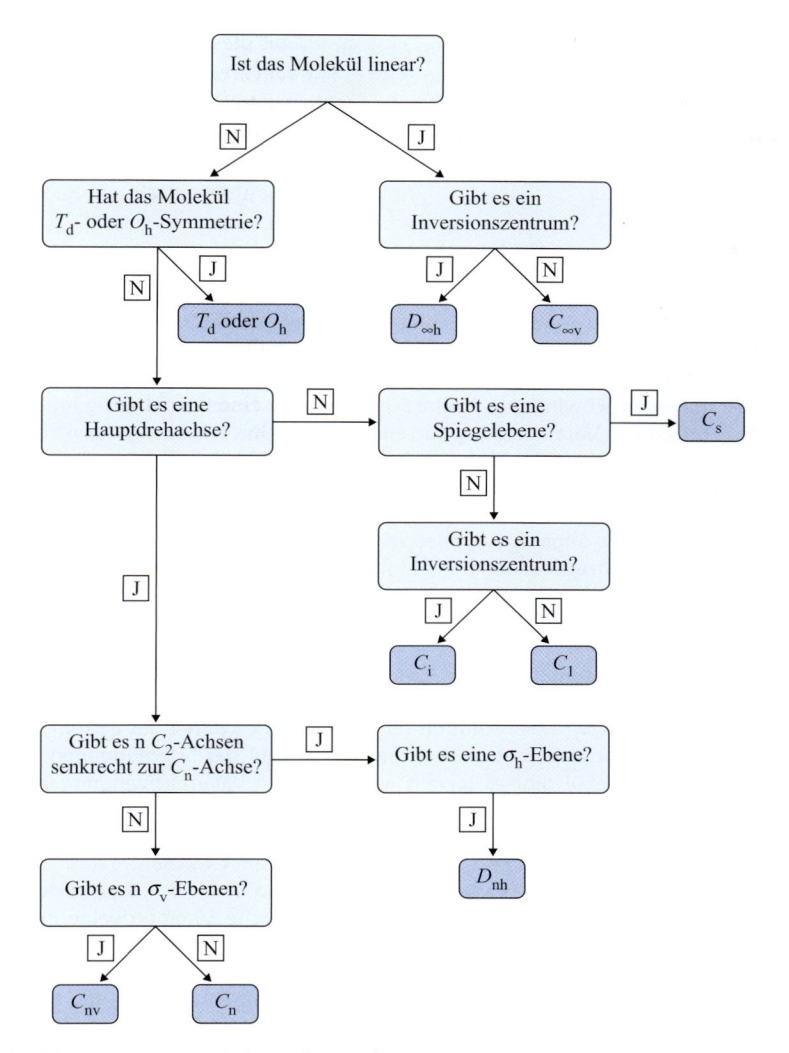

5.56 Fließdiagramm zu Ermittlung der Punktgruppe.

5.57 Vertikale Spiegelebenen des NH_3-Moleküls.

Infrarot- und Raman-Spektroskopie

EXKURS

In allen chemischen Verbindungen sind die Atome durch elastische Bindungen miteinander verknüpft. Die Anordnung der Atome ist also nicht starr, die Bindungsabstände und -Winkel können sich periodisch ändern. Man spricht deshalb auch von *Valenz-* und von *Deformations-Schwingungen*.

Das Studium der *Molekülschwingungen* liefert Informationen über die Stärke von chemischen Bindungen, die Symmetrie von Molekülen und in besonderen Fällen auch Informationen über Bindungslängen und Bindungswinkel.

Die Schwingungsspektroskopie ist eine universell einsetzbare Methode zur Untersuchung und Identifizierung von Gasen, Flüssigkeiten und Feststoffen. Molekülschwingungen können durch Einwirkung elektromagnetischer Strahlung mit Wellenlängen im Infrarotbereich (2,5 bis 100 μm, entsprechend 4000 bis 100 cm^{-1}) angeregt werden. Dabei wird Strahlung in einem bestimmten, für jede Schwingung charakteristischen, engen Bereich absorbiert.

Die Schwingungswellenzahl, bei der die Absorption erfolgt, ist umso größer je leichter die Atome und je stärker die Bindungen sind. Für zweiatomige Moleküle lässt sich die mit der Bindungsstärke zusammenhängende sogenannte *Kraftkonstante k* (Einheit: N·cm^{-1}) aus der beobachteten Schwingungswellenzahl berechnen:

$$\tilde{v} = 1303 \sqrt{k \cdot \left(\frac{1}{m_1} + \frac{1}{m_2}\right)}$$

m_1 und m_2 sind die Massenzahlen (in u). So ergibt sich für das H$_2$-Molekül mit der Schwingungswellenzahl von 4161 cm^{-1} eine Kraftkonstante von 5,1 N·cm^{-1}. Ändert sich bei der Schwingungsanregung das Dipolmoment eines Moleküls (z.B. HCl), so macht sich die Schwingung durch eine Absorptionsbande im IR-Bereich kenntlich. Ändert sich hingegen das Dipolmoment nicht, beobachtet man keine Absorption, man spricht auch von einer IR-inaktiven Schwingung. Solche Schwingungen lassen sich häufig im *Raman-Spektrum* beobachten. Voraussetzung für eine Raman-aktive Schwingung ist die Änderung der Polarisierbarkeit des Moleküls bei der Schwingungsanregung. Das Raman-Spektrum entsteht, wenn man eine Probe mit einem intensiven Laserstrahl (ca. 1 Watt) anregt. Durch unelastische Streuung der Laserphotonen an den Molekülen werden diese zu Schwingungen angeregt. Gemessen wird die Energiedifferenz zwischen der Laser- und der Raman-Streustrahlung. Bei Molekülen mit einem Inversionszentrum sind IR- und Raman-Spektren zueinander *komplementär*, es gibt also keine Schwingungen, die sowohl im IR- als auch im Raman-Spektrum auftreten. Man spricht deshalb von einem *Alternativverbot*.

Bei der Deformationsschwingung δ wird ein Bindungswinkel zwischen 3 Atomen verändert.
Bei der *Rocking-Schwingung* ϱ bewegt sich eine Gruppe von Atomen, z. B. >CH$_2$.
Bei der *Torsions-Schwingung* τ verändert sich ein Diederwinkel (Winkel zwischen zwei Flächen).

Ein Molekül mit N Atomen hat im Raum 3N Bewegungsfreiheitsgrade, darunter 3 Translationen und 3 Rotationen. Somit verbleiben 3N – 6 Schwingungsbewegungen. Bei linearen Molekülen wird die Rotation um die C_∞-Achse wegen des extrem kleinen Trägheitsmoments nicht angeregt, sodass hier die Anzahl der Schwingungen 3N – 5 beträgt. In einem Molekül gibt es jeweils genauso viele Valenzschwingungen (auch Streckschwingungen genannt, Symbol ν) wie Bindungen. Wegen der verschiedenen Arten von Winkeln in größeren Molekülen treten verschiedene Deformationsschwingungen auf, die durch die Symbole δ, ϱ und τ gekennzeichnet werden.

Das dreiatomige gewinkelte Wasser-Molekül muss also 3·3 – 6 = 3 Schwingungen aufweisen, von denen 2 Valenzschwingungen sind. Welche Symmetrieeigenschaften diese aufweisen und ob sie im IR- und oder Raman-Spektrum zu beobachten sind, lässt sich anhand von Symmetrieüberlegungen systematisch ermitteln. Bei kleinen Molekülen kann die Beschreibung der Schwingungsbewegungen auch intuitiv erfolgen. Abbildung 5.58 zeigt die drei Schwingungen des Wasser-Moleküls: die symmetrische Streckschwingung (3657 cm^{-1}), die asymmetrische Streckschwingung (3756 cm^{-1}) und die Deformationsschwingung (1595 cm^{-1}).

Das dreiatomige lineare Kohlenstoffdioxid-Molekül muss 3·3 – 5 = 4 Schwingungen aufweisen, von denen 2 Valenz- und 2 Deformationsschwingungen sind. Da das Molekül ein Inversionszentrum aufweist, gilt das Alternativverbot, d.h. IR- und Raman-Spektrum sind zueinander komplementär. Bei der symmetrischen Valenzschwingung (ν_s = 1330 cm^{-1}) ändert sich das Dipolmoment nicht, wohl aber das Volumen der Elektronenhülle und damit die Polarisierbarkeit. Diese Schwingung ist daher nur im Raman-Spektrum zu beobachten. Bei der asymmetrischen Valenzschwingung (ν_{as} = 2349 cm^{-1}) und der *zweifach entarteten* Deformationsschwingung δ = 667 cm^{-1}) ändert sich nur das Dipolmoment, nicht aber die Polarisierbarkeit und die beiden Schwingungen sind entsprechend nur im IR-Spektrum beobachtbar. Der Ausdruck „zweifach entartet" bedeutet, dass es zwei Deformationsschwingungen gleicher Energie gibt, die sich senkrecht zueinander bewegen.

5.58 Die drei Grundschwingungen des H$_2$O-Moleküls. Von links nach rechts: Streckschwingung, asymmetrische Streckschwingung, Deformationsschwingung.

Abbildung 5.59 zeigt die beiden Valenzschwingungen des Kohlenstoffdioxid-Moleküls (v_s = 1330 cm^{-1}, v_{as} = 2349 cm^{-1}) und die zwei entarteten Deformationsschwingungen gleicher Energie δ = 667 cm^{-1}).

$$O \leftarrow C \rightarrow O \qquad O \downarrow \overset{\uparrow}{C} \downarrow O$$

$$O \leftarrow C \rightarrowtail O \qquad \overset{-}{O} - \overset{+}{C} - \overset{-}{O}$$

5.59 Die drei Grundschwingungen des CO$_2$-Moleküls. Links sym. und asym. Streckschwingung, rechts die 2-fach entartete Deformationsschwingung

Die Raman-Spektroskopie hat gegenüber der IR-Spektroskopie große praktische Vorteile, da die Proben direkt in Glasröhrchen und auch in wässeriger Lösung gemessen werden können. Dagegen absorbiert Wasser stark die IR-Strahlung und es müssen besondere im infraroten Wellenlängenbereich transparente Fenstermaterialien verwendet werden (KBr, AgCl, Si, ZnS...). Abbildung 5.60 zeigt das IR- und Raman-Spektrum des Nitrat-Ions in Wasser und Abbildung 5.61 die vier Grundschwingungen.

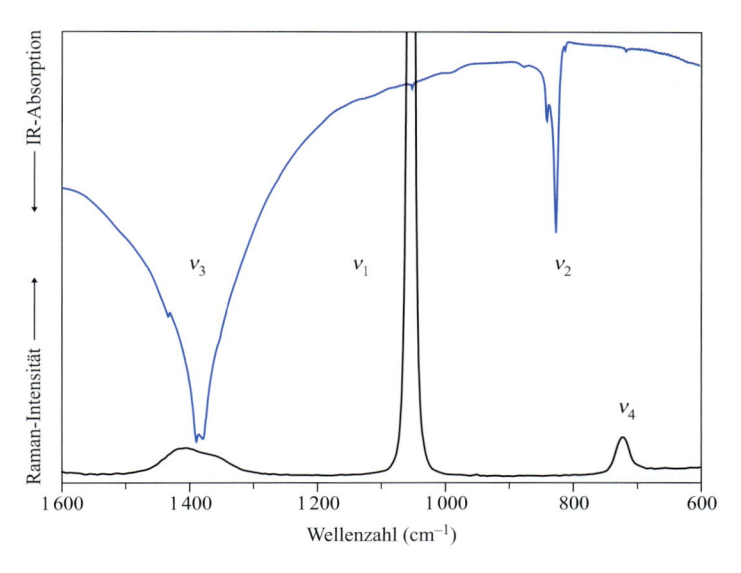

5.60 Das IR- und Raman-Spektrum des NO$_3^-$-Anions.

5.61 Die vier Grundschwingungen des NO$_3^-$-Anions. v_1: symmetrische Streckschwingung, v_2: Out-of-plane-Deformationsschwingung, v_3: asymmetrische Streckschwingung (2-fach entartet), v_4: asym. Deformationsschwingung (2-fach entartet)

ÜBUNGEN

5.1 Definieren Sie folgende Begriffe: a) Oktettregel, b) VSEPR-Modell, c) intramolekulare Kräfte, d) kovalente Netzwerke, e) Elektronegativität, f) Wasserstoffbrückenbindung, g) Hybridisierung, h) LCAO-Theorie, i) s-Orbital.

5.2 Zeichnen Sie die Valenzstrichformeln für a) Sauerstoff(II)-fluorid, b) Phosphor(III)-chlorid, c) Xenon(II)-fluorid, d) das Tetrachloroiodat(III)-Anion (ICl_4^-), e) das Ammonium-Ion, f) Tetrachlormethan, g) das Hexafluorosilicat-Anion (SiF_6^{2-}), h) das Pentafluorosulfat(IV)-Ion (SF_5^-).

5.3 a) Zeichnen Sie beide Grenzformeln für das Nitrit-Ion und geben Sie die mittlere Bindungsordnung der N/O-Bindungen an.

b) Zeichnen Sie die drei Grenzformeln für das Carbonat-Ion und geben Sie die mittlere Bindungsordnung der C/O-Bindungen an.

5.4 Das Thiocyanat-Ion (NCS^-) ist ein lineares Ion mit einem zentralen Kohlenstoff-Atom. Konstruieren Sie zunächst alle denkbaren Valenzstrichformeln für dieses Ion und identifizieren Sie dann anhand der Formalladungen die sinnvollsten Strukturen.

5.5 Erläutern Sie anhand der Formalladungen, warum im Falle des Bortrifluorids eine Struktur mit einer Doppelbindung zu einem der Fluor-Atome, die dem Bor-Atom ein Elektronenoktett liefern würde, eher ungünstig ist.

5.6 Bestimmen Sie für jedes Molekül bzw. Ion aus Übung 5.2 die Anordnung der Elektronenpaare und die Struktur des Moleküls nach dem VSEPR-Modell.

5.7 Für welche der folgenden dreiatomigen Moleküle erwarten Sie eine lineare und für welche eine gewinkelte Struktur? Schlagen Sie für die gewinkelten Moleküle einen ungefähren Bindungswinkel vor. a) Kohlenstoffdisulfid (CS_2), b) Chlordioxid (ClO_2), c) gasförmiges Zinn(II)-chlorid ($SnCl_2$), d) Nitrosylchlorid (NOCl), e) Xenon(II)-fluorid (XeF_2), f) BrF_2^+, g) BrF_2^-, h) CN_2^{2-}.

5.8 Für welche der Moleküle und Ionen aus Übung 5.2 erwarten Sie aufgrund des größeren Raumbedarfs freier Elektronenpaare Abweichungen der Bindungswinkel von den Winkeln in regulären Polyedern?

5.9 Die Moleküle AsF_3 und $AsCl_3$ haben Bindungswinkel von 96,2° bzw. 98,5°. Wie lässt sich der Unterschied erklären?

5.10 Welche Struktur würden Sie für ein CO_2^--Ion erwarten? Wie groß wäre ungefähr der Bindungswinkel?

5.11 Im Distickstoffmonoxid sind die Atome in der Reihenfolge NNO und nicht in der symmetrischen Reihenfolge NON angeordnet. Schlagen Sie eine Erklärung vor.

5.12 a) Das Cyanat-Ion (OCN^-) bildet viele stabile Salze, während Salze mit dem Fulminat-Ion (CNO^-) häufig explosiv sind. Schlagen Sie eine Erklärung vor.

b) Es wäre auch eine dritte Anordnung der Atome, nämlich CON^-, denkbar. Erklären Sie, warum dies wohl kaum ein stabiles Ion ist.

5.13 Welche der beiden folgenden Gasphasenreaktionen wird bevorzugt ablaufen? Begründen Sie Ihre Entscheidung.

NO + CN → NO^+CN^-

NO + CN → NO^-CN^+

5.14 Zeichnen Sie eine Valenzstrichformel für das Ion $C(CN)_3^-$ und geben Sie die wahrscheinlichste Geometrie an. Tatsächlich ist das Ion planar. Zeichnen Sie eine der Grenzstrukturen, die mit dieser Beobachtung vereinbar wäre.

5.15 Für welche Verbindung würden Sie eine höhere Schmelztemperatur erwarten, für Brom (Br_2) oder für Iodchlorid (ICl)? Begründen Sie Ihre Entscheidung.

5.16 Bestimmen Sie für jedes der Moleküle bzw. Ionen aus Übung 5.2, ob es sich um eine polare oder eine unpolare Spezies handelt.

5.17 Phosphor(V)-fluorid hat eine höhere Siedetemperatur (189 K) als Phosphor(III)-fluorid (172 K), während Antimon(V)-chlorid eine niedrigere Siedetemperatur (413 K) als Antimon(III)-chlorid (556 K) hat. Schlagen Sie eine Erklärung für diese unterschiedliche Reihenfolge vor.

5.18 Für welche Verbindung würden Sie jeweils die höhere Siedetemperatur erwarten? a) für Schwefelwasserstoff (H_2S) oder für Selenwasserstoff (H_2Se), b) für Ammoniak (NH_3) oder für Phosphan (PH_3), c) für Phosphan (PH_3) oder für Arsan (AsH_3). Begründen Sie Ihre Entscheidungen.

5.19 Skizzieren Sie für jede der folgenden Verbindungen die Struktur des im Gaszustand vorliegenden Moleküls und beschreiben Sie den Hybridisierungszustand des Zentralatoms: a) Indium(I)-iodid, b) Zinn(II)-bromid ($SnBr_2$), c) Antimon(III)-bromid ($SbBr_3$), d) Tellur(IV)-chlorid ($TeCl_4$), e) Iod(V)-fluorid (IF_5).

5.20 Verwenden Sie Abbildung 5.33 als Modellfall und zeigen Sie, wie man anhand des Hybridisierungsmodells die Bindung im gasförmigen Berylliumchlorid-Molekül (a) und im Methan-Molekül (b) erklären kann.

5.21 Formulieren Sie für jedes der Moleküle bzw. Ionen aus Übung 5.2 den Hybridisierungszustand der Orbitale des Zentralatoms.

5.22 Beantworten Sie die folgenden Fragen jeweils anhand eines MO-Diagramms.
  a) Welche Bindungsordnung ergibt sich für das H_2^--Ion? Wäre das Ion diamagnetisch oder paramagnetisch?
  b) Würden Sie erwarten, dass ein Be_2-Molekül existiert?
  c) Welche Bindungsordnung ergibt sich für das N_2^+-Ion bzw. das O_2^+-Ion? Stellen Sie die Elektronenkonfigurationen [$KK(\sigma_{2s})^2,...$] für diese Ionen auf.

5.23 Leiten Sie die Bindungsordnungen für das NO^+-Kation sowie für das NO^--Anion her. Gehen Sie von der Annahme aus, dass die energetische Abfolge der Molekülorbitale denen im Kohlenstoffmonoxid ähnelt.

5.24 Konstruieren Sie ein Molekülorbitaldiagramm für ein B_2-Molekül. Welche Bindungsordnung ergibt sich daraus? Konstruieren Sie anhand der energetischen Abfolge der Molekülorbitale für die schwereren Elemente der zweiten Periode noch einmal ein solches Diagramm für B_2. Welche messbare Eigenschaft würde für die eine oder die andere Lösung sprechen?

5.25 Konstruieren Sie die Molekülorbitaldiagramme und stellen Sie die Elektronenkonfigurationen für das C_2^--Anion und das C_2^+-Kation auf. Bestimmen Sie für beide Ionen die Bindungsordnung.

5.26 Welche Molekülorbitale können durch die Überlappung von d-Orbitalen mit s- und p-Orbitalen entstehen? Zeichnen Sie Diagramme, in denen die Überlappung der d-Atomorbitale mit s- und p-Orbitalen zu σ- und π-Molekülorbitalen dargestellt wird.

Die Bindung in Metallen lässt sich am besten anhand der Molekülorbitaltheorie erklären, die schon im Zusammenhang mit der kovalenten Bindung besprochen wurde. Die Anordnung der Atome im Metallgitter kann als eine Packung starrer Kugeln betrachtet werden, wie sie auch bei ionischen Verbindungen vorkommt. Die Bindungsverhältnisse in Metallen weisen damit Beziehungen sowohl zu den kovalenten Stoffen als auch zu den Ionenverbindungen auf.

Die metallische Bindung

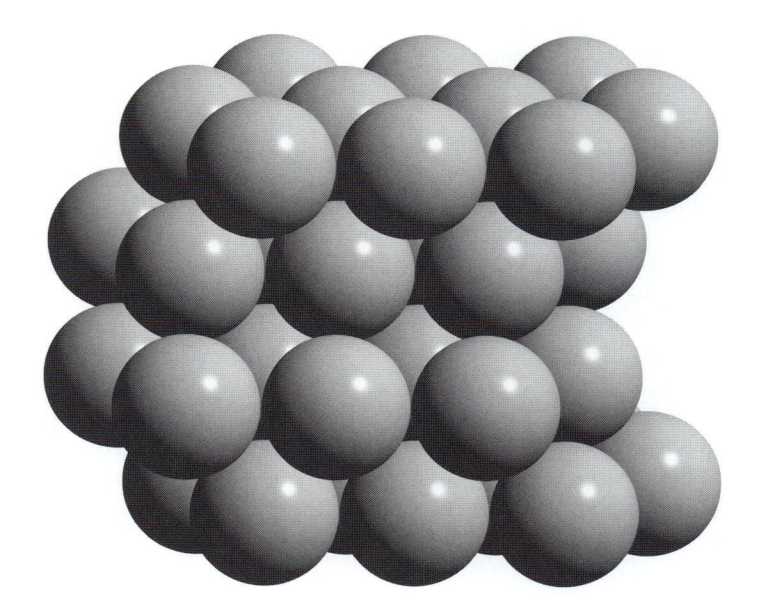

6

Kapitelübersicht

6.1 Bindungsmodelle für Metalle und Halbleiter

6.2 Bindungstypen im Vergleich
Exkurs: Das Bindungstetraeder
Exkurs: Zintl-Phasen
Exkurs: Einlagerungsverbindungen, Gashydrate und MOFs

6. Die metallische Bindung

Kupfer-Steinzeit (Chalkolithikum): um 2000 v. Chr.
Bronzezeit: 2. Jahrtausend v. Chr.
Eisenzeit: ab 8. Jahrhundert v. Chr.
Die Zeitangaben beziehen sich auf die Entwicklung in Europa.

Neben der Eignung des Metalls für einen bestimmten Zweck sind vielfach auch die Verfügbarkeit von Erzen und die Herstellungskosten ausschlaggebend für die Auswahl metallischer Werkstoffe.

Die Gewinnung von Metallen aus ihren Erzen stand in engem Zusammenhang mit der Entwicklung der Zivilisation: Eine Legierung aus Kupfer und Zinn, die *Bronze*, war das erste weit verbreitete metallische Material. Mit verbesserter Hüttentechnik stand dann auch Eisen zur Verfügung. Aufgrund seiner größeren Härte wurde es für die Herstellung von Schwertern und Pflügen bevorzugt.

Als Schmuck dienten vor allem die leicht formbaren Edelmetalle Silber und Gold.

Im Laufe der Jahrhunderte wurden zahlreiche weitere Metalle entdeckt, sie machen einen Großteil der Elemente des Periodensystems aus. Im täglichen Leben spielt jedoch nur eine kleine Anzahl von Metallen eine größere Rolle, neben Eisen insbesondere Kupfer, Aluminium, Zink und Blei.

Bei der Einteilung der Elemente in Kapitel 3 haben wir festgestellt, dass hohe elektrische Leitfähigkeit in den drei Raumrichtungen das wichtigste Charakteristikum der Metalle ist. Im Gegensatz zu den Nichtmetallen, bei denen die Valenzelektronen überwiegend jeweils zwischen zwei Atomen lokalisiert sind, teilen Metall-Atome ihre Außenelektronen mit *allen* anderen Atomen. Die hohe elektrische und thermische Leitfähigkeit von Metallen sowie ihr hohes Reflexionsvermögen lassen sich auf die freie Beweglichkeit der Elektronen über das gesamte Metallgitter hinweg zurückführen.

Die Bindungen im Metall sind nicht gerichtet, sodass die Atome leicht aneinander vorbei gleiten und neue metallische Bindungen bilden können. Das erklärt die gute Form- und Dehnbarkeit der meisten Metalle. Die Tatsache, dass sich metallische Bindungen so leicht bilden, erklärt auch die Möglichkeit, Bauteile aus hochschmelzenden Metallen durch *Sintern* herzustellen. Dabei wird Metallpulver in eine Form gefüllt und hohen Temperaturen und Drücken ausgesetzt. Über die Grenzen der einzelnen Körnchen hinweg bilden sich dann metallische Bindungen, ohne dass das Metall die Schmelztemperatur erreicht.

Während kovalente Molekülverbindungen niedrige und ionische Verbindungen hohe Schmelztemperaturen haben, liegen die Schmelztemperaturen der Metalle in einem sehr weiten Bereich: zwischen −39 °C für Quecksilber und 3 410 °C für Wolfram. Die metallische Bindung bleibt auch im flüssigen Zustand bestehen, denn auch Metallschmelzen sind gute Leiter für Wärme und Elektrizität. In der Gasphase gehen die metallischen Eigenschaften jedoch verloren. Die Siedetemperatur hängt unmittelbar mit der Stärke der metallischen Bindung zusammen. So hat Quecksilber bei einer Siedetemperatur von 357 °C eine Atomisierungsenthalpie von 61 kJ · mol^{-1}, für Wolfram liegen die Werte bei 5 650 °C bzw. 829 kJ · mol^{-1}. Die Stärke der metallischen Bindung im Quecksilber entspricht etwa intermolekularen Anziehungskräften, während die Bindung beim Wolfram in ihrer Stärke vergleichbar ist mit einer kovalenten Mehrfachbindung. Im gasförmigen Zustand liegen Metalle als einzelne Atome und zu einem geringen Anteil auch als zwei- oder mehratomige Moleküle vor.

6.1 Bindungsmodelle für Metalle und Halbleiter

Jede Theorie der metallischen Bindung muss den charakteristischen Eigenschaften der Metalle Rechnung tragen, von denen die wichtigste die hohe elektrische Leitfähigkeit ist. Des Weiteren sollte jedes Modell auch die hohe Wärmeleitfähigkeit und das hohe Reflexionsvermögen, den metallischen Glanz, erklären.

Das einfachste Bindungsmodell für Metalle ist das **Elektronengasmodell**. Ein Metall besteht danach aus ortsfesten Ionen (Atomrümpfen) und aus im gesamten Metallgitter frei beweglichen Elektronen, die den elektrischen Strom leiten. Die Bewegung der Valenzelektronen bewirkt die Wärmeleitfähigkeit eines Metalls. Auch die mit steigender Temperatur sinkende elektrische Leitfähigkeit kann mit diesem einfachen Modell plausibel gemacht werden: Erwärmt man ein Metall, werden durch die zugeführte Wärme die Atome bzw. Ionen in Schwingungen um ihre Ruhelage versetzt. Die Bewegung der

Elektronen durch das Metallgitter wird dadurch behindert und die elektrische Leitfähigkeit sinkt. Das Modell des Elektronengases ist anschaulich, erlaubt aber keinen tieferen Einblick in die metallische Bindung.

Das Bändermodell

Das vom Molekülorbitalmodell ausgehende *Bändermodell* liefert ein vertieftes Verständnis der metallischen Bindung. Dieses Modell soll anhand des Beispiels Lithium illustriert werden. In Kapitel 5 wurde bereits erläutert, wie sich zwei Lithium-Atome in der Gasphase verbinden und so ein Li_2-Molekül bilden. Abbildung 6.1 zeigt das MO-Diagramm für die Kombination von zwei 2s-Atomorbitalen (beide Atomorbitale sind auf der linken Seite des Bildes dargestellt). Ein ähnliches Bild ergibt sich für ein Teilchen aus vier Lithium-Atomen (Abbildung 6.2). Wiederum müssen genauso viele Molekülorbitale entstehen, wie 2s-Atomorbitale vorhanden waren. Je zur Hälfte sind es bindende und antibindende Orbitale. Die Orbitalenergien dürfen aber nicht exakt gleich groß sein, da sonst das Pauli-Verbot verletzt würde, nach dem in einem Molekül keine zwei Elektronen in allen Quantenzahlen übereinstimmen.

Ein Metallkristall lässt sich als ein sehr großes Molekül auffassen, in dem die Orbitale von n Atomen (n ist dabei eine sehr große Zahl) miteinander kombiniert werden. Dabei gelten dieselben Bindungsprinzipien wie bei kovalenten Verbindungen. Für das Beispiel Lithium ergeben sich damit ½ n bindende σ_{2s}-Molekülorbitale und ½ n antibindende σ_{2s}^*-Molekülorbitale. Bei einer so großen Anzahl an Energieniveaus wird der Abstand zwischen den einzelnen Niveaus jedoch so klein, dass sich im Grunde ein Kontinuum bezüglich der Orbitalenergien bildet. Dieses Kontinuum wird als ein *Band* bezeichnet. Im Falle eines Lithium-Kristalls ist das sich aus den 2s-Orbitalen ergebende Band insgesamt gesehen zur Hälfte gefüllt. Dies bedeutet, dass der σ_{2s}-Teil des Bandes besetzt ist während der σ_{2s}^*-Teil des Bandes unbesetzt bleibt (Abbildung 6.3).

Vereinfacht kann man die elektrische Leitfähigkeit auf die unmerklich kleine Energiezufuhr zurückführen, durch die Elektronen aus bindenden Molekülorbitalen in leere antibindende Orbitale überführt werden. Diese Elektronen können sich dann frei innerhalb des gesamten Metallgitters bewegen und ermöglichen so einen Stromfluss. Auch die Wärmeleitfähigkeit der Metalle ist auf „freie" Elektronen zurückzuführen.

In Kapitel 2 wurde besprochen, dass Licht absorbiert und emittiert wird, wenn Elektronen von einem Energieniveau auf ein anderes übergehen. Die Lichtemission kann in Form eines Linienspektrums beobachtet werden. Aufgrund der großen Anzahl an Energieniveaus in einem Metall gibt es eine fast unendliche Zahl möglicher Übergänge. Folglich können die Atome an der Metalloberfläche Licht jeder Wellenlänge absorbieren; sie geben dann entsprechend Licht derselben Wellenlänge wieder ab, da die Elektronen dieselbe Energie freisetzen, wenn sie wieder in den Grundzustand zurück fallen. Daher erklärt das Bändermodell das Reflexionsvermögen der Metalle.

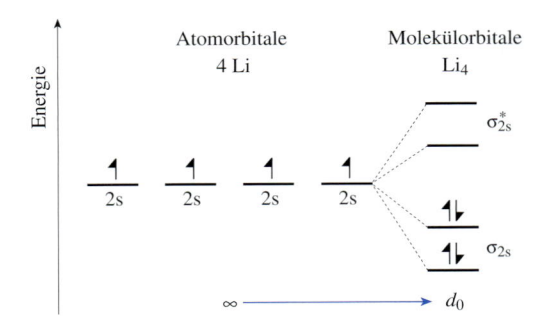

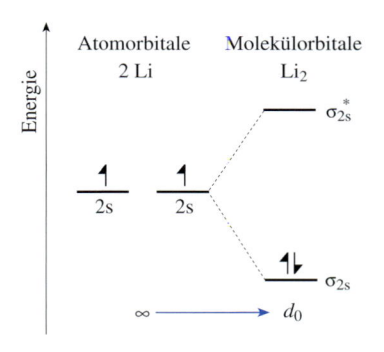

6.1 MO-Diagramm für ein gasförmiges Li_2-Molekül.

Aus bestimmten Orbitalenergien bei isolierten Atomen werden in einem Kristall relativ breite Bereiche von Energiezuständen, die man Energiebänder nennt.

6.2 MO-Diagramm für ein gasförmiges Li_4-Molekül.

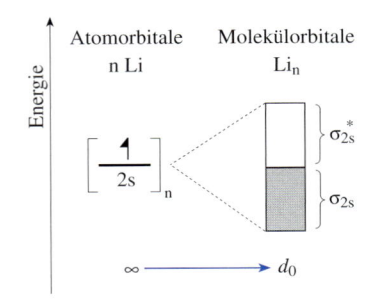

6.3 Metallisches Lithium: Energieband aus den 2s-Atomorbitalen von n Lithium-Atomen.

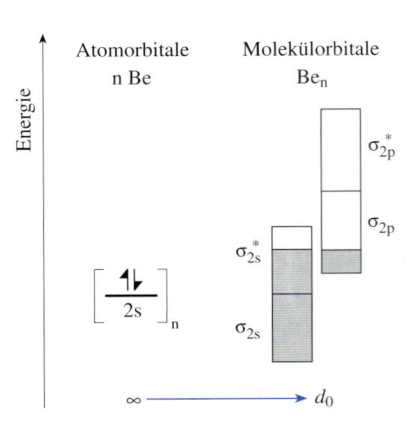

6.4 Aus den Valenz-Orbitalen der Beryllium-Atome (2s und 2p) gebildete Energiebänder.

Auch Beryllium lässt sich mit dem Bändermodell beschreiben. Bei der Elektronenkonfiguration von [He]$2s^2$ sind sowohl das σ_{2s}- als auch das σ_{2s}^*-Molekülorbital vollständig besetzt. Dies bedeutet, dass das aus den 2s-Atomorbitalen entstehende Band vollständig besetzt ist. Eine erste Schlussfolgerung könnte sein, dass Beryllium keine metallischen Eigenschaften zeigen wird, da im Band kein Platz bleibt, in dem sich Elektronen frei bewegen können. Das leere 2p-Band überlappt jedoch mit dem 2s-Band und ermöglicht es den Elektronen, sich über das gesamte Metallgitter hinweg zu bewegen (Abbildung 6.4).

Halbleiter, Dotierung

Man kann anhand des Bändermodells erklären, warum einige Materialien den elektrischen Strom leiten, andere hingegen nicht und wiederum andere Halbleiter sind. Man unterscheidet dazu schematisch *Valenzband* und *Leitungsband*. In *Metallen* überlappen sich die Energiebereiche von Valenzband und Leitungsband, sodass ein Teil der Elektronen beweglich ist (Abbildung 6.5a). Bei Nichtmetallen ist das unbesetzte Leitungsband dagegen durch eine – im Vergleich zur thermischen Energie – große *Bandlücke* („verbotene Zone") vom Valenzband getrennt (Abbildung 6.5c). Solche Stoffe erweisen sich als *Isolatoren*, da Elektronen des Valenzbandes nicht ins Leitungsband angehoben werden können. Bei einigen Elementen und Verbindungen liegen die Bänder nahe genug beieinander, sodass ein Teil der Elektronen schon bei normaler Temperatur in das unbesetzte Leitungsband übergehen kann (Abbildung 6.5b). Solche Stoffe bezeichnet man als *Halbleiter*; soweit keine Fremdatome beteiligt sind, spricht man von einem *Eigenhalbleiter*. Mit steigender Temperatur steigt auch die Zahl der Elektronen im Leitungsband. Bei Halbleitern nimmt dadurch im Gegensatz zu Metallen die elektrische Leitfähigkeit mit steigender Temperatur zu.

Unsere modernen Technologien hängen in vielen Aspekten von halbleitenden Materialien ab und man hat gelernt, Halbleiter mit sehr spezifischen Eigenschaften zu synthetisieren. Dazu werden Elemente mit einer breiten Bandlücke gezielt durch Atome anderer Elemente „verunreinigt"; man spricht von einer *Dotierung*. Dadurch werden Energieniveaus im Bereich der Bandlücke der Hauptkomponente verfügbar. Auf diesem Wege können die elektrischen Eigenschaften von Halbleitern an fast alle Anforderungen angepasst werden.

Die Dotierung eines Halbleiters wie Silicium kann zum einen durch ein Element mit einer um eins größeren Anzahl an Valenzelektronen erfolgen, also ein Element aus Gruppe 15, z.B. Arsen. Ein Arsen-Atom nimmt dann den Platz eines Silicium-Atoms ein, ist also durch vier kovalente Bindungen an die Nachbaratome gebunden. Da ein Arsen-Atom aber über fünf Valenzelektronen verfügt, ist ein Elektron überzählig. Dieses

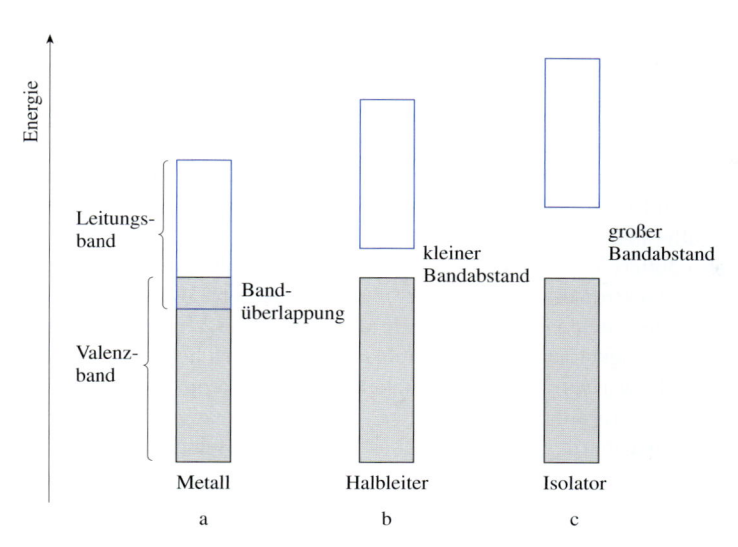

6.5 Schematische Darstellung der Bandstrukturen von Metallen (a), Halbleitern (b) und Isolatoren (c).

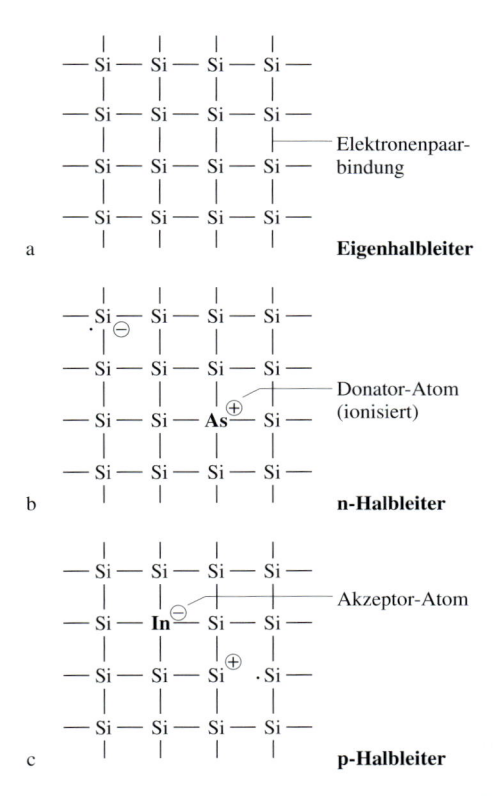

6.6 Dotierung von reinem Silicium (a) mit Arsen (b) bzw. mit Indium (c). (Der Übersichtlichkeit wegen ist das dreidimensionale Gitter hier zweidimensional dargestellt.)

ist nicht an das Arsen-Atom gebunden, sondern über das gesamte Gitter *delokalisiert*; es kann sich an jedem anderen Atom befinden (Abbildung 6.6a, b). Energetisch gesehen gehört es in den Bereich der Bandlücke von reinem Silicium. Einen derartig dotierten Halbleiter mit delokalisierten Elektronen bezeichnet man als **n-Halbleiter**, wobei n für negativ (Elektronen) steht.

Umgekehrt kann Silicium auch mit einem Element aus der Gruppe 13 dotiert werden, z. B. Indium. Auch ein Indium-Atom besetzt eine reguläre Position im Silicium-Gitter und ist gleichfalls durch vier kovalente Bindungen an die Nachbaratome gebunden. Offenkundig steht hierfür jedoch ein Elektron zu wenig zur Verfügung. Auch dieses **Defektelektron** oder **Elektronenloch** ist nicht an das Dotierungsatom gebunden; es ist delokalisiert und kann sich mit gleicher Wahrscheinlichkeit an jedem anderen Atom im gesamten Gitter befinden (Abbildung 6.6c).

Einen so dotierten Halbleiter bezeichnet man als **p-Halbleiter**. p steht hier für positiv, womit das Elektronenloch gemeint ist. Die elektrischen Eigenschaften von dotierten Halbleitern unterscheiden sich erheblich von denen der reinen Eigenhalbleiter. Die elektrische Leitfähigkeit ist wesentlich höher, beruht jedoch bei den n- bzw. p-dotierten Halbleitern auf zwei verschiedenen Mechanismen. Während die Leitfähigkeit von n-dotierten Halbleitern auf die Beweglichkeit von Elektronen zurückzuführen ist (*Elektronenleitung*), beruht die Leitfähigkeit eines p-dotierten Halbleiters auf der Wanderung der Elektronenlöcher im Gitter. Man bezeichnet diesen Leitfähigkeitsmechanismus daher auch als *Löcherleitung*.

p/n-Übergang Interessant ist nun eine Grenzfläche, an der sich ein n-dotiertes und ein p-dotiertes Material berühren. Man bezeichnet dies als einen *p/n-Übergang*. An der unmittelbaren Kontaktstelle der beiden Materialien besetzen die Überschusselektronen des n-dotierten Materials spontan die Elektronenlöcher des p-dotierten Halbleiters (Abbildung 6.7). In dieser Grenzschicht sinkt damit die Zahl der Ladungsträger drastisch ab, es entsteht eine sogenannte *Sperrschicht*.

Technisch hat das sehr wichtige Konsequenzen: Legt man eine Gleichspannung von wenigen Volt an, sodass der negative Pol mit dem p-dotierten und der positive Pol mit dem n-dotierten Halbeiter verbunden ist, werden die Überschusselektronen im n-dotierten und die Defektelektronen im p-dotierten Halbleiter von der Spannungsquelle angezogen. Als Folge verbreitert sich die Sperrschicht, ein Stromfluss ist nicht möglich. Bei umgekehrter

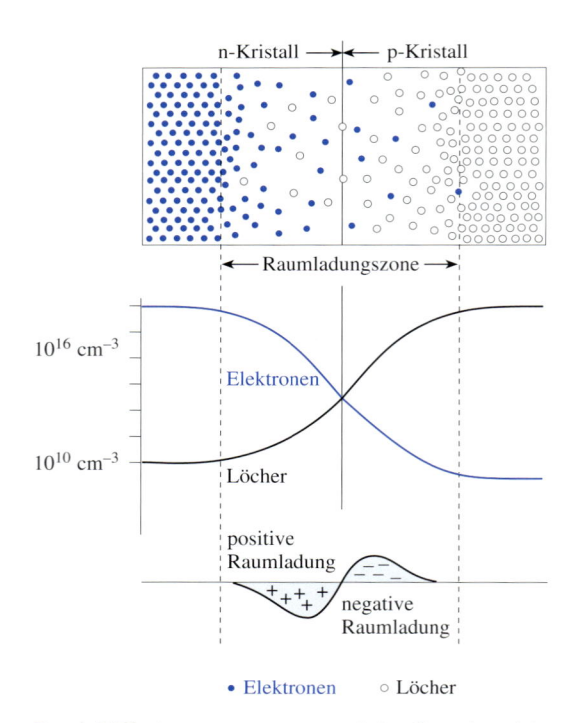

6.7 p/n-Übergang: Durch Diffusionsprozesse verarmt der Grenzbereich zwischen n-dotiertem und p-dotiertem Material an Ladungsträgern.

Tabelle 6.1 Eigenschaften einer Reihe isoelektronischer Feststoffe

Feststoff	Gitterkonstante a (pm)	Elektronegativitätsdifferenz	Bandabstand (kJ·mol^{-1})
Ge	566	0,0	64
GaAs	565	0,4	137
ZnSe	567	0,8	261
CuBr	569	0,9	281

Polarität werden Elektronen und Defektelektronen in die Sperrschicht hinein gedrückt. Die Folge ist, dass kontinuierlich Löcher mit Defektelektronen kombiniert werden: der p/n-Übergang ist jetzt elektrisch leitend. Ein p/n-Übergang stellt also ein Material dar, das den elektrischen Strom nur in einer Richtung durchlässt, es ist ein elektrischer *Gleichrichter* (Diode), mit dessen Hilfe aus Wechselstrom Gleichstrom erzeugt werden kann. Die Kombination von zwei p/n-Übergängen führt zu Verstärker- bzw. Schaltelementen, den *Transistoren*, die unverzichtbarer Bestandteil moderner elektronischer Geräte geworden sind; sie stellen auch die Grundlage der Computertechnologie dar.

Das technologisch mit weitem Abstand wichtigste Halbleitermaterial für die Produktion von Computerchips ist Silicium. Es kristallisiert wie viele andere Halbleiter in der Diamant-Struktur. Zunächst war es jedoch Germanium, das gleichfalls eine Diamant-Struktur aufweist, aus dem um 1950 Dioden und Transistoren als erste Halbleiterbauelemente gefertigt wurden. Heute verwendet man für eine Reihe von Spezialanwendungen Materialien, die isoelektronisch zu Germanium sind. Ersetzt man Germanium, das vier Valenzelektronen aufweist, durch eine Kombination zweier Atome, die im Mittel gleichfalls vier Valenzelektronen pro Atom aufweisen, zeigen auch solche Stoffe häufig (aber keineswegs immer) Halbleiter-Eigenschaften. Einige solcher zu Germanium isoelektronischer Stoffe sind in Tabelle 6.1 zusammengestellt.

Es ist bemerkenswert, dass die Kantenlänge der kubischen Elementarzelle, die Gitterkonstante, innerhalb der Reihe nahezu konstant ist, obwohl sich der Bindungstyp von einer rein kovalenten (Ge) über eine polare kovalente Bindung (GaAs) zu einer zunehmend ionischen Bindung (ZnSe, CuBr) ändert. Mit der Polarität der Bindung nimmt die Leitfähigkeit des Feststoffs ab. Ge und GaAs sind Halbleiter, während CuBr zu den Isolatoren gehört.

Die Struktur der Metalle

Die metallische Bindung ist ungerichtet. Aus diesem Grund spielen beim Aufbau der meisten Metalle – ähnlich wie bei den Ionenverbindungen – Kugelpackungen eine entscheidende Rolle (Abschnitt 4.4). Das wichtigste Prinzip ist hier, die als kugelförmig betrachteten Metall-Atome so dicht wie irgend möglich zu packen. Die überwiegende Mehrheit der Metalle kristallisiert in einer von drei einfachen Strukturen (Abbildung 6.8). Es sind dies die kubisch-dichteste Kugelpackung (Cu-Typ), die hexagonal-dichteste Kugelpackung (Mg-Typ) und das kubisch-innenzentrierte Gitter (W-Typ).

In den beiden dichtesten Kugelpackungen ist die Koordinationszahl für jedes Atom zwölf, die Raumerfüllung beträgt 74 %. Im kubisch-innenzentrierten Gitter ist die Koordinationszahl acht, die Raumerfüllung mit 68 % deutlich geringer. Diese Koordinationszahl acht bedarf jedoch noch einer kurzen Diskussion: das Atom in der Mitte der Elementarzelle hat als nächste Nachbarn die acht Atome auf den Ecken des Würfels. Die Atome in der Mitte der sechs jeweils benachbarten Elementarzellen sind jedoch nur etwa 15 % weiter entfernt als die Atome auf den Würfelecken. Man spricht in diesem Fall deshalb auch von einer (8 + 6)-Koordination.

Abbildung 6.9 gibt eine Übersicht über die Kristallstrukturen der Metalle.

Leuchtdioden Die angesprochenen Zusammenhänge spielen auch für die Technik eine Rolle. Mit Halbleitern, die einen passenden Bandabstand aufweisen, lassen sich nämlich *Leuchtdioden* konstruieren, die als Anzeigeelemente in vielen elektrischen Geräten genutzt werden. Durch eine elektrische Spannung werden Elektronen vom besetzten in ein unbesetztes Band angehoben. Die beim Zurückfallen auf das Ausgangsniveau freiwerdende Energie wird in Form von Licht abgegeben. Die Größe der Bandlücke bestimmt die Farbe. Um Leuchtdioden einer bestimmten Farbe zu produzieren wird also jeweils ein entsprechender Abstand zwischen den Energiebändern benötigt. Dieser kann maßgeschneidert durch die Substitution einer Atomart durch eine andere eingestellt werden. Eine heute viel verwendete Serie ist GaP$_x$As$_{(1-x)}$, wobei x Werte zwischen 0 und 1 annehmen kann. Für reines Galliumphosphid (GaP) entspricht der Bandabstand 222 kJ·mol^{-1}, während er für Galliumarsenid 137 kJ·mol^{-1} beträgt. Für Kombinationen liegt der Abstand zwischen diesen beiden Werten; für GaP$_{0,5}$As$_{0,5}$ beispielsweise sind es rund 200 kJ·mol^{-1} ($\cong$ ca. 600 nm, rotes Licht).

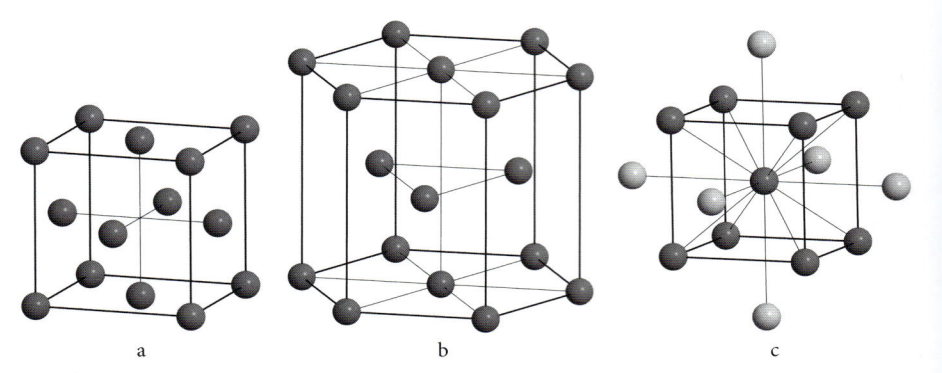

6.8 Die wichtigsten Kristallstrukturen von Metallen: a) kubisch-dichteste Kugelpackung (kubisch-flächenzentriertes Gitter); b) hexagonal-dichteste Kugelpackung; c) kubisch innenzentriertes Gitter.

Li i	Be h															
Na i	Mg h											Al k				
K i	Ca k	Sc h	Ti h	V i	Cr i	Mn a	Fe i	Co h	Ni k	Cu k	Zn h*	Ga a				
Rb i	Sr k	Y h	Zr h	Nb i	Mo i	Tc h	Ru h	Rh k	Pd k	Ag k	Cd h*	In k*	Sn a			
Cs i	Ba i	La a	Hf h	Ta i	W i	Re h	Os h	Ir k	Pt k	Au k	Hg k*	Tl h	Pb k			
Fr	Ra i	Ac k														

Ce k	Pr a	Nd a	Pm a	Sm a	Eu i	Gd h	Tb h	Dy h	Ho h	Er h	Tm h	Yb k	Lu h
Th k	Pa a	U a	Np a	Pu a	Am a	Cm a	Bk k	Cf	Es	Fm	Md	No	Lr

6.9 Übersicht über die Kristallstrukturen der Metalle (h = hexagonal-dichteste Packung, k = kubisch-dichteste Packung, i = kubisch-innenzentriert, * = verzerrt, a = andere Strukturen.)

6.2 Bindungstypen im Vergleich

In diesem und den letzten beiden Kapiteln haben wir drei Bindungstypen diskutiert: die kovalente Bindung, die ionische Bindung und die metallische Bindung. Im Falle der kovalenten Bindung überlappen die Orbitale zweier Atome. Ist die Überlappung nicht auf wenige Atome beschränkt, sondern über den gesamten Kristall delokalisiert, so liegt eine metallische Bindung vor. Die dritte Alternative, die ionische Bindung, ergibt sich durch Elektronenübertragung zwischen Atomen und die daraus folgende elektrostatische Anziehung der gebildeten Ionen.

Das Bindungsdreieck

Obwohl wir die Bindungen in jedem Stoff einem Bindungstyp zuordnen, stehen alle drei Typen miteinander in Beziehung und in vielen Verbindungen ist die Bindung eine Mischung zweier oder sogar aller drei Typen. In Abbildung 6.10 ist dies in Form eines

Dreieck-Diagramms, des *Bindungsdreiecks*, dargestellt. Als Beispiele werden hier einige Elemente und Verbindungen aus der dritten Periode gewählt. Das Bild ist nicht maßstabgerecht, es illustriert jedoch, dass die chemische Bindung selten durch nur *eine* der drei Bindungsarten zutreffend beschrieben werden kann.

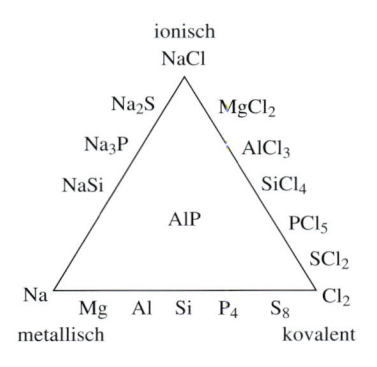

Wir betrachten zunächst die rechte Seite des Dreiecks und beginnen mit Chlor, einem unpolaren Molekül. Die Bindung in diesem Molekül, das aus zwei gleichartigen, stark elektronegativen Atomen besteht, ist kovalent. Geht man an dieser Seite des Dreiecks weiter nach oben, so nimmt die Elektronegativitätsdifferenz der an der Bindung beteiligten Atome zu und mit ihr die Polarität der Bindung. Etwa beim Magnesiumchlorid ist die Elektronegativitätsdifferenz so groß, dass die Orbitale kaum noch überlappen und die Spezies als unabhängige Ionen betrachtet werden können, die eine ionische Verbindung bilden. Natriumchlorid schließlich zeigt praktisch ein „rein" ionisches Verhalten.

Die untere Seite bezieht sich auf den Übergang von kovalenter zu metallischer Bindung. Es geht also von der Überlappung räumlich ausgerichteter Orbitale in Molekülen zur delokalisierten Bindung in Metallen. Die ersten drei Elemente von rechts – Chlor (Cl_2), Schwefel (S_8) und Phosphor (P_4) – bilden kleine Moleküle mit kovalenten Bindungen. Bei Phosphor zeigt sich jedoch schon der Trend zu weniger lokalisierten Bindungen, da es neben dem weißen Phosphor (P_4) auch andere Modifikationen wie den roten oder den schwarzen Phosphor gibt, in denen die kovalenten Bindungen ein kompliziertes Gerüst aufbauen. Diese Modifikationen nehmen eine Zwischenstellung zwischen den kovalenten Netzwerken und isolierten, kleinen Molekülen ein. Silicium liegt bei Normalbedingungen in Form eines kovalenten Netzwerks in der Diamant-Struktur vor, bei hohen Drücken wandelt es sich jedoch in eine metallische Modifikation um. Der Übergang vom kovalenten Netzwerk zur metallischen Bindung geht einher mit dem abnehmenden Abstand zwischen den aus 3s- und 3p-Atomorbitalen gebildeten Molekülorbitalen bis zu dem Punkt, an dem diese so überlappen, dass sich die Elektronen frei durch das gesamte Kristallgitter bewegen können. Die delokalisierte metallische Bindung ist der normale Zustand der schwach elektronegativen Elemente Aluminium, Magnesium und Natrium.

Die linke Seite des Bindungsdreiecks spiegelt schließlich den Übergang von der metallischen zur ionischen Bindung wider. Nähert man sich der Spitze des Dreiecks, so wird die Elektronegativitätsdifferenz zwischen den Elementen immer größer und die Orbitale überlappen immer weniger, sodass sich die Valenzelektronen immer mehr am elektronegativeren Atom befinden. Letztendlich ergibt sich in NaCl eine typisch ionische Bindung. Im Übergangsbereich zwischen metallischer und ionischer Bindung kommt es zur Bildung von Verbindungen, die schon – wie im Falle von NaSi – durch ihre ungewöhnlich Zusammensetzung auffallen. Diese Verbindungen gehören zu den nach Eduard Zintl benannten *Zintl-Phasen*.

6.10 Das Bindungsdreieck.

Das Bindungstetraeder
EXKURS

Der südafrikanische Chemiker Michael Lang hat den Vorschlag gemacht, das Bindungsdreieck zu einem Bindungstetraeder zu erweitern. Er argumentiert, dass ein Feststoff wie Silicium, in dem die Atome durch rein kovalente Bindungen miteinander verknüpft sind, andere Eigenschaften und einen ganz anderen Aufbau hat als zum Beispiel Chlor. Abbildung 6.11 zeigt das Bindungtetraeder am Beispiel von Stoffen, die Atome der dritten Periode enthalten. Entlang der Tetraederkante Na...Si erfolgt der Übergang vom metallischen zum kovalenten Feststoff zwischen Aluminium und Silicium. Entlang der Kante Si...NaCl wird die Bindung vom Silicium über Aluminiumphosid bis hin zum Natriumchlorid zunehmend ionischer; alle genannten Stoffe sind typische Festkörper. Entlang der Kante Si...Cl_2 ist die Bindung in allen Fällen rein kovalent, es erfolgt ein Übergang von einem kovalenten Netzwerk zu isolierten kleinen Molekülen. Die übrigen drei Kanten des Bindungstetraeders entsprechend weitgehend den Seiten des Bindungsdreiecks. Das Bindungstetraeder vermittelt uns ein etwas differenzierteres Bild vom Übergang zwischen den drei Bindungsarten, da es die strukturellen Aspekte kovalenter Stoffe mit einbezieht.

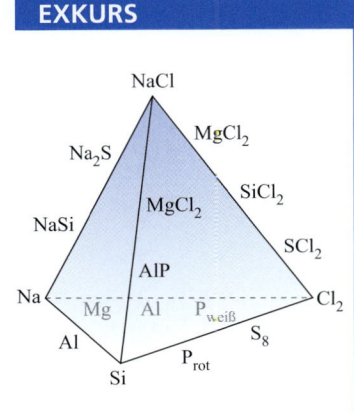

6.11 Das Bindungstetraeder.

> **EXKURS**
>
> Eduard **Zintl**, deutscher Chemiker, 1898–1941; Professor in Freiburg und Darmstadt, ab 1927 Konservator des Chemischen Labors der Bayrischen Akademie der Wissenschaften.
>
> ### Zintl-Phasen
>
> Ein von Eduard Zintl 1939 erstmals beschriebenes Konzept ist einfach und sehr hilfreich für die Vorhersage und das Verständnis einer ganzen Verbindungsklasse. Wir wollen das Grundprinzip an einem typischen Vertreter erläutern, der kristallinen, ionischen Verbindung Natriumsilicid (NaSi). Das Natrium-Atom gibt sein Valenzelektron an das Silicium-Atom ab; dies führt zu einer Formulierung Na^+Si^-. Ein Na^+-Ion ist in keiner Weise ungewöhnlich. Einer Diskussion bedarf aber das Si^--Ion mit seinen insgesamt fünf Valenzelektronen. In dieser monomeren Form kann es wohl kaum stabil sein. Es entspricht einem Phosphor-Atom, das gleichfalls 5 Valenzelektronen aufweist und in Form isolierter Atome nicht stabil ist. Wollen wir nun voraussagen, auf welche Weise sich das Si^--Ion stabilisiert, müssen wir lediglich das Verhalten des isoelektronischen Phosphor-Atoms betrachten: Elementarer Phosphor bildet (als weißer Phosphor) P_4-Moleküle, bei dem die vier Phosphor-Atome die Ecken eines Tetraeders besetzen. Von jedem Atom gehen drei kovalente Bindungen aus, jedes Phosphor-Atom besitzt zusätzlich ein freies Elektronenpaar. Genau das Gleiche ist vom Si^--Ion zu erwarten, es sollte sich ein tetraedrisches Si_4^{4-}-Ion bilden. Eine Strukturuntersuchung von NaSi bestätigt diese Voraussage. NaSi ist eine Verbindung mit einem deutlichen Anteil ionischer Bindung; das mehratomige Anion enthält jedoch kovalente Si/Si-Bindungen, ähnlich wie das isoelektronische P_4-Molekül.
>
> Auch etwas komplizierter aufgebaute Verbindungen lassen sich auf diese Weise verstehen. So kennt man eine Verbindung der Zusammensetzung K_3BP_2. Auch hier werden die Valenzelektronen vom Alkalimetall an den Bindungspartner, die BP_2-Gruppierung, abgegeben, die danach als BP_2^{3-}-Ion anzusehen ist. Wollen wir wissen, wie dieses Ion aufgebaut ist, ermitteln wir zunächst die Zahl der Valenzelektronen, $(3 + 2 \cdot 5 + 3 = 16)$, und suchen nach einem uns bekannten dreiatomigen Teilchen mit gleichfalls 16 Valenzelektronen. Hier ist CO_2 das nächstliegende Beispiel. Vom CO_2 wissen wir, dass es linear gebaut ist; das isoelektronische BP_2^{3-}-Ion ist gleichfalls linear. Das von Eduard Zintl eingeführte und später u. a. von Wilhelm Klemm weiterentwickelte Konzept erweist sich also bei aller Einfachheit als effektives Werkzeug zur Vorhersage des Aufbaus von Verbindungen aus unedlen Metallen und Elementen oder Elementkombinationen aus dem Bereich der Halbmetalle.
>
> Wilhelm Karl **Klemm**, deutscher Chemiker, 1896–1985; Professor in Hannover, Danzig, Kiel und Münster.

Periodische Trends im Bindungsverhalten

In Bezug auf die Frage nach dem Bindungstyp ist es aufschlussreich, die Trends entlang der Perioden zu vergleichen: Bei den Elementen selbst zeigt sich ein Übergang von der metallischen Bindung zur kovalenten Bindung. Bei den Fluor-Verbindungen der Elemente dagegen geht es von ionischer Bindung zu kovalenter Bindung.

Bindungstrends bei den Elementen der zweiten Periode
Betrachtet man die Schmelztemperaturen der Elemente der zweiten Periode (Tabelle 6.2), so beobachtet man zunächst einen rapiden Anstieg der Werte, dem ein abrupter Abfall folgt. Der auffällige Trend bei den ersten vier Elementen der Periode überdeckt jedoch einen signifikanten Wechsel im Bindungstyp. Lithium und Beryllium sind *Metalle*; sie glänzen und haben eine hohe elektrische Leitfähigkeit, unterscheiden sich jedoch stark in ihren Eigenschaften. Die vergleichsweise großen Lithium-Atome mit nur einem Außenelektron bilden schwache metallische Bindungen, wodurch sich eine niedrige Schmelztemperatur und eine hohe chemische Reaktivität ergibt. Beryllium dagegen bringt zwei Außenelektronen in die metallische Bindung ein und hat einen viel kleineren Atomradius. Daher bildet es starke metallische Bindungen, wodurch sich die hohe Schmelztemperatur ergibt.

Da beim Bor die Schmelztemperatur weiter ansteigt, ist man versucht, auch hier eine metallische Bindung anzunehmen. Dies kann jedoch nicht der Fall sein, da das reine

Tabelle 6.2 Schmelztemperaturen ϑ_m der Elemente der zweiten Periode

Element	Li	Be	B	C	N$_2$	O$_2$	F$_2$	Ne
ϑ_m (°C)	181	1287	≈ 2080	≈ 3700 (sublimiert)	−210	−219	−220	−249

Element dunkelrot und durchscheinend ist und nur eine sehr geringe elektrische Leitfähigkeit aufweist. Bor wird daher zu den *Halbmetallen* gezählt. Das Element hat eine einzigartige Struktur, die aus B$_{12}$-Einheiten besteht, wobei sowohl innerhalb als auch zwischen benachbarten Einheiten kovalente Bindungen vorliegen. Um Bor zu schmelzen müssen die kovalenten Bindungen, die die Einheiten verknüpfen, aufgebrochen werden, was die sehr hohe Schmelztemperatur verursacht. Das andere hochschmelzende Element ist Kohlenstoff mit Graphit als stabilster Modifikation; Graphit sublimiert erst bei etwa 3700 °C. Graphit besteht aus Schichten mehrfach gebundener Kohlenstoff-Atome. Daher müssen, wie im Falle des Bors, sehr starke kovalente Bindungen aufgebrochen werden.

Die nächsten drei Elemente der Periode, Stickstoff, Sauerstoff und Fluor, weisen kovalente Bindungen in zweiatomigen Molekülen auf. Die Anziehung der Moleküle untereinander ist sehr schwach, was die niedrigen Schmelztemperaturen dieser Elemente erklärt. Diese Nichtmetalle der zweiten Periode bevorzugen nach Möglichkeit Mehrfachbindungen: Daher enthalten die Stickstoff-Moleküle eine Dreifachbindung und die Sauerstoff-Moleküle eine Doppelbindung. Das Ende der Periode bildet das Edelgas Neon, in dem einzelne Atome vorliegen, zwischen denen kaum Anziehungskräfte wirken. Es hat daher die niedrigste Schmelztemperatur.

Bindungstrends bei den Elementen der dritten Periode In dieser Periode sind die ersten drei Elemente metallisch gebunden. Wie in der zweiten Periode ist das nächste Element, das glänzend graue Silicium, ein Halbleiter mit kovalenten Bindungen in einer Netzwerk-Struktur des Diamant-Typs.

Die Nichtmetalle der dritten und der weiteren Perioden bilden normalerweise keine Mehrfachbindungen. Der Grund hierfür ist der deutlich größere Atomradius, der eine effektive Überlappung von p-Orbitalen, die zu π-Bindungen führen würde, erschwert. So ist weißer Phosphor ein wachsweicher Feststoff, der aus vieratomigen Molekülen besteht, in denen die Phosphor-Atome je drei kovalente Einfachbindungen ausbilden (Abbildung 6.12). Die niedrige Schmelztemperatur erklärt sich durch die schwachen Anziehungskräfte zwischen den P$_4$-Molekülen (Tabelle 6.3). In ähnlicher Weise besteht gelber Schwefel aus ringförmigen S$_8$-Molekülen, in denen die Atome durch zwei kovalente Bindungen miteinander verbunden sind; die schwache Anziehung zwischen benachbarten Ringen erklärt hier die niedrige Schmelztemperatur. Chlor liegt wie alle Halogene als zweiatomiges Molekül mit einer kovalenten Bindung vor. Hier sind die Anziehungskräfte zwischen den kleinen Molekülen so schwach, dass die Schmelztemperatur sehr niedrig ist. Argon schließlich ist, wie alle Edelgase, ein einatomiges Gas. Es hat daher die niedrigste Schmelztemperatur in dieser Periode.

Alle Halb- und Nichtmetalle bilden gerade so viele kovalente Bindungen, dass ein Elektronenoktett erreicht wird. Daraus folgt die sogenannte **(8 − N)-Regel**. N steht für die Zahl der Valenzelektronen eines Atoms und 8 − N ist die Zahl der von diesem Atom ausgehenden kovalenten Bindungen.

H$_2$			
C$_{60}^*$	N$_2$	O$_2$	F$_2$
	P$_4^*$	S$_8$	Cl$_2$
		Se$_8^*$	Br$_2$
			I$_2$
			At$_2$

6.12 Molekülbildung bei nichtmetallischen Elementen. (Die mit * bezeichneten Beispiele entsprechen nicht dem stabilsten Zustand.)

Tabelle 6.3 Schmelztemperaturen ϑ_m der Elemente der dritten Periode

Element	Na	Mg	Al	Si	P$_4$	S$_8$	Cl$_2$	Ar
ϑ_m (°C)	98	650	660	1420	44	115	−101	−189

Trends bei den Fluoriden der zweiten und dritten Periode Unterschiedliche Bindungsverhältnisse führen auch bei den Fluoriden der zweiten und dritten Periode zu großen Unterschieden in den Schmelztemperaturen (Tabelle 6.4). Die Schmelztemperaturen der fünf Metallfluoride sind sehr hoch, wie es für ionische Verbindungen typisch ist. Für die Fluoride der Halbmetalle und Nichtmetalle fällt die Schmelztemperatur abrupt ab. Die Werte sind charakteristisch für kleine, wenig polare, kovalente Moleküle, die sich untereinander nur schwach anziehen.

Auch die Zusammensetzung der angeführten Fluorverbindungen ist aufschlussreich: In der *zweiten Periode* ergibt sich beim Kohlenstoff ein Maximum für die Zahl der Fluor-Atome pro Formeleinheit, danach nimmt die Zahl der Fluor-Atome wieder ab. Der Trend erklärt sich dadurch, dass die Elemente dieser Periode nur mit den s- und p-Orbitalen kovalente Bindungen eingehen, also maximal acht Bindungselektronen haben. Bei den Elementen der *dritten Periode* liegt das Maximum bei Schwefel; die zusätzlichen Bindungen weisen auf besondere Bindungsverhältnisse hin (siehe Exkurs S. 112). Im Falle von Chlor würde man die Bildung von Chlorheptafluorid (ClF_7) erwarten. Diese Verbindung existiert jedoch nicht. Als Erklärung wird meist angeführt, dass es sterisch unmöglich ist, sieben Fluor-Atome um ein zentrales Chlor-Atom anzuordnen.

Tabelle 6.4 Schmelztemperaturen ϑ_m der höchsten Fluoride von Elementen der 2. und 3. Periode

Verbindung	LiF	BeF_2	BF_3	CF_4	NF_3	OF_2	F_2
ϑ_m (°C)	845	552	−124	−184	−207	−224	−220
Verbindung	NaF	MgF_2	AlF_3	SiF_4	PF_5	SF_6	ClF_5
ϑ_m (°C)	996	1 263	1 291 (sublimiert)	−90	−94	−64 (sublimiert)	−103

EXKURS

Einlagerungsverbindungen, Gashydrate und MOFs

Manche Feststoffe bieten in ihrem Kristallgitter so viel Platz, dass bestimmte Ionen oder kleine Moleküle in das Gitter eingelagert werden können, ohne dass sich die Gitterstruktur des „Wirts" durch den eingebauten „Gast" wesentlich verändert. Bekannte Beispiele aus der Natur sind verschiedene Tonmineralien, die beträchtliche Anteile an Wasser einlagern können. Die so gebildeten Stoffe bezeichnet man als **Einlagerungsverbindungen** oder *Interkalationsverbindungen*. Zwischen *Wirt* und *Gast* wirken nur schwache Bindungskräfte, sodass der Gast das Wirtsgitter ohne allzu große Energiezufuhr wieder verlassen kann. Während man diese Verbindungsklasse früher für eine Kuriosität ohne größere Bedeutung gehalten hat, beschäftigen sich heute Wissenschaftler verschiedener Fachrichtungen mit diesen Stoffen, weil man ihnen eine große Bedeutung für die Energieversorgung, die Energiespeicherung und den Umweltschutz beimisst.

Neben den natürlich vorkommenden Einlagerungsverbindungen kennt man heute eine Vielzahl an synthetisch hergestellten. So ist lange bekannt, dass in das Schichtgitter des Graphits Alkalimetall-Atome, Kationen wie das Nitryl-Ion (NO_2^+) oder Anionen wie das Hydrogensulfat-Ion (HSO_4^-), eingelagert werden können. Diese Teilchen besetzen bestimmte Plätze zwischen den Schichten im Graphit. Dadurch kommt es einer Aufweitung des Gitters senkrecht zu den Schichten. Besonders gut untersucht sind die Einlagerungsverbindungen von Kalium in Graphit. Leitet man Kalium-Dampf über Graphit, schieben sich Kalium-Atome zwischen die Schichten, es entstehen schrittweise Einlagerungsverbindungen der Zusammensetzung KC_{12n} (n = 4, 3, 2, 1) (Abbildung 6.13). Ein Kaliumüberschuss führt schließlich zu KC_8, einer äußerst luft- und feuchtigkeitsempfindlichen, rotbraunen Verbindung. Heute interessiert man sich insbesondere für Graphit/Lithium-Verbindungen. Diese werden als Anode in Lithium-Ionen-Batterien eingesetzt (siehe Abschnitt 15.4).

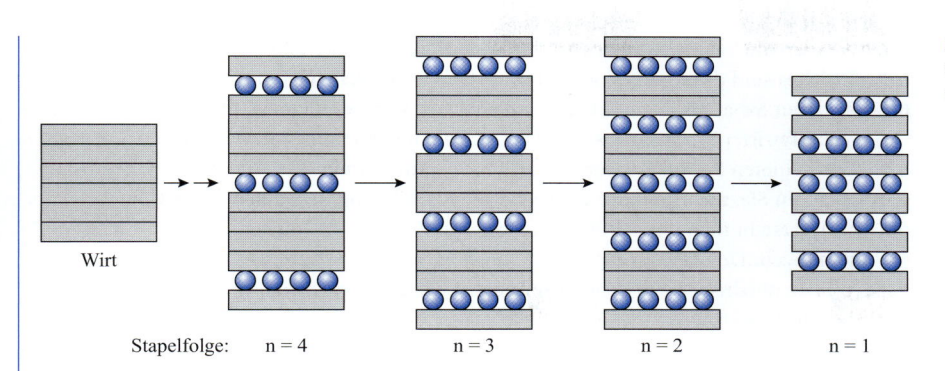

6.13 Schrittweise Bildung von Graphit/Kalium-Einlagerungsverbindungen KC_{12n}.

Wirt

Stapelfolge: n = 4   n = 3   n = 2   n = 1

Auch Sulfide bilden schichtartig aufgebaute Verbindungen Ein Beispiel ist Titan(IV)-sulfid. Es kristallisiert im Cadmiumiodid-Typ (siehe Abschnitt 4.4). Zwischen zwei benachbarten Schichten aus Schwefel-Atomen können Lithium-Atome bis zur Grenzzusammensetzung $LiTiS_2$ eingelagert werden. Diese Einlagerung ist mit einer Elektronenübertragungsreaktion verbunden: Lithium gibt ein Elektron ab, Titan nimmt ein Elektron auf. Eine ganz besondere Bedeutung hat heute die Verbindung $LiCoO_2$. Diese Verbindung wird als Kathodenmaterial in Lithium-Ionen-Batterien verwendet. Der Anteil an eingelagerten Lithium-Atomen hängt vom Ladezustand der Batterie ab; in der geladenen Batterie ist die Zusammensetzung $Li_{0,5}CoO_2$, in der entladenen $LiCoO_2$. Abbildung 6.14 zeigt schematisch den Aufbau von $Li_{1-x}CoO_2$.

Gashydrate Wasser vermag auch unpolare Stoffe wie Argon, Chlor oder Methan in gewissem Umfang zu lösen. Erstarrt eine solche Lösung, nehmen die Wasser-Moleküle andere Gitterplätze ein als in Abwesenheit der gelösten Teilchen: Es bilden sich regelmäßig angeordnete Hohlräume in denen die gelösten Teilchen eingeschlossen sein können. Man nennt solche Einlagerungsverbindungen als Gashydrate. Von besonderem Interesse sind die natürlich vorkommenden Gashydrate mit eingeschlossenen Methan-Molekülen. Man findet diese *Methanhydrate* im Permafrostboden und in den Ozeanen in großen Tiefen. Das eingeschlossene Methan ist (wie das Methan im Erdgas) in vergangenen Zeiten durch Zersetzung von Pflanzen unter Luftabschluss entstanden.

Man vermutet, dass etwa 10^{12} t Kohlenstoff in dieser Form gebunden sind. Dies ist im Prinzip eine riesige, bisher unerschlossene Energiequelle, vergleichbar mit den bekannten Erdölvorräten. Die Gewinnung von Methan aus diesen Quellen erscheint deshalb besonders attraktiv, weil in einem Gashydrat ein Methan-Molekül im Prinzip durch ein Kohlenstoffdioxid-Molekül ersetzt werden kann. Gelänge es, das so gebundene Methan als Energieträger abzubauen und das bei der Verbrennung gebildete Kohlenstoffdioxid als Gashydrat zu binden, wäre dies ein wichtiger Beitrag, den CO_2-Eintrag in die Atmosphäre zu senken.

MOFs Neuartige, poröse Verbindungen, in denen Metall-Kationen durch geeignete mehrzähnige Liganden zu einem dreidimensionalen Netzwerk verknüpft sind, werden als MOFs bezeichnet (Metal-Organic Frameworks). Die Kationen, auch *Konnektoren* genannt, können beispielsweise die Ecken eines Würfels besetzen. Mehrzähnige Liganden, sogenannte *Linker*, verknüpfen die Konnektoren. Abbildung 6.15 zeigt schematisch den Aufbau eines solchen MOF. In diesem Fall ist der Konnektor ein Chrom(II)-Ion, der Linker, hier durch Verbindungslinien zwischen den Metall-Atomen symbolisiert, ist das Dianion der Terephthalsäure. Linker, die einen größeren Abstand der Konnektoren bewirken, führen zu größeren Hohlräumen in der Würfelmitte.

MOFs lassen eine Reihe von Anwendungen erwarten. So denkt man daran, Gase in den Hohlräumen zu speichern, was insbesondere für Wasserstoff als möglichen Treibstoff für Automobile interessant wäre. Auch Gastrennungen sind im Prinzip möglich. Die Trennung kann aufgrund unterschiedlicher Molekülgröße und/oder unterschiedlicher Bindungskräfte in den Hohlräumen erfolgen. MOFs bieten gegenüber Zeolithen den großen Vorteil, dass sie maßgeschneidert hergestellt werden können; sie haben jedoch den Nachteil, thermisch weniger stabil zu sein.

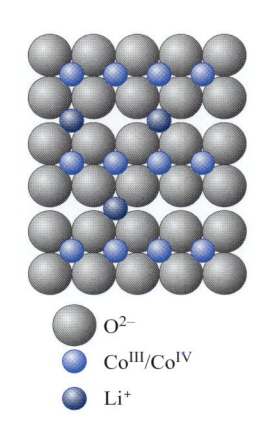

○ O^{2-}
● Co^{III}/Co^{IV}
● Li^+

6.14 Aufbau von $Li_{1-x}CoO_2$.

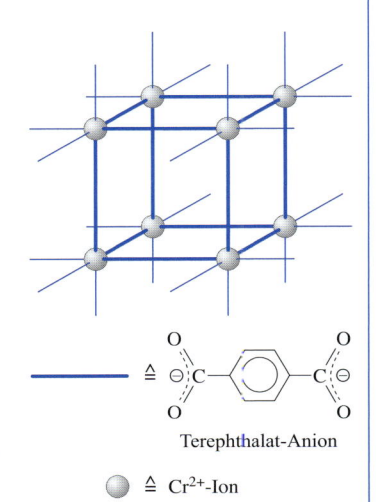

— ≙ ⊖O–C(=O)–C₆H₄–C(=O)–O⊖

Terephthalat-Anion

○ ≙ Cr^{2+}-Ion

6.15 Dreidimensionales Netzwerk aus Cr(II)-Ionen und Terephthalat-Anionen.

ÜBUNGEN

6.1 Nennen Sie die drei wichtigsten Charakteristika eines Metalls.

6.2 Welches sind die vier am häufigsten verwendeten Metalle?

6.3 Erklären Sie anhand eines Bänderdiagramms, warum Magnesium metallisches Verhalten aufweist, obwohl das 3s-Band vollständig besetzt ist.

6.4 Konstruieren Sie ein Bänderdiagramm für Aluminium.

6.5 Erklären Sie, warum in der Gasphase kein metallisches Verhalten auftritt.

6.6 Was versteht man unter n- bzw. p-Dotierung?

6.7 Was ist ein Defektelektron?

6.8 Welche nützliche elektrische Eigenschaft weist ein p/n-Übergang auf?

6.9 Welche Strukturen treten bei Metallen besonders häufig auf?

6.10 Auf welche Weise unterscheiden sich die Schichtstrukturen der kubisch-dichtesten Packung und der hexagonal-dichtesten Packung?

Die Chemie beschreibt nicht nur die chemischen Elemente und ihre zahllosen Verbindungen. Ebenso wichtig ist es zu verstehen, warum sich bestimmte Verbindungen bilden und andere wiederum nicht. Die Erklärung erfordert häufig die Betrachtung *energetischer Faktoren*. Dieses Thema ist ein Aspekt der *Thermodynamik*. In diesem Kapitel werden wir Grundbegriffe der Thermodynamik näher erläutern und auf einige Fragestellungen aus der anorganischen Chemie anwenden.

Thermodynamik anorganischer Stoffe

7

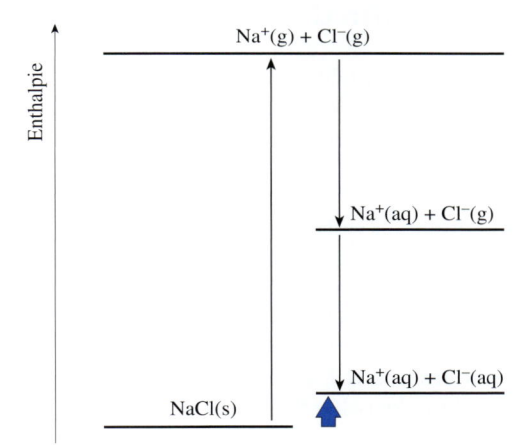

Kapitelübersicht

7.1 Energieumsatz bei chemischen Reaktionen
Exkurs: Was ist ein Standardzustand?

7.2 Ermittlung der Gitterenthalpie ionischer Verbindungen – der Born-Haber-Kreisprozess

7.3 Theoretische Berechnung der Gitterenergie – Coulomb-Energie und Madelung-Konstante

7.4 Thermodynamik des Lösevorgangs ionischer Verbindungen
Exkurs: Kälte- und Wärmepackungen

7.5 Bildung kovalenter Verbindungen

7.6 Entropie
Exkurs: Statistische Deutung der Entropie

7.7 Die freie Enthalpie als treibende Kraft einer Reaktion
Exkurs: Metastabile Stoffe
Exkurs: Temperaturabhängigkeit der Gleichgewichtskonstante

Sir Benjamin Rumford (Thompson), Graf von, amerikanisch-englischer Physiker und Staatsmann, 1753–1814; 1784–1795 Staatsrat und Kriegsminister beim Kurfürsten von Bayern, gründete 1799 die Royal Institution of Great Britain in London.

Josiah Willard Gibbs, amerikanischer Mathematiker und Physiker, 1839–1903; Professor in New Haven.

Rudolf Julius Emanuel Clausius, deutscher Physiker, 1822–1888; Professor in Zürich, Würzburg und Bonn.

Die Abkürzungen s, l, g stehen für:
s   solid (fest)
l   liquid (flüssig)
g   gaseous (gasförmig)

Die Chemie als Wissenschaft wurde überwiegend durch Chemiker aus Großbritannien, Frankreich und Deutschland begründet. Für die Entwicklung der Thermodynamik spielten aber zwei Amerikaner eine wichtige Rolle. Der erste von ihnen war Benjamin Thompson; er zeigte, dass Wärme keine materielle Substanz ist – wie man lange Zeit glaubte – sondern eine physikalische Eigenschaft der Materie. Der zweite war, etwa 100 Jahre später, J. W. Gibbs; er stellte die mathematischen Gleichungen auf, die bis heute die Basis der modernen **Thermodynamik** bilden. Ungefähr zur gleichen Zeit wurde in Europa das Konzept der *Entropie* entwickelt. Der deutsche Physiker Rudolf Clausius fasste damals die Gesetze der Thermodynamik folgendermaßen zusammen: „Die Energie des Universums ist konstant, und seine Entropie strebt einem Maximum entgegen." Dennoch waren sich Clausius und andere Physiker längst nicht bewusst, wie groß die Bedeutung der Entropie für den Ablauf chemischer Reaktionen ist. Es war Gibbs, der zeigte, dass entropische Faktoren in vielen Fällen entscheidend sind – von der Bildung von Gasmischungen bis hin zur Lage chemischer Gleichgewichte. In Anerkennung seiner Rolle verwendet man für die thermodynamische Funktion der *freien Enthalpie* auch den Namen Gibbs-Energie und symbolisiert sie weltweit durch den Buchstaben G.

7.1 Energieumsatz bei chemischen Reaktionen

Verbindungen bilden sich aus den Elementen durch chemische Reaktionen. So erhält man beispielsweise Natriumchlorid durch die Reaktion des reaktiven Metalls Natrium mit dem toxischen, grünen Gas Chlor:

$$2\ Na(s) + Cl_2(g) \rightarrow 2\ NaCl(s)$$

Die Reaktion verläuft freiwillig und spontan; pro Mol Chlor wird dabei eine Wärmemenge von 822 kJ frei. Die Umkehrreaktion, die Zersetzung von Natriumchlorid, ist dagegen keine spontane Reaktion: Wir wären sicherlich auch nicht erfreut, wenn das Salz auf unserem Küchentisch unter Bildung des giftigen Chlorgases zerfallen würde! Um Natriumchlorid in Natrium und Chlor zu zerlegen, muss man Energie zuführen, und zwar genauso viel, wie bei der Bildung aus den Elementen frei wird. Das gelingt durch Zufuhr elektrischer Energie bei einer Schmelzflusselektrolyse:

$$2\ NaCl(l) \xrightarrow{\text{Elektrolyse}} 2\ Na(l) + Cl_2(g)$$

Die Aufnahme von Energie – hier in Form von elektrischer Energie – führt also zur Umkehrung der Reaktion. Das Studium der Ursachen für den Ablauf chemischer Reaktionen ist ein wesentlicher Aspekt der Thermodynamik, mit der wir uns hier beschäftigen wollen. Wir werden sehen, dass zwei Größen darüber entscheiden, ob eine chemische Reaktion ablaufen kann oder nicht: die *Enthalpie* und die *Entropie*.

Bevor wir uns diesen Größen zuwenden, soll der in diesem Zusammenhang häufig verwendete Begriff des Systems näher erläutert werden: Um in den Naturwissenschaften exakte und reproduzierbare Ergebnisse zu erhalten, müssen die Bedingungen, unter denen ein Experiment durchgeführt wird, genau festgelegt werden. In Bezug auf den Energieumsatz versteht man unter einem System allgemein einen eindeutig begrenzten Teil unserer Umgebung, beispielsweise einen Glaskolben mit den darin enthaltenen Stoffportionen. Man unterscheidet **offene Systeme**, die mit ihrer Umgebung Materie und Energie austauschen können, **geschlossene Systeme**, die mit der Umgebung nur Energie austauschen können, und **isolierte Systeme**, die weder Materie noch Energie abgeben oder aufnehmen können. In einem offenen System ist der herrschende Druck zu jedem Zeitpunkt identisch mit dem Druck der Umgebung, entspricht also dem (konstanten)

Druck der Atmosphäre. In geschlossenen und isolierten Systemen kann im Prinzip jeder beliebige Druck herrschen. Der Druck kann sich auch im Verlaufe einer chemischen Reaktion ändern, wenn zum Beispiel Gase entstehen, die aus dem geschlossenen System nicht in die Umgebung entweichen können.

Enthalpie

Bei nahezu allen chemischen Reaktionen ändert sich die Temperatur der Reaktionsteilnehmer. Die Ursache hierfür ist, dass chemische Bindungen gespalten und andere neu geknüpft werden. Die Spaltung einer Bindung erfordert Energie, die Knüpfung einer Bindung setzt Energie frei. Da die Zahl der gebrochenen und der neu geknüpften Bindungen und auch deren Festigkeit im Allgemeinen nicht gleich sind, äußert sich die frei werdende oder auch aufzuwendende Energie meist in Form einer Temperaturänderung. In der überwiegenden Zahl der Fälle wird im Verlauf einer chemischen Reaktion Energie frei; das bekannteste Beispiel sind Verbrennungsprozesse. Wärme ist jedoch nur *eine* Form der Energie. Aus der Physik kennt man eine ganze Anzahl anderer Energieformen. So ist es durchaus möglich, mithilfe chemischer Reaktionen auch Energie in anderer Form bereitzustellen. Ein alltägliches Beispiel ist eine Batterie, bei der *elektrische Energie* durch den Ablauf einer chemischen Reaktion entsteht. Für die folgenden Betrachtungen bleiben wir jedoch bei der Wärme als Energieform.

Erhöht sich im Verlaufe einer Reaktion die Temperatur, wird also in einem offenen oder geschlossenen System Energie frei, spricht man von einer **exothermen** Reaktion, im umgekehrten Fall von einer **endothermen** Reaktion. Bei einer exothermen Reaktion gibt man dem Zahlenwert der frei werdenden Energie definitionsgemäß ein negatives Vorzeichen, um anzugeben, dass sich der Energieinhalt des reagierenden Systems verringert. Die Einheit der Wärmeenergie ist das **Joule** (J), früher wurde die *Kalorie* (1 cal = 4,184 J) verwendet. Wie viel Energie bei einer chemischen Reaktion frei wird bzw. zugeführt werden muss, hängt natürlich von der umgesetzten Stoffmenge ab. Üblicherweise gibt man daher stoffmengenbezogene Werte in der Einheit kJ · mol^{-1} an.

James Prescott **Joule**, englischer Physiker, 1818–1889; Privatgelehrter, ab 1850 Mitglied der Royal Society.

Verläuft die Reaktion unter einem *konstanten Druck*, also beispielsweise in einem offenen System bei konstantem äußerem Druck, nennt man diese Energie die **Reaktionsenthalpie** ΔH_R. Verläuft eine Reaktion bei *konstantem Volumen*, also beispielsweise in einem geschlossenen System, spricht man von der **Reaktionsenergie** ΔU_R. Wenn sich das Volumen des Reaktionsgemisches nur wenig ändert, unterscheiden sich auch die beiden Größen zahlenmäßig nur geringfügig. Der Unterschied ergibt sich aus Druckänderungen in einem geschlossenen System. So erfordert die Erzeugung eines erhöhten Drucks Energie; ein Teil der durch die Reaktion freigesetzten Energie wird daher für die Druckerhöhung verbraucht. Da die allermeisten Reaktionen unter konstantem Druck durchgeführt werden, ist der Begriff der *Enthalpie* in der Thermodynamik der weitaus wichtigere.

Die Reaktionsenthalpie ist ein Maß für die *Änderung* des Energieinhalts eines reagierenden chemischen Systems. Bei der Betrachtung des Baus von Atomen und Molekülen haben wir gesehen, dass eine Vielzahl von Energien (kinetische und potentielle Energie der Elektronen, Coulomb-Energie, Bindungsenthalpie, Gitterenergie, Van-der-Waals-Energie …) ihren Beitrag zum gesamten Energieinhalt eines Stoffes leisten. Den absoluten Zahlenwert dieser Energie können wir experimentell nicht bestimmen, lediglich ihre *Änderung* im Verlaufe einer chemischen Reaktion, also die *Reaktionsenthalpie* bzw. *Reaktionsenergie*. Aus diesem Grunde setzt man den griechischen Buchstaben Δ vor die Größenzeichen H und U; er symbolisiert, dass es sich um eine Differenz handelt. Die Reaktionsenthalpie ist also die Differenz zwischen den Energieinhalten von Produkten und Edukten einer chemischen Reaktion.

Von der Bildungsenthalpie zur Reaktionsenthalpie

Da sich der Absolutwert des Energieinhalts eines Stoffes nicht bestimmen lässt, ist es notwendig, den Nullpunkt dieser Energieskala willkürlich festzulegen. Man tut dies, indem man den chemischen Elementen bei einem Standarddruck von 1000 hPa eine Enthalpie von null zuweist. In Datensammlungen findet man für zahlreiche chemische Verbindungen die sogenannte **Standard-Bildungsenthalpie** ΔH_f^0 (f = *formation*). Diese Werte – vorzugsweise für 25 °C angegeben – beziehen sich auf die Bildung der jeweiligen Verbindung aus den im Standardzustand vorliegenden Elementen. So findet man für festes Natriumchlorid einen Wert für ΔH_f^0 von –411 kJ·mol^{-1}. Dieser ist identisch mit der Reaktionsenthalpie für die Bildung von 1 mol Natriumchlorid aus den Elementen (bei 25 °C):

$$\text{Na(s)} + \tfrac{1}{2}\,\text{Cl}_2(\text{g}) \rightarrow \text{NaCl(s)}; \quad \Delta H_f^0 = -411 \text{ kJ} \cdot \text{mol}^{-1}$$

Für die Enthalpien mancher spezieller Reaktionen haben sich eigene Namen eingebürgert. So nennt man die Enthalpie für einen Schmelzvorgang die *Schmelzenthalpie*, die für einen Verdampfungsvorgang die *Verdampfungsenthalpie*. Als Symbol verwendet man eine (meist englische) Abkürzung für den jeweiligen Vorgang, die tiefgestellt vor oder hinter dem Buchstaben H steht, abgeleitet z. B. von den Begriffen *form*ation (Bildung), *r*eaction (Reaktion), *diss*ociation (Spaltung).

Mit den tabellierten Werten von Bildungsenthalpien lassen sich mühelos Standard-Reaktionsenthalpien ΔH_R^0 für beliebige chemische Reaktionen berechnen. Man subtra-

> Hinweis: Nach den IUPAC-Regeln sollte die zur Kennzeichnung des Vorgangs verwendete Abkürzung direkt dem Δ-Symbol folgen: $\Delta_R H^0$. In der Praxis findet man noch häufiger die auch hier verwendete Schreibweise. Sie hat den Vorteil, dass man sich oft die Einführung spezieller Abkürzungen ersparen kann: Man verwendet die ausgeschriebene Bezeichnung für den betrachteten Vorgang als Index und erhält trotzdem ein eindeutiges und gut überschaubares Symbol wie $\Delta H^0_{\text{Verdampfung}}$ (statt $\Delta_{\text{Verdampfung}} H^0$).

EXKURS

Was ist ein Standardzustand?

Größenzeichen wie ΔH_f^0 weisen durch die hochgestellte Null darauf hin, dass sich der angegebene Wert auf den *Standardzustand* bezieht. Im Falle von **Feststoffen** und **Flüssigkeiten** versteht man darunter den reinen Stoff bei einem Druck von 1000 hPa. (Über lange Zeit galt der normale Luftdruck (1013 hPa) als Standarddruck.) Der Standardzustand kann für jede beliebige Temperatur definiert werden; diese Temperatur (in K) wird dann gelegentlich als unterer Index dem Größenzeichen hinzugefügt: $\Delta H_{f,1000}^0$. Empfohlen wird die Angabe der Temperatur in runden Klammern: $\Delta H_f^0(1000 \text{ K})$. Auf die Temperaturangabe wird jedoch oft verzichtet, wenn man – wie in diesem Lehrbuch – in der Regel nur mit den für 25 °C (298,15 K) tabellierten Standardwerten arbeitet.

Gase Der Standardzustand eines Gases ist definitionsgemäß ein *ideales Gas* bei 1000 hPa und der jeweiligen Temperatur. Der Einfluss zwischenmolekularer Wechselwirkungen auf das reale Verhalten ist also nicht berücksichtigt. Damit ist der Standardzustand prinzipiell ein *hypothetischer* Zustand. Der Unterschied zwischen realem und idealem Verhalten kann aber praktisch meist vernachlässigt werden, wenn die Temperatur genügend weit oberhalb der Kondensationstemperatur liegt.

> Die Molalität b beschreibt die Zusammensetzung einer Lösung durch den Quotienten aus der Stoffmenge des gelösten Stoffes und der Masse des Lösemittels; Einheit: mol·kg^{-1}.

Lösungen Der Standardzustand für Teilchen in einer Lösung ist noch deutlicher hypothetischer Natur als bei Gasen. Er entspricht definitionsgemäß einer *idealen Lösung* mit der Molalität $b = 1$ mol·kg^{-1}. Ein Kilogramm des Lösemittels soll also ein Mol der betreffenden Teilchen enthalten, ohne dass sich Wechselwirkungen zwischen ihnen bemerkbar machen. (Eine solche Lösung hätte dann die *Aktivität* $a = 1$.) Tatsächlich sind die Wechselwirkungen insbesondere bei Elektrolytlösungen aber keineswegs vernachlässigbar. Eine (reale) Salzlösung (mit $b = 1$ mol·kg^{-1}) unterscheidet sich erheblich vom (hypothetischen) Standardzustand. Für einige praktisch wichtige Bereiche wird deshalb auch das reale Verhalten von Elektrolytlösungen in den folgenden Kapiteln näher erläutert. Das gilt vor allem für das Löslichkeitsgleichgewicht bei Salzen, den pH-Wert von Pufferlösungen und Elektrodenpotentiale.

hiert dazu die Summe der Bildungsenthalpien der Edukte von der Summe der Bildungsenthalpien der Produkte (Σ: Sigma):

$$\Delta H_R^0 = \Sigma\, \Delta H_f^0 \text{(Produkte)} - \Sigma\, \Delta H_R^0 \text{(Edukte)}$$

Betrachten wir diesen Zusammenhang am Beispiel der Zersetzung von Calciumcarbonat:

$$CaCO_3(s) \rightarrow CaO(s) + CO_2(g); \quad \Delta H_R^0 = \Delta H_f^0(CaO) + \Delta H_f^0(CO_2) - \Delta H_f^0(CaCO_3)$$

Unter Verwendung der Zahlenwerte aus dem Anhang ergibt sich:

$$\Delta H_R^0 = (-635\ kJ\cdot mol^{-1} - 394\ kJ\cdot mol^{-1}) - (-1208\ kJ\cdot mol^{-1}) = 179\ kJ\cdot mol^{-1}$$

Bildungsenthalpien hydratisierter Ionen Tabellen mit Standard-Bildungsenthalpien enthalten auch Werte für hydratisierte Ionen. Mit ihrer Hilfe lassen sich Enthalpieänderungen für Reaktionen berechnen, an denen Ionen in wässeriger Lösung beteiligt sind.

Für die Standard-Bildungsenthalpie von Hydronium-Ionen (H$^+$(aq)) hat man den Wert null festgelegt. Die Bildungsenthalpie von Ionen unedler Metalle ist daher nichts anderes als die Reaktionsenthalpie für die Reaktion des Metalls mit einer Säurelösung:

$$Zn(s) + 2\ H^+(aq) \rightarrow Zn^{2+}(aq) + H_2(g); \quad \Delta H_R^0 = -153\ kJ\cdot mol^{-1}$$
$$\Rightarrow \Delta H_f^0(Zn^{2+}(aq)) = -153\ kJ\cdot mol^{-1}$$

Atomisierungsenthalpie und Bindungsenthalpie Unter der Atomisierungsenthalpie (ΔH_{at}^0) eines Stoffes versteht man die Enthalpie für die Reaktion, durch die ein gegebener Stoff in gasförmige Atome zerlegt wird. Für die Fälle Cl$_2$(g), Cu(s), H$_2$O(l) handelt es sich also um die Reaktionsenthalpien der folgenden Reaktionen:

$$Cl_2(g) \rightarrow 2\ Cl(g)$$

$$Cu(s) \rightarrow Cu(g)$$

$$H_2O(l) \rightarrow 2\ H(g) + O(g)$$

Der Begriff der Atomisierungsenthalpie ist eng verknüpft mit dem Begriff der *Bindungsenthalpie* (ΔH_B). Dies ist die Enthalpie, die aufzubringen ist, um eine chemische Bindung zu lösen; man verwendet daher gelegentlich auch die Bezeichnung *Bindungsdissoziationsenthalpie* und das Kurzzeichen ΔH_{diss}. Im Folgenden betrachten wir den Zusammenhang zwischen Atomisierungsenthalpie und Bindungsenthalpie an einigen komplexeren Beispielen.

Methan Bei der Atomisierung des Methan-Moleküls (CH$_4$) werden alle vier C/H-Bindungen gelöst und es werden keine neuen Bindungen geknüpft. Die Atomisierungsenthalpie des Methans ist also gleich dem Vierfachen der Bindungsenthalpie einer C/H-Bindung. Zahlenmäßig ergibt sich die Bindungsenthalpie so zu 416 kJ·mol^{-1}. Es ist experimentell auch möglich, die Abspaltung der vier H-Atome schrittweise durchzuführen und jeweils die Enthalpie zu bestimmen. Auf diese Weise ergeben sich für die vier Reaktionen die jeweils angegebenen Enthalpien:

$$CH_4(g) \rightarrow CH_3(g) + H(g); \quad \Delta H^0 = 439\ kJ\cdot mol^{-1}$$
$$CH_3(g) \rightarrow CH_2(g) + H(g); \quad \Delta H^0 = 458\ kJ\cdot mol^{-1}$$
$$CH_2(g) \rightarrow CH(g) + H(g); \quad \Delta H^0 = 426\ kJ\cdot mol^{-1}$$
$$CH(g) \rightarrow C(g) + H(g); \quad \Delta H^0 = 341\ kJ\cdot mol^{-1}$$

Der arithmetische Mittelwert entspricht genau einem Viertel der Atomisierungsenthalpie (416 kJ·mol^{-1}), die einzelnen Werte weichen jedoch recht deutlich von diesem Mittelwert ab. Aus der Atomisierungsenthalpie ergibt sich also eine *mittlere Bindungsenthalpie*. Im hochsymmetrischen Methan-Molekül sind alle vier Bindungen exakt gleich.

Sucht man nach Ursachen für die unterschiedlichen Werte, muss man die Reaktionsprodukte im Einzelnen betrachten. Zunächst wird aus Methan, das ein sp³-hybridisiertes Kohlenstoff-Atom enthält, CH₃ gebildet, ein Molekül mit einem ungepaarten Elektron, ein **Radikal**, das nicht isoliert werden kann. Im zweiten Schritt bildet sich hieraus *Carben* (CH₂), ein gleichfalls nicht isolierbares Molekül mit einem freien Elektronenpaar am C-Atom. Im dritten Schritt entsteht CH, ein noch ungewöhnlicheres Molekül mit einem freien Elektronenpaar und einem ungepaarten Elektron. Bei der schrittweisen Abspaltung entstehen also Produkte, in denen das zentrale Kohlenstoff-Atom jeweils in einer anderen Bindungssituation auftritt. So ist es nicht verwunderlich, dass die Abspaltung eines Wasserstoff-Atoms aus einem CH₄-Molekül einen anderen Energiebetrag erfordert als die Abspaltung aus CH₃, CH₂ oder CH. Es ist also wichtig, bei der Angabe von Bindungsenthalpien mit anzugeben, auf welche Verbindung sich die Zahlenangabe bezieht. Wenn nicht anders vermerkt, werden Bindungsenthalpien im Allgemeinen aus den Atomisierungsenthalpien möglichst einfacher Verbindungen, in denen sich alle Atome in einem für sie typischen Valenzzustand befinden, als Mittelwerte berechnet und tabelliert.

Diamant   In einem Diamantkristall ist jedes sp³-hybridisierte Kohlenstoff-Atom durch vier gleiche Bindungen an die Nachbaratome gebunden. Die Atomisierung von Diamant entspricht der Sublimation:

$$\text{C(s, Diamant)} \rightarrow \text{C(g)}; \quad \Delta H^0_{\text{subl}} = 715 \text{ kJ} \cdot \text{mol}^{-1}$$

Auf den ersten Blick entspricht dieser Vorgang dem Bruch von vier kovalenten Bindungen und dem Lösen eines Kohlenstoff-Atoms aus dem Gitterverband. Zu bedenken ist jedoch, dass die vier an das betrachtete Atom gebundenen Nachbaratome anschließend nur noch je drei Bindungen aufweisen, jedes von ihnen ist gewissermaßen schon zu einem Viertel aus dem Gitter gelöst. So betrachtet entspricht dieser Vorgang dem Lösen von 1 + ⁴⁄₄ = 2 Atomen unter gleichzeitigem Bruch von vier Bindungen. Pro Atom, welches aus dem Gitter entfernt wird, werden also nur zwei Bindungen gespalten. Die molare Sublimationsenthalpie des Diamants unter Bildung von C(g) entspricht also dem Zweifachen der C/C-Bindungsenthalpie.

Moleküle mit verschiedenen Bindungen   Problematisch wird die Betrachtung von Molekülen, die zwei oder mehr verschiedene chemische Bindungen enthalten. Ein einfaches Beispiel dieser Art ist Ethan (C₂H₆) mit einer C/C- und 6 C/H-Bindungen im Molekül. Die Atomisierungsenthalpie von Ethan beträgt 2 827 kJ · mol⁻¹. Wenn die C/H- und die C/C-Bindungsenthalpien jeweils exakt gleich groß wären wie im Methan bzw. Diamant, würde sich dagegen ein Wert von 2 853 kJ · mol⁻¹ ergeben. Es zeigt sich damit, dass auch in so ähnlichen Molekülen wie Methan und Ethan offenbar nicht genau die gleichen Bindungsverhältnisse vorliegen.

Bei sehr genauer Betrachtung erweist sich der Begriff der Bindungsenthalpie (und Bindungsenergie) als noch komplizierter. So ist es nicht überraschend, dass in verschiedenen Tabellen auch etwas unterschiedliche Werte auftauchen können. Bei Berechnungen mit diesen Größen ist also besondere Sorgfalt geboten.

In Tabelle 7.1 sind einige Bindungsenthalpien zusammengestellt, um einen Eindruck von den Zahlenwerten zu vermitteln; weitere Werte finden sich im Anhang.

Gitterenthalpie   Die Gitterenthalpie ΔH_G einer ionischen Verbindung ist die Energieänderung bei der Bildung von einem Mol eines Feststoffes aus den entsprechenden gasförmigen Ionen. Die Gitterenthalpie ist damit ein Maß für die gesamte elektrostatische Anziehung und Abstoßung der Ionen im Kristallgitter. Im Falle von Natriumchlorid entspricht die Gitterenthalpie also dem Energieumsatz für die folgende Reaktion:

$$\text{Na}^+(\text{g}) + \text{Cl}^-(\text{g}) \rightarrow \text{Na}^+\text{Cl}^-(\text{s}); \quad \Delta H_G = -788 \text{ kJ} \cdot \text{mol}^{-1}$$

Tabelle 7.1   Bindungsenthalpien einiger ausgewählter Bindungen

Molekül	Bindungsenthalpie ΔH^0_B (kJ · mol⁻¹)
F–F	159
Cl–Cl	243
Br–Br	193
I–I	151
C–N	310
C=N	615
C≡N	890
H–H	436
H–Cl	432

Prinzipiell haben auch Kristalle nichtionischer Stoffe eine Gitterenergie. Bei Kristallen einfacher kovalenter Verbindungen beruht die Gitterenergie auf der intermolekularen Anziehung. Bei kovalenten Netzwerken ist die Gitterenergie mit der Enthalpie der kovalenten Bindungen verknüpft und bei Metallen ist es die Anziehung durch die metallische Bindung. Bei Molekülgittern ist es jedoch unüblich, den Begriff Gitterenergie zu verwenden.

7.2 Ermittlung der Gitterenthalpie ionischer Verbindungen – der Born-Haber-Kreisprozess

Um zu verstehen, warum sich bestimmte Verbindungen in einer exothermen Reaktion und andere wiederum gar nicht bilden, stützt man sich auf den **Satz von Hess**: *Die gesamte Energiebilanz für einen chemischen Vorgang ist unabhängig vom Weg, auf dem das Produkt aus den Edukten gebildet wird.*

Es ist also energetisch gesehen ohne Bedeutung, ob wir Natrium und Chlor direkt zu Natriumchlorid reagieren lassen oder ob wir die Edukte in mehreren Teilschritten auf einem Umweg zu Natriumchlorid reagieren lassen. Die Gesamtbilanz für die Enthalpieänderung ist gleich der Summe der Werte aller Teilschritte. Jeder dieser Teilschritte muss natürlich so gewählt werden, dass die energetischen Änderungen aus geeigneten Experimenten bereits bekannt sind.

Für die direkte Reaktion gilt:

$$Na(s) + \tfrac{1}{2} Cl_2(g) \rightarrow NaCl(s); \quad \Delta H_f^0 = -411 \text{ kJ} \cdot \text{mol}^{-1}$$

Germain Henri **Hess**, schweizerisch-russischer Chemiker, 1802–1850; Professor in St. Petersburg.

Wir können uns aber die Bildung von Natriumchlorid auch in einer Folge von fünf Schritten vorstellen:

1. Festes Natrium wird in gasförmige Natrium-Atome überführt. Bei diesem Prozess muss die Sublimationsenthalpie von Natrium zugeführt werden:

   $$Na(s) \rightarrow Na(g); \quad \Delta H_{subl}^0 = 107 \text{ kJ} \cdot \text{mol}^{-1}$$

2. Gasförmige Chlor-Moleküle werden in die Atome zerlegt. Die Reaktion erfordert die Hälfte der molaren Bindungsdissoziationsenthalpie des Cl_2-Moleküls:

   $$\tfrac{1}{2} Cl_2(g) \rightarrow Cl(g); \quad \Delta H_{diss}^0 = 121 \text{ kJ} \cdot \text{mol}^{-1}$$

3. Gasförmige Natrium-Atome werden unter Bildung von Na^+ ionisiert. Dieser Prozess erfordert die erste Ionisierungsenthalpie:

   $$Na(g) \rightarrow Na^+(g) + e^-; \quad \Delta H_I = 502 \text{ kJ} \cdot \text{mol}^{-1}$$

4. Chlor-Atome nehmen jeweils ein Elektron auf. Der hiermit verbundene Energiebetrag ist die Elektronenaffinität des Chlor-Atoms:

   $$Cl(g) + e^- \rightarrow Cl^-(g); \quad \Delta H_{EA} = -355 \text{ kJ} \cdot \text{mol}^{-1}$$

5. Die freien Ionen Na^+ und Cl^- verbinden sich zu festem Natriumchlorid. Dieser Prozess ist stark exotherm – die Reaktionsenthalpie ist gleich der Gitterenthalpie. Sie ist die wesentliche treibende Kraft bei der Bildung aller ionischen Verbindungen:

   $$Na^+(g) + Cl^-(g) \rightarrow NaCl(s); \quad \Delta H_G = -788 \text{ kJ} \cdot \text{mol}^{-1}$$

In der Summe ergeben diese fünf Teilschritte die Gesamtreaktion der Bildung von festem Natriumchlorid aus festem Natrium und gasförmigem Chlor:

$$\Delta H_{subl}^0 + \Delta H_{diss}^0 + \Delta H_I + \Delta H_{EA} + \Delta H_G = \Delta H_f^0$$

Dieser Zusammenhang wird als *Born-Haber-Kreisprozess* bezeichnet und meist durch eine Grafik veranschaulicht (Abbildung 7.1).

Die nach oben zeigenden Pfeile weisen dabei auf endotherme Teilschritte der Reaktion hin, die nach unten gerichteten Pfeile entsprechen exothermen Schritten.

Man kann solche Enthalpie-Diagramme auf zwei Arten nutzen: Allgemein gewinnt man einen visuellen Eindruck über die wichtigen energetischen Größen bei der Bildung einer Verbindung. Es lässt sich aber auch eine unbekannte Größe im thermodynamischen Kreisprozess berechnen, denn die Summe der Enthalpien der Einzelschritte muss

Fritz **Haber**, deutscher Chemiker, 1868–1934; Professor in Karlsruhe, 1911–1933 Direktor des Kaiser-Wilhelm-Instituts für Physikalische Chemie in Berlin, 1918 Nobelpreis für Chemie (für die Synthese des Ammoniaks aus den Elementen).

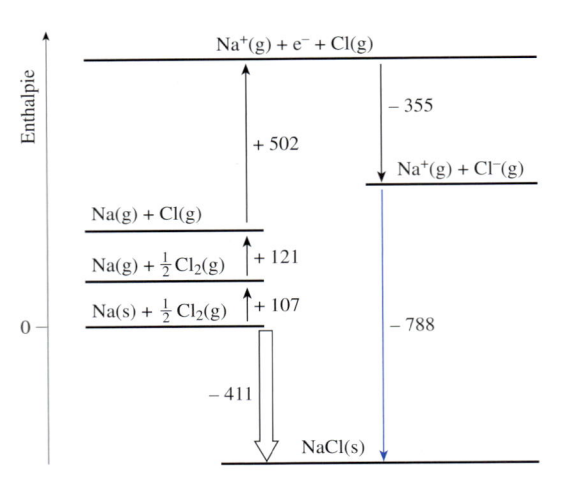

7.1 Born-Haber-Kreisprozess für die Bildung von Natriumchlorid (Werte in kJ·mol^{-1}; eingetragen sind jeweils die ganzzahlig gerundeten Tabellenwerte).

gleich der gesamten Enthalpieänderung für den Bildungsprozess sein. Auf diese Weise werden insbesondere Gitterenthalpien indirekt bestimmt.

Warum gibt es weder MgF$_3$ noch MgF?

Der wichtigste endotherme Schritt bei der Bildung ionischer Verbindungen ist stets die Ionisierung des Metall-Atoms, während der am stärksten exotherme Schritt die Bildung des Ionengitters ist. Ein Vergleich der entsprechenden Energiebeiträge macht verständlich, dass MgF$_2$ als einzige Fluorverbindung des Magnesiums existiert: Die Summe aus erster und zweiter Ionisierungsenthalpie im Falle des Magnesiums ist zwar viel größer als der Energieaufwand für die Bildung des einfach positiven Natrium-Ions, aufgrund der Beteiligung des kleinen, zweifach geladenen Magnesium-Ions wächst der Betrag der Gitterenthalpie jedoch stark an. Nimmt man noch die anderen Terme des Kreisprozesses hinzu, so ergibt sich für die Bildung von MgF$_2$ ein relativ stark exothermer Reaktionsverlauf (Tabelle 7.2):

$$\Delta H_f^0 (\text{MgF}_2) = -1124 \text{ kJ} \cdot \text{mol}^{-1}.$$

Wenn der Betrag der Gitterenthalpie mit steigender Kationenladung so sehr ansteigt, warum bilden Magnesium und Fluor dann MgF$_2$ und nicht MgF$_3$? Die Gitterenthalpie für MgF$_3$ sollte wegen der stärkeren elektrostatischen Anziehung durch ein Mg^{3+}-Ion noch größer sein als für MgF$_2$. Wenn jedoch für die Bildung dieses Ions ein drittes Elektron entfernt werden muss, so handelt es sich um ein Elektron einer inneren, voll aufgefüllten

Tabelle 7.2 Thermodynamische Werte für die Bildung von MgF, MgF$_2$ und MgF$_3$

Enthalpiewerte ΔH (kJ·mol^{-1})	MgF	MgF$_2$	MgF$_3$
Mg-Sublimation	+147	+147	+147
F/F-Bindungsspaltung	+79	+158	+237
Mg-Ionisierung (insgesamt)	+744	+2201	+9940
F-Elektronenaffinität	−334	−668	−1002
Gitterbildung	≈ −900	−2961	≈ −5900
ΔH_f^0 (näherungsweise)	(−260)	−1124	(+3400)

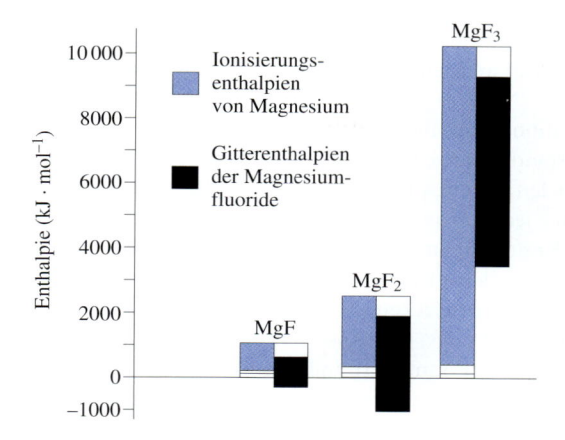

7.2 Graphischer Vergleich der Enthalpien im Born-Haber-Kreisprozess für MgF, MgF$_2$ und MgF$_3$.

Schale. Die dritte Ionisierungsenthalpie ist daher sehr hoch (7 739 kJ·mol^{-1}) und damit weit höher als der Energiegewinn durch eine erhöhte Gitterenthalpie.

Warum bilden andererseits Magnesium und Fluor MgF$_2$ und nicht MgF? Wie wir am Beispiel des Natriumchlorids gesehen haben, sind die wichtigsten Energiefaktoren die Ionisierungsenthalpie des Metalls (endotherm) und die Gitterenthalpie (exotherm). Man braucht weit weniger Energie, um ein einfach positives Mg$^+$-Ion zu bilden als für ein zweifach positives Mg^{2+}. Die Gitterenthalpie hängt jedoch gleichfalls stark von der Ladung ab: Der Einbau eines einfach positiven Kations führt zu einer wesentlich geringeren Gitterenthalpie als der eines zweifach positiven. Tabelle 7.2 vergleicht die Zahlenwerte der Teilschritte des Born-Haber-Kreisprozesses für die Bildung von MgF, MgF$_2$ und MgF$_3$. Man erkennt, dass die Bildung von MgF$_2$ thermodynamisch gesehen am günstigsten ist. Vergleicht man die graphische Darstellung der drei Born-Haber-Kreisprozesse, so wird die Bedeutsamkeit des Wechselspiels zwischen Ionisierungsenthalpie und Gitterenthalpie besonders deutlich (Abbildung 7.2).

Wenn anstelle von MgF bevorzugt MgF$_2$ entsteht, so könnte man Entsprechendes für die Verbindung aus Natrium und Fluor erwarten. Im Falle von Natrium gehört jedoch schon das zweite Elektron, das entfernt werden müsste, zu den inneren Elektronen. Die zweite Ionisierung ist somit ein sehr stark endothermer Prozess, der durch den höheren Betrag der Gitterenthalpie nicht ausgeglichen werden kann. Darüber hinaus gibt es noch zwei weitere, jedoch nicht so gewichtige Faktoren, die die Bildungsenthalpie von NaF stärker negativ werden lassen, als wir es für „MgF" erwarten würden. Aufgrund der geringeren effektiven Kernladung ist die erste Ionisierungsenthalpie von Natrium rund 200 kJ·mol^{-1} kleiner als die von Magnesium. Außerdem ist das Mg$^+$-Ion mit einem in der Valenzschale verbleibenden Elektron ein größeres Kation als das Na$^+$-Ion. Daher ist der Betrag der Gitterenthalpie für NaF größer als für das hypothetische MgF. Die niedrigere Ionisierungsenthalpie in Verbindung mit der betragsmäßig höheren Gitterenthalpie führt zu einer Bildungsenthalpie von −574 kJ·mol^{-1} für Natriumfluorid im Vergleich zu einem auf −260 kJ·mol^{-1} geschätzten Wert für MgF.

7.3 Theoretische Berechnung der Gitterenergie – Coulomb-Energie und Madelung-Konstante

Für viele Ionenverbindungen stehen nicht alle Daten zur Verfügung, um die Gitterenergie über einen Born-Haber-Kreisprozess zu ermitteln. In diesen Fällen nutzt man ein theoretisches Konzept, um einen Näherungswert für die Gitterenergie (bei 0 K) zu berechnen. Auf diese Weise lässt sich beispielsweise auch die Stabilität einer noch nicht synthetisierten Ionenverbindung abschätzen. Die grundlegenden Gedanken des Verfahrens sollen am Beispiel von Natriumchlorid näher erläutert werden.

Die potentielle Energie für ein Natrium-Ion und ein Chlorid-Ion, die sich in einem Abstand d voneinander befinden, lässt sich mithilfe des Coulombschen Gesetzes aus der Elektrostatik berechnen. Man spricht deshalb auch von der Coulomb-Energie und verwendet das Symbol E_C. Für die Coulomb-Energie des Ionenpaares gilt:

$$E_C = \frac{z^+ \cdot e \cdot z^- \cdot e}{4\pi \cdot \varepsilon_0 \cdot d}$$

(z^+ = Ladungszahl des Kations, z^- = Ladungszahl des Anions,
e = Elementarladung, ε_0 = Dielektrizitätskonstante des Vakuums)

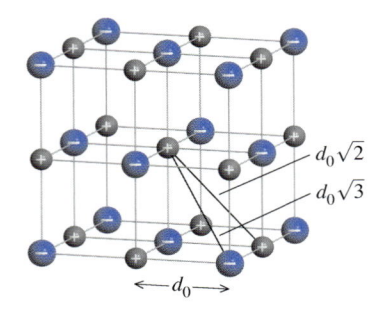

7.3 Elementarzelle von Steinsalz (NaCl).

Im Kristallgitter ist die Situation jedoch ungleich komplizierter, da die elektrostatische Wechselwirkung zwischen sehr vielen, regelmäßig angeordneten Ionen betrachtet werden muss.

Um jedes Kation, zum Beispiel das in der Mitte der Elementarzelle, sind sechs Anionen im Abstand d_0 angeordnet. Die elektrostatischen Anziehungskräfte zwischen diesen benachbarten Ionen spielen die größte Rolle für die Stabilität des Gitters. Im Abstand von $d_0\sqrt{2}$ jedoch sind 12 Kationen in der Mitte jeder Würfelkante angeordnet, die abstoßende Kräfte aufeinander und auf das betrachtete zentrale Kation ausüben. Anziehende Kräfte wiederum wirken zwischen dem Kation in der Würfelmitte und den acht Anionen auf den Würfelecken, die dazu einen Abstand von $d_0\sqrt{3}$ aufweisen (Abbildung 7.3). Da die Anziehungs- und Abstoßungskräfte über den Bereich der betrachteten Elementarzelle hinaus wirksam sind, müssen wir auch die Ionen in den benachbarten Elementarzellen und letztlich im gesamten Kristallgitter mit berücksichtigen. Zunächst sind dies die Abstoßungskräfte zu sechs weiteren Kationen im Abstand von $2d_0$, den Kationen in der Mitte der benachbarten Elementarwürfel. Die jeweils unterschiedliche Zahl und der unterschiedliche Abstand der betrachteten Ionen müssen bei der Anwendung des Coulombschen Gesetzes auf das gesamte Kristallgitter berücksichtigt werden. Um den Zahlenwert für 1 mol Natriumchlorid zu berechnen, muss zusätzlich mit der Avogadro-Konstante N_A multipliziert werden. Auf diese Weise ergibt sich für Natriumchlorid:

$$E_C = N_A \frac{z^+ \cdot e \cdot z^- \cdot e}{4\pi \cdot \varepsilon_0 \cdot d_0} \left(6 - \frac{12}{\sqrt{2}} + \frac{8}{\sqrt{3}} - \frac{6}{2} + \ldots \right)$$

Es hat sich gezeigt, dass die Summanden in der Klammer eine konvergierende Reihe darstellen. Deren Summe wird als **Madelung-Konstante A** bezeichnet. Im Falle des Natriumchlorid-Gitters ergibt sich $A = 1{,}748$. Dieser Wert gilt für alle Stoffe, die im NaCl-Typ kristallisieren, also beispielsweise auch für Magnesiumoxid. Madelung-Konstanten sind also spezifisch für einen Gittertyp und nicht für eine Verbindung. In Tabelle 7.3 sind einige Werte zusammengestellt.

Lorenzo Romano Amadeo Carlo **Avogadro**, Graf di Quaregna e Ceretto, italienischer Physiker und Chemiker, 1776–1856; Professor in Turin.

Erwin **Madelung**, deutscher Chemiker, 1881–1972; Professor in Frankfurt.

Tabelle 7.3 Madelung-Konstanten häufiger Gittertypen

Gittertyp	Madelung-Konstante A
Zinkblende (ZnS)	1,638
Wurtzit (ZnS)	1,641
Steinsalz (NaCl)	1,748
Caesiumchlorid (CsCl)	1,763
Rutil (TiO$_2$)	2,408
Fluorit (CaF$_2$)	2,519

Die Gitterenergie hängt nicht nur vom Gittertyp, sondern auch stark von den Ionenladungen ab. Steigende Ionenladungen bewirken – dem Betrag nach – größere Gitterenergien.

Bei der Behandlung der ionischen Bindung haben wir gesehen, dass Coulomb-Kräfte nicht die einzig wirksamen Kräfte zwischen geladenen Teilchen sind. Bei geringer werdendem Abstand zweier Ionen beginnen sich die negativ geladenen Elektronenhüllen zu durchdringen, die Bornsche Abstoßung wird wirksam (Kapitel 4). Berücksichtigt man diese Abstoßungsenergie, ergeben sich genauere Werte für die Gitterenergie E_G:

$$E_G = N_A \cdot A \frac{z^+ \cdot e \cdot z^- \cdot e}{4\pi \cdot \varepsilon_0 \cdot d_0} + \frac{B}{d_0^n}$$

Befinden sich alle Ionen im Gleichgewichtsabstand, so ist $dE_G/dd = 0$ (vergleiche Abbildung 4.2). Aus der ersten Ableitung der Beziehung für die Gitterenergie ergibt sich

Tabelle 7.4 Werte für den Bornschen Exponenten

Elektronenkonfiguration des Ions	Bornscher Exponent n	Beispiele
[He]	5	Li^+
[Ne]	7	Na^+, Mg^{2+}, O^{2-}, F^-
[Ar]	9	K^+, Ca^{2+}, S^{2-}, Cl^-, Cu^+
[Kr]	10	Rb^+, Br^-, Ag^+
[Xe]	12	Cs^+, I^-, Au^+

dann der Zahlenwert für B und nach Umformen die **Born-Landé-Gleichung** für die Gitterenergie:

$$E_C = N_A \cdot A \frac{z^+ \cdot e \cdot z^- \cdot e}{4\pi \cdot \varepsilon_0 \cdot d_0} \cdot \left(1 - \frac{1}{n}\right)$$

Der Abstoßungsexponent n für ein Ion muss experimentell aus Werten für die Kompressibilität von Ionenkristallen ermittelt werden. Einige Werte sind in Tabelle 7.4 zusammengestellt.

Um zu zeigen, wie die Gitterenergie mittels der Born-Landé-Gleichung berechnet werden kann, verwenden wir wieder das Beispiel Natriumchlorid. Die Ladungen sind also 1 (z^+) und –1 (z^-). Der durch Röntgenstrukturuntersuchungen experimentell für 25 °C ermittelte Abstand d_0 beträgt 281,4 pm; ein für 0 K angegebener Näherungswert ist 275 pm oder $2,75 \cdot 10^{-10}$ m. Als Wert für den Abstoßungsexponenten n setzt man den Durchschnitt aus den Werten für Natrium- und Chlorid-Ionen ein: $(7 + 9)/2 = 8$. Mit diesen Werten ergibt sich:

$$E_G = -\frac{6,022 \cdot 10^{23} \text{ mol}^{-1} \cdot 1,748 \cdot 1 \cdot 1 \cdot (1,602 \cdot 10^{-19} \text{ C})^2}{4 \cdot 3,142 \cdot (8,854 \cdot 10^{-12} \text{ C}^2 \cdot \text{J}^{-1} \cdot \text{m}^{-1}) \cdot (2,75 \cdot 10^{-10} \text{ m})} \cdot \left(1 - \frac{1}{8}\right)$$

$$= -773 \text{ kJ} \cdot \text{mol}^{-1}$$

Um diesen Wert mit dem aus dem Born-Haber-Kreisprozess ermittelten experimentellen Wert vergleichen zu können, muss die Gitter*energie* (bei 0 K) in die Gitter*enthalpie* (bei 298 K) umgerechnet werden. Unter Berücksichtigung dieser (geringfügigen) Korrekturen ergibt sich dann ein Wert von –770 kJ·mol⁻¹ für die Gitterenthalpie. Das Ergebnis liegt damit recht nahe am experimentellen Wert von –788 kJ·mol⁻¹. Wenn ein großer Unterschied zwischen dem experimentellen Wert für die Gitterenergie und dem Wert aus der Born-Landé-Gleichung besteht, so ist dies meist ein Anzeichen dafür, dass die Bindung zwischen den Teilchen nicht rein ionischer Natur ist, sondern auch einen erheblichen Anteil an kovalenter Bindung aufweist.

7.4 Thermodynamik des Lösevorgangs ionischer Verbindungen

Ebenso wie man die Bildung einer ionischen Verbindung aus ihren Elementen als eine Folge von Einzelschritten betrachten kann, kann man auch den Löseprozess in verschiedene Schritte aufteilen. Um dies zu analysieren, stellen wir uns zunächst vor, dass in einem ersten Schritt die Ionen aus dem Kristallgitter in die Gasphase gebracht werden und dann in einem zweiten Schritt von Wasser-Molekülen umgeben werden, sodass sie als hydratisierte Ionen vorliegen. Für den ersten Schritt muss die Gitterenergie aufgebracht werden, beim zweiten Schritt werden die Hydratationsenthalpien von Kation und Anion frei.

Alfred **Landé**, deutsch-amerikanischer Physiker, 1888–1975; Professor in Tübingen und Columbus.

Energie U und Enthalpie H unterscheiden sich durch die Volumenarbeit $p \cdot V$. Dieser Unterschied ist nur dann von Bedeutung, wenn an einer chemischen Reaktion gasförmige Stoffe teilnehmen. Es gilt:

$\Delta H = \Delta U + p \cdot \Delta V$

Soweit sich die beteiligten Gase ideal verhalten, kann das allgemeine Gasgesetz angewandt werden (Kapitel 8):

$p \cdot \Delta V = \Delta v \cdot R \cdot T$

Δv steht hier für die während der Reaktion eintretende Änderung der Teilchenzahlen (in mol). Ist $\Delta v = 1$, ergibt sich für 298 K eine Differenz zwischen Enthalpie und Energie von 2,5 kJ·mol⁻¹.

Um die häufig für 0 K angegebenen thermochemischen Daten für die Ionisierungsenergie oder die Elektronenaffinität auf 298 K umzurechnen, kann man folgende Näherungsgleichung verwenden:

$E_{298} = E_0 + 298 \text{ K} \cdot \Delta C_V$

C_V steht dabei für die *molare Wärmekapazität bei konstantem Volumen*; oft spricht man auch kurz von der *Molwärme*. ΔC_V stellt entsprechend die Differenz der Werte für Produkte und Edukte dar.

Für den Fall der Ionisierung – z. B. $Na(g) \rightarrow Na^+(g) + e^-(g)$ – ist $\Delta C_V = (^3/_2)R$, für den Fall des Elektroneneinfangs – z. B. $Cl(g) + e^-(g) \rightarrow Cl^-(g)$ – ist dagegen $\Delta C_V = -(^3/_2)R$. Auf diese Weise erhöht sich der Zahlenwert der Ionisierungsenergie um 6,2 kJ·mol⁻¹; der Wert der Elektronenaffinität wird genau um diesen Betrag kleiner. Verwendet man beide Größen innerhalb eines Born-Haber-Kreisprozesses, dann heben sich diese Korrekturgrößen heraus. Es darf also auch mit den Energiegrößen bei 0 K gerechnet werden. Berechnungen mit Hilfe der Born-Landé-Gleichung liefern als Ergebnis die Gitterenergie bei 0 K. Für die Reaktion $Na^+(g) + Cl^-(g) \rightarrow NaCl(s)$ beträgt die Änderung der Molwärme $\Delta C_V = 25,5$ J·mol⁻¹·K⁻¹. Daraus ergibt sich für die Gitterenergie bei 298 K ein Wert, der um 7,6 kJ·mol⁻¹ höher ist als bei 0 K. Die Umrechnung von Gitterenergie in Gitterenthalpie mit $\Delta v = -2$ mol für die Bildung von Natriumchlorid aus den gasförmigen Ionen ergibt, dass die Gitterenthalpie um 5 kJ·mol⁻¹ kleiner ist als die Gitterenergie. Insgesamt ist also die Gitterenthalpie bei 298 K um $(7,6 - 5)$ kJ·mol⁻¹ = 2,6 kJ·mol⁻¹ größer als die Gitterenergie bei 0 K.

Jedes Kation in der Lösung ist von einer Hydrathülle aus (gewöhnlich sechs) Wasser-Molekülen umgeben, wobei die Sauerstoff-Atome mit ihrer negativen Partialladung dem Kation zugewandt sind. In ähnlicher Weise ist ein Anion von Wasser-Molekülen umgeben, dabei sind die Wasserstoff-Atome dem Anion zugewandt. Zusätzlich zu dieser ersten Schale an Wasser-Molekülen finden wir weitere Schichten halbwegs geordneter Wasser-Moleküle (Abbildung 7.4). Die Gesamtzahl der Wasser-Moleküle, von denen ein Ion effektiv umgeben ist, bezeichnet man als *Hydratationszahl*.

Kleinere und höher geladene Ionen werden von mehr Wasser-Molekülen umgeben als große, niedrig geladene Ionen. Folglich kann der effektive Radius eines hydratisierten Ions in wässeriger Lösung sich wesentlich von seinem Radius in der festen Phase unterscheiden. Dieser Größenunterschied ist in Tabelle 7.5 dargestellt. Es ist die geringere Größe des hydratisierten Kalium-Ions, die es ihm erlaubt, biologische Membranen leichter zu durchdringen als die größeren hydratisierten Natrium-Ionen.

Die Ausbildung der Ion/Dipol-Bindungen beim Übergang vom gasförmigen zum hydratisierten Ion verläuft stark exotherm. Auch der Zahlenwert dieser *Hydratationsenthalpie* hängt sowohl von der Ionenladung als auch vom Ionenradius, d.h. von der Ladungsdichte ab. Tabelle 7.6 stellt den Zusammenhang zwischen Hydratationsenthalpie und Ladungsdichte für eine isoelektronische Reihe von Kationen dar.

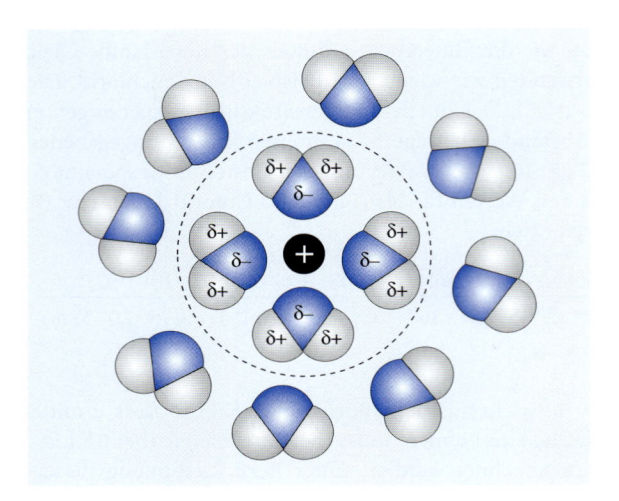

7.4 Hydrathülle um ein Metall-Kation (schematisch).

Tabelle 7.5 Einfluss der Hydratation auf die Größe von Natrium- und Kalium-Ionen

Ion	Radius (pm)	hydratisiertes Ion	Radius (pm)
Na^+	116	$Na(H_2O)_{13}^+$	276
K^+	152	$K(H_2O)_7^+$	232

Tabelle 7.6 Hydratationsenthalpien und Ladungsdichten dreier isoelektronischer Kationen

Ion	Hydratationsenthalpie ΔH_{hydr} (kJ · mol^{-1})	Ladungsdichte (C · mm^{-3})
Na^+	−406	24
Mg^{2+}	−1 921	120
Al^{3+}	−4 665	364

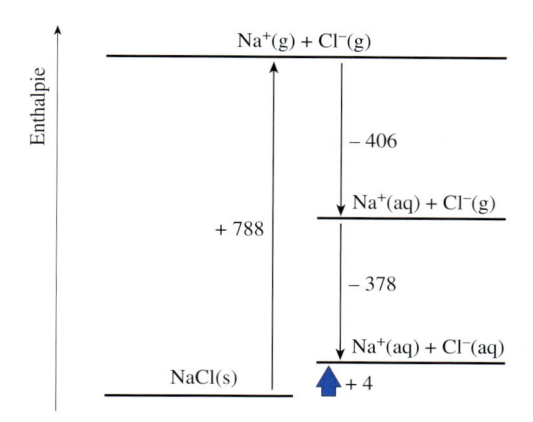

7.5 Enthalpie-Kreisprozess für das Lösen von Natriumchlorid in Wasser (Werte in kJ·mol^{-1}).

Kreisprozess für die Bildung einer NaCl-Lösung Wir wollen nun am Beispiel des Lösevorgangs von Natriumchlorid das Enthalpieschema für Löseprozesse erläutern. Im ersten Schritt wird das Kristallgitter in ein Gas überführt, in dem zwischen den Ionen keine merklichen Wechselwirkungen mehr bestehen:

NaCl(s) → Na$^+$(g) + Cl$^-$(g); $\Delta H_R^0 = -\Delta H_G = 788$ kJ·mol^{-1}

Im zweiten Schritt werden die Ionen hydratisiert:

Na$^+$(g) → Na$^+$(aq); $\Delta H_{hydr}^0 = -406$ kJ·mol^{-1}

Cl$^-$(g) → Cl$^-$(aq); $\Delta H_{hydr}^0 = -378$ kJ·mol^{-1}

Die gesamte Enthalpieänderung für den Lösevorgang ist also

(788 − 406 − 378) kJ·mol^{-1} = 4 kJ·mol^{-1}.

Abbildung 7.5 stellt den zugehörigen thermochemischen Kreisprozess dar.

Kälte- und Wärmepackungen

EXKURS

Gelegentlich ist es wünschenswert, auf einfache Art und Weise und ohne Zuhilfenahme externer Energiequellen Kälte oder Wärme erzeugen zu können. Man verwendet dann Kälte- oder Wärmepackungen. Ihre Wirkung beruht vielfach auf Lösereaktionen. So enthält eine gebräuchliche Kältepackung festes Ammoniumnitrat und einen dünnwandigen Kunststoffbeutel mit Wasser. Quetscht man die Kältepackung, so platzt der Wasserbeutel und es bildet sich eine Ammoniumnitrat-Lösung. Dieser Prozess verläuft stark endotherm:

NH$_4$NO$_3$(s) → NH$_4^+$(aq) + NO$_3^-$(aq); $\Delta H_R^0 = 26$ kJ·mol^{-1}

Der endotherme Verlauf ist einer Folge der vergleichsweise starken Kation-Anion-Wechselwirkungen im Kristallgitter und der vergleichsweise schwachen Ion-Dipol-Wechselwirkungen mit den Wasser-Molekülen in der Lösung.

Eine bestimmte Art der *Wärmepackungen* verwendet wasserfreies Calciumchlorid und Wasser. Bringt man den Wasserbeutel zum Platzen, bildet sich eine Calciumchlorid-Lösung. Dieser Prozess verläuft stark exotherm:

CaCl$_2$(s) → Ca^{2+}(aq) + 2 Cl$^-$(aq); $\Delta H_R^0 = -78$ kJ·mol^{-1}

Durch die Beteiligung des zweifach positiv geladenen Kations ist die Gitterenthalpie recht hoch (−2255 kJ·mol^{-1}). Gleichzeitig wird jedoch durch die Hydratation des Calcium-Ions viel Energie frei (−1577 kJ·mol^{-1}) und auch der Beitrag durch Hydratation des Chlorid-Ions ist nicht unbedeutend (−378 kJ·mol^{-1}). Die Summe dieser Enthalpiewerte ergibt einen exothermen Löseprozess.

7.5 Bildung kovalenter Verbindungen

Wenn man sich mit der Thermodynamik der Bildung kovalenter Verbindungen beschäftigt, kann man Schemata konstruieren, die ganz ähnlich aussehen wie im Falle des Born-Haber-Kreisprozesses für ionische Verbindungen. Es gibt hier jedoch einen grundlegenden Unterschied. Das Schema enthält nicht die Bildung von Ionen, sondern von Molekülen. Der Prozess lässt sich beispielsweise an der Bildung von Stickstoff(III)-fluorid erläutern. Die Gesamtreaktion der Bildung ist:

$$\tfrac{1}{2} N_2(g) + \tfrac{3}{2} F_2(g) \rightarrow NF_3(g); \quad \Delta H_R^0 = -132 \text{ kJ} \cdot \text{mol}^{-1}$$

Diese Reaktion lässt sich drei Schritte unterteilen:
1. Die Dreifachbindung im Stickstoff-Molekül wird aufgebrochen. Pro Stickstoff-Atom erfordert diese Spaltung die Hälfte der $N\equiv N$-Bindungsenthalpie:

$$\tfrac{1}{2} N_2(g) \rightarrow N(g); \quad 0{,}5 \cdot \Delta H_{diss}^0(N\equiv N) = 473 \text{ kJ} \cdot \text{mol}^{-1}$$

2. Die Einfachbindung im Fluor-Molekül wird aufgebrochen. Aus stöchiometrischen Gründen werden pro Stickstoff-Atom drei Fluor-Atome benötigt:

$$\tfrac{3}{2} F_2(g) \rightarrow 3\, F(g); \quad 1{,}5 \cdot \Delta H_{diss}^0(F{-}F) = 239 \text{ kJ} \cdot \text{mol}^{-1}$$

3. Die Stickstoff/Fluor-Bindungen werden gebildet. Bei diesem Prozess wird der dreifache Wert der N/F-Bindungsenthalpie frei, da drei Bindungen gebildet werden.

$$N(g) + 3\, F(g) \rightarrow NF_3(g); \quad -3 \cdot \Delta H_{diss}^0(N{-}F) = -844 \text{ kJ} \cdot \text{mol}^{-1}$$

Das Enthalpiediagramm für die Bildung von Stickstoff(III)-fluorid ist in Abbildung 7.6 dargestellt.

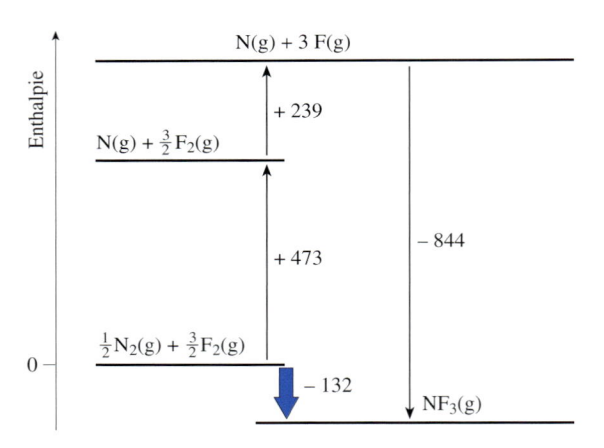

7.6 Kreisprozess für die Bildung von Stickstoff(III)-fluorid (Werte in kJ·mol⁻¹).

7.6 Entropie

Neben der Enthalpie ist die Entropie die zweite grundlegende Größe der Thermodynamik. Die folgende Betrachtung führt zu einer recht anschaulichen Deutung des häufig als schwer verständlich angesehenen Entropiebegriffs:

Wir stellen uns zunächst einen wohl geordneten Kristall beim absoluten Nullpunkt der Temperatur vor. Jedes Teilchen hat darin seinen festen Platz, den es nicht verlassen kann. Erwärmen wir diesen Kristall, führen ihm also Energie zu, stellt sich die Frage, wo diese Energie bleibt. Jede Antwort muss den **ersten Hauptsatz der Thermodynamik** berücksichtigen, den *Energieerhaltungssatz*: *Energie kann weder vernichtet werden noch neu entstehen*.

Allgemein akzeptiert wird heute die folgende Erklärung: Die zugeführte Energie dient dazu, die Teilchen in dem Kristall in Schwingungen zu versetzen; sie sind zwar noch ortsfest, führen aber Schwingungsbewegungen um ihre Ruhelage aus. Die Schwingungen werden stärker, je wärmer der Kristall wird, d.h. je mehr Energie wir ihm zugeführt haben. Mit zunehmender Anregung dieser Schwingungen (**Vibrationen**) sinkt der Ordnungsgrad des gesamten Kristalls: Im zeitlichen Mittel befinden sich alle Teilchen auf den gleichen Positionen wie bei 0 K; aus dem Blickwinkel einer Momentaufnahme jedoch können sich die Teilchen im Zuge der Schwingungsbewegung etwas abseits von ihrer Ruhelage befinden. Bei weiterer Temperaturerhöhung schmilzt der Kristall schließlich. Die Teilchen haben keinen festen Platz mehr: Sie können sich um ihre eigene Achse drehen, also **Rotationen** ausführen. Außerdem können sie, wenngleich nicht ungehindert, an einen anderen Ort wandern. Mit weiter steigender Temperatur wird der betrachtete Stoff in zunehmendem Maße verdampfen. Im gasförmigen Zustand können sich die Teilchen nun frei bewegen. Es sind daher **Translationen** möglich. Die Geschwindigkeit der Teilchen wächst bei weiter ansteigender Temperatur.

Zusammengefasst bedeutet dies, dass ein Stoff, dem Wärme zugeführt wird, diese Energie aufnimmt und in Vibrations-, Rotations- und Translationsbewegungen umsetzt. In dem Maße, in dem diese Bewegungen angeregt werden, sinkt der Ordnungsgrad in dem betrachteten Stoff: Die *Unordnung* nimmt also zu. Dieser Anstieg erfolgt überwiegend kontinuierlich; bei der Schmelztemperatur und bei der Siedetemperatur gibt es jedoch einen sprunghaften Anstieg, weil dann jeweils neue Bewegungsmöglichkeiten hinzukommen. Besonders ausgeprägt ist die Zunahme der Unordnung beim Übergang vom flüssigen in den gasförmigen Zustand.

Zwischen der Entropie eines Stoffes und seinem Ordnungszustand besteht nun ein unmittelbarer Zusammenhang. Zahlenmäßig erfassen lässt sich die Entropie, indem man die insgesamt vom absoluten Nullpunkt an bis zu einer festgelegten Temperatur reversibel aufgenommene **Wärmemenge Q** misst. Bezeichnet man mit Q_m die von einem Mol eines Stoffes vom absoluten Nullpunkt an aufgenommene Energie, so gilt für die Entropie S:

$$S = Q_m/T$$

Bei konstantem Druck stimmt Q_m mit der Enthalpieänderung ΔH überein.

Abbildung 7.7 zeigt schematisch die Zunahme der Entropie mit steigender Temperatur. Im Gegensatz zur Enthalpie sind also für die Entropie Absolutwerte messbar, die Einheit der molaren Entropie S ist $J \cdot K^{-1} \cdot mol^{-1}$. Zahlenwerte für die Entropien zahlreicher Stoffe sind in der Regel gemeinsam mit den Bildungsenthalpien tabelliert, beispielsweise auch im Anhang dieses Buches. Um aus diesen Werten die Änderung der Entropie für eine gegebene Reaktion, die **Reaktionsentropie ΔS_R^0** zu ermitteln, verfährt man in der gleichen Weise wie bei der Berechnung von Reaktionsenthalpien:

$$\Delta S_R^0 = \Sigma S^0(\text{Produkte}) - \Sigma S^0 (\text{Edukte})$$

Für das Beispiel der Zersetzung von Calciumcarbonat ergeben sich folgende Werte:

$$CaCO_3(s) \rightarrow CaO(s) + CO_2(g)$$

$$\Delta S_R^0 = S^0(CaO) + S^0(CO_2) - S^0(CaCO_3)$$
$$= 42 \: J \cdot K^{-1} \cdot mol^{-1} + 214 \: J \cdot K^{-1} \cdot mol^{-1} - 93 \: J \cdot K^{-1} \cdot mol^{-1} = 163 \: J \cdot K^{-1} \cdot mol^{-1}$$

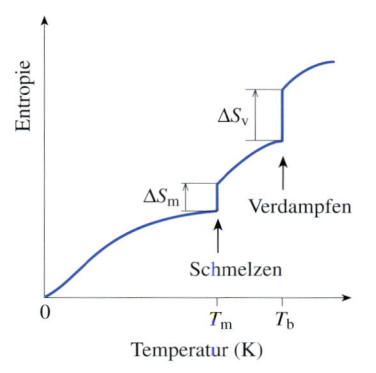

7.7 Entropie eines Stoffes als Funktion der Temperatur.

Die Entropie steigt also bei der Zersetzung von festem Calciumcarbonat in festes Calciumoxid und gasförmiges Kohlenstoffdioxid deutlich an. Der Ordnungszustand der Produkte ist also geringer als der des Eduktes. Ursache ist die Bildung des gasförmigen Kohlenstoffdioxids, bei dem sich alle Teilchen in regelloser Bewegung befinden.

EXKURS

Ludwig Boltzmann, österreichischer Physiker und Mathematiker, 1844–1906; Professor in Graz, Wien, München und Leipzig.

Statistische Deutung der Entropie

Im Rahmen der durch Ludwig Boltzmann begründeten *statistischen Thermodynamik* spielt der Begriff der *Wahrscheinlichkeit* eine zentrale Rolle. In der klassischen Thermodynamik werden Beziehungen zwischen *makroskopisch* messbaren Größen wie Volumen, Druck, Temperatur und Wärme aufgestellt. In der statistischen Thermodynamik hingegen wird die Energieverteilung auf einer atomaren bzw. molekularen Ebene betrachtet. Man unterscheidet dabei unterschiedliche Zustände eines Teilchensystems nach ihrer Wahrscheinlichkeit. Ein Grundgedanke dieser statistischen Betrachtung lässt sich schon an einem extrem einfachen Beispiel erfassen: In einem Gefäß befinden sich – durch eine Trennwand voneinander getrennt – je zwei Moleküle zweier Stoffe, die makroskopisch eine ideale Lösung bilden. Das Gefäß ist so klein, dass es gerade Platz für diese vier Moleküle bietet. Nach Entfernung der Trennwand sollen aber Platzwechselvorgänge möglich sein. Abbildung 7.8 zeigt alle möglichen Anordnungen (Zustände) der vier Moleküle.

Wie man sieht, gibt es insgesamt sechs Möglichkeiten. In den mit I und III bezeichneten Zuständen befinden sich die beiden Molekülsorten wie zuvor in der linken bzw. rechten Gefäßhälfte, im Zustand II haben sich die Moleküle vermischt. Man bezeichnet diese Zustände I, II und III auch als sogenannte *Makrozustände*. Während die Makrozustände I und III nur durch jeweils eine Anordnung der Moleküle realisiert werden können, ergeben sich vier Möglichkeiten für den Zustand II. Diese insgesamt sechs verschiedenen Anordnungsmöglichkeiten bezeichnet man auch als *Mikrozustände*. Wenn die Kräfte zwischen allen vier Teilchen gleich groß sind, ist jeder dieser Mikrozustände gleich wahrscheinlich. Ihre Wahrscheinlichkeit P beträgt also 1/6. Die Makrozustände I und III besitzen damit jeweils eine Wahrscheinlichkeit von $P_I = P_{III} = 1/6$, die Wahrscheinlichkeit des Makrozustands II beträgt hingegen $P_{II} = 4 \cdot 1/6$. Die statistische Thermodynamik verknüpft die Entropie eines stofflichen Systems mit der Wahrscheinlichkeit, mit der die verschiedenen Makrozustände auftreten. Dabei gelten für Makrozustände, die durch bestimmte Energieverteilungen definiert werden, prinzipiell die gleichen Aussagen wie für Makrozustände, die durch eine bestimmte räumliche Verteilung charakterisiert sind. Für unser Beispiel ergibt sich die Entropieänderung beim Übergang vom Zustand I (oder III) zum Zustand II durch folgende Beziehung:

$$\Delta S = k \ln(P_{II}/P_I)$$

Der Faktor k ist die sogenannte *Boltzmann-Konstante* ($1{,}3806 \cdot 10^{-23}$ J·K^{-1}), die sich als Quotient aus der allgemeinen Gaskonstante R und der Avogadro-Konstante N_A ergibt.

Die Entropie ΔS für diesen Übergang hat also ein positives Vorzeichen. Der wahrscheinlichste Zustand II des betrachteten Systems ist gleichzeitig auch der mit der geringsten Ordnung, denn die vier betrachteten Moleküle haben sich vollständig miteinander vermischt. Die Begriffe Ordnung und Wahrscheinlichkeit sind also miteinander verknüpft; beide werden durch die Entropie eines Stoffsystems erfasst und quantitativ beschrieben. Eine umfassende Beschreibung der Entropie eines beliebigen Stoffes mithilfe der statistischen Thermodynamik geht weit über den Rahmen dieses Buches hinaus; sie wird in speziellen Lehrbüchern der physikalischen Chemie behandelt.

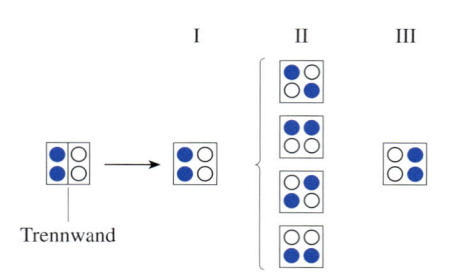

7.8 Mögliche Anordnungen von je zwei Molekülen zweier Stoffe in einem Gefäß.

7.7 Die freie Enthalpie als treibende Kraft einer Reaktion

Ob eine chemische Reaktion überhaupt ablaufen kann, welche Konzentrationen von Edukten und Produkten in einem chemischen Gleichgewicht vorliegen und die Temperaturabhängigkeit der Gleichgewichtslage sind für den Chemiker besonders wichtige Fragen. Um sie zu beantworten, führte J. W. Gibbs den Begriff der *freien Enthalpie* ΔG ein. Er verknüpfte Reaktionsenthalpie, Reaktionsentropie und die (absolute) Reaktionstemperatur miteinander. Diese Beziehung wird als **Gibbs-Helmholtz-Gleichung** bezeichnet:

$$\Delta G_R = \Delta H_R - T \Delta S_R$$

Hermann Ludwig Ferdinand **Helmholtz**, deutscher Physiker und Physiologe, 1821–1894; Professor in Königsberg, Bonn, Heidelberg und Berlin, 1888 erster Präsident der Physikalisch-Technischen Reichsanstalt in Berlin.

Eine Reaktion verläuft umso vollständiger, je niedriger der Wert der freien Reaktionsenthalpie ist. Hohe positive Werte für ΔG_R bedeuten dagegen, dass die Produkte nur in verschwindend kleinen Anteilen gebildet werden. Zwischen der freien Reaktionsenthalpie und der thermodynamischen Gleichgewichtskonstante K besteht ein einfacher Zusammenhang:

$$\Delta G_R^0(T) = - R \cdot T \cdot \ln K$$

Hat ΔG_R^0 einen positiven Zahlenwert, ist der Zahlenwert der Gleichgewichtskonstante kleiner als eins. Man spricht in diesem Falle von einer *endergonischen* Reaktion. Bei einer *exergonischen* Reaktion ist ΔG_R^0 negativ, die Gleichgewichtskonstante ist dementsprechend größer als eins. Für den Fall, dass ΔG_R^0 den Wert null aufweist, ist $K = 1$. Das Vorzeichen für die freie Reaktionsenthalpie gibt jedoch keineswegs Auskunft darüber, ob eine Reaktion freiwillig abläuft oder nicht. Auch Reaktionen, die einen positiven Wert für ΔG_R^0 aufweisen, können durchaus in merklichem Umfang ablaufen. So beträgt die freie Reaktionsenthalpie (bei 25 °C) für die Dissoziation der Essigsäure in wässeriger Lösung 27,1 kJ·mol^{-1}. Zweifellos dissoziiert Essigsäure aber zu einem gewissen Anteil in Hydronium-Ionen und Acetat-Ionen, wenn auch die Gleichgewichtskonstante den kleinen Wert von $1,8 \cdot 10^{-5}$ mol·l^{-1} aufweist.

Metastabile Stoffe

EXKURS

Im scheinbaren Widerspruch zu den angestellten thermodynamischen Betrachtungen zur Lage chemischer Gleichgewichte kennen wir durchaus auch exotherm verlaufende Zersetzungsreaktionen. Denken wir nur an Explosivstoffe: Bei ihrer plötzlich eintretenden Zersetzung wird sehr viel Energie frei. Dennoch können Explosivstoffe durchaus gehandhabt und gelagert werden, ohne dass die Zersetzung in erkennbarem Umfang eintritt. Das entsprechende Gleichgewicht scheint also ganz auf Seiten der Edukte zu liegen. Der Grund für das Nichteintreten der Reaktion ist hier jedoch nicht in der Gleichgewichtslage zu suchen: Die Gleichgewichtskonstante für den Zerfall eines Explosivstoffs wie Bleiazid (Pb(N$_3$)$_2$) ist bei Raumtemperatur extrem groß. Der Grund liegt vielmehr darin, dass es bei manchen Stoffen einer „Aktivierungsenergie" oder „Initialzündung" bedarf, um den durch die Thermodynamik beschriebenen Gleichgewichtszustand zu erreichen. Stoffe, die sich so verhalten, bezeichnet man als *metastabil*. Die Zahl metastabiler Stoffe ist außerordentlich groß: Alle Stoffe der belebten Natur zählen zu ihnen. In Gegenwart von Luftsauerstoff könnten alle organischen Stoffe und damit auch alle Lebewesen verbrennen, wobei im Wesentlichen Wasserdampf und Kohlenstoffdioxid in exothermer Reaktion entstehen müssten. Unsere Existenz verdanken wir demnach der Tatsache, dass uns eine Reaktionshemmung vor der Verbrennung bewahrt. Die klassische Thermodynamik beantwortet nicht die Frage, wie schnell eine Reaktion abläuft. Sie beschreibt lediglich den energetisch günstigsten Zustand, ohne eine Antwort darauf geben zu können, mit welcher Geschwindigkeit er sich einstellen kann.

EXKURS

Jacobus Hendricus **van't Hoff**, niederländischer Physikochemiker, 1852–1911; Professor in Amsterdam und Berlin, Mitglied der Preußischen Akademie der Wissenschaften.

Temperaturabhängigkeit der Gleichgewichtskonstante

Aus der Gibbs-Helmholtz-Gleichung und der Beziehung zwischen der Gleichgewichtskonstante und der freien Reaktionsenthalpie lässt sich die **Van't-Hoff-Gleichung** ableiten:

$$\ln K = -\frac{\Delta H_R^0}{R \cdot T} + \frac{\Delta S_R^0}{R}$$

(Setzt man in die Van't-Hoff-Gleichung Zahlenwerte ein, ist zu beachten, dass T in K und die Reaktionsenthalpie in der Einheit $J \cdot mol^{-1}$ und nicht $kJ \cdot mol^{-1}$ eingesetzt werden müssen!) Die Van't-Hoff-Gleichung macht das Wechselspiel von Enthalpie und Entropie deutlich: Eine exotherme Reaktion ($\Delta H_R < 0$) begünstigt die Bildung der Produkte; ist gleichzeitig die Reaktionsentropie positiv, liegt das Reaktionsgleichgewicht bei jeder Temperatur auf der Seite der Produkte, K ist viel größer als eins. Ist bei negativem ΔH_R die Reaktionsentropie jedoch auch negativ, hängt die Gleichgewichtslage maßgeblich von den jeweiligen Zahlenwerten und der Temperatur ab. Mit steigender Temperatur wird K immer kleiner, das Gleichgewicht verschiebt sich immer weiter auf die Seite der Edukte. Eine endotherme Reaktion kann hingegen nur dann ablaufen, wenn sie unter Entropiegewinn ($\Delta S_R > 0$) verläuft; Temperaturerhöhung begünstigt hier immer die Bildung der Produkte. Ein Beispiel für eine solche Reaktion ist das Auflösen von Kaliumnitrat in Wasser, die Lösung kühlt sich ab, dennoch löst sich Kaliumnitrat sehr gut. Ursache ist die positive Reaktionsentropie, denn aus dem geordneten Feststoff Kaliumnitrat werden hydratisierte Ionen, die in der Lösung frei beweglich sind. Die Unordnung steigt beim Lösevorgang also beträchtlich. Das Verdampfen oder die Zersetzung von Stoffen verlaufen grundsätzlich endotherm. Ein Beispiel ist die Zerlegung von Quecksilberoxid:

$$2\ HgO(s) \rightarrow 2\ Hg(l) + O_2(g); \quad \Delta H_R^0 = 182\ kJ \cdot mol^{-1}$$

Der Ablauf solcher Reaktionen ist mit einem Entropiegewinn verbunden, da die Produkte stets einen geringeren Ordnungszustand aufweisen als die Edukte, insbesondere, wenn die Produkte gasförmig sind. Das tatsächliche Ausmaß der Umsetzung hängt aber stark von der Temperatur ab: Erst wenn $T \cdot \Delta S_R > \Delta H_R$ wird, überwiegen die Reaktionsprodukte.

Als weiteres Beispiel betrachten wir die Bildung von Ammoniak aus den Elementen:

$$\tfrac{1}{2} N_2(g) + \tfrac{3}{2} H_2(g) \rightarrow NH_3(g)$$

Für diese Reaktion hat die Enthalpieänderung ΔH_R^0 einen Wert von $-46\ kJ \cdot mol^{-1}$, während der Wert für die Entropieänderung ΔS_R^0 $-99\ J \cdot mol^{-1} \cdot K^{-1}$ beträgt. Bei niedrigen Temperaturen sollte die Reaktion zur Bildung nennenswerter Mengen Ammoniak führen, bei hohen Temperaturen jedoch nicht. Setzt man die Größenwerte in die Formel $\Delta G_R^0 = \Delta H_R^0 - T\Delta S_R^0$ ein, so ergibt sich für die Änderung der freien Enthalpie bei $T = 298\ K$:

$$\Delta G_R^0 = -46\ kJ \cdot mol^{-1} - 298\ K \cdot (-0{,}099\ kJ \cdot mol^{-1} \cdot K^{-1}) = -16\ kJ \cdot mol^{-1}$$

Bei Raumtemperatur ist die Reaktion also thermodynamisch begünstigt. Bei 600 K ergibt die Berechnung jedoch ein anderes Ergebnis:

$$\Delta G_R^0 = -46\ kJ \cdot mol^{-1} - 600\ K \cdot (-0{,}099\ kJ \cdot mol^{-1} \cdot K^{-1}) = 13\ kJ \cdot mol^{-1}$$

Bei dieser Temperatur ist die Reaktion also thermodynamisch deutlich ungünstiger. Tatsächlich tritt bei höheren Temperaturen zunehmend die Umkehrreaktion – die Zersetzung von Ammoniak – auf.

ÜBUNGEN

7.1 Definieren Sie folgende Begriffe: a) Atomisierungsenthalpie, b) Entropie, c) Standard-Bildungsenthalpie, d) mittlere Bindungsenthalpie, e) Hydratationsenthalpie.

7.2 Welches Vorzeichen hat die Entropieänderung bei der Bildung von festem Calciumoxid aus festem Calcium und gasförmigem Sauerstoff? Wie muss das Vorzeichen der Enthalpieänderung sein, wenn die Bildung des Produkts thermodynamisch günstig ist? Ziehen Sie keine tabellierten Daten zu Rate.

7.3 Bei sehr hohen Temperaturen zersetzt sich Wasser zu gasförmigem Wasserstoff und Sauerstoff. Erklären Sie mithilfe der Gibbs-Helmholtz-Gleichung, warum dies zu erwarten ist. Ziehen Sie keine tabellierten Daten zu Rate.

7.4 Bestimmen Sie die Enthalpie, die Entropie und die freie Enthalpie der folgenden Reaktionen. Entnehmen Sie dazu die Werte für die Bildungsenthalpie und die Entropie den Tabellen aus dem Anhang. Entscheiden Sie anhand dieser Informationen, ob die Reaktion bei Standardtemperatur und Standarddruck freiwillig abläuft.
a) $H_2(g) + \frac{1}{2}O_2(g) \rightarrow H_2O(l)$
b) $\frac{1}{2}N_2(g) + O_2(g) \rightarrow NO_2(g)$

7.5 Die Moleküle N_2 und CO sind isoelektronisch. Die C≡O-Bindungsenthalpie (1072 kJ·mol^{-1}) ist jedoch höher als die der N≡N-Bindung (945 kJ·mol^{-1}). Schlagen Sie eine Erklärung vor.

7.6 Berechnen Sie anhand der Werte für die Bindungsenthalpien einen ungefähren Wert für die Reaktionsenthalpie der folgenden Reaktion:
$4\ H_2S_2(g) \rightarrow S_8(g) + 4\ H_2(g)$

7.7 Entscheiden Sie anhand der Werte für die Bindungsenthalpien, ob folgende Reaktion thermodynamisch möglich ist:
$CH_4(g) + 4\ F_2(g) \rightarrow CF_4(g) + 4\ HF(g)$

7.8 Ordnen Sie folgende Verbindungen nach zunehmender Gitterenthalpie: Magnesiumoxid, Lithiumfluorid und Natriumchlorid. Begründen Sie die von Ihnen gewählte Reihenfolge.

7.9 Berechnen Sie die Summe der ersten drei Terme der Reihe für die Madelung-Konstante des Steinsalz-Gitters. Vergleichen Sie den Wert mit dem Grenzwert.

7.10 Berechnen Sie anhand der Born-Landé-Gleichung die Gitterenthalpie von a) Caesiumchlorid und b) Calciumfluorid.

7.11 Konstruieren Sie den Born-Haber-Kreisprozess für die Bildung von Aluminiumfluorid und von Magnesiumsulfid. Stellen Sie keine Berechnungen an.

7.12 Die Gitterenthalpie von Natriumhydrid beträgt −804 kJ·mol^{-1}. Berechnen Sie anhand von Daten aus dem Anhang den Wert für die Elektronenaffinität atomaren Wasserstoffs.

7.13 Berechnen Sie die Bildungsenthalpie von Calciumoxid anhand des Born-Haber-Kreisprozesses. Entnehmen Sie alle dazu notwendigen Informationen den Datentabellen im Anhang. Vergleichen Sie Ihr Ergebnis mit dem tatsächlich gemessenen Wert für ΔH_f^0 (CaO(s)). Stellen Sie dann ähnliche Berechnungen an unter der Annahme, Calciumoxid sei Ca$^+$O$^-$ und nicht Ca^{2+}O^{2-}. Nehmen Sie für die Gitterenthalpie von Ca$^+$O$^-$ einen Wert von 800 kJ·mol^{-1} an. Erklären Sie, warum der zweite Fall aus Gründen der Enthalpie weniger günstig ist.

7.14 Konstruieren Sie die Born-Haber-Kreisprozesse für die fiktiven Verbindungen NaCl$_2$ und NaCl$_3$. Berechnen Sie für beide Verbindungen die Bildungsenthalpie anhand der Tabellenwerte aus dem Anhang und folgender Informationen: theoretische Gitterenthalpien −2500 kJ·mol^{-1} für NaCl$_2$ bzw. −5400 kJ·mol^{-1} für NaCl$_3$, zweite und dritte Ionisierungsenthalpie für Na 4569 kJ·mol^{-1} bzw. 6919 kJ·mol^{-1}. Vergleichen Sie die Ergebnisse und schlagen Sie eine Erklärung vor, warum NaCl$_2$ und NaCl$_3$ nicht die bevorzugten Produkte sind.

7.15 Die Gitterenthalpie von Natriumborhydrid (NaBH$_4$) beträgt −703 kJ·mol^{-1}. Entnehmen Sie dem Anhang weitere Daten und berechnen Sie die Bildungsenthalpie des gasförmigen Tetrahydridoborat-Ions.

7.16 Magnesiumchlorid ist im Gegensatz zu Magnesiumoxid in Wasser gut löslich. Schlagen Sie für diesen Unterschied eine Erklärung vor, indem Sie die den Löseprozess in Einzelschritte unterteilen. Benutzen Sie keine Datentabellen.

7.17 Bestimmen Sie anhand der Gitterenthalpien und der Hydratationsenthalpien, die Sie Datentabellen entnehmen können, die Lösungsenthalpien von a) Lithiumchlorid, b) Magnesiumchlorid. Erklären Sie den Unterschied zwischen den zwei Werten.

7.18 Bestimmen Sie anhand der Bildungsenthalpie und der Entropiewerte, die Sie Datentabellen entnehmen, die freie Bildungsenthalpie für folgende Reaktionen bei 298 K:
$S(s) + O_2(g) \rightarrow SO_2(g)$
$S(s) + \frac{3}{2} O_2(g) \rightarrow SO_3(g)$

a) Erklären Sie das Vorzeichen der Entropieänderung bei der Bildung von Schwefeltrioxid.
b) Welche der Oxidationsreaktionen führt zum größten Abfall der freien Enthalpie, welche Reaktion ist also thermodynamisch bevorzugt?
c) Welches der Schwefeloxide wird bei der Verbrennung tatsächlich gebildet?
d) Schlagen Sie eine Erklärung für den Widerspruch in den Antworten zu b) und c) vor.

7.19 Obwohl die Hydratationsenergie des Calcium-Ions (Ca^{2+}) weit höher ist als die des Kalium-Ions (K^+), ist die molare Löslichkeit von Calciumchlorid weit geringer als die des Kaliumchlorids. Schlagen Sie eine Erklärung vor.

7.20 Die Lösungsenthalpie von Natriumchlorid beträgt 4 kJ·mol^{-1}, während die des Silberchlorids bei 66 kJ·mol^{-1} liegt.

a) Was würden Sie bezüglich der Löslichkeit der beiden Verbindungen im Vergleich zueinander vermuten?
b) Berechnen Sie anhand der Hydratationsenthalpien Werte für die Gitterenergien (beide Verbindungen nehmen Natriumchlorid-Struktur an, die Gitterkonstanten sind 563 pm (NaCl) und 552 pm (AgCl)).
c) Berechnen Sie mithilfe der Born-Landé-Gleichung die Werte für die Gitterenergien und vergleichen Sie diese mit den Werten aus Aufgabe b). Schlagen Sie einen Grund für den signifikanten Unterschied im Falle einer der Verbindungen vor.

7.21 Magnesium und Blei haben ähnliche erste und zweite Ionisierungsenthalpien. Dennoch unterscheiden sie sich erheblich in ihrer Reaktivität gegenüber Säuren:
$M(s) + 2 H^+(aq) \rightarrow M^{2+}(aq) + H_2(g)$
(wobei M = Mg, Pb)
Erstellen Sie ein passendes Diagramm und entnehmen Sie die Werte dazu dem Anhang (Anmerkung: Da die Reduktion des Wasserstoff-Ions in beiden Diagrammen vorkommt, brauchen Sie nur die Bildung der Metall-Ionen in wässeriger Lösung zu berücksichtigen). Leiten Sie daraus die Ursache für das unterschiedliche Verhalten ab.

7.22 Die stabilsten Verbindungen der Hauptgruppenelemente sind in der Regel die, in denen alle Valenzelektronen abgegeben wurden. Bei den Lanthanoiden jedoch sind die Verbindungen der Oxidationsstufe III am stabilsten. Erklären Sie dies anhand der Ionisierungsenthalpien und ihrer Rolle im Born-Haber-Kreisprozess.

7.23 Einer der spektakulärsten Demonstrationsversuche ist die Thermitreaktion:
$8 Al(s) + 3 Fe_3O_4(s) \rightarrow 4 Al_2O_3(s) + 9 Fe(l)$
Diese Reaktion ist so stark exotherm, dass dabei flüssiges Eisen entsteht. Nehmen Sie Datentabellen aus dem Anhang zu Hilfe und erklären Sie den extrem exothermen Verlauf dieser Reaktion.

7.24 Es wird oft argumentiert, dass sich Ionenverbindungen bilden, weil Metalle „Elektronen abgeben wollen" und Nichtmetalle „Elektronen aufnehmen wollen". Kritisieren Sie diese Aussage anhand geeigneter thermodynamischer Werte.

Unser täglicher Umgang mit Stoffen orientiert sich zunächst an den typischen Merkmalen der drei Aggregatzustände *gasförmig*, *flüssig* und *fest*. Eine wichtige Rolle spielt aber auch die Temperatur; sie bestimmt schließlich, ob wir es z.B. mit Wasser oder mit Eis zu tun haben. In diesem Kapitel werden grundlegende Aspekte einer wissenschaftlichen Beschreibung der physikalisch-chemischen Eigenschaften von Gasen, Flüssigkeiten und Feststoffen erläutert.

Zunächst betrachten wir das Verhalten reiner Stoffe und wenden uns dann im zweiten Teil des Kapitels Systemen zu, die zwei oder mehrere Stoffe enthalten. Eine besondere Rolle spielen dabei die verschiedenen Möglichkeiten, Stoffe zu trennen.

Reine Stoffe und Zweistoffsysteme

8

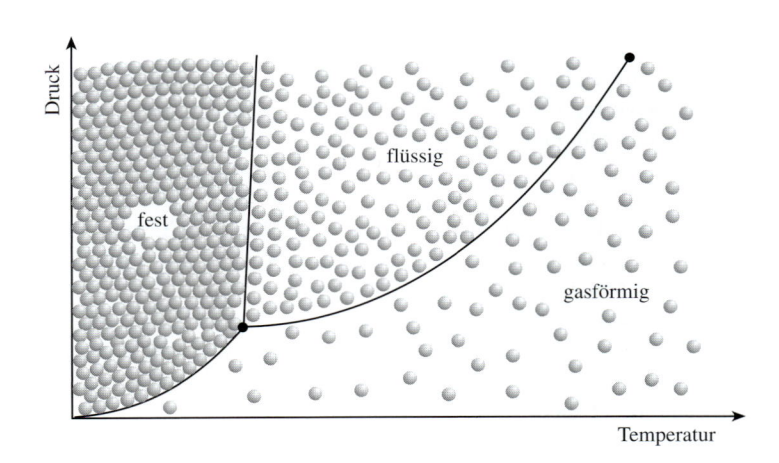

Kapitelübersicht

- 8.1 Ideale und reale Gase
- 8.2 Flüssigkeiten
- 8.3 Kristalline Feststoffe
  Exkurs: Strukturanalyse durch Röntgenstrahlbeugung
- 8.4 Amorphe Stoffe und Gläser
  Exkurs: Flüssigkristalle
- 8.5 Phasendiagramme reiner Stoffe
- 8.6 Lösungen
  Exkurs: Hydrothermalsynthese
- 8.7 Dampfdruck einer Lösung – Siedetemperaturerhöhung und Schmelztemperaturerniedrigung
- 8.8 Osmose und Umkehrosmose
- 8.9 Siedediagramme, Destillation und Rektifikation
  Exkurs: Destillation
- 8.10 Schmelzdiagramme und Kristallisation
  Exkurs: Thermische Analyse und Differenzthermoanalyse (DTA)
- 8.11 Moderne Trennverfahren, Chromatographie

8.1 Ideale und reale Gase

Im gasförmigen Zustand können sich alle Teilchen frei bewegen, ihr Abstand voneinander ist groß im Vergleich zu ihrem Durchmesser. Alle Gase sind deshalb in jedem Verhältnis miteinander mischbar. Stoßen Gasteilchen zusammen, werden sie aus ihrer Richtung abgelenkt. Die Stöße der Teilchen auf die Wand des umgebenden Gefäßes sind für den Druck des Gases verantwortlich.

Wir haben in den Kapiteln über die chemische Bindung gesehen, dass zwischen Atomen, Ionen und Molekülen verschiedene Arten von anziehenden oder abstoßenden Kräften wirken. All diese Kräfte verringern sich schnell mit größer werdendem Abstand der Teilchen. Zwischen den Teilchen eines Gases gibt es daher im Allgemeinen nur sehr geringe Wechselwirkungen. Bei niedrigen Temperaturen und höheren Drücken wird das Verhalten von Gasen allerdings durch die Wirkung von Anziehungskräften beeinflusst. Das gilt insbesondere für Wasserdampf und andere Gase, die aus Dipolmolekülen bestehen. In den meisten Fällen können die spezifischen Eigenschaften der Gasteilchen aber unberücksichtigt bleiben. Die Eigenschaften einer Gasportion werden dann ausreichend genau durch Gesetzmäßigkeiten beschrieben, die für das Modell des idealen Gases abgeleitet sind.

Ideale Gase und reale Gase Der Begriff *ideales Gas* bezieht sich auf eine *Modellvorstellung*. In der Realität gibt es keine wirklich idealen Gase. Vielfach sind die im Experiment beobachteten Abweichungen aber so gering, dass sie praktisch keine Bedeutung haben. Das gilt beispielsweise für die Edelgase und auch für Wasserstoff oder Sauerstoff, insbesondere bei hohen Temperaturen und niedrigen Drücken. Man spricht von *realen Gasen*, wenn die Abweichungen vom idealen Verhalten diskussionsbedürftig sind.

Das ideale Gas

In einem idealen Gas wirken keinerlei zwischenmolekulare Kräfte zwischen den Teilchen und das Eigenvolumen der Gasteilchen ist vernachlässigbar gering gegenüber dem Gesamtvolumen des Gases. Beide Bedingungen sind am ehesten dann erfüllt, wenn die Gasdichte gering ist und wenn es sich um wenig polarisierbare Gasteilchen ohne ein permanentes Dipolmoment handelt. Für diese Fälle gilt das *allgemeine Gasgesetz*:

$$p \cdot V = n \cdot R \cdot T$$

$R = 8{,}3145 \; \text{J} \cdot \text{mol}^{-1} \cdot \text{K}^{-1}$
$ = 83{,}145 \; \text{hPa} \cdot \text{l} \cdot \text{mol}^{-1} \cdot \text{K}^{-1}$

Es verknüpft die *Zustandsgrößen* Druck (p), Volumen (V), Stoffmenge (n) und die Temperatur (thermodynamische Temperatur T in Kelvin) in einer einfachen Gleichung. Die dabei auftretende Konstante R ist die *allgemeine Gaskonstante*. Welche konkreten Aussagen dieses Gasgesetz über das Verhalten eines Gases bei Änderung der Zustandsgrößen macht, wird besonders deutlich, wenn man den Zusammenhang zwischen zwei Größen betrachtet, während man (bei jeweils konstanter Stoffmenge) die dritte konstant hält. Hier sind drei Fälle von Bedeutung:

Zusammenhang zwischen Druck und Volumen Für konstante Temperatur liefert das Gasgesetz die folgende einfache Beziehung:

$$p \cdot V = \text{const.} \quad (T \text{ konstant})$$

Dieser Zusammenhang ist auch als *Gesetz von Boyle-Mariotte* bekannt. Trägt man das Volumen gegen den Druck auf, ergibt sich eine Hyperbel. Abbildung 8.1 zeigt diesen Zusammenhang für zwei Temperaturen T_1 und T_2 ($T_2 > T_1$).

Abhängigkeit des Volumens von der Temperatur Bezeichnet man das bei T_0 = 273,15 K (0 °C) gemessene Volumen mit V_0, so ergibt sich bei konstantem Druck ein linearer Zusammenhang zwischen Volumen und Temperatur:

$$V = V_0 \frac{T}{T_0} \quad (p \text{ konstant})$$

Sir Robert **Boyle**, irisch-britischer Physiker und Chemiker, 1627–1691; Mitbegründer der Royal Society in London.

Edmé **Mariotte**, Seigneur de Chazeuil, französischer Physiker, um 1620–1684; ab 1666 Mitglied der Académie des Sciences.

Abbildung 8.2 macht deutlich, dass es eine tiefste Temperatur, den absoluten Nullpunkt der Temperatur, geben muss, denn bei noch tieferen Temperaturen müsste ein Gas – physikalisch unmöglich – ein negatives Volumen einnehmen. Selbst ein Volumen von genau null für die Temperatur $T = 0$ K ist nicht möglich, da die Gasteilchen auch bei

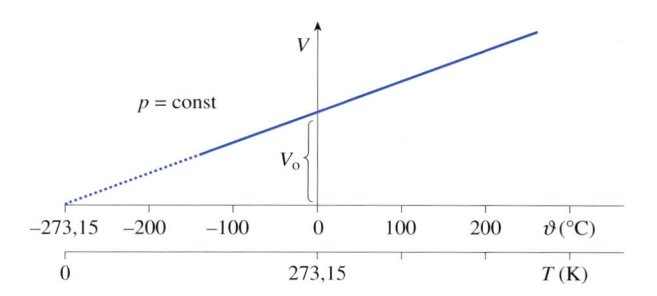

8.2 Bei konstantem Druck nimmt das Volumen eines idealen Gases linear mit der Temperatur zu.

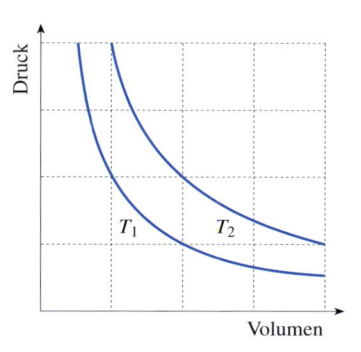

8.1 Das Gesetz von Boyle-Mariotte: Das Produkt aus Druck und Volumen ist (bei konstanter Temperatur) für ein ideales Gas konstant.

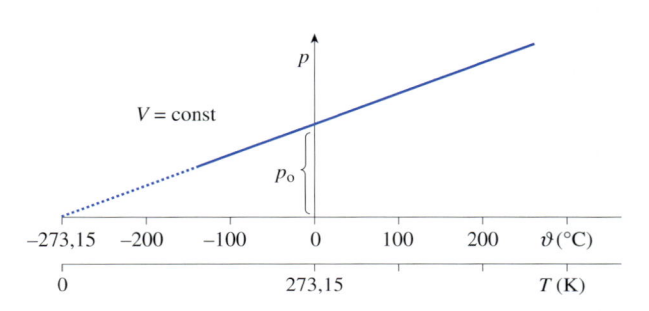

8.3 Das Gesetz von Gay-Lussac: Bei konstantem Volumen steigt der Druck eines idealen Gases linear mit der Temperatur an.

einem idealen Gas ein gewisses Eigenvolumen aufweisen und bei sehr tiefen Temperaturen schließlich zu einer Flüssigkeit kondensieren, die bei weiterer Abkühlung erstarrt.

Abhängigkeit des Drucks von der Temperatur Auch zwischen Druck und Temperatur besteht bei konstantem Volumen ein linearer Zusammenhang (Abbildung 8.3). Er wird auch als *Gesetz von Gay-Lussac* bezeichnet.

Bezeichnet man den bei $T_0 = 273{,}15$ K gemessenen Druck mit p_0, so gilt:

$$p = p_0 \frac{T}{T_0} \quad (V \text{ konstant})$$

Joseph Louis **Gay-Lussac**, franz. Chemiker und Physiker, 1778–1850; Professor in Paris, ab 1806 Mitglied der Académie des Sciences, 1832 zum Pair de France ernannt.

Das molare Volumen Das Volumen, das eine bestimmte Stoffmenge n eines idealen Gases einnimmt, ergibt sich unmittelbar aus dem allgemeinen Gasgesetz:

$$V = \frac{n \cdot R \cdot T}{p}$$

Für die Stoffmenge $n = 1$ mol erhält man beim Standarddruck von 1 000 hPa bei einer Temperatur von 0 °C (273,15 K) den folgenden Wert:

$V = 1 \text{ mol} \cdot 83{,}145 \text{ hPa} \cdot \text{l} \cdot \text{mol}^{-1} \cdot \text{K}^{-1} \cdot 273{,}15 \text{ K}/1 000 \text{ hPa} = 22{,}711 \text{ l}$

Für 25 °C berechnet man für V einen Wert von 24,78 l.

Das *molare Volumen* V_m ist der Quotient aus Volumen und Stoffmenge einer Stoffportion. Werte für V_m sind daher mit der Einheit $\text{l} \cdot \text{mol}^{-1}$ anzugeben. Für das molare Volumen eines idealen Gases bei 1 000 hPa und 25 °C gilt also:

$V_m = 24{,}78 \text{ l} \cdot \text{mol}^{-1}$

Bis in die 1980er Jahre war der Atmosphärendruck von 1 013 hPa (1 atm) als der Standarddruck definiert. Das molare Standardvolumen bei diesem Druck beträgt 22,41 $\text{l} \cdot \text{mol}^{-1}$ (für 0 °C) bzw. 24,47 $\text{l} \cdot \text{mol}^{-1}$ (für 25 °C).

Bestimmung der molaren Masse von Gasen Das allgemeine Gasgesetz eröffnet eine Möglichkeit, auf einfache Art und Weise die molare Masse M eines Stoffes zu bestimmen. Hierzu bringt man eine genau gewogene Menge des zu untersuchenden Stoffs in ein Gefäß mit genau bekanntem Volumen, erhitzt das Gefäß bis der Stoff vollständig verdampft ist und misst Temperatur und Druck in dem Gefäß.

Die Auswertung des Experiments erfolgt mithilfe des allgemeinen Gasgesetzes:

$$p \cdot V = \frac{m}{M} R \cdot T$$

$$M = \frac{m \cdot R \cdot T}{p \cdot V}$$

Mithilfe dieses klassischen Verfahrens hat man beispielsweise festgestellt, dass die Moleküle im Phosphordampf eine molare Masse von $124 \text{ g} \cdot \text{mol}^{-1}$ aufweisen. Phosphor liegt also im Dampf als P_4-Molekül vor.

Temperatur und Teilchengeschwindigkeit Mit dem Begriff Temperatur verbinden wir aufgrund unserer täglichen Erfahrung eine anschauliche Vorstellung. Wie jedoch ist der Begriff Temperatur atomistisch zu verstehen? Eine Antwort liefert die *kinetische Gastheorie*, in der die Bewegungen von Gasteilchen energetisch betrachtet und mathematisch behandelt werden. Für die kinetische Energie eines Teilchens gilt die aus dem makroskopischen Bereich bekannte Beziehung: $E_{kin} = \frac{1}{2} m \cdot v^2$. Für die kinetische Energie E_{kin} eines Gasteilchens lässt sich aber auch folgende Beziehung ableiten:

$$E_{kin} = \frac{3}{2} k \cdot T$$

Dabei ist k die auf ein einziges Gasteilchen (und nicht ein Mol) bezogene Gaskonstante ($k = R/N_A$), die sogenannte **Boltzmann-Konstante**.

Es gilt also:

$$\frac{1}{2} m \cdot v^2 = \frac{3}{2} k \cdot T$$
$$v^2 = 3k \cdot \frac{T}{m}$$
$$= 3R \cdot \frac{T}{M}$$

M ist die molare Masse des Gases ($M = m \cdot N_A$).

Die Temperatur eines Gases hängt also unmittelbar mit der Geschwindigkeit der Gasteilchen zusammen, Temperaturerhöhung bedeutet eine Vergrößerung der Teilchengeschwindigkeit. Bei gleicher Temperatur haben leichte Teilchen eine höhere Geschwindigkeit als schwere. Die Geschwindigkeiten von Gasteilchen bei Raumtemperatur liegen im Bereich von einigen hundert Metern pro Sekunde, also im Bereich der Schallgeschwindigkeit. Wenn zwei Gasteilchen zusammenstoßen, verringert sich deren Geschwindigkeit erheblich, kann für kurze Zeit sogar null werden. Es ist demnach unmöglich, dass alle Gasteilchen zu jedem Zeitpunkt die gleiche Geschwindigkeit aufweisen, es existiert vielmehr eine sogenannte *Geschwindigkeitsverteilung*, die in Abbildung 8.4 für drei Temperaturen schematisch dargestellt ist. Die berechnete Geschwindigkeit kann also nur eine mittlere Geschwindigkeit ($\bar{v}$) sein.

Thomas **Graham**, britischer Physiker und Chemiker, 1805–1869; Professor in Glasgow und London, ab 1835 Mitglied der Royal Society.

Für das Verhältnis der mittleren Teilchengeschwindigkeiten von zwei Gasen mit unterschiedlichen molaren Massen gilt das **Grahamsche Gesetz**:

$$\frac{\bar{v}_1}{\bar{v}_2} = \sqrt{\frac{M_2}{M_1}}$$

Die unterschiedlichen Geschwindigkeiten von Gasteilchen verschiedener Masse eröffnen eine Möglichkeit, Gase zu trennen. Lässt man eine Gasmischung durch eine Düse strömen, so reichert sich hinter der Düse das schneller strömende Gas mit der geringeren molaren Masse an. Eine häufige Wiederholung dieses Vorgangs kann zu einer fast vollständigen Auftrennung führen (siehe hierzu auch Kapitel 2, Isotopentrennung).

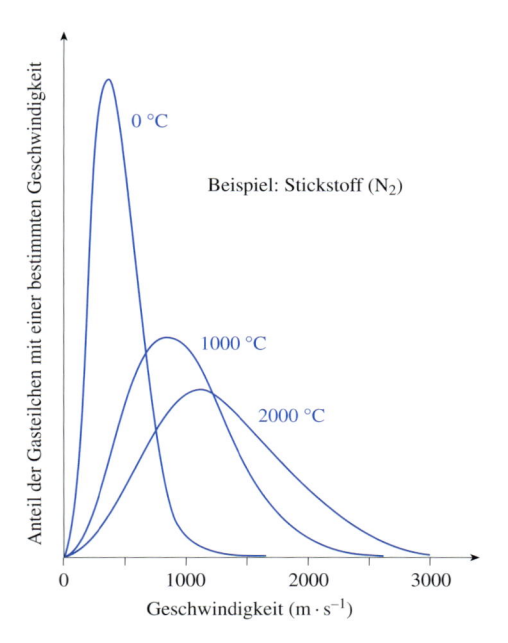

8.4 In einem idealen Gas haben nicht alle Teilchen die gleiche Geschwindigkeit. Es existiert eine Geschwindigkeitsverteilung.

Reale Gase

Tatsächlich zeigen alle Gase, wenngleich in unterschiedlichem Maße, Abweichungen vom idealen Verhalten; dies umso mehr, je tiefer die Temperatur und je höher der Druck ist. Für diese Abweichungen sind zwei Ursachen maßgeblich: Zum einen üben alle Gasteilchen, wenn sie sich nahe genug kommen, anziehende Kräfte aufeinander aus. Zum anderen kann das Eigenvolumen der Atome oder Moleküle nicht völlig vernachlässigt werden. Die anziehenden Kräfte führen dazu, dass das Volumen für ein reales Gas niedriger ist, als man es für ein ideales Gas erwartet. Die Berücksichtigung des Eigenvolumens der Teilchen führt dagegen zu einer Vergrößerung des Gasvolumens. Je nach Gas und je nach Temperatur und Druck überwiegt der eine oder der andere Effekt. Zahlenmäßig kann dies durch den sogenannten **Kompressibilitätsfaktor z** erfasst werden, der für ein ideales Gas genau eins wäre:

$$p \cdot V = z \cdot n \cdot R \cdot T$$

In Abbildung 8.5 ist dieser Wert für einige Gase als Funktion des Drucks dargestellt. Nennenswerte Abweichungen vom idealen Verhalten sind vor allem bei hohem Druck von Bedeutung. Im Falle von Methan und Kohlenstoffdioxid überwiegen zunächst die anziehenden Kräfte und erst bei sehr hohen Drücken dominiert das Eigenvolumen das gesamte Verhalten. Bei Wasserstoff hingegen sind die anziehenden Kräfte offenbar gering.

Quantitativ wird das Verhalten realer Gase durch die *Van-der-Waals-Gleichung* beschrieben; a und b sind die *Van-der-Waals-Koeffizienten*, die experimentell für jeden Stoff ermittelt werden müssen.

$$\left(p + \frac{n^2 \cdot a}{V^2}\right)(V - n \cdot b) = n \cdot R \cdot T$$

Joule-Thomson-Effekt Komprimierte Gase, die durch eine feine Düse strömen und auf diese Weise expandieren, kühlen sich dabei häufig ab. Wir haben gesehen, dass bei höheren Drücken anziehende Kräfte zwischen den Gasmolekülen wirken. Bei der Expansion

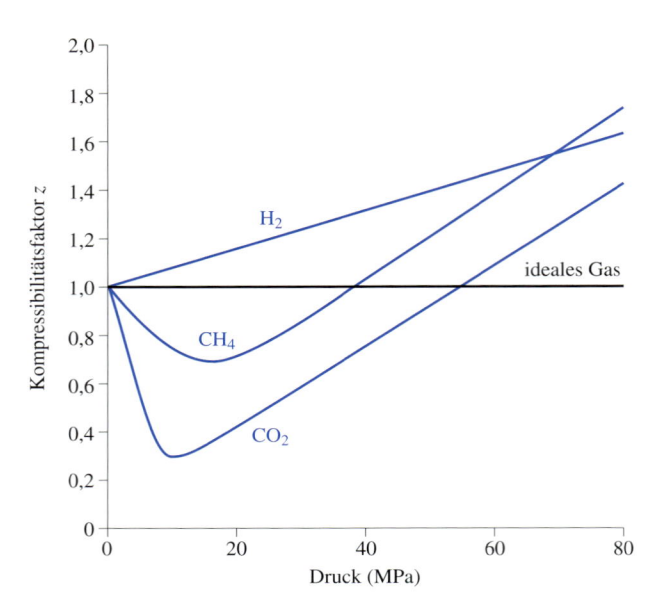

8.5 Bei realen Gasen ist das Produkt $p \cdot V$ nicht mehr konstant. Insbesondere bei hohem Druck treten Abweichungen auf.

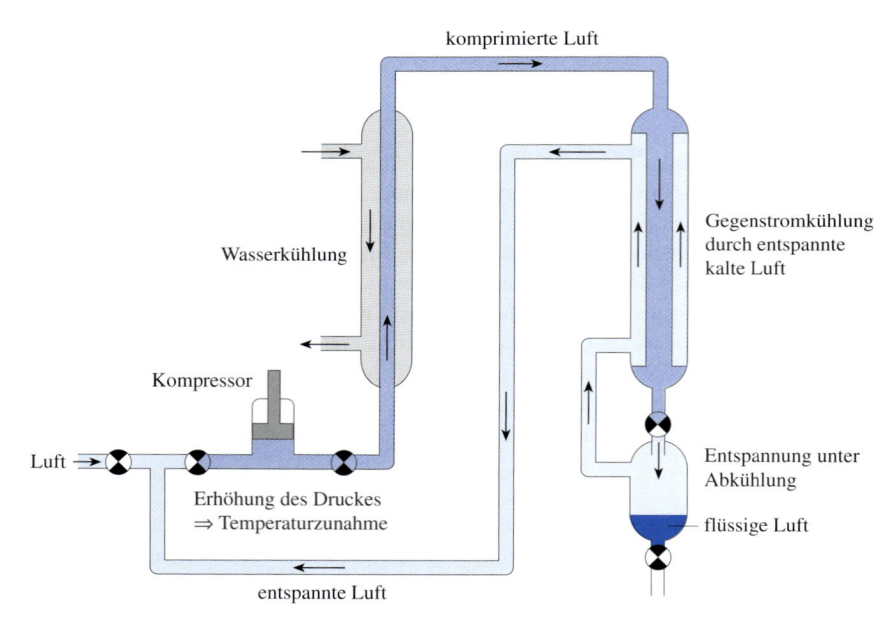

8.6 Das Linde-Verfahren zur Luftverflüssigung.

Carl Paul Gottfried von **Linde**, deutscher Kälteingenieur und Unternehmer, 1842–1934; Professor in München.

werden aber die Teilchenabstände größer, sodass sich die Anziehungskräfte nicht mehr auswirken können. Das Aufbrechen von chemischen Bindungen jeder Art erfordert eine Energiezufuhr, ist also immer endotherm. Da keine Energie von außen zugeführt wird, kühlt sich das Gas ab. Umgekehrt erwärmt sich ein Gas in der Regel bei der Kompression, weil es zu schwachen bindenden Wechselwirkungen zwischen den Teilchen kommt.

Der Joule-Thomson-Effekt lässt sich nutzen, um Gase zu verflüssigen. Eine großtechnische Anwendung stellt das Verfahren der Luftverflüssigung nach Linde dar, das in Abbildung 8.6 schematisch dargestellt ist. Es beruht auf einer schrittweisen Abkühlung der Luft durch mehrfaches Durchlaufen der Schritte: Kompression, Kühlung durch Wasser sowie durch bereits entspannte Luft und Entspannung unter Abkühlung.

Gasgemische

Alle Gase bilden untereinander *homogene* Mischungen in jedem beliebigen Verhältnis; Gasgemische gehören also zu den Lösungen. Soweit keine chemischen Reaktionen eintreten, gelten für ein Gasgemisch die gleichen Gesetze wie für ein Gas, das aus einer Teilchensorte besteht. Das allgemeine Gasgesetz kann aber auch in Bezug auf die Stoffmengen der einzelnen Komponenten (A, B, C, ...) des Gemisches formuliert werden:

$$p_A \cdot V = n_A \cdot R \cdot T$$
$$p_B \cdot V = n_B \cdot R \cdot T$$
$$p_C \cdot V = n_C \cdot R \cdot T$$

Die Drücke p_i (p_A, p_B, p_C, ...) bezeichnet man als **Partialdrücke**. Diese Werte würden sich jeweils einstellen, wenn sich die betreffende Komponente alleine in einem Behälter mit dem Volumen V befände.

Der direkt messbare Gesamtdruck p ist die Summe der Partialdrücke ($p = \Sigma p_i$). Es gilt also:

$$p \cdot V = \Sigma p_i \cdot V = (p_A + p_B + p_C...)V = (n_A + n_B + n_C...)R \cdot T$$

Für die Komponente A beispielsweise folgt daraus:

$$p_A = \frac{n_A}{\Sigma n_i} \Sigma p_i$$

Der Quotient $n_A/\Sigma n_i$ wird als **Stoffmengenanteil** (Größenzeichen: x) bezeichnet. Bei Mischungen idealer Gase ist also der Partialdruck einer Komponente gleich dem Produkt aus Stoffmengenanteil und Gesamtdruck. Aus der Definition des Stoffmengenanteils ergibt sich notwendigerweise, dass die Summe der Stoffmengenanteile aller Komponenten eines Mehrstoffsystems gleich eins ist.

> Die Zusammensetzung von Mehrstoffsystemen wird häufig durch die Angabe der Stoffmengenanteile der einzelnen Komponenten beschrieben. Mit dem Faktor 100 multipliziert erhält man den Stoffmengenanteil in Prozent; früher sprach man bei Gehaltsangaben dieser Art von Mol% bzw. Atom%.

8.2 Flüssigkeiten

In einer Flüssigkeit haben die Teilchen einen wesentlich geringeren Abstand als im gasförmigen Zustand, sie berühren einander und üben recht starke Anziehungskräfte aufeinander aus. Ihre Energie ist aber noch so hoch, dass sich die Teilchen in ständiger Bewegung befinden. Die Teilchenbeweglichkeit ist letztlich der Grund dafür, dass sich eine Flüssigkeit der Form des jeweiligen Behälters anpasst. Die Anziehungskräfte zwischen den Teilchen sorgen dafür, dass eine Flüssigkeit ein bestimmtes Volumen behält und nicht, wie bei einem Gas, das gesamte Volumen des Behälters mit den Teilchen ausfüllt. Die *Kompressibilität* einer Flüssigkeit ist sehr gering. Es bedarf – anders als bei Gasen – eines sehr großen Kraftaufwandes, um das Volumen zu verringern; dies ist eine Folge des geringen Teilchenabstands.

Erhöht man die Temperatur, so dehnen sich fast alle Flüssigkeiten aus; aufgrund der stärkeren Anziehungskräfte ist der Effekt aber sehr viel geringer als bei Gasen. Fast alle Flüssigkeiten erstarren bei sinkender Temperatur unter Bildung eines kristallinen Feststoffs. Der Vorgang ist reversibel. Er findet bei einer genau definierten, für jeden Stoff charakteristischen Temperatur statt, der *Schmelztemperatur*.

Oberflächenspannung Ein weiteres Phänomen, das unmittelbar auf die Anziehungskräfte zwischen den Teilchen in einer Flüssigkeit zurückzuführen ist, ist die

Oberflächenspannung: So bilden Flüssigkeiten auf einer Glasoberfläche Tröpfchen, es entsteht kein gleichmäßig dünner Flüssigkeitsfilm. Die Anziehungskräfte zwischen den Teilchen wirken der Schwerkraft entgegen. Das erklärt auch die nahezu kugelförmige Gestalt von herabfallenden Flüssigkeitstropfen.

Es ist bis heute nicht möglich, das Verhalten von Flüssigkeiten durch eine Zustandsgleichung zu beschreiben, die wie das allgemeine Gasgesetz Druck, Temperatur und Volumen miteinander verknüpft und für alle Flüssigkeiten Gültigkeit hat.

Dampfdruck Auch in Flüssigkeiten haben die einzelnen Teilchen unterschiedliche Energien. Gelangt ein energiereiches Teilchen an die Oberfläche einer Flüssigkeit, kann es in die Gasphase übergehen. Dies geschieht umso häufiger, je höher die Temperatur und damit die durchschnittliche Energie der Teilchen ist. Im Gleichgewichtszustand ergibt sich aus den so gebildeten gasförmigen Teilchen ein ganz bestimmter Partialdruck im Gasraum über der Flüssigkeit. Man nennt ihn den Dampfdruck der Flüssigkeit. *Der Dampfdruck eines Stoffs ist nur von der Temperatur, nicht aber von seiner Menge oder dem Volumen des Behälters abhängig.* Abbildung 8.7 zeigt schematisch eine Apparatur zur Messung des Dampfdrucks. Ein U-förmig gebogenes, mit Quecksilber gefülltes Glasrohr dient als **Manometer**. Zahlenmäßig ist der Dampfdruck gleich dem Druck, den eine Quecksilbersäule der Höhe d auf eine Unterlage ausübt (1 mm Quecksilbersäule = 133,3 Pa). Der in Abbildung 8.7 dargestellte Dampfdruck von flüssigem Wasser in Abhängigkeit von der Temperatur zeigt, dass der Anstieg nicht wie bei einem permanenten idealen Gas linear ist. Statt dessen findet man einen exponentiellen Zusammenhang, wie er durch die **Clausius-Clapeyron-Gleichung** beschrieben wird:

$$\ln p = -\frac{\Delta H^0_{\text{verd}}}{R \cdot T} + \frac{\Delta S^0_{\text{verd}}}{R}$$

Die thermodynamischen Größen Verdampfungsenthalpie und -entropie haben also einen gewichtigen Einfluss auf die Größe des Dampfdrucks: Ist die Verdampfungsenthalpie hoch, muss viel Energie aufgewendet werden, um einen Stoff zu verdampfen. Dementsprechend ist der Dampfdruck dieses Stoffes bei gegebener Temperatur sehr viel niedriger als bei einem Stoff mit geringerer Verdampfungsenthalpie. Im Gegensatz zur Verdampfungsenthalpie ist die Verdampfungsentropie für viele Stoffe fast gleich groß (≈ 87 J $\cdot$ mol^{-1} $\cdot$ K^{-1}). Man nennt dies auch die **Troutonsche Regel**. Sie spiegelt wider, dass bei den meisten Verdampfungsvorgängen die Änderung des Ordnungszustandes (Abschnitt 7.6) für die verschiedenen Stoffe etwa gleich groß ist. Ausnahmen treten nur

Benoît-Pierre-Émile **Clapeyron**, französischer Techniker und Physiker, 1799–1864; ab 1858 Mitglied der Académie des Sciences in Paris.

Die Verdampfungsentropie von Wasser beträgt 119 $\cdot$ J $\cdot$ mol^{-1} $\cdot$ K^{-1}, die von Fluorwasserstoff lediglich 26 J $\cdot$ mol^{-1} $\cdot$ K^{-1}. Wasser bildet im flüssigen Zustand aufgrund des Dipolcharakters der H$_2$O-Moleküle einen gewissen Ordnungszustand aus, der Dampf besteht jedoch ausschließlich aus H$_2$O-Molekülen. Fluorwasserstoff hat gleichfalls ein hohes Dipolmoment, der Ordnungszustand in flüssigem Fluorwasserstoff ist dem in flüssigem Wasser durchaus vergleichbar, die Dipolkräfte sind jedoch so stark, dass im Dampf Aggregate aus durchschnittlich drei HF-Molekülen vorliegen. Die Abweichungen von der Troutonschen Regel sind also leicht zu erklären.

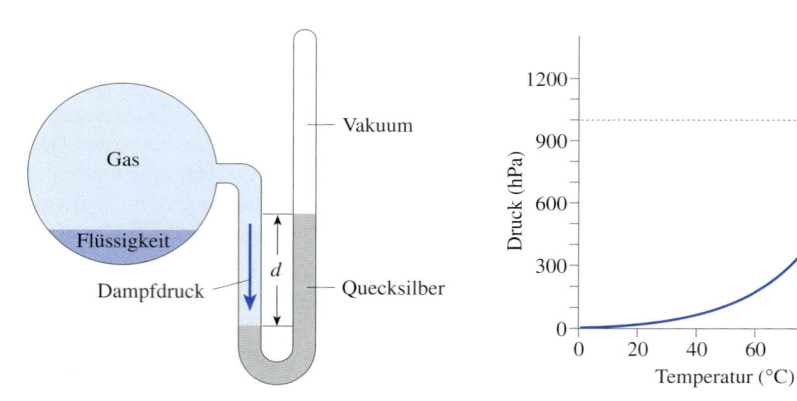

Frederick Thomas **Trouton**, irischer Physiker, 1863–1921; Professor in London.

8.7 Der Dampfdruck eines Stoffes nimmt exponentiell mit der Temperatur zu. Einfache Apparatur zur Messung des Dampfdrucks (links), Dampfdruck von Wasser als Funktion der Temperatur (rechts).

dann auf, wenn es im flüssigen oder im gasförmigen Zustand zur Bildung von Assoziaten kommt.

Viskosität Flüssigkeiten unterscheiden sich deutlich in ihrem Fließverhalten, ihrer *Viskosität*: Je stärker die zwischenmolekularen Kräfte sind, umso „zäher" ist eine Flüssigkeit, umso höher ist ihre Viskosität. Mit steigender Temperatur verringert sich die Wirkung der zwischenmolekularen Kräfte, da die kinetische Energie der Teilchen ansteigt. Flüssigkeiten werden daher beim Erwärmen immer „dünnflüssiger", ihre Viskosität sinkt. Diesen Zusammenhang kennt man auch aus dem täglichen Leben: Ein Auto springt bei großer Kälte nicht gut an. Das Motoröl ist bei tiefen Temperaturen so zäh, dass der Anlasser große Kräfte überwinden muss, um die Kolben des Motors in Bewegung zu setzen.

Struktur von Flüssigkeiten Flüssigkeiten weisen ein gewisses Maß an Ordnung auf, das durch anziehende Kräfte zwischen den einzelnen Teilchen zustande kommt. So ist in flüssigem Wasser das partiell negative Sauerstoff-Atom stets den partiell positiven Wasserstoff-Atomen der Nachbarmoleküle zugewandt. Diese Ordnung erstreckt sich jedoch nur auf einen relativ kleinen räumlichen Bereich, eine periodische Wiederholung der gleichen Anordnung in immer wiederkehrenden Abständen ist nicht nachzuweisen. Man spricht aus diesem Grunde auch von einer *Nahordnung*. Erst beim Kristallisationsvorgang ergibt sich auch eine *Fernordnung*, denn jedes Teilchen hat dann seinen festen Platz in einem Kristallgitter.

8.3 Kristalline Feststoffe

Im Gegensatz zu Gasen und Flüssigkeiten haben Feststoffe eine weitgehend unveränderliche Form. Dies ist eine Folge des kristallinen Aufbaus fester Stoffe: Im Kristallgitter hat jedes Teilchen einen festen Platz, den es nicht ohne weiteres verlassen kann. Die Kompressibilität fester Stoffe ist außerordentlich gering; dies ist ein Zeichen für den geringen Teilchenabstand und die dichte Packung der Gitterbausteine. Fast alle festen Stoffe dehnen sich beim Erwärmen aus. Der Ausdehnungskoeffizient ist etwa um einen Faktor 1 000 geringer als der von Flüssigkeiten. Bei der Schmelztemperatur gehen feste Stoffe im Allgemeinen reversibel in Flüssigkeiten über. Manche Feststoffe zersetzen sich jedoch bereits vor Erreichen der Schmelztemperatur. Ein Beispiel hierfür ist Quecksilberoxid, das beim Erhitzen in flüssiges Quecksilber und gasförmigen Sauerstoff zerfällt ohne selbst zu schmelzen.

Manche Festkörper zeigen besondere physikalische Eigenschaften, die ihre Bausteine – Atome oder Ionen – allein nicht aufweisen. Sie kommen dadurch zustande, dass sich die Gitterbausteine gegenseitig beeinflussen können. Ein Beispiel für einen solchen *kooperativen Effekt* ist die Erscheinung des *Magnetismus*.

Andere Eigenschaften von Festkörpern sind an ganz bestimmte Strukturen gebunden. So ist unter den verschiedenen Modifikationen von Silicium(IV)-oxid nur der α-Quarz *piezoelektrisch*: Ein α-Quarz-Kristall erzeugt eine elektrische Spannung, wenn man einen mechanischen Druck auf ihn ausübt.

In manchen ionischen Festkörpern können sich die Ionen bewegen, es sind **Ionenleiter**. So sind in Silberiodid die Ag$^+$-Ionen ähnlich frei beweglich wie die Elektronen in einem Metall. Solche Ionenleiter spielen in der modernen Technologie eine gewichtige Rolle (Brennstoffzellen, Autoabgastechnologie, Sensoren).

Dampfdruck Wie Flüssigkeiten weisen auch feste Stoffe einen temperaturabhängigen Dampfdruck auf. Mit bloßem Auge sichtbar wird dieser beispielsweise bei Iod: Erhitzt man festes Iod, beobachtet man schon deutlich vor Erreichen der Schmelztemperatur

Hinweis: Grundlegende Informationen über das Verhalten von Stoffen in Magnetfeldern folgen in Abschnitt 23.3.

Einige Beispiele für die Nutzung piezoelektrischer Stoffe und von Ionenleitern werden in den Kapiteln über die Elemente und ihre Verbindungen näher erläutert.

kubisch
$a = b = c$
$\alpha = \beta = \gamma = 90°$

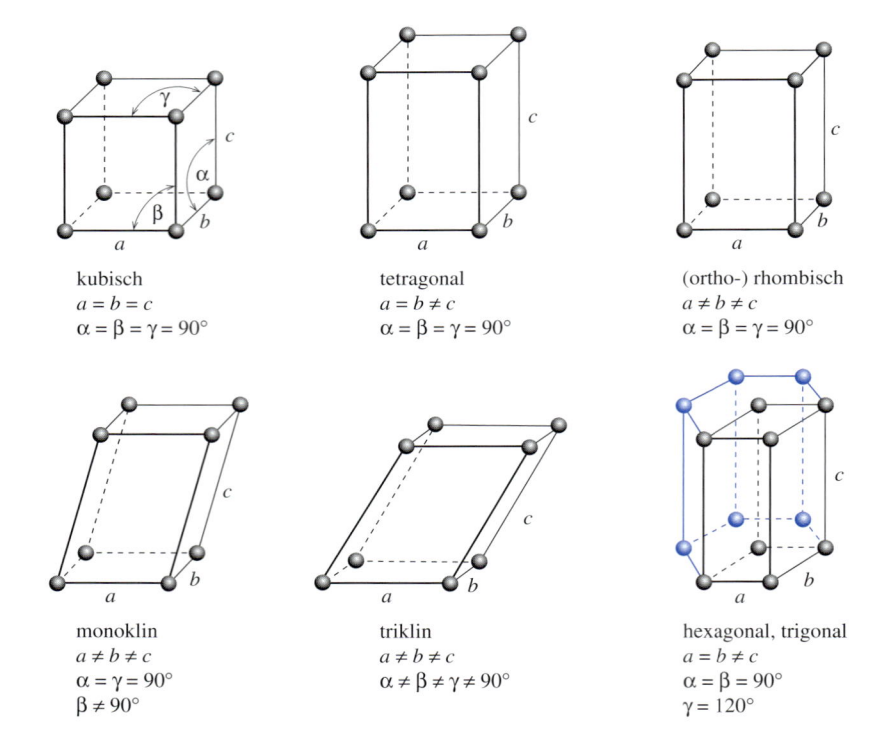

tetragonal
$a = b \neq c$
$\alpha = \beta = \gamma = 90°$

(ortho-) rhombisch
$a \neq b \neq c$
$\alpha = \beta = \gamma = 90°$

monoklin
$a \neq b \neq c$
$\alpha = \gamma = 90°$
$\beta \neq 90°$

triklin
$a \neq b \neq c$
$\alpha \neq \beta \neq \gamma \neq 90°$

hexagonal, trigonal
$a = b \neq c$
$\alpha = \beta = 90°$
$\gamma = 120°$

8.8 Die sechs Kristallsysteme. Alle kristallinen Feststoffe lassen sich einem dieser sechs Systeme zuordnen.

einen violetten Dampf. Grund für den Übergang eines Teils der Gitterbausteine in die Gasphase ist auch hier die Tatsache, dass einige Teilchen an der Oberfläche genügend Energie – hier Schwingungsenergie – besitzen, um das Kristallgitter verlassen zu können. Die Temperaturabhängigkeit des Dampfdrucks eines Feststoffes gehorcht einem analogen Gesetz wie der Dampfdruck einer Flüssigkeit:

$$\ln p = -\frac{\Delta H^0_{subl}}{R \cdot T} + \frac{\Delta S^0_{subl}}{R}$$

An die Stelle von Verdampfungsenthalpie und -entropie treten die entsprechenden Werte für die **Sublimation**, den direkten Übergang vom festen in den gasförmigen Zustand.

Struktur Im Zusammenhang mit Fragen der chemischen Bindung haben wir verschiedene Arten fester Stoffe kennengelernt, Metalle wie Kupfer oder Zink, ionische Feststoffe wie Steinsalz oder Calciumfluorid, kovalente Netzwerke wie Diamant oder Galliumarsenid und die Molekülgitter kovalenter Verbindungen. In all diesen Stoffen sind die Bausteine in regelmäßiger Weise in Kristallgittern angeordnet. Die kleinste Einheit, die den gesamten Aufbau durch wiederholtes Aneinanderstellen in alle Raumrichtungen beschreibt, ist die **Elementarzelle**. Kristallgitter werden nach ihrer Symmetrie in sechs Kristallsysteme eingeteilt. Deren Elementarzellen unterscheiden sich durch die Längen der Achsen und die Winkel zwischen den Achsen. In Abbildung 8.8 sind diese dargestellt.

Zusätzlich zu den Eckpunkten der Elementarzelle werden in der Regel noch weitere Positionen auf den Kanten, den Flächen oder im Inneren der Elementarzelle besetzt. Strukturen, bei denen nur die Eckpunkte einer Elementarzelle besetzt werden, nennt man **primitive Strukturen**. Alle kristallinen festen Stoffe lassen sich unabhängig von der Bindungsart diesen sechs Kristallsystemen zuordnen.

Strukturanalyse durch Röntgenstrahlbeugung

Die **Kristallstrukturanalyse** mit Röntgenstrahlen ist seit einigen Jahrzehnten eines der Standardverfahren zur Charakterisierung chemischer Verbindungen. Das Verfahren beruht auf der Auswertung von *Beugungseffekten*, die sich beim Durchtritt von Röntgenstrahlen durch einen Kristall ergeben. Diese *Beugung* tritt auf, weil die Abstände der Atome im Kristallgitter in der gleichen Größenordnung liegen wie die Wellenlängen der Röntgenstrahlen.

Für die Entdeckung der Grundlagen der Röntgenstrahlbeugung wurde 1915 der Nobelpreis für Physik an William Bragg und seinen Sohn William Lawrence Bragg verliehen. Die heute angewendeten Verfahren arbeiten mit *monochromatischer* Röntgenstrahlung, die Wellenlänge λ ist also jeweils konstant.

Wellen gleicher Wellenlänge λ und gleicher Amplitude A können sich genau so überlagern, dass es zu einer Verstärkung unter Verdopplung der Amplitude oder zu einer völligen Auslöschung kommt (Abbildung 8.9).

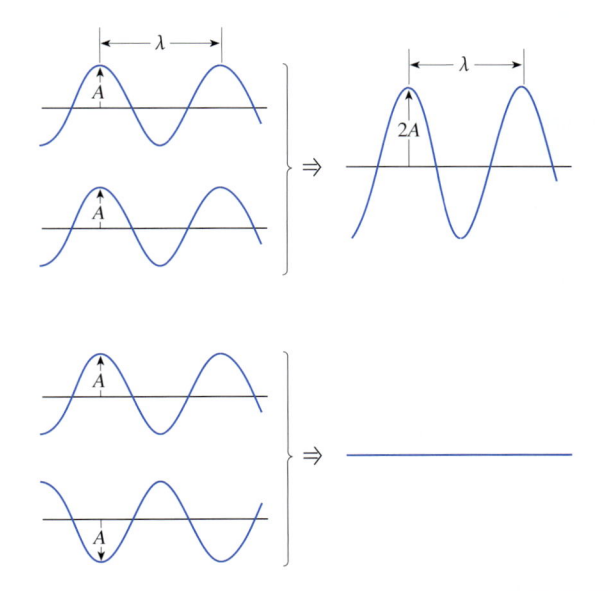

EXKURS

Sir William Henry **Bragg**, britischer Physiker, 1862–1942; Professor in Adelaide, Leeds und London, 1915 Nobelpreis für Physik zusammen mit seinem Sohn Sir William Lawrence Bragg (für ihre Verdienste um die Erforschung der Kristallstrukturen mittels Röntengenstrahlen), 1923 Direktor des Royal Institute von Großbritannien in London, 1935–1940 Präsident der Royal Society.

Sir William Lawrence **Bragg**, britischer Physiker, 1890–1971; 1915 Nobelpreis für Physik zusammen mit seinem Vater Sir William Henry Bragg, Professor in Manchester, Cambridge und London.

8.9 Interferenz von Wellen. Wellen können sich bei Überlagerung verstärken oder bis zur Auslöschung abschwächen.

In kristallinen Feststoffen liegen die Gitterbausteine in Ebenen, den sogenannten Netzebenen. Eine Netzebene kann hier eine der Schichten einer dichtesten Kugelpackung, aber auch jede andere, nahezu beliebige Ebene in dem Kristallgitter sein. Abbildung 8.10 zeigt schematisch eine Auswahl solcher Netzebenen in einem zweidimensionalen Bild.

Trifft ein aus mehreren Wellenzügen bestehender Strahl monochromatischer Röntgenstrahlen unter einem Winkel θ auf eine Schar parallel zueinander liegender Netzebenen, kann es unter bestimmten Bedingungen zu einer Verstärkung der Röntgenstrahlen kommen: Die von den Punkten A und B ausgehenden Wellenzüge treffen ohne Phasenverschiebung auf zwei Netzebenen eines Kristalls, die einen Abstand d voneinander aufweisen (Abbildung 8.11). Die gebeugten Strahlen zeigen wegen des unterschiedlich langen Weges beim Austritt aus der Kristalloberfläche einen Gangunterschied. Dieser entspricht der Summe der Weglängen CD und DE, wobei gilt:

$\sin\theta = CD/d = DE/d$

$CD + DE = 2d \cdot \sin\theta$

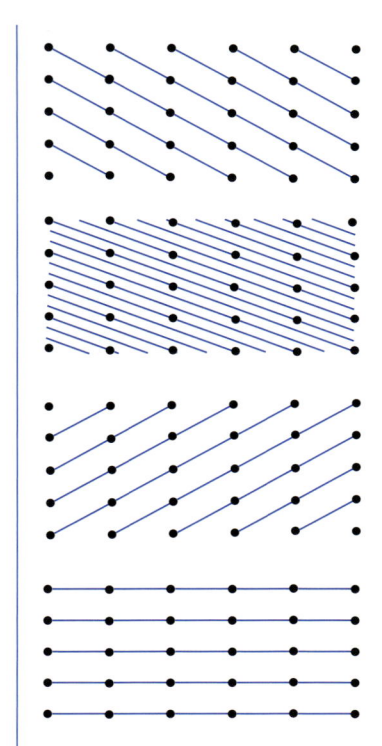

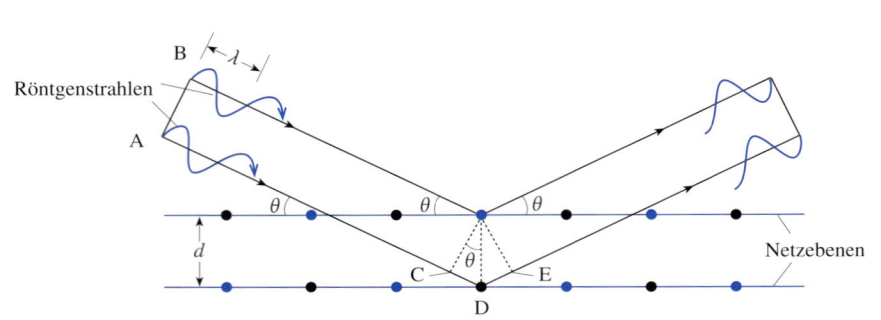

8.11 Die Beugung der Röntgenstrahlen an verschiedenen Netzebenen im Kristall führt zu einem Gangunterschied.

Ist dieser Gangunterschied gleich einem ganzzahligen Vielfachen n der Wellenlänge der Röntgenstrahlen, erfolgt Verstärkung. Für diesen Fall gilt die Braggsche Gleichung:

$$n \cdot \lambda = 2d \cdot \sin\theta$$

In den verschiedenen **Netzebenenabständen** stecken Informationen über die Lage der Gitterbausteine in einem Kristall. Aus den **Beugungswinkeln** θ und den Intensitäten der gebeugten Röntgenstrahlen lassen sich die Positionen der Gitterbausteine innerhalb der Elementarzelle bestimmen. Im Prinzip kann man Röntgenstrahlbeugung an Kristallpulvern und an Einkristallen durchführen. Die Aussagekraft von Einkristalluntersuchungen ist wesentlich höher. Sie wird heute weitgehend automatisiert mithilfe sogenannter **Diffraktometer** durchgeführt.

8.10 Atome in einem Kristallgitter liegen auf Netzebenen. Der Netzebenenabstand ist mit dem Abstand der Atome im Kristallgitter verknüpft. Er kann mithilfe der Röntgenstrahlbeugung bestimmt werden.

8.4 Amorphe Stoffe und Gläser

Man kennt eine ganze Anzahl von Stoffen, bei denen die Zuordnung zu Flüssigkeiten oder Feststoffen nicht so einfach möglich ist, die amorphen Feststoffe oder Gläser. Uns allen ist „Glas" ein wohlbekannter Stoff, den wir aufgrund seiner mechanischen Eigenschaften spontan den Feststoffen zuordnen würden. Glas ist formstabil, es lässt sich (bei Raumtemperatur) nicht ohne weiteres verformen, eine Eigenschaft, die für eine Zuordnung zu den Feststoffen spricht.

Gläser weisen jedoch keine scharfen Schmelztemperaturen auf, sie erweichen kontinuierlich innerhalb eines relativ großen Temperaturintervalls: Ein Verhalten, das mit den typischen Eigenschaften fester Stoffe nicht in Einklang zu bringen ist. Gelegentlich *rekristallisieren* Gläser: Insbesondere bei erhöhten Temperaturen kann aus einem Glas spontan ein typischer Feststoff werden. Gläser ergeben auch kein Röntgenbeugungsdiagramm, offenbar sind die Bausteine also nicht regelmäßig periodisch angeordnet. Untersuchungen der Struktur von Gläsern mit anderen Methoden zeigen aber, dass ein Glas einen höheren Ordnungszustand aufweist als eine Flüssigkeit. Im Unterschied zu Flüssigkeiten zeigt sich bei Gläsern auch keine merkliche Teilchenbewegung. Energetisch gesehen sind alle Gläser metastabil. Beim Rekristallisieren gehen sie in den thermodynamisch stabileren kristallinen Zustand über.

Hinweis: Abschnitt 18.17 enthält nähere Informationen über Silicat-Gläser.

EXKURS

Flüssigkristalle

Man kennt eine Reihe von Stoffen, die eine besondere Eigenschaft aufweisen: Beim Erhitzen entsteht bei der Schmelztemperatur zunächst eine trübe Schmelze; erhitzt man weiter, so geht sie beim **Klärpunkt** plötzlich in eine klare, durchsichtige Schmelze über. Man spricht in diesem Fall von *Flüssigkristallen*: Sie haben einerseits ähnliche Eigenschaften wie Flüssigkeiten, lassen andererseits aber Verwandtschaft zu den Feststoffen erkennen. Wie die Gläser nehmen sie eine Sonderstellung zwischen Flüssigkeiten und Feststoffen ein. In Flüssigkristallen ist die Fernordnung der Moleküle in verschiedenen Raumrichtungen unterschiedlich stark ausgeprägt. Dadurch sind auch optische Eigenschaften, wie die Durchlässigkeit für polarisiertes Licht, richtungsabhängig, sie sind **anisotrop**. Bei Flüssigkristallen handelt es sich um langgestreckte, organische Dipolmoleküle. Abbildung 8.12 zeigt die Strukturformeln einiger typischer Vertreter.

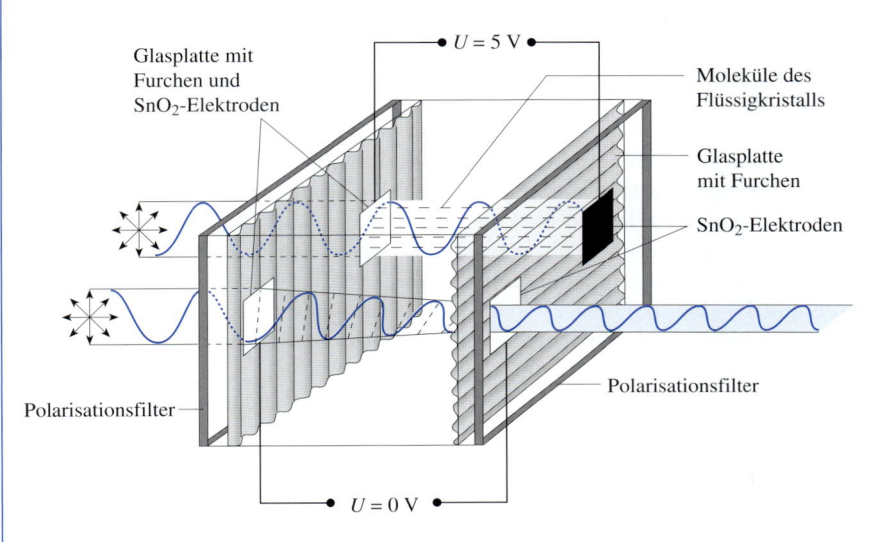

8.12 Strukturen einiger Flüssigkristall-Moleküle.

8.13 Aufbau eines LCD-Anzeigeelements.

LCDs In *Liquid Crystal Displays* (LCDs) wird die Ausrichtung von Flüssigkristall-Molekülen durch ein elektrisches Feld gesteuert. Die Anzeige besteht aus zwei Glasplatten, die außen mit einer Polarisationsfolie belegt sind und innen feine, parallel zur Vorzugsrichtung der Polarisationsfolie ausgerichtete Rillen aufweisen. Die Innenseite ist mit einem elektrisch leitfähigen, transparenten Stoff bedampft (SnO_2). Die Furchen bewirken, dass sich die Längsachsen der Flüssigkristall-Moleküle parallel dazu ausrichten. Im fertigen Anzeigeelement sind die vordere und die hintere Glasplatte um 90° zueinander verdreht angeordnet. Die Anordnung der Dipolmoleküle zwischen hinterer und vorderer Glasplatte ändert sich kontinuierlich und folgt einem spiralförmigen Verlauf (Abbildung 8.13, vorne). Tritt nun Licht durch die hintere Glasplatte in das Anzeigeelement ein, wird es zunächst linear polarisiert; die Polarisationsrichtung folgt der Anordnung der Dipolmoleküle. Bezüglich seiner Vorzugsrichtung um 90° gedreht, tritt dann das Licht durch die vordere Glasplatte wieder aus; das Anzeigefeld erscheint hell. Legt man eine elektrische Spannung von einigen Volt zwischen den beiden Glasplatten an, werden die Dipolmoleküle entlang des elektrischen Feldes ausgerichtet. Die Drehung des polarisierten Lichts erfolgt dann nicht mehr, es kann die vordere Polarisationsfolie nicht mehr durchdringen, das Anzeigefeld erscheint dunkel.

Vorteile derartiger Anzeigeelemente sind niedrige Kosten, minimaler Stromverbrauch und ein geringes Gewicht. Sie werden in Uhren, Flachbildschirmen, Messinstrumenten und anderen elektronischen Geräten eingesetzt.

8.5 Phasendiagramme reiner Stoffe

Nachdem wir uns mit den typischen Merkmalen der drei Aggregatzustände fest, flüssig und gasförmig beschäftigt haben, wollen wir uns in diesem Abschnitt mit Änderungen der Aggregatzustände und mit dem **Phasendiagramm** eines reinen Stoffes befassen.

Viele Stoffe kennt man in fester, flüssiger und gasförmiger Form. Hierzu zählen alle chemischen Elemente, auch wenn es in einigen Fällen extremer Temperaturen bedarf um z. B. festes Helium oder gasförmigen Kohlenstoff zu erhalten. Manche Stoffe kennt man jedoch nur im festen Zustand. Das gilt beispielsweise für einige Naturstoffe, wie Stärke oder Cellulose, deren Moleküle aus sehr vielen Atomen aufgebaut sind. Ein anderes Beispiel ist Kalkstein ($CaCO_3$): Beim Erhitzen an der Luft zerfällt er vor Erreichen der Schmelztemperatur in Calciumoxid und Kohlenstoffdioxid. Erhitzt man Kalkstein hingegen in einem geschlossenen Gefäß, aus dem das Kohlenstoffdioxid nicht entweichen kann, entsteht ein mit steigender Temperatur immer weiter steigender Druck. Unter diesen Bedingungen schmilzt Calciumcarbonat bei etwa 1 300 °C. Gasförmiges Calciumcarbonat konnte bisher noch nicht nachgewiesen werden. Die Zersetzung ist der Verdampfung gegenüber offenbar begünstigt. Andere Stoffe kann man zwar ohne besondere Vorkehrungen schmelzen, nicht aber mehr verdampfen. Haushaltszucker ist hierfür ein Beispiel. Man kennt auch chemische Verbindungen, die nur im gasförmigen Zustand und nur bei hohen Temperaturen existenzfähig sind. Ein Beispiel ist Aluminium(I)-chlorid. Es entsteht durch Reaktion von Aluminium(III)-chlorid mit Aluminium oberhalb von 1 000 °C. Kühlt man den gebildeten Dampf ab, erfolgt die Rückreaktion: Aluminium(I)-chlorid zerfällt wieder in Aluminium und Aluminium(III)-chlorid. Flüssiges oder festes Aluminium(I)-chlorid ist unbekannt. Die Aggregatzustandsänderungen *Schmelzen*, *Verdampfen*, *Sublimieren*, *Erstarren* und *Kondensieren* sind also keineswegs für alle Stoffe bekannt.

Wir wollen uns bei der weiteren Diskussion auf Stoffe beschränken, bei denen Änderungen der Aggregatzustände problemlos möglich sind. Wir betrachten als Beispiel den Dampfdruck von Iod als Funktion der Temperatur. Eine geeignete Messanordnung ist schematisch in Abbildung 8.7 dargestellt. Das zuvor luftleer gepumpte Vorratsgefäß enthält zunächst festes Iod. Schon bei Raumtemperatur ist erkennbar, dass ein violetter Dampf entsteht: Iod geht unmittelbar vom festen in den gasförmigen Zustand über, es sublimiert. Mit steigender Temperatur wächst der Dampfdruck immer stärker an. Die gemessenen Temperatur/Druck-Wertepaare bestimmen den Verlauf der **Sublimationsdruckkurve** des Iods. Bei 114 °C schmilzt das Iod. Wir messen nun den Dampfdruck über flüssigem Iod, die **Dampfdruckkurve**. Beide Kurven schneiden sich bei 114 °C. In Abbildung 8.14 sind beide Kurven maßstabgerecht dargestellt. Die gestrichelt gezeichneten Linien entsprechen der Extrapolation der Dampfdruckkurve auf Temperaturen unterhalb von 114 °C (A) bzw. der Extrapolation der Sublimationsdruckkurve auf Temperaturen oberhalb der Schmelztemperatur (B). Die beiden Kurvenzüge geben den Übergang vom festen bzw. flüssigen Zustand in die Gasphase wieder. In dieses Diagramm lässt sich auch die **Schmelzdruckkurve** einzeichnen. Sie beschreibt die Abhängigkeit der Schmelztemperatur vom Druck. Innerhalb des von uns betrachteten Druckbereichs bis etwa 1 000 hPa hat der Druck keinen messbaren Einfluss auf die Schmelztemperatur, die Schmelzdruckkurve verläuft also parallel zur Druck-Achse.

Dieses Diagramm wird als **Zustandsdiagramm** oder **Phasendiagramm** bezeichnet. Es stellt dar, unter welchen Bedingungen festes, flüssiges und gasförmiges Iod stabil ist. Entlang der Sublimationsdruck- und Dampfdruckkurve haben wir den Übergang von festem bzw. flüssigem Iod in die Gasphase gemessen. Ein Punkt der Sublimationsdruckkurve oder der Dampfdruckkurve beschreibt also jeweils das Gleichgewicht zwischen zwei Aggregatzuständen (Phasen). Entsprechendes gilt für die Schmelzdruckkurve: Hier liegen festes und flüssiges Iod nebeneinander vor. Nur an einem Punkt im Diagramm liegen alle drei Phasen nebeneinander im Gleichgewicht vor. Er wird deshalb auch als **Tripelpunkt** bezeichnet. Die durchgezogenen Linien im Phasendiagramm entsprechen

---

Unter einer **Phase** versteht man einen homogen zusammengesetzten Ausschnitt aus einem Stoff, der durch eine klar erkennbare Trennungslinie von anderen Bereichen getrennt ist. Dabei muss die Trennungslinie nicht mit bloßem Auge erkennbar sein. Auch physikalische Methoden wie die Röntgenstrahlbeugung können zur Anwendung kommen. Gase bilden immer nur eine Phase, Flüssigkeiten können zwei, feste Stoffe zahlreiche Phasen bilden.

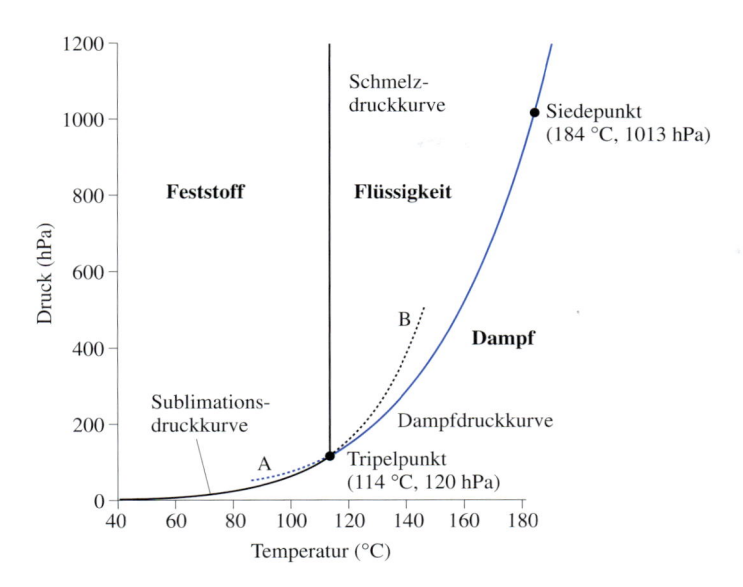

8.14 Das Zustandsdiagramm von Iod.

also dem Nebeneinander – der *Koexistenz* – von jeweils zwei Phasen miteinander, der Tripelpunkt der Koexistenz von allen drei Phasen.

Innerhalb der drei durch die Sublimationsdruckkurve, die Dampfdruckkurve und die Schmelzdruckkurve begrenzten Bereiche liegt jeweils nur eine Phase vor. Die entsprechenden Flächen sind mit *Feststoff*, *Flüssigkeit* und *Dampf* bezeichnet. Eine besondere Bedeutung haben die Schnittpunkte der Kurven mit einer Geraden – parallel zur Temperaturachse – für den normalen Atmosphärendruck von 1 013 hPa. Die Temperatur des Schnittpunkts der Geraden mit der Schmelzdruckkurve ist die Schmelztemperatur. Sie entspricht ziemlich genau der Temperatur des Tripelpunktes. Die Temperatur des Schnittpunkts mit der Dampfdruckkurve ist die Siedetemperatur, hier erreicht der Dampfdruck den Atmosphärendruck. Wählen wir einen anderen Druck, z. B. 200 hPa, ändert sich die Schmelztemperatur nicht merklich, wohl aber die Siedetemperatur. *Die Siedetemperatur eines Stoffes ist im Gegensatz zur Schmelztemperatur sehr stark vom äußeren Druck abhängig.*

Kritischer Punkt Weitere wichtige Kenngrößen eines Stoffes sind die kritische Temperatur und der kritische Druck: Ein Stoff – beispielsweise Iod – wird in ein luftleer gepumptes Gefäß gebracht. Dieses wird verschlossen und kontinuierlich erhitzt. Dabei wird der Druck im Gefäß gemessen. Ist der Stoff flüssig, messen wir den Dampfdruck über der Flüssigkeit: Er steigt exponentiell mit der Temperatur. Die Dichte des Gases nimmt also sehr stark zu. Gleichzeitig dehnt sich die Flüssigkeit beim Erwärmen aus, ihre Dichte sinkt. Es ist also zu erwarten, dass wir beim Erhitzen irgendwann an einen Punkt gelangen, an dem die Dichte des Gases genauso groß wird wie die Dichte der Flüssigkeit. Bis zu diesem *kritischen Punkt* können wir die Flüssigkeit und das Gas mit bloßem Auge unterscheiden, denn die Flüssigkeit weist aufgrund der größeren Teilchendichte auch einen höheren Brechungsindex auf, wir sehen eine scharfe Trennungslinie zwischen Flüssigkeit und Gas, den Flüssigkeits*meniskus*. Sind die Dichte von Flüssigkeit und Gas gleich groß geworden, können beide nicht mehr unterschieden werden, es entsteht ein neuer Zustand, der *überkritische Zustand*. Der Übergang ist durch die **kritische Temperatur** und den **kritischen Druck** gekennzeichnet. Die Dampfdruckkurve endet an diesem Punkt, denn von einem Übergang vom flüssigen in den gasförmigen Zustand kann bei Temperaturen oberhalb der kritischen Temperatur nicht mehr die Rede sein.

Tabelle 8.1 Kritische Größen einiger Gase

Substanz	kritische Temperatur (°C)	kritischer Druck (MPa)
He	−267,9	0,23
H_2	−239,9	1,30
N_2	−147,1	3,39
CO	−139,2	3,55
O_2	−118,0	5,04
CH_4	−83,0	4,62
CO_2	31,1	7,38
NH_3	132,5	11,30
H_2O	374,1	22,05

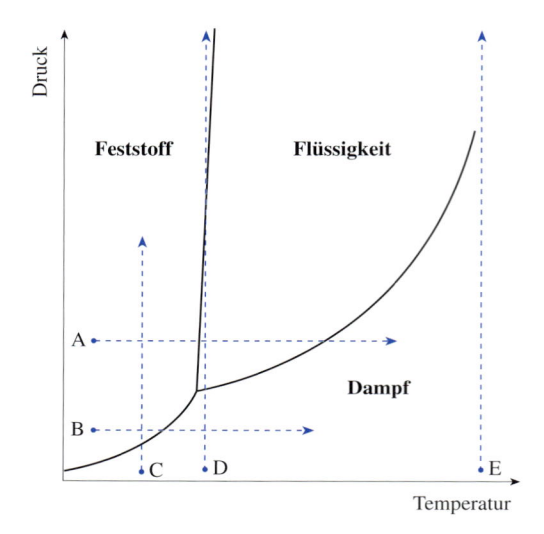

8.15 Zustandsdiagramm eines Stoffs. Die Zustandsänderungen im Verlauf der gestrichelten Linien sind im Text erläutert.

Die kritischen Konstanten sind eng mit der Stärke der intermolekularen Kräfte verknüpft. Sind diese schwach, bedarf es nur einer geringen Temperaturerhöhung, um einen hohen Dampfdruck zu erzeugen, gleichzeitig dehnt sich ein solcher (flüssiger) Stoff beim Erwärmen besonders stark aus: Die kritische Temperatur und der kritische Druck liegen niedrig. Bei starken Anziehungskräften wie den Wasserstoffbrückenbindungen in Wasser liegen die kritische Temperatur und der kritische Druck wesentlich höher. Tabelle 8.1 gibt einige Zahlenbeispiele.

Misst man die Schmelztemperatur eines Stoffs bis hin zu sehr hohen Drücken, findet man eine geringfügige Abhängigkeit der Schmelztemperatur vom Druck, fast immer in dem Sinne, dass die Schmelztemperatur mit steigendem Druck zunimmt. Aus Gründen des Darstellungsmaßstabs kann sowohl die Lage des kritischen Punktes wie auch die Neigung der Schmelzdruckkurve nicht realistisch und gleichzeitig anschaulich in einem Diagramm dargestellt werden. Um das Prinzip zu verdeutlichen verwendet man in Regel überzeichnete Darstellungen, wie beispielsweise Abbildung 8.15.

Es ist für das Verständnis von Phasenumwandlungen und auch für die tägliche Laborpraxis von Bedeutung, sich noch etwas eingehender mit dem Phasendiagramm eines reinen Stoffes zu beschäftigen. Hierzu folgen wir, ausgehend von den Punkten A bis D in Abbildung 8.15, den blauen Pfeilen und machen uns das jeweilige Geschehen deutlich:

Im Falle von Iod wird bei 512 °C der kritische Druck von 117 bar erreicht.

- A: Wir befinden uns im Zustandsgebiet des Feststoffs. Wenn wir unter konstantem Druck (*isobar*) erwärmen, erreichen wir bei der Schmelztemperatur unter dem gegebenen Druck die Schmelzdruckkurve. Hier liegen Feststoff und Flüssigkeit gleichzeitig nebeneinander vor. Weiteres Erwärmen führt in das Zustandsgebiet der Flüssigkeit. Beim Erreichen der Dampfdruckkurve tritt nun auch der gasförmige Stoff auf. Noch weiteres Erwärmen führt zur vollständigen Verdampfung, es liegt nur noch Gas vor.
- B: Wir befinden uns im Zustandsgebiet des Feststoffes, aber unterhalb des Drucks des Tripelpunktes. Beim Erwärmen geht der Stoff direkt vom festen in den gasförmigen Zustand über, er sublimiert. Liegt der Druck am Tripelpunkt oberhalb des Atmosphärendrucks, können wir eine solche Sublimation ohne besondere Vorkehrungen durchführen und beobachten. Ein Beispiel ist festes Kohlenstoffdioxid. Es erreicht bei einer Temperatur von −78,5 °C den Sublimationsdruck von 1 013 hPa, während der Druck am Tripelpunkt etwa bei 5 180 hPa liegt: Festes Kohlenstoffdioxid geht bei Normaldruck in den gasförmigen Zustand über, ohne vorher flüssig zu werden. Festes Kohlenstoffdioxid wird aus diesem Grund auch als *Trockeneis* bezeichnet. Wir sehen am Zustandsdiagramm, dass der Sublimationsdruck und die Lage des Tripelpunktes dafür maßgeblich sind, ob ein Stoff an der Luft erst schmilzt und dann verdampft, oder ob er sublimiert.
- C: Wir befinden uns im Zustandsgebiet des Gases. Eine isotherme Kompression führt zum Übergang in den festen Zustand. Dies ist nur möglich, wenn sich die Temperatur unterhalb der Temperatur des Tripelpunktes befindet.
- D: Von hier aus führt die Kompression zunächst zur Flüssigkeit, dann zum Feststoff. In ganz seltenen Fällen kann man durch Druckerhöhung einen Feststoff verflüssigen; Wasser ist hier das bekannteste Beispiel. In diesem Fall hat die Schmelzdruckkurve eine negative Steigung (siehe Kapitel 14). Ob bei Druckerhöhung aus einem Gas zunächst die Flüssigkeit und dann der Feststoff entsteht oder umgekehrt, hängt von den Zahlenwerten der Dichten von Feststoff und Flüssigkeit ab: Ist die Dichte des Feststoffs größer als die der Flüssigkeit, was der Regelfall ist, kann durch Druckerhöhung aus einer Flüssigkeit ein Feststoff werden. Da die Schmelzdruckkurve nahezu parallel zur Druckachse verläuft, ist dies jedoch nur knapp oberhalb der Temperatur des Tripelpunktes möglich.
- E: Die Temperatur liegt oberhalb der kritischen Temperatur. Wie das Phasendiagramm zeigt, gelangt man auch durch noch so starke Druckerhöhung nicht in das Gebiet der Flüssigkeit. Zeigt ein Stoff dieses Verhalten, kann er allein durch Kompression nicht verflüssigt werden. Um ein solches Gas dennoch zu verflüssigen, muss es zunächst auf eine Temperatur unterhalb der kritischen Temperatur abgekühlt und dann komprimiert werden. Der Zahlenwert der kritischen Temperatur ist also für die Praxis der Verflüssigung von Gasen von sehr großer Bedeutung.

Das hier beschriebene Verhalten entspricht dem *Prinzip des kleinsten Zwangs* (Abschnitt 9.1): Der betrachtete Stoff weicht dem erhöhten Druck aus und geht in den Zustand über, in dem die Teilchen ein kleineres Volumen einnehmen.

Laborgase Im Labor werden eine Reihe von Gasen für unterschiedliche Zwecke verwendet. Aufbewahrt werden sie in druckfesten Stahlflaschen mit einem Innendruck von bis zu 20 MPa (200 bar). Ob sich in dem Stahlbehälter ein komprimiertes oder ein verflüssigtes Gas befindet, hängt von den kritischen Daten (T_{krit}, p_{krit}) des jeweiligen Gases ab. Liegt die kritische Temperatur oberhalb von Raumtemperatur, haben wir es bei genügend hohem Druck mit einem verflüssigten Gas zu tun. Der am Manometer abgelesene Druck zeigt in diesem Fall – unabhängig vom Füllstand der Flasche – stets den gleichen Wert: Es ist der Dampfdruck der Flüssigkeit, der nur von der Temperatur, nicht jedoch von der Menge des verflüssigten Gases oder dem Volumen des Behälters abhängt.

Erst wenn der Behälter nahezu entleert und das gesamte verflüssigte Gas verdampft ist, fällt der Druck bei weiterer Gasentnahme ab. Liegt hingegen ein komprimiertes Gas vor, gibt entsprechend dem allgemeine Gasgesetz (bzw. der Van-der-Waals-Gleichung) die Druckmessung Auskunft über den Füllstand des Behälters.

Üblicherweise verwendet man Entnahmeventile mit Manometer also nur bei komprimierten, nicht aber bei verflüssigten Gasen. Den Füllstand eines Behälters, der ein verflüssigtes Gas enthält, kann man nur durch Wägung bestimmen.
Als verflüssigte Gase liegen beispielsweise Chlor, Kohlenstoffdioxid, Ammoniak oder Propan vor, komprimierte Gase sind Wasserstoff, Sauerstoff, Stickstoff und Kohlenstoffmonoxid.

8.6 Lösungen

Zahllose chemische Reaktionen in Labor, Technik und Alltag sowie in der belebten und der unbelebten Natur finden nicht zwischen reinen Stoffen, sondern zwischen Stoffen in Lösungen statt. Allein das ist Grund genug, sich mit Lösungen und insbesondere ihrer quantitativen Beschreibung zu beschäftigen.

Bei dem Begriff Lösung denken wir zunächst an Lösungen fester Stoffe in Flüssigkeiten. Wir alle gehen täglich mit ihnen um, wenn wir beispielsweise Salz in Wasser lösen oder zuckerhaltige Limonade trinken. Solche Lösungen fester Stoffe in Flüssigkeiten stellen jedoch nur Spezialfälle von Lösungen dar; auch zwei Flüssigkeiten können sich ineinander lösen, ebenso zwei Feststoffe. Allen Gasen gemeinsam ist die Eigenschaft, sich gegenseitig in beliebigem Umfang zu lösen. Gase lösen sich in Flüssigkeiten und auch in Feststoffen. Was also ist dann – ganz allgemein formuliert – eine Lösung?

Im weitesten Sinne können wir eine Lösung als eine homogene Mischung verschiedener Stoffe mit variabler Zusammensetzung und statistischer Verteilung aller Komponenten definieren, bei der an jedem Ausschnitt aus der Mischung die gleiche Zusammensetzung angetroffen wird.

Zur Beschreibung der Zusammenhänge verwendet man auch bei Mehrstoffsystemen Zustands- oder Phasendiagramme. Wir werden uns hier nur auf die einfachsten Fälle beschränken und daran die wesentlichen Prinzipien erläutern.

Das Zustandsdiagramm eines reinen Stoffes, ein Druck-Temperatur-Diagramm, beschreibt die Phasenübergänge Sublimieren, Schmelzen und Verdampfen in übersichtlicher Weise. Bei einem Zweistoffsystem kommt als weitere Variable die Zusammensetzung (in der Regel ausgedrückt durch den Stoffmengenanteil x einer der beiden Komponenten) des Systems hinzu. Die vollständige graphische Darstellung erfordert also ein dreidimensionales Bild. Die Verhältnisse werden zusätzlich häufig dadurch kompliziert, dass sich zwei feste oder flüssige Stoffe nicht oder nur beschränkt ineinander lösen und so mehrere kondensierte (feste oder flüssige) Phasen nebeneinander auftreten können. Aus diesen Gründen ist es kaum möglich, das gesamte Verhalten eines Zweistoffsystems in einer einzigen graphischen Darstellung übersichtlich wiederzugeben. Statt dessen werden Teilaspekte, wie das Verdampfungsverhalten oder das Schmelzverhalten, gesondert in einem zweidimensionalen Bild dargestellt, wobei die dritte Variable jeweils als konstant angesehen wird. In allen Fällen sind diese Darstellungen Schnitte eines dreidimensionalen $p/T/x$-Diagramms. Die Koexistenz zweier Phasen, wie die Verdampfung einer Flüssigkeit (Dampfdruckkurve) oder das Schmelzen eines Feststoffs (Schmelzdruckkurve) werden wie im Zustandsdiagramm eines reinen Stoffes als Linien dargestellt.

Löslichkeit von Gasen

Gase können sich in Flüssigkeiten zum Teil in beträchtlichen Mengen lösen. So lösen sich in Wasser, einer stark polaren Flüssigkeit, Gase mit einem hohen Dipolmoment wie Chlorwasserstoff oder Ammoniak in sehr großen Mengen. Doch auch unpolare Gase wie Sauerstoff, Stickstoff oder Kohlenstoffdioxid sind in Wasser recht gut löslich. Die Löslichkeit eines Gases sinkt mit steigender Temperatur und sie ist proportional zum Druck des Gases. Die Druckabhängigkeit wird durch das **Henrysche Gesetz** beschrieben:

$$c = K \cdot p$$

c ist die Konzentration des in der Flüssigkeit gelösten Gases, p der Druck des Gases und K eine von der Temperatur abhängige Konstante.

Öffnen wir eine Flasche mit einem kohlensäurehaltigen Getränk, so entweicht aufgrund des Überdrucks Kohlenstoffdioxid mit einem typischen Zischen. Lassen wir die Flasche längere Zeit offen stehen, geht nach und nach weiteres Kohlenstoffdioxid verloren: Es stellt sich ein Löslichkeitsgleichgewicht ein, das dem sehr viel geringeren

---

Häufig wird zwischen dem Lösemittel und dem gelösten Stoff unterschieden. Diese Unterscheidung ist jedoch physikalisch nicht sinnvoll, denn welche Komponente ist bei einer Lösung aus zwei Stoffen mit gleichen Stoffmengenanteilen das Lösemittel, welche der gelöste Stoff? Dem allgemeinen Sprachgebrauch folgend, bezeichnen wir die Hauptkomponente des Systems als Lösemittel; bei Lösungen fester oder gasförmiger Stoffe in Flüssigkeiten ist dies in der Regel die Flüssigkeit.

William **Henry**, britischer Physiker und Chemiker, 1774–1836

Hydrothermalsynthese

Überkritische Lösemittel spielen in einigen Bereichen der Technik eine Rolle. Ein wichtiges Beispiel ist die sogenannte **Hydrothermalsynthese** von α-Quarz. α-Quarz kann aufgrund seiner piezoelektrischen Eigenschaften durch ein elektrisches Feld in Schwingung versetzt werden. Die Schwingungsfrequenz ist nahezu temperaturunabhängig. Aus diesem Grund dient α-Quarz als Taktgeber in zahlreichen elektronischen Geräten (Quarz-Uhren, Computer). In der Natur findet sich α-Quarz, die bei Raumtemperatur stabile Form von Silicium(IV)-oxid, in vielfältiger Form und in großen Mengen (Seesand, Bergkristall, Quarzit), jedoch nicht in der notwendigen Reinheit. Bei der Synthese macht man sich zu Nutze, dass Wasser im überkritischen Zustand in mancher Hinsicht ganz andere Eigenschaften aufweist, als wir dies von Wasser bei den üblichen Bedingungen kennen. Insbesondere die Eigenschaften als Lösemittel verändern sich grundlegend. So ist überkritisches Wasser in der Lage, beträchtliche Mengen an Silicium(IV)-oxid zu lösen, während die Löslichkeit von Quarz in Wasser bei normalen Bedingungen praktisch null ist. Anderenfalls wäre der Sand an den Küsten längst im Wasser aufgelöst. Die Hydrothermalsynthese von α-Quarz erfolgt in einem **Autoklaven**, einem druckfesten Stahlgefäß (Abbildung 8.16).

Man füllt den Autoklav mit feinteiligem SiO$_2$-Pulver und Wasser und gibt etwas Natriumhydroxid hinzu, um die Löslichkeit zu erhöhen. Dann erhitzt man auf etwa 400 °C und sorgt dafür, dass die Temperatur im oberen Teil etwas niedriger bleibt. Es baut sich ein Druck von bis zu 50 MPa (500 bar) auf, eine gesättigte Lösung von Quarz entsteht. An der kälteren Stelle des Autoklaven ist die Löslichkeit etwas geringer, hier scheidet sich deshalb Quarz in kristalliner Form ab. Ein vor Beginn des Experiments in diesem Bereich befestigter kleiner Quarzkristall wirkt dabei als *Impfkristall*: Es kommt daher nicht zur Bildung vieler unterschiedlich großer Kristalle, sondern nur der Impfkristall wächst, bis die gewünschte Größe erreicht ist. Das Wachstum eines synthetischen Quarzkristalls von etwa 10 cm Länge erfolgt im Verlaufe vieler Wochen.

Zahlreiche Mineralien in der Natur sind im Verlaufe der Erdgeschichte hydrothermal entstanden. Das bekannteste Beispiel ist der Bergkristall. Die Rolle des Autoklaven haben mit Wasser gefüllte Hohlräume in Gesteinen übernommen. Das Wachstum großer Kristalle in der Natur hat allerdings Hunderte oder Tausende von Jahren gedauert.

8.16 Autoklav für die Hydrothermalsynthese von α-Quarz.

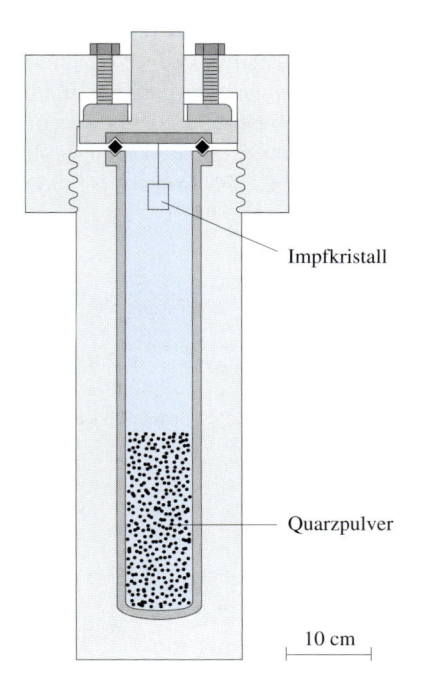

EXKURS

Überkritisches Wasser Ein Grund für das ungewöhnliche Verhalten von überkritischem Wasser ist die im Vergleich zu flüssigem Wasser wesentlich kleinere Dielektrizitätszahl ε_r, sodass die elektrischen Anziehungskräfte in überkritischem Wasser entsprechend stärker sind. (Zum Coulombschen Gesetz vergleiche man Abschnitt 7.3.) So beträgt ε_r bei 100 MPa (1000 bar) und 500 °C nur noch 8 gegenüber 78 bei flüssigem Wasser von 25 °C. Es verhält sich damit ähnlich wie eine polare organische Flüssigkeit. Die Lösung eines salzartigen Stoffes zeigt deshalb nur eine geringe Leitfähigkeit, denn es liegen kaum unabhängig voneinander bewegliche hydratisierte Ionen vor, sondern überwiegend Ionenpaare, die insgesamt ungeladen sind. Anders als bei flüssigem Wasser ist die Löslichkeit in überkritischem Wasser nicht nur von der Temperatur, sondern auch vom Druck abhängig, sodass sich das Löseverhalten auch durch den Druck beeinflussen lässt.

Die Viskosität von überkritischem Wasser unterscheidet sich wesentlich von der flüssigen Wassers: Bei 100 MPa und 500 °C beträgt die Viskosität lediglich 7 % von der des normalen flüssigen Wassers. Die in überkritischem Wasser gelösten Teilchen haben deshalb eine hohe Beweglichkeit.

Leitet man Sauerstoffgas bei normalem Luftdruck in Wasser, so lösen sich darin bei 25 °C pro Liter rund 40 mg, das entspricht 30 ml Sauerstoffgas. Im Kontakt mit Luft ergibt sich aufgrund des geringeren Sauerstoffpartialdrucks dagegen eine Sättigungskonzentration von nur 8 mg·l^{-1}. Das Verhältnis zwischen beiden Werten entspricht damit dem Henryschen Gesetz. Mit sinkender Temperatur kann Wasser erheblich mehr Sauerstoff aus der Luft aufnehmen: 11 mg·l^{-1} sind es bei 10 °C und 14 mg·l^{-1} bei 0 °C. In warmen Sommerwochen kann der Sauerstoffgehalt von Gewässern so weit absinken, dass Fische kaum noch überleben können. Der Hauptfaktor hierfür ist dabei weniger die geringe Löslichkeit bei höheren Temperaturen als ein verstärkter Verbrauch von gelöstem Sauerstoff für den Abbau organischer Stoffe.

Partialdruck des Kohlenstoffdioxids in der Atmosphäre entspricht. Will man dieses verhindern, muss die Flasche wieder verschlossen werden, sodass sich ein gewisser Druck aufbauen kann, der für die gewünschte Löslichkeit sorgt.

Eine andere Erfahrung aus dem Alltag zeigt, dass die Löslichkeit von Gasen von der Temperatur abhängt:

Erhitzt man Wasser in einem Topf, so bilden sich Gasbläschen an der Innenwand – längst vor Erreichen der Siedetemperatur. Die Gasbläschen bestehen überwiegend aus Stickstoff und Sauerstoff. Wasser löst diese Gase aus der Luft bei niedriger Temperatur offensichtlich besser als bei höherer Temperatur. Allgemein gilt: *Die Löslichkeit von Gasen nimmt mit steigender Temperatur ab.*

Mischbarkeit von Flüssigkeiten

Das Verhalten zweier Flüssigkeiten in einem Zweistoffsystem ist um einiges vielfältiger als das zweier Gase. So können zwei Flüssigkeiten vollständig, das heißt bei jeder Zusammensetzung, miteinander mischbar sein, sie können aber auch nahezu unmischbar sein, oder die beiden Stoffe können eine deutlich erkennbare gegenseitige Löslichkeit ineinander aufweisen. Wie sich zwei flüssige Stoffe in dieser Hinsicht verhalten, hängt maßgeblich von ihren chemischen Eigenschaften ab. So ist Wasser als ein Stoff, dessen Moleküle einen ausgesprochenen Dipolcharakter aufweisen, mit anderen polar aufgebauten Stoffen wie Ammoniak oder Methanol in der Regel gut mischbar; es ist hingegen sehr schlecht mit unpolaren Stoffen wie z. B. Kohlenwasserstoffen mischbar. Das Ausmaß der Löslichkeit zweier Flüssigkeiten hängt von der Temperatur ab. In den meisten Fällen nimmt die gegenseitige Löslichkeit mit steigender Temperatur zu. Oberhalb einer bestimmten Temperatur, der *Entmischungstemperatur*, sind dann zwei Flüssigkeiten vollständig miteinander mischbar. Qualitativ lässt sich dieser Effekt einfach erklären: Die bei erhöhter Temperatur verstärkte Wärmebewegung führt dazu, dass Aggregate aus gleichartigen Molekülen nicht mehr zusammen bleiben und zwei Phasen bilden können. In Abbildung 8.17 ist dies für ein System zweier organischer Flüssigkeiten, des unpolaren n-Hexans und des polaren Nitrobenzols, dargestellt. Die Entmischungstemperatur beträgt 20 °C. Oberhalb dieser Temperatur sind die beiden Flüssigkeiten in jedem Verhältnis miteinander mischbar. Bei tieferen Temperaturen ist die gegenseitige Löslichkeit beschränkt. Geht man beispielsweise von gleichen Stoffmengenanteilen von Nitrobenzol und Hexan aus und erwärmt auf 11 °C, so bilden sich zwei miteinander nicht mischbare Lösungen. In der schwereren ist Nitrobenzol das Lösemittel (x(Hexan) ≈ 0,1; x(Nitrobenzol) ≈ 0,9), in der leichteren dagegen Hexan (x(Nitrobenzol) = 0,22; x(Hexan) = 0,78).

Sehr viel seltener tritt der Fall auf, dass zwei Flüssigkeiten bei tieferen Temperaturen besser mischbar sind als bei höheren. Dies kann dann der Fall sein, wenn die Moleküle der beiden Stoffe bei tieferen Temperaturen Addukte bilden.

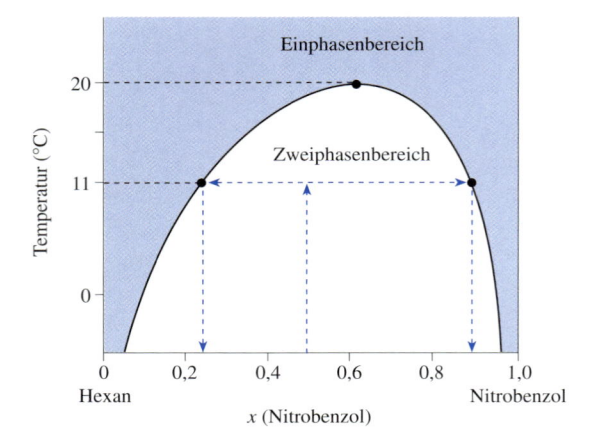

8.17 Die Mischbarkeit von zwei Flüssigkeiten ist von der Temperatur abhängig.

8.7 Dampfdruck einer Lösung – Siedetemperaturerhöhung und Schmelztemperaturerniedrigung

In diesem Abschnitt soll an einigen exemplarischen Fällen aus der Laborpraxis erläutert werden, welche Dampfdrücke sich in einem System zweier im flüssigen Zustand miteinander mischbarer Stoffe einstellen und welche Folgerungen sich daraus für das Verdampfungs- und Erstarrungsverhalten ergeben.

Der einfachste Fall ist der einer idealen Lösung. Hierunter versteht man eine Lösung, in der die Kräfte zwischen gleichartigen Teilchen genauso groß sind wie zwischen verschiedenartigen. Insbesondere chemisch ähnliche Stoffe zeigen dieses Verhalten, so zum Beispiel eine aus zwei Kohlenwasserstoffen bestehende Lösung oder Stickstoff und Sauerstoff („flüssige Luft"). Bei konstanter Temperatur werden die Partialdrücke p_A und p_B der beiden Komponenten A und B einer idealen Lösung durch das **Raoultsche Gesetz** beschrieben:

$$p_A = x_A \cdot p_A^0$$
$$p_B = x_B \cdot p_B^0$$

François-Marie **Raoult**, französischer Chemiker, 1830–1901; Professor in Grenoble.

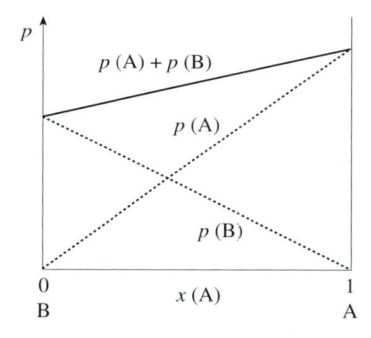

p^0 ist der Dampfdruck des reinen Stoffes bei der betrachteten Temperatur, x der Stoffmengenanteil. Es ergibt sich also für beide Komponenten jeweils ein linearer Zusammenhang zwischen dem Dampfdruck und dem Stoffmengenanteil. Folglich muss sich auch der Gesamtdruck über der Lösung linear mit dem Stoffmengenanteil ändern. Diese Zusammenhänge werden durch das Dampfdruckdiagramm in Abbildung 8.18 dargestellt. Die durchgezogene Linie gibt dabei den Gesamtdruck ($p = p_A + p_B$) wieder.

In einer realen Lösung können die Kräfte zwischen verschiedenen Teilchen stärker oder schwächer sein als zwischen gleichartigen Teilchen. Sind sie stärker, sind die Partialdrücke beider Komponenten und auch der Gesamtdruck niedriger als im Fall der idealen Lösung (negative Abweichung vom Raoultschen Gesetz). Die Abweichungen können so weit gehen, dass es zu einem Minimum des Gesamtdrucks bei einer bestimmten Zusammensetzung der Lösung kommt. Im umgekehrten Fall sind die Partialdrücke höher als im idealen Fall, in besonderen Fällen kann der Gesamtdruck ein Maximum durchlaufen.

In der anorganischen Chemie haben wir es häufig mit Lösungen zu tun, bei denen eine der beiden Komponenten, der gelöste Stoff, einen vernachlässigbar geringen Dampfdruck aufweist. Hierzu zählen alle wässerigen Lösungen anorganischer Salze. In diesem Fall ist der Gesamtdruck praktisch gleich dem Partialdruck des Lösemittels Wasser. Untersucht man bei vorgegebener Zusammensetzung einer Salzlösung die Temperaturabhängigkeit des Dampfdrucks, so findet man wie beim reinen Stoff einen exponentiellen Verlauf. Der Dampfdruck ist jedoch geringer als für das reine Lösemittel (Abbildung 8.19).

Der Dampfdruck der Lösung erreicht den Atmosphärendruck dementsprechend erst bei einer höheren Temperatur, die Siedetemperatur ist also höher als die des reinen Lösemittels. Der Schnittpunkt der Dampfdruckkurve mit der Sublimationsdruckkurve, der Tripelpunkt, liegt bei einer tieferen Temperatur als beim reinen Lösemittel, die Schmelztemperatur wird also erniedrigt. Diese beiden Erscheinungen werden als **Siedetemperaturerhöhung** bzw. **Schmelztemperaturerniedrigung** oder **Gefriertemperaturerniedrigung** bezeichnet.

Zahlenmäßig lässt sich die Siedetemperaturerhöhung ΔT_b durch einen einfachen Zusammenhang beschreiben:

$$\Delta T_b = k_{eb} \cdot b$$

Dabei ist k_{eb} eine für das jeweilige Lösemittel charakteristische Konstante, die **ebullioskopische Konstante**, und b die Molalität der Lösung (Stoffmenge des gelösten Stoffes

8.18 Das Raoultsche Gesetz: Bei idealen Lösungen zweier Flüssigkeiten sind die Partialdrücke im Dampf direkt proportional zu den Stoffmengenanteilen der beiden Komponenten.

Die Erniedrigung der Schmelztemperatur von Wasser durch Lösen eines Salzes wird genutzt, um bei Temperaturen unter 0°C das Gefrieren von Wasser auf unseren Straßen zu verhindern, es wird Steinsalz (NaCl) gestreut. Eine andere Anwendung aus dem Alltag ist die Verwendung von Frostschutzmitteln im Kühlwasserkreislauf von Automobilen.

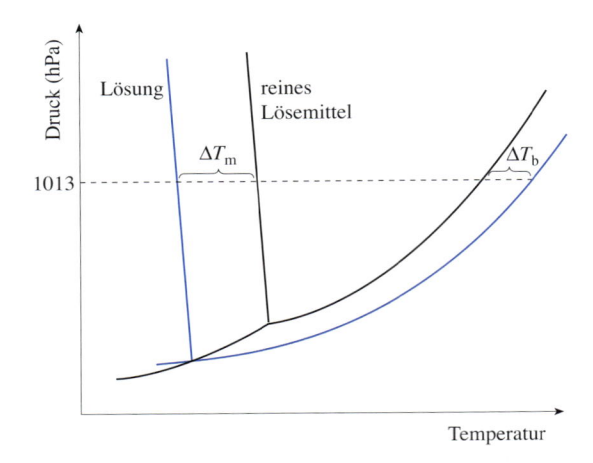

8.19 Dampfdruckerniedrigung. Bei einer Lösung hat das Lösemittel einen niedrigeren Dampfdruck als im reinen Zustand. Als Folge wird die Schmelztemperatur T_m erniedrigt, die Siedetemperatur T_b (b: *boiling*) wird erhöht.

Tabelle 8.2 Molale Gefriertemperaturerniedrigung k_{kr} und Siedetemperaturerhöhung k_{eb} einiger Lösemittel

Lösemittel	Schmelztemperatur ϑ_m (°C)	k_{kr} (K · kg · mol^{-1})	Siedetemperatur ϑ_b (°C)	k_{eb} (K · kg · mol^{-1})
Essigsäure	16,6	−3,90	118,1	3,07
Benzol	5,5	−5,12	80,1	2,53
Campher	179	−39,70		
Tetrachlormethan	−22,8	−29,80	76,8	5,02
Trichlormethan	−63,5	−4,68	61,2	3,63
Ethanol	−114,6	−1,99	78,3	1,22
Naphthalin	80,2	−6,88		
Wasser	0,0	−1,86	100,0	0,512

Messungen der Gefriertemperaturerniedrigung und der Siedetemperaturerhöhung von Salzlösungen haben wissenschaftshistorisch eine besondere Rolle gespielt: Ende des 19. Jahrhunderts hatte sich gezeigt, dass in einer Lösung eines Salzes wie Natriumchlorid die Gefriertemperatur von Wasser etwa doppelt so stark herabgesetzt wird, wie nach der angeführten Gleichung zu erwarten gewesen wäre. Dies hat zu der Annahme geführt, dass ein Mol Natriumchlorid beim Lösen in Wasser zwei Mol Teilchen bildet. Es zerfällt in Na$^+$(aq)- und Cl$^-$(aq)-Ionen. Da die Schmelztemperaturerniedrigung und Siedetemperaturerhöhung jeweils nur maximal einige wenige °C betragen, kommt es darauf an, die Temperaturänderung sehr genau zu messen. Man verwendet hier spezielle Thermometer, sogenannte Beckmann-Thermometer, die es gestatten, die Temperatur mit einer Genauigkeit von 1/1 000 °C abzulesen.

in einem Kilogramm des Lösemittels). Für die Erniedrigung der Schmelztemperatur gilt ein ganz analoger Zusammenhang. An die Stelle der ebullioskopischen Konstante tritt die **kryoskopische Konstante k_{kr}**, gleichfalls eine Stoffkonstante des Lösemittels. Das Ausmaß von Siedetemperaturerhöhung und Schmelztemperaturerniedrigung ist also unabhängig von der Art des gelösten Stoffs. Es hängt nur von der Zahl der gelösten Teilchen ab, wie stark sich Schmelztemperatur und Siedetemperatur ändern.

Die Schmelztemperaturerniedrigung und die Siedetemperaturerhöhung bieten die Möglichkeit, auf einfache Art und Weise die molare Masse gelöster Stoffe zu bestimmen:

$$\Delta T_b = k_{eb} \cdot b$$
$$= k_{eb} \cdot n / m_{Lm}$$
$$= k_{eb} \frac{m/M}{m_{Lm}}$$
$$\Rightarrow M = \frac{k_{eb} \cdot m}{\Delta T_b \cdot m_{Lm}}$$

Ein entsprechender Zusammenhang gilt selbstverständlich auch für die Schmelztemperaturerniedrigung.

Tabelle 8.2 gibt einen Überblick über die ebullioskopischen und kryoskopischen Konstanten einiger Lösemittel.

Die in Abbildung 8.19 dargestellten Zusammenhänge werfen die Frage auf, warum in einem Zweistoffsystem durch die gelöste Komponente zwar der Dampfdruck, nicht aber der Sublimationsdruck herabgesetzt wird. Der Grund ist der, dass in aller Regel beim Erstarren einer Lösung die beiden Komponenten, das Lösemittel und der gelöste Stoff, in reiner Form nebeneinander auskristallisieren. Beide zeigen dann naturgemäß die Eigenschaften der reinen Stoffe.

8.8 Osmose und Umkehrosmose

Eine weitere allgemeine Eigenschaft aller Lösungen ist die Osmose. Die Osmose beruht auf der Tendenz von Lösungen zum Konzentrationsausgleich: Gibt man einen löslichen, festen Stoff in ein Lösemittel, so findet man zunächst in der Nähe der Oberfläche des Feststoffs hohe Konzentrationen an gelöstem Stoff. Einige Zeit nachdem der Feststoff in Lösung gegangen ist, beobachtet man jedoch an jedem Ort der Lösung die gleiche Konzentration. Dieses Bestreben zum Konzentrationsausgleich kann auch dann noch wirksam werden, wenn zwei Lösungen unterschiedlicher Konzentration durch eine poröse Membran voneinander getrennt sind. Sind die Poren in der Membran gerade so groß, dass sie von Molekülen des Lösemittels, nicht aber vom denen des gelösten Stoffs passiert werden können, spricht man von einer **semipermeablen Membran**. In diesem Fall wandert das Lösemittel von der Lösung der geringeren Konzentration zur Lösung der höheren Konzentration (Abbildung 8.20). Die Konzentrationen gleichen sich einander an.

Für das skizzierte Experiment bedeutet dies, dass die Konzentration der Lösung sich im linken Schenkel des U-Rohres vergrößert und im rechten verringert. Der Flüssigkeitsspiegel sinkt daher auf der linken und steigt auf der rechten Seite. Dadurch baut sich ein hydrostatischer Druck auf, der dem Osmosevorgang entgegen wirkt und ihn letztendlich zum Stillstand bringt. Der Höhenunterschied der beiden Flüssigkeitsspiegel entspricht der Differenz der osmotischen Drücke des Systems

Erhöht man nun im rechten Schenkel des U-Rohrs den Druck über den hydrostatischen Druck der Flüssigkeitssäule hinaus, beispielsweise dadurch, dass man mit einem Stempel auf die Flüssigkeitsoberfläche drückt, so ist der beschriebene Vorgang wieder umkehrbar: Der Flüssigkeitsspiegel sinkt, die Lösung im rechten Teil der Apparatur wird konzentrierter, die im linken hingegen verdünnter. Man nennt diesen Vorgang **Umkehrosmose**. Durch Anwendung eines äußeren Drucks p bei einem osmotischen Experiment lässt sich also die Konzentration einer Lösung erhöhen: Aufgrund des äußeren Drucks werden die kleineren Moleküle des Lösemittels veranlasst, die semipermeable Membran zu passieren, während dies den größeren gelösten Teilchen wegen der Porengröße unmöglich ist. Die Umkehrosmose ist in einigen Bereichen unseres Lebens von praktischer Bedeutung. Anwendungsbeispiele kennen wir aus der Lebensmittelindustrie. So sind viele Fruchtsäfte aus „Konzentraten" durch Verdünnen mit Wasser hergestellt. Diese Konzentrate werden in schonender Weise – ohne Temperaturerhöhung – durch Umkehrosmose hergestellt. Die Fabrikation von alkoholfreiem Bier beruht ebenfalls auf dieser Grundlage.

Auch bei der Herstellung von entmineralisiertem Wasser kann die Umkehrosmose verwendet werden, häufig in Kombination mit Ionenaustauschverfahren, ebenso bei der Entsalzung von Meerwasser und der Aufbereitung von Trinkwasser.

Der osmotische Druck p lässt sich durch eine einfache Gleichung berechnen:

$$\pi \cdot V = n \cdot R \cdot T$$

$$\pi = \frac{n}{V} R \cdot T$$

$$\pi = c \cdot R \cdot T$$

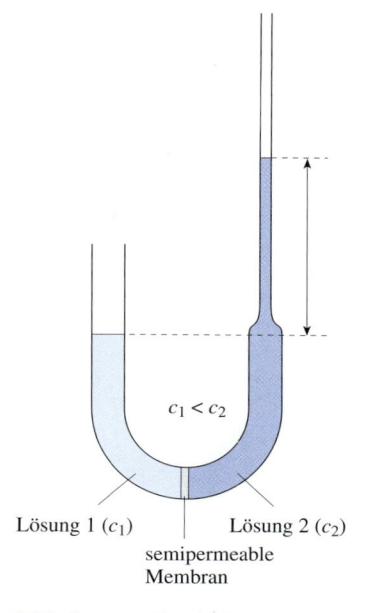

8.20 Osmose. Zwei Lösungen unterschiedlicher Konzentration zeigen das Bestreben zum Konzentrationsausgleich, auch wenn sie durch eine semipermeable Membran voneinander getrennt sind.

Die in Meerwasser gelösten Salze führen zu einer Teilchenkonzentration von rund 1 mol·l^{-1}. Damit errechnet sich für Meerwasser ein osmotischer Druck von 24 bar (bei Raumtemperatur).

Die **Osmometrie** ist ein Verfahren, mit dem sich über den osmotischen Druck die molare Masse eines Stoffes bestimmen lässt; sie ist besonders für Polymere und Makromoleküle geeignet. Wie die Kryoskopie und Ebullioskopie wird aber die Osmometrie heute weitgehend durch die Massenspektrometrie ersetzt.

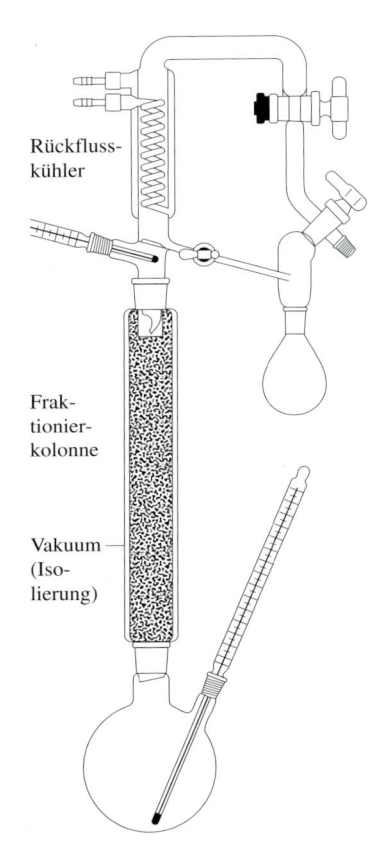

Diese Beziehungen entsprechen formal völlig dem allgemeinen Gasgesetz. In beiden Fällen ist der Druck unmittelbar mit der Teilchenzahl verknüpft. Berechnet man mithilfe dieser Beziehung den osmotischen Druck einer Lösung, die 1 Mol Teilchen pro Liter enthält, so ergibt sich für Raumtemperatur ein Wert von rund $24 \cdot 10^3$ hPa, also das 24fache des Atmosphärendrucks. Osmotische Drücke können also ein recht beträchtliches Ausmaß annehmen.

In physiologischen Prozessen spielen osmotische Erscheinungen eine bedeutende Rolle. So sind rote Blutkörperchen wie alle Zellen von einer semipermeablen Membran umgeben. Bringt man sie in reines Wasser, dringt Wasser durch die Zellmembran ein, der Druck in der Zelle steigt, bis sie platzt. Die bei Infusionen zugeführten Lösungen müssen deshalb den gleichen osmotischen Druck aufweisen wie das Blut. Ein Beispiel für eine solche *isotonische* Lösung ist die *physiologische Kochsalz-Lösung*, sie enthält 9,5 g Natriumchlorid pro Liter.

8.9 Siedediagramme, Destillation und Rektifikation

Das Siedeverhalten einer Lösung, die aus zwei Stoffen besteht, die beide einen nennenswerten Beitrag zum Gesamtdruck leisten, lässt sich durch ihr **Siedediagramm** beschreiben. Es stellt graphisch dar, wie sich die Siedetemperatur (bei konstantem äußeren Druck) mit der Zusammensetzung ändert. Da ein Siedediagramm mit dem Dampfdruckdiagramm eng verwandt ist, hat die Form des Dampfdruckdiagramms wichtige Konsequenzen für das Siedeverhalten. Wir wollen hier zunächst den einfachsten Fall der *idealen* Lösung betrachten.

Siedeverhalten idealer Lösungen Bei der Diskussion der Dampfdruckkurve eines Stoffes haben wir gelernt, dass der Dampfdruck exponentiell von der Temperatur abhängt. Trägt man statt des Dampfdrucks einer Lösung ihre Siedetemperatur gegen die Zusammensetzung auf, kann sich kein linearer Zusammenhang wie beim Dampfdruckdiagramm (Abbildung 8.18) ergeben. Für das System $O_2(l)/N_2(l)$ stellt die untere Kurve in Abbildung 8.22 die Abhängigkeit der Siedetemperatur vom Stoffmengenanteil einer Komponente dar; man bezeichnet sie als die **Siedekurve**. Eine Flüssigkeit der Zusammensetzung a ($x(O_2) = 0{,}82$) hat also die Siedetemperatur ϑ_a (ca. −187 °C). Analysiert man das bei der Verdampfung entstehende Gas, so findet man, dass es eine andere Zusammensetzung hat als die flüssige Lösung. Es enthält mehr vom leichter flüchtigen Stickstoff, im Dampf reichert sich also die Komponente mit der niedrigeren Siedetemperatur an. Trägt man die so ermittelten Zusammensetzungen des Dampfs mit in das Diagramm ein, ergibt sich die obere Kurve, die sogenannte **Taukurve**. Aus einer Flüssigkeit der Zusammensetzung a wird ein Dampf der Zusammensetzung b ($x(O_2) = 0{,}6$). Kondensiert man diesen und erhitzt anschließend erneut, ist die Siedetemperatur ϑ_b, der dabei gebildete Dampf hat die Zusammensetzung c ($x(O_2) = 0{,}3$). Durch wiederholtes Verdampfen und Kondensieren kann so schließlich ein Teil des Stickstoffs in fast reiner Form im Kondensat gewonnen werden. Destilliert man eine ideale Lösung zweier Flüssigkeiten, reichert sich also der Stoff mit der niedrigeren Siedetemperatur in der Vorlage an, während der mit der höheren Siedetemperatur im Destillationskolben angereichert wird. Die Siedetemperatur steigt während der Destillation kontinuierlich an. In der Praxis führt man eine Destillation nicht mehrfach hintereinander durch, sondern bedient sich eines kontinuierlichen Verfahrens, der **fraktionierten Destillation** oder **Rektifikation**. Abbildung 8.21 zeigt eine typische Apparatur.

Das Flüssigkeitsgemisch wird bis zur Siedetemperatur erhitzt, der entstehende Dampf steigt durch die sogenannte **Fraktionierkolonne** nach oben und wird in dem **Rückflusskühler** kondensiert. Das Kondensat fließt je nach Stellung der Absperrhähne zum Teil in die Vorlage, zum Teil jedoch durch die Kolonne zurück in Richtung

Rückflusskühler

Fraktionierkolonne

Vakuum (Isolierung)

8.21 Apparatur zur fraktionierten Destillation. Mithilfe von Destillationskolonnen können Flüssigkeitsgemische in einem Arbeitsgang getrennt werden.

Die Trennwirkung der Kolonne wird wesentlich durch ihre Höhe, aber auch durch ihre Konstruktion und das **Rücklaufverhältnis** bestimmt. Unter dem Rücklaufverhältnis versteht man das Verhältnis zwischen den Stoffmengen, die in die Kolonne zurück. bzw. in die Vorlage laufen. Die Trennwirkung steigt mit steigendem Rücklaufverhältnis.

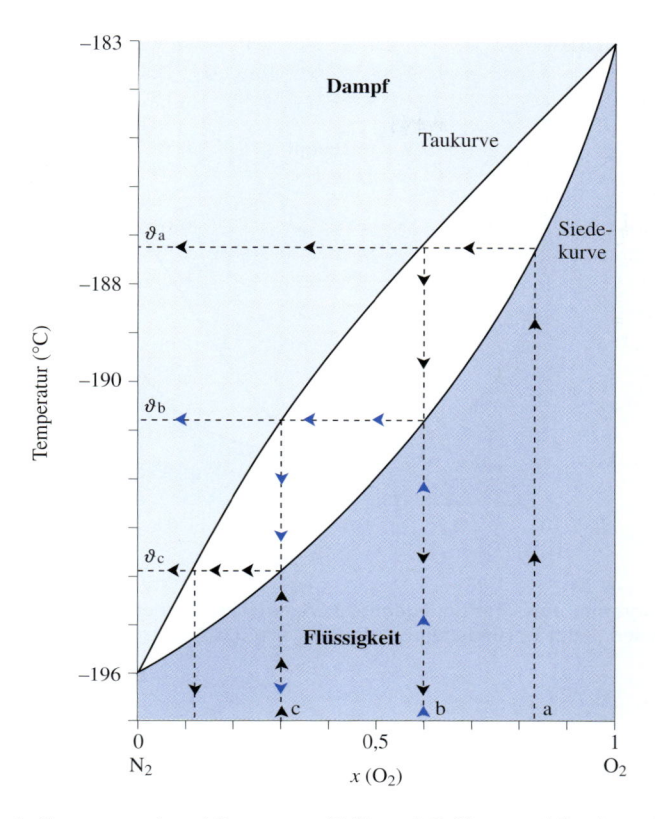

8.22 Das Siedediagramm einer Lösung von $N_2(l)$ und $O_2(l)$ entspricht dem einer idealen Lösung. Durch Destillation kann die Lösung in ihre Bestandteile aufgetrennt werden.

Destillierkolben. Hierbei wird es durch den aufsteigenden Dampf wieder bis zur Siedetemperatur erhitzt und kann erneut verdampfen. Dieser Vorgang läuft nun innerhalb einer thermisch isolierten Kolonne mehrfach ab, mit dem Erfolg, dass am oberen Ende, dem *Kolonnenkopf*, die leichter flüchtige Komponente weitgehend angereichert ist. Die schwerer flüchtige verbleibt im Destillationskolben, dem *Kolonnensumpf*.

Azeotrope lassen sich durch Destillation nicht trennen

In vielen Fällen weist der Dampfdruck einer Lösung aus zwei flüssigen Komponenten bei einer bestimmten Zusammensetzung ein Maximum oder ein Minimum auf. Als Folge davon durchläuft die Siedetemperatur ein Minimum bzw. ein Maximum. In diesem Fall berühren sich Siede- und Taukurve; Dampf und Flüssigkeit haben also die selbe Zusammensetzung und eine An- oder Abreicherung einer Komponente im Dampf ist somit nicht möglich. Derartige Lösungen, die sich durch Destillation nicht trennen lassen, bezeichnet man als **Azeotrope**. Die Abbildungen 8.23 und 8.24 zeigen typische Siedediagramme für Systeme, bei denen ein **Tiefsiedegemisch** bzw. ein **Hochsiedegemisch** auftritt. Ein weiteres bekanntes Beispiel für ein Hochsiedegemisch ist das bei der Destillation von Salzsäure gebildete Azeotrop. Es siedet bei 110 °C, der Massenanteil an Chlorwasserstoff beträgt dabei 20,2 %.

Eine Veränderung des äußeren Drucks bei der Destillation führt zu einer Verschiebung der azeotropen Temperatur und Zusammensetzung. Es kann also für die Trennung günstig sein, einen anderen Druck zu wählen und beispielsweise eine Vakuumdestillation durchzuführen.

8. Reine Stoffe und Zweistoffsysteme

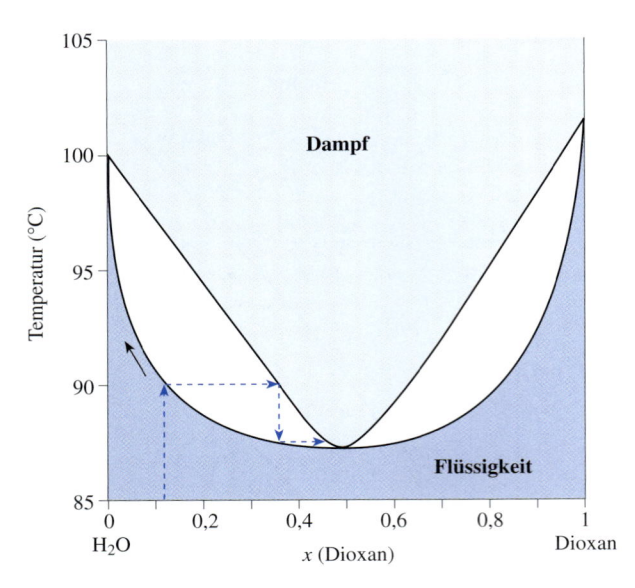

Die links bzw. rechts vom azeotropen Punkt liegenden Teile des Siedediagramms können wir für sich genauso behandeln wie das Siedediagramm einer idealen Lösung.

8.23 Siedediagramm eines Tiefsiedegemischs. Azeotrope können durch Destillation nicht getrennt werden. Beim Tiefsiedegemisch reichert sich das Azeotrop am Kolonnenkopf an.

Dioxan ist ein zyklischer Diether mit der Molekülformel $C_4H_8O_2$

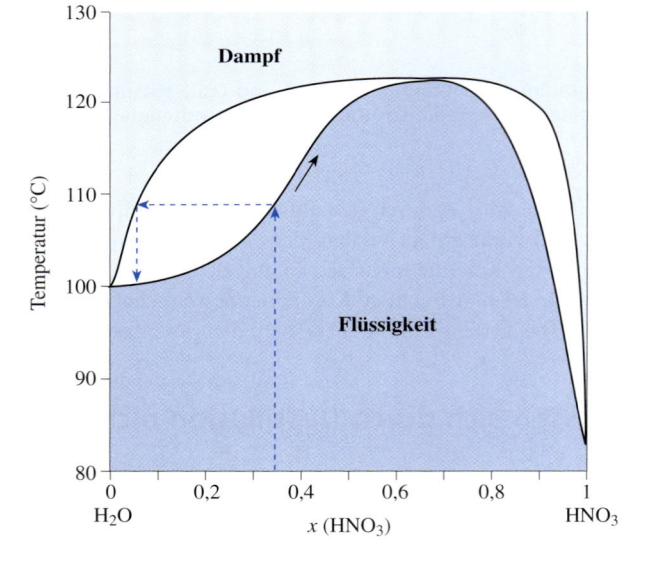

Die handelsübliche *konzentrierte* Salpetersäure ($w(HNO_3) = 65\,\%$) entspricht etwa dem im System H_2O/HNO_3 gebildeten Azeotrop.

8.24 Siedediagramm eines Hochsiedegemischs. Beim Hochsiedegemisch reichert sich das Azeotrop im Kolonnensumpf an.

Destillation

EXKURS

Eine der im Labor am häufigsten durchgeführte Operationen ist die Destillation. Sie dient der Reinigung von (flüssigen) Stoffen bzw. der Auftrennung von Stoffgemischen. Eine typische Destillationsapparatur ist in Abbildung 8.25 schematisch dargestellt. Der Stoff wird bis zu seiner Siedetemperatur erhitzt, der entstehende Dampf wird in einem **Kühler** kondensiert, das **Destillat** wird in der **Vorlage** gesammelt. Enthält die destillierte Flüssigkeit leichter und/oder schwerer flüchtige Verunreinigungen, werden die Teile des Destillates, die zu Beginn (**Vorlauf**) bzw. gegen Ende (**Nachlauf**) destillieren, verworfen. In jedem Fall wird die Siedetemperatur während der gesamten Destillation sorgfältig verfolgt, denn sie gibt Aufschluss über die Zusammensetzung des Stoffgemischs.

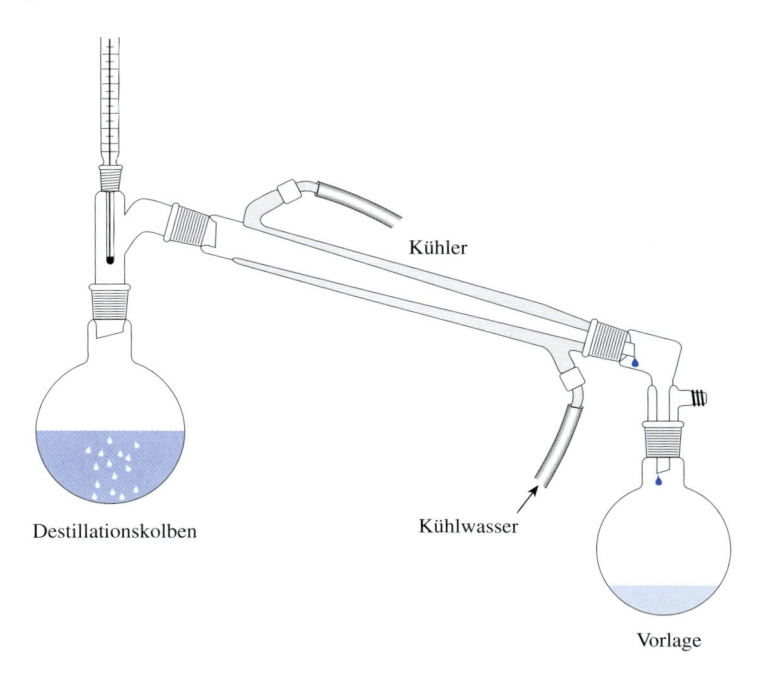

8.25 Destillationsapparatur. Stoffe können durch Destillation gereinigt werden.

Die Siedetemperatur bei Normaldruck ist für die meisten Stoffe gut bekannt und tabelliert. Häufig wird jedoch eine Destillation unter vermindertem Druck durchgeführt, um die Siedetemperatur herabzusetzen und so die Zersetzung thermisch empfindlicher Stoffe zu unterbinden. In diesen Fällen ist eine Umrechnung der Siedetemperaturen vom Normaldruck auf den Druck bei der Destillation notwendig. Da häufig nur die Siedetemperatur, jedoch keine mathematische Funktion, welche die gesamte Dampfdruckkurve wiedergibt, bekannt ist, verwendet man Näherungsgleichungen. Hier hilft die Troutonsche Regel (Abschnitt 8.3). Setzt man in die Clausius-Clapeyron-Gleichung den Wert von 87 J·mol^{-1}·K^{-1} für die Verdampfungsentropie ein, erhält man nach Umformen eine einfache Gleichung, mit der die Siedetemperatur T für einen beliebigen Druck p bzw. der Dampfdruck für eine beliebige Temperatur näherungsweise berechnet werden können. Der Zahlenwert des Drucks bezieht sich dabei jeweils auf die Druckeinheit Bar. Benötigt wird lediglich die Siedetemperatur bei Normaldruck, T_b:

$$T = \frac{T_b}{1 - 0{,}22 \cdot \lg p}$$

$$\lg p = \frac{T - T_b}{0{,}22 \cdot T}$$

8.10 Schmelzdiagramme und Kristallisation

Ebenso wie die Siedetemperatur einer Flüssigkeit durch eine Beimischung verändert wird, ändert sich auch die Erstarrungs- bzw. Schmelztemperatur. Beide Phänomene sind eine Folge der Dampfdruckerniedrigung. Bei der Diskussion der Dampfdruckerniedrigung haben wir bereits gesehen, dass beim Erstarren einer Lösung aus zwei im festen Zustand unmischbaren Stoffen eine Schmelztemperaturerniedrigung eintritt, die umso größer ist, je höher der Stoffmengenanteil des gelösten Stoffs ist. Dies gilt bei einer aus zwei Stoffen A und B bestehenden Lösung sowohl für die Lösung von A in B wie auch von B in A. Die Schmelztemperatur von A wird mit zunehmendem Anteil von B immer geringer. Entsprechendes gilt für die Schmelztemperatur von B, auch sie sinkt mit steigendem Gehalt von A immer weiter ab.

In Abbildung 8.26 ist dies für das System Natriumchlorid/Blei(II)-chlorid (NaCl/$PbCl_2$) graphisch dargestellt.

Die beiden Kurven geben wieder, wie die Schmelztemperatur von der Zusammensetzung abhängt. Diese sogenannten **Liquiduskurven** treffen sich in einem Punkt, der die niedrigste Schmelztemperatur in diesem System und die zugehörige Zusammensetzung angibt. Man bezeichnet ihn als den **eutektischen Punkt** und spricht auch von der *eutektischen Temperatur* und der *eutektischen Zusammensetzung*.

Im Bereich oberhalb der Liquiduskurven liegt eine homogene Schmelze vor, denn flüssiges Natriumchlorid und flüssiges Blei(II)-chlorid sind in beliebigen Verhältnissen miteinander mischbar. In dem Diagramm stecken jedoch noch weitere Informationen: Kühlt man beispielsweise eine Schmelze ab, deren Stoffmengenanteil an NaCl 0,2 beträgt, beginnt die Erstarrung beim Erreichen der Liquiduskurve bei etwa 450 °C, es entsteht reines, festes $PbCl_2$. Die Zusammensetzung des kristallisierenden Feststoffs wird also in diesem Bereich durch die linke Ordinatenachse wiedergegeben. Allgemein bezeichnet man Kurven in Schmelzdiagrammen, welche die Zusammensetzung fester Stoffe darstellen, als **Soliduskurven**. In diesem Fall ist also eine der Soliduskurven identisch mit der linken Ordinatenachse.

Durch das Auskristallisieren von $PbCl_2$ verändert sich die Zusammensetzung der Schmelze, der NaCl-Anteil nimmt zu und dementsprechend sinkt die Schmelztempera-

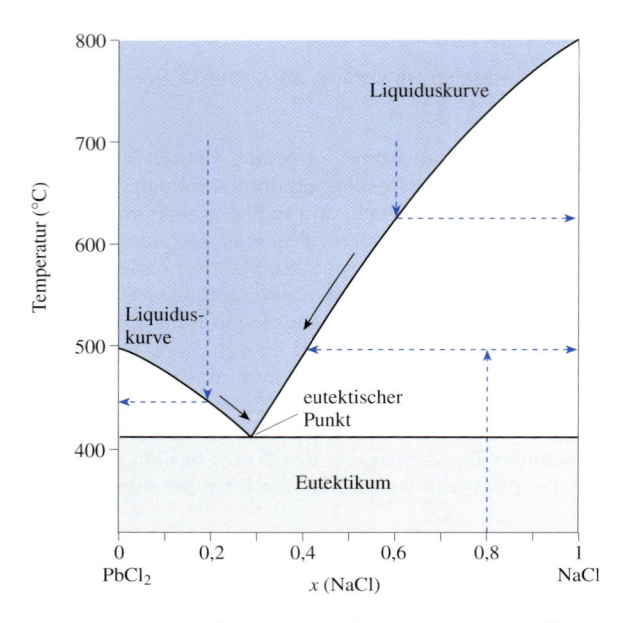

8.26 Schmelzdiagramm zweier im festen Zustand unmischbarer, im flüssigen Zustand vollständig mischbarer Stoffe.

tur. Die Schmelztemperatur sinkt mit fortschreitender Kristallisation weiter – dem Pfeil folgend – bis zum eutektischen Punkt. Eine ganz analoge Situation finden wir vor, wenn wir eine Schmelze des Zusammensetzung x(NaCl) = 0,6 abkühlen. Hier entsteht beim Erreichen der Liquiduskurve bei etwa 630 °C reines NaCl. Eine zweite Soliduskurve ist also identisch mit der rechten Ordinatenachse. Auch hier bewegen wir uns mit fortschreitender Kristallisation auf den eutektischen Punkt zu. Was geschieht nun, wenn die Schmelze die eutektische Zusammensetzung erreicht? An diesem Punkt erstarrt die gesamte Schmelze zum *Eutektikum*, in dem Kristalle von reinem NaCl und reinem $PbCl_2$ nebeneinander vorliegen. Unterhalb der eutektischen Temperatur sind alle beteiligten Stoffe fest.

Die Bedeutung der weißen Gebiete lässt sich durch ein Gedankenexperiment klären: Man erhitzt, dem Pfeil folgend, ein Gemenge von festem NaCl und festem $PbCl_2$ mit einem Stoffmengenanteil an NaCl von 0,8 auf eine Temperatur von 500 °C. Ein Teil des Gemenges schmilzt, die Flüssigkeit hat einen Stoffmengenanteil an NaCl von etwa 0,4; es bleibt festes, reines NaCl zurück. Es liegen also nebeneinander festes NaCl und eine Flüssigkeit vor, wir befinden uns in einem **Zweiphasengebiet**.

Leider verhält sich ein Zweistoffsystem nicht immer so einfach wie das System NaCl/$PbCl_2$. Alle denkbaren Fälle zu behandeln, ist im Rahmen dieses Kapitels jedoch nicht möglich. Eine wichtige, häufig auftretende Erscheinung soll aber mit dem Phasendiagramm des Systems Kaliumchlorid/Chrom(III)-chlorid (KCl/$CrCl_3$) (Abbildung 8.27) angesprochen werden.

Hier durchläuft die Liquiduskurve zwei Minima, es treten zwei eutektische Punkte auf. Zwischen ihnen liegt ein Maximum der Schmelztemperatur bei einem Stoffmengenanteil für $CrCl_3$ von genau 0,25. Ein solches Maximum der Schmelztemperatur zeigt die Bildung einer chemischen Verbindung an, in der die beiden Komponenten die Stoffmengenanteile 0,25 ($CrCl_3$) bzw. 0,75 (KCl) aufweisen. Es existiert also in diesem System neben festem Kaliumchlorid und festem Chrom(III)-chlorid eine weitere feste Phase: K_3CrCl_6. Das Phasendiagramm weist daher eine weitere Soliduskurve auf, nämlich die senkrechte Linie, die am Schmelztemperaturmaximum endet. Das Diagramm lässt sich als Kombination zweier eutektischer Systeme KCl/K_3CrCl_6 und K_3CrCl_6/$CrCl_3$ verstehen. Kaliumchlorid und Chrom(III)-chlorid können nicht nebeneinander auftreten. Will man die Verbindung K_3CrCl_6 durch Kristallisation aus der Schmelze erhalten, kann dies nur

> **Reinigung von Stoffen durch Kristallisation** In vielen Fällen eignet sich die Kristallisation eines Stoffes aus einer Lösung bzw. einer Schmelze als Verfahren zur Reinigung. Im Regelfall ist die Löslichkeit eines Stoffes in einem Lösemittel temperaturabhängig, in der Mehrzahl der Fälle steigt sie mit der Temperatur. Stellt man eine bei höherer Temperatur gesättigte Lösung des festen Stoffes in einer Flüssigkeit her und lässt diese abkühlen, so kristallisiert ein großer Teil des gelösten Stoffes wieder aus und kann abfiltriert werden. Sind Lösemittel und gelöster Stoff im festen Zustand völlig unmischbar, weisen sie also ein Schmelzdiagramm wie in Abbildung 8.26 dargestellt auf, kristallisiert der reine gelöste Stoff. Befinden sich mehrere Stoffe in der Lösung, so sind im Allgemeinen die Absolutwerte ihrer Löslichkeiten und deren Temperaturabhängigkeiten unterschiedlich. Hier kann häufig durch behutsames Abkühlen erreicht werden, dass die gelösten Stoffe zeitlich nacheinander auskristallisieren und auf diese Weise getrennt werden können. Man nennt dies *fraktionierte Kristallisation*.

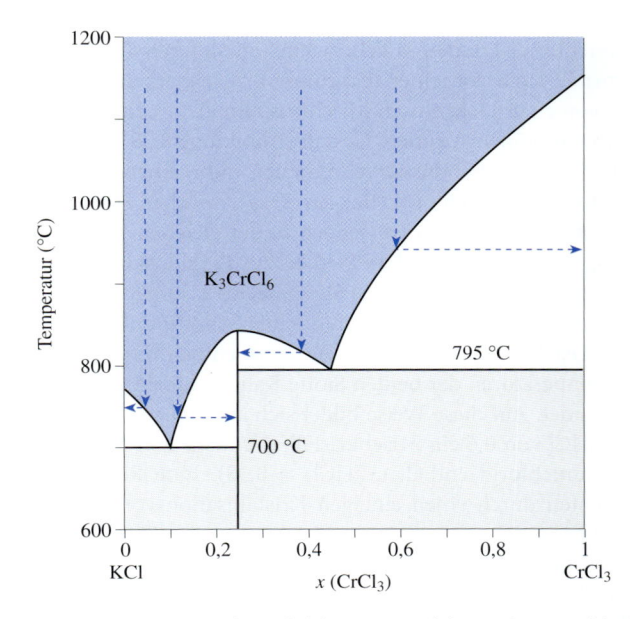

8.27 Schmelzdiagramm mit Verbindungsbildung. Die Bildung einer Verbindung kann sich in einem Schmelzdiagramm als Schmelztemperaturmaximum zeigen.

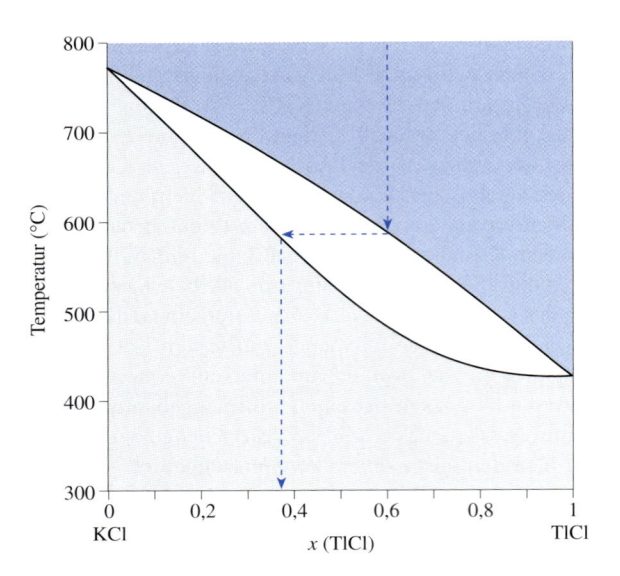

8.28 Schmelzdiagramm zweier im festen wie im flüssigen Zustand vollständig mischbarer Stoffe. Sind zwei Stoffe isotyp, chemisch ähnlich und haben fast gleich große Gitterbausteine, können sie auch im festen Zustand eine Lösung bilden.

gelingen, wenn die Schmelze eine Zusammensetzung hat, die zwischen den beiden eutektischen Zusammensetzungen liegt, anderenfalls entsteht entweder reines Kaliumchlorid oder reines Chrom(III)-chlorid. Welche Stoffe beim Abkühlen von Schmelzen verschiedener Zusammensetzungen entstehen, ist dem Verlauf der Pfeile zu entnehmen.

Betrachten wir als letzes Beispiel das Phasendiagramm der in mancher Hinsicht ähnlichen Stoffe Kaliumchlorid und Thallium(I)-chlorid. Beides sind AB-Verbindungen. Sie sind isotyp und kristallisieren im gleichen Gittertyp (NaCl-Struktur). Kalium-Ionen und Thallium(I)-Ionen haben nahezu den gleichen Durchmesser, beide Verbindungen weisen auch chemische Ähnlichkeiten auf, beide sind Salze. In einem solchen Fall kann man erwarten, dass sich auch im festen Zustand eine Lösung ausbildet: Die Kalium-Ionen im Gitter des Kaliumchlorids können in beliebigem Anteil durch Thallium(I)-Ionen ersetzt werden. Man spricht auch von einer lückenlosen Mischbarkeit der beiden festen Verbindungen oder von einer lückenlosen Mischkristallreihe. In einem solchen Fall hat das Phasendiagramm eine gänzlich andere Gestalt (Abbildung 8.28).

Die Liquidus- und die Soliduskurve verlaufen ohne einen Knickpunkt vom Kaliumchlorid bis zum Thalliumchlorid. Bei der Frage, welcher Feststoff beim Abkühlen einer Schmelze entsteht, verfahren wir jedoch in der gleichen Weise wie bei den zuvor behandelten Beispielen. Wir folgen dem Pfeil bis zur Liquiduskurve und zeichnen durch diesen Punkt auf der Liquiduskurve eine Waagerechte (Isotherme). Die Zusammensetzung des kristallisierenden Feststoffes ist durch den Schnittpunkt dieser Isothermen mit der Soliduskurve gegeben. Dieses Phasendiagramm enthält nur eine Soliduskurve, welche die Schmelztemperaturen der beiden Stoffe Kaliumchlorid und Thallium(I)-chlorid miteinander verbindet. Auf diese Weise bildet sich aus einer Schmelze mit einem Stoffmengenanteil an TlCl von 0,6 ein Mischkristall, der mehr von der höher schmelzenden Komponente Kaliumchlorid enthält (x(TlCl) = 0,38). Eine Reindarstellung einer der beiden Komponenten durch einen einzigen Kristallisationsvorgang ist hier prinzipiell unmöglich. Das Phasendiagramm zeigt weiterhin, dass die Schmelztemperatur von Kaliumchlorid durch Beimischung von Thallium(I)-chlorid erniedrigt wird, die Schmelztemperatur von Thallium(I)-chlorid hingegen erhöht sich durch die Anwesenheit von Kaliumchlorid. Eine Verunreinigung kann also prinzipiell – wenngleich recht selten – auch zu einer Erhöhung der Schmelztemperatur führen.

Thermische Analyse und Differenzthermoanalyse (DTA) — EXKURS

Um ein Schmelzdiagramm zu bestimmen, werden in der Regel zwei unterschiedliche Methoden angewendet: Röntgenstrukturuntersuchungen geben Auskunft über Zusammensetzung und Aufbau der festen Phasen, thermische Methoden erlauben die Messung von Schmelz- und Erstarrungstemperaturen. Auch Umwandlungen von Feststoffen von einer Modifikation in eine andere sind mit thermische Methoden aufzuspüren. Wir wollen uns an dieser Stelle mit den Grundlagen der *thermischen Analyse* (TA) und der *Differenzthermoanalyse* (DTA) beschäftigen. Am einfachsten lässt sich die thermische Analyse durchführen: Die zu untersuchende Probe wird in einem Tiegel kontinuierlich aufgeheizt und die Temperatur als Funktion der Zeit registriert. Untersucht man so beispielsweise das Verhalten von Schwefel, findet man zunächst einen kontinuierlichen Anstieg der Temperatur, bei 95 °C steigt die Temperatur für eine gewisse Zeit nicht weiter an, obwohl der Tiegel weiter beheizt wird (Abbildung 8.29 a). Einen zweiten **Haltepunkt** in der Temperatur/Zeit-Kurve beobachtet man bei 115 °C. Bei 95 °C wandelt sich der bei Raumtemperatur stabile rhombische α-Schwefel in den monoklinen β-Schwefel um. Diese Phasenumwandlung ist ein endothermer Vorgang. Die von außen zugeführte Wärmeenergie wird zunächst für diese Umwandlung verbraucht, bevor der Schwefel sich weiter erwärmen kann. Der endotherme Vorgang bei 115 °C ist das Schmelzen des Schwefels. Auch hier bleibt die Temperatur der Probe so lange konstant bis sie komplett geschmolzen ist, erst danach steigt die Temperatur wieder an. Einen weiteren Haltepunkt würde man bei der Siedetemperatur des Schwefels erwarten.

Bei der **Differenzthermoanalyse** bringt man zwei Tiegel in die Heizzone der DTA-Apparatur (Abbildung 8.30). Ein Tiegel enthält einen Stoff, dessen thermisches Verhalten genau bekannt ist, zum Beispiel Aluminiumoxid, der andere die zu untersuchende

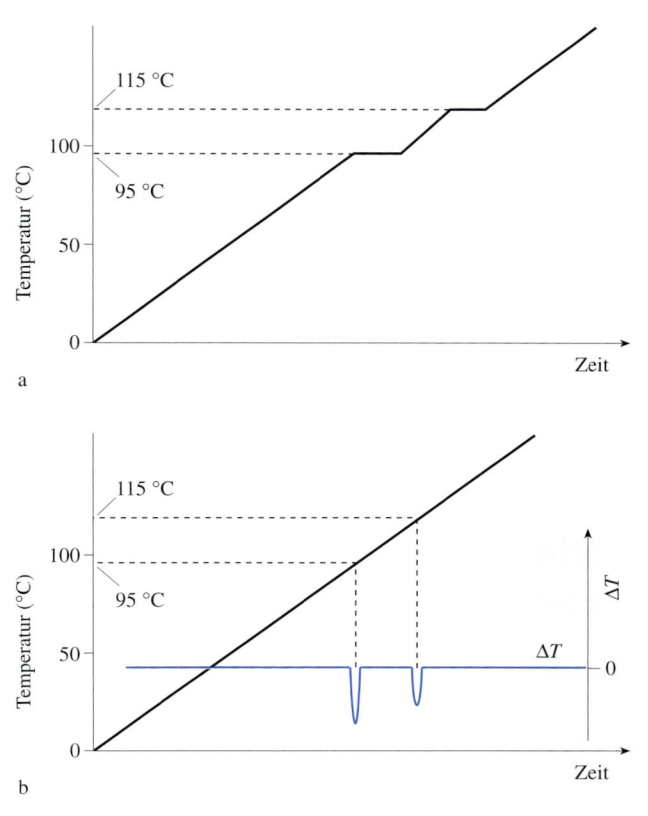

8.29 Thermische Analyse (a) und Differenzthermoanalyse (b). Phasenumwandlungen machen sich als Haltepunkte (a) oder ΔT-Signal (b) bemerkbar. DTA-Untersuchungen ermöglichen die Bestimmung von Phasendiagrammen.

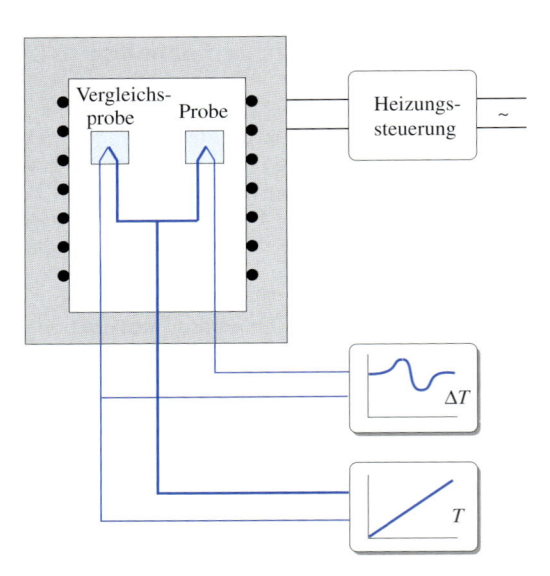

8.30 Differenzthermoanalyse-Apparatur. Eine Probe und eine Vergleichsprobe werden gleichmäßig aufgeheizt und die Temperatur und die Temperaturdifferenz bestimmt.

Probe, in unserem Beispiel wiederum Schwefel. Während des Aufheizvorgangs werden sowohl die Temperatur T als auch die Temperaturdifferenz ΔT zwischen den beiden Tiegeln gemessen und aufgezeichnet (Abbildung 8.29b). Tritt bei keiner der beiden Proben eine Veränderung ein, zeigt die ΔT-Kurve keinen Ausschlag. Schmilzt aber die zu untersuchende Probe, während die Referenzprobe unverändert bleibt, ist für die Dauer des Schmelzvorgangs die Temperatur an der Probe konstant, während die der Referenzprobe weiter ansteigt, es kommt zu einer messbaren Temperaturdifferenz, die sich in der ΔT-Kurve als **Peak** bemerkbar macht.

Die Richtung des Ausschlags gibt unmittelbar Auskunft über das Vorzeichen der Enthalpie für den jeweils ablaufenden Vorgang. So findet man beim Abkühlen bei den gleichen Temperaturen ΔT-Signale in der umgekehrten (exothermen) Richtung. Bei der Erstarrung von flüssigem Schwefel wird die beim Schmelzen aufgenommene Energie wieder frei, ebenso bei der Umwandlung von β- in α-Schwefel. Aus der Fläche eines DTA-Peaks kann nach Kalibrierung der Messanordnung auch der Zahlenwert der Enthalpie für den jeweiligen Vorgang bestimmt werden. Um das Phasendiagramm eines Zweistoffsystems zu bestimmen, sind eine Reihe von DTA-Untersuchungen bei verschiedenen Zusammensetzungen notwendig sowie eine röntgenographische Charakterisierung der auskristallisierenden Feststoffe.

8.11 Moderne Trennverfahren, Chromatographie

Der Name *Chromatographie* ist historisch bedingt (griech. *chroma*: Farbe; *graphein*: schreiben), da zunächst nur farbige Substanzen getrennt wurden.

Bei der Gewinnung reiner Stoffe in Labor und Technik spielen zweifellos Destillation und Kristallisation die wichtigste Rolle. Zu diesen klassischen Trennverfahren kommen heute eine ganze Reihe weiterer Verfahren, die überwiegend in der analytischen Chemie (also mit geringen Stoffmengen) eingesetzt werden. Von besonderer Bedeutung ist dabei die *Chromatographie*. Physikalisch-chemische Grundlage einer chromatographischen Trennung ist meist die *Verteilung* eines Stoffes zwischen zwei Phasen (Nernst-Verteilung). Auch die *Adsorption* an der Oberfläche von Feststoffen kann zur Trennung von Stoffgemischen genutzt werden.

Die Nernst-Verteilung

Füllt man zwei nicht oder nur begrenzt miteinander mischbare Flüssigkeiten gemeinsam in ein Gefäß, so bilden sich – ihrer Dichte entsprechend – zwei Schichten. Im einfachsten Fall arbeitet man im Labor mit einem Scheidetrichter, der problemlos die Trennung der beiden flüssigen Phasen gestattet (Abbildung 8.31).

Gibt man nun einen Stoff, der sich in beiden Flüssigkeiten lösen kann, hinzu und schüttelt gut durch, so stellt sich nach einiger Zeit ein Gleichgewicht ein: Das Verhältnis der Konzentrationen des gelösten Stoffes in den beiden Flüssigkeiten ist konstant. Dies wird durch das **Nernstsche Verteilungsgesetz** ausgedrückt:

$$K = c_1/c_2$$

Die Konstante K wird **Verteilungskoeffizient** genannt; c_1 und c_2 sind die Konzentrationen des gelösten Stoffes in den beiden Flüssigkeiten. Für das gegebene System ist K nur von der Temperatur abhängig, nicht aber von den Konzentrationen. Ist K von 1 sehr verschieden (z. B. 0,01 oder 500) kommt es zu einer starken Anreicherung des gelösten Stoffes in einer der beiden flüssigen Phasen. Löst man nun zwei verschiedene Stoffe in den Flüssigkeiten, stellen sich für beide Stoffe die Verteilungsgewichte unabhängig voneinander ein.

Verteilungsgleichgewichte spielen bei der Abtrennung einzelner Stoffe aus Stoffgemischen eine wichtige Rolle. Stets macht man sich die unterschiedlichen Verteilungskoeffizienten zweier oder mehrerer Stoffe zu Nutze.

Chromatographische Verfahren

Das Verteilungsgleichgewicht eines gelösten Stoffes zwischen zwei miteinander nicht mischbaren Flüssigkeiten ist die Grundlage verschiedener Verfahren der **Verteilungschromatographie**, die wir hier kurz erläutern wollen: Grundsätzlich handelt es sich um Verfahren, bei denen ein Substanzgemisch aufgrund der *Verteilung* zwischen zwei Phasen in seine Komponenten aufgetrennt wird. Das chromatographische Trennsystem besteht aus einer *mobilen Phase*, die das zu trennende Stoffgemisch enthält, und einer *stationären Phase*.

Während des chromatographischen Trennvorgangs strömt die mobile Phase an der stationären Phase vorbei, wobei sich die zu trennenden Substanzen unterschiedlich zwischen den beiden Phasen verteilen (Abbildung 8.32). Eine stationäre Phase besteht aus sehr kleinen, gleich großen und gleichmäßig geformten Teilchen eines *Trägermaterials* wie Kieselgel (SiO_2), Aluminiumoxid oder Cellulose, an deren Oberfläche sich ein fest haftender Film eines meist polaren Lösemittels befindet.

Dünnschichtchromatographie Bei dem im Laboralltag meist kurz als DC bezeichneten Verfahren verwendet man Kunststoff- oder Aluminiumfolien, die einseitig mit einer dünnen Schicht (0,25 mm) des Trägermaterials beschichtet sind.

Für die Untersuchung wird zunächst ein kleiner Anteil der Probe gelöst. Mithilfe einer Glaskapillare bringt man dann etwa 20 µl dieser Lösung 2 cm oberhalb des unteren Randes auf die DC-Schicht. Wenn die Probelösung eingetrocknet ist, stellt man die DC-Platte in eine Trennkammer mit einer 1 cm hohen Schicht eines geeigneten Lösemittels bzw. Lösemittelgemisches. Dieses „Fließmittel" steigt dann aufgrund von Kapillarkräften in der Chromatographieschicht langsam nach oben. Je nach Lage der Verteilungsgleichgewichte werden die Einzelkomponenten in der mobilen Phase unterschiedlich schnell transportiert. Gute Löslichkeit in der mobilen Phase bei gleichzeitig schlechter Löslichkeit in der stationären Phase führt zu relativ großen Wanderungsgeschwindigkeiten.

Charakteristisch für einen Stoff ist das Verhältnis zwischen der von ihm zurückgelegten Strecke und der Laufstrecke des Fließmittels (Abbildung 8.33). Dieser Quotient wird als **Retentionsfaktor** oder kurz als R_f-Wert bezeichnet. Ein Vergleich mit tabellier-

8.31 Scheidetrichter zur Trennung von zwei nicht miteinander mischbaren Flüssigkeiten.

Ist der Verteilungskoeffizient für einen Stoff (A) wesentlich kleiner als 1 (z. B. 0,01) und für den anderen (B) größer als 1 (z. B. 500), so kommt es zu einer weitgehenden Trennung der beiden Stoffe, die durch das Nernstsche Verteilungsgesetz auch quantitativ beschrieben wird:

$0,01 = c_1(A)/c_2(A)$
$500 = c_1(B)/c_2(B)$

Zur mathematischen Lösung des Problems sind weitere Angaben notwendig, wie beispielsweise die Angabe der Gesamtstoffmengen ($n_{ges}(A)$, $n_{ges}(B)$) und der Volumina der einzelnen Phasen (V_1, V_2). Es gilt dann:

$n_{ges}(A) = V_1 \cdot c_1(A) + V_2 \cdot c_2(A)$
$n_{ges}(B) = V_1 \cdot c_1(B) + V_2 \cdot c_2(B)$

Das Gleichungssystem aus diesen vier Gleichungen lässt sich leicht lösen und damit auch die Konzentrationen von A und B in den beiden Lösemitteln berechnen.

Bei chemisch ähnlichen Stoffen unterscheiden sich die Verteilungskoeffizienten oft nur geringfügig. Eine Stofftrennung ist dann nur möglich, wenn man den Verteilungsvorgang sehr häufig wiederholt. Für die praktische Anwendung solcher *multiplikativer* Verteilungsverfahren sind spezielle Gerätesysteme entwickelt worden. Sie können weitgehend automatisiert und auch in technischem Maßstab angewendet werden.

Bei der **Papierchromatographie** arbeitet man mit speziellen Chromatographiepapieren. Stationäre Phase ist dabei in der Regel ein dünner Wasserfilm auf den Cellulosefasern.

188 8. Reine Stoffe und Zweistoffsysteme

Nicht nur die Nernst-Verteilung kann als Grundlage chromatographischer Verfahren dienen, sondern auch das Phänomen der **Adsorption**. Hier macht man sich zu Nutze, dass verschiedene gelöste Stoffe von der (möglichst großen) Oberfläche eines Feststoffes unterschiedlich stark festgehalten (adsorbiert) werden. Als stationäre Phase einer Adsorptionschromatographie dient meist feinteiliges Aluminiumoxid. In der Praxis spielen häufig Verteilung und Adsorption gleichzeitig eine Rolle.

Um farblose Stoffe auf einem Chromatogramm zu erkennen, sprüht man Reagenzien auf, die mit den einzelnen Verbindungen einer Stoffklasse farbige Reaktionsprodukte bilden. Manche Stoffe lassen sich auch aufgrund ihrer Fluoreszenz bei UV-Bestrahlung erkennen. Nicht fluoreszierende, farblose Stoffe werden erkennbar, wenn man DC-Platten verwendet, deren Trennschicht einen fluoreszierenden Zusatzstoff enthält: Bei UV-Bestrahlung zeigen sich die getrennten Stoffe als dunkle Flecke auf der grünlich fluoreszierenden Schicht.

Die erste chromatographische Trennung wurde bereits 1903 von dem russischen Botaniker Michael Tswett durchgeführt. Ihm gelang die Trennung von Blattfarbstoffen mithilfe eines mit feinteiligem Calciumcarbonat gefüllten Glasrohres unter Verwendung von Petroleumbenzin als Fließmittel.

Michael **Tswett**, russischer Botaniker und Chemiker, 1872–1919; Professor in St. Petersburg und Warschau.

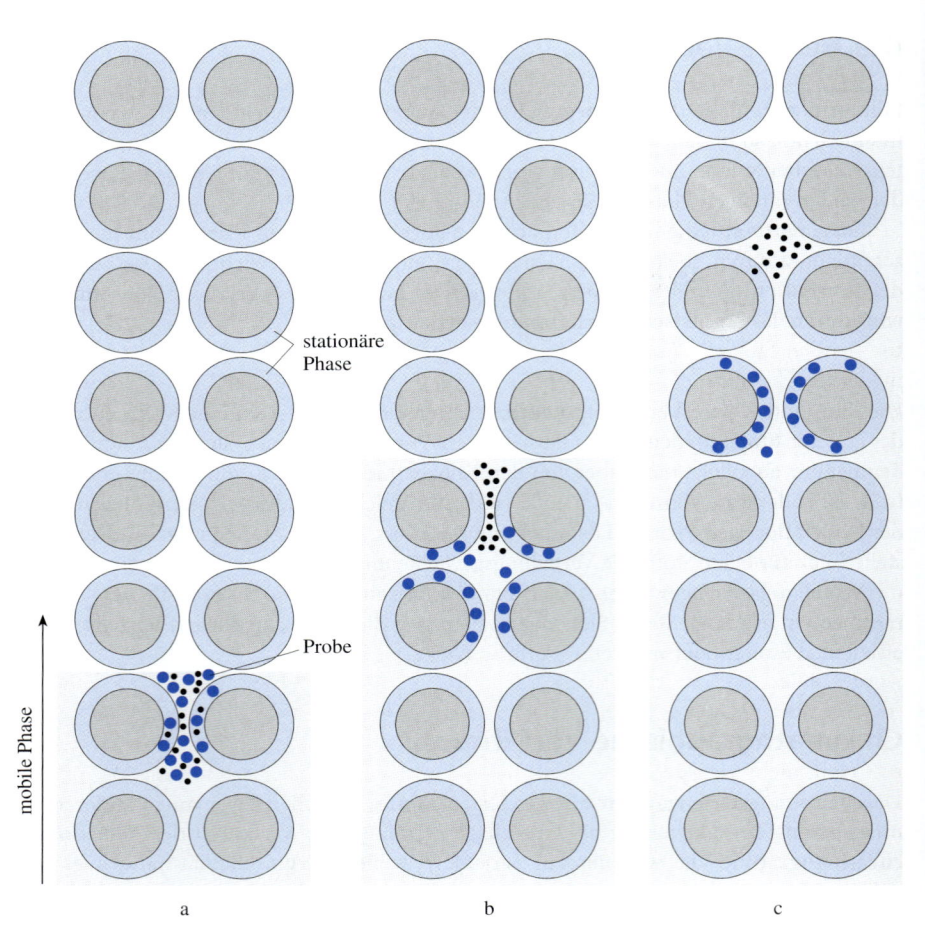

8.32 Trennprinzip der Verteilungschromatographie. Die mobile Phase wird auf einer Seite der stationären Phase aufgebracht (a) und strömt an dieser vorbei (b, c). Die zu trennenden Substanzen verteilen sich aufgrund ihrer unterschiedlichen Wechselwirkungen mit den beiden Phasen.

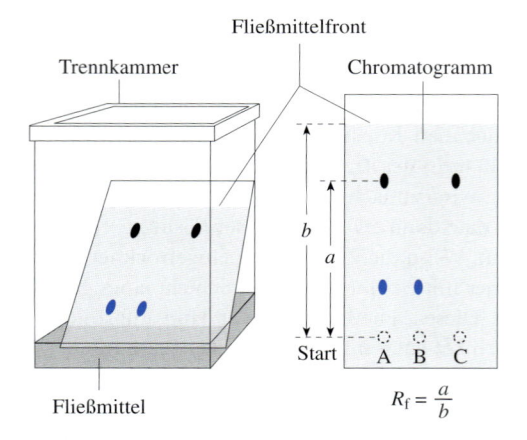

$$R_f = \frac{a}{b}$$

A: Probe
B, C: Vergleichssubstanzen

8.33 Dünnschichtchromatographie.

ten R_f-Werten ermöglicht die Identifizierung der einzelnen Komponenten. Voraussetzung ist allerdings, dass die Trennungen unter genau übereinstimmenden Bedingungen (Trägermaterial, stationäre Phase, mobile Phase, Temperatur) durchgeführt werden. Hilfreich in der Praxis sind oft Vergleichssubstanzen, die man auf der gleichen DC-Platte „mitlaufen" lässt.

Säulenchromatographie Das älteste chromatographische Trennverfahren ist die Säulenchromatographie: Als *Trennsäule* dient ein Glasrohr, das mit der vom Fließmittel durchtränkten stationären Phase gefüllt ist (Abbildung 8.34). Man gibt die Probelösung auf die Säulenfüllung und öffnet den Hahn, sodass das Fließmittel abtropft und die zu trennenden Stoffe mit der stationären Phase in Kontakt kommen. Anschließend füllt man reines Fließmittel nach, sodass die gelösten Stoffe langsam in der Säule nach unten wandern und schließlich getrennt nacheinander aufgefangen werden können.

Die Trennwirkung einer Chromatographiesäule wird maßgeblich durch den Durchmesser der Partikel in der stationären Phase bestimmt: Je kleiner die Teilchen, umso häufiger stellt sich das Verteilungsgleichgewicht ein, umso besser ist die Trennwirkung. Andererseits werden bei immer geringer werdendem Partikeldurchmesser auch die Zwischenräume zwischen den Teilchen der stationären Phase immer geringer, sodass die mobile Phase immer langsamer durch die Säule läuft. Hier hilft die Anwendung eines äußeren Drucks, den man in der Praxis durch eine mechanische Pumpe erzeugt. So kann die mobile Phase in wenigen Minuten an der stationären Phase vorbeigeführt werden. Diese Variante der Flüssig/Flüssig-Chromatographie bezeichnet man als **HPLC** (**h**igh **p**ressure **l**iquid **c**hromatography) .

Moderne HPLC-Methoden im Mikromaßstab sind heute aus der analytischen Chemie nicht mehr wegzudenken.

Für die praktische Nutzung des Verfahrens spielt die Erkennung der mit dem Eluat austretenden einzelnen Stoffe eine entscheidende Rolle. Der erste Schritt ist immer die Aufnahme eines Chromatogramms, in dem das Signal eines Detektors gegen die Zeit aufgezeichnet wird (Abbildung 8.35). Physikalische Grundlage ist vielfach die Messung der UV-Absorption. Weitere Messungen schließen sich an, um die einzelnen Stoffe zu identifizieren und/oder ihre Menge zu bestimmen.

Gaschromatographie Gemische flüchtiger Stoffe lassen sich durch das Verfahren der Gaschromatographie trennen. Als stationäre Phase dient eine hochsiedende Flüssigkeit. Wie bei der Flüssigkeitschromatographie kann sie als dünner Film auf feste, kleine Partikel aus Kieselgel (SiO_2) oder Aluminiumoxid (bei gepackten Säulen) aufgebracht sein oder aber auf die Innenseite einer Glaskapillare (Kapillarsäulen). Die bis zu 20 m lange *Trennsäule* ist zu einer Spirale gewickelt und kann bis auf 300 °C beheizt werden. Am Eingang der Säule befindet sich der sogenannte *Injektor*, in den das zu trennende Substanzgemisch als Lösung mithilfe einer kleinen Spritze in den Gaschromatographen eingebracht wird, am Ausgang ein geeigneter *Detektor*. Injektor, Säule und Detektor werden kontinuierlich von einem Inertgas (meist Helium) durchströmt. Der Injektor wird so vorgeheizt, dass die eingebrachte Lösung spontan verdampft und der Dampf mit dem Inertgasstrom durch die Trennsäule strömt. Das Trennprinzip besteht sowohl in der unterschiedlichen Löslichkeit der zu trennenden Stoffe in der stationären Phase als auch in der unterschiedlichen Temperaturabhängigkeit der Löslichkeit. Diese Temperaturabhängigkeit wird genutzt, indem man die Temperatur der Trennsäule während des Durchströmens des verdampften Stoffgemisches programmgesteuert erhöht. So passieren zunächst die leicht flüchtigen oder in der stationären Phase schwer löslichen Stoffe die Säule, die schwerer flüchtigen oder gut löslichen folgen später. Zur Detektion der verschiedenen Komponenten kann man beispielsweise die Wärmeleitfähigkeit des Gasstroms messen. Durchströmt nur das Trägergas den Detektor, wird ein bestimmter, konstanter Wert für dessen Wärmeleitfähigkeit gemessen. Ist dem Trägergas eine andere Substanz beigemischt, verändert sich die Wärmeleitfähigkeit, wobei das Ausmaß der

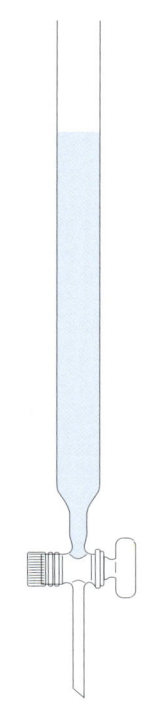

8.34 Chromatographiesäule.

Präparative Flüssigkeitschromatographie Mithilfe der Säulenchromatographie lassen sich auch Stoffgemische im Gramm-Maßstab in die verschiedenen Komponenten zerlegen. Vielfach geht es vor allem darum, Nebenprodukte einer Synthese von dem gewünschten Hauptprodukt abzutrennen.

Der Buchstabe P in dem Kürzel HPLC wird oft auch als *performance* interpretiert, sodass man von einer Hochleistungs-Flüssig-Chromatographie spricht.

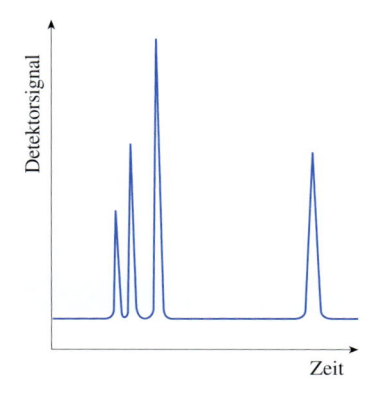

8.35 Chromatogramm einer Lösung mit vier Inhaltsstoffen.

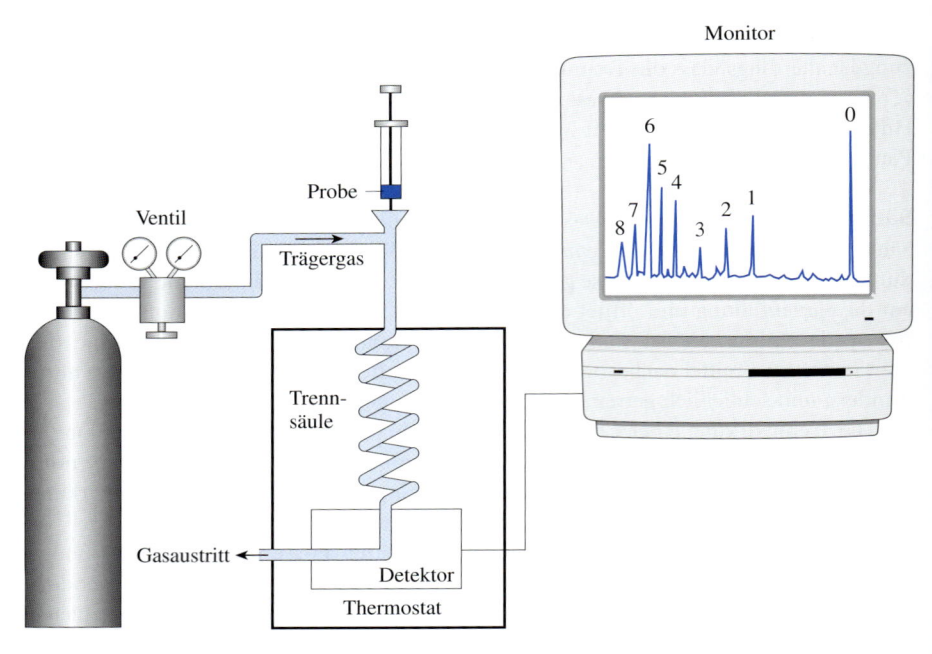

8.36 Aufbau eines Gaschromatographen. Gaschromatographisch lassen sich auch kleinste Mengen von Stoffen aufspüren und nachweisen.

Die Wärmeleitfähigkeit von Gasen hängt wesentlich von der Masse der Teilchen ab: Je geringer die molare Masse eines Gases ist, umso größer ist seine Wärmeleitfähigkeit. Helium als Trägergas mit einer geringen Atommasse hat eine besonders hohe Wärmeleitfähigkeit. Sie wird durch die mitgeführten Stoffe (aufgrund ihrer höheren molaren Masse) deutlich herabgesetzt.

Veränderung ein Maß für die Menge des Stoffes ist. Schematisch ist ein Gaschromatograph in Abbildung 8.36 dargestellt.

Besonders leistungsfähig wird diese Methode, wenn man einen Detektor verwendet, der einen Stoff nicht nur nachweisen und quantitativ bestimmen kann, sondern auch noch dessen chemische Zusammensetzung feststellt. Dies gelingt sehr wirkungsvoll durch Kombination der Gaschromatographie mit einem spektroskopischen Verfahren, üblicherweise der *Massenspektrometrie* (siehe Exkurs, Seite 16). Man spricht dann von einer GC/MS-Kopplung. Von jeder Substanz, welche die Trennsäule verlässt, wird ein Massenspektrum aufgenommen. Dieses Spektrum ist so charakteristisch, dass jede Verbindung (beinahe) eindeutig identifiziert werden kann. Dazu wird mithilfe eines Computers das gemessene Spektrum in Sekundenbruchteilen mit den Massenspektren vieler tausend Verbindungen verglichen und die Verbindung als die wahrscheinlichste ausgewählt, bei der die Übereinstimmung zwischen dem gemessenen und dem Literaturspektrum am größten ist. Auf diese Weise erhält man bei einem Gemisch unbekannter Verbindungen in weniger als einer halben Stunde eine sichere Information über die Identität der Stoffe und ihren mengenmäßigen Anteil. GC/MS-Untersuchungen sind sehr zuverlässig und besitzen gleichzeitig eine hohe Nachweisempfindlichkeit. Ein bekanntes Anwendungsbeispiel ist die Doping-Kontrolle bei Sportlern. Selbst kleinste Mengen unerlaubt eingenommener Stoffe können noch längere Zeit nach der Einnahme zweifelsfrei in Urin-Proben nachgewiesen werden. Auch im Bereich der Umwelt- und Schadstoffanalytik spielen GC/MS-Untersuchungen eine entscheidende Rolle.

ÜBUNGEN

8.1 Ein ideales Gas befindet sich in einem abgeschlossenen Gefäß. Der Druck beträgt 600 hPa bei 25 °C. Wie groß ist der Druck bei 500 °C?

8.2 Eine Stahlflasche mit einem Volumen von 10 Litern enthält komprimierten Sauerstoff. Der Druck beträgt 20 MPa bei 20 °C. Berechnen Sie die Masse der Gasfüllung.

8.3 Die molare Masse eines Stoffes soll bestimmt werden. Hierzu werden 33,5 mg der Flüssigkeit in die evakuierte Apparatur mit einem Volumen von 0,1 l eingebracht und auf

125 °C erhitzt. Die Substanz verdampft vollständig, der Druck beträgt 620 hPa. Berechnen Sie die molare Masse des Stoffes.

8.4 Welche Näherungen kennzeichnen den Begriff *ideales* Gas? Welche Gase zeigen besonders große Abweichungen vom idealen Verhalten? Unter welchen Bedingungen muss man mit Abweichungen vom idealen Verhalten rechnen?

8.5 Welche Dichte haben H_2 und SF_6 bei 20 °C und 800 hPa?

8.6 Ein Gas hat eine Dichte von 0,7 g·l^{-1} bei 110 °C und 830 hPa. Wie groß ist die molare Masse?

8.7 Ein Gas effundiert 1,173 mal so schnell durch eine Düse wie Kohlenstoffdioxid. Welche molare Masse hat das Gas?

8.8 Eine Stahlflasche (V = 10 l) ist mit Helium gefüllt. Der Druck in der Flasche beträgt 20 MPa. Wie viele Luftballons mit einem Volumen von je 2,5 l können damit aufgefüllt werden, wenn der Druck in den Ballons 1050 hPa beträgt? Beachten Sie, dass die Flasche nicht vollständig entleert werden kann (Restdruck 1050 hPa).

8.9 Was ist der Joule-Thomson-Effekt? Wozu wird er genutzt?

8.10 Zwei Kolben befinden sich bei einer Temperatur von 100 °C. Ein Kolben enthält nur Wasserdampf, der andere zusätzlich noch eine beträchtliche Menge an flüssigem Wasser. Beide werden nun auf 200 °C erwärmt. In welchem der beiden Gefäße steigt der Druck stärker an?

8.11 Die molare Verdampfungsenthalpie von Wasser beträgt 44 kJ. Berechnen Sie die Siedetemperatur von Wasser bei 150 hPa.

8.12 Wie ändert sich die Viskosität einer Flüssigkeit mit steigender Temperatur?

8.13 Mit welcher Methode kann man einen amorphen oder glasartigen Feststoff von einem kristallinen Feststoff unterscheiden?

8.14 Unter welchen Bedingungen kann ein Stoff sublimiert werden?

8.15 In welchen Fällen ist es sinnvoll, an eine Vorratsflasche eines Laborgases ein Entnahmeventil mit einem Manometer anzuschließen? Nennen Sie Beispiele.

8.16 Als Auftaumittel stehen je ein Kilogramm Natriumchlorid und Kaliumchlorid zur Verfügung. Welcher der beiden Stoffe hätte den größeren Effekt? Begründen Sie Ihre Meinung.

8.17 Meerwasser hat etwa die gleichen physikalischen Eigenschaften wie eine Lösung von 27 g NaCl und 3,8 g $MgCl_2$ in einem Kilogramm Wasser. Welche Gefriertemperatur ist demnach für Meerwasser zu erwarten?

8.18 Was versteht man unter Umkehrosmose? Nennen Sie drei praktische Anwendungen.

8.19 Ein Tiefsiedegemisch wird fraktioniert. Wo sammelt sich am Ende der Destillation das Azeotrop, am Kopf oder im Sumpf der Kolonne?

8.20 In welchen Fällen führt die Verunreinigung eines Stoffes zu einer Schmelztemperaturerniedrigung, in welchen Fällen kann sich die Schmelztemperatur erhöhen?

8.21 2,5 g eines nicht dissoziierenden Stoffs werden in 100 g Wasser gelöst. Die Lösung hat eine Schmelztemperatur von −0,113 °C. Berechnen Sie die molare Masse des gelösten Stoffs.

8.22 Welche Bedingungen müssen erfüllt sein, damit zwei Stoffe in jedem Verhältnis miteinander Mischkristalle bilden können?

8.23 Die Gaschromatographie ist eine Methode, die die Trennung auch chemisch sehr ähnlicher Stoffe voneinander erlaubt. Worauf beruht die Trennwirkung dieses Verfahrens?

8.24 Was besagt das Nernstsche Verteilungsgesetz?

Bei chemischen Reaktionen werden die Reaktionspartner häufig nicht vollständig umgesetzt. Selbst wenn man von einem Mengenverhältnis ausgeht, das genau der Zusammensetzung des erwarteten Produkts entspricht, führt die Reaktion zu einem Gemisch, das noch einen Teil der Ausgangsstoffe enthält. Ein grundlegendes Verständnis solcher Gleichgewichtsreaktionen erfordert die Diskussion thermodynamischer Gesetzmäßigkeiten. In diesem Kapitel sollen die wesentlichen Zusammenhänge aber zunächst qualitativ beschrieben werden; es folgt eine quantitative Beschreibung der wichtigsten Typen von Gleichgewichtsreaktionen mithilfe des Massenwirkungsgesetzes.

Das chemische Gleichgewicht

9

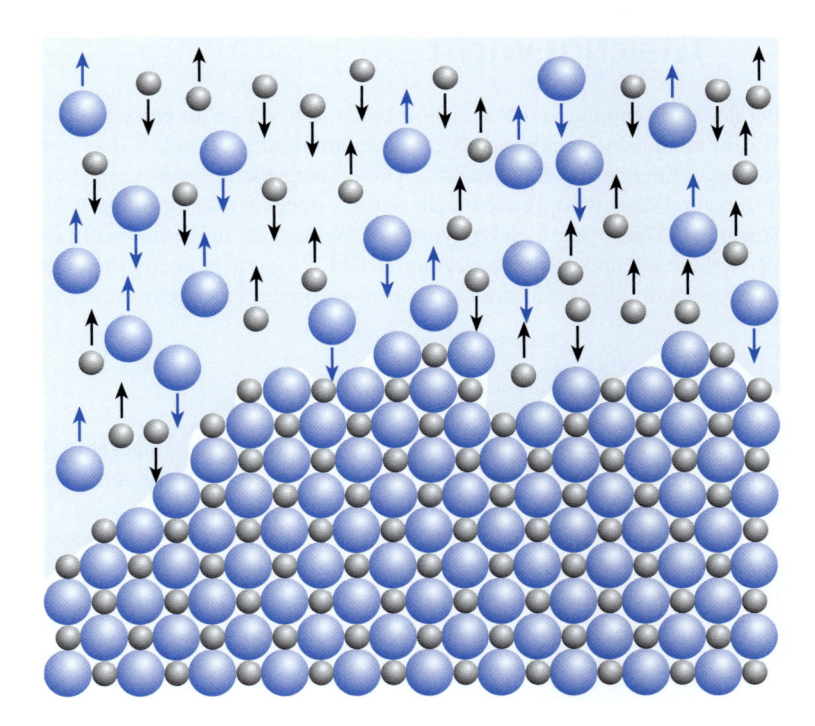

Kapitelübersicht

9.1 Umkehrbare Reaktionen und chemisches Gleichgewicht

9.2 Quantitative Beschreibung des chemischen Gleichgewichts
Exkurs: Ionenstärke und Aktivitätskoeffizient

9.3 Massenwirkungsgesetz und chemische Energetik

Henri Louis **Le Chatelier**, französischer Chemiker, 1850–1936; Professor in Paris.

In der zweiten Hälfte des 19. Jahrhunderts arbeitete Henri Louis Le Chatelier an grundlegenden Untersuchungen zum Ablauf chemischer Reaktionen. Die praktische Bedeutung seiner Arbeiten erläuterte er durch das folgende Beispiel:

„Bekanntlich erfolgt die Reduktion des Eisenoxids durch das Kohlenoxid im Hochofen nach der Gleichung:

$$Fe_2O_3 + 3\ CO = 2\ Fe + 3\ CO_2$$

Das Gas, welches die Esse verlässt, enthält jedoch noch einen beträchtlichen Anteil an Kohlenoxid, wodurch naturgemäß eine beträchtliche Wärmemenge der Ausnützung entzogen wird. Der unvollständige Verlauf wurde auf einen unzulänglichen Kontakt zwischen dem Kohlenoxyd und den Eisenerzen zurückgeführt. Dementsprechend steigerte man die Dimensionen der Hochöfen; in England ging man bis zu einer Höhe von 30 Metern. Aber der Anteil des Kohlenoxids an den entweichenden Gasen verminderte sich nicht. Somit hatte ein Versuch, dessen Ausführung einige hunderttausend Francs gekostet hat, bewiesen, dass die Reduktion des Eisenoxids durch das Kohlenoxid nicht vollständig verläuft. Aufgrund einer Kenntnis der Gesetze des chemischen Gleichgewichts hätte man viel rascher und mit weitaus geringerem Aufwand zum gleichen Ergebnis gelangen können."

9.1 Umkehrbare Reaktionen und chemisches Gleichgewicht

Bei der Verbrennung von Wasserstoff bildet sich Wasser in einer exothermen Reaktion. Wasser kann jedoch auch wieder in Wasserstoff und Sauerstoff zerlegt werden. In diesem Fall muss Energie zugeführt werden. Diese Energie kann zum Beispiel durch starkes Erhitzen von Wasserdampf aufgebracht werden, oder aber durch Anlegen einer elektrischen Spannung: Wasser kann elektrolytisch in Wasserstoff und Sauerstoff gespalten werden. Wasserbildung und Wasserzerlegung stellen ein System umkehrbarer Reaktionen dar. Man spricht in diesem Zusammenhang auch von der *Hinreaktion* und der *Rückreaktion*:

$$2\ H_2(g) + O_2(g) \underset{\text{Rückreaktion}}{\overset{\text{Hinreaktion}}{\rightleftarrows}} 2\ H_2O(g)$$

Die Reaktionsenthalpien für Hin- und Rückreaktion weisen umgekehrte Vorzeichen auf, ihre Beträge sind exakt gleich groß. Die Zerlegung einer chemischen Verbindung erfordert also genauso viel an Energie wie bei ihrer Bildung frei wird.

Ein anderes Beispiel für eine umkehrbare Reaktion ist die Entwässerung bzw. Bildung eines hydratisierten Salzes:

$$CoCl_2 \cdot 6\ H_2O(s) \underset{\text{Rückreaktion}}{\overset{\text{Hinreaktion}}{\rightleftarrows}} CoCl_2(s) + 6\ H_2O(g)$$

Die Entwässerung von $CoCl_2 \cdot 6\,H_2O(s)$ findet bei etwa 120 °C im Trockenschrank statt. Lässt man das wasserfreie Cobaltchlorid an (feuchter) Luft liegen, so nimmt es bei Raumtemperatur nach und nach wieder Wasserdampf auf: das Hexahydrat bildet sich zurück.

Dabei ändert sich die Farbe von blau nach rosa. Aufgrund dieses reversiblen Farbwechsels wird Cobalt(II)-chlorid als Feuchtigkeitsindikator verwendet: Bei dem als Trockenmittel in Exsikkatoren eingesetzten Kieselgel handelt es sich meist um ein Produkt, das bei der Herstellung mit einer (rosafarbenen) Cobalt(II)-chlorid-Lösung getränkt wurde. Das trockene Produkt ist dementsprechend blau gefärbt. Bei der Aufnahme von Feuchtigkeit färbt sich das Kieselgel allmählich rosa. Es muss dann durch Erhitzen im Trockenschrank regeneriert werden.

Reaktionen, die in einer Phase, zum Beispiel der Gasphase, ablaufen, wie Bildung und Zersetzung von Wasserdampf, bezeichnet man als **homogene** chemische Reaktionen. Sind mehrere Phasen beteiligt – wie bei Zersetzung von $CoCl_2 \cdot 6\ H_2O(s)$ – spricht man von einer **heterogenen** chemischen Reaktion. In beiden Fällen gilt das Prinzip der Umkehrbarkeit gleichermaßen: Chemische Reaktionen sind **reversibel**.

Das chemische Gleichgewicht – ein dynamischer Zustand Im Allgemeinen stellt sich bei chemischen Reaktionen nach einer gewissen Zeit ein Zustand ein, bei dem sich die Anteile der beteiligten Stoffe nicht mehr verändern. Dabei ist es gleichgültig, ob dieser Zustand durch die Hinreaktion oder die Rückreaktion erreicht wird: Bei gleicher Temperatur und gleichem Druck sind die Konzentrationen exakt dieselben. So werden bei 1750 °C und 1013 hPa 4 % der Wasser-Moleküle in Wasserstoff und Sauerstoff gespalten. Zum gleichen Ergebnis führt unter diesen Bedingungen eine Reaktion zwischen Wasserstoff und Sauerstoff im Verhältnis 2:1. Man spricht in solchen Fällen von einem *chemischen Gleichgewicht*. Ein Doppelpfeil in der Reaktionsgleichung zeigt an, dass die Reaktion zu einem Gleichgewichtszustand führt, also nicht vollständig verläuft, auch wenn die Konzentration einzelner Reaktionsteilnehmer verschwindend gering sein kann:

$$2\,H_2O(g) \rightleftharpoons 2\,H_2(g) + O_2(g)$$

Der Gleichgewichtszustand stellt sich bei allen reversiblen Reaktionen ein, wenn man sie in einem geschlossenen System ablaufen lässt. Wie lange es dauert, bis der Gleichgewichtszustand erreicht ist, kann nicht ohne weiteres vorhergesagt werden. Die Zeitspanne reicht von Bruchteilen einer Sekunde bis hin zu nahezu unendlichen Zeiträumen. So können Wasserstoff und Sauerstoff bei Raumtemperatur beliebig lange in einem geschlossenen System nebeneinander vorliegen ohne miteinander zu Wasser zu reagieren. Erst bei Temperaturerhöhung läuft die Reaktion allmählich ab; ein Zündfunke führt zu einer explosionsartigen Reaktion. Temperaturerhöhung bewirkt generell eine Zunahme der **Reaktionsgeschwindigkeit,** der Gleichgewichtszustand wird in kürzerer Zeit erreicht.

Besonders gut ist die Einstellung eines chemischen Gleichgewichts am Beispiel der Bildung und des Zerfalls von gasförmigem Iodwasserstoff untersucht worden:

$$H_2(g) + I_2(g) \rightleftharpoons 2\,HI(g)$$

In Abbildung 9.1 sind die Ergebnisse experimenteller Untersuchungen bei einer Temperatur von 448 °C dargestellt.

Sowohl die Bildungsreaktion von Iodwasserstoff als auch die Zerfallsreaktion führt zum gleichen Zustand, dem Gleichgewichtszustand. Im Gleichgewichtszustand sind keine Änderungen der Konzentrationen mehr feststellbar. Dies bedeutet jedoch nicht, dass die Bildungs- und die Zerfallsreaktion nicht mehr ablaufen. Hin- und Rückreaktion finden nach wie vor statt, jedoch mit genau der gleichen Geschwindigkeit,

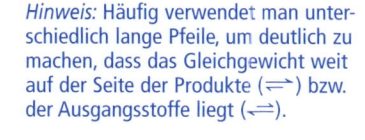

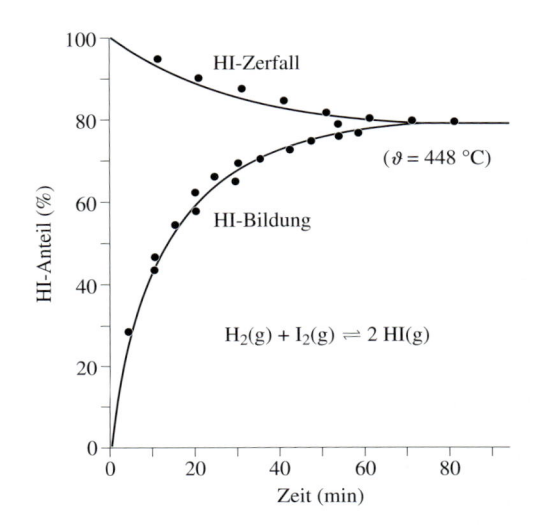

Hinweis: Häufig verwendet man unterschiedlich lange Pfeile, um deutlich zu machen, dass das Gleichgewicht weit auf der Seite der Produkte ($\rightleftharpoons$) bzw. der Ausgangsstoffe liegt ($\rightleftharpoons$).

9.1 Zeitlicher Verlauf der Einstellung des Iod-Wasserstoff-Gleichgewichts.

sodass keine Konzentrationsänderung mehr messbar ist. Ein chemisches Gleichgewicht ist also kein statischer Zustand, in dem alle Teilchen zeitlich unveränderlich vorliegen, sondern ein *dynamisches System*, in dem ständig chemische Verbindungen gebildet werden und wieder zerfallen, jedoch mit jeweils gleicher Geschwindigkeit.

Gleichgewichtsverschiebung und das Prinzip des kleinsten Zwangs

Das Ausmaß der Bildung chemischer Verbindungen, die *Lage eines chemischen Gleichgewichts*, lässt sich meist durch die Temperatur und den Druck bzw. die Konzentration der Reaktionsteilnehmer beeinflussen.

Temperaturabhängigkeit Die Bildung von Iodwasserstoff aus Wasserstoff und Iod-Dampf ist eine exotherme Reaktion:

$$H_2(g) + I_2(g) \rightleftharpoons 2\,HI(g); \quad \Delta H_R^0 = -10 \text{ kJ} \cdot \text{mol}^{-1}$$

Untersucht man die Konzentration der HI-Moleküle im Gleichgewichtszustand als Funktion der Temperatur, findet man mit steigender Temperatur eine Konzentrationsabnahme.

Die Bildung von Kohlenstoffdioxid beim Erhitzen von Calciumcarbonat ist hingegen ein endothermer Vorgang:

$$CaCO_3(s) \rightleftharpoons CaO(s) + CO_2(g); \quad \Delta H_R^0 = 179 \text{ kJ} \cdot \text{mol}^{-1}$$

Hier nimmt die Konzentration an Kohlenstoffdioxid mit steigender Temperatur zu. Ob der Anteil der Reaktionsprodukte mit steigender Temperatur zunimmt oder abnimmt, hängt ausschließlich vom Vorzeichen der Reaktionsenthalpie ab: Bei einer exothermen Reaktion sinkt der Anteil der Produkte mit steigender Temperatur, bei einer endothermen Reaktionen steigt er an.

In der Laborpraxis spielt eine spezielle Form chemischer Gleichgewichte, das **Löslichkeitsgleichgewicht**, eine wichtige Rolle. Auch die Löslichkeit eines Stoffes ist temperaturabhängig. In der Regel steigt die Löslichkeit mit steigender Temperatur an, ein

Hinweis: Wie stark sich die Konzentrationen mit der Temperatur ändern, wird durch den Zahlenwert der Reaktionsenthalpie bestimmt. Die quantitativen Zusammenhänge sind bereits in Abschnitt 7.7 behandelt worden.

Die Temperaturabhängigkeit der Löslichkeit eines Stoffes wird beim **Umkristallisieren** ausgenutzt, einer der wichtigen Reinigungsoperationen für chemische Verbindungen (vgl. Kapitel 8).

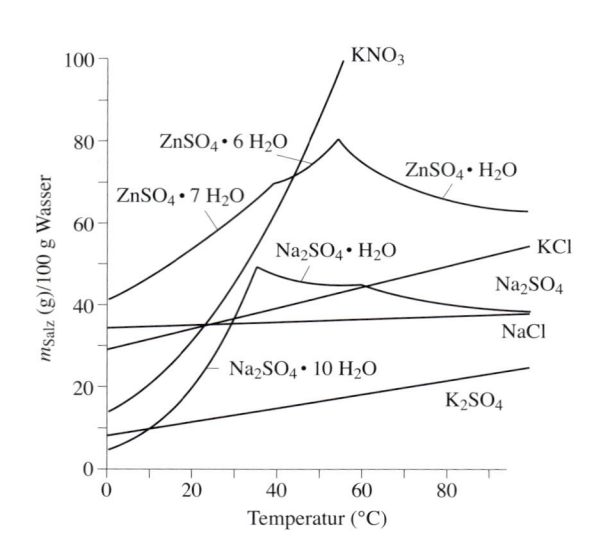

9.2 Temperaturabhängigkeit der Löslichkeit einiger Salze in Wasser. Die Werte beziehen sich auf die in 100 g Wasser gelöste Menge an wasserfreiem Salz. Die Formeln beschreiben die Zusammensetzung des im Gleichgewicht vorliegenden Bodenkörpers.

sicheres Zeichen dafür, dass der Lösevorgang endotherm verläuft, die Lösungsenthalpie hat also ein positives Vorzeichen. In einigen Fällen verringert sich die Löslichkeit bei Temperaturerhöhung, der Lösevorgang verläuft dementsprechend exotherm. So lösen sich bei 20 °C in 100 g Wasser 1,33 g Lithiumcarbonat, bei 100 °C jedoch nur 0,74 g ($\Delta H_L^0(Li_2CO_3) = -16$ kJ·mol^{-1}). Komplizierter können die Verhältnisse werden, wenn ein Salz verschiedene Hydrate bilden kann. Diese können unterschiedliche Temperaturkoeffizienten der Löslichkeit aufweisen. Abbildung 9.2 gibt eine Übersicht über die Löslichkeiten einiger Salze in Wasser in Abhängigkeit von der Temperatur.

Konzentrations- und Druckabhängigkeit Die Lage chemischer Gleichgewichte kann von den Konzentrationen oder Drücken abhängig sein. Dies gilt zum Beispiel für Dissoziationsreaktionen. Ein Beispiel bietet hier die Dissoziation der Essigsäure (CH$_3$COOH) in wässeriger Lösung:

$$CH_3COOH(aq) \rightleftharpoons H^+(aq) + CH_3COO^-(aq)$$

Bei Raumtemperatur sind in einer Lösung mit der Stoffmengenkonzentration 1 mol·l^{-1} nur 0,4 % der Essigsäure-Moleküle zerfallen. Verdünnt man die Lösung, so steigt der Anteil der Dissoziationsprodukte: Bei einer Konzentration von 0,1 mol·l^{-1} sind es 1,3 % und bei 0,01 mol·l^{-1} bereits 4 %. Eine Herabsetzung der Konzentration führt also zu einem größeren Anteil an Dissoziationsprodukten.

Bei Reaktionen, an denen Gase beteiligt sind, verwendet man anstelle von Konzentrationen häufig die *Partialdrücke* (siehe Abschnitt 8.1), um den Anteil der einzelnen Komponenten zahlenmäßig angeben zu können. Beide Größen hängen über das allgemeine Gasgesetz miteinander zusammen. Als Beispiel betrachten wir die Dissoziation von gasförmigem Distickstofftetraoxid (N$_2$O$_4$):

$$N_2O_4(g) \rightleftharpoons 2\,NO_2(g)$$

Bei Raumtemperatur und einem Gesamtdruck von 1 000 hPa beträgt der NO$_2$-Anteil 32 % ($p(NO_2)$ = 320 hPa). Mit sinkendem Gesamtdruck vergrößert sich der NO$_2$-Anteil. Bei einem Druck von 100 hPa beträgt er 70 % ($p(NO_2)$ = 70 hPa), bei 10 hPa bereits 94 % ($p(NO_2)$ = 9,4 hPa). Eine Verringerung des Drucks führt demnach zu einer Vergrößerung des Anteils der Dissoziationsprodukte. Die Verschiebung der Gleichgewichtslage ist also ganz analog der Dissoziation der Essigsäure in wässeriger Lösung. Beiden Reaktionen gemeinsam ist die Tatsache, dass sie unter Änderung der Teilchenzahl verlaufen: In beiden Fällen verdoppelt sich bei der Dissoziation die Anzahl der Teilchen. Verallgemeinert kann man sagen, dass bei Reaktionen, die unter Vergrößerung der Teilchenzahl ablaufen, eine Verringerung der Konzentration die Lage des jeweiligen Gleichgewichts auf die Seite der Stoffe mit größerer Teilchenzahl verschiebt. Eine Erhöhung der Konzentration verschiebt die Gleichgewichtslage in die umgekehrte Richtung. Reaktionen, die ohne Änderung der Teilchenzahl verlaufen, sind bezüglich ihrer Gleichgewichtslage unabhängig von Konzentrationen bzw. Drücken. Ein derartiges Beispiel ist die schon besprochene Bildung von Iodwasserstoff aus Wasserstoff und Iod.

Das Prinzip des kleinsten Zwangs Die Verschiebung der Gleichgewichtslage durch äußere Einflüsse wie Temperatur oder Konzentration bzw. Druck, die an einigen Beispielen gezeigt wurde, lässt sich qualitativ in ganz allgemeiner Form beschreiben. Dies wurde zuerst im Jahre 1884 von dem französischen Chemiker Le Chatelier erkannt. Man spricht deshalb auch vom *Prinzip von Le Chatelier*. Dieses ganz allgemein und streng gültige Prinzip lässt sich etwa folgendermaßen formulieren:

Ein im chemischen Gleichgewicht befindliches System weicht einem äußeren „Zwang" wie einer Änderung der Temperatur oder der Konzentration bzw. des Druckes in der Weise aus, dass der Zwang geringer wird.

Die folgenden Beispiele erläutern die Anwendbarkeit des Prinzips: Eine exotherme Reaktion liefert Energie, sodass die Temperatur beim Ablauf der Reaktion ansteigt. Ein Beispiel dieser Art ist die Bildung von N_2O_4 aus NO_2.

$$2\,NO_2(g) \rightleftharpoons N_2O_4(g); \quad \Delta H_R^0 = -57\,kJ \cdot mol^{-1}$$

Erhöht man nun zusätzlich die Temperatur, weicht das System aus: Die Lage des Gleichgewichts verschiebt sich auf die Seite der Edukte. Dementsprechend fördert eine Temperaturerhöhung bei einer *endothermen* Reaktion die Bildung der Reaktionsprodukte.

Eine Reaktion zwischen Gasen, die in einem abgeschlossenen System unter Vergrößerung der Teilchenzahl verläuft, führt zu einer Erhöhung des Drucks. Ein Beispiel dieser Art ist die Dissoziation von N_2O_4. Erhöht man nun zusätzlich den Druck durch eine Verringerung des Volumens, so weicht das System in Richtung der Reaktionsteilnehmer aus, die ein geringeres Volumen beanspruchen: Es bildet sich N_2O_4 zurück. Die ursprüngliche Druckerhöhung wird dadurch vermindert.

Entsprechendes gilt für Reaktionen in Lösungen bei Änderung der Konzentrationsverhältnisse. Erniedrigt man die Konzentration eines im Gleichgewicht vorliegenden Stoffes durch eine Folgereaktion, so wird dieser Stoff nachgebildet. Erhöht man die Konzentration eines der Reaktionsprodukte durch zusätzliche Zugabe dieses Stoffes, so verlagert sich das Gleichgewicht auf die Seite der Ausgangsstoffe.

Das Prinzip des kleinsten Zwangs erlaubt lediglich *qualitative* Aussagen und ist deshalb in der Vergangenheit oft in Frage gestellt und nicht ernst genommen worden. Es führt jedoch auf einfache Art und Weise zu eindeutigen Aussagen über die Richtung einer Verschiebung der Gleichgewichtslage.

9.2 Quantitative Beschreibung des chemischen Gleichgewichts

Nachdem wir uns bisher mit *qualitativen* Aussagen über das chemische Gleichgewicht und die Verschiebung der Gleichgewichtslage durch veränderte Reaktionsbedingungen beschäftigt haben, sollen nun Möglichkeiten zur quantitativen Beschreibung chemischer Gleichgewichte erläutert werden.

Die zentrale Gesetzmäßigkeit wird traditionell als *Massenwirkungsgesetz* bezeichnet. Für jede Gleichgewichtsreaktion kann damit eine (von der Temperatur abhängige) Gleichgewichtskonstante berechnet werden. Chemiker können auf dieser Grundlage voraussagen, wie groß der Anteil des gewünschten Produktes bei einer Reaktion maximal sein kann und wie man die Reaktionsbedingungen verändern muss, um seinen Anteil auf ein bestimmtes Maß zu vergrößern.

Für die Praxis in Labor und Technik ist es beispielsweise erforderlich, die Temperaturen zu berechnen, bei denen sich eine Zersetzungsreaktion, wie das Brennen von Kalk, durchführen lässt. Diese Fragen hängen unmittelbar mit der Lage chemischer Gleichgewichte und ihrer Abhängigkeit von den äußeren Bedingungen zusammen.

Löslichkeitsgleichgewicht und Löslichkeitsprodukt

In der anorganischen Chemie verwenden wir sehr oft Wasser als Lösemittel, weil anorganische Salze wegen der hohen Hydratationsenthalpien der Ionen in Wasser häufig gut löslich sind. Dennoch hat die Löslichkeit aller Salze eine Grenze. Gibt man mehr Salz in eine gegebene Menge an Wasser als es seiner Löslichkeit entspricht, bleibt es als unlöslicher **Bodenkörper** am Boden des Gefäßes liegen, es entsteht eine **gesättigte Lösung**. Man kann leicht feststellen, dass die Löslichkeit dann nicht mehr weiter ansteigt, auch wenn man noch so viel des jeweiligen Salzes hinzu gibt. Eine Möglichkeit, die Löslichkeit quantitativ zu beschreiben, ist die Angabe der Löslichkeit in Gramm pro Liter oder Mol pro Liter.

Auf eine andere Möglichkeit weist folgendes Experiment hin: Gibt man zu einer gesättigten Lösung von Kaliumchlorat etwas konzentrierte Kaliumchlorid- oder Natriumchlorat-Lösung, fällt Kaliumchlorat aus. Die Löslichkeit von Kaliumchlorat wird also verringert, wenn man die Konzentration einer der beiden Ionenarten (K^+ bzw. ClO_3^-) in der Lösung erhöht. Allgemein spricht man von einer *Löslichkeitsverringerung durch gleichionigen Zusatz*.

Löslichkeitsprodukt Um die Lage des Löslichkeitsgleichgewichts von Salzen zu beschreiben, ist es also sinnvoll, die Konzentration der Ionen zur quantitativen Beschreibung der Löslichkeit heranzuziehen. Bei einem Salz des Formeltyps AB erweist sich das Produkt der Ionenkonzentrationen als konstant, sofern die Temperatur nicht verändert wird. Dieses Produkt ist eine stoffspezifische Konstante; sie wird als *Löslichkeitsprodukt* K_L bezeichnet. Beispiele für solche Salze sind Silberchlorid (AgCl) oder Bariumsulfat ($BaSO_4$).

$$AgCl(s) \rightleftharpoons Ag^+(aq) + Cl^-(aq); \qquad K_L = c(Ag^+) \cdot c(Cl^-)$$
$$BaSO_4(s) \rightleftharpoons Ba^{2+}(aq) + SO_4^{2-}(aq); \qquad K_L = c(Ba^{2+}) \cdot c(SO_4^{2-})$$

Bei Salzen des Formeltyps AB_2 ergibt sich eine Konstante, wenn die Konzentration von B quadriert wird. Ein Beispiel ist hier das Calciumfluorid:

$$CaF_2(s) \rightleftharpoons Ca^{2+}(aq) + 2\,F^-(aq); \qquad K_L = c(Ca^{2+}) \cdot c^2(F^-)$$

Allgemein erhält man für ein Salz der Zusammensetzung A_mB_n das Löslichkeitsprodukt, indem man die Konzentrationen der Ionen mit den entsprechenden Exponenten m bzw. n versieht und miteinander multipliziert:

$$A_mB_n(s) \rightleftharpoons m\,A(aq) + n\,B(aq); \qquad K_L = c^m(A) \cdot c^n(B)$$

Aus diesen Formulierungen für das Löslichkeitsprodukt wird die Verringerung der Löslichkeit durch gleichionigen Zusatz qualitativ verständlich und quantitativ beschreibbar: Erhöht man in einer gesättigten Lösung die Konzentration einer Ionensorte, muss die Konzentration der anderen Ionensorte notwendigerweise kleiner werden, da das Löslichkeitsprodukt eine Konstante ist.

pK_L-Werte Löslichkeitsprodukte werden praktisch nur für schwerlösliche Salze angegeben. Die Zahlenwerte sind daher meist recht klein. Um einen raschen Überblick zu erhalten wird statt des Löslichkeitsproduktes daher oft der negative dekadische Logarithmus des Zahlenwertes, der *pK_L-Wert*, angegeben.

Beispiel: $K_L(AgCl) = 2 \cdot 10^{-10}$ $mol^2 \cdot l^{-2} \Rightarrow pK_L = -\lg(2 \cdot 10^{-10}) = 9{,}7$

In Tabelle 9.1 sind die pK_L-Werte für einige schwerlösliche Salze angegeben.

Löslichkeitsprodukt und Löslichkeit Das Löslichkeitsprodukt hängt unmittelbar mit der Löslichkeit schwerlöslicher Salze in reinem Wasser zusammen.

Will man aus dem Löslichkeitsprodukt eines Salzes seine Löslichkeit in $mol \cdot l^{-1}$ berechnen, so ist dies bei einem Salz des Formeltyps AB besonders einfach, denn beide Ionen liegen in gleicher Konzentration vor. Die Stoffmengenkonzentration von Silberchlorid in einer gesättigten Lösung ist gleich der Konzentration der Silber-Ionen in der Lösung:

$$K_L = c(Ag^+) \cdot c(Cl^-)$$
$$c(Ag^+) = c(Cl^-)$$
$$c(Ag^+) = \sqrt{K_L} = 1{,}4 \cdot 10^{-5}\ mol \cdot l^{-1}$$

In unmittelbarem Zusammenhang mit dem Einfluss eines gleichionigen Zusatzes steht die Frage der Löslichkeit mehrerer schwerlöslicher Salze in einer Lösung, wenn sie ein gemeinsames Ion aufweisen. Betrachten wir als Beispiel eine Lösung, die sowohl mit Silberchlorid als auch mit Silberbromid gesättigt ist. Eine solche Lösung enthält die Ionen Ag^+, Cl^- und Br^-. Es gelten die Löslichkeitsprodukte:

$K_L(AgCl) = c(Ag^+) \cdot c(Cl^-)$
$K_L(AgBr) = c(Ag^+) \cdot c(Br^-)$

Will man die Konzentrationen der drei Ionen berechnen, benötigt man drei voneinander unabhängige mathematische Beziehungen. Zwei sind die beiden Löslichkeitsprodukte, die dritte Beziehung ergibt sich aus der Bedingung, dass die Lösung elektrisch neutral ist, dass also die Summe der positiven Ladungen gleich der Summe der negativen Ladungen ist:

$c(Ag^+) = c(Cl^-) + c(Br^-)$

Über dieses System von drei Gleichungen mit drei Unbekannten können die Ionenkonzentrationen berechnet werden: Für beide Salze ist die Löslichkeit geringer, als wenn sie allein in der Lösung vorlägen.

Zu beachten ist bei derartigen Umrechnungen, dass die so berechnete Konzentration der Kationen nicht automatisch der Löslichkeit des jeweiligen Salzes in Mol pro Liter entspricht. Betrachtet man beispielsweise das Löslichkeitsgleichgewicht von Silberchromat (Ag_2CrO_4), so wird deutlich, dass aus einem Mol Silberchromat beim Auflösen zwei Mol Ag^+-Ionen entstehen. Die Löslichkeit des Silberchromats in Mol pro Liter ist also nur halb so groß wie die Konzentration der Silber-Ionen in der gesättigten Lösung.

Tabelle 9.1 pK_L-Werte* einiger schwerlöslicher Stoffe in Wasser bei 25 °C

LiF	2,8	PbS	27,5	ZnCO$_3$	10,0
MgF$_2$	8,2	MnS	10,5	CdCO$_3$	13,7
CaF$_2$	10,4	NiS	19,4	Ag$_2$CO$_3$	11,2
BaF$_2$	5,8	FeS	18,1		
TlCl	3,7	CuS	36,1	BaCrO$_4$	9,7
TlBr	5,4	Ag$_2$S	50,1	PbCrO$_4$	13,8
TlI	7,2	ZnS	24,7	Ag$_2$CrO$_4$	11,9
PbF$_2$	7,4	CdS	27,0		
PbCl$_2$	4,8	HgS (schwarz)	52,7	Be(OH)$_2$	21,0
PbI$_2$	8,1			Mg(OH)$_2$	11,2
CuCl	6,7	CaSO$_4$	4,6	Ca(OH)$_2$	5,2
CuBr	8,3	SrSO$_4$	6,5	Ba(OH)$_2$	3,6
CuI	12,0	BaSO$_4$	10,0	Al(OH)$_3$	33,5
AgCl	9,7	PbSO$_4$	7,8	Pb(OH)$_2$	14,9
AgBr	12,3	Ag$_2$SO$_4$	4,8	Mn(OH)$_2$	12,8
AgI	16,1			Ni(OH)$_2$	15,2
Hg$_2$Cl$_2$	17,9	MgCO$_3$	7,5	Fe(OH)$_2$	15,1
Hg$_2$I$_2$	28,3	CaCO$_3$	8,4	Fe(OH)$_3$	38,8
		SrCO$_3$	9,0	Cu(OH)$_2$	19,3
Tl$_2$S	21,2	BaCO$_3$	8,3	Zn(OH)$_2$	15,5
SnS	25,9	PbCO$_3$	13,1	Cd(OH)$_2$	14,4

* Sämtliche Werte beziehen sich auf die *Aktivitäten* der betreffenden Ionen. Die Stoffmengenkonzentrationen gesättigter Lösungen können daraus nur in wenigen einfachen Fällen (z. B. AgCl, AgBr, AgI, BaSO$_4$, PbSO$_4$) errechnet werden.

Etwas komplizierter ist der Zusammenhang bei einem Salz des Formeltyps AB$_2$ wie CaF$_2$. Da beim Auflösen von Calciumfluorid pro Calcium-Ion zwei Fluorid-Ionen in Lösung gehen, ist die Konzentration der Fluorid-Ionen doppelt so groß wie die der Calcium-Ionen:

$$K_L = c(\text{Ca}^{2+}) \cdot c^2(\text{F}^-)$$

$$c(\text{F}^-) = 2 \cdot c(\text{Ca}^{2+})$$

$$K_L = c(\text{Ca}^{2+}) \cdot (2 \cdot c(\text{Ca}^{2+}))^2 = 4 \cdot c^3(\text{Ca}^{2+})$$

$$c(\text{Ca}^{2+}) = \sqrt[3]{\frac{K_L}{4}}$$

Grenzen der Gesetzmäßigkeit Bei experimentellen Untersuchungen zur Löslichkeit von Salzen findet man häufig deutlich größere Gleichgewichtskonzentrationen, als sich nach den Berechnungen ergibt. Das gilt in besonderem Maße für Lösungen, die neben den betrachteten Ionen noch weitere enthalten, die scheinbar mit dem eigentlichen Löslichkeitsgleichgewicht nichts zu tun haben. Dennoch beeinflussen solche „Fremdsalze" das Löslichkeitsverhalten ganz erheblich. Ein konstantes Löslichkeitsprodukt ergibt sich nur dann, wenn man die experimentell bestimmten Gleichgewichtskonzentrationen mit einem Korrekturfaktor multipliziert. Dieser sogenannte **Aktivitätskoeffizient** kann Werte zwischen null und eins annehmen. Das Produkt aus Aktivitätskoeffizient γ und Konzentration heißt Aktivität: $a = \gamma \cdot c$. Tabellierte Löslichkeitsprodukte (Tabelle 9.1) beziehen sich stets auf die Aktivitäten der Ionen und nicht auf ihre Konzentrationen. Nur in sehr verdünnten Salzlösungen nähert sich der Aktivitätskoeffizient dem Wert eins. Für diesen Fall gelten dann auch die genannten Beziehungen in guter Näherung.

Ein Zahlenbeispiel soll die Abweichung bei einem nur mäßig schwer löslichen Salz verdeutlichen: Aus den analytisch bestimmten Konzentrationen der Ionen in einer gesättigten Calciumsulfat-Lösung erhält man ein Löslichkeitsprodukt von $2{,}23 \cdot 10^{-4}$ mol$^2 \cdot$ l^{-2}. Das tabellierte, auf den Aktivitäten basierende Löslichkeitsprodukt ist jedoch um fast eine Zehnerpotenz kleiner ($2{,}45 \cdot 10^{-5}$ mol$^2 \cdot$ l^{-2}). Dieser Unterschied entspricht

Ionenstärke und Aktivitätskoeffizient

EXKURS

In einführenden Lehrbüchern werden Terme für die Gleichgewichtskonstanten durchweg mit Konzentrationen formuliert. Bei tabellierten Gleichgewichtskonstanten handelt es sich dagegen um Werte, die mit *Aktivitäten* berechnet wurden. Nur selten wird auf diesen Unterschied hingewiesen. Probleme treten dann auf, wenn experimentell ermittelte Werte mit Literaturwerten verglichen werden. Der mit Gleichgewichts-Konzentrationen berechnete Wert ist oft um mehr als eine Zehnerpotenz größer als der Tabellenwert. So erhält man im Allgemeinen kein realistisches Ergebnis, wenn man aus einem tabellierten Wert für K_L und vorgegebener Konzentration des Anions die Löslichkeit eines Salzes berechnet. Das Ergebnis spiegelt nur grob qualitativ die Richtung der Gleichgewichtsverschiebung wider.

Beispiel: Eine gesättigte Lösung von $BaSO_4$ in reinem Wasser enthält beide Ionen in einer Konzentration von $1{,}16 \cdot 10^{-5}$ mol·l^{-1}. Mit diesem Wert ergibt sich:

$K_L = 1{,}35 \cdot 10^{-10}$ mol^2·l^{-2} ; $pK_L = 9{,}87$

Der auf Aktivitäten basierende pK_L-Wert (Tabelle 9.1) stimmt damit nahezu überein, denn bei so kleinen Konzentrationen sind Aktivität a und Konzentration c praktisch gleich. Für den in der Beziehung $a = \gamma \cdot c$ als Korrekturfaktor auftretenden Aktivitätskoeffizienten γ gilt also: $\gamma \approx 1$.

Löst man dagegen Bariumsulfat in einer Natriumsulfat-Lösung der Konzentration 0,1 mol·l^{-1}, so wird die Löslichkeit erheblich verringert. Der Effekt ist aber längst nicht so stark, wie man erwartet. Mit den Gleichgewichtskonzentrationen erhält man:

$K_L = 35 \cdot 10^{-10}$ mol^2·l^{-2}

Die Konzentration der Barium-Ionen ist damit rund 30-mal so groß, wie sie nach der mit Konzentrationen formulierten Löslichkeitsprodukt-Beziehung sein sollte. Lässt man die Bildung von Ionenpaaren $BaSO_4(aq)$ und Sulfatokomplexen $[Ba(SO_4)_2]^{2-}$ außer acht, so entspricht das einem Produkt der Aktivitätskoeffizienten $\gamma(Ba^{2+}) \cdot \gamma(SO_4^{2-})$ von $\approx 0{,}03$.

Ionenstärke Die Ionenstärke I ist die entscheidende Hilfsgröße für eine quantitative Behandlung des Zusammenhangs zwischen Konzentration und Aktivität. Sie ist ein Maß für die elektrostatischen Wechselwirkungen in einer Elektrolytlösung:

$I = \frac{1}{2}\sum_i c_i \cdot z_i^2$ (z_i = Ionenladung)

Bei der Berechnung sind *alle* in der Lösung vorliegenden Ionenarten zu berücksichtigen.

Beispiel: Für eine Natriumsulfat-Lösung mit der Konzentration $c = 0{,}1$ mol·l^{-1} gilt:

$I = \frac{1}{2}(2 \cdot 0{,}1 \cdot 1^2 + 0{,}1 \cdot 2^2)$ mol·l^{-1}
$= 0{,}3$ mol·l^{-1}

Berechnung von Aktivitätskoeffizienten Für kleine Ionenstärken ($I \leq 0{,}01$ mol·l^{-1}) wurde zunächst rein empirisch folgende Beziehung aufgestellt (**Lewis** u. **Randall** 1921):

$\lg \gamma_i = -0{,}5 \cdot z_i^2 \cdot \sqrt{I}$

Für Ionenstärken bis $I = 0{,}1$ mol·l^{-1} erwies sich folgende Näherung als brauchbar ($\vartheta = 25\,°C$):

$\lg \gamma_i = -0{,}5 \cdot z_i^2 \cdot \dfrac{\sqrt{I}}{1+\sqrt{I}}$

Vielfach lassen sich mit so berechneten Aktivitätskoeffizienten unterschiedliche experimentelle Werte für Konzentrationsprodukte in nahezu übereinstimmende Aktivitätsprodukte umrechnen.

In der theoretischen Behandlung des Zusammenhangs zwischen Aktivitätskoeffizient und Ionenstärke spielt auch der Radius des jeweiligen Ions eine Rolle. Dabei geht es nicht um den Radius des Ions in einem Kristallgitter, sondern um einen „effektiven"

Radius, der die in der Hydrathülle fester gebundenen Wasser-Moleküle einschließt. Tabelle 9.2 (Kielland 1937) vermittelt einen Eindruck, wie sich neben der Ladung auch dieser Ionenradius auf den Aktivitätskoeffizienten auswirkt.

Tabelle 9.2 Aktivitätskoeffizienten bei verschiedenen Ionenstärken (25 °C)

Ion	(effektiver Radius in pm)	Aktivitätskoeffizient γ	
		$I = 0{,}01\ \text{mol} \cdot l^{-1}$	$I = 0{,}1\ \text{mol} \cdot l^{-1}$
H^+	(900)	0,914	0,830
Li^+	(600)	0,909	0,810
Na^+, HCO_3^-, HSO_4^-, $H_2PO_4^-$	(400)	0,901	0,770
K^+, Rb^+, Cs^+, Tl^+, Ag^+, NH_4^+, OH^-, F^-, SCN^-, HS^-, MnO_4^-, Cl^-, Br^-, I^-, CN^-, NO_3^-	(300)	0,899	0,755
Mg^{2+}, Be^{2+}	(800)	0,690	0,450
Ca^{2+}, Cu^{2+}, Zn^{2+}, Mn^{2+}, Fe^{2+}	(600)	0,675	0,405
Sr^{2+}, Ba^{2+}, Cd^{2+}, Pb^{2+}, S^{2-}, CO_3^{2-}	(500)	0,670	0,380
Hg_2^{2+}, SO_4^{2-}, $S_2O_3^{2-}$, CrO_4^{2-}, HPO_4^{2-}	(400)	0,660	0,355
Al^{3+}, Fe^{3+}, Cr^{3+}, Co^{3+}, La^{3+}	(900)	0,445	0,180
PO_4^{3-}, $[Fe(CN)_6]^{3-}$	(400)	0,395	0,095

einem Aktivitätskoeffizienten von 0,33 für die Ionen in der gesättigten Lösung. Die tatsächlichen Konzentrationen und die Aktivitäten unterscheiden sich hier um einen Faktor drei. Man kann also nur in Ausnahmefällen erwarten, dass bei Berechnungen der besprochenen Art realitätsnahe Ergebnisse erhalten werden.

Besonders große Abweichungen zwischen der experimentell bestimmten und der aus dem Löslichkeitsprodukt formal berechneten Löslichkeit treten bei extrem schwer löslichen Verbindungen auf, so zum Beispiel bei Quecksilbersulfid (HgS) mit einem pK_L-Wert von 52,7. Rein rechnerisch ergibt sich aus diesem Wert eine Konzentration der Hg(II)-Ionen in der gesättigten Lösung von $4{,}5 \cdot 10^{-27}\ \text{mol} \cdot l^{-1}$. Dies würde bedeuten, dass in etwa 400 Litern einer solchen Lösung ein einziges Hg^{2+}-Ion enthalten ist. Tatsächlich ist die Löslichkeit von Quecksilbersulfid um einige Zehnerpotenzen größer, da sowohl das Hg^{2+}-Ion als auch das S^{2-}-Ion Folgereaktionen eingehen:

$$S^{2-}(aq) + H_2O(l) \rightleftharpoons HS^-(aq) + OH^-(aq)$$

$$HS^-(aq) + H_2O(l) \rightleftharpoons H_2S(aq) + OH^-(aq)$$

$$HgS(s) + H_2S(aq) \rightleftharpoons [Hg(SH)_2](aq)$$

$$HgS(s) + S^{2-}(aq) \rightleftharpoons [HgS_2]^{2-}(aq)$$

Die beiden ersten Reaktionen bewirken eine Verringerung der S^{2-}-Konzentration in der Lösung, die notwendigerweise eine Erhöhung der Hg^{2+}-Konzentration nach sich zieht. Die letzen beiden Reaktionen bewirken die Bildung anderer Hg-haltiger Spezies, die durch das Löslichkeitsprodukt nicht erfasst werden, aber wesentlich zur Löslichkeit von Quecksilbersulfid beitragen.

Homogene Gleichgewichte und das Massenwirkungsgesetz

Zunächst soll die quantitative Beschreibung der Gleichgewichtslage von Reaktionen erläutert werden, bei denen sich alle Reaktionsteilnehmer in einer Lösung befinden. Als Beispiel betrachten wir die Dissoziation der Essigsäure (CH_3COOH) in wässriger

Lösung. Benutzt man die Abkürzung HAc für das Säuremolekül und Ac⁻ für das Acetat-Anion, so kann diese Reaktion folgendermaßen beschrieben werden:

$$\text{HAc(aq)} \rightleftharpoons \text{H}^+\text{(aq)} + \text{Ac}^-\text{(aq)}$$

Um die Lage des Gleichgewichts zu ermitteln, müssen die Konzentrationen der Reaktionsprodukte bestimmt werden. Eine reine wässerige Lösung enthält Hydronium-Ionen und Acetat-Ionen stets im Verhältnis 1:1. In diesem Fall lässt sich der gesuchte Wert über eine Messung der elektrischen Leitfähigkeit ermitteln. Man erhält die folgenden Ergebnisse: Bei einer Gesamtkonzentration von $0{,}1\ \text{mol}\cdot l^{-1}$ sind 1,3 % der ursprünglich vorhandenen Essigsäure-Moleküle dissoziiert. Die Konzentration der Hydronium- und der Acetat-Ionen beträgt also jeweils $0{,}013 \cdot 0{,}1\ \text{mol}\cdot l^{-1} = 1{,}3 \cdot 10^{-3}\ \text{mol}\cdot l^{-1}$.

In einer Lösung der Gesamtkonzentration $0{,}01\ \text{mol}\cdot l^{-1}$ sind schon 4 % der ursprünglich vorhandenen Moleküle dissoziiert ($c(\text{H}^+) = c(\text{Ac}^-) = 0{,}04 \cdot 0{,}01\ \text{mol}\cdot l^{-1} = 4 \cdot 10^{-4}\ \text{mol}\cdot l^{-1}$).

Bildet man hier in Analogie zum Löslichkeitsprodukt die Produkte der Ionenkonzentrationen für beide Fälle, so ergeben sich nicht die gleichen Werte:

$$c(\text{H}^+) \cdot c(\text{Ac}^-) = 1{,}7 \cdot 10^{-6}\ \text{mol}^2\cdot l^{-2};\quad (c_{\text{gesamt}} = 0{,}1\ \text{mol}\cdot l^{-1})$$

$$c(\text{H}^+) \cdot c(\text{Ac}^-) = 1{,}6 \cdot 10^{-7}\ \text{mol}^2\cdot l^{-2};\quad (c_{\text{gesamt}} = 0{,}01\ \text{mol}\cdot l^{-1})$$

Das Produkt der Ionenkonzentrationen hängt offenbar von der Gesamtkonzentration ab und stellt somit nicht die gesuchte Gleichgewichtskonstante dar. Ein konstanter Wert ergibt sich jedoch, wenn man die Produkte jeweils durch die Konzentration der undissoziierten Essigsäure-Moleküle dividiert:

$$K = \frac{c(\text{H}^+)\cdot c(\text{Ac}^-)}{c(\text{HAc})} = \frac{(1{,}3\cdot 10^{-3}\ \text{mol}\cdot l^{-1})^2}{(0{,}1 - 1{,}3\cdot 10^{-3})\ \text{mol}\cdot l^{-1}} = 1{,}7\cdot 10^{-5}\ \text{mol}\cdot l^{-1}$$

$$K = \frac{c(\text{H}^+)\cdot c(\text{Ac}^-)}{c(\text{HAc})} = \frac{(4\cdot 10^{-4}\ \text{mol}\cdot l^{-1})^2}{(0{,}01 - 4\cdot 10^{-4})\ \text{mol}\cdot l^{-1}} = 1{,}7\cdot 10^{-5}\ \text{mol}\cdot l^{-1}$$

Auch bei anderen Gesamtkonzentrationen ergeben die Gleichgewichtskonzentrationen den gleichen Wert für K. Das gilt selbst dann, wenn man Salzsäure oder Natriumacetat-Lösung hinzufügt, sodass die Konzentration der Hydronium-Ionen nicht mehr mit der Konzentration der Acetat-Ionen übereinstimmt.

Ähnliche Zusammenhänge ergeben sich für andere Lösungen. Wie im Falle des Löslichkeitsprodukts sind die Gleichgewichtskonzentrationen dabei – entsprechend dem Anzahlverhältnis – mit Exponenten zu versehen. Für eine beliebige Reaktion in Lösung gilt also die Beziehung:

$$a\ \text{A} + b\ \text{B} \rightleftharpoons c\ \text{C} + d\ \text{D};\quad K = \frac{c^c(\text{C}) \cdot c^d(\text{D})}{c^a(\text{A}) \cdot c^b(\text{B})}$$

Man nennt diese Gesetzmäßigkeit das *Massenwirkungsgesetz*. Man beachte, dass die stöchiometrischen Faktoren aus der Reaktionsgleichung im Massenwirkungsausdruck als Exponenten erscheinen!

Gasphasengleichgewichte

So wie das Massenwirkungsgesetz auf Reaktionen in Lösung angewendet wird, kann es in analoger Weise auch für Gasreaktionen aufgestellt werden. Ein Beispiel ist die Bildung von Schwefeltrioxid aus Schwefeldioxid und Sauerstoff:

$$2\ \text{SO}_2(g) + \text{O}_2(g) \rightleftharpoons 2\ \text{SO}_3(g);$$

Bei der Behandlung der Gase in Kapitel 8 wurde erläutert, dass es zweckmäßig ist, den Gehalt eines Gases in einem abgeschlossenen System nicht durch seine Konzentration sondern durch den Partialdruck auszudrücken. Für ideale Gase gilt:

$$p = c \cdot R \cdot T$$

Bei kleinen Ionenkonzentrationen ($c < 10^{-2}\ \text{mol}\cdot l^{-1}$) ist der gemessene Wert der *spezifischen Leitfähigkeit* κ in guter Näherung direkt proportional zur Konzentration der Ionen. Für den Fall einer verdünnten Lösung von Essigsäure erhält man die Gleichgewichtskonzentration der Ionen, wenn man die tabellierten Werte der *molaren* Leitfähigkeiten Λ_m beider Ionen (für unendliche Verdünnung) berücksichtigt. Es gilt:

$$\kappa = c(\text{H}^+) \cdot \Lambda_m(\text{H}^+) + c(\text{Ac}^-) \cdot \Lambda_m(\text{Ac}^-)$$
$$\Rightarrow c(\text{H}^+) = c(\text{Ac}^-)$$
$$= \frac{\kappa}{\Lambda_m(\text{H}^+) + \Lambda_m(\text{Ac}^-)}$$

Das Massenwirkungsgesetz (MWG) wurde 1867 von den Norwegern C. M. Guldberg und P. Waage erstmals beschrieben. Es ist eine der wichtigsten Beziehungen in der gesamten Chemie, denn es erlaubt bei Kenntnis des Zahlenwerts der Gleichgewichtskonstante K eine quantitative Aussage über die Lage eines chemischen Gleichgewichts bzw. die Gleichgewichtskonzentrationen aller Reaktionsteilnehmer.

Cato Maximilian **Guldberg**, schwedischer Mathematiker, 1836–1902; Professor in Oslo.

Peter **Waage**, schwedischer Chemiker, 1833–1900; Professor in Oslo.

Allgemein besteht zwischen K_c und K_p folgender Zusammenhang:

$$K_p = K_c \cdot \frac{1}{(R \cdot T)^{-\Delta\nu}}$$

$\Delta\nu$ ist die Differenz der Teilchenzahlen zwischen der Produkt- und Eduktseite der Reaktion.

Der Massenwirkungsausdruck lässt sich also auch unter Verwendung der Partialdrücke formulieren:

$$K_c = \frac{c^2(SO_3)}{c^2(SO_2) \cdot c(O_2)}$$

$$= \frac{(p(SO_3)/RT)^2}{(p(SO_2)/RT)^2 \cdot (p(O_2)/RT)}$$

$$= \frac{p^2(SO_3)}{p^2(SO_2) \cdot p(O_2)} \cdot RT$$

Je nachdem, ob man die Gleichgewichtskonstante mit Konzentrationen oder mit Partialdrücken berechnet, ergeben sich im Allgemeinen unterschiedliche Zahlenwerte. Aus diesem Grunde unterscheidet man zwischen K_c, der Massenwirkungskonstante bezogen auf die Gleichgewichtskonzentrationen, und K_p, bei der die Partialdrücke verwendet werden. Für den Fall des Schwefeltrioxid-Gleichgewichts gilt:

$$K_p = K_c \cdot \frac{1}{R \cdot T}$$

Der Zusammenhang zwischen K_c und K_p kann jedoch auch anders sein. So sind die Zahlenwerte von K_c und K_p für den Fall des schon angesprochenen Iodwasserstoff-Gleichgewichts identisch:

$$H_2(g) + I_2(g) \rightleftharpoons 2\,HI(g); \quad K_c = \frac{c^2(HI)}{c(H_2) \cdot c(I_2)} = K_p = \frac{p^2(HI)}{p(H_2) \cdot p(I_2)}$$

Das Iodwasserstoff-Gleichgewicht ist eine Reaktion, bei der sich die Teilchenzahl nicht ändert, denn auf beiden Seiten des Reaktionspfeils stehen jeweils zwei gasförmige Teilchen. Aus diesem Grund kürzen sich die Faktoren $R \cdot T$ bei der Umrechnung von K_c auf K_p heraus und beide Gleichgewichtskonstanten haben den gleichen Zahlenwert.

Heterogene Gleichgewichte

An zahlreichen chemischen Reaktionen nehmen Stoffe teil, die unterschiedlichen Phasen angehören. Einen Typ solcher Reaktionen, das Löslichkeitsgleichgewicht von Salzen, haben wir in diesem Kapitel schon angesprochen. Da in einer gesättigten Lösung die Menge des vorhandenen Bodenkörpers keinerlei Einfluss auf die Konzentration der Ionen in der Lösung hat, taucht die Stoffmenge des Bodenkörpers im Massenwirkungsausdruck nicht auf. Die Aufstellung des Massenwirkungsgesetzes für das Löslichkeitsgleichgewicht eines Salzes wird damit vereinfacht. Wie im Falle von Calciumfluorid (CaF_2) kommt man allgemein zu der als Löslichkeitsprodukt bekannten Beziehung:

$$K_L = c(Ca^{2+}) \cdot c^2(F^-)$$

Bei der Behandlung der Löslichkeitsgleichgewichte haben wir gesehen, dass es eigentlich die *Aktivitäten* der Stoffe sind, die im Massenwirkungsgesetz stehen müssten und nicht die Konzentrationen. Ein *reiner* fester oder flüssiger Stoff hat definitionsgemäß eine Aktivität von $a = 1$. Daraus ergibt sich, dass seine Stoffmenge keinen Einfluss auf die Gleichgewichtslage haben kann. Die experimentellen Befunde über die Löslichkeit von Salzen, den Sublimationsdruck von Feststoffen oder den Dampfdruck von Flüssigkeiten stehen damit im Einklang.

Das Gleiche gilt für auch für andere heterogene Gleichgewichte, an denen mehrere Phasen beteiligt sind, so zum Beispiel für Verdampfungs- oder Sublimationsvorgänge. Bei der Besprechung des Phasendiagramms reiner Stoffe haben wir gesehen, dass der Dampf- bzw. Sublimationsdruck eines Stoffes weder von seiner Menge noch vom Volumen des Gefäßes abhängt, in dem er sich befindet, sondern ausschließlich von der Temperatur. Die Gleichgewichtskonstante eines solchen heterogenen Gleichgewichts ist also nichts anderes als der Dampfdruck bei der betreffenden Temperatur:

$$H_2O(l) \rightleftharpoons H_2O(g); \quad K_p = p(H_2O)$$
$$I_2(s) \rightleftharpoons I_2(g); \quad K_p = p(I_2)$$

Auch auf thermische Zersetzungsreaktionen und andere heterogene Reaktionen lässt sich das Massenwirkungsgesetz in einfacher Art und Weise anwenden:

$$Ca(OH)_2(s) \rightleftharpoons CaO(s) + H_2O(g); \quad K_p = p(H_2O)$$
$$CaCO_3(s) \rightleftharpoons CaO(s) + CO_2(g); \quad K_p = p(CO_2)$$
$$Ag^+(aq) + Fe^{2+}(aq) \rightleftharpoons Ag(s) + Fe^{3+}(aq); \quad K_c = \frac{c(Fe^{3+})}{c(Ag^+) \cdot c(Fe^{2+})}$$

Allgemein gilt: *Reine feste oder flüssige Stoffe, die an einer Reaktion beteiligt sind, treten im Massenwirkungsausdruck nicht auf.*

Berechnung von Gleichgewichtskonzentrationen und -drücken

In der Chemie stehen wir häufig vor der Aufgabe, die Konzentrationen oder Drücke von Stoffen im chemischen Gleichgewicht zahlenmäßig berechnen zu müssen. In allen Fällen benötigen wir hierzu das Massenwirkungsgesetz für die jeweilige Reaktion und den Zahlenwert der Gleichgewichtskonstante. Betrachten wir als Beispiel einen einfachen Fall, die Dissoziation von Essigsäure (HAc), in wässeriger Lösung in Hydronium-Ionen und Acetat-Ionen:

$$HAc(aq) \rightleftharpoons H^+(aq) + Ac^-(aq);$$
$$K_c = 2{,}2 \cdot 10^{-5} \text{ mol} \cdot l^{-1} = \frac{c(H^+) \cdot c(Ac^-)}{c(HAc)}$$

Es ist offenkundig, dass mit dem Massenwirkungsausdruck allein das Problem nicht lösbar ist, denn es sind drei unbekannte Konzentrationen zu berechnen. Für die Lösung steht zunächst nur der Massenwirkungsausdruck als eine mathematische Bestimmungsgleichung zur Verfügung. Es sind also noch zwei weitere Gleichungen zu suchen, die dann zu einem System von drei Gleichungen mit drei Unbekannten führen, das mathematisch lösbar ist. Diese weiteren Gleichungen sind *Stoffmengenbilanzen*, welche die Stoffmengen der Reaktionspartner miteinander verknüpfen. Eine derartige Bilanz ist bei Reaktionen unter Beteiligung von Ionen stets die Elektroneutralitätsbedingung, also die Tatsache, dass die Ladung der positiven Teilchen insgesamt gesehen mit der Ladung der negativen Teilchen übereinstimmt. Da nur zwei geladene Teilchenarten auftreten, $H^+(aq)$ und $Ac^-(aq)$, kann diese Beziehung besonders einfach dargestellt werden:

$$c(H^+) = c(Ac^-)$$

Die zweite Stoffmengenbilanz ergibt sich hier aus einer experimentell vorgegebenen Randbedingung. So kann beispielsweise die Anfangskonzentration der Essigsäure $c_0(HAc)$ bekannt sein. Ein Teil der Essigsäure liegt nach Einstellung des Gleichgewichts als undissoziiertes Molekül, ein Teil in Form von Acetat-Ionen vor. Die Summe beider Konzentrationen muss der Anfangskonzentration entsprechen:

$$c_0(HAc) = c(HAc) + c(Ac^-)$$

Gemeinsam mit dem Massenwirkungsausdruck haben wir nun ein System von drei Gleichungen mit drei Unbekannten vor uns, das zu der folgenden Beziehung mit nur einer Unbekannten führt:

$$K_c = \frac{c^2(H^+)}{c_0(HAc) - c(H^+)}$$

Nach den üblichen Regeln kann nun aus dieser quadratischen Gleichung $c(H^+)$ berechnet werden.

In analoger Weise lassen sich Gleichgewichtsdrücke berechnen. Betrachten wir hier als Beispiel die Dissoziation von Distickstofftetraoxid (N_2O_4) in Stickstoffdioxid (NO_2):

$$N_2O_4(g) \rightleftharpoons 2\,NO_2\,; \quad K_p = \frac{p^2(NO_2)}{p(N_2O_4)}$$

Eine Besonderheit bieten chemische Reaktionen, an denen ausschließlich reine feste Stoffe beteiligt sind, zum Beispiel:

$$CaO(s) + SiO_2(s) \rightleftharpoons CaSiO_3(s)$$

Auf Reaktionen dieser Art lässt sich das Massenwirkungsgesetz nicht anwenden, denn die Gleichgewichtslage ist nicht durch die Stoffmengen der drei Reaktionspartner zu beeinflussen. Bei solchen Feststoffreaktionen bildet sich im Gleichgewicht das Produkt entweder vollständig oder gar nicht. Nur bei einer ganz bestimmten Temperatur können Edukte und Produkte aus thermodynamischer Sicht nebeneinander beständig sein. Allerdings verlaufen solche Reaktionen im allgemeinen sehr langsam; je nach Temperatur kann es Tage, Wochen oder noch länger dauern, bis die erwartete Reaktion eintritt. So kann der Eindruck entstehen, dass Edukte und Produkte wie bei einer homogenen Reaktionen im Gleichgewicht nebeneinander vorliegen. Tatsächlich ist das Nebeneinander von Edukten und Produkten hier jedoch kein Ausdruck einer Gleichgewichtssituation, sondern eine Folge der geringen Reaktionsgeschwindigkeit.

Hier haben wir zwei unbekannte Größen zu berechnen, $p(N_2O_4)$ und $p(NO_2)$, es ist also noch eine weitere Gleichung aufzustellen, in der eine zusätzliche Information über das Gleichgewicht enthalten sein muss. Dies kann zum Beispiel die Kenntnis des Gesamtdrucks p sein, der gleich der Summe der Partialdrücke der beiden Stickstoffoxide ist:

$$p_{ges} = p(N_2O_4) + p(NO_2)$$

Eine andere Möglichkeit wäre die Angabe des Anteils vom ursprünglich vorhandenen N_2O_4, der bei den betrachteten Bedingungen zerfallen ist. Diesen Anteil nennt man den *Dissoziationsgrad* α.

Nehmen wir als Zahlenbeispiel einmal an, es hätten ursprünglich 100 Moleküle N_2O_4 vorgelegen und der Dissoziationsgrad betrüge 0,2 (dies entspricht 20%), dann liegen im Gleichgewicht noch 80 Moleküle N_2O_4 vor; durch den Zerfall von 20 Molekülen N_2O_4 entstanden 40 Moleküle NO_2. Unter Verwendung des Dissoziationsgrads α gilt allgemein:

$$p(N_2O_4) = (1 - \alpha)\, p_0(N_2O_4)$$
$$p(NO_2) = 2\alpha \cdot p_0(N_2O_4)$$

Damit wird der Massenwirkungsausdruck zu:

$$K_p = \frac{(2\alpha \cdot p_0)^2}{(1 - \alpha)p_0}$$

Der Anfangsdruck $p_0(N_2O_4)$ kann somit berechnet werden und die zuvor genannten Beziehungen liefern die Partialdrücke im Gleichgewicht.

Ist der Anfangsdruck $p_0(N_2O_4)$ gegeben, so besteht der folgende Zusammenhang mit den Gleichgewichtsdrücken:

$$p_0(N_2O_4) = p(N_2O_4) + 0{,}5\, p(NO_2)$$

Der Faktor 0,5 kommt dadurch zustande, dass ein NO_2-Molekül nur halb soviele Atome enthält wie ein Molekül N_2O_4. Durch Einsetzen erhält man:

$$K_p = \frac{p^2(NO_2)}{p_0(N_2O_4) - 0{,}5\, p(NO_2)}$$

Auch diese Gleichung kann in der üblichen Weise gelöst werden.

Gekoppelte Gleichgewichte

Chemische Reaktionen laufen häufig nicht so übersichtlich ab, dass sie durch eine einzige Reaktionsgleichung beschrieben werden können. In der Regel sind Nebenreaktionen zu beobachten, die das gesamte Reaktionsgeschehen komplizierter werden lassen. Wir wollen an drei Beispielen die Anwendung des Massenwirkungsgesetzes auf derartige *gekoppelte Gleichgewichte* verdeutlichen.

Eine in der Technik sehr wichtige Reaktion ist die sogenannte *Wassergasreaktion*. Bei erhöhten Temperaturen wird Wasserdampf mit Koks umgesetzt, um Kohlenstoffmonoxid und Wasserstoff in endothermer Reaktion nach der folgenden Gleichung zu erzeugen:

$$C(s) + H_2O(g) \rightleftharpoons CO(g) + H_2(g); \quad \Delta H_R^0 = 131 \text{ kJ} \cdot \text{mol}^{-1}$$

Das gebildete Kohlenstoffmonoxid kann in exothermer Reaktion jedoch auch mit Wasserdampf reagieren:

$$CO(g) + H_2O(g) \rightleftharpoons CO_2(g) + H_2(g); \quad \Delta H_R^0 = -41 \text{ kJ} \cdot \text{mol}^{-1}$$

Will man für diesen schon etwas komplizierteren Fall die Gleichgewichtssituation beschreiben und die Partialdrücke berechnen, dürfen die beiden Reaktionen nicht getrennt betrachtet werden, da sich beide Gleichgewichte gegenseitig beeinflussen. So gibt es in diesem Gleichgewichtssystem bei gegebenen äußeren Bedingungen einen ganz bestimmten Wasserdampfpartialdruck, der in den Massenwirkungsausdrücken für beide Reaktionen den gleichen Wert haben muss. Dieses gilt ebenso für die Partialdrücke von Wasserstoff und Kohlenstoffmonoxid, da auch diese Gase in beiden Reaktionsgleichungen auftreten. In einem geschlossenen System, das eine bestimmte Menge an Wasserdampf und einen Überschuss an Kohlenstoff enthält, wird die Gleichgewichtssituation zwischen den vier Gasen (H_2O, CO, CO_2 und H_2) durch die beiden Massenwirkungsausdrücke und zwei Stoffmengenbilanzen beschrieben. Diese berücksichtigen die Tatsache, dass die gesamten Stoffmengen an Wasserstoff und an Sauerstoff im System der ursprünglich eingesetzten Menge an Wasserdampf entsprechen müssen. Für die Stoffmengenbilanz des Wasserstoffs sind H_2O und H_2 zu berücksichtigen, für die des Sauerstoffs H_2O, CO und CO_2. Zu beachten ist dabei, dass CO_2 pro Molekül doppelt so viel Sauerstoff enthält wie H_2O und CO. Der CO_2-Partialdruck ist daher mit dem Faktor zwei zu multiplizieren. Insgesamt wird die Situation durch das folgende Gleichungssystem beschrieben:

$$K_p(1) = \frac{p(CO) \cdot p(H_2)}{p(H_2O)}$$

$$K_p(2) = \frac{p(CO_2) \cdot p(H_2)}{p(H_2O) \cdot p(CO)}$$

Wasserstoff-Bilanz: $p_0(H_2O) = p(H_2O) + p(H_2)$

Sauerstoff-Bilanz: $p_0(H_2O) = p(H_2O) + p(CO) + 2 \cdot p(CO_2)$

Dieses Gleichungssystem mit vier Unbekannten lässt sich lösen. Bei Kenntnis der Gleichgewichtskonstanten und ihrer Temperaturabhängigkeit ergibt sich für $p_0(H_2O) =$ 1 000 hPa das in Abbildung 9.3 dargestellte Bild.

Es wird deutlich, dass bei hohen Temperaturen der Wasserdampf praktisch vollständig in gleich große Anteile an Kohlenstoffmonoxid und Wasserstoff umgewandelt wird. Genau das sollte man auch nach dem Prinzip des kleinsten Zwangs für ein endothermes Gleichgewicht erwarten. Bei tieferen Temperaturen hingegen wird zwar Wasserstoff, aber deutlich weniger Kohlenstoffmonoxid gebildet, da dieses teilweise mit Wasser zu Wasserstoff und Kohlenstoffdioxid reagiert. Diese exotherme Reaktion spielt mit steigender Temperatur dann erwartungsgemäß eine immer geringere Rolle.

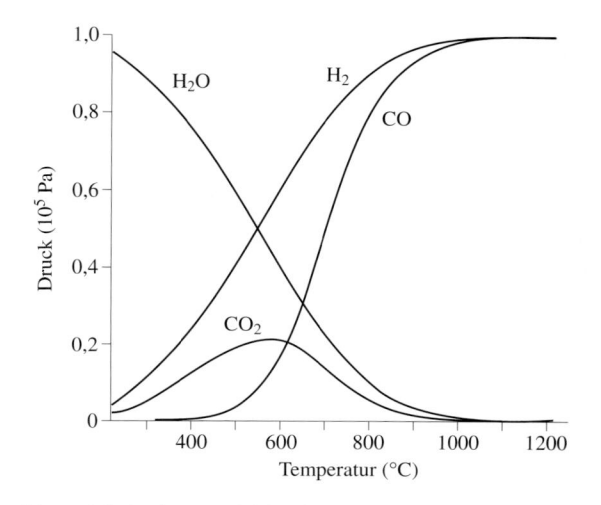

9.3 Temperaturabhängigkeit der Partialdrücke von H_2O, H_2, CO und CO_2 im Wassergas-Gleichgewicht.

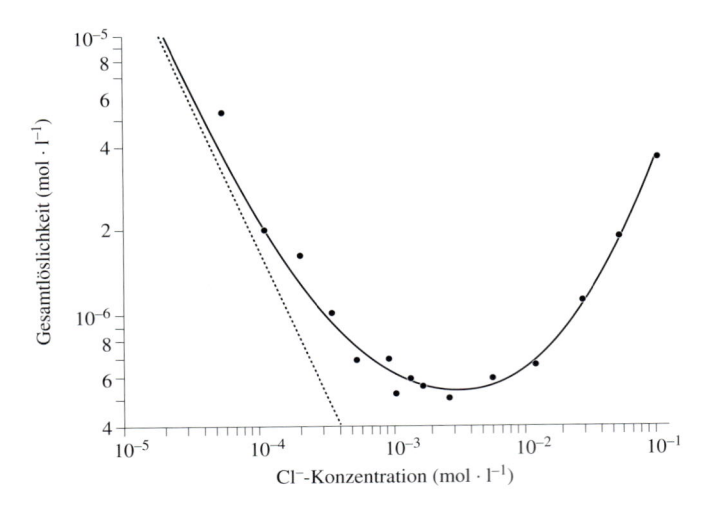

9.4 Löslichkeit von Silberchlorid in Abhängigkeit von der Chlorid-Ionen-Konzentration. Die durchgezogene Kurve ergibt sich aus der rechnerischen Kombination des Löslichkeits- und des Komplexbildungsgleichgewichts. Die eingezeichneten Punkte geben Messergebnisse wieder, die gepunktete Linie entspricht der Erwartung für die Löslichkeitsverminderung durch gleichionigen Zusatz.

Andere Beispiele für gekoppelte Gleichgewichte, die in der Laborpraxis eine wichtige Rolle spielen, liefert die Auflösung schwerlöslicher Salze in Gegenwart von Komplexbildnern. Gibt man zu einer Silbernitrat-Lösung eine Kochsalz-Lösung, fällt schwerlösliches Silberchlorid aus. Gibt man Kochsalz im Überschuss hinzu, sinkt die Löslichkeit des Silberchlorids durch den gleichionigen Zusatz zunächst weiter ab. Bei stärker erhöhter Cl^--Konzentration macht sich aber eine zweite Reaktion bemerkbar, die Bildung des leicht löslichen Ions $[AgCl_2]^-$. Ein Teil des zunächst gebildeten schwerlöslichen Silberchlorids wird daher aufgelöst. Das gesamte Reaktionsgeschehen lässt sich durch zwei Gleichgewichte beschreiben:

$$AgCl(s) \rightleftharpoons Ag^+(aq) + Cl^-(aq); \qquad K_L = c(Ag^+) \cdot c(Cl^-) = 2 \cdot 10^{-10} \text{ mol}^2 \cdot l^{-2}$$

$$Ag^+(aq) + 2\,Cl^-(aq) \rightleftharpoons [AgCl_2]^-(aq); \qquad K = \frac{c([AgCl_2]^-)}{c(Ag^+) \cdot c^2(Cl^-)} = 1{,}6 \cdot 10^{-5} \text{ mol}^{-2} \cdot l^2$$

Um die unbekannten Konzentrationen der in der Lösung befindlichen Ionen Ag^+, Cl^- und $[AgCl_2]^-$ berechnen zu können, ist über die beiden Gleichgewichtskonstanten hinaus eine weitere Gleichung notwendig. Es ist die Elektroneutralitätsbedingung:

$$c(Na^+) + c(Ag^+) = c(Cl^-) + c([AgCl_2]^-)$$

Da die Natrium-Ionen an den Gleichgewichten nicht beteiligt sind, ist deren Konzentration gleich der Anfangskonzentration und muss nicht berechnet werden. In Abbildung 9.4 ist die so berechnete Löslichkeit des Silberchlorids gemeinsam mit experimentellen Ergebnissen dargestellt.

Man erkennt zunächst den Abfall der Löslichkeit durch den gleichionigen Zusatz, dann mit steigender Chlorid-Konzentration die Zunahme der Löslichkeit durch Komplexbildung. In der Nähe des Minimums liefern $Ag^+(aq)$ und $[AgCl_2]^-(aq)$ ähnlich große Beiträge zur Gesamtlöslichkeit. Bei höheren Cl^--Konzentrationen überwiegt dagegen der Chlorokomplex. Die Löslichkeit lässt sich dann durch das folgende Gleichgewicht erfassen:

$$AgCl(s) + Cl^-(aq) \rightleftharpoons [AgCl_2]^-(aq); \qquad K_c = \frac{c([AgCl_2]^-)}{c(Cl^-)}$$

Diese Reaktionsgleichung ergibt sich aus den beiden oben angeführten durch Addition; der zugehörige Massenwirkungsausdruck ist das Produkt der beiden Gleichgewichtskonstanten:

$K_c = K_L \cdot K$

Dieser Befund lässt sich verallgemeinern: Bei der Addition von chemischen Reaktionen zur Beschreibung der Gesamtreaktion müssen die Massenwirkungsausdrücke miteinander multipliziert werden. Ganz entsprechend müssen die Massenwirkungsausdrücke bei der Subtraktion von Reaktionsgleichungen durcheinander dividiert werden.

Ein weiteres Beispiel für gekoppelte Gleichgewichte ist die stufenweise erfolgende Dissoziation einer mehrprotonigen Säure wie der Oxalsäure ($H_2C_2O_4$). Die Konzentrationen der beteiligten vier Spezies $H_2C_2O_4(aq)$, $HC_2O_4^-(aq)$, $C_2O_4^{2-}(aq)$ und $H^+(aq)$ können auf der Basis des folgenden Ansatzes berechnet werden:

$H_2C_2O_4(aq) \rightleftharpoons H^+(aq) + HC_2O_4^-(aq);\qquad K_S(1) = \dfrac{c(H^+) \cdot c(HC_2O_4^-)}{c(H_2C_2O_4)}$

$HC_2O_4^-(aq) \rightleftharpoons H^+(aq) + C_2O_4^{2-}(aq);\qquad K_S(2) = \dfrac{c(H^+) \cdot c(C_2O_4^{2-})}{c(HC_2O_4^-)}$

$c_0(H_2C_2O_4) = c(H_2C_2O_4) + c(HC_2O_4^-) + c(C_2O_4^{2-})$
$c(H^+) = c(HC_2O_4^-) + 2\, c(C_2O_4^{2-})$

9.3 Massenwirkungsgesetz und chemische Energetik

In Kapitel 7 sind die Beziehungen zwischen der Gleichgewichtskonstanten und den thermodynamischen Größen Enthalpie (H) und Entropie (S) bzw. freie Enthalpie (G) erläutert worden. Die grundlegenden Gleichungen sind:

$\Delta G^0 = \Delta H^0 - T \cdot \Delta S^0$

$R \cdot T \cdot \ln K = -\Delta G^0$

Hieraus lässt die Van't-Hoff-Gleichung ableiten:

$\ln K = \dfrac{-\Delta H^0}{R \cdot T} + \dfrac{\Delta S^0}{R}$

Wir haben in diesem Kapitel die Gleichgewichtskonstanten K_c und K_p kennen gelernt und gesehen, dass diese auch bei gleichen Bedingungen für eine Reaktion zahlenmäßig in der Regel nicht gleich sind. So stellt sich die Frage, welche Gleichgewichtskonstante denn mit Hilfe der Van't-Hoff-Gleichung berechnet wird. Wir haben auch gesehen, dass die Gleichgewichtskonstante in der Regel eine dimensionsbehaftete Größe ist. Formulieren wir das Massenwirkungsgesetz mit Konzentrationen, ist die Einheit der Gleichgewichtskonstante $(mol \cdot l^{-1})^{\Delta \nu}$, wobei $\Delta \nu$ die Änderung der Teilchenzahl im Verlaufe der Reaktion darstellt. Nur bei Reaktionen ohne Änderung der Teilchenzahl ist die Massenwirkungskonstante eine unbenannte Zahl.

Bei Reaktionen unter Beteiligung von Gasen verwendet man in der Regel anstelle der Konzentrationen die Partialdrücke der beteiligten Stoffe bei der Aufstellung des Massenwirkungsgesetzes. Hier tritt an die Stelle der Konzentrationseinheit $mol \cdot l^{-1}$ die jeweils verwendete Druckeinheit, also zum Beispiel Pascal, Hektopascal oder Bar. Die in der Van't-Hoff-Gleichung rechts vom Gleichheitszeichen stehenden Summanden sind dimensionslos. Also muss auch der natürliche Logarithmus der Gleichgewichtskons-

Durch die Einführung der dimensionslosen Massenwirkungskonstante K umgeht man ein Problem, das beim Logarithmieren einer dimensionsbehafteten Größe auftritt: Es ist physikalisch sinnlos, den Logarithmus der Konzentrationseinheit zu bilden, denn die Einheit dieses Logarithmus wäre dann lg (mol·l^{-1}) = lg (mol) − lg (l). Weder der Logarithmus der Stoffmengeneinheit Mol noch der Logarithmus der Volumeneinheit Liter hat irgendeine physikalische Bedeutung oder einen erkennbaren Sinn. Entsprechendes gilt für das Logarithmieren eines Drucks. Bei genauerer Betrachtung basieren also auch alle pK-Werte, wie zum Beispiel die pK_L-Werte in Tabelle 9.1, auf einer dimensionslosen Massenwirkungskonstanten. Die zunächst notwendige Division jeder Konzentration durch die Standardkonzentration von 1 mol·l^{-1} hat jedoch keinen Einfluss auf den Zahlenwert, sodass bei Berechnungen unter Verwendung von pK_L-Werten keinerlei Probleme auftreten. Gleiches gilt im Übrigen auch für die Dissoziationskonstanten von Säuren, die K_S-Werte, bzw. die daraus abgeleiteten pK_S-Werte (Kapitel 10).

tanten und die Gleichgewichtskonstante selbst dimensionslos sein. Die hier auftretende Gleichgewichtskonstante kann also weder K_c noch K_p sein. In der Tat verwendet man bei der Herleitung obiger Beziehungen eine dritte Möglichkeit, den Massenwirkungsausdruck zu formulieren: Man gibt die Konzentrationen bzw. die Partialdrücke als Vielfache der sogenannten *Standardwerte* an. Ein Zahlenwert von zum Beispiel 2,5 bedeutet also, dass die Konzentration 2,5 mal so groß ist wie die Standardkonzentration 1 mol·l^{-1}; die Konzentration beträgt demnach 2,5·1 mol·l^{-1}. Dies mag auf den ersten Blick sehr formalistisch erscheinen, denn der Zahlenwert von 2,5 ist bei der Angabe des relativen wie des absoluten Wertes der Konzentration exakt gleich groß.

Bei Reaktionen unter Beteiligung von Gasen meint der Zahlenwert von 2,5 den Druck des betrachteten Reaktionsteilnehmers bezogen auf den Standarddruck von 1000 hPa bzw. 1 bar. Der Druck des betrachteten Stoffes ist also 2500 hPa oder 2,5 bar. Die zahlreichen verwendeten Druckeinheiten führen in diesem Zusammenhang nicht selten zu Unklarheiten über die Einheit der Partialdruckwerte bei Berechnungen unter Einbeziehung der Van't-Hoff-Gleichung. Betrachten wir ein einfaches Beispiel:

Aus der Verdampfungsenthalpie (44 kJ·mol^{-1}) und der Verdampfungsentropie (118,8 J·mol^{-1}·K^{-1}) von Wasser soll die Siedetemperatur bei einem Druck von 2000 Pa berechnet werden. Wir verwenden die Van't-Hoff-Beziehung und lösen diese nach der Temperatur T auf:

$$T = \frac{-\Delta H^0_{verd}}{R \cdot \ln K - \Delta S^0_{verd}}$$

Die Verdampfung von Wasser kann folgendermaßen beschrieben werden:

$$H_2O(l) \rightleftharpoons H_2O(g); \quad K_p = p(H_2O)$$

Die Gleichgewichtskonstante K in der Van't-Hoff-Gleichung ist jedoch nicht $K_p = p(H_2O)$ = 2000 Pa, sondern $K = p(H_2O)/p^0$ = 2000 Pa/10^5 Pa = 0,02. Damit gilt:

$$T = \frac{-44\,000\ J \cdot mol^{-1}}{8{,}314\ J \cdot mol^{-1} \cdot K^{-1} \cdot \ln 0{,}02 - 118{,}8\ J \cdot mol^{-1} \cdot K^{-1}}$$

$$T = 290{,}8\ K = 17{,}7\ °C$$

Das Rechnen mit diesen relativen Angaben für die Konzentration bzw. den Druck bei der Anwendung des Massenwirkungsgesetzes ist nur dann notwendig, wenn die Gleichgewichtskonstante K aus thermodynamischen Größen berechnet wird und daraus die Konstante K_c oder K_p abgeleitet werden muss. Ist hingegen K_c oder K_p gegeben, kann wie gewohnt mit den Konzentrationen bzw. Drücken gerechnet werden.

ÜBUNGEN

9.1 Formulieren Sie das Massenwirkungsgesetz mit der Gleichgewichtskonstanten K_c für die folgenden Reaktionen:
  a) $CaCO_3(s) \rightleftharpoons CaO(s) + CO_2(g)$
  b) $C(s) + CO_2(g) \rightleftharpoons 2\ CO(g)$
  c) $HgO(s) \rightleftharpoons Hg(g) + ½\ O_2(g)$
  d) $Ag_2O(s) \rightleftharpoons 2\ Ag(s) + ½\ O_2(g)$
  e) $3\ Fe_2O_3(s) \rightleftharpoons 2\ Fe_3O_4(s) + ½\ O_2(g)$
  f) $I_2(l) \rightleftharpoons I_2(g)$

9.2 Wie wirkt sich ein steigender Gesamtdruck auf die Gleichgewichtslage der folgenden Reaktionen aus?
  a) $H_2(g) + I_2(g) \rightleftharpoons 2\ HI(g)$
  b) $I_2(g) \rightleftharpoons 2\ I(g)$
  c) $N_2(g) + 3\ H_2(g) \rightleftharpoons 2\ NH_3(g)$
  d) $CO(g) + H_2O(g) \rightleftharpoons CO_2(g) + H_2(g)$
  e) $2\ NO(g) + Cl_2(g) \rightleftharpoons 2\ NOCl(g)$

9.3 Essigsäure zerfällt in wässeriger Lösung teilweise in Hydronium-Ionen und Acetat-Ionen. Wie ändert sich die Konzentration der Hydronium-Ionen, wenn Natriumacetat zu der Lösung hinzu gefügt wird?

9.4 Begründen Sie, warum gasförmige Iod-Moleküle mit steigender Temperatur (bei konstantem Druck) in Iod-Atome zerfallen.

9.5 Die Reaktion $C(s) + CO_2(g) \rightleftharpoons 2\,CO(g)$ ist endotherm. Wie verschiebt sich die Gleichgewichtslage, wenn
 a) der Druck erhöht wird?
 b) die Stoffmenge des Kohlenstoffs erhöht wird?
 c) die Temperatur erhöht wird?
 d) das Volumen des Reaktionsgefäßes bei gleicher Anfangsmenge an CO_2 verkleinert wird?

9.6 0,1 mol Natriumhydrogensulfat wird in 1 l Wasser gelöst. Wie groß ist die Konzentration der Hydronium-Ionen, wenn die Gleichgewichtskonstante K_c für die Dissoziation des Hydrogensulfat-Ions $1{,}6 \cdot 10^{-2}$ mol·l^{-1} beträgt?

9.7 Für das Gleichgewicht $FeO(s) + CO(g) \rightleftharpoons Fe(s) + CO_2(g)$ ist bei 1000 °C die Gleichgewichtskonstante $K_c = 0{,}4$. Wieviel Eisen entsteht im Gleichgewicht, wenn 0,7 mol CO in einem Gefäß mit einem Volumen von 2 l mit überschüssigem FeO reagiert?

9.8 In ein Gefäß von einem Liter Inhalt wird 1,5 g festes Phosphor(V)-chlorid gegeben und anschließend auf 225 °C erhitzt, wobei das gesamte PCl_5 verdampft. Im Dampf stellt sich folgendes Gleichgewicht ein:
$PCl_5(g) \rightleftharpoons PCl_3(g) + Cl_2(g)$; $\Delta H_R^0 = 87{,}9$ kJ·mol^{-1}, $\Delta S_R^0 = 179{,}2$ J·mol^{-1}·K^{-1}
Berechnen Sie die Partialdrücke der Reaktionsteilnehmer.

9.9 Gasförmiges N_2O_4 zerfällt in NO_2:
$N_2O_4(g) \rightleftharpoons 2\,NO_2(g)$; $\Delta H_R^0 = 57{,}1$ kJ·mol^{-1}, $\Delta S_R^0 = 175{,}6$ J·mol^{-1}·K^{-1}
Berechnen Sie die Volumenanteile an NO_2 und N_2O_4 bei 25 °C und einem Gesamtdruck von 10^4 Pa.

9.10 Die Löslichkeit von Calciumcarbonat ist in verdünnter Salzsäure wesentlich größer als in reinem Wasser. Die Löslichkeit von Calciumsulfat wird hingegen durch Salzsäure praktisch nicht verändert. Erklären Sie diesen Befund.

9.11 Die Löslichkeit von Silberchlorid ist in konzentrierter Salzsäure deutlich größer als in reinem Wasser. Die Löslichkeit von Natriumchlorid hingegen ist in Gegenwart von Salzsäure wesentlich geringer als in reinem Wasser. Erklären Sie diesen Befund.

9.12 Viele Metalloxide sind in reinem Wasser kaum, in Salzsäure aber recht gut löslich. Erklären Sie diesen Befund.

Säuren und Basen haben in allen Bereichen der Chemie große Bedeutung. In diesem Kapitel behandeln wir verschiedene Säure/Base-Konzepte, wobei die Säure/Base-Chemie in Wasser als Lösemittel im Mittelpunkt steht. Ein Großteil des Kapitels ist der Brønsted-Lowryschen Interpretation von Säure/Base-Eigenschaften und dem Pearson-Konzept gewidmet, während ein kleinerer Teil das Lewis-Modell behandelt.

Säuren und Basen

10

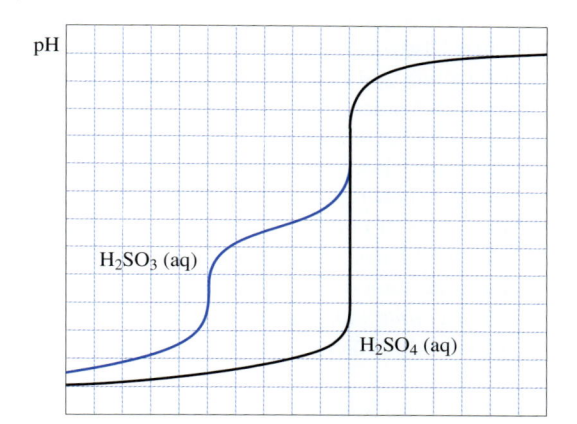

Kapitelübersicht

10.1 Das Brønsted-Lowry-Konzept
10.2 Quantitative Beschreibung von Säure/Base-Gleichgewichten in wässeriger Lösung
10.3 Säure/Base-Titration und Titrationskurven
Exkurs: Säure/Base-Indikatoren
10.4 Trends im Säure/Base-Verhalten
Exkurs: Nichtwässerige Lösemittel
10.5 Säuren und Basen nach Lewis
Exkurs: Supersäuren
10.6 Harte und weiche Säuren und Basen nach Pearson

Schon im Altertum kannte man den *sauren* Geschmack von Essig oder Zitronensaft. Essig war auch die erste technisch produzierte Säure. Man erhielt ihn durch Luftoxidation von Wein. Stoffe, die den sauren Geschmack abschwächten, wurden *alkalisch* oder *basisch* genannt. Zu ihnen gehörten Pottasche (K_2CO_3), die man aus Pflanzenasche gewann, oder durch Rösten von Muschelschalen erhaltener gebrannter Kalk (CaO).

Im Laufe der Jahrhunderte lernte man immer mehr Stoffe mit sauren bzw. alkalischen Eigenschaften kennen, die Säuren und Laugen bzw. Basen. Die ersten wissenschaftlich begründeten Konzepte oder Theorien zur Beschreibung von Säuren und Basen sind wenig mehr als hundert Jahre alt.

Neue Theorien werden immer dann entwickelt, wenn die älteren nicht mehr als Erklärung für alle bekannten Fakten und Phänomene ausreichen. Die Säure/Base-Theorien sind ein gutes Beispiel für eine solche Entwicklung.

Das Arrhenius-Konzept

Zur wissenschaftshistorischen Bedeutung von Arrhenius vergleiche man den Anfang von Kapitel 4.

Das erste leistungsfähige Säure/Base-Konzept wurde 1884 von Svante Arrhenius, dem Begründer der Ionentheorie, entwickelt. Ausgehend von genauen Messungen der elektrischen Leitfähigkeit wässeriger Lösungen hatte er eine allgemeine Theorie der elektrolytischen Dissoziation aufgestellt. Auf der Grundlage dieser Theorie konnten auch die Begriffe *Säure* und *Base* weitgehend geklärt werden, sodass sich das Reaktionsverhalten der entsprechenden Stoffe erstmals verständlich beschreiben ließ:

- Eine *Säure* ist danach eine Wasserstoff-Verbindung, die in wässeriger Lösung unter Bildung von *Wasserstoff-Ionen* (H^+) und negativ geladenen Säurerest-Ionen zerfällt (dissoziiert). Je höher die Konzentration der H^+-Ionen ist, umso stärker *sauer* ist die Lösung.
- Eine *Base* ist eine Verbindung, die in Wasser – ähnlich wie Natriumhydroxid – in *Hydroxid-Ionen* (OH^-) und positiv geladene Baserest-Ionen zerfällt. Je höher die Konzentration der OH^--Ionen, umso stärker *alkalisch* ist die Lösung.
- Die *Neutralisation* beruht auf der Vereinigung von H^+-Ionen und OH^--Ionen zu Wasser-Molekülen.

Darüber hinaus konnte Arrhenius zeigen, dass es sich bei Säure/Base-Reaktionen um Gleichgewichtsreaktionen handelt, die mithilfe des Massenwirkungsgesetzes *quantitativ* erfasst werden können.

Die aus heutiger Sicht grundlegenden Vorstellungen über den Aufbau von Atomen, Ionen und Molekülen wurden allerdings erst mehr als 20 Jahre später entwickelt. Es ist daher keineswegs überraschend, dass sich dabei auch einige Schwächen des Arrhenius-Konzepts herausstellten. So sollten in sauren Lösungen einfach positiv geladene Wasserstoff-Ionen vorliegen. Ein H^+-Ion ist aber nichts anderes als ein Proton (p^+); als äußerst kleines Elementarteilchen kann es nicht frei in einer Lösung auftreten, sondern nur in gebundener Form.

Die pH-Skala Auf der Suche nach einer quantitativen Beschreibung des sauren bzw. basischen Verhaltens vieler Stoffe war es naheliegend, die Konzentration der H^+(aq)-Ionen bzw. OH^-(aq)-Ionen als Maß zu verwenden. Bereits um 1900 wusste man, dass die Konzentration dieser beiden Ionen in neutralem Wasser gleich groß ist und bei 25 °C jeweils 10^{-7} mol·l^{-1} beträgt. Wasser dissoziiert also in geringem Umfang in diese beiden Ionen, man spricht auch von **Eigendissoziation** oder **Autoprotolyse**. Das Produkt beider Konzentrationen, das **Ionenprodukt des Wassers** (K_W) beträgt also 10^{-14} mol^2·l^{-2}. Dieser Wert steht in unmittelbarem Zusammenhang mit der Anwendung des Massenwirkungsgesetzes auf die Dissoziation des Wassers:

Wie jedes Gleichgewicht ist auch das Dissoziationsgleichgewicht des Wassers temperaturabhängig. So gilt der in vielen Berechnungen verwendete Wert von $1{,}0 \cdot 10^{-14}$ mol^2·l^{-2} für das Ionenprodukt des Wassers nur bei 25 °C. Bei 0 °C dagegen hat die Konstante einen Wert von $1{,}2 \cdot 10^{-15}$ mol^2·l^{-2}; bei 100 °C gilt: $4{,}8 \cdot 10^{-13}$ mol^2·l^{-2}.

$$H_2O(l) \rightleftharpoons H^+(aq) + OH^-(aq); \quad K_c = \frac{c(H^+) \cdot c(OH^-)}{c(H_2O)} = 1{,}8 \cdot 10^{-16} \text{ mol} \cdot l^{-1}$$

Da die Konzentration der H⁺(aq)- und OH⁻(aq)-Ionen in neutralem Wasser sehr gering ist, ergibt sich für die Stoffmenge der H$_2$O-Moleküle in einem Liter Wasser von 25 °C ($\cong$ 997 g): $n(H_2O) = 997\ g/18{,}015\ g \cdot mol^{-1} = 55{,}34$ mol. Dies gilt auch für verdünnte saure oder alkalische Lösungen. Die Massenwirkungskonstante K_c wird mit diesem Wert multipliziert und ergibt das Ionenprodukt des Wassers K_w.

Über das Massenwirkungsgesetz ist die H⁺(aq)-Ionen-Konzentration unmittelbar mit der Konzentration der OH⁻(aq)-Ionen verknüpft. Auch eine alkalische Lösung enthält also kleine Anteile an H⁺(aq)-Ionen. Die sauren oder basischen Eigenschaften einer wässerigen Lösung eines Stoffes können also durch die Angabe einer der beiden Konzentrationen beschrieben werden; in der Praxis ist dies meist die der H⁺-Ionen. Da die Zahlenwerte, zumal in alkalischen Lösungen, oft sehr klein sind, ist es seit langer Zeit üblich, nicht die Konzentration selbst, sondern den negativen dekadischen Logarithmus des *Zahlenwerts* der Konzentration, den **pH-Wert**, als Maß für Säure/Base-Eigenschaften zu verwenden. Der pH-Wert einer wässerigen Lösung ist also folgendermaßen definiert:

$$pH = -\lg \frac{c(H^+)}{mol \cdot l^{-1}}$$

In völlig analoger Weise gilt für den pOH-Wert:

$$pOH = -\lg \frac{c(OH^-)}{mol \cdot l^{-1}}$$

Mit der Definition des Ionenprodukts ergibt sich für eine Temperatur von 25 °C:

$$pH + pOH = 14$$

Die Verwendung des pH-Werts zur Angabe der Gleichgewichtskonzentration an hydratisierten H⁺-Ionen in sauren und alkalischen Lösungen geht auf einen Vorschlag des dänischen Chemikers Sørensen zurück. 1909 verwendete er erstmals Angaben dieser Art als sogenannte Wasserstoffexponenten. Die heute übliche elektrochemische Messung von pH-Werten liefert genau genommen nicht die Konzentration, sondern die *Aktivität* des Hydronium-Ions. Dementsprechend geht auch die wissenschaftliche Definition des pH-Wertes von der Aktivität $a(H^+)$ aus. Die im Text angeführte Definition über $c(H^+)$ ist damit als Näherung zu verstehen. Im Bereich von pH 2 bis pH 12 ist der Unterschied zwischen Aktivität und Konzentration relativ gering, soweit die Lösung nicht erhöhte Ionenkonzentrationen durch gelöste Salze aufweist.

Søren Peter Lauritz **Sørensen**, dänischer Chemiker, 1868–1939; Professor in Kopenhagen.

10.1 Das Brønsted-Lowry-Konzept

Ein realistischeres Modell für das Säure/Base-Verhalten lieferten der Engländer Thomas Lowry und der Däne Johannes Brønsted, die unabhängig voneinander eine Beschreibung des Säure/Base-Verhaltens entwickelten, die auch die Rolle des Lösemittels berücksichtigt. Obwohl es inzwischen differenziertere Säure/Base-Begriffe gibt, bietet das Konzept von Brønsted und Lowry bis heute eine hinreichende Grundlage zum Verständnis und zur Beschreibung der wichtigsten Säure/Base-Phänomene.

Brønsted und Lowry definieren Säuren als *Protonendonatoren* und Basen als *Protonenakzeptoren*. Der zentrale Punkt dieses Modells ist – anders als beim Arrhenius-Modell – die Beteiligung des Lösemittels, das im Sinne einer Säure/Base-Reaktion protoniert oder deprotoniert werden kann und dabei Kationen und Anionen bildet. Wie bereits erläutert, unterliegt Wasser einer geringen Eigendissoziation in H⁺(aq)-Ionen und OH⁻(aq)-Ionen. Insbesondere das sehr kleine Proton mit seiner hohen Ladungsdichte ist dabei fest an ein Wasser-Molekül gebunden, sodass zunächst ein H$_3$O⁺-Ion entsteht.

Die Wasserstoff-Atome dieses sogenannten *Oxonium*-Ions sind über relativ starke Wasserstoffbrücken mit drei weiteren H$_2$O-Molekülen verknüpft (Abbildung 10.1). Man könnte daher für das hydratisierte Proton auch die Formel H$_9$O$_4^+$(aq) in Erwägung ziehen. In der Praxis bleibt man bei der einfachen Schreibweise H$_3$O⁺ (aq), spricht aber meist von einem **Hydronium-Ion**. Dieser Name bedeutet so viel wie *hydratisiertes Oxonium-Ion*.

Die Autoprotolyse des Wassers wird deshalb in der Regel durch folgende Reaktionsgleichung beschrieben:

$$H_2O(l) + H_2O(l) \rightleftharpoons H_3O^+(aq) + OH^-(aq)$$

Bei der Autoprotolyse verhält sich das Wasser-Molekül, welches ein Proton abgibt, als Säure, während das Wasser-Molekül, das ein Proton aufnimmt, als Base fungiert. Die Rückreaktion entspricht der Neutralisation. Dabei wirkt das Hydronium-Ion als Protonendonator (also als Säure) und das Hydroxid-Ion als Protonenakzeptor (und damit als Base). Zwei

Johannes Nicolaus **Brønsted**, dänischer Chemiker, 1879–1947; Professor in Kopenhagen.

Thomas Martin **Lowry**, englischer Physikochemiker, 1874–1936; Professor in London und Cambridge.

10.1 Aufbau der H$_9$O$_4^+$-Einheit.

Teilchen, die sich um ein Proton unterscheiden, werden als **konjugiertes Säure/Base-Paar** oder auch als *korrespondierende Säuren und Basen* bezeichnet. In diesem Fall ist das Wasser-Molekül die konjugierte Base des Hydronium-Ions und die konjugierte Säure des Hydroxid-Ions. Solche Teilchen, die, ähnlich wie ein H$_2$O-Molekül – je nach Reaktionspartner – sowohl als Base als auch als Säure fungieren können, bezeichnet man allgemein als **Ampholyte**. In Bezug auf die Stoffe spricht man von einem *amphoteren Verhalten*.

Die Vorstellungen von Brønsted und Lowry basieren offensichtlich auf der Annahme der Existenz eines H$_3$O$^+$-Ions. Brønsted und Lowry stellten ihre Theorie 1923 auf. Das erste Indiz für die Existenz eines H$_3$O$^+$-Ions wurde ein Jahr später erbracht: Man beobachtete, dass Kristalle des Monohydrats der Perchlorsäure (HClO$_4 \cdot$ H$_2$O) aussahen wie Ammoniumperchlorat-Kristalle (NH$_4$ClO$_4$). Das ähnliche Aussehen ließ eine ähnliche Struktur vermuten. Die Schlussfolgerung war, dass feste Perchlorsäure ein dem NH$_4^+$-Ion analoges H$_3$O$^+$-Ion enthalten könnte und dass die eigentliche Struktur des festen Perchlorsäure-Monohydrats H$_3$O$^+$ClO$_4^-$ sei. Jahrzehnte später, als man die Kristallstrukturen von Säurehydraten bestimmen konnte, wurde die Richtigkeit dieser Annahme bestätigt. Das kristalline salzartige Perchlorsäure-Monohydrat bezeichnet man deshalb als *Oxoniumperchlorat*.

Saures oder alkalisches Verhalten hängt also nach dieser Betrachtungsweise von der chemischen Reaktion mit dem Lösemittel – in diesem Fall Wasser – ab. Für Fluorwasserstoff lässt sich dies folgendermaßen darstellen:

$$HF(aq) + H_2O(l) \rightleftharpoons H_3O^+(aq) + F^-(aq)$$

In dieser Reaktion fungiert Wasser als Base. Das Fluorid-Ion ist die konjugierte Base zum Fluorwasserstoff-Molekül. In ähnlicher Weise reagiert Ammoniak – als typische Base – mit Wasser zu seiner konjugierten Säure, dem Ammonium-Ion.

$$NH_3(aq) + H_2O(l) \rightleftharpoons NH_4^+(aq) + OH^-(aq)$$

Die Reaktion zwischen sauren und basischen Lösungen mit weitgehend protolysierten Säuren und Basen kann man einfach als die Reaktion zwischen dem Hydronium-Ion und dem Hydroxid-Ion betrachten. Dies entspricht der Rückreaktion der Autoprotolyse des Wassers. Da Wasser selbst nur zu einem sehr geringen Anteil dissoziiert vorliegt, verläuft die Reaktion des Hydronium-Ions mit dem Hydroxid-Ion praktisch vollständig.

$$H_3O^+(aq) + OH^-(aq) \rightleftharpoons 2\, H_2O(l)$$

Brønsted-Säuren unterschiedlicher Stärke Das Hydronium-Ion ist die stärkste Säure, die in wässriger Lösung existieren kann. Ganz entsprechend ist das Hydroxid-Ion die stärkste in wässriger Lösung existenzfähige Base. Jede Säure, die noch stärker ist als das Hydronium-Ion (z.B. Perchlorsäure, HClO$_4$), wird in wässriger Lösung quantitativ unter Bildung von Hydronium-Ionen umgesetzt:

$$HClO_4(aq) + H_2O(l) \rightarrow H_3O^+(aq) + ClO_4^-(aq)$$

Analog verhalten sich andere *sehr starke Säuren* wie Chlorwasserstoff, Schwefelsäure oder Salpetersäure. Auch sie reagieren unter Übertragung eines Protons auf das Lösemittel Wasser praktisch quantitativ und erscheinen dadurch im Lösemittel Wasser als nahezu gleich starke Säuren. Man spricht in diesem Zusammenhang von dem *nivellierenden Effekt* eines Lösemittels. Wir werden noch sehen (Exkurs am Ende von Abschnitt 10.4), dass in anderen Lösemitteln die genannten Säuren durchaus sehr unterschiedliches Verhalten zeigen können, mit Wasser jedoch reagieren sie vollständig zu Hydronium-Ionen, sie werden aus diesem Grunde als **sehr starke Säuren** bezeichnet.

Moleküle der **mittelstarken** und **schwachen Säuren**, wie Essigsäure (CH$_3$COOH) oder Borsäure (H$_3$BO$_3$), können nur zu einem kleinen Anteil ein Proton auf Wasser-Moleküle übertragen. Die Hydronium-Ionen-Konzentration in Lösungen dieser Säuren ist also bei gleicher Gesamtkonzentration wesentlich kleiner als in Lösungen der starken Säuren.

10.2 (a) Ammonium-Ion, (b) Oxonium-Ion.

Man beachte, dass das Hydronium-Ion häufig auch kürzer durch das Symbol H$^+$(aq) bezeichnet wird. Viele Reaktionsgleichungen werden dadurch wesentlich übersichtlicher. Das gilt vor allem für Redox-Reaktionen, an denen Hydronium-Ionen beteiligt sind. Im Zusammenhang mit energetischen Berechnungen ist in Reaktionsgleichungen grundsätzlich H$^+$(aq) zu verwenden (H$_3$O$^+$(aq) stiftet Verwirrung!).

Brønsted-Basen unterschiedlicher Stärke Neben dem Hydroxid-Ion selbst ist Ammoniak die nächstwichtige Brønsted-Lowry-Base. Diese Verbindung reagiert nur teilweise mit Wasser zu Hydroxid-Ionen. Es gibt jedoch noch viele andere gebräuchliche Basen – die konjugierten Basen schwacher Säuren. Diese Anionen kommen in vielen Salzen vor, deren wässerige Lösungen alkalisch reagieren. Zu diesen Basen gehören das Phosphat-Ion (PO_4^{3-}) und das Sulfid-Ion (S^{2-}), die beide zu stark alkalischen Lösungen führen, sowie das Fluorid-Ion (F^-), das eine schwächere Base ist:

$$PO_4^{3-}(aq) + H_2O(l) \rightleftharpoons HPO_4^{2-}(aq) + OH^-(aq)$$
$$S^{2-}(aq) + H_2O(l) \rightleftharpoons HS^-(aq) + OH^-(aq)$$
$$F^-(aq) + H_2O(l) \rightleftharpoons HF(aq) + OH^-(aq)$$

Im Falle des Sulfid-Ions findet in geringem Ausmaß noch ein weiterer Reaktionsschritt statt. Diese Reaktion ist für den Schwefelwasserstoffgeruch verantwortlich, den man bei Lösungen mit einer hohen Konzentration an Sulfid-Ionen feststellt:

$$HS^-(aq) + H_2O(l) \rightleftharpoons H_2S(aq) + OH^-(aq)$$

Auch das Gleichgewicht für die Reaktion des Phosphat-Ions liegt eher auf der rechten Seite, sodass in merklichem Ausmaß eine zweite Reaktion abläuft:

$$HPO_4^{2-}(aq) + H_2O(l) \rightleftharpoons H_2PO_4^-(aq) + OH^-(aq)$$

Das Hydrogenphosphat-Ion reagiert somit als Base und nicht – wie man vielleicht erwarten würde – als Säure. Die dritte mögliche Gleichgewichtsreaktion (zu H_3PO_4) spielt keine Rolle, denn das $H_2PO_4^-$-Ion wirkt gegenüber Wasser bereits als Säure. Durch den ersten und zweiten Schritt der Reaktion von Natriumphosphat mit Wasser ergeben sich Lösungen mit hohen pH-Werten. Einige Haushaltsreiniger enthalten daher Natriumphosphat, um durch die entstehenden Hydroxid-Ionen Fettmoleküle abzubauen.

Die konjugierten Basen sehr starker Säuren sind äußerst schwache Basen. Daher reagieren Lösungen von Natriumperchlorat, -chlorid, -sulfat oder -nitrat neutral.

Basen, die noch stärker sind als das OH^--Ion reagieren sofort vollständig mit Wasser unter Bildung von Hydroxid-Ionen. Ihre Basenstärke wird somit auf die des OH^--Ions nivelliert. Beispiele für Basen dieser Art sind das Oxid-Ion (O^{2-}) und das Amid-Ion (NH_2^-):

$$BaO(s) + H_2O(l) \rightarrow Ba^{2+}(aq) + 2\,OH^-(aq)$$
$$NaNH_2(s) + H_2O(l) \rightarrow Na^+(aq) + OH^-(aq) + NH_3(aq)$$

10.2 Quantitative Beschreibung von Säure/Base-Gleichgewichten in wässeriger Lösung

Die quantitative Beschreibung der Stärke von Säuren und Basen basiert auf der Anwendung des Massenwirkungsgesetzes auf die bei der Gleichgewichtseinstellung ablaufenden Protolysereaktionen.

Säurekonstante und Basenkonstante

Als Maß für die Stärke einer Säure oder Base verwendet man die Gleichgewichtskonstante der entsprechenden Protolysereaktion. Im Falle einer Säure HA geht es also allgemein um die folgende Gleichgewichtsreaktion:

$$HA(aq) + H_2O(l) \rightleftharpoons H_3O^+(aq) + A^-(aq)$$

Die Gleichgewichtskonstante dieser Reaktion wird als **Säurekonstante** K_S bezeichnet:

$$K_S = \frac{c(H_3O^+) \cdot c(A^-)}{c(HA)}$$

Die Konzentration des Wassers bleibt im Massenwirkungsausdruck unberücksichtigt, da sie in verdünnten wässerigen Lösungen praktisch konstant ist. Die Werte der Säurekonstanten verschiedener Säuren unterscheiden sich um viele Zehnerpotenzen. Ganz ähnlich wie bei der Angabe der Konzentration der Hydronium-Ionen als pH-Wert beschreibt man die Säurestärke bevorzugt durch den pK_S-Wert, den negativen dekadischen Logarithmus des *Zahlenwerts* der Säurekonstante:

> Der pK_S-Wert ist ein Maß für die Stärke einer Säure. Je stärker die Säure, desto kleiner ist der pK_S-Wert.

$$pK_S = -\lg \frac{K_S}{mol \cdot l^{-1}}$$

Die entsprechende Konstante für eine Base wird als **Basenkonstante** K_B bezeichnet. Auch hier kann das Protolysegleichgewicht allgemein formuliert werden:

$$A^-(aq) + H_2O(l) \rightleftharpoons HA(aq) + OH^-(aq)$$

In analoger Weise lassen sich die Basenkonstante und der pK_B-Wert formulieren:

$$K_B = \frac{c(HA) \cdot c(OH^-)}{c(A^-)} \quad ; \quad pK_B = -\lg \frac{K_B}{mol \cdot l^{-1}}$$

Die Säurekonstante K_S einer Säure HA und die Basenkonstante K_B ihrer konjugierten Base A^- stehen in einer engen Beziehung zueinander. Denn die Multiplikation von K_S mit K_B ergibt das Ionenprodukt des Wassers:

$$K_S \cdot K_B = \frac{c(H_3O^+) \cdot c(A^-)}{c(HA)} \cdot \frac{c(HA) \cdot c(OH^-)}{c(A^-)}$$

$$= c(H_3O^+) \cdot c(OH^-) = K_W$$

Tabelle 10.1 pK_S-Werte einiger Säuren (bei 25 °C)

Säure	pK_S (ideal)	pK_S (real; $I = 0{,}1$ mol · l^{-1})
$CO_2 + H_2O$ („H_2CO_3")	6,35	6,2
HCO_3^-	10,33	10,0
HCN	9,21	9,0
NH_4^+	9,24	9,3
HNO_2	3,15	3,0
H_3PO_4	2,15	2,0
$H_2PO_4^-$	7,20	6,86
HPO_4^{2-}	12,35	11,7
H_2O_2	11,65	11,6
H_2S	7,02	6,8
HS^-	13,9	13,8
$SO_2 + H_2O$ („H_2SO_3")	1,91	1,6
HSO_3^-	7,18	6,8
HSO_4^-	1,99	1,6
HF	3,17	2,9
HClO	7,53	7,4
HCOOH	3,75	3,55
CH_3COOH	4,76	4,65
HOOC-COOH	1,25	1,0
HOOC-COO$^-$	4,27	3,8

Tabelle 10.2 Beziehung zwischen Säurestärke und Basenstärke korrespondierer Säure/Base-Paare

	Säuren		Basen		
Bezeichnung	pK_S	Beispiel	pK_B	Beispiel	Bezeichnung
sehr stark	<0	$HClO_4$	>14	ClO_4^-	äußerst schwach
stark	0–3	H_3PO_4	11–14	$H_2PO_4^-$	sehr schwach
mittelstark	3–7	CH_3COOH	7–11	CH_3COO^-	schwach
schwach	7–11	NH_4^+, HCN	3–7	NH_3, CN^-	mittelstark
sehr schwach	11–14	HPO_4^{2-}, H_2O_2	0–3	PO_4^{3-}, HO_2^-	stark
äußerst schwach	>14	NH_3	<0	NH_2^-	sehr stark

Setzt man für K_W den bei 25 °C geltenden Wert (10^{-14} mol²·l⁻²) ein und geht zu den logarithmischen Größen über, folgt daraus:

$pK_S(HA) + pK_B(A^-) = 14$

Es ist also nicht notwendig, Basenkonstanten gesondert zu tabellieren. Sie ergeben sich direkt aus den Säurekonstanten der korrespondierenden Säuren.

Aufgrund dieses Zusammenhangs lassen sich die Säurestärken zu den Basenstärken der jeweils korrespondierenden Anionen in Beziehung setzen. Tabelle 10.2 gibt eine Übersicht über die Abstufungen von Säure- und Basenstärke.

Protolyseverhalten von Ampholyten Natriumhydrogenphosphat (Na_2HPO_4) und Kaliumdihydrogenphosphat (KH_2PO_4) gehören zu den häufig im Labor verwendeten Salzen. Die Anionen dieser Salze (HPO_4^{2-}, $H_2PO_4^-$) sind wichtige Beispiele für *Ampholyte*, denn sie können sowohl Protonen aufnehmen als auch Protonen abgeben. Ob eine wässerige Lösung des Salzes sauer oder alkalisch reagiert, lässt sich voraussagen, wenn man die Säurestärke mit der Basenstärke des Ampholyten vergleicht.

Beispiel: Für das Dihydrogenphosphat-Ion gelten die folgenden Werte: $pK_S(H_2PO_4^-)$ = 6,9; $pK_B(H_2PO_4^-)$ = 12. Das Anion ist damit einerseits eine *mittelstarke Säure*, andererseits eine *sehr schwache Base*. Eine Lösung des Salzes reagiert dementsprechend sauer.

> Je stärker eine Säure, desto schwächer ist die konjugierte Base (und umgekehrt).
> *Beispiele:* Das Essigsäure-Molekül (pK_S = 4,65) ist eine *mittelstarke* Säure, das Acetat-Ion (pK_B = 9,35) ist eine *schwache* Base.
> Das Ammoniak-Molekül (pK_B = 4,7) ist eine *mittelstarke* Base, das Ammonium-Ion (pK_S = 9,3) ist eine *schwache* Säure.

Berechnung von pH-Werten

Über die Berechnung von pH-Werten sind ganze Bücher geschrieben worden. Man findet dort auch Formeln für viele Spezialfälle. Für die meisten praktisch wichtigen Fälle lässt sich der pH-Wert einer wässerigen Lösung jedoch relativ einfach berechnen. Voraussetzung dafür ist, dass man sich ein Bild über das Protolyseverhalten des gelösten Stoffes machen kann. Außerdem muss klar sein, welche Stoffmenge einer Säure oder Base insgesamt gelöst ist und welcher Ausgangskonzentration c_0 dies entspricht.

Besonders einfach ist die Berechnung, wenn der gelöste Stoff – ähnlich wie bei Salzsäure oder Natronlauge – vollständig in Form der entsprechenden Ionen vorliegt.

Sehr starke Säuren und sehr starke Basen In verdünnten Lösungen sehr starker Säuren läuft die Protolysereaktion vollständig ab. Die Konzentration der Hydronium-Ionen stimmt also jeweils mit der (hypothetischen) Ausgangskonzentration der Säure-Moleküle c_0(HA) überein. Der pH-Wert der Lösung ist somit gleich dem negativen dekadischen Logarithmus des Zahlenwerts der Ausgangskonzentration:

$$c(H_3O^+) = c_0(HA) \quad \Rightarrow \quad pH = -\lg \frac{c_0(HA)}{mol \cdot l^{-1}}$$

> *Beispiel*: Salzsäure mit c_0(HCl) = 0,02 mol·l⁻¹
> pH = −lg 0,02 = 1,7

In der verdünnten Lösung einer sehr starken Brønsted-Base wäre aufgrund der vollständigen Protolyse die Konzentration der OH⁻-Ionen jeweils genauso groß wie die Ausgangskonzentration der Base $c_0(B)$. Basen mit dieser Eigenschaft spielen im Labor jedoch praktische keine Rolle.

Von größter Bedeutung sind dagegen Hydroxide der Alkalimetalle (MOH). In diesen salzartigen Verbindungen liegt das OH⁻-Ion bereits als Gitterbaustein vor. Bei der Bildung der Lösung läuft demnach keine Protonenübertragung ab. Die Konzentration der OH⁻-Ionen stimmt also mit der aus der gelösten Stoffmenge berechneten Ausgangskonzentration $c_0(MOH)$ überein:

$$c(OH^-) = c_0(MOH)$$

$$\Rightarrow pOH = -\lg \frac{c_0(MOH)}{mol \cdot l^{-1}}$$

Beispiel: Natronlauge mit $c_0(NaOH) = 0{,}05$ mol·l⁻¹
pOH = −lg 0,05 = 1,3
pH = 14 − pOH = 14 − 1,3 = 12,7

Der zugehörige pH-Wert ergibt sich über das Ionenprodukt des Wassers mithilfe des pK_W-Werts: $pH = pK_W - pOH$

pH = 14 − pOH (bei 25 °C)

Exakte Berechnung bei unvollständiger Protolyse Bei der großen Mehrzahl von Säuren und Basen stellt sich in der Lösung ein *Protolysegleichgewicht* ein, dessen Lage mithilfe des K_S- bzw. K_B-Werts berechnet werden kann.

Für den Fall einer Säure gilt definitionsgemäß:

$$HA(aq) + H_2O(l) \rightleftharpoons H_3O^+(aq) + A^-(aq); \quad K_S = \frac{c(H_3O^+) \cdot c(A^-)}{c(HA)}$$

Um die Gleichgewichtskonzentrationen der drei Teilchenarten berechnen zu können, benötigen wir zusätzlich zur Gleichgewichtskonstante K_S zwei weitere Beziehungen. Es sind diese die folgenden Stoffmengenbilanzen:

$c(A^-) = c(H_3O^+)$ (Elektroneutralisationsbedingung)
$c(HA) = c_0(HA) - c(H_3O^+)$

Hinweise: In diesem Abschnitt werden nur verdünnte wässerige Lösungen berücksichtigt, deren pH-Wert im Wesentlichen nur durch *eine* Säure oder *eine* Base bestimmt wird.
Puffersysteme, bei denen die Konzentrationen einer Säure und der konjugierten Base in der gleichen Größenordnung liegen, werden in Abschnitt 10.3 behandelt.
Die in der Praxis nur selten relevanten Fälle, dass neben der Protolyse der gelösten Säure oder Base auch die Autoprotolyse des Wassers den pH-Wert merklich beeinflusst, werden hier nicht näher erläutert. Beispiele aus diesem Bereich sind einerseits extrem verdünnte Lösungen ($c << 10^{-5}$ mol·l⁻¹) andererseits sehr schwache Säuren mit $pK_S > 12$ sowie sehr schwache Basen mit $pK_B > 12$.

Berücksichtigt man diese Zusammenhänge, so erhält man eine quadratische Gleichung, mit deren Hilfe sich die im Gleichgwicht vorliegende Konzentration der Hydronium-Ionen berechnen lässt:

$$K_S = \frac{c^2(H_3O^+)}{c_0(HA) - c(H_3O^+)}$$

$$c^2(H_3O^+) + K_S \cdot c(H_3O^+) - K_S \cdot c_0(HA) = 0$$

$$c(H_3O^+) = -\frac{K_S}{2} \pm \sqrt{\frac{K_S^2}{4} + K_S \cdot c_0(HA)}$$

Da eine negative Konzentration physikalisch sinnlos ist, muss hier stets das (+)-Zeichen verwendet werden. Der letzte Schritt ist die Umrechnung in den pH-Wert:

$$pH = -\lg \frac{c(H_3O^+)}{mol \cdot l^{-1}}$$

- In völlig analoger Weise ergibt sich für Lösungen einer Base (A⁻) eine Beziehung, über die zunächst die im Protolysegleichgewicht vorliegende Konzentration an OH⁻-Ionen berechnet wird:

$$K_B = \frac{c^2(OH^-)}{c_0(A^-) - c(OH^-)}$$

$$c(\text{OH}^-) = -\frac{K_\text{B}}{2} + \sqrt{\frac{K_\text{B}^2}{4} + K_\text{B} \cdot c_0(\text{A}^-)}$$

Anschließend rechnet man in den pOH-Wert um und ermittelt den zugehörigen pH-Wert: pH = 14 − pOH

Näherungsweise Berechnung bei geringem Ausmaß der Protolyse Verglichen mit der Ausgangskonzentration $c_0(\text{HA})$ ist in der Lösung einer *schwachen Säure* (z. B. HCN; pK_S = 9,2) die Konzentration der gebildeten Ionen nur sehr gering. Das Protolysegleichgewicht liegt also weit auf der linken Seite. Das gilt ebenso für mittelstarke Säuren, soweit die Lösungen nicht allzu verdünnt sind:

$$\text{HA(aq)} + \text{H}_2\text{O(l)} \rightleftharpoons \text{H}_3\text{O}^+(\text{aq}) + \text{A}^-(\text{aq})$$

In diesen Fällen stimmt die Gleichgewichtskonzentration $c(\text{HA})$ praktisch mit der Ausgangskonzentration $c_0(\text{HA})$ überein. Im Term für K_S kann deshalb der Nenner ($c_0(\text{HA}) - c(\text{H}_3\text{O}^+)$) durch $c_0(\text{HA})$ als Näherungswert ersetzt werden. Auf diese Weise kommt man zu einer *Näherungsformel*, mit der sich der pH-Wert mühelos berechnen lässt:

$$K_\text{S} = \frac{c^2(\text{H}_3\text{O}^+)}{c_0(\text{HA})} \quad \Rightarrow \quad c(\text{H}_3\text{O}^+) = \sqrt{K_\text{S} \cdot c_0(\text{HA})}$$

$$\text{pH} = \frac{1}{2}\left(pK_\text{S} - \lg\frac{c_0(\text{HA})}{\text{mol} \cdot \text{l}^{-1}}\right)$$

Eine ganz entsprechende Näherungsformel erhält man für den pOH-Wert der Lösung einer Base A⁻ bei geringem Ausmaß der Protolyse:

$$K_\text{B} = \frac{c^2(\text{OH}^-)}{c_0(\text{A}^-)} \quad \Rightarrow \quad c(\text{OH}^-) = \sqrt{K_\text{B} \cdot c_0(\text{A}^-)}$$

$$\text{pOH} = \frac{1}{2}\left(pK_\text{B} - \lg\frac{c_0(\text{A}^-)}{\text{mol} \cdot \text{l}^{-1}}\right)$$

Falls der pH-Wert einer Lösung durch einen Ampholyten wie HCO_3^-, H_2PO_4^- oder HPO_4^{2-} bestimmt wird, führt die Anwendung der Näherungsformeln meist zu größeren Fehlern. Die Ursache dafür ist, dass neben der Abgabe von Protonen auch die Aufnahme von Protonen abläuft. Eine sinnvolle Berechnung setzt deshalb voraus, dass man durch einen Vergleich von pK_S- und pK_B-Wert des Ampholyten zuerst klärt, welche Reaktionsrichtung überwiegt.

Protolysegrad Der pH-Wert einer Säure oder Base ist vom pK_S- bzw. pK_B-Wert und von der Anfangskonzentration c_0 abhängig, wie die aus dem Massenwirkungsgesetz abgeleiteten Formeln zeigen. Diesen Werten ist häufig nicht unmittelbar anzusehen, in welchem Umfang die Protolyse einer Säure oder Base abläuft. Hier bedient man sich gelegentlich des anschaulichen Begriffs *Protolysegrad* α. Der Wert gibt an, in welchem Verhältnis der protolysierte Anteil zur Gesamtmenge steht. Dies soll an zwei Beispielen, der Protolyse von Essigsäure und von Ammoniak, kurz erläutert werden:

$$\alpha = \frac{c(\text{Ac}^-)}{c_0(\text{HAc})} = \frac{c(\text{H}_3\text{O}^+)}{c_0(\text{HAc})}$$

Der pH-Wert von Essigsäure (c_0 = 0,1 mol·l⁻¹) beträgt 2,9.

$$\alpha = \frac{10^{-2,9} \text{ mol} \cdot \text{l}^{-1}}{0,1 \text{ mol} \cdot \text{l}^{-1}} = 0,013 = 1,3\%$$

1,3 % der ursprünglich vorhandenen Essigsäure-Moleküle werden bei dieser Anfangskonzentration also protolysiert.

Bei genügend hoher Gesamtkonzentration kann die Näherungsformel sinnvoll auch für starke Säuren angewendet werden.
Beispiel: Für Flusssäure mit pK_S(HF) = 2,9 und c_0 = 1 mol·l⁻¹ ergibt sich: pH = ½(2,9 − 0) = 1,45. Die exakte Berechnung liefert pH = 1,44.
Für stärker verdünnte Lösungen ergeben sich aber fehlerhafte oder auch sinnlose Werte. So erhält man bei einer Anfangskonzentration von 10⁻⁴ mol·l⁻¹ einen Wert von pH = ½(2,9 + 4) = 3,45. Die Lösung wäre demnach stärker sauer als bei vollständiger Protolyse (pH = 4,0).

Die Näherungsformel liefert noch gute Ergebnisse, wenn die Säure HA zu rund 25 % protolysiert. Das exakte Ergebnis ist in diesem Fall um nur 0,07 pH-Einheiten höher.

Genauere Ergebnisse für den pH-Wert von Ampholytlösungen erhält man – unabhängig von der Ausgangskonzentration – über eine Formel mit zwei aufeinander folgenden pK_S-Werten.

Beispiel HA⁻:

pH = ½(pK_S(H$_2$A) + pK_S(HA⁻))

Für eine Hydrogencarbonat-Lösung ergibt sich damit realitätsnah:
pH = ½(6,2 + 10,0) = 8,1

In ähnlicher Weise ergibt sich der Protolysegrad von Ammoniak:

$$\alpha = \frac{c(\text{NH}_4^+)}{c_0(\text{NH}_3)} = \frac{c(\text{OH}^-)}{c_0(\text{NH}_3)}$$

Für eine Ammoniak-Lösung mit der Anfangskonzentration $0{,}01\ \text{mol}\cdot\text{l}^{-1}$ und einem pH-Wert von 10,6 (pOH = 3,4) gilt:

$$\alpha = \frac{10^{-3,4}\ \text{mol}\cdot\text{l}^{-1}}{10^{-2}\ \text{mol}\cdot\text{l}^{-1}} = 10^{-1,4}$$

$$\alpha = 0{,}04 = 4\ \%$$

Das Ostwaldsche Verdünnungsgesetz Für die Lösung einer schwachen oder mittelstarken Säure HA lässt sich die Konzentration der Hydronium-Ionen näherungsweise durch die folgende Beziehung angeben:

$$c(\text{H}_3\text{O}^+) = \sqrt{K_\text{S} \cdot c_0(\text{HA})}$$

Für den Protolysegrad ergibt sich danach:

$$\alpha = \frac{\sqrt{K_\text{S} \cdot c_0(\text{HA})}}{c_0(\text{HA})}$$

$$\alpha = \sqrt{\frac{K_\text{S}}{c_0(\text{HA})}}$$

Man bezeichnet diesen Zusammenhang als das *Ostwaldsche Verdünnungsgesetz*. Es stellt für eine schwache Säure den Zusammenhang zwischen α, K_S und c_0 her.

Für eine Säure beliebiger Säurestärke ergibt sich aus dem Massenwirkungsansatz für die Protolyse einer einprotonigen Säure der folgende Zusammenhang:

$$K_\text{S} = \frac{\alpha^2 \cdot c_0^2(\text{HA})}{c_0(\text{HA})\,(1-\alpha)}$$

$$= \frac{\alpha^2 \cdot c_0(\text{HA})}{1-\alpha}$$

Für den Fall einer schwachen Säure mit $\alpha \ll 1$ folgt hieraus der oben formulierte Näherungsausdruck.

10.3 Säure/Base-Titration und Titrationskurven

Die genaue Bestimmung der Konzentration einer Säure oder einer Base in einer Lösung gehört zu den Routineaufgaben im Laboralltag. Zu einer Probe der zu untersuchenden Lösung gibt man dabei schrittweise die Lösung einer Base (bzw. Säure) mit genau bekannter Konzentration, eine sogenannte **Maßlösung**. Der Farbumschlag eines geeigneten *Indikators* zeigt an, dass der **Äquivalenzpunkt** erreicht ist, dass also genau die zur Säure äquivalente Menge an Base hinzu gegeben wurde. Aus dem Volumen der Maßlösung, das mit einer *Bürette* genau bestimmt wird, kann dann der Säuregehalt in der Probelösung ermittelt werden. Man nennt dieses Verfahren der Gehaltsbestimmung von Säuren bzw. Basen eine **Säure/Base-Titration**. Der Verlauf der Titration kann auch auf einfache Art mit einem pH-Messgerät verfolgt werden. Die graphische Darstellung des pH-Wertes der Lösung gegen das Volumen der Maßlösung bezeichnet man als **Titrationskurve**. Statt des Volumens wird häufig auch das Stoffmengenverhältnis (z. B. $n(OH^-)/n(HA)$) angegeben oder der *Neutralisationsgrad* in %.

Titration einer sehr starken Säure Für die Titration von Salzsäure (100 ml, $c_0 = 0{,}1$ mol $\cdot$ l^{-1}) mit Natronlauge ($c_0 = 0{,}1$ mol $\cdot$ l^{-1}) ergibt sich das in Abbildung 10.3 (untere Kurve) dargestellte Bild.

Beginnend bei pH = 1,0 steigt der pH-Wert bei Laugenzugabe zunächst nur langsam an, in der Nähe des Äquivalenzpunktes jedoch sprunghaft. Der Verlauf der Titrationskurve kann mithilfe der oben angegebenen Näherungsformeln für den pH-Wert sehr starker Säuren und Basen leicht berechnet werden. In Tabelle 10.3 sind die so ermittelten pH-Werte als Funktion des Volumens an zugesetzter Lauge angegeben.

Die Neutralisation von 90% der ursprünglich vorhandenen Säure ändert den pH-Wert lediglich um eine Einheit. Sind 99% neutralisiert, beträgt die pH-Wert-Änderung 2 Einheiten. Nun genügt schon die Zugabe einiger Tropfen, um den pH-Wert sprunghaft ansteigen zu lassen. Diese drastische Änderung des pH-Wertes ist mit verschiedenen Methoden leicht festzustellen. Die einfachste und gebräuchlichste Methode besteht in der Zugabe einiger Tropfen der Lösung eines *Säure/Base-Indikators*, eines organischen Farbstoffs, dessen Farbe vom pH-Wert der Lösung abhängig ist. Am Äquivalenzpunkt, dessen pH-Wert innerhalb des Umschlagsbereichs des Indikators liegen sollte, ändert sich plötzlich die Farbe des Indikators. Die Zugabe der Maßlösung wird beendet, das insgesamt zugegebene Volumen an der Bürette abgelesen und daraus der Gehalt der Säure berechnet.

Titration einer mittelstarken Säure, Pufferlösungen Der Verlauf der Titrationskurve einer mittelstarken Säure wie der Essigsäure unterscheidet sich deutlich von dem einer sehr starken Säure (Abbildung 10.3, obere Kurve). Der Anfangspunkt der Kurve liegt mit einem pH-Wert von etwa 2,9 erwartungsgemäß deutlich höher als bei Salzsäure. Die Zugabe von wenig Natronlauge führt zunächst zu einem wesentlich stärkeren Anstieg des pH-Wertes als bei Salzsäure, dann flacht die Kurve jedoch wieder ab und verläuft um den Äquivalenzpunkt herum ähnlich steil wie bei Salzsäure, allerdings ist der Sprung am Äquivalenzpunkt hier erheblich kleiner. Jenseits des Äquivalenzpunkts zeigen die Titrationskurven – unabhängig von der Säurestärke – praktisch den gleichen Verlauf.

Tabelle 10.3 pH-Wert-Änderung bei der Titration von 100 mL Salzsäure ($c = 0{,}1$ mol $\cdot$ l^{-1}) mit Natronlauge ($c = 1$ mol $\cdot$ l^{-1})*)

V(NaOH) (mL)	pH-Wert
0,00	1
9,00	2
9,90	3
9,99	4
10,00	7
10,01	10
10,10	11
11,00	12
20,00	13

*) Die Verdünnung der Lösung während der Titration bleibt unberücksichtigt.

Für die in diesem Fall gebildete Natriumacetat-Lösung ($c \approx 0{,}1$ mol $\cdot$ l^{-1}) ergibt die Anwendung der oben hergeleiteten Näherungsformel einen pH-Wert von etwa 8,8.

10.3 Titrationskurven von Essigsäure (HAc) und Salzsäure (HCl) mit Natronlauge (Säure-Konzentration jeweils 0,1 mol $\cdot$ l^{-1}).

Der pH-Wert am Äquivalenzpunkt ist bei jeder Säure/Base-Titration genau der pH-Wert der Lösung des Salzes, dessen Ionen bei der Neutralisation gebildet werden.

Zwischen dem Anfangspunkt der Titration und dem Äquivalenzpunkt liegen in der Lösung Essigsäure und in zunehmendem Maße Natriumacetat vor. Solche Lösungen, die aus einer schwachen Säure und einem Salz dieser schwachen Säure bestehen, nennt man **Pufferlösungen**. Sie haben eine besondere Eigenschaft: Sie verändern ihren pH-Wert bei der Zugabe einer Säure oder einer Base nur relativ wenig. Um dies zu verstehen, betrachten wir noch einmal die Protolyse der Essigsäure HAc:

$$\text{HAc(aq)} + \text{H}_2\text{O(l)} \rightleftharpoons \text{H}_3\text{O}^+(\text{aq}) + \text{Ac}^-(\text{aq}); \quad K_S = \frac{c(\text{H}_3\text{O}^+) \cdot c(\text{Ac}^-)}{c(\text{HAc})}$$

Im Unterschied zur oben diskutierten Protolyse der reinen Essigsäure-Lösung sind in dem hier betrachteten Fall die Konzentrationen der Hydronium-Ionen und der Acetat-Ionen keineswegs gleich, denn im Verlauf der Titration nimmt die Konzentration der Hydronium-Ionen ab und die der Acetat-Ionen steigt an. Die Konzentration der Hydronium-Ionen beträgt also:

$$c(\text{H}_3\text{O}^+) = K_S \frac{c(\text{HAc})}{c(\text{Ac}^-)}$$

Durch Logarithmieren erhält man für den pH-Wert der Pufferlösung die folgende Gleichung:

$$\text{pH} = \text{p}K_S + \lg \frac{c(\text{A}^-)}{c(\text{HAc})}$$

Hat man genau halb so viel Natronlauge zugegeben, wie zur Neutralisation notwendig ist, ist die Konzentration der noch vorhandenen Essigsäure-Moleküle praktisch genauso groß wie die Konzentration der Acetat-Ionen. Damit ist der pH-Wert der Lösung gleich dem pK_S-Wert der schwachen Säure.

Allgemein lässt sich der pH-Wert einer Pufferlösung aus einer schwachen Säure HA und einem Salz dieser Säure mit folgender Gleichung berechnen:

$$\text{pH} = \text{p}K_S + \lg \frac{c(\text{A}^-)}{c(\text{HA})}$$

Diese Beziehung wird als **Henderson-Hasselbalch-Gleichung** oder als *Puffergleichung* bezeichnet. Für den *Halbäquivalenzpunkt* der Neutralisation einer schwachen Säure gilt danach:

$$\text{pH} = \text{p}K_S$$

Für Pufferlösungen aus einer schwachen Base und einem Salz dieser Base (*Beispiel*: Ammoniak/Ammoniumchlorid) ergibt sich in analoger Weise die folgende Beziehung:

$$\text{pOH} = \text{p}K_B + \lg \frac{c(\text{BH}^+)}{c(\text{B})}$$

Mithilfe der Henderson-Hasselbalch-Gleichung lassen sich auch die pH-Werte für den Verlauf der Titrationskurven zwischen dem Anfangspunkt und dem Äquivalenzpunkt berechnen. In Tabelle 10.4 sind so berechnete Werte gemeinsam mit dem auf andere Weise berechneten Anfangspunkt und Äquivalenzpunkt angegeben.

Titration mehrprotoniger Säuren Säuren wie die Schwefelsäure (H_2SO_4) weisen mehrere azide Wasserstoff-Atome auf. Die pK_S-Werte für ihre Protolyse sind in der Regel deutlich voneinander verschieden. In vielen Fällen beobachtet man daher in den Titrationskurven mehrprotoniger Säuren auch mehrere pH-Sprünge, die der schrittweisen Abgabe von Protonen entsprechen. Betrachten wir zwei Beispiele, die Titration von Schwefelsäure und von Schwefliger Säure. Die Titrationskurven sind in Abbildung 10.4 dargestellt.

Tabelle 10.4 pH-Wert-Änderung bei der Titration von 100 mL Essigsäure mit Natronlauge (Konzentrationen jeweils 0,1 mol · l^{-1})

V(NaOH) (ml)	pH-Wert
0,00	2,9
5,00	3,4
10,0	3,7
50,0	4,65
90,0	5,6
95,0	5,9
100,0	8,7

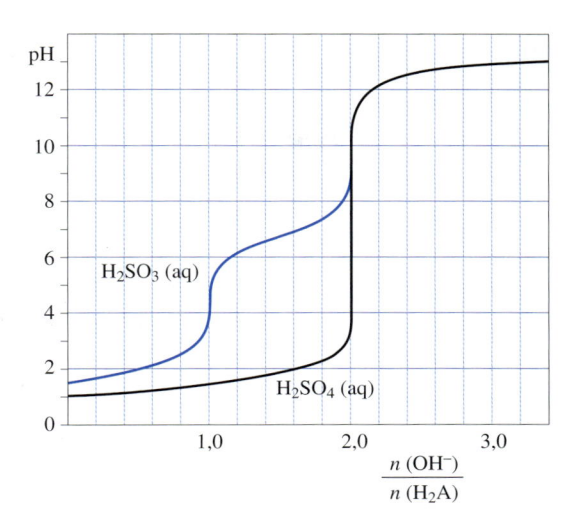

10.4 Titrationskurven von Schwefelsäure (H_2SO_4) und Schwefliger Säure (H_2SO_3) mit Natronlauge (Säure-Konzentration jeweils 0,1 mol·l^{-1}).

Obwohl sich die beiden pK_S-Werte bei der Schwefelsäure wie bei der Schwefligen Säuren um jeweils etwa fünf Einheiten unterscheiden (Tabelle 10.1), sind die Kurvenverläufe sehr unterschiedlich: Die Titrationskurve der Schwefelsäure zeigt nur einen pH-Sprung. Bei der schwächeren Schwefligen Säure hingegen sind zwei deutlich voneinander getrennte pH-Sprünge zu erkennen. Wie ist dieses so unterschiedliche Verhalten zu erklären? Bezüglich der ersten Protolysestufe (pK_S ≈ –3) ist Schwefelsäure eine *sehr starke Säure*; die folgende Reaktion läuft also praktisch vollständig ab:

$$H_2SO_4(aq) + H_2O(l) \rightarrow H_3O^+(aq) + HSO_4^-(aq)$$

Bezüglich der zweiten Protolysestufe (pK_S = 1,6) ist Schwefelsäure (bzw. das HSO_4^--Ion) eine *starke Säure*:

$$HSO_4^-(aq) + H_2O(l) \rightleftharpoons H_3O^+(aq) + SO_4^{2-}(aq)$$

Die Lösung eines Hydrogensulfats reagiert daher ziemlich stark sauer. Diese Tatsache wirkt sich unmittelbar auf den Verlauf der Titrationskurve von Schwefelsäure aus: Beim Stoffmengenverhältnis n(NaOH) : n(H_2SO_4) = 1 sind gerade so viele Hydronium-Ionen neutralisiert worden, wie sich im ersten Protolyseschritt gebildet haben. Insgesamt liegt jetzt eine Natriumhydrogensulfat-Lösung mit entsprechend niedrigem pH-Wert vor. In diesem Bereich gibt es also keine drastische Änderung des pH-Werts. Erst wenn man sich dem Stoffmengenverhältnis n(NaOH):n(H_2SO_4) = 2 nähert und damit die restlichen HSO_4^--Ionen ihr Proton abgeben, steigt der pH-Wert sprunghaft an.

Im Falle der Schwefligen Säure ist bereits die Bildung der Hydrogensulfit-Lösung mit einem deutlichen Anstieg in der Titrationskurve verbunden. Der pH-Wert der Hydrogensulfit-Lösung liegt bereits im schwach sauren Bereich. Die weitere Titration führt dann bei pH-Werten um 7 in den Bereich des Puffersystems HSO_3^-/SO_3^{2-}. Der zweite sprunghafte Anstieg zeigt an, dass jetzt auch die restlichen HSO_3^--Ionen in SO_3^{2-}-Ionen überführt worden sind.

Ein weiteres Beispiel für die Titration einer mehrprotonigen Säure bietet die Phosphorsäure (H_3PO_4). Auch hier unterscheiden sich die pK_S-Werte der drei Protolysestufen um jeweils etwa fünf Einheiten. Die Titrationskurve zeigt jedoch nur zwei pH-Sprünge (Abbildung 10.5), die der ersten und zweiten Protolysestufe mit Äquivalenzpunkten bei pH = 4,2 bzw. pH = 9,1 entsprechen. Der dritte Äquivalenzpunkt liegt bereits oberhalb von pH = 12; ein weiterer pH-Sprung kann nicht auftreten, da pH = 13 erst bei einem erheblichen Überschuss an Natronlauge erreicht wird.

Als Schweflige Säure bezeichnet man eine Lösung von Schwefeldioxid (SO_2) in Wasser. Diese Lösung verhält sich wie die Lösung einer zweiprotonigen Säure („H_2SO_3"), H_2SO_3-Moleküle liegen jedoch nicht vor!

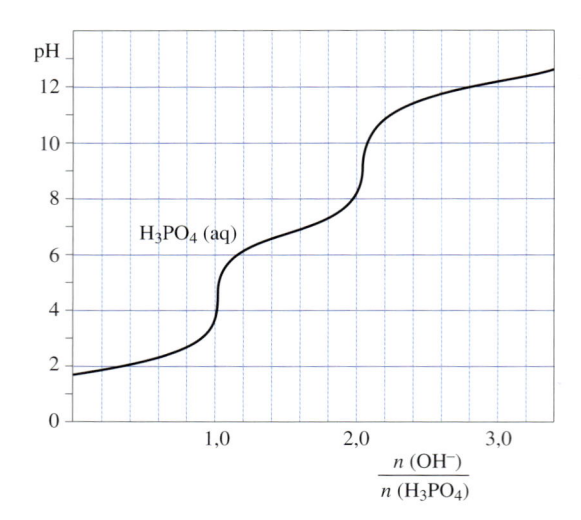

10.5 Titrationskurve von Phosphorsäure (H₃PO₄, 0,1 mol · l⁻¹) mit Natronlauge.

EXKURS

Säure/Base-Indikatoren

Um den Äquivalenzpunkt einer Titration zu erkennen, setzt man häufig einen Indikatorfarbstoff zu. Ein solcher Säure/Base-Indikator ist eine schwächere organische Säure, bei der das Säure-Anion eine andere Farbe aufweist als das Säure-Molekül. Abbildung 10.6 zeigt die Valenzstrichformeln des Indikators Methylrot und seiner konjugierten Base.

Bezeichnet man allgemein die Indikatorsäure mit HInd, so lässt sich das Protolysegleichgewicht folgendermaßen formulieren:

$$\text{HInd(aq)} + \text{H}_2\text{O(l)} \rightleftharpoons \text{H}_3\text{O}^+\text{(aq)} + \text{Ind}^-\text{(aq)}$$

Die Farbe des Indikators wird durch das Verhältnis der Konzentrationen von Säure und Säure-Anion bestimmt. Dieses Verhältnis hängt vom pH-Wert der Lösung ab: Bei niedrigen pH-Werten liegt das Protolysegleichgewicht auf der linken Seite, sodass sich die Farbe der Indikatorsäure zeigt. Erhöht man den pH-Wert, bildet sich die Indikatorbase Ind⁻ und deren Farbe wird sichtbar. Liegen Indikatorsäure und Indikatorbase in gleichen Konzentrationen vor, ergibt sich eine Mischfarbe. Für diesen Fall lässt sich der pH-Wert leicht berechnen:

$$K_S(\text{HInd}) = \frac{c(\text{H}_3\text{O}^+) \cdot c(\text{Ind}^-)}{c(\text{HInd})} = c(\text{H}_3\text{O}^+)$$

$$\text{pH} = pK_S(\text{HInd})$$

10.6 Strichformel des Indikators Methylrot und des korrespondierenden Anions.

Der Wechsel der Farbe erscheint dem Auge dann vollständig, wenn eine der beiden Komponenten in etwa zehnfachem Überschuss vorliegt. Der Umschlagsbereich eines Indikators beträgt deshalb etwa

$pH = pK_S(HInd) \pm 1$.

Bei der Auswahl des für eine Säure/Base-Titration geeigneten Indikators muss also beachtet werden, dass der pK_S-Wert des Indikators möglichst nahe am pH-Wert des Äquivalenzpunktes liegt. Dies gilt insbesondere bei der Titration schwacher Säuren oder Basen, bei denen der pH-Sprung relativ klein ist. Wählt man beispielsweise bei der Titration von Essigsäure mit Natronlauge (Abbildung 10.3) den Indikator Methylorange (Umschlag zwischen pH = 3,1 und pH = 4,4), beobachtet man einen sehr schleppenden Farbumschlag und einen viel zu geringen Verbrauch an Lauge: Die Gehaltsbestimmung der Essigsäure ist auf diese Weise nicht möglich. Hier ist Phenolphthalein der geeignete Indikator. Die wichtigsten Säure/Base-Indikatoren sind in Abbildung 10.7 zusammengestellt. In einigen Fällen handelt es sich um zweiprotonige Säuren, sodass zwei Farbwechsel auftreten.

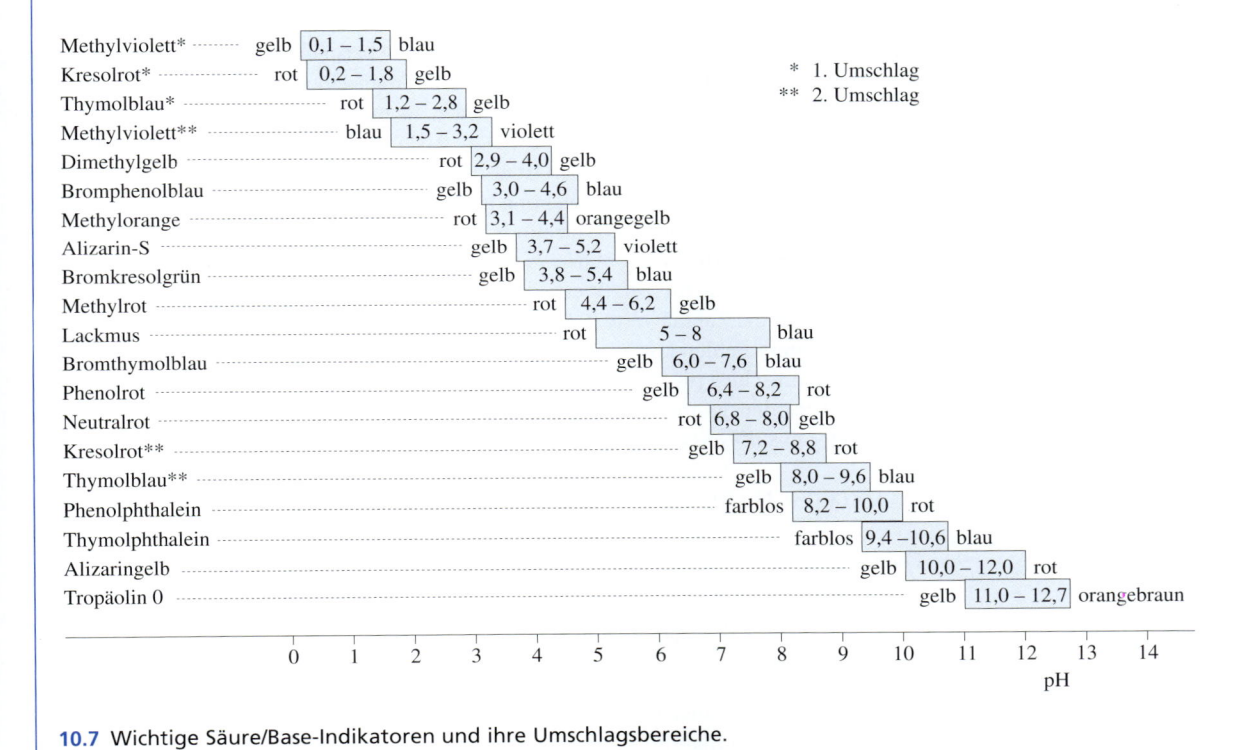

Indikator	Farbe sauer	Umschlagsbereich	Farbe basisch
Methylviolett*	gelb	0,1 – 1,5	blau
Kresolrot*	rot	0,2 – 1,8	gelb
Thymolblau*	rot	1,2 – 2,8	gelb
Methylviolett**	blau	1,5 – 3,2	violett
Dimethylgelb	rot	2,9 – 4,0	gelb
Bromphenolblau	gelb	3,0 – 4,6	blau
Methylorange	rot	3,1 – 4,4	orangegelb
Alizarin-S	gelb	3,7 – 5,2	violett
Bromkresolgrün	gelb	3,8 – 5,4	blau
Methylrot	rot	4,4 – 6,2	gelb
Lackmus	rot	5 – 8	blau
Bromthymolblau	gelb	6,0 – 7,6	blau
Phenolrot	gelb	6,4 – 8,2	rot
Neutralrot	rot	6,8 – 8,0	gelb
Kresolrot**	gelb	7,2 – 8,8	rot
Thymolblau**	gelb	8,0 – 9,6	blau
Phenolphthalein	farblos	8,2 – 10,0	rot
Thymolphthalein	farblos	9,4 – 10,6	blau
Alizaringelb	gelb	10,0 – 12,0	rot
Tropäolin 0	gelb	11,0 – 12,7	orangebraun

* 1. Umschlag
** 2. Umschlag

10.7 Wichtige Säure/Base-Indikatoren und ihre Umschlagsbereiche.

Pufferlösungen in der Praxis – ideales und reales Verhalten

Durch entsprechende Wahl der Säure- bzw. Basenkonzentration lässt sich problemlos eine Lösung mit jedem gewünschten pH-Wert herstellen. Der pH-Wert verändert sich aber sehr leicht. So kann eine alkalische Lösung Kohlenstoffdioxid aus der Luft aufnehmen, als Folge davon sinkt der pH-Wert. Für den Ablauf zahlreicher Reaktionen ist es aber erforderlich, den pH-Wert möglichst konstant zu halten. So sind viele Fällungsreaktionen nur in relativ engen pH-Bereichen möglich. Auch die chemischen Reaktionen in biologischen Systemen sind an bestimmte pH-Werte gebunden. In all diesen Fällen spielen Pufferlösungen eine entscheidende Rolle. Als Standardpuffer zur Kalibrierung von pH-Messgeräten wird eine Lösung verwendet, die sowohl KH_2PO_4 als auch Na_2HPO_4 mit einer Konzentration von 0,025 mol·l^{-1} enthält. Diese Lösung hat bei 25 °C einen

Rechenbeispiel: Ein Liter eines Acetat-Puffers möge jeweils 0,1 mol Essigsäure und 0,1 mol Acetat-Ionen enthalten. Der pH-Wert dieser Lösung ergibt sich rechnerisch zu:

$$pH = pK_S + \lg \frac{c(Ac^-)}{c(HAc)}$$
$$= 4,65 - \lg 1 = 4,65$$

Wir wollen nun berechnen, wie sich der pH-Wert ändert, wenn zu dieser Lösung zum Beispiel 0,05 mol einer starken Säure gegeben wird: Da Essigsäure eine relativ schwache Säure ist, werden die Protonen der zugegebenen Säure nahezu vollständig mit den Acetat-Ionen zu Essigsäure reagieren. Die Konzentration an Essigsäure erhöht sich also um 0,05 mol · l^{-1}, die der Acetat-Ionen erniedrigt sich um diesen Wert. Der pH-Wert der Pufferlösung ergibt sich dann zu:

$$pH = pK_S - \lg \frac{(0,1 + 0,05)\ mol \cdot l^{-1}}{(0,1 - 0,05)\ mol \cdot l^{-1}}$$
$$= pK_S - \lg 0,15/0,05 = 4,65 - 0,48$$

Der pH-Wert ändert sich also um weniger als eine halbe Einheit. Gibt man die gleiche Säuremenge in einen Liter neutrales Wasser, sinkt der pH-Wert auf 1,3, es ergibt sich also eine Änderung von 5,7 Einheiten.
Bei Zugabe von 0,05 mol einer starken Base ergeben sich die gleichen Änderungen in die andere Richtung: Für die gepufferte Lösung berechnen wir einen pH-Wert von 5,1, für die ungepufferte 12,7.

pH-Wert von 6,865. Auch Phosphat-Puffer mit pH = 7,00 sind im Handel. Sie weisen einen etwas höheren Anteil an Na$_2$HPO$_4$ auf.

Lebenswichtig sind die Pufferwirkungen von Körperflüssigkeiten. Das menschliche Blut hat einen pH-Wert von 7,4 ± 0,05. Wäre Blut eine ungepufferte Flüssigkeit, würde schon der Genuss einer sauren Gurke erhebliche gesundheitliche Probleme mit sich bringen. Am Blutpuffer ist das System Kohlensäure/Hydrogencarbonat maßgeblich beteiligt. Bei Säurezusatz bildet sich aus dem Hydrogencarbonat Kohlensäure, die in Kohlenstoffdioxid und Wasser zerfällt. Nach der Einnahme saurer Speisen wird dann vermehrt Kohlenstoffdioxid ausgeatmet.

Aus der Henderson-Hasselbalch-Gleichung ist unmittelbar ersichtlich, dass Pufferlösungen nicht beliebig große Mengen an Säuren oder Basen abpuffern können, sie besitzen eine begrenzte **Pufferkapazität**, die unmittelbar mit der Konzentration der schwachen Säure und der konjugierten Base zusammenhängt.

Reales und ideales Verhalten   pH-Werte können mit entsprechenden Messgeräten heute sehr genau gemessen werden. Misst man beispielsweise den pH-Wert eines Phosphat-Puffers ($c(H_2PO_4^-) = c(HPO_4^{2-})$), findet man einen Wert von 6,865 ($c(H_3O^+) = 1,36 \cdot 10^{-7}$ mol · l^{-1}). Dies ist deutlich niedriger, als man es nach dem in vielen Tabellen angeführten pK_S-Wert von 7,21 ($c(H_3O^+) = 0,62 \cdot 10^{-7}$ mol · l^{-1}) erwarten würde. Die Konzentration der Hydronium-Ionen ist also tatsächlich um den Faktor 2,2 größer als berechnet. Der Grund für diese Abweichung ist im realen Verhalten von Elektrolytlösungen, insbesondere bei höheren Konzentrationen, zu suchen: In der Regel beziehen sich die tabellierten pK_S-Werte auf die *Aktivitäten* und nicht auf die *Konzentrationen* der Reaktionsteilnehmer. Man nennt pK_S-Werte dieser Art auch *ideale* oder *thermodynamische* pK_S-Werte. Da sich die Zahlenwerte für die Aktivität und die Konzentration einer Teilchenart erheblich unterscheiden können, kann nicht erwartet werden, dass auf der Grundlage der thermodynamischen pK_S-Werte korrekte Werte für die Gleichgewichts*konzentrationen* berechnet werden können. In der Praxis brauchbare pK_S-Werte sind die sogenannten *realen* oder *mixed-constant*-pK_S-Werte. Sie ergeben sich aus folgender Definition:

$$HA(aq) + H_2O(l) \rightleftharpoons H_3O^+(aq) + A^-(aq); \quad K_{S,real} = \frac{a(H_3O^+) \cdot c(A^-)}{c(HA)}$$

Die Henderson-Hasselbalch-Gleichung ergibt dann wie gewohnt:

$$pH = pK_{S,real} + \lg \frac{c(A^-)}{c(HA)}$$

Die realen K_S-Werte sind prinzipiell von der Ionenstärke abhängig. Dementsprechend hängt der pH-Wert einer Pufferlösung auch in gewissem Maße von der Gesamtkonzentration ab. So misst man für einen Essigsäure/Acetat-Puffer bei einer Konzentration von jeweils 0,5 mol · l^{-1} einen pH-Wert von 4,64, bei $c = 0,5 \cdot 10^{-2}$ mol · l^{-1} hingegen 4,72. In Tabelle 10.5 sind für drei wichtige Puffersysteme die thermodynamischen pK_S-Werte (ideal), die mixed-constant-pK_S-Werte (real) und die tatsächlich gemessenen pH-Werte

Tabelle 10.5   Kenndaten einiger wichtiger Pufferlösungen

Puffer	Gehalt (mol · kg^{-1})	Ionenstärke I (mol · l^{-1})	pH-Wert (gemessen) bei 25 °C	pK_S-Wert (real; I = 0,1 mol · l^{-1})	pK_S (ideal)
Essigsäure/Acetat	0,1/0,1	0,1	4,652	4,65	4,76
Phosphat (KH$_2$PO$_4$/Na$_2$HPO$_4$)	0,025/0,025	0,1	6,865	6,9	7,21
Carbonat (NaHCO$_3$/Na$_2$CO$_3$)	0,025/0,025	0,1	10,02	10,0	10,32

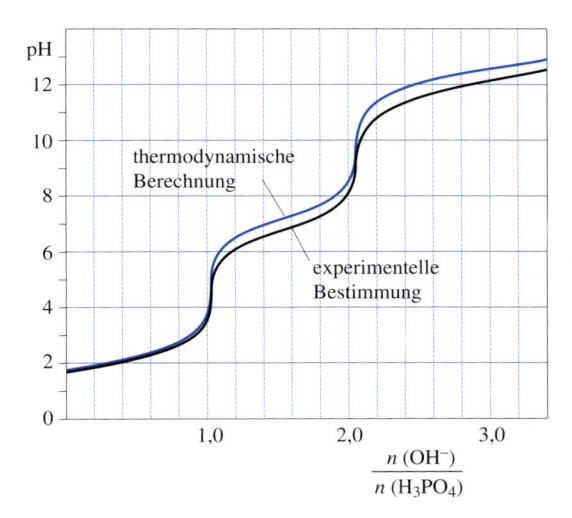

10.8 Titrationskurve von Phosphorsäure (H_3PO_4, 0,1 mol·l^{-1}) mit Natronlauge. Die obere Kurve wurde mithilfe der thermodynamischen pK_S-Werte berechnet, die untere Kurve wurde experimentell bestimmt.

zusammengestellt. Man erkennt, dass die mixed-constant-pK_S-Werte die Realität deutlich besser beschreiben als die thermodynamischen pK_S-Werte.

Der Unterschied zwischen realem und idealem Verhalten führt auch zu deutlichen Abweichungen zwischen experimentell ermittelten Titrationskurven und den unter Verwendung von thermodynamischen pK_S-Werten berechneten Kurven. Abbildung 10.8 zeigt diesen Sachverhalt am Beispiel der Titration von Phosphorsäure (H_3PO_4) mit Natronlauge.

10.4 Trends im Säure/Base-Verhalten

Entlang einer Periode im Periodensystem beobachtet man mit zunehmender Ordnungszahl einen deutlichen Trend zur Bildung von Säuren und damit eine steigende Tendenz des Kations zur Reaktion mit Hydroxid-Ionen. Abbildung 10.9 zeigt diesen Zusammenhang für die Elemente der 3. Periode: Natrium (Na^+) liegt über die gesamte pH-Skala hinweg als freies Kation vor. Calcium (Ca^{2+}) bildet bei hohen pH-Werten das recht schwer lösliche Calciumhydroxid; die als Kalkwasser gebildete Lösung hat einen pH-Wert von 12,5. Aluminiumhydroxid verhält sich amphoter. Während bei mittleren pH-Werten in erster Linie schwerlösliches Aluminiumhydroxid vorliegt, geht es bei niedrigen pH-Werten unter Bildung von hydratisierten Aluminium-Kationen in Lösung; bei hohen pH-Werten bilden sich Aluminat-Anionen $Al(OH)_4^-$ (Abbildung 10.9).

Die Nichtmetalle Phosphor, Schwefel und Chlor bilden in ihrer jeweils höchsten Oxidationsstufe die recht starke Phosphorsäure (pK_S = 2), die sehr starke Schwefelsäure und die noch stärkere Perchlorsäure. Die Chemie des Siliciums in wässeriger Lösung wurde aufgrund ihrer Komplexität in dem Schema nicht berücksichtigt. Bei sehr hohen pH-Werten liegt hauptsächlich das Orthosilicat-Ion (SiO_4^{4-}) vor, bei sehr niedrigen pH-Werten wasserhaltiges Siliciumdioxid. Bei mittleren pH-Werten jedoch treten eine ganze Reihe von polymeren Ionen auf, deren Aufbau sowohl von der Konzentration der Lösung als auch vom pH-Wert abhängt.

Innerhalb einer Gruppe des Periodensystems nimmt die Azidität der Oxosäuren von oben nach unten ab, obwohl hier die Trends nicht so deutlich sind wie entlang der Perioden. Unter den vergleichbaren Verbindungen von Elementen der Gruppe 15 ist Salpetersäure (HNO_3) eine sehr starke Säure, Phosphorsäure (H_3PO_4) und Arsensäure

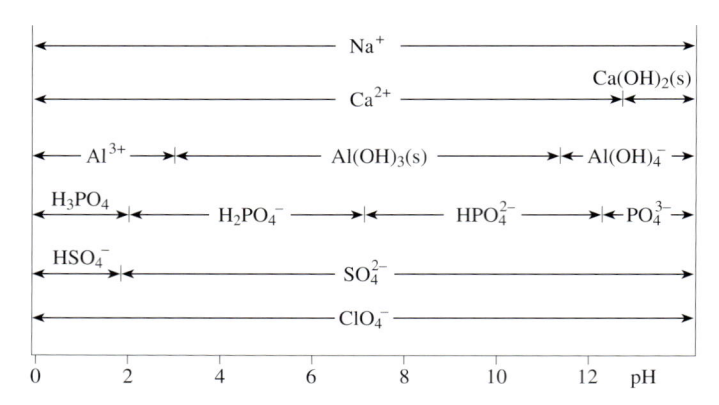

10.9 Die Elemente der dritten Periode können je nach pH-Wert als unterschiedliche Spezies vorliegen.

(H_3AsO_4) sind deutlich schwächere Säuren mit ähnlichen pK_S-Werten. In der Oxidationsstufe III erweist sich Salpetrige Säure als mittelstarke Säure. Arsenige Säure (H_3AsO_3) ist eine schwache Säure, Antimon(III)-hydroxid verhält sich amphoter und Bismut(III)-hydroxid bildet schwach alkalische Lösungen.

Säurestärke und Moleküleigenschaften

Welche Säurestärke ein Molekül aufweist, hängt von der Bindungsenergie ab, mit der das azide Wasserstoff-Atom an den Säurerest gebunden ist. Eine wichtige Rolle spielt aber auch die bei der Hydratation der Ionen frei werdende Energie. Diese Zusammenhänge sollen an einer Reihe von Beispielen näher erläutert werden.

Binäre Wasserstoffverbindungen der Nichtmetalle Die Wasserstoffverbindungen der Nichtmetalle (und einiger Halbmetalle) sind häufig Reaktionspartner bei Säure/Base-Reaktionen. Die wichtigsten Beispiele sind die Halogenwasserstoffe, Wasser und Schwefelwasserstoff sowie Ammoniak. Betrachtet man die Säurestärke dieser Verbindungen in Wasser als Lösemittel, zeigen sich deutliche Trends. So nimmt die Säurestärke innerhalb einer Gruppe mit zunehmender Ordnungszahl zu (pK_S-Werte in Klammern):

HF < HCl < HBr < HI (3; –7; –9; –10)

H_2O < H_2S (15,7; 7,0)

Innerhalb einer Periode nimmt die Säurestärke gleichfalls mit zunehmender Ordnungszahl zu:

NH_3 < H_2O < HF

Diese Befunde zu erklären ist keineswegs einfach, weil viele Faktoren die Säurestärke beeinflussen. Man ist gelegentlich geneigt, eine möglichst einfache Deutung für beobachtete Phänomene zu suchen. Der Gang der Säurestärken der Halogenwasserstoffsäuren geht beispielsweise Hand in Hand mit den mit zunehmender Ordnungszahl geringer werdenden Bindungsenergien in den gasförmigen Halogenwasserstoff-Molekülen. In Kapitel 7 haben wir den Born-Haber-Kreisprozess kennengelernt und gesehen, dass eine ganze Anzahl von energetischen Größen die Energiebilanz einer chemischen Reaktion bestimmen. In wässerigen Lösungen spielen insbesondere die Hydrationsenthalpien eine große Rolle. Es ist also in diesem Fall sicher zu einfach, die beobachteten Abstufungen der Säurestärke auf nur *eine* Moleküleigenschaft wie die Bindungsenergie zurückzuführen.

Auch für den Gang der Säurestärken innerhalb einer Periode lassen sich einfache Erklärungen finden. So ist es ein naheliegendes und sicher auch zutreffendes Argument, die in der Reihe NH$_3$, H$_2$O, HF zunehmende Tendenz zur Protonenabgabe mit der größer werdenden Elektronegativitätsdifferenz in Verbindung zu bringen. In dem sehr polaren Fluorwasserstoff-Molekül ist das H$^+$-Ion – anders als im NH$_3$-Molekül – gewissermaßen schon vorgebildet. Diesem Argument folgend, sollte HF eine stärkere Säure sein als HI, was aber nicht der Fall ist. Man findet also fast für jede Beobachtung eine einfache Erklärung. Ob diese wirklich zutriff, ist in vielen Fälle jedoch zweifelhaft. Begnügen wir uns also an dieser Stelle damit, die Tendenzen einfach zur Kenntnis zu nehmen.

Oxosäuren Bei allen sauerstoffhaltigen anorganischen Säuren sind die für die sauren Eigenschaften verantwortlichen aziden Wasserstoff-Atome an die Sauerstoff-Atome gebunden. Um dies auch durch die Formel zu verdeutlichen, wären es daher angebracht, beispielsweise die Salpetersäure (HNO$_3$) als HONO$_2$ zu schreiben.

Betrachtet man die *verschiedenen* Oxosäuren *eines* Elementes, so kann man einen Zusammenhang zwischen der Säurestärke und der Anzahl der Sauerstoff-Atome feststellen. Salpetersäure ist eine sehr starke Säure (pK_S = –1,4), während Salpetrige Säure (HONO) eine wesentlich schwächere Säure ist (pK_S = 3,0). Zur Erklärung lässt sich auch hier mit der Elektronegativität argumentieren. Die Säurestärke der Oxosäuren hängt von der Stärke der Bindung zwischen dem sauren Wasserstoff-Atom und dem benachbarten Sauerstoff-Atom ab. Je größer bei den Oxosäuren die Zahl der stark elektronegativen Sauerstoff-Atome im Molekül ist, desto mehr Elektronendichte wird vom Wasserstoff-Atom weggezogen und umso schwächer ist die Wasserstoff/Sauerstoff-Bindung. Die Konsequenz hieraus ist, dass eine Säure mit einer größeren Zahl von Sauerstoff-Atomen leichter ein Proton abgibt und damit stärker ist. Abbildung 10.10 zeigt dies in einem anschaulichen Bild. In diesem Fall ist die Erklärung sicher recht stichhaltig, da alle anderen energetischen Größen, insbesondere die Hydratationsenthalpien von Nitrat- und Nitrit-Ion, nicht wesentlich zu dem Unterschied der Säurestärken beitragen sollten.

Da die Säurestärke sehr stark von der Anzahl der Sauerstoff-Atome im Molekül abhängt, kann man sogar halbquantitative empirische Aussagen machen: Schreibt man die Formel für eine Oxosäure mit Z als Zentralatom (HO)$_n$ZO$_m$, so liegt für m = 0 der pK_S-Wert der ersten Protolysestufe bei ungefähr 8 (Beispiel: H$_3$BO$_3$), für m = 1 liegt er ungefähr bei 2 (Beispiel: H$_3$PO$_4$), für m = 2 bei –1 (Beispiel: HNO$_3$) und für m = 3 bei –8 (Beipiel: HClO$_4$).

10.10 Salpetersäure (a) ist eine stärkere Säure als Salpetrige Säure (b), da mehr Elektronendichte zum Stickstoff-Atom gezogen wird.

Mehrprotonige Säuren Bei Säuren, die mehr als ein „saures" Wasserstoff-Atom enthalten, nimmt das Ausmaß der aufeinander folgenden Protolysereaktionen von Stufe zu Stufe ab. Der Unterschied zwischen den pK_S-Werten der verschiedenen Protolysestufen ist beträchtlich: Er beträgt jeweils etwa fünf Einheiten. Der Grund für dieses allgemeine Verhalten ist, dass bei der Abspaltung eines zweiten Protons nicht nur die OH-Bindung gelöst werden muss, zusätzlich muss die elektrostatische Anziehung des nun stärker negativ geladenen Säure-Anions überwunden werden. Diese Tendenz bestätigt sich am Beispiel der Schwefelsäure:

H$_2$SO$_4$(aq) + H$_2$O(l) → H$_3$O$^+$(aq) + HSO$_4^-$(aq);   pK_S = ≈ –3

HSO$_4^-$(aq) + H$_2$O(l) ⇌ H$_3$O$^+$(aq) + SO$_4^{2-}$(aq);   pK_S = 1,6

Die erste Reaktion findet vollständig statt, daher gehört Schwefelsäure zu den sehr starken Säuren. Das Gleichgewicht des zweiten Protolyseschrittes liegt eher auf der linken Seite. So liegen in einer nicht zu verdünnten wässerigen Lösung von Schwefelsäure überwiegend Hydrogensulfat-Ionen (HSO$_4^-$) und nur relativ wenig Sulfat-Ionen vor. Trotzdem kristallisiert bei Zugabe von mehrfach geladenen Metall-Ionen wie Ca^{2+}, Ba^{2+} oder Pb^{2+} das entsprechende Metallsulfat und nicht das Hydrogensulfat aus. Der Grund hierfür liegt in den unterschiedlichen Gitterenergien. Wie in Kapitel 7 diskutiert wurde, hängt die Gitterenergie zu einem beträchtlichen Teil von den Ionenladungen ab, d.h. von der elektrostatischen Anziehung zwischen den Ionen. Besteht ein Kristall aus jeweils zweifach geladenen Kationen und Anionen, so ist die Gitterenergie größer als bei einer Kombination von zweifach geladenen Kationen mit einfach geladenen Anionen. Beispielsweise liegt der Wert für die Gitterenergie von Bariumfluorid (BaF_2) bei $-2{,}3$ $MJ \cdot mol^{-1}$, während er für Bariumoxid (BaO) $-3{,}0$ $MJ \cdot mol^{-1}$ beträgt. Demnach sollte auch die Bildung eines kristallienen Sulfats um ungefähr $0{,}7$ $MJ \cdot mol^{-1}$ stärker exotherm verlaufen als die Bildung des Hydrogensulfats. Da Reaktionen mit besonders großem Energiegewinn bevorzugt stattfinden, bilden zweifach und dreifach geladene Metall-Ionen eher das Sulfat als das Hydrogensulfat. Stabile, kristalline Hydrogensulfate erhält man nur mit relativ großen, einfach positiv geladenen Kationen, wie denen der Alkalimetalle Natrium und Kalium.

Hydratisierte Metallkationen als Brønsted-Säuren

Einige Metall-Ionen reagieren in Lösung deutlich sauer; die wichtigsten Beispiele sind Aluminium- und Eisen(III)-Ionen. Beides sind kleine, mehrfach geladene Kationen, die in Lösung oktaedrisch von sechs Wasser-Molekülen umgeben sind: das Hexaaqua-aluminium-Ion $[Al(H_2O)_6]^{3+}$ und das Hexaaqua-eisen-Ion $[Fe(H_2O)_6]^{3+}$. Ihr Verhalten wird am Beispiel des Aluminium-Ions verdeutlicht, Abbildung 10.11 stellt diese Protolysereaktion eines hydratisierten Aluminium-Kations schematisch dar:

$$[Al(H_2O)_6]^{3+}(aq) + H_2O(l) \rightleftharpoons H_3O^+(aq) + [Al(OH)(H_2O)_5]^{2+}(aq)$$

Erhöht man schrittweise den pH-Wert einer solchen sauren Metallsalz-Lösungen durch Zugabe einer Base wie Ammoniak oder Natronlauge, fällt bei einem bestimmten pH-Wert in der Regel das Metallhydroxid als schwerlöslicher Niederschlag aus. Genauere Untersuchungen ergaben, dass es vor der eigentlichen Fällungsreaktion in der Lösung zur Ausbildung einer Vielzahl komplizierter zusammengesetzter Spezies kommt, die man allgemein als *Isopolykationen* bezeichnet. Mit steigendem pH-Wert enthalten sie eine immer größer werdende Anzahl von Metallatomen, bei denen die oktaedrisch koordinierten Metall-Kationen über verbrückende Sauerstoff-Atome miteinander verknüpft sind. Abbildung 10.12 zeigt den Aufbau des zweikernigen $[Al_2(OH)_2(H_2O)_8]^{4+}$-Kations als Strichformel (a) sowie in einer vereinfachten Darstellung (b), in der nur noch die Verknüpfung der beiden Oktaeder zum Ausdruck gebracht wird. Neben *Hydroxo-Brücken* können in solchen Isopolykationen auch *Oxo-Brücken* auftreten, also Oxid-Ionen, die an zwei Metall-Atome gebunden sind. Die Oktaeder können auch über eine gemeinsame Ecke miteinander verbunden sein. Neben zweikernigen Kationen diesen Typs kennt man noch eine Vielzahl von mehrkernigen Isopoly-Kationen, die faszinierende Einblicke in den Verlauf einer so einfach erscheinenden Reaktion wie der Fällung eines Metallhydroxids erlauben.

10.11 Protolyse des Hexaaqua-aluminium-Ions, $[Al(H_2O)_6]^{3+}$.

Rauchgasentschwefelung
Steinkohle und Braunkohle enthalten Schwefelverbindungen. Bei der Verbrennung von Kohle bildet sich daraus Schwefeldioxid, das früher mit den Abgasen von Kraftwerken und Industriebetrieben in die Atmosphäre gelangte; Schwefeldioxid war deshalb lange Zeit die wichtigste Ursache des *sauren Regens*. Während in Deutschland um 1970 pro Einwohner jährlich rund 100 kg SO_2 emittiert wurden, waren es im Jahre 2000 weniger als 20 kg. Dieser Rückgang beruht auf der allgemeinen Anwendung wirksamer Verfahren zur Rauchgasentschwefelung. In den meisten Fällen wird dabei eine Aufschlämmung von gemahlenem Kalkstein ($CaCO_3$) oder Löschkalk ($Ca(OH)_2$) in das abgekühlte Abgas gesprüht. Das zunächst gebildete Calciumsulfit wird durch Luftsauerstoff zu Calciumsulfat (Gips) oxidiert. Geht man von Kalkstein aus, so lassen sich die wesentlichen Schritte durch folgende Reaktionsgleichungen beschreiben:

$CaCO_3(s) + SO_2(g)$
  $\rightarrow CaSO_3(s) + CO_2(g)$
$CaSO_3(s) + 1/2\ O_2(g) + 2\ H_2O(l)$
  $\rightarrow CaSO_4 \cdot 2\ H_2O(s)$

Dieser in **R**auchgas**e**ntschwefelungs**a**nlagen anfallende Gips (**REA**-Gips) kann wirtschaftlich genutzt werden: Die jährlich 2 Millionen Tonnen Gips aus Steinkohlekraftwerken in Deutschland werden praktisch vollständig für die Herstellung von Gipsbaustoffen und Zement eingesetzt. REA-Gips deckt damit die Hälfte des gesamten Gipsbedarfs.

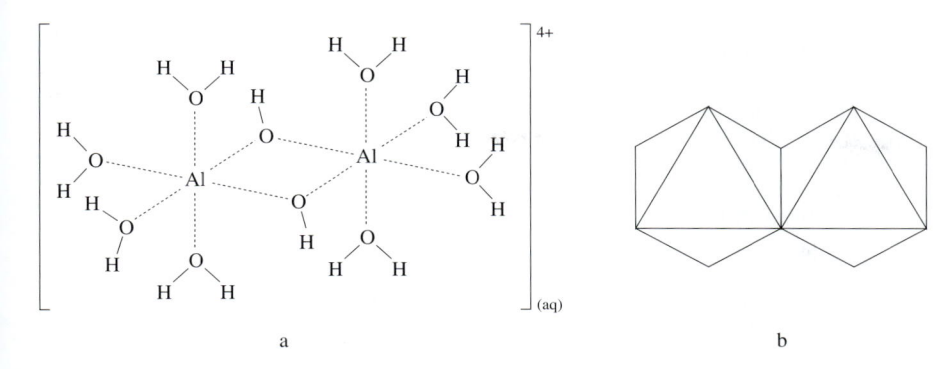

10.12 Aufbau des zweikernigen Isopolysäure-Kations $[Al_2(OH)_2(H_2O)_8]^{4+}$ als Strichformel (a) und als vereinfachte Darstellung (b).

Säure/Base-Verhalten von Oxiden

Nichtmetalloxide, die mit Wasser Säuren bilden, bezeichnet man allgemein als *saure Oxide*. Zu den *basischen Oxiden* gehören die meisten Metalloxide. Sie bilden mit Wasser Hydroxide, deren Lösungen oder Suspensionen mehr oder minder alkalisch reagieren. Einige Metalloxide reagieren praktisch nicht mit Wasser, sie lösen sich aber in stark alkalischen Lösungen unter Bildung von anionischen Hydroxokomplexen. Beispiele dieser Art sind Al_2O_3, BeO, Cr_2O_3, PbO, Sb_2O_3 und ZnO. Solche Oxide bezeichnet man als *amphotere Oxide*.

Saure Oxide reagieren oft mit wässrigen Basen. Kohlenstoffdioxid beispielsweise bildet mit Natronlauge eine Natriumcarbonat-Lösung:

$$CO_2(g) + 2\,NaOH(aq) \rightarrow Na_2CO_3(aq) + H_2O(l)$$

Ganz entsprechend reagieren viele basische Oxide mit Säuren unter Bildung von Salzlösungen. So erhält man aus Magnesiumoxid und Salpetersäure eine Magnesiumnitrat-Lösung:

$$MgO(s) + 2\,HNO_3(aq) \rightarrow Mg(NO_3)_2(aq) + H_2O(l)$$

Salze bilden sich auch ohne Beteiligung von Wasser durch die Reaktion von basischen Oxiden mit sauren Oxiden. Ein typisches Beispiel ist die Reaktion von Calciumoxid mit Schwefeldioxid zu Calciumsulfit:

$$CaO(s) + SO_2(g) \rightarrow CaSO_3(s)$$

Um eine Reihenfolge in der Säurestärke der Oxide festzulegen, vergleicht man die freien Standardenthalpien der Reaktionen verschiedener Oxide mit der gleichen Base. Je stärker negativ die Werte sind, umso stärker sauer ist das Oxid. Für Reaktionen mit Calciumoxid, einem typischen basischen Oxid, ergeben sich beispielsweise die folgenden Werte:

$$CaO(s) + CO_2(g) \rightarrow CaCO_3(s); \quad \Delta G_R^0 = -134\,kJ \cdot mol^{-1}$$
$$CaO(s) + SO_3(g) \rightarrow CaSO_4(s); \quad \Delta G_R^0 = -347\,kJ \cdot mol^{-1}$$

Schwefeltrioxid ist also offensichtlich das stärker saure dieser beiden Oxide. In einer analogen Betrachtung kann man die Abstufung der Basizität verschiedener Oxide ermitteln, indem man sie mit der gleichen Säure reagieren lässt. Hier bietet sich als Säure Wasser für die vergleichende Betrachtung an:

$$Na_2O(s) + H_2O(l) \rightarrow 2\,NaOH(s); \quad \Delta G_R^0 = -142\,kJ \cdot mol^{-1}$$
$$CaO(s) + H_2O(l) \rightarrow Ca(OH)_2(s); \quad \Delta G_R^0 = -58\,kJ \cdot mol^{-1}$$
$$Al_2O_3(s) + 3\,H_2O(l) \rightarrow 2\,Al(OH)_3(s); \quad \Delta G_R^0 = 15\,kJ \cdot mol^{-1}$$

Die Zahlenwerte zeigen, dass Natriumoxid das am stärksten basische der drei Oxide ist.

Geochemische Aspekte Früher war es in der Geochemie üblich, Silicatmineralien nach ihrer Azidität oder Basizität zu ordnen. Silicatmineralien enthalten Metall-Ionen, Silicium und Sauerstoff. Man kann sie als eine Kombination aus basischen Metalloxiden und saurem Siliciumdioxid betrachten. Ein Gestein wie etwa Granit, das einen Massenanteil von mehr als 66 % Siliciumdioxid enthält, wird als sauer eingestuft. Gesteine mit einem SiO_2-Gehalt von 52 bis 66 % bezeichnet man als intermediär. Enthält ein Gestein 45 bis 52 % Siliciumdioxid, wie z. B. Basalt, so rechnet man es zu den basischen, bei weniger als 45 % zu den ultrabasischen Gesteinen. *Olivin* beispielsweise, ein häufiger Bestandteil ultrabasischer Gesteine, hat die chemische Zusammensetzung $MgFeSiO_4$ ($\hat{=} MgO \cdot FeO \cdot SiO_2$). Der Siliciumdioxid-Anteil dieses Minerals beträgt nur 35 %. Im Allgemeinen haben die sauren Silicatgesteine eher eine helle Farbe (Granit ist meist hellgrau), während die basischen eher dunkel sind (Basalt ist schwarz).

EXKURS

Nichtwässerige Lösemittel

Säure/Base-Chemie nach Brønsted und Lowry muss nicht zwingend in Wasser stattfinden – viele andere Lösemittel verhalten sich ähnlich wie Wasser, und sie zeigen auch die Eigenschaft der Autoprotolyse. Man nennt diese Lösemittel auch *wasserähnliche Lösemittel*. In flüssigem Ammoniak beispielsweise bilden sich Ammonium-Ionen (NH_4^+) und Amid-Ionen (NH_2^-):

$$NH_3(l) + NH_3(l) \rightleftharpoons NH_4^+(solv) + NH_2^-(solv)$$

Die Konzentration der Ionen ist allerdings noch wesentlich kleiner als im Falle des Wassers. Für das Ionenprodukt wurde bei –50 °C ein Wert von $\approx 10^{-30}$ mol$^2 \cdot$ l^{-2} ermittelt. Säure/Base-Reaktionen können auch in diesem Medium stattfinden. So ist die Reaktion von Ammoniumchlorid und Kaliumamid (KNH_2) zu Kaliumchlorid und Ammoniak eine Neutralisationsreaktion in flüssigem Ammoniak.

$$NH_4Cl(solv) + KNH_2(solv) \rightarrow KCl(s) + 2\,NH_3(l)$$

Diese Reaktion entspricht der Reaktion von Salzsäure mit Kalilauge in Wasser als Lösemittel.

Alle Säuren, die in Wasser zu den starken und sehr starken Säuren zählen, sind in der Lage, auch Ammoniak vollständig unter Bildung des Ammonium-Ions zu protonieren. Aber auch die in Wasser mittelstarken und schwachen Säuren wie die Essigsäure geben in flüssigem Ammoniak ihr Proton praktisch vollständig ab, sie verhalten sich damit als sehr starke oder starke Säuren: Da Ammoniak eine wesentlich höhere Basizität aufweist als Wasser, kann es sehr viel leichter protoniert werden.

Auch Fällungsreaktionen in flüssigem Ammoniak sind untersucht worden. Allerdings können die Löslichkeiten ganz anders sein, als wir das von der wässerigen Lösung kennen. So fällt in Wasser bei der Reaktion von Kaliumchlorid mit Silbernitrat schwerlösliches Silberchlorid aus:

$$KCl(aq) + AgNO_3(aq) \rightarrow AgCl(s) + KNO_3(aq)$$

In flüssigen Ammoniak hingegen ist Kaliumchlorid schwer löslich, während die übrigen Reaktionsteilnehmer gelöst vorliegen:

$$AgCl(solv) + KNO_3(solv) \rightarrow KCl(s) + AgNO_3(solv)$$

Andere nichtwässerige Lösemittel sind zum Beispiel wasserfreie Essigsäure (Eisessig) oder wasserfreie Schwefelsäure. Ähnlich wie bei Wasser oder Ammoniak stellt sich auch bei diesen typisch sauren Lösemitteln ein Autoprotolyse-Gleichgewicht ein:

$$2\,CH_3COOH(l) \rightleftharpoons CH_3COOH_2^+(solv) + CH_3COO^-(solv)$$

$$2\,H_2SO_4(l) \rightleftharpoons H_3SO_4^+(solv) + HSO_4^-(solv)$$

Das Ausmaß der Reaktionen ist jedoch sehr unterschiedlich:
Im Falle der Essigsäure beträgt das Ionenprodukt wie bei Wasser etwa 10^{-14} mol$^2 \cdot$ l^{-2}, für Schwefelsäure dagegen $2{,}7 \cdot 10^{-4}$ mol$^2 \cdot$ l^{-2}. Wasserfreie Schwefelsäure ist aufgrund der relativ hohen Ionenkonzentration ein guter Leiter für den elektrischen Strom.

Verdünnte Lösungen von Salpetersäure (HNO_3) oder Perchlorsäure ($HClO_4$) in Wasser weisen bei gleicher Konzentration den gleichen pH-Wert auf, da die Säuremoleküle vollständig dissoziiert sind. Jedes Molekül hat also ein Proton auf ein Wassermolekül übertragen. Gegenüber Essigsäure als stärker saurem Lösemittel zeigt Salpetersäure jedoch nur eine geringe Azidität. In einer Lösung von Salpetersäure in Eisessig ist die Konzentration an $CH_3COOH_2^+$-Ionen nur wenig erhöht und die Lösung ist dementsprechend ein schlechter elektrischer Leiter. Perchlorsäure in Eisessig führt bei gleicher Konzentration zu einer 400fach höheren Leitfähigkeit. Die Azidität von Schwefelsäure liegt zwischen der von Salpetersäure und Perchlorsäure: Die Leitfähigkeit einer vergleichbaren Lösung in Eisessig ist 30-mal so groß wie die der Lösung von Salpetersäure.

Gegenüber wasserfreier Schwefelsäure verhalten sich die meisten Oxosäuren als Basen. Perchlorsäure allerdings wirkt auch hier als Protonendonator:

$$HClO_4(l) + H_2SO_4(l) \rightleftharpoons ClO_4^-(solv) + H_3SO_4^+(solv)$$

Die besondere Fähigkeit von flüssigem Ammoniak, die sehr reaktiven Alkalimetalle unter Bildung solvatisierter Elektronen aufzulösen, werden wir in Kapitel 15 besprechen.

Eine Eigendissoziation tritt auch bei einigen Flüssigkeiten auf, deren Moleküle keine Protonen enthalten. Brom(III)-fluorid beispielsweise zeigt eine messbare elektrische Leitfähigkeit. Sie beruht auf der Bildung von BrF_2^+-Kationen und BrF_4^--Anionen durch die Übertragung von Fluorid-Ionen:

$$2\,BrF_3(l) \rightleftharpoons BrF_2^+(solv) + BrF_4^-(solv)$$

Verbindungen, die entweder das Kation BrF_2^+ oder das Anion BrF_4^- enthalten, wie beispielsweise $(BrF_2)(SbF_6)$ oder $Ag(BrF_4)$, reagieren in Bromtrifluorid als Säure bzw. als Base. Gibt man beide Verbindungen in BrF_3 als Lösemittel, so findet eine Neutralisationsreaktion statt.

$$(BrF_2)(SbF_6)(solv) + Ag(BrF_4)(solv) \rightarrow 2\,BrF_3(l) + Ag(SbF_6)(solv)$$

Lösemittel wie BrF_3, die Eigendissoziation, jedoch keinen Protonenübergang aufweisen, werden als aprotische wasserähnliche Lösemittel bezeichnet. Eine Säure in solchen aprotischen Lösemitteln ist – allgemein gesagt – ein Stoff, der in der Lage ist, das typische Kation (hier BrF_2^+) zu erzeugen. Eine Base bewirkt die Bildung des typischen Anions (hier BrF_4^-). In der Praxis sind Lösemittel wie das Brom(III)-fluorid kaum von Bedeutung. Sie spielen lediglich im Rahmen von allgemeinen Betrachtungen zum Säure/Base-Verhalten eine Rolle.

10.5 Säuren und Basen nach Lewis

Das Säure/Base-Konzept von Brønsted und Lowry ist sinnvoll und nützlich zur Beschreibung von Reaktionen in Lösemitteln wie Wasser, die azide Wasserstoff-Atome enthalten. Säure/Base-Konzepte können jedoch auch auf Reaktionen angewandt werden, in denen überhaupt kein Protonenübergang stattfindet. Für eine Gruppe derartiger Reaktionen ist das Konzept von G. N. Lewis geeignet. Lewis definierte eine *Säure* als einen *Elektronenpaarakzeptor* und eine *Base* als einen *Elektronenpaardonator*. Das klassische Beispiel einer Lewis-Säure/Base-Reaktion ist die Reaktion von Bor(III)-fluorid mit Ammoniak. Verwendet man Valenzstrichformeln (Lewis-Formeln), so wird deutlich, dass Bortrifluorid die Lewis-Säure und Ammoniak die Lewis-Base ist (Abbildung 10.13).

Die Reaktion einer **Lewis-Säure** mit einer **Lewis-Base** lässt sich auch mithilfe der Molekülorbitaltheorie diskutieren. Wir gehen davon aus, dass das Energieniveau des untersten unbesetzten Molekülorbitals (**LUMO** = *lowest unoccupied molecular orbital*) der Lewis-Säure in etwa dem des obersten besetzten Molekülorbitals (**HOMO** = *highest occupied molecular orbital*) der Lewis-Base entspricht. Kombiniert man diese beiden Molekülorbitale, so resultiert ein Energiegewinn durch die Bindungsknüpfung (Abbildung 10.14).

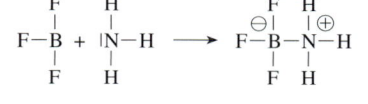

10.13 Reaktion von Bor(III)-fluorid mit Ammoniak.

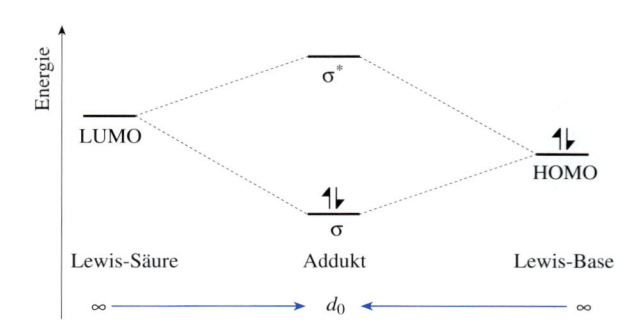

10.14 Kombination des unbesetzten Molekülorbitals der Lewis-Säure mit dem besetzten Molekülorbital der Lewis-Base zu einem Molekülorbital des Addukts.

10.15 Aluminiumchlorid als Lewis-Säure bei einer Friedel-Crafts-Alkylierung.

Lewis-Säuren spielen eine wichtige Rolle bei der Synthese neuer Moleküle, insbesondere in der organischen Chemie. Das bekannteste Beispiel ist die Verwendung von (wasserfreiem) Aluminium(III)-chlorid bei der sogenannten Friedel-Crafts-Alkylierung. Hier wird ein aromatischer Kohlenwasserstoff, zum Beispiel Benzol, mit einem Alkylchlorid (R–Cl), zum Beispiel Ethylchlorid, in Gegenwart kleiner Mengen an Aluminiumchlorid zum Alkylbenzol umgesetzt. Das als Lewis-Säure wirkende $AlCl_3$-Molekül bildet hierbei intermediär ein Lewis-Säure/Base-Addukt mit dem Alkylchlorid. Über ein freies Elektronenpaar des Chlor-Atoms des Alkylchlorids ergibt sich dabei eine Bindung zum Aluminium-Atom. Formal könnte man dieses Addukt als $R^+AlCl_4^-$ beschreiben. Das auf diese Weise positivierte Kohlenstoff-Atom des Alkylchlorids kann dann mit dem relativ elektronenreichen Benzolring unter Bildung des Alkylbenzols reagieren. Die Reaktion ist schematisch in Abbildung 10.15 dargestellt. Wie man sieht, wird das Aluminiumchlorid bei der Reaktion wieder freigesetzt, es wirkt als **Katalysator**, der zwar in die Reaktion eingreift, aber nicht verbraucht wird.

EXKURS

Supersäuren

Eine Supersäure wird definiert als eine Säure, die stärker ist als wasserfreie Schwefelsäure. Supersäuren sind also in der Lage, ein Proton auf das H_2SO_4-Molekül zu übertragen und damit die Konzentration an $H_3SO_4^+$-Ionen zu erhöhen. Eine bekannte Brønsted-Supersäure ist die Perchlorsäure. Gibt man Perchlorsäure zu konzentrierter Schwefelsäure, so reagiert Schwefelsäure als Base:

$$H_2SO_4(l) + HClO_4(l) \rightleftharpoons H_3SO_4^+(solv) + ClO_4^-(solv)$$

Fluoroschwefelsäure (HSO_3F, Abbildung 10.20) ist die stärkste Brønsted-Supersäure. Sie ist mehr als 1000-mal stärker als Schwefelsäure. Da diese Supersäure im Bereich von –89 °C bis +164 °C flüssig ist, ist sie ein ideales Lösemittel.

Eine Brønsted/Lewis-Supersäure ist eine Mischung einer starken Lewis-Säure und einer starken Brønsted/Lowry-Säure. Die stärkste Kombination ist hier eine 10%ige Lösung von Antimonpentafluorid (SbF_5) in Fluoroschwefelsäure. Der Zusatz von Antimonpentafluorid steigert die Azidität der Fluoroschwefelsäure um einen Faktor von mehreren Tausend. Als Super-Protonendonator wirkt das $H_2SO_3F^+$-Ion. Diese Säuremischung reagiert mit vielen Stoffen, die – wie beispielsweise Kohlenwasserstoffe – sonst nicht mit Säuren reagieren. So reagiert Propen (C_3H_6) zum Propyl-Kation:

$$C_3H_6(g) + H_2SO_3F^+(solv) \rightleftharpoons C_3H_7^+(solv) + HSO_3F(l)$$

Eine Lösung von Antimonpentafluorid in Fluoroschwefelsäure wird als „Magische Säure" bezeichnet. Der Name stammt von George Olah, einem Pionier im Bereich Supersäuren, der für seine Entdeckungen 1994 mit dem Nobelpreis ausgezeichnet wurde. Ein Mitarbeiter Olahs hatte ein Stück Kerzenwachs, das von einer Laborparty übriggeblieben war, in die Säure gegeben, überraschenderweise löste es sich sehr schnell auf. Er untersuchte die entstehende Lösung und fand heraus, dass durch Addition von Protonen an die Paraffin-Moleküle Kationen entstanden waren, die mit weiteren Paraffin-Molekülen verzweigte Kohlenwasserstoff-Moleküle gebildet hatten. Dieses unerwartete Ergebnis legte den Namen „Magic Acid" nahe, der heute in Amerika die gängige Handelsbezeichnung für dieses Produkt ist. In der Petrochemie verwendet man Supersäuren, um unverzweigte Kohlenwasserstoffe in verzweigte Moleküle umzuwandeln, die für die Herstellung von Benzin mit hohen Oktanzahlen benötigt werden.

10.20 Strichformel der Supersäure Fluoroschwefelsäure.

George A. **Olah**, amerikanischer Chemiker, geb. 1927; Professor in Los Angeles, 1994 Nobelpreis für Chemie (für seine Arbeiten zur Erforschung und zum Nachweis der Carbokationen).

10.6 Harte und weiche Säuren und Basen nach Pearson

In Kapitel 7 wurde gezeigt, dass aufgrund der freien Enthalpie Aussagen über die Durchführbarkeit von chemischen Reaktionen gemacht werden können. Die für solche Berechnungen benötigten thermodynamischen Daten sind jedoch nicht immer verfügbar. Man hat daher versucht, einen eher qualitativen empirischen Ansatz zu entwickeln, der es ermöglicht, Reaktionen vorherzusagen.

Beispiel: Reagiert Natriumiodid mit Silbernitrat zu Silberiodid und Natriumnitrat, oder reagiert eher Silberiodid mit Natriumnitrat zu Natriumiodid und Silbernitrat? Um Fragen dieser Art beantworten zu können, entwickelte Ralph G. Pearson eine sehr effektive Methode: das *Konzept der harten und weichen Säuren und Basen.* Meist spricht man kurz vom **HSAB-Konzept** (**H**ard and **S**oft **A**cids and **B**ases).

Pearson schlug vor, Säuren und Basen (im Sinne von Lewis) entsprechend ihrer Polarisierbarkeit den Kategorien „hart" bzw. „weich" zuzuordnen. Er zeigte, dass Reaktionen im Allgemeinen in die Richtung verlaufen, in der sich die weichere Säure mit der weicheren Base und die härtere Säure mit der härteren Base verbinden. Er nahm folgende Unterteilung vor:

Harte Säuren Bei den harten Säuren handelt es sich um Kationen, die aufgrund ihrer hohen Ladungsdichte schlecht polarisierbar sind. Dazu gehören vor allem die Kationen von Metallen mit niedriger Elektronegativität. Man bezeichnet sie als Metall-Ionen der *Klasse A*. Hinzu kommen einige Kationen nichtmetallischer Elemente mit extrem hoher Ladungsdichte: H^+, B^{3+}, C^{4+}.

Weiche Säuren Die weichen Säuren, auch als Metall-Ionen der *Klasse B* bezeichnet, befinden sich im Periodensystem im rechten unteren Bereich der metallischen Elemente (Abbildung 10.16). Sie haben eine niedrige Ladungsdichte und eine für Metalle untypisch hohe Elektronegativität. Aufgrund der niedrigen Ladungsdichte sind diese Kationen leicht polarisierbar; sie tendieren daher zur Bildung kovalenter Bindungen. Die weichste Säure ist das Gold(I)-Ion.

Grenzfälle Wie bei vielen Einteilungen gibt es auch zwischen den harten und den weichen Säuren Grenzfälle. Bei diesen weist die Ladungsdichte mittlere Werte auf. Die Oxidationsstufe bestimmt hier als ein entscheidender Faktor die Härte. So gehört beispielsweise das Kupfer(I)-Ion mit einer Ladungsdichte von 51 $C \cdot mm^{-3}$ zu den weichen Säuren, während das Kupfer(II)-Ion mit einer Ladungsdichte von 120 $C \cdot mm^{-3}$ als Grenzfall eingestuft wird. Entsprechend werden Eisen(III)- und Cobalt(III)-Ionen mit Ladungsdichten von über 200 $C \cdot mm^{-3}$ zu den harten Säuren gezählt, während Eisen(II)- und Cobalt(II)-Ionen (Ladungsdichten von ungefähr 100 $C \cdot mm^{-3}$) als Grenzfälle betrachtet werden.

Harte Basen Zu den harten Basen (bzw. Liganden der Klasse A) gehören das Fluorid-, das Oxid- und das Hydroxid-Ion sowie verschiedene Oxo-Anionen wie Nitrat-, Phosphat-, Carbonat-, Sulfat- und Perchlorat-Anionen.

Weiche Basen Anionen der weniger elektronegativen Nichtmetalle sind weiche Basen bzw. Liganden der Klasse B. Hierzu gehören die Anionen von Kohlenstoff, Schwefel, Phosphor und Iod. Diese großen Anionen sind aufgrund ihrer geringen Ladungsdichte leicht polarisierbar und bilden bevorzugt kovalente Bindungen.

Grenzfälle Wie bei den Säuren gibt es auch zwischen den harten und weichen Basen Grenzfälle und fließende Übergänge zwischen beiden Kategorien. Die Halogenid-Ionen

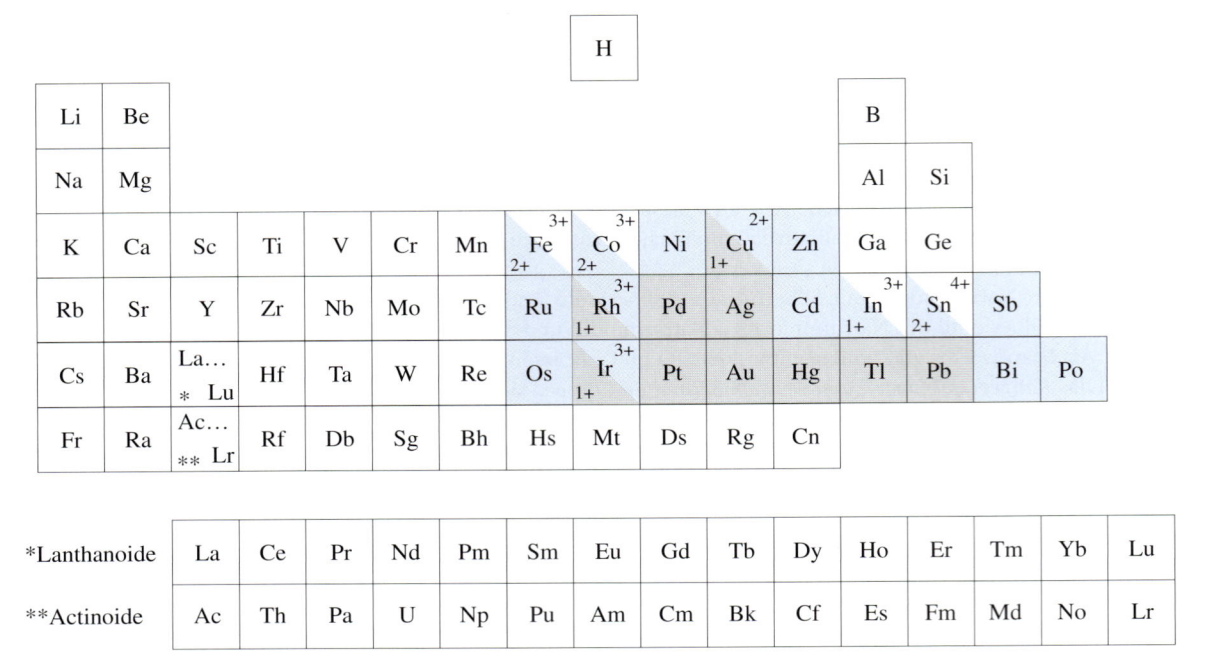

								H									
Li	Be												B				
Na	Mg												Al	Si			
K	Ca	Sc	Ti	V	Cr	Mn	Fe³⁺/²⁺	Co³⁺/²⁺	Ni	Cu²⁺/¹⁺	Zn	Ga	Ge				
Rb	Sr	Y	Zr	Nb	Mo	Tc	Ru	Rh³⁺/¹⁺	Pd	Ag	Cd	In³⁺	Sn⁴⁺/²⁺	Sb			
Cs	Ba	La...Lu*	Hf	Ta	W	Re	Os	Ir³⁺/¹⁺	Pt	Au	Hg	Tl	Pb	Bi	Po		
Fr	Ra	Ac...Lr**	Rf	Db	Sg	Bh	Hs	Mt	Ds	Rg	Cn						

*Lanthanoide	La	Ce	Pr	Nd	Pm	Sm	Eu	Gd	Tb	Dy	Ho	Er	Tm	Yb	Lu
**Actinoide	Ac	Th	Pa	U	Np	Pu	Am	Cm	Bk	Cf	Es	Fm	Md	No	Lr

10.16 Einteilung von Kationen nach dem HSAB-Konzept in harte und weiche Säuren (weiß bzw. grau) und Grenzfälle (blau).

Tabelle 10.6 Einstufung von Lewis-Basen nach dem HSAB-Konzept

hart (schlecht polarisierbar)	Grenzfälle	weich (gut polarisierbar)
F^-, O^{2-}, OH^-, H_2O, CO_3^{2-}, NH_3, RNH_2, NO_3^-, SO_4^{2-}, ClO_4^-, PO_4^{3-}, Cl^-, CH_3COO^-	Br^-, N_3^-, NCS^-, NO_2^-, SO_3^{2-}	I^-, S^{2-}, H^-, CN^-, CO, SCN^-, $S_2O_3^{2-}$

beispielsweise bilden eine Reihe vom sehr harten Fluorid-Ion über die Grenzfälle Chlorid- und Bromid-Ion bis hin zum weichen Iodid-Ion.

Einige Anionen können über zwei verschiedene Atome kovalente Bindungen zu Metall-Ionen eingehen. Ein typisches Beispiel für einen solchen *ambidenten* Liganden ist das Thiocyanat-Ion (NCS^-). Es kann sowohl über das Stickstoff-Atom (-NCS) als auch über das Schwefel-Atom (-SCN) gebunden werden. Thiocyanat ist in die Gruppe der Grenzfälle einzuordnen, wenn das Stickstoff-Atom eine Bindung eingeht, während es als weiche Base reagiert, wenn das Schwefel-Atom eine Bindung bildet (Tabelle 10.6).

Anwendung des HSAB-Konzepts

Hinweis: In diesem Abschnitt behandeln wir einige einfache Anwendungen des HSAB-Konzepts. In Kapitel 23 werden wir im Zusammenhang mit Komplexverbindungen der Übergangsmetalle nochmals auf dieses Konzept zu sprechen kommen.

Die wichtigste Anwendung des Pearson-Konzeptes liegt in der Vorhersagbarkeit der Gleichgewichtslage chemischer Reaktionen. So kann man beispielsweise Aussagen über die Reaktion von Quecksilber(II)-fluorid mit Berylliumiodid (in der Gasphase) treffen: Die weiche Säure Quecksilber(II) ist hier mit der harten Base, dem Fluorid-Ion, verbunden, während das Beryllium-Ion als harte Säure mit dem Iodid-Ion, also einer weichen Base, verbunden ist. Dem HSAB-Konzept entsprechend werden jedoch Verbindungen aus Partnern des gleichen Typs bevorzugt. Daher ist folgende Reaktion zu erwarten, die auch beobachtet wird:

$$HgF_2(g) + BeI_2(g) \rightarrow BeF_2(g) + HgI_2(g)$$
weich/hart   hart/weich   hart/hart   weich/weich

Das HSAB-Konzept kann auch auf Fälle angewendet werden, in denen nicht genau eine Hälfte der Reaktionspartner zur Kategorie „hart" und die andere zur Kategorie „weich" gehört. Man kann hier einfach davon ausgehen, dass weichere Säuren auch weichere Basen bevorzugen. Iodid beispielsweise ist in der Reihe der Halogenid-Ionen am weichsten. Man kann daher erwarten, dass das Iodid-Ion mit Silberbromid (weich/weich) reagieren wird, da das Silber-Ion, als sehr weiche Säure, die weiche Base Iodid dem etwas härteren Bromid-Ion vorziehen wird:

$$AgBr(s) + I^-(aq) \rightarrow AgI(s) + Br^-(aq)$$

Ein weiteres Beispiel hierzu ist die Reaktion von Cadmiumselenid mit Quecksilber(II)-sulfid. Hier bevorzugt das Quecksilber(II)-Ion als besonders weiche Säure die weiche Base Selenid, während das härtere Cadmium-Ion das weniger weiche Sulfid-Ion bindet:

$$CdSe(s) + HgS(s) \rightarrow CdS(s) + HgSe(s)$$

Das HSAB-Konzept kann auch bei der Interpretation von Löslichkeitsabstufungen hilfreich sein. Tabelle 10.7 zeigt, dass die Natriumhalogenide und die Silberhalogenide in ihrer Löslichkeit in Wasser gegenläufige Tendenzen aufweisen. Die Erklärung hierfür ist, dass das Natrium-Ion als harte Säure härtere Basen bevorzugt, während das Silber-Ion als weiche Säure die stabilsten Verbindungen mit weicheren Basen bildet.

Tabelle 10.7 Löslichkeit von Natrium- und Silberhalogeniden (mol · l^{-1})

	Fluorid	Chlorid	Bromid	Iodid
Natrium	1,0	5,4	7,2	8,4
Silber	14,3	$1,3 \cdot 10^{-5}$	$7,2 \cdot 10^{-7}$	$9,1 \cdot 10^{-9}$

HSAB-Konzept und Kationen-Trennungsgang der qualitativen Analyse Der übliche Verlauf einer systematischen Analyse von Proben auf die darin enthaltenen Kationen lässt sich mithilfe des HSAB-Konzepts verstehen: Im Kationen-Trennungsgang werden die Kationen nicht anhand ihrer Stellung im Periodensystem in Gruppen eingeteilt, sondern anhand ihrer Löslichkeit in Anwesenheit verschiedener Anionen. Diese Gruppen des Trennungsgangs werden wir im Folgenden durch römische Zahlen kennzeichnen. Zu Gruppe I gehören alle Kationen, die schwerlösliche Chloride bilden; Gruppe II umfasst Kationen, die lösliche Chloride und besonders schwer lösliche Sulfide bilden; Kationen der Gruppe III bilden lösliche Chloride und schwerlösliche Sulfide. Um die Gruppen II und III zu unterscheiden, stellt man die Konzentration der Sulfid-Ionen über den pH-Wert der Lösung ein. Es stellen sich folgende Gleichgewichte ein:

$$H_2S(aq) + H_2O(l) \rightleftharpoons H_3O^+(aq) + HS^-(aq)$$
$$HS^-(aq) + H_2O(l) \rightleftharpoons H_3O^+(aq) + S^{2-}(aq)$$

Bei niedrigem pH-Wert ist die Konzentration an Sulfid-Ionen sehr niedrig, sodass nur Metallsulfide mit einem sehr kleinen Löslichkeitsprodukt ausfallen (Gruppe II). Erhöht man den pH-Wert auf Werte oberhalb von sieben, steigt auch die Gleichgewichtskonzentration der Sulfid-Ionen und die etwas besser löslichen Metallsulfide der Gruppe III fallen aus. Neben diesen Sulfiden werden einige Metall-Ionen in dem alkalischen Reaktionsgemisch als Hydroxide ausgefällt (z. B. Al^{3+}, Cr^{3+}). Zur Gruppe IV gehören die Kationen, die weder schwerlösliche Chloride, Sulfide oder Hydroxide, aber schwerlösliche Carbonate bilden. Zur Gruppe V gehören Ionen, die nahezu keine schwerlöslichen Salze bilden. Die ausfallenden Salze sind in Tabelle 10.8 aufgeführt.

Tabelle 10.8 Trennschema der Kationenanalyse

Gruppe I	Gruppe II	Gruppe III	Gruppe IV	Gruppe V
AgCl	HgS	MnS	$CaCO_3$	Na^+
$PbCl_2$	CdS	FeS	$SrCO_3$	K^+
Hg_2Cl_2	CuS	CoS	$BaCO_3$	NH_4^+
	SnS_2	NiS		Mg^{2+}
	As_2S_3	ZnS		
	Sb_2S_3	$Al(OH)_3$		
	Bi_2S_3	$Cr(OH)_3$		

Das HSAB-Konzept lässt sich auf Fällungsreaktionen anwenden, wenn man sich vergegenwärtigt, dass alle Ionen in wässeriger Lösung hydratisiert sind. Man kann also beispielsweise die Reaktionsgleichung für die Fällung von Silberchlorid auch folgendermaßen schreiben:

$$[Ag(H_2O)_n]^+ + [Cl(H_2O)_m]^- \rightarrow AgCl(s) + (n+m)\, H_2O(l)$$

Bei dieser Schreibweise wird deutlich, was die treibende Kraft der Reaktion ist: Das Silber-Ion als weiche Säure bevorzugt das Chlorid-Ion, das zu den Grenzfällen gehört, gegenüber dem harten Sauerstoff-Atom des Wasser-Moleküls.

Die Metall-Ionen der Gruppe II gehören überwiegend zu den weichen Säuren, einige sind Grenzfälle. Daher verbinden sie sich bevorzugt mit dem Sulfid-Ion als weicher Base, wie zum Beispiel das Cadmium-Ion (Cd^{2+}):

$$[Cd(H_2O)_n]^{2+} + [S(H_2O)_m]^{2-} \rightarrow CdS(s) + (n+m)\, H_2O(l)$$

Die Kationen der Gruppe III sind überwiegend harte Säuren, manche sind Grenzfälle. Man kann daher argumentieren, dass ihre Sulfide weniger stabil sind als die der Gruppe II und eine deutlich größere Konzentration an Sulfid-Ionen bereitgestellt werden muss. Aluminium- und Chrom-Ionen (Al^{3+}, Cr^{3+}) sind so wenig polarisierbar, dass sie eher mit dem Hydroxid-Ion als harter Base regieren als mit dem weichen Sulfid-Ion. Die Ionen in Gruppe IV sind sehr harte Säuren, sie lassen sich nur durch das Carbonat-Ion, eine sehr harte Base, fällen.

Victor Mordechai **Goldschmidt**, deutscher Mineraloge und Kristallograph, 1852–1933; Professor in Heidelberg.

Das HSAB-Konzept in der Geochemie 1923 entwarf der Geochemiker V. M. Goldschmidt eine Klassifizierung der chemischen Elemente, die im Zusammenhang mit der Erdgeschichte steht. Als sich die Erde abkühlte, so nahm er an, bildeten einige Elemente den metallischen Erdkern (die *Siderophile*), einige bildeten Sulfide (die *Chalkophile*), einige bildeten Silicate (die *Lithophile*) und andere „entkamen" und bildeten die Atmosphäre (die *Atmophile*). Diese Einteilung wird in modifizierter Form heute noch verwendet. Im Hinblick auf das Vorkommen der Elemente an der Erdoberfläche definieren wir Atmophile als unreaktive Nichtmetalle, die in ihrer elementaren Form in der Atmosphäre vorkommen (Stickstoff und die Edelgase). Als Lithophile bezeichnen wir Metalle und Nichtmetalle, die überwiegend als Oxide, Silicate, Sulfate oder Carbonate vorkommen, Chalkophile sind die Elemente, die vorwiegend Sulfide bilden, während Siderophile in der Erdkruste in elementarer Form auftreten. Abbildung 10.17 zeigt, wie Lithophile, Chalkophile und Siderophile nach dieser Einteilung im Periodensystem verteilt sind.

Vergleicht man diese geochemische Einteilung mit der HSAB-Einteilung, so stellt man fest, dass die Ionen der lithophilen Metalle harte Säuren sind. Erwartungsgemäß verbinden sie sich bevorzugt mit harten Basen wie dem Oxid-Ion oder Oxo-Anionen wie Silicat. So enthält beispielsweise der für die Gewinnung von Aluminium wichtige Bauxit Aluminiumoxidhydroxid (AlOOH) als Hauptbestandteil; Calciumcarbonat – in Form von Kalkstein, Kreide oder Marmor – ist die häufigste Calciumverbindung. Diese Mineralien sind Kombinationen harter Basen mit harten Säuren. Die Ionen der chalko-

						H											
Li	Be											B	C		O	F	
Na	Mg											Al	Si	P	S	Cl	
K	Ca	Sc	Ti	V	Cr	Mn	Fe	Co	Ni	Cu	Zn	Ga	Ge	As	Se	Br	
Rb	Sr	Y	Zr	Nb	Mo		Ru	Rh	Pd	Ag	Cd	In	Sn	Sb	Te	I	
Cs	Ba	La … Lu	Hf	Ta	W	Re	Os	Ir	Pt	Au	Hg	Tl	Pb	Bi			
		**															

*Lanthanoide	La	Ce	Pr	Nd		Sm	Eu	Gd	Tb	Dy	Ho	Er	Tm	Yb	Lu
**Actinoide		Th		U											

10.17 Geochemische Einteilung der Elemente in Lithophile (weiß), Chalkophile (blau) und Siderophile (grau). Atmophile und Elemente ohne stabile Isotope sind nicht mit aufgeführt.

philen Metalle dagegen gehören zu den weichen Säuren oder den Säuren im Grenzbereich. Diese Ionen treten hauptsächlich in Verbindung mit weichen Basen auf, vor allem dem Sulfid-Ion. Zink beispielsweise findet man überwiegend als Zinksulfid (Zinkblende, Sphalerit) und Quecksilber als Quecksilber(II)-sulfid (Zinnober). Zur chalkophilen Kategorie gehören auch die Halbmetalle. Ein Beispiel ist das häufigste Mineral des Arsens, Arsen(III)-sulfid (Auripigment, As_2S_3).

Einige Beispiele verdeutlichen den Nutzen der Anwendung des HSAB-Konzepts in der Mineralogie: Die harte Säure Eisen(III) findet man in Verbindung mit dem Oxid-Ion als harter Base als Eisen(III)-oxid (Hämatit), während Eisen(II) – ein Grenzfall – mit dem Disulfid-Ion (S_2^{2-}) als weicher Base im Eisen(II)-disulfid (Pyrit, FeS_2) auftritt. Unter den Metallen der Gruppe 14 gehört Zinn als Zinn(IV) zu den harten Säuren und tritt in der Verbindung Zinn(IV)-oxid (Kassiterit, SnO_2) auf. Blei dagegen kommt vorwiegend als weiche Säure Blei(II) in der Verbindung Blei(II)-sulfid (Bleiglanz, Galenit) vor.

Qualitative Modelle wie das HSAB-Konzept haben jedoch ihre Grenzen. Man kennt auch hier eine Reihe von Ausnahmen. So findet man die weiche Säure Blei(II) auch in einer Reihe von Mineralien in Verbindung mit einer harten Base, beispielsweise als Blei(II)-sulfat (Anglesit, $PbSO_4$) oder Blei(II)-carbonat (Cerussit, $PbCO_3$).

HSAB-Konzept und chemische Bindung Nachdem Pearson das Konzept eingeführt hatte, gab es verschiedene Ansätze zu einer theoretischen Erklärung und zur Entwicklung eines quantitativen Maßes für die Härte oder Weichheit der Teilchen. Diese Fragen gehen über den Rahmen dieses Buches hinaus; wir möchten hier jedoch besprechen, wie das HSAB-Konzept im Zusammenhang mit Modellen zur chemischen Bindung zu sehen ist.

Die Verbindung einer harten Säure mit einer harten Base ist nichts anderes als eine Kombination aus einem Kation eines Elements mit niedriger Elektronegativität und einem Anion eines Elements mit hoher Elektronegativität, eine typische Ionenverbindung also. Im Gegensatz dazu sind weiche Säuren Kationen derjenigen Metalle, die nahe an

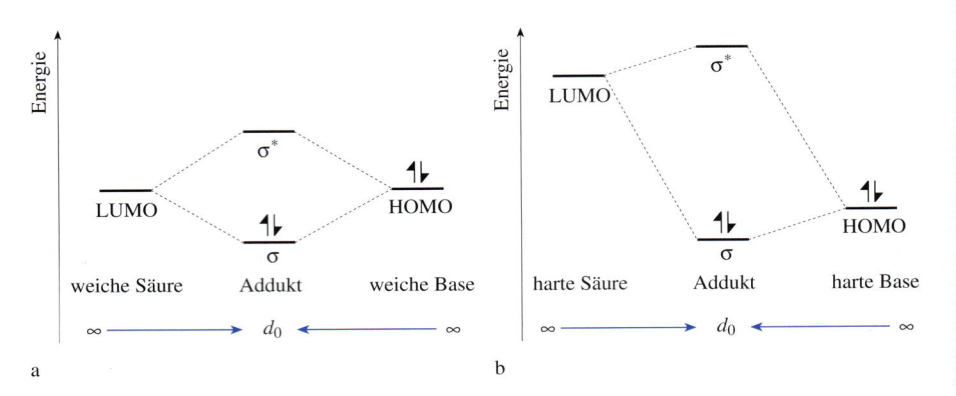

10.18 Vergleich der Obitalenergien für (a) die Kombination einer weichen Säure mit einer weichen Base und (b) die Kombination einer harten Säure mit einer harten Base.

10.19 Elemente hoher Toxizität (blau).

der Grenze zu den Nichtmetallen liegen und vergleichsweise hohe Elektronegativitäten haben. Diese Metall-Ionen bilden überwiegend kovalente Bindungen mit weichen Basen wie dem Sulfid-Ion.

Man kann das Konzept auch mithilfe der Molekülorbitaltheorie erklären: Reagiert eine weiche Säure mit einer weichen Base, hat das niedrigste unbesetzte Molekülorbital (LUMO) der Säure ungefähr die gleiche Energie wie das höchste besetzte Molekülorbital (HOMO) der Base. Die Kombination beider Orbitale bewirkt einen großen Energiegewinn für das Elektronenpaar der Base (Abbildung 10.18a), was zu einer starken kovalenten Bindung führt. Dagegen besteht ein großer Energieunterschied zwischen dem untersten unbesetzten Molekülorbital (LUMO) einer harten Säure und dem obersten besetzten Molekülorbital (HOMO) einer harten Base, sodass eine Kombination dieser Orbitale nur wenig Energiegewinn zur Folge hat (Abbildung 10.18b). Daher werden kovalente Bindungen kaum in nennenswertem Ausmaß gebildet, es kommt stattdessen zur Bildung von Ionenverbindungen.

Biologische Aspekte In Abschnitt 3.7 wurden bereits die Elemente angeführt, die für das Leben essentiell sind. An dieser Stelle wollen wir die toxischen Elemente besprechen. Nach der *Regel von Bertrand* wirkt jedes Element ab einer gewissen charakteristischen Dosis biochemisch toxisch. Ob ein Stoff giftig wirkt oder nicht, hängt also grundsätzlich von der Konzentration ab. Wir werden an dieser Stelle nur die Elemente besprechen, bei denen die Toxizität schon bei sehr niedrigen Konzentrationen einsetzt. Sie sind in Abbildung 10.19 aufgeführt. Das HSAB-Konzept liefert deutliche Hinweise, um die Toxizität zu erklären.

Ein häufiger Bestandteil von Enzymen ist die Aminosäure Cystein deren Molekül eine Thiol-Gruppe (-SH) enthält. Im Normalfall sind Zink(II)-Ionen an viele der Thiol-Gruppen gebunden; da jedoch die Kationen von Cadmium(II), Indium(I), Quecksilber(II), Thallium(I) oder Blei(II) weicher sind als das Zink-Ion, werden diese bevorzugt gebunden. Die toxische Wirkung beruht auf einer Hemmung oder Blockierung der Enzymaktivität aufgrund des Austauschs von Zink-Ionen gegen fester gebundene Ionen.

Das Beryllium-Ion ist eine harte Säure und bindet daher bevorzugt an Stellen, die normalerweise vom Magnesium-Ion besetzt werden. Die für die Umwelt giftigen Anionen der Halbmetalle Arsen, Selen und Tellur sind sehr weiche Basen. Warum sie biochemisch toxisch wirken, ist noch nicht ganz geklärt. Möglicherweise reagieren sie bevorzugt mit Säuren aus dem Übergangsbereich zwischen hart und weich, wie Eisen(II) und Zink(II), und verhindern damit, dass diese Ionen ihre essentielle Funktion in Enzymen erfüllen.

ÜBUNGEN

10.1 Definieren Sie folgende Begriffe: a) konjugiertes Säure/Base-Paar, b) Autoprotolyse, c) amphoter, d) Säurekonstante, e) Nivellierungseffekt eines Lösemittels, f) mehrprotonige Säure.

10.2 Stellen Sie Reaktionsgleichungen für die Umsetzung der folgenden Stoffe mit Wasser auf: a) Chloramin $ClNH_2$), b) Fluoroschwefelsäure HSO_3F).

10.3 Wasserfreie Schwefelsäure leitet den elektrischen Strom. Formulieren Sie die Reaktionsgleichung für das Autoprotolyse-Gleichgewicht.

10.4 Welches Teilchen ist in flüssigem Ammoniak als Lösungsmittel a) die stärkste Säure bzw. b) die stärkste Base?

10.5 In flüssigem Ammoniak ist Fluorwasserstoff eine starke Säure. Stellen Sie die Reaktionsgleichung auf.

10.6 In konzentrierter Schwefelsäure reagiert Essigsäure als Base. Stellen Sie eine Gleichung für das Säure/Base-Gleichgewicht auf und geben Sie die konjugierten Säure/Base-Paare an.

10.7 Identifizieren Sie die konjugierten Säure/Base-Paare der folgenden Gleichgewichtsreaktionen:
a) $HSeO_4^-(aq) + H_2O(l) \rightleftharpoons H_3O^+(aq) + SeO_4^{2-}(aq)$
b) $HSeO_4^-(aq) + H_2O(l) \rightleftharpoons OH^-(aq) + H_2SeO_4(aq)$

10.8 Welche ist die stärkere Säure, Schweflige Säure ($H_2SO_3(aq)$) oder Schwefelsäure ($H_2SO_4(aq)$), und warum?

10.9 Versetzt man eine Lösung von Hydrogenphosphat (HPO_4^{2-}) mit Kupfer(II)-Ionen, so fällt Kupfer(II)-phosphat aus und die Lösung wird sauer. Stellen Sie zwei Reaktionsgleichungen auf und schlagen Sie eine Erklärung vor.

10.10 Das hydratisierte Zink-Ion reagiert in Lösung sauer. Schlagen Sie anhand einer Reaktionsgleichung eine Erklärung vor.

10.11 Eine wässerige Lösung von Kaliumcyanid (KCN) reagiert stark alkalisch. Erklären Sie dies anhand einer Reaktionsgleichung. Welche Schlussfolgerungen kann man hinsichtlich der Eigenschaften von Cyanwasserstoff ziehen?

10.12 Die schwache Base Hydrazin (N_2H_4) kann in zwei Schritten bis zum $N_2H_6^{2+}$-Ion protoniert werden. Stellen Sie Reaktionsgleichungen für die beiden Teilschritte auf. Welche der drei Hydrazin-Spezies wird in der niedrigsten Konzentration vorliegen, wenn man Hydrazin in Wasser löst?

10.13 Welches der folgenden Salze reagiert in wässeriger Lösung sauer, alkalisch bzw. neutral? a) Kaliumfluorid, b) Ammoniumchlorid, c) Aluminiumnitrat, d) Natriumiodid. Begründen Sie Ihre Antwort.

10.14 Die beiden Natriumsalze NaX und NaY werden in gleichen Konzentrationen in Wasser gelöst. Es ergeben sich pH-Werte von 7,3 bzw. 10,9. Welches ist die stärkere Säure, HX oder HY? Begründen Sie Ihre Entscheidung.

10.15 Die pK_B-Werte der Basen A^- und B^- betragen 3,5 bzw. 6,2. Welches ist die stärkere Säure, HA oder HB? Begründen Sie Ihre Meinung.

10.16 Welche Oxide sind die Anhydride der folgenden Säuren? a) Salpetersäure (HNO_3), b) Chromsäure (H_2CrO_4), c) Iodsäure (HIO_3).

10.17 Welche Oxide entsprechen den folgenden Basen? a) Kaliumhydroxid (KOH), b) Chrom(III)-hydroxid ($Cr(OH)_3$).

10.18 Welche Stoffe reagieren in den folgenden Reaktionen als Säure bzw. als Base?
a) $SiO_2 + Na_2O \rightarrow Na_2SiO_3$
b) $NOF + ClF_3 \rightarrow NO^+ + ClF_4^-$
c) $Al_2Cl_6 + 2\,PF_3 \rightarrow 2\,AlCl_3 \cdot PF_3$
d) $PCl_5 + ICl \rightarrow PCl_4^+ + ICl_2^-$
e) $POCl_3 + Cl^- \rightarrow POCl_4^-$
f) $Li_3N + 2\,NH_3 \rightarrow 3\,Li^+ + 3\,NH_2^-$

10.19 Welches Oxid reagiert stärker basisch, Magnesiumoxid oder Calciumoxid? Argumentieren Sie mit den Zahlenwerten für die freien Enthalpien der Reaktion der Oxide mit Wasser.

10.20 Welches Oxid reagiert stärker sauer, Siliciumdioxid oder Kohlenstoffdioxid? Argumentieren Sie mit den Zahlenwerten für die freien Enthalpien der Reaktion der Oxide mit Calciumoxid. Warum läuft bei hoher Temperatur (z.B. 800 °C) die folgende Reaktion ab?
$CaCO_3(s) + SiO_2(s) \rightarrow CaSiO_3(s) + CO_2(g)$

10.21 Nitrosylchlorid (NOCl) kann als nichtwässeriges Lösemittel verwendet werden. Es unterliegt folgender Eigendissoziation:
$NOCl(l) \rightarrow NO^+(solv) + Cl^-(solv)$
Welches der Ionen fungiert als Lewis-Säure und welches als Lewis-Base? Stellen Sie außerdem eine Gleichung für die Reaktion zwischen $(NO)(AlCl_4)$ und $[(CH_3)_4N]Cl$ auf.

10.22 Flüssiges Bromtrifluorid (BrF_3) unterliegt einer Eigendissoziation. Stellen Sie die Reaktionsgleichung auf.

10.23 In reinem, flüssigem Ammoniak beträgt das Ionenprodukt rund 10^{-30} mol$^2 \cdot$ l^{-2}. Berechnen Sie die Konzentration an Ammonium-Ionen in flüssigem Ammoniak.

10.24 Die basischen Eigenschaften des Cyanid-Ions und die sauren Eigenschaften der Perchlorsäure werden auch in flüssigem Fluorwasserstoff wirksam. Stellen Sie die entsprechenden Reaktionsgleichungen auf. Wird sich das Gleichgewicht nach rechts oder links verschieben oder wird sich die Gleichgewichtslage im Vergleich zur Reaktion in Wasser nicht ändern?
a) $CN^-(aq) + H_2O(l) \rightleftharpoons HCN(aq) + OH^-(aq)$
b) $HClO_4(aq) + H_2O(l) \rightarrow ClO_4^-(aq) + H_3O^+(aq)$

10.25 Schätzen Sie für die folgenden Reaktionen ab, ob die Gleichgewichtskonstante größer oder eher kleiner als eins ist.
a) $[AgCl_2]^-(aq) + 2\,CN^-(aq) \rightleftharpoons [Ag(CN)_2]^-(aq) + 2\,Cl^-(aq)$
b) $CH_3HgI(aq) + HCl(aq) \rightleftharpoons CH_3HgCl(aq) + HI(aq)$
c) $AgF(aq) + LiI(aq) \rightleftharpoons AgI(s) + LiF(aq)$

10.26 Welche der folgenden Verbindungen treten wahrscheinlich eher als Mineralien auf?
a) Thorium: ThS_2 oder ThO_2
b) Platin: $PtAs_2$ oder $PtSiO_4$
c) Fluor: CaF_2 oder PbF_2
d) Magnesium: MgS oder $MgSO_4$
e) Cobalt: CoS oder $CoSO_4$

10.27 Borsäure ($B(OH)_3$) reagiert in Wasser als Säure. Mit Hydroxid-Ionen jedoch reagiert es nicht als Protonendonator, sondern als Lewis-Säure. Stellen Sie diesen Prozess in einer Gleichung für die Reaktion von Borsäure mit Natronlauge dar.

10.28 Das Kupfer(I)-Ion disproportioniert entsprechend der folgenden Reaktion, für welche die Gleichgewichtskonstante ungefähr bei $10^6 \text{ mol}^{-1} \cdot \text{l}$ liegt:
$$2 \text{ Cu}^+(aq) \rightleftharpoons \text{Cu}^{2+}(aq) + \text{Cu}(s)$$
Werden Kupfer(I)-Verbindungen dagegen in Dimethylsulfoxid (($CH_3)_2SO$), gelöst, so ist der Wert für die Gleichgewichtskonstante nur $2 \text{ mol}^{-1} \cdot \text{l}$. Schlagen Sie eine Erklärung vor.

10.29 Ermitteln Sie die Konzentration an Sulfid-Ionen einer Lösung von Schwefelwasserstoff ($c = 0{,}01 \text{ mol} \cdot \text{l}^{-1}$) in einer starken Säure ($c = 1 \text{ mol} \cdot \text{l}^{-1}$). Die Säurekonstanten K_{S1} und K_{S2} liegen bei $1{,}6 \cdot 10^{-7}$ und $1{,}6 \cdot 10^{-14} \text{ mol} \cdot \text{l}^{-1}$. Würde eines der entsprechenden Sulfide ausfallen, wenn in der Lösung Cadmium- und Eisen(II)-Ionen in einer Konzentration von $0{,}01 \text{ mol} \cdot \text{l}^{-1}$ vorlägen? Die Löslichkeitsprodukte von Cadmium- und Eisen(II)-sulfid liegen bei $1{,}0 \cdot 10^{-27} \text{ mol}^2 \cdot \text{l}^{-2}$ und $7{,}9 \cdot 10^{-19} \text{ mol}^2 \cdot \text{l}^{-2}$.

10.30 Ab welchem pH-Wert würde aus Schwefelwasserstoffwasser ($c(H_2S) = 0{,}01 \text{ mol} \cdot \text{l}^{-1}$) Zinn(II)-sulfid ausfallen, wenn die Konzentration an Zinn-Ionen $10^{-4} \text{ mol} \cdot \text{l}^{-1}$ beträgt? Die Säurekonstanten K_{S1} und K_{S2} liegen bei $1{,}6 \cdot 10^{-7}$ und $1{,}6 \cdot 10^{-14} \text{ mol} \cdot \text{l}^{-1}$. Das Löslichkeitsprodukt von Zinn(II)-sulfid beträgt $1{,}3 \cdot 10^{-26} \text{ mol}^2 \cdot \text{l}^{-2}$.

10.31 Welchen pH-Wert hat eine Lösung von Ammoniumchlorid der Stoffmengenkonzentration $c = 0{,}2 \text{ mol} \cdot \text{l}^{-1}$?

10.32 0,1 mol Natriumsulfid werden in 500 ml Wasser gelöst. Welchen pH-Wert hat die Lösung?

10.33 Bei welchem pH-Wert liegt der Äquivalenzpunkt einer Titration von
a) Ameisensäure mit Natronlauge,
b) Ammoniak mit Salzsäure?
(Konzentrationen jeweils $0{,}1 \text{ mol} \cdot \text{l}^{-1}$)
Welche Indikatoren eignen sich jeweils für die Endpunktbestimmung?

10.34 Es soll ein Acetat-Puffer mit einem pH-Wert von 4,5 hergestellt werden. Wieviel Natriumacetat muss zu 100 ml Essigsäure ($c = 0{,}1 \text{ mol} \cdot \text{l}^{-1}$) gegeben werden, um dieses zu erreichen?

10.35 Welchen pH-Wert haben die folgenden Lösungen?
a) 0,05 mol Ammoniumchlorid und 0,1 mol Ammoniak in 500 ml Wasser.
b) 0,1 mol Chlorwasserstoff und 0,2 mol Salpetersäure in 1 l Wasser.
c) 0,05 mol Chlorwasserstoff und 1 mol Essigsäure in 1 l Wasser.

10.36 Berechnen Sie den pH-Wert von Chlorwasserstoffsäure-Lösungen der Konzentrationen von a) $0{,}1 \text{ mol} \cdot \text{l}^{-1}$, b) $10^{-5} \text{ mol} \cdot \text{l}^{-1}$, c) $10^{-7} \text{ mol} \cdot \text{l}^{-1}$.

10.37 Welchen Dissoziationsgrad haben Hydrogensulfit-Lösungen der Konzentrationen $c = 1 \text{ mol} \cdot \text{l}^{-1}$ bzw. $10^{-3} \text{ mol} \cdot \text{l}^{-1}$?

10.38 Eine Säure HA ist bei einer Anfangskonzentration von $c = 0{,}1 \text{ mol} \cdot \text{l}^{-1}$ zu 3% dissoziiert. Wie groß ist der Dissoziationsgrad bei einer Konzentration von $10^{-3} \text{ mol} \cdot \text{l}^{-1}$?

10.39 Die Messung des pH-Werts einer Base der Stoffmengenkonzentration $c = 0{,}3 \text{ mol} \cdot \text{l}^{-1}$ ergibt einen Wert von 12,8. Wie groß ist der pK_B-Wert der Base?

10.40 Aus $2 \cdot 10^{-3}$ mol einer schwachen Säure HA und $8 \cdot 10^{-4}$ mol ihres Natriumsalzes NaA wurde eine Pufferlösung mit dem pH-Wert 5,4 hergestellt. Wie groß ist der pK_S-Wert der Säure?

Bei einem großen Teil chemischer Reaktionen ändern sich die Oxidationszustände der beteiligten Elemente. In diesem Kapitel werden wir solche *Redox-Reaktionen* behandeln. Zunächst wird gezeigt, wie man *Oxidationszahlen* ermittelt und Redox-Gleichungen aufstellt. Die quantitative Behandlung dieser Thematik führt uns zu den Begriffen Standardpotential und Spannungsreihe. Beziehungen zur Thermodynamik werden geknüpft, sodass sich die Lage von Redox-Gleichgewichten quantitativ beschreiben lässt. Die grafische Darstellung der Redox-Eigenschaften eines Elements liefert anschauliche Informationen über die thermodynamische Stabilität von Verbindungen oder Ionen. Elektrochemische Spannungsquellen (Batterien, Akkumulatoren) werden ebenso behandelt wie die Gesetzmäßigkeiten bei der Elektrolyse und Probleme der Korrosion von Metallen; auch einige Anwendungen von Redox-Reaktionen in der analytischen Chemie werden diskutiert.

Oxidation und Reduktion

11

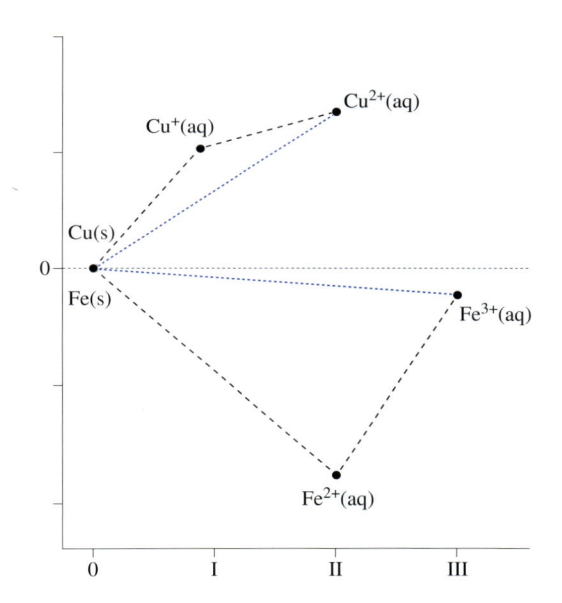

Kapitelübersicht

- 11.1 Regeln zur Bestimmung von Oxidationszahlen
- 11.2 Redox-Gleichungen
- 11.3 Spannungsreihe und Standard-Elektrodenpotential
- 11.4 Die Nernstsche Gleichung
  Exkurs: Vom Experiment zum Standardpotential
- *Exkurs:* Konzentrationsketten
- 11.5 Redox-Reaktionen in der analytischen Chemie
- 11.6 Elektrodenpotential und Energieumsatz bei Redox-Reaktionen
- 11.7 Oxidationszustands-/Frost-Diagramme
- 11.8 Elektrolyse
- 11.9 Galvanische Spannungsquellen
- 11.10 Korrosion und Korrosionsschutz

248 11. Oxidation und Reduktion

Georg Ernst **Stahl**, deutscher Mediziner und Chemiker, 1660–1734; Professor in Halle.

Louis-Bernard **Guyton de Morveau**, französischer Chemiker und Rechtsanwalt, 1737–1816; Professor in Dijon und Paris.

Antoine Laurent **de Lavoisier**, französischer Chemiker, 1743–1794; ab 1768 Mitglied der Académie des Sciences, ab 1775 Direktor der Staatlichen Schießpulververwaltung.

Eine der heftigsten Diskussionen in der Geschichte der Chemie betraf das Wesen von Oxidationsreaktionen. Der Disput begann 1718, als der Chemiker Georg Stahl die These aufstellte, dass Metalle sich aus „Metallkalken" (den Oxiden) bilden, wenn diese zusammen mit Holzkohle (Kohlenstoff) erhitzt werden. Das Metall absorbiere dabei eine Substanz, die Stahl „Phlogiston" nannte. Ebenso nahm er an, dass sich beim Erhitzen eines Metalls an der Luft der entsprechende „Metallkalk" (das Oxid) bildet, indem Phlogiston an die Atmosphäre abgegeben werde. Vierundfünfzig Jahre später führte Louis-Bernard Guyton de Morveau genauere Versuche durch und zeigte, dass Metalle bei der Verbrennung an Gewicht zunehmen. Die Chemiker waren jedoch von der Phlogiston-Hypothese so überzeugt, dass de Morveau aus seinen Ergebnissen schloss, Phlogiston habe eine negative Masse. Es war dann sein Kollege Antoine de Lavoisier, der das Phlogiston-Konzept verwarf. Er führte die Massenzunahme bei der Verbrennung auf die Aufnahme von Sauerstoff durch das Metall zurück. Diesen Vorgang nannte man *Oxidation*. Die Bildung des Metalls aus dem Oxid, die *Reduktion*, entsprach dann der Abgabe von Sauerstoff.

Da die Herausgeber der damaligen französischen Wissenschaftszeitschrift zu den „Phlogistonisten" zählten, wurde Lavoisiers Arbeit nicht publiziert. Lavoisier gab daraufhin zusammen mit dem konvertierten de Morveau und weiteren Chemikern eine eigene Zeitschrift heraus, um die „neue Chemie" bekannt zu machen. Der Sieg über die Phlogiston-Theorie war die Geburtsstunde der modernen Chemie. Der Begriff des Elements erhielt eine klare Bedeutung und das Gesetz von der Erhaltung der Masse bei chemischen Reaktionen wurde allgemein anerkannt.

Wie definiert man Oxidation und Reduktion? Zahlreiche Reaktionen in der Chemie gehören zu den Redox-Reaktionen. Wie in vielen anderen Bereichen gibt es auch für Oxidation und Reduktion klare Definitionen und Bezeichnungen. In der Geschichte der Chemie wurden Oxidation und Reduktion auf unterschiedliche Weise definiert, wie Tabelle 11.1 zeigt.

Tabelle 11.1 Traditionelle Definitionen von Oxidation und Reduktion

Oxidation	Reduktion
Aufnahme von Sauerstoff	Abgabe von Sauerstoff
Aufnahme von Sauerstoff oder Abgabe von Wasserstoff	Abgabe von Sauerstoff oder Aufnahme von Wasserstoff
Abgabe von Elektronen	Aufnahme von Elektronen

In der modernen Chemie werden allgemeiner gültige Definitionen verwendet:
  Oxidation: Erhöhung der Oxidationszahl
  Reduktion: Erniedrigung der Oxidationszahl

11.1 Regeln zur Bestimmung von Oxidationszahlen

Zunächst muss natürlich der Begriff Oxidationszahl, häufig auch *Oxidationsstufe* genannt, definiert werden. Oxidationszahlen sind formale Ladungszahlen, die mit der realen Ladung eines Atoms häufig wenig zu tun haben. Sie werden verwendet, um die „Elektronen-Buchführung" zu erleichtern. Innerhalb von Formeln gibt man sie als römische Ziffern an. Ein Vorzeichen wird dabei nach IUPAC nur bei negativen Werten gesetzt. Auf der Basis eines einfachen Regelkatalogs werden die Oxidationszahlen den Atomen bzw. Ionen zugeordnet:

- Die Oxidationszahl N_{ox} eines neutralen Atoms (z. B. im Element) ist null.
- Die Oxidationszahl eines einatomigen Ions ist gleich der Ionenladung.
- In einer neutralen mehratomigen Verbindung ist die Summe der Oxidationszahlen null; in einem mehratomigen Ion ist sie gleich der Ionenladung.
- In Verbindungen hat jeweils das elektronegativere Element seine charakteristische negative Oxidationszahl (z. B. –II für Sauerstoff in Oxiden, –I für Chlor in Chloriden), der weniger elektronegative Bindungspartner hat eine positive Oxidationszahl.
- Wasserstoff hat normalerweise die Oxidationszahl I (Ausnahme: –I in Verbindungen mit Atomen geringerer Elektronegativität, insbesondere als Metallhydrid).

Will man beispielsweise die Oxidationsstufe von Schwefel in Schwefelsäure (H_2SO_4) bestimmen, so kann man gemäß Regel 3 schreiben:

$2[N_{ox}(H)] + [N_{ox}(S)] + 4[N_{ox}(O)] = 0$

Sauerstoff liegt normalerweise in der Oxidationsstufe –II (Regel 4) vor und Wasserstoff in der Oxidationsstufe I (Regel 5).

$2(I) + [N_{ox}(S)] + 4(-II) = 0$
also ist $[N_{ox}(S)] = VI$

Auch die Bestimmung der Oxidationszahl von Iod im ICl_4^--Ion erfolgt gemäß Regel 3.

$[N_{ox}(I)] + 4[N_{ox}(Cl)] = -I$

Chlor ist elektronegativer als Iod, sodass es hier die Oxidationszahl –I erhält (Regel 4).

$[N_{ox}(I)] + 4(-I) = -I$
also ist $[N_{ox}(I)] = III$

Diese Regeln anzuwenden bedeutet nicht automatisch, das Konzept der Oxidationszahlen zu verstehen. Es gibt zahlreiche mehratomige Ionen und Moleküle, auf die sich die Regeln nicht ohne weiteres anwenden lassen. Zur Bestimmung der Oxidationszahl sind im Laufe der Zeit verschiedene Methoden entwickelt worden. Die folgende ist besonders sinnvoll in Fällen, in denen in einem Molekül oder Ion zwei Atome desselben Elements vorkommen, die aber eine unterschiedliche chemische Umgebung haben. Diese Methode legt für jedes Atom eine eigene Oxidationszahl fest und nicht nur einen Mittelwert.

Zur Bestimmung der Oxidationszahlen kovalent gebundener Atome zeichnet man die Valenzstrichformel des betreffenden Moleküls und orientiert sich an den Elektronegativitätswerten der beteiligten Elemente (Abbildung 11.1). Die Elektronen einer polaren kovalenten Bindung ordnen wir vollständig dem elektronegativeren Atom zu. Wir vergleichen dann die Anzahl der Außenelektronen für den gebundenen Zustand mit der Anzahl der Außenelektronen bei freien Atomen. Die Differenz zwischen der Elektronenanzahl im freien Zustand und der Elektronenanzahl im Molekül oder Ion ist die Oxidationszahl.

	H 2,2			
B 2,0	C 2,5	N 3,0	O 3,4	F 4,0
	Si 1,9	P 2,2	S 2,6	Cl 3,2
	Ge 2,0	As 2,2	Se 2,6	Br 3,0
			Te 2,1	I 2,7

11.1 Elektronegativitätswerte nach Pauling für einige Nichtmetalle und Halbmetalle.

Als Beispiel betrachten wir Chlorwasserstoff. Aus Abbildung 11.1 geht hervor, dass Chlor elektronegativer ist als Wasserstoff, beide Bindungselektronen werden also dem Chlor zugeordnet. Ein Chlor-Atom im Chlorwasserstoff hat damit formal ein Elektron mehr auf der Außenschale als im elementaren Zustand. Die Oxidationszahl ist demnach –I (7 – 8). Das Wasserstoff-Atom hat formal ein Elektron „verloren", seine Oxidationszahl ist I (1 – 0).

$$\text{H}(-\overline{\underline{\text{Cl}}}|)$$
$$\phantom{\text{H}}\text{I}\text{–I}$$

In ähnlicher Weise geht aus der Valenzstrichformel für Wasser hervor, dass – in Übereinstimmung mit den Regeln 4 und 5 – jedes Wasserstoff-Atom in der Oxidationszahl I (1 – 0) und jedes Sauerstoff-Atom in der Oxidationszahl –II (6 – 8) vorliegt.

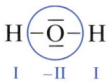

$$\text{H}(-\overline{\underline{\text{O}}}-)\text{H}$$
$$\phantom{\text{H}}\text{I}\text{–II}\text{I}$$

Im Wasserstoffperoxid liegt Sauerstoff in einer ungewöhnlichen Oxidationsstufe vor. Dies ist dadurch zu erklären, dass bei Elektronenpaaren zwischen Atomen gleicher Elektronegativität in unserem Modell die Elektronen zu gleichen Teilen auf beide Atome verteilt werden. In diesem Fall hat Sauerstoff die Oxidationszahl –I (6 – 7). Die Wasserstoff-Atome liegen weiterhin jeweils in der Oxidationsstufe I vor.

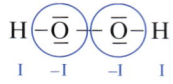

$$\text{H}(-\overline{\underline{\text{O}}}-)(-\overline{\underline{\text{O}}}-)\text{H}$$
$$\phantom{\text{H}}\text{I}\text{–I}\text{–I}\text{I}$$

Diese Methode kann auch für Moleküle angewandt werden, die drei (oder mehr) verschiedene Atome enthalten.
Beispiel Cyanwasserstoff (HCN): Stickstoff hat eine höhere Elektronegativität als Kohlenstoff; die Elektronen der C/N-Bindung gehören also formal zum Stickstoff. Die Elektronen der H/C-Bindung dagegen gehören zum Kohlenstoff, da Kohlenstoff elektronegativer ist als Wasserstoff. Wasserstoff liegt demnach in der Oxidationsstufe I, Kohlenstoff in der Oxidationsstufe II und Stickstoff in der Oxidationsstufe –III vor.

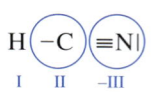

$$\text{H}(-\text{C})(\equiv \text{N}|)$$
$$\phantom{\text{H}}\text{I}\text{II}\text{–III}$$

Mehratomige Ionen werden wie neutrale Moleküle behandelt. Für das Beispiel des Sulfat-Ions gehen wir von einer möglichst einfachen Valenzstrichformel aus. Die Bindungselektronen werden wiederum dem jeweils elektronegativeren Atom zugewiesen, sodass jedes Sauerstoff-Atom die Oxidationszahl –II erhält. Schwefel hat im neutralen Zustand sechs Außenelektronen, im Sulfat-Ion jedoch kein einziges. Damit ergibt sich für Schwefel die Oxidationszahl VI (6 – 0), wie schon im Falle der Schwefelsäure.

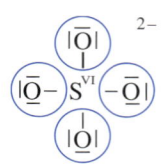

Wie schon angedeutet wurde, können zwei Atome desselben Elements im gleichen Molekül in unterschiedlichen Oxidationsstufen vorkommen. Ein Beispiel hierfür ist das Thiosulfat-Ion ($S_2O_3^{2-}$), in dem die Schwefel-Atome in unterschiedlicher Umgebung vorliegen. Die Sauerstoff-Atome haben jeweils die Oxidationszahl –II. Die Elektronen der S-S-Bindung werden entsprechend den Regeln den beiden Schwefel-Atomen jeweils zur Hälfte zugeordnet. Das zentrale Schwefel-Atom erhält somit die Oxidationszahl V (6 − 1), während dem anderen Schwefel-Atom die Oxidationsstufe −I (6 − 7) zukommt. Diese Zuweisung spiegelt das unterschiedliche chemische Verhalten der beiden Schwefel-Atome im Thiosulfat-Ion wider.

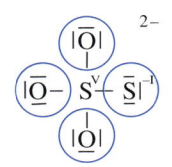

Viele Chemiker wählen allerdings eine anderen Weg: Sie ordnen dem zentralen Schwefel-Atom die Oxidationszahl VI zu. Das zweite Schwefel-Atom erhält dann – wie die Sauerstoff-Atome – die Oxidationszahl −II. Damit wird die angesprochene Regel offensichtlich missachtet. Ein Vorteil ist aber, dass man den Namen des $S_2O_3^{2-}$-Ions besser erläutern kann: Ein Thiosulfat-Ion entsteht formal, indem man ein Sauerstoff-Atom eines Sulfat-Ions durch ein Schwefel-Atom ersetzt, während die Gesamtzahl der Valenzelektronen unverändert bleibt.

Regel 1 besagt, dass die Oxidationszahl aller Atome im Element null ist. Dies ist unmittelbar einsichtig. In einem Molekül, das z. B. aus zwei gleichartigen Atomen besteht wie das Fluor-Molekül, werden die Elektronen der kovalenten Bindung auf beide Atome verteilt. Jedes Fluor-Atom hat sowohl im freien Zustand als auch im Fluor-Molekül sieben Valenzelektronen, die Oxidationszahl ist also 0 (7 − 7).

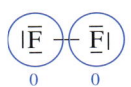

Oxidationszahl und Formalladung

In Abschnitt 5.3 haben wir den Begriff der Formalladung als ein Hilfsmittel eingeführt, um die bestmögliche Elektronenformel für kovalente Moleküle aufzustellen. Traditionell hat man dabei die Strukturen mit den niedrigsten Formalladungen bevorzugt. Zur Ermittlung der Formalladung werden die Bindungselektronen zu gleichen Teilen zwischen den beteiligten Atomen aufgeteilt. Für Kohlenstoffmonoxid ergeben sich damit die folgenden Formalladungen:

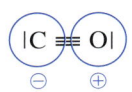

Um jedoch Oxidationszahlen zu bestimmen, weisen wir die Bindungselektronen dem jeweils elektronegativeren Atom zu. Dementsprechend werden die Elektronen den Atomen im Kohlenstoffmonoxid folgendermaßen zugeordnet:

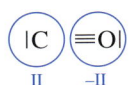

Oxidationszahlen und Periodensystem

Die Oxidationszahlen der Hauptgruppenelemente zeigen einen sehr systematischen, periodischen Verlauf. Abbildung 11.2 enthält eine schematische Darstellung der Oxidationszahlen der ersten 25 Hauptgruppenelemente in ihren häufigsten Verbindungen. Der auffälligste Trend ist der schrittweise Anstieg der Oxidationszahl im Verlauf einer Periode von links nach rechts. Die maximal mögliche positive Oxidationszahl eines

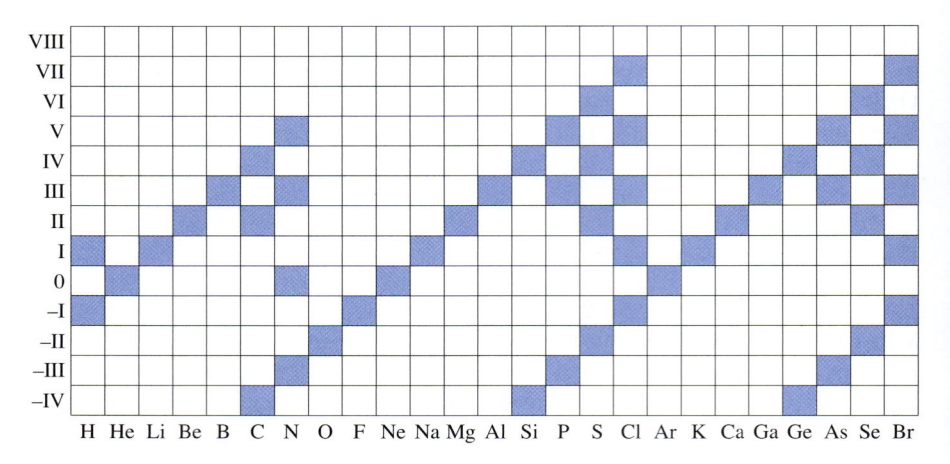

11.2 Wichtige Oxidationsstufen der ersten 25 Hauptgruppenelemente.

Tabelle 11.2 Oxidationsstufen von Chlor in den Anionen seiner Oxosäuren

Ion	Oxidationszahl
ClO^- (Hypochlorit)	I
ClO_2^- (Chlorit)	III
ClO_3^- (Chlorat)	V
ClO_4^- (Perchlorat)	VII

Atoms ist gleich der Anzahl der Elektronen auf seiner äußersten Schale. Aluminium, mit der Elektronenkonfiguration $[Ne]3s^23p^1$, hat beispielsweise die Oxidationszahl III. Elektronen der inneren Schalen spielen bei den Hauptgruppenelementen für die Ermittlung der Oxidationszahlen keine Rolle, da ihre Entfernung vom Atomrumpf mit viel zu großem Energieaufwand verbunden ist. Die maximale Oxidationszahl für Brom, mit der Elektronenkonfiguration $[Ar]3d^{10}4s^24p^5$, ist daher VII, entsprechend der Summe der Elektronen in den 4s- und 4p-Orbitalen.

Unter den Hauptgruppenelementen treten viele Nichtmetalle in mehr als einer Oxidationsstufe auf. Stickstoff beispielsweise kann in seinen Verbindungen jede Oxidationsstufe zwischen –III und V annehmen. Meist jedoch ändern sich die Oxidationszahlen der Hauptgruppenelemente in Zweierschritten. Dieses Muster zeigt sich am Beispiel der Oxidationszahlen von Chlor in den Anionen seiner verschiedenen Oxosäuren (Tabelle 11.2).

11.2 Redox-Gleichungen

In einer Redox-Reaktion wird ein Stoff oxidiert, während ein anderer reduziert wird. Manchmal ist dieser Prozess mit bloßem Auge zu erkennen. Wird beispielsweise ein Kupferstab in eine Silbernitrat-Lösung gehalten, so bilden sich auf der Kupferoberfläche glänzende Silberkristalle und die Lösung färbt sich blau. In diesem Fall ist die Oxidationszahl des Kupfers von 0 auf II gestiegen, während die von Silber von I auf 0 gesunken ist.

$$Cu(s) + 2\,Ag^+(aq) \rightarrow Cu^{2+}(aq) + 2\,Ag(s)$$

Man kann den Prozess in zwei separaten **Teilreaktionen** darstellen:
1. Die Abgabe von Elektronen durch das Kupfer und
2. die Aufnahme von Elektronen durch Silber-Ionen:

$$Cu(s) \rightarrow Cu^{2+}(aq) + 2e^-$$
$$2\,Ag^+(aq) + 2e^- \rightarrow 2\,Ag(s)$$

Ein komplexeres Beispiel ist die Reaktion von Schwefelwasserstoff mit Eisen(III)-Ionen in wässeriger Lösung; als Produkte entstehen dabei fester Schwefel, Eisen(II)-Ionen und Hydronium-Ionen:

$$H_2S(aq) + 2\,Fe^{3+}(aq) \rightarrow S(s) + 2\,Fe^{2+}(aq) + 2\,H^+(aq)$$

In diesem Fall ist es sinnvoll, zunächst die Oxidationsstufen der einzelnen Elemente zu bestimmen. Es ist leicht zu erkennen, dass Eisen(III) zu Eisen(II) reduziert wurde. Eine kurze Berechnung zeigt, dass die Oxidationszahl des Schwefels von –II auf 0 steigt. Damit ergeben sich die folgenden Teilreaktionen:

$$H_2S(g) \rightarrow S(s) + 2\,H^+(aq) + 2e^-$$
$$2\,Fe^{3+}(aq) + 2e^- \rightarrow 2\,Fe^{2+}(aq)$$

In diesem Beispiel wurde eine Redox-Reaktion in zwei Teilreaktionen, Oxidation und Reduktion, zerlegt. Der umgekehrte Prozess ist für die Praxis wichtiger: Man erstellt aus den Teilreaktionen stöchiometrisch ausgeglichene Redox-Reaktionen.

Betrachten wir als Beispiel die Oxidation von Fe^{2+}-Ionen mit Kaliumpermanganat. Eine saure Permanganat-Lösung oxidiert Fe^{2+}- zu Fe^{3+}-Ionen, wobei das violette Permanganat-Ion zum beinahe farblosen Mangan(II) reduziert wird. Wir können also das Grundgerüst der Reaktion folgendermaßen formulieren:

$$MnO_4^-(aq) + Fe^{2+}(aq) \rightarrow Mn^{2+}(aq) + Fe^{3+}(aq)$$

Wir erkennen darin die beiden Teilreaktionen und wollen nun die stöchiometrischen Faktoren der beteiligten Stoffe ermitteln:

Oxidation: $\quad Fe^{2+}(aq) \rightarrow Fe^{3+}(aq)$

Reduktion: $\quad Mn^{VII}O_4^-(aq) \rightarrow Mn^{2+}(aq)$

Für den Oxidationsschritt muss lediglich ein Elektron hinzugefügt werden, um die Ladungsbilanz auszugleichen:

$$Fe^{2+}(aq) \rightarrow Fe^{3+}(aq) + e^-$$

Bei der Gleichung für den Reduktionsschritt taucht jedoch ein Problem auf: An das Mangan-Atom mit der Oxidationsstufe VII sind vier Sauerstoff-Atome (in der Oxidationsstufe –II) gebunden, die am eigentlichen Redox-Prozess nicht teilnehmen. Sie müssen also ohne Änderung ihrer Oxidationszahl in eine andere Verbindung überführt werden. Naheliegenderweise wird Wasser gebildet:

$$MnO_4^-(aq) \rightarrow Mn^{2+}(aq) + 4\,H_2O(l)$$

Um vier Moleküle Wasser aus O^{2-}-Ionen zu bilden, benötigt man 8 H^+-Ionen:

$$MnO_4^-(aq) + 8\,H^+(aq) \rightarrow Mn^{2+}(aq) + 4\,H_2O(l)$$

Es fehlt noch die Ergänzung durch die benötigten Elektronen:

$$MnO_4^-(aq) + 8\,H^+(aq) + 5\,e^- \rightarrow Mn^{2+}(aq) + 4\,H_2O(l)$$

Bevor wir nun die beiden Teilreaktionen zusammenfügen, müssen wir überprüfen, ob die Anzahl der zur Reduktion benötigten Elektronen mit der Anzahl der bei der Oxidation abgegebenen Elektronen übereinstimmt. In diesem Fall erreicht man die Übereinstimmung durch Multiplikation der Oxidationsgleichung mit dem Faktor 5:

$$5\,Fe^{2+}(aq) \rightarrow 5\,Fe^{3+}(aq) + 5\,e^-$$

Die korrekt aufgestellte Gleichung lautet also:

$$5\,Fe^{2+}(aq) + MnO_4^-(aq) + 8\,H^+(aq) \rightarrow 5\,Fe^{3+}(aq) + Mn^{2+}(aq) + 4\,H_2O(l)$$

Der chemische Hintergrund für diese Verfahrensweise ist die Tatsache, dass in wässeriger Lösung keine freien Elektronen auftreten können. Als extrem starkes Reduktionsmittel würden sie Wasser spontan unter Bildung von Wasserstoff zersetzen. Bei einer Oxidation werden also genauso viele Elektronen abgegeben, wie bei der Reduktion aufgenommen werden.

Man spricht von einer **Disproportionierung**, wenn bei einer Redox-Reaktion eine Atomart von einer mittleren Oxidationsstufe gleichzeitig in eine höhere und eine niedrigere Oxidationsstufe überführt wird. Der umgekehrte Fall wird als **Synproportionierung** oder auch als *Komproportionierung* bezeichnet.

Nun betrachten wir als weiteres Beispiel die *Disproportionierung* von Chlor in heißer alkalischer Lösung zu Chlorid und Chlorat:

$$Cl_2(g) \rightarrow Cl^-(aq) + ClO_3^-(aq)$$

In diesem Fall wird ein Teil der Chlor-Atome oxidiert, wobei sich die Oxidationszahl von 0 auf V erhöht, während ein anderer Teil reduziert wird und die Oxidationszahl von 0 nach –I abnimmt. Wir stellen wieder die beiden Teilreaktionen auf:

$$Cl_2(g) \rightarrow Cl^-(aq)$$
$$Cl_2(g) \rightarrow ClO_3^-(aq)$$

Bei der Reduktionsreaktion werden zunächst die Anzahl der Chlor-Atome und die Ladung ausgeglichen:

$$Cl_2(g) + 2\,e^- \rightarrow 2\,Cl^-(aq)$$

Auch bei der Oxidationsreaktion muss die Anzahl der Chlor-Atome ausgeglichen werden:

$$Cl_2(g) \rightarrow 2\,ClO_3^-(aq)$$

Da die Reaktion in alkalischer Lösung stattfindet, fügen wir auf der linken Seite Hydroxid-Ionen hinzu. Hier benötigen wir zunächst so viele wie auf der rechten Seite Sauerstoff-Atome an die Chlor-Atome gebunden sind, also $2 \cdot 3 = 6$. Formal wird also aus einem O^{2-}-Ion in OH^- ein O^{2-} in ClO_3^-. Dies bedeutet, dass auch 6 H^+-Ionen entstehen müssen. Diese werden sofort mit weiteren 6 OH^--Ionen zu Wasser reagieren. Also werden insgesamt 12 OH^--Ionen benötigt, sodass sechs Moleküle Wasser entstehen:

$$Cl_2(g) + 12\,OH^-(aq) \rightarrow 2\,ClO_3^-(aq) + 6\,H_2O(l)$$

Nun werden die zum Ladungsausgleich erforderlichen Elektronen hinzugefügt:

$$Cl_2(g) + 12\,OH^-(aq) \rightarrow 2\,ClO_3^-(aq) + 6\,H_2O(l) + 10\,e^-$$

Die Reduktionsreaktion muss mit 5 multipliziert werden, damit die Anzahl der Elektronen denen der Oxidationsreaktion entspricht:

$$5\,Cl_2(g) + 10\,e^- \rightarrow 10\,Cl^-(aq)$$

Man kann nun die Teilreaktionen addieren und dabei gleichzeitig die Elektronen auf beiden Seiten weglassen:

$$6\,Cl_2(g) + 12\,OH^-(aq) \rightarrow 10\,Cl^-(aq) + 2\,ClO_3^-(aq) + 6\,H_2O(l)$$

Schließlich sollte man zur Vereinfachung noch die Koeffizienten der Gleichung durch 2 teilen:

$$3\,Cl_2(g) + 6\,OH^-(aq) \rightarrow 5\,Cl^-(aq) + ClO_3^-(aq) + 3\,H_2O(l)$$

11.3 Spannungsreihe und Standard-Elektrodenpotential

Nachdem wir die Begriffe Oxidation und Reduktion behandelt und Redox-Reaktionen formuliert haben, wollen wir uns im Folgenden mit der quantitativen Behandlung solcher Vorgänge befassen. Zunächst ist hier die Diskussion einiger experimenteller Beobachtungen hilfreich.

Manche Metalle lösen sich bekanntlich in Säuren (beispielsweise Salzsäure) unter Wasserstoffentwicklung auf, andere hingegen nicht. Metalle wie Magnesium oder Zink, die diese Reaktion zeigen, bezeichnen wir als *unedle Metalle*. Metalle, die sich nicht auflösen, beispielsweise Kupfer oder Gold, gehören zu den *edlen Metallen* bzw. Edelmetallen.

Die quantitative Behandlung einer solchen Reaktion ist gleichbedeutend mit der Diskussion der Lage von Redox-Gleichgewichten, denn das Auflösen eines unedlen Metalls in einer Säure ist ein Redox-Vorgang: Das Metall wird oxidiert, die H^+-Ionen werden reduziert. Um dies verstehen und vorausberechnen zu können, müssen zunächst einige grundlegende Aspekte behandelt und Beziehungen zur Thermodynamik geknüpft werden. Wir kommen dabei auf die bereits qualitativ betrachtete Redox-Reaktion zurück:

$$Cu(s) + 2\,Ag^+(aq) \rightarrow Cu^{2+}(aq) + 2\,Ag(s)$$

Sie läuft ab, wenn wir metallisches Kupfer, ein Kupferblech zum Beispiel, in eine Lösung von Silbernitrat tauchen. Hier werden Elektronen vom Kupfer zum Silber übertragen.

Galvanische Zellen Eine gerichtete Übertragung von Elektronen ist nichts anderes als ein elektrischer Strom. Diesen Strom können wir jedoch bei unserer Redox-Reaktion nicht messen, da sich das ganze Geschehen in mikroskopisch, ja atomar kleinen Bereichen an der Oberfläche des Kupferblechs abspielt. Wollen wir den sich aus der Elektronenübertragung ergebenden Strom messen, müssen wir ein anderes Experiment durchführen. Hierzu sind alle an der Redox-Reaktion beteiligten Stoffe erforderlich, Cu (z. B. als Blech), Ag (z. B. als Blech), $Ag^+(aq)$ (z. B. als $AgNO_3$-Lösung) und $Cu^{2+}(aq)$ (z. B. als $Cu(NO_3)_2$-Lösung). Des Weiteren benötigen wir zwei Gefäße, die die $AgNO_3$- bzw. $Cu(NO_3)_2$-Lösung aufnehmen. Nun tauchen wir in die $Cu(NO_3)_2$-Lösung das Cu-Blech und in die $AgNO_3$-Lösung das Ag-Blech. Wir verbinden das Cu- und das Ag-Blech durch einen Draht mit einem Strommessgerät.

Man würde vielleicht erwarten, dass das Cu-Blech Elektronen abgibt, die zum Silberblech wandern (Stromfluss) und an seiner Oberfläche Ag^+-Ionen zu metallischem Silber reduzieren. Dies würde bedeuten, dass die Redox-Reaktion

$$Cu(s) + 2\,Ag^+(aq) \rightarrow Cu^{2+}(aq) + 2\,Ag(s)$$

insgesamt abläuft, aber der Oxidationsvorgang (Cu $\rightarrow$ Cu^{2+}) und der Reduktionsvorgang (Ag^+ $\rightarrow$ Ag) voneinander räumlich getrennt sind. Dies geschieht jedoch nicht, weil dadurch die Elektroneutralitätsbedingung verletzt würde: Bei der Oxidation des Kupfers in dem Gefäß 1 (Abbildung 11.3) ergäbe sich ein Überschuss an positiven Ladungen (Kationen), bei der Reduktion der Ag^+-Ionen im Gefäß 2 ein Überschuss an negativen Ladungen (Anionen). Verbindet man aber die beiden Gefäße durch ein mit einer Elektrolytlösung (z.B. KNO_3-Lösung) gefülltes, U-förmig gebogenes Glasrohr (Salzbrücke), so beobachtet man in der Tat einen Stromfluss als Folge der ablaufenden Redox-Reaktion.

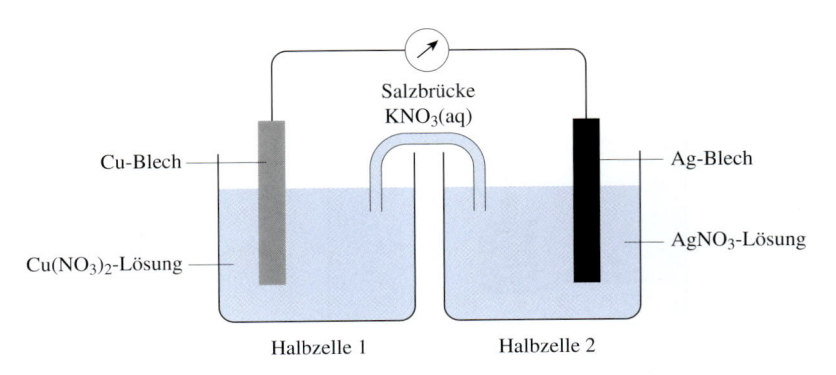

11.3 Galvanische Zelle mit einer Ag^+/Ag- und einer Cu^{2+}/Cu-Halbzelle.

Bei der Beschreibung von Batterien werden die Pole häufig auch als *Anode* und *Kathode* bezeichnet. Wie bei der Elektrolyse ist die Anode dabei der Pol, an dem die Oxidation stattfindet, also Elektronen abgegeben werden. Die Kathode ist der Pol, an dem die Reduktion stattfindet, also Elektronen aufgenommen werden. Damit ist die Anode jeweils der Minuspol einer galvanischen Zelle und die Kathode stellt den Pluspol dar. Bei der Elektrolyse dagegen ist die Anode mit dem Pluspol der Spannungsquelle verbunden, die Kathode mit dem Minuspol.

Der einzige, aber wesentliche Unterschied zu dem ersten Experiment, bei dem das Cu-Blech in die $AgNO_3$-Lösung eintauchte, ist der, dass die Wanderung der Elektronen und die der Ionen räumlich voneinander getrennt wurden. Der skizzierte Versuchsaufbau wird als *galvanische Zelle* bezeichnet. Galvanische Zellen stellen elektrochemische Spannungsquellen dar, die grundsätzlich als Batterie genutzt werden können. In unserem Beispiel bildet das Silberblech den Pluspol der Batterie, das Kupferblech den Minuspol. Die beiden Gefäße bezeichnet man als **Halbzellen**, das Cu- bzw. Ag-Blech nennt man **Elektrode**.

Elektrodenpotentiale Ein elektrischer Strom fließt nur, wenn eine elektrische Spannung, eine Potentialdifferenz, vorliegt. Diese ist leicht zu messen, wenn wir das Amperemeter durch ein Voltmeter ersetzen. Betragen die Konzentrationen an Cu^{2+}(aq) und Ag^+(aq) jeweils $1\ mol \cdot l^{-1}$, misst man eine Spannung von 0,46 V. Dieser Wert spiegelt die Redox-Eigenschaften der beiden verwendeten Halbzellen wider. Es wäre nützlich, auch etwas über die Redox-Eigenschaften einer einzelnen Halbzelle zu erfahren und dieses Verhalten quantitativ zu beschreiben. Hierzu kombiniert man eine beliebige Halbzelle wie die Ag^+/Ag- oder die Cu^{2+}/Cu-Halbzelle jeweils mit einer sogenannten *Bezugselektrode*. Historisch spielt dabei der Redox-Vorgang $H^+(aq) + e^- \rightleftharpoons ½\ H_2(g)$ eine entscheidende Rolle. Wie beim Silber und Kupfer geht es um die Reduktion eines hydratisierten Kations (H^+(aq)) zum Element (H_2). Im Unterschied zu Silber und Kupfer ist Wasserstoff jedoch ein Nichtmetall, noch dazu ein gasförmiges. Um eine Wasserstoff-Halbzelle zu realisieren, verwendet man daher den folgenden Aufbau: Ein mit fein verteiltem Platin überzogener Platindraht taucht in eine Lösung, die H^+(aq)-Ionen in definierter Konzentration enthält. Dieser Draht wird von Wasserstoffgas umspült. Das Platin nimmt an der Redox-Reaktion nicht teil, es sorgt aber dafür, dass sich der Elektronenübergang an seiner Oberfläche abspielen kann und dass Elektronen fließen können. Das Platin dient als *Ableitelektrode*.

Unter einer **Standard-Wasserstoffelektrode** versteht man heute eine Wasserstoff-Halbzelle, bei der Wasserstoffgas mit einem Druck von 1 000 hPa eingeleitet wird (Abbildung 11.4). Für die Hydronium-Ionen muss die *Aktivität a* genau 1 betragen. Eine Säure-Lösung mit $c(H^+(aq)) = 1\ mol \cdot l^{-1}$ kann als grobe Annäherung an diese Forderung angesehen werden.

Die Wasserstoffelektrode als Bezugselektrode zu verwenden, ist wegen ihrer recht komplizierten Bauweise nicht mehr üblich. Hier haben sich heute andere Halbzellen, die wesentlich leichter zu handhaben sind, als nützlich erwiesen. Eine von diesen ist die Silber-Silberchlorid-Elektrode. Bei ihr taucht ein mit Silberchlorid überzogener Silberdraht in eine Kaliumchlorid-Lösung definierter Konzentration. Die Ag^+-Konzentration in dieser Lösung ist zum einen durch das Löslichkeitsprodukt des Silberchlorids ($2 \cdot 10^{-10}\ mol^2 \cdot l^{-2}$) und zum anderen durch die Konzentration des Kaliumchlorids bestimmt. Beträgt letztere $1\ mol \cdot l^{-1}$, ist $c(Ag^+) = 2 \cdot 10^{-10}\ mol \cdot l^{-1}$. Diese Halbzelle weist ein Elektrodenpotential von 0,237 V auf. Eine andere, häufig verwendete Bezugselektrode ist die Kalomel-Elektrode. Kalomel ist der Trivialname für das schwerlösliche Salz Hg_2Cl_2. In ähnlicher Weise wie bei der Silber-Silberchlorid-Elektrode kann man aus Quecksilber, Kalomel und Kaliumchlorid-Lösung eine Bezugselektrode aufbauen. Mit $c(KCl) = 1\ mol \cdot l^{-1}$ beträgt das Halbzellenpotential 0,281 V (bei 25 °C).

Der Standard-Wasserstoffelektrode hat man willkürlich ein Elektrodenpotential von null Volt zugewiesen. Kombiniert man eine beliebige Halbzelle mit dieser Bezugselektrode, so ergibt die gemessenen Spannung das sogenannte Elektrodenpotential E dieser Halbzelle. Der Wert erhält ein negatives Vorzeichen, wenn die betreffende Anordnung den Minuspol bildet. Ein positiver Wert zeigt an, dass die Standard-Wasserstoffhalbzelle den Minuspol der galvanischen Zelle bildet. In Tabellen werden üblicherweise die **Standard-Elektrodenpotentiale** E^0 für 25 °C angegeben. Die Werte einer solchen **Spannungsreihe** gelten für Halbzellen, bei denen alle an der Redox-Reaktion beteiligten Stoffe im Standardzustand vorliegen (Tabelle 11.3). Für Ionen in wässriger Lösung ist

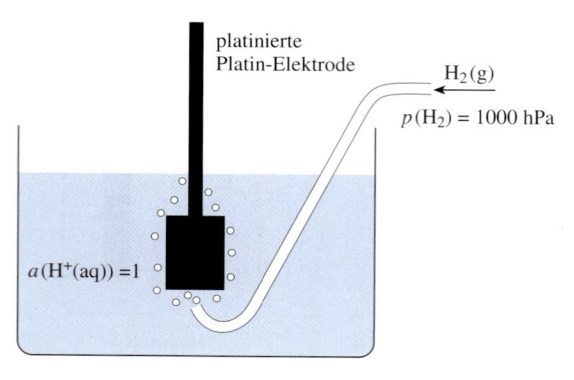

11.4 Standard-Wasserstoffelektrode.

Tabelle 11.3 Spannungsreihe: Standard-Elektrodenpotentiale E^0 einiger Redox-Paare

oxidierte Form ⇌ reduzierte Form	E^0 (V)
$Li^+(aq) + e^- \rightleftharpoons Li(s)$	−3,04
$K^+(aq) + e^- \rightleftharpoons K(s)$	−2,92
$Ca^{2+}(aq) + 2\,e^- \rightleftharpoons Ca(s)$	−2,87
$Na^+(aq) + e^- \rightleftharpoons Na(s)$	−2,71
$Mg^{2+}(aq) + 2\,e^- \rightleftharpoons Mg(s)$	−2,36
$Al^{3+}(aq) + 3\,e^- \rightleftharpoons Al(s)$	−1,66
$Mn^{2+}(aq) + 2\,e^- \rightleftharpoons Mn(s)$	−1,18
$2\,H_2O(l) + 2\,e^- \rightleftharpoons H_2(g) + 2\,OH^-(aq)$	−0,83
$Zn^{2+}(aq) + 2\,e^- \rightleftharpoons Zn(s)$	−0,76
$Cr^{3+}(aq) + 3\,e^- \rightleftharpoons Cr(s)$	−0,74
$S(s) + 2\,e^- \rightleftharpoons S^{2-}(aq)$	−0,48
$Fe^{2+}(aq) + 2\,e^- \rightleftharpoons Fe(s)$	−0,44
$Cr^{3+}(aq) + e^- \rightleftharpoons Cr^{2+}(aq)$	−0,41
$Cd^{2+}(aq) + 2\,e^- \rightleftharpoons Cd(s)$	−0,40
$Co^{2+}(aq) + 2\,e^- \rightleftharpoons Co(s)$	−0,28
$Ni^{2+}(aq) + 2\,e^- \rightleftharpoons Ni(s)$	−0,25
$Sn^{2+}(aq) + 2\,e^- \rightleftharpoons Sn(s)$	−0,14
$Pb^{2+}(aq) + 2\,e^- \rightleftharpoons Pb(s)$	−0,13
$2\,H^+(aq) + 2\,e^- \rightleftharpoons H_2(g)$	0,00
$SO_4^{2-}(aq) + 4\,H^+(aq) + 2\,e^- \rightleftharpoons SO_2(aq) + 2\,H_2O(l)$	0,16
$Cu^{2+}(aq) + e^- \rightleftharpoons Cu^+(aq)$	0,16
$S(s) + 2\,H^+(aq) + 2\,e^- \rightleftharpoons H_2S(g)$	0,17
$Cu^{2+}(aq) + 2\,e^- \rightleftharpoons Cu(s)$	0,34
$O_2(g) + 2\,H_2O(l) + 4\,e^- \rightleftharpoons 4\,OH^-(aq)$	0,40
$Cu^+(aq) + e^- \rightleftharpoons Cu(s)$	0,52
$I_2(aq) + 2\,e^- \rightleftharpoons 2\,I^-(aq)$	0,62
$Fe^{3+}(aq) + e^- \rightleftharpoons Fe^{2+}(aq)$	0,77
$Ag^+(aq) + e^- \rightleftharpoons Ag(s)$	0,80
$Hg^{2+}(aq) + 2\,e^- \rightleftharpoons Hg(l)$	0,85
$NO_3^-(aq) + 4\,H^+(aq) + 3\,e^- \rightleftharpoons NO(g) + 2\,H_2O(l)$	0,96
$Br_2(aq) + 2\,e^- \rightleftharpoons 2\,Br^-(aq)$	1,09
$Pt^{2+}(aq) + 2\,e^- \rightleftharpoons Pt(s)$	1,20
$O_2(g) + 4\,H^+(aq) + 4\,e^- \rightleftharpoons 2\,H_2O(l)$	1,23
$MnO_2(s) + 4\,H^+(aq) + 2\,e^- \rightleftharpoons Mn^{2+}(aq) + 2\,H_2O(l)$	1,23
$Cr_2O_7^{2-}(aq) + 14\,H^+(aq) + 6\,e^- \rightleftharpoons 2\,Cr^{3+}(aq) + 7\,H_2O(l)$	1,33
$Cl_2(g) + 2\,e^- \rightleftharpoons 2\,Cl^-(aq)$	1,36
$PbO_2(s) + 4\,H^+(aq) + 2\,e^- \rightleftharpoons Pb^{2+}(aq) + 2\,H_2O(l)$	1,46
$Au^{3+}(aq) + 3\,e^- \rightleftharpoons Au(s)$	1,50
$MnO_4^-(aq) + 8\,H^+(aq) + 5\,e^- \rightleftharpoons Mn^{2+}(aq) + 4\,H_2O(l)$	1,51
$Ce^{4+}(aq) + e^- \rightleftharpoons Ce^{3+}(aq)$	1,61
$Au^+(aq) + e^- \rightleftharpoons Au(s)$	1,69
$H_2O_2(aq) + 2\,H^+(aq) + 2\,e^- \rightleftharpoons 2\,H_2O(l)$	1,77
$S_2O_8^{2-}(aq) + 2\,e^- \rightleftharpoons 2\,SO_4^{2-}(aq)$	2,01
$F_2(g) + 2\,e^- \rightleftharpoons 2\,F^-(aq)$	2,85

dementsprechend eine Aktivität von genau 1,00 vorausgesetzt; eine Konzentration von 1 mol·l^{-1} kann nur als grobe Annäherung an diesen Zustand verwendet werden.

11.4 Die Nernstsche Gleichung

Bei den bisherigen Betrachtungen haben wir uns stets auf Standardbedingungen (1 000 hPa, $a = 1$, $\vartheta = 25\,°C$) bezogen. Das Redox-Verhalten eines Stoffes hängt jedoch auch von seiner Konzentration und von der Temperatur ab: Verringert man bei einer Silber-

Walther Hermann Nernst, deutscher Physiker und Physikochemiker, 1864–1941; Professor in Göttingen und Berlin, 1920 Nobelpreis für Chemie (für die Arbeiten zur Thermochemie), 1922–1924 Präsident der Physikalisch-Technischen Reichsanstalt.

Hinweis: Das im Nenner der Nernstschen Gleichung auftretende Symbol z steht allgemein für die bei dem jeweiligen Redox-Paar zu übertragende Anzahl der Elektronen.
Für Redox-Paare des Typs M^{n+}/M ist demnach $z = n$. Man schreibt daher in diesen Fällen für das Kation häufig auch M^{z+}.

John Frederic **Daniell**, englischer Chemiker und Physiker, 1790–1845; ab 1813 Mitglied der Royal Society, Professor in London.

halbzelle die Konzentration der Silber-Ionen auf ein Zehntel des Anfangswertes, so sinkt das Elektrodenpotential um 59 mV. Erhöht man die Temperatur um 10 °C, so steigt es um etwa 2 mV. Quantitativ wird die Konzentrations- und Temperaturabhängigkeit des Elektrodenpotentials einer Halbzelle durch die **Nernstsche Gleichung** beschrieben. Für Halbzellen des Typs Metall-Kation(M^{n+})/Metall(M) lautet sie:

$$E = E^0 + \frac{R \cdot T}{z \cdot F} \ln \frac{c(M^{n+})}{\text{mol} \cdot l^{-1}}$$

Setzt man $R = 8{,}314\ \text{W} \cdot \text{s} \cdot \text{K}^{-1} \cdot \text{mol}^{-1}$, $T = 298\ \text{K}$ und $F = 96500\ \text{C}$ ein und multipliziert mit $\ln 10$ ($= 2{,}3026$), um statt des natürlichen den dekadischen Logarithmus des Zahlenwerts der Konzentration einsetzen zu können, erhält man:

$$E = E^0 + \frac{0{,}059\ \text{V}}{z} \lg \frac{c(M^{n+})}{\text{mol} \cdot l^{-1}}$$

Angewendet auf das Beispiel der Halbzelle Cu^{2+}/Cu gilt:

$$E = 0{,}34\ \text{V} + \frac{0{,}059\ \text{V}}{2} \lg \frac{c(Cu^{2+})}{\text{mol} \cdot l^{-1}}$$

Beträgt die Konzentration der Cu^{2+}-Ionen $1\ \text{mol} \cdot l^{-1}$, ergibt sich erwartungsgemäß $E = 0{,}34\ \text{V}$, also $E = E^0$. Für eine Konzentration von $0{,}01\ \text{mol} \cdot l^{-1}$ errechnet sich ein Wert von $E = 0{,}34\ \text{V} + 0{,}059\ \text{V}/2 \cdot (-2) = 0{,}281\ \text{V}$. Eine verdünnte Lösung von Cu^{2+}-Ionen weist ein niedrigeres Potential auf als eine konzentrierte Lösung, das Oxidationsvermögen steigt also mit steigender Konzentration.

Mithilfe der Nernstschen Gleichung ist es problemlos möglich, die Spannung zu berechnen, die eine Batterie liefert, die aus zwei beliebigen Halbzellen aufgebaut ist. Man betrachtet getrennt voneinander beide Halbzellenpotentiale. Die Batteriespannung ergibt sich durch Subtraktion des niedrigeren vom höheren Wert. Eine häufig beschriebene, wenngleich in der Praxis nicht verwendete Spannungsquelle ist das **Daniell-Element** (Element bedeutet hier so viel wie Batterie). Sie besteht aus einer Cu^{2+}/Cu- und einer Zn^{2+}/Zn-Halbzelle. Beträgt die Konzentration der Cu^{2+}-Ionen $0{,}1\ \text{mol} \cdot l^{-1}$ und die der Zn^{2+}-Ionen $0{,}01\ \text{mol} \cdot l^{-1}$, so ergeben sich die folgenden Halbzellenpotentiale:

$$E(Cu^{2+}/Cu) = 0{,}34\ \text{V} + \frac{0{,}059\ \text{V}}{2} \lg 0{,}1 = 0{,}311\ \text{V}$$

$$E(Zn^{2+}/Zn) = -0{,}76\ \text{V} + \frac{0{,}059\ \text{V}}{2} \lg 0{,}01 = -0{,}819\ \text{V}$$

Als Batteriespannung erhält man $U = 0{,}311\ \text{V} - (-0{,}819\ \text{V}) = 1{,}13\ \text{V}$. Die Halbzelle mit dem höheren Potential (Cu^{2+}/Cu) stellt immer den Pluspol einer Batterie dar.

Bei Nichtmetallen wie Chlor sind Halbzellenreaktionen folgender Art von besonderem Interesse:

$$\tfrac{1}{2} Cl_2(g) + e^- \rightarrow Cl^-(aq); \quad E^0 = 1{,}36\ \text{V}$$

Beim Standarddruck (1 bar) weist die Aktivität des Gases immer den Standardwert 1 auf. Das Elektrodenpotential hängt aber von der Konzentration der Chlorid-Ionen ab. Bei 25 °C gilt:

$$E(\tfrac{1}{2} Cl_2/Cl^-) = E^0(\tfrac{1}{2} Cl_2/Cl^-) - 0{,}059\ \text{V} \cdot \lg \frac{c(Cl^-)}{\text{mol} \cdot l^{-1}}$$

Enthält die Lösung Chlorid-Ionen mit einer Konzentration von $0{,}1\ \text{mol} \cdot l^{-1}$, so ergibt sich:

$$E = E^0 - 0{,}059\ \text{V} \cdot \lg(10^{-1}) = E^0 - 0{,}059\ \text{V} \cdot (-1) = 1{,}36\ \text{V} + 0{,}059\ \text{V} = 1{,}42\ \text{V}$$

Das Ergebnis macht deutlich, dass die Oxidationswirkung von Chlor steigt, wenn die Konzentration der reduzierten Spezies (Cl^-(aq)) kleiner wird.

> **Vom Experiment zum Standardpotential** — **EXKURS**
>
> Bei der Behandlung der quantitativen Aspekte elektrochemischer Reaktionen wird meist stillschweigend vorausgesetzt, dass die Konzentration mit der Aktivität praktisch übereinstimmt. Insbesondere in konzentrierteren Lösungen treten zwischen diesen beiden Größen aber merkliche Abweichungen auf. Für eine direkte Bestimmung des Standardpotentials wären prinzipiell Lösungen geeignet, in denen die Aktivitäten und nicht die Konzentrationen genau 1,00 mol·l^{-1} betragen. Solche lassen sich jedoch nicht herstellen, da man die erforderlichen Korrekturfaktoren, die *Aktivitätskoeffizienten*, nicht genau kennt. Wir wissen aber, dass in stark verdünnten Lösungen, in denen die Wechselwirkungen zwischen den Teilchen sehr klein sind, Aktivität und Konzentration nahezu gleich sind. Dies kann man nutzen, um durch Extrapolation der Konzentrationsabhängigkeit des Halbzellenpotentials zum richtigen Wert des Standardpotentials zu gelangen. Am Beispiel der Halbzelle Ag$^+$/Ag sei dies erläutert: Misst man in der gewohnten Weise das Potential einer Ag$^+$/Ag-Halbzelle bei verschiedenen Konzentrationen der Silber-Ionen, erwartet man entsprechend der Nernstschen Gleichung eine lineare Abhängigkeit zwischen dem Halbzellenpotential und dem Logarithmus der Konzentration der Silber-Ionen. Tatsächlich aber beobachtet man den in Abbildung 11.5 dargestellten Verlauf, der nur bei niedrigen Konzentrationen linear ist.
>
> Bei höheren Konzentrationen ist das Potential niedriger als erwartet. Das *Standardpotential* ergibt sich durch Extrapolation des linearen Teils der Kurve auf eine Konzentration (bzw. Aktivität) von 1 mol·l^{-1}.
>
> Auch in allen anderen Fällen ist der tabellierte Wert für das Standard-Elektrodenpotential auf der Basis solcher Messreihen durch geeignete Extrapolationsverfahren festgelegt worden.
>
> **11.5** Ermittlung des Standard-Elektrodenpotentials für das Redox-Paar Ag$^+$/Ag.

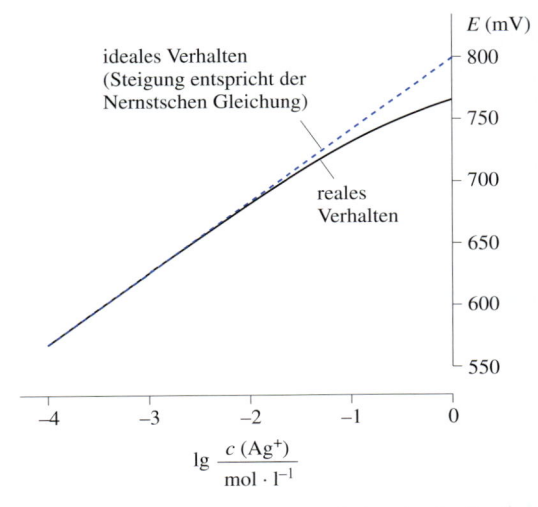

In manchen Fällen ist die Situation jedoch etwas komplizierter, denn auch Reaktionsteilnehmer, die am eigentlichen Redox-Vorgang nicht beteiligt sind, können das Potential beeinflussen. Dies lässt sich gut an einer Halbzelle verdeutlichen, in der Permanganat-Ionen zu Mangan(II)-Ionen reduziert werden. Für die Messung des Elektrodenpotentials benötigt man auch hier ein Platinblech als inerte Ableitelektrode.

$$\text{MnO}_4^-(\text{aq}) + 8\,\text{H}^+(\text{aq}) + 5\,\text{e}^- \rightarrow \text{Mn}^{2+}(\text{aq}) + 4\,\text{H}_2\text{O}(\text{l}); \quad E^0 = 1{,}51\text{ V}$$

Die Aufstellung der Nernstschen Gleichung für diese schon etwas kompliziertere Halbzellenreaktion soll nun erläutert werden. Wir haben es mit drei (hydratisierten) Ionen zu tun: MnO$_4^-$, H$^+$ und Mn^{2+}, zusätzlich entsteht noch Wasser bei der Reaktion. In diesem Fall müssen die Konzentrationen aller Ionen, wie bei der Aufstellung des Terms

Hinweis: Die im logarithmischen Glied der Nernstschen Gleichung formal erforderliche Division der Konzentrationen durch die Einheit (mol·l⁻¹) wird in der Praxis häufig nicht notiert.
Als Vorteil dieses regelwidrigen Verfahrens erhält man gut überschaubare Terme auch für komplexere Redoxsysteme wie MnO_4^-/Mn^{2+}.

für eine Gleichgewichtskonstante, berücksichtigt werden. Lediglich die Konzentration des gebildeten Wassers bleibt unberücksichtigt, da die Reaktion in wässeriger Lösung durchgeführt wird und die Gesamtkonzentration durch das bei der Reaktion gebildete Wasser nahezu unverändert bleibt. Die Nernstsche Gleichung für diese Halbzellenreaktion lautet dann:

$$E = E^0(MnO_4^-/Mn^{2+}) + \frac{0{,}059 \text{ V}}{5} \lg \frac{c(MnO_4^-) \cdot c^8(H^+)}{c(Mn^{2+})}$$

Betrachten wir die Abhängigkeit des Halbzellenpotentials vom pH-Wert einmal an einem Zahlenbeispiel: Wird der pH-Wert der Lösung von 0 auf 4 erhöht (bzw. die Konzentration der H⁺(aq)-Ionen von 1 auf 10^{-4} mol·l⁻¹ gesenkt), während die Konzentrationen an Permanganat-Ionen und Mangan(II)-Ionen gleich bleiben sollen (jeweils 1 mol·l⁻¹), erhält man folgende Werte:

$$E = 1{,}51 \text{ V} + \frac{0{,}059 \text{ V}}{5} \lg \frac{1 \cdot 1^8}{1} = 1{,}51 \text{ V} \qquad (\text{pH} = 0)$$

$$E = 1{,}51 \text{ V} + \frac{0{,}059 \text{ V}}{5} \lg \frac{1 \cdot (10^{-4})^8}{1} = 1{,}13 \text{ V} \qquad (\text{pH} = 4)$$

Permanganat-Ionen sind also in schwächer saurer Lösung kein so starkes Oxidationsmittel. Dieser Effekt wird gerade hier so deutlich, weil die Konzentration der Wasserstoff-Ionen in der Nernstschen Gleichung mit einem hohen Exponenten versehen ist. In Folge davon ist dieses Potential extrem stark pH-abhängig.

Für die Aufstellung der Nernstschen Gleichung für beliebige Redox-Paare sind grundsätzlich zwei einfache Regeln zu beachten:

1. *Halbzellenreaktionen werden stets als Reduktionsreaktionen mit dem dazugehörigen Reduktionspotential formuliert.*
2. *In der Nernstschen Gleichung steht die jeweils oxidierte Form im Zähler des Bruchs hinter dem Logarithmus, die ggf. auftretende reduzierte Form im Nenner. Stöchiometrische Faktoren werden wie bei der Anwendung des Massenwirkungsgesetzes als Exponenten berücksichtigt.*

EXKURS

Konzentrationsketten

Das Halbzellenpotential ist der Nernstschen Gleichung entsprechend konzentrationsabhängig. Es sollte also prinzipiell auch möglich sein, eine galvanische Zelle (Batterie) aus zwei bezüglich der Stoffe gleichartigen Halbzellen aufzubauen, wenn sich nur die Konzentrationen in der Lösung unterscheiden. Betrachten wir als Beispiel die Kombination zweier Ag⁺/Ag-Halbzellen. In einer Halbzelle sei die Konzentration beispielsweise 0,1 mol·l⁻¹, in der anderen 0,01 mol·l⁻¹. Berechnet man die beiden Halbzellenpotentiale bei 25 °C mithilfe der Nernstschen Gleichung, so erhält man die folgenden Werte:

$E_1 = (0{,}800 + 0{,}059 \lg 0{,}1) \text{ V} = (0{,}800 - 0{,}059) \text{ V} = 0{,}741 \text{ V}$

$E_2 = (0{,}800 + 0{,}059 \lg 0{,}01) \text{ V} = (0{,}8 - 0{,}118) \text{ V} = 0{,}682 \text{ V}$

Als Zellspannung erhält man $E_1 - E_2 = 0{,}059$ V. Allgemein gilt für die Spannung U einer solchen Konzentrationskette:

$$U = \frac{0{,}059 \text{ V}}{z} \lg \frac{c_1}{c_2}$$

Die Halbzelle mit der größeren Konzentration und damit dem höheren Elektrodenpotential bildet dabei den Pluspol. Solche Konzentrationsketten sind jedoch für eine praktische Nutzung als Batterien ungeeignet, da sie nur kleine Spannungen liefern. Im Labor dienen sie dazu, auf elektrochemischem Wege kleine Konzentrationen rasch und recht genau zu bestimmen.

11.5 Redox-Reaktionen in der analytischen Chemie

Eine Reihe von Redox-Reaktionen lassen sich zur quantitativen titrimetrischen Bestimmung verschiedener Stoffe nutzen. Eine wichtige Methode ist z. B. die *Manganometrie*. Man nutzt das Oxidationsvermögen von Permanganat-Ionen, um den Gehalt oxidierbarer Stoffe in einer Probelösung zu ermitteln. So kann der Gehalt an Eisen(II)-Ionen durch Titration mit einer Kaliumpermanganat-Lösung bekannter Konzentration (Maßlösung) bestimmt werden.

$$5\,Fe^{2+}(aq) + MnO_4^-(aq) + 8\,H^+(aq) \rightarrow 5\,Fe^{3+}(aq) + Mn^{2+}(aq) + 4\,H_2O(l)$$

Entsprechend der Stöchiometrie dieser Reaktion werden pro Mol Eisen(II)-Ionen 0,2 mol MnO_4^--Ionen benötigt. Während der Titration werden Permanganat-Ionen zu beinahe farblosen Mangan(II)-Ionen reduziert. Ist das gesamte Eisen oxidiert, färbt bereits ein kleiner Überschuss an Permanganat die ganze Lösung rosa. Der Äquivalenzpunkt der Titration kann also ohne Zusatz weiterer Reagenzien (Indikatoren) mit bloßem Auge sehr gut erkannt werden, die Titration ist *selbst indizierend*. Auch andere Oxidationsmittel sind in ähnlicher Weise zu verwenden; so wird Kaliumdichromat ($K_2Cr_2O_7$) in saurer Lösung zu Chrom(III)-Verbindungen reduziert. Da die Eigenfarbe des Dichromat-Ions bei weitem nicht so intensiv ist, benötigt man hier einen Indikator. Im Allgemeinen verwendet man organische Farbstoffe, die unter Farbänderung oxidiert und reduziert werden können.

Potentiometrische Titration Über den Verlauf einer Redox-Titration lässt sich Genaueres erfahren, wenn man eine potentiometrische Titration durchführt. Man taucht dazu einen Platindraht als inerte Ableitelektrode in die Analysenlösung. Diese Halbzelle kombiniert man mit einer Bezugselektrode, z. B. der Kalomel-Elektrode, um den Potentialverlauf während der Titration verfolgen zu können. Betrachten wir dies etwas genauer am besonders einfachen Beispiel der Oxidation von Eisen(II)-Ionen durch Cer(IV)-Ionen entsprechend der Gleichung:

$$Fe^{2+}(aq) + Ce^{4+}(aq) \rightarrow Fe^{3+}(aq) + Ce^{3+}(aq).$$

Titriert man 20 ml einer Eisen(II)-Lösung mit einer Cer(IV)-Lösung gleicher Konzentration, so ergibt sich der in Abbildung 11.6 dargestellte Potentialverlauf. Die Kurve

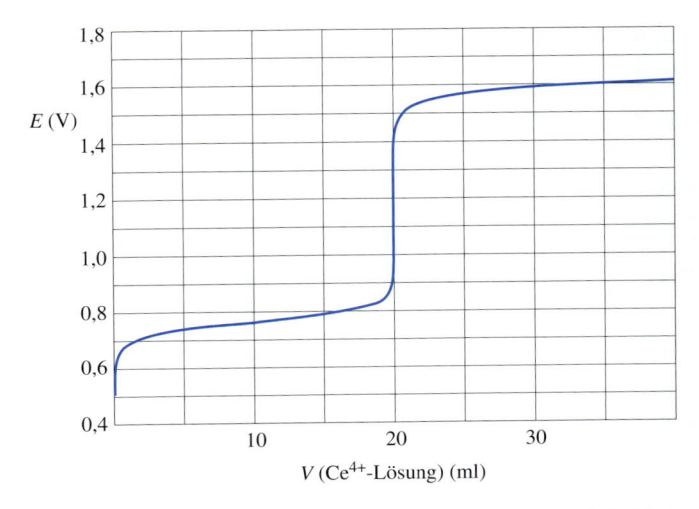

11.6 Potentialverlauf bei einer potentiometrischen Titration. *Beispiel*: Oxidation von Fe^{2+}-Ionen durch Ce^{4+}-Ionen.

beginnt bei einem niedrigen Potential und steigt bei Zugabe des Oxidationsmittels zunächst steil an. Der Grund für den Anstieg ergibt sich aus der Nernstschen Gleichung:

$$E = E^0(\text{Fe}^{3+}/\text{Fe}^{2+}) + 0{,}059 \text{ V} \cdot \lg \frac{c(\text{Fe}^{3+})}{c(\text{Fe}^{2+})}$$

Am Anfang ändert sich das Verhältnis der Konzentrationen von Fe^{3+} und Fe^{2+} besonders stark.

Ist genau die Hälfte der Eisen(II)-Ionen zu Eisen(III) oxidiert, wird das logarithmische Glied in der Nernstschen Gleichung null, das Potential der Lösung ist dann gleich dem Standardpotential $E^0(\text{Fe}^{3+}/\text{Fe}^{2+}) = 0{,}77$ V. In der Nähe des Äquivalenzpunktes ($V(\text{Ce}^{4+}) = 20$ ml) verläuft die Potentialkurve wie bei anderen Titrationsverfahren sehr steil. Die Konzentrationen an Cer(IV) und Eisen(II) ändern sich hier sprunghaft. Das Potential am Äquivalenzpunkt ist in diesem Fall gleich dem arithmetischen Mittelwert der Standardpotentiale der beiden Redox-Paare ((0,77 V + 1,61 V)/2 = 1,19 V). Jenseits des Äquivalenzpunktes ändert sich bei weiterer Zugabe der Cer(IV)-Lösung das Potential nur langsam, die Ce(IV)-Konzentration steigt an, weil die Eisen(II)-Ionen verbraucht sind. Bei einer Zugabe an Ce(IV), die genau doppelt so groß ist wie am Äquivalenzpunkt, ist das Potential der Lösung entsprechend der Nernstschen Gleichung für die Reduktion von Cer(IV) gleich dem Standardpotential $E^0(\text{Ce}^{4+}/\text{Ce}^{3+}) = 1{,}61$ V:

$$E = E^0 + 0{,}059 \text{ V} \cdot \lg \frac{c(\text{Ce}^{4+})}{c(\text{Ce}^{3+})}$$

11.6 Elektrodenpotential und Energieumsatz bei Redox-Reaktionen

Welche Zusammenhänge zwischen Elektrodenpotentialen und dem chemischen Verhalten bestehen, soll im Folgenden erläutert werden. Hierzu benötigen wir zunächst einige einfache Beziehungen zwischen Elektrochemie und Thermodynamik.

Die folgenden Gleichungen verknüpfen das Standardpotential über die freie Standard-Reaktionsenthalpie mit der Gleichgewichtskonstanten K von Redox-Reaktionen:

$$\Delta G^0 = -z \cdot F \cdot E^0 \text{ und}$$
$$\Delta G^0 = -R \cdot T \cdot \ln K$$

F ist dabei die **Faraday-Konstante**, deren Wert der Ladung von einem Mol Elektronen entspricht ($F = 96\,485$ A·s·mol^{-1}). In den Zahlenwerten für die Standardpotentiale sind also Aussagen über die Gleichgewichtslage (ΔG^0 bzw. K) enthalten. Betrachten wir als Beispiel die Halbzelle $\text{Cu}^{2+}(\text{aq})/\text{Cu}$ mit dem dazugehörigen Wert des Standardpotentials $E^0 = 0{,}34$ V. Dieser bezieht sich auf die Kombination der Cu-Halbzelle mit der Standard-Wasserstoffelektrode und den in beiden Halbzellen ablaufenden Reaktionen:

$$\text{H}^+(\text{aq}) + e^- \rightarrow \tfrac{1}{2}\text{H}_2 \, ; \quad \Delta G_1^0 = -1 \cdot F \cdot E^0 \, (\text{H}^+/\tfrac{1}{2}\text{H}_2)$$
$$\text{Cu}^{2+}(\text{aq}) + 2\,e^- \rightarrow \text{Cu} \, ; \quad \Delta G_2^0 = -2 \cdot F \cdot E^0 \, (\text{Cu}^{2+}/\text{Cu})$$

Um daraus eine stöchiometrisch ausgeglichene Reaktionsgleichung zu erhalten, in der keine freien Elektronen auftreten, wird zunächst die Gleichung für die erste Teilreaktion mit dem Faktor 2 multipliziert. Anschließend subtrahiert man die zweite von der ersten Teilgleichung und erhält so die folgende Reaktionsgleichung:

$$\text{Cu(s)} + 2\,\text{H}^+(\text{aq}) \rightarrow \text{Cu}^{2+}(\text{aq}) + \text{H}_2(\text{g}); \quad \Delta G_3^0 = \,?$$

Entsprechend dem Satz von Hess (Kapitel 7) können bei der Addition oder Subtraktion von Reaktionsgleichungen auch deren thermodynamische Größen ΔH, ΔS bzw. ΔG addiert bzw. subtrahiert werden. In unserem Fall ergibt sich:

$$\begin{aligned}\Delta G_3^0 &= 2 \cdot \Delta G_1^0 - \Delta G_2^0 \\ &= 2(-1 \cdot F \cdot E^0(\text{H}^+/\tfrac{1}{2}\text{H}_2)) - (-2 \cdot F \cdot E^0(\text{Cu}^{2+}/\text{Cu})) \\ &= 0 - (-2 \cdot 96\,500 \cdot 0{,}34) \text{ A} \cdot \text{s} \cdot \text{mol}^{-1} \cdot \text{V} \\ &= 65\,610 \text{ A} \cdot \text{s} \cdot \text{mol}^{-1} \cdot \text{V} \\ &= 65\,610 \text{ W} \cdot \text{s} \cdot \text{mol}^{-1} = 65\,610 \text{ J} \cdot \text{mol}^{-1} \\ &= 65{,}61 \text{ kJ} \cdot \text{mol}^{-1}\end{aligned}$$

Die freie Standard-Reaktionsenthalpie für die Reaktion von Kupfer mit Hydronium-Ionen ist demnach stark positiv, die Reaktion wird nicht freiwillig ablaufen. Kupfer kann sich also nicht in Säuren unter Bildung von Wasserstoff auflösen. Verallgemeinert bedeutet dies, dass Metalle mit einem positiven Standardpotential nicht unter Wasserstoffbildung reagieren können. Typische Beispiele sind die Edelmetalle.

Eine entsprechende Aussage macht der Zahlenwert der Gleichgewichtskonstante bei 25 °C:

$$65\,610 = -8{,}314 \cdot 298 \cdot \ln K$$

$$\ln K = \frac{65\,610}{-8{,}314 \cdot 298}$$

$$K = 3{,}15 \cdot 10^{-12}$$

Das Gleichgewicht der Reaktion von Kupfer mit Hydronium-Ionen liegt also praktisch ganz auf der linken Seite.

Für unedle Metalle weist das Standardpotential ein negatives Vorzeichen auf. Somit ergibt sich auch ein negativer Wert für die freie Standard-Reaktionsenthalpie der Reaktion mit Hydronium-Ionen. Unedle Metalle reagieren dementsprechend mit sauren Lösungen unter Entwicklung von Wasserstoff.

Eine ganze Anzahl von Elementen, insbesondere die Nebengruppenelemente, können in wässerigen Lösungen in mehreren Oxidationsstufen auftreten. Jedes dieser Ionen weist ein charakteristisches Reduktionspotential bezüglich der Reduktion zum Element auf. Dem Wechsel zweier von null verschiedener Oxidationsstufen wird gleichfalls ein Standardpotential zugeordnet. Wir haben dies für den Fall des Permanganat-Ions bereits ausführlich diskutiert. Im Folgenden soll am Beispiel des Eisens gezeigt werden, wie man tabellierte Standardpotentiale kombinieren kann, um einen nicht aufgeführten E^0-Wert zu berechnen. Eisen kann in wässeriger Lösung als $\text{Fe}^{2+}(\text{aq})$ und $\text{Fe}^{3+}(\text{aq})$ auftreten. Üblicherweise werden folgende Potentiale tabelliert:

$E^0(\text{Fe}^{2+}/\text{Fe}) = -0{,}44$ V und

$E^0(\text{Fe}^{3+}/\text{Fe}^{2+}) = 0{,}77$ V

Ziel unserer Überlegungen ist, das Standard-Reduktionspotential $E^0(\text{Fe}^{3+}/\text{Fe})$ zu ermitteln. Hierzu formulieren wir zunächst die Reduktionsvorgänge $\text{Fe}^{3+}(\text{aq}) \to \text{Fe}^{2+}(\text{aq})$ und $\text{Fe}^{2+}(\text{aq}) \to \text{Fe}$ als Halbzellenreaktionen:

Reaktion 1: $\text{Fe}^{3+}(\text{aq}) + \text{e}^- \to \text{Fe}^{2+}(\text{aq})$; $\Delta G_1^0 = -1 \cdot F \cdot 0{,}77 = -0{,}77 \cdot F$

Reaktion 2: $\text{Fe}^{2+}(\text{aq}) + 2\,\text{e}^- \to \text{Fe(s)}$; $\Delta G_2^0 = -2 \cdot F \cdot (-0{,}44) = 0{,}88 \cdot F$

Um von diesen beiden Gleichungen zur Reduktion von Fe^{3+} zu Fe zu gelangen, müssen wir die Halbzellenreaktionen 1 und 2 (mit den zugehörigen ΔG-Werten) addieren:

$\text{Fe}^{3+}(\text{aq}) + 3\,\text{e}^- \to \text{Fe}$; $\Delta G_3^0 = \Delta G_1^0 + \Delta G_2^0 = -0{,}77 \cdot F + 0{,}88 \cdot F = 0{,}11 \cdot F$

Gemäß $\Delta G_3^0 = -z \cdot F \cdot E_3^0$ beträgt also das Standardpotential $E^0(\text{Fe}^{3+}/\text{Fe}) = -0{,}11/3$ V = $-0{,}037$ V. Damit zeigt sich, dass bei der Addition (bzw. Subtraktion) von Halbzellenreaktionen nicht etwa die Standardpotentiale direkt addiert bzw. subtrahiert werden können, sondern stets nur deren freie Reaktionsenthalpien. Dies ist auch der Grund dafür, warum bei der Multiplikation einer Reaktionsgleichung mit einem beliebigen Faktor das Nernstsche Potential unverändert bleibt; die zugehörige freie Reaktionsenthalpie dagegen muss multipliziert werden.

11.7 Oxidationszustands-/Frost-Diagramme

Bei einer großen Zahl von Redox-Reaktionen handelt es sich um Elektronenübertragungen zwischen verschiedenen Oxidationsstufen des gleichen Elements. Vielfach bildet sich ein Produkt mittlerer Oxidationsstufe aus Teilchen höherer und niedriger Oxidationsstufe (Synproportionierung). In anderen Fällen läuft eine Disproportionierung ab: Aus Teilchen, in denen die mittlere Oxidationsstufe vorliegt, entstehen Produkte in einer höheren und einer niedrigeren Oxidationsstufe. Prinzipiell könnte man mithilfe der Elektrodenpotentiale die freie Reaktionsenthalpie aller denkbaren Reaktionen ermitteln und dann die Gleichgewichtskonstanten berechnen. In den meisten Fälle reicht es jedoch aus, wenn man qualitativ einschätzen kann, ob eine Disproportionierung oder eine Synproportionierung zu erwarten ist.

Eine von dem amerikanischen Chemiker A. Frost bereits 1951 vorgeschlagene Methode ermöglicht es, die relativen Stabilitäten der verschiedenen Oxidationsstufen eines Elements grafisch darzustellen. Man spricht von *Oxidationszustands-* oder *Frost-Diagrammen* und trägt dazu die freie Bildungsenthalpie eines Ions gegen die Oxidationsstufe auf. Da es hier nicht um ein absolutes Maß für die Stabilität eines Teilchens geht, wählt man der Einfachheit halber statt ΔG_f^0 eine Größe, die hierzu direkt proportional ist. Entsprechend $\Delta G_f^0 = -\Delta z \cdot F \cdot E^0$, kann man hier $\Delta z \cdot E^0$ als Maß für die freie Enthalpie wählen. Aus den in der Spannungsreihe angeführten Standardpotentialen erhält man so auf sehr einfache Art und Weise ein Maß für die Stabilität eines Ions. Einem Element wird bei diesen Betrachtungen ein Wert von 0 zugeordnet. (Zwar ist die freie Enthalpie eines Elements bei Standardbedingungen niemals null; da es hier aber lediglich um Relativwerte geht, ist dieses Vorgehen gerechtfertigt.)

Betrachten wir zwei einfache Beispiele, die den Nutzen dieser Überlegungen überzeugend belegen: Die Systeme Cu, Cu^+ und Cu^{2+} bzw. Fe, Fe^{2+}, Fe^{3+} (Abbildung 11.7). Im Falle des Kupfers erkennen wir, dass der Wert für Cu^+ oberhalb der (gestrichelten) Verbindungslinie zwischen Cu und Cu^{2+} liegt; dies bedeutet, dass das hydratisierte Cu^+-Ion weniger stabil ist, als es dem Mittelwert aus Cu und Cu^{2+} entspricht. Die Folge ist, dass Cu^+ in wässriger Lösung in elementares Kupfer und Cu^{2+}-Ionen disproportioniert. Das folgende Gleichgewicht liegt also auf der rechten Seite:

$$2\ Cu^+(aq) \rightleftharpoons Cu(s) + Cu^{2+}(aq)$$

Anders ist die Situation beim Eisen. Hier liegt der Wert für Fe^{2+} unterhalb der gestrichelten Linie, die die beiden Nachbarn im Diagramm (Fe und Fe^{3+}) verbindet. Das folgende Gleichgewicht liegt dem entsprechend auf der linken Seite:

$$3\ Fe^{2+}(aq) \rightleftharpoons Fe(s) + 2Fe^{3+}(aq)$$

Fe^{2+} bildet sich aus Fe^{3+} und metallischem Eisen in einer Synproportionierungsreaktion.

Aus einem Frost-Diagramm lässt sich also ablesen, ob ein Ion in wässriger Lösung stabil ist oder nicht: Liegt der zugehörige Wert – wie im Falle von Cu^+ – oberhalb einer Verbindungslinie zwischen den jeweiligen Nachbarn, ist eine Disproportionierung zu erwarten. Liegt der Wert – wie im Falle von Fe^{2+} – dagegen unterhalb der Verbindungslinie, so ist das Ion stabil und kann durch eine Reaktion aus den benachbarten Oxidationsstufen gebildet werden.

Die Interpretation eines Frost-Diagramms ist jedoch nicht immer so einfach, denn das Diagramm beruht auf den freien Bildungsenthalpien bei Standardbedingungen, es gilt also für Konzentrationen von $1\ mol \cdot l^{-1}$ bei pH = 0. Ändert man die Konzentrati-

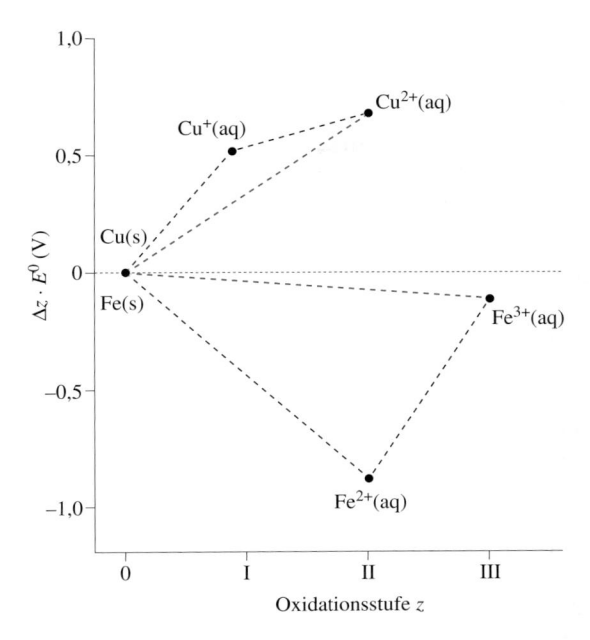

11.7 Oxidationszustandsdiagramm (Frost-Diagramm) für die Elemente Kupfer und Eisen.

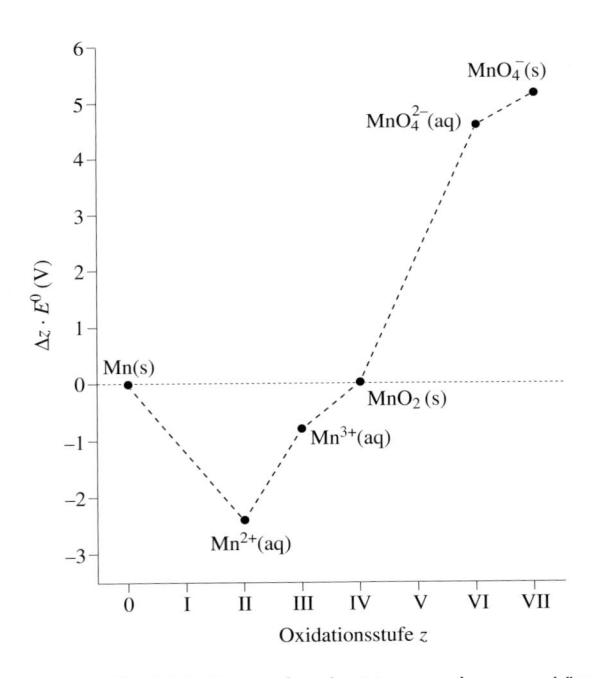

11.8 Frost-Diagramm für die Oxidationsstufen des Mangans in saurer Lösung.

onen, so ändern sich auch die freien Enthalpien und damit die Stabilitätsverhältnisse zwischen den verschiedenen Spezies. Ändert man den pH-Wert, so verändert sich das Potential jeder Halbzellenreaktion, an der Wasserstoff-Ionen beteiligt sind. Noch wichtiger jedoch ist, dass sich mit dem pH-Wert oft die vorliegende Spezies ändert. So liegt beispielsweise das Eisen(III)-Ion bei etwas höheren pH-Werten nicht mehr gelöst vor, es bildet sich statt dessen unlösliches Eisen(III)-hydroxid ($Fe(OH)_3$). Solche Reaktionen sind dann im Einzelfall zu diskutieren und zu bewerten. Nützlich ist oft ein zweites

Frost-Diagramm, das mit den E^0-Werten für alkalische Lösungen (pH = 14) konstruiert wird.

Schließlich muss betont werden, dass Frost-Diagramme ausschließlich thermodynamische Funktionen verwenden und keinerlei Informationen über den zeitlichen Verlauf thermodynamisch möglicher Reaktionen enthalten. Ein gutes Beispiel bietet das Verhalten von Permanganat (MnO_4^-), das bei einer Redox-Titration in saurer Lösung zu Mn^{2+}-Ionen reduziert wird. Den Endpunkt der Titration erkennt man dabei an einer Rosafärbung durch überschüssige MnO_4^--Ionen. Betrachtet man das Frost-Diagramm (Abbildung 11.8), so sollte überschüssiges Permanganat mit dem bereits gebildeten Mangan(II) zu Braunstein (MnO_2) reagieren. Diese Reaktion verläuft unter den sich bei der Titration ergebenden Bedingungen jedoch so langsam, dass die Erkennung des Endpunktes nicht gestört wird. Lässt man die Mischung jedoch einige Minuten stehen, so verschwindet die Permanganat-Färbung. Nach wiederholter Zugabe von etwas Permanganat-Lösung zeigt sich schließlich eine Trübung durch den gebildeten Braunstein.

11.8 Elektrolyse

Wir haben gesehen, dass der Ablauf einer Redox-Reaktion elektrische Energie liefern kann. Umgekehrt kann die Zufuhr elektrischer Energie chemische Reaktionen möglich machen, die freiwillig nicht ablaufen. Einen derart erzwungenen Vorgang nennt man *Elektrolyse*. Betrachten wir als Beispiel die Elektrolyse von Salzsäure mit der Konzentration $c(HCl) = 1\ mol \cdot l^{-1}$. Diese Reaktion lässt sich experimentell sehr einfach durchführen, indem man zwei Platindrähte, die mit einer regelbaren Gleichspannungsquelle verbunden sind, in die Lösung eintaucht. Steigert man kontinuierlich die angelegte Spannung und misst jeweils den fließenden Strom, erhält man die Strom/Spannungs-Kurve (Abbildung 11.9).

Bei kleinen Spannungen fließt ein sehr kleiner Strom, die Kurve verläuft sehr flach. Oberhalb einer bestimmten Spannung, der **Zersetzungsspannung**, steigt die Kurve steil an. Dann beobachtet man an beiden Elektroden eine lebhafte Gasentwicklung, an der negativen Elektrode entsteht Wasserstoff, an der positiven Chlor. Die Salzsäure wird also zersetzt. Untersucht man die Vorgänge genauer, findet man, dass auch bei Spannungen unterhalb der Zersetzungsspannung bereits geringe Mengen Wasserstoff bzw. Chlor an

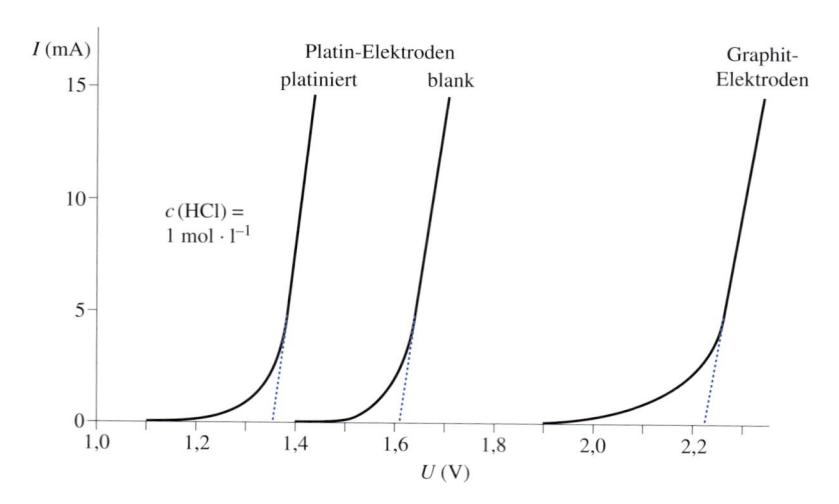

11.9 Strom/Spannungs-Kurven für die Elektrolyse von Salzsäure mit verschiedenen Elektroden.

Tabelle 11.4 Überspannungsanteile E^* in Volt für die Abscheidung einiger Gase

Gas	Elektroden-Material	Überspannungsanteile E^* bei Stromdichte ($A \cdot cm^{-2}$)			
		10^{-3}	10^{-2}	10^{-1}	10^{0}
Wasserstoff	Pt (platiniert)	−0,02	−0,04	−0,05	−0,07
	Pt (blank)	−0,12	−0,23	−0,35	−0,47
	Graphit	−0,60	−0,78	−0,97	−1,03
	Quecksilber	−0,94	−1,04	−1,15	−1,25
Sauerstoff	Pt (platiniert)	0,40	0,52	0,64	0,77
	Pt (blank)	0,72	0,85	1,28	1,49
	Graphit	0,53	0,90	1,09	1,24
Chlor	Pt (platiniert)	0,006	0,016	0,026	0,08
	Pt (blank)	0,008	0,03	0,054	0,24
	Graphit	0,1	0,12	0,25	0,50

den Elektroden entstehen. Die gebildeten Moleküle steigen aber nicht als Gasblasen auf, sondern werden von den Elektroden adsorbiert. Dadurch entsteht eine galvanische Zelle, die aus den Halbzellen $H^+/½H_2$(Pt) und $½Cl_2/Cl^-$(Pt) besteht. Diese liefert eine kleine Spannung, die der angelegten Spannung entgegen gerichtet ist. Eigentlich sollte demnach kein Strom fließen. Dass dennoch ein kleiner Strom beobachtet wird, hat seine Ursache darin, dass ständig einige Cl_2- und H_2-Moleküle in die Lösung diffundieren und durch den Elektrolysevorgang nachgebildet werden.

Wie groß ist die Zersetzungsspannung? Die Zersetzungsspannung bei einer Elektrolyse lässt sich auf die gleiche Weise berechnen wie die Spannung einer Batterie. Sie ergibt sich aus der Differenz zwischen dem Potential der Elektrode mit dem höheren Potential (hier $½Cl_2/Cl^-$(Pt)), 1,36 V) und der mit dem niedrigeren ($H^+/½H_2$(Pt), 0 V). In diesem Fall erwarten wir die Zersetzung der Salzsäure also bei einer Spannung, die dem Standardpotential der Chlor-Halbzelle entspricht (1,36 V).

Insbesondere bei Elektrodenreaktionen, bei denen Gase entwickelt werden, beobachtet man häufig Zersetzungsspannungen, die deutlich über den theoretisch erwarteten liegen. Die Differenz zwischen experimentell bestimmter und berechneter Zersetzungsspannung wird als **Überspannung** (E^*) bezeichnet. Sie hat ihre Ursache darin, dass manche Reaktionen an den Elektroden kinetisch gehemmt sind. Um diese Hemmung zu überwinden, muss mehr Energie aufgewendet werden. Diese setzt sich zusammen aus einem Anteil für die Kathodenreaktion und einem für die Anodenreaktion. Ihr Zahlenwert kann nicht vorausgesagt werden. Die Überspannung hängt von einer Reihe von Faktoren ab: dem Elektrodenmaterial, der Oberflächenbeschaffenheit der Elektrode, der Temperatur, der Stromdichte (Quotient aus Stromstärke und Elektrodenfläche) und natürlich vom abgeschiedenen Stoff. Steigende Stromdichte bewirkt einen größer werdenden Überspannungsanteil (Tabelle 11.4). Bei der Abscheidung von Metallen wird in der Regel keine Überspannung beobachtet.

Häufig ist nicht von vorneherein klar, welche von mehreren möglichen Elektrodenreaktionen tatsächlich ablaufen. Elektrolysiert man beispielsweise eine wässerige Zinkchlorid-Lösung, entsteht aufgrund der hohen Überspannung des Wasserstoffs an der Kathode Zink und nicht Wasserstoff. Die Gewinnung von Zink durch Elektrolyse von Zinksulfat-Lösungen oder das galvanische Verzinken (als Korrosionsschutz für Stahl) wären ohne Überspannungseffekte also nicht möglich.

Generell gilt, dass bei einer Elektrolyse von mehreren möglichen Elektrodenreaktionen diejenige abläuft, die die niedrigste Zersetzungsspannung aufweist. Betrachten wir einen etwas komplizierteren Fall, die Elektrolyse einer Natriumsulfat-Lösung ($c = 1$ $mol \cdot l^{-1}$, pH = 7). An der Kathode wäre die Reduktion von Natrium-Ionen zu Natrium-Metall oder die Reduktion von Wasser (H^+(aq)-Ionen) zu Wasserstoff denkbar. An der

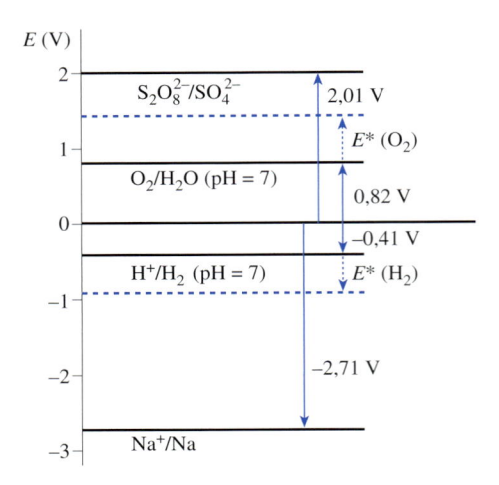

11.10 Potentialdiagramm zur Elektrolyse von Natriumsulfat-Lösung.

Anode könnte sich Sauerstoff durch Oxidation von Wasser (bzw. O^{2-}) oder es könnten sich Peroxodisulfat-Ionen ($S_2O_8^{2-}$) durch Oxidation der Sulfat-Ionen bilden. Tatsächlich bilden sich Wasserstoff und Sauerstoff, es wird also Wasser zersetzt, während das gelöste Salz unverändert bleibt. Dies wird verständlich, wenn man die jeweiligen Halbzellenpotentiale betrachtet (Abbildung 11.10).

Es konkurrieren die Reaktionen:

Kathode:
- $Na^+(aq) + e^- \rightarrow Na(s)$; $E = E^0(Na^+/Na) = -2{,}71$ V
  ($c(Na^+) = 1$ mol·l^{-1})

- $H^+(aq) + e^- \rightarrow \frac{1}{2} H_2(g)$
  Bei pH = 7 ($c(H^+) = 10^{-7}$ mol·l^{-1}) gilt:
  $E = E^0(H^+/\frac{1}{2}H_2) + 0{,}059$ V $\cdot \lg 10^{-7} + E^\star(H_2) = (-0{,}41 + E^\star(H_2))$ V

Anode:
- $2\,SO_4^{2-}(aq) \rightarrow S_2O_8^{2-}(aq) + 2\,e^-$; $E = E^0(S_2O_8^{2-}/2\,SO_4^{2-}) = 2{,}01$ V
  ($c(SO_4^{2-}) = 1$ mol·l^{-1})

- $4\,H^+(aq) + O_2(g) + 4\,e^- \rightarrow 2\,H_2O(l)$
  Bei pH = 7 gilt:
  $E = E^0(O_2/H_2O) + 0{,}059$ V$/4 \cdot \lg(10^{-7})^4 = (1{,}23 - 0{,}41)$ V $= 0{,}82$ V

Berechnet man die Zersetzungsspannungen der hier möglichen Reaktionen, ergibt sich für die Zersetzung des Wassers ein niedrigerer Wert als für Reaktionen, an denen Na^+- oder SO_4^{2-}-Ionen beteiligt sind.

Die Faradayschen Gesetze Insbesondere für in technischem Maßstab durchgeführte Elektrolysen ist neben der Zersetzungsspannung die Frage nach dem Strombedarf und dem Stoffumsatz von Bedeutung. Die Faradayschen Gesetze geben hier eine Antwort:

1. **Faradaysches Gesetz**:
   Die elektrolytisch abgeschiedenen Stoffmengen sind zu der durch den Elektrolyten geflossenen Ladung proportional.
2. **Faradaysches Gesetz**:
   Zur elektrolytischen Abscheidung von 1 mol Teilchen ist die Ladung 1 mol · z · F erforderlich.

Dabei ist z die Zahl der Elektronen, die bei der Abscheidung eines Teilchens an der Elektrode ausgetauscht werden. F ist das Symbol für die Faraday-Konstante; ihr Wert beträgt 96 485 C·mol^{-1} (1 C = 1 A·s).

Für die abgeschiedene Stoffmenge n gilt:

$$n = \frac{I \cdot t}{z \cdot F}$$

11.9 Galvanische Spannungsquellen

Unsere ständig steigende Mobilität verlangt nach immer mehr und immer vielfältigeren elektrischen Energiequellen für die verschiedensten Einsatzgebiete. Die Einsatzgebiete von Batterien und Akkumulatoren reichen von der Automobiltechnik über die Telekommunikation bis hin zu medizinischen Anwendungen. All diese verschiedenen Bereiche stellen unterschiedliche Anforderungen an die jeweilige Energiequelle. Für manche Anwendungen spielen die Energiekosten nahezu keine Rolle. Dies gilt zum Beispiel für Geräte mit sehr niedrigem Stromverbrauch wie Quarzuhren oder Taschenrechner. Bei den dort verwendeten Batterien kostet eine Kilowattstunde etwa 5 000 Euro. Von Taschenlampen oder Rundfunkgeräten wird deutlich mehr Strom verbraucht, hier verwendet man häufig die preiswerten Zink-Kohle Batterien, die Energie zu einem Hundertstel der Kosten liefern (50 Euro pro kW·h).

Deutlich preiswerter erzeugen wieder aufladbare Batterien (Akkumulatoren) den Strom. So kostet die von Nickel-Cadmium-Akkus abgegebene Energie etwa 5 Euro pro Kilowattstunde, beim klassischen Bleiakku sogar nur etwa 0,5 Euro. Zum Vergleich: Eine Kilowattstunde aus dem örtlichen Stromnetz kostet den Endverbraucher zur Zeit etwa 0,15 Euro. Neben den Kosten können auch ganz andere Gesichtspunkte die Auswahl einer geeigneten Batterie bestimmen. So ist einleuchtend, dass die Batterie in einem Hörgerät möglichst klein sein muss und die Batterie in einem Herzschrittmacher vor allem eine lange Lebensdauer haben sollte.

Um möglichst hohe Spannungen und damit hohe Leistungen zu erreichen, müssen in einer Batterie zwei Halbzellen miteinander kombiniert werden, die bezüglich ihres Standardpotentials möglichst weit auseinander liegen. Es bietet sich also die Kombination eines unedlen Metalls mit einem starken Oxidationsmittel an. Die grundlegenden Reaktionen bestehen in der Oxidation des Metalls auf der einen und der Reduktion des Oxidationsmittels auf der anderen Seite. Das Metall stellt so den Minuspol der Batterie dar. Beide Elektroden sind über einen Elektrolyten miteinander verbunden, in dem sich die Ionen bewegen können.

Schon seit mehr als hundert Jahren verwendet man die **Zink-Kohle-Batterie,** die nach ihrem Erfinder auch **Leclanché-Batterie** genannt wird. Als Minuspol fungiert der von Stahlblech umgebene Batteriebecher aus Zink. Den Pluspol bildet ein von Mangan(IV)-oxid (Braunstein) umgebener Graphitstab, als Elektrolyt dient eine eingedickte Ammoniumchlorid-Lösung (Abbildung 11.11 links). Bei Stromentnahme wird am Minuspol das Zink oxidiert, der Batteriebecher löst sich also auf:

$$Zn(s) \rightarrow Zn^{2+}(aq) + 2\,e^-$$

Am Pluspol wird MnO_2 zu $MnOOH$ reduziert:

$$MnO_2(s) + H_2O(l) + e^- \rightarrow MnOOH(s) + OH^-(aq)$$

Für die weiteren Reaktionen spielen die Ionen des Elektrolyten eine wesentliche Rolle:

$$NH_4^+(aq) + OH^-(aq) \rightleftharpoons NH_3(aq) + H_2O(l)$$

Das freigesetzte Ammoniak bildet mit den Zink-Ionen schwerlösliches $[Zn(NH_3)_2]Cl_2$. Dies hat einerseits den positiven Effekt, dass die Konzentration der Zink-Ionen gering

Georges **Leclanché,** französischer Ingenieur und Unternehmer (1839–1882) entwickelte um 1865 die nach ihm benannte Batterie. Die Massenfertigung begann in den 1880er Jahren.

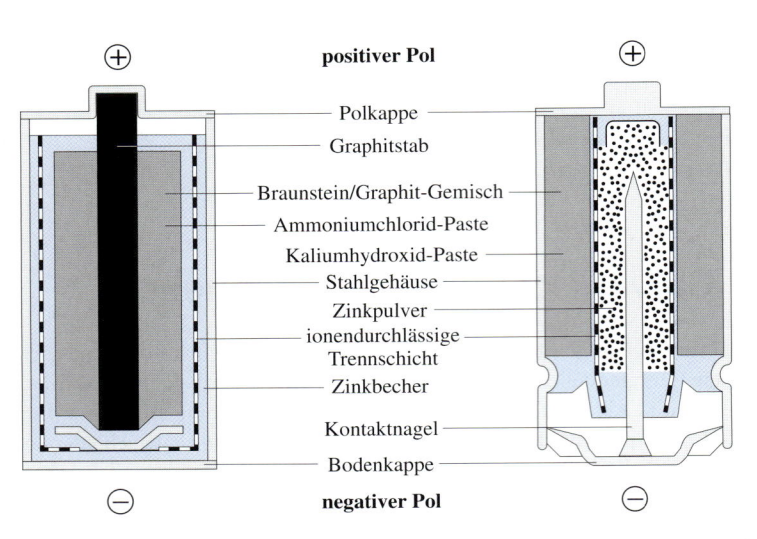

11.11 Leclanché-Batterie (Zink-Kohle-Batterie) (links) und Alkali-Mangan-Batterie (rechts).

$$E = E^0 + \frac{0{,}059\,\text{V}}{2}\lg c(\text{Zn}^{2+})$$

bleibt, sodass das Halbzellenpotential Zn^{2+}/Zn nicht nennenswert ansteigt, die Batteriespannung also nicht abfällt. Andererseits setzt sich der schwerlösliche Niederschlag auf den Elektroden ab, erhöht so den elektrischen Widerstand und vermindert dadurch die Leistung der Batterie.

Eine Zink-Kohle-Batterie, die ihren Namen eigentlich zu Unrecht trägt, denn der Graphit nimmt an den Elektrodenprozessen gar nicht teil, weist eine Spannung von etwa 1,5 V auf. Vorteil der Leclanché-Batterie ist ihr niedriger Preis, Nachteil die Gefahr des Auslaufens bei vollständiger Entladung bzw. langem Gebrauch.

Eine Weiterentwicklung der Leclanché-Batterie ist die **Alkali-Mangan-Batterie** (Abbildung 11.11 rechts). Als Minuspol wird Zinkpulver verwendet, das einen Graphitstab umgibt. Als Pluspol dient auch hier Mangan(IV)-oxid, als Elektrolyt wird Kaliumhydroxid-Lösung eingesetzt. Bei der Oxidation des Zinks werden in dem alkalischen Medium Zn(OH)_4^{2-}-Ionen gebildet, die Konzentration an Zn^{2+}-Ionen bleibt also auch hier klein, sodass das Potential der Zn^{2+}/Zn-Halbzelle bei der Entladung nicht nennenswert ansteigt. Die große Oberfläche des Zinkpulvers macht pro Zeiteinheit größere Stoffumsätze und damit relativ hohe Stromstärken möglich. Zudem ist diese alkalische Batterie in ihrem Stahlmantel auslaufsicher.

Knopfzellen in Uhren, Taschenrechnern und anderen Geräten mit geringem Stromverbrauch bedienen sich gleichfalls der Oxidation von Zinkpulver in alkalischer Lösung als Vorgang am Minuspol der Batterie. Pluspol ist hier häufig Silberoxid (Ag_2O), das zu Silber reduziert wird:

$$\text{Ag}_2\text{O(s)} + 2\,\text{e}^- + \text{H}_2\text{O(l)} \rightarrow 2\,\text{Ag(s)} + 2\,\text{OH}^-\text{(aq)}$$

Silberoxid hat hier das giftige Quecksilberoxid (HgO) weitgehend verdrängt.

Die bisher besprochenen Batterien sind sogenannte *Primärbatterien*, die nicht wiederaufladbar sind, weil die Elektrodenvorgänge durch Zuführung elektrischer Energie nicht umkehrbar sind. *Sekundärbatterien* (Akkumulatoren) hingegen lassen sich aufgrund der Reversibilität aller ablaufenden Reaktionen meist viele hundert Mal wieder aufladen. Die wichtigsten Batterien dieses Typs sind der *Blei-Akkumulator*, der *Nickel-Cadmium-Akku* und als ein Beispiel für eine neuere Entwicklung der *Nickel-Metallhydrid-Akku*.

Beim **Blei-Akku** tauchen in geladenem Zustand eine Blei-Elektrode mit großer Oberfläche (als Minuspol) und fein verteiltes Blei(IV)-oxid in 20 %ige Schwefelsäure.

Das Blei(IV)-oxid befindet sich in den Hohlräumen eines wabenförmig ausgebildeten Blei-Gitters. Entnimmt man dem Akku Strom, laufen folgende Vorgänge ab:

Minuspol: $\quad\quad\quad\quad\quad\quad\quad\quad Pb(s) \rightarrow Pb^{2+}(aq) + 2\,e^-$

Pluspol: $\quad\quad\quad PbO_2(s) + 4\,H^+(aq) + 2\,e^- \rightarrow Pb^{2+}(aq) + 2\,H_2O(l)$

Die an beiden Elektroden gebildeten Blei(II)-Ionen bilden mit den Sulfat-Ionen des Elektrolyten schwerlösliches Blei(II)-sulfat, das sich beim Entladen auf den Elektroden absetzt. Die Konzentration der Blei(II)-Ionen und damit auch die Elektrodenpotentiale werden durch das Löslichkeitsprodukt des Bleisulfats bestimmt. Insgesamt kann der Entlade- und Ladevorgang durch die folgende Gleichung beschrieben werden:

$$Pb(s) + PbO_2(s) + 2\,H_2SO_4(aq) \underset{\text{Laden}}{\overset{\text{Entladen}}{\rightleftharpoons}} 2\,PbSO_4(s) + 2\,H_2O(l)$$

Der Ladevorgang läuft ab, wenn man an die Elektroden eine Spannung anlegt, die etwas größer ist als die beim Entladen abgegebene Spannung (2 Volt). Eigentlich sollte man bei dieser Spannung eine Elektrolyse des Wassers zu H_2 und O_2 erwarten. Aufgrund von Überspannungseffekten läuft diese Reaktion jedoch normalerweise nicht ab. Während des Lade- und Entladevorgangs liegt fast stets festes Bleisulfat vor und damit eine über das Löslichkeitsprodukt festgelegte konstante Blei(II)-Ionen-Konzentration. Am Ende des Aufladevorgangs, wenn das feste Bleisulfat in Blei und Blei(IV)-oxid umgewandelt ist, sinkt die Konzentration der Blei(II)-Ionen stark ab und es kommt zur Entwicklung von Wasserstoff und Sauerstoff, der Akku gast. Die wichtigste Verwendung des Blei-Akkus ist die als Starterbatterie in Kraftfahrzeugen. Hier spielt das hohe Gewicht der Batterie nur eine untergeordnete Rolle. In einem handelsüblichen Akku sind sechs Batteriezellen hintereinander geschaltet, sodass eine Spannung von 12 V zur Verfügung steht.

Nickel-Cadmium-Akkus werden häufig als preisgünstige, wieder aufladbare Alternative zu Leclanché- oder Alkali-Mangan-Batterien verwendet. Der Minuspol der Batterie ist feinverteiltes Cadmium, der Pluspol Nickel(III)-oxidhydroxid NiOOH. Als Elektrolyt dient Kaliumhydroxid-Lösung (20 %). Die reversible Reaktion beim Entladen bzw. Laden lässt sich durch die folgende Reaktionsgleichung beschreiben:

$$Cd(s) + 2\,NiOOH(s) + 2\,H_2O(l) \underset{\text{Laden}}{\overset{\text{Entladen}}{\rightleftharpoons}} Cd(OH)_2(s) + 2\,Ni(OH)_2(s)$$

Die Giftigkeit des Cadmiums bereitet jedoch Umweltprobleme; Nickel-Cadmium-Akkus müssen deshalb gesondert gesammelt und dem Recycling zugeführt werden. In jüngerer Zeit wird der Nickel-Cadmium-Akku in zunehmendem Maße durch den **Nickel-Metallhydrid-Akku** ersetzt. Der Pluspol entspricht dem im Nickel-Cadmium-Akku, als Minuspol wird eine mit Wasserstoff beladene **Wasserstoffspeicher-Legierung** verwendet. Hier nutzt man das Vermögen bestimmter metallischer Stoffe, in die Lücken der Packung aus Metall-Atomen Wasserstoff einbauen zu können. Die verwendete Legierung hat beispielsweise die Zusammensetzung $La_{0,13}Nd_{0,03}Ni_{0,42}Co_{0,4}Si_{0,02}$. Beim Entladen wird an dieser Elektrode Wasserstoff oxidiert. Damit ergibt sich die folgende Gesamtreaktion:

$$Metall(H_2)(s) + 2\,NiOOH(s) \underset{\text{Laden}}{\overset{\text{Entladen}}{\rightleftharpoons}} Metall + 2\,Ni(OH)_2(s)$$

Abbildung 11.12 zeigt schematisch den schichtförmigen Aufbau eines Nickel-Metallhydrid-Akkus.

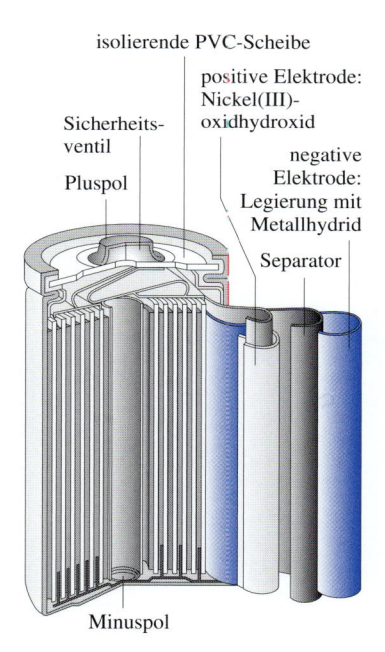

11.12 Nickel-Metallhydrid-Akku.

Hinweis: Weitere wichtige mobile Stromquellen sind *Lithium-Ionen-Batterien* und *Brennstoffzellen*. Sie werden bei den Elementen Lithium (Abschnitt 15.4) bzw. Wasserstoff (Abschnitt 14.2) beschrieben.

11.10 Korrosion und Korrosionsschutz

Viele Gebrauchsmetalle verändern sich unter unseren atmosphärischen Bedingungen, sie korrodieren (lat. *corrodere* = zernagen). Korrosionseffekte beruhen auf der Oxidation der Metalle. Als Oxidationsmittel kommen dabei H⁺(aq)-Ionen (im Wasser) und/oder Sauerstoff (aus der Luft oder in Wasser gelöst) in Frage. Dem entsprechend kann man zwischen *Säure-Korrosion* und *Sauerstoff-Korrosion* unterscheiden.

Säure-Korrosion In reinem Wasser beträgt die Konzentration an H⁺(aq)-Ionen entsprechend dem Ionenprodukt des Wassers bei Raumtemperatur 10^{-7} mol·l⁻¹. Meist reagiert Wasser jedoch schwach sauer, da es aus der Luft gelöstes Kohlenstoffdioxid enthält und sich das folgende Gleichgewicht einstellt:

$$CO_2(aq) + H_2O(l) \rightleftharpoons H^+(aq) + HCO_3^-(aq)$$

In salzfreiem Wasser wird allein dadurch der pH-Wert auf 5,6 abgesenkt ($c(H^+(aq)) = 2{,}5 \cdot 10^{-6}$ mol·l⁻¹). Kommen Schadstoffbelastungen der Luft durch Schwefeldioxid und Stickstoffoxide hinzu, steigt die H⁺(aq)-Konzentration weiter an. So belastetes Wasser („Saurer Regen") kann durchaus einen pH-Wert von etwa 4 aufweisen. Chemisch verhält es sich wie eine schwache Säure.

Ein häufig verwendetes Metall, das über lange Zeiträume den Witterungseinflüssen ausgesetzt wird, ist Zink (z. B. als Dachrinne). Obwohl Zink zu den unedlen Metallen gehört ($E^0(Zn^{2+}/Zn) = -0{,}76$ V), reagiert sehr reines Zink mit verdünnten Säuren nur äußerst langsam. Dies hängt mit der hohen Überspannung des Wasserstoffs am Zink zusammen. Berührt man jedoch die Zinkoberfläche mit einem Platindraht, so entwickelt sich Wasserstoff am Platin. Eine Untersuchung der Säure zeigt, dass Zink in Lösung geht. Die Elektronen fließen also vom Zink zum Platin und reduzieren an seiner Oberfläche die Hydronium-Ionen. In analoger Weise wirken kleine metallische Verunreinigungen, die sich stets im Gebrauchszink befinden. Die Folge: Zink löst sich in Regenwasser im Lauf der Zeit auf. Elektrochemisch betrachtet stellen Zink und Platin (oder ein anderes Metall), die sich in einer Elektrolytlösung befinden, eine galvanische Zelle dar, die in unserem Fall an der Kontaktstelle der beiden Metalle kurzgeschlossen ist. Dieses sogenannte *Lokalelement* ermöglicht den beschriebenen Effekt: Elektronen fließen vom unedlen zum edleren Metall. H⁺(aq)-Ionen werden dort reduziert, gleichzeitig geht das unedle Metall in Lösung, es korrodiert.

Sauerstoff-Korrosion In unserer Atmosphäre steht eine riesige Menge an Sauerstoff als Oxidationsmittel zur Verfügung. Die gesamte organische Materie ist in Gegenwart von Sauerstoff thermodynamisch instabil und könnte zu Wasser und Kohlenstoffdioxid oxidiert werden. Auch für zahlreiche Gebrauchsmetalle ist eine Oxidation durch Sauerstoff zu erwarten. Besonders augenfällig wird dies beim Eisen, es rostet in Gegenwart von Luft und Wasser. Grund ist auch hier ein Oxidationsvorgang, wobei in Wasser gelöster Sauerstoff das Oxidationsmittel darstellt. Die primär ablaufende Reaktion kann durch folgende Gleichung beschrieben werden:

$$2\,Fe(s) + O_2(aq) + 2\,H_2O(l) \rightarrow 2\,Fe^{2+}(aq) + 4\,OH^-(aq)$$

Entsprechend dem recht kleinen Löslichkeitsprodukt des Eisen(II)-hydroxids bildet sich schwerlösliches $Fe(OH)_2$, das dann durch weiteren Sauerstoff aus der Luft zu wasserhaltigem Eisen(III)-oxid oxidiert wird:

$$4\,Fe(OH)_2(s) + O_2(g) \rightarrow 2\,Fe_2O_3 \cdot H_2O(s) + 2\,H_2O(l)$$

Daneben entstehen je nach äußeren Bedingungen auch wasserfreies Eisen(III)-oxid und Eisen(II)-oxid. All diese Eisenverbindungen bilden eine poröse Rostschicht, die das darunter befindliche Eisen nicht vor weiterer Korrosion schützen kann.

Das noch unedlere Aluminium verhält sich dagegen völlig anders: Die an der Oberfläche gebildete Oxidschicht ist sehr dicht und haftet fest auf dem Metall, sodass es vor weiterer Korrosion geschützt wird. Einige Autohersteller verwenden daher Aluminium als Werkstoff für Karosserien. Vorteilhaft ist auch das geringere Gewicht, da es den Kraftstoffverbrauch vermindert.

Die Korrosionsbeständigkeit von Eisen lässt sich durch einen Zusatz von Legierungsbestandteilen wie Chrom und Nickel erheblich verbessern. Man spricht dann von *Edelstahl*. Weit verbreitet ist vor allem der 18/8er Chrom-Nickel-Stahl mit einem Massenanteil von 18% Chrom und 8% Nickel. Diese Legierungen überziehen sich ebenfalls mit einer fest haftenden, dichten Oxidschicht. Edelstähle sind jedoch deutlich teurer und wesentlich schwerer zu bearbeiten und zu verformen, sodass sie für Massenanwendungen, wie den Automobilbau, nicht in Frage kommen.

Korrosionsschutz Korrosionsanfällige Gebrauchsmetalle wie Eisen (bzw. Stahl) müssen für die meisten Anwendungen vor Korrosion geschützt werden. Einfache Beispiele sind Kunststoffbeschichtungen oder Anstriche mit Lackfarben. Oft lässt sich der Korrosionsschutz durch eine chemische Oberflächenbehandlung verbessern. So werden Karosserieteile zunächst in eine saure Phosphat-Lösung getaucht. Es bildet sich eine dichte Schicht von Eisenphosphat, auf der der Grundierungsanstrich besonders gut haftet.

In vielen Fällen wird die Korrosionsbeständigkeit von Metallen durch Schutzschichten anderer Metalle erhöht. Alltägliche Beispiele sind versilberte Löffel, verchromte Wasserhähne oder verzinkte Autokarosserien. Grundsätzlich kann man zwei Wege beschreiten: Entweder wird das Metall (Eisen) mit einem edleren Metall wie Kupfer oder Nickel überzogen. Dieses sollte sich aufgrund seiner elektrochemischen Eigenschaften in verdünnten Säuren nicht auflösen. Wird die Schutzschicht jedoch beschädigt, gelangt die Säure an das zu schützende Metall. Dieses löst sich nun umso schneller auf, da die Reaktion durch das gebildete Lokalelemente gefördert wird. Überzieht man umgekehrt Eisen mit dem unedleren Zink, löst sich stets der unedlere Überzug zuerst auf, der Korrosionsschutz bleibt relativ lange erhalten. Die gleiche Wirkung hat die sogenannte *Opferanode* in Heißwasserspeichern. Dieser Stab aus dem unedlen Magnesium sorgt dafür, dass nicht die Kesselwand korrodiert; statt dessen löst sich das Magnesium im Laufe der Zeit auf.

ÜBUNGEN

11.1 Definieren Sie folgende Begriffe: a) Oxidationsmittel, b) Oxidationszahl.

11.2 Erläutern Sie den Nutzen und die Schwierigkeiten beim Umgang mit Frost-Diagrammen.

11.3 Bestimmen Sie anhand der Regeln die Oxidationsstufen von Phosphor in folgenden Verbindungen: a) P_4O_6, b) H_3PO_4, c) Na_3P, d) PH_4^+, e) $POCl_3$.

11.4 Bestimmen Sie anhand der Regeln die Oxidationsstufen von Chlor in folgenden Verbindungen: a) ICl, b) Cl_2O, c) Cl_2O_7, d) HCl.

11.5 Bestimmen Sie anhand von Valenzstrichformeln die Oxidationsstufen von Schwefel in folgenden Verbindungen: a) H_2S, b) SCl_2, c) H_2S_2, d) SF_6, e) COS (O=C=S).

11.6 Bestimmen Sie anhand der Valenzstrichformel die Oxidationsstufe und die Formalladung für jedes Element in der Verbindung $SOCl_2$.

11.7 Welche Oxidationsstufen nimmt Iod in seinen Verbindungen an?

11.8 Welches ist die höchste Oxidationsstufe, die Xenon in seinen Verbindungen annimmt? Welche anderen Oxidationsstufen sind wahrscheinlich?

11.9 Wie ändern sich in folgenden Reaktionen die Oxidationsstufen?
a) $Mg(s) + FeSO_4(aq) \rightarrow Fe(s) + MgSO_4(aq)$
b) $2\,HNO_3(aq) + 3\,H_2S(aq) \rightarrow 2\,NO(g) + 3\,S(s) + 4\,H_2O(l)$
c) $NiO(s) + C(s) \rightarrow Ni(s) + CO(g)$
d) $2\,MnO_4^-(aq) + 5\,H_2SO_3(aq) + H^+(aq) \rightarrow 2\,Mn^{2+}(aq) + 5\,HSO_4^-(aq) + 3\,H_2O(l)$

11.10 Vervollständigen Sie die Gleichungen für die folgenden Teilreaktionen in saurer Lösung:
a) $H_2MoO_4(aq) \rightarrow Mo^{3+}(aq)$
b) $NH_4^+(aq) \rightarrow NO_3^-(aq)$

11.11 Vervollständigen Sie die Gleichungen für die folgenden Teilreaktionen in alkalischer Lösung:
a) $S^{2-}(aq) \rightarrow SO_4^{2-}(aq)$
b) $N_2H_4(aq) \rightarrow N_2(g)$

11.12 Vervollständigen Sie die Reaktionsgleichungen für die folgenden Redox-Reaktionen in saurer Lösung:
a) $Fe^{3+}(aq) + I^-(aq) \rightarrow Fe^{2+}(aq) + I_2(aq)$
b) $Ag(s) + Cr_2O_7^{2-}(aq) \rightarrow Ag^+(aq) + Cr^{3+}(aq)$
c) $HBr(aq) + HBrO_3(aq) \rightarrow Br_2(aq)$
d) $HNO_3(aq) + Cu(s) \rightarrow NO_2(g) + Cu^{2+}(aq)$

11.13 Vervollständigen Sie die Gleichungen für die folgenden in alkalischer Lösung ablaufenden Redox-Reaktionen:
a) $CeO_2(s) + I^-(aq) \rightarrow Ce(OH)_3(s) + IO_3^-(aq)$
b) $Al(s) + MnO_4^-(aq) \rightarrow MnO_2(s) + Al(OH)_4^-(aq)$
c) $V(s) + ClO_3^-(aq) \rightarrow HV_2O_7^{3-}(aq) + Cl^-(aq)$
d) $S_2O_4^{2-}(aq) + O_2(g) \rightarrow SO_4^{2-}(aq)$

11.14 Ermitteln Sie unter Verwendung der Standardpotentiale, welche der folgenden Reaktionen unter Standardbedingungen ablaufen können.
a) $SO_2(aq) + MnO_2(s) \rightarrow Mn^{2+}(aq) + SO_4^{2-}(aq)$
b) $2\,H^+(aq) + 2\,Br^-(aq) \rightarrow H_2(g) + Br_2(aq)$
c) $Ce^{4+}(aq) + Fe^{2+}(aq) \rightarrow Ce^{3+}(aq) + Fe^{3+}(aq)$
d) $Cu^{2+}(aq) + Cu(s) \rightarrow 2\,Cu^+(aq)$
e) $2\,Fe^{3+}(aq) + Fe(s) \rightarrow 3\,Fe^{2+}(aq)$

11.15 Schlagen Sie unter Verwendung der Standardpotentiale ein Reagenz vor, mit dem man
a) Salzsäure zu Chlorgas oxidieren,
b) Chrom(III)-Ionen zu Chrom(II)-Ionen reduzieren könnte.

11.16 Silber kann in zwei verschiedenen Oxidationsstufen vorliegen, meist als Silber(I) und seltener als Silber(II):
$Ag^+(aq) + e^- \rightleftharpoons Ag(s) \qquad E^0 = +0{,}80\,V$
$Ag^{2+}(aq) + e^- \rightleftharpoons Ag^+(aq) \qquad E^0 = +1{,}98\,V$
a) Ist das Silber(I)-Ion ein gutes Oxidationsmittel oder ein gutes Reduktionsmittel?
b) Welches der folgenden Reagenzien würde man am sinnvollsten einsetzen, um Silber(I) zu Silber(II) zu oxidieren: Fluor, Fluorid-Ionen, Iod oder Iodid-Ionen?

11.17 Gegeben sind folgende Halbreaktionen:
$Al^{3+}(aq) + 3\,e^- \rightleftharpoons Al(s) \qquad E^0 = -1{,}76\,V$
$Au^{3+}(aq) + 3\,e^- \rightleftharpoons Au(s) \qquad E^0 = +1{,}50\,V$
a) Welche Halbreaktion kann als Oxidationsreaktion eingesetzt werden?
b) Welche Halbreaktion kann als Reduktionsreaktion eingesetzt werden?

11.18 Gegeben sind die Halbzellenpotentiale:
$Au^{3+}(aq) + 3\,e^- \rightleftharpoons Au(s) \qquad E^0 = +1{,}50\,V$
$Au^+(aq) + e^- \rightleftharpoons Au(s) \qquad E^0 = +1{,}69\,V$
Errechnen Sie das Potential für folgende Reaktion:
$Au^{3+}(aq) + 2\,e^- \rightleftharpoons Au^+(aq)$

11.19 Errechnen Sie das Halbzellenpotential für die Reduktion von Blei(II)-Ionen zu metallischem Blei in einer gesättigten Lösung von Blei(II)-sulfat mit einer Pb(II)-Konzentration von $1{,}5 \cdot 10^{-5}\,mol \cdot l^{-1}$.

11.20 Errechnen Sie das Halbzellenpotential für die Reduktion von Permanganat-Ionen in wässeriger Lösung zu festem Mangan(IV)-oxid (Braunstein) bei einem pH-Wert von 9 (alle anderen Ionen liegen in Standardkonzentrationen vor).

11.21 Errechnen Sie aus den Standard-Reduktionspotentialen das Potential für die Reduktion von Sauerstoff bei einem pH-Wert von 7 und dem bei normalem Luftdruck vorliegenden Partialdruck für Sauerstoff.
$O_2(g) + 4\,H^+(aq) + 4\,e^- \rightarrow 2\,H_2O(l)$

11.22 Konstruieren sie ein Frost-Diagramm für Cer und diskutieren Sie die relative Stabilität der Oxidationsstufen III und IV.
$Ce^{3+}(aq) + 3\,e^- \rightleftharpoons Ce(s)$ $E^0 = -2{,}34$ V
$Ce^{4+}(aq) + e^- \rightleftharpoons Ce^{3+}(aq)$ $E^0 = +1{,}61$ V

11.23 Häufig verwendet man zur Berechnung von Standardpotentialen thermodynamische Daten anstelle elektrochemischer Daten. Berechnen Sie E^0 für die folgende Halbreaktion, indem Sie Werte für ΔH^0 und S^0 aus dem Anhang verwenden.
$Cr_2O_3(s) + 3\,H_2O(l) + 6\,e^- \rightarrow 2\,Cr(s) + 6\,OH^-(aq)$

11.24 Ist das Perchlorat-Ion bei pH = 0 oder bei pH = 14 ein stärkeres Oxidationsmittel? Begründen Sie Ihre Entscheidung.

11.25 In welcher Weise wirkt sich eine Temperaturänderung auf das Potential einer Silber/Silberchlorid-Elektrode aus?

11.26 Welche Spannung liefert eine Batterie, die aus einer Cu^{2+}/Cu- und einer Zn^{2+}/Zn-Halbzelle (Konzentrationen jeweils 1 mol·l^{-1}, Volumina der Elektrolytlösungen jeweils 100 ml) besteht? a) zu Beginn der Stromentnahme, b) nachdem 100 Minuten ein Strom von 1,5 A geflossen ist.

11.27 Für das Standardpotential einer Ag^+/Ag-Halbzelle ($c(Ag^+) = 1$ mol·l^{-1}) wird experimentell ein Wert von 770 mV gegenüber dem tabellierten Idealwert von 800 mV gemessen (Abbildung 11.5). Berechnen Sie den Aktivitätskoeffizienten für die Silber-Ionen unter den Bedingungen dieses Experiments.

11.28 Auf einem dünnen Platin-Blech (2 cm · 2 cm) wird elektrolytisch Zink abgeschieden. Berechnen Sie die Schichtdicke des Zink-Überzugs, wenn ein Strom von 2 A für eine Zeit von 10 Minuten fließt ($\varrho(Zn) = 7{,}14$ g·cm^{-3}).

11.29 Beschreiben Sie die Elektrodenvorgänge in folgenden Batterien: a) Zink-Kohle-Batterie, b) Blei-Akku, c) Nickel-Metallhydrid-Akku, d) Nickel-Cadmium-Akku.

11.30 Skizzieren Sie schematisch den Potential-Verlauf für eine potentiometrische Titration von Eisen(II)-Ionen mit Kaliumpermanganat in saurer Lösung. Wie ändert sich qualitativ der Verlauf, wenn der pH-Wert der Lösung erhöht wird?

11.31 Arsensulfid (As_2S_3) wird von Nitrat-Ionen in saurer Lösung zu Arsenat (AsO_4^{3-}) und Sulfat oxidiert, wobei Nitrat zu Stickstoffmonoxid reduziert wird. Geben Sie die Oxidationszahlen an und stellen Sie eine vollständige Reaktionsgleichung auf.

Neben Säure/Base- und Redox-Reaktionen spielt in der Chemie anorganischer Stoffe ein dritter Reaktionstyp eine entscheidende Rolle: die sogenannten *Komplexreaktionen*. Während es bei Säure/Base- und Redox-Reaktionen um die Übertragung von Protonen bzw. Elektronen geht, beruht eine Komplexreaktion auf dem Austausch von Molekülen oder Ionen, die als Liganden an ein Zentralatom gebunden sind. Es handelt sich damit um *Ligandenaustauschreaktionen*. Im Mittelpunkt dieses Kapitels stehen der räumliche Aufbau von Komplexen, ihre Stabilität und ihr Reaktionsverhalten in wässeriger Lösung sowie eine Reihe von analytischen Anwendungen. Konzepte zur Beschreibung der Bindungsverhältnisse und der Farbigkeit von Komplexverbindungen der Übergangsmetalle folgen in Kapitel 23.

Komplexreaktionen

12

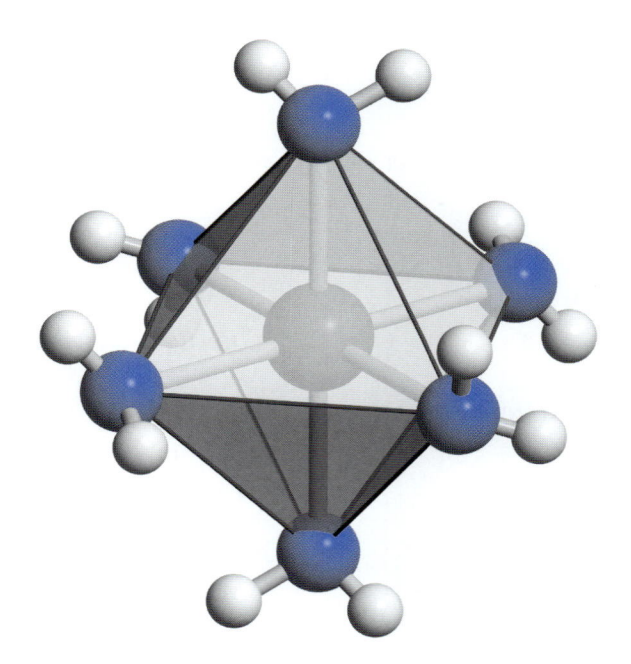

Kapitelübersicht

- 12.1 Grundbegriffe der Komplexchemie
- 12.2 Nomenklatur der Komplexverbindungen
- 12.3 Isomerie bei Komplexverbindungen
- 12.4 Beschreibung von Ligandenaustauschreaktionen durch Stabilitätskonstanten
- 12.5 Chelatkomplexe
  Exkurs: Grundlagen der Photometrie
- 12.6 Komplexone und Komplexometrie
- 12.7 Biologische Aspekte

12. Komplexreaktionen

Verbindungen, die wir heute zu den Komplexverbindungen zählen, wurden um 1900 als „Verbindungen höherer Ordnung" klassifiziert. Diese Bezeichnung deutet an, dass es sich um Stoffe handelt, die sich aus der Kombination von zwei auch selbstständig existenzfähigen Verbindungen ergeben. Ein Beispiel dafür ist das sogenannte *Gelbe Blutlaugensalz*, dessen Zusammensetzung durch die Formel $Fe(CN)_2 \cdot 4\, KCN$ beschrieben wurde. (Heute verwenden wir den Namen Kaliumhexacyanoferrat(II) und schreiben die Formel $K_4[Fe(CN)_6]$.)

Besonderes Interesse fanden einige Verbindungen von Cobalt(III)-chlorid mit Ammoniak: $CoCl_3 \cdot 6\, NH_3$, $CoCl_3 \cdot 5\, NH_3$, $CoCl_3 \cdot 4\, NH_3$ und $CoCl_3 \cdot 3\, NH_3$. Diese Verbindungen haben unterschiedliche Farben und ihre wässerigen Lösungen unterscheiden sich deutlich in ihrer Leitfähigkeit. Eine erste Erklärung lieferte die seit 1870 von Blomstrand und Jørgensen entwickelte „Kettentheorie". Sie ordnete den Verbindungen unterschiedliche Strukturformeln zu (Abbildung 12.1).

Heute erscheinen uns diese Formeln wenig überzeugend, zur damaligen Zeit wurden sie jedoch allgemein akzeptiert. Über eine einfache Zusatzannahme konnten nämlich auch

Christian Wilhelm von Blomstrand, schwedischer Chemiker, 1826–1897; Professor in Malmö und Lund, seit 1861 Mitglied der Schwedischen Akademie der Wissenschaften.

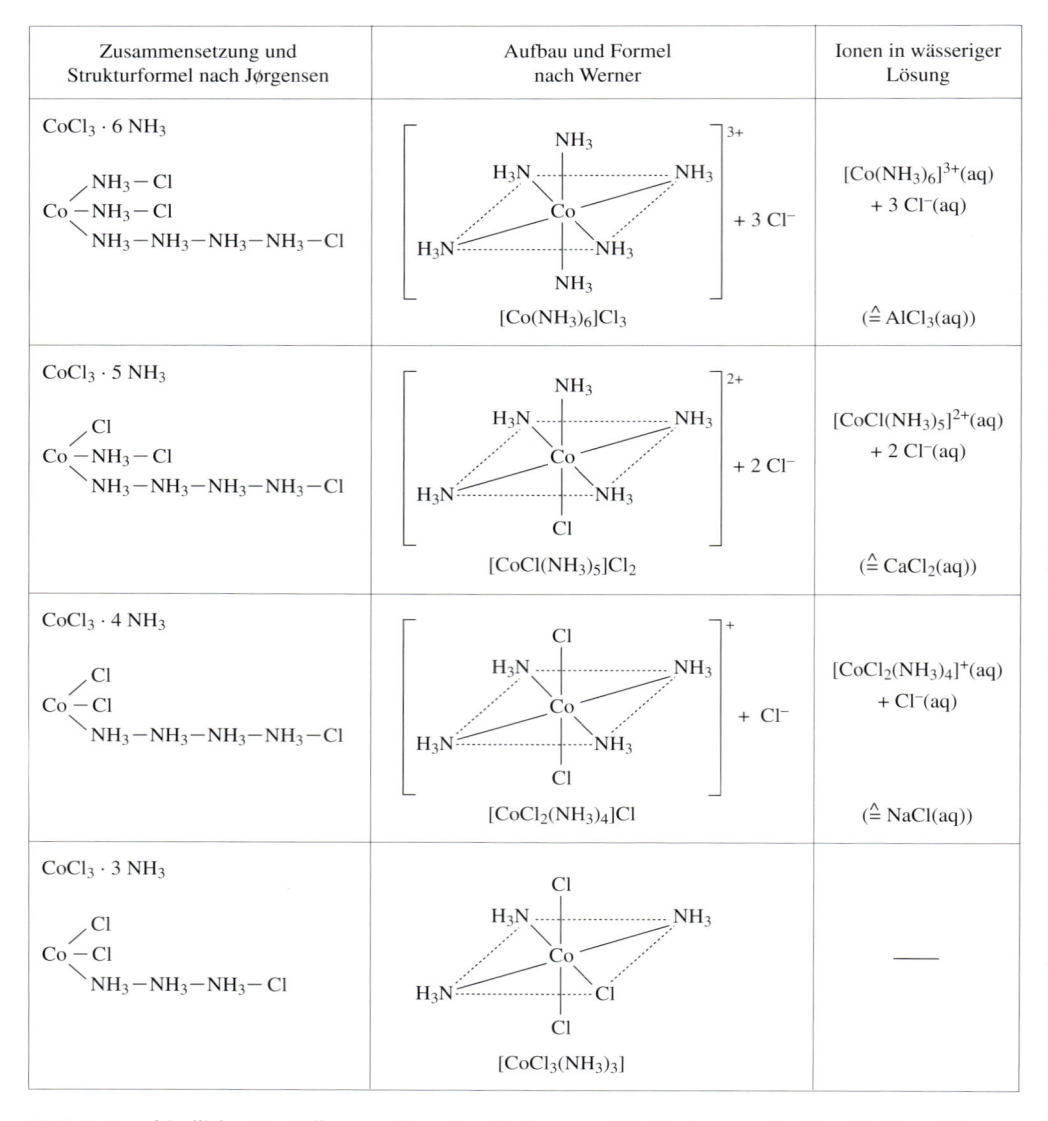

Zusammensetzung und Strukturformel nach Jørgensen	Aufbau und Formel nach Werner	Ionen in wässeriger Lösung
$CoCl_3 \cdot 6\, NH_3$ Co(—NH₃—Cl / —NH₃—Cl / —NH₃—NH₃—NH₃—NH₃—Cl)	$[Co(NH_3)_6]^{3+}$ oktaedrisch, $+ 3\, Cl^-$ $[Co(NH_3)_6]Cl_3$	$[Co(NH_3)_6]^{3+}(aq)$ $+ 3\, Cl^-(aq)$ ($\widehat{=}\, AlCl_3(aq)$)
$CoCl_3 \cdot 5\, NH_3$ Co(—Cl / —NH₃—Cl / —NH₃—NH₃—NH₃—NH₃—Cl)	$[CoCl(NH_3)_5]^{2+}$ oktaedrisch, $+ 2\, Cl^-$ $[CoCl(NH_3)_5]Cl_2$	$[CoCl(NH_3)_5]^{2+}(aq)$ $+ 2\, Cl^-(aq)$ ($\widehat{=}\, CaCl_2(aq)$)
$CoCl_3 \cdot 4\, NH_3$ Co(—Cl / —Cl / —NH₃—NH₃—NH₃—NH₃—Cl)	$[CoCl_2(NH_3)_4]^{+}$ oktaedrisch, $+ Cl^-$ $[CoCl_2(NH_3)_4]Cl$	$[CoCl_2(NH_3)_4]^{+}(aq)$ $+ Cl^-(aq)$ ($\widehat{=}\, NaCl(aq)$)
$CoCl_3 \cdot 3\, NH_3$ Co(—Cl / —Cl / —NH₃—NH₃—NH₃—Cl)	$[CoCl_3(NH_3)_3]$ oktaedrisch	—

12.1 Unterschiedliche Vorstellungen über den Aufbau von Verbindungen des Typs $CoCl_3 \cdot n\, NH_3$.

die Unterschiede in der Leitfähigkeit erklärt werden. Nach Jørgensen sollten an der Dissoziation nur die über NH₃ gebundenen Chlor-Atome teilnehmen. Tatsächlich stimmen bei gleicher Konzentration die Leitfähigkeiten der Lösungen von $CoCl_3 \cdot 6\, NH_3$ und $AlCl_3$, von $CoCl_3 \cdot 5\, NH_3$ und $CaCl_2$ sowie von $CoCl_3 \cdot 4\, NH_3$ und $NaCl$ praktisch überein. Im Widerspruch zu Jørgensens Konzept ist $CoCl_3 \cdot 3\, NH_3$ allerdings ein Nichtelektrolyt.

Die von Alfred Werner 1892 entwickelten neuen Vorstellungen über den *räumlichen* Aufbau von Komplexen waren dagegen frei von solchen Widersprüchen (Abbildung 12.1).

Bemerkenswert ist, dass Werner bis zu dem Zeitpunkt der Formulierung seiner Ideen kein einziges Experiment auf diesem Gebiet durchgeführt hatte. Ein Fachkollege sprach deshalb auch von einer „genialen Frechheit". Durch zahlreiche Versuchsreihen mit sehr einfachen, doch geschickt eingesetzten experimentellen Methoden konnten Werner und seine Mitarbeiter aber in der Folgezeit die aufgestellten Hypothesen untermauern. 1913 wurde Werner durch den Nobelpreis ausgezeichnet; in Zürich richtete man ihm zu Ehren daraufhin einen Fackelzug aus.

Alfred **Werner**, elsässisch-schweizerischer Chemiker, 1866–1919; Professor in Zürich, 1913 Nobelpreis für Chemie (für die Arbeiten über die Bindungsverhältnisse der Atome in Komplexverbindungen).

Werner berichtete, dass er eines Nachts im September 1892 gegen zwei Uhr morgens aufwachte und die Lösung eines Problems vor Augen sah, das ihn seit langer Zeit beschäftigt hatte. Er stand sofort auf und schrieb bis gegen fünf Uhr nachmittags seine Gedanken in einem Aufsatz nieder. Dieser „Beitrag zur Konstitution anorganischer Verbindungen" (mit einem Umfang von 64 Druckseiten!) erschien 1893 in der kurz zuvor gegründeten *Zeitschrift für Anorganische Chemie*. Werner trug damit entscheidend dazu bei, die anorganische Chemie aus dem Schatten der organischen Chemie herauszuführen.

12.1 Grundbegriffe der Komplexchemie

Wenn sich ein Salz in Wasser löst, so beruht dies auf der Wechselwirkung von Kationen und Anionen mit den Dipolmolekülen des Wassers. Da sich ein Kation mit seiner Hydrathülle als ein „Komplex" auffassen lässt, sollen die wichtigsten Grundbegriffe zur Beschreibung von Komplexreaktionen auf der Basis dieser Vorkenntnisse erläutert werden: Verdünnte wässerige Lösungen von Kupfer(II)-Salzen sind durchweg blau, unabhängig vom Anion. Die blaue Farbe beruht offensichtlich auf hydratisierten Kupfer-Ionen. Löst man wasserfreies braunes Kupfer(II)-chlorid in Wasser, so erhält man jedoch zunächst eine grüne Lösung, die erst beim Verdünnen blau wird. Bei Zugabe von konzentrierter Salzsäure oder Kochsalz wird die Lösung wieder grün. Der Einfluss der Chlorid-Konzentration auf die Farbe der Lösungen lässt sich folgendermaßen deuten: Die negativ geladenen Chlorid-Ionen verdrängen nach und nach einen Teil der nur schwach vom Kupfer-Ion gebundenen Wasser-Moleküle aus der Hydrathülle. Je nach Chlorid-Konzentration bildet das Kupfer-Ion unterschiedliche Teilchenaggregate.

Solche Teilchenaggregate bezeichnet man allgemein als **Komplexe**. Sie bestehen aus einem **Zentralatom** (bzw. Zentralion), das von **Liganden** umgeben ist (lat. *ligare*, binden). In den blauen Lösungen von Kupfer(II)-Salzen hat das zentrale Cu^{2+}-Ion insgesamt sechs Wasser-Moleküle als Liganden. In den grünen Lösungen sind auch Chlorid-Ionen als Liganden an das Kupfer-Ion gebunden. Allgemein spricht man auch davon, dass die Liganden an das Zentralion *koordiniert* sind. **Komplexverbindungen** bezeichnet man daher häufig auch als *Koordinationsverbindungen*. Unter der **Koordinationszahl** versteht man die Gesamtzahl der Liganden in einem Komplex (bzw. die Anzahl der direkt an das Zentralatom gebundenen Atome).

Aus Strukturuntersuchungen mit Röntgenstrahlen weiß man heute, dass in vielen Komplexverbindungen die zentralen Metallionen oktaedrisch von sechs Liganden umgeben sind.

Aber auch Komplexteilchen mit vier Liganden in tetraedrischer oder planarer Anordnung kommen häufiger vor. Andere geometrische Anordnungen mit den Koordinationszahlen 2, 3, 5 oder 8 sind sehr viel seltener. Die wichtigsten Fälle sind in Abbildung 12.3 dargestellt.

Oktaedrisch von sechs Wasser-Molekülen umgebene Kationen findet man in zahlreichen Salzhydraten. Abbildung 12.2 zeigt als Beispiel den Aufbau der $[Mg(H_2O)_6]^{2+}$-Einheit in kristallinem Magnesiumbromat-Hexahydrat $(Mg(BrO_3)_2 \cdot 6\, H_2O)$. Berylliumsulfat bildet dagegen ein Tetrahydrat, in dem das sehr kleine Be^{2+}-Ion tetraedrisch von vier Wasser-Molekülen umgeben ist. Die Kristalle sind also aus Tetraaquaberyllium(II)-Ionen ($[Be(H_2O)_4]^{2+}$) und Sulfat-Ionen aufgebaut. Einen Hinweis auf die Struktur des

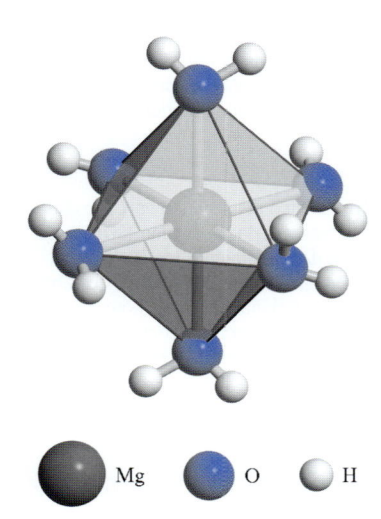

Die Formel für ein Komplexteilchen wird in der Regel durch eckige Klammern eingeschlossen. Bei ungeladenen Komplexen lassen manche Autoren jedoch die eckigen Klammern fort.

12.2 Koordination eines Mg^{2+}-Ions durch sechs Wasser-Moleküle.

Oktaedrische Hexaaqua-Komplexe liegen beispielsweise in den folgenden Hydraten vor: $CaCl_2 \cdot 6\,H_2O$, $AlCl_3 \cdot 6\,H_2O$, $NiSO_4 \cdot 6\,H_2O$, $Ni(NO_3)_2 \cdot 6\,H_2O$, $Co(NO_3)_2 \cdot 6\,H_2O$. Auch in wasserreicheren Hydraten wie $Al(NO_3)_3 \cdot 9\,H_2O$, $Fe(NO_3)_3 \cdot 9\,H_2O$ oder $FeSO_4 \cdot 7\,H_2O$ sind jeweils nur sechs Wasser-Moleküle an der Koordination des Kations beteiligt, während die restlichen über Wasserstoffbrücken mit den Anionen verknüpft sind.

Koordinationszahl	räumliche Anordnung der Liganden	Beispiele
2	linear	$[AgCl_2]^-$, $[CuCl_2]^-$, $[Ag(NH_3)_2]^+$, $[Ag(CN)_2]^-$, $[Ag(S_2O_3)_2]^{3-}$, $[Au(CN)_2]^-$
4	tetraedrisch	$[Be(H_2O)_4]^{2+}$, $[Al(OH)_4]^-$, $[Zn(NH_3)_4]^{2+}$, $[Cd(CN)_4]^{2-}$, $[HgI_4]^{2-}$, $[FeCl_4]^-$, $[CoCl_4]^{2-}$
4	quadratisch-planar	$[Cu(NH_3)_4]^{2+}$, $[Ni(CN)_4]^{2-}$, $[PdCl_4]^{2-}$, $[PtCl_2(NH_3)_2]$
6	oktaedrisch	$[Al(H_2O)_6]^{3+}$, $[Fe(H_2O)_6]^{2+}$, $[Fe(H_2O)_6]^{3+}$, $[Fe(CN)_6]^{4-}$, $[Cr(NH_3)_6]^{3+}$, $[Co(NH_3)_6]^{3+}$, $[CrCl_2(H_2O)_4]^+$, $[AlF_6]^{3-}$, $[PtCl_6]^{2-}$

12.3 Aufbau von Komplexen mit den Koordinationszahlen 2, 4 und 6.

In einer „normalen" kovalenten Einfachbindung zwischen zwei Atomen steuern beide je ein Elektron zur Bindung bei. Im Unterschied dazu stammen in Komplexen beide Elektronen der Bindung zwischen Zentralion und Ligand vom Liganden.
Man spricht deshalb in diesem Fall auch von einer *dativen* Bindung oder einer *koordinativen* Bindung. Die resultierende Bindung unterscheidet sich jedoch in keiner Weise von einer (polaren) Elektronenpaarbindung in anderen Teilchen.

Formal sind die Anionen von Oxosäuren, wie z.B. das Sulfat-Ion (SO_4^{2-}), und auch das Ammonium-Ion (NH_4^+) wie Komplexteilchen aufgebaut. Es ist aber nicht zweckmäßig, sie als Komplexe aufzufassen, denn sie zeigen keine Ligandenaustauschreaktionen.

Kupfersulfat-Pentahydrats gibt die Formel $[Cu(H_2O)_4]SO_4 \cdot H_2O(s)$: Jeweils vier Wasser-Moleküle sind an der Koordination der Kupfer-Ionen beteiligt. Das fünfte Wasser-Molekül ist über eine Wasserstoffbrücke an ein Sauerstoff-Atom des Sulfat-Ions gebunden.

Als Liganden kommen Dipolmoleküle und Anionen in Frage. Gemeinsam ist allen Liganden, dass sie mindestens ein *freies Elektronenpaar* aufweisen. Dieses Elektronenpaar wird zum Bindungselektronenpaar zwischen Zentralion und Ligand. Je nach Art des Zentralions und des Liganden ist diese Bindung mehr oder weniger polar. In Extremfällen kann es sich um eine rein elektrostatische Anziehung zwischen Ionen oder auch um eine nahezu unpolare Elektronenpaarbindung handeln. Man spricht von *Ion/Ion-Komplexen*, wenn Zentralteilchen und Liganden Ionen sind, und von *Ion/Dipol-Komplexen*, wenn es sich bei den Liganden um Dipolmoleküle handelt. Es gibt jedoch auch Komplexe, bei denen an das Zentralion sowohl Ionen als auch Dipolmoleküle gebunden sind.

Ligandenaustauschreaktionen Die Komplexverbindungen von Übergangsmetallen sind häufig charakteristisch gefärbt. Farbänderungen sind ein Hinweis auf den Austausch von Liganden: In einer Gleichgewichtsreaktion bildet sich dabei ein Komplex mit anderer Farbe. Solche Ligandenaustauschreaktionen sind typisch für Komplexverbindungen:

$$[Cu(H_2O)_6]^{2+}(aq) + Cl^-(aq) \rightleftharpoons [CuCl(H_2O)_5]^+(aq) + H_2O(l)$$
$$\text{blau} \qquad\qquad\qquad\qquad\qquad \text{grün}$$

Die Farben mancher Komplexe sind so charakteristisch und so intensiv, dass sie den Nachweis bestimmter Ionen auch bei sehr kleinen Konzentrationen ermöglichen. Kupfer(II)-Ionen lassen sich beispielsweise mit Ammoniak nachweisen. Der Aqua-Komplex des Kupfers wird dabei in einen tiefblauen Komplex überführt, in dem vier Ammoniak-Moleküle an das Kupfer-Ion gebunden sind. Für diesen Komplex schreibt man meist die Formel $[Cu(NH_3)_4]^{2+}$ und spricht von einem Tetraammin-Komplex. Tatsächlich sind aber auch zwei etwas weiter entfernte Wasser-Moleküle an der Koordination beteiligt, sodass sich die folgende Reaktionsgleichung ergäbe:

$$[Cu(H_2O)_6]^{2+}(aq) + 4\,NH_3(aq) \rightarrow [Cu(H_2O)_2(NH_3)_4]^{2+}(aq) + 4\,H_2O(l)$$

Bevorzugt werden allerdings Formeln, die dem Kupfer-Ion nur die vier nächsten Nachbarn als Liganden zuordnen. Diese Praxis wird auch in den folgenden Abschnitten berücksichtigt:

$$[Cu(H_2O)_4]^{2+}(aq) + 4\,NH_3(aq) \rightarrow [Cu(NH_3)_4]^{2+}(aq) + 4\,H_2O(l)$$

Bei etwas höheren Konzentrationen an Cu^{2+}-Ionen entsteht durch die Zugabe von Ammoniak-Lösung zunächst ein hellblauer Hydroxid-Niederschlag:

$$Cu^{2+}(aq) + 2\,NH_3(aq) + 2\,H_2O(l) \rightarrow Cu(OH)_2(s) + 2\,NH_4^+(aq)$$

Erhöht man die Ammoniak-Konzentration weiter, so löst sich der Niederschlag unter Bildung des Tetraammin-Komplexes auf:

$$Cu(OH)_2(s) + 4\,NH_3(aq) \rightleftharpoons [Cu(NH_3)_4]^{2+}(aq) + 2\,OH^-(aq)$$

Die bisher angegebenen Gleichungen beschreiben die Ligandenaustausch-Reaktionen nur sehr vereinfacht. Tatsächlich liegen Komplexe mit nur einer Art von Liganden nur bei ganz bestimmten Konzentrationsverhältnissen vor. In einer Lösung, die pro Mol Kupfer-Ionen ein Mol Ammoniak-Moleküle enthält, bilden sich überwiegend Komplexe, die nur ein Ammoniak-Molekül enthalten: $[Cu(H_2O)_3(NH_3)]^{2+}$. Damit keine Hydroxidfällung auftritt, muss dieser Lösung allerdings Ammoniumnitrat zugesetzt werden. Der pH-Wert bleibt dann unterhalb des für die Fällung erforderlichen Bereichs.

Die übrigen Wasser-Moleküle werden erst bei Zugabe von weiterem Ammoniak ausgetauscht. Man muss sich demnach vorstellen, dass der Ligandenaustausch *schrittweise* erfolgt, ähnlich wie die Neutralisation einer mehrprotonigen Säure. Ein Beweis für die Richtigkeit dieser Vorstellung ergibt sich aus Abbildung 12.4. Sie zeigt die Absorptionsspektren einer Serie von Lösungen, die Cu^{2+}-Ionen und NH_3-Moleküle in unterschiedlichen Stoffmengenverhältnissen enthalten. Mit steigendem NH_3-Gehalt steigen auch die gemessenen Extinktionswerte und gleichzeitig verschiebt sich das Maximum der

Hinweis: Besonderheiten im Aufbau von Kupfer(II)-Komplexen werden in den Abschnitten 23.2 und 24.9 näher erläutert.

Einige Hydroxide (z.B. $Al(OH)_3$, $Pb(OH)_2$, $Zn(OH)_2$, $Cr(OH)_3$) lösen sich in überschüssiger Natronlauge. Ursache ist die Bildung von Hydroxo-Komplexen. Ein typisches Beispiel ist die Bildung einer Hydroxoaluminat-Lösung:
$$Al(OH)_3(s) + OH^-(aq) \rightarrow [Al(OH)_4]^-(aq)$$

Komplexe, bei denen sämtliche Koordinationsstellen durch gleichartige Liganden besetzt sind, bezeichnet man als *homoleptisch*.

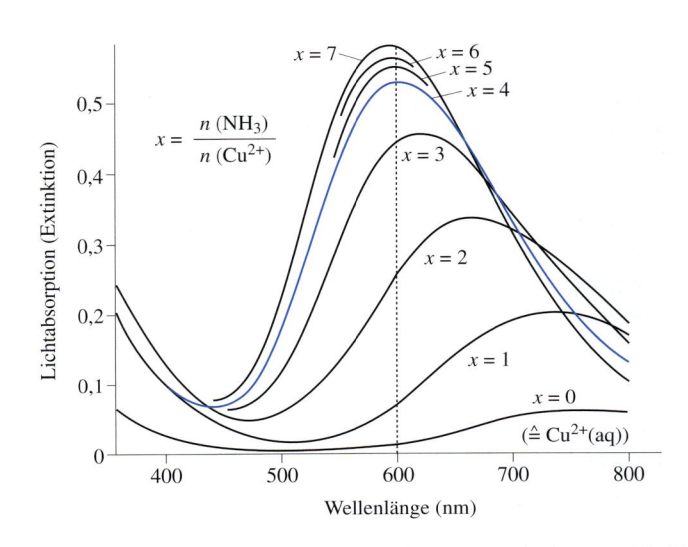

12.4 Absorptionsspektren von Kupfer(II)/Ammoniak-Lösungen bei unterschiedlichen Stoffmengenverhältnissen.

Lichtabsorption zu kürzeren Wellenlängen. Eine Erhöhung des NH_3-Gehalts über das Stoffmengenverhältnis 4:1 hinaus bewirkt nur noch eine geringfügige Erhöhung des Maximalwerts. Durch den NH_3-Überschuss wird lediglich das folgende Gleichgewicht noch etwas weiter nach rechts verschoben:

$$[Cu(H_2O)(NH_3)_3]^{2+}(aq) + NH_3(aq) \rightleftharpoons [Cu(NH_3)_4]^{2+}(aq) + H_2O(l)$$

Gäbe es in diesem System ausschließlich einen Tetraammin-Komplex, so müsste das Maximum der Lichtabsorption in allen Lösungen dieser Serie einheitlich bei 600 nm liegen.

Hinweis: Die Grundlagen photometrischer Messungen werden in einem Exkurs im Abschnitt 12.5 näher erläutert.

12.2 Nomenklatur der Komplexverbindungen

In der zweiten Hälfte des 19. Jahrhunderts kannte man bereits eine ganze Reihe von Komplexverbindungen. Man hatte aber noch keine klaren Vorstellungen über ihren Aufbau. Als Bezeichnungen wurden Trivialnamen verwendet, die sich meist auf charakteristische Eigenschaften der Verbindungen bezogen.

So wurden von den zusammenfassend als „Kobaltiaken" bezeichneten Ammin-Komplexen des Cobalt(III) einige *Purpureosalze* genannt, da es sich um purpurfarbene Verbindungen handelte. Rosarote und grüne Verbindungen dieser Art hießen entsprechend *Roseosalze* bzw. *Praseosalze*.

Purpureochlorid ≙ $[CoCl(NH_3)_5]Cl_2$
Purpureonitrat ≙ $[CoCl(NH_3)_5](NO_3)_2$
Roseonitrat ≙ $[Co(H_2O)(NH_3)_5](NO_3)_3$
Praseochlorid ≙ *trans*-$[CoCl_2(NH_3)_4]Cl$

Hinweis: Wichtige Ergänzungen in Bezug auf sogenannte mehrzähnige Liganden und *Chelatkomplexe* folgen im Abschnitt 12.5.

Bis heute sind weit mehr als 100 000 Komplexverbindungen synthetisiert und näher untersucht worden. Man benötigt daher ein leistungsfähiges System von Regeln, nach denen sich die Verbindungen *eindeutig* benennen lassen. Wichtige Grundregeln gehen bereits auf A. Werner zurück; im Verlaufe des 20. Jahrhunderts wurden sie aber mehrfach ergänzt und verändert. In der „Nomenklatur der Anorganischen Chemie" der IUPAC nehmen die Regeln zur Benennung von Komplexverbindungen (bzw. „Koordinationsverbindungen") und zur Schreibweise ihrer Formeln einen breiten Raum ein. Die wichtigsten Punkte werden im Folgenden kurz erläutert.

- In den *Formeln* von Komplexteilchen steht immer zuerst das Zentralion, es folgen anionische und dann neutrale Liganden:
  $[Fe(CN)_6]^{4-}$, $[CoCl(NH_3)_5]^{2+}$
- In Formeln von Komplexverbindungen wird immer – wie bei Salzen allgemein – das Kation vor dem Anion aufgeführt:
  $K_4[Fe(CN)_6]$, $[CoCl(NH_3)_5]SO_4$
- In den *Namen* von Komplexen werden die *Liganden* grundsätzlich in *alphabetischer* Reihenfolge vor dem Zentralion genannt. (Die Zahlworte haben dabei keinen Einfluss auf die Festlegung der Reihenfolge.) Meist gibt man auch die Oxidationsstufe des Zentralteilchens an:
  $[CoCl(NH_3)_5]^{2+}$ Penta**a**mmin-**c**hloro-cobalt(III)-Ion

Soweit der Name eines Liganden ein Zahlwort enthält, wird dieser Name in runde Klammern gesetzt; die Anzahl wird durch „bis", „tris", „tetrakis" ... angegeben. Im Übrigen dienen „bis", „tris" ... auch sonst zur Klarstellung: bis(sulfato) ≙ $(SO_4^{2-})_2$, disulfato ≙ $S_2O_7^{2-}$.

- Namen anionischer Liganden enden jeweils auf **-o**. Sie werden vom Namen des freien Anions abgeleitet, wobei die Endung **-id** unberücksichtigt bleibt (Tabelle 12.1):
  CO_3^{2-} carbonato, OH^- hydroxo
- Für die neutralen Liganden Wasser, Ammoniak und Kohlenstoffmonoxid werden die besonderen Namen **aqua-**, **ammin-** und **carbonyl-** verwendet:
  $[Ni(CO)_4]$ Tetracarbonyl-nickel(0)
  $[Fe(H_2O)_6]^{2+}$ Hexaaqua-eisen(II)-Ion
- Im Falle kationischer oder neutraler Komplexe wird der Name des Metalls nicht verändert. Bei *anionischen* Komplexen endet der Name des Zentralions jedoch mit der Silbe **-at**:
  $[AlF_6]^{3-}$ Hexafluoro-alumin**at**(III)-Ion
  $[Ni(CN)_4]^{2-}$ Tetracyano-nickel**at**(II)-Ion

Tabelle 12.1 Namen anionischer Liganden

Ligand	Name
F^-	fluoro-
Cl^-	chloro-
OH^-	hydroxo-
CN^-	cyano-
N_3^-	azido-
H^-	hydrido-
O^{2-}	oxo-
O_2^{2-}	peroxo-
S^{2-}	thio-
NO_2^-	nitrito-
NO_3^-	nitrato-
SO_4^{2-}	sulfato-

- Soweit das Elementsymbol nicht dem deutschen Namen entspricht, hängt man die Endung -**at** an den Stamm eines lateinischen Namens:

$[Fe(CN)_6]^{3-}$	Hexacyano-**ferrat**(III)-Ion
$K_2[HgI_4]$	Kalium-tetraiodo-**mercurat**(II)
$Na[Au(CN)_2]$	Natrium-dicyano-**aurat**(I)
$[Cu(CN)_4]^{3-}$	Tetracyano-**cuprat**(I)-Ion
$[Sn(OH)_3]^-$	Trihydroxo-**stannat**(II)-Ion

Im Falle des Antimons (Sb) bleibt es allerdings ausnahmsweise bei der deutschen Bezeichnung:
$[SbCl_4]^-$ Tetrachloro-antimon**at**(III)-Ion

12.3 Isomerie bei Komplexverbindungen

Bereits um 1900 kannte man einige Komplexverbindungen, die trotz unterschiedlicher Eigenschaften die gleiche Zusammensetzung aufweisen. So gibt es neben einem *grünen* auch ein *violettes* Salz mit der Zusammensetzung $CoCl_3 \cdot 4\,NH_3$. In beiden Fällen ist der Komplex einfach positiv geladen; neben den vier NH_3-Molekülen sind demnach zwei Cl^--Ionen koordiniert: $[CoCl_2(NH_3)_4]Cl$. Bei oktaedrischer Anordnung gibt es hier zwei geometrisch verschiedene Möglichkeiten: Im ersten Fall besetzen die beiden Chlorid-Ionen zwei gegenüberliegende Ecken des Oktaeders (*trans*-Form), im anderen Fall zwei benachbarte Ecken (*cis*-Form) (Abbildung 12.5b). Man spricht deshalb von einer **cis-trans-Isomerie**. Man weiß heute, dass in dem grünen Salz die *trans*-Form und in dem violetten die weniger stabile *cis*-Form vorliegt. Bei oktaedrischen Komplexen des Typs $[MA_4X_2]$ (bzw. MA_4XY) wurde die Bildung von *cis*- und *trans*-Isomeren auch in zahlei-

Hinweis: Die bereits 2005 in englischer Sprache erschienene Neubearbeitung der IUPAC-Regeln sieht gerade bei Komplexen merkliche Änderungen vor. Besonders auffällig ist, dass bei anionischen Liganden wie Cl^-, OH^- oder CN^- **-id** nicht mehr entfällt: Cl^-: chlorido (statt *chloro*), OH^-: hydroxido (statt *hydroxo*), CN^-: cyanido (statt *cyano*). Bisher wird diese Regel praktisch nur in Fachzeitschriften beachtet.

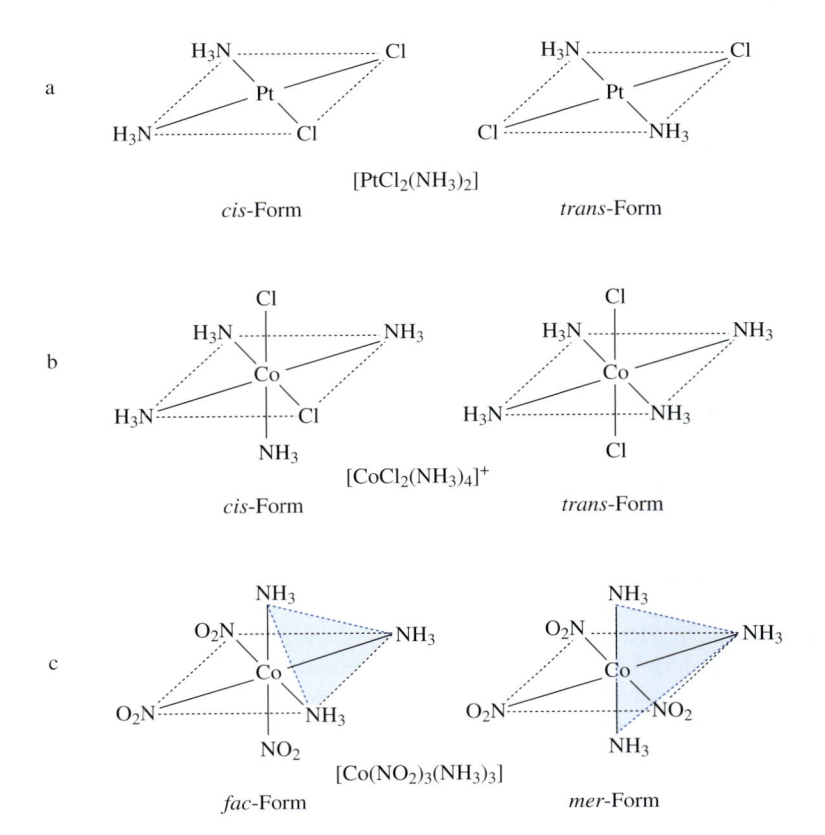

12.5 Geometrische Isomere von planar-quadratischen (a) und oktaedrischen Komplexen (b, c).

Wären die Liganden bei Komplexen des Typs (MA₄XY) in einer Ebene oder trigonal-prismatisch angeordnet, so gäbe es jeweils drei Isomeriemöglichkeiten (Abbildung 12.6). Trotz intensiver Suche fand man aber niemals mehr als zwei Isomere. Diese Tatsache bildete eine starke Stütze für die von A. Werner postulierte oktaedrische Anordnung der Liganden.

12.6 Isomeriemöglichkeiten bei nicht oktaedrischer Anordnung von sechs Liganden.

chen weiteren Fällen beobachtet. Es handelt sich dabei überwiegend um Komplexe mit Zentralionen, bei denen ein Ligandenaustausch nur langsam abläuft. Die wichtigsten Beispiele sind Komplexe mit dem Co^{3+}- und dem Cr^{3+}-Ion.

Im Falle der Koordinationszahl 4 können *cis*- und *trans*-Isomere bei quadratisch-planar gebauten Komplexen des Typs [MA₂X₂] auftreten (nicht aber bei tetraedrischen). Ein bekanntes Beispiel sind die beiden Isomere von Diammindichloro-platin(II) ([PtCl₂(NH₃)₂]) (Abbildung 12.5a).

Geometrische Isomere können auch bei oktaedrischen Komplexen des Typs [MA₃X₃] (bzw. [MA₃XYZ]) auftreten (Abbildung 12.5c): In einem Fall besetzen die Liganden A einander benachbarte Koordinationsplätze, das heißt die Ecken einer Dreiecksfläche des Koordinationsoktaeders. Man spricht dann von dem *facial*-Isomer (Kurzzeichen: *fac*-). Im Falle des *meridional*-Isomers (Kurzzeichen: *mer*-) liegen die Positionen der gleichartigen Liganden in einer Ebene mit dem Zentralatom. Sie liegen damit auf einem Längenkreis (Meridian) einer Kugel, die den Komplex einschließt.

Hinweis: Der Fall der optischen Isomerie (Spiegelbild-Isomerie) wird kurz in Abschnitt 12.5 erläutert.

Strukturisomerie

Neben der geometrischen Isomerie (*cis-trans*- bzw. *fac-mer*-Isomerie) – mit elektronisch sehr ähnlichen Bindungsverhältnissen in den Isomeren – kennt man bei Komplexverbindungen auch Fälle einer *Strukturisomerie*. Die Isomeren unterschieden sich dabei in mindestens einem Liganden (bzw. einem *Ligatoratom*) oder sie weisen andere Bindungsrichtungen auf.

Ligatoratom: das direkt an das Zentralion gebundene Atom eines mehratomigen Liganden.
Von einer Konformationsisomerie wird gesprochen, wenn ein Komplex mit unterschiedlicher Koordinationsgeometrie auftritt. So kennt man einige grüne Salze, deren Anion ein planar-quadratisches [CuCl₄]²⁻-Ion ist. Beim Erwärmen tritt ein Farbwechsel nach gelb auf. Das Tetrachlorocuprat(II)-Ion geht dabei in eine tetraedrische Form über.

Ein typisches Beispiel für die sogenannte **Bindungsisomerie** ist die Bildung eines roten und eines gelben Cobalt(III)-Komplexes mit jeweils fünf Ammoniak-Molekülen und einem Nitrit-Ion(NO_2^-) als Liganden. Im ersten Fall ist das Nitrit-Ion über ein Sauerstoff-Atom gebunden (*Nitrito*-Form: [CoONO(NH₃)₅]²⁺), im zweiten über das Stickstoff-Atom (*Nitro*-Form: [CoNO₂(NH₃)₅]²⁺).

Ganz entsprechend kann auch das Thiocyanat-Ion (SCN⁻) entweder über das N-Atom (*Isothiocyanato*-Form) oder über das S-Atom (*Thiocyanato*-Form) an ein Zentralion gebunden werden.

Der Hydratisomerie eng verwandt ist die **Ionisationsisomerie**. Die Komplexsalze [CoBr(NH₃)₅]SO₄ und [CoSO₄(NH₃)₅]Br sind typische Beispiele für ionisationsisomere Verbindungen. Noch größere Unterschiede im Aufbau der beteiligten Komplexe bestehen bei einer **Koordinationsisomerie**. Beispiele sind: [Cu(NH₃)₄][PtCl₄] und [Pt(NH₃)₄][CuCl₄] sowie [Co(NH₃)₆][Cr(CN)₆] und[Cr(NH₃)₆][Co(CN)₆]

Hydratisomerie Neben dem als Laborreagenz verwendeten grünen Chrom(III)-chlorid-Hexahydrat kann man zwei weitere Produkte mit der Zusammensetzung CrCl₃·6 H₂O herstellen: ein hellgrünes Salz und ein graublaues Salz. Die Lösungen der drei Salze unterscheiden sich nicht nur in der Farbe, sondern auch in ihrer Leitfähigkeit. Eine Erklärung ergibt sich aus dem unterschiedlichen Aufbau der Verbindungen: Neben [Cr(H₂O)₆]Cl₃ (graublau) und [CrCl(H₂O)₅]Cl₂·H₂O (hellgrün) gibt es *trans*-[CrCl₂(H₂O)₄] Cl·2 H₂O (grün). Die grüne Lösung des Laborreagenzes hat dementsprechend die geringste Leitfähigkeit; sie entspricht der einer NaCl-Lösung gleicher Stoffmengenkonzentration.

Traditionell bezeichnet man die drei verschiedenen Verbindungen als Hydrat-Isomere des Chrom(III)-chlorid-Hexahydrats. Man bezieht hier den Begriff der Isomerie also auf die Gesamtzusammensetzung der Verbindung $CrCl_3 \cdot 6\ H_2O$. Die in den verschiedenen Hydratisomeren vorliegenden *Komplexe* sind dagegen keine Isomeren.

12.4 Beschreibung von Ligandenaustauschreaktionen durch Stabilitätskonstanten

Löst man Komplexverbindungen in Wasser, so werden die koordinierten Liganden in ganz unterschiedlichem Ausmaß durch Wasser-Moleküle substituiert. Als *stabil* bezeichnet man Komplexe, bei denen ein solcher Austausch nur in sehr geringem Maße stattfindet. In Lösungen, die weniger stabile Komplexe enthalten, bilden sich stabilere Komplexe, sobald man geeignete andere Liganden anbietet.

In einer mit Salpetersäure angesäuerten Eisen(III)-nitrat-Lösung liegt das Eisen(III)-Ion als farbloser Hexaaqua-Komplex vor. Gibt man Natriumchlorid hinzu, so färbt sich die Lösung gelb. Ursache ist die Bildung eines Chloro-Komplexes:

$$[Fe(H_2O)_6]^{3+}(aq) + Cl^-(aq) \rightleftharpoons [FeCl(H_2O)_5]^{2+}(aq) + H_2O(l)$$
$$\text{farblos} \qquad\qquad\qquad\qquad\qquad \text{gelb}$$

Fügt man dieser gelben Lösung etwas Thiocyanat hinzu, tritt eine tiefrote Färbung auf. Erhöht man anschließend die Chloridkonzentration sehr stark, färbt sich die Lösung wieder gelb. Diese Beobachtungen lassen sich als Ligandenaustauschgleichgewicht deuten:

$$[FeCl(H_2O)_5]^{2+}(aq) + SCN^-(aq) \rightleftharpoons [FeSCN(H_2O)_5]^{2+}(aq) + Cl^-(aq)$$
$$\text{gelb} \qquad\qquad\qquad\qquad\qquad \text{rot}$$

Wenn Chlorid- und Thiocyanat-Ionen in gleicher Konzentration vorliegen, bildet sich überwiegend der Thiocyanato-Komplex. Er ist demnach stabiler als der Chloro-Komplex.

Die für den Thiocyanato-Komplex charakteristische Rotfärbung verschwindet, wenn man eine Fluorid-Lösung hinzufügt. Es bildet sich der noch stabilere Fluoro-Komplex:

$$[FeSCN(H_2O)_5]^{2+}(aq) + F^-(aq) \rightleftharpoons [FeF(H_2O)_5]^{2+}(aq) + SCN^-(aq)$$
$$\text{rot} \qquad\qquad\qquad\qquad\qquad \text{farblos}$$

Stabilitätsunterschiede lassen sich oft schon beim Verdünnen vergleichbarer Lösungen feststellen: Eine durch Chloro-Komplexe grün gefärbte Kupfer(II)-chlorid-Lösung nimmt beim Verdünnen die den Aqua-Komplex kennzeichnende hellblaue Farbe an. Die tiefblaue Färbung durch Tetraamminkupfer(II)-Ionen bleibt dagegen beim Verdünnen enthalten. In solch einer Lösung ist die Konzentration an hydratisierten Kupfer-Ionen jedoch noch so groß, dass Reaktionen auftreten, an denen direkt nur die hydratisierten Ionen teilnehmen.

Durch den Zusatz von Schwefelwasserstoff wird z. B. Kupfer(II)-sulfid ausgefällt. Das Löslichkeitsprodukt $K_L = c(Cu^{2+}(aq)) \cdot c(S^{2-}(aq))$ kann also überschritten werden, obwohl Kupfer(II) überwiegend als Ammin-Komplex vorliegt.

Ein Beispiel für einen extrem stabilen Komplex ist das $[Fe(CN)_6]^{4-}$-Ion. Reaktionen des hydratisierten Eisen(II)-Ions können in einer Hexacyanoferrat(II)-Lösung nicht mehr beobachtet werden; es lässt sich daraus weder Eisen(II)-hydroxid noch Eisen(II)-sulfid fällen. Man sagt deshalb, das Eisen(II)-Ion ist durch Cyanid *maskiert*. In der analytischen Chemie spielt die gezielte Maskierung von Kationen eine große Rolle, wenn es darum geht, unerwünschte Fällungen zu verhindern.

Stabilitätskonstanten

Für die quantitative Beschreibung der Komplexstabilität spielen *Stabilitätskonstanten* die gleiche Rolle wie die Säurekonstanten K_S zur Charakterisierung der Säurestärke. Neben *individuellen Stabilitätskonstanten* verwendet man auch *Bruttostabilitätskonstanten*.

Individuelle Stabilitätskonstanten werden durch das Symbol K_n gekennzeichnet. Es handelt sich dabei um die Gleichgewichtskonstante für den Austausch des n-ten Wasser-Moleküls durch den Liganden L. Lässt man die Ladungszahlen unberücksichtigt, ergibt sich dafür die folgende allgemeine Reaktionsgleichung:

$$[ML_{n-1}(H_2O)_m](aq) + L(aq) \rightleftharpoons [ML_n(H_2O)_{m-1}](aq) + H_2O(l)$$

Bei der Formulierung des Terms für die Stabilitätskonstante K_n geht man allerdings von einer vereinfachten Reaktionsgleichung aus:

$$ML_{n-1}(aq) + L(aq) \rightleftharpoons ML_n(aq); \quad K_n = \frac{c(ML_n)}{c(ML_{n-1}) \cdot c(L)}$$

In Tabellenwerken werden statt der Gleichgewichtskonstanten selbst meist die dekadischen Logarithmen ihrer Zahlenwerte aufgeführt. Tabelle 12.2 enthält einige Beispielwerte für $\lg K_n$. In den meisten Fällen nehmen die Werte mit wachsendem n ab. Die Bildung der entsprechenden Komplexe verläuft also weniger vollständig.

Bruttostabilitätskonstanten – gekennzeichnet durch das Symbol β_n – stellen die Gleichgewichtskonstante für den Austausch von insgesamt n Wasser-Molekülen durch den betreffenden Liganden L dar:

$$[M(H_2O)_m](aq) + n\,L(aq) \rightleftharpoons [ML_n(H_2O)_{m-n}](aq) + n\,H_2O(l)$$

Auch hier bezieht man sich bei der Definition der Stabilitätskonstante auf die vereinfachte Schreibweise der Reaktionsgleichung:

$$M(aq) + n\,L(aq) \rightleftharpoons ML_n(aq); \quad \beta_n = \frac{c(ML_n)}{c(M) \cdot c^n(L)}$$

Tabelle 12.2 Stabilitätskonstanten (dekadische Logarithmen der Zahlenwerte)

Zentralion/Ligand	$\lg K_1$	$\lg K_2$	$\lg K_3$	$\lg K_4$	$\lg K_5$	$\lg K_6$	$\lg \beta_6$
Al^{3+}/F^-	6,1	5,0	3,9	3,0	1,4	0,4	19,8
Cu^{2+}/Cl^-	0,1	–0,1			–	–	–
Cu^{2+}/NH_3	4,0	3,5	2,8	1,5			
Cu^{2+}/SO_4^{2-}	1,0		–	–			
Ag^+/Cl^-	3,4	1,8			–	–	–
Ag^+/NH_3	3,3	3,9	–	–	–	–	–
$Ag^+/S_2O_3^{2-}$	8,8	4,9					
Fe^{2+}/CN^-							35,4
Fe^{3+}/CN^-							43,6
Fe^{3+}/Cl^-	0,6	0,1	–1,4		–	–	–
Fe^{3+}/F^-	5,2	3,9	3,0				
Fe^{3+}/SCN^-	2,2	1,4	1,4	1,3	–0,1	–0,1	
Fe^{3+}/SO_4^{2-}	2,0	0,2	–	–	–	–	–
Co^{2+}/Cl^-	–0,1						
Co^{2+}/SCN^-	1,0	0,3			–	–	–
Co^{2+}/NH_3	2,0	1,5	0,9	0,6	0,1	–0,7	4,4
Co^{3+}/NH_3							35,2
Ni^{2+}/NH_3	2,8	2,3	1,8	1,2	0,8	0,2	9,1
Zn^{2+}/CN^-	5,0	6,1	4,9	3,6	–	–	–
Zn^{2+}/NH_3	2,2	2,3	2,4	2,0	–	–	–
Hg^{2+}/Cl^-	6,7	6,5	0,9	1,0	–	–	–
Hg^{2+}/I^-	12,9	10,9	3,8	2,2	–	–	–

Aufgrund dieser Definition stimmt β_1 mit K_1 überein. Für die weiteren β_n-Werte ergeben sich folgende Beziehungen: $\beta_2 = K_1 \cdot K_2$, $\beta_3 = K_1 \cdot K_2 \cdot K_3$;

allgemein gilt: $\beta_n = K_1 \cdot K_2 \cdot \ldots \cdot K_n$.

Mithilfe der β_n-Werte kann in einfacher Weise die Gleichgewichtskonzentration für den Aqua-Komplex ermittelt werden. Vorraussetzung ist, dass man neben der Gesamtkonzentration des Metall-Ions die Ligandenkonzentration und die Zusammensetzung des überwiegend vorliegenden Komplexes kennt.

Komplexstabilität und Löslichkeit Kennt man die Stabilitätskonstanten, so lässt sich berechnen, ob sich schwerlösliche Salze als Komplexverbindungen in Wasser auflösen lassen. Silberchlorid löst sich sehr schlecht in Wasser, dagegen sehr gut in Ammoniak-Lösung. In reinem Wasser wird das Löslichkeitsprodukt bereits erreicht, wenn die Konzentration der hydratisierten Silber-Ionen und der Chlorid-Ionen jeweils $1{,}4 \cdot 10^{-5}$ mol $\cdot$ l^{-1} beträgt:

$$K_L(AgCl) = 2 \cdot 10^{-10} \text{ mol}^2 \cdot \text{l}^{-2} = c(Ag^+) \cdot c(Cl^-)$$

In einer Ammoniak-Lösung liegen die Silber-Ionen dagegen überwiegend als Ammin-Komplex vor. Bei einer Ammoniak-Konzentration von 1 mol $\cdot$ l^{-1} kommt auf rund zehn Millionen Diamminsilber-Ionen nur ein hydratisiertes Silber-Ion. Durch Zusatz von Thiosulfat-Ionen ($S_2O_3^{2-}$) lässt sich sogar das wesentlich schwerer lösliche Silberbromid auflösen ($K_L(AgBr) = 5 \cdot 10^{-13}$ mol$^2 \cdot$ l^{-2}). Man nutzt diese Reaktion beim *Fixieren* in der Schwarzweiß-Fotografie: Durch Belichten und Entwickeln erhält man ein Bild aus fein verteiltem Silber. An den unbelichteten Stellen liegt aber noch unverändertes Silberbromid vor, sodass bei weiterer Lichteinwirkung das ganze Bild schwarz würde. Durch Fixieren mit Natriumthiosulfat-Lösung wird das Bild haltbar. Das restliche Silberbromid wird dabei unter Komplexbildung herausgelöst:

$$AgBr(s) + 2\,S_2O_3^{2-}(aq) \rightarrow [Ag(S_2O_3)_2]^{3-}(aq) + Br^-(aq)$$

Maskierung Bei Nachweisreaktionen in wässeriger Lösung setzt man oft Komplexbildner ein, um die Bildung störender Niederschläge zu verhindern. Man spricht dann von *Maskierung*, da aufgrund der Komplexbildung eine sonst zu erwartende Reaktion ausbleibt. So bilden Silber-Ionen mit Hydroxid-Ionen schwer lösliches Silberoxid. Enthält die Lösung jedoch genügend Ammoniak, so entstehen Diamminsilber-Ionen und die Lösung bleibt klar. Eine solche Lösung wird als *Tollens-Reagenz* für die Silberspiegel-Probe auf Aldehyde oder andere reduzierende Stoffe verwendet:

$$2\,[Ag(NH_3)_2]^+(aq) + 2\,OH^-(aq) + R\text{-CHO}(aq)$$
$$\rightarrow 2\,Ag(s) + 4\,NH_3(aq) + H_2O(l) + R\text{-COOH}(aq)$$

Ein weiteres Beispiel ist der Nachweis von Cadmium-Ionen in einer ammoniakalischen Lösung, die durch $[Cu(NH_3)_4]^{2+}$-Ionen blau gefärbt ist. Zur Maskierung der Kupfer-Ionen versetzt man die Probe tropfenweise mit Natriumcyanid-Lösung, bis sich die Lösung entfärbt. Dabei bildet sich ein sehr stabiler Cyano-Komplex mit Kupfer(I) als Zentralion:

$$2\,[Cu(NH_3)_4]^{2+}(aq) + 10\,CN^-(aq) \rightarrow 2\,[Cu(CN)_4]^{3-}(aq) + 8\,NH_3(aq) + (CN)_2(aq)$$

Gibt man Schwefelwasserstoff-Lösung zu der Probelösung, so können Cadmium-Ionen als charakteristisch gelbes Cadmiumsulfid gefällt werden. Ohne den Cyanid-Zusatz erhielte man eine durch Kupfersulfid braun gefärbte Fällung, unabhängig davon, ob die Probe Cadmium-Ionen enthält oder nicht.

Ermittlung von Stabilitätskonstanten Für die Ermittlung von Stabilitätskonstanten sind eine Reihe von Methoden entwickelt worden. Meist erfordern sie langwierige Messreihen und Berechnungen. Relativ einfach ist es jedoch, Bruttostabilitätskonstanten für die höchstmögliche Ligandenzahl zu bestimmen. Dazu misst man die Spannung einer

Beispiel: Gibt man zu einer Silbernitrat-Lösung der Konzentration $c = 0{,}02$ mol $\cdot$ l^{-1} das gleiche Volumen einer Ammoniak-Lösung ($c = 2$ mol $\cdot$ l^{-1}), so wird praktisch quantitativ das $[Ag(NH_3)_2]^+$-Ion gebildet. Berücksichtigt man das verdoppelte Volumen der Mischung, so ist dann mit guter Näherung $c([Ag(NH_3)_2]^+) = 10^{-2}$ mol $\cdot$ l^{-1} und $c(NH_3) = 1$ mol $\cdot$ l^{-1}. Nach Umformen des β_2-Terms lässt sich $c(Ag^+(aq))$ durch Einsetzen der Werte berechnen; β_2 hat den Wert $10^{7,2}$ mol$^{-2} \cdot$ l^2.

$$\beta_2 = \frac{c([Ag(NH_3)_2]^+)}{c(Ag^+(aq)) \cdot c^2(NH_3)}$$

$$\Rightarrow c(Ag^+(aq)) = \frac{c([Ag(NH_3)_2]^+)}{\beta_2 \cdot c^2(NH_3)}$$

$c(Ag^+(aq)) = (10^{-2}/10^{7,2} \cdot 1)$ mol $\cdot$ l^{-1}
$= 10^{-9,2}$ mol $\cdot$ l^{-1}
$= 6{,}3 \cdot 10^{-10}$ mol $\cdot$ l^{-1}

Aus dieser Lösung kann bei einer Chlorid-Konzentration von 10^{-1} mol $\cdot$ l^{-1} noch kein Silberchlorid gefällt werden. Das Löslichkeitsprodukt von Silberchlorid $K_L(AgCl) = c(Ag^+) \cdot c(Cl^-)$ $= 2 \cdot 10^{-10}$ mol$^2 \cdot$ l^{-2} wird nicht erreicht.

Da durch den Ligandenaustausch die Konzentration der hydratisierten Metallionen stark abnimmt, sinkt auch das Elektrodenpotential des Redox-Paares M^{n+}/M, sodass sich das Redox-Verhalten ändert.
Beispiele: Während hydratisierte Cu^{2+}-Ionen Iodid-Ionen (unter gleichzeitiger Bildung von CuI) zu Iod oxidieren, zeigen $[Cu(NH_3)_4]^{2+}$-Ionen keine Oxidationswirkung gegenüber Iodid-Ionen. Für die Hexacyanoferrate des Eisens wird das Standard-Elektrodenpotential mit 0,36 V angegeben. Der Wert für die hydratisierten Ionen ist dagegen wesentlich höher: $E^0(Fe^{3+}/Fe^{2+}) = 0{,}77$ V. Dieser Unterschied zeigt an, dass durch die Komplexbildung mit Cyanid-Ionen die Konzentration der hydratisierten Eisen(III)-Ionen noch wesentlich stärker erniedrigt wird als die Konzentration der hydratisierten Eisen(II)-Ionen. Das Hexacyanoferrat(III)-Ion ist demnach (thermodynamisch) stabiler als das Hexacyanoferrat(II)-Ion.

geeigneten galvanischen Zelle. Die eine Halbzelle enthält das Aqua-Ion in bekannter Konzentration, die andere Halbzelle die Lösung des Komplexes mit einem hohen Überschuss des Liganden. In beide Lösungen taucht man je einen Streifen des betreffenden Metalls.

Nach der Nernstschen Gleichung führt ein Unterschied in der Konzentration der Aqua-Ionen von einer Zehnerpotenz zu einer Spannung von 59 mV im Falle eines einfach geladenen Ions bzw. 29,5 mV im Falle eines zweifach geladenen Ions. Durch Division der gemessenen Spannung durch diese Werte erfährt man also, um wie viele Zehnerpotenzen sich die Konzentrationen der Aqua-Ionen in den beiden Halbzellen unterscheiden. Somit kann die Gleichgewichtskonzentration für das Aqua-Ion angegeben werden. Da auch die Konzentrationen des freien Liganden und des Komplexes bekannt sind, lässt sich β_n berechnen.

12.5 Chelatkomplexe

Die bisher betrachteten Liganden werden jeweils nur über ein Atom an das Zentralion koordiniert. Man bezeichnet sie deshalb als *einzähnige* Liganden. Liganden, die mehrere *Ligatoratome* besitzen und so mehrere Koordinationsstellen besetzen können, heißen dementsprechend *mehrzähnig*. Besonders häufig findet man zweizähnige Liganden, man kennt aber auch vier- und sechszähnige.

Überwiegend handelt es sich um organische Verbindungen. Strukturformeln einiger mehrzähniger Liganden sind in Abbildung 12.7 zusammengestellt.

Komplexe mit mehrzähnigen Liganden nennt man *Chelatkomplexe* oder kurz **Chelate**. Sie enthalten jeweils das folgende Strukturelement:

$$\begin{array}{c} A-X \\ | \quad\quad\searrow \\ \quad\quad\quad M \\ | \quad\quad\nearrow \\ B-Y \end{array}$$

Das Metall-Atom wird durch den Liganden – hier über die Ligatoratome X und Y – gleichsam in die Zange genommen. Darauf weist auch der von dem griechischen Wort für *Krebsschere* abgeleitete Name *Chelat* hin.

Chelate und Chelatbildner werden in Labor und Technik vielfach verwendet, darüber hinaus spielen sie eine große Rolle in der Biochemie. Da die Chelatbildner meist dem Bereich der organischen Chemie zuzurechnen sind, verwendet man statt der Formeln häufig besondere Kurzzeichen, um Reaktionsgleichungen besser überschaubar zu machen. Für den zweizähnigen Liganden *Aminoessigsäure* schreibt man beispielsweise *Hgly*, abgeleitet von dem Trivialnamen Glycin.

Bei der Komplexbildung mit Glycin werden Protonen freigesetzt. Das im neutralen Bereich vorliegende Zwitterion *Hgly* geht also in das Anion *gly*⁻ über; dieses Anion ist der eigentliche Ligand:

$$\begin{array}{ll} H_2C-C=O & H_2C-C=O \\ |\quad\quad | \quad\quad Hgly & |\quad\quad | \quad\quad gly^- \\ H_3N^{\oplus}\;|\underline{O}|^{\ominus} & H_2\underline{N}\;\;|\underline{O}|^{\ominus} \end{array}$$

> Als Zwitterionen bezeichnet man Teilchen, die eine kationische und eine anionische Gruppe aufweisen. Die Ladungen werden durch eine Protonenübertragung von einer sauren auf eine basische funktionelle Gruppe gebildet. Typische Beispiele für Zwitterionen sind Aminosäuren.

Gibt man zu einer Lösung, die neben Kupfersulfat überschüssiges Glycin enthält, Bariumhydroxid-Lösung, so sinkt die Leitfähigkeit auf einen sehr kleinen Wert. Das Minimum wird erreicht, wenn auf ein Mol Kupfersulfat gerade ein Mol Bariumhydroxid entfällt. Bei diesem Stoffmengenverhältnis müssen praktisch alle Ionen aus der Lösung verschwunden sein. Neben der Vereinigung von Barium- und Sulfat-Ionen zu schwer löslichem Bariumsulfat laufen die beiden folgenden Reaktionen ab:

$$2\,Hgly + 2\,OH^-(aq) \rightleftharpoons 2\,gly^-(aq) + 2\,H_2O(l)$$

$$2\,gly^-(aq) + [Cu(H_2O)_6]^{2+}(aq) \rightleftharpoons [Cu(gly)_2(H_2O)_2](aq) + 4\,H_2O(l)$$

12.5 Chelatkomplexe

Ethylendiamin (en): H₂N–CH₂–CH₂–NH₂

Propylendiamin (pn)

Dimethylglyoxim (H₂dmg)

8-Hydroxychinolin (Hhych)

Oxalsäure (H₂ox)

Iminodiessigsäure (H₂ida)

Malonsäure (H₂mal)

Nitrilotriessigsäure (NTA, H₃nta)

Acetylaceton (Enolform) (Hacac)

1,10-Phenanthrolin (phen)

2,2'-Bipyridin (bpy)

12.7 Mehrzähnige Liganden. (Kurzzeichen nach IUPAC sind durch Fettdruck hervorgehoben.)

12.8 Spiegelbildisomerie beim Tris(ethylendiamin)-cobalt(III)-Ion ([Co(en)$_3$]$^{3+}$).

Ein anderer zweizähniger Chelatbildner ist Ethan-1,2-diamin (H$_2$N–CH$_2$–CH$_2$–NH$_2$). Diese Verbindung wird meist mit dem traditionellen Namen *Ethylendiamin* (Kurzzeichen: *en*) bezeichnet. Es ist eine farblose, an der Luft rauchende Flüssigkeit, deren chemische Eigenschaften denen des Ammoniaks ähneln. Mit Kupfer(II)-Ionen wird ein planarer Komplex im Stoffmengenverhältnis 1:2 gebildet, während mit Nickel(II)-Ionen – im Stoffmengenverhältnis 1:3 – ein oktaedrischer Komplex entsteht.

Analytische Anwendungen Zum Nachweis von Nickel verwendet man ein Reagenz, das unter dem Namen *Dimethylglyoxim* oder *Diacetyldioxim* bekannt ist. Mit Nickel(II)-Ionen bildet sich ein rotes, schwer lösliches Chelat. Bei der Reaktion gibt

---

Optische Isomere Optische Isomere sind Paare von Verbindungen, bei denen das eine Isomer ein nicht deckungsgleiches Spiegelbild des anderen ist. Eines der Charakteristika optischer Isomere ist, dass sie die Schwingungsebene linear polarisierten Lichts drehen, wobei das eine Isomer das Licht in die eine und das andere es in die entgegengesetzte Richtung dreht. Man findet diese Form der Isomerie vor allem dann, wenn das Zentralion von drei zweizähnigen Liganden umgeben ist. Ein typisches Beispiel ist das Tris(ethylendiamin)-cobalt(III)-Ion [Co(en)$_3$]$^{3+}$. Abbildung 12.8 zeigt die beiden Isomere in vereinfachter Form. Die Ethylendiamin-Moleküle sind dabei schematisch als paarweise miteinander verknüpfte Stickstoff-Atome dargestellt.

12.9 Struktur von Bis(diacetyldioximato)-nickel(II) (Ni(Hdmg)$_2$).

jedes Ligandmolekül (H$_2$dmg) ein Proton ab, sodass ein ungeladener, planarer Komplex entsteht, der durch Wasserstoffbrücken stabilisiert wird (Abbildung 12.9).

Da ungeladene Chelate meist sehr schwer löslich sind, können sie, wie hier beim Nickel, auch für gravimetrische Bestimmungen verwendet werden. Ein weiteres in der analytischen Praxis verwendetes Reagenz ist 8-Hydroxychinolin, das traditionell auch *Oxin* genannt wird. Es dient vor allem zur Bestimmung von Magnesium und Aluminium. Ein wichtiger Vorteil derartiger Fällungsreagenzien besteht darin, dass das Metall-Ion nur einen geringen Anteil an der Gesamtmasse des Niederschlags hat. Deshalb lassen sich auch sehr kleine Konzentrationen mit relativ hoher Genauigkeit bestimmen.

Eine wesentlich größere Rolle für die Anwendung von Chelatbildnern in der quantitativen Analyse spielt jedoch die Bildung von sehr intensiv gefärbten, löslichen Komplexen. Mit einem Spektralphotometer können durch Messung der Lichtabsorption auch kleine Konzentrationen relativ rasch und genau bestimmt werden.

Als Beispiel für Reagenzien, die für die *Photometrie* von Bedeutung sind, seien die *Ferroine* genannt. Es handelt sich dabei um eine Reihe von Molekülen, die über zwei Stickstoff-Atome einen Chelatfünfring ausbilden. Der einfachste Vertreter ist das 2,2'-Bipyridin. Ferroine bilden mit Eisen(II)-Ionen intensiv rote Komplexe. Sie werden deshalb vielfach für die Eisenbestimmung verwendet.

Die im Labor als Indikator bei Redoxtitrationen verwendete rote *Ferroin*-Lösung enthält einen Eisen(II)-Komplex mit 1,10-Phenanthrolin (Kurzzeichen: *phen*) als Ligand: [Fe(phen)$_3$]$^{2+}$. Ein kleiner Überschuss eines starken Oxidationsmittels bewirkt einen Farbumschlag von rot nach blau:

$$[\text{Fe(phen)}_3]^{2+} \rightarrow [\text{Fe(phen)}_3]^{3+} + e^-$$
$$\text{rot} \qquad\qquad\qquad \text{blau}$$

Der Chelateffekt

Chelatkomplexe sind im Allgemeinen stabiler als Komplexe mit der entsprechend größeren Anzahl chemisch ähnlicher einzähniger Liganden. Dieser Stabilitätsgewinn wird als **Chelateffekt** bezeichnet.

In einigen Fällen wird dieser Effekt schon bei einfachen Experimenten erkennbar. Versetzt man eine durch Hexaamminnickel(II)-Ionen blau gefärbte Lösung mit Ethylendiamin (*en*), so erscheint die für den Tris(ethylendiamin)-Komplex charakteristische rotviolette Farbe.

Eine anschauliche Erklärung für den Chelateffekt erhält man durch die folgende Überlegung: Nachdem ein erstes Ligator-Atom eines Chelatbildners koordiniert ist, wird die Anlagerung des zweiten begünstigt, da es sich als Teil des gleichen Moleküls zwangsläufig in der Nähe des betrachteten Zentralteilchens aufhalten muss. Bei einzähnigen Liganden hat dagegen die Koordination eines ersten Liganden keinen begünstigenden Einfluss auf die Anlagerung der völlig unabhängigen weiteren Liganden.

Das [CoCO$_3$(NH$_3$)$_4$]$^+$-Ion ist ein Beispiel für einen relativ stabilen Komplex mit einem Vierring: Das Carbonat-Ion ist chelatartig über zwei Sauerstoff-Atome an das Zentralion gebunden.

Tabelle 12.3 Abhängigkeit des Chelateffekts von der Ringgröße

Zentralion	Liganden	Anzahl der Ringglieder	Gleichgewichts-konstante
Ni^{2+}	2 NH$_3$	–	lg β_2 = 5,1
	H$_2$N-CH$_2$-CH$_2$-NH$_3$ (en)	5	lg K_1 = 7,6
	H$_2$N-(CH$_2$)$_3$-NH$_2$ (pn)	6	lg K_1 = 6,5
Zn^{2+}	2 CH$_3$COO$^-$ (Acetat)	–	lg β_2 = 1,9
	$^-$OOC-COO$^-$ (Oxalat)	5	lg K_1 = 6,4
	$^-$OOC-CH$_2$-COO$^-$ (Malonat)	6	lg K_1 = 4,4

Grundlagen der Photometrie

EXKURS

Farbige Lösungen absorbieren einen Teil des eingestrahlten weißen Lichts. Mithilfe eines Spektralphotometers lässt sich rasch ein Überblick gewinnen, wie die Lichtabsorption einer Probelösung von der Wellenlänge abhängt. Abbildung 12.10 zeigt ein typisches Absorptionsspektrum, wie es auf einem Monitor bzw. Display des Gerätes erscheint oder über einen angeschlossenen Drucker ausgedruckt wird. Untersucht wurde eine 10^{-4}-molare Lösung des roten Eisen(II)/Phenanthrolin-Komplexes ($[Fe(phen)_3]^{2+}$) in einer 1-cm-Küvette. Der kurzwellige Anteil des sichtbaren Lichts wird in diesem Fall weitgehend absorbiert; das Maximum der Lichtabsorption bei 530 nm entspricht der Absorption von grünem Licht. Die beobachtete rote Farbe ergibt sich aus dem nicht absorbierten längerwelligen Anteil des Lichts. Das Funktionsprinzip eines *Spektralphotometers* ist in Abbildung 12.11 dargestellt.

Die Aufnahme eines Spektrums erfordert zwei Schritte: Zunächst wird eine Küvette mit einer farblosen Vergleichslösung (meist Wasser) in den Strahlengang gestellt und von Licht in dem zu untersuchenden Wellenlängenbereich durchstrahlt. Die Intensität dieses *monochromatischen* Lichts wird in Abhängigkeit von der Wellenlänge gemessen und vom Gerät gespeichert. Anschließend wird die gleiche Messung mit der Probelösung durchgeführt. Dabei erfolgt automatisch ein Vergleich mit der Lichtintensität, die für die gleiche Wellenlänge bei der Vergleichslösung gemessen wurde. Dieser kontinuierlich ablaufende Prozess liefert die Information über die Lichtabsorption der Probelösung. Die physikalisch einfachste Messgröße dafür ist die sogenannte Durchlässigkeit oder Transmission T. Sie gibt an, welcher Anteil der eingestrahlten Lichtintensität I_0 ($\cong 100\,\%$) – bei einer bestimmten Wellenlänge – von der Probe durchgelassen wird.

In der Praxis bevorzugt man allerdings die Messung der sogenannten Extinktion E. Diese Größe hat den Vorzug, dass sie linear mit der Länge des Lichtwegs ansteigt. Abbildung 12.12 zeigt diesem Zusammenhang für ein Beispiel ($T = 40\,\%$). Definiert wird die Extinktion durch folgende Beziehung:

$$E = \lg \frac{I_0}{I}$$

Die Werte $E = 1$ bzw. $E = 2$ bedeuten demnach, dass die Probelösung 10 % bzw. 1 % des eingestrahlten Lichts durchlässt. Stimmt die Lichtintensität bei Vergleichs- und Probelösung überein, ergibt sich die Anzeige $E = 0$. Für eine bestimmte Wellenlänge λ ist die gemessene Extinktion E_λ nicht nur proportional zur Länge (l) des Lichtwegs, sondern auch zur Konzentration des farbigen Stoffes: $E \sim c \cdot l$. Mit dem molaren Extinktionskoeffizienten ε_λ als Proportionalitätsfaktor ergibt sich damit das **Lambert-Beersche Gesetz**:

$$E = \varepsilon_\lambda \cdot c \cdot l$$

Die photometrische Bestimmung von Konzentrationen erfolgt in der Regel bei der Wellenlänge des Absorptionsmaximums. Grundlage für die Auswertung ist eine zuvor erstellte *Kalibrierkurve* – im Idealfall eine Ursprungsgrade. Sie basiert auf Extinktions-

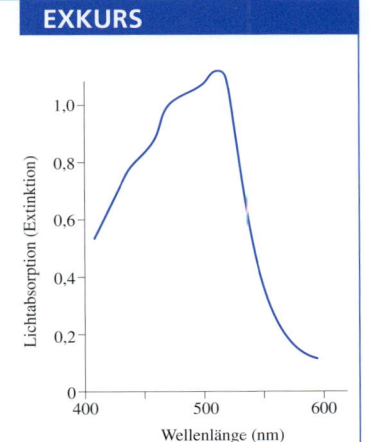

12.10 Absorptionsspektrum von $[Fe(phen)_3]^{2+}$(aq). (Eisengehalt: $5{,}6\ mg \cdot l^{-1}$.)

Hinweis: Der Zusammenhang zwischen Farbe und *Komplementärfarbe* sowie zwischen Wellenlänge und Energie des Lichts wird ausführlicher in Abschnitt 23.3 erläutert.

Die in Deutschland als „Extinktion" bezeichnete Größe wird im englischen Sprachraum *absorbance* (Kurzzeichen: A) genannt.

Johann Heinrich **Lambert**, elsässischer Mathematiker, Physiker, Astronom und Philosoph, 1728–1777; Universalgelehrter, ab 1765 Mitglied der Akademie der Wissenschaften in Berlin.

August **Beer**, deutscher Physiker, 1825–1863; Professor in Bonn.

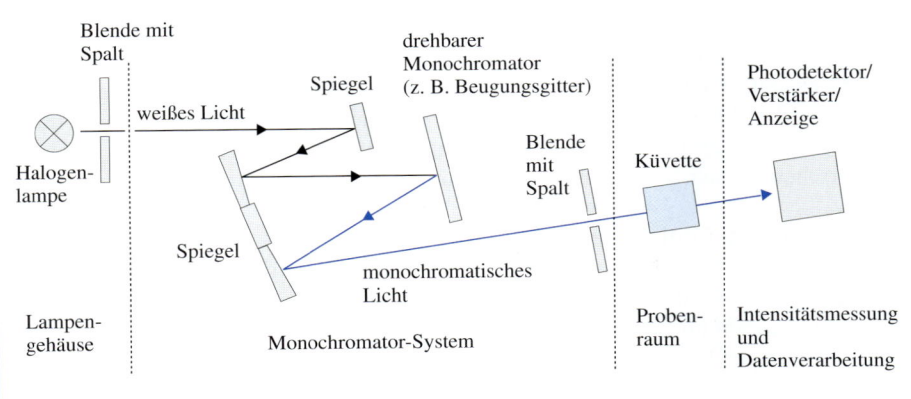

Zahlenwerte für ε_λ werden allgemein mit der Einheit $l \cdot mol^{-1} \cdot cm^{-1}$ angegeben. Der Zahlenwert entspricht damit dem für eine Lösung mit der Konzentration $1\ mol \cdot l^{-1}$ in einer 1-cm-Küvette *theoretisch* zu erwartenden Extinktionswert. In der Praxis können (bei intensiv gefärbten Lösungen) natürlich nur stark verdünnte Lösungen untersucht werden. (Für genauere Untersuchungen sollte E nicht größer sein als 2.)

12.11 Aufbau eines einfachen Spektralphotometers für den sichtbaren Bereich.

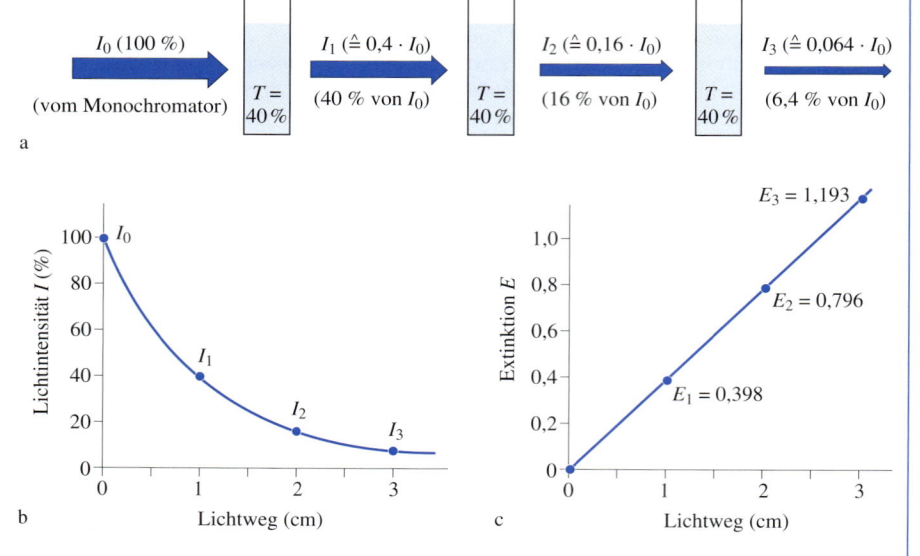

12.12 Abnahme der Lichtintensität durch Absorption in drei hintereinander gestellten 1-cm-Küvetten (a), Abnahme der Lichtintensität in Abhängigkeit vom Lichtweg durch die Lösung (b) und linearer Anstieg der Extinktion (c). Für die Lösung wurde angenommen, dass bei einer Schichtdicke von 1 cm ein Anteil von 60 % des eingestrahlten Lichts absorbiert wird, sodass die Transmission T einen Wert von 40 % hat.

messungen mit Lösungen, die das zu bestimmende Ion in genau bekannten Konzentrationen enthalten.

Messungen im UV-Bereich Die meisten handelsüblichen Spektralphotometer ermöglichen Messungen bei Wellenlängen zwischen 320 nm und 900 nm. Der Messbereich geht also deutlich über den Bereich des sichtbaren Lichts (400 nm–700 nm) hinaus. Mit **UV/VIS-Spektrometern** können photometrische Messungen auch im kürzerwelligen UV-Bereich (200 nm–320 nm) durchgeführt werden. Diese Geräte enthalten als Lichtquelle für den UV-Bereich meist eine Deuterium-Gasentladungslampe. Bei Messungen unterhalb von 320 nm sind Küvetten aus Quarzglas erforderlich, denn in diesem Wellenlängenbereich wird Strahlung von Glas oder Kunststoffen weitgehend absorbiert.

Das Ausmaß der Stabilitätszunahme ist von der Größe des gebildeten Chelatrings abhängig. So sind kleine Ringe mit nur vier Ringgliedern in der Regel energetisch ungünstig, da eine „Ringspannung" auftritt. Chelatfünfringe sind am günstigsten. Mit steigender Anzahl der Ringglieder nimmt die Stabilität wieder ab (Tabelle 12.3). Das lässt sich einfach erklären: Es ist anzunehmen, dass zunächst nur eines der Ligatoratome eines Chelatbildners koordiniert wird. Je weiter nun das zweite Ligatoratom entfernt ist, das heißt je größer die Anzahl der Ringglieder werden muss, umso geringer ist die Wahrscheinlichkeit, dass es an dasselbe Zentralion gebunden wird.

Deutung des Chelateffekts als Entropieeffekt Bei der Komplexbildung mit chemisch ähnlichen Liganden wie Ammoniak und *en* sind die Enthalpieänderungen ΔH nahezu gleich. Wie die folgende Reaktionsgleichung zeigt, wird jedoch bei der Chelatbildung die Anzahl unabhängiger Teilchen vergrößert, während sie im Falle der Reaktion mit einzähnigen Liganden unverändert bleibt:

$$[Ni(H_2O)_6]^{2+}(aq) + 3\,en(aq) \rightleftharpoons [Ni(en)_3]^{2+}(aq) + 6\,H_2O(l)$$

12.6 Komplexone und Komplexometrie

Tabelle 12.4 Chelateffekt bei Nickel- und Kupfer-Komplexen

Zentralion	Liganden	Gleichgewichts-konstante	Liganden	Gleichgewichts-konstante
Ni^{2+}	2 NH_3	lg β_2 = 5,1	1 en	lg K_1 = 7,6
	4 NH_3	lg β_4 = 8,1	2 en	lg β_2 = 14,0
	6 NH_3	lg β_6 = 9,1	3 en	lg β_3 = 18,4
Cu^{2+}	2 NH_3	lg β_2 = 7,8	1 en	lg K_1 = 10,8
	4 NH_3	lg β_4 = 13,0	2 en	lg β_2 = 20,2

Die Vergrößerung der Teilchenzahl bewirkt eine Zunahme der Entropie. Der für die Lage des Gleichgewichts maßgebliche Wert für die freie Enthalpie ΔG_R^0 wird entsprechend der Gibbs-Helmholtz-Gleichung $\Delta G = \Delta H - T\Delta S$ stärker negativ. Das Gleichgewicht der Chelatbildung liegt dementsprechend weiter auf der Seite der Produkte; die Gleichgewichtskonstante hat einen größeren Wert (Tabelle 12.4).

Für den Zusammenhang zwischen der Gleichgewichtskonstante K und den energetischen Größen gilt:

$$\ln K = \frac{-\Delta G_R^0}{R \cdot T}$$

bzw. $\ln K = \frac{-\Delta H_R^0}{R \cdot T} + \frac{\Delta S_R^0}{R}$

12.6 Komplexone und Komplexometrie

Komplexone ist ein Sammelname für eine Gruppe von mehrzähnigen, chemisch ähnlichen Chelatbildnern, die in großem Umfang praktisch angewendet werden. Als *Komplexometrie* bezeichnet man die Anwendung von Komplexonen bei der Titration von Metallionen.

Komplexone lassen sich formal als Derivate von Aminen auffassen, bei denen die Wasserstoff-Atome am Stickstoff durch Carbonsäuregruppen (–R–COOH) substituiert sind. Der bei weitem wichtigste Vertreter der Komplexone ist die sogenannte Ethylendiamin-tetraessigsäure (Abbildung 12.13). Sie wird oft durch die vom englischen Namen abgeleitete Abkürzung EDTA oder mit Y gekennzeichnet. Durch die Kurzformel H_4Y weist man darauf hin, dass es sich um eine vierprotonige Säure handelt. Nach IUPAC sollte dementsprechend H_4edta als Kurzzeichen für das Säuremolekül verwendet werden.

$$^{\ominus}OOC-CH_2 \qquad CH_2-COOH$$
$$\phantom{^{\ominus}OOC-CH_2\quad} \overset{\oplus}{N}-CH_2-CH_2-\overset{\oplus}{N}$$
$$HOOC-CH_2 \quad H \qquad H \quad CH_2-COO^{\ominus}$$

12.13 Aufbau von Ethylendiamin-tetraessigsäure (H_4edta).

EDTA bildet mit zahlreichen Metallkationen wasserlösliche Komplexe im Stoffmengenverhältnis 1:1. Dabei wirkt das Anion meist als sechszähniger Ligand (Abbildung 12.14). Bei der Komplexbildung werden von dem Anion H_2Y^{2-} immer beide Protonen abgegeben, sodass das Y^{4-}-Ion den eigentlichen Liganden darstellt. Die Ladung des Komplexes hängt damit von der Ladung des Zentralions ab:

$$M^{2+}(aq) + H_2Y^{2-}(aq) \rightleftharpoons MY^{2-}(aq) + 2\,H^+(aq)$$
$$M^{3+}(aq) + H_2Y^{2-}(aq) \rightleftharpoons MY^-(aq) + 2\,H^+(aq)$$

Aufgrund dieser Reaktion ist es in einigen Fällen möglich, die Konzentration von Metallionen zu bestimmen, indem man die freigesetzten Protonen unter Verwendung von Säure/Base-Indikatoren mit Natronlauge bekannter Konzentration neutralisiert. Diese Methode hat aber für die analytische Praxis heute nur noch geringe Bedeutung, da für die meisten Kationen inzwischen spezielle *Metallindikatoren* verfügbar sind.

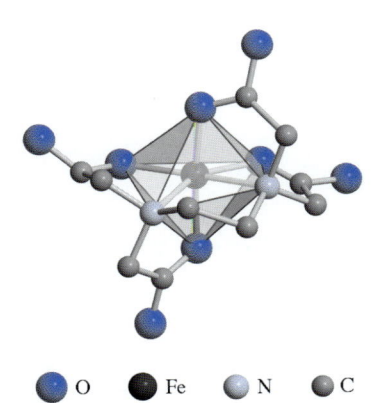

● O ● Fe ● N ● C

12.14 Aufbau des Eisen(III)/ EDTA-Komplexes in Li[FeY] · 3 H_2O. Die sechs Ligatoratome des Y^{4-}-Ions bilden ein verzerrtes Oktaeder.

Die freie Säure (H_4Y) ist nur schlecht in Wasser löslich; man verwendet deshalb meist das Dinatriumsalz (Na_2H_2Y), dessen Lösung nur schwach sauer reagiert. Titriplex III® ist ein bekannter Handelsname für dieses Salz.

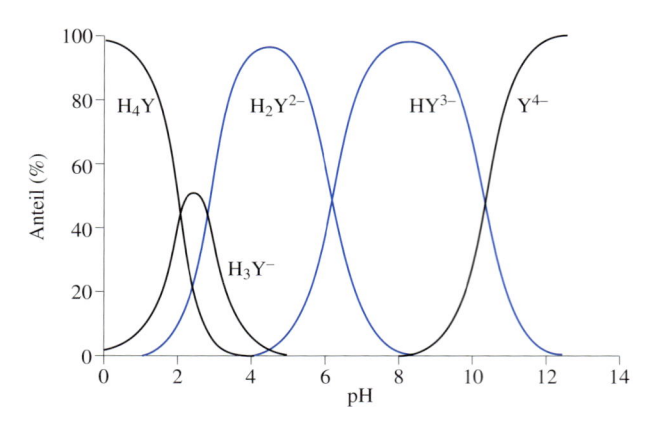

12.15 Anteil der unterschiedlich protonierten Spezies von H_4edta (H_4Y) in Abhängigkeit vom pH-Wert.

In der Medizin dient EDTA als Therapeutikum gegen Bleivergiftungen. Es ermöglicht eine rasche Ausscheidung von Blei(II) als Blei-EDTA-Komplex über den Urin. Man injiziert dazu eine Lösung des Calcium-Komplexes (Na_2CaY). Da Blei(II)-Ionen einen stabileren Komplex mit EDTA bilden, werden die Calcium-Ionen verdrängt. Auf diese Weise bleibt die Konzentration der Calcium-Ionen im Blutserum unverändert. Die Gefahr einer Tetanie (Muskelkrampf) – bei zu geringer Ca^{2+}-Konzentration – wird damit vermieden.

Komplexone werden als vielseitige Komplexbildner nicht nur in der analytischen Chemie, sondern auch in der Technik und in der Medizin verwendet. Bei der Herstellung von Arzneimitteln oder Kosmetika werden durch den Zusatz von EDTA als Stabilisator Verunreinigungen durch Spuren von Metallionen unschädlich gemacht. Die Haltbarkeit der Produkte wird erhöht, indem die katalytische Wirkung hydratisierter Metallionen auf unerwünschte Redox- und Zerfallsreaktionen unterbunden wird. Bis 1990 enthielten auch Waschmittel EDTA als Bleichmittelstabilisator.

pH-Abhängigkeit der Reaktion mit EDTA In stärker sauren Lösungen ist die Konzentration des eigentlichen Liganden Y^{4-} sehr klein, sodass sich nur extrem stabile Komplexe *quantitativ* bilden können. Beispiele sind die Komplexe von Bismut(III)- und Eisen(III)-Ionen. Mit dem pH-Wert steigt auch die Konzentration des Y^{4-}-Ions (Abbildung 12.15).

Es werden dann auch Metallionen vollständig gebunden, deren EDTA-Komplexe weniger stabil sind. Der relativ instabile Calcium-Komplex wird quantitativ erst bei pH 11 gebildet. Bei hohen pH-Werten kommt es jedoch vielfach zu Hydroxid-Fällungen. So wird bei pH = 12 die Komplexbildung mit Mg^{2+}-Ionen praktisch unmöglich, da Magnesiumhydroxid ausfällt. Das Ausmaß der Komplexbildung hängt also nicht nur von der thermodynamischen Stabilitätskonstante für den Komplex MY ab (Tabelle 12.5), sondern auch von zwei Störfaktoren: der Protonierung des Liganden und der Fällung des Metallions (als Hydroxid).

Da der pH-Wert einen großen Einfluss auf die Bildung von EDTA-Komplexen hat, kann man in manchen Fällen nach der Bestimmung einer Ionensorte in saurer Lösung den pH-Wert erhöhen und eine weitere Metallionensorte in der gleichen Lösung titrieren.

Die sich in Abhängigkeit von den Reaktionsbedingungen ergebende Gleichgewichtslage lässt sich quantitativ mithilfe der sogenannten *konditionellen Stabilitätskonstanten* $K'(MY)$ beschreiben. Abbildung 12.16 zeigt für eine Reihe von Kationen, wie sich der dekadische Logarithmus dieser Konstanten mit dem pH-Wert ändert.

Um den jeweils am besten geeigneten pH-Bereich einzuhalten, setzt man bei der komplexometrischen Titration entsprechende Pufferlösungen hinzu: Die durch die Komplexbildung freigesetzten Hydronium-Ionen werden gebunden, sodass sich der pH-Wert kaum ändert.

Metallindikatoren Komplexometrische Bestimmungen in gepufferten Lösungen können nur unter Verwendung von Metallindikatoren durchgeführt werden. Es handelt sich dabei um Chelat-Bildner, die zwei Bedingungen erfüllen:
- Der Indikator „In" weist eine andere Farbe auf als der Metall/Indikator-Komplex „MIn".
- Der Metall/Indikator-Komplex MIn ist weniger stabil als der EDTA-Komplex MY.

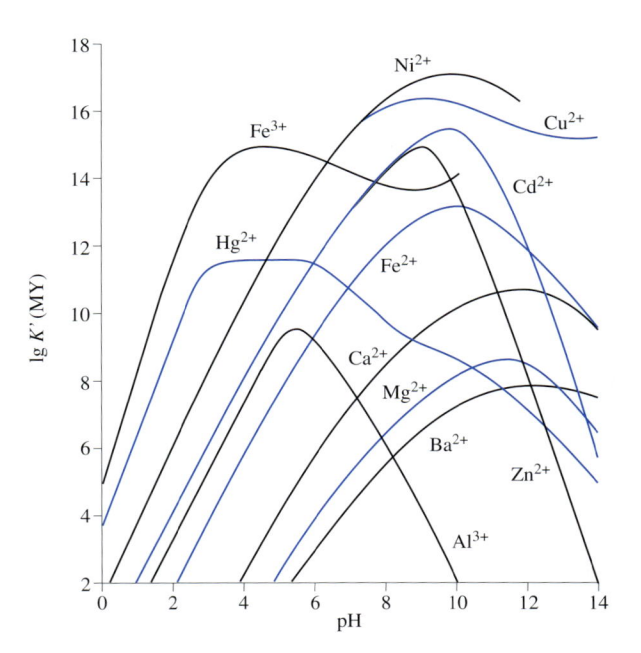

12.16 Konditionelle Stabilitätskonstanten (K'(MY)) von EDTA-Komplexen.

Tabelle 12.5 EDTA–Komplexe MY: dekadischer Logarithmus der Stabilitätskonstante

Kation	lg K(MY)
Mg^{2+}	8,8
Ca^{2+}	10,6
Ba^{2+}	7,8
Al^{3+}	16,5
Pb^{2+}	17,9
Bi^{3+}	27,8
Cr^{3+}	23,4
Mn^{2+}	13,8
Fe^{2+}	14,3
Fe^{3+}	25,0
Co^{2+}	16,3
Co^{3+}	41,4
Ni^{2+}	18,5
Cu^{2+}	18,7
Ag^+	7,3
Zn^{2+}	16,4
Cd^{2+}	16,4
Hg^{2+}	21,5

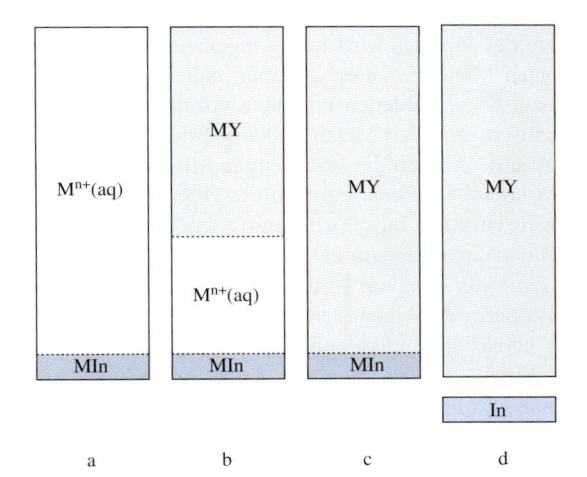

12.17 Prinzip der komplexometrischen Titration unter Verwendung von Metallindikatoren. Das große Rechteck stellt jeweils die Gesamtmenge der zu bestimmenden Metallionen dar: nach Zugabe des Indikators (a), im Verlauf der Titration (b), kurz vor Erreichen des Endpunktes (c), nach dem Farbumschlag (d).

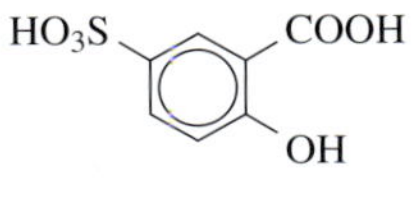

Der am Endpunkt der Titration auftretende Farbumschlag wird durch die Verdrängung des Indikators aus dem Metall/Indikator-Komplex verursacht. Der Stoffumsatz im Verlauf einer komplexometrischen Titration ist schematisch in Abbildung 12.17 dargestellt.

Ein einfaches Beispiel für einen Metallindikator ist die bei der Bestimmung von Fe^{3+}-Ionen eingesetzte Sulfosalicylsäure (Abbildung 12.18). Der Eisen(III)-Komplex der Säure zeigt eine intensiv rote Farbe, während die freie Säure farblos ist. Den Titrationsendpunkt erkennt man hier also an der Entfärbung der vorher roten Lösung.

Metallindikatoren sind in der Regel gleichzeitig auch pH-Indikatoren, sodass die beobachtete Farbe vom pH-Wert abhängt. So bildet das häufig verwendete Eriochrom-

5-Sulfosalicylsäure

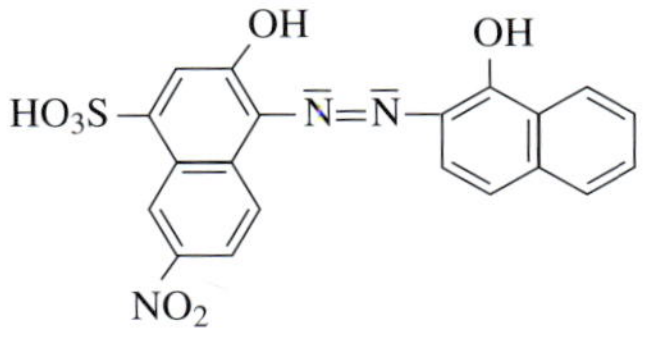

Eriochromschwarz T
("Erio T")

12.18 Metallindikatoren.

schwarz T (Abbildung 12.18) unterhalb von pH = 6 eine weinrote Lösung, die das einfach negativ geladene Anion H_2In^- enthält. Eine rein blaue Lösung liegt im Bereich zwischen pH = 7,5 und pH = 10,5 vor. Der Farbwechsel beruht auf der Verschiebung des folgenden Protolysegleichgewichts:

$$\underset{\text{weinrot}}{H_2In^-(aq)} \rightleftharpoons \underset{\text{blau}}{HIn^{2-}(aq)} + H^+(aq); \quad pK_S = 6{,}3$$

Das Anion HIn^{2-} reagiert mit Metallionen wie Mg^{2+} unter Bildung eines roten Chelat-Komplexes:

$$\underset{\text{blau}}{HIn^{2-}(aq)} + \underset{\text{rot}}{Mg^{2+}(aq)} \rightarrow MgIn^-(aq) + H^+(aq)$$

Titriert man Mg^{2+}-Ionen in Anwesenheit dieses Indikators mit einer EDTA-Maßlösung, so erkennt man den Endpunkt am Farbumschlag von rot nach blau.

Bestimmung der Wasserhärte

In Trink- und Brauchwasser sind je nach Herkunft in unterschiedlichem Ausmaß Salze gelöst, hauptsächlich Salze von Alkali- und Erdalkalimetallen. Hydrogencarbonat-Ionen (HCO_3^-) stellen den größten Anteil der Anionen, während Magnesium- und Calcium-Ionen als die häufigsten Kationen Ursache der *Wasserhärte* sind. Charakteristisch für hartes Wasser sind die Verminderung der Wirkung von Seife durch die Bildung von schwer löslichen Kalkseifen und die Ausfällung von Calciumcarbonat als sogenanntem Kesselstein beim Erhitzen.

Die *Gesamthärte* des Wassers wird heute allgemein durch komplexometrische Titration bestimmt. Den Metallindikator gibt man dabei meist in Form von Indikator-Puffertabletten hinzu. Diese Tabletten enthalten Ammoniumchlorid als eine Komponente des Puffergemischs und den Metallindikator Eriochromschwarz T. Außerdem ist Methylrot zugesetzt, sodass durch die auftretenden Mischfarben der Umschlag (von rot nach grün) sicherer erkannt werden kann. Außer einer Indikator-Puffertablette ist der Wasserprobe vor der Titration nur noch Ammoniak hinzuzufügen. Man titriert mit einer Lösung des Dinatriumsalzes von EDTA (Na_2H_2Y). Die Konzentration ist dabei oft so eingestellt, dass ein Verbrauch von 1 ml auf 100 ml Wasser 1°d entspricht.

In Mg-freien Wasserproben lässt sich mit den bisher genannten Reagenzien kein scharfer Umschlag erreichen. Indikator-Puffer-Tabletten enthalten deshalb zusätzlich etwas Mg-EDTA („MgY"). Die durch diesen Zusatz bewirkten Umsetzungen und die Stabilitätsverhältnisse sind in Abbildung 12.19 schematisch dargestellt.

> Unter der **Gesamthärte** versteht man die Summe der Konzentrationen der Erdalkalimetall-Ionen. In Deutschland wird sie häufig noch in Graden deutscher Härte (°d) angegeben. 1°d entspricht einem Gehalt von 10 mg Calciumoxid (CaO) in 1 l Wasser. Trinkwasser mit 7°d bis 14°d bezeichnet man als *mittelhart*. In offiziellen Wasseranalysen wird die Gesamthärte in mol·m^{-3} bzw. mmol·l^{-1} angegeben.

> In Fertigreagenzien zur Bestimmung der Gesamthärte ist die Konzentration von EDTA so eingestellt, dass ein Tropfen auf 5 ml Wasser 1°d entspricht.

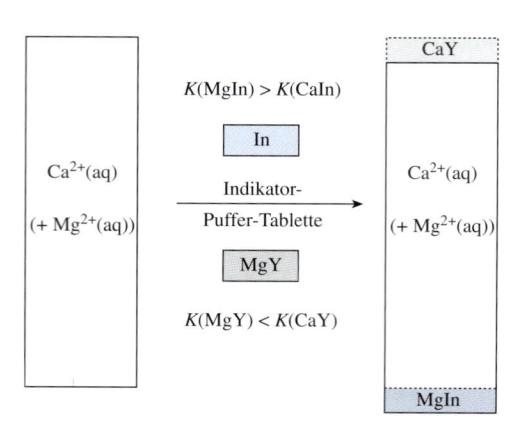

12.19 Komplexreaktionen bei Zugabe einer Indikator-Puffer-Tablette zu einer Wasserprobe.

12.7 Biologische Aspekte

An zahlreichen lebenswichtigen Prozessen sind eine Reihe von Elementen beteiligt, die in sehr geringen Konzentrationen vorliegen. Zu diesen *essentiellen Spurenelementen* gehören auch mehrere Übergangselemente. Tabelle 12.6 enthält als Beispiel einige Angaben zum Spurenelementgehalt menschlicher Organe, während Tabelle 12.7 den mit der Nahrung aufzunehmenden Tagesbedarf wiedergibt.

In den biologisch relevanten Oxidationsstufen bilden essentielle Übergangselemente allerdings sehr schwer lösliche Hydroxide. Ein Transport der Ionen in Köperflüssigkeiten und ihr Eingreifen in bestimmte Reaktionsketten des Stoffwechsels setzt voraus, dass

Tabelle 12.6 Spurenelementgehalt menschlicher Organe (in mg · kg^{-1})

	Cu	Mo	Co	Zn	Mn
Leber	24,9	3,2	0,18	55	1,68
Nieren	17,3	1,6	0,23	55	0,93
Gehirn	17,5	0,14		14	0,34
Muskeln		0,14		54	0,09

Tabelle 12.7 Lebenswichtige Übergangselemente – durchschnittlicher Tagesbedarf von Erwachsenen und Gesamtmenge im Körper

	Tagesbedarf (mg)	Gesamtmenge im Körper (mg)
Eisen	10 (Männer) 15 (Frauen)	7000
Zink	15	3000
Mangan	2–5	30
Kupfer	1,5–3	150
Molybdän	0,15–0,5	5
Chrom	0,05–0,2	?
Cobalt	?	?

12.20 Struktur eines Ferrichroms.

Tabelle 12.8 Elektrodenpotentiale biologisch bedeutsamer Eisen- und Kupferkomplexe bei pH = 7

Redoxpaar	Protein	E^0 (mV)
Fe^{III}/Fe^{II}	Hämoglobin	170
	Myoglobin	46
	Meerettich-Peroxidase	−170
	Rubredoxin	−57
	Chromatin-Ferredoxin	−490
	Cytochrom c	260
	Ferrichrom	−448
Cu^{II}/Cu^{I}	Azurin	328
	Plastocyanin	370
	Rusticyanin	680
	Laccase	415

sie als lösliche Komplexe vorliegen. Bei den Liganden handelt es sich überwiegend um Eiweißstoffe, die über die Ligatoratome O, N und S das Zentralion chelatartig binden. Als relativ einfaches Beispiel zeigt Abbildung 12.20 die Struktur eines *Ferrichroms*. Ferrichrome werden von Bakterien für die Aufnahme und Speicherung des Eisens genutzt.

Eine besondere biologische Rolle spielen Metallionen in zahlreichen *Enzymen*. So werden Redoxvorgänge im Körper meist durch Metalloenzyme katalysiert, deren Zentralionen leicht die Oxidationsstufe wechseln können. Die größte Bedeutung haben dabei die Redoxpaare Fe^{3+}/Fe^{2+} und Cu^{2+}/Cu^+. Da die Komplexstabilität meist von der Ladung des Zentralions abhängt, weichen die Elektrodenpotentiale oft stark von den für die hydratisierten Ionen tabellierten Werten ab (Tabelle 12.8).

Giftwirkung und Entgiftung Durch giftige Substanzen werden wichtige Stoffwechselprozesse gestört oder ganz unterbunden. Vielfach lassen sich die Vorgänge prinzipiell als Komplexreaktionen verstehen, die durch körperfremde Liganden oder durch körperfremde Metallionen ausgelöst werden.

Atmet man Kohlenstoffmonoxid (CO) ein, so kann das selbst bei sehr geringen Konzentrationen zu Gesundheitsstörungen und schließlich zum Ersticken führen: Kohlenstoffmonoxid wird relativ fest an das Fe^{II}-Zentralion des Hämoglobins („Hb") gebunden. Der CO-Komplex („HbCO") ist dementsprechend wesentlich stabiler als der Komplex mit molekularem Sauerstoff („HbO$_2$"). Es fallen deshalb immer mehr Hämoglobin-Moleküle für den Sauerstofftransport aus. Als Erste-Hilfe-Maßnahme beatmet man mit reinem Sauerstoff, da so das gebundene Kohlenstoffmonoxid schneller verdrängt werden kann. Durch die erhöhte Sauerstoffkonzentration wird nämlich das folgende Gleichgewicht wieder etwas nach rechts verschoben:

$$HbCO + O_2 \rightleftharpoons HbO_2 + CO; \quad K \approx 5 \cdot 10^{-3}$$

Die Giftwirkung von Cyanid-Ionen lässt sich entsprechend erklären: Metalloenzyme werden unwirksam, da körpereigene Schwermetallionen zu diesem Liganden besonders stabile Bindungen ausbilden. Ursache für den raschen Tod bei einer Cyanidvergiftung ist die Blockierung des Enzyms Cytochrom-*c*-Oxidase. Es enthält in einem Molekül zwei Eisen- und zwei Kupfer-Ionen. Dieses Enzym erfüllt eine wichtige Funktion in der als *Atmungskette* bezeichneten Folge von Reaktionen, durch die Sauerstoff zu Wasser reduziert wird: Es steuert die am Ende der Atmungskette liegenden Elektronenübertragungsschritte.

Körperfremde Schwermetallionen wie Ba^{2+}, Cd^{2+}, Pb^{2+} und Hg^{2+} verändern durch Chelatbildung mit den Eiweißstoffen von Enzymen deren Struktur und vermindern dadurch ihre Aktivität. Für die Therapie von Schwermetallvergiftungen verwendet man Chelatbildner, die mit den Schwermetallionen stabile Komplexe bilden, die vor allem über den Urin ausgeschieden werden können.

12.21 Giftwirkung von Arsenverbindungen und Entgiftung durch Dimaval.

Ein typisches Beispiel ist die Therapie von Quecksilber- oder Arsenvergiftungen mit *Dimaval*. Arsenverbindungen des in Abbildung 12.21 angegebenen Strukturtyps waren zwischen den Weltkriegen für den Einsatz als Giftkampfstoffe untersucht worden (Cl_2As–CH=CHCl, „Lewisit"). Das zunächst als Therapeutikum entwickelte BAL (**B**ritish **A**nti-**L**ewisit) entspricht weitgehend dem Dimaval. Statt der Sulfonsäure-Gruppe enthält das Molekül jedoch eine OH-Gruppe. Die BAL-Komplexe werden allerdings nur unvollständig aus dem Körper ausgeschieden. Da sie ungeladen und unpolar sind, können sie die Blut-Hirn-Schranke durchdringen und so zu Hirnschäden führen. Nachdem man diesen Zusammenhang erkannt hatte, wurde das BAL-Molekül gezielt verändert.

ÜBUNGEN

12.1 Definieren Sie folgende Begriffe: a) Ligand, b) Koordinationszahl, c) Chelat, d) Chelateffekt.

12.2 Wie lauten die Namen der folgenden Ionen und Verbindungen?
a) $[FeCl_2(H_2O)_4]^+$, b) $[Al(OH)(H_2O)_5]^{2+}$, c) $[Zn(CN)_4]^{2-}$, d) $[NiF_6]^{2-}$,
e) $Cs_2[CuCl_4]$, f) $K[AgF_4]$, g) $Na_2[BeF_4]$, h) $[Ni(NH_3)_6]Cl_2$,
i) $[CrCl_2(H_2O)_4]Cl \cdot 2\,H_2O$, j) $[Au(CN)_2]^-$, k) $K_2[Hg(CN)_4]$, l) $K_4[Fe(CN)_6]$,
m) $Fe(CO)_5$, n) $K_3[CoF_6]$, o) $[CoCl(NH_3)_5]SO_4$, p) $[Co(H_2O)(NH_3)_5]Br_3$,
q) $K_3[Cr(CO)_4]$, r) $K_2[NiF_6]$, s) $[Cu(NH_3)_4](ClO_4)_2$.

12.3 Welche Formeln gehören zu den folgenden Namen?
a) Diamminsilber(I)-Ion, b) Triammintrinitrocobalt(III),
c) Tetracyanozinkat(II)-Ion, d) Hexaamminnickel(II)-chlorid,
e) Quecksilber(II)-tetrathiocyanatocobaltat(II), f) Hexaamminchrom(III)-bromid,
g) Aquabis(ethylendiamin)thiocyanatocobalt(III)-nitrat,
h) Kaliumtetracyanonickelat(II), i) Tris(ethylendiamin)cobalt(III)-iodid,
j) Hexaaquamangan(II)-nitrat, k) Palladium(II)-hexafluoropalladat(IV),
l) Tetraaquadichloroeisen(III)-chlorid-Dihydrat,
m) Kaliumoctacyanomolybdat(IV)-Dihydrat.

12.4 Die durch $[FeSCN(H_2O)_5]^{2+}$-Ionen verursachte Rotfärbung einer Lösung verschwindet bei Fluoridzugabe. Beim stärkeren Ansäuern mit Salpetersäure tritt die rote Farbe wieder auf. Geben Sie dafür eine Erklärung.

12.5 In welchem Stoffmengenverhältnis liegen Ag^+- und CN^--Ionen in einem Galvanisierbad vor, das in einem Liter 10 g Silbernitrat und 25 g Kaliumcyanid enthält?

12.6 Berechnen Sie, wie viel Mol Wasser in einem Mol Salz enthalten sind:
a) Wenn man 1 g des blauen Kupfersulfat-Hydrats erhitzt, bleiben 0,64 g des weißen wasserfreien Sulfats zurück.
b) Aus 1 g des roten Cobalt(II)-chlorid-Hydrats erhält man 0,55 g des blauen wasserfreien Chlorids.

12.7 Erklären Sie die folgenden Beobachtungen und formulieren Sie Reaktionsgleichungen:
a) Gibt man Kupfersulfat-Lösung zu einer Glycin-Lösung, so färbt sich die Lösung kräftig blau. Die Farbe vertieft sich, wenn man Natronlauge hinzutropft.
b) Eine Nickel(II)-hydroxid-Fällung löst sich bei Zusatz von Ammoniak. Versetzt man diese blaue Lösung mit Ethylendiamin (Ethan-1,2-diamin), so färbt sich die Mischung rotviolett.

12.8 Ist das Auftreten von Isomeren zu erwarten, wenn ein Komplex des Typs $[MeX_2Y_2]$ tetraedrisch gebaut ist?

12.9 Zusätzlich zu den beiden geometrischen Isomeren von $[Pt(NH_3)_2Cl_2]$ gibt es ein drittes Isomer. Es hat die gleiche empirische Formel und quadratisch-planare Geometrie, verhält sich jedoch in Lösung elektrisch leitend. Welche Struktur hat diese Verbindung?

12.10 Identifizieren Sie mögliche Isomerietypen für a) $Co(en)_3Cl_3$; b) $Cr(NH_3)_3Cl_3$.

12.11 Zeichnen Sie die geometrischen und optischen Isomere des $[Co(en)_2Cl_2]^+$-Ions.

12.12 Benennen Sie die folgenden Komplexe unter Berücksichtigung der Isomeriemöglichkeiten.

12.13 Eine Studentin aus Werners Forschungsgruppe, Edith Humphrey, synthetisierte als erste das Ion $[Co(en)_2(NO_2)_2]^+$. Die Existenz zweier geometrischer Isomere lieferte den Beweis für die Struktur der Koordinationsverbindungen. Zeichnen Sie die beiden geometrischen Isomere.

12.14 Nickelsalz-Lösungen bilden mit einer alkoholischen Dimethylglyoxim-Lösung eine schwer lösliche, rote Komplexverbindung.
a) Geben Sie die Reaktionsgleichung an und zeichnen Sie eine Strukturformel des eben gebauten Komplexes.
b) Warum bildet sich diese Verbindung in stark saurer Lösung nicht?

12.15 Tropft man Kaliumiodid-Lösung zu einer Lösung von Bismut(III)-nitrat, so bildet sich eine schwarzbraune Fällung, die sich bei weiterer Iodid-Zugabe wieder auflöst. Gibt man Caesiumchlorid-Lösung zu der entstandenen gelben Lösung, entsteht ein roter Niederschlag. Beschreiben Sie die einzelnen Reaktionsschritte jeweils durch eine Gleichung.

12.16 Erklären Sie die folgenden Beobachtungen und formulieren Sie jeweils Reaktionsgleichungen:
a) Eine Fällung von Bleisulfat löst sich bei Zugabe von Natronlauge.
b) Silberchlorid löst sich in konzentrierter Salzsäure. Wenn man mit Wasser verdünnt, bildet sich eine weiße Trübung.
c) Eine Silberchlorid-Fällung wird mit Ammoniumsulfat und anschließend mit Natronlauge versetzt. Es bildet sich eine klare Lösung. Die Fällung tritt wieder auf, wenn man ansäuert.
d) Eine blassgelbe Lösung von Kaliumhexacyanoferrat(II) färbt sich rötlich, wenn man Chlorwasser hinzufügt.

12.17 Bei der Gewinnung von Gold durch die Cyanidlaugerei wird fein verteiltes Gold zunächst in einen Cyanokomplex ($[Au(CN)_2]^-$) überführt. Dabei wirkt Luftsauerstoff als

Oxidationsmittel. Danach wird durch Zink reduziert, das dabei in Tetracyanozinkat übergeht. Geben Sie die Reaktionsgleichungen an.

12.18 Man kennt drei Isomere von Amminbromonitropyridin-platin(II). Ist diese Komplexverbindung eben oder tetraedrisch aufgebaut? Begründen Sie Ihre Antwort.

12.19 Erklären Sie die folgenden Beobachtungen: Erhitzt man eine Probe der Verbindung $CoCl_3 \cdot 5\ NH_3 \cdot H_2O$ im Trockenschrank, so nimmt die Masse um 6,7 % ab. Eine Lösung des entstandenen Produkts zeigt bei gleicher Konzentration eine um fast 40 % geringere elektrische Leitfähigkeit als der ursprüngliche Stoff.

12.20 Bei der Titration von 100 ml einer Wasserprobe mit einer EDTA-Maßlösung ($c = 0,02$ mol·l^{-1}) zur Bestimmung der Wasserhärte wurden 17,9 ml bis zum Umschlag des Indikators benötigt. Bei einer zweiten Titration in stärker alkalischer Lösung wurden 15,2 ml verbraucht. Unter diesen Bedingungen werden die Mg^{2+}-Ionen als Hydroxid gefällt, sodass sie nicht mit EDTA reagieren.

a) Wie groß ist die Konzentration (in mmol·l^{-1}) an Ca^{2+}(aq) und an Mg^{2+}(aq) in der Wasserprobe?

b) Wie groß ist die Gesamthärte in °d (1°d $\triangleq$ 0,18 mmol·l^{-1})?

12.21 Je 1 mmol Kupfer(II)-nitrat werden in 100 ml Wasser bzw. 100 ml NH$_3$-Lösung ($c = 1,04$ mol·l^{-1}) gelöst. Diese beiden Lösungen werden unter Verwendung von Kupferelektroden zu einer Konzentrationszelle kombiniert. Die Spannungsmessung (bei 25 °C) ergab 384 mV. Berechnen Sie den β_4-Wert für $[Cu(NH_3)_4]^{2+}$.

Der zeitliche Verlauf chemischer Reaktionen zeigt ähnlich gravierende Unterschiede wie ihr Energieumsatz und die damit verbundene Lage des Gleichgewichts: Manche Reaktionen verlaufen nur sehr langsam, andere dagegen rasch oder gar explosionsartig. Nahezu selbstverständlich erscheint uns zudem, dass eine Reaktion schneller abläuft, wenn man erwärmt, die Konzentration erhöht oder einen Katalysator hinzufügt.

Ein unmittelbarer Zusammenhang zwischen Energieumsatz und zeitlichem Verlauf einer chemischen Reaktion besteht allerdings nicht. Wissenschaftliche Untersuchungen über die Geschwindigkeit chemischer Reaktionen und den Einfluss der Reaktionsbedingungen sind daher Gegenstand eines eigenständigen Teilgebiets der physikalischen Chemie, das meist als *Kinetik* (bzw. Reaktionskinetik) bezeichnet wird. Den Schwerpunkt dieses Kapitels bilden grundlegende Begriffe und Regeln zur Kinetik chemischer Reaktionen. Berücksichtigt werden aber auch modellhafte Deutungsversuche und Beispiele aus der Praxis.

Geschwindigkeit chemischer Reaktionen

13

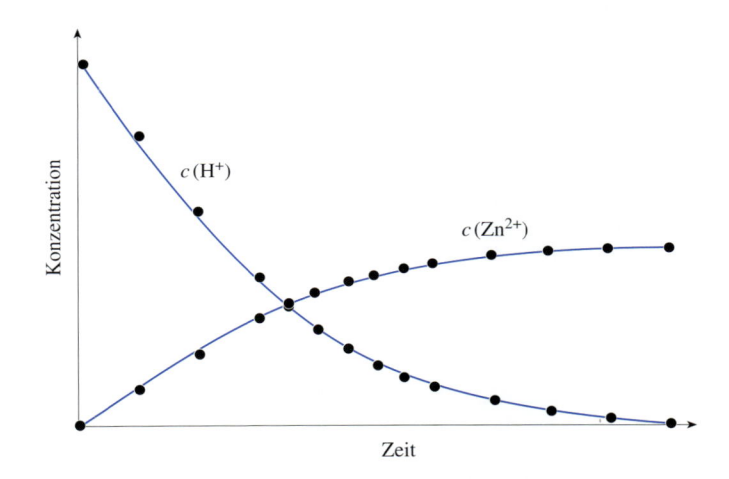

Kapitelübersicht

13.1 Grundbegriffe
13.2 Geschwindigkeitsgesetze und Reaktionsordnung
   Exkurs: Methode der Anfangsgeschwindigkeit
13.3 Warum steigt die Reaktionsgeschwindigkeit mit der Temperatur?
   Exkurs: Übergangszustand und Aktivierungsenergie
Exkurs: Explosion und Detonation
13.4 Katalyse

Viele Reaktionen verlaufen so schnell, dass man sie über lange Zeit als „unmessbar" schnell einstufte. Ein typisches Beispiel für eine solche extrem schnelle Reaktion ist die Neutralisation in wässeriger Lösung:

$$H^+(aq) + OH^-(aq) \rightarrow H_2O(l)$$

In den Fünfzigerjahren des 20. Jahrhunderts wurden erstmals Verfahren zur Untersuchung des Ablaufs sehr schneller Reaktionen entwickelt. Neue elektronische Messtechniken ermöglichen es, Konzentrationsveränderungen auch in extrem kurzen Zeiträumen (von $\approx 10^{-10}$ s) zu verfolgen. Da das Vermischen von zwei Lösungen, die die Reaktionspartner enthalten, wesentlich länger dauert, geht man von einem System aus, das sich im chemischen Gleichgewicht befindet. Dieses Gleichgewicht ist beispielsweise durch eine bestimmte Leitfähigkeit gekennzeichnet. Dann stört man das Gleichgewicht durch eine schlagartige Änderung des Drucks (Drucksprungverfahren) oder der Temperatur (Temperatursprungverfahren). Aufgrund der veränderten Reaktionsbedingungen stellt sich ein neuer Gleichgewichtszustand mit anderen Gleichgewichtskonzentrationen ein. Der zeitliche Verlauf der Konzentrationsänderung spiegelt sich zum Beispiel in der Änderung der Leitfähigkeit wider (Abbildung 13.1).

Die Zeit, nach der sich die Differenz zwischen der alten und der neuen Gleichgewichtskonzentration auf den e-ten Teil (e = 2,718...) verringert hat, wird *Relaxationszeit* τ genannt. Die hier erläuterten Verfahren zur Untersuchung des zeitlichen Verlaufs sehr schneller Reaktionen bezeichnet man daher auch als **Relaxationsverfahren**.

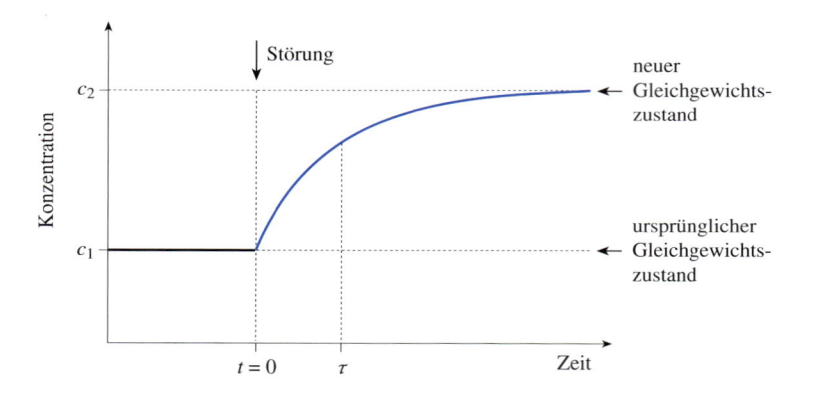

13.1 Konzentrationsverlauf bei einem Relaxationsexperiment. Für die Neutralisation beträgt die Relaxationszeit bei 15 °C etwa 10^{-10} s.

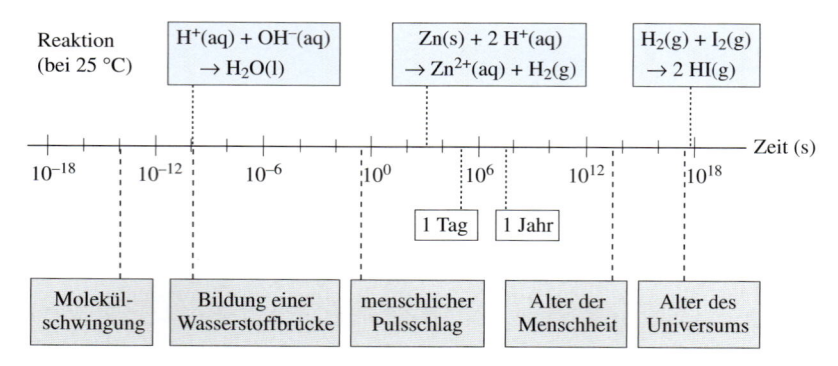

13.2 Reaktionszeiten im Vergleich. Die Zeitangaben für die chemischen Reaktionen beziehen sich jeweils auf die Hälfte des Umsatzes bei einer Anfangskonzentration von $0,1 \text{ mol} \cdot l^{-1}$.

1967 wurden drei Wissenschaftler für ihre Arbeiten zur Entwicklung solcher Verfahren mit dem Nobelpreis für Chemie ausgezeichnet. Einer der Preisträger war Manfred Eigen, der sich insbesondere mit dem Verlauf der Neutralisation und anderer Säure/Base-Reaktionen befasst hatte. Seine Nobel-Vorlesung trug den Titel »Die „unmessbar" schnellen Reaktionen«.

Manfred **Eigen**, deutscher Physikochemiker, geb. 1927; Professor und Direktor Max-Planck-Institut für biophysikalische Chemie, Göttingen, 1967 Nobelpreis für Chemie mit R. G. W. Norrish und G. Porter (für ihre Untersuchungen von extrem schnellen chemischen Reaktionen).

13.1 Grundbegriffe

Dass der zeitliche Verlauf einer Reaktion entscheidend von den Reaktionsbedingungen abhängt, zeigt sich bereits in sehr einfachen Experimenten. Typische Beispiele sind Reaktionen, bei denen ein Feststoff mit einer Lösung unter Bildung eines gasförmigen Produktes reagiert. Die Reaktion lässt sich in diesen Fällen erheblich beschleunigen, indem man den Feststoff gut zerkleinert und damit die Oberfläche vergrößert. Auch eine erhöhte Konzentration des gelösten Reaktionspartners führt zu einem schnelleren Verlauf der Reaktion.

Etwas näher betrachten wollen wir die zwischen Zink und Salzsäure ablaufende Reaktion:

$$Zn(s) + 2\,H^+(aq) \rightarrow Zn^{2+}(aq) + H_2(g)$$

Liegt das Metall (als grobes Pulver) in großem Überschuss vor, wird nur ein kleiner Anteil umgesetzt und die Größe der Metalloberfläche bleibt nahezu unverändert. Die Konzentration der Hydronium-Ionen nimmt jedoch im Verlaufe der Reaktion ab. Dementsprechend wird die Wasserstoffentwicklung allmählich langsamer und hört schließlich völlig auf. Der zeitliche Verlauf dieser Reaktion lässt sich quantitativ beschreiben, indem man das Volumen des gebildeten Wasserstoffs in Abhängigkeit von der Reaktionsdauer bestimmt, zum Beispiel mit einem Kolbenprober (Abbildung 13.3a).

24 ml Wasserstoffgas entsprechen bei Raumtemperatur einer Stoffmenge von 1 mmol. Dem entsprechend sind 2 mmol Hydronium-Ionen verbraucht und 1 mmol Zn^{2+}-Ionen gebildet worden. Da man Volumen und Konzentration der verwendeten Salzsäure kennt, lässt sich auch berechnen, welche Konzentrationen die Hydronium-Ionen und die Zink-Ionen zu den verschiedenen Zeitpunkten in der Lösung aufweisen. Trägt man die Werte in ein Konzentrations/Zeit-Diagramm ein, ergeben sich die in Abbildung 13.3b dargestellten Kurven.

Durchschnittsgeschwindigkeit und Momentangeschwindigkeit Betrachtet man die Konzentrationsänderung Δc in einem bestimmten Zeitintervall Δt, so lässt sich für dieses Zeitintervall eine *Durchschnittsgeschwindigkeit* ($\bar{v}$) definieren. Man kann sich dabei entweder auf die Konzentration eines Produkts oder eines Ausgangsstoffes beziehen:

$$\bar{v} = \frac{\Delta c(\text{Produkt})}{\Delta t} \quad \text{bzw.} \quad \bar{v} = \frac{-\Delta c(\text{Ausgangsstoff})}{\Delta t}$$

Das Minuszeichen im zweiten Fall ist aus folgendem Grunde notwendig: Die Durchschnittsgeschwindigkeit $\bar{v}$ und das Zeitintervall $\Delta t = t_2 - t_1$ sind positive Größen. Für $\Delta c = c_2 - c_1$ ergibt sich aber ein negativer Wert, denn die Konzentration eines Ausgangsstoffs nimmt im Verlauf der Reaktion ab. Im Konzentrations/Zeit-Diagramm ergibt sich die Durchschnittsgeschwindigkeit jeweils aus der Steigung der entsprechenden Sekante (Abbildung 13.3c).

Gemäß der Reaktionsgleichung werden bei der Bildung von einem Mol Zink-Ionen zwei Mol Hydronium-Ionen verbraucht. Die Konzentration der Hydronium-Ionen nimmt damit doppelt so schnell ab, wie die Konzentration der Zink-Ionen zunimmt. Es gilt:

$$\frac{-\Delta c(H_3O^+)}{\Delta t} = 2\frac{\Delta c(Zn^{2+})}{\Delta t} \Rightarrow v(H_3O^+) = 2\,v(Zn^{2+})$$

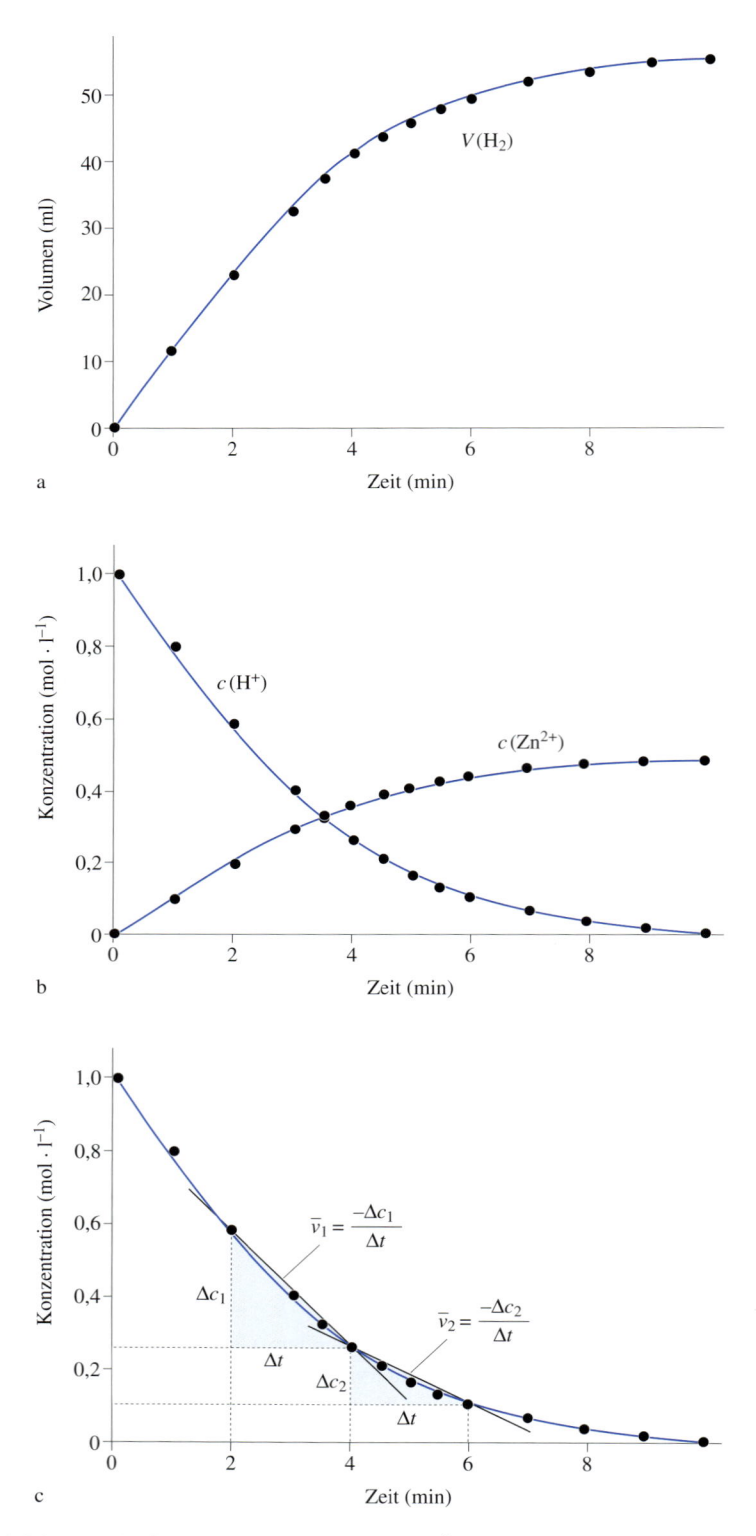

13.3 Zeitlicher Verlauf der Reaktion von Zink (im Überschuss) mit Salzsäure (5 ml, c = 1 mol · l⁻¹): Bildung von Wasserstoffgas (a), Konzentrationsänderungen in der Lösung (b) und Ermittlung der Durchschnittsgeschwindigkeiten für zwei Zeitintervalle (c). Die Momentangeschwindigkeit für t = 4 min (≙ Tangentensteigung) liegt zwischen den Werten von $\overline{v}_1$ und $\overline{v}_2$.

Lässt man das gewählte Zeitintervall immer kleiner werden, so geht die Sekante im Zeit/Konzentrations-Diagramm schließlich in eine Tangente über. Die Steigung einer Tangente an die Kurve entspricht damit der Geschwindigkeit v der Reaktion für den betreffenden Zeitpunkt. Diese *Momentangeschwindigkeit* wird als *Reaktionsgeschwindigkeit* v bezeichnet. Zahlenmäßig ist sie gleich dem Differentialquotienten dc/dt:

$v = \mathrm{d}c/\mathrm{d}t$ bzw. $v = -\mathrm{d}c/\mathrm{d}t$

Die *Anfangsgeschwindigkeit* v_0 entspricht der Steigung der Tangente im Zeitpunkt $t = 0$.

Die Reaktionsgeschwindigkeit v ergibt sich als Grenzwert der Durchschnittsgeschwindigkeit für $\Delta t \to 0$:

$$v = \frac{\mathrm{d}c}{\mathrm{d}t} = \lim_{\Delta t \to 0} \frac{\Delta c}{\Delta t}$$

13.2 Geschwindigkeitsgesetze und Reaktionsordnung

In vielen Fällen lässt sich durch recht einfache mathematische Beziehungen beschreiben, wie die Reaktionsgeschwindigkeit von der Konzentration abhängt. Der zeitliche Verlauf einer Reaktion kann also *berechnet* werden.

Dieses Prinzip soll an einem einfachen Beispiel ausführlich erläutert werden. Wir betrachten dazu die Entfärbung einer Ferroin-Lösung. Diese Lösung enthält den intensiv rot gefärbten Chelatkomplex von Eisen(II) mit dem zweizähnigen Liganden 1,10-Phenanthrolin (phen): $[\mathrm{Fe(phen)}_3]^{2+}$.

Mischt man eine Ferroin-Lösung ($c \approx 2 \cdot 10^{-4}$ mol·l^{-1}) mit Salzsäure ($c \approx 2$ mol·l^{-1}), so entfärbt sich die Lösung allmählich. Ursache ist eine relativ langsam verlaufende Ligandenaustauschreaktion. Gebildet wird das Hexaaquaeisen(II)-Ion, dessen Färbung sich bei der geringen Gesamtkonzentration praktisch nicht bemerkbar macht:

$\underset{\text{rot}}{[\mathrm{Fe(phen)}_3]^{2+}(\mathrm{aq})} + 6\,\mathrm{H_3O}^+(\mathrm{aq}) \to \underset{\text{farblos}}{[\mathrm{Fe(H_2O)}_6]^{2+}(\mathrm{aq})} + \underset{\text{farblos}}{3\,\mathrm{H_2phen}^{2+}(\mathrm{aq})}$

Hinweis: Die Grundlagen photometrischer Messungen sind im Exkurs auf Seite 275 erläutert.

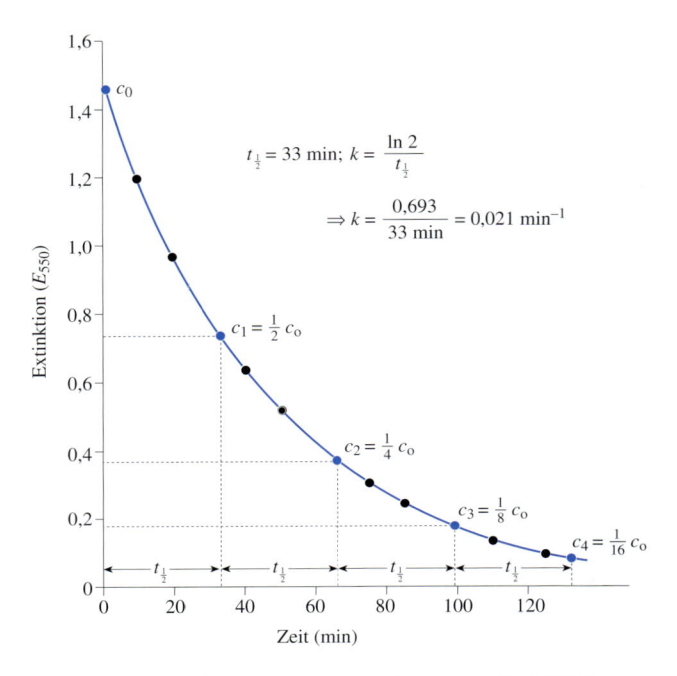

Der zeitliche Verlauf dieser Reaktion lässt sich gut mithilfe eines Photometers verfolgen. Die gemessenen Extinktionswerte sind direkt proportional zur Konzentration des noch vorhandenen Ferroins. In Abbildung 13.4 sind die Ergebnisse einer bei 35 °C aufgenom-

13.4 Zeitlicher Verlauf der Entfärbung einer Ferroin-Lösung (bei 35 °C).

menen Messreihe dargestellt. Die Konzentration des Ferroins sinkt danach innerhalb von 33 Minuten jeweils auf die Hälfte des vorherigen Wertes. Ähnlich wie der radioaktive Zerfall verläuft diese Reaktion also mit einer von der Gesamtmenge unabhängigen Halbwertszeit $t_{1/2}$ (hier: $t_{1/2}$ = 33 min). Die Reaktionsgeschwindigkeit ist also proportional zu der zum jeweiligen Zeitpunkt noch vorhandenen Konzentration: $v = -dc/dt \sim c$

Der zeitliche Verlauf der Reaktion kann daher durch die folgende Gleichung beschrieben werden:

$$v = k \cdot c$$

Diese Beziehung ist das **Geschwindigkeitsgesetz** für „*Reaktionen erster Ordnung*". Der Proportionalitätsfaktor k wird als **Geschwindigkeitskonstante** bezeichnet. Bei gegebener Temperatur ist k eine für jede Reaktion charakteristische Größe. Zahlenwerte für k werden meist in s^{-1} bzw. min^{-1} angegeben.

Abbildung 13.5 zeigt, wie sich bei einer Reaktion erster Ordnung des Typs A → B die Konzentrationen mit der Zeit ändern.

Ganz analog zur Teilchenzahl beim radioaktiven Zerfall ($N(t) = N_0 \cdot e^{-k \cdot t}$) gilt bei einer Reaktion erster Ordnung für die Konzentration c eines Ausgangsstoffes: $c(t) = c_0 \cdot e^{-k \cdot t}$
Durch Logarithmieren ergibt sich daraus die folgende Beziehung:

$$\ln c(t) = -k \cdot t + \ln c_0$$

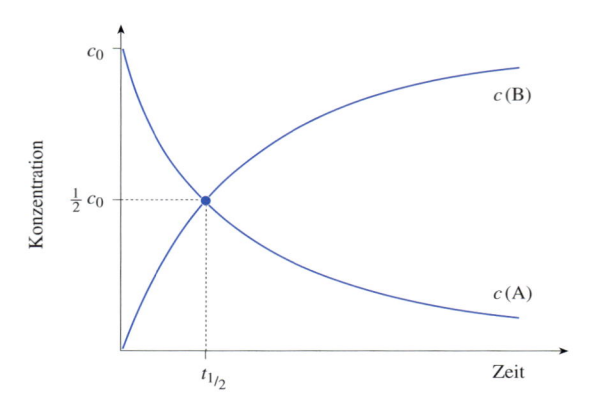

Das Geschwindigkeitsgesetz einer Reaktion wird oft auch als **Zeitgesetz** bezeichnet.

Die Geschwindigkeitskonstante k einer Reaktion erster Ordnung entspricht der Zerfallskonstante k beim radioaktiven Zerfall. In beiden Fällen gilt der gleiche Zusammenhang zwischen $t_{1/2}$ und k: $k = \ln 2 \cdot t_{1/2}$.

13.5 Konzentrationsverlauf für eine Reaktion erster Ordnung (A → B).

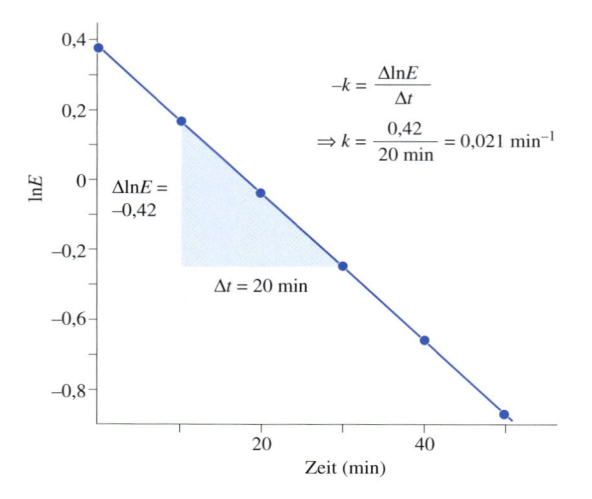

13.6 Der lineare Abfall der ln$E$-Werte mit der Zeit bestätigt das Geschwindigkeitsgesetz erster Ordnung. Die eingetragenen Werte entsprechen der Messreihe aus Abbildung 13.4.

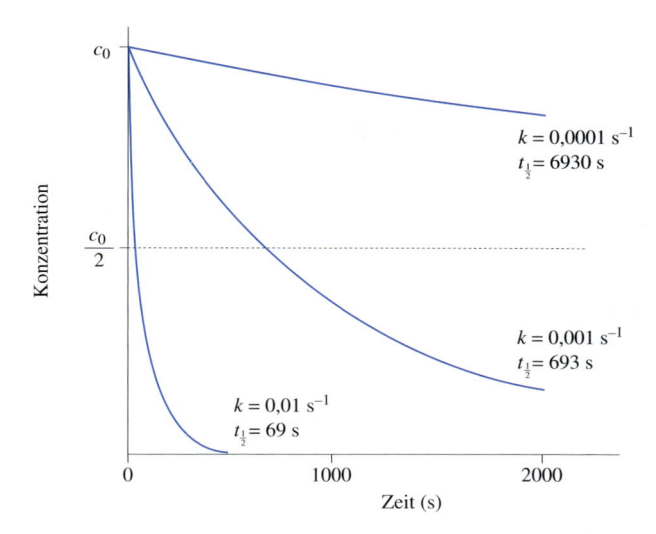

13.7 Exponentielle Abnahme der Konzentration eines Ausgangsstoffes bei Reaktionen erster Ordnung mit unterschiedlichen Geschwindigkeitskonstanten bzw. Halbwertszeiten.

Man erhält also eine Gerade mit der Steigung $-k$ und dem Ordinatenabschnitt $\ln c_0$, wenn man $\ln c$ gegen t aufträgt. (Genau genommen wird jeweils der Logarithmus des *Zahlenwerts* der Konzentration berechnet und aufgetragen.) Eine Gerade ergibt sich natürlich auch, wenn man beispielsweise $\ln E$ statt $\ln c$ aufträgt, da E und c direkt proportional zueinander sind (Abbildung 13.6).

Bei Messreihen zum zeitlichen Verlauf einer Reaktion lässt sich häufig nicht sofort erkennen, ob es sich um eine Reaktion erster Ordnung handelt oder nicht (Abbildung 13.7). Man trägt dann den natürlichen Logarithmus der Zahlenwerte der gemessenen Konzentrationen – bzw. hierzu proportionaler Größen – gegen t auf. Ergibt sich dabei eine Gerade, so gilt ein Zeitgesetz erster Ordnung; die Geschwindigkeitskonstante kann unmittelbar aus der Steigung der Geraden ermittelt werden.

Reaktionsordnung und geschwindigkeitsbestimmender Schritt Die Geschwindigkeit einer Reaktion zwischen zwei Stoffen A und B hängt in den meisten Fällen von den Konzentrationen beider Partner ab. Im einfachsten Fall lässt sich das Geschwindigkeitsgesetz folgendermaßen beschreiben:

$v = k \cdot c(A) \cdot c(B)$

Man spricht in diesem Fall von einer **Reaktion 2. Ordnung**. Allgemein versteht man unter der *Reaktionsordnung* die Summe der Exponenten n + m in einer Geschwindigkeitsgleichung des Typs $v = k \cdot c^n(A) \cdot c^m(B)$. Dabei ist n die Ordnung in Bezug auf A und m die Ordnung in Bezug auf B. *Die Reaktionsordnung lässt sich grundsätzlich nicht aus den stöchiometrischen Faktoren einer Reaktionsgleichung ableiten.* Trotz ähnlicher Stöchiometrie zweier Reaktionen erhält man experimentell häufig unterschiedliche Geschwindigkeitsgesetze. So handelt es sich bei den folgenden Reaktionen im ersten Fall um eine Reaktion 1. Ordnung, im zweiten dagegen um eine Reaktion 2. Ordnung:

$2\,N_2O_5(g) \rightarrow 4\,NO_2(g) + O_2(g) \quad v = k \cdot c(N_2O_5) \quad$ (1. Ordnung)

$NO(g) + O_3(g) \rightarrow NO_2(g) + O_2(g) \quad v = k \cdot c(NO) \cdot c(O_3) \quad$ (2. Ordnung)

Würden im ersten Fall die Produkte direkt durch den Zusammenstoß von jeweils zwei N_2O_5-Molekülen gebildet, müsste ein Geschwindigkeitsgesetz 2. Ordnung gelten: $v = k \cdot c^2(N_2O_5)$.

Vielfach reagiert ein Stoff A erst dann mit einer für ein Praktikumsexperiment ausreichenden Geschwindigkeit, wenn der Reaktionspartner B in großem Überschuss vorliegt. Da sich die Konzentration von B in diesem Fall während der Reaktion nur geringfügig ändert, ergibt sich dann oft ein Geschwindigkeitsgesetz erster Ordnung: $v = k \cdot c(A)$.

Trotzdem wird die Reaktionsgeschwindigkeit in der Regel auch durch die Konzentration des zweiten Reaktionspartners beeinflusst. Man spricht in solchen Fällen von Reaktionen **pseudo-erster Ordnung**. Ein Beispiel ist der Zerfall von Thiosulfat ($S_2O_3^{2-}$) in stark saurer Lösung unter Bildung von Schwefel und Schwefeldioxid:

$S_2O_3^{2-}(aq) + 2\ H^+(aq)$
$\rightarrow S(s) + SO_2(aq) + H_2O$

Experimente bei relativ hoher Säurekonzentration führen zu einem Geschwindigkeitsgesetz 1. Ordnung:

$v = k \cdot c(S_2O_3^{2-})$

Die Reaktion verläuft schneller, wenn man bei gleicher Ausgangskonzentration der Thiosulfat-Ionen die Säurekonzentration weiter erhöht. Die Konzentration der Hydronium-Ionen hat jedoch einen wesentlich geringeren Einfluss auf die Geschwindigkeit der Reaktion als die Konzentration des Thiosulfats. Insgesamt ergibt sich ein relativ kompliziertes Geschwindigkeitsgesetz:

$v = \dfrac{k \cdot c(H^+)}{1 + k' \cdot c(H^+)} \cdot c(S_2O_3^{2-})$

An diesem Beispiel deutet sich an, dass Reaktionen meist über eine Folge von Reaktionsschritten verlaufen. Welche Form das Geschwindigkeitsgesetz der Gesamtreaktion hat, hängt davon ab, mit welcher Geschwindigkeit die einzelnen Reaktionsschritte nacheinander ablaufen. Die langsamste dieser **Elementarreaktionen** bestimmt die Geschwindigkeit der Gesamtreaktion.

Die Oxidation von Iodid durch Peroxodisulfat lässt sich durch folgende Reaktionsgleichung beschreiben:

$$2\ I^-(aq) + S_2O_8^{2-}(aq) \rightarrow I_2(aq) + 2\ SO_4^{2-}(aq)$$

Diese Reaktion verläuft über drei Reaktionsschritte; die langsame erste Elementarreaktion bildet dabei den geschwindigkeitsbestimmenden Schritt:

$$I^-(aq) + S_2O_8^{2-}(aq) \xrightarrow{\text{langsam}} IS_2O_8^{3-}(aq)$$

$$IS_2O_8^{3-}(aq) \xrightarrow{\text{schnell}} 2\ SO_4^{2-}(aq) + I^+(aq)$$

$$I^-(aq) + I^+(aq) \xrightarrow{\text{schnell}} I_2(aq)$$

Nicht selten führen experimentelle Untersuchungen zu sehr komplizierten Geschwindigkeitsgesetzen. Für die Bildung von Bromwasserstoffgas aus den Elementen ($H_2(g) + Br_2(g) \rightarrow 2\ HBr(g)$) ergab sich beispielsweise:

$$v = \dfrac{k \cdot c(H_2)\ \sqrt{c(Br_2)}}{k' + \dfrac{c(HBr)}{c(Br_2)}}$$

Diese bereits 1906 gefundene Beziehung konnte 13 Jahre später auf die Koppelung von insgesamt fünf Elementarreaktionen zurückgeführt werden. Die analoge Bildung von Iodwasserstoffgas kann dagegen als Reaktion zweiter Ordnung beschrieben werden: $v = k \cdot c(H_2) \cdot c(I_2)$.

Stoßtheorie Die Gesetzmäßigkeiten für den zeitlichen Verlauf chemischer Reaktionen lassen sich mit Hilfe der *Stoßtheorie* anschaulich erklären. Sie beruht auf den folgenden Grundgedanken:

1. Die Teilchen werden als *starre Körper* angesehen, die sich mit steigender Temperatur immer schneller bewegen.
2. Voraussetzung für eine chemische Reaktion ist ein *Zusammenstoß* der entsprechenden Teilchen.
3. Je *häufiger* Zusammenstöße stattfinden, desto schneller verläuft die Reaktion.
4. Für einen erfolgreichen Zusammenstoß müssen die Teilchen eine bestimmte *Mindestenergie* E_{min} mitbringen.
5. Eine Reaktion tritt nur ein, wenn die Teilchen beim Stoß eine bestimmte *räumliche Orientierung* zueinander haben.

Als einfache Anwendung soll das Zeitgesetz für eine Elementarreaktion zwischen zwei Teilchenarten A und B abgeleitet werden:

Die Anzahl der erfolgreichen Stöße pro Zeiteinheit ist proportional zur Anzahl der Stoßmöglichkeiten zwischen A-Teilchen und B-Teilchen. Stöße zwischen gleichartigen Teilchen sind ohne Bedeutung für die Reaktion. Enthält ein kleines Volumen zwei A-Teilchen und zwei B-Teilchen, so gibt es vier verschiedene A/B-Stoßmöglichkeiten. Verdoppelt man beide Konzentrationen, so sind 16 A/B-Stöße möglich.

Die Reaktionsgeschwindigkeit ist somit proportional zu den Konzentrationen von A und von B, also zum Produkt der beiden Konzentrationen. Mit der Geschwindigkeitskonstanten k als Proportionalitätsfaktor erhält man das *Zeitgesetz einer Reaktion 2. Ordnung*: $v = k \cdot c(A) \cdot c(B)$.

Methode der Anfangsgeschwindigkeit

EXKURS

Für Untersuchungen über den zeitlichen Verlauf chemischer Reaktionen gab es früher (das heißt vor etwa 100 Jahren) nur wenige Möglichkeiten, die Konzentration eines Stoffes fortlaufend zu messen. Trotzdem gelang es, grundlegende Gesetzmäßigkeiten zu erkennen. Eine wichtige Arbeitstechnik war dabei die sogenannte *Methode der Anfangsgeschwindigkeit*. Man ermittelt dabei für eine Reihe unterschiedlicher Ausgangskonzentrationen jeweils die Anfangsgeschwindigkeit v_0. Da zu Beginn einer Reaktion die Konzentration eines Ausgangsstoffs annähernd linear abnimmt, stimmt daher die Tangentensteigung im Zeit/Konzentrations-Diagramm praktisch mit der Sekantensteigung überein. Der Differenzenquotient $\Delta c/\Delta t$ ergibt damit einen guten Näherungswert für die Momentangeschwindigkeit zur Zeit $t = 0$, die *Anfangsgeschwindigkeit* v_0 der Reaktion bei den jeweils gewählten Ausgangskonzentrationen (Abbildung 13.8).

Bei experimentellen Untersuchungen nach diesem Prinzip verwendet man ein Reaktionsgemisch, bei dem ein gut erkennbarer Effekt – z.B. der Farbumschlag eines Indikators – sichtbar wird, sobald sich die Konzentration um einen bestimmten Wert Δc geändert hat. Die zugehörige Reaktionszeit t_R wird gemessen. Reaktionen dieser Art werden traditionell als **Zeitreaktionen** bezeichnet (engl. *clock reactions*).

Als Beispiel betrachten wir die relativ langsam verlaufende Oxidation von Iodid-Ionen durch Peroxodisulfat-Ionen:

$$2\ I^-(aq) + S_2O_8^{2-}(aq) \rightarrow I_2(aq) + 2\ SO_4^{2-}(aq)$$

Um die Zeit Δt zu bestimmen, in der sich eine kleine, aber immer *gleiche* Menge Iod bildet, setzt man verschiedenen Reaktionsgemischen immer die gleiche geringe Menge Thiosulfat ($S_2O_3^{2-}$) zu. Dadurch wird das gebildete Iod in einer sehr schnellen Reaktion sofort wieder umgesetzt:

$$I_2(aq) + 2\ S_2O_3^{2-}(aq) \rightarrow 2\ I^-(aq) + S_4O_6^{2-}(aq)$$

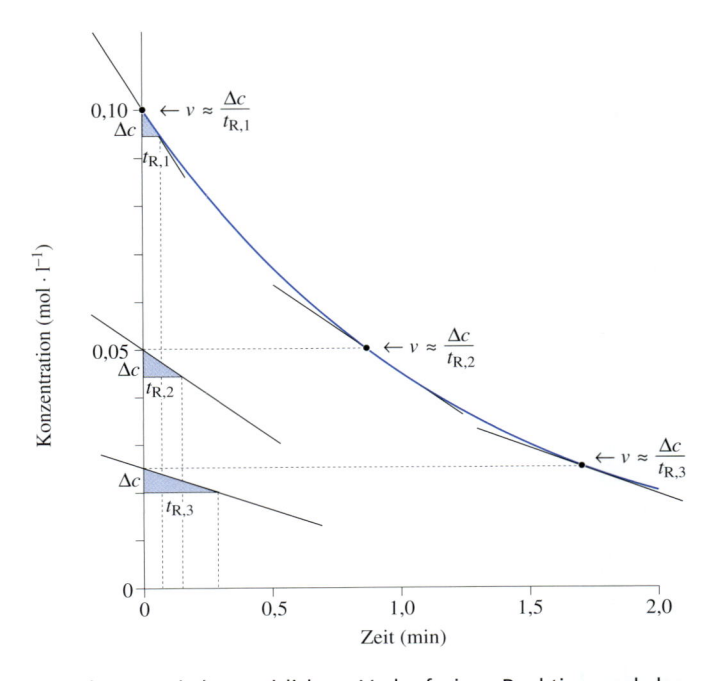

13.8 Zusammenhang zwischen zeitlichem Verlauf einer Reaktion und den nach dem Prinzip der Zeitversuche ermittelten Messwerten am Beispiel einer Reaktion erster Ordnung ($c_0(A) = 0{,}1\ \text{mol} \cdot l^{-1}$). Die durch die blaue Kurve dargestellte Änderung der Konzentration kann nicht kontinuierlich gemessen werden. Die für verschiedene Konzentrationen ermittelten Reaktionszeiten ergeben jedoch Näherungswerte für die Reaktionsgeschwindigkeit bei den betreffenden Konzentrationen.

Erst wenn alles Thiosulfat verbraucht ist, kann Iod mit vorher zugesetzter Stärkelösung zur blauen Iodstärke reagieren. Die Zeit t_R bis zum Auftreten der Blaufärbung wird bestimmt. Für die Anfangsgeschwindigkeit v_0 gilt:

$$v_0 = \frac{\Delta c(I_2)}{\Delta t} = \frac{\text{Konstante}}{t_R}$$

Die Anfangsgeschwindigkeit ist also dem Kehrwert von t_R, der bis zum Auftreten der Blaufärbung gemessenen Zeit, proportional. Die Größe t_R^{-1} ist damit ein Maß für die Anfangsgeschwindigkeit.

Aus einer Reihe von Experimenten lässt sich erkennen, wie die Reaktionsgeschwindigkeit von der Konzentration eines des Ausgangsstoffe abhängt. Man trägt dazu die Kehrwerte der Reaktionszeiten gegen die Konzentration dieses Stoffes auf. Für die als Beispiel betrachtete Reaktion gilt: Die Reaktionsgeschwindigkeit ist proportional zur Konzentration der Iodid-Ionen und auch proportional zur Konzentration der Peroxodisulfat-Ionen. Es handelt sich damit um eine Reaktion 2. Ordnung: $v = k \cdot c(I^-) \cdot c(S_2O_8^{2-})$.

13.3 Warum steigt die Reaktionsgeschwindigkeit mit der Temperatur?

RGT-Regel: **R**eaktions**g**eschwindigkeit/**T**emperatur-Regel

Im Allgemeinen steigt die Reaktionsgeschwindigkeit, und damit auch die Geschwindigkeitskonstante, auf das Zweifache bis Vierfache, wenn man die Temperatur um 10 K erhöht (**RGT-Regel**). Verdoppelte sich die Reaktionsgeschwindigkeit bei einer Erhöhung der Temperatur um 10 K, so würde sie bei einer Temperaturerhöhung um 100 K um den Faktor $2^{10} = 1024$ zunehmen. Schon eine um 2 K erhöhte Temperatur vergrößert die Reaktionsgeschwindigkeit um 15 %. Bei experimentellen Untersuchungen zur Geschwindigkeit chemischer Reaktionen muss deshalb die Temperatur durch einen Thermostaten konstant gehalten werden.

Energieverteilung nach Boltzmann Die RGT-Regel lässt sich verstehen, wenn man die Energie der reagierenden Teilchen betrachtet: Auch bei gleich bleibender Temperatur haben gleichartige Teilchen keineswegs alle die gleiche Geschwindigkeit, es gibt vielmehr ein breites Spektrum von Geschwindigkeiten, die mit unterschiedlicher Häufigkeit auftreten. Man spricht von einer *Geschwindigkeitsverteilung*. Je größer die Geschwindigkeit der Teilchen, desto größer ist ihre kinetische Energie $E_{kin} = \frac{1}{2} m \cdot v^2$.

Multipliziert man die Energie eines Teilchens mit der Avogadro-Konstante N_A, so erhält man die stoffmengenbezogene Energie:
10^{-19} J $\cdot$ 6,022 $\cdot 10^{23}$ mol^{-1}
≈ 60 kJ $\cdot$ mol^{-1}

Boltzmann hat berechnet, wie die Häufigkeitsverteilung der Geschwindigkeiten und Energien von Gasmolekülen von der Temperatur abhängt. Trägt man den Anteil $\Delta N/N$

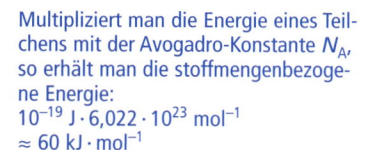

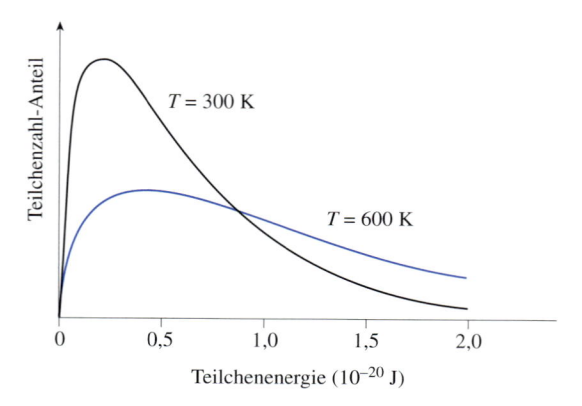

13.9 Energieverteilung für die Teilchen eines Gases bei 300 K und bei 600 K.

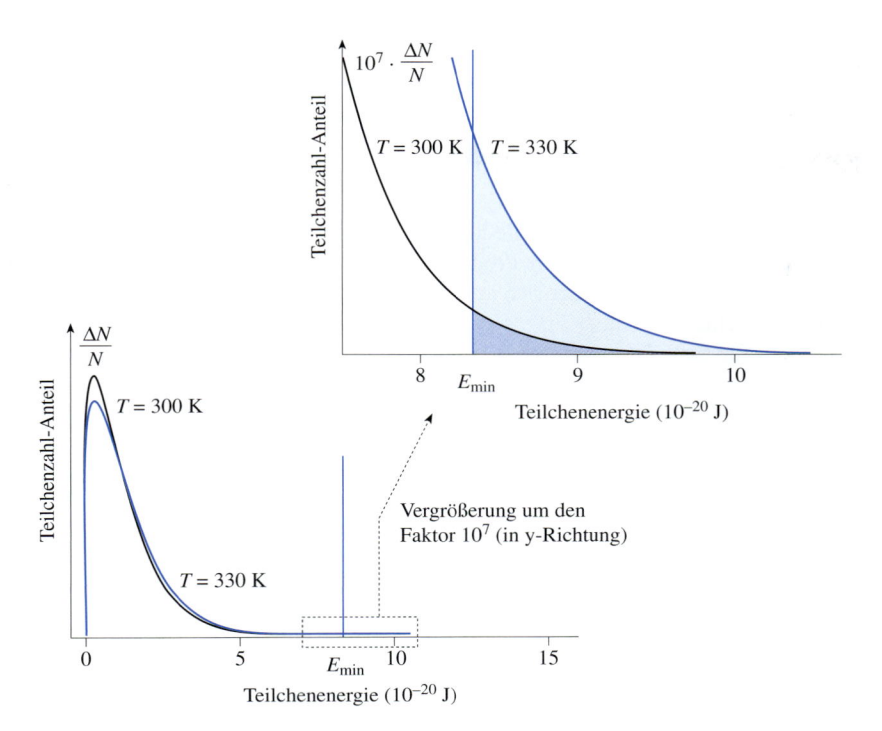

13.10 Nur ein sehr kleiner Anteil aller Teilchen hat die für eine Reaktion erforderliche Mindestenergie E_{min}. Dieser Anteil wächst exponentiell mit der Temperatur.

Häufig wird in grafischen Darstellungen entsprechend Abbildung 13.10 das Problem der Maßstabsänderung übergangen, sodass letztlich ein falsches Bild entsteht: Einerseits wird der Anteil der Teilchen oberhalb der Mindestenergie viel zu groß dargestellt und andererseits erscheint dabei die Mindestenergie viel zu niedrig im Verhältnis zur häufigsten Energie für die zu diskutierende Reaktion.

der Teilchen in einem bestimmten, engen Energieintervall gegen die Energie E auf, so erhält man **Energieverteilungskurven** (Abbildung 13.9). Sie steigen jeweils vom Nullpunkt aus steil an und fallen dann umso langsamer ab, je höher die Temperatur ist. Die mittlere Energie steigt dabei proportional zur Temperatur an.

Mindestenergie Bei vielen chemischen Reaktionen reagieren die Teilchen nur dann miteinander, wenn sie mit einer kinetischen Energie zusammenstoßen, die weit oberhalb der häufigsten Energie liegt. Typisch für viele Reaktionen sind Mindestenergien E_{min} im Bereich von 10^{-19} J pro Teilchen. Das entspricht 50 kJ bis 100 kJ pro Mol. Da die mittlere Bewegungsenergie ($E = ^3/_2\, k \cdot T$) eines Teilchens bei Raumtemperatur nur $6 \cdot 10^{-21}$ J ist, kann nur ein minimaler Bruchteil aller zusammenstoßenden Teilchen reagieren. Bei Erhöhung der Temperatur nimmt dieser Bruchteil stark zu, sodass die Reaktionsgeschwindigkeit exponentiell ansteigt.

In einer grafischen Darstellung von Energieverteilungskurven erkennt man diesen Zusammenhang erst, wenn man den Maßstab im Bereich höherer Teilchenenergien stark verändert. Für das in Abbildung 13.10 gewählte Beispiel sind dazu die Anteile der Teilchen $\Delta N/N$ mit dem Faktor 10^7 multipliziert.

Aktivierungsenergie Arrhenius kam bei seinen Untersuchungen über den Einfluss der Temperatur auf die Reaktionsgeschwindigkeit 1889 zu folgender Erkenntnis: Die Geschwindigkeitskonstante k ändert sich proportional zu einem Faktor $e^{-c/T}$.

Die im Exponenten auftretende Konstante c wurde dann mithilfe der allgemeinen Gaskonstante R physikalisch gedeutet: $c = E_A/R$. Bei E_A handelt es sich um eine reaktionsspezifische Energiegröße, die man als *Aktivierungsenergie* bezeichnet. Da E_A nahezu unabhängig von der Temperatur ist, wird der Wert auf folgende Weise grafisch ermittelt: Man trägt den Logarithmus der Geschwindigkeitskonstante ($\ln k$ oder $\lg k$) gegen den

Das Schlagwort „Aktivierungsenergie" wird häufig auch in sehr elementaren Zusammenhängen benutzt. So spricht man davon, „dass zuerst die Aktivierungsenergie zugeführt werden muss", um eine Reaktion zu starten. Dabei handelt es sich meist um exotherme Reaktionen, die erst dann einsetzen, wenn man erwärmt. Beispiele dafür sind die Reaktionen von Eisenwolle mit Luftsauerstoff und von Eisenpulver und Schwefel oder die Knallgasreaktion. Die erwähnte Sprechweise ist missverständlich: Man gewinnt den Eindruck, dass es sich bei der Aktivierungsenergie um einen bestimmten Energiebetrag handelt, der von außen zugeführt werden muss. Tatsächlich beruht die Wirkung des Erwärmens auf folgendem Zusammenhang: In einem kleinen Teilbereich wird die Temperatur so hoch, dass relativ viele Teilchen die Mindestenergie überschreiten: Die exotherme Reaktion kann dort merklich einsetzen. Die dabei frei werdende Wärme sorgt dafür, dass die Reaktion bei hoher Temperatur vollständig ablaufen kann.

Kehrwert der zugehörigen Temperatur auf. Das ergibt eine Gerade, aus deren Steigung sich E_A berechnen lässt. Ein Beispiel ist in Abbildung 13.11 dargestellt.

Die **Arrhenius-Gleichung** beschreibt, wie die Geschwindigkeitskonstante k von der Temperatur und der Aktivierungsenergie abhängt:

$$k = A \cdot e^{-E_A/RT}$$

Dabei ist $R = 8{,}314$ J·mol^{-1}·K^{-1}, die allgemeine Gaskonstante. Die Konstante A entspricht nach der Stoßtheorie dem Produkt aus der Anzahl der Stöße *(Stoßzahl)* und einem „Orientierungsfaktor", der sich auf die gegenseitige Orientierung der zusammenstoßenden Teilchen bezieht.

Hat man für zwei Temperaturen T_1 und T_2 die Geschwindigkeitskonstanten k_1 und k_2 ermittelt, so lässt sich über die Arrhenius-Gleichung die Aktivierungsenergie der Reaktion berechnen.

Der Name Aktivierungsenergie bezieht sich auf eine Deutung, die auf Arrhenius zurückgeht: *Damit eine Reaktion ablaufen kann, müssen sich zunächst aktivierte Moleküle*

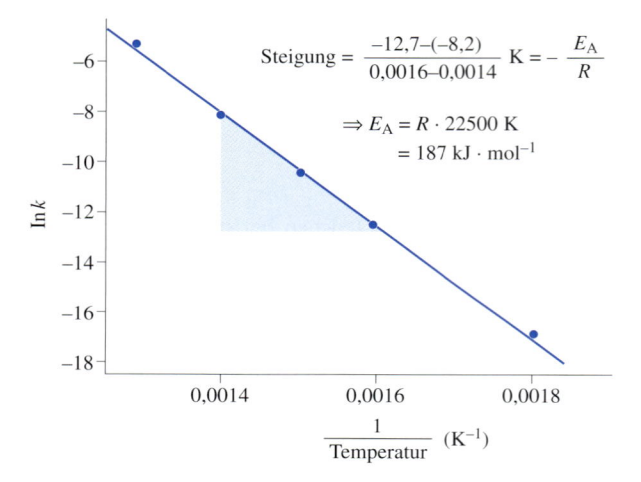

13.11 Grafische Ermittlung der Aktivierungsenergie E_A für den Zerfall von Iodwasserstoff.

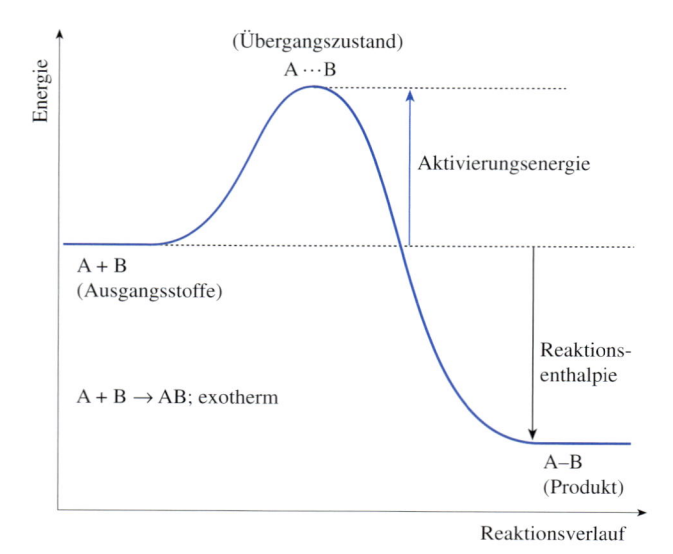

13.12 Energiediagramm für eine exotherme Reaktion.

bilden. Das ist mit der Aufnahme der Aktivierungsenergie E_A verbunden. Offen blieb aber, was man sich unter einem aktivierten Molekül vorstellen soll.

Später ist viel darüber diskutiert worden, wie man die experimentell ermittelte Arrhenius-Aktivierungsenergie auf klare physikalische Grundlagen zurückführen kann. Heute gibt es eine einfache Antwort: Die Aktivierungsenergie entspricht näherungsweise der Mindestenergie E_{min} der zusammenstoßenden Teilchen.

In einer schematisch vereinfachten Darstellung (Abbildung 13.12) wird die Aktivierungsenergie E_A als Energiedifferenz zwischen der mittleren Energie der Ausgangsstoffe und der Energie der bei einem Stoß erfolgreich reagierenden Teilchen („Übergangszustand") eingetragen.

Reaktionen mit sehr kleiner Aktivierungsenergie laufen fast augenblicklich ab. Reaktionen mit sehr großer Aktivierungsenergie sind dagegen so langsam, dass sie praktisch gar nicht ablaufen. Gut verfolgen lassen sich Reaktionen, die innerhalb einiger Sekunden, Minuten oder Stunden ablaufen. Sie haben mittlere Aktivierungsenergien.

Beispiel: Die Geschwindigkeitskonstante verdreifacht sich bei einer Temperaturerhöhung um 10 K:

$T_1 = 300$ K, $T_2 = 310$ K, $k_2/k_1 = 3$

$e^{-E_A/RT_2}/e^{-E_A/RT_1} = 3$

$\Rightarrow \ln 3 = ((1/T_1) - (1/T_2)) \cdot E_A/R$

$\Rightarrow E_A = \left(\dfrac{1}{300 \text{ K}} - \dfrac{1}{310 \text{ K}} \right)^{-1} \cdot R \cdot \ln 3$

$= 85$ kJ·mol^{-1}

Das ist ein typischer Wert für eine mittelgroße Aktivierungsenergie.

Übergangszustand und Aktivierungsenergie

EXKURS

Um 1930 versuchte man, den mithilfe der Schrödinger-Gleichung erreichten Fortschritt bei der Beschreibung der chemischen Bindung auch auf Fragen der Reaktionskinetik anzuwenden. Mit der **Theorie des Übergangszustandes** ergab sich so ein neuer Zugang zum Verständnis der Aktivierungsenergie: Änderungen der Bindungsverhältnisse führen zu einer Änderung der potentiellen Energie: Je fester die Bindungen sind, desto niedriger ist die potentielle Energie. Mit einer von Eyring und Polanyi entwickelten Theorie lässt sich berechnen, wie sich die potentielle Energie ändert, wenn sich die Teilchen einander nähern und dabei verschiedene Bindungszustände durchlaufen. Der Zustand maximaler potentieller Energie wird als **aktivierter Komplex** bezeichnet. Die Geschwindigkeiten, mit denen dieser nicht fassbare *Übergangszustand* gebildet wird und in die Produkte zerfällt, bestimmen die gemessene Geschwindigkeit der Gesamtreaktion.

Die Grundgedanken der Theorie sollen an einem besonders einfachen Beispiel näher erläutert werden. Betrachtet wird die Reaktion von Brom-Molekülen mit Wasserstoff-Atomen:

Br$_2$(g) + H(g) → HBr(g) + Br(g)

Henry **Eyring**, amerikanischer Physikochemiker, 1901-1981; Professor in New Jersey und Salt Lake City.

John Charles **Polanyi**, kanadischer Chemiker und Physiker, geb. 1929; Professor in Toronto, 1986 Nobelpreis für Chemie mit D. R. Herschbach und Y. T. Lee (für ihre Beiträge zur Dynamik chemischer Elementarprozesse).

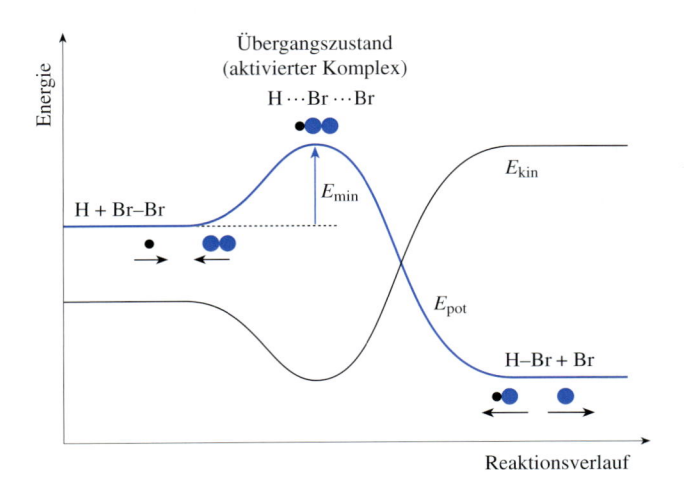

13.13 Der aktivierte Komplex – ein Zustand maximaler potentieller Energie und minimaler kinetischer Energie.

Zunächst bewegen sich die Teilchen in größerem Abstand unabhängig voneinander mit einer bestimmten Geschwindigkeit, die einer bestimmten kinetischen Energie entspricht ($E = \frac{1}{2} m \cdot v^2$). Um miteinander reagieren zu können, müssen die Teilchen zusammenstoßen. Während sie sich annähern und ihre Elektronenhüllen in Wechselwirkung treten, sinkt die kinetische Energie und wird in potentielle Energie umgewandelt. Schließlich bildet sich der aktivierte Komplex aus drei Atomen: [H···Br···Br]. Er ist durch ein Minimum der kinetischen Energie und ein Maximum der potentiellen Energie charakterisiert (Abbildung 13.13).

In einer Zeitspanne von etwa 10^{-13} s nähern sich nun das Wasserstoff-Atom und ein Brom-Atom bis auf den Bindungsabstand. Gleichzeitig entfernen sich die beiden Br-Atome voneinander und die Bindung zwischen ihnen wird schwächer. Diese Vorgänge sind mit der Umwandlung von potentieller Energie in kinetische Energie verknüpft. Im Endzustand liegen ein Bromwasserstoff-Molekül und ein Brom-Atom vor.

Zu einer solchen Reaktion kann es nur kommen, wenn die ursprüngliche kinetische Energie der Teilchen mindestens so groß ist wie der für die Bildung des aktivierten Komplexes notwendige Zuwachs an potentieller Energie. Die Änderung der potentiellen Energie spiegelt die Änderung der Bindungsverhältnisse wider: Die H/Br-Bindung ist fester als die Br/Br-Bindung. Die Produkte (HBr + Br) weisen daher eine geringere potentielle Energie auf als die ursprünglichen Teilchen (H + Br_2). Dem entsprechend haben die Produktteilchen eine höhere kinetische Energie. Läuft eine solche Reaktion mit vielen Teilchen ab, so erwärmt sich das Gemisch, und das System kann Energie an die Umgebung abgeben. Der in Abbildung 13.13 für einzelne Teilchen gezeigte Zusammenhang lässt sich auch auf ein makroskopisches System, d.h. ein System mit sehr vielen Teilchen, übertragen. Für die freien Enthalpien des Systems ergibt sich dann ein ähnlicher Verlauf wie für die potentielle Energie einzelner reagierender Teilchen (Abbildung 13.14).

Die experimentell ermittelte *Aktivierungsenergie* E_A entspricht damit dem *mittleren* Zuwachs an potentieller Energie für den Übergangszustand.

Das Maximum der potentiellen Energie für den aktivierten Komplex bedeutet anschaulich eine *Energiebarriere* für die Reaktion. Sie kann nur von genügend energiereichen Teilchen überwunden werden. Je höher die Energiebarriere ist, desto weniger Teilchen gelangen hinüber, umso kleiner wird die Reaktionsgeschwindigkeit.

Solche Reaktionen mit hoher Aktivierungsenergie laufen erst dann mit merklicher Geschwindigkeit ab, wenn man die Ausgangsstoffe erwärmt. Beispiele sind die Reaktion von Eisen mit Schwefel und die Verbrennung von Holzkohle mit Luftsauerstoff.

Schnell ablaufende Reaktionen haben eine geringe Aktivierungsenergie. Dazu zählen vor allem Ionenreaktionen in wässeriger Lösung wie die Fällung von Silberchlorid oder die Neutralisation.

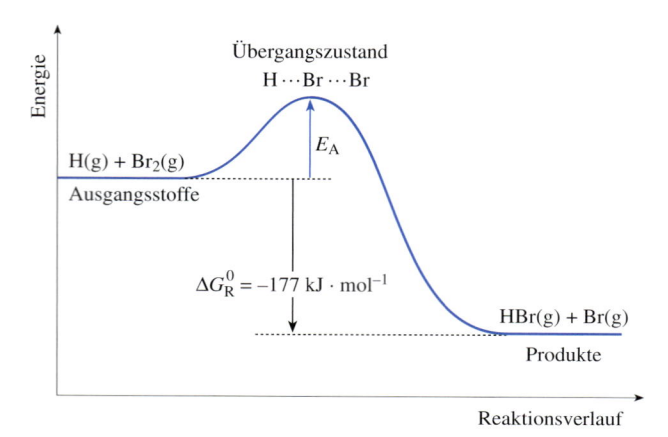

13.14 Energiediagramm für die Reaktion von Wasserstoff-Atomen mit Brom-Molekülen.

Explosion und Detonation

EXKURS

Zündet man aus einem Glasrohr ausströmendes Wasserstoffgas, so verbrennt es problemlos mit dem Sauerstoff der Luft:

$$2\,H_2(g) + O_2(g) \rightarrow 2\,H_2O(g); \quad \Delta H_R^0 = -484\,\text{kJ}\cdot\text{mol}^{-1}$$

Mischt man jedoch Wasserstoff mit Luft, so führt eine Zündung zu einem explosionsartigen Verlauf der Reaktion, man spricht deshalb auch von einer Knallgasreaktion. Ganz ähnlich verhält sich ein Erdgas/Luft-Gemisch: Strömt Erdgas aus einer defekten Gasleitung in einen Keller, so kann der kleinste Funke eine Explosion auslösen und das Gebäude zum Einsturz bringen.

Typisch für den Ablauf solcher Reaktionen auf molekularer Ebene ist eine Folge von Reaktionsschritten, an denen Radikale beteiligt sind, also Atome oder mehratomige Teilchen mit einem ungepaarten Elektron. Bei jedem Reaktionsschritt bildet sich mindestens ein neues Radikal, das wiederum rasch unter Bildung eines Radikals weiterreagiert. Insgesamt handelt es sich damit um eine *Kettenreaktion*. Ein explosionsartiger Verlauf ist zu erwarten, wenn sich die Anzahl der Radikale im Verlauf der Reaktion stark vergrößert. Man spricht dann von einer *verzweigten Kettenreaktion*. Ausgelöst wird der Reaktionsablauf durch eine *Startreaktion*. Im Falle der Knallgasreaktion ist es die Spaltung von Wasserstoff-Molekülen im Bereich des Zündfunkens:

$$H_2 \rightarrow 2\,H$$

Aufgrund der folgenden Reaktionen wächst die Anzahl der Radikale in dem H_2/O_2-Gemisch lawinenartig an (Abbildung 13.15):

$$H + O_2 \rightarrow OH + O$$
$$O + H_2 \rightarrow OH + H$$
$$OH + H_2 \rightarrow H_2O + H$$

Prinzipiell könnte ein einziges Wasserstoff-Atom eine Explosion auslösen.

Bei der Zündung von Feststoffen, die als Sprengstoffe genutzt werden, entstehen in kürzester Zeit große Mengen an heißen Gasen, die am Ort ihrer Entstehung zunächst

Vereinigen sich radikalische Teilchen, die im Verlauf einer Kettenreaktion gebildet wurden, zu einem stabilen Molekül, so spricht man von einer *Abbruchreaktion*. Solche Reaktionen können dazu führen, dass die Anzahl der Radikale nicht weiter zunimmt. So ist in einem Knallgasgemisch bei kleinen Drücken (≈ 2 hPa) die mittlere freie Weglänge der Gasteilchen so groß, dass die Radikale überwiegend mit der Wand des Gefäßes reagieren. Eine Explosion bleibt deshalb aus.

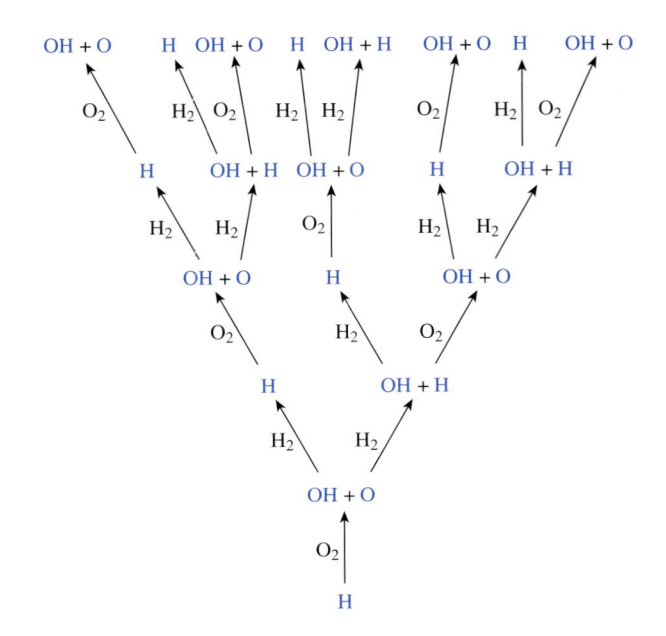

13.15 Die Knallgasreaktion – eine verzweigte Kettenreaktion: Die Anzahl reaktiver Teilchen (blau) wächst exponentiell an. (Die gleichzeitig entstehenden H_2O-Moleküle sind nicht aufgeführt.)

> Allgemein spricht man von einer Detonation, wenn sich eine Explosion mit einer Geschwindigkeit von mehr als 2 000 m · s^{-1} fortpflanzt.

unter extrem hohem Druck stehen. Dadurch kann eine Stoßwelle ausgelöst werden, die sich mit Überschallgeschwindigkeit ausbreitet. Der Sprengstoff erhitzt sich dabei in der Reaktionszone bis auf Temperaturen um 6 000 K und die Reaktion schreitet extrem schnell fort. Einen Reaktionsverlauf dieser Art bezeichnet man als *Detonation*. Um die Detonation eines Sprengstoffes wie TNT (*Trinitrotoluol*) gezielt auszulösen, benötigt man eine Zündvorrichtung, die einen Sprengstoff enthält, der leicht durch einen Schlag zur Reaktion gebracht werden kann. Ein bekanntes Beispiel für einen solchen Initialsprengstoff ist Bleiazid (Pb(N$_3$)$_2$). Ohne diese Initialzündung brennen die meisten Sprengstoffe lediglich mit mäßiger Geschwindigkeit ab.

13.4 Katalyse

Der heute zur Alltagssprache gehörige Begriff des Katalysators (griechisch *katalyein*, auflösen, zersetzen) wurde 1835 von Berzelius eingeführt. Einfach gesagt ist ein **Katalysator** ein Stoff, der eine chemische Reaktion beschleunigt, ohne dabei selbst verbraucht zu werden. Man unterscheidet zwischen *homogener und heterogener Katalyse*, je nachdem, ob der Katalysator in dem gleichen Aggregatzustand vorliegt wie die reagierenden Stoffe oder in einem anderen. Als einfaches Beispiel betrachten wir den Zerfall von Wasserstoffperoxid in wässeriger Lösung:

$$2\ H_2O_2(aq) \rightarrow 2\ H_2O(l) + O_2(g); \quad \Delta H_R^0 = -196\ kJ \cdot mol^{-1}$$

Diese Reaktion verläuft im Allgemeinen sehr langsam; erst nach Tagen oder Wochen zeigen sich Sauerstoffbläschen in der Lösung. Gibt man jedoch etwas Kaliumiodid-Lösung oder Braunstein (MnO$_2$) hinzu, so schäumt die Mischung auf und die Reaktion ist in kurzer Zeit beendet. Erklären lässt sich die reaktionsbeschleunigende Wirkung von Katalysatoren folgendermaßen: In Anwesenheit des Katalysators ergibt sich für die reagierenden Teilchen ein Reaktionsweg mit einer geringeren Aktivierungsenergie (Abbildung 13.16). Der Anteil aller Teilchen, die bei einer bestimmten Temperatur reagieren können, ist deshalb wesentlich größer als bei der nicht katalysierten Reaktion. Der Katalysator ist an der Bildung des aktivierten Komplexes beteiligt, liegt aber nach Ablauf der Reaktion unverändert vor.

> Die Aktivierungsenergie für den Zerfall von Wasserstoffperoxid beträgt 76 kJ · mol^{-1}. In Anwesenheit von Iodid-Ionen ergibt sich dagegen eine Aktivierungsenergie von 57 kJ · mol^{-1}. Die Geschwindigkeit der Zerfallsreaktion steigt um den Faktor 2 000.

Katalysatoren haben eine außerordentliche Bedeutung für die chemische Industrie. Man schätzt, dass bei mehr als 80 % aller erzeugten Produkte Katalysatoren eingesetzt werden: Nur so lassen sich ausreichend hohe Reaktionsgeschwindigkeiten erreichen.

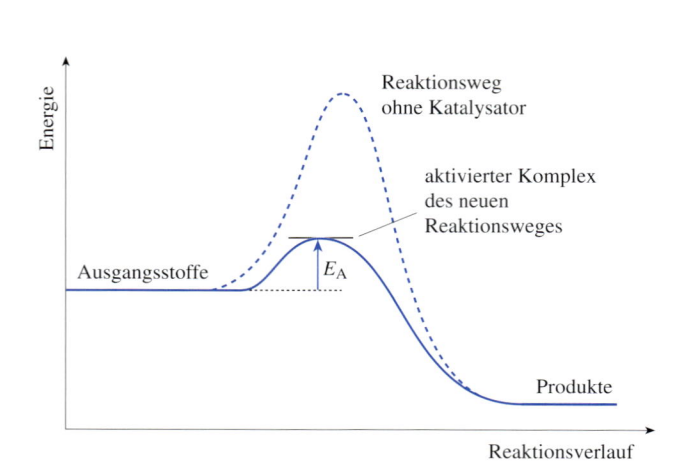

13.16 Ein Katalysator ermöglicht einen Reaktionsweg mit geringerer Aktivierungsenergie. Katalysierte Reaktionen verlaufen häufig in mehreren Schritten, sodass verschiedene Übergangszustände nacheinander durchlaufen werden.

Gleichzeitig sinken die Produktionskosten, weil bei niedrigeren Drücken und niedrigeren Temperaturen gearbeitet werden kann. Typische Beispiele sind die Synthese von Ammoniak, von Schwefelsäure oder Salpetersäure sowie die Weiterverarbeitung von Erdölfraktionen zu Kraftstoffen oder zu Ausgangsprodukten für organisch-chemische Synthesen.

Inhibitoren Einen Stoff, der den Ablauf einer chemischen Reaktion verlangsamt oder praktisch vollständig hemmt, bezeichnet man allgemein als Inhibitor. Ein Beispiel für die praktische Nutzung von Inhibitoren ist die Verwendung von *Antioxidantien*, um die Haltbarkeit von sauerstoffempfindlichen Lebensmitteln zu erhöhen. Auch bei technischen Produkten wie Ölen, Fetten, Lacken oder Kunststoffen werden unerwünschte Reaktionen vielfach durch den Zusatz von Inhibitoren gehemmt. In diesem Zusammenhang spricht man häufig auch von *Stabilisatoren*. Als *Korrosionsinhibitoren* verwendet man Stoffe, die auf der Oberfläche von Metallen dünne Deckschichten bilden und dadurch die Korrosion hemmen.

Hinweis: Nähere Informationen zur Durchführung wichtiger katalytischer Prozesse folgen in den Kapiteln zur Chemie der betreffenden Elemente. Neben wichtigen Synthesen werden auch einige für den Umweltschutz wichtige Verfahren zur Verminderung des Schadstoffausstoßes besprochen, insbesondere die Reaktionen im Autoabgaskatalysator und bei der sogenannten Rauchgasentstickung (Abschnitt 19.2).

Autokatalyse Reaktionen werden nicht selten durch eines der gebildeten Reaktionsprodukte beschleunigt. Eine solche *Autokatalyse* tritt vor allem bei Redoxreaktionen in wässeriger Lösung auf. Ein typisches Beispiel ist die Reduktion von Permanganat-Ionen (MnO_4^-) durch Oxalsäure (($COOH)_2$) in einer stark sauren Lösung:

$$2\ MnO_4^-(aq) + 5\ (COOH)_2(aq) + 6\ H^+(aq) \rightarrow 2\ Mn^{2+}(aq) + 10\ CO_2(aq) + 8\ H_2O(l)$$
  violett   farblos

Selbst mit einem hohen Überschuss an Oxalsäure ändert sich die Farbe der Lösung zunächst nur wenig, die Reaktion verläuft anfänglich also nur sehr langsam (Abbildung 13.17).

Die Geschwindigkeit der Reaktion nimmt jedoch allmählich zu. Ursache ist die katalytische Wirkung der durch die Reaktion gebildeten Mn^{2+}-Ionen. Fügt man dem Reaktionsgemisch gleich zu Beginn einige Tropfen $MnSO_4$-Lösung zu, verläuft die Reaktion dem entsprechend von Anfang an wesentlich schneller.

Enzymatische Katalyse Lebensnotwendige Katalysatoren sind die an allen Stoffwechselprozessen beteiligten **Enzyme** (griechisch *enzymos*, Sauerteig). Sie gehören zu den makromolekularen Eiweißstoffen, den Proteinen. Bekannte Beispiele für solche *Biokatalysatoren* sind die für den Abbau der Nährstoffe notwendigen Enzyme: *Lipasen*

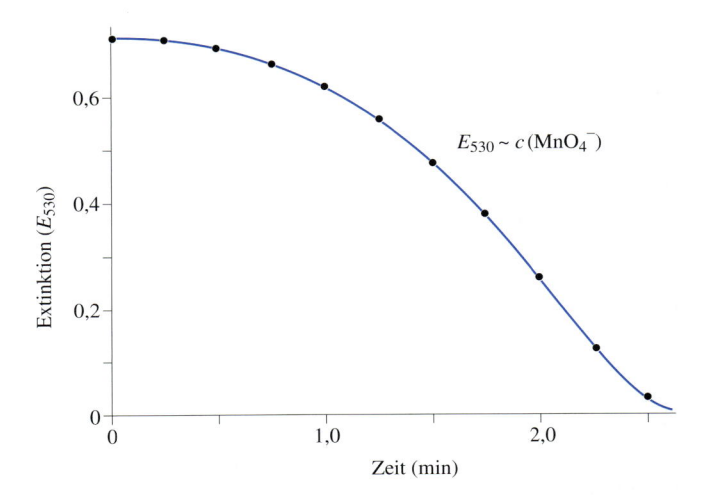

13.17 Konzentrationsänderung bei einer autokatalytisch beschleunigten Reaktion.

ermöglichen die Spaltung von Fetten, und mithilfe von *Amylase* wird Stärke zu Maltose abgebaut. *Chymotrypsin* katalysiert die Zerlegung von Eiweißstoffen in Aminosäure-Moleküle.

In all diesen Fällen handelt es sich um Hydrolysereaktionen, denn bei der Spaltung einer Bindung wird jeweils ein Wasser-Molekül als Reaktionspartner benötigt.

ÜBUNGEN

13.1 Warum bezieht man sich bei der Angabe der Geschwindigkeit von Reaktionen, bei denen ein Gas entsteht, nicht auf das Volumen des Gases, sondern auf die Konzentration eines der in Lösung vorliegenden Reaktionspartner?

13.2 Folgende Reaktionen haben sich als Elementarreaktionen erwiesen:
a) $CO(g) + NO_2(g) \rightarrow CO_2(g) + NO(g)$,
b) $2\ NOCl(g) \rightarrow 2\ NO(g) + Cl_2(g)$,
c) $2\ NO_2(g) \rightarrow N_2O_4(g)$.
Geben Sie jeweils das Zeitgesetz und die Reaktionsordnung an.

13.3 Im Falle der Entfärbung von Kristallviolett mit überschüssiger Natronlauge spricht man von einer Reaktion pseudo-erster Ordnung.
Erläutern Sie den Sinn dieser Bezeichnung.

13.4 In der Atmosphäre wird das aus Abgasen und aus Vulkanen stammende Schwefeldioxid durch Sauerstoff-Atome oxidiert.
In der Fachliteratur wird für diese Reaktion die folgende Reaktionsgleichung formuliert:
$SO_2(g) + O(g) + M(g) \rightarrow SO_3(g) + M(g)$
Dabei bedeutet M ein beliebiges Molekül (vor allem N_2 und O_2), das als Stoßpartner an der Reaktion beteiligt ist.
a) Welche Reaktionsordnung ergibt sich in der Atmosphäre?
b) Welche Funktion erfüllt der Stoßpartner für den Ablauf der Reaktion? Berücksichtigen Sie die Bindungsenthalpie einer S/O-Bindung im SO_2-Molekül ($435\ kJ \cdot mol^{-1}$) und die Reaktionsenthalpie ($-348\ kJ \cdot mol^{-1}$).
c) Wie können Sauerstoff-Atome in der Atmosphäre gebildet werden?

13.5 Die folgende Reaktion wird durch Mn^{2+}-Ionen katalysiert:
$2\ Ce^{4+}(aq) + Tl^{+}(aq) \rightarrow 2\ Ce^{3+}(aq) + Tl^{3+}(aq)$
Die Katalysatorwirkung beruht auf dem leichten Wechsel des Mangans von der Oxidationsstufe II über III nach IV. Geben Sie die Schritte der katalytischen Reaktion an.

13.6 Geben Sie für die Reaktion $N_2(g) + 3\ H_2(g) \rightleftharpoons 2\ NH_3(g)$ alle drei Möglichkeiten an, wie man die Reaktionsgeschwindigkeiten ausdrücken kann. Welche Beziehung besteht zwischen den drei Reaktionsgeschwindigkeiten?
Welche Einheit hat die Reaktionsgeschwindigkeit?

13.7 Für eine Reaktion wurden bei zwei verschiedenen Temperaturen Geschwindigkeitskonstanten k experimentell ermittelt:
$k_1 = 1 \cdot 10^{-3}\ s^{-1}$ bei 300 K
$k_2 = 4{,}6 \cdot 10^{-3}\ s^{-1}$ bei 310 K
Berechnen Sie die Aktivierungsenergie für die Reaktion.

13.8 Brom oxidiert Ameisensäure zu Kohlenstoffdioxid:
$HCOOH(aq) + Br_2(aq) \rightarrow CO_2(g) + 2\ H^{+}(aq) + 2\ Br^{-}(aq)$
Die Anfangskonzentration von Brom ist $c = 10^{-2}\ mol \cdot l^{-1}$. Nach 50 s ist sie um 1/10 gefallen.
a) Geben Sie die Reaktionsgeschwindigkeit bezogen auf die Abnahme der Br_2-Konzentration an.
b) Wie groß ist die Reaktionsgeschwindigkeit bezogen auf die Bildung von Hydronium-Ionen?

13.9 Eine saure Wasserstoffperoxid-Lösung oxidiert Iodid-Ionen zu Iod:
$H_2O_2(aq) + 2\ I^{-}(aq) + 2\ H^{+}(aq) \rightarrow 2\ H_2O(l) + I_2(aq)$

Die Konzentration von Iod nimmt in 5 s von 0 auf 10^{-5} mol·l^{-1} zu.

a) Wie groß ist die Reaktionsgeschwindigkeit in Bezug auf die Zunahme der Iodkonzentration $v(I_2)$?

b) Geben Sie die Reaktionsgeschwindigkeit in Bezug auf Wasserstoffperoxid an: $v(H_2O_2)$?

c) Wie groß ist die Reaktionsgeschwindigkeit $v(I^-)$?

13.10 Stickstoffmonoxid wird durch Wasserstoff reduziert. Die Untersuchung des zeitlichen Verlaufs bei 1000 K führte zu dem Zeitgesetz $v = k \cdot c^2(NO) \cdot c(H_2)$.

Schlagen Sie einen Reaktionsmechanismus vor, der mit dem Zeitgesetz vereinbar ist. Als Zwischenstufen können N_2O_2 und N_2O angenommen werden.

Wasserstoff, das erste Element des Periodensystems, lässt sich keiner bestimmten Gruppe zuordnen. Tatsächlich ist die Chemie dieses Elements einzigartig, und überall spielt Wasserstoff eine entscheidende Rolle. So besteht das Universum überwiegend aus Wasserstoff-Atomen, und ohne Wasserstoffverbindungen gäbe es keine Lebewesen. Überdies sind einige Wasserstoffverbindungen und elementarer Wasserstoff wirtschaftlich bedeutende Chemierohstoffe und Energieträger.

Wasserstoff 14

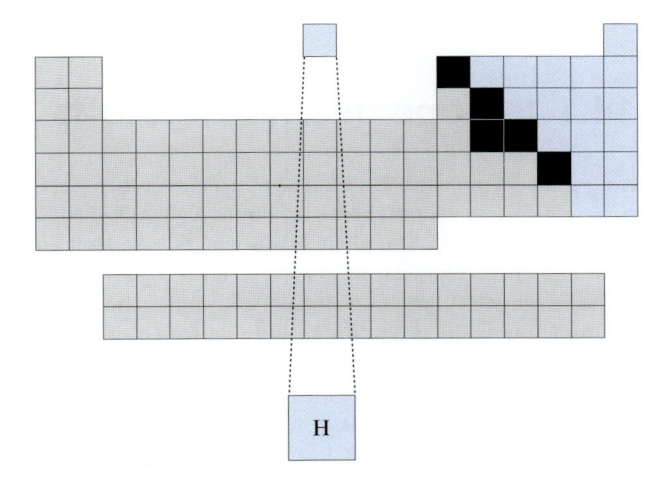

Kapitelübersicht

14.1 Isotope des Wasserstoffs
  Exkurs: Isotope in der Chemie
  Exkurs: NMR-Spektroskopie
14.2 Eigenschaften des Wasserstoffs
Exkurs: Wasserstoff als Treibstoff
14.3 Hydride
  Exkurs: Wasserstoffbrückenbindung und MO-Modell
14.4 Wasser und Wasserstoffbrückenbindungen
14.5 Die wichtigsten Reaktionen im Überblick

Harold Clayton **Urey**, amerikanischer Chemiker, 1893–1981; Professor in New York, Chicago und San Diego, 1934 Nobelpreis für Chemie (für die Entdeckung des Deuteriums).

Frederick **Soddy**, britischer Chemiker, 1877–1956; Professor in Aberdeen und Oxford, 1921 Nobelpreis für Chemie (für die Arbeiten über Vorkommen und Natur der Isotope und Untersuchungen radioaktiver Stoffe).

Elementarer Wasserstoff wurde schon vor mehr als 200 Jahren hergestellt und als brennbares Gas beschrieben. Seit langem weiß man auch, dass in diesem Gas zweiatomige Moleküle (H_2) vorliegen. Dass verschiedene Wasserstoff-Isotope existieren, ist jedoch eine neuere Entdeckung: 1931 gab eine genaue Bestimmung der Atommasse einen Hinweis darauf, dass es verschiedene Isotope von Wasserstoff geben könne. An der Columbia University in New York beschloss Harold C. Urey, die Isotope zu trennen. Er nutzte dabei die Tatsache, dass die Siedetemperaturen chemisch ähnlicher Stoffe von der molaren Masse abhängen. Urey verdampfte ungefähr fünf Liter flüssigen Wasserstoff, in der Hoffnung, dass die letzten zwei Milliliter einen außergewöhnlich hohen Anteil an schwereren Isotopen enthalten würden. Die Ergebnisse bestätigten seine These. Die molare Masse der restlichen Flüssigkeit war etwa doppelt so groß wie die des normalen Wasserstoffs. Das so entdeckte Wasserstoff-Isotop wurde *Deuterium* genannt. Frederick Soddy, der das Konzept der Isotope entwickelt hatte, wollte aber nicht glauben, dass dieses Deuterium ein Isotop des Wasserstoffs sei. Nach der von ihm gegebenen Definition sollten sich Isotope nämlich nicht voneinander trennen lassen. Trotz Soddys Bedenken erhielt Urey für seine Entdeckung beträchtliche Anerkennung, die 1934 in der Verleihung des Nobelpreises für Chemie gipfelte. Ironischerweise zeigte sich im Nachhinein, dass die früheren Bestimmungen der Atommasse fehlerhaft gewesen waren. Genaugenommen lieferten sie keinerlei Beleg für die Existenz von Wasserstoff-Isotopen. Ureys Forschung ging also – auch wenn sie letztendlich erfolgreich war – von fehlerhaften Informationen aus.

14.1 Isotope des Wasserstoffs

Aufgrund der großen Massenunterschiede zwischen den Wasserstoff-Isotopen zeigen sich signifikante Unterschiede in ihren physikalischen Eigenschaften und zum Teil auch im chemischen Verhalten. Natürlicher Wasserstoff enthält neben den Atomen des „gewöhnlichen" Wasserstoffs (99,985%) auch Deuterium-Atome (0,015%), deren Atomkerne aus einem Proton und einem Neutron bestehen. Das radioaktive *Tritium* mit zwei Neutronen und einem Proton im Kern ist außerordentlich selten; auf 10^{18} Wasserstoff-Atome entfällt nur ein Tritium-Atom.

Wasserstoff ist das einzige Element, bei dem für die Isotope unterschiedliche Symbole verwendet werden: H für Wasserstoff, D für Deuterium und T für Tritium. Mit steigender Masse der Isotope steigen für die molekularen Stoffe H_2, D_2 und T_2 sowohl die Siedetemperaturen als auch die Bindungsenthalpien der Moleküle deutlich an (Tabelle 14.1).

Bindungen von Deuterium und Tritium zu Atomen anderer Elemente sind ebenfalls stärker als die von gewöhnlichem Wasserstoff. Bei der Elektrolyse von Wasser zu Sauerstoff- und Wasserstoffgas lassen sich beispielsweise die O/H-Bindungen leichter aufbrechen als die O/D-Bindungen. Die verbleibende Flüssigkeit enthält daher einen höheren Anteil an „schwerem" Wasser, dem Deuteriumoxid (D_2O). Werden 30 l Wasser bis auf wenige Milliliter elektrolysiert, so enthält die verbleibende Flüssigkeit ungefähr 99% Deuteriumoxid. Dieses schwere Wasser (D_2O) und gewöhnliches Wasser unterscheiden sich in all ihren physikalischen Eigenschaften. So schmilzt Deuteriumoxid bei 3,8°C und siedet bei 101,4°C. Seine Dichte ist bei allen Temperaturen um ungefähr 10% größer

Tabelle 14.1 Physikalische Eigenschaften von H_2, D_2 und T_2

Molekül	molare Masse (g · mol^{-1})	Siedetemperatur (°C)	Bindungsenthalpie (kJ · mol^{-1})
H_2	2,02	−253,5	436
D_2	4,03	−249,2	443
T_2	6,03	−248,0	447

Isotope in der Chemie

EXKURS

Wenn es um die Chemie der Elemente geht, wird der Effekt unterschiedlicher Isotope auf chemische Reaktionen nur selten angesprochen. Solche Effekte sind jedoch gerade im Fall des Wasserstoffs von erheblicher Bedeutung. Die relativ großen Massenunterschiede zwischen den Isotopen können sich deutlich auf die Reaktionsgeschwindigkeit und auf die Lage des Gleichgewichts auswirken: Bindungen zu leichteren Isotopen eines Elements sind leichter aufzubrechen als die entsprechenden Bindungen zu schwereren Isotopen. Das schwerere Isotop eines Elements wird daher Bindungspartner bevorzugen, mit denen es stärker gebunden ist. In der Natur kommt beispielsweise das schwerere Isotop des Schwefels (^{34}S) in Sulfiden seltener vor als in Sulfaten, in denen das Schwefel-Atom vier starke kovalente Bindungen zu Sauerstoff-Atomen hat.

Die folgende Reaktion ist ein einfaches Beispiel für einen Isotopeneffekt bei einer chemischen Reaktion:

$$HD(g) + H_2O(g) \rightleftharpoons H_2(g) + HDO(g)$$

In Abbildung 14.1 sind die Energien für die vier verschiedenen Spezies graphisch dargestellt. Man erkennt, dass Deuterium mit Sauerstoff eine stärkere Bindung eingeht als mit Wasserstoff. Die Kombination HDO/H_2 ist daher energetisch bevorzugt. Mit anderen Worten: das Gleichgewicht liegt auf der rechten Seite und das Wasser wird mit Deuterium angereichert. Bei der Elektrolyse von Wasser mit anfänglich recht kleinem Deuteriumgehalt werden dementsprechend fast ausschließlich H_2-Moleküle gebildet. Der Deuteriumgehalt des restlichen Wassers steigt immer weiter an, bis nahezu reines D_2O vorliegt.

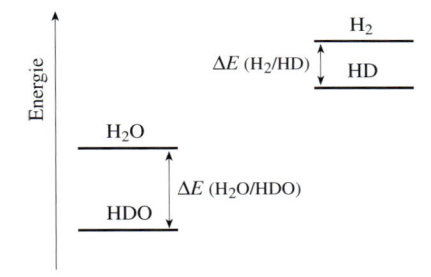

14.1 Darstellung der relativen Energien des Wasserstoff/Wasser-Gleichgewichts für Wasserstoff und Deuterium.

Ein weiteres Element, in dem Isotopeneffekte besonders wichtig sind, ist Kohlenstoff. Der Anteil an ^{13}C variiert zwischen 0,99 % und 1,10 %, je nach Kohlenstoffquelle. Wenn Kohlenstoffdioxid von Pflanzen aufgenommen und durch den Photosyntheseprozess in Zucker umgewandelt wird, führen Unterschiede in den Reaktionswegen zu unterschiedlichen ^{13}C-Anteilen. Über das ^{13}C/^{12}C-Verhältnis lässt sich daher beispielsweise feststellen, ob eine Zuckerprobe aus Zuckerrüben oder aus Zuckerrohr gewonnen wurde. Solche Untersuchungen des Isotopenverhältnisses sind für die Qualitätsüberwachung bei Nahrungsmitteln unersetzlich geworden. Es lässt sich auf diese Weise beispielsweise feststellen, ob Honig oder Wein mit einer billigen Zuckerlösung verlängert wurde. Auch im Chemielabor gibt es viele Anwendungen für Isotopeneffekte, von denen hier nur die Messung der Infrarotabsorptionsfrequenz genannt sei, die deutlich von den Massen der an der Schwingung beteiligten Atome (Isotope) abhängt.

als die des Wassers. Daher gehen Eiswürfel aus schwerem Wasser bei 0°C in normalem Wasser unter. Deuteriumoxid wird als Lösemittel verwendet, wenn die Wasserstoff-Atome gelöster Stoffe untersucht werden sollen, ohne dass deren Eigenschaften von denen des wässerigen Lösemittels überdeckt werden. Um Reaktionsschritte zu untersuchen, an denen Wasserstoff-Atome beteiligt sind, lassen sich *deuterierte Verbindungen* einsetzen, in denen die Wasserstoff-Atome durch Deuterium-Atome substituiert sind.

Tritium ist ein radioaktives Isotop mit einer Halbwertszeit von 12,4 Jahren. Es bildet sich in der Stratosphäre durch Kernreaktionen, die durch kosmische Strahlung ausgelöst werden.

Ein Beispiel ist die folgende Reaktion:

$$^{14}_{7}N + ^{1}_{0}n \rightarrow ^{3}_{1}T + ^{12}_{6}C$$

Technisch wird Tritium durch Neutronenbeschuss in Kernreaktoren erzeugt. Ausgangsstoff ist metallisches Lithium, in dem durch Verfahren der Isotopentrennung das seltenere Nuklid $^{6}_{3}Li$ hoch angereichert ist:

$$^{6}_{3}Li + n \rightarrow ^{4}_{2}He + ^{3}_{1}T$$

Das Isotop zerfällt zu dem seltenen Helium-Isotop $^{3}_{2}He$:

$$^{3}_{1}T \rightarrow ^{3}_{2}He + e^{-}$$

Nach Tritium besteht eine große Nachfrage, denn in der medizinischen Diagnostik werden tritiumhaltige Wasserstoffverbindungen eingesetzt. Das Tritium-Atom dient dabei als *Tracer* (engl. *trace*, Spur): Bei seinem radioaktiven Zerfall sendet das Isotop Elektronen niedriger Energie (β-Strahlen) aus, es werden daher nur minimale Gewebeschäden verursacht. Diese Elektronen können jedoch durch ein Zählgerät erfasst und das Stoffwechselverhalten sowie die Verteilung der eingesetzten Verbindung verfolgt werden. Hauptverbraucher von Tritium sind aber die Länder, die über Wasserstoffbomben (genauer: Tritiumbomben) verfügen.

Die geringe Halbwertszeit von Tritium stellt für militärische Anwendungen ein Problem dar, denn der Tritiumgehalt in Nuklearsprengköpfen verringert sich und sinkt im Laufe der Zeit unter die zur Fusion notwendige Grenze. Daher müssen solche Sprengköpfe von Zeit zu Zeit „aufgetankt" werden, wenn sie einsatzfähig bleiben sollen.

EXKURS: NMR-Spektroskopie (Kernresonanz-Spektroskopie)

Eine der leistungsfähigsten Methoden zur Untersuchung molekularer Strukturen ist die *NMR-Spektroskopie*. Der Name leitet sich von der englischen Bezeichnung *nuclear magnetic resonance spectroscopy* ab (Kernresonanz).
Die Technik beruht auf der Untersuchung des Kernspins. Neben den Elektronen haben auch Protonen und Neutronen einen Spin von +½ oder –½. In einem Atomkern gibt es vier Kombinationsmöglichkeiten für die Kernbausteine (Nukleonen): gerade Anzahl an Protonen und Neutronen (gg); ungerade Anzahl an Protonen und gerade Anzahl an Neutronen (ug); gerade Anzahl an Protonen und ungerade Anzahl an Neutronen (gu); ungerade Anzahl sowohl an Protonen als auch an Neutronen (uu). In den letzten drei Fällen liegen ungepaarte Nukleonen vor, sodass ein Kernspin ungleich null resultiert. Nur die gg-Kerne wie ^{12}C oder ^{16}O haben keinen Kernspin. Mit dem Kernspin ist eine Bewegung elektrischer Ladung verbunden und damit ein Magnetfeld.

Atomkerne mit einem Spin von ½ sind besonders für die NMR-Spektroskopie geeignet. Die beiden Spinzustände +½ und –½ haben zunächst dieselbe Energie. In einem Magnetfeld jedoch kann der Spin entweder parallel zu diesem verlaufen oder ihm entgegengesetzt sein, wobei die parallele Ausrichtung eine niedrigere Energie hat. Die Aufspaltung, also der Unterschied zwischen den zwei Energieniveaus, ist selbst in sehr starken Magnetfeldern sehr gering und entspricht der Energie von Radiowellen (≈100 MHz). Bei den heute verwendeten Fourier-Transform Spektrometern werden die Proben in einem starken homogenen Magnetfeld mit einem kurzen Radiowellenpuls geeigneter Frequenz angeregt. Anschließend wird einige Sekunden lang die Emission der Radiowellen aus der Probe registriert und das sogenannte FID-Signal (engl. *free inductive decay*) mittels Fourier-Transformation in das Spektrum überführt.

Tabelle 14.2 Eigenschaften wichtiger NMR-aktiver Atomkerne

Kern	^{1}H	^{2}H	^{10}B	^{11}B	^{13}C	^{14}N	^{15}N	^{17}O	^{19}F	^{29}Si	^{31}P
Spinquantenzahl	1/2	1	3	3/2	1/2	1	1/2	5/2	1/2	1/2	1/2
Häufigkeit (%)	99,98	0,016	18,8	81,2	1,11	99,63	0,37	0,037	100	4,70	100
magnetisches Moment (in μ_B-Einheiten)	2,793	0,857	1,801	2,688	0,702	0,404	−0,283	−1,893	2,627	−0,555	1,132
Resonanzfrequenz in MHz bei einem Feld von 11,75 Tesla	500	76,8	53,7	160.4	125,7	36,1	50,7	67,8	470,4	99,3	202,4
relative Empfindlichkeit (%)	100	0,9	2	165	1,6	0,1	0,1	2,9	83,4	7,0	6,6

Die relative Intensität und Energie der erhaltenen Signale hängen sehr von der Art des Kerns ab, wobei ^{1}H-Verbindungen die stärksten und energiereichsten Signale ergeben. Da es außerordentlich viele Wasserstoffverbindungen gibt, werden auch heute noch – viele Jahre nach der Entdeckung der Kernresonanz im Jahre 1945 – die meisten NMR-spektroskopischen Untersuchungen an ^{1}H-Verbindungen durchgeführt.

In Tabelle 14.2 sind die Eigenschaften der wichtigsten NMR-aktiven Atomkerne zusammengestellt.

Der besondere Nutzen der NMR-Technik ergibt sich daraus, dass die Elektronen, die um den Atomkern kreisen, das auf den Kern einwirkende Magnetfeld schwächen. Da sich dieser Einfluss für jeden Bindungszustand unterscheidet, ist die Aufspaltung der Energieniveaus im Magnetfeld für jede Spezies anders. An der Resonanzfrequenz lässt sich daher der Bindungszustand eines Atoms ablesen. Die Unterschiede in den Frequenzen, die als *chemische Verschiebung* bezeichnet werden, sind sehr gering – ungefähr ein Millionstel des Signals selbst. Daher wird die chemische Verschiebung in *parts per million* (*ppm*) angegeben.

Ein typisches ^{1}H-NMR Spektrum von Ethanol ist in Abbildung 14.2 wiedergegeben zusammen mit dem auf null gesetzten Signal von Tetramethylsilan ((CH$_3$)$_4$Si, TMS) als Vergleichssubstanz. Wegen der geringeren Elektronegativität von Si im Vergleich zu

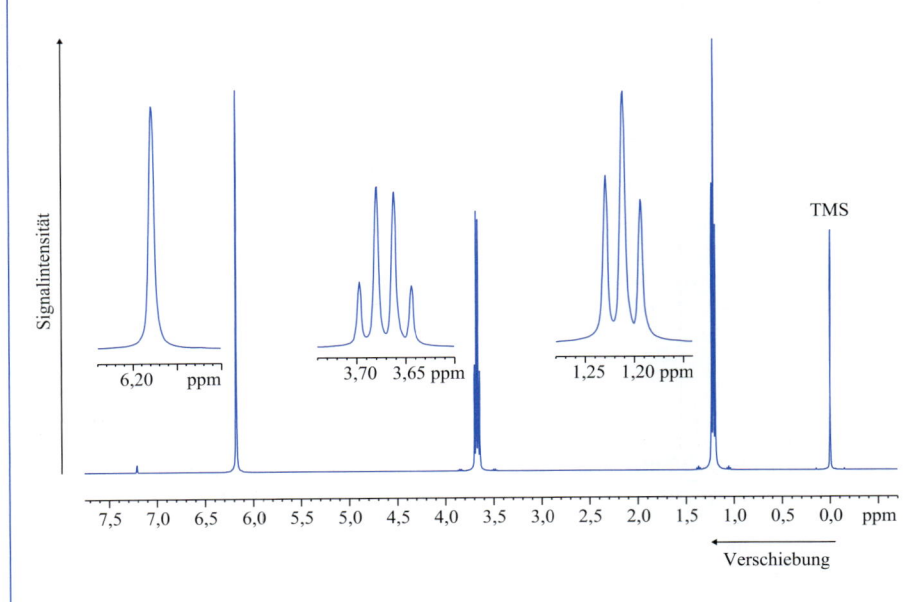

14.2 NMR-Spektrum von Ethanol.

C ist die Abschirmung der Wasserstoff-Atome im TMS größer als im Ethanol und in anderen organischen Verbindungen. Die Resonanzfrequenz der Wasserstoff-Atome im TMS ist deshalb niedriger als die drei Resonanzfrequenzen des Ethanols. Die höchste Resonanzfrequenz zeigt das am elektronegativen O-Atom gebundene H-Atom, gefolgt von der der CH_2- und CH_3-Gruppe. Das Anzahlverhältnis der drei verschieden gebundenen H-Atome entspricht den Flächen unter den Peaks. Durch die Wechselwirkung der Protonen der CH_2- und CH_3-Gruppe kommt es zu einer zusätzlichen Linienaufspaltung, die man als Spin/Spin-Kopplung bezeichnet. Das lokale Magnetfeld an einem Atomkern wird auch durch das Magnetfeld benachbarter, nicht äquivalenter Protonen beeinflusst. So können sich die beiden Protonen der CH_2-Gruppe wie (↑↑) / (↑↓), (↓↑) / (↓↓) zum äußeren Magnetfeld einstellen. Damit „sehen" die drei äquivalenten CH_3-Protonen drei geringfügig verschiedene Magnetfelder und das Signal erscheint als Triplett. Die drei Protonen der CH_3-Gruppe können sich zum äußeren Magnetfeld wie (↑↑↑) / (↑↑↓), (↑↓↑), (↓↑↑) / (↓↓↑), (↓↑↓), (↑↓↓) / (↓↓↓) einstellen. Entsprechend sehen die CH_2-Protonen vier geringfügig verschiedene Magnetfelder und das Signal erscheint als Quartett. Die Spin/Spin-Kopplung zu dem OH-Proton ist durch schnellen Austausch durch die Wasserstoffbrückenbindung unterdrückt.

Allgemein kann es durch Wechselwirkungen mit benachbarten Kernen, die einen Kernspin aufweisen, zu einer Aufspaltung des Signals in n Komponenten kommen ($n = 2 \cdot m \cdot I + 1$; I = Spinquantenzahl, m = Anzahl benachbarter äquivalenter Kerne). Daher lässt sich häufig auch die relative Anordnung der Atome zueinander aus dem NMR-Spektrum ableiten.

Ein besonders instruktives Beispiel für Spin/Spin-Kopplungen ist das Tetrakis(trifluormethyl)borat-Anion $[B(CF_3)_4]^-$, das die vier NMR-aktiven Kerne ^{10}B, ^{11}B, ^{13}C und ^{19}F enthält. Von einer Lösung des Kaliumsalzes in D_2O wurden die Muster der ^{11}B-, ^{19}F- und ^{13}C-Resonanzen bei 160.5, 470.6 und 125.8 MHz entsprechend Abbildung 14.3 gemessen. Das ^{11}B-Signal bei 18.9 ppm ist durch die Kopplung mit den 12 äquivalenten Fluor-Atomen in ein 13-Linien-Muster aufgespalten ($n = 2 \cdot 12 \cdot ½ + 1$), wobei sich die Intensität der zentralen Linie 7 zu den Satelliten 1 und 13 wie 924 : 1 verhält (die zusätzlichen kleinen Linien sind auf die Kopplung mit ^{13}C zurückzuführen). Das ^{19}F-Signal bei −64.1 ppm ist durch die Kopplung mit ^{11}B in ein Quartett ($n = 2 \cdot 1 \cdot ^3/_2 + 1$) und mit dem weniger häufigen ^{10}B in ein Septett ($n = 2 \cdot 1 \cdot 3 + 1$) aufgespalten. Das ^{13}C-Signal bei 133.0 ppm ist zunächst in ein großes 1:2:2:1-Quartett ($n = 2 \cdot 3 \cdot ½ + 1$) durch die drei Fluor-Atome der CF_3-Gruppe aufgespalten und diese Komponenten wiederum in 1:1:1:1 Quartetts durch ^{11}B ($n = 2 \cdot 1 \cdot ^3/_2 + 1$). Die Feinstruktur ist durch die Kopplung mit den 9 Fluor-Atomen über 3 Bindungen bedingt.

Die NMR-Technik wird auch in der medizinischen Diagnostik als „Kernspin-Tomographie" angewendet. ^1H-haltiges Gewebe wie z. B. das Gehirn kann detailreich abgebildet werden (Abbildung 14.4).

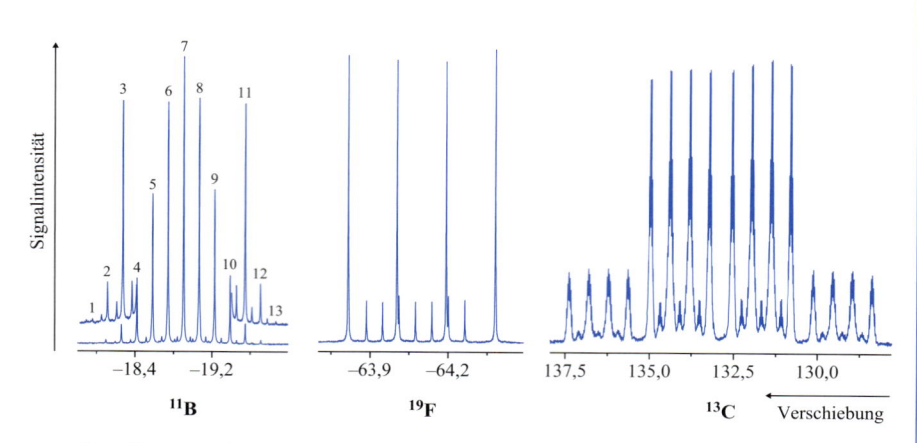

14.3 ^{11}B-, ^{19}F- und ^{13}C-NMR-Spektren des $[B(CF_3)_4]^-$-Anions, gemessen in D_2O-Lösung.

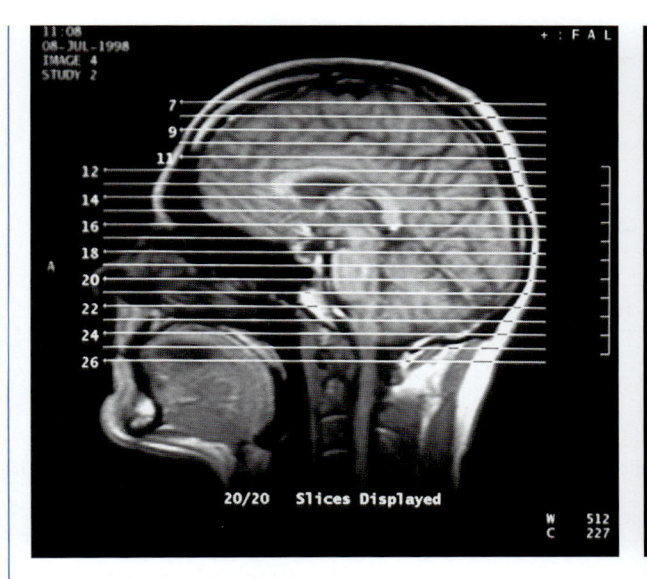

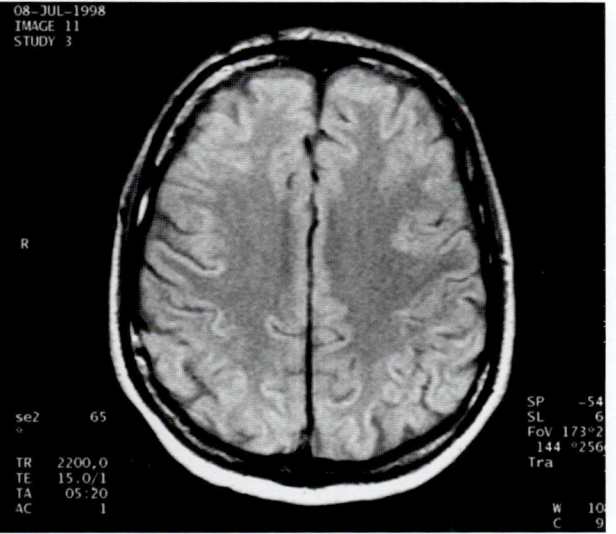

14.4 Kernspin-Tomographie eines Kopfes, aufgenommen bei einer Feldstärke von einem Tesla.

14.2 Eigenschaften des Wasserstoffs

Einige Versionen des Periodensystems führen Wasserstoff zusammen mit den Alkalimetallen auf, andere stellen ihn in die Reihe der Halogene, wieder andere führen ihn bei beiden Gruppen auf und einige wenige Darstellungen verleihen ihm einen eigenen Platz. Die Gründe, aus denen Wasserstoff der Gruppe 1 bzw. der Gruppe 17 zugeordnet oder auch nicht zugeordnet werden kann, sind in Tabelle 14.3 zusammengefasst. In diesem Buch haben wir Wasserstoff seinen eigenen Platz im Periodensystem gegeben, um die Einzigartigkeit dieses Elements zu betonen. Da seine Elektronegativität zwischen denen der Alkalimetalle und der Halogene liegt, macht es Sinn, den Wasserstoff in der Mitte zwischen diesen beiden Gruppen zu platzieren.

Der aus zweiatomigen Molekülen bestehende elementare Wasserstoff (H_2) ist ein farb- und geruchloses Gas mit einer Siedetemperatur von −253 °C und einer Schmelztemperatur von −259 °C. Wasserstoffgas ist nicht besonders reaktiv, was zum Teil an der relativ hohen Bindungsenthalpie liegt (436 kJ · mol^{-1}). Die H/H-Bindung ist stärker als die Bindungen, die Wasserstoff mit den meisten anderen Nichtmetallen eingeht; die

Tabelle 14.3 Argumente für und gegen die Zuordnung von Wasserstoff zu Gruppe 1 bzw. 17

	Argument für die Zuordnung	Argument gegen die Zuordnung
Gruppe 1 (Alkalimetalle)	hat ein einzelnes s-Elektron	ist kein Metall
	bildet einfach positive Ionen: H^+ (bzw. H_3O^+)	reagiert nicht mit Wasser
Gruppe 17 (Halogene)	ist ein Nichtmetall	bildet nur selten einfach negative Ionen (H^-)
	bildet zweiatomige Moleküle	ist vergleichsweise unreaktiv

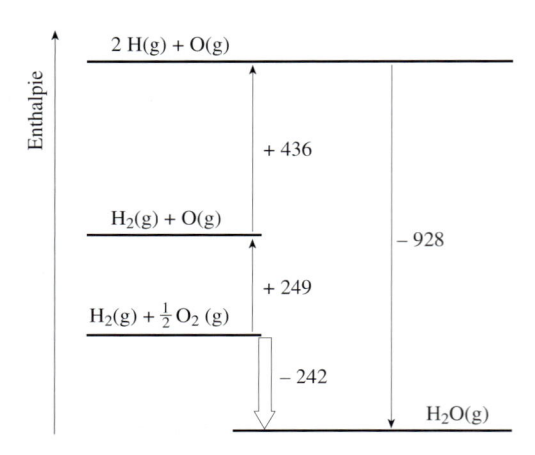

14.5 Enthalpiezyklus für die Bildung von Wasser aus den Elementen (gerundete Werte in kJ·mol^{-1}).

Bindungsenthalpie der H/S-Bindung beispielsweise liegt bei nur 367 kJ·mol^{-1}. Reaktionen sind nur dann zu erwarten, wenn die Bindungsenthalpien in den Produkten ungefähr genauso groß oder größer sind als in den Edukten. Ein Beispiel ist die Verbrennung von Wasserstoff und Sauerstoff zu Wasser. Zündet man ein Gemisch aus Wasserstoffgas und Sauerstoffgas, so kommt es zu einer explosionsartigen Reaktion.

$$2\ H_2(g) + O_2(g) \rightarrow 2\ H_2O(g);\quad \Delta H_R^0 = -484\ kJ \cdot mol^{-1}$$

Ein Vergleich der Bindungsenthalpien zeigt, dass die relativ starke O/H-Bindung (464 kJ·mol^{-1}) die Reaktion exotherm verlaufen lässt (Abbildung 14.5).

Wasserstoff reagiert mit den Halogenen, wobei die Reaktionsgeschwindigkeit in der Gruppe von oben nach unten abnimmt. Mit Fluor ist die Reaktion sehr schnell und heftig, es entsteht Fluorwasserstoff:

$$H_2(g) + F_2(g) \rightarrow 2\ HF(g);\quad \Delta H_R^0 = -546\ kJ \cdot mol^{-1}$$

Bei hohen Temperaturen reduziert Wasserstoff viele Metalloxide zu den entsprechenden Metallen. Kupfer(II)-oxid beispielsweise wird zu metallischem Kupfer reduziert:

$$CuO(s) + H_2(g) \xrightarrow{\Delta} Cu(s) + H_2O(g)$$

In Anwesenheit eines Katalysators (fein verteiltes Palladium oder Platin) reagiert Wasserstoff mit C/C-Doppel- und Dreifachbindungen zu Einfachbindungen. Aus Ethen (C_2H_4) beispielsweise erhält man so Ethan (C_2H_6):

$$C_2H_4(g) + H_2(g) \rightarrow C_2H_6(g)$$

Formal handelt es sich auch bei dieser Reaktion um eine Redox-Reaktion, in der Wasserstoff als Reduktionsmittel wirkt. In der Praxis spricht man bei Reaktionen dieser Art von einer *Hydrierung*. Ein bekanntes Beispiel ist die katalytische Hydrierung von Speiseölen für die Herstellung von festen Speisefetten wie Margarine. C/C-Doppelbindungen einfach oder mehrfach ungesättigter Fettsäurereste werden dabei durch Addition von Wasserstoff in Einfachbindungen überführt.

Herstellung von Wasserstoff

Im Labor lässt sich Wasserstoff erzeugen, indem man eine verdünnte Säure mit einem unedlen Metall reagieren lässt. Besonders günstig ist die Reaktion von Zink mit verdünnter Salzsäure:

Die Reaktion von Wasserstoff mit Stickstoff läuft nur in Anwesenheit eines Katalysators mit merklicher Geschwindigkeit ab. Diese Reaktion, die Ammoniaksynthese, wird in Abschnitt 19.4 detaillierter besprochen.

$$3\ H_2(g) + N_2(g) \rightleftharpoons 2\ NH_3(g);$$
$$\Delta H_R^0 = -92\ kJ \cdot mol^{-1}$$

$$Zn(s) + 2\ HCl(aq) \rightarrow ZnCl_2(aq) + H_2(g)$$

Für die industrielle Herstellung gibt es verschiedene Verfahren. Das wichtigste wird als *Steam-Reforming* bezeichnet. Der erste Schritt dieses Prozesses ist eine endotherme Reaktion. Methan oder andere niedrig siedende Kohlenwasserstoffe reagieren mit Wasserdampf bei hohen Temperaturen zu Kohlenstoffmonoxid und Wasserstoff:

$$CH_4(g) + H_2O(g) \xrightarrow[800\,°C]{Ni} CO(g) + 3\ H_2(g); \quad \Delta H_R^0 = 206\ kJ \cdot mol^{-1}$$

Um die beiden Produkte zu trennen und die Ausbeute an Wasserstoff zu erhöhen, wird das Gasgemisch abgekühlt, mit zusätzlichem Wasserdampf versetzt und dann über einen Katalysator geleitet. Unter diesen Bedingungen reagiert Kohlenstoffmonoxid mit Wasserdampf in einer exothermen Reaktion:

$$CO(g) + H_2O(g) \xrightarrow[400\,°C]{Fe_2O_3/Cr_2O_3} CO_2(g) + H_2(g); \quad \Delta H_R^0 = -41\ kJ \cdot mol^{-1}$$

Das Kohlenstoffdioxid wird durch Einleiten des Gasgemisches in Kaliumcarbonat-Lösung entfernt. Im Gegensatz zum neutralen Kohlenstoffmonoxid ist Kohlenstoffdioxid ein saures Oxid. Kohlenstoffdioxid reagiert mit dem Carbonat-Ion und Wasser zu Hydrogencarbonat-Ionen. Beim Erhitzen der erhaltenen Lösung läuft die Rückreaktion ab; auf diese Weise wird die Absorptionslösung regeneriert.

$$K_2CO_3(aq) + CO_2(g) + H_2O(l) \rightleftharpoons 2\ KHCO_3(aq)$$

Für die meisten Verwendungszwecke ist der auf diese Weise gewonnene Wasserstoff ausreichend rein. Reinerer Wasserstoff (99,9 %) fällt dagegen bei der Chlor-Alkali-Elektrolyse (Abschnitt 15.7) an.

Wasserstoff als Treibstoff

EXKURS

Die Reaktion von Wasserstoff mit Sauerstoff ist exotherm und liefert eine Energie von 242 kJ·mol^{-1}. Das einzige Produkt der Reaktion ist Wasser. Es besteht daher ein großes Interesse an Wasserstoff als potentiellem Treibstoff. Die wichtigste Anwendung bisher ist die Raumfahrt. Die drei Haupttriebwerke der amerikanischen Raumfähre (Space Shuttle) machen sich diese Reaktion zu Nutze: Die externen Treibstofftanks fassen mehr als $5 \cdot 10^5$ l flüssigen Sauerstoff und $1,4 \cdot 10^6$ l flüssigen Wasserstoff.

Da Wasserstoff bei jedem Druck das Gas mit der geringsten Dichte ist, bräuchte man ein enormes Volumen an Wasserstoff um Fahrzeuge, wie beispielsweise Autos, zu betreiben. Würde man mit komprimiertem Gas arbeiten, so wären große, stabile Tanks notwendig, die wiederum das Gewicht des Fahrzeugs und damit auch den Kraftstoffverbrauch erhöhen würden. Flüssiger Wasserstoff ist leichter zu transportieren, er muss jedoch bei Temperaturen von etwa −253 °C gelagert werden. Erste Versuchsfahrzeuge werden schon mit Wasserstoff unter Verwendung modifizierter Verbrennungsmotoren betrieben. Dabei wird der Wasserstoff entweder flüssig in einen thermisch sehr gut isolierten Tank gefüllt oder gasförmig in speziellen Legierungen (z. B. LaNi$_5$) absorbiert. In beiden Fällen muss der Wasserstoff aus dem Tank durch eine elektrische Heizung freigesetzt werden.

Ein größeres Potential scheint für Wasserstoff in der künftigen Energieversorgung mittels **Brennstoffzellen** zu bestehen. Hiermit könnten Elektroautos angetrieben werden, die im Fahrbetrieb nur Wasserdampf emittieren; möglich wäre auch die dezentrale, umweltfreundliche Energieversorgung von Gebäuden oder Industrieanlagen. Das Funktionsprinzip einer Brennstoffzelle ist in Abbildung 14.6 dargestellt. Wasserstoff und Sauerstoff diffundieren durch poröse metallische Elektroden an eine gasdichte, ionenleitende Elektrolytmembran, durch die entweder OH$^-$-Ionen oder H$^+$-Ionen (Protonen) wandern können. An der Grenzfläche zwischen Elektrolyt, Ableitelektrode und Gas befindet sich meist ein Katalysator (z. B. Pt), der den Elektronen-Austausch zwischen Gas und Ionen ermöglicht. Bei einer protonenleitenden Membran laufen die folgenden Elektrodenreaktionen ab:

$H_2(g) + 2\ H_2O(l) \rightarrow 2\ H_3O^+(aq) + 2\ e^-$ (Minuspol)

½ $O_2(g) + 2\ H_3O^+(aq) + 2\ e^- \rightarrow 3\ H_2O(l)$ (Pluspol)

Üblicherweise klassifiziert man die Brennstoffzellen nach dem Typ ihres Elektrolyten und z.T. auch nach den Betriebstemperaturen, wie aus der nachfolgenden Tabelle 14.4 hervorgeht.

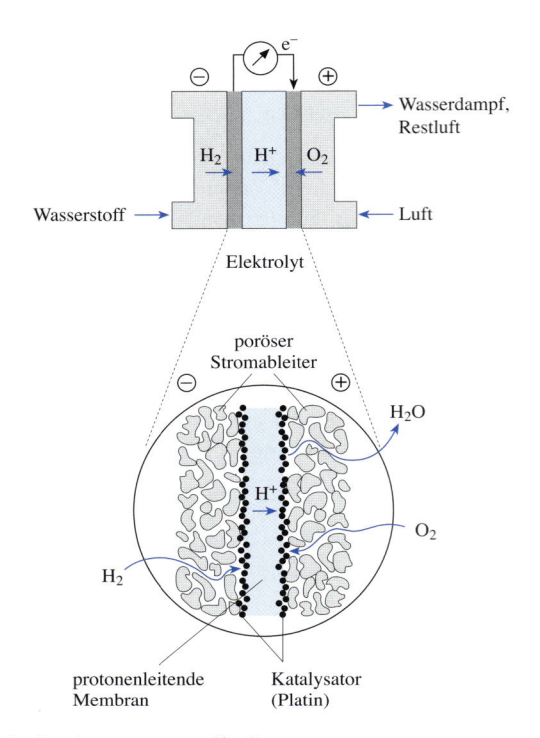

14.6 Funktionsprinzip einer Brennstoffzelle.

Tabelle 14.4 Die wichtigsten Brennstoffzellentypen

Typ	alkalische BZ[1] (AFC)[2]	Protonenaustauschmembran-BZ (PEMFC)[3]	Phosphorsäure-BZ (PAFC)	Carbonatschmelzen-BZ (MCFC)	oxidkeramische BZ (SOFC)
Elektrolyt	wässerige KOH-Lösung	Protonenaustausch-Membran	konzentrierte Phosphorsäure in poröser Matrix (SIC-PTFE)	Li_2CO_3/K_2CO_3-Schmelze in $LiAlO_2$-Matrix	keramischer Festkörper $ZrO_2(Y_2O_3)$
Temperatur (°C)	< 100	60 – 120	160 – 220	600 – 660	800 – 1000
Brennstoff	Wasserstoff, Hydrazin	Wasserstoff, Methanol (reformiert)	Erdgas (reformiert),	Erdgas, Biogas	Erdgas, Biogas
Oxidationsmittel	Sauerstoff	Luftsauerstoff	Luftsauerstoff	Luftsauerstoff	Luftsauerstoff
Anwendung		Transport Raumfahrt Militär Speichersysteme Batterieersatz	Kraft-Wärme-Kopplung dezentrale Stromversorgung	Kraft-Wärme-Kopplung dezentrale Stromversorgung Transport (Schiffe, Schienenfahrzeuge) Sonderanwendungen	
realisierte Leistung	Kleinanlagen 5 – 150 kW (modular)	Kleinanlagen 10 W – 250 kW (modular)	Kleinanlagen mittlere Anlagen 50 kW – 11 MW	Kleinanlagen 100 kW	Kleinanlagen 100 kW

[1] BZ: Brennstoffzelle   [2] FC: Fuel Cell   [3] PEM: Proton Exchange Membrane

14.3 Hydride

Wasserstoff bildet mit den meisten Elementen binäre Verbindungen, die als *Hydride* bezeichnet werden. Die Elektronegativität des Wasserstoffs liegt nur knapp über dem Durchschnittswert aller Elemente im Periodensystem. Dementsprechend verhält sich Wasserstoff wie ein relativ schwach elektronegatives Nichtmetall. Mit den Alkalimetallen und den schwereren Erdalkalimetallen bilden sich ionische Hydride, mit allen Nichtmetallen dagegen kovalente Verbindungen. Außerdem bildet Wasserstoff mit einigen Übergangsmetallen metallische Hydride. Die Verteilung dieser drei Haupttypen der Hydride im Periodensystem wird in Abbildung 14.7 dargestellt.

Ionische Hydride

Alle ionischen Hydride der sehr unedlen Metalle sind weiße Feststoffe, aufgebaut aus Metall-Kationen und Hydrid-Anionen (H^-). Einen Beweis für die Existenz dieses Anions liefert beispielsweise die Elektrolyse von Lithiumhydrid in einer Lithiumchlorid-Schmelze. An der *Anode* entwickelt sich Wasserstoff:

$$2\,H^- \rightarrow H_2(g) + 2\,e^-$$

Alle ionischen Hydride sind sehr reaktiv. Jegliche Feuchtigkeit führt zur Bildung von Wasserstoff:

$$LiH(s) + H_2O(l) \rightarrow LiOH(aq) + H_2(g)$$

Die Hydride können als Reduktionsmittel eingesetzt werden. In Diethylether gelöstes Siliciumtetrachlorid reagiert mit Natriumhydrid unter Bildung von Silan (SiH_4), einem farblosen, selbstentzündlichen Gas:

$$SiCl_4(solv) + 4\,NaH(s) \rightarrow SiH_4(g) + 4\,NaCl(s)$$

Kovalente Hydride

Wasserstoff bildet mit allen Nichtmetallen (außer den Edelgasen) und auch mit einigen Metallen wie Gallium und Zinn kovalente Verbindungen. Fast alle einfachen

14.7 Die verschiedenen Typen von Hydriden im Überblick. Es sind nur die Hauptgruppenelemente und die Übergangsmetalle berücksichtigt. Auch einige Lanthanoide und Actinoide bilden metallische Hydride.

Hinweis: Zu den *Hydriden* im engeren Sinne zählen nur die Verbindungen der dritten Gruppe.

kovalenten Wasserstoffverbindungen sind bei Raumtemperatur gasförmig. Sie lassen sich in drei Gruppen einteilen:
- Verbindungen, in denen das Wasserstoff-Atom nahezu ungeladen ist.
- Verbindungen, in denen das Wasserstoff-Atom positiv polarisiert ist.
- Verbindungen, in denen das Wasserstoff-Atom negativ polarisiert ist.

Der Großteil dieser Verbindungen gehört zur ersten Gruppe. Aufgrund der niedrigen Polarität wirken lediglich Dispersionskräfte zwischen den Molekülen. Daher sind alle Verbindungen dieser Gruppe Gase oder Flüssigkeiten mit niedrigen Siedetemperaturen. Typische Beispiele sind Phosphan (PH_3) und Zinn(IV)-hydrid (SnH_4), die bereits bei $-90\,°C$ bzw. $-52\,°C$ sieden.

Die größte Gruppe der kovalenten Wasserstoffverbindungen bilden die Kohlenwasserstoffe, zu denen Alkane, Alkene, Alkine und aromatische Kohlenwasserstoffe zählen. Zwischen größeren Kohlenwasserstoff-Molekülen sind die zwischenmolekularen Kräfte so stark, dass bei Raumtemperatur Flüssigkeiten oder Feststoffe vorliegen. Alle Kohlenwasserstoffe sind bezüglich der Oxidation zu Kohlenstoffdioxid und Wasser thermodynamisch instabil. Bei der Verbrennung wird Energie frei:

$$CH_4(g) + 2\,O_2(g) \rightarrow CO_2(g) + 2\,H_2O(g);\quad \Delta H_R^0 = -803\,kJ \cdot mol^{-1}$$

Die Verbrennung setzt jedoch erst ein, wenn man das Gemisch in geeigneter Weise zündet.

Ammoniak, Wasser und Fluorwasserstoff gehören zur zweiten Kategorie kovalenter Wasserstoffverbindungen, in denen die Wasserstoff-Atome eine *positive* Partialladung haben. Die drei Verbindungen unterscheiden sich von den anderen kovalenten Hydriden durch ihre ungewöhnlich hohen Schmelz- und Siedetemperaturen (Abbildung 14.8).

Die in diesen Verbindungen positivierten Wasserstoff-Atome treten in Wechselwirkung mit einem freien Elektronenpaar anderer N-, O- oder F-Atome und bilden so eine Bindung, die man als **Wasserstoffbrückenbindung** bezeichnet. Verglichen

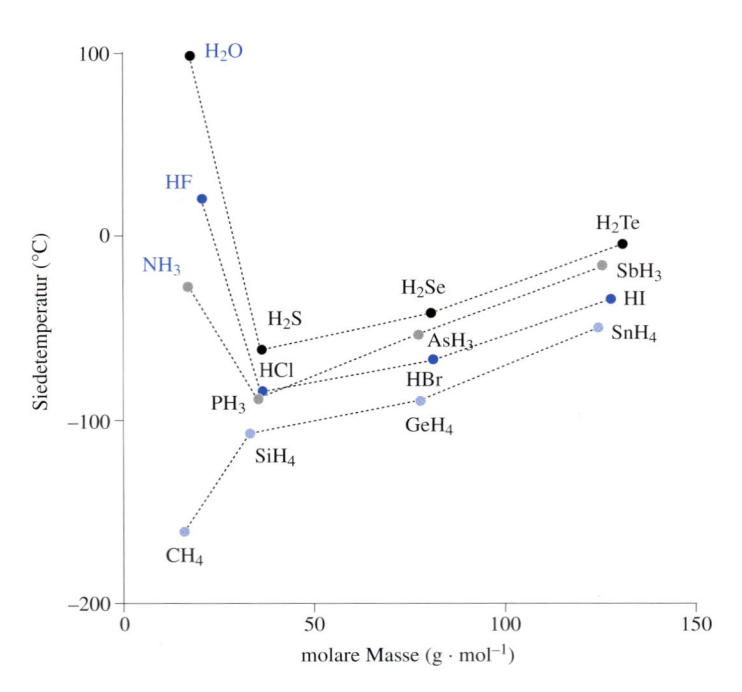

14.8 Siedetemperaturen einiger Wasserstoffverbindungen.

mit anderen zwischenmolekularen Kräften sind Wasserstoffbrückenbindungen relativ stark, aber schwach im Vergleich zur kovalenten Bindung. Beispielsweise hat die Wasserstoffbrückenbindung zwischen zwei Wasser-Molekülen eine Bindungsenthalpie von 25 kJ·mol^{-1}, die Elektronenpaarbindung einer OH-Gruppe dagegen 464 kJ·mol^{-1}. Wasserstoffbrückenbindungen lassen sich übrigens *nicht* als starke Dipol/Dipol-Wechselwirkungen aufgrund der stark polaren kovalenten Bindung betrachten. Sonst müsste bei Chlorwasserstoff das selbe Phänomen auftreten, was aber nicht der Fall ist.

Drei Elemente bilden sehr viele Wasserstoffverbindungen: Kohlenstoff, Bor und Silicium. Im Falle von Kohlenstoff und Silicium liegen „normale" kovalente Bindungen vor, die Bindungen in den Borhydriden sind jedoch ungewöhnlich, da einige Wasserstoff-Atome jeweils mit zwei Bor-Atomen verknüpft sind. Bor hat nur drei Außenelektronen, sodass die zu erwartende Verbindung BH$_3$ die Oktettregel für Bor nicht erfüllen würde. Wenn Wasserstoff-Atome als Brücken fungieren, bedeutet dies jedoch, dass ein Elektronenpaar die Bindungsanforderungen zweier Bor-Atome erfüllen kann. Da das Wasserstoff-Atom hier eine negative Partialladung trägt (Bor ist weniger elektronegativ als Wasserstoff), liegen hydridische Brücken vor. Der einfachste Vertreter der Reihe ist das Diboran B$_2$H$_6$. Die endständigen Wasserstoff-Atome bilden normale B/H-Elektronenpaarbindungen. Jedes Bor-Atom hat dann noch ein Elektron zur Verfügung, um eines der Brückenwasserstoff-Atome zu binden (Abbildung 14.9). Es werden also jeweils *drei* Atome mithilfe von *zwei* Elektronen verknüpft; man spricht deshalb von einer Zweielektronen-Dreizentren-Bindung (2e3z-Bindung).

Im B$_2$H$_6$-Molekül sind die Wasserstoff-Atome tetraedrisch um die Bor-Atome angeordnet, wobei die Brückenwasserstoff-Atome sogenannte „Bananenbindungen" bilden. Diese Bindungen verhalten sich wie schwache kovalente Bindungen (Abbildung 14.10).

Die Bindung in einem Diboran-Molekül kann mit dem Konzept der Hybridisierung erklärt werden: Die vier Bindungen mit fast gleich großen Bindungswinkeln entsprechen einer sp^3-Hybridisierung des Bor-Atoms. Drei der vier Hybridorbitale enthalten jeweils ein einzelnes Elektron des Bor-Atoms. Zwei dieser einfach besetzten Orbitale sind an den Bindungen zu den endständigen Wasserstoff-Atomen beteiligt. Übrig bleiben damit zunächst ein leeres und ein halb besetztes Hybridorbital an jedem Bor-Atom.

Um zu erklären, wie sich schließlich ein sp^3-Orbitalset mit acht Elektronen ergibt, nehmen wir an, dass das halb besetzte sp^3-Hybridorbital mit dem leeren Orbital des anderen Bor-Atoms und gleichzeitig mit dem 1s-Orbital des Brückenwasserstoff-Atoms überlappt. Auf diese Weise ergibt sich ein von drei Atomen gebildetes Orbital, das zwei Elektronen enthält (Abbildung 14.11). Ganz entsprechend ergibt sich die zweite B···H···B-Brücke. Die formale Zuordnung der Bindungselektronen im Diboran ist in Abbildung 14.12 dargestellt.

Alternativ lässt sich die Bindung auch durch das MO-Modell erklären. Das detaillierte Molekülorbital-Diagramm für dieses achtatomige Molekül ist sehr komplex. Obwohl Molekülorbitale sich eigentlich auf das gesamte Molekül beziehen, ist es manchmal möglich, einzelne Molekülorbitale einer bestimmten Bindung zuzuordnen. In unserem Fall führt die Kombination der Wellenfunktionen der an den Brückenbindungen beteiligten Atome zur Bildung von drei Molekülorbitalen: Eines davon hat ein niedrigeres Energieniveau als die mittlere Energie der drei beteiligten Atomorbitale, es ist also ein bindendes Molekülorbital (σ). Ein weiteres liegt auf einem höheren Niveau und ist damit ein antibindendes Molekülorbital (σ^*). Das dritte liegt auf etwa gleichem Niveau, es entspricht einem nichtbindenden Molekülorbital (σ_{nb}) (Abschnitt 5.11). Das Brückenwasserstoff-Atom bringt ein Elektron in die Bindung ein, während jedes Bor-Atom ein halbes Elektron beisteuert, sodass insgesamt das bindende Molekülorbital besetzt ist (Abbildung 14.13).

Da ein bindendes Orbital hier drei Atome miteinander verknüpft, ergibt sich für jede B/H-Bindung die Bindungsordnung ½. Messungen der Bindungsenergie zeigen tatsächlich, dass jede B/H-Brückenbindung ungefähr halb so stark ist wie eine endständige B/H-Bindung. Dennoch liegt die Bindungsenergie der B/H-Brückenbindung im Gegen-

14.9 Anordnung der Elektronenpaare im Diboran (B$_2$H$_6$).

14.10 Geometrie des Diboran-Moleküls.

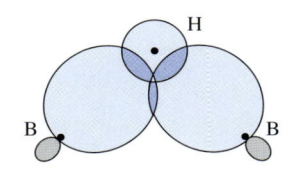

14.11 Diboran: Überlappung von sp^3-Hybridorbitalen der zwei Bor-Atome mit dem 1s-Orbital des Brückenwasserstoff-Atoms.

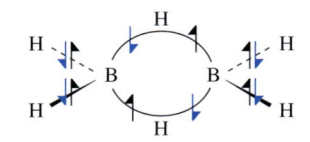

14.12 Die Paarung der Elektronen ist vereinbar mit einer sp^3-Hybridisierung beider Bor-Atome und der Bildung von B-H-B-Zweielektronen-Dreizentrenbindungen. Die Elektronen der Wasserstoff-Atome sind jeweils durch blaue Pfeile dargestellt.

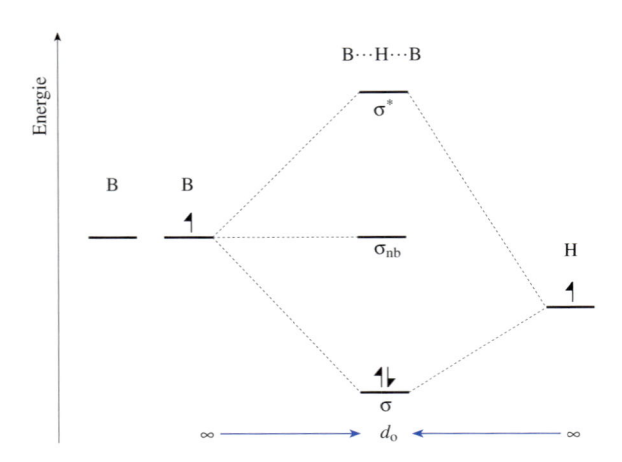

14.13 Die an der hydridischen Brücke beteiligten Molekülorbitale im B_2H_6.

EXKURS

Wasserstoffbrückenbindung und MO-Modell

Wasserstoffbrückenbindungen sind gewöhnlich viel kürzer als die Summe der van-der-Waals-Radien der beteiligten Atome. Die kovalente F/H-, O/H- oder N/H-Bindung wird dabei umso schwächer, je stärker die Wasserstoffbrückenbindung ist. Die beiden Bindungen sind also eng miteinander gekoppelt. Bei der Wechselwirkung von HF mit dem Fluorid-Ion bildet sich sogar eine symmetrische Wasserstoffbrückenbindung im Hydrogenfluorid-Anion $[F\cdots H\cdots F]^-$. Hier liegt mit 150 kJ·mol^{-1} die stärkste Wasserstoffbrückenbindung vor. Eine plausible Beschreibung für diesen Spezialfall einer Wasserstoffbrückenbindung ergibt sich mithilfe der MO-Theorie. Abbildung 14.14 zeigt ein vereinfachtes MO-Diagramm, das von der Überlappung des 1s-Orbitals des H-Atoms und der p_x-Orbitale eines F$^-$-Anions und eines F-Atoms ausgeht. Auf diese Weise entstehen drei Molekülorbitale des Hydrogenfluorid-Anions, von denen das bindende und das nichtbindende besetzt sind, während das antibindende unbesetzt bleibt. Das bindende Molekülorbital ist die Wasserstoffbrückenbindung mit einer Bindungsordnung von 1. Für jede F$\cdots$H-Brücke ergibt sich damit eine Bindungsordnung von 0,5. Da insgesamt *vier* Elektronen an der Bindung zwischen *drei* Zentren beteiligt sind, spricht man auch von einer Vierelektronen-Dreizentren-Bindung (4e3z-Bindung).

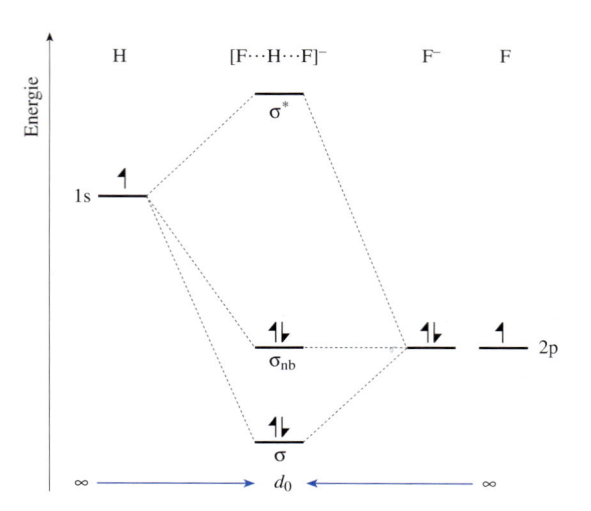

14.14 MO-Diagramm des Hydrogenfluorid-Anions (vereinfacht).

satz zur häufig viel schwächeren protonischen Brücke noch im Bereich der für kovalente Bindungen üblichen Werte. Die Besetzung der Molekülorbitale zeigt zudem, dass die Struktur die wenigen Elektronen des Bors maximal ausnutzt. Die Anwesenheit weiterer Elektronen würde die Bindung nicht verstärken, da diese Elektronen nichtbindende Molekülorbitale besetzen würden.

Metallische Hydride der d-Block-Elemente

Einige Übergangsmetalle bilden eine dritte Klasse von Hydriden: die metallischen Hydride. Diese Verbindungen sind häufig nicht stöchiometrisch zusammengesetzt. Bei Titan findet man beispielsweise Verbindungen mit einem Titan-Wasserstoff-Verhältnis bis zu $TiH_{1,9}$. Solche Verbindungen sind komplexer Natur. Man nimmt heute an, dass die genannte Verbindung folgendermaßen aufgebaut ist: $(Ti^{4+})(H^-)_{1,9}(e^-)_{2,1}$. Es sind die freien Elektronen, die den metallischen Glanz und die hohe elektrische Leitfähigkeit dieser Verbindungen ausmachen. Die Dichte der Metallhydride ist durch strukturelle Veränderungen im metallischen Gitter oft geringer als die des reinen Metalls und die Verbindungen sind meist spröde. Auch die elektrische Leitfähigkeit der Metallhydride ist im Allgemeinen niedriger als die des reinen Metalls.

Die meisten metallischen Hydride lassen sich herstellen, indem man das entsprechende Metall mit Wasserstoff unter hohem Druck erwärmt. Bei erhöhten Temperaturen wird Wasserstoff wieder als H_2 abgegeben. Viele Legierungen (z. B. $LaNi_5$) können auf diese Weise große Mengen an Wasserstoff aufnehmen und wieder abgeben. Diese Verbindungen enthalten pro Volumeneinheit etwa doppelt so viel Wasserstoff wie flüssiger Wasserstoff, eine Eigenschaft, die sie bezüglich ihrer potentiellen Verwendung als Wasserstoffspeicher interessant macht.

14.4 Wasser und Wasserstoffbrückenbindungen

Wasserstoffbrückenbindungen – genauer gesagt die protonischen Brücken zwischen Wasser-Molekülen in reinem Wasser und in wässerigen Lösungen sowie in Biomolekülen – sind von besonderer Bedeutung für das Leben auf diesem Planeten. Ohne Wasserstoffbrückenbindungen würde Wasser bei ungefähr −100 °C schmelzen und bei −90 °C sieden. Die Wasserstoffbrückenbindungen bewirken auch, dass Wasser eine seltene Eigenschaft hat: Die flüssige Phase ist dichter als die feste Phase. Bei fast allen Substanzen sind die Moleküle in der festen Phase dichter gepackt als in der Flüssigkeit, sodass der Feststoff eine höhere Dichte hat als die Flüssigkeit. Daher sinkt mit beginnender Kristallisation der entstehende Feststoff in der Flüssigkeit nach unten. Beim Wasser ist dies genau umgekehrt. Gefrierendes Wasser wird von einer Eisschicht bedeckt. Das Eis hat eine wesentlich geringere Wärmeleitfähigkeit als flüssiges Wasser und sorgt so in der Natur dafür, dass auch in kalten Wintern Gewässer nur langsam – und nur selten bis auf den Grund – gefrieren, sodass Wassertiere überleben können. Die Ursache für dieses ungewöhnliche Verhalten liegt in der offenen Struktur des Eises (ähnlich wie in der Diamant- oder Quarz-Struktur), die durch ein Netzwerk von Wasserstoffbrückenbindungen zustande kommt (Abbildung 14.15).

Schmilzt das Eis, so brechen einige dieser Wasserstoffbrückenbindungen auf und die offene Struktur bricht teilweise zusammen. Dieser Vorgang erhöht die Dichte der Flüssigkeit. Die Dichte erreicht ein Maximum bei 4 °C. Ab diesem Punkt überwiegt die Volumenvergrößerung, die sich aus der mit steigender Temperatur zunehmenden Molekularbewegung ergibt. Die ungewöhnlichen Eigenschaften des Wassers spiegeln sich im Phasendiagramm wider (Abbildung 14.16).

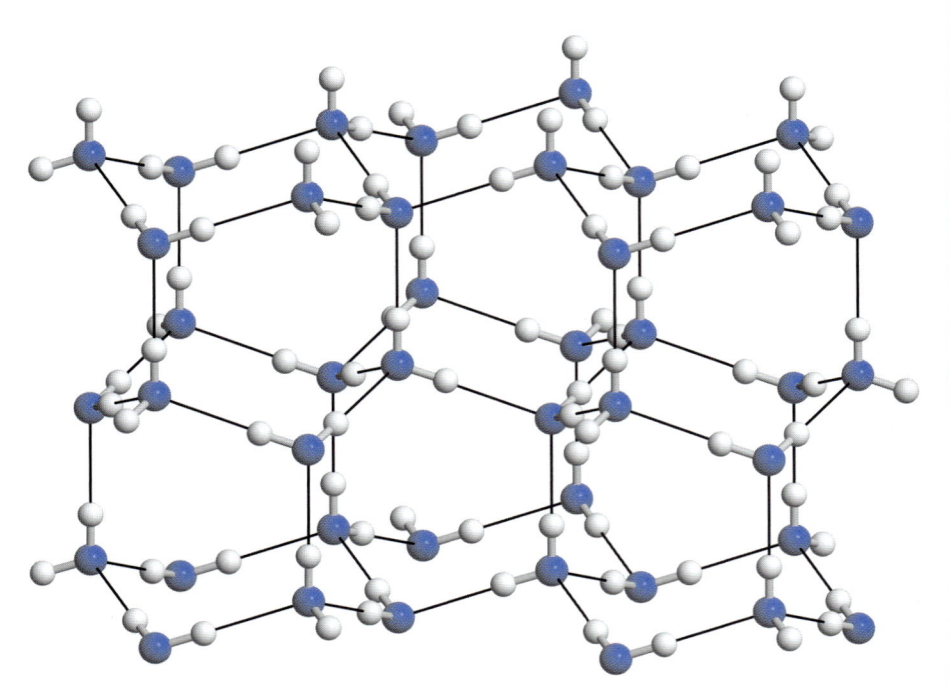

14.15 Ausschnitt aus der Struktur von Eis.

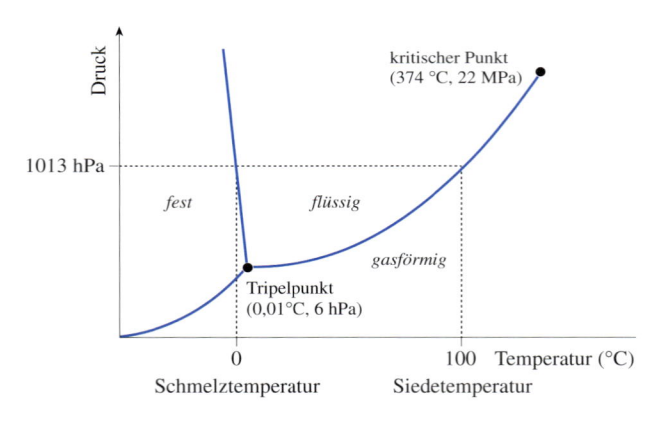

14.16 Phasendiagramm des Wassers (nicht maßstabsgerecht).

In neuester Zeit zeigte sich allerdings, dass diese gängige Erklärung zu einfach ist. Auch bei tiefen Temperaturen sind die Moleküle an der Oberfläche des Eises kaum geordnet: Auf dem Eis befindet sich also ohnehin ein dünner Wasserfilm, der die Reibung erheblich vermindert.

Aus dem Prinzip von Le Chatelier folgt, dass mit zunehmendem Druck die Phase größerer Dichte bevorzugt vorliegt. Setzt man also Eis – die weniger dichte Phase des Wassers – unter Druck, so schmilzt es und die dichtere flüssige Phase entsteht. Dieses anomale Verhalten des Wassers ermöglicht uns das Schlittschuhlaufen, denn bis zu einer Temperatur von −30 °C entsteht durch den Druck der Kufen eine dünne flüssige Schicht auf dem Eis; sobald der Druck fortfällt, wird sie wieder fest.

Eine weitere Folge der Wasserstoffbrückenbindung ist, dass Lösungen, die Hydronium-Ionen oder Hydroxid-Ionen enthalten, eine weit höhere elektrische Leitfähigkeit besitzen als Lösungen, die irgendein anderes Ion in derselben Konzentration enthalten. Ionische Leitfähigkeit ist ein Maß für die Geschwindigkeit, mit der sich Ionen in der Lösung bewegen. Das H_3O^+-Ion ist durch Wasserstoffbrückenbindungen mit den benachbarten Wasser-Molekülen verbunden (Abbildung 14.17a). Taucht man ein Elektrodenpaar in eine

a) H—O⋯H—O⋯H—O⋯H—O⁺—H
      | | | |
      H   H   H   H

14.17 Die hohe elektrische Leitfähigkeit des H_3O^+-Ions erklärt sich dadurch, dass kovalente Bindungen und Wasserstoffbrückenbindungen wechselseitig rasch ineinander übergehen, weil die positive Ladung zur negativen Elektrode hin angezogen wird (a-c).

saure Lösung und legt eine Gleichspannung an, so bewegt sich nicht das H_3O^+-Ion selbst zur Kathode, vielmehr vertauschen die kovalenten Bindungen und die Wasserstoffbrückenbindungen ihre Plätze (Abbildung 14.17b). Daher ist das H_3O^+-Ion, das die Ladung auf die Elektrode überträgt, nicht das ursprüngliche Ion (Abbildung 14.17c).

Biologische Aspekte der Wasserstoffbrückenbindung

Wasserstoff ist ein Schlüsselelement für alle lebenden Organismen. Tatsächlich hängt die Existenz des Lebens von zwei spezifischen Eigenschaften des Wasserstoffs ab: Zum einen liegt seine Elektronegativität sehr nahe bei der des Kohlenstoffs. Zum anderen bildet kovalent an Stickstoff und Sauerstoff gebundener Wasserstoff Wasserstoffbrückenbindungen aus. Die geringe Polarität der C/H-Bindung trägt zur Stabilität organischer Verbindungen in unserer chemisch so reaktiven Welt bei. Die biologische Funktion von Molekülen wird entscheidend durch Polaritätsunterschiede bestimmt. Dabei sind die unpolaren Abschnitte biologischer Moleküle, die meist nur aus Kohlenstoff und Wasserstoff bestehen, ebenso bedeutend wie die polaren Bereiche.

Wasserstoffbrückenbindungen sind ein existentieller Bestandteil aller Biomoleküle. Proteine erhalten ihre Form durch Wasserstoffbrückenbindungen, die Querverbindungen zwischen den Ketten bilden. Auch die Stränge der DNA und der RNA, das genetische Material also, werden durch Wasserstoffbrückenbindungen zusammen gehalten. Mehr noch: Die Wasserstoffbrückenbindungen in der Doppelhelix-Struktur sind nicht zufällig verteilt, sondern bilden sich zwischen spezifischen Paaren organischer Basen. Geometrisch passende Paare sind durch Wasserstoffbrücken verbunden. Diese Bindung ist in Abbildung 14.18 für zwei komplementäre Basen dargestellt: Thymin und Adenin. Es ist dieses genaue Zusammenspiel, das die präzise Anordnung der Komponenten in den Ketten der DNA und der RNA ausmacht, ein System, das es den Molekülen erlaubt, sich fast fehlerfrei zu reproduzieren.

Auch die Funktion aller Proteine hängt von Wasserstoffbrückenbindungen ab. Proteine bestehen zum größten Teil aus einem oder mehreren Strängen miteinander verbundener Aminosäuren. Um zu funktionieren, müssen jedoch die meisten Proteine eine kompakte Form annehmen. Daher windet und faltet sich das Molekül um sich

14.18 Wasserstoffbrückenbindungen zwischen einer Thymin- und einer Adenin-Einheit der beiden Stränge eines DNA-Moleküls.

selbst und die entstehende Struktur wird durch Wasserstoffbrückenbindungen zwischen einzelnen Teilen des Stranges zusammengehalten.

14.5 Die wichtigsten Reaktionen im Überblick

In jedem stoffchemischen Kapitel werden die wichtigsten Reaktionen des jeweiligen Elements in einem abschließenden Reaktionsschema zusammengefasst. Für den Wasserstoff ergibt sich folgendes Schema:

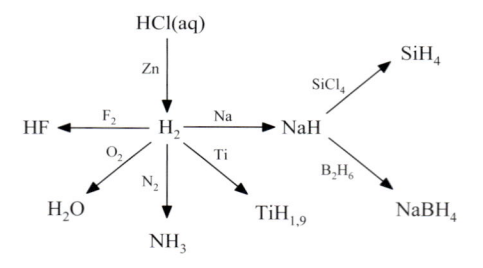

ÜBUNGEN

14.1 Erläutern Sie die folgenden Begriffe: a) Phasendiagramm, b) protonische Brücke, c) hydridische Brücke, d) Boran.

14.2 Ein Eiswürfel von 0 °C geht in flüssigem Wasser von 0 °C unter. Wie lässt sich diese Beobachtung erklären?

14.3 Welches der Isotope ^{12}C, ^{16}O, ^{17}O kann durch NMR-Spektroskopie untersucht werden?

14.4 Warum werden im NMR-Spektrum einer Verbindung die Resonanzfrequenzen in ppm angegeben?

14.5 Warum lässt sich Wasserstoff weder der Gruppe der Alkalimetalle noch den Halogenen zuordnen?

14.6 Warum ist Wasserstoff im Vergleich zu den Alkalimetallen und Halogenen weniger reaktiv?

14.7 Wird die Reaktion von Wasserstoff mit Stickstoff zu Ammoniak durch Enthalpieänderungen oder durch Entropieänderungen entschieden? Begründen Sie Ihre Entscheidung, ohne eine Tabelle zu Rate zu ziehen.

14.8 Wie reagieren die folgenden Stoffe? Formulieren Sie jeweils eine Reaktionsgleichung.
    a) Wolfram(VI)-oxid (WO$_3$) mit Wasserstoff beim Erhitzen,
    b) Wasserstoff und Chlor,
    c) Aluminium und verdünnte Salzsäure,

d) Kaliumhydrogencarbonat beim Erhitzen,
e) Wasserstoff und Ethin (HCICH),
f) Blei(IV)-oxid mit Wasserstoff beim Erhitzen,
g) Calciumhydrid und Wasser.

14.9 Zeigen Sie, dass die Verbrennung von Methan (CH_4) zu Kohlenstoffdioxid und Wasserdampf freiwillig verläuft, indem Sie die molare Standard-Reaktionsenthalpie sowie Entropie und freie Enthalpie berechnen. Verwenden Sie die Tabellen aus dem Anhang.

14.10 Konstruieren Sie einen Enthalpiezyklus (ähnlich Abbildung 14.3) für die Bildung von Ammoniak aus den Elementen. Informationen zur Standardbildungsenthalpie des Ammoniaks finden Sie in den Tabellen im Anhang. Vergleichen Sie Ihr Diagramm mit Abbildung 14.3 und kommentieren Sie die Unterschiede.

14.11 Was ist der grundlegende Unterschied zwischen kovalenten und ionischen Hydriden im Hinblick auf ihre physikalischen Eigenschaften?

14.12 Charakterisieren Sie die drei Typen kovalenter Hydride.

14.13 Erläutern Sie, ob die folgenden Elemente ionische, metallische, kovalente oder gar keine stabilen Hydride bilden.
a) Chrom, b) Silber, c) Phosphor, d) Kalium.

14.14 Welche Formeln erwarten Sie für die Hydride der Hauptgruppenelemente der vierten Periode von Kalium bis Brom? Welcher Trend zeigt sich in den Formeln? Inwieweit unterscheiden sich die ersten beiden Hydride dieser Reihe von den übrigen Spezies?

14.15 Erklären Sie, warum das Hydroxid-Ion in Wasser eine hohe elektrische Leitfähigkeit besitzt, indem Sie ein Diagramm ähnlich dem in Abbildung 14.16 konstruieren.

14.16 Welche beiden Eigenschaften des Wasserstoffs sind für die Existenz des Lebens unerlässlich?

14.17 Stellen Sie für jede Reaktion im Schema der wichtigsten Reaktionen im Überblick die vollständige Reaktionsgleichung auf.

14.18 Berechnen Sie mithilfe der Daten aus dem Anhang einen ungefähren Wert für die Bindungsenergie der B/H-Brückenbindung im Diboran. Welche Bindungsordnung nehmen Sie an, wenn Sie diesen Wert mit der Bindungsenergie einer normalen B/H-Bindung vergleichen? Entspricht das Ergebnis der Bindungsordnung (pro Bindung), die man aus dem MO-Diagramm (Abbildung 14.13) entnehmen kann?

14.19 Das Hydrid-Ion wird manchmal mit den Halogenid-Ionen verglichen. Die Gitterenthalpien von Natriumhydrid und Natriumchlorid liegen beispielsweise bei -808 kJ·mol^{-1} bzw. bei -788 kJ·mol^{-1}. Der Betrag der Bildungsenthalpie des Natriumhydrids ist jedoch deutlich niedriger als der für Natriumchlorid. Berechnen Sie mithilfe der Daten aus dem Anhang die Werte für die Bildungsenthalpien dieser Verbindungen. Welche Faktoren sind dafür verantwortlich, dass sich die beiden Werte so sehr unterscheiden?

Der Begriff Alkali leitet sich ab vom arabischen *al-qaly* für „die salzhaltige Asche, die man aus See- und Strandpflanzen gewinnt", woraus Soda (Na_2CO_3) ausgelaugt wurde. Den gleichen Namen benutzte man auch für die Asche von Landpflanzen, aus der Pottasche (K_2CO_3) gewonnen wurde. Bei den praktisch genutzten Metallen handelt es sich überwiegend um wenig reaktive Feststoffe hoher Dichte. Die Alkalimetalle dagegen haben sehr geringe Dichten und sind äußerst reaktiv.

Die Elemente der Gruppe 1: Die Alkalimetalle

15

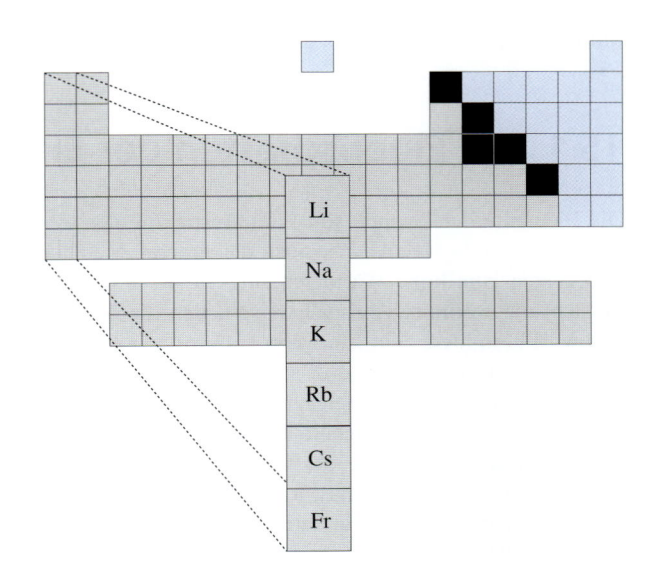

Kapitelübersicht

- 15.1 Die Eigenschaften der Elemente
- 15.2 Eigenschaften der Alkalimetallverbindungen
  Exkurs: Komplexbildung mit Kronenethern
  Exkurs: Die Reaktion der Alkalimetalle mit Ammoniak
- 15.3 Löslichkeitstrends bei Salzen der Alkalimetalle
- 15.4 Lithium und seine Verbindungen
  Exkurs: Lithium-Ionen-Batterien
- 15.5 Natrium: Gewinnung und Verwendung des Metalls
- 15.6 Verbindungen mit Sauerstoff
- 15.7 Hydroxide
- 15.8 Gewinnung von Natriumchlorid und Kaliumchlorid
- 15.9 Natriumcarbonat
- 15.10 Ähnlichkeiten zwischen Lithium und den Erdalkalimetallen
- 15.11 Biologische Aspekte
  Exkurs: Lithiumsalze in der Medizin
- 15.12 Die wichtigsten Reaktionen im Überblick

Sir Humphry Davy, englischer Chemiker und Physiker, 1778–1829; Professor in London, 1820–27 Präsident der Royal Society.

Johan August **Arfvedson**, schwedischer Chemiker, 1792–1841; ab 1821 Mitglied der Schwedischen Akademie der Wissenschaften.

Gustav Robert **Kirchhoff**, deutscher Physiker, 1824–1887; Professor in Breslau, Heidelberg und Berlin.

Marguerite **Perey**, französische Chemikerin und Physikerin, 1909–1975; Professorin in Straßburg.

Wichtige Mineralien der Alkalielemente
Spodumen: $LiAl[Si_2O_6]$
Steinsalz (Halit): $NaCl$
Soda: Na_2CO_3
Salpeter: $NaNO_3$
Sylvin: KCl
Carnallit: $KMgCl_3 \cdot 6H_2O$
($KCl \cdot MgCl_2 \cdot 6H_2O$)
Kalifeldspat: $K[AlSi_3O_8]$

Die natürlich vorkommenden Kaliumverbindungen sind alle schwach radioaktiv, da sie das radioaktive Isotop ^{40}K mit einem Anteil von 0,012 % enthalten. Ein beträchtlicher Teil der Strahlung, die in unserem Körper entsteht, beruht auf diesem Isotop mit einer Halbwertszeit von $1,3 \cdot 10^9$ Jahren.

Verbindungen der Alkalimetalle waren bereits in der Antike bekannt. Die Kationen der Alkalimetalle lassen sich chemisch jedoch nur schwer reduzieren. 1807 nutzte der britische Wissenschaftler Humphry Davy die elektrische Energie einer primitiven Batterie: Er elektrolysierte die Schmelzen von Natriumhydroxid und Kaliumhydroxid und erhielt so die ersten Alkalimetalle. Wenig später isolierte J. A. Arfvedson das Lithium. Rasch erkannte man die chemische Ähnlichkeit der neuen Elemente.

Rubidium und Caesium waren die ersten Elemente, die aufgrund spektroskopischer Untersuchungen nachgewiesen wurden: 1861 beobachteten Bunsen und Kirchhoff mit dem von ihnen entwickelten Spektroskop charakteristische Spektrallinien. Die Namen der Elemente weisen auf die Farben besonders intensiver Spektrallinien hin (*rubidus*, tiefrot; *caesius*, himmelblau).

Die französische Wissenschaftlerin Marguerite Perey entdeckte schließlich 1939 das letzte Element dieser Gruppe, von dem nur radioaktive Isotope existieren. Sie taufte es nach ihrem Geburtsland auf den Namen Francium. Nach heutigen Schätzungen gibt es auf der Erde insgesamt nur etwa 50 g Francium.

Natrium und Kalium gehören zu den häufigsten Elementen der Erdkruste. Natrium steht mit einem Massenanteil von 2,64 % an 6. Stelle, Kalium (2,41 %) an 7. Stelle. Salzlagerstätten, die sich beim Eintrocknen urzeitlicher Meere gebildet haben, sind die wichtigsten Quellen für Natriumchlorid (Steinsalz, „Kochsalz") und für Kaliumchlorid (Sylvin). Salzbergwerke wurden bereits im Altertum betrieben und Kochsalz war einst ein wertvolles Handelsgut. Viele Ortsnamen mit den Silben *salz* oder *hall*, einem westgermanischen Wort für eine Salzproduktionsstätte, weisen noch heute auf den früheren Ruhm der Salzstädte hin (z. B. Salzgitter, Salzuflen, Schwäbisch Hall, Bad Reichenhall).

15.1 Die Eigenschaften der Elemente

Die Elemente der Gruppe sind, mit Ausnahme des schwach goldfarbenen Caesiums, silbrig glänzende Metalle. Wie auch die anderen Metalle sind sie gute elektrische Leiter und zeigen eine hohe Wärmeleitfähigkeit. In anderen Beziehungen jedoch verhalten sie sich ungewöhnlich: Beispielsweise haben die Alkalimetalle nur eine geringe Härte. Das wird besonders deutlich, wenn man innerhalb der Gruppe nach unten geht: Lithium kann man mit dem Messer schneiden, Kalium ist bereits so weich, dass es sich wie Butter kneten lässt. Im Vergleich zu den meisten anderen Metallen sind die Schmelztemperaturen der Alkalimetalle auffallend niedrig; innerhalb der Gruppe nehmen sie mit steigender Atommasse der Elemente weiter ab. Caesium schmilzt bereits knapp über Raumtemperatur. Aufgrund seiner niedrigen Schmelztemperatur und seiner guten Wärmeleitfähigkeit wird Natrium als Kühlflüssigkeit in bestimmten Kernreaktoren („Schnelle Brüter") genutzt. Sowohl die leichte Verformbarkeit als auch die niedrigen Schmelz- und Siedetemperaturen lassen sich auf eine relativ schwache metallische Bindung in den Alkalimetallen zurückführen. Ein Maß für die Stärke der metallischen Bindung ist die Energie, die notwendig ist, um aus dem Metall ein Gas zu erzeugen, das aus

Tabelle 15.1 Schmelztemperaturen, Siedetemperaturen und Atomisierungsenthalpien der Alkalimetalle

Element	Schmelz-temperatur (°C)	Siede-temperatur (°C)	Atomisierungs-enthalpie ΔH_{at}^0 ($kJ \cdot mol^{-1}$)
Lithium (Li)	181	1347	159
Natrium (Na)	98	883	107
Kalium (K)	63	759	89
Rubidium (Rb)	39	688	81
Caesium (Cs)	28	668	76

einzelnen Atomen besteht (Atomisierungsenthalpie). Bei typischen Metallen liegen die Atomisierungsenthalpien im Bereich von 400 bis 600 kJ·mol^{-1}. Wie Tabelle 15.1 zeigt, sind die Werte für die Alkalimetalle erheblich kleiner.

Noch ungewöhnlicher sind die geringen Dichten der Alkalimetalle (Tabelle 15.2). Während bei den meisten Metallen die Dichten zwischen 5 und 15 g·cm^{-3} liegen, ist die Dichte von Lithium nur halb so groß wie die von Wasser. Man könnte also daran denken, unsinkbare Schiffe aus Lithium zu bauen, aber allein die hohe Reaktivität des Alkalimetalls macht das unmöglich.

Üblicherweise werden die Alkalimetalle unter Paraffinöl oder Testbenzin aufbewahrt, damit sich keine dicken Oxidschichten bilden können. Lithium beispielsweise wird beim Kontakt mit Luft zu Lithiumoxid oxidiert, welches wiederum mit Kohlenstoffdioxid zu Lithiumcarbonat reagiert:

$$4\,\text{Li(s)} + \text{O}_2\text{(g)} \rightarrow 2\,\text{Li}_2\text{O(s)}$$

$$\text{Li}_2\text{O(s)} + \text{CO}_2\text{(g)} \rightarrow \text{Li}_2\text{CO}_3\text{(s)}$$

Tabelle 15.2 Dichten der Alkalimetalle

Element	Dichte ϱ (g·cm^{-3})
Li	0,53
Na	0,97
K	0,86
Rb	1,53
Cs	1,87

Die Alkalimetalle reagieren mit den meisten Nichtmetallen. So verbrennt beispielsweise jedes Alkalimetall in geschmolzenem Zustand in Chlorgas zum jeweiligen weißen Metallchlorid. Die Reaktion von Natrium mit Chlor liefert dabei ein Produkt, das als Kochsalz allgemein bekannt ist: Ein hochreaktives Metall reagiert mit einem giftigen Gas zu einem lebensnotwendigen Produkt.

$$2\,\text{Na(l)} + \text{Cl}_2\text{(g)} \rightarrow 2\,\text{NaCl(s)}$$

Mit Wasser reagieren die Alkalimetalle unter Bildung der Hydroxide; gleichzeitig entsteht Wasserstoff. Die Reaktionen verlaufen jedoch unterschiedlich heftig: Lithium reagiert verhältnismäßig langsam. Wirft man aber ein Stückchen Natrium auf Wasser, so schmilzt es und rast in Form von silbrigen Kügelchen über die Wasseroberfläche. Gelegentlich entzündet sich das bei der Reaktion gebildete Wasserstoffgas.

$$2\,\text{Na(s)} + 2\,\text{H}_2\text{O(l)} \rightarrow 2\,\text{NaOH(aq)} + \text{H}_2\text{(g)}$$

Bei den schwereren Elementen der Gruppe nimmt die Reaktivität nochmals zu: Oft kommt es zu Explosionen, wenn Rubidium oder Caesium mit Wasser in Berührung kommen. Ursache ist die Entzündung des Wasserstoff/Sauerstoff-Gemischs an der heißen Metalloberfläche.

15.2 Eigenschaften der Alkalimetallverbindungen

Die Verbindungen der Alkalimetalle ähneln sich in vielen Eigenschaften stärker als dies bei anderen Gruppen des Periodensystems zu beobachten ist.

Ionischer Charakter Die Ionen der Alkalimetalle sind immer einfach positiv geladen, die Oxidationszahl ist also I. Die meisten ihrer Verbindungen sind stabile, ionische Festkörper. Üblicherweise sind die Verbindungen farblos – außer in den Fällen, in denen ein farbiges Anion wie Chromat (CrO_4^{2-}) oder Permanganat (MnO_4^-) beteiligt ist.

Stabilisierung von großen, niedrig geladenen Anionen Da die Kationen der Alkalimetalle (ausgenommen das Lithium-Ion) mit die niedrigsten Ladungsdichten aufweisen, sind sie in der Lage, große, niedrig geladene Anionen zu stabilisieren. So sind beispielsweise die Kationen Na$^+$ bis Cs$^+$ die einzigen, mit denen sich kristalline Hydrogencarbonate bilden.

Ionen-Hydratation Alle Ionen werden hydratisiert, wenn sie in Wasser gelöst sind. Auch im Festkörper liegen die im Verhältnis zum Anion kleineren Kationen häufig hydratisiert vor. Die Bildung eines kristallinen Hydrats wird von der Konkurrenz zwischen Gitterenthalpie und den Hydratationsenthalpien der Ionen bestimmt.

- Die Gitterenthalpie beruht auf der elektrostatischen Anziehung von Anionen und Kationen: Je größer die Ladungsdichte der Ionen, desto höher ist die Gitterenthalpie. Aus diesem Grund begünstigt der Gitterenergie-Beitrag bei der Kristallisation den Einbau des kleinen, nackten Ions mit seiner höheren Ladungsdichte.
- Die Hydratationsenthalpie wird von der Anziehung zwischen den Ionen und den polaren Wasser-Molekülen bestimmt. Der wichtigste Faktor, der die Stärke der Ion/Dipol-Bindung bestimmt, ist dabei die Ladungsdichte der Ionen. Eine hohe Ladungsdichte führt dazu, dass zumindest ein Teil der Hydrathülle beim Kristallisationsprozess erhalten bleibt. Bei Salzen aus Ionen mit geringen Ladungsdichten finden wir üblicherweise kein gebundenes Kristallwasser.

Die Ionen der Alkalimetalle zeigen, wie bereits erwähnt, im Vergleich zu den Ionen anderer Metalle nur geringe Ladungsdichten. Die meisten Alkalimetallsalze sind dementsprechend wasserfrei. Nur bei Lithium- und Natrium-Ionen ist die Ladungsdichte hoch genug, um einige wenige Salze mit Kristallwasser zu bilden. Ein extremes Beispiel ist Lithiumhydroxid, das ein Octahydrat bildet: $LiOH \cdot 8\,H_2O$. Weitere bekannte Beispiele sind die Hydrate des Natriumcarbonats ($Na_2CO_3 \cdot 10\,H_2O$, Kristallsoda) und des Natriumsulfats ($Na_2SO_4 \cdot 10\,H_2O$, Glaubersalz).

Die Absolutwerte der Hydratationsenthalpien spiegeln die niedrige Ladungsdichte wider; der Gang der Werte folgt aus der Größe der Ionen (Tabelle 15.3). Zum Vergleich: Die Hydratationsenthalpie von Mg^{2+} beträgt $-1921\,kJ \cdot mol^{-1}$.

Tabelle 15.3 Ionenradien und Hydratationsenthalpien der Alkalimetall-Ionen

Ion	Ionenradius (pm) (Koordinationszahl 6)	Hydratationsenthalpie ΔH^0_{hydr} ($kJ \cdot mol^{-1}$)
Li^+	90	−520
Na^+	116	−406
K^+	152	−322
Rb^+	166	−298
Cs^+	181	−273

Flammenfärbungen

Da praktisch alle Alkalimetallverbindungen gut wasserlöslich sind, eignet sich die Bildung von schwerlöslichen Niederschlägen kaum für den Nachweis der Alkalimetall-Ionen. Glücklicherweise färbt jedoch jedes Alkalimetall die Flamme auf charakteristische Weise, wenn man die Probe eines seiner Salze in die Flamme eines Gasbrenners hält (Tabelle 15.4). Bei der hohen Temperatur der Flamme verdampft das Salz und dissoziiert

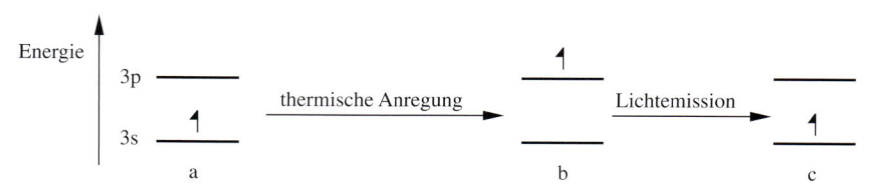

Tabelle 15.4 Flammenfärbungen der Alkalimetalle

Metall	Farbe
Li	purpurrot
Na	gelb
K	hellviolett
Rb	rotviolett
Cs	blauviolett

15.1 Ursache der Flammenfärbung am Beispiel von Natrium: In der Flamme wird ein Teil der Natrium-Atome aus dem Grundzustand (a) in einen angeregten Zustand (b) überführt. Beim Zurückfallen des Elektrons vom 3p- auf das 3s-Niveau wird die Energie in Form von gelbem Licht abgestrahlt (c).

teilweise unter Bildung von Alkalimetall-Atomen, die zum Teil in einem angeregten Zustand vorliegen. Fällt nun das Elektron in seinen Grundzustand zurück, wird die Energie in Form von sichtbarem Licht emittiert (Abbildung 15.1). Die gelbe Flammenfärbung von Natrium entspricht dem Übergang eines Elektrons aus dem 3p-Niveau auf das 3s-Niveau. Genau dieser Elektronenübergang wird in Natriumdampflampen mit hohem Wirkungsgrad für die Straßenbeleuchtung genutzt.

Komplexbildung mit Kronenethern

Im Jahre 1987 wurde der Nobelpreis für Chemie an Donald J. Cram, Jean-Marie Lehn und Charles J. Pedersen verliehen. Diese Forscher hatten seit Ende der Sechzigerjahre wesentliche Beiträge zu einer „Chemie der Hohlräume" geliefert. Man spricht auch von supramolekularer Chemie oder Wirt/Gast-Chemie, denn ein größeres Molekül – der Wirt – nimmt jeweils ein kleineres Molekül oder Ion als Gast auf. Beispiele für Wirtsmoleküle sind die erstmals 1967 von Pedersen synthetisierten *Kronenether*. Es handelt sich um ringförmige Polyether, bei denen C_2H_4-Einheiten über Sauerstoff-Atome verknüpft sind. Der bekannteste Vertreter wird als 18-Krone-6 bezeichnet: Das Molekül weist 18 Ringglieder auf, darunter sechs Sauerstoff-Atome; die Molekülformel ist $C_{12}H_{24}O_6$.

Salze wie Kaliumpermanganat lösen sich in relativ unpolaren Lösemitteln wie Trichlormethan (Chloroform, $CHCl_3$), sobald man etwas 18-Krone-6 hinzufügt. Ursache ist die Bildung eines Komplexes aus einem Kalium-Ion und einem Kronenether-Molekül: Das Kalium-Ion wird eingeschlossen und durch die negativ polarisierten Sauerstoff-Atome gebunden. Nach außen gerichtet sind nur Kohlenwasserstoff-Reste, sodass der Komplex in unpolaren Lösemitteln löslich wird (Abbildung 15.2).

EXKURS

Donald James Cram, amerikanischer Chemiker, geb. 1919; Professor in Los Angeles, 1987 Nobelpreis für Chemie zusammen mit J. M. Lehn und C. J. Pedersen (für die Entwicklung und Anwendung von Molekülen mit hochselektiven, strukturspezifischen Wechselwirkungen).

Jean-Marie Lehn, französischer Chemiker, geb. 1939; Professor in Straßburg, 1987 Nobelpreis für Chemie zusammen mit D. J. Cram und C. J. Pedersen.

Charles J. Pedersen, norwegisch-amerikanischer Chemiker, 1904–1989; Forschungschemiker bei der Firma DuPont, 1987 Nobelpreis für Chemie zusammen mit D. J. Cram und J. M. Lehn.

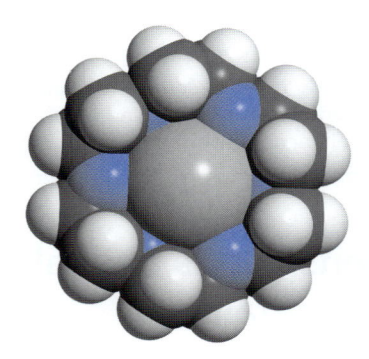

15.2 Komplex des Kalium-Ions mit dem Kronenether 18-Krone-6. Die Stabilität der Komplexe hängt vom Verhältnis zwischen Ringgröße und Ionenradius ab: Mit 18-Krone-6 ist der Kalium-Komplex stabiler als der Natrium-Komplex, bei dem kleineren 15-Krone-5 ist es umgekehrt.

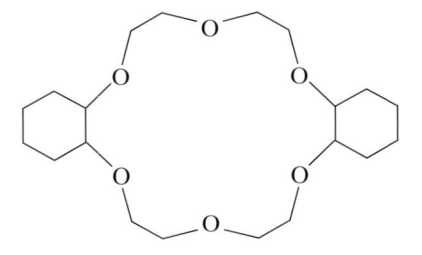

15.3 Dicyclohexyl-18-krone-6.

Zum Ladungsausgleich gehen dabei – huckepack – auch Anionen in das unpolare Medium über. Diese Anionen sind besonders reaktiv, da ihnen eine stabilisierende Solvathülle fehlt. Man nutzt diesen Effekt in der präparativen Chemie, wenn Anionen als Reaktionspartner in einem unpolaren Lösemittel benötigt werden.

Der Einsatz von Kronenethern ermöglicht sogar Reaktionen, die kaum jemand für möglich gehalten hätte: die Bildung von Alkalimetall-Anionen.

Der Chemiker James Dye setzte dazu metallisches Natrium mit einem Kronenether um, der die Molekülformel $C_{20}H_{36}O_6$ hat (Dicyclohexyl-18-Krone-6; Abbildung 15.3). Er erhielt metallisch glänzende Kristalle. Eine Strukturuntersuchung zeigte, dass diese Na$^-$-Ionen enthalten. Die bei der Elektronenübertragung gleichzeitig gebildeten Natrium-Kationen sind in die Kronenether-Moleküle eingeschlossen:

$$2\,Na(s) + C_{20}H_{36}O_6 \rightarrow [Na(C_{20}H_{36}O_6)]^+Na^-(s)$$

Die Verbindung erwies sich jedoch als außerordentlich reaktiv, aus diesem Grunde ist sie lediglich eine Laborkuriosität geblieben.

EXKURS

Die Reaktion der Alkalimetalle mit Ammoniak

Die Alkalimetalle besitzen die interessante Eigenschaft, sich in verflüssigtem Ammoniak (Siedetemperatur –33 °C) zu lösen. Verdünnte Lösungen dieser Art zeigen eine intensiv blaue Färbung. Sie leiten den elektrischen Strom, wobei der wichtigste Ladungsträger in der Lösung solvatisierte Elektronen sind, die von der Ionisation der Natrium-Atome herrühren:

$$Na(s) \rightarrow Na^+(solv) + e^-(solv)$$

Konzentrierte Lösungen zeigen eine bronzene Farbe und verhalten sich wie flüssige Metalle. Lässt man sie längere Zeit stehen, so zersetzen sich die Lösungen und bilden Amide sowie Wasserstoffgas. Diese Reaktion wird durch katalytisch wirkende Übergangsmetallverbindungen beschleunigt:

$$2\,NH_3(l) + 2\,e^-(solv) \rightarrow 2\,NH_2^-(solv) + H_2(g)$$

Im Gegensatz zu wässerigen Lösungen, in denen Elektronen als Reduktionsmittel spontan Wasser zu Wasserstoff reduzieren würden, sind in flüssigem Ammoniak solvatisierte Elektronen also durchaus in nennenswerten Konzentrationen existenzfähig.

15.3 Löslichkeitstrends bei Salzen der Alkalimetalle

Die Alkalimetallsalze sind aufgrund ihrer Löslichkeit – fast alle Verbindungen der Alkalimetalle sind wasserlöslich, wenn auch in unterschiedlichem Maße – hilfreiche Laborreagenzien (Tabelle 15.5). Ob wir Nitrat-, Phosphat- oder Fluorid-Ionen benötigen – immer können wir uns darauf verlassen, dass sich mithilfe der Alkalimetallsalze eine Lösung des gewünschten Anions herstellen lässt. Dennoch umspannen die Löslichkeiten einen weiten Wertebereich. So liegt die Sättigungskonzentration von Lithiumchlorid bei 14 mol·l^{-1}, die von Lithiumfluorid lediglich bei 0,05 mol·l^{-1}.

Um die unterschiedliche Lage der Löslichkeitsgleichgewichte zu erklären, müssen wir die Energieumsätze bei dem Lösevorgang untersuchen. Wie bereits in Abschnitt 7.4 diskutiert, wird die Löslichkeit einer Verbindung durch die Enthalpieänderung (also das Wechselspiel zwischen Gitterenthalpie und Hydratationsenthalpien von Kation und Anion) sowie die Änderung der Entropie bestimmt. Diese Zusammenhänge veranschaulicht Abbildung 15.4. Soll ein Salz gut löslich sein, muss die Gibbssche freie Enthalpie, ΔG^0, negativ sein (Tabelle 15.6). Es gilt:

$$\Delta G^0 = \Delta H^0 - T \cdot \Delta S^0$$

Tabelle 15.5 Löslichkeiten der Natriumhalogenide bei 25 °C

Verbindung	Löslichkeit (mol · l^{-1})
NaF	1,0
NaCl	5,4
NaBr	7,2
NaI	8,4

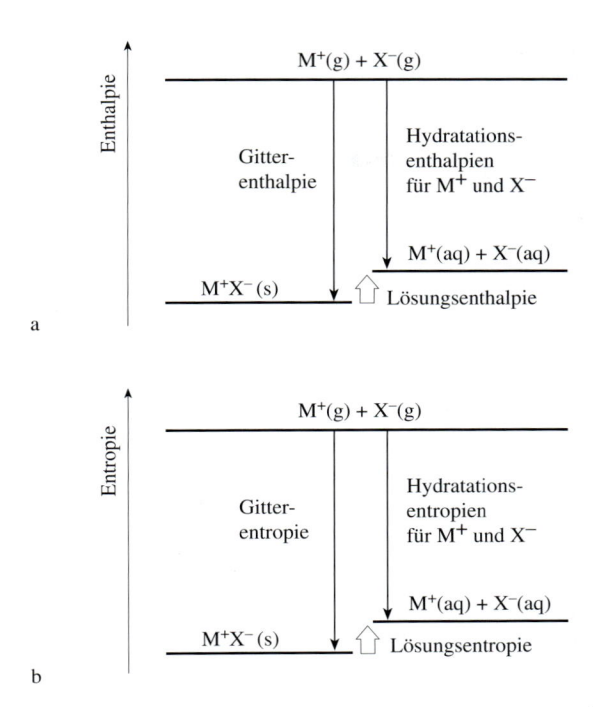

15.4 Thermochemischer Kreisprozess für die Enthalpie (a) bzw. Entropie (b) des Lösevorgangs einer ionischen Verbindung.

Tabelle 15.6 Enthalpiebeiträge beim Lösungsvorgang der Natriumhalogenide

Verbindung	Gitterenthalpie (kJ · mol^{-1})	Hydratationsenthalpie (kJ · mol^{-1})	gesamte Enthalpieänderung (kJ · mol^{-1})
NaF	−928	−921	7
NaCl	−788	−784	4
NaBr	−751	−753	−2
NaI	−700	−711	−11

Tabelle 15.7 Entropiebeiträge beim Lösungsvorgang der Natriumhalogenide

Verbindung	Gitterentropie (J · K^{-1}mol^{-1})	Hydratationsentropie von Kation und Anion (J · K^{-1}mol^{-1})	Lösungsentropie ΔS_L^0 (J · K^{-1}mol^{-1})	$T \cdot \Delta S_L^0$ (T = 298 K) (kJ · mol^{-1})
NaF	242,3	−89 + (−159,4) = −248,4	−6,1	−1,8
NaCl	229,3	−89 + (−96,9) = −185,9	43,4	12,9
NaBr	224,7	−89 + (−81,1) = −170,1	54,6	16,3
NaI	218,8	−89 + (−58,0) = −147,0	71,8	21,4

Die Enthalpiewerte in Tabelle 15.6 zeigen, dass die Gitterenthalpie ziemlich genau durch die Summe der Hydratationsenthalpien von Kation und Anion ausgeglichen wird.

Berechnen wir nun die Entropieänderung und den daraus resultierenden Entropiebeitrag $T \cdot \Delta S^0$ für die Bilanz der freien Enthalpie des Lösevorgangs (Tabelle 15.7), so stellen wir fest, dass bei allen Salzen – mit Ausnahme des Natriumfluorids – die Entropie zunimmt. Die Änderung der Freien Enthalpie für den Lösevorgang ergibt sich mithilfe der Gibbs-Helmholtz-Gleichung (Tabelle 15.8). Die freie Enthalpie ΔG^0 für eine chemi-

Tabelle 15.8 Freie Enthalpien beim Lösungsvorgang der Natriumhalogenide

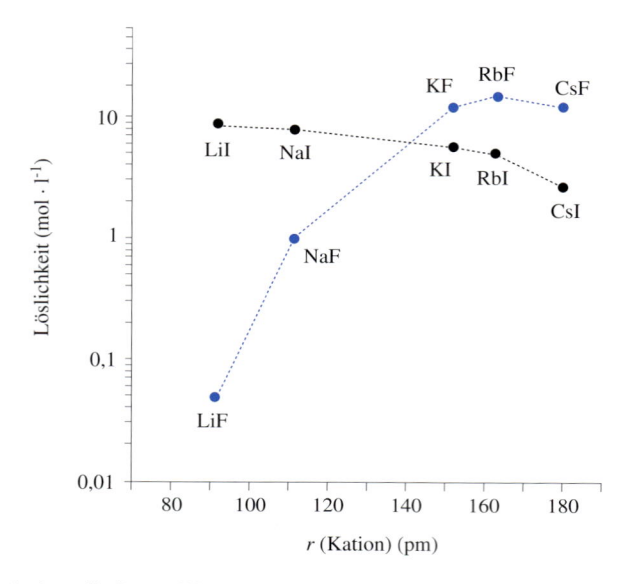

Verbindung	Lösungsenthalpie ΔH_L^0 (kJ·mol^{-1})	$T \cdot \Delta S_L^0$ (kJ·mol^{-1})	freie Enthalpie ΔG_L^0 (kJ·mol^{-1})
NaF	7	−1,8	8,8
NaCl	4	12,9	−8,9
NaBr	−2	16,3	−18,3
NaI	−11	21,4	−32,4

15.5 Löslichkeit der Alkalimetallfluoride und -iodide in Abhängigkeit von den Radien der Alkalimetall-Ionen.

sche Reaktion hängt gemäß $\Delta G^0 = -R \cdot T \cdot \ln K$ unmittelbar mit der Gleichgewichtskonstanten K zusammen. Für den hier betrachteten Lösevorgang eines Salzes ist diese gleich dem Löslichkeitsprodukt $K_L = c(M^+) \cdot c(X^-)$. Für das Beispiel Kochsalz ergibt sich:

$\ln K_L(\text{NaCl}) = 8900/(8{,}314 \cdot 298) = 3{,}59$ bzw. $K_L = 36{,}3 \text{ mol}^2 \cdot l^{-2}$

Mit der Elektroneutralitätsbedingung $c(\text{Na}^+) = c(\text{Cl}^-)$ ergibt dies:

$c^2(\text{Na}^+) = 36{,}3 \text{ mol}^2 \cdot l^{-2}$

und damit

$c(\text{Na}^+) \approx 6 \text{ mol} \cdot l^{-1}$

Die so aus den thermodynamischen Daten des Lösevorgangs berechnete Löslichkeit stimmt verhältnismäßig gut mit der experimentell beobachteten überein (Tabelle 15.5).

Trägt man die Löslichkeiten der Salze, die ein bestimmtes Anion bildet, gegen die Radien der Alkalimetall-Kationen auf, so erhält man in den meisten Fällen eine stetige Kurve (Abbildung 15.5). Diese Kurve kann eine positive oder eine negative Steigung besitzen (in einigen Fällen zeigt sie auch ein Minimum).

Der unterschiedliche Verlauf der Kurven in Abbildung 15.5 lässt sich nachvollziehen, wenn man die Gitterenthalpien betrachtet. Wenn auch die Gitterenthalpie hauptsächlich von der Ladung der Ionen bestimmt wird, muss noch ein weiterer Einfluss berücksichtigt werden, nämlich das Verhältnis der Radien von Kation und Anion: Bei einem großen Unterschied in den Radien „klappern" die kleineren Ionen in den Lücken zwischen den großen Gegenionen. Die Stabilität des Gitters wird dadurch verringert. Lithiumiodid, mit seinem großen Unterschied der Ionenradien, ist deutlich besser löslich als Lithiumfluorid, bei dem die Ionenradien nur geringe Differenzen aufweisen. Umgekehrt ist Caesiumiodid, mit seinen ähnlichen Ionenradien, viel schlechter löslich als Caesiumfluorid, bei dem sich die Ionenradien erheblich unterscheiden.

Dies kommt auch bei folgender Betrachtung zum Ausdruck: Lithiumiodid wird gemeinsam mit einer äquimolaren Menge an Caesiumfluorid in Wasser gelöst. Wird die Lösung bis zur Kristallisation eingedampft, stellt sich die Frage, ob LiI und CsF oder aber LiF und CsI entstehen. Dies ist eine Frage nach der Lage des folgenden Gleichgewichts:

$$\text{LiI(s)} + \text{CsF(s)} \rightleftharpoons \text{LiF(s)} + \text{CsI(s)}$$

Gitterenthalpie (kJ·mol^{-1})   –759   756   –1047   – 608

Die Reaktionsenthalpie dieser Reaktion ergibt sich direkt aus der Differenz der Gitterenthalpien von Produkten und Edukten. Man erhält eine Reaktionsenthalpie von –140 kJ·mol^{-1}. Offenkundig ist die Kombination eines kleinen Kations mit einem kleinen Anion (LiF) und eines großen Kations mit einem großen Anion (CsI) energetisch deutlich günstiger als die umgekehrte Kombination (LiI und CsF). Dieser Befund lässt sich verallgemeinern: *Ein kleines Anion wird am günstigsten mit einem kleinen Kation, ein großes Anion hingegen mit einem großen Kation stabilisiert.* Dies ist eine Grundregel für alle Fällungsreaktionen.

Schwerlösliche Salze der Alkalimetalle Am schlechtesten löslich sind durchweg Salze aus Ionen ähnlicher Größe. Bei den schwereren Alkalimetallen mit ihren großen Kationen sollte es also schwerlösliche Salze mit großen Anionen geben. Dieses Konzept bestätigt sich mit dem sehr großen Hexanitrocobaltat(III)-Anion, [Co(NO$_2$)$_6$]$^{3-}$. Die Lithium- und Natriumsalze sind leichtlöslich, wogegen die Kalium-, Rubidium- und Caesiumsalze schwerlöslich sind. Möchte man beispielsweise testen, ob eine Lösung Kalium-Ionen enthält, kann man Natriumhexanitrocobaltat(III)-Lösung hinzutropfen; ein leuchtend gelber Niederschlag zeigt die Anwesenheit von Kalium-Ionen an:

$$3\,\text{K}^+(\text{aq}) + [\text{Co(NO}_2)_6]^{3-}(\text{aq}) \rightarrow \text{K}_3[\text{Co(NO}_2)_6](\text{s})$$

Große Löslichkeitsunterschiede zeigen auch die Perchlorate der Alkalimetalle. Mit Perchlorsäure (HClO$_4$) als Reagenz können KClO$_4$, RbClO$_4$ und CsClO$_4$ ausgefällt werden.

Ein weiteres, sehr großes Anion, das zur Fällung der schwereren Alkalimetallionen verwendet werden kann, ist das Tetraphenylborat-Ion, [B(C$_6$H$_5$)$_4$]$^-$. Dessen gut lösliches Natriumsalz ist als *Kalignost* bekannt geworden.

$$\text{K}^+(\text{aq}) + [\text{B(C}_6\text{H}_5)_4]^-(\text{aq}) \rightarrow \text{K[B(C}_6\text{H}_5)_4](\text{s})$$

Das Ammonium-Ion als Pseudo-Alkalimetallkation Das Ammonium-Ion verhält sich in vielen Fällen wie ein Kation der Alkalimetalle. Ammoniumsalze zeigen dem entsprechend ähnliche Löslichkeiten in Wasser wie vergleichbare Salze der Alkalimetalle. Wie Natriumchlorid und Kaliumchlorid ist auch Ammoniumchlorid sehr gut löslich. Ammoniumperchlorat ist dagegen fast genauso schlecht löslich wie Kaliumperchlorat. Eine Erklärung ergibt sich aus den nahezu übereinstimmenden Ionenradien: 150 pm (NH$_4^+$) und 152 pm (K$^+$).

Die Ähnlichkeit im chemischen Verhalten gilt jedoch nicht für alle Reaktionen vergleichbarer Salze. So bildet beispielsweise Natriumnitrat beim Erhitzen Natriumnitrit und Sauerstoffgas; erhitzt man Ammoniumnitrat, erhält man Distickstoffoxid (Lachgas) und Wasser:

$$2\,\text{NaNO}_3(\text{s}) \xrightarrow{\Delta} 2\,\text{NaNO}_2(\text{s}) + \text{O}_2(\text{g})$$

$$\text{NH}_4\text{NO}_3(\text{s}) \xrightarrow{\Delta} \text{N}_2\text{O}(\text{g}) + 2\,\text{H}_2\text{O}(\text{g})$$

15.4 Lithium und seine Verbindungen

Mit einer Dichte, die nur halb so groß ist wie die des Wassers, ist Lithium mit Abstand der leichteste kristalline Feststoff. Aufgrund seiner geringen Dichte finden wir Lithium als Bestandteil von Legierungen, die im Flugzeugbau verwendet werden. Ein Beispiel ist die Legierung LA 141; sie enthält 14% Lithium, 1% Aluminium und 85% Magnesium. Ihre Dichte beträgt 1,35 g·cm^{-3}, und sie ist somit nur halb so schwer wie das üblicherweise verwendete Leichtmetall Aluminium.

Lithium ist eines der wenigen Metalle, das auch mit dem reaktionsträgen Stickstoff reagiert. Um die Dreifachbindung des Stickstoffmoleküls aufzubrechen, muss eine Energie von 945 kJ·mol^{-1} aufgewendet werden. Eine Reaktion setzt voraus, dass die frei werdende Gitterenthalpie des Reaktionsprodukts entsprechend hoch ist. Von den Alkalimetallen ist lediglich das Lithium-Ion aufgrund seiner hohen Ladungsdichte in der Lage, ein Nitrid zu bilden.

$$6\ Li(s) + N_2(g) \rightarrow 2\ Li_3N(s)$$

Das Nitrid selbst ist reaktiv und bildet Ammoniak, wenn es mit Wasser in Berührung kommt:

$$Li_3N(s) + 3\ H_2O(l) \rightarrow 3\ LiOH(s) + NH_3(g)$$

Das Redox-Paar Li$^+$/Li besitzt das negativste Standard-Elektrodenpotential aller Elemente:

$$Li^+(aq) + e^- \rightarrow Li(s); \quad E^0 = -3{,}04\ V$$

Das Metall setzt also mehr Energie frei als jedes andere Element, wenn es in wässeriger Lösung zu seinem Kation oxidiert wird. Dennoch reagiert es langsamer mit Wasser als die anderen Alkalimetalle. Wie in Kapitel 7 diskutiert, dürfen wir die thermodynamische Triebkraft einer Reaktion, die dem Standard-Reduktionspotential proportional ist, nicht mit der Reaktionsgeschwindigkeit verwechseln – diese hängt von der Höhe der Aktivierungsenergie ab. In unserem speziellen Fall müssen wir also annehmen, dass die Aktivierungsenergie für die Reaktion mit Wasser für Lithium größer ist als für die anderen Alkalimetalle.

Eine weniger formale Erklärung bietet die folgende Überlegung: Gibt man ein Stückchen elementaren Lithiums auf Wasser, so bewegt es sich langsam über die Wasseroberfläche; getragen wird es dabei durch einen Schaum aus Lithiumhydroxid-Lösung und Wasserstoffgas. Der Kontakt mit dem Reaktionspartner Wasser wird dadurch erheblich behindert. Pro Zeiteinheit kann deshalb nur wenig Lithium umgesetzt werden, das Metallstückchen erreicht daher nicht einmal die Schmelztemperatur.

Die vergleichsweise hohe Ladungsdichte des Lithium-Ions führt dazu, dass sich die Chemie des Lithiums von der anderer Alkalimetalle unterscheidet. Beispielsweise spielen *metallorganische* Verbindungen des Lithiums – mit einer überwiegend kovalenten Li/C-Bindung – eine wichtige Rolle. Selbst bei gewöhnlichen Salzen wie Lithiumchlorid weist die gute Löslichkeit in Lösemitteln wie Ethanol und Aceton auf einen hohen kovalenten Anteil der Bindung hin.

Wegen seines hohes Reduktionspotentials und seiner geringen Dichte eignet sich Lithium für den Bau von Hochleistungsbatterien. Hunderte verschiedener Reaktionspartner wurden bezüglich ihrer Eignung für den Bau von Lithiumbatterien untersucht. Zu den interessantesten Neuentwicklungen gehören Lithium-Ionen-Batterien.

Lithiumverbindungen in der Praxis Lithiumhydroxid wird industriell vor allem für die Produktion von Lithiumfetten eingesetzt: Mehr als 60% aller verwendeten Schmierfette in der Automobilbranche enthalten Lithium. Zum Einsatz kommt dabei das Lithiumsalz der Stearinsäure, $C_{17}H_{35}COOLi$. Es wird mit Mineralöl vermengt und ergibt so ein wasserbeständiges, fettartiges Produkt, das bei niedrigen Temperaturen nicht verhärtet und zudem bei hohen Temperaturen stabil bleibt.

Lithium-Ionen-Batterien

EXKURS

Seit dem Jahre 1991 sind Lithium-Ionen-Batterien auf dem Markt. Es handelt sich um wiederaufladbare Batterien (Akkumulatoren) mit zurzeit unschlagbaren Energiedichten von etwa 260 $W \cdot h \cdot l^{-1}$. Pb- oder Ni/Cd-Akkumulatoren erreichen maximal die Hälfte dieses Wertes. Lithium-Ionen-Batterien finden Anwendung als kleine Einheiten in der Konsumelektronik (Mobiltelefone, Camcorder, Laptops) und im größeren Maßstab für elektrische Fahrzeuge und Notstromaggregate. Metallisches Lithium ist als Elektrodenmaterial ungeeignet, da es bei den Lade/Entlade-Zyklen seine Form nicht beibehält und durch Ausbildung nadelförmiger Kristalle die Zelle kurzschließt oder den elektrischen Kontakt zu den Ableitelektroden verliert. Als Elektroden verwendet man daher Li-Speichermaterialien mit möglichst unterschiedlichen Li^+/Li-Redox-Potentialen (Abbildung 15.6). Als negative Elektrode hat sich Graphit mit eingelagertem Lithium bis zu einer Stöchiometrie von LiC_6 sehr bewährt. Die Volumenänderung während des Lade/Entlade-Zyklus von Graphit beträgt nur rund 10% und das Elektrodenmaterial übersteht mehr als 1000 Zyklen unbeschadet. Als positive Elektrode wird beispielsweise $LiCoO_2$ verwendet, in dem Cobalt in der Oxidationsstufe III vorliegt. Beim Laden des Akkumulators kann die Hälfte der Cobalt-Ionen ein Elektron abgeben. Die Zellreaktion lautet dementsprechend:

$$2\ Li_{0,5}CoO_2 + LiC_n \underset{\text{Laden}}{\overset{\text{Entladen}}{\rightleftarrows}} 2\ LiCoO_2 + C_n$$

Die zwischen den Elektroden ausgetauschten Lithium-Ionen müssen durch einen entsprechend redoxstabilen Elektrolyten transportiert werden.

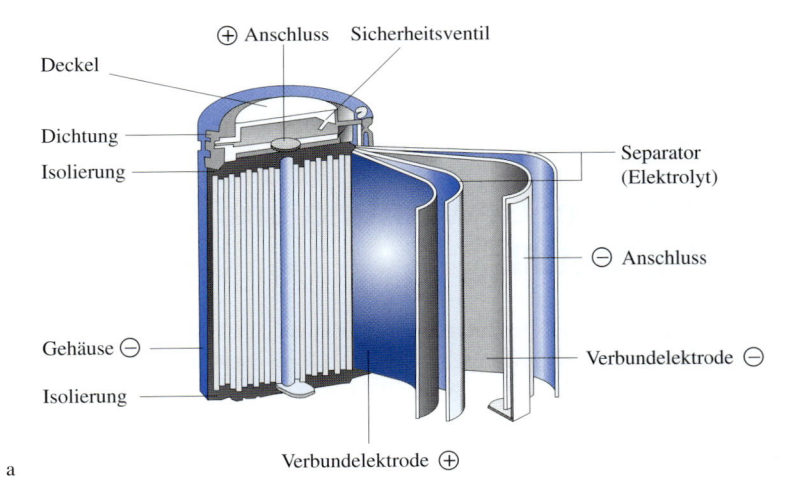

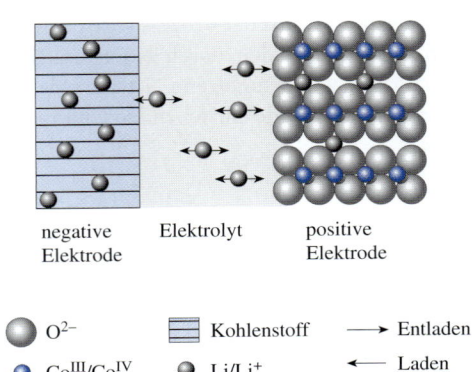

15.6 Lithium-Ionen-Zelle. a) Aufbau einer zylindrischen Zelle, b) Funktionsprinzip.

Solche Elektrolyte bestehen aus Lösungen von Lithiumsalzen mit schwach koordinierenden Anionen wie [PF$_6$]$^-$ oder [N(SO$_2$CF$_3$)$_2$]$^-$ in organischen Lösemitteln wie Kohlensäureestern. Poröse Polymerfolien verhindern einen direkten Kontakt zwischen positiver und negativer Elektrode. Die entscheidenden elektrochemischen Prozesse laufen an den Grenzflächen zwischen Elektrolyt und den beiden Elektrodenmaterialien ab. So muss die Solvathülle des Lithium-Ions beim Übergang Elektrolyt/Elektrode „abgestreift" werden, ehe es ein Elektron von der Elektrode aufnehmen kann. Der Entladestrom ist hauptsächlich durch die Beweglichkeit der Li$^+$-Ionen im Elektrolyten und in den Elektrodenmaterialien begrenzt. Um möglichst hohe Batterieleistungen erzielen zu können, werden dünne Schichten der pulverförmigen Elektrodenmaterialien, vermengt mit Elektrolyt, in Kontakt mit den Ableitelektroden gebracht.

Die wichtigste Lithiumverbindung für die Technik ist das Carbonat (Li$_2$CO$_3$). Es wird sowohl in der Aluminiumindustrie als auch für die Herstellung von Glas, Email und Keramik benötigt.

Wie bereits erwähnt, bildet Lithium eine große Zahl kovalenter Verbindungen mit Kohlenstoff. Eine dieser Verbindungen, Butyllithium (LiC$_4$H$_9$), ist ein hilfreiches Reagenz in der Organischen Chemie. Es kann dargestellt werden, indem man Lithiummetall mit Chlorbutan (C$_4$H$_9$Cl) in einem unpolaren Lösemittel wie Hexan (C$_6$H$_{14}$) abreagieren lässt:

$$2\,\text{Li(s)} + \text{C}_4\text{H}_9\text{Cl(solv)} \rightarrow \text{LiC}_4\text{H}_9\text{(solv)} + \text{LiCl(s)}$$

Nachdem man das Lithiumchlorid durch Filtrieren entfernt hat, wird das Lösemittel abdestilliert, das flüssige Butyllithium bleibt im Reaktionsgefäß zurück. Beim Umgang mit dieser Verbindung ist Vorsicht geboten: Beim Kontakt mit dem Sauerstoff der Luft entflammt sie spontan.

Die industrielle Darstellung von metallischem Kalium greift auf chemische Umsetzungen zurück. Man nutzt die Reaktion von metallischem Natrium mit geschmolzenem Kaliumchlorid bei 850 °C:

Na(l) + KCl(l) $\rightleftharpoons$ K(g) + NaCl(l)

Das Gleichgewicht dieser Reaktion liegt allerdings auf der linken Seite. Da das entstehende Kalium jedoch bevorzugt verdampft (Siedetemperaturen 759 °C (Kalium) bzw. 883 °C (Natrium)), kann man das Prinzip von Le Chatelier nutzen, um die Ausbeute zu erhöhen: Man pumpt den Kaliumdampf ständig ab. Die Reaktion verläuft dann praktisch vollständig, da sich das Gleichgewicht nicht einstellen kann.

Die wichtigsten direkt mit Natriummetall hergestellten Verbindungen sind Natriumperoxid (Na$_2$O$_2$), Natriumamid (NaNH$_2$) und Natriumhydrid (NaH). Das durch die Reaktion mit Ammoniak erzeugte Natriumamid wird überwiegend mit Distickstoffoxid (N$_2$O) umgesetzt und so in Natriumazid (NaN$_3$) überführt.

Natriumhydrid ist ein Zwischenprodukt für die Produktion von Natriumboranat (NaBH$_4$). Diese Verbindung wird häufig als Reduktionsmittel bei organischen Synthesen eingesetzt. Der größte Teil wird aber zusammen mit Schwefeldioxid bei der Herstellung von Papier aus Holzschliff eingesetzt. Durch die Reaktion dieser beiden Stoffe bildet sich das als Bleichmittel wirkende Natriumdithionit (Na$_2$S$_2$O$_4$).

15.5 Natrium: Gewinnung und Verwendung des Metalls

Natrium ist das industriell bedeutendste Alkalimetall. Das silberglänzende Metall wird durch den Downs-Prozess gewonnen: Natriumchlorid (Schmelztemperatur 801 °C) wird in geschmolzenem Zustand elektrolysiert. Dies geschieht in einer zylindrischen Elektrolysezelle mit einer zentralen Graphit-Anode und einer ringförmigen Kathode aus Stahl (Abbildung 15.7). Um die Schmelztemperatur abzusenken, wird eine Mischung aus Calciumchlorid (w = 49 %), Bariumchlorid (w = 31 %) und Natriumchlorid (w = 20 %) eingesetzt. Diese Mischung (Eutektikum) schmilzt bereits bei ungefähr 580 °C. Erst durch diesen erniedrigten Schmelzpunkt wird der Prozess wirtschaftlich interessant.

Die beiden Elektrodenräume werden durch ein feinmaschiges Stahldrahtgeflecht voneinander getrennt, sodass das geschmolzene Natrium, das im Kathodenraum nach oben schwimmt, von dem an der Anode entstehenden Chlorgas getrennt wird:

Kathode: Na$^+$ + e$^-$ $\rightarrow$ Na(l)

Anode: 2 Cl$^-$ $\rightarrow$ Cl$_2$(g) + 2 e$^-$

Das so gewonnene metallische Natrium enthält 0,2 % Calcium. Diese Verunreinigung lässt sich entfernen, indem man die Metallschmelze auf 110 °C abkühlt. Das gelöste Calcium kristallisiert aus und setzt sich am Boden ab. Das auf diese Weise gereinigte flüssige Natriummetall wird in gekühlte Gussformen gepumpt, wo man es erstarren lässt.

Metallisches Natrium wird zur Synthese einer Vielzahl von Natriumverbindungen benötigt. Technisch bedeutend ist der Einsatz für die Gewinnung anderer Metalle wie Thorium, Zirconium, Tantal oder Titan. Kohlenstoff als Reduktionsmittel scheidet hier

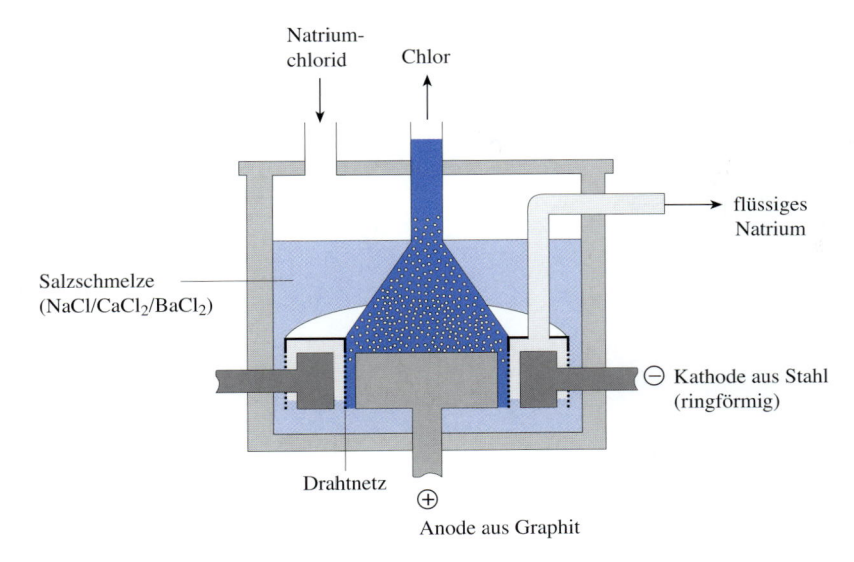

15.7 Downs-Zelle zur Gewinnung von Natrium.

aus, da diese Metalle Carbide bilden. Die Verwendung von Natrium löst dieses Problem. So erhält man beispielsweise Titan durch die Reduktion von Titan(IV)-chlorid mit Natrium:

$$TiCl_4(l) + 4\ Na(s) \rightarrow Ti(s) + 4\ NaCl(s)$$

Das Natriumchlorid kann durch Waschen aus dem porösen Titanmetall entfernt werden.

Die in den vergangenen Jahrzehnten bedeutendste Verwendung für metallisches Natrium war die Produktion des Kraftstoffadditivs Tetraethylblei. Es wurde eingesetzt, um die Oktanzahl von Kraftstoffen zu erhöhen. Zur Synthese von Tetraethylblei nutzt man die Reaktion zwischen einer Blei/Natrium-Legierung und Chlorethan:

$$4\ NaPb(s) + 4\ C_2H_5Cl(g) \rightarrow (C_2H_5)_4Pb(l) + 3\ Pb(s) + 4\ NaCl(s)$$

Da die Produktion von Tetraethylblei in den meisten Ländern nach und nach eingestellt wurde, ist der Verbrauch von Natrium entsprechend zurückgegangen. In den USA beispielsweise wurden 1979 noch etwa 150 000 Tonnen Natrium produziert, 1996 waren es nur noch 24 000 Tonnen.

15.6 Verbindungen mit Sauerstoff

Die meisten Metalle des Periodensystems reagieren mit Sauerstoff zu Oxiden, die das Oxid-Ion O^{2-} enthalten. Bei den Alkalimetallen bildet sich ein solches Oxid jedoch nur im Falle des Lithiums:

$$4\ Li(s) + O_2(g) \rightarrow 2\ Li_2O(s)$$

Natrium reagiert mit Sauerstoff zu Natriumperoxid, Na_2O_2, in dem das Peroxid-Ion O_2^{2-} vorliegt:

$$2\ Na(s) + O_2(g) \rightarrow Na_2O_2(s)$$

Natriumperoxid ist diamagnetisch, und die O/O-Bindungslänge beträgt 149 pm, sie ist also deutlich größer als die Bindungslänge im Sauerstoff-Molekül (121 pm). Der Dia-

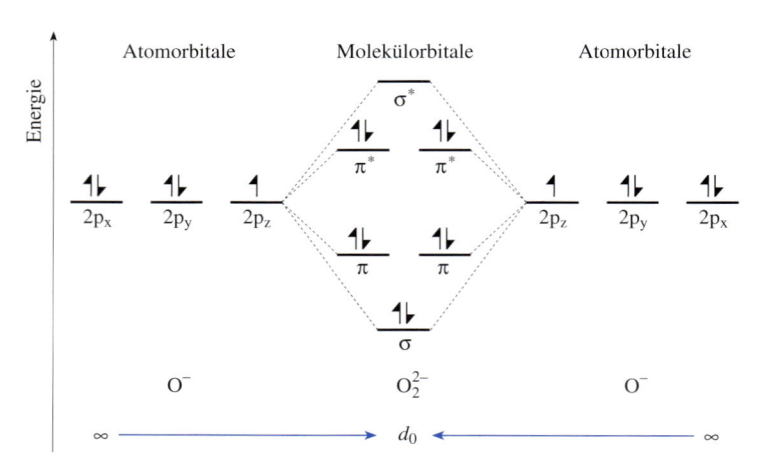

15.8 Molekülorbitaldiagramm für die Bildung eines Peroxid-Ions (O_2^{2-}) aus zwei O^--Ionen.

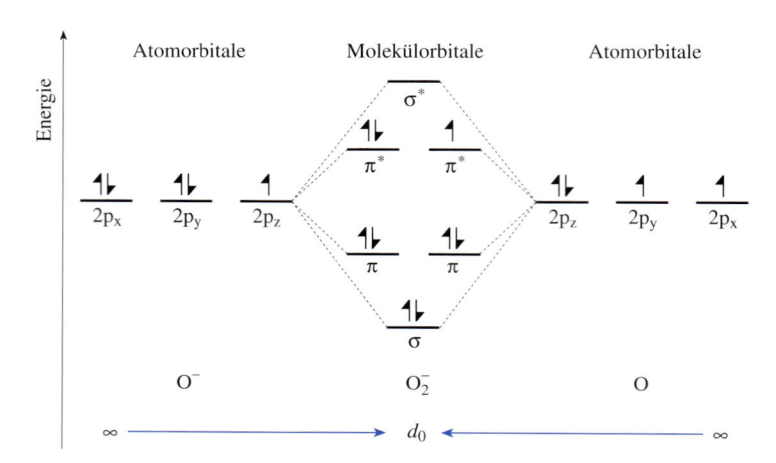

15.9 Molekülorbitaldiagramm für die Bildung eines Hyperoxid-Ions (O_2^-) aus einem O-Atom und einem O^--Ion.

magnetismus und die schwächere Bindung lassen sich mithilfe eines MO-Diagramms erklären (Abbildung 15.8). Man erkennt, dass drei bindende und zwei antibindende Orbitale besetzt sind. Alle Elektronen sind gepaart und die Bindungsordnung ist 1 statt 2 wie im Sauerstoff-Molekül (Kapitel 5).

Die anderen drei Alkalimetalle reagieren mit überschüssigem Sauerstoff zu Hyperoxiden, die das paramagnetische Ion O_2^- enthalten:

$$K(s) + O_2(g) \rightarrow KO_2(s)$$

Die Länge der Sauerstoff/Sauerstoff-Bindung in diesen Ionen ist mit 133 pm zwar kürzer als im Peroxid-Ion, doch länger als im Sauerstoff-Molekül. Besetzt man die Molekülorbitale mit Elektronen, so ergeben sich für das Hyperoxid-Ion drei bindende und eineinhalb antibindende Elektronenpaare. Die formale Bindungsordnung beträgt somit 1½, liegt also zwischen der Bindungsordnung von 1 im Peroxid-Ion und der von 2 im Sauerstoff-Molekül (Abbildung 15.9).

Wir können uns die bereitwillige Bildung sowohl des Hyperoxid-Ions als auch des Peroxid-Ions folgendermaßen erklären: Die nur wenig polarisierenden Kationen, also die mit der geringsten Ladungsdichte, stabilisieren diese großen, leicht polarisierbaren Anionen.

Für das traditionell als *Hyperoxid* bezeichnete O_2^--Anion wird nach IUPAC als systematischer Name *Dioxid(1-)* vorgeschlagen. Als zusätzliche Alternativbezeichnung wird nur noch *Superoxid* aufgeführt.

Alle Sauerstoffverbindungen der Alkalimetalle reagieren heftig mit Wasser und bilden dabei die entsprechenden Metallhydroxid-Lösungen. Zusätzlich bildet sich bei Natriumperoxid Wasserstoffperoxid und bei den Hyperoxiden Wasserstoffperoxid und Sauerstoff. Wasserstoffperoxid wiederum zerfällt in dem alkalischen Medium leicht in Sauerstoff und Wasser:

$$Li_2O(s) + H_2O(l) \rightarrow 2\ LiOH(aq)$$

$$Na_2O_2(s) + 2\ H_2O(l) \rightarrow 2\ NaOH(aq) + H_2O_2(aq)$$

$$2\ KO_2(s) + 2\ H_2O(l) \rightarrow 2\ KOH(aq) + H_2O_2(aq) + O_2(g)$$

$$2\ H_2O_2(aq) \rightarrow 2\ H_2O(l) + O_2(g)$$

Kaliumhyperoxid wird in Raumkapseln, Unterseebooten und bestimmten Tauchgeräten eingesetzt, da es das ausgeatmete Kohlenstoffdioxid (und Feuchtigkeit) absorbiert und Sauerstoffgas freisetzt:

$$4\ KO_2(s) + 2\ CO_2(g) \rightarrow 2\ K_2CO_3(s) + 3\ O_2(g)$$

$$K_2CO_3(s) + CO_2(g) + H_2O(g) \rightarrow 2\ KHCO_3(s)$$

15.7 Hydroxide

Die Hydroxide der Alkalimetalle sind weiße, durchscheinende Feststoffe, die so lange Feuchtigkeit aus der Umgebungsluft aufnehmen, bis sie im überschüssigen Wasser gelöst sind – eine Eigenschaft, die man als *hygroskopisch* bezeichnet. Die einzige Ausnahme ist Lithiumhydroxid, das ein stabiles Octahydrat (LiOH · 8 H$_2$O) bildet. Die Alkalimetallhydroxide sind extrem ätzende Substanzen, da das Hydroxid-Ion mit Proteinen der Haut reagiert und auf diese Weise die Haut nachhaltig schädigt. Natriumhydroxid und Kaliumhydroxid werden üblicherweise als Plätzchen (*pellets*) gehandelt. Bei der Herstellung füllt man geschmolzenes Hydroxid in kleine Formen.

Sowohl als Feststoff wie auch in Lösung nehmen die Hydroxide Kohlenstoffdioxid aus der Atmosphäre auf:

$$2\ NaOH(aq) + CO_2(g) \rightarrow Na_2CO_3(aq) + H_2O(l)$$

Aufgrund ihrer guten Löslichkeit stellen die Alkalimetallhydroxide die wichtigste Quelle für das Hydroxid-Ion dar. In der anorganischen Chemie greift man üblicherweise auf das billige Natriumhydroxid (Ätznatron) zurück. Kaliumhydroxid (Ätzkali) wird dagegen in der organischen Chemie bevorzugt, da es sich in organischen Lösemitteln besser löst als Natriumhydroxid.

Herstellung von Natriumhydroxid

Unter den wichtigsten Industriechemikalien nimmt Natriumhydroxid mengenmäßig den sechsten Rang ein. Gewonnen wird es durch die Elektrolyse von Natriumchlorid-Lösung. Die drei bedeutendsten Verfahren sind das *Diaphragmaverfahren*, das *Membranverfahren* und das *Amalgamverfahren*. Durch die Elektrolysezellen fließen Ströme bis zu 400 000 A. In allen Verfahren besteht die Anode aus Titan, in dessen oxidierte Oberfläche Ruthenium(IV)-Ionen eingelagert sind.

Beim **Diaphragmaverfahren** bilden sich an der Kathode Wasserstoff und Hydroxid-Ionen. An der Anode werden Chlorid-Ionen zu Chlor oxidiert (als Nebenreaktion wird auch ein wenig Wasser zu Sauerstoff oxidiert):

Kathode: $\quad 2\ H_2O(l) + 2\ e^- \rightarrow H_2(g) + 2\ OH^-(aq)$

Anode: $\quad\quad\ 2\ Cl^-(aq) \rightarrow Cl_2(g) + 2\ e^-$

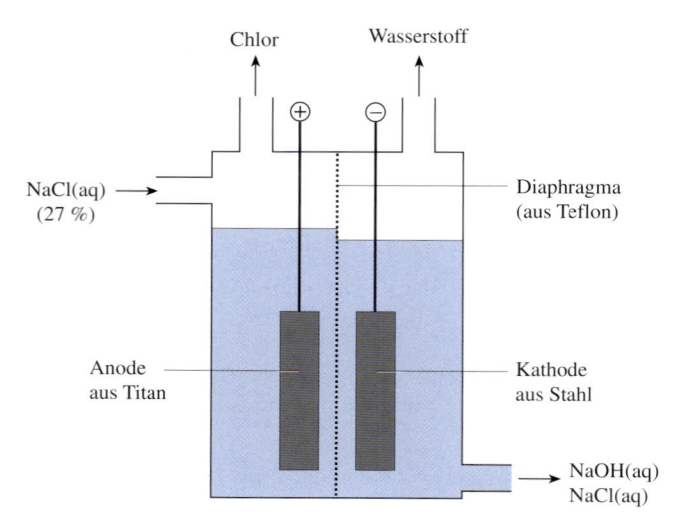

15.10 Diaphragmazelle zur Herstellung von Natriumhydroxid.

$$(CF_2 - CF_2 - CF - CF_2)_x$$
$$|$$
$$(OCF_2 - CF)_y - OCF_2CF_2 - SO_3H$$
$$|$$
$$CF_3$$

15.11 Makromolekül einer Nafion-Membran. Das Proton der SO$_3$H-Gruppe kann gegen ein Na$^+$-Ion ausgetauscht werden.

Hinweis: In Bezug auf die industriell nach verschiedenen Verfahren durchgeführte Elektrolyse von NaCl-Lösungen spricht man allgemein von der **Chlor-Alkali-Elektrolyse**.

Das entscheidende konstruktive Detail ist das Diaphragma, das die Reaktion der an der Kathode gebildeten Hydroxid-Ionen mit dem an der Anode gebildeten Chlor verhindert (Abbildung 15.10). Diese Trennwand ist porös, sodass im Verlauf der Reaktion Natrium- und Chlorid-Ionen ungehindert wandern können. Früher wurde sie aus Asbest hergestellt, inzwischen benutzt man ein Teflon®-Geflecht. Während der Elektrolyse wird die Lösung im Kathodenraum, die 11% Natriumhydroxid und 16% Natriumchlorid enthält, kontinuierlich entfernt. Die so gewonnene Lösung wird eingedampft, wodurch das schwerer lösliche Natriumchlorid ausfällt. Das Endprodukt ist eine Lösung, die 50% Natriumhydroxid und 1% Natriumchlorid enthält. Diese Reinheit ist für die meisten industriellen Anwendungen ausreichend.

Das **Membranverfahren** ähnelt dem Diaphragmaverfahren. Die Lösungen im Anoden- und Kathodenraum werden aber durch eine Polymermembran (Nafion®) abgetrennt, die nach dem Prinzip der Ionenaustauscher nur für Kationen durchlässig ist – hier also für die Natrium-Ionen (Abbildung 15.11).

Aus diesem Grunde können weder die Chlorid-Ionen der Salzsole in den Kathodenraum nachwandern, noch können die im Kathodenraum gebildeten Hydroxid-Ionen in den Anodenraum entweichen. Daher ist die produzierte Natriumhydroxid-Lösung mit nicht mehr als 50 ppm Chlorid-Ionen verunreinigt. Die Membran ist jedoch sehr teuer, und sie kann schon durch Spuren von höher geladenen Ionen (z. B. Ca^{2+}) blockiert werden, da diese von den anionischen Gruppen in der Membran relativ fest gebunden werden.

In einer **Amalgamzelle** wird flüssiges Quecksilber als Kathode eingesetzt (Abbildung 15.12). An der Anode entsteht Chlorgas; an der Kathode werden dagegen Natrium-Ionen zu elementarem Natrium reduziert:

$$x\ Hg(l) + Na^+(aq) + e^- \rightarrow NaHg_x(l)$$

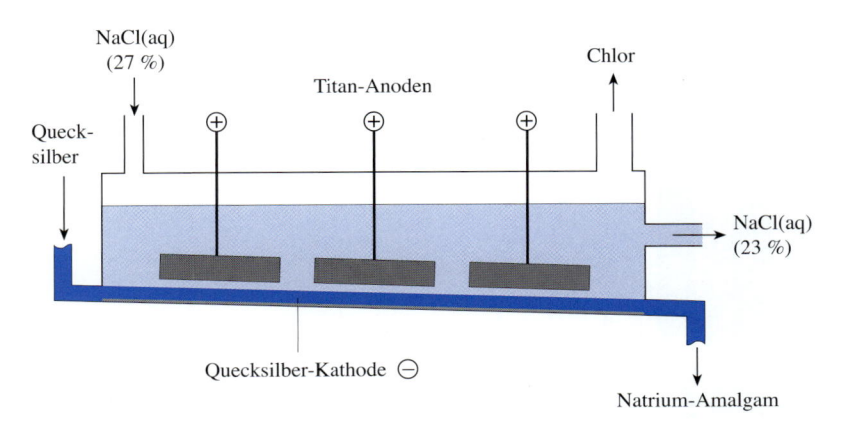

15.12 Amalgamzelle zur Herstellung von Natriumhydroxid.

Tabelle 15.9 Vor- und Nachteile bei den technischen Verfahren der Natriumhydroxid-Produktion

Prozess	Vorteile	Nachteile
Diaphragmaverfahren	benötigt keine hochreine Steinsalzlösung	liefert mit Chlorid-Ionen verunreinigte, relativ verdünnte (11%) Natronlauge
	relativ geringer Stromverbrauch durch hohe Ausbeute	liefert mit Sauerstoff verunreinigtes Chlor
Membranverfahren	liefert sehr reine Natronlauge und reines Chlor	maximal erreichbare Konzentration der Natronlauge 35%
	relativ niedriger Stromverbrauch	benötigt hochreine Steinsalzlösung
	keine Umweltprobleme	kurze Lebensdauer der Membranen, hohe Kosten
Amalgamverfahren	liefert reine, hochkonzentrierte (50%) Natronlauge und reines Chlor	relativ hoher Stromverbrauch
		benötigt Steinsalzlösung höherer Reinheit als beim Diaphragmaverfahren
		Umweltprobleme durch Quecksilber

Die Reduktion des Natriums läuft ab, da bei der angelegten Spannung von 4,5 V an der Quecksilber-Kathode noch kein Wasserstoff abgeschieden werden kann. Dies hat folgende Gründe: Das Reduktionspotential des Natriums wird durch die Amalgambildung herabgesetzt. Vor allem aber ist die erwartete Abscheidung von Wasserstoff an der Quecksilberoberfläche gehemmt; sie erfordert eine erhebliche *Überspannung* (Abschnitt 11.8).

Das Natriumamalgam wird in eine getrennte Kammer gepumpt, in der es mit Wasser reagiert. Diese Reaktion wird durch Graphit katalysiert:

$$2\ NaHg_x(l) + 2\ H_2O(l) \rightarrow 2\ NaOH(aq) + H_2(g) + 2x\ Hg(l)$$

Die durch das Amalgamverfahren gewonnene Natronlauge ist hochrein und konzentriert. Sie wird daher bevorzugt eingesetzt, um festes Hydroxid herzustellen.

In Tabelle 15.9 sind die Vor- und Nachteile der verschiedenen Herstellungsprozesse gegenübergestellt.

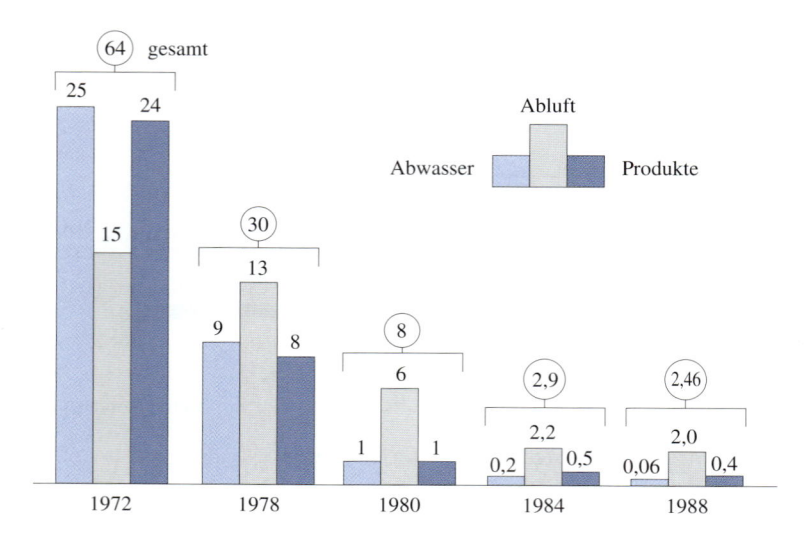

15.13 Quecksilberemission beim Amalgamverfahren (in Gramm Quecksilber pro Tonne Chlor). Verfahrenstechnische Verbesserungen haben die Umweltbelastung erheblich verringert. Die Werte beziehen sich auf Anlagen in der Bundesrepublik Deutschland.

Verwendung von Natriumhydroxid

Ungefähr 30 % der produzierten Menge an Natriumhydroxid fließt in die Produktion organischer Verbindungen; ungefähr 20 % werden bei der Produktion anorganischer Verbindungen verbraucht. Weitere 20 % benötigt die Zellstoff- und Papierindustrie. Die verbleibenden 30 % werden für Hunderte weiterer Anwendungen eingesetzt.

Die wässerige Lösung von Natriumhydroxid wird traditionell als *Natronlauge* bezeichnet. Sie ist das bei weitem wichtigste Reagenz, wenn es in Labor und Technik darum geht, Lösungen alkalisch zu machen oder saure Lösungen zu neutralisieren. Im Haushalt wird Natronlauge häufig als Backofenreiniger verwendet. Die Wirkung beruht auf der Reaktion mit Fetten (Verseifung). Viele Abflussreiniger („Abfluss-Frei") enthalten neben festem Natriumhydroxid etwas granuliertes Aluminium; beim Kontakt mit Wasser reagiert das Metall unter Bildung von Wasserstoff:

$$2\,Al(s) + 2\,OH^-(aq) + 6\,H_2O(l) \rightarrow 2\,[Al(OH)_4]^-(aq) + 3\,H_2(g)$$

Die Gasentwicklung hilft dabei, die Verstopfung zu lockern.

Natriumhydroxid wird auch in der Nahrungsmittelindustrie verwendet, hauptsächlich zur Denaturierung von Proteinen. So werden beispielsweise Kartoffeln vor der Weiterverarbeitung mit Natronlauge besprüht, um die Schale aufzuweichen, damit diese entfernt werden kann. Oliven werden in Natronlauge eingelegt, um ihr Fruchtfleisch aufzuweichen, damit es genießbar wird. Die ungewöhnlichste Anwendung ist die Herstellung von Laugengebäck: Der Teig wird mit Natronlauge bestrichen, bevor Salzkörner aufgestreut werden. Die Natronlauge fungiert hier als Kleber, der die Salzkristalle fest mit der Teigoberfläche verbindet. Beim Backen wird Kohlenstoffdioxid freigesetzt, und das Natriumhydroxid wird in harmloses Natriumcarbonat umgewandelt:

$$2\,NaOH(s) + CO_2(g) \rightarrow Na_2CO_3(s) + H_2O(g)$$

15.8 Gewinnung von Natriumchlorid und Kaliumchlorid

Natriumchlorid spielte als Kochsalz in der Geschichte unserer Zivilisation eine gewichtige Rolle. Vor allem wurde es für die Konservierung von Lebensmitteln (Pökeln) benötigt. Es zählte mit zu den ersten Handelsgütern. So zahlten die Römer einen Teil des Soldes ihrer Soldaten in Salz (*sal*) aus – daher stammt der Begriff „Salär", der insbesondere noch in der Schweiz anstatt des Wortes „Gehalt" verwendet wird. Im Herzen Europas standen die Salzminen während des Mittelalters unter der Kontrolle der katholischen Kirche, die somit über eine Quelle für Reichtum und Macht verfügte. Am Ende des 18. Jahrhunderts gaben unter anderem die Salzsteuern in Frankreich den Anstoß zur Französischen Revolution.

Meerwasser ist eine 3%ige Lösung von Natriumchlorid, die kleine Anteile vieler anderer Salze enthält. Insgesamt sind in den Weltmeeren 19 Millionen Kubikkilometer Salz gelöst – das entspricht dem Anderthalbfachen der Landmasse Nordamerikas oberhalb des Meeresspiegels.

Auch heute noch ist Salz ein bedeutendes Handelsgut. Von allen Mineralien ist Natriumchlorid der bedeutendste Ausgangsstoff für die chemische Industrie: Weltweit werden jährlich mehr als 150 Millionen Tonnen benötigt. Heutzutage wird das kommerziell gehandelte Kochsalz fast ausschließlich aus riesigen unterirdischen Vorkommen gewonnen, die oft Hunderte von Metern dick sind. Diese Salzlager entstanden, als vor Hunderten von Millionen Jahren große Seen restlos austrockneten. Ungefähr 40 Prozent dieser Steinsalzvorkommen werden im Untertagebau gefördert, der Rest wird gewonnen, indem man Wasser in die Salzlager pumpt und die gesättigte Sole fördert.

Kaliumchlorid Wie Natriumchlorid wird auch Kaliumchlorid (oft als Kalisalz bezeichnet) aus Lagerstätten gewonnen, die durch das Austrocknen prähistorischer Meere entstanden sind; viele dieser Lagerstätten liegen inzwischen tief unter der Erdoberfläche. Bedeutende Vorkommen findet man in Kanada sowie in der norddeutschen Tiefebene. Als die prähistorischen Meere austrockneten, kristallisierten die gelösten Salze nacheinander – in der Reihenfolge ihrer Löslichkeit – aus. Daher enthalten Kalisalz-Lagerstätten auch Schichten anderer Salze: Natriumchlorid, Kaliummagnesiumchlorid-Hexahydrat ($KMgCl_3 \cdot 6H_2O$, Carnallit), Magnesiumsulfat-Monohydrat ($MgSO_4 \cdot H_2O$) und viele andere.

Um die verschiedenen Salze zu trennen, sind mehrere Verfahren im Einsatz. Für das *Heißlöseverfahren* macht man sich Unterschiede in der Temperaturabhängigkeit der Löslichkeiten zu Nutze: Die Salzmischung wird in eine Lösung gegeben, die bei 25 °C sowohl an Kaliumchlorid als auch an Natriumchlorid gesättigt ist. Beim Erhitzen auf etwa 110 °C löst sich dann weiteres Kaliumchlorid aus dem Rohsalz, während der NaCl-Anteil ungelöst bleibt. Nach dem Abfiltrieren des verbliebenen Natriumchlorids lässt man die KCl-reiche Lösung abkühlen. Dabei kristallisiert Kaliumchlorid aus.

In einem anderen Prozess werden die Salze durch *Flotation* getrennt: Man gibt die Mischungen kristalliner Salze gemeinsam mit einem Flotationshilfsmittel zu einer gesättigten Sole. Bläst man nun Luft durch diesen Schlamm, haften die Kaliumchloridkristalle an den Luftblasen. Der kaliumchloridreiche Schaum wird dann von der Oberfläche abgeschöpft. Die Natriumchloridkristalle sinken ab und können ausgebaggert werden.

Das dritte Verfahren nutzt elektrostatische Kräfte: Die Salzmischung wird zu einem feinen Pulver vermahlen und dabei durch Reibung elektrisch aufgeladen. Die Kaliumchloridkristalle weisen eine negative Ladung auf, die restlichen Mineralien werden positiv geladen. In einem Turm lässt man dann das Pulver zwischen zwei entgegengesetzt geladenen Platten ($U \approx 100\,000$ V) herabrieseln (Abbildung 15.14).

Kochsalzersatzstoffe (Diätsalz)

Unser Körper benötigt pro Tag mindestens 3 g Natriumchlorid. In den Industrienationen nehmen wir mit unseren Speisen täglich etwa 8 bis 10 g auf. Bei einigen Menschen mit hohem Blutdruck zeigte sich, dass eine Verringerung der Natriumaufnahme zu einer Absenkung des Blutdruckes führt. Man hat deshalb verschiedene Kochsalzersatzstoffe auf den Markt gebracht, die zwar salzig schmecken, aber keine Natrium-Ionen enthalten. In den meisten Fällen ist Kaliumchlorid der Hauptbestandteil. Zusatzstoffe sollen den bitteren, metallischen Nachgeschmack der Kalium-Ionen überdecken.

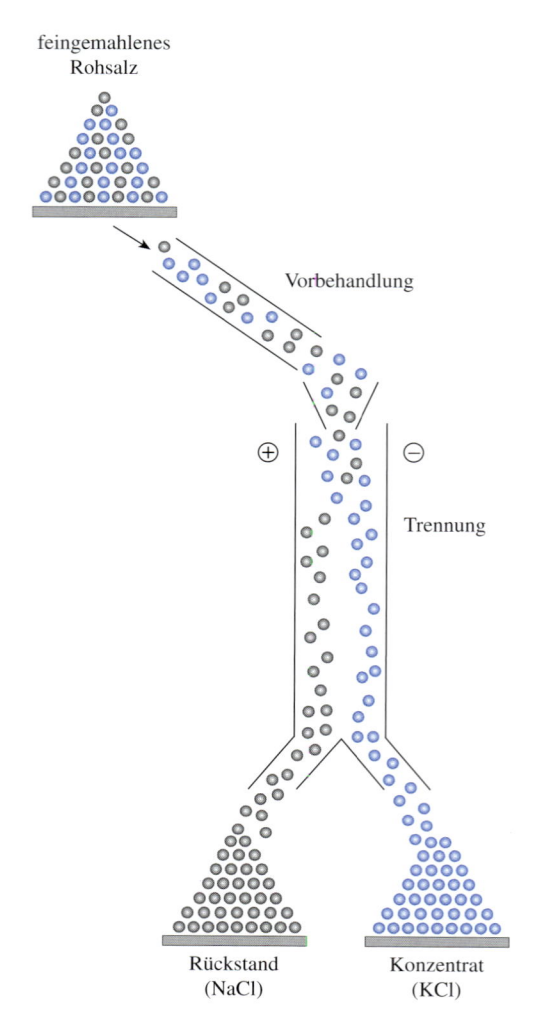

15.14 Prinzip der elektrostatischen Trennung von Salzen.

Das gewonnene Kaliumchlorid wird hauptsächlich als Dünger verwendet. Neben Stickstoff und Phosphor gehört Kalium zu den wichtigsten für das Pflanzenwachstum notwendigen Elementen. $4{,}5 \cdot 10^7$ Tonnen Kaliumchlorid werden weltweit jedes Jahr zu diesem Zweck verwendet, sodass Kaliumchlorid zu den bedeutenden Industriechemikalien gehört.

15.9 Natriumcarbonat

Die Alkalimetallcarbonate sind neben Ammoniumcarbonat die einzigen gut wasserlöslichen Carbonate. Die größte Bedeutung hat das Natriumcarbonat. Es wird in wasserfreier Form (calcinierte Soda), als Monohydrat, $Na_2CO_3 \cdot H_2O$, und am häufigsten als Decahydrat, $Na_2CO_3 \cdot 10 H_2O$ (Kristallsoda) eingesetzt. Die großen, durchsichtigen Kristalle des Decahydrats verlieren an trockener Luft ihr Kristallwasser; sie *verwittern* und bilden allmählich das pulverförmige Monohydrat:

$$Na_2CO_3 \cdot 10 H_2O(s) \rightarrow Na_2CO_3 \cdot H_2O(s) + 9\, H_2O(g)$$

Herstellung von Natriumcarbonat

Betrachtet man die wichtigsten anorganischen Industriechemikalien im Hinblick auf ihre Produktionsmengen, so nimmt Natriumcarbonat den neunten Platz ein. Der größte Teil wird mithilfe des **Solvay-Verfahrens** (Ammoniak-Soda-Prozess) gewonnen.

In die Gesamtreaktion gehen zwei kostengünstige Reagenzien ein: Steinsalz und Kalkstein. Man könnte also an die folgende Reaktion denken:

$$2\,NaCl(aq) + CaCO_3(s) \rightleftharpoons Na_2CO_3(aq) + CaCl_2(aq)$$

Das Gleichgewicht dieser Reaktion liegt jedoch weit auf der linken Seite: Calciumchlorid reagiert mit Natriumcarbonat zu einem Niederschlag von Calciumcarbonat in einer Natriumchlorid-Lösung. Anderenfalls wären die Kreidefelsen von Rügen längst im Salzwasser der Ostsee verschwunden.

Um die Bildung von Natriumcarbonat zu ermöglichen, muss ein mehrstufiges Verfahren eingesetzt werden. Im ersten Schritt wird Kohlenstoffdioxid in eine konzentrierte Lösung von Natriumchlorid und Ammoniak geleitet:

$$CO_2(g) + NH_3(aq) + H_2O(l) \rightarrow NH_4^+(aq) + HCO_3^-(aq)$$

Die Lösung enthält nun Natrium- und Ammonium-Kationen sowie Chlorid- und Hydrogencarbonat-Anionen. Beim anschließenden Kühlen fällt nun das in kaltem Wasser relativ schlecht lösliche Natriumhydrogencarbonat aus:

$$HCO_3^-(aq) + Na^+(aq) \rightarrow NaHCO_3(s)$$

Das feste Natriumhydrogencarbonat wird abfiltriert und durch Erhitzen in das Carbonat überführt:

$$2\,NaHCO_3(s) \rightarrow Na_2CO_3(s) + H_2O(g) + CO_2(g)$$

Der Prozess wird dadurch wirtschaftlich, dass Ammoniak wiedergewonnen wird:

$$2\,NH_4^+(aq) + 2\,Cl^-(aq) + Ca(OH)_2(s) \rightarrow 2\,NH_3(g) + CaCl_2(aq) + 2\,H_2O(l)$$

Sowohl das Calciumhydroxid als auch das Kohlenstoffdioxid für das Solvay-Verfahren werden aus Kalkstein gewonnen:

$$CaCO_3(s) \xrightarrow{1000\,°C} CaO(s) + CO_2(g) \quad \text{(Kalkbrennen)}$$
$$CaO(s) + H_2O(l) \longrightarrow Ca(OH)_2(aq) \quad \text{(Kalklöschen)}$$

Durch Addition dieser sechs Reaktionsgleichungen, ergibt sich die Gleichung für den Gesamtprozess:

$$2\,NaCl(aq) + CaCO_3(s) \rightarrow Na_2CO_3(s) + CaCl_2(aq)$$

Die Problematik des Solvay-Verfahrens liegt in den großen Mengen von Calciumchlorid, die als Nebenprodukt anfallen. Der Bedarf an Calciumchlorid ist viel geringer als die aus diesem Prozess zur Verfügung stehenden Mengen. Zudem benötigt das Verfahren große Mengen an Energie.

In einigen Ländern wird daher zunehmend Natursoda produziert. Ausgangsprodukt sind Salzablagerungen von Sodaseen in Trockengebieten. Das wichtigste Sodamineral $Na_2CO_3 \cdot NaHCO_3 \cdot 2\,H_2O$ wird als *Trona* bezeichnet. Der bei weitem wichtigste Natursoda-Produzent ist die USA. Bereits 1985 wurde dort die letzte Solvay-Anlage stillgelegt.

Verwendung von Natriumcarbonat

Ungefähr die Hälfte des produzierten Natriumcarbonats wird für die Glasherstellung verbraucht. Bei diesem Prozess lässt man Natriumcarbonat mit Siliciumdioxid (Sand) und weiteren Zuschlagstoffen wie Calciumcarbonat (Kalk) bei 1500 °C reagieren. Die

---

Produktion von Soda 1994 in 10^6 t

Welt	32
davon	
USA	11
Russland	4,0
China	4,0
Deutschland	1,7
Großbritannien	1,0
Japan	1,0
Frankreich	1,0

Ernest **Solvay**, belgischer Chemiker u. Industrieller, 1838–1922, Direktor einer Gasanstalt in Brüssel, Gründer einer Sodafabrik.

Eigenschaften des Glases hängen von den stöchiometrischen Verhältnissen der Reaktionspartner ab. (Die Glasherstellung wird in Kapitel 18 detailliert besprochen.) Die wichtigste Reaktion in der Glasschmelze ist die Bildung von Natriumsilicat und Kohlenstoffdioxid:

$$Na_2CO_3(l) + SiO_2(s) \rightarrow Na_2SiO_3(l) + CO_2(g)$$

Natriumcarbonat wird auch eingesetzt, um die Ionen der Erdalkalimetalle aus dem Trinkwasser zu entfernen, indem diese in ihre schwerlöslichen Carbonate überführt werden – ein Prozess, der als *Wasserenthärtung* bekannt ist:

$$Ca^{2+}(aq) + CO_3^{2-}(aq) \rightarrow CaCO_3(s)$$

Das häufigste Ion, das dabei entfernt werden muss, ist das Calcium-Ion. Sehr hohe Konzentrationen dieses Ions findet man in Trinkwasservorkommen aus Quellen, die in Kalksteingebieten oder Kreideformationen liegen.

Natriumhydrogencarbonat

Die Alkalimetalle bilden, mit Ausnahme des Lithiums, die einzigen stabilen Hydrogencarbonate (oft auch als Bicarbonate bezeichnet).

Natriumhydrogencarbonat ist schlechter in Wasser löslich als Natriumcarbonat. Leitet man Kohlenstoffdioxid durch eine gesättigte Lösung von Natriumcarbonat, so fällt das Hydrogencarbonat aus:

$$Na_2CO_3(aq) + CO_2(g) + H_2O(l) \rightarrow 2\,NaHCO_3(s)$$

Beim Erhitzen zerfällt das Hydrogencarbonat wieder in Natriumcarbonat und Kohlenstoffdioxid:

$$2\,NaHCO_3(s) \xrightarrow{\Delta} Na_2CO_3(s) + CO_2(g) + H_2O(g)$$

Diese Reaktion ist die Grundlage für die Anwendung von Natriumhydrogencarbonat in Pulverfeuerlöschern. Das Natriumhydrogencarbonat-Pulver selbst wirkt dem Brand entgegen, doch zusätzlich bilden sich durch die Zersetzung Kohlenstoffdioxid und Wasserdampf – beide Gase ersticken das Feuer.

Im Haushalt und in der Nahrungsmittelindustrie dient Natriumhydrogencarbonat als Backpulver. Oft verwendet man eine Mischung aus Natriumhydrogencarbonat und Natriumdihydrogendiphosphat, $Na_2H_2P_2O_7$. Das Dihydrogendiphosphat hat Säurecharakter und reagiert beim Erhitzen mit dem Natriumhydrogencarbonat unter Bildung von Kohlenstoffdioxid:

$$2\,HCO_3^-(aq) + H_2P_2O_7^{2-}(aq) \rightarrow P_2O_7^{4-}(aq) + 2\,CO_2(g) + 2\,H_2O(l)$$

15.10 Ähnlichkeiten zwischen Lithium und den Erdalkalimetallen

Wie bereits zuvor angemerkt, unterscheidet sich die Chemie des Lithiums deutlich von der anderer Alkalimetalle. Viele Lithiumverbindungen ähneln in ihren Eigenschaften den entsprechenden Erdalkali-, insbesondere den Magnesiumverbindungen (Kapitel 16). Einige der Ähnlichkeiten mit der Nachbargruppe sind hier angeführt:

1. Lithium ist härter als die übrigen Alkalimetalle und ähnelt damit den Erdalkalimetallen.
2. Wie die Erdalkalimetalle, doch im Gegensatz zu den Alkalimetallen, bildet Lithium ein normales Oxid, nicht ein Peroxid oder ein Hyperoxid.
3. Lithium ist das einzige Alkalimetall, das ein Nitrid bildet; die Erdalkalimetalle bilden alle Nitride.

4. Lithium bildet als einziges Alkalimetall mit Kohlenstoff ein Carbid, Li_2C_2, in dem das Acetylid-Anion C_2^{2-} vorliegt. Entsprechende Verbindungen kennt man auch von den Erdalkalimetallen.
5. Drei Lithiumsalze – das Carbonat, das Phosphat und das Fluorid – sind schwerlöslich. Diese Anionen bilden auch mit den Erdalkali-Ionen schwerlösliche Verbindungen.
6. Lithium bildet metallorganische Verbindungen ähnlich denen des Magnesiums.
7. Viele Lithiumsalze haben einen hohen kovalenten Bindungsanteil ähnlich den entsprechenden Verbindungen des Berylliums und Magnesiums.
8. Sowohl Lithium- als auch Magnesiumcarbonat zersetzen sich leicht zu dem entsprechenden Metalloxid und Kohlenstoffdioxid. Die Carbonate der anderen Alkalimetalle zersetzen sich erst bei deutlich höheren Temperaturen.

Diese Verwandtschaft zwischen Lithium und Magnesium wird häufig als *Schrägbeziehung* bezeichnet. Gemeint ist damit das ähnliche Verhalten eines Elements mit dem Element der folgenden Periode, das rechts unterhalb im Periodensystem steht.

Wie können wir diesen Sachverhalt nun erklären? Weil das Lithium-Kation deutlich kleiner ist als die Kationen der anderen Alkalimetalle, konzentriert sich seine positive Ladung auf ein kleineres Volumen; das Kation wirkt daher stärker polarisierend. Vergleicht man die Ladungsdichten der Elemente von Gruppe 1 und 2 (Tabelle 15.10), so stellt man fest, dass die Ladungsdichte von Lithium eher der des Magnesiums ähnelt als den Ladungsdichten der anderen Alkalimetalle. Die Ähnlichkeit der Ladungsdichten erklärt also das ähnliche chemische Verhalten von Lithium und Magnesium.

Tabelle 15.10 lässt ebenso erkennen, dass Natrium und Barium sehr ähnliche Ladungsdichten aufweisen. Und tatsächlich zeigen auch diese Elemente in einzelnen Fällen ähnliches Verhalten: So reagieren beispielsweise beide Elemente mit Sauerstoff zu Peroxiden (Na_2O_2, BaO_2).

Tabelle 15.10 Ladungsdichten der Alkali- und Erdalkali-Ionen

Ion	Ionenradius (pm)	Ladungsdichte ($C \cdot mm^{-3}$)	Ion	Ionenradius (pm)	Ladungsdichte ($C \cdot mm^{-3}$)
Li^+	73 (KZ 4)	98	Be^{2+}	41 (KZ 4)	1100
Na^+	116	24	Mg^{2+}	86	120
K^+	152	11	Ca^{2+}	114	52
Rb^+	166	8	Sr^{2+}	132	33
Cs^+	181	6	Ba^{2+}	149	23

15.11 Biologische Aspekte

Sowohl Natrium- als auch Kalium-Ionen spielen biologisch eine wichtige Rolle. Beispielsweise müssen wir, wie bereits erwähnt, mindestens 1 g Natrium-Ionen pro Tag mit unserer Nahrung aufnehmen, nehmen tatsächlich aber wesentlich mehr auf. Im Falle von Kalium beobachtet man jedoch häufiger eine Unterversorgung. Zu den kaliumreichen Lebensmitteln zählen Bananen und Kaffee.

Die Alkalimetall-Ionen sind die Gegenionen zahlreicher anionischer Gruppierungen in vielen Proteinen unseres Körpers. Sie spielen auch eine wesentliche Rolle bei der Regulierung des *osmotischen Drucks* (Kapitel 8). In biologischen Systemen nehmen beide Ionen deutlich verschiedene Funktionen wahr. Die *Ionenpumpen* der Zelle fördern Natrium-Ionen aus dem Cytoplasma und pumpen im Gegenzug Kalium-Ionen hinein (Tabelle 15.11). Die Konzentrationsunterschiede sowohl von Kalium- als auch Natrium-Ionen innerhalb und außerhalb der Zellen halten die elektrische Potentialdifferenz von etwa 60 mV an den Zellmembranen aufrecht. Dieses Spannung bildet die Grundlage für viele lebenserhaltende Prozesse wie die Nervenreizleitung, die rhythmische Generierung elektrischer Signale im

Tabelle 15.11 Ionenkonzentrationen in $mmol \cdot l^{-1}$

Ion	Na^+	K^+
rote Blutkörperchen	11	92
Blutplasma	160	10

> **EXKURS**
>
> **Lithiumsalze in der Medizin**
>
> Die Geschichte des Lithium-Ions bei der Behandlung von psychischen Erkrankungen beruht auf einer Zufallsentdeckung: 1938 studierte der australische Psychiater John Cade die Effekte großer organischer Anionen an Tieren. Um die verabreichten Dosen erhöhen zu können, benötigte er gut lösliche Salze. Bei großen Anionen erhöht sich die Löslichkeit der Alkalimetallsalze mit abnehmendem Ionenradius der Kationen, aus diesem Grunde entschied er sich für Lithiumsalze. Die Versuchstiere zeigten auffällige Verhaltensänderungen. Er erkannte, dass das Lithium-Ion selbst einen Effekt auf die Gehirnfunktionen ausübt. Weitere Studien zeigten, dass durch Lithiumgaben deutliche Verbesserungen bei Patienten mit manischen Depressionen zu erreichen waren. Bis heute ist das Lithium-Ion der sicherste und effektivste Weg, manische Depressionen zu behandeln, auch wenn eine vorsichtige Dosierung und Beobachtung der Patienten unerlässlich ist, da eine Überdosierung von Lithium-Ionen zu Herzversagen führen kann (ein Blutserumspiegel von $1 \cdot 10^{-3}$ mol $\cdot$ l^{-1} wird als optimal betrachtet). Die Funktion der Lithium-Ionen scheint darauf zu basieren, dass eine enzymatische Umsetzung blockiert wird, bei der das Magnesium-Ion eine Rolle spielt. Offensichtlich wirkt sich die Schrägbeziehung auch auf biochemische Prozesse aus.

Herzen, die Funktion der Niere, die ununterbrochen toxische Substanzen aus dem Blutkreislauf ausschleusen und diese von den Nährstoffen unterscheiden muss, aber auch die exakte Kontrolle, die unser Auge über den Brechungsindex der Linsen ausübt. Ein Großteil der Leistung von 10 Watt, die unser Gehirn – ob im wachen Zustand oder im Schlaf – erzeugt, rührt von der Aktivität des Enzyms Na$^+$/K$^+$-Adenosin-Triphosphatase her, das Kalium-Ionen in die Gehirnzellen hinein und Natrium-Ionen heraus transportiert. Erleiden wir infolge eines Unfalls einen „Schock", beruht dieses Phänomen auf einem massiven Verlust von Alkalimetall-Ionen aus den Körperzellen. Die ionenselektiven Enzyme weisen Hohlräume auf, die genau der Größe bestimmter Kationen entsprechen. Doch neben der Größe der Kationen spielen hier auch die Unterschiede in deren Hydratationsenergien eine entscheidende Rolle. Damit die Ionen an der Bindungsstelle des Enzyms andocken können, müssen sie ihre Hydratationssphäre abstreifen. Das Natrium-Ion benötigt aufgrund seiner höheren Ladungsdichte für diesen Vorgang 80 kJ $\cdot$ mol^{-1} mehr an Energie als das Kalium-Ion, sodass dieses einen Wettbewerbsvorteil besitzt.

Eine Reihe von Antibiotika scheinen ihre Wirkung aufgrund der Tatsache zu entfalten, dass sie in der Lage sind, den Transport bestimmter Ionen durch Zellmembranen zu unterstützen. Diese organischen Moleküle weisen ebenfalls Hohlräume auf, in denen sie Ionen mit einem bestimmten Radius aufnehmen können. So besitzt beispielsweise Valinomycin eine Öffnung, die genau der Größe eines Kalium-Ions entspricht, für ein Natrium-Ion dagegen zu groß ist. Die pharmazeutische Wirkung dieses Antibiotikums scheint damit, zumindest teilweise, auf dem selektiven Transport von Kalium-Ionen durch biologische Membranen zu beruhen.

15.12 Die wichtigsten Reaktionen im Überblick

Aus der Alkaligruppe haben nur Lithium, Natrium und Kalium größere Bedeutung. Es werden deshalb nur Schemata für diese drei Elemente aufgenommen.

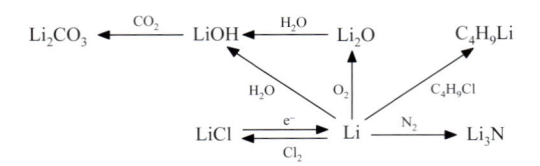

$$Li_2CO_3 \xleftarrow{CO_2} LiOH \xleftarrow{H_2O} Li_2O \qquad C_4H_9Li$$
$$ \quad \uparrow H_2O \quad \uparrow O_2 \quad \nearrow C_4H_9Cl$$
$$LiCl \xleftrightarrow[Cl_2]{e^-} Li \xrightarrow{N_2} Li_3N$$

15.12 Die wichtigsten Reaktionen im Überblick

```
Na₂CO₃ ←CO₂— NaOH ←H₂O— Na₂O₂
  ↕                ↑        ↑
  Δ | CO₂/H₂O     H₂O       O₂
  ↓         e⁻
NaHCO₃    NaCl ⇌ Na —NH₃→ NaNH₂
               Cl₂   
                 Pb  TiCl₄
                 ↓    ↘
Pb(C₂H₅)₄ ←C₂H₅Cl— NaPb   Ti
```

ÜBUNGEN

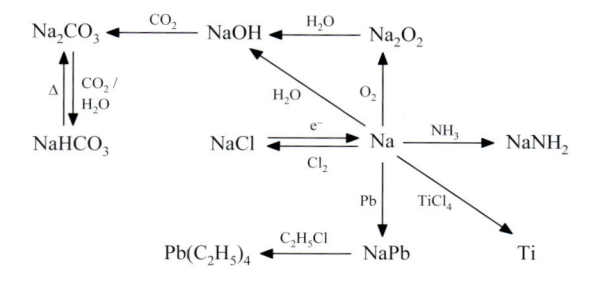

15.1 Formulieren Sie Reaktionsgleichungen für folgende Reaktionen:
 a) Natriummetall mit Wasser,
 b) Rubidiummetall mit Sauerstoff,
 c) Kaliumhydroxid mit Kohlenstoffdioxid,
 d) Erhitzen von Natriumnitrat,
 e) Lithiummetall mit Stickstoff,
 f) Caesiumhyperoxid mit Wasser,
 g) Erhitzen von Natriumhydrogencarbonat,
 h) Erhitzen von Ammoniumnitrat.

15.2 In welcher Beziehung gleichen die Alkalimetalle den „typischen" Metallen? In welcher Beziehung unterscheiden sie sich von ihnen?

15.3 Welches ist das am wenigsten reaktive Alkalimetall? Warum ist dies im Hinblick auf die Standardelektrodenpotentiale überraschend? Wie kann man dies erklären?

15.4 Beschreiben Sie drei typische chemische Eigenschaften der Alkalimetalle.

15.5 Ein Alkalimetall-Kation, hier als M bezeichnet, bildet ein kristallwasserhaltiges Sulfat $M_2SO_4 \cdot 10\,H_2O$. Handelt es sich bei M um das Kalium- oder das Natrium-Ion? Begründen Sie ihre Entscheidung.

15.6 Wie könnte man erklären, dass Natriumhydroxid besser löslich ist als Natriumchlorid?

15.7 In dem Exkurs über die therapeutische Wirkung von Lithium bei psychischen Erkrankungen wurde der Einsatz der Lithiumsalze großer organischer Anionen damit begründet, dass sie besser wasserlöslich seien. Warum kann man dies erwarten?

15.8 Die Downs-Zelle wird zur Gewinnung von metallischem Natrium verwendet.
 a) Warum kann man die Elektrolyse nicht in wässeriger Lösung durchführen?
 b) Warum werden Calciumchlorid und Bariumchlorid zugesetzt?

15.9 Warum ist es bei der Gewinnung von Kalium wichtig, eine Temperatur von ungefähr 850 °C einzuhalten?

15.10 Beschreiben Sie die Vor- und Nachteile des Diaphragmaverfahrens, des Amalgamverfahrens und des Membranverfahrens zur Gewinnung von Natriumhydroxid.

15.11 Viele der Alkalimetallverbindungen haben Trivialnamen. Nennen Sie die systematischen Namen für:
 a) Ätznatron,
 b) Ätzkali,
 c) Natronlauge,
 d) calcinierte Soda,
 e) Wasch- oder Kristallsoda,
 f) Glaubersalz.

15.12 Erklären Sie die folgenden Begriffe an Beispielen aus der Chemie der Alkalimetalle:
 a) Verwitterung,
 b) Schrägbeziehung,
 c) hygroskopisch,
 d) Wasserstoffüberspannung.

15.13 Formulieren Sie die Reaktionsgleichungen für die Reaktionen, die beim Solvay-Prozess zur Herstellung von Natriumcarbonat eine Rolle spielen. Welches sind die beiden größten Probleme bei diesem Verfahren?

15.14 Erklären Sie kurz, warum nur die Alkalimetalle bei Raumtemperatur stabile Hydrogencarbonatsalze bilden.

15.15 Warum wird das Ammonium-Ion häufig als Pseudoalkalimetall-Ion bezeichnet?

15.16 Geben Sie fünf Eigenschaften an, in denen Lithium seine Ähnlichkeit mit den Erdalkalimetallen zeigt.

15.17 Skizzieren Sie ein MO-Diagramm für die Bildung von gasförmigem Lithiumhydrid.

15.18 Geben Sie zwei Gründe an, warum Kaliumhyperoxid und nicht Caesiumhyperoxid in den Luftregenerierungssystemen von Raumfähren verwendet wird.

15.19 Wo finden wir im Organismus eines Säugetiers die Natrium- und wo die Kalium-Ionen?

15.20 Formulieren Sie die Reaktionsgleichungen für die in den Schemata am Ende des Kapitels erfassten Reaktionen der Alkalielemente.

15.21 In diesem Kapitel haben wir das radioaktive Element der 1. Gruppe, Francium, nicht berücksichtigt. Beschreiben Sie – unter Berücksichtigung der Kenntnisse über die anderen Elemente der Gruppe – die wichtigsten Eigenschaften des Franciums und seiner Verbindungen.

15.22 Welche Stromstärke benötigt man für den Betrieb einer Downs-Zelle, die in 24 Stunden eine Tonne Natrium produziert?
(Ein Mol Elektronen hat eine Ladung von einem Faraday, also $9{,}65 \cdot 10^4$ A·s.)

15.23 Platinhexafluorid, PtF_6, zeigt einen stark negativen Wert für die Elektronenaffinität (-722 kJ·mol^{-1}). Bei der Reaktion von Lithiummetall mit Platinhexafluorid entsteht jedoch Lithiumfluorid, Li^+F^-, und nicht $Li^+PtF_6^-$. Schlagen Sie eine Erklärung vor.

15.24 Versuchen Sie zu erklären, warum die Bildungsenthalpie ΔH_f^0 in der Reihe LiF, NaF, KF, RbF und CsF immer weniger negative Werte annimmt, während entlang der Reihe LiI, NaI, KI, RbI und CsI die Werte immer stärker negativ werden.

15.25 Die Atommasse von Lithium wird mit $6{,}941$ g·mol^{-1} angegeben. Lithiumverbindungen werden in der Analytik jedoch nicht als Referenzsubstanzen verwendet, da die Atommasse von Lithium oft $6{,}97$ g·mol^{-1} beträgt. Können Sie dies erklären?

15.26 Welche der beiden Verbindungen, Natriumfluorid oder Natriumtetrafluoroborat, $Na[BF_4]$, ist vermutlich besser wasserlöslich? Begründen Sie ihre Entscheidung.

15.27 Ermitteln Sie, warum das theoretisch denkbare Caesium(II)-fluorid (CsF_2) spontan zerfällt:
$CsF_2(s) \rightarrow CsF(s) + \frac{1}{2} F_2(g)$
Verwenden Sie für die Gitterenthalpie von CsF_2 den Näherungswert $-2\,250$ kJ·mol^{-1}. Die zweite Ionisierungsenthalpie von Caesium beträgt $2\,430$ kJ·mol^{-1}. Nutzen Sie weiterhin die Daten des Anhangs. Die Berechnung gibt zunächst nur die Enthalpieänderung wieder. Wird die Entropieänderung ebenfalls die Zersetzungsreaktion fördern? Nehmen Sie Stellung dazu.

15.28 Vergleicht man die Gitterkonstanten von Lithiumhydrid und Caesiumhydrid mit den üblichen Ionenradien der Alkalimetalle, so scheint das Hydrid-Ion unterschiedlich groß zu sein: $r = 130$ pm bei LiH und $r = 154$ pm bei CsH.
Worauf könnte man diesen Unterschied zurückführen?

Erdalkalimetalle heißen diese Elemente, weil ihre Hydroxide wie die der benachbarten Alkalimetalle starke Basen sind, sie aber in ihrer geringen Wasserlöslichkeit mehr dem Nachbarn Aluminium, dem häufigsten metallischen Element der Erdrinde, ähneln. Obwohl härter und weniger reaktiv als die Alkalimetalle, sind die Erdalkalimetalle reaktiver und von geringerer Dichte als ein „typisches" Metall.

Die Elemente der Gruppe 2: Die Erdalkalimetalle

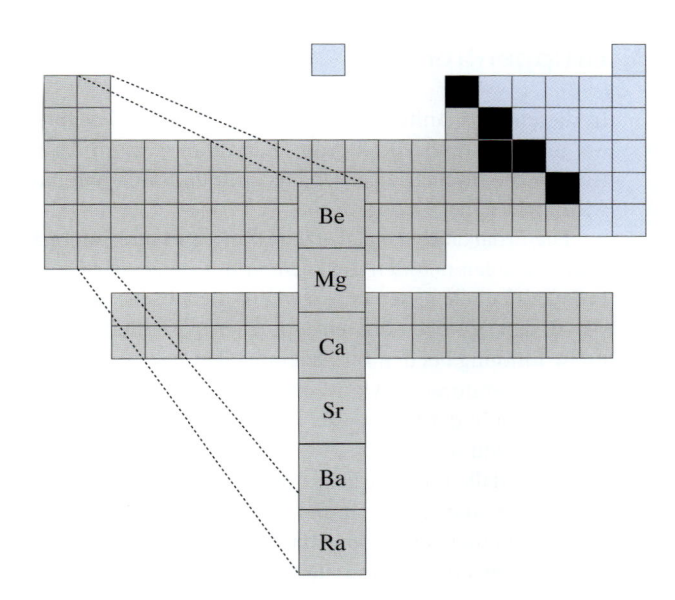

16

Kapitelübersicht

- 16.1 Eigenschaften der Erdalkalimetallverbindungen
- 16.2 Beryllium
- 16.3 Magnesium
- 16.4 Calcium, Strontium, Barium
- 16.5 Oxide
- 16.6 Hydroxide
- 16.7 Calciumcarbonat
  Exkurs: Tropfsteinhöhlen
  Exkurs: Wasserhärte
  Exkurs: Wie bildet sich Dolomit?
  Exkurs: Biominerale
- 16.8 Zement
- 16.9 Erdalkalimetallsalze in Alltag und Technik
- 16.10 Ähnlichkeiten zwischen Beryllium und Aluminium
- 16.11 Biologische Aspekte
- 16.12 Die wichtigsten Reaktionen im Überblick

André Louis **Debierne**, französischer Chemiker und Physiker, 1874–1849; Professor in Paris.

Friedrich **Wöhler**, deutscher Chemiker, 1800–1882; Professor in Berlin, Kassel und Göttingen.

Das letzte der Erdalkalimetalle, das aus seinen Verbindungen isoliert werden konnte, war das Radium. 1910 erfreuten sich Marie Curie und André Debierne an dem hellen Leuchten, das von diesem Element ausging, ohne jedoch zu erkennen, dass es auf der intensiven und gefährlichen Strahlung dieses Elements beruhte. Während der Dreißigerjahre des letzten Jahrhunderts traten in Shows gelegentlich Tänzer auf, die buchstäblich im Dunkeln glühten, weil sie Radiumsalze auf die Haut aufgetragen hatten. Manch einer mag später durch strahlenbedingte Krankheiten gestorben sein, ohne jemals die Ursache zu erfahren. Noch in den Sechzigerjahren des 20. Jahrhunderts konnte man Uhren kaufen, deren Zeiger und Ziffern durch radiumhaltige Farben im Dunkeln leuchteten. Die heute verwendeten Leuchtfarben sind ungefährlich.

Bereits im Jahre 1808 war es Davy gelungen, kleine Mengen der Metalle Magnesium, Calcium, Strontium und Barium zu gewinnen: Auf einem als Anode geschalteten Platinblech elektrolysierte er jeweils eine angefeuchtete Mischung des Erdalkalioxids mit Quecksilberoxid. Die Kathode bildete etwas flüssiges Quecksilber, in das ein Platindraht tauchte. Im Verlaufe der Elektrolyse bildete sich das Amalgam des jeweiligen Erdalkalimetalls. Nach Abdestillieren des Quecksilbers blieb das Erdalkalimetall als Pulver zurück. Metallisches Beryllium wurde erstmals 1828 von Friedrich Wöhler durch die Reaktion von Berylliumchlorid mit Kalium dargestellt.

Die Namen der Elemente gehen auf die Namen charakteristischer Mineralien zurück.

Gruppentrends

Wichtige Mineralien der Erdalkalielemente

Beryll	$Be_3Al_2Si_6O_{18}$
Magnesit	$MgCO_3$
Dolomit	$MgCa(CO_3)_2$
Calcit (Kalkspat)	$CaCO_3$
Gips	$CaSO_4 \cdot 2H_2O$
Strontianit	$SrCO_3$
Coelestin	$SrSO_4$
Witherit	$BaCO_3$
Baryt (Schwerspat)	$BaSO_4$

In diesem Abschnitt werden zunächst nur die Elemente Magnesium, Calcium, Strontium und Barium berücksichtigt. Beryllium wird im Abschnitt 16.2 gesondert behandelt. Auf die chemischen Eigenschaften von Radium, dem radioaktiven Element der Gruppe, wird nicht näher eingegangen.

Die Erdalkalimetalle glänzen silbrig und besitzen recht geringe Dichten. Wie bei den Alkalimetallen nehmen die Dichten mit steigender Ordnungszahl zu (Tabelle 16.1). Die Erdalkalimetalle gehen eine stärkere metallische Bindung ein als die Alkalimetalle, was sich in den deutlich höheren Atomisierungsenthalpien widerspiegelt. Die stärkere metallische Bindung bei den Erdalkalimetallen zeigt sich auch in ihren höheren Schmelz- und Siedetemperaturen sowie in ihrer größeren Härte. Die Ionenradien nehmen von oben nach unten in der Gruppe zu und sind dabei kleiner als die der benachbarten Alkalimetalle (Abbildung 16.1).

Die Erdalkalimetalle zeigen zwar eine geringere chemische Reaktivität als die Alkalimetalle, sie sind jedoch immer noch deutlich reaktiver als die meisten anderen metallischen Elemente. So reagieren beispielsweise Calcium, Strontium und Barium mit kaltem Wasser, wobei das Barium die heftigste Reaktion zeigt:

$$Ba(s) + 2\ H_2O(l) \rightarrow Ba(OH)_2(aq) + H_2(g)$$

Wie bei den Alkalimetallen nimmt innerhalb der Gruppe die Reaktivität mit steigender Atommasse zu. Dementsprechend reagiert Magnesium nicht mit kaltem Wasser.

Tabelle 16.1 Einige Eigenschaften der Erdalkalimetalle

Element	Dichte ϱ (g · cm^{-3})	Schmelztemperatur (°C)	Siedetemperatur (°C)	Atomisierungsenthalpie ΔH^0_{at} (kJ · mol^{-1})
Beryllium (Be)	1,9	1287	≈ 2470	324
Magnesium (Mg)	1,74	650	1093	147
Calcium (Ca)	1,55	842	1484	178
Strontium (Sr)	2,63	777	1412	164
Barium (Ba)	3,5	727	1845	179

Li⁺	Na⁺	K⁺	Rb⁺	Cs⁺
90 pm	116 pm	152 pm	166 pm	181 pm

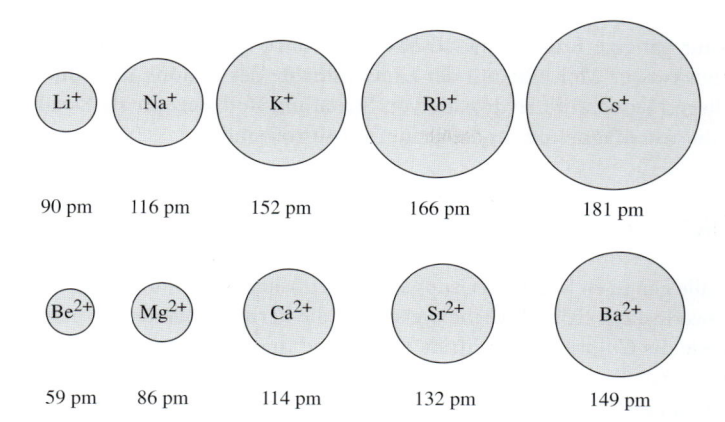

Be²⁺	Mg²⁺	Ca²⁺	Sr²⁺	Ba²⁺
59 pm	86 pm	114 pm	132 pm	149 pm

16.1 Vergleich der Ionenradien der Alkali- und der Erdalkalimetalle (KZ 6).

Die Erdalkalimetalle reagieren ebenfalls mit vielen Nichtmetallen. So verbrennt zum Beispiel erhitztes Calcium in Chlorgas zu Calciumchlorid:

$$\text{Ca(s)} + \text{Cl}_2\text{(g)} \rightarrow \text{CaCl}_2\text{(s)}$$

Ein ungewöhnliches Verhalten zeigen die Erdalkalimetalle beim Erhitzen in Stickstoffgas. So reagiert zum Beispiel Magnesium mit Stickstoff zu Magnesiumnitrid:

$$3\,\text{Mg(s)} + \text{N}_2\text{(g)} \rightarrow \text{Mg}_3\text{N}_2\text{(s)}$$

16.1 Eigenschaften der Erdalkalimetallverbindungen

Auch hier wollen wir Beryllium nicht berücksichtigen, da es sich in seinen Eigenschaften deutlich von den anderen Elementen der Gruppe 2 unterscheidet.

Ionischer Charakter Die Erdalkalimetalle liegen in allen Verbindungen in der Oxidationsstufe II vor. Es handelt sich meist um salzartige Stoffe mit zweifach positiv geladenen Kationen. Die Verbindungen sind farblos, soweit kein farbiges Anion vorhanden ist. Auch wenn die Bindung überwiegend ionischen Charakter zeigt, liegen in manchen Verbindungen des Magnesiums auch kovalente Bindungsanteile vor. Ein Beispiel sind die Grignard-Verbindungen (Abschnitt 16.3). Kovalente Bindungen bestimmen ebenso die Chemie des Berylliums.

Hydratation der Ionen Die Salze der Erdalkalimetalle liegen meist hydratisiert vor. So ist im Falle des Calciumchlorids neben der wasserfreien Form auch das Hexahydrat und das Dihydrat als Laborreagenz im Handel. In Tabelle 16.2 ist das Ausmaß der Hy-

Tabelle 16.2 Wassergehalt häufiger Erdalkalimetallsalze

Chloride	Nitrate	Sulfate
$MgCl_2 \cdot 6\,H_2O$	$Mg(NO_3)_2 \cdot 6\,H_2O$	$MgSO_4 \cdot 7\,H_2O$
$CaCl_2 \cdot 6\,H_2O$	$Ca(NO_3)_2 \cdot 4\,H_2O$	$CaSO_4 \cdot 2\,H_2O$
$SrCl_2 \cdot 6\,H_2O$	$Sr(NO_3)_2 \cdot 4\,H_2O$	$SrSO_4$
$BaCl_2 \cdot 2\,H_2O$	$Ba(NO_3)_2$	$BaSO_4$

dratation für gängige Erdalkalimetallsalze aufgeführt. Man erkennt, dass die Zahl der gebundenen Wasser-Moleküle mit der Ladungsdichte des Kations abnimmt. Interessanterweise liegen jedoch die Hydroxide von Strontium und Barium als Octahydrate vor, während die von Magnesium und Calcium wasserfrei sind.

Löslichkeit der Erdalkalimetallsalze

Während alle gängigen Salze der Gruppe 1 wasserlöslich sind, finden sich in der Gruppe 2 viele schwerlösliche Salze. Üblicherweise sind die Verbindungen mit einfach geladenen Anionen wie die Chloride und Nitrate löslich und die Verbindungen mit höher geladenen Anionen wie die Carbonate und Phosphate schwerlöslich. Bei einigen Salzen zeigt sich ein auffälliges Verhalten: So ändert sich die Löslichkeit der Sulfate von gut löslich zu schwer löslich, wenn wir in der Gruppe von oben nach unten gehen, während bei den Hydroxiden ein gegenläufiger Trend besteht.

In Abschnitt 15.3 haben wir die Löslichkeit der Alkalimetallhalogenide unter thermodynamischen Gesichtspunkten diskutiert. Bei den Erdalkalimetallen unterscheiden sich zwar die Werte der einzelnen Terme deutlich von denen der Alkalimetalle. Einer wesentlich größeren Gitterenthalpie steht jedoch eine gleichfalls größere Hydratationsenthalpie der zweifach positiv geladenen Kationen gegenüber.

Zuerst wollen wir die Enthalpieänderungen betrachten. Der erste Schritt entspricht dem Übergang des Salzes in ein Gas, in dem sich die Ionen unabhängig voneinander bewegen können. Bei Magnesiumchlorid mit seinen zweifach geladenen Kationen benötigt man dazu etwa dreimal mehr Energie als bei Natriumchlorid, weil viel stärkere elektrostatische Anziehungskräfte überwunden werden müssen. Bei der Hydratation der zweifach positiv geladenen Ionen wird dagegen mehr Energie frei als bei einfach geladenen Ionen. Aufgrund der höheren Ladungsdichten der Kationen der Gruppe 2 sind die Wasser-Moleküle viel stärker an das Kation gebunden. So beträgt beispielsweise die Hydratationsenthalpie des Magnesium-Ions -1921 kJ·mol^{-1}, während der Wert für das Natrium-Ion bei -406 kJ·mol^{-1} liegt. Die Enthalpiedaten für Magnesiumchlorid und für Natriumchlorid sind in Tabelle 16.3 gegenübergestellt. Wie daraus ersichtlich, ist das Auflösen von (wasserfreiem) Magnesiumchlorid in Wasser ein deutlich exothermer Prozess.

Nun wollen wir die Entropiebeiträge betrachten (Tabelle 16.4). Die Gitterentropie von Magnesiumchlorid ist fast genau anderthalbmal so groß wie die von Natriumchlorid. Hier spiegelt sich die Tatsache wider, dass sich aus einem Mol Magnesiumchlorid drei Mol unabhängiger Teichen bilden, statt nur zwei im Falle von Natriumchlorid. Da jedoch das Magnesium-Ion eine viel höhere Ladungsdichte besitzt, nimmt bei der Hydratisierung die Entropie deutlich stärker ab als im Falle des Natrium-Ions. Um das

Tabelle 16.3 Enthalpiebeiträge beim Lösevorgang von Magnesium- und Natriumchlorid

Verbindung	Gitterenthalpie (kJ·mol^{-1})	Hydratationsenthalpie (kJ·mol^{-1})	gesamte Enthalpieänderung (kJ·mol^{-1})
MgCl$_2$	-2523	-2677	-154
NaCl	-788	-784	4

Tabelle 16.4 Entropiebeiträge beim Lösevorgang von Magnesium- und Natriumchlorid

Verbindung	Gitterentropie (J·K^{-1}mol^{-1})	Hydratationsentropie von Kation und Anion(en) (J·K^{-1}mol^{-1})	Lösungsentropie ΔS^0_L (J·K^{-1}mol^{-1})	$T \cdot \Delta S^0_L$ ($T = 298$ K) (kJ·mol^{-1})
MgCl$_2$	360	$-281 + 2 \cdot (-97) = -475$	-115	-34
NaCl	229	$-89 + (-97) = -186$	43	13

Tabelle 16.5 Freie Enthalpien beim Lösevorgang von Magnesium- und Natriumchlorid

Verbindung	Lösungsenthalpie ΔH_L^0 (kJ·mol^{-1})	$T \cdot \Delta S_L^0$ (kJ·mol^{-1})	freie Lösungsenthalpie ΔG_L^0 (kJ·mol^{-1})
MgCl$_2$	−154	−34	−120
NaCl	4	13	−9

Magnesium-Ion bildet sich eine größere Hydrathülle, in der die Wasser-Moleküle relativ gut geordnet sind. Damit tragen die Entropiefaktoren insgesamt nicht zu einer besseren Löslichkeit des Magnesiumchlorids bei. Beim Natriumchlorid dagegen ist es die Entropie, die entscheidend für die gute Löslichkeit ist.

Kombinieren wir nun den Entropie- und den Enthalpie-Term – wohl wissend, dass all diese Daten mit unvermeidlichen Fehlern behaftet sind – so erkennen wir, dass ΔG, und damit die Löslichkeit von Magnesiumchlorid, vor allem durch den exothermen Verlauf des Lösungsvorgangs bestimmt wird. Die Situation ist damit genau entgegengesetzt zu der beim Natriumchlorid (Tabelle 16.5).

16.2 Beryllium

Das Element Beryllium ist stahlgrau und hart; es zeigt eine gute elektrische Leitfähigkeit, ist also sicherlich ein Metall. Entscheidend für die Nutzung als Werkstoff sind die gute Korrosionsbeständigkeit, die geringe Dichte (1,9 g·cm^{-3}), die hohe Festigkeit, die hohe Schmelztemperatur (1 287 °C) sowie die Eigenschaft, unmagnetisch zu sein. Berylliumlegierungen werden daher häufig beim Bau von Präzisionsinstrumenten wie Gyroskopen (Messgeräte zum Nachweis der Achsendrehung der Erde) eingesetzt. Beryllium-Kupfer-Legierungen (Berylliumbronzen) sind ein wichtiger Werkstoff für die Herstellung von Federn. Eine mengenmäßig unbedeutende, doch wichtige Anwendung findet Beryllium als Fenstermaterial in der Röntgentechnik. Die Absorption von Röntgenstrahlen nimmt mit dem Quadrat der Atommasse zu, und Beryllium besitzt die geringste Atommasse aller an Luft stabilen Metalle. Aus diesem Grund ist es eines der Materialien, die Röntgenstrahlen nur schwach absorbieren und das sich zusätzlich zu dünnen Folien verarbeiten lässt.

Die wichtigsten Beryllium-Mineralien sind der *Bertrandit* (Be$_4$Si$_2$O$_7$(OH)$_2$), und der *Beryll* (Be$_3$Al$_2$Si$_6$O$_{18}$). Gut ausgebildete Beryll-Kristalle werden als Edelsteine geschätzt. Aufgrund des Einbaus von Übergangsmetallionen weisen sie verschiedene Farben auf. Die in hellem Blaugrün auftretende Form nennt man *Aquamarin*, die tiefgrüne *Smaragd*. Die grüne Farbe des Smaragds rührt von ungefähr 2 % Chrom(III)-Ionen her, die im Kristallgitter einen Teil der Aluminium-Ionen ersetzen. Zur Gewinnung von metallischem Beryllium werden berylliumhaltige Erze mit Na$_2$SiF$_6$ geröstet, sodass sich BeF$_2$ bildet, das mit Wasser herausgelöst werden kann. Anschließend werden die Be^{2+}-Ionen als Be(OH)$_2$ gefällt und wieder in festes BeF$_2$ überführt. Durch die Umsetzung mit Magnesium bei 1 300 °C erhält man daraus Beryllium und MgF$_2$.

Berylliumverbindungen sind extrem giftig und Krebs erzeugend. Im 19. Jahrhundert war es durchaus üblich, neben Schmelztemperatur und Löslichkeit auch etwas über den Geschmack einer neuen Verbindung auszusagen. Aus dieser Zeit stammt die Information, dass Berylliumverbindungen süßlich schmecken. Das Einatmen von berylliumhaltigem Staub führt zu einer chronischen Krankheit, die als Berylliose bezeichnet wird.

Die Chemie des Berylliums unterscheidet sich deutlich von der anderer Elemente der Gruppe 2, da in seinen Verbindungen die kovalenten Bindungen überwiegen. Das sehr kleine Beryllium-Kation hat eine extrem hohe Ladungsdichte (1 100 C·mm^{-3}), sodass es jedes Anion zu polarisieren vermag und es zu einer Überlappung der Elektronenhüllen kommt. Mit einigen Anionen erhält man salzartige Hydrate, in der Regel Tetrahydrate

16.2 Tetraedrische Gestalt des $[Be(H_2O)_4)]^{2+}$-Ions.

wie $BeSO_4 \cdot 4H_2O$. Im Kristallgitter liegt das Tetraaquaberyllium-Ion ($[Be(H_2O)_4]^{2+}$) vor, in dem vier Wasser-Moleküle kovalent an das Beryllium-Ion gebunden sind. Dieses Ion findet man in aller Regel auch in wässerigen Lösungen von Berylliumsalzen. Die für Beryllium typische Koordinationszahl 4 ist auf die geringe Größe des Beryllium-Ions zurückzuführen (Abbildung 16.2).

Auch wenn Beryllium mit Sicherheit den Metallen zuzuordnen ist, zeigt es einige Eigenschaften, die für Nichtmetalle typisch sind. Eine davon ist das Vermögen, Hydroxokomplexe zu bilden. „Normale" Metalloxide reagieren mit Säuren unter Bildung von Salzlösungen, in denen hydratisierte Metallkationen vorliegen; sie reagieren aber nicht mit alkalischen Lösungen. Bei Beryllium und einigen anderen Metallen bilden sich jedoch Hydroxokomplexe. Oxide und Hydroxide lösen sich daher nicht nur in Säuren, sondern auch in Natronlauge. Man spricht dann von *amphoterem* Verhalten. Im Falle des Berylliumoxids liefert die Reaktion mit Hydronium-Ionen das Tetraaquaberyllium-Ion, $[Be(H_2O)_4]^{2+}$. Die Reaktion mit Hydroxid-Ionen führt zum Tetrahydroxoberyllat-Ion, $[Be(OH)_4]^{2-}$:

$$BeO(s) + 2H^+(aq) + 3H_2O(l) \rightarrow [Be(H_2O)_4]^{2+}(aq)$$
$$BeO(s) + 2OH^-(aq) + H_2O(l) \rightarrow [Be(OH)_4]^{2-}(aq)$$

> Ähnliches Verhalten beobachtet man auch bei den Elementen Aluminium, Zinn, Blei und Antimon. Ein Blick ins Periodensystem zeigt, dass all diese Elemente in der Nähe der Grenze zu den Halbmetallen stehen.

16.3 Magnesium

Magnesium kommt in der Natur überwiegend als Bestandteil von *Doppelsalzen* vor. Bekannte Beispiele sind *Carnallit*, $MgCl_2 \cdot KCl \cdot 6H_2O$ und *Dolomit*, $MgCO_3 \cdot CaCO_3$. Diese Verbindungen sind nicht etwa Mischungen von Salzen, sondern sie liegen als reine, ionische Kristalle vor, in denen die abwechselnde Besetzung der Gitterplätze mit verschieden großen Kationen zu einer höheren Stabilität führt, als es bei der Besetzung des Gitters mit nur einer Art von Kationen der Fall wäre. So sind beispielsweise beim Carnallit Lücken in der Packung der Chlorid-Ionen abwechselnd mit Kalium-Ionen und hydratisierten Magnesium-Ionen besetzt, entsprechend der Verhältnisformel $KMgCl_3 \cdot 6H_2O$.

Im Meerwasser ist das Magnesium-Ion nach Na^+ und Cl^- das dritthäufigste Ion. Meerwasser ist damit die wichtigste Quelle zur Gewinnung des Metalls. Tatsächlich enthält ein Kubikkilometer Meerwasser rund eine Million Tonnen Magnesium. Bei den mehr als 10^9 Kubikkilometern Meerwasser, die es auf unserem Planeten gibt, leiden wir wahrlich keinen Mangel an diesem Element.

> Der Inhalt der Weltmeere entspricht einem Würfel mit einer Kantenlänge von 1 100 km, entsprechend der Entfernung von Köln nach Rom.

Ein Verfahren zur industriellen Gewinnung beruht auf der Tatsache, dass Magnesiumhydroxid schlechter löslich ist als Calciumhydroxid. Man stellt eine Suspension aus Meerwasser und fein vermahlenem Calciumhydroxid her, wodurch sich Magnesiumhydroxid bildet:

$$Ca(OH)_2(s) + Mg^{2+}(aq) \rightarrow Ca^{2+}(aq) + Mg(OH)_2(s)$$

Das Hydroxid wird abfiltriert und mit Salzsäure umgesetzt. Die Neutralisationsreaktion führt zu einer Lösung von Magnesiumchlorid:

$$Mg(OH)_2(s) + 2HCl(aq) \rightarrow MgCl_2(aq) + 2H_2O(l)$$

Die Lösung wird bis zur Trockne eingedampft und der Rückstand in einer Elektrolysezelle, ähnlich der Downs-Zelle für die Natriumproduktion, umgesetzt. Das Magnesium sammelt sich an der Oberfläche des Kathodenraumes und wird abgeschöpft. Das an der Anode entstehende Chlorgas wird wieder in Salzsäure umgewandelt, die erneut in den Prozess eingeht:

Kathode: $Mg^{2+} + 2e^- \rightarrow Mg(l)$
Anode: $2Cl^- \rightarrow Cl_2(g) + 2e^-$

Magnesiummetall oxidiert an Luft bei Raumtemperatur nur langsam, doch es reagiert heftig beim Erhitzen. Brennendes Magnesium strahlt ein intensives, weißes Licht ab, das von dem sehr heißen Magnesiumoxid ausgeht. Die blitzartige Verbrennung einer Mischung von Magnesiumpulver mit Oxidationsmitteln wie Kaliumnitrat war in den frühen Tagen der Photographie die übliche Art, für helles Licht zu sorgen. Ein Fortschritt waren dann Lämpchen, bei denen dünner Magnesiumdraht in einer Sauerstoffatmosphäre elektrisch gezündet wurde:

$$2\,\text{Mg(s)} + \text{O}_2(\text{g}) \rightarrow 2\,\text{MgO(s)}; \quad \Delta H_R^0 = -1\,202\,\text{kJ} \cdot \text{mol}^{-1}$$

Da bei der Bildung von Magnesiumoxid sehr viel Energie frei wird, reagiert brennendes Magnesium sogar mit Kohlenstoffdioxid:

$$2\,\text{Mg(s)} + \text{CO}_2(\text{g}) \rightarrow 2\,\text{MgO(s)} + \text{C(s)}; \quad \Delta H_R^0 = -808\,\text{kJ} \cdot \text{mol}^{-1}$$

Um brennendes Magnesium zu löschen, muss ein zur Bekämpfung von Metallbränden (Brandklasse D) geeigneter *Feuerlöscher* verwendet werden (die Brandklassen A, B und C beziehen sich auf konventionelle Brände). Solche Feuerlöscher enthalten meist pulverförmige Gemische aus bestimmten Kunststoffen und Natriumchlorid. Das Gemisch schmilzt in der Hitze der Reaktion und bildet einen inerten flüssigen Schutzmantel auf der Metalloberfläche; damit verhindert es, dass weiterer Sauerstoff das Metall erreichen kann.

Die Wirkungsweise von *ABC-Pulver* als Löschmittel für die Brandklassen A, B und C wird am Ende von Abschnitt 19.11 erläutert.

Mehr als die Hälfte des weltweit erzeugten Magnesiummetalls (Weltjahresproduktion $4 \cdot 10^5$ Tonnen) wird zu Aluminium-Magnesium-Legierungen verarbeitet. Die Nützlichkeit dieser Legierungen beruht hauptsächlich auf ihrer geringen Dichte. Mit einem Wert von nur $1{,}74\,\text{g} \cdot \text{cm}^{-3}$ ist Magnesium das leichteste Werkmetall. Die Leichtmetall-Legierungen sind immer dann von Bedeutung, wenn aufgrund des geringen Gewichtes entscheidende Energieeinsparungen möglich sind: bei Flugzeugen, Eisenbahnwaggons, S-Bahnen und Bussen.

Auch wenn Magnesium ein reaktives Metall ist, sollte man aufgrund seines Standard-Reduktionspotentials von $-2{,}36$ Volt eine noch größere Reaktivität erwarten. Die geringere Reaktivität ist darauf zurückzuführen, dass sich auf dem Metall bei Luftkontakt sehr schnell eine dünne Schicht von Magnesiumoxid bildet. Diese Schicht schützt den Rest des Metalls vor einem weiteren Angriff.

In seiner Chemie unterscheidet sich das Magnesium von den folgenden Elementen der Gruppe 2. Erhitzt man zum Beispiel laborübliche Hydrate von Calcium-, Strontium- oder Bariumchlorid, werden die gebundenen Wasser-Moleküle in Form von Dampf freigesetzt und man erhält das wasserfreie Metallchlorid:

$$\text{BaCl}_2 \cdot 2\,\text{H}_2\text{O(s)} \xrightarrow{\Delta} \text{BaCl}_2(\text{s}) + 2\,\text{H}_2\text{O(g)}$$

Bei der Entwässerung von Magnesiumchlorid-Hexahydrat wird dagegen auch Chlorwasserstoff abgespalten. Das zurückbleibende Produkt ist überwiegend Magnesiumchloridhydroxid:

$$\text{MgCl}_2 \cdot 6\,\text{H}_2\text{O(s)} \xrightarrow{\Delta} \text{Mg(OH)Cl(s)} + \text{HCl(g)} + 5\,\text{H}_2\text{O(g)}$$

Magnesium geht leicht kovalente Bindungen ein. Dieses Verhalten kann mit der verhältnismäßig hohen Ladungsdichte ($120\,\text{C} \cdot \text{mm}^{-3}$) des Mg^{2+}-Ions erklärt werden. (Die Ladungsdichte von Ca^{2+} beträgt dagegen nur $52\,\text{C} \cdot \text{mm}^{-3}$.) So reagiert Magnesium beispielsweise mit Halogenkohlenwasserstoffen wie Bromethan ($\text{C}_2\text{H}_5\text{Br}$) in geeigneten Lösemitteln (z. B. $((\text{C}_2\text{H}_5)_2\text{O})$). Das Magnesium-Atom schiebt sich dabei unter Ausbildung kovalenter Bindungen zwischen Kohlenstoff- und Halogen-Atom:

$$\text{C}_2\text{H}_5\text{Br(solv)} + \text{Mg(s)} \rightarrow \text{C}_2\text{H}_5\text{MgBr(solv)}$$

Diese Organomagnesium-Verbindungen sind auch als *Grignard-Reagenzien* bekannt; sie werden häufig bei Synthesen eingesetzt:

$$\text{SiBr}_4(\text{solv}) + 4\,\text{C}_2\text{H}_5\text{MgBr(solv)} \rightarrow \text{Si}(\text{C}_2\text{H}_5)_4(\text{solv}) + \text{MgBr}_2(\text{s})$$

François Auguste Victor **Grignard**, französischer Chemiker, 1871–1935; Professor in Besançon, Lyon und Nancy, ab 1926 Mitglied der Académie des Sciences, 1912 Nobelpreis für Chemie zusammen mit P. Sabatier (für die Entdeckung der *Grignard-Reaktion*).

16.4 Calcium, Strontium und Barium

Die Elemente sind silberglänzende Metalle, die bei Raumtemperatur langsam mit Luftsauerstoff reagieren, jedoch bei Erhitzen mit heftiger Reaktion verbrennen. Beim Verbrennen von Calcium und Strontium entsteht ausschließlich das Oxid:

$$2\,\text{Ca(s)} + \text{O}_2\text{(g)} \rightarrow 2\,\text{CaO(s)}; \quad \Delta H_R^0 = -1\,270\ \text{kJ}\cdot\text{mol}^{-1}$$

Bariumoxid kann mit überschüssigem Sauerstoff zum Peroxid weiterreagieren:

$$2\,\text{BaO(s)} + \text{O}_2\text{(g)} \rightarrow 2\,\text{BaO}_2\text{(s)}$$

Diese exotherme Reaktion läuft jedoch erst bei erhöhter Temperatur ab. Bei 800 °C ist die endotherme Rückreaktion begünstigt.

Die Bildung des Peroxids beruht auf der niedrigen Ladungsdichte des Barium-Ions (23 C·mm^{-3}), die genauso niedrig ist wie die des Natrium-Ions (24 C·mm^{-3}). Kationen mit einer so geringen Ladungsdichte sind in der Lage, polarisierbare Anionen wie das Peroxid-Ion zu stabilisieren.

Während Beryllium für Röntgenstrahlen weitgehend transparent ist, absorbieren Barium, Strontium und Calcium aufgrund ihrer höheren Atommassen diesen Bereich des elektromagnetischen Spektrums relativ stark. Die Calcium-Ionen in den Knochen lassen diese bei Röntgenaufnahmen hell erscheinen. Die Elemente, die das umgebende Gewebe aufbauen, absorbieren dagegen wenig Röntgenstrahlung, – eine Eigenschaft, die zum Problem wird, wenn man Magen und Darm untersuchen will. Da das Barium-Ion Röntgenstrahlen sehr gut absorbiert, könnte die Einnahme bariumhaltiger Lösungen dieses Problem beseitigen – wäre da nicht ein kleiner Haken: Barium-Ionen sind giftig. Glücklicherweise bildet Barium ein sehr schwerlösliches Salz, das Bariumsulfat. Diese Verbindung ist nahezu unlöslich ($2{,}8\cdot10^{-3}$ g·l^{-1}), sodass man eine Aufschlämmung ohne Gefahr als *Kontrastmittel* schlucken kann, um Magen und Darm zu röntgen. Die Verbindung wird dann unverändert wieder ausgeschieden.

> Mithilfe von Bariumoxid könnte man reinen Sauerstoff aus der Luft gewinnen: Im ersten Schritt lässt man Bariumoxid an der Luft zum Peroxid reagieren. Anschließend wird das Produkt auf 800 °C erhitzt, sodass Sauerstoff freigesetzt wird. Wirtschaftlich günstiger ist jedoch die Gewinnung von Sauerstoff über die fraktionierte Destillation von verflüssigter Luft.

16.5 Oxide

Wie bereits erwähnt, verbrennen die Metalle der Gruppe 2 an der Luft zu den normalen Oxiden, mit Ausnahme von Barium, das auch einen gewissen Anteil an Bariumperoxid bildet. Erdalkalimetalloxide reagieren mit Wasser unter Bildung der entsprechenden Hydroxide. Ein technisch wichtiges Beispiel ist das Kalklöschen:

$$\text{CaO(s)} + \text{H}_2\text{O(l)} \rightarrow \text{Ca(OH)}_2\text{(s)}; \quad \Delta H_R^0 = -65\ \text{kJ}\cdot\text{mol}^{-1}$$

Magnesiumoxid besitzt eine extrem hohe Schmelztemperatur (2 830 °C); daher werden Ziegel aus gesintertem Magnesiumoxid verwendet, um Drehrohröfen der Zementindustrie und Schmelzöfen der Metallindustrie auszukleiden. Kristallines Magnesiumoxid ist auch ein guter Wärmeleiter und selbst bei hohen Temperaturen ein elektrischer Isolator. Aufgrund dieser Eigenschaftskombination wird Magnesiumoxid in elektrischen Kochplatten angewendet: Es leitet die Wärme vom glühenden Heizdraht zur metallenen Plattenoberfläche, ohne dass ein Kurzschluss auftreten kann.

Calciumoxid, bekannt als *gebrannter Kalk*, wird in enormen Mengen im Bauwesen und für die Gewinnung von Eisen benötigt (Abschnitt 24.2). Es wird durch Brennen von Calciumcarbonat (bei Temperaturen um 1 000 °C) gewonnen:

$$\text{CaCO}_3\text{(s)} \xrightarrow{\Delta} \text{CaO(s)} + \text{CO}_2\text{(g)}; \quad \Delta H_R^0 = 179\ \text{kJ}\cdot\text{mol}^{-1}$$

Ganz entsprechend können auch die Carbonate der anderen Erdalkalimetalle in die Oxide überführt werden. Die sogenannte *Zersetzungstemperatur* steigt dabei vom Magnesiumcarbonat zum Bariumcarbonat stark an (Abbildung 16.3).

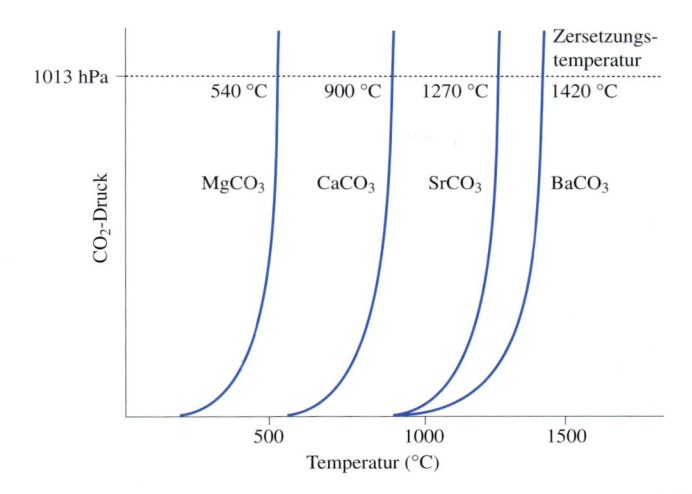

16.3 Gleichgewichtsdrücke bei der thermischen Zersetzung der Erdalkalicarbonate. Bei der Zersetzungstemperatur erreicht der CO$_2$-Partialdruck den Wert des normalen Luftdrucks.

Dieser Trend entspricht der Zunahme der Reaktionsenthalpie von 117 kJ·mol^{-1} (für MgCO$_3$) bis auf 256 kJ·mol^{-1} (für BaCO$_3$). Hauptursache dafür ist der mit zunehmender Größe des Kations abnehmende Unterschied in den Gitterenthalpien zwischen dem Carbonat und dem entsprechenden Oxid.

Calciumoxid hat eine sehr ungewöhnliche Eigenschaft: Leitet man eine Flamme direkt gegen Blöcke aus Calciumoxid, glühen diese mit intensiv weißem Licht. Dieses Phänomen bezeichnet man als *Thermolumineszenz*. Vor dem Siegeszug des elektrischen Lichtes wurden Theater durch solche glühenden Blöcke aus Calciumoxid erleuchtet. Aus dieser Zeit stammt die englische Redewendung *being in the limelight* (*lime*, Kalk) für jemanden, der im Rampenlicht steht. Thorium(IV)-oxid, ThO$_2$, zeigt eine ähnliche Eigenschaft und wird daher in Glühstrümpfen für Campinggaslampen eingesetzt.

16.6 Hydroxide

Während Magnesiumhydroxid schwerlöslich ist, sind Calcium- und Strontiumhydroxid recht gut löslich; Bariumhydroxid ist gut löslich (Tabelle 16.6).

Aufgrund seiner Schwerlöslichkeit wird Magnesiumhydroxid als Arznei bei übersäuertem Magen genutzt. Reines, fein gemahlenes Magnesiumhydroxid wird mit Wasser zur sogenannten „Magnesiamilch" aufgeschlämmt. Aufgrund der geringen Löslichkeit des Magnesiumhydroxids sind in der Suspension nur wenige freie Hydroxid-Ionen vorhanden, sodass sie nicht ätzend wirkt. Im Magen angekommen, neutralisiert das Magnesiumhydroxid die überschüssigen Hydronium-Ionen:

$$\text{Mg(OH)}_2(s) + 2\,\text{H}^+(aq) \rightarrow \text{Mg}^{2+}(aq) + 2\,\text{H}_2\text{O}(l)$$

Eine gesättigte Lösung von Calciumhydroxid wird als *Kalkwasser* bezeichnet. Diese Lösung ermöglicht einen einfachen Nachweis von Kohlenstoffdioxid: Leitet man CO$_2$-haltiges Gas in Kalkwasser, so erhält man zuerst einen weißen Niederschlag von Calciumcarbonat. Weiteres Einleiten von Kohlenstoffdioxid führt dann zum Verschwinden des Niederschlags, da sich lösliches Calciumhydrogencarbonat bildet:

$$\text{Ca(OH)}_2(aq) + \text{CO}_2(g) \rightarrow \text{CaCO}_3(s) + \text{H}_2\text{O}(l)$$

$$\text{CaCO}_3(s) + \text{H}_2\text{O}(l) + \text{CO}_2(g) \rightarrow \text{Ca(HCO}_3)_2(aq)$$

Tabelle 16.6 Löslichkeiten der Hydroxide (bei 20 °C)

Hydroxid	Löslichkeit (g·l^{-1})
Mg(OH)$_2$	0,09
Ca(OH)$_2$	1,6
Sr(OH)$_2$	7
Ba(OH)$_2$	35

Wie im Abschnitt 15.9 erwähnt, besitzen nur die Kationen der Alkalimetalle Ladungsdichten, die gering genug sind, um das große, leicht polarisierbare Hydrogencarbonat-Ion zu stabilisieren. Dampft man eine Calciumhydrogencarbonat-Lösung ein, so fällt festes Calciumcarbonat aus:

$$Ca(HCO_3)_2(aq) \rightarrow CaCO_3(s) + CO_2(g) + H_2O(g)$$

Auf dieser Reaktion beruht die Bildung von Kesselstein beim Erhitzen von hartem Wasser.

16.7 Calciumcarbonat

Calcium ist mit einem Massenanteil von 3,4 % das fünfthäufigste Element der Erdkruste. Die auffälligsten Vorkommen sind die als *Calciumcarbonat* in den mächtigen Ablagerungen aus Kreide, Kalkstein und Marmor, die rund um die Welt zu finden sind. *Kreide* wurde in den Meeren aus den Kalkskeletten unzähliger Meeresorganismen gebildet – hauptsächlich während der Kreidezeit vor ungefähr 135 Millionen Jahren. *Kalkstein* bildete sich in denselben Meeren, jedoch als einfacher Niederschlag, wenn die Löslichkeit von Calciumcarbonat in diesen Meeren überschritten wurde:

$$Ca^{2+}(aq) + CO_3^{2-}(aq) \rightleftharpoons CaCO_3(s)$$

Kalkablagerungen, die im Laufe der Erdgeschichte tief unter die Erdoberfläche verlagert wurden, konnten durch das Zusammenwirken von Hitze und Druck in ein festes und nahezu porenfreies Gestein umgewandelt werden, das wir als *Marmor* kennen.

Calciumcarbonat tritt in verschiedenen Kristallstrukturen (Modifikationen) auf: Calcit, Aragonit und Vaterit. *Calcit* oder *Kalkspat* ist besonders häufig (Abbildung 16.4). In Kalksteinformationen findet man oft Drusen mit gut ausgebildeten, glasklaren Calcit-Kristallen. Aus großen Kristallen erhält man leicht rhomboedrische Spaltstücke, an denen sich eine interessante optische Eigenschaft des Calcits beobachten lässt, die **Doppelbrechung**: Jedes Objekt, das man unter den Kristall legt, erzeugt zwei gegeneinander versetzte Abbilder. Ursache ist die beim Calcit sehr ausgeprägte Richtungsabhängigkeit des Brechungsindex.

Aragonit ist ein weniger häufiges Mineral; Aggregate aus den größeren hexagonalen Prismen sind beliebte Sammelobjekte. Auch die als Sprudelsteine bezeichneten Kalkablagerungen von Thermalquellen bestehen in der Regel aus Aragonit, denn Calcitkristalle können sich nur unterhalb von 29 °C bilden.

Die als *Vaterit* bezeichnete dritte $CaCO_3$-Modifikation wurde zuerst als Syntheseprodukt im Labor beobachtet. In der Natur tritt Vaterit nur äußerst selten auf.

Kurioserweise zeigen Calcium- und Magnesium-Ionen beim Menschen entgegengesetzte physiologische Effekte: Das Calcium-Ion führt zu Verstopfung, während das Magnesium-Ion abführend wirkt. Viele Antacida (Magensäure neutralisierende Medikamente) enthalten beide Ionenarten, sodass sich die Effekte gegenseitig kompensieren. Aus ähnlichen Gründen wird empfohlen, auf Reisen statt des Leitungswassers mineralarmes Wasser aus Flaschen zu trinken; der Gehalt an dem einen oder anderen Erdalkaliion könnte beim Leitungswasser beträchtlich höher sein, als es der Körper gewöhnt ist. Natürlich gehen vom Leitungswasser in weiten Teilen der Welt auch ernstere Gefahren aus, die auf die Verseuchung mit Bakterien zurückzuführen sind.

Calciumcarbonat ist ein gängiger Lebensmittelzusatzstoff, der dabei hilft, die Härte und Widerstandskraft der Knochen aufrecht zu erhalten. Als gemahlener Kalkstein (häufig als Düngekalk bezeichnet) wird er auf Ackerland ausgebracht, um den pH-Wert anzuheben, indem er mit den Säuren im Boden reagiert. Es wurden auch Versuche unternommen, den negativen Effekt des sauren Regens auf Seen durch Zugabe großer Mengen an gemahlenem Kalkstein abzuschwächen.

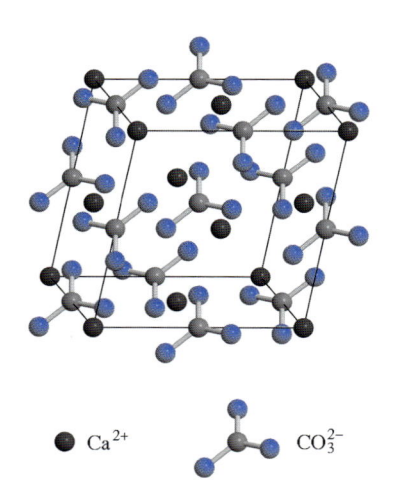

16.4 Struktur von Calcit.

Tropfsteinhöhlen

EXKURS

Tropfsteinhöhlen wie die Dachsteinhöhlen oder die Höhlen in der Schwäbischen Alb liegen inmitten großer Kalksteinablagerungen.

Die Bildung von Tropfsteinhöhlen lässt sich in ihren Grundzügen auf wenige chemische Zusammenhänge zurückführen: Im porösen Kalkstein versickert CO_2-haltiges Wasser und löst Calciumcarbonat als Calciumhydrogencarbonat auf. Das Kohlenstoffdioxid stammt dabei nur zum kleineren Teil aus der Luft; es kommt vor allem aus dem Stoffwechsel von Pflanzen und Mikroorganismen in den Humusschichten an der Erdoberfläche. Die Luft in den Poren, die sogenannte *Bodenluft*, enthält deshalb oft mehr als 100-mal so viel Kohlenstoffdioxid wie die Atmosphäre: bis zu 5 %.

$$CaCO_3(s) + CO_2(aq) + H_2O(l) \rightleftharpoons Ca^{2+}(aq) + 2\ HCO_3^-(aq)$$

Bei dieser Reaktion wird Kohlenstoffdioxid jedoch nicht vollständig umgesetzt; es stellt sich ein Gleichgewicht ein. Die versickernde, kalkgesättigte Lösung enthält neben HCO_3^--Ionen auch noch CO_2-Moleküle. Tropfsteine können sich bilden, wenn aus einer solchen Lösung Kohlenstoffdioxid an die CO_2-arme Höhlenluft abgegeben wird. Das HCO_3^-/CO_2-Gleichgewicht ist dann gestört und die Lösung ist zunächst an Kalk übersättigt. Ein neues Gleichgewicht stellt sich ein, indem etwas Calciumcarbonat auskristallisiert (Abbildung 16.5, Pfeil B).

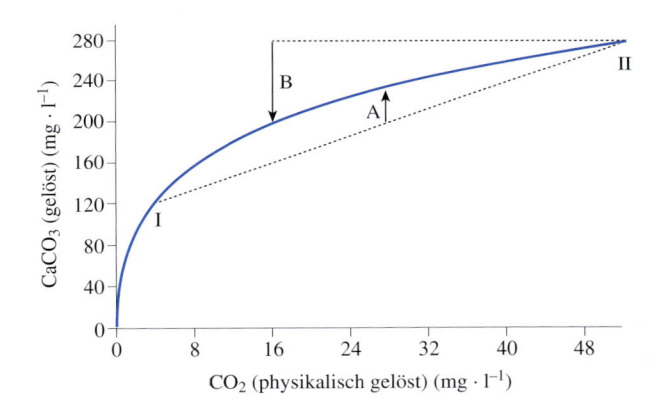

16.5 Löslichkeit von $CaCO_3$ in Abhängigkeit vom CO_2-Gehalt der Lösung.

Die Bildung von Höhlen lässt sich folgendermaßen verstehen: Im Untergrund mischen sich Lösungen ganz unterschiedlichen Gehalts an CO_2 und $Ca(HCO_3)_2$ (I, II in Abbildung 16.5). Obwohl jede Lösung für sich an Kalk gesättigt war, kann die Mischung weiteres Calciumcarbonat lösen (Pfeil A). Diese Theorie der Mischungskorrosion als Ursache der Höhlenbildung ist erst 1963 entwickelt worden.

Wasserhärte

EXKURS

Alles Wasser in der Natur und auch unser Trinkwasser ist aus Sicht der Chemie eine verdünnte Lösung verschiedener Salze. Als Kationen spielen vor allem Ca^{2+}, Mg^{2+} und Na^+ eine Rolle; die wichtigsten Anionen sind HCO_3^-, SO_4^{2-} und Cl^-.

Wasser mit einem hohen Gehalt an Calcium- und Magnesium-Ionen bezeichnet man als *hartes Wasser*: Es beeinträchtigt die Waschwirkung von Seifen, da sich schwer lösliche *Kalkseifen* bilden. Es handelt sich dabei vor allem um die Calciumsalze langkettiger Carbonsäuren (Fettsäuren), deren gut lösliche Natriumsalze wir als Seife nutzen.

Calcium-Ionen stören auch beim Wäschewaschen. Vor allem bei höheren Temperaturen könnte es zu Kalkablagerungen im Gewebe und auf den Heizstäben der Waschmaschine (Kesselstein) kommen. Waschmittel enthalten daher *Enthärter*. Diese Stoffe binden Calcium- und Magnesium-Ionen und geben dabei Natrium-Ionen an die Waschlauge ab. Heute setzt man überwiegend wasserunlösliche Enthärter ein, die als Ionenaustauscher wirken. Die größte Rolle spielt weltweit ein feinkristallines, synthetisch erzeugtes Alumosilicat: Zeolith A ($Na_{12}[(AlO_2)_{12}(SiO_2)_{12}] \cdot x\, H_2O$). (Das Bauprinzip von Zeolithen wird in Abschnitt 18.16 erläutert.)

Gesamthärte und Härtebereiche In amtlichen Wasseranalysen wird der Gehalt an Ca^{2+}- und Mg^{2+}-Ionen heute in $mmol \cdot l^{-1}$ (bzw. $mol \cdot m^{-3}$) angegeben. Die Summe der beiden Werte wird als Gesamthärte bezeichnet. In der Praxis findet man aber oft auch Angaben in „Grad deutscher Härte" (°d). 1°d entspricht dabei 0,18 mmol $\cdot l^{-1}$ Ca^{2+} und/oder Mg^{2+} (1 mmol $\cdot l^{-1}$ $\cong$ 5,6°d). Ursprünglich war festgelegt worden, dass 1°d einem Calciumgehalt von 10 mg CaO pro Liter entspricht.

Das Waschmittelgesetz von 1975 schreibt vor, dass auf der Verpackung Hinweise zur Dosierung in Abhängigkeit von der Wasserhärte anzugeben sind. Man unterscheidet dabei vier Härtebereiche (Tabelle 16.7).

Die Wasserversorgungsunternehmen sind verpflichtet, die Verbraucher über die Härtebereichseinstufung zu informieren.

Tabelle 16.7 Härtebereiche bei Trinkwasser

Härtebereich		1	2	3	4
Gesamthärte	in mmol $\cdot l^{-1}$	bis 1,3	1,3 bis 2,5	2,5 bis 3,8	über 3,8
	in °d	0 bis 7	7 bis 14	14 bis 21	über 21
Bezeichnung		weich	mittelhart	hart	sehr hart

EXKURS

Wie bildet sich Dolomit?

Eines der großen Rätsel der Geochemie rankt sich um die Frage, wie Dolomit gebildet wurde. Dolomit tritt in riesigen Lagerstätten auf – eine davon umfasst die gesamte Gebirgskette der Dolomiten. Seine chemische Zusammensetzung ist $CaMg(CO_3)_2$; Lücken in der Packung der Carbonat-Ionen werden dabei abwechselnd mit Magnesium- und Calcium-Ionen besetzt. Dolomitlagerstätten wird ein besonderes Interesse entgegengebracht, weil weltweit Erdölreserven häufig in der Nähe von Dolomitvorkommen zu finden sind. Die Bildung des Dolomits gibt jedoch Rätsel auf: Mischt man Lösungen von Calcium-, Magnesium- und Carbonat-Ionen im Labor, kann man lediglich die Bildung von Calciumcarbonat- und Magnesiumcarbonat-Kristallen beobachten. Seit 200 Jahren suchen Geochemiker nach einer Erklärung dafür, wie es zur Bildung solch mächtiger Ablagerungen gekommen sein mag. Damit sich Dolomit bildet, sind Temperaturen über 150 °C notwendig. Zudem ist im Meerwasser die Konzentration der Magnesium-Ionen deutlich geringer als die der Calcium-Ionen. Die bislang favorisierte Erklärung geht davon aus, dass zuerst große Ablagerungen von Kalkstein gebildet und dann weit unter der Erdoberfläche eingeschlossen wurden. Magnesiumreiches Wasser soll dann in die Poren des Kalksteins gedrungen sein, wobei selektiv Calcium-Ionen durch Magnesium-Ionen ersetzt wurden. Dass diese *Dolomitisierung* in Tausenden von Kubikkilometern Felsmasse gleichmäßig geschehen sein kann, erscheint unwahrscheinlich, doch bis heute hat man noch keine schlüssigere Erklärung gefunden.

16.8 Zement

Ungefähr 1 500 Jahre vor Christi Geburt entdeckte man, dass ein Mörtel aus Calciumhydroxid und Sand beim Bau von Gebäuden dazu benutzt werden kann, Ziegel oder Steine zusammenzukleben. Das Material nimmt Kohlenstoffdioxid aus der Luft auf, wodurch das Calciumhydroxid zum harten Calciumcarbonat zurückgewandelt wird, aus dem es ursprünglich gewonnen wurde:

$$Ca(OH)_2(s) + CO_2(g) \rightarrow CaCO_3(s) + H_2O(l)$$

Zwischen 100 vor und 400 nach Christus perfektionierten die Römer die Verwendung von Kalkmörtel und bauten Aquädukte und Gebäude, von denen viele auch heute noch zu bewundern sind. Den Römern wird auch eine zweite wichtige Entdeckung zugeschrieben: Durch Untermischen von Vulkanasche erhielt man aus dem Kalkmörtel ein noch viel besseres Produkt. Dieses Material ist der Vorläufer unseres modernen Zements.

Hinter der Zementproduktion verbirgt sich eine der weltweit bedeutendsten chemischen Industrien. Die Jahresproduktion liegt bei etwa 1,5 Milliarden Tonnen pro Jahr, wobei mehr als die Hälfte in den asiatischen Ländern erzeugt wird. Zement wird hergestellt, indem man Kalkstein und tonhaltige Gesteine wie Mergel zusammen vermahlt und auf 1 500 °C erhitzt. Bei der stattfindenden chemischen Reaktion wird Kohlenstoffdioxid freigesetzt, und die Komponenten sintern zu großen, festen Brocken zusammen, dem Klinker. Der Klinker wird zu Staub zermahlen und schließlich mit etwas Calciumsulfat vermischt. Diese Mischung nennt man *Portland-Zement*.

Die Hauptbestandteile des Klinkers werden entsprechend ihrer Zusammensetzung als Dicalciumsilicat (Ca_2SiO_4, 26 %), Tricalciumsilicat (Ca_3SiO_5 bzw. $Ca_2SiO_4 \cdot CaO$, 51 %) und Tricalciumaluminat ($Ca_9[Al_6O_{18}]$, 11 %) bezeichnet. Die Strukturen der silicatischen Komponenten sind bis heute nicht völlig geklärt. Neben Silicat-Anionen (SiO_4^{4-}) liegen auch Oxid-Ionen (O^{2-}) vor. Gibt man Wasser hinzu, so laufen eine Reihe komplexer Hydratationsreaktionen ab, bei denen das Wasser chemisch gebunden wird. Schematisch vereinfacht lässt sich der Vorgang durch die folgende Gleichung beschreiben:

$$2\,Ca_2SiO_4 \cdot CaO(s) + 3\,H_2O(l) \rightarrow Ca_3Si_2O_7(s) + 3\,Ca(OH)_2(s)$$

Die Bildung von Calciumhydroxid beruht dabei auf der Reaktion der Oxid-Ionen mit Wasser. Wässerige Zementmischungen reagieren daher ähnlich wie Kalkwasser stark alkalisch. Die silicatischen Reaktionsprodukte bilden zunächst ein Gel, in dem langkettige Anionen vorliegen, die aus eckenverknüpften SiO_4-Tetraedern aufgebaut sind. Während des Aushärtens entsteht daraus ein Netzwerk winziger Kristalle, das die Sandkörner und Kieselsteine fest einschließt.

16.9 Erdalkalimetallsalze in Alltag und Technik

Von den zahlreichen salzartigen Verbindungen des Magnesiums und des Calciums sind die leicht löslichen Nitrate ($Mg(NO_3)_2 \cdot 6H_2O$ und $Ca(NO_3)_2 \cdot 4H_2O$) wichtige Laborreagenzien. Magnesiumsulfat, Calciumsulfat und Calciumchlorid werden in größerem Umfang auch praktisch genutzt.

Magnesiumsulfat und Calciumsulfat

Magnesiumsulfat kommt in vielen Salzlagerstätten vor. Meist handelt es sich dabei um das Heptahydrat: $MgSO_4 \cdot 7H_2O$. Aufgrund seines bitteren Geschmacks wird es als *Bittersalz* bezeichnet. Wie alle Magnesiumsalze wirkt es abführend, und dies war auch seine erste Anwendung. Während des 19. Jahrhunderts verabreichte ein englisches Krankenhaus insgesamt 2,5 Tonnen an seine Patienten! Einige wenige Mineralwässer, wie beispielsweise das aus Vichy, sind besonders reich an Magnesium-Ionen. Diese sollten aus besagten Gründen nur in kleineren Mengen genossen werden.

In Gärten und Parks wird Bittersalz häufig als „Tannendünger" eingesetzt. Ein Magnesiummangel führt zur Vergilbung, da das Blattgrün (Chlorophyll) ein Magnesium-Ion pro Molekül benötigt.

Calciumsulfat findet man überwiegend als Dihydrat ($CaSO_4 \cdot 2H_2O$) – allgemein bekannt als *Gips*. Gipskristalle sind so weich, dass man sie mit dem Fingernagel ritzen kann. Mineralische Ablagerungen aus reinem, feinkristallinem Gips sind als *Alabaster* bekannt. Im alten Ägypten wurden zahlreiche Skulpturen und Gefäße daraus gefertigt. Noch heute wird Alabaster kunsthandwerklich verarbeitet. In der Antike dienten lichtdurchlässige Alabasterscheiben auch als Fenster.

Erhitzt man Gips auf etwa 120 °C, so bildet sich das Halbhydrat (Hemihydrat), der sogenannte „gebrannte Gips":

$$CaSO_4 \cdot 2H_2O(s) \rightarrow CaSO_4 \cdot \tfrac{1}{2} H_2O(s) + \tfrac{3}{2} H_2O(g)$$

Der weiße, pulverförmige Feststoff ist der eigentliche Rohstoff für die Nutzung im Bauwesen: Bei der Herstellung von Gipskartonplatten für den Innenausbau von Gebäuden und bei der Anwendung von Gipsmörtel für den Innenputz. Das Halbhydrat reagiert gemächlich mit Wasser und bildet lange, ineinander verhakte Nadeln aus Calciumsulfat-Dihydrat. Die stabilen, miteinander verfilzten Gipskristalle sind auch für die Stabilität von Gipsformen und Gipsabdrücken verantwortlich.

Weltweit werden jährlich etwa 100 Millionen Tonnen Gips abgebaut. In stärker industrialisierten Ländern wird aber auch Gips genutzt, der bei technischen Prozessen anfällt. In Deutschland stammt mehr als die Hälfte der gesamten Gipsmenge von sechs Millionen Tonnen aus der Rauchgasentschwefelung (Abschnitt 20.8).

Calciumchlorid

Wasserfreies Calciumchlorid ist ein weißer Feststoff, der sehr leicht Feuchtigkeit aus der Luft absorbiert und am Ende eine sirupöse Flüssigkeit liefert. Es wird daher auch als Trockenmittel in chemischen Labors sowie zur Entfeuchtung von Kellerräumen verwendet. Die Reaktion, bei der das Hexahydrat ($CaCl_2 \cdot 6H_2O$) gebildet wird, ist stark exotherm. Diese Eigenschaft wird auch kommerziell genutzt: Bestimmte Wärmepackungen enthalten zwei Beutel, einen mit Wasser und einen mit wasserfreiem Calciumchlorid. Beim Kneten der Wärmepackung werden die Beutel im Innern zerstört, und die exotherme Reaktion läuft ab.

Calciumchlorid wird auch anstelle von Natriumchlorid als Streusalz verwendet. Calciumchlorid ist sehr gut wasserlöslich und bildet deshalb Lösungen auch bei extrem niedrigen Temperaturen. Eine Mischung aus 70 g Calciumchlorid und 30 g Wasser (die eutektische Mischung, also die Mischung mit der höchsten Gefriertemperaturerniedrigung) bleibt bis zu einer Temperatur von −55 °C flüssig. Mit Natriumchlorid/Wasser-Gemischen lassen sich dagegen nur −18 °C erreichen. Ein weiterer Vorteil, der für die Verwendung von Calciumsalzen spricht, ist die Tatsache, dass Pflanzen durch Calcium-Ionen weniger geschädigt werden als durch Natrium-Ionen.

Calciumcarbid

Mit Kohlenstoff bildet Calcium eine wichtige industriell genutzte Verbindung. Das unter dem Trivialnamen *Calciumcarbid* bekannte Calciumacetylid hat die auf den ersten Blick nicht gleich erklärliche Formel CaC_2: Da die Calcium-Ionen stets zweifach positiv geladen sind, entfällt auf jedes Kohlenstoff-Atom eine negative Ladung. Ein C^{1-}-Ion hätte fünf Valenzelektronen und wäre isoelektronisch zum Stickstoff-Atom. Da isoelektronische Teilchen häufig sehr ähnliche Eigenschaften haben, kann man erwarten, dass sich zwei C^{1-}-Ionen zu einer dimeren Einheit C_2^{2-} ($C\equiv C^{2-}$) verbinden, analog zum Stickstoff-Molekül (N_2). Eine Strukturanalyse von Calciumcarbid bestätigt das.

Die Struktur der salzartigen Verbindung ist ähnlich wie beim Natriumchlorid. Die Plätze der Chlorid-Ionen werden dabei von den als *Acetylid* oder Dicarbid(2–) bezeichneten C_2^{2-}-Ionen eingenommen (Abbildung 16.6).

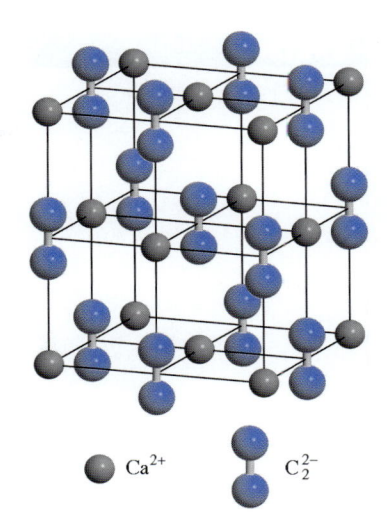

Calciumacetylid wird gewonnen, indem man Kohlenstoff (Kohle) und Calciumoxid in einem elektrischen Ofen auf etwa 2 000 °C erhitzt:

$$CaO(s) + 3\ C(s) \xrightarrow{\Delta} CaC_2(s) + CO(g); \quad \Delta H_R^0 = 465\ kJ \cdot mol^{-1},$$
$$\Delta S_R^0 = 212\ J \cdot K^{-1} \cdot mol^{-1},\ \Delta G_R^0(2\,273\ K) = -17\ kJ \cdot mol^{-1}$$

Die Produktion fiel weltweit von zehn Millionen Tonnen jährlich in den Sechzigerjahren des vorigen Jahrhunderts auf nunmehr zwei Millionen Tonnen, China ist inzwischen der bedeutendste Produzent. Dieser Rückgang spiegelt die Umstellung der chemischen Industrie wider, als Basis zur Synthese organischer Verbindungen verstärkt auf Öl und Erdgas zurückzugreifen. Die wichtigste Anwendung des Calciumacetylids ist die Herstellung von Ethin (Acetylen) durch die Umsetzung mit Wasser. Bei dieser Hydrolysereaktion nimmt das C_2^{2-}-Ion zwei Protonen vom Wasser auf:

$$CaC_2(s) + 2\ H_2O(l) \rightarrow Ca(OH)_2(s) + C_2H_2(g)$$

Ethin wird zum Schweißen eingesetzt, da bei seiner Verbrennung besonders viel Wärme frei wird.

$$2\ C_2H_2(g) + 5\ O_2(g) \rightarrow 4\ CO_2(g) + 2\ H_2O(g); \quad \Delta H_R^0 = -2\,516\ kJ \cdot mol^{-1}$$

Eine andere bedeutsame Reaktion des Calciumacetylids ist die mit Luftstickstoff – eine der wenigen einfachen chemischen Möglichkeiten, die starke Stickstoff/Stickstoff-Dreifachbindung zu brechen. Für diese Umsetzung wird Calciumacetylid in einem elektrischen Ofen gemeinsam mit Stickstoffgas auf ungefähr 1 100 °C erhitzt:

$$CaC_2(s) + N_2(g) \xrightarrow{\Delta} CaCN_2(s) + C(s)$$

Das Cyanamid-Ion $[N=C=N]^{2-}$ ist isoelektronisch zu Kohlenstoffdioxid und zeigt dieselbe lineare Struktur. Calciumcyanamid wird unter dem Namen *Kalkstickstoff* als langsam wirkender Stickstoffdünger eingesetzt. Der Stickstoff wird dabei nach und nach in Form von Ammoniak frei:

$$CaCN_2(s) + 3\ H_2O(l) \rightarrow CaCO_3(s) + 2\ NH_3(aq)$$

16.6 Struktur von Calciumcarbid (CaC_2).

Hinweis: Auf die Carbide wird in Abschnitt 18.3 näher eingegangen.

Strontium- und Bariumverbindungen in der Technik

Bei den Strontiumverbindungen ist Strontiumcarbonat das wichtigste Handelsprodukt. Von den jährlich mehr als 200 000 t weltweit wird der größte Anteil bei der Herstellung von Spezialgläsern für die Bildröhren von Farbfernsehern und Monitoren eingesetzt. Ein kleiner Anteil wird für die Produktion von Permanentmagneten benötigt. Wirtschaftlich bedeutend ist auch der Einsatz verschiedener Strontiumsalze für rote Leuchteffekte in der Pyrotechnik.

Bariumverbindungen werden in wesentlich größerem Umfang genutzt. Als Rohstoff dient Schwerspat ($BaSO_4$). 1995 wurden mehr als vier Millionen Tonnen gefördert. Davon werden aber nur etwa 5% zu anderen Bariumverbindungen weiterverarbeitet. Mehr als 90% werden lediglich gemahlen und als wässerige Suspension bei Bohrungen nach Erdgas und Erdöl eingesetzt. Aufgrund ihrer hohen Dichte schwemmt diese Spülflüssigkeit die Gesteinspartikel aus dem Bohrloch.

Das Schirmglas einer Farbbildröhre enthält etwa 12 % SrO und 10 % BaO. Das Konusglas enthält kleinere Anteile an SrO und BaO neben rund 20 % PbO.

EXKURS

Biominerale

Eines der neueren Forschungsgebiete befasst sich mit Problemen der *Biomineralisation*, also der Bildung von Mineralien durch biologische Prozesse. Es geht damit um ein interdisziplinäres Arbeitsfeld, auf dem Wissenschaftler aus den Bereichen Anorganische Chemie, Biochemie, Biologie, Geologie und Materialwissenschaften erfolgreich zusammenarbeiten.

Wir gehen zwar zu Recht davon aus, dass organische Stoffe die Grundlage des Lebens bilden, doch werden die Strukturen der meisten Lebewesen durch anorganisch-organische Kompositmaterialien bestimmt. So enthält die Trockenmasse der Knochen von Wirbeltieren etwa 30% an Faserproteinen, überwiegend Kollagen. In diese Matrix sind anorganische Komponenten eingelagert. Den größten Teil (mit 55% der gesamten Trockenmasse) hat dabei das Calciumphosphat-Mineral *Hydroxidapatit* ($Ca_5(PO_4)_3OH$). Der Rest besteht hauptsächlich aus Calciumcarbonat, Magnesiumcarbonat und Siliciumdioxid. Das anorganische Füllmaterial bestimmt die Härte und die Druckfestigkeit der Knochen; die organischen Komponenten sorgen für hohe Elastizität, Zugfestigkeit und Bruchfestigkeit.

Im Unterschied zu gewöhnlichen Mineralien muss das Wachstum von Biomineralien durch komplexe biochemische Prozesse gesteuert werden, damit sich die optimale Form ergibt: Apatit liegt im Knochen in Form mikrokristalliner Plättchen vor, die bei der Länge von 50 nm und einer Breite von 25 nm nur 3 nm dick sind. Erst die Einhaltung dieser Maße ermöglicht eine zugfeste Verknüpfung der Kristalle mit den Kollagenfasern.

Neben ihrer Bedeutung als Baumaterialien haben Biominerale drei weitere Funktionen: als Werkzeuge, als Komponenten von Sensoren oder als passiver Schutz. So sind Zähne die am weitesten verbreiteten Werkzeuge von Lebewesen. Bei Wirbeltieren bestehen sie überwiegend aus Hydroxidapatit, bei marinen Mollusken aus der Familie der Käferschnecken dagegen aus kristallinen Eisenoxiden.

In unserem Innenohr erfüllen spindelförmige Kriställchen mit der relativ hohen Dichte von $2,9\ g \cdot cm^{-3}$ eine wichtige Funktion als Schwerkraftsensor für den Gleichgewichtssinn. Es handelt sich dabei um Ablagerungen von Calciumcarbonat mit Aragonit-Struktur. Sie befinden sich in drei Bereichen – in unterschiedlichen Raumrichtungen – auf gallertartigen Polstern. Darunter liegen Sinneszellen, die bei jeder Bewegung des Kopfes eine Information über die Lageänderung an das Gehirn weiterleiten. Eine große Gruppe von Bakterien nutzt Magnetit-Kristalle, um sich am Magnetfeld der Erde zu orientieren.

Seeigel liefern ein Beispiel für einen mechanischen Schutz: Sie bauen lange, stabile Nadeln aus magnesiumhaltigen Calcit (($Mg,Ca)CO_3$) auf, um sich zu verteidigen. Normale Calcit- oder Aragonit-Kristalle sind dagegen wesentlich kompakter. Bei manchen Pflanzen spielt ein amorphes Kieselsäureprodukt eine wichtige Rolle für die Verteidigung. Diese sogenannte biogene Kieselsäure besteht aus einem unregelmäßigen Siliciumdioxid-Netzwerk mit zahlreichen Si–OH-Endgruppen. Das bekannteste Beispiel sind die zerbrechlichen Spitzen der Brennhaare von Brennnesseln.

Tabelle 16.8 Einige Beispiele für Biominerale und ihre Funktion

Mineral	Formel	Lebewesen	Funktion
Calcit	$CaCO_3$	Muscheln	Exoskelett (Schale)
		Foraminiferen	Exoskelett
Aragonit	$CaCO_3$	Säugetiere	Schwerkraftsensor
Hydroxidapatit	$Ca_5(PO_4)_3OH$	Wirbeltiere	Endoskelett (Knochen, Zähne)
Gips	$CaSO_4 \cdot 2\ H_2O$	Quallen	Schwerkraftsensor
Baryt	$BaSO_4$	Wimperntierchen	Schwerkraftsensor
Magnetit	Fe_3O_4	Vögel	Magnetsensor
Ferrihydrit	$Fe_{10}O_6(OH)_{18}$	viele Lebewesen	Eisenspeicher
Goethit	α-FeO(OH)	Schnecken	Zähne
Atacamit	$Cu_2(OH)_3Cl$	Meereswürmer	Zähne

16.10 Ähnlichkeiten zwischen Beryllium und Aluminium

Vergleicht man die chemischen Eigenschaften von Beryllium und Aluminium, so stellt man in drei Fällen große Ähnlichkeiten fest:
1. An Luft bilden beide Metalle eine dünne, aber fest haftende und dichte Oxidschicht aus, die das Metall vor einer weiteren Oxidation schützt.
2. Die Hydroxide beider Elemente zeigen amphoteres Verhalten: Die Hydroxidfällungen lösen sich mit überschüssiger Natronlauge unter Bildung von Hydroxokomplexen (Hydroxoberyllate und Hydroxoaluminate).
3. Beide Elemente bilden Carbide (Be_2C und Al_4C_3), die das C^{4-}-Ion enthalten; durch die Reaktion mit Wasser bildet sich jeweils Methan (CH_4).

Diese Ähnlichkeiten sind nach Lithium/Magnesium (Abschnitt 15.10) ein weiteres Beispiel für die sogenannten *Schrägbeziehungen*.

Es gibt jedoch auch deutliche Unterschiede in den chemischen Eigenschaften von Beryllium und Aluminium. Auffällig sind die unterschiedlichen Koordinationszahlen, beispielsweise bei den hydratisierten Kationen: Beryllium liegt als $[Be(H_2O)_4]^{2+}$-Ion vor, während Aluminium das $[Al(H_2O)_6]^{3+}$-Ion bildet. Die niedrigere Koordinationszahl des Berylliums lässt sich einfach erklären: Das Ion ist einfach zu klein, um sechs Wasser-Moleküle im notwendigen Bindungsabstand um sich anzuordnen.

Die Ähnlichkeiten des Berylliums mit Aluminium wie auch die Unterschiede zwischen Beryllium und den anderen Elementen der Gruppe 2 lassen sich verstehen, wenn man die Ladungsdichten der Kationen betrachtet (Tabelle 16.9): Die Ladungsdichten von Aluminium und Beryllium ähneln sich deutlich stärker als die von Beryllium und den anderen Elementen der Gruppe 2.

Tabelle 16.9 Ladungsdichten der Ionen der Erdalkalimetalle und des Aluminiums

Ion	Radius (pm)	Ladungsdichte ($C \cdot mm^{-3}$)	Ion	Radius (pm)	Ladungsdichte ($C \cdot mm^{-3}$)
Be^{2+}	41	1 100			
Mg^{2+}	86	120	Al^{3+}	53 (KZ 4)	770
Ca^{2+}	114	52		68 (KZ 6)	370
Sr^{2+}	132	33			
Ba^{2+}	149	23			

Berechnet man die Ladungsdichte des Aluminiums mit dem Wert für das tetraedrisch koordinierte Kation, also mit 53 pm anstatt mit 68 pm für das oktaedrisch koordinierte Ion, so ergibt sich eine Ladungsdichte von 770 $C \cdot mm^{-3}$ – ein Wert, der noch stärker dem des Berylliums ähnelt.

16.11 Biologische Aspekte

Magnesium-Ionen spielen eine entscheidende Rolle für das Leben auf der Erde: Bei der Photosynthese setzt das magnesiumhaltige *Chlorophyll* (Abbildung 16.7) mithilfe der Sonnenenergie Kohlenstoffdioxid und Wasser zu Glucose (Traubenzucker) und Sauerstoff um:

$$6\ CO_2(g) + 6\ H_2O(l) \rightarrow C_6H_{12}O_6(aq) + 6\ O_2(g)$$

Interessanterweise ist das Magnesium-Ion aufgrund seiner Größe und seiner geringen chemischen Reaktivität für diese Rolle besonders geeignet. Es sitzt im Zentrum des

16.7 Struktur von Chlorophyll a.

Chlorophyll-Moleküls und hält dieses in einer spezifischen Konfiguration. Magnesium kann nur die Oxidationsstufe II einnehmen. Aus diesem Grund können die Elektronenübertragungsprozesse, die bei der Photosynthese von großer Bedeutung sind, nicht durch das Magnesium-Ion gestört werden.

Der Sauerstoff der Erdatmosphäre entstand durch die Photosynthese und ermöglichte in der Erdgeschichte die Entwicklung tierischen (und menschlichen) Lebens. Die Umkehrung der Photosynthese-Reaktion, eine stark exotherme, Energie liefernde Reaktion, stellt die Grundlage der Atmung dar, ein Prozess, der beispielsweise unsere Körpertemperatur aufrecht erhält. Da sich der Sauerstoffgehalt der Erdatmosphäre inzwischen nicht mehr verändert, befinden sich offenbar Photosynthese- und Atmungsvorgänge miteinander im Gleichgewicht. Es wird durch die Photosynthese genauso viel Sauerstoff erzeugt, wie durch Atmung sowie die Oxidation abgestorbenen organischen Materials wieder verbraucht wird.

Unsere Körperflüssigkeiten enthalten sowohl Magnesium- als auch Calcium-Ionen. Ähnlich wie bei den Alkalimetallen unterscheiden sich die Konzentrationen innerhalb und außerhalb der Zellen. Magnesium-Ionen sind überwiegend in der intrazellularen Flüssigkeit zu finden, Calcium-Ionen dagegen in den extrazellulären Flüssigkeiten. Das Calcium-Ion ist bei der Blutgerinnung von Bedeutung. Auch zur Kontraktion der Muskeln ist Calcium notwendig – und damit auch für unseren Herzschlag. Tatsächlich kann man bestimmte Arten von Muskelkrämpfen (Tetanie) behandeln, indem man Lösungen geeigneter Calciumsalze in die Venen injiziert. Ein erwachsener Mensch sollte täglich mit Speisen und Getränken (Mineralwasser, Milch) rund 1g Calcium-Ionen aufnehmen. Calciummangel führt auf Dauer zu Osteoporose (Knochenschwund) mit einer erhöhten Gefahr von Knochenbrüchen.

Die von vielen Pharmafirmen angebotenen Magnesiumpräparate zur Vorbeugung und Behandlung der verschiedensten Beschwerden sind medizinisch umstritten. Behandlungsbedürftig ist jedoch ein Magnesiummangel, wie er bei Alkoholikern und bei einseitiger Ernährung auftritt.

Das Calcium-Ion ist auch beim Aufbau der Exoskelette von Meerestieren wie Muscheln und Korallen von großer Bedeutung. Das Baumaterial ist Calciumcarbonat. Tiere mit einem Knochenskelett, wie die Säuger und die Reptilien, verwenden als Baumaterial Hydroxidapatit ($Ca_5(PO_4)_3OH$). Apatit ist auch der wichtigste Baustoff der Zähne. Durch partiellen Übergang in Fluoridapatit ($Ca_5(PO_4)_3F$) wird der Zahnschmelz gefestigt und die Säurebeständigkeit verbessert. Die Verwendung von „Fluor"-Zahnpasten soll diesen Prozess fördern: Sie enthalten Fluorverbindungen, die leicht Fluorid-Ionen abgeben.

Kreide Die auffälligen Kreidefelsen an vielen Küsten (Rügen, Kanalküste) bestehen chemisch gesehen aus Calcit ($CaCO_3$). Es handelt sich um Ablagerungen der Schalen einzelliger Planktonorganismen, der *Foraminiferen*. *Hinweis*: Tafelkreide wird nicht aus dieser natürlichen Kreide hergestellt, sondern überwiegend aus Gips ($CaSO_4 \cdot 2\,H_2O$).

16.12 Die wichtigsten Reaktionen im Überblick

In den folgenden Reaktionsschemata sind nur die Elemente Magnesium, Calcium und Barium berücksichtigt.

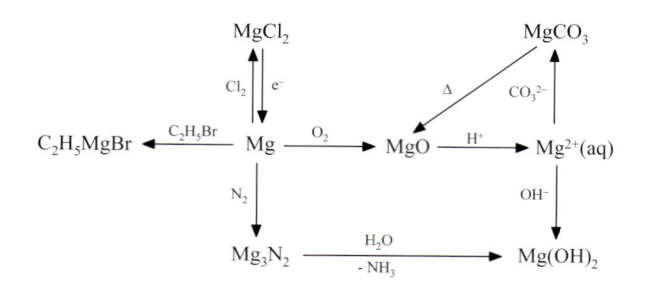

$$\begin{array}{ccccccc}
 & & MgCl_2 & & & & MgCO_3 \\
 & \nearrow\!\!\!\!\uparrow & & & & \nearrow\!\!\!\!\uparrow & \\
 & Cl_2 \,\, e^- & & & \Delta \,\, CO_3^{2-} & & \\
C_2H_5MgBr \xleftarrow{C_2H_5Br} & Mg & \xrightarrow{O_2} & MgO & \xrightarrow{H^+} & Mg^{2+}(aq) \\
 & \downarrow N_2 & & \downarrow OH^- & & \\
 & Mg_3N_2 & \xrightarrow[-NH_3]{H_2O} & Mg(OH)_2 & & \\
\end{array}$$

16.12 Die wichtigsten Reaktionen im Überblick

ÜBUNGEN

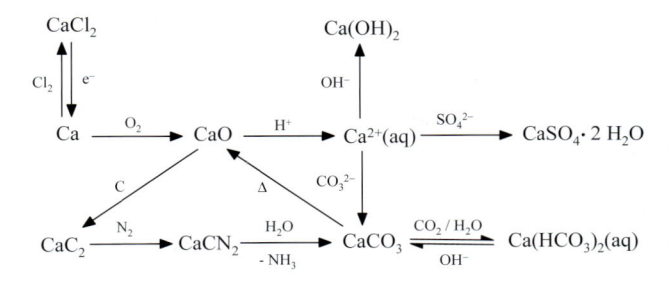

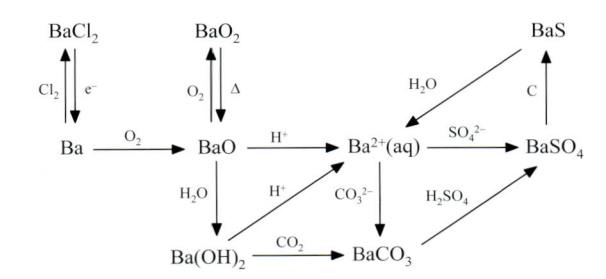

16.1 Formulieren Sie Reaktionsgleichungen für die in den folgende Fällen zu erwartenden Reaktionen:
a) Erhitzen von Calcium in einer Sauerstoff-Atmosphäre,
b) Erhitzen von Calciumcarbonat,
c) Erhitzen einer Lösung von Calciumhydrogencarbonat,
d) Erhitzen von Calciumoxid mit Kohlenstoff,
e) Zugabe von Strontium zu Wasser,
f) Schwefeldioxid über Bariumoxid leiten,
g) Erhitzen von Calciumsulfat-Dihydrat,
h) Zugabe von Strontiumacetylid zu Wasser.

16.2 Betrachten Sie die Erdalkalimetalle (ohne das Beryllium):
a) Welches Element bildet das am schwersten lösliche Sulfat?
b) Welches ist das weichste Metall?
c) Welches bildet das am schwersten lösliche Hydroxid?
b) Welches hat die höchste Dichte?

16.3 Erklären Sie, warum die Entropieänderungen den Lösungsprozess von Natriumchlorid unterstützen, nicht aber den von Magnesiumchlorid.

16.4 Erklären Sie, warum die Salze der Erdalkalimetalle mit einfach negativ geladenen Anionen überwiegend gut löslich sind, während die Salze mit zweifach negativ geladenen Anionen meist schlechter löslich sind.

16.5 Nennen Sie die zwei wichtigsten Gemeinsamkeiten der Elemente der Gruppe 2.

16.6 Erklären Sie, warum Magnesiumsalze aus einer wässerigen Lösung überwiegend als Hydrate kristallisieren.

16.7 Warum kristallisiert Berylliumnitrat als Tetrahydrat ($Be(NO_3)_2 \cdot 4\,H_2O$), Magnesiumnitrat dagegen als Hexahydrat ($Mg(NO_3)_2 \cdot 6\,H_2O$)?

16.8 Wie unterscheidet sich die Chemie des Magnesiums von der Chemie der schwereren Elemente der Gruppe 2? Welcher Faktor spielt dabei eine entscheidende Rolle?

16.9 Erklären Sie die Entstehung von Kalksteinhöhlen.

16.10 Welches sind die wichtigsten Ausgangsmaterialien zur Herstellung von Zement?

16.11 Skizzieren Sie kurz den industriellen Prozess zur Gewinnung von Magnesium aus Meerwasser.

16.12 Wie erhält man Calciumcyanamid aus Calciumoxid?

16.13 Viele der Erdalkalimetallverbindungen haben Trivialnamen. Welche Verbindungen sind gemeint?
a) Kalk,
b) Kalkwasser,
c) Bittersalz,
d) Dolomit,
e) Marmor,
f) Gips.

16.14 Das Lösen von wasserfreiem Calciumchlorid in Wasser ist ein stark exothermer Prozess. Das Lösen von Calciumchlorid-Hexahydrat verläuft dagegen endotherm. Erklären Sie diese Beobachtung.

16.15 Diskutieren Sie kurz die Ähnlichkeiten zwischen Aluminium und Beryllium.

16.16 In diesem Kapitel haben wir das radioaktive Element der Gruppe, das Radium, nicht betrachtet. Schlagen Sie unter Berücksichtigung Ihrer Kenntnisse über das Verhalten der anderen Elemente der Gruppe die wichtigsten chemischen Eigenschaften des Radiums und seiner Verbindungen vor.

16.17 Beschreiben Sie kurz die Bedeutung des Magnesium-Ions für das Leben auf unserem Planeten.

16.18 Welches strukturbildende Material der Wirbeltiere enthält Calcium-Ionen?

16.19 Erklären Sie mit Hilfe von chemischen Reaktionsgleichungen, wie man, ausgehend von Magnesiummetall, die folgenden Stoffe gewinnen könnte:
a) Magnesiumchlorid-Hexahydrat,
b) wasserfreies Magnesiumchlorid.

16.20 Formulieren Sie die Reaktionsgleichungen für jede der Umsetzungen, die in den Schemata am Ende des Kapitels erfasst sind.

16.21 Berechnen Sie mit Hilfe der Daten aus dem Anhang die Entropie- und Enthalpieänderungen beim Brennen von Gips. Berechnen Sie die Temperatur, ab der die Dehydratisierung spontan abläuft, also $\Delta G_R^0 = 0$ ist.

16.22 Das übliche Hydrat des Magnesiumsulfats ist das Heptahydrat, $MgSO_4 \cdot 7\,H_2O$. Wie viele Wasser-Moleküle sind in der Kristallstruktur vermutlich mit dem Kation koordiniert? Wie viele stehen mit dem Anion in Wechselwirkung? Begründen Sie ihre Annahme.

16.23 Wenn man gemahlenen Kalkstein in einen vom sauren Regen beeinträchtigten See gibt, kann dies die Verfügbarkeit des Phosphat-Ions – eines wichtigen Nährstoffs – beeinträchtigen, während die Verfügbarkeit des Nitrat-Ions – eines weiteren Nährstoffs – unverändert bleibt. Formulieren Sie die Reaktionsgleichungen und berechnen Sie die Änderungen der freien Enthalpie, um die Spontaneität der Prozesse zu überprüfen.

16.24 Bei welchem der folgenden Teilchen in der Gasphase ist die größte Bindungsenergie zu erwarten: BeH, BeH^+ oder BeH^-? Legen Sie ihre Argumentation dar.

16.25 Für welchen Feststoff erwarten Sie die höhere Schmelztemperatur: Magnesiumoxid oder Magnesiumfluorid? Begründen Sie ihre Antwort.

16.26 Lanthan wird von Biochemikern oft als hilfreiches Analogon zu Calcium angesehen. Der wichtigste Unterschied besteht in der Ladung der Ionen (La^{3+} und Ca^{2+}). Sagen Sie unter Berücksichtigung eines ähnlichen Verhaltens voraus:
a) Die Reaktion zwischen metallischem Lanthan und Wasser.
b) Welche der folgenden Lanthansalze sollten in Wasser gut löslich und welche schwer löslich sein: das Sulfat, Nitrat, Chlorid, Phosphat, Fluorid?

16.27 Berylliummetall kann durch Reaktion von Berylliumfluorid mit Magnesiummetall bei 1300 °C dargestellt werden. Zeigen Sie, dass die Reaktion auch bei 25 °C thermodynamisch möglich ist. Wird die Umsetzung bei 1300 °C thermodynamisch begünstigt oder behindert? Begründen Sie ihre Antwort, ohne zu rechnen. Warum wird also Beryllium kommerziell bei so hohen Temperaturen gewonnen?

16.28 Versuchen Sie zu begründen, warum das BeI_4^{2-}-Ion unbekannt ist, obwohl das $BeCl_4^{2-}$-Ion existiert.

Bor und Aluminium sind die wichtigsten Elemente dieser Gruppe. Bor und insbesondere seine Hydride zeichnen sich durch einzigartige und ungewöhnliche Eigenschaften aus. Aluminium ist eines der am häufigsten verwendeten Metalle. Die Chemie dieser beiden Elemente und ihrer Verbindungen stehen im Mittelpunkt dieses Kapitels.

Die Elemente der Gruppe 13

17

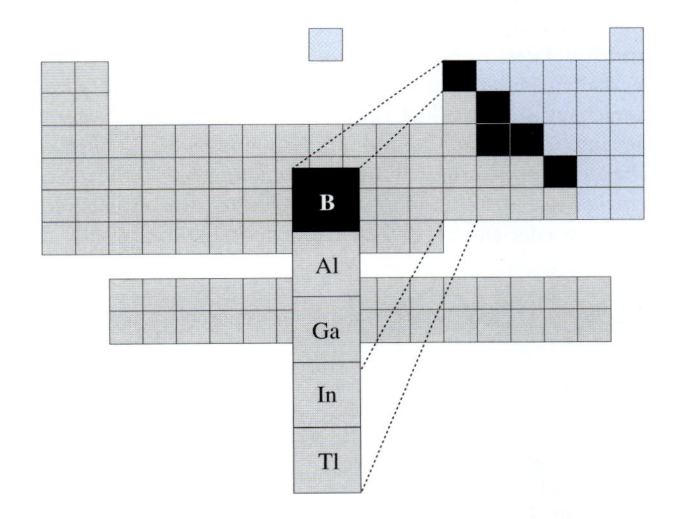

Kapitelübersicht

17.1 Bor und seine Verbindungen mit Sauerstoff
17.2 Borane
  Exkurs: Struktur und Bindung in Bor/Wasserstoff-Verbindungen
  Exkurs: Anorganische Fasern
17.3 Borhalogenide
17.4 Isoelektronische Bor/Stickstoff- und Kohlenstoffverbindungen
  Exkurs: Das CVD-Verfahren und die Bildung von Hartstoffen
17.5 Aluminium und seine Eigenschaften
17.6 Herstellung von Aluminium
17.7 Aluminiumhalogenide
  Exkurs: Alaune
  Exkurs: Spinelle
17.8 Gallium und Indium
17.9 Thallium und der Inert-Pair-Effekt
17.10 Ähnlichkeiten zwischen Bor und Silicium
17.11 Biologische Aspekte
17.12 Die wichtigsten Reaktionen im Überblick

Friedrich Wöhler, der vor allem durch seine Harnstoffsynthese bekannt wurde, stellte 1827 als erster Aluminium her. Er erhitzte Aluminiumchlorid zusammen mit Kalium:

$$\text{AlCl}_3(s) + 3\,\text{K}(l) \xrightarrow{\Delta} \text{Al}(s) + 3\,\text{KCl}(s)$$

Wöhler benötigte dazu größere Mengen des sehr reaktiven elementaren Kaliums. Da zu dieser Zeit keine leistungsstarken Batterien verfügbar waren, um metallisches Kalium auf elektrochemischem Wege aus geschmolzenem Kaliumchlorid herzustellen, wählte er einen chemischen Weg: Er erhitzte eine Mischung aus Kaliumhydroxid und Holzkohle auf hohe Temperaturen und kondensierte den dabei gebildeten Kalium-Dampf. Noch Mitte des 19. Jahrhunderts war Aluminium kostbarer als Gold, sodass Kaiser Napoleon III. Aluminiumgeschirr und Aluminiumbestecke für besondere offizielle Anlässe herstellen ließ.

Gruppeneigenschaften

Bor zeigt überwiegend nichtmetallisches Verhalten. Es wird jedoch im Allgemeinen den Halbmetallen zugerechnet, im Gegensatz zu den anderen Elementen der Gruppe 13, die typisch metallische Eigenschaften zeigen. Die Schmelztemperaturen dieser Elemente weisen einen unregelmäßigen Gang auf, ihre Siedetemperaturen nehmen jedoch mit zunehmender Atommasse stetig ab (Tabelle 17.1). Der Grund für dieses uneinheitliche Verhalten ist darin zu suchen, dass jedes Element der Gruppe im festen Zustand anders aufgebaut ist. Bor bildet zum Beispiel in einer seiner vier Modifikationen ikosaedrisch gebaute **Cluster** aus 12 Atomen (Abbildung 17.1). Aluminium weist eine kubisch flächenzentrierte Struktur auf, Gallium hingegen bildet eine sehr ungewöhnliche und einzigartige Struktur, die Paare aus jeweils zwei Atomen enthält. Indium und Thallium bilden wieder andere, unterschiedliche Strukturen.

Elementares Bor spielt eine bedeutende Rolle als *Neutronenabsorber* in den Regelstäben von Kernreaktoren. Um den Neutronenfluss zu regulieren und so die Kettenreaktion zu kontrollieren, werden die Regelstäbe unterschiedlich weit in den Reaktor eingefahren.

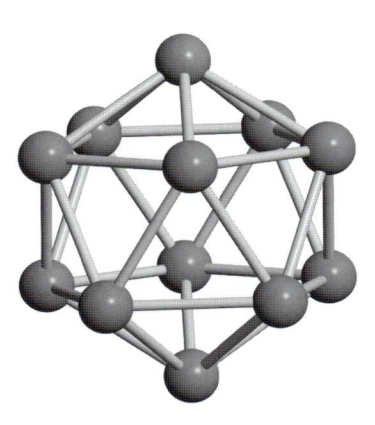

17.1 B_{12}-Ikosaeder.

Tabelle 17.1 Einige Eigenschaften der Elemente der Gruppe 13

Element	Schmelztemperatur (°C)	Siedetemperatur (°C)	Dichte (g · cm^{-3})
Bor (B)	≈ 2 080	≈ 3 860	2,34
Aluminium (Al)	660	2 518	2,70
Gallium (Ga)	30	≈ 2 200	5,91
Indium (In)	157	2 080	7,31
Thallium (Tl)	304	1 457	11,85

Die innerhalb der Gruppe stetig abnehmenden Siedetemperaturen zeigen an, dass die Bindung schwächer wird.

Bor als Halbmetall bevorzugt erwartungsgemäß die Bildung kovalenter Bindungen. Jedoch sind auch in Verbindungen der typischen Metalle der 13. Gruppe kovalente Bindungen keineswegs selten. Die Ursache für dieses Verhalten kann auf die hohe Ladung der Metall-Ionen bei kleinem Radius zurückgeführt werden. Die daraus resultierende hohe Ladungsdichte reicht aus, um fast jedes sich nähernde Anion genügend zu polarisieren und kovalente Bindungen auszubilden (Tabelle 17.2).

Eine Möglichkeit, ionisch aufgebaute Verbindungen der Elemente der Gruppe 13 zu stabilisieren, ist die Hydratation der Metall-Ionen. Allein die Hydratationsenthalpie des dreifach positiv geladenen Aluminium-Ions von $-4\,665$ kJ · mol^{-1} reicht beinahe aus, um die Summe der drei Ionisierungsenthalpien in Höhe von $5\,158$ kJ · mol^{-1} auszugleichen. Bei zahlreichen salzartigen Aluminiumverbindungen handelt es sich dementsprechend um Hydrate, in denen das Hexaaquaaluminium-Ion vorliegt: $[\text{Al}(\text{H}_2\text{O})_6]^{3+}$.

Tabelle 17.2 Ladungsdichten der Metall-Ionen aus Periode 3

Ion	Ladungsdichte (C · mm^{-3})
Na$^+$	24
Mg^{2+}	120
Al^{3+}	370

In der Gruppe 13 treffen wir auf Elemente, die in mehr als einer Oxidationsstufe auftreten. Aluminium hat fast stets die Oxidationsstufe III, unabhängig davon, ob es kovalent oder ionisch gebunden ist. Gallium, Indium und Thallium jedoch treten auch in der Oxidationsstufe I auf. Bei Gallium und Indium überwiegt die Oxidationsstufe III, während Thallium am häufigsten als Thallium(I) vorkommt.

Gallium bildet auch ein Chlorid mit der Formel $GaCl_2$, sodass man die Oxidationsstufe II vermutet. Die Verbindung ist jedoch als $[Ga]^+[GaCl_4]^-$ zu beschreiben und sie enthält demnach Gallium sowohl in der Oxidationsstufe I als auch in der Oxidationsstufe III.

Cluster-Verbindungen

Unter einem Cluster bzw. einer Cluster-Verbindung (engl. *cluster*, Haufen) versteht man Verbindungen, in denen Gruppen von 3 oder mehr Atomen auftreten, von denen jedes an mindestens zwei andere gebunden ist. Cluster können aus gleichen oder auch verschiedenen Atomsorten bestehen. Sie werden in der Regel durch eine Hülle von **Liganden** (lat. *ligare*, binden) stabilisiert, wie Abbildung 17.2 beispielhaft illustriert. Cluster-Verbindungen bilden eine Brücke zwischen Molekülchemie und Festkörperchemie. Wurden sie bei ihrer Entdeckung in den Sechzigerjahren des vorigen Jahrhunderts noch als Rarität angesehen, stehen sie heute im Mittelpunkt wissenschaftlicher Interessen.

17.2 Al_4^{4+}-Cluster in einer Clusterverbindung. Über jeder Ecke des Tetraeders ist ein Pentamethylcyclopentadienyl-Anion $(C_5(CH_3)_5^-)$ angeordnet. Insgesamt ergibt sich ein neutrales Molekül, in dem die Al_4-Einheit gut abgeschirmt ist.

17.1 Bor und seine Verbindungen mit Sauerstoff

Das Halbmetall Bor könnte man aufgrund seiner zahlreichen Wasserstoffverbindungen und verschiedenen Oxoanionen ebenso gut als Nichtmetall betrachten. Es gehört zu den seltenen Elementen der Erdkruste, doch kennt man mehrere große Lagerstätten seiner Salze. Sie liegen in Wüsten mit ehemals intensiver vulkanischer Aktivität. Man findet dort vor allem die Minerale *Borax* und *Kernit*, die traditionell durch die Formeln $Na_2B_4O_7 \cdot 10 H_2O$ beziehungsweise $Na_2B_4O_7 \cdot 4 H_2O$ beschrieben werden. Die gesamte weltweite Produktion von Borverbindungen beläuft sich auf über 3 Millionen Tonnen pro Jahr. Die weltgrößte Lagerstätte liegt bei Boron in Kalifornien; sie umfasst eine Fläche von 10 km² mit einer bis zu 50 m dicken Kernitschicht.

Die tatsächliche Struktur der Borat-Ionen ist anders und komplizierter, als es die übliche Formel vermuten lässt: Borax enthält das $[B_4O_5(OH)_4]^{2-}$-Ion (Abbildung 17.3); man sollte daher für Borax die Formel $Na_2B_4O_5(OH)_4 \cdot 8 H_2O$ verwenden.

Das im Kernit enthaltene Anion lässt sich durch die Formel $[B_4O_6(OH)_2]^{2-}$ beschreiben. Damit ergibt sich für das Mineral Kernit die Formel $Na_2B_4O_6(OH)_2 \cdot 3 H_2O$.

17.3 Aufbau des $[B_4O_5(OH)_4]^{2-}$-Ions in Borax.

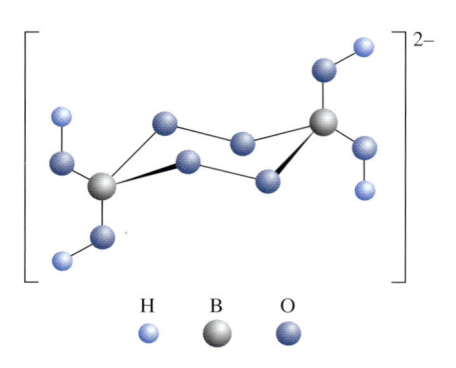

17.4 Aufbau des Peroxoborat-Anions $[B_2(O_2)_2(OH)_4]^{2-}$ in Natriumperborat.

Boride Bei höheren Temperaturen reagiert Bor mit zahlreichen Metallen unter Bildung von Boriden. Mehr als 200 Metallboride sind genauer untersucht. Auffällig sind die sehr unterschiedlichen stöchiometrischen Verhältnisse von M_4B bis MB_{66}. Bei metallreichen Boriden wie Mn_4B besetzen die kleinen Bor-Atome Lücken in der Packung der Metallatome. Die besonders metallarme Verbindung YB_{66} hat dagegen eine ähnliche Struktur wie elementares Bor: Zwischen vernetzten B_{12}-Ikosaedern sind isolierte Yttrium-Atome eingebaut. Auch in Boriden mit mittleren Borgehalten sind die Bor-Atome miteinander verknüpft. Die wichtigsten Fälle sind dabei Bor-Zickzackketten (z. B. CrB), Bor-Doppelketten (z. B. V_3B_4, Cr_3B_4), Bor-Schichten (z. B. MgB_2, TiB_2, W_2B_5) sowie Netzwerke aus B_6-Oktaedern (z.B. WB_4, CaB_6, ThB_6).
Bei den Boriden handelt es sich um sehr harte Stoffe, die auch als Werkstoffe eingesetzt werden könnten. Nachteilig für eine breitere Anwendung ist jedoch ihre geringe Oxidationsbeständigkeit bei hoher Temperatur. Eine gewisse technische Bedeutung haben TiB_2 als Tiegelmaterial und LaB_6 als Elektronenquelle in Elektronenmikroskopen.

Etwa ein Drittel der abgebauten Bor-Mineralien wird für die Herstellung von *Borosilicatgläsern* genutzt. Unser übliches Gebrauchsglas ist wenig beständig gegenüber Temperaturschwankungen. Wenn ein solches Stück Glas schnell erhitzt wird, erwärmt sich die Außenseite und versucht, sich auszudehnen, während die Innenseite immer noch kalt ist, da Glas ein schlechter Wärmeleiter ist. Als Folge der auftretenden Spannung zwischen Innen- und Außenseite springt das Glas. Werden SiO_2-Einheiten in der Glasstruktur teilweise durch BO_2^--Einheiten ersetzt, so wird der thermische Ausdehnungskoeffizient auf weniger als die Hälfte herabgesetzt. Als Folge davon können Behälter aus Borosilicatglas (im Handel unter Warenzeichen wie Duran® oder Pyrex® erhältlich) erhitzt werden, ohne zu springen. Laborgläser sind heute fast stets Borosilicatgläser.

Zu Beginn des 20. Jahrhunderts wurden Borverbindungen – insbesondere *Borax* – überwiegend als Reinigungsmittel eingesetzt. Heute steht dieser Anwendungsbereich mit einem Anteil von etwa 20 Prozent auf Platz zwei hinter der Glasproduktion. In Reinigungs- oder Waschmitteln wird heute jedoch nicht mehr Borax, sondern *Natriumperborat* eingesetzt. Auch hier gibt die traditionelle Formel $NaBO_3 \cdot 4H_2O$ keinen Hinweis auf die Struktur. Das Anion ist als $[B_2(O_2)_2(OH)_4]^{2-}$ zu beschreiben (Abbildung 17.4). Es handelt sich also um eine Peroxoverbindung. Dieses Peroxoborat wird durch die Reaktion von Wasserstoffperoxid mit Borax in alkalischer Lösung hergestellt:

$$[B_4O_5(OH)_4]^{2-}(aq) + 4\,H_2O_2(aq) + 2\,OH^-(aq) \rightarrow 2\,[B_2(O_2)_2(OH)_4]^{2-}(aq) + 3\,H_2O(l)$$

Die Verbindung wirkt wie Wasserstoffperoxid durch die zwei Peroxogruppen (–O–O–) als Oxidationsmittel. Um 1990 wurden jährlich etwa $5 \cdot 10^5$ Tonnen Natriumperoxoborat für europäische Waschmittelhersteller produziert. Es ist ein sehr effektives *Bleichmittel* bei hohen Wassertemperaturen (90 °C), wie sie früher in Europa üblich waren. Heute werden den Waschmitteln Bleichmittelaktivatoren zugesetzt, sodass Perborat auch bei niedrigen Waschtemperaturen bleichend wirkt. In Nordamerika konnte sich Perborat nicht durchsetzen, da die Waschmaschinen mit Wasser aus der Warmwasserleitung (maximal 60 °C) arbeiten. Die Wäsche wird dort nach wie vor durch Hypochlorite gebleicht.

In den letzten Jahren ist Perborat in Westeuropa aus Umweltschutzgründen weitgehend durch Percarbonat ($Na_2CO_3 \cdot 3/2\,H_2O_2$) ersetzt worden. Höhere Gehalte an Borverbindungen in Flüssen und Seen schädigen wichtige Mikroorganismen.

Borate werden als Holzschutzmittel und als feuerhemmende Imprägnierung von Geweben eingesetzt; außerdem werden sie als Flussmittel beim Löten genutzt. Bei dieser Anwendung schmelzen die Borate auf der heißen Metalloberfläche und reagieren mit Metalloxidüberzügen wie zum Beispiel Kupfer(II)-oxid auf Kupferrohren. Die Boratschmelze hält so den zu lötenden Bereich oxidfrei und das schmelzende *Lot* kann die Metalloberfläche durch Legierungsbildung benetzen und verbinden.

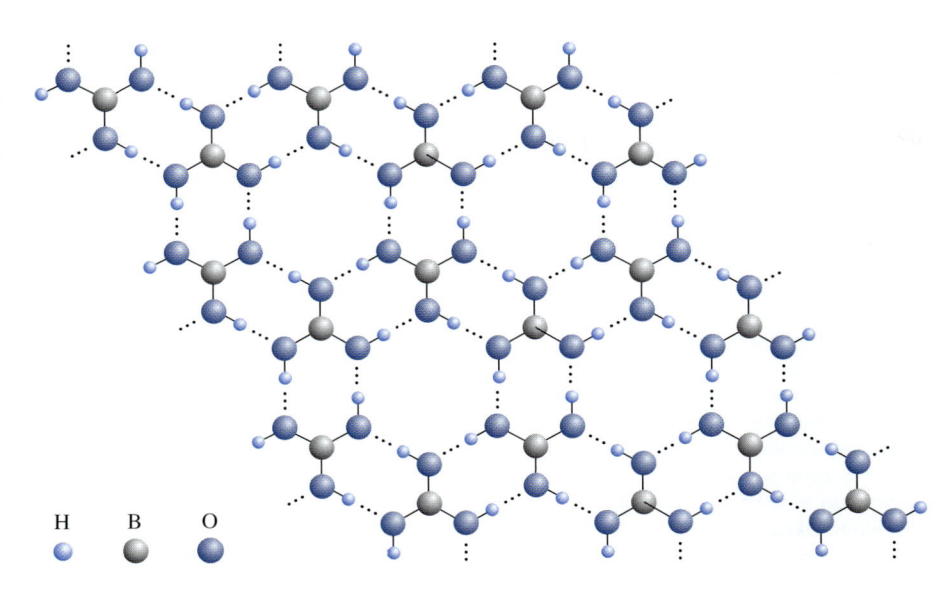

17.5 B(OH)$_3$-Schicht in kristalliner Borsäure.

Borsäure Säuert man eine Lösung von Borax mit Salzsäure an, so bilden sich farblose, blättchenförmige Kristalle, die aus Molekülen der Borsäure (H$_3$BO$_3$ bzw. B(OH)$_3$) aufgebaut sind. Die planaren Moleküle sind dabei über Wasserstoffbrückenbindungen zu Schichten vernetzt (Abbildung 17.5). Aus diesem Grund löst sich Borsäure nur wenig in Wasser. Die nur schwach saure Reaktion einer wässerigen Lösung entspricht einem pK_S-Wert von 9,25. Im Gegensatz zu anderen Säuren gibt das Molekül jedoch kein Proton ab, es lagert vielmehr ein OH$^-$-Ion an:

$$B(OH)_3(aq) + H_2O(l) \rightleftharpoons H^+(aq) + [B(OH)_4]^-$$

Bei der Titration mit Natronlauge verhält sich Borsäure dementsprechend wie eine einprotonige Säure. Das dabei gebildete Anion [B(OH)$_4$]$^-$ ist tetraedrisch gebaut. Früher wurde Borsäure in wässeriger Lösung (Borwasser) oder in Salben (Borsalbe) als mildes Desinfektionsmittel und zur Behandlung von Hautschäden eingesetzt.

17.2 Borane

In Kapitel 14 wurden einige Besonderheiten der chemischen Bindung in Wasserstoffverbindungen des Bors angesprochen. An dieser Stelle werden wir die Chemie der Borane etwas genauer betrachten. Das einfachste Boran ist nicht BH$_3$, sondern Diboran (B$_2$H$_6$). Wie die meisten Borane ist Diboran ein hochreaktives, toxisches, farbloses Gas. Es entzündet sich an der Luft und explodiert, wenn es mit reinem Sauerstoff gemischt wird. Diese extrem exotherme Reaktion liefert als Reaktionsprodukte Bor(III)-oxid und Wasserdampf.

$$B_2H_6(g) + 3\,O_2(g) \rightarrow B_2O_3(s) + 3\,H_2O(g)\,;\,\Delta H_R^0 = -2\,039\,\text{kJ} \cdot \text{mol}^{-1}$$

In Boranen hat der Wasserstoff entsprechend der Polarität der Bor/Wasserstoff-Bindung hydridischen Charakter. Borane reagieren daher auch mit Feuchtigkeit zu Borsäure und Wasserstoff.

$$B_2H_6(g) + 6\,H_2O(l) \rightarrow 2\,H_3BO_3(aq) + 6\,H_2(g)$$

Bildung von Boranen Für die Herstellung von Diboran im Labor nutzt man beispielsweise die Umsetzung von komplexen Hydriden wie Natriumborhydrid (Natriumtetrahydridoborat, NaBH$_4$) mit wasserfreier Phosphorsäure:

$$2\,\text{NaBH}_4(s) + 2\,\text{H}_3\text{PO}_4(l)$$
$$\rightarrow B_2H_6(g) + 2\,\text{NaH}_2\text{PO}_4(s) + 2\,H_2(g)$$

Eine andere Möglichkeit ist die Reaktion mit Iod in einem geeigneten organischen Lösungsmittel:

$$2\,\text{NaBH}_4(s) + I_2(\text{solv})$$
$$\rightarrow B_2H_6(g) + 2\,\text{NaI}(s) + H_2(g)$$

In technischem Maßstab wird gasförmiges BF$_3$ mit Natriumhydrid umgesetzt:

$$2\,BF_3(g) + 6\,\text{NaH}(s) \xrightarrow{180\,°C} B_2H_6(g) + 6\,\text{NaF}(s)$$

Ein Gemisch höherer Borane entsteht bei der Reaktion von Magnesiumborid (MgB$_2$) mit nichtoxidierenden Säure-Lösungen.

EXKURS

Struktur und Bindung in Bor/Wasserstoff-Verbindungen

Alfred Stock, deutscher Chemiker, 1876–1946; Professor in Breslau, Berlin und Karlsruhe, zeitweilig Präsident der VDCh, DChG.

William Nunn Lipscomb, amerikanischer Physikochemiker, geb. 1919; Professor in Minneapolis und Cambridge, 1976 Nobelpreis für Chemie (für die Arbeiten zur Struktur der Borane und die daran gezeigten Probleme der chemischen Bindung).

Durch die Untersuchungen von Alfred Stock und insbesondere William Nunn Lipscomb, der für seine Arbeiten 1976 den Nobelpreis erhielt, sind heute zahlreiche Borane und noch viel mehr davon abgeleitete Verbindungen bekannt. Man teilt die Borane heute in drei homologe Reihen der allgemeinen Formeln B_nH_{n+2} (*closo*-Borane), B_nH_{n+4} (*nido*-Borane) und B_nH_{n+6} (*arachno*-Borane) ein. (Die *closo*-Borane existieren nicht in der angegebenen Formel B_nH_{n+2}, sondern als Ionen der Zusammensetzung $B_nH_n^{2-}$.) Die aus dem Lateinischen bzw. Griechischen stammenden Bezeichnungen closo, nido und arachno kennzeichnen den Aufbau der Borane. So bilden die Bor-Atome in den *closo*-Boranen die Ecken eines in sich geschlossenen (lat. *clausus*, geschlossen) Polyeders. In den *nido*-Boranen (lat. *nidus*, Nest) fehlt eine Ecke eines solchen Polyeders, in den *arachno*-Boranen (griech. *arachnion*, Spinnennetz) finden wir noch weiter geöffnete Polyeder: Hier fehlen zwei Bor-Atome des entsprechenden geschlossenen Polyeders. Die Zusammenhänge zwischen den kompliziert erscheinenden Strukturen der verschiedenen Borane sind in Abbildung 17.6 wiedergegeben. Das Prinzip wird sehr deutlich, wenn man z. B. das *closo*-Boran mit n = 6 Bor-Atomen betrachtet. Die Bor-Atome bilden einen Oktaeder. Entfernt man das Atom, das die untere Ecke des Oktaeders bildet, gelangt man zu einer quadratischen Pyramide, dem *nido*-Boran mit fünf Bor-Atomen. Das Entfernen eines weiteren Bor-Atoms (aus der Grundfläche der Pyramide) führt zum *arachno*-Boran mit vier Bor-Atomen. Diese strukturellen Beziehungen sind durch die Schrägstriche in Abbildung 17.6 angedeutet.

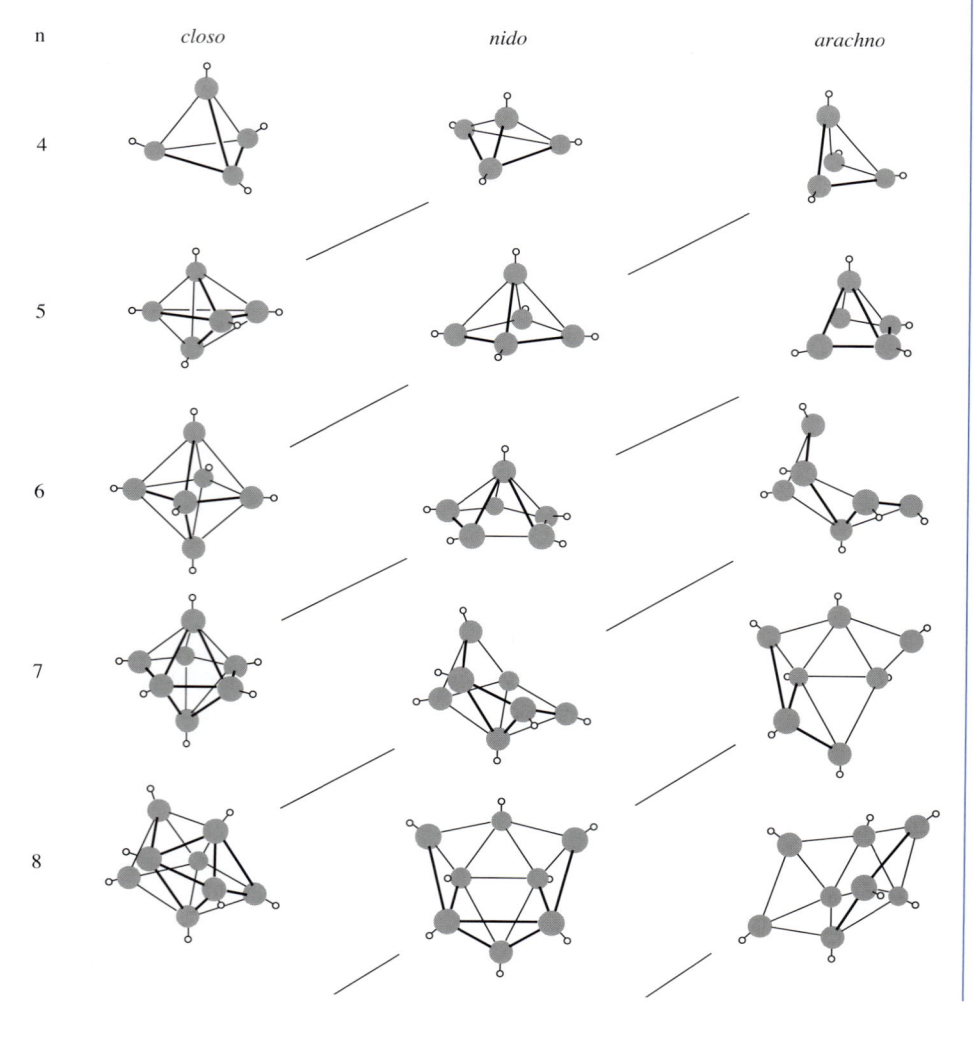

n	*closo*	*nido*	*arachno*
4			
5			
6			
7			
8			

n	*closo*	*nido*	*arachno*
9			
10			
11			
12			

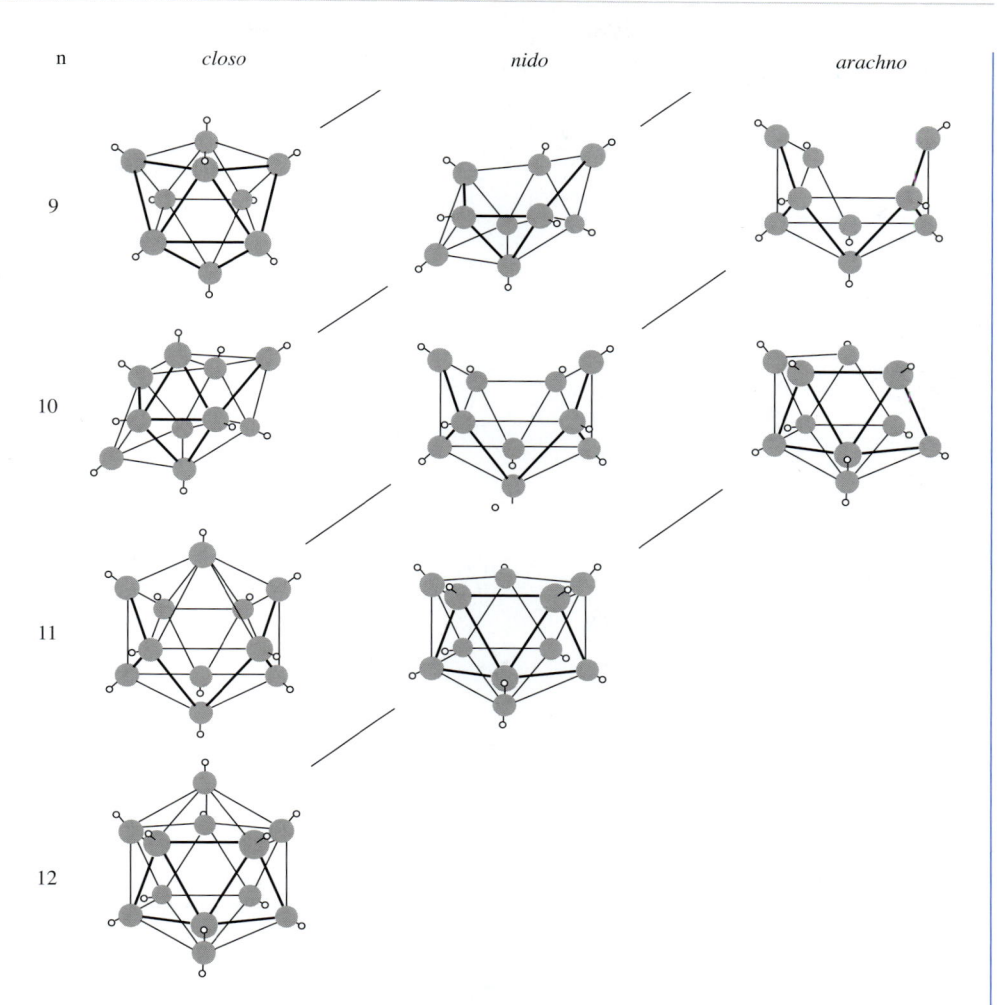

17.6 Struktureller Zusammenhang zwischen *closo*- (B_nH_{n+2} bzw. $B_nH_n^{2-}$), *nido*- (B_nH_{n+4}) und *arachno*-Boranen (B_nH_{n+6}).

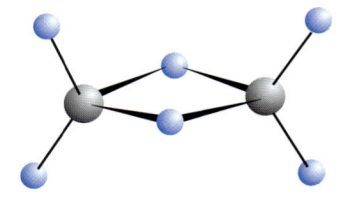

17.7 Aufbau von Diboran B_2H_6.

Wir sind es gewohnt, Moleküle durch Valenzstrichformeln darzustellen, wobei die Elektronen bzw. Elektronenpaare als Punkte bzw. Striche gezeichnet werden. Versucht man, den Aufbau des einfachsten Borans (B_2H_6, Diboran(6)) durch eine Strichformel wiederzugeben (Abbildung 17.7), benötigt man acht Striche, um die Verknüpfung der Atome zu verdeutlichen. Dies wären 16 Elektronen, wenn jeder Strich wie gewohnt zwei Elektronen symbolisiert. B_2H_6 hat jedoch nur $2 \cdot 3 + 6 \cdot 1 = 12$ Valenzelektronen. Offenkundig versagt die übliche Schreibweise beim B_2H_6. Die Ursache des Problems ist der Elektronenmangel des Bor-Atoms mit drei Valenzelektronen in den vier Valenzorbitalen.

Tatsächlich treten in den Boranen sogenannte **Mehrzentrenbindungen** auf: Ein Elektronenpaar ist nicht mehr für die Bindung zwischen zwei Atomen (Zentren) verantwortlich, sondern für die zwischen drei Atomen (**Dreizentrenbindung**). Im Falle des Diborans sind die Zentren die beiden Bor-Atome und jeweils eins der verbrückenden Wasserstoff-Atome. Die vier Bindungsstriche, die die beiden Wasserstoffbrücken darstellen, entsprechen also nur vier Elektronen und nicht acht. Hingegen sind die Bindungen zwischen den Bor-Atomen und den endständig gebundenen Wasserstoff-Atomen „normale" Zweizentrenbindungen, diese Bindestriche entsprechen also jeweils zwei Elektronen. Als Gesamtbilanz ergibt dies $4 \cdot 2 + 2 \cdot 2 = 12$ Elektronen, also genau den Wert, welcher der Zahl der Valenzelektronen entspricht. Auch Bor-Atome können

					Elektronenbilanz	
				Bindungstyp	Anzahl der Bindungen	Elektronen
Beispiele						
B_2H_6				B—H	4	8
				B⌒B mit H oben	2	4
						12
B_6H_{10}				B—H	6	12
				B—B	2	4
				B⌒B mit H oben	4	8
				geschlossene BBB	2	4
						28

Legende oben:
- B—H Zweizentren-BH-Bindung
- B—B Zweizentren-BB-Bindung
- B⌒B mit H Dreizentren-BHB-Bindung
- B über B–B offene Dreizentren-BBB-Bindung
- B mittig über B–B geschlossene Dreizentren-BBB-Bindung

17.8 Valenzstrichschreibweise bei Boranen unter Berücksichtigung von Mehrzentrenbindungen.

über Dreizentrenbindungen miteinander verknüpft sein. Hier unterscheidet man zwei Fälle: die offene und die geschlossene Dreizentrenbindung. Um auch die Borane und verwandte Verbindungen durch Valenzstrichformeln darstellen zu können, verwendet man häufig eine etwas andere Schreibweise, die in Abbildung 17.8 an den Beispielen B_2H_6 und B_4H_{10} dargestellt ist.

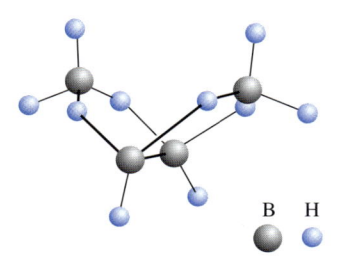

17.9 Struktur des Tetraboran(10)-Moleküls B_4H_{10}.

Diboran ist ein wichtiges Reagenz in der organischen Chemie. Das Gas reagiert mit ungesättigten Kohlenwasserstoffen zu Alkylboranen. Für das Beispiel Propen ergibt sich damit folgende Reaktionsgleichung:

$$B_2H_6(g) + 6\ CH_2{=}CHCH_3(g) \rightarrow 2\ B(CH_2CH_2CH_3)_3(l)$$

Das Produkt dieser *Hydroborierungsreaktion* kann mit einer Carbonsäure umgesetzt werden, um einen gesättigten Kohlenwasserstoff zu synthetisieren. Setzt man es mit Wasserstoffperoxid um, so erhält man einen Alkohol, die Reaktion mit Chromsäure führt zu einem Aldehyd oder einer Carbonsäure. Die Hydroborierung ist aus zwei Gründen ein beliebter Weg in der organischen Synthese: Zum einen verläuft die Hydridaddition unter sehr milden Bedingungen und zum anderen ist – mit zusätzlichen Reagenzien – eine große Anzahl von Folgeprodukten zugänglich.

Es gibt mehrere homologe Reihen von Boranen. Die beiden wichtigsten sind die mit den allgemeinen Molekülformeln B_nH_{n+4} und B_nH_{n+6}. Beispiele sind $B_{10}H_{14}$ bzw. B_4H_{10} (Abbildung 17.9).

In jedem Boran-Molekül gibt es Brückenwasserstoffatome und – außer im Diboran – auch direkte Bor/Bor-Bindungen. All diese Verbindungen haben positive Werte für die freie Bildungsenthalpie ΔG_f^0; das bedeutet, sie sind thermodynamisch instabil in Bezug auf die Zersetzung in die Elemente.

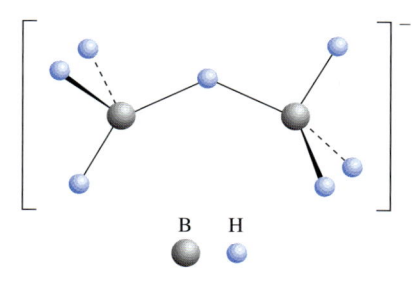

17.10 Struktur des $B_2H_7^-$-Anions.

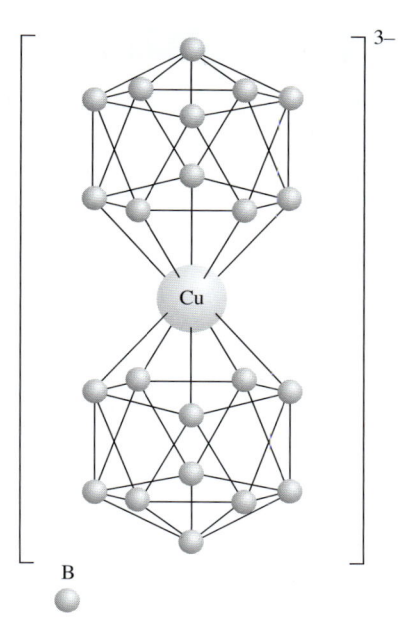

17.11 Aufbau des $[Cu(B_{11}H_{13})_2]^{3-}$-Ions. Die Wasserstoff-Atome sind der Übersichtlichkeit wegen hier nicht dargestellt.

Zur Benennung der Borane wird die Anzahl der Bor-Atome durch die üblichen *Präfixe* angegeben, während die Anzahl der Wasserstoff-Atome in arabischen Ziffern in Klammern dahinter gesetzt wird. Demzufolge nennt man B_4H_{10} Tetraboran(10) und $B_{10}H_{14}$ Decaboran(14).

Borane wurden eine Zeit lang als potentielle Raketentreibstoffe angesehen, da sie stark exotherm verbrennen. In der Tat setzt, bei gleicher Masse an Brennstoff, nur Wasserstoff mehr Energie bei der Verbrennung frei. Jedoch waren die Kosten der Synthese in großem Maßstab zu hoch. Zudem verstopften die entstehenden festen Boroxide die Raketentriebwerke. Heute liegt der wissenschaftliche Reiz dieser Verbindungen in der Untersuchung ihrer einzigartigen Strukturen und der ungewöhnlichen Bindungsverhältnisse. Zusätzlich zu den vielen Borwasserstoff-Molekülen gibt es eine ebenso große Anzahl von Borwasserstoff-Anionen. Abbildung 17.10 zeigt die Struktur des $B_2H_7^-$-Ions, in welchem, im Gegensatz zu Diboran, nur eine Bor/Wasserstoff-Brücke auftritt.

Eine große Anzahl von Borverbindungen, die zusätzlich zu Bor und Wasserstoff noch weitere Elemente enthalten, wurde bereits synthetisiert. *Carbaborane* zum Beispiel enthalten auch Kohlenstoff-Atome. In *Metallacarbaboranen* sind zusätzlich auch Metallatome eingebaut; ein Beispiel ist das $[Fe(C_2B_9H_{11})_2]^{2-}$-Ion. Ein besonders interessantes Beispiel für ein *Metallaboran*-Ion ist $[Cu(B_{11}H_{13})_2]^{3-}$ mit Kupfer in der ungewöhnlichen Oxidationsstufe V (Abbildung 17.11).

Natriumtetrahydroborat: NaBH$_4$

Die einzigen Bor/Wasserstoff-Verbindungen, die in großem Maßstab verwendet werden, sind Salze mit dem Tetrahydroborat-Ion (BH_4^-). Besonders häufig wird das Natriumsalz NaBH$_4$ eingesetzt; man bezeichnet es oft als *Natriumboranat* oder auch als *Natriumborhydrid*. Die meisten Hydride, abgesehen von denen des Kohlenstoffs, sind reaktive Verbindungen, die sich an der Luft spontan entzünden. Natriumtetrahydroborat dagegen ist so stabil, dass es in Wasser umkristallisiert werden kann. Im Labormaßstab kann es durch die Reaktion von Natriumhydrid mit Diboran hergestellt werden:

$$2\,NaH(s) + B_2H_6(g) \rightarrow 2\,NaBH_4(s)$$

Die Kristallstruktur entspricht der von Natriumchlorid, wobei das BH_4^--Ion den Gitterplatz des Chlorid-Ions einnimmt. Natriumtetrahydroborat ist als mildes Reduktionsmittel, besonders in der organischen Chemie, von großer Bedeutung. Es wird eingesetzt, um Aldehyde zu primären Alkoholen und Ketone zu sekundären Alkoholen zu reduzieren, ohne dass dabei andere Gruppen, z. B. Carboxy-Gruppen, reduziert werden.

Hinweis: Verbindungen, in denen das BH_4^--Anion vorliegt, werden häufig auch als *Tetrahydridoborate* bezeichnet

Ein technisches Verfahren zur Herstellung von NaBH$_4$ nutzt die Umsetzung von Natriumhydrid mit Borsäuretrimethylester bei etwa 250 °C:
$4\,NaH + B(OCH_3)_3 \rightarrow NaBH_4 + 3\,NaOCH_3$

> **EXKURS**
>
> **Anorganische Fasern**
>
> Die künstlichen Fasern, die uns im alltäglichen Leben begegnen, sind fast ausnahmslos *organische* Verbindungen wie Nylon oder Polyester. Sie eignen sich hervorragend für Bekleidung und ähnliche Zwecke; nachteilig sind aber die geringe thermische Stabilität und die Brennbarkeit. Hohe Festigkeit und Temperaturbeständigkeit erwartet man eher von *anorganischen* Materialien. Als anorganisches Fasermaterial spielen Glasfasern seit langer Zeit eine wichtige Rolle. Auch Asbest, ein mineralisches Fasermaterial, wurde über einen Zeitraum von mehr als 50 Jahren in vielen Bereichen eingesetzt. Nachdem sich herausgestellt hatte, dass Asbeststaub Krebs auslösen kann, wurde die Anwendung von Asbest weitgehend verboten.
>
> Besonders widerstandsfähig sind Fasern, die die Elemente Bor, Kohlenstoff und Silicium enthalten. Am häufigsten werden Kohlenstoff-Fasern für die Herstellung von Verbundwerkstoffen eingesetzt – nicht nur für Tennisschläger und Angelruten, sondern auch für Flugzeugteile. Die Boeing 767 war das erste Verkehrsflugzeug, in dem man in größerem Maße Gebrauch von den Kohlenstoff-Fasern machte; im Aufbau jedes dieser Flugzeuge ist ungefähr eine Tonne dieses Materials enthalten. Flugzeuge neuerer Technologie, wie der Airbus 320, enthalten einen wesentlich höheren Anteil an Kohlenstoff-Fasern.
>
> Fasern aus Bor und Siliciumcarbid (SiC) werden immer wichtiger bei der Suche nach stabileren und ermüdungsärmeren Materialien. Bor-Fasern werden hergestellt, indem man gasförmiges Bortrichlorid mit Wasserstoff bei etwa 1 200 °C reduziert:
>
> $$2\ BCl_3(g) + 3\ H_2(g) \rightarrow 2\ B(s) + 6\ HCl(g)$$
>
> Das Bor lagert sich an Kohlenstoff- oder Wolfram-Fasern ab. Wolfram-Mikrofasern mit einem Durchmesser von 15 μm wachsen dabei im Durchmesser auf ungefähr 100 μm an. Der übliche Preis für anorganische Fasern beträgt mehrere hundert Euro pro Kilogramm; daher ist die Produktion anorganischer Fasern bereits ein Milliardengeschäft, obwohl die Produktion jedes einzelnen Typs meist nur im Bereich von einigen hundert Tonnen liegt.

17.3 Borhalogenide

Ein Bor-Atom hat nur drei Valenzelektronen in den vier verfügbaren Valenzorbitalen; Borverbindungen des Typs BX$_3$ sind daher *Elektronenmangelverbindungen* in Bezug auf die Oktettregel. Im Gegensatz zum einfachsten Borhydrid (B$_2$H$_6$) bildet sich jedoch im Falle des Bortrifluorids kein Dimer. Es liegt das monomere, trigonal-planare Molekül vor. Die Bindungsenergie der Bor/Fluor-Bindung ist dabei mit 645 kJ · mol^{-1} sehr hoch. Dieser Wert ist sehr viel höher als bei irgendeiner anderen Einfachbindung; die Bindungsenergie der Kohlenstoff/Fluor-Bindung im CF$_4$ beispielsweise beträgt 492 kJ · mol^{-1}. Die überraschende Stabilität der kovalenten Bindung in diesem Molekül wird damit erklärt, dass in der Verbindung sowohl π- als auch σ-Bindungsanteile existieren. Das Bor-Atom ist sp^2-hybridisiert und hat ein leeres p$_z$-Orbital, das im rechten Winkel zu den drei Bindungen mit den Fluor-Atomen steht. Jedes Fluor-Atom hat ein mit zwei Elektronen besetztes 2p$_z$-Orbital parallel zu dem 2p$_z$-Orbital des Bors. Die Elektronen dieser Orbitale können nun teilweise in das unbesetzte p$_z$-Orbital des Bors übergehen. So kann sich ein delokalisiertes π-System unter Einbeziehung des leeren p$_z$-Orbitals am Bor und eines besetzten p$_z$-Orbitals an jedem Fluor-Atom ausbilden (Abbildung 17.12). Will man diese besonderen Bindungsverhältnisse durch die Valenzstrichschreibweise ausdrücken, ergeben sich die in Abbildung 17.13 dargestellten Grenzstrukturen für BF$_3$.

Experimentelle Befunde stützen diese Erklärung: Wenn Bortrifluorid mit einem Fluorid-Ion zum tetraedrischen Tetrafluoroborat-Ion (BF$_4^-$) reagiert, vergrößert sich die B/F-Bindungslänge von 130 pm im Bortrifluorid-Molekül auf 145 pm im Tetrafluoroborat-Ion. Diese Verlängerung würde man erwarten, da hier das 2s- und alle drei 2p-Orbi-

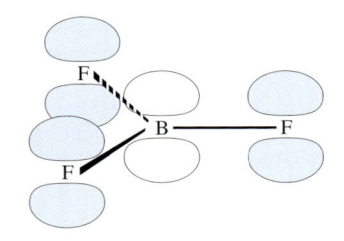

17.12 An der π-Bindung in Bortrifluorid beteiligte Orbitale.

17.13 Valenzstrichschreibweise für BF₃.

17.14 Aufbau von B₂F₄ und B₄Cl₄.

tale des Bor-Atoms im Tetrafluoroborat-Ion gebraucht werden, um vier σ-Bindungen zu bilden. Dadurch stehen im Tetrafluoroborat-Ion keine Orbitale mehr für π-Bindungen zur Verfügung, die B/F-Bindung in diesem Ion ist eine „reine" Einfachbindung.

Ähnliche Bindungsverhältnisse treten auch bei den übrigen Borhalogeniden BCl₃, BBr₃ und BI₃ auf. Da der Bindungsabstand zwischen Bor- und dem jeweiligen Halogen-Atom mit steigender Ordnungszahl des Halogens deutlich zunimmt, sinkt im Sinne der Doppelbindungsregel auch die Fähigkeit zur Ausbildung von π-Bindungen. Der Doppelbindungscharakter sinkt also in der Reihe BF₃…BI₃. Dies führt letztlich zu der ungewöhnlichen Situation, dass trotz der hohen Elektronegativität der Fluor-Atome der tatsächliche Elektronenmangel am Bor-Atom im Bortrifluorid relativ gering ist.

Unter Verwendung des $2p_z$-Orbitals können die Bortrihalogenide als starke Lewis-Säure reagieren. Ein klassisches Beispiel für dieses Verhalten ist die Reaktion zwischen Bortrifluorid und Ammoniak, in der Stickstoff mit seinem freien Elektronenpaar als Elektronenpaardonator wirkt:

$$BF_3(g) + NH_3(g) \rightarrow F_3BNH_3(s)$$

Alle Bortrihalogenide sind typisch molekulare Verbindungen mit niedrigen Schmelz- und Siedetemperaturen. Sie reagieren teilweise heftig mit Wasser unter Bildung von Halogenwasserstoff und Borsäure:

$$BCl_3(g) + 3\ H_2O(l) \rightarrow H_3BO_3(aq) + 3\ HCl(aq)$$

17.4 Isoelektronische Bor/Stickstoff- und Kohlenstoffverbindungen

Das Bor-Atom hat ein Valenzelektron weniger, Stickstoff eins mehr als das Kohlenstoff-Atom, das in einzigartiger Weise dazu befähigt ist, lange Ketten, Ringe, und Gerüste zu bilden. Aus diesem Grunde ist es naheliegend, Analoga zu Kohlenstoffverbindungen herzustellen, die abwechselnd Bor- und Stickstoff-Atome enthalten und so isoelektronisch zum Kohlenstoff bzw. seinen Verbindungen sind. Besonders interessant sind Analoga zum elementaren Kohlenstoff. Die beiden natürlich vorkommenden Modifikationen des Kohlenstoffs sind Graphit und Diamant, die härteste aller bekannten, natürlich vorkommenden Substanzen. Beide verbrennen beim Erhitzen, was die praktische Ver-

Weltweit werden jährlich mehrere tausend Tonnen Bortrifluorid als Lewis-Säure oder Katalysator in der organischen Chemie eingesetzt.

Neben den Trihalogeniden kennt man eine Reihe von so genannten **Subhalogeniden** des Bors, Verbindungen also, in denen die Oxidationszahl des Bor-Atoms niedriger als drei ist. Dies ist überraschend, da bei den Hauptgruppenelementen niedere Oxidationszahlen bevorzugt bei den schwereren Elementen einer Gruppe auftreten. Die Zusammensetzungen dieser Subhalogenide entsprechen den Formeln BX₂ bzw. BX (X = Halogen). Tatsächlich handelt es sich aber um Verbindungen, deren Aufbau besser durch die Molekülformeln B₂X₄ bzw. B$_n$X$_n$ (n = 4, 8, 9) beschrieben wird. All diese Moleküle enthalten Bor/Bor-Bindungen. Die Struktur von zwei Vertretern dieser Subhalogenide ist in Abbildung 17.14 dargestellt. Entgegen elektrostatischen Vorstellungen ist B₂F₄ ein planares Molekül. Als Ursache hierfür wird in Analogie zum Bortrifluorid die Ausbildung eines über das gesamte Molekül delokalisierten π-Systems angesehen, das die planare Struktur gegenüber der gestaffelten (bei der eine vollständige Delokalisierung nicht möglich wäre) energetisch begünstigt.

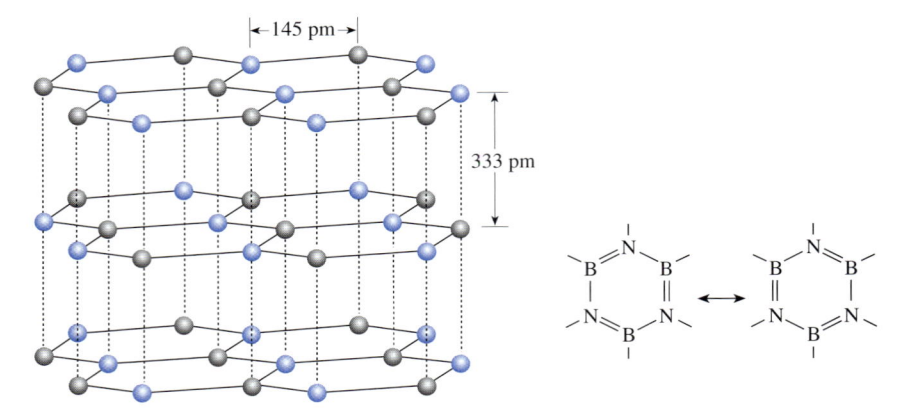

17.15 Schichtstruktur des hexagonalen Bornitrids.

Seit einigen Jahren wird Bornitrid aufgrund seiner Schmierfähigkeit in größerem Umfang für die Herstellung kosmetischer Produkte eingesetzt. So enthalten Lidschatten, Lippenstifte und Hautcreme feinverteiltes Bornitrid, das gleichzeitig die Deckkraft erhöht.

wendung bei hohen Temperaturen ausschließt. *Bornitrid* (BN) ist hier der ideale Ersatz. Zur Darstellung erhitzt man Bor(III)-oxid mit Ammoniak auf ungefähr 1 000 °C:

$$B_2O_3(s) + 2\,NH_3(g) \xrightarrow{\Delta} 2\,BN(s) + 3\,H_2O(g)$$

Das Produkt hat eine graphitähnliche Schichtstruktur (Abbildung 17.15) und ist ein ausgezeichnetes, chemisch beständiges Hochtemperaturschmiermittel.

Bornitrid ist im Gegensatz zu Graphit ein weißer Feststoff, der den elektrischen Strom nicht leitet. Diese unterschiedlichen Eigenschaften lassen sich mit der unterschiedlichen Anordnung der Bindungen innerhalb und zwischen den Schichten erklären. Die Schichten im Bornitrid haben fast exakt denselben Abstand wie die im Graphit. Bornitrid ist jedoch so aufgebaut, dass die Stickstoff-Atome in einer Schicht genau über den Bor-Atomen der darunter bzw. darüber liegenden Schicht angeordnet sind. Diese Anordnung wird auch erwartet, da zwischen den Bor-Atomen mit einer positiven Partialladung (δ+) und den Stickstoff-Atomen mit einer negativen Partialladung (δ–) elektrostatische Anziehungskräfte bestehen. Die Kohlenstoff-Atome einer Graphitschicht befinden sich dagegen oberhalb bzw. unterhalb des Zentrums der Kohlenstoffringe der benachbarten Schichten. Bornitrid zeigt also im Gegensatz zu Graphit andeutungsweise Merkmale einer ionischen Verbindung. Die offenbar vorhandene Polarität der che-

EXKURS

Das CVD-Verfahren und die Bildung von Hartstoffen

Das diamantartige β-Bornitrid ist ein Beispiel für besonders harte anorganische Festkörper. Ähnlich hart sind die Verbindungen einiger Metalle und Halbmetalle, bei denen Stickstoff-, Kohlenstoff-, Silicium- und Bor-Atome in das Gitter eingelagert sind, also Nitride, Carbide, Silicide und Boride. Solche Materialien werde in der Werkzeugindustrie sehr geschätzt. Da derartige **Hartstoffe** sehr schwer zu bearbeiten, spröde und häufig auch recht teuer sind, werden Werkzeuge wie Fräs- und Drehköpfe, Schneidwerkzeuge oder Bohrer nicht aus massiven Hartstoffen gefertigt, sondern lediglich mit einer dünnen Schicht dieser Materialien überzogen. Hierbei wird der Hartstoff durch eine chemische Reaktion zwischen gasförmigen Ausgangsstoffen gebildet und auf der Oberfläche des Werkzeugs niedergeschlagen. Dieses Verfahren wird als *Chemical Vapor Deposition*, kurz **CVD-Verfahren** bezeichnet. Um beispielsweise *Titannitrid* als dünne Schicht abzuscheiden, bringt man gasförmiges Titan(IV)-chlorid mit Ammoniak in einer Wasserstoffatmosphäre bei erhöhter Temperatur zur Reaktion. Die beiden Reaktionspartner reagieren unter Bildung von gasförmigem Chlorwasserstoff und festem Titannitrid (TiN). CVD-Verfahren gewinnen heute auch in anderen Technologiebereichen zunehmend an Bedeutung (Abschnitt 18.20).

17.16 Valenzstrichformeln von Borazin und Benzol.

mischen Bindung erschwert auch die Delokalisierung der Elektronen innerhalb einer Schicht; dieser Effekt bestimmt die Farbe und die elektrischen Eigenschaften.

Eine weitere Analogie zum Kohlenstoff liegt in der Existenz einer dem Diamant analogen Modifikation: Setzt man die graphitartige Modifikation des Bornitrids hohem Druck und hohen Temperaturen aus, so wandelt sie sich in die diamantartige Modifikation β-Bornitrid mit Zinkblende-Struktur um. β-Bornitrid ist fast so hart wie Diamant; bezüglich der Temperaturbeständigkeit ist es weit überlegen.

Man kennt heute einige weitere Analogien zwischen Bor/Stickstoff- und Kohlenstoffverbindungen. Die Reaktion von Diboran mit Ammoniak führt zu *Borazin* ($B_3N_3H_6$), einem zyklischen Molekül analog zum Benzol (C_6H_6) (Abbildung 17.16). Borazin wird daher auch als „anorganisches Benzol" bezeichnet:

$$3\ B_2H_6(g) + 6\ NH_3(g) \rightarrow 2\ B_3N_3H_6(l) + 12\ H_2(g)$$

Borazin ist eine **aromatische Verbindung**. Sie erfüllt die von Erich Hückel aufgestellte und nach ihm benannte **Hückel-Regel**, nach der ringförmige, planare Verbindungen, die im Ring (4n + 2) π-Elektronen (n = 0, 1, 2…) aufweisen, sich durch besondere Stabilität auszeichnen. Entsprechend den Elektronegativitäten ist die Bindung zwischen Bor und Stickstoff im Gegensatz zu der zwischen zwei Kohlenstoff-Atomen jedoch leicht polar. Das

Erich **Hückel**, deutscher Physiker, 1896–1980; Professor in Marburg.

17.17 Reaktionen von Borazin bzw. Benzol mit Brom (a) und Chlorwasserstoff (b).

chemische Verhalten bestätigt dies: Borazin ist viel reaktiver als das reaktionsträge Benzol. So reagiert es beispielsweise mit Brom unter Addition an die Doppelbindungen (**Additionsreaktion**), wohingegen beim Benzol lediglich ein Wasserstoff-Atom durch ein Brom-Atom ersetzt wird (**Substitutionsreaktion**). Mit Chlorwasserstoff reagiert Borazin gleichfalls im Sinne einer Additionsreaktion. Erwartungsgemäß wird jeweils ein Chlor-Atom an ein Bor-Atom und ein Wasserstoff-Atom an ein Stickstoff-Atom gebunden (Abbildung 17.17).

Trotz seiner formalen Aromatizität ist Borazin demnach eine reaktionsfreudige Verbindung.

17.5 Aluminium und seine Eigenschaften

Aluminium ist ein Metall mit einem sehr negativen Standardpotential und niedrigen Ionisierungsenergien. Folgerichtig erwartet man eine hohe Reaktivität des Elements. Dennoch ist Aluminium ein weit verbreitetes Gebrauchsmetall, es reagiert nicht erkennbar mit Wasser oder Sauerstoff. Die Lösung dieses Widerspruchs liegt in der Reaktion von Aluminium mit Sauerstoff. Jede der Luft ausgesetzte Aluminiumoberfläche reagiert sofort mit Sauerstoff zu Aluminiumoxid (Al_2O_3). Eine sehr dünne, undurchdringliche Oxidschicht, zwischen 10^{-6} und 10^{-4} mm dick, schützt die darunter liegenden Schichten der Aluminium-Atome vor weiterer Oxidation. Die Anordnung der Atome an der Oberfläche wird dabei kaum verändert, denn die kleinen Aluminium-Ionen (68 pm) passen in die Lücken zwischen den Oxid-Ionen. Abbildung 17.18 zeigt eine schematische Darstellung der Oberflächenstruktur.

Um ihre Korrosionsbeständigkeit noch zu verstärken, werden die Oberflächen von Produkten aus Aluminium elektrochemisch weiter oxidiert. Man spricht vom **Eloxal**-Verfahren (**El**ektrochemische **Ox**idation von **Al**uminium). Aluminium wird in einem Elektrolyten, der meist verdünnte Schwefelsäure enthält, als Anode geschaltet. Dabei bildet sich eine zusätzliche Aluminiumoxidschicht über der natürlich vorhandenen. Das eloxierte Aluminium hat eine ungefähr 0,01 mm starke Oxidschicht. In die Poren dieser verhältnismäßig dicken Schicht lassen sich Farbstoffe und Pigmente einlagern. Das Eloxal-Verfahren ermöglicht damit die Produktion von Aluminiumgegenständen mit farbigen Oberflächen.

Aluminium wird als Werkstoff insbesondere wegen seiner geringen Dichte (2,7 g · cm^{-3}) geschätzt. Unter den als Werkstoff einsetzbaren Leichtmetallen steht es an zweiter Stelle hinter Magnesium (1,7 g · cm^{-3}). Verglichen mit dem Wert von Eisen (7,9 g · cm^{-3}) bedeutet dies, dass ein Werkstück aus Aluminium nur etwa ein Drittel des Gewichts eines entsprechenden Stückes aus Eisen bzw. Stahl hat. Aluminium wird also bevorzugt eingesetzt, wenn das Gewicht eine Rolle spielt, z.B. beim Flugzeug-, Karosserie- und Motorenbau. Zusätzlich ist Aluminium ein guter Wärmeleiter, eine Eigenschaft, die seine Verwendung in Kochgeschirren erklärt. Seine Leitfähigkeit ist jedoch nicht so gut wie die von Kupfer. Um die Hitze der Kochplatte (oder Gasflamme) gleichmäßig und schnell weiterzugeben, haben teurere Pfannen einen Boden mit einem Kupferkern. Aluminium ist außerdem ein besonders guter elektrischer Leiter; es wird daher für Hochspannungsleitungen verwendet. Seine Leitfähigkeit beträgt etwa ⅔ von der des Kupfers bei einer Dichte, die lediglich etwa 30% von der des Kupfers ausmacht. Eine elektrische Leitung aus Aluminium wiegt bei gleicher Leitfähigkeit also weniger als die Hälfte einer entsprechenden Leitung aus Kupfer. Dies bringt Kostenvorteile bei der Konstruktion von oberirdischen Hochspannungsleitungen. Wenn das Gewicht keine nennenswerte Rolle spielt, wie bei der Stromversorgung innerhalb von Gebäuden, werden Kupferleitungen verwendet.

Die mechanischen Eigenschaften des in reinem Zustand sehr weichen Aluminium-Metalls können durch Zusatz kleiner Anteile an Legierungsbestandteilen wie Kupfer, Silicium, Magnesium, Mangan oder Zink wesentlich verbessert werden. In der Regel sind es solche Legierungen, die wir im täglichen Leben verwenden.

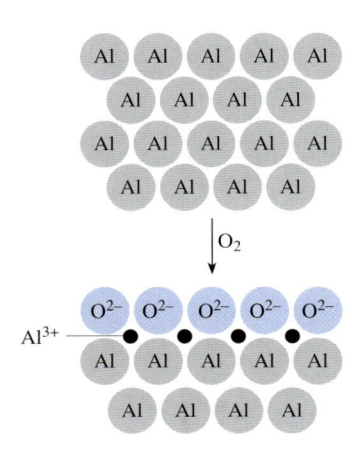

17.18 Bildung einer Oxidschicht auf der Oberfläche von Aluminiummetall. Die kleinen Aluminium(III)-Ionen sind durch die ausgefüllten Kreise dargestellt.

Chemische Eigenschaften des Aluminiums

Wie viele andere fein verteilte Metalle verbrennt auch in eine offene Flamme gebrachte pulverförmiges Aluminium zu Aluminiumoxid:

$$4\,Al(s) + 3\,O_2(g) \rightarrow 2\,Al_2O_3(s); \quad \Delta H_R^0 = -3352\,kJ \cdot mol^{-1}$$

Auch mit Halogenen wie Chlor oder Brom reagiert Aluminium in einer stark exothermen Reaktion unter Feuererscheinungen:

$$2\,Al(s) + 3\,Cl_2(g) \rightarrow 2\,AlCl_3(s); \quad \Delta H_R^0 = -1412\,kJ \cdot mol^{-1}$$

Als unedles Metall reagiert Aluminium mit Säuren unter Wasserstoffentwicklung:

$$2\,Al(s) + 6\,H^+(aq) \rightarrow 2\,Al^{3+}(aq) + 3\,H_2(g)$$

Ganz ähnlich verläuft die Reaktion mit alkalischen Lösungen. Dabei geht Aluminium als Hydroxoaluminat-Ion in Lösung, denn ebenso wie Berylliumhydroxid gehört auch Aluminiumhydroxid zu den amphoteren Hydroxiden:

$$2\,Al(s) + 2\,OH^-(aq) + 6\,H_2O(l) \rightarrow 2\,[Al(OH)_4]^-(aq) + 3\,H_2(g)$$

In wässerigen Lösungen von Aluminiumsalzen liegt das Hexaaquaaluminium-Ion $[Al(H_2O)_6]^{3+}$ vor. Diese Lösungen reagieren schwach sauer, da sich das folgende Gleichgewicht einstellt:

$$[Al(H_2O)_6]^{3+}(aq) + H_2O(l) \rightleftharpoons [AlOH(H_2O)_5]^{2+}(aq) + H_3O^+(aq)$$

Die Säurestärke des Hexaaquaaluminium-Ions entspricht etwa der von Essigsäure ($pK_S \approx 5$). Erhöht man den pH-Wert dieser Lösungen durch Zugabe von OH^--Ionen, so fällt zunächst ein voluminöser Niederschlag von Aluminiumhydroxid aus, der sich bei weiterer Zugabe von OH^--Ionen unter Bildung des Tetrahydroxoaluminat-Ions wieder auflöst:

$$[Al(H_2O)_6]^{3+}(aq) \xrightarrow{OH^-} Al(OH)_3(s) \xrightarrow{OH^-} [Al(OH)_4]^-(aq)$$

Aluminiumsalze sind also bei hohen und niedrigen pH-Werten löslich; in der Nähe des Neutralpunktes treten Fällungen auf (Abbildung 17.19).

Aluminiumhydroxid wird in einer Vielzahl von Antacida (Mittel gegen Sodbrennen) eingesetzt. Es neutralisiert als unlösliche Base überschüssige Magensäure:

$$Al(OH)_3(s) + 3\,H^+(aq) \rightarrow Al^{3+}(aq) + 3\,H_2O(l)$$

Korund Bei der Verwitterung mancher Gesteine bleibt Aluminiumoxid in Form der außerordentlich harten Korund-Kristalle zurück. Korund ist deshalb das Referenzmineral für die Härte 9 auf der 10-stufigen *Ritzhärte*-Skala nach Mohs. Die Korund-Struktur

Al_2O_3 ist eine der thermodynamisch stabilsten Verbindungen, die wir kennen. Seine hohe Stabilität kann genutzt werden, um verschiedenste Metalloxide mit Aluminium unter Bildung des jeweiligen Metalls und Aluminium(III)-oxid umzusetzen. Die Wärmeentwicklung ist in der Regel so hoch, dass das Metall bei diesem Prozess schmilzt. Eine Anwendung dieses als **Aluminothermie** bezeichneten Verfahrens ist das Verschweißen von Eisenbahnschienen durch die Umsetzung von Eisenoxid (Fe_3O_4) mit Aluminium-Grieß.

Wichtige Laborreagenzien Bei den aus wässeriger Lösung kristallisierenden Aluminiumsalzen handelt es sich um Hydrate, in denen das oktaedrisch gebaute Hexaaquaaluminium-Ion vorliegt. Beispiele sind $AlCl_3 \cdot 6H_2O$ ($\triangleq [Al(H_2O)_6]Cl_3$), das als *Alaun* bezeichnete $AlK(SO_4)_2 \cdot 12H_2O$ ($\triangleq [Al(H_2O)_6][K(H_2O)_6](SO_4)_2$) und $Al(NO_3)_3 \cdot 9H_2O$ ($\triangleq [Al(H_2O)_6](NO_3)_3 \cdot 3H_2O$).
Zu den Alaunen vergleiche man auch den Exkurs auf S. 407.

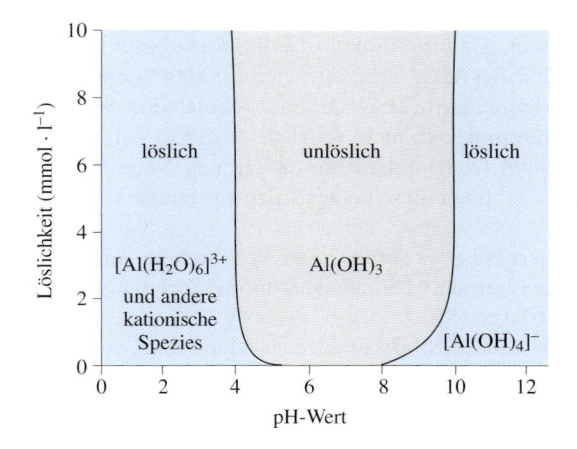

17.19 Löslichkeit von Aluminium(III) als Funktion des pH-Wertes.

entspricht einer hexagonal-dichtesten Kugelpackung aus Oxid-Ionen, in der zwei Drittel der Oktaederlücken durch Al^{3+}-Ionen besetzt sind. Dieser Strukturtyp tritt auch bei Eisen(III)- und Chrom(III)-oxid auf.

Glasklare Kristalle farbiger Korund-Varietäten werden als Edelsteine geschätzt, vor allem *Rubin* (rot) und *Saphir* (blau). Die rubinrote Farbe ergibt sich durch den Austausch eines kleinen Anteils der Al^{3+}-Ionen gegen Cr^{3+}-Ionen. Beim Saphir ist ein Teil der Kationenplätze durch Fe^{2+}- und Ti^{4+}-Ionen besetzt. Die blaue Farbe beruht auf der Absorption von gelbem Licht, was zu einer (reversiblen) Elektronenüberetragung von Fe^{2+}- auf Ti^{4+}-Ionen führt.

Unreiner mineralischer Korund wird als *Schmirgel* bezeichnet. Er wurde früher zur Herstellung von Schleifsteinen und Schleifpapieren (Schmirgelpapier) benutzt. Heute verwendet man häufig synthetischen Korund als Schleifmittel (Korund-Papier).

> Zur Anwendung von Rubin-Kristallen in der Laser-Technik vergleiche man den Exkurs in Abschnitt 24.5.

17.6 Herstellung von Aluminium

Aluminiumhaltige Mineralien sind thermodynamisch so stabil, dass sie sich weder mit Kohlenstoff noch mit Wasserstoff zum Metall reduzieren lassen. Wegen seines stark negativen Elektrodenpotentials kann Aluminium auch nicht durch Elektrolyse wässeriger Lösungen gewonnen werden.

Im Jahre 1886 wurde praktisch gleichzeitig von dem Amerikaner Charles M. Hall und dem Franzosen Paul-Louis Héroult ein Verfahren zur Schmelzflusselektrolyse von Aluminiumoxid entwickelt. Die Ende des 19. Jahrhunderts sinkenden Preise für Elektrizität sorgten dafür, dass der Preis für das neue Metall drastisch fiel. Damit ergaben sich viele weitere Verwendungsmöglichkeiten. Seit langem ist Aluminium nach Eisen das wichtigste Gebrauchsmetall. Weltweit werden jährlich etwa 20 Millionen Tonnen erzeugt. Die Herstellung beruht nach wie vor auf dem Hall-Héroult-Verfahren.

Ausgangsmaterial für die Aluminiumproduktion ist Bauxit, der überwiegend aus AlOOH besteht und in der Regel durch Eisenoxide verunreinigt ist. Der erste Schritt im Gewinnungsprozess ist die Reinigung des Bauxits, insbesondere die Abtrennung der Eisenverbindungen durch das Bayer-Verfahren. Heiße Natronlauge löst dabei den Aluminiumanteil aus dem gemahlenen Bauxit heraus:

$$AlOOH(s) + OH^-(aq) + H_2O(l) \rightarrow [Al(OH)_4]^-(aq)$$

> **Aluminium – ein häufiges Elelement**
> Mit 6,3 % aller Atome ist Aluminium das dritthäufigste Element in der Erdkruste. (Die ersten Plätze belegen Sauerstoff mit 60,1 % und Silicium mit 20,8 %.) Aluminium-Ionen spielem daher eine wesentliche Rolle für den Aufbau von Mineralien. Die größte Bedeutung haben *Alumosilicate*, wie Feldspäte ($KAlSiO_3$) und die daraus durch Verwitterung entstandenen Ton-Mineralien. (Abschnitt 18.16).

Die unlöslichen Materialien, insbesondere Eisen(III)-hydroxid, werden in Filterpressen als „Rotschlamm" abgetrennt. Beim Abkühlen verschiebt sich das Gleichgewicht in der Aluminat-Lösung nach links und weißes Aluminiumhydroxid fällt nach Zugabe von *Impfkristallen* aus. Das abfiltrierte Hydroxid wird durch Erhitzen auf 1 200 °C entwässert und so in Aluminiumoxid überführt. Aufgrund der hohen Ladung des Aluminium-Ions hat das Oxid eine sehr hohe Gitterenergie und dementsprechend eine hohe Schmelztemperatur (2 054 °C). Eine Schmelzflusselektrolyse wäre bei diesen hohen Temperaturen praktisch nicht möglich. Man löst daher Aluminiumoxid in geschmolzenem *Kryolith* (Natriumhexafluoroaluminat, $Na_3[AlF_6]$). Bei einem Massenanteil von 11 % Al_2O_3 bilden diese beiden Salze ein Eutektikum, das bereits bei 962 °C schmilzt.

Man elektrolysiert bei etwa 980 °C unter Verwendung von Kohle-Anoden. Die mit Kohle ausgekleidete Eisenwanne bildet die Kathode. Schematisch ist der Elektrolyseofen in Abbildung 17.20 dargestellt.

An der Kathode bildet sich geschmolzenes Aluminium. An der Anode wird primär ausschließlich Kohlenstoffdioxid gebildet:

Kathode: $\quad Al^{3+} + 3\,e^- \rightarrow Al(l)$

Anode: $\quad 2\,O^{2-} + C(s) \rightarrow CO_2(g) + 4\,e^-$

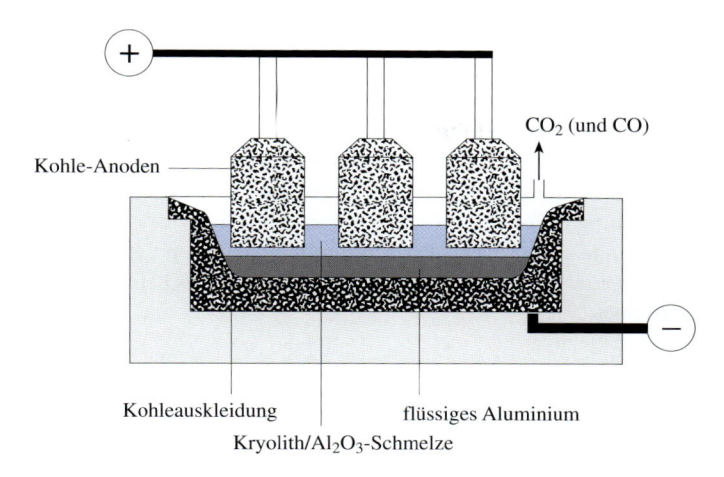

17.20 Elektrolysezelle für die Aluminiumproduktion.

Die Kohlenstoffelektroden werden also während des Vorgangs verbraucht. Ein Teil des gebildeten Kohlenstoffdioxids reagiert mit der heißen Kohle zu Kohlenstoffmonoxid.

Die Elektrolyse erfordert Stromstärken von ungefähr $3,5 \cdot 10^4$ A bei einer Spannung von 6 V. Der Energieverbrauch hat einen Anteil von 25 % an den Produktionskosten. Pro Kilogramm Aluminium werden 2 kg Aluminiumoxid, 0,6 kg Anodenkohle, 0,1 kg Kryolith und 16 kWh Strom verbraucht. Die Abfälle und Nebenprodukte der Aluminiumproduktion können Umweltprobleme verursachen:
- Bei der Bauxitreinigung fallen große Mengen des stark alkalischen *Rotschlamms* an.
- Kryolith reagiert mit Spuren von Feuchtigkeit im Aluminiumoxid unter Bildung von *Fluorwasserstoffgas*.
- Das an der Anode gebildete Gas enthält giftiges *Kohlenstoffmonoxid*.
- Bei der Reaktion von Fluorid mit der Graphitanode entstehen *Kohlenstofffluoride*, insbesondere Tetrafluormethan (CF_4).

Um das Entsorgungsproblem beim Rotschlamm zu reduzieren, leitet man den Schlamm in Absetzbecken.

Aus dem flüssigen Anteil kann ein großer Teil der Natronlauge zurückgewonnen werden. Der Feststoff enthält als Hauptbestandteil Eisen(III)-oxid; genutzt wird zurzeit aber nur eine geringe Menge. So setzt man Rotschlamm als Zuschlagstoff bei der Herstellung bestimmter Bodenfliesen ein. Zahlreiche weitere Nutzungsmöglichkeiten wie die Gewinnung von Eisen und die Produktion von Eisenverbindungen wurden ausgiebig untersucht. Die entwickelten Verfahren erwiesen sich jedoch bei den aktuellen Preisen als unwirtschaftlich.

Das Problem der Emission von Fluorwasserstoffgas wurde weitestgehend gelöst: Das Gas wird durch ein Granulat aus Aluminiumoxid absorbiert. Auf diese Weise bildet sich Aluminiumfluorid:

$$Al_2O_3(s) + 6\,HF(g) \rightarrow 2\,AlF_3(s) + 3\,H_2O(g)$$

Dieses Fluorid kann dann wieder der Schmelze zugesetzt werden; das Fluorwasserstoffgas wird damit recycelt.

Das in den Anodengasen enthaltene, giftige Kohlenstoffmonoxid erfordert aufwändige Arbeitsschutzmaßnahmen. Die Verbrennung des CO-Anteils liefert aber auch einen Beitrag zur Deckung des Energiebedarfs im Hüttenwerk.

Die in der Atmosphäre sehr stabilen Kohlenstofffluoride verstärken den Treibhauseffekt. Man versucht daher, das Ausmaß ihrer Bildung zu verringern. Eine Teillösung brachte der Zusatz von Lithiumcarbonat zur Elektrolytschmelze.

Wasserfreies Aluminiumchlorid ist ein wichtiges Reagenz in der organischen Chemie. Es wird besonders als Katalysator bei der Substitution an aromatischen Ringen in der Friedel-Crafts-Reaktion eingesetzt. Die Gesamtreaktion kann man als Reaktion zwischen einem aromatischen Kohlenwasserstoff, Ar–H, und einer chlororganischen Verbindung, R–Cl beschreiben. (Ar steht hier für einen aromatischen Rest, z. B. für C_6H_5). Das Aluminiumchlorid reagiert als starke Lewis-Säure mit der chlororganischen Verbindung teilweise zum Tetrachloroaluminat-Ion ($AlCl_4^-$) und einem Carbokation. Das Carbokation reagiert dann mit dem Aromaten zur alkylsubstituierten Verbindung, Ar–R. Gleichzeitig entsteht ein Proton, das ein Chlorid-Ion vom $AlCl_4^-$-Ion abspaltet und so das Aluminiumchlorid regeneriert.

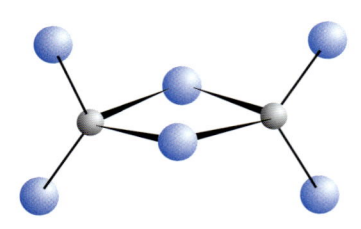

R–Cl + $AlCl_3$ → R^+ + $[AlCl_4]^-$
Ar–H + R^+ → Ar–R + H^+
H^+ + $[AlCl_4]^-$ → HCl + $AlCl_3$

17.21 Aufbau des Al_2Cl_6-Moleküls.

Charles **Friedel**, französischer Chemiker, 1832–1899; Professor in Paris, 1889 Präsident der Kommission zur Reform der chemischen Nomenklatur.

James Mason **Crafts**, amerikanischer Chemiker, 1839–1917; Professor in Cambridge.

Der energieaufwendige Prozess bringt es mit sich, dass er in Ländern mit preisgünstiger elektrischer Energie (z. B. aus großen Wasserkraftwerken), wie Kanada und Norwegen, besonders wirtschaftlich durchgeführt werden kann.

Etwa 25 % der Aluminiumproduktion wird im Baugewerbe verwendet. Geringere Anteile werden benötigt für die Herstellung von Flugzeugen, Bussen und Eisenbahnwaggons (18 %), zur Produktion von Containern und Verpackungsmaterial (17 %) und für elektrische Leitungen (14 %).

Der hohe Energieaufwand bei der Aluminiumproduktion lässt das Recycling besonders lohnenswert erscheinen. In einigen Industrieländern beträgt die Recyclingrate bereits mehr als 50 %.

17.7 Aluminiumhalogenide

Die Aluminiumhalogenide bilden eine interessante Reihe von Verbindungen: Aluminiumfluorid schmilzt bei 1 290 °C, Aluminiumchlorid lässt sich unter Druck bei 192 °C in eine Schmelze überführen. Bei Normaldruck (1 013 mbar) sublimiert es bereits bei 180 °C. Aluminiumbromid und -iodid schmelzen bei 97,5 °C bzw. 190 °C. Das Fluorid hat also die charakteristisch hohe Schmelztemperatur einer Ionenverbindung, während die Schmelztemperaturen des Bromids und Iodids typisch für kovalente Verbindungen sind. Das Aluminium-Ion hat eine Ladungsdichte von 370 C · mm^{-3}, daher erwarten wir, dass alle Anionen, außer dem kleinen Fluorid-Ion, soweit polarisiert werden, dass sich eine kovalente Bindung zum Aluminium-Atom ergibt. Aluminiumfluorid bildet ein typisches Ionengitter, das Bromid und das Iodid hingegen bilden ein Molekülgitter, in dem die dimeren Moleküle Al_2Br_6 und Al_2I_6 vorliegen.

Das Chlorid nimmt eine Zwischenstellung ein, es bildet im festen Zustand ein Ionengitter, das jedoch nicht besonders stabil ist. Im flüssigen wie im gasförmigen Zustand bildet das Chlorid ebenso wie das Bromid und das Iodid dimere Moleküle (Abbildung 17.21). Erst bei höheren Temperaturen treten im Dampf auch die monomeren Moleküle AlX_3 auf (X = Halogen).

Die Halogenide des Aluminiums verhalten sich also strukturchemisch gänzlich anders als die isoelektronischen Trihalogenide des Bors, die ausnahmslos monomere Moleküle bilden. Dass AlF_3 im Gegensatz zu BF_3 ein Ionengitter bildet, hängt zum einen mit der extrem hohen Ladungsdichte im B^{3+}-Ion und zum anderen mit der größeren Differenz der Elektronegativitäten im AlF_3 zusammen. Bleibt die Frage zu beantworten, warum die Aluminiumhalogenide $AlCl_3$, $AlBr_3$ und AlI_3 im Gegensatz zu den entsprechenden Borhalogeniden dimer sind. All diese isoelektronischen Moleküle sind im Prinzip Elektronenmangelverbindungen, da das Zentralatom im monomeren Zustand nur sechs und nicht acht Elektronen um sich hat. Bei den Borhalogeniden wird dieser Elektronenmangel durch die Ausbildung von π-Bindungen zumindest teilweise behoben. Der Bindungsabstand zwischen Aluminium- und Halogen-Atomen ist jedoch zu groß, um wirksame π-Bindungen bilden zu können. Hier wird der Elektronenmangel durch Bereitstellung eines freien Elektronenpaars vom Halogen-Atom eines zweiten Moleküls behoben, es bilden sich Dimere, in denen jedes der beiden Aluminium-Atome ein Elektronenoktett aufweist. Der Elektronenmangel wird hier gewissermaßen durch eine Lewis-Säure/Base-Reaktion behoben: Die Lewis-Base Cl^- reagiert mit der Lewis-Säure Al^{3+}.

Obwohl wasserfreies Aluminiumchlorid in der festen Phase eine ionische Struktur hat, verhält es sich wie ein kovalentes Chlorid. So löst es sich merklich in organischen Lösemitteln in Form von Al_2Cl_6-Molekülen. Mit Wasser dagegen erfolgt eine heftige, stark exotherme Reaktion, bei der in erheblichem Maße Chlorwasserstoff freigesetzt wird. Grob vereinfacht lässt sich die Reaktion durch folgende Gleichung beschreiben:

$$AlCl_3(s) + 3\,H_2O(l) \rightarrow Al(OH)_3(s) + 3\,HCl(g)$$

Alaune

EXKURS

Der Name *Alaun* steht zunächst für ein wasserlösliches Kalium-Aluminium-Doppelsalz, das auch als Mineral in der Natur auftritt. Es handelt sich dabei um ein wasserhaltiges Sulfat, bei dem jedes Kation oktaedrisch durch sechs Wasser-Moleküle koordiniert ist: $[K(H_2O)_6]$ $[Al(H_2O)_6](SO_4)_2$. Meist wird jedoch die einfachere Formel $KAl(SO_4)_2 \cdot 12 H_2O$ angegeben. Vom lateinischen Namen des Alauns (*alumen*) leitet sich übrigens der Elementname Aluminium ab. Man kennt zahlreiche weitere Doppelsalze mit der gleichen Zusammensetzung und der gleichen Struktur. In dieser Verbindungsklasse der **Alaune** ($M^IM^{III}(SO_4)_2 \cdot 12 H_2O$) ist das einfach positive Kation meist ein Alkali-Ion oder ein Ammonium-Ion. Als dreifach positive Kationen treten neben dem Aluminium-Ion vor allem Eisen(III) und Chrom(III) auf. Traditionell wird in den Formeln und Namen von Alaunen zuerst das einfach positive Kation genannt. Die aktuelle IUPAC-Regel schreibt dagegen die alphabetische Reihenfolge vor: $AlK(SO_4)_2 \cdot 12 H_2O$, Aluminiumkaliumsulfat-Dodecahydrat.

$KAl(SO_4)_2 \cdot 12 H_2O$ spielt bis heute eine wichtige Rolle in der Färbeindustrie: Damit ein Farbstoff dauerhaft von einem Gewebe aufgenommen werden kann, wird dieses zunächst in einer wässerigen Lösung von Alaun eingeweicht. So lagert sich eine Schicht Aluminiumhydroxid auf der Stoffoberfläche ab, zu der Farbstoffmoleküle bereitwillig Bindungen ausbilden. Wegen dieser Eigenschaft war Alaun schon zur Römerzeit ein wertvoller Stoff, der aus Asien importiert wurde.

Alaun wird auch benutzt, um Blutungen zu stoppen, denn es fördert die Eiweißgerinnung an der Zelloberfläche, ohne die Zelle selbst zu zerstören.

Spinelle

EXKURS

Das Mineral **Spinell** hat die Formel $MgAl_2O_4$. Zahlreiche andere Verbindungen mit der gleichen Kristallstruktur werden ebenfalls als *Spinelle* bezeichnet. Einige von ihnen haben größere Bedeutung. Viele dieser Verbindungen weisen besondere Eigenschaften auf, die heute und sicher auch in der Zukunft sehr nützlich sind. Die allgemeine Formel der Spinelle ist AB_2X_4, hierbei ist A normalerweise ein zweifach positives Metall-Ion, B ein dreifach positives Metall-Ion und X ist ein zweifach negatives Ion, meistens Sauerstoff (O^{2-}). Die Anionen bilden eine kubisch dichteste Kugelpackung und damit ein kubisch flächenzentriertes Gitter. Eine Kationensorte (meist B^{3+}) besetzt die Hälfte der Oktaederlücken, die andere Kationensorte (A^{2+}) jede achte Tetraederlücke.

Man kennt auch Spinelle, bei denen die zweifach positiven Ionen sowie die Hälfte der dreifach positiven Ionen in Oktaederlücken sitzen. Die übrigen B^{3+}-Ionen besetzen jede achte Tetraederlücke. Solche Verbindungen werden **inverse Spinelle** genannt. Ein bekanntes Beispiel ist das Mineral *Magnetit*: Fe_3O_4 oder präziser $Fe^{II}Fe^{III}{}_2O_4$. Die Anordnung ist hier $(Fe^{3+})_t(Fe^{2+},Fe^{3+})_o(O^{2-})_4$ (o bzw. t symbolisieren den Oktaeder- bzw. Tetraederplatz)

Man könnte erwarten, dass nahezu alle Spinelle die inverse Struktur annehmen, da die Tetraederlücken kleiner sind als die Oktaederlücken und die dreifach positiven Kationen meist kleiner als die zweifach positiven sind. Neben der Größe muss aber auch der Faktor Energie betrachtet werden. Da die Gitterenergie maßgeblich durch die Ionenladung bestimmt wird, ist die Anordnung um die dreifach positiven Ionen für einen Großteil der Energie verantwortlich. Die Gitterenergie ist höher, wenn ein solches Ion auf einem Oktaederplatz sitzt, umgeben von sechs Anionen, als wenn es einen Tetraederplatz besetzt und nur von vier Anionen umgeben ist. Trotzdem bevorzugen viele Spinelle, an denen Übergangsmetall-Ionen beteiligt sind, die inverse Spinell-Struktur, da je nach Besetzung der d-Orbitale in einer Tetraeder- oder Oktaederlücke unterschiedliche Stabilisierungsenergien auftreten. Dies wird ausführlich in Abschnitt 23.3 erläutert.

Das Interesse an Spinellen beruht wesentlich auf ihren ungewöhnlichen elektrischen und magnetischen Eigenschaften. Dabei ist das dreifach positive Ion Fe^{3+} von besonderer Bedeutung. Diese Verbindungen des Typs MFe_2O_4 nennt man **Ferrite**. M steht hier beispielsweise für Zink oder Mangan. Setzt man bei der Synthese eine Mischung aus Zinkoxid und Manganoxid ein, so bilden sich Kristalle, deren Zusammensetzung durch die allgemeine Verhältnisformel $Zn_xMn_{1-x}Fe_2O_4$ beschrieben werden kann. Solche *Mischkristalle* treten in der Festkörperchemie häufig auf. Durch die Wahl des richtigen Verhältnisses kann man Zink-Ferrite mit spezifischen magnetischen Eigenschaften erhalten.

Ein ganz besonderes elektrisches Verhalten zeigt eine Verbindung der Zusammensetzung $NaAl_{11}O_{17}$ mit dem irreführenden Namen β-Aluminiumoxid. Obwohl diese Formel nicht aussieht wie die eines Spinells, besetzen doch die meisten Ionen Spinell-Gitterplätze. Die Natrium-Ionen können jedoch weitgehend ungehindert durch das Gitter wandern: Die Verbindung ist ein Natrium-Ionenleiter. Diese Eigenschaft macht die Verbindung so interessant, denn die Leitfähigkeit ist sehr hoch und man kann sie anstelle von flüssigen Elektrolyten in Batterien einsetzen. Dies bringt den Vorteil, dass Anoden- und Kathodenmaterial nicht miteinander in Kontakt treten können. Ein Anwendungsbeispiel ist die *Natrium/Schwefel-Batterie*.

17.8 Gallium und Indium

Die Chemie von Gallium und Indium ähnelt in vielfacher Hinsicht der von Aluminium. Die bevorzugte Oxidationszahl ist III, wenngleich, insbesondere beim Indium, eine zunehmende Tendenz zur Ausbildung der Oxidationsstufe I zu beobachten ist. Die heute wohl wichtigste Verbindung des Galliums ist *Galliumarsenid* GaAs. Ähnlich wie Bornitrid und Kohlenstoff sind auch Galliumarsenid und Silicium isoelektronisch. Beide sind analog aufgebaut; Galliumarsenid kristallisiert also in der Zinkblende-Struktur. Ähnlich wie Silicium erweist es sich auch als Halbleiter. Da GaAs aus einem Element der dritten und einem der fünften Gruppe besteht, nennt man solche Verbindungen III/V-Halbleiter. Galliumarsenid findet Verwendung in der Optoelektronik, insbesondere in so genannten Leuchtdioden oder **LED**s (*Light Emitting Diode*). Ein solches Halbleiterbauelement erzeugt Licht bestimmter Wellenlänge. Der Wirkungsgrad liegt dabei wesentlich über dem konventioneller Glühlampen. LEDs werden bevorzugt in Leuchtanzeigen elektronischer Geräte verwendet. Die Lichtemission beruht auf der Rekombination von **Elektron/Loch-Paaren**, die durch Anlegen einer Spannung erzeugt werden. Die Wellenlänge des emittierten Lichtes entspricht in etwa dem Bandabstand zwischen Valenzband und Leitfähigkeitsband. Durch Substitution eines Teils der Arsen-Atome durch z.B. Phosphor-Atome kann der Bandabstand kontinuierlich verändert werden. Die Verwendung von Galliumarsenid in größerem Umfang in der Elektronikindustrie scheitert zur Zeit am hohen Preis des Galliums sowie an der Giftigkeit des Arsens und den damit verbundenen Entsorgungsproblemen.

Indium ist ein silberglänzendes Metall, das bereits bei 157 °C schmilzt. Das Metall ist so duktil, dass sich ein Indiumstab leicht mit der Hand verformen lässt. Indium wird deshalb als Dichtungsmaterial in der Vakuumtechnik eingesetzt. Leicht schmelzende Indiumlegierungen sind als Lötmaterialien in vielen technischen Bereichen von Bedeutung. Indium(III)-Verbindungen ähneln in ihren Eigenschaften den entsprechenden Aluminiumverbindungen. Auch Indium(I)-Verbindungen lassen sich herstellen. Sie sind jedoch wenig stabil. So reagiert das rote Indium(I)-chlorid mit Wasser unter Bildung von Indium und Indium(III)-chlorid-Lösung.

Indium(III)-oxid spielt technisch eine Rolle bei der Herstellung eines als ITO (*ITO=Indium-Tin-Oxide*) bezeichneten Materials, das neben Zinn(IV)-oxid bis zu 85 % In_2O_3 enthält. Diese feste Lösung von SnO_2 in In_2O_3 ist lichtdurchlässig und gleichzeitig elektrisch gut leitend. ITO wird daher beispielsweise auf Glasplatten aufgedampft, aus denen man elektrisch beheizbare Cockpitverglasungen von Flugzeugen oder Ansteuerungselektroden von LCD-Displays herstellt.

17.9 Thallium und der Inert-Pair-Effekt

Während Aluminium eines der wichtigsten Metalle für uns ist, hat Thallium mit einer Weltjahresproduktion von nur ungefähr fünf Tonnen geringe Bedeutung. Thalliumverbindungen werden nur in Spezialbereichen eingesetzt. Zum Beispiel zählen Thallium(I)-bromid und Thallium(I)-iodid zu den wenigen Substanzen, die weitgehend durchlässig für Infrarotstrahlung sind. Man setzt diese Materialien deshalb als optische Bauelemente in Infrarot-Spektrometern ein.

Zu den chemisch interessanten Eigenschaften des Thalliums gehört die hohe Stabilität der Oxidationsstufe I. Das Konzept des **Inert-Pair-Effekts** ermöglicht eine Erklärung:

Die Elemente der Gruppe 13 haben eine s^2p^1-Elektronenkonfiguration auf der äußersten Schale. Diese Elemente können daher Verbindungen bilden, indem sie ihre drei Elektronen zur Ausbildung von drei kovalenten Bindungen nutzen. Seltener geben sie alle drei Elektronen ab und bilden dreifach positive Ionen. Die schwereren Elemente (ab der 4. Periode) der Gruppen, die sowohl s- als auch p-Elektronen haben, sind dafür bekannt, dass sie ionische Verbindungen bilden, in denen nur die p-Elektronen abgegeben werden. Dieses Verhalten nennt man den *Inert-Pair-Effekt* wegen des am Atom verbleibenden inerten s-Elektronenpaars. Jedoch ist dieser Begriff zunächst nur ein Name, keine Erklärung.

Um eine vernünftige Erklärung für die Bildung dieser niedrig geladenen Ionen zu finden, müssen wir *relativistische Effekte* (Abschnitt 3.4) berücksichtigen. Bei hohen Kernladungszahlen Z ist die Geschwindigkeit, insbesondere der kernnahen 1s-Elektronen beinahe so groß wie die Lichtgeschwindigkeit. Dies wird durch das Bohrsche Atommodell verständlich, denn die hohe Coulombsche Anziehungskraft muss durch die Zentrifugalkraft kompensiert werden:

$$\frac{Z \cdot e^2}{4 \cdot \pi \cdot \varepsilon_0 \cdot r^2} = -\frac{m \cdot v^2}{r}$$

Ähnlich hohe Geschwindigkeiten haben auch die s-Elektronen höherer Hauptquantenzahlen, weil auch sie eine beträchtliche Aufenthaltswahrscheinlichkeit in der Nähe des Atomkerns haben. Nach der Relativitätstheorie hängt die Masse eines Teilchens m von seiner Geschwindigkeit v ab:

$$m = \frac{m_0}{\sqrt{1 - \left(\frac{v}{c}\right)^2}}$$

Für ein 1s-Elektron des Thalliums beträgt das v/c-Verhältnis etwa 0,6. Die Masse des Elektrons ist damit um 25 % größer als die Ruhemasse m_0.

Nach dem Bohrschen Atommodell ist der Bahnradius eines Elektrons der Hauptquantenzahl n umgekehrt zur Masse des Elektrons:

$$r_n = \frac{\varepsilon_0 \cdot n^2 \cdot h^2}{\pi \cdot m \cdot e^2}$$

Aufgrund der relativistischen Massenzunahme schrumpft das Orbital. Als Folge davon steigt die Anziehungskraft des Atomkerns, das Elektron wird stärker festgehalten. Dieser Effekt spiegelt sich in der Ionisierungsenthalpie für die Valenzelektronen wider. Geht man innerhalb einer Gruppe von oben nach unten, so nehmen die ersten Ionisierungsenthalpien normalerweise ab. Ein Vergleich der Daten für Aluminium und Thallium zeigt jedoch, dass für die Abtrennung des äußersten p-Elektrons beim Thallium geringfügig mehr Energie aufgewendet werden muss; die Ionisierungsenthalpien der beiden s-Elektronen des Thalliums sind signifikant größer als für Aluminium (Tabelle 17.3).

Tabelle 17.3 Ionisierungsenthalpien von Aluminium und Thallium

	Ionisierungsenthalpie (MJ · mol^{-1})		
	$X(g) \rightarrow X^+(g) + e^-$	$X^+(g) \rightarrow X^{2+}(g) + e^-$	$X^{2+}(g) \rightarrow X^{3+}(g) + e^-$
Aluminium	0,58	1,82	2,75
Thallium	0,60	1,98	2,88

Das Thallium(I)-Ion ist extrem toxisch: Als großes, wasserlösliches Ion mit geringer Ladung kann es ähnlich wie ein Kalium-Ion in die Zellen eindringen. Dort angelangt, greift es in Enzymprozesse ein und verursacht – bei entsprechender Dosis – den Tod.

Bei einer Reihe von Verbindungen ist die Formel zunächst irreführend. So würde man annehmen, dass die Verbindung TlI$_3$ Thallium in der Oxidationsstufe III enthält. Eine Strukturanalyse zeigt jedoch, dass die Verbindung Tl$^+$- und I$_3^-$-Ionen enthält. Eine Erklärung ergibt sich mit Hilfe der Elektrodenpotentiale:

Tl^{3+}(aq) + 2 e$^-$ ⇌ Tl$^+$(aq) E^0 = 1,25 V
I$_3^-$(aq) + 2 e$^-$ ⇌ 3 I$^-$(aq) E^0 = 0,55 V

Iodid reduziert also Thallium(III) zu Thallium(I), wobei es selbst zum Triiodid-Ion (I$_3^-$) oxidiert wird.

Erinnern wir uns an den Born-Haber-Kreisprozess: Die Energie, die aufgebracht werden muss, um das Kation zu bilden, muss im Wesentlichen durch eine hohe Gitterenthalpie ausgeglichen werden, um stabile ionische Verbindungen möglich zu machen. Allerdings ist das Thallium(III)-Ion sehr viel größer als das Aluminium(III)-Ion, daher ist die Gitterenergie einer ionischen Thallium(III)-Verbindung geringer als die der analogen Aluminiumverbindung. Diese beiden Faktoren, besonders die höhere Ionisierungsenergie, führen zur verminderten Stabilität des Thallium(III)-Ions und somit zu einer Stabilisierung des Thallium-Ions in der Oxidationsstufe I. Mit seiner sehr geringen Ladungsdichte (9 C·mm^{-3}) ähnelt das Thallium(I)-Ion in gewisser Weise den schweren Alkalimetallen, andererseits auch dem Silber-Ion. Tabelle 17.4 zeigt die chemischen Ähnlichkeiten und Unterschiede zwischen dem Thallium(I)-Ion und den Ionen von Silber und Kalium.

Tabelle 17.4 Vergleich der Eigenschaften von Thallium(I)-Ionen mit denen der Kalium- und Silber-Ionen

Eigenschaften von Kalium	Eigenschaften von Silber	Eigenschaften von Thallium(I)
bildet bevorzugt Hyperoxid und Peroxid	bildet normales Oxid (Fällung von Ag$_2$O bei Reaktion von AgNO$_3$-Lösung mit Natronlauge)	bildet normales Oxid
Hydroxid gut löslich; die stark alkalische Lösung reagiert mit Kohlenstoffdioxid zum Carbonat	Hydroxid existiert nicht als Feststoff; eine Suspension von Silberoxid reagiert jedoch alkalisch, enthält also OH$^-$-Ionen	Hydroxid gut löslich; die stark alkalische Lösung reagiert mit Kohlenstoffdioxid zum Carbonat
alle Halogenide löslich	Fluorid löslich, andere Halogenide schwerlöslich	Fluorid löslich, andere Halogenide schwerlöslich

Man kennt auch Thallium(III)-halogenide. Sie verhalten sich wie typische kovalente Halogenide, was man es wegen der hohen Ladungsdichte des Thallium(III) (110 C·mm^{-3}) auch erwarten würde. Zum Beispiel reagiert Thallium(III)-fluorid mit Wasser zu Thalliumhydroxid und Fluorwasserstoffgas.

$$\text{TlF}_3(s) + 3\,\text{H}_2\text{O}(l) \rightarrow \text{Tl(OH)}_3(s) + 3\,\text{HF}(g)$$

17.10 Ähnlichkeiten zwischen Bor und Silicium

Ein Vergleich zwischen Bor und Silicium ist unser drittes und letztes Beispiel einer *Schrägbeziehung*, allerdings unterscheidet sich dieser Fall sehr von den beiden Beispielen, die in Kapitel 15 und 16 besprochen wurden. Beim Vergleich von Bor und Silicium sind ausschließlich kovalente Bindungen von Bedeutung, daher kann hier nicht mit dem Begriff der Ladungsdichte argumentiert werden. In der Tat ist diese Schrägbeziehung nicht ganz leicht zu verstehen, abgesehen davon, dass beide Elemente an der Grenze zwischen Metall und Nichtmetall stehen und ähnliche Elektronegativitäten haben. Einige der Ähnlichkeiten sind im Folgenden zusammengestellt:
- Bor bildet wie Silicium ein festes, saures Oxid (B$_2$O$_3$ bzw. SiO$_2$). Das Oxid des Bors ähnelt aber weder dem des Aluminiums, dessen Oxid amphoter ist, noch dem des Kohlenstoffs, das zwar sauer, als Molekülverbindung aber gasförmig ist.

- Borsäure (H_3BO_3) ist eine sehr schwache Säure, die in mancher Beziehung der Kieselsäure (H_4SiO_4) sehr ähnlich ist. Sie hat keine Ähnlichkeit mit dem amphoteren Aluminiumhydroxid ($Al(OH)_3$).
- Es gibt eine Vielzahl von polymeren Boraten und Silicaten, die als gemeinsames Strukturmerkmal eine Eckenverküpfung der Polyeder um das Silicium- bzw. Bor-Atom aufweisen.
- Bor bildet wie Silicium eine Reihe von molekular aufgebauten, gasförmigen, brennbaren Hydriden. Es gibt nur ein Aluminiumhydrid – dieses ist ein Feststoff.

Es gibt jedoch auch einige interessante Parallelen zwischen Aluminium und Silicium, besonders zwischen den komplexen Oxoanionen der beiden Elemente. Von diesen sind die cyclischen Anionen die interessantesten. Sie haben eine identische Ringstruktur (aber natürlich unterschiedliche Ladungen): $[Al_6O_{18}]^{18-}$ und $[Si_6O_{18}]^{12-}$ (Abbildung 17.22). Einige Salze mit diesen Anionen haben eine gewisse Bedeutung. So ist das Calciumaluminat $Ca_9[Al_6O_{18}]$ einer der Hauptbestandteile des Portlandzements. Berylliumaluminiumsilicat $Be_3Al_2[Si_6O_{18}]$ – als Mineral unter dem Namen *Beryll* bekannt – findet als Edelstein Verwendung.

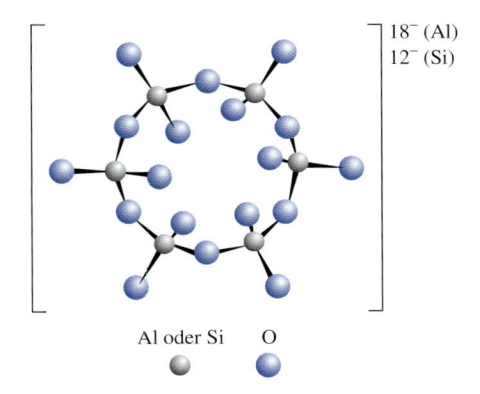

17.22 Struktur der Ionen $Al_6O_{18}^{18-}$ und $Si_6O_{18}^{12-}$.

17.11 Biologische Aspekte

Die Elemente der Gruppe 13 stellen die größte Herausforderung für die bioanorganische Chemie dar. Man weiß von Bor, dass es essentiell für das Pflanzenwachstum ist. Besonders Zuckerrüben brauchen relativ viel Bor für ein gesundes Wachstum. Trotzdem ist die biologische Rolle, die Bor hierbei spielt, immer noch nicht geklärt.

Aluminium geriet in Verdacht, die Alzheimer-Krankheit auszulösen. Ein Beweis konnte jedoch nicht geführt werden. Dennoch ist Aluminium sicherlich für tierisches und menschliches Leben ein toxisches Element. Untersuchungen haben gezeigt, dass der Schaden an Fischbeständen in sauren Seen nicht vom niedrigen pH-Wert herrührt, sondern auf die höhere Konzentration von Aluminium-Ionen im Wasser als Folge des niedrigeren pH-Wertes (Abbildung 17.19) zurückzuführen ist. Tatsächlich reicht eine Aluminium-Ionenkonzentration von $5 \cdot 10^{-6}$ mol·l^{-1} aus, um Fische zu töten.

Die menschliche Toleranzschwelle liegt höher, aber dennoch scheint Vorsicht bezüglich der Aufnahme von Aluminiumverbindungen geboten. Tee hat einen hohen Anteil an Aluminium-Ionen, diese bilden jedoch inerte Verbindungen, wenn man Milch oder Zitrone hinzugibt. Es ist ratsam, den Sprühnebel von aluminiumhaltigen

Deodorantsprays nicht einzuatmen, da Aluminium-Ionen über die Nasenschleimhaut in die Blutbahn geleitet werden können.

Es scheint nun so, als verringere ein anderes essentielles Element die Gefahr, die vom Aluminium ausgeht, nämlich Silicium. Untersuchungen haben gezeigt, dass Silicium in Form löslicher Silicate die Aufgabe hat, Aluminium-Ionen zu binden. Es bilden sich schwerlösliche – und damit ungefährliche – Alumosilicate.

Aluminium ist das am häufigsten vorkommende Metall-Ion in Böden. Aus diesem Grund stellt es auch ein Problem dar, wenn durch Versauerung von Böden Aluminium-Ionen freigesetzt werden. Für manche Nutzpflanzen, wie zum Beispiel Mais, ist es nach Wassermangel die wichtigste Ursache, die zu einer Verringerung des Ernteertrags führt – manchmal bis zu 80 Prozent. Das Aluminium-Ion gelangt in die Wurzelzellen der Pflanze und hemmt den Zellstoffwechsel. Bringt man Kalk auf versauerte Böden, so erhöht sich der pH-Wert und das Aluminium-Ion wird in unlösliche Hydroxoverbindungen überführt. Einige Pflanzen sind von Natur aus resistent gegen Aluminium, da ihre Wurzeln Zitronen- oder Apfelsäure an den Boden abgeben. Diese Säuren bilden Komplexe mit den Aluminium-Ionen, die von den Wurzeln nicht aufgenommen werden können. Gentechniker arbeiten daran, Zitronensäure produzierende Gene in wichtige Nutzpflanzen einzubauen, was möglicherweise zu besseren Ernteerträgen führt.

17.12 Die wichtigsten Reaktionen im Überblick

Berücksichtigt sind hier nur die beiden in der Praxis wichtigen Elemente Bor und Aluminium.

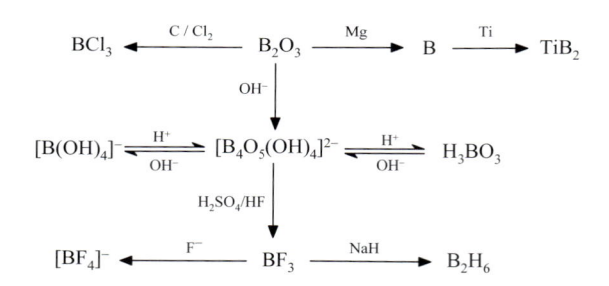

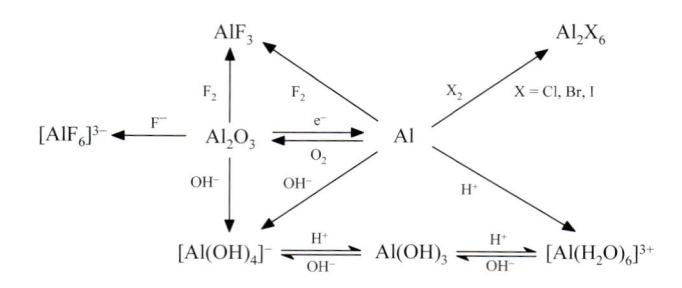

$$BCl_3 \xleftarrow{C/Cl_2} B_2O_3 \xrightarrow{Mg} B \xrightarrow{Ti} TiB_2$$

$$B_2O_3 \xrightarrow{OH^-} [B_4O_5(OH)_4]^{2-}$$

$$[B(OH)_4]^- \underset{OH^-}{\overset{H^+}{\rightleftarrows}} [B_4O_5(OH)_4]^{2-} \underset{OH^-}{\overset{H^+}{\rightleftarrows}} H_3BO_3$$

$$[B_4O_5(OH)_4]^{2-} \xrightarrow{H_2SO_4/HF} BF_3$$

$$[BF_4]^- \xleftarrow{F^-} BF_3 \xrightarrow{NaH} B_2H_6$$

$$AlF_3$$
$$Al_2X_6 \quad X = Cl, Br, I$$

$$[AlF_6]^{3-} \xleftarrow{F^-} Al_2O_3 \underset{O_2}{\overset{e^-}{\rightleftarrows}} Al \xrightarrow{X_2} Al_2X_6$$

$$Al_2O_3 \xrightarrow{OH^-} [Al(OH)_4]^- \underset{OH^-}{\overset{H^+}{\rightleftarrows}} Al(OH)_3 \underset{OH^-}{\overset{H^+}{\rightleftarrows}} [Al(H_2O)_6]^{3+}$$

ÜBUNGEN

17.1 Stellen Sie vollständige Reaktionsgleichungen für die folgenden chemischen Reaktionen auf:
a) flüssiges Kalium mit festem Aluminiumchlorid,
b) festes Bor(III)-oxid mit Ammoniakgas bei hoher Temperatur,
c) elementares Aluminium mit Hydroxid-Ionen,
d) Tetraboran (B_4H_{10}) mit Sauerstoff,
e) flüssiges Bor(III)-bromid mit Wasser,
f) Aluminiummetall mit Wasserstoff-Ionen,
g) Thallium(I)-hydroxid-Lösung mit Kohlenstoffdioxid.

17.2 Wegen seiner hohen Ladungsdichte würde man erwarten, dass Aluminium im Allgemeinen nicht als freies Al(III)-Ion existiert. Allerdings existiert es in der Form des hydratisierten Ions. Erklären Sie warum.

17.3 Zeichnen Sie die Valenzstrichformel für das Peroxoborat-Ion $B_2(O_2)_2(OH)_4^{2-}$. Welche Oxidationsstufe ergibt sich für die Atome der O_2-Brücken?

17.4 Berechnen Sie aus der Bor/Fluor-Bindungsenthalpie im Bor(III)-fluorid ($645\,kJ\cdot mol^{-1}$) die Bildungsenthalpie von Bor(III)-fluorid. Welche zwei Faktoren führen zu diesem besonders hohen Wert?

17.5 Errechnen Sie aus der Bor/Chlor-Bindungsenthalpie im Bor(III)-chlorid ($442\,kJ\cdot mol^{-1}$) die Bildungsenthalpie von Bor(III)-chlorid (gasförmig). Warum weicht dieser Wert so stark von dem des Bor(III)-fluorids ab?

17.6 Welche der folgenden Verbindungen bilden wahrscheinlich eine diamantartige Struktur aus? Geben Sie jeweils eine Begründung:
a) Aluminiumphosphid, b) Silberiodid, c) Blei(II)-oxid.

17.7 Erklären Sie, warum Folien aus Aluminium nicht vollständig zu Aluminiumoxid oxidiert werden, obwohl Aluminium ein hochreaktives Metall ist.

17.8 Erklären Sie, warum Aluminiumchlorid-Lösungen sauer reagieren.

17.9 Magnesium reagiert nur mit Säuren, wohingegen Aluminium sowohl mit Säuren als auch mit Basen reagiert. Was sagt dieses Verhalten über Aluminium aus?

17.10 Beschreiben Sie kurz die Schritte der industriellen Gewinnung von Aluminium aus Bauxit.

17.11 Erläutern Sie die Umweltprobleme bei der Aluminiumverhüttung.

17.12 Warum sind die Aluminiumhütten in anderen Ländern angesiedelt als in denen, die das Erz fördern oder das Aluminium verbrauchen?

17.13 Vergleichen Sie die Bindungen in den verschiedenen Aluminiumhalogeniden. Diskutieren Sie dies im Vergleich zu den Borhalogeniden.

17.14 Was ist ein Alaun?

17.15 Erklären Sie den Unterschied zwischen einem Spinell und einem inversen Spinell.

17.16 Erklären Sie, warum Thallium(I)-Verbindungen üblicherweise ionische Spezies sind, Thallium(III)-Verbindungen sich hingegen eher kovalent verhalten.

17.17 Stellen Sie die Chemie von Bor und Silicium gegenüber und vergleichen Sie diese.

17.18 Warum stellt Aluminium besonders in Verbindung mit saurem Regen ein Umweltproblem dar?

17.19 Stellen Sie vollständige Reaktionsgleichungen für jede Reaktion auf, die in „Die wichtigsten Reaktionen im Überblick" genannt ist.

17.20 Aluminiumfluorid (AlF_3) ist unlöslich in reinem flüssigen Fluorwasserstoff, löst sich aber bereitwillig in flüssigem Fluorwasserstoff, der Natriumfluorid enthält. Wenn Bor(III)-fluorid in die Lösung geleitet wird, fällt Aluminiumfluorid aus. Erstellen Sie zwei Gleichungen, die diese Beobachtungen beschreiben und schlagen Sie eine Erklärung vor.

17.21 Zeolith A ($Na_{12}[(AlO_2)_{12}(SiO_2)_{12}]\cdot 27\,H_2O$) ist ein guter Ionenaustauscher, der Ionen wie z.B. Calcium und Magnesium aus dem Trinkwasser entfernt. Welche Masse an Zeolith müsste eine Hauswasser-Enthärtungsanlage enthalten, wenn bei einer Gesamtkonzentration von $2\cdot 10^{-3}\,mol\cdot l^{-1}$ alle Calcium- und Magnesium-Ionen entfernt werden sollen und eine Regeneration erst nach einem Durchfluss von $10^6\,l$ erforderlich ist?

17.22 Das Mineral Phlogopit hat die Formel $KMg_x[AlSi_3O_{10}](OH)_2$. Wie groß ist x?

17.23 Wasserfreies Aluminium(III)-chlorid löst sich im basischen Lösemittel CH_3CN. Es bildet sich eine elektrisch leitende Lösung. Das Kation hat die Formel $[Al(NCCH_3)_6]^{3+}$. Schlagen Sie eine Formel für das Anion vor und stellen Sie eine vollständige Reaktionsgleichung auf.

17.24 Bor bildet eine Verbindung $B_2H_2(CH_3)_4$. Machen Sie einen begründeten Strukturvorschlag.

17.25 Wenn Gallium(III)-Salze in Wasser gelöst werden, entstehen zunächst $[Ga(H_2O)_6]^{3+}$(aq)-Ionen. Dann jedoch fällt langsam ein weißer Niederschlag von GaO(OH) aus. Stellen Sie eine vollständige Reaktionsgleichung für den Vorgang auf und schlagen Sie eine Möglichkeit vor, wie das Gallium(III)-Ion in Lösung gehalten werden kann.

17.26 Thallium bildet ein Selenid der Zusammensetzung TlSe. In welcher Oxidationsstufe scheint Thallium vorzuliegen? Aus welchen Teilchen ist die Verbindung wahrscheinlich aufgebaut?

17.27 Galliumdichlorid ($GaCl_2$) ist eine diamagnetische Verbindung. In Lösung ist sie ein Elektrolyt, der ein einfach geladenes Kation und ein Tetrachloro-Anion enthält. Schlagen Sie eine mögliche Struktur für die Verbindung vor.

17.28 Die Verbindung B_3F_5 kann bei sehr niedrigen Temperaturen synthetisiert werden. Es gibt spektroskopische Beweise, dass im Molekül Fluor-Atome mit zwei verschiedenen chemischen Umgebungen – im Anzahlverhältnis 4:1 – auftreten; auch bei den Bor-Atomen gibt es zwei verschiedene Umgebungen (Anzahlverhältnis 2:1). Schlagen Sie eine Struktur für das Molekül vor.

17.29 Bei der Neutralisation einer Borsäure-Lösung mit Natronlauge bilden sich $B(OH)_4^-$-Anionen. Inwiefern reagiert Borsäure dabei als Lewis-Säure?

17.30 Berechnen Sie die Standard-Bildungsenthalpie von Bor(III)-oxid unter Berücksichtigung des Werts $\Delta H_R^0 = -2\,039$ kJ·mol^{-1} für die Verbrennung von B_2H_6. Weitere benötigte Werte sind den Tabellen im Anhang zu entnehmen.

17.31 Bor bildet zwei isoelektronische Anionen: BO_2^- und BC_2^{5-}. Zeichnen Sie die Valenzstrichformeln für beide Ionen. Es gibt noch ein drittes hierzu isoelektronisches Ion: BN_2^{n-}. Welche Ladung hat dieses Ion? Welchen Bindungswinkel am Zentralatom erwarten Sie?

Neben dem Nichtmetall Kohlenstoff gehören die Halbmetalle Silicium und Germanium sowie die Metalle Zinn und Blei zu dieser Gruppe. Jedes dieser Elemente hat eine ganz besondere Bedeutung in Natur und Technik. Im Falle des Kohlenstoffs gehören zwar die meisten Verbindungen in den Bereich der organischen Chemie, einige Kohlenstoffverbindungen sind aber auch für die anorganische Chemie von Interesse. Die Chemie des Siliciums liefert den Schlüssel für ein Verständnis des Aufbaus der häufigsten mineralischen Stoffe unserer Erdkruste, der Silicate.

Die Elemente der Gruppe 14: Die Kohlenstoffgruppe

18

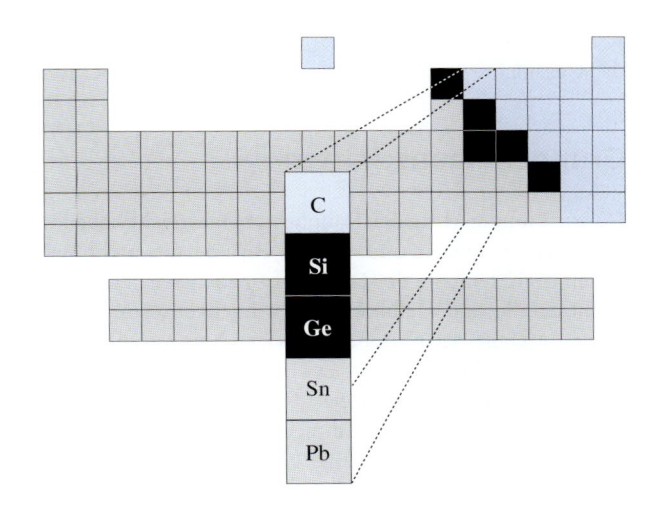

Kapitelübersicht

18.1 Kohlenstoff und seine Modifikationen
Exkurs: Die Entdeckung der Fullerene
Exkurs: Kohlenstoff-Nanoröhrchen und Graphen
18.2 Isotope des Kohlenstoffs
Exkurs: Warum gibt es so viele Kohlenstoffverbindungen?
18.3 Carbide
18.4 Kohlenstoffmonoxid
18.5 Kohlenstoffdioxid
Exkurs: Kohlenstoffdioxid, ein überkritisches Lösemittel
Exkurs: Kohlenstoffdioxid, das Killergas

18.6 Hydrogencarbonate und Carbonate
18.7 Der Treibhauseffekt
18.8 Kohlenstoffdisulfid und Kohlenstoffoxidsulfid
18.9 Die Halogenide des Kohlenstoffs
18.10 Chlorfluorkohlenwasserstoffe (CFKs) und verwandte Verbindungen
18.11 Methan
18.12 Cyanide
18.13 Silicium – das Element der Halbleitertechnik
Exkurs: Metallsilicide
18.14 Molekülverbindungen des Siliciums

18.15 Siliciumdioxid
Exkurs: Silicium/Schwefel-Verbindungen
18.16 Silicate und Alumosilicate
Exkurs: Vom Wasserglas zum Kieselgel
18.17 Gläser
18.18 Keramische Werkstoffe
18.19 Silicone
18.20 Germanium, Zinn und Blei
Exkurs: Lichtwellenleiter – Informationsübertragung mit Licht
18.21 Biologische Aspekte
18.22 Die wichtigsten Reaktionen im Überblick

Wahrscheinlich hat keine andere anorganische Verbindung den Lauf der Geschichte so stark beeinflusst wie Blei(II)-acetat (Pb(CH$_3$CO$_2$)$_2$): Vor 2000 Jahren, zur Zeit des Römischen Reiches, war Blei eines der wichtigsten Metalle. Damals wurden jährlich etwa 60 000 Tonnen Blei erschmolzen, um das ausgefeilte Wasserleitungssystem der Römer aufzubauen. (Ein vergleichbarer Lebensstandard wurde erst wieder gegen Ende des 19.Jahrhunderts erreicht.) Aufgrund des hohen Bleigehalts in menschlichen Knochen aus der Römerzeit wissen wir, dass die Einwohner Roms dieses Element in hohen Konzentrationen aufgenommen haben. Es waren jedoch nicht die Wasserleitungen, von denen die größte Gefahr ausging, sondern der Wein: Die damals zur Weinherstellung benutzten Hefen machten den Wein ziemlich sauer. Die Winzer setzten daher einen Süßstoff zu, *Sapa*, den sie durch Kochen von Traubensaft in Bleigefäßen erhielten. Der süße Geschmack beruhte auf der Bildung des als „Bleizucker" bezeichneten Blei(II)-acetats. Dieser Süßstoff wurde auch bei der Speisezubereitung benutzt: ungefähr 20 Prozent der Speiserezepte dieser Zeit sehen Sapa als Süßmittel vor. Tatsächlich ähneln die gesundheitlichen Probleme der römischen Kaiser (von denen einige exzessive Weintrinker waren) den Symptomen einer Bleivergiftung. Unglücklicherweise erkannten die Römer nie einen Zusammenhang zwischen dem Gebrauch von Sapa und den Krankheiten, die ihre Führer plagten (Sterilität, Nervenstörungen). So wurde der Lauf der Geschichte wahrscheinlich durch diese süße, aber tödliche Verbindung geändert.

Gruppeneigenschaften

Da wir nun die Mitte der Hauptgruppen erreicht haben, dominieren bei den Elementen der zweiten, dritten und vierten Periode die nichtmetallischen Eigenschaften. Diese ersten drei Elemente der Gruppe 14 haben sehr hohe Schmelztemperaturen, wie sie für Nichtmetalle und Halbmetalle mit hochvernetztem Aufbau charakteristisch sind. Die beiden Metalle der Gruppe schmelzen bereits bei relativ niedrigen Temperaturen. Wie bei Metallen üblich, sind sie in einem großen Temperaturbereich flüssig (Tabelle 18.1).

Alle Elemente der Gruppe 14 bilden Verbindungen, in denen sie die Oxidationsstufe IV haben. In diesen Verbindungen liegen kovalente Bindungen vor, sogar im Falle der beiden Metalle. Zinn und Blei kommen auch in der Oxidationsstufe II vor; in dieser Oxidationsstufe bilden sie überwiegend ionische Verbindungen. Zusätzlich existiert die Oxidationsstufe –IV für die drei Nichtmetalle bzw. Halbmetalle, wenn Bindungen zu Atomen mit geringerer Elektronegativität gebildet werden.

Das Oxidationszustands-Diagramm in Abbildung 18.1 zeigt die wichtigsten Zusammenhänge: Für Kohlenstoff und Germanium ist die Oxidationsstufe IV stabiler als die Stufe II. Für Zinn und Blei hingegen ist die Oxidationsstufe II stabiler als die Stufe IV. Es gibt kaum Siliciumverbindungen, in denen Silicium in der Oxidationsstufe II vorkommt. Blei ist im Gegensatz dazu in der Stufe II am stabilsten und wirkt in der Oxidationsstufe IV stark oxidierend. Eines der wenigen Beispiele für eine Verbindung des Kohlenstoffs in der Oxidationsstufe II ist Kohlenstoffmonoxid. Bei den Hydriden wird die Oxidationsstufe –IV weniger stabil und stärker reduzierend, wenn man innerhalb der Gruppe nach unten geht.

Tabelle 18.1 Schmelz- und Siedetemperaturen der Elemente der Gruppe 14

Element	Schmelztemperatur (°C)	Siedetemperatur (°C)
Kohlenstoff (C)	≈ 3 700 (Sublimation)	
Silicium (Si)	1 420	3 220
Germanium (Ge)	938	2 833
Zinn (Sn)	232	2 602
Blei (Pb)	327	1 746

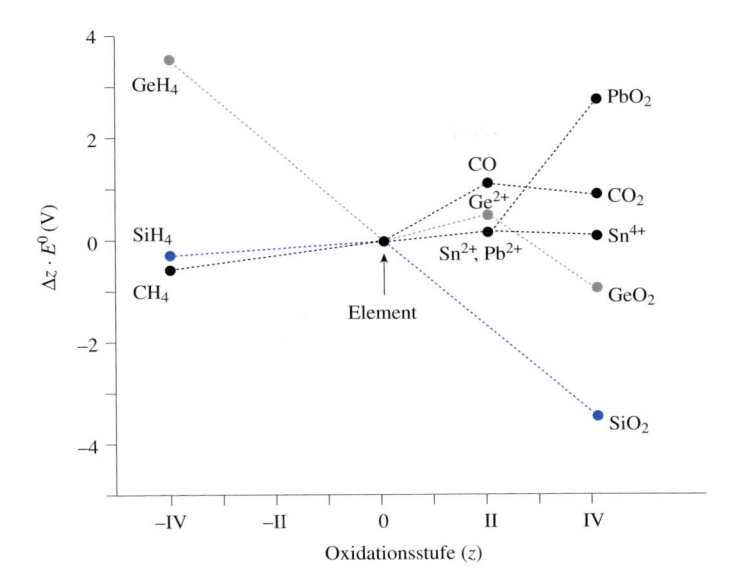

Abbildung 18.1 Frost-Diagramm für die Elemente der Kohlenstoffgruppe (in saurer Lösung).

18.1 Kohlenstoff und seine Modifikationen

Zwei Modifikationen des Kohlenstoffs, Graphit und Diamant, sind seit langer Zeit bekannt. Die *Fullerene*, eine völlig andere Klasse von Modifikationen, wurden jedoch erst in neuester Zeit entdeckt.

Diamant

In der Diamant-Modifikation des Kohlenstoffs liegt ein Netzwerk tetraedrisch angeordneter, kovalenter Einfachbindungen vor (Abbildung 18.2). Diamant ist ein elektrischer Isolator, aber ein hervorragender Wärmeleiter, ungefähr fünfmal besser als Kupfer. Wir können die Wärmeleitfähigkeit von der Struktur des Diamanten her verstehen. Da ein Diamantkristall von einem durchgängigen Netzwerk kovalenter Bindungen zusammengehalten wird, hat jedes einzelne Kohlenstoff-Atom nur einen sehr geringen Bewegungsspielraum. Daher wird zugeführte Wärmeenergie als Schwingungsanregung sofort auf den ganzen Diamanten übertragen. Diamant ist bis über 4 000 °C ein Feststoff, da viel Energie benötigt wird, um die starken kovalenten Bindungen zu brechen.

Im „normalen" Diamanten ist die Anordnung der Tetraeder die gleiche wie die in der kubischen ZnS-Struktur (Zinkblende). Es gibt jedoch auch eine extrem seltene Form, den *Lonsdaleit* (benannt nach der berühmten Kristallografin Kathleen Lonsdale), in der die Tetraeder wie in der hexagonalen ZnS-Struktur (Wurtzit) angeordnet sind. Der erste Lonsdaleit-Kristall wurde im *Canyon-Diablo*-Meteorit in Arizona gefunden. Inzwischen wurde er auch aus Graphit bei hohem Druck und hohen Temperaturen synthetisiert.

Natürliche Diamanten in der kubischen Struktur findet man vorwiegend in Afrika. Zaire ist insgesamt der größte Produzent (29 Prozent), jedoch produziert Südafrika (17 Prozent) immer noch die meisten Diamanten mit Edelsteinqualität. Russland liegt an zweiter Stelle mit 22 Prozent der Weltproduktion.

Die Dichte von Diamant ist mit 3,5 g·cm^{-3} sehr viel größer als die des Graphits (2,3 g·cm^{-3}). Aufgrund des Prinzips von Le Chatelier kann man schließen, dass die Umwandlung von Graphit in Diamant durch hohen Druck begünstigt wird. Um die

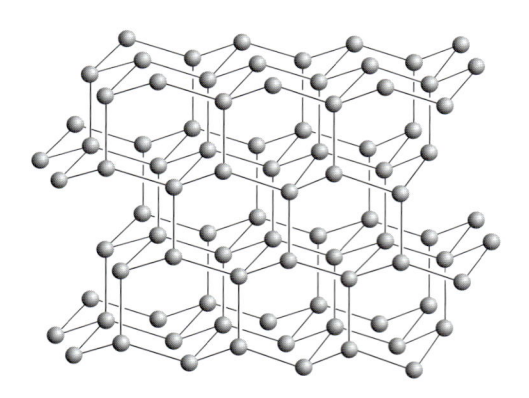

18.2 Diamantstruktur.

beträchtliche Aktivierungsbarriere für die Neuanordnung kovalenter Bindungen zu überwinden, sind sehr hohe Temperaturen erforderlich. Die erste industrielle Produktion von größeren Diamantmengen gelang der General Electric Company um 1940. Man setzt hohe Temperaturen (ungefähr 1 600 °C) und extrem hohe Drücke ein (ungefähr 5 GPa, also das 50 000fache des Atmosphärendrucks). Die so produzierten Diamanten sind zwar klein und haben keine Edelsteinqualität, sie eignen sich aber hervorragend für die Bestückung von Bohrern sowie von Schleif- und Trennscheiben und als Schleifmittel.

Die freie Enthalpie von Diamant ist geringfügig höher (2,9 kJ·mol^{-1}) als die von Graphit. Dass sich Diamanten nicht in Graphit umwandeln, liegt demnach an der extrem geringen Reaktionsgeschwindigkeit für diesen Prozess. Westliche Wissenschaftler waren daher sehr skeptisch, als sowjetische Forscher behaupteten, sie hätten eine Methode gefunden, Diamantschichten bei niedrigen Temperaturen und Drücken aus einer Reaktion in der Gasphase zu erzeugen. Inzwischen ist dies eine etablierte Methode um besonders harte Überzüge auf verschiedenen Gegenständen herzustellen – auf chirurgischen Messern beispielsweise. Diamantfilme sind außerdem vielversprechende Überzüge für Mikroprozessorchips in Computern. Ein ständiges Problem ist nämlich die Wärmeentwicklung durch den elektrischen Widerstand der Schaltkreise auf engstem Raum. Durch die sehr hohe thermische Leitfähigkeit von Diamant sind Chips mit einem Diamantüberzug besser kühlbar. Man erwartet, dass die Diamantfilmtechnologie eine der großen Wachstumsindustrien des nächsten Jahrzehnts wird.

Dass es sich beim Diamant um eine Form des Kohlenstoffs handelt, hatten Wissenschaftler schon Ende des 18. Jahrhunderts gezeigt. Aufsehen erregte Lavoisiers Demonstration auf einem öffentlichen Platz in Paris: Mithilfe eines riesigen Brennglases erhitzte er einen Diamanten in einer Glasglocke so stark, dass er mit dem Luftsauerstoff verbrannte. Das Verbrennungsprodukt war nichts anderes als das von der Verbrennung von Holzkohle längst bekannte Kohlenstoffdioxid-Gas.

Graphit

Graphit besteht aus Schichten von Kohlenstoff-Atomen (Abbildung 18.3). Innerhalb der Schichten halten kovalente Bindungen die Kohlenstoff-Atome in sechsgliedrigen Ringen zusammen. Die C/C-Bindungslänge in Graphit beträgt 142 pm. Die Bindungen sind damit praktisch genauso lang wie im Benzol-Molekül (C_6H_6) mit 140 pm, aber sehr viel kürzer als in Diamant (154 pm). Damit ergibt sich ein Hinweis auf Mehrfachbindungen zwischen den Atomen innerhalb einer Schicht. Man nimmt an, dass Graphit ähnlich wie Benzol ein delokalisiertes π-Elektronensystem in der Ringebene aufweist. Diese Anordnung entspricht einer durchschnittlichen Bindungsordnung von 1⅓ für die C/C-Bindungen. Die gemessene Bindungslänge stimmt mit dieser Annahme überein.

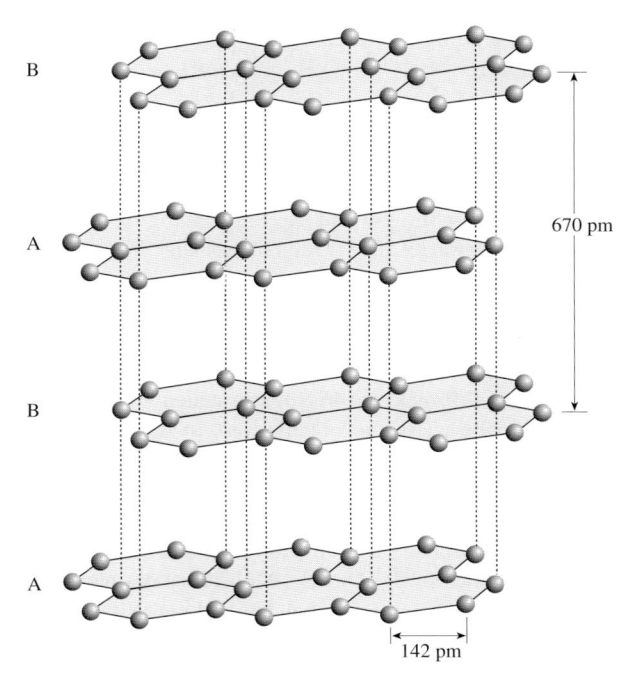

18.3 Graphitstruktur.

Der Abstand der Kohlenstoffschichten zueinander ist relativ groß (335 pm), mehr als doppelt so groß wie der Van-der-Waals-Radius eines Kohlenstoff-Atoms. Folglich ist die Anziehung zwischen den Schichten nur gering. In der üblichen hexagonalen Form des Graphits sind die Schichten abwechselnd angeordnet, sodass sie eine *ABAB*-Schichtfolge ergeben. Die Hälfte der Kohlenstoff-Atome einer Schicht liegt dabei in einer Linie mit den Kohlenstoff-Atomen der darüber und darunter liegenden Schichten. Die andere Hälfte liegt oberhalb bzw. unterhalb der Zentren benachbarter Schichten.

Diese Schichtstruktur erklärt eine der interessantesten Eigenschaften von Graphit – seine Fähigkeit, elektrischen Strom zu leiten. Genau ausgedrückt: Die Leitfähigkeit von Graphit ist parallel zu den Schichtebenen ungefähr 5 000-mal größer als senkrecht zu den Schichtebenen. Graphit ist außerdem ein hervorragendes Schmiermittel, da die Schichten der Kohlenstoff-Atome gegeneinander verschoben werden können.

Obwohl Graphit thermodynamisch stabiler ist als Diamant, so ist er doch aufgrund der Schichtstruktur kinetisch viel reaktiver: Eine große Anzahl von Elementen und Verbindungen, von den Alkalimetallen über die Halogene bis zu Metallhalogeniden, reagieren mit Graphit. Teils bleibt dabei die Oxidationsstufe erhalten; vielfach werden aber Elektronen abgegeben oder aufgenommen. In den gebildeten Produkten wird die Struktur des Graphits nur wenig verändert, denn die eindringenden Atome oder Ionen passen oft in einem bestimmten stöchiometrischen Verhältnis zwischen die Schichten (z.B. KC_8, $C_{27}^+AlCl_4^- \cdot 2\,AlCl_3$, $C_{24}^+[HSO_4]^- \cdot 2\,H_2SO_4$). Solche Einlagerungsverbindungen nennt man auch *Interkalationsverbindungen*.

Der Großteil des abgebauten Graphits kommt aus dem fernen Osten; China, Indien sowie Nord- und Südkorea sind die Hauptproduzenten. Bedeutende Lagerstätten gibt es auch in Mexiko und Kanada (Ontario). Graphit wird außerdem aus amorphem Kohlenstoff durch Erhitzen auf 2 500 °C für ungefähr 30 Stunden hergestellt.

Graphit wird in Schmiermitteln, als Elektrodenmaterial und als Graphit/Ton-Mischung in Bleistiften eingesetzt (Bleistifte enthalten also kein Blei!). Je größer der Tonanteil ist, desto „härter" ist der Bleistift. Die gebräuchliche Mischung wird mit „HB" bezeichnet. Mischungen mit höherem Tonanteil (härter) werden mit verschiedenen

„H"-Nummern bezeichnet, zum Beispiel „2H"; Mischungen mit höherem Graphitanteil hingegen mit „B"-Nummern.

Fullerene

Die Chemie ist voller Überraschungen und die Entdeckung neuer Modifikationen des Kohlenstoffs war völlig unerwartet. Das Problem bei aller Wissenschaft ist, dass uns unsere eigene Phantasie Grenzen setzt. Wenn Diamanten nicht natürlich auf der Erde vorkommen würden, wäre es sehr unwahrscheinlich, dass ein Chemiker seine Zeit damit „verschwenden" würde, zu versuchen, die Struktur von Graphit durch extrem hohe Drücke zu verändern. Noch unwahrscheinlicher wäre es, dass eine Organisation Fördermittel für ein solch „bizarres" Projekt zur Verfügung stellen würde.

Die Fullerene bilden eine Klasse von Strukturen, in denen Kohlenstoff-Atome in einer kugel- oder ellipsoidförmigen Struktur angeordnet sind. Um solch eine Struktur aufzubauen, bilden die Kohlenstoff-Atome fünf- und sechsgliedrige Ringe, ähnlich dem Linienmuster auf einem Fußball. (Bezeichnenderweise war der erste Name für C_{60} *Soccerane* von engl. *soccer* = Fußball.) Das am einfachsten herzustellende Molekül ist das kugelförmige 60-atomige Fulleren, C_{60}. Das C_{70}-Molekül ist das nächsthäufig verfügbare Fulleren; es ähnelt in der Form einem Rugbyball (Abbildung 18.4). Die Reihe dieser Modifikationen des Kohlenstoffs wurde nach Richard Buckminster Fuller benannt, einem genialen Architekten des zwanzigsten Jahrhunderts. Sein Name wird insbesondere mit der *geodätischen Kuppel* in Verbindung gebracht, einer Konstruktion von enormer Stabilität, die die gleiche strukturelle Anordnung wie das C_{60}-Molekül hat. Fuller verbesserte das Design der geodätischen Kuppel, die auf den Deutschen Walter Bauersfeld zurückgeht, erheblich und verschaffte ihm Popularität.

Eine Möglichkeit zur Darstellung der Fullerene besteht darin, Graphit mit einem energiereichen Laserstrahl auf Temperaturen von mehr als 10 000 °C zu erhitzen. Bei diesen Temperaturen lösen sich Teile der hexagonalen Schichten aus Kohlenstoff-Atomen von der Oberfläche ab und schließen sich zur Kugelform. Auf diesem Weg kann man auch Röhren dieses Strukturtyps erhalten – „Buckytubes" (engl. *tube*, Röhre). Seit man diese Moleküle kennt, findet man sie auch überall: Normaler Ruß enthält Fullerene, und man hat sie auch in natürlichen Graphit-Lagerstätten entdeckt. Einige Astrochemiker behaupten, dass diese Moleküle im interstellaren Raum weit verbreitet sind.

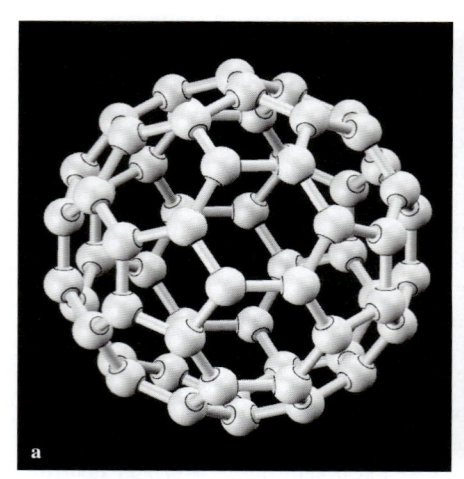

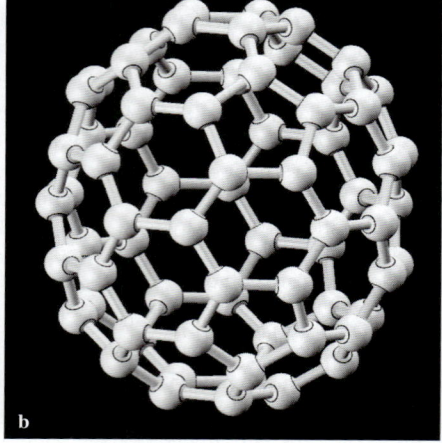

18.4 Molekülstruktur der Fullerene C_{60} (a) und C_{70} (b); Quelle: Department of Chemistry, State University of New York, Stony Brook.

Im Kristall ordnen sich C_{60}-Moleküle wie Metall-Atome an: sie bilden kubisch-flächenzentrierte Packungen. Allgemein haben die Fullerene geringe Dichten (ungefähr 1,5 g·cm^{-3}) und sind elektrische Nichtleiter. Fullerene sublimieren beim Erhitzen bereits bei Temperaturen um 400 °C. Das ist ein Indiz für relativ schwache intermolekulare Kräfte. Fullerene lösen sich dem entsprechend gut in unpolaren Lösemitteln wie Hexan oder Toluol. Obwohl sie in der festen Phase schwarz sind, zeigen Fullerene in Lösung eine große Bandbreite an Farben: C_{60} ergibt ein intensives Rotviolett, C_{70} ist weinrot und C_{76} hell gelbgrün.

Die Chemie dieser neuartigen Moleküle ist immer noch ein Feld intensiver Forschung. Fullerene kann man einfach zu Anionen reduzieren, indem man sie mit Metallen aus der Gruppe 1 oder 2 reagieren lässt. Rubidium zum Beispiel passt in die Zwischenräume des C_{60}-Gitters und man erhält die Verbindung $[Rb]_3^+[C_{60}]^{3-}$, die unterhalb von 28 K ein Supraleiter ist. Die an die Fullerene angelagerten Elektronen können sich wie Elektronen in einem Metall frei durch den Kristall bewegen. Da die Hohlräume in den Fullerenen vergleichsweise groß sind, können Metall-Ionen auch in die Kohlenstoffkäfige eingebaut werden. Ein Beispiel hierfür ist La@C_{82}; das Symbol @ soll hier verdeutlichen, dass sich das dreifach positive Metall-Ion innerhalb des Fulleren-Moleküls befindet. Eine chemische Reaktion mit der Oberfläche der Fulleren-Moleküle ist ebenfalls möglich, beispielsweise ergibt die Reaktion mit Fluor maximal $C_{60}F_{48}$, bei dem die Käfigstruktur des C_{60}-Gerüsts stark verformt wird.

Neben C_{60} und C_{70} sind auch weitere geradzahlige Fullerene im Bereich zwischen C_{70} bis über C_{100} sind bekannt. Erst vor kurzem wurde ein stabiles Fulleren mit weniger als 60 Kohlenstoff-Atomen hergestellt. Dies ist C_{36}, ein schwarzer Feststoff, der eine goldgelbe Lösung ergibt. Jetzt, da die „weniger als 60"-Mauer durchbrochen wurde, kann man erwarten, dass bald andere kleine Fullerene synthetisiert werden, insbesondere C_{50}. Man geht davon aus, dass C_{36} das kleinste synthetisierbare Fulleren ist; denn die Bindungen werden umso stärker gespannt, je kleiner die Kugel ist. Die Bedeutung der Bindungsspannung lässt sich an der Chemie von C_{36} ablesen: Es reagiert bereits mit dem Sauerstoff der Luft und ist damit das reaktivste Fulleren.

EXKURS

Die Entdeckung der Fullerene

Entdeckungen in den Wissenschaften haben oft eine lange Vorgeschichte. W.E. Addison hatte bereits 1964 vorausgesagt, dass es weitere Kohlenstoff-Modifikationen geben könnte und David Jones behauptete 1966, dass „hohle Graphitkugeln" existieren könnten.

Es waren jedoch nicht Chemiker, sondern zwei Astrophysiker, Donald Huffman von der University of Arizona in Tucson und Wolfgang Krätschmer vom Max-Planck-Institut für Kernphysik in Heidelberg, die 1982 als erste Fullerene synthetisiert haben. Sie waren an Formen des Kohlenstoffs interessiert, die im interstellaren Raum existieren könnten. Sie erhitzten Graphitstäbe in einer Atmosphäre mit vermindertem Druck und erhielten einen Ruß. Dieser hatte ein ungewöhnliches Spektrum, jedoch schrieben sie dies Verunreinigungen durch Öldämpfe aus der Apparatur zu. Folglich verloren sie das Interesse an diesem Experiment. Zwei Jahre später produzierte Bill Burch an der Australian National University eine sublimierbare Form von Kohlenstoff, die er als „Technogas" patentieren ließ. Wahrscheinlich waren auch dies Fullerene.

Harold Kroto von der University of Sussex, England, und Richard Smalley von der Rice University, Texas, führten das entscheidende Experiment durch. Auch sie waren an der Natur des Kohlenstoffs im Weltraum interessiert. Als Smalley von Kroto besucht wurde, schlug letzterer vor, Smalleys leistungsstarken Laser zu benutzen, um Fragmente von einer Graphitoberfläche abzuheben und dann die Produkte zu identifizieren. Zwischen dem 4. und 6. September 1985 fanden sie eine Produktcharge mit einem hohen Anteil an Molekülen mit 60 Kohlenstoff-Atomen. Über das Wochenende änderten zwei Studenten, Jim Heath und Sean O'Brien, die Versuchsbedingungen wieder und wieder, bis sich das unerwartete Produkt verlässlich herstellen ließ.

Harold W. **Kroto**, britischer Chemiker, geb. 1939; Professor in Brighton, 1996 Nobelpreis für Chemie zusammen mit R. F. Curl und R. E. Smalley (für die Arbeiten über die Fullerene).

Richard E. **Smalley**, amerikanischer Chemiker, geb. 1943; Professor in Houston, 1996 Nobelpreis für Chemie zusammen mit H. W. Kroto und R. F. Curl.

Leonhard **Euler**, schweizerischer Mathematiker, Physiker und Astronom, 1707–1783; Professor in St. Petersburg und Berlin, ab 1755 Mitglied der Pariser Académie des Sciences.

Wie konnte die Formel C$_{60}$ erklärt werden? Kroto erinnerte sich an die geodätische Kuppel, die bei der Expo 67 in Montreal den US-Pavillion beherbergt hatte. Er dachte jedoch, dass die Struktur aus hexagonalen Formen bestünde wie die des Graphits. Die Chemiker wussten nichts von der Arbeit des Mathematikers Leonhard Euler aus dem 18. Jahrhundert. Dieser hatte gezeigt, dass es unmöglich ist, eine geschlossene Figur allein aus Hexagonen zu konstruieren. Smalley und Kroto vertreten heute stark voneinander abweichende Meinungen darüber, wer als erster auf die Idee kam, dass eine kugelförmige Struktur aus 20 Hexagonen und 12 Pentagonen aufgebaut werden konnte. Diese Struktur wurde jedenfalls am 10. September für das mysteriöse Molekül postuliert. Die Kroto-Smalley-Methode lieferte nur geringe Mengen an Fullerenen, zu klein für eine chemische Untersuchung. 1988 schließlich bemerkte Huffman, dass die Methode, die er und Krätschmer mehrere Jahre zuvor angewandt hatten, zur Bildung von großen Mengen dieser Moleküle geführt haben musste. Die beiden Physiker nahmen die Herstellung ihres Rußes wieder auf und entwickelten das Verfahren weiter. Die sich anschließenden Untersuchungen erbrachten den Beweis für die Strukturen von C$_{60}$ und C$_{70}$, unabhängig voneinander und fast gleichzeitig sowohl durch die Kroto- als auch durch die Smalley-Gruppe. 1996 wurden Kroto und Smalley mit dem Nobelpreis für Chemie ausgezeichnet.

Bereits im ersten Jahrzehnt der Fulleren-Forschung wurden über 5 000 Forschungsarbeiten über die Eigenschaften dieser Allotrope und ihrer vielen Verbindungen geschrieben. Ein Ende der Forschungen ist keineswegs in Sicht.

Kohlenstoffprodukte in Alltag und Technik

Kohlenstoffblöcke sind von industrieller Bedeutung als Elektroden in elektrochemischen und thermochemischen Prozessen. Beispielsweise werden ungefähr 7,5 Millionen Tonnen Kohlenstoff jährlich allein in Aluminiumhütten verbraucht.

Neben Diamant und Graphit werden eine Reihe von porösen Materialien verwendet, die weit überwiegend aus Kohlenstoff bestehen. Dazu gehören *Holzkohle*, *Koks*, *Elektrodenkohlen* und *Ruß*. In allen Fällen handelt es sich um Produkte, die chemisch gesehen aus winzigen Graphitkriställchen aufgebaut sind. In letzter Zeit spielen auch *Kohlenstofffasern* (Carbonfasern) technisch eine Rolle. Man nutzt sie beispielsweise als Verstärkungsmaterialien bei der Herstellung von Verbundwerkstoffen für Luftfahrttechnik und Hochleistungssport. Kohlenstofffasern bestehen aus parallel zueinander liegenden Graphitbändern, die sich beim thermischen Abbau von Kunststofffasern bilden.

Holzkohle Durch Erhitzen von Holz unter weitgehendem Ausschluss von Luft erhält man *Holzkohle*. Über Jahrhunderte hinweg verdienten Köhlerfamilien ihren Lebensunterhalt in den Wäldern Europas durch den Betrieb von Kohlemeilern. Die Holzkohle wurde vor allem für die Gewinnung von Metallen eingesetzt, aber auch – neben Salpeter und Schwefel – für die Herstellung von Schwarzpulver. Heute ist Holzkohle vor allem als Brennstoff für die Grillsaison bekannt.

Aufgrund verschärfter Umweltauflagen ist die Produktion von Aktivkohlen in den letzten Jahren erheblich angestiegen. Allein in Westeuropa, USA und Japan werden jährlich etwa 300 000 t erzeugt. Neben Holzkohle werden auch Sägemehl, Torf, Kokosnussschalen oder Braunkohlekoks als Rohstoffe für die Herstellung von Aktivkohlen eingesetzt.

Erhitzt man Holzkohle mit Wasserdampf, so wird ein Teil des Kohlenstoffs oxidiert. Auf diese Weise erhält man **Aktivkohle** mit einem stark erhöhten Porenanteil: Ein Gramm Aktivkohle hat eine Gesamtoberfläche von etwa 1 000 m^2. Aktivkohlen können daher die verschiedensten Stoffe aus Lösungen oder aus Abgasen gut adsorbieren. Der Adsorptionsprozess beruht überwiegend auf der Wechselwirkung polarer Moleküle mit den π-Elektronen der Kohlenstoffoberfläche.

Die spezifische Oberfläche (Einheit: m$^2 \cdot$ g^{-1}) von Feststoffen lässt sich mithilfe der sogenannten BET-Methode bestimmen. Die Abkürzung BET ist ein Akronym, es steht für die Namen der drei Forscher, die diese Methode entwickelt haben: Brunauer, Emmett und Teller. Grundlage des Verfahrens ist die Beobachtung, dass Feststoffe bei tiefen Temperaturen Gase adsorbieren. In einer geeigneten Apparatur kann man die Menge des adsorbierten Gases genau messen und bei Kenntnis des Platzbedarfs eines Gasmoleküls daraus den Zahlenwert der spezifischen Oberfläche ableiten.

Koks Kohlenstoff in Form von *Koks* wird hauptsächlich als Energiequelle und als Reduktionsmittel genutzt. Dieses Material wird durch Erhitzen von Steinkohle in Abwesenheit von Sauerstoff hergestellt. Bei diesem Prozess wird die komplexe Zusammensetzung der Kohle verändert: Neben leicht flüchtigen Verbindungen wie C$_6$H$_6$, NH$_3$, H$_2$S, CO oder CH$_3$OH werden auch schwerer flüchtige Produkte abgespalten; sie bilden den Steinkohlenteer. Zurück bleibt ein poröser, grauglänzender Feststoff mit geringer Dichte. Im Grunde besteht Koks aus Graphit-Mikrokristallen, die geringe Anteile anderer Elemente, insbesondere Wasserstoff, in ihrer Struktur gebunden haben. Koks wird vor

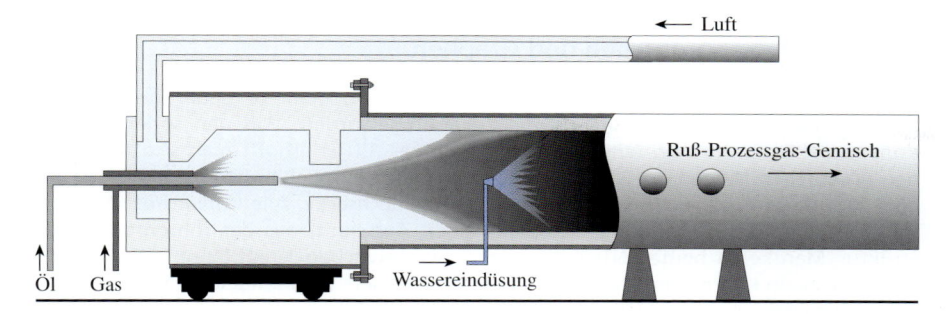

18.5 Herstellung von Ruß nach dem Furnace-Verfahren.

allem zur Gewinnung von Eisen aus Erz und in anderen pyrometallurgischen Prozessen eingesetzt. Weltweit werden jährlich etwa $5 \cdot 10^8$ Tonnen verbraucht.

Ruß Zur Herstellung von Rußen für Industrie und Technik werden Kohlenwasserstoffe thermisch oder durch unvollständige Verbrennung in die Elemente Kohlenstoff und Wasserstoff gespalten. Besonders wichtig ist das *Furnace-Ruß*-Verfahren (engl. *furnace*, Schmelzofen), bei dem petrochemische Öle in eine Erdgasflamme eingesprüht werden (Abbildung 18.5). Nach der Rußbildung wird das Reaktionsgemisch durch Einsprühen von Wasser schlagartig abgekühlt, um Nebenreaktionen zu unterbinden. Die festen Rußteilchen, die einen Durchmesser zwischen 20 und 200 nm aufweisen, werden schließlich durch Schlauchfilter vom Abgas getrennt. Die verschiedenen Rußsorten haben je nach Synthesebedingungen und Nachbehandlungsverfahren sehr unterschiedliche Eigenschaften (Farbtiefe, spezifische Oberfläche, Anzahl funktioneller Gruppen auf der Oberfläche usw.). Es gibt Leitfähigkeits-, Farb- und Lack- sowie Gummi-Ruße, die in extrem großen Mengen verbraucht werden – ungefähr 10^7 Tonnen jährlich. So werden spezielle Industrieruße mit Gummi gemischt, um Reifen zu verstärken und den Abrieb zu reduzieren. Bei einem Einsatz von etwa 3 kg für einen Reifen ist es also kein Wunder, dass Autoreifen schwarz sind.

Einen großen Teil der bei der destillativen Trennung des Teers anfallenden Produkte kann man als Rohstoffe in der chemischen Industrie einsetzen. Die Destillationsrückstände wurden früher für die Herstellung von Straßenbaumaterialien und Dachpappen genutzt und Teeröle dienten vielfach als Holzschutzmittel. Alltagsanwendungen dieser Art sind inzwischen verboten, da Teerprodukte Krebs erregende Verbindungen enthalten. (Es handelt sich dabei um polyzyklische aromatische Kohlenwasserstoffe.)

18.2 Isotope des Kohlenstoffs

Natürlicher Kohlenstoff enthält drei Isotope: ^{12}C (98,89 Prozent), das häufigste Isotop, einen kleinen Anteil an ^{13}C (1,11 Prozent) und eine Spur des radioaktiven ^{14}C mit einer Halbwertszeit von $5,7 \cdot 10^3$ Jahren. Bei einer so kurzen Halbwertszeit würde man eigentlich kaum Anzeichen dieses Isotops auf der Erde erwarten. Dennoch ist es in allem lebenden Gewebe vorhanden, denn das Isotop wird permanent erzeugt durch die Reaktion von kosmischer Neutronenstrahlung mit Stickstoff-Atomen in der oberen Atmosphäre:

$$^{14}_{7}\text{N} + \text{n} \rightarrow \, ^{14}_{6}\text{C} + \text{p}^+ + \beta^-$$

Die Kohlenstoff-Atome reagieren mit Sauerstoff zu radioaktiven ^{14}CO$_2$-Molekülen. Diese werden von Pflanzen durch die Photosynthese aufgenommen. Lebewesen, die diese Pflanzen essen, und Lebewesen, die wiederum diese Lebewesen essen, enthalten so alle den gleichen Anteil an radioaktivem Kohlenstoff. Nach dem Tod des Organismus wird kein weiterer Kohlenstoff aufgenommen, und der im Körper vorhandene ^{14}C-Anteil zerfällt. Daher kann man das Alter eines Objekts ermitteln, indem man eine Probe auf den noch vorhandenen ^{14}C-Gehalt untersucht. Diese Methode ermöglicht eine zuverlässige Datierung von Gegenständen, die zwischen 1 000 und 20 000 Jahren alt sind. 1960 wurde W. F. Libby für die Entwicklung dieser Datierungsmethode (*Radiokarbonmethode*) mit dem Nobelpreis für Chemie ausgezeichnet.

Willard Frank **Libby**, amerikanischer Chemiker und Geophysiker, 1908–1980; Professor in Berkeley, New York, Chicago und Los Angeles, 1960 Nobelpreis für Chemie (für die Arbeiten über die Altersbestimmung mit ^{14}C und ^{3}H).

EXKURS

Kohlenstoff-Nanoröhrchen und Graphen

Seit der Entdeckung der Fullerene im Jahre 1985 sind mehrere neuartige Modifikationen des elementaren Kohlenstoffs bekannt geworden. Von den sogenannten *Kohlenstoff-Nanoröhrchen* (engl. *Carbon nanotubes*, CNTs) erhofft man sich auch einen praktischen Nutzen. CNTs bestehen ausschließlich aus Kohlenstoff-Atomen. Diese bilden, anders als in den Fullerenen, ausschließlich Sechsecke. Alle Kohlenstoff-Atome sind sp^2-hybridisiert. Abbildung 18.6 zeigt einen Ausschnitt aus der röhrenförmigen Struktur. Man kennt heute CNTs mit Durchmessern zwischen 1 und 50 nm. Die Länge einer einzelnen Röhre kann mehrere Millimeter betragen. Man unterscheidet zwischen ein- und mehrwandigen, offenen und geschlossenen Röhren. Bei den geschlossenen Röhren stellt der „Deckel" einen Ausschnitt aus einer Fulleren-Struktur dar.

CNTs haben besondere Eigenschaften. Insbesondere die mechanischen Eigenschaften der CNTs versprechen interessante Anwendungen. So ist die Zugfestigkeit viel höher als die von Stahl. Zudem sind CNTs sehr leicht. Ihre Dichte beträgt ca. $1,3 \text{ g} \cdot \text{cm}^{-3}$. Heute erprobt man anorganisch/organische Verbundwerkstoffe, die anstelle der heute verwendeten Kohlefasern CNTs enthalten. Auch die elektrischen Eigenschaften sind vielversprechend. Man schätzt, dass die Strombelastbarkeit eines Drahts aus CNTs etwa 1000-mal größer ist als die eines Kupferdrahts. Die außerordentlich hohe Wärmeleitfähigkeit lässt Anwendungen in Bereichen möglich erscheinen, in denen Wärme schnell abgeleitet werden muss, wie zum Beispiel bei bestimmten elektronischen Bauelementen. In Lithiumionenbatterien sollen CNTs für eine hohe Beweglichkeit von Lithiumionen sorgen.

CNTs werden bereits technisch hergestellt und sind im Handel erhältlich. Sie bilden sich unter bestimmten Bedingungen, im Lichtbogen zwischen Kohleelektroden, bei der Verdampfung von Graphit durch Beschuss mit Laserstrahlen sowie bei der katalytischen Zersetzung von Kohlenwasserstoffen.

Eine weitere, von dem Physiker Andre Geim entdeckte neuartige Form von Kohlenstoff wird als *Graphen* bezeichnet (Betonung auf der zweiten Silbe). Seine Struktur entspricht der des Graphits, er besteht jedoch nur aus einer einzigen Schicht von Kohlenstoff-Atomen. Weil die Mobilität der Elektronen in einer Graphen-Schicht viel höher ist als in Silicium, arbeiten Physiker intensiv daran, aus Graphen Halbleiterbauelemente wie Transistoren zu bauen. Gelingt dies, könnte Graphen möglicherweise zukünftig das Silicium als Halbleitermaterial ablösen. Schaltkreise aus Graphen könnten viel schneller arbeiten als solche auf der Basis von Silicium, zudem wären sie um einige Zehnerpotenzen kleiner.

Probleme bereitet die Herstellung von Graphen. Das heute verwendete Verfahren ist recht ungewöhnlich und mutet nicht besonders wissenschaftlich an: man fixiert einen herkömmlichen Klebefilm (Scotch tape) parallel zu den Kohlenstoffschichten auf der Oberfläche eines wohlgeordneten Graphit-Einkristalls. Beim Abziehen des Klebefilms haftet gerade *eine* Kohlenstoffschicht auf dem Klebefilm. Diese wird auf die Oberfläche eines Silicium-Chips übertragen und dann hinsichtlich ihrer Eigenschaften untersucht. Man nennt dieses Verfahren auch das *Scotch-tape-Verfahren*. Es ist nicht gut reproduzierbar und erlaubt nur die Herstellung unregelmäßiger und kleiner Graphen-Schichten. Zurzeit arbeiten mehrere Forschergruppen an der Entwicklung besserer Herstellungsverfahren.

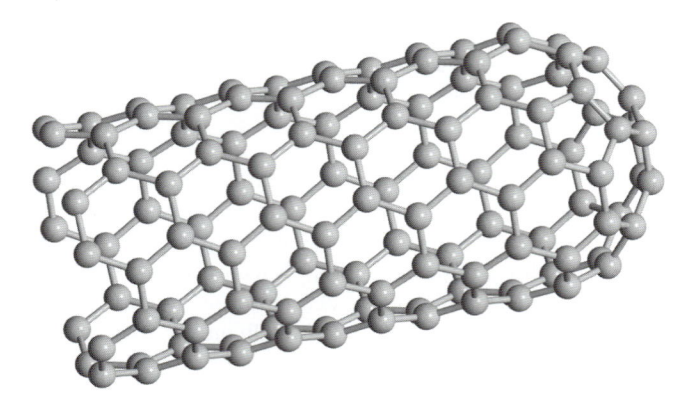

18.6 Struktur einer Kohlenstoff-Nanoröhre.

> ### Warum gibt es so viele Kohlenstoffverbindungen?
>
> **EXKURS**
>
> Kohlenstoff hat zwei Eigenschaften, die die Bildung von vielen Millionen organischen Verbindungen ermöglichen: die Fähigkeit, Ketten aus mehreren C-Atomen zu knüpfen sowie Doppel- und Dreifachbindungen auszubilden. Die letztere Eigenschaft tritt auch bei Stickstoff und Sauerstoff auf; die Fähigkeit zur Kettenbildung mit sich selbst aber ist bei diesen Elementen wenig ausgeprägt. Damit sich stabile Ketten bilden können, müssen die folgenden drei Bedingungen erfüllt sein:
> 1. Ein Atom des Elements muss mindestens zwei kovalente Bindungen ausbilden können.
> 2. Die Bindungen zwischen Atomen dieses Elements müssen ungefähr genauso stark sein wie die Bindungen zu Atomen anderer Elemente.
> 3. Die Kettenverbindung sollte wenig reaktiv sein gegenüber anderen Molekülen und Ionen.
>
> Ein Vergleich der Bindungsenthalpien (Tabelle 18.2) lässt erkennen, warum die Kettenbildung bei Kohlenstoffverbindungen häufig auftritt, aber nur selten bei Siliciumverbindungen. Beachten Sie, dass die Energie der C/C-Bindung und der C/O-Bindung sehr ähnlich ist. Die Si/O-Bindung hingegen ist sehr viel stärker als die Bindung zwischen zwei Silicium-Atomen. Daher bildet Silicium in Gegenwart von Sauerstoff eher –Si–O–Si–O-Ketten als Verbindungen mit –Si–Si-Ketten. Wir werden später sehen, dass Si/O-Ketten die Chemie des Siliciums dominieren. Der energetische „Anreiz" eine Kohlenstoff/Kohlenstoff-Bindung zu brechen, um eine Kohlenstoff/Sauerstoff-Bindung auszubilden, ist sehr viel geringer.
>
> Es ist ernüchternd festzustellen, dass nur zwei „Launen" der Chemie das Leben auf der Welt möglich machen: die Wasserstoffbrückenbindung und die Kettenbildung beim Kohlenstoff. Ohne diese beiden Phänomene wäre Leben – in einer für uns vorstellbaren Form – unmöglich.
>
> **Tabelle 18.2** Bindungsenthalpien im Vergleich
>
> | Kohlenstoffverbindungen | Bindungsenthalpie (kJ · mol^{-1}) | Siliciumverbindungen | Bindungsenthalpie (kJ · mol^{-1}) |
> |---|---|---|---|
> | C–C | 330 | Si–Si | 225 |
> | C–O | 358 | Si–O | 465 |

18.3 Carbide

Binäre Kohlenstoffverbindungen mit Elementen geringerer Elektronegativität (außer Wasserstoff) nennt man Carbide. Es handelt sich dabei durchweg um harte Feststoffe mit hohen Schmelztemperaturen. Nach dem Bindungstyp unterscheidet man ionische, kovalente und metallische Carbide.

Ionische Carbide

Ionische Carbide werden von den besonders unedlen Elementen gebildet, den Alkali- und Erdalkalimetallen sowie Aluminium. Die meisten dieser Verbindungen enthalten das C_2^{2-}-Ion (Acetylid- bzw. Dicarbid(2–)-Ion), das im Zusammenhang mit Calciumcarbid besprochen wurde (Abschnitt 16.9). Die ionischen Carbide sind die einzigen Carbide, die einige chemische Reaktivität zeigen. Sie reagieren insbesondere mit Wasser zu Ethin (C_2H_2), früher Acetylen genannt:

$$Na_2C_2(s) + 2\,H_2O(l) \rightarrow 2\,NaOH(aq) + C_2H_2(g)$$

> **EXKURS**
>
> ### Moissanit – ein Diamantersatz
>
> Bis 1998 war der kubische *Zirconia* (ZrO_2) der einzige preisgünstige Ersatz für Schmuckdiamanten. Inzwischen hat die Weiterentwicklung einer technischen Synthese für die hexagonale Modifikation von Siliciumcarbid (SiC) die Einführung eines neuen Edelsteinmaterials ermöglicht: *Moissanit*. Entdeckt wurde es 1904 als Mineral durch den französischen Chemiker Henri Moissan, als er Gesteine aus einem Meteoriteneinschlagskrater des Diablo Canyon (Arizona) untersuchte.
>
> Die Synthese von Moissanit erfolgte im Rahmen von Forschungen über Halbleitermaterialien für LED- und Computer-Anwendungen. Der größte Teil der Moissanit-Produktion geht weiterhin in die Hightech-Industrie, doch ein zunehmender Teil kommt auf den Edelsteinmarkt.
>
> Moissanit ist ein Analogon der hexagonalen Kohlenstoffmodifikation *Lonsdaleit* (siehe Abschnitt 18.1), in der jedes zweite C-Atom durch ein Si-Atom ersetzt ist.
>
> Aufgrund der Ähnlichkeit in Zusammensetzung und Struktur ähneln auch die Eigenschaften denen von Diamant (Tabelle 18.3). Der höhere Berechnungsindex lässt Moissanit aber noch stärker funkeln als Diamant. Bei einem Vergleich halten die meisten Menschen deshalb Moissanit für den „echten" Diamanten.
>
> Eindeutig erkennen lässt sich ein Diamant in der Regel durch eine Messung der Wärmeleitfähigkeit: Obwohl es sich um ein Nichtmetall handelt, ist die Wärmeleitfähigkeit sogar höher als bei Metallen. Eine Verwechslung mit Moissanit kann aber so nicht ausgeschlossen werden, denn wegen des diamantähnlichen Aufbaus ist dessen Wärmeleitfähigkeit ebenfalls sehr groß. Bei einer mikroskopischen Untersuchung zeigt sich bei Moissanit jedoch eine charakteristische Doppelbrechung; außerdem fehlen die für Diamanten typischen Einschlüsse.
>
> Eine Erklärung für die hohe Wärmeleitfähigkeit wird in Abschnitt 18.1 gegeben.
>
> **Tabelle 18.3** Diamant, Moissanit und kubischer Zirconia im Vergleich
>
> | | Härte nach Mohs | Brechungsindex | Dichte ($g \cdot cm^{-3}$) |
> |---|---|---|---|
> | Diamant (C) | 10 | 2,24 | 3,5 |
> | Moissanit (SiC) | 9,25 – 9,5 | 2,65 – 2,69 | 3,2 |
> | kubischer Zirconia (ZrO_2) | 8,5 | 2,15 | 5,8 |

Von ihren Formeln her gesehen sollten das rote Berylliumcarbid (Be_2C) und das gelbe Aluminiumcarbid (Al_4C_3) das C^{4-}-Ion enthalten. Nur Be^{2+} und Al^{3+} scheinen mit ihren hohen Ladungsdichten in der Lage zu sein, mit einem so hoch geladenen Anion stabile Gitter zu bilden. Die Kationen sind jedoch so klein und hoch geladen und das Anion ist so groß, dass die Bindung zu einem erheblichen Anteil kovalent ist. Mit Wasser reagieren diese beiden Carbide so, wie man es in der Gegenwart des C^{4-}-Ions erwarten würde: es bildet sich Methan.

$$Al_4C_3(s) + 12\ H_2O(l) \rightarrow 4\ Al(OH)_3(s) + 3\ CH_4(g)$$

Kovalente Carbide

Da die meisten Nichtmetalle eine höhere Elektronegativität aufweisen als der Kohlenstoff, gibt es nur wenige kovalente Carbide. Neben Borcarbid (B_4C) ist es vor allem das in reinem Zustand hellgrüne Siliciumcarbid (SiC). Siliciumcarbid dient als Schleif- und Poliermittel in metallurgischen Anwendungen und es ist das einzige nicht oxidische Keramikprodukt mit großer industrieller Bedeutung. Weltweit werden jährlich ungefähr $7 \cdot 10^5$ Tonnen hergestellt. In einem elektrischen Ofen wird dazu Quarz (SiO_2) mit Petrolkoks umgesetzt, einem Produkt aus den Rückständen der Erdölverarbeitung.

$$SiO_2(s) + 3\ C(s) \rightarrow SiC(s) + 2\ CO(g); \quad \Delta H_R^0 = 617\ kJ \cdot mol^{-1}$$

Es dauert 18 Stunden, bis der elektrisch beheizte Ofen die Reaktionstemperatur von 2300 °C erreicht hat; erst nach weiteren 18 Stunden ist die Reaktion beendet. Dieser Prozess ist extrem energieintensiv: ein Kilogramm Siliciumcarbid erfordert zwischen 6 und 12 kWh.

Es besteht ein hohes Interesse an Siliciumcarbid als Material für Turbinenschaufeln, da diese bei Temperaturen arbeiten, bei denen Metalle ihre Stabilität verlieren. Weiterhin wird Siliciumcarbid als Trägermaterial für Hochpräzisionsspiegel benutzt, da es einen sehr geringen Ausdehnungskoeffizienten hat. Voraussetzung für einen breiteren Einsatz von Siliciumcarbid wäre ein Verfahren, es in beliebige Formen zu bringen (zum Beispiel als langlebiger Motorblock oder künstliches Gelenk für den Menschen). Aufgrund der sehr hohen Schmelztemperatur ist dies bis heute nicht möglich. Ein beträchtlicher Anteil der aktuellen Forschung ist auf die Synthese flüssiger siliciumorganischer Verbindungen gerichtet. Diese können in Formen gegossen und anschließend so weit erhitzt werden, dass ein Zersetzungsprozess einsetzt, der zu Siliciumcarbid in der gewünschten Form führt. Siliciumcarbid ist ein vielversprechendes Material für das 21. Jahrhundert.

Metallische Carbide

Metallische Carbide sind Verbindungen, bei denen Kohlenstoff-Atome in die Kristallstruktur des Metalls eingelagert sind. Sie werden normalerweise von Übergangsmetallen gebildet, die Atomradien von >130 pm und eine dichteste Kugelpackung aufweisen. So passen die Kohlenstoff-Atome in die Oktaederlücken der dichtesten Kugelpackung; man nennt die metallischen Carbide daher auch *Einlagerungscarbide*. Sind alle Oktaederlücken besetzt, so ist die Stöchiometrie dieser Verbindung 1:1.

Da metallische Carbide die Kristallstruktur des Metalls beibehalten, sehen sie metallisch aus und leiten den elektrischen Strom. Wegen ihrer hohen Schmelztemperaturen, ihrer chemischen Beständigkeit und ihrer großen Härte sind sie technisch nutzbar. Die wichtigste dieser Verbindungen ist Wolframcarbid (WC); weltweit werden jährlich etwa 20 000 Tonnen davon produziert. Der Großteil des Materials wird in Schneidwerkzeugen verwendet.

Einige Metalle mit einem Atomradius von weniger als 130 pm bilden ebenfalls metallische Carbide; deren Metallgitter sind jedoch verzerrt. Solche Verbindungen sind folglich auch reaktiver als typische Einlagerungscarbide. Das wichtigste dieser „fast-Einlagerungscarbide" ist Fe_3C, üblicherweise Zementit genannt. Es sind Mikrokristalle aus Zementit, die kohlenstoffhaltigen Stahl härter machen als reines Eisen.

18.4 Kohlenstoffmonoxid

Kohlenstoffmonoxid ist ein farb- und geruchloses Gas. Es ist sehr giftig, weil es eine 300-mal größere Affinität zu Hämoglobin aufweist als Sauerstoff. Deshalb blockieren bereits geringe CO-Gehalte der Atemluft (um 0,2 % bzw. 2 000 ppm) die Sauerstoffabsorption in der Lunge. Für Kohlenstoffmonoxid ist deshalb ein MAK-Wert (**M**aximale **A**rbeitsplatz-**K**onzentration) von 33 mg/m³ festgelegt worden; das entspricht einem Volumenanteil von 0,003 % (30 ppm).

Kohlenstoffmonoxid entsteht immer dann, wenn Kohlenstoff oder kohlenstoffhaltige Verbindungen ohne ausreichende Sauerstoffzufuhr verbrannt werden:

$$2\ C(s) + O_2(g) \rightarrow 2\ CO(g); \quad \Delta H_R^0 = -222\ kJ \cdot mol^{-1}$$

Kohlenstoffmonoxid ist einer der wichtigsten Luftschadstoffe. Der Ausstoß von Kohlenstoffmonoxid im Straßenverkehr hat in den letzten Jahrzehnten allerdings stark

Hinweis: Die C/O-Bindung im Kohlenstoffmonoxid-Molekül ist sehr kurz, ungefähr so lang, wie man es für eine Dreifachbindung erwarten würde. In Abschnitt 5.11 wird gezeigt, wie sich die Bindungsverhältnisse im Rahmen der MO-Theorie beschreiben lassen.

abgenommen, da die meisten Kraftfahrzeuge inzwischen mit einem Abgaskatalysator ausgestattet sind.

Im Labor stellt man das reine Gas her, indem man Ameisensäure (Methansäure) mit konzentrierter Schwefelsäure erwärmt; Schwefelsäure wirkt dabei als Dehydratisierungsmittel:

$$\text{HCOOH(l)} \xrightarrow{H_2SO_4(\text{konz.})} H_2O(l) + CO(g)$$

Kohlenstoffmonoxid verbrennt mit blauer Flamme zu Kohlenstoffdioxid:

$$2\,CO(g) + O_2(g) \rightarrow 2\,CO_2(g); \quad \Delta H_R^0 = -566\,\text{kJ} \cdot \text{mol}^{-1}$$

Leitet man Kohlenstoffmonoxid über geschmolzenen Schwefel, so bildet sich Kohlenstoffoxidsulfid (COS):

$$CO(g) + S(l) \rightarrow COS(g)$$

Mit Chlorgas reagiert Kohlenstoffmonoxid in Gegenwart von Licht oder heißer Aktivkohle (als Katalysator) zu dem giftigen Carbonyldichlorid (COCl$_2$), das meist als *Phosgen* bezeichnet wird:

$$CO(g) + Cl_2(g) \rightarrow COCl_2(g)$$

Technisch wird Kohlenstoffmonoxid in großem Maße als Reduktionsmittel genutzt. So werden oxidische Erze überwiegend mit dem aus Koks gebildeten CO umgesetzt. Das wichtigste Beispiel ist die Verhüttung von Eisenoxiden zu Eisen:

$$Fe_2O_3(s) + 3\,CO(g) \xrightarrow{\Delta} 2\,Fe(l) + 3\,CO_2(g)$$

Die als *Synthesegas* bezeichnete Mischung aus Kohlenstoffmonoxid und Wasserstoff ist ein wichtiges Ausgangsmaterial der industriellen organischen Chemie. So erhält man bei hohen Temperaturen und hohen Drücken beispielsweise Methanol (CH$_3$OH):

$$CO(g) + 2\,H_2(g) \xrightarrow[\text{Katalysator}]{\Delta} CH_3OH(g); \quad \Delta H_R^0 = -90\,\text{kJ} \cdot \text{mol}^{-1}$$

Durch den katalytischen Prozess der Oxosynthese werden ungesättigte Kohlenwasserstoffe wie Ethen (C$_2$H$_4$) mit Synthesegas zu Aldehyden umgesetzt. Ein Beispiel ist die Synthese von Propanal:

$$C_2H_4(g) + CO(g) + H_2(g) \xrightarrow[\text{Katalysator}]{\Delta} C_2H_5CHO(g)$$

Die katalytisch aktive Substanz in diesem Prozess ist die Cobaltverbindung HCo(CO)$_4$.

18.5 Kohlenstoffdioxid

Kohlenstoffdioxid ist ein farb- und geruchloses Gas, das nicht brennt und normalerweise die Verbrennung auch nicht unterhält. Entsprechend der molaren Masse von 44 g · mol^{-1} ist seine Dichte etwa eineinhalbmal größer als die der Luft ($M \approx 28{,}8$ g · mol^{-1}). Kohlenstoffdioxid fließt am Boden entlang – fast wie eine Flüssigkeit – ehe es sich mit der Luft vermischt. Es ist daher sehr effektiv bei der Bekämpfung von bodennahen Feuern. Mit brennenden Metallen wie Calcium reagiert Kohlenstoffdioxid allerdings sehr lebhaft:

$$2\,Ca(s) + CO_2(g) \xrightarrow{\Delta} 2\,CaO(s) + C(s); \quad \Delta H_R^0 = -876\,\text{kJ} \cdot \text{mol}^{-1}$$

Um Metallbrände (Brandklasse D) zu löschen wird deshalb ein spezieller Feuerlöscher benötigt, der ein Gemisch aus Kunststoffen und Natriumchlorid enthält. Das brennende Metall wird dadurch mit einer inerten Schicht bedeckt, die den Zutritt von Sauerstoff an die Metalloberfläche verhindert.

Im ersten Weltkrieg wurde Phosgen als Kampfgas eingesetzt. Heute ist es eine Industriechemikalie, die jährlich im Millionen-Tonnen-Maßstab produziert wird. Ein großer Anteil wird für die Herstellung von Polycarbonaten eingesetzt, die in weiten Bereichen als stabile, transparente Materialien mit geringer Dichte verwendet werden. Beispielsweise bestehen CDs aus Polycarbonat.

Carbonyle Kohlenstoffmonoxid bildet eine Vielzahl von Verbindungen mit Übergangsmetallen in der Oxidationsstufe 0. Bei diesen Metallcarbonylen handelt es sich um toxische, flüchtige Verbindungen. Wichtige Beispiele sind Tetracarbonylnickel (Ni(CO)$_4$), Pentacarbonyleisen (Fe(CO)$_5$) und Hexacarbonylchrom (Cr(CO)$_6$). Bildung und Eigenschaften der Carbonyle werden ausführlicher in Kapitel 23 besprochen.

Die Bindungslänge der C/O-Bindung im CO$_2$-Molekül und die Bindungsenergie weisen auf Doppelbindungen zwischen dem Kohlenstoff-Atom und den beiden Sauerstoff-Atomen hin. Der Aufbau des Moleküls ist also durch die folgende Lewis-Formel zu beschreiben:

⟨O = C = O⟩

Aufgrund der höheren Elektronegativität weist das Sauerstoff-Atom jeweils eine negative Teilladung ($\delta-$) auf. Wie andere dreiatomige 16-Elektronen-Moleküle oder -Ionen ist es linear gebaut, hat aber kein Dipolmoment.
In Abschnitt 5.11 wurde bereits näher erläutert, wie sich die Bindungsverhältnisse im Rahmen der MO-Theorie beschreiben lassen.

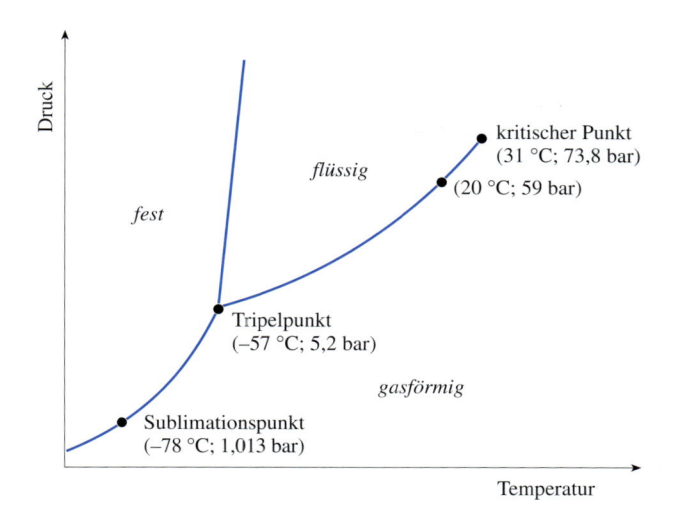

18.7 Zustandsdiagramm des Kohlenstoffdioxids (nicht maßstabsgerecht).

Kohlenstoffdioxid verhält sich ungewöhnlich, weil es bei normalem Druck keine flüssige Phase bildet. Stattdessen sublimiert festes Kohlenstoffdioxid direkt in die Gasphase. Wie das Phasendiagramm (Abbildung 18.7) zeigt, ist bei Raumtemperatur ein Druck von 5,9 MPa (59 bar) erforderlich, um Kohlenstoffdioxid zu verflüssigen.

Kohlenstoffdioxid wird normalerweise in flüssiger Form in Kesselwagen und Druckgasflaschen transportiert. Wenn der Druck plötzlich verringert wird, verdampft nur ein Teil des flüssigen Kohlenstoffdioxids: Die beim Verdampfen zur Überwindung der zwischenmolekularen Kräfte benötigte Wärmemenge ist so groß, dass die verbleibende Flüssigkeit unter die Sublimationstemperatur von −78°C (bei Atmosphärendruck) abgekühlt wird. Im Labor nutzt man diesen Effekt, um „Kohlensäureschnee" als Kältemittel aufzufangen. Man legt die Gasflasche dazu auf ein Gestell, damit das mit einer speziellen Düse versehene Ventil schräg nach unten gerichtet ist. Dann zieht man einen Stoffbeutel über die Düse und öffnet das Hauptventil.

Festes Kohlenstoffdioxid in kompakter Form wird als *Trockeneis* bezeichnet. Im Labor nutzt man es zur Erzeugung tiefer Temperaturen von bis zu −78°C. Man gibt dazu Trockeneis-Stücke in eine Thermosgefäß und füllt mit Ethanol auf, um die Wärmeübertragung aus den zu kühlenden Proben zu verbessern. Trockeneis wird in größerem Umfang industriell erzeugt. Eingesetzt wird es vor allem für die Herstellung und den Transport von Tiefkühlkost.

Kohlenstoffdioxid ist eine wichtige Chemikalie für die Industrie. Man schätzt, dass jedes Jahr allein in den Vereinigten Staaten über 40 Millionen Tonnen produziert werden. Der größte Teil davon wird allerdings innerhalb der produzierenden Betriebe genutzt. Rund zehn Millionen Tonnen gehen in den Handel. Die Hälfte dieser Menge wird als Kühlmittel gebraucht, weitere 25% werden gebraucht, um alkoholfreie Getränke mit „Kohlensäure" zu versetzen. Außerdem setzt man es ein als Treibmittel in einigen Spraydosen, als Druckgas, um Rettungsflöße und Rettungswesten aufzublasen, und als Feuerlöschmittel.

Es gibt eine Vielzahl von Quellen für industrielles Kohlenstoffdioxid. Das Kalkbrennen und die alkoholische Gärung spielen dabei die größte Rolle. Auch das als Nebenprodukt bei der Herstellung von Ammoniak gebildete Kohlenstoffdioxid kann genutzt werden. Das bei der Gewinnung von Metallen und bei der Verbrennung von Holz, Erdgas, Benzin und Heizöl anfallende Kohlenstoffdioxid wird dagegen überwiegend an die Atmosphäre abgegeben.

18. Die Elemente der Gruppe 14: Die Kohlenstoffgruppe

Vielfach wird angegeben, dass eine wässerige CO_2-Lösung neben CO_2-Molekülen und den gebildeten Ionen auf je 600 CO_2-Moleküle ein H_2CO_3-Molekül enthält. Berechnet man den pK_S-Wert in Bezug auf die im Gleichgewicht vorliegende Konzentration an H_2CO_3-Molekülen, erhält man $pK_S = 3{,}6$. Die eigentliche Kohlensäure könnte danach als mittelstarke Säure eingestuft werden.

Neue Untersuchungen haben gezeigt, dass H_2CO_3-Moleküle im festen Zustand und in einer H_2O-freien Gasphase kinetisch erstaunlich stabil sind. Sie zerfallen jedoch relativ rasch (zu CO_2 + H_2O), wenn gleichzeitig Wasserdampf anwesend ist. In Abwesenheit von Wasser können H_2CO_3-Moleküle dagegen zu einem Feststoff kondensiert und wieder sublimiert werden.

Sättigt man reines Wasser mit Luft, die den in der Atmosphäre vorliegenden Volumenanteil von 0,036% CO_2 enthält, so lösen sich bei 25 °C neben Sauerstoff und Stickstoff etwa 0,3 ml Kohlenstoffdioxid pro Liter Wasser. Aufgrund der Protolysereaktion führt das zu einer Absenkung des pH-Werts von 7,0 auf 5,6. Dieser pH-Wert wurde häufig als pH-Wert von „unbelastetem" Regenwasser angesehen. Regen mit niedrigeren pH-Werten wurde dann als „saurer Regen" eingestuft. Anthropogen bedingte Emissionen von SO_2 und NO_2 galten als entscheidende Ursache. Inzwischen hat sich herausgestellt, dass die Luft bereits durch natürliche Prozesse kleine Gehalte an SO_2 und NO_2 aufweist, sodass man seit 1982 bei „unbelastetem" Regen von einem pH-Wert von 4,6 ausgeht.

Im Labor stellt man Kohlenstoffdioxid am einfachsten her, indem man verdünnte Salzsäure mit einem Carbonat (z.B. Marmor) oder Hydrogencarbonat umsetzt.

$$2\,HCl(aq) + CaCO_3(s) \rightarrow CaCl_2(aq) + H_2O(l) + CO_2(g)$$

Reaktion mit Kalkwasser Für den Nachweis von Kohlenstoffdioxid in Gasen verwendet man oft *Kalkwasser*, eine gesättigte Lösung von Calciumhydroxid. Leitet man beispielsweise ausgeatmete Luft (CO_2-Anteil $\approx 4\%$) in klares Kalkwasser, so bildet sich eine weiße Fällung aus Calciumcarbonat:

$$CO_2(g) + Ca(OH)_2(aq) \rightarrow CaCO_3(s) + H_2O(l)$$

Mit überschüssigem Kohlenstoffdioxid verschwindet die Fällung allmählich, man erhält eine Lösung von Calciumhydrogencarbonat:

$$CO_2(g) + CaCO_3(s) + H_2O(l) \rightarrow Ca(HCO_3)_2(aq)$$

Kohlensäure Kohlenstoffdioxid löst sich verhältnismäßig gut in Wasser. Leitet man das Gas bei normalem Druck ein, so sind es 3,4 g pro Liter bei 0 °C. Bei 25 °C lösen sich noch 1,5 g, das entspricht 0,85 l CO_2-Gas pro Liter Wasser. Mineralwasser enthält aufgrund des erhöhten Drucks erheblich größere Mengen. Da die wässerigen Lösungen schwach sauer reagieren, spricht man auch von „Kohlensäure" und verwendet die Formel H_2CO_3. Tatsächlich enthält die Lösung praktisch keine H_2CO_3-Moleküle. Mehr als 99% der Gesamtmenge des gelösten Kohlenstoffdioxids liegt „physikalisch gelöst" als (hydratisiertes) Molekül vor. Die bei 25 °C gesättigte Lösung ($c(CO_2) = 0{,}034$ mol·l^{-1}) hat einen pH-Wert von 3,9. Die Konzentration der Hydronium-Ionen und der gleichzeitig gebildeten Hydrogencarbonat-Ionen (HCO_3^-) beträgt jeweils $1{,}26 \cdot 10^{-4}$ mol·l^{-1} und damit 0,37% der CO_2-Gesamtkonzentration. Insgesamt gesehen verhält sich eine wässerige CO_2-Lösung wie die Lösung einer schwachen Säure mit einem pK_S-Wert von 6,2:

$$CO_2(aq) + H_2O(l) \rightleftharpoons H^+(aq) + HCO_3^-(aq); \quad pK_S = 6{,}2$$

Das Hydrogencarbonat-Ion ist eine sehr schwache Säure:

$$HCO_3^-(aq) \rightleftharpoons H^+(aq) + CO_3^{2-}(aq); \quad pK_S = 10$$

Bei der Titration wässeriger CO_2-Lösungen mit Natronlauge bildet sich also zunächst eine Lösung von Natriumhydrogencarbonat; bei weiterem Zusatz von Natronlauge wird sie in eine Natriumcarbonat-Lösung überführt. Die Titrationskurve zeigt einen Verlauf, wie er für zweiprotonige Säuren charakteristisch ist (Abschnitt 10.3).

EXKURS

Kohlenstoffdioxid, ein überkritisches Lösemittel

Im Phasendiagramm eines jeden Stoffes endet die Dampfdruckkurve abrupt an einem bestimmten Punkt, dem sogenannten kritischen Punkt. Oberhalb der kritischen Temperatur und des kritischen Drucks hat die Substanz weder die Eigenschaften einer Flüssigkeit noch die eines Gases, sondern die eines einzigartigen Zustands, den man als *überkritisches Fluid* bezeichnet (Abbildung 18.8). Für Kohlenstoffdioxid liegt der kritische Punkt ungefähr bei 7,4 MPa (fast 73-facher Atmosphärendruck) und 31 °C.

Im überkritischen Zustand ähnelt die Lösefähigkeit des Fluids der einer Flüssigkeit, während sein Diffusionsverhalten und seine Viskosität eher einem Gas entsprechen. Vorteilhaft ist, dass die Löseeigenschaften des Fluids durch Änderung des Drucks und der Temperatur beeinflusst werden können.

Auftrieb erhielt die Erforschung überkritischer Lösemittel 1976. Zu dieser Zeit wurde entkoffeinierter Kaffee durch Extraktion der Kaffeebohnen mit Dichlormethan (CH_2Cl_2) hergestellt, wobei jedoch Spuren des giftigen Dichlormethans im Kaffee verblieben. Es zeigte sich, dass überkritisches Kohlenstoffdioxid ein hervorragendes Lösemittel für Koffein ist. Zusätzlich ermöglicht der hohe Diffusionskoeffizient und die geringe Viskosität des überkritischen Fluids ein schnelles und tiefes Eindringen in die Kaffeebohnen, wobei sich annähernd 100 % des Koffeins extrahieren lässt. Der Großteil des entkoffeinierten Kaffees wird heute auf diese Weise produziert.

Überkritisches Kohlenstoffdioxid wird inzwischen auch für die Extraktion weiterer Komponenten aus vielen Naturprodukten genutzt, darunter sind Tabak (Nikotin), Hopfen, Gewürze sowie verschiedene Pflanzen zur Gewinnung von pharmazeutischen Wirkstoffen. Man nutzt diese Technik auch für die Behandlung von Abwässern, Abfällen, Raffinerierückständen und als Lösemittel für die Herstellung von fluorhaltigen Polymeren. Somit wird Kohlenstoffdioxid als Lösemittel im 21. Jahrhundert in vielen industriellen Bereichen eine große Rolle spielen.

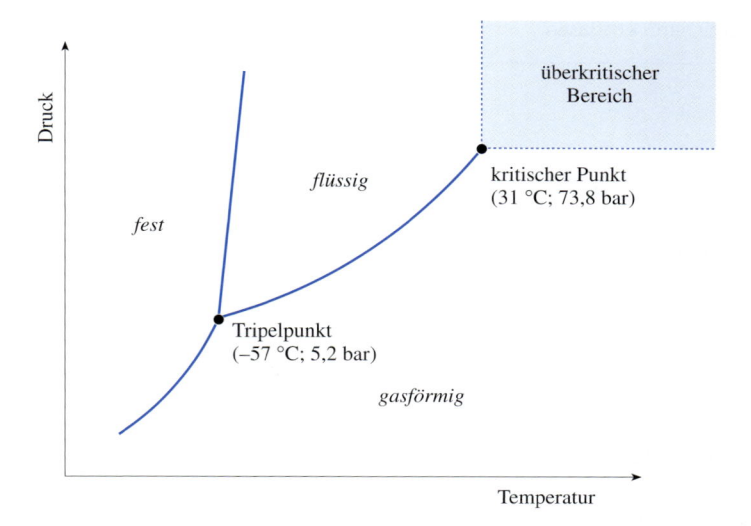

18.8 Überkritischer Bereich im Zustandsdiagramm des Kohlenstoffdioxids.

Kohlenstoffdioxid, das Killergas

EXKURS

Wir alle wissen von der hohen Löslichkeit von Kohlenstoffdioxid in Wasser unter Druck. Schnelles Öffnen einer Flasche eines kohlensäurehaltigen Getränks führt zu massivem Schäumen, wenn das gelöste Kohlenstoffdioxid wieder in die Gasphase übergeht. Im August 1986 brachte genau dieser einfache Phasenübergang ungefähr 3000 Menschen und zahllosen Tieren in einem Umkreis von mehreren Kilometern um den Nyos-See im Westen Kameruns den Tod.

Wie konnten all diese Lebewesen getötet werden, ohne dass irgendeine offensichtliche Spur hinterlassen wurde? Die folgenden Hinweise führten zur Lösung des Rätsels:
- Die Opfer waren alle erstickt.
- Man fand Tote nur in den Tälern der Seeumgebung, nicht auf den Kämmen der umliegenden Bergketten.
- Die tiefen Wasserschichten des Sees enthielten extrem hohe Anteile an Kohlenstoffdioxid.
- Die Vegetation um den tropischen See zeigte Anzeichen von Erfrierungen.

Der Nyos-See füllt einen vulkanischen Krater aus. Durch Risse im Boden des Kraters gelangen jährlich etwa 5 Millionen Kubikmeter Kohlenstoffdioxid in die unteren Wasserschichten des Sees. Da Kohlenstoffdioxid in Wasser sehr gut löslich ist, nehmen diese Wasserschichten das Gas permanent auf, so wie es in einer Getränkefabrik geschieht. Eine darüber liegende Schicht aus wärmerem Wasser hält das unter hohem Druck mit Gas gesättigte kalte Wasser gefangen, ähnlich wie bei einer atmosphärischen Temperaturinversion in einem Tal. Unter normalen Bedingungen sorgen Strömungs- und Diffusionsprozesse dafür, dass genügend Kohlenstoffdioxid in die Luft entweicht. Die CO_2-Gehalte in den einzelnen Schichten bleiben dann im zeitlichen Verlauf konstant.

Aus irgendeinem Grund jedoch – vielleicht durch besonders starke Winde oder einen Vulkanausbruch unter dem See – begann an jenem Abend die Vermischung der oberen, wärmeren Wasserschicht mit dem kalten, extrem CO$_2$-reichen Wasser, das wie eine Fontäne als schäumende Mischung nach oben schoss. Da sich das entweichende Gas sehr rasch ausdehnte, kühlte es sich unter den Gefrierpunkt ab, sodass die Pflanzen in der näheren Umgebung Frostschäden erlitten. Aufgrund seiner hohen Dichte muss das Kohlenstoffdioxid durch die Täler „gerollt" sein und dabei die Luft weitgehend verdrängt haben, sodass alle Tiere erstickten. Erst nach vielen Stunden war das Kohlenstoffdioxid auf ungefährliche Konzentrationen verdünnt.

Im Winter 2000/2001 drohte eine neue Katastrophe. Experten aus Kamerun, den USA und Frankreich konnten aber die tieferen Schichten des Sees durch technische Maßnahmen ausreichend entgasen.

18.6 Hydrogencarbonate und Carbonate

Hydrogencarbonate

Wie bereits in Kapitel 15 besprochen wurde, bilden nur die Alkalimetalle (mit Ausnahme von Lithium) mit dem Hydrogencarbonat-Ion (HCO$_3^-$) feste Verbindungen, und selbst diese zersetzen sich beim Erhitzen zum Carbonat:

$$2\,\text{NaHCO}_3(s) \xrightarrow{\Delta} \text{Na}_2\text{CO}_3(s) + \text{H}_2\text{O}(g) + \text{CO}_2(g)$$

Bei den Erdalkalimetallen bilden sich lediglich Lösungen der Hydrogencarbonate.

Wie schon in Abschnitt 16.7 besprochen, ist die natürliche Auflösung von Kalkgestein das wichtigste Beispiel:

$$\text{CaCO}_3(s) + \text{CO}_2(aq) + \text{H}_2\text{O}(l) \rightleftharpoons \text{Ca(HCO}_3)_2(aq)$$

Trinkwasser, das aus einer Umgebung mit hohem Kalksteinanteil kommt, enthält Calciumhydrogencarbonat. Erhitzt man dieses harte Wasser, so wird das Gleichgewicht nach links verschoben: Calciumcarbonat fällt als Feststoff aus (Kesselstein).

Das Hydrogencarbonat-Ion reagiert mit Säuren zu Kohlenstoffdioxid und Wasser; mit Hydroxid-Lösungen bildet sich das Carbonat-Ion:

$$\text{HCO}_3^-(aq) + \text{H}^+(aq) \rightarrow \text{CO}_2(g) + \text{H}_2\text{O}(l)$$

$$\text{HCO}_3^-(aq) + \text{OH}^-(aq) \rightarrow \text{CO}_3^{2-}(aq) + \text{H}_2\text{O}(l)$$

Carbonate

Das Carbonat-Ion reagiert in wässeriger Lösung stark alkalisch. Ursache ist die folgende Protolysereaktion:

$$\text{CO}_3^{2-}(aq) + \text{H}_2\text{O}(l) \rightleftharpoons \text{HCO}_3^-(aq) + \text{OH}^-(aq)$$

Die Kohlenstoff/Sauerstoff-Bindungen im Carbonat-Ion haben alle die gleiche Länge und sind signifikant kürzer als eine Einfachbindung. Der Aufbau des trigonal-planaren Ions lässt sich am einfachsten nach dem Mesomerie-Konzept durch die folgenden Grenzformeln beschreiben:

Der Oktettregel entsprechend sind die drei Sauerstoff-Atome durch insgesamt vier Elektronenpaare gebunden. Für jede C/O-Bindung ergibt sich eine (mittlere) Bindungsordnung von 1⅓.

Beim Erhitzen zerfallen letztendlich alle Carbonate in die entsprechenden Oxide und CO_2. Es handelt sich dabei um eine endotherme Reaktion, bei der die Entropie zunimmt:

$$MCO_3(s) \xrightarrow{\Delta} MO(s) + CO_2(g); \quad \Delta H_R > 0, \Delta S > 0$$

Die Zersetzungstemperaturen hängen allerdings stark vom Kation ab. So nehmen die Zersetzungstemperaturen vom Lithium- zum Caesium- und vom Beryllium- zum Bariumcarbonat stark zu. Ein Carbonat ist also umso stabiler, je stärker basisch das entsprechende Oxid ist. Entsprechend gibt es auch kein Carbonat mit 3-fach geladenen Kationen, deren Oxide sich häufig amphoter verhalten.

Hinweis: Die thermische Zersetzung von Carbonaten der Erdalkalimetalle ist in Abschnitt 16.5 genauer dargestellt.

Wie für das Ammonium-Ion in Salzen mit Oxoanionen üblich, zersetzen sich sowohl das Anion als auch das Kation des Ammoniumcarbonats beim Erhitzen. Es entstehen Ammoniak, Wasser und Kohlenstoffdioxid:

$$(NH_4)_2CO_3(s) \xrightarrow{\Delta} 2\,NH_3(g) + H_2O(g) + CO_2(g)$$

18.7 Der Treibhauseffekt

Der Treibhauseffekt ist ein Problem, dessen sich die meisten Menschen bewusst sind, nur wenige verstehen ihn jedoch im Detail. Chemiker, Physiker, Meteorologen, Biologen, Geologen und Geographen versuchen weiterhin mit großem Forschungsaufwand verlässliche Aussagen über Zusammenhänge und Trends zu machen.

In den Grundzügen kann man den Treibhauseffekt folgendermaßen beschreiben: Die Energie der Sonne erreicht die Erde in Form von Strahlung, überwiegend im sichtbaren und ultravioletten Bereich des elektromagnetischen Spektrums. Diese Energie wird hauptsächlich an der Erdoberfläche und zum kleinen Teil in der Atmosphäre absorbiert. Von der Erdoberfläche wird die Luft durch Zirkulation erwärmt und außerdem wird von ihr Infrarotstrahlung („Wärmestrahlung") in den Weltraum abgegeben. Würde alle eingestrahlte Energie von der Erdoberfläche in Form von Infrarotstrahlung in den Weltraum abgegeben, läge die Temperatur an der Erdoberfläche zwischen −20 °C und −40 °C. Glücklicherweise gibt es aber in der Atmosphäre einige Bestandteile, vor allem Kohlenstoffdioxid und Wasser, die bestimmte Wellenlängen der abgegebenen IR-Strahlung absorbieren. Dabei regt die absorbierte Energie zunächst Molekülschwingungen an, die schließlich die Temperatur der Luft erhöhen. Diese kleinen Moleküle bewirken damit das Gleiche wie die Glaswände und -dächer eines Treibhauses: Die absorbierte Energie bleibt in der Atmosphäre gefangen. Dadurch erklärt sich die durchschnittliche Temperatur von 15 °C auf der Erde. Es ist also der Treibhauseffekt, der diesen Planeten bewohnbar macht.

Die Wellenlängen der von den Molekülen in der Atmosphäre absorbierten Strahlung entsprechen bestimmten Schwingungs- und Rotationsfrequenzen der Moleküle. Alle mehratomigen Moleküle, außer den homonuklearen, zweiatomigen Molekülen wie N_2 oder O_2, absorbieren Infrarotstrahlung. Einatomige Gase absorbieren dagegen keine Infrarotstrahlung. So sind Stickstoff, Sauerstoff und Argon, die drei Hauptbestandteile der Luft, grundsätzlich durchlässig für Infrarotstrahlung. Die Schwingungen der Wassermoleküle und der Kohlenstoffdioxid-Moleküle, die für die Absorption verantwortlich sind, sind in Abbildung 18.9 dargestellt, zusammen mit den Wellenlängen, die der absorbierten Energie entsprechen. Diese Moleküle absorbieren in geringerem Umfang auch IR-Strahlung, deren Wellenlänge einem Bruchteil der angegebenen Werte für die Grundschwingungen entspricht.

Wasserdampf ist das dominierende Treibhausgas, seine Konzentration von durchschnittlich einem Prozent in der Atmosphäre ist aufgrund der konstanten Temperatur

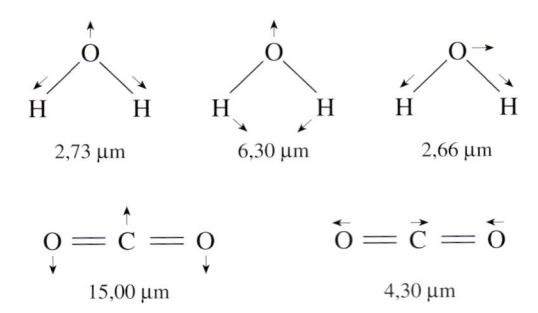

18.9 Schwingungsmöglichkeiten von H$_2$O- bzw. CO$_2$-Molekülen. Die angegebenen Wellenlängen führen zur Anregung der entsprechenden Grundschwingungen.

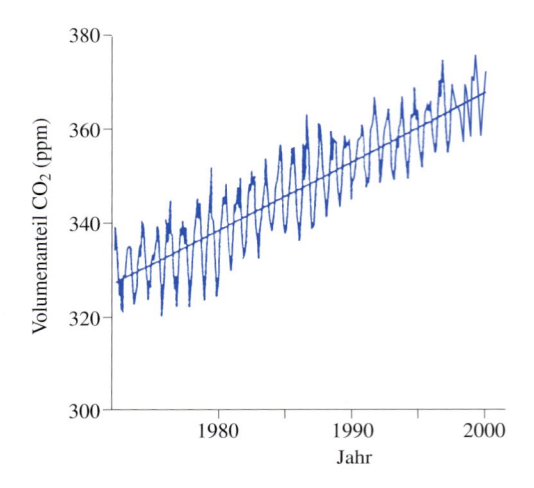

18.10 Anstieg des CO$_2$-Gehalts in der Atmosphäre. Der dargestellte Verlauf wurde auf dem Schauinsland (Schwarzwald) registriert. Das jährliche Minimum wird jeweils im Sommer zur Zeit der höchsten Photosyntheseaktivität erreicht.

der großen Wassermassen auf diesem Planeten über lange Zeiträume ziemlich konstant geblieben. Der Kohlenstoffdioxidanteil in der Atmosphäre hingegen zeigte dramatische Schwankungen, soweit wir dies aus den geologischen Belegen ableiten können. Es ist ziemlich eindeutig, dass dieser Anteil während des Karbon, 350 Millionen bis 270 Millionen Jahre vor unserer Zeit, über sechsmal höher war, als er es jetzt ist. Dieser erhöhte Kohlenstoffdioxidanteil konnte durch Bildung von Biomasse oder in den Ozeanen in Form von Muscheln und Korallenriffen gespeichert werden. Wie viel Kohlenstoffdioxid die Ozeane aufnehmen können, ist noch nicht geklärt.

Es gibt drei große Quellen für Kohlenstoffdioxid: natürliche Emission durch Vulkane, die Verbrennung fossiler Brennstoffe und den Abbau von Biomasse. Ein Vergleich der Messungen des Kohlenstoffdioxidanteils vom letzten Jahrhundert bis heute zeigt eine ansteigende Tendenz, was eine beunruhigende Tatsache für uns alle darstellt. Abbildung 18.10 zeigt den Verlauf des Kohlenstoffdioxidgehalts der Atmosphäre in den letzten Jahrzehnten. Allerdings reicht die derzeit in der Atmosphäre vorhandene Menge an Kohlenstoffdioxid bereits aus, um fast alle ein- und ausgestrahlte Energie im entsprechenden Wellenlängenbereich zu absorbieren. Eine Verdopplung des Kohlenstoffdioxidanteils würde deshalb nicht zu einer Verdopplung der zurückbehaltenen Energie führen. Abbildung 18.11 zeigt das Infrarotspektrum unserer Atmosphäre. Im Bereich der grö-

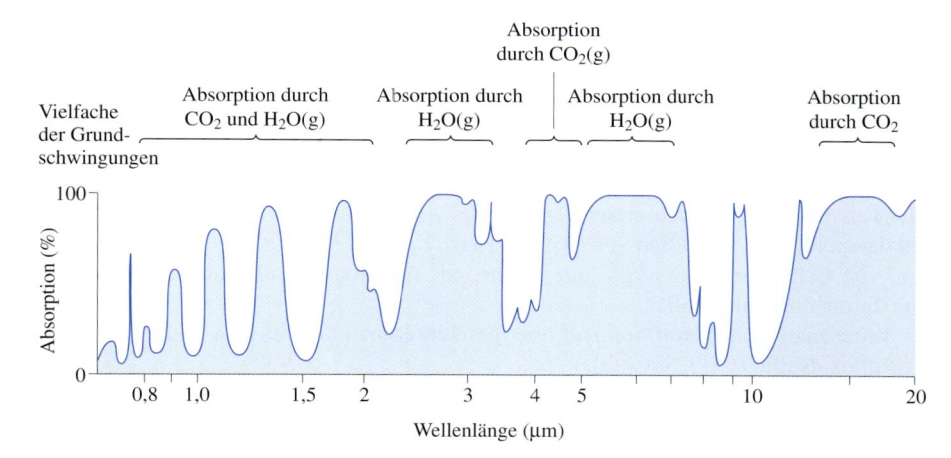

18.11 Infrarotspektrum der Atmosphäre und Absorptionsbereiche von CO_2- und H_2O-Molekülen.

ßeren Wellenlängen beruht die Absorption auf der Anregung der Grundschwingungen von Wasser und Kohlenstoffdioxid. Im Bereich der kürzeren Wellenlängen bestimmen die Vielfachen der Schwingungsfrequenzen (Oberschwingungen) von Kohlenstoffdioxid und Wasser das Absorptionsverhalten der Atmosphäre.

Mit größerer Besorgnis müssen wir die Absorption von Strahlung anderer Wellenlängen durch solche Moleküle betrachten, deren Anteil in der Atmosphäre vorher gering oder sogar null war. Die Chlorfluorkohlenstoffe beispielsweise absorbieren Strahlung in den derzeitigen „Fenstern" des Infrarotspektrums.

Viele Wissenschaftler sorgen sich besonders um die wachsende Konzentration von Methan in der Atmosphäre. Es ist das Gas, dessen Konzentration in der Atmosphäre derzeit am schnellsten zunimmt. Die Moleküle des Methans absorbieren insbesondere im Bereich von 3,4 bis 3,5 µm und damit in einem anderen Wellenlängenbereich als Kohlenstoffdioxid und Wasser. Das bedeutet, dass durch diese Moleküle zusätzliche Energie aufgenommen und in der Atmosphäre zurückgehalten, der Treibhauseffekt also ungleich mehr als durch CO_2 verstärkt wird. Als Folge der Zersetzung pflanzlichen Materials in Sümpfen gab es schon immer Spuren von Methan in der Atmosphäre. Der Anteil ist jedoch im Verlauf der letzten hundert Jahre drastisch angestiegen. Hauptursache ist die mit der Weltbevölkerung anwachsende Produktion von Nahrungsmitteln: Methanbakterien leben nicht nur im sumpfigen Untergrund von Reisfeldern, sondern auch in den Mägen der Wiederkäuer. Ein Rind produziert täglich bis zu 200 Liter Methangas. Im Hinblick auf die Beeinflussung der Temperatur könnte also die Methankonzentration von größerem Interesse sein als die Kohlenstoffdioxidkonzentration. Es ist jedoch noch weitere Forschung nötig, bevor wir alle Faktoren kennen und verstehen, die zum Treibhauseffekt beitragen.

18.8 Kohlenstoffdisulfid und Kohlenstoffoxidsulfid

Kohlenstoffdisulfid (Schwefelkohlenstoff) ist das Schwefelanalogon von Kohlenstoffdioxid und hat dieselbe lineare Molekülstruktur. Die Verbindung ist eine farblose, leicht entzündliche und niedrig siedende Flüssigkeit, die im reinen Zustand angenehm riecht. Allerdings enthält die Verbindung in handelsüblicher Reinheit meist übelriechende Verunreinigungen. Sie ist außerdem hochtoxisch, denn sie ruft Schäden an Gehirn und Nervensystem hervor, die schließlich zum Tod führen können. Kohlenstoffdisulfid wird industriell hergestellt, indem man Methangas bei etwa 650 °C über geschmolzenen Schwefel leitet und die entstehenden Produkte herunterkühlt, sodass Kohlenstoffdisulfid kondensiert.

$$CH_4(g) + 4\,S(l) \xrightarrow{\Delta} CS_2(g) + 2\,H_2S(g)$$

Mehr als 1 Million Tonnen dieser Verbindung werden jedes Jahr verbraucht, der Großteil davon für die Produktion von Viskosefasern. Kleinere Mengen gehen in die Produktion von Cellophan aus Viskose oder dienen als Ausgangsprodukt für die Herstellung von Tetrachlorkohlenstoff.

Leitet man Kohlenstoffmonoxid über geschmolzenen Schwefel, so bildet sich Kohlenstoffoxidsulfid (COS, S=C=O):

$$CO(g) + S(l) \rightarrow COS(g)$$

Noch vor 20 Jahren hätte man diese Verbindung als Laborkuriosität abtun können. Heute weiß man allerdings, dass sie eine wichtige Rolle in der Chemie der Erdatmosphäre spielt:

Kohlenstoffoxidsulfid ist aufgrund seiner geringen Reaktivität das häufigste schwefelhaltige Gas in der Erdatmosphäre, seine Gesamtmenge in der Atmosphäre wird auf ungefähr $5 \cdot 10^6$ Tonnen geschätzt. Die Verbindung ist neben Dimethylsulfid ($(CH_3)_2S$) eine der wichtigen schwefelhaltigen Verbindungen, die von Organismen im Boden und im Meer produziert werden. Es kann als einziges schwefelhaltiges Gas über die Troposphäre hinaus weiter in die Stratosphäre vordringen. Nur durch starke Vulkanausbrüche wird auch Schwefeldioxid direkt in die oberen Schichten der Atmosphäre geschleudert. In der Stratosphäre wird COS zu CO_2 und Schwefelsäure oxidiert und es kommt zur Bildung von H_2SO_4-Tröpfchen, an deren Oberfläche chemische Prozesse ablaufen. Sie liefern beispielsweise einen merklichen Beitrag zum Abbau von Ozon.

18.9 Die Halogenide des Kohlenstoffs

Mit der Unterteilung der Chemie in *anorganische*, *organische*, *physikalische* und *analytische* Chemie hat man versucht, diese riesige und permanent wachsende Wissenschaft zu ordnen und zu organisieren. Aber nicht immer lässt sich die Chemie bestimmter Verbindungen eindeutig einem Teilbereich zuordnen. Die Halogenide des Kohlenstoffs sind Verbindungen, die sowohl in das Reich der organischen als auch in das der anorganischen Chemie gehören. So spricht man beispielsweise von *Kohlenstofftetrahalogeniden* – entsprechend der anorganischen Nomenklatur – oder von *Tetrahalogenmethanen* – entsprechend der organischen Nomenklatur. In allen Tetrahalogeniden ist ein Kohlenstoff-Atom tetraedrisch von vier Halogen-Atomen umgeben. Die Aggregatzustände, in denen die Tetrahalogenide unter Normalbedingungen auftreten, sind ein Anzeichen für die Stärke der intermolekularen Anziehungskräfte. So ist Kohlenstofftetrafluorid ein farbloses Gas, Kohlenstofftetrachlorid eine Flüssigkeit hoher Dichte, Kohlenstofftetrabromid ein blassgelber Feststoff und Kohlenstofftetraiodid ein leuchtend roter Feststoff. Kohlenstofftetrachlorid ist ein exzellentes, unpolares Lösemittel. Die Entdeckung seiner krebserregenden Eigenschaften in den letzten Jahren führte allerdings dazu, dass es heutzutage als Lösemittel möglichst vermieden wird. Kohlenstofftetrachlorid ist weiterhin ein Treibhausgas und in der oberen Atmosphäre fördert es die Zerstörung des Ozons. Daher ist es wichtig, die Emission dieser Verbindung aus Industrieanlagen zu minimieren.

Kohlenstofftetrachlorid lässt sich über die Reaktion von Kohlenstoffdisulfid mit Chlor synthetisieren. Bei dieser Reaktion setzt man Eisen(III)-chlorid als Katalysator ein. Im ersten Schritt entstehen Kohlenstofftetrachlorid und Dischwefeldichlorid. Bei höheren Temperaturen bewirkt dann die weitere Zugabe von Kohlenstoffdisulfid die Bildung von weiterem Kohlenstofftetrachlorid und von Schwefel. Der Schwefel kann für die Produktion von neuem Kohlenstoffdisulfid wiederverwendet werden.

$$CS_2(g) + 3\ Cl_2(g) \rightarrow CCl_4(g) + S_2Cl_2(l)$$
$$CS_2(g) + 2\ S_2Cl_2(l) \xrightarrow{\Delta} CCl_4(g) + 6\ S(s)$$

Heute wird hauptsächlich die Reaktion von Methan mit Chlor genutzt, um Kohlenstofftetrachlorid herzustellen:

$$CH_4(g) + 4\ Cl_2(g) \rightarrow CCl_4(l) + 4\ HCl(g)$$

Für den Chemiker ist eine der interessantesten Eigenschaften des Kohlenstofftetrachlorids seine Reaktionsträgheit. So reagiert es – im Gegensatz zu Siliciumtetrachlorid – nicht mit Wasser. Wie die folgende Abschätzung der freien Reaktionsenthalpien zeigt, könnte durch die Hydrolyse von CCl_4 sogar mehr Energie freigesetzt werden als im Falle des heftig reagierenden Siliciumtetrachlorids:

$$CCl_4(l) + 2\ H_2O(l) \rightarrow CO_2(g) + 4\ HCl(g);\quad \Delta G_R^0 = -235\ kJ \cdot mol^{-1}$$
$$SiCl_4(l) + 2\ H_2O(l) \rightarrow SiO_2(s) + 4\ HCl(g);\quad \Delta G_R^0 = -136\ kJ \cdot mol^{-1}$$

Das unterschiedliche Verhalten muss mit kinetischen Faktoren begründet werden, also mit dem Fehlen eines geeigneten Reaktionsweges im Falle der Kohlenstoffverbindung aufgrund ihres wesentlich kleineren Zentralatoms. Die Reaktion von Siliciumtetrachlorid mit Wasser lässt sich folgendermaßen beschreiben: Es erfolgt ein Angriff des polaren Wasser-Moleküls, bei dem ein partiell positives H-Atom eine Bindung mit dem partiell negativen Cl-Atom eingeht, während das partiell negative Sauerstoff-Atom eine Bindung zum partiell positiven Silicium-Atom ausbildet (Abbildung 18.12). Dieser Vorgang wiederholt sich, bis alle Cl-Atome durch OH-Gruppen ersetzt sind. Die Übergangszustände dieser Reaktion beinhalten ein fünffach koordiniertes Silicium-Atom.

Hinweis: Zum Reaktionsverhalten der durch die Hydrolyse entstehenden $Si(OH)_4$- bzw. H_4SiO_4-Moleküle vergleiche man Seite 443 und die Randnotiz auf Seite 447.

18.12 Erster Schritt der Hydrolyse von Siliciumtetrachlorid.

18.10 Chlorfluorkohlenwasserstoffe (CFKs) und verwandte Verbindungen

Thomas Midgley, ein Chemiker bei General Motors, war 1928 der Erste, der Dichlordifluormethan synthetisierte. Diese Entdeckung wurde bei der Suche nach einem guten und sicheren Kältemittel gemacht. Ein Kältemittel ist eine Verbindung, die bei Raumtemperatur und niedrigem Druck ein Gas, bei gleicher Temperatur und hohem Druck jedoch eine Flüssigkeit ist. Vermindert man den Druck über der Flüssigkeit, so beginnt sie zu sieden und entzieht die dazu nötige Verdampfungswärme zum Beispiel aus dem Inneren eines Kühlschranks. Das entstandene Gas wird aus dem Wärmeaustauscher im Kühlschrank abgepumpt und anschließend komprimiert, sodass es sich wieder verflüs-

In der Technik und in den Medien wurden diese Verbindungen über lange Zeit als Fluorchlorkohlenwasserstoffe (FCKWs) bezeichnet. Ihr systematischer Name lautet jedoch Chlorfluorkohlenwasserstoffe.

Thomas **Midgley**, amerikanischer Chemiker, 1889–1944.

sigt. Die dabei frei werdende Kondensationswärme wird über einen Wärmeaustauscher an die Umgebung außerhalb des Kühlschanks abgegeben.

Zur Zeit ihrer Entdeckung schienen die Chlorfluorkohlenwasserstoffe ideale Eigenschaften zu haben. Sie sind praktisch unreaktiv und nicht toxisch. Folglich wurden sie in einer Vielzahl von Bereichen eingesetzt, zum Beispiel in Klimaanlagen, als Blähmittel für Schaumkunststoffe, als Treibmittel in Spraydosen, als Feuerlöschmittel, als Entfettungsmittel für elektrische Schaltungen und als Anästhetikum. Die jährliche Produktion belief sich in Spitzenjahren auf beinahe eine Million Tonnen; von den einfachen CFKs waren $CFCl_3$ (CFK-11) und CF_2Cl_2 (CFK-12) die gebräuchlichsten.

Hinweis: Die Bezeichnung der verschiedenen Chlorfluorkohlenwasserstoffe durch Kennziffern wird in Abschnitt 21.2 erläutert.

Die geringe Reaktivität der Chlorfluorkohlenstoffe ist teilweise auf das Fehlen eines Reaktionsweges für die Hydrolysereaktion bedingt; darüber hinaus verleiht die Stärke der C/F-Bindung sowie die Abwesenheit von C/H-Bindungen Schutz vor Oxidation.

In den Siebzigerjahren des vorigen Jahrhunderts erkannte man, dass die große Stabilität dieser Verbindungen – ihre „beste" Eigenschaft – eine Gefahr für die Umwelt ist. Die Verbindungen sind so stabil, dass sie für mehrere hundert Jahre in der Atmosphäre verbleiben. Somit können sie in die oberen Schichten der Atmosphäre (Stratosphäre) diffundieren, wo die C/Cl-Bindungen durch ultraviolettes Licht gespalten werden. Die entstehenden Chlor-Atome katalysieren dort den Abbau von Ozon. Unter Beteiligung von Sauerstoff-Atomen, die in der Stratosphäre etwa im gleichen Ausmaß vorliegen wie Ozon-Moleküle, ergibt sich der nachfolgende Reaktionszyklus:

$$\begin{aligned} Cl + O_3 &\rightarrow O_2 + ClO \\ ClO + O &\rightarrow Cl + O_2 \\ \hline O_3 + O &\rightarrow 2\,O_2 \end{aligned}$$

Jedes Chlor-Atom kann auf diese Weise durchschnittlich 1 000 Ozon-Moleküle zerstören, bis es schließlich durch eine andere Reaktion (z.B. mit CH_4) verbraucht wird.

Man nahm daher schnell die Suche nach geeigneten Ersatzstoffen für die CFKs auf. Dies war kein leichtes Unterfangen, denn die meisten potentiellen Ersatzstoffe sind entweder brennbar oder toxisch oder haben eine andere problematische Eigenschaft. Die günstigste Alternative zum Kältemittel CFK-12 ist beispielsweise ein Fluorkohlenwasserstoff (FKW): CF_3-CH_2F (FKW-134a). Da kein Chlor in dieser Verbindung vorkommt, kann dieser Stoff keinen Schaden an der Ozonschicht ausrichten; außerdem können die C/H Bindungen bereits in der Troposphäre angegriffen werden. Es gibt trotzdem drei große Probleme, die einem massiven Einsatz im Wege stehen: Im Gegensatz zur einfachen Synthese von CFK-12 wird für die Synthese von FKW-134a ein teures, mehrstufiges Verfahren gebraucht. Zweitens müssen bereits bestehende Kühlvorrichtungen so verändert werden, dass sie mit der neuen Verbindung betrieben werden können. Der Hauptgrund hierfür ist, dass man höhere Drücke braucht, um FKW-134a zu kondensieren, als im Falle von CFK-12. Die Kosten für den Neubau von Chemiefabriken und die Änderungen an den Pumpen der Kühlvorrichtungen sind erträglich für westliche Länder, überschreiten aber die finanziellen Möglichkeiten der weniger entwickelten Länder.

Seit 1995 wird FKW-134a (R 134a) in größerem Umfang vor allen in den Klimaanlagen von Pkws eingesetzt. Ein Mittelklassefahrzeug benötigt etwa 800 g dieses Kältemittels.

Das letzte Problem ist, dass alle C/F-Verbindungen sehr stark wirkende Treibhausgase sind. Sie absorbieren Infrarotstrahlung und können so (ähnlich wie Kohlenstoffdioxid) zur Erwärmung der Erdatmosphäre beitragen. Es muss daher sichergestellt sein, dass FKWs und CFKs nur in geschlossenen, gut abgedichteten Systemen zum Einsatz kommen. Kältemittel aus Altgeräten müssen fachgerecht recycled werden.

Am Beispiel der Chlorfluorkohlenwasserstoffe zeigt sich, dass in der Umwelt Schäden verursacht werden können, obwohl die Verbindungen in Labor und Technik völlig harmlos sind. Für jedes neue Produkt der chemischen Industrie muss daher auch seine Wirkung auf die Umwelt abgeschätzt werden. Voraussetzung dafür ist eine weitere Erforschung der chemischen Kreisläufe in der Natur.

18.11 Methan

Die einfachste Verbindung aus Kohlenstoff und Wasserstoff ist Methan (CH_4), ein farbloses und geruchloses Gas. Es gibt enorme Mengen dieses Gases als Hauptbestandteil von Erdgas in unterirdischen Lagerstätten und in Lagerstätten unter dem Meeresboden der Arktis. Heutzutage ist es eine der Hauptquellen für thermische Energie, da es exotherm verbrennt:

$$CH_4(g) + 2\,O_2(g) \rightarrow CO_2(g) + 2\,H_2O(g); \quad \Delta H_R^0 = -803\ \text{kJ} \cdot \text{mol}^{-1}$$

Da wir Methan weder sehen noch riechen, setzt man dem Gas eine stark riechende schwefelhaltige organische Verbindung zu, bevor es an die Endverbraucher geliefert wird. So kann man austretendes Gas am Geruch erkennen.

Methan ist, wie unzählige organische Verbindungen, sehr beständig gegenüber Sauerstoff, obwohl die Reaktion thermodynamisch möglich ist. Wir müssen einen Zündfunken oder eine Flamme einsetzen, damit die Reaktion einsetzt. Dies steht in starkem Gegensatz zur Reaktion von Silan (SiH_4) mit Sauerstoff. Dieses entzündet sich sofort, wenn es mit Sauerstoff in Kontakt kommt. Wie ist dieser Unterschied begründbar? Zunächst ist man versucht, die gleiche Erklärung zu bemühen, wie sie schon für die unterschiedlichen Reaktivitäten der Halogenide von Silicium und Kohlenstoff gegeben wurde, also die Tatsache, dass das Kohlenstoff-Atom keine d-Orbitale zur Verfügung hat. Der Verlauf der Oxidation weicht jedoch stark von dem der Hydrolyse ab, es ist also leichtfertig, die erstbeste Erklärung zu akzeptieren.

Lassen Sie uns die Chemie der Hydride etwas genauer betrachten: Einige reagieren heftig mit Sauerstoff, andere nicht. Diboran (B_2H_6), Silan (SiH_4) und Germaniumhydrid (GeH_4) sind Hydride, die heftig mit Sauerstoff reagieren. Methan (CH_4), Ammoniak (NH_3) und Schwefelwasserstoff (H_2S) dagegen sind bei normaler Temperatur gegen Sauerstoff inert. Der entscheidende Grund scheint also im Unterschied der Elektronegativitäten der beteiligten Elemente zu liegen. Im Falle von Diboran, Silan und Germaniumhydrid ist Wasserstoff das elektronegativere Element. Bei Methan, Ammoniak und Schwefelwasserstoff ist dagegen Wasserstoff das weniger elektronegative Element. Ein partiell negatives Wasserstoff-Atom (hydridischer Wasserstoff) in einer schwachen Element/H-Bindung ist sehr viel reaktiver als ein partiell positives Wasserstoff-Atom (protonischer Wasserstoff) in einer starken Element/H-Bindung.

18.12 Cyanide

Dass Kaliumcyanid (KCN, *Zyankali*) und Cyanwasserstoff (HCN, *Blausäure*) giftig sind, ist vielen Menschen aus Kriminalromanen und -filmen bekannt. Nur wenige wissen jedoch um die industrielle Bedeutung dieser Verbindungen: Mehr als 1 Million Tonnen Cyanwasserstoff werden jedes Jahr produziert. Es gibt zwei moderne Möglichkeiten der Synthese von Cyanwasserstoff. Das *Degussa-Verfahren* basiert auf der Reaktion von Methan mit Ammoniak bei hohen Temperaturen unter Einsatz eines Platinkatalysators:

$$CH_4(g) + NH_3(g) \xrightarrow[1200\,°C]{Pt} HCN(g) + 3\,H_2(g)$$

Das *Andrussow-Verfahren* ist ähnlich, hierbei ist jedoch die Anwesenheit von Sauerstoff nötig:

$$2\,CH_4(g) + 2\,NH_3(g) + 3\,O_2(g) \xrightarrow[1200\,°C]{Pt,\,Rh} 2\,HCN(g) + 6\,H_2O(g)$$

Cyanwasserstoff ist bei Raumtemperatur eine Flüssigkeit. Dies ist eine Folge der starken Wasserstoffbrückenbindung zwischen dem Wasserstoff-Atom und dem Stickstoff-Atom eines benachbarten Moleküls. Cyanwasserstoff ist extrem toxisch und hat in geringer

Konzentrationen einen schwachen, mandelartigen Geruch. Die Flüssigkeit ist mit Wasser mischbar und es bildet sich eine schwache Säure:

$$HCN(aq) + H_2O(l) \rightleftharpoons H_3O^+(aq) + CN^-(aq)$$

Ungefähr 70 % des Cyanwasserstoffs werden genutzt, um wichtige Polymere wie Polyacrylnitril und Polymethylmethacrylat (Acrylglas) sowie Zwischenprodukte wie Cyanurchlorid und Methionin zur Tierernährung herzustellen. Etwa 15 % werden durch Neutralisation in Natriumcyanid überführt:

$$HCN(aq) + NaOH(aq) \rightarrow NaCN(aq) + H_2O(l)$$

Das Salz erhält man dann durch Auskristallisieren aus der Lösung. Man benutzt das Cyanid-Ion zur Gewinnung von Gold und Silber aus ihren Erzen (Abschnitt 24.2).

Hinweis: Nähere Informationen zur physiologischen Wirkung von CN^--Ionen findet man auf Seite 298.

Giftwirkung Das Cyanid-Ion ist isoelektronisch mit Kohlenstoffmonoxid und beide reagieren bereitwillig mit Hämoglobin, sodass die Sauerstoffaufnahme blockiert wird. Das Cyanid-Ion stört außerdem Enzymreaktionen im Körper. Auch Cyanwasserstoff selbst ist giftig. Ende der Zwanzigerjahre des letzten Jahrhunderts setzten viele US-Staaten die Vergiftung mit Cyanwasserstoff in der Gaskammer als Exekutionsmethode ein. Die Kammer war ein abgedichteter Raum mit einem Stuhl. Neben dem Stuhl hingen Glasgefäße, die mit Natrium- oder Kaliumcyanid gefüllt waren. Auf das Signal des Wärters hin wurden diese Gefäße ferngesteuert in ein Bad aus Schwefelsäure abgesenkt. Der entstehende Cyanwasserstoff war so hochkonzentriert, dass innerhalb von Sekunden Bewusstlosigkeit einsetzte und der Tod innerhalb von fünf Minuten eintrat.

$$2\ NaCN(aq) + H_2SO_4(aq) \rightarrow Na_2SO_4(aq) + 2\ HCN(g)$$

18.13 Silicium – das Element der Halbleitertechnik

Silicium ist mit einem Massenanteil von 27 % am Aufbau der Erdkruste beteiligt. Es kommt jedoch nicht in elementarer Form vor, sondern immer nur in Verbindungen, die Silicium/Sauerstoff-Bindungen enthalten. Elementares Silicium ist ein grauer, metallisch aussehender Feststoff, der unter Normaldruck in der Diamantstruktur kristallisiert. Silicium ist sehr spröde und seine elektrische Leitfähigkeit ist sehr gering. Es kann daher nicht als Metall eingestuft werden: Wie im Diamanten sind die Atome durch ein Netzwerk kovalenter Bindungen miteinander verknüpft. Die Reaktionsträgheit des Siliciums gegenüber Sauerstoff, Wasser und anderen üblichen Reagenzien ist vor allem auf kinetische Faktoren zurückzuführen.

Ungefähr eine halbe Million Tonnen Silicium werden jährlich in der Herstellung von Metalllegierungen verbraucht. Dies ist zwar der größte Einsatzbereich für Silicium, die wichtigste Rolle in unserem Leben spielt es aber als Halbleitermaterial in Computern und anderen elektronischen Geräten. Der Reinheitsgrad des in der Elektronikindustrie eingesetzten Siliciums muss außergewöhnlich hoch sein. Die Anwesenheit von Phosphor in der Größenordnung von 1 ppb (*part per billion*, $1:10^9$; amerikanisch *billion*, Milliarde) reicht aus, um den spezifischen Widerstand von 150 auf 0,1 $k\Omega \cdot cm$ zu senken. Durch den teuren Reinigungsprozess ist hochreines Silicium für den Elektronikbereich tausendmal teurer als Silicium in metallurgischer Qualität, das bis zu 2 % Verunreinigungen enthält.

Das Element wird durch eine stark endotherm verlaufende Redoxreaktion dargestellt:

$$SiO_2(s) + 2\ C(s) \xrightarrow{\Delta} Si(s) + 2\ CO(g); \quad \Delta H_R^0 = 689\ kJ \cdot mol^{-1}$$

Man erhitzt Siliciumdioxid (Quarz) mit Holzkohle und Koks bei über 2 000 °C in einem elektrischen Lichtbogenofen. Das flüssige Silicium (Schmelztemperatur 1420 °C) wird dann aus dem Ofen abgelassen.

Um hochreines Silicium zu erhalten, wird das pulverisierte technische Silicium in einem Wirbelschichtofen im Chlorwasserstoff-Gasstrom auf 300 °C erhitzt. Dabei entsteht neben anderen Chlorsilanen hauptsächlich Trichlorsilan (SiHCl$_3$):

$$Si(s) + 3\ HCl(g) \rightarrow SiHCl_3(g) + H_2(g)$$

Das Gemisch wird mehrfach destilliert, bis der Anteil an Verunreinigungen unterhalb des ppb-Bereichs liegt.

Die Rückreaktion – unter Bildung von hochreinem polykristallinen Silicium – findet an elektrisch geheizten Silicium-Stäben bei 1 000 °C spontan statt. Das dabei frei gesetzte Chlorwasserstoffgas wird für den ersten Reaktionsschritt wiederverwendet.

$$SiHCl_3(g) + H_2(g) \xrightarrow{\Delta} Si(s) + 3\ HCl(g)$$

Hochreine *Einkristalle* für die Herstellung von Silicium-Scheiben („Wafer"), auf denen wiederum die integrierten Schaltungen (Chips) entstehen, erhält man durch das *Tiegelziehverfahren* (Abbildung 18.13). Es beruht auf der Tatsache, dass sich Verunreinigungen in der flüssigen Phase besser lösen als in der festen Phase. Ein kleiner Silicium-Einkristall (Impfkristall) wird in die Schmelze aus hochreinem Silicium eingetaucht, deren Temperatur nur knapp oberhalb der Schmelztemperatur liegt. Durch langsames Drehen des gekühlten Impfkristalls und langsames Herausziehen des anwachsenden Einkristalls aus der Schmelze werden zylindrische Einkristalle von bis zu 30 cm im Durchmesser und Längen von bis zu 2 m hergestellt.

Elektronische Bauelemente entstehen durch selektives *Dotieren* des Siliciums mit Spuren eines Elementes aus der 13. oder 15. Gruppe des Periodensystems in scharf begrenzten Bereichen (0,1 bis 1 µm). Durch die Reaktion mit PH$_3$ beispielsweise diffundieren Phosphor-Atome in das Silicium. Das zusätzliche Valenzelektron des eingebauten Atoms wird für die vier kovalenten Bindungen zu den Nachbaratomen nicht benötigt und kann sich frei durch das Material bewegen. Man nennt dies n-dotiertes Silicium, wobei n für die **n**egative Ladung des zusätzlichen Elektrons steht. Dotiert man umgekehrt mit einem Element der Gruppe 13, so stehen an diesem Atom nur drei Elektronen für die Ausbildung von vier kovalenten Bindungen zur Verfügung, es entsteht ein „Elektronenloch". Ein derartiges Elektronenloch ist jedoch nicht an dem Atom der 3. Hauptgruppe lokalisiert, es kann mit einem Elektron gefüllt werden, das aus einer der

> In einem Wirbelschichtofen, wird ein pulverförmiger Feststoff durch einen aufsteigenden Gasstrom aufgewirbelt. Ein von unten zugeführter gasförmiger Reaktionspartner umspült die aufgewirbelten Partikel von allen Seiten und reagiert zu dem gewünschten Reaktionsprodukt. Die Reaktion von Feststoffen mit Gasen in einer Wirbelschicht erfolgt schneller und vollständiger als in einem *Festbett*, in dem die Feststoffteilchen übereinander geschichtet sind.

> Der Begriff **Wirbelschicht** stammt aus der Verfahrenstechnik: Eine Schüttung von Feststoffpartikeln wird durch einen aufsteigenden Gasstrom aufgewirbelt und mit einem geeigneten gasförmigen Reaktionspartner umgesetzt. Auf diese Weise erreicht man schnell und einheitlich verlaufende Reaktionen, weil die Oberfläche der Partikel von allen Seiten her zugänglich ist.

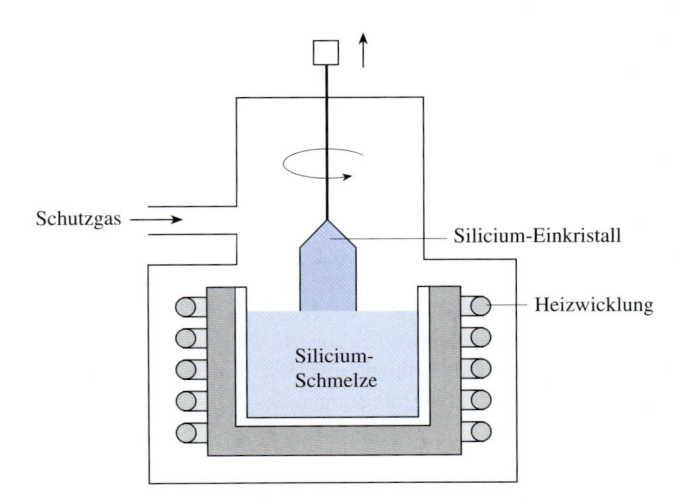

18.13 Herstellung von Silicium-Einkristallen durch das Tiegelziehverfahren.

> **EXKURS**
>
> **Metallsilicide**
>
> Mit den sehr unedlen Metallen der ersten und zweiten Gruppe bildet Silicium eine große Vielzahl von Siliciden. Diese zählen zu den sogenannten Zintl-Phasen (Abschnitt 6.2). Sie sind ionisch aufgebaut und enthalten neben einfach bzw. zweifach positiven Metallionen negativ geladene, aus einer unterschiedlichen Anzahl an Silicium-Atomen bestehende, sogenannte *Zintl*-Anionen. Der Aufbau solcher Zintl-Anionen lässt sich häufig vom Aufbau isoelektronischer Spezies ableiten. So entspricht das tetraedrische Si_4^{4-}-Anion dem Bau des isoelektronischen P_4-Moleküls im weißen Phosphor. Das kettenförmige $[Si^{2-}]_x$-Anion ist isoelektronisch zu einer Kette aus Schwefel- oder Selen-Atomen. Die gewellte Schicht aus Silicium-Atomen im $CaSi_2$, in denen jedes Silicium-Atom eine negative Ladung trägt, entspricht der Struktur von grauem Arsen ($Si^- \triangleq As$) (Abbildung 18.14).
>
> Auch die übrigen Metalle bilden in der Regel Metallsilicide. Wegen der geringeren Differenz der Elektronegativitäten sind diese jedoch nicht ionisch aufgebaut. Sie zeigen häufig metallische Eigenschaften.
>
> a $[Si^{2-}]_x$ z. B. in CaSi   b $[Si^-]_x$ z. B. in $CaSi_2$
>
> c Si_4^{4-} z. B. in KSi und $BaSi_2$ d Si_4^{6-} z. B. in Ba_3Si_4
>
> **18.14** Unterschiedliche Si/Si-Verknüpfungen in Siliciden.

Hinweis: Abschnitt 6.1 enthält einige grundlegende Informationen über Halbleiter. Einzelheiten findet man in der Literatur zur Halbleitertechnik.

„intakten" kovalenten Bindungen eines Nachbaratoms stammt. Als Folge entsteht ein Elektronenloch am Nachbaratom. Auf diese Weise ist auch ein Elektronenloch in einem p-dotierten Halbleiter frei im Gitter beweglich (p steht für die **p**ositive Ladung, die an dem Silicium-Atom entsteht, an dem sich das Elektronenloch gerade befindet). Auf diese Weise wird die elektrische Leitfähigkeit von Silicium durch die n- bzw. p-Dotierung um viele Zehnerpotenzen erhöht. Man spricht in diesem Zusammenhang auch von der Elektronenleitung in n-dotiertem Silicium und der „Löcherleitung" in p-dotiertem Silicium.

18.14 Molekülverbindungen des Siliciums

In der Chemie des Siliciums sind Molekülverbindungen von wesentlich geringerer Bedeutung als in der Chemie des Kohlenstoffs. Die folgenden Abschnitte geben einen kurzen Überblick über die Molekülverbindungen des Siliciums mit Wasserstoff bzw. mit Halogenen.

Silicium/Wasserstoff-Verbindungen Die Wasserstoffverbindungen des Siliciums werden in Anlehnung an die entsprechenden Kohlenwasserstoffe (Alkane, Alkene) als *Silane* und *Silene* bezeichnet. Die Neigung Ketten und Ringe zu bilden ist jedoch bei Silicium weit weniger ausgeprägt als bei Kohlenstoff. Dementsprechend ist die Zahl der Silicium/Wasserstoff-Verbindungen weitaus geringer als die der Kohlenstoff/Wasserstoff-Verbindungen. Bis heute wurden kettenförmige Silane mit bis zu 15 Silicium-Atomen nachgewiesen. Daneben kennt man in Analogie zu den Cycloalkanen die ringförmigen Verbindungen Cyclopentasilan (Si_5H_{10}) und Cyclohexasilan (Si_6H_{12}). Die Bildung einfacher Silane wurde bereits um 1920 näher untersucht. Bei der Reaktion von Magnesiumsilicid mit Salzsäure erhielt man ein Gasgemisch, das neben Wasserstoff vor allem aus Monosilan (SiH_4) und Disilan (Si_2H_6) sowie etwas Trisilan und Tetrasilan bestand. Insgesamt wird bei dieser Reaktion etwa ein Drittel des im Magnesiumsilicid enthaltenen Siliciums in Silane überführt. Zwei Drittel werden zu Siliciumdioxid und Wasserstoff umgesetzt:

$$Mg_2Si(s) + 4\,H^+(aq) + 2\,H_2O(l) \rightarrow SiO_2(s) + 4\,H_2(g) + 2\,Mg^{2+}(aq)$$

Streut man Magnesiumsilicid auf Salzsäure, so zeigt sich eine charakteristische Eigenschaft der Silane: Das entstehende Gasgemisch fängt sofort Feuer und verbrennt mit knatterndem Geräusch. Silane sind also – im Gegensatz zu Kohlenwasserstoffen – an der Luft selbstentzündlich. Dieser Unterschied wurde bereits in Abschnitt 18.11 in einem größeren Zusammenhang diskutiert.

Die ungesättigten Silene können aufgrund der geringen Stabilität von Si/Si-Doppelbindungen in der Regel bei Normalbedingungen nicht in Substanz isoliert werden. Prinzipiell sind Silenmoleküle aber durch Eliminierungsreaktionen zugänglich. Als Edukte werden Silane eingesetzt, die an zwei benachbarten Silicium-Atomen Substituenten enthalten, welche gemeinsam eine möglichst stabile Verbindung bilden, wie ein Halogen-Atom und ein Lithium-Atom. Die Abspaltung des Lithiumhalogenids erfolgt zum Beispiel durch Temperaturerhöhung. Die Darstellung von Si_2H_4 ist allerdings auch auf diesem Wege nicht möglich. Da die Bindungsenergie der Si/Si-Doppelbindung viel niedriger ist als die von zwei Si/Si-Einfachbindungen, ist die Bildung polymerer Produkte die begünstigte Folgereaktion. Die Herstellung von Silenen gelingt nur, wenn an die Silicium-Atome sehr voluminöse Substituenten gebunden sind, welche die einmal geknüpfte Doppelbindung abschirmen und vor Folgereaktionen schützen. Abbildung 18.15 zeigt ein Beispiel für ein isolierbares Silen.

Die Bindungsenthalpie einer Si/H-Bindung ist mit 322 kJ·mol^{-1} deutlich geringer als die einer C/H-Bindung (416 kJ·mol^{-1}). Dieser Unterschied erklärt die relativ leichte thermische Zersetzlichkeit von Silanen. Technisch genutzt wird die thermische Zersetzung von SiH_4 zur Abscheidung hochreiner, dünner Silicium-Schichten.

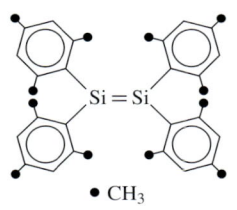

18.15 Struktur eines Silen-Moleküls.

Silicium/Halogen-Verbindungen Die Siliciumhalogenide zeigen wie die Silane typische Eigenschaften von Molekülverbindungen: Sie haben niedrige Schmelz- und Siedetemperaturen und sie lösen sich in unpolaren Lösemitteln.

SiF_4, ein farbloses und hydrolyseempfindliches Gas, kann am einfachsten durch Reaktion von Siliciumdioxid mit Fluorwasserstoff gewonnen werden. Es sublimiert bereits bei –96 °C. Anders als bei Kohlenstoff kennt man hier Salze, die das von SiF_4 abgeleitete Hexafluorosilicat-Anion enthalten, zum Beispiel $BaSiF_6$. In der Existenz des oktaedrisch gebauten SiF_6^{2-}-Anions wird die Tendenz des Siliciums deutlich, Verbindungen zu bilden, in denen um das zentrale Silicium-Atom formal mehr als acht Elektronen – in diesem Fall zwölf – angeordnet sind. Allgemein spricht man von *hypervalenten* oder hyperkoordinierten Verbindungen.

Die wichtigste Silicium/Halogen-Verbindung ist das Silicium(IV)-chlorid ($SiCl_4$), eine bei 57 °C siedende Flüssigkeit. Sie bildet sich in einer stark exothermen Reaktion, wenn man Chlor über erwärmtes Silicium leitet. Für die technische Gewinnung spielt die Umsetzung mit Chlorwasserstoff bei hohen Temperaturen die größte Rolle:

$$Si(s) + 4\,HCl(g) \rightarrow SiCl_4(g) + 2\,H_2(g); \quad \Delta H_R^0 = -283\,kJ\cdot mol^{-1}$$

Hinweis: Ein Vergleich der Reaktivität von $SiCl_4$ und CCl_4 gegenüber Wasser erfolgt in Abschnitt 18.9.

Im Gegensatz zum relativ reaktionsträgen Kohlenstofftetrachlorid ist Silicium(IV)-chlorid sehr feuchtigkeitsempfindlich, sodass es an feuchter Luft stark raucht und mit flüssigem Wasser heftig reagiert. Die sehr ausgeprägte Neigung der Siliciumhalogenide, mit Wasser unter Knüpfung von Si/O-Bindungen zu reagieren, hängt mit der Fähigkeit

Siliciumdioxid-Minerale Neben dem glasklaren Bergkristall gibt es eine Reihe farbiger Varietäten, die auch als Schmucksteine geschätzt werden. Die Farbe ergibt sich durch den Einbau anderer Ionen in die Quarzstruktur oder durch den Einschluss winziger Kristalle anderer Mineralien.

Als *Rauchquarz* bezeichnet man Kristalle, die durchscheinend grau, dunkelbraun oder fast schwarz sind. Die Kristalle enthalten Al^{3+}-Ionen auf Si-Plätzen; zur Ladungskompensation sind H^+-Ionen eingebaut.

Relativ häufig ist der in gut ausgebildeten Kristallen auftretende violette *Amethyst*. Die Farbe hängt mit dem Gehalt an Eisen-Ionen (Massenanteil bis zu 0,1 %) zusammen. Man nimmt an, dass bei der Kristallisation zunächst ein Teil der Eisen-Ionen (als Fe^{3+}) Silicium-Atome (bzw. Si^{4+}) in der Quarzstruktur ersetzt und gleichzeitig auch Fe^{3+}-Ionen auf Zwischengitterplätzen eingebaut werden. Durch Bestrahlung können Fe^{3+}-Ionen auf Tetraederplätzen ein weiteres Elektron abgeben. Es wird von Fe^{3+}-Ionen auf Zwischengitterplätzen eingefangen. Im Amethyst liegen also Fe^{4+}- und Fe^{2+}-Ionen – jeweils in anderer Umgebung – nebeneinander vor. Diese Kombination von Fe^{IV}/Fe^{II} führt zu einer Lichtabsorption im gelbgrünen Bereich des Spektrums, sodass Amethyst violett erscheint.

18.16 Strukturen von Kohlenstoffdioxid und Siliciumdioxid im Vergleich: CO_2-Molekül und Umgebung eines Silicium-Atoms in SiO_2-Kristallen. Die Sauerstoffbrücken sind tatsächlich nicht linear, sondern leicht gewinkelt.

des Silicium-Atoms zusammen, ähnlich wie das Schwefel-Atom (im Falle von SF_6) auch mehr als vier Atome zu binden. Auf diese Weise kann in einem ersten Reaktionsschritt ein Hydrat $SiX_4 \cdot H_2O$ gebildet werden, das sich dann unter HX-Abspaltung und Bildung eines Silanols (SiX_3OH) stabilisiert. Auf diese Weise werden nacheinander alle Halogen-Atome durch OH-Gruppen ersetzt. Gleichzeitig erfolgt unter Wasserabspaltung eine intermolekulare Kondensation, sodass als Endprodukt dieser Hydrolysereaktionen polymere Kieselsäuren auftreten.

$SiCl_4$ spielt neben anderen Chlorsilanen $SiH_{4-x}Cl_x$ eine wichtige Rolle bei der Reindarstellung von Silicium für Halbleiterzwecke. Silicium(IV)-bromid und Silicium(IV)-iodid haben bislang keine technische Verwendung gefunden. Das chemische Verhalten höherer Halogensilane wie Si_2X_6 und Si_3X_8 schließt sich an das der Silicium(IV)-halogenide an, es sind gleichfalls hydrolyseempfindliche Molekülverbindungen. Die Polysilicium(II)-halogenide (SiX_2) und Polysilicium(I)-halogenide (SiX) sind dagegen in organischen Lösemitteln unlösliche Feststoffe, deren Aufbau noch weitgehend unbekannt ist. In monomerer Form treten Silicium(II)-halogenide nur als Gase bei niedrigem Druck und Temperaturen um 1 000 °C auf. Diese gewinkelten Moleküle disproportionieren oder polymerisieren beim Abkühlen.

18.15 Siliciumdioxid

Die am häufigsten vorkommende kristalline Form des Siliciumdioxids (SiO_2) ist das Mineral Quarz; gut ausgebildete glasklare Kristalle werden als *Bergkristall* geschätzt. Die meisten Arten von Sand enthalten Quarz-Körnchen neben Verunreinigungen aus Feldspäten und anderen Silicaten. Obwohl die Formeln für Kohlenstoffdioxid und Siliciumdioxid sehr ähnlich aussehen, unterscheiden sich die beiden Stoffe in ihren Eigenschaften grundsätzlich voneinander. Kohlenstoffdioxid ist bei Raumtemperatur ein farbloses Gas, wohingegen kristallines Siliciumdioxid erst bei 1 723 °C schmilzt und oberhalb von 2 400 °C unter Zerfall in SiO und O_2 siedet. Die unterschiedlichen Siedetemperaturen lassen sich bindungstheoretisch erklären: Kohlenstoffdioxid besteht aus kleinen, dreiatomigen, unpolaren Molekülen, deren Anziehung untereinander auf Dispersionskräften beruht. Im Gegensatz dazu besteht Siliciumdioxid aus einem Netzwerk kovalenter Silicium/Sauerstoff-Bindungen, das sich über den ganzen Kristall erstreckt. Jedes Silicium-Atom ist an vier Sauerstoff-Atome gebunden und jedes Sauerstoff-Atom an zwei Silicium-Atome (Abbildung 18.16).

Worauf beruht der Unterschied zwischen Kohlenstoffdioxid und Siliciumdioxid? Erstens ist die C/O-Einfachbindung (Bindungsenthalpie: 358 kJ·mol^{-1}) sehr viel schwächer als eine C/O-Doppelbindung (Bindungsenthalpie: 804 kJ·mol^{-1}). Durch die Ausbildung einer p_π–p_π-Bindung zwischen dem C-Atom und dem O-Atom wird die Stärke der Bindung mehr als verdoppelt. Es ist somit energetisch günstiger, zwei C/O-Doppelbindungen zu bilden als vier C/O-Einfachbindungen, wie es für eine dem Siliciumdioxid analoge Struktur nötig wäre. Im Gegensatz dazu haben Silicium/Sauerstoff-Bindungen einen partiellen Doppelbindungscharakter. Die Si–O-Bindungsenthalpie ist mit 465 kJ·mol^{-1} ungewöhnlich groß. Ursache hierfür ist eine Wechselwirkung der freien Elektronenpaare am Sauerstoff mit den σ^*-Molekülorbitalen der Si/O-Bindung. Diese besondere Art der Wechselwirkung wird auch als *negative Hyperkonjugation* bezeichnet. In Abschnitt 19.14 wird dies am Beispiel von Phosphor/Stickstoff-Verbindungen eingehender erläutert. Die freien Elektronenpaare des Sauerstoffs sind also an der Bindung zwischen den Silicium- und Sauerstoff-Atomen beteiligt. Dies kommt auch in den ungewöhnlich großen Bindungswinkeln am Sauerstoff (∢ Si–O–Si 150° bis 180°) zum Ausdruck (zum Vergleich beträgt der Bindungswinkel im H_2O-Molekül 104°). Mehrfachbindungen in Verbindungen mit Elementen aus der dritten und höheren Perioden sind wegen der geringen p_π-p_π-Überlappung nicht sehr viel stabiler als die entsprechenden Einfachbindungen.

Silicium bevorzugt daher vier Einfachbindungen (mit partiellem Doppelbindungscharakter) gegenüber zwei Doppelbindungen.

Siliciumdioxid ist sehr reaktionsträge, es reagiert nur mit Fluorwasserstoffsäure und geschmolzenen Alkalihydroxiden oder Carbonaten. Die Reaktion mit Fluorwasserstoffsäure macht man sich zu Nutze, um Muster in Glas einzuätzen:

$$SiO_2(s) + 6\ HF(aq) \rightarrow SiF_6^{2-}(aq) + 2\ H^+(aq) + 2\ H_2O(l)$$

$$SiO_2(s) + 2\ NaOH(l) \xrightarrow{\Delta} Na_2SiO_3(s) + H_2O(g)$$

Verwendung von Quarz Zur Herstellung von **Quarzglas** wird reiner, kristalliner Quarz (Bergkristall) geschmolzen. Beim Abkühlen erstarrt die Schmelze zu dem als Quarzglas bekannten Produkt. Es wird für optische Geräte und als Gefäßmaterial für chemische Reaktionen verwendet. Es ist hart, stabil und nicht nur für sichtbares Licht durchlässig, sondern auch für UV-Strahlung. Außerdem hat es einen sehr geringen thermischen Ausdehnungskoeffizienten. Daher kann man rot glühende Gefäße aus Quarzglas mit Wasser abschrecken, ohne dass sie zerspringen.

Aus Quarzkristallen geschnittene Stäbchen und Plättchen weisen genau einstellbare Schwingungsfrequenzen auf. Solche *Schwingquarze* dienen als Taktgeber für Uhren und Computer (Taktfrequenz) und zur Erzeugung von Ultraschall in Reinigungsbädern für Labor und Technik. Aufgrund ihrer piezoelektrischen Eigenschaften werden Quarzstäbchen auch zur Erzeugung von Zündfunken eingesetzt, beispielsweise in Feuerzeugen (siehe Exkurs in Abschnitt 24.3).

Kieselgel

Kieselgel, auch *Silicagel* genannt, ist eine amorphe wasserhaltige Form des Siliciumdioxids: $SiO_2 \cdot x\ H_2O$. Es handelt sich um ein mikroporöses Material in Form von Pulvern, Granulaten oder Perlen; die spezifische Oberfläche beträgt rund 700 m²/g. Kieselgel ist daher ein gutes Adsorptionsmittel. Man benutzt es als Trockenmittel im Labor und auch, um elektronische Geräte oder sogar Medikamente trocken zu halten. Handelsübliches Kieselgel enthält Wasser mit einem Massenanteil von 3 %.

Aerosile

Aerosile® sind synthetische, amorphe Teilchen aus Siliciumdioxid, deren Oberfläche von OH-Gruppen bedeckt ist. Die Idee und technische Entwicklung des originellen Aerosil®-Verfahrens gehen auf den deutschen Chemiker H. Kloepfer der Firma Degussa zurück. Der seit 1942 durchgeführte Prozess lässt sich im Wesentlichen als kontinuierliche Flammenhydrolyse von Siliciumtetrachlorid beschreiben. Dabei wird $SiCl_4$ verdampft und anschließend in einer Knallgasflamme vollständig zu extrem feinteiligem, amorphem SiO_2 umgesetzt. In der Technik spricht man von *pyrogener Kieselsäure*.

$$SiCl_4(g) + 2\ H_2(g) + O_2(g) \rightarrow SiO_2(s) + 4\ HCl(g)$$

Bei dieser Reaktion wird eine beachtliche Wärmemenge frei, die in einer Abkühlstrecke abgeführt wird. Einziges Nebenprodukt ist gasförmiger Chlorwasserstoff, der von dem Feststoff abgetrennt und für die Herstellung von $SiCl_4$ wiederverwendet wird. Durch Variation der Konzentration der Reaktionspartner, der Flammtemperatur und der Verweilzeit der Kieselsäure im Verbrennungsraum können die Teilchengrößen der Primärteilchen (zwischen 7 und 40 nm), die Teilchengrößenverteilung, die spezifische Oberfläche (zwischen 50 und 600 m²/g) und die Oberflächenbeschaffenheit der Kieselsäuren in weiten Grenzen beeinflusst werden. Außerdem lassen sich die Oberflächeneigenschaften durch chemische Nachbehandlung verändern.

Erhitzt man Amethyst auf etwa 500 °C, so schlägt die Farbe nach Gelbbraun um. Dieser „gebrannte" Amethyst ähnelt dem in der Natur relativ seltenen *Citrin*. Vereinfacht lässt sich der Farbwechsel auf die Bildung winziger Fe_2O_3-Kriställchen innerhalb des Quarzkristalls zurückführen. Durch diesen Vorgang geht die für die violette Färbung charakteristische Fe^{IV}/Fe^{II}-Kombination verloren.

Rosenquarz wird nur selten in gut ausgebildeten Kristallen gefunden. Meist handelt es sich um kompakte Stücke, die blassrosa gefärbt sind. Die deutliche Trübung von Rosenquarz wurde über lange Zeit auf die Einlagerung mikroskopisch kleiner Rutilnädelchen (TiO_2) zurückgeführt. Neuere Untersuchungen zeigten, dass es sich mindestens in einigen Fällen um Nädelchen eines sonst kaum bekannten Minerals (Dumortierit) handelt. Gleichzeitig fand man auch eine Erklärung für die Rosafärbung: Im Dumortierit sind Al^{3+}-Ionen teilweise durch die Kombination Fe^{2+}/Fe^{4+} ersetzt.

Opale und *Achate* bestehen überwiegend aus wasserhaltigem Siliciumoxid, das teils mikrokristallin und teils amorph vorliegt. Das Farbenspiel von Opalen beruht auf Interferenzerscheinungen an 100–300 nm großen kristallinen Bereichen in der amorphen Grundmasse, die sich als eine Packung aus kleinen Kügelchen erwiesen hat.

Beim Erhitzen von Quarz kommt es zu Strukturänderungen, es bilden sich also andere SiO_2-Modifikationen: *Tridymit* (bei 870 °C) und *Cristobalit* (bei 1470 °C). Die Bindungsverhältnisse bleiben dabei prinzipiell so wie in der Quarzstruktur. Die Vernetzung der SiO_4-Tetraeder ist jedoch verändert, sodass sich andere Symmetrieverhältnisse in der Gitterstruktur ergeben. Die Gitterstruktur von Cristobalit ist in Abbildung 4.17 dargestellt.

Technisch genutzte Produkte aus kristallinem Quarz werden überwiegend aus synthetischen Quarzkristallen erzeugt. Das Verfahren der Hydrothermalsynthese von Quarz ist in Abschnitt 8.6 beschrieben.

> **EXKURS**
>
> **Silicium/Schwefel-Verbindungen**
>
> Der sehr großen Zahl an Silicium/Sauerstoff-Verbindungen steht nur eine sehr kleine Zahl an Silicium/Schwefel-Verbindungen gegenüber, die auch in ihrer Bedeutung bei weitem nicht an die der Silciumoxide und Silicate heranreichen. Die wichtigste Silicium/Schwefel-Verbindung ist das Siliciumdisulfid (SiS_2). Man erhält es durch Reaktion der Elemente bei etwa 1000 °C in Form gelber Nadeln, die an feuchter Luft unter Bildung von Schwefelwasserstoff hydrolysieren. Seine Struktur ist deutlich anders als die der Silicium/Sauerstoff-Verbindungen. Zwar weist auch im SiS_2 jedes Silicium-Atom die Koordinationszahl vier bei tetraedrischer Umgebung der Silicium-Atome auf. Die Tetraeder sind jedoch hier über gemeinsame Kanten zu einer Kettenstruktur verknüpft (Abbildung 18.17). Erst beim Erhitzen unter erhöhtem Druck baut sich eine dem Cristobalit ähnliche Raumnetzstruktur auf, in der die Tetraeder wie in der Silicium/Sauerstoff-Chemie über Ecken miteinander verknüpft sind.
>
> **18.17** Aufbau von SiS_2: Ketten kantenverknüpfter Tetraeder.

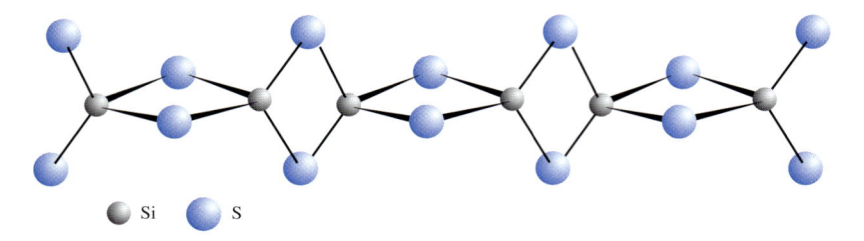

Für Aerosile gibt es eine Vielzahl von Anwendungen. Ein Beispiel sind nicht tropfende (thixotrope) Lacke. Solche Lacke sind im Behälter zunächst dickflüssig und werden erst beim Verstreichen dünnflüssig. Das Phänomen beruht auf der langsamen Ausbildung von Wasserstoffbrückenbindungen zwischen OH-Gruppen (Silanolgruppen) auf der Oberfläche der einzelnen Primärteilchen zu einem drei-dimensionalen Netzwerk. Der geringe Eintrag an mechanischer Energie beim Rühren oder Streichen solcher Lacke reicht aus, um die Wasserstoffbrückenbindungen zu brechen, der Lack wird dünnflüssig. Fehlt die mechanische Energie, bilden sich die Wasserstoffbrücken wieder aus, der Lack wird dickflüssig. Auf diese Weise wird Tropfenbildung durch unerwünschtes Fließen des Lacks vermieden. Bereits 2 % Aerosil ergeben mit Wasser eine feste Dispersion. Bei mechanischer Beanspruchung werden diese Wasserstoffbrückenbindungen wieder aufgebrochen.

Die Steuerung des Fließverhaltens (Rheologie) durch Aerosile hat sich außerdem in Kunststoffen, Druckfarben, Klebstoffen, Schmierfetten, Cremes, Salben und Zahnpasten bewährt. Weiterhin nutzt man Aerosile als Verstärkerfüllstoff in Elastomeren um die mechanischen Eigenschaften zu verbessern. Schließlich haben Aerosile auch ein hervorragendes Wärmedämmvermögen. Die Gründe hierfür sind die sehr geringe Wärmeleitfähigkeit des amorphen Siliciumdioxids sowie die im Bereich von Nanometern liegenden geringen Abstände zwischen den sehr kleinen Partikeln, die in der Größenordnung der mittleren freien Weglänge der Sauerstoff- und Stickstoff-Moleküle liegen.

18.16 Silicate und Alumosilicate

Ungefähr 95 Prozent der Gesteine der Erdkruste bestehen aus Silicaten und es gibt eine außergewöhnliche Vielfalt an Silicatmineralien. Das einfachste Silicat-Ion ist das Anion der Orthokieselsäure (H_4SiO_4).

Es gibt nur relativ wenige Minerale, die das Orthosilicat-Anion SiO_4^{4-} enthalten. Ein Beispiel ist das Zirconiumsilicat $ZrSiO_4$, das unter dem Mineralnamen *Zirkon* auch als

Edelstein bekannt ist. Zu den Mineralien dieses Typs gehört auch der *Olivin*, der Mg^{2+}- und Fe^{2+}-Ionen in wechselnden Anteilen enthält: $(Mg,Fe)_2SiO_4$; der Gehalt an Fe^{2+}-Ionen ist dabei die Ursache für die olivgrüne Farbe der Kristalle.

Die große Spannweite der Silicatchemie ergibt sich erst durch die Verknüpfung von SiO_4-Tetraedern über gemeinsame Sauerstoff-Atome. Um diese unterschiedlichen Strukturen darzustellen, bilden Silicatchemiker die SiO_4-Einheiten in einer anderen Art und Weise ab, als es sonst bei Molekülen üblich ist. Wir können dies mit dem Orthosilicat-Ion (SiO_4^{4-}) verdeutlichen. Die meisten Chemiker betrachten ein Ion von der Seite (Abbildung 18.18a). Silicatchemiker schauen „von oben" auf ein Silicat-Ion, entlang einer Si/O-Bindungsachse (Abbildung 18.18b). Die Kugeln an den Ecken stellen drei der Sauerstoff-Atome dar, der schwarze Punkt in der Mitte das Silicium-Atom und der Kreis um den schwarzen Punkt das vertikal darüber liegende Sauerstoff-Atom. Die durchgezogenen Linien entsprechen den in dieser Projektion sichtbaren kovalenten Bindungen, während die gestrichelten Linien den Grundriss des Tetraeders darstellen.

Orthokieselsäure mit H_4SiO_4- bzw. $Si(OH)_4$-Molekülen lässt sich nur als stark verdünnte Lösung durch die Reaktion kleiner Mengen $SiCl_4$ mit Wasser herstellen. Es handelt sich um eine sehr schwache Säure, bei der es durch die exotherm verlaufende Abspaltung von Wasser zur Bildung größerer Moleküle kommt:

$$2\ Si(OH)_4(aq) \xrightarrow{-H_2O} (HO)_3Si-O-Si(OH)_3$$

Die im ersten Schritt gebildete Dikieselsäure geht durch weitere Reaktionsschritte dieser Art in langkettige oder vernetzte Polykieselsäuren über. Diese gelartigen Produkte werden auch als Kieselgele bezeichnet.

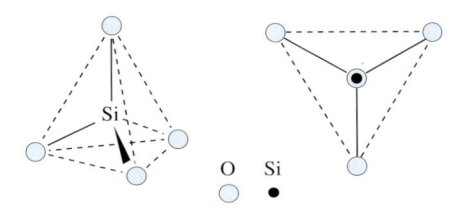

18.18 Unterschiedliche Darstellungen der tetraedrischen Struktur des Silicat-Ions SiO_4^{4-}.

Vom Wasserglas zum Kieselgel

EXKURS

Ein technisch erzeugtes Natriumsilicat ist unter dem Namen *Wasserglas* bekannt. Man erhält es durch die Reaktion von festem Siliciumdioxid mit geschmolzenem Natriumcarbonat:

$SiO_2(s) + Na_2CO_3(l) \xrightarrow{\Delta} Na_2SiO_3(s) + CO_2(g)$

Dieses Produkt bildet mit Wasser eine relativ konzentrierte, viskose Lösung. Da die Silicat-Anionen Protonen aus dem Wasser binden, bleiben Hydroxid-Ionen zurück und die Lösung reagiert stark alkalisch. Bevor es unsere modernen Kühlschränke gab, benutzte man Wasserglas-Lösungen, um Eier zu konservieren. Die obere Schicht der porösen Calciumcarbonatschale der Eier wurde dabei durch eine kompakte, für Mikroorganismen undurchdringliche Calciumsilicatschicht ersetzt, sodass die Eier praktisch versiegelt waren:

$2\ CaCO_3(s) + Na_2SiO_3(aq) \rightarrow CaSiO_3(s) + Na_2CO_3(aq)$

Die hier verwendete Formel Na_2SiO_3 lässt nicht erkennen, wie stark sich das silicatische Produkt von der formal entsprechenden Kohlenstoffverbindung Na_2CO_3 (Soda) unterscheidet. Während im Falle des Carbonats CO_3^{2-}-Ionen den Aufbau bestimmen, sind monomere SiO_3^{2-}-Ionen nicht existenzfähig. Tatsächlich liegen im Wasserglas überwiegend große kettenförmige, ringförmige und vernetzte Anionen vor, in denen zahlreiche SiO_4-Tetraeder über gemeinsame Sauerstoff-Atome miteinander verknüpft sind. Für das Atomzahlverhältnis und die Ladung solcher Silicat-Anionen $(SiO_3^{2-})_x$ ergeben sich damit ganz ähnliche Werte wie für die entsprechende Anzahl der hypothetischen SiO_3^{2-}-Ionen. Säuert man Wasserglas-Lösungen an, so erhält man gelartige Produkte. Sie werden zu Kieselgelen weiterverarbeitet, indem man die löslichen Anteile herauswäscht. Die Bildung des Gels beruht auf der Protonierung der Silicat-Anionen zu Polykieselsäure-Molekülen, die dann unter Abspaltung von Wasser weiter vernetzt werden. In der Technik bezeichnet man Produkte dieser Art allgemein als *Fällungskieselsäuren*.

Die Bildung eines Disilicat-Ions ($Si_2O_7^{6-}$) lässt sich durch die folgende Gleichung beschreiben:

$$2\ HSiO_4^{3-}(aq) \rightarrow Si_2O_7^{6-}(aq) + H_2O(l)$$

Im Disilicat-Ion sind die beiden Silicium-Atome über ein gemeinsames Sauerstoff-Atom gebunden. Dieses Ion selbst ist von eher geringer Bedeutung. Silicat-Einheiten wie diese können sich jedoch zu *Ringen* oder zu langen *Ketten* verbinden und sie können sich auch so vernetzen, dass eine *Doppelkette* entsteht (Abbildung 18.19). So ergibt sich z. B. eine polymere Struktur mit der Verhältnisformel $Si_4O_{11}^{6-}$. Die Doppelkette ist charakteristisch für die Struktur einer ganzen Klasse von Mineralien, den *Amphibolen*. Ein Beispiel ist das Mineral *Krokydolith* ($Na_2Fe_5[(Si_4O_{11})_2](OH)_2$), das auch unter dem Namen Blauasbest bekannt ist.

Silicat-Doppelketten können sich zu *Schichten* mit der Verhältnisformel $Si_2O_5^{2-}$ verbinden. Eines dieser Schichtsilicate ist *Serpentin* ($Mg_3[Si_2O_5](OH)_4$). In diesem Fall ist jeweils eine Silicat-Schicht über *gemeinsame* Sauerstoff-Atome mit einer Magnesiumhydroxid-Schicht verknüpft. Das Mineral gehört zu den Zweischichtsilicaten. Eine spannungsfreie ebene Anordnung ist jedoch nicht möglich, denn die Baueinheiten der beiden Schichten passen nicht genau zusammen. Die Doppelschichten rollen sich daher

Gruppensilicate: $Si_2O_7^{6-}$

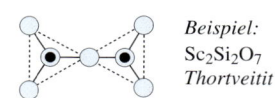

Beispiel:
$Sc_2Si_2O_7$
Thortveitit

Kettensilicate: $[SiO_3]^{2-}$ bzw. $(SiO_3)_n^{2n-}$
(Pyroxene)

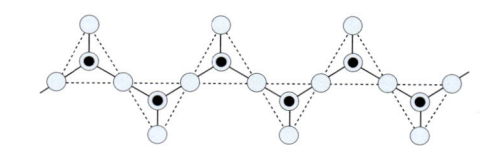

Beispiele:
$Mg[SiO_3]$
Enstatit

$Ca[SiO_3]$
Wollastonit

Bandsilicate: $[Si_4O_{11}]^{6-}$ bzw. $(Si_4O_{11})_n^{6n-}$
(Amphibole)

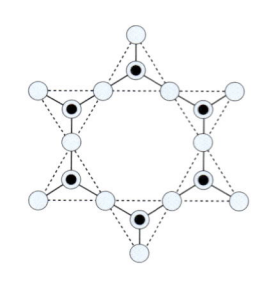

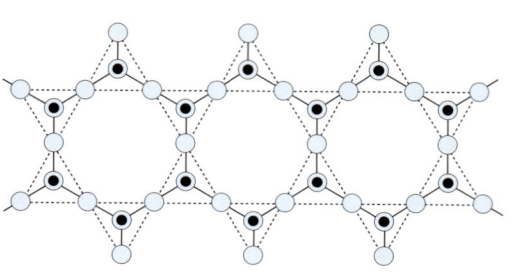

Beispiel:
$Ca_2Mg_5[Si_4O_{11}]_2(OH,F)_2$
Tremolit

Ringsilicate: $Si_3O_9^{6-}$, $Si_6O_{18}^{12-}$

Beispiel:
$Al_2Be_3(Si_6O_{18})$
Beryll

Schichtsilicate: $[Si_2O_5]^{2-}$ bzw. $(Si_2O_5)_n^{2n-}$

Beispiele:
$Mg_3[Si_2O_5](OH)_4$
Serpentin

$Mg_3[Si_4O_{10}](OH)_2$
Talk

$KAl_2[AlSi_3O_{10}](OH)_2$
Muskovit

O Si

18.19 Verknüpfung von SiO_4-Tetraedern in Silicaten. Eckige Klammern in den Formeln weisen darauf hin, dass sich das Anzahlverhältnis durch Verknüpfung zahlreicher Tetraeder ergibt. In einer Reihe von Schichtsilicaten und den hier nicht dargestellten Gerüstsilicaten ist ein Teil der Silicium-Atome (Oxidationsstufe IV) gegen Aluminium-Atome (Oxidationsstufe III) ersetzt. Solche Alumosilicate enthalten zusätzliche Kationen, die die Ladung der Silicat-Struktur ausgleichen.

auf: Aus einem Schichtpaket bildet sich eine Faser. Faserartig ausgebildeter Serpentin ist auch als *weißer Asbest* oder *Chrysotil-Asbest* bekannt.

Bereits kleine Änderungen in der Struktur der Silicate können massive Änderungen der Eigenschaften zur Folge haben. So gehört das unter dem Namen *Talk* bekannte Mineral mit der Verhältnisformel $Mg_3[Si_4O_{10}](OH)_2$ zu den Dreischichtsilicaten: Eine Magnesiumhydroxid-Schicht wird jeweils sandwichartig durch zwei Silicat-Schichten eingeschlossen.

Da die „Sandwichschichten" elektrisch neutral sind, sind sie fast so gut verschiebbar wie die des Graphits. Talk wird in großem Maßstab für Keramik, hochwertiges Papier, Farbe und Talkumpuder, ein kosmetisches Produkt, eingesetzt – die Produktion beläuft sich auf ungefähr 8 Millionen Tonnen weltweit.

Tone Tonminerale sind Mischungen aus verschiedenen Schichtsilicaten, wobei Dreischichtsilicate überwiegen. In einigen Lagerstätten sind bestimmte Tonminerale aber stark angereichert. Wirtschaftlich von Bedeutung sind vor allem Ablagerungen von Kaolin, die überwiegend aus *Kaolinit* ($Al_2[Si_2O_5](OH)_4$) bestehen. Dieses Zweischichtsilicat ist der wichtigste Rohstoff für die Herstellung von Porzellan. Abbildung 18.20 zeigt den Aufbau eines Zweischicht- und eines Dreischichtsilicats.

Der Aufbau des wichtigen Tonminerals *Montmorillonit* entspricht weitgehend der *Pyrophyllit*-Struktur. In der Oktaederschicht ist jedoch ein Teil der Al^{3+}-Ionen gegen Mg^{2+}-Ionen ersetzt. Zum Ladungsausgleich werden beispielsweise Na^+-Ionen zwischen den Schichtpaketen eingelagert. Die Aufnahme von Wasser aufgrund der Hydratation dieser austauschbaren Ionen ist die Ursache von Quellungsvorgängen bei Tonen. Als typisch für einen Natrium-Montmorillonit ist die folgende Zusammensetzung anzusehen: $Na_{0,3}[Mg_{0,3}Al_{1,7}[Si_4O_{10}](OH)_2] \cdot 4\,H_2O$.

Erhöht sich durch den Einsatz von Düngemitteln der Gehalt an Kalium-Ionen in der Bodenlösung, so stellt sich ein Ionenaustausch-Gleichgewicht ein: Die Tonminerale lagern K^+-Ionen ein und geben dafür Na^+-Ionen an die Bodenlösung ab. Tonminerale sind daher wichtige Speichersubstanzen, die die Versorgung der Pflanzen mit Kalium-Ionen sicherstellen.

Gerüstsilicate Neben Ketten und Schichten können dreidimensionale Strukturen aus miteinander verbundenen Silicat-Einheiten auftreten. In diesen Strukturen stellt das neutrale Gerüst des Siliciumdioxids die Basis dar. Man kann die Strukturen variieren, indem man einen Teil der Silicium-Atome gegen Aluminium-Atome austauscht;

Als feuerfestes Fasermaterial wurde Asbest bereits von den alten Griechen genutzt. Sie stellten daraus beispielsweise Dochte für ihre Öllampen her. Der Frankenkönig Karl der Große beeindruckte im Jahre 800 n. Chr. seine Gäste, indem er sein verschmutztes Asbesttischtuch in ein Feuer warf und es unbeschädigt und sauber wieder herauszog. Im 20. Jahrhundert wurde Asbest schließlich in mehr als 3000 Bereichen angewendet, hauptsächlich als Isolier- und Brandschutzmaterial sowie zur Verstärkung von Zementwerkstoffen (Asbestzement) und Bremsbelägen. Der Einsatz von Asbest ging aber rapide zurück, nachdem man das Krebsrisiko erkannt hatte, das von Asbestfasern ausgeht, die in die Lunge gelangen.

In der öffentlichen Diskussion ist kaum beachtet worden, dass es zwei verschiedene Formen dieses Fasermaterials gibt, und dass sie sich aufgrund unterschiedlicher Strukturen auch in ihrer Gefährlichkeit stark voneinander unterscheiden. Tatsächlich waren 95 % des eingesetzten Asbests der weniger gefährliche weiße Asbest und nur ungefähr 5 % gefährlicher Blauasbest.

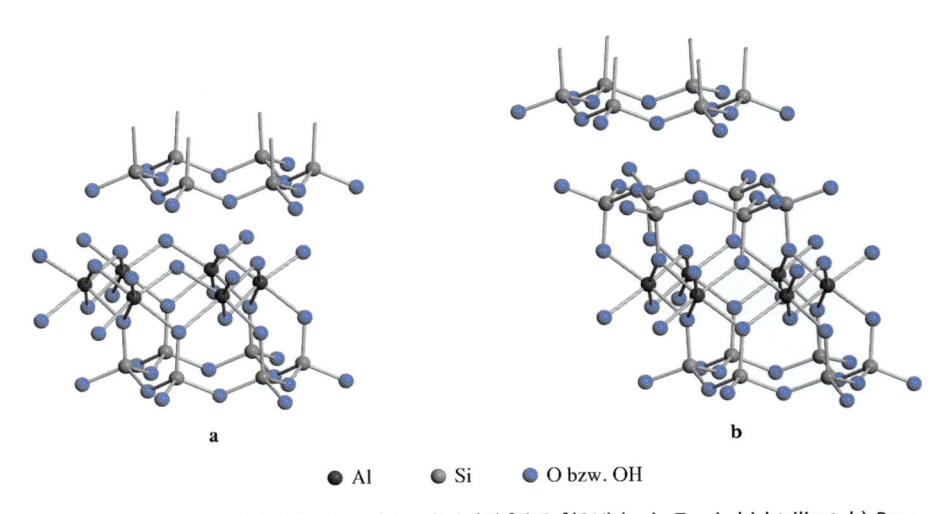

● Al ● Si ● O bzw. OH

18.20 Aufbau von Schichtsilicaten: a) *Kaolinit* ($Al_2[Si_2O_5](OH)_4$), ein Zweischichtsilicat, b) *Pyrophyllit* ($Al_2[Si_4O_{10}](OH)_2$), ein Dreischichtsilicat.

Alumosilicate Schicht- oder Gerüstsilicate, in denen ein Teil der tetraedrisch von vier Sauerstoff-Atomen umgebenen Silicium-Atome durch Aluminium-Atome ersetzt ist, bezeichnet man als *Alumosilicate*. Da Silicium in der Oxidationsstufe IV vorliegt, Aluminium aber in der Oxidationsstufe III, erhöht sich die negative Ladung der anionischen Alumosilicat-Struktur pro Al-Atom um eine Einheit. Diese Ladung wird durch den Einbau von zusätzlichen Kationen ausgeglichen.

Die tatsächliche Zusammensetzung von Mineralien kann erheblich von den angegebenen Idealformeln abweichen. Meist handelt es sich um *Mischkristalle*, in denen ein Teil der Kationen durch andere Kationen passender Größe ersetzt ist. Vielfach ändert sich dadurch die Farbe des Minerals. So ist der leuchtend grüne *Smaragd* eine Varietät des (farblosen) *Berylls*, bei der ein Teil der Al^{3+}-Ionen durch Cr^{3+}-Ionen substituiert ist.

Das auf vielen Waschmittelpackungen zu findende Schlagwort „phosphatfrei" deutet an, dass früher Phosphate (insbesondere das Triphosphat $Na_5P_3O_{10}$) als Wasserenthärter eingesetzt wurden.

man spricht dann von *Alumosilicaten*. Wird ein Viertel der Silicium-Atome durch Aluminium-Atome ersetzt, so ergibt sich für das anionische Gerüst die Verhältnisformel $[AlSi_3O_8]^-$; wird die Hälfte der Silicium-Atome ersetzt, so gelangt man zu der Formel $[Al_2Si_2O_8]^{2-}$. Die Ladung des Alumosilicat-Gerüsts wird durch Kationen der ersten oder zweiten Gruppe ausgeglichen. Die wichtigsten Minerale dieser Gruppe sind *Feldspäte* wie *Albit* ($Na[AlSi_3O_8]$), *Orthoklas* ($K[AlSi_3O_8]$) und *Anorthit* ($Ca[Al_2Si_2O_8]$). Feldspäte sind Hauptbestandteil des Eruptivgesteins Granit, das außerdem noch Quarz und Schicht-Alumosilicate wie *Muskovit* oder *Biotit* („Glimmer") enthält. Insgesamt machen Feldspäte etwa 80 % der Erdkruste aus.

Zeolithe

Man kennt zahlreiche kristalline Alumosilicate, deren Strukturen ein System von Poren und Kanälen aufweisen. Verbindungen dieser Art bezeichnet man als *Zeolithe*, von denen eine ganze Reihe in der Natur vorkommt. Wissenschaftler sind aber auf der Suche nach immer neuen Zeolithen mit andersartig geformten Hohlräumen und Kanalsystemen. Die Synthesen laufen überwiegend bei erhöhter Temperatur in alkalischen, wässerigen Lösungen ab. Praktisch genutzt werden Zeolithe als Ionenaustauscher, als Adsorptionsmittel, zur Gastrennung und als Katalysatoren. Abbildung 18.21 gibt einen Überblick über den Aufbau einiger Zeolithe.

Zeolithe als Ionenaustauscher Jährlich werden allein in Westeuropa mehr als 600 000 t von *Zeolith A* synthetisiert und schließlich mit dem häuslichen Abwasser in die Kläranlage geschwemmt: Zeolith A ist als *Wasserenthärter* ein wichtiger Bestandteil pulverförmiger Waschmittel. Der Zeolith nimmt die den Waschvorgang störenden Calcium- und Magnesium-Ionen aus dem Wasser auf und gibt gleichzeitig Natrium-Ionen ab.

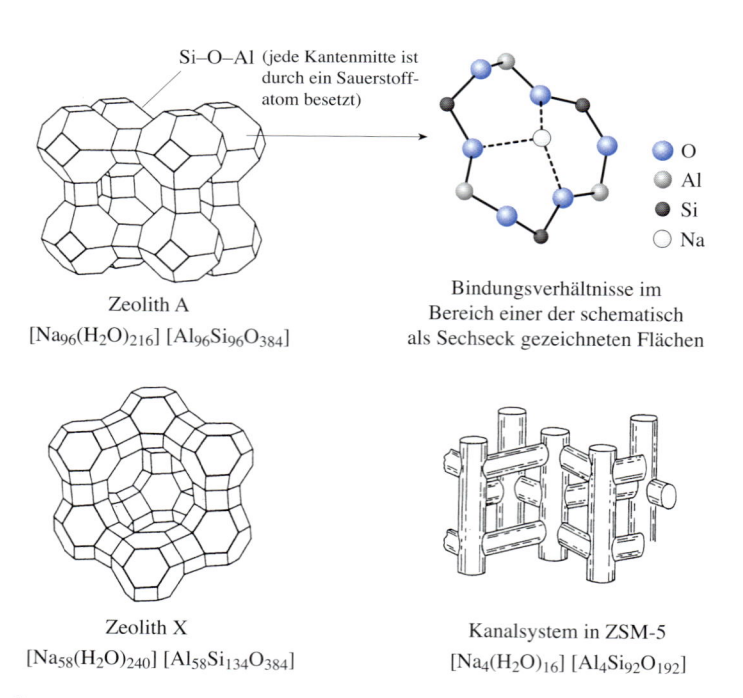

Zeolith A
$[Na_{96}(H_2O)_{216}] [Al_{96}Si_{96}O_{384}]$

Bindungsverhältnisse im Bereich einer der schematisch als Sechseck gezeichneten Flächen

○ O
○ Al
● Si
○ Na

Zeolith X
$[Na_{58}(H_2O)_{240}] [Al_{58}Si_{134}O_{384}]$

Kanalsystem in ZSM-5
$[Na_4(H_2O)_{16}] [Al_4Si_{92}O_{192}]$

18.21 Aufbau von Zeolithen. *Faujasit* ist ein dem Zeolith X entsprechender natürlicher Zeolith, der neben Natrium-Ionen auch Magnesium- und Calcium-Ionen enthält. Neben Zeolith X ist der siliciumreichere Zeolith Y ($[Na_{32}(H_2O)_{240}][Al_{32}Si_{160}O_{384}]$) ein weiterer synthetischer Zeolith mit Faujasit-Struktur.

In geringerem Umfang werden Zeolithe auch in anderen Bereichen als Ionenaustauscher eingesetzt. So lassen sich beispielsweise radioaktive Isotope bei Unfällen in Kernkraftwerken durch Zeolithe zurückhalten.

Zeolithe als Adsorptionsmittel Die Poren in Zeolithen haben die richtige Größe, um kleine Moleküle aufzunehmen. Daher nutzt man entwässerte Zeolithe als sogenannte *Molekularsiebe*, um z.B. organische Flüssigkeiten zu trocknen. Wasser-Moleküle sind klein genug, um die Zugänge zu den Hohlräumen des Zeoliths zu passieren (Durchmesser ca. 400 pm) und – anders als organische Lösemittelmoleküle – darin zurückgehalten zu werden. Der Zeolith „trocknet" also effektiv die organische Flüssigkeit. Starkes Erhitzen des „nassen" Zeoliths vertreibt das Wasser aus den Poren, und der Zeolith kann erneut verwendet werden. Durch die Wahl eines Zeoliths mit entsprechender Porengröße lassen sich auch andere Moleküle entfernen. Zeolith A hat beispielsweise Poreneingänge mit einem Durchmesser von 400 pm. Zeolith X kann wesentlich größere Moleküle aufnehmen, da er Poreneingänge mit einem Durchmesser von 700 pm aufweist.

Zeolithe zur Gastrennung Zeolithe mit Lithium-Ionen adsorbieren sehr selektiv Gase. Insbesondere zeigen sie mit Stickstoff eine wesentlich stärkere Wechselwirkung als mit Sauerstoff. Ein Liter eines solchen Zeoliths bindet etwa fünf Liter Stickstoff; dieses Gas wird wieder frei, wenn der Zeolith erhitzt wird. Aufgrund der selektiven Adsorption von Stickstoff werden Zeolithe für die kostengünstige Trennung der beiden Hauptbestandteile der Atmosphäre eingesetzt. Die Erzeugung und Bereitstellung mit Sauerstoff angereicherter Luft war früher ein wichtiger Kostenfaktor bei der Abwasserbehandlung und in Stahlwerken, denn für die Sauerstoffanreicherung musste die Luft verflüssigt und destilliert werden. Jetzt kann man die Bestandteile einfach und kostengünstig trennen, indem man die Luft durch ein Zeolith-Bett leitet.

Warum wird Stickstoff selektiv adsorbiert? Schließlich bestehen sowohl Stickstoff als auch Sauerstoff aus unpolaren, ungefähr gleich großen Molekülen. Um diese Frage zu beantworten, müssen wir einen Blick auf die Atomkerne werfen. Kerne können kugelförmig oder ellipsoidal sein. Im Stickstoff-14 sind die Kerne ellipsoidal wie ein Rugbyball, sodass die Kernladung ungleichmäßig verteilt ist. Solche Kerne weisen ein elektrisches Quadrupolmoment auf. Sauerstoff-16 hat hingegen einen kugelförmigen Kern und besitzt deshalb auch kein elektrisches Quadrupolmoment. Im Inneren des Zeolith-Hohlraums wirken sehr starke elektrostatische Kräfte. Kerne mit einem elektrischen Quadrupolmoment, wie die des Stickstoffs, werden daher angezogen, Kerne wie die des Sauerstoff-Atoms hingegen nicht. (Dieser Effekt ist jedoch sehr viel schwächer als die Wechselwirkung mit Molekülen, die ein elektrisches Dipolmoment aufweisen.)

Zeolithe als Katalysatoren In der chemischen Industrie gehören Zeolithe zu den wichtigsten Katalysatoren. Meist handelt es sich dabei um Zeolithe, bei denen Natrium-Ionen gegen Ionen von Seltenerdelementen oder Übergangsmetallen wie Nickel, Cobalt, Molybdän, Platin oder Palladium ausgetauscht werden.

Insbesondere die Mineralölindustrie ist von Zeolithen abhängig, denn die Erdöldestillate haben einen hohen Anteil an langkettigen, unverzweigten Molekülen. Für Benzinmotoren werden jedoch überwiegend kurzkettige, verzweigte Moleküle gebraucht. Katalysatoren aus der Gruppe der Zeolithe können unter bestimmten Umständen unverzweigte Moleküle in Moleküle mit verzweigten Ketten umwandeln. Da die katalytisch aktiven Zentren in den Hohlräumen liegen, wird die Molekülstruktur der Produkte durch Form und Größe der Hohlräume beeinflusst. Neben dem Einsatz in der Ölindustrie werden Zeolithe auch in organischen Synthesen als Katalysatoren eingesetzt, in denen ein Ausgangsmaterial selektiv in ein bestimmtes Endprodukt umgewandelt wird.

Zeolithe, deren Poreneingänge einen Durchmesser von nur 300 pm aufweisen, sorgen dafür, dass sich im Inneren von Isolierglasscheiben selbst bei kältesten Wintertemperaturen kein Wasserbeschlag bilden kann: Der Wasserdampfanteil im Scheibenzwischenraum wird durch Zeoltih-Kügelchen im Randverbund der Mehrfachverglasung so niedrig gehalten, dass der Taupunkt nicht unterschritten werden kann.

Der Zeolith ZSM-5 wurden erstmals von Forschern der Mobil Oil synthetisiert. Inzwischen hat man Zeolithe dieses Typs auch in der Natur gefunden.

Einer der wichtigsten Katalysatoren ist unter dem Namen ZSM-5 bekannt (Abbildung 18.21). Diese Verbindung hat einen wesentlich höheren Silicium-Anteil als die meisten natürlich vorkommenden Zeolithe. Praktisch verwendet wird vor allem die Säureform H-ZSM-5, die sich durch den Austausch von Na^+-Ionen gegen H^+-Ionen bildet. Das aktive Zentrum ($H^+[Zeo^-]$) von H-ZSM-5 ist eine stärkere Brønsted-Säure als Schwefelsäure. Ein einfaches Anwendungsbeispiel ist die Synthese von Ethylbenzol aus Ethen ($H_2C=CH_2$) und Benzol (C_6H_6): Das Ethen-Molekül wird zunächst in das Carbokation $H_3C–CH_2^+$ überführt und reagiert dann innerhalb der Pore mit einem Benzol-Molekül. Das aktive Zentrum wird dabei zurückgebildet:

$$H_3C–CH_2^+ + C_6H_6 + [Zeo^-] \rightarrow C_6H_5–C_2H_5 + H^+[Zeo^-]$$

18.17 Gläser

1999 wurden in Deutschland 2,8 Millionen Tonnen Altglas für die Produktion von Behälterglas eingesetzt, dass entspricht 80% der Gesamtproduktion.

Gläser sind nichtkristalline Materialien. Kühlt man geschmolzenes Glas ab, so ergibt sich eine zunehmend viskose Flüssigkeit, die schließlich erstarrt, ohne in eine geordnete Kristallstruktur überzugehen. Glas wird seit mindestens 5 000 Jahren genutzt. Heute werden weltweit jährlich mehr als 100 Millionen Tonnen Glas produziert, etwa 40% davon als Flachglas (z.B. Fensterscheiben) und 60% als Behälterglas (z.B. Flaschen). Spezialgläser haben mengenmäßig nur einen geringen Anteil, sie machen aber 10% des Wertes der gesamten Glasproduktion aus.

Fast alle Gläser sind Silicatgläser, die Fragmente des dreidimensionalen Netzwerks von Siliciumdioxid enthalten. Quarzglas wird hergestellt, indem man reines Siliciumdioxid (Bergkristall) auf über 2 000 °C erhitzt und die viskose Schmelze zu Stäben oder Rohren formt. Das Produkt ist sehr stabil und hat einen geringen thermischen Ausdehnungskoeffizienten, außerdem ist es für ultraviolettes Licht durchlässig. Man verwendet es beispielsweise für die Herstellung von Halogenlampen.

Die Eigenschaften von Glas kann man ändern, indem man andere Oxide beimischt. Die Zusammensetzungen der drei wichtigen Glassorten sind in Tabelle 18.4 dargestellt. Ungefähr 90 Prozent des heute verwendeten Glases ist *Kalk-Natron-Glas*, das aus Quarzsand, Kalk ($CaCO_3$) und Soda (Na_2CO_3) hergestellt wird. Es hat eine niedrige Schmelztemperatur, sodass es leicht zu Gefäßen, wie zum Beispiel Getränkeflaschen, verarbeitet werden kann.

Aus den für die Glasherstellung eingesetzten Carbonaten wird in der Schmelze Kohlenstoffdioxid freigesetzt. Man erhält also ein Produkt, das man *formal* als eine Mischung von Oxiden beschreiben kann. Strukturchemisch gesehen ergibt sich für ein derartiges Glas das folgende Bild: Na^+- und Ca^{2+}-Ionen sind in ein negativ geladenes, unregelmäßiges Si/O-Netzwerk eingelagert. Die im Quarz und im Quarzglas über gemeinsame Sauerstoff-Atome vollständig miteinander vernetzten SiO_4-Tetraeder weisen hier teilweise endständige O-Atome mit einer negativen Formalladung auf

Tabelle 18.4 Ungefähre Zusammensetzung konventioneller Gläser

Bestandteil	Massenanteile (%)		
	Kalknatronglas	Borosilicatglas	Bleiglas
SiO_2	73	81	60
CaO	11	–	–
PbO	–	–	24
Na_2O	13	5	1
K_2O	1	–	15
B_2O_3	–	11	–
andere	2	3	<1

(Abbildung 18.22). Die Ursache ist die Reaktion von SiO_2 mit O^{2-}-Ionen (aus Na_2CO_3 bzw. CaO).

Betrachtet man einen Ausschnitt aus der SiO_2-Struktur und eine Formeleinheit CaO, so lässt sich die bei der Glasbildung ablaufende Reaktion folgendermaßen beschreiben:

$$-Si-\overline{O}-Si-\overline{O}-Si-\overline{O}-Si-$$
$$\downarrow + CaO$$
$$-Si-\overline{O}-Si-\overline{O}|^{\ominus} \quad Ca^{2+} \quad ^{\ominus}|\overline{O}-Si-O-Si-$$

Im Vergleich zu Quarz oder Quarzglas werden bei der Bildung von Gebrauchsglas „Trennstellen" in das Si/O-Netzwerk eingebaut. Das führt einerseits zu einer stark erniedrigten Schmelztemperatur und andererseits zu einer merklichen Reaktivität gegen-

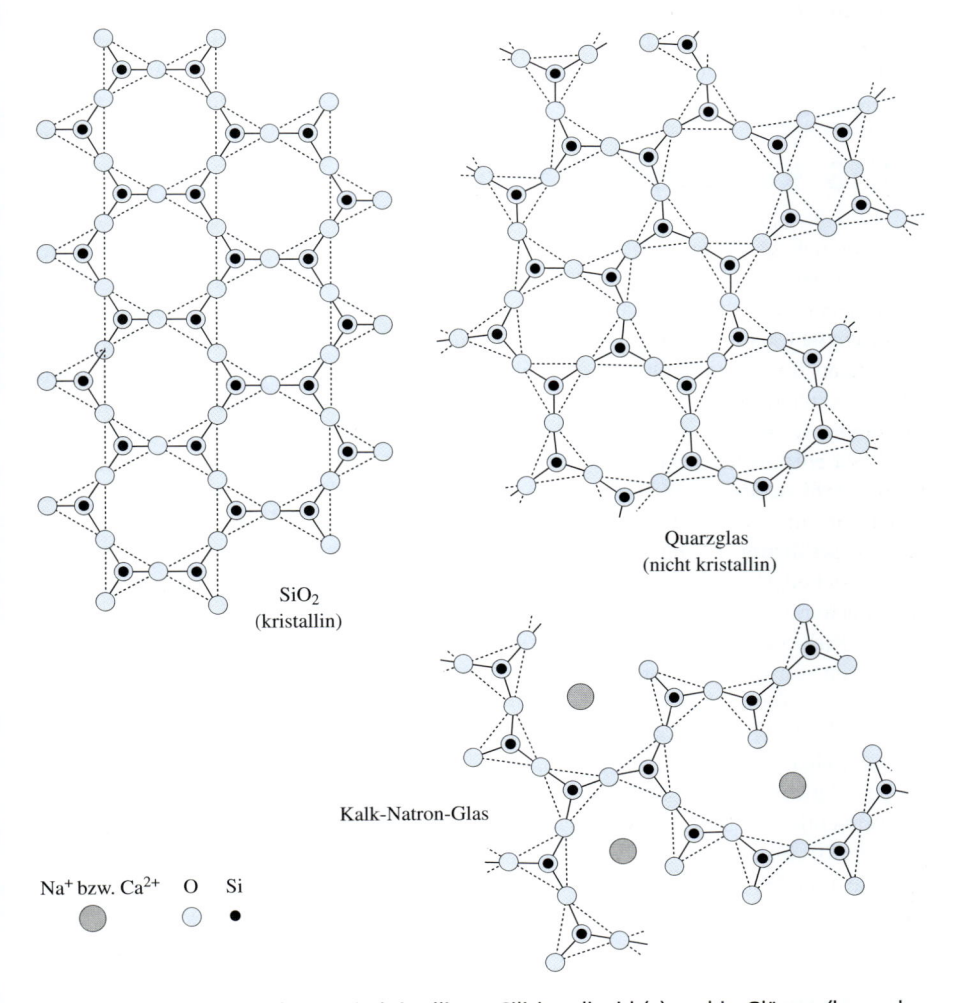

SiO_2
(kristallin)

Quarzglas
(nicht kristallin)

Kalk-Natron-Glas

Na^+ bzw. Ca^{2+} O Si

18.22 Tetraederverknüpfungen in kristallinem Siliciumdioxid (a) und in Gläsern (b, c; schematisch). In allen Fällen liegt ein *dreidimensionales* Netzwerk vor.

Farbige Gläser Die Färbung von Gläsern beruht überwiegend auf dem Zusatz bestimmter Metalloxide. Der Massenanteil der färbenden Bestandteile liegt meist unter 0,5 %. Grüne Getränkeflaschen enthalten Eisen(II)-oxid, braune dagegen Eisen(III)-oxid. In beiden Fällen wird UV-Strahlung fast völlig absorbiert. Durchlässig für UV-Strahlen ist allerdings das durch Chrom(III)-oxid gefärbte hellgrüne Glas. Blaue Gläser werden zu Recht als *Cobaltglas* bezeichnet, denn ihre Farbe beruht auf dem Einbau von Co^{2+}-Ionen in die Glasstruktur. Die Farbe des *Goldrubinglases* wird durch kolloidal verteiltes Gold erreicht. Bei der Herstellung von *Opalglas* und *Milchglas* werden feinkristalline Stoffe zugemischt, die bei der Temperatur der Glasschmelze fest bleiben. Beispiele sind Aluminiumphosphat ($AlPO_4$) und Zinn(IV)-oxid (SnO_2). Die Trübung dieser Gläser wird durch die Streuung des Lichts an den eingelagerten Kriställchen verursacht.

über Wasser: Gibt man gemahlenes Glas in Wasser, so bildet sich eine stark alkalische Lösung, die Phenolphthalein rot färbt. Ursache ist die folgende Reaktion:

$$\begin{array}{c} | \quad\quad | \\ -\text{Si}-\overline{\text{O}}-\text{Si}-\overline{\text{O}}|^{\ominus} \\ | \quad\quad | \end{array} \xrightarrow{+H_2O} \begin{array}{c} | \quad\quad | \\ -\text{Si}-\overline{\text{O}}-\text{Si}-\overline{\text{O}}-H \\ | \quad\quad | \end{array} + OH^-(aq)$$

Mit der Aufnahme eines Protons aus dem Wasser wird aus dem Glas gleichzeitig ein Na^+-Ion an die Lösung abgegeben; insgesamt gesehen bildet sich eine stark verdünnte Natronlauge.

Im Chemielabor und in der chemischen Industrie benötigt man Gläser, die auch bei raschem Temperaturwechsel nicht zerspringen und gegenüber Säuren resistent sind. Für diesen Zweck verwendet man die bereits in Kapitel 17 besprochenen Borosilicatgläser.

Bleigläser haben einen hohen Brechungsindex; geschliffene Glasoberflächen funkeln daher wie Edelsteine. Die höherwertigen Glaswaren aus „Bleikristall" müssen einen Bleigehalt aufweisen, der einem Massenanteil von mindestens 24 % PbO entspricht. Das Element Blei absorbiert wie alle schweren Elemente energiereiche Röntgen- und γ-Strahlung; daraus erklärt sich der Einsatz von Bleiglas im Strahlenschutz. Allerdings sind Bleigläser für Monitore und Fernsehschirme nicht geeignet, da sie sich unter Ausscheidung von Pb-Atomen langsam schwarz färben würden und mechanisch nicht stabil genug sind. Für Schwarzweiß-Bildschirme verwendet man vielmehr Bariumgläser; Hals und Trichter der Bildröhre bestehen dagegen aus Bleiglas. Der Bildschirm von Farbbildröhren enthält einen hohen Anteil an Strontiumoxid.

18.18 Keramische Werkstoffe

Unter dem Begriff *Keramik* versteht man nichtmetallische, anorganische Materialien, die durch Hochtemperaturbehandlung hergestellt werden. Neben dem auch im Alltag als Keramik bezeichneten Material gehören dazu auch *Ziegelsteine* und *Porzellan*. Die Eigenschaften keramischer Werkstoffe hängen nicht nur von ihrer Zusammensetzung, sondern auch von den Bedingungen bei ihrer Herstellung ab, insbesondere von der beim *Brennen* erreichten Temperatur. Üblicherweise werden die einzelnen Bestandteile – beispielsweise Quarz und Ton – fein gemahlen und mit Wasser zu einer Paste vermischt. Die Paste wird in die gewünschte Form gebracht und nach dem Trocknen auf mehr als 1 000 °C erhitzt. Bei diesen Temperaturen verdampft restliches Wasser und es findet eine Reihe von chemischen Hochtemperaturreaktionen statt. Es bilden sich insbesondere lange, nadelförmige *Mullit*-Kristalle, deren Zusammensetzung näherungsweise durch die Formel $Al_6Si_2O_{13}$ beschrieben werden kann. Sie haben den größten Anteil an der Stabilität keramischer Werkstoffe.

Die Farbe des Werkstoffs hängt häufig von der Wahl der Rohstoffe ab. So beruht die rote Farbe von Ziegelsteinen auf fein verteiltem Eisen(III)-oxid; es hat sich aus den im verwendeten Ton enthaltenen Eisenverbindungen gebildet.

Um die Gebrauchsfähigkeit zu verbessern, werden viele keramische Produkte in einem zweiten Schritt mit einer silicatischen Glasur überzogen. Insbesondere gilt das für die bei relativ niedrigen Brenntemperaturen erhaltenen porösen Materialien.

Konventionelle Keramiken stellt man aus einer Mischung von Quarz mit Schichtsilicaten (Tone) und Gerüstsilicaten (Feldspäte) her. Ein Gemisch aus 45 % Ton, 20 % Feldspat und 35 % Quarz ergibt das *Steingut* für Haushaltsgeschirr. Bei zahnmedizinischer Keramik für Zahnkronen geht man von 80 Prozent Feldspat, 15 Prozent Ton und 5 Prozent Quarz aus.

Wichtigster Rohstoff für die Herstellung von **Porzellan** ist der reinweiße eisenfreie *Kaolin*, der auch als Porzellanerde bezeichnet wird. Kaolin besteht überwiegend aus dem Schichtsilicat *Kaolinit*. Für die Produktion von Geschirr aus Hartporzellan werden etwa

50 % Kaolin, 25 % Feldspat und 25 % Quarz gemischt. Die Brenntemperatur liegt bei etwa 1 400 °C.

Das Hauptinteresse der Werkstoffforscher richtet sich jedoch heutzutage auf nicht-traditionelle *Hochleistungskeramiken*, insbesondere Metalloxide. Um eine feste Keramik herzustellen, wird das mikrokristalline Pulver bis kurz unterhalb der Schmelztemperatur erhitzt, manchmal zusätzlich unter Druck. Bei diesen Bedingungen bilden sich Bindungen zwischen den Kristalloberflächen aus, ein Verfahren, dass als *Sintern* bezeichnet wird. Aluminiumoxid ist ein typisches Beispiel. Aluminiumoxid-Keramik wird als Isolator in Zündkerzen verwendet oder als Ersatz für Knochensubstanz, zum Beispiel in künstlichen Hüftgelenken. Siliciumcarbid, die meistverbreitete nichtoxidische Keramik, wurde bereits im Abschnitt 18.3 behandelt.

Insbesondere in jüngerer Zeit spielen Nitride von Metallen und Halbmetallen eine zunehmende Rolle. Viele von ihnen sind im Wesentlichen aufgrund ihrer hohen Schmelztemperaturen, Härte und chemischen Resistenz geschätzte Werkstoffe bei der Metallbearbeitung im Maschinen-, Motoren- und Turbinenbau. **Siliciumnitrid** (Si_3N_4) spielt hier eine zunehmend wichtigere Rolle.

Der Zugang zu Nitriden wie dem Siliciumnitrid ist nicht immer einfach, da die Bildung aus den Elementen wegen der geringen Reaktivität des Stickstoffs hohe Temperaturen und lange Reaktionszeiten erfordert. Nicht selten verwendet man deshalb Ammoniak als Stickstoffquelle. So wird Si_3N_4 beispielsweise durch folgende Reaktion bei etwa 1 400 °C gebildet:

$$3\ SiCl_4(g) + 4\ NH_3(g) \rightarrow Si_3N_4(s) + 12\ HCl(g)$$

Bei der immer intensiver werdenden Suche nach neuen Werkstoffen verschwinden die Grenzen für die Klassifizierung der Verbindungen: Die als *Cermets* bezeichneten Metallkeramiken sind Materialien, die feinverteiltes Metall in keramischen Materialien enthalten. Ein Beispiel sind WC/Co-Cermets, in denen die Härte des Wolframcarbids mit der Zähigkeit von Cobalt kombiniert wird. *Glaskeramiken* sind Gläser, in denen ein kontrollierter Anteil an Kristallen gezüchtet wurde. Lithiumaluminiumsilicat ($Li_2Al_2Si_4O_{12}$) und Magnesiumaluminiumsilicat ($Mg_2Al_4Si_5O_{18}$) sind zwei Beispiele für Verbindungen, aus denen man Glaskeramiken herstellen kann. Diese Materialien sind bis in den Bereich von 800 °C formbeständig, d.h. ihre Wärmeausdehnung ist nahezu null. Sie können daher bis zur Rotglut erhitzt und dann in kaltes Wasser getaucht werden, ohne zu zerspringen. Ein Anwendungsbeispiel aus dem Alltag sind die hitzeresistenten Ceran-Platten von Elektroherden.

18.19 Silicone

Die Silicone bilden eine vielfältige Gruppe von Polymeren, deren Gemeinsamkeit in einer Kette aus alternierenden Silicium- und Sauerstoff-Atomen besteht. An den Silicium-Atomen hängen paarweise organische Gruppen, wie zum Beispiel Methylgruppen ($-CH_3$). Abbildung 18.23 zeigt die Struktur diese einfachsten Silicone. Das wichtigste Zwischenprodukt für die Herstellung von Siliconen ist Dichlordimethylsilan (($CH_3)_2SiCl_2$). Diese Verbindung wird durch das *Müller-Rochow-Verfahren* synthetisiert. Man leitet dazu Chlormethan (CH_3Cl) bei 300 °C über ein mit Kupfer dotiertes Silicium.

18.23 Struktur der einfachsten Silicone.

Es entsteht eine Mischung verschiedener Verbindungen mit $(CH_3)_2SiCl_2$ als Hauptbestandteil:

$$2\ CH_3Cl(g) + Si(s) \rightarrow (CH_3)_2SiCl_2(l)$$

Mit Wasser erfolgt Hydrolyse; die Moleküle des instabilen Reaktionsprodukts (Dimethylsilandiol) vereinigen sich unter Wasserabspaltung. Die Bildung des Polymers erfolgt also durch eine Polykondensationsreaktion:

$$(CH_3)_2SiCl_2(l) + 2\ H_2O(l) \rightarrow (CH_3)_2Si(OH)_2(l) + 2\ HCl(g)$$

$$n\ (CH_3)_2Si(OH)_2(l) \rightarrow [-O-Si(CH_3)_2-]_n(l) + n\ H_2O(l)$$

Silicone werden aufgrund ihrer nützlichen Eigenschaften in vielen Bereichen angewendet: Flüssige Silicone (*Siliconöle*) sind thermisch stabiler als Mineralöle. Außerdem verändert sich ihre Viskosität bei wechselnden Temperaturen kaum, während die Viskosität von Mineralölen stark von der Temperatur abhängt. Daher benutzt man Siliconöle als Schmiermittel sowie in Bereichen, in denen inerte Flüssigkeiten gebraucht werden, zum Beispiel bei hydraulischen Bremssystemen. Silicone sind stark hydrophob (wasserabstoßend), daher werden sie in Imprägniersprays für Schuhe und andere Gegenstände verwendet.

Durch Kettenvernetzung lassen sich *Siliconkautschuke* herstellen. Wie auch die Siliconöle sind diese beständig gegenüber hohen Temperaturen und Chemikalien. Siliconkautschuke sind vielseitig einsetzbar, unter anderem als Schlauch- und Dichtungsmaterial. Sie sind außerdem sehr nützlich im medizinischen Bereich, zum Beispiel als Kontaktlinsen, künstliche Herzklappen und Transfusionsschläuche.

Traurige Berühmtheit haben jedoch *Silicongele* durch ihren Einsatz als Brustimplantate erlangt. Sie werden als harmlos angesehen, solange sie in einen Kunststoffbeutel eingeschlossen sind. Probleme treten auf, wenn der Beutel undicht wird oder gar platzt. Dann kann das Silicongel in das umliegende Gewebe diffundieren. Die chemische Inertheit des Silicons wandelt sich nun vom Vorteil zum Nachteil, denn der Körper hat keine Mechanismen, um die polymere Struktur aufzubrechen und abzubauen. Viele Mediziner glauben, dass diese körperfremden Gelfragmente das Immunsystem reizen und dadurch eine Vielzahl von gesundheitlichen Problemen verursachen.

18.20 Germanium, Zinn und Blei

Wissenschaftshistorisch hat Germanium zweimal eine bedeutsame Rolle gespielt: Im Jahre 1871 hatte D. I. Mendeleev einige Eigenschaften des damals noch unbekannten Elements aufgrund seiner Einordnung in das Periodensystem (als *Eka-Silicium*) voraussagen können. Entdeckt wurde das Element schließlich 15 Jahre später durch Clemens Winkler an der Bergakademie Freiberg. Die Untersuchung des Elements und seiner Verbindungen bestätigten die Voraussagen Mendeleevs in glänzender Weise. Winklers Vorschlag, das neue Element – zu Ehren Deutschlands – *Germanium* zu nennen, wurde auch von Mendeleev unterstützt.
In den Vierzigerjahren des vorigen Jahrhunderts war Germanium als typisches Halbmetall das Material, an dem der Transistoreffekt, also die Grundlage der modernen Elektronik, entdeckt wurde.

Germanium Ganz anders als Silicium kommt *Germanium* in der Natur sulfidisch vor, zum Beispiel in Form des seltenen Minerals *Argyrodit* (Ag_8GeS_6), von dessen Untersuchung die Entdeckung des Elements ausging. In dieser Hinsicht ähnelt es den schwereren Homologen Zinn und Blei, die ebenfalls sehr stabile, natürlich vorkommende Schwefelverbindungen bilden. Zwar ist auch in der Chemie des Germaniums die Oxidationsstufe IV eindeutig dominierend, im Vergleich zu Silicium ist jedoch die Stabilität von Verbindungen der Oxidationsstufe II deutlich erhöht. So kann beispielsweise GeI_2 nicht nur als Molekül in der Gasphase nachgewiesen werden, man erhält diese Verbindung auch in Form orangegelber Kristalle mit der Schichtstruktur des Cadmiumiodids (Abbildung 4.18) durch Reduktion von GeI_4. Auch die *Chalkogenide* GeO, GeS, GeSe und GeTe sind so stabil, dass sie problemlos hergestellt werden können.

Nur wenige Germaniumverbindungen werden praktisch genutzt. Aufgrund des hohen Preises kommen Massenanwendungen ohnehin nicht in Betracht. Zwei moderne Anwendungen seien an dieser Stelle genannt: Die mit Mangan-Ionen dotierte Verbindung $Mg_8Ge_2O_{11}F_2$ wird als Leuchtstoff für die Beschichtung in Hochdruck-Quecksilberdampflampen verwendet. Diese Verbindung kann das durch die Gasentladung erzeugte blaugrüne Licht in rotes Licht umwandeln. In Kombination mit anderen

Lichtwellenleiter – Informationsübertragung mit Licht

EXKURS

Seit der Erfindung der Telegrafie in der zweiten Hälfte des 19. Jahrhunderts werden Informationen mithilfe des elektrischen Stroms über metallisch leitende Kabel oder auch drahtlos übertragen. Die Übertragung „analoger" Information – wie Sprache – wird in rasant zunehmendem Maße durch die Übertragung digitaler Signale ersetzt. Dabei ist eine Folge von Rechteckimpulsen Träger der Information im binären Zahlensystem (Abbildung 18.24a).

Jeder Buchstabe, jede Zahl, jeder Ton, jede Farbe kann im Prinzip so dargestellt werden und auch in die analoge Welt zurück übersetzt werden. Der Übertragungsdichte (Impulse pro Zeit) solcher binärer Signale auf elektrischem Wege sind physikalische Grenzen gesetzt: Jedes zur Übertragung dienende, in der Regel aus zwei koaxial angeordneten Leitern bestehende Kabel wirkt ungewollt als Kondensator. Durch das Auf- und Entladen dieses Kondensators werden aus den in ein Kabel eingespeisten Rechteckimpulsen immer verschwommenere Signale, die sich mit zunehmender Kabellänge immer stärker überlagern und schließlich zu einem Verlust der Information führen (Abbildung 18.24b).

Für die Übertragung einer digitalen Information kann jedoch anstelle eines Spannungsimpulses auch ein Lichtimpuls genutzt werden, der diesen Einschränkungen bezüglich der Übertragungsdichte nicht unterliegt. Man nutzt hier die Totalreflexion von Licht, die dann eintritt, wenn ein Lichtstrahl unter einem bestimmten Winkel auf ein Medium mit einem geringeren Brechungsindex trifft. Im Prinzip erfüllt ein Glasstab oder Glasfaden, der im Zentrum ein Glas mit einem höheren Brechungsindex enthält als in dem umgebenden Glas, diese Bedingung. An der Stirnseite eintretendes Licht folgt dem Verlauf des Glasfadens, auch wenn dieser nicht linear ist: Licht kann so „um die Ecke" geleitet werden. In manchen Leuchten macht man von diesem Effekt Gebrauch.

Lichtleitfasern dieser Art sind leicht herstellbar: Man verschmilzt einen Kern aus einem höher brechenden Glas mit einem Mantel aus einem niedriger brechenden Material und zieht aus diesem Rohling einen Glasfaden, in dem die Abstufung des Brechungsindexes n erhalten bleibt (Abbildung 18.25a). Eine so hergestellte Glasfaser eignet sich jedoch nicht, um digitale Lichtimpulse mit hoher Übertragungsrate weiterzuleiten: Wie Abbildung 18.25c schematisch zeigt, werden von den Photonen – je nach Eintrittswinkel an der Stirnseite der Faser – unterschiedlich lange Wege zurückgelegt. Ein Lichtstrahl, der häufig reflektiert wird, benötigt länger, um die Glasfaser zu passieren als ein weniger häufig reflektierter Strahl. Als Folge tritt eine ganz ähnliche Verbreiterung des Signals auf wie bei der elektrischen Übertragung. Bei der optischen Signalübertragung kann man diesen Effekt jedoch weitgehend minimieren. Der Trick besteht darin, den Lichtstrahl, der weniger häufig reflektiert wird, sich also häufig in

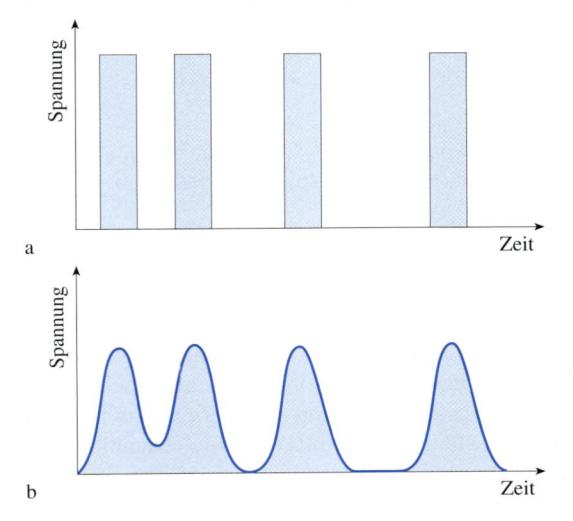

18.24 Informationsübertragung in Kabeln durch Rechteckimpulse (a) und Verschwimmen der Signale durch Überlagerungen (b).

der Mitte des Kernmaterials aufhält, dadurch abzubremsen, dass der Brechungsindex hier besonders hoch ist, denn die Lichtgeschwindigkeit c ist in einem Medium mit dem Brechungsindex n geringer als im Vakuum ($c = c_{\text{Vakuum}}/n$). Durch die Einstellung eines genau berechneten Verlaufs des Brechungsindex (Abbildung 18.25b) kann nun erreicht werden, dass alle Lichtstrahlen unabhängig von der Länge des zurückgelegten Weges die gleiche Zeit benötigen, um die Glasfaser zu durchlaufen. Man nennt derartige Glasfasern *Lichtwellenleiter*. Mit ihnen können digitale Informationen mit sehr hoher Dichte übertragen werden.

Bei der Herstellung solcher Lichtwellenleiter spielt Germanium(IV)-chlorid eine wichtige Rolle: Durch ein etwa drei Meter langes Rohr aus hochreinem Quarzglas (Außendurchmesser 3 cm) wird ein Sauerstoffstrom geleitet, der zuvor mit Silicium(IV)-chlorid, Germanium(IV)-chlorid und einigen anderen flüchtigen Halogenverbindungen beladen wurde. Das Rohr wird auf so hohe Temperaturen erhitzt, dass $SiCl_4$ und $GeCl_4$ mit dem Sauerstoff unter Bildung von SiO_2 bzw. GeO_2 reagieren. Diese scheiden sich als Glasschicht auf der Innenseite des Rohrs ab. Durch eine kontrollierte Veränderung des Gehalts an $GeCl_4$ bei diesem CVD-Prozess (*Chemical Vapor Deposition*) lässt sich der Brechungsindex des abgeschiedenen Glases gezielt einstellen und an die physikalischen Anforderungen anpassen. Nach einigen Stunden ist die abgeschiedene Schicht hinreichend dick. Evakuiert man nun das Rohr unter Erhitzen, fällt es zu einem Stab (der sogenannten *Vorform*) zusammen. Durch Ziehen bei hoher Temperatur werden daraus Lichtwellenleiter mit etwa 0,1 mm Außendurchmesser hergestellt und anschließend mit einer schützenden Kunststoffschicht überzogen. Eine Vorform ergibt rund 50 km Lichtwellenleiter.

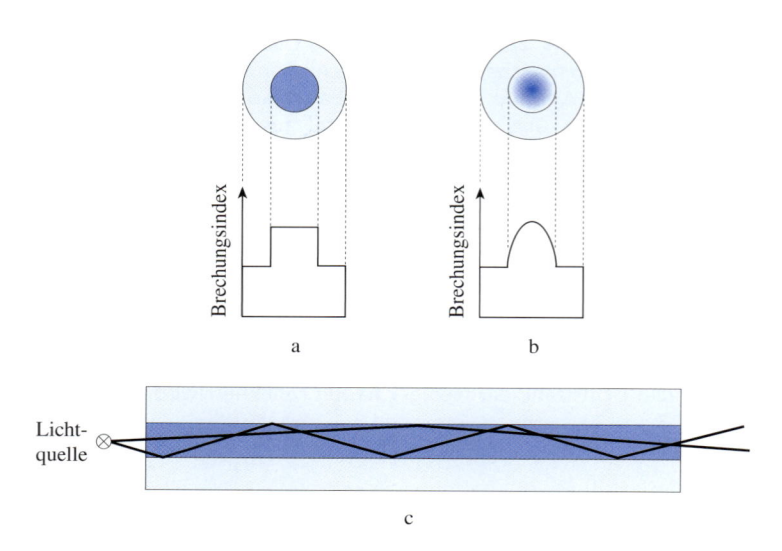

18.25 Querschnitt einer Glasfaser mit abgestuftem Brechungsindex (a) und mit optimiertem Verlauf des Brechungsindex (b). Mögliche Wege eines Photons durch eine Glasfaser (c).

Leuchtstoffen erhält man ein dem Sonnenlicht ähnliches Licht. Derartige Lampen sind herkömmlichen Glühlampen an Lichtintensität und Lichtausbeute weit überlegen. Die zurzeit wohl wichtigste Anwendung von Germanium beruht auf der Ähnlichkeit von Germanium(IV)-oxid und Silicium(IV)-oxid. Germanium kann daher Silicium in Quarzglas ersetzen. Durch diese Substitution erhöht sich der Brechungsindex des Glases. Man nutzt diesen Effekt bei der Fabrikation von Lichtwellenleitern (*Glasfasern*) für die schnelle Datenübertragung über Glasfaser-Kabel in der Informationstechnologie.

Zinn Zinn tritt in zwei Modifikationen auf: Die silberglänzende, metallische Modifikation (β-Zinn) ist oberhalb von 13 °C thermodynamisch stabil. Unterhalb von 13 °C dagegen stellt die graue, nichtmetallische Modifikation (α-Zinn) mit diamantartiger Struktur den energieärmeren Zustand dar. Die Umwandlung von β-Zinn bei niedrigen Temperaturen in Mikrokristalle der grauen Modifikation verläuft zunächst langsam, dann jedoch mit zunehmender Geschwindigkeit. Die Umwandlung ist vor allem in schlecht beheizten Kirchen ein Problem, wo Orgelpfeifen zu einem Häufchen Zinnpulver zerkrümeln können. Dieser Effekt kann von einem Zinnobjekt auf ein anderes allein durch Kontakt übertragen werden als seien Krankheitserreger im Spiel; man spricht deshalb auch von der „Zinnpest".

> Die Soldaten der Napoleonischen Armee hatten Zinnknöpfe, um ihre Kleidung zusammenzuhalten und sie benutzten Zinngeschirr. Manche Leute glauben, dass während der Invasion Russlands im bitterkalten Winter des Jahres 1812 zerkrümelnde Knöpfe, Pfannen und Töpfe zu einer Senkung der Moral und damit im Endeffekt auch zur Niederlage der französischen Truppen beigetragen haben.

Blei Das wirtschaftlich wichtige Element *Blei*, ist ein weiches, grauglänzendes Metall mit hoher Dichte (Tabelle 18.5). Für die Gewinnung von Blei geht man von Blei(II)-sulfid aus, das unter dem Mineralnamen *Bleiglanz* bekannt ist. Dieses Erz wird zunächst mit Luft erhitzt, um die Sulfid-Ionen zu Schwefeldioxid zu oxidieren. (In der Hüttentechnik wird dieser Vorgang als *Rösten* bezeichnet.) Das Blei(II)-oxid kann dann mit Koks zu elementarem Blei reduziert werden:

$$2\,PbS(s) + 3\,O_2(g) \xrightarrow{\Delta} 2\,PbO(s) + 2\,SO_2(g); \quad \Delta H_R^0 = -836\,kJ\cdot mol^{-1}$$

$$PbO(s) + C(s) \xrightarrow{\Delta} Pb(l) + CO(g)$$

Tabelle 18.5 Einige Eigenschaften der Elemente Germanium, Zinn und Blei

Element		Dichte (g · cm^{-3})	Struktur/ Koordinationszahl	Schmelztemperatur (°C)	Siedetemperatur (°C)
Germanium		5,3	Diamant/KZ: 4	938	2833
Zinn	α	5,8	Diamant/KZ: 4	–	–
	β	7,3	*)/KZ: 4+2	232	2602
Blei		11,3	kubisch dichteste Packung/KZ: 12	327	1746

*) spezieller Strukturtyp, der bei typischen Metallen sonst nicht auftritt

Bei diesem Verfahren sind Maßnahmen zum Schutz der Umwelt unerlässlich. Erstens muss das entstehende Schwefeldioxid möglichst vollständig weiterverwendet werden; und zweitens darf kein toxischer Bleistaub aus der Anlage austreten. Zur Reduzierung von Umweltproblemen werden auch Bleiabfälle bei der Bleiherstellung mit aufgearbeitet. Derzeit stammt etwa die Hälfte der jährlich verbrauchten 6 Millionen Tonnen Blei aus dem Recycling (vor allem aus alten Bleiakkumulatoren).

> **Bleimineralien** Neben *Bleiglanz* (PbS) treten eine ganze Reihe schwer löslicher Bleiverbindungen als Mineralien auf. Beispiele: *Anglesit* (PbSO$_4$), *Cerussit* (PbCO$_3$), *Krokoit* (PbCrO$_4$), *Wulfenit* (PbMoO$_4$), *Vanadinit* ([Pb$_5$(VO$_4$)$_3$]Cl).
> Für die Gewinnung von Blei sind diese Mineralien nur von geringer Bedeutung. Wulfenit wird aber für die Molybdänherstellung genutzt und Vanadinit ist ein wichtiges Vanadiumerz.

Oxidationsstufen im Überblick

Zinn und Blei kommen in den zwei Oxidationsstufen IV und II vor. Die Existenz der Oxidationsstufe II lässt sich auf den Inert-Pair-Effekt zurückführen, ähnlich wie bei der im Falle des Thalliums bevorzugten Oxidationsstufe I.

Die Bildung von Ionen ist bei diesen Metallen weniger ausgeprägt als bei den meisten anderen Metallen. Zinn- und Bleiverbindungen der Oxidationsstufe IV sind fast ausschließlich kovalente Verbindungen. Zinn bildet sogar in der Oxidationsstufe II bevorzugt kovalente Verbindungen, Ionen treten nur bei Verbindungen in der festen Phase

Tabelle 18.6 Ladungsdichten der Blei-Ionen	
Ion	Ladungsdichte ($C \cdot mm^{-3}$)
Pb^{2+}	32
Pb^{4+}	200

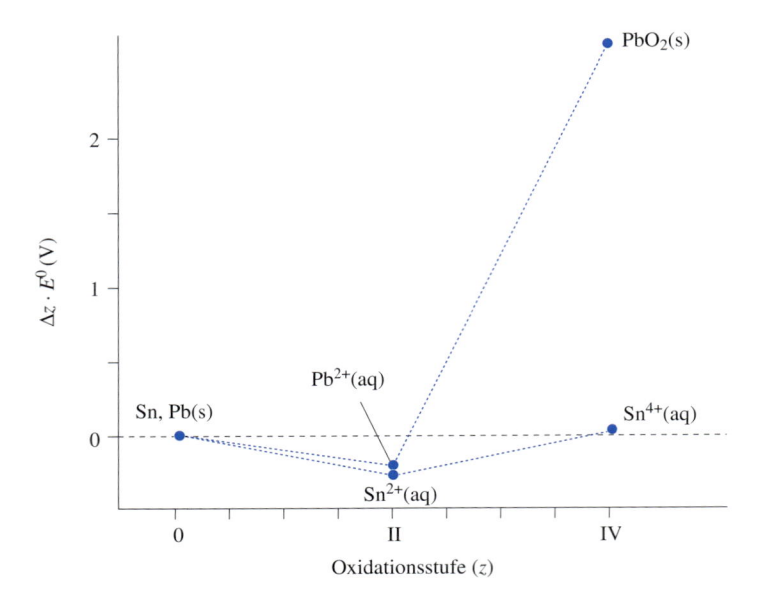

18.26 Frost-Diagramm für Zinn und Blei.

auf. Umgekehrt bildet Blei ein Pb^{2+}-Ion sowohl in der festen Phase als auch in Lösung. Tabelle 18.6 zeigt, dass die Ladungsdichte des Pb^{2+}-Ions relativ gering, die des Pb^{4+}-Ions jedoch sehr hoch ist – hoch genug, um kovalente Bindungen mit vielen Anionen einzugehen. Lediglich mit dem kaum polarisierbaren Fluorid-Ion bildet sich ein salzartiges Blei(IV)-fluorid (PbF_4).

Unterschiede zwischen Zinn und Blei bezüglich der Stabilität der verschiedenen Oxidationsstufen spiegeln sich im Frost-Diagramm wider (Abbildung 18.26). So wirkt Blei(IV) im Gegensatz zu Zinn(IV) stark oxidierend. Für beide Metalle liegt das Elektrodenpotential für die Reduktion der zweifach positiven Kationen zum Metall knapp im negativen Bereich: $E^0(Sn^{2+}/Sn) = -0{,}14\,V$, $E^0(Pb^{2+}/Pb) = -0{,}13\,V$. Die Metalle können daher durch stark saure Lösungen unter Entwicklung von Wasserstoff oxidiert werden. Die Reaktion verläuft jedoch langsam, da die Abscheidung von Wasserstoff gehemmt ist. Die elektrolytische Bildung von Wasserstoff an einer Bleikathode erfordert dem entsprechend eine merkliche „Überspannung".

Bleireagenzien für das Labor Neben den gelegentlich benötigten Oxiden in den verschiedenen Oxidationsstufen sowie metallischem Blei wird überwiegend das gut lösliche Blei(II)-nitrat ($Pb(NO_3)_2$) als Laborreagenz eingesetzt. Man verwendet daher Bleinitrat-Lösungen, um die wichtigsten Blei(II)-Ionen in wässeriger Lösung deutlich zu machen. Dazu gehört insbesondere die Fällung von schwer löslichen Verbindungen: Blei(II)-hydroxid ($Pb(OH)_2$), Blei(II)-chlorid ($PbCl_2$), Blei(II)-sulfat ($PbSO_4$), Blei(II)-carbonat ($PbCO_3$) und Blei(II)-sulfid (PbS). Blei(II)-hydroxid gehört zu den amphoteren Hydroxiden; es geht also mit überschüssigen OH^--Ionen wieder in Lösung:

$$Pb(OH)_2(s) + OH^-(aq) \rightarrow Pb(OH)_3^-(aq)$$

Auch andere schwerlösliche Blei(II)-salze lassen sich unter Bildung von Hydroxoplumbat(II)-Ionen in Lösung bringen. Beispielsweise löst sich Blei(II)-sulfat in Natronlauge. Das schwarze Blei(II)-sulfid ist extrem schwer löslich. Lösungen oder Suspensionen von Blei(II)-Salzen färben sich deshalb schwarz, wenn man H_2S-Wasser hinzufügt. Angefeuchtetes Bleiacetat-Papier dient daher zur Prüfung auf Schwefelwasserstoff.

Zinn- und Bleioxide

Die Oxide der schwereren Elemente der Gruppe 14 kann man als ionische Feststoffe ansehen. Zinn(IV)-oxid (SnO_2) ist das stabilste Oxid des Zinns, während Blei(II)-oxid (PbO) das stabilste Bleioxid ist. Blei(II)-oxid existiert in zwei kristallinen Formen, einer gelben und einer roten. Das schokoladenbraune Blei(IV)-oxid (PbO_2) ist ein gutes Oxidationsmittel. Beim Erhitzen gibt es Sauerstoff ab und bildet zunächst ein orangerotes Produkt, die *Bleimennige* (Pb_3O_4). Unter weiterer Abgabe von Sauerstoff entsteht schließlich Blei(II)-oxid. In der früher für Rostschutzanstriche verwendeten Mennige liegen sowohl Pb^{2+}- als auch Pb^{4+}-Ionen vor: $Pb_2^{II}Pb^{IV}O_4$ (2 $PbO \cdot PbO_2$). Chemisch verhält sich Mennige zwar wie eine Mischung aus Blei(II)-oxid und Blei(IV)-oxid, es ist aber eine definierte Verbindung mit eigener Struktur.

Zinn(IV)-oxid ist in Glasuren enthalten, die in der Keramikindustrie Anwendung finden. Ungefähr 3 500 Tonnen werden jährlich für diesen Zweck gebraucht. Der Verbrauch von Blei(II)-oxid ist sehr viel höher. Er liegt im Bereich von 250 000 Tonnen pro Jahr, da man Blei(II)-oxid für die Herstellung von Bleiglas und für die Produktion des aktiven Elektrodenmaterials in **Bleiakkumulatoren** benötigt. In diesen Akkumulatoren enthalten beide Elektroden zunächst Blei(II)-oxid in einem wabenförmig ausgebildetem Blei-Gitter. Die positive Elektrode bildet sich durch Oxidation von Blei(II)-oxid zu Blei(IV)-oxid; gleichzeitig entsteht die negative Elektrode durch Reduktion von Blei(II)-oxid zu elementarem Blei. Diese Vorgänge laufen in einem schwefelsauren Elektrolyten ab, wenn man pro Elektrodenpaar eine Spannung von 2V anlegt. Der Akku wird auf diese Weise *geladen*. Beim Entladen bildet sich an beiden Elektroden schwer lösliches Bleisulfat:

Pluspol: $PbO_2(s) + 4\ H^+(aq) + SO_4^{2-}(aq) + 2\ e^- \rightarrow PbSO_4(s) + 2\ H_2O(l)$

Minuspol: $Pb(s) + SO_4^{2-}(aq) \rightarrow PbSO_4(s) + 2\ e^-$

Die beiden Teilreaktionen sind reversibel. Daher kann der Akkumulator wieder aufgeladen werden, indem man eine Spannung anlegt.

Zinn- und Bleichloride

Zinn(IV)-chlorid ist ein typisch kovalentes Metallchlorid. Es handelt sich um eine farblose Flüssigkeit, die an feuchter Luft weißen Rauch bildet. Ursache ist die folgende Hydrolysereaktion:

$SnCl_4(l) + 4\ H_2O(l) \rightarrow Sn(OH)_4(s) + 4\ HCl(g)$

Bei direkter Umsetzung mit Wasser erhält man ein gelartiges Zinn(IV)-hydroxid. Tatsächlich liegt hier ein wasserhaltiges Oxid vor und kein stöchiometrisch definiertes Hydroxid.

Blei(IV)-chlorid ist ein gelbes Öl, das sich – ähnlich wie Zinn(IV)-chlorid – in Gegenwart von Feuchtigkeit zersetzt. Beim Erhitzen zerfällt es unter Bildung von Blei(II)-chlorid und Chlor. Blei(IV)-bromid und -iodid existieren nicht, da Br^-- und I^--Ionen durch Blei(IV)-Ionen oxidiert werden.

Das überwiegend ionische **Blei(II)-chlorid** ist ein weißer, schwer löslicher Feststoff, der bei 501 °C schmilzt. Wasserfreies **Zinn(II)-chlorid** hingegen schmilzt bereits bei 247 °C. Damit ergibt sich ein Hinweis auf die eher kovalente Natur dieser Verbindung, die sich relativ gut in wenig polaren, organischen Lösemitteln löst. Man erhält Zinn(II)-chlorid durch Überleiten von Chlorwasserstoff über geschmolzenes Zinn:

$Sn(l) + 2\ HCl(g) \rightarrow SnCl_2(s) + H_2(g)$

In der Gasphase liegen gewinkelte Zinn(II)-chlorid-Moleküle vor. Nach dem Elektronenpaarabstoßungs-Modell ist diese Struktur auf das freie Elektronenpaar zurückzuführen (Abbildung 18.27).

Zinnstein (SnO_2) Das auch als *Kassiterit* bezeichnete Mineral kristallisiert in der Rutil-Struktur (Abbildung 4.19). Zinnstein ist das bei weitem wichtigste Erz für die Gewinnung von Zinn durch Reduktion mit Kohle. Zinnstein tritt als Gemengekomponente in vielen Graniten auf. Die chemisch sehr widerstandsfähigen Zinnsteinkristalle bleiben bei der Verwitterung des Granits erhalten. Man gewinnt Zinnstein daher überwiegend durch Auswaschen aus Ablagerungen, die hauptsächlich als Quarzsand und Tonmineralien bestehen. Man spricht in diesem Zusammenhang von *Zinnseifen* und Seifenlagerstätten. Die wichtigsten Zinnproduktionsländer sind Bolivien, Brasilien, China, Indonesien und Malaysia.

Wie so viele Verbindungen spielt Zinn(IV)-chlorid eine kleine, aber wichtige Rolle in unserem Leben. Der Dampf dieser Verbindung wird auf frisch geformtes Glas aufgebracht, reagiert mit Wasser-Molekülen auf der Oberfläche und bildet so eine dünne Zinn(IV)-oxid-Schicht, die die Bruchfestigkeit und die Abriebfestigkeit des Glases erheblich verbessert. Derart behandelte Flaschen sind auch bei geringer Wandstärke ausreichend stabil. Die Beschichtung von Gläsern durch eine feste Lösung von Zinn(IV)-oxid in Indiumoxid wurde bereits in Abschnitt 17.8 erläutert.

Zinn(II)-chlorid-Dihydrat Als Laborreagenz wird das aus wässeriger Lösung kristallisierte Dihydrat $SnCl_2 \cdot 2H_2O$ verwendet. Mit wenig Wasser erhält man eine klare Lösung. Beim Verdünnen bildet sich jedoch eine weiße Fällung, in der auch Hydroxid-Ionen gebunden sind. Man spricht von einem *basischen Salz*. Der Gesamtvorgang ist ein Beispiel für eine Hydrolysereaktion:

$SnCl_2(aq) + H_2O(l) \rightleftharpoons SnOHCl(s) + HCl(aq)$

Fügt man Salzsäure hinzu, so erhält man wieder eine klare Lösung. Fällungen basischer Salze so wie Zinn(II)-hydroxid ($Sn(OH)_2$) lösen sich auch in Natronlauge. Dabei bildet sich das Hydroxostannat(II)-Ion ($Sn(OH)_3^-$). Zinn(II)-hydroxid gehört also zu den amphoteren Hydroxiden:

$Sn(OH)_2(s) + OH^-(aq) \rightarrow Sn(OH)_3^-(aq)$

Eine auf diese Weise hergestellte Lösung von Natriumhydroxostannat(II) wird gelegentlich im Labor als Reduktionsmittel eingesetzt. Ein Beispiel ist der Nachweis von Bismut durch die Reduktion eines weißen $Bi(OH)_3$-Niederschlags zu feinverteiltem schwarzem Bismut.

18.27 Das $SnCl_2$-Molekül (in der Gasphase) (a) und das Trichlorostannat(II)-Ion $SnCl_3^-$ (b).

Man könnte erwarten, dass Zinn(II)-chlorid aufgrund des freien Elektronenpaars als Lewis-Base reagiert. Aber wie so oft steckt auch hier die Chemie voller Überraschungen. Die Verbindung verhält sich nämlich im Allgemeinen wie eine Lewis-Säure. Zinn(II)-chlorid reagiert beispielsweise mit Chlorid-Ionen zu $SnCl_3^-$-Ionen (Abbildung 18.27). Das freie Elektronenpaar erweist sich als unreaktiv: In dieser Hinsicht liegt also tatsächlich ein Inert-Pair-Effekt vor. Der Bindungswinkel von 90° deutet auf die Verwendung der reinen p-Orbitale zur Bindungsbildung beim Zinn hin. Dieses Bindungsmodell würde auch das fehlende Lewis-Base-Verhalten erklären. Mit anderen Worten, das Elektronenpaar des Zinn-Atoms in Zinn(II)-chlorid befindet sich eher in einem kugelförmigen s-Orbital, als dass es ein Teil eines gerichteten sp^2- oder sp^3-Hybridorbitals ist. Das Zentralatom benutzt dann ein leeres p-Orbital, um mit dem freien Elektronenpaar des Chlorid-Ions eine Bindung einzugehen.

Chlorokomplexe in der Oxidationsstufe IV Im Laboralltag vermeidet man nach Möglichkeit den Umgang mit den sehr reaktiven Halogeniden $SnCl_4$ und $PbCl_4$. Im Falle des Bleis lässt sich das salzartige Ammoniumhexachloroplumbat(IV) (($NH_4)_2[PbCl_6]$) relativ gut handhaben. Man erhält dieses feinkristalline gelbe Produkt, wenn man Blei(II)-chlorid in kalter konzentrierter Salzsäure löst, Ammoniumchlorid hinzufügt und längere Zeit Chlor einleitet. Gibt man das Produkt in Wasser, so erfolgt zunächst Hydrolyse unter Bildung von Blei(IV)-oxid und Salzsäure. In der Mischung macht sich jedoch allmählich die Oxidationswirkung des Blei(IV)-oxids bemerkbar. Es entsteht Chlor und schwerlösliches Blei(II)-chlorid bleibt zurück:

$(NH_4)_2[PbCl_6](s) + 2 H_2O(l) \rightarrow PbO_2(s) + 4 HCl(aq) + 2 NH_4Cl(aq)$

$PbO_2(s) + 4 HCl(aq) \rightarrow PbCl_2(s) + Cl_2(g) + 2 H_2O(l)$

Die entsprechende Zinn(IV)-Verbindung $(NH_4)_2[SnCl_6]$ (Ammoniumhexachlorostannat(IV)) ist auch unter dem Namen *Pinksalz* bekannt, da sie als Hilfsreagenz (Beizmittel) bei der Textilfärbung eingesetzt wurde. Diese Komplexverbindung hydrolysiert in Wasser nur langsam; Redoxreaktionen treten nicht auf. Pinksalz wird deshalb als Laborreagenz eingesetzt, um das Reaktionsverhalten von Zinn(IV) in wässeriger Lösung zu untersuchen. Mit Schwefelwasserstoff beispielsweise erhält man eine hellgelbe Fällung von Zinn(IV)-sulfid (SnS_2).

Tetraethylblei

Zahlreiche Metalle bilden metallorganische Verbindungen; in ihren Molekülen sind also Kohlenstoffatome direkt mit Metallatomen verknüpft. Tetraethylblei ($Pb(C_2H_5)_4$) – eine unpolare Flüssigkeit mit niedriger Siedetemperatur – ist die metallorganische Verbindung, die im größten Umfang produziert wurde. Sie diente weltweit als Kraftstoffzusatz, um die Klopffestigkeit von Benzin zu verbessern. Noch Anfang der Siebzigerjahre des vorigen Jahrhunderts wurden allein in der Bundesrepublik Deutschland jährlich rund 7000 Tonnen Tetraethylblei verbraucht. Die Herstellung beruht auf der Reaktion einer Natrium/Blei-Legierung mit Ethylchlorid:

Bleifreies Benzin Der langjährige Einsatz verbleiter Kraftstoffe führte zu einem starken Anstieg der Bleigehalte der Böden in der Nähe von Landstraßen und Autobahnen. Auf den Pflanzen lagerten sich bleihaltige Partikel ab. Über die landwirtschaftlichen Produkte konnte sich damit der Bleigehalt der Nahrungsmittel auf bedenkliche Werte erhöhen. In der Bundesrepublik Deutschland wurde daher bereits 1976 der Bleigehalt von Benzin auf 0,15 g pro Liter begrenzt. Die Grundlage bildeten verbesserte Verfahren zur Produktion von Kraftstoffen. Die Einführung umweltverträglicher Zusatzstoffe zur Erhöhung der Klopffestigkeit ermöglichte dann allmählich die völlige Abkehr von verbleitem Benzin. In Westeuropa wird heute insbesondere Ethyl-*tert*-butylether (ETBE) zugesetzt.

$$\begin{array}{c} CH_3 \\ | \\ CH_3 - C - O - C_2H_5 \\ | \\ CH_3 \end{array}$$

$4 NaPb(s) + 4 C_2H_5Cl(g) \rightarrow Pb(C_2H_5)_4(l) + 3 Pb(s) + 4 NaCl(s)$

Man nutzt auf diese Weise die bei der Bildung von Natriumchlorid frei werdende Energie, um das gewünschte Produkt zu erhalten. In den stärker industrialisierten Ländern wird inzwischen ausschließlich bleifreies Benzin verwendet, in anderen Ländern wird aber Superbenzin weiterhin mit Tetraethylblei versetzt.

18.21 Biologische Aspekte

Der Kohlenstoffkreislauf

Das Leben auf der Erde führt zu Stoffkreisläufen, die mit langfristigen geochemischen Zyklen gekoppelt sind. Das größte Ausmaß hat der Kohlenstoffkreislauf. Der überwiegende Teil des Kohlenstoffs – rund 10^{16} Tonnen – ist in der Erdkruste in Form von Carbonaten, Kohle und Öl weitgehend eingeschlossen. Nur 0,015 % dieser Menge ist in Form von Kohlenstoffdioxid in der Atmosphäre und in den Austauschschichten der Meere verfügbar. Aber auch das ist eine gewaltige Menge: $1{,}5 \cdot 10^{12}$ Tonnen. Etwa 15 % davon werden jedes Jahr durch die Photosynthese von Pflanzen und Algen aufgenommen. Primärprodukt der Photosynthese ist *Glucose* („Traubenzucker", $C_6H_{12}O_6$). Die für den Ablauf der Reaktion benötigte Energie wird mit Hilfe des Blattgrüns (Chlorophyll) aus dem Sonnenlicht absorbiert:

$$6\,CO_2(g) + 6\,H_2O(l) \xrightarrow[\text{Chlorophyll}]{\text{Licht}} C_6H_{12}O_6(s) + 6\,O_2(g); \quad \Delta H_R^0 = 2\,810\ kJ \cdot mol^{-1}$$

Der Prozess der Photosynthese führt damit nicht nur zur Produktion organischer Stoffe, sondern auch zur Speicherung von Sonnenenergie und zur Erzeugung von Sauerstoff.

Ein kleiner Teil der von Pflanzen produzierten organischen Verbindungen wird von Tieren und Menschen für die Ernährung genutzt: Körpereigene Stoffe werden syntheti-

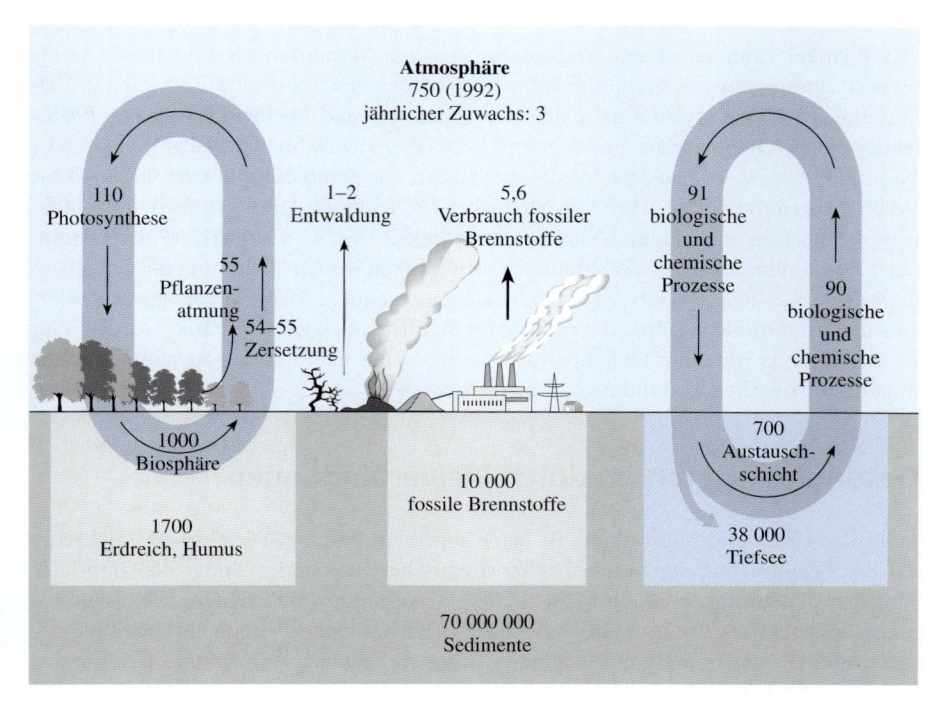

18.28 Kohlenstoffkreislauf. Alle Zahlen in 10^9 Tonnen Kohlenstoff.

siert und durch den Abbau von Nährstoffen wird Energie erzeugt. Endprodukte des Energiestoffwechsels sind schließlich Kohlenstoffdioxid und Wasser. Der Großteil des von den Pflanzen gebundenen Kohlenstoffs wird jedoch erst bei der Zersetzung des abgestorbenen pflanzlichen Materials wieder zu Kohlenstoffdioxid oxidiert und an die Atmosphäre abgegeben (Abbildung 18.28). Ursache für den vieldiskutierten Anstieg des CO_2-Gehaltes der Atmosphäre ist der Energiebedarf der Menschheit. Denn er wird überwiegend durch fossile Brennstoffe gedeckt, die sich vor etwa 300 Millionen Jahren im Zeitalter des Karbon gebildet haben. Aus der Verbrennung von Kohle, Erdölprodukten und Erdgas gelangen jährlich etwa 23 Milliarden Tonnen Kohlenstoffdioxid in die Luft; die Hälfte davon verteilt sich in der Atmosphäre und die andere Hälfte löst sich in den Meeren. Einige Wissenschaftler befürchten, dass sich die CO_2-Aufnahme durch die Meere verringern könnte, sodass der CO_2-Gehalt der Atmosphäre dann noch rascher ansteigt.

Hinweis: Der Zusammenhang zwischen dem CO_2-Gehalt der Atmosphäre und dem sogenannten Treibhauseffekt wurde bereits in Abschnitt 18.6 erläutert.

Silicium – ein essentielles Element

Man weiß bereits seit mehreren Jahrzehnten, dass Silicium für Tiere (einschließlich des Menschen) essentiell ist. Die Funktion dieses Elements blieb aber lange rätselhaft. Man nimmt heute an, dass Silicium in Form löslicher Silicat-Ionen die toxischen Effekte des Aluminium-Ions auf unseren Körper hemmt. Forscher vermuten, dass diese Hemmung auf der Bildung unlöslicher Aluminiumsilicate beruht.

Nimmt der Körper jedoch über längere Zeit Silicatstäube auf, können schwere Lungenerkrankungen ausgelöst werden. So war früher die *Asbestose* eine häufige Berufserkrankung in Asbest verarbeitenden Betrieben. Besonders gefürchtet sind bösartige Tumorerkrankungen der Bronchien und des Rippenfells als Spätfolge einer Asbestose. Im Bergbau erkrankten früher viele Arbeiter an Silicose (Steinstaublunge), ausgelöst durch Feinstaub aus kristallinem Siliciumdioxid.

Das als **Kieselgur** oder *Diatomeenerde* in vielen Lagerstätten abgebaute Siliciumdioxid ist biologischen Ursprungs. Es handelt sich um die Skelette winziger Meeresorganismen (Kieselalgen, Diatomeen), die Siliciumdioxid als Gerüstmaterial nutzen. Man verwendet Kieselgur als Adsorptionsmittel, als Füllstoff in der Papierindustrie oder auch als Trägermaterial für Katalysatoren.

Toxische Zinnverbindungen

Das Element Zinn selbst und seine anorganischen Verbindungen sind relativ wenig toxisch. Zinnorganische Verbindungen weisen jedoch eine sehr hohe Toxizität auf. Verbindungen wie Tributylzinnhydroxid $((C_4H_9)_3SnOH)$ sind hochwirksam gegen Pilzinfektionen bei Kartoffelpflanzen, Wein und Reis. Über viele Jahre wurden zinnorganische Verbindungen in sogenannten Antifoulingfarben für Schiffsrümpfe verwendet. Diese Verbindungen töten die Larven von Mollusken (Weichtieren), die sich sonst am Schiffsrumpf festsetzen und dadurch die Geschwindigkeit des Schiffes beträchtlich vermindern. Die zinnorganischen Verbindungen diffundieren jedoch langsam in das umgebende Wasser, wo sie besonders im Hafenbereich auch andere Meeresorganismen abtöten. Aus diesem Grunde ist ihre Anwendung im Schiffsbereich eingeschränkt worden. Nur für Bootskörper mit einer Gesamtlänge von mindestens 25 m dürfen Antifoulingfarben mit zinnorganischen Verbindungen eingesetzt werden.

Gesundheitsgefahren durch Bleiverbindungen

Dass Bleiverbindungen giftig sind, ist heute allgemein bekannt. Die Giftwirkung beruht auf der Beeinträchtigung zahlreicher biochemischer Reaktionen durch Blei(II)-Ionen. Akute Bleivergiftungen durch lösliche Blei(II)-Verbindungen werden allerdings nur selten beobachtet. Chronische Bleivergiftungen waren früher jedoch eine typische Berufskrankheit in der Blei verarbeitenden Industrie. Als erste Symptome treten dabei Kopfschmerzen und Blutarmut (Anämie) auf, später konnten auch Nierenversagen, Schüttelkrämpfe und Gehirnschäden hinzukommen.

18.22 Die wichtigsten Reaktionen im Überblick

Für den Umgang mit Bleiverbindungen gelten daher strenge Arbeitsvorschriften. Die Gefahrstoffverordnung schreibt regelmäßige arbeitsmedizinische Untersuchungen vor, falls die Luft am Arbeitsplatz Bleikonzentrationen oberhalb von 75 µg/m^3 aufweist. Frauen im gebärfähigen Alter dürfen an solchen Arbeitsplätzen gar nicht beschäftigt werden, da durch die Aufnahme von Bleiverbindungen das Kind im Mutterleib geschädigt werden kann.

In vielen Bereichen ist die Anwendung von Bleiverbindungen innerhalb der letzten 30 Jahre stark eingeschränkt oder auch völlig eingestellt worden: Bleihaltiges Benzin, bleihaltige Anstrichfarben oder bleihaltige Stabilisatoren für PVC dürfen nicht mehr verwendet werden. Dementsprechend ist auch die Bleibelastung der Bevölkerung deutlich zurückgegangen.

18.22 Die wichtigsten Reaktionen im Überblick

Aufgrund ihrer besonderen Bedeutung und vielfältigen Anwendung sind hier die Elemente Kohlenstoff, Silicium und Blei berücksichtigt.

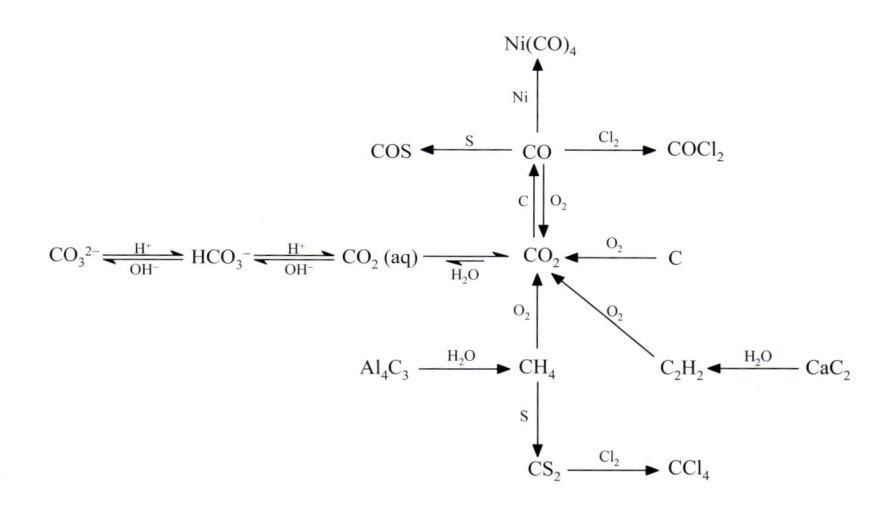

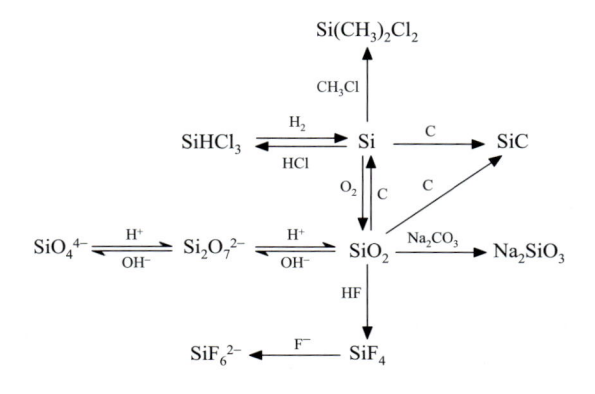

$$\begin{array}{c}
Ni(CO)_4 \\
\uparrow Ni \\
COS \xleftarrow{S} CO \xrightarrow{Cl_2} COCl_2 \\
C \updownarrow O_2 \\
CO_3^{2-} \underset{OH^-}{\overset{H^+}{\rightleftharpoons}} HCO_3^- \underset{OH^-}{\overset{H^+}{\rightleftharpoons}} CO_2(aq) \underset{H_2O}{\rightleftharpoons} CO_2 \xleftarrow{O_2} C \\
O_2 \uparrow \nwarrow O_2 \\
Al_4C_3 \xrightarrow{H_2O} CH_4 \qquad C_2H_2 \xleftarrow{H_2O} CaC_2 \\
\downarrow S \\
CS_2 \xrightarrow{Cl_2} CCl_4
\end{array}$$

$$\begin{array}{c}
Si(CH_3)_2Cl_2 \\
\uparrow CH_3Cl \\
SiHCl_3 \underset{HCl}{\overset{H_2}{\rightleftharpoons}} Si \xrightarrow{C} SiC \\
O_2 \updownarrow C \quad \nearrow C \\
SiO_4^{4-} \underset{OH^-}{\overset{H^+}{\rightleftharpoons}} Si_2O_7^{2-} \underset{OH^-}{\overset{H^+}{\rightleftharpoons}} SiO_2 \xrightarrow{Na_2CO_3} Na_2SiO_3 \\
\downarrow HF \\
SiF_6^{2-} \xleftarrow{F^-} SiF_4
\end{array}$$

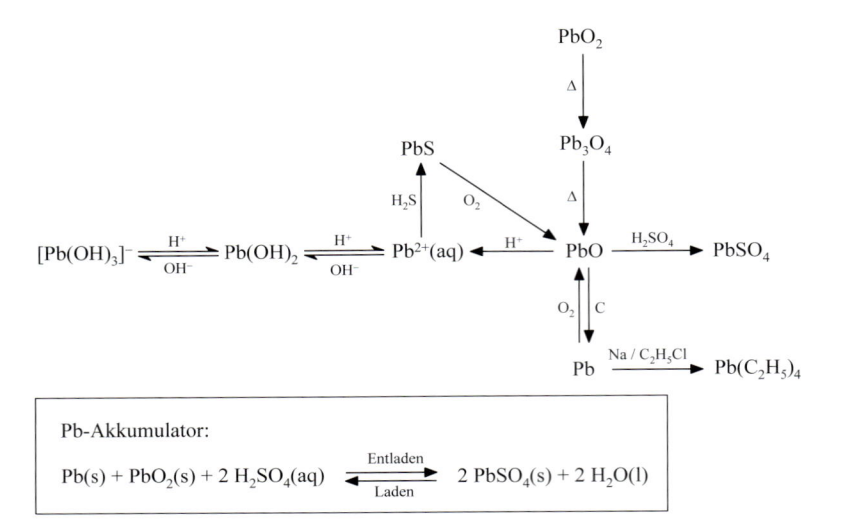

```
                                          PbO₂
                                           │
                                           │ Δ
                                           ▼
                            PbS          Pb₃O₄
                         ↗    ↘           │
                      H₂S      O₂         │ Δ
                                          ▼
[Pb(OH)₃]⁻  ⇌  Pb(OH)₂  ⇌  Pb²⁺(aq)  ←—  PbO  ——H₂SO₄——▶  PbSO₄
           H⁺/OH⁻       H⁺/OH⁻      H⁺    ↕
                                         O₂│C
                                          ▼
                                          Pb  ——Na/C₂H₅Cl——▶  Pb(C₂H₅)₄
```

Pb-Akkumulator:

$$Pb(s) + PbO_2(s) + 2\,H_2SO_4(aq) \underset{\text{Laden}}{\overset{\text{Entladen}}{\rightleftharpoons}} 2\,PbSO_4(s) + 2\,H_2O(l)$$

ÜBUNGEN

18.1 Stellen Sie vollständige Reaktionsgleichungen für die folgenden chemischen Reaktionen auf:
a) festes Lithiumdicarbid(2–) mit Wasser,
b) festes Berylliumcarbid mit Wasser,
c) Siliciumdioxid mit Kohlenstoff,
d) Kohlenstoffmonoxid mit Chlor,
e) Kupfer(II)-oxid erhitzt mit Kohlenstoffmonoxid,
f) heißes, elementares Magnesium mit Kohlenstoffdioxid,
g) festes Natriumcarbonat mit Salzsäure,
h) Calciumhydroxidlösung mit Kohlenstoffdioxid (zwei Gleichungen),
i) Erhitzen von Bariumcarbonat,
j) Methan mit geschmolzenem Schwefel,
k) gasförmiges Kohlenstoffdisulfid mit Chlor,
l) Siliciumdioxid mit geschmolzenem Natriumcarbonat,
m) Zinn(II)-oxid mit Salzsäure,
n) Blei(IV)-oxid mit konzentrierter Salzsäure.

18.2 Erläutern Sie die folgenden Begriffe: a) Aerosil, b) Glas, c) Keramik, d) Cermet, e) Molekularsieb, f) Silicon, g) Bleiglanz.

18.3 Vergleichen Sie die Eigenschaften der drei Modifikationen von Kohlenstoff (Diamant, Graphit und C_{60}).

18.4 Erklären Sie, warum a) Diamant über eine hohe thermische Leitfähigkeit verfügt, b) man in der traditionellen Herstellungsmethode hohe Drücke und Temperaturen braucht, um Diamanten zu synthetisieren.

18.5 Warum sind Fullerene in vielen Lösemitteln löslich, während sowohl Graphit als auch Diamant in allen Lösemitteln unlöslich sind?

18.6 Warum tritt Kettenbildung beim Kohlenstoff häufig auf, beim Silicium hingegen kaum?

18.7 Vergleichen Sie die drei Klassen der Carbide.

18.8 Stellen Sie eine Reaktionsgleichung für die Reaktion zur kommerziellen Herstellung von Siliciumcarbid auf. Ist die Reaktion entropie- oder enthalpiegetrieben? Begründen Sie! Berechnen Sie die Werte von ΔH^0 und ΔS^0 für die Reaktion, um Ihre Annahme zu bestätigen. Berechnen Sie dann ΔG^0 bei 2000 °C.

18.9 In den Verbindungen von Kohlenstoffmonoxid mit Metallen ist es das Kohlenstoff-Atom, das als Lewis-Base reagiert. Legen Sie dar, warum dieses Verhalten so zu erwarten ist. Nutzen Sie in ihrer Begründung das Prinzip der formalen Ladungen am CO-Molekül.

18.10 Kohlenstoffdioxid hat eine negative Bildungsenthalpie, Kohlenstoffdisulfid dagegen eine positive. Erstellen Sie mithilfe von Tabellenwerten über Bindungsenergien zwei Bildungsenthalpiediagramme und leiten Sie daraus eine Begründung für die Unterschiedlichkeit der Werte ab.

18.11 Stellen Sie die Eigenschaften von Kohlenstoffmonoxid und Kohlenstoffdioxid gegenüber.

18.12 Diskutieren Sie die Bindung im Kohlenstoffdisulfid im Hinblick auf die Hybridisierungstheorie.

18.13 Zeigen Sie mithilfe der Wertetabellen für ΔH_f^0 und S^0 im Anhang, dass die Verbrennung von Methan exergonisch verläuft.

18.14 Erklären Sie, warum Silan durch Kontakt mit Luft zu brennen beginnt, während Methan zur Verbrennung einen Zündfunken benötigt.

18.15 Erklären Sie, warum die CFKs als ideale Kühlmittel angesehen wurden.

18.16 Warum ist FKW-134a kein idealer Ersatzstoff für CFK-12?

18.17 Wie lautet die chemische Formel von FKW-134b?

18.18 Warum stellt Methan als potentielles Treibhausgas eine besondere Gefahr dar?

18.19 Vergleichen Sie die Eigenschaften von Kohlenstoffdioxid und Siliciumdioxid und erklären sie die Unterschiede im Hinblick auf die Bindungstypen. Schlagen Sie eine Erklärung vor, warum die beiden Oxide so unterschiedliche Bindungstypen haben.

18.20 Das Ion CO_2^- kann mithilfe von UV-Bestrahlung dargestellt werden. Im Gegensatz zum linearen CO_2-Molekül ist dieses Molekül gewinkelt (Bindungswinkel ≈ 127°). Nehmen Sie bei ihrer Erklärung Lewis-Formeln zu Hilfe. Schätzen Sie außerdem die Bindungsordnung der Kohlenstoff/Sauerstoff-Bindung im Ion ab und vergleichen Sie diese mit der Bindungsordnung im CO_2-Molekül.

18.21 Zeichnen Sie die Lewis-Formel des symmetrischen Cyanamid-Ions, CN_2^{2-}. Leiten Sie daraus den Bindungswinkel im Ion ab.

18.22 Welche Geometrie würden Sie für das Ion $C(CN)_3^-$ erwarten? Zeichnen Sie eine der möglichen Grenzformeln und leiten Sie daraus die durchschnittliche C/C-Bindungsordnung ab.

18.23 Ultramarin, ein leuchtend blaues Pigment, das in Ölfarben verwendet wird, hat die Formel $Na_x[Al_6Si_6O_{24}]S_3$, wobei der Schwefel in Form des Radikal-Anions S_3^- vorliegt. Bestimmen Sie den Wert von x.

18.24 Krokydolith lässt sich durch die Formel $Na_2Fe_5[Si_4O_{11}]_2(OH)_2$ beschreiben. In welchem Anzahlverhältnis liegen zweifach und dreifach positiv geladene Eisen-Ionen vor?

18.25 Beschreiben Sie die Unterschiede in der Struktur zwischen weißem Asbest und Talk.

18.26 Nennen Sie die Hauptanwendungsbereiche für Zeolithe.

18.27 Zeolithe können beim Erhitzen Wasser abgeben. Ist die Absorption des Wassers durch den Zeolith ein exothermer oder ein endothermer Vorgang?

18.28 Welcher Vorteil der Siliconpolymere kann zum Nachteil werden, wenn sie als Brustimplantate verwendet werden?

18.29 Vergleichen Sie die Eigenschaften der Oxide von Zinn und Blei.

18.30 Zeichnen Sie die Lewis-Formeln von Zinn(IV)-chlorid und gasförmigem Zinn(II)-chlorid. Zeichnen Sie ebenfalls die dazugehörigen Molekülgeometrien.

18.31 Blei(IV)-fluorid schmilzt bei 600 °C, Blei(IV)-chlorid bereits bei −15 °C. Interpretieren Sie diese Werte im Hinblick auf die Bindungsverhältnisse in diesen Verbindungen.

18.32 Bei der Herstellung eines Bleiakkumulators wird am Pluspol Blei(II)-oxid zu Blei(IV)-oxid oxidiert, während am Minuspol Blei(II)-oxid zu elementarem Blei reduziert wird. Formulieren Sie die Teilgleichungen der beiden Prozesse.

18.33 Stellen Sie vollständige Reaktionsgleichungen für sämtliche Reaktionen auf, die in den Schemata am Ende des Kapitels erfasst sind.

18.34 Zeigen Sie anhand der Standard-Reduktionspotentiale (Abschnitt 11.3), dass Blei(IV)-iodid in wässeriger Lösung thermodynamisch nicht stabil ist.

18.35 Die Erkenntnis, dass die Römer große Mengen an Blei(II) zu sich genommen haben, stammt aus der Untersuchung von Skeletten. Schlagen Sie eine Erklärung vor, warum die Blei-Ionen ausgerechnet in der Knochensubstanz zu finden sind.

18.36 Konventionelles Kalk-Natron-Glas wird, wenn es häufig bei hohen Temperaturen gewaschen wird, trüb und rau. Glas aus reinem Siliciumdioxid (SiO_2) hingegen behält seinen Glanz. Schlagen Sie eine Erklärung vor.

18.37 Eine Möglichkeit zur Bildung des atmosphärischen Spurengases Carbonylsulfid besteht in der Hydrolyse von Kohlenstoffdisulfid. Stellen Sie eine Reaktionsgleichung für diese Reaktion auf. Wie greift ein H_2O-Molekül das CS_2-Molekül an? Zeichnen Sie den Übergangszustand beim Angriff mit den Bindungspolaritäten. Leiten Sie daraus ein mögliches Zwischenprodukt der Reaktion ab und erläutern Sie, warum die Reaktion durchführbar ist.

18.38 Methylisocyanat (H_3CNCO) hat eine gewinkelte C–N–C-Gruppe, während Silylisocyanat (H_3SiNCO) eine lineare Si–N–C-Gruppe hat. Erklären Sie die unterschiedliche Bindungssituation.

18.39 Identifizieren Sie in der folgenden Reaktion, welcher Reaktionspartner die Lewis-Säure und welcher die Lewis-Base darstellt. Begründen Sie ihre Entscheidung.
$Cl^-(aq) + SnCl_2(aq) \rightarrow SnCl_3^-(aq)$

18.40 Zinn reagiert sowohl mit Säuren als auch mit Basen. Mit verdünnter Salpetersäure umgesetzt, ergibt sich eine Lösung von Zinn(II)-nitrat und Ammoniumnitrat; als Nebenreaktion macht sich die Bildung von Wasserstoff bemerkbar. Bei Umsetzung mit konzentrierter Schwefelsäure erhält man festes Zinn(II)-sulfat und gasförmiges Schwefeldioxid. Die Reaktion mit Kaliumhydroxid-Lösung führt zu einer Lösung von Kaliumhexahydroxostannat(IV) ($K_2Sn(OH)_6$) und elementarem Wasserstoff. Stellen Sie vollständige Reaktionsgleichungen für diese Reaktionen auf.

18.41 Wenn wässerige Lösungen von Aluminium-Ionen und Carbonat-Ionen miteinander gemischt werden, so bildet sich ein Niederschlag von Aluminiumhydroxid. Erklären Sie dieses Verhalten mit Hilfe von Reaktionsgleichungen.

18.42 Ein brennbares Gas A reagiert bei hohen Temperaturen mit einem geschmolzenen, gelben Element B zu den Verbindungen C und D. Verbindung D hat einen Geruch von faulen Eiern. Verbindung C reagiert mit einem blassgrünen Gas E und liefert als Endprodukte Verbindung F und Element B. Verbindung F kann auch durch die direkte Reaktion von A mit E synthetisiert werden. Identifizieren Sie jede Spezies und stellen Sie vollständige Reaktionsgleichungen für jeden Schritt auf.

18.43 Magnesiumsilicid reagiert mit Hydronium-Ionen zu Magnesium-Ionen und einem reaktiven Gas (X). Eine Masse von 0,620 g des Gases X nimmt bei einer Temperatur von 25 °C und einem Druck von 1 000 hPa ein Volumen von 244 ml ein. Die Gasprobe bildet mit einer alkalischen wässerigen Lösung 0,730 l elementaren Wasserstoff und 1,200 g Siliciumdioxid. Wie lautet die Molekülformel von X? Stellen Sie eine vollständige Reaktionsgleichung für die Reaktion von X mit Wasser auf.

18.44 Zinn(IV)-chlorid reagiert mit Ethylmagnesiumbromid ((C_2H_5)MgBr) zu zwei Produkten, von denen eins eine Flüssigkeit (Y) ist. Die Verbindung Y enthält nur Kohlenstoff, Wasserstoff und Zinn. Die Oxidation von 0,1935 g Y ergibt 0,1240 g Zinn(IV)-oxid. Das Erhitzen von 1,41 g Y mit 0,52 g Zinn(IV)-chlorid ergibt 1,93 g flüssiges Z. Bei der Reaktion von 0,2240 g Z mit Silbernitrat-Lösung bilden sich 0,1332 g Silberchlorid. Die Oxidation von 0,1865 g Z ergibt 0,1164 g Zinn(IV)-oxid. Leiten Sie hieraus die Molekülformeln von Y und Z ab. Stellen Sie eine vollständige Reaktionsgleichung für die Reaktion von Y mit Zinn(IV)-chlorid zu Z auf.

18.45 Die feste Verbindung Aluminiumphosphat ($AlPO_4$) bildet eine quarzartige Struktur aus. Schlagen Sie eine Erklärung vor.

18.46 Zeigen Sie mithilfe thermodynamischer Berechnungen, dass eine Lösung von Calciumhydrogencarbonat bei 80 °C zersetzt wird.
$Ca(HCO_3)_2(aq) \rightleftharpoons CaCO_3(s) + CO_2(aq) + H_2O(l)$

Zwei chemisch sehr unterschiedliche Elemente stehen in dieser Gruppe des Periodensystems unmittelbar untereinander: Dem Stickstoff als einem farblosen, wenig reaktiven Gas folgt mit dem Phosphor ein reaktiver Feststoff. Beide Elemente sind typische Nichtmetalle. Die übrigen Elemente der Gruppe zeigen mit steigender Ordnungszahl zunehmend metallische Eigenschaften.

Die Elemente der Gruppe 15

19

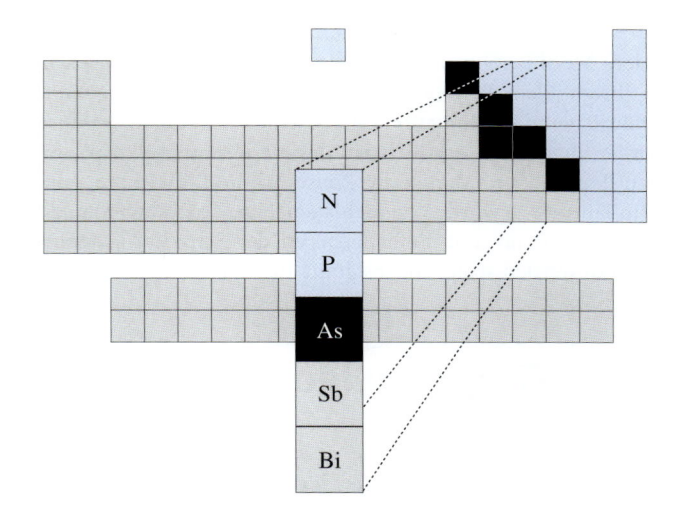

Kapitelübersicht

- 19.1 Gruppeneigenschaften
  Exkurs: Raketentreibstoffe und Sprengstoffe
- 19.2 Elementarer Stickstoff und seine Reaktionen
  Exkurs: Autoabgaskatalysatoren
- 19.3 Überblick über die Chemie des Stickstoffs
- 19.4 Ammoniak und Ammoniumsalze
  Exkurs: Fritz Haber – Nobelpreis für den Griff in die Luft
- 19.5 Weitere Wasserstoffverbindungen des Stickstoffs
- 19.6 Stickstoffoxide
  Exkurs: Photochemie der Luftschadstoffe
- 19.7 Oxosäuren des Stickstoffs und ihre Salze
- 19.8 Stickstoff/Halogen-Verbindungen
- 19.9 Elementarer Phosphor und seine Modifikationen
- 19.10 Oxosäuren des Phosphors und ihre Salze
- 19.11 Phosphoroxide und Phosphorsulfide
- 19.12 Phosphor/Halogen-Verbindungen
  Exkurs: Phosphorverbindungen im Pflanzenschutz
- 19.13 Phosphor/Wasserstoff-Verbindungen (Phosphane) und Metallphosphide
- 19.14 Phosphor/Stickstoff-Verbindungen
- 19.15 Arsen, Antimon und Bismut
  Exkurs: Arsen(V)-chlorid – eine lange gesuchte Verbindung
- 19.16 Biologische Aspekte
  Exkurs: Die erste Verbindung des molekularen Stickstoffs – Stickstofffixierung
  Exkurs: Paul Ehrlich und das Salvarsan
- 19.17 Die wichtigsten Reaktionen im Überblick

Hennig **Brand**, deutscher Chemiker, um 1630–1692; einer der letzten Alchimisten.

Die Entdeckung des Phosphors durch den deutschen Alchemisten Hennig Brand im Jahre 1669 ist wohl die interessanteste Geschichte eines Elements dieser Gruppe. Brand machte die Entdeckung per Zufall bei der Untersuchung von Urin. Urin war eines der beliebtesten Forschungsobjekte des 17. Jahrhunderts, denn man glaubte, dass ein auffällig goldfarbenes Produkt wie Urin auch tatsächlich Gold enthalten müsse! Als Brand jedoch Urin aufarbeitete und das entstandene Produkt destillierte, erhielt er einen weißen, wachsartigen, brennbaren Feststoff mit einer niedrigen Schmelztemperatur – weißen Phosphor. Erst hundert Jahre später entwickelte man ein Verfahren, um Phosphor aus Phosphatgestein zu gewinnen.

Im Zeitalter von Gasfeuerzeugen ist es schwer vorstellbar, wie mühsam es früher war, Feuer zu machen. Als im Jahre 1833 die ersten Zündhölzer verfügbar wurden, bedeutete das eine große Erleichterung. Diese Zündhölzer enthielten weißen Phosphor. Da weißer Phosphor sehr toxisch ist, musste die Bequemlichkeit mit einem hohen Preis bezahlt werden: Bei vielen jungen Frauen, die in den Zündholzfabriken arbeiteten, zeigte sich eine schmerzhafte Berufskrankheit, das sogenannte „Phosphorkinn". Der Unterkiefer zerfiel und schließlich folgte der Tod.

Im Jahre 1845 fand man heraus, dass der an der Luft stabile rote Phosphor eine andere Modifikation des Elements Phosphor ist. Der britische Industriechemiker Arthur Albright, dem die vielen Toten in seiner Fabrik Sorgen bereiteten, hörte von dieser ungefährlicheren Modifikation und beschloss, Zündhölzer mit rotem Phosphor herzustellen. Allerdings führte das Mischen des inerten roten Phosphors mit einem Oxidationsmittel zu Explosionen. Man setzte Preise für die Entwicklung eines sicheren Zündholzes aus. Im Jahre 1848 wurde vorgeschlagen, eine Komponente in den Zündholzkopf zu tun und die andere auf eine Reibefläche an der Schachtel aufzubringen. Weitere Einzelheiten hierzu werden später in Abschnitt 19.9 erläutert.

19.1 Gruppeneigenschaften

Stickstoff und Phophor, die ersten beiden Elemente der Gruppe 15, sind typische Nichtmetalle. Die übrigen drei Elemente – Arsen, Antimon und Bismut – haben einen zunehmend metallischen Charakter. Eine klare Trennungslinie zwischen metallischen und nichtmetallischen Eigenschaften lässt sich aber nicht ziehen. Zwei charakteristische Eigenschaften, die wir in diesem Zusammenhang betrachten können, sind der spezifische elektrische Widerstand der Elemente und das Säure/Base-Verhalten ihrer Oxide (Tabelle 19.1).

Der über lange Zeit umstrittene Sammelname *Pnictogene* (bzw. Pnicogene) für die Elemente der Gruppe 15 wird seit 2005 offiziell von der IUPAC empfohlen.
Abgeleitet wurde dieser Name von einem griechischen Wort für *erstickend*. Er bezieht sich damit vor allem auf die im Deutschen namengebende Eigenschaft des ersten Elements.

Tabelle 19.1 Eigenschaften der Elemente der Gruppe 15

Element	Eigenschaften bei Raumtemperatur	spezifischer elektrischer Widerstand ($\mu\Omega \cdot$ cm)	Säure/Base-Verhalten der Oxide
Stickstoff	farbloses Gas	–	sauer bzw. neutral (je nach Oxidationsstufe)
Phosphor (weiß)	farbloser, wachsartiger Feststoff	10^{17}	sauer
Arsen (grau)	spröder, metallischer Feststoff	33	amphoter
Antimon	spröder, metallischer Feststoff	42	amphoter
Bismut	spröder, metallischer Feststoff	120	basisch

Tabelle 19.2 Schmelz- und Siedetemperaturen der Elemente der Gruppe 15

Element	Schmelztemperatur (°C)	Siedetemperatur (°C)
Stickstoff (N_2)	−210	−196
Phosphor (P_4)	44	280
Arsen (As)	817 (unter Druck)	614 (Sublimation)
Antimon (Sb)	631	1587
Bismut (Bi)	271	1560

Stickstoff und Phosphor leiten den elektrischen Strom nicht und beide bilden saure Oxide, daher sind sie eindeutig als Nichtmetalle anzusehen. Da man von Arsen sowohl eine metallische und eine nichtmetallische Modifikation kennt und es amphotere Oxide bildet, kann man es als Halbmetall einstufen. Ein Großteil seiner Chemie ähnelt jedoch der des Phosphors, es gibt also auch gute Gründe dafür, es den Nichtmetallen zuzuordnen.

Antimon und Bismut sind wie Arsen Grenzfälle. Ihr spezifischer elektrischer Widerstand ist sehr viel höher als der von typischen Metallen wie Aluminium (2,8 µΩ·cm) oder Blei (22 µΩ·cm). Im Allgemeinen jedoch werden diese beiden Elemente eher den Metallen zugerechnet.

Wenn man entscheiden soll, wo die Grenze zwischen Metallen und Halbmetallen zu ziehen ist, so können auch Schmelz- und Siedetemperaturen als Indikator dienen. Sieht man von der Abnahme der Schmelztemperatur von Antimon zu Bismut einmal ab, nehmen diese Werte innerhalb der Gruppe 15 von oben nach unten zu (Tabelle 19.2). Wie wir schon bei den Alkalimetallen festgestellt haben, nehmen die Schmelztemperaturen der Hauptgruppen*metalle* tendenziell nach unten hin ab. Die Schmelztemperaturen der *Nichtmetalle* dagegen nehmen nach unten hin eher zu; dieses Verhalten begegnet uns am ausgeprägtesten bei den Halogenen. Daher deutet der Wechsel zwischen Anstieg und Absinken der Schmelztemperaturen darauf hin, dass die leichteren Elemente der Gruppe 15 dem typischen, ansteigenden Trend für Nichtmetalle folgen und der Wechsel zum Metall mit absinkendem Trend beim Bismut stattfindet. Tatsächlich sind es auch nur Antimon und Bismut, die einen für Metalle charakteristischen großen Temperaturbereich aufweisen, in dem sie flüssig vorliegen. Deshalb werden wir Arsen als Halbmetall betrachten und Antimon und Bismut als Metalle, wenn auch nicht als besonders typische.

Die Sonderstellung des Stickstoffs

Die Unterschiede zwischen der Chemie des Stickstoffs und der Chemie der übrigen Elemente der Gruppe 15 sind vielfach auf die bevorzugte Bildung von N/N-Mehrfachbindungen zurückzuführen.

Das Stickstoff-Molekül N_2 mit seiner Dreifachbindung ist dementsprechend besonders stabil. Die Bindungsenthalpie der Stickstoff/Stickstoff-Dreifachbindung ist mit 945 kJ·mol^{-1} wesentlich größer als die der Phophor/Phosphor-Dreifachbindung (524 kJ·mol^{-1}) und sogar noch etwas größer als die der Kohlenstoff/Kohlenstoff-Dreifachbindung (810 kJ·mol^{-1}). Die allgemein anerkannte Erklärung hierfür ist, dass die p-Orbitale, die an der Bildung der beiden π-Bindungen beteiligt sind, bei den kleinen Stickstoff-Atomen besser überlappen können als bei Kohlenstoff und erst recht besser als bei Phosphor. Abbildung 5.47 zeigt das MO-Diagramm für die Bildung eines N_2-Moleküls.

Im Gegensatz dazu bildet Stickstoff nur sehr schwache Einfachbindungen. Als mittlere Bindungsenthalpie einer Stickstoff/Stickstoff-Einfachbindung lässt sich ein Wert von 158 kJ·mol^{-1} angeben, erheblich weniger also als für die Kohlenstoff/Kohlenstoff-

In der Gruppe 14 ist es Kohlenstoff, ein Element der zweiten Periode, das bevorzugt Ketten und Ringe hoher Stabilität bildet, in den Gruppen 15 und 16 sind es hingegen die Elemente der dritten Periode – Phosphor und Schwefel –, die zur Bildung von Element/Element-Bindungen neigen.

> Moleküle wie das Phosphorpentafluorid, in denen am Zentralatom das Elektronenoktett überschritten wird, werden auch *hypervalente Moleküle* genannt. Man nahm in den traditionellen Bindungsmodellen für diese Verbindungen an, dass die 3d-Orbitale des Phosphors eine entscheidende Rolle bei der Bindungsbildung spielen. Neuere Studien lassen allerdings darauf schließen, dass die Beteiligung der d-Orbitale sehr gering ist. Der einzige alternative Erklärungsansatz basiert auf komplizierten MO-Diagrammen, die eher für ein Lehrbuch der theoretischen Chemie geeignet sind. Wie nicht ganz selten in der Wissenschaft ist es manchmal durchaus hinreichend, ein einfaches Modell zu benutzen, mit dem man Vorhersagen machen kann, wie zum Beispiel das VSEPR-Modell, obwohl man weiß, dass das Modell vereinfachend und in mancher Hinsicht theoretisch nicht klar begründet ist. So wird auch die Bindung in hypervalenten Verbindungen häufig durch die Beteiligung der d-Orbitale erklärt.
> Zur aktuellen Diskussion vergleiche man auch Abbildung 5.13 und die Erläuterung im Text sowie den Exkurs am Ende von Abschnitt 5.11.

Einfachbindung mit einem Wert von 330 kJ·mol^{-1}. Dies kann man folgendermaßen verstehen: Innerhalb einer Periode werden die Atome von links nach rechts aufgrund der steigenden effektiven Kernladung immer kleiner, der Bindungsabstand in den Elementen sinkt. Dadurch wird aber auch die elektrostatische Abstoßung zwischen den nichtbindenden Elektronen immer größer, als Folge davon werden die Bindungen immer schwächer. Mit geringer werdendem Abstand der Atome wird auch die Überlappung von p-Orbitalen und damit die Ausbildung von Mehrfachbindungen immer effektiver. Aus diesem Grund ist die Stickstoff/Stickstoff-Dreifachbindung besonders stark, während die Einfachbindung vergleichsweise schwach ist. Der große Unterschied von fast 800 kJ·mol^{-1} zwischen den Bindungsenergien der N/N-Einfachbindung und der N/N-Dreifachbindung trägt dazu bei, dass in der Stickstoffchemie sehr häufig N_2-Moleküle gebildet werden. Die Bildung von Ketten mit N/N-Einfachbindungen findet so gut wie gar nicht statt. Damit verhält sich der Stickstoff vollkommen anders als das Nachbarelement Kohlenstoff, bei dem die Neigung zur Bildung von Ketten mit C/C-Einfachbindungen das bestimmende Merkmal in der Chemie des Elementes ist. Die Tatsache, dass elementarer Stickstoff gasförmig ist, bedeutet zusätzlich, dass seine Bildung bei einer Reaktion auch bezüglich der Reaktionsentropie günstig ist.

Das unterschiedliche Verhalten von Stickstoff und Kohlenstoff lässt sich gut erkennen, wenn man die Verbrennung von Hydrazin (N_2H_4) und Ethen (C_2H_4) vergleicht: Die Stickstoffverbindung liefert elementaren Stickstoff, die Kohlenstoffverbindung dagegen Kohlenstoffdioxid:

$$N_2H_4(l) + O_2(g) \rightarrow N_2(g) + 2\,H_2O(g)$$

$$C_2H_4(g) + 3\,O_2(g) \rightarrow 2\,CO_2(g) + 2\,H_2O(g)$$

Die chemische Bindung – Stickstoff und Phosphor im Vergleich

Stickstoff bildet nur ein stabiles Fluorid, das Trifluorid NF_3; in der Oxidationsstufe V kennt man nur das Kation NF_4^+. Phosphor dagegen bildet neben PF_3 auch das Pentafluorid PF_5 und das Anion PF_6^-. Man geht davon aus, dass das Stickstoff-Atom zu klein ist, um mehr als vier Fluor-Atome um sich herum anzuordnen, während die höheren Homologen der Gruppe fünf oder sechs nächste Nachbarn unterbringen können.

> Im Falle von Ammoniak ist der H/N/H-Bindungswinkel mit 107° nur wenig kleiner als der Tetraederwinkel (109,5°). Das entspricht im Wesentlichen einer sp^3-Hybridisierung des N-Atoms. Bei PH_3, AsH_3 und SbH_3 liegen die Bindungswinkel dagegen bei 90°. Daraus lässt sich schließen, dass nur (die rechtwinklig zueinander stehenden) p-Orbitale an der Bindung beteiligt sind.

Im Falle der Wasserstoffverbindungen macht sich der Größenunterschied auf ganz andere Weise bemerkbar: Ammoniak (NH_3) reagiert aufgrund seines freien Elektronenpaars als Brønsted-Base und bildet Ammonium-Ionen (NH_4^+). Bei den größeren und elektronenreicheren Molekülen PH_3 (Phosphan), AsH_3 (Arsan) und SbH_3 (Stiban) beobachtet man jedoch keine Reaktion mit Wasser oder Säurelösungen. Das freie Elektronenpaar spielt hier offensichtlich kaum noch eine Rolle für das Reaktionsverhalten der Moleküle. Man spricht in solchen Fällen von einem zunehmenden s-Charakter – d.h. kugelsymmetrischer Ladungsverteilung – des freien Elektronenpaars. Ein Beispiel für unterschiedliches Reaktionsverhalten aufgrund unterschiedlicher Bindungspolaritäten (NCl_3, PCl_3) wird in Abschnitt 19.13 näher erläutert.

Raketentreibstoffe und Sprengstoffe

EXKURS

Raketentreibstoffe und Sprengstoffe haben viele Gemeinsamkeiten. In beiden Fällen wird in einer stark exothermen Reaktion in sehr kurzer Zeit ein großes Gasvolumen erzeugt. Der Antrieb einer Rakete ergibt sich aus dem Rückstoß des ausströmenden Gases. Beim Sprengstoff beruht die Wirkung im Wesentlichen auf der Druckwelle, die durch die Reaktion ausgelöst wird.

Drei Bedingungen müssen erfüllt sein, damit eine Verbindung (oder ein Verbindungspaar) als Treibstoff oder als Sprengstoff geeignet ist:

1. Die Reaktion muss stark exotherm sein, sodass viel Energie frei wird.
2. Die Reaktion muss sehr schnell, also ohne nennenswerte kinetische Hemmung, verlaufen.
3. Bei der Reaktion müssen Gase mit niedrigen molaren Massen entstehen, da deren Moleküle nach der kinetischen Gastheorie hohe durchschnittliche Geschwindigkeiten haben. Bezogen auf die Masse der Ausgangsstoffe führt das zu einem großen Impuls.

Die meisten der Raketentreibstoffe und Sprengstoffe enthalten Stickstoffverbindungen, sodass bei der exothermen Reaktion Stickstoff-Moleküle gebildet werden wird. Dieser Zusammenhang ist hilfreich bei der Suche nach Sprengstoffen, mit denen Terroranschläge durchgeführt werden sollen: Bei Gepäckkontrollen auf Flughäfen untersucht man verdächtige Gepäckstücke mit speziellen Röntgengeräten, die Hinweise auf hohe Anteile an Stickstoffverbindungen geben.

Um die Funktionsweise eines Treibstoffes zu verdeutlichen, schauen wir uns den Treibstoff an, der in den ersten Raketen eingesetzt wurde – eine Mischung aus Wasserstoffperoxid (H_2O_2) und Hydrazin (N_2H_4). Die Reaktion liefert elementaren Stickstoff und Wasser, das bei den hohen Temperaturen als Wasserdampf entsteht:

$$2\ H_2O_2(l) + N_2H_4(l) \rightarrow N_2(g) + 4\ H_2O(g); \quad \Delta H_R^0 = -643\ kJ \cdot mol^{-1}$$

Um einen groben Überblick über die energetischen Verhältnisse bei der Reaktion zu bekommen, ist eine Betrachtung der Bindungsenthalpien in Edukten und Produkten hilfreich. Wir gehen dabei von der Näherung aus, dass die OH-Bindungsenthalpien in H_2O und H_2O_2 den gleichen Zahlenwert haben. Für die Edukte sind damit folgende Werte zu berücksichtigen: O–H: 464 kJ·mol^{-1}, O–O: 142 kJ·mol^{-1}, N–H: 391 kJ·mol^{-1}, und N–N: 158 kJ·mol^{-1}. Für die Produkte gilt: N≡N: 945 kJ·mol^{-1} und O–H: 464 kJ·mol^{-1}. Addiert man die Bindungsenthalpien auf beiden Seiten und errechnet die Differenz, so erhält man als Ergebnis, dass pro Mol Hydrazin (32 g) 795 kJ·mol^{-1} frei werden. (Zum Vergleich: Aus den thermodynamischen Daten ergibt sich für die Reaktion der *gasförmigen* Stoffe ein Wert von −791 kJ·mol^{-1} für die Reaktionsenthalpie). Dieser Betrag lässt sich praktisch allein auf die Umwandlung der N/N-Einfachbindung in eine N/N-Dreifachbindung zurückführen: 945 − 158 = 787.

Diese Mischung erfüllt also eindeutig unser erstes Kriterium für einen Treibstoff. Außerdem wurde in Experimenten gezeigt, dass die Reaktion in der Tat sehr schnell abläuft. Weiterhin können wir aus der Reaktionsgleichung schließen, dass ein sehr großes Gasvolumen aus einem relativ kleinen Volumen der flüssigen Reaktionspartner entsteht. Da aber Wasserstoffperoxid sehr zersetzlich und Hydrazin sehr toxisch ist, hat man heute weniger problematische Mischungen entwickelt, die den gleichen Zweck erfüllen.

Mittlere Zusammensetzung von trockener Luft[*)]
(Volumenanteil in %)

Stickstoff	78,08
Sauerstoff	20,95
Argon	0,934
Kohlenstoffdioxid	0,036
Neon	0,0018
Helium	0,0005
Methan	0,00017
Krypton	0,0001
Wasserstoff	0,00005
Distickstoffmonoxid	0,00003
Xenon	0,000009

Weitere Spurengase (in zeitlich wechselnden Konzentrationen): Kohlenstoffmonoxid, Schwefeldioxid, Stickstoffmonoxid, Stickstoffdioxid, Ozon.

[*)] Der Wasserdampfanteil der Luft kann bis zu 4 % betragen. Bei 25 °C und 60 % relativer Luftfeuchtigkeit sind es 1,9 %, bei 0 °C und 50 % relativer Luftfeuchtigkeit nur 0,3 %.

Unter sehr hohem Druck von etwa 10^6 bar kann normaler molekularer Stickstoff in eine Modifikation mit einer Raumnetzstruktur umgewandelt werden (Abbildung 19.1). Jedes Stickstoff-Atom ist durch σ-Bindungen mit drei benachbarten Atomen verknüpft.

Hinweis: Die technisch bedeutsame Bildung von Ammoniak durch die Reaktion von elementarem Stickstoff mit Wasserstoff wird ausführlich in Abschnitt 19.4 besprochen.

Stickstoff ist nicht besonders gut in Wasser löslich, seine Löslichkeit nimmt aber entsprechend dem *Henryschen Gesetz* (Kapitel 8) mit zunehmendem Druck linear zu. Dies stellt ein großes Problem für Tiefseetaucher dar: Wenn sie tauchen, löst sich zusätzlicher Stickstoff aus der Atemluft in ihrem Blut, der – anders als der Sauerstoff – nicht verbraucht wird. Kehren sie wieder zur Oberfläche zurück, tritt der gelöste Stickstoff aufgrund des abnehmenden Drucks wieder aus dem Blut aus und bildet winzige Bläschen, besonders in Gelenknähe. Um diese schmerzhafte und manchmal tödliche Taucherkrankheit zu vermeiden, müssen die Taucher sehr langsam wieder an die Oberfläche zurückkehren. In Notfällen werden sie in Dekompressionskammern gebracht, wo sie erneut dem Druck ausgesetzt werden und dieser dann langsam, über Stunden oder Tage, reduziert wird. Um dieser Gefahr aus dem Weg zu gehen, verwendet man heutzutage Sauerstoff/Helium-Gasmischungen als Atemluft zum Tiefseetauchen, da Helium sich sehr viel schlechter in Blut löst als Stickstoff.

19.2 Elementarer Stickstoff und seine Reaktionen

Vom elementaren Stickstoff kannte man bis vor wenigen Jahren nur eine Form: Das farb- und geruchlose Gas Stickstoff, das aus N_2-Molekülen besteht. Mit einem Volumenanteil von 78 % ist es der Hauptbestandteil der Erdatmosphäre.

Abgesehen von seiner Rolle im Stickstoffkreislauf, den wir später besprechen werden, hat Stickstoff die wichtige Funktion eines „Verdünnungsmittels" für den Sauerstoff, ein in reinem Zustand recht reaktives Gas. Ohne Stickstoff würde sich jedes Feuer in Windeseile ausbreiten, ein Leben auf der Erde wäre wohl kaum möglich.

Industriell wird Stickstoff hergestellt, indem man Luft verflüssigt und anschließend fraktioniert destilliert (Kapitel 8). Stickstoff siedet bei −196 °C, Sauerstoff bei −186 °C, sodass sich beim Verdampfen Stickstoff im Dampf anreichert. Im Labor lässt sich Stickstoff darstellen, indem man in einem Gasentwickler eine Natriumnitrit-Lösung mit einer erwärmten Ammoniumchlorid-Lösung zur Reaktion bringt:

$$NH_4^+(aq) + NO_2^-(aq) \rightarrow N_2(g) + 2\ H_2O(l)$$

Der Name *Stickstoff* bezieht sich auf seine geringe Reaktivität, denn er brennt nicht und unterhält auch nicht die Verbrennung, sodass eine Flamme „erstickt". Man setzt daher Stickstoff auch als *Inertgas* beim Umgang mit oxidationsempfindlichen Verbindungen ein.

So werden in Ölraffinerien brennbare Kohlenwasserstoffe aus Rohren und Reaktorbehältern durch Stickstoff verdrängt, wenn Wartungsarbeiten erforderlich sind. In großem Umfang (rund 100 Millionen Tonnen jährlich) wird Stickstoff auch zur Herstellung von Ammoniak eingesetzt.

Mit Sauerstoff reagiert Stickstoff erst bei sehr hohen Temperaturen. In einer endothermen Reaktion entsteht dabei Stickstoffmonoxid:

$$N_2(g) + O_2(g) \rightleftharpoons 2\ NO(g); \quad \Delta H_R^0 = 180\ kJ \cdot mol^{-1}$$

Stickstoffmonoxid kann mit überschüssigem Sauerstoff zu Stickstoffdioxid weiterreagieren:

$$NO(g) + \tfrac{1}{2} O_2(g) \rightleftharpoons NO_2(g); \quad \Delta H_R^0 = -57\ kJ \cdot mol^{-1}$$

Diese Reaktionen finden in größerem Ausmaß bei Gewittern statt. Sie führen zur Erhöhung der Menge an biologisch verfügbaren Stickstoffverbindungen in der Atmosphäre.

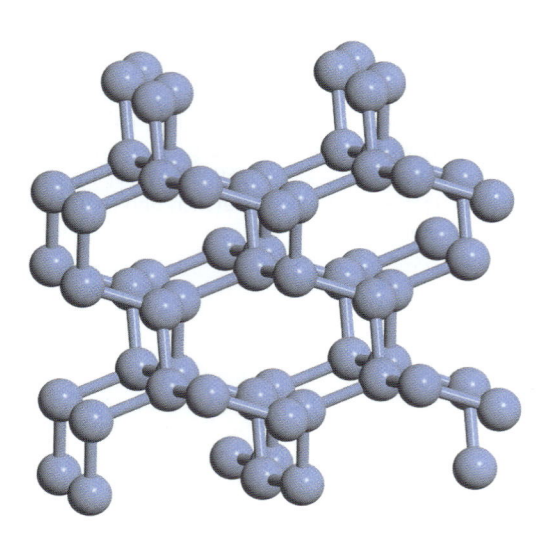

19.1 Struktur von polymerem Stickstoff. Jedes Stickstoff-Atom ist über drei Einfachbindungen mit den benachbarten Atomen verknüpft.

NO$_x$ – Stickstoffoxide in der Umwelt Die Bildung von Stickstoffmonoxid läuft als Nebenreaktion bei allen Verbrennungsvorgängen ab. Die Abgase von Kohlekraftwerken oder Kfz-Motoren enthalten daher Stickstoffoxide. Selbst im Abgas einer Kerze lässt sich NO$_2$ problemlos nachweisen. Die Gehalte von NO und NO$_2$ in der Luft werden meist als Summe angegeben. Die *Verordnung über Großfeuerungsanlagen* schreibt beispielsweise vor, dass bei flüssigen Brennstoffen »die Emissionen an Stickstoffmonoxid und Stickstoffdioxid im Abgas eine Massenkonzentration von höchstens 450 Milligramm je Kubikmeter Abgas, *angegeben als Stickstoffdioxid*, ... nicht überschreiten« dürfen. Die übliche Kurzschreibweise für diese Grenzwertangabe ist: 450 mg/m³ NO$_x$ (als NO$_2$).

Erhöhte Gehalte an Stickstoffoxiden in der Luft stellen ein ernstes Umweltproblem dar. Zum einen führen sie zur Erniedrigung des pH-Wertes von Regenwasser, indem sie letzten Endes Salpetersäure bilden (*saurer Regen*). Zum anderen ist Stickstoffdioxid für die vermehrte Ozonbildung in der untersten Atmosphärenschicht, der Troposphäre, verantwortlich. Bei der Bildung von Ozon wird zunächst Stickstoffdioxid photochemisch in Stickstoffmonoxid und Sauerstoff-Atome gespalten:

$$NO_2(g) \xrightarrow{h \cdot \nu} NO(g) + O(g)$$

Diese Sauerstoff-Atome können dann in einem zweiten Reaktionsschritt mit den Sauerstoff-Molekülen der Luft zu Ozon reagieren:

$$O_2(g) + O(g) \rightarrow O_3(g); \quad \Delta H_R^0 = -106 \text{ kJ} \cdot \text{mol}^{-1}$$

Derartige, photochemisch ausgelöste Reaktionen spielen bei der Bildung von Luftschadstoffen eine wichtige Rolle (siehe Exkurs Seite 489). Stickstoffmonoxid und Stickstoffdioxid sind bei Normalbedingungen metastabile Verbindungen. Aus thermodynamischer Sicht müssten beide Oxide bei Normalbedingungen in die Elemente zerfallen. Da diese Zerfallsreaktionen jedoch extrem langsam erfolgen, sind diese beiden Oxide des Stickstoffs auch bei Raumtemperatur existenzfähig. Die Stickstoffoxide in Autoabgasen werden heute sehr effektiv mithilfe von Autoabgaskatalysatoren entfernt (siehe den folgenden Exkurs). Im Wesentlichen wird hier die Reaktion von Stickstoffmonoxid mit dem gleichfalls im Autoabgas enthaltenen Schadstoff Kohlenstoffmonoxid katalytisch beschleunigt:

$$CO(g) + NO(g) \rightarrow CO_2(g) + \tfrac{1}{2} N_2(g)$$

Nitride Zu den wenigen chemischen Reaktionen des elementaren Stickstoffs gehört die Bildung *ionischer* Nitride mit Lithium und den Erdalkalimetallen. Die exotherme Reaktion setzt beim Erwärmen ein:

$$3 \text{ Mg}(s) + N_2(g) \rightarrow Mg_3N_2(s); \quad \Delta H_R^0 = -461 \text{ kJ} \cdot \text{mol}^{-1}$$

Diese Verbindungen enthalten das *Nitrid-Ion* N^{3-}, das eine extrem starke Brønsted-Base darstellt. Ionische Nitride reagieren deshalb lebhaft mit Wasser unter Entwicklung von Ammoniak:

$$Mg_3N_2(s) + 6 H_2O(l) \rightarrow 3 Mg(OH)_2(s) + 2 NH_3(g)$$

Mit Übergangsmetallen bilden sich harte und chemisch resistente Nitride beim Erhitzen der Metalle in einer Ammoniak-Atmosphäre. Es handelt sich überwiegend um nicht stöchiometrische Einlagerungsverbindungen, in denen Stickstoff-Atome Zwischengitterplätze im Metallgitter besetzen. Einige dieser Nitride sind als Hartstoffe auch technisch von Bedeutung. Ein Beispiel ist die Bildung einer Schicht des goldfarbenen *Titannitrids* TiN auf Metallbohrern.

Aus der Reihe der kovalenten Nitride wird *Galliumnitrid* (GaN) seit einigen Jahren zur Herstellung blauer Leuchtdioden eingesetzt. Es handelt sich um einen Halbleiter (III/V-Halbleiter) mit Diamantstruktur. Technisch vorteilhaft sind Produkte, bei denen ein kleiner Anteil des Galliums durch Indium ersetzt ist.

Weltweit werden jährlich ungefähr 60 Millionen Tonnen elementaren Stickstoffs in der Technik direkt genutzt. Ein Großteil davon wird als Schutzgas in der Stahlproduktion verwendet. Flüssiger Stickstoff ist ein wichtiges *Kältemittel* in Forschung und Technik, vor allem in der Lebensmitteltechnologie.

Rauchgasentstickung Um die NO$_x$-Emission von Kraftwerken zu vermindern werden „Entstickungs"-Verfahren angewendet. Die größte Bedeutung hat die selektive katalytische Reduktion von NO$_x$ (SCR-Verfahren, von engl. *Selective Catalytic Reduction*). Als Reduktionsmittel bei der durch Übergangsmetalloxide katalysierten Reaktion dient Ammoniak:

4 NO(g) + 4 NH$_3$(g) + O$_2$(g) → 4 N$_2$(g) + 6 H$_2$O(g)

Hinweis: Die kovalenten Nitride des Bors (BN) und des Siliciums (Si$_3$N$_4$) werden in Abschnitt 17.4 bzw. 18.18 behandelt.

EXKURS

Autoabgaskatalysatoren

In den westlichen Industrieländern sind heute beinahe alle Kraftfahrzeuge mit einem *geregelten Abgaskatalysator* ausgerüstet. Schadstoffe wie Kohlenstoffmonoxid, Stickstoffoxide oder Kohlenwasserstoffe werden so zu ungefährlichen Folgeprodukten umgesetzt. Als katalytisch wirksames Material enthält ein Abgaskatalysator etwa 2 g Platin mit kleineren Anteilen anderer Platinmetalle. Die katalytisch aktive Legierung ist in fein verteilter Form auf einen Träger aus einem porösen Keramikmaterial aufgebracht. Dieser Träger enthält zahlreiche parallel zueinander verlaufende Kanäle, die von dem Abgas durchströmt werden (Abbildung 19.2).

An der Oberfläche der Edelmetall-Partikel laufen verschiedene Reaktionen ab, die durch folgende Reaktionsgleichungen beschrieben werden können:

$$2\ CO(g) + O_2(g) \rightarrow 2\ CO_2(g)$$
$$2\ C_8H_{18}(g) + 25\ O_2(g) \rightarrow 16\ CO_2(g) + 18\ H_2O(g)$$
$$2\ NO(g) + 2\ CO(g) \rightarrow N_2(g) + 2\ CO_2(g)$$

Um diese Reaktionen möglichst vollständig ablaufen zu lassen und so für eine möglichst geringen Schadstoffausstoß zu sorgen, ist es notwendig, das Kraftstoff/Luft-Verhältnis, das dem Motor zugeführt wird, innerhalb eines sehr engen Bereichs konstant zu halten. Abbildung 19.3 zeigt schematisch, wie sich die Konzentrationen der genannten Schadstoffe in Abhängigkeit von der sogenannten Luftverhältniszahl λ verändern.

Der Zahlenwert von λ beträgt eins, wenn genau die für die vollständige Verbrennung notwendige Menge an Luft vorhanden ist. Bei geringerer Luftmenge (Kraftstoffüberschuss: „fettes Gemisch") werden viel Kohlenstoffmonoxid und Kohlenwasserstoffe emittiert; ist die Luftmenge hingegen größer als für die Verbrennung des Kraftstoffs notwendig („mageres Gemisch"), reagiert der überschüssige Sauerstoff mit dem Stickstoff der Verbrennungsluft zu Stickstoffoxiden. Nur in einem sehr engen Bereich des Kraftstoff/Luft-Verhältnisses ist die Schadstoffemission sehr gering. Mit einem Messfühler, der λ-*Sonde*, misst man deshalb kontinuierlich den Sauerstoffgehalt im Abgas und reguliert die Kraftstoffzufuhr, sodass der Verbrennungsvorgang innerhalb des sogenannten λ-*Fensters* abläuft.

Die λ-Sonde besteht aus Zirconium(IV)-oxid, in dem ein Teil der Zr^{4+}-Ionen durch Y^{3+}-Ionen ersetzt sind. In diesem Material können sich die Sauerstoff-Ionen weitgehend frei bewegen, es ist ein *Sauerstoff-Ionenleiter*. Diese besondere Eigenschaft ermöglicht es, den Sauerstoffgehalt im Abgas zu messen (siehe Abschnitt 24.3).

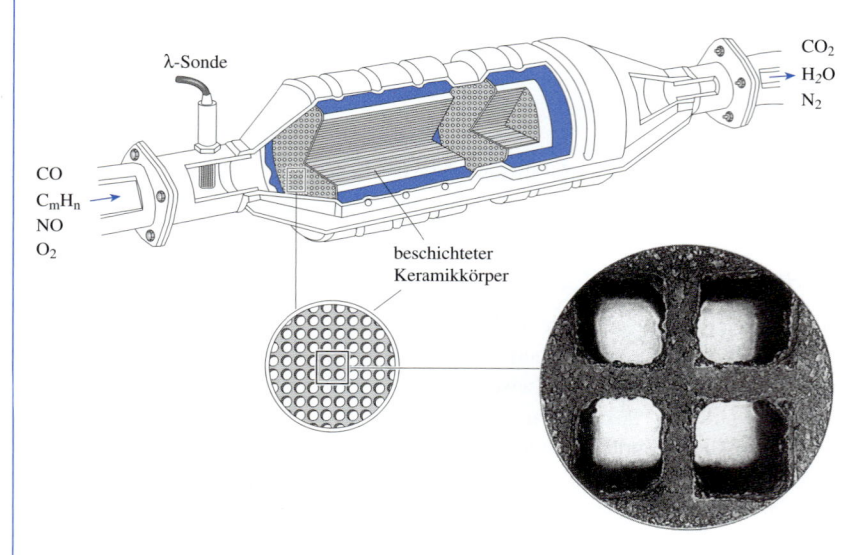

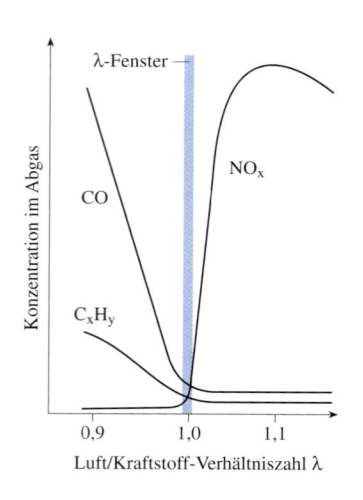

19.2 Aufbau eines Autoabgaskatalysators.

19.3 Schadstoffemission eines Verbrennungsmotors bei verschiedenen Luft/Kraftstoff-Verhältnissen.

19.3 Überblick über die Chemie des Stickstoffs

Die Chemie des Stickstoffs ist sehr vielfältig. Um einen ersten Überblick zu gewinnen, betrachten wir das Oxidationsstufendiagramm für saure bzw. alkalische wässerige Lösungen (Abbildung 19.4).

Zunächst fällt auf, dass Stickstoff formale Oxidationsstufen von -III bis V annehmen kann. Da sich Stickstoffverbindungen in saurem und alkalischem Milieu unterschiedlich verhalten, ist die Stabilität von Verbindungen mit einer bestimmten Oxidationsstufe stark vom pH-Wert abhängig. Wir wollen nun einige besondere Eigenheiten der Stickstoffchemie betrachten:

1. Man findet den elementaren Stickstoff an einem Minimum im Frost-Diagramm. Diese Spezies ist also thermodynamisch besonders stabil. In saurer Lösung liegt das Ammonium-Ion (NH_4^+) noch ein wenig tiefer, man würde daher erwarten, dass ein starkes Reduktionsmittel Stickstoffverbindungen bis zum Ammonium-Ion reduzieren kann. Diese Reaktion läuft aber nur unter ganz bestimmten Bedingungen ab.
2. Die Spezies mit positiven Oxidationsstufen wirken überwiegend oxidierend. So ist Salpetersäure ein starkes Oxidationsmittel. In alkalischer Lösung zeigt das Nitrat-Ion (NO_3^-) jedoch keine nennenswerte Oxidationswirkung.
3. Die Spezies mit negativen Oxidationsstufen haben eher reduzierende Eigenschaften. Hydroxylamin (NH_2OH), Hydrazin (N_2H_4) und Ammoniak (NH_3) wirken in alkalischer Lösung in unterschiedlichem Ausmaß reduzierend.
4. Sowohl das Hydroxylamin als auch seine konjugierte Säure, das Hydroxylammonium-Ion (NH_3OH^+), sollten bereitwillig disproportionieren, da sie auf einem lokalen Maximum der Kurve liegen. Experimentell wird dieses zwar bestätigt, jedoch bilden sich nicht immer die thermodynamisch stabilsten Produkte; kinetische Faktoren spielen offensichtlich eine wesentliche Rolle für den Reaktionsverlauf. Hydroxylamin disproportioniert zu Stickstoff und Ammoniak, das Hydroxylammonium-Ion dagegen zu Distickstoffoxid und dem Ammonium-Ion:

$$3\ NH_2OH(aq) \rightarrow N_2(g) + NH_3(aq) + 3\ H_2O(l)$$

$$4\ NH_3OH^+(aq) \rightarrow N_2O(g) + 2\ NH_4^+(aq) + 2\ H^+(aq) + 3\ H_2O(l)$$

Ein Beispiel für die Reduktion von Stickstoffverbindungen ist die Verwendung von Eisen, um Nitrat-Ionen in schwefelsaurer Lösung zu Ammonium-Ionen zu reduzieren.

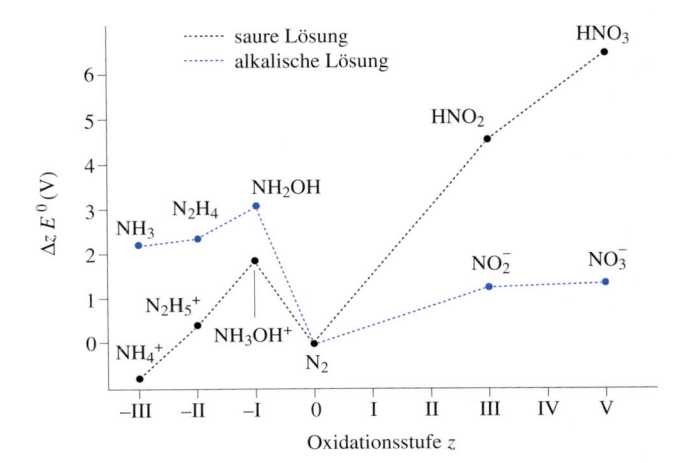

19.4 Frost-Diagramm für einige wichtige Stickstoffverbindungen in saurer und in alkalischer Lösung.

19.4 Ammoniak und Ammoniumsalze

Eine bei Raumtemperatur gesättigte Ammoniak-Lösung hat eine Konzentration von 17 mol · l^{-1}. In einem Liter dieser Lösung sind dementsprechend rund 400 l Ammoniak-Gas gelöst.

Ammoniak ist ein farbloses, giftiges Gas mit einem intensiven und charakteristischen Geruch. Es löst sich sehr gut in Wasser und bildet eine alkalische Lösung: Bei Raumtemperatur lösen sich über 50 g Ammoniak in 100 g Wasser.

Diese Lösung hat eine Dichte von 0,880 g · ml^{-1}. Wässerige Lösungen von Ammoniak bezeichnet man auch als „Ammoniakwasser". Früher sprach man irreführenderweise von „Ammoniumhydroxid" und verwendete die Formel NH$_4$OH. Ein kleiner Anteil des Ammoniaks reagiert in der Tat mit Wasser zu Ammonium- und Hydroxid-Ionen:

$$NH_3(aq) + H_2O(l) \rightleftharpoons NH_4^+(aq) + OH^-(aq)$$

Diese Reaktion ist der von Kohlenstoffdioxid mit Wasser analog, das Gleichgewicht liegt in beiden Fällen auf der linken Seite. Ammoniumhydroxid-Moleküle (NH$_4$OH) oder Kohlensäure-Moleküle (H$_2$CO$_3$) werden jedoch in wässeriger Lösung nicht gebildet.

Im Labor kann man Ammoniak durch die Reaktion eines Ammoniumsalzes mit stark alkalischen Lösungen herstellen, zum Beispiel aus Ammoniumchlorid und Natronlauge:

$$2\,NH_4^+(aq) + OH^-(aq) \rightleftharpoons NH_3(g) + 2\,H_2O(l)$$

Hinweis: Die katalytische Oxidation von Ammoniak zu Stickstoffmonoxid spielt eine entscheidende Rolle für die Herstellung von Salpetersäure nach dem Ostwald-Verfahren (Abschnitt 19.7).

Ammoniak ist ein reaktives Gas, das sich an der Luft leicht entzünden lässt. Es verbrennt dabei zu Wasser und Stickstoff. Die Flamme erlischt jedoch, sobald man die Zündquelle entfernt:

$$4\,NH_3(g) + 3\,O_2(g) \rightarrow 2\,N_2(g) + 6\,H_2O(g); \quad \Delta H_R^0 = -1268\,kJ \cdot mol^{-1}$$

Es gibt eine alternative Reaktion, die zwar thermodynamisch weniger günstig, in Gegenwart eines Platinkatalysators aber kinetisch bevorzugt ist. Die Aktivierungsenergie für diesen alternativen Reaktionsweg ist geringer als für die Verbrennung zu Stickstoff:

$$4\,NH_3(g) + 5\,O_2(g) \xrightarrow{Pt} 4\,NO(g) + 6\,H_2O(g); \quad \Delta H_R^0 = -908\,kJ \cdot mol^{-1}$$

Hinweis: Das Reaktionsverhalten von flüssigem Ammoniak gegenüber Alkalimetallen wird in einem Exkurs auf Seite 348 erläutert.

Ammoniak kondensiert bei –35 °C zu einer farblosen Flüssigkeit. Die Siedetemperatur liegt damit sehr viel höher als die von Phosphan (PH$_3$, –134 °C). Die Ursache für diesen großen Unterschied ist die Ausbildung starker Wasserstoffbrückenbindungen in flüssigem Ammoniak. Flüssiges Ammoniak ist ein gutes, polares Lösemittel. Es unterliegt wie Wasser einer Autoprotolyse, bei der sich das Ammonium-Kation und das Amid-Anion (NH$_2^-$) bilden (siehe Exkurs in Abschnitt 10.5):

$$2\,NH_3(l) \rightleftharpoons NH_4^+(solv) + NH_2^-(solv)$$

Auch bei der Bildung von Amminkomplexen verhält sich Ammoniak als Lewis-Base. Zum Beispiel ersetzt Ammoniak die sechs Wasser-Moleküle, die das Nickel(II)-Ion umgeben, da es eine stärkere Lewis-Base ist als Wasser:

$$[Ni(H_2O)_6]^{2+}(aq) + 6\,NH_3(aq) \rightleftharpoons$$
$$[Ni(NH_3)_6]^{2+}(aq) + 6\,H_2O(l)$$

Mit seinem freien Elektronenpaar ist Ammoniak außerdem eine starke Lewis-Base. Eine der „klassischen" Lewis-Säure/Base-Reaktionen ist die zwischen der gasförmigen *Elektronenmangelverbindung* Bortrifluorid und Ammoniak. Hierbei entsteht ein weißer Feststoff, in dem das Stickstoff-Atom sein freies Elektronenpaar mit dem Bor-Atom teilt:

$$BF_3(g) + |NH_3(g) \rightarrow F_3B\text{-}NH_3(s)$$

Ammoniumsalze Mit Säuren reagiert Ammoniak zu seiner konjugierten Säure, dem Ammonium-Ion. So führt die Reaktion mit Schwefelsäure zu Ammoniumsulfat:

$$2\,NH_3(aq) + H_2SO_4(aq) \rightarrow (NH_4)_2SO_4(aq)$$

Das farblose Ammonium-Ion ist das wichtigste nichtmetallische Kation in der anorganischen Chemie. Man kann dieses tetraedrisch gebaute, mehratomige Ion als ein Pseudo-Alkalimetall-Ion ansehen, das von der Größe her dem Kalium-Ion sehr ähnlich ist (Kapitel 15). Dementsprechend zeigen Ammoniumsalze auch ein ähnliches Löslichkeitsverhalten wie Salze mit den größeren Alkalimetall-Ionen. Im Gegensatz zu den Alkalimetall-Ionen bleibt das Ammonium-Ion jedoch nicht immer als Einheit erhalten: Es kann Dissoziations-, Protolyse- und Oxidationsreaktionen eingehen.

In Wasser reagiert das Ammonium-Ion in geringem Umfang zu seiner konjugierten Base, dem Ammoniak:

$$NH_4^+(aq) + H_2O(l) \rightleftharpoons H_3O^+(aq) + NH_3(aq)$$

Die Ammoniumsalze starker Säuren, z.B. Ammoniumchlorid und Ammoniumnitrat, reagieren daher leicht sauer. Beim Erhitzen dissoziieren Ammoniumsalze unter Bildung gasförmiger Produkte. Ein Beispiel hierfür ist Ammoniumchlorid:

$$NH_4Cl(s) \rightleftharpoons NH_3(g) + HCl(g)$$

Beim Abkühlen erfolgt die Rückreaktion, festes Ammoniumchlorid bildet sich zurück.

Das Stickstoff-Atom im Ammonium-Ion kann relativ leicht oxidiert werden. Als Oxidationsmittel kann dabei auch das zugehörige Anion wirken. Solche Reaktionen treten beim Erhitzen auf. Typische Beispiele sind die thermischen Zersetzungen von Ammoniumnitrat und Ammoniumdichromat. Als Oxidationsprodukte werden Distickstoffoxid bzw. Stickstoff gebildet:

$$NH_4NO_3(s) \xrightarrow{\Delta} N_2O(g) + 2\,H_2O(g)$$

$$(NH_4)_2Cr_2O_7(s) \xrightarrow{\Delta} N_2(g) + Cr_2O_3(s) + 4\,H_2O(g)$$

Ammoniumchlorid (Trivialname *Salmiak*) ist ein geschmacksgebender Bestandteil in Salmiakpastillen und Lakritz.

Die Reaktion von Ammoniumdichromat ist als „chemischer Vulkan" bekannt. Nach erfolgter Zündung zersetzen sich die orangefarbenen Kristalle unter Funkensprühen zu sehr voluminösem, grünem Chrom(III)-oxid. Diese eindrucksvolle Reaktion muss unter dem Abzug durchgeführt werden, da dabei üblicherweise auch ein wenig Ammoniumdichromat-Staub in der Luft verteilt wird und dieses kanzerogene Material leicht über die Lunge aufgenommen werden kann.

Stickstoffdünger und die großtechnische Ammoniaksynthese

Es ist seit mehreren hundert Jahren bekannt, dass Stickstoffverbindungen essentiell für das Pflanzenwachstum sind. Stallmist war früher die Hauptquelle zur Anreicherung von Stickstoff im Boden. Das schnelle Bevölkerungswachstum in Europa im 19. Jahrhundert machte einen entsprechenden Anstieg der Nahrungsmittelproduktion nötig. Man fand damals eine Lösung durch den Einsatz von Natriumnitrat (*Chilesalpeter*). Rohstoffquelle waren die großen *Caliche*-Lagerstätten in den Wüstengebieten Chiles. Aus der in gewaltigen Mengen abgebauten Caliche wurde das Natriumnitrat herausgelöst, durch Eindampfen auskristallisiert und per Schiff um Kap Horn herum nach Europa transportiert. Der Einsatz von Natriumnitrat als Dünger verhinderte Hungersnöte in Europa. Es war jedoch klar, dass die Salpetervorkommen eines Tages erschöpft sein würden. Chemiker arbeiteten daher fieberhaft an einer Methode, um stickstoffhaltige Verbindungen aus den unerschöpflichen Ressourcen der Luft herzustellen.

Die Entwicklung des Haber-Bosch-Verfahrens Der deutsche Chemiker Fritz Haber veröffentlichte bereits 1904 eine erste Arbeit über seine Hochtemperatur-Untersuchungen zur Bildung von Ammoniak aus den Elementen. Der damals schon berühmte Physikochemiker Walter Nernst (Nobelpreis 1920) führte dann 1907 in Berlin entsprechende Experimente bei höheren Drücken aus. Die Ergebnisse waren zunächst enttäuschend. Nernst hatte aber erkannt, dass man durch die systematische Erforschung der Thermodynamik des Systems die Bedingungen für die maximale Ausbeute finden könne.

Mit einer von Haber und seinen Mitarbeitern entwickelten Hochdruck-Laborapparatur konnte 1909 gezeigt werden, dass hinreichende Mengen an Ammoniak in vertretbarer Zeit durch eine Reaktionsführung bei 500 °C und einen Druck von 20 MPa (200 bar) erhalten werden könnten. Als Katalysator wurde dabei das sehr kostspielige Osmium eingesetzt. Die Entwicklung des technischen Verfahrens bei der BASF unter Leitung des Ingenieurs Carl Bosch benötigte weitere vier Jahre. Die Suche nach einem technisch einsetzbaren, preisgünstigen Katalysator (Leitung: P. A. Mittasch) erforderte

Der Export von Natriumnitrat war die Haupteinnahmequelle Chiles, wodurch Chile ein sehr wohlhabendes Land wurde. Streitigkeiten um die Nutzung der Salpeterlagerstätten lösten den als *Salpeterkrieg* (1879–1884) bekannten Krieg zwischen Chile, Peru und Bolivien aus.

Die Reaktion von Stickstoff und Wasserstoff zu Ammoniak ist eine exotherme Reaktion, die unter Verringerung der Teilchenzahl abläuft:

$N_2(g) + 3\,H_2(g) \rightarrow 2\,NH_3(g)$;
$\Delta H_R^0 = -92\,\text{kJ}\cdot\text{mol}^{-1}$

Nach dem Prinzip von Le Chatelier sollten also niedrige Temperaturen und hohe Drücke eine Verschiebung der Gleichgewichtslage auf die rechte Seite bewirken. Je niedriger jedoch die Temperatur ist, umso langsamer stellt sich ein Gleichgewicht ein. Ein geeigneter Katalysator könnte hier helfen, die Reaktionstemperatur so weit wie möglich zu senken. In der Praxis gibt es jedoch nach unten hin Grenzen für die Reaktionstemperatur. Zusätzlich gibt es technologische Obergrenzen für den Druck, da die Reaktionsgefäße nicht beliebig hohen Drücken standhalten.

Carl **Bosch**, deutscher Ingenieur, Chemiker und Großindustrieller, 1874–1940; ab 1919 Vorstandsvorsitzender BASF, ab 1925 Vorstandsvorsitzender IG Farbenindustrie AG, 1931 Nobelpreis zusammen mit F. Bergius (für die Arbeiten zur Ammoniaksynthese und andere chemische Hochdruckverfahren), 1937 Präsident der Kaiser-Wilhelm-Gesellschaft.

Paul Alwin **Mittasch**, deutscher Physikochemiker, 1869–1953; 1918–1932 Leiter des Ammoniaklaboratoriums der BASF.

Katalysatoren können durch Verunreinigungen leicht desaktiviert (*vergiftet*) werden. Daher ist es wichtig, Verunreinigungen aus Reaktionsgasen zu entfernen. Besonders Schwefelverbindungen wirken als Katalysatorgifte, da sich eine Metallsulfidschicht bildet.
Als fossile Brennstoffe enthalten die beim Steam-Reforming eingesetzten Rohstoffe stets gewisse Anteile an Schwefelverbindungen. Die *Entschwefelung* erfolgt in zwei Schritten: zunächst wird der Schwefelanteil der Rohstoffe in Schwefelwasserstoff überführt, indem man Wasserstoff zumischt und das Gemisch bei 400 °C über spezielle Katalysatoren leitet. Der gebildete Schwefelwasserstoff wird durch die Reaktion mit Zinkoxid entfernt:

$$ZnO(s) + H_2S(g) \rightarrow ZnS(s) + H_2O(g)$$

Das bei der Rückreaktion entstehende Kohlenstoffdioxid wird unter Druck verflüssigt und kann anderweitig verwendet werden. Das Kaliumcarbonat wird in den Kreislauf zurückgeführt.

In einem typischen Haber-Bosch-Reaktor werden ungefähr 100 Tonnen Katalysatormaterial eingesetzt. Werden alle potentiellen Katalysatorgifte vorher aus den eintretenden Gasen entfernt, so haben diese Katalysatoren eine Lebensdauer von ungefähr zehn Jahren.

mehr als 10 000 Einzelexperimente. Unglücklicherweise fiel die Fertigstellung der ersten großen Produktionsanlage mit dem Beginn des ersten Weltkrieges zusammen. Da die Alliierten Deutschland blockierten, konnte kein Chilesalpeter mehr eingeführt werden. Das produzierte Ammoniak wurde deshalb überwiegend für die Sprengstoffherstellung genutzt. Ohne das *Haber-Bosch-Verfahren* wäre die deutsche und die österreich-ungarische Armee wohl mangels Sprengstoffen dazu gezwungen gewesen, früher als 1918 zu kapitulieren.

Das moderne Haber-Bosch-Verfahren Für die großtechnische Herstellung von Ammoniak werden Wasserstoff und Stickstoff benötigt, die möglichst kostengünstig hergestellt werden müssen. Der Wasserstoff wird heute fast ausschließlich durch den sogenannten *Steam-Reforming-Prozess* gewonnen. Hierbei werden Kohlenwasserstoffe wie Methan (oder auch Rohbenzin) mit Wasserdampf bei hohen Temperaturen (etwa 750 °C) und hohen Drücken (≈ 3 MPa (30 bar)) umgesetzt. Der Prozess ist endotherm, daher begünstigen aus thermodynamischen Gründen hohe Temperaturen die Produktbildung. Die nach dem Prinzip des kleinsten Zwangs nicht sinnvoll erscheinenden hohen Drücke werden aus kinetischen Gründen benötigt: Man erhöht so die Zahl der Zusammenstöße zwischen den Molekülen und damit die Reaktionsgeschwindigkeit. Den gleichen Zweck erfüllt auch ein Katalysator, üblicherweise Nickel:

$$CH_4(g) + H_2O(g) \rightarrow CO(g) + 3\ H_2(g); \quad \Delta H_R^0 = 206\ kJ \cdot mol^{-1}$$

Im Anschluss an das Steam-Reforming wird der Mischung aus Kohlenstoffmonoxid und Wasserstoff, die immer noch ein wenig Methan enthält, Luft zugesetzt. Das Methan verbrennt mit dem Luftsauerstoff zu Kohlenstoffmonoxid:

$$2\ CH_4(g) + O_2(g) + (4\ N_2(g)) \rightarrow 2\ CO(g) + 4\ H_2(g) + (4\ N_2(g)); \quad \Delta H_R^0 = -72\ kJ \cdot mol^{-1}$$

Durch die Steuerung von Methangehalt und Luftmenge kann man den Stickstoffanteil im Gemisch so einstellen, wie er schließlich für die Synthese benötigt wird: $V(H_2) : V(N_2) = 3 : 1$.

Es ist nicht ganz einfach, das Kohlenstoffmonoxid aus der Gasmischung zu entfernen. Es gelingt durch die Oxidation des Kohlenstoffmonoxids zu Kohlenstoffdioxid mithilfe von Wasserdampf. Diese katalytische *Wassergas-Konvertierung* muss bei relativ niedrigen Temperaturen (250 °C) durchgeführt werden, da sie exotherm verläuft. Die Reaktionstemperatur kann trotz des Einsatzes eines Katalysators aus Eisenoxid und Chromoxid nicht weiter gesenkt werden, da sonst die Reaktionsgeschwindigkeit zu gering wird.

$$CO(g) + H_2O(g) \rightleftharpoons CO_2(g) + H_2(g); \quad \Delta H_R^0 = -41\ kJ \cdot mol^{-1}$$

Das Kohlenstoffdioxid kann man auf verschiedene Arten aus der Gasmischung entfernen: Unter erhöhtem Druck löst sich Kohlenstoffdioxid sehr gut in Wasser und vielen anderen Lösemitteln, z. B. Methanol (CH_3OH). Man kann es auch durch die reversible Reaktion mit dem schwach basischen Ethanolamin ($H_2N\text{-}CH_2\text{-}CH_2OH$) oder mit Kaliumcarbonat-Lösung entfernen:

$$CO_2(g) + K_2CO_3(aq) + H_2O(l) \rightleftharpoons 2\ KHCO_3(aq)$$

Auf diese Weise stehen nun die beiden Ausgangsstoffe Stickstoff und Wasserstoff in reiner Form für die Ammoniaksynthese zur Verfügung:

$$N_2(g) + 3\ H_2(g) \rightarrow 2\ NH_3(g); \quad \Delta H_R^0 = -92\ kJ \cdot mol^{-1}$$

Der praktisch nutzbare Druck- und Temperaturbereich für die Synthesereaktion ist in Abbildung 19.5 dargestellt. In heutigen Ammoniakfabriken wird überwiegend mit Drücken zwischen 25 und 35 MPa (250–350 bar) gearbeitet. Mit den derzeitigen Hochleistungskatalysatoren liegt der optimale Temperaturbereich zwischen 400 °C

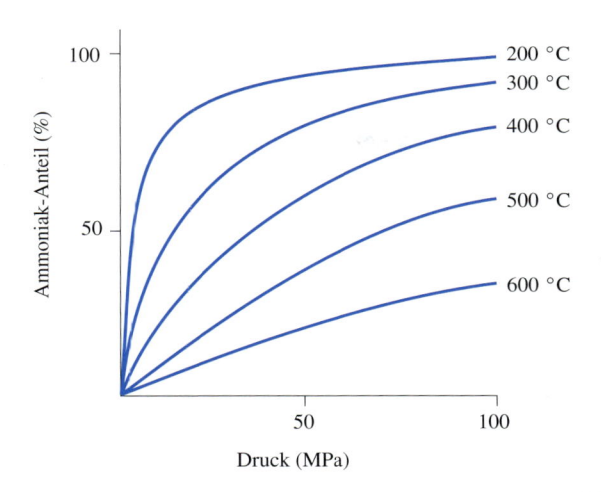

19.5 Ammoniakausbeute als Funktion des Drucks bei verschiedenen Temperaturen.

und 500 °C. Der Reaktor mit dem Katalysator ist das Herz jeder Ammoniakfabrik. Der allgemein eingesetzte Katalysator ist speziell präpariertes Eisen mit einer großen Oberfläche, das Spuren von Kalium, Aluminium, Calcium, Magnesium, Silicium und Sauerstoff enthält.

Die Reaktion verläuft an der Katalysatoroberfläche über die Bildung von Stickstoff- und Wasserstoff-Atomen, die sich dann zu Ammoniak-Molekülen vereinigen. Nach Verlassen des Reaktionsbehälters wird das Ammoniak kondensiert. Das nicht umgesetzte Stickstoff/Wasserstoff-Gemisch wird mit dem frisch einströmenden Gas vermischt und dem Prozess erneut zugeführt. Abbildung 19.6 stellt den Gesamtprozess in stark vereinfachter Form dar.

Eine Ammoniakfabrik mittlerer Größe produziert ungefähr 1 000 Tonnen pro Tag. Jährlich werden weltweit etwa 120 Millionen Tonnen erzeugt.

Ammoniak wird bei einer Vielzahl von industriellen Syntheseprozessen eingesetzt; 85 % der Gesamtmenge gehen in die Herstellung von Düngemitteln.

Ein wesentlicher Gesichtspunkt bei der Prozessführung ist der Energieeinsatz. Eine traditionelle Haber-Bosch-Produktionsanlage benötigte etwa 85 GJ pro Tonne Ammoniak, während eine moderne, bezüglich der Wärmeenergie und der Kompressionsarbeit optimierte Anlage nur noch ungefähr 30 GJ pro Tonne erfordert.

Hinweis: Das von Ammoniak ausgehende Ostwald-Verfahren zur Herstellung von Salpetersäure wird in Abschnitt 19.7 besprochen.

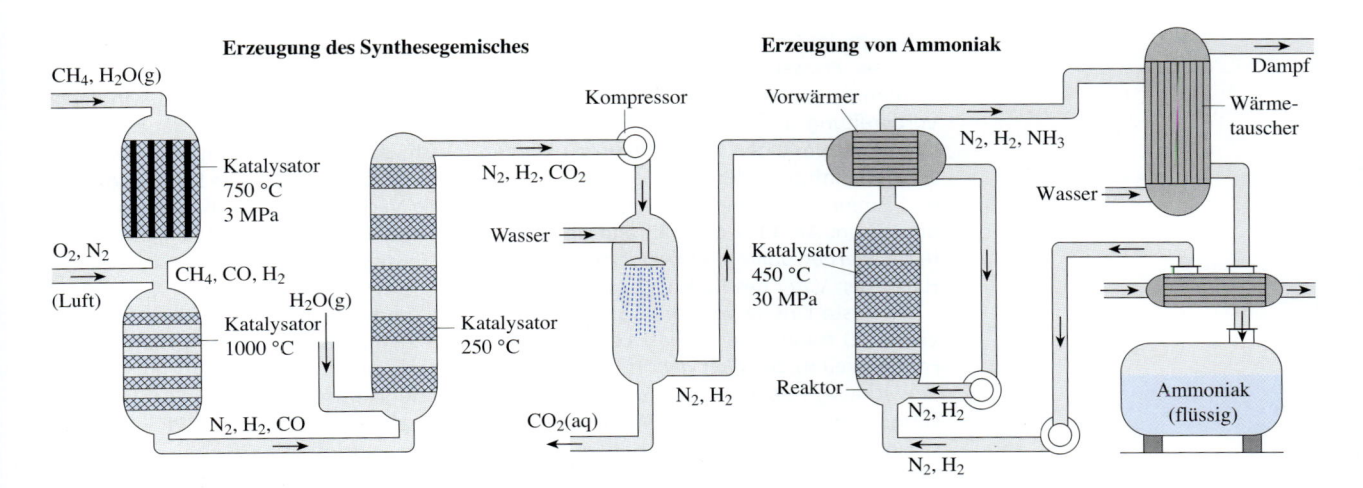

19.6 Ammoniaksynthese nach dem Haber-Bosch-Verfahren.

EXKURS

Fritz Haber – Nobelpreis für den Griff in die Luft

Fritz Haber wurde 1868 als Sohn einer angesehenen Breslauer Kaufmannsfamilie geboren. Mit 18 Jahren begann er sein Chemiestudium in Berlin. Nach seiner Promotion wurde er durch seine selbstständige Forschung rasch bekannt. Zu seinem 100. Geburtstag erschien 1968 eine Pressemitteilung der Gesellschaft Deutscher Chemiker, in der seine wesentlichen Leistungen und Erfolge beschrieben werden. Sie trägt den Titel „Nobelpreis für den Griff in die Luft". Die wichtigsten Absätze lauten:

»Zu Anfang des 20. Jahrhunderts war die Produktion von Nahrungsmitteln in Gefahr, in einen Engpass zu geraten. Es fehlte an Düngemitteln! In nicht allzu ferner Zeit zeichnete sich eine Welt-Hunger-Katastrophe ab. Zwar hatte man die Ausfuhr des stickstoffhaltigen Salpeters aus Chile von Jahrzehnt zu Jahrzehnt steigern können. Und von 1850 an bemühte man sich um die technische Stickstoffgewinnung aus der Steinkohle; 1913 konnte die Hälfte des Stickstoffbedarfs mit Ammonsulfat aus Kokereien gedeckt werden. Aber auch das reichte nicht aus. Man fasste den Gedanken, den für die Landwirtschaft so dringend nötigen Stickstoff aus der Luft zu gewinnen. Der Mann, dem die direkte Gewinnung von Stickstoff aus der Luft durch die Ammoniak-Synthese gelang, war der Chemiker Fritz Haber.

In einem glänzenden Überblick hat der Präses der Schwedischen Akademie der Wissenschaften, Professor Ekstrand, bei der Verleihung des Chemie-Nobelpreises an Fritz Haber dessen Bedeutung gewürdigt. Er erhielt die Auszeichnung ... für das Jahr 1918 ... Lakonisch enthält die Begründung für Fritz Haber nur die Worte „für die Synthese von Ammoniak aus dessen Elementen".

Viele vergebliche Versuche mussten gemacht werden, bis Haber 1904 den ganzen Fragenkomplex methodisch durcharbeitete und dann die Ammoniak-Synthese bewerkstelligte. 1913 schrieb er „Über die technische Darstellung von Ammoniak aus den Elementen". Er lehrte, wie man Ammoniak unmittelbar aus den Elementen Stickstoff und Wasserstoff gewinnen kann, indem man sie unter Hochdruck setzt und dabei Katalysatoren verwendet wie Nickel, Eisen, Osmium, Uran oder die weit wirksameren und billigeren „Mischkatalysatoren".

Die Synthese konnte industriell verwertet werden. Damit war ein überaus wichtiges Mittel zur Hebung der Landwirtschaft und des Wohlstandes der Menschheit schlechthin geschaffen.

Haber selbst führte die großtechnische Synthese nicht durch, sondern überließ dies Carl Bosch. Als Professor der physikalischen Chemie an der Universität Heidelberg und führender Chemiker der ehemaligen IG-Farben-Industrie erhielt Bosch dafür 1931 den Nobelpreis. Als man 1911 in Berlin die Kaiser-Wilhelm-Gesellschaft zur Förderung der Wissenschaften gründete, wurde man sofort schlüssig, in diesem Rahmen ein Institut für Physikalische Chemie und Elektrochemie zu errichten. Die Wahl fiel auf Fritz Haber. Man hätte keinen Würdigeren als Direktor finden können.

Von 1922 bis 1924 war er Präsident der Deutschen Chemischen Gesellschaft, der Vorgängerin der Gesellschaft Deutscher Chemiker.«

Dieser Pressemitteilung müssen allerdings noch einige Informationen hinzugefügt werden. So sehen viele Kritiker weniger im Welt-Hunger-Problem, sondern eher in der Vorbereitung und Durchführung des Ersten Weltkriegs den Auslöser für Habers Forschungen. Um einen Krieg führen zu können musste das Deutsche Reich unabhängig von den Einfuhren des Chile-Salpeters werden. Ohne Nitrate gab es keine Sprengstoffe, und Ammoniak ist eine wichtige Vorstufe. Auch die Verleihung des Nobelpreises war umstritten. Als 1920 die während des Krieges verliehenen Nobelpreise feierlich überreicht werden sollten, verweigerten die meisten Preisträger ihre Teilnahme, da sie in Haber den Vater des Gaskrieges sahen:

Der erste Einsatz von Chlor als Giftgas (1915 in Ypern, Flandern: 5 000 Tote, 10 000 Verletzte) stand unter Habers Leitung. Er war überzeugt, dass „ein Wissenschaftler in Friedenszeiten der Welt gehört, im Krieg aber seinem Land". Seine Frau litt unter der Verwicklung Habers in den Giftkrieg so sehr, dass sie Selbstmord beging. Für sie war Giftgas „eine Perversion der Wissenschaft und ein Zeichen der Barbarei".

Ein weiterer Hinweis auf Habers unerschütterliche patriotische Gesinnung ist das *Meeresgold-Projekt*: Mit großem persönlichen Einsatz versuchte er, dem deutschen Reich die Zahlung der drückenden Reparationen zu erleichtern. Er ließ daher zwischen

1922 und 1928 in seinem Institut mehr als 50 000 Wasserproben aus allen Weltmeeren auf ihren Goldgehalt untersuchen. Es fanden sich aber nirgends so große Gehalte, dass es sich gelohnt hätte, schwimmende Goldfabriken zu bauen.

Eine besondere Tragik im Leben Habers bleibt es, dass er trotz seines Einsatzes für sein Vaterland 1933 wegen seiner jüdischen Herkunft emigrieren musste. Er starb am 29.1.1934 in Basel auf der Reise nach Palästina.

19.5 Weitere Wasserstoffverbindungen des Stickstoffs

Stickstoff bildet neben Ammoniak noch einige weitere Wasserstoffverbindungen. Die wichtigsten sind das Hydrazin (N_2H_4) und die Stickstoffwasserstoffsäure (HN_3). Weiterhin werden wir in diesem Zusammenhang das Hydroxylamin (NH_2OH) besprechen.

Hydrazin

Hydrazin (N_2H_4) ist eine rauchende, farblose Flüssigkeit, die sich mit Wasser mischen lässt. Das N_2H_4-Molekül ist eine schwache Brønsted-Base, die sich durch Säuren in Hydrazinium-Salze mit einfach und zweifach positiv geladenen Kationen überführen lässt:

$$N_2H_4(aq) + H_3O^+(aq) \rightleftharpoons N_2H_5^+(aq) + H_2O(l)$$

$$N_2H_5^+(aq) + H_3O^+(aq) \rightleftharpoons N_2H_6^{2+}(aq) + H_2O(l)$$

Die Struktur des Hydrazins entspricht der des Ethans, mit dem Unterschied, dass an Stelle zweier Wasserstoff-Atome zwei freie Elektronenpaare treten (Abbildung 19.7).

Hydrazin ist ein starkes Reduktionsmittel, das zum Beispiel Iod zu Iodwasserstoff und Kupfer(II)-Ionen zu elementarem Kupfer reduziert:

$$N_2H_4(aq) + 2\ I_2(aq) \rightarrow 4\ HI(aq) + N_2(g)$$

$$N_2H_4(aq) + 2\ Cu^{2+}(aq) \rightarrow 2\ Cu(s) + N_2(g) + 4\ H^+(aq)$$

Der Großteil der weltweit jährlich produzierten 20 000 Tonnen Hydrazin wird in Dimethylhydrazin $(CH_3)_2NNH_2$ überführt und in dieser Form als Raketentreibstoff verwendet. Technisch bedeutsam ist auch die Nutzung von Hydrazin als Korrosionsschutz gegen die Sauerstoff-Korrosion in Dampferzeugern der Energietechnik: Bereits einige Milligramm pro Liter Speisewasser fördern die Bildung einer dichten Schutzschicht aus Magnetit (Fe_3O_4).

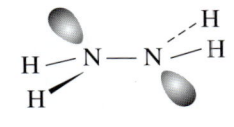

19.7 Das Hydrazin-Molekül im Vergleich mit Ethan.

Stickstoffwasserstoffsäure

Stickstoffwasserstoffsäure, eine bereits bei 36 °C siedende, farblose Flüssigkeit, unterscheidet sich sehr von den anderen Wasserstoffverbindungen des Stickstoffs. Ihr pK_S-Wert ist vergleichbar mit dem der Essigsäure:

$$HN_3(aq) + H_2O(l) \rightleftharpoons H_3O^+(aq) + N_3^-(aq)$$

Die Verbindung hat einen unangenehmen Geruch und ist sehr giftig. Stickstoffwasserstoffsäure ist wegen des spontanen Zerfalls in die Elemente hochexplosiv:

$$2\ HN_3(l) \rightarrow H_2(g) + 3\ N_2(g); \quad \Delta H_R^0 = -528\ kJ \cdot mol^{-1}$$

Die Bindungslängen der Stickstoff/Stickstoff-Bindungen betragen 124 und 113 pm, wobei die endständige Bindung die kürzere ist. Eine typische N/N-Doppelbindung hat eine Länge von 120 pm, die N/N-Dreifachbindung im Stickstoff-Molekül 110 pm. Daher müssen die Bindungen des HN_3-Moleküls eine Bindungsordnung von ungefähr 1,5 bzw. 2,5 haben. Man kann sich die Bindungssituation einfach als etwa gleichwertige Beteiligung der beiden in Abbildung 19.8 dargestellten Grenzstrukturen vorstellen.

Natriumazid wird heutzutage verwendet, um Leben zu retten – im *Airbag* eines Autos. Entscheidend ist, dass sich ein Airbag extrem schnell aufbläst, noch bevor man durch den auslösenden Aufprall nach vorne geschleudert wird. Der zurzeit einzige Weg, eine so schnelle Reaktion hervorzurufen, ist eine kontrollierte Explosion, bei der ein großes Gasvolumen frei wird. Für diesen Zweck setzt man vorzugsweise Natriumazid ein: Es hat einen Massenanteil an Stickstoff von etwa 65 Prozent, ist bei üblichen Umgebungstemperaturen nicht explosiv und kann problemlos in hoher Reinheit hergestellt werden. Es zersetzt sich bei 350 °C in glatter Reaktion zu Stickstoff und Natrium:

$2\ NaN_3(s) \rightarrow 2\ Na(l) + 3\ N_2(g);$
$\Delta H_R^0 = -39\ kJ \cdot mol^{-1}$

In einem Airbag findet diese Reaktion innerhalb von ungefähr 40 ms nach der elektrischen Zündung statt. Das sehr reaktive entstehende flüssige Natrium wird dann durch Folgereaktionen unschädlich gemacht. Eine dieser Reaktionen basiert auf einem Zusatz von Kaliumnitrat und Siliciumdioxid zu der Mischung: Natrium wird durch Kaliumnitrat zu Natriumoxid oxidiert und die Alkalimetalloxide reagieren dann mit Siliciumdioxid zu Silicaten:

$10\ Na(l) + 2\ KNO_3(s) \rightarrow K_2O(s)$
$+ 5\ Na_2O(s) + N_2(g)$
$K_2O(s) + SiO_2(s) \rightarrow K_2SiO_3(s)$
$Na_2O(s) + SiO_2(s) \rightarrow Na_2SiO_3(s)$

Die Weltjahresproduktion von Hydroxylamin liegt im Megatonnen-Bereich. Der weit überwiegende Teil ($\approx 97\%$) wird in der Kunstfaserindustrie (Perlon) eingesetzt.

19.8 Bindungsverhältnisse im Stickstoffwasserstoffsäure-Molekül. Die formalen Bindungsordnungen der beiden N/N-Bindungen betragen 1½ und 2½.

Die drei Stickstoff-Atome im HN_3-Molekül sind fast linear angeordnet, das Wasserstoff-Atom steht zu ihnen in einem Bindungswinkel von 110° (Abbildung 19.8).

Das Azid-Ion (N_3^-) ist isoelektronisch mit Kohlenstoffdioxid und hat auch die gleiche lineare Struktur. Die Stickstoff/Stickstoff-Bindungen sind in diesem Ion mit 116 pm gleich lang.

Natriumazid Das wichtigste Ausgangsmaterial für die Azidchemie ist *Natriumazid*. Man stellt es am einfachsten her, indem man gasförmiges Distickstoffoxid durch eine Lösung von Natrium in flüssigem Ammoniak leitet:

$3\ N_2O(g) + 4\ Na(solv) + NH_3(l) \rightarrow NaN_3(s) + 3\ NaOH(solv) + 2\ N_2(g)$

Blei(II)-azid Wichtig als Initialsprengstoff ist *Bleiazid*. Es ist eine relativ sicher zu handhabende Verbindung, solange sie nicht erschüttert wird. Auf Schlag jedoch zersetzt sich $Pb(N_3)_2$ explosionsartig:

$Pb(N_3)_2(s) \rightarrow Pb(s) + 3\ N_2(g); \quad \Delta H_R^0 = \approx -450\ kJ \cdot mol^{-1}$

Die dadurch erzeugte Druckwelle genügt normalerweise, um einen Sprengstoff wie Dynamit zur Explosion zu bringen.

Hydroxylamin

Im Hydroxylamin (NH_2OH) weist Stickstoff die Oxidationsstufe −I auf. Man erhält es durch Reduktion von Verbindungen, in denen der Stickstoff höhere Oxidationsstufen aufweist, zum Beispiel NO, NO_2^- oder NO_3^-. Bei einem technisch angewandten Verfahren wird ein Stickstoffmonoxid/Wasserstoff-Gemisch in eine schwefelsaure Lösung eingeleitet, die feinverteiltes Platin oder Palladium als Katalysator enthält:

$2\ NO(g) + 3\ H_2(g) \rightleftharpoons 2\ NH_2OH(aq)$

Aufgrund seiner schwach basischen Eigenschaften fällt es bei diesem Prozess zunächst in Form des Hydroxylammoniumsulfats $((NH_3OH)_2SO_4)$ an, aus dem das freie Hydroxylamin durch Ionenaustausch oder Reaktionen mit Basen erhalten werden kann.

Hydroxylamin schmilzt bei 32 °C und zersetzt sich bereits vor Erreichen der auf 142 °C geschätzten Siedetemperatur – bisweilen explosionsartig. In einer uneinheitlich verlaufenden Redoxreaktion entstehen dabei N_2, NH_3, N_2O und H_2O.

19.6 Stickstoffoxide

Stickstoff bildet eine beträchtliche Anzahl an Oxiden: Distickstoffoxid (N_2O), Stickstoffmonoxid (NO), Distickstofftrioxid (N_2O_3), Stickstoffdioxid (NO_2), Distickstofftetraoxid (N_2O_4) und Distickstoffpentaoxid (N_2O_5). Alle genannten Oxide sind thermodynamisch instabil im Hinblick auf den Zerfall in ihre Elemente, keines von ihnen zerfällt jedoch spontan in die Elemente, sie sind also kinetisch stabil.

Distickstoffoxid

Das süßlich riechende, gasförmige Distickstoffoxid ist auch unter der Bezeichnung *Lachgas* bekannt. Dieser Name bezieht sich auf die berauschende Wirkung diese Gases. Im Gemisch mit Sauerstoff wird es bei kleineren Operationen gelegentlich als Anästhetikum verwendet, beispielsweise zum Ziehen eines Zahnes. Vielfach diskutiert worden ist der Missbrauch von Lachgas als Partydroge. Da sich das Gas bei erhöhtem Druck hervorragend in Fetten löst und dazu geschmacksneutral und ungiftig ist, wird es auch als Treibmittel in Sahnesprühdosen verwendet.

Distickstoffoxid ist nur wenig reaktiv; es ist allerdings neben Sauerstoff eines der wenigen Gase, das die Verbrennung unterhält. Beispielsweise verbrennt Acetylen mit Distickstoffoxid zu Kohlenstoffmonoxid, Wasser und Stickstoff:

$$3\,N_2O(g) + C_2H_2(g) \rightarrow 2\,CO(g) + 3\,N_2(g) + H_2O(g); \quad \Delta H_R^0 = -937\,kJ \cdot mol^{-1}$$

Die Standardmethode zur Darstellung von Distickstoffoxid ist die thermische Zersetzung von Ammoniumnitrat oberhalb von etwa 200 °C. Zu starkes Erhitzen kann allerdings zu einem explosionsartigen Reaktionsverlauf führen. Ein weniger gefährlicher Weg besteht darin, eine konzentrierte Ammoniumnitrat-Lösung mit Salpetersäure anzusäuern und nach dem Zusatz von Ammoniumchlorid zu erwärmen:

$$NH_4NO_3(aq) \xrightarrow[H^+/Cl^-]{\Delta} N_2O(g) + 2\,H_2O(l)$$

Das linear gebaute N_2O-Molekül ist mit 16 Valenzelektronen isoelektronisch zum CO_2-Molekül und dem Azid-Ion (N_3^-). Die Atome sind jedoch asymmetrisch angeordnet, wobei die N/N-Bindung eine Länge von 113 pm und die N/O-Bindung eine Länge von 119 pm hat. Diese Werte entsprechen einer Bindungsordnung von 2,5 für die N/N-Bindung und von 1,5 für die N/O-Bindung (Abbildung 19.9).

Stickstoffmonoxid

Stickstoffmonoxid (NO) ist ein farbloses, neutrales, paramagnetisches Gas. Sein Molekülorbitaldiagramm ähnelt dem des Kohlenstoffmonoxids, allerdings hat es ein zusätzliches Elektron in einem antibindenden Orbital (Abbildung 19.10. Die Bindungsordnung beträgt daher nur 2,5.

Man würde eigentlich erwarten, dass Moleküle mit ungepaarten Elektronen sehr reaktiv sind. Stickstoffmonoxid ist jedoch in einem abgeschlossenen Behälter weitgehend stabil. Kühlt man Stickstoffmonoxid allerdings so weit ab, dass es flüssig oder fest wird, bilden sich Dimere (N_2O_2), in denen die Stickstoff-Atome durch eine schwache Einfachbindung miteinander verbunden sind.

Stickstoffmonoxid ist sehr reaktiv gegenüber Sauerstoff. Sobald eine Probe des farblosen Stickstoffmonoxids der Luft ausgesetzt wird, bildet sich braunes Stickstoffdioxid:

$$2\,NO(g) + O_2(g) \rightarrow 2\,NO_2(g); \quad \Delta H_R^0 = -114\,kJ \cdot mol^{-1}$$

Die einfachste Möglichkeit, das Gas im Labormaßstab herzustellen, besteht in der Reaktion von elementarem Kupfer mit halbkonzentrierter Salpetersäure ($w(HNO_3) \approx 30\%$):

$$3\,Cu(s) + 8\,HNO_3(aq) \rightarrow 3\,Cu(NO_3)_2(aq) + 4\,H_2O(l) + 2\,NO(g)$$

Hinweis: Die Verbrennung von Acetylen mit Distickstoffoxid wird genutzt, um bei der Atomabsorptionsspektroskopie (AAS, Abschnitt 2.3) hohe Flammentemperaturen zu erzeugen (≈ 2700 °C).

Ähnlich wie Kohlenstoffdioxid lässt sich Distickstoffoxid unter Druck verflüssigen. Stahlflaschen mit N_2O für medizinischen Zwecke und Druckkapseln für Sahnebereiter enthalten dementsprechend überwiegend flüssiges Distickstoffoxid. Der Dampfdruck über der Flüssigkeit beträgt bei 20 °C 5 MPa (50 bar), der entsprechende Wert für Kohlenstoffdioxid ist 5,9 MPa.

19.9 Bindungsverhältnisse im Distickstoffmonoxid-Molekül. Die formale Bindungsordnung der N/N-Bindung beträgt 2½ und die der N/O-Bindung 1½.

Hinweis: Die magnetischen Eigenschaften von Stoffen werden in Abschnitt 23.3 näher behandelt.

In Übereinstimmung mit der Molekülorbitaldarstellung gibt Stickstoffmonoxid sein Elektron aus dem antibindenden Orbital bereitwillig ab. Es bildet sich dabei das diamagnetische Nitrosyl-Kation (NO^+) mit einer N/O-Bindungslänge von 106 pm. Die Bindung ist also kürzer als die 115 pm des neutralen NO-Moleküls. Das Nitrosyl-Kation mit einer Dreifachbindung ist isoelektronisch mit Kohlenstoffmonoxid und bildet viele zu den Carbonylkomplexen analoge Verbindungen mit Übergangselementen.

Hinweis: Die Rolle von Stickstoffmonoxid bei der Photochemie der Luftschadstoffe wird gesondert behandelt (siehe Exkurs in Abschnitt 19.8).

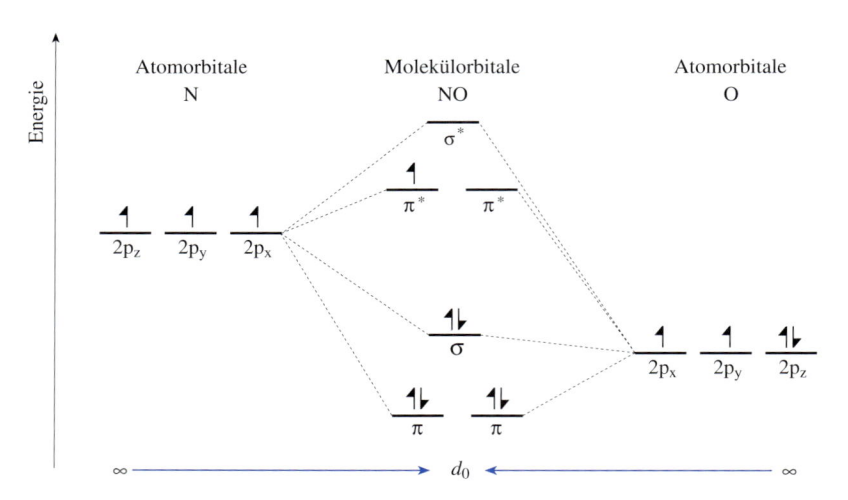

19.10 Molekülorbital-Diagramm für das Stickstoffmonoxid-Molekül.

Das Produkt ist jedoch immer durch Stickstoffdioxid verunreinigt. Dieses kann entfernt werden, indem das Gas durch Wasser geleitet wird, denn Stickstoffdioxid reagiert rasch mit Wasser:

$$2\,NO_2(g) + H_2O(l) \rightarrow HNO_2(aq) + H^+(aq) + NO_3^-(aq)$$

Zur Therapie schwerwiegender Atemprobleme – vor allem bei Kleinkindern – wird inzwischen ein NO-haltiges Atemgas medizinisch eingesetzt. Der NO-Gehalt liegt mit einem Volumenanteil von 400 ppm ($\cong$ 0,04 %) in der gleichen Größenordnung wie im Abgas eines Kraftwerks.

Für ihre Untersuchungen zur Rolle von Sickstoffmonoxid als Botenstoff im Herz-Kreislauf-System erhielten R. F. Furchgott, F. Murad und L. Ignarro 1998 gemeinsam den Nobelpreis für Medizin.

Robert F. **Furchgott**, amerikanischer Biochemiker und Pharmakologe, geb. 1916; Professor in New York.

Ferid **Murad**, amerikanischer Arzt und Pharmakologe, geb. 1936; Professor in Virginia, Stanford, Chicago und Houston.

Louis J. **Ignarro**, amerikanischer Pharmakologe, geb. 1941; Professor in New Orleans und Los Angeles.

Biologische Bedeutung von NO Erst seit kurzer Zeit weiß man, dass Stickstoffmonoxid eine lebenswichtige Rolle in unserem Körper und in den Körpern aller Säugetiere spielt. Aus diesem Grunde wurde es von dem angesehenen Wissenschaftsmagazin *Science* zum Molekül des Jahres 1992 erklärt. Schon seit 1867 ist bekannt, dass Salpetersäureester wie das sogenannte Nitroglycerin bei Herzanfällen helfen, den Blutdruck senken und glattes Muskelgewebe entspannen. Aber erst 120 Jahre später konnten Salvador Moncada und sein Team von Wissenschaftlern der Wellcome Research Laboratories (England) Stickstoffmonoxid als den entscheidenden Faktor für die Erweiterung von Blutgefäßen identifizieren. Das bedeutet, dass organische Nitroverbindungen in den Organen zu Stickstoffmonoxid abgebaut werden.

Inzwischen hat man herausgefunden, dass Stickstoffmonoxid in entscheidendem Maße an der Kontrolle des Blutdrucks beteiligt ist. Es gibt sogar ein Enzym (*Stickstoffmonoxid-Synthase*), dessen einzige Aufgabe die Produktion von Stickstoffmonoxid ist. Derzeit befasst sich die biochemische Forschung mit der Rolle dieses Moleküls im Körper. Man nimmt an, dass ein Mangel an Stickstoffmonoxid einer der Gründe für Bluthochdruck ist, wohingegen der septische Schock, eine der Haupttodesursachen auf Intensivstationen, wahrscheinlich auf einen Überschuss an Stickstoffmonoxid zurückzuführen ist. Das Gas scheint eine Rolle für die Gedächtnis- und Magenfunktion zu spielen. Man hat bewiesen, dass die männliche Erektion auf die Produktion von Stickstoffmonoxid angewiesen ist und es gibt Hinweise auf eine wichtige Rolle des Stickstoffmonoxids bei der Gebärmutterkontraktion. Bisher ungelöst ist die Frage nach der Lebensdauer von Stickstoffmonoxid im Organismus in Anbetracht seiner Reaktivität mit Sauerstoff.

Distickstofftrioxid

Distickstofftrioxid, das am wenigsten stabile der oben genannten Stickstoffoxide, bildet sich als eine dunkelblaue Flüssigkeit, wenn man eine äquimolare Mischung von Stickstoffmonoxid und Stickstoffdioxid stark abkühlt:

$$NO(g) + NO_2(g) \rightleftharpoons N_2O_3(l)$$

Bereits oberhalb von –30 °C macht sich die Zersetzung in die Ausgangsstoffe bemerkbar.

Distickstofftrioxid reagiert mit Wasser zu Salpetriger Säure; versetzt man die Lösung mit Hydroxid-Ionen, bildet sich das Nitrit-Ion:

$$N_2O_3(l) + H_2O(l) \rightarrow 2\,HNO_2(aq)$$

$$HNO_2(l) + OH^-(aq) \rightarrow NO_2^-(aq) + H_2O(l)$$

Obwohl man vereinfachend sagen kann, dass Distickstofftrioxid zwei Stickstoff-Atome in der Oxidationsstufe III enthält, ist die Struktur doch unsymmetrisch. Die Abbildung 19.11 zeigt, dass das Molekül eine Stickstoff/Stickstoff-Bindung besitzt. Im Vergleich zur Länge der Einfachbindung im Hydrazin (145 pm) ist diese Bindung mit 186 pm jedoch ungewöhnlich lang.

Aus den Bindungslängen der N/O-Bindung lässt sich schließen, dass das an das zweifach koordinierte Stickstoff-Atom gebundene Sauerstoff-Atom durch eine Doppelbindung gebunden ist, während die anderen beiden Stickstoff/Sauerstoff-Bindungen eine Bindungsordnung von etwa 1,5 haben.

19.11 Bindungsverhältnisse im Distickstofftrioxid-Molekül.

Stickstoffdioxid und Distickstofftetraoxid

Diese beiden toxischen Oxide existieren nebeneinander in einem dynamischen Gleichgewicht. Niedrige Temperaturen begünstigen die Bildung des farblosen Distickstofftetraoxids, hohe Temperaturen die des rotbraunen Stickstoffdioxids:

$$\underset{\text{farblos}}{N_2O_4(g)} \rightleftharpoons \underset{\text{rotbraun}}{2\,NO_2(g)}; \quad \Delta H_R^0 = 57\,\text{kJ} \cdot \text{mol}^{-1}$$

Bei der unter Normaldruck gemessenen Siedetemperatur von 21 °C enthält die Mischung 16 % Stickstoffdioxid. Dieser Anteil steigt bei einer Temperatur von 135 °C auf 99 % an.

Stickstoffdioxid kann im Labor durch Reaktion von Kupfer mit *konzentrierter* Salpetersäure (im Gegensatz zur *halbkonzentrierten* bei der NO-Bildung) hergestellt werden:

$$Cu(s) + 4\,HNO_3(l) \rightarrow Cu(NO_3)_2(aq) + 2\,H_2O(l) + 2\,NO_2(g)$$

Es bildet sich auch beim Erhitzen von Schwermetallnitraten. Bei dieser Reaktion entsteht eine Mischung aus Stickstoffdioxid und Sauerstoff:

$$Pb(NO_3)_2(s) \xrightarrow{\Delta} PbO(s) + 2\,NO_2(g) + \tfrac{1}{2}O_2(g)$$

Außerdem kann es durch die Oxidation von Stickstoffmonoxid mit Sauerstoff erhalten werden:

$$2\,NO(g) + O_2(g) \rightarrow 2\,NO_2(g); \quad \Delta H_R^0 = -114\,\text{kJ} \cdot \text{mol}^{-1}$$

Stickstoffdioxid ist ein saures Oxid. Es reagiert mit Wasser unter Disproportionierung zu Salpetriger Säure und Salpetersäure:

$$2\,\overset{IV}{N}O_2(g) + H_2O(l) \rightarrow H\overset{III}{N}O_2(aq) + H^+(aq) + \overset{V}{N}O_3^-(aq)$$

19.12 Das Stickstoffdioxid-Molekül.

19.13 Bindungsverhältnisse im Distickstofftetraoxid-Molekül.

Stickstoffdioxid ist ein gewinkeltes Molekül mit einem O/N/O-Bindungswinkel von 134° (Abbildung 19.12). Das ungepaarte Elektron am Stickstoff-Atom hat also im Sinne des VSEPR-Modells einen geringeren Platzbedarf als ein freies Elektronenpaar, denn der Bindungswinkel im Nitrit-Ion ist mit 115° deutlich kleiner. Die Bindungslänge der Stickstoff/Sauerstoff-Bindung deutet auf eine Bindungsordnung von 1,5 hin. Nach dem Mesomerie-Konzept werden die Bindungsverhältnisse deshalb durch zwei Grenzformeln beschrieben.

Das *Distickstofftetraoxid*-Molekül (Abbildung 19.13) hat eine ungewöhnlich lange (und entsprechend schwache) Stickstoff/Stickstoff-Bindung, obwohl sie mit 175 pm nicht ganz so lang ist wie im Falle von Distickstofftrioxid (186 pm). Die Bindungsenthalpie der durch die Kombination der beiden einzelnen Elektronen gebildeten N/N-Bindung beträgt nur 57 kJ·mol^{-1}.

Stickstoff(V)-oxid

Das bei Raumtemperatur feste, farblose und hygroskopische Oxid ist das am stärksten oxidierende der hier besprochenen Stickstoffoxide. Es ist stark sauer und reagiert mit Wasser zu Salpetersäure:

$$N_2O_5(s) + H_2O(l) \rightarrow 2\ HNO_3(l)$$

In der flüssigen Phase und in der Gasphase liegt N$_2$O$_5$ molekular vor. Die beiden NO$_2$-Einheiten sind über ein Sauerstoff-Atom miteinander verbunden sind (Abbildung 19.14a). Anders ist jedoch die Struktur im festen Zustand. Hier liegt eine ionische Verbindung vor, die aus Nitryl-Kationen (NO$_2^+$) und Nitrat-Anionen (NO$_3^-$) aufgebaut ist (Abbildung 19.14b).

19.14 Bindungsverhältnisse im Stickstoff(V)-oxid-Molekül im gasförmigen (a) und im festen Zustand (b).

Photochemie der Luftschadstoffe

EXKURS

In der untersten Schicht unserer Atmosphäre, der *Troposphäre* (bis ca. 10 km Höhe), laufen zahlreiche chemische Reaktionen ab, die zum großen Teil durch Sonneneinstrahlung, also photochemisch, ausgelöst werden. Da die Produkte dieser Reaktionen, wie zum Beispiel *Ozon*, oberhalb bestimmter Konzentrationen unsere Gesundheit gefährden können, hat man sich in den letzten Jahrzehnten sehr intensiv mit ihrer Erforschung befasst. Ein Teil dieser Reaktionen wird in dem beobachteten Umfang erst dadurch möglich, dass bestimmte Schadstoffe durch menschliche Aktivitäten in die Atmosphäre gelangen. Die Photochemie der Luftschadstoffe findet im ppb-Bereich statt (1 ppb (1 *part per billion*) ≙ 1:10^9), also in einem Konzentrationsbereich, der weit entfernt ist von den Bedingungen, die wir aus dem Labor oder der chemischen Technik kennen. Die extreme Verdünnung der meisten Reaktionspartner macht es möglich, dass sich die meisten dieser Reaktionen weit ab vom chemischen Gleichgewicht abspielen. Nur so ist es verständlich, dass teilweise sehr ungewöhnliche Verbindungen gebildet werden oder Reaktionen, die bei hohen Konzentrationen sehr schnell ablaufen, sehr viel langsamer oder in anderer Weise verlaufen. So beträgt beispielsweise die Lebensdauer von Stickstoffmonoxid (50 ppb in Luft) etwa ein halbes Jahr, ungewöhnlich lang, wenn man daran denkt, dass sich Stickstoffmonoxid bei hoher Konzentration mit Luft sehr schnell und mit bloßem Auge sichtbar zu braunem Stickstoffdioxid umsetzt.

Der große Anteil an Sauerstoff in der Atmosphäre hat zur Folge, dass die meisten der in der Trospospäre ablaufenden Reaktionen Oxidationsreaktionen sind. Bei diesen Reaktionen spielt das OH-Radikal (*Hydroxyl-Radikal*) als kurzlebiges, sehr reaktives und stark oxidierend wirkendes Zwischenprodukt eine zentrale Rolle. Es kann beispielsweise durch folgende Reaktionskette gebildet werden: Die Troposphäre enthält auch ohne menschliches Zutun einen gewissen, kleinen Anteil an Ozon (O$_3$), das durch Diffusionsvorgänge aus der *Stratosphäre* in bodennahe Luftschichten gelangt (zur Ozonschicht siehe den Exkurs auf Seite 537). Hier wird es durch Sonneneinstrahlung in Sauerstoff-Moleküle und Sauerstoff-Atome gespalten. Bei dieser Reaktion entstehen die Sauerstoff-Atome in einem besonders reaktiven, elektronisch angeregten Zustand (der angeregte Zustand, in dem das Sauerstoff-Atom zwei ungepaarte Elektronen enthält, ist durch * symbolisiert):

$$O_3 \xrightarrow{h \cdot \nu} O_2 + O^*$$

Die so gebildeten Sauerstoff-Atome reagieren mit Wasser-Molekülen zu OH-Radikalen:

$$O^* + H_2O \rightarrow 2\,OH$$

Diese sind imstande, nahezu alle oxidierbaren Spurengase in der Atmosphäre zu oxidieren, selbst das sonst sehr reaktionsträge Kohlenstoffmonoxid, das als Spurengas bei Verbrennungsvorgängen gebildet wird:

$$CO + OH \rightarrow CO_2 + H$$

Die hierbei gebildeten Wasserstoff-Atome reagieren mit Luftsauerstoff unter Bildung von HO_2, einer Verbindung, die wie das OH-Radikal in höheren Konzentrationen nicht existenzfähig ist. HO_2 kann mit Ozon unter Rückbildung von OH-Radikalen und Sauerstoff-Molekülen reagieren:

$$HO_2 + O_3 \rightarrow OH + 2\,O_2$$

Addiert man die formulierten Reaktionsgleichungen mit Ausnahme der letzten, ergibt sich folgende Gesamtreaktion:

$$CO + O_3 \rightarrow CO_2 + O_2$$

Das OH-Radikal wie auch das HO_2-Molekül tauchen also in der Gesamtbilanz nicht auf, sie wirken als *Katalysator*. Insgesamt betrachtet ist diese Reaktion keineswegs unerwünscht, denn sowohl Kohlenstoffmonoxid als auch Ozon stellen Schadstoffe dar, die oberhalb bestimmter Konzentrationen gesundheitsschädlich sind und auf diese Weise in unbedenkliche Stoffe umgewandelt werden. Die HO_2-Moleküle reagieren jedoch in anderer Weise, wenn die Konzentration von Stickstoffmonoxid, einem Spurengas, das im Wesentlichen durch Verbrennungsvorgänge entsteht, bestimmte Werte erreicht:

$$HO_2 + NO \rightarrow OH + NO_2$$

Unter diesen Bedingungen ergibt sich durch Addition der Einzelreaktionen die folgende Gesamtreaktion:

$$CO + NO + O_2 \rightarrow CO_2 + NO_2$$

Stickstoffdioxid wird durch die Einwirkung des Sonnenlichts in Stickstoffmonoxid und Sauerstoff-Atome gespalten:

$$NO_2 \xrightarrow{h \cdot \nu} NO + O$$

Die Sauerstoff-Atome reagieren dann mit den Sauerstoff-Molekülen zu Ozon:

$$O_2 + O \rightarrow O_3$$

Die Stickstoffoxide in der Troposphäre bewirken also eine Erhöhung der Konzentration des gesundheitsschädlichen Ozons, was nachteilig auf das Herz-Kreislauf-System sowie die Atemwege wirken kann.

Insbesondere im Sommer, an Tagen mit hoher Sonneneinstrahlung, kann die Ozonkonzentration den sogenannten *Schwellenwert für die Warnung der Bevölkerung* von $180\,\mu g \cdot m^{-3}$ Luft erreichen und überschreiten. Die Einführung des geregelten Autoabgaskatalysators hat eine deutliche Verringerung der Stickstoffoxid-Emission bewirkt, sodass trotz ständig steigenden Verkehrsaufkommens die Ozonbelastung geringer geworden ist.

Ähnliche Reaktionsfolgen, wie wir sie hier am Beispiel der Oxidation von Kohlenstoffmonoxid formuliert haben, ergeben sich auch bei der Oxidation anderer Spurengase wie Schwefeldioxid oder Kohlenwasserstoffe. Das Ergebnis ist stets, dass die Anwesenheit von Stickstoffmonoxid zur Bildung von Ozon führt. Ein wesentliches Ziel der Reinigung von Abgasen ist es also, die Konzentration von Stickstoffoxiden, Schwefeldioxid, Kohlenstoffmonoxid und von Kohlenwasserstoffen möglichst niedrig zu halten.

19.7 Oxosäuren des Stickstoffs und ihre Salze

Stickstoff bildet zwei wichtige Oxosäuren, die Salpetrige Säure (HNO$_2$) und die Salpetersäure (HNO$_3$). Ihre Salze spielen als Laborreagenzien eine wichtige Rolle, einige von ihnen sind Massenprodukte der chemischen Industrie.

Salpetrige Säure und Nitrite

Salpetrige Säure ist eine mittelstarke Säure (pK_S = 3,0); eine wässerige Lösung enthält deshalb überwiegend HNO$_2$-Moleküle (Abbildung 19.15). Reine Salpetrige Säure lässt sich nicht isolieren, denn schon bei Raumtemperatur disproportionieren die Moleküle unter Bildung von Salpetersäure und gasförmigem Stickstoffmonoxid. Dieses reagiert dann schnell mit Luftsauerstoff zu Stickstoffdioxid:

$$3\ HNO_2(aq) \rightarrow HNO_3(aq) + 2\ NO(g) + H_2O(l)$$

$$2\ NO(g) + O_2(g) \rightarrow 2\ NO_2(g)$$

19.15 Valenzstrichformel des Moleküls der Salpetrigen Säure.

Die gleichen Reaktionen laufen ab, wenn man wässerige Nitrit-Lösungen stark ansäuert.

Das *Nitrit-Ion* ist ein schwaches Oxidationsmittel, daher kann man keine Nitrite von Metallen in niedrigen Oxidationsstufen darstellen. So oxidiert Nitrit beispielsweise Eisen(II) zu Eisen(III), während es selbst zu niederen Oxiden des Stickstoffs reduziert wird.

Will man im Labor eine verdünnte HNO$_2$-Lösung herstellen, so tropft man verdünnte Schwefelsäure in eine auf 0 °C gekühlte Lösung von Bariumnitrit und trennt das schwerlösliche Bariumsulfat anschließend ab:

$$Ba(NO_2)_2(aq) + H_2SO_4(aq) \rightarrow 2\ HNO_2(aq) + BaSO_4(s)$$

Salpetrige Säure wird als Reagenz in der organischen Chemie verwendet. So stellt man beispielsweise Diazoniumsalze her, indem man Natriumnitrit in saurer Lösung mit organischen Aminen, z. B. Anilin (C$_6$H$_5$NH$_2$), reagieren lässt (siehe auch Abbildung 19.19):

$$C_6H_5-NH_2(l) + HNO_2(aq) + H^+(aq) \rightarrow C_6H_5-N_2^+(aq) + 2\ H_2O(l)$$

Die entstehenden Diazoniumsalze werden als Ausgangsstoffe für die Synthese einer Vielzahl von organischen Verbindungen genutzt.

Das Nitrit-Ion ist durch sein freies Elektronenpaar am zentralen Stickstoff-Atom gewinkelt gebaut. Die Bindungslänge der N/O-Bindung beträgt 124 pm, sie ist damit länger als im Stickstoffdioxid (120 pm), aber immer noch sehr viel kürzer als die N/O-Einfachbindung (143 pm).

Nitrit als Konservierungsmittel Natriumnitrit (NaNO$_2$, E 250) ist ein häufig eingesetztes Konservierungsmittel für Fleisch- und Wurstwaren. Um Überdosierungen zu vermeiden, wird ein Pökelsalz verwendet, das nicht mehr als 0,5 % Natriumnitrit enthalten darf. Nitrit hemmt die Vermehrung von Bakterien, insbesondere von Clostridium botulinum, einem Mikroorganismus, der das tödliche Botulismus-Toxin produziert. Hauptzweck des Nitritsalzes ist oft weniger die Konservierung als ein ästhetischer Effekt: Fleisch wird an der Luft rasch grau, da der rote Muskelfarbstoff Myoglobin verblasst. Ursache ist die Oxidation der im Myoglobin gebundenen Eisen(II)-Ionen zu Eisen(III)-Ionen. Das aus Nitrit gebildete Stickstoffmonoxid lagert sich jedoch an die Eisen-Ionen an und erhält so die ansprechende rote Farbe auch bei der Verarbeitung zu Dauerwurst.

Werden mit Nitrit behandelte Fleischprodukte (Schinken, Kasseler) gekocht oder gegrillt, lässt sich nicht ausschließen, dass Nitrit-Ionen teilweise mit den Aminen im Fleisch zu Nitrosaminen reagieren. Dies sind Verbindungen mit der funktionellen Gruppe >N–N=O. Man weiß, dass Nitrosamine krebserregend sind; das Krebsrisiko ist aber gering, solange man derart konserviertes Fleisch nicht allzu häufig verzehrt.

Salpetersäure und Nitrate

In reinem Zustand ist Salpetersäure eine farblose, ölige, sehr aggressive Flüssigkeit, die an der Luft Nebel bildet. Traditionell wird sie als *rauchende Salpetersäure* bezeichnet. Höher konzentrierte Salpetersäure ist üblicherweise leicht gelblich aufgrund einer durch Licht ausgelösten Zersetzungsreaktion; denn das dabei entstehende braune NO$_2$ löst sich überwiegend in der Flüssigkeit:

$$2\,HNO_3(aq) \xrightarrow{h \cdot \nu} 2\,NO_2(solv) + \tfrac{1}{2} O_2(g) + H_2O(l)$$

Rauchende Salpetersäure ist ein extrem starkes und sehr rasch wirkendes Oxidationsmittel. Leicht oxidierbare organische Materialien wie Gummi oder Holz reagieren daher unter Flammenerscheinung. Da gleichzeitig große Mengen des gefährlichen braunen Stickstoffdioxids entstehen, erfordert der Umgang mit rauchender Salpetersäure besondere Vorsicht.

> Reine Salpetersäure kristallisiert bei −42 °C; die Siedetemperatur beträgt 83 °C.

> Im HNO$_3$-Molekül sind die terminalen N/O-Bindungen erheblich kürzer (121 pm) als die N–OH-Bindung (141 pm). Das ist ein deutlicher Hinweis auf Mehrfachbindungsanteile. Die in Abbildung 19.16 gezeigten Grenzformeln entsprechen einer Bindungsordnung von 1,5 bei diesen Bindungen.

19.16 Bindungsverhältnisse im Salpetersäure-Molekül.

Reine flüssige Salpetersäure zeigt eine merkliche elektrische Leitfähigkeit. Aufgrund eines Autoprotolyse-Gleichgewichts und weiterer Reaktionen bilden sich in geringem Umfang Ionen:

$$2\,HNO_3(l) \rightleftharpoons H_2NO_3^+(solv) + NO_3^-(solv)$$
$$H_2NO_3^+ \rightleftharpoons H_2O + NO_2^+$$
$$H_2O + HNO_3 \rightleftharpoons H_3O^+ + NO_3^-$$

Das Nitryl-Kation NO$_2^+$ spielt eine entscheidende Rolle für die Nitrierung organischer Verbindungen, zum Beispiel bei der Umwandlung von Benzol (C$_6$H$_6$) zu Nitrobenzol (C$_6$H$_5$NO$_2$), einem wichtigem Zwischenprodukt industrieller Synthesen.

Die handelsübliche *konzentrierte Salpetersäure* mit einer Dichte von 1,4 g·ml^{-1} ist eine 65%ige Lösung von Salpetersäure in Wasser (c = 14,5 mol·l^{-1}). Im Labor wird häufig auch eine *halbkonzentrierte Salpetersäure* bereitgestellt (w(HNO$_3$) ≈ 30 %). Beide Lösungen wirken als starke Oxidationsmittel, sodass auch relativ edle Metalle oxidiert werden können. Neben Metall-Kationen entstehen dabei Stickstoffoxide. Mit halbkonzentrierter Salpetersäure bildet sich NO, mit zunehmender Konzentration wird schließlich NO$_2$ zum Hauptprodukt. Stärker verdünnte Salpetersäure reagiert mit unedlen Metallen unter Entwicklung von Wasserstoff. Schon bei einer Konzentration von 2 mol·l^{-1} tritt aber häufig NO als Nebenprodukt auf.

> Als *Nitriersäure* verwendet man ein Gemisch aus konzentrierter Salpetersäure und konzentrierter Schwefelsäure. Die wasserentziehende Wirkung der Schwefelsäure begünstigt die Bildung des Nitryl-Kations, sodass die Umsetzung erheblich beschleunigt wird.

> **Nitrose Gase** Bei vielen Reaktionen treten NO und NO$_2$ (sowie N$_2$O$_4$) nebeneinander auf. Solche – durch NO$_2$ braun gefärbte – Gemische bezeichnet man traditionell als nitrose Gase.

Ostwald-Verfahren

Zur Synthese von Salpetersäure wird Ammoniak (aus dem Haber-Bosch-Verfahren) in einem mehrstufigen Prozess oxidiert: Zunächst wird eine Mischung aus Ammoniak und Luft an einem glühenden Platin-Drahtnetz umgesetzt (Abbildung 19.17). Die Kontakt-

19.17 Katalytische Oxidation von Ammoniak nach dem Ostwald-Verfahren.

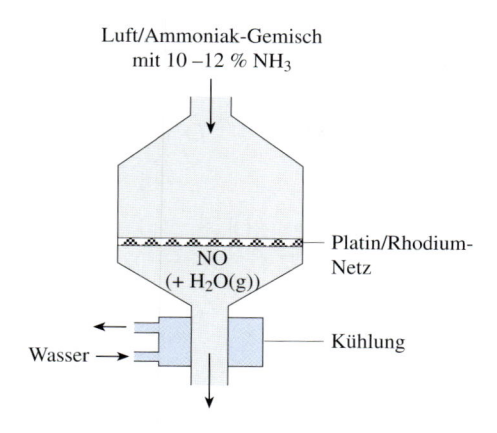

Wilhelm **Ostwald**, deutscher Chemiker und Philosoph, 1853–1932; Professor in Riga und Leipzig, 1909 Nobelpreis für Chemie (für seine Arbeiten über Katalyse, chemische Gleichgewichte und Reaktionsgeschwindigkeiten).

zeit mit dem als Katalysator wirkenden Drahtnetz muss dabei auf rund eine Millisekunde begrenzt werden, damit das bei der Reaktionstemperatur ($\approx 700\,°C$) metastabile Stickstoffmonoxid nicht in die Elemente zerfällt:

$$4\,NH_3(g) + 5\,O_2(g) \rightarrow 4\,NO(g) + 6\,H_2O(g); \quad \Delta H_R^0 = -908\,kJ \cdot mol^{-1}$$

Im zweiten Schritt erfolgt die Oxidation von Stickstoffmonoxid zu einem Gemisch aus Stickstoffdioxid und Distickstofftetraoxid. Diese exotherme Reaktion verläuft bei niedriger Temperatur unter erhöhtem Druck praktisch vollständig ab:

$$2\,NO(g) + O_2(g) \rightarrow 2\,NO_2(g); \quad \Delta H_R^0 = -114\,kJ \cdot mol^{-1}$$

Anschließend leitet man das NO_2/N_2O_4-Gemisch bei erhöhtem Druck in Wasser. Unter Disproportionierung wird dabei eine Lösung von Salpetersäure gebildet. Als weiteres Produkt bildet sich vor allem Stickstoffmonoxid, da Salpetrige Säure in höheren Konzentrationen nicht beständig ist:

$$3\,NO_2(g) + H_2O(l) \rightarrow 2\,HNO_3(aq) + NO(g)$$

Das Stickstoffmonoxid wird in den zweiten Produktionsschritt zurückgeführt, sodass schließlich die Stickstoffoxide praktisch vollständig in Salpetersäure überführt werden.

Weltweit werden ungefähr 80 Prozent der Salpetersäureproduktion für die Herstellung von Düngemitteln verbraucht. In den USA liegt dieser Anteil nur bei etwa 65 Prozent, da 20 Prozent für die Produktion von Explosivstoffen verbraucht werden.

Als gut lösliche und sehr stickstoffreiche Verbindung ist Ammoniumnitrat der ideale Stickstoffdünger und (mit jährlich etwa $1{,}5 \cdot 10^7$ t) das am häufigsten hergestellte Düngemittel. Es wird durch die Reaktion von Ammoniak mit Salpetersäure hergestellt:

$$NH_3(g) + HNO_3(aq) \rightarrow NH_4NO_3(aq)$$

Im Umgang mit Ammoniumnitrat ist jedoch Vorsicht geboten, da es sich bei hohen Temperaturen explosionsartig zersetzen kann:

$$2\,NH_4NO_3(s) \xrightarrow{\Delta} 2\,N_2(g) + O_2(g) + 4\,H_2O(g)$$

Noch in den Sechzigerjahren des 20. Jahrhunderts führte die Salpetersäureproduktion zu erheblichen Umweltverschmutzungen: Salpetersäurefabriken erkannte man schon von weitem leicht an den braun gefärbten Abgasfahnen der Abluftkamine. Eine Lösung des Problems brachte die Optimierung der Druck- und Temperaturverhältnisse im zweiten und dritten Verfahrensschritt. Moderne Fabriken auf dem neuesten Stand der Technik haben keine Probleme, die Emissions-Grenzen von 200 ppm Stickstoffoxiden in ihren Abgasen einzuhalten.

Nitrate

Man kennt Nitrate von fast allen Metall-Ionen in ihren üblichen Oxidationsstufen, und bemerkenswerterweise sind alle wasserlöslich. Aus diesem Grunde werden Metallnitrate auch vielfach als Laborreagenzien eingesetzt, wenn die entsprechenden Kationen in

19.18 Bindungsverhältnisse im Nitrat-Ion.

wässeriger Lösung benötigt werden. Da das Nitrat-Ion im Gegensatz zur Salpetersäure kaum oxidierend wirkt, kann man Nitrate auch von Metallen in niederen Oxidationsstufen, wie zum Beispiel Eisen(II), erhalten.

Das Nitrat-Ion ist trigonal-planar gebaut und hat kurze N/O-Bindungen (122 pm) – ein wenig kürzer als die im Nitrit-Ion. Abbildung 19.18 zeigt die Lewis-Darstellung der drei möglichen Grenzstrukturen. Da alle drei im gleichen Umfang beteiligt sind, ist die Bindungsordnung 1⅓.

Thermische Zersetzung von Nitraten Beim Erhitzen von Nitraten könne je nach Kation ganz unterschiedliche Reaktionen ablaufen:

- Geschmolzenes Ammoniumnitrat bildet in einer Synproportionierungsreaktion Distickstoffoxid (Lachgas). Wie bereits erwähnt, nutzt man diese Reaktion zur Herstellung von N_2O im Labor:

$$\overset{-III}{N}H_4\overset{V}{N}O_3(l) \xrightarrow{\Delta} \overset{I}{N}_2O(g) + 2\,H_2O(g)$$

- Aus einer Kaliumnitrat-Schmelze wird Sauerstoff frei und Kaliumnitrit bleibt zurück:

$$2\,KNO_3(l) \xrightarrow{\Delta} 2\,KNO_2(s) + O_2(g)$$

Die gleiche Reaktion zeigen Natriumnitrat ($NaNO_3$), Strontiumnitrat ($Sr(NO_3)_2$) und Bariumnitrat ($Ba(NO_3)_2$). Auch aus Silbernitrat ($AgNO_3$) wird zunächst Sauerstoff freigesetzt. Die gebildete Silbernitrit-Schmelze zerfällt aber bei weiterem Erhitzen:

$$AgNO_2(l) \xrightarrow{\Delta} Ag(s) + NO_2(g)$$

- Bleinitrat liefert ein Gemisch aus Stickstoffdioxid und Sauerstoff, zurück bleibt Blei(II)-oxid:

$$Pb(\overset{V}{N}O_3)_2(s) \xrightarrow{\Delta} PbO(s) + 2\,\overset{IV}{N}O_2(g) + \tfrac{1}{2}O_2(g)$$

Ähnlich wie Bleinitrat reagieren die meisten anderen laborüblichen Nitrate, bei denen es sich durchweg um Hydrate handelt. Diese Salze bilden schon bei relativ niedrigen Temperaturen eine Schmelze, aus der dann neben Wasserdampf bei höheren Temperaturen auch Salpetersäure, Stickstoffdioxid und Sauerstoff entweichen. Zurück bleibt das jeweilige Metalloxid. (*Beispiele*: $Mg(NO_3)_2 \cdot 6\,H_2O$, $Ca(NO_3)_2 \cdot 4\,H_2O$, $Al(NO_3)_3 \cdot 9\,H_2O$, $Fe(NO_3)_3 \cdot 9\,H_2O$, $Co(NO_3)_2 \cdot 6\,H_2O$, $Ni(NO_3)_2 \cdot 6\,H_2O$ und $Cu(NO_3)_2 \cdot 2½\,H_2O$)

Die häufig formulierte Regel, nach der *Leichtmetallnitrate* generell unter Sauerstoffentwicklung in die Nitrite überführt werden, *Schwermetallnitrate* dagegen unter Freisetzung von Stickstoffdioxid und Sauerstoff in die Oxide, kann im Einzelfall leicht in die Irre führen.

Nachweisreaktionen für Nitrat und Nitrit Fällungsreaktionen spielen für den Nachweis von NO_3^-- und NO_2^--Ionen praktisch keine Rolle, da ihre Salze relativ gut löslich sind. Nachweis und quantitative Bestimmung beruhen daher weitgehend auf Redoxreaktionen.

- Bereits die Blaufärbung einer Kaliumiodid-Stärke-Lösung kann auf die Anwesenheit von Nitrit-Ionen hinweisen: Iodid-Ionen werden in saurer Lösung durch Nitrit zu Iod oxidiert, welches dann die tief blaue Iod-Stärke bildet:

  $2\ HNO_2(aq) + 2\ I^-(aq) + 2\ H^+(aq) \rightarrow I_2(aq) + 2\ NO(g) + 2\ H_2O(l)$

- NO_3^--Ionen wirken unter diesen Reaktionsbedingungen nicht oxidierend. Reduziert man allerdings NO_3^- in saurer Lösung mit Zink zu NO_2^-, so ist nun das Auftreten der Blaufärbung mit Kaliumiodid-Stärkelösung ein *spezifischer* Nachweis für Nitrat.
- In alkalischer Lösung lassen sich Nitrat und Nitrit zu Ammoniak reduzieren. Man verwendet dazu eine Legierung aus Aluminium, Zink und Kupfer (*Devarda-Legierung*):

  $3\ NO_3^-(aq) + 8\ Al(s) + 5\ OH^-(aq) + 18\ H_2O(l) \rightarrow 3\ NH_3(g) + 8\ [Al(OH)_4]^-(aq)$

  Oft erkennt man das gebildete Ammoniak bereits am Geruch. Etwas empfindlicher ist die Prüfung mit angefeuchtetem Indikatorpapier.
- Ein im Anfängerpraktikum häufig durchgeführter qualitativer Test auf Nitrat-Ionen ist die *Ringprobe*. Man sättigt dazu die mit Schwefelsäure angesäuerte Probelösung mit Eisen(II)-sulfat und unterschichtet dann mit konzentrierter Schwefelsäure. Ein brauner Ring in der Grenzschicht gilt als Nachweis für Nitrat. Die Braunfärbung wird dabei durch den zweifach positiv geladenen Nitrosylkomplex $[Fe(H_2O)_5NO]^{2+}$ hervorgerufen. Das als Ligand gebundene NO-Molekül entsteht durch eine Redoxreaktion zwischen Nitrat- und Eisen-Ionen in der stark sauren Lösung:

  $HNO_3(aq) + 3\ Fe^{2+}(aq) + 3\ H^+(aq) \rightarrow 3\ Fe^{3+}(aq) + NO(g) + 2\ H_2O(l)$

  $[Fe(H_2O)_6]^{2+}(aq) + NO(g) \rightleftharpoons [Fe(H_2O)_5NO]^{2+}(aq) + H_2O(l)$

  Falls die Braunfärbung bereits bei Zugabe von Eisen(II)-sulfat (also vor dem Unterschichten mit konzentrierter Schwefelsäure) auftritt, ist das ein Hinweis auf Nitrit-Ionen in der Probe!

Wenn geprüft werden muss, ob eine nitrithaltige Probe auch Nitrat enthält, versetzt man die angesäuerte Lösung zunächst mit *Amidoschwefelsäure* (Amidosulfonsäure), um Nitrit-Ionen zu „zerstören". In einer Synproportionierungsreaktion bildet sich Stickstoff, sodass die Prüfung auf Nitrat nicht gestört wird:

$HNO_2(aq) + HSO_3NH_2(aq) \rightarrow$
$\quad N_2(g) + H_2SO_4(aq) + H_2O(l)$

Der Nachweis und die Bestimmung von Nitrit in kleinen Konzentrationen beruht auf der Bildung intensiv gefärbter Azofarbstoffe: Zunächst wird durch die Reaktion mit einem aromatischen Amin ein Diazonium-Kation gebildet. Der Farbstoff entsteht dann durch Kupplung mit einem weiteren Reaktionspartner. Abbildung 19.20 beschreibt diese Reaktion mit den heute bevorzugten Reagenzien. Um Nitrat auf diesem Wege zu bestimmen, setzt man ein Reduktionsmittel ein, das die Nitrat-Ionen zunächst zu Nitrit reduziert. Um höhere Nitratgehalte erfassen zu können, werden auch Reaktionspartner eingesetzt, die weniger intensiv gefärbte Azofarbstoffe bilden.

Teststäbchen und Fertigreagenzien zur Prüfung auf Nitrit und Nitrat nutzen überwiegend die in Abbildung 19.19 dargestellte Reaktion. Nitrat-Teststäbchen haben zusätzlich eine Reaktionszone, die kein Reduktionsmittel enthält. Ihre Rotfärbung weist darauf hin, dass die Probe auch Nitrit enthält. Nach Zerstörung des Nitrits muss die Prüfung wiederholt werden.

19.19 Nachweis von Nitrit über die Bildung eines Azofarbstoffs.

19.8 Stickstoff/Halogen-Verbindungen

Chemische Bindungen zwischen dem Stickstoff-Atom und Halogen-Atomen sind relativ schwach. Lediglich mit Fluor bildet sich eine thermodynamisch stabile Verbindung. Wir werden an dieser Stelle neben den binären Halogeniden die Oxidhalogenide sowie Verbindungen mit Schwefel und Halogenen, die *Thiazylhalogenide*, besprechen.

Binäre Stickstoffhalogenide   *Stickstofftrichlorid* ist ein typisches kovalentes Chlorid. Es ist eine farblose, ölige Flüssigkeit, die mit Wasser zu Ammoniak und hypochloriger Säure reagiert:

$$NCl_3(l) + 3\,H_2O(l) \rightarrow NH_3(g) + 3\,HClO(aq)$$

Diese Reaktionsweise zeigt, dass das Stickstoff-Atom der elektronegativere Bindungspartner ist, sodass NCl_3 eigentlich als *Chlornitrid* bezeichnet werden müsste.

Im reinen Zustand ist die Verbindung hochexplosiv. In den Dreißigerjahren des 20. Jahrhunderts wurde verdünnter Stickstofftrichlorid-Dampf in den USA und einigen anderen Ländern in größerem Ausmaß zum Bleichen von Mehl verwendet.

Im Gegensatz dazu ist *Stickstofftrifluorid* ein thermodynamisch stabiles, farb- und geruchloses Gas mit wesentlich geringerer Reaktivität. So reagiert es beispielsweise überhaupt nicht mit Wasser. Diese im Vergleich zu den entsprechenden Chlorverbindungen geringe Reaktivität ist für kovalente Fluoride typisch. Obwohl das Molekül wie Ammoniak ein freies Elektronenpaar aufweist (Abbildung 19.20), ist Stickstofftrifluorid nur eine schwache Lewis-Base. Der F/N/F-Bindungswinkel im Stickstofftrifluorid ist mit 102° deutlich kleiner als der Tetraederwinkel (109,5°).

Die geringe Lewis-Basizität und der vom Tetraederwinkel abweichende Bindungswinkel lassen sich folgendermaßen erklären: An der Stickstoff/Fluor-Bindung sind überwiegend die drei senkrecht aufeinander stehenden p-Orbitale beteiligt. Das freie Elektronenpaar hat überwiegend s-Charakter, denn es befindet sich eher in einem kugelsymmetrischen s-Orbital des Stickstoffs als in einem gerichteten sp^3-Hybridorbital mit hoher Elektronendichte, von dem man eine höhere Basizität erwarten würde.

Es gibt eine ungewöhnliche Reaktion, in der Stickstofftrifluorid als Lewis-Base reagiert: Es bildet die stabile Verbindung Stickstoffoxidtrifluorid (ONF_3), wenn durch eine elektrische Entladung bei sehr niedriger Temperatur die zur Bildung von Sauerstoff-Atomen benötigte Energie bereitgestellt wird:

$$NF_3(g) + O(g) \rightarrow ONF_3(g)$$

Schon lange bekannt ist eine ungewöhnliche Iodverbindung, die traditionell als *Iodstickstoff* bezeichnet wird. Das schwerlösliche braune Produkt bildet sich beispielsweise, wenn man konzentrierte Ammoniak-Lösung mit einer Lösung von Iod in Ethanol vermischt. Lässt man diese Verbindung an der Luft trocknen, so zerfällt sie nach einiger Zeit schon bei der leichtesten Berührung mit lautem Knall; eine violette Wolke zeigt an, dass dabei Iod-Dampf gebildet wird. Erst nachdem man erkannt hatte, dass Iodstickstoff in einer NH_3-haltigen Atmosphäre stabiler ist, konnte die Verbindung genauer untersucht werden: Ihre Zusammensetzung ist durch die Formel $NI_3 \cdot NH_3$ zu beschreiben. Strukturell handelt es sich um ein kettenförmiges Polymer aus NI_4-Tetraedern, die über gemeinsame Iod-Atome verknüpft sind. Die zwischen den Tetraeder-Ketten eingelagerten Ammoniak-Moleküle sind nur locker gebunden. Die Verbindung gibt daher Ammoniak an die Luft ab – bis schließlich die ganze Struktur zusammenbricht.

Stickstoffoxidhalogenide   Vom Stickstoff sind zwei Reihen von Oxidhalogeniden bekannt, die *Nitrosylhalogenide* NOX (X = F, Cl, Br), gewinkelte Moleküle mit Stickstoff in der Oxidationsstufe III, und die *Nitrylhalogenide* NO_2X (X = F, Cl, Br), trigonal planare Moleküle mit Stickstoff in der Oxidationsstufe V. Hinzu kommt als bindungstheoretisch interessante Verbindung das schon angesprochene NOF_3. In Abbildung 19.22 sind

---

Stickstofftribromid ist noch wesentlich instabiler als Stickstofftrichlorid.

Der einfachste Weg zur Bildung von NCl_3 ist die Elektrolyse einer warmen, gesättigten Ammoniumchlorid-Lösung mit Platin-Elektroden: An der Anode steigen NCl_3-Tröpfchen auf.

Die sich im Reaktionsverhalten von NCl_3 andeutende Bindungspolarität wird durch die Elektronegativitäten nach Allred und Rochow (N: 3,0, Cl: 2,8) korrekt vorausgesagt. Die Werte nach Pauling (N: 3,0, Cl: 3,2) sind in dieser Hinsicht widersprüchlich.

19.20 Das Stickstofftrifluorid-Molekül.

19.21 Valenzstrichformel des Stickstoffoxidtrifluorid-Moleküls.

Stickstoffoxidtrifluorid kann als Beispiel für eine Verbindung mit einer koordinativ-kovalenten Bindung zwischen dem Stickstoff-Atom und dem Sauerstoff-Atom angesehen werden: NF_3 ist die Lewis-Base, die ihr freies Elektronenpaar für die Bindung zum Sauerstoff-Atom – mit seinen sechs Valenzelektronen – als Lewis-Säure zur Verfügung stellt (Abbildung 19.21).

19.22 Valenzstrichformeln der Stickstoffoxidhalogenide Nitrosylhalogenid (a), Nitrylhalogenid (b) und Stickstoffoxidtrifluorid (c) sowie des Nitrosyl- (d) und Nitryl-Kations (e).

Die Stabilität dieser Kationen ist im engen Zusammenhang mit der Stabilität isoelektronischer Spezies zu sehen: So ist das Nitrosyl-Kation isoelektronisch mit dem Stickstoff-Molekül (N_2), und das Nitryl-Kation NO_2^+ ist isoelektronisch mit dem CO_2-Molekül.

Bei der Darstellung der sehr reaktiven Nitrylverbindungen kann man vom Stickstoff(V)-oxid ausgehen:

$N_2O_5(g) + NaF(s) \rightarrow NO_2F(g)$
$\qquad\qquad\qquad\qquad + NaNO_3(s)$

Eine praktische Bedeutung haben bis heute weder die Nitrosyl- noch die Nitrylhalogenide erlangt.

die Valenzstrichformeln dieser Verbindungen angegeben. Mit Ausnahme der Fluorverbindungen sind sowohl die Nitrosyl- als auch die Nitrylverbindungen thermodynamisch instabil im Bezug auf den Zerfall in die Elemente. Sie sind jedoch kinetisch so stabil, dass sie nicht spontan zerfallen. Sehr viel stabiler als die Nitrosyl- bzw. Nitrylhalogenide sind das Nitrosyl- und das Nitryl-Kation, NO^+ bzw. NO_2^+ (Abbildung 19.22). Sie liegen in einer Reihe von Salzen vor, die durch Lewis-Säure/Base-Reaktionen entstehen:

$NOCl(g) + SbCl_5(l) \rightarrow NO[SbCl_6](s)$

$NO_2F(g) + BF_3(g) \rightarrow NO_2[BF_4](s)$

Die Nitrosyl-Halogenide werden aus Stickstoffmonoxid und den freien Halogenen gebildet. Nitrosylchlorid entsteht neben anderen Produkten auch bei der Zubereitung von *Königswasser*, einer Mischung von konzentrierter Salzsäure mit konzentrierter Salpetersäure. Alle Nitrosyhalogenide sind bei Raumtemperatur gasförmig.

Thiazylhalogenide Die Thiazylhalogenide NSX wurden nach ihrer Entdeckung zunächst auch als Analoga der Nitrosylhalogenide NOX mit Stickstoff als Zentralatom angesehen und beschrieben. Später zeigte sich jedoch, dass hier das Schwefel-Atom – als das am wenigsten elektronegative der drei Atome – das Zentralatom darstellt (Abbildung 19.23). Dies entspricht der Erfahrung, dass bei mehreren alternativen Molekülstrukturen die stärker elektronegativen Atome fast immer terminal gebunden sind.

19.23 Thiazylfluorid (die angegebenen Zahlenwerte sind die Elektronegativitäten der beteiligten Atome).

Hinweis: Wir werden die Thiazylverbindungen im Rahmen von Kapitel 20 beim Schwefel eingehender besprechen, da ihre Bildung und ihr chemisches Verhalten eng mit der Schwefel/Stickstoff-Chemie verknüpft ist.

19.9 Elementarer Phosphor und seine Modifikationen

Phosphor hat eine Reihe von Modifikationen. Die beiden wichtigsten sind der *weiße* und der *rote* Phosphor. *Weißer Phosphor* ist eine stark giftige, wachsartig durchscheinende Substanz, die ein typisches Molekülgitter aus tetraedrischen P_4-Molekülen bildet (Abbildung 19.25a). Weißer Phosphor ist eine sehr reaktive Substanz. Um die Reaktion mit Sauerstoff zu verhindern, wird er daher unter Wasser aufbewahrt. In fein verteilter Form entzündet sich weißer Phosphor an der Luft von selbst. Als Reaktionsprodukt entsteht ein dichter, weißer Rauch von Phosphor(V)-oxid:

$P_4(s) + 5\,O_2(g) \rightarrow P_4O_{10}(s)$

Der Name des Elements bezieht sich auf das grünliche Leuchten, das von weißem Phospor ausgeht, wenn man ihn im Dunkeln der Luft aussetzt (griech. *phosphoros*, lichttragend). Ursache für diese *Chemolumineszenz* ist die Bildung von elektronisch angeregten

Obwohl Phosphor als Element der fünften Hauptgruppe unmittelbar dem Stickstoff folgt, könnte das Redoxverhalten dieser beiden Elemente nicht verschiedener sein (Abbildung 19.24). Während Stickstoffverbindungen mit Stickstoff in hohen Oxidationsstufen in saurer Lösung stark oxidierend wirken, sind die entsprechenden Phosphorverbindungen recht stabil. Tatsächlich ist die höchste Oxidationsstufe des Phosphors auch die thermodynamisch stabilste, die niedrigste Oxidationsstufe die am wenigsten stabile – also genau entgegengesetzte Verhältnisse zur Stickstoffchemie.

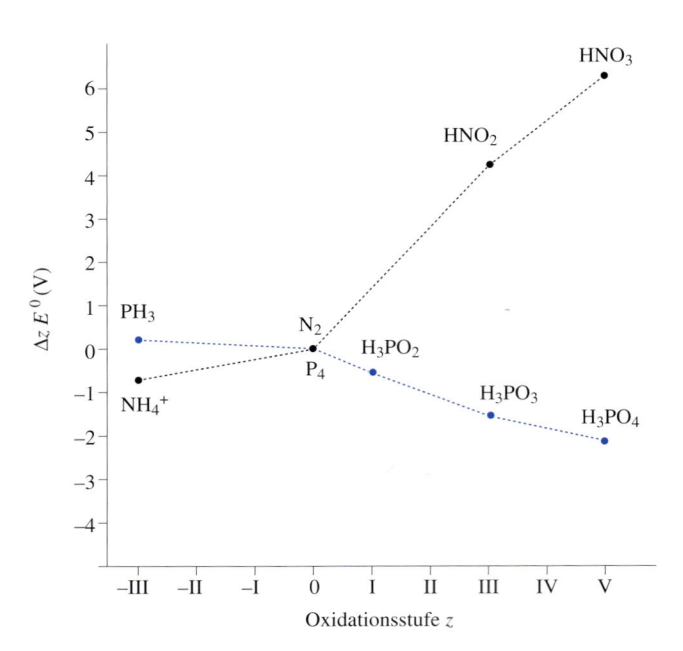

19.24 Frost-Diagramm: Vergleich der Stabilität von Phosphor- und Stickstoffverbindungen in saurer Lösung.

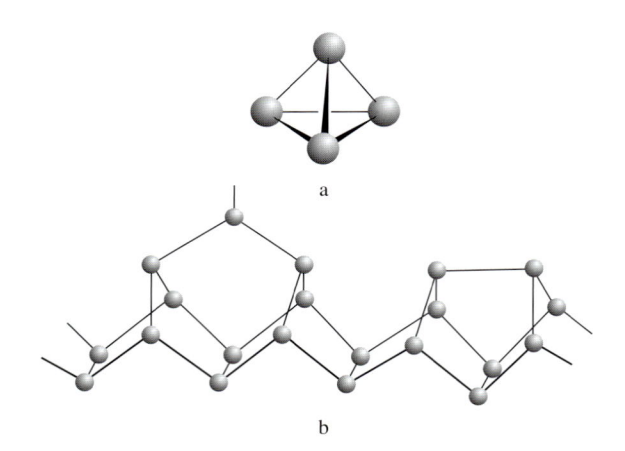

19.25 Atomanordnungen im weißen (a) und roten Phosphor (b).

Phosphoreszenz Ähnliche Leuchterscheinungen wie bei der Oxidation des Phosphors treten bei manchen Feststoffen auf, ohne dass eine chemische Reaktion stattfindet. Man bezeichnet solche Stoffe als *Leuchtstoffe* oder *Phosphore*. Angewendet werden sie beispielsweise für die Beschichtung von Energiesparlampen und Leuchtstoffröhren (siehe auch Abschnitt 25.1).

Zwischenprodukten bei der langsamen Oxidation. Fallen die Elektronen wieder auf das niedrigste Energieniveau zurück, so wird sichtbares Licht ausgesandt.

Da in der Modifikation des weißen Phosphors zwischen den benachbarten Molekülen nur schwache zwischenmolekulare Kräfte wirken, schmilzt er schon bei 44 °C. Weißer Phosphor ist in Wasser und anderen polaren Lösemitteln praktisch unlöslich, dafür aber löst er sich sehr gut in unpolaren organischen Lösemitteln wie z. B. Kohlenstoffdisulfid.

Obwohl sich weißer Phosphor beim Erstarren von flüssigem Phosphor bildet, ist dies nicht die thermodynamisch stabilste Modifikation: Setzt man weißen Phosphor ultravioletter Strahlung aus, so wandelt er sich langsam in *roten Phosphor* um. Dabei werden Bindungen der P_4-Einheiten des weißen Phosphors aufgebrochen und es entsteht ein strukturell sehr kompliziertes Netzwerk. So findet man in einer kristallinen Form des roten Phosphors untereinander vernetzte lange Ketten, die aus P_8- und P_9-Einheiten aufgebaut sind (Abbildung 19.25b). Der durchschnittliche Bindungswinkel ist hier mit 101° erheblich größer als im P_4-Molekül (Bindungswinkel 60°).

Der thermodynamisch stabilere rote Phosphor hat völlig andere Eigenschaften als die weiße Modifikation. So reagiert er mit Sauerstoff erst oberhalb von 400°C. Wie wir es von einem kovalent gebundenen Polymer erwarten würden, ist roter Phosphor in allen Lösemitteln unlöslich. Die Schmelztemperatur der roten Modifikation liegt bei 600°C. Bei dieser Temperatur brechen die Polymerketten auf; der Dampf besteht aus den gleichen P_4-Molekülen wie im Falle des weißen Phosphors.

Merkwürdigerweise ist die thermodynamisch stabilste Modifikation des Phosphors, der *schwarze Phosphor*, am schwierigsten herzustellen. Zur Darstellung des schwarzen Phosphors erhitzt man weißen Phosphor bei einem Druck von etwa 1,2 GPa! Diese Modifikation mit der höchsten Dichte hat eine komplexe polymere Struktur, ähnlich der von Arsen (Abbildung 19.45).

Industrielle Phosphorgewinnung

Phosphor ist ein so reaktives Element, dass man ziemlich drastische Methoden anwenden muss, um es aus seinen Verbindungen zu gewinnen. Als Rohstoff werden natürlich vorkommende Calciumphosphat-Mineralien eingesetzt.

Bei der Gewinnung von Phosphor aus Phosphaterzen wird in großem Umfang elektrische Energie benötigt. Folglich wird das Erz normalerweise in Länder verschifft, in denen elektrische Energie reichlich und kostengünstig verfügbar ist. Die Reaktion erfolgt bei einer Temperatur von 1 500°C in großen elektrischen Öfen mit 60 Tonnen schweren Kohlenstoffelektroden. Durch eine teilweise geschmolzene Mischung aus Rohphosphat, Sand und Koks fließt dabei ein Strom von 180 000 A bei einer Spannung von 500 V. Der wichtigste Reaktionsschritt lässt sich vereinfacht durch folgende Reaktionsgleichung beschreiben:

$$2\ Ca_3(PO_4)_2(s) + 10\ C(s) \xrightarrow{\Delta} 6\ CaO(s) + 10\ CO(g) + P_4(g)$$

Das Calciumoxid reagiert mit Siliciumdioxid (Sand) zu einer Calciumsilicat-Schlacke:

$$CaO(s) + SiO_2(s) \rightarrow CaSiO_3(l)$$

Der gasförmige Phosphor wird zur Kondensation in einen Turm geleitet und dort mit Wasser besprüht. Der so verflüssigte Phosphor sammelt sich am Boden des Turms und fließt von dort in Speichertanks. Ein durchschnittlicher Ofen produziert etwa fünf Tonnen Phosphor pro Stunde.

Aufgrund des Fluorid-Gehalts der Rohphosphate ($Ca_5(PO_4)_3F$) bildet sich als Nebenprodukt auch Siliciumtetrafluorid. Man entfernt diese korrosive und toxische Verbindung aus den Abgasen, indem man sie mit einer Lösung von Natriumcarbonat behandelt. Dadurch entsteht Natriumhexafluorosilicat (Na_2SiF_6), das in der Porzellanindustrie und zur Herstellung von künstlichem Kryolith (Na_3AlF_6) für die Aluminiumherstellung eingesetzt werden kann. Die zweite Verunreinigung ist Eisen(III)-oxid, welches mit dem Phosphor zu einem Eisenphosphid – überwiegend Fe_2P – reagiert, das bei diesen Bedingungen flüssig ist, sich unter der Schlacke sammelt und von dort abgeleitet werden kann. Fe_2P kann in speziellen Stahlprodukten eingesetzt werden, wie zum Beispiel in Bremsklötzen bei Schienenfahrzeugen. Das wichtigste Nebenprodukt aus diesem Verfahren, die Calciumsilicat-Schlacke, wird teilweise als Straßenbaumaterial genutzt. Die Kosten für den gesamten Prozess sind sehr hoch, zum einen wegen des hohen Energieverbrauchs, zum anderen auch wegen der hohen Materialkosten. Die eingesetzten Materialien und die erhaltenen Produkte sind in Tabelle 19.3 zusammengestellt.

Wegen der Schwierigkeit, die thermodynamisch stabilste Phosphormodifikation zu erhalten, hat man im Falle des Phosphors einer weniger stabilen Modifikation – nämlich dem weißen Phosphor – die Standard-Bildungsenthalpie von null kJ zugewiesen. Bei allen anderen Elementen gilt definitionsgemäß $\Delta H_f^0 = 0\ kJ \cdot mol^{-1}$ jeweils für die stabilste Modifikation.

2004 konnte eine bisher unbekannte Modifikation des Phosphors hergestellt werden: In einer röhrenförmigen Struktur sind P_{10}-Einheiten über P_2-Hanteln miteinander verknüpft (Abbildung 19.26).

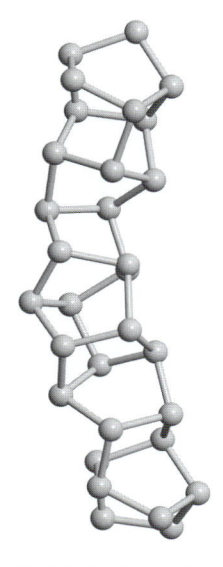

19.26 Struktur einer neu entdeckten Form des roten Phosphors.

Große Phosphatlagerstätten gibt es vor allem in Florida, in Marokko und seinen Nachbarländern sowie auf Nauru, einer Insel im Pazifik. Überwiegend handelt es sich um Phosphatsedimente aus mikrokristallinen Apatiten, man spricht dann von *Phosphorit*. Sie enthalten neben Phosphat-Ionen auch F^-, Cl^- und OH^--Ionen in unterschiedlichen Anteilen. Die Zusammensetzung dieser *Apatite* wird allgemein durch die Formel $Ca_5(PO_4)_3(F, Cl, OH)$ beschrieben. Fluorreicher Apatit wird als *Fluoridapatit* bezeichnet. *Hydroxidapatit* ($Ca_5(PO_4)_3OH$) ist der Hauptbestandteil der Knochensubstanz.
Die Entstehung der Vorkommen ist noch nicht sehr gut erforscht. Möglicherweise spielte die Reaktion zwischen dem Calciumcarbonat von Korallenriffen und phosphatreichem Kot von Seevögeln eine wichtige Rolle.

Tabelle 19.3 Stoffumsatz bei der Herstellung einer Tonne Phosphor

Einsatzstoffe	Produkte
10 t Calciumphosphat (Rohphosphat)	1 t weißer Phosphor
3 t Siliciumdioxid (Sand)	8 t Calciumsilicat (Schlacke)
1,5 t Kohlenstoff (Koks)	250 kg Eisenphosphide
	100 kg Filterstäube
(+ 14 MWh elektrische Energie)	2500 m^3 Rauchgas

Die Nachfrage nach elementarem Phosphor geht zurück, da die Energiekosten für seine Herstellung so hoch sind, dass er aus ökonomischen Gründen als Ausgangsstoff für die meisten Phosphorverbindungen nicht mehr in Frage kommt. Trotzdem ist elementarer Phosphor immer noch das bevorzugte Ausgangsmaterial für hochreine Phosphorverbindungen, wie zum Beispiel reine Phosphorsäure oder Insektizide auf Phosphorbasis.

Zündhölzer Trotz der Verfügbarkeit billiger Gasfeuerzeuge liegt der Streichholzverbrauch immer noch bei 10^{12} bis 10^{13} Stück pro Jahr. Das moderne Sicherheitszündholz funktioniert, wie bereits am Anfang des Kapitels erwähnt wurde, aufgrund einer chemischen Reaktion im Zündholzkopf, die mithilfe von rotem Phosphor auf der Reibfläche der Zündholzschachtel ausgelöst wird. Der Zündholzkopf enthält neben brennbaren Bindemitteln vor allem Kaliumchlorat (KClO$_3$) als Oxidationsmittel und Schwefel. Durch das Reiben an der Reibfläche verdampft etwas Phosphor, der sich sofort entzündet und so den Zündholzkopf zum Brennen bringt. Neben Sicherheitszündhölzern gibt es in einigen Ländern auch sogenannte *Überallzünder*. Ihre Köpfe enthalten neben dem Oxidationsmittel (Kaliumchlorat) das sehr leicht entzündliche Tetraphosphortrisulfid (P$_4$S$_3$). Durch jede Form von Reibung, z.B. am Glaspapier der Packung oder an einer Ziegelsteinwand, kann die Aktivierungsenergie aufgebracht werden, die nötig ist, um die Reaktion zu starten.

19.10 Oxosäuren des Phosphors und ihre Salze

Phosphor bildet eine sehr große Zahl von Oxosäuren. Die weitaus größte Bedeutung haben dabei Säuren mit Phosphor in der Oxidationsstufe V. Neben der Phosphorsäure H$_3$PO$_4$ gibt es in der Oxidationsstufe V auch zahlreiche Phosphorsäuren mit größeren Molekülen. Diese *kondensierten* Phosphorsäuren werden im letzten Abschnitt näher behandelt.

Einleitend sollen aber – im Vergleich zur Phosphorsäure (H$_3$PO$_4$) – auch zwei Säuren mit Phosphor in den Oxidationsstufen III bzw. I kurz betrachtet werden: *Phosphonsäure* (H$_3$PO$_3$) und *Phosphinsäure* (H$_3$PO$_2$). Traditionell wurden diese Verbindungen als *Phosphorige Säure* bzw. *Hypophosphorige Säure* bezeichnet. Ein sehr ungewöhnlicher Aufbau der Moleküle, der sich unmittelbar auf das chemische Verhalten auswirkt, gab den Anlass für die Umbenennung.

Ein Wasserstoff-Atom in einer Oxosäure muss an ein Sauerstoff-Atom gebunden sein, damit es saure Eigenschaften zeigen kann. Dies ist auch fast immer der Fall. Wenn wir den Aufbau verschiedener Oxosäuren eines Elements betrachten – zum Beispiel Salpetersäure, (HO)NO$_2$, und Salpetrige Säure, (HO)NO –, so unterscheiden sich die beiden Moleküle normalerweise um ein terminales Sauerstoff-Atom. Phosphor ist beinahe einmalig in der Hinsicht, dass bei den niedrigen Oxidationsstufen Wasserstoff-Atome auch direkt an das Zentralatom gebunden sind, wenngleich diese keine sauren Eigenschaften aufweisen. So besitzt Phosphorsäure drei saure Wasserstoff-Atome, Phosphonsäure nur zwei und Phosphinsäure lediglich eins (Abbildung 19.27).

Phosphonsäure lässt sich am einfachsten durch Hydrolyse von Phosphor(III)-chlorid herstellen. Salze der Phosphinsäure erhält man durch die Disproportionierung von weißem Phosphor in stark alkalischen Lösungen. Neben Phosphinat-Ionen (H$_2$PO$_2^-$) entsteht dabei das gasförmige Phosphan PH$_3$:

P$_4$(s) + 3 OH$^-$(aq) + 3 H$_2$O(l)
→ 3 H$_2$PO$_2^-$(aq) + PH$_3$(g)

Zur Darstellung von Phosphinsäure-Lösungen lässt man beispielsweise eine Natriumphosphinat-Lösung mit einem stark sauren Ionenaustauscher reagieren: Das Austauscher-Harz nimmt die Natrium-Ionen der Salz-Lösung auf und gibt gleichzeitig Hydronium-Ionen ab.

19.27 Aufbau von Phosphorsäure (a), Phosphonsäure (b) und Phosphinsäure (c).

Phosphorsäure und ihre Salze

Reine Phosphorsäure (H_3PO_4) ist ein farbloser Feststoff, der bei 42 °C schmilzt. In Labor und Technik wird häufig eine konzentrierte wässerige Lösung der Säure mit einem Massenanteil von 85 % eingesetzt ($c(H_3PO_4) = 14{,}7 \text{ mol} \cdot l^{-1}$). Ihre hohe Viskosität beruht auf der ausgeprägten Ausbildung von Wasserstoffbrückenbindungen. Wie bereits erwähnt, wirkt die Säure nicht oxidierend. In Bezug auf den ersten Protolyseschritt ist Phosphorsäure eine recht starke Säure:

$$H_3PO_4(aq) + H_2O(l) \rightleftharpoons H_3O^+(aq) + H_2PO_4^-(aq); \quad pK_S = 2{,}0$$

Durch Umsetzung mit alkalischen Lösungen bilden sich dann auch Hydrogenphosphat- und Phosphat-Ionen (HPO_4^{2-}, PO_4^{3-}). Dementsprechend liegen je nach pH-Wert unterschiedliche Anionen vor (Abbildung 19.28).

Herstellung und Verwendung Für die meisten Anwendungsbereiche können kleine Anteile an Verunreinigungen toleriert werden. Man kann daher kostengünstig Rohphosphate mit Schwefelsäure umsetzen. Dabei erhält man eine Lösung von Phosphorsäure und einen Calciumsulfat-Niederschlag. Vereinfacht lässt sich der Vorgang folgendermaßen beschreiben:

$$Ca_3(PO_4)_2(s) + 3\, H_2SO_4(aq) \rightarrow 3\, CaSO_4(s) + 2\, H_3PO_4(aq)$$

Ein gewisses Problem bei diesem Verfahren ist die Entsorgung des Calciumsulfats. Ein Teil dieses Nebenprodukts wird im Baugewerbe verwendet, der Großteil muss jedoch auf Halden gelagert werden.

Der Großteil der Phosphorsäure wird bei der Düngemittelproduktion verbraucht, denn Phosphor ist ein für die Pflanzen lebenswichtiges Element. Ein wichtiges Produkt ist das sogenannte *Tripelphosphat*, das man durch den Aufschluss von Rohphosphaten mit Phosphorsäure erhält:

$$Ca_3(PO_4)_2(s) + 4\, H_3PO_4(aq) \rightarrow 3\, Ca(H_2PO_4)_2(s)$$

Die formal wasserreichste Form einer Oxosäure wird traditionell als *ortho*-Form bezeichnet. Durch Abspaltung eines Wasser-Moleküls pro Molekül der ortho-Form erhält man die *meta*-Form. In diesem Sinne wäre HPO_3 die Formel für meta-Phosphorsäure. Weiterer Wasserentzug führt letztlich zum Säureanhydrid. Die Wasserabspaltung kann jedoch auch – wie im Falle der Phosphorsäure – über zahlreiche Zwischenstufen erfolgen. HPO_3-Moleküle werden dabei *nicht* gebildet; es gibt aber ringförmige Moleküle des Typs $(HPO_3)_n$, die zusammenfassend als *Metaphosphorsäuren* bezeichnet werden.

Besonders reine Phosphorsäure stellt man durch Verbrennung von weißem Phosphor zu Phosphor(V)-oxid her. Dieses wird anschließend mit Wasser umgesetzt, wobei letzten Endes Phosphorsäure gebildet wird:

$$P_4(s) + 5\, O_2(g) \rightarrow P_4O_{10}(s)$$
$$P_4O_{10}(s) + 6\, H_2O(l) \rightarrow 4\, H_3PO_4(aq)$$

Reine Phosphorsäure spielt eine Rolle als Säuerungsmittel in Cola-Getränken ($\approx 500 \text{ mg} \cdot l^{-1}$).

Superphosphat Rohphosphate sind so schwer löslich, dass sie nicht direkt als Düngemittel eingesetzt werden können. Phosphatdünger enthalten überwiegend das relativ gut lösliche Calciumdihydrogenphosphat ($Ca(H_2PO_4)_2$). Meist wird das sogenannte Superphosphat verwendet. Es handelt sich dabei um ein Gemisch mit Calciumsulfat (Gips), wie es bei dem Aufschluss von Rohphosphaten mit der entsprechenden Menge an Schwefelsäure anfällt. Vereinfacht kann die Reaktion durch folgende Gleichung beschrieben werden:

$$Ca_3(PO_4)_2(s) + 2\, H_2SO_4(aq) \rightarrow Ca(H_2PO_4)_2(s) + 2\, CaSO_4(s)$$

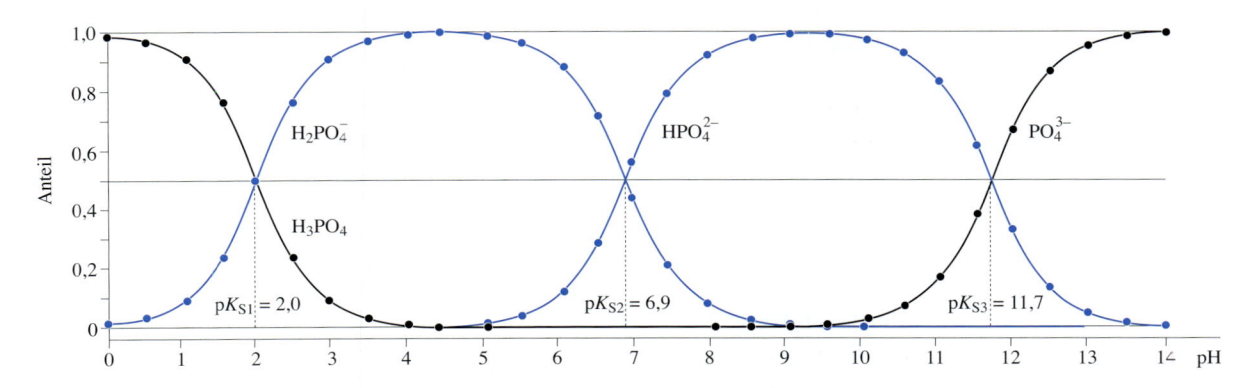

19.28 Anteile der verschiedenen Phosphat-Spezies in Abhängigkeit vom pH-Wert.

Auch Ammoniumphosphate werden als Düngemittel eingesetzt: Ammoniumhydrogenphosphat ($(NH_4)_2HPO_4$) und Ammoniumdihydrogenphosphat ($NH_4H_2PO_4$) sind nützliche Stickstoff/Phosphor-Kombinationsdünger.

Eine erhebliche technische Bedeutung haben Phosphate für den *Korrosionsschutz*, insbesondere bei der Behandlung von Autokarosserien und Blechen für Haushaltsgeräte. Als Korrosionsschutzmittel verwendet man saure, phosphathaltige Lösungen, die vor allem Zink- und Mangan-Ionen enthalten. Beim Kontakt dieser Lösung mit Stahlblechen löst sich oberflächlich etwas Eisen in der sauren Lösung auf. Die entstehenden Eisen(II)-Ionen bilden dann gemeinsam mit den übrigen Metall-Ionen schwerlösliche Phosphate, die im Wesentlichen Eisen und Zink als Kationen enthalten. Diese bilden eine etwa 10 μm dicke Schicht auf der Oberfläche des Stahlblechs. Diese Schicht ist nicht dicht genug, um das Blech effektiv und dauerhaft vor Korrosion zu schützen; sie sorgt jedoch dafür, dass die anschließend aufgebrachten Lackschichten besonders gut haften.

> Als Folge der hohen Gitterenergie – bedingt durch die hohe Ionenladung – sind die meisten Phosphate mit dem PO_4^{3-}-Anion schwerlöslich. Die Alkalimetall- und Ammoniumphosphate sind die einzigen Ausnahmen von dieser Regel.

Phosphate Von der dreiprotonigen Phosphorsäure leiten sich drei Reihen von Phosphaten ab: Die *Dihydrogenphosphate* mit dem $H_2PO_4^-$-Ion („primäre" Phosphate), die *Hydrogenphosphate* mit dem HPO_4^{2-}-Ion („sekundäre" Phosphate) und die eigentlichen *Phosphate* („tertiäre" Phosphate), die das PO_4^{3-}-Ion enthalten. In Lösung liegen diese drei Anionen in einem Gleichgewicht vor. Löst man beispielsweise Natriumphosphat (Na_3PO_4) in Wasser, so erhält man eine stark alkalische Lösung:

$$PO_4^{3-}(aq) + H_2O(l) \rightleftharpoons HPO_4^{2-}(aq) + OH^-(aq)$$
$$HPO_4^{2-}(aq) + H_2O(l) \rightleftharpoons H_2PO_4^-(aq) + OH^-(aq)$$

In den aufeinander folgenden Reaktionsschritten liegt das Gleichgewicht zunehmend weiter auf der linken Seite. Die Konzentration an Phosphorsäure-Molekülen ist somit extrem gering. Der pH-Wert der Lösung wird praktisch durch die erste Gleichgewichtsreaktion bestimmt.

Eine Lösung von Natriumhydrogenphosphat reagiert schwach alkalisch, da ein Teil der Hydrogenphosphat-Ionen in Dihydrogenphosphat-Ionen übergeht:

$$HPO_4^{2-}(aq) + H_2O(l) \rightleftharpoons H_2PO_4^-(aq) + OH^-(aq)$$

> **Nachweis von Phosphat-Ionen**
> Als wichtigstes Nachweisreagenz dient eine salpetersaure Lösung von Ammoniumheptamolybdat. Mit Phosphat-Ionen bildet sich ein schwerlöslicher gelber Niederschlag des Ammoniummolybdatophosphats: $(NH_4)_3[P(Mo_3O_{10})_4]$. Charakteristisch für die Anwesenheit von PO_4^{3-}- bzw. HPO_4^{2-}-Ionen ist auch die mit Silbernitrat gebildete Fällung des gelben Silberphosphats:
>
> $3\,Ag^+(aq) + HPO_4^{2-}(aq) \rightleftharpoons Ag_3PO_4(s)$
> $\qquad\qquad\qquad\qquad + H^+(aq)$
>
> Diphosphat- und Polyphosphat-Ionen ergeben eine weiße Fällung mit Silbernitrat-Lösung.

Eine Lösung von Natriumdihydrogenphosphat hingegen ist, bedingt durch folgende Reaktion, schwach sauer:

$$H_2PO_4^-(aq) + H_2O(l) \rightleftharpoons H_3O^+(aq) + HPO_4^{2-}(aq)$$

Abbildung 19.28 zeigt, wie die Anteile der einzelnen Phosphatspezies vom pH-Wert abhängen.

Feste Hydrogenphosphate und Dihydrogenphosphate kennt man nur von den einfach positiven Kationen wie den Alkalimetall- und Ammonium-Ionen und von wenigen zweifach positiven Kationen wie z.B. dem Calcium-Ion. Wie bereits in Abschnitt 10.6 erläutert, braucht man ein Kation mit niedriger Ladungsdichte, um ein großes, niedrig geladenes Anion zu stabilisieren. Die meisten zweifach positiven und alle dreifach positiven Metall-Ionen fällen den geringen Anteil an Phosphat-Ionen (PO_4^{3-}) aus einer Phosphatlösung. Dem Prinzip von Le Chatelier entsprechend werden die Gleichgewichte dann so verschoben, dass Phosphat-Ionen nachgebildet werden, was zu weiterem Metallphosphatniederschlag führt.

> *Hinweis:* Der Aufbau des Anions im Ammoniummolybdatophosphat-Niederschlag ist in Abschnitt 24.5 beschrieben. Dort wird auch die photometrische Bestimmung kleiner Phosphatgehalte nach der Phosphor-Molybdänblau-Methode erläutert.

Kondensierte Phosphorsäuren und ihre Salze

Erhitzt man Phosphorsäure auf Temperaturen von mehr als 200 °C, wird Wasser abgespalten, wobei Phosphorsäure-Moleküle über Sauerstoffbrücken zu größeren Molekülen verknüpft werden. Das erste Produkt dieser *Kondensationsreaktion* ist *Diphosphorsäure*, $H_4P_2O_7$. Wie in der Phosphorsäure selbst ist auch hier jedes Phosphor-Atom te-

19.29 Valenzstrichformeln von Phosphorsäure (a), Diphosphorsäure (b), Triphosphorsäure (c) und Tetraphosphorsäure (d).

19.30 Valenzstrichformeln der *cyclo*-Triphosphorsäure (a) und *cyclo*-Tetraphosphorsäure (b).

traedrisch koordiniert. Das nächste Produkt ist *Triphosphorsäure*, $H_5P_3O_{10}$ (Abbildung 19.29a–c).

$$2\ H_3PO_4(l) \xrightarrow{\Delta} H_4P_2O_7(l) + H_2O(g)$$
$$3\ H_4P_2O_7(l) \xrightarrow{\Delta} 2\ H_5P_3O_{10}(l) + H_2O(g)$$

Weitere Kondensationsschritte führen zu Produkten mit noch größeren Molekülen. Die Verbindungen mit kettenförmigem Aufbau (Abbildung 19.29d) bezeichnet man zusammenfassend als *Polyphosphorsäuren* (allgemeine Formel: $H_{n+2}P_nO_{3n+1}$).

Ab n = 4 treten auch verzweigte Ketten auf.

Neben der *intermolekularen* Wasserabspaltung erfolgt ab n = 3 auch eine *intramolekulare* Abspaltung von Wasser, die zu den ringförmigen Molekülen der sogenannten *Metaphoshorsäuren* führt. Wichtige Beispiele sind *cyclo*-Triphosphorsäure (Abbildung 19.30a) und *cyclo*-Tetraphosphorsäure (Abbildung 19.30b)

All diese Kondensationsprozesse laufen nebeneinander ab, sodass beim Erhitzen von Phosphorsäure ein Gemisch zahlreicher *Oligophosphorsäuren* entsteht.

Auch die Reaktion von Phosphor(V)-oxid mit Wasser führt zunächst zu kondensierten Phosphorsäuren, aus denen das Endprodukt der Reaktion, die ortho-Phosphorsäure (H_3PO_4), erst im Verlaufe vieler Stunden gebildet wird. Abbildung 19.31 stellt einen möglichen Reaktionsweg dar, bei dem *cyclo*-Tetraphosphorsäure ($H_4P_4O_{12}$) als Zwischenprodukt auftritt. Bei einer anderen Abfolge der Hydrolyseschritte kann intermediär auch *cyclo*-Triphosphorsäure ($H_3P_3O_9$) gebildet werden.

19.31 Schrittweise Hydrolyse von Phosphor(V)-oxid.

Hinweis: Der Begriff der *Wasserhärte* wird ausführlich in einem Exkurs (Abschnitt 16.7) erläutert. Zum Aufbau von Zeolithen vergleiche man Abschnitt 18.16.

Früher konnten Phosphate in den Kläranlagen nur zu einem Viertel zurückgehalten werden. Um 1980 stammten in Deutschland etwa 40 % des Phosphat-Eintrags in Oberflächengewässer aus Waschmitteln, der Rest überwiegend aus den Fäkalien. Die erhöhten Phosphatgehalte förderten vor allem in langsam fließenden oder stehenden Gewässern die Vermehrung von Algen, sodass sich die Biomasse stark vergrößerte. Diesen Prozess bezeichnet man als *Eutrophierung*. Da der Abbau der abgestorbenen Biomasse viel Sauerstoff verbraucht, sinkt die Sauerstoffkonzentration in eutrophen Gewässern so stark ab, dass Fische nicht überleben können. Auf dem Gewässergrund entsteht Faulschlamm, in dem anaerobe Abbauprozesse unter Bildung von Methan, Schwefelwasserstoff und Ammoniak ablaufen.

Phosphate als Lebensmittel-Zusatzstoffe
E 338 Phosphorsäure
E 339 Natriumphosphat
E 340 Kaliumphosphat
E 341 Calciumphosphat
E 450 Diphosphate (Na, K, Ca)
E 451 Triphosphate (Na, K)
E 452 Polyphosphate (Na, K, Ca)
E 541 saures Na/Al-Phosphat

Erhitzt man Natriumdihydrogenphosphat (NaH_2PO_4) auf über 600 °C und schreckt anschließend das glasartige Produkt ab, so erhält man das sogenannte **Grahamsche Salz**, ein Gemisch linearer Polyphosphate $Na_nH_2P_nO_{3n+1}$ mit n = 30 bis 90. Früher bestand das als Wasserenthärtungsmittel verwendete *Calgon* überwiegend aus Grahamschem Salz. Heute enthält Calgon keine Phosphate, sondern den als Ionenaustauscher wirkenden Zeolith A.

Phosphate im Alltag Pentanatriumtriphosphat ($Na_5P_3O_{10}$) wurde bis in die Achtzigerjahre des 20. Jahrhunderts in großen Mengen Waschmitteln zugesetzt, da es mit Calcium- und Magnesium-Ionen im Leitungswasser zu löslichen Komplexen reagiert und auf diese Weise das Wasser enthärtet.

Nachdem als umweltfreundlicher Phosphatersatzstoff der als Ionenaustauscher wirkende Zeolith A eingesetzt werden konnte, kamen zunehmend phosphatfreie Waschmittel auf den Markt.

Natriumphosphat ($Na_3PO_4 \cdot 12\, H_2O$) ist aufgrund der stark alkalischen Reaktion seiner wässerigen Lösung Bestandteil einiger Reinigungsmittel für den Einsatz in Geschirrspülern. Auch manche Abbeizmittel zur Entfernung von Anstrichen auf alten Möbeln enthalten dieses Salz. Eine ganze Reihe von Phosphaten und Hydrogenphosphaten des Natriums, des Kaliums und des Calciums werden als *Lebensmittel-Zusatzstoffe* verwendet. So wird Natriumhydrogenphosphat bei der Herstellung von Schmelzkäse eingesetzt, wenn auch bis heute nicht völlig geklärt ist, warum dieses Salz bei der Käseproduktion hilfreich ist.

Die Funktion von *Backpulvern* beruht häufig auf der Reaktion von Natriumdihydrogendiphosphat mit Natriumhydrogencarbonat, wobei das für das Backen wichtige Kohlenstoffdioxid entsteht:

$$H_2P_2O_7^{2-}\,(aq) + 2\,HCO_3^-\,(aq) \rightarrow P_2O_7^{4-}(aq) + 2\,CO_2(g) + 2\,H_2O(l)$$

Calciumphosphate wie $CaHPO_4$ nutzt man als relativ weiche Schleif- und Poliermittel in Zahnpasta. Bei dem in Handfeuerlöschern für konventionelle Brände (Brandklassen A, B und C) verwendeteten *ABC-Pulver* handelt es sich um ein Gemisch von Ammoniumphosphaten ($NH_4H_2PO_4$, $(NH_4)_2HPO_4$). Die Löschwirkung beruht auf der durch thermische Zersetzung (neben Ammoniak und Wasserdampf) entstehenden Polyphosphorsäure. Sie bildet eine zähflüssige Schutzschicht, die den Zutritt von Sauerstoff verhindert. Ammoniumphosphate werden deshalb auch zur Bekämpfung von Waldbränden und als Flammschutzmittel für Textilien und Papier (Vorhänge, Bühnenbilder, Wegwerfkostüme) eingesetzt. Streichhölzer besprüht man einer $NH_4H_2PO_4$-Lösung, um ein Nachglühen nach Erlöschen der Flamme zu verhindern.

19.11 Phosphoroxide und Phosphorsulfide

Phosphor bildet eine recht große Anzahl an Oxiden und Sulfiden. Einige von ihnen sind technische Massenprodukte oder wertvolle Laborreagenzien. Ihre Strukturen ähneln sich, weisen jedoch auch charakteristische Unterschiede auf.

Phosphoroxide

Phosphor bildet zwei wichtige Oxide: Phosphor(III)-oxid (P_4O_6) und Phosphor(V)-oxid (P_4O_{10}). Beide sind bei Raumtemperatur weiße Feststoffe. Phosphor(III)-oxid kann durch Erhitzen von weißem Phosphor in einer sauerstoffarmen Atmosphäre hergestellt werden:

$$P_4(s) + 3\,O_2(g) \rightarrow P_4O_6(s); \quad \Delta H_R^0 = -2\,270\,kJ \cdot mol^{-1}$$

Das wichtigere Phosphor(V)-oxid erhält man bei der Verbrennung von weißem Phosphor mit überschüssigem Sauerstoff:

$$P_4(s) + 5\,O_2(g) \rightarrow P_4O_{10}(s); \quad \Delta H_R^0 = -3\,010\,kJ \cdot mol^{-1}$$

Die Strukturen der beiden Oxide weisen das gleiche Grundgerüst auf (Abbildung 19.32). Im Phosphor(V)-oxid ist zusätzlich an jedes der vier Phosphor-Atome noch ein weiteres, terminales Sauerstoff-Atom gebunden. Mittlerweile kennt man auch alle weiteren, wenngleich sehr schwierig darstellbaren Phosphoroxide, P_4O_n (n = 7–9), deren Strukturen sich vom gleichen Grundgerüst ableiten.

Die Strukturen machen deutlich, warum man beispielsweise für Phosphor(V)-oxid die Formel P_4O_{10} und nicht P_2O_5 verwendet.

> Phosphor(V)-oxid wird als wirksames Trocken- und Dehydratisierungsmittel genutzt, da es mit Wasser heftig reagiert, wobei verschiedene kondensierte Phosphorsäuren entstehen. Phosphor(V)-oxid dehydratisiert eine Vielzahl von Verbindungen. Aus Salpetersäure beispielsweise erhält man Distickstoffpentaoxid und aus organischen Amiden ($RCONH_2$) Nitrile (RCN).

P_4O_6 P_4O_{10}

19.32 Strukturen von Phosphor(III)-oxid und Phosphor(V)-oxid.

Phosphorsulfide

Phosphor(V)-sulfid (P_4S_{10}) wird jährlich im Umfang von einigen Hunderttausend Tonnen produziert. Man verwendet es unter anderem für die Herstellung von Insektiziden.

Die Zahl der stabilen Phosphorsulfide ist deutlich größer als die der Oxide. Im Gegensatz zu P_4O_6 und P_4O_{10}, bei denen die Phosphor-Atome stets über Sauerstoffbrücken miteinander verknüpft sind, treten in einigen Phosphorsulfiden auch Phosphor/Phosphor-Bindungen auf (Abbildung 19.33). Gelegentlich liegen sogar gleichzeitig Phosphor/Phosphor-Bindungen, Schwefelbrücken und terminale Phosphor/Schwefel-Bindungen vor. Dies zeigt, dass deren Bindungsenergien von vergleichbarer Größe sind.

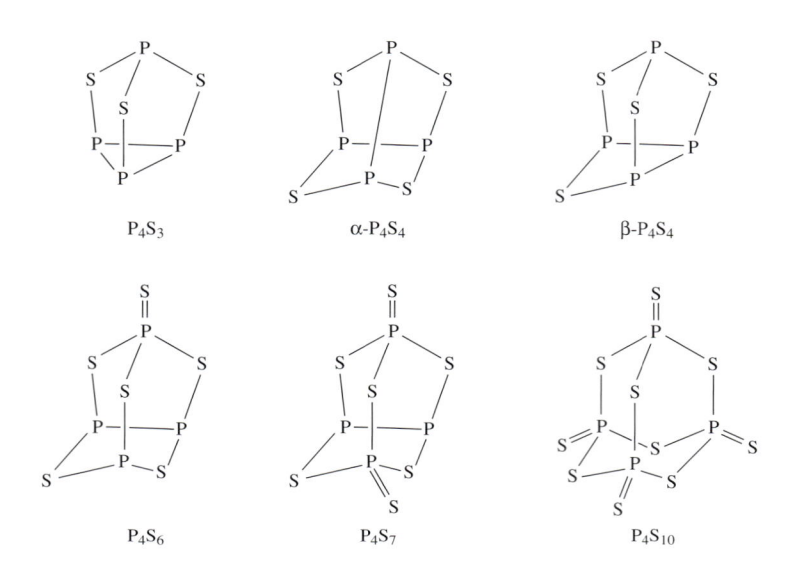

19.33 Strukturen einiger Phosphorsulfide.

19.12 Phosphor/Halogen-Verbindungen

Wie bei den Oxiden spielen auch bei den Halogeniden des Phosphors die Oxidationsstufen III und V die größte Rolle. Darüber hinaus sind einige Subhalogenide der Zusammensetzung P_2X_4 bekannt, die wegen ihrer geringen Bedeutung hier jedoch nicht behandelt werden sollen. Als technische Massenprodukte werden hingegen das Phosphor(V)-oxidchlorid ($POCl_3$) und Phosphor(V)-sulfidchlorid ($PSCl_3$) im Rahmen dieses Abschnittes besprochen.

Phosphor(III)-halogenide

Die Phosphor(III)-halogenide sind molekulare Verbindungen mit niedrigen Schmelz- und Siedetemperaturen. PF_3, das aus PCl_3 durch Umsetzung mit Zinkfluorid zugänglich ist, hat eine Siedetemperatur von −101 °C und unterscheidet sich darin erheblich von PCl_3 (Siedetemperatur 76 °C).

Die Moleküle der Phosphor(III)-halogenide sind jeweils pyramidal gebaut; die Bindungswinkel liegen zwischen 97° (PF_3) und 102° (PI_3).

Phosphor(III)-fluorid ist ein sehr giftiges Gas, da es – wie Kohlenstoffmonoxid – mit Hämoglobin eine Komplexverbindung bildet und so die Sauerstoffatmung unterbindet. Diese Analogie zwischen Phosphor(III)-fluorid und Kohlenstoffmonoxid wird an zahlreichen Komplexverbindungen der Übergangsmetalle deutlich. Hier kann PF_3 an die Stelle von CO treten.

Phosphor(III)-fluorid ist gegenüber Wasser relativ beständig. In dieser Hinsicht schließt es sich an das Verhalten anderer Halbmetall- und Nichtmetallfluoride an, die alle sehr viel weniger reaktiv gegenüber Wasser sind als die Chlor-, Brom- oder Iodverbindungen. Nicht zuletzt ist diese Verhaltensweise eine Folge der hohen Bindungsenergie der Nichtmetall-Fluor-Bindung.

Phosphor(III)-chlorid ist eine farblose, stechend riechende, sehr feuchtigkeitsempfindliche Flüssigkeit.

PCl_3 ist die wichtigste Ausgangsverbindung für einen großen Bereich der Phosphorchemie. Zum einen können die Chlor-Atome problemlos durch – vornehmlich organische – Substituenten ersetzt werden, zum anderen kann es durch Oxidationsreaktionen in Verbindungen mit Phosphor in der Oxidationsstufe V überführt werden, die ihrerseits wiederum wichtige Ausgangsverbindungen darstellen. So liefern die Umsetzungen mit Sauerstoff, Schwefel bzw. Chlor die Verbindungen $POCl_3$, $PSCl_3$, PCl_5. Abbildung 19.34 gibt eine Übersicht über einige wichtige Reaktionen des Phosphor(III)-chlorids.

Phosphor(III)-chlorid reagiert mit Wasser zu *Phosphonsäure* (H_3PO_3, früher Phosphorige Säure genannt) und Chlorwasserstoffgas:

$$PCl_3(l) + 3\ H_2O(l) \rightarrow H_3PO_3(l) + 3\ HCl(g)$$

Dieses Verhalten steht im Gegensatz zu dem des Stickstoff(III)-chlorids. Dieses hydrolysiert, wie bereits erwähnt, zu Ammoniak und Hypochloriger Säure:

$$NCl_3(l) + 3\ H_2O(l) \rightarrow NH_3(g) + 3\ HClO(aq)$$

Dies entspricht den Polaritäten der chemischen Bindungen zwischen Stickstoff- bzw. Phosphor- und Chlor-Atomen (Abbildung 19.35).

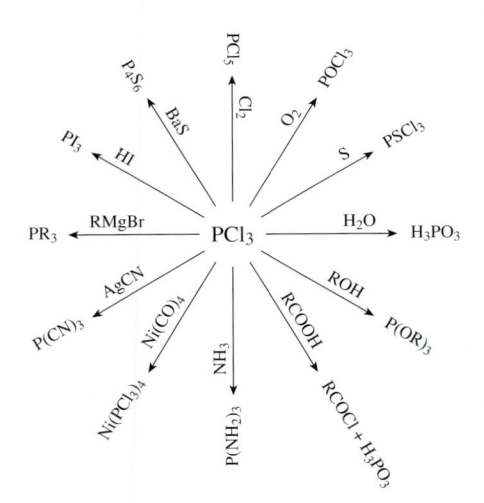

Weltweit werden jährlich nahezu 10^6 t PCl_3 durch die Umsetzung von Phosphor mit Chlor hergestellt. Auch Phosphor(III)-bromid und Phosphor(III)-iodid können aus den Elementen oder auch aus Phosphor(III)-chlorid dargestellt werden. Sie haben keine große praktische Bedeutung.

19.34 Reaktionen von Phosphor(III)-chlorid im Überblick.

19.35 Vorgeschlagener Mechanismus für den ersten Schritt der Reaktion zwischen Phosphor(III)-chlorid und Wasser (a) bzw. Stickstoff(III)-chlorid und Wasser (b).

Phosphor(V)-halogenide

Die drei bekannten Phosphor(V)-halogenide PF_5, PCl_5 und PBr_5 weisen ganz unterschiedliche Strukturen auf. PF_5 ist eine typische Molekülverbindung, bei der die fünf Fluor-Atome das zentrale Phosphor-Atom in Form einer trigonalen Bipyramide umgeben. Festes PCl_5 hat hingegen eine salzartige Struktur mit tetraedrischen PCl_4^+-Kationen und oktaedrischen PCl_6^--Anionen. Im festen PBr_5 liegen analoge PBr_4^+-Kationen vor; das Anion ist jedoch ein Bromid-Ion (Brom-Atome sind offenbar zu groß, um ein dem PCl_6^- analoges Anion zu bilden). Die Existenz von PI_5 ist bis heute umstritten. Die Strukturen der Phosphor(V)-halogenide sind in Abbildung 19.36 zusammengestellt.

Phosphor(V)-fluorid ist eine bei Normalbedingungen gasförmige, hydrolyseunempfindliche Verbindung. Sie kann durch Fluorierung von Phosphor(V)-chlorid mit Antimon(III)-fluorid erhalten werden. Das aus den Elementen zugängliche *Phosphor(V)-chlorid* ist trotz seiner ionischen Struktur in manchen unpolaren organischen Lösemitteln recht gut löslich. Dies zeigt, dass molekulares PCl_5 offenbar eine sehr ähnliche Energie hat wie das ionisch aufgebaute PCl_5. Darauf deutet auch die sehr niedrige Sublimationstemperatur von 159 °C hin; im Dampf zersetzt sich PCl_5 jedoch mit steigender Temperatur schnell zunehmend in Phosphor(III)-chlorid und Chlor. Wie auch Phosphor(III)-chlorid reagiert es mit Wasser, allerdings in zwei Reaktionsschritten. Der erste Schritt führt zu Phosphoroxidchlorid ($POCl_3$).

> Phosphor(V)-bromid ist thermisch wesentlich instabiler als Phosphor(V)-chlorid, sodass es nicht überrascht, dass Phophor(V)-iodid bis heute nicht hergestellt werden konnte.

$$PCl_5(s) + H_2O(l) \rightarrow POCl_3(l) + 2\ HCl(g)$$

$$POCl_3(l) + 3\ H_2O(l) \rightarrow H_3PO_4(l) + 3\ HCl(g)$$

19.36 Strukturen der Phosphor(V)-halogenide Phosphor(V)-fluorid (a), Phosphor(V)-chlorid (b) und Phosphor(V)-bromid (c).

Pseudorotation Die Molekülstruktur von PF_5 lässt zwei unterschiedliche Fluor-Atome erwarten: Die beiden axialen Fluor-Atome haben eine andere Umgebung als die drei äquatorialen Fluor-Atome. Mithilfe der ^{19}F-Kernresonanzspektroskopie (siehe Exkurs zur NMR-Spektroskopie in Abschnitt 14.1) sollte es problemlos möglich sein, diese Fluor-Atome aufgrund ihrer unterschiedlichen Umgebung zu unterscheiden. Man findet jedoch nur ein einziges Signal. Das weist im Widerspruch zu der sehr genau bekannten Struktur des Moleküls darauf hin, dass alle Fluor-Atome äquivalent sind. Die Lösung dieses Problems liegt in einem ungewöhnlichen Phänomen, der sogenannten *Pseudorotation*, häufig nach ihrem Entdecker auch als *Berry-Pseudorotation* bezeichnet:

Alle Moleküle führen temperaturbedingte Schwingungen aus. Im Zuge einer solchen Schwingungsbewegung können sich die Bindungslängen und Bindungswinkel im Molekül periodisch ändern (Valenz- und Deformationsschwingungen). Bei einer bestimmten Deformationsschwingung kann das trigonal pyramidale Molekül für eine kurze Zeit in einen quadratisch-pyramidalen Übergangszustand übergehen (Abbildung 19.37). Bei der Fortsetzung dieser Schwingungsbewegung können nun zwei ehemals äquatoriale Fluor-Atome (Atome 2 und 3 in Abbildung 19.37) die Position der ursprünglich axialen Fluor-Atome (1 und 5) einnehmen. Insgesamt gesehen haben dann äquatoriale und axiale Fluor-Atome ihre Plätze getauscht. Dieser Vorgang geht

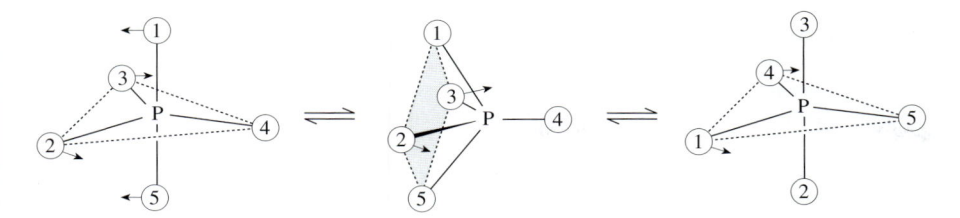

19.37 Pseudorotation beim Phosphor(V)-fluorid.

so schnell vonstatten, dass die Kernresonanzspektroskopie nur eine zeitlich gemittelte Struktur wiedergibt. Bei den analog gebauten SF_4- oder ClF_3-Molekülen, die eine höhere Aktivierungsbarriere für den Platzwechsel der Fluor-Atome aufweisen, werden bei sehr tiefen Temperaturen die Schwingungsbewegungen weitgehend „eingefroren", sodass sich die zwei unterschiedlichen Positionen der Fluor-Atome auch durch zwei Kernresonanzsignale äußern.

Phosphor(V)-oxidchlorid und Phosphor(V)-sulfidchlorid

Eine der wichtigsten industriell hergestellten Phosphorverbindungen ist *Phosphoroxidchlorid* ($POCl_3$). Diese toxische Flüssigkeit, die an feuchter Luft Nebel bildet, erhält man durch Oxidation von Phosphortrichlorid:

$$2\ PCl_3(l) + O_2(g) \rightarrow 2\ POCl_3(l)$$

Eine Vielzahl von Chemikalien wird aus Phosphoroxidchlorid hergestellt. So ist das meist als *TBP* abgekürzte *Tri-n-butylphosphat* (($C_5H_{11}O)_3PO$) ein nützliches, selektives Lösemittel, zum Beispiel für die Trennung von Uran- und Plutoniumverbindungen. Ähnliche Verbindungen dienen als Flammschutzmittel, die auf Kinderkleidung, Flugzeug- und Zugsitze, Vorhänge und viele andere Dinge des täglichen Lebens aufgebracht werden.

Phosphor(V)-sulfidchlorid ($PSCl_3$) hat als Ausgangsverbindung für zahlreiche Insektizide eine beträchtliche praktische Bedeutung. Auf diese Verbindungen, ihre Anwendungen und ihre Giftigkeit gehen wir im nachfolgenden Exkurs näher ein.

Phosphorverbindungen im Pflanzenschutz

EXKURS

Man schätzt, dass weltweit etwa ein Drittel der Ernte durch Pilzbefall der Pflanzen, durch Insekten und durch konkurrierenden Unkrautwuchs vernichtet wird. Die Notwendigkeit des Pflanzenschutzes ist insbesondere in den Ländern mit Nahrungsmittelknappheit unumstritten.

Schon seit dem Altertum hat man versucht, chemische Stoffe zur Vermeidung von Ernteverlusten einzusetzen. Vor etwa 100 Jahren begann die systematische Suche nach Stoffen, die insbesondere gegen Virus- und Pilzerkrankungen sowie gegen Insekten wirksam waren. Neben einigen anorganischen Verbindungen wie Kupferarsenat ($Cu_3(AsO_4)_2 \cdot 2\ H_2O$) und Calciumcyanamid (CaNCN, *Kalkstickstoff*) verwendete man auch natürlich vorkommende organische Verbindungen, wie das sehr giftige Nikotin. 1939 entdeckte der Chemiker Paul Müller die insektiziden Eigenschaften einer lange bekannten Verbindung, des als DDT bezeichneten *Dichlor-diphenyltrichlorethans* (Abbildung 19.38a). Er erhielt dafür 1948 den Nobelpreis für Medizin, denn die Anwendung von DDT gegen die Anopheles-Mücke als Überträger der Malaria rettete Millionen von Menschen das Leben. Heute wird DDT wegen seiner schlechten biologischen Abbaubarkeit kaum noch verwendet. DDT-Rückstände wur-

Paul Hermann **Müller**, schweizerischer Chemiker und Direktor bei Geigy, 1899–1965; 1948 Nobelpreis für Medizin (für die Entdeckung der hohen Wirksamkeit von DDT als Kontaktgift gegen verschiedene Arthropoden)

den in Tieren gefunden, die das Ende der Nahrungskette darstellen, wie zum Beispiel einigen Greifvogelarten, deren Bruterfolge dadurch beeinträchtigt wurden. Es stellte sich auch heraus, dass einige Insektenarten resistent gegen DDT waren, die so eine enorme Vermehrungschance erhielten. Als ähnlich wirksam wie DDT erwies sich das besser abbaubare Lindan (Abbildung 19.38b), welches wiederum durch noch leichter abbaubare und schneller wirksame Phosphorverbindungen abgelöst wurde. In diesem Zusammenhang spielen Phosphorsäureester und Thiophosphorsäureester eine bedeutende Rolle. Insbesondere ihre schnelle Wirksamkeit sowie vollständige und rasche biologische Abbaubarkeit haben dieser Verbindungsklasse heute einen breiten Markt verschafft. Sie stören das Nervensystem der Insekten und wirken sehr schnell tödlich.

Als Ausgangsverbindung für die Herstellung werden häufig Phosphoroxidchlorid, Phosphorsulfidchlorid und Phosphor(V)-sulfid verwendet. Die Strukturformeln einiger heute gebräuchlicher Insektizide und ihr Trivialname (Handelsbezeichnung) sind in Abbildung 19.38(c, d, e) angeführt. Der LD_{50}-Wert ist ein Maß für die Giftigkeit chemischer Stoffe. Er entspricht der Menge an Wirkstoff (in mg pro kg Körpergewicht der Versuchstiere), die nach oraler Verabreichung ausreicht, um innerhalb von 2 Wochen 50 % der Versuchstiere (häufig Mäuse) zu töten.

Chemisch eng verwandt mit derartigen Insektiziden und ganz ähnlich herzustellen sind einige Verbindungen, die eine unrühmliche Verwendung als chemische Kampfstoffe (Nervengase) gefunden haben. Zu ihnen zählen *Tabun* (Abbildung 19.38f) sowie die Derivate der Phosphonsäure *Soman* und *Sarin* (Abbildung 19.38g, h). Kampfgase enthalten häufig Fluor-Atome, die aufgrund ihrer geringen Polarisierbarkeit einen hohen Dampfdruck der Verbindungen bewirken, sodass diese eingeatmet werden können und dann schwere Schäden des Nervensystems bzw. den Tod bewirken.

a DDT LD_{50}: 250–300 mg/kg

b Lindan LD_{50}: 125–200 mg/kg

c Parathion (E 605) LD_{50}: 13 mg/kg

d Malathion LD_{50}: 1500–2800 mg/kg

e Systox (Dimeton) LD_{50}: 30 mg/kg

f Tabun LD_{50}: 0,08 mg/kg

g Soman LD_{50}: 0,01 mg/kg

h Sarin LD_{50}: 0,025 mg/kg

19.38 Strichformeln einiger geläufiger Insektizide (a bis e) sowie der Kampfgase Tabun, Sarin und Soman (f bis h).

19.13 Phosphor/Wasserstoff-Verbindungen (Phosphane) und Metallphosphide

Phosphor bildet zahlreiche Verbindungen mit Wasserstoff. Mit Ausnahme der einfachsten Verbindung PH_3 (Phosphan) sind in diesen *Phosphanen* die Phosphor-Atome durch Einfachbindungen zu Ketten, Ringen und Käfigen verknüpft. In ihnen wird eine gewisse Beziehung zwischen der Chemie des Kohlenstoffs, der schräg über dem Phosphor im Periodensystem steht, und der des Phosphors deutlich (Schrägbeziehung). PH_5-Moleküle (*Phosphoran*) konnten bis heute nicht nachgewiesen werden. Ursache ist wohl die hohe Bindungsenthalpie im H_2-Molekül (436 kJ), die den Zerfall von Phosphoran in Phosphan und Wasserstoff energetisch begünstigt.

> Die Wasserstoff-Atome in den Phosphanen können formal durch Metall-Atome ersetzt werden. Auf diese Weise gelangt man in die Stoffklasse der Metallphosphide. Wir wollen hier das Phosphan, ausgewählte Polyphosphane sowie Metallphosphide besprechen.

Phosphan

Das gelegentlich auch als *Monophosphan* und früher als *Phosphin* bezeichnete Phosphan (PH_3) ist von den zahlreichen Phosphanen am besten untersucht.

PH_3 ist ein farbloses, brennbares, hochgiftiges Gas von intensivem, an Knoblauch erinnernden Geruch. Man kann es durch Reaktion von Phosphiden unedler Metalle wie der Alkali- oder Erdalkalimetalle mit Wasser herstellen:

$$Ca_3P_2(s) + 6\,H_2O(l) \rightarrow 2\,PH_3(g) + 3\,Ca(OH)_2(s)$$

Obwohl Phosphan das schwerere Homologe des Ammoniaks ist, unterscheiden sich die beiden Wasserstoffverbindungen beträchtlich: Die P/H-Bindung ist sehr viel weniger polar als die N/H-Bindung, Phosphan bildet daher kaum Wasserstoffbrückenbindungen aus. Als Konsequenz hieraus liegt die Siedetemperatur von PH_3 mit $-88\,°C$ trotz der höheren molaren Masse deutlich unter der des Ammoniaks ($-33\,°C$). Es reagiert im Gegensatz zu NH_3 in wässeriger Lösung weder als Säure noch als Base; anders als Ammoniak besitzt es jedoch ein beträchtliches Reduktionsvermögen. So reduziert es Cu(II)-Lösungen zu elementarem Kupfer, während Ammoniak das Tetraamminkupfer(II)-Ion ($[Cu(NH_3)_4]^{2+}$) bildet.

Im Phosphan beträgt der H/P/H-Bindungswinkel nur 93°, ist also viel kleiner als der H/N/H-Winkel im Ammoniak-Molekül mit 107°. Dieser kleine Bindungswinkel deutet darauf hin, dass das Phosphor-Atom eher p-Orbitale als sp^3-Hybridorbitale für die Bindung zu den Wasserstoff-Atomen verwendet.

> Das dem Ammonium-Ion homologe Phosphonium-Ion PH_4^+ bildet sich nur in wenigen Fällen. Ein Beispiel ist die folgende Reaktion:
>
> $$PH_3(g) + HI(g) \rightarrow PH_4I(s)$$
>
> Im Gegensatz zu Ammoniumsalzen wird Phosphoniumiodid durch Wasser vollständig zerlegt:
>
> $$PH_4I(s) \xrightarrow{Wasser} PH_3(g) + H^+(aq) + I^-(aq)$$
>
> *Hinweis*: Obwohl es für Phosphan selbst nur wenige Anwendungen gibt, sind substituierte Phosphane wichtige Reagenzien in der Komplexchemie der Übergangsmetalle, wie wir in Kapitel 23 sehen werden. Das wichtigste der substituierten Phosphane ist *Triphenylphosphan*, $P(C_6H_5)_3$, oft abgekürzt als PPh_3.

Höhere Phosphane

Da das Phosphor-Atom ein Valenzelektron mehr aufweist als das Kohlenstoff-Atom, entspricht ein Phosphor-Atom formal einer CH-Einheit. Eine den Alkanen (allgemeine Formel: C_nH_{2n+2}) entsprechende allgemeine Formel lautet also P_nH_{n+2}. Man kennt heute kettenförmige Phosphane bis zu n = 6. Gleichfalls in Analogie zu den Wasserstoffverbindungen des Kohlenstoffs sind auch einige cyclische Phosphane wie P_5H_5 und P_6H_6 bekannt. Phosphor neigt in besonderem Maße zur Ausbildung von Käfigstrukturen. Das einfachste Beispiel ist das P_4-Molekül im weißen Phosphor. In der Phosphanchemie begegnen wir zahlreichen Beispielen für derartige Käfigstrukturen.

Das am einfachsten zusammengesetzte höhere Phosphan ist das *Diphosphan* P_2H_4. Es entsteht durch Hydrolyse des Calciumphosphids CaP. CaP ist ein typischer Vertreter der sogenannten Zintl-Phasen (siehe Exkurs in Abschnitt 6.2). Die salzartige Verbindung enthält Ca^{2+}-Ionen sowie formal P^{2-}-Ionen. Ein P^{2-}-Ion mit sieben Valenzelektronen ist isoelektronisch mit einem Atom der Gruppe 17, also zum Beispiel dem Chlor-Atom. So wie Chlor als Cl_2-Molekül vorliegt, findet man im CaP auch zweiatomige P_2^{4-}-Ionen. Diese Einheiten bleiben bei der Hydrolysereaktion erhalten, es bildet sich P_2H_4:

$$Ca_2P_4(s) + 4\,H_2O(l) \rightarrow P_2H_4(g) + 2\,Ca(OH)_2(aq)$$

Reaktionen, bei denen Strukturelemente der Ausgangsstoffe erhalten bleiben, bezeichnet man allgemein als *topotaktische Reaktionen*.

P_2H_4 ist an Luft selbstentzündlich. Da es meist als Nebenprodukt bei der Darstellung von Phosphan auftritt, scheint auch PH_3 selbstentzündlich zu sein. Für reines PH_3 trifft dies jedoch nicht zu.

Von den zahlreichen käfigartig aufgebauten Phosphanen wollen wir hier einen Vertreter, das P_7H_3, besprechen. Das Molekül hat den gleichen Aufbau wie das isoelektronische P_4S_3 (Abbildung 19.33). An die Stelle der drei Schwefel-Atome treten isoelektronische PH-Gruppierungen. Die enge strukturelle Verwandschaft ist in Abbildung 19.39 dargestellt.

Auch im P_7H_3 tritt – wie im weißen Phosphor – ein Dreiring auf, ein ungewöhnliches Strukturelement, das in der Chemie des Phosphors besonders häufig anzutreffen ist. P_7H_3 kann durch Umsetzung von Wasser mit Na_3P_7, einer salzartigen Verbindung, die den P_7^{3-}-Käfig enthält, dargestellt werden. Mit starken Basen wie Butyl-Lithium (LiC_4H_9) kann es in Li_3P_7 überführt werden. Diese in einigen organischen Lösemitteln gut lösliche Verbindung zeigt in Lösung die ungewöhnliche Eigenschaft der *Valenzfluktuation*. Dies bedeutet, dass die chemischen Bindungen nicht fixiert sind. Sie werden sehr schnell gelöst und wieder neu geknüpft, dann aber zwischen anderen Atomen. Im P_7-Käfig gibt es Phosphor-Atome mit drei unterschiedlichen Umgebungen: Die drei Atome 1, 2 und 3, die Atome 4, 5 und 6, sowie das Atom 7 (Abbildung 19.40). Diese drei Sorten von Phosphor-Atomen sollten sich im ^{31}P-Kernresonanzspektrum deutlich voneinander unterscheiden. Tatsächlich findet man jedoch nur ein einziges Signal; auf der Zeitskala der Kernresonanzspektroskopie sind also alle Phosphor-Atome gleich. Erst bei Temperaturen unterhalb von –60 °C werden die drei erwarteten Signale beobachtet; der Umordnungsprozess kann also „eingefroren" werden. In Abbildung 19.40 sind zwei der insgesamt 1680 Valenztautomeren dargestellt. In Käfig a bilden die Atome 1, 2 und 3 den 3-Ring. Durch Lösen der Bindung zwischen den Atomen 1 und 3 und Knüpfen einer Bindung zischen den Atomen 4 und 6 bilden in dem Tautomeren b die Atome 4, 6 und 7 den 3-Ring.

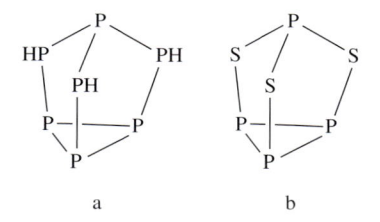

19.39 Strukturen der isoelektronischen Verbindungen P_7H_3 (a) und P_4S_3 (b).

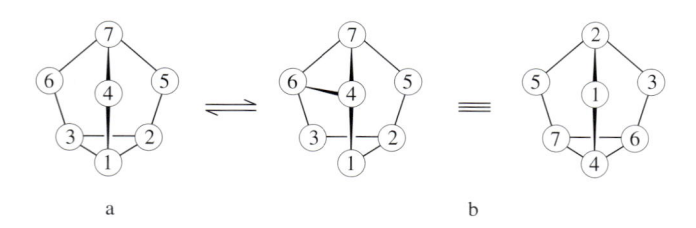

19.40 Valenzfluktuation des P_7^{3-}-Ions in Li_3P_7. Durch Lösen der Bindung zwischen Atom 1 und 3 und Neuknüpfung zwischen Atom 4 und 6 verwandelt sich das Valenztautomere (a) in das Valenztautomere (b).

Metallphosphide

Eines der wenigen Phosphide, das industriell hergestellt wird, ist Ca_3P_2. Es entwickelt bei der Reaktion mit Wasser das giftige Phosphan. Diese Reaktion wird genutzt, um Schädlinge wie Wühlmäuse zu vernichten.

Phosphor bildet mit beinahe allen Elementen binäre Verbindungen. Die Verbindungen von Phosphor mit den Metallen werden Phosphide genannt. Die Zahl der Metallphosphide ist um ein Vielfaches größer als beispielsweise die Zahl der Metalloxide oder -sulfide. Wesentlicher Grund für diese Vielfalt ist die Neigung des Phosphors zur Ausbildung von Phosphor/Phosphor-Bindungen, die auch bei den Metallphosphiden in großem Umfang beobachtet wird. Diese führt zu überwiegend ungewöhnlichen Zusammensetzungen der Metallphospide, die mit den einfachen valenzchemischen Regeln nicht vorausgesagt werden können. So bilden beispielsweise die Alkalimetalle Phosphide mit Zusammensetzungen zwischen M_3P und MP_{15} (Tabelle 19.4). Lediglich in den Phosphiden der Zusam-

19.14 Phosphor/Stickstoff-Verbindungen

Tabelle 19.4 Phosphide der Alkalimetalle

Li$_3$P	LiP		Li$_3$P$_7$		LiP$_5$	LiP$_7$			LiP$_{15}$
Na$_3$P	NaP		Na$_3$P$_7$	Na$_3$P$_{11}$		NaP$_7$			NaP$_{15}$
K$_3$P	KP	K$_4$P$_6$	K$_3$P$_7$				KP$_{10,3}$		KP$_{15}$
		Rb$_4$P$_6$	Rb$_3$P$_7$			RbP$_7$	RbP$_{10,3}$	RbP$_{11}$	RbP$_{15}$
		Cs$_4$P$_6$	Cs$_3$P$_7$	Cs$_3$P$_{11}$		CsP$_7$		CsP$_{11}$	CsP$_{15}$

mensetzung M$_3$P liegen isolierte P^{3-}-Ionen vor. In allen übrigen ist die Ausbildung von Phosphor/Phosphor-Bindungen wesentliches Strukturmerkmal. Die zu den *Zintl-Verbindungen* zählenden Phosphide der Alkali- und Erdalkalimetalle sind feuchtigkeitsempfindlich. Im Gegensatz dazu können die Phosphide der Übergangsmetalle häufig nur in stark oxidierenden Säuren aufgelöst werden. Metallreiche Übergangsmetallphosphide sind in der Regel metallisch glänzende Verbindungen von hoher thermischer Stabilität und hoher elektrischer und thermischer Leitfähigkeit. Ihre Schmelztemperaturen sinken tendenziell mit steigendem Phosphorgehalt. Phosphorreiche Übergangsmetallphosphide sind in der Regel thermisch weniger stabil; vielfach handelt es sich um Halbleiter.

19.41 Valenzstrichformel für ein Phosphazan (Dimethylamino-difluorphosphan, a) und ein Phosphazen (b).

19.14 Phosphor/Stickstoff-Verbindungen

Chemische Bindungen zwischen Phosphor und Stickstoff sind recht stabil; sie sind jedoch in verschiedener Hinsicht ungewöhnlich: Im Gegensatz zu Bindungen zwischen Atomen der zweiten Periode gibt es in der Phosphor-Stickstoff-Chemie keinen klaren Zusammenhang zwischen Bindungslänge und Bindungsordnung. Auch Strukturvorhersagen mit dem VSEPR-Modell versagen hier recht häufig. Diese ungewöhnlichen Bindungsverhältnisse sollen an einigen ausgewählten Beispielen erläutert werden.

Dimethylamino-difluorphosphan (Abbildung 19.41a) ist eine Verbindung, für welche die Valenzstrichschreibweise eine P/N-Einfachbindung und sowohl am Phosphor- als auch am Stickstoff-Atom ein freies Elektronenpaar erwarten lässt. Also würden wir für beide Atome eine trigonal-pyramidale Umgebung wie etwa im Ammoniak-Molekül sowie eine freie Drehbarkeit um die P/N-Bindung erwarten. Die Molekülstruktur zeigt jedoch, dass das Stickstoff-Atom trigonal-planar von den beiden Methyl- und der PF$_2$-Gruppierung umgeben ist.

Zudem ist die P/N-Bindung nur unwesentlich länger als in Phosphazenen (Abbildung 19.41b) und die freie Drehbarkeit ist deutlich eingeschränkt. Das freie Elektronenpaar wird also offenbar stereochemisch nicht wirksam. Eine Erklärungsmöglichkeit für die experimentellen Befunde ergibt sich folgendermaßen: Das Stickstoff-Atom ist sp^2-hybridisiert, das freie Elektronenpaar befindet sich also im p$_z$-Orbital. Dieses freie Elektronenpaar kann nun teilweise in ein geeignetes unbesetztes Orbital übergehen und so delokalisiert werden. Als unbesetztes Orbital kommt entweder ein d$_{z^2}$-Orbital des Phosphor-Atoms oder die σ*-Orbitale der Phosphor/Kohlenstoff-Bindungen infrage. Theoretische Arbeiten haben gezeigt, dass entgegen früherer Meinung die σ*-Orbitale am Bindungsgeschehen beteiligt sind, da diese eine niedrigere Orbitalenergie haben als das d$_{z^2}$-Orbital des Phosphor-Atoms. Man bezeichnet diese Art der Delokalisierung von Elektronen auch als *negative Hyperkonjugation*. Darunter versteht man eine besondere Form der als *Hyperkonjugation* bezeichneten Delokalisierung von Elektronen. Die Bindungsverhältnisse der P/N-Bindung ähneln hier in gewisser Weise den Bindungsverhältnissen der Silicium/Sauerstoff-Bindung in Silicium(IV)-oxid und in Silicaten. Ungeachtet der Tatsache, dass die Unterschiede zwischen einer Phosphor/Stickstoff-Einfachbindung und einer Phosphor/Stickstoff-Doppelbindung verschwimmen, bezeichnet man Verbindungen, bei denen man mit der Valenzstrichschreibweise

Unter **Hyperkonjugation** versteht man eine besondere Art der Delokalisierung von Elektronen, mit der die erhöhte Stabilität einiger Moleküle oder Ionen erklärt werden kann.
Bei der *normalen Hyperkonjugation* nimmt man an, dass Elektronendichte aus einer σ-Bindung durch Delokalisierung in ein leeres oder teilweise besetztes p-Orbital eines benachbarten Atoms übergeht. Ein Beispiel ist Trimethylboran B(CH$_3$)$_3$. Hier wird der Elektronenmangel am Bor-Atom durch die Verschiebung von Elektronendichte aus C/H-Bindungen in das unbesetzte p$_z$-Orbital verringert.
Bei einer *negativen Hyperkonjugation* tritt ein Elektronenpaar in einem p-Atomorbital mit einem oder mehreren antibindenden σ*-Orbitalen eines benachbarten Atoms in Wechselwirkung (Abbildung 19.42). Dieser Fall tritt häufig dann auf, wenn ein Atom aus der zweiten Periode mit einem oder mehreren freien p-Elektronenpaaren an ein Atom aus einer höheren Periode gebunden ist. Beispiele für solche Bindungen findet man unter anderem bei Verbindungen von Silicium, Phosphor oder Schwefel mit Stickstoff, Sauerstoff oder Fluor.

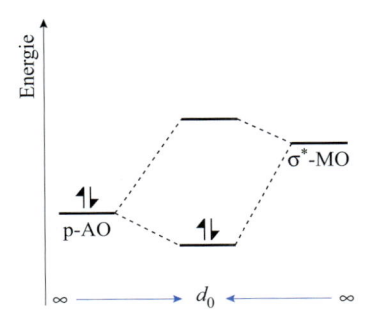

19.42 Molekülorbitaldiagramm für die negative Hyperkonjugation eines p-Elektronenpaars.

Hinweis: Die PNR$_2$-Gruppierung, die Baueinheit der Polyphosphazene, ist isoelektronisch mit der SiOR$_2$-Gruppierung, der Baueinheit der Silicon-Polymerwerkstoffe (siehe Abschnitt 18.19).

eine Einfachbindung formuliert, als *Phosphazane*. Formuliert man eine Doppelbindung, werden die Verbindungen *Phophazene* genannt (z. B. Abbildung 19.41b).

Sehr intensiv untersucht ist die Stoffgruppe der *Cyclophosphazene*, die zum Beispiel durch die Reaktion von Phosphor(V)-chlorid mit Ammoniak zugänglich sind. Unter ihnen ist die Verbindung (PNCl$_2$)$_3$ besonders bemerkenswert, da seine Strichformel der des Benzols recht ähnlich ist. Über die Frage der Aromatizität von Cyclotriphosphazenen findet man in der Literatur auch heute noch widersprüchliche Ansichten. Einigkeit besteht aber darin, dass es im (PNCl$_2$)$_3$ wie in anderen cyclischen Phosphazenen nicht zu einer vollständigen Delokalisierung der π-Elektronen kommen kann. Die einfache Valenzstrichschreibweise (Abbildung 19.43) kann diesen Aspekt nicht wiedergeben.

Auch kettenförmige Phophazene sind bekannt; die Kettenlänge kann dabei wie in polymeren organischen Verbindungen sehr groß sein. Abbildung 19.43b zeigt einen Ausschnitt aus dem kettenförmigen (PNR$_2$)$_\infty$, das (mit R = Cl) auch als *Anorganischer Kautschuk* bezeichnet wird. Da die Phosphor/Chlor-Bindung sehr hydrolyseempfindlich ist, kann die Chlorverbindung keine praktische Anwendung finden. Einige Derivate mit organischen Substituenten werden jedoch als Polymerwerkstoffe genutzt. Eine bemerkenswerte Eigenschaft dieser Polymere ist, dass die elastischen Eigenschaften auch bei niedrigen Temperaturen (bis hin zu −90 °C) erhalten bleiben, sodass aus ihnen Dichtungen für die Anwendung bei tiefen Temperaturen gefertigt werden. Polyphosphazene werden auch als chirurgisches Nähmaterial verwendet. Mit bestimmten Substituenten kann man erreichen, dass sich das Material nach einiger Zeit im Körper von selbst auflöst und dabei nur körperverträgliche Hydrolyseprodukte entstehen.

19.43 Mesomerie im Hexachlor-*cyclo*-triphosphazen (a) und Ausschnitt aus der Kettenstruktur eines Polyphosphazens (b).

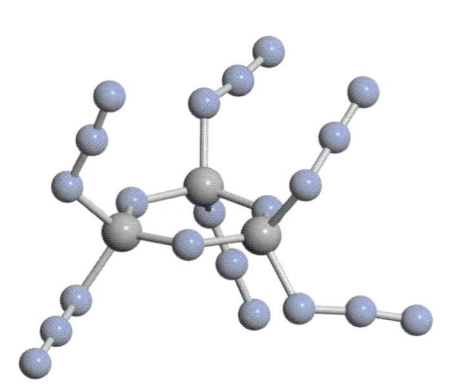

Die hoch explosive Verbindung P$_3$N$_{21}$ leitet sich von Hexachlor-*cyclo*-triphosphazen durch Ersatz der sechs Chlor-Atome durch Azid-Gruppen ab (Abbildung 19.44).

19.44 Struktur des P$_3$N$_{21}$-Moleküls.

19.15 Arsen, Antimon und Bismut

Beginnend mit dem Arsen werden die schwereren Elemente der Gruppe 15 zunehmend metallisch. Vom Arsen kennt man jedoch mit dem *gelben Arsen* auch eine (metastabile), aus As_4-Molekülen bestehende, nichtmetallische Modifikation, die sich beim Abschrecken von Arsen-Dampf bildet. Alle übrigen Modifikationen dieser drei Elemente sind mehr oder weniger gute elektrische Leiter.

Die stabilen Modifikationen von Arsen, Antimon und Bismut, (α-Arsen (graues Arsen), (α-Antimon und α-Bismut), sind aus gewellten Schichten aufgebaut, in denen jedes Atom drei gleich weit entfernte nächste Nachbarn hat. Die Schichten haben jedoch einen so geringen Abstand voneinander, dass auch die Atome in der darunter bzw. darüber liegenden Schicht nur unwesentlich weiter entfernt sind als die nächsten Nachbarn innerhalb einer Schicht (Abbildung 19.45).

Der angesprochene Trend zu stärker metallischem Verhalten äußert sich auch in einigen Verbindungen dieser Elemente mit Element/Element-Bindungen. Während sich das Arsen noch an das Verhalten des Phosphors anschließt und eine große Fülle an Arseniden bildet, die Poly-*Anionen* wie As_7^{3-} enthalten, treten insbesondere beim Bismut *polykationische Cluster* wie Bi_5^{3+}, Bi_8^{2+} oder Bi_9^{5+} auf (Abbildung 19.46).

Bei den Hauptgruppenelementen erwartet man generell innerhalb einer Gruppe mit steigender Ordnungszahl eine zunehmende Stabilität niederer Oxidationsstufen. Die Gruppe 15 bietet aber auch einige eindrucksvolle Beispiele für Ausnahmen von dieser Regel: Die Oxidationsstufe V ist beim Arsen deutlich instabiler als beim Antimon. Arsen(V)-Verbindungen sind mehr oder weniger kräftige Oxidationsmittel. Einige Arsen(V)-Verbindungen, wie das sehr leicht zersetzliche Arsen(V)-chlorid, kennt man sogar erst seit relativ kurzer Zeit, obwohl Phosphor(V)-chlorid und Antimon(V)-chlorid schon lange bekannt sind. Die Gründe für dieses Verhalten werden in dem Exkurs „Arsen(V)-chlorid – eine lange gesuchte Verbindung" (Seite 517) ausführlicher erläutert.

Da Arsen, Antimon und Bismut im Vergleich zu den meisten Gebrauchsmetallen relativ edel sind, treten sie in elementarer Form in der Natur auf.

Hochreines Arsen wird in der Halbleitertechnik zur Dotierung von Silicium sowie zur Herstellung des III/V-Halbleiters Galliumarsenid (GaAs) zur Verwendung in roten Leuchtdioden eingesetzt. Antimon und Bismut werden überwiegend in Legierungen mit verschiedenen Gebrauchsmetallen verwendet.

19.45 Gewellte Schichten aus Arsen-Atomen im grauen Arsen.

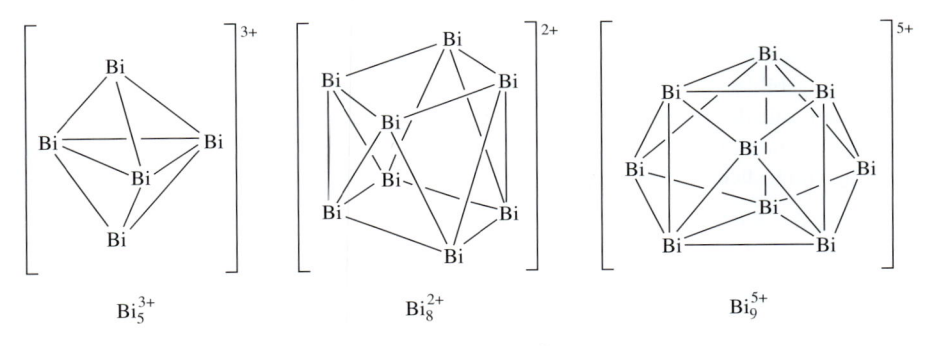

19.46 Aufbau der Cluster-Kationen Bi_5^{3+}, Bi_8^{2+} und Bi_9^{5+}.

Die ungewöhnliche Oxidationsstufe II hat Bismut in der Verbindung Bismuttrifluoracetat $Bi_2(CF_3COO)_4$. Zwei Bismut-Atome sind über eine Einfachbindung und vier Acetat-Brücken miteinander verknüpft (Abbildung 19.47)

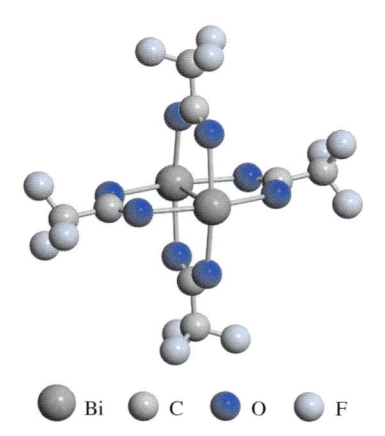

19.47 Aufbau von Bismut(II)-trifluoracetat ($Bi_2(CF_3COO)_4$).

Beide As_2O_3-Modifikationen treten auch als Mineralien auf: *Arsenolith* (As_4O_6) und *Claudetit*.

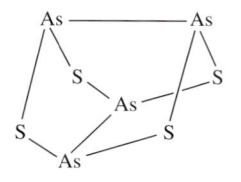

19.48 Struktur von Realgar, As_4S_4.

Neben dem roten *Realgar* tritt auch das gelbe Arsen(III)-sulfid in der Natur auf (Mineralname: *Auripigment*). Das wichtigste Antimonmineral ist die als *Antimonit* oder *Grauspießglanz* bezeichnete stabilere Modifikation von Antimon(III)-sulfid. (Aus wässeriger Lösung wird das weniger stabile, orangefarbene Sb_2S_3 gefällt.) Mineralisches Bismut(III)-sulfid wird *Bismutglanz* genannt.

Erwartungsgemäß ist dagegen das Verhalten von Bismut: Die wenigen bekannten Bismut(V)-Verbindungen sind – ähnlich wie Blei(IV)-Verbindungen – sehr starke Oxidationsmittel. Mit *Natriumbismutat(V)* ($NaBiO_3$) beispielsweise lassen sich Manganverbindungen in stark saurer Lösung bis zum Permanganat oxidieren. Diese Reaktion wird für den Nachweis von Mangan genutzt.

Sauerstoff- und Schwefelverbindungen

Arsen(III)-oxid ist die wichtigste Arsenverbindung. Sie kann durch Verbrennen von Arsen, durch Hydrolyse von Arsen(III)-chlorid oder *Rösten* (Erhitzen in Gegenwart von Sauerstoff) von Arsen-Schwefel-Verbindungen gewonnen werden. Arsen(III)-oxid löst sich mäßig gut in Wasser. Der schwach saure Charakter der Lösung ist auf die Bildung von *Arseniger Säure* zurückzuführen:

$$As_2O_3(s) + 3\ H_2O(l) \rightarrow 2\ H_3AsO_3(aq)$$

Arsen(III)-oxid tritt in zwei Modifikationen auf. Bei der einen handelt es sich – in Analogie zum Phosphor(III)-oxid – um ein Molekülgitter aus As_4O_6-Molekülen, bei der anderen um eine Schichtstruktur. Beim Verdampfen bilden beide Modifikationen As_4O_6-Moleküle.

Auch vom Antimon(III)-oxid kennt man eine molekulare (Sb_4O_6) und eine polymer aufgebaute Modifikation. Vom Bismut(III)-oxid hingegen ist eine molekulare Form unbekannt. Während Arsen(III)-oxid in wässeriger Lösung deutlich saure Eigenschaften zeigt, ist Antimon(III)-oxid amphoter: In stark sauren Lösungen löst es sich unter Bildung von hydratisierten SbO^+-Kationen, in alkalischen Lösungen bilden sich Hydroxoantimonate(III):

$$Sb_2O_3(s) + 2\ H^+(aq) \rightleftharpoons 2\ SbO^+(aq) + H_2O(l)$$

$$Sb_2O_3(s) + 2\ OH^-(aq) + 3\ H_2O(l) \rightleftharpoons 2\ Sb(OH)_4^-(aq)$$

Bismut(III)-oxid ist basisch; es löst sich demnach nur in Säuren, nicht aber in Laugen. Bismut-Salze wie $Bi(NO_3)_3 \cdot 5 H_2O$ werden durch Wasser zu schwerlöslichen basischen Salzen wie $BiO(NO_3) \cdot H_2O$ hydrolysiert.

Die Oxide von Arsen, Antimon und Bismut in der Oxidationsstufe V sind ausnahmslos starke Oxidationsmittel. Von ihnen ist lediglich das stark hygroskopische Arsen(V)-oxid eindeutig charakterisiert. Die *Arsensäure* H_3AsO_4 ist wie die Phosphorsäure eine dreiprotonige Säure, die ähnliche pK_S-Werte wie die Phosphorsäure aufweist. Im Unterschied zur Phosphorsäure ist Arsensäure jedoch ein Oxidationsmittel.

Arsen bildet wie Phosphor eine ganze Anzahl von binären Sulfiden mit den Zusammensetzungen As_4S_n (n = 3, 4, 5, 6, 10), deren Aufbau – mit Ausnahme des in Natur vorkommenden *Realgar* (As_4S_4) – dem der Phophorsulfide entspricht (siehe Abbildung 19.33). Die Käfigstruktur des As_4S_4 (Abbildung 19.48) finden wir in etwas abgewandelter Form auch bei S_4N_4 (Abschnitt 20.9).

In wässeriger Lösung fällt das sehr schwer lösliche, gelbe Arsen(III)-sulfid (As_2S_3) aus. Es weist die Netzwerkstruktur des Claudetits auf; im Dampf jedoch werden As_4S_6-Moleküle gebildet. Die Fällung des gelben Arsen(III)-sulfids, die aufgrund der extrem geringen Löslichkeit bereits bei sehr niedrigen pH-Werten auftritt, dient als Nachweisreaktion für Arsen. Mit überschüssigem Sulfid (bzw. Hydrogensulfid) reagiert As_2S_3 unter Bildung von löslichen Thioarsenaten(III):

$$As_2S_3(s) + 6\ HS^-(aq) \rightleftharpoons 2\ AsS_3^{3-}(aq) + 3\ H_2S(aq)$$

Mit einer Ammoniumpolysulfid-Lösung bildet sich Thioarsenat(V), da Anionen wie S_2^{2-} und S_3^{2-} oxidierend wirken:

$$As_2S_3(s) + 2\ S^{2-}(aq) + S_3^{2-}(aq) \rightarrow 2\ AsS_4^{3-}(aq)$$

Aus stark salzsauren Lösungen von Arsensäure (H$_3$AsO$_4$) lässt sich mit Schwefelwasserstoff das gleichfalls sehr schwer lösliche, hellgelbe Arsen(V)-sulfid ausfällen.

Die Chemie der Antimon-Schwefel-Verbindungen schließt sich eng an die der Arsen-Schwefel-Verbindungen an; Bismut(V)-sulfid ist bisher nicht bekannt geworden.

Halogenverbindungen

Die Trihalogenide der Elemente Arsen, Antimon und Bismut zeigen deutliche Unterschiede in ihren physikalischen und chemischen Eigenschaften sowie bei ihren Strukturen. Die wesentliche Ursache liegt darin, dass mit steigender Ordnungszahl des Zentralatoms der ionische Charakter der Halogenide zunehmend deutlich wird. Die Arsen(III)-halogenide AsF$_3$, AsCl$_3$, AsBr$_3$ und AsI$_3$ bilden Molekülgitter, die isolierte, pyramidale Moleküle enthalten. Im Vergleich zu den Phosphor(III)-halogeniden zeigen sie ein deutlich anderes Lewis-Säure-Base-Verhalten: Während PF$_3$ und PCl$_3$ ausgeprägte Lewis-Basen sind, reagiert beispielsweise AsF$_3$ bevorzugt als Lewis-Säure. Nur gegenüber ganz starken Lewis-Säuren vermag es auch als Lewis-Base zu reagieren:

$$KF(s) + AsF_3(g) \rightleftharpoons K^+[AsF_4]^-(s)$$
$$AsF_3(g) + SbF_5(l) \rightleftharpoons [AsF_2]^+[SbF_6]^-(s)$$

Im Gegensatz zu dem bei Normalbedingungen gasförmigen molekularen Arsen(III)-fluorid ist die Bindung im Antimon(III)-fluorid deutlich ionischer, was durch die sehr viel höhere Schmelztemperatur von 292 °C angezeigt wird. Es ist eine starke Lewis-Säure. Allerdings entsteht nur selten das SbF$_4^-$-Anion, selbst wenn einfach erscheinende Reaktionsgleichungen dieses anzudeuten scheinen:

$$KF(s) + SbF_3(s) \rightleftharpoons KSbF_4(s)$$

Tatsächlich enthält Kaliumtetrafluoroantimonat(III) ein Sb$_4$F$_{16}^{4-}$-Anion (Abbildung 19.49). Hinter dem einfachen Stoffmengenverhältnis verbirgt sich also eine recht komplizierte Struktur. Man kennt heute eine ganze Fülle solcher mehrkerniger (mehrere Antimon-Atome enthaltende) Fluoroantimonat-Anionen.

Die Pentahalogenide von Arsen, Antimon und Bismut bilden insofern eine Besonderheit, als Arsen(V)-chlorid bezüglich seiner thermischen Stabilität ganz aus dem Rahmen des leichteren Homologen PCl$_5$ und des schwereren SbCl$_5$ herausfällt. PCl$_5$ und SbCl$_5$ sind bei normalen Bedingungen problemlos aus den Elementen zugänglich, während AsCl$_5$ nur bei tiefen Temperaturen gebildet und nachgewiesen werden kann (siehe hierzu den folgenden Exkurs „Arsen(V)-chlorid – eine lange gesuchte Verbindung"). Antimon(V)-fluorid ist eine sehr starke Lewis-Säure. Sie wird unter anderem in den sogenannten „Supersäuren" (siehe Abschnitt 10.5) verwendet.

19.49 Struktur des Anions Sb$_4$F$_{16}^{4-}$.

Während die Trifluoride von Arsen, Antimon und Bismut nur durch Fluorierung anderer Verbindungen der Oxidationsstufe III (z.B. mit HF oder ZnF$_2$) dargestellt werden können, sind die übrigen Trihalogenide aus den Elementen zugänglich. Die Reaktion der Elemente mit elementarem Fluor führt zu den Pentafluoriden.

Arsen(V)-chlorid – eine lange gesuchte Verbindung

EXKURS

Schon zu Zeiten von Justus von Liebig – also in der ersten Hälfte des 19. Jahrhunderts – waren Phosphor(V)-chlorid und Antimon(V)-chlorid bekannt. So war es naheliegend zu versuchen, auch Arsen(V)-chlorid herzustellen und seine Eigenschaften zu ermitteln. Trotz zahlreicher Bemühungen gelang dies jedoch sehr lange Zeit nicht. Wenn eine chemische Verbindung – deren Existenz zu erwarten ist – dennoch nicht hergestellt werden kann, ruft dies in der Regel den Ehrgeiz vieler Wissenschaftler wach, das unmöglich Erscheinende doch zu erreichen. Der Erste, dem es gelang Arsen(V)-chlorid herzustellen und zu charakterisieren, war im Jahr 1976 K. Seppelt. Er brachte Arsen(III)-chlorid bei –105 °C mit flüssigem Chlor unter Einwirkung von ultravioletter Strahlung zur Reaktion und konnte mit Hilfe der Raman-Spektroskopie zweifelsfrei Arsen(V)-chlorid als Reaktionsprodukt nachweisen. Er stellte weiterhin fest, dass das gesuchte Produkt bei etwa −50 °C unter teilweiser Zersetzung schmilzt. Wie ist nun zu erklären, dass Phosphor(V)-chlorid und Antimon(V)-chlorid thermisch relative stabile Verbindungen sind, die sich erst bei Temperaturen deutlich oberhalb von Raumtemperatur zersetzen, Arsen(V)-chlorid dagegen nur unter diesen extremen Bedingungen gebildet wird? Bei der Beantwortung dieser Frage hilft die Beobachtung, dass es nicht nur beim Arsen schwierig ist, die der Anzahl der Valenzelektronen entsprechende höchste Oxidationsstufe zu erreichen; Ähnliches ist auch beim Brom zu beobachten. Dort ist die Perbromsäure ($HBrO_4$) wiederum im Gegensatz zu den leichteren und schwereren Homologen, der Perchlorsäure und der Periodsäure, nur schwierig zu erhalten. Alle auf die 3d-Elemente folgenden Hauptgruppenelemente – Ga, Ge, As, Se und Br – zeigen in unterschiedlich starker Ausprägung eine herabgesetzte Stabilität der höchsten Oxidationsstufe. Die Ursache liegt also offenbar in der Stellung dieser Elemente im Periodensystem bzw. dem damit unmittelbar zusammenhängenden Aufbau der Elektronenhülle: Bei der Auffüllung der 3d-Orbitale vom Scandium bis hin zum Zink steigt die Kernladungszahl um insgesamt zehn Einheiten, dabei wird eine „innere" Elektronenschale aufgefüllt – Calcium besitzt ja bereits zwei Elektronen in einem Orbital der Hauptquantenzahl $n = 4$ (4s). Man geht heute davon aus, dass die Kernladung durch die 3d-Elektronen weniger gut abgeschirmt wird. Auf die Elektronen mit $n = 4$ – also die 4s- und die 4p-Elektronen – wirkt somit eine relativ hohe *effektive Kernladung*. Insbesondere gilt dies für die kugelsymmetrischen 4s-Orbitale. Es erfordert daher sehr viel Energie, die 4s-Elektronen abzutrennen. So gelingt es beim Arsen problemlos, die drei Valenzelektronen aus den 4p-Orbitalen zu entfernen, deutlich schwieriger ist es jedoch, auch die 4s-Elektronen abzulösen und so die Oxidationsstufe V zu erreichen. Diese qualitativen Überlegungen werden bestätigt, wenn man die Unterschiede in den Ionisierungsenergien vergleicht.

19.16 Biologische Aspekte

Stickstoff und Phosphor sind nach Kohlenstoff, Wasserstoff und Sauerstoff die wichtigsten Elemente für die belebte Natur. Wir wollen in diesem Abschnitt einige Aspekte der Rolle von Stickstoff, Phosphor und Arsen in Lebensprozessen ansprechen

Stickstoff

Stickstoff ist in Form vieler organischer Verbindungen wie zum Beispiel der Aminosäuren ein wesentlicher Bestandteil der belebten Natur. Dass er als Hauptbestandteil der Luft für die Landwirtschaft dennoch einen wachstumsbegrenzenden Mangelfaktor darstellt, lässt sich leicht erklären: Nur einige wenige biochemische Vorgänge können den reaktionsträgen Stickstoff für die Pflanzen überhaupt verfügbar machen. Wir werden hierauf im Exkurs zur Stickstofffixierung auf Seite 520 näher eingehen.

Wie alle Elemente, die an Lebensprozessen beteiligt sind, gibt es auch für den Stickstoff einen natürlichen Kreislauf; pro Jahr werden zwischen 10^8 und 10^9 Tonnen Stickstoff zwischen Biosphäre, Lithosphäre und Atmosphäre bewegt. Wir wollen zunächst einige Aspekte des natürlichen Stickstoffkreislaufs betrachten und uns dann einigen Problemen zuwenden, die auf anthropogene Einflüsse zurückzuführen sind.

Bemerkenswerterweise ist Stickstoff in der Lithosphäre ein recht seltenes Element. Mit einem Massenanteil von 19 ppm steht er erst an 33. Stelle der Häufigkeiten. Die Atmosphäre stellt hingegen mit etwa $4 \cdot 10^{15}$ Tonnen einen beinahe unerschöpflichen Vorrat an Stickstoff dar. Die Aufnahme von Stickstoffverbindungen durch Land- und Wasserpflanzen führt zur Synthese von Proteinen, die ihrerseits als Nahrung für zahlreiche Tierarten und den Menschen unerlässlich sind. Im Gegensatz zu Tieren, die über pflanzliche und tierische Nahrung genügend Stickstoffverbindungen aufnehmen können und großenteils in Form von Harnstoff oder Harnsäure wieder ausscheiden, speichern Pflanzen dieses Mangelelement in Form verschiedener Verbindungen. Stickstoff ist im Boden in Form zahlreicher Verbindungen enthalten, kann aber von Pflanzen nur als Nitrat- oder Ammonium-Ion, von einigen auch direkt aus der Luft als N₂ aufgenommen werden. Der gesamte Stickstoffgehalt in landwirtschaftlich genutzten Böden liegt zwischen 2000 und 10000 kg pro Hektar. Nur ein kleiner Teil, etwa 5 bis 10%, ist für Pflanzen unmittelbar nutzbar. Der überwiegende Teil besteht aus organischen Stickstoffverbindungen in der Humusschicht, die erst nach ihrer *Mineralisation* als Nährstoff dienen können. Am Stickstoffhaushalt der Böden ist in gewissem Umfang auch der Luftstickstoff beteiligt. So können bestimmte Bakterien, die *Azobacter*, den Luftstickstoff unmittelbar in organische Stickstoffverbindungen umwandeln, ein Prozess, der dem Boden pro Jahr und Hektar etwa 50 kg Stickstoff zuführt. Die in einer Symbiose mit bestimmten Pflanzenarten aus der Familie der Leguminosen lebenden *Knöllchenbakterien* setzen pro Jahr und Hektar 100 bis 300 kg Luftstickstoff um und machen ihn für Pflanzen unmittelbar verfügbar. Wir werden auf diesen Prozess eingehender im folgenden Exkurs eingehen.

Stirbt eine Pflanze ab, liegt der in ihr gebundene Stickstoff zunächst in Form organischer Verbindungen (R-NH₂) vor, die allmählich unter Bildung von Ammonium-Ionen abgebaut werden. Dieser Prozess lässt sich schematisch durch folgende Reaktion beschreiben:

$$R\text{-}NH_2 + 2\,H_2O \rightarrow NH_4^+ + ROH + OH^-$$

Die Ammonium-Ionen werden durch die Aktivität von Bakterien recht schnell über Nitrit- zu Nitrat-Ionen oxidiert. Diesen Vorgang bezeichnet man als **Nitrifikation** oder *Nitrifizierung*. Auf diese Weise wird Nitrat der nächsten Generation von Pflanzen wieder als Nährstoff bereitgestellt. Ein Teil des Nitrats wird jedoch durch andere, denitrifizierende Bakterienarten zu elementarem Stickstoff reduziert und an die Atmosphäre abgegeben. Als Nebenprodukt werden auch beträchtliche Mengen des Treibhausgases Distickstoffmonoxid gebildet. Im Organismus von Säugetieren werden die mit der Nahrung aufgenommenen neuen organischen Stickstoffverbindungen unter Bildung von Harnstoff (OC(NH₂)₂) abgebaut und ausgeschieden. Über die Düngung mit tierischen Exkrementen (Mist, Gülle) werden dem Boden auf diesem Wege wieder Stickstoff-Verbindungen zugeführt.

Der beschriebene Stickstoffkreislauf wird durch anthropogene Einflüsse in zunehmendem Maße beeinflusst. Die Ernährung der stetig steigenden Weltbevölkerung erfordert eine intensiv betriebene Landwirtschaft mit dem Einsatz von Stickstoffdüngemitteln, deren Basis die industrielle Fabrikation von Ammoniak durch das Haber-Bosch-Verfahren ist.

Eine Überdüngung mit Stickstoffverbindungen führt zu einer Gefährdung des Grundwassers: In einigen Regionen mit Massentierhaltung oder intensivem Gemüseanbau sind die Nitrat-Gehalte im Grundwasser so weit angestiegen, dass es nicht mehr als Trinkwasser genutzt werden kann.

Flüsse und Seen sollten Stickstoffverbindungen nur in geringer Konzentration enthalten. Man hat deshalb die Verfahren zur Abwasserreinigung weiter entwickelt, sodass Stickstoffverbindungen in den Kläranlagen weitgehend entfernt werden. Dies ist ein recht komplizierter Prozess, bei dem verschiedene Bakterien eine zentrale Rolle spielen. Zum einen werden die im Abwasser enthaltenen Ammonium-Ionen bakteriell praktisch vollständig durch gelösten Sauerstoff zu Nitrat-Ionen oxidiert (Nitrifikation). In einem zweiten Prozess werden dann die Nitrat-Ionen – gleichfalls bakteriell – zu elementarem Stickstoff reduziert und an die Atmosphäre abgegeben. Diese *Denitrifikation* erfolgt in Bereichen, in denen kein gelöster Sauerstoff zur Verfügung steht. Die denitrifizierenden Bakterien nutzen dort den im Nitrat gebundenen Sauerstoff zur Oxidation organischer Stoffe.

Auch der Autoverkehr sowie industrielle Verbrennungsprozesse tragen (ungewollt) dazu bei, dass zusätzlicher Luftstickstoff biologisch für Pflanzen verfügbar wird: Bei hohen Temperaturen bildet sich aus Stickstoff und Sauerstoff Stickstoffmonoxid, das in der Luft zu Stickstoffdioxid oxidiert wird und mit dem Regen letzten Endes als Nitrat bzw. Salpetersäure in den Boden gelangt.

Für Trinkwasser gelten folgende Grenzwerte:
Nitrat: 50 mg · l⁻¹
Nitrit: 0,5 mg · l⁻¹
Ammonium: 0,5 mg · l⁻¹

> **EXKURS**
>
> ### Die erste Verbindung des molekularen Stickstoffs – Stickstofffixierung
>
> Wie bereits erwähnt, ist elementarer Stickstoff sehr wenig reaktiv. Dies bedeutet jedoch nicht, dass er keinerlei Reaktionen eingeht. In Kapitel 18 wurde bereits darauf hingewiesen, dass Kohlenstoffmonoxid mit Metallen unter Bildung von Metallcarbonylen reagieren kann. Stickstoff ist isoelektronisch mit Kohlenstoffmonoxid, jedoch im Gegensatz zu Kohlenstoffmonoxid unpolar. Dennoch ist für diese beiden isoelektronischen Moleküle prinzipiell auch ein ähnliches chemisches Verhalten zu erwarten.
>
> Im Frühjahr 1964 arbeitete Caesar Senoff, ein kanadischer Chemiestudent an der University of Toronto, mit Rutheniumverbindungen. Er synthetisierte eine braune Verbindung, deren Zusammensetzung er jedoch nicht erklären konnte. Die Zeit verging und im Mai 1965 – während einer Diskussion – kam er plötzlich auf den sehr ungewöhnlichen Gedanken, dass sich seine Analysenergebnisse dadurch erklären ließen, dass die gebildete Verbindung ein N_2-Molekül enthält, das mit dem Metall verbunden sein musste. Alle experimentellen Befunde deuteten auf ein Kation der Zusammensetzung $[Ru(NH_3)_5N_2]^{2+}$ hin. Aufgeregt erzählte er dies seinem skeptischen Doktorvater, Bert Allen. Nach mehreren Monaten stimmte Allen schließlich zu, die Ergebnisse einer Fachzeitschrift (*Chem. Commun.*) zur Veröffentlichung zu übermitteln. Das Manuskript wurde abgelehnt – was durchaus vorkommt, wenn eine Entdeckung den etablierten Vorstellungen widerspricht. Nachdem Allen und Senoff die Kritik an ihrer Arbeit widerlegt hatten, schickte die Fachzeitschrift das korrigierte Manuskript an 16 weitere Chemiker zur Begutachtung und Bewertung, bevor sie es schließlich veröffentlichte. Die Publikation dieser Arbeit bereicherte die Chemie um eine wichtige Verbindungsklasse, die *Stickstoffkomplexe*.
>
> Seitdem sind Übergangsmetallverbindungen, die ein N_2-Molekül enthalten, nichts Ungewöhnliches mehr. Einige davon lassen sich recht einfach herstellen, indem man Stickstoff durch die Lösung einer geeigneten Metallverbindung leitet. Besonderes Interesse finden solche N_2-Komplexe, die als Modellverbindungen für das Enzym *Nitrogenase* angesehen werden können. Durch Vermittlung dieses Enzyms, eines biochemischen Katalysators, gelingt es bestimmten Bakterien – unter ihnen die sogenannten *Knöllchenbakterien* an den Wurzeln von Erbsen, Bohnen und Lupinen – den Stickstoff der Luft zu Ammoniumverbindungen zu reduzieren und so den Pflanzen als Nährstoff verfügbar zu machen. Gelänge es, diese in der Natur in großem Umfang ablaufende Reaktion in die Technik zu übertragen, bestünde die Möglichkeit, das sehr energieaufwendige Haber-Bosch-Verfahren durch einen der Natur nachempfundenen Prozess abzulösen. Die folgenden Reaktionsgleichungen zeigen die prinzipielle Ähnlichkeit der beiden Reaktionen:
>
> $$N_2(g) + 3\,H_2(g) \xrightarrow[200\,\text{bar/Katalysator}]{500\,°C} 2\,NH_3(g)$$
>
> $$N_2(g) + 8\,H^+(aq) + 8\,e^- \xrightarrow[\text{Katalysator}]{20\,°C,\,1\,\text{bar}} 2\,NH_3(aq) + H_2(g)$$
>
> Die biochemische Reduktion des Stickstoffs erfolgt über eine Reihe von Zwischenprodukten.
>
> Man nimmt heute an, dass in einem ersten Reaktionsschritt das als Ligand gebundene N_2-Molekül zunächst zum Diazen (N_2H_2) reduziert wird. Diazen ist eine sehr instabile Verbindung, die nur bei Temperaturen unterhalb von −80 °C beständig ist. Oberhalb dieser Temperatur zersetzt es sich schnell. Als Ligand in einer Komplexverbindung ist Diazen hingegen wesentlich beständiger. So ist der als Modellverbindung synthetisierte zweikernige Eisenkomplex (Abbildung 19.50) auch bei Raumtemperatur stabil. Im darauffolgenden Reaktionsschritt wird vermutlich Diazen zu Hydrazin (N_2H_4) reduziert, das gleichfalls als Ligand gebunden im aktiven Zentrum der Nitrogenase vorliegt. Im letzten Reaktionsschritt bildet sich ein Ammin-Komplex, der dann Ammoniak (bzw. Ammonium-Ionen) freisetzt. Dieses gelangt dann in den Nährstoffkreislauf der Pflanzen. In Abbildung 19.51 ist die schrittweise Reduktion von Stickstoff zu Ammoniak in einem Energiediagramm schematisch dargestellt. Man erkennt, dass die schrittweise Reduktion von Stickstoff über komplex gebundenes Diazen und Hydrazin wesentlich günstiger ist als über die freien Verbindungen.

19.50 Aufbau eines Eisen/Diimin-Komplexes nach Sellmann.

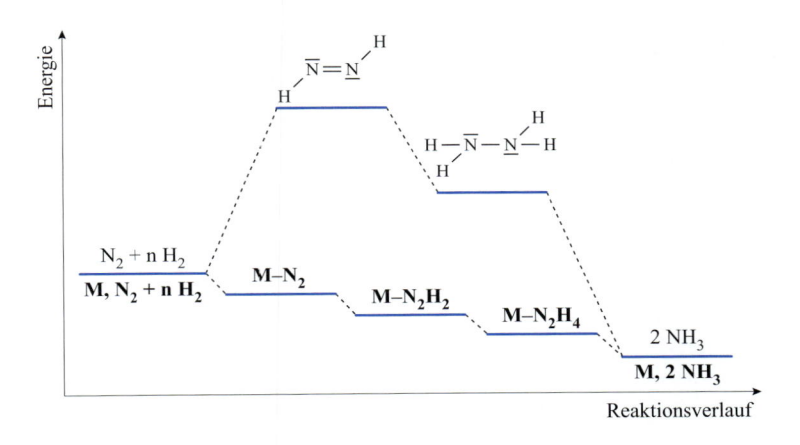

19.51 Energiediagramm für die schrittweise Reduktion von Stickstoff zu Ammoniak. Aufbau eines Eisen/Diimin-Komplexes nach Sellmann.

Diazen wird auch als Diimin oder Diimid bezeichnet.

Neben der Nitrogenase als Katalysator spielt dabei ein weiterer Naturstoff eine wesentliche Rolle: Adenosintriphosphat (ATP), dessen hydrolytische Spaltung zu Adenosindiphosphat (ADP) und Phosphat-Ionen die für die einzelnen Schritte notwendige Aktivierungsenergie liefert

Obwohl die Nitrogenase sehr intensiv untersucht worden ist, sind ihr Aufbau und ihre Wirkungsweise bis heute nicht genau bekannt. Sicher scheint, dass die Nitrogenase aus zwei Komponenten besteht, einem eisenhaltigen Protein (Fe-Protein), der für die Elektronenübertragung zuständigen Dinitrogenase-Reduktase, und einem eisen- und molybdänhaltigen Protein (Fe-Mo-Protein, der „eigentlichen" Dinitrogenase), an welches die Bindung des Stickstoff-Moleküls erfolgt. Bei einer molaren Masse von 220 000 g·mol^{-1} enthält ein Molekül der Dinitrogenase etwa 32 Eisen-, 30 Schwefel- und zwei Molybdän-Atome. Diese bilden das sogenannte aktive Zentrum, an dem die Bindung des Luftstickstoffs und seine Reduktion zum Ammonium-Ion erfolgt. Man vermutet, dass das Molybdän-Atom die Bindung zu dem Stickstoff-Molekül ausbildet. Es sind eine Reihe von Strukturmodellen vorgeschlagen worden. In den meisten treten würfelförmige Strukturfragmente auf, bei denen die Ecken des Würfels alternierend von einem Schwefel- und einem Metall-Atom besetzt sind (Abbildung 19.52).

Tatsächlich gelang die Isolierung und Strukturaufklärung eines Fragments des aktiven Zentrums aus der Nitrogenase; es ist jedoch nicht ganz klar, ob möglicherweise

Zu ATP/ADP siehe Erläuterungen zu Abbildung 19.53

durch den Prozess der Isolierung der Aufbau verändert wurde (Abbildung 19.52d). Inzwischen sind zahlreiche Verbindungen als Modell für das aktive Zentrum der Nitrogenase im Labor synthetisiert worden. Trotz intensiver Forschung konnte aber keine dieser Verbindungen praktische Bedeutung für die Umwandlung von elementarem Stickstoff erlangen.

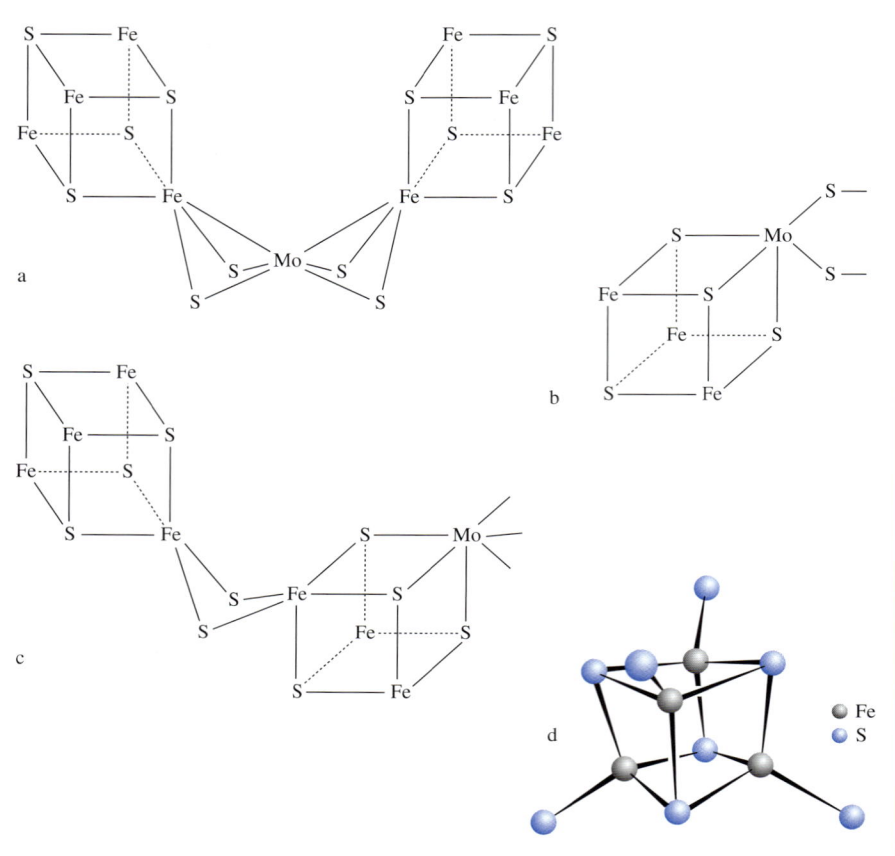

19.52 Einige Strukturvorschläge für das aktive Zentrum der Nitrogenase (a bis c) und experimentell bestimmte Struktur einer aus Nitrogenase isolierten [Fe$_4$S$_4$]S$_4$-Einheit (d).

Phosphor

Phosphor ist ein weiteres lebensnotwendiges Element. So bestehen unsere Knochen und Zähne überwiegend aus Hydroxidapatit (Ca$_5$(PO$_4$)$_3$OH), während Fluoridapatit (Ca$_5$(PO$_4$)$_3$F) den Zahnschmelz bildet. Freie Hydrogenphosphat- und Dihydrogenphosphat-Ionen sind Bestandteile des Puffersystems in unserem Blut. Noch wichtiger ist Phosphat als Bauelement in den Zuckerestern der DNA und der RNA. Adenosintriphosphat (ATP) ist der wichtigste essentielle Energiespeicher in lebenden Organismen (Abbildung 19.53).

Durch Hydrolyse des Triphosphatrestes im ATP-Ion zu Phosphat (PO$_4^{3-}$) und Adenosindiphosphat (ADP) bzw. Adenosinmonophosphat (AMP) werden unter physiologischen Bedingungen bei jedem Schritt etwa 40 kJ·mol^{-1} frei. Diese bei der Reaktion frei werdende Energie stellt eine wesentliche Grundlage für den Ablauf zahlreicher biologischer Prozesse dar.

19.53 Adenosintriphosphat und seine Bausteine.

Arsen

Überraschenderweise ist auch Arsen ein lebensnotwendiges Element. Wir benötigen allerdings nur Spuren dieses Elements, dessen biologische Rolle noch immer unbekannt ist. Alles, was über eine winzige Menge hinausgeht, führt zu einer Arsenvergiftung, da zahlreiche Enzyme blockiert werden; größere Mengen sind tödlich.

Napoleon ist wohl der berühmteste Fall für eine Arsenvergiftung. Durch moderne chemische Analysemethoden konnte in Napoleons Haaren ein hoher Arsengehalt festgestellt werden. Zunächst waren die Briten, die ihn gefangen hielten und seine französischen Rivalen die Hauptverdächtigen. Die chemische Forschung jedoch entdeckte die wohl wahrscheinlichste Ursache für seine Vergiftung – seine Tapete. Zur damaligen Zeit wurden Kupfer(II)-arsenate(III) (Gemische aus $CuHAsO_3$, $Cu(AsO_2)_2$ und $Cu_3(AsO_3)_2$) als Pigment in Tapeten genutzt, da sie eine wunderschöne grüne Farbe haben. In trockenem Klima ist das Pigment relativ ungefährlich. In dem ständig feuchten Haus jedoch, in dem Napoleon auf der Insel St. Helena festgehalten wurde, breitete sich Schimmel auf den Tapeten aus. Viele dieser Schimmelpilze setzen Arsenverbindungen zu *Trimethylarsan* um (($CH_3)_3As$) – einem Gas. Napoleon atmete dieses toxische Gas vermutlich ein, während er im Bett lag. Je kränker er wurde, desto mehr Zeit verbrachte er in seinem Schlafzimmer, wodurch er schließlich seinen Tod noch beschleunigte.

EXKURS

Paul Ehrlich und das Salvarsan

Paul **Ehrlich**, deutscher Chemiker, Mediziner und Serologe, 1854–1915; Professor in Berlin, Göttingen, Frankfurt a. M.

Bis zum 19. Jahrhundert kannte man keine Mittel, um Infektionskrankheiten zu bekämpfen. Viele Erkrankte starben daran. 1863 entdeckte der französische Wissenschaftler Béchamps, dass eine bestimmte Arsenverbindung für Mikroorganismen tödlich ist. Der Deutsche Paul Ehrlich synthetisierte daraufhin zahlreiche neue Arsenverbindungen und überprüfte jede auf ihre Fähigkeit, Mikroorganismen abtöten zu können. Im Jahre 1909 fand er bei der Untersuchung seiner sechshundertsechsten Verbindung eine Substanz, die selektiv die als Erreger der Geschlechtskrankheit Syphilis wirkenden Bakterien tötet. Zu jener Zeit war Syphilis eine gefürchtete und weitverbreitete Krankheit, für die es kein Heilmittel gab, nur Leiden, Demenz und schließlich den Tod. Ehrlichs Arsenverbindung, die als *Salvarsan* bezeichnet wurde (Abbildung 19.54), zeigte bemerkenswerte Heilerfolge bei relativ geringen Nebenwirkungen.

Bereits 1908 war Paul Ehrlich für seine früheren Arbeiten zur Immunforschung mit dem Nobelpreis für Medizin ausgezeichnet worden. Sein Porträt und die (vereinfachte) Formel des Salvarsan bildeten das Motiv auf dem 200 DM-Schein.

Der Erfolg des Salvarsans führte zu einer intensiven Suche nach neuen Chemikalien zur Bekämpfung von bakteriellen Infektionen und zur Behandlung anderer Krankheiten. Paul Ehrlich gilt daher als Begründer der modernen *Chemotherapie*.

19.54 Struktur von Salvarsan.

19.17 Die wichtigsten Reaktionen im Überblick

Dargestellt sind Schemata sowohl für Stickstoff als auch für Phosphor, die beiden wichtigsten Elemente der Gruppe 15.

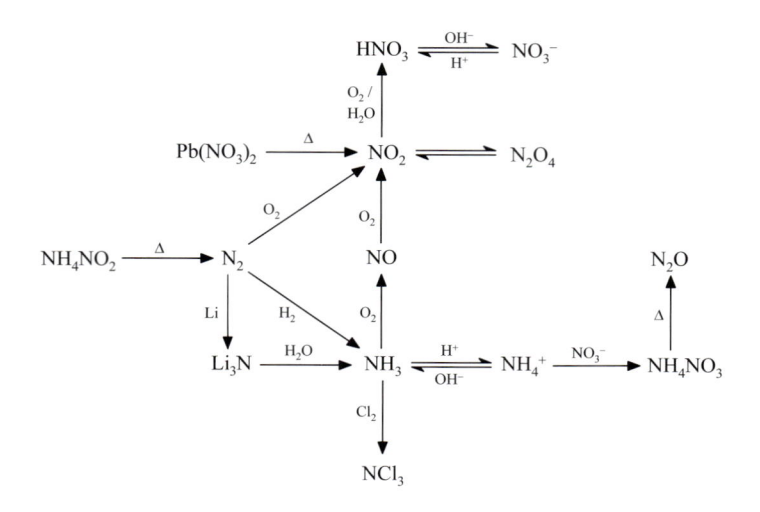

19.17 Die wichtigsten Reaktionen im Überblick

$PCl_3 \xleftarrow{Cl_2} Ca_3(PO_4)_2 \xrightarrow{C, \Delta} PCl_5 \xrightarrow{H_2O} POCl_3$

$H_2O \downarrow \quad\quad Cl_2 \quad\quad H_2O \downarrow$

$H_3PO_3 \quad\quad P_4 \quad\quad H_3PO_4 \xrightleftharpoons[H^+]{OH^-} \begin{array}{c} H_2PO_4^- \\ HPO_4^{2-} \\ PO_4^{3-} \end{array}$

$H_2O \uparrow \quad O_2 \quad \Delta \quad O_2 \quad\quad H_2O \uparrow$

$P_4O_6 \quad\quad P(\text{rot}) \quad\quad P_4O_{10} \xrightarrow{H_2O} (HPO_3)_x$

ÜBUNGEN

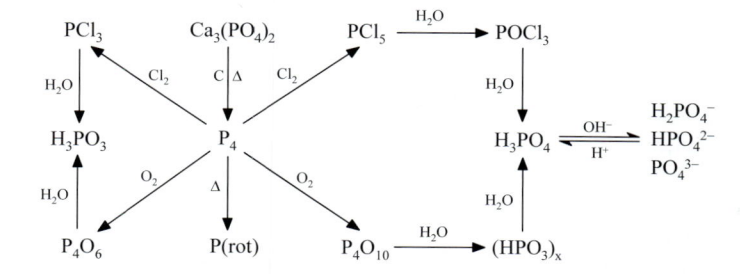

19.1 Stellen Sie vollständige Reaktionsgleichungen für die folgenden chemischen Reaktionen auf:
a) Arsen(III)-chlorid mit Wasser,
b) Magnesium mit Stickstoff,
c) Ammoniak mit Chlor im Überschuss,
d) Methan mit Wasserdampf,
e) Hydrazin mit Sauerstoff,
f) Erhitzen von Ammoniumnitrat,
g) Natronlauge mit Distickstofftrioxid,
h) Erhitzen von Natriumnitrat,
i) Erhitzen von Phosphor(V)-oxid mit Kohlenstoff,
j) Erhitzen einer Lösung von Ammoniumnitrit,
k) Ammoniumsulfat-Lösung mit Natronlauge,
l) Ammoniak im Überschuss mit Phosphorsäure,
m) Zersetzung von Silberazid,
n) Stickstoffmonoxid mit Stickstoffdioxid bei tiefen Temperaturen,
o) Erhitzen von Bleinitrat,
p) Phosphor mit Sauerstoff im Überschuss,
q) Calciumphosphid (Ca_3P_2) mit Wasser,
r) Lösung von Hydrazin mit verdünner Salzsäure.

19.2 Aus welchen Gründen ist es schwierig, Arsen eindeutig als Metall oder als Nichtmetall einzustufen?

19.3 Welches sind die Faktoren, die die Chemie des Stickstoffs von der Chemie der anderen Elemente der Gruppe 15 unterscheidet?

19.4 Vergleichen Sie das Verhalten von Stickstoff und Kohlenstoff, indem Sie die Eigenschaften von a) Methan und Ammoniak, b) Ethen und Hydrazin gegenüberstellen.

19.5 Vergleichen Sie die Bindung des Zentralatoms zum Sauerstoff in den beiden Verbindungen NOF_3 und POF_3.

19.6 a) Warum ist Stickstoff so stabil? b) Warum ist Stickstoff trotzdem nicht immer das Produkt von Redoxreaktionen mit Stickstoffverbindungen?

19.7 Wenn Ammoniak in Wasser gelöst wird, so bezeichnet man diese Lösung oft als „Ammoniumhydroxid". Ist diese Bezeichnung angemessen?

19.8 Im Haber-Bosch-Verfahren zur Ammoniaksynthese enthalten die recycelten Gase in zunehmendem Maße Argon. Woher kommt das Argon? Wie könnte man es entfernen?

19.9 Warum ist es überraschend, dass im Steam-Reforming-Verfahren bei der Ammoniaksynthese hohe Drücke angewandt werden?

19.10 Welche Unterschiede bestehen zwischen dem Ammonium-Ion und den Alkalimetall-Ionen?

19.11 Schreiben Sie eine mögliche Lewis-Formel für das Azid-Ion. Welche Atome tragen die formalen Ladungen?

19.12 Formulieren Sie drei mögliche Lewis-Formeln für das (nicht existierende) Isomere von Distickstoffmonoxid mit der Atomabfolge N-O-N. Begründen Sie die asymmetrische Struktur des bekannten Distickstoffoxids durch Zuweisung von formalen Ladungen am N-O-N-Molekül.

19.13 Berechnen Sie, unter Berücksichtigung der stickstoffproduzierenden Reaktionsschritte im Airbag, die Menge an Natriumazid die benötigt wird, um einen Airbag von 70 l bei 298 K und einem Druck von 100 kPa mit Stickstoff zu füllen.

19.14 Stickstoffmonoxid kann ein Kation (NO^+) und ein Anion (NO^-) bilden. Geben Sie die formalen Bindungsordnungen in beiden Spezies an.

19.15 Stickstoff(III)-fluorid siedet bei −129 °C, während Ammoniak bei −33 °C siedet. Begründen Sie die unterschiedlichen Werte.

19.16 Skizzieren Sie die Molekülgeometrie der folgenden Verbindungen: a) Distickstofftrioxid, b) Distickstoffpentaoxid (fest und gasförmig), c) Phosphorpentafluorid, d) Distickstoffoxid, e) Distickstofftetraoxid, f) Phosphortrifluorid, g) Phosphonsäure.

19.17 Erklären Sie, warum bei der Synthese von Salpetersäure die Reaktion von Stickstoffmonoxid mit Sauerstoff bei erhöhtem Druck und unter Kühlung stattfindet.

19.18 Stellen Sie für die folgenden Reaktionen vollständige Reaktionsgleichungen auf:
a) Reduktion von Salpetersäure zum Ammonium-Ion durch Zink.
b) Reaktion von halbkonzentrierter Salpetersäure mit Kupfer.

19.19 Vergleichen Sie die Eigenschaften der beiden häufigen Modifikationen des Phosphors.

19.20 Vergleichen Sie die Eigenschaften von Ammoniak und Phosphan.

19.21 Phosphan (PH_3) löst sich in flüssigem Ammoniak zu $NH_4^+PH_2^-$. Was sagt dies über die relative Säure/Base-Stärke der beiden Wasserstoffverbindungen von Stickstoff und Phosphor aus?

19.22 Nehmen Sie an, dass bei einem Zündholz Kaliumchlorat zu Kaliumchlorid reduziert wird und P_4S_3 zu Phosphor(V)-oxid und Schwefeldioxid oxidiert wird. Stellen Sie eine vollständige Reaktionsgleichung auf und ermitteln Sie die Oxidationsstufen.

19.23 Zeichnen Sie die Lewis-Formel für $POCl_3$. Wie ist das zentrale Phosphor-Atom hybridisiert? Erklären Sie den geringen P/O-Abstand.

19.24 Phosphor bildet mit Chlor auch das Subchlorid P_2Cl_4. Zeichnen sie die Lewis-Formel für diese Verbindung.

19.25 Wenn gasförmiges Distickstofftetraoxid in wasserfreie Salpetersäure geleitet wird, bildet sich eine elektrisch leitende Lösung. Schlagen Sie Produkte vor, die bei diesem Prozess entstehen könnten, auf der Basis von bekannten positiven und negativen Ionen, die nur Stickstoff und Sauerstoff enthalten. Stellen Sie für die Reaktion eine vollständige Reaktionsgleichung auf.

19.26 In der festen Phase liegt PCl_5 als $PCl_4^+PCl_6^-$ vor. PBr_5 hingegen bildet $PBr_4^+Br^-$. Begründen Sie, warum die Bromverbindung eine andere Struktur hat.

19.27 Die experimentell bestimmten Bindungswinkel in Arsan (AsH_3), Arsen(III)-fluorid und Arsen(III)-chlorid sind 92°, 96° und 98,5°. Schlagen Sie Erklärungen für den Trend in diesen Werten vor.

19.28 Abbildung 19.8 zeigt die Grenzstrukturen für das HN_3-Molekül. Wie unterscheidet sich die Bindung im Azid-Ion (N_3^-) von der in der Stickstoffwasserstoffsäure?

19.29 Eine Hydrogenphosphat-Lösung reagiert alkalisch, während Dihydrogenphosphat-Lösungen sauer reagieren. Erklären sie diesen Unterschied mithilfe von Reaktionsgleichungen für die entscheidenden Protolysegleichgewichte.

19.30 Definieren Sie folgende Begriffe: a) Eutrophierung, b) Symbiose, c) Chemotherapie, d) Stickstoff-Fixierung, e) Valenzfluktuation, f) Pseudorotation.

19.31 Leitet man gasförmiges Phosphan in flüssigen Chlorwasserstoff, so bildet sich eine leitende Lösung. Das Produkt reagiert mit Bortrichlorid zu einer weiteren ionischen Verbindung. Um welche beiden Produkte handelt es sich hierbei? Stellen Sie eine vollständige Reaktionsgleichung für jede Reaktion auf und benennen Sie jeden Reaktanden gemäß seiner Funktion als Lewis-Säure oder -Base.

19.32 Zeichnen Sie die Struktur des Nitrat-Radikals. Schlagen Sie ungefähre Werte für die Bindungswinkel vor. Was würden Sie als Durchschnittswert für die N/O-Bindungsordnung erwarten?

19.33 Welche Reaktion findet statt, wenn Phosphoroxidchlorid an feuchter Luft „raucht"?

19.34 Schlagen Sie eine Struktur für die Verbindung $P_4O_6S_4$ vor.

19.35 Ein möglicher Syntheseweg für Phosphoroxidchlorid ist die Reaktion von Phosphorpentachlorid mit Phosphor(V)-oxid. Üblicherweise leitet man jedoch Chlorgas durch eine Mischung aus Phosphor(III)-chlorid und Phosphor(V)-oxid. Begründen Sie dies.

19.36 Begründen Sie, warum Natriumazid relativ stabil ist, während Schwermetallazide wie Kupfer(II)-azid viel leichter explodieren.

19.37 Die Gleichgewichtskonstante K kann man aus der Gleichung $\Delta G^0 = -R \cdot T \cdot \ln K$ berechnen, wobei R die ideale Gaskonstante ist ($8{,}314 \, J \cdot mol^{-1} \cdot K^{-1}$).
   a) Berechnen Sie die Gleichgewichtskonstante für die Bildung von Ammoniak aus seinen Elementen bei 298 K (½ N_2(g) + ¾ H_2(g) $\rightleftharpoons$ NH_3(g)).
   b) Berechnen Sie die Gleichgewichtskonstante bei der technisch üblichen Reaktionstemperatur von 775 K unter der Annahme, dass ΔH^0 und ΔS^0 temperaturunabhängig sind.
   c) Warum erfolgt die Synthese bei so hohen Temperaturen?

19.38 Die Potentiale der meisten Stickstoff-Redoxreaktionen kann man nicht direkt messen. Stattdessen berechnet man sie aus den Werten für die freien Enthalpien. Wie groß ist das Standardpotential für die Teilreaktion N_2(g)/NH_3(aq) in alkalischer Lösung, wenn $\Delta G^0(NH_3(aq)) = -26 \, kJ \cdot mol^{-1}$ beträgt?

19.39 Bestimmen Sie näherungsweise N–N Bindungsenergie im N_2O_4-Molekül aus den entsprechenden thermodynamischen Daten. Nehmen Sie hierzu an, dass die Bindung innerhalb der NO_2-Einheiten die gleiche ist wie im NO_2-Molekül.

19.40 Begründen Sie, warum der Bruch einer Stickstoff/Chlor-Bindung im Falle von NCl_3 viel mehr Energie erfordert als im Falle von NOCl.

19.41 Flüssiges Phosphoroxidchlorid ist ein nützliches nichtwässeriges, wasserähnliches Lösemittel. Welche Ionen entstehen bei der Autoionisation? Welches Teilchen ist die Säure und welches die konjugierte Base?

19.42 Man braucht zwei Mol Iod um ein Mol Phosphinsäure (H_3PO_2) zu Phosphorsäure zu oxidieren. Dabei wird das Iod zu Iodid reduziert. Bestimmen Sie die formale Oxidationsstufe des Phosphors in Phosphinsäure. Welche Oxidationsstufe hat Phosphor in Phosphonsäure (H_3PO_3)?

19.43 Im Text haben wir erwähnt, dass Stickstoff nur ein Trifluorid bildet, während Phosphor sowohl ein Tri- als auch ein Pentafluorid bildet. Welcher Aufbau wäre für eine Verbindung der empirischen Formel NF_5 zu erwarten?

19.44 Mischt man Stickstoffmonoxid mit Luft, so bilden sich Distickstofftetraoxid und Stickstoffdioxid. Das Stickstoffmonoxid, das in der Größenordnung von *parts per million* in Autoabgasen produziert wird, reagiert jedoch nur sehr langsam mit dem Sauerstoff der Atmosphäre. Schlagen Sie einen Mechanismus für die Reaktion vor und erklären Sie, warum diese bei niedrigen NO-Konzentrationen so langsam abläuft.

19.45 Eine rote Substanz (A) ergibt nach Erhitzen, Verdampfen und Rekondensieren eine gelbe, wachsartige Substanz (B). (A) reagiert bei Raumtemperatur nicht mit Luft, (B) hingegen verbrennt spontan, wobei Wolken eines weißen Feststoffes (C) entstehen. (C) löst sich exotherm in Wasser, was zu einer Lösung einer dreiprotonigen Säure (D) führt. (B) reagiert mit einer begrenzten Menge Chlor zu einer rauchenden Flüssigkeit (E). Diese wiederum reagiert weiter mit Chlor zu einem weißen Feststoff (F). (F) ergibt eine Mischung aus (D) und Salzsäure, wenn man es mit Wasser umsetzt. Setzt man (E) mit Wasser um, bildet sich eine zweiprotonige Säure (G) und Salzsäure. Identifizieren Sie die Substanzen (A) bis (G) und stellen Sie vollständige Reaktionsgleichungen für alle Reaktionen auf.

19.46 Stickstoffwasserstoffsäure reagiert mit Iod im Stoffmengenverhältnis von 2:1. Welche Produkte entstehen? Stellen Sie eine vollständige Reaktionsgleichung auf.

19.47 Stickstoff(III)-chlorid ist eine explosive Verbindung. Stellen Sie eine vollständige Reaktionsgleichung für die Zersetzung in die Elemente auf und erklären Sie mit Hilfe der Bindungsenergien, warum die Reaktion exotherm verläuft. (Verwenden Sie für die N/Cl-Bindung den Wert 192 kJ·mol^{-1}).

19.48 Löst man Methylammoniumchlorid ($CH_3NH_3^+Cl^-$) in schwerem Wasser (D_2O), so wird nur die Hälfte der Wasserstoff-Atome in der Verbindung durch Deuterium ersetzt. Geben Sie eine Erklärung

Auch in dieser Gruppe sind die ersten beiden Elemente die weitaus wichtigsten: Sauerstoff und Schwefel. Die Unterschiede zwischen dem ersten und dem zweiten Element sind dabei ähnlich gravierend wie bei den Elementen Stickstoff und Phosphor; in diesem Fall ist jedoch der leichtere Sauerstoff das reaktivere Element. Während Sauerstoff und Schwefel typische Nichtmetalle sind, tritt Selen in einer nichtmetallischen und einer halbmetallischen Modifikation auf. Tellur ist ein typisches Halbmetall, das radioaktive Polonium schließlich hat metallischen Charakter.

Die Elemente der Gruppe 16: Die Chalkogene

20

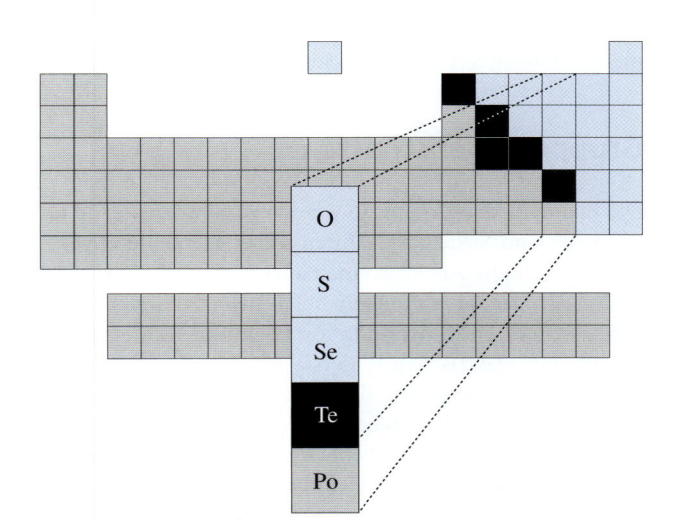

Kapitelübersicht

Exkurs: Sauerstoff-Isotope in der Geochemie
20.1 Sauerstoff
Exkurs: Die Ozonschicht in der Stratosphäre
20.2 Bindungsverhältnisse in Sauerstoffverbindungen
20.3 Wasser
20.4 Wasserstoffperoxid (H_2O_2)
20.5 Schwefel
20.6 Schwefelwasserstoff und Sulfide
Exkurs: Sulfidfällungen im Trennungsgang der qualitativen Analyse
Exkurs: Das Haar und die Disulfid-Bindungen
20.7 Oxide des Schwefels
20.8 Schwefelsäure (H_2SO_4)
20.9 Schwefelhalogenide und Schwefel/Stickstoff-Verbindungen
20.10 Selen und Tellur
20.11 Biologische Aspekte
20.12 Die wichtigsten Reaktionen im Überblick

Joseph **Priestley**, britischer Naturwissenschaftler, Philosoph und Theologe, 1733–1804; ab 1766 Mitglied der Royal Society, ab 1772 der Académie des Sciences.

Cornelis Jacobszoon **Drebbel**, niederländischer Physiker und Chemiker, 1572–1633.

Bei Schwefel sowie hochreinem Selen werden sehr viel größere elektrische Widerstände gemessen: $10^{17}\,\Omega\cdot\text{cm}$ bzw. $10^{10}\,\Omega\cdot\text{cm}$. Weniger reines Selen ist ein Halbleiter, dessen spezifischer elektrischer Widerstand erheblich kleiner ist.

Chalkogene – kurze Geschichte eines Namens Die folgende Zeitschriftennotiz aus dem Jahre 2001 macht deutlich, auf welchem Wege eine längst selbstverständlich erscheinende Bezeichnung in die Fachsprache der Chemiker aufgenommen wurde: »Um 1930 waren Wilhelm Biltz und seine Mitarbeiter am Institut für Anorganische Chemie der Universität Hannover mit Arbeiten betreffend die Beziehung zwischen physikalischen Eigenschaften von Elementen und ihrer Stellung im Periodensystem beschäftigt. In ihren täglichen Diskussionen wurde es erforderlich, gewisse Gruppen des Periodensystems mit charakteristischen Namen zu benennen. Jedoch fehlte für die Gruppe der Elemente O, S, Se und Te ein solcher Name. Es war im Jahre 1932, als einer von Biltz' Mitarbeitern* den Namen *Chalkogene* (von griech. *chalkos*, Erz, also Erzerzeuger) für diese Elemente vorschlug und *Chalkogenide* für ihre Metallverbindungen. Diese Namen wurden schnell geläufig in der Hannoveraner Arbeitsgruppe, weil sie Analoge der wohlbekannten Bezeichnungen *Halogene* (Salzbildner) und *Halogenide* für die benachbarte Gruppe von Elementen im Periodensystem waren. Die Mehrheit der Halogenide waren jedoch Salze und die Mehrheit der Chalkogenide Erze. Der neue Begriff wurde bald in Veröffentlichungen anderer Mitglieder der Arbeitsgruppe und schließlich auch von Außenstehenden benutzt. Heinrich Remy, der Autor eines umfangreichen,

---

* *Werner Fischer*: Er wurde später vor allem durch Arbeiten zur Trennung der Seltenerd-Elemente nach dem Prinzip der Flüssig/Flüssig-Verteilung bekannt.

In der Wissenschaftsgeschichte wird eine neue Entdeckung häufig mit dem Namen *eines* Entdeckers in Verbindung gebracht. Eine genauere Betrachtung zeigt jedoch, dass häufig mehrere Personen beteiligt waren. Die Entdeckung des Sauerstoffs ist hierfür ein gutes Beispiel: Sie wird dem im 18. Jahrhundert wirkenden englischen Chemiker Joseph Priestley zugeschrieben, dabei hatte der längst vergessene holländische Erfinder Cornelis Drebbel bereits 150 Jahre früher über die Herstellung dieses Gases berichtet. Der Großteil der Anerkennung gebührt dennoch Priestley, denn er betrieb ausgedehnte Studien über reinen Sauerstoff und atmete mutigerweise das Gas ein, das damals unter dem Namen „dephlogistierte Luft" bekannt war. Priestley führte seine Experimente in Birmingham durch, wo er als nonkonformistischer Geistlicher tätig war. Er war bekannt für seine „linken" Ansichten in Bezug auf Politik und Religion – er unterstützte beispielsweise die französische und die amerikanische Revolution. Eine aufgebrachte Menge setzte seine Kirche, sein Haus und seine Bibliothek in Brand. Er floh in die Vereinigten Staaten, wo er eines seiner Bücher dem damaligen Vizepräsidenten John Adams widmete, wobei er bemerkte, es sei „ein Glück, dass in diesem Land Religion und Zivilgewalt nicht miteinander verbunden sind."

Die Entdeckung des Sauerstoffs brachte das Ende der *Phlogistontheorie* von der Verbrennung. Nach dieser Theorie bedeutete Verbrennung den Verlust von Phlogiston. Der französische Wissenschaftler Guyton de Morveau (Kapitel 11) zeigte jedoch, dass die Verbrennung eines Metalls zu einer Gewichtszunahme führte. Sein Kollege Antoine Lavoisier stellte dann klar, dass beim Verbrennungsprozess irgendetwas hinzukommen musste – der Sauerstoff. Revolutionäre Konzepte werden jedoch in der Wissenschaft nur langsam akzeptiert, das galt auch für die Theorie, dass eine Verbrennung mit der Aufnahme von Sauerstoff verbunden war. Tatsächlich wurde diese Idee damals von den meisten Chemikern, auch von Joseph Priestley, nicht anerkannt.

Gruppeneigenschaften

Die Elemente der Gruppe 16 werden zusammenfassend als *Chalkogene* bezeichnet. Die Schmelz- und Siedetemperaturen dieser Elemente zeigen von oben nach unten innerhalb der Gruppe zunächst einen ansteigenden Trend, wie er für Nichtmetalle charakteristisch ist, gefolgt von einem Abfall beim Polonium, ein typischer Trend bei Metallen (Tabelle 20.1). Die Einstufung von Polonium als Metall wird auch durch seinen geringen spezifischen elektrischen Widerstand von $4\cdot 10^{-5}\,\Omega\cdot\text{cm}$ nahe gelegt.

Die Oxidationsstufen der Elemente der Gruppe 16 weisen gewisse Regelmäßigkeiten auf, wobei der Sauerstoff eine Ausnahmestellung einnimmt. So kennt man bei Verbindungen einiger Elemente dieser Gruppe alle geradzahligen Oxidationsstufen von VI über IV und II bis zu –II und auch einige ungeradzahlige. Die Stabilität der Oxidationsstufen VI und –II nimmt innerhalb der Gruppe nach unten hin ab, während die der Stufe IV zunimmt. Wie auch in anderen Gruppen sind die Trends nicht ganz regelmäßig. Unterschiede zwischen den leichten und schweren Elementen ergeben sich auch hinsichtlich der Zusammensetzung einiger Verbindungen. So haben die Oxosäuren der Oxidationsstufe VI die Formeln H_2SO_4, H_2SeO_4, aber H_6TeO_6.

Tabelle 20.1 Schmelz- und Siedetemperaturen der Elemente der Gruppe 16

Element	Schmelztemperatur (°C)	Siedetemperatur (°C)
Sauerstoff (O_2)	–219	–183
Schwefel (S_8)	115	445
Selen (Se(grau))	220	685
Tellur (Te)	450	990
Polonium (Po)	254	962

Die Anomalie des Sauerstoffs

Die Anomalien in der Chemie des Sauerstoffs sind denen beim Stickstoff sehr ähnlich: Auch Sauerstoff bildet starke π-Bindungen mithilfe der 2p-Atomorbitale und der geringe Atomradius schließt die Ausbildung von Koordinationszahlen größer als vier in kovalenten Verbindungen aus. Letzteres wird besonders deutlich am Beispiel der Fluorverbindungen von Sauerstoff und Schwefel: Sauerstoff bildet mit Fluor lediglich O_2F_2 und OF_2, wohingegen Schwefel weitaus mehr Verbindungen mit Fluor bildet: von S_2F_2 bis hin zu SF_6.

Die hohe Stabilität von Mehrfachbindungen Wie beim Stickstoff ist auch beim Sauerstoff die Doppelbindung mit einer Bindungsenthalpie von 498 kJ · mol^{-1} erheblich stabiler als die Einfachbindung mit 142 kJ · mol^{-1}. Die O/O-Einfachbindung ist besonders schwach im Vergleich mit der C/C-Einfachbindung (330 kJ · mol^{-1}) und vergleichbar mit der N/N-Einfachbindung (158 kJ · mol^{-1}).

Sieht man die Bindungsenthalpie einer Doppelbindung als die Summe der Bindungsenthalpien der σ-Einfachbindung und der π-Bindung an, so wird aus Tabelle 20.2 ersichtlich, dass die Ausbildung einer X/X-Doppelbindung im Falle von Schwefel und Selen nur zu einem geringen Energiegewinn führt. Damit wird verständlich, warum die schwereren Atome der Gruppe 16 keine besondere Neigung zur Ausbildung von X/X-Doppelbindungen haben: Die Knüpfung einer zusätzlichen X/Y-Einfachbindung bringt einen wesentlich größeren Energiegewinn als der Übergang von einer X/X-Einfachbindung zu einer X/X-Doppelbindung. Beim Sauerstoff hingegen finden wir genau die umgekehrten Verhältnisse.

weit verbreiteten Lehrbuchs für anorganische Chemie, unterstützte die Verwendung der neuen Bezeichnung. Er wurde das deutsche Mitglied der Kommission für die Reform der anorganisch-chemischen Nomenklatur der IUPAC, die 1938 zusammentrat. Heinrich Remys Vorschlag führte zu der Empfehlung der Kommission, die Elemente Sauerstoff, Schwefel, Selen und Tellur *Chalkogene* und ihre Verbindungen *Chalkogenide* zu benennen. Innerhalb von wenigen Jahren wurde die neue Bezeichnung weltweit verwendet, ... «

Wilhelm Eugen **Biltz**, deutscher Chemiker, 1877–1943; Professor in Clausthal und Hannover.

Heinrich **Remy**, deutscher Chemiker, 1890–1974; Professor in Hamburg.

Tabelle 20.2 Bindungsenthalpien bei Elementen der Gruppe 16

Bindung	σ-Bindungsenthalpie (kJ · mol^{-1})	π-Bindungsenthalpie (kJ · mol^{-1})
Sauerstoff/Sauerstoff	142	356
Schwefel/Schwefel	265	160
Selen/Selen	216	117

Sauerstoff-Isotope in der Geochemie

EXKURS

Das häufigste natürlich auftretende Sauerstoff-Isotop hat acht Neutronen ($^{16}_{8}O$). Es gibt jedoch noch zwei weitere stabile Isotope dieses Elements:

Isotop	Häufigkeit (%)
$^{16}_{8}O$	99,763
$^{17}_{8}O$	0,037
$^{18}_{8}O$	0,200

Eins von 500 Sauerstoff-Atomen hat also eine Masse, die um 12 Prozent größer ist als die der anderen 499. Dieser „schwere" Sauerstoff hat geringfügig andere physikalische Eigenschaften, sowohl in elementarer Form als auch in seinen Verbindungen. Dies macht sich insbesondere bei den Wasserstoffverbindungen bemerkbar. So hat $H_2^{18}O$ einen signifikant niedrigeren Dampfdruck als $H_2^{16}O$. Daher ist beim Verdampfen von Wasser der Wasserdampf immer ärmer an $H_2^{18}O$. Da in tropischen Regionen besonders viel Wasser verdampft, haben dort die Gewässer auch einen besonders hohen Anteil an $H_2^{18}O$. Erhöhte ^{18}O-Gehalte finden sich dementsprechend auch in den Lebewesen tropischer Gewässer.

Aus dem Verhältnis der Häufigkeiten dieser beiden Sauerstoffisotope lässt sich daher auf die Temperatur der Meere schließen, in denen vor Millionen von Jahren Muscheln lebten. Dazu wird das Verhältnis der Sauerstoff-Isotope im Calciumcarbonat von fossilen Muscheln bestimmt. Je höher der Anteil an ^{18}O, desto wärmer war das Wasser der Meere zu dieser Zeit.

Stabilität von Kettenverbindungen Innerhalb der Gruppe 14 nimmt die Fähigkeit zur Kettenbildung vom Kohlenstoff bis hin zum Blei deutlich ab. In der Gruppe 16 jedoch bilden Schwefel-Atome die längsten und stabilsten Ketten. Schon Verbindungen mit zwei aneinander gebundenen Sauerstoff-Atomen sind starke Oxidationsmittel und man kennt nur ganz wenige Verbindungen, die drei aneinander gebundene Sauerstoff-Atome enthalten. Dieses Verhalten spiegelt wider, dass die O/O-Einfachbindung schwächer ist als die Bindung des Sauerstoffs zu Atomen anderer Elemente. Die Bindungsenthalpie einer Kohlenstoff/Sauerstoff-Einfachbindung beispielsweise ist mit 358 kJ·mol^{-1} etwa zweieinhalbmal so groß. Daher strebt Sauerstoff eher danach, mit anderen Elementen Bindungen einzugehen als mit sich selbst. Im Gegensatz dazu ist die Bindungsenthalpie der S/S-Einfachbindung mit 265 kJ·mol^{-1} nur wenig geringer als die der Bindungen zu anderen Elementen, sodass die Kettenbildung in Schwefelverbindungen energetisch konkurrenzfähig wird.

Polykationen von Schwefel, Selen und Tellur

Erwärmt man etwas Selen in konzentrierter Schwefelsäure, so bildet sich eine tiefgrüne Lösung. Auf die gleiche Weise liefert Tellur eine intensiv rot gefärbte Lösung. Im Falle des Schwefels erhält man eine tiefblaue Lösung bei der Umsetzung mit rauchender Schwefelsäure (*Oleum*), einer Lösung von SO$_3$ in H$_2$SO$_4$. Diese Beobachtungen wurden bereits vor langer Zeit gemacht. Heute weiß man, dass jeweils ringförmige Polykationen vorliegen, deren Bildung auf der Oxidationswirkung von Schwefelsäure beruht:

$$8\ Se(s) + 3\ H_2SO_4(l) \rightarrow Se_8^{2+}(solv) + 2\ HSO_4^-(solv) + SO_2(g) + 2\ H_2O(l)$$

Vor etwa 30 Jahren gelang es, entsprechend gefärbte kristalline Verbindungen zu synthetisieren. So erhielt man eine tiefblaue Schwefelverbindung durch die Oxidation von

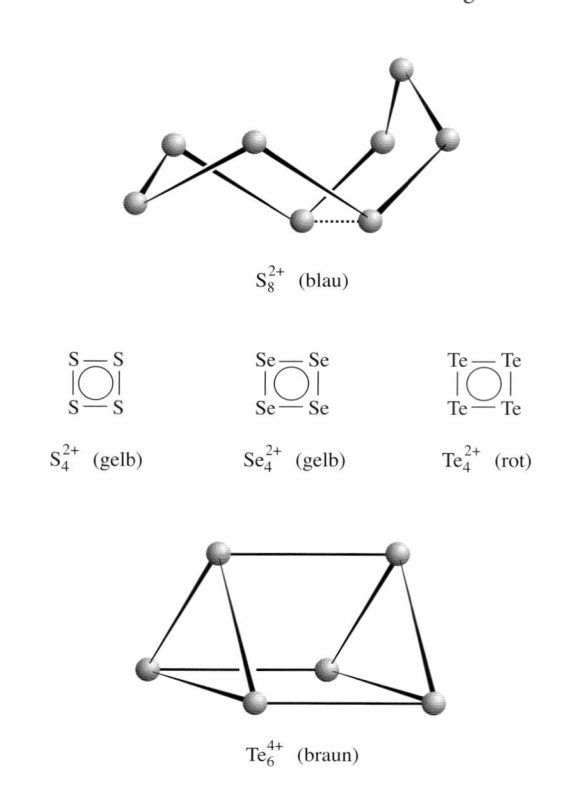

S_8^{2+} (blau)

S_4^{2+} (gelb) Se_4^{2+} (gelb) Te_4^{2+} (rot)

Te_6^{4+} (braun)

20.1 Polykationen der Chalkogene.

Schwefel mit AsF_5 in flüssigem Schwefeldioxid als Lösemittel. Die Strukturuntersuchung zeigte, dass die Kristalle aus ringförmigen S_8^{2+}- und AsF_6^--Ionen aufgebaut sind:

$$S_8(solv) + 3\ AsF_5(solv) \rightarrow S_8^{2+}(AsF_6^-)_2(s) + AsF_3(g)$$

Der S_8-Ring des elementaren Schwefels bleibt zwar erhalten, unterscheidet sich aber in der Struktur vom kronenförmigen S_8-Molekül. Aufgrund der anderen Konformation des Ringes tritt zusätzlich eine schwache Bindung zwischen zwei gegenüberliegenden Schwefel-Atomen auf (Abbildung 20.1). Entsprechende Polykationen werden auch von Selen und Tellur gebildet: Se_8^{2+} (grün), Te_8^{2+} (blauschwarz).

Die altbekannte rote Färbung bei Tellur ist auf das cyclische Te_4^{2+}-Kation zurückzuführen. Solche quadratisch-planaren Kationen sind auch von den beiden anderen Chalkogenen bekannt: S_4^{2+} (gelb), Se_4^{2+} (gelb). Jedes dieser Teilchen enthält sechs delokalisierte p-Elektronen. Im Sinne der Hückel-Regel handelt es sich damit ebenso um Aromaten wie im Falle des Benzols. Eine ungewöhnliche Struktur hat das Kation Te_6^{4+} (braun): Die sechs Tellur-Atome bilden ein Prisma, in dem die den sechs Dreiecksseiten entsprechenden Bindungen deutlich kürzer sind als die drei übrigen.

20.1 Sauerstoff

Sauerstoff tritt in zwei Modifikationen auf: Im „gewöhnlichen" Sauerstoff liegt das zweiatomige Molekül O_2 vor. Die als *Ozon* bezeichnete Modifikation besteht aus dreiatomigen Molekülen (O_3).

Sauerstoff (O_2)

Sauerstoff ist ein farb- und geruchloses Gas, dessen Siedetemperatur – seiner geringen Molekülmasse entsprechend – sehr niedrig liegt. Unter Normaldruck kondensiert es bei −183 °C zu einer blassblauen Flüssigkeit. Sauerstoff brennt nicht, unterhält aber die Verbrennung. Fast alle Elemente reagieren mit Sauerstoff, insbesondere beim Erhitzen. Die wichtigsten Ausnahmen sind die Edelmetalle – wie Platin oder Gold – und die Edelgase.

Mit einem Volumenanteil von 21% steht in der Erdatmosphäre ein kaum vorstellbarer Sauerstoffvorrat zur Verfügung ($\approx 10^{15}$ t). In der Atmosphäre der anderen Planeten des Sonnensystems kommt Sauerstoff dagegen praktisch nicht vor; deren Atmosphären enthalten überwiegend Wasserstoff, Methan, Ammoniak und Kohlenstoffdioxid und haben damit reduzierenden Charakter. Mit der Entstehung des Lebens auf der Erde vor ungefähr $2{,}5 \cdot 10^9$ Jahren und den damit verbundenen Photosyntheseprozessen, begann die Umwandlung des Kohlenstoffdioxids der frühen Erdatmosphäre in Sauerstoff.

Der derzeitige, sauerstoffreiche Zustand der Erdatmosphäre wurde vor etwa $5 \cdot 10^7$ Jahren erreicht. Wir können also auf anderen Planeten nach Leben suchen, welches dem unseren ähnlich ist, indem wir den Sauerstoffgehalt der Atmosphäre bestimmen.

Sauerstoff ist in Wasser nicht besonders gut löslich. Leitet man Sauerstoffgas bei normalem Luftdruck in Wasser, so lösen sich etwa 40 mg pro Liter (bei 25 °C), verglichen mit 1450 mg pro Liter für Kohlenstoffdioxid. Aus der Luft nimmt Wasser allerdings – entsprechend dem Volumenanteil des Sauerstoffs an der Luft – nur ein Fünftel der genannten Menge auf (8 mg·l^{-1} bei 25 °C). Die Konzentration von Sauerstoff in natürlichen Gewässern ist trotzdem hoch genug, um marine Organismen am Leben zu erhalten. Da die Löslichkeit von Gasen in Flüssigkeiten mit zunehmender Temperatur abnimmt, sind es die kalten Gewässer, wie der Labrador- und der Humboldtstrom, die besonders reich an Sauerstoff sind und in denen die größten Fischbestände vorkommen.

Häufig hat die Korngröße einen Einfluss auf den Reaktionsverlauf. Beispielsweise fangen Metalle wie Eisen, Zink und sogar Blei bei Raumtemperatur spontan Feuer, wenn sie sehr fein gepulvert sind. Die so reagierenden Metalle werden *pyrophore Metalle* genannt, ein Begriff, der ihre Fähigkeit zur Selbstentzündung widerspiegelt. Zinkstaub verbrennt beispielsweise zu weißem Zinkoxid:

$$2\ Zn(s) + O_2(g) \rightarrow 2\ ZnO(s)$$

Der biochemisch sehr kompliziert verlaufende Prozess der Photosynthese, bei der aus Kohlenstoffdioxid und Wasser unter dem Einfluss des Sonnenlichts organisches Material, wie zum Beispiel ein Kohlenhydrat, und Sauerstoff gebildet wird, lässt sich summarisch durch folgende Reaktion beschreiben:

$$6\ CO_2(g) + 6\ H_2O(l) \xrightarrow{h \cdot \nu} C_6H_{12}O_6(aq) + 6\ O_2(g)$$

Hinweis: Die durchschnittliche Zusammensetzung von trockener Luft ist in Abschnitt 19.2 angegeben.

Der Gehalt an gelöstem Sauerstoff ist eine der wichtigsten Kenngrößen, um die Gesundheit eines Flusses oder Sees zu beurteilen. Niedrige Sauerstoffgehalte können durch *Eutrophierung* (übermäßiges Algen- und Pflanzenwachstum) oder durch die Einleitung warmen Wassers, zum Beispiel aus einer industriellen Kühlanlage, verursacht werden. Als Notlösung kann Luft mithilfe von Pumpen in das Wasser eingeleitet werden, um den Gehalt an gelöstem Sauerstoff zu erhöhen.

Sauerstoff ist eine wichtige Industriechemikalie; weltweit werden jährlich ungefähr 10^9 Tonnen verbraucht, der Großteil davon in der Stahlindustrie. Auch in medizinischen Einrichtungen wird Sauerstoff in großen Mengen benötigt. Man nutzt ihn hier vorwiegend, um den Sauerstoffanteil in der Atemluft zu erhöhen, die man Patienten mit Atemwegserkrankungen verabreicht. So wird die Sauerstoffaufnahme bei nicht voll funktionstüchtiger Lunge erleichtert.

Technisch wird Sauerstoff fast ausschließlich durch fraktionierte Destillation von flüssiger Luft hergestellt (siehe Abschnitt 8.9). Ein erheblicher Anteil kommt in Druckgasflaschen (200 bar) in den Handel, sodass Sauerstoff nicht nur für Technik und Medizin, sondern auch im Labor ständig zur Verfügung steht.

Die Bindung im O_2-Molekül Wie bereits in Abschnitt 5.11 besprochen, wird nur mit der Molekülorbital-Theorie die Bindungssituation im Sauerstoff-Molekül richtig beschrieben. Abbildung 20.2 zeigt, dass die formale Bindungsordnung zwei beträgt (sechs bindende und zwei antibindende Elektronen), wobei die beiden antibindenden Elektronen einen parallelen Spin haben. Das Molekül ist ein *Diradikal*, es ist paramagnetisch.

Eine Energiezufuhr von nur 95 kJ·mol^{-1} reicht aus, um den Spin eines der antibindenden Elektronen umzukehren, was zu einer Paarung mit dem Elektron des anderen antibindenden Orbitals führt (Abbildung 20.3). Diese diamagnetische Form des Sauer-

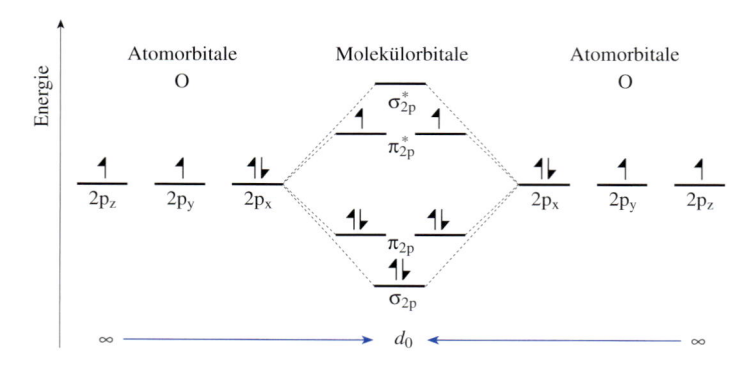

20.2 Molekülorbital-Diagramm für das Sauerstoff-Molekül in seinem Grundzustand.

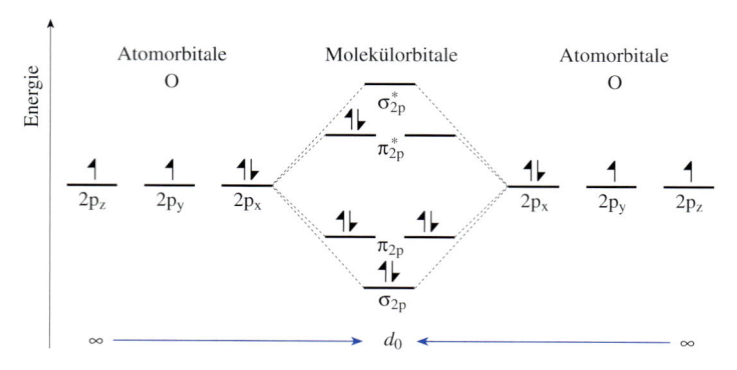

20.3 Molekülorbital-Diagramm für eine Form des diamagnetischen Sauerstoff-Moleküls.

Bei gleichem Partialdruck ist die Löslichkeit von Sauerstoff in Wasser doppelt so groß wie die von Stickstoff. Obwohl der Partialdruck des Stickstoffs in der Luft viermal so groß ist wie der des Sauerstoffs, enthält luftgesättigtes Wasser deshalb nur doppelt so viel Stickstoff wie Sauerstoff. In Gasbläschen, die sich beim Erhitzen von Wasser bilden, ist daher Sauerstoff mit einem Volumenanteil von rund 35 % im Vergleich zur atmosphärischen Luft erheblich angereichert.

Ein Maß für die Belastung von Gewässern mit oxidierbaren organischen Stoffen ist der BSB-Wert, der *biochemische Sauerstoffbedarf*. Mit dem BSB$_5$-Wert (in mg·l^{-1}) wird angegeben, wie viel Sauerstoff bei 20 °C innerhalb von *fünf* Tagen durch mikrobielle Abbautätigkeit verbraucht wird.
In engem Zusammenhang mit dem biochemischen Sauerstoffbedarf steht der mit 60 g Sauerstoff berechnete *Einwohnergleichwert*. Diese Angabe sagt Folgendes aus: Die durchschnittlich pro Einwohner und Tag mit dem Abwasser in die Kläranlagen eingeleitete Menge an biologisch oxidierbaren organischen Schmutzstoffen führt (innerhalb von 5 Tagen) zum Verbrauch von 60 g Sauerstoff. Um den Überblick zu erleichtern wird auch die Schmutzfracht der Abwässer von Betrieben und öffentlichen Einrichtungen in Einwohnergleichwerten erfasst.

Druckgasflaschen mit Sauerstoff für medizinischen Gebrauch sind nach neuer Regelung durchgehend weiß angestrichen. Bei Sauerstoff für Labor und Technik ist nur die Schulterpartie weiß angestrichen, der Flaschenzylinder dagegen blau (oder grau).

Früher musste Sauerstoff für den Laborbedarf aus sauerstoffreichen Verbindungen hergestellt werden. So ergibt beispielsweise das Erhitzen von Kaliumchlorat in Gegenwart von Mangan(IV)-oxid Kaliumchlorid und Sauerstoff:

$$2\ KClO_3(l) \xrightarrow{MnO_2} 2\ KCl(s) + 3\ O_2(g)$$

Ein bequemerer Weg ist jedoch die katalytische Zersetzung von wässerigem Wasserstoffperoxid. Mangan(IV)-oxid kann auch hier wieder als Katalysator dienen:

$$2\ H_2O_2(aq) \xrightarrow{MnO_2} 2\ H_2O(l) + O_2(g)$$

Hinweis: Die magnetischen Eigenschaften von Stoffen werden in Abschnitt 23.3 näher behandelt.

stoffs mit gepaarten Elektronenspins wandelt sich innerhalb von Sekunden bis Minuten in die paramagnetische Form zurück. Die *Halbwertszeit* hängt von der Konzentration und von der Umgebung des Moleküls ab. Herstellen lässt sich die diamagnetische Form durch die Reaktion von Wasserstoffperoxid mit Natriumhypochlorit:

$$H_2O_2(aq) + ClO^-(aq) \rightarrow O_2(g, \text{diamagnetisch}) + H_2O(l) + Cl^-(aq)$$

Alternativ kann man diamagnetischen Sauerstoff durch Bestrahlung paramagnetischen Sauerstoffs in Gegenwart eines sensibilisierenden Farbstoffs herstellen.

Diamagnetischer Sauerstoff ist ein wichtiges Reagenz in der organischen Chemie und führt bei chemischen Reaktionen oft zu anderen Produkten als die paramagnetische Form. Außerdem steht der sehr reaktive diamagnetische Sauerstoff, der auch durch ultraviolette Strahlung in der Atmosphäre gebildet wird, unter dem Verdacht, Hautkrebs hervorzurufen. Diamagnetischer Sauerstoff wird häufig als *Singulett-Sauerstoff* bezeichnet ($^1O_2$), während man die paramagnetische Form *Triplett-Sauerstoff* nennt ($^3O_2$).

Es gibt eine weitere Singulett-Form des Sauerstoffs, in welcher der Spin eines Elektrons umgekehrt wird, die beiden Elektronen aber zwei verschiedene Orbitale besetzen. (Abbildung 20.4). Überraschenderweise muss man erheblich mehr Energie zuführen, um diese Anordnung zu erhalten, $\approx 158 \text{ kJ} \cdot \text{mol}^{-1}$. Diese andere Singulett-Form hat im Labor kaum eine Bedeutung.

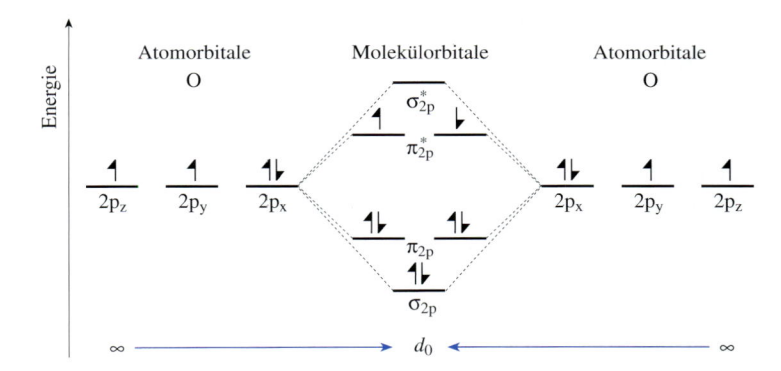

20.4 Molekülorbital-Diagramm für die weniger geläufige Form des diamagnetischen Sauerstoff-Moleküls.

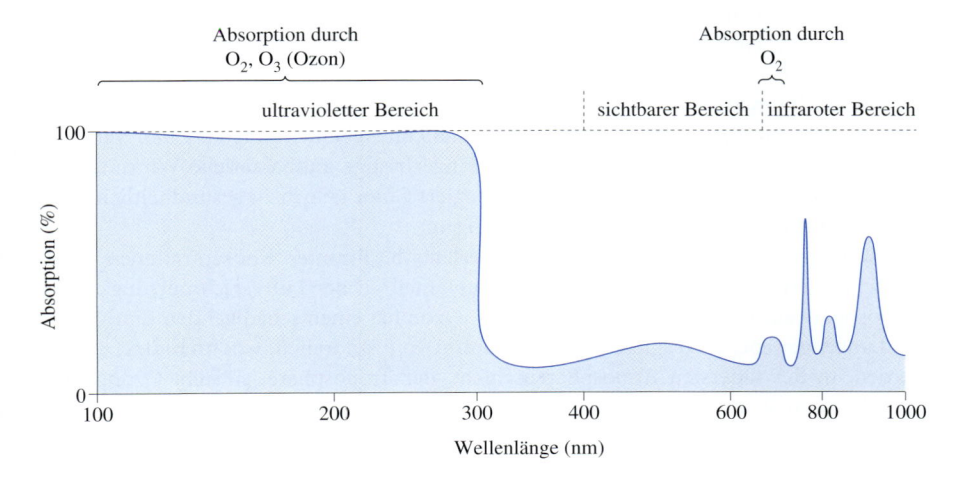

20.5 Strahlungsabsorption durch die Erdatmosphäre vom UV-Bereich bis zum IR-Bereich.

In Abbildung 18.11 wurde gezeigt, dass sich die meisten Absorptionsbanden im Infrarotspektrum der Luft auf Molekülschwingungen von Wasser- und Kohlenstoffdioxid-Molekülen zurückführen lassen. Es gibt allerdings eine Absorptionsbande im Spektrum bei 760 nm, die so nicht erklärt werden kann (Abbildung 20.5). Sie entspricht der Energieabsorption durch die Elektronen bei der Umwandlung von normalem Triplett-Sauerstoff in den energetisch höher liegenden Singulett-Sauerstoff. Die Absorptionsbande, die der Bildung des Singulett-Sauerstoffs mit der niedrigeren Energie entspricht, ist unter einer sehr intensiven Kohlenstoffdioxid-Absorptionsbande bei 1 270 nm verborgen

Ozon (O_3)

Die aus O_3-Molekülen bestehende Modifikation des Sauerstoffs macht sich durch einen charakteristischen, intensiven Geruch bemerkbar. Auf diese Eigenschaft weist bereits der Name *Ozon* hin: Er ist von dem griechischen Verb *ozein* für riechen abgeleitet. Schon bei 0,01 ppm lässt sich dieser Geruch wahrnehmen. Ozon ist sehr toxisch; die maximal zulässige Konzentration bei dauerhafter Exposition (MAK-Wert) beträgt 0,1 ml/m³ bzw. 0,1 ppm ($\cong 200\ \mu g \cdot m^{-3}$).

Ozon entsteht in Bereichen hoher elektrischer Spannung und durch Einwirkung von ultraviolettem Licht auf Sauerstoff oder Luft. Daher waren und sind Fotokopierer und Laserdrucker häufig für hohe Ozonwerte in Büros verantwortlich. Das so produzierte Ozon könnte durchaus der Grund für Kopfschmerzen und andere Beschwerden von Büroangestellten gewesen sein. Technische Fortschritte haben heute die Entwicklung von Kopierern und Druckern ermöglicht, die nur sehr geringe Mengen an Ozon produzieren.

Um Ozon im Labor zu erzeugen, leitet man einen Sauerstoffstrom durch ein elektrisches Feld bei einer Spannung von 10 bis 20 kV. Dieses Feld stellt die für die Reaktion nötige Energie bereit. Ein derartiges Gerät wird *Ozonisator* genannt.

$$\tfrac{3}{2} O_2(g) \rightarrow O_3(g); \quad \Delta H_R^0 = 143\ \text{kJ} \cdot \text{mol}^{-1}$$

Bei dieser Methode erreicht man einen Ozonanteil von etwa 10 %. Das Ozon zersetzt sich langsam zu O_2, wobei die Zersetzungsgeschwindigkeit von den äußeren Bedingungen abhängt. Kühlt man den aus einem Ozonisator austretenden Gasstrom, so kondensiert reines Ozon als tiefblaue Flüssigkeit (Siedetemperatur −111 °C).

Ozon ist in wässeriger Lösung ein sehr starkes Oxidationsmittel, sehr viel stärker als O_2, wie man aus dem Vergleich der Redoxpotentiale in saurer Lösung ablesen kann:

$$O_3(g) + 2 H^+(aq) + 2 e^- \rightleftharpoons O_2(g) + H_2O(l); \quad E^0 = 2,08\ \text{V}$$
$$O_2(g) + 4 H^+(aq) + 4 e^- \rightleftharpoons 2 H_2O(l); \quad E^0 = 1,23\ \text{V}$$

Die vielseitige Wirkung von Ozon als Oxidationsmittel wird durch die folgenden Reaktionen gut veranschaulicht – eine in der Gasphase, eine in wässeriger Lösung und die dritte mit einem Feststoff:

2 $NO_2(g)$ + $O_3(g) \rightarrow N_2O_5(g) + O_2(g)$
$CN^-(aq)$ + $O_3(g) \rightarrow OCN^-(aq) + O_2(g)$
$PbS(s)$ + 4 $O_3(g) \rightarrow PbSO_4(s) + 4\ O_2(g)$

Lediglich Fluor und das Perxenat-Ion (XeO_6^{4-}) wirken in saurer Lösung noch stärker oxidierend als Ozon.

Es sind die stark oxidierenden Eigenschaften von Ozon, die seinen Einsatz als Bakterizid ermöglichen. Man benutzt es zum Beispiel, um Bakterien in öffentlichen Schwimmbädern abzutöten. Auch für die Aufbereitung von Trinkwasser kann Ozon eingesetzt werden. Weltweit wird für diese Zwecke bisher Chlorgas bevorzugt. Beide Bakterizide haben Vor- und Nachteile. Ozon wandelt sich verhältnismäßig schnell in normalen Sauerstoff um, daher ist seine antibakterielle Wirkung nur von begrenzter Dauer. Die Anwendung von Ozon hat aber keinerlei schädliche Nebenwirkungen. Chlor verbleibt länger im Trinkwasser und hat somit eine längerfristige antibakterielle Wirkung. Mit organischen Verunreinigungen im Wasser reagiert Chlor jedoch zu gesundheitlich nicht unbedenklichen chlororganischen Verbindungen.

In unserer Atemluft ist Ozon eine oberhalb bestimmter Konzentrationen unerwünschte Verbindung und macht einen Hauptanteil an der Luftverschmutzung in der Troposphäre aus (siehe Exkurs auf Seite 489). Ozon hat einen schädigenden Einfluss auf das Lungengewebe. Es reagiert mit dem Gummi von Autoreifen, wodurch diese spröde werden. In der untersten Atmosphärenschicht, der Troposphäre, entsteht Ozon durch Photolyse von Stickstoffdioxid, welches überwiegend in Verbrennungsmotoren entsteht.

$$NO_2(g) \xrightarrow{UV} NO(g) + O(g)$$
$$O(g) + O_2(g) \longrightarrow O_3(g)$$

20.6 Bindungsverhältnisse im Ozon-Molekül.

Der Ozongehalt in der Stratosphäre, in einer Höhe zwischen 15 und 50 Kilometern, ist jedoch geradezu lebensnotwendig: Ozon absorbiert den kurzwelligen (<310 nm) und damit energiereichen und für alle Lebewesen gesundheitsschädlichen Anteil der Sonnenstrahlung. Seit einigen Jahren wird mit großer Sorge beobachtet, dass der Anteil des Ozons in der Stratosphäre deutlich abnimmt. Neben natürlichen Ursachen für diesen Ozonabbau hat man einige Spurengase, die durch menschliche Aktivitäten in die Atmosphäre gelangen, als Verursacher des Ozonabbaus erkannt. Diese Zusammenhänge werden im nachfolgenden Exkurs näher erläutert.

Ozon ist ein gewinkeltes Molekül mit einem Bindungswinkel von 117°. Beide Sauerstoff/Sauerstoff-Bindungen sind gleich lang (128 pm) und haben eine formale Bindungsordnung von 1½ (Abbildung 20.6). Die Bindungswinkel und -längen sind denen des isoelektronischen Nitrit-Ions sehr ähnlich. Da keine ungepaarten Elektronen auftreten, ist Ozon im Gegensatz zum normalen Sauerstoff diamagnetisch.

Ozon bildet sowohl mit den Alkali- als auch mit den Erdalkalimetallen Verbindungen. Diese Verbindungen enthalten das *Ozonid-Ion*, O_3^-. Wie man aufgrund der Größe des Ozonid-Ions erwarten würde, sind es die größeren Kationen, wie zum Beispiel Caesium, welche die stabilsten Ozonide bilden. Auch das Ozonid-Ion ist gewinkelt, die Bindungsabstände sind wenig größer als im Ozon.

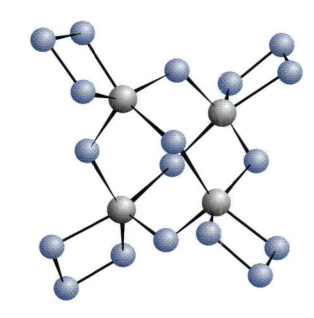

20.7 Aufbau des P_4O_{18}-Moleküls: Die Phosphor-Atome eines P_4O_6-Moleküls sind jeweils mit einem Ozon-Molekül verknüpft ($P_4O_6 \cdot 4\,O_3$). Diese Verbindung wurde erstmals im Jahre 2003 beschrieben.

Die Ozonschicht in der Stratosphäre

EXKURS

Das Leben auf der Erde hat sich im Wasser entwickelt. Über die Photosynthese, die Grundlage aller Lebensprozesse, entwickelte sich nach und nach Sauerstoff. Dieser war zunächst im Wasser gelöst, wurde jedoch durch verschiedene Oxidationsreaktionen verbraucht, unter anderem für die Oxidation von Eisen(II)- zu Eisen(III)-Ionen. Erst nachdem diese Prozesse abgeschlossen waren, konnte Sauerstoff auch in die Atmosphäre gelangen. Als der Sauerstoffgehalt der Atmosphäre etwa zwei bis drei Prozent betrug, entstand durch Einwirkung des sehr energiereichen (kurzwelligen) Anteils des Sonnenlichts auch etwas Ozon. Diese zweistufige Bildungsreaktion wird durch die folgenden Reaktionsgleichungen (etwas vereinfacht) beschrieben:

$$O_2(g) \xrightarrow[\lambda < 240\,nm]{h \cdot \nu} 2\,O(g)$$

$$O(g) + O_2(g) \rightarrow O_3(g)$$

Das gebildete Ozon wird durch Sonnenlicht mit Wellenlängen von $\lambda < 310$ nm wieder gespalten:

$$O_3(g) \xrightarrow[\lambda < 310\,nm]{h \cdot \nu} O_2(g) + O(g)$$

Bildung und Zerfall des Ozons stehen miteinander im Gleichgewicht, sodass stets eine gewisse, natürliche Konzentration an Ozon vorhanden ist. Dieser sehr kleine Anteil an Ozon ist dafür verantwortlich, dass energiereiches Sonnenlicht mit Wellenlängen <310 nm die Erdoberfläche nicht mehr erreichen kann, da es durch die beschriebenen photochemischen Reaktionen absorbiert wird (vgl. Abbildung 20.8). Erst durch die Bildung des Ozons, welches die Erdoberfläche vor dieser energiereichen und für pflanzliches und

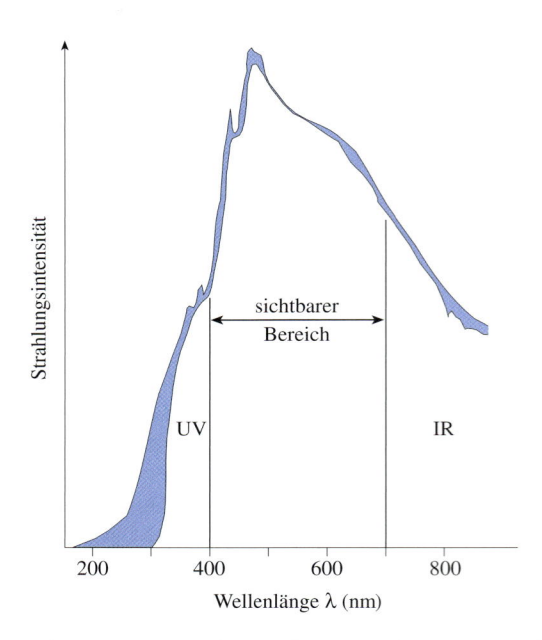

20.8 Ausschnitt aus dem Emissionsspektrum der Sonne, bestimmt an der Erdoberfläche (untere Kurve) und außerhalb der Erdatmosphäre (obere Kurve). Die blaue Fläche entspricht der absorbierten Sonnenstrahlung

tierisches Leben sehr gefährlichen ultravioletten Strahlung bewahrt, wurde Leben außerhalb des Wassers überhaupt erst möglich. (Wasser absorbiert gleichfalls kurzwellige Strahlung, sodass UV-Strahlung nicht in Wasser eindringen kann.) Nachdem sich pflanzliches Leben so auch außerhalb des Wassers entwickeln konnte, stieg der Sauerstoffgehalt der Atmosphäre dann auf den heutigen Wert von 21%. Heute stehen die Bildung des Sauerstoffs durch die Photosynthese und sein Verbrauch durch Atmungsvorgänge in einem Gleichgewicht miteinander.

Würde man das gesamte, für uns so lebenswichtige Ozon der Stratosphäre (Höhenbereich 15 bis 50 km) bei 0 °C auf einen Druck von 1000 hPa (1 bar) komprimieren und gleichmäßig auf der Erdoberfläche verteilen, wäre diese Schicht nur 3,5 mm dick. Zusätzlich zu der beschriebenen Bildungs- und Zerfallsreaktion des Ozons kennt man aber noch weitere Wege der Ozonzersetzung, an der verschiedene Spurengase beteiligt sind. Dies sind Stoffe, die teilweise natürlichen, aber auch anthropogenen Ursprungs sind und in sehr geringen Konzentrationen in der Atmosphäre (und damit auch in der Stratosphäre) enthalten sind. Zu ihnen zählen Radikale wie Wasserstoff-Atome, Hydroxyl-Radikale, Stickstoffmonoxid-Moleküle und Chlor-Atome. Diese Spezies, im Folgenden gemeinsam mit X bezeichnet, wirken als Katalysatoren für die Zersetzung von Ozon (ohne Absorption von UV-Strahlung):

$$X(g) + O_3(g) \rightarrow XO(g) + O_2(g)$$
$$XO(g) + O(g) \rightarrow X(g) + O_2(g)$$

Gesamtreaktion: $O(g) + O_3(g) \rightarrow 2\,O_2(g)$

Paul J. **Crutzen**, niederländischer Meteorologe, geb. 1933; 1976 Professor in Colorado, 1980 Abteilungsdirektor am MPI für Chemie in Mainz, 1993 Professor in Mainz, 1995 Nobelpreis für Chemie zusammen mit M. J. Molina und F. S. Rowland (für die Arbeiten zur Chemie der Atmosphäre).

Es gibt einen besonderen Grund, warum gerade diese vier Spezies in diesem Reaktionszyklus mitwirken und immer wieder zurück gebildet werden können: Da sich bei den angegebenen Reaktionen die Teilchenzahl nicht ändert, übt die Reaktionsentropie keinen merklichen Einfluss auf die Gleichgewichtslage aus. Beide Schritte müssen also exotherm sein, damit sie ablaufen können. Diese Tatsache setzt gewisse Grenzen für das Radikal X. Beim ersten Reaktionsschritt muss die Bindungsenthalpie der X/O-Bindung größer sein als die Differenz der Bildungsenthalpien von O_3 und O_2 (143 kJ · mol^{-1}). Beim zweiten Schritt muss die X/O-Bindungsenthalpie geringer sein als die Bindungsenthalpie im O_2-Molekül (498 kJ · mol^{-1}). Diese Bedingungen treffen für die Radikale OH, NO und Cl zu.

Insbesondere das Chlor-Radikal gelangt überwiegend durch menschliche Aktivitäten in die Atmosphäre. Lange Jahre hat man Chlorfluorkohlenwasserstoffe (CFKs, früher auch als FCKWs bezeichnet) in beträchtlichem Umfang produziert und als Lösemittel, Treibmittel in Sprühdosen, als Aufschäummittel für Schaumstoffe sowie als Kältemittel in Kühlschränken verwendet. Als chemisch sehr stabile Stoffe sind sie in die Stratosphäre gelangt. Erst dort werden sie unter Einwirkung des Sonnenlichts und Freisetzung von Chlor-Atomen zersetzt. Sie tragen maßgeblich zum Abbau der Ozonschicht bei, der insbesondere auf der südlichen Halbkugel besorgniserregende Ausmaße angenommen hat. Glücklicherweise laufen aber auch noch andere Reaktionen ab, die dafür sorgen, dass diese Radikale nach einiger Zeit wieder in stabile Verbindungen überführt werden, aus denen sie nicht mehr freigesetzt werden können. Ein Beispiel ist die folgende Reaktion:

$Cl(g) + HO_2(g) \rightarrow HCl(g) + O_2(g)$

Allerdings wird es nach heutigen Prognosen noch Jahrzehnte dauern, bis das natürliche Gleichgewicht wiederhergestellt ist. Insbesondere die Untersuchungen von Paul Crutzen, Mario Molina und Frank Rowland haben Wesentliches zum Verständnis des Ozonabbaus beigetragen. Hierfür wurde ihnen im Jahre 1995 der Nobelpreis für Chemie verliehen.

Mario José **Molina**, mexikanischer Physikochemiker, geb. 1943; Professor in Irvine und Cambridge, 1995 Nobelpreis für Chemie zusammen mit P. J. Crutzen und F. S. Rowland (für die Arbeiten zur Chemie der Atmosphäre, insbesondere der Bildung und Zersetzung von Ozon).

Frank Sherwood **Rowland**, amerikanischer Chemiker, geb. 1927; Professor in Kansas und Irvine, 1995 Nobelpreis für Chemie zusammen mit M. J. Molina und P. J. Crutzen (für die Arbeiten über die Bildung und den Abbau des atmosphärischen Ozons und den Nachweis der Bedrohung der Ozonschicht durch Fluorchlorkohlenwasserstoffe).

20.2 Bindungsverhältnisse in Sauerstoffverbindungen

Sauerstoff kann überwiegend kovalent gebunden oder auch ionisch in Verbindungen auftreten. Welche der beiden Bindungsarten überwiegt, hängt in erster Linie von der Elektronegativität das Bindungspartners ab, aber auch von dessen Oxidationsstufe. Wir wollen hier zunächst die kovalente Bindung unter Beteiligung von Sauerstoff-Atomen besprechen und dann einige Aspekte des chemischen Verhaltens ausgewählter Sauerstoffverbindungen im Zusammenhang mit der chemischen Bindung behandeln.

Die kovalente Bindung beim Sauerstoff Sauerstoff-Atome bilden üblicherweise zwei kovalente Einfachbindungen oder eine Doppelbindung aus. Werden zwei Einfachbindungen gebildet, so weicht der Bindungswinkel oft signifikant vom Tetraederwinkel von 109,5° ab. Die Erklärung für den Bindungswinkel von 104,5° im Wasser-Molekül durch das VSEPR-Modell (Abschnitt 5.4) macht geltend, dass die freien Elektronenpaare mehr Raum benötigen als die bindenden Elektronenpaare, sodass der Bindungswinkel kleiner ist als der Tetraederwinkel.

Im Falle der Halogen/Sauerstoff-Verbindungen Sauerstoffdifluorid (OF_2, Bindungswinkel 103°) und Dichlormonoxid (Cl_2O, Bindungswinkel 111°) müssen wir jedoch nach einer anderen Erklärung suchen. Die beste Erklärung ergibt sich wohl aus der Betrachtung des Hybridisierungsgrades. Wie in Kapitel 5 besprochen, können sich aus den s- und p-Atomorbitalen Hybridorbitale bilden, wenn ihre Energien sich nicht zu stark unterscheiden. Die Eigenschaften dieser Hybridorbitale – wie zum Beispiel ihre räumliche Anordnung – stellen eine Mischung der Eigenschafen der zugrunde liegenden Atomorbitale dar. Wir haben unsere Betrachtungen bisher auf ganzzahlige Mischungen beschränkt, zum Beispiel die Mischung eines s-Orbitals mit drei p-Orbitalen zu vier sp^3-Hybridorbitalen. Es gibt jedoch keinen Grund, warum eine Hybridisierung nicht auch mit Bruchteilen von Orbitalen funktionieren sollte. So können einige an kovalenten Bindungen beteiligte Orbitale eher s-Charakter haben, während andere eher p-Charakter haben.

Henry A. Bent war es, der eine empirische Regel vorschlug, um – neben anderen Dingen – die sehr unterschiedlichen Bindungswinkel in Sauerstoffverbindungen zu erklären. Diese sogenannte *Bent-Regel* besagt Folgendes: Stark elektronegative Substituenten „bevorzugen" Hybridorbitale mit geringerem s-Anteil, weniger elektronegative Substituenten „bevorzugen" Hybridorbitale mit höherem s-Anteil. Daher nähert sich der Bindungswinkel im OF_2 eher dem 90°-Winkel zwischen zwei „reinen" p-Orbitalen am

Eine andere einfache Erklärung für den größeren Bindungswinkel im Dichlormonoxid besteht darin, dass durch die beiden großen Chlor-Atome aus sterischen Gründen der Bindungswinkel vergrößert wird.

20.9 Valenzstrichformeln des POF$_3$-Moleküls.

20.10 Aufbau des pyramidalen Oxonium-Ions (a) und des planaren [Hg$_3$OCl$_3$]$^+$-Ions (b).

Hydroxide Fast jedes Metall kann unter bestimmten Umständen ein Hydroxid bilden. Dabei handelt es sich um überwiegend ionische Verbindungen, die in Wasser meist nur wenig löslich sind. Eine Ausnahme bilden hier die sehr gut löslichen Hydroxide der Alkalimetalle. Die Herstellung des wirtschaftlich bedeutenden Natriumhydroxids durch die Elektrolyse einer wässerigen Natriumchlorid-Lösung wurde bereits in Abschnitt 15.7 behandelt. Die schwerlöslichen Hydroxide lassen sich einfach herstellen, indem man die Lösung eines geeigneten Salzes mit Natronlauge versetzt. Ein Beispiel ist die Fällung des hellblauen Kupfer(II)-hydroxids:

CuCl$_2$(aq) + 2 NaOH(aq) → Cu(OH)$_2$(s) + 2 NaCl(aq)

Sauerstoff als im Cl$_2$O mit den weniger elektronegativen Chlor-Atomen als Bindungspartner des Sauerstoff-Atoms. Im Cl$_2$O liegt der Bindungswinkel zwischen den 109,5° für eine sp^3-Hybridisierung und den 120° für eine sp^2-Hybridisierung.

Sauerstoff-Atome können auch sogenannte koordinative kovalente Bindungen ausbilden, indem sie entweder als Lewis-Säure oder als Lewis-Base fungieren. Der erste Fall tritt ziemlich selten auf; ein Beispiel ist die Verbindung NOF$_3$ (Abschnitt 19.8). Sauerstoff reagiert sehr viel häufiger als Lewis-Base, zum Beispiel bei der Bindung von Wasser-Molekülen an Übergangsmetall-Ionen über ein freies Elektronenpaar des Sauerstoffs.

Bei vielen Molekülen formuliert man Doppelbindungen zu endständig gebundenen Sauerstoff-Atomen. Beispiele sind das CO$_2$- oder das POF$_3$-Molekül. Die C/O-Doppelbindung ist eine Kombination aus einer σ- und einer π-Bindung. Die σ-Bindung kommt durch Überlappung eines sp-Hybridorbitals des Kohlenstoff-Atoms mit dem p$_x$-Orbital eines Sauerstoff-Atoms zustande, die π-Bindung durch Überlappung der p$_y$- bzw. p$_z$-Orbitale von Kohlenstoff und Sauerstoff. Die Bindungen im POF$_3$-Molekül lassen sich zunächst als vier σ-Bindungen beschreiben, die durch Überlappung der vier sp^3-Hybridorbitalen des Phosphor-Atoms mit den p$_x$-Orbitalen der Fluor- und Sauerstoff-Atome gebildet werden (Abbildung 20.9). Eines der freien Elektronenpaare des Sauerstoff-Atoms kann nun im Sinne einer negativen *Hyperkonjugation* mit den drei σ*-Orbitalen der Phosphor/Fluor-Bindungen in Wechselwirkung treten und auf diese Weise die Phosphor/Sauerstoff-Bindung verstärken (siehe auch Abschnitt 19.14).

Sauerstoff-Atome können auch mehr als zwei kovalente chemische Bindungen eingehen. Das klassische Beispiel hierfür ist das *Oxonium-Ion* H$_3$O$^+$; die H-O-H-Bindungswinkel weichen hier nur geringfügig vom Tetraederwinkel (109,5°) ab (20.10a). Moleküle (oder Ionen) mit dreibindigem Sauerstoff müssen jedoch nicht immer tetraedrisch gebaut sein. In dem ungewöhnlichen Kation [O(HgCl)$_3$]$^+$ liegen alle Atome in einer Ebene und der Hg-O-Hg-Bindungswinkel beträgt 120° (Abbildung 20.10b). Um dies zu erklären, müssen wir annehmen, dass das Sauerstoff-Atom sp^2-hybridisiert ist und dass sich das freie Elektronenpaar des Sauerstoff-Atoms in einem p$_z$-Orbital aufhält und eine π-Bindung durch Wechselwirkung mit dem unbesetzten 6p$_z$-Orbital des Quecksilber-Atoms ausbildet.

Bindung und chemisches Verhalten bei Sauerstoffverbindungen Metalle in niedrigen Oxidationsstufen bilden ionisch aufgebaute Oxide, die in der Regel basische Eigenschaften aufweisen. Manche von ihnen, wie z.B. Bariumoxid, reagieren direkt mit Wasser zu einer alkalischen Lösung:

BaO(s) + H$_2$O(l) → Ba(OH)$_2$(aq)

Andere basische Oxide, wie z.B. Kupfer(II)-oxid, sind zwar in Wasser unlöslich, reagieren aber mit verdünnten Säuren.

CuO(s) + 2 H$^+$(aq) → Cu^{2+}(aq) + H$_2$O(l)

Die Oxide von Metallen wie Aluminium, Zink und Zinn sind amphoter, das heißt, sie reagieren sowohl mit Säuren als auch mit Basen. Zinkoxid reagiert beispielsweise mit Säuren zum Hexaaquazink(II)-Kation, [Zn(H$_2$O)$_6$]$^{2+}$ (Zn^{2+}(aq)); in stark alkalischer Lösung bildet sich das Tetrahydroxozinkat(II)-Anion, [Zn(OH)$_4$]$^{2-}$.

ZnO(s) + 2 H$^+$(aq) → Zn^{2+}(aq) + H$_2$O(l)

ZnO(s) + 2 OH$^-$(aq) + H$_2$O(l) → [Zn(OH)$_4$]$^{2-}$(aq)

Die Veränderung des chemischen Verhaltens mit zunehmender Oxidationsstufe wird bei den Metallen der Nebengruppen besonders deutlich. Im Falle der Oxidationsstufe II ist das Oxid basisch; das ionische Mangan(II)-oxid beispielsweise reagiert mit Säuren zum hydratisierten Mangan(II)-Ion:

MnO(s) + 2 H$^+$(aq) → Mn^{2+}(aq) + H$_2$O(l)

Chrom(III)-oxid (Cr$_2$O$_3$) erweist sich als amphoter: es reagiert mit Säuren zum hydratisierten Chrom(III)-Ion und mit stark alkalischen Lösungen zum Hydroxochromat(III)-Anion ([Cr(OH)$_4$]$^-$). Die kovalenten Oxide von Metallen in hohen Oxidationsstufen bilden in der Regel saure Lösungen. So reagiert Chrom(VI)-oxid mit Wasser zu Chromsäure.

$$CrO_3(s) + H_2O(l) \rightarrow H_2CrO_4(aq)$$

Viele Elemente höherer Perioden können mit Sauerstoff als Bindungspartner höhere Oxidationsstufen erreichen als mit Fluor. Dies kann eine Folge der Fähigkeit des Sauerstoffs sein, π-Bindungen unter Benutzung eines seiner besetzten p-Orbitale und eines leeren Orbitals des anderen Elements auszubilden, es können aber auch sterische Gründe dafür verantwortlich sein. Ein Osmium-Atom kann beispielsweise vier Sauerstoff-Atome an sich binden und OsO$_4$-Moleküle bilden, für acht Fluor-Atome reicht aber der Platz nicht aus. Das höchste bekannte Osmiumfluorid ist Osmium(VI)-fluorid (OsF$_6$) (Tabelle 20.3).

Sauerstoff ist an Nichtmetall-Atome immer kovalent gebunden. Oxide eines Nichtmetalls in einer niedrigen Oxidationsstufe reagieren eher neutral, wogegen höhere Oxidationsstufen zu Oxosäuren führen: Distickstoffmonoxid (N$_2$O) ist neutral, während Distickstoffpentaoxid mit Wasser Salpetersäure ergibt:

$$N_2O_5(g) + H_2O(l) \rightarrow 2\ HNO_3(l)$$

In einer Reihe von Sauerstoff-Verbindungen liegen Sauerstoff-Atome in ungewöhnlichen Oxidationsstufen vor. So kennt man Peroxid- (O$_2^{2-}$), Hyperoxid- (O$_2^-$) und Ozonid-Anionen (O$_3^-$). Diese Ionen existieren nur in festen Verbindungen mit Metall-Kationen, deren Ladungsdichte so gering ist, dass sie große, niedrig geladene Anionen stabilisieren können.

Vielfach fallen die Hydroxide in Form von voluminösen Niederschlägen aus, die schwierig abzufiltrieren sind. Einige Metallhydroxide sind sehr instabil. Sie gehen unter Abspaltung von Wasser in das Oxid über, das aufgrund der höheren Ladung des O^{2-}-Ions ein stabileres Gitter bildet als das Hydroxid. So führt bereits leichtes Erwärmen einer Kupfer(II)-hydroxid-Fällung zur Bildung des schwarzen Kupfer(II)-oxids:

$$Cu(OH)_2(s) \xrightarrow{\Delta} CuO(s) + H_2O(l)$$

Neben basischen Metallhydroxiden kennt man auch eine Reihe von amphoteren Metallhydroxiden; sie lösen sich also nicht nur in Säuren, sondern auch in stark alkalischen Lösungen. Dabei entstehen anionische Hydroxo-Komplexe wie [Al(OH)$_4$]$^-$, [Zn(OH)$_4$]$^{2-}$ oder [Sb(OH)$_4$]$^-$.

Hinweis: Molekülorbital-Diagramme zur Beschreibung der Bindungsverhältnisse in Peroxid- und Hyperoxid-Ionen sind in Abschnitt 15.6 zu finden.

20.3 Wasser

Wasser ist die einzige in großen Mengen vorkommende Flüssigkeit auf diesem Planeten. Ohne Wasser als Lösemittel für chemische und biochemische Reaktionen wäre Leben unmöglich. Ein Vergleich von Wasser mit den Wasserstoffverbindungen der anderen Elemente der Gruppe 16 würde eigentlich erwarten lassen, dass H$_2$O-Moleküle bei normalen Bedingungen als Gas vorliegen. Erst bei –90 °C sollte sich dieses verflüssigen und dann bei –100 °C gefrieren (Abbildung 20.11). Wie bereits in Abschnitt 5.9 besprochen, sind starke Wasserstoffbrückenbindungen zwischen den Wasser-Molekülen der Grund für die ungewöhnlich hohen Schmelz- und Siedetemperatur des Wassers. Man braucht also mehr Energie (und folglich höhere Temperaturen), um diese Bindungen aufzubrechen, Eis zu schmelzen und Wasser zu verdampfen.

Unsere natürliche Umwelt hängt auch mit der Fähigkeit des Wassers zusammen, ionische Substanzen lösen zu können; insbesondere die Chloride der Alkali- und Erdalkalimetalle lösen sich sehr gut in Wasser. In der Zusammensetzung des Meerwassers spiegelt sich daher die Auslaugung von Ionen aus Mineralien der Erdkruste wider. Die derzeitigen Anteile der in den Ozeanen häufigsten Ionen sind in Tabelle 20.4 angegeben. Der Salzgehalt des Meerwassers entspricht einem Massenanteil von 3,4 %.

Viele unserer Minerallagerstätten sind durch Prozesse entstanden, an denen Wasser beteiligt ist. Die riesigen Lagerstätten von Alkali- und Erdalkalimineralien beispielsweise

Tabelle 20.3 Höchste erreichbare Oxidationsstufen in Oxiden und Fluoriden dreier Elemente

Element	Oxid	Fluorid
Chrom	CrO$_3$ (VI)	CrF$_5$ (V)
Xenon	XeO$_4$ (VIII)	XeF$_6$ (VI)
Osmium	OsO$_4$ (VIII)	OsF$_6$ (VI)

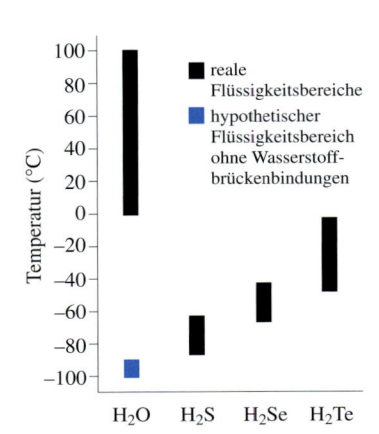

20.11 Temperaturbereiche, in denen die Wasserstoffverbindungen der Chalkogene flüssig sind. Gäbe es keine Wasserstoffbrückenbindungen, so wäre Wasser nur zwischen –90 °C und –100 °C flüssig.

Tabelle 20.4 Ionen in Meerwasser (Anteil an der Gesamtzahl der Kationen bzw. Anionen)

Kation	Anteil (%)	Anion	Anteil (%)
Na$^+$	86,3	Cl$^-$	94,5
Mg^{2+}	10,0	SO$_4^{2-}$	4,9
Ca^{2+}	1,9	HCO$_3^-$	0,4
K$^+$	1,8	Br$^-$	0,1

Wasser auf der Erde Der Gesamtvorrat an Wasser auf der Erde umfasst 1,4 Milliarden Kubikkilometer, wovon 97,4 % Salzwasser sind; Süßwasser macht also nur 2,6 % der Gesamtmenge aus. Etwa 75 % des Süßwassers findet sich als Eis in den Polargebieten und Gletschern. Das Oberflächenwasser von Seen und Flüssen entspricht nur 0,3 % der gesamten Süßwassermenge. Sehr viel bedeutender ist der Anteil des Grundwassers mit 24,5 %. Der davon als Trinkwasser nutzbare Wasservorrat liegt bei 0,27 %, dies entspricht 3,8 Millionen Kubikkilometern.

Hinweis: Ein Beispiel zur Hydrothermalsynthese ist in einem Exkurs auf Seite 173 beschrieben.

Um zu verdeutlichen, dass Wasser-Moleküle über das Sauerstoff-Atom an das Metall-Ion gebunden sind, schreibt man die Formel für ein solches hydratisiertes Ion gelegentlich auch als $[Fe(OH_2)_6]^{3+}$, also mit Sauerstoff und Wasserstoff in vertauschter Reihenfolge.

Die besonderen Eigenschaften von Wasser als Lösemittel für ionische Verbindungen kann man auch ganz anders verstehen: Wasser weist bei Raumtemperatur die ungewöhnlich hohe Dielektrizitätszahl von 78,4 auf. Dies bedeutet, dass die elektrostatischen Kräfte zwischen elektrisch geladenen Partikeln, also auch zwischen Ionen, bei sonst gleichen Bedingungen um genau diesen Faktor geringer sind, wenn sich Wasser zwischen den Ladungsträgern befindet. So wird verständlich, dass sich die meisten salzartigen Verbindungen in Wasser auflösen.

bildeten sich durch Eintrocknung frühzeitlicher Meere und Seen. Die Vorgänge bei der Bildung von Schwermetallsulfiden, wie zum Beispiel Blei(II)-sulfid, sind hingegen weniger offensichtlich. Grundlegend sind jedoch auch hier Prozesse in wässeriger Lösung. Diese Mineralien sind zwar unter normalen Temperatur- und Druckbedingungen kaum löslich, bei extrem hohen Drücken und Temperaturen, wie sie tief unter der Erdoberfläche auftreten, gilt das jedoch nicht mehr. Unter diesen *hydrothermalen* Bedingungen lösen sich viele der im Gestein fein verteilten Verbindungen. An Orten niedriger Temperatur kristallisieren sie wieder aus; häufig entstehen dabei wohl ausgebildete Kristalle.

Hydratation von Ionen Wasser wirkt durch die Wechselwirkung zwischen den Dipolen der Wasser-Moleküle und den Ionen im Kristallgitter als Lösemittel für ionische Verbindungen. Die partiell negativen Sauerstoff-Atome der Wasser-Moleküle werden von den Kationen und die partiell positiven Wasserstoff-Atome von den Anionen angezogen. Wie wir bereits in Abschnitt 15.3 besprochen haben, wird die Löslichkeit eines Stoffes durch das Wechselspiel von Enthalpie- und Entropieänderung beim Aufbrechen des Kristallgitters und der Hydratation der Ionen bestimmt. Zwischen einem Anion und Wasser-Molekülen kommt es im Wesentlichen zu einer elektrostatischen Ion/Dipol-Wechselwirkung. Für ein Kation ergibt sich jedoch ein weniger klares Bild. Bei den Ionen der Alkalimetalle mit ihrer geringen Ladungsdichte kann man ebenfalls von einer Ion/Dipol-Wechselwirkung ausgehen: Wenn Alkalimetallsalze kristallisieren, werden die Wasser-Moleküle entweder ganz abgegeben (wie beim Natriumchlorid) oder sie füllen Hohlräume im Kristallgitter (wie im Natriumsulfat-Decahydrat).

Betrachten wir jedoch Kationen mit höherer Ladungsdichte, besonders die der Übergangsmetalle, so ist die Wechselwirkung sehr viel stärker und ähnelt eher einer kovalenten Bindung. Das Eisen(III)-Ion kristallisiert beispielsweise in Form des Hexaaquaeisen(III)-Ions ($[Fe(H_2O)_6]^{3+}$), wobei die Sauerstoff-Atome der Wasser-Moleküle exakt oktaedrisch um das Metall-Ion angeordnet sind. Bei diesen Hydraten geht man davon aus, dass die Wasser-Moleküle durch koordinative kovalente Bindungen unter Verwendung eines freien Elektronenpaars am Sauerstoff an die Kationen gebunden sind. Auf diese Art und Weise wirkt das Metall-Ion als Lewis-Säure und das H_2O-Molekül als Lewis-Base.

Die Wechselwirkung zwischen den Wasser-Molekülen und Übergangsmetall-Ionen wird detaillierter in Kapitel 23 behandelt.

20.4 Wasserstoffperoxid (H_2O_2)

Reines Wasserstoffperoxid ist eine leicht bläuliche Flüssigkeit, deren hohe Viskosität im Wesentlichen auf starke Wasserstoffbrückenbindungen zurückzuführen ist. Im Labor wird Wasserstoffperoxid in der Regel als wässerige Lösung eingesetzt. Handelsüblich sind Lösungen mit einem Massenanteil von 30 % oder 35 %. Meist werden auch verdünnte Lösungen ($w(H_2O_2) = 3\%$) bereitgestellt. Die Struktur des H_2O_2-Moleküls ist eher unerwartet: Der H/O/O-Bindungswinkel in der Gasphase beträgt nur 94,5° (etwa 10° kleiner als der H/O/H-Bindungswinkel im Wasser-Molekül). Die beiden H-O-Einheiten stehen zueinander in einem Winkel (*Diederwinkel*) von 111° (Abbildung 20.12).

Wasserstoffperoxid ist thermodynamisch instabil im Hinblick auf eine Disproportionierung:

$$H_2O_2(l) \rightarrow H_2O(l) + \tfrac{1}{2} O_2(g); \quad \Delta G_R^0 = -117 \text{ kJ} \cdot \text{mol}^{-1}$$

In reinem Zustand zersetzt es sich jedoch aus kinetischen Gründen relativ langsam. Zahlreiche Stoffe – Übergangsmetall-Ionen, Metalle, Blut, Staub – katalysieren jedoch die Zersetzung. Um die Lagerfähigkeit von Wasserstoffperoxid-Lösungen zu verbessern, werden daher vielfach Stabilisatoren zugesetzt.

20.12 Aufbau des Wasserstoffperoxid-Moleküls.

Es ist ratsam, auch im Umgang mit verdünnten Wasserstoffperoxid-Lösungen Handschuhe und Schutzbrille zu benutzen, da es die Haut angreift. Wasserstoffperoxid kann sowohl in saurer als auch alkalischer Lösung als Oxidations- und als Reduktionsmittel dienen.

$$H_2O_2(aq) + 2\,H^+(aq) + 2\,e^- \rightarrow 2\,H_2O(l); \qquad E^0(H_2O_2/H_2O) = 1{,}77\text{ V}$$

$$H_2O_2(aq) \rightarrow O_2(g) + 2\,H^+ + 2\,e^-; \qquad E^0(O_2/H_2O_2) = 0{,}70\text{ V}$$

$$HO_2^-(aq) + OH^-(aq) \rightarrow O_2(g) + H_2O(l) + 2\,e^-; \qquad E^0(O_2/HO_2^-) = 0{,}08\text{ V}$$

Wasserstoffperoxid oxidiert beispielsweise Iodid-Ionen zu Iod und reduziert Permanganat-Ionen in saurer Lösung zu Mangan(II)-Ionen.

Bei der qualitativen Analyse verwendet man Wasserstoffperoxid als Nachweisreagenz für Chrom-Ionen: Die Zugabe von Wasserstoffperoxid zu einer Lösung von Dichromat-Ionen führt zur Bildung des blauen Chrom(VI)-peroxids $CrO(O_2)_2$. Diese kovalente Verbindung kann mit einem schwach polaren, organischen Lösemittel, wie Diethylether, extrahiert werden.

Technische Herstellung Wasserstoffperoxid ist eine wichtige Industriechemikalie, von der weltweit jährlich mehr als eine Million Tonnen produziert werden. Die Synthese erfolgt heute beinahe ausschließlich mithilfe des *Anthrachinonverfahrens* in einem speziellen Lösemittelgemisch: Eine organische Verbindung, ein substituiertes Anthrachinon, wird mit Wasserstoff in Gegenwart eines Palladium-Katalysators in das Hydroanthrachinon überführt (Abbildung 20.13). Dieses kann durch Luftsauerstoff wieder zum Anthrachinon oxidiert werden, wobei gleichzeitig Wasserstoffperoxid gebildet wird. Insgesamt läuft also durch Vermittlung des Anthrachinons die Umsetzung von Wasserstoff mit Sauerstoff zu Wasserstoffperoxid ab, eine Reaktion, die ohne Anthrachinon nicht durchführbar ist.

Man nutzt Wasserstoffperoxid in vielen Bereichen, von der Papierbleiche bis zu Haushaltsprodukten wie Haarbleichmitteln. Es wird außerdem als industrielles Reagenz verwendet, beispielsweise für die Synthese der Peroxoverbindungen Natriumperborat und -percarbonat für Waschmittel (Abschnitt 17.1).

20.13 Bildung von Wasserstoffperoxid nach dem Anthrachinonverfahren.

Ionische Peroxide Insbesondere Natrium und Barium bilden ionische Verbindungen, in denen das Peroxid-Anion (O_2^{2-}) vorliegt. Diese Verbindungen lassen sich als Salze der sehr schwachen, zweiprotonigen Säure H_2C_2 auffassen. Da das Peroxid-Ion eine sehr starke Base ist, wird es bereits durch Wasser weitgehend protoniert. Eine Lösung von Natriumperoxid ist daher im Wesentlichen eine stark alkalische Lösung von Wasserstoffperoxid:

$$Na_2O_2(s) + 2\,H_2O(l) \rightarrow 2\,NaOH(aq) + H_2O_2(aq)$$

Das relativ schwer lösliche Bariumperoxid ist gegenüber Wasser beständig. Es fällt beispielsweise als kristallines Octahydrat aus, wenn man verdünnte Wasserstoffperoxid-Lösung in Bariumhydroxid-Lösung tropft. Weitere Informationen über Bariumperoxid findet man in Abschnitt 16.5. Natriumperoxid ist ausführlicher in Abschnitt 15.6 behandelt. Dort findet man auch Molekülorbitaldiagramme zur Beschreibung der Bindungsverhältnisse im Peroxid-Ion und dem einfach geladenen Hyperoxid-Ion O_2^-.

Wasserstoffperoxid wird bei der Restauration alter Gemälde eingesetzt. *Bleiweiß*, ein basisches Carbonat mit der Formel $Pb_3(OH)_2(CO_3)_2$, war früher das beliebteste weiße Pigment. Spuren von Schwefelwasserstoff bewirken allerdings die Umwandlung dieser weißen Verbindung in schwarzes Blei(II)-sulfid, welches das Gemälde verfärbt. Durch die Behandlung mit Wasserstoffperoxid wird das Blei(II)-sulfid zu weißem Blei(II)-sulfat oxidiert, sodass die ursprüngliche Farbe des Gemäldes wiederhergestellt wird.

$$PbS(s) + 4\,H_2O_2(aq) \rightarrow PbSO_4(s) + 4\,H_2O(l)$$

20.5 Schwefel

Schwefel, das andere typische Nichtmetall in Gruppe 16, zeigt eine große Bandbreite an überwiegend geradzahligen Oxidationsstufen, die von VI über IV und II bis zu –II reicht. Das Frost-Diagramm für Schwefel in saurer und alkalischer Lösung ist in Abbildung 20.14 dargestellt. Der vergleichsweise flach ansteigende Streckenzug für saure Lösungen deutet darauf hin, dass das Sulfat-Ion nur schwach oxidierend wirkt. In alkalischer Lösung wirkt das Sulfat-Ion überhaupt nicht oxidierend und es ist die thermodynamisch stabilste Schwefelspezies. Obwohl sie auf einer konvexen Kurve liegt, ist die Oxidationsstufe IV aus kinetischen Gründen relativ stabil. Das Frost-Diagramm zeigt, dass Verbindungen der Oxidationsstufe IV in saurer Lösung tendenziell reduziert werden sollten, während sie in alkalischer Lösung oxidiert werden. Das Element selbst wird in saurer Lösung üblicherweise reduziert, in alkalischer Lösung hingegen oxidiert.

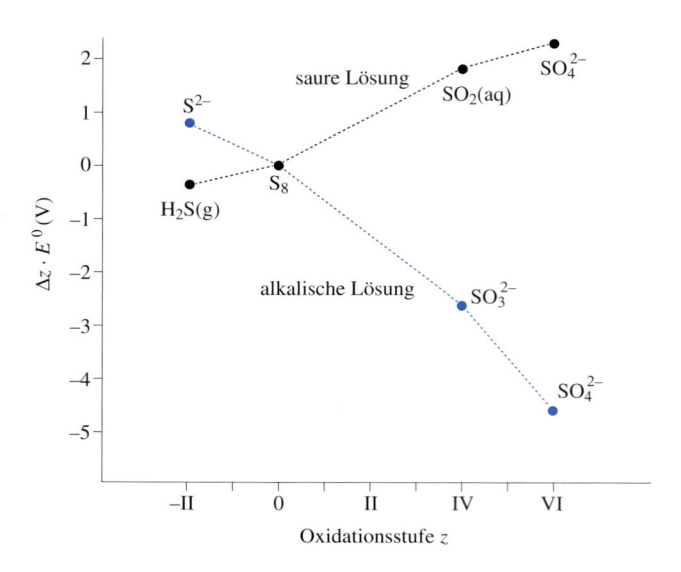

20.14 Frost-Diagramm für Schwefel in saurer und alkalischer Lösung.

Abbildung 20.14 zeigt außerdem, dass das Sulfid-Ion (in alkalischer Lösung) ein vergleichsweise starkes Reduktionsmittel und Schwefelwasserstoff eine thermodynamisch stabile Verbindung ist.

Schwefel ist nach Kohlenstoff das Element, das am ausgeprägtesten zur Kettenbildung neigt. Es hat dafür allerdings nur zwei Valenzen zur Verfügung. Schwefel-Atome sind daher in unverzweigten Ketten aneinander gereiht und Atome eines anderen Elements sättigen die freien Valenzen der beiden endständigen Schwefel-Atome ab. Typische Beispiele sind die *Polysulfane* mit der allgemeinen Formel $HS-S_n-SH$ und die *Chlorsulfane* mit der Formel $ClS-S_n-SCl$, wobei n zwischen 0 und 20 liegen kann.

Modifikationen des Schwefels

Obwohl elementarer Schwefel schon seit den Anfängen der Geschichte bekannt ist, wurde erst in den letzten vierzig Jahren Klarheit über die verschiedenen Modifikationen geschaffen.

Bereits seit 1912 ist bekannt, dass der gewöhnliche Schwefel aus S_8-Molekülen besteht. Dieser Schluss ergab sich aus der Messung der Erstarrungstemperatur einer Lösung von Schwefel in geschmolzenem Iod. Röntgenstrukturuntersuchungen von Schwefelkristallen brachten 1935 den Beweis, dass S_8-Moleküle einen gewellten Achtring bilden, in dem jeweils vier Atome in einer Ebene liegen (Abbildung 20.15). Solche Ringe liegen sowohl in der unterhalb von 95 °C stabilen orthorhombischen Modifikation (α-Schwefel) als auch in der zwischen 95 °C und der Schmelztemperatur von 115 °C stabilen monoklinen Form (β-Schwefel) vor. Diese beiden Modifikationen unterscheiden sich lediglich durch die Anordnung der S_8-Moleküle untereinander. Die höhere Dichte des α-Schwefels – 2,17 g·cm^{-3} im Vergleich zu 1,96 g·cm^{-3} beim β-Schwefel – zeigt an, dass hier die Moleküle dichter gepackt sind.

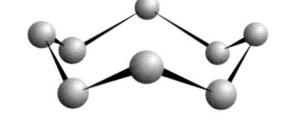

Im Jahre 1891 wurde erstmals eine Schwefelmodifikation synthetisiert, bei der spätere Untersuchungen eine von acht abweichende Ringgröße zeigten: *Cyclohexaschwefel* (S_6). Man erhielt diese Modifikation bei der Umsetzung einer Natriumthiosulfat-Lösung ($Na_2S_2O_3$) mit konzentrierter Salzsäure:

20.15 Bau des S_8-Moleküls.

Löslichkeit von Schwefel Während Schwefel in Wasser praktisch unlöslich ist, löst er sich merklich in vielen organischen Lösemitteln, insbesondere bei höheren Temperaturen. Extrem gut löslich ist Schwefel in Kohlenstoffdisulfid (CS_2).

$$6\,Na_2S_2O_3(aq) + 12\,HCl(aq) \rightarrow S_6(s) + 6\,SO_2(g) + 12\,NaCl(aq) + 6\,H_2O(l)$$

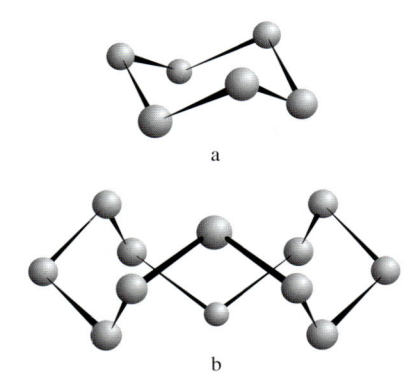

20.16 Bau des S_6-Moleküls (Cyclohexaschwefel, a) und des S_{12}-Moleküls (Cyclododecaschwefel, b).

In der Folgezeit hat man Schwefelmodifikationen mit Ringgrößen bis hin zu zwanzig synthetisiert und es gibt Anzeichen dafür, dass noch Modifikationen mit sehr viel größeren Ringen existieren. All diese synthetisch hergestellten Modifikationen sind thermodynamisch instabil und tauchen aus diesem Grunde im Zustandsdiagramm des Schwefels nicht auf. Die Strukturen von Cyclohexaschwefel und Cyclododecaschwefel sind in Abbildung 20.16 dargestellt.

Da man es in der Praxis fast ausschließlich mit Cyclooctaschwefel zu tun hat, werden wir uns hier auf die Eigenschaften dieser Modifikation konzentrieren. Bei seiner Schmelztemperatur bildet Cyclooctaschwefel eine hellgelbe Flüssigkeit mit geringer Viskosität. Erhitzt man diese Schmelze weiter, so wird sie allmählich dunkler. Bei 160 °C steigt die Viskosität plötzlich auf das 10^4-fache an. Diese Veränderung kann mit dem Bruch einer Schwefel/Schwefel-Bindung im S_8-Molekül erklärt werden. Die so gebildeten S_8-Ketten verbinden sich untereinander und es entstehen Polymere mit bis zu 20 000 Schwefel-Atomen. Dadurch werden die in der Schmelze frei beweglichen Ringe durch ineinander verschlungene, lange Ketten ersetzt, was zur Erhöhung der Viskosität führt.

Steigt die Temperatur weiter bis hin zur Siedetemperatur des Schwefels (445 °C), so nimmt die Viskosität langsam wieder ab, da die langen Ketten bei der höheren Temperatur gespalten werden und kürzere Ketten entstehen. Gießt man diese Flüssigkeit in kaltes Wasser, so erhält man einen braunen, durchsichtigen und gummiartigen Feststoff, den *plastischen Schwefel*. Diese metastabile Form wandelt sich bei Raumtemperatur langsam wieder in rhombischen Schwefels um.

Im Zustandsdiagramm des Schwefels tauchen von den verschiedenen festen Formen nur die thermodynamisch stabilen auf: der orthorhombische und der monokline Schwefel. Beide Modifikationen haben eine eigene Dampfdruckkurve. Die Umwandlungstemperatur von 95 °C (unter dem eigenen Dampfdruck von $5 \cdot 10^{-6}$ bar) entspricht dem Schnittpunkt der beiden Dampfdruckkurven. Da die Schmelzdruckkurven nahezu parallel zur Druckachse verlaufen, ist die Umwandlungstemperatur beim Standarddruck von 1 bar praktisch die gleiche (Abbildung 20.17).

Kühlt man flüssigen S_8-Schwefel vorsichtig ab, so erstarrt der Schwefel nicht wie erwartet bei 115 °C, sondern erst bei 114 °C. Erklären lässt sich dieser Effekt durch die Bildung verschiedener anderer Moleküle in der überwiegend aus S_8-Molekülen bestehenden Schmelze (Gefriertemperaturerniedrigung). Da der orthorhombische Schwefel bei dieser Temperatur thermodynamisch nicht stabil ist, bilden sich aus der Schmelze die nadelförmigen Kristalle des monoklinen Schwefels. Die zunächst glasklaren, durchscheinenden Nadeln trüben sich innerhalb einiger Tage und werden undurchsichtig. Ursache ist die Umwandlung in den bei Raumtemperatur stabilen α-Schwefel: Jede Nadel besteht jetzt aus zahlreichen, eng aneinander liegenden, mikroskopisch kleinen orthorhombischen Kristallen. Die Lichtstreuung ist daher ähnlich groß wie bei pulverisiertem Schwefel.

Man kennt mittlerweile Verfahren für die gezielte Synthese von Schwefelringen mit unterschiedlichen Ringgrößen. Eine Methode besteht in der Reaktion eines Polysulfans H_2S_x mit einem Chlorsulfan S_yCl_2, sodass $(x + y)$ die gewünschte Ringgröße ergibt. Nach diesem Prinzip lässt sich beispielsweise Cyclododecaschwefel durch die Reaktion von Dihydrogenoctasulfid (H_2S_8) mit Chlortetrasulfan (S_4Cl_2) herstellen. Die Reaktion erfolgt in Diethylether (($C_2H_5)_2O$) als Lösemittel:

$H_2S_8(solv) + S_4Cl_2(solv) \rightarrow$
$\qquad S_{12}(s) + 2\,HCl(g)$

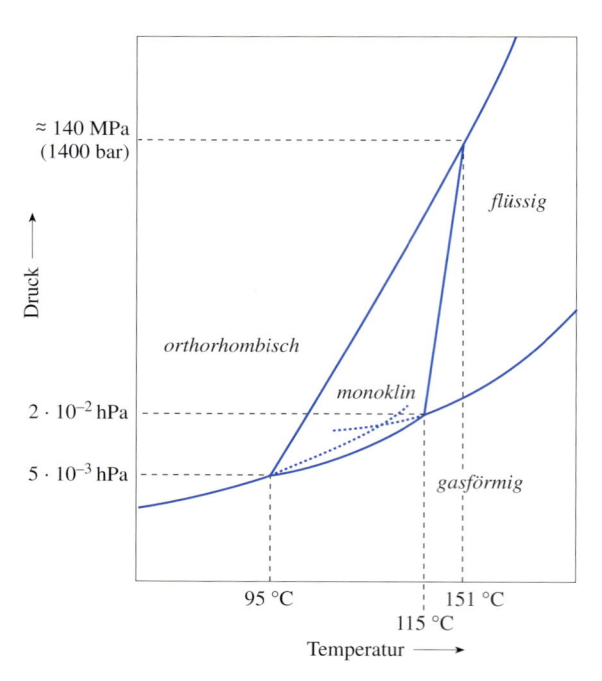

20.17 Zustandsdiagramm des Schwefels (nicht maßstabsgetreu).

Der Dampf über siedendem Schwefel hat eine braune Farbe. Er besteht hauptsächlich aus S_6-, S_7- und S_8-Molekülen. Erhöht man die Temperatur noch weiter, so zersetzen sich diese Ringe in kleinere Fragmente. Oberhalb von etwa 700 °C schließlich kann man ein violettes Gas beobachten. Dieses Gas enthält überwiegend S_2-Moleküle analog zum Sauerstoff (O_2).

Industrielle Gewinnung von Schwefel

Eine Entdeckung, die für Aufregung unter Planetenforschern sorgte, waren Beweise für das Vorhandensein großer Schwefelvorkommen auf dem Jupitermond Io (Exkurs S. 548).

Hermann **Frasch**, deutsch-amerikanischer Chemiker, 1851–1914; Direktor der Standard Oil Co.

Man findet elementaren Schwefel in großen unterirdischen Lagerstätten in den Vereinigten Staaten (Louisiana, Texas), Kanada und Polen. Gebildet wurden sie überwiegend durch die Reduktion von mineralischen Sulfatablagerungen unter Beteiligung von anaeroben Bakterien.

Das über lange Zeit angewendete Verfahren zur Gewinnung von Schwefel wurde von Hermann Frasch entwickelt (Abbildung 20.18). Die Schwefellagerstätten befinden sich in einer Tiefe zwischen 150 und 750 m unter der Erde und haben üblicherweise eine Schichtdicke von 30 m.

Beim *Frasch-Verfahren* senkt man eine koaxiale Rohrkombination bis fast auf den Grund der Lagerstätte. In die Rohrkombination wird ein nur 2,5 cm dickes Zentralrohr eingeführt; es ist nur halb so lang wie die beiden anderen Rohre. Zu Anfang wird Wasser mit einer Temperatur von 165 °C (bei einem Druck von 25 bar) durch das äußere Rohr nach unten gepumpt, wodurch der Schwefel in der Umgebung des Rohres schmilzt. Durch den Flüssigkeitsdruck wird der flüssige Schwefel in dem mittleren Rohr nach oben gedrückt. Anschließend leitet man Druckluft durch das Zentralrohr ein, wodurch ein Schaum mit geringer Dichte entsteht, der problemlos im mittleren Rohr nach oben fließt. An der Oberfläche wird die Mischung aus Schwefel, Luft und Wasser in riesige Tanks gepumpt, wo sie abkühlt und der flüssige Schwefel als fester gelber Block auskristallisiert.

Wie bereits erwähnt, sind die Vereinigten Staaten, Kanada und Polen die einzigen Länder, die große unterirdische Vorkommen an elementarem Schwefel besitzen. Andere

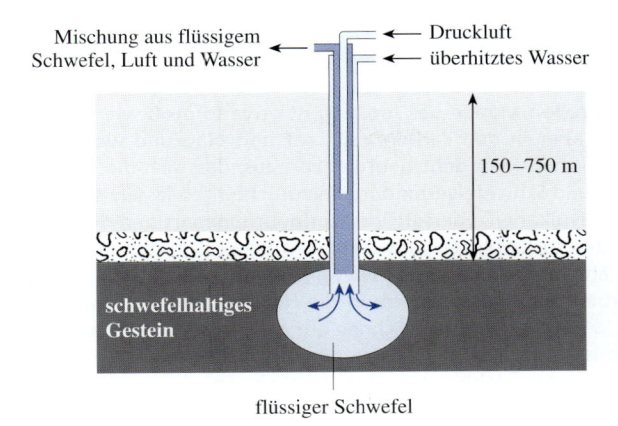

20.18 Das Frasch-Verfahren zur Gewinnung von Schwefel.

Länder nutzen ihre Erdgasvorkommen, von denen viele einen hohen Schwefelwasserstoffanteil von bis zu 20 % haben, um ihren Bedarf an Schwefel zu decken. Die Produktion von elementarem Schwefel aus Schwefelwasserstoff geschieht im sogenannten *Claus-Verfahren*:

Zunächst wird der Schwefelwasserstoff von den Kohlenwasserstoffen abgetrennt, indem man das Erdgas durch Ethanolamin (HOCH$_2$CH$_2$NH$_2$), ein basisches, organisches Lösemittel, leitet. Hierbei reagiert der Schwefelwasserstoff als Brønsted-Säure:

$$HOCH_2CH_2NH_2(l) + H_2S(g) \rightleftharpoons HOCH_2CH_2NH_3^+(solv) + HS^-(solv)$$

Diese Lösung wird erhitzt, wobei der Schwefelwasserstoff freigesetzt und gleichzeitig das Ethanolamin regeneriert wird. Anschließend mischt man den Schwefelwasserstoff mit Sauerstoff im Verhältnis 2:1. (Um sämtlichen Schwefelwasserstoff zu Wasser und Schwefeldioxid zu verbrennen, würde ein Verhältnis von 2:3 benötigt.) So wird ein Drittel des Schwefelwasserstoffs zu gasförmigem Schwefeldioxid oxidiert, welches dann mit den verbleibenden zwei Dritteln an Schwefelwasserstoff zu elementarem Schwefel reagiert. Das Verfahren lässt sich vereinfacht durch folgende Reaktionsgleichungen beschreiben:

$$2\,H_2S(g) + 3\,O_2(g) \rightarrow 2\,SO_2(g) + 2\,H_2O(g)$$
$$\underline{4\,H_2S(g) + 2\,SO_2(g) \rightarrow 6\,S(s) + 4\,H_2O(g)}$$
$$6\,H_2S(g) + 3\,O_2(g) \rightarrow 6\,S(s) + 6\,H_2O(g)$$

Das Verfahren wurde in letzter Zeit durch den Einsatz wirksamer Katalysatoren optimiert, um heutigen Emissionsrichtlinien zu genügen. Moderne Anlagen erreichen eine Ausbeute von bis zu 99,5 %, sehr viel mehr als ältere Anlagen, die es nur auf 96 % brachten.

Heute stammen mehr als 80 Prozent der Weltschwefelproduktion aus Quellen, bei denen Schwefelverbindungen – in der Regel Schwefelwasserstoff – als Nebenprodukte anfallen. Aus diesen wird dann durch den Claus-Prozess (oder ähnliche Verfahren) Schwefel hergestellt. Das Frasch-Verfahren hat innerhalb der letzten 20 Jahre stark an Bedeutung verloren.

Fast 90 % der Weltschwefelproduktion wird für die Herstellung von Schwefelsäure verbraucht, ein Verfahren, das in Abschnitt 20.8 besprochen wird. Ein Teil wird zur Herstellung von Schwarzpulver und zur Synthese von Schwefelverbindungen (z. B. Kohlenstoffdisulfid) benötigt. Beträchtliche Mengen verbraucht die Gummiindustrie zur Vulkanisation (Härtung) von Kautschuk. Ein Teil des elementaren Schwefels wird auch zu Asphaltmischungen gegeben, um frostbeständigere Fahrbahnoberflächen zu erzeugen.

> Das von dem in London arbeitenden Chemiker Carl-Friedrich Claus entwickelte Verfahren zur Überführung von Schwefelwasserstoff in Schwefel wurde 1883 in Deutschland patentiert. Sieben Jahre später wurde es erstmals industriell angewendet, um H$_2$S-haltige Gase aus der Kohleverarbeitung zu reinigen.

EXKURS

Io – ein schwefelreicher Mond

Io, einer der vier großen Monde des Jupiters, ist etwa so groß wie unser Mond. Seine Oberfläche strahlt aber in den Farben gelb, rot und blau und weist damit auf eine einzigartige Chemie hin: Man geht heute davon aus, dass sich die Farben auf Schwefelmodifikationen und Schwefelverbindungen zurückführen lassen. Die Oberfläche von Io ist von Schwefelvulkanen übersät; ihre springbrunnenartigen Schwefeleruptionen gehören zu den eindrucksvollsten und schönsten Bildern im gesamten Sonnensystem. Die Eruptionen ähneln gewaltigen Schwefel-Geysiren, die geschmolzenen Schwefel und Schwefelverbindungen über 20 km in die Höhe schleudern, ehe die nur geringe Schwerkraft des Io den Schwefel wie Schnee auf die Oberfläche herabrieseln lässt.

Ungewöhnlich ist auch die Chemie der dünnen Atmosphäre. Sie besteht überwiegend aus Schwefeldioxid, enthält aber auch exotische Spezies wie Schwefelmonoxid.

Warum aber ist die Chemie auf Io so einzigartig? Schwefel ist ein im ganzen Sonnensystem verbreitetes Element. Anders als auf Io liegt der Schwefel auf Planeten wie der Erde jedoch gebunden in Metallsulfiden vor, insbesondere als Eisen(II)-sulfid. Die Hitze, die die Vulkane auf Io aktiv bleiben lässt, ergibt sich aus der gewaltigen Anziehungskraft, die der Jupiter ausübt (und zu einem geringen Anteil der des Nachbarmondes Europa).

Über die chemischen Vorgänge auf diesem einzigartigen Himmelskörper gibt es bisher nur sehr vage Vorstellungen, und viele der Schwefelverbindungen auf Io sind auf der Erde wohl unbekannt. Ein Besuch auf Io hätte sicher oberste Priorität für jeden Kosmochemiker!

Die Bildung von Schwefelwasserstoff in der Natur beruht auf dem Abbau schwefelhaltiger organischer Stoffe (z.B. Eiweißstoffe) durch anaerobe Bakterien. Die in Mooren und Sümpfen entstehenden Faulgase enthalten daher Schwefelwasserstoff. Aufgrund dieser Prozesse ist Schwefelwasserstoff ein natürliches Spurengas in unserer Atmosphäre.

Schwefelwasserstoff wird in großen Mengen zur Gewinnung von schwerem Wasser (D_2O) eingesetzt. Wie in allen Wasserstoffverbindungen liegen auch in Schwefelwasserstoff Moleküle vor, in denen statt eines Wasserstoff-Atoms ein Deuterium-Atom gebunden ist. Leitet man Schwefelwasserstoff in Wasser, so stellt sich ein Gleichgewicht ein, bei dem sich Deuterium im Wasser anreichert:

$HDS(g) + H_2O(l) \rightleftharpoons H_2S(g) + HDO(l)$
$HDS(g) + HDO(l) \rightleftharpoons H_2S(g) + D_2O(l)$

Auf diese Weise kann der Gehalt des D-Isotops im Wasser von 0,016 % bis auf 25 % erhöht werden.
Bei der anschließenden fraktionierten Destillation auf ein Vierzigstel des Ausgangsvolumens verbleibt eine Flüssigkeit, die zu 99 % aus Deuteriumoxid besteht, da D_2O eine geringfügig höhere Siedetemperatur als H_2O hat.

$H_2S(aq) \rightleftharpoons 2\ H^+(aq) + S(s) + 2\ e^-$
$E^0(S/H_2S) = 0{,}17\ V$

20.6 Schwefelwasserstoff und Sulfide

Viele Menschen kennen den Geruch nach „faulen Eiern", nur wenige jedoch bringen ihn mit Schwefelwasserstoff (H_2S) in Beziehung. Tatsächlich ist der widerliche Geruch von Schwefelwasserstoff beinahe einmalig. Noch dazu ist dieses farblose Gas giftiger als Cyanwasserstoff (Blausäure). Da es durch viele, auch in der Natur ablaufende Reaktionen gebildet wird, stellt Schwefelwasserstoff eine viel größere Gefahr als Cyanwasserstoff dar.

Wie wir bereits erwähnt haben, ist Schwefelwasserstoff Bestandteil mancher natürlicher Erdgasvorkommen. Daher kann aus Erdgasquellen austretendes Gas durchaus gesundheitsgefährdend sein.

Glücklicherweise kann man den Geruch von Schwefelwasserstoff schon bei Konzentrationen von 0,02 ppm wahrnehmen, sodass man gewarnt ist. Bei 10 ppm treten Kopfschmerzen und Übelkeit auf; eine Konzentration von 100 ppm führt rasch zu einer tödlichen Vergiftung. Es ist allerdings nicht ratsam, sich auf den Geruchssinn zu verlassen, denn die Giftigkeit von Schwefelwasserstoff beruht auf einer Schädigung des zentralen Nervensystems, dementsprechend wird auch der Geruchssinn beeinträchtigt und der Geruch nach einiger Zeit nicht mehr wahrgenommen.

Im Labor kann man Schwefelwasserstoff durch die Reaktion von Metallsulfiden mit verdünnter Säure herstellen. Auf diese Weise reagiert zum Beispiel Eisen(II)-sulfid:

$FeS(s) + 2\ HCl(aq) \rightarrow FeCl_2(aq) + H_2S(g)$

Schwefelwasserstoff verbrennt an der Luft zu Schwefel oder Schwefeldioxid, je nach Sauerstoffgehalt der Gasmischung.

$2\ H_2S(g) + O_2(g) \rightarrow 2\ H_2O(l) + 2\ S(s)$
$2\ H_2S(g) + 3\ O_2(g) \rightarrow 2\ H_2O(l) + 2\ SO_2(g)$

In Lösung wird Schwefelwasserstoff durch viele Oxidationsmittel, so auch durch Luftsauerstoff, zu Schwefel oxidiert. Wässerige Lösungen von Schwefelwasserstoff sind an der Luft also nicht lange haltbar.

Nachweis Als traditionelles Hilfsmittel für den Nachweis von Schwefelwasserstoff kann Bleiacetatpapier eingesetzt werden. Der Laborhandel liefert kleine Heftchen mit Filtrierpapierstreifen, die mit einer Bleiacetat-Lösung getränkt wurden. In Gegenwart von Schwefelwasserstoff reagiert das farblose Blei(II)-acetat zu schwarzem Blei(II)-sulfid:

$$Pb(CH_3COO)_2(s) + H_2S(g) \rightarrow PbS(s) + 2\,CH_3COOH(g)$$

Das Anlaufen von Silbergegenständen beruht auf einer analogen Reaktion, der Bildung von schwarzem Silber(I)-sulfid.

Säureeigenschaften Schwefelwasserstoff ist eine zweiprotonige Säure, die selbst in der ersten Protolysestufe nur als schwache Säure einzustufen ist. Die pK_S-Werte betragen $pK_{S1} = 7{,}0$ und $pK_{S2} = 13{,}9$. Da eine bei Raumtemperatur gesättigte Lösung pro Liter etwa 0,1 mol Schwefelwasserstoff enthält, weist sie einen pH-Wert von 4 auf. Im Vergleich zu Wasser ist Schwefelwasserstoff aber eine wesentlich stärkere Säure. Dementsprechend reagiert das Molekül nur unter extremen Bedingungen als Base und bildet das dem H_3O^+-Ion entsprechende H_3S^+-Ion. Gelöst in wasserfreiem Fluorwasserstoff reagiert H_2S in Gegenwart von Antimon(V)-fluorid zu einem farblosen Salz der Zusammensetzung $H_3S^+SbF_6^-$.

Sulfide Praktisch alle Metalle und Halbmetalle bilden wenigstens in einer Oxidationsstufe ein Sulfid. Formal lassen sich diese Verbindungen als Salze der Schwefelwasserstoffsäure auffassen. Überwiegend ionische Verbindungen erhält man jedoch nur mit den Alkali- und Erdalkalimetallen sowie mit Aluminium. In den meisten anderen Metallsulfiden weist die Bindung erhebliche kovalente Anteile auf. Der metallische Glanz mancher Sulfide (z. B. PbS, FeS, $CuFeS_2$, Ag_2S, Sb_2S_3) und ihre Halbleitereigenschaften (z. B. ZnS, CdS) zeigen an, dass die Bindung partiell metallischen Charakter hat.

Da die Sulfide der Schwermetalle und der Halbmetalle schwer löslich sind, treten viele dieser Verbindungen als Mineralien auf. Einige wichtige Beispiele sind in Tabelle 20.6 zusammengestellt. Wirtschaftlich bedeutsam sind sulfidische Mineralien als Erze für die Gewinnung der betreffenden Metalle. (z. B. ZnS (Zinkblende), PbS (Bleiglanz), $CuFeS_2$ (Kupferkies).

Kommerziell genutzt werden auch einige synthetisch erzeugte Sulfide. So ist Molybdän(IV)-sulfid (MoS_2) mit seiner Schichtstruktur – ähnlich wie Graphit – ein hervorragendes Schmiermittel für Metalloberflächen, entweder in reinem Zustand oder als Suspension in Öl. Selendisulfid (SeS_2) dient als Wirkstoff in Antischuppen-Shampoos. Mit Silber- oder Kupfer-Ionen dotiertes Zinksulfid ist ein wichtiger Leuchtstoff für die Herstellung von Bildschirmen und die Kennzeichnung von Fluchtwegen. Das leuchtendgelbe Cadmiumsulfid war über Jahrzehnte hinweg als *Cadmiumgelb* ein beliebtes Pigment in Lacken sowie zur Einfärbung von Kunststoffen. Auch bei *Cadmiumorange* und *Cadmiumrot* handelt es sich um ähnliche Produkte: ein Teil der Sulfid-Ionen ist durch Selenid-Ionen ersetzt. Da Cadmiumverbindungen zu Umweltbelastungen führen können, ist inzwischen die Anwendung von Cadmiumpigmenten weltweit stark zurückgegangen.

Tabelle 20.5 Bindungswinkel in den Wasserstoffverbindungen der Chalkogene

Molekül	Bindungswinkel
H_2O	104,5°
H_2S	92,5°
H_2Se	90°

Molekülstruktur Das Schwefelwasserstoff-Molekül ist gewinkelt, wie man es auch nach dem VSEPR-Modell erwarten würde. Innerhalb der Gruppe 16 nehmen die Bindungswinkel der Wasserstoffverbindungen von oben nach unten hin ab (Tabelle 20.5). Dieser Gang der Bindungswinkel kann mit der sinkenden Neigung der Atome der zweiten und höherer Perioden, Hybridorbitale zu bilden, begründet werden. Im Wasser sind maßgeblich sp^3-Hybridorbitale, im Selenwasserstoff nur noch p-Orbitale an der Bindung beteiligt. Diesen Gang der Bindungswinkel bei den Wasserstoffverbindungen beobachtet man aus den gleichen Gründen und in ähnlicher Weise auch in der Gruppe 15.

Ionische Sulfide Die größte praktische Bedeutung hat Natriumsulfid. Jedes Jahr werden allein in Westeuropa rund 50 000 Tonnen durch Reduktion von Natriumsulfat mit Koks hergestellt. Nach dem gleichen Prinzip wird auch Bariumsulfid aus mineralischem Bariumsulfat (Schwerspat) produziert.

$$Na_2SO_4(s) + 2\,C(s) \rightarrow Na_2S(l) + 2\,CO_2(g)$$

Natriumsulfid wird zur Enthaarung von Tierhäuten bei der Ledergerbung eingesetzt. Man verwendet es außerdem zur Trennung von Erzen durch *Flotation* (dargestellt in Abschnitt 24.1), zur Herstellung schwefelhaltiger Farbstoffe und in der chemischen Industrie zum Ausfällen von toxischen Schwermetall-Ionen, insbesondere von Blei.

Das im Gegensatz zu Bariumsulfat gut wasserlösliche Bariumsulfid dient als Zwischenprodukt zur Herstellung anderer Bariumchemikalien. Eine wichtige Rolle spielt auch die Umsetzung mit einer Zinksulfat-Lösung. Man erhält dabei ein Gemisch zweier weißer, schwerlöslicher Stoffe: Zinksulfid und Bariumsulfat. Diese Mischung wird unter der Bezeichnung *Lithopone* als Weißpigment eingesetzt.

Aus der Kulturgeschichte kennt man einige spezielle Anwendungen von Sulfiden. So gehörten die intensiv schwarzen Sulfide des Bleis und des Antimons (PbS, Sb_2S_3) zu den ersten Kosmetika. Ihr Gebrauch als Lidschatten ist bereits für die ältesten ägyptischen Dynastien belegt. Das rote Quecksilber(II)-sulfid (Zinnober) und das gelbe Arsen(III)-sulfid (Auripigment) waren über mehr als 1000 Jahre geschätzte Malerpigmente.

Tabelle 20.6 Häufig vorkommende sulfidische Mineralien

Mineralname	Formel	systematischer Name
Zinnober	HgS	Quecksilber(II)-sulfid
Bleiglanz	PbS	Blei(II)-sulfid
Pyrit	FeS_2	Eisen(II)-disulfid
Zinkblende	ZnS	Zinksulfid
Auripigment	As_2S_3	Arsen(III)-sulfid
Antimonit	Sb_2S_3	Antimon(III)-sulfid
Kupferkies	$CuFeS_2$	Kupfer(I)-eisen(III)-sulfid

Hydrolyse Die bei Magnesium- und Aluminiumsulfid mit Wasser ablaufende Reaktion lässt sich formal als Umkehrung einer Neutralisationsreaktion auffassen. Entsprechende Reaktionen treten auch mit anderen ionischen Verbindungen auf, deren Anion eine sehr starke Base ist. Traditionell spricht man in diesem Zusammenhang auch von einer *Hydrolyse*. In der neueren Literatur besteht die Tendenz, den Begriff der Hydrolyse auf die Spaltung polarer *kovalenter* Bindungen durch Wasser zu beschränken. Typische Beispiele sind die Reaktionen von Phosphor(III)-chlorid mit Wasser unter Bildung von Phosphonsäure und Chlorwasserstoff und die hydrolytische Spaltung von Estern oder Polysachariden.

Im Gegensatz zu den meisten Sulfiden lösen sich die Sulfide der Alkalimetalle sehr gut in Wasser. Die Lösungen reagieren stark alkalisch und riechen merklich nach Schwefelwasserstoff. Ursache ist die Wirkung des Sulfid-Ions als Base gegenüber dem Wasser-Molekül als Säure:

$$S^{2-}(aq) + H_2O(l) \rightleftharpoons HS^-(aq) + OH^-(aq)$$
$$HS^-(aq) + H_2O(l) \rightleftharpoons H_2S(g) + OH^-(aq)$$

Diese Reaktionen laufen auch ab, wenn man Magnesiumsulfid oder Aluminiumsulfid in Wasser gibt. Da die Hydroxide jedoch schwer löslich sind, verschieben sich die Protolysegleichgewichte, sodass – unter Entwicklung von Schwefelwasserstoffgas – die folgende Reaktion abläuft:

$$MgS(s) + 2\,H_2O(l) \rightarrow Mg(OH)_2(s) + H_2S(g)$$

Zusätzlich zu den „normalen" Sulfiden bilden einige Elemente *Disulfide*, die das dem Peroxid-Ion analoge S_2^{2-}-Ion enthalten. So ist Pyrit (FeS_2) aus Eisen(II)- und Disulfid-Ionen aufgebaut. Die Alkali- und Erdalkalimetalle sowie das Ammonium-Ion bilden außerdem Polysulfide, die Ionen des Typs S_x^{2-} enthalten, wobei x Werte zwischen zwei und sechs annehmen kann. Die in der analytischen Chemie verwendete Ammoniumpolysulfid-Lösung erhält man durch die Umsetzung einer Ammoniumsulfid-Lösung mit elementarem Schwefel:

$$(NH_4)_2S(aq) + x{-}1\,S(s) \rightarrow (NH_4)_2S_x(aq)$$

EXKURS

Sulfidfällungen im Trennungsgang der qualitativen Analyse

Die Bildung schwerlöslicher Metallsulfide wird in der qualitativen anorganischen Analyse genutzt. Hierzu leitet man Schwefelwasserstoff in eine saure Lösung mit unbekannten Metall-Ionen. Aufgrund der hohen Konzentration an Hydronium-Ionen ist die Konzentration der Sulfid-Ionen sehr gering. Diese äußerst geringe Konzentration an Sulfid-Ionen reicht jedoch immer noch aus, um eine Reihe der besonders schwer löslichen Metallsulfide auszufällen (As_2S_3, Sb_2S_3, SnS, HgS, PbS, Bi_2S_3, CuS, CdS). Diese Metallsulfide der sogenannten *Schwefelwasserstoffgruppe* werden abfiltriert und der Niederschlag gesondert weiter aufgetrennt. Man macht das Filtrat ammoniakalisch und führt erneut eine Sulfidfällung durch, dieses Mal mit Ammoniumsulfid. Da bei dem nun sehr viel höheren pH-Wert die Konzentration der Sulfid-Ionen wesentlich größer ist, können die Metallsulfide der *Ammoniumsulfidgruppe* ausgefällt werden, die deutlich besser löslich sind als die der Schwefelwasserstoffgruppe (NiS, CoS, FeS, MnS, ZnS). Aufgrund der relativ großen Konzentration an OH^--Ionen werden gleichzeitig auch Aluminiumhydroxid und Chrom(III)-hydroxid ausgefällt.

Der Niederschlag aus der Schwefelwasserstoffgruppe wird mit einer Ammoniumpolysulfid-Lösung (($NH_4)_2S_x$) behandelt, um die Sulfide des Arsens, des Antimons und des Zinns herauszulösen. Es bilden sich die löslichen Thiokomplexe AsS_4^{3-}, SbS_4^{3-} und SnS_3^{2-}, in denen die Elemente in der höheren Oxidationsstufe vorliegen (Oxidationsmittel ist dabei das Polysulfid-Ion, in dem formal ein Schwefel-Atom in ein Sulfid-Ion übergeht). Auf diese Weise gelingt die Auftrennung der zu analysierenden Probe in bestimmte Gruppen von Elementen, die dann separat in Lösung gebracht werden. Am Ende steht der Nachweis der einzelnen Kationen durch elementspezifische Nachweisreaktionen.

20.7 Oxide des Schwefels

Schwefel bildet eine beträchtliche Anzahl von Oxiden. Praktische Bedeutung haben jedoch nur Schwefeldioxid (SO_2) und Schwefeltrioxid (SO_3). Daneben kennt man einige Oxide des Schwefels, in denen die Schwefel-Atome eine für die Schwefel/Sauerstoff-Chemie untypisch niedrige Oxidationsstufen einnehmen. Wir werden auf diese *Suboxide* nur kurz eingehen.

Schwefeldioxid, Schweflige Säure und ihre Salze

Das häufigste Oxid des Schwefels, *Schwefeldioxid*, entsteht bei der Verbrennung von Schwefel in einer stark exothermen Reaktion:

$$S(s) + O_2(g) \rightarrow SO_2(g); \quad \Delta H_R^0 = -297 \text{ kJ} \cdot \text{mol}^{-1}$$

Es ist ein farbloses, toxisches Gas hoher Dichte mit einem stechenden Geruch. Der maximal tolerierbare Anteil für Menschen beträgt 5 ppm (MAK-Wert); Pflanzen tragen bereits Schäden bei 1 ppm davon.

Schwefeldioxid löst sich hervorragend in Wasser. Diese Lösung reagiert stark sauer. Deshalb spürt man auch einen sauren Geschmack auf der Zunge, wenn die eingeatmete Luft merklich Schwefeldioxid enthält. Die saure Reaktion der Lösung wird oft auf die Bildung von Schwefliger Säure (H_2SO_3) entsprechend der folgenden Gleichung zurückgeführt:

$$SO_2(g) + H_2O(l) \rightleftharpoons H_2SO_3(aq)$$

Die Lösung enthält jedoch keine H_2SO_3-Moleküle, sondern überwiegend hydratisierte SO_2-Moleküle, die in einem Gleichgewicht mit Hydronium-Ionen und Hydrogensulfit-Ionen (HSO_3^-) stehen:

$$SO_2(aq) + H_2O(l) \rightleftharpoons H^+(aq) + HSO_3^-(aq)$$

Die Reaktion wässeriger SO_2-Lösungen mit Natronlauge führt zunächst zu einer merklich sauer reagierenden Natriumhydrogensulfit-Lösung und schließlich zu einer schwach alkalisch reagierenden Natriumsulfit-Lösung. Als Laborreagenz steht sowohl wasserfreies Natriumsulfit als auch ein Heptahydrat ($Na_2SO_3 \cdot 7 H_2O$) zur Verfügung.

Hydrogensulfite lassen sich nicht als reine Stoffe isolieren. Dampft man eine entsprechende Lösung ein, so erhält man schließlich ein Salz, in dem das Disulfit-Ion vorliegt. Formal ist die Bildung dieses Anions ein Beispiel für eine Kondensationsreaktion:

$$2 \, HSO_3^-(aq) \rightleftharpoons S_2O_5^{2-}(aq) + H_2O(l)$$

Aufgrund dieser Gleichgewichtsreaktion verhalten sich wässerige Lösungen von Disulfiten praktisch wie Hydrogensulfit-Lösungen entsprechender Konzentration.

Um Schwefeldioxid im Labor herzustellen, lässt man in einem Gasentwickler konzentrierte Schwefelsäure in eine Lösung von Natriumdisulfit tropfen. Der entscheidende Reaktionsschritt lässt sich folgendermaßen beschreiben:

$$HSO_3^-(aq) + H^+(aq) \rightarrow H_2O(l) + SO_2(g)$$

Schwefeldioxid ist eines der wenigen Laborgase, das in wässeriger Lösung reduzierend wirkt, dabei wird es selbst zum Sulfat-Ion oxidiert.

$$SO_2(aq) + 2 H_2O(l) \rightarrow SO_4^{2-}(aq) + 4 H^+(aq) + 2 e^-$$

Um ein reduzierendes Gas wie Schwefeldioxid nachzuweisen, können wir ein farbiges Oxidationsmittel einsetzen, das bei der Reduktion seine Farbe ändert. Besonders günstig ist die blaue Iod-Stärke. Ein mit Iod-Stärke-Lösung getränkter Filterpapierstreifen entfärbt sich in einem SO_2-haltigem Gasraum.

Mit der Reduktionswirkung hängt auch die Anwendung von Schwefeldioxid und Sulfiten als Bleichmittel und als Konservierungsmittel zusammen. Insbesondere Trockenfrüchte werden „geschwefelt", das heißt mit Schwefeldioxid oder Salzen der Schwefligen Säure konserviert. Schwefeldioxid tötet wirksam Schimmelpilze und verhindert die Vermehrung anderer Mikroorganismen und Einzeller. Lebensmittelrechtliche Vorschriften regeln, welche Lebensmittel geschwefelt werden dürfen, welche Höchstmengen einzuhalten sind und ob eine Kennzeichnung (unter Angabe der entsprechenden E-Nummer) erforderlich ist. Für die traditionelle Schwefelung von Wein ist eine Kennzeichnung bisher nicht vorgeschrieben. Es gibt jedoch sehr differenzierte Regelungen bezüglich der

---

Natriumsulfit ist eine wichtige Industriechemikalie, die jährlich im Umfang von etwa 10^6 t produziert wird. Man stellt es in der Industrie üblicherweise her, indem man gasförmiges Schwefeldioxid in eine Lösung von Natriumhydroxid leitet.

Das Disulfit-Anion ($S_2O_5^{2-}$) hat eine sehr ungewöhnliche Struktur: Die beiden Schwefel-Atome sind nicht über eine Sauerstoffbrücke, sondern direkt über eine relativ lange Bindung miteinander verknüpft, sodass ein unsymmetrisches Teilchen vorliegt (Abbildung 20.19).

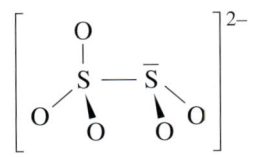

20.19 Aufbau des Disulfit-Ions.

Schwefeldioxid und Sulfite als Konservierungsmittel
E 220 Schwefeldioxid
E 221 Natriumsulfit
E 222 Natriumhydrogensulfit
E 223 Natriumdisulfit
E 224 Kaliumdisulfit
E 226 Calciumdisulfit
E 227 Calciumhydrogensulfit
E 228 Kaliumhydrogensulfit

Der Bau des SO₂-Moleküls und des SO₃²⁻-Ions Das Schwefeldioxid-Molekül ist gewinkelt. Die S/O-Bindungslänge beträgt 143 pm und der O/S/O-Bindungswinkel 119°. Die Bindung ist viel kürzer als eine Schwefel/Sauerstoff-Einfachbindung (163 pm) und etwa so lang wie eine typische Schwefel/Sauerstoff-Doppelbindung (140 pm). Der Bindungswinkel im Schwefeldioxid von beinahe 120° entspricht einer sp^2-Hybridisierung des Schwefel-Atoms. Zwei der drei sp^2-Hybridorbitale sind an den σ-Bindungen zwischen dem Schwefel und den beiden Sauerstoff-Atomen beteiligt, das dritte enthält das freie Elektronenpaar. Bei der Formulierung der Valenzstrichformel kann man zunächst zwei σ-Bindungen zwischen dem Schwefel-Atom und den beiden Sauerstoff-Atomen formulieren (Abbildung 20.20). Da das Schwefel-Atom noch ein unbesetztes p_z-Orbital hat, kommt es zu einer Rückbindung der freien p-Elektronenpaare der beiden Sauerstoff-Atome in das unbesetzte p_z-Orbital am Schwefel-Atom. Es bilden sich – wie im Ozon – delokalisierte p-p-π-Bindungen und – anders als im Ozon – in geringem Umfang auch d-p-π-Bindungen aus, sodass die übliche Schreibweise mit zwei Doppelbindungen gerechtfertigt werden kann (siehe auch Abschnitt 17.3).

20.20 Valenzstrichformel des Schwefeldioxid-Moleküls.

Die Bindungslänge der Schwefel/Sauerstoff-Bindung im Sulfit-Ion beträgt 151 pm. Sie ist damit länger als eine S/O-Doppelbindung mit 140 pm. Drei Grenzformeln des trigonal pyramidal gebauten Sulfit-Ions sind in Abbildung 20.21 dargestellt. Jede Schwefel/Sauerstoff-Bindung hat danach formal eine Bindungsordnung von $1\frac{1}{3}$.

In Deutschland und den meisten anderen hochentwickelten Industrieländern hat sich die Schwefeldioxid-Belastung der Atmosphäre in den letzten Jahrzehnten stark verringert. So wurden 1970 in Deutschland insgesamt 7,7 Millionen Tonnen emittiert, 1999 waren es nur noch 0,8 Millionen Tonnen. Der jährliche SO₂-Ausstoß pro Einwohner nahm damit von 97 kg auf 10 kg ab.

Höchstmengen. Spätlesen beispielsweise dürfen pro Liter nicht mehr als insgesamt 300 mg Schweflige Säure enthalten; der an organische Inhaltsstoffe (Aldehyde) gebundene Anteil wird dabei mit berücksichtigt.

Schwefeldioxid in der Umwelt Seit die Erdkruste erstarrt ist, wird Schwefeldioxid in großen Mengen von Vulkanen ausgestoßen und gelangt in die Atmosphäre. Seit Beginn des industriellen Zeitalters setzt der Mensch zusätzlich enorme Mengen dieses Gases frei. Hierbei ist die Verbrennung von Kohle der schlimmste Übeltäter, da die meisten Kohlearten merkliche Anteile an Schwefelverbindungen enthalten. Der gelbe Smog im London der Fünfzigerjahre des letzten Jahrhunderts, der durch häusliche Kohleöfen verursacht wurde, führte zu Tausenden von Todesfällen. Auch heute noch sind Kohlekraftwerke – trotz Rauchgasentschwefelung – die Hauptverursacher anthropogen bedingter Schwefeldioxid-Emissionen. Auch Mineralölprodukte (Heizöl, Kraftstoffe) haben einen Anteil an der Belastung der Atmosphäre mit Schwefeldioxid. Im EU-Raum sind Kraftstoffe jedoch inzwischen nur in schwefelarmer Qualität (< 50 ppm) auf dem Markt.

Regional bedeutsam ist die Schwefeldioxid-Emission von Metallhüttenwerken. Schließlich werden viele Metalle aus sulfidischen Erzen gewonnen. Bei dem üblichen Verfahren werden diese Erze zunächst *abgeröstet*, das heißt sie werden bei erhöhten Temperaturen mit Luftsauerstoff zur Reaktion gebracht. Auf diese Weise erhält man das Metalloxid, das dann in einem zweiten Schritt mit Koks zum Metall reduziert werden kann. Das gleichzeitig entstehende Schwefeldioxid wird überwiegend zu Schwefelsäure weiterverarbeitet. Gewisse Mengen an Schwefeldioxid entweichen jedoch in die Atmosphäre.

In der Vergangenheit bestand die einfachste „Lösung" dieses Problems darin, immer höhere Schornsteine zu bauen, sodass das Schwefeldioxid eine genügend weite Strecke von der Quelle zurücklegen konnte und dabei durch die Luft verdünnt wurde. Allerdings bildet das Schwefeldioxid während dieser Zeit mit dem Wasser in der Luft Schweflige Säure, die durch Luftsauerstoff schnell zu Schwefelsäure oxidiert wird. Diese bildet gemeinsam mit aus Stickstoffoxiden entstandener Salpetersäure den sogenannten sauren Regen, der beträchtliche Schäden an Pflanzen, insbesondere Bäumen anrichtet.

$$SO_2(g) + H_2O(g) + \tfrac{1}{2} O_2(g) \rightarrow H_2SO_4(aq)$$

Aus diesem Grund sind Verfahren entwickelt worden, um den Schwefeldioxidausstoß zu minimieren. Eine dieser Methoden ist die Umwandlung von Schwefeldioxid in festes Calciumsulfat. In einem modernen Kohlekraftwerk wird fein gemahlener Kalkstein (Calciumcarbonat) mit der gemahlenen Kohle vermischt. Die Kohle verbrennt bei etwa 1 000 °C, einer Temperatur, die zur Zersetzung des Calciumcarbonats ausreicht.

$$CaCO_3(s) \xrightarrow{\Delta} CaO(s) + CO_2(g)$$

Das Calciumoxid reagiert mit Schwefeldioxid und Sauerstoff zu Calciumsulfat:

$$2\,CaO(s) + 2\,SO_2(g) + O_2(g) \xrightarrow{\Delta} 2\,CaSO_4(s)$$

Da der zweite Reaktionsschritt in etwa so exotherm ist wie der erste endotherm, geht im Gesamtprozess keine Wärme verloren. Der feine Calciumsulfat-Staub wird durch elektrostatisch arbeitende Filter aus dem Rauchgas entfernt. Das so gewonnene, feste Calciumsulfat kann man als Baustoff oder als Füllstoff im Straßenbau einsetzen. Auf diese

20.21 Grenzstrukturen des Sulfit-Ions.

Art und Weise wird ein umweltbelastendes gasförmiges Abfallprodukt in ein weitgehend unschädliches, festes Produkt umgewandelt.

Schwefeltrioxid

Das zweite wichtige Oxid des Schwefels, das Schwefeltrioxid, bildet bei Raumtemperatur eine farblose Flüssigkeit. Sowohl die flüssige als auch die Gasphase enthalten neben SO_3-Molekülen vor allem das Trimer S_3O_9 (Abbildung 20.22). Die Flüssigkeit erstarrt bei 17 °C. Im festen Schwefeltrioxid liegen ausschließlich S_3O_9-Moleküle vor. In Gegenwart von Feuchtigkeit bilden sich jedoch langkettige, feste Polymere der Struktur $HO(SO_3)_nOH$, wobei n ungefähr 10^5 beträgt (Abbildung 20.22 c). Schwefeltrioxid ist ein stark saures und hygroskopisches Oxid. Es reagiert mit Wasser in heftiger Reaktion zu Schwefelsäure (H_2SO_4).

Schwefeltrioxid kann in einer exothermen Reaktion durch die Oxidation von Schwefeldioxid gebildet werden. Diese Reaktion ist jedoch mit einer so hohen Aktivierungsenergie verknüpft, dass sie nur bei Anwesenheit von Katalysatoren stattfindet.

$$2\ SO_2(g) + O_2(g) \rightarrow 2\ SO_3(g); \quad \Delta H_R^0 = -198\ kJ \cdot mol^{-1}$$

Bei Verbrennung von Schwefel an der Luft wird nahezu ausschließlich Schwefeldioxid gebildet.

Im Schwefeltrioxid-Dampf liegen planare SO_3-Moleküle vor (Abbildung 20.22). Wie auch im Schwefeldioxid-Molekül weisen alle Schwefel/Sauerstoff-Bindungen die gleiche Bindungslänge auf (142 pm) und haben damit beinahe die gleiche Bindungslänge wie in Schwefeldioxid. Die Bindungssituation lässt sich am besten mit einem π-System unter Beteiligung von geeigneten Orbitalen des Schwefels erklären (siehe Exkurs auf S. 111).

20.22 Valenzstrichformeln der verschiedenen Formen von Schwefeltrioxid: monomeres SO_3 (a), trimeres SO_3 (b), polymeres SO_3 (eigentlich ist diese Form des „Schwefeltrioxids" eine Polyschwefelsäure) (c).

Schwefelsuboxide

Lässt man Trifluorperoxoessigsäure mit ringförmigen Schwefel-Molekülen in Kohlenstoffdisulfid bei Temperaturen von etwa −30 °C reagieren, entstehen Oxide des Schwefels, in denen die ringförmige Struktur des jeweiligen Eduktes noch erhalten ist, so zum Beispiel S_6O, S_7O, S_8O, S_9O oder $S_{10}O$. In Abbildung 20.23 sind die Bildungsreaktion

20.23 Bildungsreaktion von ringförmigen Suboxiden des Schwefels (a). Aufbau von S_8O und S_7O (b).

20.24 Valenzstrichformeln von Schwefeldioxid und Dischwefelmonoxid (a) und Dischwefeldioxid (b).

und der Aufbau für zwei dieser Suboxide dargestellt. Diese Verbindungen sind zwar thermodynamisch nicht stabil, können aber dennoch in Substanz isoliert werden.

Gleichfalls thermodynamisch instabil, aber nicht ohne weiteres in Substanz isolierbar sind einige weitere Suboxide. So bilden sich beim Überleiten von Thionylchlorid-Dampf ($SOCl_2$) über Silbersulfid bei 160 °C Dischwefelmonoxid-Moleküle (S_2O):

$$Ag_2S(s) + SOCl_2 \rightarrow 2\,AgCl(s) + S_2O(g)$$

S_2O ist ein gewinkeltes Molekül. Man kann es als Derivat des Schwefeldioxids ansehen, in dem eines der Sauerstoff-Atome durch ein Schwefel-Atom ersetzt ist (Abbildung 20.24a). Noch instabiler als S_2O ist Schwefelmonoxid SO. Es besitzt wie das O_2-Molekül zwei ungepaarte Elektronen und ist damit paramagnetisch. Wie das O_2-Molekül enthält es eine Doppelbindung. SO kann zu dem sehr kurzlebigen S_2O_2 dimerisieren, in dem eine Schwefel/Schwefel-Bindung vorliegt (Abbildung 20.24b).

20.8 Schwefelsäure (H_2SO_4)

Wasserfreie, reine Schwefelsäure ist eine farblose Flüssigkeit hoher Dichte (1,83 g·cm^{-3}). Ihre ölige Konsistenz weist auf starke Wasserstoffbrückenbindungen zwischen den Molekülen hin. Die Schmelztemperatur beträgt 10 °C, als Siedetemperatur wurden 280 °C ermittelt. Der Dampf über der Flüssigkeit hat allerdings eine unerwartete Zusammensetzung: 76,6 % aller Moleküle sind SO_3-Moleküle, 22,6 % H_2SO_4-Moleküle und 0,8 % H_2O-Moleküle. Man sagt deshalb auch: Schwefelsäure siedet unter Zersetzung.

Das H_2SO_4-Molekül ist tetraedrisch gebaut (Abbildung 20.25). Die Formulierung von Doppelbindungen zwischen dem Schwefel-Atom und den terminalen Sauerstoff-Atomen steht im Einklang mit relativ geringen Bindungslängen und hohen Bindungsenergien.

Reine, flüssige Schwefelsäure hat eine hohe elektrische Leitfähigkeit. Ursache für die Bildung von Ionen ist vor allem die folgende Autoprotolysereaktion:

$$2\,H_2SO_4(l) \rightleftharpoons H_3SO_4^+(solv) + HSO_4^-(solv)$$

Das Ionenprodukt hat bei 25 °C einen Wert von $2{,}7 \cdot 10^{-7}$ mol$^2 \cdot$ l^{-2}.

Handelsübliche *konzentrierte Schwefelsäure* mit einer Dichte von 1,84 g·cm^{-3} enthält Schwefelsäure mit einen Massenanteil von 98 %, dies entspricht einer H_2SO_4-Konzentration von 18 mol·l^{-1}. Der geringe Wasseranteil führt zu einer starken Erhöhung der Siedetemperatur auf 339 °C im Vergleich zu wasserfreier Schwefelsäure (280 °C). Physi-

Schwefelsäure reagiert stark exotherm mit Wasser. Aus diesem Grund sollte man beim Verdünnen konzentrierte Schwefelsäure (vorsichtig) in Wasser geben und nicht umgekehrt, da andernfalls die Reaktionswärme das zugegebene Wasser so weit erhitzen kann, dass es spontan verdampft, dabei die Säure mitreißt und eine erhebliche Unfallgefahr entsteht. Die Lösung sollte kontinuierlich gerührt werden, um die Wärme gleichmäßig zu verteilen. Geht man von wasserfreier Schwefelsäure aus, so werden bei der Bildung einer stark verdünnten Lösung pro Mol H_2SO_4 insgesamt 95 kJ frei.

20.25 Bau des Schwefelsäure-Moleküls.

kalisch-chemisch betrachtet ist konzentrierte Schwefelsäure ein azeotropes Gemisch mit einem Siedetemperatur-Maximum.

Normalerweise denkt man bei der Bezeichnung „Säure" nur an die Säurewirkung; konzentrierte Schwefelsäure hat jedoch zusätzlich einige andere wichtige Eigenschaften.

Säureeigenschaften Das Schwefelsäure-Molekül wirkt als zweiprotonige Säure. Die im Labor verwendete stark saure verdünnte Schwefelsäure enthält daher zwei Anionen, das Hydrogensulfat-Ion und das Sulfat-Ion:

$$H_2SO_4(aq) + H_2O(l) \rightleftharpoons H_3O^+(aq) + HSO_4^-(aq)$$

$$HSO_4^-(aq) + H_2O(l) \rightleftharpoons H_3O^+(aq) + SO_4^{2-}(aq)$$

Die pK_S-Werte für die beiden Protolysestufen sind: pK_{S1} = −3 und pK_{S2} = 2. Das erste Gleichgewicht liegt also praktisch vollständig auf der rechten Seite. Das zweite Gleichgewicht hingegen liegt – insbesondere bei größeren Konzentrationen – überwiegend auf Seiten des Hydrogensulfat-Ions. Daher sind das Hydronium-Ion und das Hydrogensulfat-Ion die vorherrschenden Spezies in der laborüblichen *verdünnten Schwefelsäure* (c = 1 mol·l^{-1}). Sulfat-Ionen treten nur in stärker verdünnten Lösungen (c < 10^{-2} mol·l^{-1}) in größeren Anteilen auf.

Schwefelsäure als Dehydratisierungsmittel Konzentrierte Schwefelsäure ist stark wasseranziehend (hygroskopisch); sie ist auch in der Lage, Wasser aus einer Reihe von Verbindungen abzuspalten. So entsteht beispielsweise aus einer Mischung mit Zucker eine poröse Kohlenstoffmasse. Diese exotherm verlaufende Reaktion lässt sich vereinfacht durch folgende Reaktionsgleichung beschreiben:

$$C_{12}H_{22}O_{11}(s) \xrightarrow{H_2SO_4} 12\ C(s) + 11\ H_2O(l)$$

Schwefelsäure übt diese Funktion in einer Vielzahl wichtiger Reaktionen in der organischen Chemie aus. So ergibt beispielsweise die Zugabe konzentrierter Schwefelsäure zu Ethanol, je nach Reaktionsbedingungen, Ethen (C_2H_4) oder Dietylether ((C_2H_5)$_2$O).

Schwefelsäure als Oxidationsmittel Schwefelsäure ist zwar kein so starkes Oxidationsmittel wie Salpetersäure, in konzentrierter Form wirkt sie jedoch insbesondere bei erhöhten Temperaturen ebenfalls oxidierend. Bei der Reaktion mit Kaliumbromid beispielsweise wird neben Bromwasserstoff auch Brom gebildet. Iodide werden schon bei Raumtemperatur vollständig zu Iod oxidiert. Als Reduktionsprodukt der Schwefelsäure tritt hier neben Schwefeldioxid auch Schwefelwasserstoff auf. Elementares Kupfer wird durch heiße, konzentrierte Schwefelsäure unter Entwicklung von Schwefeldioxidgas zu Kupfer(II) oxidiert:

$$Cu(s) + 2\ H_2SO_4(l) \rightarrow CuSO_4(s) + SO_2(g) + 2\ H_2O(l)$$

Schwefelsäure als Sulfonierungsreagenz In der organischen Chemie verwendet man die konzentrierte Säure, um ein Wasserstoff-Atom durch eine Sulfonsäuregruppe (-SO$_3$H) zu ersetzen. So reagiert Schwefelsäure beispielsweise mit Toluol in folgender Weise:

$$H_2SO_4(l) + CH_3C_6H_5(l) \rightarrow CH_3C_6H_4SO_3H(s) + H_2O(l)$$

Schwefelsäure als Base Eine Brønsted-Säure kann auch als Base reagieren, jedoch nur dann, wenn der Reaktionspartner eine noch stärkere Säure ist. Schwefelsäure ist eine sehr starke Säure, folglich können nur extrem starke Säuren wie Fluoroschwefelsäure eine solche Reaktion eingehen:

$$H_2SO_4(l) + HSO_3F(l) \rightleftharpoons H_3SO_4^+\ (solv) + SO_3F^-\ (solv)$$

Industrielle Herstellung von Schwefelsäure

Keine andere Chemikalie wird in größeren Mengen hergestellt als Schwefelsäure. Die Weltjahresproduktion beträgt rund 140 Millionen Tonnen. Alle Produktionsverfahren verwenden Schwefeldioxid als Ausgangsstoff, das entweder durch Verbrennung von Schwefel erhalten wird oder als Nebenprodukt bei anderen Verfahren anfällt. Wie bereits erwähnt, ist die Oxidation von Schwefeldioxid kinetisch gehemmt. Daher muss ein Katalysator eingesetzt werden, um eine hinreichend große Reaktionsgeschwindigkeit zu erzielen. Außerdem darf die Temperatur bei dem exotherm verlaufenden Prozess nicht zu hoch werden, da hierdurch (nach dem Prinzip des kleinsten Zwangs) das Gleichgewicht wieder auf die Seite des Schwefeldioxids verschoben wird. Eine Erhöhung des Drucks begünstigt die Seite des Gleichgewichts mit der geringeren Zahl an Gasteilchen – in diesem Fall die Produktseite.

$$SO_2(g) + 0{,}5\ O_2(g) \xrightarrow{V_2O_5} SO_3(g); \quad K_p = \frac{p(SO_3)}{p(SO_2) \cdot \sqrt{p(O_2)}}$$

Aus den thermodynamischen Daten der Reaktion lässt sich die Gleichgewichtskonstante und daraus der im Gleichgewicht erreichbare Umsatz errechnen. In Abbildung 20.26 ist dieser als Funktion der Temperatur für eine bestimmte Ausgangsmischung (SO_2/O_2) dargestellt (Gleichgewichtskurve 1).

Im *Kontaktverfahren* leitet man reines, trockenes Schwefeldioxid gemeinsam mit trockener Luft bei 400 bis 500 °C nacheinander über vier Schichten eines Katalysator aus Vanadium(V)-oxid auf einem inerten Trägermaterial. Beim Durchströmen einer Katalysatorschicht tritt die Reaktion ein und die Gasmischung erwärmt sich. Abbildung 20.26 zeigt, dass der maximal erreichbare Umsatz nach Durchströmen der ersten Katalysatorschicht nur wenig mehr als 60 % beträgt. Die Gasmischung wird daher zunächst in einem Wärmetauscher abgekühlt und erst dann der zweiten Katalysatorschicht zugeführt; anschließend wird sie wiederum abgekühlt. Nach der dritten Schicht beträgt bei dieser Verfahrensweise der Umsatz immerhin schon über 90 %. Beim modernen **Doppelkontaktverfahren** wird hier das Reaktionsgas zunächst aus dem Prozess ausgeschleust und das gebildete Schwefeltrioxid mit konzentrierter Schwefelsäure in einem

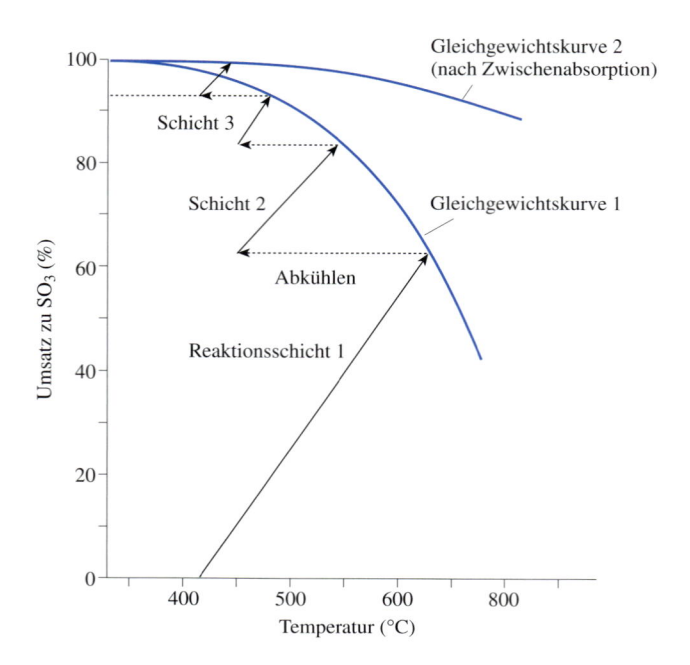

20.26 Kontaktverfahren zur Herstellung von Schwefelsäure – Stoffumsatz und Temperaturverlauf.

Zwischenabsorber entfernt. Man erhält dabei eine als **Oleum** bezeichnete Flüssigkeit, in der Dischwefelsäure-Moleküle vorliegen (Abbildung 20.27):

$$SO_3(g) + H_2SO_4(l) \rightarrow H_2S_2O_7(l)$$

Durch das Entfernen des Reaktionsprodukts Schwefeltrioxid verschiebt sich nach dem Massenwirkungsgesetz die Gleichgewichtslage zu den Werten, die auf der Gleichgewichtskurve 2 in Abbildung 20.26 liegen. Das so an SO_3 abgereicherte Gasgemisch wird der vierten Katalysatorstufe zugeführt, wobei letztlich ein Umsatz von 99,5 % erreicht wird. Die durch den Prozess erzeugte Dischwefelsäure wird schließlich mit Wasser zu Schwefelsäure umgesetzt:

$$H_2S_2O_7(l) + H_2O(l) \rightarrow 2\,H_2SO_4(l)$$

Eine direkte Bildung von Schwefelsäure durch eine Absorption von SO_3 mit Wasser ist durch die hohen Reaktionstemperaturen technisch nicht praktikabel. Das Prinzip des Doppelkontaktverfahrens ist in Abbildung 20.28 schematisch dargestellt.

Die Einsatzbereiche der Schwefelsäure sind von Land zu Land verschieden. In den Vereinigten Staaten wird der Großteil der Schwefelsäure zur Düngemittelherstellung gebraucht. Neben der Produktion von Ammoniumsulfat-Düngern wird insbesondere schwerlösliches Calciumphosphat bzw. Apatit ($Ca_5(PO_4)_3F$) mithilfe von Schwefelsäure in besser lösliches Calciumdihydrogenphosphat umgewandelt:

$$2\,NH_3(g) + H_2SO_4(aq) \rightarrow (NH_4)_2SO_4(aq)$$
$$Ca_3(PO_4)_2(s) + 2\,H_2SO_4(aq) \rightarrow Ca(H_2PO_4)_2(s) + 2\,CaSO_4(s)$$

In Europa hingegen wird ein größerer Anteil der Säure zur Herstellung anderer Produkte verwendet, wie zum Beispiel Farben, Pigmenten und Tensiden für Waschmittel.

In der Regel wird nur ein Teil der eingesetzten Schwefelsäure in den Produkten gebunden, sodass in der Industrie verdünnte und verunreinigte Schwefelsäure in großen Mengen zurückbleibt. Es besteht ein wachsendes Interesse daran, verunreinigte Schwefelsäure wiederzugewinnen, wie die bei der Herstellung des Weißpigments Rutil (TiO_2) anfallende *Dünnsäure*. Zurzeit liegen die Kosten für die Reinigung und Aufkonzentrierung der verdünnten Säure über den Produktionskosten im Doppelkontaktverfahren. Der Wiedergewinnung wird dennoch aus Gründen des Umweltschutzes zunehmend der Vorzug vor einer Entsorgung gegeben. Ist die Säure zwar rein, aber zu stark verdünnt, kann man Dischwefelsäure hinzugeben, um die Konzentration der Säure auf einen hinreichenden Wert zu bringen. Stärker verunreinigte Säure hingegen wird auf hohe Temperaturen erhitzt. Dabei entsteht Schwefeldioxid, dass man abtrennen und für die Synthese frischer Säure einsetzen kann.

$$2\,H_2SO_4(aq) \xrightarrow{\Delta} 2\,SO_2(g) + 2\,H_2O(l) + O_2(g)$$

Oleum Das durch die Reaktion von Schwefeltrioxid mit konzentrierter Schwefelsäure gebildete Produkt enthält neben Dischwefelsäure ($H_2S_2O_7$) auch Trischwefelsäure ($H_2S_3O_{10}$). Der Anteil der beiden Verbindungen hängt entscheidend von der insgesamt „gelösten" SO_3-Menge ab. Der Gasraum oberhalb der Flüssigkeit enthält einen merklichen Anteil an SO_3-Molekülen: Öffnet man eine Flasche mit Oleum, bildet sich mit der Feuchtigkeit der Luft sofort ein dichter weißer Nebel aus H_2SO_4-Tröpfchen. Aufgrund dieser Eigenschaften nennt man Oleum auch „rauchende Schwefelsäure".

20.27 Aufbau des Dischwefelsäure-Moleküls.

Alle Reaktionsschritte in diesem Verfahren sind exotherm. Tatsächlich erzeugt der gesamte Prozess der Umwandlung elementaren Schwefels eine Wärmemenge von 535 kJ pro Mol Schwefelsäure. Die effektive Nutzung dieser überschüssigen Wärme als direkte Wärmequelle für einen weiteren Prozess oder zur Stromerzeugung ist ein wesentliches Merkmal einer modernen Produktionsanlage für Schwefelsäure.

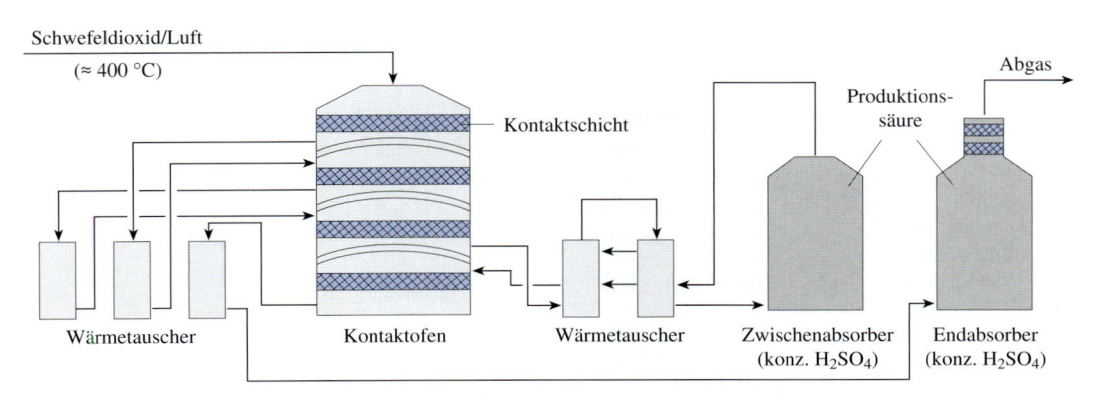

20.28 Schwefelsäureproduktion nach dem Doppelkontaktverfahren.

Sulfate in der Natur Die schwerlöslichen Sulfate des Bariums und des Strontiums sind die häufigsten Mineralien dieser Elemente. Bariumsulfat wird aufgrund seiner hohen Dichte von 4,5 g·cm^{-3} als *Schwerspat* oder *Baryt* bezeichnet; der Mineralname für Strontiumsulfat ist *Coelestin*. Beide Mineralien haben wirtschaftliche Bedeutung als Ausgangsstoffe zur Herstellung anderer Barium- und Strontium-Verbindungen. Calciumsulfat gehört insbesondere in Form des als *Gips* bezeichneten Dihydrats (CaSO$_4$ · 2 H$_2$O) zu den häufigsten Mineralien. Seine Nutzung im Bauwesen wurde bereits in Abschnitt 16.8 erläutert. Auch wasserfreies Calciumsulfat tritt in der Natur auf; es wird als *Anhydrit* bezeichnet. In den Ablagerungen von Salzseen findet man auch das leicht lösliche Magnesiumsulfat als Heptahydrat (*Bittersalz*). In Salzlagerstätten treten neben Gips und Magnesiumsulfat-Monohydrat (*Kieserit*) zahlreiche weitere Sulfat-Mineralien auf. Dabei handelt es sich überwiegend um Hydrate, die als Kationen neben Magnesium- und/oder Calcium-Ionen auch Kalium- oder Natrium-Ionen enthalten.

Beispiele: K$_2$Mg(SO$_4$)$_2$ · 6 H$_2$O (*Schönit*), K$_2$Ca$_2$Mg(SO$_4$)$_4$ · 2 H$_2$O (*Polyhalit*).

Neben den verschiedensten Sulfaten der Erdalkalimetalle tritt auch das schwerlösliche Bleisulfat (*Anglesit*) mineralisch auf. Es entsteht durch Oxidation von primär abgelagertem Bleiglanz (PbS).

Sulfate und Hydrogensulfate

Schwefelsäure bildet zwei Reihen von Salzen, Sulfate und Hydrogensulfate. Die Sulfate enthalten das SO$_4^{2-}$-Ion, die Hydrogensulfate das HSO$_4^-$-Ion.

Sulfate Sulfate sind neben Chloriden und Nitraten die geläufigsten Metallsalze. Mehrere Gründe sprechen für den Einsatz von Sulfaten:

1. Viele Sulfate sind wasserlöslich, was sie zu einer nützlichen Quelle für das jeweilige Metall-Kation macht. Zwei wichtige Ausnahmen sind Blei(II)-sulfat, das eine wichtige Rolle im Bleiakkumulator spielt, und Bariumsulfat, das als Kontrastmittel bei Röntgenaufnahmen des Magen-Darm-Trakts eingesetzt wird.
2. Das Sulfat-Ion wirkt weder oxidierend noch reduzierend. Daher kann das Sulfat-Ion Salze mit Metall-Ionen sowohl in hohen als auch in niedrigen Oxidationsstufen bilden. Beispiele hierfür sind Eisen(II)-sulfat und Eisen(III)-sulfat. Das Sulfat-Ion initiiert außerdem in Lösung keine Redoxreaktion mit anderen anwesenden Ionen.
3. Das Sulfat-Ion ist die konjugierte Base einer recht starken Säure, des Hydrogensulfat-Ions. Das Sulfat-Ion beeinflusst daher kaum den pH-Wert einer Lösung.
4. Sulfate sind thermisch relativ stabil, zumindest stabiler als die entsprechenden Nitrate.

Sulfate bzw. Sulfatlösungen bilden sich bei der Umsetzung verschiedener Laborreagenzien mit Schwefelsäure. Ein Beispiel ist die Neutralisation von Natronlauge:

$$2\,\text{NaOH(aq)} + \text{H}_2\text{SO}_4(\text{aq}) \rightarrow \text{Na}_2\text{SO}_4(\text{aq}) + 2\,\text{H}_2\text{O(l)}$$

Eine weitere Möglichkeit besteht in der Reaktion zwischen einem unedlen Metall wie Magnesium oder Zink mit verdünnter Schwefelsäure:

$$\text{Zn(s)} + \text{H}_2\text{SO}_4(\text{aq}) \rightarrow \text{ZnSO}_4(\text{aq}) + \text{H}_2(\text{g})$$

Auch die Reaktion eines Metallcarbonats (z.B. Kupfer(II)-carbonat) mit verdünnter Schwefelsäure liefert eine Lösung des Sulfats:

$$\text{CuCO}_3(\text{s}) + \text{H}_2\text{SO}_4(\text{aq}) \rightarrow \text{CuSO}_4(\text{aq}) + \text{CO}_2(\text{g}) + \text{H}_2\text{O(l)}$$

Der übliche Test auf Sulfat-Ionen besteht in der Zugabe einer Bariumchlorid-Lösung. Die Barium-Ionen bilden mit den Sulfat-Ionen einen feinkörnigen, weißen Niederschlag von Bariumsulfat:

$$\text{Ba}^{2+}(\text{aq}) + \text{SO}_4^{2-}(\text{aq}) \rightarrow \text{BaSO}_4(\text{s})$$

Wie das Sulfit-Ion hat auch das Sulfat-Ion kurze Schwefel/Sauerstoff-Bindungen, was auf einen beträchtlichen Mehrfachbindungsanteil hinweist. Mit 149 pm sind die vier gleich langen Bindungen etwa so lang wie im Sulfit-Ion. Das Schwefel-Atom ist tetraedrisch von den Sauerstoff-Atomen umgeben.

Hydrogensulfate Wie auch bei den Hydrogencarbonaten haben nur die Ionen der Alkalimetalle genügend niedrige Ladungsdichten, um die großen, niedrig geladenen HSO$_4^-$-Anionen im festen Zustand zu stabilisieren. Man kann Hydrogensulfate herstellen, indem man stöchiometrische Mengen von Natriumhydroxid und Schwefelsäure miteinander umsetzt und die entstandene Lösung eindampft.

Die hohe Azidität macht das feste Natriumhydrogensulfat zu einem nützlichen Wirkstoff eines Typs von WC-Reinigern. Da diese Reiniger auch Natriumhydrogencarbonat enthalten, kommt es bei der Anwendung zu einem Aufschäumen unter Bildung von Kohlenstoffdioxid.

$$\text{NaOH(aq)} + \text{H}_2\text{SO}_4(\text{aq}) \rightarrow \text{NaHSO}_4(\text{aq}) + \text{H}_2\text{O(l)}$$

Da auch der zweite pK_S-Wert der Schwefelsäure recht niedrig ist (pK_{S2} = 2), reagieren Hydrogensulfat-Lösungen stark sauer:

$$\text{HSO}_4^-(\text{aq}) + \text{H}_2\text{O(l)} \rightleftharpoons \text{H}_3\text{O}^+(\text{aq}) + \text{SO}_4^{2-}(\text{aq})$$

Hydrogensulfate zersetzen sich beim Erhitzen unter Bildung von Disulfaten:

$2\ NaHSO_4(s) \xrightarrow{\Delta} Na_2S_2O_7(s) + H_2O(g)$

In wässeriger Lösung wird das Disulfat-Ion nur relativ langsam hydrolytisch unter Rückbildung von HSO_4^--Ionen gespalten.

Thiosulfate

Das Thiosulfat-Ion ($S_2O_3^{2-}$) steht formal in einer einfachen Beziehung zum Sulfat-Ion: ein Sauerstoff-Atom ist durch ein Schwefel-Atom ersetzt. Die beiden Schwefel-Atome befinden sich also in völlig unterschiedlichen Umgebungen, das terminale Schwefel-Atom hat sulfidischen Charakter. Man ordnet dem terminalen S-Atom daher oft die Oxidationsstufe –II zu, während das zentrale S-Atom die Oxidationszahl VI behält. Eine formale Zuweisung von Oxidationsstufen nach den in Abschnitt 11.1 erläuterten Regeln ergibt dagegen die Oxidationsstufe IV für das zentrale Schwefel-Atom und die Oxidationsstufe 0 für das terminale. Der Aufbau des Thiosulfat-Ions ist in Abbildung 20.29 dargestellt. Das Ion ist hier zwar mit zwei Doppelbindungen und zwei Einfachbindungen dargestellt, tatsächlich ist der Mehrfachbindungscharakter jedoch gleichmäßiger über alle Bindungen verteilt.

Ein einfacher Weg zur Bildung des Thiosulfat-Ions ist das Erhitzen einer Natriumsulfit-Lösung mit Schwefel:

$SO_3^{2-}(aq) + S(s) \rightarrow S_2O_3^{2-}(aq)$

Aus der Lösung gewinnt man das für die Praxis wichtige Thiosulfat in Form des Pentahydrats: $Na_2S_2O_3 \cdot 5\ H_2O$.

Erwärmt man dieses Salz, so bildet sich bei 48 °C eine Flüssigkeit: Man sagt, dass das Hydrat in seinem Kristallwasser schmilzt. Ebenso gut könnte man von der Bildung einer hoch konzentrierten Lösung sprechen.

Beim Umgang mit Thiosulfat-Lösungen ist darauf zu achten, dass diese nicht angesäuert werden. Durch die Hydronium-Ionen wird zunächst Thioschwefelsäure gebildet, die sich jedoch schnell zu einer weißen Suspension von Schwefel und Schwefeldioxid zersetzt. Diese spezielle Disproportionierungsreaktion ist ein weiterer Hinweis darauf, dass die beiden Schwefel-Atome in unterschiedlichen Oxidationsstufen vorliegen:

$S_2O_3^{2-}(aq) + 2\ H^+(aq) \rightarrow H_2S_2O_3(aq)$

$H_2S_2O_3(aq) \rightarrow H_2O(l) + S(s) + SO_2(g)$

Thiosulfat zeigt eine Reihe von interessanten Reaktionen, die zum Teil auch praktische Bedeutung haben. So benutzt man Natriumthiosulfat in der analytischen Chemie bei *Redox-Titrationen*, um die Konzentration von Iod in wässeriger Lösung zu bestimmen. Bei dieser *iodometrischen Analyse* wird das Iod zu Iodid-Ionen reduziert und die Thiosulfat-Ionen werden zu Tetrathionat-Ionen oxidiert:

$2\ S_2O_3^{2-}(aq) \rightarrow S_4O_6^{2-}(aq) + 2\ e^-$

$I_2(aq) + 2\ e^- \rightarrow 2\ I^-(aq)$

Im Tetrathionat-Ion sind die beiden Molekülhälften über die terminalen Schwefel-Atome der Thiosulfat-Ionen verbrückt (Abbildung 20.30).

Eisen(III)-Ionen bilden mit Thiosulfat-Ionen ein charakteristisch violett gefärbtes Komplex-Ion. Vereinfacht kann diese Reaktion folgendermaßen beschrieben werden:

$Fe^{3+}(aq) + S_2O_3^{2-}(aq) \rightarrow [Fe(S_2O_3)]^+(aq)$

20.29 Bau des Thiosulfat-Ions.

Erhitzt man wasserfreies Thiosulfat auf hohe Temperaturen, so kommt es zu einer Disproportionierung, bei der drei verschiedene Oxidationsstufen des Schwefels gebildet werden: VI (Natriumsulfat), –II (Natriumsulfid) und 0 (Schwefel).

$4\ Na_2S_2O_3(s) \xrightarrow{\Delta} 3\ Na_2SO_4(s) + Na_2S(s) + 4\ S(s)$

20.30 Aufbau des Tetrathionat-Ions ($S_4O_6^{2-}$).

Die Färbung verschwindet jedoch bald aufgrund einer Redoxreaktion, die zum Eisen(II)-Ion und dem Tetrathionat-Ion führt:

$$2\,[Fe(S_2O_3)]^+(aq) \rightarrow 2\,Fe^{2+}(aq) + S_4O_6^{2-}(aq)$$

Thiosulfat als Fixiersalz Ein gebräuchlicher Trivialname für Natriumthiosulfat ist *Fixiersalz*. Er bezieht sich auf die wohl wichtigste Verwendung von Thiosulfaten, nämlich beim fotografischen Prozess. Auch wenn heute in zunehmendem Maße Bilder elektronisch gespeichert werden, spielt das klassische Verfahren der Fotografie immer noch eine wichtige Rolle. Fotografische Filme enthalten als lichtempfindliche Substanz Silberbromid. Beim Belichten wird dieses an den Stellen, an denen Licht auf den Film trifft, teilweise zersetzt; es entstehen Kristallkeime von elementarem Silber. Beim *Entwickeln* des Films, einem Reduktionsvorgang, wird das Silberbromid ausgehend von diesen Kristallkeimen weiter reduziert. An den Stellen, an denen viel Licht auf den Film gefallen ist, wird dieser durch das fein verteilte Silber schwarz, es entsteht ein *Negativ*. Dieses muss von dem noch vorhandenen Silberbromid befreit werden, da es sich sonst unter Lichteinwirkung allmählich ebenfalls zersetzen würde. Durch das *Fixieren* wird das Silberbromid mithilfe von Thiosulfat-Ionen gelöst, denn die Silber-Ionen bilden mit Thiosulfat-Ionen einen sehr stabilen Komplex, der nach den heutigen Nomenklaturregeln als Bis(thiosulfato)argentat(I) zu bezeichnen ist:

Hinweis: Weitere Einzelheiten über den fotografischen Prozess enthält ein Exkurs auf Seite 714.

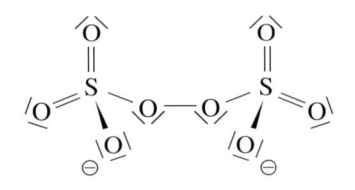

$$AgBr(s) + 2\,S_2O_3^{2-}(aq) \rightleftharpoons [Ag(S_2O_3)_2]^{3-}(aq) + Br^-(aq)$$

Peroxodisulfate

Obwohl das Sulfat-Ion Schwefel in der höchstmöglichen Oxidationsstufe von VI enthält, kann es elektrolytisch oxidiert werden. Dabei entsteht das Peroxodisulfat-Ion $S_2O_8^{2-}$. Die Reaktion verläuft in konzentrierten Hydrogensulfat-Lösungen an Platinelektroden mit möglichst kleiner Oberfläche. Bei der dadurch erreichten hohen Stromdichte werden konkurrierende Oxidationsreaktionen, insbesondere die Oxidation von Wasser zu Sauerstoff, vermieden:

$$2\,HSO_4^-(aq) \rightleftharpoons S_2O_8^{2-}(aq) + 2\,H^+(aq) + 2\,e^-$$

20.31 Aufbau des Peroxodisulfat-Ions ($S_2O_8^{2-}$).

Das Peroxodisulfat-Ion enthält eine Peroxo-Brücke mit einer dem Tetrathionat analogen Struktur (Abbildung 20.31). Die beiden Schwefel-Atome haben also auch hier die Oxidationsstufe VI, die Brückensauerstoff-Atome wurden jedoch von der Oxidationsstufe –II zu –I oxidiert. Peroxodischwefelsäure ($H_2S_2O_8$) ist ein weißer Feststoff. Zwei ihrer Salze, Kaliumperoxodisulfat und Ammoniumperoxodisulfat, sind viel verwendete starke Oxidationsmittel:

$$S_2O_8^{2-}(aq) + 2\,e^- \rightleftharpoons 2\,SO_4^{2-}(aq); \quad E^0 = 2{,}01\,V$$

Oxosäuren des Schwefels im Überblick

Schwefel tritt in einer Reihe von Oxidationsstufen auf und bildet sehr stabile Bindungen zum Sauerstoff. Gleichzeitig neigt Schwefel sehr ausgeprägt zur Bildung von Schwefel/Schwefel-Bindungen. Aus diesen Gründen gibt es eine recht große Vielfalt an Oxosäuren und Oxoanionen des Schwefels. Die folgende Zusammenstellung gibt einen Überblick über die wichtigsten Verbindungen (Abbildung 20.32). Von einigen der aufgeführten Säuren kennt man nur die zugehörigen Salze, nicht jedoch die Säuren selbst. In diesen Fällen ist die Säure formal durch einen Stern gekennzeichnet.

Formel	Name	Oxidationszahlen	Struktur	Anion
H_2SO_4	Schwefelsäure	VI	O=S(=O)(OH)(OH)	Sulfat, SO_4^{2-}; Hydrogensulfat, $HOSO_3^-$
$H_2S_2O_7$	Dischwefelsäure	VI	O=S(=O)(OH)–O–S(=O)(=O)OH	Disulfat, $^-O_3SOSO_3^-$
H_2SO_5	Peroxomonoschwefelsäure	VI	O=S(=O)(OOH)(OH)	Peroxomonosulfat, $HOOSO_3^-$
$H_2S_2O_8$	Peroxodischwefelsäure	VI	O=S(=O)(OH)–O–O–S(=O)(=O)OH	Peroxodisulfat, $^-O_3SOOSO_3^-$
$H_2S_2O_3$	Thioschwefelsäure*	IV, 0 oder VI, –II	S=S(=O)(OH)(OH)	Thiosulfat, SSO_3^{2-}
$H_2S_2O_6$	Dithionsäure*	V	O=S(=O)(OH)–S(=O)(=O)OH	Dithionat, $^-O_3SSO_3^-$
$H_2S_{n+2}O_6$	Polythionsäure	V, 0	O=S(=O)(OH)–(S)$_n$–S(=O)(=O)OH	Polythionat, $^-O_3S(S)_nSO_3^-$
H_2SO_3	Schweflige Säure*	IV	O=S(OH)(OH)	Sulfit, SO_3^{2-}; Hydrogensulfit, $HOSO_2^-$
$H_2S_2O_5$	Dischweflige Säure*	V, III	O=S(=O)(OH)–S(OH)=O	Disulfit, $^-O_3SSO_2^-$
$H_2S_2O_4$	Dithionige Säure*	III	O=S(OH)–S(OH)=O	Dithionit, $^-O_2SSO_2^-$

*In diesen Fällen können nur die Salze isoliert werden. Die Säuremoleküle existieren nicht oder sind instabil ($H_2S_2O_3$).

20.32 Die wichtigsten Oxosäuren des Schwefels und ihre Anionen im Überblick.

20.9 Schwefelhalogenide und Schwefel/Stickstoff-Verbindungen

Schwefel bildet ungewöhnlich viele Halogenverbindungen. Einen Überblick gibt Tabelle 20.7.

Die Schwefelhalogenide unterscheiden sich teilweise drastisch in ihren Eigenschaften. Wie auch bei anderen Elementen unterscheiden sich dabei die Fluoride deutlich von den anderen Halogeniden, sodass eine gesonderte Behandlung gerechtfertigt ist.

Bei den Schwefel/Stickstoff-Verbindungen finden wir ungewöhnliche Strukturen und Eigenschaften. Schwefel/Stickstoff/Halogen-Verbindungen zeichnen sich dadurch aus, dass ihr Aufbau *nicht* dem der analogen Stickstoff/Sauerstoff/Halogen-Verbindungen entspricht.

Tabelle 20.7 Schwefelhalogenide und ihre Eigenschaften

Oxidations-stufe	Verbindungs-typ	X = F	X = Cl	X = Br	X = I
			[ΔH_f^0 (kJ·mol^{-1})]		
VI	SX$_6$	farbloses Gas [−1 220]			
V	X$_5$SSX$_5$	farblose Flüssigkeit [−2 064]			
IV	SX$_4$	farbloses Gas [−763]	farblose Flüssigkeit Zers. > −30 °C		
II	SX$_2$	farbloses Gas [−297]	rote Flüssigkeit [−50]		
	S$_2$X$_4$	farblose Flüssigkeit [−663]			
I	S$_2$X$_2$	FSSF, farbloses Gas [−286]	ClSSCl, gelbe Flüssigkeit [−58]	BrSSBr tiefrote Flüssigkeit [−11]	
		SSF$_2$, farbloses Gas [−297]			
< I	S$_n$X$_2$ (n > 2)		S$_n$Cl$_2$, gelbe bis orangerote Öle	S$_n$Br$_2$, tiefrote Öle	

Schwefelfluoride

Die Lewis-Formeln der bekanntesten Schwefelfluoride sind in Abbildung 20.33 zusammengestellt.

Sie lassen einige ungewöhnliche Strukturen erkennen. So existieren vom *Schwefel(I)-fluorid* zwei Isomere: S$_2$F$_2$, ein Molekül, dessen Aufbau dem des Wasserstoffperoxids entspricht, und das thermodynamisch stabilere SSF$_2$, ein Molekül mit zwei unterschiedlich gebundenen Schwefel-Atomen. Mithilfe der Schreibweise S$_2$F$_2$ bzw. SSF$_2$ lassen sich die beiden unterschiedlichen Verbindungen auch anhand ihrer Formel unterscheiden.

Die Synthese dieser Verbindungen erfordert den sorgfältigen Ausschluss von Feuchtigkeit. S$_2$F$_2$ erhält man durch die Umsetzung von Schwefel mit AgF; SSF$_2$ bildet sich bei der Fluorierung von S$_2$Cl$_2$ mit HgF$_2$. Schwefel(II)-fluorid erhält man am besten durch die Reaktion von COS mit Fluor:

$$COS(g) + F_2(g) \rightarrow CO(g) + SF_2(g)$$

Diese Verbindung existiert nur in der Gasphase. In der kondensierten Phase dimerisiert SF$_2$ zu SF$_3$SF (S$_2$F$_4$).

All diese niederen Schwefelfluoride disproportionieren in Schwefel und *Schwefeltetrafluorid*, dessen Struktur sich von einer trigonalen Bipyramide ableitet. Es kann aus SCl$_2$ durch Fluorieren mit Natriumfluorid in Acetonitril (CH$_3$CN), einem organischen Lösemittel, hergestellt werden:

$$3\ SCl_2 + 4\ NaF \xrightarrow{CH_3CN} S_2Cl_2 + SF_4 + 4\ NaCl$$

Trotz seiner hohen Reaktivität verwendet man es als selektives Fluorierungsreagenz. So vermag es Carbonylgruppen (>C=O) in >CF$_2$-Gruppen und Carboxylgruppen (-COOH) in CF$_3$-Gruppen umzuwandeln. In Gegenwart von Caesiumfluorid setzt es sich mit Chlor zu SF$_5$Cl nach folgender Reaktionsgleichung um:

$$Cl_2(g) + CsF(s) + SF_4(g) \rightarrow SClF_5(g) + CsCl(s)$$

20.33 Valenzstrichformeln der Schwefelfluoride.

$SClF_5$ kann mit Wasserstoff zum sehr toxischen S_2F_{10} reduziert werden:

$$2\ SClF_5 + H_2 \xrightarrow{h\cdot\nu} S_2F_{10} + 2\ HCl$$

Die wichtigste Verbindung von Schwefel mit Fluor ist *Schwefelhexafluorid* (SF_6). Die Verbindung ist ein farb- und geruchloses, unreaktives Gas. Jährlich werden etwa 6 500 t davon hergestellt, indem man geschmolzenen Schwefel mit elementarem Fluor umsetzt:

$$S(l) + 3\ F_2(g) \rightarrow SF_6(g)$$

Zu den Bindungsverhältnissen im SF_6-Molekül vergleiche man den Exkurs auf Seite 111.

Das Molekül ist oktaedrisch gebaut (Abbildung 20.33). Es hat eine besondere Eigenschaft, die es als Isolatorgas in Hochspannungsanlagen geeignet macht. Liegt zwischen zwei elektrischen Leitern, die sich in einem bestimmten Abstand voneinander befinden, eine elektrische Spannung, so bildet sich bei steigender Spannung schließlich ein Lichtbogen. In Hochspannungs-Schaltanlagen müssen deshalb die Spannung führenden Teile einen großen Abstand voneinander haben. Mithilfe einer Atmosphäre aus Schwefelhexafluorid in solchen Anlagen wird dieses Problem erheblich reduziert. Durch einen Druck von 250 kPa (2,5 bar) wird die Entladung einer Potentialdifferenz von einer Million Volt bereits bei einem Abstand von 5 cm verhindert. An Luft wäre ein Abstand von etwa 100 cm erforderlich. Eine weitere wichtige Anwendung ist die Bedeckung geschmolzenen Magnesiums mit einer Schutzgasschicht während der Verarbeitung des Metalls. Zu den weiteren Nutzungsmöglichkeiten gehört die Verwendung als Füllgas für die Sohlen von Sportschuhen und für schall- und wärmeisolierende mehrfachverglaste Fensterscheiben. Auch als Füllgas für Autoreifen wird es gelegentlich verwendet. Eine breite Anwendung scheitert jedoch aus Gründen des Umweltschutzes.

Die für ein Gas ungewöhnlich hohe molare Masse macht es zu einem nützlichen Reagenz für diverse wissenschaftliche Anwendungen. So kann man beispielsweise die Ausbreitung schadstoffhaltiger Abgase über Tausende von Kilometern verfolgen, indem man kleine Mengen Schwefelhexafluorid gezielt zusetzt. Noch Tage später lässt sich das Abgas aufgrund winziger Konzentrationen an SF_6-Molekülen identifizieren. Auf ähnliche Weise werden Tiefseeströmungen untersucht. Man leitet Schwefelhexafluorid in tiefe Wasserschichten und verfolgt dann die Verteilung der Moleküle.

Das chemisch inerte Verhalten macht Schwefelhexafluorid zu einem langlebigen, wirksamen Treibhausgas. Denn SF_6 absorbiert Strahlung in einem sonst weitestgehend durchlässigen Teil des Infrarotspektrums der Atmosphäre. Folglich ist es ein besonders effektives Treibhausgas. Eine Tonne Schwefelhexafluorid hat in dieser Hinsicht die gleiche Wirkung wie 23 900 t Kohlenstoffdioxid. Es gibt in der Atmosphäre keine Reaktionen, die zur Zerstörung von Schwefelhexafluorid führen, wenn man davon absieht, dass es in sehr großen Höhen oberhalb von 60 km durch besonders kurzwellige ultraviolette Strahlung gespalten wird. Man schätzt daher seine Lebensdauer in der Atmosphäre auf ungefähr 3 000 Jahre. Im Vergleich zu Kohlenstoffdioxid hat Schwefelhexafluorid nur einen Anteil von 1 % am Treibhauseffekt. Da es in zunehmendem Maße eingesetzt wird, muss aber die Emission von Schwefelhexafluorid durch geeignete Recycling-Verfahren minimiert werden.

Schwefelchloride und -bromide

Während Schwefel mit Fluor eine Reihe von Verbindungen bis hin zur Oxidationsstufe VI bildet, kennt man mit Chlor als Bindungspartner lediglich stabile Verbindungen in niedriger Oxidationsstufe. Leitet man gasförmiges Chlor durch geschmolzenen Schwefel, so bildet sich *Dischwefeldichlorid* (S_2Cl_2), eine toxische, gelbe Flüssigkeit mit einem unangenehmen Geruch.

$$2\ S(l) + Cl_2(g) \rightarrow S_2Cl_2(l)$$

Die Verbindung wird bei der *Vulkanisation* von Gummi eingesetzt, wobei Disulfid-Brücken zwischen den Kohlenstoffketten gebildet werden, die das Gummi stabiler machen. Die Struktur des Moleküls entspricht der des S_2F_2 (Abbildung 20.33); ein dem SSF_2 entsprechendes Isomeres existiert nicht. Reduziert man S_2Cl_2-Dampf mit Wasserstoff bei hohen Temperaturen, so erhält man ein Gemisch von Chlorsulfanen (S_nX_2) als ölige Flüssigkeit, in denen unterschiedlich lange Schwefelketten vorliegen, deren Enden durch die beiden Chlor-Atome abgesättigt sind.

Leitet man gasförmiges Chlor in Anwesenheit katalytischer Mengen an Iod durch Dischwefeldichlorid, so bildet sich *Schwefeldichlorid* (SCl_2), dessen Moleküle erwartungsgemäß gewinkelt sind:

$$S_2Cl_2(l) + Cl_2(g) \xrightarrow{I_2} 2\ SCl_2(l)$$

Man nutzt diese faulig riechende, rote Flüssigkeit zur Herstellung einer Vielzahl von schwefelhaltigen Verbindungen, unter anderem des berüchtigten *Senfgases* ($S(CH_2CH_2Cl)_2$), das durch folgende Reaktion gebildet wird:

$$SCl_2(l) + C_2H_4(g) \rightarrow S(CH_2CH_2Cl)_2(l)$$

Überraschenderweise ist keine bei Raumtemperatur stabile Schwefel/Chlor-Verbindung bekannt, die Schwefel in einer Oxidationsstufe höher als II enthält. Noch weniger stabil als die Schwefelchloride sind die Schwefelbromide. Am besten charakterisiert ist S_2Br_2; aber selbst diese Verbindung zerfällt beim Erwärmen leicht in die Elemente.

Senfgas (Lost) wurde im ersten Weltkrieg und auch in jüngerer Zeit vom Irak gegen die kurdische Bevölkerung als Kampfstoff eingesetzt. Flüssigkeitstropfen, die das Gas enthalten, führen zu Blasenbildung auf der Haut. Schwere Vergiftungen können tödlich verlaufen.

Thionyl- und Sulfurylhalogenide

Schwefel bildet zwei Reihen von Oxidhalogeniden, die *Thionylhalogenide* SOX$_2$ und die *Sulfurylhalogenide* SO$_2$X$_2$.

Sie leiten sich formal von der Schwefligen Säure bzw. der Schwefelsäure durch Ersatz der beiden OH-Gruppen durch Halogen-Atome ab; ihr Aufbau entspricht dem der zugrunde liegenden Säuren. Thionylchlorid und Sulfurylchlorid sind leicht flüchtige Flüssigkeiten von stechendem Geruch. Die wichtigste Thionylverbindung ist das *Thionylchlorid* (SOCl$_2$). Es reagiert heftig mit Wasser und eignet sich aus diesem Grunde auch dazu, Hydrate von Metallhalogeniden in die wasserfreien Verbindungen zu überführen:

$$\text{MgCl}_2 \cdot 6\,\text{H}_2\text{O(s)} + 6\,\text{SOCl}_2\text{(l)} \rightarrow \text{MgCl}_2\text{(s)} + 6\,\text{SO}_2\text{(g)} + 12\,\text{HCl(g)}$$

Pro Wasser-Molekül entstehen also ein Molekül Schwefeldioxid und zwei Moleküle Chlorwasserstoff. Diese Reaktionen sind in der Regel endotherm, laufen aber dennoch bereitwillig ab, weil durch die Vergrößerung der Teilchenzahl die Reaktionsentropie beträchtliche (positive) Zahlenwerte annehmen kann. Thionylchlorid kann aus Schwefeldioxid und Phosphor(V)-chlorid hergestellt werden:

$$\text{SO}_2\text{(g)} + \text{PCl}_5\text{(s)} \rightarrow \text{SOCl}_2\text{(l)} + \text{POCl}_3\text{(l)}$$

Sulfurylchlorid, das aus Schwefeldioxid und Chlor in Gegenwart eines Katalysators gewonnen werden kann, dient als Chlorierungsmittel in der organischen Chemie.

Bemerkenswerterweise sind unter den Oxidhalogeniden des Schwefels wiederum die Oxidiodide bislang unbekannt – ein weiteres Beispiel dafür, dass Schwefel mit Iod offenbar keine stabilen Bindungen ausbilden kann.

> Der Versuch, Hydrate von Metallchloriden einfach durch Erhitzen zu entwässern, scheitert häufig: Neben Wasser wird dann auch Chlorwasserstoff abgegeben, und man erhält schließlich Oxide oder Oxidchloride des betreffenden Metalls.

Schwefel/Stickstoff-Verbindungen

Es gibt eine Vielzahl von Schwefel/Stickstoff-Verbindungen. Einige von ihnen sind von Interesse, da ihre Strukturen und Bindungslängen nicht im Sinne der klassischen Bindungstheorien erklärt werden können. Das wichtigste Beispiel ist *Tetraschwefeltetranitrid* (S$_4$N$_4$). Im Gegensatz zur Ringstruktur des S$_8$-Schwefels hat Tetraschwefeltetranitrid eine geschlossene, korbartige Struktur mit Mehrfachbindungen innerhalb des „Rings" und schwächeren Bindungen zwischen den jeweils gegenüberliegenden Schwefel-Atomen (Abbildung 20.34).

Tetraschwefeltetranitrid zerfällt explosionsartig beim Erhitzen oder bei Schlageinwirkung. Dennoch ist es eine wichtige Ausgangsverbindung für die Synthese anderer Schwefel/Stickstoff-Verbindungen, zum Beispiel der *Thiazylhalogenide*. Die Umsetzung von S$_4$N$_4$ mit Quecksilber(II)-fluorid führt zu NSF:

$$\text{S}_4\text{N}_4\text{(solv)} + 4\,\text{HgF}_2\text{(s)} \xrightarrow{\text{CCl}_4} 4\,\text{NSF(solv)} + 2\,\text{Hg}_2\text{F}_2\text{(s)}$$

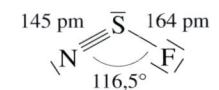

In diesem Molekül ist Schwefel das Zentralatom, es ist also kein Thioderivat des Nitrosylfluorids (FN=O), sondern ein *Thiazylfluorid*. Sein Aufbau ist in Abbildung 20.35 dargestellt.

Von noch größerem Interesse als S$_4$N$_4$ ist das Polymer (SN)$_x$, das üblicherweise *Polythiazyl* genannt wird. Ein Ausschnitt aus seiner kettenförmigen Struktur ist in Abbildung 20.36 wiedergegeben.

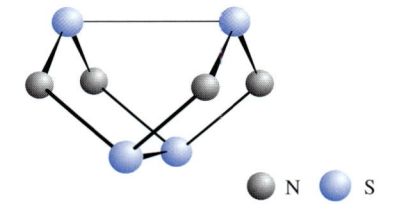

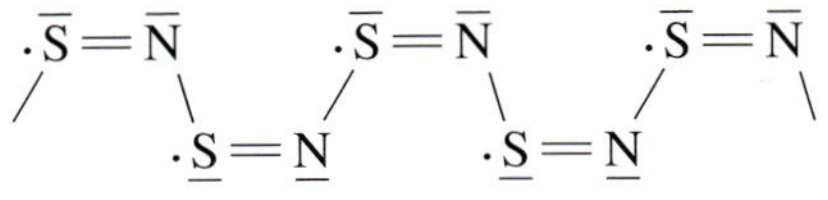

20.34 Das Tetraschwefeltetranitrid-Molekül.

20.35 Valenzstrichformel des Thiazylfluorid-Moleküls.

20.36 Ausschnitt aus der Kettenstruktur von Polythiazyl.

Diese bronzefarbene, metallisch aussehende Verbindung wurde erstmalig im Jahre 1910 synthetisiert. Man fand allerdings erst 50 Jahre später bei der Untersuchung ihrer Eigenschaften heraus, dass sie entlang der Faserachse, also nur in einer Raumrichtung, ein hervorragender elektrischer Leiter ist. Stoffe mit dieser ungewöhnlichen Eigenschaft – die gegenwärtig intensiv untersucht werden – nennt man *eindimensionale elektrische Leiter*. Zusätzlich wird die Verbindung bei extrem niedrigen Temperaturen (0,26 K) supraleitend.

20.10 Selen und Tellur

Die scheinbar so unbedeutenden Elemente Selen und Tellur spielen im täglichen Leben mittlerweile eine wichtige Rolle. Bis in die Sechzigerjahre des vorigen Jahrhunderts war die Verwendung als Glaszusatz der einzig wichtige Anwendungsbereich für Selenverbindungen. Der Zusatz von Cadmiumselenid (CdSe) zu einer Glasmischung führt zu einer rubinroten Färbung des Glases, die von Kunsthandwerkern sehr geschätzt wird.

Erst die Erfindung der **Xerografie** (griech. *xeros*, trocken; *graphein*, schreiben), des heute fast ausschließlich verwendeten Fotokopierverfahrens, machte das wenig beachtete Selen zu einem Element, das unser tägliches Leben stark beeinflusst. Die Xerographie basiert auf der *Photoleitfähigkeit* des Selens (sowie einer Selenverbindung): Der elektrische Widerstand einer dünnen (halbleitenden) Selenschicht verringert sich unter dem Einfluss von Licht, weil Elektronen durch diese Energiezufuhr vom Valenzband in das Leitfähigkeitsband angehoben werden und dadurch die elektrische Leitfähigkeit stark ansteigt. Das Herz eines jeden Fotokopierers ist eine Trommel, die mit einer etwa 50 µm dicken Schicht von Selen beschichtet ist. Die Oberfläche wird in einem elektrischen Feld auf ungefähr 10^5 V·cm^{-1} positiv aufgeladen. Auf diese Trommel wird durch eine optische Anordnung ein Bild der Vorlage projiziert. Die Bereiche, die einer hohen Lichtintensität ausgesetzt sind (entsprechend den weißen Bereiche des Bildes), verlieren dabei ihre Ladung.

Anschließend wird Tonerpulver (negativ aufgeladene, kugelrunde Partikel aus Ruß und Bindemitteln; Durchmesser ≈ 10 mm) auf die Trommel aufgebracht, das aber nur an den elektrisch aufgeladenen Stellen der Trommel (die den schwarzen Stellen des Bildes entsprechen) durch elektrostatische Anziehungskräfte haftet. Im nächsten Schritt wird der Toner durch einem Druckvorgang auf das Papier übertragen. Hier werden die Partikel durch Wärmeeinwirkung fest an die Papierfasern gebunden.

> Inzwischen hat sich herausgestellt, dass *Arsenselenid* (As$_2$Se$_3$) noch günstigere Eigenschaften aufweist als Selen. Bei neueren Kopiergeräten und Laserdruckern ist die Trommel deshalb mit diesem Photohalbleiter beschichtet.

Struktur der Elemente Man kennt heute sechs verschiedene Modifikationen des Selens, darunter drei verschiedene rote Formen, die analog zum Schwefel Se$_8$-Ringe enthalten. Diese zeigen nichtmetallisches Verhalten und sind in Kohlenstoffdisulfid löslich. Die handelsübliche Form des Selens, das schwarze Selen, ist glasartig, weist also keine geordnete Struktur auf. Es enthält verschieden große Ringe mit bis zu 1 000 Selen-Atomen, die unregelmäßig angeordnet sind. Erhitzt man rotes oder schwarzes Selen auf 100 °C, wandelt es sich in exothermer Reaktion in das thermodynamisch stabile graue Selen um, das in Kohlenstoffdisulfid unlöslich ist. Im grauen Selen bilden die Selen-Atome lange, parallel verlaufende Spiralen, in denen jedes Atom durch kovalente Bindungen an zwei Nachbaratome gebunden ist. Von Tellur kennt man nur eine Modifikation; sie ist isotyp zum grauen Selen, zeigt aber schon weitgehend metallische Eigenschaften.

Selenide Einige Selenide haben heute eine gewisse praktische Bedeutung erlangt. So ist *Cadmiumselenid* ein Halbleiter, der in **Photozellen** eingesetzt wird, da seine elektrische Leitfähigkeit durch Licht stark erhöht wird. Der Bandabstand bei den strukturell ähnlichen Halbleitern Zinksulfid, Zinkselenid und den entsprechenden Cadmiumverbindungen wird mit steigender Ordnungszahl des Anions geringer. Zinksulfid und -selenid sind isotyp und im festen Zustand lückenlos miteinander mischbar, das Sulfid-Anion kann also in beliebigem Umfang durch das Selenid ersetzt werden. Auf diese Weise lassen sich Halbleiter mit maßgeschneiderten elektrischen Eigenschaften herstellen. *Zinksulfidselenid* ($ZnS_{1-x}Se_x$) wird heute in großem Maße in Bewegungsmeldern eingesetzt, die Alarmanlagen und Beleuchtungsquellen einschalten oder elektrisch angetriebene Türen bei Annäherung automatisch öffnen.

Oxide und Oxosäuren

Dass Schwefel zu einem gasförmigen Produkt verbrennt, das aus SO_2-Molekülen besteht, ist keineswegs selbstverständlich, denn nach der Doppelbindungsregel sind keine besonders stabilen π-Bindungen zwischen Atomen der zweiten und der dritten Periode zu erwarten. Dies gilt umso mehr für das noch größere Selen-Atom. Das beim Verbrennen von Selen an Luft gebildete *Selendioxid* ist dementsprechend ein polymerer Feststoff. Er besteht aus unendlich langen, gewinkelten Ketten, in denen die Selen-Atome über Sauerstoffbrücken miteinander verknüpft sind (Abbildung 20.37).

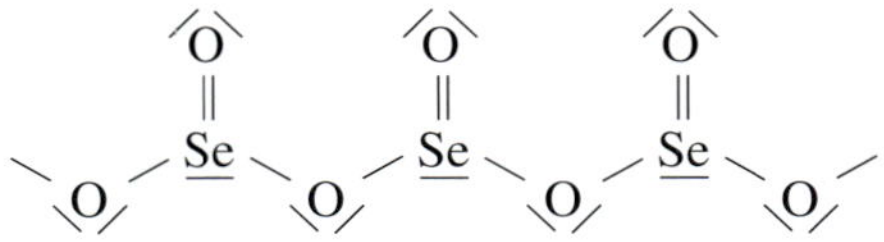

20.37 Im Gegensatz zu Schwefeldioxid ist Selendioxid polymer und hat eine Kettenstruktur.

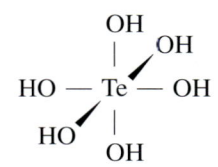

20.38 Aufbau von ortho-Tellursäure.

Selentrioxid ist – im Gegensatz zu Schwefeltrioxid – ein sehr starkes Oxidationsmittel. Die Reaktionsenthalpie für die Oxidation von Selendioxid zu Selentrioxid mit Sauerstoff ist – anders als bei Schwefel – positiv. Wie auch bei den Nachbarelementen Arsen und Brom ist die höchste Oxidationsstufe hier nur schwierig zu erhalten.

Das Redoxverhalten der von diesen Oxiden abgeleiteten Säuren, der *Selenigen Säure* H_2SeO_3, und der *Selensäure* H_2SeO_4, schließt sich an das Verhalten der Oxide an: Selenige Säure zeigt praktisch keine reduzierenden Eigenschaften; dementsprechend ist Selensäure ein sehr starkes Oxidationsmittel.

Auch vom Tellur kennt man ein Dioxid und ein Trioxid. *Tellursäure* mit Tellur in der Oxidationsstufe VI weist eine Besonderheit auf, die mit der Größe des Tellur-Atoms zusammenhängt: Im Unterschied zu den entsprechenden Säuren von Schwefel und Selen liegen oktaedrisch gebaute H_6TeO_6-Moleküle vor (Abbildung 20.38); aus diesem Grund wird sie *ortho*-Tellursäure genannt.

Hinweis: Dieser Aspekt ist in einem Exkurs im Rahmen von Kapitel 19 näher erläutert.

Im Vergleich zu der (hypothetischen) Tellursäure H_2TeO_4 ist die tatsächlich gebildete Tellur(VI)-Säure eine „wasserreichere" Verbindung, die *formal* durch die Addition von zwei H_2O-Molekülen an ein H_2TeO_4-Molekül gebildet werden könnte. In diesem Zusammenhang wird die wasserreichere Oxosäure traditionell als *Orthosäure* bezeichnet. Die wasserärmere Verbindung nennt man dann *Metasäure*. Ein bekanntes Beispiel bietet Phosphor in der Oxidationsstufe V: Orthophosphorsäure (H_3PO_4) und die – monomer nicht existenzfähige – Metaphosphorsäure („HPO_3").

Halogenide

Bei der Besprechung der Schwefelhalogenide wurde betont, dass Schwefeldichlorid (SCl_2) das „höchste" bei Raumtemperatur stabile Schwefelchlorid ist. Allgemein ist bei den Hauptgruppenelementen zu erwarten, dass die Stabilität höherer Oxidationsstufen mit steigender Ordnungszahl immer weiter abnimmt. Die Chloride der Elemente der Gruppe 16 erweisen sich jedoch als Ausnahme von dieser Regel: Die Tetrachloride von Selen und Tellur sind thermisch recht stabile Verbindungen, die sich erst im Dampf bei deutlich erhöhter Temperatur zu zersetzen beginnen.

Die *Fluoride* des Selens zeigen viele Ähnlichkeiten mit denen des Schwefels. Selbst das überwiegend metallische Tellur schließt sich bezüglich der Eigenschaften seiner Fluoride in vieler Hinsicht an die Fluoride des Nichtmetalls Schwefel an.

Bemerkenswerterweise bildet Tellur – im Gegensatz zu Schwefel und Selen – eine Reihe von binären Iodiden, unter anderem ein Tellur(IV)-iodid.

Anders als beim Schwefel neigen einige Selen- und Tellurhalogenide zur Bildung von komplexen Anionen. So lassen sich zum Beispiel aus den Tetrachloriden und den Halogenwasserstoffsäuren problemlos Verbindungen mit den Anionen SeX_6^{2-} bzw. TeX_6^{2-} (X = Cl, Br, I) synthetisieren.

20.11 Biologische Aspekte

Sauerstoff

Wir können tagelang ohne Nahrung auskommen und je nach Temperatur stunden- oder tagelang ohne Flüssigkeit. Ohne Sauerstoff jedoch endet das Leben ziemlich schnell. Pro Tag atmen wir ungefähr 10 000 Liter Luft und absorbieren daraus in der Lunge ungefähr 500 Liter Sauerstoff. Chemisch gebunden und transportiert wird der Sauerstoff mithilfe des roten Blutfarbstoffs *Hämoglobin*, der pro Molekül vier Eisen(II)-Ionen enthält. Jedes Eisen(II)-Ion im Hämoglobin bildet dabei eine schwache kovalente Bindung zu einem O_2-Molekül. Der Aufnahmeprozess ist verblüffend: Sobald ein erstes Sauerstoff-Molekül gebunden wurde, ist die Aufnahme der weiteren Sauerstoff-Moleküle erleichtert. Dieser als *Kooperativität* bezeichnete Effekt steht in deutlichem Gegensatz zu den uns aus dem Labor vertrauten chemischen Gleichgewichten, in denen die nachfolgenden Reaktionsschritte weniger günstig sind.

Hämoglobin transportiert den Sauerstoff zu den Muskeln und anderen energieverbrauchenden Geweben, wo er an das Myoglobin weitergegeben wird. Jedes Myoglobin-Molekül (das einem Teil des Hämoglobins ähnelt) enthält *ein* Eisen-Ion, über das der Sauerstoff noch fester gebunden wird als im Hämoglobin. Sobald das erste Sauerstoff-Molekül aus einem Hämoglobin-Molekül entfernt ist, tritt wieder ein kooperativer Effekt ein, der in diesem Fall die Abgabe der weiteren Sauerstoff-Moleküle erleichtert. Myoglobin speichert den Sauerstoff, bis er für die Energie spendenden Redoxreaktionen mit Zuckern benötigt wird, ohne die unser Körper nicht überleben kann.

Schwefel

Der Großteil aller einfachen Molekülverbindungen mit Schwefel in der Oxidationsstufe –II hat einen widerlichen Geruch. Beispiele sind die geruchsaktiven Verbindungen beim Stinktier sowie in Knoblauch und Zwiebeln. Das *Guinness Buch der Rekorde* stuft Ethanthiol (CH_3CH_2SH) als die übelriechendste Substanz der Welt ein. Richtig genutzt kann diese Verbindung aber Leben retten: In Spuren setzt man sie dem Erdgas zu, sodass ausströmendes Gas bemerkt wird. Der menschliche Geruchssinn erkennt bereits Konzentrationen im Bereich von 50 ppb.

EXKURS

Das Haar und die Disulfid-Bindungen

Haare bestehen aus Aminosäurepolymeren, den Proteinen, die über Disulfid-Einheiten miteinander vernetzt sind. In den Dreißigerjahren des vorigen Jahrhunderts demonstrierten Wissenschaftler am Rockefeller Institute, dass diese Bindungen unter leicht alkalischen Bedingungen durch Sulfide oder Moleküle, die eine -SH-Gruppe enthalten, gebrochen werden können. Diese Entdeckung erwies sich als Schlüssel zur heutigen Methode, Haarformen „dauerhaft" zu verändern – von lockig zu glatt oder umgekehrt.

Das Haar wird dabei mit einer Thioglykolat-Ionen ($HSCH_2COO^-$) enthaltenden Lösung behandelt, wodurch die -S–S-Brückenbindungen zu -SH-Gruppen reduziert werden:

$$2\ HSCH_2COO^-(aq) + (Protein)\text{-}S\text{–}S\text{-}(Protein) \rightarrow [SCH_2COO^-]_2(aq) + 2\ HS\text{-}(Protein)$$

Indem man die Haare mechanisch wellt oder glatt zieht, nehmen die Proteinketten eine neue Position zu ihren Nachbarn ein. Anschließend trägt man eine Wasserstoffperoxid-Lösung auf, welche die -SH-Gruppen oxidiert, sodass sich wieder -S–S-Brückenbindungen bilden, die das Haar in seiner neuen Form fixieren:

$$2\ \text{-}HS\text{-}(Protein) + H_2O_2(aq) \rightarrow (Protein)\text{-}S\text{–}S\text{-}(Protein) + 2\ H_2O(l)$$

Die lebenswichtigen Aminosäuren Cystein und Methionin enthalten Schwefel, ebenso Vitamin B$_1$ (Thiamin) und das Coenzym Biotin. Auch bei vielen unserer Antibiotika (Penicillin, Cephalosporin) und Sulfonamide handelt es sich um schwefelhaltige Substanzen. Einige der natürlich vorkommenden schwefelhaltigen Moleküle haben recht bizarre chemische Strukturen. So enthält zum Beispiel der in Abbildung 20.39 dargestellte Tränenreizstoff der Zwiebel die ungewöhnliche C-S-O-Gruppe.

20.39 Struktur des Moleküls, das für die Augenreizung beim Schneiden von Zwiebeln verantwortlich ist.

Selen

Selenhaltige Enzyme und Aminosäuren (z.B. Selenomethionin) sind essentiell für unsere Gesundheit. So konnten beispielsweise Störungen der Knochenbildung und eine in Zentralchina häufige Herzerkrankung (Keshan-Krankheit) auf einen Selenmangel zurückgeführt werden. Ursache ist der geringe Selengehalt der Nutzpflanzen aufgrund selenarmer Böden. Eine Aufgabe der Selenverbindungen besteht darin, die Sauerstoff/Sauerstoff-Bindung in Peroxiden aufzubrechen, die sonst das Zytoplasma der Zellen schädigen würden. Unglücklicherweise zeigt dieses Element nur einen sehr geringen Toleranzbereich bezüglich der benötigten Menge: Mangelerscheinungen treten bei Konzentrationen unterhalb von $0{,}05\ \text{mg}\cdot\text{kg}^{-1}$ in der Nahrung auf, Konzentrationen über $5\ \text{mg}\cdot\text{kg}^{-1}$ verursachen hingegen bereits chronische Vergiftungen.

20.12 Die wichtigsten Reaktionen im Überblick

Die Schemata beschränken sich auf die Chemie der Schlüsselelemente aus der Gruppe der Chalkogene: Sauerstoff und Schwefel.

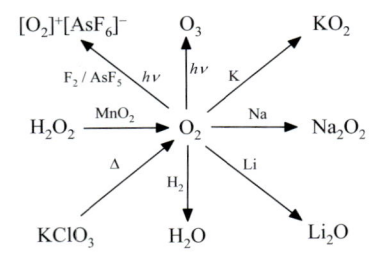

ÜBUNGEN

20.1 Stellen Sie vollständige Reaktionsgleichungen für die folgenden chemischen Umsetzungen auf:
a) Verbrennung von Eisenwolle in Sauerstoff,
b) festes Bariumsulfid mit Ozon,
c) festes Bariumperoxid mit Wasser,
d) Kalilauge mit Kohlenstoffdioxid,
e) Natriumsulfid-Lösung mit verdünnter Schwefelsäure,
f) Natriumsulfit-Lösung mit Schwefelsäure,
g) Natriumsulfit-Lösung mit Schwefel,
h) Erhitzen von Kaliumchlorat,
i) Eisen(II)-oxid mit verdünnter Salzsäure,
j) Eisen(II)-chlorid-Lösung mit Natronlauge,
k) Dihydrogenoctasulfid mit Octaschwefeldichlorid (in Diethylether),
l) Erhitzen von Natriumsulfat mit Kohlenstoff,
m) Schwefeltrioxid mit wasserfreier Schwefelsäure,
n) Peroxodisulfat-Ionen mit Sulfid-Ionen.

20.2 Erläutern Sie die wichtigsten Unterschiede zwischen Sauerstoff und den anderen Elementen der Gruppe 16.

20.3 Definieren Sie folgende Begriffe: (a) pyrophor, (b) Polymorphie, (c) Kooperativität, (e) Vulkanisation.

20.4 Warum unterscheidet sich die Zusammensetzung der Erdatmosphäre von der Atmosphäre der Venus?

20.5 Wasser aus Flüssen und Seen wird häufig in Kraftwerken als Kühlwasser eingesetzt. Warum stellt dies eine potentielle Gefahr für die Natur dar?

20.6 Sauerstoff bildet ein zweiatomiges Kation: O_2^+. Die Bindungslänge in diesem Ion ist mit 112 pm kürzer als im O_2-Molekül (121 pm). Bestimmen Sie mit Hilfe eines MO-Diagramms die Bindungsordnung und die Anzahl ungepaarter Elektronen im O_2^+-Ion. Stimmt die Bindungsordnung mit ihren Erwartungen aufgrund der Bindungslänge überein?

20.7 Würden Sie erwarten, dass der Br/O/Br-Bindungswinkel eher größer oder kleiner als der Cl/O/Cl-Bindungswinkel im Dichloroxid ist? Begründen Sie ihre Aussage.

20.8 Osmium bildet Osmium(VIII)-oxid (OsO_4). Das Fluorid mit Osmium in der höchsten Oxidationsstufe ist dagegen Osmium(VI)-fluorid (OsF_6). Schlagen Sie eine Erklärung vor.

20.9 Schlagen Sie eine Struktur für das O_2F_2 Molekül vor; begründen Sie ihre Entscheidung. Geben Sie die Oxidationsstufe von Sauerstoff in dieser Verbindung an und kommentieren Sie diese.

20.10 Das Mineral Thortveitit, $Sc_2Si_2O_7$, enthält das $[O_3Si-O-SiO_3]^{6-}$-Ion. Der Si/O/Si-Bindungswinkel in diesem Ion beträgt 180°. Erläutern Sie diesen ungewöhnlichen Sachverhalt.

20.11 Warum ist die Verbindung $F_3C-O-O-O-CF_3$ für die Chemie des Sauerstoffs eher ungewöhnlich?

20.12 Barium bildet ein Schwefelverbindung der Zusammensetzung BaS_2. Schlagen Sie eine Struktur der Verbindung vor. Welche Oxidationstufen haben Barium und Schwefel in dieser Verbindung? Warum existieren keine ähnlichen Verbindungen mit anderen Erdalkalimetallen?

20.13 Zeichnen Sie die Strukturen der folgenden Moleküle und Ionen: a) H_2SO_4, b) SF_5^-, c) SF_4, d) SOF_4, e) $S_2O_3^{2-}$, f) $H_2S_2O_7$, g) $H_2S_2O_8$, h) SO_2Cl_2.

20.14 Schlagen Sie eine Struktur für das $S_4(NH)_4$-Molekül vor. Begründen Sie Ihre Entscheidung.

20.15 Welches sind die Gefahren, die von Ozon (a), dem Hydroxid-Ion (b), Schwefelwasserstoff (c) ausgehen?

20.16 Beschreiben Sie mithilfe einer Reaktionsgleichung, warum „Kalkmilch" als Wandfarbe geeignet ist.

20.17 Obwohl Schwefel zur Kettenbildung neigt, bildet er bei weitem nicht so viele Verbindungen wie Kohlenstoff. Erläutern Sie dies.

20.18 Beschreiben Sie die Veränderungen, die im Cyclooctaschwefel auftreten, wenn er erhitzt wird. Erklären Sie Ihre Beobachtungen mithilfe der Veränderungen der molekularen Strukturen, die dabei auftreten.

20.19 Nennen Sie die wesentlichen Schritte des Frasch-Verfahrens und des Claus-Prozesses.

20.20 Der Bindungswinkel in Tellurwasserstoff, H_2Te, beträgt 89,5°, der in Wasser 104,5°. Schlagen Sie eine Erklärung vor.

20.21 Nennen Sie die fünf unterschiedlichen Reaktionsweisen von Schwefelsäure.

20.22 Warum muss die Bildung von Schwefeltrioxid aus Schwefeldioxid eine exotherme Reaktion sein?

20.23 Schlagen Sie zwei alternative Erklärungen vor, warum Tellursäure die Formel H_6TeO_6 hat, anstatt H_2TeO_4 analog zu Schwefelsäure und Selensäure.

20.24 Warum benutzt man Metallsulfate so häufig in der Chemie?

20.25 Geben Sie Nachweisreaktionen für Schwefelwasserstoff (a) und das Sulfat-Ion (b) an.

20.26 Welches sind die wichtigsten Anwendungen für Schwefelhexafluorid (a) und für Natriumthiosulfat (b)?

20.27 Was würde auf unserer Erde geschehen, wenn es plötzlich keine Wasserstoffbrückenbindungen mehr zwischen den Wasser-Molekülen gäbe?

20.28 „Selen ist lebensnotwendig und giftig." Erläutern Sie diese Aussage.

20.29 S_2F_{10} ist ein ungewöhnliches Schwefelfluorid. Es besteht aus zwei SF_5-Einheiten, die über eine Schwefel/Schwefel-Bindung verknüpft sind. Bestimmen Sie die Oxidationsstufe der Schwefel-Atome. Formulieren Sie eine Reaktionsgleichungen für den Zerfall der Verbindung und erklären Sie, warum die Reaktion abläuft.

20.30 Bestimmen Sie mithilfe eines qualitativen MO-Diagramms die Bindungsordnung im Hydroxyl-Radikal.

20.31 Eine wichtige Reaktion in der Photochemie der Luftschadstoffe ist die folgende:

$$NO_2(g) \xrightarrow{h \cdot \nu} NO(g) + O(g)$$

Durch Bildung reaktiven atomaren Sauerstoffs wird ein Großteil der chemischen Kreisläufe in der Atmosphäre in Gang gesetzt.
Berechnen Sie die Energie, die für die Spaltung des NO_2-Moleküls nötig ist, und daraus die Wellenlänge des Lichts, durch welches der Prozess noch in Gang gesetzt werden könnte. Zeigen Sie weiterhin, dass die analoge Reaktion

$$CO_2(g) \xrightarrow{h \cdot \nu} CO(g) + O(g)$$

mit Hinsicht auf die dazu benötigte Wellenlänge nicht ablaufen kann.

20.32 Zeichnen Sie zwei mögliche Lewis-Formeln für das $SOCl_2$-Molekül. Entscheiden Sie auf der Basis der Formalladungen, welche die wahrscheinlichere ist. Schätzen Sie die Bindungswinkel ab.

20.33 Schwefeldioxid ist einer der Hauptverursacher von saurem Regen. Man kann die SO_2-Emission von Kohlekraftwerken vermindern, indem man der schwefelhaltigen Kohle Calciumcarbonat zusetzt. Stellen Sie eine vollständige Reaktionsgleichung für die Reaktion auf. Welche Masse an Calciumcarbonat würde benötigt, um das aus 1000 Tonnen Kohle mit einem Schwefelanteil von 3 % entstehende Schwefeldioxid zu binden?

20.34 Die Teilreaktion für die Reduktion von Sauerstoff zu Wasser lautet:

$$O_2(g) + 4\,H^+(aq) + 4\,e^- \rightarrow 2\,H_2O(l)$$

Berechnen Sie das Elektrodenpotential für die normalen atmosphärischen Bedingungen ($p(O_2) = 20$ kPa; pH = 7) ausgehend von $E^0 = 1{,}23$ V.

20.35 Bestimmen Sie die Stoffe A–J und stellen Sie Reaktionsgleichungen für die folgenden Reaktionen auf.

a) Ein Metall A reagiert mit Wasser zu einer farblosen Lösung von B und einem farblosen Gas C. Eine gebräuchliche zweiprotonige Säure D wird zu B hinzugegeben, worauf sich ein dichter weißer Niederschlag E ergibt.
b) Eine Lösung von F zersetzt sich langsam zu einer Flüssigkeit G und einem farblosen Gas H. Gas H reagiert mit dem farblosen Gas C zur Flüssigkeit G.
c) Unter bestimmten Bedingungen reagiert das farblose, saure Gas I mit dem Gas H zu einem weißen Feststoff J. Die Zugabe von G zu J führt zu einer Lösung der Säure D.

20.36 Stellen Sie eine Reaktionsgleichung für die Reaktion von reiner, flüssiger Schwefelsäure mit reiner, flüssiger Perchlorsäure (einer stärkeren Säure) auf.

Die Halogene verhalten sich in ihrer Eigenschaft, pro Atom ein Elektron aufzunehmen, invers zu den Alkalimetallen. Wir haben mit der Gruppe der reaktivsten Metalle begonnen und schließlich die Gruppe der reaktivsten Nichtmetalle erreicht. Während die Reaktivität der Alkalimetalle mit steigender Ordnungszahl zunimmt, nimmt sie bei den Halogenen von oben nach unten hin ab.

Die Elemente der Gruppe 17: Die Halogene

21

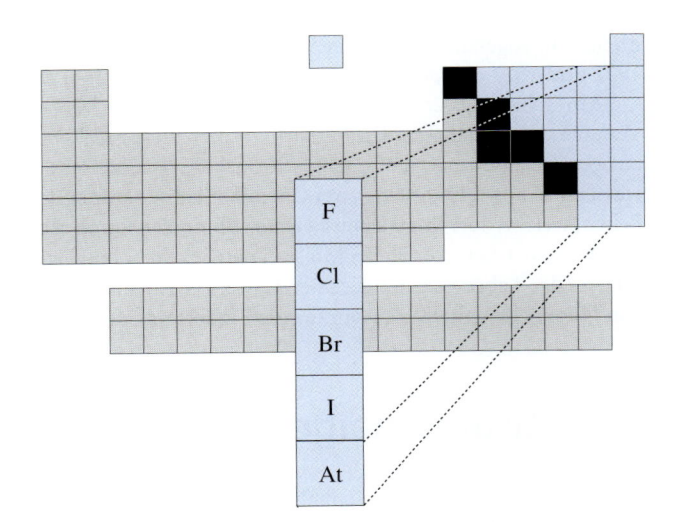

Kapitelübersicht

21.1 Gruppeneigenschaften
Exkurs: Chemie im Schwimmbad

21.2 Gewinnung und Verwendung der Halogene
Exkurs: Fluor – Element der extremen Möglichkeiten

21.3 Halogenwasserstoffe und Halogenide

21.4 Sauerstoffsäuren der Halogene und ihre Salze
Exkurs: Die Entdeckung des Perbromat-Ions

21.5 Halogenoxide

21.6 Interhalogenverbindungen, Polyhalogenid-Anionen und Halogen-Kationen

21.7 Biologische Aspekte

21.8 Die wichtigsten Reaktionen im Überblick

Carl Wilhelm **Scheele**, schwedischer Apotheker und Privatgelehrter, 1742–1786.

Bernard **Courtois**, franz. Chemiker, 1777–1838; ab 1801 Assistent in Paris.

Antoine Jerome **Balard**, französischer Apotheker und Chemiker, 1802–1876; Professor in Montpelier und Paris.

Ferdinand Frédéric Henri **Moissan**, französischer Chemiker, 1852–1907; Professor in Paris.

Zur Herkunft der Elementnamen
Fluor: nach der Eigenschaft des Minerals Flussspat (CaF_2) das Schmelzen von Erzen zu erleichtern (lat. *fluere*, fließen).
Chlor: nach der gelbgrünen Farbe des Gases (griech. *chloros*, gelbgrün).
Brom: nach dem unangenehmen Geruch (griech. *bromos*, Gestank).
Iod: nach der violetten Farbe des Dampfes (griech. *ioeides*, veilchenfarbig).

Die Gruppenbezeichnung *Halogene* bedeutet so viel wie „Salzbildner" (griech. *hals*, Salz; *gennan*, erzeugen). Sie bezieht sich also auf eine der wichtigsten Reaktionen: Mit Metallen reagieren Halogene unter Bildung salzartiger Stoffe, in denen edelgaskonfigurierte Halogenid-Ionen vorliegen: F^-, Cl^-, Br^-, I^-.

Die wichtigste Vorbeugungsmaßnahme gegen Kropf ist heute die Verwendung von „iodiertem Speisesalz", das meist kurz als *Iodsalz* bezeichnet wird. Es enthält ein wenig Kaliumiodat ($w(KIO_3) \approx 0{,}0025\ \%$).

Hinweis: Das Zustandsdiagramm von Iod ist maßstabsgerecht in Abschnitt 8.5 (Abbildung 8.14) dargestellt.

Astat ist das seltenste natürlich vorkommende Element. Man schätzt, dass in der obersten, 1 km dicken Schicht der Erdkruste insgesamt nur 44 mg Astat enthalten sind. Im Vergleich dazu ist selbst Francium (15 g) noch relativ häufig, erst recht Polonium (2500 t) oder Actinium (7000 t).

Jede Entdeckung eines neuen Halogens bedeutete einen enormen Fortschritt in der Chemie. So glaubten die Chemiker im ausgehenden 18. Jahrhundert beispielsweise, dass alle Säuren Sauerstoff enthielten. Dementsprechend sollte auch Salzsäure Sauerstoff enthalten. Als Scheele im Jahre 1774 ein neues, gelbgrünes Gas aus Salzsäure herstellte, behaupteten Lavoisier und viele andere Chemiker, die Substanz sei einfach eine neue Verbindung, die noch mehr Sauerstoff als Salzsäure selbst enthalte. Diese falsche Vorstellung hielt sich bis zum Jahre 1810, als Davy zeigte, dass das gelbgrüne Gas tatsächlich ein neues Element war, für das er 1811 den Namen Chlor vorschlug. Ganz nebenbei warf er damit auch die erste Definition von Säuren über den Haufen.

Die Entdeckung von *Iod* fand in einem Bereich statt, den man heute als Naturstoffchemie bezeichnen würde: 1811 erhielt Courtois das neue Element bei der Untersuchung von Seetangasche: Bei der Umsetzung mit konzentrierter Schwefelsäure bildete sich ein violetter Dampf, der zu schwarzvioletten Kristallen kondensierte. Bereits seit langer Zeit war in China bekannt, dass Verbrennungsrückstände von Meeresschwämmen ein wirksames Medikament gegen Kropferkrankungen sind. Französische Ärzte wollten schließlich herausfinden, welcher Inhaltsstoff der Schwämme die Heilung bewirkte, zumal die Schwämme selbst als Nebenwirkung schwere Magenkrämpfe hervorrufen konnten. Im Jahre 1819 konnte der französische Chemiker J. F. Coindet zeigen, dass der wirksame Bestandteil Iod enthielt und dass Kaliumiodid die gleiche heilende Wirkung – jedoch ohne Nebenwirkungen – aufweist.

Als nächstes Halogen wurde von Balard 1826 das *Brom* entdeckt. Mit dieser Entdeckung zeigte sich, dass drei Elemente – Chlor, Brom und Iod – sehr ähnliche Eigenschaften besitzen. Dies war einer der ersten Hinweise darauf, dass die Eigenschaften der Elemente einer bestimmten Systematik unterliegen. Die Zusammenfassung von drei Elementen in sogenannten „Triaden" durch den deutschen Chemiker Döbereiner zwischen 1827 und 1829 war der erste Schritt zum Periodensystem der chemischen Elemente.

Am schwierigsten war *Fluor* herzustellen. Viele vergebliche Versuche wurden im Verlaufe des 19. Jahrhunderts unternommen, dieses reaktive Element aus seinen Verbindungen freizusetzen. Häufig ging man dabei von dem sehr giftigen und ätzenden Fluorwasserstoff aus. Mindestens zwei Chemiker kamen durch das Einatmen der Dämpfe ums Leben, viele weitere litten lebenslang an Schmerzen durch schwer geschädigte Lungen. Der französische Chemiker Henri Moissan entwickelte schließlich 1886 zusammen mit Léonie Lugan (der Laborassistentin seiner Gattin) einen Elektrolyseapparat für die Darstellung von Fluor. 1906 erhielt Moissan für die Entdeckung des Elements Fluor den Nobelpreis.

21.1 Gruppeneigenschaften

Sämtliche Halogene sind leicht flüchtige Stoffe, die aus zweiatomigen Molekülen (mit einer X–X-Einfachbindung) bestehen.

So ist *Fluor* (F_2) bei Normalbedingungen in Schichtdicken von einigen Zentimetern ein farbloses Gas, erst bei einer Schichtdicke von einem Meter erscheint es gelb. *Chlor* (Cl_2) ist ein gelbgrünes Gas, *Brom* (Br_2) eine braune Flüssigkeit hoher Dichte. *Iod* (I_2) ist ein schwarzer, metallisch glänzender Feststoff. Erwärmt man Iodkristalle ein wenig, so bildet sich ein charakteristisch violetter Dampf.

Tabelle 21.1 zeigt eine Übersicht über die Eigenschaften der Halogene.

Der Dampfdruck von Brom ist bereits bei Raumtemperatur so hoch, dass sich über der Flüssigkeit eine deutlich sichtbare rotbraune Gasphase befindet. Da Bromdämpfe toxisch sind, darf Brom nur unter dem Abzug umgefüllt werden.

Das schwerste Element der Gruppe ist *Astat*. Da ausschließlich radioaktive Isotope mit kurzen Halbwertszeiten auftreten, soll seine Chemie hier nicht behandelt werden. Alle Halogene haben ungerade Ordnungszahlen. Man erwartet daher, wie bereits in Abschnitt 3.2 besprochen, dass sie nur wenige natürlich vorkommende Isotope haben.

Tabelle 21.1 Übersicht über die Eigenschaften der Halogene

	Fluor (F_2)	Chlor (Cl_2)	Brom (Br_2)	Iod (I_2)
Farbe: kondensierte Phase	schwach gelb	gelbgrün	rotbraun	schwarz glänzend
Farbe: Gasphase	fast farblos	gelbgrün	rotbraun	violett
Schmelztemperatur (°C)	−220	−101	−7	114
Siedetemperatur (°C)	−188	−34	59	184
X/X-Bindungsenthalpie (kJ · mol^{-1})	159	243	193	151
X/X-Bindungslänge (pm)	143	199	228	266
Van-der-Waals-Radius von X (pm)	≈150	≈180	≈190	≈200
Ionenradius von X$^-$ (bei KZ 6) (pm)	119	167	182	206
Ionisierungsenthalpie von X(g) (kJ · mol^{-1})	1687	1257	1146	1015
Elektronenaffinität von X(g) (kJ · mol^{-1})	−334	−355	−331	−301
Elektronegativität (nach Pauling)	4,0	3,2	3,0	2,7
E^0(½X_2/X^-) (V)	2,85	1,36	1,09	0,62
Häufigkeit (Massenanteil an der Erdkruste in %)	0,054	0,013 *	2,5 · 10^{-4}	4,6 · 10^{-5}

* einschließlich der Meere: 0,19 %

Vorkommen In der Erdkruste ist unter den Halogenid-Ionen das Fluorid am weitesten verbreitet, es spielt in geologischen Prozessen bei der hydrothermalen Gesteinsbildung in Tiefen bis zu 6 km eine wichtige Rolle. So haben Fluorid-Ionen mit den Ionen anderer häufig vorkommender Elemente Lagerstätten mit schwerlöslichen Fluorid-Mineralien gebildet: Flussspat (CaF_2), Apatit ($Ca_5(PO_4)_3(OH, F)$) und Kryolith ($Na_3[AlF_6]$). Die anderen Halogenid-Ionen liegen hingegen überwiegend in gelöster Form im Meerwasser vor (durchschnittlich 2 % Cl^-, 0,007 % Br^-). Durch Eintrocknung von Meeren haben sich Salzlagerstätten gebildet. Die häufigsten Mineralien dieser *Sekundärlagerstätten* sind: *Steinsalz* (NaCl), *Sylvin* (KCl), *Carnallit* ($KMgCl_3 · 6 H_2O$) und *Bromcarnallit* ($KMg(Cl, Br)_3 · 6 H_2O$). *Sylvinit* ist ein Salzgestein aus NaCl und KCl.
Höhere Gehalte an Iod kommen im Chilesalpeter ($NaNO_3$) als *Lautarit* ($Ca(IO_3)_2$) vor. Im Meerwasser vorhandenes Iodid ist in Algen und Schwämmen angereichert.

Tatsächlich haben Fluor und Iod nur ein Isotop, Chlor hat zwei Isotope (^{35}Cl: 75,4 %, ^{37}Cl: 24,6 %) und Brom ebenfalls zwei (^{79}Br: 50,7 %, ^{81}Br: 49,3 %).

Mit steigender Atommasse nehmen bei den – aus zweiatomigen Molekülen bestehenden – Halogenen Schmelz- und Siedetemperatur zu und die Farbe vertieft sich. Auch die Bindungslängen der X/X-Einfachbindung nehmen mit wachsender Ordnungszahl zu. Die Elektronegativitäten und die Elektrodenpotentiale (E^0(½X_2/X^-)) der Halogene nehmen mit steigender Atommasse ab. Die Bindungsenthalpie der X_2-Moleküle und der Betrag der Elektronenaffinität der Halogen-Atome durchlaufen beim Chlor ein Maximum. Das ist ein Hinweis darauf, dass zwei gegenläufige Effekte abgewogen werden müssen:

- Die Elektronenaffinität ist die Energieänderung, die mit der Aufnahme eines Elektrons durch ein Teilchen (in der Gasphase) verbunden ist. Bei allen Halogen-Atomen wird hier Energie frei. Man könnte vermuten, dass diese Energie bei dem kleinen Fluor-Atom besonders groß ist und dann zum Iod hin stetig abnimmt.
- Andererseits stoßen sich die acht Valenzelektronen innerhalb der Elektronenhülle der Halogenid-Ionen stärker ab als die sieben in den Halogen-Atomen. Diese Abstoßungsenergie hängt vom Abstand der Elektronen und damit vom Volumen des Ions ab; sie ist also bei Fluorid am größten und bei Iodid am geringsten.

Die Überlagerung der beiden Effekte führt schließlich dazu, dass das Chlor-Atom die größte Elektronenaffinität aufweist. Die unerwartet niedrige Bindungsenergie im F_2-Molekül lässt sich folgendermaßen erklären: Aufgrund des geringen Bindungsabstands kommen sich die Elektronenpaare der beiden Fluor-Atome sehr nahe. Das führt zu einem Abstoßungseffekt, der die Bindung schwächt. Die schwache F/F-Bindung erklärt auch zum Teil die hohe Reaktivität von Fluor.

Bedingt durch die hohe Elektronegativität des Fluor-Atoms bildet HF die stärksten *Wasserstoffbrückenbindungen* aus. Abgesehen von dem großen Einfluss auf die Schmelz-

Wie auch für die anderen Elemente der zweiten Periode gilt für Fluor die Oktettregel. Daher bildet Fluor vorwiegend nur *eine* kovalente Bindung aus. Eine der wenigen Ausnahmen ist das H_2F^+-Ion, das durch die Protonierung von HF durch Supersäuren entsteht.

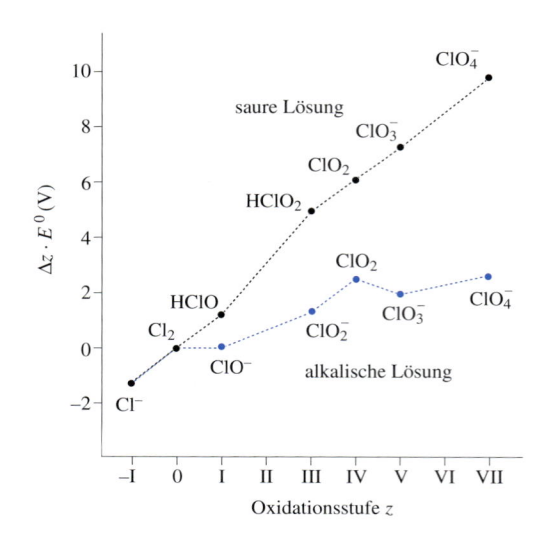

21.1 Frost-Diagramm für Chlor in saurer und in alkalischer Lösung.

und Siedetemperatur des Fluorwasserstoffs führt die Wasserstoffbrückenbindung zur Bildung des Anions $[HF_2]^-$.

Da das Fluorid-Ion sehr viel kleiner ist als die anderen Halogenid-Ionen, unterscheiden sich die *Löslichkeiten* der Metallfluoride von denen der anderen Halogenide. Silberfluorid ist beispielsweise recht gut löslich, während die anderen Silberhalogenide schwer löslich sind, was auf einen nennenswerten Anteil an kovalenter Bindung zurückzuführen ist. Umgekehrt ist Calciumfluorid schwer löslich, während die anderen Calciumhalogenide gut löslich sind: Bei dem kleinen Calcium-Ion mit hoher Ladungsdichte erreicht die Gitterenergie im Calciumfluorid mit dem kleinen Fluorid-Ion als Anion ein Maximum.

Redoxverhalten der Halogene im Überblick Fluor kommt ausschließlich in der Oxidationsstufe –I vor, die anderen Halogene hingegen können Oxidationsstufen zwischen –I und VII annehmen. Je höher die Oxidationsstufe des Halogens ist, desto stärker ist seine oxidierende Wirkung, was auch dem Frost-Diagramm in Abbildung 21.1 zu entnehmen ist.

Unabhängig davon, welche positive Oxidationsstufe ein Halogen-Atom aufweist, ist es in saurer Lösung immer stärker oxidierend als in alkalischer Lösung. Für Chlor wird aus dem Diagramm deutlich, dass das Chlorid-Ion die stabilste Chlorspezies ist, denn das Chlor-Molekül kann sowohl in saurer als auch alkalischer Lösung zum Chlorid-Ion reduziert werden. Die Lage des elementaren Chlors im Frost-Diagramm zeigt, dass es in alkalischer Lösung in Chlorid- und Hypochlorit-Ionen disproportioniert. Entsprechendes gilt auch für die schweren Halogene:

$$2\,OH^-(aq) + X_2(aq) \rightarrow XO^-(aq) + X^-(aq) + H_2O(l), \quad X = Cl, Br, I$$

Chlorwasser, Bromwasser und Iodwasser Die Disproportionierungsreaktion macht sich auch in den traditionell als *Chlorwasser*, *Bromwasser* und *Iodwasser* bezeichneten wässerigen Lösungen der Halogene bemerkbar. Aufgrund der folgenden Gleichgewichtsreaktion enthalten die Lösungen neben Halogenmolekülen auch die Ionen der entsprechenden Halogenwasserstoffsäure HX(aq) und Moleküle der Hypohalogenigen Säure HXO:

$$X_2(aq) + H_2O(l) \rightleftharpoons H^+(aq) + X^-(aq) + HXO(aq), \quad X = Cl, Br, I$$

In einer gesättigten Lösung von Chlor in Wasser liegen bei Raumtemperatur ungefähr zwei Drittel des Chlors als Chlor-Moleküle vor, ein Drittel ist zu Chlorwasserstoffsäure und Hypochloriger Säure disproportioniert (Tabelle 21.2).

Die Bleichwirkung von „Chlor" in wässerigen Lösungen ist im Wesentlichen auf die Oxidationswirkung von HClO(aq) und ClO⁻(aq) zurückzuführen.

Tabelle 21.2 Halogene in gesättigten wässerigen Lösungen (Konzentration bei 25 °C in mol · l^{-1})

	Chlor	Brom	Iod
Gesamtkonzentration	0,091	0,214	0,0013
$c(X_2(aq))$	0,061	0,212	0,0013
$c(HXO(aq))$	0,030	$2 \cdot 10^{-3}$	$6 \cdot 10^{-6}$
$c(H^+(aq)) = c(X^-(aq))$	0,030	$2 \cdot 10^{-3}$	$6 \cdot 10^{-6}$

Wie die Gleichgewichtskonzentrationen in Tabelle 21.2 zeigen, liegt bei Brom und Iod das Gleichgewicht wesentlich weiter auf der linken Seite. In allen Fällen reagieren die Lösungen jedoch sauer und leiten merklich den elektrischen Strom. Gibt man Silbernitrat-Lösung hinzu, so fallen die Silberhalogenide aus:

$$Cl_2(aq) + Ag^+(aq) + NO_3^-(aq) + H_2O(l) \rightarrow AgCl(s) + H^+(aq) + NO_3^-(aq) + HClO(aq)$$

Das Disproportionierungsgleichgewicht wird dadurch weitgehend auf die rechte Seite verschoben.

Iod-Lösungen und ihre Farben

Als unpolare Stoffe lösen sich die Halogene Chlor, Brom und Iod in unpolaren und mäßig polaren Lösemitteln wesentlich besser als in Wasser. Auffällig sind dabei die im Falle von Iod zu beobachtenden Farbunterschiede: Lösungen in polaren Lösemitteln (wie Wasser oder Ethanol) sind *braun*. Lösungen in unpolaren Lösemitteln wie Tetrachlormethan oder Benzin sind dagegen *violett*; ihre Farbe stimmt also mit der Farbe des Iod-Dampfes überein. Das Absorptionsmaximum liegt jeweils bei etwa 530 nm. Offensichtlich haben unpolare Lösemittel keinen Einfluss auf die Lichtabsorption von I_2-Molekülen. Bei den braunen Lösungen ist das Absorptionsmaximum zu kürzeren Wellenlängen verschoben ($\lambda_{max} \approx 470$ nm). Die Ursache ist eine Wechselwirkung, bei der das Molekül des Lösemittels L als Elektronendonator wirkt. Es kommt zur Bildung eines Donator-Akzeptor-Komplexes, der schematisch durch die Formel L$\rightarrow$I$_2$ beschrieben wird. Ein deutlicher Hinweis auf diese Reaktion ist das Auftreten einer intensiven Absorptionsbande im UV-Bereich ($\lambda_{max} < 300$ nm). Diese Absorption wird auf die Übertragung eines Elektrons vom Donator L auf den Akzeptor I_2 zurückgeführt: $L^+I_2^-$. Man spricht daher auch von **Charge-Transfer-Komplexen**.

Eigenschaften der Halogenide im Überblick

Alle Hauptgruppenmetalle sowie die Nebengruppenmetalle in niedrigen Oxidationsstufen bilden ionische, salzartige Halogenide. Dies trifft insbesondere auf die Fluoride zu. So ist Aluminiumfluorid eine ionische Verbindung, während die anderen Aluminiumhalogenide deutlich kovalentes Verhalten zeigen. Zu den wenigen molekularen Halogenverbindungen der Hauptgruppenmetalle gehören beispielsweise Zinn(IV)-chlorid und Zinn(IV)-bromid.

Die Nichtmetalle sowie die Nebengruppenmetalle in hohen Oxidationsstufen bilden kovalente Halogenide. Viele dieser Verbindungen reagieren mit Wasser in einer *Hydrolysereaktion* unter Bildung der Halogenwasserstoffe und der entsprechenden Oxosäuren. Als Beispiel sei die Hydrolyse von Selen(IV)-chlorid genannt:

$$SeCl_4(s) + 3 H_2O(l) \rightarrow H_2SeO_3(aq) + 4 H^+(aq) + 4 Cl^-(aq)$$

Da das Oxidationsvermögen der Halogene mit steigender Ordnungszahl abnimmt, wird bei den Halogeniden der jeweiligen Elemente die höchste Oxidationsstufe immer bei den Fluoriden erreicht. So bildet Rhenium als halogenreichste Verbindungen ReF_7, $ReCl_6$, $ReBr_5$ und ReI_4. Bei Vanadium sind es entsprechend VF_5, VCl_4, VBr_3 und VI_3, bei Schwefel SF_6, SCl_2 und S_2Br_2 (ein stabiles Iodid existiert nicht).

Die Stabilität der höchsten Oxidationsstufe eines Atoms in Form von komplexen Fluoriden hängt davon ab, wie stark das Gegenion als Lewis-Säure bzw. Lewis-Base wirkt. So kann z.B. das $[NF_4]^+$-Kation nur zusammen mit schwach basischen Anionen wie z.B. $[SbF_6]^-$ und $[AsF_6]^-$ gebildet werden:

HOCl oder HClO? Die erste Formel hat den Vorzug, dass sie die Verknüpfung der Atome im Molekül direkt wiedergibt. Die zweite Schreibweise entspricht der für Sauerstoffsäuren allgemein üblichen Praxis, bei der (sämtliche) O-Atome am Ende aufgeführt werden. *Beispiel:* Für Salpetersäure wird allgemein die Formel HNO_3 geschrieben, obwohl $HONO_2$ den Aufbau des Moleküls deutlicher machen würde. Dieser Praxis entsprechend werden in diesem Kapitel in der Regel auch die Formeln der Halogensauerstoffsäuren geschrieben: $HClO$, $HClO_3$, $HClO_4$ usw.

Hinweis: Ein Weg zur Herstellung einer reinen wässerigen Lösung von Hypochloriger Säure wird in Abschnitt 21.3 beschrieben.

Die höchsten Oxidationsstufen eines Elements erzielt man im Allgemeinen nicht mit Fluor, sondern mit Sauerstoff als Bindungspartner, da das Oxid-Ion ein großes Rückbindungsvermögen aufweist und (in molekularen Verbindungen) die Koordinationszahlen nur halb so groß sind wie mit Fluor als Bindungspartner. So gibt es ein Chrom(VI)-oxid (CrO_3), aber kein Chrom(VI)-fluorid (CrF_6), ein Osmium(VIII)-oxid (OsO_4), aber kein Osmium(VIII)-fluorid (OsF_8), ein Xenon(VIII)-oxid (XeO_4), aber kein Xenon(VIII)-fluorid (XeF_8).

$$NF_3(g) + \tfrac{1}{2}\,F_2(g) + AsF_5(g) \xrightarrow{h\cdot\nu} [NF_4][AsF_6](s)$$

Das erheblich stärker basische Fluorid-Ion reagiert mit dem $[NF_4]^+$-Kation und es entstehen NF_3 und Fluor:

$$[NF_4][AsF_6](s) + CsF(s) \rightarrow Cs[AsF_6](s) + \tfrac{1}{2}\,F_2(g) + NF_3(g)$$

Analog dazu erreicht man die Oxidationsstufe V bei Gold nur unter Verwendung eines schwach sauren (schwach elektrophilen) Gegenions wie z. B. Caesium:

$$CsF(s) + AuF_3(s) + F_2(g) \xrightarrow{\Delta} Cs[AuF_6](s)$$

Unter konsequenter Anwendung dieser Prinzipien wurde Fluor erstmals auf *chemischem Wege* durch die Kopplung der folgenden Reaktionen erzeugt:

$$2\,KMnO_4(s) + 10\,HF(l) + 2\,KF(s) \longrightarrow 2\,K_2[MnF_6](s) + \tfrac{3}{2}\,O_2(g) + 5\,H_2O(l)$$

$$SbCl_5(l) + 5\,HF(l) \longrightarrow SbF_5(l) + 5\,HCl(g)$$

$$K_2[MnF_6](s) + 2\,SbF_5(l) \longrightarrow 2\,K[SbF_6](s) + MnF_4(s)$$

$$MnF_4(s) \xrightarrow{\Delta} MnF_3(s) + \tfrac{1}{2}\,F_2(g)$$

Mn(IV) ist in Gegenwart der Base Fluorid in Form von $[MnF_6]^{2-}$ stabil, dagegen oxidiert es Fluorid zu Fluor in SbF_5-saurem Medium.

EXKURS

Chemie im Schwimmbad

In vielen Ländern nutzt man Chlor oder Chlorverbindungen wie Calciumhypochlorit ($Ca(ClO)_2$), um Krankheitserreger in Schwimmbädern zu bekämpfen. Als Desinfektionsmittel wirkt dabei vor allem Hypochlorige Säure. In öffentlichen Bädern wird diese Verbindung in einer Chlorungsanlage erzeugt, indem man Chlorgas (aus einem Druckbehälter) in Wasser leitet:

$$Cl_2(aq) + H_2O(l) \rightleftharpoons H^+(aq) + Cl^-(aq) + HClO(aq)$$

Die gleichzeitig entstehenden Hydronium-Ionen werden anschließend neutralisiert, um das Gleichgewicht nach rechts zu verschieben. In der Praxis lässt man dazu die Lösung meist durch einen mit Marmorkies gefüllten Behälter fließen:

$$CaCO_3(s) + H^+(aq) \rightarrow Ca^{2+}(aq) + HCO_3^-(aq)$$

Eine zuverlässige Entkeimung wird bereits durch den Zusatz von 0,3 mg Chlor pro Liter Badewasser erreicht. Um die zugehörige HClO-Konzentration aufrecht zu erhalten, muss vor allem in Freibädern häufiger nachdosiert werden. Einer der Gründe ist der Zerfall von Hypochloriger Säure durch Einwirkung der UV-Strahlung des Sonnenlichts:

$$2\,HClO(aq) \rightarrow 2\,H^+(aq) + 2\,Cl^-(aq) + O_2(aq)$$

In privaten Swimmingpools erfolgt eine Chlorung meist mithilfe eines Calciumhypochlorit-Granulats. Durch einen Zusatz von Natriumhydrogensulfat sorgt man dann dafür, dass die ClO^--Ionen weitgehend in HClO-Moleküle überführt werden:

$$ClO^-(aq) + HSO_4^-(aq) \rightleftharpoons HClO(aq) + SO_4^{2-}(aq)$$

$pK_s(HSO_4^-) = 1{,}6$
$pK_s(HClO) = 7{,}4$

Wer im Schwimmbad unter brennenden Augen leidet, führt das meist auf „zu viel Chlor" zurück. Tatsächlich ist aber genau das Gegenteil die Ursache: Die Augenreizungen werden durch Chloramine wie NH_2Cl verursacht. Diese lästigen Produkte entstehen durch die Reaktion von Hypchloriger Säure mit NH_3-abspaltenden Verbindungen, vor allem dem Harnstoff ($CO(NH_2)_2$) aus dem Urin der Badegäste:

$$NH_3(aq) + HClO(aq) \rightarrow NH_2Cl(aq) + H_2O(l)$$

Erst ein Zusatz von weiterem Chlor kann die Chloramine zerstören:

$$2\,NH_2Cl(aq) + Cl_2(aq) \rightarrow N_2(g) + 4\,H^+(aq) + 4\,Cl^-(aq)$$

Als Alternative zur traditionellen Chlorung wird inzwischen häufiger Ozon in Schwimmbädern eingesetzt. In geringer Konzentration werden aber auch dann Chlorverbindungen benötigt, um eine ausreichende Sicherheit über längere Zeit zu gewährleisten.

21.2 Gewinnung und Verwendung der Halogene

Die technische Gewinnung der Halogene beruht teils auf elektrolytischen Verfahren (F_2, Cl_2), teils auf der chemischen Oxidation der entsprechenden Halogenide.

Fluor wird in speziell passivierten Stahlzylindern unter einem Druck von 30 bar in den Handel gebracht. Seine Handhabung erfordert besondere Sicherheitsmaßnahmen und die Verwendung von Apparaturen aus Edelstahl, Nickel oder Kupfer. Diese Metalle (und auch viele andere) werden von Fluor nur oberflächlich angegriffen, sodass sich eine dichte, fest haftende Fluoridschicht bildet, die vor weiterem Angriff durch Fluor schützt (*Passivierung*). Nickel ist für Arbeiten mit Fluor bei höheren Drücken (bis 2 000 bar) und Temperaturen (bis 800 °C) besonders geeignet.

Chlor wird als verflüssigtes Gas unter einem Druck von etwa 7 bar in Stahlzylindern verkauft. Da feuchtes Chlorgas sehr korrosiv ist, werden die Entnahmeventile schnell unbrauchbar, wenn man sie nicht vor Luftfeuchtigkeit schützt. Kleinere Mengen Chlor lassen sich im Labor bequem durch die Umsetzung von konzentrierter Salzsäure mit Kaliumpermanganat herstellen und mit konzentrierter Schwefelsäure trocknen:

$$10\ HCl(aq) + 2\ MnO_4^-(aq) + 6\ H^+ \rightarrow 5\ Cl_2(g) + 2\ Mn^{2+}(aq) + 8\ H_2O(l)$$

Fluor Fluor wird elektrolytisch aus (wasserfreiem) Fluorwasserstoff hergestellt. Zur Herabsetzung des HF-Dampfdrucks und zur Erhöhung der Leitfähigkeit wird als Elektrolyt die Schmelze eines KF/HF-Adduktes mit einem Stoffmengenverhältnis von 1:2 bis 1:2,2 verwendet ($\vartheta_m \approx 120$ °C). Kathoden- und Anodenraum der heiz- und kühlbaren Elektrolysezelle (Abbildung 21.2) sind nur durch Bleche getrennt, die in die Schmelze eintauchen.

Die Kathoden und auch die Zellwände bestehen meist aus Stahl oder Nickel und die Anode aus einem speziellen, fluorbeständigen Kohlenstoffmaterial. Der durch die Elektrolyse verbrauchte Fluorwasserstoff wird kontinuierlich zugeführt:

Anode: $\quad 2\ F^-(solv) \rightarrow F_2(g) + 2\ e^-$

Kathode: $2\ H^+(solv) + 2\ e^- \rightarrow H_2(g)$

> Weltweit werden jährlich etwa 80 Millionen Tonnen Chlor produziert. Bei Brom sind es rund 400 000 Tonnen, bei Iod 17 000 Tonnen und bei Fluor 7 000 Tonnen.

> Die Produkte Wasserstoff und Fluor enthalten noch Fluorwasserstoff. Dieser wird bei tiefen Temperaturen (−80 °C) auskondensiert und in den Prozess zurückgeführt.

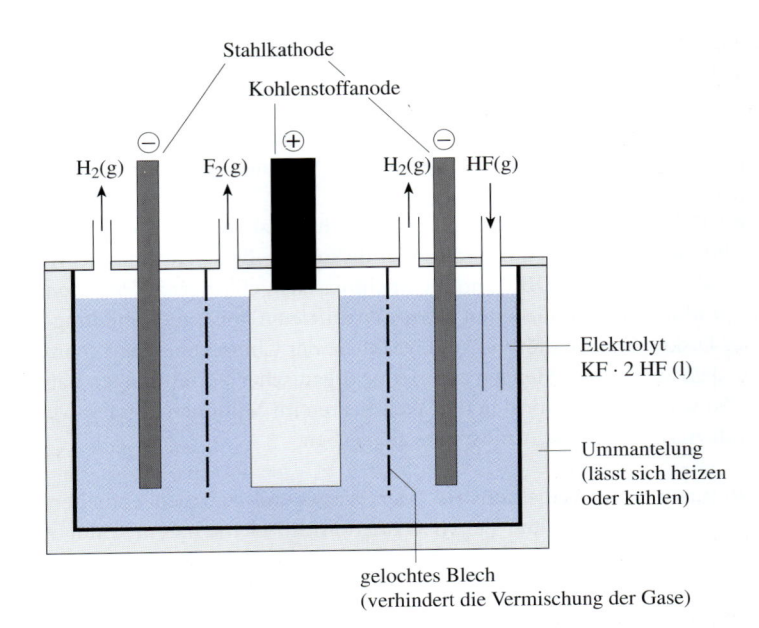

21.2 Schnitt durch eine Elektrolysezelle für die Herstellung von Fluor.

Ungefähr 95% des industriell produzierten Fluors werden unmittelbar zur Herstellung von Uran(VI)-fluorid (UF$_6$) und Schwefel(VI)-fluorid (SF$_6$) weiterverwendet. Das leicht flüchtige UF$_6$ dient zur Anreicherung des Isotops ^{235}U für die Verwendung in Atombomben und Kernreaktoren. Die Herstellung von Uran(VI)-fluorid erfolgt in zwei Schritten: Zunächst setzt man UO$_2$ bei 600 °C mit HF zu UF$_4$ um. Diese feste, salzartige Verbindung wird dann mit F$_2$ in das flüchtige UF$_6$ überführt (Sublimationstemperatur 56 °C):

$$UO_2(s) + 4\,HF(g) \xrightarrow{\Delta} UF_4(s) + 2\,H_2O(g)$$
$$UF_4(s) + F_2(g) \longrightarrow UF_6(g)$$

Das sehr inerte, ungiftige Schwefelhexafluorid (SF$_6$) erhält man durch die Umsetzung von geschmolzenem Schwefel mit elementarem Fluor:

$$S(l) + 3\,F_2(g) \longrightarrow SF_6(g)$$

Es findet Verwendung als Isolatorgas in Hochspannungsanlagen (siehe hierzu Abschnitt 20.9) und als Schall- und Wärmeisoliergas bei Mehrfachverglasungen in Fenstern. Elementares Fluor wird auch zur Oberflächenbehandlung von Kunststoffen eingesetzt; durch diese Behandlung wird beispielsweise bei Benzintanks von Autos die Diffusion von Kohlenwasserstoffen durch die Wandung stark verlangsamt. Weiterhin verwendet man Fluor für spezielle Hochleistungs-Laser (H$_2$/F$_2$, Ar/F$_2$), als Ätzgas in der Halbleiterindustrie und in der analytischen Chemie zum Aufschluss von Gläsern und Keramiken.

Chlor Chlor entsteht gemeinsam mit Natronlauge bei der Chloralkali-Elektrolyse (siehe Abschnitt 15.7); es hat eine erhebliche wirtschaftliche Bedeutung. Mehr als 70% des Chlors werden bei der Produktion organischer Stoffe eingesetzt. So ist *PVC* (*Polyvinylchlorid*, (CH$_2$-CHCl)$_n$) ein wichtiges Polymer zur Herstellung von Bodenbelägen sowie Abwasser- und Belüftungsrohren oder Schläuchen. Einige *chlorierte Kohlenwasserstoffe* werden als *Lösemittel* eingesetzt. Für die Textilreinigung („Chemische Reinigung") nutzt man überwiegend Tetrachlorethen (C$_2$Cl$_4$, Perchlorethylen, „Per"). *Chlorhaltige Zwischenprodukte* (COCl$_2$, CHClF$_2$ etc.) werden für die Herstellung von chlorfreien Grundchemikalien (z. B. Glycerin) und Polymeren (Polycarbonate, Polytetrafluorethylen, Silicone etc.) benötigt. Wichtige *anorganische Chlorprodukte* sind Phosphor(III)-chlorid, Phosphor(V)-chlorid, Silicium(IV)-chlorid und Chlor-Sauerstoff-Verbindungen. Titan(IV)-chlorid (TiCl$_4$) ist Zwischenprodukt bei der Gewinnung von Titanweiß (TiO$_2$) und metallischem Titan aus seinen Erzen. Die Verwendung von Chlor zum Bleichen von Papier und zur Trinkwasserbehandlung wird zunehmend kritisch betrachtet. In beiden Fällen reagiert Chlor mit organischen Verbindungen zu umweltbelastenden organischen Chlorverbindungen.

Besonders bedenklich ist der Eintrag von schwer abbaubaren, chlorierten organischen Verbindungen in die Ökosphäre. Viel diskutierte Beispiele sind das früher weltweit verwendete Insektizid *DDT* und die hochtoxischen chlorierten *Dibenzodioxine*, die als Nebenprodukte in verschiedenen Prozessen auftreten können (Abbildung 21.3).

Bei der Diskussion um die Vor- und Nachteile der Chlorchemie darf man aber nicht vergessen, dass auch große Mengen chlorierter organischer Verbindungen natürlich vorkommen. So wird Methylchlorid in den Weltmeeren im Millionen Tonnen-Maßstab von Algen produziert und an die Atmosphäre abgegeben.

> Die Nebenprodukte bei der Papierherstellung gelangen ins Abwasser und schließlich in Flüsse und Seen. Aufgrund immer strengerer Bestimmungen in Bezug auf Grenzwerte für chlororganische Verbindungen in Abwässern sind die Papierfabriken dazu gezwungen, diese Emissionen stark zu reduzieren. Eine Lösung des Problems besteht in der Verwendung von Wasserstoffperoxid. Zur Entkeimung von Trinkwasser wird heute Chlordioxid bevorzugt.

Brom Restlaugen der Kali-Industrie oder Wässer aus Salzseen enthalten meist einige Gramm Bromid pro Liter. Durch Oxidation mit elementarem Chlor wird Brom freigesetzt und mit Pressluft ausgetrieben. Brom dient vor allem zur Herstellung von Flammschutzmitteln. Ihre Wirksamkeit besteht darin, dass in der Flamme gebildete Brom-Atome den Radikalkettenmechanismus des Verbrennungsvorgangs unterbrechen. Weitere Bromverbindungen von wirtschaftlicher Bedeutung sind Pflanzenschutzmittel,

21.3 Chlorverbindungen als Umweltgifte: DDT (a), ein chloriertes Dioxin (b). Das dargestellte Dioxin-Derivat (2,3,7,8-Tetrachlordibenzodioxin) wird auch als *Seveso-Dioxin* bezeichnet. Dieser Name bezieht sich auf einen katastrophalen Betriebsunfall im italienischen Seveso, der 1976 zur Freisetzung der Verbindung führte.

Inhalationsnarkotika ($CF_3CHClBr$, *Halothan*) sowie Silberbromid (für die Fotografie) und einige andere anorganische Verbindungen. Einige organische Bromverbindungen sind Zwischenprodukte für die Synthese anderer Verbindungen. Ein Beispiel ist das früher als Tränengas eingesetzte *Bromaceton*.

Ein Liter Meerwasser enthält 65 mg Bromid, das Wasser des Toten Meeres dagegen 5,4 g·l^{-1} (bei einem Salzgehalt von insgesamt 26,3%). Israel ist neben den USA der wichtigste Produzent von Brom und Bromchemikalien.

Iod In Restlaugen aus der Herstellung von Chilesalpeter und auch in Salz-Solen, die bei der Erdölförderung anfallen, liegt Iod angereichert in Form von Iodat (IO_3^-) bzw. Iodid (I^-) vor. Iodid wird mit Chlor zu Iod oxidiert, während Iodat mit Hydrogensulfit zu Iod reduziert wird:

$$2\,IO_3^-(aq) + 5\,SO_2(aq) + 4\,H_2O(l) \rightarrow 5\,SO_4^{2-}(aq) + I_2(s) + 8\,H^+(aq)$$

Iod wird abfiltriert und durch Sublimation gereinigt. Iodverbindungen spielen eine Rolle als Katalysatoren, Röntgenkontrast- und Desinfektionsmittel, in Pharmaka und Farbstoffen.

Fluor – Element der extremen Möglichkeiten

EXKURS

Fluor ist das reaktivste Element im Periodensystem, sodass es schon als „Tyrannosaurus Rex" der Elemente bezeichnet wurde. Fluor reagiert mit jedem Element im Periodensystem, außer mit Helium, Neon, Argon und Stickstoff. Die treibende thermodynamische Kraft bei der Bildung der Fluoride ist meist die Reaktionsenthalpie.

In allen Bereichen des modernen Lebens spielen Fluorverbindungen eine Schlüsselrolle. Das gilt nicht nur für Zahnpasten, Kühlgeräte, Goretex®-Textilien oder Kochgeschirr, an dem Speisereste nicht festkleben, sondern auch für die Mikroelektronik und die Nutzung der Kernenergie, die Gewinnung von Aluminium, die Konstruktion von Hochspannungsschaltern und die Herstellung von Pharmaka oder Feuerlöschmitteln für Flugzeugtriebwerke. Die Fluorchemie macht neben ionischen Verbindungen zahlreiche kovalente Verbindungen zugänglich. Darunter sind das extrem stabile SF_6 und das außerordentlich reaktive XeF_6, die stärkste Lewis-Säure (SbF_5) und die stärkste Lewis-Base ($[N(CH_3)_4]F$) sowie das völlig ungiftige CF_4 und das hochtoxische CH_2FCOOH. Diese Verbindung (Monofluoressigsäure) blockiert den Citronensäurecyclus. Sie gehört zu den sehr wenigen fluororganischen Verbindungen, die in der Natur auftreten: in der südafrikanischen Giftpflanze Gifblaar (*Dichapetalum cymosum*).

In praktisch jede organische Verbindung lassen sich Fluor-Atome einbauen, sodass Fluor theoretisch unter allen Elementen die meisten Verbindungen bilden kann. Der

Die einzelnen Verbindungen werden durch eine dreistellige Kennzahl gekennzeichnet (z.B. Frigen 134), die sich aus der Molekülformel ableiten lässt. An die Stelle des Handelsnamens tritt dabei oft das neutrale Kurzzeichen R (R 134). Man addiert 90 zu der Kennzahl und erhält damit eine Ziffernfolge, die die Anzahl der C-, H- und F-Atome angibt. Frigen 134 (134 + 90 = 224) besteht also aus $C_2H_2F_4$-Molekülen mit den Isomeren CHF_2CHF_2 (134) und CH_2FCF_3 (134a). Die Anzahl der Cl-Atome in chlorhaltigen Verbindungen wird nicht direkt angegeben; sie muss daher sinngemäß ergänzt werden. So beschreibt die aus der Kurzbezeichnung R 12 (12 + 90 = 102) abgeleitete Formel CF_2 kein vollständiges Molekül. Bei R 12 handelt es sich also um CF_2Cl_2, das mit $CFCl_3$ (R 11) zu den gebräuchlichsten Chlorfluorkohlenwasserstoffen zählt.

Van-der-Waals-Wirkungsradius von C/F- und C/H-Bindungen ist ähnlich, die entsprechenden Bindungsenergien und Polarisierungen aber völlig verschieden. Somit erhalten organische Verbindungen nach der Einführung von Fluor oft völlig andere Eigenschaften. $N(CH_3)_3$ ist pyramidal gebaut und eine starke Base, $N(CF_3)_3$ dagegen ist planar und nicht basisch. Die Peroxoverbindung CH_3OOCH_3 zerfällt explosionsartig, CF_3OOCF_3 ist dagegen thermisch außerordentlich stabil. Umgekehrt verhält es sich mit Methanol und Trifluormethanol; letzteres zerfällt bereits bei Raumtemperatur schnell in CF_2O und HF.

Synthetische fluororganische Verbindungen spielen eine zunehmend wichtige Rolle in Heil-, Pflanzenschutz-, Schmier- und Korrosionsschutzmitteln, Farbstoffen, Flüssigkristallen, Tensiden, aber auch in strategischen und chemischen Waffen. Die thermisch und chemisch beständigsten Polymere sind Fluorpolymere wie $(-CF_2-CF_2-)_n$, $(-CF_2-CFCl-)_n$, $(-CH_2-CHF-)_n$ und deren Derivate. Ein besonderes derivatisiertes Polytetrafluorethylen ist unter dem Handelsnamen *Nafion*® bekannt. Anstelle einiger C/F-Bindungen sind hier funktionelle Seitenketten wie z.B. $-O-CF_2-CF_2-O-CF_2-CF_2-SO_2-OH$ eingebaut, die als Ionenaustauscher wirken. Folien (Membranen) aus Nafion zeigen eine gute Leitfähigkeit für Protonen oder Na^+-Ionen und werden daher in der Chloralkali-Elektrolyse (Abschnitt 15.7) und in Brennstoffzellen (Exkurs in Abschnitt 14.2) eingesetzt.

Im Millionen Tonnen-Maßstab werden auch niedermolekulare Kohlenstoff/Wasserstoff/Fluor-Verbindungen (Fluorkohlenwasserstoffe, FKWs) als Ersatzstoffe für Chlorfluorkohlenwasserstoffe (CFKs, früher auch als FCKWs bezeichnet) produziert und als Kälte-, Treib-, Feuerschutz- und Lösemittel eingesetzt. Sie werden als *Frigene*® oder *Freone*® bezeichnet.

Die Herstellung erfolgt durch katalytische Umsetzung von chlororganischen Verbindungen mit HF.

Im medizinischen Bereich werden im zunehmenden Maße fluorhaltige organische Verbindungen eingesetzt, da sich mit ihnen neue biologische Wirkungen erzielen und in fluoranalogen Pharmazeutika die Wirkungen verstärken lassen. Ein wichtiger Gesichtspunkt im *drug design* ist dabei der Ersatz der C(OH)-Gruppe in bioaktiven Molekülen durch die isoelektronische CF-Gruppe. Interessant sind auch Blutersatzstoffe, die aus Emulsionen hochmolekularer fluorierter Kohlenwasserstoffe, Ether oder Amine (Beispiele: $C_{10}F_{18}$, *Perfluordecalin*, $(C_3F_7)_3N$) mit wässerigen, isotonischen Nährstoff-Lösungen bestehen. In derartigen Emulsionen löst sich sehr viel Sauerstoff, sodass sie die Funktion von Blut übernehmen können. Die Emulsionen werden bei Operationen am offenen Herzen und zur Sauerstoffversorgung von Transplantaten verwendet.

Schließlich besitzen einige Fluorverbindungen auch abschreckende Eigenschaften in chemischen Waffen, z.B. im Nervengas *Sarin*, einem sogenannten binären Kampfstoff, der beim Abfeuern der Granate durch Mischen harmloser Komponenten entsteht:

$$CH_3-\underset{F}{\underset{|}{P}}(=O)-F + HO-\underset{CH_3}{\underset{|}{CH}}-CH_3 \longrightarrow CH_3-\underset{F}{\underset{|}{P}}(=O)-O-\underset{CH_3}{\underset{|}{CH}}-CH_3 + HF$$

21.3 Halogenwasserstoffe und Halogenide

In Bezug auf die wässerigen Lösungen spricht man allgemein von Halogenwasserstoffsäuren. Die Bezeichnung *Bromwasserstoffsäure* meint also in der Regel die wässerige Lösung von Bromwasserstoff (HBr(aq)) und nicht gasförmiges HBr. *Flusssäure* und *Salzsäure* sind traditionelle Bezeichnungen für die wässerigen Lösungen von Fluorwasserstoff und Chlorwasserstoff, die in der Praxis weiterhin bevorzugt werden.

Weltweit werden jährlich rund eine Million Tonnen Fluorwasserstoff erzeugt.

Die Verbindungen vom Typ HX (X = F, Cl, Br, I) werden zusammenfassend als Halogenwasserstoffe bezeichnet. Den allgemeinen Nomenklaturregeln entsprechend sind die Wasserstoffverbindungen der Halogene als *Hydrogenhalogenide* zu bezeichnen, z.B. *Hydrogenfluorid* und *Hydrogenchlorid*. Ihre wichtigsten physikalischen Eigenschaften sind in Tabelle 21.3 zusammengestellt.

Die Herstellung von *Fluorwasserstoff* geht von Flussspat (CaF_2), dem wichtigsten Fluormineral, aus. Die Umsetzung erfolgt in Drehrohröfen bei etwa 300 °C:

$$CaF_2(s) + H_2SO_4(l) \xrightarrow{\Delta} 2\,HF(g) + CaSO_4(s)$$

Das Rohprodukt (HF) wird mit konzentrierter Schwefelsäure gewaschen, kondensiert und destillativ gereinigt. Das zweite Produkt der Reaktion ist Calciumsulfat, das als Gips

Tabelle 21.3 Eigenschaften von Halogenwasserstoffen

	HF	HCl	HBr	HI
Bildungsenthalpie ΔH_f^0 (kJ mol^{-1})	−271	−92	−36	26
Siedetemperatur (°C)	20	−85	−67	−35
pK_S	3,2	<0	<0	<0
Elektronegativitätsdifferenz	1,8	1,0	0,8	0,5

weitgehend in der Bauindustrie verwendet werden kann. Eine einfache stöchiometrische Rechnung zeigt, dass für jede Tonne produzierten Fluorwasserstoffs fast vier Tonnen Calciumsulfat anfallen.

Chlorwasserstoff ist ein Nebenprodukt bei vielen Chlorierungsprozessen in der organischen Chemie und Halogen-Austauschreaktionen wie zum Beispiel der Synthese von Fluorkohlenwasserstoffen:

$$CH_4(g) + 4\,Cl_2(g) \longrightarrow CCl_4(l) + 4\,HCl(g)$$

$$CHCl_3(l) + 2\,HF(l) \xrightarrow{Kat} CHClF_2(g) + 2\,HCl(g)$$

Im Labor lassen sich kleinere Mengen an Chlorwasserstoff durch die Umsetzung von Kochsalz (oder Ammoniumchlorid) mit konzentrierter Schwefelsäure erzeugen:

$$NaCl(s) + H_2SO_4(l) \xrightarrow{150\,°C} NaHSO_4(s) + HCl(g)$$

Weltweit werden jährlich etwa 10^7 Tonnen Chlorwasserstoff verbraucht, zu einem erheblichen Anteil in Form von Salzsäure.

Die technische Herstellung von *Bromwasserstoff* und *Iodwasserstoff* geht von den Elementen aus. Man arbeitet bei etwa 300 °C und setzt Platin als Katalysator ein. Im Labormaßstab kann HBr durch Hydrolyse von PBr$_3$ hergestellt werden:

$$2\,PBr_3(l) + 6\,H_2O(l) \rightarrow 2\,H_3PO_3(aq) + 6\,HBr(g)$$

HI erhält man durch die Umsetzung von Tetrahydronaphthalin (*Tetralin*) mit I$_2$ bei etwa 150 °C (Abbildung 21.4).

Säureeigenschaften Alle Halogenwasserstoffe lösen sich sehr gut in Wasser und die Lösungen reagieren sauer. HCl, HBr und HI sind sehr starke Brønsted-Säuren, sodass die folgende Protolysereaktion vollständig abläuft:

$$HX(g) + H_2O(l) \rightleftharpoons H_3O^+(aq) + X^-(aq)$$

Fluorwasserstoff ist dagegen nur eine mittelstarke Säure (p$K_S \approx 3$). Diese relativ geringe Säurestärke ist u.a. auf die sehr hohe Bindungsenthalpie des HF-Moleküls (570 kJ·mol^{-1}) zurückzuführen. Bei einer Gesamtkonzentration von 1 mol·l^{-1} sind lediglich 3 % aller Moleküle in Ionen überführt:

$$HF(aq) + H_2O(l) \rightleftharpoons H_3O^+(aq) + F^-(aq)$$

In konzentrierteren Lösungen nimmt jedoch der Anteil an Ionen zu, während sich andere mittelstarke Säuren genau entgegengesetzt verhalten. Der Grund ist eine zweite Gleichgewichtsreaktion, die bei höheren HF-Konzentrationen eine zunehmend wichtige Rolle spielt. Sie führt zur Bildung des Hydrogendifluorid-Ions:

$$F^-(aq) + HF(aq) \rightleftharpoons HF_2^-(aq)$$

21.4 Reaktion von Tetrahydronaphthalin mit Iod zur Darstellung von Iodwasserstoff im Labor.

Dieses Ion ist so stabil, dass Alkalimetallsalze wie Kaliumhydrogendifluorid (KHF$_2$) aus der Lösung auskristallisiert werden können. Neuere Studien haben gezeigt, dass das Hydrogendifluorid-Ion (HF$_2^-$) linear gebaut ist und sich das Wasserstoff-Atom genau in der Mitte zwischen den beiden Fluor-Atomen befindet. Diese Anordnung kann gemäß der Molekülorbitaltheorie als Vier-Elektronen-drei-Zentren-Bindung verstanden werden. Man vergleiche dazu den Exkurs auf Seite 336.

Während HCl, HBr und HI bei Raumtemperatur als Gase vorliegen, hat HF eine anormal hohe Siedetemperatur von 20 °C (Abbildung 21.5). Die Ursache sind besonders

In saurer Lösung können Iodid-Ionen bereits durch Sauerstoff aus der Luft oxidiert werden. Die Lösungen färben sich daher allmählich braun. Das gilt insbesondere für Iodwasserstoffsäure höherer Konzentration. Die Reaktion kann durch den Zusatz geeigneter Reduktionsmittel verhindert werden. So findet man im Handel Iodwasserstoffsäure, die durch den Zusatz von Phosphinsäure (H$_3$PO$_2$, *Hypophosphorige Säure*) stabilisiert ist.

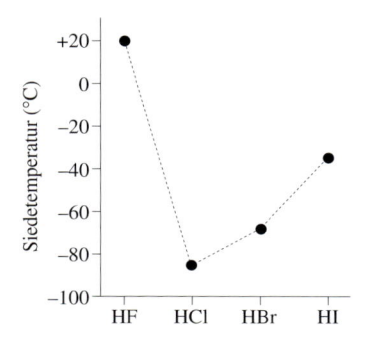

21.5 Siedetemperaturen der Halogenwasserstoffe.

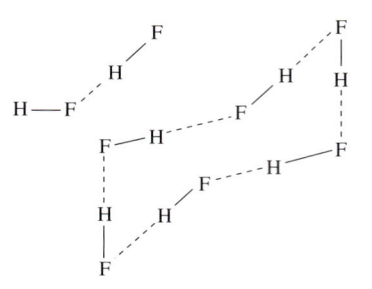

21.6 Aufbau des (HF)$_2$- und des (HF)$_6$-Moleküls in gasförmigem Fluorwasserstoff.

Die für HCl, HBr und HI vielfach in Tabellen angeführten, sehr niedrigen pK_S-Werte (–7 (HCl), –9 (HBr), –10 (HI)) haben für verdünnte wässerige Lösungen keine praktische Bedeutung, denn alle drei Säuren liegen vollständig dissoziiert vor. Abgeleitet wurden diese Werte aus Untersuchungen zur Protolyse in stärker sauren Lösemitteln. Die Azidität der Halogenwasserstoffe nimmt danach mit steigender Atommasse der Halogene weiter zu.

Hinweis: Flusssäure ist stark ätzend, obwohl sie eine relativ schwache Säure ist. Die besonderen Gefahren beim Umgang mit Flusssäure werden in Abschnitt 21.7 erläutert.

starke Wasserstoffbrückenbindungen (siehe Abschnitt 5.9) zwischen den HF-Molekülen. Obwohl bei Wasser schwächere Wasserstoffbrückenbindungen vorliegen, sind seine Siedetemperatur und seine Viskosität viel höher. Dies ist folgendermaßen zu verstehen: Im Wasser können *zwei* Wasserstoffbrücken pro Wasser-Molekül eine dreidimensionale Raumnetzstruktur (ähnlich der Diamantstruktur) aufbauen, während in dem wasserfreiem Fluorwasserstoff *eine* Wasserstoffbrücke pro HF-Molekül zu eindimensionalen Zickzack-Ketten führt. In gasförmigem Fluorwasserstoff liegen Dimere und cyclische Hexamere vor (Abbildung 21.6).

Flusssäure wird in Flaschen aus Polyethylen aufbewahrt, denn sie ist eine der wenigen Substanzen, die Glas rasch angreifen. Die Reaktion mit Glas führt zum Hexafluorosilicat-Ion SiF_6^{2-}:

$$SiO_2(s) + 6\ HF(aq) \rightarrow SiF_6^{2-}(aq) + 2\ H^+(aq) + 2\ H_2O(l)$$

Man nutzt diese Eigenschaft bei der Verzierung von Gläsern durch Ätzen: Das zu ätzende Objekt wird in geschmolzenes Wachs getaucht, nach dem Erstarren ritzt man das gewünschte Muster in die Schutzschicht. Taucht man das Werkstück dann in Flusssäure, so reagieren nur die ungeschützten Bereiche des Glases. Sobald sich genügend Glas gelöst hat, nimmt man das Werkstück aus dem Säurebad, spült es mit Wasser ab und entfernt das Wachs durch Erwärmen. Zurück bleibt das Glas mit dem eingeätzten Muster.

Die Reaktion von HF mit SiO_2 spielt auch in der Mikroelektronik bei der Chip-Fertigung eine Rolle: Nur die SiO_2-Deckschicht auf Silicium wird von Flusssäure gelöst. Silicium selbst reagiert nicht; es wird jedoch von HF/HNO$_3$-Gemischen angegriffen.

Industriell wird Fluorwasserstoff überwiegend zur Herstellung von anorganischen Fluoriden (UF$_4$, AlF$_3$, ZrF$_4$, NaF usw.), von fluorierten Kohlenwasserstoffen sowie zur Gewinnung von Fluor eingesetzt.

Zwischen der Dichte von Salzsäure und dem Gehalt an Chlorwasserstoff besteht – eher zufällig – der folgende Zusammenhang: Verdoppelt man die aus den ersten beiden Nachkommastellen der Dichte (in g · ml^{-1}) gebildete Zahl, so ergibt sich der Massenanteil des gelösten Chlorwasserstoffs in Prozent. Für Salzsäure mit der Dichte ϱ = 1,16 g · cm^{-3} gilt also w(HCl) = 32 %.

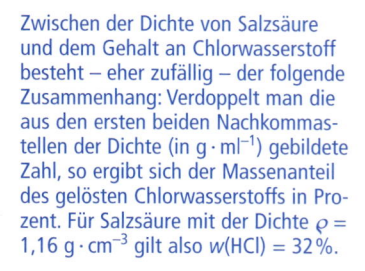

Konzentrierte Salzsäure für technische Zwecke hat häufig eine gelbliche Farbe. Ursache ist eine Verunreinigung durch Eisen(III), das als Chlorokomplex mit intensiv gelber Farbe vorliegt: [FeCl$_4$]$^-$.

Chlorwasserstoff ist in Wasser extrem gut löslich: Konzentrierte Salzsäure kann Chlorwasserstoff mit einem Massenanteil von bis zu 38 % enthalten (ϱ = 1,19 g · cm^{-3}), das entspricht einer Konzentration von rund 12 mol · l^{-1}; in einem Liter dieser gesättigten Lösung sind also fast 300 Liter HCl-Gas gelöst.

Konzentrierte Salzsäure ist eine farblose Flüssigkeit mit einem ausgeprägten, stechenden Geruch, der auf HCl-Moleküle in der Gasphase zurückzuführen ist. Dahinter steht das Gleichgewicht zwischen gasförmigem und in Wasser gelöstem Chlorwasserstoff:

$$HCl(aq) \rightleftharpoons HCl(g)$$

Konzentrierte Salzsäure siedet bereits bei Temperaturen, die erheblich unterhalb von 100 °C liegen. Der Dampf hat dabei einen erheblich größeren Anteil an HCl-Molekülen, als es der Zusammensetzung der Lösung entspricht. Der HCl-Gehalt der Lösung nimmt daher während des Verdampfens ab; gleichzeitig steigt die Siedetemperatur, bis sie schließlich bei 110 °C konstant bleibt. Die Lösung enthält dann noch Chlorwasserstoff mit einem Massenanteil von 20,24 %. Bei normalem Luftdruck ist dies die Zusammensetzung des *Azeotrops* im Zweistoffsystem Chlorwasserstoff/ Wasser; man spricht daher auch von **azeotroper Salzsäure**. Bringt man stärker verdünnte Salzsäure zum Sieden, so verdampft anfänglich nur wenig Chlorwasserstoff. Der HCl-Gehalt der Lösung nimmt daher allmählich zu, sodass schließlich wiederum die Zusammensetzung des Azeotrops erricht wird.

Die im Labor verwendete, verdünnte Salzsäure hat in der Regel eine Konzentration von $2 \text{ mol} \cdot l^{-1}$. Sie ist häufig die *nichtoxidierende Säure* der Wahl, denn das Chlorid-Ion ist eine sehr redoxstabile Spezies. Wenn elementares Zink beispielsweise mit Salzsäure zu Zink-Ionen und elementarem Wasserstoff reagiert, so wird dies durch die oxidierende Wirkung von $H^+(aq)$ verursacht:

$$Zn(s) + 2 \text{ HCl}(aq) \rightarrow ZnCl_2(aq) + H_2(g)$$

Zu den Anwendungsfeldern für Salzsäure in der Technik gehören die Neutralisation alkalischer Reaktionsgemische in der anorganischen und organischen Chemie, die Rostentfernung von Stahloberflächen (ein Prozess, den man *Beizen* nennt), die hydrolytische Spaltung von Eiweißstoffen und Stärke, die Säurebehandlung von Rohöl und die Herstellung von Metallchloriden.

Säuren, deren Anionen (oberhalb gewisser Konzentrationen) oxidierend wirken, bezeichnet man traditionell als oxidierende Säuren. *Ein typisches Beispiel ist Salpetersäure. Säuren (bzw. Säurelösungen), bei denen die Oxidationswirkung allein von den Hydronium-Ionen ausgeht, sind danach* nichtoxidierende Säuren. *Neben Salzsäure gehört beispielsweise auch verdünnte Schwefelsäure dazu.*

Ionische Halogenide

Die meisten ionischen Chloride, Bromide und Iodide sind in Wasser löslich. Viele Metallfluoride sind dagegen kaum löslich. Wie bereits erwähnt, ist beispielsweise Calciumchlorid sehr gut in Wasser löslich, während Calciumfluorid schwer löslich ist. Man kann diese Beobachtungen damit erklären, dass die Gitterenergie von Salzen, die ein kleines Kation und ein kleines Anion enthalten, besonders hoch ist.

Lösungen der relativ gut löslichen Fluoride der Alkalimetalle reagieren schwach alkalisch, da das Fluorid-Ion die konjugierte Base der nur mittelstarken Säure Flusssäure ist:

$$F^-(aq) + H_2O(l) \rightleftharpoons HF(aq) + OH^-(aq)$$

Will man ein Metall in ein Metallhalogenid überführen, so kann man es mit dem Halogen oder dem Halogenwasserstoff umsetzen. So weit für das Metall verschiedene Oxidationsstufen erreichbar sind, erhält man mit dem Halogen das Halogenid mit dem höher geladenen Metallion. Beispiele sind die Darstellung von Eisen(III)-chlorid und Eisen(II)-chlorid. Im ersten Fall wirkt Chlor als ein starkes Oxidationsmittel und im zweiten Fall ist das Wasserstoff-Atom des HX-Moleküls ein schwaches Oxidationsmittel:

$$2 \text{ Fe}(s) + 3 \text{ Cl}_2(g) \rightarrow 2 \text{ FeCl}_3(s)$$

$$\text{Fe}(s) + 2 \text{ HCl}(g) \rightarrow \text{FeCl}_2(s) + H_2(g)$$

Hinweis: Weitere Informationen über Halogenide sind in den übrigen Kapiteln beim jeweiligen Partnerelement enthalten. Technisch bedeutsame Produkte und wichtige Laborreagenzien werden dabei besonders berücksichtigt.

Metallhalogenid-Hydrate Durch die Umsetzung von Metalloxiden, -carbonaten oder -hydroxiden mit den entsprechenden Halogenwasserstoff-Säuren erhält man *Metallhalogenid-Hydrate*. Magnesiumchlorid-Hexahydrat lässt sich beispielsweise durch die Reaktion von Magnesiumcarbonat mit Salzsäure und anschließende Kristallisation aus der Lösung gewinnen.

Häufig kann man das wasserfreie Salz nicht durch Erhitzen des Hydrats darstellen, da auch Halogenwasserstoff abgespalten wird. So erhält man beim Erhitzen von Magnesiumchlorid-Hexahydrat beispielsweise Magnesiumhydroxidchlorid (Mg(OH)Cl):

$$MgCl_2 \cdot 6 \text{ H}_2O(s) \xrightarrow{\Delta} Mg(OH)Cl(s) + HCl(g) + 5 \text{ H}_2O(g)$$

Um das wasserfreie Chlorid aus dem Hydrat darzustellen, muss man das Hydratwasser chemisch umsetzen. In der Praxis verwendet man meist *Thionylchlorid* ($SOCl_2$). Pro Mol

Metalliodide, in denen das Metall in einer hohen Oxidationsstufe vorkommt, lassen sich vielfach nicht darstellen. Da das Iodid-Ion selbst ein Reduktionsmittel ist, kommt es zu Redoxreaktionen. Iodid reduziert beispielsweise Kupfer(II)-Ionen zu Kupfer(I); folglich existiert kein Kupfer(II)-iodid:

$$2 \text{ Cu}^{2+}(aq) + 4 \text{ I}^-(aq) \rightarrow 2 \text{ CuI}(s) + I_2(s)$$

an gebundenem Hydratwasser liefert die Reaktion ein Mol gasförmiges Schwefeldioxid und zwei Mol gasförmigen Chlorwasserstoff. Damit ist ein erheblicher Entropiegewinn verbunden; er ist die treibende Kraft solcher endotherm verlaufender Reaktionen:

$$MgCl_2 \cdot 6\,H_2O(s) + 6\,SOCl_2(l) \rightarrow MgCl_2(s) + 6\,SO_2(g) + 12\,HCl(g)$$

Nachweisreaktionen Für die Halogenidionen gibt es spezifische analytische Nachweisverfahren. Qualitativ lassen sich Fluorid-Ionen mit der sogenannten Kriechprobe nachweisen. Sie beruht darauf, dass Fluorwasserstoffsäure Glas (bzw. SiO_2) angreift. So benetzt konzentrierte Schwefelsäure ein Reagenzglas durch Ausbildung von Wasserstoffbrückenbindungen zu den Si–OH-Gruppen der Glaswandung. Enthält die zugemischte Probe Fluorid, werden zunächst die Si–OH- in Si–F-Gruppen überführt. Diese gehen nun praktisch keine Bindungen mit der Schwefelsäure ein, sodass sie von der Glaswandung abperlt.

Im Gegensatz zu Fluorid bilden die schwereren Halogenid-Ionen schwerlösliche Silbersalze. Ein gängiger Test auf Chlorid-, Bromid- und Iodid-Ionen basiert auf der Bildung eines Silberhalogenid-Niederschlags, wenn man Silbernitrat-Lösung zu einer salpetersauren Probelösung gibt. Silberchlorid ist weiß, Silberbromid hellgelb und Silberiodid gelb.

In der folgenden allgemeinen Gleichung steht X^- für das Halogenid-Ion:

$$Ag^+(aq) + X^-(aq) \rightarrow AgX(s)$$

Eine Möglichkeit zur eindeutigen Unterscheidung der Silberhalogenid-Fällungen über das Verhalten gegen Ammoniak (unter Bildung von $[Ag(NH_3)_2]^+$) wird in Abschnitt 24.9 ausführlich erläutert.

Quantitativ lassen sich die Konzentrationen der Halogenid-Ionen durch Titration mit einer $AgNO_3$-Maßlösung bestimmen; die Detektion des Endpunkts kann beispielsweise potentiometrisch erfolgen.

Um Bromid- und Iodid-Ionen nachzuweisen, setzt man der Probelösung etwas *Chlorwasser* (eine Lösung von Chlor in Wasser) zu. Das Auftreten einer gelben bis braunen Färbung zeigt die Anwesenheit mindestens eines der beiden Ionen an:

$$Cl_2(aq) + 2\,Br^-(aq) \rightarrow Br_2(aq) + 2\,Cl^-(aq)$$
$$Cl_2(aq) + 2\,I^-(aq) \rightarrow I_2(aq) + 2\,Cl^-(aq)$$

Welches der Halogene vorliegt, lässt sich mithilfe eines unpolaren Lösemittels erkennen. Da die Halogene selbst unpolar sind, lösen sie sich bevorzugt in unpolaren oder wenig polaren Lösemitteln. Schüttelt man die bräunliche, wässerige Lösung beispielsweise mit etwas Benzin, so reichert sich das Halogen in der organischen Phase an. Handelt es sich um Brom, nimmt die organische Phase eine gelbe Farbe an, während sie mit Iod violett gefärbt ist.

Kovalente Halogenide

Aufgrund der schwachen intermolekularen Kräfte sind die meisten kovalenten Halogenide Gase oder Flüssigkeiten mit niedrigen Siedetemperaturen. Die Siedetemperaturen dieser unpolaren Molekülverbindungen hängen direkt von den Van-der-Waals-Kräften zwischen den Molekülen ab und damit von der Anzahl der Elektronen im Molekül. Eine typische Serie, die den Zusammenhang zwischen Siedetemperatur und Anzahl der Elektronen verdeutlicht, ist die der Borhalogenide (Tabelle 21.4).

Viele kovalente Halogenide kann man herstellen, indem man das Element mit dem entsprechenden Halogen umsetzt. Oft besteht dabei die Möglichkeit zur Bildung verschiedener Produkte. Welche Verbindung überwiegend entsteht, lässt sich durch das Stoffmengenverhältnis beeinflussen. So bildet Phosphor beispielsweise mit Chlor im Überschuss Phosphor(V)-chlorid; mit Phosphor im Überschuss erhält man Phosphor(III)-chlorid:

Quantitativ können Fluorid-Ionen mit einer sogenannten *ionensensitiven Elektrode* erfasst werden. Wie die pH-Messung basiert dieses Verfahren auf einer elektrochemischen Konzentrationszelle. Eine Fluorid-Elektrode enthält eine Membran, die als Fluorid-Ionen-Leiter wirkt. Sie besteht aus LaF_3, das mit Europium-Ionen dotiert ist. Diese Membran trennt die Referenzlösung mit bekannter Fluorid-Konzentration von der Probelösung.

Wie die meisten Silberverbindungen sind auch die Silberhalogenide lichtempfindlich und verändern nach einer gewissen Zeit ihre Farbe zu einem eher gräulichen Farbton, der auf die Bildung elementaren Silbers zurückzuführen ist.

Qualitativ lassen sich die schwereren Halogene (Cl, Br, I) auch durch die *Beilstein-Probe* nachweisen. Dazu wird ein ausgeglühter Kupferdraht in die Probe getaucht und erneut in der nicht leuchtenden Brennerflamme erhitzt. Dabei bilden sich flüchtige Kupferhalogenide, welche die Flamme blaugrün färben.

Hinweis: Bei der *Bestimmung von Chlorid nach Mohr* werden Chromat-Ionen als Indikator eingesetzt. Dieses Verfahren wird im Rahmen des zweiten Exkurses auf Seite 677 beschrieben.

Tabelle 21.4 Siedetemperaturen der Borhalogenide

BF_3	−100 °C
BCl_3	12 °C
BBr_3	91 °C
BI_3	210 °C

$2 P(s) + 5 Cl_2(g) \rightarrow 2 PCl_5(s)$

$2 P(s) + 3 Cl_2(g) \rightarrow 2 PCl_3(l)$

Die meisten kovalenten Halogenide sind hydrolyseempfindlich und reagieren heftig mit Wasser. Neben dem Halogenwasserstoff erhält man dabei in der Regel die entsprechende Oxosäure. (Solche Halogenide lassen sich daher auch als Säurehalogenide der Oxosäuren auffassen.) Phosphor(III)-chlorid beispielsweise reagiert mit Wasser zu Phosphonsäure und Chlorwasserstoff:

$PCl_3(l) + 3 H_2O(l) \rightarrow H_3PO_3(aq) + 3 HCl(g)$

Einige kovalente Halogenide – insbesondere Fluoride – sind jedoch kinetisch inert, sodass sie mit Wasser nicht reagieren. Das gilt beispielsweise für Kohlenstofftetrafluorid (CF_4), Kohlenstofftetrachlorid (CCl_4) und Schwefelhexafluorid (SF_6).

Hinweis: Eine Möglichkeit zur Bildung des thermodynamisch instabilen *Stickstofftrichlorids* (NCl_3) und sein Reaktionsverhalten werden in Abschnitt 19.8 erläutert.

Halogenokomplexe Zahlreiche Halogenide reagieren mit Halogenid-Ionen (oder Halogenwasserstoff) zu anionischen Halogenokomplexen. Das gilt für eine Reihe molekularer Verbindungen (BF_3, SiF_4, $SnCl_4$, PF_5, $SbCl_5$) und insbesondere für mehr oder minder ionische Stoffe ($AgCl$, $PdCl_2$, HgI_2). In einigen Fällen gibt die Auflösung schwerlöslicher Halogenide durch einen Überschuss des Anions unmittelbar einen Hinweis darauf. So löst sich ein Silberchlorid-Niederschlag in konzentrierter Salzsäure unter Bildung von $[AgCl_2]^-$-Ionen. Das rote Quecksilber(II)-iodid reagiert entsprechend mit einer Kaliumiodid-Lösung:

$HgI_2(s) + 2 I^-(aq) \rightarrow [HgI_4]^{2-}(aq)$

Ganz ähnlich verhält sich auch das rotbraune Bismut(III)-iodid.

Als ein in der Natur vorkommender Halogenokomplex ist das Hexafluoroaluminat-Ion zu erwähnen. Es ist das Anion des Minerals *Kryolith*, $Na_3[AlF_6]$. *Kationische Halogenokomplexe* spielen vor allem bei den 3d-Elementen eine Rolle: So enthält beispielsweise das als Laborreagenz bekannte Eisen(III)-chlorid-Hexahydrat den oktaedrischen Komplex $[FeCl_2(H_2O)_4]^+$.

Anionische Halogenokomplexe bilden vielfach charakteristisch kristallisierende Verbindungen mit großen Kationen. Beispiele sind:

$Rb_2[SnCl_6]$, $Cs[PbI_3]$, $Cs_3[AsI_6]$, $Cs_2[TeCl_6]$, $Rb_2[TiF_6]$, $Rb_2[PdCl_4]$, $Cs[AuI_4]$, $Ag_2[HgI_4]$.

Verbindungen dieser Art spielen eine Rolle für den mikrochemischen Nachweis von Kationen. Die Reaktion verläuft dabei in einem Probetropfen auf einem Objektträger: So bilden sich in einer Zinn(IV)-haltigen salzsauren Probe nach Zusatz von etwas Rubidiumchlorid $Rb_2[SnCl_6]$-Kristalle, die man als stark lichtbrechende Oktaeder unter dem Mikroskop leicht identifizieren kann.

21.4 Sauerstoffsäuren der Halogene und ihre Salze

Mit Ausnahme von Fluor bilden die Halogene Sauerstoffsäuren der allgemeinen Zusammensetzung HXO_n (n = 1 bis 4). Von Iod in der Oxidationsstufe VII sind außerdem Sauerstoffsäuren mit oktaedrisch koordiniertem Iod bekannt (z.B. H_5IO_6). Nur wenige der Halogen-Sauerstoffsäuren sind in Substanz isoliert worden: $HClO_4(l)$, $HIO_3(s)$ und $H_5IO_6(s)$. Die übrigen sind nur als verdünnte wässerige Lösungen oder in Form ihrer Salze bekannt. Die Säurestärke nimmt mit steigendem Sauerstoffgehalt und vom Iod über Brom zum Chlor hin zu. Somit ist $HClO_4$ die stärkste und HIO die schwächste der Halogen-Sauerstoffsäuren. Abbildung 21.7 zeigt die Strukturen der Sauerstoffsäuren von Chlor.

Das Oxidationsvermögen der Sauerstoffsäuren nimmt mit steigender Oxidationsstufe und sinkendem pH-Wert zu. Redoxreaktionen mit Perchlorat-Ionen bzw. Perchlorsäure sind allerdings häufig kinetisch gehemmt.

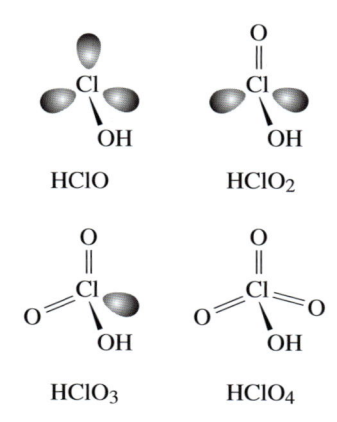

HClO   HClO$_2$

HClO$_3$ HClO$_4$

21.7 Die Sauerstoffsäuren des Chlors – Aufbau der Moleküle.

Sauerstoffsäuren des Chlors

Hypochlorige Säure Salze der sehr schwachen *Hypochlorigen Säure* (HClO, Chlor(I)-säure; $pK_s \approx 7,4$) reagierten in wässerigen Lösungen alkalisch:

Ursache für die Zunahme der Säurestärke mit der Oxidationsstufe ist die Stabilisierung des Anions XO_n^- aufgrund der mit wachsendem n verbesserten Delokalisierung der negativen Ladung.

$$ClO^-(aq) + H_2O(l) \rightleftharpoons HClO(aq) + OH^-(aq).$$

Wässerige Lösungen mit HClO in merklichen Konzentrationen erhält man durch Einleiten von Chlor in kaltes Wasser:

$$Cl_2(g) + H_2O(l) \rightleftharpoons HClO(aq) + Cl^-(aq) + H^+(aq)$$

Wird die sich gleichzeitig bildende Salzsäure durch den Zusatz von Ag_2O (oder HgO) abgefangen, findet – insgesamt gesehen – der folgende Stoffumsatz statt:

$$Cl_2(g) + H_2O(l) + Ag_2O(s) \rightarrow 2\,HClO(aq) + 2\,AgCl(s)$$

Leitet man Stickstoff durch diese Lösung, so entsteht ein Gasstrom, der mit HClO- und H_2O-Molekülen beladen ist. Durch Kühlung auf etwa –60 °C lässt sich der Wasserdampf selektiv ausfrieren und es verbleibt reines, verdünntes HClO-Gas. Mit zunehmendem Partialdruck ($p(HClO) > 10$ mbar) erfolgt Wasserabspaltung:

$$2\,HClO(g) \rightleftharpoons Cl_2O(g) + H_2O(l)$$

Hinweis: Einige weitere Angaben zu dem als Anhydrid der Hypochlorigen Säure anzusehenden *Dichlormonoxid* folgen in Abschnitt 21.5

Die starke Oxidationswirkung von ClO^- und HClO wird in Bleichmitteln und bei der Wasserdesinfektion genutzt. *Natriumhypochlorit* wird zum Bleichen von Zellstoff und zum Entfärben von Textilien eingesetzt. Natrium- oder Calciumhypochlorit ist oft auch die wirksame Substanz in Desinfektionsmitteln für private Schwimmbäder. Die Anwendung von Hypochlorit-Lösungen im Haushalt birgt gewisse Risiken. Deshalb wird auf den Behältern vor Gefahren gewarnt, die beim Mischen mit sauren Reinigern auftreten: Kommerziell erhältliche Hypochlorit-Lösung enthält auch Chlorid-Ionen. In Gegenwart von Hydronium-Ionen aus sauren Reinigern (z. B. auf Natriumhydrogensulfat-Basis) reagiert die zunächst gebildete Hypochlorige Säure mit den Chlorid-Ionen zu Chlorgas:

$$ClO^-(aq) + H^+(aq) \rightarrow HClO(aq)$$
$$HClO(aq) + Cl^-(aq) + H^+(aq) \rightarrow Cl_2(g) + H_2O(l)$$

Viele Verletzungen und einige Todesfälle sind durch diese einfache Redoxreaktion hervorgerufen worden.

Chlorige Säure Durch Umsetzung von $Ba(ClO_2)_2$ mit Schwefelsäure wird *Chlorige Säure* ($HClO_2$, Chlor(III)-säure) gewonnen. Selbst verdünnte Lösungen zersetzen sich rasch:

$$4\,HClO_2(aq) + H_2O(l) \rightarrow 2\,ClO_2(aq) + Cl^-(aq) + ClO_3^-(aq) + 2\,H_3O^+(aq)$$

Von technischer Bedeutung ist lediglich das *Natriumchlorit*. Es wird durch Reaktion von Chlordioxid (ClO_2) mit Natronlauge und H_2O_2 hergestellt:

$$2\,ClO_2(g) + 2\,NaOH(aq) + H_2O_2(aq) \rightarrow 2\,NaClO_2(aq) + 2\,H_2O(l) + O_2(g)$$

Wegen der Gefahr einer leicht eintretenden exothermen Zerfallsreaktion wird festes Natriumchlorit entweder als Monohydrat oder vermischt mit Natriumchlorid als Bleichmittel für Textilien in den Handel gebracht.

Chlorsäure Durch Umsetzung von $Ba(ClO_3)_2$ mit Schwefelsäure erhält man *Chlorsäure* ($HClO_3$, Chlor(V)-säure) als wässerige Lösung mit einem Massenanteil von bis zu 40 %. Oberhalb von 40 % bilden sich ClO_2 und $HClO_4$ als Zersetzungsprodukte. Im Gemisch mit konzentrierter Salzsäure zeigt Chlorsäure ein besonders hohes Oxidationsvermögen. Man verwendet diese als *Euchlorin* bezeichnete Mischung in der analytischen Chemie, um störende organische Stoffe durch Oxidation zu beseitigen.

Die technische Herstellung von *Natriumchlorat* erfolgt elektrochemisch aus NaCl-Lösungen bei 70 °C in Elektrolysezellen ohne Diaphragma mit Stahl-Kathoden und Platin-Anoden (Zellspannung 3 – 3,5 V, pH-Wert 6,9). Die primär aus Chlor und

Die Umsetzung von Chloraten mit konzentrierter Schwefelsäure führt zur Disproportionierung der primär gebildeten Chlorsäure. Neben dem Perchlorat entsteht Chlordioxid als gelbes, leicht explodierendes Gas:

$$3\,KClO_3(s) + H_2SO_4(l) \rightarrow KClO_4(s) + 2\,ClO_2(g) + K_2SO_4(s) + H_2O(l)$$

OH⁻-Ionen gebildeten Hypochlorit-Ionen werden wahrscheinlich von HClO zu ClO_3^- oxidiert. Insgesamt gesehen ist es eine Disproportionierungsreaktion:

$$Cl^IO^-(aq) + 2\,HCl^IO(aq) \rightarrow Cl^VO_3^-(aq) + 2\,HCl^{-I}(aq)$$

Beim Eindampfen der Elektrolyselösung kristallisiert zuerst das nicht umgesetzte NaCl aus und schließlich Natriumchlorat ($NaClO_3$) mit einem Gehalt von 99%. Durch die Umsetzung von Natriumchlorat mit einer Kaliumchlorid-Lösung erhält man das schwerer lösliche Kaliumchlorat. Es wird zur Herstellung von Zündhölzern, Feuerwerkskörpern und Sprengstoffen verwendet.

Weltweit werden jährlich mehr als zwei Millionen Tonnen Chlorate ($NaClO_3$, $KClO_3$) erzeugt.

Perchlorsäure Durch Einwirkung von konzentrierter Schwefelsäure auf Kaliumperchlorat bei 80 °C im Vakuum wird *Perchlorsäure* ($HClO_4$, Chlor(VII)-säure) freigesetzt. Es ist die einzige in Substanz herstellbare Chlorsauerstoffsäure (Schmelztemperatur −101 °C, Siedetemperatur 120 °C). Die farblose Flüssigkeit kann sich explosionsartig zersetzen, insbesondere in Gegenwart organischer Verbindungen. Perchlorsäure bildet mit Wasser im Stoffmengenverhältnis 1 : 1 ein salzartiges Hydrat $[H_3O]^+ClO_4^-$, das als *Oxoniumperchlorat* bezeichnet wird.

Perchlorate werden technisch durch anodische Oxidation von Chloraten hergestellt. Dabei muss die Konzentration an Chlorat und die Stromdichte an den Pt-Anoden möglichst groß sein (Zellspannung 5 – 6 V). Wahrscheinlich laufen folgende Reaktionsschritte an der Anode ab:

Siedende 60%ige wässerige Perchlorsäure wird in der analytischen Chemie zum Aufschluss verschiedener Proben (insbesondere von Metallen) eingesetzt. Dabei sind spezielle Abzüge, die mit PVC ausgekleidet sind, zu verwenden.

$$ClO_3^-(aq) \rightarrow ClO_3 + e^-$$

$$2\,ClO_3 \rightarrow O_2ClOClO_3$$

$$O_2ClOClO_3 + H_2O(l) \rightarrow HClO_3(aq) + HClO_4(aq)$$

Die Löslichkeit der Alkalimetallperchlorate nimmt mit zunehmender Größe des Kations ab. Kaliumperchlorat ist nur wenig löslich: Bei 25 °C lösen sich 2 g in 100 ml Wasser. Im Gegensatz dazu ist Silberperchlorat mit bis zu 500 g in 100 ml Wasser erstaunlich gut löslich. Die hohe Löslichkeit von Silberperchlorat sowohl in Wasser als auch in wenig polaren organischen Lösemitteln deutet darauf hin, dass hier kovalente Bindungsanteile vorliegen. Dies bedeutet gleichzeitig, dass der ionische Bindungsanteil relativ schwach ist.

Perchlorate in der Raketentechnik Für den Antrieb von Feststoffraketen wird Ammoniumperchlorat – im Gemisch mit Aluminium – eingesetzt:

$$6\,NH_4ClO_4(s) + 8\,Al(s) \rightarrow 4\,Al_2O_3(s) + 3\,N_2(g) + 3\,Cl_2(g) + 12\,H_2O(g);$$
$$\Delta H_R^0 \approx -7800\,kJ \cdot mol^{-1}$$

Für jeden Start des Space Shuttle werden 850 Tonnen dieser Verbindung benötigt; der Gesamtverbrauch in den USA beläuft sich auf jährlich ungefähr 30 000 Tonnen. Bis vor kurzem gab es in den USA nur zwei Fabriken, in denen Ammoniumperchlorat hergestellt wurde. Beide standen in Henderson (Nevada), einem Vorort von Las Vegas. Die Vorzüge dieses Standortes waren kostengünstige Elektrizität durch den Hoover-Damm und das trockene Klima, das den Umgang mit dem hygroskopischen Ammoniumperchlorat erleichtert. Ammoniumperchlorat zersetzt sich bei Temperaturen über 200 °C:

$$2\,NH_4ClO_4(s) \xrightarrow{\Delta} N_2(g) + Cl_2(g) + 2\,O_2(g) + 4\,H_2O(g); \quad \Delta H_R^0 = -378\,kJ \cdot mol^{-1}$$

Am 4. Mai 1988 fand eine derartige Zersetzungsreaktion in ungeheurem Ausmaß in einer der beiden Fabriken statt. Eine Explosionsserie zerstörte die Hälfte der Produktionskapazitäten für Ammoniumperchlorat in den USA und führte zu Todesopfern, Verletzten und enormen Sachschäden.

Sauerstoffsäuren des Broms

Bromsäuren und zum Teil auch ihre Salze sind viel weniger beständig als die entsprechenden Sauerstoffverbindungen des Chlors. Durch Umsetzung von Brom mit Natronlauge bilden sich zunächst Bromid und Hypobromit (BrO⁻), letzteres disproportioniert aber schnell zu Bromat (BrO$_3^-$) und Bromid:

$$3\ BrO^-(aq) \rightarrow BrO_3^-(aq) + 2\ Br^-(aq)$$

Technisch wird Bromat (wie Chlorat) durch elektrochemische Oxidation von Bromid hergestellt. Als Laborreagenz verwendet man meist Kaliumbromat.

Perbromat konnte erstmals 1968 durch Oxidation von Bromat mit XeF$_2$ erzeugt werden; höhere Ausbeuten erhält man mit Fluor:

$$BrO_3^-(aq) + F_2(g) + 2\ OH^-(aq) \rightarrow BrO_4^-(aq) + 2\ F^-(aq) + H_2O(l)$$

Bedingt durch die Kontraktion der Ionenradien beim Auffüllen der 3d-Orbitale bei den Elementen Sc bis Zn verhalten sich die nachfolgenden Elemente Ga, Ge, As, Se, Br innerhalb ihrer jeweiligen Gruppe ein wenig unerwartet. So sind die Perbromate im Vergleich zu den Perchloraten und Periodaten weniger beständig (ΔH_f^0 in kJ·mol^{-1}: –430 (KClO$_4$); –288 (KBrO$_4$); –461 (KIO$_4$)) und stärker oxidierend (E^0 bei pH = 0: 1,23 V(ClO$_4^-$/ClO$_3^-$); 1,74 V(BrO$_4^-$/BrO$_3^-$); 1,64 V(IO$_4^-$/IO$_3^-$)).

Sauerstoffsäuren des Iods

Iodsäuren in den Oxidationsstufen I und III (*Hypoiodige Säure, Iodige Säure*) sind noch weniger beständig als die entsprechenden Säuren des Chlors und des Broms. So scheint Iodige Säure gar nicht zu existieren und auch Hypoiodige Säure (HIO) ist kaum zu isolieren. Das in alkalischen Lösungen durch Disproportionierung von Iod (neben I⁻) primär entstehende Anion IO⁻ disproportioniert rasch weiter unter Bildung von Iodat (IO$_3^-$):

$$3\ IO^-(aq) \rightarrow IO_3^-(aq) + 2\ I^-(aq)$$

EXKURS

Die Entdeckung des Perbromat-Ions

Perchlorate und Periodate (mit den Anionen ClO$_4^-$ und IO$_6^{5-}$) sind seit der Mitte des neunzehnten Jahrhunderts bekannt. Das Perbromat-Ion konnte jedoch erst mehr als hundert Jahre später synthetisiert werden. Viele Wissenschaftler – darunter auch Linus Pauling – entwickelten Hypothesen um zu begründen, warum BrO$_4^-$ nicht existiert. Zum Beispiel behauptete man, dass die besondere Stabilität des Perchlorat-Ions auf starke π-Bindungen unter Beteiligung der 3d-Orbitale des Chlors besonders zurückzuführen ist. Daraus wurde der Schluss gezogen, dass das Perbromat-Ion aufgrund der geringen Überlappungsmöglichkeit der 4d-Orbitale des Broms mit den 2p-Orbitalen des Sauerstoffs instabil wäre.

Diese Hypothesen mussten 1968 überarbeitet werden, als der amerikanische Chemiker E. H. Appelman Synthesewege für das schwer zu fassende Perbromat-Ion entwickelt hatte. Bei einem Verfahren wurde Xenondifluorid als Oxidationsmittel benutzt:

$$XeF_2(aq) + BrO_3^-(aq) + H_2O(l) \rightarrow Xe(g) + 2\ HF(aq) + BrO_4^-(aq)$$

Das BrO$_4^-$-Ion erweist sich als sehr starkes Oxidationsmittel:

$$BrO_4^-(aq) + 2\ H^+(aq) + 2\ e^- \rightarrow BrO_3^-(aq) + H_2O(l); \quad E^0 = 1{,}74\ V$$

Deshalb sind nur extrem starke Oxidationsmittel wie Xenondifluorid oder elementares Fluor in der Lage, Bromat zu Perbromat zu oxidieren. Die Bildung des Ions ist außerdem kinetisch gehemmt. Bevor man also Verbindungen als nicht existent bezeichnet, sollte man alle möglichen Darstellungsmöglichkeiten und Reaktionsbedingungen untersucht haben.

Iodsäure Iodsäure (HIO_3, Iod(V)-säure) kann als farbloser, kristalliner Feststoff isoliert werden. In wässeriger Lösung ist Iodsäure praktisch vollständig dissoziiert.

Iodate der Alkalimetalle werden am besten aus den entsprechenden Chloraten durch Umsetzung mit Iod in Gegenwart von Salpetersäure gewonnen:

$$2\ KClO_3(aq) + I_2(s) \rightarrow Cl_2(g) + 2\ KIO_3(aq)$$

Periodate werden technisch durch elektrochemische Oxidation von IO_3^- an PbO_2-Anoden hergestellt. Die **Periodsäure** H_5IO_6 (ortho-Periodsäure) bildet farblose, hygroskopische Kristalle (Schmelztemperatur 128 °C). Durch Erhitzen von H_5IO_6 im Vakuum erfolgt Kondensation zu $H_7I_3O_{14}$ und schließlich zu einem polymeren Produkt $(HIO_4)_n$. In allen Fällen ist das Iod-Atom jeweils oktaedrisch von sechs Sauerstoff-Atomen koordiniert (Abbildung 21.8). Weiteres Erhitzen von $(HIO_4)_n$ führt schließlich zu Iod(V)-oxid (I_2O_5) unter Abspaltung von Wasser und Sauerstoff.

Die im Labor als starke Oxidationsmittel verwendeten Salze $NaIO_4$ und KIO_4 werden als *Natrium*- bzw. *Kaliummetaperiodat* bezeichnet. Sie enthalten das verzerrt tetraedrische IO_4^--Ion. Die formal zugehörige meta-Periodsäure HIO_4 existiert nicht.

H_5IO_6

$H_7I_3O_{14}$

21.8 Molekülstrukturen der ortho-Periodsäure (a) und der durch Wasserabspaltung entstehenden Triperiodsäure (b).

21.5 Halogenoxide

Mit Ausnahme von Iod(V)-oxid (I_2O_5) sind sämtliche Halogenoxide endotherme Verbindungen in Bezug auf die Bildung aus den Elementen und somit potentiell explosiv. Besonders gut untersucht wurden die Chloroxide, von denen einige bei Raumtemperatur isolierbar sind (siehe Tabelle 21.5). Dagegen existiert keines der Bromoxide bei Raumtemperatur länger als einige Sekunden.

Sauerstoffverbindungen des Fluors
Da Fluor auch in Sauerstoffverbindungen immer negativ polarisiert ist, müssen diese Verbindungen konsequenterweise als Sauerstoff-Fluoride (und nicht als Fluor-Oxide) bezeichnet werden. Eindeutig nachgewiesen sind OF_2, O_2F_2 und O_2F.

Sauerstoffdifluorid (OF_2) entsteht durch Umsetzung von F_2-Gas mit verdünnter Natronlauge. Das schwachgelbe Gas zerfällt erst oberhalb 200 °C in die Elemente. O_2F_2 wird am besten durch UV-Photolyse eines flüssigen O_2/F_2-Gemisches bei −196 °C hergestellt. Es zersetzt sich bereits bei −120 °C langsam in O_2F und F_2 und zerfällt schließlich vollständig zu Fluor und Sauerstoff. Das O_2F-Radikal reagiert mit starken Lewis-Säuren zu thermisch stabilen *Dioxygenylsalzen*:

$$O_2F(g) + AsF_5(g) \rightarrow O_2^+\ [AsF_6]^-(s)$$

Tabelle 21.5 Übersicht über die bisher nachgewiesenen binären Chloroxide. (Die in Klammern gesetzten Spezies existieren nur bei tiefen Temperaturen.)

Verbindungstyp	Oxidationsstufe						
	I	II	III	IV	V	VI	VII
ClO_x		(ClO)		ClO_2		(ClO_3)	
Cl_2O_y	Cl_2O	(Cl_2O_2)	(Cl_2O_3)	Cl_2O_4*		Cl_2O_6**	Cl_2O_7

* bei Raumtemperatur als Chlorperchlorat: $ClOClO_3$
** im festen Zustand als Chlorylperchlorat $[ClO_2]^+[ClO_4]^-$

Dichlormonoxid (Cl$_2$O) Durch Überleiten von Chlor über gelbes HgO kann *Dichlormonoxid* (Cl$_2$O) als rotbraunes Gas erhalten werden, das bei 2 °C zu einer Flüssigkeit kondensiert. Kovalente Chloride können damit leicht in Oxidchloride überführt werden:

$$WCl_6(s) + Cl_2O(l) \rightarrow WOCl_4(s) + 2\ Cl_2(g)$$

Mit Wasser reagiert Cl$_2$O zu Hypochloriger Säure; es erweist sich damit als Anhydrid dieser Säure.

Chlordioxid (ClO$_2$) Das einzige Chloroxid, das größere technische Bedeutung erlangt hat, ist Chlordioxid (ClO$_2$). Es wird durch die Reduktion von Natriumchlorat-Lösungen hergestellt:

$$2\ ClO_3^-(aq) + SO_2(aq) \rightarrow 2\ ClO_2(aq) + SO_4^{2-}(aq)$$

Kleinere Mengen an Chlordioxid werden bevorzugt durch die Oxidation von Natriumchlorit-Lösungen erzeugt. Als Oxidationsmittel verwendet man Natriumperoxodisulfat (Na$_2$S$_2$O$_8$) oder Chlorgas:

$$2\ ClO_2^-(aq) + Cl_2(g) \rightarrow 2\ ClO_2(g) + 2\ Cl^-(aq)$$

Chlordioxid ist ein intensiv gelbes Gas, das bei 11 °C zu einer Flüssigkeit kondensiert und bei −59 °C kristallisiert. Die Verbindung ist paramagnetisch, denn das ClO$_2$-Molekül weist ein ungepaartes Elektron auf:

Wird bei der Trinkwasseraufbereitung Chlordioxid zur Desinfektion verwendet, so ist die Dosierung auf 0,4 mg · l^{-1} zu begrenzen. Nach Abschluss der Aufbereitung muss die ClO$_2$-Konzentration mindestens 0,05 mg · l^{-1} betragen; als Höchstwert für das als Reaktionsprodukt gebildete Chlorit-Ion (ClO$_2^-$) gilt 0,2 mg · l^{-1}.

Aus Sicherheitsgründen wird Chlordioxid mit Stickstoff oder Kohlenstoffdioxid verdünnt, sodass sein Volumenanteil zwischen 10% und 15% liegt. Große Mengen an Chlordioxid werden in Form verdünnter wässeriger Lösungen zum Bleichen von Zellstoff in der Papierherstellung verbraucht. Hier weist Chlordioxid gegenüber Chlor einen wesentlichen Vorteil auf, denn es bleicht, ohne dass nennenswerte Mengen an giftigen, chlorhaltigen organischen Nebenprodukten entstehen. Aus dem gleichen Grund setzt man Chlordioxid in zunehmendem Maße zur Desinfektion von Trinkwasser ein, da es auch die im Wasser zu einem gewissen Grad vorhandenen organischen Verbindungen nicht chloriert.

Die Stabilität wässeriger ClO$_2$-Lösungen beruht auf einer kinetischen Hemmung der Disproportionierungsreaktion. In alkalischer Lösung verläuft diese Reaktion dagegen relativ schnell:

$$2\ ClO_2(aq) + 2\ OH^-(aq) \rightarrow ClO_3^-(aq) + ClO_2^-(aq) + H_2O(l)$$

Mechanistisch sollte die Disproportionierung über ein Dimeres ((ClO$_2$)$_2$) verlaufen, das aber bei Raumtemperatur nur in sehr geringer Konzentration vorliegt. Erst im festen Zustand geht das paramagnetische ClO$_2$ unterhalb von −108 °C in einen diamagnetischen Stoff über, der aus Dimeren aufgebaut ist. Man hat festgestellt, dass sich das ungepaarte Elektron in einem p-Orbital senkrecht zur Molekülebene aufhält. Damit lässt sich verstehen, dass ClO$_2$ viel schlechter dimerisiert als NO$_2$, bei dem das ungepaarte Elektron in einem sp-Orbital am N-Atom lokalisiert ist.

ClO$_2$ lässt sich mit Fluor oder Ozon oxidieren:

$$2\ ClO_2(g) + F_2(g) \rightarrow 2\ ClO_2F(g)$$

$$2\ ClO_2(g) + 2\ O_3(g) \rightarrow Cl_2O_6(l) + 2\ O_2(g)$$

Wenn bei kleinen Molekülen mehrere Isomere auftreten können oder verschiedene Atomanordnungen denkbar sind, verdeutlicht man die Molekülstruktur, indem man von der sonst üblichen Formelschreibweise abweicht. So beschreibt O$_2$ClOClO$_3$ die folgende Struktur besser als Cl$_2$O$_6$:

Das gasförmige, molekulare *Chlorylfluorid* (ClO$_2$F, Siedetemperatur −6 °C) reagiert mit starken Lewis-Säuren zu thermisch stabilen Chlorylsalzen:

$$ClO_2F(g) + AsF_5(g) \rightarrow [ClO_2]^+[AsF_6]^-(s)$$

Den VSEPR-Regeln entsprechend sind sowohl ClO$_2$ als auch ClO$_2^+$ und ClO$_2^-$ gewinkelt. Die (O/Cl/O)-Bindungswinkel betragen: 117,5° (ClO$_2$), 119° (ClO$_2^+$) und 110,5° (ClO$_2^-$).

Die Oxidation von ClO$_2$ mit O$_3$ führt zu Cl$_2$O$_6$, dem Chloroxid mit der geringsten Flüchtigkeit. (Schmelztemperatur: 4 °C, Siedetemperatur (extrapoliert): 203 °C.) In der flüssigen Phase ist Cl$_2$O$_6$ schwarz, in der festen Phase um 0 °C tiefrot und bei −196 °C gelb. Im festen Zustand liegt es als *Chlorylperchlorat* [Cl^{V}O$_2$]$^+$[Cl^{VII}O$_4$]$^-$ vor. In der Gasphase zerfällt das molekulare O$_2$ClOClO$_3$ schnell in ClO$_2$ und Sauerstoff.

Dichlorheptaoxid Das Anhydrid der Perchlorsäure ist Cl_2O_7. Es bildet sich bei der Entwässerung von $HClO_4$ mittels P_4O_{10} und kann durch Vakuumdestillation gereinigt werden. Weder in der Gasphase (Siedetemperatur 82 °C) noch in der festen Phase (Schmelztemperatur –92 °C) hat das Molekül eine Spiegelebene, da die beiden ClO_3-Gruppen um etwa 15° gegeneinander verdreht sind.

Alle weiteren Chloroxide weisen bei Raumtemperatur auch bei niedrigen Partialdrücken (< 1 mbar) nur eine Lebensdauer im Bereich von Millisekunden bis Sekunden auf. ClO-Radikale, die aus Chlor-Atomen und Ozon entstehen, spielen in der Chemie der Stratosphäre eine Rolle. Man vergleiche dazu den Exkurs am Ende von Abschnitt 20.1

Bromoxide und Iodoxide Die Oxide des Broms und Iods sind bisher weit weniger gut untersucht als die des Chlors. Bromoxide ließen sich bisher nur in hoch verdünnter Gasphase spektroskopisch nachweisen (BrO, BrO_2, Br_2O) oder als kristalline Verbindungen bei sehr tiefen Temperaturen charakterisieren (Br_2O, Br_2O_3, Br_2O_5).

Von den *Iodoxiden* sind IO, I_2O_4, I_4O_9, I_2O_5 und I_2O_6 beschrieben. Bis auf die Gasphasenspezies IO liegen alle weiteren Iodoxide bei Raumtemperatur als Feststoffe vor. **Iod(V)-oxid** (I_2O_5) ist ein weißer Feststoff, der mit Wasser unter Bildung von Iodsäure reagiert. Besonders bemerkenswert ist das Verhalten gegenüber dem sonst reaktionsträgen Kohlenstoffmonoxid: Sobald man etwas erwärmt, wird CO vollständig zu CO_2 oxidiert:

$$I_2O_5(s) + 5\ CO(g) \rightarrow I_2(s) + 5\ CO_2(g)$$

Diese Reaktion ist auch die Grundlage für die halbquantitative Bestimmung von CO mit Hilfe von Gasspürgeräten: Die Reaktionsschicht der eingesetzten Röhrchen enthält I_2O_5, dem etwas SeO_2 und Dischwefelsäure ($H_2S_2O_7$) zugesetzt sind. Unter diesen Bedingungen läuft die Reaktion bereits bei Raumtemperatur ab.

Durch Einwirkung von Ozon auf Iod bei –78 °C entsteht I_4O_9 als hellgelber Feststoff. Oberhalb von 75 °C geht dieses Produkt unter Freisetzung von Sauerstoff und Iod in I_2O_5 über. I_2O_4 bildet sich bei der Umsetzung von Iodsäure mit konzentrierter Schwefelsäure:

$$2\ HIO_3(s) \xrightarrow{\text{konz. } H_2SO_4} I_2O_4(s) + H_2O(l) + \tfrac{1}{2}\ O_2(g)$$

Dieses zitronengelbe Oxid disproportioniert beim Erhitzen zu elementarem Iod und I_2O_5.

21.6 Interhalogenverbindungen, Polyhalogenid-Ionen und Halogen-Kationen

Neben zahlreichen Verbindungen der Halogene untereinander spielen auch Polyhalogenid-Anionen und Polyhalogen-Kationen eine Rolle in der Chemie der Halogene (Abbildung 21.9). Zum Schluss dieses Abschnitts werden auch die sogenannten Pseudohalogenid-Ionen und die sich davon ableitenden Molekülverbindungen behandelt.

Interhalogenverbindungen

Die neutralen Verbindungen haben die Formeln XY, XY_3, XY_5 oder XY_7, wobei X für das Halogen mit der kleineren Elektronegativität und Y für das mit der höheren Elektronegativität steht. Für die Fälle XY und XY_3 sind sämtliche Möglichkeiten bekannt. Verbindungen des Typs XY_5 hingegen werden nur mit Fluor gebildet (X = Cl, Br, I). Die Formel XY_7 – mit X in der Oxidationsstufe VII – findet man nur für IF_7. Die übliche Erklärung für das Fehlen von Chlor- und Bromanaloga dieser Verbindung bezieht sich

---

Strukturell weist I_2O_5 eine Ähnlichkeit zu N_2O_5 auf: Ein O-Atom verbindet die beiden IO_2-Einheiten, die gegeneinander verdreht sind. Anders als beim N_2O_5 liegen jedoch hier starke intermolekulare Wechselwirkungen vor.

Kommerziell wird I_2O_5 durch Erhitzen von Iodsäure hergestellt:

$$2\ HIO_3(s) \xrightarrow{200\ °C} I_2O_5(s) + H_2O(g)$$

Sowohl I_4O_9 als auch I_2O_4 können als Iod(III)/Iod(V)-Verbindungen aufgefasst werden: $I(IO_3)_3$ (Iod(III)-iodat) bzw. $I^{III}OI^VO_3$ (Iodosyliodat). Man geht heute davon aus, dass es sich in beiden Fällen um polymere Verbindungen handelt.

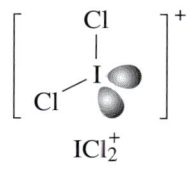

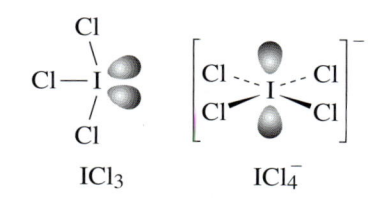

21.9 Aufbau verschiedener $I^{III}Cl_x$-Spezies.

Tabelle 21.6 Nachgewiesene Interhalogene. (Die in Klammern gesetzten Spezies existieren nur bei tiefen Temperaturen.)

ClF	ClF$_3$	ClF$_5$	
(BrF)	BrF$_3$	BrF$_5$	
(IF)	(IF$_3$)	IF$_5$	IF$_7$
(BrCl)			
ICl	I$_2$Cl$_6$		
IBr			

Aufgrund ihrer vielfältigen Strukturen sind die Interhalogenverbindungen von besonderem Interesse für die anorganische Chemie: Der Aufbau der Moleküle entspricht in allen Fällen den Regeln des VSEPR-Modells. So ist Iodheptafluorid ein Beispiel für die seltene pentagonal-bipyramidale Anordnung mit einem siebenfach koordinierten Zentralatom (Abbildung 21.10).

In Tabelle 21.6 sind alle binären Interhalogene zusammengestellt. Die in Klammern gesetzten Spezies sind bei Raumtemperatur nicht isolierbar. BrCl beispielsweise zerfällt in der Gasphase innerhalb von Sekunden: Es bildet sich ein Gleichgewichtsgemisch, das neben BrCl auch Cl$_2$- und Br$_2$-Moleküle enthält. BrF ist nur in der Gasphase bei niedrigen Drücken (einige hPa) über Stunden haltbar. Bei der Kondensation disproportioniert es spontan zu Br$_2$ und BrF$_3$.

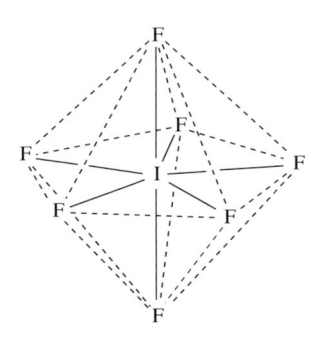

21.10 Aufbau des Iodheptafluorid-Moleküls.

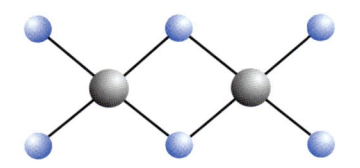

21.11 Aufbau des I$_2$Cl$_6$-Moleküls.

auf das Größenverhältnis: Nur das Iod-Atom ist groß genug, um sieben Fluor-Atome im Bindungsabstand um sich herum anzuordnen.

Sämtliche Interhalogenverbindungen lassen sich direkt aus den Elementen darstellen. Mischt man zum Beispiel Chlor mit Fluor im Verhältnis 1:3, so erhält man Chlortrifluorid (ClF$_3$):

$$Cl_2(g) + 3\,F_2(g) \xrightarrow{\Delta} 2\,ClF_3(g)$$

Diese Interhalogenverbindung sowie IF$_5$ und BrF$_3$ werden im industriellen Maßstab produziert. ClF$_3$ ist aufgrund seines hohen Fluorgehalts und seiner hohen Reaktivität ein praktisches und sehr wirkungsvolles Fluorierungsreagenz. Besonders nützlich ist es bei der Abtrennung des Urans von Plutonium und Kernspaltungsprodukten in abgebrannten Kernbrennstoffen: Das leicht flüchtige UF$_6$ kann verdampft werden, während das schwer flüchtige PuF$_4$ zurückbleibt.

ClF$_3$ und BrF$_3$ weisen – bedingt durch die von einer trigonalen Bipyramide abgeleitete Struktur mit drei bindenden und zwei freien Elektronenpaaren am Zentralatom – eine hohe Reaktivität auf; im Hinblick auf die Lewis-Säure/Base-Eigenschaften zeigen sie amphoteren Charakter. In Gegenwart von Lewis-Säuren entstehen Kationen, in Gegenwart der basischen Fluorid-Ionen dagegen Anionen:

$$BrF_3(l) + AsF_5(g) \rightarrow [BrF_2]^+[AsF_6]^-(s)$$

$$BrF_3(l) + CsF(s) \rightarrow Cs^+[BrF_4]^-(s)$$

Dieses amphotere Verhalten verleiht den Trihalogeniden auch besondere Eigenschaften. So sind die Siedetemperaturen von ClF$_3$ und BrF$_3$ innerhalb der Serien ClF (−101 °C), ClF$_3$ (12 °C), ClF$_5$ (−13 °C) sowie BrF (20 °C (geschätzt)), BrF$_3$ (126 °C), BrF$_5$ (41 °C) unerwartet hoch. Dies weist auf starke zwischenmolekulare Wechselwirkungen hin, die vom ClF$_3$ zum IF$_3$ zunehmen. So ist BrF$_3$ durch Autoionisation elektrisch leitfähig.

$$2\,BrF_3(l) \rightleftharpoons BrF_2^+(solv) + BrF_4^-(solv)$$

Das feste ICl$_3$ stellt strukturell eine Besonderheit dar; es ist aus planaren, dimeren Molekülen aufgebaut. (Abbildung 21.11)

Die folgenden Gleichungen spiegeln typische Reaktionsmöglichkeiten der Interhalogene wider. Vielfach handelt es sich dabei um Additions- oder Redoxreaktionen:

$$SO_3 + ClF \rightarrow ClOSO_2F$$
$$SF_4 + ClF \rightarrow SF_5Cl$$
$$N\equiv SF_3 + 2\,ClF \rightarrow Cl_2N-SF_5$$
$$CO + BrF \rightarrow FC(O)Br$$
$$U + 3\,ClF_3 \rightarrow UF_6 + 3\,ClF$$

Charakteristisch sind aber auch Reaktionen, die einem wechselseitigen Austausch von Bausteinen entsprechen. Solche Reaktionen bezeichnet man als *Metathese*-Reaktionen:

$$KNO_3 + ClF \rightarrow KF + ClONO_2$$
$$SiO_2 + BrF_5 \rightarrow SiF_4 + BrO_2F$$

Polyhalogenid-Ionen

Für die Ausführung iodometrischer Titrationen verwendet man traditionell eine Iod-Maßlösung ($c(I_2) = 0{,}05$ mol·l^{-1}), deren Iodgehalt 12,7 g·l^{-1} entspricht. In einem Liter reinen Wassers lösen sich nur etwa 2 g Iod. Fügt man jedoch Kaliumiodid hinzu, wird die Löslichkeit stark vergrößert. Ursache ist die Reaktion von Iod-Molekülen mit Iodid-Ionen zu Triiodid-Ionen I$_3^-$:

$$I_2(s) + I^-(aq) \rightleftharpoons I_3^-(aq); \quad K = 700$$

Eine Iod-Maßlösung ist demnach im Wesentlichen eine KI$_3$-Lösung entsprechender Konzentration (mit überschüssigem Kaliumiodid). Um eine KI$_3$-Lösung handelt es sich auch bei der sogenannten *Lugolschen Lösung*, die für den Nachweis von Stärke (unter Bildung der blauen Iodstärke) verwendet wird.

Das I$_3^-$-Ion ist linear gebaut und die beiden Iod/Iod-Bindungen haben in Lösung die gleiche Länge von etwa 293 pm. Diese Bindungen sind länger als im I$_2$-Molekül des festen Iods (272 pm). Das I$_3^-$-Ion ist isoelektronisch zum XeF$_2$-Molekül, bei dem das Zentralatom ebenfalls drei freie Elektronenpaare aufweist (siehe Abschnitt 22.2). Mit großen, schwach elektrophilen Kationen wie Cs$^+$ und [N(CH$_3$)$_4$]$^+$ lassen sich Salze des I$_3^-$-Ions isolieren. Mit Kalium-Ionen erhält man ein Monohydrat: KI$_3 \cdot$H$_2$O. Neben Triiodiden kennt man auch Pentaiodide und Heptaiodide mit gewinkelten bzw. verzweigten Anionen, Beispiele sind: [N(CH$_3$)$_4$]$^+$I$_5^-$, [P(C$_6$H$_5$)$_4$]$^+$I$_7^-$. In einigen weiteren drei- bzw. fünfatomigen Polyhalogenid-Ionen sind Atome zweier Halogene miteinander kombiniert: BrCl$_2^-$, ICl$_2^-$, IBr$_2^-$, ICl$_4^-$. Ihre Kalium- oder Caesiumsalze erhält man meist relativ leicht, indem man die entsprechenden Alkalimetallbromide oder -iodide mit Chlor bzw. Brom umsetzt. Bei der Benennung dieser Verbindungen ist zu berücksichtigen, dass dem Zentralatom des Anions eine positive Oxidationsstufe zuzuordnen ist. Der Name für CsBrCl$_2$ ist also Caesiumdichlorobromat(I); KICl$_4$ heißt entsprechend Kaliumtetrachloroiodat(III).

> Für die Bildung der gelben Tribromid-Ionen ist die Lage des Gleichgewichts weniger günstig ($K \approx 18$). Einen deutlichen Hinweis auf die Reaktion gibt aber bereits die folgende Beobachtung: Löst man Kaliumbromid in Bromwasser, so verändert sich die Farbe der Lösung von braun nach gelb.

Iodometrie Das Schlagwort *Iodometrie* steht für die vielfältigen Möglichkeiten zur Durchführung von Redoxtitrationen unter Beteiligung des Redoxpaares I$_2$/I$^-$ (bzw. I$_3^-$/I$^-$). Als *Indikator* wird bei iodometrischen Titrationen Stärkelösung hinzugefügt. Genauer gesagt handelt es sich um eine Lösung, die fast ausschließlich *Amylose* enthält. Amylose ist der Anteil der Stärke, der aus kettenförmigen Makromolekülen besteht. Diese Moleküle sind aus bis zu 10 000 Glucoseeinheiten aufgebaut. In Anwesenheit von Iod (und Iodid) bildet sich eine tiefblaue Einschlussverbindung: die sogenannte *Iodstärke*. Sie enthält Polyiodid-Ketten (I$_5^-$–I$_{15}^-$) in spiralig aufgewickelten Bereichen der Amylose-Moleküle.

Reduktionsmittel können direkt mit einer Iod-Maßlösung titriert werden. Typische Beispiele sind die Reaktion mit Schwefelwasserstoff und mit Arseniger Säure (bzw. ihren Anionen):

$$H_2S(aq) + I_3^-(aq) \rightarrow S(aq) + 3\,I^-(aq) + 2\,H^+(aq)$$

$$H_2As^{III}O_3^-(aq) + I_3^-(aq) + H_2O \rightleftharpoons HAs^VO_4^{2-}(aq) + 3\,I^-(aq) + 3\,H^+(aq)$$

Im Falle der Arsenigen Säure ist eine vollständige Oxidation nur dann zu erreichen, wenn die freigesetzten Hydronium-Ionen abgefangen werden. Man gibt daher Natriumhydrogencarbonat in die Probelösung. Stärker alkalische Lösungen würden aufgrund der Disproportionierung von Iod (zu I$^-$ und IO$^-$) zu einem Mehrverbrauch führen.

Bei der Bestimmung von Oxidationsmitteln wird die Probelösung zunächst mit (überschüssigem) Kaliumiodid versetzt, sodass in einer Redoxreaktion Iod (bzw. Triiodid) entsteht. Beispiele sind die Reaktionen von Iodid-Ionen mit Kupfer(II)-Ionen und mit Iodat-Ionen:

$$2\,Cu^{2+}(aq) + 4\,I^-(aq) \rightarrow 2\,CuI(s) + I_2(aq)$$

$$IO_3^-(aq) + 5\,I^-(aq) + 6\,H^+(aq) \rightarrow 3\,I_2(aq) + 3\,H_2O(aq)$$

Anschließend wird die Stoffmenge des gebildeten Iods mithilfe eines geeigneten Reduktionsmittels bestimmt. In der Praxis verwendet man eine Natriumthiosulfat-Maßlösung. Thiosulfat-Ionen (S$_2$O$_3^{2-}$) werden durch Iod (bzw. Triiodid) zu Tetrathionat-Ionen oxidiert:

$$2\,S_2O_3^{2-}(aq) + I_2(aq) \rightarrow S_4O_6^{2-}(aq) + 2\,I^-(aq)$$

Dem Reaktionsgemisch wird Stärkelösung zugesetzt, sodass man den Endpunkt der Titration am Verschwinden der Blaufärbung leicht erkennen kann.

> Angefeuchtetes *Kaliumiodid-Stärke-Papier* wird für den qualitativen Nachweis oxidierend wirkender Gase genutzt. Eine Blaufärbung gibt einen Hinweis auf Ozon, Stickstoffdioxid, Fluor, Chlor oder Brom.

Polyhalonium-Ionen Kationen, an deren Aufbau verschiedene Halogene beteiligt sind, bezeichnet man zusammenfassend als *Polyhalonium*-Ionen. Es sind drei-, fünf- oder siebenatomige Ionen des Typs XY_{2n}^+ (n = 1, 2, 3), die sich formal durch Abspaltung eines Halogenid-Ions aus dem entsprechenden Interhalogen-Molekül ergeben. Tatsächlich führt die Reaktion der Interhalogene mit Lewis-Säuren (als Halogenid-Ionen-Akzeptor) zu relativ stabilen Verbindungen. Beispiele sind: $ClF_2^+BF_4^-$, $ICl_2^+AlCl_4^-$, $ClF_4^+SbF_6^-$, $(BrF_4^+)_2SnF_6^{2-}$, $IF_4^+PtF_6^-$, $IF_6^+AuF_6^-$.

Halogen-Kationen

In supersauren Medien, die sehr schwach nukleophile Anionen enthalten, lassen sich Polyhalogen-Kationen erzeugen und stabilisieren. Iod in *Oleum* ($H_2SO_4 \cdot 2\,SO_3 \triangleq H_2S_3O_{10}$) ergibt eine blaue Lösung, in der das paramagnetische I_2^+-Ion vorliegt:

$$2\,I_2(s) + H_2S_3O_{10}(l) \rightarrow 2\,I_2^+(solv) + SO_2(g) + 2\,HSO_4^-(solv)$$

Ein stabiles Salz bildet sich mit SbF_5, das gleichzeitig als Oxidationsmittel und als Reaktionsmedium fungiert:

$$2\,I_2(s) + 5\,SbF_5(l) \rightarrow 2\,I_2^+[Sb_2F_{11}]^-(s) + SbF_3(s)$$

Im I_2^+-Kation ist das Elektron aus dem antibindenden π*-Orbital des I_2-Moleküls entfernt, sodass die Bindung im I_2^+-Ion stärker ist als im I_2-Molekül. Je nach dem stöchiometrischen Verhältnis von I_2 zum Oxidationsmittel und der Wahl des Reaktionsmediums bilden sich auch die weniger elektrophilen Ionen I_3^+ und I_5^+. Br_2^+- und Br_3^+-Salze lassen sich beispielsweise auf folgendem Weg erhalten: Man oxidiert Brom mithilfe der Peroxoverbindung $S_2O_6F_2$ in SbF_5 als Lösemittel, das selbst auch an der Reaktion teilnimmt:

$$2\,Br_2(solv) + S_2O_6F_2(solv) + 10\,SbF_5(l) \rightarrow 2\,Br_2^+[Sb_3F_{16}]^-(s) + 2\,Sb_2F_9(SO_3F)(solv)$$

Das Br_3^+-Kation wird bereits durch das schwach nukleophile $[Sb_2F_{11}]^-$-Anion stabilisiert. Von Chlor kennt man Lösungen mit dem Cl_3^+-Kation.

Positiv polarisierte Halogenatome In einigen Verbindungen ist ein Halogenatom an ein Atom eines anderen Elements gebunden, das eine höhere Elektronegativität aufweist als das Halogen. In diesen Fällen liegt das Halogenatom positiv polarisiert vor. Beispiele sind $ClONO_2$, $BrOTeF_5$ und ClF_3. All diese Verbindungen haben interessante Bindungseigenschaften und sind nützliche Synthesereagenzien. So lassen sich mit *Chlornitrat* ($ClONO_2$) wasserfreie Nitrate herstellen, die sonst nicht zugänglich sind. Ein Beispiel ist die Synthese von Zinn(IV)-nitrat:

$$SnCl_4(l) + 4\,ClONO_2(l) \rightarrow Sn(ONO_2)_4(s) + 4\,Cl_2(g)$$

Hier reagiert also formal Cl^- mit Cl^+ zu Cl_2, so wie sich in dem folgenden Beispiel hydridische (H^-) mit protischen Verbindungen (H^+) unter Bildung von Wasserstoff umsetzen:

$$SiH_4(g) + 4\,CH_3OH(l) \rightarrow Si(OCH_3)_4(l) + 4\,H_2(g)$$

Pseudohalogenide und Pseudohalogene

Genauso wie das Ammonium-Ion in vielen Eigenschaften den Alkalimetall-Ionen ähnelt gibt es einige mehratomige Anionen die sich ähnlich verhalten wie Halogenid-Ionen. Die wichtigsten Beispiele für solche *Pseudohalogenid*-Ionen sind Cyanid (CN^-), Cyanat (OCN^-), Thiocyanat (SCN^-) und Azid (N_3^-). Ähnlichkeiten zu den Halogenid-Ionen bestehen vor allem in folgenden Aspekten:

1. Die Pseudohalogenide bilden Säuren. *Beispiele*: HCN, HN_3.
2. Sie bilden schwerlösliche Salze mit Ag^+ und Pb^{2+}. *Beispiele*: AgCN, $Pb(N_3)_2$.
3. Sie bilden Komplexe mit vielen Übergangsmetall-Ionen. *Beispiele*: $[Au(CN)_2]^-$, $[Co(NCS)_4]^{2-}$.
4. Einige lassen sich zu freien Pseudohalogenen oxidieren. *Beispiel*: $(CN)_2$, das sogenannte *Dicyan*.
5. Durch Oxidation können Halogenid-Ionen auch mit Pseudohalogenid-Ionen zu einem Molekül kombiniert werden. *Beispiele*: ClCN, BrNCO.
6. In alkalischer Lösung disproportionieren Pseudohalogene. *Beispiel*: $(CN)_2(aq) + 2\,OH^-(aq) \rightarrow CN^-(aq) + OCN^-(aq) + H_2O(l)$

Das Cyanid-Ion ist dem Iodid-Ion am ähnlichsten. So wie Iodid beispielsweise durch Kupfer(II)-Ionen zu Iod oxidiert wird, so wird Cyanid zu Dicyan $(CN)_2$ oxidiert:

$$2\ Cu^{2+}(aq) + 4\ I^-(aq) \rightarrow 2\ CuI(s) + I_2(aq)$$

$$2\ Cu^{2+}(aq) + 4\ CN^-(aq) \rightarrow 2\ CuCN(s) + (CN)_2(g)$$

21.7 Biologische Aspekte

Alle Halogene wirken in unterschiedlichem Maße giftig und ätzend.

Sie werden aber schon in geringen Konzentrationen an ihrem stechenden Geruch wahrgenommen, wobei der Fluorgeruch dem von Ozon ähnelt. Noch Stunden nach der Halogeneinwirkung können Lungenschäden auftreten.

Während die verdünnten Halogenwasserstoffsäuren HCl(aq) (Salzsäure), HBr(aq) und HI(aq) harmlos sind, ist *Flusssäure* (HF(aq)) sehr gefährlich. Fluorwasserstoff ist in Wasser nur wenig dissoziiert und kann daher molekular durch die Lipidschicht der Haut in das Gewebe eindringen. Aufgrund einer Störung des Calcium-Stoffwechsels kommt es zu sehr schmerzhaften, schlecht heilenden Wunden. Als Gegenmittel werden Calciumgluconat-Lösungen injiziert.

Fluorid-Ionen in geringer Konzentration sind essentiell, obwohl ihre genaue Funktion bisher noch nicht geklärt ist. In hoher Konzentration wirkt Fluorid dagegen toxisch, da es ein Konkurrent des Hydroxid-Ions in Enzymreaktionen ist. Das Hauptinteresse am Fluorid-Ion liegt in seiner Bedeutung für die Karies-Prophylaxe: Das weiche Zahnmaterial Apatit ($Ca_5(PO_4)_3(OH)$) wird durch Fluorid in den stabileren Fluoridapatit ($Ca_5(PO_4)_3F$) umgewandelt.

Bei höherem Fluoridgehalten im Trinkwasser (> 2 mg·l^{-1}) tritt eine braune Sprenkelung der Zähne auf, und bei 50 mg·l^{-1} werden erste toxische Effekte sichtbar. Es scheint, als würden Calcium-Ionen die schädliche Wirkung von überschüssigen Fluorid-Ionen hemmen – wahrscheinlich durch die Bildung von unlöslichem Calciumfluorid.

Chlorid-Ionen spielen eine wichtige Rolle für den Elektrolythaushalt unseres Körpers. Sie scheinen jedoch keine aktive Rolle zu spielen, sondern dienen lediglich dem Ladungsausgleich für die Kationen der Alkalimetalle (Na^+, K^+). Blutplasma enthält Cl^--Ionen mit einer Konzentration von etwa 0,1 mol·l^{-1} ($\cong$ 3,6 g·l^{-1}); die Zellflüssigkeit von Körperzellen ist dagegen praktisch chloridfrei.

Kovalent gebundenes Chlor hingegen ist weniger harmlos. Viele toxische Verbindungen, über die diskutiert wird, sind chlorhaltige Molekülverbindungen. Beispiele sind chlorierte Kohlenwasserstoffe, DDT, PCBs und Dioxine.

Das Element *Brom* hat nur eine relativ geringe biologische Bedeutung. Seit langem bekannt ist jedoch eine von Lebewesen synthetisierte organische Verbindung des Broms: der Farbstoff der Purpurschnecke. *Kaliumbromid* wurde früher in der Medizin als Beruhigungsmittel und als Krampflöser in der Epilepsiebehandlung verwendet. Nach neueren Untersuchungen soll die Funktion bestimmter Enzyme von Bromid-Ionen abhängen.

Iod hat von allen Halogenen die größte unmittelbare Bedeutung für unser Leben, denn es wird für die Synthese der Schilddrüsenhormone Thyroxin (Abbildung 21.12) und Triiodthyronin benötigt. Die Schilddrüse enthält daher einen großen Anteil der im Körper enthaltenen (überwiegend organisch gebundenen) Iodmenge.

Diese Hormone sind essentiell für das Wachstum, für die Regulierung neuromuskulärer Funktionen und für die Aufrechterhaltung der Fortpflanzungsfähigkeit von Mann und Frau. Ein Mangel an Schilddrüsenhormonen führt zu der weltweit relativ häufigen Kropferkrankung. Ursache ist meist der zu geringe Iodgehalt der Nahrung. Um einem Iodmangel vorzubeugen setzt man dem normalen Kochsalz etwas KIO_3 zu (0,0025%); man spricht dann von *iodiertem Speisesalz* oder *Iodsalz*.

MAK-Werte:
F_2: 0,2 mg·m^{-3}, Cl_2: 1,5 mg·m^{-3},
Br_2: 0,7 mg·m^{-3}, I_2: 1 mg·m^{-3}

Der Magensaft enthält Salzsäure mit einer Konzentration von $\approx$ 0,15 mol·l^{-1}.

Als Grenzwert für den Fluoridgehalt von Trinkwasser ist in der Trinkwasserverordnung ein Wert von 1,5 mg·l^{-1} festgelegt. Deutsche Trinkwässer haben im Allgemeinen einen Gehalt zwischen 0,1 und 0,3 mg·l^{-1}. Ein Fluoridzusatz (*Fluoridierung*) ist in Deutschland nicht erlaubt.

Teeblätter enthalten hohe Anteile an Fluorid-Ionen und starke Teetrinker nehmen täglich bis zu 1 mg Fluorid-Ionen auf.

Für den Chlorid-Gehalt von Trinkwasser gilt nach der Trinkwasserverordnung ein Grenzwert von 250 mg·l^{-1}.

Da Bromate Krebs erzeugen, enthält die Trinkwasserverordnung einen relativ niedrigen Grenzwert für BrO_3^-: 0,01 mg·l^{-1}.

21.12 Das Thyroxin-Molekül.

Ein Symptom des Kropfes ist eine Schwellung am unteren Teil des Halses. Diese Vergrößerung stellt einen Versuch der Schilddrüse dar, die Iodabsorption bei Iodmangel zu maximieren.

21.8 Die wichtigsten Reaktionen im Überblick

Berücksichtigt sind hier Fluor und Chlor als die beiden Schlüsselelemente der Gruppe 17.

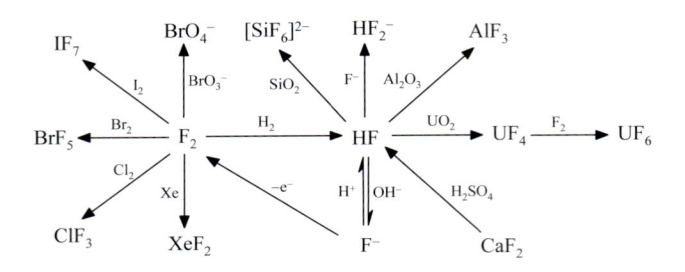

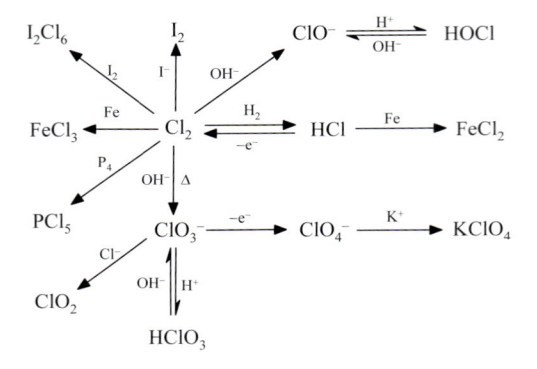

$$
\begin{array}{c}
\text{Reaktionsschema für } F_2/HF \text{ und } Cl_2 \\
\end{array}
$$

ÜBUNGEN

21.1 Stellen Sie Reaktionsgleichungen für die folgenden chemischen Reaktionen auf: a) Uran(IV)-oxid mit Fluorwasserstoff, b) Calciumfluorid mit konzentrierter Schwefelsäure, c) flüssiges Phosphortrichlorid mit Wasser, d) Chlorwasser mit heißer Natronlauge, e) Iod mit Fluor in einem Stoffmengenverhältnis von 1 : 5, f) Bromtrichlorid mit Wasser, g) Blei mit Chlor im Überschuss, h) Magnesium mit verdünnter Salzsäure, i) Natriumhypochlorit-Lösung mit Schwefeldioxid, j) vorsichtiges Erhitzen von Kaliumchlorat, k) festes Iod(I)-bromid mit Wasser.

21.2 Fassen Sie kurz die Besonderheiten der Fluorchemie zusammen.

21.3 Erklären Sie, warum Fluor gegenüber anderen Nichtmetallen so reaktiv ist.

21.4 Erklären Sie anhand der Bildung von festem Iodheptafluorid aus den Elementen, warum die Entropie nicht die treibende Kraft für die Reaktion sein kann.

21.5 Warum kann man Fluor nicht in einem elektrolytischen Prozess aus einer wässerigen Natriumfluorid-Lösung herstellen, analog zur Herstellung von Chlor aus einer Natriumchlorid-Lösung?

21.6 Warum sind im Frost-Diagramm für Chlor die Steigungen für die Linien des Redoxpaares Cl_2/Cl^- in saurer und alkalischer Lösung identisch?

21.7 Warum ist die Chlor(V)-Spezies im Frost-Diagramm (Abbildung 21.1) als ClO_3^- geschrieben, Chlorige Säure hingegen als $HClO_2$?

21.8 Begründen Sie, warum Flusssäure eine relativ schwache Säure ist, während die Wasserstoffsäuren der anderen Halogene sehr starke Säuren sind.

21.9 Konzentriert man Flusssäure immer mehr, so nimmt der Protolysegrad zunächst ab und bei sehr hohen Konzentrationen wieder zu. Erklären Sie dieses Verhalten.

21.10 Berechnen Sie unter der Annahme, dass die jährliche Produktion von Fluorwasserstoff $1{,}2 \cdot 10^6$ Tonnen beträgt, die bei diesem Prozess anfallende Menge an Calciumsulfat.

21.11 Warum bildet das Hydrogendifluorid-Ion mit dem Kalium-Ion eine feste Verbindung?

21.12 Bestimmen Sie die Oxidationszahl des Sauerstoffs im HOF-Molekül.

21.13 Warum zieht man Salzsäure vielfach der Salpetersäure als Laborreagenz vor?

21.14 Schlagen Sie Syntheserouten vor für a) Chrom(III)-chlorid ($CrCl_3$) aus Chrom, b) Chrom(II)-chlorid ($CrCl_2$) aus Chrom, c) Selentetrachlorid ($SeCl_4$) aus Selen, d) Diselendichlorid (Se_2Cl_2) aus Selen.

21.15 Erklären Sie, warum Eisen(III)-iodid keine stabile Verbindung ist.

21.16 Beschreiben Sie jeweils eine Nachweisreaktion für Cl^--, Br^-- bzw. I^--Ionen.

21.17 Zeichnen Sie die Lewis-Formel für das Triiodid-Ion. Leiten Sie daraus die Struktur des Ions ab.

21.18 Der Gehalt an Schwefelwasserstoff in einer Erdgasquelle lässt sich bestimmen, indem man eine definierte Gasmenge über festes Iod(V)-oxid leitet: H_2S reagiert mit I_2O_5 zu Schwefel, elementarem Iod und Wasser. Iod kann dann mit einer Thiosulfat-Maßlösung titriert werden, sodass sich der H_2S-Gehalt berechnen lässt. Formulieren Sie die Reaktionsgleichungen der beiden Reaktionen.

21.19 Die Schmelztemperatur des Kohlenstofftetrachlorids beträgt $-23\,°C$, die des Kohlenstofftetrabromids $91\,°C$ und die des Kohlenstofftetraiodids $171\,°C$. Erklären Sie diesen Trend. Schätzen Sie die Schmelztemperatur des Kohlenstofftetrafluorids ab.

21.20 Das höchste Fluorid des Schwefels ist Schwefelhexafluorid. Erklären Sie, warum es keine weiteren Schwefelhexahalogenide gibt.

21.21 Zeichnen Sie Lewis-Formeln für Chlordioxid, in denen keine, eine und zwei Doppelbindungen vorkommen (je eine Formel) und entscheiden Sie anhand der Formalladungen, welches die wahrscheinlichste Struktur ist.

21.22 Cl_2O_4 ist als Chlorperchlorat ($ClOClO_3$) zu beschreiben. Bestimmen sie die Oxidationsstufe jedes Chlor-Atoms in der Verbindung.

21.23 Nennen Sie je eine Anwendungsmöglichkeit von a) Natriumhypochlorit, b) Chlordioxid, c) Ammoniumperchlorat.

21.24 Welche physikalischen und chemischen Eigenschaften sind für das Element Astat zu erwarten?

21.25 Erklären Sie, warum man das Cyanid-Ion als Pseudohalogenid-Ion bezeichnen kann.

21.26 Das Thiocyanat-Ion (SCN^-) ist linear gebaut. Konstruieren Sie plausible Lewis-Formeln für dieses Ion. Die Bindungslänge der C/N-Bindung kommt der einer Dreifachbindung sehr nahe. Welche Gewichtung ergibt sich daraus für die einzelnen Lewis-Formeln?

21.27 Wie beeinflusst das Fluorid-Ion die Zusammensetzung der Zähne?

21.28 Beim Iodpentafluorid findet eine Autoionisationsreaktion statt. Bestimmen Sie die Formeln für das Kation und das Anion, die in diesem Gleichgewicht gebildet werden, und formulieren Sie eine Reaktionsgleichung. Zeichnen Sie Lewis-Formeln für das Molekül und die beiden Ionen. Welches Ion ist die Lewis-Säure, welches die Lewis-Base?

21.29 Die Schmelztemperatur von Ammoniumhydrogendifluorid ($[NH_4]^+[HF_2]^-$) beträgt nur $126\,°C$. Dieser Wert ist sehr viel geringer, als man es für eine ionische Verbindung erwarten würde. Schlagen Sie eine Erklärung für dieses Verhalten vor.

21.30 Berechnen Sie die Bildungsenthalpie des Cl^+-Ions unter der Voraussetzung, dass die Bindungsenthalpie im Cl_2-Moleküls $243\,kJ$ beträgt und die erste Ionisationsenthalpie des Chlor-Atoms bei $1\,257\,kJ \cdot mol^{-1}$ und die des Cl_2-Moleküls bei $1\,108\,kJ \cdot mol^{-1}$ liegt. Vergleichen Sie die Bindungsstärke im Molekül-Ion mit der im neutralen Molekül.

21.31 Beschreiben Sie die Bindungssituation im ClF-Molekül mit Hilfe eines MO-Diagramms.

21.32 In der antarktischen Stratosphäre besteht der erste Schritt der katalysierten Zerstörung von Ozon in der Bildung von Dichlordioxid aus Chlormonoxid. Zeichnen Sie eine mögliche Struktur des Dichlordioxid-Moleküls. Ist es linear oder gewinkelt? Schätzen Sie ggf. die Größe des Bindungswinkels.

21.33 Stellen Sie im Hinblick auf die Ähnlichkeiten in der Chemie der Pseudohalogene und der der Halogene Reaktionsgleichungen für folgende Reaktionen auf: a) Dicyan ($(CN)_2$) mit kalter Natronlauge, b) Thiocyanat-Ionen (SCN^-) mit Permanganat-Ionen in saurer Lösung.

21.34 Warum ist Ammoniumperchlorat ein explosiver Gefahrstoff, während Natriumperchlorat sehr viel weniger gefährlich ist? Belegen Sie ihre Begründung mit einer Reaktionsgleichung, und identifizieren Sie die Elemente, die ihre Oxidationsstufe ändern.

21.35 Iod reagiert mit einem Überschuss an Chlor zu einer Verbindung der Formel ICl_x. Ein Mol ICl_x reagiert mit einem Überschuss an Iodid-Ionen zu Chlorid und zwei Mol elementarem Iod. Wie lautet die empirische Formel von ICl_x?

21.36 Fluor, Chlor und Sauerstoff bilden eine Reihe von mehratomigen Ionen: $[F_2ClO_2]^-$, $[F_4ClO]^-$, $[F_2ClO]^+$ und $[F_2ClO_2]^+$. Zeichnen Sie die Strukturen der einzelnen Ionen.

21.37 Stellen Sie Reaktionsgleichungen für die in den Schemata in Abschnitt 21.8 erfassten Reaktionen auf.

Die Gruppe der Edelgase umfasst die am wenigsten reaktiven Elemente im Periodensystem. Nur von Xenon ist eine größere Anzahl an Verbindungen bekannt.

Die Elemente der Gruppe 18: Die Edelgase

22

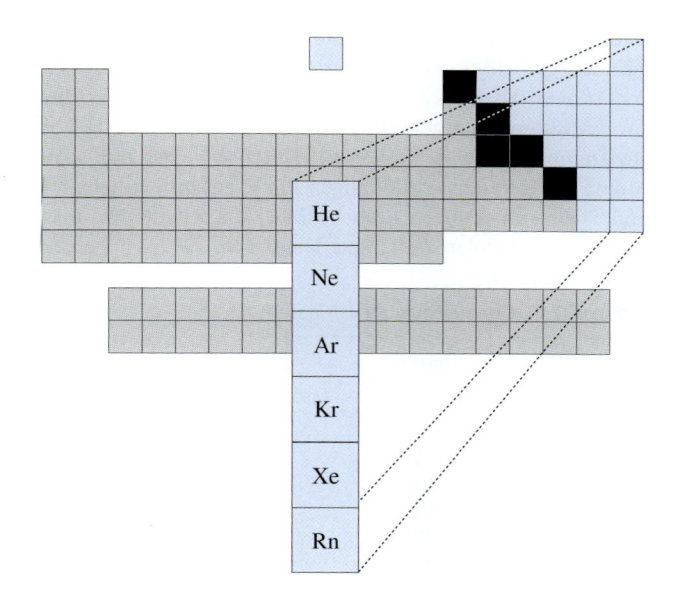

Kapitelübersicht

22.1 Gewinnung und Verwendung der Edelgase

22.2 Edelgasverbindungen

Exkurs: Eine kurze Geschichte der Edelgasverbindungen

Exkurs: Elektrophile Kationen und nukleophile Anionen

22.3 Biologische Aspekte

22.4 Die wichtigsten Reaktionen des Xenons im Überblick

Henry **Cavendish**, englischer Chemiker und Physiker, 1731–1810; Privatgelehrter, ab 1860 Mitglied der Royal Society.

Lord John William **Rayleigh**, englischer Physiker, 1842–1919; Professor in Cambridge, Direktor des Davy Faraday Research Laboratory of the Royal Institution in London, ab 1873 Mitglied, 1885–96 Sekretär der Royal Society in London.

Sir William **Ramsay**, britischer Chemiker, 1852–1916; Professor in Bristol und London, 1904 Nobelpreis für Chemie (für die Entdeckung der Edelgase und deren Einordnung in das Periodensystem).

Sämtliche Edelgase wurden zunächst durch ihr Emissionsspektrum identifiziert. Es waren also im Grunde nicht die Chemiker, sondern die Physiker, die die Entdeckung dieser Elemente einleiteten.

Der als Entdecker des Wasserstoffs bekannte H. Cavendish hatte bereits 1785 erkannt, dass Luft außer Stickstoff und Sauerstoff einen kleinen Anteil anderer Gase enthält. Rund 100 Jahre später stellte dann der Physiker Lord Rayleigh fest, dass der aus Luft isolierte Stickstoff eine geringfügig höhere Dichte aufweist als Stickstoff, der bei chemischen Reaktionen gebildet wird (1,257 g·l^{-1} bzw. 1,250 g·l^{-1}). Sir William Ramsay schloss daraus, dass Luftstickstoff ein bisher unbekanntes Gas höherer Dichte enthält. Durch die Umsetzung von Luftstickstoff mit Magnesium (zu Magnesiumnitrid) konnte er dieses Gas aus dem Gemisch isolieren. Die Untersuchung des Emissionsspektrums brachte den Beweis für die Entdeckung eines neuen Elements, das er Argon nannte. Der Name wurde von dem griechischen Ausdruck *a ergon* für „untätig" (träge) abgeleitet, er bezieht sich auf das chemisch inerte Verhalten des Gases.

Tatsächlich war mit Helium das erste Element aus der Gruppe der Edelgase bereits 1868 entdeckt worden, jedoch nicht auf der Erde: Beobachtungen des Sonnenspektrums hatten gezeigt, dass es einige Linien enthält, die keinem der bis dahin bekannten Elemente zuzuordnen waren. Das neue Element nannte man Helium; die erste Silbe weist darauf hin, dass es zuerst in der Sonne (griech. *helios*) entdeckt wurde, und die Endung -ium deutet an, dass man es für ein Metall hielt. Auf der Erde wurde dieses Element zum ersten Mal 1894 aus Uranerzen isoliert. Wenige Jahre später stellte man fest, dass Helium beim radioaktiven Zerfall von Uran und seiner Tochterelemente entsteht: α-Strahlen sind die Atomkerne des Heliums. 1926 schlug man vor, den Namen des Elements zu „Helion" zu verändern, um klarzustellen, dass es sich nicht um ein Metall handelt; der ursprüngliche Name war jedoch schon zu gut etabliert, als dass man ihn hätte einfach ändern können.

Gruppeneigenschaften Alle Elemente der Gruppe 18 sind bei Raumtemperatur farblose, geruchlose Gase, die aus einzelnen Atomen bestehen. Sie sind weder mit Sauerstoff oxidierbar noch besitzen sie eine oxidierende Wirkung. Sie bilden in der Tat die am wenigsten reaktive Gruppe des Periodensystems. Die sehr niedrigen Schmelz- und Siedetemperaturen der Edelgase deuten an, dass nur schwache Dispersionskräfte die Atome in der festen und flüssigen Phase zusammenhalten. Der Trend bei den Schmelz- und Siedetemperaturen (Tabelle 22.1) entspricht der mit der Anzahl der Elektronen zunehmenden Polarisierbarkeit der Atome.

Tabelle 22.1 Eigenschaften der Edelgase

Edelgas	Dichte* (g·l^{-1})	Dichte** (g·ml^{-1})	Schmelztemperatur (°C)	Siedetemperatur (°C)	Löslichkeit in Wasser* (ml·kg^{-1})
Helium (He)	0,17	0,12	–	–269	9,2
Neon (Ne)	0,84	1,21	–249	–246	11,3
Argon (Ar)	1,66	1,39	–189	–186	36
Krypton (Kr)	3,49	2,41	–157	–153	63,8
Xenon (Xe)	5,49	3,0	–112	–108	115,9
Radon (Rn)	9,1	4,0	–71	–62	246,8

* Werte für 20 °C und 1013 hPa   ** Werte für die Flüssigkeit bei Siedetemperatur

Die einzigartigen Eigenschaften von Helium Kühlt man Helium bis fast zum absoluten Nullpunkt ab, so ist es immer noch eine Flüssigkeit. Selbst bei einer Temperatur von 1 K benötigt man einen Druck von 2,5 MPa (25 bar), um es zu verfestigen. Flüssiges Helium ist eine erstaunliche Substanz: Bei einem Druck von 1 000 hPa kondensiert das Gas bei 4,2 K zu einer normalen Flüssigkeit, die als *Helium I* bezeichnet wird. Kühlt man weiter ab, erhält man bei 2,2 K eine Flüssigkeit (*Helium II*) mit völlig anderen Eigenschaften. Helium II verfügt beispielsweise über eine außerordentlich hohe thermische Leitfähigkeit: Sie ist 10^6 mal höher als die von Helium I und sogar weit höher als die des Silbers, dem bei Raumtemperatur besten metallischen Wärmeleiter. Noch faszinierender ist, dass die Viskosität fast auf Null sinkt. In einem offenen Gefäß „klettert" Helium II buchstäblich die Gefäßwände hoch und fließt über den Rand. Es handelt sich hier um ein nur quantenphysikalisch erklärbares Phänomen. Entscheidend ist dabei, dass ^{4}He-Atome – mit einem Gesamtspin von null – zu den als *Bosonen* bezeichneten Teilchen gehören.

22.1 Gewinnung und Verwendung der Edelgase

Alle Edelgase sind in der Atmosphäre enthalten, wenngleich nur Argon in größeren Mengen auftritt (Tabelle 22.2). Helium findet man in relativ hohen Konzentrationen in einigen Erdgas-Lagerstätten, wo es sich als Produkt des α-Zerfalls radioaktiver Elemente in der Erdkruste angesammelt hat. Als heliumreich gilt bereits ein Erdgas mit einem Heliumanteil von 0,3 %, einzelne Lagerstätten weisen Gehalte bis zu 7 % auf. Der bei weitem größte Heliumproduzent sind die USA. Als in den Zwanzigerjahren des vorigen Jahrhunderts im Südwesten des Landes heliumreiche Erdgasvorkommen entdeckt wurden, fiel der Preis für Helium von 88 Dollar pro Liter Gas (1915) auf 5 Cent pro Liter (1926).

Tabelle 22.2 Anteil der Edelgase in trockener Luft

Edelgas	Volumenanteil (%)
He	0,00052
Ne	0,00182
Ar	0,9340
Kr	0,000114
Xe	0,0000087
Rn	in Spuren

Da Helium nach dem Wasserstoff das Gas mit der geringsten Dichte ist, wird es als *Ballongas* zum Befüllen von Luftballons und Forschungsballons verwendet. Aufgrund seiner geringen Dichte würde sich Wasserstoff noch besser eignen, doch seine Entflammbarkeit stellt ein hohes Sicherheitsrisiko dar.

Helium/Sauerstoff-Gemische mit einem Anteil von 10 % Sauerstoff verwendet man als Atemgas beim Tiefseetauchen, da sich Luftstickstoff bei erhöhtem Druck zu stark im Blut löst (siehe Abschnitt 19.2).

Von großer Bedeutung für Wissenschaft und Technik ist *flüssiges Helium* als Kühlflüssigkeit, da so Messobjekte oder Geräte bequem auf 4 K gekühlt werden können. Ein Beispiel sind die supraleitenden Spulen in NMR-Spektrometern oder Kernspintomographen, die sehr starke Magnetfelder erzeugen.

Alle anderen Edelgase fallen als Nebenprodukte bei der Gewinnung von Stickstoff und Sauerstoff aus der Luft an. Argon erhält man außerdem bei der industriellen Ammoniaksynthese, wo es sich im nicht umgesetzten Anteil der Wasserstoff/Luftstickstoff-Mischung anreichert. Weltweit werden jährlich etwa 10^6 Tonnen Argon produziert. Verwendet wird es vor allem als *Inertgas* bei metallurgischen Prozessen. Sowohl Argon als auch Helium werden als Schutzgas beim elektrischen Schweißen benutzt. Argon und Krypton sind die wichtigsten Füllgase von Glühlampen und Gasentladungslampen. Bereits 1923 wurden die ersten „Neonröhren" für die Leuchtreklame gefertigt. Ihr rotes Leuchten beruht auf der Hochspannungsgasentladung der Neonfüllung ($p \approx 6$ hPa). Ein ähnliches Prinzip wird auch in den Lampen von Xenon-Scheinwerfern genutzt. Mit

Die Brandkatastrophe des mit Wasserstoff befüllten Luftschiffs „Hindenburg" (Lakehurst, 1937) bedeutete das Ende des Luftschiffs als Verkehrsmittel. Ursprünglich war geplant, die Hindenburg mit Helium zu betreiben. Die USA hatten jedoch Heliumlieferungen an Deutschland zu Beginn der NS-Zeit mit einem Embargo belegt.

Die Schallgeschwindigkeit ist in Helium mit seiner geringeren Dichte weit größer als in Luft, sodass eingeatmete He/O_2-Gemische eine Mickymaus-Stimme verursachen. Die höheren Vibrationsfrequenzen am Kehlkopf können zu Stimmschäden führen, wenn man das Gas zu häufig einatmet.

Der Jahresverbrauch an Helium in der westlichen Welt entspricht rund 40 Millionen Kubikmetern Gas (bei Standardbedingungen).

Die große Häufigkeit von Argon in der Atmosphäre ist auf den radioaktiven Zerfall des natürlich vorkommenden, radioaktiven Kalium-Isotops ^{40}K zurückzuführen. Das Isotop zerfällt auf zwei Wegen, zum einen durch β-Zerfall unter Bildung von Calcium und zum anderen durch Einfang eines s-Elektrons in den Kern. Dabei wird aus einem Proton ein Neutron, sodass die Ordnungszahl um eins sinkt und Argon entsteht:

$^{40}_{19}K + ^{0}_{-1}e \rightarrow ^{40}_{18}Ar$

Einschlussverbindungen (Clathrate)
Bevor die erste Edelgasverbindung synthetisiert wurde, war die Bildung kristalliner Hydrate die einzige bekannte chemische Reaktion der schwereren Edelgase. Löst man beispielsweise Xenon unter Druck in Wasser und kühlt die Lösung unter 0 °C ab, so bilden sich Kristalle der ungefähren Zusammensetzung Xe·6 H_2O. Erwärmt man das Produkt, so wird das Gas beim Schmelzen wieder abgegeben. Es bestehen nur sehr schwache Wechselwirkungen zwischen den Atomen der Edelgase und Wasser-Molekülen. Im Wesentlichen handelt es sich um den Einschluss von Xenon-Atomen in die Hohlräume der durch Wasserstoffbrücken bestimmten Eisstruktur. Substanzen, bei denen Moleküle oder Atome in ein aus anderen Molekülen aufgebautes Kristallgitter eingeschlossen sind, bezeichnet man allgemein als *Einschlussverbindungen* oder *Clathrate*. Der Name kommt vom lateinischen Wort *clatratus*, was so viel heißt wie „vergittert".

| Im Falle von Helium und Neon werden keine Clathrate gebildet. Offensichtlich reicht die Polarisierbarkeit dieser kleinen Atome nicht aus, um sie in der Eisstruktur festzuhalten.

Edelgasen höherer Dichte – insbesondere Argon und Krypton – wird außerdem der Hohlraum zwischen den Glasscheiben von Isolierfenstern gefüllt. Diese Anwendung basiert auf der im Vergleich zu Luft geringeren Wärmeleitfähigkeit dieser Gase. So beträgt die thermische Leitfähigkeit von Krypton bei 0 °C 0,0087 $J \cdot s^{-1} \cdot m^{-1} \cdot K^{-1}$. Für trockene Luft gilt bei derselben Temperatur ein Wert von 0,024 $J \cdot s^{-1} \cdot m^{-1} \cdot K^{-1}$.

22.2 Edelgasverbindungen

| Im Jahre 2000 wurde erstmals auch über eine Verbindung des Argons berichtet: Die UV-Bestrahlung eines Ar/HF-Gemisches bei Temperaturen unterhalb 18 K führte zur Bildung von linearen HArF-Molekülen, die immerhin bis 28 K stabil sind.

Bis heute sind nur von den drei schwersten Edelgasen – Krypton, Xenon und Radon – Verbindungen isoliert worden. Während von Krypton nur wenige Verbindungen bekannt sind, hat Xenon eine vergleichsweise umfangreiche Chemie. Forschungen zur Chemie des Radons werden dadurch erschwert, dass alle Radon-Isotope radioaktiv sind.

EXKURS

Eine kurze Geschichte der Edelgasverbindungen

Die Geschichte der Entdeckung der Edelgasverbindungen ist durch Irrwege in der Forschung und den Einfluss starker Forscherpersönlichkeiten geprägt. 1924 hatte der deutsche Chemiker von Antropoff die Idee, die für uns heute offensichtlich ist: Edelgase haben acht Valenzelektronen und können daher Verbindungen mit bis zu acht kovalenten Bindungen bilden. Aufgrund anderer konzeptioneller Ansätze sagte der amerikanische Chemiker Linus Pauling die Molekülformeln einiger möglicher Edelgasverbindungen voraus, wie die der Oxide und Fluoride. Im California Institute of Technology machten sich Don Yost und Albert Kaye daran, Verbindungen aus Xenon und Fluor zu synthetisieren. Doch sie kamen zu dem Schluss, dass ihre Versuche gescheitert seien, obwohl es heute Anzeichen dafür gibt, dass sie tatsächlich die erste Edelgasverbindung hergestellt hatten.

Erst nachdem Yost und Kaye über ihre erfolglosen Versuche berichtet hatten, entstand – verstärkt durch den Sinneswandel von Pauling – der Mythos von völlig inerten Edelgasen. Das „vollständige Oktett" wurde als Grund hierfür angegeben, obwohl jeder Chemiker wusste, dass viele Nichtmetallverbindungen ab der dritten Periode diese Regel verletzen. So hielten Professoren das Dogma über Generationen hinweg aufrecht. Es war schließlich Neil Bartlett an der University of British Columbia, der 1962 das Problem von einer anderen Seite her anging.

Bartlett arbeitete mit Platin(VI)-fluorid, das als extrem starkes Oxidationsmittel Luftsauerstoff zu O_2^+-Ionen oxidiert und dabei $O_2^+[PtF_6]^-$ bildet. Ihm fiel auf, dass die erste Ionisierungsenergie von Xenon praktisch gleich der des O_2-Moleküls ist. Trotz der Skepsis seiner Kollegen und Studenten konnte er Xenon mit PtF_6 zu einem orangegelben Produkt umsetzen und er behauptete, das sei $Xe^+[PtF_6]^-$, die erste Edelgasverbindung. Die Verbindung hatte jedoch nicht die von Bartlett angenommene Zusammensetzung. Man glaubt heute, dass es sich um ein Gemisch von Verbindungen gehandelt hat, in denen das $[XeF]^+$-Ion enthalten war. Bartlett wusste nicht, dass Rudolf Hoppe in Münster sich über mehrere Jahre hinweg mit thermochemischen Kreisprozessen beschäftigt hatte und auf dieser Basis zu der Schlussfolgerung gekommen war, dass Xenonfluoride existieren müssten. Er stellte Xenondifluorid her, indem er ein Gemisch von Xenon und Fluor einer elektrischen Entladung aussetzte. Hoppe führte seine Reaktion etwa gleichzeitig mit Bartlett durch. Die Arbeit Bartletts wurde jedoch als erste publiziert.

| Neil **Bartlett**, britischer Chemiker, 1932–2008; als Professor zunächst in Vancouver, später in Princeton und in Berkeley.

Mit dem Sturz des Dogmas von den inerten Edelgasen entwickelte sich das Gebiet der Edelgaschemie sehr schnell. Xenon bildet mit Abstand die meisten Edelgasverbindungen; Bindungspartner sind üblicherweise die Nichtmetalle Fluor, Sauerstoff, Stickstoff oder Kohlenstoff.

Xenonfluoride

Xenon bildet drei binäre Fluoride: XeF_2, XeF_4 und XeF_6. Welches Produkt bei thermischer oder photochemischer Aktivierung der Xe/F_2-Gemische hauptsächlich entsteht, hängt nicht nur vom Stoffmengenverhältnis ($n(Xe) : n(F_2)$) ab, sondern auch von den Reaktionsbedingungen wie Temperatur und Druck.

Alle drei Xenonfluoride sind farblose Feststoffe, die bei Raumtemperatur hinsichtlich der Dissoziation in ihre Elemente stabil sind; sie haben also bei 25 °C negative freie Bildungsenthalpien. Wie schon angedeutet wurde, ist es nicht notwendig, zur Erklärung der Bindung neue Konzepte zu entwickeln. Tatsächlich sind die drei Verbindungen isoelektronisch mit den wohlbekannten Iodpolyfluorid-Anionen.

Das Xenondifluorid-Molekül ist mit 22 Valenzelektronen sehr elektronenreich. Die MO-Theorie beschreibt die Bindung in solchen Molekülen oder Ionen (I_3^-, IF_2^-) als eine Vierelektronen-Dreizentren-Bindung. Das $5p_x$-Orbital des Xenon-Atoms bildet mit den p_x-Orbitalen der beiden Fluor-Atome ein bindendes, ein nichtbindendes und ein antibindendes Molekülorbital (Abbildung 22.1). Die vier an den beiden Bindungen beteiligten Elektronen besetzen das bindende und das nichtbindende Molekülorbital. Formal ergibt sich so für jede Bindung eine Bindungsordnung von ½. Man erwartet also keine besonders starke Bindung.

Die Molekülgeometrien des Xenondifluorids und des Xenontetrafluorids entsprechen genau der Vorhersage des VSEPR-Modells (Abbildung 22.2). Bei Xenonhexafluorid mit seinen sechs bindenden und einem freien Elektronenpaar um das Xenon-Atom sind drei Molekülgeometrien mit fast gleicher Energie möglich: die pentagonale Bipyramide, das überkappte trigonale Prisma und das überkappte Oktaeder. Untersuchungen von Xenonhexafluorid in der Gasphase ergaben, dass die überkappte oktaedrische Anordnung vorliegt (Abbildung 22.3).

Was ist die treibende Kraft für die Bildung der Xenonfluoride? Betrachten wir beispielsweise die Gleichung für die Bildung von Xenontetrafluorid aus den Elementen, so

---

XeF_2 und IF_2^- weisen jeweils fünf Elektronenpaare am Zentralatom auf; bei XeF_4/IF_4^- und XeF_6/IF_6^- sind es entsprechend sechs bzw. sieben Elektronenpaare.

Zur Vierelektronen-Dreizentren-Bindung im HF_2^--Ion vergleiche man den Exkurs in Abschnitt 14.3.

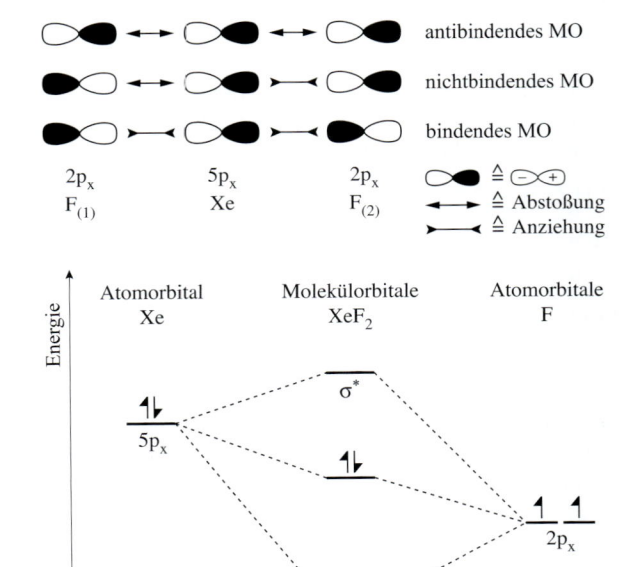

22.1 Molekülorbital-Diagramm für das Xenondifluorid-Molekül.

22.2 Xenondifluorid (a) und Xenontetrafluorid (b).

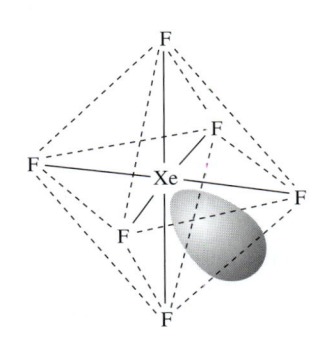

22.3 Überkappt oktaedrische Struktur von Xenonhexafluorid in der Gasphase.

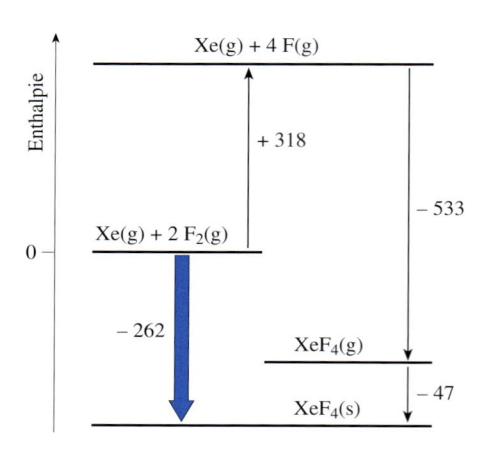

22.4 Enthalpiediagramm für die Bildung von Xenontetrafluorid (Werte in kJ·mol⁻¹).

stellen wir fest, dass die Reaktionsentropie negativ ist, denn aus drei Mol Gas entsteht ein Mol eines Feststoffes:

$$Xe(g) + 2\,F_2(g) \rightarrow XeF_4(s)$$

Der negative Wert für die freie Enthalpie $\Delta G = \Delta H - T\Delta S$ muss demnach durch eine negative Reaktionsenthalpie, also durch eine exotherme Reaktion, zustande kommen. Abbildung 22.4 stellt das Enthalpiediagramm für die Bildung der Verbindung aus ihren Elementen dar. Zunächst werden zwei Mol Fluor-Gas in die Atome zerlegt, dann werden die vier Xenon/Fluor-Bindungen im XeF$_4$-Molekül gebildet und anschließend erfolgt die Kondensation. Die Stabilität der Verbindung hängt offensichtlich mit der geringen Dissoziationsenthalpie des F$_2$-Moleküls und der relativ stabilen Xe/F-Bindung zusammen. Mit der Kondensation von gasförmigem XeF$_4$ ist keine bedeutsame Enthalpieänderung verbunden.

Alle drei Fluoride hydrolysieren prinzipiell in Wasser. Xenondifluorid bildet jedoch mit Wasser eine metastabile Lösung, die aufgrund kinetischer Hemmung nur langsam reagiert. Als gasförmige Produkte entstehen dabei Xenon und Sauerstoff:

$$2\,XeF_2(s) + 2\,H_2O(l) \rightarrow 2\,Xe(g) + O_2(g) + 4\,HF(aq)$$

Xenonhexafluorid wird zunächst zu Xenonoxidtetrafluorid (XeOF$_4$) hydrolysiert, daraus bildet sich schließlich Xenontrioxid:

$$XeF_6(s) + H_2O(l) \rightarrow XeOF_4(l) + 2\,HF(aq)$$

$$XeOF_4(l) + 2\,H_2O(l) \rightarrow XeO_3(aq) + 4\,HF(aq)$$

Die Xenonfluoride sind starke Fluorierungsmittel. Man verwendet Xenondifluorid beispielsweise zur Addition von Fluor an Doppelbindungen in organischen Verbindungen. Es ist ein sehr „sauberes" Fluorierungsmittel, da das inerte Xenon leicht vom gewünschten Produkt getrennt werden kann:

$$XeF_2(s) + CH_2{=}CH_2(g) \rightarrow CH_2FCH_2F(g) + Xe(g)$$

Mit Xenonfluoriden als Reaktionspartner lassen sich außerdem Fluoride herstellen, in denen das andere Element eine relativ hohe Oxidationsstufe erreicht. So lässt sich Platin mit Xenontetrafluorid in Platin(IV)-fluorid überführen:

$$Pt(s) + XeF_4(s) \rightarrow PtF_4(g) + Xe(g)$$

Noch stärker fluorierend als die Xenonfluoride wirkt Kryptondifluorid (KrF$_2$), das als metastabile Verbindung nur unterhalb von 0 °C verwendet werden kann. Mit KrF$_2$ lässt sich beispielsweise AgF in AgF$_2$ oder Gold in AuF$_5$ überführen.

Xenonoxide

Xenon bildet zwei Oxide, Xenontrioxid und Xenontetraoxid. Ähnlich wie in Abschnitt 20.2 für andere Elemente erwähnt, kann also auch Xenon mit Sauerstoff in höhere Oxidationsstufen überführt werden als mit Fluor.

Xenontrioxid ist ein farbloser, hygroskopischer und äußerst explosiver Feststoff. Es ist ein extrem starkes Oxidationsmittel, wenngleich die Reaktionen oft kinetisch verzögert verlaufen. Dem VSEPR-Modell entsprechend hat das Molekül aufgrund des freien Elektronenpaars eine trigonal-pyramidale Struktur (Abbildung 22.5). Die Bindungslänge deutet einen Mehrfachbindungsanteil an.

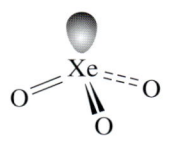

22.5 Bindungsverhältnisse im Xenontrioxid-Molekül.

Als Nichtmetalloxid gehört XeO_3 wie das analog zusammengesetzte SO_3 zu den sauren Oxiden. So reagiert Xenontrioxid mit verdünnten alkalischen Lösungen zum *Hydrogenxenat(VI)-Ion* $HXeO_4^-$. Dieses Ion ist jedoch nicht stabil; es disproportioniert zu Xenon und dem *Perxenat-Ion* (XeO_6^{4-}) mit Xenon in der Oxidationsstufe VIII:

$XeO_3(aq) + OH^-(aq) \rightarrow HXeO_4^-(aq)$

$2\ HXeO_4^-(aq) + 2\ OH^-(aq) \rightarrow XeO_6^{4-}(aq) + Xe(g) + O_2(g) + 2\ H_2O(l)$

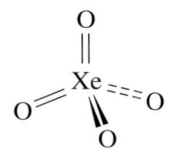

Die Alkali- und Erdalkalimetallsalze der Perxenon-Säure sind kristalline, farblose, stabile Feststoffe. Im Perxenat-Ion ist Xenon oktaedrisch von sechs Sauerstoff-Atomen umgeben, der Aufbau entspricht also dem isoelektronischen Anion IO_6^{5-}, der *ortho*-Periodsäure. Perxenate gehören zu den stärksten bekannten Oxidationsmitteln. Sie oxidieren beispielsweise Mangan(II)-Ionen zu Permanganat und werden dabei selbst zum Xenat(VI)-Ion reduziert.

22.6 Bindungsverhältnisse im Xenontetraoxid-Molekül.

$2\ Mn^{2+}(aq) + 5\ XeO_6^{4-}(aq) + 9\ H^+(aq) \rightarrow 2\ MnO_4^-(aq) + 5\ HXeO_4^-(aq) + 2\ H_2O(l)$

Xenontetraoxid stellt man her, indem man konzentrierte Schwefelsäure zu festem Bariumperxenat gibt:

$Ba_2XeO_6(s) + 2\ H_2SO_4(aq) \rightarrow 2\ BaSO_4(s) + XeO_4(g) + 2\ H_2O(l)$

XeO_4 ist ein explosives Gas; besonders gefährlich ist dieses Oxid in der kondensierten Phase. Die durch Elektronenbeugungsexperimente ermittelte tetraedrische Struktur (Abbildung 22.6) erwartet man auch nach dem VSEPR-Modell.

Wie lassen sich Xe/O-, Xe/N- und Xe/C-Bindungen knüpfen?

Da nur Xenon/Fluor-Verbindungen direkt aus den Elementen erhalten werden können, müssen alle anderen Xe/Element-Bindungen durch Substitutionsreaktionen aus Xenonfluoriden gebildet werden. Das Prinzip soll hier anhand einfacher Beispiele ausgehend von XeF_2 erläutert werden.

Die Substitution von F (bzw. F^-) in XeF_2 ist eine nukleophile Substitution. Da das linear gebaute XeF_2-Molekül jedoch kein permanentes Dipolmoment hat, wird ein besonderer Reaktionsweg beschritten: Die Wechselwirkung mit einem „elektrophilen Assistenten" erhöht die Elektrophilie von Xe^{II} und ermöglicht so den Zutritt des Nukleophils:

Dass Xenon auch mit dem Edelmetall Gold relativ stabile, kristalline Verbindungen bilden kann, war für die meisten Chemiker eine große Überraschung. Im Jahre 2000 wurde zunächst über die Komplexverbindung $[AuXe_4][Sb_2F_{11}]_2$ berichtet. Inzwischen sind einige weitere Xenon/Gold-Verbindungen bekannt, darunter auch ein Gold(III)-Komplex: $[Au^{III}Xe_2F][SbF_6][Sb_2F_{11}]$. In allen Fällen spielt eine Stabilisierung durch Au-F-Sb-Brücken eine Rolle. Ein strukturell besonders einfaches Beispiel ist die Verbindung $[AuXe_2][SbF_6]_2$ mit Gold in der ungewöhnlichen Oxidationsstufe II (Abbildung 22.7).

$F-Xe-F + H-O-Y \rightarrow [F-Xe-F \cdots H]^+ [O-Y]^- \rightarrow F-Xe-O-Y + H-F$

$F-Xe-O-Y + H-O-Y \rightarrow [Y-O-Xe-F \cdots H]^+ [O-Y]^- \rightarrow Xe(O-Y)_2 + H-F$

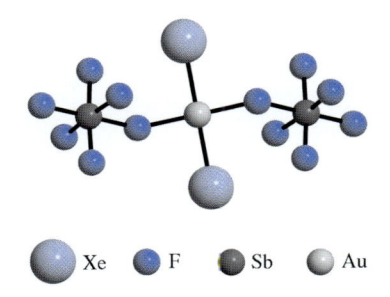

Nukleophile sind Teilchen, die mit positiv polarisierten Atomen reagieren. *Elektrophile* reagieren mit negativ geladenen bzw. negativ polarisierten Atomen

Y kann z.B. CF_3CO, CF_3SO_2 oder FSO_2 sein. Analog lassen sich Xe/N-Verbindungen ausgehend von N/H-aziden Verbindungen knüpfen. C/H-azide Verbindungen sind nicht für die Synthese von Xe/C-Verbindungen geeignet, da die Zwischenstufen mit einer negativen Ladung am C-Atom von Xe^{II} oxidiert werden. Dagegen sind schwach Lewis-saure Verbindungen als Ausgangsverbindungen geeignet: So kann u.a. die sehr oxidationsstabile aromatische Pentafluorphenyl-Gruppe (-C_6F_5) auf Xenon übertragen werden:

Xe F Sb Au

22.7 Aufbau von $[AuXe_2][SbF_6]_2$.

$F-Xe-F + B(C_6F_5)_3 \rightarrow [XeC_6F_5]^+[(C_6F_5)_2BF_2]^-$

> **EXKURS**
>
> ### Elektrophile Kationen und nukleophile Anionen
>
> Die Ausdrücke „elektrophil" und „nukleophil" beziehen sich auf die kinetische Reaktivität von Teilchen. Das $[XeF]^+$-Kation ist ein gutes Beispiel für ein stark elektrophiles Kation. Anders als das etwa gleich große Cs^+-Kation zeigt das $[XeF]^+$-Kaion im Kristall wie in Lösung immer sehr starke Wechselwirkungen mit seinen Anionen; zum Beispiel beträgt der Xe–FAsF_5-Abstand in der Verbindung $[FXe][AsF_6]$ nur 221 pm (die Summe der Van-der-Waals-Radien von Xenon und Fluor beträgt 347 pm), obwohl $[AsF_6]^-$ zur Gruppe der schwach nukleophilen Anionen gehört. Xenondifluorid kann formal als Kombination aus F^- und $[FXe]^+$ betrachtet werden: Mit dem stark nukleophilen F^--Ion verstärkt sich die Wechselwirkung so stark, dass beide Xe/F-Abstände gleich sind (200 pm).
>
> Kugelsymmetrische, einatomige Kationen unterscheidet man u.a. nach ihrer Ladungsdichte: Li^+(aq) ist bekanntermaßen eine Kationsäure und Li^+ ein elektrophiles Kation. Unter den komplexen Kationen sind diejenigen stark elektrophil, die polarisierend wirken und mit nukleophilen Partnern schnell abreagieren. Sie sind jeweils asymmetrisch gebaut, besitzen eine freie Koordinationsstelle, und sie tragen eine hohe positive effektive Ladung am Zentralatom. Darüber hinaus sollten sie kinetisch inert sein und keine stark elektrophilen Teilchen wie H^+ abspalten können.
>
> *Beispiele:* $[N(CH_3)_4]^+$ ist ein schwach elektrophiles Kation, da das zentrale Stickstoff-Atom negativ polarisiert ist. $[NF_4]^+$ mit positiv polarisiertem Stickstoff ist nur deswegen schwach elektrophil, weil das kleine Zentralatom (N^V) die Koordinationszahl fünf, zum Beispiel mit F^-, nicht zulässt. Das größere $[SCl_3]^+$ ist dagegen stärker elektrophil, da es neben dem positiv geladenen Zentralatom (S^{IV}) ein permanentes Dipolmoment und eine freie Koordinationsstelle aufweist: mit Cl^- wird das (thermisch instabile) SCl_4 gebildet. Das gewinkelt gebaute $[ICl_2]^+$ ist ebenfalls ein elektrophiles Kation. Es bildet mit nukleophilen Cl^--Anionen das Molekül I_2Cl_6.
>
> Um den kationischen Zustand bei elektrophilen Kationen aufrecht zu erhalten, benötigt man schwach nukleophile Anionen. Sie zeichnen sich durch folgende Eigenschaften aus:
>
> - niedrige negative Ladung, bevorzugt also –1,
> - eine große Anzahl elektronegativer Bindungspartner in der Peripherie,
> - hohe Symmetrie (oktaedrisch oder tetraedrisch gebaute Teilchen),
> - keine Tendenz zur Eliminierung nukleophiler Bruchstücke.
>
> Je mehr elektronegative Atome in der Peripherie die negative Bruttoladung übernehmen können, umso geringer wird die Nukleophilie des Anions: $[Sb_3F_{16}]^- < [Sb_2F_{11}]^- < [SbF_6]^-$.
>
> $[SbF_6]^-$, $[AsF_6]^-$, $[ClO_4]^-$ und $[BF_4]^-$ sind schwach nukleophile Anionen; CO_3^{2-}, O^{2-} und F^- sind stark nukleophile Anionen. $[SiF_6]^{2-}$ ist stärker nukleophil als $[SiF_5]^-$.
>
> Das Reaktionsverhalten von Nukleophilen und Elektrophilen wird oft entscheidend durch das Lösemittel beeinflusst. Das schwache Nukleophil $[BF_4]^-$ beispielsweise wird durch das Lösemittel Diethylether (Et_2O) in das starke Nukleophil F^- überführt, weil sich mit dem Dissoziationsprodukt BF_3 ein stabiles Addukt bilden kann:
>
> $[BF_4]^- + Et_2O \rightleftharpoons BF_3 \cdot OEt_2 + F^-$

22.3 Biologische Aspekte

Keines der Edelgase hat eine biologische Wirkung oder Funktion. Diskutiert wird lediglich über Xenon in gelöster Form als intravenös anzuwendendes Narkosemittel.

Radon ist seit einiger Zeit im Gespräch, weil es sich in Gebäuden ansammeln kann. ^{222}Rn hat eine Halbwertszeit, die groß genug ist (3,8 Tage), um ein erhebliches Gesundheitsrisiko darzustellen. Dieses Isotop wird durch den Zerfall von ^{238}U in Gesteinen und Böden kontinuierlich gebildet und das dabei entstehende Radon verflüchtigt sich normalerweise in die Atmosphäre. Entsteht Radon jedoch im Untergrund bebauter Regionen, so dringt es durch Ritzen in Betonböden und Kellerwänden in die Gebäude ein.

Das Problem ist eigentlich nicht das Radon selbst, sondern die reaktiven radioaktiven Isotope, die sich bei seinem Zerfall bilden. Diese Nuklide setzen sich im Lungengewebe fest, bestrahlen es mit α- und β-Teilchen, zerstören Zellen und können sogar Lungenkrebs auslösen. Nach Modellrechnungen geht in Deutschland im Mittel etwa die Hälfte der Strahlenbelastung aus natürlichen Quellen auf die Inhalation von Radon in Wohnungen zurück. In Bezug auf den Einzelnen gibt es aber große Unterschiede. Denn neben Wohnort und Bauqualität haben auch die Baumaterialien selbst und das Ausmaß der Lüftung einen erheblichen Einfluss auf die tatsächliche Strahlenbelastung in einer Wohnung.

22.4 Die wichtigsten Reaktionen des Xenons im Überblick

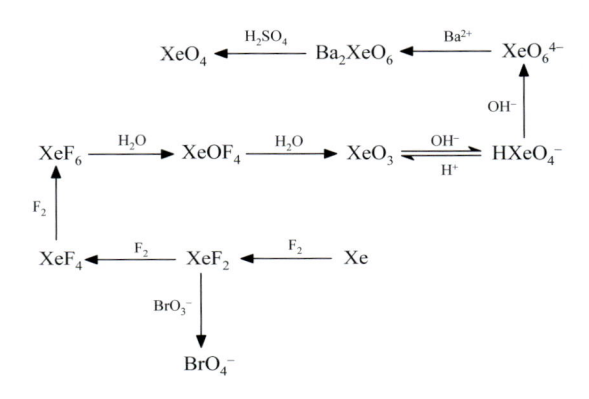

$$XeO_4 \xleftarrow{H_2SO_4} Ba_2XeO_6 \xleftarrow{Ba^{2+}} XeO_6^{4-}$$

$$XeF_6 \xrightarrow{H_2O} XeOF_4 \xrightarrow{H_2O} XeO_3 \underset{H^+}{\overset{OH^-}{\rightleftharpoons}} HXeO_4^-$$

$$XeF_4 \xleftarrow{F_2} XeF_2 \xleftarrow{F_2} Xe$$

$$XeF_2 \xrightarrow{BrO_3^-} BrO_4^-$$

ÜBUNGEN

22.1 Stellen Sie Reaktionsgleichungen für folgende chemische Reaktionen auf: a) Xenontetrafluorid mit Phosphortrifluorid, b) Xenondifluorid mit Wasser, c) festes Bariumperxenat mit Schwefelsäure.

22.2 Beschreiben Sie die Trends bei den folgenden physikalischen Eigenschaften der Edelgase: Schmelztemperatur, Siedetemperatur, Dichte, Löslichkeit in Wasser.

22.3 Warum wird meist Argon als Isolationsschicht in doppelt verglasten Scheiben eingesetzt, obwohl die thermische Leitfähigkeit von Xenon wesentlich geringer ist?

22.4 Welche ungewöhnlichen Eigenschaften beobachtet man bei flüssigem Helium?

22.5 Welche Bindungsordnung erwarten Sie für das leuchtend grüne Xe_2^+-Ion? Begründen Sie Ihre Entscheidung.

22.6 Man weiß heute, dass Bartletts Edelgasverbindung das $[XeF]^+$-Ion enthält. Geben Sie die Valenzstrichformel für dieses Ion an. Würden Sie erwarten, dass dieses Ion existiert? Suchen Sie eine isoelektronische Interhalogenverbindung.

22.7 Welches sind die wichtigen thermodynamischen Faktoren bei der Bildung von Xenon/Fluor-Verbindungen?

22.8 Für die Bildung von festem Xenontetrafluorid gilt $\Delta G_f^0 = -121{,}3$ kJ·mol^{-1} und $\Delta H_f^0 = -261{,}5$ kJ·mol^{-1}. Bestimmen Sie den Wert der Standard-Reaktionsentropie für die Bildung dieser Verbindung. Würden Sie ein negatives Vorzeichen für die Entropieänderung erwarten?

22.9 Schätzen Sie anhand folgender Daten die Bildungsenthalpie von Xenontetrachlorid: Bindungsenthalpie (Xe-Cl) ≈ 86 kJ·mol^{-1}; Sublimationsenthalpie für Xenontetrachlorid ≈ 60 kJ·mol^{-1}. Entnehmen Sie die weiteren notwendigen Daten den Tabellen des Anhangs.

22.10 Eine der wenigen Kryptonverbindungen ist Kryptondifluorid (KrF_2). Berechnen Sie die Bildungsenthalpie für diese Verbindung anhand der Daten aus dem Anhang (die Kr/F-Bindungsenthalpie beträgt 50 kJ·mol^{-1}).

22.11 Geben Sie die Valenzstrichformel für XeOF$_4$ mit a) einer Xenon/Sauerstoff-Einfachbindung und b) einer Xenon/Sauerstoff-Doppelbindung an. Welche Formel halten Sie für treffender?

22.12 a) Wie sind folgende Ionen aufgebaut: a) XeF$_3^+$, b) XeF$_5^+$, c) XeO$_6^{4-}$
b) Bestimmen Sie die Oxidationszahl von Xenon in diesen Ionen.

22.13 Welches der Edelgase halten Sie für
a) das Kühlmittel, das die niedrigsten Temperaturen erzeugt?
b) das preiswerteste Schutzgas?

22.14 Man kann Verbindungen der Formel MXeF$_7$ synthetisieren, wobei M ein Alkalimetall-Ion ist. Welches Alkalimetall-Ion führt wohl zu der stabilsten Verbindung?

22.15 Wie lässt sich erklären, dass Xenon mit Sauerstoff Verbindungen bildet, in denen es in der Oxidationsstufe VIII vorliegt, während es in seinen Fluorverbindungen maximal die Oxidationsstufe VI erreicht?

22.16 Ein großer Teil des atmosphärischen Argons entsteht durch den Zerfall von ^{40}K. Ermitteln Sie die andere Zerfallsreaktion von ^{40}K. In welchem Anzahlverhältnis treten die beiden Zerfallsmöglichkeiten auf?

22.17 Erläutern Sie kurz, warum Radon ein Gesundheitsrisiko darstellt.

22.18 Stellen Sie Reaktionsgleichungen für sämtliche Reaktionen auf, die am Ende des Kapitels erfasst sind.

22.19 Das Reduktionspotential für die H$_4$XeO$_6$(aq)/XeO$_3$(aq)-Halbzelle beträgt 2,3 V, während das der XeO$_3$(aq)/Xe(g)-Halbzelle 1,8 V beträgt. Berechnen Sie einen Wert für das Elektrodenpotential der folgenden Halbzellenreaktion:

$$8\,H^+(aq) + H_4XeO_6(aq) + 8\,e^- \rightarrow Xe(g) + 6\,H_2O(l)$$

22.20 Die Tatsache, dass Argondifluorid trotz großer Bemühungen nicht hergestellt werden konnte, lässt darauf schließen, dass die Argon/Fluor-Bindung sehr schwach sein muss. Bestimmen Sie anhand eines Kreisprozesses einen ungefähren Maximalwert für die Ar/F-Bindungsenergie.

Charakteristische Eigenschaften der Übergangsmetalle sind die Fähigkeit zur Bildung einer ungewöhnlichen Vielzahl von Verbindungen und deren Farbigkeit. Im Gegensatz zu den Hauptgruppenelementen beobachtet man bei den Verbindungen der Übergangsmetalle besonders häufig ungepaarte Elektronen. Um all dies zu verstehen, ist eine umfassende Bindungstheorie notwendig. Nachdem einige Grundlagen der Komplexchemie wie Nomenklatur, thermodynamische Stabilität sowie räumlicher Bau und die damit verbundenen Erscheinungen der Isomerie bereits in Kapitel 12 besprochen worden sind, werden in diesem Kapitel vorrangig Konzepte der chemischen Bindung in der Chemie der Übergangsmetalle erläutert.

Einführung in die Chemie der Übergangsmetalle

23

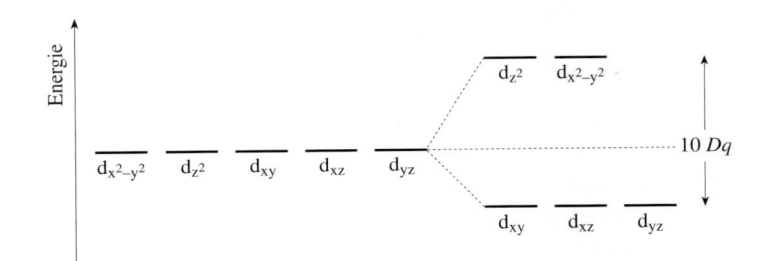

Kapitelübersicht

- 23.1 Bindungskonzepte für Übergangsmetallverbindungen im Überblick
- 23.2 Die Ligandenfeldtheorie – Grundlagen
- 23.3 Die Ligandenfeldtheorie – Anwendungen
- *Exkurs:* Magnetische Eigenschaften von Festkörpern
- 23.4 Anwendung der Molekülorbitaltheorie auf Übergangsmetallkomplexe
- 23.5 Einführung in die Chemie metallorganischer Verbindungen
- 23.6 Thermodynamik und Kinetik bei Koordinationsverbindungen
- 23.7 Das HSAB-Konzept in der Chemie der Übergangsmetalle
- 23.8 Biologische Aspekte

Die Verbindungen der Übergangsmetalle sind in der anorganischen Chemie seit langem von besonderem Interesse. Im Verlaufe des 19. Jahrhunderts waren bereits eine ganze Reihe außergewöhnlich erscheinender Verbindungen charakterisiert worden. Man benannte sie damals durchweg mit Trivialnamen, die sich auf die Art der Gewinnung, bestimmte Eigenschaften, oder den Entdecker bezogen: *Gelbes Blutlaugensalz* ($K_4[Fe(CN)_6]$), *Reinecke-Salz* ($NH_4[Cr(NCS)_4(NH_3)_2] \cdot H_2O$), *Zeises entzündliches Chlorplatin* ($KPtCl_3 \cdot C_2H_4$). Gemeinsames Merkmal dieser Verbindungen sind größere Baueinheiten (*Komplexe*), die auch in Lösung praktisch nicht in ihre Bestandteile zerfallen. Der überwiegende Teil der heutigen Forschung auf dem Gebiet der anorganischen Chemie widmet sich diesen Komplexverbindungen, die häufig auch als *Koordinationsverbindungen* bezeichnet werden. Während nahezu alle Verbindungen der Hauptgruppenmetalle farblos sind, kommen bei denen der Übergangsmetalle fast alle Farben und Farbintensitäten vor. Eine weitere Eigenschaft der Übergangsmetalle ist die recht hohe Anzahl der auftretenden Oxidationsstufen. Auch in diesem Punkt unterscheiden sich die Übergangsmetalle von den Metallen der Hauptgruppen. Die bevorzugte Oxidationsstufe hängt in hohem Maße von der Natur des Bindungspartners ab. Manche Liganden stabilisieren niedrige, manche mittlere und manche hohe Oxidationsstufen. Die beiden wichtigsten Liganden, die niedrige Oxidationsstufen begünstigen, sind das Kohlenstoffmonoxid-Molekül und das isoelektronische Cyanid-Ion. Eisen hat beispielsweise in Pentacarbonyleisen ($Fe(CO)_5$) die Oxidationsstufe 0. Die meisten aus der Chemie der wässerigen Lösung bekannten Liganden wie Wasser, Ammoniak oder die Halogenid-Ionen stabilisieren mittlere Oxidationsstufen. So zeigt Eisen mit Wasser als Ligand seine beiden typischen Oxidationsstufen II und III: $[Fe(H_2O)_6]^{2+}$ und $[Fe(H_2O)_6]^{3+}$. Auch in vielen Cyanokomplexen liegt das Zentralatom in seiner typischen Oxidationsstufe vor. Wie die Nichtmetalle nehmen auch die Übergangsmetalle hohe Oxidationsstufen nur in Verbindung mit Fluorid- oder Oxid-Ionen an. Zwei Beispiele sind das Hexafluorocobaltat(IV)-Ion ($[CoF_6]^{2-}$) und das Tetraoxoferrat(VI)-Ion ($[FeO_4]^{2-}$), das Eisen in der außergewöhnlich hohen Oxidationsstufe VI enthält. Während die Stabilität hoher Oxidationsstufen bei den Hauptgruppenelementen innerhalb einer Gruppe mit steigender Ordnungszahl abnimmt, ist es bei den Übergangsmetallen gerade umgekehrt: Chrom(VI)-oxid ist ein starkes Oxidationsmittel, Wolfram(VI)-oxid hingegen nicht.

Verbindungen mit ungepaarten Elektronen treten bei Hauptgruppenelementen sehr selten auf – Stickstoffmonoxid und Stickstoffdioxid sind wohl die bekanntesten Beispiele. In der Chemie der Übergangsmetalle begegnet uns dies dagegen auf Schritt und Tritt. Vielfach hängt es vom Liganden ab, wie viele ungepaarte Elektronen ein Übergangsmetall-Ion hat: Das Hexaaquaeisen(III)-Ion ($[Fe(H_2O)_6]^{3+}$) hat fünf ungepaarte d-Elektronen, das Hexacyanoferrat(III)-Ion ($[Fe(CN)_6]^{3-}$) hingegen nur eins. Jedes sich bewegende, elektrisch geladene Teilchen – also auch ein Elektron – erzeugt ein magnetisches Feld. Liegen alle Elektronen in einer Verbindung gepaart vor, heben sich ihre magnetischen Momente gegenseitig auf; ein solcher Stoff ist *diamagnetisch*. Zahlreiche Verbindungen der Übergangsmetalle sind wegen des Auftretens ungepaarter Elektronen *paramagnetisch*, sie werden von einem (inhomogenen) Magnetfeld angezogen. Die Stärke dieser Anziehungskraft steigt mit der Zahl der ungepaarten Elektronen an, magnetische Messungen geben also Auskunft über die Elektronenkonfiguration eines Übergangsmetall-Ions.

Besonderheiten zeigen auch ternäre Oxide aus der Gruppe der *Spinelle*. Ein Beispiel aus der Chemie der Hauptgruppenelemente ist der Namensgeber dieser Verbindungsklasse, der Spinell $MgAl_2O_4$. Die Sauerstoff-Ionen bilden eine kubisch dichteste Kugelpackung, in der die niedriger geladenen Mg^{2+}-Ionen in geordneter Weise ⅛ der Tetraederlücken und die höher geladenen Al^{3+}-Ionen die Hälfte der Oktaeder-Lücken besetzen. Das Eisenoxid Magnetit (Fe_3O_4 bzw. $Fe^{II}Fe^{III}_2O_4$) hat eine analoge Zusammensetzung und eine ähnliche Struktur, allerdings haben die Fe^{2+}-Ionen mit der Hälfte der Fe^{3+}-Ionen die Plätze getauscht, wodurch ein energetisch günstigerer Zustand erreicht wird.

All diese Erscheinungen und Besonderheiten sind eng verknüpft mit der Elektronenkonfiguration der Übergangsmetalle. Es sind die Elektronen in den d-Orbitalen (und f-

Hinweis: Die magnetischen Eigenschaften von Stoffen werden in Abschnitt 23.3 und dem sich anschließenden Exkurs auf Seite 626 näher erläutert.

						H											He
Li	Be											B	C	N	O	F	Ne
Na	Mg											Al	Si	P	S	Cl	Ar
K	Ca	Sc	Ti	V	Cr	Mn	Fe	Co	Ni	Cu	Zn	Ga	Ge	As	Se	Br	Kr
Rb	Sr	Y	Zr	Nb	Mo	Tc	Ru	Rh	Pd	Ag	Cd	In	Sn	Sb	Te	I	Xe
Cs	Ba	La … * Lu	Hf	Ta	W	Re	Os	Ir	Pt	Au	Hg	Tl	Pb	Bi	Po	At	Rn
Fr	Ra	Ac … ** Lr	Rf	Db	Sg	Bh	Hs	Mt	Ds	Rg	Cn						

*Lanthanoide	La	Ce	Pr	Nd	Pm	Sm	Eu	Gd	Tb	Dy	Ho	Er	Tm	Yb	Lu
**Actinoide	Ac	Th	Pa	U	Np	Pu	Am	Cm	Bk	Cf	Es	Fm	Md	No	Lr

23.1 Periodensystem der Elemente. Hervorgehoben sind die Nebengruppenelemente, die in ihren Verbindungen *teilweise* besetzte d-Orbitale aufweisen. Man bezeichnet sie als Übergangselemente.

Orbitalen), die der Chemie der Übergangsmetalle diese besondere Faszination verleihen. Sind diese Orbitale unbesetzt oder voll besetzt, treten die genannten Erscheinungen nicht auf. Aus diesem Grund unterscheidet man häufig begrifflich zwischen *Nebengruppenelementen* und *Übergangselementen* (Abbildung 23.1): Scandium und Zink beispielsweise gehören zu den Nebengruppenelementen, in ihren Verbindungen treten sie ausschließlich in der Oxidationsstufe III (Scandium) bzw. II (Zink) mit den Elektronenkonfigurationen $3d^0 4s^0 4p^0$ (Sc) bzw. $3d^{10} 4s^0 4p^0$ (Zn) auf. Da hier die d-Elektronen keinen Einfluss auf die Chemie dieser Elemente haben, verhalten sich diese Elemente eher wie Metalle der Hauptgruppen; im strengen Sinne sind es also keine Übergangselemente.

Bei den Betrachtungen in diesem Kapitel spielen die beiden genannten Elemente (Sc, Zn) und ihre schwereren Homologen keine Rolle. Unser Interesse gilt an dieser Stelle den in Abbildung 23.1 besonders hervorgehobenen Elementen.

23.1 Bindungskonzepte für Übergangsmetallverbindungen im Überblick

Über Jahrzehnte hinweg bemühten sich Chemiker und Physiker um Erklärungen für die große Anzahl an Übergangsmetallverbindungen und ein Verständnis ihrer besonderen Eigenschaften. Solche Erklärungen sollten nicht nur dem Aufbau und den Oxidationsstufen, sondern auch den Farben und den magnetischen Eigenschaften dieser Verbindungen Rechnung tragen. Einer der ersten Ansätze bestand darin, die Bindung im Komplex als eine Bindung zwischen einer Lewis-Säure (dem Metall-Ion) und Lewis-Basen (den Liganden) zu betrachten. Aus diesem Modell ging die *18-Elektronen-Regel* hervor. Danach ist eine Anordnung mit insgesamt 18 Elektronen in den s-, p-, und d-Orbitalen der Valenzschale des Zentralatoms besonders stabil. Damit entspricht die

18-Elektronen-Regel der *Oktettregel* bei den Hauptgruppenelementen. Wie wir sehen werden, gilt dieses einfache Modell für viele Verbindungen, in denen das Metall in einer niedrigen Oxidationsstufe vorliegt. Auf die meisten Verbindungen ist es jedoch nicht anwendbar und es erklärt weder die Farbe noch den *Paramagnetismus* vieler Übergangsmetallverbindungen. Der zweifache Nobelpreisträger Linus Pauling schlug daraufhin die Valenzbindungstheorie (VB-Theorie) vor, in der er annahm, dass die Bindungen bei den Übergangsmetallen denen der Hauptgruppenelemente ähneln. In diesem Sinne ordnete er den Metall-Ionen bestimmte Hybridisierungszustände zu, je nach der experimentell beobachteten Struktur der jeweils betrachteten Verbindung. Seine Theorie trug der Stereochemie und der Zusammensetzung Rechnung, erklärte jedoch auch nicht die Farben und die mit der Anzahl der ungepaarten Elektronen zusammenhängenden magnetischen Eigenschaften.

Zwei Physiker, Hans Bethe und John van Vleck, näherten sich dem Problem aus einer völlig anderen Richtung. Sie postulierten, dass die Wechselwirkungen zwischen einem Metall-Ion und seinen Bindungspartnern, den Liganden, rein elektrostatischer Natur sind. Die von ihnen entwickelte **Kristallfeldtheorie** erklärt viele Eigenschaften der Übergangsmetallkomplexe sehr gut. Um dem kovalenten Anteil in den Bindungen gerecht zu werden, wurde die Kristallfeldtheorie modifiziert und später – in etwas veränderter Form – **Ligandenfeldtheorie** genannt. Eine ganz klare Unterscheidung zwischen diesen beiden Begriffen ist kaum möglich. Aus diesem Grunde werden wir im Folgenden ausschließlich den Begriff Ligandenfeldtheorie verwenden, auch wenn viele Betrachtungen eher dem ursprünglichen Ansatz der Kristallfeldtheorie entsprechen. Wesentliche Beiträge zur Weiterentwicklung der Ligandenfeldtheorie nach dem zweiten Weltkrieg stammen von Hermann Hartmann.

Die Molekülorbitaltheorie schließlich kann die Energien aller Molekülorbitale dieser Verbindungen beschreiben. Diese Theorie vermittelt damit sicherlich das vollständigste Bild des Bindungssystems in Verbindungen der Übergangsmetalle, sie ist jedoch kompliziert und quantitative Aussagen erfordern einen sehr großen mathematischen Aufwand. Manche Verbindungen der Übergangsmetalle, insbesondere die der schweren Homologen, können auch heute noch nicht zufriedenstellend theoretisch erfasst werden. Für unsere Zwecke gibt die Ligandenfeldtheorie eine angemessene und einfache Erklärung der Eigenschaften und des Verhaltens der meisten Übergangsmetallverbindungen. Mit ihr werden wir uns ausführlich in Abschnitt 23.2 beschäftigen.

Die 18-Elektronen-Regel

Bei den Hauptgruppenelementen bedient man sich häufig der Oktettregel zur Vorhersage der Zusammensetzung kovalenter Verbindungen. Dabei nimmt man an, dass das zentrale Atom so viele Bindungen ausbildet, dass die Anzahl der Valenzelektronen um ein Atom acht beträgt. Dies entspricht der vollständigen Besetzung der s- und p-Orbitale, bzw. der sp^3-Hybridorbitale. Die Regel gilt jedoch nur für die Nichtmetalle der zweiten Periode und selbst dort gibt es, wie in Kapitel 5 gezeigt wurde, Ausnahmen.

Die *18-Elektronen-Regel* basiert auf einem ähnlichen Konzept. Das zentrale Übergangsmetall-Ion kann in den d-, s- und p-Orbitalen der Valenzschale insgesamt 18 Elektronen unterbringen. Um in Komplexverbindungen diese Anzahl zu erreichen, werden Bindungen mit Lewis-Basen ausgebildet, wobei die beiden Bindungselektronen der kovalenten Bindung zwischen Zentralatom und Ligand vom Liganden bereit gestellt werden. Doch auch diese Regel hat ihre Grenzen, sie gilt nämlich nur für Metalle in niedrigen Oxidationsstufen. Die klassischen Beispiele hierfür sind Komplexe mit Kohlenstoffmonoxid als Ligand. So bildet Nickel die Verbindung Tetracarbonylnickel(0), $Ni(CO)_4$. Das Nickel-Atom im Grundzustand hat die Elektronenkonfiguration $[Ar]3d^84s^2$, es hat also insgesamt zehn Außenelektronen. Hinzu kommen von jedem Kohlenstoffmonoxid-Molekül zwei Elektronen; dabei handelt es sich jeweils um das freie Elektronenpaar des Kohlenstoff-

Atoms. Die Bindung mit vier Kohlenstoffmonoxid-Molekülen liefert dem Zentral-Atom also acht zusätzliche Elektronen, insgesamt hat das Nickel-Atom hier also 18 Elektronen.

Viele, jedoch nicht alle Komplexe, in denen das Metall eine niedrige Oxidationsstufe hat, folgen der 18-Elektronen-Regel.

Die Valenzbindungstheorie

Im Abschnitt 5.10 haben wir im Zusammenhang mit den Hauptgruppenelementen die Valenzbindungstheorie (VB-Theorie) und dabei die Hybridisierung von Orbitalen kennen gelernt. Man kann die VB-Theorie und den in ihr verankerten Begriff der Hybridisierung auch zur Erklärung einiger Aspekte der Bindung in Übergangsmetallkomplexen heranziehen. Die VB-Theorie ist auch auf viele Komplexe anwendbar, welche die 18-Elektronen-Regel nicht erfüllen. Sie betrachtet die Wechselwirkungen zwischen dem Metall-Ion und seinen Liganden als Wechselwirkung zwischen einer Lewis-Säure mit Lewis-Basen. Die freien Elektronenpaare der Liganden besetzen leere, energetisch höher liegende Orbitale des Metall-Ions. Diese Situation ist in Abbildung 23.2 am Beispiel des tetraedrisch gebauten Tetrachloronickelat(II)-Ions ($[NiCl_4]^{2-}$) dargestellt. Das freie Nickel(II)-Ion (Abbildung 23.2 a) hat die Elektronenkonfiguration $[Ar]3d^8$ mit zwei ungepaarten Elektronen. Nach der VB-Theorie hybridisieren das 4s- und die 4p-Orbitale des Nickel-Atoms zu vier sp^3-Hybridorbitalen, die dann durch die Elektronenpaare der Chlorid-Ionen (Lewis-Basen) besetzt werden (Abbildung 23.2 b).

Diese Beschreibung wird den zwei ungepaarten Elektronen im Komplex und seinem tetraedrischen Aufbau gerecht, den man für eine sp^3-Hybridisierung erwartet. Man kann jedoch die Abfolge der Orbitalenergien nur dann richtig angeben, wenn durch eine Strukturbestimmung und durch magnetische Messungen sowohl der Aufbau des Ions als auch die Anzahl ungepaarter Elektronen bekannt sind. Eine umfassende Theorie sollte aber nach Möglichkeit auch Vorhersagen erlauben, was der Valenzbindungstheorie offenkundig nicht gelingt. Insbesondere gibt sie keine zufriedenstellende Erklärung für die unterschiedliche Anzahl ungepaarter Elektronen, die wir in einigen Verbindungen des gleichen Übergangsmetalls in der gleichen Oxidationsstufe antreffen können. Beispielsweise hat das Hexaaquaeisen(II)-Ion ($[Fe(H_2O)_6]^{2+}$) vier ungepaarte Elektronen, während das Hexacyanoferrat(II)-Ion ($[Fe(CN)_6]^{4-}$) keine ungepaarten Elektronen hat.

Die Theorie hat auch einige prinzipielle Mängel. Insbesondere erklärt sie nicht, warum die Elektronenpaare energetisch höher liegende Orbitale besetzen, obwohl die tiefer liegenden 3d-Orbitale nicht vollständig besetzt sind. Außerdem liefert die Theorie keine Erklärung für eine der offensichtlichsten Eigenschaften der Übergangsmetallkomplexe, ihre Farbe. Aus diesen Gründen wird die VB-Theorie heute meist nur noch aus historischen Gründen behandelt.

23.2 Elektronenkonfiguration des freien Nickel(II)-Ions (a) und Elektronenkonfiguration im tetraedrischen $NiCl_4^{2-}$-Ion (b) aus Sicht der VB-Methode (Die blauen Pfeile entsprechen den von den Chlorid-Ionen stammenden Elektronen).

23.2 Die Ligandenfeldtheorie – Grundlagen

Ein grundlegend anderer Ansatz, die *Ligandenfeldtheorie*, basiert auf einem rein elektrostatischen Modell. Obwohl das Grundprinzip sehr einfach ist, hat sich die Ligandenfeldtheorie in der Erklärung der Eigenschaften von Übergangsmetallkomplexen als sehr nützlich erwiesen; insbesondere gilt dies für die Komplexe der 3d-Elemente. Die Bildung eines Komplexes lässt sich nach dieser Theorie formal in drei Schritte zerlegen (Abbildung 23.3). Es handelt sich dabei um die Übergänge zwischen insgesamt *vier* energetisch unterschiedlichen Zuständen der fünf 3d-Orbitale:

1. Die Ausgangssituation entspricht einem Gas, in dem das Übergangsmetall-Ion und die Liganden unabhängig voneinander vorliegen. Alle Teilchen sind so weit voneinander entfernt, dass keinerlei Kräfte zwischen ihnen wirken. Die Energie der 3d-Elektronen ist gleich der im freien Ion. Alle fünf d-Orbitale haben dieselbe Energie, sie sind *entartet*.
2. Für den zweiten Zustand nimmt man an, dass die Ladung der Liganden gleichmäßig auf der Oberfläche einer Kugel verteilt ist, deren Radius dem Abstand zwischen dem Zentralatom und den Liganden im Komplex entspricht. Im Mittelpunkt der Kugel steht das Metall-Ion; es befindet sich nun in einem kugelsymmetrischen elektrischen Feld. Die Abstoßung zwischen den Elektronen des Zentralatoms und der Liganden führt zu einer Energieerhöhung der d-Orbitale. Da das elektrische Feld kugelsymmetrisch ist, ist diese Energieerhöhung für alle fünf d-Orbitale gleich groß, sie bleiben also entartet.
3. Die – jetzt als punktförmige Ladungen gedachten – Elektronenpaare der Liganden werden auf der Kugeloberfläche neu angeordnet. Sie besetzen nun Positionen, die der realen Struktur des Komplexes entsprechen, also zum Beispiel die Ecken eines Oktaeders oder eines Tetraeders. Die mittlere Energie der d-Orbitale bleibt gleich, jedoch nimmt die Energie der Orbitale zu, die auf die Liganden hin ausgerichtet sind, während die Energie der Orbitale, die zwischen den Bindungsrichtungen liegen, abnimmt. Dadurch wird die Entartung der d-Orbitale aufgehoben. Diese Aufhebung der Entartung ist der zentrale Punkt in der Ligandenfeldtheorie. Aufgrund der Abstoßung zwischen den Elektronen des Metall-Ions und der Liganden hat die Energie des Systems jedoch zugenommen. Die Bildung eines stabilen Komplexes ist somit unmöglich.
4. Ein Energiegewinn kommt erst durch die elektrostatische Anziehung zwischen den Elektronen der Liganden und dem positiv geladenen Metall-Ion zustande. Dies führt insgesamt zu einer Abnahme der Energie. Dieser letzte Schritt ist somit die treibende Kraft der Komplexbildung.

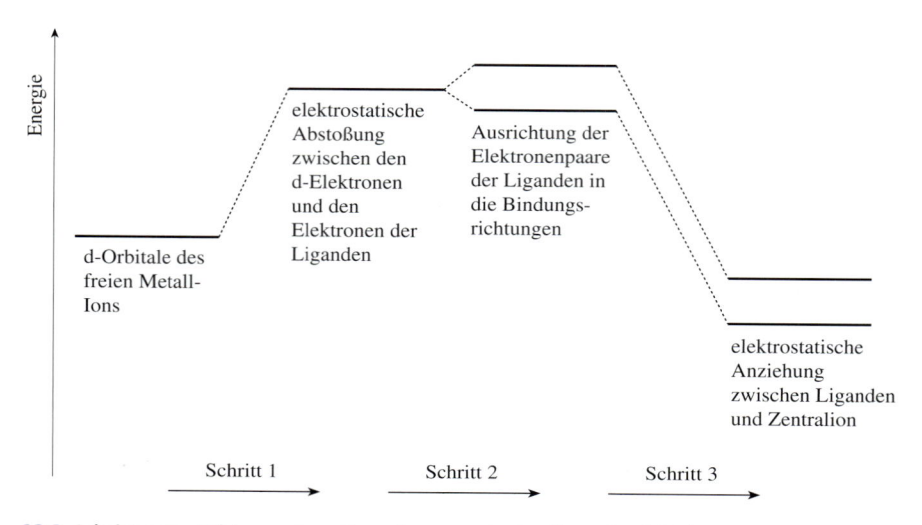

23.3 Schrittweise Bildung eines Komplexes nach der Ligandenfeldtheorie.

Oktaedrische Komplexe

Der Übergang vom kugelsymmetrischen zum realen **Ligandenfeld** (Schritt 3 der obigen Aufzählung), der mit der Aufhebung der Entartung der d-Orbitale einhergeht, ist entscheidend für die Erklärung der Farben und der magnetischen Eigenschaften von Übergangsmetallkomplexen. Wir betrachten zunächst den Fall eines oktaedrisch gebauten Komplexes. Die Liganden sind hier entlang der Achsen eines kartesischen Koordinatensystems angeordnet (Abbildung 23.4). Durch die negativen Ladungen der Elektronenpaare der Liganden ist die Energie der Orbitale, die in Richtung dieser Achsen weisen, also des $d_{x^2-y^2}$-Orbitals und des d_{z^2}-Orbitals, höher als die der d_{xy}-, d_{xz}- und d_{yz}-Orbitale. Diese Aufspaltung ist in Abbildung 23.5 dargestellt. Die beiden höher liegende Orbitale werden auch gemeinsam als e_g-Orbitale, die drei tiefer liegenden als t_{2g}-Orbitale bezeichnet.

Der Energieunterschied zwischen den t_{2g}-Orbitalen und den e_g-Orbitalen im Ligandenfeld wird als 10 Dq bezeichnet. Vielfach bezeichnet man 10 Dq auch als Δ. Die Summe der Energien der aufgespaltenen Orbitale ist identisch mit der Energie der fünf entarteten d-Orbitale im kugelsymmetrischen Feld. Diese Tatsache wird auch als *Schwerpunktsatz* bezeichnet. Die Energie der beiden energetisch höheren e_g-Orbitale ($d_{x^2-y^2}$ und d_{z^2}) liegt also jeweils um 6 Dq über, die Energie der drei tiefer liegenden t_{2g}-Orbitale (d_{xy}, d_{xz} und d_{yz}) jeweils um 4 Dq unter dem Mittelwert.

Die Bezeichnungen e_g und t_{2g} stammen aus der Gruppentheorie, der Buchstabe e bezeichnet einen Zustand zweifacher Entartung, der Buchstabe t eine dreifache Entartung. Der Index g bedeutet, dass das betrachtete Ligandenfeld ein Symmetriezentrum hat.

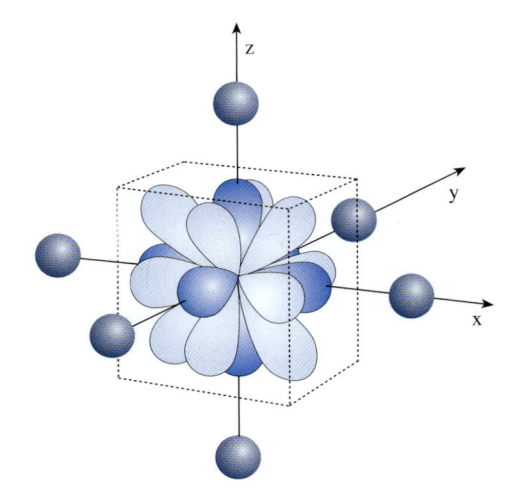

23.4 Oktaedrische Anordnung von sechs Liganden um ein Zentralatom und Orientierung der d-Orbitale.

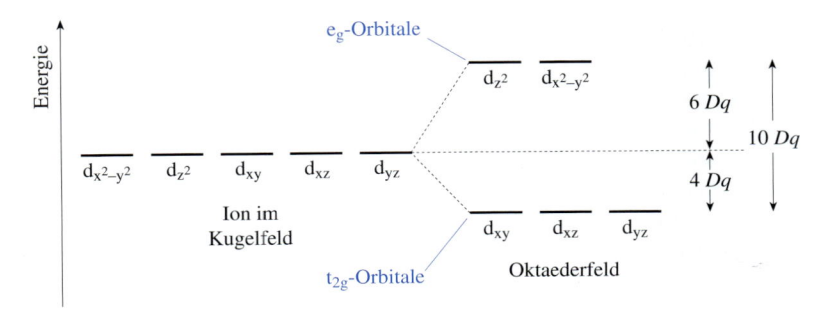

23.5 Aufspaltungsschema der d-Orbitale im Oktaederfeld.

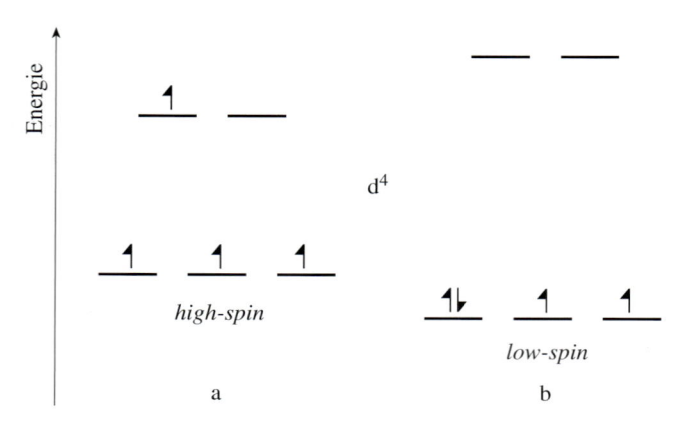

23.6 Zwei mögliche Elektronenkonfigurationen von d^4-Systemen: a) *high-spin*-Komplex, b) *low-spin*-Komplex.

Wenn nun diese d-Orbitale nacheinander mit Elektronen besetzt werden, so ergibt sich für die d^1-, d^2- und die d^3-Konfigurationen eine eindeutige Situation. Nach den Besetzungsregeln, die wir Kapitel 2 und Kapitel 5 kennengelernt haben, besetzen diese Elektronen die t_{2g}-Orbitale.

Auf diese Weise resultiert ein Energiegewinn gegenüber einem kugelsymmetrischen Ligandenfeld, der als *Ligandenfeldstabilisierungsenergie (LFSE)* bezeichnet wird. Bei der d^4-Konfiguration ist die Besetzung der Orbitale nicht mehr ohne weiteres vorherzusagen, denn es existieren zwei energetisch nahe beieinander liegende Möglichkeiten: Das vierte d-Elektron kann zur Doppelbesetzung eines der t_{2g}-Orbitale führen, es kann jedoch auch eines der e_g-Orbitale einfach besetzen. Welcher Fall eintritt, hängt von der Energiebilanz ab: Ist im oktaedrischen Ligandenfeld die Aufspaltung 10 Dq geringer als die für eine Spinpaarung aufzubringende Energie, so besetzt das vierte Elektron ein e_g-Orbital. Ist der Betrag von 10 Dq jedoch größer als die Spinpaarungsenergie, ist es energetisch günstiger, wenn das vierte Elektron eines der t_{2g}-Orbitale besetzt.

Beide Möglichkeiten sind in Abbildung. 23.6 dargestellt. Ergibt sich für einen Komplex eine Elektronenkonfiguration mit der höheren Anzahl ungepaarter Elektronen (Abbildung 23.6 a), ist der gesamte Elektronenspin höher; man spricht dann von einem *high-spin*-Komplex. Bei einem *low-spin*-Komplex (Abbildung 23.6b) liegen die d-Elektronen so weit wie möglich gepaart vor.

Auch bei der d^5-, d^6- und d^7-Konfiguration sind im Oktaederfeld jeweils *high-spin*- und *low-spin*-Anordnungen möglich. Die Anzahl der ungepaarten Elektronen für diese verschiedenen Elektronenkonfigurationen geht aus Abbildung 23.7 hervor.

Das Ausmaß der Ligandenfeldaufspaltung, der Zahlenwert von 10 Dq, hängt von vier Faktoren ab:

1. *Stellung im Periodensystem*: Die Ligandenfeldaufspaltung 10 Dq ist für die 4d-Metalle um etwa 50% größer als für die 3d-Metalle. Zu den 5d-Metallen steigt sie weiter um etwa 25%. Innerhalb jeder dieser Reihen nimmt die Ligandenfeldaufspaltung mit steigender Ordnungszahl geringfügig zu.
2. *Oxidationsstufe des Metalls*: Im Allgemeinen ist die Ligandenfeldaufspaltung umso größer, je höher die Oxidationsstufe des Metalls ist. Daher sind die meisten Cobalt(II)-Komplexe aufgrund der geringen Ligandenfeldaufspaltung *high-spin*-Komplexe, während Cobalt(III) fast nur *low-spin*-Komplexe bildet.
3. *Anzahl der Liganden*: Die Ligandenfeldaufspaltung beträgt bei tetraedrischer Koordination 4/9 der Aufspaltung in oktaedrischer Umgebung, gleiche Liganden und gleiche Abstände vorausgesetzt (siehe nächster Abschnitt).

Zur Erinnerung: Die Besetzung eines einfach besetzten Orbitals mit einem zweiten Elektron erfordert wegen der Abstoßung der beiden Elektronen stets Energie, die *Spinpaarungsenergie*.

Beispiele: Im *Hexaaquaeisen*(II)-Ion ($[Fe(H_2O)_6]^{2+}$) weist das Zentralion vier ungepaarte Elektronen auf. Die Wasser-Liganden bewirken nur eine geringe Ligandenfeldaufspaltung. Die Elektronen nehmen daher die *high-spin*-Konfiguration an. Verbindungen, in denen dieses Ion vorliegt, sind paramagnetisch. Im Gegensatz dazu ist das *Hexacyanoferrat*(II)-Ion ($[Fe(CN)_6]^{4-}$) diamagnetisch, es enthält kein ungepaartes Elektron, denn Cyanid steht in der spektrochemischen Reihe weit rechts und bewirkt daher eine große Ligandenfeldaufspaltung, sodass die Elektronen die *low-spin*-Konfiguration annehmen.

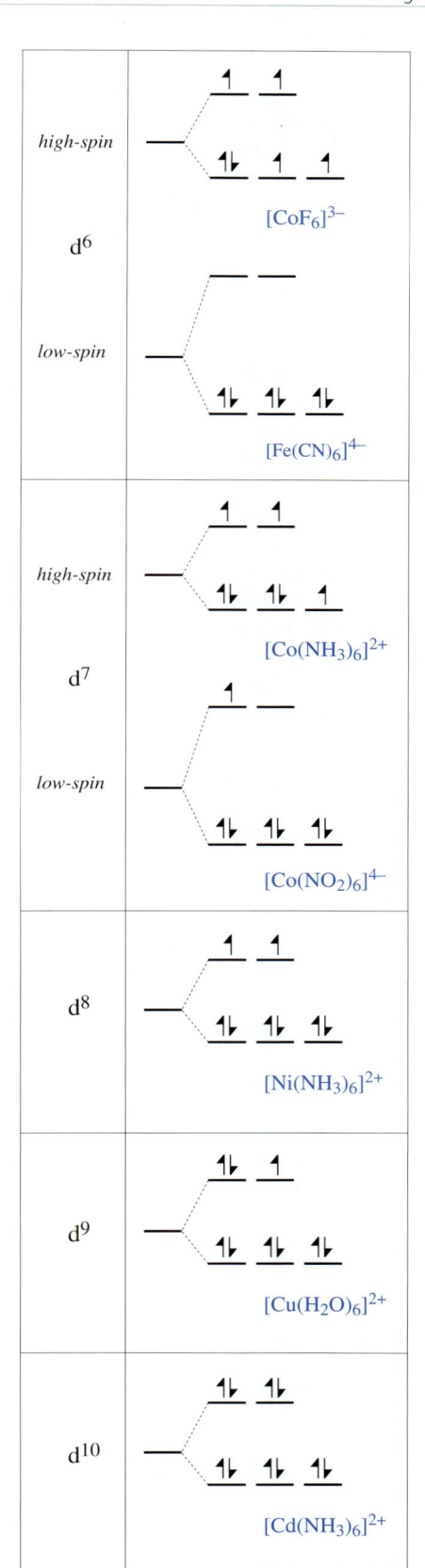

23.7 Besetzung der d-Orbitale oktaedrischer Komplexe mit den Elektronenkonfigurationen d^1 bis d^{10}. Die Formeln geben jeweils ein typisches Beispiel an. In einigen Fällen ist das Oktaeder verzerrt; insbesondere gilt das für d^4-*high-spin*-, d^7-*low-spin*-, und d^9-Systeme. Abbildung 23.12 gibt für diese Fälle eine genauere Darstellung der Ligandenfeldaufspaltung.

4. *Natur der Liganden*: Man kann die Liganden nach der Größe der von ihnen bewirkten Ligandenfeldaufspaltung ordnen. Diese Anordnung bezeichnet man als die **spektrochemische Reihe**. Unter den häufig verwendeten Liganden rufen der Carbonyl- und der Cyanid-Ligand die größte, der Iodid-Ligand die geringste Aufspaltung hervor. Für die meisten Metalle gilt folgende Reihenfolge:

$I^- < Br^- < S^{2-} < SCN^- < Cl^- < NO_3^- < F^- < OH^- < H_2O < NCS^- < NH_3 < en < CN^- < CO$

(en ist eine Abkürzung für Ethylendiamin, $H_2N\text{-}CH_2\text{-}CH_2\text{-}NH_2$)

Tetraedrische Komplexe

Nach dem Oktaeder ist das Tetraeder das zweithäufigste Koordinationspolyeder in der Chemie. Abbildung 23.8 stellt die tetraedrische Anordnung von vier Liganden um ein Zentralatom gemeinsam mit der Orientierung der d-Orbitale dar. Keines der d-Orbitale weist exakt in Richtung der Liganden. Jedoch sind es eher die d_{xy}-, d_{xz}- und d_{yz}-Orbitale als die $d_{x^2-y^2}$- und d_{z^2}-Orbitale, die in Bindungsrichtung liegen. Folglich ist im Tetraederfeld die Energie der beiden e-Orbitale ($d_{x^2-y^2}$ und d_{z^2}) niedriger als die der drei t_2-Orbitale (d_{xy}, d_{xz} und d_{yz}) (Abbildung 23.9). (Bei der Bezeichnung der Orbitale wird hier der Index g weggelassen, weil ein Tetraeder kein Symmetriezentrum aufweist.)

Da nur vier Liganden anstelle von sechs vorhanden sind und diese auch nicht direkt in Richtung der d-Orbitale angeordnet sind, ist die Ligandenfeldaufspaltung

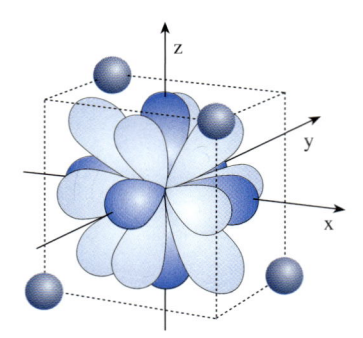

23.8 Tetraedrische Anordnung von vier Liganden um ein Zentralatom und Orientierung der d-Orbitale.

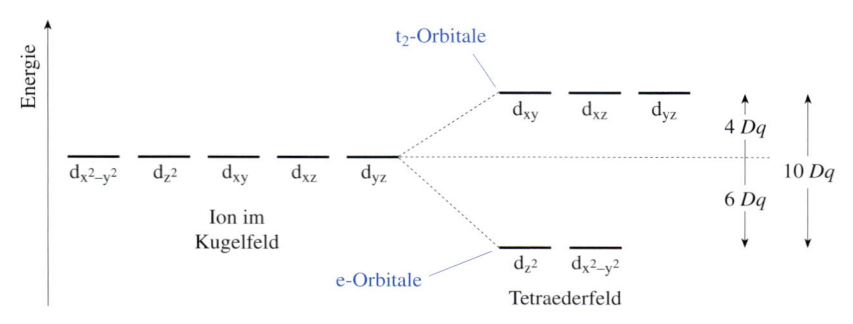

23.9 Aufspaltung der d-Orbitale im Tetraederfeld.

weitaus geringer als im oktaedrischen Fall. In Folge der geringen Orbitalaufspaltung sind tetraedrische Komplexe fast immer *high-spin*-Komplexe. Man trifft die tetraedrische Geometrie am häufigsten bei Halogenokomplexen an. Ein Beispiel ist das Tetrachlorocobaltat(II)-Ion ($[CoCl_4]^{2-}$).

Quadratisch-planare Komplexe

Von den 3d-Metallen bildet nur Nickel quadratisch-planare Komplexe, beispielsweise das Tetracyanonickelat(II)-Ion ($[Ni(CN)_4]^{2-}$). Diese Komplexe sind diamagnetisch, während sowohl oktaedrische als auch tetraedrische Komplexe von Ni(II) mit ihrer d^8-Elektronenkonfiguration zwei ungepaarte Elektronen aufweisen. Das Energiediagramm (Abbildung 23.10) zeigt den Grund hierfür. Wenn wir von einem oktaedrischen Ligandenfeld ausgehen und die beiden Liganden entlang der z-Achse entfernen, wird das d_{z^2}-Orbital nicht mehr von diesen Liganden abgestoßen. Seine Energie nimmt daher deutlich ab. Auch die Energien der anderen beiden Orbitale mit Komponenten in z-Richtung, also des d_{xz}- und des d_{yz}-Orbitals, nehmen ab. Gleichzeitig werden die Liganden in der xy-Ebene stärker elektrostatisch angezogen; damit sinkt der Bindungsabstand zwischen den verbleibenden vier Liganden und dem Zentralatom. Als Folge davon nimmt die Energie des $d_{x^2-y^2}$-Orbitals stark zu, auch die Energie des d_{xy}-Orbitals nimmt zu, jedoch weniger stark. Die Energiedifferenz zwischen dem $d_{x^2-y^2}$- und dem d_{xy}-Orbital ist größer als die Spinpaarungsenergie, der Komplex hat daher eine *low-spin* Konfiguration.

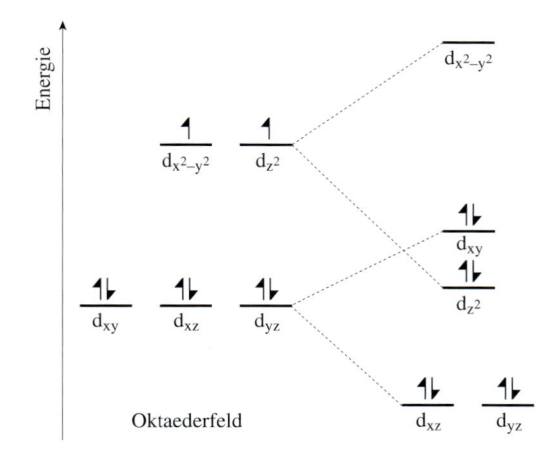

23.10 Aufspaltung der d-Orbitale bei quadratisch-planarer Koordination.

Der Jahn-Teller-Effekt

Bisher haben wir die Ligandenfeldaufspaltung für die Fälle betrachtet, bei denen die Liganden regelmäßige Koordinationspolyeder bilden, in denen die Abstände zwischen dem Zentralatom und allen Liganden genau gleich groß sind. Unter bestimmten Umständen kann es jedoch mit einem Energiegewinn verbunden sein, wenn sich ein Koordinationspolyeder, also zum Beispiel ein Oktaeder, etwas deformiert. Wir betrachten dies an einem in der Komplexchemie besonders wichtigen Fall, der tetragonalen Verzerrung eines Oktaeders.

> Bei einer tetragonal verzerrten (oktaedrischen) Anordnung ist der Bindungsabstand zwischen zwei transständigen Liganden und dem Zentralatom anders als der der übrigen vier. Der Abstand kann dabei größer oder auch kleiner sein.

Herrmann Arthur Jahn, englischer Physiker, 1907–1979; Promotion 1935 in Leipzig bei W. Heisenberg.

Edward Teller, ungarisch-amerikanischer Physiker, 1908–2003; bekannt als „Vater der Wasserstoffbombe". Gemeinsam mit H. A. Jahn erklärte er 1937 den sogenannten Jahn-Teller-Effekt.

Verändern wir in einem oktaedrischen Komplex die Bindungsabstände zweier gegenüberliegender (*trans*-ständigen) Liganden, indem wir deren Abstand vom Zentralatom zum Beispiel vergrößern, wie es in Abbildung 23.11 dargestellt ist, sinkt die Bindungsenergie zwischen dem Zentralatom und diesen beiden Liganden. Gleichzeitig verringert sich aber auch die Abstoßung zwischen den Elektronenpaaren dieser beiden Liganden und den Orbitalen des Zentralatoms, die eine Komponente in z-Richtung haben. Dies ist insbesondere beim d_{z^2}-, aber auch bei den d_{xz}- und d_{yz}-Orbitalen der Fall, deren Energie dadurch abgesenkt wird. Insgesamt kann diese Verzerrung zu einer Stabilisierung des Komplexes führen. Man bezeichnet diesen Effekt als den *Jahn-Teller-Effekt*. Das aus der Verzerrung resultierende Aufspaltungsschema ist (nicht maßstabsgetreu) in Abbildung 23.12 dargestellt.

Für einige Elektronenkonfigurationen ergibt sich bei der Besetzung dieser Orbitale ein Energiegewinn gegenüber dem unverzerrten Oktaeder. In schwachen Ligandenfeldern, in denen die *high-spin*-Konfiguration bevorzugt ist, sind dies insbesondere die d^4- und die d^9-Konfiguration, in starken Ligandenfeldern die d^7- und die d^9-Konfiguration. In der Tat hat man bei einigen oktaedrischen Komplexen der in Abbildung 23.12 angeführten Ionen die erwarteten Verzerrungen beobachtet. Insbesondere Kupfer(II)-Verbindungen haben häufig die Koordinationszahl sechs mit verzerrt oktaedrischer Struktur, bei der zwei *trans*-ständige Bindungspartner erheblich weiter vom Zentralatom entfernt sind als die vier übrigen.

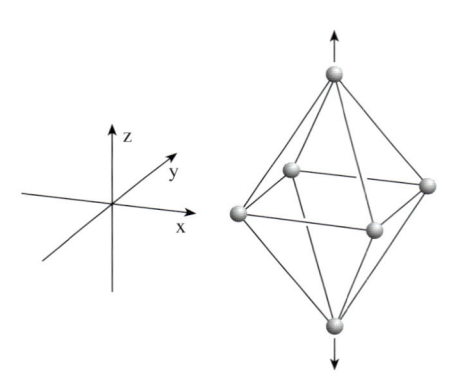

23.11 Tetragonale Verzerrung eines regelmäßigen Oktaeders.

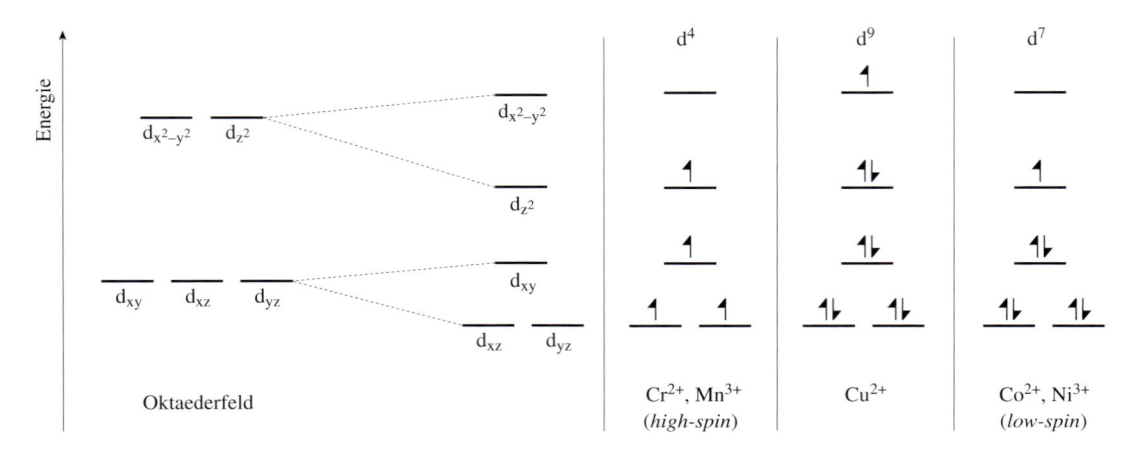

23.12 Aufspaltung der d-Orbitale bei einem tetragonal verzerrten oktaedrischen Ligandenfeld und Besetzung der Orbitale bei d^4-, d^9- und d^7-Konfiguration.

23.3 Die Ligandenfeldtheorie – Anwendungen

Eine gute Theorie zeichnet sich dadurch aus, dass sie möglichst viele Aspekte des physikalischen und chemischen Verhaltens erklärt. In dieser Hinsicht ist die Ligandenfeldtheorie überraschend leistungsfähig, denn sie erklärt die meisten der für Übergangsmetall-Ionen typischen Eigenschaften.

Magnetische Eigenschaften und ihre Deutung

Eine umfassende Theorie der Übergangsmetall-Ionen muss die Verteilung der Elektronen auf die Orbitale und die damit zusammenhängenden magnetischen Eigenschaften vorhersagen. Viele Übergangsmetallverbindungen sind paramagnetisch. Die Stärke des Paramagnetismus hängt ab von der Stellung des Metalls im Periodensystem, seiner Oxidationsstufe, seiner Stereochemie und der Natur der Liganden. Die Ligandenfeldtheorie erklärt die magnetischen Eigenschaften sehr einleuchtend mit der Energieaufspaltung und der sich daraus ergebenden Besetzung der d-Orbitale. Zumindest für die 3d-Metalle können korrekte Vorhersagen getroffen werden. So haben wir gezeigt, wie die Ligandenfeldtheorie den Diamagnetismus des quadratisch planar koordinierten Nickel(II)-Ions und den Paramagnetismus bei tetraedrischer oder oktaedrischer Koordination erklärt. Magnetische Messungen erlauben nicht nur die Unterscheidung zwischen diamagnetischen und paramagnetischen Stoffen, auch die Anzahl ungepaart vorliegender Elektronen lässt sich aus den Ergebnissen solcher Messungen bestimmen.

Magnetische Messungen Die Stärke eines Magnetfeldes kann durch die *magnetische Feldstärke H* oder die *Kraftflussdichte B* ausgedrückt werden. Anschaulich entsprechen diese Größen der Anzahl der magnetischen Feldlinien, die eine Fläche von 1 cm² durchstoßen. Der Verlauf magnetischer Feldlinien lässt sich qualitativ sichtbar machen, indem man eine Schicht fein verteiltes *ferromagnetisches* Material, wie Eisenpulver, in ein Magnetfeld bringt. Die Teilchen richten sich dann entlang der magnetischen Feldlinien aus.

Bringt man einen Stoff in ein Magnetfeld, verändert sich im Inneren des Feldes seine Kraftflussdichte B. Nimmt diese zu, so wird der betreffende Stoff in einem inhomogenen Magnetfeld in den Bereich höherer Feldstärke gezogen. Man sagt auch, der Stoff wird *in das Magnetfeld hineingezogen*. Solche Stoffe bezeichnet man als *paramagnetisch*. In *diamagnetischen* Stoffen nimmt die Kraftflussdichte ab; sie werden daher aus dem Magnetfeld herausgedrängt. Der Effekt ist jedoch wesentlich schwächer als bei paramagnetischen Stoffen.

Die Änderung der Kraftflussdichte ΔB, die das Magnetfeld durch das Einbringen des Stoffes in seinem Inneren erfährt, ist durch folgende einfache Beziehung mit der Kraftflussdichte des ungestörten Magnetfeldes B verknüpft:

$$\Delta B = \chi \cdot B$$

Den Proportionalitätsfaktor χ (chi), nennt man die **magnetische Suszeptibilität** eines Stoffes. Sie kann auf das Volumen, die Masse oder die Stoffmenge bezogen sein. In Abbildung 23.13a ist schematisch die magnetische Kraftflussdichte in einem paramagnetischen (oben) und einem diamagnetischen Stoff (unten) dargestellt. Für *diamagnetische* Stoffe hat die magnetische Suszeptibilität ein negatives Vorzeichen; die Werte sind unabhängig von der Temperatur. *Paramagnetische* Stoffe weisen positive Suszeptibilitäten auf, die durchschnittlich hundertmal größer sind als der Betrag der Suszeptibilität diamagnetischer Stoffe. Die paramagnetische Suszeptibilität nimmt mit steigender Temperatur ab.

Die magnetische Suszeptibilität kann auf recht einfache Weise gemessen werden. Ein Beispiel ist die **Gouy-Methode**: Man bringt ein mit der zu untersuchenden Substanz

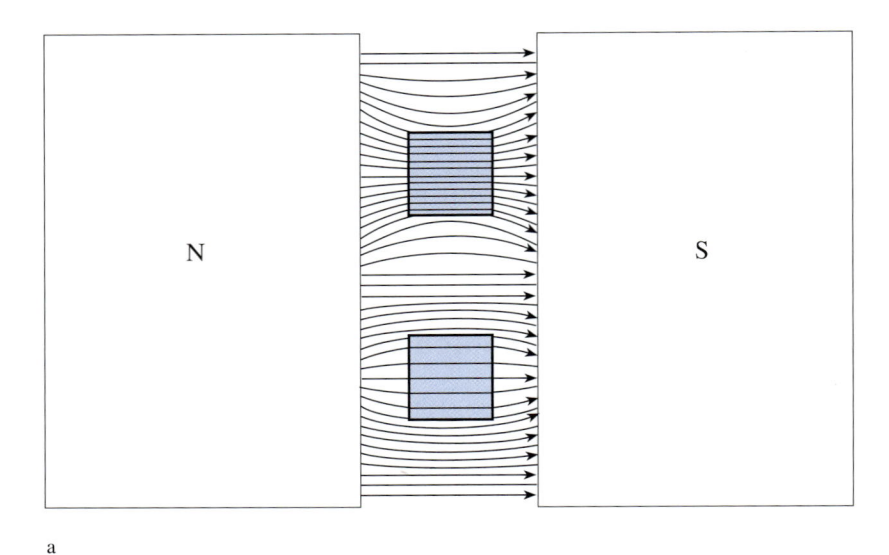

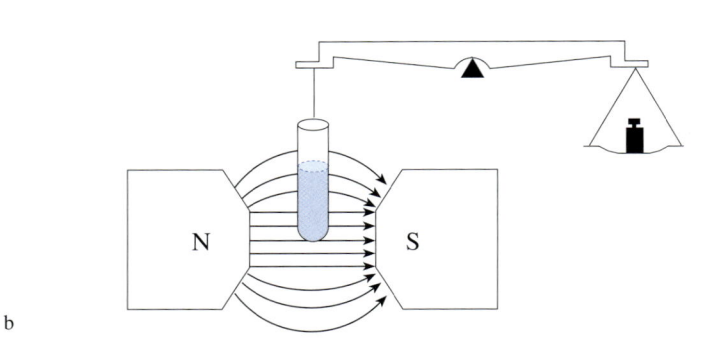

23.13 a) Veränderung der magnetischen Kraftflussdichte in einem paramagnetischen (oben) und einem diamagnetischen (unten) Stoff; b) schematische Darstellung der magnetischen Messmethode nach Gouy.

gefülltes Probenröhrchen so in ein inhomogenes Magnetfeld, dass sich der untere Rand der Probe an einer Stelle mit einem starken Magnetfeld, der obere Rand hingegen im Bereich kleiner Feldstärken befindet (Abbildung 23.13b). Mit einer empfindlichen Waage misst man dann die Kraft, die bei eingeschaltetem Magnetfeld auf die Probe wirkt. Wird die Probe im Magnetfeld scheinbar schwerer – wird sie also in das Magnetfeld hineingezogen –, so ist sie paramagnetisch. Erscheint sie hingegen leichter – wird sie also aus dem Magnetfeld heraus gedrängt –, so ist sie diamagnetisch. Aus der scheinbaren Massenänderung lässt sich die *molare magnetische Suszeptibilität* χ_m des untersuchten Stoffes ableiten. Diese Größe hängt über die folgende Beziehung mit dem sogenannten *magnetischen Moment* μ der Teilchenart zusammen, die das magnetische Verhalten des untersuchten Stoffs bestimmt:

$$\mu^2 = \frac{\chi_m \cdot 3 \cdot R \cdot T}{\mu_0 \cdot N_A^2}$$

μ_0 ist die sogenannte *magnetische Feldkonstante*, der Proportionalitätsfaktor zwischen der magnetischen Feldstärke H und der magnetischen Kraftflussdichte ($B = \mu_0 \cdot H$). R ist die allgemeine Gaskonstante und T die absolute Temperatur.

Magnetische Momente werden meist als Vielfache des sogenannten „Bohrschen Magnetons" μ_B angegeben. In SI-Einheiten gilt: $1\,\mu_B = 9{,}27 \cdot 10^{-24}\,\text{A} \cdot \text{m}^2$.

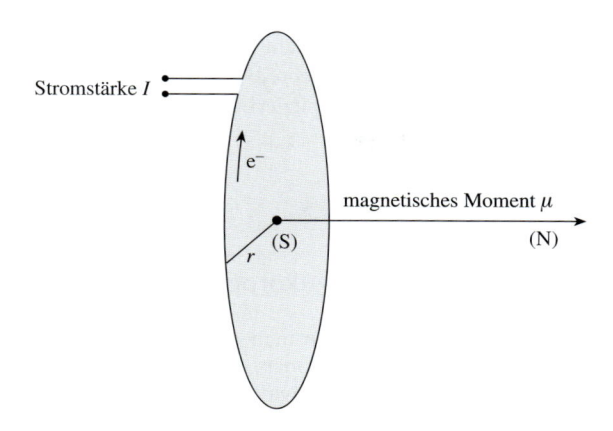

23.14 Magnetisches Moment, das beim Stromfluss durch einen kreisförmigen Leiter resultiert (S, N: magnetische Pole).

Atomistische Deutung magnetischer Momente Jede sich bewegende elektrische Ladung erzeugt ein Magnetfeld, also zum Beispiel ein Strom, der durch einen Draht fließt. Bei einer kreisförmigen Leiterbahn (Abbildung 23.14) ist das magnetische Moment gleich dem Produkt aus der Stromstärke und der Fläche dieses Kreises:

$$\mu = I \cdot r^2 \cdot \pi$$

Die Elektronenhüllen der Atome bestehen aus sich bewegenden Elektronen, wobei die Bewegung der Elektronen zum einen in der Eigenrotation, dem *Elektronenspin*, und zum anderen in der Bewegung der Elektronen um den Atomkern besteht. Dementsprechend nennt man die dadurch entstehenden magnetischen Momente das *Spinmoment* und das *Bahnmoment*. Es ist für unsere Zwecke hinreichend, nur die Spinmomente zu betrachten. Liegen zwei Elektronen gepaart, also mit antiparallelem Spin vor, heben sich ihre magnetischen Momente gegenseitig auf. Haben jedoch mehrere Elektronen parallele Spins, so resultiert ein magnetisches Moment, das mit zunehmender Anzahl ungepaarter Elektronen größer wird. Das gesamte magnetische Spinmoment eines paramagnetischen Teilchens ist durch folgende Beziehung gegeben:

$$\mu = \mu_B \cdot 2 \cdot \sqrt{S \cdot (S+1)}$$

S steht dabei für den gesamten Elektronenspin eines Teilchens, der sich additiv aus den Spins der einzelnen Elektronen ergibt. Enthält ein Teilchen ein ungepaartes Elektron, ist $S = ½$, bei zwei ungepaarten Elektronen gilt $S = ½ + ½ = 1$. Auf diese Weise ergeben sich je nach Anzahl n der ungepaarten Elektronen die magnetischen Momente μ für eine Teilchenart. Diese sind in Tabelle 23.1 (jeweils in Vielfachen des Bohrschen Magnetons) zusammengestellt ($\mu_m = 2\sqrt{S \cdot (S+1)}$).

Die aus den Messwerten ermittelten magnetischen Momente können also einfach mit diesen erwarteten Werten verglichen werden, sodass man die Anzahl der ungepaarten Elektronen erhält. In vielen Fällen findet man gute Übereinstimmungen zwischen experimentell ermittelten und berechneten Werten. Mit steigender Anzahl an d-Elektro-

Tabelle 23.1 Anzahl n ungepaarter Elektronen und erwartete magnetische Momente μ_m (in Bohrschen Magnetonen)

n	1	2	3	4	5
μ_m	1,73	2,83	3,87	4,90	5,91

nen und auch mit steigender Hauptquantenzahl werden die Abweichungen tendenziell jedoch größer. Die exakte theoretische Beschreibung der magnetischen Eigenschaften eines paramagnetischen Stoffs ist sehr kompliziert und geht weit über den Rahmen dieses Buches hinaus.

EXKURS

Magnetische Eigenschaften von Festkörpern

Bei dem diskutierten Paramagnetismus kann man davon ausgehen, dass die betrachteten paramagnetischen Zentren (Atome, Ionen, Komplexe) voneinander völlig unabhängig sind, sodass also keinerlei Wechselwirkungen zwischen ihnen bestehen. In typischen Festkörpern, wie Metallen oder ionischen Verbindungen, beobachtet man jedoch häufig sogenannte *kooperative Phänomene*, Erscheinungen, die nur durch Wechselwirkung vieler Zentren miteinander erklärt werden können. Die besten Beispiele sind wohl die magnetischen Eigenschaften mancher Feststoffe. Besonders auffällig ist das Phänomen des *Ferromagnetismus*: Ferromagnetische Stoffe, wie zum Beispiel elementares Eisen, werden von Magneten stark angezogen. Ihre magnetischen Suszeptibilitäten liegen um mehrere Zehnerpotenzen über denen paramagnetischer Stoffe. Oberhalb einer bestimmten, für den jeweiligen Stoff charakteristischen Temperatur, der *Curie-Temperatur*, geht der Ferromagnetismus jedoch verloren. Dieses Verhalten lässt sich folgendermaßen erklären: Unterhalb der Curie-Temperatur sind innerhalb kleiner Bereiche der einzelnen Kristalle die Spins aller ungepaarten Elektronen parallel zueinander ausgerichtet. Solche Bereiche bezeichnet man auch als **Weisssche Bezirke** (Abbildung 23.15).

Pierre Ernest **Weiss**, französischer Physiker, 1865–1940; Professor in Lyon, Zürich und Straßburg; grundlegende Untersuchungen über Para- und Ferrromagnetismus (Weisssche Theorie des Ferromagnetismus, Weisssche Bezirke) und zur Temperaturabhängigkeit der Magnetisierung; entdeckte das Curie-Weisssche Gesetz und den quantenhaften Charakter der magnetischen Momente der Atome (Hypothese kleinster Elementarmagnete).

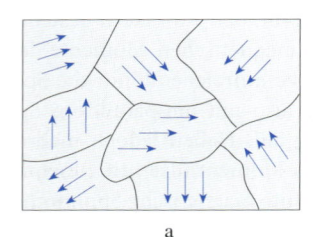

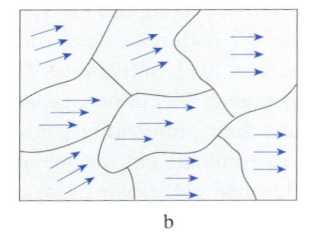

23.15 Orientierung der magnetischen Momente in den Weissschen Bezirken eines ferromagnetischen Materials: statistische Verteilung der Richtungen (a) und magnetisierter Zustand (b). In Permanentmagneten bleibt der magnetisierte Zustand auch ohne Einwirkung eines äußeren Feldes erhalten.

Betrachtet man einen Eisennagel, gibt es keine Vorzugsrichtung in Bezug auf die Gesamtheit der Weissschen Bezirke; der Eisennagel wirkt also nicht als Magnet. In einem Permanentmagneten dagegen zeigen die Spins der ungepaarten Elektronen in sämtlichen Weissschen Bezirken nahezu in die gleiche Richtung, sodass er einen magnetischen Südpol und einen magnetischen Nordpol aufweist. Bringt man den Kopf des Eisennagels mit einem Ende eines Stabmagneten in Kontakt, so wird auch der Nagel magnetisiert: Mit der Spitze des Nagels lässt sich jetzt Eisenpulver aus einem Fläschchen entnehmen. Das Magnetfeld des Stabmagneten hat also zu einer einheitlichen magnetischen Orientierung der Weissschen Bezirke in dem Nagel geführt; dieser Ordnungszustand geht allerdings verloren, sobald man den Stabmagneten entfernt. Für die Herstellung von Permanentmagneten eignen sich also längst nicht alle ferromagnetischen Materialien. Praktisch genutzt werden spezielle Kohlenstoffstähle sowie eine Reihe von Legierungen.

Bekannt sind vor allem *Alnico*-Magnetwerkstoffe. Ein Alnico-Stabmagnet, wie er im Physikunterricht verwendet wird, enthält beispielsweise neben Aluminium (8 %), Nickel (15 %) und Cobalt (24 %) auch Kupfer (3 %) und Titan (1 %) sowie Eisen (49 %). (Die Gehaltsangaben beziehen sich jeweils auf den Massenanteil.)

Besonders starke Magneten können durch Legierung von Cobalt mit Samarium ($SmCo_5$ und Sm_2Co_{17}) hergestellt werden.

In anderen Stoffen, wie zum Beispiel Mangan(II)-oxid, sind die Spins innerhalb eines Bezirks antiparallel ausgerichtet, sodass diese Stoffe trotz paramagnetischer Zentren diamagnetisch erscheinen. Solche Stoffe nennt man *antiferromagnetisch*. Oberhalb einer bestimmten, für den Stoff charakteristischen Temperatur, der *Neèl-Temperatur*, geht diese antiferromagnetische Ordnung verloren und der Stoff wird paramagnetisch. Man kennt auch Stoffe, die mehrere unterschiedliche paramagnetische Zentren enthalten; ein wichtiges Beispiel ist der Magnetit (Fe_3O_4), der Eisen(II)- und Eisen(III)-Ionen im Anzahlverhältnis 1:2 enthält. Innerhalb eines Bezirks sind alle magnetischen Momente der Eisen(II)-Ionen in die eine Richtung und die der Eisen(III)-Ionen in die entgegengesetzte Richtung ausgerichtet. Das daraus resultierende Verhalten bezeichnet man als *Ferrimagnetismus*. In einem magnetischen Feld verhalten sich ferrimagnetische Materialien ganz ähnlich wie ferromagnetische Stoffe. Viele Permanentmagnete bestehen aus ferrimagnetischen keramischen Materialien. Man bezeichnet sie allgemein als *Ferrite*. Meist handelt es sich dabei um ternäre Oxide vom Strukturtyp der *Spinelle*. Beispiele dieser Art sind $MgFe_2O_4$, $CoFe_2O_4$ und $NiFe_2O_4$. Schematisch sind die drei genannten Ordnungsprinzipien der magnetischen Momente in Abbildung 23.16 dargestellt.

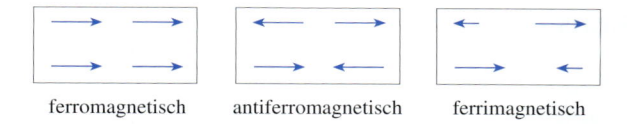

23.16 Magnetische Eigenschaften und Orientierung der magnetischen Momente innerhalb einzelner Bezirke.

Ligandenfeldeffekte bei Spinellen

In der Festkörperchemie kann die Ligandenfeldtheorie auch zur Erklärung der Strukturen von ionisch aufgebauten Verbindungen herangezogen werden. Die besten Beispiele finden wir in der Stoffklasse der Spinelle, die zu Beginn dieses Kapitels bereits angesprochen wurden. Ein Spinell ist ein ionisch aufgebautes, ternäres Oxid mit der allgemeinen Formel $(M^{2+})(M^{3+})_2(O^{2-})_4$, wobei die Metall-Ionen sowohl Oktaederlücken als auch Tetraederlücken in einer kubisch dichten Packung aus O^{2-}-Ionen besetzen. In einem *normalen Spinell* besetzen die zweifach positiven Ionen ⅛ der Tetraederlücken und die dreifach positiven Ionen die Hälfte der Oktaederlücken. In einem *inversen Spinell* dagegen tauschen die zweifach positiven Ionen mit der Hälfte der dreifach positiven Ionen die Plätze.

Ob ein normaler oder ein inverser Spinell vorliegt, hängt im Allgemeinen damit zusammen, bei welcher der beiden Strukturen die größere Ligandenfeldstabilisierungsenergie auftritt. Dies lässt sich an zwei Beispielen zeigen, die jeweils nur ein Metall, dieses aber in verschiedenen Oxidationsstufen enthalten: Fe_3O_4, das Fe^{2+}- und Fe^{3+}-Ionen enthält, und Mn_3O_4, das Mn^{2+}- und Mn^{3+}-Ionen enthält. Fe_3O_4 nimmt die inverse Spinellstruktur an: $(Fe^{3+})_t(Fe^{2+}, Fe^{3+})_oO_4$. Weil O^{2-}-Ionen keine besonders starken Liganden sind, liegen sowohl die Eisen(II)-Ionen als auch die Eisen(III)-Ionen in der *high-spin*- Konfiguration vor. Das Fe(III)-Ion (d^5) hat dann eine Ligandenfeldstabilisierungsenergie von null, während die des Fe^{2+}-Ions (d^6) nicht null ist. Da die Ligandenfeldaufspaltung bei tetraedrischer Geometrie nur 4/9 des Werts für eine oktaedrische Geometrie beträgt, ist die Ligandenfeldstabilisierungsenergie eines oktaedrisch koordinierten Eisen(II)-Ions größer als die eines tetraedrisch koordinierten Ions. Dies erklärt, warum Eisen(II)-Ionen bevorzugt Oktaederlücken besetzen. Im Gegensatz zu diesem gemischtvalenten Eisenoxid hat das entsprechende Manganoxid die Struktur des normalen Spinells: $(Mn^{2+})_t(Mn^{3+}_2)_oO_4$. In diesem Fall hat das Mangan(II)-Ion (d^5) eine Ligandenfeldstabilisierungsenergie von null und die des Mangan(III)-Ions (d^4) ist von null verschieden. Daher besetzt das Mangan(III)-Ion bevorzugt die Oktaederlücken.

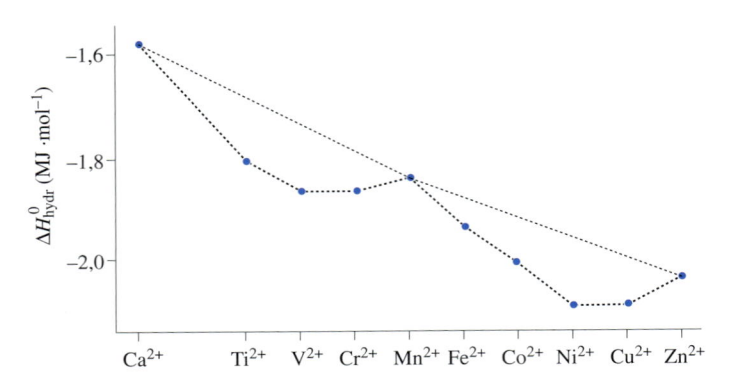

23.17 Hydratationsenthalpien der zweifach positiv geladenen 3d-Ionen.

Hydratationsenthalpien

Die Ligandenfeldeffekte haben einen merklichen Einfluss auf die Hydratationsenthalpien von Übergangsmetall-Ionen, also die Energie, die freigesetzt wird, wenn ein Mol gasförmiger Ionen hydratisiert werden:

$$M^{n+}(g) + 6\,H_2O(l) \rightarrow [M(H_2O)_6]^{n+}(aq)$$

Da die effektive Kernladung der Atome innerhalb einer Periode mit steigender Ordnungszahl zunimmt und als Folge davon der Radius abnimmt, könnte man erwarten, dass die elektrostatischen Kräfte zwischen Wasser-Molekülen und Metall-Ionen gleicher Ladung innerhalb der 3d-Reihe regelmäßig zunimmt. Tatsächlich beobachtet man jedoch deutliche Abweichungen von einem linearen Verlauf (Abbildung 23.17).

Diese Abweichungen sind mit den von Ion zu Ion verschiedenen Ligandenfeldstabilisierungsenergien zu erklären. Erinnern wir uns, dass im oktaedrischen Feld die Energie der t_{2g}-Orbitale um je 4 Dq abgesenkt und die der e_g-Orbitale um je 6 Dq angehoben ist. Bei Kenntnis des Zahlenwertes der Ligandenfeldaufspaltung lässt sich also für eine bestimmte Elektronenkonfiguration der Beitrag berechnen, den die Ligandenfeldstabilisierungsenergie an der Hydratationsenthalpie hat. Abbildung 23.18 illustriert dieses für das d^4-high-spin-Ion. Dieses Ion hat eine Stabilisierungsenergie von

$$-[3 \cdot 4\,Dq] + [6\,Dq] = -6\,Dq$$

Die Ligandenfeldstabilisierungsenergien sind in Tabelle 23.2 für verschiedene Elektronenkonfigurationen zusammengestellt.

Wie man sieht, entspricht der Verlauf der erwarteten Ligandenfeldstabilisierungsenergien recht gut den Abweichungen der Hydratationsenthalpien von einem linearen Verlauf. Nur die d^0-, die d^5-high-spin- und die d^{10}-Konfiguration entsprechen dem linearen Verlauf, denn bei diesen drei Elektronenkonfigurationen ist eine Ligandenfeldstabilisierungsenergie von null zu erwarten.

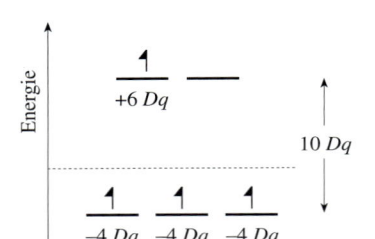

23.18 Ligandenfeldstabilisierungsenergie bei high-spin-d^4-Konfiguration.

Tabelle 23.2 Ligandenfeldstabilisierungsenergien im Oktaederfeld für zweifach positive high-spin-Ionen einiger 3d-Metalle.

Ion	Konfiguration	Ligandenfeldstabilisierungsenergie
Ca^{2+}	d^0	0 Dq
Ti^{3+}	d^1	$-4\,Dq$
Ti^{2+}	d^2	$-8\,Dq$
V^{2+}	d^3	$-12\,Dq$
Cr^{2+}	d^4	$-6\,Dq$
Mn^{2+}	d^5	0 Dq
Fe^{2+}	d^6	$-4\,Dq$
Co^{2+}	d^7	$-8\,Dq$
Ni^{2+}	d^8	$-12\,Dq$
Cu^{2+}	d^9	$-6\,Dq$
Zn^{2+}	d^{10}	0 Dq

Farben und Absorptionsspektren der Übergangsmetallkomplexe

Die auffälligsten Eigenschaften der Übergangsmetallkomplexe sind ihre Farben. Sie beruhen auf der Absorption von Licht. Abbildung 23.19 stellt das Absorptionsspektrum des violetten Hexaaquatitan(III)-Ions ($[Ti(H_2O)_6]^{3+}$) im Bereich des sichtbaren Lichts dar. Das Maximum der breiten Absorptionsbande liegt im grünen Bereich des Spektrums, sodass als Farbe der Verbindung die Komplementärfarbe rotviolett auftritt.

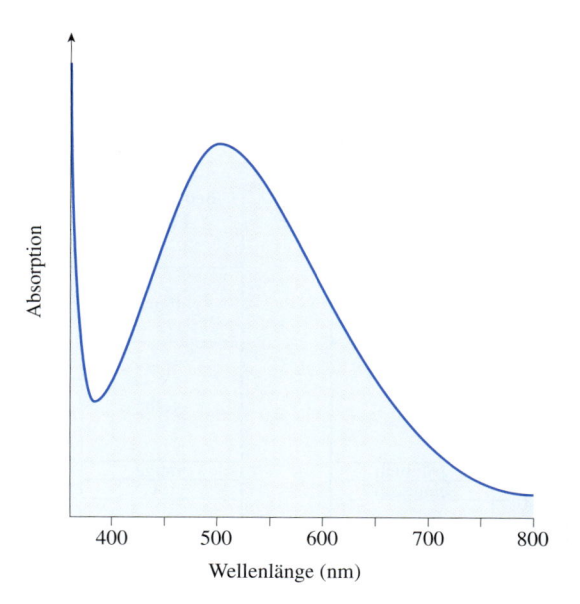

23.19 Ausschnitt aus dem Absorptionsspektrum des Hexaaquatitan(III)-Ions.

Das Titan(III)-Ion hat eine d^1-Elektronenkonfiguration und eine oktaedrische Koordination durch sechs Wasser-Moleküle. Die Absorption elektromagnetischer Strahlung bewirkt den Übergang des Elektrons vom t_{2g}- in ein e_g-Orbital (Abbildung. 23.21). Das Elektron fällt nach der Anregung in den Grundzustand zurück, wobei die frei werdende Energie als Wärme abgegeben wird. Das Absorptionsmaximum liegt bei 495 nm, das entspricht einer Energiedifferenz von etwa 243 kJ · mol^{-1} zwischen den t_{2g}- und den e_g-Orbitalen. Die Ligandenfeldaufspaltung (10 Dq) kann also auf diese Weise gemessen werden.

Das Hexachlorotitanat(III)-Ion ($[TiCl_6]^{3-}$) hat infolge eines Absorptionsmaximums bei ungefähr 770 nm eine blaugrüne Farbe. Dieser Wert entspricht einer Ligandenfeldaufspaltung von ungefähr 160 kJ · mol^{-1}. Der niedrigere Wert deutet an, dass das Chlorid-Ion im Vergleich zum Wasser-Molekül ein schwächerer Ligand ist. Das entspricht der Stellung des Chlorid-Ions in der spektrochemischen Reihe links vom Wasser.

Das Spektrum von Titan(III)-Verbindungen ist besonders einfach zu verstehen, weil dieses Ion lediglich ein d-Elektron hat.

Ähnlich übersichtliche Verhältnisse wie bei der d^1-Konfiguration findet man bei der d^9-Konfiguration, also zum Beispiel beim Kupfer(II)-Ion, sowie für d^4-*high-spin*- und d^6-*high-spin*-Komplexe: In oktaedrischer Umgebung lässt sich jeweils eine einzelne, breite Absorptionsbande im sichtbaren Bereich beobachten. Man kann diese Absorption als eine Anregung eines Elektrons aus einem t_{2g}-Orbital in ein e_g-Orbital interpretieren (Abbildung 23.22).

Merklich komplizierter wird die Situation bei anderen Elektronenkonfigurationen. So würde man für d^2-Ionen (zum Beispiel bei $[V(H_2O)_6]^{2+}$) *zwei* Absorptionsbanden erwarten, die der Anregung eines oder beider Elektronen entsprechen. Man beobachtet jedoch *drei* recht starke Absorptionen.

Die Ursache liegt in Wechselwirkungen zwischen den d-Elektronen. Die Folge ist schließlich ein verändertes Aufspaltungsschema mit insgesamt drei Energieniveaus.

Auch die Spektren von Ionen mit den Elektronenkonfigurationen d^3, d^7(*high-spin*) und d^8 lassen sich durch drei Übergänge erklären.

Gelegentlich beobachtet man auch sehr schwache Absorptionen im sichtbaren Bereich des Spektrums. Dahinter stehen Übergänge, bei denen ein Elektron bei der Anregung auch seinen Spin umkehrt. Solche Übergänge nennt man *spin-verbotene*

Dass die Absorptionsbande in Abbildung 23.19 sehr breit ist, hat folgende Ursache: Der Elektronenübergang erfolgt weitaus schneller als eine Molekülschwingung. Sind die Liganden während einer Schwingungsbewegung weiter vom Metall entfernt als im zeitlichen Mittel, so ist das Ligandenfeld schwächer, die Aufspaltung dementsprechend geringer und die Energie für den Elektronenübergang ist niedriger als der Mittelwert. Sind dagegen die Liganden näher am Metall-Ion, so ist das Feld stärker, die Aufspaltung ist größer und für den Elektronenübergang ist entsprechend mehr Energie nötig. Diese Erklärung lässt sich dadurch untermauern, dass die Bande schmaler wird, wenn man den Komplex bis nahe an den absoluten Nullpunkt abkühlt, um so die (thermisch angeregten) Molekülschwingungen einzufrieren.

Die Wellenzahl als Energiegröße
In den meisten Bereichen der Chemie gibt man Energieunterschiede in Kilojoule pro Mol an. Man kann jedoch auch andere mit der Energie verknüpfte Einheiten verwenden, zum Beispiel die Frequenz ν einer elektromagnetischen Welle, die mit der Energie durch folgende Gleichung verknüpft ist:

$$E = h \cdot \nu$$

(h ist das Plancksche Wirkungsquantum: $6{,}626 \cdot 10^{-34}$ J · s)
Die Frequenz ν hängt über die Lichtgeschwindigkeit c unmittelbar mit der Wellenlänge der Strahlung λ zusammen:

$$c = \nu \cdot \lambda$$

Damit ist die Energie proportional zum Kehrwert der Wellenlänge:

$$E = h \cdot c / \lambda$$

Den Kehrwert der in cm angegebenen Wellenlänge bezeichnet man auch als die *Wellenzahl*. Sie hat die Einheit cm^{-1} und ist, wie die Frequenz, eine Größe, die proportional zur Energie ist. Der Begriff Wellenzahl und entsprechende Zahlenangaben werden insbesondere in der Spektroskopie verwendet. Meist wird auch die Ligandfeldaufspaltung in dieser Einheit angegeben. Für das Hexaaquatitan(III)-Ion steht dann ein Wert von 20 300 cm^{-1} statt 243,6 kJ · mol^{-1}. (Bei der Umrechnung ist zu beachten, dass man nach obiger Gleichung die Energie für ein Teilchen errechnet. Um die auf ein Mol bezogene Energie zu erhalten, muss mit der Avogadro-Konstante multipliziert werden:
$E = 6{,}022 \cdot 10^{23}$ mol^{-1} · $6{,}626 \cdot 10^{-34}$ J · s · $2{,}997 \cdot 10^{10}$ cm · s^{-1} · 20 300 cm^{-1}
= 242 759 J · mol^{-1})

Das sichtbare Licht umfasst den Bereich elektromagnetischer Strahlung mit Wellenlängen zwischen 400 nm und 750 nm. Bei weißem Licht sind alle Wellenlängen mit etwa gleicher Intensität vertreten. Wird beispielsweise der blaue Anteil von einer Lösung absorbiert, so erscheint die Lösung gelb. Diese sogenannte Komplementärfarbe ergibt sich durch Mischung der übrigen, hindurchtretenden Strahlen. Abbildung 23.20 zeigt den Zusammenhang zwischen der Farbe des absorbierten Lichts und der direkt beobachteten Farbe.

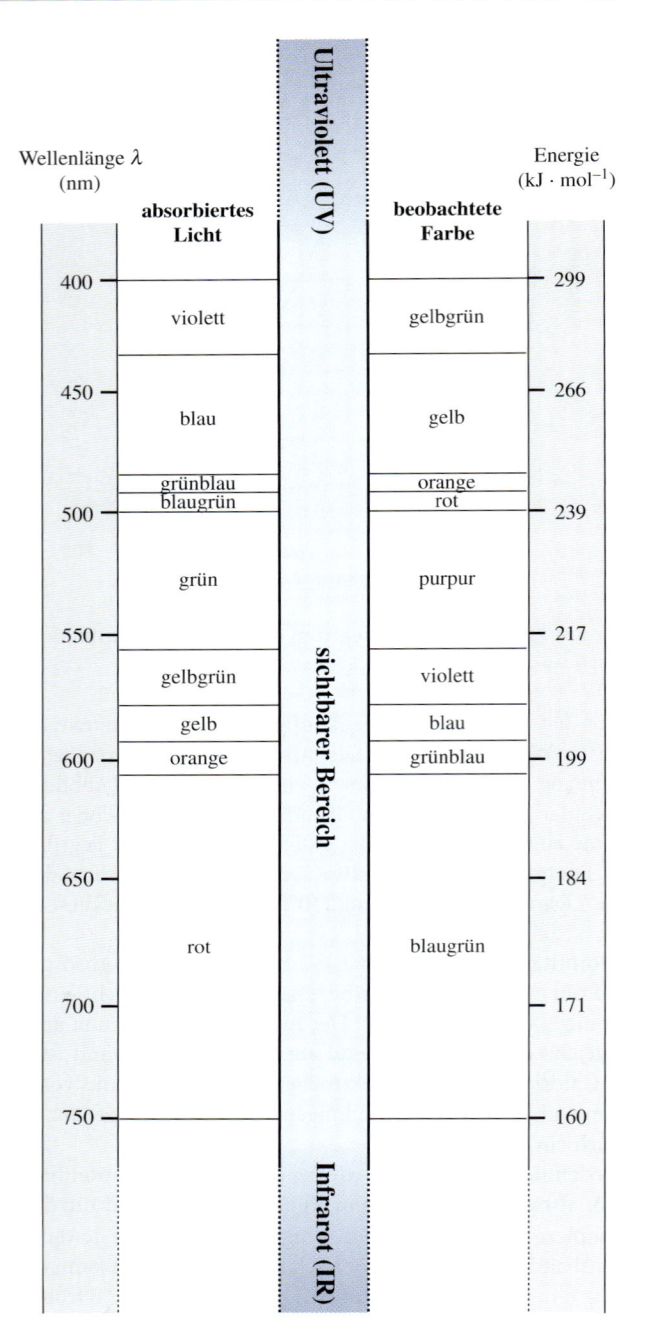

Wellenlänge λ (nm)	absorbiertes Licht		beobachtete Farbe	Energie (kJ · mol^{-1})
400		Ultraviolett (UV)		299
	violett		gelbgrün	
450				266
	blau		gelb	
500	grünblau		orange	239
	blaugrün		rot	
	grün		purpur	
550				217
	gelbgrün	sichtbarer Bereich	violett	
	gelb		blau	
600	orange		grünblau	199
650				184
	rot		blaugrün	
700				171
750				160
		Infrarot (IR)		

23.20 Zusammenhang zwischen der Farbe des absorbierten Lichts und der beobachteten Farbe (Komplementärfarbe).

Übergänge, denn sie treten entsprechend der geringen Intensität im Spektrum nur mit sehr geringer Wahrscheinlichkeit auf.

Im Falle der Ionen mit einer d^5-*high-spin*-Konfiguration sind sogar ausschließlich spin-verbotene Übergänge möglich (Abbildung 23.23). Als Folge davon führen Komplexe wie das Hexaaquamangan(II)-Ion oder das Hexaaquaeisen(III)-Ion zu sehr geringen Absorptionen und entsprechend blassen Farben (hellrosa bzw. blassviolett); verdünnte wässerige Lösungen sind praktisch farblos.

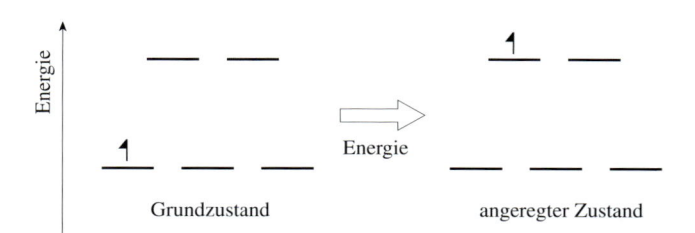

23.21 Der für die Absorptionsbande des Hexaaquatitan(III)-Ions verantwortliche Elektronenübergang.

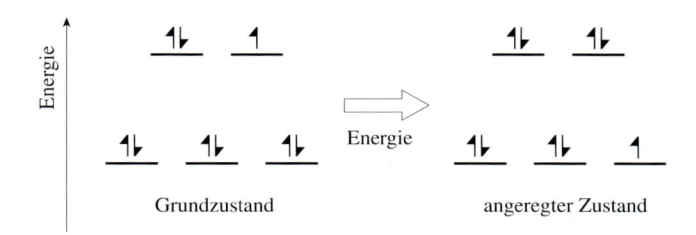

23.22 Anregung eines d-Elektrons im Falle der d^9-Konfiguration.

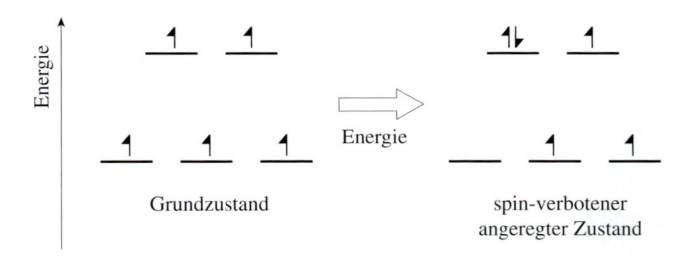

23.23 Ein spin-verbotener Elektronenübergang bei d^5-Konfiguration.

Eine tiefer gehende Behandlung der Absorptionsspektren von Übergangsmetall-Ionen und ihre Interpretation mit Hilfe der Ligandenfeldtheorie geht über den Rahmen dieses Buchs weit hinaus; sie ist Gegenstand von Lehrbüchern der theoretischen anorganischen Chemie.

Intensive Farben bei *high-spin*-d^5-Komplexen (z.B. Fe^{3+}/SCN^-, Fe^{3+}/Cl^-, Fe^{3+}/OH^-) beruhen auf *Charge-Transfer*-Übergängen. Man vergleiche dazu den Exkurs in Abschnitt 24.5.

23.4 Anwendung der Molekülorbitaltheorie auf Übergangsmetallkomplexe

Die Ligandenfeldtheorie gibt zufrieden stellende Erklärungen für viele experimentelle Befunde bei den meisten Übergangsmetallverbindungen und glücklicherweise ist sie recht einfach zu verstehen. Sie liefert jedoch kein realistisches Bild für die Wechselwirkungen zwischen Zentralion und Liganden, denn die Bindung ist häufig überwiegend kovalenter Natur, die Ligandenfeldtheorie aber ein rein elektrostatisches Modell. So wundert es nicht, dass die Ligandenfeldtheorie einige Aspekte der Übergangsmetallchemie nicht erklären kann – beispielsweise warum das Cyanid-Ion ein so starker Ligand ist.

Die Molekülorbitaltheorie gibt eine weit elegantere Erklärung der Bindung. Es ist einfach, ein qualitatives Molekülorbitaldiagramm für einen oktaedrischen Komplex herzuleiten (Abbildung 23.24) und es wird dabei auch klar, warum die Ligandenfeldtheorie anwendbar ist, obwohl ihre theoretische Basis unrealistisch ist.

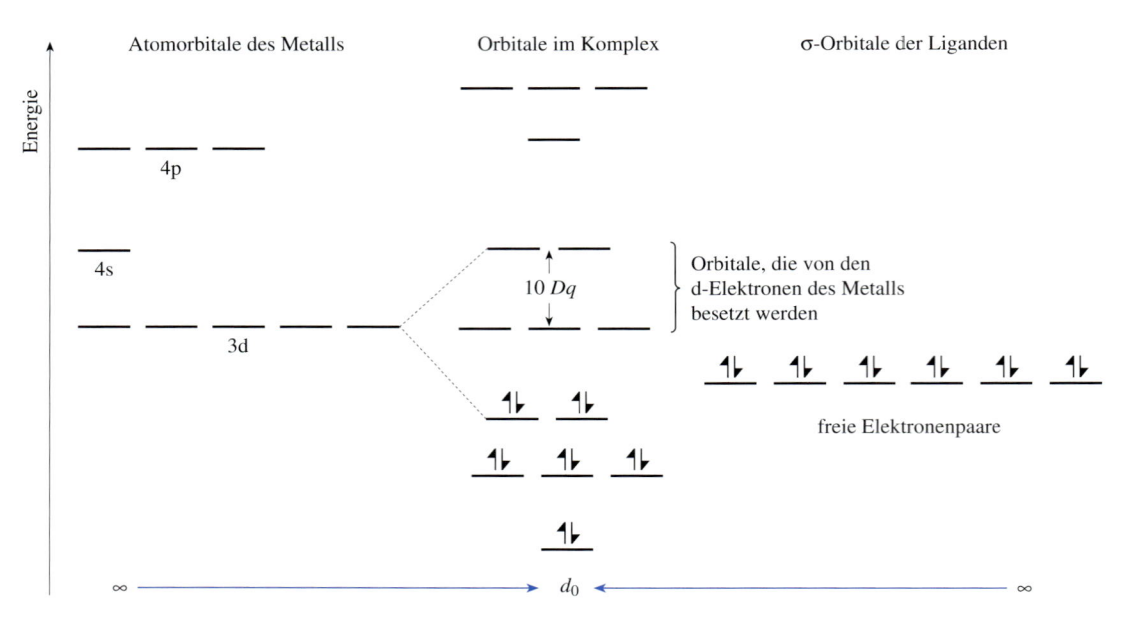

23.24 Vereinfachtes Molekülorbitaldiagramm für einen oktaedrischen Komplex eines 3d-Elements.

Wir gehen davon aus, dass bei den 3d-Metallen die 4s-, 4p- und ein Teil der 3d-Orbitale an der Bindung beteiligt sind. Die 3d-Atomorbitale, die zwischen den Bindungen von den sechs Liganden zum Zentralatom liegen, die d_{xy}-, d_{xz}- und d_{yz}-Orbitale sind an den Bindungen nicht beteiligt; sie werden daher zu nichtbindenden Molekülorbitalen, die in ihrer Energie weder nennenswert angehoben noch abgesenkt sind. Die sechs Ligandenorbitale werden mit den 4p-Orbitalen, dem 4s-, dem $3d_{z^2}$- und dem $3d_{x^2-y^2}$-Orbital kombiniert. Dabei bilden sich sechs bindende und sechs antibindende Molekülorbitale. Die sechs Elektronenpaare der Liganden besetzen die sechs bindenden Molekülorbitale. Aus Sicht der MO-Theorie wird also deutlich, dass die Verringerung der Energie der von den Liganden stammenden Bindungselektronen die treibende Kraft der Komplexbildung ist.

Wenn wir die Frage stellen, in welchen Molekülorbitalen sich die d-Elektronen des Übergangsmetalls befinden (auch wenn im Komplex nicht mehr zwischen den Elektronen des Metalls und denen der Liganden unterschieden werden kann), so stellen wir Folgendes fest: Zunächst werden die drei nichtbindenden Molekülorbitale besetzt und dann die beiden energetisch am tiefsten liegenden, unbesetzten antibindenden Orbitale, die auch zum Teil aus den 3d-Atomorbitalen entstanden sind. Die drei nichtbindenden Molekülorbitale entsprechen also den drei t_{2g}-Orbitalen des Ligandenfeldmodells und die beiden tief liegenden antibindenen Molekülorbitale den beiden e_g-Orbitalen. So ist es nicht überraschend, dass unser Ligandenfeldmodell hier anwendbar ist, da es die Besetzung genau dieser Orbitale betrachtet. In der Sprache der MO-Theorie nennt man diese Orbitale die HOMOs (*highest occupied molecular orbitals*).

Die Molekülorbitaltheorie liefert jedoch weit mehr als nur eine Rechtfertigung für die Ligandenfeldtheorie. Sie erklärt auch die Befunde in der Übergangsmetallchemie, welche die Ligandenfeldtheorie nicht erklären kann. Insbesondere ermöglicht sie eine Erklärung für die Stärke der Metall/Kohlenstoff-Bindung in Carbonyl- und Cyanokomplexen.

Bisher haben wir die Bindung zwischen Zentralion und Ligand stillschweigend als reine σ-Bindung betrachtet. Das ist sicherlich angemessen für Liganden wie Wasser oder Ammoniak, doch in anderen Fällen spielen π-Bindungen einen Rolle.

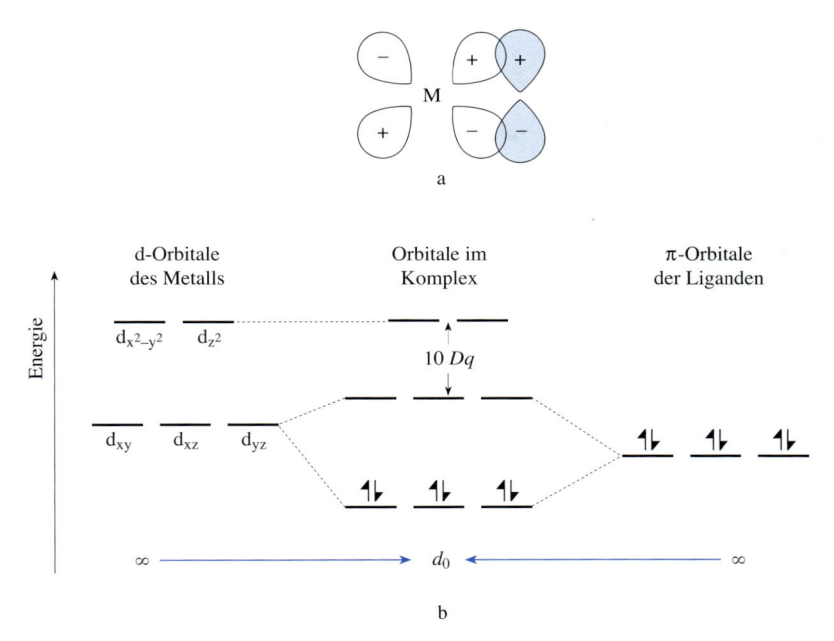

23.25 π-Wechselwirkung eines π-Donor-Liganden mit einem d_{xy}-, d_{xz}- oder d_{yz}-Orbital (a); Orbitalbesetzung in einem oktaedrischen d^0-Komplex mit sechs π-Donor-Liganden (b).

Bei oktaedrischen Komplexen erfolgt die Wechselwirkung über die d_{xy}-, d_{xz}- und d_{yz}-Orbitale, die zwischen den Bindungsrichtungen liegen. Mit π-Donor-Liganden wie O^{2-} und F^- ergeben sich π-Bindungen, indem p-Elektronen der Liganden die d_{xy}-, d_{xz}- und d_{yz}-Orbitale des Übergangsmetall-Ions besetzen. Dabei dürfen die d_{xy}-, d_{xz}- und d_{yz}-Orbitale nicht voll gefüllt sein, das Zentralion muss also eine hohe Oxidationsstufe aufweisen. Die Molekülorbitaltheorie zeigt, dass auch bei sechs Liganden tatsächlich nur drei p-Orbitale der Liganden mit den d-Orbitalen des Metalls in Wechselwirkung treten können. Abbildung 23.25 stellt die Wechselwirkung eines π-Donor-Liganden mit den Molekülorbitalen eines oktaedrischen d^0-Komplexes dar. Die Elektronenpaare der Liganden werden dabei in ihrer Energie abgesenkt, während die Energie der d-Orbitale erhöht wird. Daher bilden π-Donor-Liganden bevorzugt Komplexe mit Metall-Ionen in hohen Oxidationsstufen mit leeren oder fast leeren d-Orbitalen. Außerdem erklärt die Verringerung der Ligandenfeldaufspaltung durch π-Donor-Liganden, warum solche Liganden in der spektrochemischen Reihe eher links stehen.

Ionen der Übergangsmetalle können umgekehrt auch mit π-Akzeptor-Liganden (z. B. CN^-, CO) π-Bindungen bilden, indem Elektronenpaare aus besetzten d_{xy}-, d_{xz}- und d_{yz}-Orbitalen leere π-Orbitale der Liganden besetzen. Dies ist nur dann möglich, wenn das Metall über besetzte d_{xy}-, d_{xz}- und d_{yz}-Orbitale verfügt. Daher stabilisieren π-Akzeptor-Liganden Metall-Ionen in niedrigen Oxidationsstufen. Abbildung 23.26 stellt die Wechselwirkung eines π-Akzeptor-Liganden mit teilweise besetzten d-Orbitalen des Metalls für den Fall eines oktaedrischen d^6-*low-spin*-Komplexes dar. In diesem Fall besteht die treibende Kraft für die Komplexbildung darin, dass die Energie der vom Metall-Ion stammenden Elektronen abgesenkt wird. Mit π-Akzeptor-Liganden führen daher vollständig besetzte d_{xy}-, d_{xz}- und d_{yz}-Orbitale zu einer optimalen Bindungssituation. π-Akzeptor-Liganden bilden bevorzugt Komplexe mit Metall-Ionen in niedrigen Oxidationsstufen (besetzte e_g-Orbitale). Außerdem wird die Vergrößerung der Ligandenfeldaufspaltung durch π-Akzeptor-Liganden verständlich, also die Tatsache, dass solche Liganden in der spektrochemischen Reihe ganz rechts stehen.

Ein π-**Akzeptor**- bzw. π-**Donor-Ligand** kann chemische Bindungen eingehen, bei denen seine p-Orbitale für die Ausbildung einer π-Bindung zum Zentralatom benutzt werden.

Beispiele sind: TiF_6^{2-}, CrO_4^{2-}, MnF_6^{2-}, MnO_4^-, FeO_4^{2-}, FeF_6^{3-}.

Beispiele sind: $Fe(CO)_5$, $[Fe(CN)_6]^{4-}$, $Ni(CO)_4$.

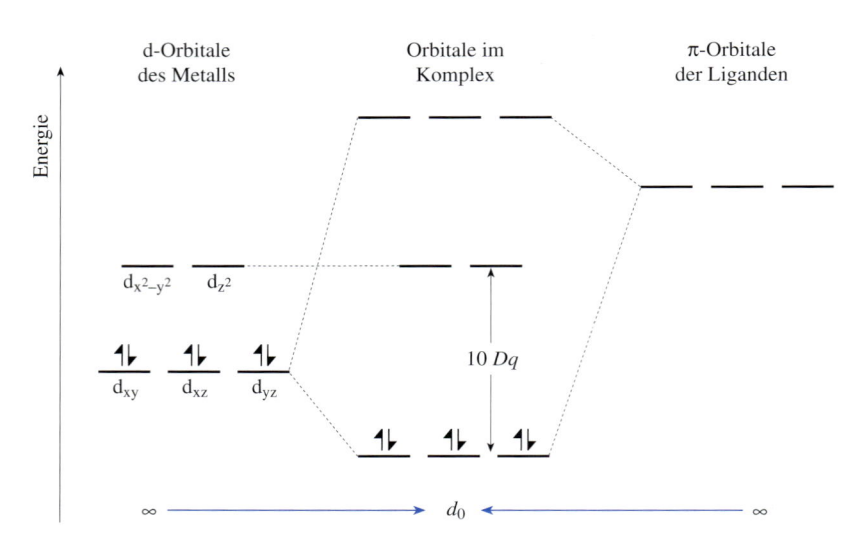

23.26 Orbitalbesetzung in einem oktaedrischen d^6-Komplex mit sechs π-Akzeptor-Liganden.

Dieses Ergebnis liefert auch eine Erklärung für die 18-Elektronen-Regel. Die optimale Bindungssituation in einem oktaedrischen Komplex kommt dann zustande, wenn sechs Liganden mit jeweils einem Elektronenpaar zum σ-Bindungssystem beitragen und das Metall-Atom oder -Ion sechs Elektronen zur Ausbildung des π-Systems liefert, insgesamt also 18 Elektronen. Warum aber folgen die meisten Übergangsmetallkomplexe *nicht* der 18-Elektronen-Regel? In den meisten Fällen sind die Werte für 10 Dq so klein, dass auch dann noch stabile Komplexe gebildet werden, wenn energetisch höher liegende d-Orbitale besetzt werden. Bei sehr großen Ligandenfeldaufspaltungen durch π-Akzeptor-Liganden ist es jedoch energetisch sehr ungünstig, die höheren Orbitale zu besetzen, als Folge sind in diesen Fällen 18-Elektronen-Komplexe stark begünstigt.

23.5 Einführung in die Chemie metallorganischer Verbindungen

Es gibt eine große Stoffklasse, die sowohl der anorganischen als auch der organischen Chemie zugeordnet werden kann. Das Kennzeichen dieser *metallorganischen* Verbindungen ist, dass sie mindestens eine Metall-Kohlenstoff-Bindung enthalten. Das Metall kann ein Hauptgruppenmetall, ein Nebengruppenmetall oder auch ein Halbmetall (z.B. Bor, Silicium, Germanium, Arsen, Antimon, Selen und Tellur) sein. Seit einigen Jahren kennt man auch metallorganische Verbindungen der f-Block-Metalle.

Metallorganische Verbindungen werden in zahlreichen Laborsynthesen und industriell wichtigen Prozessen eingesetzt. Auch in der Natur spielen sie eine wichtige Rolle; ein Beispiel dafür ist *Methylcobalamin* (Vitamin B_{12}) mit einer kovalenten Kohlenstoff-Cobalt-Bindung. (Abbildung 23.27). Diese Verbindung wirkt als *Methylierungsreagenz* in biologischen Systemen.

Viele metallorganische Verbindungen sind luft- und/oder feuchtigkeitsempfindlich und müssen daher unter einer Schutzgasatmosphäre (Stickstoff oder Argon) mit besonderen Apparaturen gehandhabt werden.

In diesem Abschnitt soll ein kurzer Einblick in die Chemie metallorganischer Verbindungen gegeben werden.

> Metallcyanide und Metallcarbide werden traditionell nicht als metallorganische Verbindungen betrachtet.

23.27 Struktur von Methylcobalamin.

Carbonylkomplexe

Der wichtigste Ligand in der metallorganischen Chemie ist Kohlenstoffmonoxid (CO), denn insgesamt sind einige zehntausend Metallcarbonyle bekannt. Eine Reihe von Metallcarbonylen spielt eine wichtige Rolle für die Synthese neuer Komplexe, bei industriellen Prozessen und in der Katalyse. Beschränkt man sich auf Metallcarbonyle, die *nur* aus Atomen der d-Block-Metalle und CO-Liganden aufgebaut sind, so ist deren Anzahl schon sehr viel geringer. Sie werden *homoleptisch* (gleichzungig) genannt und in anionische *Carbonylate*, neutrale *Carbonyle* und kationische Carbonyle bzw. *Carbonyl-Kationen* eingeteilt. Abbildung 23.28 zeigt, bei welchen d-Block-Metallen diese drei Typen von Metallcarbonylen auftreten.

Sie bilden etwa gleich große Gruppen und überlappen sich im mittleren Bereich der d-Block-Elemente. Elektronisch besonders flexibel scheint Iridium zu sein, von dem Carbonyle in den Oxidationsstufen von –III ($[Ir(CO)_3]^{3-}$) bis III ($[Ir(CO)_6]^{3+}$) existieren. Während die neutralen und anonischen Carbonyle fast ausnahmslos die 18-Elektronen-Regel erfüllen, gibt es bei kationischen Carbonylen einige Ausnahmen: 16-Elektronen-Komplexe (z.B. das quadratisch-planare $[Pt(CO)_4]^{2+}$) und 14-Elektronen-Komplexe (z.B. das lineare $[Hg(CO)_2]^{2+}$).

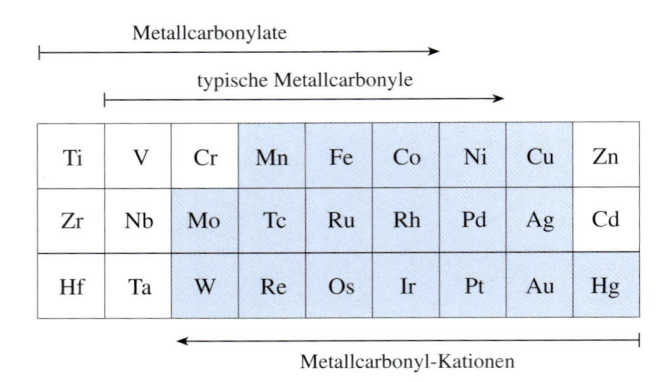

Ti	V	Cr	Mn	Fe	Co	Ni	Cu	Zn
Zr	Nb	Mo	Tc	Ru	Rh	Pd	Ag	Cd
Hf	Ta	W	Re	Os	Ir	Pt	Au	Hg

Metallcarbonylate: Ti–Ni
typische Metallcarbonyle: V–Cu (und schwerere Homologe)
Metallcarbonyl-Kationen: Mn–Hg (blau hervorgehoben: Mn, Fe, Co, Ni, Cu; Mo; W, Re, Os, Ir, Pt, Au, Hg)

23.28 Existenzbereiche der drei Übergangsmetallcarbonyl-Typen; Carbonyl-Kationen werden nur von den blau hervorgehobenen Elementen gebildet.

Tetracarbonylnickel ($Ni(CO)_4$), eine hochgiftige, leichtflüchtige, farblose Flüssigkeit bildet sich durch die Reaktion von Nickelpulver mit Kohlenstoffmonoxid unter Normaldruck bei 80 °C:

$$Ni(s) + 4\,CO(g) \rightarrow Ni(CO)_4(l)$$

Pentacarbonyleisen ($Fe(CO)_5$) und Octacarbonyldicobalt ($Co_2(CO)_8$) können ganz entsprechend hergestellt werden, man benötigt jedoch höhere Drücke und höhere Temperaturen. Andere Metallcarbonyle erhält man durch die Reaktion von Metallsalzen, insbesondere von Halogeniden, mit Kohlenstoffmonoxid in Gegenwart eines Reduktionsmittels:

$$CrCl_3(s) + 6\,CO(g) + Al(s) \rightarrow Cr(CO)_6(s) + AlCl_3(s)$$

Im Folgenden soll die Bindung in Metallcarbonylen etwas eingehender beschrieben werden. Wie in Abschnitt 5.11 erläutert, ist das höchste besetzte Molekülorbital (HOMO) des CO-Moleküls ein nichtbindendes σ-MO, das sich im Wesentlichen aus den relativ energiereichen 2p-Atomorbitalen des Kohlenstoff-Atoms herleitet. Man kann davon ausgehen, dass dieses Orbital einem freien Elektronenpaar am Kohlenstoff-Atom recht ähnlich ist. Die niedrigsten unbesetzten Molekülorbitale (LUMOs, *lowest unoccupied molecular orbitals*) sind die antibindenden π^*_{2p}-Orbitale. Auch an ihrem Zustandekommen haben die 2p-Atomorbitale des C-Atoms den wesentlichen Anteil, sodass auch die π^*_{2p}-Orbitale eher am C-Atom als am O-Atom lokalisiert sind. Die Geometrie dieser Orbitale ist in Abbildung 23.29 schematisch dargestellt.

Die chemische Bindung zwischen Metallatom und CO-Molekül ergibt sich folgendermaßen: Das freie Elektronenpaar des C-Atoms besetzt ein leeres Orbital des Metallatoms, sodass eine σ-Bindung gebildet wird. Das CO-Molekül wirkt somit als Lewis-Base und das Metallatom als Lewis-Säure. Wenn am Metallatom kein Elektronenmangel herrscht (wie bei anionischen und neutralen Metallcarbonylen), kommt es gleichzeitig zu einer Überlappung eines besetzten d-Orbitals des Metallatoms mit dem LUMO des CO-Moleküls (Abbildung 23.30). Kohlenstoffmonoxid ist also σ-Donor und gleichzeitig π-Akzeptor, das Metall σ-Akzeptor und π-Donor. Die Elektronen bewegen sich über das σ-System vom Liganden CO zum Zentralatom und über das π-System in entgegengesetzter Richtung vom Zentralatom zum CO. Man spricht in diesem Zusammenhang auch von einer *Rückbindung*. Dieses Zusammenspiel wird als *synergetischer Effekt* bezeichnet. Das Konzept ist schematisch in Abbildung 23.31 dargestellt.

Dieses Bindungsmodell nach Dewar, Chatt und Duncanson suggeriert eine starke, kovalente M/CO-Bindung bei gleichzeitiger σ-Hin- und π-Rückbindung. Wie aus neueren Untersuchungen an Metallcarbonyl-Kationen und deren theoretischer Berechnung zu schließen ist, muss dieses Bild jedoch modifiziert werden. So ist die M/CO-

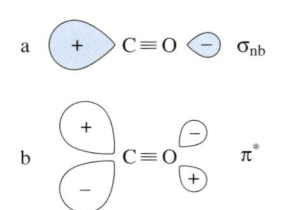

a $C\equiv O$ σ_{nb}

b $C\equiv O$ π^*

23.29 Schematische Darstellung des HOMO (a) und des LUMO (b) von Kohlenstoffmonoxid.

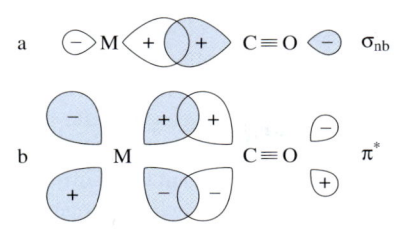

23.30 σ-Donor- (a) und π-Akzeptorbindung (b) in Übergangsmetallcarbonylen.

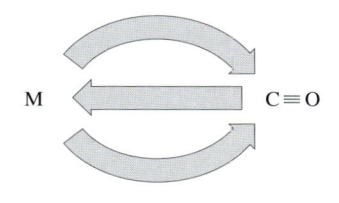

23.31 Verdeutlichung des Synergieeffekts bei der Bindung zwischen Kohlenstoffmonoxid und einem Übergangsmetall in einer niedrigen Oxidationsstufe.

Bindungsenergie im synergetisch gebundenen $W(CO)_6$ geringer als im σ-gebundenem $[Ir(CO)_6]^{3+}$, in dem es praktisch keine π-Rückbindung gibt. Salze von höher geladenen Metallcarbonyl-Kationen wie $[Hg(CO)_2][Sb_2F_{11}]_2$, $[Pt(CO)_4][Sb_2F_{11}]_2$ oder $[Ir(CO)_6][SbF_6]_3$ sind thermisch recht beständig (Zersetzungstemperaturen zwischen 150 und 250 °C) und weisen alle extrem lange M/CO- und sehr kurze C/O-Bindungen auf. Die berechneten Bindungsenergien der M/C-Bindung nehmen zum Beispiel in der isoelektronischen Reihe $W(CO)_6$, $[Re(CO)_6]^+$, $[Os(CO)_6]^{2+}$, $[Ir(CO)_6]^{3+}$ fortlaufend zu, obwohl die π-Rückbindung schwächer wird. Des Rätsels Lösung liegt in der Polarisation der C/O-Bindung durch das Zentralatom. Die C/O-Bindung wird dadurch gestärkt. Dies lässt sich anhand eines MO-Schemas verständlich machen: Mit zunehmender positiver Ladung von M (und damit an C) sinken die Energien der Atomorbitale des C-Atoms ab; die Überlappung mit den O-Atomorbitalen wird verstärkt, bis schließlich eine ähnliche Situation vorliegt wie im N_2-Molekül (Abbildung 23.32).

Für eine korrekte Beschreibung der M/CO-Bindung muss also neben der σ-Hin- und π-Rückbindung zusätzlich die Bindungspolarisierung des CO-Liganden berücksichtigt werden.

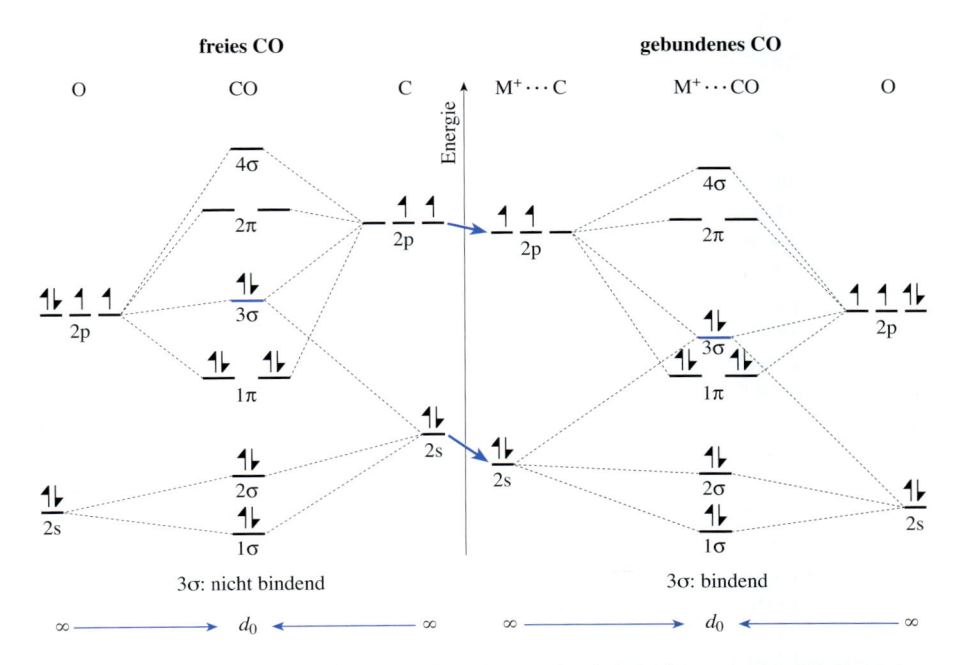

23.32 Stabilisierung von Metallcarbonyl-Kationen durch Polarisierung des CO-Liganden. Der Vorgang kann anschaulich als Änderung der Orbitalüberlappung vom freien zum gebundenen CO-Liganden beschrieben werden.

Damit reagiert der CO-Ligand sehr flexibel auf die elektronische Situation des Zentralatoms und er ist in der Lage, homoleptische Carbonyle mit Metallatomen in den Oxidationsstufen von –IV (z. B. $[W(CO)_4]^{4-}$) bis III ($[Ir(CO)_6]^{3+}$) zu bilden.

Neben den M/C- und C/O-Bindungslängen gibt die Lage der C/O-Valenzschwingung im IR-Spektrum einen weiteren Einblick in die Bindungssituation. Im Vergleich zum freien CO-Molekül (2 143 cm^{-1}) findet man für neutrale und anionische Carbonyle, in denen die π-Rückbindung bedeutend ist, Schwingungen bei Wellenzahlen von etwa 1 400 bis 2 160 cm^{-1}. In kationischen Carbonylen mit geringer π-Rückbindung und bei höherer Ladung mit starker Bindungspolarisation liegen die Schwingungen im Bereich von etwa 2 120 bis 2 300 cm^{-1}.

Metallorganische Verbindungen der Hauptgruppenelemente

Edward **Frankland**, englischer Chemiker, 1825–1899; Professor in London.

Hinweis: Die praktische Verwendung von Diethylzink zur Konservierung von Büchern wird in Abschnitt 24.10 erläutert.

Die metallorganische Chemie begann mit den Arbeiten des britischen Chemikers Edward Frankland, der 1849 Diethylzink synthetisierte. Die Synthese ist einfach, man lässt Zink mit siedendem Iodethan reagieren:

$$Zn(s) + C_2H_5I(l) \rightarrow C_2H_5ZnI(solv)$$

Bei erhöhter Temperatur disproportioniert das zunächst gebildete Produkt:

$$2\,C_2H_5ZnI(solv) \rightarrow Zn(C_2H_5)_2(g) + ZnI_2(s)$$

Hinweis: Das in Kapitel 18 erwähnte *Tetraethylblei* (Pb(C$_2$H$_5$)$_4$) wurde über lange Zeit als Zusatzstoff im Benzin verwendet. Von keiner anderen metallorganischen Verbindung sind so große Mengen produziert worden wie von Tetraethylblei. Wie die meisten metallorganischen Verbindungen hat auch Tetraethylblei niedrige Schmelz- und Siedetemperaturen:
–136 °C bzw. 200 °C

Zur Umweltproblematik und der Einführung von bleifreiem Benzin vergleiche man die Information am Ende von Abschnitt 18.20.

Das Diethylzink wird abdestilliert, wobei in einer Schutzgasatmosphäre gearbeitet werden muss, da die Verbindung hochentzündlich ist.

Bereits in Kapitel 16 wurde eine Gruppe von metallorganischen Verbindungen der Hauptgruppenelemente besprochen: die *Grignard-Verbindungen*, die durch Reaktion einer organischen Halogenverbindung mit Magnesium in Lösemitteln wie Diethylether oder Tetrahydrofuran entstehen:

$$Mg(s) + RBr(solv) \rightarrow RMgBr(solv)$$
(R = organischer Rest)

In Lösung liegen Grignard-Reagenzien in einem Gleichgewicht mit den Diorganomagnesium-Verbindungen vor (*Schlenk-Gleichgewicht*):

$$2\,RMgBr(solv) \rightleftharpoons R_2Mg(solv) + MgBr_2(solv)$$

Grignard-Reagenzien gehören zu den in der organischen Synthese am häufigsten verwendeten metallorganischen Substanzen. Auch metallorganische Verbindungen des Lithiums sind von zunehmender Bedeutung. Als einziges Alkalimetall neigt Lithium zur Ausbildung kovalenter Bindungen und man kennt eine Vielzahl von Verbindungen mit Li/C-Bindungen. Metallorganische Lithium-Verbindungen reagieren aufgrund der stärker polaren Bindung gewöhnlich schneller als Grignard-Reagenzien und es laufen nicht so viele Nebenreaktionen ab. Die größte Rolle spielt *n*-Butyllithium (LiC$_4$H$_9$). Jährlich werden etwa 1 000 Tonnen verbraucht, überwiegend als Polymerisations-Katalysator oder als Alkylierungs-Reagenz. Synthetisiert wird die Verbindung durch die Reaktion von Lithium Metall mit Chlorbutan in einem unpolaren organischen Lösemittel:

$$2\,Li(s) + C_4H_9Cl(l) \rightarrow LiC_4H_9(solv) + LiCl(s)$$

Im Feststoff und zum Teil auch in Lösung liegen Organolithium-Verbindungen generell als Oligomere vor. Methyllithium ist tetramer: vier Lithium-Atome bilden ein Tetraeder, die Methylgruppen besetzen Positionen vor den vier Dreiecksflächen (Abbildung 23.33).

Methyllithium ist eine Elektronenmangelverbindung. Die Bindung zwischen einem Kohlenstoff-Atom und den drei benachbarten Lithium-Atomen wird als eine 2-Elektronen-4-Zentren-Bindung beschrieben. Zum Vergleich sei erwähnt, dass Methylnatrium

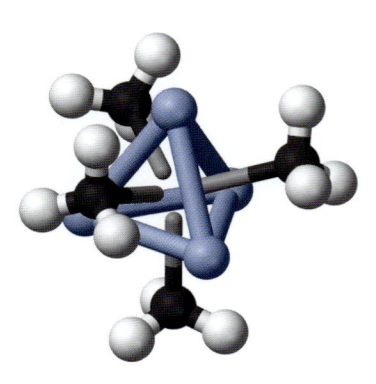

23.33 Tetramere Einheit im Methyllithium.

(NaCH$_3$) im Festkörper ein Ionengitter vom NiAs-Gittertyp ausbildet. Na$^+$-Kationen und CH$_3^-$-Anionen besetzen die Positionen der Ni- bzw. As-Atome.

Oftmals wird bei Reaktionen mit Organolithium-Verbindungen *Tetramethylethylendiamin* (TMEDA) (CH$_3$)$_2$NCH$_2$CH$_2$N(CH$_3$)$_2$ eingesetzt. Dieses dient dazu, die Oligomeren zu spalten, um so die viel reaktiveren Monomeren RLi(TMEDA)-Verbindungen zu erhalten:

$$[Li(CH_3)]_4 + 4\,(CH_3)_2NCH_2CH_2N(CH_3)_2 \rightarrow 4\,CH_3Li(TMEDA)$$

Mit einer Jahresproduktion von mehreren Tausend Tonnen spielen Organozinn-Verbindungen heute die größte Rolle. Sie werden vor allem zur Stabilisierung des Kunststoffs PVC (Polyvinylchlorid) eingesetzt. Ohne solche Zusatzstoffe werden halogenierte Polymere schnell durch Hitze, Licht oder atmosphärischen Sauerstoff angegriffen, bleichen aus und werden spröde. Tributylzinnhydroxid ((C$_4$H$_9$)$_3$SnOH) wird in der Landwirtschaft eingesetzt, um Pilzbefall zu verhindern. Außerdem wird das sogenannte Tributylzinnoxid ((C$_4$H$_9$)$_3$SnOSn(C$_4$H$_9$)$_3$)) (TBTO) als Konservierungsmittel für Holz verwendet. Bis zum weltweiten Verbot im Jahre 1986 wurde TBTO auch als Fungizid im Schiffbau eingesetzt.

Eine weitere industriell wichtige Klasse von metallorganischen Verbindungen sind Organosilicium-Verbindungen, insbesondere die Siliconpolymere. Siliconpolymere des Typs R$_3$SiO(SiR$_2$O)$_n$SiR$_3$ (R = organischer Rest) werden durch die Reaktion von Organosiliciumhalogeniden mit Wasser hergestellt. Je nach Kettenlänge und Art der organischen Reste kann eine Vielzahl von Polymeren mit den unterschiedlichsten Eigenschaften produziert werden. Solche Siliconpolymere findet man unter anderem in Dichtungen, Lacken, Klebstoffen und Farben, Textilen und Papier, in medizinischen Implantaten sowie in Spezialölen und Hydraulikflüssigkeiten (siehe Abschnitt 18.19).

Von besonderer Bedeutung in der Kunststoffindustrie ist die metallorganische Aluminiumverbindung *Triethylaluminium*, das als dimeres Molekül Al$_2$(C$_2$H$_5$)$_6$ vorliegt. Der deutsche Chemiker Karl Ziegler mischte Triethylaluminium mit Titan(IV)-chlorid in einem inerten Kohlenwasserstoff und stellte fest, dass sich eine braune Suspension bildet, die bei Raumtemperatur und Normaldruck die Polymerisation von Ethen (*frühere Bezeichnung*: Ethylen) zu Polyethylen (PE) bewirkte. Das entstehende Polymer hat eine höhere Dichte und damit auch andere Anwendungsbereiche als die traditionell bei hohem Druck und erhöhten Temperaturen erzeugte Form des Polyethylens.

Eine weitere Reaktion der Organoaluminium-Verbindungen, die sogenannte *Aufbaureaktion*, wurde auch von Karl Ziegler entdeckt. Mithilfe dieser Reaktion kann aus der Reaktion einer kurzkettigen Trialkylaluminium-Verbindung mit Ethen ein langkettiges Derivat erzeugt werden:

$$Al(CH_3)_3 + n\,C_2H_4 \rightarrow Al\{(C_2H_4)_nCH_3\}_3$$

Solche Trialkylaluminium-Verbindungen mit langen Kohlenwasserstoffresten werden mit Wasser in Gegenwart von Sauerstoff zu den entsprechenden Alkanolen hydrolysiert. Diese Produkte sind wichtige Grundchemikalien zur Herstellung von Tensiden.

$$Al(C_7H_{15})_3 + 3\,H_2O + \tfrac{3}{2}\,O_2 \rightarrow 3\,C_7H_{15}OH + Al(OH)_3$$

Gemeinsam mit dem italienischen Chemiker Natta wurde Ziegler 1963 für die Entwicklung eines Organoaluminium-Katalysators (des *Ziegler-Natta-Katalysators*) der Nobelpreis verliehen. Katalysatoren dieser Art werden heute zur Produktion von ungefähr 5 · 10^7 Tonnen an Polyalkenen pro Jahr eingesetzt.

Karl **Ziegler**, deutscher Chemiker, 1898–1973; Professor in Heidelberg, Halle, Aachen und am Max-Planck-Institut für Kohlenforschung, Mülheim/Ruhr.

Giulio **Natta**, italienischer Chemiker, 1903–1979; Professor in Pavia, Rom, Turin und Mailand.

Metallorganische Verbindungen der Übergangsmetalle

Obwohl unter den metallorganischen Verbindungen die der Hauptgruppenelemente den Großteil der industriellen Produktion ausmachen, sind es die Übergangsmetalle, die eine Fülle wissenschaftlich reizvoller, metallorganischer Verbindungen bilden. Dies hat im Wesentlichen zwei Gründe:

- Übergangsmetalle können im Vergleich zu Hauptgruppenmetallen in deutlich mehr Oxidationsstufen auftreten.

- Atome der Übergangsmetalle können aufgrund der teilweise besetzten d-Orbitale als π-Donoren gegenüber Liganden mit unbesetzten antibindenden π*-Molekülorbitalen fungieren. Wie für Carbonyl-Liganden beschrieben, wird auf diese Weise Elektronendichte vom Metallatom abgezogen, sodass niedrige Oxidationsstufen stabilisiert werden. Gleichzeitig wird durch den synergetischen Prozess die Eigenschaft des Liganden verstärkt, als σ-Donor zu fungieren.

William Christopher **Zeise**, dänischer Chemiker, 1789–1847.

Die erste metallorganische Übergangsmetallverbindung wurde 1827 von W. C. Zeise synthetisiert. Bis heute wird diese Verbindung, $K[PtCl_3(C_2H_4)] \cdot H_2O$, als *Zeise-Salz* bezeichnet. Es lässt sich leicht synthetisieren, indem man Kalium-tetrachloroplatinat(II) mit Ethen in Ethanol als Lösemittel reagieren lässt:

$$K_2[PtCl_4](solv) + C_2H_4(g) \rightarrow K[PtCl_3(C_2H_4)](solv) + KCl(s)$$

Der Aufbau des $[PtCl_3(C_2H_4)]^-$-Ions ist in Abbildung 23.34 dargestellt. Mehr als 125 Jahre lang brachte diese Verbindung Chemiker in beträchtliche Verlegenheit, denn es gab keine plausible Erklärung für die Bindung des Ethen-Moleküls an das Platin-Atom. Erst 1950 fand man heraus, dass das Ethen-Molekül seitwärts (*side on*) zum Platin angeordnet ist und sich eine σ-Bindung zwischen einem leeren d-Orbital des Metalls und dem besetzten π-System der C/C-Doppelbindung bildet, während gleichzeitig eine π-Bindung zwischen einem besetzten d-Orbital des Metalls und den antibindenden π*-Orbitalen der C/C-Doppelbindung gebildet wird (Abbildung 23.35). Die an dieser synergetischen Bindung beteiligten Orbitale sind in gewisser Weise ein Analogon zur Bindung zwischen Übergangsmetallen und Kohlenstoffmonoxid.

23.34 Aufbau des Anions im Zeise-Salz.

Es gibt auch Komplexe, in denen ein Ligand, der im Allgemeinen über mehrere Atome gebunden wird, ausnahmsweise nur über ein Atom koordiniert ist. In diesen Fällen verwendet man das Symbol η^1, um zu betonen, dass der Ligand nur *monohapto*-gebunden vorliegt.

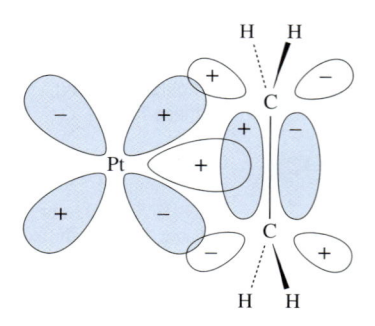

Eine solch ungewöhnliche Bindung erfordert eine Modifikation des Formel- und Nomenklatursystems, das wir für „klassische" Übergangsmetallkomplexe verwendet haben. Um klarzustellen, dass ein Ligand über mehrere Atome gebunden ist, verwendet man den griechischen Buchstaben η (*eta*) als sogenanntes *hapto-Symbol*. Ein hinzugefügter Exponent gibt die Anzahl der koordinierenden Atome der Liganden an. Beim *side-on*- gebundenen Ethen-Molekül im Zeise-Salz sind an der Bindung zwei Kohlenstoff-Atome beteiligt. Ethen ist also ein *dihapto*(η^2)-Ligand. Die Formel ist demnach $K[PtCl_3(\eta^2-C_2H_4)] \cdot H_2O$ und der korrekte Name lautet Kalium-*dihapto*-ethen-trichloroplatinat(II)-Monohydrat.

1952 wurde eine Entdeckung gemacht, die der metallorganischen Chemie ganz neue Impulse verlieh. Es war die Synthese einer Verbindung aus Eisen(II)-Ionen und dem Cyclopentadienyl-Ion ($C_5H_5^-$), häufig abgekürzt als Cp. Es zeigte sich, dass in dieser Verbindung die beiden aromatischen Ringe wie bei einem Sandwich oberhalb und unterhalb des Eisen-Ions angeordnet sind (Abbildung 23.36). Als später immer mehr derartiger Verbindungen entdeckt wurden, nannte man diese Verbindungen schließlich *Sandwich-Verbindungen*. Die zuerst entdeckte Verbindung dieser Art, das orangefarbene $Fe(\eta^5-C_5H_5)_2$, ist auch unter der Bezeichnung *Ferrocen* bekannt. Die systematische Bezeichnung wäre: Bis(η^5-cyclopentadienyl)-eisen(II).

Für die Herstellung von *Metallocenen* (Ferrocen, Nickelocen, Cobaltocen…) gibt es verschiedene Methoden, in denen auf unterschiedliche Art und Weise ein Cyclopentadienyl-Anion erzeugt wird und mit einem Metallsalz reagiert. Die einfachste Methode beruht auf der Reaktion eines Metallhalogenids mit Cyclopentadien in Gegenwart einer Base wie Triethylamin (($C_2H_5)_3N$):

$$NiBr_2 + 2\,C_5H_6 + 2\,(C_2H_5)_3N \rightarrow Ni(\eta^5-C_5H_5)_2 + 2\,[(C_2H_5)_3NH]Br$$

23.35 Darstellung der Orbitale, die an der σ-Bindung zwischen Ethen und Platin beteiligt sind. Der Übersichtlichkeit wegen ist nur ein Orbitallappen des d-Orbitals dargestellt.

Alternativ kann zunächst Cyclopentadien durch Reaktion mit Natrium in einem polaren organischen Lösemittel in das Cyclopentadienyl-Natriumsalz überführt werden. Diese Lösung wird dann mit dem entsprechenden Metallhalogenid umgesetzt:

$$2\,C_5H_6(solv) + 2\,Na(s) \rightarrow 2\,Na^+(solv) + 2\,C_5H_5^-(solv) + H_2(g)$$

$$2\,C_5H_5^-(solv) + FeCl_2(solv) \rightarrow Fe(C_5H_5)_2(solv) + 2\,Cl^-(solv)$$

$$2\,Na^+(solv) + 2\,Cl^-(solv) \rightarrow 2\,NaCl(s)$$

Da das Natriumsalz des Cyclopentadienyl-Anions sehr reaktiv und luft-und wasserempfindlich ist, wird häufig das Thalliumsalz verwendet. Diese Verbindung ist luft- und wasserstabil (die Synthese wird sogar in Wasser durchgeführt) und ist als gut handhabbares Reagenz zur Übertragung der $C_5H_5^-$-Gruppe geeignet. Treibende Kraft dieser Reaktion ist die Bildung von schwer löslichem Thallium(I)-chlorid:

$$Tl^+(aq) + C_5H_6(l) + OH^-(aq) \rightarrow Tl(C_5H_5)(s) + H_2O$$

$$CoCl_2(solv) + 2\,Tl(C_5H_5)(s) \rightarrow Co(\eta^5\text{-}C_5H_5)_2 + 2\,TlCl(s)$$

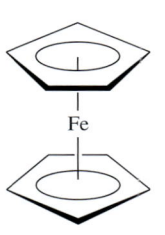

Ferrocen ist sehr stabil, es schmilzt bei 173 °C und ist bis mindestens 500 °C thermisch stabil. Eine wichtige Rolle für die Stabilität spielt die *Aromatizität* der beiden Cyclopentadienyl-Ringe mit jeweils sechs π-Elektronen (wie im Benzol). Die Aromatizität spiegelt sich auch in Ihrem Reaktionsverhalten wieder. Typische Reaktionen der aromatischen organischen Verbindungen wie die *Friedel-Crafts-Acylierung* (Abbildung 23.37) verlaufen genauso mit den Metallocenen:

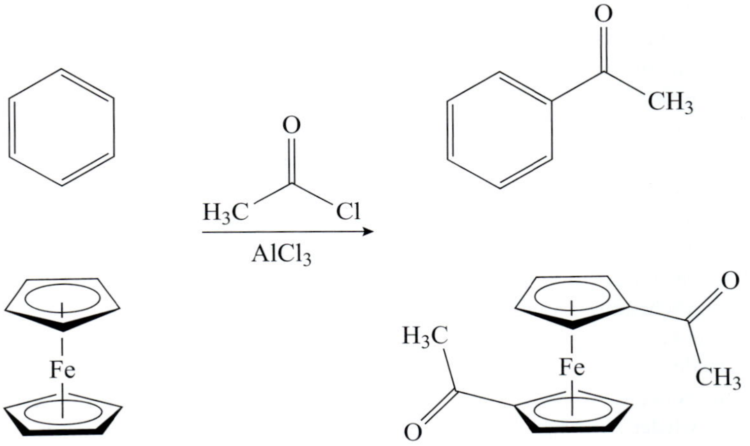

23.36 Das Ferrocen-Molekül.

23.37 Friedel-Crafts-Reaktionen.

23.38 Aufbau des Benzyne-Moleküls.

Die Metallocene lassen sich leicht chemisch oder elektrochemisch oxidieren und reduzieren. Ferrocen wird beispielsweise von Salpetersäure zum blau-grünen Ferrocenium-Kation ($Fe(\eta^5\text{-}(C_5H_5)_2^+$) oxidiert, wobei die aromatischen Ringe erhalten bleiben.

Nach der Entdeckung des Ferrocens wurden Komplexe, in denen organische Moleküle über ein π-System gebunden sind, zu einer Alltäglichkeit. Dazu gehören auch Verbindungen mit Benzol als dem einfachsten aromatischen Molekül, beispielsweise Dibenzol-chrom(0), $Cr(\eta^6\text{-}(C_6H_6)_2$. Mittlerweile sind Metall-Komplexe mit dem dreigliedrigen $C_3H_3^+$-Kation (ein 2 π-Elektronen-Aromat) sowie dem Cyclobutadien (welches in freier Form nicht stabil ist) bekannt. Durch Koordination an ein Metallatom kann auch Benzyne (C_6H_4, Abbildung 23.38), das in freier Form aufgrund der extrem hohen Ringspannung nicht existiert, stabilisiert werden.

Für ihre grundlegenden Beiträge zur Chemie der Sandwich-Verbindungen erhielten E. O. Fischer und G. Wilkinson im Jahre 1973 den Nobelpreis für Chemie.

Eisen bildet überraschenderweise auch eine Verbindung mit zwei Cyclopentadienyl-Liganden und zwei Carbonyl-Liganden, in der nur einer der Ringe η^5-gebunden ist. Der andere Ring ist über eines seiner Kohlenstoff-Atome durch eine σ-Bindung mit dem Zentralatom verknüpft (Abbildung 23.39). Die Formel dieser Verbindung lautet daher:

$Fe(\eta^1\text{-}C_5H_5)(\eta^5\text{-}C_5H_5)(CO)_2$

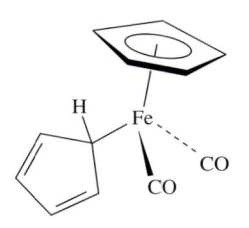

23.39 Aufbau von $Fe(\eta^1\text{-}C_5H_5)(\eta^5\text{-}C_5H_5)(CO)_2$.

Metallorganische Verbindungen als Katalysatoren

Viele metallorganische Verbindungen folgen der 18-Elektronen-Regel. Ferrocen beispielsweise lässt sich als ein Molekül beschreiben, das aus einem Fe^{2+}-Ion und zwei $C_5H_5^-$-Liganden besteht. Das Eisen-Ion steuert also sechs d-Elektronen bei und jeder Ligand ist mit den sechs Elektronen des π-Systems ein 6-Elektronen-Donor; insgesamt ergeben

Ernst Otto Fischer, deutscher Chemiker, geb. 1918; Professor an der TU München, 1973 Nobelpreis für Chemie zusammen mit G. Wilkinson (für die bahnbrechenden Arbeiten über die Chemie der metallorganischen sogenannten Sandwich-Verbindungen).

Geoffrey Wilkinson, englischer Chemiker, 1921–1996; Professor in London, 1973 Nobelpreis für Chemie zusammen mit E. O. Fischer.

sich 18 Elektronen. Es gibt jedoch auch eine Reihe von Verbindungen mit nur 16 Elektronen, insbesondere unter den d^8-Komplexen von Elementen der Gruppen 9 und 10. Die Fähigkeit solcher Verbindungen, als Katalysator wirken zu können, hängt mit dem Übergang vom quadratisch-planaren 16-Elektronen-Komplex zum oktaedrischen 18-Elektronen-Komplex zusammen.

Ein Katalysator erfüllt hauptsächlich zwei Funktionen: er bringt die Reaktanden zusammen und er dient als Elektronen-Donor oder -Akzeptor. In beiderlei Hinsicht erfüllen bestimmte metallorganische Verbindungen diese Voraussetzungen. Eine klassische Verbindung ist der *Wilkinson-Katalysator*, der 1965 vom britischen Chemiker Geoffrey Wilkinson zum ersten Mal synthetisiert wurde. Diese Verbindung hat die Formel $RhCl(PPh_3)_3$, wobei PPh_3 als Abkürzung für Triphenylphosphan ($P(C_6H_5)_3$) steht. Wilkinsons Verbindung dient als Katalysator bei der Hydrierung von Alkenen zu Alkanen. Der detaillierte Mechanismus ist komplex, er kann jedoch durch sechs Schritte zumindest annähernd beschrieben werden. Im ersten Schritt wird ein Wasserstoff-Molekül an die Verbindung addiert, wobei diese von einem quadratisch-planaren d^8-Komplex in einen oktaedrischen Di-hydrido-d^6-Komplex übergeht. Wasserstoff wird also reduziert und das Rhodium-Ion wird oxidiert, die Koordinationszahl steigt dabei von vier auf sechs an. Man spricht bei einem derartigen in der metallorganischen Chemie häufigen Reaktionstyp von einer *oxidativen Addition*. (Der umgekehrte Prozess, bei dem die Oxidationsstufe und die Koordinationszahl abnehmen, wird als *reduktive Eliminierung* bezeichnet). Man beachte, dass die Wasserstoff-Atome zueinander *cis*-ständig sind. Im zweiten Schritt wird ein Triphenylphosphan-Molekül abgegeben. Im dritten Schritt bindet ein Ethen-Molekül (oder ein anderes Alken) *side-on* an die frei gewordene axiale Koordinationsstelle. Wenn das Ethen-Molekül an das Metall gebunden ist und sich in direkter Nachbarschaft ein Wasserstoff-Atom befindet, kann es sich in die Rh/H-Bindung einschieben (Schritt 4). Durch diese *Einschiebungsreaktion* bildet sich eine Ethyl-Gruppe ($-C_2H_5$), ein klassischer σ-Ligand. Zusammen mit dem benachbarten Wasserstoff-Atom ist bildet sich Ethan (Schritt 5). Schließlich wird ein Triphenylphosphan-Molekül an das nun koordinativ ungesättigte Rhodium-Atom addiert. Das ursprüngliche Molekül wird so wieder zurückgebildet und der katalytische Kreisprozess kann erneut ablaufen. Der Reaktionsablauf ist in Abbildung 23.40 dargestellt.

Eine weitere industriell wichtige Reaktion, an der eine metallorganische Verbindung als Zwischenstufe beteiligt ist, ist der *Wacker-Prozess*. In dieser Reaktion wird aus Ethen in Gegenwart von Wasser und Palladium(II)-chlorid als Katalysator Acetaldehyd produziert. Der entscheidende Schritt in diesem katalytischen Prozess ist die Reaktion von Wasser mit dem side-on p-koordiniertem Ethen am Palladium (Abbildung 23.41).

Im Jahre 2005 erhielten die Chemiker Yves Chauvin, Richard Schrock und Robert Grubbs den Chemie-Nobelpreis für ihre Arbeiten auf dem Gebiet der katalytischen *Olefin-Metathese*. Mit dieser inzwischen auch industriell sehr wichtigen Reaktion können die Alkyliden-Gruppen von Alkenen ausgetauscht (umverteilt) werden. Aus Propen beispielsweise kann Ethen und Buten gewonnen werden:

$$2 \; \underset{H}{\overset{H_3C}{>}}C=C\underset{H}{\overset{H}{<}} \xrightarrow{Kat.} \underset{H}{\overset{H_3C}{>}}C=C\underset{H}{\overset{CH_3}{<}} + \underset{H}{\overset{H}{>}}C=C\underset{H}{\overset{H}{<}}$$

Als Metathese-Katalysatoren verwendet man Ruthenium-Verbindungen, die eine Metall-Kohlenstoff-Doppelbindung enthalten (sogenannte *Carben-Komplexe*). Durch eine Einschiebungsreaktion des Alkens in die Ru=C-Bindung entsteht als Zwischenstufe ein viergliedriger Ring, welcher durch eine Eliminierungsreaktion ein Alken sowie einen neuen Metall-Carben-Komplex erzeugt. Dieser Prozess ergibt ein statistisches Gemisch der Alken-Produkte (Abbildung 23.42). Durch gezielte Veränderung der Reaktionsbedingungen kann das Gleichgewicht jedoch in eine bestimmte Richtung gesteuert werden.

Schritt 1

Cl⋯Rh(PPh₃)(PPh₃)(Ph₃P) + H₂ ⟶ Cl⋯Rh(H)(PPh₃)(PPh₃)(PPh₃)(Ph₃P)(H)

Schritt 2

Cl⋯Rh(H)(PPh₃)(PPh₃)(PPh₃)(Ph₃P)(H) ⟶ Cl⋯Rh(H)(PPh₃)(Ph₃P)(H) + PPh₃

Schritt 3

Cl⋯Rh(H)(PPh₃)(Ph₃P)(H) + H₂C=CH₂ ⟶ Cl⋯Rh(H)(PPh₃)(H)(Ph₃P)(H₂C=CH₂)

Schritt 4

Cl⋯Rh(H)(PPh₃)(Ph₃P)(H₂C=CH₂)(H) ⟶ Cl⋯Rh(H)(PPh₃)(Ph₃P)(CH₂—CH₃)

Schritt 5

Cl⋯Rh(H)(PPh₃)(Ph₃P)(CH₂—CH₃) ⟶ Cl⋯Rh(PPh₃)(Ph₃P) + H₃C—CH₃

Schritt 6

Cl⋯Rh(PPh₃)(Ph₃P) + PPh₃ ⟶ Cl⋯Rh(PPh₃)(PPh₃)(Ph₃P)

23.40 Reaktionsfolge bei der Hydrierung eines Alkens mithilfe des Wilkinson-Katalysators.

23.41 Reaktionsfolge beim Wacker-Prozess.

23.42 Olefin-Metathese.

23.6 Thermodynamik und Kinetik bei Koordinationsverbindungen

Damit eine Reaktion ablaufen kann, muss die freie Energie abnehmen. Aber auch kinetische Faktoren können einen Reaktionsverlauf maßgeblich bestimmen. Die meisten Reaktionen von Übergangsmetall-Ionen in Lösung gehen sehr schnell vonstatten. Fügt man beispielsweise zu einer Lösung, die das rosarote Hexaaquacobalt(II)-Ion ($[Co(H_2O)_6]^{2+}$) enthält, konzentrierte Salzsäure hinzu, so bildet sich sofort das dunkelblaue Tetrachlorocobaltat(II)-Ion ($[CoCl_4]^{2-}$).

$$[Co(H_2O)_6]^{2+}(aq) + 4\ Cl^-(aq) \rightleftharpoons [CoCl_4]^{2-}(aq) + 6\ H_2O(l)$$

Diese Reaktion ist thermodynamisch günstig und die Aktivierungsenergie ist niedrig. Komplexverbindungen, die schnell (beispielsweise innerhalb einer Minute) reagieren, werden allgemein als *labil* bezeichnet, während Komplexe, bei denen sehr viel längere Reaktionszeiten beobachtet werden, als *inert* bezeichnet werden. Das Begriffspaar *inert/labil* bezieht sich also ausschließlich auf die Reaktionskinetik, denn es bezieht sich auf die Reaktionsgeschwindigkeiten. Hingegen liegen dem Begriffspaar *stabil/instabil* ausschließlich thermodynamische Gesichtspunkte zugrunde, Reaktionsgeschwindigkeiten spielen also keine Rolle.

Die beiden geläufigen Übergangsmetall-Ionen der 3d-Reihe, die inerte Komplexe bilden, sind Chrom(III) und Cobalt(III) mit den Elektronenkonfigurationen d^3 bzw. d^6 (Abbildung 23.43). Die recht hohe Stabilität der halb bzw. voll besetzten energetisch tiefer liegenden d-Orbitale bewirkt eine hohe Aktivierungsenergie für Reaktionen dieser beiden Ionen. So sollte beispielsweise aus thermodynamischer Sicht mit dem Pentaamminchlorocobalt(III)-Ion in wässeriger Lösung die folgende Reaktion ablaufen:

$$\underset{\text{rotviolett}}{[CoCl(NH_3)_5]^{2+}(aq)} + H_2O(aq) \rightarrow \underset{\text{rosa}}{[Co(H_2O)(NH_3)_5]^{3+}(aq)} + Cl^-(aq)$$

Der Ligandenaustausch verläuft jedoch so langsam, dass eine Farbänderung erst nach einigen Stunden deutlich wird.

Aus diesem Grund werden Cobalt(III)- oder Chrom(III)-Komplexe meist durch Reaktionen hergestellt, die über die Zwischenstufe des labilen, zweifach positiven Ions (d^4- bzw. d^7-Konfiguration) verlaufen und durch nachfolgende Oxidation zum inerten, dreifach positiven Ion führen.

23.43 Inerte Komplexe werden von Ionen mit d^3-Konfiguration (Cr(III)) und mit d^6-Konfiguration (Co(III)) gebildet.

23.7 Das HSAB-Konzept in der Chemie der Übergangsmetalle

Ebenso wie das HSAB-Konzept uns die Vorhersage von Reaktionen in der Chemie der Hauptgruppenelemente ermöglicht, so kann es uns auch helfen zu verstehen, warum Übergangsmetalle in unterschiedlichen Oxidationsstufen unterschiedliche Liganden bevorzugen. Tabelle 23.3 stellt qualitativ die Einordnung einiger Übergangsmetall-Ionen der 3d-Reihe nach dem HSAB-Konzept dar. Eine entsprechende Klassifizierung der Donoratome von Liganden zeigt Abbildung 23.44. Diese Zuordnung gilt unabhängig davon, an welche Atome das Donoratom gebunden ist. Beispielsweise sind alle Stickstoff-Donor-Liganden des Typs NR$_3$ harte Basen; R kann dabei sowohl eine Alkylgruppe (z. B. Methyl, -CH$_3$), als auch ein Wasserstoff-Atom sein. Andererseits sind alle Kohlenstoff-Donor-Liganden wie Kohlenstoffmonoxid oder Cyanid weiche Basen. Das Chlorid-Ion wird als harte Base betrachtet, es ist jedoch nicht so hart wie das Fluorid-Ion oder ein Sauerstoff-Donor-Ligand wie zum Beispiel Wasser. Es ist daher in Abbildung 23.38 weiß-blau schraffiert dargestellt.

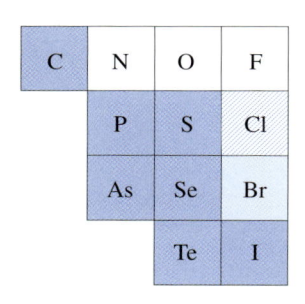

23.44 Harte und weiche Liganden-Atome im Sinne des HSAB-Konzepts (weiß: hart, blau: weich).

Das HSAB-Konzept macht verständlich, warum Metall-Ionen in hohen Oxidationsstufen als harte Säuren bevorzugt mit Fluorid- oder Oxid-Liganden (harte Basen) besonders stabile Verbindungen bilden. Die niedrigen Oxidationsstufen (weiche Säuren) hingegen werden durch weiche Basen wie über Kohlenstoff-Atome gebundene Carbonyl- oder Cyanid-Liganden stabilisiert. Als Beispiel sei hier das sehr stabile Kupfer(II)-fluorid angeführt. Kupfer(I)-fluorid hingegen ist bis heute unbekannt. Andererseits kennt man zwar Kupfer(I)-iodid, Kupfer(II)-iodid jedoch nicht. Man kann sich dieses Prinzip zu Nutze machen, um Übergangsmetallverbindungen zu synthetisieren, in denen die Metall-Ionen in ungewöhnlichen Oxidationsstufen vorliegen. Eisen tritt beispielsweise meist in den Oxidationsstufen II und III auf. Man kann jedoch auch Verbindungen der harten Säure Eisen(VI) herstellen, indem man eine harte Base wie das Oxid-Ion in einem stark oxidierenden Medium als Bindungspartner anbietet: Das Ferrat(VI)-Ion ([FeO$_4$]$^{2-}$) lässt sich ohne Probleme herstellen. Ganz entsprechend lässt sich mit der weichen Base Kohlenstoffmonoxid eine Verbindung der weichen Säure Eisen(0) synthetisieren, nämlich Pentacarbonyleisen(0), (Fe(CO)$_5$).

Das HSAB-Konzept ist auch auf Reaktionen der Übergangsmetallkomplexe anwendbar. Es besteht die allgemeine Tendenz, dass sich Metall-Kationen bevorzugt mit Liganden ähnlicher Polarisierbarkeit verbinden. Ein Komplex, der harte Basen als Liganden hat, wird bevorzugt weitere harte Basen binden. In ähnlicher Weise bevorzugt ein Komplex mit weichen Basen bei weiteren Reaktionsschritten wieder weiche Basen. Diese Bevorzugung von Liganden desselben HSAB-Typs wird als *Symbiose* bezeichnet.

Am Beispiel von Cobalt(III)-Verbindungen lässt sich die Symbiose besonders gut illustrieren. So ist der Komplex [CoF(NH$_3$)$_5$]$^{2+}$ in wässriger Lösung weitaus stabiler als [CoI(NH$_3$)$_5$]$^{2+}$. Dies lässt sich anhand des HSAB-Konzepts verstehen, wenn man

Tabelle 23.3 Einstufung einiger 3d-Kationen nach dem HSAB-Konzept

hart (schlecht polarisierbar)	Grenzfälle	weich (gut polarisierbar)
Ti^{4+}, V^{4+}, Cr^{6+}, Cr^{3+}, Mn^{7+}, Mn^{4+}, Mn^{2+}, Fe^{3+}, Co^{3+}	Fe^{2+}, Co^{2+}, Ni^{2+}, Cu^{2+}, Zn^{2+}	Cu$^+$ (sowie alle Metalle in der Oxidationsstufe 0 oder in negativen Oxidationsstufen)

davon ausgeht, dass die ohnehin harte Säure Co(III) durch die Anwesenheit von fünf Ammoniak-Liganden (aus der Gruppe der harten Basen) noch härter wird. Die weiche Base Iodid lässt sich daher sehr leicht durch Wasser, eine harte Base, ersetzen, und es bildet sich $[Co(H_2O)(NH_3)_5]^{3+}$. Andererseits ist $[Co(CN)_5I]^{3-}$ in Wasser stabiler als $[Co(CN)_5F]^{3-}$. Man kann argumentieren, dass die fünf Cyanid-Ionen als weiche Basen den Cobalt(III)-Komplex insgesamt weicher machen, sodass an der sechsten Koordinationsstelle die weiche Base Iodid der harten Base Wasser vorgezogen wird.

Ein besonders interessantes Beispiel für die Anwendung des HSAB-Konzepts auf die Übergangsmetallkomplexe betrifft die *Bindungsisomerie*. Das Thiocyanat-Ion (NCS^-) kann entweder über das Stickstoff-Atom (als harte Base) oder über das Schwefel-Atom (als weiche Base) Bindungen eingehen. Im Pentaammin-isothiocyanato-cobalt(III)-Ion $[Co(NCS)(NH_3)_5]^{2+}$ ist es erwartungsgemäß über das Stickstoff-Atom gebunden, denn die anderen Liganden sind harte Basen. Im Penta-cyano-thiocyanato-cobalt(III)-Ion ($[Co(CN)_5(SCN)]^{3-}$) dagegen findet die Koordination über das Schwefel-Atom statt, da die anderen Liganden weiche Basen sind.

23.8 Biologische Aspekte

In den Lebensvorgängen aller Organismen spielen Komplexe eine wichtige Rolle. In den meisten Fällen handelt es sich um Chelatkomplexe, an deren Aufbau mehrzähnige Liganden beteiligt sind.

Ein vierzähniger Ligand ist in biologischen Systemen von besonderer Bedeutung, der Porphyrin-Ring. Die Grundstruktur eines Porphyrinkomplexes ist in Abbildung 23.45 dargestellt. Es ist ein Komplex, in dem die alternierenden Doppelbindungen eine planare Struktur bewirken, wobei die vier Stickstoff-Atome auf das Zentralatom hin orientiert sind. Für viele Metall-Ionen hat der Raum in der Mitte genau die richtige Größe.

In biologischen Systemen trägt der Porphyrin-Ring unterschiedliche Substituenten, doch das Grundgerüst – ein Metall-Ion umgeben von vier Stickstoff-Atomen – ist jeweils dasselbe. Das Leben der Pflanzen ist mit dem *Chlorophyll* untrennbar verbunden. Im Chlorophyll besetzt ein Mg(II)-Ion die zentrale Position. Chlorophyll ist für den Prozess der Photosynthese unerlässlich.

In tierischem Leben spielen mehrere Metall-Porphyrin-Systeme eine Rolle. Besonders wichtig ist das für den Stofftransport im Blut erforderliche Hämoglobin. Jedes Hämoglobin-Molekül enthält vier Eisen-Porphyrin-Einheiten.

Auch in vielen Enzymen spielen koordinativ gebundene Metall-Ionen eine zentrale Rolle, man spricht daher auch von *Metalloenzymen*. In der Kohlensäure-Anhydrase, die für die reversible Umwandlung von Kohlenstoffdioxid in Hydrogencarbonat-Ionen von Bedeutung ist, spielen koordinativ gebundene Zink-Ionen eine entscheidende Rolle.

Lebenswichtige Redoxvorgänge werden im Allgemeinen durch solche Metalloenzyme katalysiert, deren Zentralteilchen leicht die Oxidationsstufe wechseln können. Von besonderer Bedeutung sind dabei die Redoxpaare Fe^{III}/Fe^{II} und Cu^{II}/Cu^{I}. Die Elektrodenpotentiale für die entsprechenden Enzyme weichen häufig erheblich von den für die hydratisierten Ionen geltenden Standardpotentialen ab, denn die Komplexstabilität hängt stark von der Ladung des Zentralions ab.

Insgesamt gesehen ist die Bedeutung von koordinativ gebundenen Metallionen für den Ablauf biologischer Prozesse bis heute nur unzureichend aufgeklärt. Das interdisziplinäre Forschungsgebiet steht noch vor einer besonderen Herausforderung für die Zukunft.

Hinweis: Der die besondere Stabilität von Chelatkomplexen bestimmende *Chelateffekt* ist in Abschnitt 12.5 erläutert.

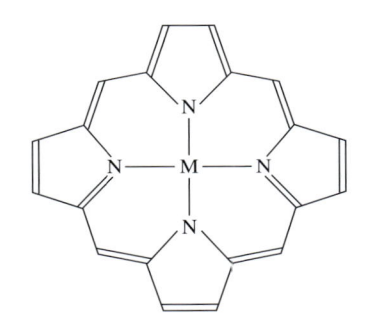

23.45 Aufbau eines Porphyrinkomplexes (Ausschnitt).

Die Übertragung von Elektronen im Rahmen der Photosynthese verläuft unter Beteiligung mehrerer manganhaltiger Enzyme.

Enzyme sind Katalysatoren in biologischen Systemen. Sie kontrollieren die Geschwindigkeit biochemischer Reaktionen und machen Lebensprozesse erst möglich.

Hinweis: Die Bedeutung von Eisen-Molybdän-Schwefel-Verbindungen im Zusammenhang mit der Stickstofffixierung ist in Kapitel 19 im Rahmen eines Exkurses ausführlicher erläutert.

ÜBUNGEN

23.1 Definieren Sie folgende Begriffe: a) Übergangsmetall, b) Ligand, c) Ligandenfeldaufspaltung.

23.2 Erläutern Sie, warum Nickel die Cyanokomplexe ($[Ni(CN)_4]^{2-}$ und $[Ni(CN)_4]^{4-}$) in der üblichen Oxidationsstufe II und in der Oxidationsstufe 0 bildet.

23.3 Leiten Sie eine mögliche Formel für die einfachste Carbonylverbindung des Chroms her.

23.4 Chrom bildet die Carbonylate $[Cr(CO)_5]^{n-}$ und $[Cr(CO)_4]^{m-}$. Welches sind die Ladungen n und m für diese Ionen?

23.5 Schlagen Sie eine Erklärung vor, warum sich $V(CO)_6$ leicht zu $[V(CO)_6]^-$ reduzieren lässt.

23.6 Bei sehr niedrigen Temperaturen bilden Vanadium-Atome eine Verbindung mit molekularem Stickstoff, $V(N_2)_x$. Schlagen Sie einen Wert für x vor und begründen Sie Ihre Entscheidung.

23.7 Mangan bildet ein Carbonyl der Formel $Mn_2(CO)_{10}$, das eine Mn/Mn-Bindung aufweist. Erklären Sie dies vom Standpunkt der 18-Elektronen-Regel.

23.8 Konstruieren Sie Energieniveaudiagramme für die *high-spin*- und die *low-spin*-Situation eines Ions mit einer d^6-Elektronenkonfiguration a) im oktaedrischen Feld und b) im tetraedrischen Feld.

23.9 Welcher der Eisen(III)-Komplexe, das Hexacyanoferrat(III)-Ion oder Tetrachloroferrat(III), ist wahrscheinlich ein *high-spin*- und welcher ein *low-spin*-Komplex? Begründen Sie Ihre Entscheidung in beiden Fällen.

23.10 Für die drei Amminkomplexe des Cobalts wurden folgende Werte für die Ligandenfeldaufspaltung 10 Dq ermittelt: 22 900 cm^{-1} ($[Co(NH_3)_6]^{3+}$); 10 200 cm^{-1} ($[Co(NH_3)_6]^{2+}$) bzw. 5 900 cm^{-1} ($[Co(NH_3)_4]^{2+}$). Erklären Sie die unterschiedlichen Werte.

23.11 Für vier Chromkomplexe wurden folgende Werte für die Ligandenfeldaufspaltung 10 Dq ermittelt: 15 000 cm^{-1} ($[CrF_6]^{3-}$), 17 400 cm^{-1} ($[Cr(H_2O)_6]^{3+}$), 22 000 cm^{-1} ($[CrF_6]^{2-}$) bzw. 26 600 cm^{-1} ($[Cr(CN)_6]^{3-}$). Erklären Sie die unterschiedlichen Werte.

23.12 Führen Sie für die Elektronenkonfiguration d^1 bis d^{10} tabellarisch die entsprechende Anzahl ungepaarter Elektronen bei tetraedrischer Koordination auf.

23.13 Führen Sie die Ligandenfeldstabilisierungsenergien (in Dq) für zweifach positive *high-spin*-Ionen der 3d-Metalle im Tetraederfeld auf (analog zu Tabelle 23.2).

23.14 Würden Sie für $NiFe_2O_4$ bzw. $NiCr_2O_4$ eine normale oder eine inverse Spinellstruktur erwarten? Begründen Sie Ihre Entscheidung.

23.15 Die als *Vaska-Komplex* bekannte Verbindung $IrCl(CO)(PPh_3)_2$ wird als Redox-Katalysator verwendet. Wie groß ist die formale Oxidationsstufe von Iridium in dieser Verbindung?

23.16 1,10-Phenanthrolin, $C_8H_6N_2$, ist ein zweizähniger Ligand, der gewöhnlich mit *phen* abgekürzt wird. Erklären Sie, warum $[Fe(phen)_3]^{2+}$ diamagnetisch ist, während $[Fe(phen)_2(H_2O)_2]^{2+}$ paramagnetisch ist.

23.17 Mit Caesium-Ionen erhält man ein Chlorocuprat(II) mit der Zusammensetzung $Cs_2[CuCl_4]$. Mit dem Kation $[Co(NH_3)_6]^{3+}$ wird dagegen ein Produkt gefällt, in dem das Anion $[CuCl_5]^{3-}$ vorliegt. Geben Sie eine Erklärung. Wie lautet der vollständige Name für die gebildete Verbindung?

23.18 Warum ist Nickelocen ($Ni(C_5H_5)_2$) sehr oxidationsempfindlich?

23.19 Der Nickelkomplex $Ni(PPh_3)_2Cl_2$ ist paramagnetisch, während der analoge Palladiumkomplex ($Pd(PPh_3)_2Cl_2$) diamagnetisch ist. Geben Sie eine Erklärung. Wie viele Isomere würden Sie für jede der Verbindungen erwarten? Begründen Sie.

23.20 Welches der folgenden Ionen halten Sie für stabiler: $[AuF_2]^-$ oder $[AuI_2]^-$? Begründen Sie Ihre Entscheidung.

23.21 Nickel bildet ein quadratisch-planares $[NiSe_4]^{2-}$-Ion. Das analoge Zink-Anion ($[ZnSe_4]^{2-}$) dagegen ist tetraedrisch. Schlagen Sie für die unterschiedliche Struktur eine Erklärung vor.

23.22 Eisen(III)-chlorid reagiert mit Triphenylphosphan ($P(C_6H_5)_3$, PPh_3) zum Komplex $FeCl_3(PPh_3)_2$. Mit dem Liganden Tricyclohexylphosphan ($P(C_6H_{11})_3$, PCh_3) dagegen bildet sich die Verbindung $FeCl_3(PCh_3)$. Schlagen Sie eine Erklärung vor.

23.23 Man kennt drei verschiedene Verbindungen (A, B und C), deren Zusammensetzung der Formel $CrCl_3 \cdot 6\,H_2O$ entspricht. Gibt man zu jeweils 1 mmol jeder Verbindung Silbernitrat im Überschuss, so fallen bei A 3 mmol Silberchlorid aus, bei B 2 mmol und bei C 1 mmol. Ermitteln Sie anhand dieser Informationen den Aufbau der einzelnen Hydrate und geben Sie deren Namen an.

Die auffälligsten Eigenschaften der Übergangsmetalle sind die Vielzahl ihrer Verbindungen und deren Farben. Zwei Faktoren sind dafür verantwortlich: Die Elemente können in der Regel in mehreren Oxidationsstufen auftreten und sie können mit vielen verschiedenen Liganden Komplexverbindungen bilden. Der Behandlung grundlegender Aspekte im vorangehenden Kapitel folgt hier ein Blick auf die Chemie der wichtigsten Übergangsmetalle. Im Vordergrund stehen die Elemente der 3d-Reihe.

Die Nebengruppenelemente 24

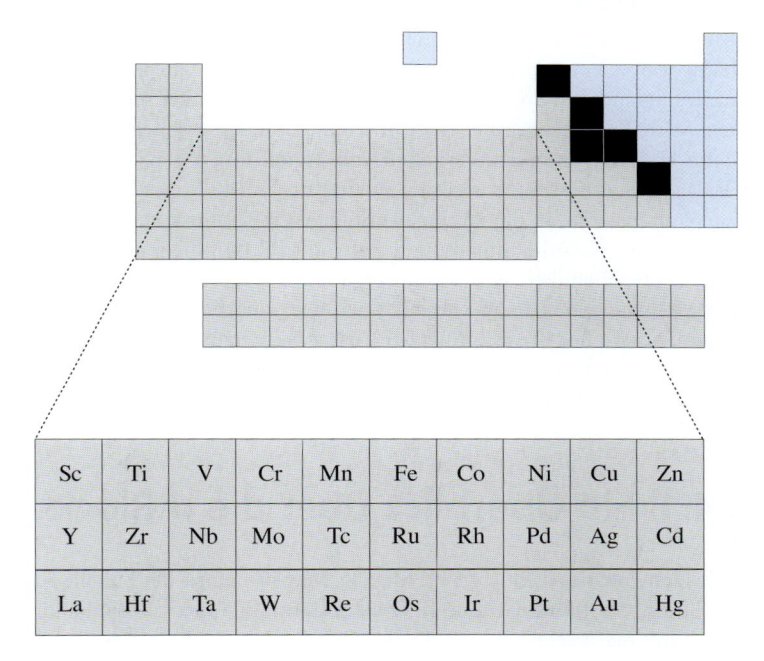

Sc	Ti	V	Cr	Mn	Fe	Co	Ni	Cu	Zn
Y	Zr	Nb	Mo	Tc	Ru	Rh	Pd	Ag	Cd
La	Hf	Ta	W	Re	Os	Ir	Pt	Au	Hg

Kapitelübersicht

24.1 Ein Überblick über die d-Block-Elemente
Exkurs: Nichtstöchiometrische Verbindungen

24.2 Gewinnung der Metalle
Exkurs: Das Boudouard-Gleichgewicht
Exkurs: Chemische Transportreaktionen

24.3 Die Elemente der Gruppe 4: Titan, Zirconium, Hafnium
Exkurs: Piezoelektrische und ferroelektrische Stoffe

24.4 Die Elemente der Gruppe 5: Vanadium, Niob und Tantal

24.5 Die Elemente der Gruppe 6: Chrom, Molybdän und Wolfram
Exkurs: *Charge-Transfer*-Übergänge
Exkurs: Chromate in der quantitativen Analyse
Exkurs: Rubin – Edelstein und Lasermaterial
Exkurs: Von der ersten Glühlampe zur modernen Beleuchtung

24.6 Die Elemente der Gruppe 7: Mangan, Technetium und Rhenium
Exkurs: Bergbau am Meeresboden

24.7 Die Eisenmetalle: Eisen, Cobalt und Nickel

24.8 Die Platinmetalle
Exkurs: Heterogene Katalyse

24.9 Die Elemente der Gruppe 11: Kupfer, Silber und Gold
Exkurs: Supraleiter
Exkurs: Der fotografische Prozess

24.10 Die Elemente der Gruppe 12: Zink, Cadmium und Quecksilber
Exkurs: Konservierung von Büchern

24.11 Die wichtigsten Reaktionen im Überblick

Ursprünglicher Gegenstand der anorganischen Chemie war die Untersuchung mineralischer Stoffe. Trotz der Erweiterung auf zahlreiche synthetisch hergestellte Produkte und eine umfassende Stoffsystematik erschien dieser Bereich der Chemie in der Mitte des 20. Jahrhunderts kaum noch zukunftsträchtig: Er stellte sich dar als ein Nebeneinander zahlreicher Verbindungen mit all ihren Eigenschaften und Synthesewegen. Die neu entstandene Polymerchemie, die Farbstoff- und Naturstoffchemie hingegen, die sich auch befruchtend auf die pharmazeutische Chemie auswirkten, waren Bereiche vieler wichtiger Entdeckungen und schnellen Wachstums. So ist verständlich, dass sich in dieser Epoche das Hauptaugenmerk auf die organische Chemie richtete.

Einer der Chemiker, die der anorganischen Chemie ganz neue und zukunftweisende Impulse gaben, war der Australier Ronald Nyholm. Er wurde 1917 im australischen Broken Hill geboren, einer Stadt, die vom Bergbau lebte und in der die Straßen Namen trugen wie Chlorid-, Sulfid-, Oxid- und Silicatstraße. Da er in solch einer Umgebung seine Kindheit verbrachte und zudem in der High School einen enthusiastischen Chemielehrer hatte, war es nur natürlich, dass er eine Laufbahn als Chemiker einschlug. Nyholm ging nach England, um dort mit einigen der großen Chemiker seiner Zeit zusammenzuarbeiten. Seine Forschungsarbeiten eröffneten der anorganischen Chemie neue Perspektiven, denn er zeigte, dass das Verhalten von Metall-Ionen ganz wesentlich durch die Natur der Liganden bestimmt wird. Es gelang ihm, mithilfe bestimmter Liganden Komplexe zu synthetisieren, in denen ungewöhnliche Oxidationsstufen der Metalle und bis dahin unbekannte Koordinationszahlen auftraten. Zusammen mit Ronald Gillespie, einem britischen Chemiker, entwickelte Nyholm 1957 die VSEPR-Methode zur Vorhersage der Molekülgeometrie. Er war auch der erste, der die Ansicht vertrat, dass anorganische Chemie nicht nur die Kenntnis der Zusammensetzungen und Eigenschaften zahlreicher Stoffe bedeutet, sondern auch das Verständnis von Molekülstrukturen beinhaltet. Nyholm starb 1971 auf dem Höhepunkt seiner Karriere bei einem Autounfall.

24.1 Ein Überblick über die d-Block-Elemente

Alle Elemente des d-Blocks sind Metalle. Mit Ausnahme der Metalle aus Gruppe 11 (Kupfer, Silber, Gold) und Gruppe 12 (Zink, Cadmium, Quecksilber) handelt es sich um harte Stoffe mit meist sehr hohen Schmelztemperaturen. Zehn der Metalle schmelzen erst oberhalb von 2 000 °C und drei sogar oberhalb von 3 000 °C (Tantal, Wolfram und Rhenium). Die Dichten der Nebengruppenmetalle sind hoch, die Zahlenwerte sind in Abbildung 24.1

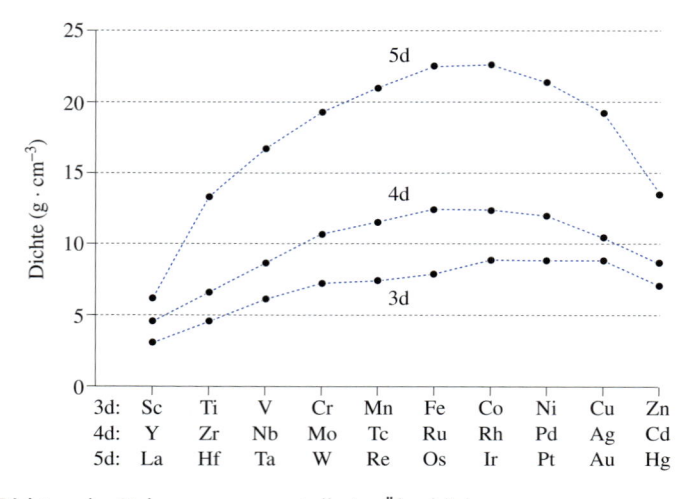

24.1 Die Dichten der Nebengruppenmetalle im Überblick.

graphisch dargestellt. Innerhalb einer Gruppe nehmen sie von Periode zu Periode hin zu, wobei Osmium und Iridium mit etwa 23 g·cm^{-3} die höchsten Werte erreichen. Große Unterschiede zeigen sich in der chemischen Reaktivität: Neben sehr unedlen Elementen wie Titan, Mangan oder Zink gehören schließlich auch alle typischen Edelmetalle zum d-Block: Silber, Gold, Platin, …

Gruppeneigenschaften

Innerhalb der Hauptgruppen unterscheiden sich die Elemente im Allgemeinen deutlich in ihren Eigenschaften. Bei den Übergangsmetallen hingegen zeigen innerhalb einer Gruppe die Elemente der fünften und sechsten Periode ein sehr ähnliches chemisches Verhalten. Diese Ähnlichkeit kommt zu einem großen Teil dadurch zustande, dass zwischen diesen beiden Reihen die 4f-Orbitale besetzt werden. Die Elektronen in diesen Orbitalen tragen nur wenig zur Abschirmung der Kernladung bei. Daher wirken auf die Valenzelektronen der Atome der sechsten Periode besonders hohe effektive Kernladungen, sodass die Atomradien, die Kovalenzradien und die Ionenradien in dieser Periode relativ klein sind. Man bezeichnet diesen Effekt als die *Lanthanoidenkontraktion*. Dieser Unterschied zwischen Haupt- und Nebengruppen ist in Tabelle 24.1 an Zahlenbeispielen exemplarisch dargestellt. Innerhalb der Gruppe 2 nimmt der Ionenradius von Element zu Element schrittweise zu, während in der Gruppe 5 Niob(III)- und Tantal(III)-Ionen den gleichen Radius haben.

Tabelle 24.1 Ionengrößen der Elemente der Gruppen 2 und 5

Ion der Gruppe 2	Ionenradius (pm)	Ion der Gruppe 5	Ionenradius (pm)
Ca^{2+}	114	V^{3+}	78
Sr^{2+}	132	Nb^{3+}	86
Ba^{2+}	149	Ta^{3+}	86

In einigen Gruppen scheinen sich alle Metalle auf den ersten Blick recht ähnlich zu sein. Bei näherem Hinsehen treten dann jedoch beträchtliche Unterschiede zu Tage. So bilden Chrom, Molybdän und Wolfram Oxide in der Oxidationsstufe VI. Chrom(VI)-oxid (CrO_3) wirkt jedoch stark oxidierend, während Molybdän(VI)-oxid (MoO_3) und Wolfram(VI)-oxid (WO_3) keinerlei oxidierende Eigenschaften aufweisen.

Die Grenzen solcher Vergleiche zeigen sich auch bei der Betrachtung der Chloride. Chrom bildet (neben anderen Chloriden) die Verbindung $CrCl_2$, in der das Chrom(II)-Ion vorliegt. Bei den scheinbar analogen Molybdän- und Wolframverbindungen $MoCl_2$ und WCl_2 handelt es sich allerdings um Clusterverbindungen, die besser durch die Formeln Mo_6Cl_{12} und W_6Cl_{12} beschrieben werden: Sie enthalten oktaedrische Gruppen aus sechs Metall-Atomen, die durch Metall-Metall-Bindungen zusammengehalten werden.

Wie Tabelle 24.2 zu entnehmen ist, sind die Oxidationsstufen der Übergangsmetalle in der ersten Hälfte einer Periode höher als bei den späteren Elementen. Die Elemente der fünften und sechsten Periode treten im Allgemeinen in höheren Oxidationsstufen auf als das entsprechende Element der vierten Periode. Wie bei den Hauptgruppen-

Tabelle 24.2 Die häufigsten Oxidationsstufen der Übergangsmetalle

Ti	V	Cr	Mn	Fe	Co	Ni	Cu
IV	III, IV, V	III, VI	II, IV, VII	II, III	II, III	II	I, II
Zr	Nb	Mo	Tc	Ru	Rh	Pd	Ag
IV	V	IV, VI	IV, VII	IV, VIII	III	II	I
Hf	Ta	W	Re	Os	Ir	Pt	Au
IV	V	IV, VI	IV, VII	IV, VIII	III, IV	II, IV	I, III

Der für ein – dem $CrCl_2$ entsprechendes – hypothetisches WCl_2 mithilfe eines Born-Haber-Kreisprozesses berechnete Wert für die Bildungsenthalpie ist stark positiv: ≈ 430 kJ·mol^{-1}. Ein eindeutiges thermodynamisches Indiz also, dass es in dieser Form nicht existieren kann. Zum Vergleich: Die Standard-Bildungsenthalpie von Chrom(II)-chlorid beträgt −395 kJ·mol^{-1}. Der große Unterschied zwischen den beiden Werten wird hauptsächlich durch die weitaus höhere Sublimationsenthalpie des Wolframs (829 kJ·mol^{-1}) im Vergleich zu der des Chroms (398 kJ·mol^{-1}) verursacht. Dieser hohe Wert zeigt die besonders starke metallische Bindung beim Wolfram und anderen Übergangsmetallen der 4d- und 5d-Reihe. Die Sublimationsenthalpie des Molybdäns beispielsweise beträgt 659 kJ·mol^{-1}. Als Folge davon enthalten viele Verbindungen dieser Elemente (ebenso wie Mo_6Cl_{12} und W_6Cl_{12}) Gruppierungen von Metall-Atomen, die durch Metall/Metall-Bindungen zusammengehalten werden. Solche Verbindungen werden als *Cluster*-Verbindungen bezeichnet, auf die bei der Besprechung des Molybdäns etwas näher eingegangen wird.

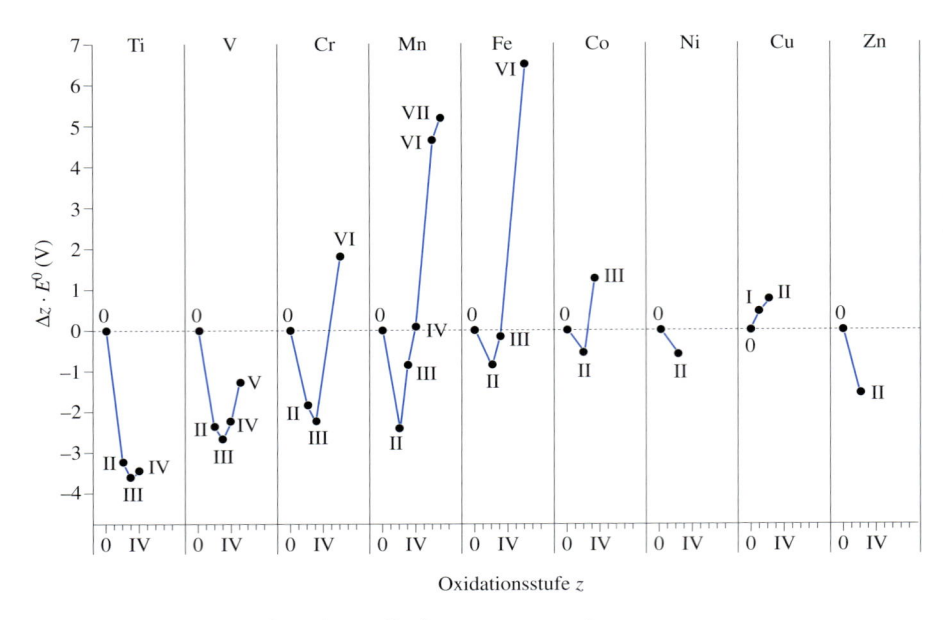

24.2 Frost-Diagramme der 3d-Metalle (in saurer Lösung).

elementen findet man die höchsten Oxidationsstufen der Übergangsmetalle bei ihren Oxiden. Die Oxidationszahl VIII für Osmium tritt also im Osmium(VIII)-oxid (OsO_4) auf, OsF_8 hingegen ist unbekannt. Im Gegensatz zu den Hauptgruppenmetallen tritt bei manchen Nebengruppenmetallen so gut wie jede denkbare Oxidationsstufe auf. Mangan kann beispielsweise in seinen Verbindungen alle Oxidationsstufen zwischen VII und –I annehmen. Während bei den Hauptgruppenelementen die Stabilität hoher Oxidationsstufen innerhalb einer Gruppe mit steigender Ordnungszahl abnimmt, beobachtet man bei den Nebengruppenmetallen den umgekehrten Trend.

Ein immer wiederkehrender Gesichtspunkt innerhalb jeder Gruppe von Übergangsmetallen ist die Tatsache, dass die Ligandenfeldaufspaltung von den 3d- zu den 5d-Metallen hin ansteigt. Die 10 Dq-Werte für die Reihe $[Co(NH_3)_6]^{3+}$, $[Rh(NH_3)_6]^{3+}$ und $[Ir(NH_3)_6]^{3+}$ betragen beispielsweise 23 000 cm^{-1}, 34 000 cm^{-1} bzw. 41 000 cm^{-1}. Aufgrund der größeren Ligandenfeldaufspaltung bei den 4d- und 5d-Metallen weisen fast alle ihre Verbindungen die *low-spin*-Konfiguration auf.

Hinweis: Die Grundlagen der Ligandenfeldtheorie werden in Abschnitt 23.2 behandelt.

Relative Stabilität der Oxidationsstufen der 3d-Metalle

Von den Nebengruppenmetallen sind 3d-Metalle die weitaus wichtigsten und industriell bedeutendsten. Außerdem sind ihre Eigenschaften am einfachsten zu verstehen. In Abbildung 24.2 sind die Frost-Diagramme dieser Elemente in saurer Lösung zusammenfassend dargestellt. Metallisches Titan ist demnach ein starkes Reduktionsmittel; im Verlauf der 3d-Reihe wird jedoch die Reduktionswirkung der Metalle immer schwächer (wenn man vom Zink einmal absieht). Beim Kupfer ist die Oxidationsstufe null die stabilste. Innerhalb der 3d-Reihe werden von links nach rechts die höchstmöglichen Oxidationsstufen immer instabiler. Bereits beim Chrom wirken Verbindungen mit dem Metall in seiner höchsten Oxidationsstufe stark oxidierend. Titan bevorzugt die Oxidationsstufe IV, bei Vanadium und Chrom ist die stabilste Oxidationsstufe III, während bei den anderen Elementen die Oxidationsstufe II bevorzugt ist. Im Falle des Kupfers spielen auch Verbindungen in der Oxidationsstufe I eine Rolle. Es handelt sich dabei um in Wasser schwer lösliche Salze oder um Komplexverbindungen. Hydratisierte Kupfer(I)-Ionen sind unbekannt; wie aus Abbildung 24.2 ersichtlich, neigen sie zur Disproportionierung.

Nichtstöchiometrische Verbindungen

> **EXKURS**

Molekülverbindungen können durch Valenzstrichformeln beschrieben werden. Diese spiegeln den Aufbau der Teilchen wider und lassen einige Aussagen über die chemische Bindung zwischen den Atomen zu. Die Zusammensetzung molekularer und anderer kovalenter Stoffe lässt sich dem entsprechend durch einfache ganze Zahlen exakt beschreiben: So ist im Kohlenstoffdioxid (CO_2) die Anzahl der Sauerstoff-Atome *genau* doppelt so groß wie die der Kohlenstoff-Atome. Bei festen Stoffen – insbesondere bei Verbindungen der Übergangselemente – ist dies keineswegs immer so. Bei genauer Betrachtung stellt eine durch einfache ganze Zahlen beschriebene Zusammensetzung hier eher die Ausnahme dar. Zirconium(IV)-oxid zum Beispiel wird üblicherweise durch die Formel ZrO_2 beschrieben. In Wirklichkeit jedoch liegt die Zusammensetzung zwischen $ZrO_{1,700}$ und $ZrO_{2,004}$, wobei innerhalb dieses Intervalls jeder beliebige Wert möglich ist. Derartige Verbindungen werden *nichtstöchiometrische* Verbindungen genannt. Mit den Gründen für die Abweichung von der Stöchiometrie, dem Aufbau solcher Verbindungen und einigen ihrer Eigenschaften wollen wir uns an dieser Stelle befassen. In Tabelle 24.3 sind einige Beispiele nichtstöchiometrischer Verbindungen zusammengestellt.

Die Formeln nichtstöchiometrischer Verbindungen werden unter Verwendung eines tiefgesetzten, variablen stöchiometrischen Koeffizienten x angegeben, dessen untere und obere Grenze den Existenzbereich der Verbindung markiert. Es wird deutlich, dass die Abweichung von der idealen Stöchiometrie ein ganz unterschiedliches Ausmaß annehmen kann. Während bei Ni_xO die Abweichung von der idealen Zusammensetzung NiO nur winzig ist, nimmt sie im „FeO", das auch als *Wüstit* bezeichnet wird, erhebliche Ausmaße an; ein Eisenoxid der genauen Zusammensetzung FeO existiert gar nicht.

Betrachten wir dieses Beispiel einmal genauer und fragen, wie die Abweichung zustande kommt, wie man sie bestimmt und welche strukturellen Auswirkungen die Nichtstöchiometrie hat. Offenbar enthält Wüstit, welches im NaCl-Typ kristallisiert, einen deutlichen Eisenunterschuss oder – aus anderer Sichtweise – einen Sauerstoffüberschuss. Die Abweichungen von der Idealzusammensetzung kommen praktisch immer dadurch zustande, dass ein gewisser Anteil der Gitterbausteine (in der Regel der Kationen) in einer anderen Oxidationsstufe vorliegt als die übrigen. Eisen wird hier also teilweise als Fe(III) auftreten. Prinzipiell kann diese partielle Oxidation für die Kristallstruktur zwei Folgen haben: Entweder bleiben im Kristallgitter einige Gitterplätze der Eisen(II)-Ionen frei, wobei die fehlenden positiven Ladungen durch eine entsprechende Anzahl an Eisen(III)-Ionen kompensiert werden müssen, oder aber es werden zusätzliche Oxid-Ionen in das Gitter eingebaut, die dann Gitterpositionen besetzen müssen, die normalerweise frei sind – sogenannte *Zwischengitterplätze*.

Man kann experimentell recht einfach zwischen diesen beiden Möglichkeiten unterscheiden, nämlich durch Messung der Dichte. Kennt man die Kristallstruktur einer Verbindung und die Abmessungen der Elementarzelle, lässt sich auf einfache Weise die erwartete Dichte, die sogenannte *röntgenographische Dichte*, berechnen, denn Art, Anzahl und Masse der Atome in der Elementarzelle sind bekannt. Findet man experimentell eine geringere Dichte, kann man davon ausgehen, dass in der Elementarzelle offenbar weniger Teilchen vorhanden sind als erwartet; in diesem Fall weist das *Kationen-Untergitter* Leerstellen auf. Leerstellen im Kationen- oder Anionen-Untergitter bezeichnet man auch als *Schottky-Defekte*. Ist die gemessene Dichte hingegen höher, müssen mehr Teilchen in der Elementarzelle vorhanden sein als erwartet: Zusätzliche Oxid-Ionen sollten sich dann auf Zwischengitterplätzen befinden. Die Besetzung von Zwischengitterplätzen, die in einer Idealstruktur unbesetzt sind, nennt man auch *Frenkel-Defekte*. Im Falle des Wüstit zeigt der Vergleich zwischen gemessener und röntgenographischer Dichte eindeutig, dass die Abweichung von der 1:1-Stöchiometrie durch *Schottky-Defekte* im Kationen-Untergitter zustande kommt. Diese sind im Wesentlichen statistisch über das ganze Gitter verteilt, sodass die Kristallstruktur insgesamt unverändert bleibt, lediglich die Gitterabmessungen ändern sich ein wenig. Insbesondere bei manchen Oxiden der vierten, fünften und sechsten Gruppe des Periodensystems geht die Abweichung von der idealen Zusammensetzung mit einer *systematischen Änderung* der Kristallstruktur einher, die man in einigen Fälle heute mithilfe eines hochauflösenden Elektronenmikroskops sichtbar machen kann. Abbildung 24.3 zeigt ein solches Bild von Ba_xWO_3, einer sogenannten *Wolframbronze*. Jeder helle Punkt stellt

Tabelle 24.3 Nichtstöchiometrische Verbindungen von Nebengruppenelementen

übliche Formel	tatsächlicher Existenzbereich
TiO	TiO_x: $0,65 < x < 1,25$
TiO_2	TiO_x: $1,998 < x < 2,000$
VO	VO_x: $0,79 < x < 1,29$
MnO	Mn_xO: $0,848 < x < 1,000$
FeO	Fe_xO: $0,833 < 0,957$
CoO	Co_xO: $0,988 < x < 1,000$
NiO	Ni_xO: $0,999 < x < 1,000$
Ce_2O_3	CeO_x: $1,50 < x < 1,52$
ZrO_2	ZrO_x: $1,700 < x < 2,004$
UO_2	UO_x: $1,65 < x < 2,25$
	$Li_xV_2O_5$: $0,2 < x < 0,33$
	Li_xWO_3: $0 < x < 0,50$
TiS	TiS_x: $0,971 < x < 1,064$
NbS	Nb_xS: $0,92 < x < 1,00$
YSe	Y_xSe: $1,00 < x < 1,33$
VTe_2	V_xTe_2: $1,03 < x < 1,14$

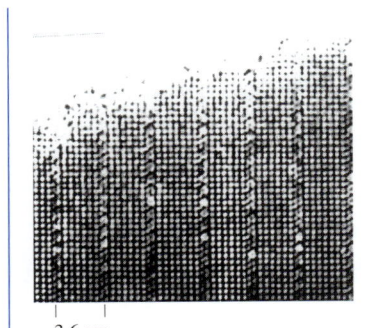

24.3 Elektronenmikroskopisches Bild des Aufbaus einer Wolframbronze (Ba_xWO_3).

Hinweis: Der Autoabgaskatalysator wird in einem Exkurs auf Seite 476 behandelt, die λ-Sonde in Abschnitt 24.3 erläutert.

ein WO_6-Oktaeder dar. Man erkennt, dass diese offenbar nicht überall in gleicher Weise angeordnet sind, sondern dass die Struktur in regelmäßigen Abständen von „Kanälen" mit einem anderen Aufbau durchzogen ist.

Die Abweichung von der idealen Stöchiometrie hat eine Reihe von Konsequenzen für die physikalischen Eigenschaften solcher Stoffe, insbesondere für die elektrischen und magnetischen Eigenschaften. Manche solcher Stoffe sind sogenannte *Ionenleiter*. Es sind also Stoffe, die den elektrischen Strom dadurch leiten, dass sich Ionen bewegen können und nicht wie in metallischen Leitern Elektronen. Vielfach ist in einem Gitter mit Leerstellen der Platzwechsel eines Ions, das zu einer Leerstelle benachbart ist, ohne allzu großen Energieaufwand möglich. Dadurch entsteht an dessen Stelle eine Leerstelle, die dann wieder von einem anderen Nachbar-Ion eingenommen werden kann. Auf diese Weise können sowohl die geladenen Teilchen als auch die Defekte (Leerstellen) durch das gesamte Gitter wandern.

Derartige Defekte lassen sich gezielt herbeiführen, indem man in ein Wirtsgitter Ionen einer anderen Oxidationsstufe einbaut. So gelingt es, in Zirconium(IV)-oxid einen Teil der Zirconium(IV)-Ionen zum Beispiel durch Yttrium(III)-Ionen zu ersetzen. Als Konsequenz müssen im Sauerstoff-Untergitter Gitterplätze frei bleiben, damit die Elektroneutralität gewahrt bleibt. Auf diese Weise ergibt sich eine Beweglichkeit der Sauerstoff-Ionen und eine *Sauerstoff-Ionenleitfähigkeit*, die man sich für praktische Anwendungen zunutze machen kann: Mit Yttrium(III)-oxid dotiertes Zirconium(IV)-oxid ist das Material, mit dem in der λ-*Sonde* eine Messung des Sauerstoffgehalts im Abgas eines Verbrennungsmotors erfolgt. Damit wird eine genaue Regelung des Kraftstoff/Luft-Verhältnisses ermöglicht und der Schadstoffausstoß minimiert.

Die physikalisch-chemische Ursache für das Auftreten von Gitterdefekten ist im Wechselspiel zwischen Enthalpie und Entropie zu sehen. Zwar ist die Bildung eines Gitterdefekts stets ein endothermer Vorgang, doch führen Gitterdefekte zu einem gewissen Maß an Unordnung, da nun nicht mehr jeder Gitterplatz von einem bestimmten Teilchen besetzt ist. Diese Unordnung ist gleichbedeutend mit einer Erhöhung der Entropie des Stoffes. Der Entropiegewinn durch die Bildung der Defekte führt nach der Gibbs-Helmholtz-Gleichung ($\Delta G^0 = \Delta H^0 - T \cdot \Delta S^0$) zu einer Verringerung der freien Enthalpie und ist damit die treibende Kraft für die Bildung von Fehlstellen in Festkörpern. Weil die Bildung einer Fehlstelle ein endothermer Vorgang ist, muss nach dem Prinzip des kleinsten Zwangs die Konzentration an Fehlstellen mit steigender Temperatur zunehmen. Nur am absoluten Nullpunkt sind demnach perfekt geordnete Festkörper überhaupt möglich.

24.2 Gewinnung der Metalle

Die Herstellung von Werkstoffen hat die Geschichte der Menschheit so nachhaltig beeinflusst, dass man ganze Zeitepochen nach diesen Werkstoffen benannt hat: *Steinzeit*, *Bronzezeit*, *Eisenzeit*. Insbesondere die Herstellung, Bearbeitung und Verwendung von Metallen hat die kulturelle Entwicklung ganz wesentlich beschleunigt, denn Werkzeuge und Geräte aus Metallen haben entscheidende Vorzüge gegenüber anderen Materialien. So nimmt in der Geschichte die Entwicklung von Bergbau und Hüttenwesen zur Gewinnung von Rohstoffen zur Herstellung von Metallen aus ihren Erzen einen wichtigen Platz ein. Aus den ursprünglich primitiven Verfahren zur Metallherstellung sind heute ausgereifte und sehr effiziente Technologien geworden, die es gestatten, alle Metalle in hoher Reinheit herzustellen. Mit den wichtigsten Verfahren wollen wir uns in diesem Abschnitt befassen.

Eisen – vom Eisenerz zum Stahl

Eisen ist in Form zahlreicher Legierungen das mit weitem Abstand wichtigste Metall. Jährlich werden weltweit etwa 1,3 Milliarden Tonnen produziert. Die wichtigsten Eisen-

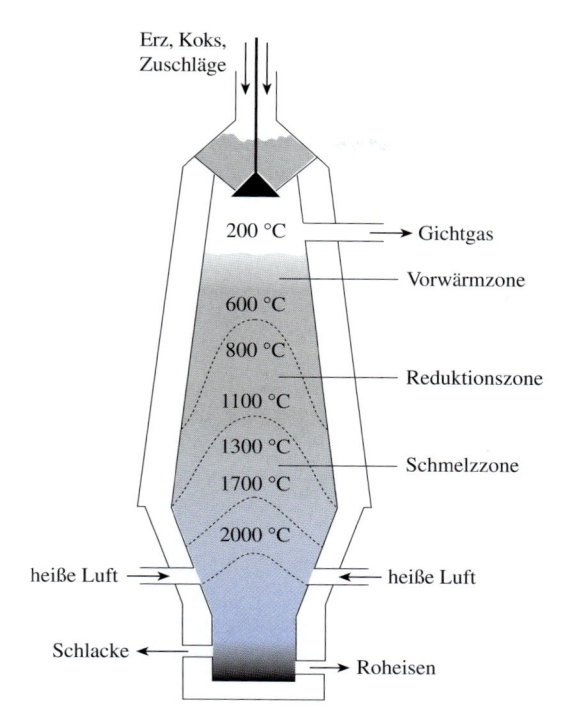

24.4 Aufbau eines Hochofens.

erze sind die beiden Oxide, Eisen(III)-oxid (Fe_2O_3, *Hämatit*) und Eisen(II)/(III)-oxid (Fe_3O_4, *Magnetit*), sowie die formal wasserhaltigen Brauneisenerze, in denen Eisen(III)-oxidhydroxid vorliegt ($2FeOOH \cong Fe_2O_3 \cdot H_2O$). Aus diesen Erzen wird das Metall durch Reduktion mit Koks gewonnen (Koks entsteht durch Erhitzen von Steinkohle auf etwa 1000 °C unter Luftabschluss, er besteht überwiegend aus porösem Kohlenstoff).

Der Hochofen Die Reduktion der Eisenerze findet in einem Hochofen statt (Abbildung 24.4), der bei einem Durchmesser von bis zu 14 Metern zwischen 25 und 60 Meter hoch sein kann. Der Hochofen selbst besteht aus Stahl und ist innen mit einem hitze- und korrosionsbeständigen Material ausgekleidet. Früher verwendete man hierfür Ziegel, heute eine Spezialkeramik. Die Hälfte der heute insgesamt produzierten Hochtemperaturkeramik wird für diesen Zweck hergestellt. Das wichtigste Material, das für solche Auskleidungen verwendet wird, ist Aluminiumoxid (Korund). Für die Auskleidung der unteren Bereiche des Hochofens werden Mischoxide eingesetzt, bei denen ein Teil der Aluminium-Ionen durch Chrom(III)-Ionen ersetzt ist: $Al_{2-x}Cr_xO_3$. Diese *Mischoxide* sind chemisch widerstandsfähiger und noch temperaturbeständiger als Korund.

Der Hochofenprozess und seine Produkte Eisenerz, Kalkstein und Koks werden von oben in den Hochofen gegeben. Zunächst eine Schicht Koks, dann eine Schicht Eisenerz vermischt mit Kalkstein, dann wiederum eine Schicht Koks und so weiter. In den unteren Teil des Hochofens wird auf etwa 1000 °C vorgeheizte, mit Sauerstoff angereicherte Luft eingeblasen. Hierbei verbrennt der Koks der untersten Schicht zu Kohlenstoffdioxid.

$$C(s) + O_2(g) \rightarrow CO_2(g); \quad \Delta H_R^0 = -394 \text{ kJ} \cdot \text{mol}^{-1}$$

Durch weiteren Koks wird das Kohlenstoffdioxid dann in einer endotherm verlaufenden Reaktion zu Kohlenstoffmonoxid reduziert.

Massenbilanz für den Hochofenprozess Um eine Tonne Eisen zu erzeugen, werden eine Tonne Koks, eine halbe Tonne Kalkstein, zwei Tonnen Eisenerz und fünf Tonnen mit Sauerstoff angereicherte Luft benötigt. Dabei entstehen neben dem Eisen etwa eine Tonne Schlacke und sieben Tonnen sogenanntes *Gichtgas*, das als Hauptbestandteile Stickstoff, Kohlenstoffmonoxid und Kohlenstoffdioxid enthält. Das Gichtgas (bzw. sein CO-Anteil) wird verbrannt; die bei der Verbrennung frei werdende Wärme dient zur Vorerhitzung der eingeblasenen Luft.

Man bezeichnet diese Gleichgewichtsreaktion auch als das **Boudouard-Gleichgewicht**:

$$C(s) + CO_2(g) \rightleftharpoons 2\ CO(g); \quad \Delta H_R^0 = 172\ kJ \cdot mol^{-1}$$

Das so gebildete, heiße Kohlenstoffmonoxid gelangt in die darüber liegenden Schichten, in denen je nach Temperatur und eingesetztem Eisenoxid die folgenden verschiedenen Reduktionsreaktionen ablaufen können, die letzten Endes zum Metall führen. Das entstehende CO_2 wird bei ausreichend hoher Temperatur wiederum durch Koks zu CO reduziert, das weiteres Eisenoxid reduzieren kann:

$$3\ Fe_2O_3(s) + CO(g) \rightarrow 2\ Fe_3O_4(s) + CO_2(g)$$

$$Fe_3O_4(s) + CO(g) \rightarrow 3\ „FeO"(s) + CO_2(g)$$

$$„FeO"(s) + CO(g) \rightarrow Fe(l) + CO_2(g)$$

Der Kalkstein bildet mit dem als Verunreinigung in den meisten Erzen vorhandenem Siliciumdioxid Calciumsilicat, das bei den hohen Temperaturen flüssig ist und als *Hochofenschlacke* ein Nebenprodukt des Prozesses ist:

$$CaCO_3(s) + SiO_2(s) \rightarrow CaSiO_3(l) + CO_2(g)$$

Das gebildete Eisen schmilzt bei den hohen Temperaturen und sinkt aufgrund seiner hohen Dichte auf den Boden des Hochofens. Der Hochofen ist mit zwei Ablassöffnungen versehen, die mit Ton verschlossen sind. Die untere ist für das dichtere Eisen und die obere für die Schlacke. Die Verschlüsse werden regelmäßig geöffnet, sodass das ge-

---

EXKURS

Das Boudouard-Gleichgewicht

Im Prinzip könnte fester Kohlenstoff für die Reduktion zahlreicher Oxide verwendet werden. Eine solche Reaktion zwischen zwei festen Stoffen verläuft in der Regel jedoch sehr langsam, denn sie kann nur dort mit genügender Geschwindigkeit ablaufen, wo sich an der Oberfläche der Partikel Atome der Reaktionspartner direkt berühren. Sehr viel schneller verläuft die Reduktion eines Oxids durch ein gasförmiges Reduktionsmittel wie Kohlenstoffmonoxid. Für den Ablauf aller Metallverhüttungsprozesse, bei denen Kohlenstoff (Koks) eingesetzt wird, ist demnach das *Boudouard-Gleichgewicht* von größter Bedeutung:

$$C(s) + CO_2(g) \rightleftharpoons 2\ CO(g)$$

Die Reaktion ist endotherm ($\Delta H_{R,298}^0 = 172\ kJ \cdot mol^{-1}$); da sich die Anzahl der gasförmigen Teilchen vergrößert, nimmt die Entropie erheblich zu (der feste Kohlenstoff spielt für die Entropiebilanz praktisch keine Rolle): $\Delta S_{R,298}^0 = 176\ J \cdot mol^{-1} \cdot K^{-1}$. Das Prinzip des kleinsten Zwangs lässt erwarten, dass sich die Gleichgewichtslage mit steigender Temperatur auf die Seite des Kohlenstoffmonoxids verschiebt, steigender Druck hingegen begünstigt die Rückreaktion. Will man die Gleichgewichtslage quantitativ beschreiben und die Partialdrücke von Kohlenstoffmonoxid und Kohlenstoffdioxid zahlenmäßig berechnen, stellt man zunächst das Massenwirkungsgesetz für die betrachte Reaktion auf:

$$K_p = p^2(CO)/p(CO_2)$$

Für eine mathematische Lösung reicht diese Gleichung allein jedoch nicht aus, denn sie enthält zwei unbekannte Größen, $p(CO)$ und $p(CO_2)$ (Die Massenwirkungskonstante K_p kann mithilfe der van't Hoffschen Gleichung (siehe Abschnitt 7.7) aus den thermodynamischen Daten und der Temperatur berechnet werden). Um die Drücke zu berechnen, betrachtet man zusätzlich die experimentellen Bedingungen, unter denen die Reaktion abläuft. Besonders übersichtliche Verhältnisse ergeben sich für ein abgeschlossenes Reaktionsgefäß mit einem Überschuss an Kohlenstoff und einer bestimmten Menge Kohlenstoffdioxid. Bei Raumtemperatur reagiert das Kohlenstoffdioxid praktisch nicht, sein Gleichgewichts-Partialdruck ist gleich dem Anfangsdruck $p_0(CO_2)$ im Reaktionsgefäß, zum Beispiel dem Standarddruck von 1000 hPa (1 bar). Mit steigender Temperatur

bildet sich zunehmend Kohlenstoffmonoxid, bis schließlich das gesamte Kohlenstoffdioxid verbraucht ist. Da sich die Teilchenzahl bei der Reaktion verdoppelt, wird bei vollständigem Umsatz der Druck im Gefäß genau doppelt so hoch sein wie der Anfangsdruck – soweit man die thermische Ausdehnung der Gasmischung außer Betracht lässt. Der Anfangsdruck des Kohlenstoffdioxids ist durch folgende Beziehung mit den Gleichgewichtspartialdrücken verknüpft:

$$p_0(CO_2) = p(CO_2) + 0{,}5 \cdot p(CO)$$

Diese Gleichung ergibt sich daraus, dass die Gesamtmenge an (gebundenem) Sauerstoff im Gasraum während der Reaktion in einem geschlossenen Gefäß unverändert bleibt: Bei tiefen Temperaturen liegt der Sauerstoff ausschließlich als Kohlenstoffdioxid vor. Bei höheren Temperaturen verteilt er sich auf Kohlenstoffdioxid und Kohlenstoffmonoxid. Da ein Kohlenstoffmonoxid-Molekül jedoch nur halb so viele Sauerstoff-Atome enthält wie ein Kohlenstoffdioxid-Molekül, muss sein Partialdruck bei dieser Stoffmengenbilanz mit dem Faktor 0,5 multipliziert werden.

Aus obiger Gleichung und dem Massenwirkungsausdruck lassen sich nun bei Kenntnis der Gleichgewichtskonstante die Partialdrücke berechnen. Das Ergebnis einer genauen Rechnung (bei der auch die Temperaturabhängigkeiten der Reaktionsenthalpie und -entropie berücksichtigt sind) ist in Abbildung 24.5 dargestellt. Es zeigt qualitativ den erwarteten Verlauf, erlaubt jedoch zusätzlich quantitative Aussagen darüber, bei welcher Temperatur ein bestimmter Umsatz erfolgen sollte. Man erkennt, dass für eine weitgehende Reduktion des im Hochofen gebildeten Kohlenstoffdioxids durch den vorhandenen Kohlenstoff Temperaturen oberhalb von etwa 1000 °C notwendig sind. Folgt man dieser quantitativen Betrachtung, so sollte Kohlenstoffmonoxid bei Raumtemperatur nicht existenzfähig sein, es müsste praktisch vollständig in Kohlenstoff und Kohlenstoffdioxid zerfallen. Kohlenstoffmonoxid ist jedoch ein Gas, mit dem wir bei normalen Bedingungen problemlos umgehen können – wenn wir von seiner Giftigkeit einmal absehen. Es zerfällt keineswegs im erwarteten Sinne. Der Grund für dieses Verhalten ist in der Reaktionsträgheit des Kohlenstoffmonoxids zu sehen. Die Aktivierungsenergie für den Zerfall von Kohlenstoffmonoxid in festen Kohlenstoff und Kohlenstoffdioxid ist so hoch, dass die Reaktionsgeschwindigkeit für diese thermodynamisch erwartete Reaktion bei Raumtemperatur praktisch gleich null ist: Kohlenstoffmonoxid ist bei Raumtemperatur eine *metastabile* Verbindung.

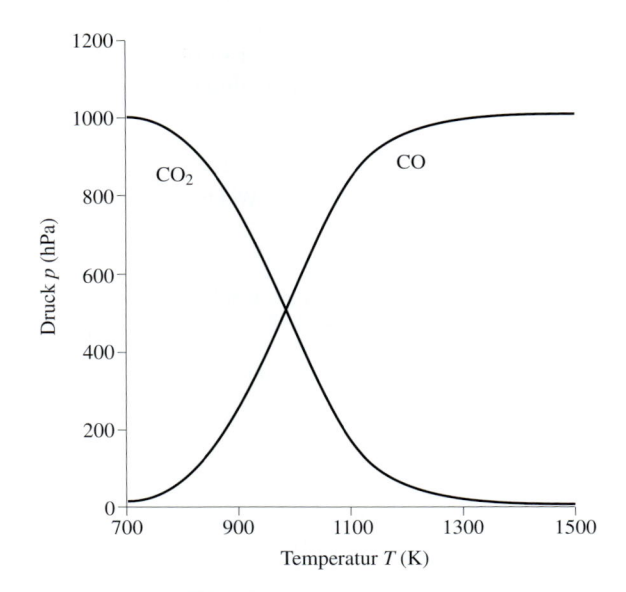

24.5 Das Boudouard-Gleichgewicht: Verlauf der Partialdrücke von Kohlenstoffmonoxid und Kohlenstoffdioxid in Abhängigkeit von der Temperatur (Gesamtdruck p = 1013 hPa).

Da die Eigenschaften einer Metalllegierung sehr empfindlich auch von kleinen Anteilen der Legierungsbestandteile abhängen, ist eine genaue und reproduzierbare Einstellung der Zusammensetzung unabdingbar.

Beim *Herdfrischverfahren* erfolgt die Oxidation des Kohlenstoffs langsamer: Sauerstoffhaltige Gase streichen über das flüssige Roheisen und oxidieren so den Kohlenstoff an der Oberfläche der Schmelze. Zusätzlich wird rostiger Eisenschrott in die Schmelze gegeben, wobei die oxidischen Anteile vom Kohlenstoff in der Schmelze zu Eisen reduziert werden. Der Kohlenstoff wird dabei zu Kohlenstoffmonoxid oxidiert und der Kohlenstoffgehalt der Schmelze sinkt.

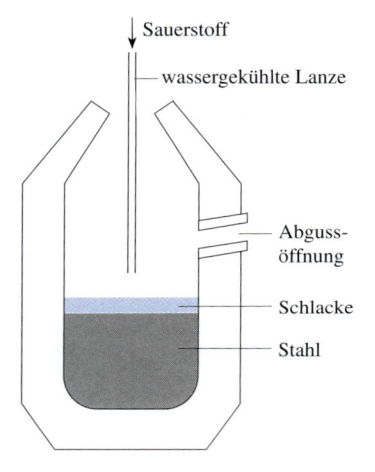

24.6 Konverter zur Stahlgewinnung.

schmolzene Eisen und die flüssige Schlacke austreten können. Man spricht vom *Abstich* des Hochofens. Hochöfen arbeiten ununterbrochen und liefern je nach Größe 1 000 bis 10 000 Tonnen Eisen pro Tag.

Das entstandene *Roheisen* enthält eine Reihe von Verunreinigungen. Die wichtigsten sind: Kohlenstoff (2,5 bis 4%), Silicium (0,5 bis 3%), Mangan (0,5 bis 6%) und Phosphor (bis zu 2%). Roheisen ist wegen des Kohlenstoffgehalts spröde und wird in dieser Form nicht in großem Umfang verwendet, denn es kann weder geschmiedet noch geschweißt werden.

Vom Roheisen zum Stahl Beim schnellen Abkühlen des flüssigen Roheisens entsteht weißes, sprödes Roheisen, das bis zu etwa 4% Kohlenstoff enthält. Um dieses Roheisen in kohlenstoffärmeren *Stahl* zu verwandeln, der sich schmieden lässt und geschweißt werden kann, bedient man sich entweder des sogenannten *Windfrischverfahrens* oder des *Herdfrischverfahrens*, das auch als *Siemens-Martin-Verfahren* bekannt ist.

Abbildung 24.6 stellt schematisch einen *Konverter* dar, wie er für das Windfrischverfahren verwendet wird. Im Gegensatz zum Hochofenprozess läuft dieser Prozess nicht kontinuierlich ab. Der Konverter wird mit bis zu 400 Tonnen flüssigem Roheisen bei einer Temperatur von 1 300 °C beschickt. Dann wird Sauerstoff durch eine wassergekühlte Lanze auf das flüssige Roheisen geblasen. Der Sauerstoff reagiert mit der Schmelze in exothermer Reaktion, sodass sich die Temperatur bis auf 1 700 °C erhöht. Um die Temperatur im optimalen Bereich zu halten wird der Schmelze Schrott zugesetzt.

Der in der Schmelze enthaltene Kohlenstoff wird bei diesem Prozess zu Kohlenstoffmonoxid oxidiert, das dann im oberen Teil des Konverters zu Kohlenstoffdioxid verbrennt. Gleichzeitig bildet sich eine Schlacke, die überwiegend aus Eisenoxid und den aus Silicium- und Manganverunreinigungen gebildeten Oxiden SiO_2 und MnO besteht. Bei phosphorreichen Roheisenschmelzen wird gemahlener Kalkstein ($CaCO_3$) zusammen mit dem Sauerstoff in den Konverter geblasen. Das durch Oxidation gebildete Phosphor(V)-oxid gelangt auf diese Weise als Calciumphosphat in die Schlacke. Die Flamme im oberen Teil des Konverters wird bereits nach wenigen Minuten kleiner, was darauf hinweist, dass der Kohlenstoff weitgehend entfernt wurde. Die Schlacke wird dann abgegossen.

Die normalen Stahlsorten enthalten noch Kohlenstoff in einem Anteil zwischen 0,1 und 1,5%. Dieser liegt gebunden als *Zementit* vor, einem Eisencarbid der Zusammensetzung Fe_3C. Zementit bildet einzelne kleine Kristalle zwischen den Kristallen des Eisens und erhöht dadurch die Härte des Metalls. Durch Zugabe kontrollierter Anteile anderer

Tabelle 24.4 Wichtige Eisenlegierungen

Name	Legierungszusätze	Eigenschaften (Verwendung)
Chrom-Nickel-Stahl 18/8 („Edelstahl")*	Cr (18%), Ni (8%)	korrosionsbeständig (Besteck, Haushaltsgeräte)
Chrom-Vanadium-Stahl	Cr (1,2%), V (0,2%)	hart und zäh (Werkzeuge)
Chromstähle	Cr (bis 20%), sowie Mo, W, V in unterschiedlichen Anteilen	hochtemperaturfest (Schnellarbeitsstähle)
Manganstahl	Mn (10–18%)	hart und zugfest (Eisenbahnschienen, Panzerplatten)

* In der Technik versteht man unter Edelstahl allgemein einen Stahl, der aufgrund seiner Zusammensetzung und Vorbehandlung bestimmte Eigenschaften aufweist. Man spricht von „*unlegierten Edelstählen*", wenn andere Elemente die in einer Norm festgelegten Grenzen nicht überschreiten. Bei *niedrig legierten* Stählen liegt der Gesamtanteil der Legierungselemente unter 5%, bei *hoch legierten* oberhalb von 5%.

Elemente kann man die Eigenschaften des Stahls den jeweiligen Erfordernissen anpassen. Einige Beispiele für Eisenlegierungen sind in Tabelle 24.4 zusammengestellt.

Zink

Weltweit werden jährlich etwa sieben Millionen Tonnen Zink produziert. Verwendet wird es für den Korrosionsschutz von Stahl, als Legierungsbestandteil (zum Beispiel in Messing) und auch in reiner Form für Dachrinnen, Rohre, Bleche und Bauteile aus Zinkdruckguss. Zink kann sowohl auf trockenem Wege in einem Hüttenverfahren als auch nasschemisch durch Elektrolyse gewonnen werden.

Für beide Verfahren ist Zinkoxid als Ausgangsstoff notwendig. Das für die Zinkgewinnung wichtigste Zinkerz ist jedoch Zinksulfid (Zinkblende), das häufig Eisen(II)-Ionen als Verunreinigung enthält. Aus Zinksulfid kann durch direkte Reduktion mit Kohlenstoff (Koks) kein Zink-Metall gewonnen werden. Das Sulfid wird daher zunächst durch folgenden *Röstprozess* in Zinkoxid überführt:

$$ZnS(s) + 1{,}5\,O_2(g) \rightarrow ZnO(s) + SO_2(g)$$

Für die Reduktion des Zinkoxids spielt wiederum das Boudouard-Gleichgewicht eine wichtige Rolle: In der Praxis arbeitet man bei rund 1 200 °C, einer Temperatur, die oberhalb der Siedetemperatur des Zinks (907 °C) liegt. Das gebildete Zink verlässt also als Zinkdampf den Ofen und wird anschließend zu Zinkstaub kondensiert. Hierbei treten in gewissem Umfang Verluste auf, unter anderem durch die Oxidation des Zinks zu Zinkoxid, sodass die Ausbeute des Prozesses lediglich bei etwa 90 % liegt. Als Nebenprodukte fallen je nach Zusammensetzung der eingesetzten Rohstoffe im Wesentlichen Cadmium und Blei an, die durch fraktionierte Destillation weitgehend entfernt werden können. Nochmalige Destillation führt zu Feinzink mit einem Reinheitsgrad von 99,99 %.

Das nasschemische Elektrolyseverfahren geht gleichfalls von Zinkoxid als Ausgangsstoff aus; es wird in Schwefelsäure gelöst, wobei man eine Zinksulfat-Lösung erhält. Diese wird nach einem Reinigungsschritt unter Verwendung von Aluminium-Kathoden und Blei-Anoden bei einer Spannung von 3,3 V elektrolysiert. Aluminium wird deshalb als Kathodenmaterial gewählt, weil sich die Kathode schnell mit einer dünnen Zink-Schicht überzieht, die dann als Zinkelektrode fungiert. Erst die hohe *Überspannung* für die Abscheidung von Wasserstoff an reinem Zink macht die elektrolytische Gewinnung von Zink möglich. Da die Überspannung aber durch Verunreinigungen wie Cadmium, Kupfer, Arsen, Cobalt oder Nickel stark herabgesetzt wird, müssen die Ionen dieser Elemente vor der Elektrolyse weitgehend aus der Lösung entfernt werden. Die Reinigung erfolgt durch Zugabe von Zinkstaub zur Zinksulfat-Lösung; Zink geht dabei in Lösung, während die Ionen der edleren Elemente ausgefällt werden.

Bei der anschließenden Elektrolyse wird die Zinkschicht auf der Kathode in regelmäßigen Abständen abgezogen. Man erhält so in einem Schritt Zink mit einer Reinheit von etwa 99,99 %.

Flotation In vielen Lagerstätten ist der Anteil der Erzminerale für einen unmittelbaren Einsatz in großtechnischen Verfahren viel zu gering. So enthält das aus einem typischen Kupfertagebau geförderte Material oft nur 1 % Kupfer. Eine Anreicherung erfolgt dann über das Verfahren der *Flotation*: Das fein gemahlene Erz wird in großen Behältern mit Wasser aufgeschlämmt und man fügt verschiedene *Flotationsmittel* hinzu. Diese enthalten neben Ölen Tenside, also Verbindungen, in denen ein langer hydrophober Kohlenwasserstoffrest an eine polare, hydrophile Gruppe gebunden ist. Diese hydrophile Gruppe und die Öle binden an die Oberfläche der sulfidischen Erzpartikel, wodurch die hydrophoben Enden der Tenside nach außen weisen und die Erzpartikel so eine grenzflächenaktive Hülle bekommen und sich an der Grenzfläche Wasser/Luft ansammeln. Unter kräftigem Rühren wird Luft in die Aufschlämmung geblasen, wobei

---

Heute werden etwa 80 % des weltweit erzeugten Zinks durch das Elektrolyseverfahren gewonnen. Zinkdruckguss-Legierungen enthalten etwa 5 % Aluminium, bis zu 1 % Kupfer und etwas Magnesium (0,02-0,05 %).

Um Zinksulfid direkt mit Kohlenstoff zu reduzieren müsste eine der beiden folgenden Reaktionen ablaufen können:

$$ZnS(s) + C(s) \rightleftharpoons Zn(g) + CS(g)$$
$$2\,ZnS(s) + C(s) \rightleftharpoons 2\,Zn(g) + CS_2(g)$$

Bei einer angenommenen, für einen solchen Prozess typischen Reaktionstemperatur von 1 200 °C beträgt die freie Reaktionsenthalpie ΔG^0_{1473} der ersten der beiden Reaktionen 162 kJ·mol^{-1}, die der zweiten 469 kJ·mol^{-1}. Diese Gleichgewichte liegen also praktisch vollständig auf Seiten der Ausgangsstoffe.

Die Gleichgewichtslage für die Reduktion von Zinkoxid mit Kohlenstoff ist wesentlich günstiger:

$$ZnO(s) + C(s) \rightleftharpoons Zn(g) + CO(g);$$
$$\Delta G^0_{1473} = -85\,kJ \cdot mol^{-1}$$

Der große Unterschied in den Zahlenwerten für die freien Reaktionsenthalpien beruht darauf, dass Kohlenstoffmonosulfid im Gegensatz zu Kohlenstoffmonoxid ein sehr instabiles Molekül ist.

Werden (hydratisierte) Metallkationen durch ein unedleres Metall bis zum Metall reduziert und auf diese Weise aus einer wässerigen Lösung ausgefällt, so spricht man von einer *Zementation*.

Das elektrolytische Verfahren dient nicht nur dazu, kompaktes Zinkmetall zu gewinnen, auch korrosionshemmende Überzüge können auf diese Weise auf andere Metalle aufgebracht werden. Ein billigeres Verfahren des Verzinkens besteht jedoch im Eintauchen der Werkstücke in geschmolzenes Zink. Man nennt diesen Vorgang *Feuerverzinken*.

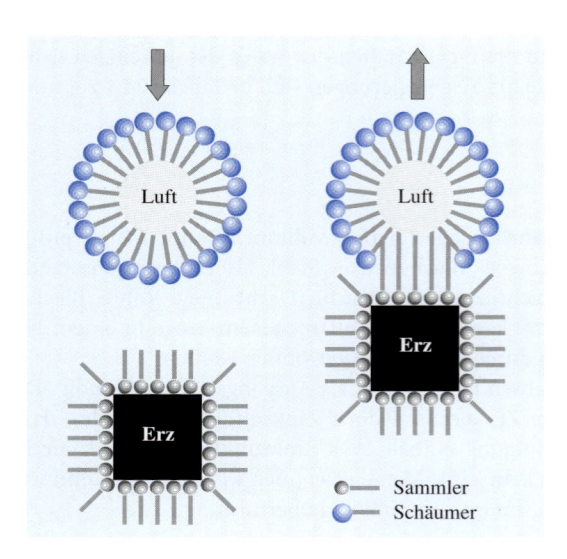

24.7 Prinzip der Flotation.

die umhüllten Erzpartikel nach oben geschwemmt werden und auf der Flüssigkeit einen Schaum bilden, der abgestrichen wird (Abbildung 24.7). Die Flotationsmittel werden so gewählt, dass nur die Erzpartikel umhüllt werden, nicht jedoch die Partikel der Verunreinigungen, der sogenannten *Gangart*, die sich am Boden der Behälter absetzen.

Kupfer – vom Erz zum Elektrolytkupfer

Kupfer kommt in der Natur in Form verschiedener Oxide und Sulfide sowie als basisches Carbonat vor. Das wichtigste kupferhaltige Mineral ist der *Kupferkies* oder *Chalkopyrit*, $CuFeS_2$. Da der Kupfergehalt in den bekannten Lagerstätten in der Regel gering ist, erfolgt zunächst eine Anreicherung durch Flotation. Der nächste Schritt auf dem Wege zur Gewinnung des reinen Metalls ist die Entfernung des Schwefels durch Abrösten. Hierzu wird der Kupferkies gemeinsam mit Siliciumdioxid unter Luftzutritt auf etwa 1400 °C erhitzt, wobei eine Eisensilicat-Schlacke gebildet wird. Das im Sinne des HSAB-Konzepts relativ weiche Kupfer bleibt an den Schwefel gebunden, es liegt als Kupfer(I)-sulfid (Cu_2S) vor.

Hinweis: Zum HSAB-Konzept siehe Abschnitt 10.6.

In einem Konverter, der dem bei der Stahlerzeugung verwendeten recht ähnlich ist, wird nach Zusatz von weiterem Siliciumdioxid Luft in die Schmelze eingeblasen. Dadurch werden noch vorhandene Reste von Eisen(II)-sulfid abgeröstet und wandern in die oxidische Schlacke. Auch ein Teil des Kupfers wird vom Sulfid in das Oxid (Cu_2O) überführt. Das Kupfer(I)-sulfid reagiert nun mit dem Kupfer(I)-oxid zu metallischem Kupfer und Schwefeldioxid:

$$Cu_2S(l) + 2\,Cu_2O(l) \rightarrow 6\,Cu(l) + SO_2(g)$$

Für die Verwendung von Kupfer als elektrischer Leiter ist eine Reinheit von über 99,9 % erforderlich, da sich sonst der elektrische Widerstand maßgeblich erhöht.

Das erhaltene *Rohkupfer* enthält etwa 95 % Kupfer. Die wichtigsten Verunreinigungen sind Eisen, Zink, Zinn, Blei, Arsen, Antimon und Schwefel sowie kleine Anteile wertvoller Edelmetalle.

Die Reinigung des Rohkupfers erfolgt durch ein Elektrolyseverfahren, bei dem Platten aus Rohkupfer als Anode verwendet werden, Bleche aus reinem Kupfer dienen als Kathode. Beide tauchen in eine schwefelsaure Kupfersulfat-Lösung. An den Elektroden laufen folgende Vorgänge ab:

Kathode: $Cu^{2+}(aq) + 2\,e^- \rightarrow Cu(s)$

Anode: $Cu(s) \rightarrow Cu^{2+}(aq) + 2\,e^-$

Insgesamt sollte der Prozess ohne Zufuhr von Energie ablaufen können. Aus verschiedenen Gründen ist jedoch eine Spannung von einigen Zehntel Volt erforderlich, um das Kupfer anodisch aufzulösen und an der Kathode wieder abzuscheiden. Die Reinigung hat folgende chemische Hintergründe: Die unedlen Metalle im Rohkupfer gehen zwar an der Anode in Lösung, werden aber bei der geringen Spannung nicht wieder an der Kathode abgeschieden; die edleren Verunreinigungen fallen bei der Auflösung der Anode als unlöslicher Schlamm, der *Anodenschlamm*, herab. Er wird für die Gewinnung von Silber, Gold und Platinmetallen genutzt.

Gold – die Cyanidlaugerei

Gold ist eines der edelsten Metalle. Es kommt in der Natur überwiegend *gediegen*, also metallisch vor.

Gelegentlich findet man auch heute noch größere Stücke von metallischem Gold, sogenannte *Nuggets*, in der Natur. Wirtschaftlich bedeutend sind aber Gesteine, die geringe Goldanteile in sehr fein verteilter Form enthalten. Um das Gold zu gewinnen, wird das Gestein fein gemahlen und das Gold mithilfe von metallischem Quecksilber herausgelöst. Dabei entsteht ein Gold-*Amalgam*, eine Quecksilber/Gold-Legierung. Das leicht flüchtige Quecksilber wird abdestilliert, während das Gold zurückbleibt. Das toxische Quecksilber stellt bei diesem Prozess ein gewisses Umweltproblem dar.

Das wesentlich wichtigere Verfahren der *Cyanidlaugerei* beruht auf der Bildung von Cyanoaurat(I)-Ionen ($[Au(CN)_2]^-$). Aufgrund der hohen Stabilität dieses Komplexes lässt sich Gold in Gegenwart von Cyanid-Ionen bereits durch Luftsauerstoff oxidieren und so aus dem Gesteinsmehl herauslösen. Insgesamt läuft dabei folgende Reaktion ab:

$$2\,Au(s) + 4\,CN^-(aq) + \tfrac{1}{2}O_2(g) + H_2O(l) \rightarrow 2\,[Au(CN)_2]^-(aq) + 2\,OH^-(aq)$$

Aus dieser Lösung kann Goldmetall durch Reduktion mit Zinkpulver gewonnen werden (*Zementation*). Inzwischen bevorzugt man aber die elektrolytische Reduktion. Dabei werden zunächst die in der Lösung enthaltenen $[Au(CN)_2]^-$-Ionen zusammen mit Na^+-Ionen an Aktivkohle adsorbiert. Durch Desorption bei höherer Temperatur ergibt sich dann eine reinere Elektrolytlösung, aus der das Gold an der Kathode der Elektrolysezelle abgeschieden wird:

$$[Au(CN)_2]^-(aq) + e^- \rightarrow Au(s) + 2\,CN^-(aq)$$

Neben der Goldsuche war das *Goldwaschen* in früheren Zeiten ein wichtiges Gewinnungsverfahren. Es beruht auf dem großen Dichteunterschied zwischen Gold- und Sandkörnchen.

Zur Entgiftung wird die goldfreie Elektrolytlösung mit Wasserstoffperoxid versetzt:

$$CN^-(aq) + H_2O_2(aq) \rightarrow OCN^-(aq) + H_2O(l)$$

Die dabei gebildeten Cyanat-Ionen reagieren mit Wasser zu völlig harmlosen Produkten:

$$OCN^-(aq) + 2\,H_2O(l) \rightleftharpoons HCO_3^-(aq) + NH_3(aq)$$

Titan – das Kroll-Verfahren

Titan kommt wie die beiden anderen Metalle der Gruppe 4, Zirconium und Hafnium, in der Natur in Form von Oxiden vor. Die größte praktische Bedeutung unter den drei Metallen hat das Titan. Die beiden wichtigsten Mineralien, aus denen das Metall und seine Verbindungen gewonnen werden, sind *Rutil* (TiO_2) und *Ilmenit* ($FeTiO_3$). Aus ihnen lässt sich Titan nicht durch Reduktion mit Kohlenstoff darstellen, da sich Carbide bilden würden. Auch die Reduktion der Oxide mit unedlen Metallen wie Natrium, Magnesium oder Aluminium gelingt nicht vollständig. Bei dem heute durchgeführten Verfahren wird zunächst Rutil oder Ilmenit in das leicht flüchtige Titan(IV)-chlorid überführt. Dies gelingt problemlos durch Erhitzen eines Gemischs von Rutil bzw. Ilmenit mit Kohlenstoff in Gegenwart von Chlor auf etwa 1 000 °C:

$$TiO_2(s) + 2C(s) + 2\,Cl_2(g) \rightarrow TiCl_4(g) + 2\,CO(g)$$

$$FeTiO_3(s) + 3\,C(s) + \tfrac{7}{2}Cl_2(g) \rightarrow TiCl_4(g) + FeCl_3(g) + 3\,CO(g)$$

Titan(IV)-chlorid kann von Eisen(III)-chlorid leicht destillativ getrennt werden, denn Titan(IV)-chlorid hat eine wesentlich niedrigere Siedetemperatur (136 °C) als Eisen(III)-

chlorid (331 °C). Die Reduktion des sehr feuchtigkeitsempfindlichen Titan(IV)-chlorids zum Titanmetall erfolgt dann im *Kroll-Verfahren* durch geschmolzenes Magnesium bei etwa 1 000 °C:

$$TiCl_4(g) + 2\ Mg(l) \rightarrow Ti(s) + 2\ MgCl_2(l)$$

Der Prozess wird in einem geschlossenen Ofen in einer Argon-Atmosphäre durchgeführt. Stickstoff ist als Schutzgas hier ungeeignet, weil sich Titannitride bilden würden. Das gebildete Magnesiumchlorid sowie überschüssiges Magnesium können anschließend destillativ oder durch Auslaugen mit Wasser und verdünnter Salzsäure entfernt werden. Es bleibt ein sogenannter Titanschwamm zurück. Dieser wird zur Reinigung mit Königswasser behandelt und anschließend in einer Argon-Atmosphäre zu Barren geschmolzen. Weltweit werden jährlich etwa 120 000 Tonnen Titan auf diese Weise hergestellt. Um hochreines Titan zu gewinnen, kann man das *Van-Arkel-de-Boer-Verfahren* anwenden. Das Metall reagiert dabei in Gegenwart von Iod zum Titan(IV)-iodid, das an einem heißen Glühdraht wieder unter Abscheidung von Titan zersetzt wird (siehe nachfolgenden Exkurs). Auch Zirconium wird in einem dem Kroll-Prozess analogen Verfahren hergestellt.

Anton Eduard **van Arkel**, niederländischer Chemiker, 1893–1976; Professor in Leiden.

Jan Hendrik **de Boer**, niederländischer Chemiker, 1899–1971; Professor in Limburg.

EXKURS

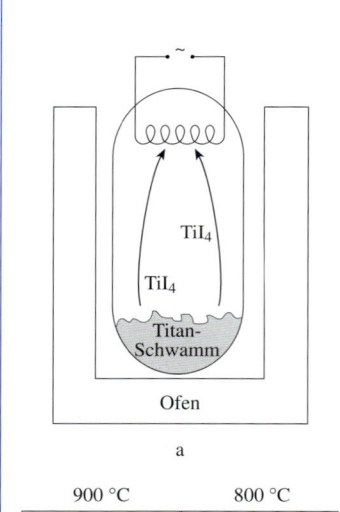

Chemische Transportreaktionen

In den Zwanzigerjahren des 20. Jahrhunderts suchte man nach einem Verfahren, die Metalle Titan und Zirconium in sehr reiner Form herzustellen. A. E. van Arkel und J. H. de Boer entwickelten hierzu ein nach ihnen benanntes Verfahren. Dabei wird Titanschwamm, der noch eine Reihe von Verunreinigungen enthält, bei einer Temperatur von etwa 300–400 °C in einer geschlossenen Apparatur mit Iod umgesetzt. Es bildet sich an der Oberfläche des Titans in exothermer Reaktion Titan(IV)-iodid, das bei diesen Bedingungen gasförmig ist und sich in der ganzen Apparatur verteilt. In der Apparatur befindet sich ein Glühdraht, der durch Stromfluss auf hohe Temperaturen weit oberhalb von 1 000 °C erhitzt wird. Gelangt das gasförmige Titan(IV)-iodid an diesen Glühdraht, zersetzt es sich unter Bildung von Titanmetall und Iod. Das Iod wird also wieder freigesetzt, sodass insgesamt nur kleine Mengen benötigt werden. Das Verfahren nutzt die Temperaturabhängigkeit der Gleichgewichtslage der folgenden Reaktion:

$$Ti(s) + I_2(g) \rightleftharpoons TiI_4(g)$$

Für diese exotherme Reaktion lässt das Prinzip des kleinsten Zwangs mit steigender Temperatur eine Verschiebung der Gleichgewichtslage auf die Seite der Ausgangsstoffe, also die Zersetzung des Titan(IV)-iodids erwarten, was auch der Beobachtung entspricht. Die Apparatur ist schematisch in Abbildung 24.8a dargestellt.

Mithilfe dieses Verfahren können außer Titan noch zahlreiche andere Metalle in besonders reiner Form dargestellt werden. Bei dem Van-Arkel-de-Boer-Verfahren wird die Temperaturabhängigkeit der Gleichgewichtslage einer chemischen Reaktion zur Reindarstellung eines Metalls benutzt. Dieses Prinzip lässt sich auch auf zahlreiche andere Stoffe übertragen. So reagiert zum Beispiel Zinkoxid (ZnO) mit Chlorwasserstoffgas in ähnlicher Weise:

$$ZnO(s) + 2\ HCl(g) \rightleftharpoons ZnCl_2(g) + H_2O(g)$$

In diesem Falle ist die Reaktion jedoch endotherm, das Gleichgewicht verschiebt sich also mit *sinkender* Temperatur auf die Seite der Ausgangsstoffe. Man kann dies zur Reindarstellung von Zinkoxid nutzen, indem man es bei 900 °C mit Chlorwasserstoffgas reagieren lässt und die Reaktionsprodukte auf 800 °C abkühlt. Dabei wird eine gewisse Menge Zinkoxid zurückgebildet und Chlorwasserstoffgas wird wieder frei. Experimentell ist eine solche *Chemische Transportreaktion* im Labor recht einfach durchzuführen: Man schließt in ein Rohr aus einem hoch schmelzenden Glas einige Gramm festes Zinkoxid und so viel Chlorwasserstoffgas ein, dass der Druck innerhalb des Rohres etwa

24.8 a) Anordnung zur Herstellung von hochreinem Titan nach van Arkel und de Boer b) Laboranordnung beim chemischen Transport.

1000 hPa (1 bar) beträgt. Anschließend legt man das Rohr in einen Röhrenofen, der aus zwei Hälften besteht und deren Temperaturen verschieden eingestellt werden können (zum Beispiel 900 °C und 800 °C). Befindet sich das eingesetzte Zinkoxid auf der Seite der höheren Temperatur, reagiert es unter Bildung von gasförmigem Zinkchlorid und Wasserdampf. Diese verteilen sich durch Diffusionsvorgänge gleichmäßig in dem gesamten Rohr und gelangen auch in die Hälfte des Reaktionsrohres, das eine um 100 °C niedrigere Temperatur aufweist. Hier findet die Rückreaktion unter Abscheidung von reinem Zinkoxid statt (Abbildung 24.8b). Normalerweise bilden sich auf diese Weise wohl ausgebildete und sehr reine Kristalle des jeweiligen Feststoffs. Der deutsche Chemiker H. Schäfer hat in den Fünfziger- und Sechzigerjahren des 20. Jahrhunderts derartige Reaktionen systematisch untersucht und zu einem wichtigen Verfahren zur Herstellung zahlreicher Festkörperverbindungen ausgebaut. Heute kennt man viele tausend Beispiele für solche Transportreaktionen, bei denen ein Feststoff in Gegenwart eines Transportmittels in einem Temperaturgefälle wandert. Derartige Reaktionen spielen auch in der Natur bei der Bildung zahlreicher Mineralien eine Rolle (siehe hierzu auch den Exkurs „Hydrothermalsynthese" auf Seite 173). Eine praktische Anwendung solcher Transportreaktionen stellen die Halogenlampen dar. Bei der Besprechung des Wolframs werden wir dies näher erläutern.

Harald **Schäfer**, deutscher Chemiker, 1913–1992; Professor in Münster.

Das aluminothermische Verfahren

Das mit Abstand kostengünstigste Verfahren zur Metalldarstellung ist die Reduktion von Metalloxiden mit Koks bzw. Kohlenstoffmonoxid. Wie wir gesehen haben, kann es jedoch nicht bei allen Metallen angewendet werden. Entweder steht die Bildung von Carbiden seiner Anwendung im Wege, wie beispielsweise beim Titan, oder das Reduktionsvermögen des Kohlenstoffs ist zu gering, um thermodynamisch besonders stabile Oxide (z.B. Aluminiumoxid oder Magnesiumoxid) zu reduzieren. Man kann nun die hohe Stabilität des Aluminiumoxids dazu nutzen, bestimmte andere Metalle wie Chrom oder Mangan herzustellen. Hierzu wird das Oxid des jeweiligen Metalls mit einer entsprechenden Menge Aluminium-Pulver vermischt und das Gemisch gezündet. Es findet eine stark exotherme Reaktion statt, bei der das Metalloxid durch das Aluminium unter Bildung von Aluminiumoxid reduziert wird. Für den Fall des Chrom(III)-oxids lässt sich das Reaktionsgeschehen folgendermaßen beschreiben:

$$Cr_2O_3(s) + 2\,Al(s) \rightarrow 2\,Cr(s) + Al_2O_3(s)$$

Die Reaktionsenthalpie $\Delta H^0_{R,298}$ beträgt -535 kJ·mol^{-1}. Dieser hohe Betrag spiegelt die besondere thermodynamische Stabilität des bei der Reaktion gebildeten Aluminiumoxids wider.

Die Mischung erwärmt sich dabei so stark, dass das Chrom schmilzt und nach Abkühlung in kompakter Form als ein sogenannter *Regulus* erhalten wird. Da an der Reaktion nur feste bzw. flüssige Stoffe beteiligt sind, ist die Reaktionsentropie nahe bei null. Die Gleichgewichtslage wird also praktisch ausschließlich durch die Reaktionsenthalpie bestimmt. Da bei der Herstellung von Aluminium sehr viel Energie verbraucht wird, ist dieses aluminothermische Verfahren insgesamt recht teuer. Es wird dem entsprechend nur in bestimmten Ausnahmefällen angewandt. Ein Beispiel ist das Verschweißen von Eisenbahnschienen. Hier werden die Enden zweier Schienen mit einer feuerfesten Masse umgeben. Oberhalb der Lücke zwischen den Schienen wird eine Mischung aus Magnetit (Fe_3O_4) und Aluminium, die sogenannte *Thermit-Mischung*, gezündet. Hierbei entsteht flüssiges Eisen und die Lücke füllt sich mit der Schmelze, die Schienen werden miteinander verschweißt. Die Temperaturen betragen dabei bis zu 2 400 °C.

Tabelle 24.5 gibt einen Überblick über die wichtigsten Verfahren zur Herstellung der 3d-Metalle.

Bei der aluminothermischen Gewinnung von Chrom im Praktikumsexperiment geht man von einer Mischung aus, die neben Chrom(III)-oxid auch Kaliumdichromat ($K_2Cr_2O_7$) enthält. Die Reaktion verläuft dann noch stärker exotherm, sodass man trotz der relativ hohen Wärmeabstrahlung einen Chromregulus erhält.
Auch beim technischen Verfahren werden dem Reaktionsgemisch starke Oxidationsmittel wie Kaliumperchlorat oder Bariumperoxid zugesetzt, um einem problemlosen Reaktionsverlauf zu erreichen.

Tabelle 24.5 Überblick über technische Verfahren zur Herstellung der 3d-Metalle

Metall	chemische Reduktion: Erz bzw. Zwischenprodukt/Reduktionsmittel	Elektrolyse wässeriger Lösungen: Elektrolyt
Titan	$TiCl_4$/Mg	
Vanadium	V_2O_5/Al	
Chrom	Cr_2O_3/Al	$NH_4Cr(SO_4)_2$(aq)*
	Ferrochrom: $FeCr_2O_4$/Koks	
Mangan	*Ferromangan*: $MnO_2 + Fe_2O_3$/Koks	$MnSO_4$(aq)
Eisen	Fe_2O_3/Koks	
Cobalt		$CoSO_4$(aq)
Nickel	NiO/H_2	$NiSO_4$(aq)
Kupfer	*Rohkupfer*: Röstreduktion von $CuFeS_2$	*Reinkupfer*: $CuSO_4$(aq); Anoden: Rohkupfer
Zink	ZnO/Koks	$ZnSO_4$(aq)

* Beim *Verchromen* werden wässerige Lösungen von Chrom(VI)-oxid eingesetzt, die überwiegend Dichromat-Ionen $Cr_2O_7^{2-}$ enthalten.

24.3 Die Elemente der Gruppe 4: Titan, Zirconium und Hafnium

Titan steht an neunter Stelle der Häufigkeit des Vorkommens in der Erdkruste, während Zirconium und Hafnium, wie die meisten 4d- und 5d-Elemente, selten vorkommen.

Von den Elementen dieser Gruppe hat Titan die größte praktische Bedeutung.

In der Natur findet man sowohl Titan als auch Zirconium in Form binärer und ternärer Oxide. Die wichtigsten Titanminerale sind *Rutil* (TiO_2) und *Ilmenit* ($FeTiO_3$). Die von allen drei Elementen bevorzugte Oxidationsstufe ist IV. Insbesondere vom Titan kennt man jedoch auch eine Reihe von Verbindungen in niedrigeren Oxidationsstufen. Wie auch bei den übrigen Nebengruppenelementen ähneln sich die 4d-und 5d-Elemente (Zirconium und Hafnium) aufgrund der fast gleichen Radien in ihrem chemischen Verhalten sehr. Alle drei Metalle kristallisieren in der hexagonal dichtesten Kugelpackung. Sie haben hohe Schmelz- und Siedetemperaturen (Tabelle 24.6) und reagieren bereitwillig mit den meisten Nichtmetallen, bemerkenswerterweise auch mit Stickstoff und Wasserstoff.

Tabelle 24.6 Dichten, Schmelz- und Siedetemperaturen der Metalle der Gruppe 4

Metall	Dichte (g · cm^{-3})	Schmelztemperatur (°C)	Siedetemperatur (°C)
Titan	4,54	1 670	≈ 3 350
Zirconium	6,51	1 850	≈ 4 400
Hafnium	13,31	2 230	≈ 4 700

Titan

Hinweis: Die Herstellung von Titan mithilfe des Kroll-Verfahrens haben wir im vorangegangenen Abschnitt besprochen.

Titan, ein silbrigweißes Metall, hat von allen Übergangsmetallen die geringste Dichte, gleichzeitig ist es hart und zäh wie Edelstahl, insbesondere in Legierungen, die Metalle wie Aluminium, Vanadium, Mangan, Molybdän, Palladium, Kupfer, Zirconium oder Zinn enthalten. Die Härte, die geringe Dichte und die Korrosionsbeständigkeit machen es zu einem bevorzugten Werkstoff zum Beispiel für den Bau von Militärflugzeugen und Unterseebooten oder für den Einsatz unter Wasser bei Ölbohrplattformen. Auch im Bau von Anlagen für die chemische Industrie und die Meerwasserentsalzung findet es Verwendung.

Da die Herstellung von Titanmetall recht teuer ist, ist seine Verwendung besonderen Einsatzgebieten vorbehalten. Alltägliche Anwendungen des Metalls sind zum Beispiel Gehäuse für Armbanduhren, Brillengestelle, Schmuck, Golfschläger und Rahmen von Hochleistungsfahrrädern. Weitaus wichtiger als das Metall sind jedoch einige seiner Verbindungen, die wir hier besprechen wollen.

Titan(IV)-oxid Obwohl die Produktion von Titanmetall nicht zuletzt für militärische Anwendungen einen beträchtlichen Umfang erreicht, sind die enormen Mengen der alljährlich abgebauten Titanerze überwiegend für eine ganz alltägliche Verwendung bestimmt – als *Weißpigment* in Anstrichfarben. Von den jährlich geförderten fünf Millionen Tonnen Titanerz liefert Kanada etwa ein Drittel und Australien etwa ein Viertel. Sowohl Rutil (TiO_2) als auch Ilmenit ($FeTiO_3$) werden für die Herstellung des Weißpigments eingesetzt.

Natürlich vorkommender Rutil kann nicht direkt verwendet werden, da er zu unrein ist. Die Reinigung erfolgt über das *Chloridverfahren*. Dabei wird – wie bei der Herstellung des Metalls – zunächst Titan(IV)-chlorid, eine bei 136 °C siedende Flüssigkeit, hergestellt:

$$TiO_2(s) + 2\,C(s) + 2\,Cl_2(g) \xrightarrow{1000\,°C} TiCl_4(g) + 2\,CO(g)$$

Nach der Reinigung durch Destillation wird das Chlorid mit Sauerstoff bei ungefähr 1 200 °C zu reinem Titan(IV)-oxid umgesetzt. Das dabei entstehende Chlor wird in den Prozess zurückgeführt:

$$TiCl_4(g) + O_2(g) \xrightarrow{\Delta} TiO_2(s) + 2\,Cl_2(g)$$

Das zweite technische Verfahren zur Gewinnung von reinem Rutil, das *Sulfatverfahren*, geht vom Ilmenit aus. Das fein gemahlene Erz wird mit konzentrierter Schwefelsäure aufgeschlossen. Neben dem sogenannten Titanylsulfat ($TiOSO_4$) entsteht dabei Eisen(III)-sulfat. Um zu verhindern, dass bei der nachfolgenden Hydrolyse des Titanylsulfats unter Bildung von wasserhaltigem Titan(IV)-oxid auch Eisen-Ionen mitgefällt werden, werden die Eisen(III)-Ionen durch Zugabe von Eisenschrott zu Eisen(II)-Ionen reduziert. Beim Eindampfen fällt der größte Teil des gebildeten Eisen(II)-sulfats als Heptahydrat ($FeSO_4 \cdot 7\,H_2O$) aus und wird abfiltriert. Die Hydrolyse erfolgt durch Einleiten von Wasserdampf in die Lösung:

$$TiOSO_4(aq) \rightarrow TiO_2 \cdot H_2O(s) + H_2SO_4(aq)$$

Durch Glühen bei 1 000 °C erhält man dann feinkristallinen Rutil, der als Weißpigment (Titanweiß) eingesetzt wird.

Titan(IV)-oxid ist nicht nur von sehr geringer Toxizität, sondern hat auch unter allen weißen oder farblosen anorganischen Substanzen den höchsten Brechungsindex (Er ist sogar höher als der des Diamanten). Aufgrund dieser Eigenschaft hat es eine höhere „Deckkraft" als andere Pigmente. Neben seiner Verwendung als Weißpigment wird es auch mit Farbpigmenten vermischt, um sie aufzuhellen und gleichzeitig die Deckkraft zu verbessern.

Rutil bildet ein Kristallgitter, in dem auch zahlreiche andere AB_2-Verbindungen kristallisieren, insbesondere Oxide und Fluoride (*Rutil-Typ*). Diese Struktur, in der das Kation die Koordinationszahl sechs bei oktaedrischer Koordination aufweist, wird bevorzugt dann gebildet, wenn das Verhältnis der Ionenradien (r(Kation) : r(Anion)) zwischen 0,41 und 0,73 liegt.

Perowskit Aus strukturchemischer Sicht ist eine weitere Titanverbindung von Bedeutung, der *Perowskit* ($CaTiO_3$). Unter Perowskiten versteht man Verbindungen des Typs ABO_3, wobei A üblicherweise ein großes, zweifach positives Metall-Ion ist und B ein kleines, vierfach positives Metall-Ion; in einigen Fällen können die Kationen auch andere Oxidationsstufen aufweisen, deren Summe muss jedoch stets sechs betragen. Obwohl die Formel ABO_3 eine Ähnlichkeit mit Verbindungen wie Natriumnitrat ($NaNO_3$), oder Cal-

---

Eine Besonderheit bietet eine Titan/Niob-Legierung mit einem Massenanteil von 53 % Niob. Bei sehr tiefen Temperaturen wird sie zu einem *Supraleiter*: Der elektrische Widerstand ist null, sodass Strom verlustfrei transportiert werden kann. Man nutzt diese Eigenschaft, um besonders starke Elektromagnete herzustellen, wie sie in manchen wissenschaftlichen Geräten und in der Medizin beim Kernspintomografen Verwendung finden. Allerdings müssen die aus Ti/Nb-Drähten gefertigten Spulen mit dem sehr teuren flüssigen Helium gekühlt werden, um den supraleitenden Zustand zu erreichen.

Jährlich werden weltweit über drei Millionen Tonnen Titan(IV)-oxid (Rutil) als Weißpigment verbraucht.

Bevor sich Titan(IV)-oxid als Anstrichfarben durchsetzte, war „Bleiweiß", ein basisches Bleicarbonat ($Pb_3(CO_3)_2(OH)_2$), das gebräuchliche Weißpigment. Abgesehen von seiner Toxizität ist Bleiweiß auch weniger geeignet, weil es sich schon durch Spuren von Schwefelwasserstoff in der Luft verfärbt, da sich allmählich schwarzes Blei(II)-sulfid bildet.

Die traditionell Titanylsulfat genannte Verbindung $TiOSO_4$ sollte nach den IUPAC-Regeln als Titanoxidsulfat bezeichnet werden: Formal handelt es sich um ein Doppelsalz mit Oxid- und Sulfat-Ionen.

Titan(IV) im Laboralltag Traditionelles Laborreagenz ist eine schwefelsaure Lösung von $TiOSO_4$, die meist als Titanylsulfat-Lösung bezeichnet wird. In dieser Lösung liegt wahrscheinlich ein oktaedrisches Kation mit der Zusammensetzung $(Ti(OH)_2(H_2O)_4)^{2+}$ vor. Auf der Reaktion dieses Kations mit Wasserstoffperoxid (H_2O_2) beruht sowohl der Nachweis von Titan als auch von Wasserstoffperoxid bei qualitativen Analysen: Es bildet sich ein intensiv gelber Komplex, der ein Peroxid-Ion (O_2^{2-}) als Ligand enthält: $[Ti(O_2)(H_2O)_5]^{2+}$; vereinfachend wird oft auch die Formel TiO_2^{2+} verwendet.

Viele Perowskite sind *ferroelektrisch*. Ähnlich wie *piezoelektrische* Stoffe können sie einen mechanisch ausgeübten äußeren Druck in ein elektrisches Signal umwandeln und umgekehrt, eine Eigenschaft, die für viele elektronische Geräte wichtig ist.

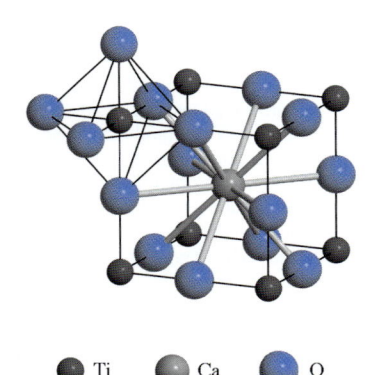

24.9 Struktur von Perowskit (CaTiO$_3$).

Im Gegensatz zu den übrigen Halogeniden ist TiF$_4$ ein Feststoff mit Raumnetzstruktur: Jedes Ti^{4+}-Kation ist unter Ausbildung von Fluoridbrücken sechsfach von Fluorid-Ionen umgeben.

ciumcarbonat (CaCO$_3$) vermuten lässt, unterscheiden sich solche ternären Metalloxide erheblich von den Salzen der Oxosäuren: In mehratomigen Ionen wie dem Nitrat- oder Carbonat-Ion werden die Atome durch kovalente Bindungen zusammengehalten. So besteht Natriumnitrat beispielsweise aus Na$^+$- und NO$_3^-$-Ionen, die so angeordnet sind wie die Natrium- und die Chlorid-Ionen in der Steinsalzstruktur. Perowskite wie die Stammverbindung Calciumtitanat (CaTiO$_3$) enthalten hingegen kein „Titanat-Ion". Stattdessen besteht das Gitter aus Ca^{2+}-, Ti^{4+}- und O^{2-}-Ionen (Abbildung 24.9). Das relativ große Ca^{2+}-Ion in der Mitte des Würfels ist von zwölf O^{2-}-Ionen umgeben. Die Ti^{4+}-Ionen besetzen die Ecken des Würfels, wobei jedes sechs O^{2-}-Ionen als nächste Nachbarn hat.

Titanhalogenide Die wichtigsten Titanhalogenide sind die *Tetrahalogenide*. Während Titantetrafluorid und -chlorid farblos sind, ist das Bromid orangefarben und das Iodid ist dunkelbraun. Diese Farbvertiefung entspricht der Lage der *Charge-Transfer-Bande*, die beim Fluorid im ultravioletten, beim Iodid hingegen im sichtbaren Bereich des Spektrums liegt (zum Begriff *Charge-Transfer* siehe auch Abschnitt 24.5). Das kleine und formal hoch geladene Ti^{4+}-Ion wirkt besonders stark polarisierend auf die Halogenid-Anionen. Der Bindungscharakter der Titan(IV)-Halogenide ist überwiegend kovalent, ihre Schmelz- und Siedetemperaturen liegen dementsprechend niedrig.

Die hydrolyseempfindlichen Tetrahalogenide können als Lewis-Säuren reagieren. So bilden sich mit Lewis-Basen, wie Halogenid-Ionen, Ethern (z. B. „Et$_2$O") oder Phos-

EXKURS

Piezoelektrische und ferroelektrische Stoffe

Ionische Feststoffe bestehen aus elektrisch geladenen Teilchen, dennoch sind sie nach außen elektrisch neutral. Auch innerhalb der meisten Kristalle kommt es nicht zu einer Trennung von positiven und negativen Ladungen, sie weisen also kein *Dipolmoment* auf. Ist ein Festkörper aus Teilchen mit einem permanenten Dipolmoment aufgebaut, wie zum Beispiel Eis, sind die einzelnen Teilchen in der Regel so angeordnet, dass sich ihre Dipolmomente gegenseitig aufheben. Bringt man einen solchen Stoff in ein elektrisches Feld der Feldstärke *E*, so kommt es zu einer Verschiebung der elektrischen Ladungen, sodass ein *induziertes Dipolmoment* auftritt. Dabei kann einerseits die Verschiebung der Elektronen in der Elektronenhülle der Atome, andererseits auch eine geringfügige Veränderung der Positionen der Atome im Kristall die Ursache sein. Das mittlere pro Volumeneinheit induzierte Dipolmoment nennt man die *elektrische Polarisation*.

Piezoelektrische Stoffe Der wichtigste piezoelektrische Stoff ist α-Quarz. Sein Kristallgitter enthält über Ecken miteinander verknüpfte Tetraeder aus Sauerstoff-Atomen, deren Zentrum jeweils ein Silicium-Atom enthält. Die Tetraeder sind jedoch nicht ganz regelmäßig aufgebaut, sodass jedes der Tetraeder ein Dipolmoment aufweist. Die Anordnung dieser Tetraeder im Kristallgitter ist so, dass sich die einzelnen Dipolmomente gegenseitig aufheben und ein α-Quarz-Kristall unpolar ist. Übt man jedoch in einer bestimmten Richtung einen mechanischen Druck auf den Kristall aus, verändern sich die Lagen der Atome, so dass sich die einzelnen Dipolmomente nicht mehr kompensieren. Dadurch entstehen an der Oberfläche des Kristalls Ladungen: er wird polarisiert. Umgekehrt kann ein solcher Kristall durch eine elektrische Wechselspannung zu mechanischen Schwingungen angeregt werden, deren Frequenz beim α-Quarz besonders konstant und temperaturunabhängig ist. Diese Eigenschaft macht man sich zunutze, um die Schwingungsfrequenz von elektrischen Schwingkreisen zu stabilisieren. Zahlreiche elektronische Geräte wie Quarz-Uhren oder Computer enthalten derartige Schwingquarze. Sie werden mithilfe des Hydrothermalverfahrens synthetisch hergestellt (siehe den Exkurs auf Seite 173).

Ferroelektrische Stoffe Die Ferroelektrizität ist der Piezoelektrizität nahe verwandt. Ferroelektrische Stoffe enthalten im Kristall Bereiche, die einheitlich in eine bestimmte Raumrichtung polarisiert sind. In diesen *Domänen* sind Kationen und Anionen so angeordnet, dass Dipolmomente auftreten. Innerhalb einer Domäne kompensieren sich die Dipolmomente also nicht, wohl aber innerhalb des gesamten Kristalls, weil die Domänen bezüglich ihrer Polarisationsrichtung statistisch verteilt sind. Bringt man einen solchen Kristall in ein elektrisches Feld, werden (bei genügend hoher Feldstärke) alle Domänen entsprechend der Feldrichtung ausgerichtet. Diese Ausrichtung bleibt auch nach Abschalten des Feldes in gewissem Umfang erhalten. Die Ferroelektrizität ist wie der Ferromagnetismus ein *kooperatives Phänomen*, das nur in Festkörpern auftreten kann.

Verbindungen mit der Perowskit-Struktur zeigen häufig ferroelektrische Eigenschaften. Dies ist darin begründet, dass das oktaedrisch von sechs Oxid-Ionen umgebene Titan-Ion (Abbildung 24.9) ein wenig aus dem Mittelpunkt des Oktaeders herausgerückt sein kann. Jedes Oktaeder stellt so einen elektrischen Dipol dar. Ein wichtiges Beispiel dieser Art ist Bariumtitanat. Es hat eine ungewöhnlich hohe Dielektrizitätszahl ε von etwa 1000. Bringt man Bariumtitanat zwischen die Platten eines Kondensators, so vergrößert sich dessen Speicherkapazität also um den Faktor 1000. Für elektronische Geräte mit einer Vielzahl von Kondensatoren sind Stoffe wie das Bariumtitanat heute unerlässlich geworden.

phanen („PR$_3$"), in der Regel Einheiten mit sechsfach koordiniertem Titan, z. B. TiCl$_6^{2-}$, TiCl$_4 \cdot$ 2 Et$_2$O oder TiCl$_4 \cdot$ 2 PR$_3$.

Titan(III)-halogenide weisen ganz andere Eigenschaften als die Titan(IV)-halogenide auf: Die Bindung ist stärker ionisch, was sich zum Beispiel in den höheren Schmelztemperaturen zeigt. Ihre Farbe ist auf einen d-d-Übergang zurückzuführen. Titan(III)-halogenide haben reduzierende Eigenschaften. Beim Erhitzen disproportioniert das tiefviolette Titan(III)-chlorid in das leicht flüchtige Titan(IV)-chlorid und in festes, schwarzes Titan(II)-chlorid. Titan(III)-chlorid spielt beim *Ziegler-Natta-Katalysator* eine wichtige Rolle.

Man erhält Titan(III)-chlorid durch Reduktion von Titan(IV)-chlorid (z. B. mit Wasserstoff). Die charakteristisch violetten, hydratisierten Ti^{3+}-Ionen bilden sich beispielsweise bei der Reaktion von Titan mit Salzsäure. Zur Farbe des hydratisierten Ti^{3+}-Ions vergleiche man Abschnitt 23.4.

Ziegler-Natta-Katalysatoren Polyethylen ist einer der am meisten verwendeten Kunststoffe. Das ursprüngliche industrielle Herstellungsverfahren erforderte relativ hohe Temperaturen und hohe Drücke. Alternativ verwendet man ein Verfahren, das bei normalem Druck und Raumtemperatur verläuft und zu Produkten mit höherer Festigkeit und höherer Erweichungstemperatur führt. Dieses Verfahren wurde von K. Ziegler und J. Natta entdeckt, die hierfür 1963 den Nobelpreis erhielten.

Der sogenannte Ziegler-Natta-Katalysator sorgt für eine hohe Reaktionsgeschwindigkeit bei milden Bedingungen. Der Katalysator besteht im Wesentlichen aus Titan(III)-chlorid, das durch eine Redox-Reaktion aus Titan(IV)-chlorid und Triethylaluminium (Al(C$_2$H$_5$)$_3$) gebildet wird. Diese Reaktion läuft in einem unpolaren Lösemittel (z. B. Heptan) ab, sodass sich kleine TiCl$_3$-Partikel bilden, an deren Oberfläche auch Ethylgruppen gebunden sind. Die Wirkungsweise dieses Katalysators beruht auf zwei sich wiederholenden Reaktionsschritten, die in Abbildung 24.10 schematisch dargestellt sind: Ein Ethen-Molekül lagert sich zunächst (π-gebunden) an eine freie Koordinations-

Die Herstellung von Polyethylen mit Ziegler-Natta-Katalysatoren führt zu Produkten mit relativ hoher Dichte. Sie werden durch das Kürzel HDPE gekennzeichnet (*high density polyethylene*). LDPE (engl. *low*, niedrig) steht für die aus dem Hochdruckverfahren stammenden Sorten mit niedriger Dichte.

Heute werden diese ursprünglich heterogenen Ziegler-Natta-Katalysatoren durch kationische Metallocene der 4. Gruppe ersetzt. Sie ermöglichen eine stereospezifische Polymerisation von Alkenen mit endständiger Doppelbindung.

24.10 Ablauf der Polymerisation von Ethylen an der Oberfläche von festem TiCl$_3$.

stelle eines Titan-Atoms. Im nächsten Schritt erfolgt eine *Einschubreaktion* der C_2H_4-Gruppe in die Titan/Kohlenstoff-σ-Bindung. Hierdurch wird die vom Ethen-Molekül besetzte Koordinationsstelle wieder frei und das nächste Ethen-Molekül kann in der gleichen Weise reagieren und so die Kohlenstoffkette verlängern, bis ein polymeres Produkt entstanden ist. Die Entdeckung dieses – auch wirtschaftlich sehr bedeutenden – Katalysators hat der metallorganischen Chemie neben der Entdeckung des *Ferrocens* entscheidende Impulse gegeben und dieses Gebiet der anorganischen Chemie in seiner Entwicklung nachhaltig beeinflusst.

Zirconium und Hafnium

Das sehr korrosionsbeständige Metall Zirconium wird nur in relativ geringem Umfang praktisch verwendet. Dies gilt auch für Zirconium-Verbindungen. Zirconium dient zur Herstellung von Hüllrohren der Brennstäbe für Kernbrennstoffe, da es einen geringen Einfangquerschnitt für Neutronen hat. Es absorbiert also nicht die Neutronen, die für die Kettenreaktion im Kernspaltungsprozess notwendig sind. Hafnium hingegen hat einen sehr hohen Einfangquerschnitt. Aus diesem Grunde ist es entscheidend, Hafniumverunreinigungen aus dem chemisch sehr ähnlichen Zirconium zu entfernen.

Die industrielle Herstellung von Zirconium (und Hafnium) geht überwiegend von dem Mineral *Zirkon* ($ZrSiO_4$) aus. Für den insgesamt aufwendigen Prozess kann hier nur eine typische Schrittfolge kurz beschrieben werden:

1. Aufschluss des Erzkonzentrats durch Schmelzen mit Natriumhydroxid; Gewinnung von (hafniumhaltigem) Zirconiumdioxid nach Auslaugen des gebildeten Natriumsilicats.
2. Abtrennung des Hafniumanteils und Gewinnung der reinen Oxide durch Verteilung zwischen zwei miteinander nicht mischbaren Flüssigkeiten (Flüssig/Flüssig-Extraktion). Das wichtigste Verfahren nutzt die gute Löslichkeit von $Hf(OH)_2(SCN)_2$ in der organischen Phase (Methylisobutylketon); Zirconium verbleibt in der salzsauren, SCN^--haltigen wässerigen Phase.
3. Das Oxid wird ähnlich wie im Falle des Titans in das Chlorid überführt:

$$ZrO_2(s) + 2\ C(s) + 2\ Cl_2(g) \xrightarrow{900\,°C} ZrCl_4(g) + 2\ CO(g)$$

4. Das gereinigte Zirconium(IV)-chlorid wird mit Magnesium reduziert; anschließend wird Magnesiumchlorid durch Vakuumdestillation abgetrennt:

$$ZrCl_4(s) + 2\ Mg(s) \xrightarrow{\Delta} Zr(s) + 2\ MgCl_2(l)$$

5. Zusammen mit Legierungszusätzen wird das schwammartige Zirconium im Lichtbogenofen unter Vakuum zum kompakten Metall zusammengeschmolzen.

Die λ-Sonde Die zur Zeit wohl wichtigste Anwendung von Zirconiumverbindungen ist die von Zirconiumdioxid als Sensor bei der Reinigung von Abgasen.

Für eine effektive Entfernung der Schadstoffe ist es notwendig, das Verhältnis von Kraftstoff zu Luft innerhalb sehr enger Grenzen einzuhalten. Die Menge des dem Motor zugeführten Kraftstoffs kann auf einfache Weise genau gemessen werden. Die für die Verbrennung benötigte Luftmenge genau zu ermitteln, ist jedoch deutlich schwieriger. Man tut dies indirekt, indem man den nach der Verbrennung im Motor noch verbleibenden, sehr geringen Sauerstoffanteil misst. Dies geschieht mit der sogenannten λ-Sonde, in der eine besondere Eigenschaft des Zirconiumdioxids ausgenutzt wird: Zirconium(IV)-Ionen können in beträchtlichem Umfang durch andere Kationen, auch solche mit anderen Oxidationsstufen, ersetzt werden, zum Beispiel durch Yttrium(III)-Ionen. Zur Aufrechterhaltung der Elektroneutralität muss dann eine entsprechende Anzahl von Gitterplätzen der Oxid-Ionen frei bleiben. Diese leeren Gitterplätze ermöglichen einen Platzwechsel der Oxid-Ionen: Durch den Einbau von Yttrium-Ionen wird

---

Mit einem Massenanteil von etwa 0,02 % am Aufbau der Erdkruste ist Zirconium häufiger als beispielsweise Zink, Kupfer oder Nickel.
Die für die Herstellung der Hüllrohre von Brennstäben verwendete Zirconium-Legierung (*Zircaloy*) enthält (bei Siedewasserreaktoren) etwa 1,5 % Zinn, 0,2 % Eisen und 0,1 % Chrom. Der Hafniumgehalt liegt unterhalb von 0,01 %.

Zirconium im Alltag In versteckter Form spielt metallisches Zirconium auch im Alltag eine wichtige Rolle: So enthält der pyrotechnische Zünder für den Airbag-Gasentwickler eine Zirconium/Nickel-Legierung im Gemisch mit Oxidationsmitteln wie Chloraten.
Leuchtstoff- und Energiesparlampen enthalten jeweils 50 bis 100 mg Zirconium. Hier dient Zirconium als sogenannter *getter* (engl. *to get*, fassen), der die Lebensdauer verlängert: Die in der Lampe verbliebenen Spuren an Stickstoff und Sauerstoff werden durch Zirconium bei erhöhter Temperatur gebunden.

Die Gewinnung von Hafnium aus HfO_2 verläuft völlig analog zu den Schritten 3 bis 5.

Durch einen besonderen Prozess lässt sich Zirconium(IV)-oxid in Faserform herstellen. Die seidigen Fasern haben eine nahezu einheitliche Größe: Sie sind zwei bis fünf Zentimeter lang und haben einen Durchmesser von 3 μm. Sie können zu einem Material gewebt werden, das Temperaturen von bis zu 1600 °C standhält.
Glasklare, synthetische ZrO_2-Kristalle (*Zirconia*) werden aufgrund ihrer Härte und hohen Lichtbrechung als Diamantimitation bei der Herstelung von Schmuck verwendet. Dieses synthetische Material weist die kubische Struktur des Flussspats (CaF_2) auf; es unterscheidet sich damit strukturell von der mineralisch vorkommenden Modifikation *Baddeleyit*.

Hinweis: Ein Exkurs auf Seite 476 gibt einen Überblick über Probleme der Reinigung von Autoabgasen.

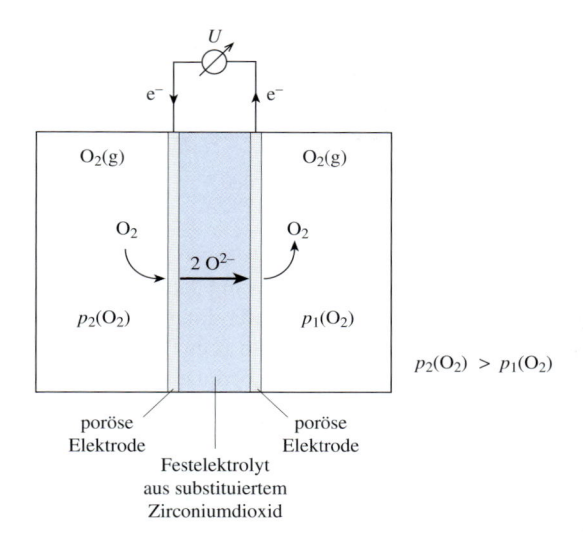

24.11 Funktionsschema einer λ-Sonde.

Zirconiumdioxid zu einem *Ionenleiter*, in dem die O^{2-}-Ionen weitgehend frei beweglich sind. Ein solcher fester Ionenleiter kann wie eine wässerige Salzlösung als Elektrolyt in einer galvanischen Zelle dienen. Im Fall der λ-Sonde besteht die galvanische Zelle aus zwei Sauerstoff-Halbzellen mit unterschiedlichen Sauerstoff-Partialdrücken. Diese sind schematisch in Abbildung 24.11 dargestellt. An der Elektrode mit dem höheren Sauerstoff-Partialdruck $p_2(O_2)$ wird der Sauerstoff zu Oxid-Ionen reduziert; diese wandern durch den Feststoffelektrolyten und werden an der Elektrode mit dem geringeren Sauerstoff-Partialdruck oxidiert. Die treibende Kraft für die Reaktion ist das Bestreben zum Druckausgleich. Der Druckunterschied äußert sich in einer leicht messbaren elektrischen Spannung U zwischen den beiden Elektroden, deren Größe nach der Nernstschen Gleichung unmittelbar mit dem Verhältnis der Partialdrücke verknüpft ist.

Bei der λ-Sonde ist der Sauerstoff-Partialdruck in einer der beiden Halbzellen gleich dem Partialdruck in der umgebenden Luft, in der anderen gleich dem Partialdruck des Sauerstoffs im Abgas; ist dieser zu hoch, muss dem Motor ein höherer Kraftstoffanteil zugeführt werden und umgekehrt. Da sich die Gleichgewichte sehr schnell einstellen, kann durch die Messung des Sauerstoff-Partialdrucks im Abgas das Verhältnis von zugeführter Luft und Kraftstoff so geregelt werden, dass der Schadstoffausstoß minimiert wird.

24.4 Die Elemente der Gruppe 5: Vanadium, Niob und Tantal

Die Häufigkeiten der Elemente dieser Gruppe in der Erdkruste sind recht niedrig; sie nehmen mit steigender Ordnungszahl deutlich ab. Da Niob und Tantal durch die Lanthanidenkontraktion praktisch die gleichen Atom- bzw. Ionenradien aufweisen, sind sie chemisch sehr ähnlich; sie kommen auch in der Natur gemeinsam vor, überwiegend in Form von Oxiden. Die Metalle kristallisieren im kubisch-innenzentrierten Gitter, ihre Schmelz- und Siedetemperaturen sind noch höher als die der Nachbarelemente Titan, Zirconium und Hafnium (Tabelle 24.7). Sie werden aus diesem Grunde auch als *Refraktärmetalle* bezeichnet.

Die Metalle der fünften Gruppe werden nur in geringem Umfang praktisch verwendet. Relativ häufig ist nur der Zusatz von Vanadium zu bestimmten Chromstählen. Diese Legierungen sind besonders hart, aus ihr werden Messerklingen und verschiedene

> Obwohl es sich um unedle Metalle handelt, sind vor allem Zirconium und Hafnium sehr korrosionsbeständig, da sich eine dünne, schützende Oxidschicht bildet.
> Die Metalle sind chemisch wenig reaktiv.
> Bei der Reaktion mit Nichtmetallen entstehen häufig nichtstöchiometrische Verbindungen (siehe hierzu den Exkurs „Nichtstöchiometrische Verbindungen" auf Seite 655).

Tabelle 24.7 Dichten, Schmelz- und Siedetemperaturen der Metalle der Gruppe 5

Metall	Dichte (g · cm^{-3})	Schmelztemperatur (°C)	Siedetemperatur (°C)
Vanadium	6,11	1 920	≈ 3 400
Niob	8,57	≈ 2 480	≈ 4 850
Tantal	16,65	≈ 2 990	≈ 5 500

> Ein typischer Chrom-Vanadium-Stahl für die Herstellung von Schraubenschlüsseln enthält etwa 1 % Chrom und 0,15 % Vanadium.

> Niob und Tantal bilden überwiegend Verbindungen in den höheren Oxidationsstufen IV und V.

Werkzeuge hergestellt. Eine Legierung des Niobs mit Titan findet wegen ihrer (bei tiefer Temperatur) supraleitenden Eigenschaften Verwendung als Stromleiter in Elektromagneten mit besonders hoher Feldstärke. Nioboxid (Nb_2O_5) verleiht Glas als Zusatzstoff einen besonders hohen Brechungsindex. Man benutzt es aus diesem Grunde bei der Herstellung von Brillengläsern und optischen Linsen.

Tantal spielt eine wesentliche Rolle in der Elektronikindustrie bei der Fertigung von Kondensatoren. Jährlich werden heute etwa sechs Milliarden Tantalkondensatoren produziert. Ein weiterer Verwendungsbereich ist die Hartmetallindustrie, die etwa ein Drittel des weltweit hergestellten Tantals in Form von Tantalcarbid (TaC) verbraucht.

Oxidationsstufen Die Redoxchemie des Vanadiums ist vielfältiger als die der schwereren Elemente dieser Gruppe. Vanadium kann in den Oxidationsstufen V, IV, III und II auftreten, entsprechend den Elektronenkonfigurationen d^0, d^1, d^2 und d^3. *Vanadium(V)* liegt in stark alkalischer Lösung als farbloses Vanadat-Ion VO_4^{3-} vor; bei niedrigen pH-Werten bilden sich protonierte Spezies wie das hellgelbe Dihydrogenvanadat-Ion $H_2VO_4^-$.

Vanadium(V) lässt sich in saurer Lösung zu den charakteristisch gefärbten Ionen von Vanadium in niedrigeren Oxidationsstufen reduzieren. Mit dem relativ schwachen Reduktionsmittel Schwefeldioxid bildet sich das tiefblaue VO^{2+}-Ion mit Vanadium in der Oxidationsstufe IV; dieses Ion wird traditionell als *Vanadyl-Ion* bezeichnet.

$$H_2VO_4^-(aq) + 4\,H^+(aq) + e^- \rightarrow VO^{2+}(aq) + 3\,H_2O(l)$$

Etwas präziser ist dieses Ion als $[VO(H_2O)_5]^{2+}$ zu formulieren, denn fünf Wasser-Moleküle besetzen die weiteren Koordinationsstellen.

Mit stärkeren Reduktionsmitteln – beispielsweise Zink – erhält man das grüne *Hexaaquavanadium(III)*-Ion $[V(H_2O)_6]^{3+}$, das vereinfacht auch als $V^{3+}(aq)$ bezeichnet werden kann:

$$VO^{2+}(aq) + 2\,H^+(aq) + e^- \rightarrow V^{3+}(aq) + H_2O(l)$$

Unter Luftabschluss führt weitere Reduktion mit Zink zur Bildung des violetten *Hexaaquavanadium(II)*-Ions $[V(H_2O)_6]^{2+}$.

$$[V(H_2O)_6]^{3+}(aq) + e^- \rightarrow [V(H_2O)_6]^{2+}(aq)$$

Sobald man die entstehende Lösung der Luft aussetzt, findet die Oxidation zum Vanadium(III)-Ion und schließlich zum Vanadyl-Ion statt.

> In dem als Laborreagenz erhältlichen, tiefblauen *Vanadium(IV)-oxidsulfat-Pentahydrat* liegen oktaedrische $[VO(H_2O)_5]^{2+}$-Kationen vor.

> **Laborreagenzien** Neben wasserfreiem Vanadium(III)-chlorid und Vanadium(V)-oxid wird vor allem ein Amoniumvanadat (*Ammoniummetavanadat*) eingesetzt, dessen Zusammensetzung der Formel NH_4VO_3 entspricht. Das Salz enthält jedoch keine isolierten VO_3^--Ionen, sondern VO_4-Tetraeder, die über gemeinsame O-Atome zu langen Ketten verknüpft sind.

Sauerstoffverbindungen Vanadium, Niob und Tantal bilden eine sehr große Anzahl binärer Oxide, von denen die meisten eine komplizierte Zusammensetzung aufweisen. Die wichtigsten sind die von allen drei Elementen gebildeten Oxide der Zusammensetzung M_2O_5 und MO_2. Darüber hinaus bildet Vanadium (im Gegensatz zu Niob und Tantal) ein Oxid in der Oxidationsstufe III: V_2O_3.

Vanadium(V)-oxid hat eine große praktische Bedeutung als Katalysator für die Oxidation von Schwefeldioxid zu Schwefeltrioxid erlangt (Kontaktverfahren, siehe Abschnitt 20.8).

Man kennt auch ungewöhnlich aufgebaute nichtstöchiometrische Oxide der angenäherten Formeln VO und NbO, deren Strukturen sich vom Steinsalz-Typ ableiten, wobei nicht alle Gitterpositionen der Natrium- und Chlorid-Ionen besetzt sind.

> Über diese Oxide hinaus hat man eine sehr große Anzahl weiterer Oxide mit ungewöhnlichen Zusammensetzungen gefunden. So bildet Vanadium eine Reihe von Oxiden der Zusammensetzung V_nO_{2n-1} (n = 3 bis ∞). Vom Niob sind Oxide der Zusammensetzung $Nb_{3n+1}O_{8n-2}$ (n = 5 bis 8) bekannt. Man bezeichnet Oxide dieser Art, die recht komplizierte Strukturen aufweisen, auch als *Magnéli-Phasen*.

Eine Besonderheit, die in der Chemie der Oxoverbindungen von Vanadium(V), Molybdän(VI) und Wolfram(VI) anzutreffen ist, besteht in der Bildung von *Polyoxometallat*-Ionen: Im Fall des Vanadiums liegen bereits in alkalischen Lösungen die einfach oder zweifach protonierten Ionen (HVO_4^{2-}, $H_2VO_4^-$) vor, denn das VO_4^{3-}-Ion ist ähnlich wie das PO_4^{3-}-Ion eine sehr starke Base. Diese Ionen können folgenden Kondensationsreaktionen unterliegen:

In alkalischer Lösung

$2\ HVO_4^{2-}(aq) \rightleftharpoons V_2O_7^{4-}(aq) + H_2O(l)$

$3\ H_2VO_4^-(aq) \rightleftharpoons V_3O_9^{3-}(aq) + 3\ H_2O(l)$

$4\ H_2VO_4^-(aq) \rightleftharpoons V_4O_{12}^{4-}(aq) + 4\ H_2O(l)$

In saurer Lösung entstehen noch wesentlich größere Vanadat-Ionen, so zum Beispiel:

$10\ V_3O_9^{3-}(aq) + 18\ H^+(aq) \rightleftharpoons 3\ H_2V_{10}O_{28}^{4-}(aq) + 6\ H_2O(l)$

Diese Polyvanadat-Ionen enthalten VO_6-Oktaeder, die auf verschiedene Weise miteinander verknüpft sein können. Abbildung 24.12 zeigt schematisch den Aufbau des $[V_{10}O_{28}]^{6-}$-Anions. In der Mitte eines jeden Oktaeders befindet sich ein Vanadium(V)-Ion, die Ecken der Oktaeder werden von den Sauerstoff-Ionen besetzt.

Halogenverbindungen Vanadium, Niob und Tantal bilden zahlreiche Halogenide, in denen die Metalle die Oxidationsstufen II, III, IV und V sowie auch nicht ganzzahlige Werte einnehmen können. Im Gegensatz zu Niob und Tantal, bei denen stabile Pentafluoride, -chloride, -bromide und -iodide gebildet werden, ist *Vanadium(V)-fluorid* (VF_5) das einzige Pentahalogenid des Vanadiums. Die Halogenide des Vanadiums in niederen Oxidationsstufen leiten sich strukturell von dichtesten Kugelpackungen der Halogenid-Ionen ab und entsprechen damit den Halogeniden der anderen Nebengruppenmetalle. Bei Niob und Tantal hingegen treten in niedrigen Oxidationsstufen – wie bei den Nachbarelementen Molybdän und Wolfram – bevorzugt *Cluster-Verbindungen* auf, in denen Metall/Metall-Bindungen vorliegen. So bilden Niob und Tantal beispielsweise Verbindungen der Zusammensetzung $MCl_{2,33}$, die $M_6Cl_{12}^{2+}$-Einheiten enthalten. In diesem Cluster besetzen die sechs Metall-Atome die Ecken eines regelmäßigen Oktaeders, dessen zwölf Kanten von den Chlor-Atomen überbrückt werden.

Biologische Aspekte

Vanadium hat in der Natur keine besonders wichtigen Funktionen. Von essentieller Bedeutung ist es jedoch für eine große Gruppe von Meeresorganismen, die *Tunicaten* (Manteltiere).

So benötigen die zu den Tunicaten gehörenden Seescheiden in ihrem Blutplasma hohe Vanadiumkonzentrationen für den Sauerstofftransport. Warum die Tunicaten gerade ein solch ungewöhnliches Element für einen biochemischen Prozess benutzen, ist noch unklar. Anscheinend bedient sich auch ein ganz anderer Organismus dieses Elements, nämlich der als Fliegenpilz bekannte, giftige Pilz *Amanita muscaria*. Auch hier ist der Grund dafür, warum Vanadium benötigt wird, nicht bekannt.

24.5 Die Elemente der Gruppe 6: Chrom, Molybdän und Wolfram

Die Metalle der sechsten Gruppe werden unter anderem für die Herstellung von Legierungen für Spezialzwecke verwendet. Chrom liefert außerdem eine glänzende Schutzschicht für Stahloberflächen. Metallisches Chrom selbst ist keineswegs resistent

Mineralien Das bekannteste Mineral des Vanadiums ist der *Vanadinit*, dessen Struktur und Stöchiometrie dem Calciumphosphat-Mineral Apatit entspricht: $Pb_5(VO_4)_3Cl$.
Niob und Tantal treten meist gemeinsam auf, vor allem in dem oxidischen Mischkristallsystem $(Fe,Mn)(Nb,Ta)_2O_6$ mit dem Mineralnamen *Columbit*. Man spricht auch von *Niobit* bzw. *Tantalit*, wenn eines der Elemente deutlich überwiegt. Das wirtschaftlich bedeutendste Niob-Erz ist *Pyrochlor*: $NaCaNb_2O_6F$.

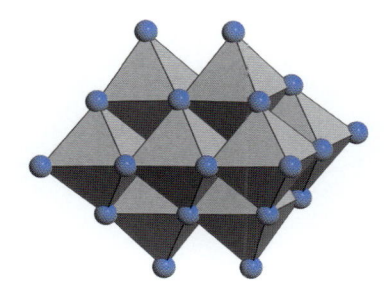

24.12 Aufbau des $V_{10}O_{28}^{6-}$-Ions. Die Oktaeder werden aus jeweils sechs Sauerstoff-Atomen gebildet. Jedes Oktaederzentrum enthält ein Vanadium-Atom.

Alle drei Metalle dieser Gruppe zeigen eine ausgeprägte Tendenz zur Bildung von Oxidhalogeniden der Zusammensetzung MOX_3. Dies sind molekular aufgebaute Verbindungen mit niedrigen Schmelz- und Siedetemperaturen.

Erdöl und Kohle enthalten Vanadium überwiegend in Form von Porphyrin-Komplexen. Diese dem Chlorophyll und Hämoglobin ähnlichen Verbindungen sind ebenfalls ein Hinweis auf die biologische Bedeutung des Vanadiums.

Alle drei Metalle dieser Gruppe kristallisieren im kubisch-innenzentrierten Gitter. Dieser Gittertyp wird häufig auch als *Wolfram-Typ* bezeichnet.

Die Schmelztemperatur des Wolframs galt mit einem Wert von 3387 °C als Fixpunkt in der „Internationalen Praktischen Temperaturskala von 1968" (IPTS$_{68}$). Tatsächlich ist die Schmelztemperatur aber nur mit einer Unsicherheit von ±20 K bekannt. In der Internationalen Temperaturskala von 1990 gibt es dementsprechend keine Fixpunkte im Bereich der sehr hohen Temperaturen.

Tabelle 24.8 Dichten, Schmelz- und Siedetemperaturen der Metalle der Gruppe 6

Metall	Dichte (g · cm^{-3})	Schmelztemperatur (°C)	Siedetemperatur (°C)
Chrom	7,18	1860	≈ 2680
Molybdän	10,22	2620	≈ 4680
Wolfram	19,3	≈ 3410	≈ 5650

gegenüber atmosphärischen Einflüssen; es bildet sich jedoch ähnlich wie bei Aluminium eine sehr dünne, feste Oxidschicht, die dem unedlen Metall seine Schutzfunktion verleiht. Wolfram wird für Glühfäden in elektrischen Glühlampen verwendet, da es von allen Metallen die höchste Schmelztemperatur (≈ 3410 °C) und einen extrem niedrigen Dampfdruck hat (Tabelle 24.8).

Bei Molybdän und Wolfram ist die Oxidationsstufe VI thermodynamisch begünstigt. Chrom(VI)-Verbindungen hingegen sind stark oxidierend, hier ist die Oxidationsstufe III am stabilsten.

Mit Nichtmetallen bilden diese drei Metalle häufig nichtstöchiometrische Verbindungen. In niedrigen Oxidationsstufen handelt es sich dabei überwiegend um Clusterverbindungen. Die Stabilität metallorganischer Verbindungen ist in dieser Gruppe deutlich höher als in der vierten und fünften Gruppe. Wichtige Ausgangsverbindungen für die metallorganische Chemie sind die Hexacarbonyle der drei Metalle (M(CO)$_6$).

Chrom

Chrom ist neben Nickel der wichtigste Legierungsbestandteil in nichtrostenden Edelstählen, beispielsweise enthält der korrosionsbeständige 18/8-Stahl 18 % Chrom und 8 % Nickel. Die wichtigsten Oxidationsstufen sind VI und III; auch Verbindungen mit Chrom in den Oxidationsstufen V, IV und II sind bekannt, jedoch von erheblich geringerer Bedeutung. Lediglich Chrom(IV)-oxid hat wegen seiner ferromagnetischen Eigenschaften wirtschaftliche Bedeutung bei der Herstellung von Magnetbändern erlangt. Chrom(II)-Verbindungen sind starke Reduktionsmittel.

Gewinnung des Metalls Chrom tritt in der Natur vorwiegend als *Chromeisenstein* (FeCr$_2$O$_4$) auf. Dieses auch als *Chromit* bezeichnete Mineral mit Chrom in der Oxidationsstufe III ist ein Vertreter der *Spinelle*. Für die Darstellung des reinen Metalls aus Chromeisenstein müssen Eisen und Chrom zunächst voneinander getrennt werden. Hierzu wird das fein gemahlene Erz mit Kalk und Soda vermischt und bei etwa 1100 °C mit Luftsauerstoff oxidiert. Eisen wird bei diesem Prozess in die Oxidationsstufe III, Chrom in die Oxidationsstufe VI überführt:

$$4\,FeCr_2O_4(s) + 8\,Na_2CO_3(s) + 7\,O_2(g) \xrightarrow{\Delta} 8\,Na_2CrO_4(s) + 2\,Fe_2O_3(s) + 8\,CO_2(g)$$

Bei Zugabe von Wasser löst sich das Natriumchromat und das schwer lösliche Eisen(III)-oxid bleibt zurück. Um Natriumdichromat zu erhalten wird die Lösung unter Druck mit Kohlenstoffdioxid (aus dem oben beschriebenen Prozess) gesättigt. Dabei läuft folgende Reaktion ab:

$$2\,Na_2CrO_4(aq) + 2\,CO_2(aq) + H_2O(l) \rightleftharpoons Na_2Cr_2O_7(aq) + 2\,NaHCO_3(s)$$

Das gelöste Kohlenstoffdioxid bewirkt eine Senkung des pH-Wertes und damit eine Verschiebung des Chromat/Dichromat-Gleichgewichts auf die Seite des Dichromats. Das Stoffmengenverhältnis von Kohlenstoffdioxid und Chromat, die im ersten Schritt gebildet werden, entspricht genau dem in diesem Schritt benötigten Verhältnis. Das relativ schlecht lösliche Natriumhydrogencarbonat muss unter Druck abfiltriert werden, damit sich das Gleichgewicht nicht wieder auf die Seite des Chromats verlagert. Man lässt es dann mit einer stöchiometrischen Menge an Natriumhydroxid reagieren und erhält wieder Natriumcarbonat, das für den ersten Schritt wiederverwertet werden kann. Das Erz und Natriumhydroxid sind also die einzigen Stoffe, die in diesem Prozess in großen Mengen verbraucht werden.

Festes Natriumdichromat erhält man durch Eindampfen der Lösung. Erhitzen des Natriumdichromats mit Holzkohle führt schließlich zum Chrom(III)-oxid:

$$2\,Na_2Cr_2O_7(s) + 3\,C(s) \xrightarrow{\Delta} 2\,Cr_2O_3(s) + 2\,Na_2CO_3(s) + CO_2(g)$$

Chrom(III)-oxid kann nicht mit Kohlenstoff zum Metall reduziert werden, da bei den erforderlichen hohen Temperaturen Carbide gebildet würden. Man verwendet daher

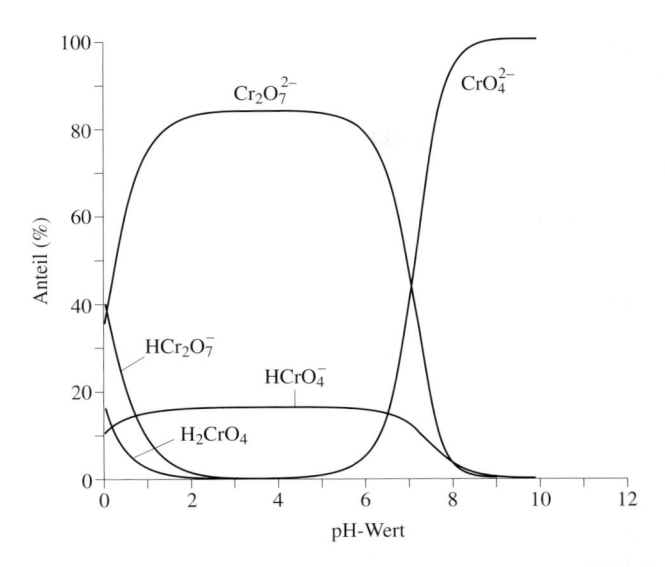

24.13 Chromat/Dichromat-Gleichgewicht in Abhängigkeit vom pH-Wert: Stoffmengenanteil des Chrom(VI) in Form verschiedener Spezies für eine Anfangskonzentration von $c(CrO_4^{2-}) = 0{,}1\ mol \cdot l^{-1}$.

metallisches Aluminium als Reduktionsmittel (zu aluminothermischer Reduktion siehe Abschnitt 24.2). Bei einem anderen Verfahren wird eine wässerige Chrom(III)-Lösung elektrolytisch reduziert, wobei kompaktes Chrom-Metall gebildet wird. Für die Verwendung von Chrom als Legierungsbestandteil in Edelstählen kann die recht aufwendige Abtrennung des Eisens entfallen. Für diesen Zweck wird Chromeisenstein im Lichtbogenofen unter Einsatz von Kohleelektroden bei 2 800 °C reduziert. Das hierbei entstehende *Ferrochrom* wird unmittelbar als Legierungszusatz in der Stahlindustrie verwendet.

Chrom(VI)-Verbindungen Trotz ihrer thermodynamischen Instabilität können einige Chrom(VI)-Verbindungen aus kinetischen Gründen existieren. Die wichtigsten unter ihnen sind die *Chromate* und *Dichromate*. Das gelbe Chromat-Ion (CrO_4^{2-}) tritt nur in neutraler oder alkalischer Lösung in höheren Konzentrationen auf. Säuert man eine Chromat-Lösung an, so färbt sie sich orange: In zunehmendem Maße bildet sich die korrespondierende Säure, das Hydrogenchromat-Ion ($HCrO_4^-$), und in sehr stark saurer Lösung auch die Chromsäure (H_2CrO_4). Gleichzeitig findet jedoch in erheblichem Umfang eine Kondensationsreaktion statt, die zum Dichromat-Ion ($Cr_2O_7^{2-}$) und in sehr stark saurer Lösung auch zum Hydrogendichromat-Ion ($HCr_2O_7^-$) führt. Vereinfacht kann die Kondensation durch folgende Reaktionsgleichung beschrieben werden:

$$2\ CrO_4^{2-}(aq) + 2\ H^+(aq) \rightleftharpoons Cr_2O_7^{2-}(aq) + H_2O(l)$$

Abbildung 24.13 stellt dar, in welchem Anteil Chrom(VI) in den verschiedenen Spezies in Abhängigkeit vom pH-Wert der Lösung vorliegt. Man erkennt, dass oberhalb eines pH-Wertes von pH ≈ 8 das Chromat-Ion überwiegt. Um pH = 7 liegen Chromat-, Dichromat- und Hydrogenchromat-Ionen in vergleichbaren Konzentrationen vor. Im Bereich zwischen pH ≈ 6 und pH ≈ 2 spielen praktisch nur das Dichromat- und das Hydrogenchromat-Ion eine Rolle, während in stark saurer Lösung (pH < 2) auch das Hydrogendichromat-Ion und die freie Chromsäure mit nennenswerten Anteilen auftreten. Mit steigender Gesamtkonzentration erhöht sich der Anteil an Dichromat.

Das Dichromat-Ion entspricht in seiner Struktur dem Disulfat-Ion; die beiden Chrom-Atome sind durch ein Brückensauerstoffatom miteinander verbunden (Abbildung 24.14).

Das schwerlösliche **Bleichromat** tritt als einzige Chrom(VI)-verbindung auch in der Natur auf. Man bezeichnet dieses Mineral als Rotbleierz oder *Krokoit*.

24.14 Aufbau des Dichromat-Ions.

Chromylchlorid Gibt man konzentrierte Schwefelsäure zu einer Mischung von festem Kaliumdichromat mit einem ionischen Chlorid wie Natriumchlorid, so bildet sich beim Erhitzen ein roter Dampf, der zu einer roten Flüssigkeit kondensiert. Es handelt sich dabei um *Chromylchlorid* (CrO_2Cl_2):

$K_2Cr_2O_7(s) + 6\ H_2SO_4(l) + 4\ NaCl(s) \rightarrow$
$2\ CrO_2Cl_2(l) + 2\ KHSO_4(s)$
$+ 4\ NaHSO_4(s) + 3\ H_2O(l)$

In einer alkalischen, wässerigen Lösung hydrolysiert Chromylchlorid sofort zu gelben Chromat-Ionen:

$CrO_2Cl_2(l) + 4\ OH^-(aq) \rightarrow CrO_4^{2-}(aq)$
$+ 2\ Cl^-(aq) + 2\ H_2O(l)$

Da Bromide und Iodide unter diesen Bedingungen keine analogen Chromylverbindungen bilden, ermöglicht dieser Test einen spezifischen Nachweis von Chlorid-Ionen.
Im Chromylchlorid-Molekül sind die Sauerstoff- und Chlor-Atome tetraedrisch um das zentrale Chrom-Atom angeordnet (Abbildung 24.15). Die Bindungen zu den Sauerstoff-Atomen weisen einen nennenswerten Doppelbindungscharakter auf.

24.15 Aufbau von Chromylchlorid.

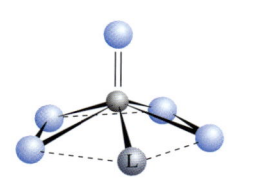

L: z. B. OEt_2 (Diethylether $(C_2H_5)_2O$)

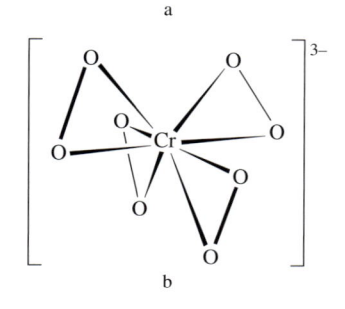

24.16 Aufbau der Chrom-Peroxo-Spezies CrO_5L (a) und CrO_8^{3-} (b).

Durch Zugabe von konzentrierter Schwefelsäure zu einer konzentrierten Lösung von $K_2Cr_2O_7$ bildet sich schließlich das rote, kristalline *Chrom(VI)-oxid*, das Anhydrid der Chromsäure. Strukturell gesehen ist Chrom(VI)-oxid ein kettenförmiges Polymer, in dem die tetraedischen Baueinheiten über Brückensauerstoffatome verknüpft sind.

Viele Chromate sind schwer löslich; sie sind gelb (wie beispielsweise Bariumchromat ($BaCrO_4$) oder Blei(II)-chromat ($PbCrO_4$), wenn das zugehörige Kation farblos ist. Die geringe Löslichkeit von Blei(II)-chromat und der hohe Brechungsindex hatten dazu geführt, dass es in großem Ausmaß als gelbes *Pigment* in Lacken eingesetzt wurde. Aufgrund ihrer Toxizität sind Bleichromat-Pigmente durch andere Gelbpigmente ersetzt worden.

Dichromate sind starke, viel verwendete Oxidationsmittel;

$Cr_2O_7^{2-}(aq) + 14\ H^+(aq) + 6\ e^- \rightleftharpoons 2\ Cr^{3+}(aq) + 7\ H_2O(l); \quad E^0 = 1{,}33\ V$

Die karzinogenen Eigenschaften der Chrom(VI)-Verbindungen erfordern jedoch gewisse Vorsichtsmaßnahmen. Dies gilt insbesondere bei Chrom(VI)-Verbindungen in Form von feinen Pulvern oder Stäuben, die eingeatmet werden können.

Die Reduktion von Dichromat-Ionen ist mit einer Farbänderung verbunden. Diesen Effekt macht man sich beim Alkoholtest der Atemluft zu Nutze, bei dem Ethanol durch Dichromat zu Essigsäure oxidiert wird: Eine bestimmte Menge ausgeatmeter Luft wird durch ein Röhrchen geblasen, das Natriumdichromat und Schwefelsäure (auf Kieselgel) enthält. Eine Farbänderung von gelb nach grün ermöglicht es, den Alkohol halbquantitativ nachzuweisen.

Ammoniumdichromat (($NH_4)_2Cr_2O_7$) wurde früher häufig für ein Demonstrationsexperiment verwendet, das als *Chemischer Vulkan* bekannt ist: Entzündet man ein Häufchen Ammoniumdichromat, so leitet man damit die exotherme Zersetzung ein, bei der auf spektakuläre Art und Weise Funken sprühen und Wasserdampf entsteht. Das Experiment muss unter dem Abzug durchgeführt werden, denn der freigesetzte Staub enthält noch karzinogene Chrom(VI)-Verbindungen. Die Reaktion verläuft nicht nach einer einfachen Reaktionsgleichung; es entstehen Chrom(III)-oxid, Wasserdampf, Stickstoff und ein wenig Ammoniak. Näherungsweise wird das Reaktionsgeschehen durch folgende Reaktionsgleichung beschrieben:

$(NH_4)_2Cr_2O_7(s) \rightarrow Cr_2O_3(s) + N_2(g) + 4\ H_2O(g)$

Peroxochromate Eine Besonderheit in der Chemie des Chroms ist die Bildung von Peroxoverbindungen in den Oxidationsstufen V und VI. Versetzt man eine saure Dichromat-Lösung mit einer Wasserstoffperoxid-Lösung, so färbt sich die Lösung blau: Es bilden sich Ionen der ungewöhnlichen Zusammensetzung CrO_6^{2-}, in denen zwei Sauerstoff-Atome des Chromat-Ions durch zwei Peroxo-Gruppen (O_2^{2-}) ersetzt sind. Schüttelt man die wässerige Lösung dieses leicht zersetzlichen Ions mit Diethylether („Et_2O") aus, erhält man eine blaue, etherische Phase, die Chrom(VI)-peroxid (CrO_5) in Form des Ether-Adduktes $CrO_5 \cdot Et_2O$ enthält. Abbildung 24.16 a zeigt den ungewöhnlichen Aufbau des Moleküls.

Führt man die Reaktion von Chromat-Ionen mit Wasserstoffperoxid in alkalischer Lösung durch, entsteht eine Peroxoverbindung, die das CrO_8^{3-}-Ion enthält. Hier weist Chrom die ungewöhnliche Oxidationsstufe V auf. Es bildet sich entsprechend der folgenden Reaktionsgleichung:

$2\ CrO_4^{2-}(aq) + 9\ H_2O_2(aq) + 2\ OH^-(aq) \rightarrow 2\ CrO_8^{3-}(aq) + 10\ H_2O(l) + O_2(g)$

Der ungewöhnliche Aufbau dieses Ions ist in Abbildung 24.16 b dargestellt. Formal wird bei dieser Reaktion eine der Peroxogruppen (O_2^{2-}) durch die Oxidation der OH^--Ionen gebildet.

Ähnlichkeiten zwischen Chrom(VI)- und Schwefel(VI)-Verbindungen Wir haben gesehen, dass Übergangsmetalle kovalente Verbindungen bilden können, wenn das Metall-Atom in einer sehr hohen Oxidationsstufe vorliegt. Diese Verbindungen zeigen in

> **Charge-Transfer-Übergänge** **EXKURS**
>
> Sowohl im Chromat-Ion als auch im Dichromat-Ion hat Chrom die Oxidationsstufe VI, also eine d^0-Elektronenkonfiguration. Da keine d-Elektronen vorhanden sind, könnte man erwarten, dass diese Ionen und alle anderen Ionen mit d^0-Konfiguration farblos sind. Dies ist offensichtlich jedoch nicht der Fall. Die Farbe beruht hier auf einem Elektronenübergang vom Liganden zum Zentralatom. Dieser Prozess wird als *Charge-Transfer* bezeichnet: Ein Elektron wird angeregt und geht von einem besetzten p-Orbital des Liganden über eine π-Wechselwirkung in ein unbesetztes d-Orbital des Metall-Ions über. Schematisch lässt sich dieser Vorgang folgendermaßen darstellen:
>
> $$Cr^{6+}-O^{2-} \rightarrow Cr^{5+}-O^{-}$$
>
> Solche Übergänge benötigen eine beträchtliche Energie, sodass das Absorptionsmaximum meist im ultravioletten Bereich des Spektrums liegt. Zum Ladungstransfer durch Licht im sichtbaren Bereich kommt es vor allem dann, wenn das Metall-Ion in einer hohen Oxidationsstufe vorliegt, wie es beim Chromat- oder beim Permanganat-Ion der Fall ist.

mancher Hinsicht ein Verhalten wie die Verbindungen der Hauptgruppenelemente mit der gleichen Zahl von Valenzelektronen. Bei Chrom(VI)- (Gruppe 6) und Schwefel(VI)-Verbindungen (Gruppe 16) wird dies besonders deutlich. Die Ähnlichkeit zeigt sich schon in den Formeln ihrer Verbindungen (Tabelle 24.9).

Tabelle 24.9 Vergleichbare Chrom(VI)- und Schwefel(VI)-Spezies

Formel	Name	Formel	Name
CrO_3	Chrom(VI)-oxid	SO_3	Schwefeltrioxid
CrO_2Cl_2	Chromylchlorid	SO_2Cl_2	Sulfurylchlorid
CrO_4^{2-}	Chromat-Ion	SO_4^{2-}	Sulfat-Ion
$Cr_2O_7^{2-}$	Dichromat-Ion	$S_2O_7^{2-}$	Disulfat-Ion

Auch bezüglich ihrer Strukturen gibt es einige Ähnlichkeiten. Die Metallchromate sind häufig *isotyp* zu den entsprechenden Sulfaten, Kaliumchromat und Kaliumsulfat kristallisieren also im gleichen Strukturtyp. Es gibt jedoch auch beträchtliche chemische Unterschiede. So sind Chromate und Dichromate farbig und wirken stark oxidierend, während Sulfate und Disulfate nicht oxidierend wirken und farblos sind.

Chrom(III)-Verbindungen Die beiden wichtigsten Verbindungen, die Chrom in der Oxidationsstufe III enthalten, sind Chrom(III)-oxid und Chrom(III)-chlorid. Das grüne, hochschmelzende *Chrom(III)-oxid* (Cr_2O_3) ist amphoter, wie man es für die niedrigere Oxidationsstufe des Metalls auch erwarten würde. Es ist ein viel verwendetes grünes Pigment, das für Malerfarben und zum Färben von Glas und Porzellan verwendet wird. Zur Darstellung von reinem Chrom(III)-oxid wird Natriumdichromat mit Schwefel reduziert:

$$Na_2Cr_2O_7(s) + S(l) \xrightarrow{\Delta} Cr_2O_3(s) + Na_2SO_4(s)$$

Das Natriumsulfat wird ausgewaschen und man erhält reines Chrom(III)-oxid.

Wasserfreies Chrom(III)-chlorid bildet violette, glänzende Kristallplättchen. Man erhält es bei der Reaktion von Chlor mit Chrom bei Temperaturen oberhalb von 1 000 °C:

$$2\ Cr(s) + 3\ Cl_2(g) \xrightarrow{\Delta} 2\ CrCl_3(s)$$

Mit Wasser reagiert das so hergestellte $CrCl_3$ nicht, obwohl Chrom(III)-chlorid prinzipiell gut wasserlöslich ist. Dieses ungewöhnliche Verhalten beruht darauf, dass Ligandenaus-

Hinweis: Die Struktur von $CrCl_3$ wird im Abschnitt über Cluster-Verbindungen (S. 682) beschrieben.

EXKURS

Chromate in der quantitativen Analyse

Eine analytische Anwendung von Kaliumdichromat ist die Bestimmung von Eisen(II)-Ionen. Bei diesem titrimetrischen Verfahren werden Dichromat-Ionen in schwefelsaurer Lösung zu Chrom(III)-Ionen reduziert und Eisen(II)-Ionen zu Eisen(III)-Ionen oxidiert. Der charakteristische Farbwechsel von orange nach grün bei der Reduktion von Dichromat ist jedoch nicht deutlich genug, um den Äquivalenzpunkt einwandfrei mit bloßem Auge zu erkennen. Man verwendet daher einen *Redox-Indikator*, beispielsweise das Natriumsalz der Diphenylamin-4-sulfonsäure (Abbildung 24.17a). Das Standardpotential von Fe^{3+}/Fe^{2+} liegt etwa in der Mitte des Umschlagbereichs des Indikators, sodass der Indikator zu früh ansprechen würde. Aus diesem Grund wird Phosphorsäure zugesetzt. Diese bildet mit den Eisen(III)-Ionen einen stabilen Phosphato-Komplex und erniedrigt auf diese Weise die Konzentration an freien Eisen(III)-Ionen und damit das Reduktionspotential von Fe^{3+}/Fe^{2+}. Auf diese Weise wird der Indikator erst unmittelbar nach Überschreiten des Äquivalenzpunktes, nachdem praktisch das gesamte Eisen(II) zu Eisen(III) oxidiert wurde, durch den Überschuss an Dichromat-Ionen oxidiert und nimmt eine blaue Farbe an. Der Einfluss des Phosphorsäure-Zusatzes auf die Titrationskurve ist in Abbildung 24.17b schematisch dargestellt.

24.17 Struktur eines Redox-Indikators (Diphenylamin-4-sulfonat) (a) und Potentialverlauf bei der Titration von Eisen(II)-sulfat mit Kaliumdichromat ohne (—) und mit (—) Phosphorsäure-Zusatz (b).

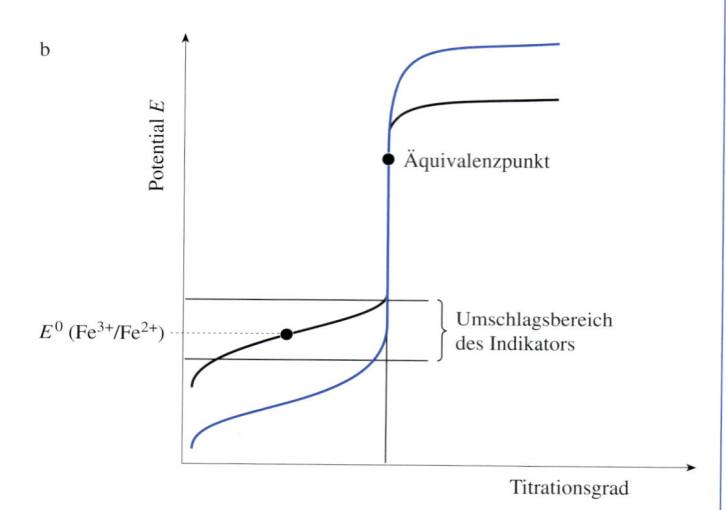

Karl Friedrich **Mohr**, deutscher Pharmazeut und Chemiker, 1806–1879; Professor in Bonn.

Silber(I)-chromat hat eine charakteristische, ziegelrote Farbe; hierdurch wird es zu einem nützlichen Indikator bei der quantitativen Bestimmung von Chlorid-Ionen. Bei der *Fällungstitration* nach Mohr wird der zu analysierenden Lösung ein wenig einer Kaliumchromat-Lösung als Indikator zugesetzt. Titriert wird mit einer Maßlösung von Silbernitrat; es bildet sich ein weißer Niederschlag von Silberchlorid.

$Ag^+(aq) + Cl^-(aq) \rightarrow AgCl(s)$

Unmittelbar nach Überschreiten des Äquivalenzpunktes, wenn die Chlorid-Ionen fast vollständig verbraucht sind, wird dann das etwas besser lösliche Silberchromat ausgefällt, dessen rote Farbe eine gute Erkennung des Endpunktes ermöglicht:

$2\,Ag^+(aq) + CrO_4^{2-}(aq) \rightarrow Ag_2CrO_4(s)$

Die Titration darf nicht im sauren Bereich durchgeführt werden, da unter diesen Bedingungen Dichromat-Ionen gebildet werden und die Konzentration der Chromat-Ionen nicht mehr ausreicht, um einen Silberchromat-Niederschlag zu bilden.

tauschvorgänge bei Cr^{3+}-Ionen nur sehr langsam ablaufen (vgl. Abschnitt 23.6). Säuert man jedoch an und gibt ein geeignetes Reduktionsmittel hinzu, so löst sich Chrom(III)-chlorid unter Bildung einer dunkelgrünen Lösung. Die Lösung enthält ausschließlich Chrom(III), denn das zwischenzeitlich gebildete Cr^{2+} wird bereits durch das Wasser oxidiert. Aus solchen Lösungen erhält man das handelsübliche, dunkelgrüne Hexahydrat ($CrCl_3 \cdot 6\,H_2O$).

Versetzt man eine Lösung dieses Salzes mit Silbernitrat-Lösung, so fällt nur ein Drittel der Chlorid-Ionen als Silberchlorid aus. Offenbar liegt also nur eines der drei Chlorid-Ionen als freies Ion vor. Die Verbindung ist demnach durch die folgende Formel zu beschreiben: $[CrCl_2(H_2O)_4]Cl \cdot 2\,H_2O$. Diesem Aufbau entsprechend ist sie korrekt als Tetraaquadichlorochrom(III)-chlorid-Dihydrat zu benennen. Neben dieser dunkelgrünen Verbindung lassen sich auch die beiden anderen – weniger stabilen – *Hydratisomeren* des Chrom(III)-chlorid-Hexahydrats darstellen: das violette $[Cr(H_2O)_6]Cl_3$ und das hellgrüne $[CrCl(H_2O)_5]Cl_2 \cdot H_2O$.

Das aus wässerigen Lösungen von Chrom(III)-Salzen fällbare graugrüne Chrom(III)-hydroxid erweist sich als amphoter: Mit überschüssiger Natronlauge bildet sich eine tiefgrüne Lösung, in der das Tetrahydroxochromat(III)-Ion ($[Cr(OH_4)]^-$) vorliegt. Durch Zusatz von Wasserstoffperoxid-Lösung kann es leicht zum Chromat oxidiert werden.

Hinweis: Das hydratisierte Chrom(III)-Ion $[Cr(H_2O)_6]^{3+}$ führt zu einer violetten Färbung. Die bei der Reduktion von Dichromat-Ionen beobachtete Grünfärbung hängt mit der Tatsache zusammen, dass im Allgemeinen schwefelsaure Lösungen eingesetzt werden. Dabei entsteht der grüne Sulfato-Komplex des Chrom(III): $[CrSO_4(H_2O)_5]^+$.

Rubin – Edelstein und Lasermaterial

EXKURS

Mit Aluminiumoxid bildet Chrom(III)-oxid Mischkristalle, die bei geringem Chromgehalt (<0,1% Cr_2O_3) als natürliche oder auch synthetisch hergestellte *Rubine* bekannt sind und die sprichwörtliche rubinrote Farbe haben. Die Farbe kommt sowohl beim reinen Chrom(III)-oxid als auch beim Rubin durch d-d-Übergänge zustande. Während Chrom(III)-oxid Licht im roten Teil des Spektrums absorbiert und als Farbe dadurch die Komplementärfarbe grün entsteht, verschiebt sich im Rubin die Absorption in den kürzerwelligen grünen Bereich. Dies ist eine Folge des geringeren Ionenradius von Al(III)- im Vergleich zu Cr(III)-Ionen. Die Cr(III)-Ionen besetzen im Rubin Gitterplätze der kleineren Al(III)-Ionen und sind dort wegen des geringeren Bindungsabstands zu den benachbarten sechs Sauerstoff-Atomen einem stärkeren Ligandenfeld ausgesetzt. Dadurch vergrößert sich die Ligandenfeldaufspaltung; der Elektronenübergang erfordert also mehr Energie und die Absorption verschiebt sich zu kürzeren Wellenlängen.

Rubin ist jedoch nicht nur ein Edelstein, sondern auch ein wichtiger Stoff für moderne Technologien, zum Beispiel als Lasermaterial. Der Begriff „Laser" ist ein Akronym, eine Abkürzung, hinter der sich die Beschreibung des zugrunde liegenden physikalischen Prozesses verbirgt: *light amplification by stimulated emission of radiation*. Ein Laser gibt einen Lichtstrahl aus kohärenten Photonen gleicher Wellenlänge ab. Der erste Laser war ein *Rubinlaser*, dessen Funktionsweise hier kurz erläutert werden soll. Ein Rubinlaser besteht aus einem zylinderförmigen, synthetischen Rubinkristall, dessen Stirnflächen planparallel geschliffen und verspiegelt werden. Eine der Flächen hat ein Reflexionsvermögen von 99,9%, die andere etwa 90%, lässt also etwas Licht durch. Der Kristall ist von einer spiralförmigen Blitzlampe umgeben, die in regelmäßigen Abständen Lichtblitze abgibt. Die Anordnung ist in Abbildung 24.18 schematisch dargestellt.

Das in den Rubinkristall eingebaute Chrom(III)-Ion zeigt zwei Absorptionsbanden bei etwa 400 nm und bei 550 nm (Abbildung 24.19a), die dem Übergang von Elektronen aus den t_{2g}-Orbitalen in die e_g-Orbitale entsprechen. Durch die Lichtblitze („optische Pumpen") werden diese angeregten Zustände mit Elektronen besetzt. Diese kehren jedoch nicht unmittelbar wieder in den Grundzustand mit drei ungepaarten Elektronen (einen sogenannten Quartett-Zustand) zurück, sondern gehen unter Energieabgabe in einen anderen (längerlebigen) angeregten Zustand über (Abbildung 24.19b), in dem nur ein ungepaartes Elektron vorliegt (ein Dublett-Zustand). Weil Übergänge aus diesem Dublett-Zustand in den stabileren Quartett-Grundzustand spin-verboten und damit wenig wahrscheinlich sind, befinden sich nach kurzer Zeit sehr viele der

Chrom(III)-Ionen in diesem angeregten Zustand: Es kommt zu einer sogenannten *Besetzungsinversion*, bei der sich mehr Ionen in diesem angeregten Zustand befinden als im Grundzustand. Ein Teil der Elektronen fällt jedoch in den Grundzustand zurück und gibt dabei Strahlung der Energie 1,79 eV ab. Dies entspricht roten Licht mit einer Wellenlänge von 694,3 nm. Diese Strahlung stimuliert nun andere Chrom(III)-Ionen, ebenfalls aus dem angeregten Zustand in den Grundzustand zurückzukehren: Es kommt zu einer sogenannten stimulierten Emission. Das so entstandene Licht kann jedoch den Rubinkristall nicht ohne weiteres verlassen. Da die Stirnflächen verspiegelt sind, wird es in den Kristall zurück reflektiert. Es kommt auf diese Weise zur Ausbildung von stehenden Lichtwellen, die sich bei jedem Durchlauf gegenseitig immer mehr verstärken. So entsteht ein außerordentlich intensiver Lichtblitz mit einheitlicher Wellenlänge. Dieser tritt an der Stirnseite des Rubinkristalls mit dem geringeren Reflexionsvermögen aus.

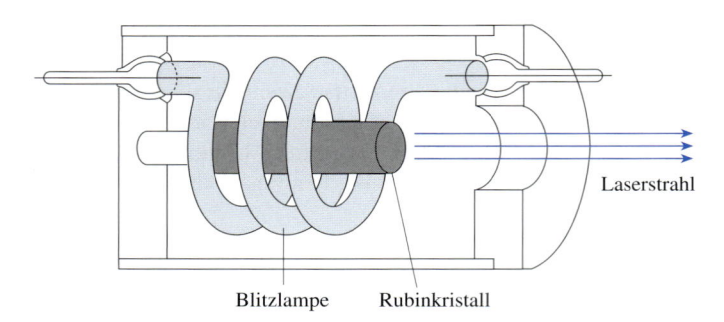

24.18 Aufbau eines Rubinlasers.

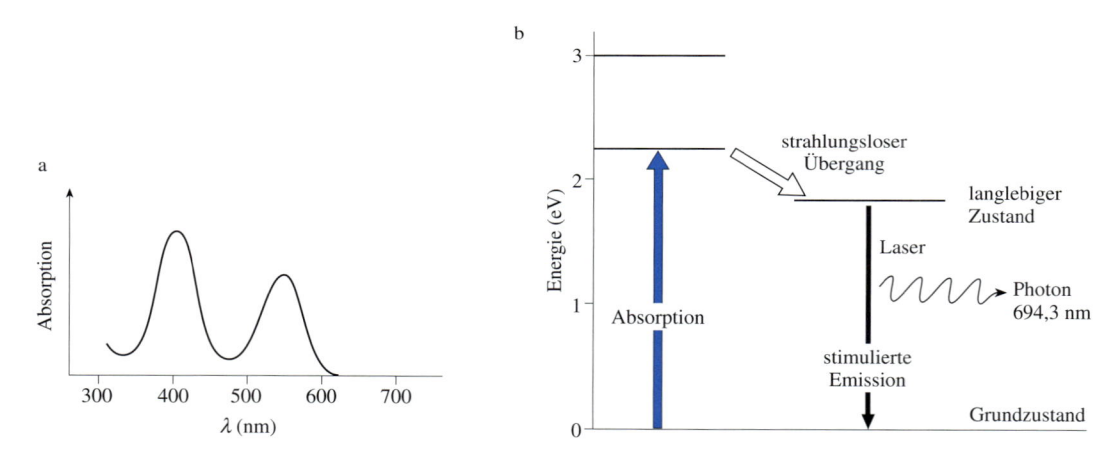

24.19 Absorptionsspektum von Chrom(III) in Rubin (a) und elektronische Übergänge bei der stimulierten Emission im Rubinlaser (b).

Chrom(II)-Verbindungen Die meisten Verbindungen, die Chrom in der Oxidationsstufe II enthalten, sind sehr empfindlich gegenüber Oxidationsmitteln. Sie können deshalb nur unter Ausschluss von Luft aufbewahrt werden. Die durch hydratisierte Cr^{2+}-Ionen himmelblau gefärbten Lösungen der Salze lassen sich jedoch auf einfache Weise herstellen: Man setzt stark saure Lösungen der Chrom(III)-Salze mit Zink als Reduktionsmittel um. Eine weitere Möglichkeit ist die Reaktion von reinem Chrommetall (Elektrolytchrom) mit Säure-Lösungen. Aus der mit Schwefelsäure gebildeteten Lösung kann auch das an Luft relativ beständige Pentahydrat ($CrSO_4 \cdot 5\,H_2O$) auskristallisiert werden.

Gibt man Ammoniumacetat zu einer Chrom(II)-Ionen enthaltenden Lösung, so bildet sich das schwerlösliche rote Chrom(II)-acetat. Die Zusammensetzung des gegenüber Luft relativ beständigen Produkts entspricht der Formel $Cr_2(CH_3\text{-}COO)_4 \cdot 2\,H_2O$. Strukturbestimmungen weisen auf sehr ungewöhnliche Bindungsverhältnisse hin (Abbildung 24.20). Es liegt demnach kein salzartiger Stoff vor. Vielmehr handelt es sich um molekulare Einheiten: Zwei Cr-Atome, denen man formal die Oxidationsstufe II zuordnen kann, sind durch vier zweizähnige Acetat-Liganden verknüpft. Zusätzlich sind zwei Wasser-Moleküle als Liganden gebunden. Der Chrom/Chrom-Abstand ist wesentlich kleiner als in metallischem Chrom. Man geht deshalb davon aus, dass eine kovalente Metall/Metall-Bindung vorliegt.

Molybdän und Wolfram

Beide Metalle haben eine gewisse praktische Bedeutung als Legierungsbestandteil in Spezialstählen. Reines Wolfram dient vor allem zur Herstellung von Glühdrähten für Glühlampen und zum Beispiel Fernsehbildröhren. Für die Werkzeugindustrie spielt das besonders harte Wolframcarbid WC eine Rolle: Das als *Widia* (*Wie Dia*mant) bezeichnete Hartmetall besteht aus zusammmengesinterten Wolframcarbid-Partikeln; die Poren sind durch Cobalt ausgefüllt.

Die einzige Molybdänverbindung von industrieller Bedeutung ist das auch in der Natur vorkommende, schwarze Molybdän(IV)-sulfid. Es hat eine ungewöhnliche Schichtstruktur, in der die Molybdän-Atome trigonal-prismatisch von sechs Schwefel-Atomen umgeben sind. Aufgrund des schichtförmigen Aufbaus wird es – ähnlich wie Graphit – als Schmiermittel verwendet, sowohl in reiner Form wie auch als Suspension in Ölen.

Die Darstellung dieser beiden Metalle erfolgt anders als die der anderen Nebengruppenmetalle. Wie beim Chrom kommt auch hier Kohlenstoff als Reduktionsmittel für die Oxide der Metalle nicht in Frage, da Carbide gebildet würden. Aus diesem Grunde wird der relativ teure Wasserstoff verwendet, um die Trioxide in die Metalle zu überführen.

Anders als beim Chrom haben Verbindungen von Molybdän und Wolfram in der Oxidationsstufe VI praktisch keine oxidierende Eigenschaften. Molybdän und Wolfram bilden zahlreiche Oxide. Die wichtigsten sind das violette Molybdän(IV)-oxid und das braune Wolfram(IV)-oxid sowie das farblose Molybdän(VI)-oxid und das gelbe Wolfram(VI)-oxid. Zusätzlich kennt man zahlreiche Oxide mit Oxidationszahlen zwischen V und VI, die durch Reduktion der Trioxide erhalten werden können. Sie haben komplizierte Strukturen und eine intensive violette oder blaue Farbe.

Die Chemie dieser beiden Elemente weist zwei Besonderheiten auf: eine Vielfalt von Polyoxometallaten (Iso- und Heteropolysäuren) von Molybdän und Wolfram in der Oxidationsstufe VI sowie Clusterverbindungen bei den Halogenverbindungen der beiden Metalle in der Oxidationsstufe II.

Iso- und Heteropolysäuren Bei der Besprechung der Chromate haben wir gesehen, dass sich aus einer alkalischen Lösung eines Chromats beim Ansäuern Hydrogenchromat-Ionen als korrespondierende Säure bilden, und aus zwei Hydrogenchromat-Ionen entsteht durch Wasserabspaltung ein Dichromat-Ion. Derartige *Kondensationsreaktionen* sind keineswegs ungewöhnlich, sie treten jedoch in der fünften und sechsten Gruppe des Periodensystems besonders auffällig in Erscheinung. Auch Molybdän(VI) und Wolfram(VI) bilden in alkalischer Lösung die zum Chromat analogen Ionen: Molybdat (MoO_4^{2-}) bzw. Wolframat (WO_4^{2-}). Auch diese Ionen kondensieren beim Absenken des pH-Werts, allerdings in anderer und vielfältigerer Weise als Chromat-Ionen. Während das kleine Chrom(VI) die Koordinationszahl vier bevorzugt, sind Molybdän(VI) und Wolfram(VI) bevorzugt oktaedrisch von sechs Bindungspartnern umgeben. Die tetraedrischen MoO_4^{2-}- bzw. WO_4^{2-}-Anionen stellen bei diesen Elementen die Ausnahme dar. Erniedrigt man den pH-Wert alkalischer Lösungen, die MoO_4^{2-}- bzw. WO_4^{2-}-Ionen

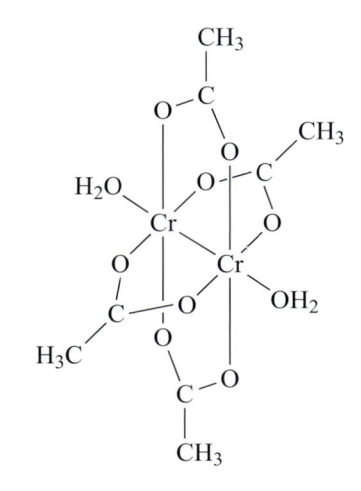

24.20 Aufbau von Chrom(II)-acetat.

Molybdän- und Wolframmineralien
Molybdänglanz: MoS_2
Wulfenit: $PbMoO_4$
Scheelit: $CaWO_4$
Wolframit: $(Mn,Fe)WO_4$

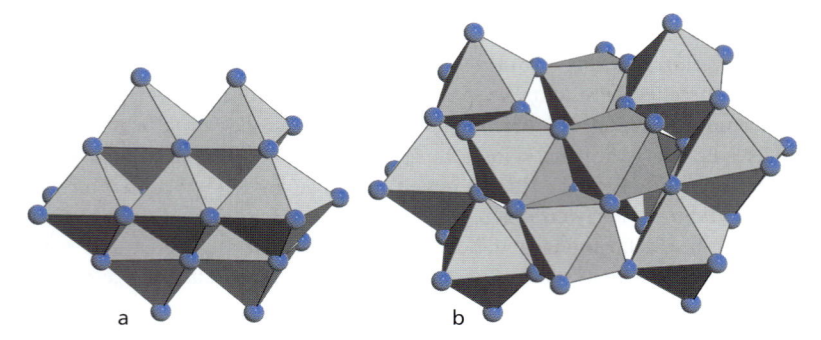

24.21 Aufbau der Ionen $Mo_7O_{24}^{6-}$ (a) und $H_2W_{12}O_{42}^{10-}$ (b). Die Oktaeder werden aus jeweils sechs Sauerstoff-Atomen gebildet. Jedes Oktaederzentrum enthält ein Molybdän- bzw. Wolfram-Atom.

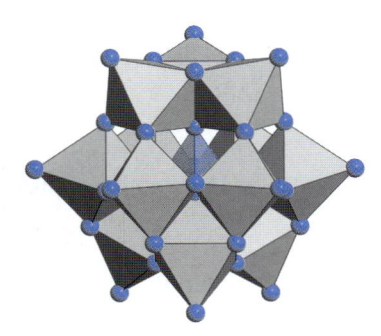

24.22 Aufbau des $Mo_{12}O_{40}^{8-}$-Ions. Die Tetraederlücke im Zentrum dieses Ions kann von einem Phosphor(V)-Atom besetzt werden. Das $PMo_{12}O_{40}^{3-}$-Ion dient zur gravimetrischen Bestimmung von Phosphat.

enthalten, auf Werte etwas unterhalb von sechs, bilden sich zahlreiche Kondensationsprodukte: die Anionen der *Isopolysäuren* von Molybdän(VI) bzw. Wolfram(VI), deren schwerlösliche Salze ausfallen. Von den zahlreichen bis heute strukturell charakterisierten Spezies dieser Art ist in Abbildung 24.21 jeweils ein Beispiel für Molybdän und Wolfram dargestellt: $Mo_7O_{24}^{6-}$ (a) und $H_2W_{12}O_{42}^{10-}$ (b). In der Mitte der aus den Sauerstoff-Atomen gebildeten Oktaeder befindet sich jeweils ein Metall-Atom. Gemeinsames Bauprinzip dieser Polymolybdat- bzw. Polywolframat-Ionen ist die oktaedrische Umgebung der Metall-Atome, wobei die Oktaeder über gemeinsame Kanten oder Ecken, nie jedoch über gemeinsame Flächen miteinander verknüpft sind. (In einigen wenigen Fällen wurden auch tetraedrische Baugruppen gefunden.)

Bei der Bildung dieser Polyoxometallate fällt auf, dass sich die Gleichgewichte im Molybdänsystem innerhalb einiger Minuten einstellen, während im Wolframsystem mehrere Wochen vergehen können, bis der Gleichgewichtszustand erreicht ist.

In diese kompliziert zusammengesetzten Polyoxometallate können zusätzlich andere Atome eingebaut werden. Man spricht dann von Heteropolymetallaten bzw. *Heteropolysäuren*. Das bekannteste Beispiel hierfür ist das Ion $PMo_{12}O_{40}^{3-}$, dessen (intensiv gelbes) schwer lösliches Ammoniumsalz den qualitativen Nachweis und die gravimetrische Bestimmung von Phosphat-Ionen ermöglicht. Abbildung 24.22 zeigt den Aufbau des $Mo_{12}O_{40}^{8-}$-Anions. Es wird aus vier Gruppen von je drei oktaedrischen MoO_6-Einheiten gebildet. In jeder dieser vier Einheiten gehört ein Sauerstoff-Atom allen drei Oktaedern gemeinsam. Die vier Sauerstoff-Atome bilden einen Tetraeder in der Mitte der gesamten Baugruppe, dessen Hohlraum im $PMo_{12}O_{40}^{3-}$-Ion das Phosphor(V)-Kation enthält.

Kleine Gehalte an Phosphat-Ionen können photometrisch bestimmt werden, indem man das in schwefelsaurer Lösung gebildete $PMo_{12}O_{40}^{3-}$-Ion teilweise reduziert. Bei gleicher Struktur liegen dann Molybdän(V) und Molybdän(VI) nebeneinander vor, was zu einer intensiven Blaufärbung führt. Man spricht daher von der *Phosphormolybdänblau-Methode*.

Cluster-Verbindungen Während die molekularen Halogenide von Molybdän und Wolfram in den Oxidationsstufen IV, V und VI in ihrem chemischen Verhalten und bezüglich ihres Aufbaus keine Besonderheiten aufweisen, zeigen die Halogenide in niedrigeren Oxidationsstufen eine auffällige Tendenz zur Ausbildung von Metall/Metall-Bindungen. Die hohe Stabilität von Metall/Metall-Bindungen kommt schon in einigen physikalischen Eigenschaften von elementarem Molybdän und Wolfram zum Ausdruck: Beide Metalle weisen ausgesprochen hohe Schmelz- und Siedetemperaturen auf; es ist also mit einem hohen Energieaufwand verbunden, das Gitter dieser Metalle aufzubrechen und die Bindungskräfte zwischen den Metallatomen zu überwinden.

Molybdän(III)-chlorid, das durch Reduktion von Molybdän(V)-chlorid zugänglich ist, weist eine dem Chrom(III)-chlorid ähnliche Schichtstruktur auf: Die Chlorid-Ionen bilden eine kubisch dichteste Kugelpackung, die Kationen besetzen die Lücken in der Weise, dass zwischen zwei benachbarten Schichten zwei Drittel der Oktaederlücken besetzt sind, zwischen den beiden folgenden Schichten jedoch alle Lücken unbesetzt bleiben, dann wieder zwei Drittel besetzt sind u.s.w. Die Struktur des Molybdän(III)-chlorids unterscheidet sich von der des Chrom(III)-chlorids nun dadurch, dass jeweils zwei Molybdän-Atome ein wenig aufeinander zu gerückt sind, nahe genug, um von einer chemischen Bindung, einer Metall/Metall-Bindung, zwischen diesen beiden Atomen zu sprechen. Besonders deutlich wird die Ausbildung von Metall/Metall-Bindungen im Molybdän(II)-chlorid. Dieses weist eine völlig andere Struktur auf als Chrom(II)-chlorid: Sechs Molybdän-Atome bilden eine in sich geschlossene, oktaedrisch aufgebaute Einheit. Zu dieser Einheit gehören acht Chlor-Atome, die vor den Flächen des Oktaeders angeordnet sind. Zwei weitere Chlor-Atome, die vor Spitze und Fuß des Oktaeders sitzen, gehören gleichfalls zu dieser Cluster-Einheit, während vier Chlor-Atome in der Äquatorebene des Clusters als Brückenatome zu den im Gitter benachbarten Clustern fungieren. Diese vier Atome zählen also nur zur Hälfte zu der betrachteten Einheit. Die Verbindung „MoCl$_2$" ist also besser als Mo$_6$Cl$_{12}$ oder – noch genauer – als Mo$_6$Cl$_8$Cl$_2$Cl$_{4/2}$ zu beschreiben. Die unterschiedliche Anbindung der Chlor-Atome zeigt sich auch im chemischen Verhalten der Verbindung: Nur vier der zwölf Chlor-Atome im „Mo$_6$Cl$_{12}$" können in wässeriger Lösung mit Silbernitrat als Silberchlorid ausgefällt werden. Die acht Chlor-Atome vor den Oktaederflächen sind so fest gebunden, dass sie an der Reaktion nicht teilnehmen. Abbildung 24.23 zeigt den Aufbau der Mo$_6$Cl$_8^{4+}$-Einheit.

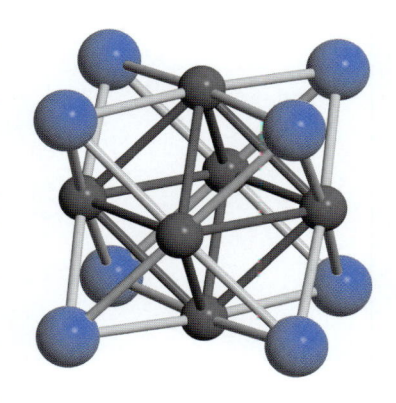

24.23 Struktur der Mo$_6$Cl$_8^{4+}$-Einheit in Mo$_6$Cl$_{12}$.

Käfigartige Strukturen wie die des Mo$_6$Cl$_{12}$ fordern eine Betrachtung der chemischen Bindung heraus. Aus heutiger Sicht stellt sich die Elektronenbilanz folgendermaßen dar: Jedes Molybdän-Atom steuert sechs Elektronen zum Aufbau des Cluster-Gerüstes bei, insgesamt also 36 Elektronen. In der Mo$_6$Cl$_8^{4+}$-Einheit verbleiben hiervon 36 – 4 = 32 Elektronen. Von diesen werden acht Elektronen für die Bindung zu den acht Chlor-Atomen benötigt, sodass 24 Elektronen für den Zusammenhalt des Mo$_6$-Käfigs verantwortlich sind. Dies entspricht den zwölf Einfachbindungen zwischen den Molybdän-Atomen, die entlang der zwölf Oktaederkanten verlaufen. In gleicher oder ähnlicher Weise ist eine Reihe von Halogeniden der Elemente Niob, Tantal und Wolfram aufgebaut, in denen die Oxidationsstufe des jeweiligen Metalls niedriger als drei ist.

EXKURS

Von der ersten Glühlampe zur modernen Beleuchtung

Im Jahre 1879 wurde von T. A. Edison die erste elektrische Glühlampe entwickelt. Sie bestand aus einem evakuierten Glaskolben, in dem sich ein Kohlefaden befand, der durch Verkohlen von Bambusfasern gewonnen wurde. Erhitzt man einen solchen Kohlefaden durch Stromfluss auf hohe Temperaturen, sendet er elektromagnetische Strahlung aus, deren Wellenlängenverteilung von der Temperatur des Glühfadens abhängt. Abbildung 24.24 zeigt schematisch das emittierte Spektrum bei drei verschiedenen Temperaturen.

Wie man sieht, ist der Anteil des sichtbaren Lichts an der insgesamt emittierten Strahlung gering. Er erhöht sich aber mit steigender Temperatur des Glühfadens. Das Ziel bei der Konstruktion einer Glühlampe muss also sein, möglichst hohe Glühfadentemperaturen zu erreichen. Dies ist jedoch nicht ohne weiteres möglich, denn zum einen kann der Glühfaden aus naheliegenden Gründen nicht auf Temperaturen oberhalb seiner Schmelztemperatur erhitzt werden, zum anderen wächst mit steigender Temperatur auch der Dampfdruck des Glühfadenmaterials. Verdampfung des Glühfadens bedeutet, dass dieser dünner wird, bis er schließlich „durchbrennt". Das verdampfte Material schlägt sich auf der Innenseite des Glaskolbens in Form einer schwarzen Schicht nieder, die den Durchtritt des emittierten Lichts zunehmend erschwert. Bezüglich der Temperatur des Glühfadens müssen also Kompromisse gemacht werden, insbesondere bei Verwendung von Kohlefäden, denn schon unterhalb der Sublimationstemperatur (≈ 3700 °C) weist Graphit einen hohen Dampfdruck auf, sodass eine Kohlefadenlampe weit unterhalb dieser Temperatur betrieben werden musste. Bei der Suche nach geeigneteren Glühfadenmaterialien stieß man bald auf Wolfram, das bei einer Schmelztemperatur von 3410 °C eine Siedetemperatur von rund 5650 °C

Thomas Alva Edison, amerikanischer Erfinder und Industrieller, 1847–1931; Autodidakt, mit etwa 1300 Patenten einer der erfolgreichsten Erfinder aller Zeiten.

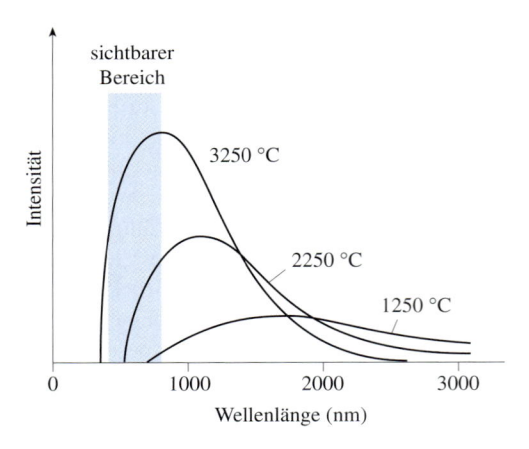

24.24 Emissionsspektrum eines Glühdrahts bei verschiedenen Temperaturen.

aufweist. Selbst in der Nähe der Schmelztemperatur hat Wolfram deshalb einen sehr geringen Dampfdruck. Wolfram ist jedoch ein sehr sprödes und hartes Metall, das nicht ohne weiteres zu Drähten verarbeitet werden konnte. Erst im Laufe einiger Jahrzehnte lernte man, aus Wolframpulver Glühfadenmaterial herzustellen und in den handelsüblichen Glühlampen einzusetzen. Um die Schwärzung des Lampenkolbens möglichst zu unterbinden, sind Glühlampen heute nicht mehr evakuiert, sondern mit einer Inertgasfüllung versehen, die den Stofftransport verdampften Glühfadenmaterials an die Kolbenwand verlangsamt. Dennoch ist auch heute noch die Lichtausbeute in konventionellen Glühlampen nicht höher als etwa 5 % bezogen auf die elektrische Leistung; 95 % der zugeführten Energie gehen also als Wärme weitgehend nutzlos verloren. Einen technologischen Fortschritt brachte die Einführung der *Halogenlampen*. Sie enthalten in der Gasfüllung zusätzlich eine sehr kleine Menge an Halogenen oder Halogenverbindungen, in der Regel etwas Iod. Dieses Iod kann mit dem auf der Kolbenwand kondensierten Wolfram unter Bildung gasförmiger Wolframverbindungen reagieren, die sich in der gesamten Lampe verteilen und an dem heißen Draht wieder unter Bildung metallischen Wolframs zersetzt werden. Auf diese Weise unterbleibt die Schwärzung des Glaskolbens und die Glühlampe kann bei höherer Glühdrahttemperatur betrieben werden, sodass die Lichtausbeute etwa 10 % beträgt. Bei gleicher elektrischer Leistung emittiert eine Halogenlampe also etwa doppelt so viel an sichtbarem Licht wie eine konventionelle Glühlampe. Um die Rückreaktion des verdampften Wolframs mit dem Halogen möglich zu machen, ist eine bestimmte Mindesttemperatur erforderlich. Sie wird dadurch erreicht, dass sich die Kolbenwand einer Halogenlampe sehr nahe am heißen Glühfaden befindet; Halogenlampen sind also an ihrer sehr kleinen Bauform leicht erkennbar. Die Temperatur des Glaskolbens ist so hoch, das normales Glas schmelzen würde, Halogenlampen werden daher aus *Quarzglas* gefertigt, einem aus reinem Siliciumdioxid bestehenden, sehr hoch schmelzenden Glas.

Ein ganz anderes Prinzip der Lichterzeugung wird in sogenannten *Entladungslampen* verwendet. Dazu zählen *Energiesparlampen* und *Leuchtstoffröhren*. Sie enthalten keinen Glühfaden, sondern Quecksilberdampf. Durch eine hohe elektrische Spannung werden Quecksilber-Atome angeregt: Elektronen aus dem Grundzustand gehen in einen energiereicheren Zustand über. Beim Zurückfallen dieser Elektronen in den Grundzustand wird elektromagnetische Strahlung einer bestimmten Wellenlänge emittiert. Um ein dem Tageslicht möglichst ähnliches Licht zu erzeugen, muss die überwiegend ultraviolette Strahlung in sichtbares Licht umgewandelt werden. Das erfolgt durch die sogenannten *Leuchtstoffe* (*Luminophore*) auf der Innenwand der Röhre. Leuchtstoffe sind Festkörperverbindungen, überwiegend Metalloxide, -sulfide oder -phosphate, in denen ein kleiner Teil der Metall-Ionen durch Ionen eines anderen Elements ersetzt ist. So dotierte Verbindungen können in bestimmten Fällen zugeführte Energie in sichtbares Licht umwandeln. Man bezeichnet diese Erscheinung als *Lumineszenz*. In diesem Fall, in dem elektromagnetische Strahlung einer bestimmten Wellenlänge in ein Spektrum sichtbaren Lichts umgewandelt wird, spricht man von *Photolumineszenz*. Erfolgt die Emission sichtbaren Lichts durch Bestrahlung mit Elektronen, wie zum Beispiel in der Bildröhre eines Fernsehgeräts, spricht man von *Kathodolumineszenz*.

Aktuelle Forschungen auf dem Halbleitergebiet lassen hoffen, dass zukünftig auch für Beleuchtungszwecke Licht weitgehend verlustfrei dadurch erzeugt werden kann, dass in einem Halbleiter durch elektrische Energie Elektronen vom Valenzband in das Leitungsband angehoben werden und beim Zurückfallen sichtbares Licht emittieren. Wir nutzen dieses Prinzip heute bereits bei den sogenannten *Leuchtdioden*.

Die zunehmende Verwendung energiesparender Lichtquellen wird seit 2009 in der EU durch ein schrittweise inkrafttretendes Verbot von Glühlampen gefördert.

Biologische Aspekte

Obwohl Chrom(VI) beim Einatmen karzinogen wirkt, benötigen wir geringe Mengen an Chrom(III) in unserer Ernährung. Insulin und das Chrom(III)-Ion regulieren den Glucosegehalt im Blut. Ein Mangel an Chrom(III) oder die mangelnde Fähigkeit, Chrom(III) zu verarbeiten, können zu Diabetes führen.

Molybdän ist das biologisch wichtigste Element dieser Gruppe. Es ist nach heutigem Kenntnisstand unter den biologisch bedeutsamen Elementen das einzige aus der Reihe der 4d-Elemente. Es erfüllt eine Vielzahl von Funktionen in höheren Organismen. Bis heute sind mehr als ein Dutzend Enzyme bekannt, die Molybdän enthalten. Lebewesen nehmen dieses Element normalerweise in Form von Molybdat-Ionen, (MoO_4^{2-}) auf. Das wichtigste Molybdän-Enzym (das auch Eisen enthält) ist die *Nitrogenase*. Dieses Enzym kommt in Bakterien vor, die den chemisch sehr inerten Luftstickstoff zum Ammonium-Ion reduzieren, das Pflanzen für die Proteinsynthese benötigen. Einige dieser Bakterien haben eine Symbiosebeziehung zu *Leguminosen* (Schmetterlingsblütlern), an deren Wurzeln sie kleine Knöllchen bilden. Diese Bakterien setzen jährlich etwa $2 \cdot 10^8$ Tonnen an Luftstickstoff um und machen ihn für Pflanzen verfügbar. Damit wird auf diese Weise mehr Stickstoff bioverfügbar gemacht als durch das Haber-Bosch-Verfahren. Ein weiteres molybdänhaltiges Enzym ist die *Sulfit-Oxidase*, die das schädliche Sulfit-Ion in unserer Leber zum unschädlichen Sulfat-Ion oxidiert.

Warum ein so seltenes Metall wie Molybdän eine so große biologische Bedeutung hat, ist bis heute nicht genau bekannt. Von Bedeutung ist sicher die gute Löslichkeit mancher Molybdate, sodass Molybdat-Ionen durch Körperflüssigkeiten gut transportiert werden können. Das Molybdat-Ion ähnelt chemisch und strukturell in vielfacher Hinsicht dem Sulfat-Ion, das als Schwefelquelle gleichfalls biologisch von essentieller Bedeutung ist. Molybdän kann verschiedene Oxidationsstufen annehmen (IV, V und VI), deren Redoxpotentiale im Bereich der Redoxpotentiale von biologischen Systemen liegen. Molybdän-Atome bilden bevorzugt Bindungen zu Schwefel aus, ein weiteres wichtiges Kennzeichen molybdänhaltiger Enzyme. Schließlich ist Molybdän im Meerwasser relativ häufig. Es steht dort etwa an zehnter Stelle der Häufigkeit der Metalle, und viele biochemische Prozesse haben sich wahrscheinlich bereits in der Zeit entwickelt, als es Leben auf der Erde ausschließlich im Wasser gab.

Hinweis: Die biologische Fixierung von Stickstoff wird ausführlicher in einem Exkurs (S. 520–522) erläutert.

Auch Wolfram-Enzyme kommen in bestimmten Bakterien vor. Diese verfügen in den meisten Fällen zusätzlich über molybdänhaltige Enzyme. Es gibt jedoch Bakterien, die *hyperthermalen Archaebakterien*, deren Stoffwechsel speziell von Wolfram-Enzymen abhängt. Das Wolfram-Atom fungiert als Redoxzentrum, indem es die Oxidationsstufen IV, V und VI einnehmen kann. Da diese Bakterien bei sehr hohen Temperaturen von bis zu 110 °C existieren, müssen die Bindungen in diesen Enzymen besonders stabil sein. Da Wolfram stärkere Metall/Ligand-Bindungen ausbildet als Molybdän, können wolframhaltige Enzyme auch bei hohen Temperaturen wirksam sein, ohne zu zerfallen.

24.6 Die Elemente der Gruppe 7: Mangan, Technetium und Rhenium

Mangan ist ein wichtiger Legierungsbestandteil in Spezialstählen. Weltweit werden jährlich etwa zehn Millionen Tonnen hergestellt. Rhenium ist kaum von praktischer Bedeutung, wohl aber das künstliche Element Technetium, das bei der Spaltung von Uran-235 in Kernreaktoren gebildet wird. Sämtliche Technetium-Isotope sind radioaktiv. Einige davon spielen eine Rolle in der medizinischen Diagnostik. Praktisch genutzt wird vor allem ein Isotop mit der Massenzahl 99, das mit einer Halbwertszeit von sechs Stunden unter Aussendung von γ-Strahlen in ein längerlebiges Tc-Isotop derselben Massenzahl übergeht.

Bei dem überwiegend in Form des Pertechnetat-Ions (TcO_4^-) medizinisch genutzten ^{99}Tc-Isotop handelt es sich um ein sogenanntes *metastabiles* Radionuklid (^{99m}Tc), dessen Kern in einem angeregten Zustand vorliegt. Registriert wird die beim Übergang in den Grundzustand (^{99}Tc) emittierte γ-Strahlung. (^{99}Tc wandelt sich als β-Strahler ($t_{1/2}$=2,1 · 10^5 a) in das stabile Ruthenium-Isotop ^{99}Ru um.) Die für die Untersuchung von Leber, Schilddrüse oder Gelenken injizierte Lösung gewinnt der Radiologe aus einer ^{99}Mo-haltigen Molybdat-Lösung:

$$^{99}_{42}MoO_4^{2-} \rightarrow {^{99m}_{43}}TcO_4^- + \beta \quad (t_{1/2} = 66\,h)$$

Oxidationsstufen von Mangan

Mangan bildet Verbindungen in einem größeren Bereich an Oxidationsstufen als jedes andere Gebrauchsmetall. Abbildung 24.26 stellt die relative Stabilität der Oxidationsstufen von Mangan in saurer Lösung dar. Wir können aus diesem Diagramm erkennen, dass Permanganat-Ionen (MnO_4^-) in saurer Lösung stark oxidierend wirken. Auch die dunkelgrünen Manganat(VI)-Ionen (MnO_4^{2-}) sind starke Oxidationsmittel. Sie disproportionieren jedoch leicht zu Permanganat-Ionen und Mangan(IV)-oxid. Eine wichtige Synproportionierungsreaktion ist die Bildung von Mangan(IV)-oxid (*Braunstein*) aus Permanganat- und Mangan(II)-Ionen, die auch in saurer Lösung abläuft:

$$2\,MnO_4^-(aq) + 3\,Mn^{2+}(aq) + 2\,H_2O(l) \rightarrow 5\,MnO_2(s) + 4\,H^+(aq)$$

Mangan(IV)-oxid wirkt oxidierend, es wird dabei zur stabilsten Manganspezies, den Mangan(II)-Ionen, reduziert. Mangan(III)-Ionen disproportionieren in saurer Lösung und spielen daher auch nur eine geringe Rolle. Das Metall selbst schließlich wirkt stark reduzierend.

In alkalischer Lösung sieht die Situation anders aus, wie man Abbildung 24.27 entnehmen kann. Die Unterschiede lassen sich folgendermaßen zusammenfassen:

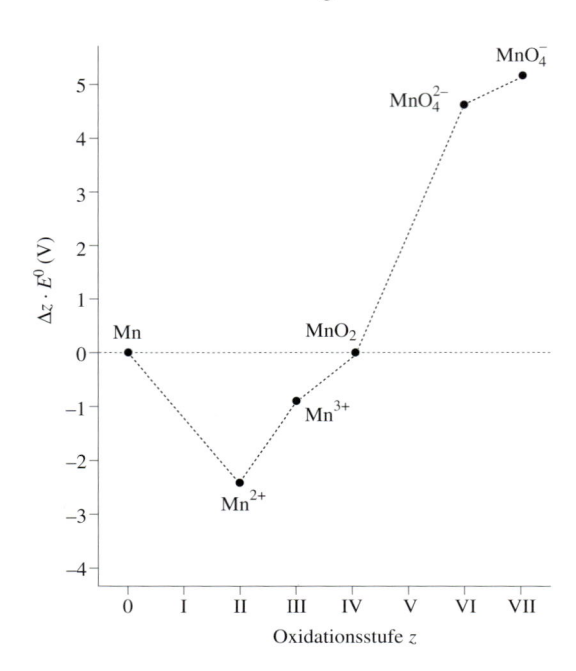

Rhenium(VI)-oxid Eine der wenigen geläufigen Rheniumverbindungen ist das **Rhenium(VI)-oxid** (ReO$_3$), das als Namensgeber (ReO$_3$-Struktur) für analog gebaute AB$_3$-Verbindungen dient (Abbildung 24.25).

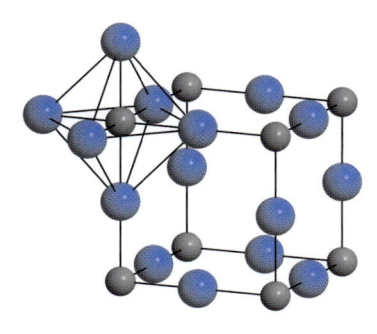

24.25 Struktur von Rhenium(VI)-oxid.

Die ReO$_3$-Struktur ist eng verwandt mit der Perowskit-Struktur (CaTiO$_3$): Besetzt man auch die Würfelmitte in der dargestellten Elementarzelle mit einem Atom, gelangt man zur Perowskit-Struktur, in der die Würfelmitte von Calcium-, die Würfelecken von Titan- und die Kantenmitten von Oxid-Ionen besetzt sind.

24.26 Frost-Diagramm für Mangan in saurer Lösung.

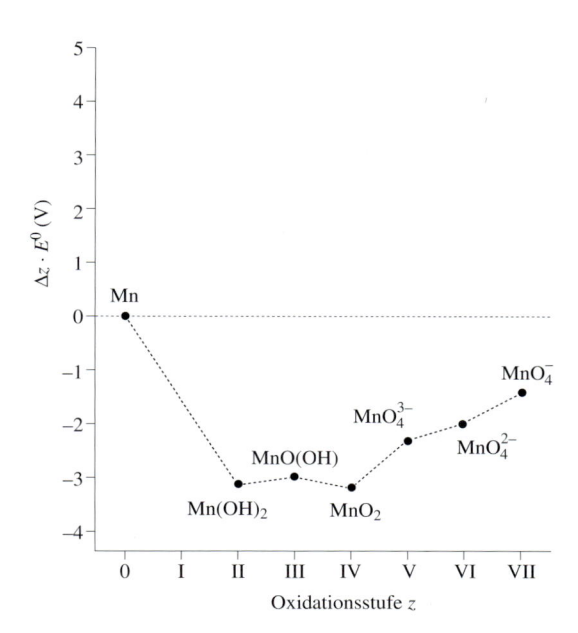

24.27 Frost-Diagramm für Mangan in alkalischer Lösung.

- Wie die meisten anderen Metalle bildet auch Mangan in niedrigen Oxidationsstufen bei hohen pH-Werten schwer lösliche Hydroxide (und Oxidhydroxide).
- Verbindungen mit Mangan in höheren Oxidationsstufen wirken in saurer Lösung stark oxidierend, in alkalischer Lösung jedoch weit weniger. Dieser Unterschied ergibt sich daraus, dass bei der Reduktion von Oxo-Anionen Hydronium-Ionen benötigt werden und die Reduktionspotentiale damit stark pH-abhängig sind. Das Frost-Diagramm für Mangan in saurer Lösung bezieht sich auf eine Konzentration an Hydronium-Ionen von $1\ \text{mol} \cdot l^{-1}$; das Diagramm für die alkalische Lösung gilt für eine Konzentration von $10^{-14}\ \text{mol} \cdot l^{-1}$ ($c(\text{OH}^-(aq)) = 1\ \text{mol} \cdot l^{-1}$). Mithilfe der Nernstschen Gleichung lässt sich berechnen, dass dieser Konzentrationsunterschied von 14 Zehnerpotenzen den dargestellten großen Effekt auf das Elektrodenpotential hat.
- Oxidationsstufen, die in saurer Lösung sehr instabil sind, können in alkalischer Lösung stabil sein (und umgekehrt). Das leuchtend blaue Manganat(V)-Ion (MnO_4^{3-}) kann beispielsweise in stark alkalischer Lösung gebildet werden, in saurer Lösung hingegen ist es unbekannt.
- In alkalischer Lösung ist die thermodynamisch stabilste Spezies Mangan(IV)-oxid; aber auch Mangan(III)-oxidhydroxid, MnO(OH) und Mangan(II)-hydroxid besitzen eine beträchtliche Stabilität.

Kaliumpermanganat und Mangan(VII)-oxid Die bekannteste Manganverbindung der Oxidationsstufe VII ist das violettschwarze *Kaliumpermanganat* ($KMnO_4$). Das gut wasserlösliche Salz bildet eine tiefviolette Lösung. Wie bei den Chrom(VI)-Verbindungen kommt die Farbe dieses d^0-Ions durch *Charge-Transfer*-Elektronenübergänge zustande. Permanganate sind sehr starke Oxidationsmittel, die in saurer Lösung zu praktisch farblosen Mangan(II)-Ionen reduziert werden:

$$MnO_4^-(aq) + 8\ H^+(aq) + 5\ e^- \rightarrow Mn^{2+}(aq) + 4\ H_2O(l);\quad E^0 = 1{,}51\ V$$

Kaliumpermanganat oxidiert konzentrierte Salzsäure zu Chlor; auf diese Weise kann Chlor im Labormaßstab hergestellt werden:

$$10\ HCl(aq) + 2\ MnO_4^-(aq) + 6\ H^+(aq) \rightarrow 5\ Cl_2(g) + 2\ Mn^{2+}(aq) + 8\ H_2O(l)$$

Kaliummanganat(VI) Kaliummanganat K_2MnO_4, ein grüner Feststoff, ist die einzige geläufige Mangan(VI)-Verbindung. Es ist nur im festen Zustand oder in stark alkalischer Lösung stabil. Löst man es in Wasser, so disproportioniert es, wie es das Frost-Diagramm erwarten lässt.

$$3\ MnO_4^{2-}(aq) + 2\ H_2O(l) \rightarrow$$
$$2\ MnO_4^-(aq) + MnO_2(s) + 4\ OH^-(aq)$$

In der Technik ist K_2MnO_4 ein wichtiges Zwischenprodukt für die Produktion von Kaliumpermanganat. Man erhält es beispielsweise durch die Oxidation von Braunstein (MnO_2) mit Luftsauerstoff in heißer, hoch konzentrierter Kalilauge. K_2MnO_4 wird dann in Kalilauge gelöst und durch Elektrolyseverfahren an Nickelanoden zum Permanganat weiter oxidiert.

Thermolyse von KMnO₄ Erhitzt man festes Kaliumpermanganat auf etwa 200 °C, so wird Sauerstoffgas frei, während die Kristalle zu einem dunklen Pulver zerfallen. Gibt man etwas von diesem Pulver in verdünnte Natronlauge, zeigt sich in der Lösung die charakteristisch grüne Farbe des Manganat(VI)-Ions (MnO_4^{2-}) und Braunstein (MnO_2) setzt sich ab. Mit kalter, konzentrierter Natronlauge erhält man eine blaugrüne Lösung: Das Produktgemisch enthält offensichtlich auch die gegenüber Disproportionierung sehr instabilen Manganat(V)-Ionen (MnO_4^{3-}). Die Thermolyse des Permanganats führt also zu Manganverbindungen in drei unterschiedlichen Oxidationsstufen:

$5\ KMn^{VII}O_4(s) \xrightarrow{\Delta} K_2Mn^{VI}O_4(s)$
$+ K_3Mn^VO_4(s) + 3\ Mn^{IV}O_2(s) + 3\ O_2(g)$

Die Reaktion mit Permanganat verläuft zunächst nur sehr langsam, da die Aktivierungsenergie sehr hoch ist. Um eine angemessene Reaktionsgeschwindigkeit zu erzielen, wird die Oxalatlösung erwärmt. Sobald ein wenig Mangan(II) entstanden ist, wirkt dieses als Katalysator und die Reaktion verläuft auch ohne weitere Erwärmung mit genügend großer Geschwindigkeit.

Eines der wenigen Oxidationsmittel, das noch stärker ist als Permanganat, ist Natriumbismutat(V) ($NaBiO_3$). Ein Nachweis für Mangan(II)-Ionen besteht in der Zugabe von Natriumbismutat zu einer stark salpetersauren, erwärmten Probelösung. Enthält sie Mangan, bildet sich das violette Permanganat-Ion:

$2\ Mn^{2+}(aq) + 5\ BiO_3^-(aq) + 14\ H^+(aq)$
$\rightarrow 2\ MnO_4^-(aq) + 5\ Bi^{3+}(aq) + 7\ H_2O(l)$

$\begin{matrix}\diagup\\C=C\\\diagup\end{matrix}\begin{matrix}\diagdown\\\\\diagdown\end{matrix} + 2\ OH^-(aq) \longrightarrow$

$\begin{matrix}HO & OH\\| & |\\-C-C-\\| & |\end{matrix} + 2\ e^-$

24.28 Oxidation eines Alkens zu einem Diol.

In neutraler Lösung ergibt das Produktgemisch nur im ersten Augenblick eine grüne Färbung. Aufgrund der Disproportionierung von MnO_4^{2-}-Ionen unter Bildung von MnO_4^--Ionen (und MnO_2) färbt sich die Lösung rasch violett.

Kaliumpermanganat ist ein wichtiges Reagenz für Redox-Titrationen. Da es durch Verunreinigungen sehr leicht reduziert werden kann, enthält eine Maßlösung oft etwas Mangan(IV)-oxid. Die genaue Konzentration der Lösung wird deshalb durch Titration gegen Natriumoxalat ($Na_2C_2O_4$) bestimmt. Die Kaliumpermanganat-Lösung wird dabei aus einer Bürette zur schwefelsauren Oxalatlösung gegeben; die violette Farbe verschwindet, denn neben Kohlenstoffdioxid werden die (fast) farblosen Mangan(II)-Ionen gebildet. Als Indikator dient das Permanganat-Ion selbst, denn der geringste Überschuss verleiht der Lösung eine violette Farbe.

$2\ MnO_4^-(aq) + 5\ (COOH)_2(aq) + 6\ H^+ \rightarrow 2\ Mn^{2+}(aq) + 10\ CO_2(g) + 8\ H_2O(l)$

Eine *eingestellte* Maßlösung von Kaliumpermanganat kann man z. B. auch zur quantitativen Bestimmung von Eisen verwenden. Die Eisen-Ionen werden zunächst zu Eisen(II) reduziert; diese Lösung wird dann mit einer Maßlösung von Kaliumpermanganat titriert, wobei die Permanganat-Ionen wiederum sowohl als Oxidationsmittel wie auch als Indikator wirken:

$MnO_4^-(aq) + 8\ H^+(aq) + 5\ Fe^{2+}(aq) \rightarrow Mn^{2+}(aq) + 5\ Fe^{3+}(aq) + 4\ H_2O(l)$

In der organischen Chemie verwendet man Kaliumpermanganat auch in alkalischen Medien als Oxidationsmittel. Es wird zunächst zu grünen Manganat(VI)-Ionen und schließlich zum festen, schwarzbraunen Mangan(IV)-oxid reduziert:

$MnO_4^-(aq) + e^- \rightarrow MnO_4^{2-}(aq)$
$MnO_4^{2-}(aq) + 2\ H_2O(l) + 2\ e^- \rightarrow MnO_2(s) + 4\ OH^-(aq)$

Man kann mithilfe von Kaliumpermanganat beispielsweise Alkene in Diole überführen (Abbildung 24.28).

Mangan(VII)-oxid, eine dunkelgrüne, ölige Flüssigkeit, ist eine stark oxidierende, kovalente Verbindung, die sich explosionsartig unter Bildung von Mangan(IV)-oxid zersetzt:

$2\ Mn_2O_7(l) \rightarrow 4\ MnO_2(s) + 3\ O_2(g)$

Wie man hier und auch an anderen Beispielen erkennen kann, ist eine besonders hohe Oxidationsstufe eines Atoms in einer ternären Verbindung wesentlich stabiler als in einer binären: $KMnO_4/Mn_2O_7$, K_2CrO_4/CrO_3, $KClO_4/Cl_2O_7$.

Ähnlichkeiten zwischen Mangan(VII)- und Chlor(VII)-Verbindungen

Ebenso wie Chrom(VI)-Verbindungen in mancher Hinsicht den Schwefel(VI)-Verbindungen ähneln, gibt es auch zwischen Mangan(VII)- und Chlor(VII)-Verbindungen einige Gemeinsamkeiten. Verbindungen der Elemente der Gruppen 7 und 17 ähneln sich mehr als die der Elemente der Gruppen 6 und 16. So sind – energetisch gesehen – Perchlorat-Ionen (ClO_4^-) ähnlich starke Oxidationsmittel wie Permanganat-Ionen (MnO_4^-). Die Salze, Permanganate und Perchlorate, sind in der Regel isotyp. Die beiden Oxide, Mangan(VII)-oxid (Mn_2O_7) und Dichlorheptoxid (Cl_2O_7), sind explosive, kovalente Flüssigkeiten. Ein Unterschied besteht darin, dass die Manganverbindungen farbig sind, die Chlorverbindungen hingegen nicht.

Mangan(IV)-oxid Die einzige wichtige Mangan(IV)-Verbindung ist das als *Braunstein* bekannte, schwerlösliche Oxid MnO_2, das in der Natur als das Erz *Pyrolusit* vorkommt. Mangan(IV)-oxid kristallisiert in der Rutil-Struktur und hat überwiegend ionischen Bindungscharakter. Die Verbindung ist ein starkes Oxidationsmittel, so oxidiert sie konzentrierte Salzsäure zu Chlor und wird dabei zu Mangan(II)-chlorid reduziert:

$MnO_2(s) + 4\ HCl(aq) \rightarrow MnCl_2(aq) + Cl_2(g) + 2\ H_2O(l)$

Diese Oxidationswirkung nutzt man technisch in großem Umfang bei der Herstellung von Batterien. Herkömmliche Zink/Kohle-Batterien enthalten als Pluspol einen Kohlestab, der von Mangan(IV)-oxid umgeben ist, das bei der Stromentnahme zu Mangan(III)-Verbindungen wie MnO(OH) reduziert wird.

Für die Herstellung von ausreichend reaktivem Braunstein für den Batteriesektor werden eine Reihe recht spezieller Verfahren angewendet. Der natürliche Pyrolusit ist nicht geeignet, da er nur unvollständig und zu langsam reagiert.

Auf der Umsetzung von Braunstein mit Salzsäure beruhte auch die Entdeckung des Chlors durch C. W. Scheele im Jahr 1774.

Hinweis: Die chemischen Vorgänge in Batterien werden im Abschnitt 11.9 näher erläutert.

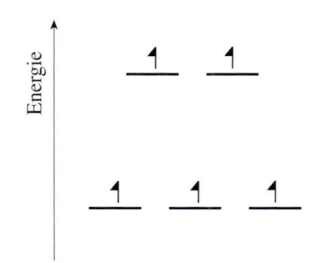

Mangan(II)-Verbindungen In saurer Lösung ist Mangan(II) die thermodynamisch stabilste Oxidationsstufe. Bei den laborüblichen Mangan(II)-salzen handelt es sich um Hydrate: $MnCl_2 \cdot 4\,H_2O$, $Mn(NO_3)_2 \cdot 4\,H_2O$, $MnSO_4 \cdot H_2O$.

Die Salze und konzentriertere wässerige Lösungen, die das Hexaaquamangan(II)-Ion $[Mn(H_2O)_6]^{2+}$ enthalten, sind leicht rosa gefärbt. Die sehr helle Farbe dieses Ions unterscheidet es von den meisten anderen, stark farbigen Übergangsmetall-Ionen. Die blasse Farbe ist eine Folge der Elektronenkonfiguration des Mangan(II)-Ions, denn im *high-spin*-Zustand enthält jedes d-Orbital ein Elektron (Abb. 24.28). Die einzige Möglichkeit für ein Elektron, Energie im sichtbaren Spektrum zu absorbieren, ist der Übergang eines Elektrons aus einem t_{2g}-Orbital in ein e_g-Orbital unter Spinumkehr. Dieser Prozess ist ein sogenannter spin-verbotener Übergang, der nur mit sehr geringer Wahrscheinlichkeit auftritt; Mangan(II)-Verbindungen absorbieren deshalb nur wenig sichtbares Licht und sind dem entsprechend nur schwach gefärbt.

24.29 Aufspaltungsschema für ein d^5-*high-spin*-Ion (Mn^{2+}) im Oktaederfeld.

Analytisch von Interesse ist das fleischfarbene **Mangan(II)-sulfid**. Da dieses Sulfid nicht extrem schwer löslich ist, tritt die Fällung erst ein, wenn man eine H_2S-haltige Probelösung mit Ammoniak-Lösung versetzt:

$$Mn^{2+}(aq) + H_2S(aq) + 2\,NH_3(aq) \rightarrow MnS(s) + 2\,NH_4^+(aq)$$

Gibt man Hydroxid-Ionen zu einer Lösung von Mangan(II), so bildet sich das farblose **Mangan(II)-hydroxid**:

$$Mn^{2+}(aq) + 2\,OH^-(aq) \rightarrow Mn(OH)_2(s)$$

In der alkalischen Lösung wird Mangan(II)-hydroxid durch Sauerstoff aus der Luft oxidiert und die Fällung färbt sich braun. Das gebildete, wasserhaltige Mangan(III)-oxid wird meist durch die Formel MnO(OH) beschrieben:

$$2\,Mn(OH)_2(s) + \tfrac{1}{2}\,O_2(g) \rightarrow 2\,MnO(OH)(s) + H_2O(l)$$

Manganmineralien In der Natur tritt Mangan in den Oxidationsstufen II, III und IV auf. Besonders bekannt sind die rosafarbenen Mangan(II)-Minerale *Rhodochrosit* $MnCO_3$ (Manganspat, Himbeerspat) und der auch als Schmuckstein genutzte *Rhodonit* $MnSiO_3$. Die mineralischen Oxide mit Mangan in höheren Oxidationsstufen sind sämtlich dunkelbraun oder schwarz: *Hausmannit* Mn_3O_4 ($Mn^{II}Mn_2^{III}O_4$), *Manganit* MnO(OH) und *Pyrolusit* MnO_2.

Auch der in Wasser gelöste Sauerstoff wird auf diese Weise vollständig umgesetzt. Man nutzt diese Tatsache bei der Bestimmung des gelösten Sauerstoffs in Wasserproben nach dem *Winkler-Verfahren*: Sofort nach der Probenahme werden Mangan(II)-chlorid-Lösung und Kaliumiodid-haltige Natronlauge hinzugefügt, ohne dass Luftsauerstoff hinzutreten kann. Im Labor wird dann mit Schwefelsäure oder Phosphorsäure angesäuert, sodass sich der Hydroxid-Niederschlag auflöst und mit dem Mangan(III)-Anteil die folgende Redoxreaktion abläuft:

$$2\,MnO(OH)(s) + 2\,I^-(aq) + 6\,H^+(aq) \rightarrow I_2(aq) + 2\,Mn^{2+}(aq) + 4\,H_2O(l)$$

Die Menge des gelösten Sauerstoffs kann so indirekt über die Titration des gebildeten Iods mit einer Thiosulfat-Maßlösung ermittelt werden:

$$I_2(aq) + 2\,S_2O_3^{2-}(aq) \rightarrow 2\,I^-(aq) + S_4O_6^{2-}(aq)$$

Als Indikator wird Stärkelösung zugesetzt: Die Entfärbung der blauen Iod-Stärke zeigt den Endpunkt an.

Mangan(III) in wässeriger Lösung Hydratisierte Mangan(III)-Ionen disproportionieren in wässeriger Lösung unter Bildung von Mangan(II)-Ionen und Mangan(IV)-oxid:

$$2\,Mn^{3+}(aq) \rightleftharpoons Mn^{2+}(aq) + MnO_2(s) + 4\,H^+(aq)$$

Die Lage dieses Gleichgewichts kann durch eine hohe Konzentration an Hydronium-Ionen und einen Überschuss an Mangan(II)-Ionen zugunsten von $Mn^{3+}(aq)$ verschoben werden. Es ist daher nicht überraschend, dass man die Bildung der charakteristisch apricotfarbenen, hydratisierten Mangan(III)-Ionen beobachtet, wenn eine stark perchlorsaure Lösung ($c(HClO_4) \approx 5 \text{ mol} \cdot l^{-1}$) von Mangan(II)-perchlorat mit stark verdünnter Permanganat-Lösung versetzt wird:

$$4\ Mn^{2+}(aq) + MnO_4^-(aq) \rightarrow 5\ Mn^{3+}(aq) + 4\ H_2O(l)$$

In schwefelsauren und phosphorsauren Lösungen tritt eine rote Färbung auf. Sie ist auf die Bildung von Sulfatokomplexen (zum Beispiel $[Mn(HSO_4)(H_2O)_5]^{2+}$) bzw. Phophatokomplexen (zum Beispiel $[Mn(H_2PO_4)(H_2O)_5]^{2+}$) des Mangan(III) zurückzuführen. Das Absorptionsmaximum dieser Lösungen liegt bei etwa 500 nm im Vergleich zu 470 nm im Falle von $[Mn(H_2O)_6]^{3+}$.

Biologische Aspekte Mangan ist als Bestandteil einer Reihe von pflanzlichen und tierischen Enzymen ein lebenswichtiges Element. Bei Säugetieren kommt es im Leberenzym *Arginase* vor, das stickstoffhaltige Stoffwechselprodukte in Harnstoff umwandelt, welcher mit dem Urin ausgeschieden wird. In einigen Pflanzen tritt eine Enzymgruppe auf, die *Phosphotransferasen*, welche Mangan enthalten. Wie die meisten anderen Übergangsmetalle spielt auch Mangan biologisch eine bei der Elektronenübertragung in Redoxprozessen entscheidene Rolle, wobei seine Oxidationsstufe sich im Bereich zwischen II und IV verändert. Das bedeutsamste Beispiel dieser Art ist die Beteiligung manganhaltiger Enzyme an der *Photosynthese*, bei der ein Teilprozess Sauerstoff-Moleküle durch Oxidation von Wasser liefert.

EXKURS

Bergbau am Meeresboden

Die Gewinnung von Erzen durch Bergbau erfolgt bisher ausschließlich auf dem Festland. Es gibt jedoch ein zunehmendes Interesse daran, Lagerstätten am Meeresgrund zu erschließen. Dass Mineralknollen auf dem Meeresboden des Pazifischen Ozeans liegen, wurde bereits 1873 durch die britische Challenger-Expedition entdeckt. Wir wissen heute, dass solche Knollen am Grund der Ozeane weit verbreitet sind. Im Allgemeinen bestehen diese jeweils zu 15 bis 20% aus Eisen und Mangan. Titan, Nickel, Kupfer und Cobalt sind in geringeren Konzentrationen vorhanden. Die konkrete Zusammensetzung variiert jedoch von Ort zu Ort. Manche Lagerstätten enthalten bis zu 35% an Mangan.

Die Frage nach der Entstehung solcher Knollen ist bis heute nicht ausreichend geklärt. Ein grobes Bild gab der schwedische Chemiker I.G. Sillén. Er schlug vor, den Ozean als sehr großes chemisches Reaktionsgefäß zu betrachten. Sammeln sich Metall-Ionen durch Auswaschvorgänge oder durch Vulkantätigkeit unter Wasser, so überschreiten die Konzentrationen dieser Kationen mit den im Meerwasser gelösten Anionen irgendwann das Löslichkeitsprodukt des jeweiligen Salzes. Die Verbindungen kristallisieren dann sehr langsam – über Tausende, vielleicht Millionen von Jahren – in Form der Mineralknollen aus.

Da die Knollen einen hohen Anteil an Erzen enthalten, haben vor allem die Vereinigten Staaten, die sehr viel Mangan, Cobalt und Nickel importieren müssen, großes Interesse, Manganknollen zu nutzen. Man hat eine Reihe von Abbautechniken entwickelt, mit denen sich bis zu 200 Tonnen Erz pro Stunde abbauen ließen. Es gibt jedoch zwei Probleme. Das erste hat mit dem Leben am Meeresboden zu tun: Der Abbau im großen Stil kann die dortigen Ökosysteme schädigen. Das zweite Problem ist die Frage nach den Besitzverhältnissen. Sind die Knollen im Besitz der Firma oder des Landes, das sie als erstes abbaut, oder sind sie nicht eher kollektives Eigentum der Welt, da sie doch in internationalen Gewässern liegen? Beide Themen werden noch viele Diskussionen erfordern.

24.7 Die Eisenmetalle: Eisen, Cobalt und Nickel

Bei der Behandlung der Chemie der Elemente haben wir bisher stets die zu einer Gruppe des Periodensystems gehörenden Elemente gemeinsam behandelt. Dies hat seinen guten Grund in ihrer Ähnlichkeit, die ganz überwiegend auf die gleiche Anzahl an Valenzelektronen zurückzuführen ist. In den Gruppen 8, 9 und 10 des Periodensystems sind Ähnlichkeiten zwischen den Elementen innerhalb einer Gruppe jedoch wenig ausgeprägt. Vielmehr beobachtet man hier ein ähnliches chemisches Verhalten nebeneinander stehender Elemente: Die drei genannten Metalle der 3d-Reihe sind ferromagnetisch, sie haben sehr ähnliche Schmelztemperaturen (Tabelle 24.10) und ihre stabilste Oxidationsstufe ist II. So ist es sinnvoll, die *Eisenmetalle* Eisen, Cobalt und Nickel gemeinsam in einem Kapitel zu behandeln und die schwereren Homologen dieser drei Metalle, die *Platinmetalle* Ruthenium, Rhodium, Palladium und Osmium, Iridium, Platin in einem gesonderten Abschnitt (24.8).

Tabelle 24.10 Dichten, Schmelz- und Siedetemperaturen der Eisenmetalle

Metall	Dichte (g · cm^{-3})	Schmelztemperatur (°C)	Siedetemperatur (°C)
Eisen	7,87	1536	≈ 2860
Cobalt	8,90	1495	≈ 2900
Nickel	8,90	1455	≈ 2880

Die Eisenmetalle im Überblick

Während Eisen in der Natur überwiegend an Sauerstoff, seltener an Schwefel gebunden vorkommt, überwiegen bei Cobalt und Nickel die sulfidischen Erze. Hinzu kommen insbesondere beim Nickel Vorkommen in Form von Arseniden wie NiAs und NiAs$_3$.

Gewinnung der Metalle Die technische Herstellung von *Eisen* durch den Hochofenprozess haben wir ausführlich besprochen (Abschnitt 24.1). Die Verfahren zur Gewinnung von *Nickel* sind aufgrund der chemisch unterschiedlichen natürlichen Vorkommen recht vielfältig und dem jeweils verarbeiteten Erz angepasst. Es werden sowohl Hüttenverfahren (Röstreduktion) wie auch die Elektrolyse wässeriger Lösungen zur technischen Herstellung benutzt. Ein besonderes Verfahren, das nur beim Nickel angewendet werden kann, ist das *Mond-Langer-Verfahren*. Mit diesem Verfahren wird verunreinigtes, fein verteiltes metallisches Nickel gereinigt, indem es bei etwa 100 °C mit Kohlenstoffmonoxid unter Bildung von gasförmigem Tetracarbonylnickel (Ni(CO)$_4$) umgesetzt wird. Dieses wird bei etwa 200 °C zersetzt, wobei sich sehr reines Nickel (99,9 %) bildet und Kohlenstoffmonoxid wieder freigesetzt wird:

$$\text{Ni(s)} + 4\,\text{CO(g)} \underset{200\,°C}{\overset{100\,°C}{\rightleftharpoons}} \text{Ni(CO)}_4\text{(g)}$$

Auch für *Cobalt* gibt es wegen der Vielfalt der Erze mehrere Verfahren zur Aufarbeitung und Darstellung des Metalls. Als Zwischenprodukt wird überwiegend CoO hergestellt und anschließend in Schwefelsäure gelöst. Aus der CoSO$_4$-Lösung wird dann elektrolytisch das Metall abgeschieden.

Ludwig **Mond**, deutsch-englischer Erfinder und Großindustrieller, 1839–1909; Aufbau der englischen Soda-Industrie nach Solvay.

Hinweis: Das Verfahren zur Reindarstellung von Nickel stellt eine technische Anwendung *chemischer Transportreaktionen* dar (siehe Exkurs in Abschnitt 24.2).

Verwendung der Metalle und ihrer Verbindungen Die Menge des weltweit produzierten *Eisens* ist mehr als zehnmal so groß wie die Produktionsmenge aller anderen Metalle zusammen. Dies zeigt eindrucksvoll die überragende Bedeutung dieses Me-

Der wichtigste Einsatzbereich von *Eisenoxid-Pigmenten* ist die Einfärbung von Betonbaustoffen wie Dachpfannen und Pflastersteinen.

Hinweis: Die magnetischen Eigenschaften von Festkörpern werden in einem Exkurs (Abschnitt 23.3) näher erläutert.

talls, das in Form zahlreicher Legierungen Verwendung findet (siehe auch Tabelle 24.4). Gegenüber dieser Massenanwendung tritt die praktische Nutzung von Eisenverbindungen in den Hintergrund. Eisen(III)-oxid (Fe_2O_3) wird wegen seiner schönen roten Farbe als Pigment gebraucht.

Seine Härte erlaubt eine Verwendung als Poliermittel. Eine weitere wichtige Anwendung nutzt den starken Ferrimagnetismus von γ-Eisen(III)-oxid: Es wird für Datenträger verwendet.

Technisch genutzt werden auch Eisen(III)-chlorid-Lösungen. Aufgrund ihrer Oxidationswirkung werden sie für die Fabrikation *gedruckter Schaltungen* in der Elektronikindustrie eingesetzt: Die gewünschten Strukturen werden zunächst über ein fotografisches Verfahren auf kupferbeschichtete Kunststoffplatten übertragen. Anschließend werden die nicht benötigten Bereiche der Kupferschicht dieser *Platinen* durch Eintauchen in eine Eisen(III)-chlorid-Lösung weggeätzt. Hierbei läuft folgende Reaktion ab:

$$2\,Fe^{3+}(aq) + Cu(s) \to 2\,Fe^{2+}(aq) + Cu^{2+}(aq)$$

Im Verhältnis zu Nickel wird Cobalt nur in relativ geringen Umfang verwendet. Man schätzt die Weltjahresproduktion auf etwa 45 000 Tonnen. Ein Teil davon wird zusammen mit Wolframcarbid-Partikeln für die Herstellung des als *Widia* bezeichneten Hartmetallwerkstoffs eingesetzt.

Cobalt-Metall wird als Bestandteil verschiedener Legierungen verwendet. Aus einer intermetallischen Verbindung des Cobalts, dem ferromagnetischen $SmCo_5$, werden Permanentmagnete mit außerordentlich hoher magnetischer Feldstärke hergestellt. Die blaue Farbe des tetraedrisch durch Oxo-Anionen koordinierten Cobalt(II)-Ions nutzt man bei der Einfärbung von Gläsern (Cobaltglas) und Keramikglasuren („Kobaltblau").

Nickel wird weltweit im Umfang von jährlich etwa 1 000 000 Tonnen produziert. Ein Großteil wird für die Herstellung von Eisen- und auch Nichteisenlegierungen verwendet. Unter anderem ist es Bestandteil vieler Münzen. So werden bei den zweifarbigen 1-Euro- und 2-Euro-Münzen zwei verschiedene Kupfer/Nickel-Legierungen verwendet, eine gelbe Legierung mit 5 % Nickel und 20 % Zink (*Nickelmessing*) und eine helle Legierung mit 25 % Nickel (*Cupronickel*). Zusätzlich enthalten diese Münzen im Innern des Mittelbereichs eine Schicht aus reinem Nickel, dessen ferromagnetisches Verhalten die Münzprüfung in Automaten erleichtert. *Monelmetall* (68 % Nickel, 32 % Kupfer) hat sich als sehr resistent gegenüber ätzenden Substanzen erwiesen und dient als Material für die Herstellung von Geräten und Reaktoren. Neben Reinstnickel ist es beim Umgang mit elementarem Fluor unentbehrlich geworden.

Mengenmäßig von besonderer Bedeutung ist die Verwendung von Nickel zur Herstellung der in Technik und Haushalt vielfach eingesetzten rostfreien **Chrom-Nickel-Stähle**. Besonders häufig werden 18/8- oder 18/10-Chrom-Nickel-Stähle verwendet; die erste Zahl bezieht sich jeweils auf den Chromgehalt, die zweite auf den Nickelgehalt (als Massenanteil in Prozent).

Galvanisch auf Stahl abgeschiedene Nickelschichten dienen als Untergrund für schützende Chromschichten, die ohne Nickel nicht so gut haften würden.

Oxidationsstufen Während die höchste Oxidationsstufe der Elemente der Gruppen 1 bis 7 jeweils der Gruppennummer und damit der Zahl der Valenzelektronen entspricht, erreicht Eisen maximal die Oxidationsstufe VI. Beim Cobalt ist es die Oxidationsstufe V und bei Nickel maximal IV. Verbindungen in diesen höchsten Oxidationsstufen haben jedoch keine besondere Bedeutung, da sie als starke Oxidationsmittel recht instabil sind. Die wichtigsten Oxidationsstufen sind beim Eisen II und III. Cobalt hat in zahlreichen Salzen die Oxidationsstufe II, in Komplexen hingegen bevorzugt III. Die stabile Oxidationsstufe des Nickels ist II.

Eisen

Hinweis: Das Korrosionsverhalten von Eisen ist in Abschnitt 11.10 näher erläutert.

Eisen ist das wichtigste Metall in unserer Zivilisation. Diese Rolle spielt es jedoch nicht, weil es das „beste" Metall ist, denn schließlich korrodiert es weit schneller als viele andere Metalle. Seine herausragende Rolle kommt durch mehrere Faktoren zustande:

- Eisen ist das zweithäufigste Metall in der Erdkruste und man findet an vielen Orten Lagerstätten mit hohem Anteil an Eisenerzen.

- Aus dem leicht zugänglichen Erz lässt sich das Metall preisgünstig und einfach gewinnen.
- Das Metall ist formbar und duktil, viele andere Metalle sind hingegen relativ spröde und brüchig.
- Die Schmelztemperatur (1536 °C) ist relativ niedrig, sodass auch flüssiges Eisen ohne größere Schwierigkeiten zu handhaben ist.
- Durch Zugabe geringer Mengen anderer Elemente lassen sich Legierungen nach Maß herstellen, die für bestimmte Anwendungsbereiche genau die geforderte Härte, Duktilität oder Korrosionsbeständigkeit haben.

Der größte Nachteil von Eisenwerkstoffen ist ihre chemische Reaktivität. Diese ist höher als die der meisten anderen Nebengruppenmetalle und resultiert in einer leichten Oxidierbarkeit – man denke dabei an rostende Autos, Brücken, andere Eisen- und Stahlkonstruktionen, Maschinen und Werkzeuge.

Eisen(III)-Halogenide Bei der Reaktion von Eisen mit Chlor bildet sich unter Aufglühen das schwarze, hygroskopische *Eisen(III)-chlorid*:

$$2\ Fe(s) + 3\ Cl_2(g) \xrightarrow{\Delta} 2\ FeCl_3(s); \quad \Delta H_R^0 = -798\ kJ \cdot mol^{-1}$$

Es handelt sich dabei um eine vorwiegend kovalente Verbindung mit Schichtstruktur. Schmelz- und Siedetemperatur liegen nur wenig oberhalb von 300 °C. Die Gasphase enthält vor allem Fe_2Cl_6-Moleküle (Abbildung 24.30); mit steigender Temperatur dissoziieren diese zu $FeCl_3$-Molekülen. Das wasserfreie Eisen(III)-chlorid verhält sich damit ganz ähnlich wie wasserfreies Aluminiumchlorid. Ursache des kovalenten Verhaltens ist die stark polarisierende Wirkung des kleinen Fe^{3+}-Ions. Eisen(III)-chlorid löst sich sehr gut in Wasser. Aus der mit Salzsäure angesäuerten gelben Lösung kristallisiert das gelbe Hexahydrat: $FeCl_3 \cdot 6\ H_2O$, das häufig als Laborreagenz eingesetzt wird.

Eisen(III)-fluorid mit dem schlecht polarisierbaren („harten") Fluorid-Ion ist dagegen eine überwiegend ionische Verbindung, die erst bei etwa 1 000 °C sublimiert. *Eisen(III)-bromid* ist thermisch wenig stabil; es zerfällt bereits bei 140 °C in Brom und (ionisches) $FeBr_2$. Das sehr instabile, schwarze *Eisen(III)-iodid* konnte erstmals 1990 isoliert werden. Man erhielt es bei der Einwirkung von Licht auf eine Lösung von $Fe(CO)_5$ und Iod in Hexan. In wässeriger Lösung dagegen werden Iodid-Ionen durch Eisen(III)-Ionen oxidiert:

$$2\ Fe^{3+}(aq) + 2\ I^-(aq) \rightarrow 2\ Fe^{2+}(aq) + I_2(aq)$$

Eisen(III)-salze und ihre wässerigen Lösungen Neben dem gelben Eisen(III)-chlorid-Hexahydrat sind der Ammoniumeisen(III)-Alaun $(NH_4Fe(SO_4)_2 \cdot 12\ H_2O)$ und Eisen(III)-nitrat-Nonahydrat $(Fe(NO_3)_3 \cdot 9\ H_2O)$ die wichtigsten Eisen(III)-Salze im Labor. Beide Verbindungen zeigen eine blassviolette Farbe. Diese Farbe ist auf das oktaedrische Hexaaquaeisen(III)-Ion $([Fe(H_2O)_6]^{3+})$ zurückzuführen; der Aufbau von Eisen(III)-nitrat-Nonahydrat lässt sich dementsprechend durch die folgende Formel andeuten: $[Fe(H_2O)_6](NO_3)_3 \cdot 3\ H_2O$.

Die gelbe Farbe des Eisen(III)-chlorid-Hydrats weist auf die Beteiligung von Chlorid-Ionen an der Koordination des Eisen(III)-Ions hin, sodass *Charge-Transfer*-Übergänge möglich sind. Tatsächlich liegen oktaedrische, einfach positive Baueinheiten vor: $[FeCl_2(H_2O)_4]^+$. Die beiden Chlorid-Ionen besetzen gegenüberliegende Ecken des Oktaeders. Diesem Aufbau entsprechend handelt es sich beim Eisen(III)-chlorid-Hexahydrat um eine Komplexverbindung, die korrekt als Tetraaqua-*trans*-dichloro-eisen(III)-chlorid-Dihydrat zu bezeichnen wäre: $[FeCl_2(H_2O)_4]Cl \cdot 2\ H_2O$. Unabhängig von der Farbe der Hydrate lösen sich Eisen(III)-salze unter Bildung *gelb-brauner* Lösungen, die relativ stark sauer reagieren. Die saure Reaktion ist charakteristisch für hydratisierte Kationen mit hoher Ladungsdichte, die koordinierte Wasser-Moleküle so stark polarisieren, dass

Eisen(VI)-Verbindungen Die 3d-Elemente der achten Gruppe sowie der folgenden Gruppen bilden keine Verbindungen, in denen sie eine d^0-Elektronenkonfiguration haben. Schon Eisenverbindungen mit Oxidationsstufen höher als III bilden sich nur unter bestimmten Voraussetzungen. Ein einfacher Weg zu dem tetraedrischen, violetten Ferrat(VI)-Ion (FeO_4^{2-}) ist die elektrochemische Oxidation von Eisen in konzentrierter Kalilauge: Elektrolysiert man mit einer Anode aus Eisenwolle, so macht sich außer der Gasentwicklung (Sauerstoff) auch eine violette Färbung in der Lösung bemerkbar. Das Ferrat(VI)-Ion ist ein sehr starkes Oxidationsmittel. Als Standardpotential (in einer sauren Lösung) wird $E^0(FeO_4^{2-}/Fe^{3+}) = 2{,}20\ V$ angegeben, das Ferrat(VI)-Ion ist also deutlich stärker oxidierend als das Permanganat-Ion $(E^0(MnO_4^-/Mn^{2+}) = 1{,}51\ V)$. Ferrat(VI)-Ionen sind deshalb nur in stark alkalischen Lösungen beständig. Als lagerfähiges (metastabiles) Salz kann das schwer lösliche Bariumferrat $BaFeO_4$ hergestellt werden.

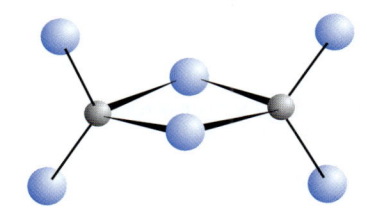

24.30 Aufbau des Fe_2Cl_6-Moleküls.

Wie das Mangan(II)-Ion ist das Eisen(III)-Ion ein d^5-*high-spin*-Ion. Da keine d-d-Elektronenübergänge ohne Spinumkehr möglich sind, ist seine Farbe im Vergleich zu der vieler anderer Übergangsmetall-Ionen wenig intensiv.

Versetzt man eine Eisen(III)-chlorid-Lösung mit Salpetersäure, so ändert sich die Farbe von Gelbbraun nach Zitronengelb: In der chloridhaltigen Lösung ist ein Teil der Chlorid-Ionen als Ligand gebunden. In verdünnten Lösungen spielt das gelbe [FeCl(H$_2$O)$_5$]$^{2+}$-Ion die größte Rolle. Mit konzentrierter Salzsäure bildet sich das ebenfalls gelbe, tetraedrisch gebaute Tetrachloroferrat(III)-Ion: [FeCl$_4$]$^-$.

[Fe(H$_2$O)$_6$]$^{3+}$(aq) + 4 Cl$^-$(aq) $\rightleftharpoons$
[FeCl$_4$]$^-$(aq) + 6 H$_2$O(l)

Der anionische Chlorokomplex lässt sich mit Lösemitteln wie Diethylether in die organische Phase extrahieren. Als Gegenionen liegen in der organischen Phase protonierte Lösemittelmoleküle vor.

Die oxidierende Wirkung hydratisierter Eisen(III)-Ionen zeigt sich nicht nur in der bereits beschriebenen Oxidation vom Iodid-Ion zum Iod, sondern auch im Verhalten gegenüber Schwefelwasserstoff:

2 Fe^{3+}(aq) + H$_2$S → 2 Fe^{2+}(aq)
    + S(s) + 2 H$^+$(aq)

Die Lösung trübt sich durch den gebildeten Schwefel.

freie Wasser-Moleküle als Base fungieren und protoniert werden können. Der Vorgang kann durch folgende Gleichung beschrieben werden:

[Fe(H$_2$O)$_6$]$^{3+}$(aq) + H$_2$O(l) $\rightleftharpoons$ H$_3$O$^+$(aq) + [Fe(OH)(H$_2$O)$_5$]$^{2+}$(aq); pK_s = 2,7
farblos   gelbbraun

Die gelbbraune Farbe ist auf *Charge-Transfer*-Übergänge zwischen dem Liganden OH$^-$ und dem Zentralion zurückzuführen. Eine wesentliche Rolle spielen aber auch die Abgabe eines zweiten Protons sowie die Bildung eines zweikernigen Komplexes, bei dem zwei Oktaeder über die Hydroxid-Ionen als Brückenliganden verknüpft sind:

[Fe(OH)(H$_2$O)$_5$]$^{2+}$(aq) + H$_2$O(l) $\rightleftharpoons$ H$_3$O$^+$(aq) + [Fe(OH)$_2$(H$_2$O)$_4$]$^+$(aq)

2 [Fe(H$_2$O)$_6$]$^{3+}$(aq) + 2 H$_2$O(l) $\rightleftharpoons$ [(H$_2$O)$_4$Fe(OH)$_2$Fe(H$_2$O)$_4$]$^{4+}$(aq) + 2 H$_3$O$^+$(aq)

Die Lage dieser Gleichgewichte verschiebt sich bei Änderung des pH-Werts: Erhöht man die Konzentration der Hydronium-Ionen durch Zugabe von Salpetersäure, entfärbt sich die Lösung, denn unterhalb von pH = 1 liegen praktisch nur farblose Hexaaquaeisen(III)-Ionen vor. Andererseits führt die Zugabe von Hydroxid-Ionen zu einer zunehmend braunen Lösung, aus der schließlich ein rostfarbener, voluminöser Niederschlag ausfällt, der vereinfacht als Eisen(III)-oxidhydroxid (FeO(OH)) beschrieben werden kann:

Fe^{3+}(aq) + 3 OH$^-$(aq) → FeO(OH)(s) + H$_2$O(l)

Redoxverhalten Die Existenzbereiche der verschiedenen Eisen-Spezies in Abhängigkeit vom pH-Wert der Lösung und dem Redoxpotential sind in Abbildung 24.31 dargestellt. Zur Vereinfachung werden die hydratisierten Kationen als Fe^{3+}(aq) bzw. Fe^{2+}(aq) bezeichnet, wenngleich es, wie wir gesehen haben, je nach pH-Wert eine ganze Reihe verschiedener hydratisierter Eisen(III)-Ionen geben kann. Das hydratisierte Eisen(III)-Ion ist thermodynamisch nur unter oxidierenden Bedingungen und bei niedrigem pH-Wert stabil. Das Eisen(III)-oxidhydroxid dominiert in einem großen Teil des alkalischen Bereichs. Unter sauren Bedingungen liegt fast über den gesamten Potentialbereich hinweg bevorzugt das Fe(II)-Ion vor, während Eisen(II)-hydroxid (Fe(OH)$_2$) nur bei hohem pH-Wert und unter reduzierenden Bedingungen stabil ist.

Das Reduktionspotential Fe(III)/Fe(II) hängt stark von den jeweiligen Liganden ab. Wie die E^0-Werte zeigen, lässt sich beispielsweise das Hexacyanoferrat(II)-Ion ([Fe(CN)$_6$]$^{4-}$) viel leichter oxidieren als das Hexaaquaeisen(II)-Ion:

[Fe(H$_2$O)$_6$]$^{3+}$(aq) + e$^-$ $\rightleftharpoons$ [Fe(H$_2$O)$_6$]$^{2+}$(aq); E^0 = 0,77 V

[Fe(CN)$_6$]$^{3-}$(aq) + e$^-$ $\rightleftharpoons$ [Fe(CN)$_6$]$^{4-}$(aq); E^0 = 0,36 V

24.31 Stabilitätsbereiche verschiedener Eisen-Spezies.

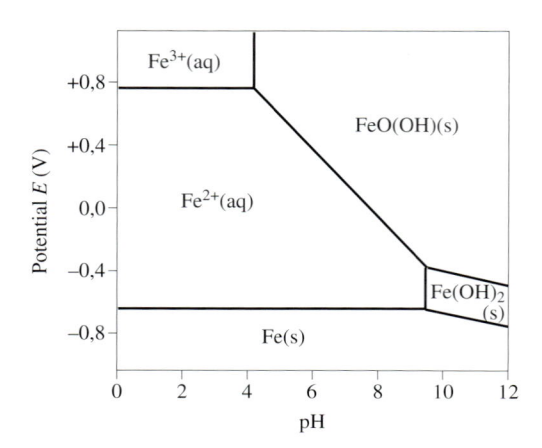

Dies mag überraschen, wenn man daran denkt, dass Cyanid als π-Akzeptorligand niedrige und nicht hohe Oxidationsstufen stabilisiert und die Eisen/Kohlenstoff-Bindung im Eisen(II)-Cyano-Komplex stärker ist als im Eisen(III)-Cyano-Komplex. In diesem Redoxgleichgewicht spielt jedoch ein anderer Aspekt eine Rolle: Bei der Oxidation des Hexaaquaeisen-Ions erhöht sich der Absolutwert der Ladung von 2 auf 3, während er im Falle des Cyanokomplexes von 4 auf 3 abnimmt. Ein hoch geladenes Ion wie das $[Fe(CN)_6]^{4-}$-Ion hat eine so hohe Ladungsdichte, dass es in wässriger Lösung von einer gut geordneten Hülle aus Wasser-Molekülen umgeben ist. Ein solches Ion hat also eine stark negative Hydratationsentropie. Die Oxidation setzt jedoch die Ladungsdichte herab und verringert damit die Ordnung der Hydrathülle; die Anzahl der frei beweglichen H_2O-Moleküle nimmt entsprechend zu: Die Entropie wird größer. Bei der Oxidation des Hexaaquaeisen(II)-Ions nimmt die Entropie dagegen erheblich ab:

$$[Fe(H_2O)_6]^{2+}(aq) \rightleftharpoons [Fe(H_2O)_6]^{3+}(aq) + e^-; \quad \Delta S^0 = -178 \text{ J} \cdot \text{K}^{-1} \cdot \text{mol}^{-1}$$

$$[Fe(CN)_6]^{4-}(aq) \rightleftharpoons [Fe(CN)_6]^{3-}(aq) + e^-; \quad \Delta S^0 = +154 \text{ J} \cdot \text{K}^{-1} \cdot \text{mol}^{-1}$$

Die Oxidation dieser beiden Ionen wird somit wesentlich durch die Entropiebilanz gesteuert.

Nachweisreaktionen Für den Nachweis von Eisen(III)-Ionen verwendet man häufig eine Lösung von Kaliumhexacyanoferrat(II). Es bildet sich ein dunkelblauer Niederschlag, der als Eisensalz mit dem Anion $[Fe(CN)_6]^{4-}$ aufgefasst werden kann; die folgende Reaktionsgleichung berücksichtigt, dass die Verbindung auch Kalium-Ionen enthält:

$$Fe^{3+}(aq) + [Fe(CN)_6]^{4-}(aq) + K^+(aq) \rightarrow KFe^{III}[Fe^{II}(CN)_6](s)$$

Wie die Kristallstrukturanalyse dieser gemeinhin als *Berliner Blau* bezeichneten Verbindung gezeigt hat, enthält sie abwechselnd Eisen(II)- und Eisen(III)-Ionen, zwischen denen die Cyanid-Ionen als Brückenliganden mit dem C-Atom jeweils an das Fe^{2+}-Ion gebunden sind. Die intensive blaue Farbe dieser Verbindung hat zu ihrer Verwendung in Druckfarben und Autolacken geführt. In der Praxis spricht man von *Eisenblau-Pigmenten*.

Ein weiterer empfindlicher Nachweis für Eisen(III)-Ionen ist die Reaktion mit Thiocyanat-Ionen. Das Auftreten einer intensiven Rotfärbung, die durch Pentaaquathiocyanatoeisen(III)-Ionen, $[Fe(NCS)(H_2O)_5]^{2+}$, zustande kommt, zeigt die Anwesenheit von Eisen(III)-Ionen an.

$$[Fe(H_2O)_6]^{3+}(aq) + SCN^-(aq) \rightarrow [Fe(NCS)(H_2O)_5]^{2+}(aq) + H_2O(l)$$

Diese Nachweisreaktion ist so empfindlich, dass schon kleine Konzentrationen an Eisen(III)-Ionen nachgewiesen werden können, wie sie meist auch in Eisen(II)-Salzen enthalten sind.

Ähnlichkeiten zwischen Eisen(III)- und Aluminium(III)-Ionen Eisen(III)- und Aluminium(III)-Ionen haben dieselbe Ladungszahl und eine ähnliche Größe und damit ähnliche Ladungsdichten; somit gibt es auch in ihrer Chemie Gemeinsamkeiten. Beide Ionen bilden kovalente Chloride, die in der Gasphase als M_2Cl_6-Moleküle vorliegen. Die wasserfreien Chloride werden in der organischen Chemie als *Friedel-Crafts-Katalysatoren* verwendet, deren Wirkung auf der Bildung von $[MCl_4]^-$-Ionen beruht. Außerdem reagieren die Hexaaqua-Ionen beider Metalle deutlich sauer, eine weitere Folge ihrer hohen Ladungsdichte.

Eisen bildet wie Aluminium *Alaune*. Ein Paar analoger Verbindungen sind die Ammoniumsalze $NH_4Al(SO_4)_2 \cdot 12\ H_2O$ und $NH_4Fe(SO_4)_2 \cdot 12\ H_2O$. Die Ähnlichkeiten zwischen dem Eisen(III)-Ion und dem Aluminium-Ion bestehen nicht nur wegen der ähnlichen Ladungsdichte, sondern auch aufgrund der in den meisten Eisen(III)-Ver-

Hinweis: Eine Lösung von Kaliumhexacyanoferrat(III) eignet sich zum Nachweis von Eisen(II)-Ionen. Auch hier bildet sich Berliner Blau:

$Fe^{2+}(aq) + [Fe^{III}(CN)_6]^{3-}(aq) + K^+(aq)$
$\rightarrow KFe^{III}[Fe^{II}(CN)_6](s)$

Die Bildung der Verbindung ist also mit der Abgabe eines Elektrons vom Fe^{2+}-Ions an das Zentralion des Cyanokomplexes verbunden.

Eine einzigartige Reaktion des Eisen(III)-Ions ist die mit einer Thiosulfat-Lösung. Mischt man die beiden farblosen Lösungen, so bildet sich ein dunkelvioletter Thiosulfatokomplex $([FeS_2O_3(H_2O)_5]^+)$, der in den folgenden Reaktionsgleichungen vereinfacht als $[FeS_2O_3]^+(aq)$ bezeichnet wird:

$Fe^{3+}(aq) + S_2O_3^{2-}(aq) \rightarrow [FeS_2O_3]^+(aq)$

Nach kurzer Zeit entfärbt sich die Lösung, da Eisen(III) zu Eisen(II) reduziert und das Thiosulfat-Ion zum Tetrathionat-Ion $S_4O_6^{2-}$ oxidiert wird:

$2\ [FeS_2O_3]^+(aq) \rightarrow 2\ Fe^{2+}(aq) + S_4O_6^{2-}(aq)$

Eisen(II)-sulfid Erhitzt man ein Gemisch aus Eisenpulver und Schwefel, so bildet sich unter Aufglühen das schwarze Eisen(II)-sulfid (FeS). Die Verbindung wurde früher im Labor zur Erzeugung von Schwefelwasserstoff eingesetzt. Dazu wurden Eisen(II)-sulfid-Stangen in einem Gasentwickler mit Salzsäure umgesetzt:

$$FeS(s) + 2\,H^+(aq) \rightarrow Fe^{2+}(aq) + H_2S(g)$$

Eine Fällung des Sulfids aus wässerigen Lösungen ist dementsprechend nur im alkalischen Bereich möglich. Natürlich vorkommendes Eisen(II)-sulfid wird als *Magnetkies* oder *Pyrrhotin* bezeichnet. Sehr viel häufiger ist ein anderes Sulfid-Mineral mit Eisen in der Oxidationsstufe II: der metallisch glänzende, messinggelbe *Pyrit* mit der Formel FeS_2. Als Anionen liegen hier Disulfid-Ionen (S_2^{2-}) vor.

Wasserfreies **Eisen(II)-chlorid** ($FeCl_2$) kann man herstellen, indem man einen Strom trockenen Chlorwasserstoffs über das erhitzte Metall leitet:

$$Fe(s) + 2\,HCl(g) \xrightarrow{\Delta} FeCl_2(s) + H_2(g)$$

Eisen(II)-sulfat-Heptahydrat wird als Reagenz für den Nachweis von Nitrat-Ionen bei der sogenannten *Ringprobe* eingesetzt (siehe dazu Abschnitt 19.7). Nach Reduktion der Nitrat-Ionen bildet sich dabei durch Ligandenaustausch das braune Pentaaquanitrosyleisen-Kation $[Fe(H_2O)_5NO]^{2+}$. Die magnetochemische Untersuchung ergibt für den Komplex ein magnetisches Moment von 3,9 Bohrschen Magnetonen. Das entspricht drei ungepaarten Elektronen und damit einer d^7-*high-spin*-Konfiguration. In diesem Komplex liegt demnach Eisen in der sehr ungewöhnlichen Oxidationsstufe I vor: Unter Abgabe eines Elektrons an das Zentralion ist NO als Nitrosylkation NO^+ gebunden worden.

Das als *Wüstit* bezeichnete Eisen(II)-oxid $Fe_{1-x}O$ bildet sich nur bei hoher Temperatur, beispielsweise durch die Thermolyse von Eisen(II)-oxalat:

$$Fe(C_2O_4) \xrightarrow{\Delta} \text{„FeO"}(s) + CO_2(g) + CO(g)$$

$$4\,\text{„FeO"} \rightarrow Fe(s) + Fe_3O_4(s)$$

Kühlt man das heiße Produkt jedoch sehr schnell ab („Abschrecken"), kann man Wüstit als metastabile Verbindung auch bei Raumtemperatur erhalten.

bindungen vorliegenden d^5-*high-spin*-Elektronenkonfiguration. Es ergibt sich also keine Ligandenfeldstabilisierungsenergie, das Eisen(III)-Ion verhält sich ähnlich wie das Ion eines Hauptgruppenmetalls.

Es gibt jedoch einige wichtige Unterschiede: Wie andere Übergangsmetall-Ionen bildet Eisen(III) farbige Verbindungen (meist infolge von *Charge-Transfer*-Übergängen), während die entsprechenden Aluminiumverbindungen farblos sind. Auch die Oxide verhalten sich unterschiedlich: Aluminiumoxid ist ein amphoteres Oxid, während Eisen(III)-oxid ein basisches Oxid ist. Man nutzt diesen Unterschied für die Trennung von Eisen und Aluminium bei der Aufarbeitung von eisenhaltigem Bauxit für die Aluminiumproduktion (siehe Abschnitt 17.6). Das amphotere Aluminiumoxid reagiert mit Natronlauge zum löslichen Tetrahydroxoaluminat-Ion ($[Al(OH)_4]^-$), während das basische Eisen(III)-oxid sich nicht auflöst.

Eisen(II)-Verbindungen Als unedles Metall ($E^0(Fe^{2+}/Fe) = -0,44$ V) reagiert Eisen mit verdünnter Salzsäure unter Wasserstoffentwicklung; die hellgrüne Farbe der Lösung ist auf das Hexaaquaeisen(II)-Ion zurückzuführen.

Entsprechend sind auch die im Labor verwendeten Hydrate der Eisen(II)-Salze grün: Eisen(II)-sulfat-Heptahydrat ($FeSO_4 \cdot 7\,H_2O$) und das als *Mohrsches Salz* bekannte Doppelsalz Ammonium-eisen(II)-sulfat-Hexahydrat (($NH_4)_2Fe(SO_4)_2 \cdot 6\,H_2O$). Beide Verbindungen enthalten das oktaedrische Hexaaquaeisen(II)-Ion. Bei dem als Tetrahydrat kristallisierenden Eisen(II)-chlorid ($FeCl_2 \cdot 4\,H_2O$) sind auch die Chlorid-Ionen als Liganden an das Zentralatom gebunden: $[FeCl_2(H_2O)_4]$.

Um Lösungen mit einer definierten Konzentration an Eisen(II)-Ionen herzustellen, wird das Mohrsche Salz bevorzugt, denn selbst bei längerer Lagerung verändert sich seine Zusammensetzung praktisch nicht. $FeSO_4 \cdot 7\,H_2O$ und $FeCl_2 \cdot 4\,H_2O$ verlieren dagegen allmählich etwas Wasser und die Kristalle „verwittern"; eine gelbliche oder bräunliche Verfärbung zeigt an, dass gleichzeitig auch eine Oxidation durch Luftsauerstoff erfolgt.

Im alkalischen Medium bildet Eisen(II) eine grüne, voluminöse Hydroxid-Fällung:

$$Fe^{2+}(aq) + 2\,OH^-(aq) \rightarrow 2\,Fe(OH)_2(s)$$

Im Gegenwart von Luft wird der Niederschlag zunächst dunkler und schließlich gelbbraun. Darin spiegelt sich die leichte Oxidierbarkeit von Eisen(II) in alkalischen Medien wider (Abbildung 24.31). Unter völligem Ausschluss von Sauerstoff gefälltes Eisen(II)-hydroxid ist farblos. Die grüne Farbe der Fällung zeigt an, dass sie bereits Eisen(III)-Ionen enthält, die durch die Reaktion von Eisen(II) mit dem gelösten Sauerstoff gebildet werden.

Eisenoxide Neben dem instabilen Eisen(II)-oxid („FeO") bildet Eisen zwei weitere Oxide, die auch als Mineralien bedeutsam sind: Eisen(III)-oxid (Fe_2O_3) und Eisen(II)/(III)-oxid (Fe_3O_4). Das schwarze *Eisen(II)-oxid* ist eine nichtstöchiometrische Verbindung, denn es enthält immer weniger Eisen(II)-Ionen, als es der Formel FeO entspricht (siehe den Exkurs „Nichtstöchiometrische Verbindungen" auf Seite 655).

Das unter den Mineralnamen *Hämatit* oder *Roteisenstein* bekannte *Eisen(III)-oxid* kommt in großen unterirdischen Lagerstätten vor. Die ältesten Ablagerungen sind ungefähr zwei Milliarden Jahre alt. Da sich Eisen(III)-oxid nur in einer oxidierenden Umgebung bilden kann, muss die Erdatmosphäre schon damals Sauerstoff enthalten haben. (Es muss also schon pflanzliches Leben zu dieser Zeit gegeben haben, denn das Auftreten von Sauerstoff ist mit der Photosynthese verbunden.)

Im Labor lässt sich Eisen(III)-oxid leicht durch Erhitzen von Eisen(III)-hydroxid herstellen. Die Struktur des so erhaltenen Produkts (α-Fe_2O_3) entspricht einer *hexagonal* dichtesten Packung von Oxid-Ionen, die Eisen(III)-Ionen in zwei Dritteln der Oktaederlücken enthält. Eine andere Form, γ-Fe_2O_3, lässt sich durch Oxidation von Fe_3O_4 herstellen. Die Struktur dieser Modifikation leitet sich von einer *kubisch* dichtesten Packung von Oxid-Ionen ab; die Eisen(III)-Ionen sind dabei statistisch auf die Tetraeder- und Oktaederlücken verteilt.

Das dritte binäre *Eisenoxid*, Fe_3O_4, enthält Eisen in den Oxidationsstufen II und III: $Fe^{II}Fe_2^{III}O_4$. Wir haben diese Verbindung schon bei der Besprechung von normalen und inversen Spinellen behandelt (siehe Abschnitt 23.3). Natürlich vorkommendes Fe_3O_4 wird als *Magnetit* oder *Magneteisenstein* bezeichnet.

Es ist neben Hämatit das wichtigste Eisenerz. Durch die Wirkung des magnetischen Erdfeldes haben sich vielfach dauermagnetische Magnetit-Ablagerungen gebildet; schon in der Antike war bekannt, dass sie Eisen anziehen. Derart magnetisierter Magnetit wurde in Europa seit etwa 1 200 n. Chr. als Schiffskompass verwendet: In einer Wasserschale zeigte ein Schwimmer mit einer Magnetitprobe die Nordrichtung an. Auch heute werden die magnetischen Eigenschaften des Magnetits praktisch genutzt. Das *Magnetpigment* vieler Videobänder enthielt neben γ-Fe_2O_3 auch Fe_3O_4. Zur Verbesserung der Eigenschaften wurden beide Oxide mit Cobalt dotiert.

Unterschiedlich gefärbte, oxidische Eisenmineralien werden schon seit Jahrtausenden als *Farbpigmente* verwendet. Die Farbpalette reicht dabei von gelb (*Ocker*) über rot (*Persischrot*) und braun (*Umbra*) bis schwarz. Neben Silicaten und anderen Verunreinigungen enthalten diese natürlichen *Eisenoxidpigmente* unterschiedliche farbgebende Verbindungen: α-FeOOH (gelb), γ-FeOOH (gelborange), α-Fe_2O_3 (rot), γ-Fe_2O_3 (braun), Fe_3O_4 (schwarz). Vielfach kann der Farbton durch Brennen verändert werden.

Der seit Jahrzehnten zunehmende Bedarf an Eisenoxidpigmenten für Farben und Lacke und zur Einfärbung von Betonbaustoffen wird vor allem durch synthetische Pigmente einheitlicher Qualität gedeckt. Die wichtigsten Produktgruppen sind α-FeOOH-Gelbpigmente, α-Fe_2O_3-Rotpigmente und Fe_3O_4-Schwarzpigmente. Für die Herstellung nutzt man beispielsweise die Oxidation von Eisen(II)-sulfat in wässeriger Lösung und das Abrösten von $FeSO_4 \cdot H_2O$. Das freigesetzte SO_3 kann zu Schwefelsäure verarbeitet werden:

$$2\, FeSO_4 \cdot H_2O + \tfrac{1}{2} O_2(g) \xrightarrow{\Delta} Fe_2O_3(s) + 2\, SO_3(g) + 2\, H_2O(g)$$

Ferrite Nicht nur die binären Eisenoxide sind wichtige magnetische Materialien. Auch einige ternäre Metalloxide, in denen eines der beiden Metalle Eisen ist, haben praktisch nutzbare magnetische Eigenschaften. Diese magnetokeramischen Materialien nennt man *Ferrite*. Man unterscheidet dabei zwischen *Weichferriten* und *Hartferriten*. Die Begriffe *hart* und *weich* beziehen sich jedoch nicht auf die mechanische Festigkeit, sondern auf ihre magnetischen Eigenschaften.

Die **Weichferrite** können durch ein äußeres Magnetfeld schnell und effizient magnetisiert werden, sie verlieren jedoch ihre magnetischen Eigenschaften, sobald das äußere Magnetfeld nicht mehr wirksam ist. Solche Eigenschaften sind notwendig für Magnete in Schreib- und Leseköpfen, wie sie in Festplatten- und Diskettenlaufwerken benötigt werden. Diese Ferrite kristallisieren in der *Spinellstruktur* und haben die Formel MFe_2O_4, wobei M ein zweifach positives Metall-Ion ist wie Mn^{2+}, Ni^{2+}, Co^{2+} oder Mg^{2+}. Eisen liegt in der Oxidationsstufe III vor.

Die **Hartferrite** behalten nach der Magnetisierung ihre magnetischen Eigenschaften konstant bei, sie sind also Permanentmagnete. Solche Materialien werden für Elektromotoren, Wechselstromgeneratoren, Lautsprecher und andere elektrische Geräte benötigt. Die allgemeine Formel für diese Verbindungen mit einer recht komplexen Struktur ist $MFe_{12}O_{19}$, wobei Eisen wiederum in der Oxidationsstufe III vorliegt und M ein zweifach positives Metall-Ion ist, bevorzugt Ba^{2+} oder Sr^{2+}.

Hämoglobin Eine der wichtigsten Körperfunktionen übernimmt *Hämoglobin*: Dieses Protein der roten Blutkörperchen transportiert den eingeatmeten Sauerstoff von der Lunge in alle Teile des Körpers. Schon ein winziger Bluttropfen ($V = 1\ mm^3$) enthält etwa 5 Millionen rote Blutkörperchen mit jeweils rund 250 Millionen Hämoglobin-Molekülen. Jedes dieser Moleküle enthält vier Eisen(II)-Ionen, die von einer an das Protein gebun-

---

Kaum eine chemische Verbindung hat unser modernes Leben so beeinflusst wie γ-Eisen(III)-oxid. Diese Modifikation des Eisen(III)-oxids ist *ferrimagnetisch* und hat die magnetischen Eigenschaften (siehe den Exkurs auf Seite 626), die für Audio- und Videokassetten sowie für Festplatten und Disketten genutzt werden konnten.

Magnetische Eisenoxid-Schwarzpigmente werden mit etwa 40 000 Tonnen pro Jahr in Tonern für Laserdrucker und Kopierer eingesetzt.

Eisenoxidpigmente sind mengenmäßig die größte Gruppe an Farbpigmenten. Für 1995 wird eine Weltjahresproduktion von 730 000 Tonnen angegeben, davon wurden 600 000 Tonnen synthetisch erzeugt.

Für das Jahr 1995 wurde die Weltjahresproduktion an Hartferriten auf rund 150 000 Tonnen geschätzt (Wert ≈ 300 Millionen Euro).

Biologische Aspekte Die biologischen Funktionen von Eisen sind so vielfältig, dass ganze Bücher mit diesem Thema gefüllt wurden. Wir konzentrieren uns hier auf drei besonders wichtige Typen eisenhaltiger Makromoleküle: *Hämoglobin*, *Ferritin* und die *Ferredoxine*.

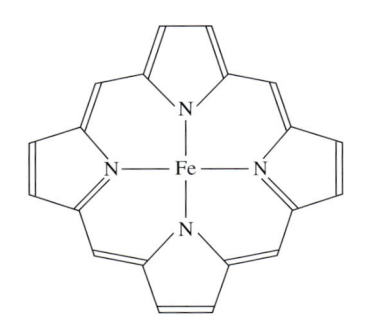

24.32 Aufbau eines Eisen-Porphyrin-Komplexes in vereinfachter Darstellung.

Kohlenstoffmonoxid ist für Säugetiere extrem toxisch, da es zu den Eisen-Ionen des Hämoglobins besonders starke Bindungen eingeht und somit kein Sauerstoff mehr transportiert werden kann.

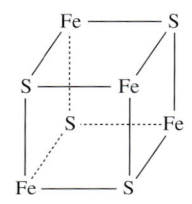

24.33 Ausschnitt aus einem Ferredoxin-Molekül.

Als eines der wenigen Cobalt(III)-Laborreagenzien ist *Natriumhexanitrocobaltat(III)* zu nennen: $Na_3[Co(NO_2)_6]$. Die gelbe Lösung dieses Salzes wird gelegentlich zum Nachweis und zur gravimetrischen Bestimmung von Kalium-Ionen eingesetzt, da das Kaliumsalz sehr schwer löslich ist.

Hinweis zur Nomenklatur: Ist das Nitrit-Ion(NO_2^-) über das N-Atom an das Zentralion gebunden, so spricht man traditionell von „Nitro"-Komplexen. In den weniger stabilen „Nitrito"-Komplexen ist der Ligand über ein O-Atom gebunden. Nach einer allgemeinen Regel der IUPAC-Nomenklatur sollten für diesen Fall einer *Bindungsisomerie* die Liganden als „nitrito-*N*-" bzw. als „nitrito-*O*-" bezeichnet werden.

denen planaren Porphyrin-Einheit umgeben sind (Abbildung 24.32). Im *Oxyhämoglobin*. Ist jeweils eine freie Koordinationsstelle des Eisen-Ions durch ein O_2-Molekül besetzt. Die Bindung zu den Sauerstoff-Molekülen ist nicht sehr stark, sodass der Sauerstoff dort, wo er benötigt wird – beispielsweise in den Muskeln –, wieder abgegeben werden kann.

Im Oxyhämoglobin ist das Eisen(II)-Ion im diamagnetischen *low-spin*-Zustand. Es hat genau den richtigen Radius (75 pm), um die Lücke in der Mitte des planaren Porphyrin-Rings auszufüllen. Wird der Sauerstoff abgegeben, so verschiebt sich das Eisen-Ion im Desoxyhämoglobin-Molekül aus der Molekülebene heraus, da es dann als deutlich größeres (92 pm), paramagnetisches *high-spin*-Eisen(II)-Ion vorliegt. In diesem Prozess behält Eisen die Oxidationsstufe II und wechselt nur zwischen der *high-spin*- und der *low-spin*-Form. An der Luft wird das rote, Eisen(II)-haltige Hämoglobin jedoch irreversibel zur braunen Eisen(III)-Spezies oxidiert.

Ferritine Sowohl Pflanzen als auch Tiere müssen sich einen Eisenvorrat anlegen. Zu diesem Zweck verwenden sie Vertreter einer faszinierenden Proteinfamilie, der *Ferritine*. Die sehr großen Moleküle bestehen aus einem anorganischen Kern, der von einer Proteinhülle umgeben ist. Der Kern ist ein sehr großer Cluster aus Eisen(III)-Ionen (bis zu 4 500), Oxid-Ionen, Hydroxid-Ionen und Phosphat-Ionen. Aufgrund der hydrophilen äußeren Schicht ist dieses große Aggregat wasserlöslich; es ist in Milz, Leber und Knochenmark konzentriert.

Ferredoxine Eine entscheidende Rolle unter den Redoxproteinen von Pflanzen und Bakterien spielen die *Ferredoxine*. Sie enthalten Eisen/Schwefel-Zentren, die die Übertragung von Elektronen ermöglichen. In welchem Potentialbereich Redoxvorgänge ablaufen können, hängt sowohl von der Proteinkomponente als auch vom Aufbau des Fe/S-Zentrums ab. Strukturell besonders bemerkenswert sind die Fe_4S_4-Kerne, in denen die Eisen- und Schwefel-Atome alternierend die Ecken eines Würfels besetzen (Abbildung 24.33).

Cobalt

Cobalt ist ein bläulichweißes, hartes und ferromagnetisches Metall, das relativ korrosionsbeständig ist. Seine geläufigsten Oxidationsstufen sind II und III, wobei II die bevorzugte Oxidationsstufe in einfachen Cobaltverbindungen ist. Bei den Komplexverbindungen erweist sich die Oxidationsstufe III als stabiler.

Cobalt(III)-Verbindungen
Die Oxidierbarkeit von Cobalt(II) zu Cobalt(III) zeigt sich sehr deutlich in einem einfachen Experiment: Gibt man Chlorwasser zu einer alkalischen Suspension des rosafarbenen Cobalt(II)-hydroxids, so erhält man ein schwarzes Produkt, das als Cobalt(III)-oxidhydroxid (CoO(OH)) beschrieben werden kann. (Als Oxidationsmittel wirkt hier das durch Disproportionierung von Chlor gebildete Hypochlorit-Ion ClO^-.)

Für die Chemie des Cobalts in der Oxidationsstufe III spielen binäre Verbindungen und Oxosalze jedoch nur eine geringe Rolle. Komplexverbindungen mit Cobalt(III) als Zentralion gibt es dagegen zu Tausenden.

Alle Cobalt(III)-Komplexe sind oktaedrisch gebaut und wie beim Chrom(III) sind die *low-spin*-Komplexe kinetisch inert. Wenn verschiedene optische Isomere vorhanden sind, lassen sich diese voneinander trennen. Typische Beispiele für Cobalt(III)-Komplexe sind das Hexaammincobalt(III)-Ion $[Co(NH_3)_6]^{3+}$ und das Hexacyanocobaltat(III)-Ion $[Co(CN)_6]^{3-}$.

Die Synthese der Komplexe geht in der Regel von wässerigen Lösungen der Cobalt(II)-Salze aus. Nach Zugabe der gewünschten Liganden macht man alkalisch und oxidiert durch Einleiten von Sauerstoff oder durch Zutropfen von Wasserstoffperoxid-Lösung. Aufgrund ihres kinetisch inerten Verhaltens lassen sich die verschiedenen Cobalt(III)-Komplexe mit geeigneten Gegenionen als feste Stoffe isolieren und durch

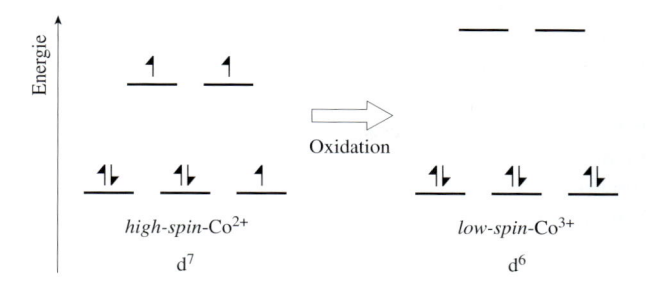

24.34 Besetzung der 3d-Niveaus im *high-spin*-Co(II)- und im *low-spin*-Co(III)-Ion.

Umkristallisation reinigen. Lösungen der reinen Verbindungen können meist problemlos auf ihre Leitfähigkeit und ihre Lichtabsorption untersucht werden.

Liganden können die Elektrodenpotentiale erheblich beeinflussen und damit auch die Stabilität verschiedener Oxidationsstufen bestimmen. So ist das blaue Hexaaquacobalt(III)-Ion in wässeriger Lösung nur metastabil, denn als starkes Oxidationsmittel kann es das Lösemittel Wasser unter Bildung von Sauerstoff oxidieren (E^0(½ O_2/H_2O) = 1,23 V bei pH = 0).

$$[Co(H_2O)_6]^{3+}(aq) + e^- \rightleftharpoons [Co(H_2O)_6]^{2+}(aq); \quad E^0 = 1,82 \text{ V}$$
$$[Co(NH_3)_6]^{3+}(aq) + e^- \rightleftharpoons [Co(NH_3)_6]^{2+}(aq); \quad E^0 = 0,10 \text{ V}$$

Das Hexaammincobalt(III)-Ion zeigt dagegen keine Oxidationswirkung; $[Co(NH_3)_6]^{2+}$ kann dementsprechend durch Sauerstoff (E^0(½O_2/OH$^-$) = 0,40 V) in wässeriger Lösung zu $[Co(NH_3)_6]^{3+}$ oxidiert werden:

$$2\,[Co(NH_3)_6]^{2+}(aq) + \tfrac{1}{2}\,O_2(aq) + H_2O(l) \rightarrow 2\,[Co(NH_3)_6]^{3+}(aq) + 2\,OH^-(aq)$$

Das Beispiel zeigt, dass durch Komplexbildung bestimmte – sonst instabile – Oxidationsstufen eines Elements stabilisiert werden können.

Betrachtet man die Elektronenkonfigurationen von Cobalt(II)- und Cobalt(III)-Ionen in einem oktaedrischen Feld, so erkennt man, warum Liganden, die eine große Kristallfeldaufspaltung verursachen, die Oxidation von Cobalt(II)-Verbindungen erleichtern. Fast alle Cobalt(II)-Komplexe besitzen die *high-spin*-Konfiguration, während Cobalt(III)-Komplexe aufgrund der höheren Ladung des Cobalts und der dadurch bedingten größeren Ligandenfeldaufspaltung fast immer *low-spin*-Komplexe sind. Die Oxidation führt also zu einem Gewinn an Ligandenfeldstabilisierungsenergie (Abbildung 24.34). Je stärker ein Ligand ist, desto größer ist der Wert für 10 Dq und umso größer ist der Energiegewinn bei der Oxidation.

Cobalt(III) bildet wie Chrom(III) eine große Anzahl von Komplexen, bei denen geometrische und optische *Isomerie* auftritt. In Tabelle 24.11 sind einige Komplexverbindungen zusammengestellt, die formal aus „Cobalt(III)-chlorid" und Ammoniak gebildet werden können. Die Zusammensetzung dieser Verbindungen ist analytisch leicht zu ermitteln. Die Ladungszahlen der Komplexe ergeben sich aus Leitfähigkeitsmessungen

Eine Lösung des metastabilen $[Co(H_2O)_6]^{3+}$-Ions lässt sich leicht herstellen, indem man eine Lösung des tiefgrünen Carbonato-Komplexes $[Co^{III}(CO_3)_3]^{3-}$ mit Salpetersäure stark ansäuert:

$[Co(CO_3)_3]^{3-}$(aq) + 6 H_3O^+(aq) →
  grün
$[Co(H_2O)_6]^{3+}$(aq) + 3 CO_2(g) + 3 H_2O(l)
  blau

Hinweis: LiCo^{III}O$_2$ – dotiert mit Ni^{3+}- und anderen Ionen – spielt als Elektrodenmaterial in Li$^+$-Ionenbatterien eine wichtige Rolle (siehe den Exkurs in Abschnitt 15.4).

Tabelle 24.11 Komplexverbindungen, die formal als Additionsverbindungen aus Cobalt(III)-chlorid und Ammoniak aufgefasst werden können

Zusammensetzung	Farbe	Aufbau	
		Kation	Anion
CoCl$_3$ · 4 NH$_3$	violett	*cis*-[CoCl$_2$(NH$_3$)$_4$]$^+$	Cl$^-$
CoCl$_3$ · 4 NH$_3$	grün	*trans*-[CoCl$_2$(NH$_3$)$_4$]$^+$	Cl$^-$
CoCl$_3$ · 5 NH$_3$	purpurrot	[CoCl(NH$_3$)$_5$]$^{2+}$	2 Cl$^-$
CoCl$_3$ · 6 NH$_3$	gelborange	[Co(NH$_3$)$_6$]$^{3+}$	3 Cl$^-$

Bei den als Laborreagenzien verwendeten *Cobalt(II)-salzen* handelt es sich um Hydrate: $Co(NO_3)_2 \cdot 6\,H_2O$, $CoSO_4 \cdot 7\,H_2O$ und $CoCl_2 \cdot 6\,H_2O$. Das rotviolette Cobalt(II)-chlorid-Hexahydrat unterscheidet sich dabei auffällig von den beiden anderen rosafarbenen Salzen. Die Ursache liegt in der Beteiligung der Chlorid-Ionen an der Koordination des Zentralions: $[CoCl_2(H_2O)_4] \cdot 2\,H_2O$. Die im festen Zustand vorliegenden Chlorokomplexe sind in verdünnter wässeriger Lösung allerdings nicht stabil, sodass sich die Farben der Salzlösungen praktisch nicht unterscheiden.

Versetzt man eine Cobalt(II)-hydroxid-Fällung mit Ammoniak, so löst sich der Niederschlag unter Bildung von Amminkomplexen des Cobalt(II). Oxidation durch gelösten Sauerstoff führt schließlich zu einer rötlichen Lösung, in der überwiegend das $[Co(H_2O)(NH_3)_5]^{3+}$-Ion vorliegt.

Nachweis von Cobalt Eine bei qualitativen Analysen auf Cobalt zu prüfende Lösung enthält hydratisierte Co^{2+}-Ionen. Für den eindeutigen Nachweis werden sie in das tiefblaue Tetraisothiocyanatocobalt(II)-Ion überführt, bei dem die Liganden über das N-Atom gebunden sind: $[Co(NCS)_4]^{2-}$. Der Test kann beispielsweise folgendermaßen ausgeführt werden: Man gibt einen Spatel Ammoniumthiocyanat zu 2 ml der essigsauren Probelösung, fügt Methylisobutylketon hinzu und schüttelt gut durch. Auf diese Weise wird der Komplex in die organische Phase extrahiert. Als Gegenionen fungieren protonierte Lösemittelmoleküle.

Zur Struktur von Vitamin B_{12} vergleiche man Abbildung 23.27

in wässeriger Lösung. Die freien Chlorid-Ionen können mit Silber-Ionen gefällt werden, sodass sich ihre Anzahl auch gravimetrisch bestimmen lässt.

Cobalt(II)-Verbindungen Lösungen von Cobalt(II)-Salzen sind durch die Anwesenheit des Hexaaquacobalt(II)-Ions $[Co(H_2O)_6]^{2+}$ charakteristisch rosa gefärbt. Versetzt man eine Lösung eines Cobalt(II)-Salzes mit konzentrierter Salzsäure, so schlägt die Farbe nach dunkelblau hin um, was auf die Bildung des tetraedrischen Tetrachlorocobaltat(II)-Ions ($[CoCl_4]^{2-}$) zurückzuführen ist. Dieser Farbumschlag ist charakteristisch für das Cobalt(II)-Ion:

$$[Co(H_2O)_6]^{2+}(aq) + 4\,Cl^-(aq) \rightleftharpoons [CoCl_4]^{2-}(aq) + 6\,H_2O(l)$$

Die Zugabe von Hydroxid-Ionen zu einer Lösung von Cobalt(II)-Ionen führt zur Bildung einer blauen Hydroxidfällung, die nach einiger Zeit in die stabilere, rosa gefärbte Modifikation übergeht.

$$Co^{2+}(aq) + 2\,OH^-(aq) \rightarrow Co(OH)_2(s)$$

Das Cobalt(II)-hydroxid wird langsam durch Luftsauerstoff zu Cobalt(III)-oxidhydroxid (CoO(OH)) oxidiert.

$$2\,Co(OH)_2(s) + \tfrac{1}{2}O_2(aq) \rightarrow 2\,CoO(OH)(s) + H_2O(l)$$

Cobalt(II)-hydroxid zeigt ein – nur schwach ausgeprägtes – amphoteres Verhalten: Fügt man konzentrierte Natronlauge hinzu, so bildet sich eine dunkelblaue Lösung, die das Tetrahydroxocobaltat(II)-Ion enthält.

$$Co(OH)_2(s) + 2\,OH^-(aq) \rightarrow [Co(OH)_4]^{2-}(aq)$$

Mit Schwefelwasserstoff bildet Cobalt(II) in alkalischem Medium eine schwarze Sulfidfällung (CoS). Überraschenderweise löst sich der auf einem Filter gesammelte Niederschlag jedoch nicht in Salzsäure: Unter Beteiligung von Sauerstoff ist ein schwerer lösliches Sulfid entstanden, das auch Co^{3+}-Ionen enthält. Man nutzt diese Eigenschaft bei qualitativen Analysen für die Abtrennung von Cobaltsulfid (sowie Nickelsulfid) aus einer Mischung mit säurelöslichen Sulfiden (MnS, ZnS, FeS).

Biologische Aspekte Cobalt ist ein essentielles Element. Von besonderer Bedeutung ist Cobalt(III) im Zentrum des Vitamin-B_{12}-Moleküls (*Cobalamin*), wo es von einem zyklischen Liganden ähnlich dem Porphyrin umgeben ist. Dieses Vitamin wird zur Behandlung der *perniziösen Anämie* verwendet, einer gravierenden Form der Blutarmut. Bestimmte anaerobe Bakterien nutzen ein verwandtes Molekül, *Methylcobalamin*, in einem Kreislauf zur Produktion von Methan. Unglücklicherweise überführt derselbe biochemische Kreislauf elementares Quecksilber und unlösliche anorganische Quecksilberverbindungen aus quecksilberverseuchten Gewässern in das lösliche, hoch toxische Methylquecksilber(II)-Kation ($HgCH_3^+$) und Dimethylquecksilber(II) ($Hg(CH_3)_2$).

Cobalt ist außerdem an der Wirkung einiger Enzyme beteiligt. So ließ sich eine Mangelerkrankung bei Schafen in Florida, Australien, Großbritannien und Neuseeland auf einen Mangel an Cobalt in den Böden zurückführen. Zur Therapie werden den Schafen Cobaltkügelchen ins Futter gegeben, von denen einige für den Rest ihres Lebens im Verdauungssystem verbleiben.

Nickel

Nickel ist ein korrosionsbeständiges, silbrig weißes, ferromagnetisches Metall. Jährlich werden weltweit rund eine Million Tonnen eingesetzt, insbesondere zur Herstellung von Legierungen. Die wichtigsten Produkte sind Edelstähle und verschiedene Kupfer-Nickel-Legierungen (u.a. für Münzen)

Vielfach werden auch Gebrauchsgegenstände aus Stahl und Messing vernickelt, um sie vor Korrosion zu schützen. Nickel ist zwar nicht besonders toxisch, viele Menschen reagieren jedoch auf Nickel allergisch. Die normale Oxidationsstufe von Nickel ist II. Die meisten Nickelkomplexe haben oktaedrische Geometrie, es sind jedoch auch einige tetraedrische Komplexe bekannt. Relativ häufig tritt die sonst bei Verbindungen der 3d-Metalle sehr seltene quadratisch-planare Geometrie auf.

In der Natur kommt Nickel in Form sulfidischer, arsenidischer oder silicatischer Erze vor. Die wichtigsten Mineralien sind:

Pentlandit: $(Ni,Fe)_9S_8$,
Chloanthit (Weißnickelkies): $(Ni,Co)As_3$,
Nickelin (Rotnickelkies): NiAs,
Garnierit: $(Ni,Mg)_6[Si_4O_{10}](OH)_8$

Nickel(II)-Verbindungen Wässerige Lösungen von Nickel(II)-Salzen sind hellgrün, da sie jeweils das Hexaaquanickel(II)-Ion enthalten.

Die als Laborreagenzien verwendeten Hydrate von Nickel(II)-salzen sind daher ebenfalls grün: $Ni(NO_3)_2 \cdot 6\,H_2O$, $NiSO_4 \cdot 6\,H_2O$ und $NiCl_2 \cdot 6\,H_2O$. Das gelblich grüne Chlorid unterscheidet sich aber deutlich von den beiden anderen, kräftiger grünen Salzen. Wie im Falle des entsprechenden Cobalt(II)-salzes (sowie der Hexahydrate von Chrom(III)- und Eisen(III)-chlorid) sind auch hier die Chlorid-Ionen an der Koordination des Zentralions beteiligt: $[NiCl_2(H_2O)_4] \cdot 2\,H_2O$. In wässeriger Lösung werden derartige oktaedrische Chlorokomplexe erst dann gebildet, wenn Chlorid-Ionen in hohem Überschuss vorliegen.

Fällungen von Nickel(II)-sulfid verhalten sich ganz ähnlich wie es bereits für die mit Cobalt(II) erhaltenen Sulfidfällungen beschrieben wurde.

Nickel(II)-hydroxid kann durch Zugabe von Natriumhydroxid-Lösung zu einem Nickel(II)-Salz als grüner, voluminöser Feststoff ausgefällt werden:

$$Ni^{2+}(aq) + 2\,OH^-(aq) \rightarrow Ni(OH)_2(s)$$

Die Zugabe von Ammoniak führt zur Bildung des blauen Hexaamminnickel(II)-Ions:

$$Ni(OH)_2(s) + 6\,NH_3(aq) \rightarrow [Ni(NH_3)_6]^{2+}(aq) + 2\,OH^-(aq)$$

Einen *tetraedrischen* Komplex bildet Nickel(II) beispielsweise mit Chlorid-Ionen. Das blaue Tetrachloronickelat(II)-Ion ist aber in wässeriger Lösung nicht stabil. Aus einer ethanolischen Lösung, die neben Nickel(II)-chlorid das Chlorid eines großen Kations wie Tetraethylammonium ($N(C_2H_5)_4^+$) enthält, kann das blaue Komplexsalz jedoch isoliert werden.

Quadratisch-planare Komplexe Neben oktaedrischen und tetraedrischen Komplexen bildet Nickel einige quadratisch-planare Komplexe. Beispiele sind das gelbe Tetracyanonickelat(II)-Ion ($[Ni(CN)_4]^{2-}$) und Bis(dimethylglyoximato)nickel(II) ($[Ni(C_4N_2O_2H_7)_2]$), das als roter Feststoff ausfällt, wenn man *Dimethylglyoxim* zu einer Lösung eines Nickel-Salzes gibt. Die Bildung dieses roten Chelatkomplexes ist ein nahezu spezifischer Nachweis für Nickel(II)-Ionen. Auch für die gravimetrische Bestimmung von Nickel wird diese Reaktion genutzt. Dimethylglyoxim ist ein zweizähniger Ligand, für den man das Kürzel H_2dmg verwendet, denn das Molekül kann insgesamt zwei Protonen abgeben. Die Reaktion verläuft daher als pH-abhängige Gleichgewichtsreaktion:

$$Ni^{2+}(aq) + H_2dmg(aq) \rightleftharpoons Ni(Hdmg)_2(s) + 2\,H^+(aq)$$

Um eine vollständige Fällung sicherzustellen, fügt man in der Regel Ammoniak hinzu.

Die Valenzstrichformeln von H_2dmg und der damit gebildete Nickelkomplex sind in Abbildung 24.35 dargestellt.

24.35 Aufbau des Dimethylglyoxim-Moleküls (a) und des Nickel-Dimethylglyoxim-Komplexes (b).

Weitere Oxidationsstufen Von den wenigen Verbindungen, die Nickel in einer höheren Oxidationsstufe als II enthalten, hat nur *Nickel(III)-oxidhydroxid* (NiO(OH)) praktische Bedeutung erlangt. Seine Oxidationswirkung wird in Nickel/Cadmium- und Nickel/Metallhydrid-Akkumulatoren genutzt. Bei Stromentnahme läuft am Pluspol die folgende Reaktion ab:

$$NiO(OH)(s) + H_2O(l) + e^- \rightarrow Ni(OH)_2(s) + OH^-(aq)$$

Hinweis: Batterien und Akkumulatoren werden ausführlicher in Abschnitt 11.9 behandelt.

Die höchste bekannte Oxidationsstufe des Nickels ist IV. Sie tritt zum Beispiel in der Verbindung $K_2[NiF_6]$ auf, in denen oktaedrisch gebaute NiF_6^{2-}-Anionen vorliegen. Das binäre NiF_4 erhält man durch Umsetzung von $K_2[NiF_6]$ mit SbF_5 in wasserfreiem HF. NiF_4 ist eines der stärksten Oxidationsmittel, die man kennt; thermisch zerfällt es leicht in NiF_3 und F_2.

Biologische Aspekte Von allen Übergangsmetallen der vierten Periode ist die Biochemie des Nickels bisher am wenigsten verstanden. So ist auch die Bedeutung des Nickels für

Ureasen sind Enzyme von Pflanzen und Bakterien, die den hydrolytischen Abbau von Harnstoff zu Kohlenstoffdioxid und Ammoniak katalysieren.

den Menschen (Gehalt im menschlichen Körper ≈ 10 mg, verteilt auf alle Organe) bisher nicht aufgeklärt. Der erste Nachweis von Nickel in einem Enzym gelang 1975 im Falle einer pflanzlichen Urease. Heute weiß man, dass Nickel als essentielle Komponente am Aufbau mehrerer Enzymtypen in Form porphyrinähnlicher Komplexe beteiligt ist.

24.8 Die Platinmetalle

Bei den Nebengruppenmetallen sind die 4d- und 5d-Elemente der fünften und sechsten Periode innerhalb einer Gruppe besonders ähnlich. Dies ist im Wesentlichen eine Folge der fast gleichen Atom- und Ionenradien bei diesen Elementen. Entsprechend der Ähnlichkeit zwischen Eisen, Cobalt und Nickel bilden auch die schwereren Homologen dieser Elemente in der fünften und sechsten Periode – Ruthenium (Ru), Rhodium (Rh), Palladium (Pd) und Osmium (Os), Iridium (Ir), Platin (Pt) – einen Block von sechs Metallen mit recht ähnlichen Eigenschaften (Abbildung 24.36). Man bezeichnet sie als *Platinmetalle* Gemeinsam mit Kupfer, Silber, Gold und Quecksilber gehören sie zu den *Edelmetallen*, die – entsprechend den positiven Standardpotentialen – resistent gegen verdünnte Säuren mit nichtoxidierenden Anionen sind. Die höchste Korrosionsbeständigkeit unter den Platinmetallen hat Rhodium. So behalten rhodinierte Metallspiegel auch unter extremen Bedingungen ihr hohes Reflexionsvermögen.

Platinmetalle werden zur Herstellung von Schmuck und Münzen verwendet, der Großteil jedoch wird in Form von Katalysatoren für verschiedene Reaktionen eingesetzt, unter anderem auch für die Reinigung von Autoabgasen.

Die Dichten der Metalle der fünften Periode liegen bei etwa 12 g·cm^{-3}; bei den Metallen der sechsten Periode sind es ungefähr 22 g·cm^{-3}. Die Schmelztemperaturen der Platinmetalle sind hoch: Ihre Werte liegen zwischen 1 500 °C und 3000 °C. Die (positiven) Standardpotentiale nehmen von links nach rechts und von oben nach unten hin zu. Tabelle 24.12 gibt eine Übersicht über einige wichtige Eigenschaften der Platinmetalle.

Im Zeitraum von Mai 2001 bis März 2002 lagen beispielsweise die höchsten Notierungen für Platin und Palladium bei 24 €/g bzw. 26 €/g und die niedrigsten bei 17 €/g bzw. 13 €/g. Der Goldkurs blieb in dieser Zeit nahezu unverändert bei rund 11 €/g. Im Dezember 2009 lag der Platinpreis bei 33 €/g, der Palladiumpreis bei 9 €/g. Der Goldpreis betrug 27 €/g.

Gewinnung und Verwendung Die Platinmetalle kommen in der Natur nur in sehr geringen Konzentrationen vor, überwiegend als Beimengungen in einigen sulfidischen Nickel- oder Kupfererzen mit maximal 1 g Platinmetall pro Tonne Erz. Die Metalle reichern sich bei der elektrolytischen Reinigung von Nickel und Kupfer im sogenannten Anodenschlamm an und können hieraus gewonnen werden.

Ihre Jahresproduktion beläuft sich lediglich auf ungefähr 300 Tonnen. Platin und Palladium haben davon den größten Anteil. Da sich das Verhältnis von Angebot und Nachfrage häufig ändert, ergeben sich starke Preisschwankungen.

Das Pd/H$_2$-System Bereits 1866 wurde ein sehr ungewöhnliches Verhalten von Palladium gegenüber Wasserstoff beobachtet: Das Metall kann mehr als das 900fache seines Volumens an Wasserstoffgas aufnehmen, sodass Wasserstoff ähnlich dicht gepackt vorliegt wie in flüssigem Wasserstoff. Die Zusammensetzung entspricht dann etwa der Formel Pd$_3$H$_2$. Trotz der Absorption von Wasserstoff behält Palladium die Duktilität des

Ti	V	Cr	Mn	Fe	Co	Ni	Cu	Zn
Zr	Nb	Mo	Tc	Ru	Rh	Pd	Ag	Cd
Hf	Ta	W	Re	Os	Ir	Pt	Au	Hg

24.36 Stellung der Platinmetalle im Periodensystem.

Tabelle 24.12 Einige Eigenschaften der Platinmetalle

	Ru	Rh	Pd	Os	Ir	Pt
Struktur*	hdp	kdp	kdp	hdp	kdp	kdp
mechanisches Verhalten	hart und spröde	dehnbar und weich	duktil	hart und spröde	hart und spröde	duktil
Dichte (g · cm^{-3})	12,45	12,41	12,02	22,61	22,65	21,45
Schmelztemperatur (°C)	2310	1963	1554	≈ 3050	2447	1772
Siedetemperatur (°C)	≈ 3900	≈ 3700	≈ 2970	≈ 5000	≈ 4500	≈ 3800
Atomradius (pm)	132,5	134,5	137,6	133,8	135,7	137,3
wichtige Oxidationsstufen	II, IV, VIII	I, III	II	IV, VIII	III, IV	II, IV
Standardpotential (V)	0,46 (Ru^{2+}/Ru)	0,6 (Rh$^+$/Rh)	0,95 (Pd^{2+}/Pd)	0,85 (OsO$_4$/Os)	1,16 (Ir^{3+}/Ir)	1,19 (Pt^{2+}/Pt)

* hdp: hexagonal-dichteste Kugelpackung
 kdp: kubisch-dichteste Kugelpackung

Metalls; die elektrische Leitfähigkeit nimmt aber ab, und ab einer Zusammensetzung von PdH$_{0,5}$ verhält sich das Material wie ein typischer Halbleiter. Beim Erhitzen auf etwa 500 °C wird der Wasserstoff wieder vollständig abgespalten. Welcher Art die bindenden Wechselwirkungen zwischen Wasserstoff und Palladium sind, ist bis heute nicht ausreichend geklärt. Sicher ist aber eine hohe Beweglichkeit des Wasserstoffs – wahrscheinlich in atomarer Form – im Metallgitter, sodass Wasserstoffgas bei erhöhter Temperatur durch ein Palladiumblech diffundieren kann. Man nutzt diese Eigenschaft auch technisch zur Abtrennung von Wasserstoff aus Gasgemischen. Im Labor verwendet man gelegentlich Palladiumröhrchen, um Wasserstoff in Vakuumapparaturen eindiffundieren zu lassen.

Komplexverbindungen

Die Verbindungen der Platinmetalle weisen in ihrem chemischen Verhalten eine Reihe von Ähnlichkeiten auf. So bilden sie als elektronenreiche Metalle eine Vielzahl an Verbindungen mit π-Akzeptorliganden. Es gibt jedoch auch deutliche Unterschiede zwischen den Platinmetallen der Gruppen 8, 9 und 10. Beispielsweise bilden nur Ruthenium und Osmium Verbindungen mit sehr hohen Oxidationsstufen: Osmium(VIII)-oxid (OsO$_4$) dient in der organischen Chemie als nützliches Oxidationsmittel zur Herstellung von Diolen aus Alkenen. Rhodium und Iridium bilden bevorzugt Komplexe in der Oxidationsstufe III, die wie die Cobalt(III)-Komplexe kinetisch inert sind.

Charakteristisch für Platinmetall-Ionen mit der d^8-Konfiguration (Rhodium(I)-, Iridium(I)-, Palladium(II)- und Platin(II)) ist die Bildung quadratisch-planarer Komplexe. Diese Besonderheit zeigen auch einige Nickel(II)-Komplexe. Auch bei einigen binären Verbindungen der Platinmetalle findet man die planar-quadratische Umgebung. Ein Beispiel ist die Kettenstruktur des α-Palladium(II)-chlorids (Abbildung 24.37a). Gleichfalls planar-quadratisch sind die Pd^{2+}-Ionen im β-PdCl$_2$ umgeben, das isotyp zu der entsprechenden Platinverbindung ist (Abbildung 24.37 b).

Der *Trans*-Effekt Eine Besonderheit beobachtet man bei der Substitution von Liganden in planar-quadratischen Komplexen des Typs [PtX$_3$L] (z.B. [PtCl$_3$NH$_3$]$^-$). Wird einer der Liganden X durch einen Liganden Y ersetzt, können zwei unterschiedliche

Eine besonders interessante Platinverbindung erhält man bei der partiellen Oxidation der farblosen Komplexverbindung K$_2$[Pt(CN)$_4$] · 3 H$_2$O zu bronzefarbenem K$_{1,75}$[Pt(CN)$_4$] · 1,5 H$_2$O. Die Verbindung leitet den elektrischen Strom in einer Richtung, die der Verbindungslinie zwischen den Platin-Atomen entspricht. Dieses *Krogmannsche Salz* ist einer der wenigen Vertreter solch eindimensionaler Leiter. Die Leitfähigkeit kommt durch die Überlappung der teilweise besetzten d$_{z^2}$-Orbitale zustande. Diese Platin/Platin-Bindungen erklären das metallische Verhalten entlang der Bindungen, die etwa die gleiche Bindungslänge aufweisen wie im Platinmetall (Abbildung 24.38).

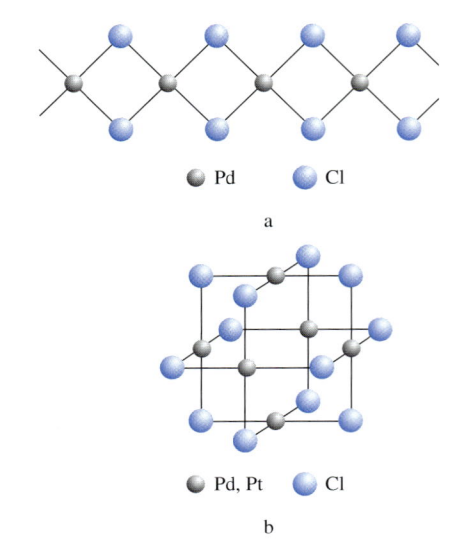

24.37 Struktur von α-Palladium(II)-chlorid (a) und β-Palladium(II)-chlorid (b). In beiden Modifikationen hat das Palladium(II)-Ion eine planar-quadratische Umgebung.

24.38 Aufbau des Krogmannschen Salzes.

Produkte entstehen: Der *trans*-Komplex, in dem L und Y einander gegenüber stehen (Abbildung 24.39a), oder der *cis*-Komplex, in dem L und Y benachbart sind (Abbildung 24.39b). In umfangreichen Untersuchungen hat man festgestellt, dass die Natur des Liganden L die beiden Strukturen in jeweils unterschiedlichem Maße begünstigen kann. In der folgenden Reihe sind die Liganden L so angeordnet, dass zunehmend die *trans*-Stellung begünstigt wird:

F$^-$ < OH$^-$ < H$_2$O < NH$_3$ < Cl$^-$ < Br$^-$ < I$^-$ < H$^-$ < PR$_3$ < CN$^-$ < CO < C$_2$H$_4$

So entsteht aus [PtCl$_4$]$^{2-}$ und Ammoniak zunächst [Pt(NH$_3$)Cl$_3$]$^-$ und daraus in einem zweiten Substitutionsschritt *cis*-[Pt(NH$_3$)$_2$Cl$_2$]. Cl$^-$ hat nach obiger Reihe einen stärker *trans*-dirigierenden Einfluss als NH$_3$. *Trans*-[Pt(NH$_3$)$_2$Cl$_2$] lässt sich dementsprechend aus dem [Pt(NH$_3$)$_4$]$^{2+}$-Komplex gewinnen: Im ersten Schritt wird ein Ammoniak-Molekül durch ein Chlorid-Ion ersetzt, dieses dirigiert dann das zweite Chlorid-Ion in die *trans*-Position.

Man hat eine Reihe von Gründen für diesen *Trans*-Effekt diskutiert. Einer ist im π-Akzeptorverhalten des Liganden L zu suchen. Starke π-Akzeptor-Liganden wie Kohlenstoffmonoxid oder Ethylen dirigieren besonders stark in *trans*-Stellung. Diese Liganden ziehen besonders viel Elektronendichte vom Zentralion ab, insbesondere aus der dem Liganden L gegenüberliegenden Bindung, die dadurch gelockert wird, sodass der *trans*-ständige Ligand leichter substituiert werden kann.

24.39 Bildung von planar-quadratischen *trans*- (a) und *cis*-Platin-Komplexen (b).

Heterogene Katalyse

EXKURS

Die Verwendung metallorganischer Übergangsmetallverbindungen als *homogene* Katalysatoren wurde schon mehrfach angesprochen. Viele Übergangsmetalle können auch in elementarer Form als *heterogene* Katalysatoren für chemische Reaktionen eingesetzt werden. Industriell werden heterogene Katalysatoren häufig bevorzugt, da der Katalysator ein Feststoff ist, während Ausgangsverbindungen und Produkte Gase oder Flüssigkeiten sind, sodass sich die Reaktionsteilnehmer vom Katalysator trennen lassen. Wenngleich auch Eisen und Nickel einige Anwendungen als Katalysatoren haben, sind es insbesondere die Platinmetalle, die katalytische Eigenschaften besitzen. Bekannte Anwendungsbeispiele sind die Oxidation von Ammoniak zu Stickstoffmonoxid im Zuge der industriellen Herstellung von Salpetersäure oder die Reinigung von Autoabgasen.

Bei Reaktionen, die durch Metalle katalysiert werden, wird die Metalloberfläche zunächst durch Moleküle der Reaktionspartner belegt. Hier werden nur schwache Kräfte zwischen den Atomen der Metalloberfläche und den adsorbierten Molekülen wirksam. Die bei einer solchen *Physisorption* frei werdende Energie liegt gewöhnlich im Bereich von 20 – 50 kJ·mol^{-1}. Weit mehr Energie (einige hundert kJ·mol^{-1}) wird frei, wenn es zu einer chemischen Bindung zwischen dem Katalysator und einem der Reaktionspartner kommt – ein solcher Prozess wird als *Chemisorption* bezeichnet. Chemisorption führt zur Bildung von Bindungen zwischen Metalloberfläche und angelagerten Molekülen. Dabei werden die Bindungen innerhalb dieser Moleküle geschwächt oder sogar aufgebrochen. Als Folge können an das Metall gebundene Fragmente dieser Moleküle auf der Katalysatoroberfläche ohne großen Energieaufwand miteinander reagieren. Werden Moleküle jedoch zu stark an die Katalysatoroberfläche gebunden, so bildet sich eine fest haftende Schicht auf dem Katalysator und die Reaktion kommt sofort zum Stillstand. Solche Stoffe werden als *Katalysatorgifte* bezeichnet. Schwefelhaltige Verbindungen bilden mit vielen Metalle starke Bindungen aus. Daher stellen Schwefelverbindungen häufig ein Problem bei der heterogenen Katalyse dar: Schwefelverbindungen – selbst im ppm-Bereich – müssen aus den an der Katalysatoroberfläche umzusetzenden Stoffen entfernt werden.

Man kann die Wechselwirkung der Metallatome an der Katalysatoroberfläche mit gasförmigen Molekülen als eine Art Komplexbildung betrachten und eine Reihenfolge der Bindungsstärke zwischen Metallatomen und bestimmten Liganden ermitteln:

O_2 > C≡C > C=C > CO > H_2 > CO_2 > N_2

Bei der Wahl des Katalysators für eine Gasphasenreaktion ist darauf zu achten, dass die Ausgangsstoffe schwach und die Produkte nach Möglichkeit überhaupt nicht chemisorbiert werden. Auf diese Art lösen sich die Produktmoleküle schnell von der Katalysatoroberfläche und weitere Moleküle können umgesetzt werden. Systematische Untersuchungen zeigten, dass die Übergangsmetalle der Gruppen 4 bis 7 sich stark mit den aufgeführten Gasen verbinden, während die Elemente der Gruppe 11 dies praktisch nicht tun. Die Metalle der Gruppe 8 chemisorbieren nur Stickstoff. Sie sind besonders geeignet für das Haber-Bosch-Verfahren. (Da Eisen weitaus billiger ist als Ruthenium oder Osmium, wird im industriellen Maßstab immer Eisen verwendet.)

Als Katalysator für die Oxidation von Kohlenstoffmonoxid zu Kohlenstoffdioxid in einem Abgaskatalysator eignen sich eines oder mehrere der Platinmetalle. Diese binden CO und O_2, das Produkt CO_2 jedoch nur schwach oder gar nicht und es wird von der Katalysatoroberfläche sofort abgegeben. Ein vorgeschlagener Reaktionsverlauf für eine katalysierte Reaktion ist folgender:

$O_2(g) \rightarrow 2\ O(Pt)$ (Chemisorption)

$CO(g) \rightarrow CO(Pt)$ (Chemisorption)

$O(Pt) + CO(Pt) \rightarrow CO_2(Pt)$ (Physisorption)

$CO_2(Pt) \rightarrow CO_2(g)$ (Abgabe des physisorbierten Moleküls)

Das adsorbierte CO-Molekül bildet eine starke, kovalente Metall/Kohlenstoff-Bindung, wohingegen das entstehende CO_2 nur durch Dispersionskräfte festgehalten wird.

Die durchschnittliche Reaktionszeit von der Adsorption des Kohlenstoffmonoxid-Moleküls bis zur Abgabe des Kohlenstoffdioxid-Moleküls beträgt ungefähr eine Millisekunde.

Obwohl man heute grundlegende Kenntnisse vom Reaktionsverlauf katalysierter Reaktionen hat, muss der beste Katalysator oder die beste Katalysatorenzusammensetzung für eine bestimmte Reaktion immer noch empirisch ermittelt werden.

Biologische Aspekte

Eine Zufallsentdeckung brachte die Krebstherapie ein gutes Stück voran. In den Sechzigerjahren des 20. Jahrhunderts untersuchte B. Rosenberg den Einfluss eines schwachen Wechselstroms auf das Wachstum von E. coli-Bakterien. Als Ergebnis der Experimente zeigt sich, dass die Zellteilung, nicht aber das Wachstum der Bakterien gehemmt wurden. Weitere Untersuchungen zeigten dann, dass nicht der Wechselstrom die Ursache für dieses unerwartete Phänomen war, sondern das vermeintlich inerte Platin der Elektroden: Durch Oxidation der Elektroden hatte sich zunächst *cis*-Diammintetrachloroplatin(IV) (*cis*-[$PtCl_4(NH_3)_2$]) gebildet. Aufgrund der reduzierenden Wirkung des Nährmediums hatte sich daraus das wirksame *cis*-Diammindichloroplatin(II) (*cis*-[$PtCl_2(NH_3)_2$]) gebildet (Abbildung 24.40). In der Folgezeit wurden zahlreiche ähnliche Verbindungen bezüglich ihrer hemmenden Wirkung auf die Zellteilung untersucht. Bis heute ist *cis*-Diammindichloroplatin(II), medizinisch als *Cisplatin* bezeichnet, eine der wirksamsten Substanzen. Es wird mit beträchtlichem Erfolg bei der Therapie verschiedener Tumorarten eingesetzt. Die im Vergleich zur *trans*-Verbindung sehr hohe Wirksamkeit der *cis*-Verbindung wird auf die folgenden Reaktionsschritte zurückgeführt: Beide Chlorid-Ionen werden unter physiologischen Bedingungen gegen Wasser-Moleküle ausgetauscht, die dann ihrerseits durch Stickstoff-Atome von zwei benachbarten Guanin-Basen *eines* DNA-Strangs verdrängt werden. Die Strukturänderung bleibt klein genug, um vom DNA-Reparatursystem nicht erkannt zu werden, hemmt aber völlig die DNA-Replikation.

24.40 Aufbau von *cis*-Diammintetrachloroplatin(IV) (a) und *cis*-Diammindichloroplatin(II) (b).

24.9 Die Elemente der Gruppe 11: Kupfer, Silber und Gold

Die 10-, 20- und 50-Cent-Münzen bestehen aus einer Kupferlegierung, die als *Nordisches Gold* bezeichnet wird. Legierungselemente sind neben Kupfer Aluminium und Zink mit je 5 % und Zinn mit 1 %: Cu89Al5Zn5Sn1. Aufbau und Zusammensetzung der Bicolor-Münzen (1 €, 2 €) sind in Zusammenhang mit der Verwendung von Nickel in Abschnitt 24.7 beschrieben.

Kupfer, Silber und Gold waren wohl die ersten vom Menschen genutzten Metalle. Sie werden traditionell als *Münzmetalle* bezeichnet, da sie früher für diesen Zweck verwendet wurden. Das hatte folgende Gründe: Die Metalle sind leicht zu gewinnen und sie sind relativ leicht verformbar, sodass Metallscheiben durch Druck zu Münzen „geprägt" werden können. Chemisch gesehen sind sie sehr beständig und bei Silber und Gold entsprach der Tauschwert der Münzen dem Materialwert. Unsere heutigen Geldstücke haben nur einen geringen Materialwert.

Die Elemente

Alle drei Metalle der Gruppe 11 kristallisieren in der kubisch-dichtesten Kugelpackung, dem *Kupfer-Typ*. Aufgrund der Lanthanoidenkontraktion sind die Atomradien von Silber und Gold nahezu gleich. Dem entsprechend bilden sie eine lückenlose Mischkristallreihe. Ihre Schmelztemperaturen liegen in der Nähe von 1 000 °C (Tabelle 24.13).

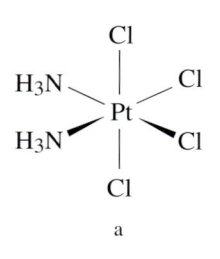

Tabelle 24.13 Dichten, Schmelz- und Siedetemperaturen der Metalle der Gruppe 11

Metall	Dichte (g · cm^{-3})	Schmelztemperatur (°C)	Siedetemperatur (°C)
Kupfer	8,95	1 085	2 570
Silber	10,50	962	≈ 2 200
Gold	19,32	1 064	≈ 2 600

Im reinen Zustand sind alle drei Metalle sehr weich und leicht verformbar. So lassen sich aus 1 cm^3 Gold 18 m^2 Goldfolie (Blattgold) herstellen. In einem so dünnen Goldfilm liegen nur noch etwa 230 Atome übereinander. Die elektrischen Leitfähigkeiten dieser drei Metalle sind sehr hoch: Silber hat von allen Metallen bei Raumtemperatur die höchste Leitfähigkeit und beim sehr viel häufigeren und preiswerteren Kupfer ist sie nur unwesentlich geringer. Kupfer wird deshalb in großem Umfang zur Herstellung von elektrischen Leitungen verwendet. Einige praktisch genutzte Legierungen des Kupfers sind in Tabelle 24.14 zusammengestellt

Die Elektronegativitäten von Kupfer, Silber und Gold sind für Metalle recht hoch. So hat Gold mit 2,5 einen Wert, der nahe bei dem Wert für Iod (2,7) liegt. Dem entsprechend bildet Gold mit geeigneten Bindungspartnern das Anion Au$^-$. Es liegt beispielsweise in der Verbindung CsAu vor, die aufgrund ihres salzartigen Charakters auch als Caesiumaurid bezeichnet wird.

Tabelle 24.14 Wichtige Kupferlegierungen

Name	Legierungszusatz
Messing	Zn (bis 50%)
Rotguss	Zn (bis 12%)
Gussbronze	Sn (10%)
Glockenbronze	Sn (20%)
Cupronickel *	Ni (25%)
Nickelmessing **	Ni (5%), Zn (20%)
nordisches Gold ***	Al (5%), Zn (5%), Sn (1%)

   * z.B. 1-€- und 2-€-Münzen (helle Legierung)
  ** z.B. 1-€- und 2-€-Münzen (gelbe Legierung)
 *** z.B. 10-, 20- und 50-Cent-Münzen

Farbige Metalle Kupfer und Gold haben neben Caesium als einzige Metalle eine Farbe, wenngleich die rötliche Farbe des Kupfers oft auch durch eine dünne Schicht von Kupfer(I)-oxid (Cu$_2$O) mitbestimmt wird. Die Farbe des Kupfers kommt durch das voll besetzte d-Band zustande, dessen obere Kante nur 220 kJ · mol^{-1} unterhalb des s-p-Bandes liegt. Dieser Wert entspricht sichtbarem Licht im grünblauen Spektralbereich. Kupfer reflektiert daher die Komplementärfarbe und erscheint rot. Beim Silber ist der Abstand zwischen den Bändern größer und die Absorption findet im ultravioletten Bereich des Spektrums statt. Relativistische Effekte senken die Energie des s-p-Bandes im Falle des Goldes, was wiederum die Absorption blauen Lichts ermöglicht. Hierdurch ergibt sich die charakteristische gelbe Farbe.

Oxidationsstufen

Die Elemente der Gruppe 11 zeigen auffällige Besonderheiten hinsichtlich ihrer Oxidationsstufen. So bildet Kupfer in wässeriger Lösung hydratisierte Ionen in der Oxidationsstufe II. Hydratisierte Cu(I)-Ionen disproportionieren dagegen:

$$2\,Cu^+(aq) \rightarrow Cu(s) + Cu^{2+}(aq)$$

Neben Komplexverbindungen mit Kupfer in der Oxidationstufe I kennt man daher sonst nur schwerlösliche Kupfer(I)-Verbindungen (z.B. Cu$_2$O, Cu$_2$S, CuI). Silber liegt in wässeriger Lösung ausschließlich in Verbindungen der Oxidationsstufe I vor. Hydratisierte

In einigen Fällen kann die Zusammensetzung einer Verbindung eine Oxidationsstufe vortäuschen, die sich bei näherer Untersuchung als falsch herausstellt. Beim Gold kennt man einige solcher Fälle. So enthält AuSO$_4$ keine Au(II)-Ionen; es muss vielmehr als Gold(I)-Gold(III)-sulfat betrachtet werden. Gold(II)-Ionen sind nur in Gegenwart von sehr schwach koordinierenden Anionen wie SO$_3$F$^-$ und SbF$_6^-$ stabil.

Gold(I)-Ionen sind wie Kupfer(I)-Ionen instabil, sie disproportionieren in elementares Gold und Gold(III).

Ein wesentlicher Grund für die hohe Stabilität von Cu^{2+}(aq)-Ionen ist in der hohen Hydratationsenthalpie für Kuper(II)-Ionen zu sehen (Cu^{2+}: −2 100 kJ·mol^{-1}; Cu$^+$: (−590 kJ·mol^{-1}), die offenbar den Energieaufwand für den zweiten Ionisierungsschritt wettmacht. Silber hingegen hat eine um über 100 kJ·mol^{-1} höhere zweite Ionisierungsenthalpie als Kupfer; die Hydratationsenthalpie für das deutlich größere Silber(II)-Ion ist wesentlich geringer als für das Kupfer(II)-Ion, sodass in wässeriger Lösung nur Silber(I)-Ionen beständig sind. Beim Gold ist die dritte Ionisierungsenergie deutlich niedriger als beim Silber. Dies bewirkt gemeinsam mit der hohen Ligandenfeldstabilisierungsenergie für das planar-quadratisch koordinierte Gold(III)-Ion die besondere Stabilität dieser Oxidationsstufe beim Gold.

Um die Münzmetalle in die genannten, in wässeriger Lösung stabilen Oxidationsstufen zu überführen, müssen mit steigender Ordnungszahl zunehmend stärkere Oxidationsmittel verwendet werden, wie die Zahlenwerte der entsprechenden Standardpotentiale zeigen:

$$\text{Cu}^{2+}(\text{aq}) + 2\,\text{e}^- \rightleftharpoons \text{Cu(s)}; \quad E^0 = 0{,}34 \text{ V}$$

$$\text{Ag}^+(\text{aq}) + \text{e}^- \rightleftharpoons \text{Ag(s)}; \quad E^0 = 0{,}80 \text{ V}$$

$$\text{Au}^{3+}(\text{aq}) + 3\,\text{e}^- \rightleftharpoons \text{Au(s)}; \quad E^0 = 1{,}68 \text{ V}$$

Kupfer und Silber lösen sich in Salpetersäure unter NO- oder NO$_2$-Entwicklung (je nach Konzentration der Säure), Gold (der „König" der Metalle) hingegen löst sich in *Königswasser*, einer Mischung aus konzentrierter Salzsäure und konzentrierter Salpetersäure (3:1). Die Chlorid-Ionen fungieren hier als Komplexliganden für Gold(III). Das Standardpotential wird durch die Bildung von [AuCl$_4$]$^-$ stark herabgesetzt (E^0(AuCl$_4^-$/Au) = 1,00 V).

Stereochemie

Die d^{10}-Ionen Cu(I), Ag(I) und Au(I) bevorzugen in Komplexverbindungen die sonst nur selten auftretende Koordinationszahl zwei, Kupfer(II)-Verbindungen (d^9) sind wegen des Jahn-Teller-Effekts überwiegend verzerrt oktaedrisch aufgebaut. Bei Gold(III)-Verbindungen findet man wie in den isoelektronischen Platin(II)-Verbindungen planar-quadratische Koordination. Der ungewöhnliche Gang der Stabilitäten verschiedener Oxidationsstufen wird teilweise durch Ligandenfeldeffekte bewirkt. Leicht zu verstehen ist die tetragonale Verzerrung bei Kupfer(II)-Verbindungen und die Neigung des Goldes

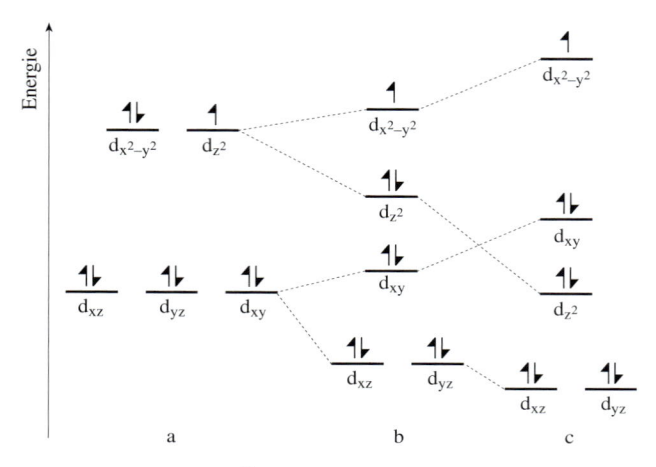

24.41 Aufspaltungsschema für ein d^9-Ion im symmetrischen Oktaederfeld (a), im tetragonal verzerrten (elongierten) Oktaederfeld (b) und in planar-quadratischer Umgebung (c).

zur Ausbildung der d^8-Elektronenkonfiguration in Au(III)-Verbindungen mit planarquadratischer Koordination. In Abbildung 24.41 ist das Aufspaltungsschema für eine d^9-Elektronenkonfiguration für drei Fälle dargestellt: für den oktaedrischen Fall (a), für den Fall, bei dem die Liganden an Spitze und Fuß des Oktaeders einen größeren Abstand zum Zentralion aufweisen als die vier übrigen (b) und für die planar-quadratische Koordination (c), die den Grenzfall einer sehr starken tetragonalen Verzerrung darstellt. Das Schema (b) entspricht qualitativ dem eines Kupfer(II)-Ions. Man erkennt, dass die Verzerrung insgesamt einen Energiegewinn nach sich zieht, da die Energie der sechs Elektronen in den d_{xz}-, d_{yz}- und d_{z^2}-Orbitalen deutlich abgesenkt wird, während die der drei Elektronen in den $d_{x^2-y^2}$- und d_{xy}-Orbitalen angehoben ist (Jahn-Teller-Effekt). Beim Gold als einem Element der dritten Übergangsmetallreihe ist die Aufspaltung wesentlich größer als beim Kupfer. Dies bedeutet, dass das Elektron im $d_{x^2-y^2}$-Orbital besonders energiereich ist und somit leicht abgegeben wird, wobei das Gold(III)-Ion gebildet wird.

Kupfer

Reines Kupfer ist ein weiches Metall, das mechanisch nicht stark beansprucht werden kann. Kupferhaltige Legierungen können jedoch wesentlich härter sein. Sie finden eine ausgedehnte Verwendung, insbesondere als *Messing* (Kupfer/Zink-Legierung) oder *Bronze* (Kupfer/Zinn-Legierung). In geringem Umfang werden auch Kupfer/Nickel- und Kupfer/Silber-Legierungen eingesetzt. Die Zusammensetzungen einiger bekannter Legierungen sind in Tabelle 24.14 angegeben.

Messing mit einem Zinkanteil von etwa 40% (Kurzbezeichnung CuZn40) ist gut zu bearbeiten und recht hart, sodass es beispielsweise im Sanitärbereich verwendet werden kann. Wasserhähne, Ventile und Verschraubungen bestehen fast immer aus Messing. Sichtbare Teile werden aus optischen Gründen häufig galvanisch mit einem Chromüberzug versehen.

Bronzen sind dem Menschen seit ältesten Zeiten bekannt („Bronzezeit"). Bis zur Einführung von Gussstahlrohren wurde Bronze für Kanonenrohre verwendet. Bronze anderer Zusammensetzung dient zur Herstellung von Glocken. Auch Achsenlager werden aus Bronze gefertigt. Kunstbronzen, aus denen Statuen gefertigt werden, enthalten zusätzlich noch etwas Zink und Blei.

Kupfer-Mineralien Neben elementarem Kupfer treten insbesondere Sulfide mit Kupfer in der Oxidationsstufe I und II auf. Eine Spezialität des Kupfers sind basische Carbonate: *Malachit* (grün) und *Azurit* (blau), die beide als Halbedelsteine geschätzt werden. Die wichtigsten Mineralien sind:

Chalcopyrit (Kupferkies): $CuFeS_2$

Buntkupferkies: Cu_5FeS_4

Kupferglanz: Cu_2S

Covellin (Kupferindig): CuS ($\stackrel{\wedge}{=} Cu_2^I S^{-II} \cdot Cu^{II} S_2^{-I}$)

Cuprit (Rotkupfererz): Cu_2O

Malachit: $Cu(OH)_2 \cdot CuCO_3$

Azurit: $Cu(OH)_2 \cdot 2\,CuCO_3$

Kupfer(II)-Verbindungen Wässerige Lösungen von Kupfer(II)-Salzen sind in der Regel blau, da sie das Hexaaquakupfer(II)-Ion ($[Cu(H_2O)_6]^{2+}$) enthalten. Die grüne Farbe konzentrierter Kupfer(II)-chlorid-Lösungen ist auf die Anwesenheit von Chloro-Komplexen zurückzuführen: $[CuCl(H_2O)_5]^+$, $[CuCl_2(H_2O)_4]$. Verdünnt man die Lösung, so färbt sich die Lösung blau. Als Ligand gebundene Chlorid-Ionen wer-

---

Im Bauwesen wird Kupfer seit langer Zeit für die Dacheindeckung repräsentativer Gebäude eingesetzt, insbesondere bei Kuppelbauten. Ein wichtiger Gesichtspunkt ist dabei die Bildung einer grünen, fest haftenden, dekorativen Deckschicht, der **Patina**. Sie besteht überwiegend aus basischen Sulfaten (z.B. $CuSO_4 \cdot 3\,Cu(OH)_2$). Die Sulfat-Ionen stammen aus dem H_2SO_4-haltigen Regen; Oxidationsmittel für die Bildung der Patina ist Luftsauerstoff.

In der Technik ist heute die Bezeichnung *Bronze* nicht auf Kupfer/Zinn-Legierungen beschränkt. Sie dient vielmehr als Sammelbezeichnung für alle Kupferlegierungen, die nicht Zink als Hauptlegierungszusatz enthalten. Man spricht daher z.B. von Aluminiumbronze oder Nickelbronze.

Die Bedeutung des Begriffs *Wolframbronze* wird im Rahmen des Exkurses über nichtstöchiometrische Verbindungen auf Seite 655 erläutert.

den schrittweise durch Wasser-Moleküle ersetzt, was letztendlich zur blauen Farbe des Hexaaquakupfer(II)-Ions führt.

Bei den als Laborreagenz verwendeten Kupfer(II)-salzen handelt es sich vor allem um Hydrate, die erwartungsgemäß blau gefärbt sind. Ungewöhnliche Zusammensetzungen weisen aber auf Strukturbesonderheiten hin: $CuSO_4 \cdot 5\,H_2O$, $Cu(NO_3)_2 \cdot 2½\,H_2O$. So sind im Falle des Kupfer(II)-sulfat-Pentahydrats *vier* in einer Ebene liegende Wasser-Moleküle die nächsten Nachbarn des Zentralions. Ergänzt wird diese planar-quadratische Anordnung durch zwei Sauerstoff-Atome von Sulfat-Ionen, die Spitze und Fuß eines tetragonal verzerrten Oktaeders bilden (Jahn-Teller-Effekt). Das fünfte H_2O-Molekül ist also an der Koordination des Zentralions nicht beteiligt; es steht vielmehr über Wasserstoffbrückenbindungen mit einem Sulfat-Ion und einem koordinierten Wasser-Molekül in Wechselwirkung. Vereinfacht kann Kupfer(II)-sulfat-Pentahydrat als Tetraaquakupfer(II)-sulfat-Monohydrat beschrieben werden: $[Cu(H_2O)_4]SO_4 \cdot H_2O$.

Der Aufbau des türkisfarbenen Kupfer(II)-chlorid-Dihydrats $CuCl_2 \cdot 2\,H_2O$ kann vereinfachend als eine Packung planarer *trans*-$[CuCl_2(H_2O)_2]$-Komplexe beschrieben werden. Diese Baueinheiten sind jedoch so angeordnet, dass auch hier insgesamt eine (verzerrt) oktaedrische Umgebung für das Zentralion erreicht wird.

Die Zugabe von Hydroxid-Ionen zu einer Kupfer(II)-Lösung führt zu einem blassblauen, voluminösen Niederschlag von Kupfer(II)-hydroxid:

$$Cu^{2+}(aq) + 2\,OH^-(aq) \rightarrow Cu(OH)_2(s)$$

Erwärmt man die Lösung, so zerfällt das Hydroxid zum schwarzen Kupfer(II)-oxid und Wasser.

$$Cu(OH)_2(s) \rightarrow CuO(s) + H_2O(l)$$

Kupfer(II)-hydroxid ist in verdünnten alkalischen Lösungen unlöslich, es löst sich jedoch in konzentrierter Natronlauge zum dunkelblauen Tetrahydroxocuprat(II)-Ion, $[Cu(OH)_4]^{2-}$:

$$Cu(OH)_2(s) + 2\,OH^-(aq) \rightleftharpoons [Cu(OH)_4]^{2-}(aq)$$

Kupfer(II)-hydroxid löst sich auch in einer Ammoniak-Lösung unter Bildung des tiefblauen, planar-quadratischen Tetraamminkupfer(II)-Ions:

$$Cu(OH)_2(s) + 4\,NH_3(aq) \rightarrow [Cu(NH_3)_4]^{2+}(aq) + 2\,OH^-(aq)$$

Die Bildung des Tetraamminkupfer(II)-Ions kann – ohne das Auftreten einer Hydroxid-Fällung – auch als Ligandenaustausch beobachtet werden: Durch Zusatz von reichlich Ammoniumnitrat zu der wässerigen Kupfer(II)-nitrat-Lösung sorgt man dafür, dass der Anstieg des pH-Werts bei Zugabe von Ammoniak nicht ausreicht, um das Löslichkeitsprodukt für $Cu(OH)_2$ zu überschreiten. Insgesamt gesehen wird dabei das hydratisierte Kupfer(II)-Ion in das Tetraamminkupfer(II)-Ion überführt:

$$Cu^{2+}(aq) + 4\,NH_3(aq) \rightarrow [Cu(NH_3)_4]^{2+}(aq)$$

Wie photometrische Untersuchungen (siehe Abbildung 12.4) zeigten, läuft dieser Prozess in einzelnen Schritten ab. Zunächst wird nur ein Wasser-Molekül durch Ammoniak ersetzt. Erst wenn an nahezu allen Kupfer(II)-Ionen ein NH_3-Molekül gebunden ist, beginnt der Austausch des zweiten Wasser-Moleküls. Berücksichtigt man lediglich die vier planar-quadratisch koordinierten Liganden, werden also der Reihe nach die Komplexe $[Cu(NH_3)_n(H_2O)_{4-n}]^{2+}$ (n = 1 ... 4) gebildet.

Abbildung 24.42 stellt die Verteilung der verschiedenen Spezies in Abhängigkeit vom Stoffmengenverhältnis $n(NH_3) : n(Cu^{2+})$ dar.

Das aus wässeriger Kupfer(II)-salz-Lösung fällbare, schwarze **Kupfersulfid** CuS ist extrem schwer löslich; es kann deshalb auch aus stark sauren Lösungen gefällt werden. Man geht heute davon aus, dass es sich nicht um ein einfaches Kupfer(II)-sulfid handelt,

---

Kupfer(II)-sulfat-Pentahydrat gibt beim Erhitzen Wasser ab und geht über das Trihydrat und das Monohydrat bei 200 °C schließlich in das weiße, wasserfreie Sulfat über. Kupfer(II)-chlorid-Dihydrat lässt sich entsprechend in das braune, wasserfreie Produkt überführen.

Das Tetrachlorocuprat(II)-Ion Löst man Kupfer(II)-chlorid in konzentrierter Salzsäure, so erhält man eine gelbe Lösung, in der das tetraedrische $[CuCl_4]^{2-}$-Ion vorliegt. Es kann beispielsweise als gelbes Caesiumsalz $Cs_2[CuCl_4]$ isoliert werden. Mit anderen Kationen erhält man grüne Tetrachlorocuprate(II) mit dem (weniger stabilen) planar-quadratischen $[CuCl_4]^{2-}$-Ion. Ein Beispiel ist die Verbindung mit dem Diethylammonium-Ion $(C_2H_5)_2NH_2^+$. Diese Verbindung zeigt das Phänomen der *Thermochromie*: Bei 45 °C erfolgt ein (reversibler) Farbwechsel von grün nach gelb. Bei dieser Temperatur ändert sich also die Koordinationsgeometrie des Anions.

Kupfer(II)-Komplexe in wässeriger Lösung sind insgesamt meist sechsfach koordiniert. In der Regel sind neben den planar-quadratisch angeordneten vier nächsten Nachbarn zusätzlich zwei Wasser-Moleküle gebunden. Das Tetraamminkupfer(II)-Ion ist daher „eigentlich" ein Tetraammin-diaquakupfer(II)-Ion: $[Cu(H_2O)_2(NH_3)_4]^{2+}$. Da die beiden Wasser-Moleküle (als Spitze und als Fußpunkt eines verzerrten Oktaeders) aber weiter entfernt sind und nur selten durch andere Liganden ersetzt werden, vereinfacht man meist die Beschreibung, indem man lediglich die planar-quadratische Viererkoordination berücksichtigt.

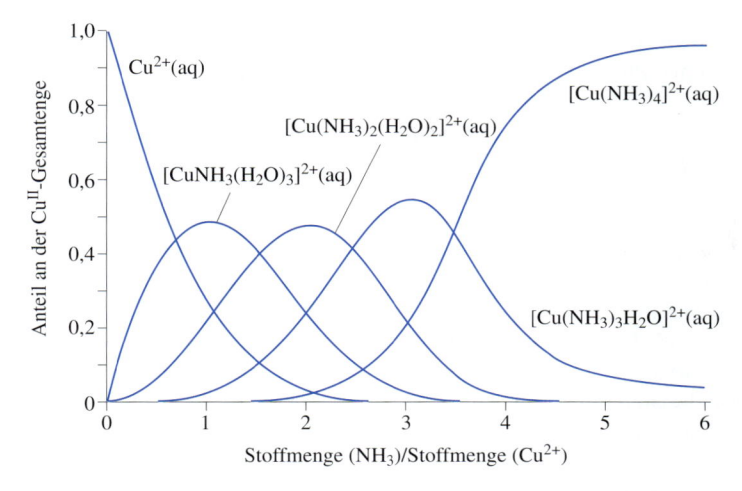

24.42 Anteile der verschiedenen Kupfer(II)-Ammin-Komplexe in Abhängigkeit vom Stoffmengenverhältnis.

sondern um eine Verbindung, die auch Kupfer(I)- und Disulfid-Ionen (S_2^{2-}) enthält: 3 „CuS" ≙ $Cu_2^I S^{-II} \cdot Cu^{II} S_2^{-I}$. Dieser Aufbau liegt auch in dem Mineral *Covellin* („CuS") vor.

Kupfer(I)-Verbindungen Das rote Kupfer(I)-oxid (Cu_2O) ist sicherlich die am häufigsten beobachtete Verbindung mit Kupfer in der Oxidationsstufe I, denn dieses Oxid bildet sich bei der sogenannten *Fehling-Probe*: Eine tiefblaue, alkalische Tartrato-cuprat(II)-Lösung reagiert mit schwachen Reduktionsmitteln wie Aldehyden oder Glucose.

Versucht man, hydratisierte Kupfer(I)-Ionen durch die Umsetzung von Kupfer(I)-oxid mit verdünnter Schwefelsäure herzustellen, so kommt es zu der bereits erwähnten Disproportionierung:

$$Cu_2O(s) + 2\,H^+(aq) \rightarrow Cu^{2+}(aq) + Cu(s) + H_2O(l)$$

Unter Bildung von Komplexen oder schwerlöslichen Verbindungen ist aber auch eine *Synproportionierung* zu Kupfer(I) möglich. Ein Beispiel ist die Reaktion von Kupfer mit Kupfer(II)-chlorid in konzentrierter Salzsäure:

$$Cu(s) + CuCl_2(aq) \rightleftharpoons 2\,CuCl_2^-(aq)$$

Verdünnt man die Lösung unter Luftabschluss mit Wasser und erniedrigt so die Konzentration der Chlorid-Ionen, fällt Kupfer(I)-chlorid als weißer Feststoff aus.

$$[CuCl_2]^-(aq) \rightleftharpoons CuCl(s) + Cl^-(aq)$$

Das Produkt muss unter Luftabschluss gewaschen, getrocknet und aufbewahrt werden, denn in Anwesenheit von Luft und Feuchtigkeit wird es zu Kupfer(II)-Verbindungen oxidiert.

Ein weiteres Beispiel für die Bildung einer Kupfer(I)-Spezies durch Synproportionierung ist die Reaktion des Tetraamminkupfer(II)-Ions mit elementarem Kupfer: Unter Ausschluss von Luft erhält man eine farblose Lösung:

$$\underset{\text{tiefblau}}{[Cu(NH_3)_4]^{2+}(aq)} + Cu(s) \rightarrow 2\,\underset{\text{farblos}}{[Cu(NH_3)_2]^+(aq)}$$

Gießt man die farblose Lösung an der Luft um, so färbt sie sich wieder blau, denn das Diamminkupfer(I)-Ion wird durch Sauerstoff rasch oxidiert.

Die beiden folgenden Reaktionen spielen eine Rolle für die analytische Chemie des Kupfers. Gemeinsam ist ihnen die Umsetzung einer Kupfer(II)-Spezies mit oxidierbaren

---

In *Tartrato-Komplexen* liegt das Anion der Weinsäure als zweizähniger Chelatligand vor.

Hermann Christian **von Fehling**, deutscher Chemiker, 1812–1885; Professor in Stuttgart.

Ähnlich wie Silberchlorid sind auch Kupfer(I)-verbindungen (CuCl, CuBr, CuI) weiß bzw. farblos, denn aufgrund der vollständig besetzten d-Orbitale sind d-d-Übergänge nicht möglich. Die rote Farbe des Oxids (Cu_2O) und die schwarze Farbe des Sulfids (Cu_2S) sind dementsprechend auf *Charge-Transfer*-Übergänge zurückzuführen.

Anionen. Mitentscheidend für den Ablauf dieser Reaktionen ist die Bildung eines sehr schwer löslichen Produkts (CuI) bzw. eines sehr stabilen Komplexes:

$$2\,Cu^{2+}(aq) + 4\,I^-(aq) \rightarrow 2\,CuI(s) + I_2(aq)$$

$$2\,[Cu(NH_3)_4]^{2+}(aq) + 10\,CN^-(aq) \rightleftharpoons 2\,[Cu(CN)_4]^{3-} + (CN)_2(aq) + 8\,NH_3(aq)$$

Auf der Grundlage der ersten Reaktion kann der Kupfergehalt einer Probelösung iodometrisch bestimmt werden. Das freigesetzte Iod wird mit einer Thiosulfat-Maßlösung titriert.

Die zweite Reaktion wird bei qualitativen Analysen genutzt, um Kupfer durch Überführung in das farblose, tetraedrische Tetracyanocuprat(I) zu *maskieren*. Dieser Komplex ist so stabil, dass er mit Schwefelwasserstoff nicht reagiert. Man kann deshalb mit Schwefelwasserstoff prüfen, ob eine ammoniakalische Probelösung neben Kupfer auch Cadmium enthält. Das als Amminkomplex vorliegende Cadmium(II) zeigt eine charakteristische, gelbe Sulfidfällung.

EXKURS

Supraleiter

Heike **Kamerlingh Onnes**, holländischer Physiker, 1853–1926; Professor in Leiden, 1913 Nobelpreis für Physik (für die Entdeckung der Supraleitfähigkeit der Metalle und die Helium-Verflüssigung)

Seit beinahe 100 Jahren fasziniert eine besondere Eigenschaft mancher Stoffe Physiker und Chemiker gleichermaßen: die *Supraleitfähigkeit*. 1911 entdeckte Heike Kamerlingh Onnes, dass der elektrische Widerstand von Quecksilber unterhalb der *Sprungtemperatur* T_c von 4,2 K den Wert Null aufweist. Damit ist – bei sehr tiefer Temperatur – im Prinzip ein verlustfreier Stromtransport möglich. Abbildung 24.43 zeigt den Verlauf des spezifischen Widerstandes eines metallischen Leiters und eines Supraleiters. Kamerlingh Onnes erhielt für diese wichtige Entdeckung im Jahre 1913 den Nobelpreis für Physik. Da so tiefe Temperaturen nur mit dem sehr teuren flüssigen Helium als Kühlmittel erreichbar sind, war es wirtschaftlich nicht sinnvoll, dieses Phänomen praktisch zu nutzen.

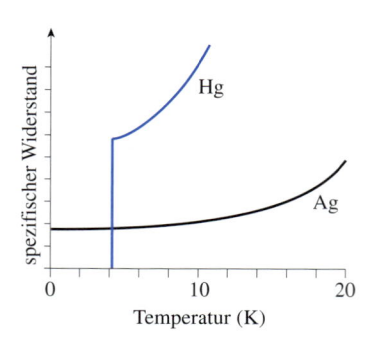

24.43 Temperaturabhängigkeit der elektrischen Leitfähigkeit bei einem Supraleiter (hier: Hg) und einem metallischen Leiter (hier: Ag) in der Nähe des Nullpunkts der absoluten Temperatur.

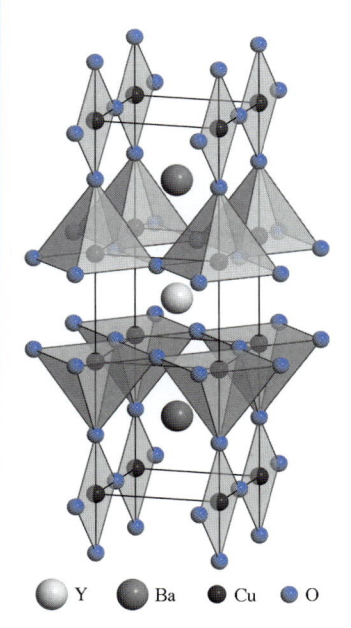

24.44 Aufbau des Hochtemperatur-Supraleiters $YBa_2Cu_3O_{7-x}$. Die Struktur ist eng verwandt mit der Perowskitstruktur (Abbildung 24.9).

In den folgenden Jahren entwickelte man verschieden Theorien zum Verständnis der Supraleitung. Diese besagten unter anderem, dass nur bei metallischen Leitern bei tiefen Temperaturen Supraleitung auftreten kann. So konzentrierten sich alle Bemühungen auf die Entdeckung neuer metallischer Supraleiter mit höheren Sprungtemperaturen, um auch wirtschaftlichen Nutzen aus dieser Entdeckung ziehen zu können. Bis 1986 war die Niob/Germanium-Verbindung Nb_3Ge Rekordhalter mit der höchsten bis dahin bekannten Sprungtemperatur von 23,3 K. In jenem Jahr erhielt die Erforschung der Supraleitfähigkeit durch eine Entdeckung von G. Bednorz und A. Müller eine neue Richtung. Sie berichteten, dass das Metalloxid $La_{1,8}Ba_{0,2}CuO_4$, also ein typischer Isolator, bei etwa 35 K in den supraleitenden Zustand übergeht. Beide erhielten für diese Entdeckung im Jahre 1987 den Nobelpreis für Physik. Die Untersuchungen waren der Auslöser für umfangreiche Forschungen auf diesem Gebiet. Mit der Verbindung $YBa_2Cu_3O_{7-x}$ wurde erstmalig ein Stoff gefunden, der schon bei der Temperatur des kostengünstig zu erzeugenden flüssigen Stickstoffs supraleitend ist: $T_c = 93$ K (Abbildung 24.44). Damit wurde prinzipiell die Möglichkeit einer wirtschaftlichen Nutzung der Supraleitung eröffnet. Bis heute scheitert diese jedoch unter anderem daran, dass es nicht möglich ist, solch spröde keramische Materialien zu Drähten zu verarbeiten. Zurzeit werden immer neue Hochtemperatur-Supraleiter entdeckt. Einige stammen aus völlig anderen Stoffklassen: Fulleren-Derivate, Metallboride (z. B. MgB_2) oder Bismutoxide. Eine allgemein anerkannte Theorie, welche die Supraleitung erklärt und eine gezielte Suche nach noch „besseren" Supraleitern möglich machen könnte, gibt es bis heute jedoch nicht.

Johannes Georg **Bednorz,** deutscher Mineraloge und Werkstoffkundler, geb. 1950; ab 1982 im IBM-Forschungslabor bei Zürich, 1987 Nobelpreis für Physik zusammen mit K. A. Müller (für die Entdeckung der Hochtemperatur-Supraleitung).

Karl Alexander **Müller,** schweizerischer Physiker, geb. 1927; IBM-Forschungslabor bei Zürich, 1987 Nobelpreis für Physik.

Silber

Silber kommt in der Natur gelegentlich elementar, überwiegend jedoch als *Argentit* (Ag_2S) vor. Größere Mengen an Silber fallen auch als Nebenprodukt bei der Gewinnung von Blei aus seinen Erzen und bei der elektrolytischen Raffination von Kupfer an. Bei der Aufarbeitung des Argentits bedient man sich – ähnlich wie beim Gold – der *Cyanidlaugerei*. Der eingesetzte Luftsauerstoff führt zur Oxidation der Sulfid-Ionen und man erhält das Dicyanoargentat(I)-Ion ($[Ag(CN)_2]^-$). Durch Zugabe von metallischem Zink erfolgt die Reduktion zu elementarem Silber unter Bildung des Tetracyanozinkat-Ions, $[Zn(CN)_4]^{2-}$:

$$2\,[Ag(CN)_2]^-(aq) + Zn(s) \rightarrow 2\,Ag(s) + [Zn(CN)_4]^{2-}(aq)$$

Reines Silber erhält man analog zum Kupfer durch elektrolytische Raffination. Der Elektrolyt ist eine salpetersaure Silbernitrat-Lösung.

Das für die Herstellung von Schmuck und Gedenkmünzen verwendete *Sterlingsilber* ist eine Legierung, die neben Silber ($w = 92,5\%$) Kupfer ($w = 7,5\%$) enthält. Sterlingsilber ist wesentlich härter als reines Silber.

Silberverbindungen In fast all seinen Verbindungen hat Silber die Oxidationsstufe I. Als wichtigste Laborchemikalie wird das gut in Wasser lösliche, farblose Silbernitrat verwendet.

So dient Silbernitrat-Lösung zum Nachweis von Chlorid-, Bromid- oder Iodid-Ionen. Es bilden sich Fällungen der schwerlöslichen Silberhalogenide, die im Gegensatz zu vielen anderen schwerlöslichen Silbersalzen (Ag_2CO_3, Ag_3PO_4) auch bei Zusatz von Salpetersäure beständig sind.

Silbernitrat ist Ausgangsstoff für andere Silberverbindungen, insbesondere die schwerlöslichen Halogenide, die in der Fotografie ihre Anwendung finden. Im Gegensatz zu den übrigen Halogeniden ist Silberfluorid sehr gut wasserlöslich.

$Ag^+(aq) + Cl^-(aq) \rightleftharpoons AgCl(s)$; $K_L = 2 \cdot 10^{-10}$ mol$^2 \cdot$ l^{-2}
                 weiß

$Ag^+(aq) + Br^-(aq) \rightleftharpoons AgBr(s)$; $K_L = 5 \cdot 10^{-13}$ mol$^2 \cdot$ l^{-2}
                 hellgelb

$Ag^+(aq) + I^-(aq) \rightleftharpoons AgI(s)$; $K_L = 8 \cdot 10^{-17}$ mol$^2 \cdot$ l^{-2}
               gelb

Die Farbe des Niederschlags gibt einen Hinweis darauf, welches Halogenid-Ionen (hauptsächlich) gefällt wurde. Es ist aber schwierig, Chlorid von Bromid und Bromid von Iodid sicher zu unterscheiden. Zur eindeutigen Identifizierung des Silberhalogenid-Niederschlags wird verdünnte Ammoniak-Lösung hinzugegeben, wobei Silberchlorid zum Diamminsilber(I)-Ion reagiert:

$$AgCl(s) + 2\,NH_3(aq) \rightarrow [Ag(NH_3)_2]^+(aq) + Cl^-(aq)$$

Silberbromid löst sich dabei kaum und Silberiodid praktisch gar nicht. Silberbromid reagiert jedoch mit konzentrierter Ammoniak-Lösung.

Dieses unterschiedliche Verhalten ergibt sich aus der Konkurrenz zwischen dem Löslichkeitsgleichgewicht und dem Komplexbildungsgleichgewicht, dessen Gleichgewichtskonstante durch das Symbol β_2 bezeichnet wird:

$$AgX(s) \rightleftharpoons Ag^+(aq) + X^-(aq); \quad K = K_L(AgX)$$
$$Ag^+(aq) + 2\,NH_3(aq) \rightleftharpoons [Ag(NH_3)_2]^+(aq); \quad K = \beta_2 = 2 \cdot 10^7 \text{ mol}^{-2} \cdot l^2$$

Durch Addition der beiden genannten Reaktionsgleichungen ergibt sich eine Gleichung, die die Auflösung des schwerlöslichen Silberhalogenids beschreibt:

$$AgX(s) + 2\,NH_3(aq) \rightleftharpoons [Ag(NH_3)_2]^+(aq) + X^-(aq); \quad K = \beta_2 \cdot K_L$$

Die Gleichgewichtskonstante K für die Gesamtreaktion ist das Produkt aus dem Löslichkeitsprodukt und der Komplexbildungskonstanten (AgCl: $K = 4 \cdot 10^{-3}$; AgBr: $K = 10^{-5}$; AgI: $K = 1{,}6 \cdot 10^{-9}$).

Die Lage dieses Gleichgewichts wird also stark durch den Zahlenwert des Löslichkeitsprodukts beeinflusst. Daher dominiert im Fall des sehr schwer löslichen Silberiodids das Fällungsgleichgewicht, beim besser löslichen Silberchlorid hingegen die Komplexbildung.

Wenngleich fast alle einfachen Silberverbindungen Silber in der Oxidationsstufe I enthalten, gibt es einige Ausnahmen. Silber kann beispielsweise zum schwarzen AgO oxidiert werden, bei dem es sich um ein Ag^I/Ag^{III}-oxid handelt: $Ag^I Ag^{III} O_2$. Diese Verbindung reagiert mit Fluorsulfonsäure in einer Synproportionierungsreaktion zum paramagnetischen, schwarzen $Ag(SO_3F)_2$. Das schwach koordinierende Fluorsulfat-Ion stabilisiert also bei Silber die Oxidationsstufe II. Eine der sehr wenigen Silber(III)-Verbindungen ist $Cs[AgF_4]$, in dem das Ag(III)-Ion planar-quadratisch von vier Fluorid-Ionen umgeben ist.

EXKURS

Der fotografische Prozess

Silberchlorid, -bromid und -iodid sind lichtempfindliche Stoffe, sie zersetzen sich am Licht unter Graufärbung langsam in die Elemente. Diese Reaktion ist die Grundlage der Schwarzweiß- und Farbfotografie.

Für die Herstellung lichtempfindlicher Schichten auf Filmen und Fotopapieren werden gelatinehaltige Lösungen von Silbernitrat und Ammoniumbromid miteinander vermischt, wobei das schwerlösliche Silberbromid in Form von Mikrokristallen ausfällt. In diesem feinteiligen Niederschlag (mit NaCl-Struktur) befinden sich nicht alle Silber-Ionen in Oktaederlücken, einige von ihnen besetzen energetisch ungünstigere Zwischengitterplätze. Fällt beim **Belichten** Licht auf einen AgBr-Kristall, werden aus einigen Bromid-Ionen Elektronen abgespalten. Die Photoelektronen werden von Silber-Ionen auf Zwischengitterplätzen aufgenommen, sodass Silber-Atome entstehen. Die Abspaltung von Elektronen erfordert eine bestimmte Mindestenergie, die nur durch blaues Licht bereitgestellt wird. Aus diesem Grund werden der Schicht organische Farbstoffe als sogenannte *Sensibilisatoren* beigemischt. Sie bewirken, dass auch grünes oder rotes Licht diese Reaktion auslöst. Der Silberanteil an den belichteten Stellen einer lichtempfindlichen Schicht ist jedoch so gering, das mit bloßem Auge keine Dunkelfärbung erkennbar ist. Man spricht deshalb von einem *latenten Bild*.

Sichtbar wird das Bild erst beim **Entwickeln** des Films. Das Entwickeln ist nichts anderes als eine Reduktion. Sie erfolgt in der Regel mit organischen Reduktionsmitteln wie zum Beispiel Hydrochinon (Abbildung 24.45).

Die Reduktion wird durch sogenannte *Latentbildkeime* (Entwicklungskeime) katalytisch beschleunigt. Nach heutigem Kenntnisstand ist ein Latentbildkeim ein Aggregat aus mindestens vier Silber-Atomen an der Oberfläche des Kristalls. Seine Bildung lässt sich formal auf Diffusionsprozesse im Innern des belichteten Kristalls zurückführen. Tatsächlich ergibt sich der Transport von Atomen an die Oberfläche des Kristalls aus dem Überspringen von Elektronen zwischen Atomen und benachbarten Ionen. Gleich-

24.45 Aufbau des Hydrochinon-Moleküls.

zeitig mit Silber-Atomen, die sich zum Entwicklungskeim vereinigen, gelangen auch Brom-Atome an die Oberfläche und reagieren dann mit der Gelatine. Die katalytische Wirkung eines Latentbildkeims hat zur Folge, dass ein belichteter Silberbromid-Kristall rasch vollständig zu Silber reduziert wird, während unbelichtete nicht angegriffen werden (Abbildung 24.46).

Belichtete Silberbromid-Partikel werden daher beim Entwickeln schwarz, unbelichtete bleiben farblos: es entsteht ein *Negativ*. Bevor dieses dem Tageslicht ausgesetzt werden kann, müssen die unbelichteten Silberbromid-Kristalle aus der Schicht entfernt werden, da sie sich sonst allmählich auch schwärzen würden. Dies geschieht durch das sogenannte **Fixieren**, einer Behandlung des Films mit Thiosulfat-Ionen. Hierbei löst sich das schwerlösliche Silberbromid unter Bildung des Bis(thiosulfato)-Komplexes auf, nicht jedoch das elementare Silber:

$$AgBr(s) + 2\,S_2O_3^{2-}(aq) \rightleftharpoons [Ag(S_2O_3)_2]^{3-}(aq) + Br^-(aq)$$

Farbfotografie In der *Farbfotografie* besteht der Film aus mehreren, durch Farbfilter getrennten lichtempfindlichen Schichten mit unterschiedlich sensibilisierten AgBr-Kriställchen. Beim *Entwickeln* wird in den Schichten die Bildung organischer Farbstoffe, zum Beispiel durch Kupplungsreaktionen, ausgelöst. Reaktionspartner ist dabei jeweils die beim Entwickeln gebildete oxidierte Form der Entwicklersubstanz. Für ein Farbnegativ werden die Kuppler so gewählt, dass in der blauempfindlichen Schicht ein gelber Farbstoff, in der grünempfindlichen Schicht ein purpurfarbener Farbstoff und in der rotempfindlichen Schicht ein blaugrüner Farbstoff entsteht.

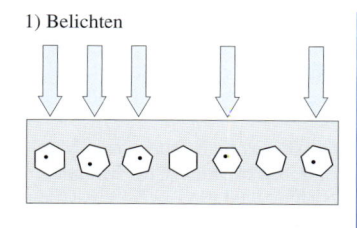

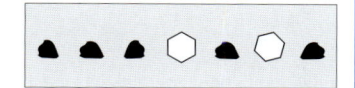

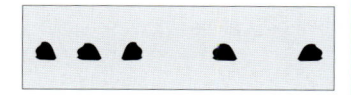

24.46 Vom Film zum Negativ: Vorgänge in der lichtempfindlichen Schicht eines Schwarzweiß-Films.

Gold

Aufgrund seines sehr hohen Standardpotentials findet man dieses Element in der Natur gewöhnlich in elementarer Form.

Die Weltjahresproduktion an Gold aus den verschiedenen Lagerstätten beträgt zur Zeit etwa 1 900 Tonnen. Zusätzlich werden etwa 500 Tonnen aus goldhaltigen Gegenständen zurückgewonnen. Der weitaus größte Teil wird in der Schmuckindustrie verwendet. Zusätzlich dient es als Währungsreserve vieler Staaten. Kleinere Mengen werden in der Zahntechnik und in der Elektronikindustrie gebraucht. Hier dient Gold zur Herstellung korrosionsbeständiger und langlebiger elektrischer Kontakte.

Bei Schmuck gibt man den Goldgehalt in einer Legierung meist als Massenanteil in Promille an: 585er Gold, eine bei Schmuck übliche Legierung, enthält also Gold mit einem Massenanteil von 58,5% und Silber als wichtigsten Legierungszusatz. Weißgold enthält auch immer Palladium und/oder Nickel. Daneben ist auch die Angabe des Goldgehalts in *Karat* gebräuchlich. Ein Karat entspricht 1/24 Massenanteil an Gold. Reines Gold hat also 24 Karat.

Goldverbindungen Gold bildet nur wenige einfach zusammengesetzte, überwiegend recht instabile Verbindungen. Insbesondere ist die Tendenz des Golds, mit harten Donor-Atomen wie Sauerstoff oder Stickstoff zu reagieren, recht gering. Man kennt zwar heute die *Oxide* Au_2O und Au_2O_3. Es sind jedoch sehr zersetzliche Verbindungen, die nicht leicht darstellbar sind und auch keine besondere Bedeutung erlangt haben. Salze wie Sulfate oder Nitrate, die bei Kupfer und Silber zu den wichtigsten Laborreagenzien zählen, sind bei Gold weitgehend unbekannt.

Unter den strukturell gut untersuchten *Goldhalogeniden* kennt man sowohl die Gold(I)-Halogenide AuCl, AuBr und AuI als auch die Gold(III)-Halogenide AuF_3, $AuCl_3$ und $AuBr_3$. Bei der Oxidationsstufe I beobachtet man eine lineare Umgebung der Gold-Atome, bei der Oxidationsstufe III eine planar-quadratische. Dementsprechend liegen Halogenokomplexe als lineare $[AuX_2]^-$- bzw. planar-qadratische $[AuX_4]^-$-Ionen vor.

Die wichtigsten **Goldmineralien** sind Verbindungen mit dem sehr seltenen Tellur, z.B. *Calaverit* ($AuTe_2$) und *Sylvanit* ($AuAgTe_4$). Eine Erklärung ergibt sich aus dem HSAB-Konzept: Gold bildet eine sehr weiche Lewis-Säure und Tellur eine sehr weiche Lewis-Base.

Ein Gramm Gold kostete im Dezember 2009 etwa 27 Euro.

Bei Edelsteinen wird die Bezeichnung Karat in ganz anderem Sinne verwendet. Sie steht hier für eine Massenangabe: ein Karat entspricht einer Masse von 200 mg.

Als Laborreagenz wird vor allem die gut wasserlösliche, gelbe Tetrachlorogold(III)-Säure verwendet: H[AuCl$_4$] · 3 H$_2$O. Praktisch wichtig ist auch deren Natriumsalz, das traditionell als *Goldsalz* bezeichnet wird: Na[AuCl$_4$] · 2 H$_2$O. Für die elektrolytische Vergoldung spielt K[Au(CN)$_2$] die größte Rolle.	Es sind einige Verbindungen hergestellt worden, deren Zusammensetzung die Oxidationsstufe II vortäuscht. Meist liegen jedoch gemischt-valente Au(I)/Au(III)-Verbindungen vor, wie zum Beispiel AuCl$_2$, das besser als Au^{I}Au^{III}Cl$_4$ formuliert werden sollte. CsAuCl$_3$ ist als Cs$_2$[Au^{I}Cl$_2$][Au^{III}Cl$_4$] anzusehen, denn es enthält das lineare [AuCl$_2$]$^-$-Anion neben dem planar-quadratischen [AuCl$_4$]$^-$-Anion. Paramagnetische Gold(II)-Verbindungen sind nur in supersauren Medien und in Gegenwart schwach koordinierender Anionen (z.B. SbF$_6^-$) stabil. Im Gegensatz zu den genannten – in der Regel thermisch instabilen – binären Goldverbindungen kennt man heute eine große Anzahl von *Komplexverbindungen* des Goldes, deren Liganden überwiegend weiche Donor-Atome wie Schwefel, Selen oder Phosphor enthalten.

Goldkolloide und Goldcluster Eine gewisse Besonderheit in der Goldchemie ist die Bildung von kolloiden Lösungen und von großen Goldclustern. Seit über dreihundert Jahren ist bekannt, dass bei der Reaktion einer wässerigen Goldsalz-Lösung mit Zinn(II)-chlorid eine purpurrote Lösung entsteht, die sich später als eine *kolloide Lösung* eines Adsorbats von metallischem Gold an wasserhaltigem Zinn(IV)-oxid herausgestellt hat.

Dieser *Cassiussche Goldpurpur* wurde lange Zeit als Farbe für die Glas- und Porzellanmalerei verwendet. Auch die Farbe des seit Ende des 17. Jahrhunderts bekannten *Goldrubinglases* beruht auf kolloid verteiltem Gold.

Die Bildung des Goldpurpurs ist eine sehr empfindliche Farbreaktion: Ein Teil Gold lässt sich damit noch in 100 Millionen Teilen Wasser nachweisen (0,01 ppm).	
Kolloide Lösungen können nicht nur von kleinen Feststoffteilchen und Flüssigkeiten gebildet werden. Auch Gase sind als *Dispersionsmittel* geeignet. Befinden sich in einem Gas sehr kleine, flüssige Schwebeteilchen, spricht man von einem Nebel, handelt es sich um Feststoffteilchen, wird die Bezeichnung *Rauch* verwendet. Auch zwei miteinander nicht (oder nur wenig) mischbare Flüssigkeiten können kolloide Lösungen bilden. Man spricht von einer *Emulsion*, im Gegensatz zu einer *Dispersion*, bei welcher die Flüssigkeit kleine Feststoffteilchen enthält. Kolloide Systeme treten in der Natur in großem Umfang auf, so spielen kolloide Teilchen der Tonminerale eine wichtige Rolle für das Pflanzenwachstum. Eiweißstoffe bilden häufig kolloide Lösungen; Blut beispielsweise enthält kolloide Plasma-Proteine. Auch bei vielen industriellen Produkten sind Kolloide im Spiel, so bei Klebstoffen, Kunstfasern und Polymerwerkstoffen, Seifen, Lacken, Flotationsmitteln und in der Nahrungsmittelindustrie.	*Kolloide* nehmen eine Zwischenstellung zwischen einer homogenen (einphasigen) Lösung und einer heterogenen (mehrphasigen) Mischung ein. Während in einer normalen Lösung das Lösemittel und der gelöste Stoffe in atomarem oder molekularem Maßstab homogen verteilt vorliegen, besteht eine heterogene Mischung aus räumlich eindeutig abgegrenzten Bereichen, in denen die Bestandteile der Mischung jeweils in verschiedenen Aggregatzuständen vorliegen. Kolloide enthalten Teilchen mit Durchmessern zwischen 10^{-9} und 10^{-7} m (1 bis 100 nm), die viel größer sind als „normale" Moleküle oder Ionen. Sie sind aber viel zu klein, um sie abzufiltrieren oder mit einem Lichtmikroskop sichtbar zu machen, denn der Durchmesser eines Kolloidteilchens liegt unterhalb der Wellenlänge des sichtbaren Lichts. Ein Kolloidteilchen enthält etwa 10^3 bis 10^9 Atome. Kolloide Lösungen zeigen wegen der hohen molaren Masse der Teilchen keine messbare Siedetemperaturerhöhung oder Schmelztemperaturerniedrigung. Bei Teilchen mit Durchmessern unterhalb von 10^{-7} m erfolgt auch praktisch keine *Sedimentation* mehr, sie bleiben über lange Zeiträume in dem für Kolloide charakteristischen „Schwebezustand". Kolloide können durch den *Tyndall-Effekt* leicht erkannt werden. Während ein Lichtstrahl beim Durchgang durch eine „normale" Lösung von der Seite aus gesehen unsichtbar bleibt, ist er beim Durchgang durch eine kolloide Lösung sichtbar: Licht wird an Teilchen mit Durchmessern in der Größenordnung der Lichtwellenlänge nach allen Seiten hin gestreut (Abbildung 24.47).
John **Tyndall**, irischer Physiker, 1820–1893; Professor in London.	Eine wesentliche Ursache für die Stabilität einer kolloiden Lösung ist die Adsorption von Ionen aus der Lösung an der Oberfläche der Kolloidteilchen. Auf diese Weise entstehen gleichartig aufgeladene Teilchen, die sich gegenseitig abstoßen und und somit ein *Koagulieren* und Ausflocken verhindern. Bei *hydrophilen* Kolloiden wie Stärke- und

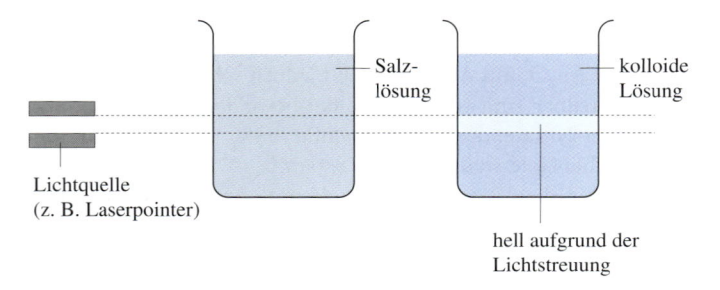

24.47 Durch den Tyndall-Effekt können kolloide Lösungen erkannt werden.

Eiweiß-Lösungen hat die Stabilität eine andere Ursache: An der Oberfläche der Makromoleküle werden Wasser-Moleküle durch starke Wasserstoffbrückenbindungen gebunden; sie verhindern die Vereinigung zu größeren Teilchen.

Führt man die Reduktion von Goldsalzlösungen in Gegenwart von weichen Liganden durch, die mit Gold stabile Bindungen eingehen, wie zum Beispiel Triphenylphosphan (P(C$_6$H$_5$)$_3$, abgekürzt PPh$_3$), gelingt es, extrem kleine Partikel abzufangen und zu isolieren. Eine dieser Verbindungen hat die Zusammensetzung Au$_{55}$(PPh$_3$)$_{12}$Cl$_6$. Sie enthält einen Kern aus 55 Gold-Atomen und eine Ligandenhülle aus Triphenylphosphan-Molekülen und Chlor-Atomen. Interessant ist der Aufbau des Clusterkerns (Abbildung 24.48): Er stellt einen Ausschnitt aus einer kubisch dichten Kugelpackung dar. Das zentrale Gold-Atom ist wie im Goldmetall von einer Schale von 12 nächsten Nachbarn umgeben. Dieses Aggregat aus 1 + 12 = 13 Atomen wird von einer Schale aus weiteren 42 Gold-Atomen umhüllt, sodass ein Cluster aus insgesamt 55 Gold-Atomen vorliegt. Diese Verbindung stellt gewissermaßen eine Zwischenstufe bei der Reduktion einer Goldsalzlösung zum metallischen Gold dar. Heute kennt man eine Vielzahl von derartigen großen Clustern.

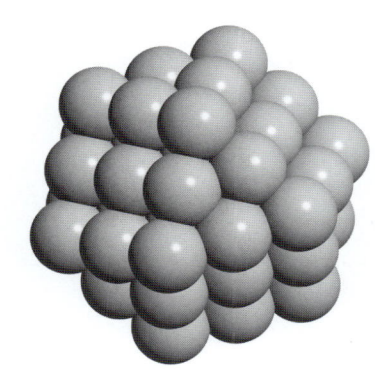

24.48 Struktur des Au$_{55}$-Kerns in der Clusterverbindung Au$_{55}$(PPh$_3$)$_{12}$Cl$_6$.

Biologische Aspekte

Biologisch gesehen ist Kupfer das drittwichtigste Übergangsmetall nach Eisen und Zink. Ungefähr 5 mg an Kupfer braucht der Mensch für seine tägliche Ernährung. Ein Mangel an Kupfer macht den Körper unfähig, das in der Leber gespeicherte Eisen zu verwenden. Man kennt viele kupferhaltige Proteine, die faszinierendsten sind die *Hämocyanine*. Diese Moleküle übertragen den Sauerstoff bei wirbellosen Tieren: Krabben, Hummer, Kraken, Skorpione und Schnecken haben alle hellblaues Blut.

In höheren Konzentrationen wirkt Kupfer stark toxisch, insbesondere bei Fischen. Gesunde Menschen scheiden überschüssiges Kupfer aus. Liegt jedoch ein genetischer Defekt vor, kann sich Kupfer in Leber, Nieren und Gehirn ansammeln. Diese sogenannte *Wilsonsche Krankheit* lässt sich mit Chelat-Bildnern behandeln, welche die hydratisierten Kupfer-Ionen in sehr stabile, physiologisch unschädliche Komplexe überführen.

Für Silber- und Goldverbindungen gibt es einige spezielle medizinische Anwendungen: Das Silber-Ion wirkt bakterizid, Neugeborenen wird daher eine verdünnte Silbernitrat-Lösung in die Augen geträufelt, um Infektionen zu vermeiden. Lösliche molekulare Goldverbindungen (z.B. Aurothioglucose und *Auranofin*, Abbildung 24.49) werden zur Behandlung von chronischem Gelenkrheumatismus verabreicht.

24.49 Molekülstruktur des Wirkstoffs Auranofin®.

24.10 Die Elemente der Gruppe 12: Zink, Cadmium und Quecksilber

Obwohl sie im Periodensystem am Ende der Übergangsmetallreihe stehen, verhalten sich die Elemente der Gruppe 12 in vielfacher Hinsicht wie Hauptgruppenmetalle, denn keines der zehn d-Elektronen wird bei Reaktionen abgegeben. So bestehen in mancher Hinsicht Ähnlichkeiten zu den Erdalkalimetallen (Gruppe 2). Zink ist das häufigste und wichtigste Element dieser Gruppe, sowohl aus chemischer als auch aus biochemischer Sicht. Quecksilber, das einzige bei Raumtemperatur flüssige Metall, ist für Jahrtausende eine Quelle der Faszination gewesen. Es wird schon in antiken chinesischen, indischen und ägyptischen Schriften erwähnt. Einige Quellen gehen bis 1 500 v. Chr. zurück. Ab 200 v. Chr. lieferte eine Mine in Spanien Quecksilber (als *Zinnober* (HgS)) an das römische Reich. Dieselbe Mine (bei Almadén) produziert noch heute Quecksilber.

> Eine der am meisten gefürchteten Strafen im Alten Rom war die Verurteilung zur Arbeit in der Quecksilbermine. Dies garantierte einen qualvollen Tod innerhalb weniger Monate. Erst 1665 wurde festgelegt, dass man nicht mehr als acht Tage im Monat und nicht mehr als sechs Stunden pro Tag in der Mine arbeiten darf.

Die Alchemisten des Mittelalters verwendeten Quecksilber bei Experimenten, mit denen sie Metalle in Gold verwandeln wollten. Später wurde Quecksilber in großem Umfang eingesetzt, um feinverteiltes Gold durch Amalgambildung zu extrahieren. Zur Gewinnung des Goldes wurde das Quecksilber dann abdestilliert und teilweise auch in die Atmosphäre abgegeben. Dieser Prozess war natürlich für die Arbeiter gefährlich. In einigen Regionen hat man noch heute mit einer Umweltverschmutzung durch Quecksilber zu tun, die vor 300 Jahren verursacht wurde. Man schätzt, dass allein in Amerika ungefähr 250 000 Tonnen Quecksilber bei diesem Verfahren zur Gewinnung der Edelmetalle Silber und Gold verbraucht wurden; der Verbleib dieses Quecksilbers ist weitgehend unbekannt. Selbst heute bedient man sich noch dieser umweltgefährdenden Methode der Goldgewinnung im Amazonasbecken.

Die Elemente

Zink, Cadmium und Quecksilber sind zwar Nebengruppenelemente; in ihren Eigenschaften unterscheiden sie sich jedoch deutlich von den Metallen der Gruppen 3 bis 11. So liegen die Schmelztemperaturen von Zink und Cadmium bei 420 °C bzw. bei 321 °C, sie sind also weit niedriger als die typischen Werte für die eigentlichen Übergangsmetalle, die bei 1 000 °C oder weit darüber liegen. (Tabelle 24.15)

Tabelle 24.15 Dichten, Schmelz- und Siedetemperaturen der Metalle der Gruppe 12

Metall	Dichte (g · cm^{-3})	Schmelztemperatur (°C)	Siedetemperatur (°C)
Zink	7,13	420	907
Cadmium	8,65	321	767
Quecksilber	13,55	−39	357

Bei den Metallen der Gruppen 3 bis 11 findet man eine auffallende Ähnlichkeit zwischen den 4d- und 5d-Elementen. Dies ist wesentlich durch die – aufgrund der Lanthanoidenkontraktion – sehr ähnlichen Atom- und Ionenradien bedingt. In der Gruppe 12 hingegen besteht zwischen Zink und Cadmium eine weitaus größere Ähnlichkeit als zwischen Cadmium und Quecksilber, obwohl die Atomradien von Cadmium und Quecksilber (145 pm bzw. 150 pm) praktisch identisch sind. Auch bezüglich des Standardpotentials nimmt Quecksilber eine Sonderstellung ein, es zählt mit einem Wert von 0,85 V ($E^0(\text{Hg}^{2+}/\text{Hg})$) zu den Edelmetallen, während Zink ($E^0(\text{Zn}^{2+}/\text{Zn})$ = −0,76 V) und Cadmium ($E^0(\text{Cd}^{2+}/\text{Cd})$ = −0,40 V) unedle Metalle sind, die sich in nichtoxidierenden Säuren unter Wasserstoffentwicklung auflösen. Zink und Cadmium kristallisieren in der hexagonal dichtesten Kugelpackung; allerdings sind die Atomabstände innerhalb einer Schicht um etwa 10 % geringer als die Abstände zwischen zwei Schichten. Beim (rhomboedrischen) Quecksilber ist es gerade umgekehrt; hier sind die Abstände zu den sechs nächsten Nachbarn innerhalb einer Schicht um 16 % länger als die zwischen zwei Schichten.

Zink wird in großem Umfang praktisch verwendet, zum einen als Legierungsbestandteil (zum Beispiel in Messing), zum anderen - trotz seines unedlen Charakters - als korrosionshemmender Überzug insbesondere auf Stahl. Diese Überzüge können elektrolytisch aufgebracht werden oder durch Eintauchen des jeweiligen Werkstücks in flüssiges Zink (*Feuerverzinken*).

Auch massives Zink wird vielseitig eingesetzt: in Form von Blechen zum Beispiel für Bedachungen oder Dachrinnen, in kompakter Form für zahlreiche im Druckgussverfahren hergestellte Bauteile, insbesondere im Automobilbau (Vergaser, Bremskolben, Scheinwerfergehäuse, Türgriffe etc.). Große Mengen an Zink werden auch für die Herstellung von Zink/Kohle-Batterien benötigt.

Hinweis: Jährlich werden weltweit etwa 7,5 Millionen Tonnen Zink erzeugt. Zu den Gewinnungsverfahren vergleiche man Abschnitt 24.2.

Zinkmetall ist nicht so reaktiv wie man aufgrund des Standardpotentials erwarten würde. Dies liegt zum einen an der ungewöhnlich hohen Überspannung für die Bildung von Wasserstoff an Zink (≈ 0,7 V). Zum anderen bildet sich an feuchter Luft eine Schutzschicht. Diese besteht zunächst aus Zinkoxid, im Laufe der Zeit bildet sich daraus ein basisches Carbonat ($Zn_2(OH)_2CO_3$).

Die praktische Verwendung von *Cadmium* ist wegen seiner Giftigkeit stark eingeschränkt. Wirtschaftlich bedeutend ist lediglich die Herstellung von Nickel/Cadmium-Akkus (Abschnitt 11.9). In Kernreaktoren dienen Cadmiumstäbe zur Regelung des Neutronenflusses. Früher wurde Cadmium in größerem Umfang auch als korrosionshemmender Überzug eingesetzt.

Mit der schwächsten Bindung unter allen Metallen ist *Quecksilber* das einzige bei Raumtemperatur flüssige Metall. Die schwachen Bindungen im Quecksilber haben auch einen hohen Dampfdruck zur Folge ($2,6 \cdot 10^{-3}$ mbar bei 25 °C). Da der toxische Metalldampf durch die Lungen aufgenommen werden kann, gehören verschüttete Quecksilbertröpfchen aus zerbrochenen Quecksilberthermometern zu den Gefahren in chemischen Laboratorien.

Legierungen anderer Metalle mit Quecksilber nennt man **Amalgame**. Natrium- und Zinkamalgam werden im Labor als Reduktionsmittel verwendet. Das als Zahnfüllung bekannte Dentalamalgam erhält der Zahnarzt durch Vermischen von Quecksilber mit einer pulverisierten Silber/Kupfer/Zinn-Legierung zunächst als formbare Masse. Eine leichte Ausdehnung beim Erhärten verankert die Füllung fest im Zahn. Amalgamfüllungen sind relativ preiswert und dazu druckfest und abriebfest; vorteilhaft ist auch die geringe Wärmeausdehnung. Der schlechte Ruf des Quecksilbers hat aber dazu geführt, dass zunehmend andere Füllungsmaterialien verwendet werden (z.B. Keramik- oder Gold-Inlays und Kunststoffe).

Oxidationsstufen

Die chemisch sehr ähnlichen Elemente Zink und Cadmium liegen in allen einfachen Verbindungen in der Oxidationsstufe II vor. Aufgrund der vollständig besetzten d-Orbitale sind die meisten Verbindungen farblos. Bei Quecksilber spielt auch die Oxidationsstufe I eine Rolle, wenngleich Hg^+-Ionen selbst nicht existieren. Statt dessen bilden sich Hg_2^{2+}-Ionen. Die einzige wirkliche Ähnlichkeit zwischen den Elementen der Gruppe 12 und den Übergangsmetallen ist ihre Neigung zur Komplexbildung, z.B. mit Liganden wie Ammoniak, dem Cyanid-Ion oder Halogenid-Ionen. Insbesondere Quecksilber bildet eher kovalente als ionische Verbindungen.

Zink- und Cadmiumverbindungen

Die meisten *Zinksalze* sind in Wasser gut löslich; die Lösungen enthalten das farblose Hexaaquazink(II)-Ion, $[Zn(H_2O)_6]^{2+}$. Auch die festen Salze sind oft hydratisiert. Wie bei Magnesium und Cobalt(II) ist beispielsweise das Nitrat ein Hexahydrat und das Sulfat ein Heptahydrat. Der Aufbau des Zinksulfat-Heptahydrats lässt sich durch die Formel $[Zn(H_2O)_6]SO_4 \cdot H_2O$ beschreiben.

Aufgrund der d^{10}-Elektronenkonfiguration des Zn^{2+}- und des Cd^{2+}-Ions spielen Ligandenfeldeffekte keine Rolle. Welche Koordinationszahl das Zentralion annimmt, wird daher eher durch Größe, Ladung und Stereochemie der Bindungspartner bestimmt. So spiegelt sich der Einfluss der Größenverhältnisse bei den Amminkomplexen des Zinks und des Cadmiums wider: Mit Zn^{2+} als Zentralion enthält man den tetraedrischen Tetraammin-Komplex $[Zn(NH_3)_4]^{2+}$, im Falle des Cadmiums den oktaedrischen Hexaammin-Komplex $[Cd(NH_3)_6]^{2+}$. Bei einer Reihe von Komplexverbindungen des Zinks und des Cadmiums tritt auch die ungewöhnliche Koordinationszahl fünf auf. Ein Beispiel ist

---

Zinkdruckguss-Artikel bestehen aus einer Zinklegierung, die neben 4% Aluminium bis zu 1% Kupfer und etwas Magnesium (0,02 – 0,05%) enthält.

Die Wirksamkeit einer Zinkbeschichtung als Korrosionsschutz besteht darin, dass Zink wegen seines negativeren Standardpotentials leichter als Eisen oxidiert werden kann, selbst wenn die Beschichtung beschädigt ist.

Über lange Zeit wurde Quecksilber in größerem Umfang in Thermometern, Barometern und elektrischen Schaltern eingesetzt. Heute wird nur noch relativ wenig Quecksilber – insbesondere bei der Herstellung von Quecksilberdampflampen und Leuchtstoffröhren – verwendet.

In der Komplexverbindung $Zn_2cp^*_2$ hat Zink die ungewöhnliche Oxidationsstufe I. Das Kurzzeichen cp* steht dabei für das Pentamethyl-*cyclo*-pentadien-Molekül, das in der Komplexchemie häufig als Ligand verwendet wird. Die beiden Zink-Atome sind durch eine Metall/Metall-Bindung miteinander verknüpft (Abbildung 24.50).

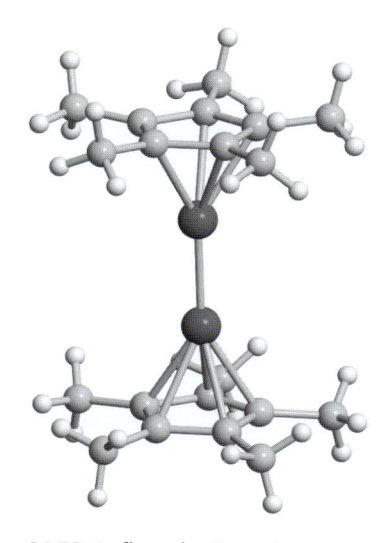

24.50 Aufbau des $Zn_2cp^*_2$.

Zink und Magnesium im Vergleich
Zink und Magnesium weisen in ihrer Chemie einige Gemeinsamkeiten auf: Beide bilden leicht lösliche Chloride, Sulfat und Nitrate, und schwer lösliche Hydroxide, Phosphate, Carbonate und Oxide. Gegenüber Sulfid-Ionen verhält sich Zink jedoch anders als Magnesium; es schließt sich hier an das Verhalten der anderen Nebengruppenmetalle an und bildet ein schwer lösliches Sulfid. Von beiden Metallen kennt man keine Carbonyle, wohl aber Alkyl-Verbindungen. Das ähnliche Verhalten beruht teilweise auf der ähnlichen Elektronenkonfiguration der Atome: $3s^2$ beim Magnesium, $3d^{10}\,4s^2$ beim Zink. Unter Abgabe der beiden s-Elektronen bilden sich Ionen der Oxidationsstufe zwei mit recht ähnlichen Ionenradien (Mg^{2+}: 86 pm, Zn^{2+}: 88 pm), die in wässeriger Lösung beide als Hexaaqua-Ionen vorliegen.

das mit dem großen $[Co(NH_3)_6]^{3+}$-Kation ausfällbare trigonal-pyramidale $[CdCl_5]^{3-}$-Ion. Auch die Koordinationszahl zwei, die man bei Zinkalkylen (ZnR_2) antrifft, ist dem Zink nicht fremd. Lediglich planar-quadratische Verbindungen vermag Zink offenbar nicht zu bilden. Diese – für ein Metall eher untypische – Koordinationschemie mag darin begründet liegen, dass Zink weder ein richtiges Übergangsmetall noch ein richtiges Hauptgruppenmetall ist.

Zinkchlorid Das extrem gut wasserlösliche Zinkchlorid ist eine der am häufigsten verwendeten Zinkverbindungen. Das weitgehend wasserfreie Produkt des Handels ist sehr stark hygroskopisch. Die relativ gute Löslichkeit in organischen Lösemitteln wie Ethanol und Aceton deutet auf kovalente Bindungsanteile hin. Zinkchlorid wird als Flussmittel beim Löten und als Konservierungsmittel für Holz verwendet. Beide Anwendungen beruhen auf der Eigenschaft dieser Verbindung, als Lewis-Säure zu fungieren: Beim Löten muss der Oxidfilm von den Metalloberflächen entfernt werden. Das geschmolzene Zinkchlorid (Schmelztemperatur 318 °C) reagiert dabei mit dem oberflächlichen Oxid, indem es Oxo-Komplexe bildet. Das Lot kann sich dann mit der so gereinigten Metalloberfläche legieren. Wird Zinkchlorid auf Holz aufgetragen, so bilden sich kovalente Bindungen zu den Sauerstoff-Atomen der Cellulose-Moleküle aus, die dafür sorgen, dass es nicht ohne weiteres wieder entfernt werden kann. Die eigentliche Holzschutzwirkung ergibt sich aus der Giftigkeit des Zinkchlorids für Mikroorganismen.

EXKURS

Konservierung von Büchern

In neuen Büchern findet man oft den Hinweis „gedruckt auf säurefreiem und alterungsbeständigem Papier". Das hat folgenden Hintergrund: Mitte des 19. Jahrhunderts wurde für die Herstellung von Druckpapier überwiegend aus Holz gewonnener Zellstoff (Cellulose) eingesetzt. Durch den Aufschluss der Holzschnitzel mit einer Calciumhydrogensulfit-Lösung wurden unerwünschte Holzinhaltsstoffe (Lignin) in wasserlösliche Sulfonsäurederivate überführt. In der Regel verblieb aber ein Rest dieser Verbindungen als Verunreinigung im Zellstoff und gelangte damit ins Papier. Im Laufe der Zeit führt nun die Einwirkung von feuchter Luft zur Abspaltung von Schwefelsäure im Papier, sodass es vergilbt und brüchig wird. Für Bibliotheken ist der Verfall der Buchbestände der letzten 150 Jahre zu einem großen Problem geworden. Man hat daher zahlreiche Versuche unternommen, Verfahren zu entwickeln, die diesen Verfall kostengünstig unterbinden, ohne dabei das Papier oder den Druck zu schädigen.

Als besonders hilfreich erweist sich die erste synthetisierte organometallische Verbindung, eine Verbindung also, die Metall/Kohlenstoff-Bindungen enthält, und zwar *Diethylzink*, $Zn(C_2H_5)_2$. Sie wurde 1849 von Edward Frankland synthetisiert. Da Diethylzink leicht entzündlich ist, muss der Konservierungsprozess unter Ausschluss von Luft durchgeführt werden: Man bringt die Bücher deshalb in Kammern, erzeugt ein Vakuum und leitet zunächst reinen Stickstoff ein. Dann lässt man Diethylzink-Dampf einströmen. Er dringt in das Papier ein und reagiert mit den Hydronium-Ionen zu Zink-Ionen und Ethan. Feuchtigkeit im Papier führt zur Bildung von Zinkoxid:

$$Zn(C_2H_5)_2(g) + 2\,H^+(aq) \rightarrow Zn^{2+}(aq) + 2\,C_2H_6(g)$$

$$Zn(C_2H_5)_2(g) + H_2O(l) \rightarrow ZnO(s) + 2\,C_2H_6(g)$$

Da Zinkoxid ein basisches Oxid ist, dient es als Basen-Reserve für den Fall, dass im Papier erneut Säure gebildet wird.

Das überschüssige Diethylzink und das entstandene Ethan werden schließlich nach einigen Tagen abgesaugt und die Kammer wird zunächst mit Stickstoff und dann mit Luft gespült, sodass die Bücher herausgenommen werden können. Dieser langwierige Prozess hat inzwischen das Überleben großer, wertvoller Buchbestände gesichert.

Zinkoxid Man erhält Zinkoxid durch Verbrennen von Zinkpulver an der Luft oder durch thermische Zersetzung des Carbonats:

$$2\,Zn(s) + O_2(g) \xrightarrow{\Delta} 2\,ZnO(s); \qquad \Delta H_R^0 = -700\,kJ\cdot mol^{-1}$$

$$ZnCO_3(s) \xrightarrow{\Delta} ZnO(s) + CO_2(g); \qquad \Delta H_R^0 = 74\,kJ\cdot mol^{-1}$$

Zinkoxid ist ein weißer Feststoff, der im Wurtzit-Typ kristallisiert, in dem jedes Zink-Atom tetraedrisch von vier Sauerstoff-Atomen und jedes Sauerstoff-Atom tetraedrisch von vier Zink-Atomen umgeben ist.

Zinkoxid ist die wichtigste Zinkverbindung. Es wird als Weißpigment verwendet, spielt aber gegenüber Titandioxid-Pigmenten eine immer geringer werdende Rolle. Als Zusatzstoff bei der Herstellung von Gummi dient es der Aktivierung des Vulkanisationsprozesses und als Bestandteil von Anstrichfarben ist es wirksam gegen Pilzbefall und verlängert so die Lebensdauer der Farbschicht. In antiseptischen Salben beschleunigt es die Wundheilung. In Kombination mit Chrom(III)-oxid dient es als Katalysator bei der Herstellung von Methanol aus Synthesegas.

> Zinkoxid wird beim Erhitzen gelb und beim Abkühlen wieder weiß. Eine solche reversible, temperaturabhängige Farbänderung bezeichnet man als *Thermochromie*. Obwohl Zink nur die Oxidationsstufe II kennt, beruht die Färbung auf der Bildung von nichtstöchiometrischem Zinkoxid $Zn_{1+x}O$ ($x < 0{,}00007$). Unter Abgabe von etwas Sauerstoff treten freie Elektronen an die Stelle der O^{2-}-Ionen. Diese können durch sichtbares Licht angeregt werden und bewirken so die Farbe des erhitzten Zinkoxids. Beim Abkühlen wird Sauerstoff vom Kristallgitter wieder aufgenommen und in Form von Oxid-Ionen eingebaut.

Zinksulfid Zinksulfid kommt in der Natur als kubische Zinkblende oder (seltener) als hexagonaler Wurtzit vor. Zinkblende wandelt sich bei hoher Temperatur in Wurtzit um, Wurtzit stellt also die *Hochtemperaturmodifikation* von Zinksulfid dar. (Die Umwandlungstemperatur ($\approx 1000\,°C$) hängt erheblich vom Schwefelpartialdruck der Umgebung ab.) Im Labor stellt man das in Wasser schwer lösliche Zinksulfid durch Fällung aus einer Zinksalzlösung mit Schwefelwasserstoff her.

Zinksulfid, das kleine Mengen Kupfer- oder Silber-Ionen ($\approx 0{,}01\%$) – sogenannte *Aktivatoren* – enthält, wird als *Leuchtstoff* verwendet. Leuchtstoffe sind in der Lage, energiereiche Strahlung (zum Beispiel ultraviolettes Licht, Elektronenstahlung, Röntgenstrahlung) in sichtbares Licht umzuwandeln. Neben Zinksulfid wird eine ganze Reihe von dotierten Metalloxiden und Metallsulfiden praktisch eingesetzt: als Beschichtungsmaterial in Fernsehbildröhren, Leuchtstoffröhren („Neonröhren") oder Oszillographenröhren, in der Röntgentechnik und bei Sicherheitsmarkierungen.

Cadmiumsulfid Die einzige Cadmiumverbindung von wirtschaftlicher Bedeutung ist Cadmiumsulfid (CdS). Während Zinksulfid die typische weiße Farbe vieler Verbindungen der Elemente Gruppe 12, insbesondere des Zinks, zeigt, ist Cadmiumsulfid intensiv gelb. Substituiert man einen Teil der Sulfid-Ionen durch Selenid-Ionen, so erhält man orangefarbene bis tiefrote Produkte. Aufgrund der brillianten Farben und ihrer hohen chemischen Stabilität galten diese Verbindungen über Jahrzehnte hinweg als ideale Pigmente, vor allem zur Einfärbung von Kunststoffen. Eine Gefährdung durch die giftigen Cd^{2+}-Ionen besteht praktisch nicht, denn die ohnehin sehr schwer löslichen Pigmente sind durch den Kunststoff eingeschlossen, sodass sie auch durch Säuren nicht herausgelöst werden. Die Anfang der Achtzigerjahre des zwanzigsten Jahrhunderts zunehmende Müllverbrennung führte dann zu einer neuen Bewertung. Durch die Verbrennung CdS-haltiger Produkte kann das relativ leicht lösliche Cadmiumoxid in die Umwelt gelangen und Schäden verursachen. Inzwischen werden Cadmiumsulfid-Pigmente nur noch in geringem Umfang verwendet. Ein Beispiel sind Künstlerfarben. Doch selbst in diesem Bereich bedeutet „Cadmiumgelb", „Cadmiumorange" oder „Cadmiumrot" heute oft nur eine Farbtonbezeichnung, die Pigmente enthalten jedoch kein Cadmium.

Eine wichtige Rolle spielen seit einiger Zeit neuartige Cd(S,Se)-Pigmente zur Einfärbung von keramischen Glasuren. Es handelt sich dabei um *Einschlusspigmente*: Kleine Kriställchen des eigentlichen Pigments sind in einer – thermisch und chemisch außerordentlich beständigen – durchsichtigen Hülle aus Zirconiumsilicat ($ZrSiO_4$) eingeschlossen. Die Synthese des Hüllmaterials und des Pigments erfolgen nahezu gleichzeitig in einer Mischung der Ausgangsstoffe (ZrO_2, SiO_2, $CdCO_3$, Na_2SO_3, Se) bei etwa $900\,°C$.

Quecksilber

Da Quecksilber ein relativ edles Metall ist, findet man in einigen Lagerstätten auch elementares Quecksilber in Form von Quecksilbertröpfchen, die vergesellschaftet mit *Zinnober* auftreten.

Das als *Zinnober* vorkommende, rote Quecksilber(II)-sulfid ist das wichtigste Quecksilbererz. Zur Gewinnung des Metalls erhitzt man das Sulfid an der Luft und kondensiert den entstehenden Quecksilberdampf:

$$\text{HgS(s)} + \text{O}_2\text{(g)} \xrightarrow{\Delta} \text{Hg(l)} + \text{SO}_2\text{(g)}$$

Quecksilber(II)-Verbindungen In fast allen Quecksilber(II)-Verbindungen bildet Quecksilber kovalente Bindungen zu seinen Bindungspartnern aus. Zu den wenigen ionischen Verbindungen zählen Quecksilber(II)-fluorid und die Salze starker Oxosäuren wie Quecksilber(II)-nitrat.

Mit überschüssigen Chlorid-Ionen bildet Quecksilber(II)-chlorid die Chloro-Komplexe $[\text{HgCl}_3]^-$ und $[\text{HgCl}_4]^{2-}$.

Quecksilber(II)-chlorid („Sublimat") sublimiert bei der technischen Darstellung durch Erhitzen von Quecksilber(II)-sulfat mit Natriumchlorid als weißer, bei 277 °C schmelzender und bei 304 °C siedender weißer Feststoff. Quecksilber(II)-chlorid löst sich relativ gut in Wasser, doch die Lösung leitet den elektrischen Strom nur wenig, denn es liegen überwiegend HgCl_2-Moleküle vor. Quecksilber(II)-chlorid wird in Lösung leicht durch Zugabe von Zinn(II)-chlorid-Lösung zum weißen, schwerlöslichen Quecksilber(I)-chlorid reduziert:

$$2\,\text{HgCl}_2\text{(aq)} + \text{SnCl}_2\text{(aq)} \rightarrow \text{SnCl}_4\text{(aq)} + \text{Hg}_2\text{Cl}_2\text{(s)}$$

Versetzt man eine wässerige HgCl_2-Lösung mit Ammoniak, so bildet sich eine weiße Fällung, die aus einer recht ungewöhnlichen Stickstoffverbindung besteht: Quecksilber(II)-amidchlorid ($\text{Hg(NH}_2)\text{Cl}$). Die Quecksilber-Atome sind dabei linear durch die Stickstoff-Atome der NH_2-Gruppen koordiniert (Abbildung 24.51). Zwischen den Zickzackketten sind die Chlorid-Ionen eingelagert.

Unter anderen Reaktionsbedingungen lässt sich auch ein linearer Amminkomplex $[\text{Hg(NH}_3)_2]^{2+}$ erhalten. Eine Möglichkeit ist die Umsetzung von HgCl_2 in einem unpolaren Lösemittel mit gasförmigem Ammoniak. Das schwerlösliche, weiße Diamminquecksilber(II)-chlorid $[\text{Hg(NH}_3)_2]\text{Cl}_2$ reagiert mit Wasser allmählich unter Abspaltung von Ammoniak.

24.51 In vielen Quecksilber(II)-Verbindungen findet man die Koordinationszahl 2 bei einer linearen Umgebung des Quecksilbers: HgCl_2 (a), $\text{Hg(NH}_2)\text{Cl}$ (b), HgO (c).

Quecksilber(II)-iodid Im Gegensatz zum Chlorid ist Quecksilber(II)-iodid in Wasser schwer löslich. Die rote Fällung reagiert jedoch mit überschüssigen Iodid-Ionen unter Bildung einer nahezu farblosen Lösung, in der das Tetraiodomercurat(II)-Ion (HgI_4^{2-}) vorliegt. Fügt man Silbernitrat-Lösung hinzu, so bildet sich eine gelbe Fällung des Silbersalzes $\text{Ag}_2[\text{HgI}_4]$, das bei 35 °C in eine orangefarbene Modifikation übergeht. Beim Abkühlen bildet sich die gelbe Modifikation zurück.

Weitere Beispiele für thermochrome Substanzen sind die entsprechende Kupfer(I)-Verbindung $\text{Cu}_2[\text{HgI}_4]$ (Farbwechsel bei 70 °C von rot nach schwarzbraun) sowie HgI_2 (Farbwechsel bei 129 °C von rot nach gelb).

Quecksilber(II)-chlorid wird als sehr giftig eingestuft, denn der LD_{50}-Wert liegt für Ratten mit 1 mg/kg sehr niedrig. Tödliche Vergiftungen bei Menschen waren mit der Aufnahme von mindestens 2 g HgCl_2 verbunden.

Quecksilber(II)-oxid Bei der Reaktion von Quecksilber(II)-salz-Lösungen mit Natronlauge erhält man als gelbes Fällungsprodukt Quecksilber(II)-oxid (ein Hydroxid Hg(OH)_2 ist nicht bekannt). Erhitzt man Quecksilber für längere Zeit an der Luft auf etwa 350 °C, bildet sich ein rotes Oxid, dessen Kristalle erheblich größer sind als bei dem aus der wässerigen Lösung erhaltenen Produkt.

Quecksilber(II)-oxid ist thermisch instabil und zersetzt sich oberhalb von 400 °C wieder in Quecksilber und Sauerstoff. Die Zersetzung ist von historischem Interesse, denn auf diese Weise erzeugte Joseph Priestley 1774 die erste Probe von reinem Sauerstoff.

$$2\,\text{Hg(l)} + \text{O}_2\text{(g)} \xrightleftharpoons{\Delta} 2\,\text{HgO(s)}; \quad \Delta H_R^0 = -182\,\text{kJ}\cdot\text{mol}^{-1}$$

Strukturell besteht kein Unterschied zwischen der gelben und der roten Form des Quecksilberoxids: In beiden Fällen liegen Zickzackketten vor, in denen Quecksilber-Atome linear durch zwei Sauerstoff-Atome koordiniert sind.

Die rote Modifikation des Quecksilber(II)-sulfids (*Zinnober*) und die aus wässeriger Lösung gefällte schwarze Modifikation unterscheiden sich dagegen deutlich in ihrem

Aufbau: Zinnober ist aus schraubenförmigen HgS-Ketten aufgebaut, die insgesamt eine verzerrte NaCl-Struktur ergeben (Koordinationszahl sechs); das schwarze HgS hat die Zinkblendestruktur (Koordinationszahl vier).

Quecksilber(I)-Verbindungen Typisch für die Oxidationsstufe I ist die Bildung von $[Hg-Hg]^{2+}$-Ionen, in denen zwei Quecksilber-Atome durch eine kovalente Einfachbindung verknüpft sind. Verbindungen, die einfache Quecksilber(I)-Ionen enthalten, sind nicht bekannt.

Als Laborreagenzien verwendet man das in verdünnter Salpetersäure leicht lösliche Quecksilber(I)-nitrat-Dihydrat $(Hg_2(NO_3)_2 \cdot 2\,H_2O)$ und das schwerlösliche Chlorid Hg_2Cl_2, das unter dem Trivialnamen *Kalomel* bekannt ist. Stabil sind auch die übrigen Halogenide und weitere Oxosalze. Verbindungen mit einigen anderen geläufigen Anionen wie dem Oxid- oder dem Sulfid-Ion sind dagegen bis heute nicht synthetisiert worden. Ursache ist die Lage des Gleichgewichts der folgenden Disproportionierungsreaktion:

$$Hg_2^{2+}(aq) \rightleftharpoons Hg(l) + Hg^{2+}(aq)$$

Die Gleichgewichtskonstante K für dieses Gleichgewicht beträgt bei 25 °C ungefähr $6 \cdot 10^{-3}$. Dieser niedrige Wert zeigt, dass das Hg_2^{2+}-Ion in wässerigen Lösungen mit schwach koordinierenden Anionen (SO_4^{2-}, NO_3^-, ClO_4^-) kaum dazu tendiert, zum Quecksilber(II)-Ion und elementarem Quecksilber zu disproportionieren. Anionen wie das Sulfid-Ion bilden jedoch schwer lösliche Verbindungen mit dem Quecksilber(II)-Ion.

Durch die Bildung von HgS werden dem Disproportionierungsgleichgewicht Hg^{2+}-Ionen entzogen und das Gleichgewicht verschiebt sich auf die rechte Seite. Die Gesamtgleichung für die Reaktion von Quecksilber(I) mit Schwefelwasserstoff lautet daher:

$$Hg_2^{2+}(aq) + H_2S(aq) \rightarrow HgS(s) + Hg(l) + 2\,H^+(aq)$$

Ganz ähnlich verläuft die Reaktion mit Natronlauge: Man erhält einen grauen Niederschlag, der aus Quecksilber(II)-oxid und fein verteiltem Quecksilber besteht:

$$Hg_2^{2+}(aq) + 2\,OH^-(aq) \rightarrow HgO(s) + Hg(l) + H_2O(l)$$

Kalomel Der für das schwerlösliche, weiße Quecksilber(I)-chlorid verwendete Trivialname Kalomel (griech. *kalos*, schön; *melas*, schwarz) bezieht sich auf eine charakteristische Reaktion, durch die sich die Verbindung leicht identifizieren lässt: Übergießt man das durch Salzsäure gefällte Hg_2Cl_2 mit Ammoniak-Lösung, so färbt es sich schwarz. Ursache ist wiederum eine Disproportionierungsreaktion, bei der neben kleinsten Quecksilbertröpfchen das weiße, schwerlösliche Quecksilber(II)-amidchlorid gebildet wird:

$$Hg_2Cl_2(s) + 2\,NH_3(aq) \rightarrow Hg(l) + Hg(NH_2)Cl(s) + NH_4^+(aq) + Cl^-(aq)$$

Biologische Aspekte

Die Gruppe 12 enthält mit Zink ein essentielles und mit Cadmium und Quecksilber zwei sehr toxische Elemente.

Die lebenswichtige Funktion des Zinks Man hat in lebenden Organismen mehr als 200 Enzyme identifiziert, deren Funktion auf der Anwesenheit von Zink beruht. Diese Enzyme beschleunigen die verschiedensten Reaktionen, insbesondere aber Hydrolysereaktionen. So katalysieren zinkhaltige *Hydrolasen* die Hydrolyse von P/O/P-, P/O/C- und C/O/C-Bindungen. Ein wichtiges zinkhaltiges Enzym der roten Blutkörperchen ist die *Carboanhydrase*. Sie sorgt dafür, dass Kohlenstoffdioxid (als das Oxidationsprodukt

---

Im Falle von $Ag_2[HgI_4]$ und $Cu_2[HgI_4]$ ist der Farbwechsel mit dem Übergang von einer *geordneten* Verteilung der Metallionen zu einer *statistischen* Verteilung verbunden. Die Gesamtstruktur leitet sich von der Zinkblendestruktur ab, der Stöchiometrie entsprechend ist jeder vierte Kationenplatz nicht besetzt. Zwei strukturell andersartige Fälle, ein Tetrachlorocuprat(II) und Zinkoxid, werden auf den Seiten 710 und 721 erläutert.

Neßlers Reagenz ist eine Lösung von Kaliumtetraiodomercurat(II) in Kalilauge, die traditionell für den Nachweis von Ammoniak eingesetzt wird. Bei kleinen NH_3-Gehalten bildet sich eine gelbbraune (kolloide) Lösung; höhere NH_3-Konzentrationen ergeben eine braune Fällung. Die Verbindung wird durch die Formel $[Hg_2N]I$ beschrieben. Ihr Aufbau entspricht einer – dem SiO_2 analogen – Hg_2N^+-Raumnetzstruktur, in deren Hohlräume Iodid-Ionen eingelagert sind. Quecksilber/Stickstoff-Verbindungen dieses Typs sind auch mit anderen Anionen bekannt. So erhält man durch die Reaktion von Quecksilber(II)-oxid mit wässeriger Ammoniak-Lösung die sogenannte *Millonsche Base* $[Hg_2N]OH$. Das mit Neßlers Reagenz gebildete Produkt wird daher als „Iodid der Millonschen Base" bezeichnet.

Julius **Neßler**, 1827–1905, errichtete und leitete die Agrikulturchemische Versuchsanstalt in Karlsruhe.

Unter den essentiellen Spurenelementen steht Zink an zweiter Stelle und wird in dieser Hinsicht nur von Eisen übertroffen. Von den 40 mg an essentiellen Spurenelementen, die der Mensch täglich aufnimmt, entfällt die Hälfte auf Zink. Schätzungsweise ein Drittel der Menschen in den westlichen Ländern leiden unter Zinkmangel. Ein solcher Mangel ist nicht lebensbedrohlich, er kann aber zu Ermüdung und Lethargie führen; möglicherweise ist auch der Immunschutz vermindert. Als Vorbeugung gegen Erkältungskrankheiten werden daher Brausetabletten angeboten, die Zinksulfat enthalten („Zinkbrause").

der Nahrung) unseren Körper schnell wieder verlassen kann, indem sie die Einstellung des Gleichgewichts zwischen gasförmigem und gelösten Kohlenstoffdioxid (bzw. Hydrogencarbonat-Ionen) außerordentlich beschleunigt. Nur so kann sichergestellt werden, dass in Körperflüssigkeiten gelöstes Kohlenstoffdioxid über die Lunge in Form des Gases wieder ausgeatmet werden kann.

Dass Zink-Ionen biochemisch eine wichtige Rolle spielen, obwohl sie an Redoxreaktionen nicht beteiligt sind, hat mehrere Gründe:
- Zink ist in der Umwelt ausreichend verfügbar.
- Das Zink-Ion ist eine Lewis-Säure und fungiert in Enzymen als solche.
- Im Gegensatz zu vielen anderen Metallen bevorzugt Zink eine tetraedrische Koordination, es kann jedoch leicht unter Bildung von Produkten oder Zwischenstufen reagieren, in denen es die Koordinationszahl fünf oder sechs hat.
- Da das Zink-Ion eine d^{10}-Elektronenkonfiguration hat, gibt es keine von der Geometrie abhängigen Ligandenfeldstabilisierungseffekte. Eine zunächst ideal tetraedrische Umgebung des Zink-Ions kann daher ohne besonderen Energieaufwand verzerrt oder verändert werden, damit für bestimmte Funktionen die richtigen Bindungswinkel und die passende Koordinationszahl zur Verfügung stehen.
- Das Zink-Ion kann unter physiologischen Bedingungen weder oxidiert noch reduziert werden. Seine Rolle wird daher durch Redoxvorgänge im Organismus nicht beeinflusst.
- Der Ligandenaustausch verläuft bei Zink-Ionen extrem schnell, sodass die Enzyme besonders hohe Umsatzraten erreichen.

Die Toxizität des Cadmiums Cadmium ist ein toxisches Element, das sich im Körper anreichern kann, sodass schon regelmäßige kleine Cadmiumgehalte in der Nahrung zu chronischen Erkrankungen – insbesondere der Nieren – führen können. Besonders gefährdet sind Raucher, da sie mit dem Zigarettenrauch ständig merkliche Mengen an Cadmium aufnehmen. Der Grenzwert für den Cadmiumgehalt von Trinkwasser ist mit $5\,\mu g \cdot l^{-1}$ extrem niedrig und entsprechend gering sind auch die für Lebensmittel festgesetzten Höchstmengen. (Potentiell cadmiumreich sind Leber und Nieren von Schlachttieren sowie Waldpilze.) Als Vorsorgemaßnahme ist ein in der Gefahrstoffverordnung enthaltenes weitgehendes Anwendungsverbot für Cadmiumverbindungen anzusehen. Selbstverständlich sollte es daher auch sein, verbrauchte Nickel-Cadmium-Batterien an den Händler zurückzugeben, sodass sie sachgerecht recycelt werden können.

In den Fünfzigerjahren des 20. Jahrhunderts waren in Japan cadmiumhaltige Abwässer aus dem Bergbau auf Reisfelder geleitet worden. Es kam damals zu zahlreichen chronischen Cadmiumvergiftungen. Vor allem ältere Frauen litten unter den äußerst schmerzhaften Knochendeformationen der „Itai-Itai-Krankheit".

Gefahren, die von Quecksilber ausgehen Wie schon erwähnt, ist Quecksilber aufgrund seines relativ hohen Dampfdruckes gefährlich. (Bei Raumtemperatur kann $1\,m^3$ Luft bis zu 18 mg Quecksilber aufnehmen. Der MAK-Wert ist auf $0{,}1\,mg \cdot m^{-3}$ festgesetzt) Der Quecksilberdampf wird von den Lungen absorbiert, löst sich im Blut und gelangt dann in das Gehirn, wo er zu irreversiblen Schäden des zentralen Nervensystems führt.

Die meisten anorganischen Quecksilberverbindungen stellen kein großes Problem dar, da sie nicht besonders gut löslich sind. Lösliche Quecksilberverbindungen wie Quecksilber(II)-chlorid sind aber als „sehr giftig" eingestuft.

Die größte Gefahr geht von Organoquecksilber-Verbindungen aus. Solche Verbindungen, wie beispielsweise das Methylquecksilber-Kation $HgCH_3^+$, werden vom Körper leichter aufgenommen und verbleiben länger im Körper als die einfachen Quecksilberverbindungen. Die Symptome einer Methylquecksilber-Vergiftung traten das erste Mal in den Jahren zwischen 1940 und 1960 in Japan auf, nachdem eine chemische Anlage quecksilberhaltige Abfälle in die *Minamata*-Bucht, ein wichtiges Fischfanggebiet, gepumpt hatte. Anorganische Quecksilberverbindungen wurden von Meeresbakterien in Organoquecksilber-Verbindungen umgewandelt. Diese Verbindungen, insbesondere CH_3HgSCH_3, wurden vom Fettgewebe der Fische absorbiert und die nichts ahnende ansässige Bevölkerung aß die mit Quecksilber belasteten Fische. Diese Vergiftung bekam den Namen *Minamata*-Krankheit. Früher stellten auch quecksilberorganische Fungizide eine große Gefahr dar. In einem besonders tragischen Fall aus dem Jahre 1972 hatten Bauernfamilien im Irak Saatgut erhalten, dass mit Quecksilber-Fungiziden behandelt war. Ohne die Gefahr zu kennen, verwendeten sie jedoch einen Teil zum Brotbacken. 450 Menschen starben und mehr als 6500 erkrankten.

24.11 Die wichtigsten Reaktionen im Überblick

Von den insgesamt 27 Elementen, deren Chemie im Rahmen dieses Kapitels zu besprechen war, werden neun in den nachfolgenden Schemata berücksichtigt. Entscheidend für die Auswahl war neben der Bedeutung für die Praxis in Labor und Technik auch die Vielfalt der Chemie.

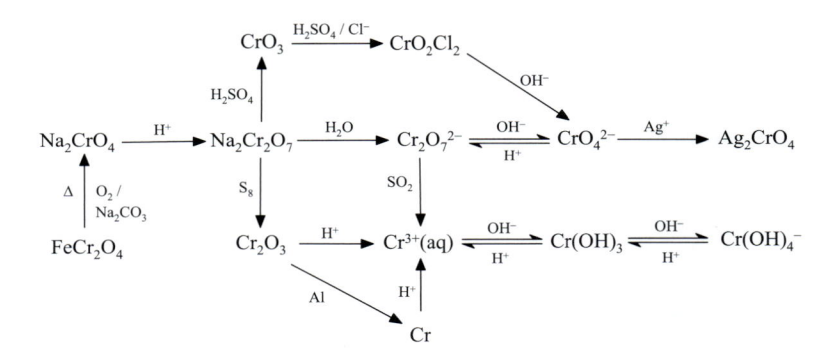

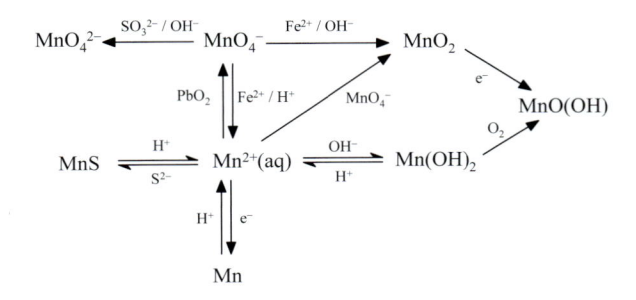

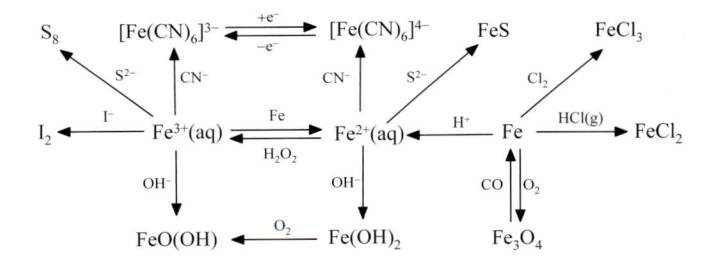

$$\begin{array}{c}
\text{CrO}_3 \xrightarrow{\text{H}_2\text{SO}_4/\text{Cl}^-} \text{CrO}_2\text{Cl}_2 \\
\uparrow \text{H}_2\text{SO}_4 \qquad \qquad \downarrow \text{OH}^- \\
\text{Na}_2\text{CrO}_4 \xrightarrow{\text{H}^+} \text{Na}_2\text{Cr}_2\text{O}_7 \xrightarrow{\text{H}_2\text{O}} \text{Cr}_2\text{O}_7^{2-} \underset{\text{H}^+}{\overset{\text{OH}^-}{\rightleftarrows}} \text{CrO}_4^{2-} \xrightarrow{\text{Ag}^+} \text{Ag}_2\text{CrO}_4 \\
\Delta \uparrow \text{O}_2/\text{Na}_2\text{CO}_3 \qquad \downarrow \text{S}_8 \qquad \downarrow \text{SO}_2 \\
\text{FeCr}_2\text{O}_4 \qquad \text{Cr}_2\text{O}_3 \xrightarrow{\text{H}^+} \text{Cr}^{3+}(\text{aq}) \underset{\text{H}^+}{\overset{\text{OH}^-}{\rightleftarrows}} \text{Cr(OH)}_3 \underset{\text{H}^+}{\overset{\text{OH}^-}{\rightleftarrows}} \text{Cr(OH)}_4^- \\
\downarrow \text{Al} \qquad \downarrow \text{H}^+ \\
\text{Cr}
\end{array}$$

$$\begin{array}{c}
\text{MnO}_4^{2-} \xleftarrow{\text{SO}_3^{2-}/\text{OH}^-} \text{MnO}_4^- \xrightarrow{\text{Fe}^{2+}/\text{OH}^-} \text{MnO}_2 \\
\downarrow \text{PbO}_2 \quad \downarrow \text{Fe}^{2+}/\text{H}^+ \quad \downarrow \text{MnO}_4^- \qquad \searrow e^- \\
\text{MnS} \underset{\text{S}^{2-}}{\overset{\text{H}^+}{\rightleftarrows}} \text{Mn}^{2+}(\text{aq}) \underset{\text{H}^+}{\overset{\text{OH}^-}{\rightleftarrows}} \text{Mn(OH)}_2 \xrightarrow{\text{O}_2} \text{MnO(OH)} \\
\text{H}^+ \updownarrow e^- \\
\text{Mn}
\end{array}$$

$$\begin{array}{c}
\text{S}_8 \qquad [\text{Fe(CN)}_6]^{3-} \underset{-e^-}{\overset{+e^-}{\rightleftarrows}} [\text{Fe(CN)}_6]^{4-} \qquad \text{FeS} \qquad \text{FeCl}_3 \\
\nwarrow \text{S}^{2-} \quad \uparrow \text{CN}^- \qquad \uparrow \text{CN}^- \qquad \nwarrow \text{S}^{2-} \quad \nwarrow \text{Cl}_2 \\
\text{I}_2 \xleftarrow{\text{I}^-} \text{Fe}^{3+}(\text{aq}) \underset{\text{H}_2\text{O}_2}{\overset{\text{Fe}}{\rightleftarrows}} \text{Fe}^{2+}(\text{aq}) \xleftarrow{\text{H}^+} \text{Fe} \xrightarrow{\text{HCl}(g)} \text{FeCl}_2 \\
\downarrow \text{OH}^- \qquad \downarrow \text{OH}^- \qquad \text{CO} \updownarrow \text{O}_2 \\
\text{FeO(OH)} \xleftarrow{\text{O}_2} \text{Fe(OH)}_2 \qquad \text{Fe}_3\text{O}_4
\end{array}$$

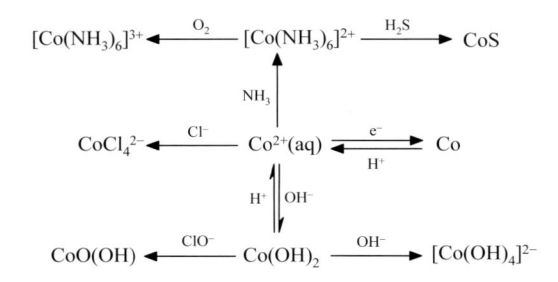

24. Die Nebengruppenelemente

Cobalt

$[Co(NH_3)_6]^{3+} \xleftarrow{O_2} [Co(NH_3)_6]^{2+} \xrightarrow{H_2S} CoS$

$CoCl_4^{2-} \xleftarrow{Cl^-} Co^{2+}(aq) \xrightleftharpoons[H^+]{e^-} Co$ (NH$_3$ upward)

$CoO(OH) \xleftarrow{ClO^-} Co(OH)_2 \xrightarrow{OH^-} [Co(OH)_4]^{2-}$

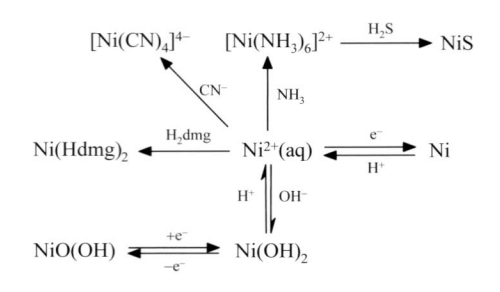

(H$^+$ / OH$^-$ between Co^{2+}(aq) and Co(OH)$_2$)

Nickel

$[Ni(CN)_4]^{4-} \xleftarrow{CN^-} [Ni(NH_3)_6]^{2+} \xrightarrow{H_2S} NiS$

$Ni(Hdmg)_2 \xleftarrow{H_2dmg} Ni^{2+}(aq) \xrightleftharpoons[H^+]{e^-} Ni$ (NH$_3$ upward)

$NiO(OH) \xrightleftharpoons[-e^-]{+e^-} Ni(OH)_2$

(H$^+$ / OH$^-$ between Ni^{2+}(aq) and Ni(OH)$_2$)

Kupfer

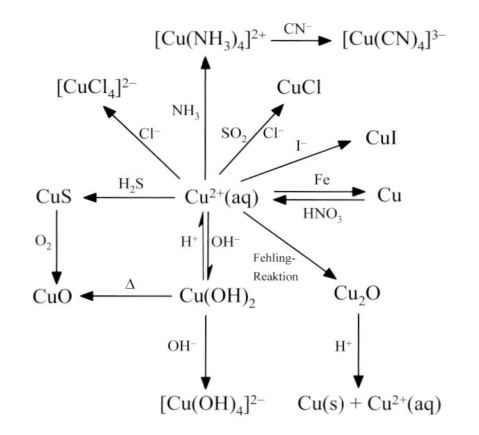

$[Cu(NH_3)_4]^{2+} \xrightarrow{CN^-} [Cu(CN)_4]^{3-}$

$[CuCl_4]^{2-} \xleftarrow{Cl^-, NH_3}$; $CuCl \xleftarrow{SO_2, Cl^-}$; $CuI \xleftarrow{I^-}$

$CuS \xleftarrow{H_2S} Cu^{2+}(aq) \xrightleftharpoons[HNO_3]{Fe} Cu$

$CuO \xleftarrow{\Delta} Cu(OH)_2 \quad Cu_2O$ (Fehling-Reaktion)

$O_2 \uparrow$ from CuS to CuO

$[Cu(OH)_4]^{2-} \xleftarrow{OH^-} \quad \xrightarrow{H^+} Cu(s) + Cu^{2+}(aq)$

(H$^+$ / OH$^-$ between Cu^{2+}(aq) and Cu(OH)$_2$)

Silber

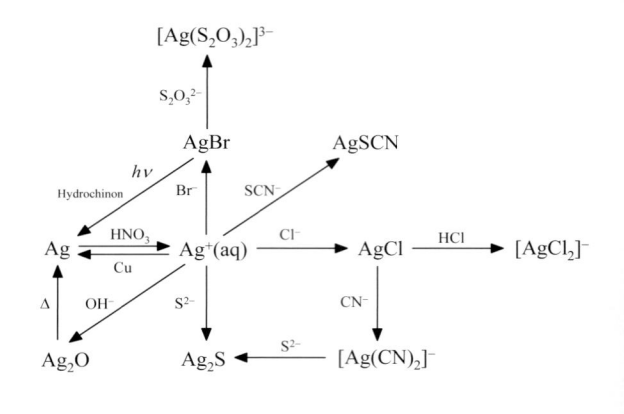

$[Ag(S_2O_3)_2]^{3-} \xleftarrow{S_2O_3^{2-}}$

$AgBr \quad AgSCN$

$Ag \xleftarrow{Hydrochinon, h\nu}{Br^-} \quad \xrightarrow{SCN^-}$

$Ag \xrightleftharpoons[Cu]{HNO_3} Ag^+(aq) \xrightarrow{Cl^-} AgCl \xrightarrow{HCl} [AgCl_2]^-$

$Ag_2O \xleftarrow{OH^-,\Delta} \quad Ag_2S \xleftarrow{S^{2-}} [Ag(CN)_2]^- \xleftarrow{CN^-}$

Zink

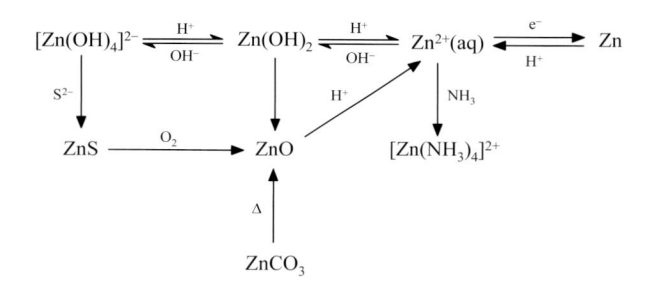

$[Zn(OH)_4]^{2-} \xrightleftharpoons[OH^-]{H^+} Zn(OH)_2 \xrightleftharpoons[OH^-]{H^+} Zn^{2+}(aq) \xrightleftharpoons[H^+]{e^-} Zn$

$ZnS \xrightarrow{O_2} ZnO \xrightarrow{H^+} \quad ; \quad Zn^{2+}(aq) \xrightarrow{NH_3} [Zn(NH_3)_4]^{2+}$

$ZnCO_3 \xrightarrow{\Delta} ZnO$

Quecksilber

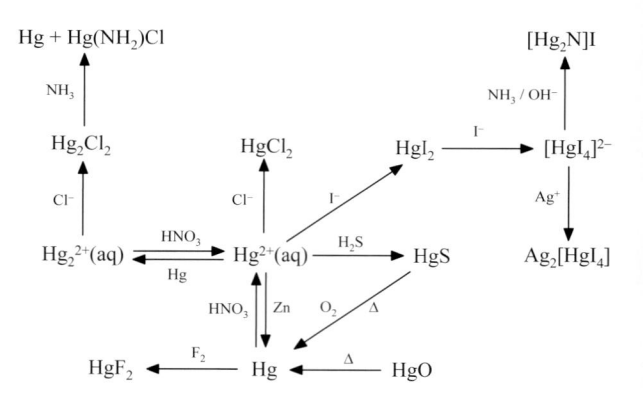

$Hg + Hg(NH_2)Cl \xleftarrow{NH_3} Hg_2Cl_2$

$[Hg_2N]I \xleftarrow{NH_3/OH^-} [HgI_4]^{2-} \xleftarrow{I^-} HgI_2$

$HgCl_2 \xrightarrow{I^-} HgI_2$

$Hg_2^{2+}(aq) \xrightleftharpoons[Hg]{HNO_3} Hg^{2+}(aq) \xrightarrow{H_2S} HgS$

$Ag_2[HgI_4] \xleftarrow{Ag^+} [HgI_4]^{2-}$

$HgF_2 \xleftarrow{F_2} Hg \xleftarrow{\Delta} HgO$

(Cl$^-$ from Hg$_2^{2+}$ to Hg$_2$Cl$_2$; Cl$^-$ from Hg^{2+} to HgCl$_2$; HNO$_3$ / Zn / O$_2$ / Δ between Hg^{2+}(aq) and Hg)

ÜBUNGEN

24.1 a) Welche zwei Arten von Fehlstellen treten in vielen festen Verbindungen der Nebengruppenmetalle auf? b) Welches ist die Hauptursache für die Bildung der Defekte? Nimmt die Fehlstellendichte mit steigender Temperatur zu oder ab? Begründen Sie Ihre Antwort.

24.2 Formulieren Sie das Boudouard-Gleichgewicht und erläutern Sie die Temperatur- und Druckabhängigkeit der Gleichgewichtslage.

24.3 Warum lassen sich Metallsulfide, die in vielfältiger Form in der Natur vorkommen, nicht direkt mit Koks reduzieren? Formulieren Sie Reaktionsgleichungen für die praktisch genutzte Reaktionsfolge am Beispiel von Zinkblende.

24.4 a) Warum kann Titan nicht durch Reduktion von Rutil mit Koks gewonnen werden? b) Wie kann hochreines Titan gewonnen werden? c) Welche Eigenschaften machen Titan zu einem hervorragenden Werkstoff?

24.5 Stellen Sie Reaktionsgleichungen für die folgenden Reaktion auf: a) Titan(IV)-chlorid mit Sauerstoff bei hoher Temperatur, b) Natriumdichromat mit Schwefel bei hoher Temperatur, c) Kupfer(II)-hydroxid beim Erhitzen, d) Dicyanoargentat-Ionen mit Zink, e) Gold mit Chlor, f) Vanadyl-Ionen (VO^{2+}) mit Zink in saurer Lösung, g) Kupfer(II)-Ionen mit Iodid.

24.6 Erläutern Sie kurz, wie sich im Verlauf der 3d-Reihe die Stabilität der Oxidationsstufen verändert.

24.7 Geben Sie Verwendungszwecke für die folgenden Verbindungen an: a) Titan(IV)-oxid, b) Chrom(III)-oxid, c) Molybdän(IV)-sulfid, d) Silbernitrat.

24.8 Welche Eigenschaften zeigen, dass Titan(IV)-chlorid eine Verbindung mit kovalentem Bindungscharakter ist? Schlagen Sie eine Erklärung vor.

24.9 Aluminium-Ionen sind die in der Erdkruste am häufigsten vorkommenden Metallionen. Erläutern Sie, warum dennoch Eisen und nicht Aluminium das wirtschaftlich wichtigste Metall ist.

24.10 Welche Gemeinsamkeiten und Unterschiede bestehen zwischen den Eigenschaften von a) Mangan(VII) und Chlor(VII), b) Eisen(III) und Aluminium(III), c) Chrom(VI) und Schwefel(VI).

24.11 Vergleichen und erläutern Sie die Herstellung der wasserfreien Eisenchloride.

24.12 Welche Elemente werden a) als Münzmetalle und b) als Edelmetalle bezeichnet?

24.13 Welche Ionen werden durch folgende Reaktionen nachgewiesen? Stellen Sie jeweils eine Reaktionsgleichung auf.
  a) Die Zugabe von Chlorid-Ionen zu einer rosafarben, wässerigen Lösung eines Kations führt zu einer dunkelblauen Lösung.
  b) Beim Ansäuern einer gelben Lösung bildet sich eine orangefarbene Lösung.
  c) Die Zugabe von Chlorid-Ionen im Überschuss zu einer farblosen Lösung eines Kations führt zu einer gelben Lösung.
  d) Bei der Zugabe von Ammoniak zu einer hellblauen Lösung erhält man eine bläuliche Fällung, die mit überschüssigem Ammoniak eine tiefblaue Lösung bildet.
  e) Die farblose Lösung eines Kations ergibt mit Thiocyanat-Lösung eine tiefrote Färbung.

24.14 Versetzt man die Lösung eines Halogenid-Ions mit Silbernitrat-Lösung, so fällt ein schwach gelber Niederschlag aus, der in verdünnter Ammoniak-Lösung unlöslich, in konzentrierter Ammoniak-Lösung jedoch löslich ist. Um welches Halogenid-Ion handelt es sich? Formulieren Sie die Reaktionsgleichungen.

24.15 Sie haben die Aufgabe, einen oktaedrischen Vanadium(II)-Komplex herstellen. Schlagen sie einen geeigneten Liganden vor und begründen Sie Ihre Wahl.

24.16 Die höchste Oxidationsstufe von Nickel in einer einfachen Verbindung findet man im Hexafluoronickelat(IV)-Ion ($[NiF_6]^{2-}$).
  a) Warum ist das Fluorid-Ion zur Stabilisierung der Oxidationsstufe IV besonders geeignet?
  b) Würden Sie einen *high-spin*- oder einen *low-spin*-Komplex erwarten? Begründen Sie Ihre Entscheidung.

24.17 Schlagen Sie eine Begründung dafür vor, dass Aluminiumoxid amphoter, Eisen(III)-oxid dagegen basisch ist.

24.18 Das Ferrat(VI)-Ion (FeO$_4^{2-}$) ist ein so starkes Oxidationsmittel, dass es Ammoniak in wässeriger Lösung zu Stickstoff oxidiert, wobei es selbst zum Eisen(III)-Ion reduziert wird. Stellen Sie die Reaktionsgleichung auf.

24.19 Erläutern Sie, warum eine wässerige Chrom(III)-nitrat-Lösung sauer reagiert.

24.20 Warum eignet sich Platin besonders gut als Katalysator für die Hydrierung von Alkenen und Alkinen?

24.21 Es gibt nur ein einfaches Anion, das mit Cobalt(III) einen *high-spin*-Komplex bildet. Welcher Ligand ist dies? Welche Formel hat dieser oktaedrische Komplex?

24.22 Erklären Sie, warum Kupfer(I)-chlorid in Wasser schwer löslich ist.

24.23 Erklären Sie, warum Silberbromid und Silberiodid (schwach) farbig sind, obwohl sowohl das Silber-Ion als auch die Halogenid-Ionen farblos sind.

24.24 Schlagen Sie anhand der 18-Elektronen-Regel die Formel für den Kupfer(I)-Cyano-Komplex vor.

24.25 Um welche Ionen handelt es sich jeweils? Stellen Sie die Reaktionsgleichungen auf.
  a) Ein farbloses Kation bildet mit Chlorid-Ionen einen weißen und mit Chromat-Ionen einen rotbraunen Niederschlag.
  b) Eine rosafarbene Lösung bildet mit Natronlauge einen blauen Niederschlag.
  c) Die farblose Lösung eines Anions bildet mit Silber-Ionen einen gelblichen Niederschlag. Die Zugabe von Chlorwasser führt zu einer dunkelbraunen Lösung. Der Stoff, der die braune Farbe verursacht, lässt sich mit Hexan ausschütteln und zeigt eine violette Farbe.
  d) Die gelbe Lösung eines Anions bildet mit Barium-Ionen einen gelben Niederschlag. Die Zugabe von Säure zu der gelben Lösung bewirkt einen Farbumschlag nach orange. Durch Schwefeldioxid lässt sich das orangefarbene Anion zu einem grünen Kation reduzieren.

24.26 Welche Übergangsmetall-Ionen sind am Aufbau der folgenden biochemisch wichtigen Stoffe beteiligt? a) Hämocyanin, b) Ferredoxin, c) Nitrogenase, d) Vitamin B$_{12}$.

24.27 Schlagen Sie eine Erklärung vor, warum einige Platinmetalle wirksame Katalysatoren sind für die Oxidation von Kohlenstoffmonoxid zu Kohlenstoffdioxid in Autoabgasen. Warum wäre Nickel keine gute Wahl?

24.28 a) Stellen Sie die Reaktionsgleichungen für die Reaktionen von Siliciumtetrachlorid und Titan(IV)-chlorid mit Wasser auf.
  b) Nennen Sie die Formeln der einfachsten Oxoanionen von Phosphor und Vanadium in ihrer jeweils höchsten Oxidationsstufe.
  c) Ebenso wie Phosphor bildet Vanadium(V) ein Oxidchlorid. Geben Sie die Formel dafür an.
  d) Stellen Sie die Reaktionsgleichungen für die Reaktionen von Wasser mit Schwefel(VI)-oxid bzw. mit Chrom(VI)-oxid auf.
  e) Wie lauten die Formeln der Oxide mit der höchsten Oxidationsstufe von Chlor und Mangan?

24.29 a) Berechnen Sie aus den thermodynamischen Daten im Anhang die Gleichgewichtskonstante K bei 298 K für die Bildung von gasförmigem Tetracarbonylnickel aus Nickel und Kohlenstoffmonoxid. b) Wie verschiebt sich die Gleichgewichtslage mit steigender Temperatur? c) Bei welcher Temperatur hat die Gleichgewichtskonstante den Wert eins?

24.30 Berechnen Sie die Gleichgewichtskonstante (Stabilitätskonstante) für die Komplexierung des Gold(I)-Ions mit Cyanid-Ionen aus folgenden Daten.

$$Au^+(aq) + e^- \rightleftharpoons Au(s); \qquad E^0 = 1{,}69 \text{ V}$$

$$[Au(CN)_2]^-(aq) + e^- \rightleftharpoons Au(s) + 2\,CN^-(aq); \qquad E^0 = -0{,}67 \text{ V}$$

24.31 In einer wässerigen Cobalt(II)-Salz-Lösung kann sich folgendes Gleichgewicht einstellen:

$$[Co(H_2O)_6^{2+}](aq) + 4\,Cl^- \rightleftharpoons [CoCl_4]^{2-}(aq) + 6\,H_2O(l)$$
rosa blau

Schlagen Sie eine Erklärung dafür vor, warum sich bei Zugabe eines wasserfreien Calcium-Salzes das Gleichgewicht nach rechts und bei Zugabe eines wasserfreien Zink-Salzes nach links verschiebt.

24.32 Fügt man Blei(II)-Ionen zu einer Lösung von Dichromat-Ionen, so fällt Blei(II)-chromat aus. Erklären Sie dies anhand von Reaktionsgleichungen.

24.33 Erklären Sie folgende Beobachtungen:
a) Eisen(III)-perchlorat ist wasserlöslich, während Eisen(III)-phosphat in Wasser schwer löslich ist.
b) Komplexe mit den Liganden NH_3 und H_2O kommen sehr häufig vor, während Komplexe mit den Liganden PH_3 und H_2S recht ungewöhnlich sind.
c) Eisen(III)-bromid hat eine intensivere Farbe als Eisen(III)-chlorid.

24.34 Wolfram bildet Iodide mit den empirischen Formeln WI_2 und WI_3. Welches Produkt erwarten Sie für die Reaktion von Wolfram mit Fluorgas? Begründen Sie Ihre Entscheidung.

24.35 Nickel bildet eine Verbindung der Formel NiS_2. Welche Oxidationsstufen weisen Nickel und Schwefel auf? Begründen Sie ihre Entscheidung.

24.36 Wird ein blass rosafarbenes Salz A stark erhitzt, so bildet sich ein schwarzbrauner Feststoff B. Das einzige andere Produkt ist ein tiefbraunes Gas C. Die Zugabe von konzentrierter Salzsäure zu B führt zu einer farblosen Lösung des Salzes D und einem hellgrünen Gas E. Leitet man das hellgrüne Gas in eine Lösung von Natriumbromid, so wird die Lösung braun. Dieses Produkt F lässt sich mit Dichlormethan oder einem anderen schwach polaren Lösungsmittel extrahieren. Der braune Feststoff B bildet sich auch, wenn eine tief violette Lösung des Anions G in alkalischer Lösung mit einem Reduktionsmittel wie Wasserstoffperoxid reagiert. Das andere Produkt ist ein Gas H, das ein glühendes Holzstäbchen zum Aufflammen bringt. Das Anion der Verbindung A bildet keine schwer löslichen Salze, während das Gas C im Gleichgewicht steht mit einem farblosen Gas I, wobei letzteres bei niedrigen Temperaturen bevorzugt vorliegt.
Identifizieren Sie die Stoffe A bis I und stellen Sie die Reaktionsgleichungen auf.

24.37 Ein Übergangsmetall M reagiert mit verdünnter Salzsäure in Abwesenheit von Luft zu M^{3+}(aq). Wird die Lösung der Luft ausgesetzt, so bildet sich ein MO^{2+}-Ion. Um welches Metall könnte es sich handeln?

24.38 Stellen Sie die Löslichkeiten der Silberhalogenide denen der Calciumhalogenide gegenüber. Schlagen Sie für den Unterschied eine Erklärung vor.

24.39 Palladium kann das 935fache seines eigenen Volumens an Wasserstoff aufnehmen. Berechnen Sie unter der Annahme von Standardbedingungen die Formel, der dies ungefähr entspricht. Die α-Form des wasserstoffgesättigten Palladiums hat ungefähr dieselbe Dichte wie Palladium selbst ($12 \text{ g} \cdot \text{cm}^{-3}$). Berechnen Sie daraus die Dichte des Wasserstoffs im Palladium. Vergleichen Sie diesen Wert mit dem für reinen, flüssigen Wasserstoff ($0{,}07 \text{ g} \cdot \text{cm}^{-3}$).

24.40 Chrom bildet eine Reihe zweikerniger Komplexe; ein typisches Beispiel ist das blaue $[(H_3N)_5Cr-O-Cr(NH_3)_5]^{4+}$-Ion. In welcher Oxidationsstufe liegt Chrom vor? Warum ist die Einheit Cr-O-Cr linear aufgebaut?

24.41 Um Eisen(II)-Ionen in einer Probelösung vollständig zu Eisen(III)-Ionen zu oxidieren, werden 20 ml einer angesäuerten Permanganat-Lösung verbraucht. Sind jedoch Fluorid-Ionen im Überschuss vorhanden, so braucht man 25 ml der Permanganat-Lösung. Schlagen Sie eine Erklärung vor.

24.42 In einer Lösung, die mit wenigen Tropfen verdünnter Salzsäure angesäuert wurde, können Eisen(III)-Ionen mit Schwefeldioxid zu Eisen(II)-Ionen reduziert werden. In einer konzentriert salzsauren Lösung tritt dagegen kaum Reduktion auf. Schlagen Sie eine Erklärung vor.

24.43 Obwohl es in Wasser schwer löslich ist, löst sich Kupfer(I)-cyanid in wässeriger Kaliumcyanid-Lösung. Stellen Sie die Reaktionsgleichung auf und erläutern Sie, warum der Lösungsprozess stattfindet.

24.44 Die Farben der Silberhalogenide sind die Folge eines *Charge-Transfer*-Prozesses. Erklären Sie, warum die Farbe in der Reihenfolge Cl < Br < I intensiver wird.

24.45 Stellen Sie die Reaktionsgleichungen für folgende Reaktionen auf: a) Zink mit flüssigem Brom, b) Erhitzen von Zinkcarbonat. c) Zink-Ionen in wässeriger Lösung mit Ammoniak-Lösung, d) Erhitzen von Quecksilber(II)-sulfid an der Luft.

24.46 Schlagen Sie einen Reaktionsweg vor, mit dem man in zwei Schritten Zinkcarbonat aus Zink herstellen kann.

24.47 Erläutern Sie kurz, in welcher Hinsicht und warum die Elemente der Gruppe 12 sich von den übrigen Nebengruppenmetallen unterscheiden.

24.48 Vergleichen Sie und stellen Sie gegenüber: a) die Eigenschaften von Zink und Magnesium, b) die Eigenschaften von Zink und Aluminium.

24.49 Normalerweise haben Metalle einer Gruppe ähnliche chemische Eigenschaften. Vergleichen Sie in dieser Hinsicht die Chemie des Zinks mit der des Quecksilbers.

24.50 Stellen Sie die beiden Halbzellenreaktionen für den Ladevorgang einer Nickel-Cadmium-Batterie auf.

24.51 Obwohl Cadmium-Ionen (Cd^{2+}) wie auch Sulfid-Ionen (S^{2-}) farblos sind, ist Cadmiumsulfid leuchtend gelb. Schlagen Sie eine Erklärung vor.

24.52 Quecksilber(I)-selenid ist nicht bekannt. Schlagen Sie eine Erklärung vor.

24.53 Quecksilber(II)-iodid ist in Wasser nicht löslich. Es löst sich jedoch in einer Lösung von Kaliumiodid. Formulieren Sie die Reaktionsgleichung.

24.54 Das einzige häufig vorkommende Quecksilbererz ist Quecksilber(II)-sulfid, während Zink als Sulfid und als Carbonat vorkommt. Schlagen Sie eine Erklärung vor.

24.55 Eine Verbindung A eines zweifach positiven Metall-Ions ergibt in Wasser eine farblose Lösung. Gibt man Hydroxid-Ionen zu dieser Lösung, so fällt zunächst ein gelartiger Niederschlag B aus, der sich mit Hydroxid-Ionen im Überschuss wieder löst zum farblosen Komplex-Ion C. Gibt man zu dem Niederschlag B konzentrierte Ammoniak-Lösung, so erhält man eine farblose Lösung des Komplex-Ions D. Gibt man Sulfid-Ionen zu einer Lösung der Verbindung A, so fällt ein unlöslicher weißer Niederschlag E aus.

Die Zugabe von Silber-Ionen zu einer Lösung der Verbindung A ergibt einen gelben Niederschlag F, während die Zugabe von Bromwasser zu A einen schwarzen Feststoff G hervorbringt, der in ein organisches Lösungsmittel extrahiert werden kann und dort eine violette Lösung ergibt. Das feste G reagiert mit Thiosulfat-Ionen zu einer farblosen Lösung, welche die Ionen H und I enthält.

Identifizieren Sie A bis I und stellen Sie die entsprechenden Reaktionsgleichungen auf.

24.56 In den folgenden vier Formen stellt Quecksilber unterschiedliche Gefahren für die Gesundheit dar: $Hg(l)$, $Hg(CH_3)_2(l)$, $HgCl_2(aq)$, $HgS(s)$. Geben Sie an, welche der Formen unverändert durch den Verdauungstrakt geht (a), weitgehend über die Nieren ausgeschieden wird (b), die größte Gefahr bei Aufnahme über die Haut darstellt (c), rasch über das Blut in das (unpolare) Hirngewebe gelangt (d), durch Einatmen über die Lungen absorbiert wird (e).

Dieses Kapitel bezieht sich auf etwa 35 Elemente und damit rund ein Drittel aller Elemente des Periodensystems. Wie in den meisten einführenden Lehrbüchern kann hier nur ein kurzer Überblick gegeben werden. Dennoch besitzen einige dieser Elemente interessante und auch nützliche Eigenschaften. Manche leisten – wenngleich in winzigen Mengen – in vielen Haushalten ihre Dienste. Den Actinoiden folgt eine Reihe von superschweren Elementen. Sie können – wie auch einige der Actinoide – nur künstlich durch Kernreaktionen gebildet werden. Wir werden auch diese *Transactinoide* kurz ansprechen, obwohl sie eigentlich zu den d-Block-Elementen des Periodensystems gehören.

Lanthanoide, Actinoide und verwandte Elemente

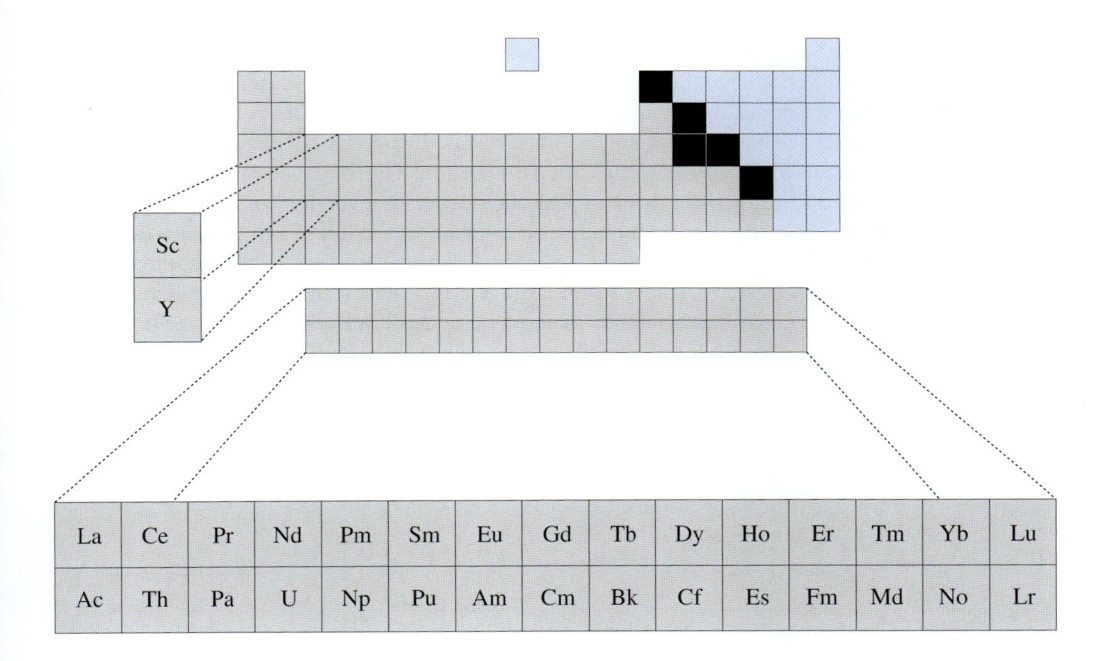

25

La	Ce	Pr	Nd	Pm	Sm	Eu	Gd	Tb	Dy	Ho	Er	Tm	Yb	Lu
Ac	Th	Pa	U	Np	Pu	Am	Cm	Bk	Cf	Es	Fm	Md	No	Lr

Kapitelübersicht

25.1 Die Lanthanoide

25.2 Die Actinoide
Exkurs: Ein natürlicher Kernreaktor

25.3 Die Transactinoide

25. Lanthanoide, Actinoide und verwandte Elemente

William **Crookes**, englischer Chemiker und Physiker, 1832–1919; Privatgelehrter mit eigenem Laboratorium in London, 1913–1915 Präsident der Royal Society.

Die Entdeckung der Lanthanoide und der übrigen Seltenerdelemente begann 1794 mit der Isolierung eines Oxidgemisches durch den schwedischen Chemiker J. Gadolin. Sein Ausgangsmaterial war ein in der Nähe der schwedischen Stadt Ytterby gefundenes Mineral, das den Namen *Ytterbit* erhalten hatte. Als Hauptbestandteil des als *Yttererde* bezeichneten Oxidgemisches fand man später Yttriumoxid, Erbiumoxid, Terbiumoxid und Ytterbiumoxid. Die Namen dieser vier Elemente (Yttrium, Erbium, Terbium, Ytterbium) gehen also letztlich auf den Namen der Stadt Ytterby zurück.

Johan **Gadolin**, schwedischer Chemiker, 1760–1852; Professor in Åbo, dem heute finnischen Turku.

Glenn Theodore **Seaborg**, amerikanischer Chemiker, 1912–1999; Professor in Berkeley, 1951 Nobelpreis für Chemie zusammen mit E. M. McMillan (für Entdeckungen auf dem Gebiet der Transurane), 1961–1971 Leiter der US-Atomenergiekommission.

Die Entdeckung der Lanthanoide hatte einen beträchtlichen Einfluss auf die Weiterentwicklung der Chemie. Denn die Existenz einer Reihe chemisch sehr ähnlicher, metallischer Elemente mit Atommassen zwischen 140 und 175 u stellte für die Chemiker und Physiker am Anfang des zwanzigsten Jahrhunderts ein Problem dar: Im ursprünglichen Periodensystem von Mendeleev war kein Platz für diese Elemente, die man – zusammenfassend mit einigen anderen – als *Seltenerdelemente* bezeichnete. Der englische Chemiker Sir William Crookes fasste diese Situation 1902 folgendermaßen zusammen:

»Die seltenen Erden verwirren uns in unseren Forschungen, stellen uns in unseren Theorien vor ein Rätsel und verfolgen uns selbst in unseren Träumen. Sie breiten sich wie ein unbekanntes Meer vor uns aus, bringen uns durcheinander, verspotten uns und murmeln seltsame Offenbarungen und Möglichkeiten.«

Die Lösung für das Problem bestand darin, die vierzehn „Waisenkinder" unter den Elementen unterhalb des „üblichen" Periodensystems anzuordnen. Erst durch die Entwicklung der Atommodelle, die den Aufbau der Elektronenhülle deutlich machte, wurde klar, dass bei diesen Elementen die 4f-Orbitale besetzt werden.

Zu Beginn der Vierzigerjahre des zwanzigsten Jahrhunderts waren die meisten Elemente des modernen Periodensystems bis hin zum Element mit der Ordnungszahl 92 bekannt. Man hielt die Elemente 90 bis 92 (Thorium, Protactinium und Uran) jedoch für d-Block-Metalle, also für typische Nebengruppenelemente. Im Verlaufe der Vierzigerjahre wurden erstmals *künstliche Elemente* in Kernreaktoren synthetisiert: *Neptunium* und *Plutonium*. Auch diese Elemente wurden zu den Übergangselementen der siebten Periode gezählt (Abbildung 25.1). Neptunium und Plutonium hatten jedoch wenig mit ihren darüber stehenden Nachbarn Rhenium und Osmium gemeinsam, den vermeintlich leichteren Homologen. Stattdessen ähnelten sie chemisch gesehen eher ihren horizontalen Nachbarn Uran, Protactinium und Thorium. Glenn Seaborg schlug als erster einen revidierten Entwurf für das Periodensystem vor, der unterhalb der Lanthanoid-Reihe eine neue Reihe von Elementen vorsah (Abbildung 25.2). Seaborg stellte sein neues Periodensystem zwei damals bekannten Chemikern vor. Sie warnten ihn, seinen Entwurf zu publizieren: Solche Veränderungen des etablierten Periodensystems würden seinen Ruf als Chemiker zerstören. Seaborg bemerkte dazu später: „Ich hatte keinen Ruf als Wissenschaftler, also veröffentlichte ich es einfach." Heute wissen wir, dass bei den

H																H	He
Li	Be											B	C	N	O	F	Ne
Na	Mg											Al	Si	P	S	Cl	Ar
K	Ca	Sc	Ti	V	Cr	Mn	Fe	Co	Ni	Cu	Zn	Ga	Ge	As	Se	Br	Kr
Rb	Sr	Y	Zr	Cb	Mo	43	Ru	Rh	Pd	Ag	Cd	In	Sn	Sb	Te	I	Xe
Cs	Ba	La … *Lu	Hf	Ta	W	Re	Os	Ir	Pt	Au	Hg	Tl	Pb	Bi	Po	85	Rn
87	Ra	Ac	Th	Pa	U	Np	Pu										

*Lanthanoide	Ce	Pr	Nd	61	Sm	Eu	Gd	Tb	Dy	Ho	Er	Tm	Yb	Lu

25.1 Das Periodensystem im Jahr 1941. Die Elemente 43, 61, 85 und 87 waren noch nicht entdeckt. Niob hatte das Elementsymbol Cb (Columbium). Lanthan und Actinium hielt man für d-Block-Elemente.

H																H	He
Li	Be											B	C	N	O	F	Ne
Na	Mg											Al	Si	P	S	Cl	Ar
K	Ca	Sc	Ti	V	Cr	Mn	Fe	Co	Ni	Cu	Zn	Ga	Ge	As	Se	Br	Kr
Rb	Sr	Y	Zr	Cb	Mo	43	Ru	Rh	Pd	Ag	Cd	In	Sn	Sb	Te	I	Xe
Cs	Ba	La ... *Lu	Hf	Ta	W	Re	Os	Ir	Pt	Au	Hg	Tl	Pb	Bi	Po	85	Rn
87	Ra	Ac															

*Lanthanoide	Ce	Pr	Nd	61	Sm	Eu	Gd	Tb	Dy	Ho	Er	Tm	Yb	Lu
Actinoide	Th	Pa	U	Np	Pu									

25.2 Das Periodensystem nach Seaborg im Jahre 1944.

Elementen 89 bis 102 die 5f-Orbitale besetzt werden und somit die von Seaborg vorgeschlagene Anordnung sinnvoll ist.

25.1 Die Lanthanoide

Das erste Problem bei den Elementen der Ordnungszahlen 57 bis 70 betrifft die Terminologie, bei der die Begriffe *Seltenerdelemente*, *Seltene Erden*, *Lanthanide* und *Lanthanoide* verwendet werden. Heute bezeichnet man Lanthan und die folgenden 14 Elemente von Cer bis Lutetium gemeinsam als **Lanthanoide**. Diese Bezeichnung bedeutet zwar „ähnlich wie Lanthan", trotzdem bezieht man nach IUPAC das Lanthan mit ein.

Zwei weitere Elemente weisen beträchtliche chemische Ähnlichkeiten zu den Lanthanoiden auf: Scandium und Yttrium, die leichteren Homologen des Lanthans. Der Begriff *Seltenerdmetalle* umfasst neben den Lanthanoiden die ersten beiden Elemente der dritten Gruppe: Scandium und Yttrium.

Betrachtet man die Elektronenkonfigurationen der Lanthanoide, tritt eine zusätzliche Verwirrung auf (Tabelle 25.1). Denn man kann unterschiedlicher Meinung darüber sein, ob die Elemente von Cer bis Lutetium oder die von Cer bis Ytterbium als Lanthanoide bezeichnet werden sollen. Obwohl in den meisten Darstellungen des Periodensystems Lutetium als ein Lanthanoid-Element eingeordnet wird, entspricht seine Elektronenkonfiguration [Xe]4f^{14}5d^{1}6s^2 eigentlich einem Atom der dritten Reihe der Übergangsmetalle. Da jedoch alle fünfzehn Elemente von Lanthan bis Lutetium ähnliche chemische Eigenschaften haben, macht es mehr Sinn, sie als zusammengehörig zu betrachten. So ist für all diese Elemente die Oxidationsstufe III die stabilste. Die Elektronenkonfigurationen der dreifach positiven Ionen unterscheiden sich dabei nur in der Besetzung der 4f-Orbitale.

Atom- und Ionenradien Die Atomradien der Lanthanoide verringern sich vom Lanthan bis zum Lutetium, zeigen aber ausgeprägte Maximalwerte bei Europium und Ytter-

Mineralien der Seltenerdmetalle
Wirtschaftlich bedeutend sind vor allem *Bastnäsit* (mit F$^-$ und CO$_3^{2-}$ als Anionen) und *Monazit* (mit PO$_4^{3-}$ als Anion). Neben Cer enthalten diese Mineralien als Kationen die leichteren Lanthanoide (La bis Gd):

(Ce, La, Pr, Nd...)[F/CO$_3$] bzw.
(Ce, La, Pr, Nd...)PO$_4$.

Monazit wird meist als hellgelbe bis braune, sandartige Ablagerung gefunden (Monazitsand). Die für Monazit charakteristische Radioaktivität geht auf den Thoriumgehalt des Minerals zurück. (Da Thorium in der Oxidationsstufe IV vorliegt, enthält Monazit zum Ladungsausgleich überwiegend Ca^{2+}-Ionen.) Die schwereren Lanthanoide sind neben Yttrium in dem als *Xenotim* bezeichneten Phosphatmineral (Y, Tb, Ho...)PO$_4$ enthalten. Man kennt aber auch silicatische Mineralien wie *Gadolinit*:

(Y, Tb, Ho...)$_2$Fe^{II}Be$_2$[O/SiO$_4$]$_2$.

Gelegentlich schränkt man den Begriff der *Lanthanoide* auf die eigentlichen Lanthanoid-Elemente (Cer bis Lutetium) ein. Als Sammelbezeichnung unter Einschluss des Lanthans steht dann der Name *Lanthanide*. Als allgemeines Symbol in Formeln verwendet man häufig die Abkürzung *Ln*.

Die Bezeichnung **Seltenerdmetalle** bzw. **Seltene Erden** (für deren Oxide) ist letztlich irreführend: Viele dieser Elemente kommen relativ häufig vor. So ist beispielsweise Cer etwa so häufig wie Kupfer und Thulium als das seltenste der stabilen Lanthanoide ist immer noch häufiger als Silber.

Promethium gehört zu den Elementen, von denen ausschließlich radioaktive Isotope – insgesamt 28 verschiedene – bekannt sind. In der Natur findet man nur Spuren des Isotops $^{147}_{61}$Pm; gebildet wird es durch Reaktion von Neodym-Kernen ($^{146}_{60}$Nd) mit kosmischen Neutronen (aus der *Höhenstrahlung*). Wägbare Mengen des Elements erhält man bei der Aufarbeitung der Spaltprodukte aus „abgebrannten" Brennelementen der Kernkraftwerke.

Tabelle 25.1 Elektronenkonfigurationen der Lanthanoide und Farbe der M^{3+}-Ionen

Element	Elektronenkonfiguration (im Grundzustand)		Farbe des hydratisierten M^{3+}-Ions
	Atom M	Ion M^{3+}	
Lanthan (La)	[Xe]4f^{0}5d^{1}6s^2	[Xe]4f^0	farblos
Cer (Ce)	[Xe]4f^{1}5d^{1}6s^2	[Xe]4f^1	farblos
Praseodym (Pr)	[Xe]4f^{3}6s^2	[Xe]4f^2	grün
Neodym (Nd)	[Xe]4f^{4}6s^2	[Xe]4f^3	rosa
Promethium (Pm)	[Xe]4f^{5}6s^2	[Xe]4f^4	blassrosa
Samarium (Sm)	[Xe]4f^{6}6s^2	[Xe]4f^5	blassgelb
Europium (Eu)	[Xe]4f^{7}6s^2	[Xe]4f^6	farblos
Gadolinium (Gd)	[Xe]4f^{7}5d^{1}6s^2	[Xe]4f^7	farblos
Terbium (Tb)	[Xe]4f^{9}6s^2	[Xe]4f^8	blassrosa
Dysprosium (Dy)	[Xe]4f^{10}6s^2	[Xe]4f^9	blassgrüngelb
Holmium (Ho)	[Xe]4f^{11}6s^2	[Xe]4f^{10}	braungelb
Erbium (Er)	[Xe]4f^{12}6s^2	[Xe]4f^{11}	rosa
Thulium (Tm)	[Xe]4f^{13}6s^2	[Xe]4f^{12}	blassgrün
Ytterbium (Yb)	[Xe]4f^{14}6s^2	[Xe]4f^{13}	farblos
Lutetium (Lu)	[Xe]4f^{14}5d^{1}6s^2	[Xe]4f^{14}	farblos

bium (Abbildung 25.3a). Diese Maxima sind folgendermaßen zu verstehen: In den Strukturen der Metalle liegen normalerweise M^{3+}-Ionen vor; es werden also drei Elektronen an das Leitungsband abgegeben. Europium und Ytterbium geben dagegen nur zwei Elektronen an das Leitungsband ab, denn auf diese Weise ergibt sich die günstige Halb- bzw. Vollbesetzung des 4f-Niveaus. Der Aufbau des Metallgitters wird demnach durch die deutlich größeren Eu^{2+}- bzw. Yb^{2+}-Ionen bestimmt. Die metallische Bindung ist daher schwächer und der Abstand der Atomkerne entsprechend größer. Die Abfolge der Ionenradien der dreifach positiv geladenen Ionen weist erwartungsgemäß keine derartigen Unregelmäßigkeiten auf (Abbildung 25.3b). Die Ionenradien sinken stetig vom Lanthan bis hin zum Lutetium. Diese sogenannte **Lanthanoidenkontraktion** hat folgenden Grund: Die 4f-Elektronen haben kaum abschirmende Wirkung in Bezug auf die 5s- und 5p-Elektronen. Die im Verlaufe der Reihe ansteigende Kernladung lässt daher die Ionen kleiner werden. Dennoch sind die Ionen insgesamt relativ groß, sodass sie in Verbindungen überwiegend hohe Koordinationszahlen aufweisen. So kristallisieren verschiedene Lanthanoid-Salze als Nonahydrate, in denen sämtliche Wasser-Moleküle an der Koordination des Kations beteiligt sind. Als Beispiele seien die Bromate von Neodym und Samarium genannt:

$$Nd(BrO_3)_3 \cdot 9\ H_2O \cong [Nd(H_2O)_9](BrO_3)_3,$$

$$Sm(BrO_3)_3 \cdot 9\ H_2O \cong [Sm(H_2O)_9](BrO_3)_3.$$

Nur Cer hat eine zweite, häufig vorkommende Oxidationsstufe, nämlich IV, deren Elektronenkonfiguration der des Edelgases Xenon entspricht. Cer(IV)-Verbindungen wirken stark oxidierend.

Scandium und Yttrium ähneln als leichtere Homologe des Lanthans in ihren Eigenschaften weitgehend den Lanthanoiden: Beide Elemente sind weiche, reaktive Metalle. In ihren Verbindungen tritt ausschließlich die Oxidationsstufe III auf.

Die Elemente Alle Lanthanoid-Metalle sind weich. Aufgrund ihrer relativ hohen Dichte (meist um 7 g·cm^{-3}) zählen sie zu den Schwermetallen (Abbildung 25.4). Ihre Schmelztemperaturen liegen zwischen etwa 800 °C und 1 600 °C (Abbildung 25.5). Auch in diesen beiden Eigenschaften unterscheiden sich – wie bei den Atomradien – Europium und Ytterbium deutlich von den übrigen Lanthanoiden. Die relativ schwache metallische Bindung bei diesen beiden Elementen führt folgerichtig zu niedrigeren Dichten und niedrigeren Schmelztemperaturen.

In ihrer Reaktivität ähneln die Lanthanoide den Erdalkalimetallen; sie reagieren beispielsweise alle mit Wasser zum entsprechenden Metallhydroxid und Wasserstoff:

$$2\ M(s) + 6\ H_2O(l) \rightarrow 2\ M(OH)_3(s) + 3\ H_2(g)$$

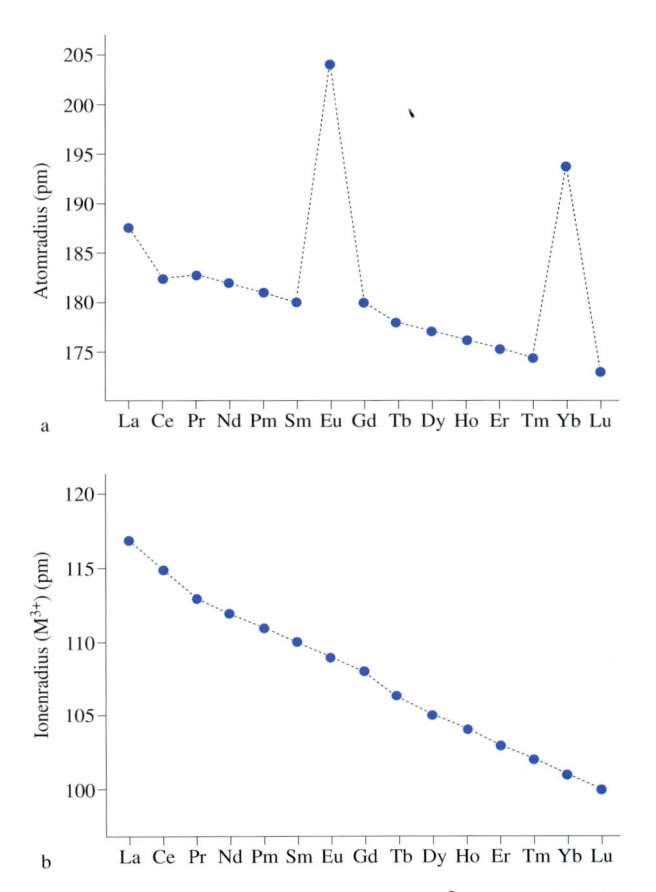

25.3 Die Lanthanoide – Radien der Atome (a) und der M^{3+}-Ionen (KZ 6) (b).

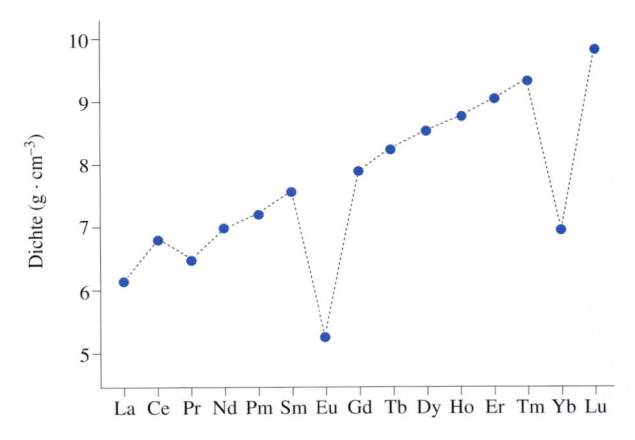

25.4 Dichten der Lanthanoide.

Die Standard-Elektrodenpotentiale E^0 für die Redoxpaare M^{3+}(aq)/M(s) liegen bei sämtlichen Seltenerdmetallen unterhalb von –2 V. Lanthan ist dabei mit $E^0 = -2{,}52$ V das unedelste dieser Metalle.

Die Ähnlichkeit der Lanthanoide beruht wesentlich darauf, dass die 4f-Elektronen kaum an Bindungen beteiligt sind. Die schrittweise Besetzung dieser Orbitale hat daher keinen großen Einfluss auf das chemische Verhalten der Elemente.

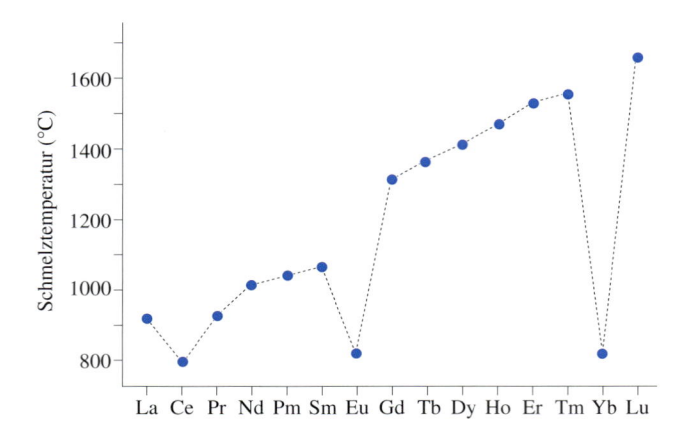

25.5 Schmelztemperaturen der Lanthanoide.

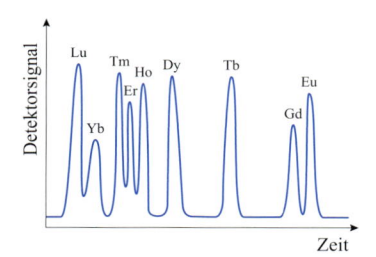

25.6 Chromatogramm bei der Trennung der Lanthanoide.

Werner **Fischer**, deutscher Chemiker, 1902–2001; Professor in Freiburg und Hannover.

Die in Feuerzeugen mit Reibradzündung verwendeten Zündsteine („Feuersteine") bestehen aus einer Legierung des Cer-Mischmetalls mit etwa 30 % Eisen. Der feinverteilte Abrieb des Feuersteins reagiert an der Luft unter Selbstentzündung; die gebildeten Funken entzünden das Brenngas.

Auch *Neodym-Eisen-Bor-Magnete* ($Nd_2Fe_{14}B$) werden in großer Stückzahl hergestellt. Sie dienen der Positionierung des Lese/Schreib-Kopfes in Festplatten-Laufwerken.

Die Ähnlichkeit der Eigenschaften macht die Reindarstellung der Elemente und ihrer Verbindungen recht aufwendig. Bis in die Mitte des zwanzigsten Jahrhunderts gelang das nur in kleinem Maßstab über das Verfahren der *fraktionierten Kristallisation*. Geringfügige Unterschiede in den Löslichkeiten der Sulfate wurden dabei für die Trennung genutzt. In technischen Maßstab gelang schließlich die Trennung über *Ionenaustausch-Verfahren*. Als Hilfsreagenz dienen dabei Komplexbildner wie EDTA (*Ethylendiamintetraessigsäure, H_4edta*), die mit den Lanthanoid-Ionen Komplexe unterschiedlicher Stabilität bilden. Da der Ablauf des technischen Verfahrens sehr kompliziert ist, soll das Prinzip kurz an einem vergleichbaren Laborverfahren erläutert werden: Die Lanthanoid-Ionen werden zunächst an das Austauscherharz gebunden und dann mit einer Lösung des Komplexbildners nacheinander ausgewaschen. Zuerst erscheinen dabei die Elemente, deren Komplexe die höchste Stabilität aufweisen.

Man nennt dieses Verfahren Ionenaustauschchromatographie. Abbildung 25.6 zeigt ein für die Trennung der Lanthanoide typisches Chromatogramm.

Anfang der Sechzigerjahre des vorigen Jahrhunderts wurde das von dem deutschen Chemiker Werner Fischer entwickelte Verfahren der *Flüssig/Flüssig-Extraktion* im Gegenstrom eingeführt. Im Gegensatz zum Ionenaustausch kann hier die Trennung kontinuierlich durchgeführt werden. Man nutzt dabei die etwas unterschiedlichen Verteilungskoeffizienten (zum Beispiel der Nitrate) zwischen einer wässerigen und einer nichtwässerigen Phase. Die nichtwässerige Phase besteht in der Regel aus einem Kohlenwasserstoff-Gemisch (Kerosin) mit einem darin gelösten Komplexbildner (z. B. Tributylphosphat). Um eine weitgehende Trennung zu erreichen, müssen zahlreiche Trennschritte nacheinander ausgeführt werden.

Die Metalle werden entweder durch Reduktion der Fluoride (La, Ce, Pr, Nd, Gd, Tb, Dy, Ho, Er, Lu) mit Calcium oder der Oxide (Sm, Eu, Tm, Yb) mit Lanthan dargestellt. Die Metalle selbst haben keine besonders breite Verwendung gefunden.

Im größerem Ausmaß wird aber das sogenannte *Cer-Mischmetall* hergestellt. Es handelt sich dabei um eine Legierung, die neben Cer ($\approx 50\,\%$), Lanthan ($\approx 25\,\%$), Neodym ($\approx 15\,\%$) und weitere Lanthanoid-Metalle enthält. Die Gewinnung erfolgt durch die Elektrolyse einer entsprechenden Chloridschmelze. Weltweit werden jährlich rund 10 000 Tonnen Cer-Mischmetall in der Metallurgie eingesetzt. Aufgrund seiner Reaktivität wirkt es entschwefelnd und entgasend, sodass sich zum Beispiel die Gusseigenschaften und die Schlagfestigkeit von Spezialstählen und anderen Legierungen verbessern.

Samarium findet heute eine wichtige Anwendung in Form der intermetallischen Verbindungen $SmCo_5$ und Sm_2Co_{17} (teils unter Zusatz kleiner Anteile einiger anderer Metale). Diese besonders stark ferromagnetischen Materialien werden als Permanentmagnete vielfältig eingesetzt, insbesondere in kleinen Elektromotoren. Ohne diese

Werkstoffe gäbe es zum Beispiel keinen „Walkman", denn sowohl der Antriebsmotor als auch der Kopfhörer sind auf hochwertige Magnetwerkstoffe angewiesen, die einen niedrigen Energieverbrauch möglich machen.

Verbindungen

Die Oxide, Hydroxide, Fluoride, Carbonate und Phosphate sind in Wasser schwer löslich. Andere Salze wie Sulfate, Nitrate, Chloride, Bromide und Iodide sind in Wasser leicht löslich. Die Sulfide werden ähnlich wie Aluminiumsulfid unter H_2S-Entwicklung hydrolysiert, sodass die Hydroxide zurückbleiben. Nur wenige Verbindungen der Lanthanoide werden als Laborreagenzien eingesetzt. Die beiden wichtigsten sind Cer(IV)-sulfat $(Ce(SO_4)_2 \cdot 4\,H_2O)$ und das im Handel meist als Ammoniumcer(IV)-nitrat bezeichnete Ammoniumhexanitratocerat(IV) $((NH_4)_2[Ce(NO_3)_6])$. Diese Cer(IV)-Verbindungen sind starke Oxidationsmittel; sie werden für Redoxtitrationen verwendet, wobei Cer(IV) zu Cer(III) reduziert wird:

$$Ce^{4+}\,(aq) + e^- \rightleftharpoons Ce^{3+}\,(aq); \quad E^0 = 1{,}61\,V$$

Verbindungen vieler Lanthanoide mit dreifach positiven Kationen sind farbig, häufig grün (Pr^{3+}), pink (Nd^{3+}) oder gelb (Ho^{3+}). Diese Farben kommen durch Elektronenübergänge innerhalb der f-Orbitale zustande. Im Gegensatz zu den Spektren der Übergangsmetall-Ionen zeigen die Spektren der Lanthanoide keine großen Veränderungen bei Variation der Liganden. Dementsprechend haben auch wasserfreie Salze und die zugehörigen Hydrate sehr ähnliche Farben. Die Ln^{3+}-Ionen sind harte Lewis-Säuren. Sie bilden also insbesondere mit harten Basen wie Wasser-Molekülen oder Fluorid-Ionen stabile Komplexverbindungen. Da die Ionenradien der Ln^{3+}-Ionen mit über 100 pm deutlich größer sind als die vieler anderer Kationen, treten in Lanthanoidverbindungen häufig ungewöhnlich große Koordinationszahlen auf. Beispiele sind die Aquakomplexe $[Ln(H_2O)_9]^{3+}$, in denen die neun Wasser-Moleküle das Zentralatom in Form eines dreifach überkappten trigonalen Prismas umgeben (Abbildung 25.7). Auch in Ionenverbindungen findet man ungewöhnlich hohe Koordinationszahlen. So ordnen sich im Lanthan(III)-fluorid um das La^{3+}-Ion 9 etwa gleich weit und zwei etwas weiter entfernte Fluorid-Ionen an. Abbildung 25.8 zeigt die Umgebung um ein La^{3+}-Ion.

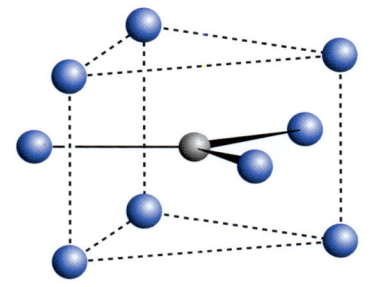

25.7 Umgebung eines Ln^{3+}-Kations in einem Nonahydrat (die blauen Kugeln stellen die Sauerstoff-Atome der Wasser-Moleküle dar).

Oxide Die Oxide (Ln_2O_3) der Lanthanoide zeichnen sich durch hohe Schmelztemperaturen und ganz besondere thermodynamische Stabilität aus. Sie sind noch stabiler als Aluminiumoxid: Der Betrag der bei der Bildung eines Lanthanoidoxids aus den Elementen frei werdenden Energie ist um etwa 200 kJ·mol^{-1} größer als im Falle von α-Al_2O_3 (Korund). Ähnlich wie Calciumoxid reagieren die Oxide mit Wasser unter Bildung von Hydroxiden. Sowohl die Oxide als auch die Hydroxide lösen sich gut in wässerigen Säuren unter Bildung hydratisierter Ln^{3+}-Ionen.

Cer, Praseodym und Terbium bilden darüber hinaus Oxide der Zusammensetzung LnO_2. Das Cer(IV)-oxid der genauen Zusammensetzung CeO_2 ist weiß, schwach gelb hingegen sind nichtstöchiometrische Phasen der Zusammensetzung CeO_{2-x}. Diese haben eine praktische Bedeutung als Katalysatoren erlangt. So wird die technisch sehr bedeutsame Wassergas-Konvertierung durch diese Verbindung katalysiert (siehe auch Abschnitt 19.4):

$$CO(g) + H_2O(g) \rightleftharpoons CO_2(g) + H_2(g)$$

Cer(IV)-oxid wird auch in den Beschichtungen selbstreinigender Backöfen verwendet. Es verhindert durch seine katalytische Aktivität die Bildung von Fettfilmen auf der Wand des Backofens. Darüber hinaus kennt man heute eine Reihe von Oxiden, in denen die Lanthanoid-Atome Oxidationsstufen kleiner als drei haben.

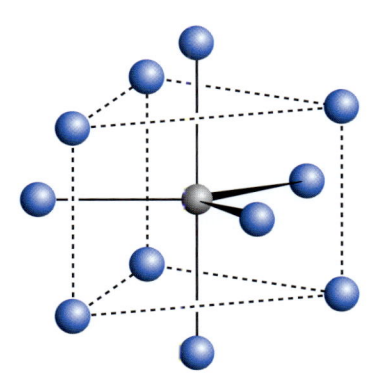

25.8 Ausschnitt aus der LaF_3-Struktur (die Fluor-Atome vor den beiden Dreiecksflächen haben einen etwas größeren Abstand zum Zentralatom als die übrigen).

Die – häufig zahlreichen – Absorptionsbanden der Lanthanoid-Ionen sind relativ scharf, während bei den Ionen der Elemente des d-Blocks nur wenige breite Absorptionsbanden zu beobachten sind.

Oxide der Lanthanoide werden vielfach eingesetzt, um Gläser zu färben. Ein Beispiel ist die Färbung von Gläsern für Sonnenbrillen durch Nd^{3+}. Eine besonders große Bedeutung hat Neodym für die Herstellung kristalliner Lasermaterialien: Der sogenannte **Neodym-YAG-Laser** ist der wichtigste Festkörperlaser überhaupt. Es handelt sich dabei um einen Neodym-dotierten *Yttrium-Aluminium-Granat*, der durch die Formel $Y_3Al_5O_{12}:Nd^{3+}$ beschrieben werden kann.

In Leuchtstoffröhren wird häufig eine Kombination von drei Leuchtstoffen eingesetzt: $(Ba, Eu^{II})MgAl_{10}O_{17}$ für blau, $(Ce, Gd, Tb)MgB_5O_{10}$ für grün und $(Y, Eu^{III})_2O_3$ für rot. Insgesamt ergibt sich damit nahezu „weißes" Licht.

Die Farben blau und grün werden beim Farbfernseher durch Leuchtstoffe auf der Basis von *Zinksulfid* erzeugt. Die Lichtemission beruht auf Donor-Akzeptor-Übergängen zwischen Fremdionen, die in die ZnS-Struktur eingebaut sind. Donor ist das Cl^--Ion ($\approx$ 200 ppm), als Akzeptor wird Ag^+ (für blau) bzw. Cu^+ (für grün) verwendet.

Halogenide Alle Lanthanoidelemente bilden Trihalogenide LnX_3 (X = F...I). Es sind ionische Feststoffe mit hohen Schmelztemperaturen. Ihr chemisches Verhalten ähnelt dem der Aluminiumhalogenide. Mit Ausnahme der Fluoride sind es hygroskopische Stoffe, die an feuchter Luft in Hydrate unterschiedlicher Zusammensetzung übergehen. Aus diesen Hydraten lässt sich das Wasser nicht durch einfaches Erhitzen entfernen, weil auf diese Weise sauerstoffhaltige Verbindungen wie Oxidhalogenide gebildet werden können. Die Entwässerung erfolgt am besten in Gegenwart von Ammoniumchlorid, Chlorwasserstoff oder Thionylchlorid (siehe auch Abschnitt 24.3). Einige Trifluoride werden als sogenannte „Vergütung" in Form einer dünnen Schicht auf optische Linsen aufgebracht. Durch derartige Schichten minimiert man unerwünschte Reflexionen und erhöht auf diese Weise die Abbildungsqualität. Von Cer, Praseodym und Terbium sind auch Tetrafluoride bekannt.

Durch geeignete Reduktionsmittel wie Wasserstoff, Alkalimetalle oder auch Lanthanoidmetalle gelingt es, die Trihalogenide in Halogenide mit Lanthanoid-Atomen in den Oxidationsstufen I oder II zu überführen. Diese Verbindungen sind starke Reduktionsmittel. An ihrem Aufbau sind häufig Metall/Metall-Bindungen beteiligt.

Leuchtstoffe Eine breite Anwendung finden Lanthanoidverbindungen in *Leuchtstoffen* (siehe hierzu auch Exkurs „Von der ersten Glühlampe zu modernen Beleuchtungsverfahren" in Abschnitt 24.5). Ein großer Teil der heute verwendeten Leuchtstoffe enthält Lanthanoid-Ionen als sogenannte *Aktivator-Ionen*. Sie sind in geringen Anteilen (als *Dotierung*) in Wirtsstrukturen – meist Oxide oder Sulfide – eingebaut. Leuchtstoffe wandeln von außen zugeführte Energie in sichtbares Licht um. Man bezeichnet dies auch als **Lumineszenz**.

Die wichtigsten Formen der Lumineszenz sind die *Kathodolumineszenz*, die *Photolumineszenz* und die *Elektrolumineszenz*. Kathodolumineszenz wird durch Elektronen, Photolumineszenz durch Photonen (UV-Licht) und Elektrolumineszenz durch ein elektrisches Feld angeregt. Diese Erscheinungen spielen in der Display-Technik (Fernsehgeräte, Monitore, Flachbildschirme) und in der Beleuchtungstechnik (Leuchtstoffröhren, Energiesparlampen) eine wichtige Rolle. Eine intensiv rote Lumineszenz zeigt ein Oxidsulfid des Yttriums (Y_2O_2S) mit Europium (Eu^{3+}) als Aktivator. Es ist in vielen Haushalt vorhanden, denn es ist der Leuchtstoff, der in den Bildröhren von *Farbfernsehern* die rote Farbe erzeugt. Der Leuchtschirm einer Farbfernsehbildröhre ist von innen in einem regelmäßigen Raster mit drei verschiedenen Leuchtstoffen belegt, welche beim Auftreffen des Elektronenstrahls in den Farben *rot*, *grün* und *blau* aufleuchten. Der Elektronenstrahl wird so gesteuert, dass er in ganz bestimmter Folge diese sehr nahe beieinander liegenden Leuchtstoffe trifft und zum Leuchten anregt. Jede Farbe kann aus diesen drei Grundfarben erzeugt werden, sodass ein für das menschliche Auge naturgetreuer Farbeindruck entsteht.

Eine Spezialanwendung in der Wissenschaft finden einige koordinativ ungesättigte Chelatkomplexe von paramagnetischen Lanthanoid-Ionen (insbesondere Eu^{3+} und Pr^{3+}). Sie werden als sogenannte *Verschiebungsreagenzien* (*Shift*-Reagenzien) in der *NMR-Spektroskopie* genutzt (siehe hierzu Exkurs in Abschnitt 14.1). Bei der Untersuchung polarer organischer Verbindungen werden sie der Probelösung zugesetzt, um leichter interpretierbare NMR-Spektren zu erhalten. Da sich die Moleküle über ihre polare Gruppe an der Koordination der Lanthanoid-Ionen beteiligen, wirkt das lokale Magnetfeld des paramagnetischen Metallions zusätzlich auf die verschiedenen NMR-aktiven Atomkerne der Probe ein. Im NMR-Spektrum verschieben sich dadurch die Signale umso stärker, je geringer der Abstand zwischen dem Metallion und dem jeweiligen Kern ist.

25.2 Die Actinoide

Der Begriff *Actinoide* steht heute in der Regel für die 15 Elemente vom Actinium bis zum Lawrencium. Wie die Lanthanoide ähneln sich auch die Actinoide weitgehend in ihren physikalischen und chemischen Eigenschaften.

Sämtliche Elemente dieser Reihe sind radioaktiv. Die Halbwertszeiten der Isotope von Thorium und Uran sind aber sehr lang, sodass nennenswerte Mengen von Verbindungen dieser Elemente als Mineralien vorkommen. Die Halbwertszeiten der längstlebigen Isotope der Actinoide sind in Tabelle 25.2 aufgeführt. Die Werte zeigen – mit einigen Ausnahmen –, dass die Halbwertszeit mit steigender Ordnungszahl stark abnimmt.

Natürlich sind die längstlebigen Elemente, also Thorium, Protactinium, Uran, Neptunium, Plutonium und Americium, am genauesten untersucht worden. Diese Metalle haben hohe Dichten ($\approx 15\text{-}20\,\text{g}\cdot\text{cm}^{-3}$), hohe Schmelztemperaturen ($\approx 1\,000\,°C$) und hohe Siedetemperaturen ($\approx 3\,000\,°C$).

Die Actinoide sind weniger reaktiv als die Lanthanoide. Sie reagieren beispielsweise erst mit heißem, nicht jedoch mit kaltem Wasser zu Hydroxiden und Wasserstoff. Sie unterscheiden sich außerdem von den Lanthanoiden darin, dass sie in ihren Verbindungen in unterschiedlichen Oxidationsstufen auftreten. Die häufigsten Oxidationszahlen sind in Abbildung 25.9 angegeben.

Bei den frühen Actinoiden (Ac…U) entspricht die höchste Oxidationsstufe jeweils der Abgabe sämtlicher Außenelektronen. Damit ähneln diese Actinoide eher den Übergangsmetallen als den Lanthanoiden. Das Uran-Atom beispielsweise hat die Elektronenkonfiguration $[\text{Rn}]5f^3 6d^1 7s^2$; in der relativ stabilen Oxidationsstufe VI ist Uran damit isoelektronisch zum Edelgas Radon. Bei der Bildung der dreifach positiven Ionen wird – wie bei den Lanthanoiden – häufig auch ein 5f-Elektron abgegeben (Tabelle 25.3).

Einige der mittleren Actinoide geben bereitwillig sogar ein zweites 5f-Elektron ab und bilden Verbindungen in der Oxidationsstufe IV bzw. V: PuO_2, Np_2O_5. Das deutet darauf hin, dass sich die 5f-Elektronen energetisch weniger von den 7s- und 6d-Elektronen unterscheiden als dies bei den Lanthanoiden bezüglich der 4f-Elektronen und der 6s- und 5d-Elektronen der Fall ist. Eine Erklärung für diesen Unterschied liefert der relativistische Effekt, den wir im Zusammenhang mit dem sogenannten Inert-Pair-Effekt (Abschnitt 17.9) diskutiert haben. Aufgrund der relativistisch bedingten Massenzunahme der 7s-Elektronen schrumpft das 7s-Orbital, sodass die auf die 5f- und 6d-Elektronen wirkende Kernladung besser abgeschirmt wird. Das hat zur Folge, dass die 5f- und 6d-Orbitale größer werden und so alle 5f-, 6d- und 7s- Elektronen vergleichbare Energien aufweisen.

Alltagsanwendungen Aufgrund der langen Halbwertszeiten natürlicher Thorium- und Uran-Isotope geht von diesen Nukliden relativ wenig radioaktive Strahlung aus. Für Thorium- und Uranverbindungen sind daher auch einige Alltagsanwendungen bekannt geworden. So wurden im Zeitraum von 1870 bis 1930 keramische Glasuren vielfach durch Uran(VI)-Verbindungen gefärbt (Urangelb, Uranrot). Durch den Zusatz

Tabelle 25.2 Halbwertszeiten der längstlebigen Isotope der Actinoide

Isotop	Halbwertszeit
$^{227}_{89}\text{Ac}$	22 Jahre
$^{232}_{90}\text{Th}$	$1,4 \cdot 10^{10}$ Jahre
$^{231}_{91}\text{Pa}$	$3,3 \cdot 10^{4}$ Jahre
$^{238}_{92}\text{U}$	$4,5 \cdot 10^{9}$ Jahre
$^{237}_{93}\text{Np}$	$2,1 \cdot 10^{6}$ Jahre
$^{244}_{94}\text{Pu}$	$8,0 \cdot 10^{7}$ Jahre
$^{243}_{95}\text{Am}$	$7,4 \cdot 10^{3}$ Jahre
$^{247}_{96}\text{Cm}$	$1,6 \cdot 10^{7}$ Jahre
$^{247}_{97}\text{Bk}$	1 400 Jahre
$^{251}_{98}\text{Cf}$	900 Jahre
$^{252}_{99}\text{Es}$	472 Tage
$^{257}_{100}\text{Fm}$	101 Tage
$^{258}_{101}\text{Md}$	52 Tage
$^{259}_{102}\text{No}$	58 Minuten
$^{262}_{103}\text{Lr}$	3,6 Stunden

25.9 Die häufigsten Oxidationsstufen der Actinoide.

Tabelle 25.3 Elektronenkonfigurationen der Actinoide

Element	Elektronenkonfiguration (im Grundzustand)	
	Atom M	Ion M^{3+}
Actinium (Ac)	[Rn]5f^{0}6d^{1}7s^2	[Rn]5f^0
Thorium (Th)	[Rn]5f^{0}6d^{2}7s^2	[Rn]5f^1
Protactinium (Pa)	[Rn]5f^{2}6d^{1}7s^2	[Rn]5f^2
Uran (U)	[Rn]5f^{3}6d^{1}7s^2	[Rn]5f^3
Neptunium (Np)	[Rn]5f^{4}6d^{1}7s^2	[Rn]5f^4
Plutonium (Pu)	[Rn]5f^{6}7s^2	[Rn]5f^5
Americium (Am)	[Rn]5f^{7}7s^2	[Rn]5f^6
Curium (Cm)	[Rn]5f^{7}6d^{1}7s^2	[Rn]5f^7
Berkelium (Bk)	[Rn]5f^{9}7s^2	[Rn]5f^8
Californium (Cf)	[Rn]5f^{10}7s^2	[Rn]5f^9
Einsteinium (Es)	[Rn]5f^{11}7s^2	[Rn]5f^{10}
Fermium (Fm)	[Rn]5f^{12}7s^2	[Rn]5f^{11}
Mendelevium (Md)	[Rn]5f^{13}7s^2	[Rn]5f^{12}
Nobelium (No)	[Rn]5f^{14}7s^2	[Rn]5f^{13}
Lawrencium (Lr)	[Rn]5f^{14}6d^{1}7s^2	[Rn]5f^{14}

von Uran(VI)-verbindungen zu Glasschmelzen erhielt man eine charakteristisch gelbgrüne Färbung mit grüner Fluoreszenz. (Ein rein grüner Farbton erforderte zusätzlich Chrom(III)-Verbindungen.) „Urangrüne" Weingläser, Karaffen, Vasen und Schalen findet man heute allerdings nur noch im Antiquitätenhandel.

Ein 1891 erteiltes Patent auf eine Anwendung von *Thorium(IV)-oxid* (ThO$_2$) wird dagegen heute noch genutzt: Das helle Licht einer Campingleuchte geht von einem sogenannten Glühstrumpf (oder *Auerstrumpf*) aus, der durch eine Gasflamme erhitzt wird. Erfinder dieses *Gasglühlichtes* war Auer von Welsbach, einer der Erforscher der „Seltenen Erden". Der Glühstrumpf ist ein sehr bruchempfindliches Gerüst aus Cer(IV)-haltigen ThO$_2$-Partikeln. Es bildet sich beim „Abflammen" eines Baumwollgewebes, das bei der Herstellung mit einer entsprechenden Nitratlösung getränkt wurde. Die Ausrüstung von Gaslaternen mit Auerstrümpfen bedeutete um 1900 eine erhebliche Verbesserung der Straßenbeleuchtung. Sogar gegen die aufkommende elektrische Beleuchtung in Wohnungen konnte das Gasglühlicht zunächst konkurrieren.

Eine neuere Anwendung von Thorium(IV)-oxid ist die Herstellung „thorierter" Wolfram-Schweißelektroden. Jährlich werden mehrere Millionen solcher Elektroden beim Schweißen unter Schutzgas eingesetzt (Plasmaschweißen). Je nach Elektrodentyp enthalten sie ThO$_2$ mit einem Massenanteil zwischen 0,35 % und 4,2 %. Das Thoriumoxid an der Oberfläche der Elektrode führt zu einer deutlichen Verringerung der Elektronenaustrittsenergie (auf 2,7 eV im Vergleich zu 4,5 eV bei reinem Wolfram), sodass der für das Schweißen erforderliche elektrische Lichtbogen leichter zündet.

Das einzige kurzlebige Actinoid, das in vielen amerikanischen Haushalten zu finden ist, ist das durch Kernreaktionen hergestellte *Americium*-Isotop ^{241}Am. Eingesetzt wird es in handelsüblichen Rauchmeldern: Die von ^{241}Am ausgehende α-Strahlung ionisiert die Luft in der Testkammer. Die entstehenden Ionen werden durch eine elektrische Spannung beschleunigt und bewirken damit einen Stromfluss. Rauchpartikel verringern diesen Ionenstrom und der Abfall der Stromstärke löst den Alarm aus. Im Normalfall halten solche Detektoren ungefähr zehn Jahre. Es wäre ratsam, unbrauchbar gewordene Geräte zu recyceln; keinesfalls sollten sie mit dem Restmüll verbrannt werden.

Vom Uranerz zum Kernbrennstoff Bei dem in Kernreaktoren verwendeten „Brennstoff" handelt es sich um *Uran(IV)-oxid* (UO$_2$). Diese Verbindung wird deshalb in größerem Umfang technisch hergestellt. Es sind verschiedene Verfahren entwickelt worden, die jedoch eines gemeinsam haben: sie erfordern viele Reaktionsschritte. Die zur Zeit billigste Gewinnungsmethode geht von einem Erz aus, das als *Pechblende* oder

---

Im Jahre 1913 wurden weltweit etwa 300 Millionen Auerstrümpfe produziert. Für die Herstellung wurden mehr als 300 Tonnen Thoriumnitrat benötigt, was die Aufarbeitung von 3 000 Tonnen Monazitsand erforderte.

Carl Freiherr **Auer von Welsbach**, österreichischer Chemiker, 1858–1929.

Eine Thorium(IV)-oxid-Keramik wird für Hochtemperatur-Schmelztiegel verwendet, da sie Temperaturen von bis zu 3 300 °C standhält.

Die Halbwertszeit von ^{241}Am beträgt 432 Jahre.

Uranpecherz bezeichnet wird. Es enthält Uran(IV)-oxid (UO_2) und Uran(VI)-oxid (UO_3) in unterschiedlichen Anteilen. In manchen Lagerstätten liegt ein U^{IV}/U^{VI}-Oxid vor, dessen Zusammensetzung der Formel U_3O_8 entspricht.

Bei der Aufarbeitung erfolgt im ersten Schritt die Oxidation des Uran(IV)-Anteils zu Uran(VI). In einer wässerigen Lösung wirken dabei meist (aus dem Erz stammende) Eisen(III)-Ionen als Oxidationsmittel:

$$UO_2(s) + 2\,Fe^{3+}(aq) + H_2O(l) \rightarrow UO_3(s) + 2\,Fe^{2+}(aq) + 2\,H^+(aq)$$

Durch Zusatz von Schwefelsäure erhält man eine Uranylsulfat-Lösung, die Uranyl-Kationen (UO_2^{2+}) enthält:

$$UO_3(s) + H_2SO_4(aq) \rightarrow UO_2SO_4(aq) + H_2O(l)$$

Ähnlich wie bei der Trennung der Lanthanoide wird das UO_2^{2+}-Ion (mithilfe von Komplexbildnern) über eine Flüssig/Flüssig-Extraktion abgetrennt. Eine Reextraktion aus der organischen Phase kann beispielsweise mit verdünnter Schwefelsäure durchgeführt werden. Die dabei erhaltene reine Uranylsulfat-Lösung wird anschließend mit Ammoniak versetzt, sodass intensiv gelbes **Ammoniumdiuranat** ausfällt:

$$2\,UO_2SO_4(aq) + 6\,NH_3(aq) + 3\,H_2O(l) \rightarrow (NH_4)_2U_2O_7(s) + 2\,(NH_4)_2SO_4(aq)$$

Erhitzt man Ammoniumdiuranat auf etwa 750 °C, so entsteht U_3O_8 als wichtiges Zwischenprodukt:

$$9\,(NH_4)_2U_2O_7(s) \xrightarrow{\Delta} 6\,U_3O_8(s) + 14\,NH_3(g) + 15\,H_2O(g) + 2\,N_2(g)$$

Für die Anreicherung von ^{235}U muss U_3O_8 schließlich in UF_6 überführt werden. Der erste Schritt ist die Reduktion mit Wasserstoff zu UO_2. Es folgt die Umsetzung mit HF zu UF_4, das dann mit Fluor zu UF_6 reagiert.

Nach der ^{235}U-Anreicherung muss UF_6 in das für die Herstellung der Brennelemente benötigte UO_2 umgewandelt werden. Die chemisch einfachste Reaktionsfolge besteht aus zwei Schritten:
- Umsetzung von gasförmigem UF_6 mit Wasserdampf unter Bildung von festem UO_2F_2.
- Reduktion von UO_2F_2 mit Wasserstoff zu UO_2.

Das erzeugte UO_2 wird gemahlen, zu Tabletten zusammengepresst und anschließend bei etwa 1 700 °C gesintert. Ein *Brennstab* enthält solche UO_2-Sinterkörper (Durchmesser: 10 mm) in einem Hüllrohr aus einer Zirconium-Legierung.

Uran kommt in Erzlagerstätten überall auf der Welt vor. Außerdem enthält Meerwasser ungefähr 3 ppb Uran. Dies erscheint wenig, hochgerechnet auf alle Ozeane ergibt sich jedoch eine Gesamtmenge von $5 \cdot 10^9$ Tonnen.

Die Schächte der Uranbergwerke müssen besonders gut belüftet werden, denn ein Zerfallsprodukt des Urans ist das gleichfalls radioaktive Edelgas Radon, das von den Bergleuten eingeatmet wird. Der Anteil an Radon in der Luft im Untertagebau darf bestimmte Grenzwerte nicht überschreiten.

Hinweis: Zur Anreicherung von ^{235}U vergleiche man den Exkurs über die Isotopentrennung in Abschnitt 2.2.

Hinweis: Die Energiegewinnung in Kernkraftwerken wird im Rahmen von Abschnitt 2.2 näher erläutert.

EXKURS

Ein natürlicher Kernreaktor

Die tabellierten Werte der mit mehreren Stellen nach dem Komma angegebenen Atommassen der Elemente erwecken den Eindruck, dass die Isotopenverteilung stets konstant ist. Dies ist jedoch nicht immer der Fall. So bestimmte man bei Blei – je nach Lagerstätte – etwas unterschiedliche Atommassen. 1972 zeigte sich durch eine Probe aus dem Uranbergwerk Oklo (Gabun, Westafrika), dass auch bei Uran unterschiedliche Isotopenverhältnisse in der Natur auftreten. Mit 0,717 % lag der ^{235}U-Anteil dieser Probe allerdings nur geringfügig unterhalb des bis dahin als konstant angesehenen Werts von 0,720 %. Nachdem Analysenfehler ausgeschlossen werden konnten, wurden zahlreiche weitere Proben aus Oklo untersucht. Bei einer besonders uranreichen Probe ergab sich ein erstaunlich niedriger Wert: Nur 0,296 % aller Uran-Atome entfielen auf das ^{235}U-Isotop. Nuklearchemiker und Physiker untersuchten daraufhin die Erze aus diesem Bergwerk genauer auf ihre Zusammensetzung. Sie fanden eine Anreicherung von Isotopen, die man als typische Produkte der Spaltung von ^{235}U-Kernen kennt. Das ließ nur einen Schluss zu: In Oklo hat irgendwann einmal – wie in einem Kernkraftwerk – eine Kettenreaktion stattgefunden. (Insgesamt kennt man in der Umgebung von Oklo 15 solcher „Kernreaktoren".) Der Nachweis solcher Kernreaktion ist nun keineswegs ein

> Die Halbwertszeit von ^{235}U beträgt $0{,}72 \cdot 10^9$ Jahre, die von ^{238}U dagegen $4{,}5 \cdot 10^9$ Jahre.

> Anzeichen für Besucher aus dem All oder eine vergangene Zivilisation. Es handelt sich um einen natürlichen Prozess, dessen Hintergrund die im Vergleich zu ^{238}U wesentlich kürzere Halbwertszeit von ^{235}U ist: Seit der Entstehung unseres Planeten nimmt der ^{235}U-Anteil ständig ab.
>
> Vor ungefähr zwei Milliarden Jahren, als die etwa $2 \cdot 10^5$ bis $1 \cdot 10^6$ Jahre andauernde Kernspaltung in Oklo ablief, entfielen $\approx 3\,\%$ aller Uran-Atome auf das Isotop ^{235}U. (Der ^{235}U-Anteil war damit ähnlich hoch wie in dem „Brennstoff" heutiger Kernkraftwerke.) Man nimmt an, dass Regenwasser die Uransalze ausgewaschen hat. Diese sammelten sich dann in Hohlräumen, bis die kritische Masse für ^{235}U erreicht war und eine Kettenreaktion einsetzte. Eine entscheidende Rolle spielte dabei das Wasser in seiner Funktion als *Moderator*: Es bremst die emittierten Neutronen auf die für die Kernspaltung notwendige Energie ab, sodass weitere Kerne gespalten werden und die Kettenreaktion weiter laufen kann.

Zum Vergleich: Die kritische Masse von ^{235}U beträgt etwa 50 kg.

Pu-Metall wird überwiegend durch Reduktion von PuF$_4$ mit Calcium hergestellt.

In thermoelektrischen Wandlern (Thermoelektrika) nutzt man den **Seebeck-Effekt**: Zwischen zwei Punkten eines elektrischen Leiters, die unterschiedliche Temperaturen aufweisen, entsteht eine elektrische Spannung.

Plutonium Plutonium ist eines der seltensten Elemente der Erdkruste. Es wurde erst 1971, 20 Jahre nach seiner künstlichen Erzeugung als natürlicher Bestandteil der Erdkruste entdeckt. Sein Anteil beträgt etwa $10^{-19}\,\%$. Heute spielt Plutonium bei der Energieerzeugung und in der Kernwaffentechnik eine wichtige Rolle. Da das natürliche Vorkommen insgesamt einer Menge von nur wenigen Kilogramm entspricht, wird es künstlich hergestellt (siehe Abschnitt 2.2). Aufgrund radioaktiver Zerfallsprozesse erwärmt sich Plutonium ohne äußere Wärmezufuhr. Plutonium ist ein sehr reaktives Metall, das an der Luft mit Sauerstoff und Luftfeuchtigkeit reagiert. Wie viele andere Schwermetalle ist es giftig; die für einen Menschen tödliche Dosis liegt im zweistelligen Milligrammbereich. Damit gehört Plutonium keineswegs zu den besonders giftigen Stoffen. Weitaus gefährlicher ist seine Radioaktivität: Plutonium ist ein α-Strahler. Da α-Strahlung nur eine geringe Reichweite hat, wird sie bereits von der obersten Hautschicht absorbiert. Äußerst gefährlich ist aber die Aufnahme in Form von Stäuben.

In Verbindungen tritt Plutonium bevorzugt in den Oxidationsstufen III, IV und VI auf. In wässeriger Lösung ist IV die stabilste Oxidationsstufe. Die kritische Masse von metallischem ^{239}Pu beträgt nur etwa 10 kg; das Volumen ist dementsprechend nur wenig größer als 0,5 l. Historisch bedeutsam war der Abwurf einer Plutonium-Bombe auf Nagasaki am Ende des zweiten Weltkriegs.

Eine Spezialanwendung findet Plutonium in den sogenannten *Radionuklidbatterien*. Sie liefern bei Weltraummissionen in sonnenferne Regionen, in denen Solarzellen nutzlos sind, den Strom für die Sonde. Hierzu wird gezielt ^{238}Pu hergestellt (Halbwertszeit: 87,7 Jahre). In Form von PuO$_2$ wird es zu Blöcken verpresst, die sich aufgrund radioaktiver Zerfallsprozesse von selbst erhitzen. Die Wärmeleistung dieses Materials beträgt anfänglich $450\,\text{W} \cdot \text{kg}^{-1}$. Mithilfe von thermoelektrischen Wandlern wird ein Teil der abgegebenen Wärme in Strom umgewandelt. Deren Wirkungsgrad ist nur gering, er liegt unter $10\,\%$.

Wiederaufarbeitung abgebrannter Kernbrennstoffe Beim Betrieb eines Kernkraftwerks entsteht eine Vielzahl an Spaltprodukten. Einige von ihnen sind Neutronenfänger, sie lassen also die Kettenreaktion im Reaktor zum Stillstand kommen, wenn ihr Anteil zu groß wird. Um dies zu vermeiden, müssen die Brennstäbe nach einer gewissen Betriebszeit – lange bevor das ^{235}U bzw. ^{239}Pu aufgebraucht ist – ausgewechselt werden, um die Spaltprodukte abzutrennen. Diese *Wiederaufarbeitung* dient der Rückgewinnung der Kernbrennstoffe UO$_2$ und PuO$_2$. Die größte Schwierigkeit bei diesem Prozess liegt in der hohen Radioaktivität des Materials.

Die Wiederaufarbeitung erfolgt heute nach dem den PUREX-Verfahren (**P**lutonium **U**ranium **R**efining by **Ex**traction). Zunächst überführt man die Brennstäbe in ein mit Wasser gefülltes *Abklingbecken*, in dem nach etwa 100 Tagen ein großer Teil der kurzlebigen radioaktiven Isotope zerfallen ist. Anschließend werden die Brennstäbe mit halb konzentrierter Salpetersäure umgesetzt. In der Lösung liegen dann UO$_2^{2+}$- und Pu^{4+}-

Ionen neben einer Vielzahl anderer Kationen der Spaltprodukte vor. Durch Extraktion mit einer Lösung von Tributylphosphat (TBP, Abbildung 25.10) in Kerosin werden Uran und Plutonium in die organische Phase überführt. Diese Lösung bringt man in einer *Trennsäule* mit einer stationären, wässerigen Phase in Kontakt, die Eisen(II)-sulfaminat enthält (Abbildung 25.11) (Verteilungschromatographie: siehe Abschnitt 8.11). Dabei werden die Pu^{4+}-Ionen zur Oxidationsstufe III reduziert und in die wässerige Phase überführt. Uran bleibt als $UO_2(NO_3)_2 \cdot 2$ TBP in der organischen Phase. Um den erforderlichen Trennfaktor von 10^7 zu erreichen, schließen sich eine Reihe weiterer Verteilungsschritte an, bevor die Lösungen aufgearbeitet und die gelösten Stoffe in UO_2 und PuO_2 überführt werden. Der Gesamtprozess der Wiederaufarbeitung ist als Fließschema in Abbildung 25.12 dargestellt. In Westeuropa wird dieser Prozess in Frankreich (Le Hague) und Großbritannien (Sellafield) durchgeführt. Das Vorhaben, abgebrannte Kernbrennstoffe auch in Deutschland (Wackersdorf) aufzuarbeiten, scheiterte an zahlreichen Widerständen.

25.10 Aufbau des TBP-Moleküls.

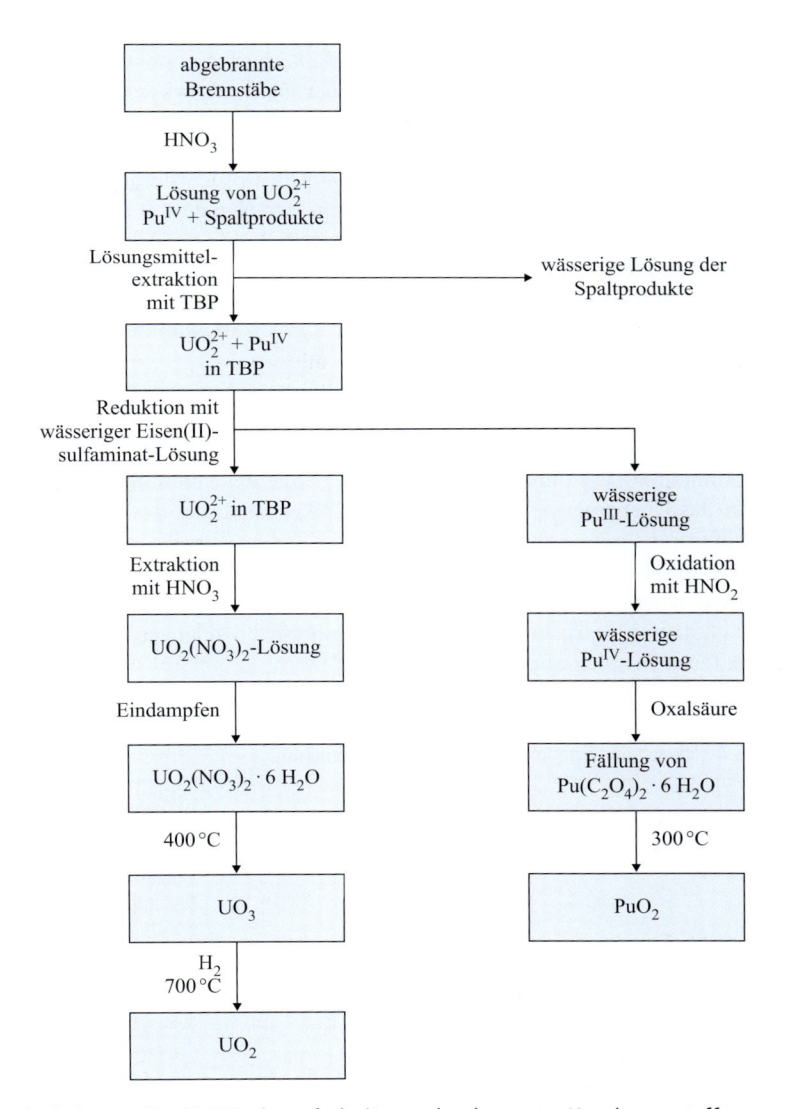

25.11 Aufbau des Sulfaminat-Ions. Die zugehörige *Sulfaminsäure* wird häufig auch als *Amidoschwefelsäure* bezeichnet.

25.12 Fließschema für die Wiederaufarbeitung abgebrannter Kernbrennstoffe.

25.3 Die Transactinoide

Obwohl die bisher bekannten Elemente mit Ordnungszahlen jenseits der Actinoide (>103) überwiegend 6d-Elemente sind, ist es naheliegend, sie in diesem Kapitel anzusprechen, da sie wie die meisten Actinoide nur künstlich durch Kernreaktionen gebildet werden können. Bisher sind Atome von insgesamt zehn Transactinoid-Elementen synthetisiert worden. Ihre kurzen Halbwertszeiten erschweren es jedoch sehr, ihre Chemie zu untersuchen. Das einzige bekannte Isotop des Elements 112 hat beispielsweise eine Halbwertszeit von nur $2,4 \cdot 10^{-4}$ Sekunden. Überdies muss man sich vergegenwärtigen, dass in einem aufwendigen und kostspieligen Versuchsprogramm jeweils nur einige wenige Atome entstehen.

An der Entdeckung der Transactinoide waren Forschergruppen in Berkeley (Kalifornien), Dubna (Russland) und Darmstadt beteiligt. Besonders erfolgreich waren die deutschen und internationalen Forschergruppen der Gesellschaft für Schwerionenforschung (GSI) in Darmstadt. Sie konnten im Zeitraum von 1984 bis 1996 erstmals Atome der sechs Elemente mit den Ordnungszahlen 107 bis 112 nachweisen.

> Die zunächst widersprüchlichen Angaben zur Bildung von Atomen der Elemente 114 und 116 sind inzwischen geklärt. Eine offizielle Anerkennung wird für den Herbst 2010 erwartet. In den letzten Jahren wurde mehrfach auch über die Entdeckung von Nukliden der Elemente 113, 115, 117 und 118 berichtet.

Das Recht der Benennung eines neu entdeckten Elements steht traditionsgemäß den Entdeckern zu. In mehreren Fällen kam es aber zum Streit. So behaupteten sowohl die amerikanischen als auch die russischen Forscher, das Element 104 zuerst entdeckt zu haben. Die Amerikaner wollten dieses Element *Rutherfordium* nennen, die Russen dagegen *Kurchatovium*. Während man sich zu einigen suchte, entwickelte die IUPAC eine Benennungsmethode auf der Basis lateinischer Zahlworte. Sie liefert *vorläufige* Namen und Symbole für alle neu entdeckten Elemente. Eine endgültige Benennung soll erst dann beschlossen werden, wenn alle Ansprüche geprüft worden sind.

Einen anderen Hintergrund hatte der Streit um den Namen des Elements 106: Der von US-Forschern vorgeschlagene Name *Seaborgium* wurde zunächst abgelehnt, weil traditionell kein Element nach einem noch lebenden Wissenschaftler benannt wird. Dieses Prinzip wurde inzwischen aufgegeben und das Element 106 heißt somit endgültig Seaborgium. Tabelle 25.4 enthält die Liste der übrigen anerkannten Namen mit den entsprechenden Symbolen.

> Die folgenden Vorschläge zur Benennung von Transactinoiden sind nicht akzeptiert worden: Kurchatovium (Ku) und Dubnium (Db) für Element 104, Nielsbohrium (Ns), Hahnium (Ha) und Joliotium (Jl) für Element 105, Rutherfordium (Rf) für Element 106, Nielsbohrium (Ns) für Element 107 und Hahnium (Hn) für Element 108.

Über die Chemie dieser Elemente ist wenig bekannt. Einige Untersuchungsergebnisse zum Verhalten der Elemente 104 bis 107 liegen jedoch inzwischen vor. So bildet Rutherfordium ein Chlorid $RfCl_4$, das den Chloriden von Zirconium und Hafnium in der Oxidationsstufe IV zu ähneln scheint. Die Chemie des Dubniums dagegen ähnelt sowohl der des Übergangsmetalls Niob (Gruppe 5) als auch der des Actinoids Protactinium. Aufgrund ihrer geringen Halbwertszeiten, die im Bereich von Millisekunden liegen, ist es unwahrscheinlich, dass man bei den Elementen 109 bis 112 das chemische Verhalten untersuchen kann. Erheblich bessere Chancen bestehen im Falle der Elemente 108 und 114, denn hier hat man bereits Isotope mit erheblich längeren Halbwertszeiten beobachtet (zum Beispiel zehn Sekunden bei $^{269}_{108}Hs$).

Tabelle 25.4 Namen und Symbole der Transactinoid-Elemente

Ordnungszahl	Vorläufiger Name	IUPAC-Name
104	Unnilquadium (Unq)	Rutherfordium (Rf)
105	Unnilpentium (Unp)	Dubnium (Db)
106	Unnilhexium (Unh)	Seaborgium (Sg)
107	Unnilseptium (Uns)	Bohrium (Bh)
108	Unniloctium (Uno)	Hassium (Hs)
109	Unnilennium (Une)	Meitnerium (Mt)
110	Ununilium (Uun)	Darmstadtium (Ds)
111	Unununium (Uuu)	Roentgenium (Rg)
112	Ununbium (Uub)	Copernicium (Cn)
114	Ununquadium (Uuq)	
116	Ununhexium (Uuh)	

ÜBUNGEN

25.1 Stellen Sie Reaktionsgleichungen für die folgenden Reaktionen auf: a) Europium mit Wasser, b) Cer(IV)-Ionen mit Eisen(II)-Ionen, c) Uran(IV)-oxid mit Fluorwasserstoff, d) Uran(VI)-oxid mit Salpetersäure.

25.2 Obwohl III die gängige Oxidationsstufe der Seltenerdmetalle ist, können Europium und Ytterbium auch zweifach positiv geladene Ionen bilden. Schlagen Sie hierfür eine Erklärung vor. Welche andere Oxidationsstufe könnte Terbium annehmen?

25.3 Das Europium(II)-Ion entspricht in seiner Größe fast dem Strontium-Ion. Welche wasserlöslichen Europium(II)-Salze würden Sie erwarten und welche halten Sie für schlecht löslich?

25.4 In welcher Hinsicht ähneln Scandium und Yttrium den Lanthanoiden und in welcher Hinsicht unterscheiden sie sich?

25.5 Eine Lösung, die Cer(IV)-Ionen enthält, reagiert sauer. Stellen Sie eine Reaktionsgleichung auf, die dies erklärt.

25.6 Schlagen Sie einen Grund vor, warum die längstlebigen Isotope von Actinium und Protactinium weit kürzere Halbwertszeiten haben als die von Thorium und Uran.

25.7 Schlagen Sie einen Grund vor, warum Nobelium das einzige Actinoid ist, das häufig in der Oxidationsstufe II vorliegt.

25.8 Es gab überzeugende chemische Begründungen, warum die Actinoide zu den Übergangsmetallen zu passen schienen. Stellen Sie einen wichtigen Grund vor und berücksichtigen Sie in ihrer Begründung das Diuranat-Ion.

Aufgrund der ständig wachsenden Erkenntnisse in den Naturwissenschaften ist es unmöglich, deren gesamte Breite auch nur annähernd zu überblicken. Dies zwingt die in den einzelnen Disziplinen arbeitenden Wissenschaftler zu immer weiter gehenden Spezialisierungen. Dennoch ist es unerlässlich, auch die Grundzüge der Nachbarwissenschaften zu kennen und zu verstehen. In diesem Kapitel wollen wir einige ausgewählte elementare Grundbegriffe der Physik behandeln, deren Kenntnis und Verständnis notwendig sind, um allgemein-chemische Zusammenhänge zu verstehen. Wir werden uns hierbei auf ein Mindestmaß beschränken. Die Lektüre dieses Kapitels kann also keinesfalls ein Physiklehrbuch oder eine einführende Vorlesung über dieses Fach ersetzen.

Anhang A: Einige Grundbegriffe der Physik

26

Kapitelübersicht

26.1 Mechanik 26.3 Wellen 26.5 Optik
26.2 Schwingungen 26.4 Elektrizität

26.1 Mechanik

Die Mechanik beschreibt die Bewegung von Körpern und die dabei geltenden Zusammenhänge. Alle physikalischen Größen, die hier von Bedeutung sind, lassen sich auf drei Grundgrößen zurückführen. Diese *Grundgrößen der Mechanik* sind:

Masse m (Einheit: Kilogramm, kg),

Weg s (Einheit: Meter, m) und

Zeit t (Einheit: Sekunde, s).

> Die Bewegung von Teilchen – Molekülen, Atomen oder Ionen – spielt in der Chemie eine wichtige Rolle. So sind chemische Reaktionen ohne Bewegung der miteinander reagierenden Teilchen nicht denkbar, denn die Voraussetzung für den Ablauf einer chemischen Reaktion ist eine Begegnung der Reaktanden.

Bewegung von Körpern

Geradlinige Bewegungen Die Bewegung eines Körpers wird durch die Angabe des Weges als Funktion der Zeit beschrieben.

Bei einer *geradlinig gleichförmigen* Bewegung werden in gleichen Zeitabschnitten gleiche Wege zurückgelegt. Die **Geschwindigkeit** v wird durch den Quotienten aus Weg s und Zeit t wiedergegeben:

$$v = \frac{s}{t} \quad \text{(Einheit: m·s}^{-1}\text{)}$$

Ändert sich die Geschwindigkeit mit der Zeit, unterscheidet man zwischen der *Durchschnittsgeschwindigkeit* und der *Momentangeschwindigkeit*, die als der Differentialquotient aus Weg und Zeit angegeben wird:

$$v = \frac{ds}{dt}$$

> Die Geschwindigkeit ist eine sogenannte vektorielle Größe, die einen Betrag (Einheit: m·s^{-1}) und eine Richtung aufweist. Sowohl die Änderung des Betrags der Geschwindigkeit als auch die Änderung der Bewegungsrichtung bedeuten also eine Beschleunigung. Ein Bremsvorgang führt zu einer Beschleunigung mit negativem Vorzeichen.

Die Geschwindigkeit eines Körpers ändert sich, wenn er eine **Beschleunigung** erfährt, unabhängig davon, ob die Geschwindigkeit größer oder kleiner wird; auch eine Richtungsänderung stellt eine Beschleunigung dar. Die durchschnittliche Änderung der Geschwindigkeit Δv pro Zeitintervall Δt wird als *Durchschnittsbeschleunigung a* bezeichnet. Sie ist durch folgende Gleichung definiert:

$$a = \frac{\Delta v}{\Delta t} \quad \text{(Einheit: m·s}^{-2}\text{)}$$

Ein auf die Erde herabfallender Körper ist ein Beispiel für eine solche Bewegung. Je länger der Fall dauert, umso höher ist die Geschwindigkeit des Körpers, wenn man die bremsende Wirkung der Luft außer acht lässt.

Fällt ein Körper aufgrund der Schwerkraft ungebremst nach unten, spricht man vom *freien Fall*. Beim freien Fall ist die Beschleunigung zeitlich konstant. Erfährt ein Körper hingegen zu verschiedenen Zeiten unterschiedliche Beschleunigungen, kann die zum jeweiligen Zeitpunkt wirkende *Momentanbeschleunigung* folgendermaßen definiert werden:

$$a = \frac{\Delta v}{\Delta t} = \frac{\Delta^2 s}{\Delta t^2} \quad \text{(Einheit: m·s}^{-2}\text{)}$$

> Stößt ein Gasteilchen auf die Wand des Gefäßes, in dem sich das Gas befindet, überträgt es seinen Impuls auf die Gefäßwand und bewirkt so den Druck des Gases. Die mathematische Beschreibung der Teilchenbewegung, die „kinetische Gastheorie", ermöglicht eine Ableitung des allgemeinen Gasgesetzes.

Jeder sich bewegende Körper hat einen **Impuls** p, der mit der Geschwindigkeit und der Masse des Körpers zusammenhängt. Für den Fall einer geradlinigen Bewegung ist diese Größe das Produkt aus der Masse und der Momentangeschwindigkeit:

$$p = m \cdot v \quad \text{(Einheit: kg·m·s}^{-1}\text{)}$$

Man kann sich den Impuls anschaulich als ein Maß für die Schwierigkeit vorstellen, einen sich bewegenden Körper in den Ruhezustand zu versetzen, oder auch als die Wucht, mit der ein Körper auf ein ruhendes Hindernis aufprallt.

Ein sich bewegender Körper hat eine **kinetische Energie** E_{kin}:

$$E_{kin} = \tfrac{1}{2} m \cdot v^2$$

Die Einheit der Energie ist kg·m^2·s^{-2} = J.

26.1 Mechanik

Kreisbewegungen Viele Bewegungen in Umwelt und Technik sind kreisförmige Bewegungen. Bewegt sich ein Körper auf einer Kreisbahn benötigt er für das Durchlaufen einer vollen Kreisbahn die *Umlaufzeit T*. Den Kehrwert der Umlaufzeit nennt man die *Frequenz f* der Kreisbewegung. Bewegt sich ein Körper gleichförmig auf einer Kreisbahn mit dem Radius r kann man seine *Bahngeschwindigkeit v* angeben. Diese ist gleich dem Quotienten aus dem Umfang der Kreisbahn ($2 \cdot r \cdot \pi$) und der Umlaufzeit T:

$$v = \frac{2 \cdot r \cdot \pi}{T} \text{ (Einheit: m} \cdot \text{s}^{-1}\text{)}$$

Häufig ist es jedoch sinnvoller, nicht die Bahngeschwindigkeit sondern die sogenannte *Winkelgeschwindigkeit* ω anzugeben. Verbindet man einen Punkt auf der Kreisbahn mit seinem Mittelpunkt, erhält man den Bahnvektor. Bewegt sich der Punkt auf der Kreisbahn, überstreicht der Bahnvektor einen bestimmten Winkel $\Delta\varphi$. Als Winkelgeschwindigkeit ω bezeichnet man den Quotienten aus dem überstrichenen Winkel und der dabei verflossenen Zeit Δt:

$$\omega = \frac{\Delta\varphi}{\Delta t}$$

Der Winkel wird in diesem Zusammenhang üblicherweise im *Bogenmaß* angegeben. Der Winkel des vollen Kreises von 360° entspricht im Bogenmaß ausgedrückt 2π, hat also keine Einheit. Ein Grad (°) ist im Bogenmaß ausgedrückt also $2\pi/360$.

Um einen starren Körper, zum Beispiel eine runde Scheibe (Abbildung 26.1) in Rotation zu versetzen, muss eine Kraft in einem Punkt außerhalb der Drehachse wirken. Das *Drehmoment M* ist das Produkt aus der Kraft F und dem Abstand r ihrer Wirkungslinie von der Drehachse:

$$M = F \cdot r$$

Das Drehmoment M bei einer Rotationsbewegung entspricht der Kraft F bei einer Translation.

Diese ist erforderlich, um einen Körper der Masse m zu beschleunigen. Sie ist durch folgende Beziehung gegeben:

$$F = m \cdot a$$

Diese Beziehung ist die *Grundgleichung* der klassischen Mechanik. Zu Ehren von Isaac Newton, der diese Beziehung als Erster formulierte, trägt die Einheit der Kraft die Bezeichnung Newton (N).

Für eine Drehbewegung gilt ein entsprechender Zusammenhang:

$$M = J \cdot \alpha \quad \text{(Einheit: N} \cdot \text{m)}$$

Man nennt J das *Trägheitsmoment* eines Körpers (Einheit N · m · s²).

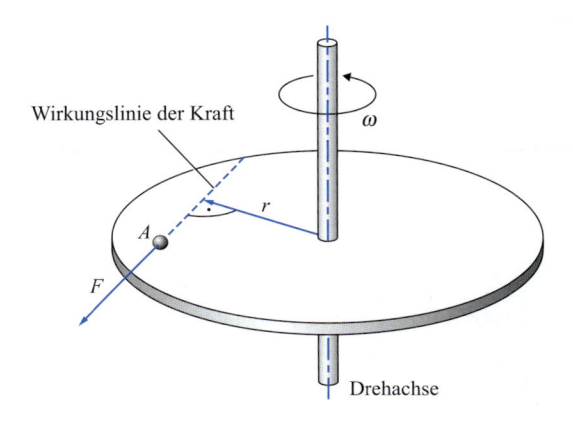

> Stellen wir uns eine kreisförmige Scheibe vor, die drehbar in ihrem Mittelpunkt gelagert ist. Die Drehachse steht senkrecht zur Scheibe. Dreht sich diese Scheibe, bewegt sich ein Punkt am Rande der Scheibe schneller als Punkt in der Nähe der Drehachse. Es ist also sinnlos, von der Geschwindigkeit einer sich drehenden Scheibe zu sprechen.

> Die zeitliche Änderung der Winkelgeschwindigkeit ist die *Winkelbeschleunigung* α.
>
> $$\alpha = \frac{\Delta\omega}{\Delta t}$$

> Ein Spezialfall der Kraft ist die *Gravitationskraft*, die zwischen allen Körpern wirkt. Sie tritt in unserer Umwelt zum Beispiel als Gewichtskraft G auf; sie bewirkt das Gewicht eines Körpers: $G = m \cdot g$ (g = Erdbeschleunigung = 9,81 m · s^{-2})

> Durch die Relativitätstheorie von Albert Einstein wissen wir, dass die Masse m eines sich bewegenden Körpers gemäß folgender Gleichung von seiner Geschwindigkeit v abhängt:
>
> $$m = \frac{m_0}{\sqrt{1-\left(\frac{v}{c}\right)^2}}$$
>
> m_0 = Ruhemasse
> c = Lichtgeschwindigkeit

> Man spricht auch von einer *relativistischen Masse*. Die Grundgleichung der klassischen Mechanik kann also nur dann angewendet werden, wenn die Geschwindigkeiten wesentlich unter der Lichtgeschwindigkeit liegen.

26.1 Drehmoment einer rotierenden Scheibe.

Dem Impuls p bei einer Translationsbewegung entspricht der *Drehimpuls L* bei einer Rotation:

$$L = J \cdot \omega$$

So wie ein Körper, der sich geradlinig fortbewegt, eine kinetische Energie E_{kin} hat, gehört zu einem punktförmigen Körper auf einer Kreisbahn eine *Rotationsenergie E_{Rot}*:

$$E_{Rot} = \tfrac{1}{2} \cdot J \cdot \omega^2$$

In Tabelle 26.1 sind die wichtigen physikalischen Größen für Translations- und Rotationsbewegungen gegenübergestellt.

Tabelle 26.1 Vergleich von Translations- und Rotationsbewegung

Translation	Rotation
Geschwindigkeit v	Winkelgeschwindigkeit ω
Beschleunigung a	Winkelbeschleunigung α
Masse m	Trägheitsmoment J
Impuls p	Drehimpuls L
Kraft F	Drehmoment M
kinetische Energie E_{kin}	Rotationsenergie E_{Rot}

Arbeit, Energie und Leistung

Durch chemische Reaktionen kann Arbeit verrichtet oder – anders ausgedrückt – *Energie* freigesetzt werden. Man nutzt dies beispielsweise bei der Stromerzeugung. Hier wird durch die Verbrennung fossiler Brennstoffe zunächst Wärmeenergie freigesetzt, mit der Wasserdampf erzeugt wird. Dieser treibt eine Turbine an, die mit einem Generator verbunden ist. Aus Wärmeenergie wird so elektrische Energie. Einige chemische Reaktionen können auch so geführt werden, dass die Energie unmittelbar in Form elektrischer Energie frei wird. Batterien sind Beispiele für die unmittelbare Erzeugung elektrischer Energie durch chemische Vorgänge.

Die SI-Einheit der Arbeit ist das Joule (J): $1\,J = 1\,N \cdot m = 1\,kg \cdot m^2 \cdot s^{-2}$

Um eine Spiralfeder um einen Weg Δx aus ihrer Ruhelage, in der sie die Länge x_0 aufweist, auszulenken, muss eine Kraft aufgewendet werden. Diese hat denselben Betrag wie die **Federkraft** F_x, aber die entgegengesetzte Richtung (Abbildung 26.2).

Die Federkraft ist proportional zur Auslenkung Δx der Feder. Es gilt das **Hookesche Gesetz**:

$$F_x = -k \cdot \Delta x$$

Dabei ist k die sogenannte *Federkonstante* (Einheit $N \cdot m^{-1}$).

Für infinitesimal kleine Auslenkungen dx gilt entsprechend: $dF_x = -k \cdot dx$

Die Spiralfeder dient häufig als Modell für die chemische Bindung zwischen zwei Atomen. Eine Auslenkung der Feder entspricht einer Veränderung des Bindungsabstands. Die Veränderung der Federlänge einer Spiralfeder und die Veränderung des Bindungsabstands aus ihrer jeweiligen Ruhelage erfordern also jeweils eine Kraft.

Um einen Körper der Masse m gegen eine Kraft F zu bewegen, muss eine **Arbeit** W verrichtet werden. Falls die Kraft in Richtung des Weges wirkt, ist W das Produkt aus der aufgewendeten Kraft und dem Weg, den der Körper zurücklegt. Ein einfaches Beispiel dieser Art ist das Anheben eines Körpers gegen die Gewichtskraft:

$$W = F \cdot s \quad \text{(Einheit: J)}$$

Allgemein gilt:

$$W = \int_{s_1}^{s_2} F \cdot ds$$

Ein gegen die Gewichtskraft um den Weg s angehobener Körper weist eine **potentielle Energie** E_{pot} auf. Sie ist dem Betrage nach gleich der zuvor verrichteten Arbeit, hat aber das umgekehrte Vorzeichen:

$$E_{pot} = -W$$

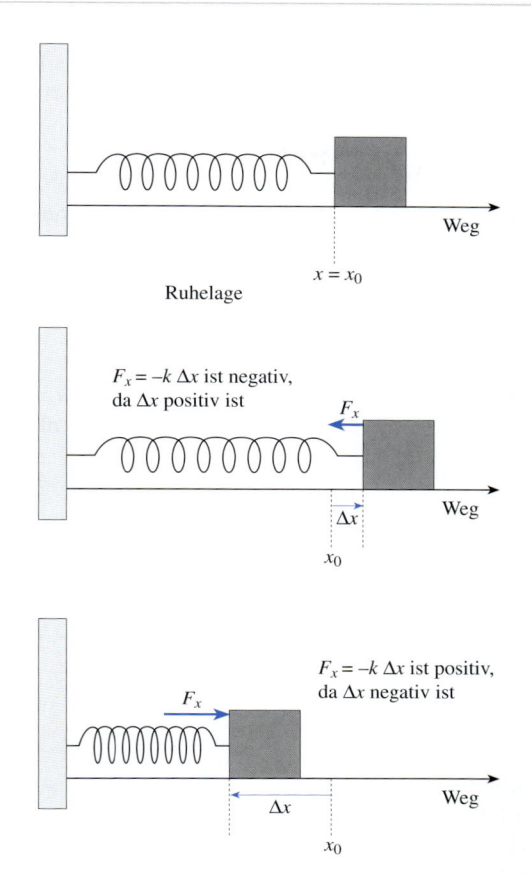

26.2 Der Zusammenhang zwischen der Kraft F_x und dem Weg Δx wird durch das Hookesche Gesetz beschrieben.

Für das Anheben eines Körpers gilt also:

$E_{\text{pot}} = -W = -F \cdot s = -m \cdot a \cdot s$

Da a in diesem Fall die Erdbeschleunigung ist, gilt:

$E_{\text{pot}} = -m \cdot g \cdot s$

Fällt ein Körper auf die ursprüngliche Höhe zurück, so wird die gespeicherte potentielle Energie in *kinetische Energie* E_{kin} (und beim Aufprall letztlich in Wärme) umgewandelt.

Die Summe aus der kinetischen und der potentiellen Energie eines Körpers wird als *mechanische Gesamtenergie* bezeichnet. Sie ist für ein abgeschlossenes System konstant, wenn keine Reibungskräfte auftreten.

Man spricht daher auch von dem **Energieerhaltungssatz der Mechanik**:

$E_{\text{kin}} + E_{\text{pot}} = \text{const.}$

Entsprechend gilt für ein abgeschlossenes System der **Impulserhaltungssatz**: *In einem abgeschlossenen System ist der Gesamtimpuls konstant.*

Ein solches System ist beispielsweise ein Gefäß, in dem sich Teilchen eines Gases befinden. Diese bewegen sich mit einer bestimmten Geschwindigkeit geradlinig fort, bis sie auf ein anderes Teilchen oder auf die Gefäßwand treffen. Durch den Zusammenstoß zweier Teilchen ändern sich zwar Richtung und Betrag ihrer jeweiligen Geschwindigkeiten, nicht aber die Summe ihrer Impulse und kinetischen Energien. Man spricht in einem solchen Fall auch von einem *elastischen Stoß*.

Auch ein Elektron, auf das die anziehende Kraft des Atomkerns wirkt, hat eine kinetische und eine potentielle Energie. Die Schrödinger-Gleichung verknüpft die Gestalt der Aufenthaltsbereiche und die Energie eines Elektrons miteinander und ermöglicht ein Verständnis des Baus der Elektronenhülle.

Nach einem *inelastischen* Stoß zweier Körper hängen beide wie Kletten aneinander und bewegen sich mit einer gemeinsamen Geschwindigkeit fort. Auch hier gilt der Impulserhaltungssatz; die Summe der kinetischen Energien beider Körper nimmt jedoch durch einen solchen Stoß ab. Ein Beispiel hierfür ist eine Gewehrkugel, die in einem Sandsack stecken bleibt.

Die Einheit der Leistung, Joule pro Sekunde, heißt **Watt** (W).

Die physikalische Größe **Leistung** P ist eng mit der Arbeit W verknüpft. Sie entspricht der pro Zeiteinheit an einem System verrichteten Arbeit. Definiert wird die Leistung als Quotient aus Arbeit und Zeit:

$$P = \frac{W}{t} \quad \text{(Einheit: J} \cdot \text{s}^{-1} = \text{W)}$$

Wenn die verrichtete Arbeit zeitlich nicht konstant ist, gilt allgemein:

Leistung darf nicht mit Arbeit oder Energie verwechselt werden. So wird bei der Bezahlung der Stromrechnung in kW·h abgerechnet, also einer Energiegröße:

Insbesondere bei Automobilen ist auch heute noch eine ältere Einheit der Leistung gebräuchlich, die sogenannte *Pferdestärke* (PS): 1 PS = 735 W

$$1 \text{ kW} \cdot \text{h} = 10^3 \cdot 3600 \text{ W} \cdot \text{s} = 3{,}6 \cdot 10^6 \text{ W} \cdot \text{s} = 3{,}6 \text{ MJ}$$

Druck Eine der am häufigsten verwendeten physikalischen Größen aus dem Bereich der Mechanik ist der *Druck*. Definiert ist der Druck p als Quotient aus Kraft F und Fläche A:

$$p = \frac{F}{A}$$

In SI-Einheiten ist die Einheit des Drucks Newton pro Quadratmeter oder *Pascal* (Pa):

$$1 \text{ Pa} = 1 \text{ N} \cdot \text{m}^{-2}$$

Andere verbreitete Druckeinheiten sind das *Bar* (bar) und die *Atmosphäre* (atm). Eine Atmosphäre entspricht dem normalen Luftdruck in Meereshöhe:

$$1 \text{ atm} = 1{,}013 \cdot 10^5 \text{ Pa } (= 1013 \text{ hPa})$$

$$1 \text{ bar} = 10^5 \text{ Pa}$$

Der Druck, den eine Flüssigkeit auf den Boden eines Behälters ausübt, ist proportional zur Füllhöhe, aber unabhängig von der Behälterform.

Früher war als Druckeinheit das *Torr* gebräuchlich. Es entspricht dem Druck, den eine 1 mm hohe Quecksilbersäule ausübt. Auch heute werden Drücke im Labor noch gelegentlich auf diese Weise gemessen.

Die einfachste Anordnung zur Messung von Gasdrücken ist in Abbildung 26.3 dargestellt. Gemessen wird die *Druckdifferenz* zwischen dem Atmosphärendruck p_{at} und dem zu messenden Druck p. Die Differenz $p - p_{at}$ ist gleich $\varrho \cdot g \cdot h$. Gibt man die Dichte ϱ der Flüssigkeit in g·cm^{-3} und die Höhe in cm an, erhält man den Druck in 10^5 N·m^{-2}. Die so ermittelte Druckdifferenz wird auch als *Überdruck* bezeichnet. Im täglichen Leben spielt diese Größe im Zusammenhang mit dem Luftdruck in Reifen eine gewisse Rolle.

Um den **Absolutdruck** zu messen, verwendet man häufig eine andere Messanordnung, bei der eine Manometerflüssigkeit, in der Regel Quecksilber, in ein einseitig geschlossenes, evakuiertes U-förmiges Rohr eingefüllt wird (Abbildung 26.4). Der normale Atmosphärendruck (1 atm = 1,013 bar = 1,013 · 10^5 Pa) entspricht einer Höhe der Quecksilbersäule von h = 760 mm.

Mechanische Eigenschaften von Flüssigkeiten

Flüssigkeiten passen sich Behältern jeder Form an, denn Flüssigkeiten besitzen keine *Form-Elastizität*, d.h. nach einer Formänderung kehrt eine Flüssigkeit nicht in den ursprünglichen Zustand zurück. Flüssigkeiten besitzen hingegen sehr wohl eine *Volumen-Elastizität*: So kann das Volumen einer Flüssigkeit durch Einwirken einer Kraft verringert werden, die Flüssigkeit nimmt jedoch wieder das ursprüngliche Volumen ein, wenn keine Kraft mehr wirkt.

Taucht man einen Körper in eine Flüssigkeit, so macht sich eine der Gravitationskraft entgegengerichtete **Auftriebskraft** F_A bemerkbar. Sie ist dem Betrage nach gleich dem Gewicht der von dem Körper verdrängten Flüssigkeit (*Archimedisches Prinzip*). Messen lässt sich dieser Effekt mithilfe einer Federwaage: Man ermittelt zunächst die durch einen angehängten Körper bewirkte Gewichtskraft in der normalen Umgebungsluft. Lässt man den Körper dann beispielsweise in Wasser eintauchen, zeigt die Federwaage ein geringeres Gewicht an.

Auch in Gasen und speziell in Luft spielt die Auftriebskraft eine Rolle. Da die Dichte von Gasen jedoch erheblich kleiner ist als die von Flüssigkeiten, ergibt sich nur ein ge-

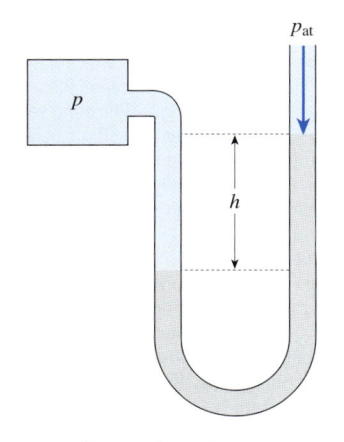

26.3 Offenes Flüssigkeitsmanometer.

ringer Effekt. So kann ein mit einem „leichten" Gas wie Helium gefüllter Ballon in Luft aufsteigen, denn auf den Ballon insgesamt wirkt in diesem Fall eine geringere Gewichtskraft als auf das gleiche Volumen an Luft.

Wir alle wissen aus Erfahrung, dass Flüssigkeiten Tropfen bilden. Der Grund hierfür ist die **Oberflächenspannung.** Dies ist eine Kraft, die durch anziehende Kräfte zwischen den Molekülen der Flüssigkeit zustande kommt, sogenannte **Kohäsionskräfte.** Für Teilchen im Inneren des Tropfens addieren sich diese Kräfte zu Null, da sie von allen Seiten gleichermaßen wirken. Ein Teilchen im Inneren eines Tropfens zeigt daher keine Tendenz, an die Oberfläche zu steigen. Auf die Teilchen an der Oberfläche wirken jedoch nur in das Innere des Tropfens gerichtete Kräfte. Teilchen an der Oberfläche eines Tropfens werden daher in das Tropfeninnere gezogen. Ein Flüssigkeitstropfen sollte demnach – vorausgesetzt, dass keine anderen Kräfte wirken – die Gestalt einnehmen, bei der die Oberfläche minimal ist, also eine Kugel bilden.

Neben den Kohäsionskräften zwischen den Teilchen einer Flüssigkeit wirken auch Kräfte zwischen den Flüssigkeitsteilchen und der Oberfläche des Behälters, die **Adhäsionskräfte.** Befindet sich eine Flüssigkeit in einem Glasrohr, wie zum Beispiel einem Manometerrohr, ist die Flüssigkeitsoberfläche, der sogenannte *Meniskus*, in der Regel nicht eben, sondern konkav oder konvex gewölbt (Abbildung 26.5). Eine konkave Wölbung tritt auf, wenn die Adhäsionskräfte größer sind als die Kohäsionskräfte (*Beispiel*: Wasser im Glasrohr). Im umgekehrten Fall ist die Oberfläche konvex gewölbt (*Beispiel*: Quecksilber im Glasrohr).

Eine spezielle Erscheinungsform von Adhäsionskräften sind die *Kapillarkräfte*. Sie bewirken, dass Flüssigkeiten in enge Kapillaren und Poren hingezogen werden, gegebenenfalls auch gegen andere Kräfte wie die Schwerkraft (Abbildung. 26.6).

Fließt eine Flüssigkeit durch ein Rohr, stellt man fest, dass der Druck der Flüssigkeit beim Eintritt in das Rohr größer ist als bei ihrem Austritt. Außerdem ist die Fließgeschwindigkeit in der Mitte des Rohres (radial betrachtet) höher als an der Wandung des Rohres (Abbildung 26.7). Beide Erscheinungen sind die Folge der **Viskosität** oder **Zähigkeit** der Flüssigkeit.

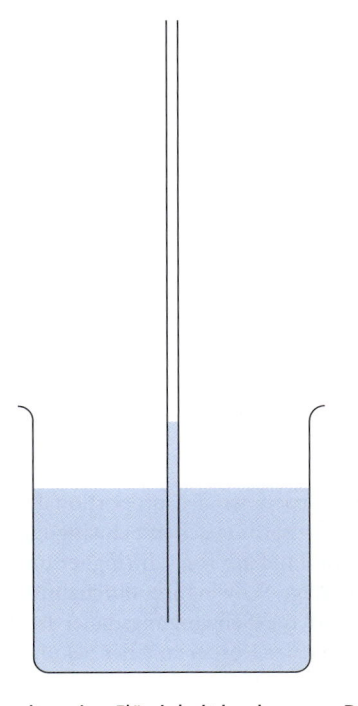

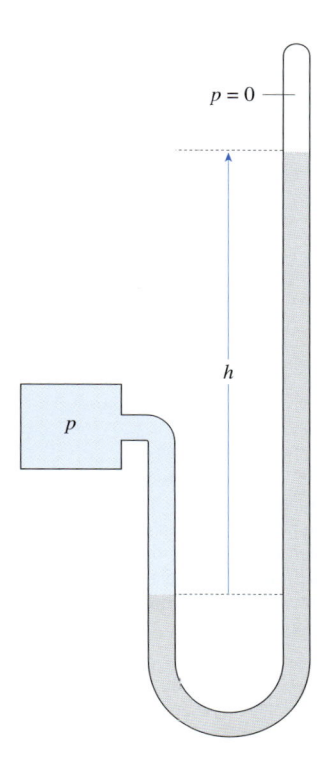

26.4 Geschlossenes Flüssigkeitsmanometer.

Die Wölbung von Flüssigkeitsoberflächen spielt zum Beispiel beim genauen Ablesen von Manometern oder bei der Bestimmung des Füllstandes von Pipetten und Büretten im Laboralltag eine gewisse Rolle.

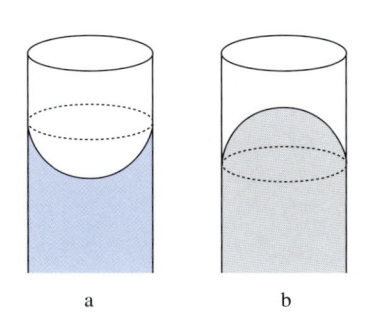

26.5 Konkaver (a) und konvexer (b) Meniskus einer Flüssigkeit im Rohr.

26.6 Kapillarkräfte bewirken, dass eine Flüssigkeit in ein enges Rohr hinein „gesaugt" wird.

Strömungsrichtung

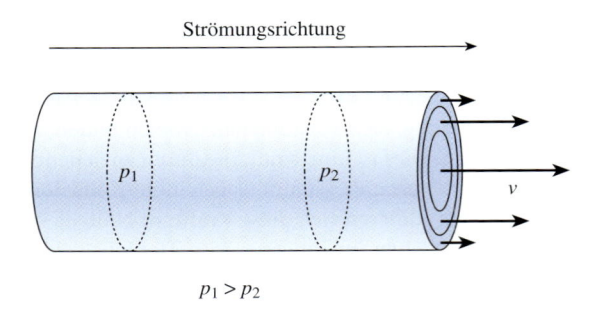

p_1 p_2 v

$p_1 > p_2$

26.7 Druck und Geschwindigkeit von Flüssigkeitsteilchen beim Durchströmen eines Rohres.

Beim Transport flüssiger oder auch gasförmiger Stoffe durch Rohrleitungen in chemischen Anlagen oder Pipelines spielt die Viskosität des Stoffs eine wichtige Rolle für die Transportgeschwindigkeit und den erforderlichen Energieaufwand.

Die Viskosität kommt dadurch zustande, dass beim Fließen einer Flüssigkeit intermolekulare Kräfte überwunden werden müssen, was notwendigerweise Energie erfordert. Die SI-Einheit der Viskosität ist $N \cdot s \cdot m^{-2} = Pa \cdot s$. Eine ältere Einheit ist das *Poise* (P): 1 Pa · s = 10 P.

Viskositäten von Flüssigkeiten nehmen mit steigender Temperatur im Allgemeinen ab, die von Gasen hingegen zu.

26.2 Schwingungen

Schwingungen sind spezielle, periodisch verlaufende Bewegungen. Aus dem täglichen Leben kennen wir das Schwingen eines Ruderboots auf einem bewegten See, das Schwingen einer Gitarrensaite oder die Pendelbewegung bei einer Uhr.

Harmonische Schwingungen Eine besonders wichtige und häufig auftretende Schwingungsform ist die sogenannte harmonische Schwingung. Ein System, das eine solche Schwingung ausführt, wird auch als **harmonischer Oszillator** bezeichnet. Wir wollen dies an einem Beispiel erläutern: Ein Körper der Masse m ist an einer Spiralfeder befestigt. Wird er durch eine Kraft um einen Betrag x aus der Ruhelage ausgelenkt, wirkt auf ihn eine rücktreibende Kraft F_x, die durch das Hookesche Gesetz beschrieben wird. Da die rücktreibende Kraft der Auslenkung x entgegengerichtet ist, wird ein negatives Vorzeichen gesetzt:

$$F_x = -k \cdot x$$

Mit den im vorangegangenen Abschnitt besprochenen Beziehungen ergibt sich:

$$F_x = -k \cdot x = m \cdot a = m \cdot \frac{d^2 x}{dt^2}$$

bzw.

$$a = \frac{d^2 x}{dt^2} = -\frac{k}{m} \cdot x$$

Die Beschleunigung a des Körpers ist also proportional zu seiner Auslenkung x. Dies ist das Charakteristikum einer harmonischen Schwingung. Lenkt man den Körper aus seiner Ruhelage aus und lässt ihn dann los, schwingt er um seine Ruhelage. Die Zeit, die er braucht, um eine vollständige Schwingung durchzuführen, nennt man die **Schwingungsdauer** T. Der Kehrwert der Schwingungsdauer ist die **Frequenz** ν. Dies ist die Anzahl der Schwingungen, die der Körper in einer Sekunde ausführt.

Die Schwingungsdauer wird häufig auch als *Periodendauer* bezeichnet.

$$\nu = \frac{1}{T}$$

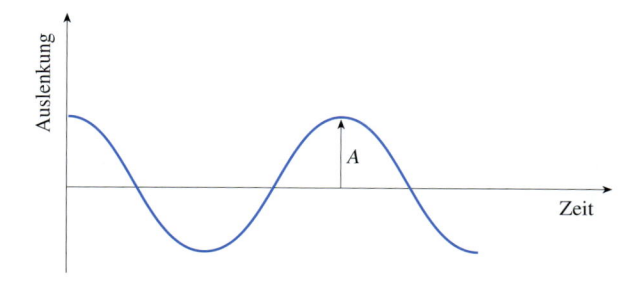

26.8 Die Auslenkung als Funktion der Zeit bei einer harmonischen Schwingung.

Die Einheit der Frequenz ist das *Hertz* (Hz). 1 Hertz ist der Kehrwert einer Sekunde: 1 Hz = 1 s^{-1}.

Stellt man für eine harmonische Schwingung die Auslenkung x als Funktion der Zeit t dar, ergibt sich die in Abbildung 26.8 dargestellte Kurve. Diese Abhängigkeit lässt sich durch folgende Kosinus-Funktion beschreiben:

$$x = A \cdot \cos(\omega \cdot t + \Delta)$$

Hier ist A die sogenannte *Amplitude* der Schwingung. Dies ist die größte Auslenkung des schwingenden Körpers. Das Argument der Kosinus-Funktion wird als *Phase* der Schwingung und die Konstante Δ als *Phasenkonstante* bezeichnet; ω ist die sogenannte **Kreisfrequenz**. Sie hat die Einheit Winkel · s^{-1}, wobei der Winkel im Bogenmaß (360° = $2 \cdot \pi$) angegeben wird.

Energiebilanz einer harmonischen Schwingung Bei einer harmonischen Schwingung wie einem an einer Feder aufgehängten schwingenden Körper wird im Verlaufe der Schwingung kontinuierlich potentielle in kinetische Energie umgewandelt und umgekehrt.

Das *Hertz* als Einheit der Frequenz erinnert an den Physiker Heinrich **Hertz** (1857 – 1894). Er hatte 1886 in Karlsruhe ein Sender/Empfänger-System konstruiert, mit dem sich langwellige elektromagnetische Schwingungen nachweisen ließen. Seine Versuche waren grundlegend für die Entwicklung der Rundfunktechnik.

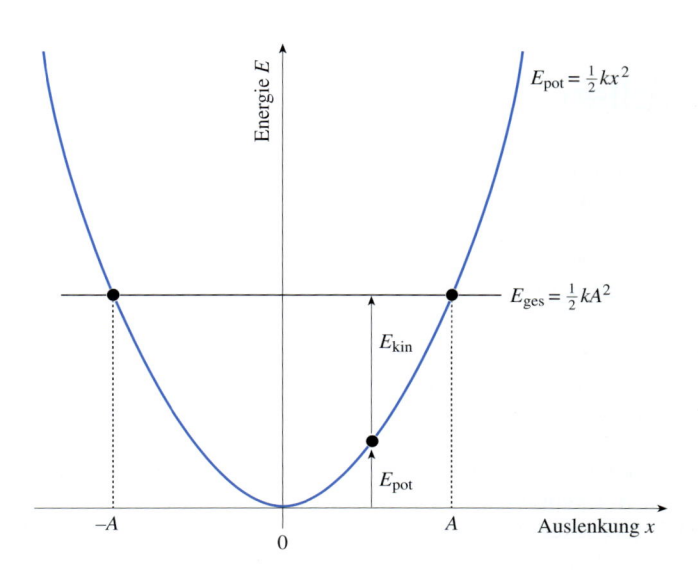

26.9 Verlauf von potentieller und kinetischer Energie bei der harmonischen Schwingung eines Körpers.

Aneinander gebundene Atome befinden sich nicht in Ruhe, sondern führen Schwingungsbewegungen mit ganz charakteristischen Schwingungsfrequenzen aus. Diese Frequenzen liegen im Frequenzbereich von infraroter Strahlung. Moleküle oder Festkörper können also Infrarotstrahlung bestimmter Frequenzen absorbieren, wodurch die Schwingungen angeregt werden. Dieses Phänomen wird bei der Schwingungsspektroskopie (IR-Spektroskopie, Raman-Spektroskopie) zum Nachweis und zur Charakterisierung chemischer Verbindungen genutzt. Aus praktischen Gründen gibt man hier jedoch nicht die Schwingungsfrequenzen, sondern die dazu proportionalen, sogenannten Schwingungswellenzahlen, kurz *Wellenzahlen* $\tilde{v}$, den Kehrwert der in cm gemessenen Wellenlänge, an (Einheit cm^{-1}). Die Schwingungsfrequenz einer Molekülschwingung ist mit der Bindungsstärke und den Massen der gegeneinander schwingenden Atomen verknüpft. Man kann für ein zweiatomiges Molekül folgende Schwingungsgleichung ableiten:

$$\tilde{v} = 1303\sqrt{k\left(\frac{1}{m_1} + \frac{1}{m_2}\right)}$$

Hier ist k die sogenannte Kraftkonstante der jeweiligen Schwingung in der Einheit N·m^{-1}; m_1 und m_2 sind die Massen der gegeneinander schwingenden Atome in atomaren Masseneinheiten. Aus der Wellenzahl des HCl-Moleküls von 2 886 cm^{-1} lässt sich mit dieser Gleichung eine Kraftkonstante von $4{,}73 \cdot 10^2$ N·m^{-1} berechnen.

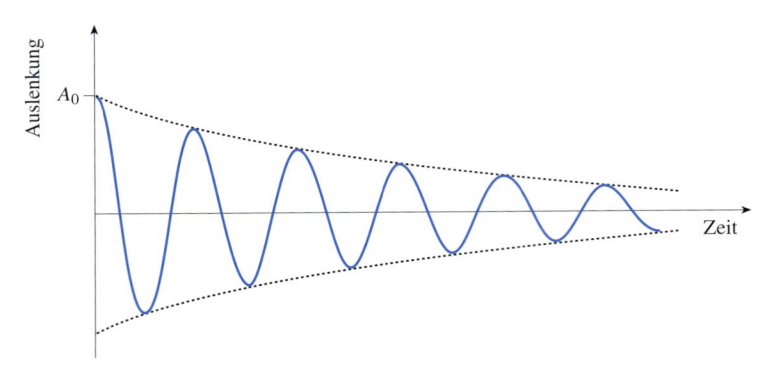

26.10 Zeitlicher Verlauf der Auslenkung bei einer gedämpften Schwingung.

Die Gesamtenergie bleibt dabei konstant. Die potentielle bzw. kinetische Energie werden durch folgende Beziehungen beschrieben:

$$E_{\text{pot}} = \tfrac{1}{2} \cdot k \cdot x^2$$
$$E_{\text{kin}} = \tfrac{1}{2} \cdot m \cdot v^2$$
$$E_{\text{ges}} = E_{\text{pot}} + E_{\text{kin}} = \tfrac{1}{2} \cdot k \cdot x^2 + \tfrac{1}{2} \cdot m \cdot v^2$$

Wenn die Auslenkung x maximal ist ($x = A$), ist die Geschwindigkeit null und die Gesamtenergie ergibt sich zu:

$$E_{\text{ges}} = \tfrac{1}{2} \cdot k \cdot A^2$$

Die Gesamtenergie einer harmonischen Schwingung ist also proportional zum Quadrat der Amplitude.

In Abbildung 26.9 sind die energetischen Verhältnisse bei einer harmonischen Schwingung graphisch dargestellt.

Viele Schwingungen in der Natur sind jedoch keine harmonischen, sondern **gedämpfte Schwingungen**, bei denen die Amplitude und damit die Schwingungsenergie im Laufe der Zeit abnimmt (Abbildung 26.10).

26.3 Wellen

Wenn man einen Stein ins Wasser wirft, gehen von der Einschlagstelle konzentrische Wellen aus, die sich mit fortschreitender Zeit immer weiter nach außen bewegen. Untersucht man diese Bewegung, so findet man, dass die Wasser-Moleküle sich nicht von der Einschlagstelle weg bewegen; sie schwingen um ihre Ruhelage und übertragen lediglich Impuls und Energie auf die benachbarten Moleküle. Dies hat zur Folge, dass sich der Schwingungszustand von einem Ort zum anderen fortbewegt, ohne dass dabei insgesamt Masse transportiert wird. Die einzelnen Wasser-Moleküle beschreiben bei einer solchen Wasserwelle kreisförmige Bahnen (Abbildung 26.11).

Der Abstand zweier Wellenberge wird als Wellenlänge λ bezeichnet (Abbildung 26.12).

Während der Schwingungsdauer T breitet sich die Welle um den Betrag der Wellenlänge λ aus. Die Ausbreitungsgeschwindigkeit v ist durch den Quotienten aus Wellenlänge und Schwingungsdauer gegeben:

$$v = \frac{\lambda}{T} = v \cdot \lambda$$

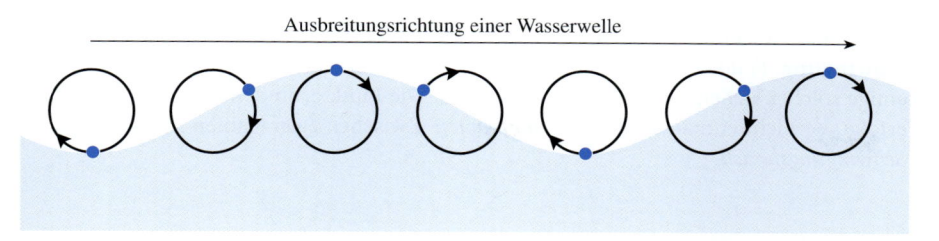

26.11 Ausbreitung einer Wasserwelle und Bewegung einzelner Flüssigkeitsteilchen.

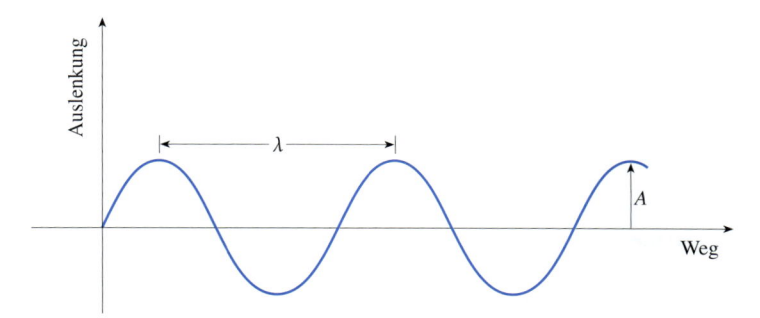

26.12 Wellenlänge einer Schwingung.

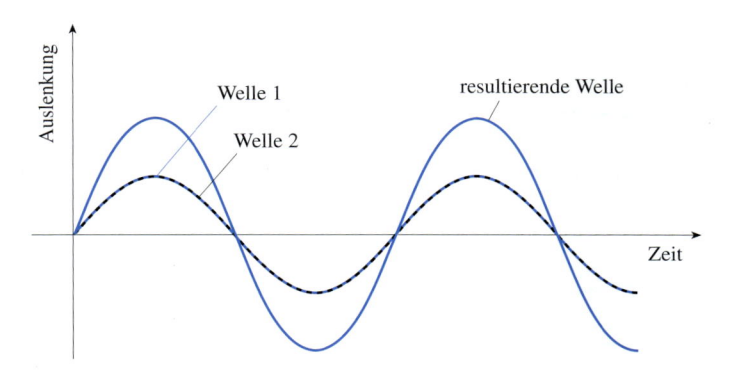

26.13 Die Überlagerung zweier Wellen führt zu einer Verstärkung.

Interferenz Wellen können sich zu einer resultierenden Welle überlagern. Man bezeichnet diese Erscheinung als *Interferenz*. Die Amplitude der durch Interferenz entstandenen Welle ist zu jedem Zeitpunkt gleich der Summe der Amplituden der beiden Wellen, aus denen sie entstanden ist. So können sich zwei Wellen verstärken oder im Extremfall auch auslöschen (Abbildungen 26.13 und 26.14). Man spricht in diesen Fällen auch von *konstruktiver* bzw. *destruktiver Interferenz*. Letztere tritt auf, wenn der **Gangunterschied** der beiden Wellen genau der halben Wellenlänge entspricht.

Stehende Wellen Wenn sich eine Welle räumlich nur begrenzt ausbreiten kann, wie zum Beispiel im Falle einer an beiden Enden eingespannten Saite einer Gitarre, kommt es an den Enden zu Reflexionen. Einlaufende und reflektierte Welle überlagern sich. Bei bestimmten Frequenzen kommt es zur Ausbildung stationärer Schwingungsmuster, die *stehende Wellen* genannt werden. Die Frequenzen, bei denen solche Muster auftreten,

Eine der wichtigsten Methoden zur Bestimmung des Aufbaus chemischer Verbindungen ist die Kristallstrukturanalyse. Röntgenstrahlen – also elektromagnetische Wellen – werden an den Atomen im Kristall gebeugt. Die Interferenz der gebeugten Röntgenstrahlung führt zu Beugungsmustern, aus denen sich der Aufbau der untersuchten Verbindung ableiten lässt. (Genaueres hierzu erläutert ein Exkurs in Abschnitt 8.3.)

nennt man **Resonanzfrequenzen**. Die tiefste dieser Schwingungen wird als **Grundschwingung**, *Fundamentale* oder *erste Harmonische* bezeichnet. In Abbildung 26.15 sind einige solcher stehender Wellen dargestellt. Die Punkte, an denen keine Auslenkung erfolgt, bezeichnet man als *Schwingungsknoten*. Zwischen zwei Knoten befindet sich ein *Schwingungsbauch*.

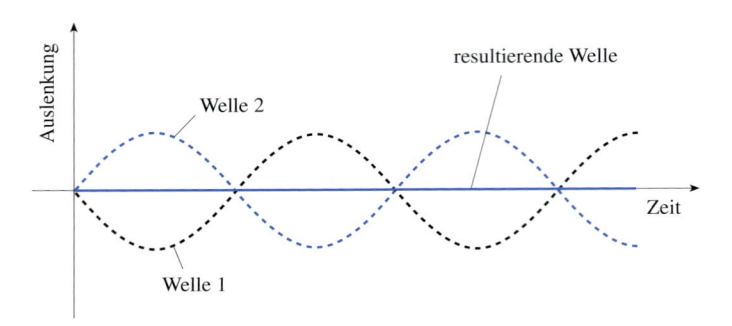

26.14 Die Überlagerung zweier Wellen führt zu einer Auslöschung.

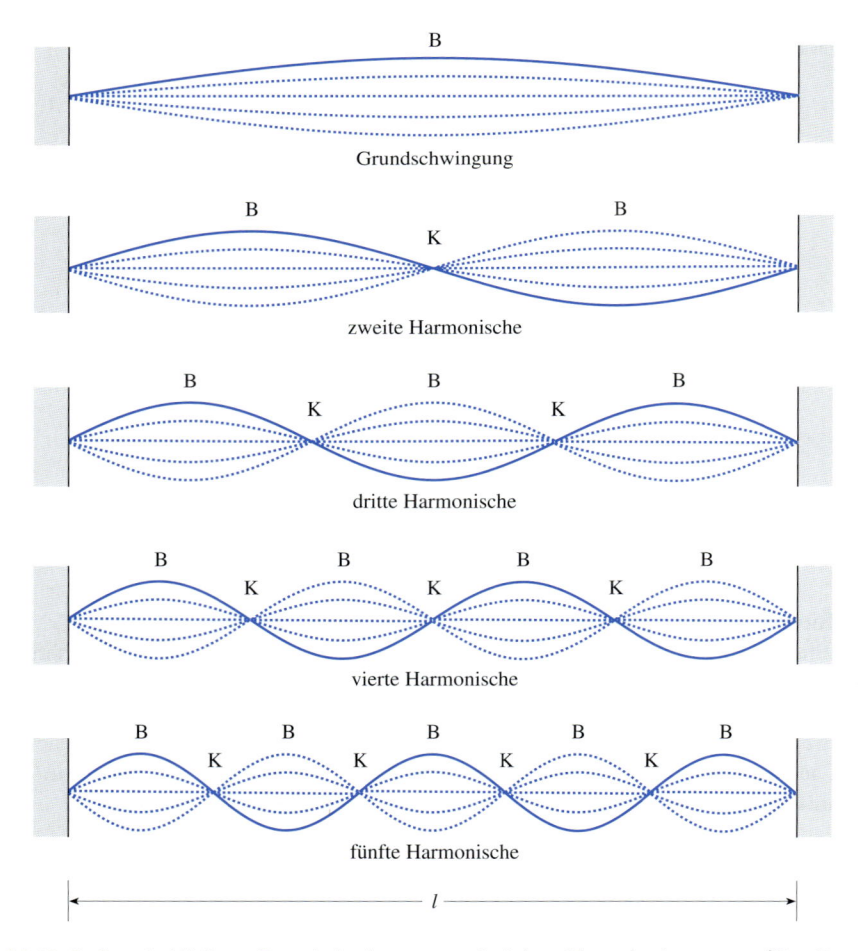

26.15 Stehende Wellen: Grundschwingung und einige Oberschwingungen (K = Knoten, B = Bauch).

26.4 Elektrizität

Elektrische Erscheinungen kennt man seit dem Altertum, eine praktische Nutzung der Elektrizität erfolgt jedoch erst seit dem Ende des 19. Jahrhunderts. Unter *Elektrizität* versteht man sämtliche mit elektrischen Ladungen und elektrischen Strömen verbundenen Phänomene.

Elektrische Ladung Die elektrische Ladung ist wie die Masse eine fundamentale Eigenschaft der Materie. Elektrische Ladungen können zum Beispiel auftreten, wenn elektrisch nicht leitende Materialien aneinander gerieben werden. Man nennt dies auch *Reibungselektrizität*. Elektrische Ladungen können ein positives oder ein negatives Vorzeichen besitzen. Elektrisch geladene *Elementarteilchen* sind die positiv geladenen Protonen und die negativ geladenen Elektronen. Dem Betrage nach stimmen die Ladungen von Protonen und Elektronen genau überein. Man bezeichnet diese Ladung von $1{,}60 \cdot 10^{-19}$ Coulomb (C) (1 C = 1 A · s) auch als die *elektrische Elementarladung e*, denn kleinere Ladungen treten nicht auf. Elektrisch geladene Teilchen üben *elektrostatische Kräfte* aufeinander aus: Gleichsinnig geladene Teilchen stoßen sich ab, ungleichsinnig geladene Teilchen ziehen sich an.

Elektrostatische Kräfte sind der Schlüssel zum Verständnis des Aufbaus der Atome und der chemischen Bindung. Das Coulombsche Gesetz spielt bei der quantitativen Beschreibung von Atombau und chemischer Bindung eine zentrale Rolle.

Das Coulombsche Gesetz Charles Coulomb beschrieb 1785 erstmals die zwischen zwei geladenen Teilchen mit den Ladungen q_1 und q_2 wirkende elektrostatische Kraft F_C in quantitativer Weise. Nach ihm wird diese Kraft als *Coulomb-Kraft* und die entsprechende Gesetzmäßigkeit als Coulombsches Gesetz bezeichnet:

$$F_C = -\frac{1}{4\pi\,\varepsilon_0} \cdot \frac{q_1 \cdot q_2}{d^2}$$

Dabei ist d der Abstand der beiden (punktförmigen) Ladungen und ε_0 ist die sogenannte *Dielektrizitätskonstante des Vakuums* ($\varepsilon_0 = 8{,}854 \cdot 10^{-12}$ C$^2 \cdot$ J$^{-1} \cdot$ m^{-1}).

Das elektrische Feld Man beschreibt die Wirkung eines geladenen Teilchens auf andere geladene Teilchen auch durch den Begriff des elektrischen Feldes E. Man geht dabei von der folgenden Vorstellung aus: Ein punktförmiges, geladenes Teilchen baut um sich herum ein elektrisches Feld auf, unabhängig davon, ob sich in der Umgebung andere geladene Teilchen befinden oder nicht.

Die Stärke des Feldes an einer bestimmten Stelle entspricht der Kraft F, die auf eine sogenannte Probeladung q_0 wirkt. (Als Probeladung stelle man sich ein Teilchen vor, dessen Ladung so klein ist, dass sie das aufgebaute elektrische Feld praktisch nicht beeinflusst.) Definiert wird die **Feldstärke** E durch die folgende Gleichung:

$$E = \frac{F}{q_0}$$

Die Einheit der elektrischen Feldstärke ist 1 N · C^{-1} bzw. 1 V · m^{-1}.

Ein anschauliches Bild von einem elektrischen Feld erhält man durch die Darstellung sogenannter *Feldlinien*. Diese zeigen definitionsgemäß immer von einer positiven Ladung weg. Die Dichte der Feldlinien ist ein Maß für die Stärke eines elektrischen Feldes. In Abbildung 26.16 ist das von einem punktförmigen, positiv geladenen Teilchen aufgebaute elektrische Feld grafisch dargestellt.

Der Verlauf der Feldstärke in elektrischen Feldern kann aber auch ganz anders aussehen. In Abbildung 26.17 ist schematisch das elektrische Feld dargestellt, das von zwei benachbarten, gleich großen positiven Ladungen (26.17a) bzw. einer positiven und einer negativen Ladung (26.17b) aufgebaut wird.

Verlaufen die Feldlinien eines elektrischen Feldes an jedem Ort zueinander parallel und haben sie an jedem Ort die gleiche Feldliniendichte, spricht man von einem *homogenen elektrischen Feld*, anderenfalls von einem *inhomogenen Feld*.

Ein Teilchen mit der Masse m und der Ladung q erfährt in einem elektrischen Feld der Feldstärke E eine Beschleunigung, die durch folgende Gleichung beschrieben wird:

$a = \dfrac{q}{m} \cdot E$

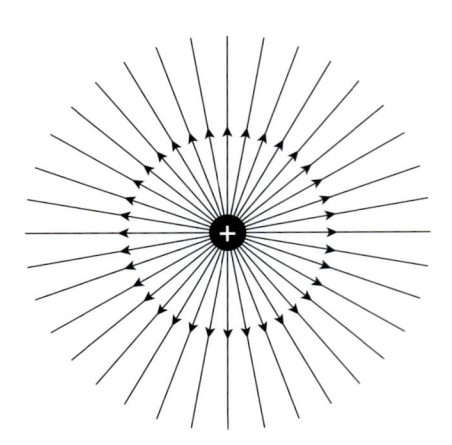

26.16 Elektrisches Feld in der Umgebung einer punktförmigen, positiven Ladung (zweidimensionale Projektion).

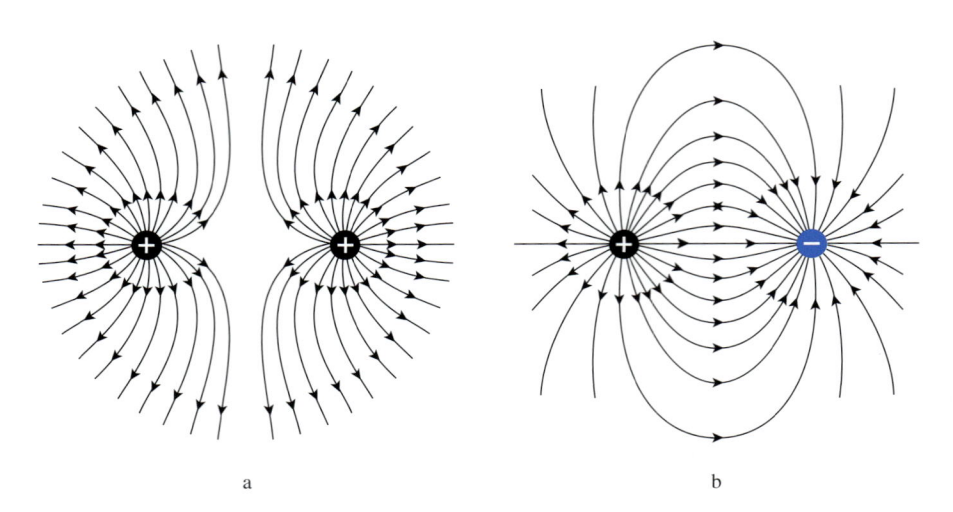

26.17 Elektrisches Feld in der Umgebung zweier benachbarter positiver (a) bzw. positiver und negativer Ladungen (b) (zweidimensionale Projektion).

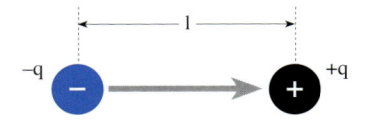

26.18 Darstellung eines Dipols.

Moleküle mit hohen Dipolmomenten üben starke Kräfte aufeinander aus. Das wohl wichtigste Beispiel hierfür ist Wasser. Die Siedetemperatur des Wassers läge bei −90 °C, wenn das Wasser-Molekül keinen Dipolcharakter hätte und keine Wasserstoffbrückenbindungen ausbilden könnte.

Dipole im elektrischen Feld Auch auf neutrale, aber polare Teilchen (z. B. Chlorwasserstoff-Moleküle) üben elektrische Felder eine Wirkung aus. Solche polaren Moleküle orientieren sich im elektrischen Feld parallel zu den Feldlinien.

Charakterisiert wird die Ladungsverteilung polarer Teilchen durch das **Dipolmoment** p. Definiert ist es als Produkt aus Ladung q und Abstand l der Ladungsschwerpunkte (Abbildung 26.18):

$$p = q \cdot l$$

Atome sind stets unpolar: Der Schwerpunkt der negativen Ladung der Elektronenhülle fällt mit dem Atomkern, der die positive Ladung enthält, zusammen. Bringt man Atome oder unpolare Moleküle jedoch in ein elektrisches Feld, fallen die Schwerpunkte von positiver und negativer Ladung nicht mehr zusammen, die Teilchen werden *polarisiert*. Die so entstandene Ladungsverteilung verleiht den Teilchen im elektrischen Feld den Charakter von Dipolen. Ein Dipolmoment, das in einem unpolaren Teilchen durch

Einwirkung eines äußeren elektrischen Feldes entsteht, nennt man ein **induziertes Dipolmoment**.

Das elektrische Potential In den vorangegangenen Abschnitten über Mechanik und über Schwingungen wurde der Begriff der *potentiellen Energie* angesprochen. So besitzt ein Körper der Masse m, der im sich Gravitationsfeld der Erde auf der Höhe h befindet, die potentielle Energie $m \cdot g \cdot h$. Diese wird beim Herabfallen des Körpers in kinetische Energie umgewandelt. In analoger Weise besitzt auch ein geladenes Teilchen, das sich in einem elektrischen Feld befindet, eine potentielle Energie. Das Verhältnis von potentieller Energie zur Ladung wird als *elektrisches Potential* bezeichnet. Die Differenz zweier elektrischer Potentiale (die *Potentialdifferenz*) ist die **elektrische Spannung** U. Ihre Einheit ist das Volt (V). Elektrische Spannungen können auf einfache Weise mit einem Spannungsmessgerät („Voltmeter") gemessen werden.

> Das Produkt aus elektrischer Spannung und Ladung ergibt eine Arbeit. Dementsprechend gilt im SI-System der folgende Zusammenhang zwischen den entsprechenden Einheiten:
>
> $1\,V \cdot 1\,C = 1\,J \Leftrightarrow 1\,V = 1\,J/C$

Der Kondensator Ein Kondensator ist ein elektrisches Bauelement zur Speicherung von elektrischer Ladung und elektrischer Energie. Die einfachste Bauform ist ein sogenannter Plattenkondensator. Er besteht aus parallel zueinander angeordneten, elektrisch leitenden Platten. Verbindet man diese Platten mit dem positiven bzw. dem negativen Pol einer Batterie, so speichern sie Ladung. Zwischen den Kondensatorplatten liegt dann die gleiche Spannung U wie zwischen den Polen der Batterie. Der Quotient aus Ladung und Spannung wird als **Kapazität** C des Kondensators bezeichnet:

$$C = \frac{q}{U}$$

Die Kapazität eines Plattenkondensators ist proportional zur Fläche A der Platten und umgekehrt proportional zum Plattenabstand s. Es gilt die Beziehung:

$$C = \frac{q}{U} = E_0 \cdot \frac{A}{s}$$

Die Einheit der Kapazität ist das *Farad* (F). Handelsübliche Kondensatoren haben Kapazitäten zwischen Picofarad (pF) und einigen hundert Mikrofarad (μF).

Bringt man zwischen die Platten eines geladenen Kondensators einen Isolator, wird das elektrische Feld zwischen den Kondensatorplatten geschwächt. Da die Ladung unverändert bleibt, nimmt die Kapazität des Kondensators zu. Der sich zwischen den Kondensatorplatten befindende Isolator wird als **Dielektrikum** bezeichnet. Das Verhältnis zwischen der Kapazität eines Kondensators mit und ohne Dielektrikum ist die *Dielektrizitätszahl* ε. In einem Dielektrikum, dessen Teilchen ein permanentes Dipolmoment haben, sind die Dipole zufällig orientiert, solange der Kondensator nicht geladen ist. Legt man an die Kondensatorplatten eine elektrische Spannung an, werden die Dipole entlang der Feldlinien zwischen den Kondensatorplatten ausgerichtet. Dabei weist das positive Ende des Dipols auf die negativ geladene Kondensatorplatte hin und umgekehrt. Man spricht von einer *Orientierungspolarisation*. Auf diese Weise bauen die polaren Moleküle des Dielektrikums ein elektrisches Feld zwischen den Kondensatorplatten auf, das dem äußeren elektrischen Feld entgegen gerichtet ist. Das elektrische Feld zwischen den Platten wird dadurch geschwächt und die Kapazität steigt an. Besteht das Dielektrikum aus einem unpolaren Stoff, wird durch das elektrische Feld des Kondensators ein induziertes Dipolmoment bewirkt, was gleichfalls eine Orientierung dieser induzierten Dipole im elektrischen Feld des Kondensators und eine Schwächung des elektrischen Feldes zur Folge hat.

Strom, Spannung und Widerstand Ein elektrischer Strom ist nichts anderes als die Bewegung von elektrisch geladenen Teilchen. In der Regel denkt man zunächst an einen Draht, in dem sich Elektronen bewegen. Ein elektrischer Leiter ist jedoch keineswegs notwendige Voraussetzung für einen Stromfluss. So emittiert beispielsweise die

Glühkathode in der Bildröhre eines Fernsehgerätes Elektronen, die durch eine hohe elektrische Spannung zum Bildschirm hin beschleunigt werden und dort eine Leuchterscheinung bewirken. Es fließt also auch hier ein Strom. Auch Ionen – Kationen wie Anionen – können einen Stromfluss bewirken. Die Stärke eines elektrischen Stroms, die **Stromstärke** I, entspricht der pro Zeiteinheit bewegten elektrischen Ladung. Definiert wird sie als Quotient aus Ladung und Zeit:

$$I = \frac{q}{t}$$

Die SI-Einheit der Stromstärke ist das *Ampere* (A).

$$1\,\text{A} = 1\,\frac{\text{C}}{\text{s}}$$

Experimentell findet man, dass beim Anlegen einer Spannung an die Enden eines elektrischen Leiters die Stromstärke des fließenden Stroms proportional zur angelegten Spannung ist. Den Proportionalitätsfaktor bezeichnet man als den elektrischen Widerstand R. Diesen Zusammenhang zwischen Spannung, Strom und Widerstand nennt man das **Ohmsche Gesetz**:

$$U = R \cdot I \Leftrightarrow R = \frac{U}{I}$$

Die SI-Einheit des elektrischen Widerstands ist das *Ohm* (Ω):

$$1\,\Omega = 1\,\frac{\text{V}}{\text{A}}$$

Der Widerstand ist die Ursache dafür, dass bei der Übertragung von Energie durch einen elektrischen Leiter Verluste auftreten: Ein Teil der elektrischen Energie wird in Wärme umgewandelt.

Der Kehrwert des elektrischen Widerstands ist der sogenannte **Leitwert** G:

$$R = \frac{1}{G}$$

Seine Einheit ist das *Siemens* (S): $1\,\text{S} = 1\,\Omega^{-1}$.

Einige Stoffe haben die Eigenschaft, bei Temperaturen nahe dem absoluten Nullpunkt ihren elektrischen Widerstand vollständig zu verlieren. Man nennt diese Eigenschaft **Supraleitung**. Der erste Stoff, an dem dieses Phänomen entdeckt wurde, war Quecksilber. In einem Supraleiter kann elektrische Energie verlustfrei transportiert

Der Widerstand eines elektrischen Leiters ist eine stoffliche Eigenart des Leitermaterials und er ist proportional zu seiner Länge und umgekehrt proportional zu seinem Querschnitt:

$$R = \frac{\varrho \cdot l}{A}$$

Die Konstante ϱ wird als *spezifischer Widerstand* bezeichnet. Seine Einheit ist $\Omega \cdot \text{m}$.

Der Leitwert von Wasser hängt maßgeblich von Art und Konzentration der im Wasser enthaltenen Ionen ab. Reines (entmineralisiertes oder auch destilliertes) Wasser hat einen äußerst geringen Leitwert. Der *spezifische Leitwert* von entmineralisiertem Wasser liegt unterhalb von etwa $10\,\mu\text{S}\cdot\text{cm}^{-1}$. Höhere Werte weisen auf einen gewissen Gehalt an gelösten ionischen Verbindungen hin. Die Messung des spezifischen Leitwerts von entmineralisiertem Wasser dient im Labor zur Kontrolle seiner Reinheit. Trinkwasser hat meist Leitwerte um $600\,\mu\text{S}\cdot\text{cm}^{-1}$ (Grenzwert: $2\,000\,\mu\text{S}\cdot\text{cm}^{-1}$).

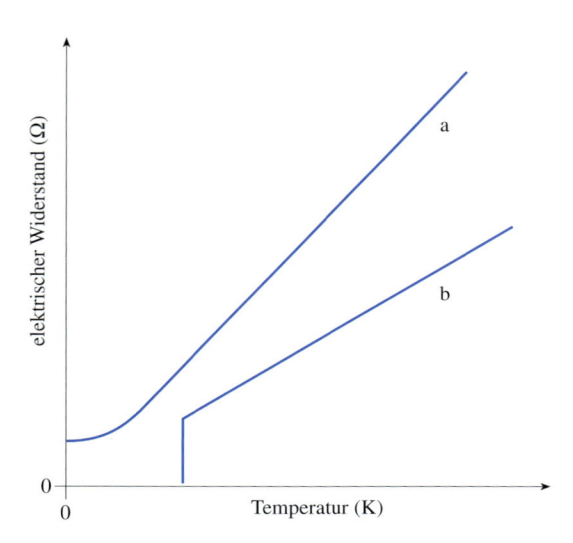

26.19 Temperaturabhängigkeit des elektrischen Widerstands bei einem „normalen" elektrischen Leiter (a) und einem Supraleiter (b).

werden. Abbildung 26.19 zeigt schematisch die Abhängigkeit des Widerstands von der Temperatur für einen ohmschen Leiter und einen Supraleiter.

26.5 Optik

Licht wird vom Menschen als eine besondere Erscheinung wahrgenommen, denn wir können es mit unserem Sinnesorgan Auge erfassen. In Wirklichkeit ist *sichtbares Licht* jedoch nur ein kleiner Ausschnitt aus dem breiten Spektrum gleichartiger Strahlung, der sogenannten **elektromagnetischen Strahlung**. Abbildung 26.20 gibt einen Überblick über die verschiedenen Formen elektromagnetischer Strahlung, ihre Wellenlängen und Frequenzen. Elektromagnetische Strahlung beruht auf der wellenförmigen Änderung elektrischer und magnetischer Größen. (Ihre exakte mathematische Beschreibung ist kompliziert und soll hier nicht erläutert werden.)

In der Vergangenheit hat es einen heftigen Streit darüber gegeben, ob Licht als Welle oder als ein Strom sehr kleiner Teilchen, sogenannter **Photonen**, angesehen werden muss. Heute wird dem Licht (und elektromagnetischen Wellen anderer Frequenzen)

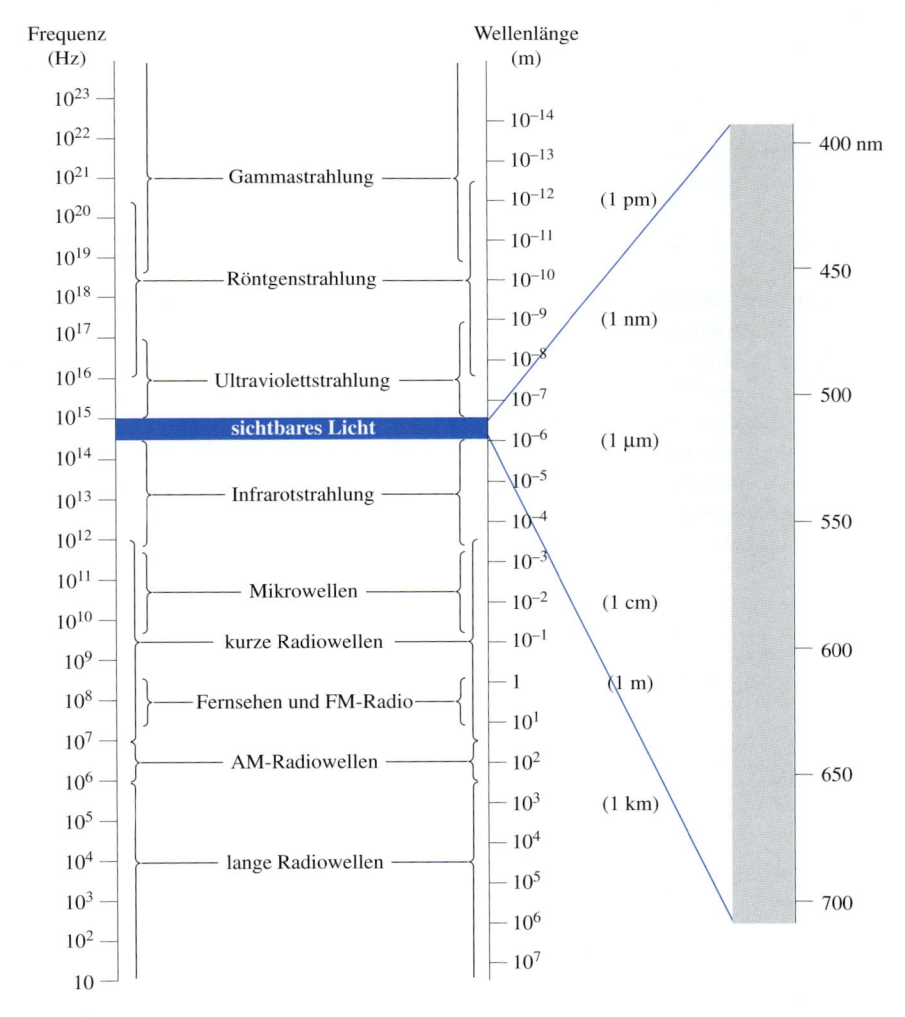

26.20 Übersicht über das elektromagnetische Spektrum.

ein *dualer Charakter* zugeschrieben: Man kann Licht als elektromagnetische Welle oder auch als Strom von Photonen ansehen; nur so kann man alle Eigenschaften und Wirkungen von Licht verstehen. Die Energie E der Photonen hängt unmittelbar mit der Frequenz ν des Lichts zusammen:

$$E = h \cdot \nu$$

Der Proportionalitätsfaktor h ist das sogenannte Plancksche Wirkungsquantum ($h = 6{,}626 \cdot 10^{-34}$ J $\cdot$ s).

Bei der Behandlung des Baus der Atome in Kapitel 2 haben wir gesehen, dass ein sich bewegendes Elektron, das wir zunächst als kleines geladenen Teilchen kennengelernt haben, auch als Welle beschrieben werden kann. (Für die Wellenlänge gilt die de Broglie-Beziehung $\lambda = h/p$.) All dies zeigt, dass die physikalische Beschreibung makroskopischer Körper nicht ohne weiteres auf die Welt atomarer und subatomarer „Teilchen" und Erscheinungen übertragen werden kann.

Licht breitet sich geradlinig und mit sehr hoher Geschwindigkeit, der Lichtgeschwindigkeit c, aus.

$$c = 299\,792\,458 \text{ m} \cdot \text{s}^{-1}$$

Trotz der unvorstellbar großen Geschwindigkeit von etwa 300 000 km $\cdot$ s^{-1} braucht das Licht der Sonne etwa acht Minuten, bis es die Erde erreicht.

Die Lichtgeschwindigkeit verknüpft die Wellenlänge (λ) und die Frequenz (ν) elektromagnetischer Strahlung durch folgende einfache Beziehung miteinander:

$$c = \nu \cdot \lambda$$

Der angegebene Zahlenwert der Lichtgeschwindigkeit gilt jedoch nur dann, wenn sich Licht im Vakuum ausbreitet. In einem Medium wie Luft, Wasser oder Glas ist seine Geschwindigkeit geringer. Das Verhältnis aus Lichtgeschwindigkeit im Vakuum und Lichtgeschwindigkeit c_m in einem Medium wird **Brechzahl** n genannt:

$$n = \frac{c}{c_m}$$

Reflexion und Brechung Bei der Besprechung stehender Wellen im vorangegangenen Abschnitt wurde bereits erläutert, dass Wellen reflektiert werden können. Dies gilt auch für Licht (und andere elektromagnetische Wellen): Trifft ein Lichtstrahl auf die Grenzfläche zweier Medien, zum Beispiel von Luft auf Glas, so wird ein Teil des Lichts zurückgeworfen, ein anderer Teil tritt in das Glas ein (Abbildung 26.21). In beiden Fällen ändert der Lichtstrahl dabei seine Richtung. Man nennt diese beiden Erscheinungen *Reflexion* bzw. *Brechung*. Das Verhältnis der Intensitäten des reflektierten und gebrochenen Anteils hängt wesentlich vom Einfallswinkel θ_1 (theta) ab. Je kleiner dieser Winkel ist, umso weniger wird reflektiert.

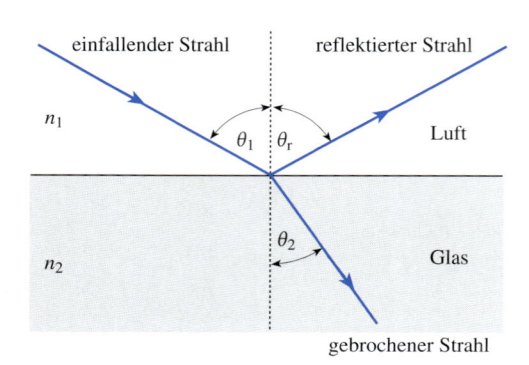

26.21 Reflexion und Brechung eines Lichtstrahls.

26.5 Optik

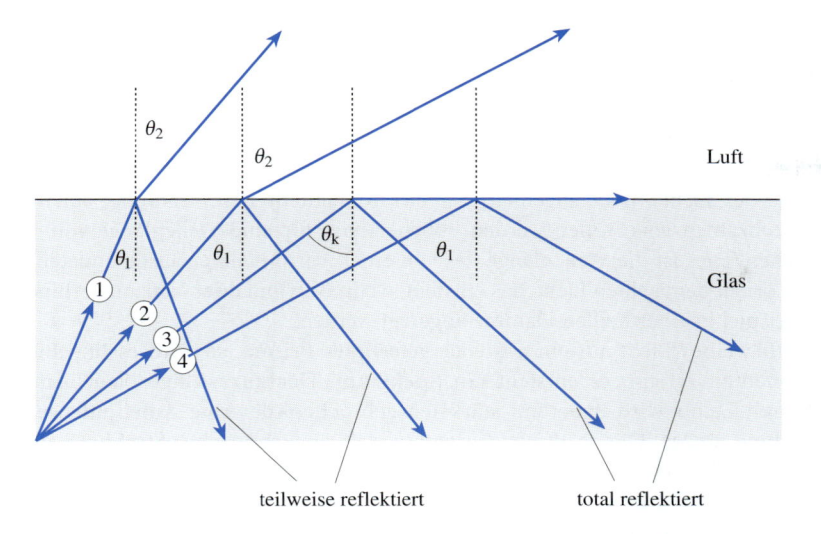

26.22 Brechung, Reflexion und Totalreflexion von Lichtstrahlen.

Brechzahlen einiger Stoffe für $\lambda = 589$ nm

Festkörper
Diamant	2,417
Eis	1,309
Calciumfluorid	1,434
Natriumchlorid	1,544
α-Quarz	1,544
Zirkon (ZrSiO$_4$)	1,923

Gläser
Borat-Flintglas	1,565
Quarzglas	1,458
Silicat-Flintglas	1,612
Silicat-Kronglas	1,503

Flüssigkeiten (20 °C)
Benzol	1,501
Toluol	1,496
Methanol	1,329
Ethanol	1,36
Glycerin	1,473
Kohlenstoffdisulfid	1,628
Tetrachlormethan	1,460
Wasser	1,333

Der Reflexionswinkel gehorcht einem sehr einfachen **Reflexionsgesetz**: *Der Einfallswinkel ist gleich dem Ausfallswinkel*:

$$\theta_1 = \theta_r$$

Die Winkel werden jeweils zwischen der Senkrechten auf die Grenzfläche am Einfallspunkt und dem einfallenden bzw. reflektierten Lichtstrahl gebildet. Einfallender und reflektierter Strahl liegen in einer Ebene. Dieses Reflexionsgesetz gilt auch für elektromagnetische Wellen in anderen Wellenlängenbereichen.

Auch die *Brechung* folgt einem einfachen Gesetz, dem **Gesetz von Snellius**, in das allerdings – anders als beim Reflexionsgesetz – mit den Brechzahlen der Medien stoffliche Eigenschaften eingehen:

$$n_1 \sin\theta_1 = n_2 \sin\theta_2$$

In Abbildung 26.21 tritt der Lichtstrahl aus dem Medium mit der geringeren Brechzahl, dem *optisch dünneren Medium*, (Luft, n_1 ist fast genau 1) in das *optisch dichtere Medium* (Glas, n_2 ist z. B. 1,5) ein. Die Brechung erfolgt hin zur Senkrechten an der Auftreffstelle ($\theta_2 < \theta_1$). Tritt ein Lichtstrahl umgekehrt vom optisch dichteren in das optisch dünnere Medium ein, wird der Strahl von der Senkrechten weg gebrochen. Dies ist in Abbildung 26.22 am Verlauf einiger Lichtstrahlen dargestellt. Beispielsweise wird den von Lichtstrahlen 1 und 2 ein Teil gebrochen und ein anderer Teil reflektiert. Beim Lichtstrahl 3 würde sich der gebrochene Strahl genau entlang der Glasoberfläche bewegen ($\theta_2 = 90°$). Man bezeichnet den Einfallswinkel dieses Strahls als den *kritischen* Einfallswinkel θ_k. Wird der Einfallswinkel größer als θ_k, kann der Lichtstrahl nicht mehr aus dem Glas austreten, er wird vollständig reflektiert. Man spricht dann von einer Totalreflexion. Mit $\theta_2 = 90°$ ergibt sich aus dem Gesetz von Snellius die folgende Beziehung für den kritischen Einfallswinkel:

$$\sin\theta_k = \frac{n_2}{n_1}$$

Man nutzt die Erscheinung der Totalreflexion, um Licht auch an schwer erreichbare Stellen zu leiten. Dies geschieht mithilfe von Glasfasern. Ist eine Glasfaser nicht allzu stark gekrümmt, wird ein an einer Stirnfläche der Glasfaser eintretender Lichtstrahl viele Male total reflektiert, bevor er am anderen Ende wieder austritt. Angewendet wird dieser Effekt beispielsweise in der Medizin bei endoskopischen Untersuchungen, um das Innere des Körpers auszuleuchten und sichtbar zu machen. Die schnelle Datenübertra-

Snellius, eigentlich *Willebrord Snel (Snell) van Royen*, niederländischer Mathematiker und Physiker, 1580–1626; Professor in Leiden.

Der Brechungsindex einer Flüssigkeit ist mit einem *Refraktometer* einfach und schnell zu bestimmen. Seine Bestimmung dient zur Identifizierung und Reinheitskontrolle insbesondere organischer Verbindungen.

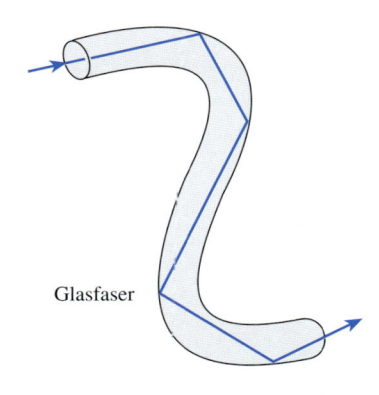

26.23 Totalreflexion eines Lichtstrahls in einer Glasfaser.

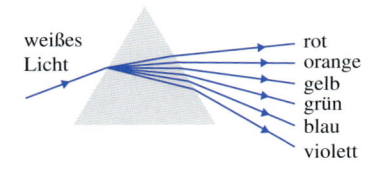

26.24 Dispersion: Weißes Licht wird durch ein Prisma in seine Bestandteile zerlegt

gung mit Hilfe sogenannter *Lichtwellenleiter* ist ein weiteres modernes Anwendungsbeispiel der Totalreflexion; hier wird Licht anstelle von Strom als Träger der Information genutzt (Abbildung 26.23).

Dispersion Bisher blieb unerwähnt, dass die Brechzahl eines Stoffs von der Wellenlänge des Lichts, oder allgemein der elektromagnetischen Strahlung, abhängig ist. Die Brechzahlen von Stoffen werden üblicherweise für eine Wellenlänge von 589 nm angegeben. Dies ist die Wellenlänge des von einer *Natriumlampe* ausgesendeten Lichts. Sie entspricht dem gelben Licht, das entsteht, wenn Natrium oder Natriumverbindungen zum Beispiel in einer heißen Flamme angeregt werden.

Trifft weißes Licht auf ein aus Glas gefertigtes Prisma, so wird es in seine Farbkomponenten zerlegt, es entsteht ein **Spektrum**. Der kurzwellige blaue Anteil des sichtbaren Lichts wird dabei am stärksten gebrochen, der rote Anteil am wenigsten (Abbildung 26.24). Die spektrale Zerlegung elektromagnetischer Strahlung spielt bei zahlreichen Untersuchungsmethoden in der Chemie eine ganz wichtige Rolle. Setzt man chemische Verbindungen elektromagnetischer Strahlung bestimmter Wellenlängenbereiche aus, können Rotationen, Schwingungen oder Elektronenübergänge angeregt werden. Welche Wellenlängen eine solche Anregung bewirkt haben, wird dann deutlich, wenn man das Spektrum der verwendeten Strahlung mit dem vergleicht, das nach Durchstrahlen der untersuchten Probe gemessen wird. Auf diese Weise ergeben sich wichtige Aussagen zum Aufbau chemischer Verbindungen.

Kenntnisse der Mathematik sind für jede Naturwissenschaft unerlässlich. Wir wollen in diesem Kapitel an einige wenige wichtige Grundlagen, Rechenregeln und Funktionen erinnern, die für das Verständnis grundlegender Zusammenhänge in der Chemie und für die Lösung mancher Übungsaufgaben benötigt werden.

Anhang B: Mathematische Grundlagen

27

Kapitelübersicht

27.1 Rechnen mit Potenzen und Wurzeln

27.2 Logarithmen

27.3 Funktionen und ihre grafische Darstellung

27.4 Algebraische Gleichungen

27.1 Rechnen mit Potenzen und Wurzeln

Viele Größen, die in den Naturwissenschaften von Bedeutung sind, ergeben mit den üblichen Einheiten schlecht überschaubare Zahlenwerte, wenn der Zahlenwert als Dezimalzahl dargestellt wird. Manche sind sehr klein, wie zum Beispiel bei der Angabe der Masse der Atome oder der Ladung von Elementarteilchen (*Beispiel*: Masse eines Protons m_p = 0,000 000 000 000 000 000 000 001 672 g). Andere wiederum sind sehr groß, wie die Geschwindigkeit des Lichts oder der Abstand der Gestirne (*Beispiel*: Lichtgeschwindigkeit im Vakuum c = 299 792 458 m · s^{-1}). In solchen Fällen verwendet man überwiegend die **Exponentialschreibweise**. Dabei wird die Zahl 10 üblicherweise als *Basis* mit einem ganzzahligen *Exponenten* versehen und als Faktor hinter eine „überschaubare" Dezimalzahl gesetzt:

$$25\,400\,000 = 2{,}54 \cdot 10 \cdot 10 \cdot 10 \cdot 10 \cdot 10 \cdot 10 \cdot 10 = 2{,}54 \cdot 10^7$$

$$2{,}54 \cdot 10^7 = 25{,}4 \cdot 10^6 = 254 \cdot 10^5 = 2540 \cdot 10^4 = \ldots = 2\,540\,000 \cdot 10^1 = 25\,400\,000$$

Dezimalzahlen und ihre Exponentialdarstellung
9 834 = 9,834 · 10^3
488 = 4,88 · 10^2
56 (= 5,6 · 10^1)
3,2 (= 3,2 · 10^0 = 3,2 · 1)
0,17 = 1,7 · 10^{-1}
0,068 = 6,8 · 10^{-2}
0,0043 = 4,3 · 10^{-3}

Der Exponent gibt also an, wie oft man die vorangestellte Dezimalzahl mit 10 multiplizieren muss, um zu der darzustellenden Zahl zu gelangen. Jede Multiplikation einer Zahl mit 10 verschiebt das Dezimalkomma um eine Stelle nach rechts, jede Division durch 10 um eine Stelle nach links:

$$1{,}5 \cdot 10 = 15 = 1{,}5 \cdot 10^1$$
$$15 \cdot 10 = 150 = 1{,}5 \cdot 10^2$$
$$150 \cdot 10 = 1500 = 1{,}5 \cdot 10^3$$

Auch bei Zahlen, die kleiner als eins sind, wird die Exponentialschreibweise angewendet:

$$0{,}0041 = \frac{4{,}1}{10 \cdot 10 \cdot 10} = \frac{4{,}1}{1000} = \frac{4{,}1}{10^3} = 4{,}1 \cdot 10^{-3}$$

Jede Zahl x kann also in der Exponentialschreibweise in folgender Weise dargestellt werden:

$$x = a \cdot 10^{\pm n}$$

Dabei ist a in der Regel eine Zahl zwischen 1 und 10, n ist eine natürliche Zahl.

In Computerprotokollen werden Exponentialzahlen jedoch in anderer Weise dargestellt:

2.6E6 oder 2.6E006 $\cong$ 2,6 · 10^6

1.4E-4 oder 1.4E-004 $\cong$ 1,4 · 10^{-4}

Das Potenzieren einer beliebigen Basis a (a ≠ 0) mit null ergibt immer eins:
$a^0 = 1$

Multiplikation und Division Zwei in der Exponentialschreibweise bei gleicher Basis (im Allgemeinen 10) dargestellte Zahlen werden multipliziert, indem man die vorangestellten Zahlen miteinander multipliziert und die Exponenten addiert:

$$2{,}3 \cdot 10^5 \cdot 2 \cdot 10^3 = 2{,}3 \cdot 2 \cdot 10^{5+3} = 4{,}6 \cdot 10^8$$

Allgemein gilt:

$$a \cdot 10^m \cdot b \cdot 10^n = a \cdot b \cdot 10^{m+n}$$

Zwei in der Exponentialschreibweise bei gleicher Basis dargestellte Zahlen werden durcheinander dividiert, indem man die vorangestellten Zahlen durcheinander dividiert und die Exponenten voneinander subtrahiert:

$$\frac{2{,}3 \cdot 10^5}{2 \cdot 10^3} = \frac{2{,}3}{2} \cdot 10^{5-3} = 1{,}15 \cdot 10^2 = 115$$

Allgemein gilt:

$$\frac{a \cdot 10^m}{b \cdot 10^n} = \frac{a}{b} \cdot 10^{m-n}$$

Addition und Subtraktion Um Zahlen in Exponentialdarstellung zu addieren oder subtrahieren, formt man so um, dass sie denselben Exponenten haben:

$$1{,}3 \cdot 10^3 + 2{,}4 \cdot 10^4 = 1{,}3 \cdot 10^3 + 24 \cdot 10^3 = (1{,}3 + 24) \cdot 10^3 = 25{,}3 \cdot 10^3 = 2{,}53 \cdot 10^4$$

Potenzieren und Wurzelziehen von Exponentialzahlen Eine in der Exponentialschreibweise dargestellte Zahl wird potenziert, indem man den Vorfaktor potenziert und den Exponenten mit der Potenz multipliziert:

$$(3 \cdot 10^3)^2 = 3^2 \cdot 10^{3 \cdot 2} = 3 \cdot 3 \cdot 10^6 = 9 \cdot 10^6$$

Allgemein gilt:

$$(a \cdot 10^n)^m = a^m \cdot 10^{n \cdot m}$$

Um die Quadratwurzel aus einer Exponentialzahl zu ziehen, zieht man die Wurzel aus dem Vorfaktor und dividiert den Exponenten durch 2:

$$\sqrt{4 \cdot 10^6} = \sqrt{4} \cdot 10^{6/2} = 2 \cdot 10^3$$

Ist der Exponent eine ungerade Zahl, muss zuvor umgeformt werden, wenn der Exponent ganzzahlig bleiben soll:

$$\sqrt{4 \cdot 10^7} = \sqrt{40 \cdot 10^6} = 6{,}325 \cdot 10^3$$

Exponentialfunktionen Eine Funktion der Form $y = a^x$ nennt man eine Exponentialfunktion; a kann dabei eine beliebige positive Zahl sein. In unserem Dezimalsystem spielt naturgemäß die Basis 10 eine besondere Rolle. Bei vielen Naturgesetzen, wie zum Beispiel dem Zeitgesetz für den radioaktiven Zerfall, ist eine andere Zahl als Basis von weitaus größerer Bedeutung: die Zahl **e** (e = 2,718 281 828…). Die spezielle Exponentialfunktion $y = e^x$ beschreibt eine Vielzahl von Zusammenhängen in den Naturwissenschaften.

Der Exponent einer Zahl kann auch ein Bruch sein. Versieht man eine Zahl a mit einem Exponenten 1/n, wobei n eine ganze Zahl ist, spricht man auch von der n-ten Wurzel aus a:

$$a^{1/n} = \sqrt[n]{a}.$$

Für den speziellen Fall mit n = 2 vereinfacht man meist die Schreibweise, indem man die Angabe „2" beim Wurzelzeichen fortlässt.

$$9^{1/2} = \sqrt[2]{9} = \sqrt{9} = 3$$

Mit dem Taschenrechner lassen sich beliebige Wurzeln und Potenzen mit der Funktionstaste x^y berechnen.

27.2 Logarithmen

Mathematisch betrachtet ist der Logarithmus einer Zahl b der Exponent x, mit dem die Basis a (a > 0) potenziert werden muss, um die Zahl b zu erhalten:

$$a^x = b \Leftrightarrow \log_a b = x$$

Für die häufig verwendeten Logarithmen zur Basis 10 schreibt man in der Regel kurz lg statt $\log_{10}$. Logarithmen zur Basis 10 werden auch als *dekadische Logarithmen* bezeichnet.

Der Exponent x muss nicht ganzzahlig sein, jeder beliebige Dezimalbruch ist ebenso möglich:

$$43 = 10^x \quad x = \lg 43 = 1{,}6335$$
$$0{,}0156 = 10^x \quad x = \lg 0{,}0156 = -1{,}8069$$

Die Berechnung von Logarithmen erfolgt heute üblicherweise mithilfe eines Taschenrechners.

Eine logarithmische Zahlendarstellung wird auch bei der grafischen Darstellung bestimmter Zusammenhänge verwendet. Abbildung 27.1 zeigt die Darstellung des Dampfdrucks von flüssigem Wasser zwischen der Schmelztemperatur und der kritischen Temperatur als Funktion der Temperatur. Man erkennt, dass es bei dieser Darstellung erst oberhalb einer Temperatur von etwa 400 K möglich ist, den Dampfdruck einigermaßen genau abzulesen. Trägt man hingegen den (dekadischen) Logarithmus vom

$10^x = 100 \quad x = \lg 100 = 2$
$10^x = 10 \quad x = \lg 10 = 1$
$10^x = 1 \quad x = \lg 1 = 0$
$10^x = 0{,}1 \quad x = \lg 0{,}1 = -1$
$10^x = 0{,}01 \quad x = \lg 0{,}01 = -2$

Allgemein gilt:

$b = 10^x \Leftrightarrow \lg b = x$

27.1 Dampfdruck p von flüssigem Wasser als Funktion der Temperatur T.

27.2 Dampfdruck p von flüssigem Wasser als Funktion der Temperatur T in logarithmischer Darstellung.

Zahlensysteme Die Zahl 10 als Basis bei der Darstellung von Dezimalzahlen ist die Grundlage des von uns üblicherweise verwendeten Dezimalsystems. Ein Beispiel macht dies deutlich:

$4\,067 = 4 \cdot 10^3 + 0 \cdot 10^2 + 6 \cdot 10^1 + 7 \cdot 10^0$
$= 4\,000 + 0 + 60 + 7 = 4\,067$

Zur Darstellung einer beliebigen (ganzen) Zahl werden im Dezimalsystem 10 Ziffern (0…9) benötigt.
Im Prinzip kann man zur Darstellung von Zahlen jedoch auch jede beliebige andere positive Zahl als Basis verwenden. Heute, im Zeitalter digitaler Datenverarbeitung, spielt die Basis 2 eine besondere Rolle. Das hierauf basierende Zahlensystem wird als *Binärsystem* oder *Dualsystem* bezeichnet. In diesem System übernehmen die (ganzzahligen) Potenzen von zwei die Rolle der Potenzen von zehn im Dezimalsystem. Ein Beispiel verdeutlicht dies:

$22 = 1 \cdot 2^4 + 0 \cdot 2^3 + 1 \cdot 2^2 + 1 \cdot 2^1 + 0 \cdot 2^0$
$= 1 \cdot 16 + 0 \cdot 8 + 1 \cdot 4 + 1 \cdot 2 + 0 \cdot 1$
$\triangleq 10\,110$

Die Darstellung der Dezimalzahl 22 erfordert im Dualsystem fünf Ziffern. Die Darstellung einer Zahl ist im Dualsystem also länger als im Dezimalsystem, man kommt allerdings mit nur zwei Ziffern (0 und 1) aus, um eine (ganze) Zahl darzustellen.

Zahlenwert des Dampfdrucks gegen die Temperatur auf, gelingt dies problemlos auch für niedrigere Temperaturen (Abbildung 27.2). Bei dieser Art der Auftragung ist es also möglich, Funktionswerte, die einen Bereich von mehreren Zehnerpotenzen umfassen, übersichtlich darzustellen. Zu beachten ist, dass ein Unterschied von einer Einheit auf der y-Achse jeweils einen Druckunterschied von einer Zehnerpotenz entspricht.

Der natürliche Logarithmus Von besonderer Bedeutung ist der sogenannte *natürliche Logarithmus* (*Logarithmus naturalis*, abgekürzt ln). Ihm liegt als Basis die Zahl $e = 2{,}718281828\ldots$ zu Grunde.

$10 = e^x \qquad x = \ln 10 = 2{,}3026$

$43 = e^x \qquad x = \ln 43 = 3{,}7612$

$0{,}0156 = e^x \qquad x = \ln 0{,}0156 = -4{,}16048$

Dekadische und natürliche Logarithmen stehen in einem einfachen Zusammenhang:

$\lg a = \ln a / \ln 10 \Leftrightarrow \ln a = \lg a \cdot \ln 10$

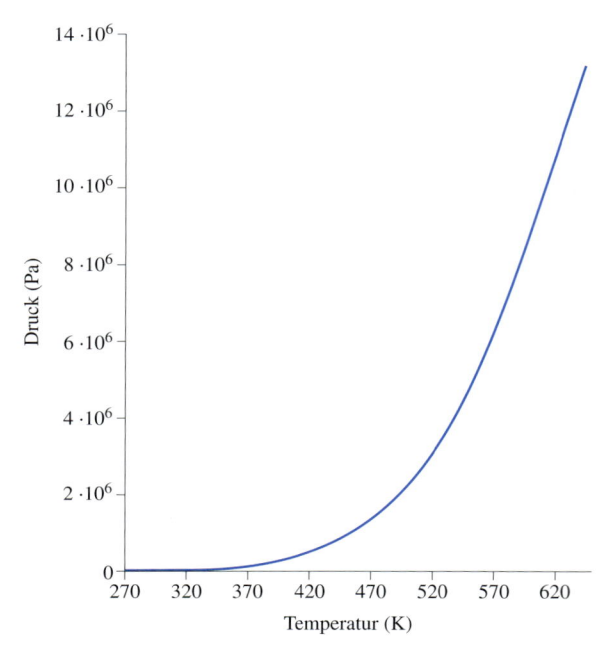

$\lg 100 = 2 = \dfrac{\ln 100}{\ln 10} = \dfrac{4{,}6052}{2{,}3026} = 2$

Rechenregeln Da Logarithmen nichts anderes sind als die Exponenten einer Exponentialzahl, gelten auch hier die Gesetze der Potenzrechnung:

- *Der Logarithmus eines Produkts ist gleich der Summe der Logarithmen der Faktoren des Produkts.*

$a \cdot b = 10^x \cdot 10^y = 10^{x+y}$

$\lg (a \cdot b) = x + y = \lg a + \lg b$

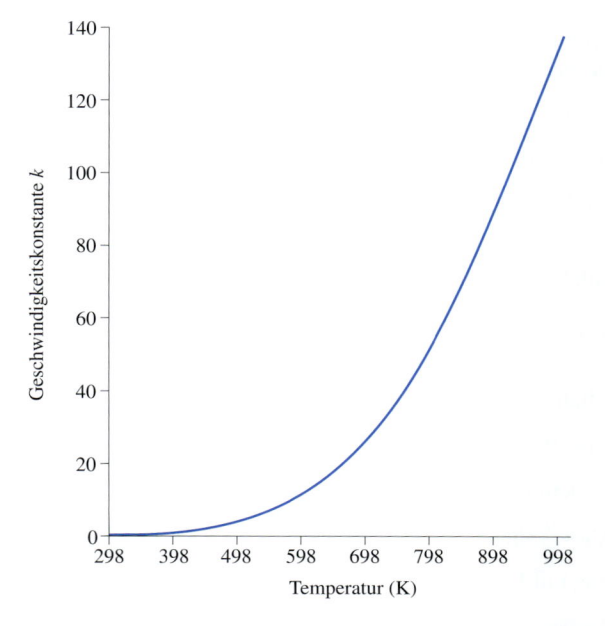

27.3 Abhängigkeit der Geschwindigkeitskonstante k einer Reaktion von der Temperatur T.

Die Geschwindigkeitskonstante k einer chemischen Reaktion hängt nach Arrhenius folgendermaßen von der Temperatur ab:

$k = A \cdot e^{-E_A/R \cdot T}$
E_A = Aktivierungsenergie

Die Geschwindigkeitskonstante hängt also exponentiell von der Temperatur ab. Für das Zahlenbeispiel $A = 5\,000$ und $E_A = 30\,000\,\text{J} \cdot \text{mol}^{-1}$ ist diese Abhängigkeit in Abbildung 27.3 dargestellt.

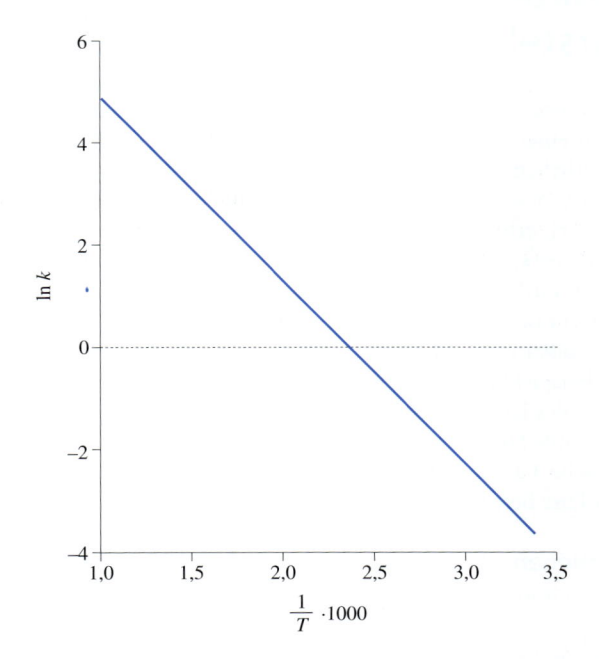

27.4 Die Darstellung des natürlichen Logarithmus der Geschwindigkeitskonstante k gegen $1/T$ ergibt eine Gerade.

Bildet man den natürlichen Logarithmus der Arrhenius-Gleichung, so erhält man:

$\ln k = \ln A \cdot e^{-E_A/R \cdot T}$
$ = \ln A + \ln e^{-E_A/R \cdot T}$
$ = \ln A - E_A/R \cdot T$

Die Auftragung von $\ln k$ gegen $1/T$ ergibt also eine Gerade mit der Steigung $-E_A/R$ und dem Ordinatenabschnitt $\ln A$ (Abbildung 27.4).

- *Der Logarithmus eines Quotienten ist gleich der Differenz der Logarithmen von Dividend und Divisor des Quotienten.*

$\dfrac{a}{b} = \dfrac{10^x}{10^y} = 10^{x-y}$

$\lg \dfrac{a}{b} = x - y \; (= \lg a - \lg b)$

- *Der Logarithmus einer Potenz ist gleich dem Produkt aus dem Exponenten und dem Logarithmus der Basis.*

$$a^n = (10^x)^n = 10^{n \cdot x}$$
$$\lg a^n = n \cdot x = n \cdot \lg a$$
$$\lg \frac{1}{a^n} = \lg a^{-n} = -n \lg a$$

Für den Spezialfall n = 1 gilt also:

$$\lg \frac{1}{a} = -\lg a$$

Für den Spezialfall a = 10 gilt:

$$\lg 10^n = n \cdot \lg 10 = n \cdot 1 = n$$

Der Exponent n kann auch ein Bruch, zum Beispiel $\frac{1}{2}$ sein:

$$\lg a^{\frac{1}{2}} = \lg \sqrt{a} = \tfrac{1}{2} \cdot \lg a$$

Für den Umgang mit Logarithmen zu einer anderer Basis gelten entsprechende Gesetze.

27.3 Funktionen und ihre grafische Darstellung

Als Funktion bezeichnet man die Beschreibung der Abhängigkeit einer veränderlichen Größe von einer (oder mehreren) anderen Größen. Im Allgemeinen werden die beiden Veränderlichen als x und y bezeichnet. Den mathematischen Zusammenhang zwischen x und y nennt man die *Funktionsgleichung*. Die grafische Darstellung einer Funktion y = f(x) erfolgt üblicherweise in einem zweidimensionalen, kartesischen Koordinatensystem (x, y). Hängt die Variable y außer von x noch von einer weiteren Variablen z ab, erfordert die vollständige grafische Darstellung ein dreidimensionales Koordinatensystem (x, y, z). Häufig beschreibt man in solchen Fällen die Abhängigkeit zwischen den Größen y und x bei konstantem z bzw. zwischen y und z bei konstantem x gesondert. Ein Beispiel hierfür ist das allgemeine Gasgesetz $p \cdot V = n \cdot R \cdot T$. Es beschreibt die Abhängigkeit des Drucks *p* eines idealen Gases vom Volumen *V* und der Temperatur *T* für eine bestimmte Stoffmenge *n* des Gases (siehe Abschnitt 8.1).

Einige einfache Funktionen, die für die Chemie von besonderer Bedeutung sind, wollen wir hier kurz besprechen.

Lineare Funktionen Eine lineare Abhängigkeit zwischen zwei Variablen x und y wird durch folgende allgemeine Gleichung beschrieben:

$$y = m \cdot x + n$$

Das Zahlenbeispiel y = 3x + 5 (Abbildung 27.5) soll verdeutlichen, welche Bedeutung m und n haben: m ist die Steigung der Geraden und n der Schnittpunkt der Geraden mit der Ordinate bei x = 0.

Quadratische Funktionen Quadratische Funktionen werden auch als Parabeln bezeichnet. Die einfachste Parabel wird durch die Funktionsgleichung $y = x^2$ beschrieben (Abbildung 27.6). In der Parabel mit der Funktionsgleichung $y = x^2 + r$ sind alle y-Werte um den Zahlenwert von r verschoben. In einer Parabel mit einer Funktionsgleichung $y = (x - s)^2$ sind alle x-Werte um den Zahlenwert von s verschoben. Die allgemeine Form für eine quadratische Funktion ist $y = a \cdot x^2 + b \cdot x + c$.

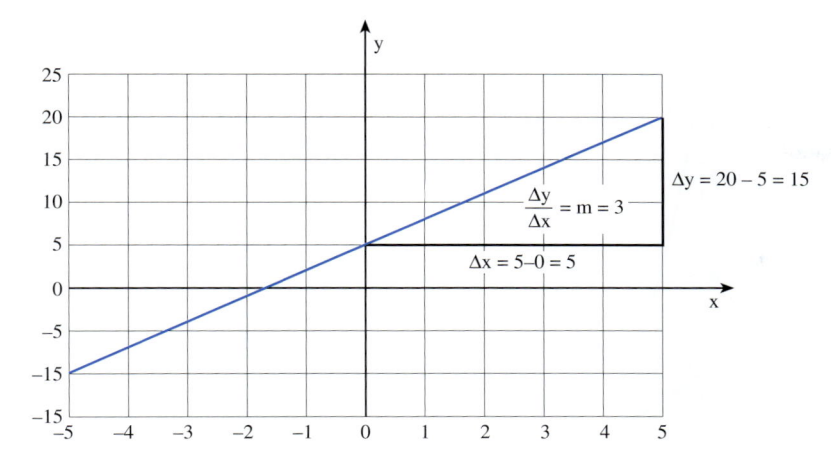

27.5 Darstellung der linearen Funktion y = 3x + 5.

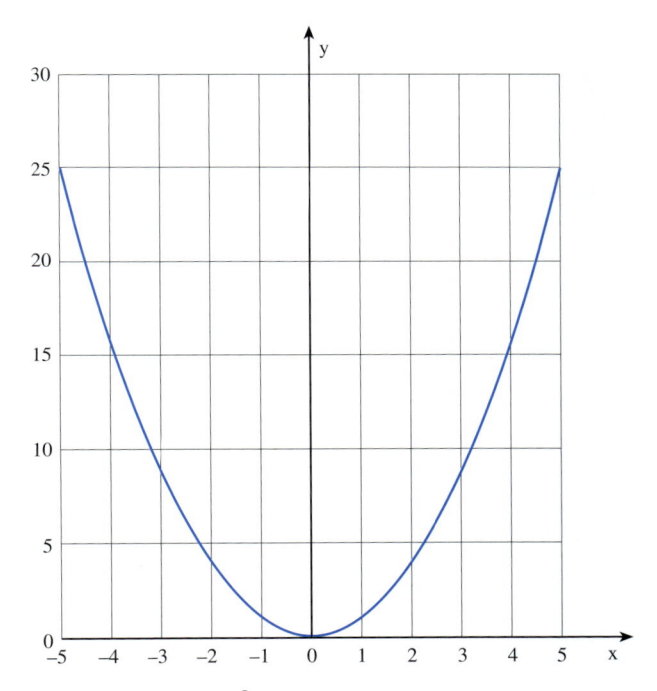

27.6 Darstellung der Funktion y = x².

Potenzfunktionen mit positivem Exponenten Eine Funktion $y = x^n$, bei der n eine ganze Zahl ist, bezeichnet man als Potenzfunktion. Einige solcher Funktionen mit n = 2, 3 und 4 sind in Abbildung 27.7 dargestellt. Wenn n eine gerade Zahl ist, sind die Funktionswerte von y stets positiv, ist n hingegen ungerade, ist y bei negativen x-Werten gleichfalls negativ.

Potenzfunktionen mit negativem Exponenten Einige Funktionen, die in den Naturwissenschaften Bedeutung haben, werden durch Funktionsgleichungen wie $y = x^{-1}$ (y = 1/x) oder $y = x^{-2}$ (y = 1/x²) beschrieben. Ein Beispiel hierfür findet man bei der Beschreibung der Wechselwirkungen zwischen geladenen Teilchen als Funktion ihres Abstands. Die potentielle Energie (Coulomb-Energie) bzw. Kraft (Coulomb-Kraft),

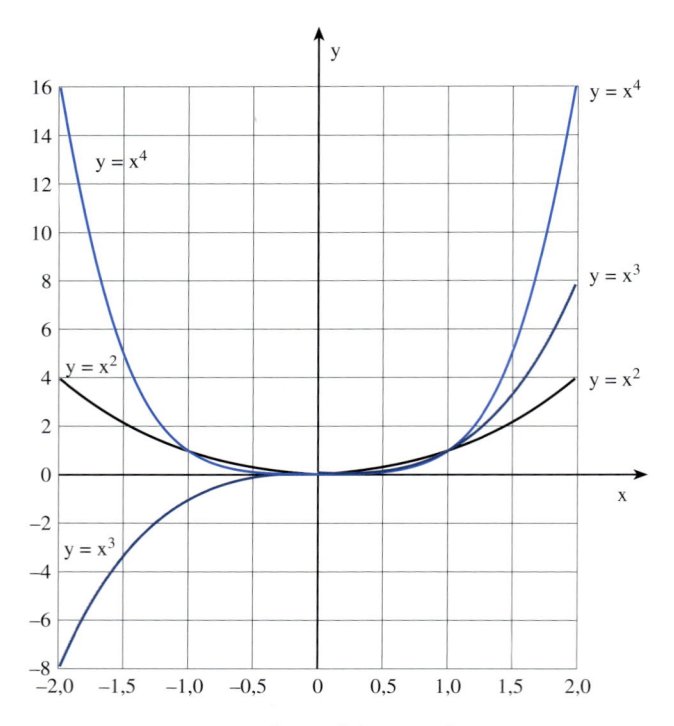

27.7 Darstellung der Funktionen $y = x^2$, $y = x^3$ und $y = x^4$.

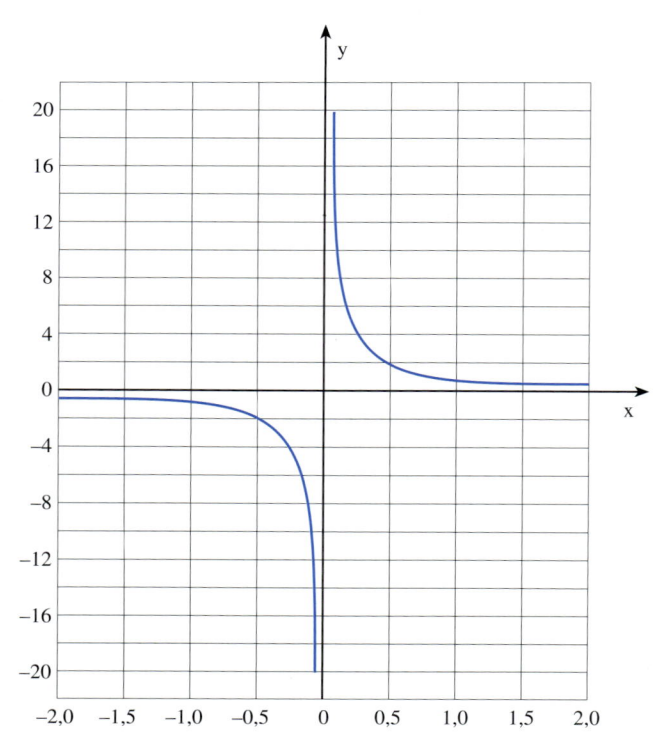

27.8 Darstellung der Funktion $y = x^{-1}$ ($y = 1/x$).

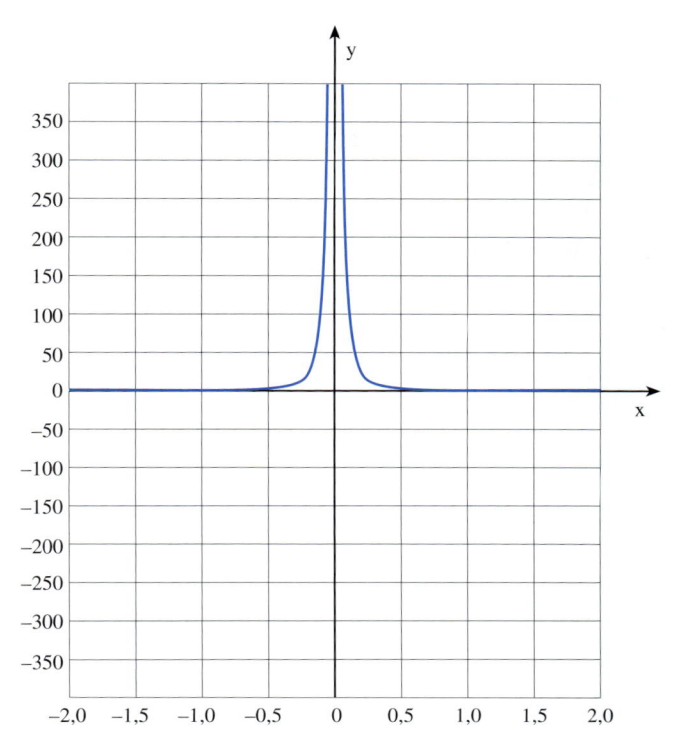

27.9 Darstellung der Funktion y = x^{-2} (y = 1/x^2).

die zwischen geladenen Teilchen wirkt (Coulombsches Gesetz), wird im Prinzip durch Funktionsgleichungen wie y = x^{-1} bzw. y = x^{-2} beschrieben, wobei y für die Energie *E* bzw. Kraft *F* und x für den Abstand *d* der Teilchen steht. Die Funktion y = x^{-1} ist in Abbildung 27.8 dargestellt. Man bezeichnet eine solche Funktion auch als *Hyperbel*. Die y-Werte der Funktion y = x^{-2} (Abbildung 27.9) fallen deutlich schneller mit steigendem x ab als bei der Funktion y = x^{-1}: Je größer n in Funktionen des Typs y = x^{-n} ist, umso schneller fallen die Funktionswerte von y mit steigendem x. (Für die Wechselwirkung zwischen geladenen Teilchen sind nur die Kurvenzüge mit positiven x-Werten von Bedeutung.)

Wurzelfunktionen Wurzelfunktionen sind Spezialfälle von Potenzfunktionen, bei denen der Exponent positiv und kleiner als eins ist. Von Bedeutung sind insbesondere die Exponenten 1/2 (Quadratwurzel) und 1/3 (Kubikwurzel). Die Funktion y = x$^{1/2}$ ist gemeinsam mit einer Parabel (y = x^2) in Abbildung 27.10 dargestellt. Der Verlauf der Wurzelfunktion ergibt sich aus der Parabel geometrisch durch Spiegelung der „halben" Parabel an der Winkelhalbierenden y = x (gestrichelte Linie). Funktionen, die sich auf diese Weise aus einer anderen herleiten lassen, bezeichnet man auch als *Umkehrfunktionen*.

Exponential- und Logarithmusfunktionen Exponentialfunktionen sind für Gesetzmäßigkeiten in der belebten und unbelebten Welt von besonderer Wichtigkeit: Der Druck in der Erdatmosphäre nimmt mit der Höhe exponentiell ab, die Konzentrationen von miteinander reagierenden Stoffen ändern sich exponentiell mit der Zeit, der Dampfdruck eines Stoffs als Funktion der Temperatur ist eine Exponentialfunktion, der radioaktive Zerfall erfolgt nach einem exponentiellen Gesetz.

Eine Exponentialfunktion lässt sich allgemein durch folgende Gleichung beschreiben:

$$y = a^x = e^{x \cdot \ln a}$$

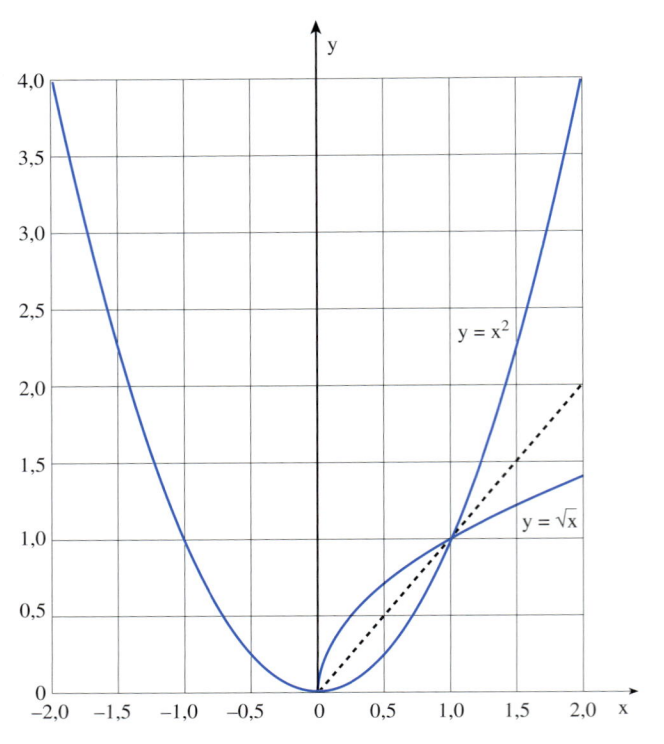

27.10 Die Funktionen y = x² und y = √x verhalten sich zueinander wie Umkehrfunktionen.

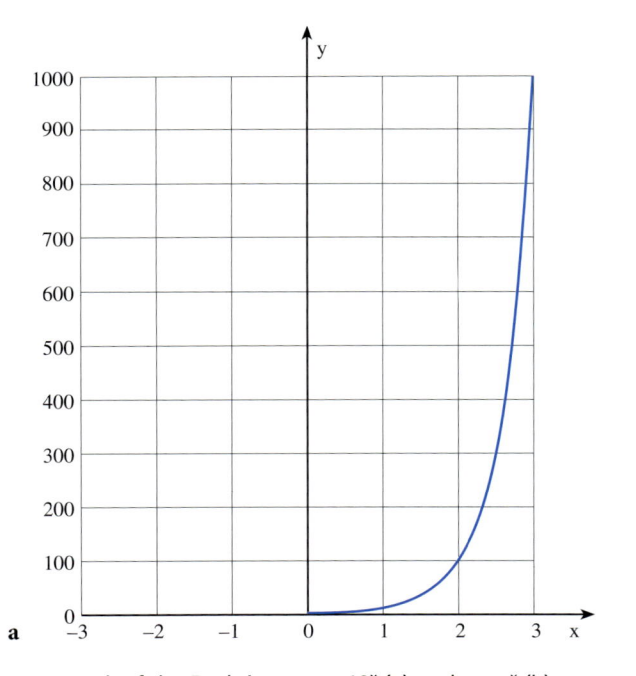

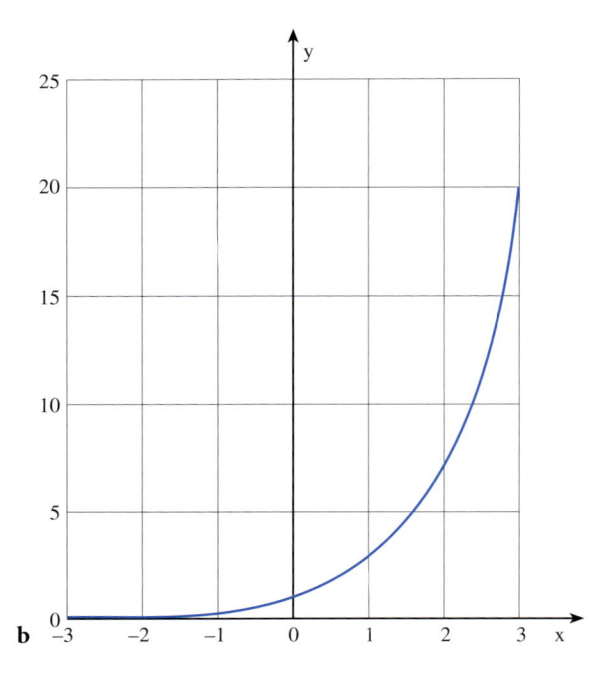

27.11 Verlauf der Funktionen y = 10^x (a) und y = e^x (b).

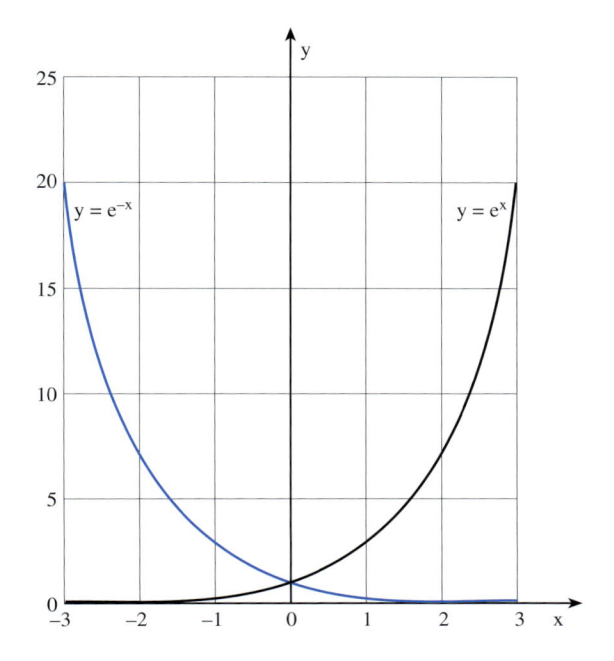

27.12 Verlauf der Funktionen y = e^x und y = e^−x.

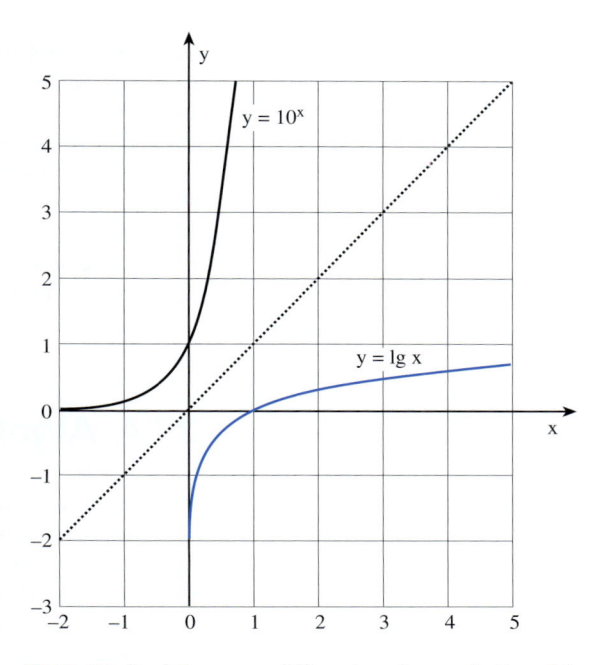

27.13 Die Funktionen y = 10^x und y = lg x verhalten sich zueinander wie Umkehrfunktionen.

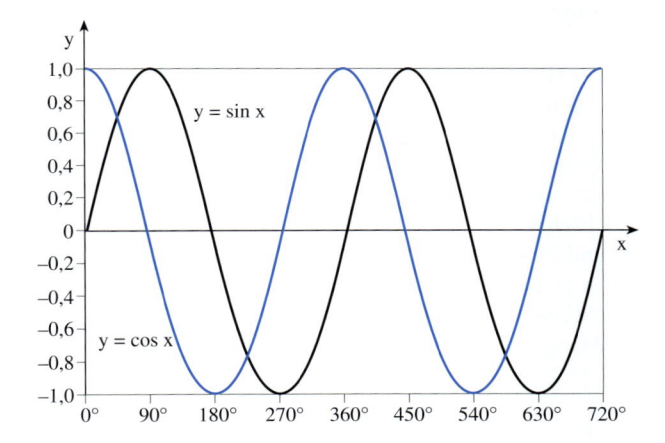

27.14 Verlauf der Funktionen y = sin x und y = cos x.

Eine Exponentialfunktion mit der Basis 10 (a = 10) lässt sich also in eine Exponentialfunktion mit der Basis e umrechnen. Die Abbildungen 27.11a und 27.11b zeigen die unterschiedlichen Verläufe der besonders häufig verwendeten Exponentialfunktionen y = 10^x und y = e^x . Man erkennt, dass die y-Werte der Funktion y = 10^x mit steigendem Wert für x wesentlich schneller ansteigen als bei der Funktion y = e^x; bei x = 3 erreicht die Funktion y = 10^x bereits einen y-Wert von 1000, während der Funktionswert der Funktion y = e^x etwa 20 beträgt.

Die Funktionen y = a^x und y = a^{-x} verlaufen spiegelsymmetrisch zueinander bezüglich der y-Achse. Abbildung 27.12 zeigt dies am Beispiel der Funktionen y = e^x und y = e^{-x}.

Die Logarithmusfunktion ist die Umkehrfunktion der Exponentialfunktion. Die beiden Funktionen liegen spiegelsymmetrisch zueinander in Bezug auf die Winkelhalbierende y = x. Abbildung 27.13 zeigt dies am Beispiel der Funktionen y = 10^x und y = lg x.

Trigonometrische Funktionen Als trigonometrische Funktionen werden die Sinus-, Cosinus-, Tangens- und Cotangens-Funktion sowie deren Umkehrfunktionen bezeichnet. Insbesondere die Sinus- und die Cosinus-Funktion spielen bei der Beschreibung von Wellen und Schwingungen eine wichtige Rolle. Die Funktionswerte der Funktionen y = sin x und y = cos x liegen zwischen –1 und 1; x ist hier ein Winkel, der entweder in Grad (ein Vollkreis $\triangleq$ 360°) oder im zugehörigen Bogenmaß (ein Vollkreis $\triangleq$ 2π) angegeben wird. Beide Funktionen weisen den gleichen Funktionsverlauf auf, sie sind jedoch um 90° bzw. π/2 gegeneinander verschoben.

Winkelfunktionen spielen bei verschiedenen geometrischen Berechnungen eine wichtige Rolle.

27.4 Algebraische Gleichungen

Die Behandlung chemischer Probleme erfordert sehr häufig die Aufstellung von algebraischen Gleichungen oder Gleichungssystemen und ihre numerische Lösung. Typische Beispiele sind Berechnungen auf der Basis der Massenwirkungsgesetzes, wie zum Beispiel Fragestellungen zu Löslichkeitsgleichgewichten, pH-Wert-Berechnungen, die Berechnung von Titrationskurven oder auch Berechnungen auf der Basis der Nernstschen Gleichung. Auch stöchiometrische Berechnungen erfordern den Umgang mit algebraischen Beziehungen.

Lineare Gleichungen In einer linearen Gleichung treten alle Variablen nur in der ersten Potenz auf. Besonders einfach zu lösen sind lineare Gleichungen mit einer Unbekannten x. Solche Gleichungen haben die allgemeine Form a · x + b = 0 (a ≠ 0). Die Lösung dieser Gleichung ergibt sich durch einfaches Umstellen: x = –b/a.

Um Gleichungen mit mehreren Variablen lösen zu können benötigt man genau so viele Gleichungen, wie Variable zu bestimmen sind. Diese Gleichungen müssen zudem unabhängig von einander sein; d.h. keine der Gleichungen lässt sich durch eine Addition von anderen Gleichungen (bzw. Vielfachen davon) darstellen. So ist das Gleichungssystem x + y = 3 und 2x + 2y = 6 ebenso wenig eindeutig lösbar wie eine einzelne dieser Gleichungen, denn beide Gleichungen gelten für unendlich viele Wertepaare. Nimmt man jedoch eine zweite unabhängige Gleichung (z. B. x + 3 · y = 11) hinzu, ergibt sich eine eindeutige Lösung:

$$y = 3 - x$$
$$x + 3(3 - x) = 11$$
$$x + 9 - 3 \cdot x = 11$$
$$-2 \cdot x = 2$$
$$x = -1$$
$$y = 3 + 1 = 4$$

Die Richtigkeit des Ergebnisses kann jeweils leicht überprüft werden, indem man die erhaltenen Lösungen in die Ausgangsgleichungen einsetzt:

$$-1 + 4 = 3$$
$$-1 + 3 \cdot 4 = 11$$

Quadratische Gleichungen In quadratischen Gleichungen tauchen die unbekannten Größen mindestens einmal in der zweiten, jedoch in keiner höheren Potenz auf. Wir wollen uns an dieser Stelle auf das Lösen einer quadratischen Gleichung mit einer Variablen beschränken, die in der ersten und zweiten Potenz auftaucht; dieses Problem tritt insbesondere bei pH-Wert-Berechnungen häufig auf. Eine derartige Gleichung hat folgende allgemeine Form:

$$a \cdot x^2 + b \cdot x + c = 0 \quad (a \neq 0)$$

Diese lässt sich in die sogenannte Normalform überführen, indem man durch a dividiert:

$$x^2 + \frac{b}{a} \cdot x + \frac{c}{a} = 0$$

Mit $p = b/a$ und $q = c/a$ wird daraus die übliche Normalform einer quadratischen Gleichung:

$$x^2 + p \cdot x + q = 0$$

Die Lösungsformel hierfür lautet:

$$x_{1,2} = -\frac{p}{2} \pm \sqrt{\frac{p^2}{4} - q}$$

Die Gleichung hat also zwei Lösungen, die sich durch Anwendung des Plus- bzw. Minuszeichens in der Lösungsformel ergeben. Für den Fall $p^2/4 = q$ stimmen beide Lösungen überein.

Betrachten wir als Beispiel die Protolyse einer Säure HX:

$$HX(aq) \rightleftharpoons H^+(aq) + X^-(aq)$$

$$K_S = c(H^+) \cdot c(X^-)/c(HX)$$

Mit $c(H^+) = c(X^-)$ und $c_0(HX) = c(H^+) + c(HX)$ ergibt sich daraus die folgende Gleichung:

$$K_S = \frac{c^2(H^+)}{c_0(HX) - c(H^+)}$$

Mit einer Anfangskonzentration von $c_0(HX) = 0{,}2 \text{ mol} \cdot l^{-1}$ und einer Säurekonstante mit dem Wert $K_S = 0{,}1 \text{ mol} \cdot l^{-1}$ erhält man mit den Zahlenwerten für $c_0(HX)$ und K_S folgende Gleichung:

$$0{,}1 = \frac{x^2}{0{,}2 - x}$$

$$0{,}1 \cdot (0{,}2 - x) = x^2$$

$$0{,}02 - 0{,}1 \cdot x = x^2$$

$$x^2 + 0{,}1 \cdot x - 0{,}02 = 0$$

$$\Rightarrow x_{1,2} = -\frac{0{,}1}{2} \pm \sqrt{0{,}05^2 + 0{,}02}$$

$$= -0{,}05 \pm 0{,}15$$

$$x_1 = 0{,}1; \quad x_2 = -0{,}2$$

Mathematisch sind beide Lösungen korrekt, chemisch ist jedoch nur x_1 sinnvoll, da eine negative Konzentration sinnlos ist. Die Probe ergibt:

$$0{,}1 = \frac{0{,}1 \cdot 0{,}1}{0{,}2 - 0{,}1} = 0{,}1$$

Anhang C: Datensammlung

28

Tabellenübersicht

Bindungsenthalpien von Einfachbindungen
Bindungsenthalpien einiger Mehrfachbindungen
Physikalische Eigenschaften anorganischer Stoffe
Löslichkeit anorganischer Verbindungen in Wasser bei verschiedenen Temperaturen

Ionisierungsenthalpien für die schrittweise Ionisierung der Atome bei 25 °C
Elektronenaffinitäten einiger Atome
Elektronenaffinitäten einiger einfach negativer Ionen
Ionenradien und Ladungsdichten ausgewählter Ionen
Radien einiger mehratomiger Ionen

Gitterenthalpien einiger Salze bei 25 °C
Hydratationsenthalpien einiger Ionen bei 25 °C

Weitere Daten finden Sie im Rahmen der Lehrbuchkapitel: **SI-Einheiten:** Tabellen 1.2 und 1.3; **Naturkonstanten:** Tabelle 1.4; **Elektronegativitäten:** Abbildung 5.29; **Löslichkeitsprodukte** (pK_L-Werte): Tabelle 9.1; **Aktivitätskoeffizienten:** Tabelle 9.2; **Säurekonstanten** (pK_S-Werte): Tabelle 10.1; **Umschlagbereiche von Säure/Base-Indikatoren:** Abbildung 10.6; **Elektrodenpotentiale** (E^0-Werte): Tabelle 11.3; **Eigenschaften der Platinmetalle:** Tabelle 24.12

Bindungsenthalpien von Einfachbindungen (in kJ · mol⁻¹ bei 298 K)

In Klammern ist der Stoff angegeben, für den der angegebene Wert als (mittlere) Bindungsdissoziationsenthalpie ermittelt wurde. Bei den mit (*) gekennzeichneten Werten handelt es sich um Mittelwerte für verschiedene Stoffe.

	B	Br	C	Cl	F	H	I	N	O	P	S	Si
B		367 (BBr$_3$)	376 (*)	442 (BCl$_3$)	645 (BF$_3$)	369 (BH$_3$)	265 (BI$_3$)		540 (B(OR)$_3$)			
Br	367 (BBr$_3$)	193 (Br$_2$)	271 (CBr$_4$)	219 (BrCl)	250 (BrF)	366 (HBr)	178 (IBr)			268 (PBr$_3$)	257 (SBr$_2$)	328 (SiBr$_4$)
C	376 (*)	271 (CBr$_4$)	357 (Diamant) 330 (C$_2$H$_6$) 346 (*)	325 (CCl$_4$)	492 (CF$_4$)	416 (CH$_4$) 414 (*)	220 (CI$_4$)	310 (*)	358 (*)	264 (*)	289 (*)	327 (SiC)
Cl	442 (BCl$_3$)	219 (BrCl)	326 (CCl$_4$)	243 (Cl$_2$)	251 (ClF)	432 (HCl)	211 (ICl)	192 (NCl$_3$)	202 (Cl$_2$O)	328 (PCl$_3$) 263 (PCl$_5$)	269 (SCl$_2$)	400 (SiCl$_4$)
F	645 (BF$_3$)	250 (BrF)	492 (CF$_4$)	251 (ClF)	159 (F$_2$)	570 (HF)	281 (IF)	281 (NF$_3$)	192 (OF$_2$)	510 (PF$_3$) 465 (PF$_5$)	366 (SF$_2$) 329 (SF$_6$)	596 (SiF$_4$)
H	369 (BH$_3$)	366 (HBr)	416 (CH$_4$)	432 (HCl)	570 (HF)	436 (H$_2$)	298 (HI)	391 (NH$_3$)	464 (H$_2$O)	322 (PH$_3$)	367 (H$_2$S)	322 (SiH$_4$)
I	265 (BI$_3$)	178 (IBr)	220 (CI$_4$)	211 (ICl)	281 (IF)	298 (HI)	151 (I$_2$)			224 (PI$_3$)		247 (SiI$_4$)
N			310 (*)		281 (NF$_3$)	391 (NH$_3$)		158 (N$_2$H$_4$) 57 (N$_2$O$_4$)	214 (*)			
O	540 (B(OR)$_3$)		358 (*)	202 (Cl$_2$O)	192 (OF$_2$)	464 (H$_2$O)		214 (*)	142 (H$_2$O$_2$)	363 (*)		465 (α-Quarz)
P		268 (PBr$_3$)	264 (*)	328 (PCl$_3$) 263 (PCl$_5$)	510 (PF$_3$) 465 (PF$_5$)	322 (PH$_3$)	224 (PI$_3$)		363 (*)	213 (P$_4$)		
S		257 (SBr$_2$)	289 (*)	269 (SCl$_2$)	366 (SF$_2$) 329 (SF$_6$)	367 (H$_2$S)					265 (S$_8$)	304 (SiS$_2$)
Si		328 (SiBr$_4$)	327 (SiC)	400 (SiCl$_4$)	596 (SiF$_4$)	322 (SiH$_4$)	247 (SiI$_4$)		465 (α-Quarz)		304 (SiS$_2$)	225 (Si)

Bindungsenthalpien einiger Mehrfachbindungen (in kJ · mol^{-1} bei 298 K)

C=C	589	(C$_2$H$_4$)
C≡C	810	(C$_2$H$_2$)
C=N	615	(*)
C≡N	890	(*)
C=O	804	(CO$_2$)
C≡O	1076	(CO)
C=S	577	(CS$_2$)
C≡S	713	(CS)
N=N	470	(*)
N≡N	945	(N$_2$)
N=O	587	(*)
O=O	498	(O$_2$)
S=S	425	(S$_2$)

Physikalische Eigenschaften anorganischer Stoffe

Die außer den Aggregatzustandsangaben ((s), (l), (g), (aq)) in den folgenden Spalten hinter den Werten eingetragenen Abkürzungen haben folgende Bedeutung:

(z): der Stoff zersetzt sich;

(p) (in der Spalte „Schmelztemperatur"): der Stoff schmilzt nur unter erhöhtem Druck;

(s) (in der Spalte „Siedetemperatur"): der Stoff sublimiert;

(l) (in der Spalte „Dichte", falls sich die übrigen Daten auf den gasförmigen Stoff beziehen): Wert gilt für die Flüssigkeit bei der Siedetemperatur.

Die Angaben für die Dichte und die thermodynamischen Größen (Standard-Bildungsenthalpie ΔH_f^0, freie Standard-Bildungsenthalpie ΔG_f^0 und Standard-Entropie S^0) gelten für 25 °C (298 K).

Formel	Schmelz- temperatur (°C)	Siede- temperatur (°C)	Dichte (g · cm^{-3})	ΔH_f^0 (kJ · mol^{-1})	ΔG_f^0 (kJ · mol^{-1})	S^0 (J · mol^{-1} · K^{-1})
Aluminium						
Al(s)	660	2518	2,7	0	0	28
Al(g)	–	–		330	289	165
Al^{3+}(aq)	–	–	–	–531	–481	–321
Al(OH)$_4^-$(aq)	–	–	–	–1502	–1305	103
α-Al$_2$O$_3$(s)	2054	(z)	4,0	–1676	–1582	51
Al$_2$S$_3$(s)	1100	(z)	2,0	–651	–651	117
Al(OH)$_3$(s)	(z)	–	2,4	–1276	–1139	71
AlF$_3$(s)		1291 (s)	2,9	–1510	–1431	67
AlCl$_3$(s)	193 (p)	180 (s)	2,4	–706	–630	109

Formel	Schmelz-temperatur (°C)	Siede-temperatur (°C)	Dichte (g·cm⁻³)	ΔH_f^0 (kJ·mol⁻¹)	ΔG_f^0 (kJ·mol⁻¹)	S^0 (J·mol⁻¹·K⁻¹)
$AlCl_3$(g)	–	–		–585	–571	315
Al_2Cl_6(g)	–	–		–1296	–1221	475
$AlCl_3 \cdot 6\,H_2O$(s)	(z)	–	2,4	–2692	–2261	318
$AlBr_3$(s)	97	255	3,2	–511	–488	180
AlI_3(s)	191	382	4,0	–303	–301	196
Al_4C_3(s)	2100	(z)	2,4	–209	–197	89
AlN(s)	2200 (p)	(z)	3,3	–318	–287	20
$AlPO_4$(s)	>1500	(z)	2,6	–1733	–1617	91
$Al_2(SO_4)_3$(s)	(z)	–	2,7	–3441	–3100	239

Ammonium

Formel	Schmelz-temperatur (°C)	Siede-temperatur (°C)	Dichte (g·cm⁻³)	ΔH_f^0 (kJ·mol⁻¹)	ΔG_f^0 (kJ·mol⁻¹)	S^0 (J·mol⁻¹·K⁻¹)
NH_4^+(aq)	–	–	–	–133	–79	111
NH_4F(s)	–	(s, z)	1,0	–464	–349	72
NH_4Cl(s)	–	(s, z)	1,5	–314	–203	95
NH_4Br(s)	–	(s, z)	2,4	–271	–175	113
NH_4I(s)	–	(s, z)	2,5	–201	–113	117
NH_4NO_3(s)	169	210 (z)	1,7	–366	–184	151
$(NH_4)_2SO_4$(s)	280 (z)	–	1,8	–1181	–902	220
NH_4HSO_4(s)	147	(z)	1,8			
$(NH_4)_2HPO_4$(s)	(z)	–	1,6	–1567		
$NH_4H_2PO_4$(s)	190	(z)	1,8	–1445	–1210	152
$(NH_4)_2S_2O_8$(s)	(z)	–	2,0	–1648		
NH_4SCN(s)	149	(z)	1,3	–79		

Antimon

Formel	Schmelz-temperatur (°C)	Siede-temperatur (°C)	Dichte (g·cm⁻³)	ΔH_f^0 (kJ·mol⁻¹)	ΔG_f^0 (kJ·mol⁻¹)	S^0 (J·mol⁻¹·K⁻¹)
Sb(s)	631	1587	7,0	0	0	46
Sb(g)	–	–		266	226	180
Sb_2(g)	–	–		231	182	255
Sb_4(g)	–	–		207	158	350
SbH_3(g)	–88	–18	2,2 (l)	145	148	233
Sb_2O_3(s)	655	1425	5,2	–720	–634	110
Sb_2O_5(s)	(z)	–	3,8	–972	–829	125
Sb_2S_3(s) (schwarz)	550	1150	4,6	–175	–174	182
SbF_3(s)	292	376	4,4	–916	–846	127
$SbCl_3$(s)	73	220	3,1	–382	–324	184
$SbCl_5$(l)	4	(z)	2,3	–440	–350	301
$SbBr_3$(s)	97	288	4,3	–259	–239	207
SbI_3(s)	171	401	4,9	–100	–99	215

Arsen

Formel	Schmelz-temperatur (°C)	Siede-temperatur (°C)	Dichte (g·cm⁻³)	ΔH_f^0 (kJ·mol⁻¹)	ΔG_f^0 (kJ·mol⁻¹)	S^0 (J·mol⁻¹·K⁻¹)
As(s) (grau)	817	614 (s)	5,7	0	0	35
As(g)	–	–		302	261	174
As_2(g)	–	–		191	140	241
As_4(g)	–	–		153	98	327
AsH_3(g)	–116	–62	1,6 (l)	66	69	223
As_2O_3(s)	313	465	3,7	–657	–576	107
As_2O_5(s)	(z)	–	4,3	–925	–782	105
As_2S_3(s)	312	707	3,4	–169	–169	164
AsF_3(g)	–	–		–786	–771	289

Physikalische Eigenschaften anorganischer Stoffe **785**

Formel	Schmelz-temperatur (°C)	Siede-temperatur (°C)	Dichte (g·cm^{-3})	ΔH_f^0 (kJ·mol^{-1})	ΔG_f^0 (kJ·mol^{-1})	S^0 (J·mol^{-1}·K^{-1})
AsF$_5$(g)	–	–		–1237	–1170	317
AsCl$_3$(l)	–16	130	2,2	–306	–259	213
AsBr$_3$(l)	31	221	3,4	–191	–184	240
AsI$_3$(s)	146	403	4,4	–58	–59	213
Barium						
Ba(s)	727	1845	3,5	0	0	62
Ba(g)	–	–		179	147	170
Ba^{2+}(aq)	–	–		–538	–561	10
BaO(s)	2013	(z)	5,7	–548	–520	72
BaO$_2$(s)	450	–	5,0	–642	–587	81
Ba(OH)$_2$(s)	408	(z)	4,5	–946	–859	107
Ba(OH)$_2$·8 H$_2$O(s)	78	(z)	2,2	–3342	–2793	427
BaS(s)	≈2250	(z)	4,2	–464	–459	78
BaF$_2$(s)	1368	≈2250	4,9	–1209	–1159	96
BaCl$_2$(s)	962	1560	3,9	–859	–810	124
BaCl$_2$·2 H$_2$O(s)	(z)	–	3,1	–1460	–1296	203
BaBr$_2$(s)	857	≈1850	4,8	–758	–739	149
BaI$_2$(s)	711	≈2000	5,1	–605	–601	165
Ba$_3$N$_2$(s)	(z)	–	4,8	–341	–274	152
BaCO$_3$(s)	1420 (z)	–	4,4	–1198	–1120	112
Ba(NO$_3$)$_2$	592	(z)	3,2	–992	–797	214
BaSO$_4$	1580	(z)	4,5	–1473	–1362	132
Ba(CH$_3$COO)$_2$	(z)	–	2,4	–1484		
Beryllium						
Be(s)	1287	≈2470	1,9	0	0	51
Be(g)	–	–		324	287	136
Be^{2+}(aq)	–	–		–383	–380	–130
BeO(s)	≈2550	(z)	3,0	–609	–580	14
Be(OH)$_2$(s)	(z)	–	1,9	–903	–815	52
BeF$_2$(s)	552	≈1170	2,0	–1027	–979	53
BeCl$_2$(s)	415	520	1,9	–496	–450	76
BeBr$_2$(s)	508 (p)	473 (s)	3,5	–356	–337	100
BeI$_2$(s)	480	590	4,3	–189	–187	120
Bismut						
Bi(s)	271	1560	9,8	0	0	57
Bi(g)	–	–		210	171	187
Bi$_2$(g)	–	–		220	172	274
Bi$_2$O$_3$(s)	817	1890	8,9	–574	–494	151
Bi$_2$S$_3$(s)	(z)	–	7,4	–202	–199	200
BiF$_3$(s)	649	904	8,3	–909	–838	123
BiCl$_3$(s)	233	447	4,7	–379	–315	177
BiBr$_3$(s)	218	453	5,7	–276	–249	195
BiI$_3$(s)	408	542	5,8	–151	–149	225
BiOCl(s)	1035	(z)	7,7	–371	–321	102
Bi(NO$_3$)$_3$·5 H$_2$O(s)	(z)	–	2,8			

Formel	Schmelz-temperatur (°C)	Siede-temperatur (°C)	Dichte (g·cm⁻³)	ΔH_f^0 (kJ·mol⁻¹)	ΔG_f^0 (kJ·mol⁻¹)	S^0 (J·mol⁻¹·K⁻¹)
Blei						
Pb(s)	327	1746	11,3	0	0	65
Pb(g)	–	–		195	228	175
Pb²⁺(aq)	–	–	–	1	– 24	18
PbO(s)	886	1482	9,5	– 219	– 189	66
Pb₃O₄(s)	(z)	–	9,1	– 719	– 602	212
PbO₂(s)	(z)	–	9,4	– 274	– 215	72
PbS(s)	1113	(z)	7,5	– 98	– 97	91
PbF₂(s)	830	1290	8,2	– 677	– 631	113
PbCl₂(s)	501	950	5,9	– 359	– 314	136
PbCl₄(g)	– 15	105 (z)	3,2	– 552	– 492	382
PbBr₂(s)	371	912	6,7	– 277	– 260	161
PbI₂(s)	402	954	6,2	– 175	– 174	175
PbCO₃(s)	(z)	–	6,6	– 699	– 626	131
Pb(CH₃COO)₂(s)	280	(z)	3,2			
Pb(NO₃)₂(s)	(z)	–	4,5	– 457	– 264	225
PbSO₄(s)	1170	(z)	6,2	– 920	– 813	149
Bor						
β-B(s)	≈2080	≈3860	2,3	0	0	6
B(g)	–	–		560	513	153
B₂H₆(g)	– 166	– 93	0,4 (l)	41	92	233
B₄H₁₀(l)	– 121	18	0,6			
B₂O₃(s)	450	2065	2,5	– 1272	– 1193	54
H₃BO₃(s)	(z)	–	1,4	– 1094	– 968	89
B₂S₃(s)	310	(z)	1,6	– 252	– 248	92
BF₃(g)	– 127	– 100		– 1136	– 1119	254
BCl₃(g)	– 107	12		– 404	– 388	290
BBr₃(l)	– 46	91	2,6	– 239	– 238	229
BI₃(s)	50	210	3,3	16	2	227
BN(s)	2970	(z)	2,2	– 252	– 226	15
Brom						
Br₂(l)	– 7	59	3,1	0	0	152
Br₂(g)	–	–		31	3	245
Br(g)	–	–		112	82	175
Br⁻(aq)	–	–	–	– 121	– 104	83
HBr(g)	– 87	– 67	2,8 (l)	– 36	– 53	199
BrO⁻(aq)	–	–	–	– 94	– 33	42
BrO₃⁻(aq)	–	–	–	– 67	19	162
BrF(g)	– 33	20 (z)		– 59	– 74	229
BrF₃(g)	9	126	2,8 (l)	– 256	– 229	293
BrF₅(g)	– 61	41	2,5 (l)	– 429	– 352	324
BrCl(g)	– 66	5 (z)		15	– 1	240
Cadmium						
Cd(s)	321	767	8,6	0	0	52
Cd(g)	–	–		112	77	168
Cd²⁺(aq)	–	–	–	– 76	– 78	– 73

Formel	Schmelz-temperatur (°C)	Siede-temperatur (°C)	Dichte (g · cm⁻³)	ΔH_f^0 (kJ · mol⁻¹)	ΔG_f^0 (kJ · mol⁻¹)	S^0 (J · mol⁻¹ · K⁻¹)
CdO(s)	1540	(z)	8,1	−259	−229	55
Cd(OH)$_2$(s)	(z)	(z)	4,8	−561	−474	96
CdS(s)	1405	(z)	4,8	−155	−152	74
CdF$_2$(s)	1100	1750	6,3	−700	−649	84
CdCl$_2$(s)	568	960	4,0	−391	−344	115
CdBr$_2$(s)	567	863	5,2	−316	−296	137
CdI$_2$(s)	387	796	5,7	−203	−201	161
CdCO$_3$(s)	(z)	–	4,3	−751	−669	92
Cd(NO$_3$)$_2$(s)	350	(z)	3,6	−457	−263	208
CdSO$_4$(s)	1000	(z)	4,7	−933	−823	123

Caesium

Formel	Schmelz-temperatur (°C)	Siede-temperatur (°C)	Dichte (g · cm⁻³)	ΔH_f^0 (kJ · mol⁻¹)	ΔG_f^0 (kJ · mol⁻¹)	S^0 (J · mol⁻¹ · K⁻¹)
Cs(s)	28	668	1,9	0	0	85
Cs(g)	–	–		76	49	176
Cs⁺(aq)	–	–	–	−258	−291	132
CsH(s)	(z)	–	3,4	−54	−29	67
Cs$_2$O(s)	(z)	–	4,3	−346	−308	147
CsO$_2$(s)	600	(z)	3,8	−286	−241	142
CsF(s)	703	1251	4,1	−554	−526	93
CsCl(s)	645	1303	4,0	−443	−415	101
CsBr(s)	636	1300	4,4	−406	−391	113
CsI(s)	626	1280	4,5	−347	−341	123
CsNO$_3$(s)	414	(z)	3,7	−506	−407	154
Cs$_2$SO$_4$(s)	1005	(z)	4,2	−1443	−1324	212

Calcium

Formel	Schmelz-temperatur (°C)	Siede-temperatur (°C)	Dichte (g · cm⁻³)	ΔH_f^0 (kJ · mol⁻¹)	ΔG_f^0 (kJ · mol⁻¹)	S^0 (J · mol⁻¹ · K⁻¹)
Ca(s)	842	1484	1,6	0	0	42
Ca(g)	–	–		178	144	155
Ca²⁺(aq)	–	–	–	−543	−533	−56
CaH$_2$(s)	816	(z)	1,9	−177	−138	41
CaO(s)	≈2900	(z)	3,3	−635	−603	38
Ca(OH)$_2$(s)	(z)		2,3	−986	−898	83
CaS(s)	2525	(z)	2,6	−473	−468	56
CaF$_2$(s)	1418	2533	3,2	−1229	−1176	69
CaCl$_2$(s)	772	2006	2,1	−796	−749	108
CaCl$_2$·2H$_2$O(s)	(z)	–	1,8	−1403		
CaCl$_2$·6H$_2$O(s)	27	(z)	1,7	−2608		
CaBr$_2$(s)	742	1815	3,4	−683	−664	130
CaI$_2$(s)	784	1760	4,0	−537	−533	145
CaC$_2$(s)	2300	(z)	2,2	−59	−64	70
CaCO$_3$(s) (Calcit)	900 (z)	–	2,7	−1208	−1130	93
CaSiO$_3$(s)	1544	(z)	2,9	−1635	−1550	82
Ca(NO$_3$)$_2$(s)	(z)	–	2,5	−938	−743	193
Ca$_3$(PO$_4$)$_2$(s)	1670	(z)	3,1	−4121	−3885	236
CaHPO$_4$(s)	(z)	–	2,3	−1814	−1681	111
Ca(H$_2$PO$_4$)$_2$·H$_2$O(s)	(z)	–	2,2	−3105		
CaSO$_4$(s)	1460	(z)	3,0	−1434	−1322	107
CaSO$_4$·0,5H$_2$O(s)	(z)	–	2,7	−1577	−1437	131
CaSO$_4$·2H$_2$O(s)	(z)		2,3	−2023	−1797	194

Formel	Schmelz-temperatur (°C)	Siede-temperatur (°C)	Dichte (g·cm⁻³)	ΔH_f^0 (kJ·mol⁻¹)	ΔG_f^0 (kJ·mol⁻¹)	S^0 (J·mol⁻¹·K⁻¹)
Cer						
Ce(s)	799	3424	6,8	0	0	64
Ce(g)	–	–		424	388	192
Ce³⁺(aq)	–	–	–		–719	
Ce⁴⁺(aq)	–	–	–		–564	
Ce₂O₃(s)	2230	(z)	6,9	–1800	–1711	148
CeO₂(s)	2600	(z)	7,3	–1089	–1025	62
CeCl₃(s)	848	1727	4,0	–1054	–978	151
Chlor						
Cl₂(g)	–101	–34	1,6 (l)	0	0	223
Cl(g)	–	–		121	105	165
Cl⁻(aq)	–	–	–	–167	–131	57
HCl(g)	–114	–85	1,2 (l)	–92	–95	187
Cl₂O(g)	–120	(z)		81	97	272
ClO₂(g)	–60	(z)	1,6 (l)	97	115	257
Cl₂O₇(g)	–92	82	2,0 (l)	272		
ClO⁻(aq)	–	–	–	–107	–37	42
ClO₃⁻(aq)	–	–	–	–104	–8	162
ClO₄⁻(aq)	–	–	–	–128	–8	184
ClF(g)	–156	–101	1,6 (l)	–50	–52	218
ClF₃(g)	–76	12	1,8 (l)	–163	–123	282
Chrom						
Cr(s)	≈1860	≈2680	7,2	0	0	24
Cr(g)	–	–		398	353	174
Cr³⁺(aq)	–	–	–	–256	–215	–370
Cr₂O₃(s)	2266	(z)	5,2	–1141	–1059	81
CrO₂(s)	300 (z)	–	4,9	–598	–545	51
CrO₃(s)	196	(z)	2,7	–587	–510	73
CrO₄²⁻(aq)	–	–	–	–881	–728	50
Cr₂O₇²⁻(aq)	–	–	–	–1490	–1301	262
CrF₂(s)	894	>1300	4,1	–778	–736	87
CrF₃(s)	1407 (p)	1200 (s)	3,8	–1173	–1103	94
CrCl₂(s)	814	1300	2,9	–395	–356	115
CrCl₃(s)	1150 (p, z)	945 (z)	2,8	–556	–486	123
CrBr₃(s)	842	(z)	4,6	–433	–406	160
CrI₃(s)	(z)	–	4,9	–205	–205	200
CrCl₃·6 H₂O(s)	83	(z)	1,8			
Cr₂(SO₄)₃(s)	(z)	–	3,0	–2931	–2598	259
KCr(SO₄)₂·12 H₂O(s)	(z)	–	1,8	–5777		
Na₂CrO₄(s)	792	(z)	2,7	–1334	–1227	177
Na₂Cr₂O₇(s)	357	(z)		–1979		
K₂CrO₄(s)	975	(z)	2,7	–1404	–1296	200
K₂Cr₂O₇(s)	398	(z)	2,7	–2062	–1882	291
PbCrO₄(s)	844	(z)	6,1	–931		
Cobalt						
Co(s)	1495	≈2900	8,9	0	0	30
Co(g)	–	–		427	382	180

Formel	Schmelz-temperatur (°C)	Siede-temperatur (°C)	Dichte (g · cm^{-3})	ΔH_f^0 (kJ · mol^{-1})	ΔG_f^0 (kJ · mol^{-1})	S^0 (J · mol^{-1} · K^{-1})
Co^{2+}(aq)	–	–	–	–58	–54	–155
Co^{3+}(aq)	–	–	–	92	134	–368
CoO(s)	1795	(z)	6,5	–238	–214	53
Co(OH)$_2$(s)	(z)	–	3,6	–541	–460	93
CoF$_2$(s)	1127	1747	4,5	–672	–627	82
CoF$_3$(s)	927	(z)	3,9	–790	–719	95
CoCl$_2$(s)	740	1049	3,4	–313	–270	109
CoBr$_2$(s)	678	927	4,9	–216	–202	134
CoI$_2$(s)	515	827	5,6	–86	–88	153
CoCl$_2$ · 6 H$_2$O(s)	54	(z)	1,9	–2115	–1725	343
CoCO$_3$(s)	(z)	–	4,1	–713	–637	89
Co(NO$_3$)$_2$ · 6 H$_2$O(s)	56	(z)	1,9	–2216		
CoSO$_4$(s)	(z)	–	3,7	–888	–782	117
CoSO$_4$ · 7 H$_2$O(s)	(z)	–	1,9	–2980	–2474	406

Eisen

Formel	Schmelz-temperatur (°C)	Siede-temperatur (°C)	Dichte (g · cm^{-3})	ΔH_f^0 (kJ · mol^{-1})	ΔG_f^0 (kJ · mol^{-1})	S^0 (J · mol^{-1} · K^{-1})
Fe(s)	1536	≈2860	7,9	0	0	27
Fe(g)	–	–	–	413	368	180
Fe^{2+}(aq)	–	–	–	–89	–85	–138
Fe^{3+}(aq)	–	–	–	–49	–10	–316
[Fe(CN)$_6$]$^{4-}$(aq)	–	–	–	456	695	179
[Fe(CN)$_6$]$^{3-}$(aq)	–	–	–	562	729	333
Fe$_{0,95}$O(s)	1360	(z)	5,7	–266	–245	59
Fe$_3$O$_4$(s)	1597	(z)	5,2	–1116	–1013	143
Fe$_2$O$_3$(s)	1565	(z)	5,2	–823	–741	87
Fe(OH)$_2$(s)	(z)	–	3,9	–574	–492	88
Fe(OH)$_3$(s)	(z)	–	3,9	–833	–706	105
FeS(s)	1195	(z)	4,8	–102	–102	60
FeS$_2$(s) (Pyrit)	1171	(z)	5,0	–172	–161	53
FeF$_2$(s)	1100	≈1800	4,1	–706	–663	87
FeF$_3$(s)		≈1000 (s)	3,5	–1042	–972	98
FeCl$_2$(s)	677	1024	2,9	–342	–302	118
FeCl$_3$(s)	304	331	3,2	–399	–335	148
FeBr$_2$(s)	691	933	4,6	–249	–239	141
FeI$_2$(s)	587	1061	5,3	–105	–112	167
FeCl$_2$ · 4 H$_2$O(s)	(z)	–	1,9	–1149		
FeCl$_3$ · 6 H$_2$O(s)	(z)	–	2,9	–2224		
FeCO$_3$(s)	(z)	–	3,8	–741	–667	93
Fe(NO$_3$)$_3$ · 9 H$_2$O(s)	(z)	–	1,7	–3285		
FeSO$_4$(s)	1178	(z)	3,1	–929	–825	121
FeSO$_4$ · 7 H$_2$O(s)	(z)	–	1,9	–3015	–2510	409
Fe$_2$(SO$_4$)$_3$(s)	(z)	–	3,1	–2583	–2263	308

Fluor

Formel	Schmelz-temperatur (°C)	Siede-temperatur (°C)	Dichte (g · cm^{-3})	ΔH_f^0 (kJ · mol^{-1})	ΔG_f^0 (kJ · mol^{-1})	S^0 (J · mol^{-1} · K^{-1})
F$_2$(g)	–220	–188	1,5 (l)	0	0	203
F(g)	–	–	–	79	62	159
F$^-$(aq)	–	–	–	–335	–281	–14
HF(g)	–83	20	0,99 (l)	–271	–275	174

Gallium

Formel	Schmelz-temperatur (°C)	Siede-temperatur (°C)	Dichte (g · cm^{-3})	ΔH_f^0 (kJ · mol^{-1})	ΔG_f^0 (kJ · mol^{-1})	S^0 (J · mol^{-1} · K^{-1})
Ga(s)	30	≈2200	5,9	0	0	41
Ga(g)	–	–	–	271	233	169

Formel	Schmelz-temperatur (°C)	Siede-temperatur (°C)	Dichte (g·cm^{-3})	ΔH_f^0 (kJ·mol^{-1})	ΔG_f^0 (kJ·mol^{-1})	S^0 (J·mol^{-1}·K^{-1})
Ga^{3+}(aq)	–	–	–	–212	–159	–331
Ga$_2$O$_3$(s)	1795	(z)	5,9	–1089	–998	85
Ga(OH)$_3$(s)	(z)	–	3,8	–964	–832	100
Ga$_2$S$_3$(s)	1250	(z)	3,6	–516	–505	142
GaF$_3$(s)		≈950 (s)	4,5	–1175	–1101	96
GaCl$_3$(s)	78	201	2,5	–525	–453	135
GaBr$_3$(s)	122	279	3,7	–387	–360	180
GaI$_3$(s)	212	340	4,2	–239	–236	204
GaAs(s)	1238	(z)	5,3	–74	–70	64
Germanium						
Ge(s)	938	2833	5,3	0	0	31
Ge(g)	–	–		375	334	168
GeH$_4$(g)	–165	–88	1,5 (l)	91	113	217
GeO(s)	700	709	1,8	–211	–186	50
GeO$_2$(s)	1115	(z)	4,2	–558	–504	55
GeS(s)	665	847	4,0	–69	–71	71
GeS$_2$(s)	840	(z)	2,9	–157	–155	87
GeF$_4$(g)	–15	–37		–1190	–1150	302
GeCl$_4$(l)	–50	84	1,9	–532	–463	246
GeBr$_4$(l)	26	189	3,1	–348	–332	281
GeI$_4$(s)	146	(z)	4,3	–142	–144	271
Ge$_3$N$_4$(s)	(z)	–	5,2	–63	33	155
Gold						
Au(s)	1064	≈2600	19,3	0	0	48
Au(g)	–	–		368	329	180
Au$^+$(aq)	–	–	–		162	
Au^{3+}(aq)	–	–	–		411	
AuF$_3$(s)		300 (s)		–364	–293	114
AuCl(s)	420 (z)		7,8	–38	–17	90
AuCl$_3$(s)		(z)	4,7	–117	–51	162
Hafnium						
Hf(s)	2230	≈4700	13,3	0	0	44
Hf(g)	–	–		619	576	187
HfO$_2$(s)	2810	(z)	9,7	–1118	–1061	59
HfCl$_4$(s)	432	319 (s)	3,9	–990	–901	191
Indium						
In(s)	157	2080	7,3	0	0	58
In(g)	–	–		246	212	174
In^{3+}(aq)	–	–	–	–105	–151	–98
In$_2$O$_3$(s)	1910	(z)	7,2	–926	–831	104
In$_2$S$_3$(s)	1050	(z)	4,9	–356	–342	164
InF$_3$(s)	1172	1904	4,4	–1190	–1115	110
InCl(s)	225	608	4,2	–186	–164	95
InCl$_3$(s)	583	506	4,0	–537	–462	141
InI(s)	365	713	5,3	–116	–118	124

Formel	Schmelz-temperatur (°C)	Siede-temperatur (°C)	Dichte (g · cm⁻³)	ΔH_f^0 (kJ · mol⁻¹)	ΔG_f^0 (kJ · mol⁻¹)	S^0 (J · mol⁻¹ · K⁻¹)
Iod						
I_2(s)	114	184	4,9	0	0	116
I_2(g)	–	–		62	19	260
I(g)	–	–		107	70	181
HI(g)	–51	–35	2,8 (l)	26	2	207
I^-(aq)	–	–	–	–55	–52	106
I_3^-(aq)	–	–	–	–51	–51	239
IO_3^-(aq)	–	–	–	–221	–128	118
IF_5(g)	9	105	3,1 (l)	–840	–754	335
IF_7(g)	6	5	2,7 (l)	–961	–836	348
ICl(s)	27	98	3,1	–35	–14	98
ICl_3(s)	(z)	–	3,1	–89	–22	167
Kalium						
K(s)	63	759	0,9	0	0	65
K(g)	–	–		89	61	160
K^+(aq)	–	–	–	–252	–284	101
KH(s)	(z)	–	1,4	–58	–53	50
K_2O(s)	(z)	–	2,3	–362	–321	94
K_2O_2(s)	490	(z)		–494	–425	102
KO_2(s)	510	1340	2,1	–285	–239	117
KOH(s)	406	1320	2,0	–425	–379	79
K_2S(s)	948	(z)	1,8	–377	–364	115
KF(s)	858	1505	2,5	–569	–540	67
KCl(s)	770	1437	2,0	–437	–409	83
KBr(s)	734	≈1400	2,7	–394	–381	96
KI(s)	681	1330	3,1	–328	–325	106
KCN(s)	622	1625	1,5	–113	–102	128
KSCN(s)	173	(z)	1,9	–200	–178	124
KBF_4(s)	530	(z)	2,5	–1887	–1784	134
K_2CO_3(s)	901	(z)	2,4	–1151	–1064	156
$KHCO_3$(s)	(z)	–	2,2	–963	–864	116
KNO_2(s)	440	(z)	1,9	–370	–307	152
KNO_3(s)	334	(z)	2,1	–495	–395	133
K_2SO_4(s)	1069	1689	2,7	–1438	–1321	176
$KHSO_4$(s)	214	(z)	2,3	–1161	–1031	138
$K_2S_2O_7$(s)	≈300	(z)	2,3	–1987	–1792	255
$K_2S_2O_8$(s)	(z)	–	2,5	–1916	–1697	279
$KClO_3$(s)	356	(z)	2,3	–398	–296	143
$KClO_4$(s)	(z)	–	2,5	–430	–300	151
Kohlenstoff						
C(s) (Graphit)		≈3700	2,3	0	0	6
C(s) (Diamant)		≈3700	3,5	2	3	2
C(g)	–	–		717	671	158
CO_3^{2-}(aq)	–	–	–	–675	–528	–50
HCO_3^-(aq)	–	–	–	–692	–587	95
CH_4(g)	–184	–164		–75	–51	186
C_2H_6(g)	–172	–89		–85	–33	230

Formel	Schmelz-temperatur (°C)	Siede-temperatur (°C)	Dichte (g·cm^{-3})	ΔH_f^0 (kJ·mol^{-1})	ΔG_f^0 (kJ·mol^{-1})	S^0 (J·mol^{-1}·K^{-1})
CO(g)	−205	−192	1,25 (l)	−111	−137	198
CO$_2$(g)	−57 (p)	−78 (s)	1,1 (l), 1,6 (s)	−394	−394	214
CS(g)	−	−		280	228	211
CS$_2$(l)	−111	46	1,3	89	64	151
CS$_2$(g)	−	−		117	67	238
CF$_4$(g)	−184	−128	2,0 (l)	−933	−888	262
CCl$_4$(l)	−23	77	1,6	−135	−65	216
CBr$_4$(s)	91	190	3,4	19	48	213
COCl$_2$(g)	−128	8	1,4	−219	−205	284
HCN(g)	−13	26	0,7 (l)	135	125	202
CN$^-$(aq)	−	−	−	151	172	94
SCN$^-$(aq)	−	−	−	76	93	144
Kupfer						
Cu(s)	1085	2570	9,0	0	0	33
Cu(g)	−	−		337	298	166
Cu$^+$(aq)	−	−	−	72	50	41
Cu^{2+}(aq)	−	−	−	65	66	−98
Cu$_2$O(s)	1235	(z)	6,0	−171	−148	92
CuO(s)	1326	(z)	6,4	−156	−129	43
Cu(OH)$_2$(s)	(z)	−	3,4	−450	−373	108
Cu$_2$S(s)	1130	(z)	5,6	−80	−86	121
CuS(s)	(z)	−	4,6	−54	−55	67
CuF$_2$(s)	836	1670	4,2	−539	−492	77
CuCl(s)	457	1210	4,1	−137	−120	87
CuCl$_2$(s)	(z)	−	3,4	−218	−174	108
CuCl$_2$·2H$_2$O(s)	(z)	−	2,5	−821	−656	167
CuBr(s)	504	1355	5,1	−105	−101	96
CuBr$_2$(s)	(z)	−	4,8	−139	−122	129
CuI(s)	605	(z)	5,6	−68	−69	97
Cu(NO$_3$)$_2$·2,5H$_2$O(s)	(z)	−	2,3	−1080		
CuSO$_4$(s)	(z)	−	3,6	−770	−661	109
CuSO$_4$·5H$_2$O(s)	(z)	−	2,3	−2280	−1880	300
Lanthan						
La(s)	920	≈3450	6,1	0	0	57
La(g)	−	−		431	394	182
La$_2$O$_3$(s)	2320	(z)	6,5	−1794	−1706	127
LaF$_3$(s)	1493	2296	5,9	−1700	−1624	107
LaCl$_3$(s)	858	1945	3,8	−1071	−995	138
Lithium						
Li(s)	181	1347	0,5	0	0	29
Li(g)	−	−		159	127	139
Li$^+$(aq)				−278	−293	12
LiH(s)	689	(z)	0,8	−91	−68	20
Li$_2$O(s)	1570	(z)	2,0	−598	−561	38
LiOH(s)	471	1039	1,5	−485	−445	43
LiOH·H$_2$O(s)	(z)	−	1,5	−788	−681	71
Li$_2$S(s)	900	(z)	1,7	−441	−433	61

Formel	Schmelz-temperatur (°C)	Siede-temperatur (°C)	Dichte (g · cm^{-3})	ΔH_f^0 (kJ · mol^{-1})	ΔG_f^0 (kJ · mol^{-1})	S^0 (J · mol^{-1} · K^{-1})
LiF(s)	845	1676	2,6	−616	−588	36
LiCl(s)	610	1360	2,1	−409	−384	59
LiCl · H$_2$O(s)	(z)	−	1,8	−713	−632	103
LiBr(s)	550	≈1300	3,5	−351	−342	74
LiI(s)	449	1180	4,1	−270	−270	87
Li$_3$N(s)	813	(z)	1,3	−165	−129	63
Li$_2$CO$_3$(s)	720	(z)	2,1	−1216	−1132	90
LiNO$_3$(s)	260	(z)	2,4	−483	−381	90
LiNO$_3$ · 3 H$_2$O(s)	30	(z)	1,6	−1374	−1104	223
Li$_2$SO$_4$(s)	859	(z)	2,2	−1436	−1322	115
Li$_2$SO$_4$ · H$_2$O(s)	(z)	−	2,1	−1736	−1566	164
LiAlH$_4$(s)	(z)	−	0,9	−117	−48	88

Magnesium

Formel	Schmelz-temperatur (°C)	Siede-temperatur (°C)	Dichte (g · cm^{-3})	ΔH_f^0 (kJ · mol^{-1})	ΔG_f^0 (kJ · mol^{-1})	S^0 (J · mol^{-1} · K^{-1})
Mg(s)	650	1093	1,7	0	0	33
Mg(g)	−	−	−	147	112	149
Mg^{2+}(aq)	−	−	−	−467	−455	−137
MgH$_2$(s)	(z)	−	1,4	−76	−37	31
MgO(s)	≈2830	≈3600	3,6	−601	−568	27
Mg(OH)$_2$(s)	(z)	−	2,4	−925	−834	63
MgS(s)	≈2000	(z)	2,8	−346	−342	50
MgF$_2$(s)	1263	≈2260	3,1	−1124	−1071	57
MgCl$_2$(s)	714	1437	2,4	−644	−595	90
MgCl$_2$ · 6 H$_2$O(s)	117	(z)	1,6	−2499	−2115	366
MgBr$_2$(s)	711	1160	3,7	−524	−504	117
MgBr$_2$ · 6 H$_2$O(s)	(z)	−	2,0	−2410	−2056	397
MgI$_2$(s)	634	982	4,4	−367	−361	130
Mg$_3$N$_2$(s)	(z)	−	2,7	−461	−402	94
MgCO$_3$(s)	540 (z)	−	3,1	−1112	−1028	66
MgSO$_4$(s)	1127	(z)	2,7	−1262	−1148	92
MgSO$_4$ · 7 H$_2$O(s)	(z)	−	1,7	−3389	−2872	372

Mangan

Formel	Schmelz-temperatur (°C)	Siede-temperatur (°C)	Dichte (g · cm^{-3})	ΔH_f^0 (kJ · mol^{-1})	ΔG_f^0 (kJ · mol^{-1})	S^0 (J · mol^{-1} · K^{-1})
Mn(s)	1246	≈2060	7,5	0	0	32
Mn(g)	−	−	−	283	240	174
Mn^{2+}(aq)	−	−	−	−221	−228	−74
MnO$_4^-$(aq)	−	−	−	−541	−447	191
MnO(s)	≈1850	(z)	5,4	−383	−360	59
Mn$_3$O$_4$(s)	1564	(z)	4,8	−1388	−1283	156
Mn$_2$O$_3$(s)	(z)	−	4,5	−959	−881	110
MnO$_2$(s)	(z)	−	5,0	−522	−467	53
Mn(OH)$_2$(s)	(z)	−	3,3	−695	−615	99
Mn$_2$O$_7$(s)	6	(z)	2,4	−728		
MnS(s)	≈1600	(z)	4,0	−214	−218	78
MnF$_2$(s)	900	1742	4,0	−847	−805	93
MnCl$_2$(s)	654	1231	3,0	−481	−441	118
MnCl$_2$ · 4 H$_2$O(s)	(z)	−	2,0	−1687	−1424	303
MnBr$_2$(s)	698	1027	4,4	−385	−371	138
MnCO$_3$(s)	(z)	−	3,1	−882	−811	106

Formel	Schmelz-temperatur (°C)	Siede-temperatur (°C)	Dichte (g·cm^{-3})	ΔH_f^0 (kJ·mol^{-1})	ΔG_f^0 (kJ·mol^{-1})	S^0 (J·mol^{-1}·K^{-1})
Mn(NO$_3$)$_2$·6H$_2$O(s)	25	(z)	1,8	−2372		
MnSO$_4$(s)	700	(z)	3,2	−1065	−957	112
MnSO$_4$·H$_2$O(s)	(z)	−	2,9	−1349		
MnSO$_4$·5H$_2$O(s)	55	(z)	2,1	−2553		
MnSO$_4$·7H$_2$O(s)	24	(z)	2,1	−3139		
KMnO$_4$(s)	(z)	−	2,7	−837	−738	172

Molybdän

Mo(s)	2620	≈4680	10,2	0	0	29
Mo(g)	−	−		659	614	182
MoO$_2$(s)	(z)	−	6,5	−589	−533	46
MoO$_3$(s)	801	1107	4,7	−745	−668	78
MoS$_2$(s)	1185	(z)	4,8	−276	−267	63

Natrium

Na(s)	98	883	1,0	0	0	51
Na(g)	−	−		107	78	154
Na$^+$(aq)	−	−	−	−240	−262	58
NaH(s)	638	(z)	1,4	−56	−33	40
Na$_2$O(s)	1132	(z)	2,3	−418	−379	75
Na$_2$O$_2$(s)	675	(z)	2,8	−513	−450	95
NaOH(s)	323	1555	2,1	−425	−379	64
NaOCN(s)	(z)	−	1,9	−405	−358	97
Na$_2$S(s)	1172	(z)	1,9	−366	−355	96
NaF(s)	996	1802	2,8	−574	−544	51
NaCl(s)	801	1484	2,2	−411	−384	72
NaBr(s)	747	1390	3,2	−361	−349	87
NaI(s)	660	1304	3,7	−288	−286	99
NaBH$_4$(s)	(z)	−	1,1	−192	−127	101
NaCN(s)	564	1496	1,5	−91	−80	116
Na$_2$CO$_3$(s)	851	(z)	2,5	−1131	−1044	135
Na$_2$CO$_3$·H$_2$O(s)	(z)	−	2,3	−1431	−1285	168
Na$_2$CO$_3$·10H$_2$O	32	(z)	1,4	−4081	−3428	563
NaHCO$_3$(s)	(z)	−	2,2	−936	−836	102
NaN$_3$(s)	(z)	−	1,8	22	94	97
NaNO$_2$(s)	280	(z)	2,2	−359	−285	104
NaNO$_3$(s)	314	(z)	2,3	−468	−367	117
Na$_2$SiO$_3$(s)	1089	(z)	2,4	−1561	−1469	114
Na$_3$PO$_4$(s)	1340	(z)	2,5	−1917	−1789	174
Na$_3$PO$_4$(s)·12H$_2$O(s)	76	(z)	1,6	−5477		
Na$_2$HPO$_4$(s)	(z)	−	1,7	−1748	−1608	150
Na$_2$HPO$_4$·12H$_2$O(s)	36	(z)	1,5	−5298	−4468	634
NaH$_2$PO$_4$·2H$_2$O(s)	60	(z)	1,9	−2128		
NaSCN(s)	287	(z)	1,7	−171		
Na$_2$SO$_3$(s)	(z)	−	2,6	−1101	−1012	146
Na$_2$SO$_3$·7H$_2$O(s)	(z)	−	1,6	−3162	−2676	444
Na$_2$SO$_4$(s)	884	(z)	2,7	−1381	−1267	160
Na$_2$SO$_4$·10H$_2$O(s)	32	(z)	1,5	−4327	−3647	592
NaHSO$_4$(s)	315	(z)	2,4	−1126	−993	113
Na$_2$S$_2$O$_3$(s)	(z)		2,3	−1123	−1028	155

Physikalische Eigenschaften anorganischer Stoffe   795

Formel	Schmelz-temperatur (°C)	Siede-temperatur (°C)	Dichte (g·cm⁻³)	ΔH_f^0 (kJ·mol⁻¹)	ΔG_f^0 (kJ·mol⁻¹)	S^0 (J·mol⁻¹·K⁻¹)
$Na_2S_2O_3 \cdot 5H_2O(s)$	48	(z)	1,7	−2608	−2230	372
$Na_2S_2O_7(s)$	401	(z)	2,7			
$NaClO_3(s)$	248	(z)	2,5	−358	−254	123
$NaClO_4(s)$	482	(z)	2,5	−378	−250	142
$NaBrO_3(s)$	381	(z)	3,3	−334	−243	129
$NaIO_3(s)$	(z)	−	4,3	−482		
$NaIO_4(s)$	(z)	−	3,9	−429	−323	163

Nickel

Formel	Schmelz-temperatur (°C)	Siede-temperatur (°C)	Dichte (g·cm⁻³)	ΔH_f^0 (kJ·mol⁻¹)	ΔG_f^0 (kJ·mol⁻¹)	S^0 (J·mol⁻¹·K⁻¹)
$Ni(s)$	1455	≈2880	8,9	0	0	30
$Ni(g)$	−	−		431	386	182
$Ni^{2+}(aq)$	−	−	−	−54	−46	−129
$NiO(s)$	1984	(z)	6,7	−240	−212	38
$Ni(OH)_2(s)$	(z)	−	4,1	−530	−447	88
$NiF_2(s)$	1450	1740	4,7	−658	−611	74
$NiCl_2(s)$	1030 (p)	970 (s)	3,6	−305	−259	98
$NiCl_2 \cdot 6H_2O(s)$	(z)	−	1,9	−2103	−1714	344
$NiBr_2(s)$	963 (p)	920 (s)	5,1	−212	−194	122
$NiI_2(s)$	797	(z)	5,8	−78	−76	139
$NiS(s)$	976	(z)	5,3	−88	−86	53
$NiAs(s)$	968	(z)	7,8	−72	−68	52
$NiCO_3(s)$	(z)	−	4,4	−695	−618	86
$Ni(CO)_4(g)$	−25	43	1,3 (l)	−602	−549	415
$Ni(NO_3)_2 \cdot 6H_2O(s)$	57	(z)	2,1	−2212		
$NiSO_4(s)$	(z)	−	3,7	−873	−762	101
$NiSO_4 \cdot 7H_2O(s)$	(z)	−	1,9	−2976	−2462	379

Niob

Formel	Schmelz-temperatur (°C)	Siede-temperatur (°C)	Dichte (g·cm⁻³)	ΔH_f^0 (kJ·mol⁻¹)	ΔG_f^0 (kJ·mol⁻¹)	S^0 (J·mol⁻¹·K⁻¹)
$Nb(s)$	≈2480	≈4850	8,6	0	0	37
$Nb(g)$	−	−		733	689	186
$NbO_2(s)$	1915	(z)	5,9	−795	−739	55
$Nb_2O_5(s)$	1510	(z)		−1900	−1766	137
$NbF_5(s)$	80	236	3,3	−1814	−1699	160
$NbCl_5(s)$	206	247	2,8	−797	−684	214
$NbBr_5(s)$	268	362	4,4	−556	−509	259

Phosphor

Formel	Schmelz-temperatur (°C)	Siede-temperatur (°C)	Dichte (g·cm⁻³)	ΔH_f^0 (kJ·mol⁻¹)	ΔG_f^0 (kJ·mol⁻¹)	S^0 (J·mol⁻¹·K⁻¹)
$P(s)$ (weiß)	44	280	1,8	0	0	41
$P(s)$ (rot)	590 (p)	≈400 (s)	2,3	−18	−12	23
$P_4(g)$	−	−		59	24	280
$P_2(g)$	−	−		144	103	218
$P(g)$	−	−		334	298	163
$PH_3(g)$	−133	−87	0,7 (l)	5	13	210
$P_4O_{10}(s)$	420 (p)	358 (s)	2,4	−3010	−2726	229
$H_3PO_4(s)$	42	(z)	1,8	−1279	−1119	110
$PF_3(g)$	−151	−101	1,6 (l)	−958	−937	273
$PF_5(g)$	−94	−85		−1594	−1521	301
$PCl_3(l)$	−94	76	1,6	−320	−272	217
$PCl_3(g)$	−	−	−	−289	−270	312
$PCl_5(s)$	153 (p)	152 (s, z)	2,1	−446	−327	200
$PCl_5(g)$	−	−		−375	−305	365

Formel	Schmelz-temperatur (°C)	Siede-temperatur (°C)	Dichte (g·cm⁻³)	ΔH_f^0 (kJ·mol⁻¹)	ΔG_f^0 (kJ·mol⁻¹)	S^0 (J·mol⁻¹·K⁻¹)
PBr_3(l)	−40	173	2,9	−185	−175	236
PBr_5(s)	(z)	−	3,5	−270		
PI_3(s)	19	80	2,9	−46		
$POCl_3$(l)	1	108	1,7	−597	−521	223
Quecksilber						
Hg(l)	−39	357	13,5	0	0	76
Hg(g)	−	−		61	32	175
Hg_2^{2+}(aq)	−	−	−	167	154	66
Hg^{2+}(aq)	−	−	−	170	165	−36
HgO(s)	(z)	−	11,1	−91	−59	70
HgS(s) (rot)	(z)	−	8,1	−53	−56	82
Hg_2F_2(s)	(z)	−	8,7	−497	−439	161
HgF_2(s)	645	647	8,6	−423	−374	116
Hg_2Cl_2(s)	≈520	382 (s, z)	7,2	−265	−211	192
$HgCl_2$(s)	277	304	5,4	−230	−184	145
Hg_2Br_2(s)		393 (s, z)	7,3	−210	−186	224
$HgBr_2$(s)	241	320	6,1	−171	−153	172
HgI_2(s)	257	354	6,3	−105	−102	181
Rubidium						
Rb(s)	39	688	1,5	0	0	77
Rb(g)	−	−		81	53	170
Rb⁺(aq)	−	−	−	−251	−284	122
RbH(s)	(z)	−	2,6	−52	−27	59
Rb_2O(s)	505	−	3,7	−339	−300	126
Rb_2O_2(s)	570	(z)	3,6	−472		
RbO_2(s)	432	(z)	3,8	−279	−234	130
RbOH(s)	385		3,2	−419	−373	92
Rb_2S(s)	(z)	−	2,9	−361	−324	133
RbF(s)	795	1410	3,6	−556	−526	78
RbCl(s)	715	1390	2,8	−435	−408	95
RbBr(s)	682	1340	3,4	−395	−382	110
RbI(s)	647	1300	3,6	−332	−327	119
Rb_2CO_3(s)	873	(z)	3,5	−1133	−1048	181
$RbNO_3$(s)	310	(z)	3,1	−495	−396	147
Rb_2SO_4(s)	1060	(z)	3,6	−1436	−1317	197
Sauerstoff						
O_2(g)	−219	−183	1,1 (l)	0	0	205
O_3(g)	−193	−111	1,6 (l)	143	163	239
O(g)	−	−		249	232	161
OH⁻(aq)				−230	−157	−11
OF_2(g)	−224	−145	1,9	25	43	247
H_2O(l)	0	100	1,0	−286	−237	70
H_2O(g)	−	−		−242	−229	189
H_2O_2(l)	0	150	1,4	−188	−120	110

Physikalische Eigenschaften anorganischer Stoffe

Formel	Schmelz-temperatur (°C)	Siede-temperatur (°C)	Dichte (g·cm⁻³)	ΔH_f^0 (kJ·mol⁻¹)	ΔG_f^0 (kJ·mol⁻¹)	S^0 (J·mol⁻¹·K⁻¹)
Schwefel						
S(s) (rhombisch)	115	445	2,1	0	0	32
S(g)	–	–		277	236	168
S_2(g)	–	–		129	80	228
S_8(g)	–	–		98	46	430
S^{2-}(aq)	–	–	–	33	86	–15
H_2S(g)	–86	–60		–21	–35	206
HS^-(aq)	–	–	–	–16	12	67
SO_2(g)	–75	–10	1,4 (l)	–297	–300	248
SO_3(g)	62 (α), 33 (β)	45 (β)	2,0 (β)	–396	–371	257
SO_3^{2-}(aq)	–	–	–	–635	–487	–29
SO_4^{2-}(aq)	–	–	–	–909	–744	19
H_2SO_4(l)	10	280	1,8	–814	–690	157
$S_2O_3^{2-}$(aq)	–	–	–	–652	–522	67
SF_2(g)		–35		–297	–304	258
SF_4(g)	–124	–40	1,9 (l)	–763	–722	300
SF_6(g)	–51 (p)	–64 (s)	1,9 (l)	–1220	–1116	292
SOF_2(g)	–110	–44	1,8 (l)	–544	–527	279
S_2Cl_2(l)	–80	136	1,7	–58	–39	224
SCl_2(l)	–78	60 (z)	1,6	–50	–28	184
$SOCl_2$(l)	–104	76	1,6	–247	–202	207
SO_2Cl_2(l)	–54	69	1,7	–394	–315	196
Selen						
Se(s) (grau)	220	685	4,8	0	0	42
Se(g)	–	–		235	195	177
Se_2(g)	–	–		137	89	244
Se_8(g)	–	–		152	94	531
SeO_2(s)	340 (p)	317 (s)	4,0	–225	–171	67
SeO_3(s)	118	(z)	3,6	–170	–94	96
SeF_6(g)	–39 (p)	–47 (s)	3,0	–1117	–1017	314
$SeCl_4$(s)	305 (p)	196 (s)	3,8	–189	–101	195
SeO_4^{2-}(aq)	–	–		–599	–441	54
Silber						
Ag(s)	962	≈2200	10,5	0	0	43
Ag(g)	–	–		284	245	173
Ag^+(aq)	–	–	–	106	77	73
Ag_2O(s)	(z)	–	7,1	–31	–11	121
Ag_2S(s)	825	(z)	7,3	–32	–40	144
Ag_2Se(s)	880	(z)	8,2	–16	–23	150
AgF(s)	435	1147	5,9	–205	–187	84
AgCl(s)	455	1564	5,6	–127	–110	96
AgBr(s)	430	1560	6,5	–101	–98	107
AgI(s)	558	(z)	5,7	–62	–66	116
Ag_2CO_3(s)	(z)	–	6,1	–506	–437	167
AgCN(s)	(z)	–	3,9	146	157	107
$AgNO_3$(s)	212	(z)	4,4	–124	–33	141
Ag_2SO_4(s)	652	(z)	5,5	–717	–619	200

Formel	Schmelz-temperatur (°C)	Siede-temperatur (°C)	Dichte (g·cm⁻³)	ΔH_f^0 (kJ·mol⁻¹)	ΔG_f^0 (kJ·mol⁻¹)	S^0 (J·mol⁻¹·K⁻¹)
Silicium						
Si(s)	1412	3220	2,3	0	0	19
Si(g)	–	–		450	406	168
SiH$_4$(g)	–185	–112	0,7 (l)	34	57	205
Si$_2$H$_6$(g)	–133	–15	0,7	80	127	274
SiO$_2$(s) (α-Quarz)	1723 (Cristobalit)	(z)	2,6	–911	–856	41
SiS$_2$(s)	1090	(z)	2,0	–213	–213	80
SiF$_4$(g)	–90 (p)	–96 (s)	1,7 (l)	–1615	–1573	283
SiCl$_4$(l)	–70	57	1,5	–694	–626	237
SiBr$_4$(l)	5	154	2,8	–457	–444	278
SiI$_4$(s)	120	288	4,2	–192	–193	255
SiC(s)	(z)	–	3,2	–72	–70	17
Si$_3$N$_4$(s)	(z)	–	3,4	–745	–647	113
Stickstoff						
N$_2$(g)	–210	–196	0,8 (l)	0	0	192
N(g)	–	–		473	456	153
N$_3^-$(aq)	–	–	–	275	348	108
NH$_3$(g)	–78	–34	0,7 (l)	–46	–16	193
NH$_3$(aq)	–	–	–	–80	–27	111
N$_2$H$_4$(l)	1	114	1,0	51	149	121
N$_2$H$_4$·2HCl(s)	(z)	–	1,4	–367		
N$_2$H$_4$·H$_2$SO$_4$(s)	254	(z)	1,4	–959		
HN$_3$(l)	–80	37	1,1	264	327	141
NH$_2$OH(l)	33	57	1,2	–114		
N$_2$O(g)	–91	–88	1,2 (l)	82	104	220
NO(g)	–164	–152	1,3 (l)	90	87	211
NO$_2$(g)	–11	21	1,4 (l)	33	51	240
N$_2$O$_4$(g)	–11	21	1,4 (l)	9	98	304
N$_2$O$_5$(g)	(z)	–	2,0 (l)	11	118	347
NOCl(g)	–62	–6	1,4 (l)	52	66	262
NO$_2^-$(aq)	–	–	–	–105	–32	123
NO$_3^-$(aq)	–	–	–	–207	–111	147
HNO$_3$(l)	–42	83	1,5	–174	–81	156
Strontium						
Sr(s)	777	1412	2,7	0	0	56
Sr(g)	–	–		164	132	165
Sr^{2+}(aq)	–	–		–546	–559	–33
SrH$_2$(s)	(z)	–	3,7	–180	–140	50
SrO(s)	2665	(z)	4,7	–592	–561	56
Sr(OH)$_2$(s)	510	(z)	3,6	–969	–881	97
SrS(s)	2002	(z)	3,7	–469	–465	68
SrF$_2$(s)	1477	2460	4,2	–1217	–1166	82
SrCl$_2$(s)	874	1250	3,1	–829	–781	115
SrCl$_2$·6H$_2$O(s)	(z)	–	1,9	–2624	–2241	391
SrBr$_2$(s)	657	≈2050	4,2	–718	–699	144
SrI$_2$(s)	538	1910	4,5	–561	–558	159
SrCO$_3$(s)	1270 (z)	–	3,7	–1235	–1155	97

Formel	Schmelz-temperatur (°C)	Siede-temperatur (°C)	Dichte (g·cm^{-3})	ΔH_f^0 (kJ·mol^{-1})	ΔG_f^0 (kJ·mol^{-1})	S^0 (J·mol^{-1}·K^{-1})
Sr(NO$_3$)$_2$(s)	645	(z)	3,0	−978	−780	195
SrSO$_4$(s)	1605	(z)	4,0	−1453	−1341	117
Tantal						
Ta(s)	≈2990	≈5500	16,7	0	0	42
Ta(g)	–	–		782	739	185
Ta$_2$O$_5$(s)	1785	(z)	8,2	−2046	−1911	143
TaF$_5$(s)	97	230	5,2	−1904	−1791	170
TaCl$_5$(s)	217	233	3,7	−859	−746	222
TaBr$_5$(s)	280	349	5,0	−606	−552	240
Tellur						
Te(s)	450	990	6,2	0	0	50
Te(g)	–	–		211	171	183
Te$_2$(g)	–	–		160	112	262
TeF$_6$(g)	−38 (p)	−39 (s)	2,6 (l)	−1369	−1273	336
TeO$_2$(s)	733	1260	5,9	−323	−269	74
TeCl$_4$(s)	224	414	7,1	−324	−236	201
H$_6$TeO$_6$(s)	136	(z)	3,1	−1299		
Thallium						
Tl(s)	304	1457	11,9	0	0	64
Tl(g)	–	–		182	148	181
Tl$^+$(aq)	–	–	–	5	−32	125
Tl^{3+}(aq)	–	–	–	197	215	−192
Tl$_2$O(s)	596	(z)	9,5	−169	−144	145
Tl$_2$O$_3$(s)	717	(z)	10,2	−395	−313	159
TlOH(s)	(z)	–	7,4	−239	−196	88
TlF(s)	322	776	8,2	−325	−305	96
TlCl(s)	430	810	7,0	−204	−185	111
TlBr(s)	480	815	7,6	−173	−168	123
TlI(s)	440	823	7,3	−124	−125	128
TlNO$_3$(s)	206	430	5,6	−244	−152	161
Titan						
Ti(s)	1670	≈3350	4,5	0	0	31
Ti(g)	–	–		473	428	180
TiO$_2$(s) (Rutil)	1857	(z)	4,2	−944	−890	51
TiF$_4$(s)		283 (s)	2,8	−1649	−1559	134
TiCl$_3$(s)	(z)	–	2,6	−721	−654	140
TiCl$_4$(l)	−24	136	1,7	−804	−737	252
TiBr$_4$(s)	38	230	3,3	−620	−593	243
TiC(s)	3140	(z)	4,9	−185	−181	24
TiN(s)	2930	(z)	5,2	−338	−310	30
Vanadium						
V(s)	1920	≈3400	6,1	0	0	29
V(g)	–	–		516	471	182
VCl$_2$(s)	1347	1377	3,2	−462	−416	97

Formel	Schmelz-temperatur (°C)	Siede-temperatur (°C)	Dichte (g·cm⁻³)	ΔH_f^0 (kJ·mol⁻¹)	ΔG_f^0 (kJ·mol⁻¹)	S^0 (J·mol⁻¹·K⁻¹)
VCl_3(s)	(z)	–	3,0	–581	–511	131
VCl_4(l)	–28	149	1,8	–570	–506	259
VO(s)	1790	(z)	5,6	–432	–404	39
V_2O_3(s)	2070	(z)	4,9	–1219	–1139	98
VO_2(s)	1545	(z)	4,3	–714	–658	47
V_2O_5(s)	670	(z)	3,4	–1551	–1420	131
Wasserstoff						
H_2(g)	–259	–253	0,1 (l)	0	0	131
H(g)	–	–	–	218	203	115
H^+(aq)	–	–	–	0	0	0
Wolfram						
W(s)	≈3410	≈5650	19,3	0	0	33
W(g)	–	–		829	787	174
WO_2(s)	1550	(z)	12,1	–590	–534	51
WO_3(s)	1472	1840	7,2	–843	–764	76
WC(s)	2870	(z)	15,7	–41	–40	35
Xenon						
Xe(g)	–112	–108	2,9 (l)	0	0	170
XeF_2(g)	129 (p)	114 (s)	4,3 (s)	–130	–96	260
XeF_4(g)	117 (p)	116 (s)	4,0 (s)	–215	–138	316
XeF_6(g)	50	76	3,4 (s)	–294		
Zink						
Zn(s)	420	907	7,1	0	0	42
Zn(g)	–	–		130	94	161
Zn^{2+}(aq)	–	–	–	–153	–147	–110
ZnO(s)	1975	(z)	5,6	–350	–320	44
$Zn(OH)_2$(s)	(z)	–	3,1	–642	–554	81
ZnS(s) (Blende)	1720	(z)	4,0	–205	–202	58
ZnF_2(s)	950	1500	5,0	–764	–713	74
$ZnCl_2$(s)	318	732	2,9	–415	–369	111
$ZnBr_2$(s)	394	650	4,2	–330	–313	136
ZnI_2(s)	446	726	4,7	–208	–209	161
$ZnCO_3$(s)	(z)	–	4,4	–818	–737	82
$Zn(NO_3)_2·6H_2O$(s)	(z)	–	2,1	–2307	–1773	457
$ZnSO_4$(s)	(z)	–	3,5	–980	–869	110
$ZnSO_4·7H_2O$(s)	(z)	–	2,0	–3078	–2563	389
Zinn						
Sn(s)	232	2602	7,3	0	0	51
Sn(g)	–	–		301	266	168
Sn^{2+}(aq)	–	–	–	–10	–26	–25
SnO(s)	977	1827	6,4	–286	–257	57
SnO_2(s)	1620	(z)	7,0	–581	–520	52
SnS(s)	882	1230	5,2	–108	–106	77
$SnCl_2$(s)	247	635	3,9	–328	–286	134

Formel	Schmelz-temperatur (°C)	Siede-temperatur (°C)	Dichte (g · cm^{-3})	ΔH_f^0 (kJ · mol^{-1})	ΔG_f^0 (kJ · mol^{-1})	S^0 (J · mol^{-1} · K^{-1})
SnCl$_2$ · 2 H$_2$O(s)	(z)	–	2,7	–921		
SnCl$_4$(l)	–33	114	2,2	–511	–440	259
SnBr$_2$(s)	231	639	5,1	–243	–228	153
SnBr$_4$(s)	30	202	3,3 (l)	–406	–379	264
SnI$_2$(s)	320	717	5,3	–149	–149	168
Zirconium						
Zr(s)	1850	≈ 4400	6,5	0	0	39
Zr(g)	–	–		601	559	181
ZrO$_2$(s)	2680	(z)	5,9	–1101	–1043	50
ZrF$_4$(s)	932 (p)	906 (s)	4,5	–1911	–1810	105
ZrCl$_4$(s)	437 (p)	331 (s)	2,8	–981	–890	182
ZrBr$_4$(s)	450 (p)	357 (s)		–761	–726	225
ZrSiO$_4$(s)	(z)		4,7	–2036	–1922	84

Löslichkeit anorganischer Verbindungen in Wasser bei verschiedenen Temperaturen

Die Zahlenwerte geben an, wie viel Gramm der (wasserfreien) Substanz jeweils mit (insgesamt) 100 g Wasser eine gesättigte Lösung bilden. Die Werte in den beiden letzten Spalten beziehen sich auf die bei 20 °C gesättigte Lösung.

Verbindung (Bodenkörper)	0 °C	20 °C	40 °C	60 °C	80 °C	100 °C	Massen-anteil (%)	Dichte (g · cm^{-3})
Aluminium								
AlCl$_3$ · 6 H$_2$O	44,9	45,6	46,3	47,0	47,7	–	31,3	
Al(NO$_3$)$_3$ · 9 H$_2$O	61,0	75,4	89,0	108,0	–	–	43,0	
Al(NO$_3$)$_3$ · 8 H$_2$O	–	–	–	–	154,0 (90 °C)	166		
Al$_2$(SO$_4$)$_3$ · 18 H$_2$O	31,2	36,4	45,6	58,0	73,0	89,0	26,7	1,308
Ammonium								
NH$_4$Cl	29,7	37,6	46,0	55,3	65,6	77,3	27,3	1,075
NH$_4$Br	60,6	75,5	91,1	107,8	126,7	145,6	43,9	
NH$_4$I	154,2	172,3	190,5	208,9	228,8	250,3	63,3	
NH$_4$NO$_3$	118,5	187,7	283,0	415,0	610,0	1000,0	65,0	1,308
(NH$_4$)$_2$SO$_4$	70,4	75,4	81,2	87,4	94,1	102,0	43,0	1,247
NH$_4$SCN	115,0	163,0	235,0	347,0			62,0	
NH$_4$HCO$_3$	11,9	21,2	36,6	59,2	109,2	355,0	17,5	1,070
(NH$_4$)$_2$Fe(SO$_4$)$_2$ · 6 H$_2$O	17,8	26,9	38,5	53,4	73,0		21,2	1,180
(NH$_4$)$_2$HPO$_4$	57,5	68,6	81,8	97,6	117	144	40,7	
NH$_4$H$_2$PO$_4$	22,7	36,8	56,7	82,9	120,7	174,0	26,9	

Verbindung (Bodenkörper)	0 °C	20 °C	40 °C	60 °C	80 °C	100 °C	Massenanteil (%)	Dichte (g·cm^{-3})
Barium								
$BaCl_2 \cdot 2\,H_2O$	30,7	35,7	40,8	46,4	52,5	58,7	26,3	1,280
$Ba(ClO_3)_2$	16,9	25,3	33,2	40,1	45,9	51,2	20,2	
$Ba(OH)_2 \cdot 8\,H_2O$	1,5	3,9	9,7	21,0	–	–	3,7	1,040
$Ba(OH)_2 \cdot 3\,H_2O$	–	–	–	–	117,0	170,3		
$Ba(NO_3)_2$	5,0	9,1	14,4	20,3	27,2	34,2	8,3	1,069
$BaSO_4$		$2,8 \cdot 10^{-4}$					$2,8 \cdot 10^{-4}$	
Blei								
$PbCl_2$	0,67	0,99	1,45	1,98	2,62	3,31	0,98	1,007
$PbBr_2$	0,46	0,85	1,53	2,36	3,34	4,76	0,843	
PbI_2	0,044	0,07	0,13	0,20	0,30	0,44	0,068	
$Pb(NO_3)_2$	36,4	52,2	69,4	88,0	107,5	127,3	34,3	1,400
$PbSO_4$		$4,1 \cdot 10^{-3}$	$5,1 \cdot 10^{-3}$				$4,1 \cdot 10^{-3}$	
Cadmium								
$CdCl_2 \cdot 2,5\,H_2O$	90,1	111,4	–	–	–	–	52,7	1,710
$CdCl_2 \cdot H_2O$	–	–	135,3	136,9	140,4	147		
$Cd(NO_3)_2 \cdot 9\,H_2O$	106,0	–	–	–	–	–		
$Cd(NO_3)_2 \cdot 4\,H_2O$	–	153,0	199,0	–	–	–	60,5	
$Cd(NO_3)_2$	–	–	–	619,0	646,0	682,0		
$CdSO_4 \cdot 2,67\,H_2O$	75,8	76,7	79,3	81,9	84,6	–	43,4	1,616
Calcium								
CaF_2		$1,7 \cdot 10^{-3}$					$1,7 \cdot 10^{-3}$	
$CaCl_2 \cdot 6\,H_2O$	60,3	74,5	–	–	–	–	42,7	1,430
$CaCl_2 \cdot 2\,H_2O$	–	–	128,1	136,8	147,0	159,0		
$Ca(OH)_2$	0,172	0,164	0,132	0,110	0,087	0,069	0,163	1,001
$CaCO_3$		$1,7 \cdot 10^{-3}$					$1,7 \cdot 10^{-3}$	
$Ca(NO_3)_2 \cdot 4\,H_2O$	101,0	129,4	196,0	–	–	–	56,4	
$CaSO_4 \cdot 2\,H_2O$	0,176	0,204	0,212	0,205	0,197	0,162	0,2	1,001
$CaHPO_4 \cdot 2\,H_2O$		0,020	0,4	0,1		0,08	0,02	
Chrom								
$Na_2CrO_4 \cdot 10\,H_2O$	31,7	88,7	–	–	–	–	47,0	
$Na_2CrO_4 \cdot 4\,H_2O$	–	–	95,3	115,1	–	–		
Na_2CrO_4	–	–	–	–	124,0	125,9		
$Na_2Cr_2O_7 \cdot 2\,H_2O$	163,2	180,2	220,5	283,0	385,0	–	64,3	
$Na_2Cr_2O_7$	–	–	–	–	–	440,0		
K_2CrO_4	59,0	63,7	67,0	70,9	75,1	79,2	38,9	1,378
$K_2Cr_2O_7$	4,7	12,5	26,3	45,6	73,0	103,0	11,1	1,077
Cobalt								
$CoCl_2 \cdot 6\,H_2O$	41,9	53,6	69,5	–	–	–	34,9	
$CoCl_2 \cdot 2\,H_2O$	–	–	–	(90,5)	100,0	107,5		

Verbindung (Bodenkörper)	0 °C	20 °C	40 °C	60 °C	80 °C	100 °C	Massenanteil (%)	Dichte (g·cm^{-3})
Co(NO$_3$)$_2$·6 H$_2$O	83,5	100,0	126,0	–	–	–	50,0	
Co(NO$_3$)$_2$·3 H$_2$O	–	–	–	163,2	217,0			
CoSO$_4$·7 H$_2$O	25,5	36,3	49,9	–	–	–	26,6	
CoSO$_4$·6 H$_2$O	–	–	–	55,0	–	–		
CoSO$_4$·H$_2$O	–	–	–	–	53,8	38,9		
Eisen								
FeCl$_2$·6 H$_2$O	49,9	–	–	–	–	–		
FeCl$_2$·4 H$_2$O		62,4	68,6	78,3	–	–	38,4	1,490
FeCl$_2$·2 H$_2$O	–	–	–	–	90,5	94,2		
FeCl$_3$·6 H$_2$O	74,5	91,9	–	–	–	–	47,9	1,520
FeCl$_3$·2 H$_2$O	–	–	–	365	–	–		
FeCl$_3$	–	–	–	–	525	537		
FeSO$_4$·7 H$_2$O	15,7	26,6	40,3	56,3	–	–	21,0	1,225
FeSO$_4$·H$_2$O	–	–	–	–	43,8			
K$_4$[Fe(CN)$_6$]·3 H$_2$O	15,0	28,9	42,7	56,0	68,9		22,4	1,160
K$_3$[Fe(CN)$_6$]	29,9	46,0	59,5	70,9	81,8	91,6	31,5	1,180
(NH$_4$)$_2$Fe(SO$_4$)$_2$·6 H$_2$O	17,8	26,9	38,5	53,4	73,0	–	21,2	1,180
Kalium								
KCl	28,2	34,2	40,3	45,6	51,0	56,2	25,5	1,174
KBr	54,0	65,9	76,1	85,9	95,3	104,9	39,7	1,370
KI	127,8	144,5	161,0	176,2	191,5	208,0	59,1	1,710
KClO$_3$	3,3	7,3	14,5	25,9	39,7	56,2	6,8	1,042
KClO$_4$	0,8	1,7	3,6	7,2	13,4	22,2	1,7	1,008
KBrO$_3$	3,1	6,8	13,1	22,0	33,9	49,7	6,4	1,048
KIO$_3$	4,7	8,1	12,9	18,5	24,8	32,3	7,5	1,064
KIO$_4$	0,17	0,4	0,9	2,2	4,4	7,9	0,42	
KOH·2 H$_2$O	95,3	111,9	–	–	–	–	52,8	1,530
KOH·H$_2$O	–	–	136,4	147,0	160,0	178,0		
KCN	62,0	68,0	77,0	88,0	103,0	120,0	40,5	
KSCN	177,0	218,0	285,0				68,6	1,420
K$_2$CO$_3$·1,5 H$_2$O	105,5	111,5	117,0	127,0	140,0	156,0	52,8	1,580
KHCO$_3$	22,6	33,3	45,3	60,0			25,0	1,180
KNO$_3$	13,3	31,7	63,9	109,9	169,0	245,2	24,1	1,160
K$_2$HPO$_4$·6 H$_2$O	85,6	–	–	–	–	–		
K$_2$HPO$_4$·3 H$_2$O	–	159,0	212,5	–	–	–	61,4	
K$_2$HPO$_4$	–	–	–	266,0	–	–		
K$_2$SO$_3$	106,0	107,0	108,0	109,5	111,5	114,0	51,7	
K$_2$SO$_4$	7,3	11,0	14,8	18,2	21,3	24,1	10,0	1,081
K$_2$S$_2$O$_5$	27,5	44,9	63,9	85,0	108,0	133,0	31,02	
K$_2$S$_2$O$_8$	0,2	0,5	1,1				0,47	
K$_2$CrO$_4$	59,0	63,7	67,0	70,9	75,1	79,2	38,9	1,378
K$_2$Cr$_2$O$_7$	4,7	12,5	26,3	45,6	73,0	103,0	11,1	1,077
KMnO$_4$	2,8	6,4	12,6	22,4			6,0	1,040
Kupfer								
CuCl$_2$·2 H$_2$O	70,7	77,0	83,8	91,2	99,2	107,9	43,5	1,550

Verbindung (Bodenkörper)	0 °C	20 °C	40 °C	60 °C	80 °C	100 °C	Massenanteil (%)	Dichte (g·cm^{-3})
$Cu(NO_3)_2 \cdot 6 H_2O$	81,8	125,3	–	–	–	–	55,6	
$Cu(NO_3)_2 \cdot 2,5 H_2O$	–	–	160,0	179,0	208,0	257,0		
$CuSO_4 \cdot 5 H_2O$	14,8	20,8	29,0	39,1	53,6	73,6	17,2	1,197
Lithium								
$LiOH \cdot H_2O$	12,2	12,6	13,4	14,2	15,6	17,6	11,2	
$LiCl \cdot 2 H_2O$	69,2	–	–	–	–	–		
$LiCl \cdot H_2O$	–	82,8	90,4	100,0	113,0	–	45,3	1,290
$LiCl$	–	–	–	–	–	133,0		
Li_2CO_3	1,54	1,33	1,17	1,01	0,85	0,73	1,3	
$Li_2SO_4 \cdot H_2O$	36,2	34,8	33,5	32,3	31,5	31,0	25,6	1,230
Magnesium								
$MgCl_2 \cdot 6 H_2O$	52,8	54,6	57,5	60,7	65,9	72,7	35,3	1,331
$Mg(OH)_2$		$1,2 \cdot 10^{-3}$		$6 \cdot 10^{-4}$		$1,2 \cdot 10^{-3}$		
$Mg(NO_3)_2 \cdot 6 H_2O$	63,9	70,1	81,8	93,7	–	–	41,2	
$Mg(NO_3)_2 \cdot 2 H_2O$	–	–	–	214,5	233,0	264,0		
$MgSO_4 \cdot 7 H_2O$	30,1 (10 °C)	35,6	45,4	–	–	–	26,3	1,310
$MgSO_4 \cdot 6 H_2O$	–	–	–	54,4	–	–		
$MgSO_4 \cdot H_2O$	–	–	–	–	56,0	49,0		
Mangan								
$MnCl_2 \cdot 4 H_2O$	63,6	73,6	88,7	106	–	–	42,4	1,499
$MnCl_2 \cdot 2 H_2O$	–	–	–	–	110,5	115,0		
$MnSO_4 \cdot 7 H_2O$	52,9	–	–	–	–	–		
$MnSO_4 \cdot 5 H_2O$	–	62,9	–	–	–	–	38,6	1,487
$MnSO_4 \cdot H_2O$	–	–	60,0	58,6	45,5	35,5		
$KMnO_4$	2,8	6,4	12,6	22,4			6,0	1,040
Natrium								
NaF	4,1	4,1	4,2	4,4	4,7		3,9	1,040
$NaCl \cdot 2 H_2O$	35,6	–	–	–	–	–		
$NaCl$	35,6	35,8	36,4	37,1	38,1	39,2	26,4	1,201
$NaBr \cdot 2 H_2O$	79,5	90,5	105,8	–	–	–	47,5	1,540
$NaBr$	–	–	–	118,0	118,3	121,2		
$NaI \cdot 2 H_2O$	159,1	179,4	204,9	257,1	–	–	64,2	1,920
NaI	–	–	–	–	295,0	303,0		
$NaClO_3$	80,5	98,8	115,2	138,0	170,0	204,0	49,7	
$NaClO_4 \cdot H_2O$	167,0	181,0	243,0	–	–	–	64,4	1,757
$NaClO_4$	–	–	–	289,0	307,0	325,0		
$NaBrO_3$	25,8	38,3	48,8	62,6	75,8	90,8	27,2	1,048
$NaIO_3 \cdot 5 H_2O$	2,5	–	–	–	–	–		
$NaIO_3 \cdot H_2O$	–	9,1	13,3	20,0	–	–	8,3	1,077
$NaIO_3$	–	–	–	–	27,0	32,8		

Verbindung (Bodenkörper)	0 °C	20 °C	40 °C	60 °C	80 °C	100 °C	Massen-anteil (%)	Dichte (g·cm^{-3})
NaOH·4H$_2$O	43,2	–	–	–	–	–		
NaOH·H$_2$O	–	109,2	126,0	178,0	–	–	52,2	1,550
NaOH	–	–	–	–	313,7	341,0		
Na$_2$CO$_3$·10H$_2$O	6,9	21,7	–	–	–	–	17,8	1,194
Na$_2$CO$_3$·H$_2$O	–	–	48,9	46,2	44,5	44,5		
NaNO$_2$	73,0	84,5	95,7	112,3	135,5	163,0	45,8	1,330
NaNO$_3$	70,7	88,3	104,9	124,7	148,0	176,0	46,8	1,380
Na$_3$PO$_4$·12H$_2$O	5,0	12,0	22,0	40,0	67,0	93,0	10,8	1,106
Na$_2$HPO$_4$·12H$_2$O	1,6	7,7	–	–	–	–	7,2	1,080
Na$_2$HPO$_4$·7H$_2$O	–	–	55,0	–	–	–		
Na$_2$HPO$_4$·2H$_2$O	–	–	–	83,0	92,4	–		
Na$_2$HPO$_4$	–	–	–	–	–	104,1		
NaH$_2$PO$_4$·2H$_2$O	57,7	85,2	138,2	–	–	–	46	
NaH$_2$PO$_4$	–	–	–	179,3	207,3	248,4		
Na$_4$P$_2$O$_7$·10H$_2$O	2,7	5,5	12,5	21,9	30,0	40,3	5,2	1,050
Na$_2$S·9H$_2$O	12,4	18,8	29,0	–	–	–	15,8	1,180
Na$_2$S·6H$_2$O	–	–	–	39,1	49,2	–		
Na$_2$SO$_3$·7H$_2$O	14,2	26,9	–	–	–	–	21,2	1,200
Na$_2$SO$_3$	–	–	37,0	33,2	29,0	26,6		
Na$_2$SO$_4$·10H$_2$O	4,6	19,2	–	–	–	–	16,1	1,150
Na$_2$SO$_4$	–	–	48,1	45,3	43,1	42,3		
Na$_2$S$_2$O$_5$·7H$_2$O	45,5	–	–	–	–	–		
Na$_2$S$_2$O$_5$	–	65,3	71,1	79,9	88,7	–	39,5	
Na$_2$S$_2$O$_3$·5H$_2$O	52,5	70,1	102,6	–	–	–	41,2	1,390
Na$_2$S$_2$O$_3$·2H$_2$O	–	–	–	206,6	–	–		
Na$_2$S$_2$O$_3$	–	–	–	–	245,0	266,0		
Na$_2$CrO$_4$·10H$_2$O	31,7	88,7	–	–	–	–	47,0	
Na$_2$CrO$_4$·4H$_2$O	–	–	95,3	115,1	–	–		
Na$_2$CrO$_4$	–	–	–	–	124,0	125,9		
Na$_2$Cr$_2$O$_7$·2H$_2$O	163,2	180,2	220,5	283,0	385,0	–	64,3	
Na$_2$Cr$_2$O$_7$	–	–	–	–	–	440,0		

Nickel

Verbindung (Bodenkörper)	0 °C	20 °C	40 °C	60 °C	80 °C	100 °C	Massen-anteil (%)	Dichte (g·cm^{-3})
NiCl$_2$·6H$_2$O	51,7	55,3	–	–	–	–	35,6	1,460
NiCl$_2$·4H$_2$O	–	–	72,5	80,5	–	–		
NiCl$_2$·2H$_2$O	–	–	–	–	86,9	88,0		
Ni(NO$_3$)$_2$·6H$_2$O	79,2	94,1	118,8	–	–	–	48,5	
Ni(NO$_3$)$_2$·2H$_2$O	–	–	–	–	–	218,5		
NiSO$_4$·7H$_2$O	27,9	37,8	50,4	–	–	–	27,4	
NiSO$_4$·6H$_2$O	–	–	–	57,0	–	–		
NiSO$_4$·H$_2$O	–	–	–	–	–	77,9		

Quecksilber

Verbindung (Bodenkörper)	0 °C	20 °C	40 °C	60 °C	80 °C	100 °C	Massen-anteil (%)	Dichte (g·cm^{-3})
HgCl$_2$	4,3	6,6	9,6	13,9	24,2	54,1	6,2	1,052
HgBr$_2$		0,62 (25 °C)	1,0	1,7	2,8	4,9	0,62 (25 °C)	

Verbindung (Bodenkörper)	0 °C	20 °C	40 °C	60 °C	80 °C	100 °C	Massenanteil (%)	Dichte (g·cm^{-3})
Silber								
$AgNO_3$	115,0	219,2	334,8	471,0	652,0	1024,0	68,6	2,180
Ag_2SO_4	0,6	0,8	1,0	1,2	1,3	1,5	0,8	
Strontium								
SrF_2		$11,7·10^{-3}$					$11,7·10^{-3}$	
$SrCl_2·6H_2O$	44,1	53,9	66,6	85,2	–	–	35,0	1,390
$SrCl_2·2H_2O$	–	–	–	–	92,3	102,0		
$SrBr_2·6H_2O$	87,9	98,0	113,0	135,0	175,0	222,5	49,5	
$Sr(OH)_2·8H_2O$	0,4	0,7	1,5	3,1	7,0	24,2	0,7	
$Sr(NO)_2·4H_2O$	39,5	71,0	–	–	–	–	41,5	
$Sr(NO_3)_2$	–	–	91,2	94,2	97,2	101,2		
$SrSO_4$		$1,14·10^{-2}$					$1,14·10^{-2}$	
Thallium								
$TlCl$	0,2	0,3	0,6	1,0	1,6	2,4	0,3	
Tl_2CO_3		3,9					3,8	
$TlNO_3$	3,8	9,5	20,9	46,2	111,0	413,0	8,7	
Tl_2SO_4	2,7	4,8	7,6	10,9	14,6	18,4	4,6	
Zink								
$ZnCl_2·3H_2O$	208,0	–	–	–	–	–		
$ZnCl_2·1,5H_2O$	–	367,5	–	–	–	–	78,6	2,080
$ZnCl_2$	–	–	453,0	488,0	541,0	614,0		
$Zn(NO_3)_2·6H_2O$	92,7	118,3	–	–	–	–	54,2	1,670
$Zn(NO_3)_2·4H_2O$	–	–	211,5	–	–	–		
$Zn(NO_3)_2·H_2O$	–	–	–	700,0	1250 (73 °C)	–		
$ZnSO_4·7H_2O$	41,6	53,8	–	–	–	–	35,0	1,470
$ZnSO_4·6H_2O$	–	–	70,4	–	–	–		
$ZnSO_4·H_2O$	–	–	–	76,5	66,7	60,5		

Ionisierungsenthalpien für die schrittweise Ionisierung der Atome bei 25 °C (in MJ · mol⁻¹)

Der in der Spalte II angegebene Wert gilt also für eine Reaktion des folgenden Typs:

$$X^+(g) \rightarrow X^{2+}(g) + e^-(g)$$

Ordnungszahl	Atom	I	II	III	IV	V	VI	VII	VIII
1	H	1,318							
2	He	2,379	5,257						
3	Li	0,526	7,305	11,822					
4	Be	0,906	1,763	14,855	21,013				
5	B	0,807	2,433	3,666	25,033	32,834			
6	C	1,093	2,359	4,627	6,229	37,838	47,285		
7	N	1,407	2,862	4,585	7,482	9,452	53,274	64,368	
8	O	1,320	3,395	5,307	7,476	10,996	13,333	71,343	84,086
9	F	1,687	3,381	6,057	8,414	11,029	15,171	17,874	92,047
10	Ne	2,087	3,959	6,128	9,376	12,184	15,245	20,006	23,076
11	Na	0,502	4,569	6,919	9,550	13,356	16,616	20,121	25,497
12	Mg	0,744	1,457	7,739	10,547	13,636	18,001	21,710	25,663
13	Al	0,584	1,823	2,751	11,584	14,837	18,384	23,302	27,466
14	Si	0,793	1,583	3,238	4,362	16,098	19,791	23,793	29,259
15	P	1,018	1,909	2,918	4,963	6,280	21,275	25,404	29,861
16	S	1,006	2,257	3,367	4,570	7,019	8,502	27,113	31,676
17	Cl	1,257	2,303	3,828	5,164	6,548	9,368	11,025	33,612
18	Ar	1,527	2,672	3,937	5,777	7,245	8,787	12,002	13,848
19	K	0,425	3,058	4,418	5,883	7,982	9,660	11,349	14,948
20	Ca	0,596	1,152	4,918	6,480	8,150	10,502	12,330	14,213
21	Sc	0,637	1,241	2,395	7,095	8,850	10,730	13,320	
22	Ti	0,664	1,316	2,659	4,181	9,580	11,523	13,590	
23	V	0,656	1,420	2,834	4,513	6,300	12,368	14,496	
24	Cr	0,659	1,598	2,993	4,740	6,690	8,744	15,550	
25	Mn	0,724	1,515	3,255	4,95	6,99	9,2	11,514	
26	Fe	0,766	1,567	2,964	5,29	7,24	9,6	12,1	
27	Co	0,765	1,652	3,238	4,96	7,68	9,8	12,5	
28	Ni	0,743	1,759	3,400	5,30	7,29	10,4	12,8	
29	Cu	0,752	1,964	3,560	5,33	7,72	9,9	13,4	
30	Zn	0,913	1,740	3,839	5,74	7,98	10,4	12,9	
31	Ga	0,585	1,985	2,969	6,2				
32	Ge	0,768	1,544	3,308	4,4	9,03			
33	As	0,953	1,804	2,742	4,843	6,049	12,32		
34	Se	0,947	2,051	2,980	4,150	6,60	7,889	15,00	
35	Br	1,146	2,11	3,5	4,57	5,77	8,56	9,94	
36	Kr	1,357	2,374	3,571	5,07	6,25	7,58	10,72	
37	Rb	0,409	2,638	3,9	5,08	6,86	8,15	9,58	
38	Sr	0,556	1,071	4,21	5,5	6,92	8,77	10,2	
39	Y	0,606	1,187	1,986	5,97	7,44	8,98	11,2	
40	Zr	0,666	1,273	2,224	3,319	7,87			
41	Nb	0,670	1,388	2,422	3,70	4,884	9,91	12,1	
42	Mo	0,691	1,564	2,627	4,48	5,91	6,6	12,24	
43	Tc	0,708	1,478	2,856					

Ordnungs-zahl	Atom	I	II	III	IV	V	VI	VII	VIII
44	Ru	0,717	1,623	2,753					
45	Rh	0,726	1,751	3,003					
46	Pd	0,811	1,881	3,183					
47	Ag	0,737	2,080	3,367					
48	Cd	0,874	1,638	3,622					
49	In	0,565	1,827	2,711	5,2				
50	Sn	0,715	1,418	2,949	3,937	6,980			
51	Sb	0,840	1,601	2,45	4,27	5,4	10,4		
52	Te	0,876	1,80	2,704	3,616	5,675	6,83	13,2	
53	I	1,015	1,852	3,2					
54	Xe	1,177	2,053	3,10					
55	Cs	0,382	2,43						
56	Ba	0,509	0,972						
57	La	0,544	1,073	1,857	4,826	5,95			
58	Ce	0,541	1,053	1,955	3,553	6,33	7,5		
59	Pr	0,533	1,024	2,092	3,767				
60	Nd	0,539	1,042	2,14	3,91				
61	Pm	0,542	1,056	2,16	3,97				
62	Sm	0,551	1,074	2,26	4,00				
63	Eu	0,553	1,091	2,41	4,12				
64	Gd	0,600	1,17	2,00	4,25				
65	Tb	0,572	1,118	2,12	3,81				
66	Dy	0,579	1,132	2,13	4,01				
67	Ho	0,587	1,145	2,21	4,11				
68	Er	0,596	1,157	2,20	4,12				
69	Tm	0,603	1,169	2,29	4,13				
70	Yb	0,610	1,180	2,421	4,21				
71	Lu	0,530	1,35	2,028	4,37				
72	Hf	0,660	1,44	2,25	3,222				
73	Ta	0,767							
74	W	0,776							
75	Re	0,766							
76	Os	0,85							
77	Ir	0,88							
78	Pt	0,87	1,797						
79	Au	0,896	1,98						
80	Hg	1,013	1,816	3,31					
81	Tl	0,596	1,977	2,884					
82	Pb	0,722	1,457	3,088	4,089				
83	Bi	0,710	1,616	2,472	4,38				
84	Po	0,818							
85	At								
86	Rn	1,043							
87	Fr								
88	Ra	0,516	0,985						
89	Ac	0,51	1,17						
90	Th	0,59	1,12	1,94	2,79				
91	Pa	0,57							
92	U	0,604							
93	Np	0,61							
94	Pu	0,591							
95	Am	0,584							

Elektronenaffinitäten einiger Atome
(Enthalpiewerte bei 25 °C in kJ · mol^{-1})

Die Werte gelten für eine Reaktion des Typs X(g) + e$^-$(g) → X$^-$(g).
Bei den lediglich mit + gekennzeichneten Atomen ist der (positive) Wert der Elektronenaffinität nicht näher bekannt; das negative Ion ist in diesen Fällen nicht stabil.

H							He
-79							0
Li	Be	B	C	N	O	F	Ne
-66	-6	-33	-128	-13	-147	-334	-6
Na	Mg	Al	Si	P	S	Cl	Ar
-59	+	-49	-140	-78	-207	-355	+
K	Ca	Ga	Ge	As	Se	Br	Kr
-55	+	-35	-122	-84	-201	-331	+
Rb	Sr	In	Sn	Sb	Te	I	Xe
-53	+	-35	-122	-109	-196	-301	+
Cs	Ba	Tl	Pb	Bi	Po	At	Rn
-52	+	-25	-41	-97	-189	-279	+

Elektronenaffinitäten einiger einfach negativer Ionen
(Enthalpiewerte bei 25 °C in kJ · mol^{-1})

O$^-$	S$^-$	Se$^-$
738	450	404

(Die Reaktion X$^-$(g) + e$^-$(g) → X^{2-}(g) ist jeweils endotherm.)

Ionenradien und Ladungsdichten ausgewählter Ionen

Die Koordinationszahlen 4, 6 und 8 beziehen sich – wenn nicht anders vermerkt – auf tetraedrische, oktaedrische bzw. würfelförmige Koordination.

Abkürzungen: q: quadratisch planar
  p: pyramidal
  hs: *high-spin*
  ls: *low-spin*

	Koordinationszahl	Radius (pm)	Ladungsdichte (C · mm^{-3})		Koordinationszahl	Radius (pm)	Ladungsdichte (C · mm^{-3})
Ag^+	2	81	72	Co^{3+}	6 (ls)	68,5	360
	4 (t)	114	26		6 (hs)	75	270
	4 (q)	116	24	Cr^{2+}	6 (ls)	87	120
	6	129	18		6 (hs)	94	92
Al^{3+}	4	53	770	Cr^{3+}	6	75,5	270
	6	67,5	370	Cr^{4+}	4	55	920
As^{3+}	6	72	310		6	69	470
As^{5+}	4	47,5	1800	Cr^{6+}	4	40	3600
	6	60	880	Cs^+	6	181	6
Au^+	6	151	11		8	188	6
Au^{3+}	4 (q)	82	210	Cu^+	2	60	180
	6	99	120		4	74	94
B^{3+}	3	15	34000		6	91	51
	4	25	7300	Cu^{2+}	4	71	210
Ba^{2+}	6	149	23		4 (q)	71	210
	8	156	20		6	87	120
Be^{2+}	3	30	2800	Dy^{3+}	6	105,2	98
	4	41	1100	Er^{3+}	6	103	105
	6	59	370	Eu^{3+}	6	108,7	89
Bi^{3+}	5	110	86	F^-	2	114,5	25
	6	117	72		3	116	24
Bi^{5+}	6	90	260		4	117	24
Br^-	6	182	6		6	119	23
Br^{3+}	4 (q)	73	300	Fe^{2+}	4 (hs)	77	170
Br^{5+}	3 (p)	45	2100		4 (q, hs)	78	160
Br^{7+}	4	39	4500		6 (ls)	75	180
	6	53	1800		6 (hs)	92	100
C^{4+}	4	29	6300	Fe^{3+}	4 (hs)	63	460
Ca^{2+}	6	114	52		6 (ls)	69	350
	8	126	38		6 (hs)	78,5	240
Cd^{2+}	4	92	98	Fe^{6+}	4	39	3900
	6	109	59	Ga^{3+}	4	61	510
Ce^{3+}	6	115	75		6	76	260
Ce^{4+}	6	101	150	Gd^{3+}	6	107,8	91
Cl^-	6	167	8	Ge^{2+}	6	87	120
Cl^{5+}	3 (p)	26	11000	Ge^{4+}	4	53	1030
Cl^{7+}	4	22	25000		6	67	510
Co^{2+}	4 (hs)	72	200	Hf^{4+}	4	72	410
	6 (ls)	79	160		6	85	250
	6 (hs)	88,5	110				

Ionenradien und Ladungsdichten ausgewählter Ionen

	Koordinationszahl	Radius (pm)	Ladungsdichte (C · mm^{-3})
Hg$^+$	3	111	28
	6	133	16
Ho^{3+}	6	104,1	102
I$^-$	6	206	4
I^{5+}	3 (p)	58	980
	6	109	150
I^{7+}	4	56	1500
	6	67	900
In^{3+}	4	76	260
	6	94	140
Ir^{3+}	6	82	210
Ir^{4+}	6	76,5	340
K$^+$	4	151	11
	6	152	11
	8	165	9
La^{3+}	6	117,2	71
Li$^+$	4	73	98
	6	90	52
Lu^{3+}	6	100,1	114
Mg^{2+}	4	71	210
	6	86	120
Mn^{2+}	4 (hs)	80	150
	6 (ls)	81	140
	6 (hs)	97	84
Mn^{3+}	6 (ls)	72	310
	6 (hs)	78,5	240
Mn^{4+}	4	53	1030
	6	67	510
Mn^{6+}	4	39,5	3700
Mn^{7+}	4	39	4500
Mo^{3+}	6	83	200
Mo^{4+}	6	79	310
Mo^{5+}	4	60	880
	6	75	450
Mo^{6+}	4	55	1380
	6	73	590
N^{3-}	4	132	50
N^{3+}	6	30	4200
N^{5+}	3	4,4	2242000
Na$^+$	4	113	26
	6	116	24
Nb^{3+}	6	86	180
Nb^{4+}	6	82	280
Nb^{5+}	4	62	800
	6	78	400
Nd^{3+}	6	112	81
Ni^{2+}	4	69	230
	4 (q)	63	310
	6	83	130
Ni^{3+}	6 (ls)	70	330
	6 (hs)	74	280
O^{2-}	2	121	43
	3	122	42
	4	124	40
	6	126	38
OH$^-$	2	118	23
	3	120	22
	4	121	22
	6	123	21
Os^{4+}	6	77	340
Os^{6+}	6	68,5	710
Os^{8+}	4	53	2050
P^{3+}	6	58	590
P^{5+}	4	31	6400
	5	43	2400
	6	52	1360
Pb^{2+}	4 (p)	112	54
	6	133	32
	8	143	26
Pb^{4+}	4	79	310
	6	91,5	200
Pd^{2+}	4 (q)	78	160
	6	100	76
Pd^{4+}	6	75,5	360
Pm^{3+}	6	111	84
Pr^{3+}	6	113	79
Pt^{2+}	4 (q)	74	190
	6	94	92
Rb$^+$	6	166	8
	8	175	7
Re^{4+}	6	77	340
Re^{5+}	6	72	510
Re^{6+}	6	69	700
Re^{7+}	4	52	1900
Rh^{3+}	6	80,5	220
Rh^{4+}	6	74	380
Rh^{5+}	6	69	580
Ru^{3+}	6	82	210
Ru^{4+}	6	76	350
Ru^{5+}	6	70,5	550
Ru^{8+}	4	50	2450
S^{2-}	4	160	19
	6	170	16
S^{4+}	6	51	1150
S^{6+}	4	26	13000
	6	43	2880
Sb^{3+}	4 (p)	90	160
	5	94	140
	6	90	160
Sb^{5+}	6	74	470
Sc^{3+}	6	88,5	170
Se^{2-}	4	171,5	15

	Koordinations-zahl	Radius (pm)	Ladungsdichte (C · mm⁻³)
	6	184	12
Se⁴⁺	6	64	580
Se⁶⁺	4	42	3100
	6	56	1300
Si⁴⁺	4	40	2400
	6	54	970
Sm³⁺	6	109,8	87
Sn²⁺	6	107	62
Sn⁴⁺	4	69	470
	6	83	270
Sr²⁺	6	132	33
	8	140	28
Ta³⁺	6	86	180
Ta⁴⁺	6	82	280
Ta⁵⁺	6	78	400
Tb³⁺	6	106,3	95
Te²⁻	6	207	9
Te⁴⁺	4	80	300
	6	111	110
Te⁶⁺	4	57	1240
Th⁴⁺	6	108	120
	8	119	91
Ti²⁺	6	100	76
Ti³⁺	6	81	220
Ti⁴⁺	4	56	870
	6	74,5	370
Tl⁺	6	164	9
	8	173	7
Tl³⁺	4	89	160
	6	102,5	110

	Koordinations-zahl	Radius (pm)	Ladungsdichte (C · mm⁻³)
Tm³⁺	6	102	108
U³⁺	6	116,5	72
U⁴⁺	6	103	140
	8	114	103
U⁵⁺	6	90	260
U⁶⁺	4	66	800
	6	87	350
V²⁺	6	93	95
V³⁺	6	78	240
V⁴⁺	5	67	510
	6	72	410
V⁵⁺	4	49,5	1580
	5	60	880
	6	68	610
W⁴⁺	6	80	300
W⁵⁺	6	76	440
W⁶⁺	4	56	1300
	5	65	840
	6	74	570
Xe⁸⁺	4	54	1940
	6	62	1280
Y³⁺	6	104	102
	8	115,9	74
Yb³⁺	6	100,8	112
Zn²⁺	4	74	190
	5	82	140
	6	88	110
Zr⁴⁺	4	73	390
	6	86	240
	8	98	160

Radien einiger mehratomiger Ionen

Die hier angegeben Werte beruhen auf der neuesten Zusammenstellung*) der sogenannten *thermochemischen Radien*. Es handelt sich dabei um Werte, die bei der theoretischen Berechnung von Gitterenergien zu brauchbaren Ergebnissen führen.

Ion	Radius (pm)	Ion	Radius (pm)
BF_4^-	191	N_3^-	166
BH_4^-	191	NCO^-	179
BrO_3^-	200	NO_2^-	173
CH_3COO^-	180	NO_3^-	186
ClO_3^-	194	O_2^-	151
ClO_4^-	211	O_2^{2-}	153
CN^-	173	PO_4^{3-}	216
CO_3^{2-}	175	$PtCl_4^{2-}$	293
CrO_4^{2-}	215	$PtCl_6^{2-}$	319
HCO_3^-	193	SCN^-	195
HS^-	177	SO_3^{2-}	190
IO_3^-	204	SO_4^{2-}	204
IO_4^-	217	SeO_4^{2-}	215
MnO_4^-	206	SiF_6^{2-}	234
NH_4^+	150	$SnCl_6^{2-}$	331
$N(CH_3)_4^+$	248	WO_4^{2-}	223

*) J. Chem. Educ. **1999**, 1570–1573

Gitterenthalpien einiger Salze bei 25 °C (in kJ·mol⁻¹)

Die Werte beziehen sich auf die Bildung des Kristallgitters aus unabhängig voneinander (im Gaszustand) vorliegenden Ionen.

Kation \ Anion	F^-	Cl^-	Br^-	I^-	O^{2-}	S^{2-}
Li^+	−1047	−862	−818	−759	−2806	−2471
Na^+	−928	−788	−751	−700	−2488	−2199
K^+	−826	−718	−689	−645	−2245	−1986
Rb^+	−793	−693	−666	−627	−2170	−1936
Cs^+	−756	−668	−645	−608		−1899
Be^{2+}	−3509	−3017	−2909	−2792	−4298	−3846
Mg^{2+}	−2961	−2523	−2434	−2318	−3800	−3323
Ca^{2+}	−2634	−2255	−2170	−2065	−3419	−3043
Sr^{2+}	−2496	−2153	−2070	−1955	−3222	−2879
Ba^{2+}	−2357	−2053	−1980	−1869	−3034	−2716

Hydratationsenthalpien einiger Ionen bei 25 °C

Die Werte beziehen sich auf die Überführung von im Gaszustand vorliegenden Ionen in eine wässerige Lösung. Die hier aufgenommenen Zahlenwerte wurden so gewählt, dass sie bei allgemein-chemischen Berechnungen – zusammen mit anderen Enthalpiewerten – zu möglichst realistischen Ergebnissen führen.

Ion	ΔH^0_{hydr} (kJ·mol^{-1})	Ion	ΔH^0_{hydr} (kJ·mol^{-1})
H$^+$	−1091	Ba^{2+}	−1305
Li$^+$	−520	Al^{3+}	−4665
Na$^+$	−406	Pb^{2+}	−1481
K$^+$	−322	Ag$^+$	−473
Rb$^+$	−298	F$^-$	−515
Cs$^+$	−273	Cl$^-$	−378
Mg^{2+}	−1921	Br$^-$	−347
Ca^{2+}	−1577	I$^-$	−305
Sr^{2+}	−1433	SO$_4^{2-}$	−1059

Weiterführende Literatur

Die folgende Zusammenstellung enthält zunächst Hinweise auf einige wenige Lehrbücher, in denen wichtige Teilbereiche der Allgemeinen und Anorganischen Chemie sowie Randgebiete ausführlicher behandelt sind. Es folgen Hinweise auf Beiträge in leicht zugänglichen Zeitschriften. Die knappe – und in Einzelfällen vielleicht auch zufällig wirkende – Auswahl soll die Anregung vermitteln, sich bereits während des Grundstudiums mit einigen Zeitschriften vertraut zu machen, die für einen nicht spezialisierten Leserkreis konzipiert sind. Die Reihenfolge der Literaturhinweise in den einzelnen Blöcken entspricht weitgehend der Abfolge der Kapitel im Lehrbuch.

A Lehrbücher

Tipler PA, Mosca, G (2009) Physik. Spektrum Akademischer Verlag, Heidelberg. 1636 S. [Grundlegendes und umfassendes Lehrbuch der Physik.]

Wedler G (2004) Lehrbuch der physikalischen Chemie. 5. Aufl. Wiley-VCH, Weinheim, New York. 1072 S. [Grundlegendes und umfassendes Lehrbuch der physikalischen Chemie.]

Huheey JE, Keiter EA, Keiter RL (2003) Anorganische Chemie – Prinzipien von Struktur und Reaktivität. 2. Aufl. W. de Gruyter, Berlin, New York. 1261 S. [Anorganische Chemie für fortgeschrittene Studierende. Am Beispiel ausgewählter Themen werden wichtige Grundprinzipien der anorganischen Chemie umfassend behandelt.]

Greenwood NN, Earnshaw A (1988) Chemie der Elemente. Wiley-VCH, Weinheim, New York. 1707 S. [Umfassendes Lehrbuch, das die stoffchemischen Eigenschaften der Elemente und ihrer Verbindungen behandelt und vielfach auch fachübergreifende Aspekte berücksichtigt. Die Neubearbeitung liegt bisher nur in englischer Sprache vor.]

Greenwood NN, Earnshaw A (1997) Chemistry of the Elements. 2nd. Ed. Butterworth-Heinemann, Oxford. 1341 S.

Holleman AF, Wiberg E (2007) Lehrbuch der Anorganischen Chemie. 102.Aufl. W. de Gruyter, Berlin, New York. 2149 S. [Umfassendes Lehrbuch mit dem Schwerpunkt in der Chemie der Hauptgruppenelemente.]

Müller U (2008) Anorganische Strukturchemie. 6. Aufl. Vieweg + Teubner, Wiesbaden. 336 S. [Einführung in die Grundprinzipien des Aufbaus chemischer Verbindungen. In erster Linie wird der Aufbau von Festkörperverbindungen behandelt.]

Gade LH (1998) Koordinationschemie. Wiley-VCH, Weinheim, New York. 562 S. [Weiterführendes Lehrbuch, in dem bindungstheoretische Aspekte, physikalische und chemische Eigenschaften von Komplexverbindungen umfassend behandelt werden.]

Elschenbroich C (2006) Organometallics. 3. Aufl. Wiley-VCH, Weinheim, New York. 804 S. [Umfassender Überblick über die Chemie metallorganischer Verbindungen. Fragen der chemischen Bindung, des Aufbaus, des chemischen Verhaltens und der praktischen Anwendung werden ausführlich dargestellt.]

Naumer H, Heller W (Hrsg.) (1997) Untersuchungsmethoden in der Chemie. 3. Aufl. G. Thieme, Stuttgart, New York. 563 S. [Sammlung von Aufsätzen verschiedener Autoren über die wichtigsten analytischen und spektroskopischen Methoden.]

Kaim W, Schwederski B (2005) Bioanorganische Chemie. 4. Aufl. B. G. Teubner, Stuttgart. 460 S. [Das Buch vermittelt einen aktuellen Kenntnisstand zur Rolle der „anorganischen Elemente" in der belebten Natur.]

Bliefert K (2002) Umweltchemie. 3. Aufl. Wiley-VCH, Weinheim, New York. 510 S. [Das Buch informiert über aktuelle Umweltprobleme und ihre chemischen Hintergründe. Schwerpunkte stellen chemische Vorgänge und Stoffkreisläufe in Luft und Wasser dar.]

Trueb LF (2005) Die chemischen Elemente. 2. Aufl. S. Hirzel, Stuttgart, Leipzig. 408 S. [Das Buch behandelt Vorkommen, technische Herstellung, Verwendung sowie physikalische und chemische Eigenschaften der chemischen Elemente.]

Büchel KH, Moretto H-H, Woditsch P (2000) Industrial Ionrganic Chemistry. 2. Aufl. Wiley-VCH, Weinheim, New York. 642 S. [Das Buch vermittelt einen Überblick über industrielle Verfahren zur Herstellung anorganischer Stoffe, ihre Verwendung sowie über Produktionsmengen.]

Trueb LF, Rüetschi P (1998) Batterien und Akkumulatoren. Springer, Berlin, Heidelberg, New York. 224 S. [Anschauliche Darstellung von Wirkungsweise, Technologie und Verwendung der wichtigsten elektrochemischen Spannungsquellen.]

B Beiträge zu einzelnen Themen der allgemeinen Chemie

Glickstein N (1999) Before There Was Chemistry: The Origin of the Elements as an Introduction to Chemistry. *J. Chem. Ed. 76*: 353

Hoffman DC, Lee DM (1999) Chemistry of the Heaviest Elements – One Atom at a Time. *J. Chem. Ed. 76*: 332

Müller J, Lesch H (2005) Die Entstehung der chemischen Elemente. *Chemie in uns. Zeit 39*: 100

Ellmer R (2008) Die drei Entdecker der Kernspaltung. *Nachr. a. d. Chemie*: 1241

Boeck G, Zott R 2007 Zum 100. Todestag Dimitrij Ivanovič Mendeleev. *Chemie in uns. Zeit 41*: 12

Gillespie RJ (1967) Elektronenpaarabstoßung und Molekülgestalt. *Angew. Chem. 79*: 885

Gillespie RJ, Robinson EA (1996) Elektronendomänen und das VSEPR-Modell der Molekülgeometrie. *Angew. Chem. 108*: 539

Ahlrichs R (1980) Gillespie- und Pauling-Modell – ein Vergleich. *Chemie in uns. Zeit 14*: 18

Jutzi P (1981) Die klassische Doppelbindungsregel und ihre vielen Ausnahmen. *Chemie in uns. Zeit 15*: 149

Wang S-G, Schwarz WHE (2009) Symbol der Chemie: Das Periodensystem der chemischen Elemente im jungen Jahrhundert. *Angew. Chem. 121*: 3456

Schmid G (1988) Metallcluster – Studienobjekte der Metallbildung. *Chemie in uns. Zeit 22*: 85

Hawkes SJ (1998) What Should We Teach Beginners about Solubility and Solubility Products? *J. Chem. Ed. 75*: 1179

Hawkes SJ (1994) Teaching the Truth about pH. *J. Chem. Ed. 71*: 747

Po HN, Senozan NM (2001) The Henderson-Hasselbalch Equation: It's History and Limitations. *J. Chem. Ed. 78*: 1499

Hawkes SJ (1996) Salts are mostly NOT Ionized. *J. Chem. Ed. 73*: 421

Schmidt R, Miah AM (2001) The Strength of the Hydrohalic Acids. *J. Chem. Ed. 78*: 116

Kornath AJ (2008) Wie sauer sind Supersäuren? *Nachr. a. d. Chemie*: 1125

Volke K (2004) Zu den Anfängen der Analytischen Chemie. *Chemie in uns. Zeit 38*: 268

Priesner C (2009) Goldmacherei in Deutschland und Europa. *Chemie in uns. Zeit 43*: 214

Ertl G (1990) Elementarschritte bei der heterogenen Katalyse. *Angew. Chemie 102*: 1258
Bauer S, Stock N (2008) MOFs – Metallorganische Gerüststrukturen. *Chemie in uns. Zeit 42*: 12
Ott I (2009) Metalle: Bausteine für Wirkstoffe. *Nachrichten a. d. Chemie*: 628
Dameris M, Peter T, Schmidt U, Zellner R (2007) Das Ozonloch und seine Ursachen. *Chemie in uns. Zeit: 41*: 152
Wahner A, Moortgat GK (2007) Die Atmosphäre als photochemischer Reaktor. *Chemie in uns. Zeit: 41*: 192
Feichter J. Schurath U, Zellner R (2007) Luftchemie und Klima. *Chemie in uns. Zeit: 41*: 138

C Beiträge zur Chemie und Technologie einzelner Elemente

Ludwig R, Pascheck D (2005) Wasser – Anomalien und Rätsel. *Chemie in uns. Zeit 39*: 164
Bauer R (1985) Lithium – wie es nicht im Lehrbuch steht. *Chemie in uns. Zeit 19*: 167
Wirsching F (1985) Gips – Naturstoff und Reststoff technischer Prozesse. *Chemie in uns. Zeit 19*: 137
Telle R (1988) Boride – eine neue Hartstoffgeneration. *Chemie in uns. Zeit 22*: 93
Haupin WE (1983) Electrochemistry of the Hall-Héroult Process for Aluminium Smelting. *J. Chem. Ed. 60*: 279
Schwarz U (2000) Diamant: Naturgewachsener Edelstein und maßgeschneidertes Material. *Chemie in uns. Zeit 34*: 212
Dittmar (2009) Dem Kohlenstoff im Meer auf der Spur. *Nachr. a. d. Chemie*: 387
Krätschmer W, Dunsch L (2000) Fullerene – außen und innen neu. *Nachr. a. d. Chemie*: 448
Balasubramanian K, Burghard M (2005) Funktionalisierte Kohlenstoff-Nanoröhrchen. *Chemie in uns. Zeit 39*: 16
Schicks JM (2008) Methan im Gashydrat. *Chemie in uns. Zeit 42*: 310
Woditsch P, Häßler C (1995) Solarsilicium. *Nachr. a. d. Chemie*: 949
Wenski G, Hohl G (2003) Die Herstellung von Reinstsiliciumscheiben. *Chemie in uns. Zeit 37*: 198
Röhr C (1998) Asbeste – Aufstieg und Niedergang einer Materialklasse. *Chemie in uns. Zeit 32*: 64
Puppe L (1986) Zeolithe, Eigenschaften und technische Anwendungen. *Chemie in uns. Zeit 20*: 117
Rieck H-P (1996) Natriumschichtsilicate und Schichtkieselsäuren. *Nachr. a. d. Chemie*: 699
MacLaren DC, White MA (2003) Cement: It's Chemistry and Properties. *J. Chem. Ed. 80*: 623
Rüssel C, Ehrt D (1998) Neue Entwicklungen in der Glaschemie. *Chemie in uns. Zeit 32*: 126
Böddecker WB (2001) Zur Kulturgeschichte der Explosivstoffe. *Chemie in uns. Zeit 35*: 382
Offermanns H, Dittrich G, Steiner N (2000) Wasserstoffperoxid in Umweltschutz und Synthese. *Chemie in uns. Zeit 34*: 150
Steudel R (1996) Das gelbe Element und seine erstaunliche Vielseitigkeit. *Chemie in uns. Zeit 30*: 226
Schreiner B (2008) Der Claus-Prozess. *Chemie in uns. Zeit 42*: 378
Preisler E (1980) Moderne Verfahren der Großchemie – Braunstein. *Chemie in uns. Zeit 14*: 137
Schliebs R (1980) Die technische Chemie des Chroms. *Chemie in uns. Zeit 14*: 145
Diemann E, Müller A (2008) Wolfram oder Tungsten? *Chemie in uns. Zeit 42*: 20

Janke D (1981) Moderne Stahlerzeugung. *Chemie in uns. Zeit 15*: 10
Lippert B, Beck W (1983) Platin-Komplexe. *Chemie in uns. Zeit 17*: 190
Hoppstock K (2001) Platingruppenelemente in der Umwelt. *Nachr. a. d. Chemie*: 1305
Vahrenkamp H (1988) Zink, ein langweiliges Element? *Chemie in uns. Zeit 22*: 73
Brodersen K (1982) Quecksilber – ein giftiges, nützliches und ungewöhnliches Edelmetall. *Chemie in uns. Zeit 16*: 23
Kraus F (2008) Uran und Fluor – zwei eng verwobene Elemente. *Nachr. a. d. Chemie*: 1236

D Beiträge zu einzelnen technologischen Aspekten

Sachdev H (2003) Festkörper für Extrembedingungen – Hauptgruppenelement-Hartstoffe. *Nachr. a. d. Chemie*: 911
Fröba M u. a. (2004) Vom Silberspiegel zum kratzfesten Autolack. *Chemie in uns. Zeit 38*: 162
Friedrich KA (2000) Die Brennstoffzelle: Eine Zukunftstechnologie. *Nachr. a. d. Chemie*: 1210
Reiche A, Haufe S (2004) Brennstoffzellen – Entwicklungsstand und Anwendungen. *Chemie in uns. Zeit 38*: 400
Winter M, Besenhard OJ (1999) Wiederaufladbare Batterien, Teil I. *Chemie in uns. Zeit 33*: 252
Winter M, Besenhard OJ (1999) Wiederaufladbare Batterien, Teil II. *Chemie in uns. Zeit 33*: 320
Cretté SA, DeSimone JM (2001) Neueste Anwendungen von komprimiertem Kohlendioxid. *Nachr. a. d. Chemie*: 462
Küke F (2000) Chlordioxid in der Trink- und Prozesswasserbehandlung. *Nachr. a. d. Chemie*: 544
Baumann H, Heckenkamp J (1997) Latentwärmespeicher. *Nachr. a. d. Chemie*: 1075
Moisar E (1983) Physikochemie des fotografischen Prozesses. *Chemie in uns. Zeit 17*: 85
Püschel W (1970) Die Farbphotographie. *Chemie in uns. Zeit 4*: 9
Binnewies M (1986) Chemie in Glühlampen. *Chemie in uns. Zeit 20*: 140
Jüstel T, Nikol H, Ronda C (1998) Neue Entwicklungen auf dem Gebiet lumineszierender Materialien für Beleuchtungs- und Displayanwendungen. *Angew. Chem. 110*: 3250
Born M, Jüstel T (2006) Elektrische Lichtquellen. *Chemie in uns. Zeit 30*: 288
Kleinschmit P (1986) Ein Kapitel angewandter Festkörperchemie – Zirkonsilikat-Farbkörper. *Chemie in uns. Zeit 20*: 182
Fischer RA (1995) Erzeugung dünner Schichten: Neue Herausforderungen für die Metallorganische Chemie. *Chemie in uns. Zeit 29*: 141
Bilow U, Reller A (2009) Engpässe bei Hightech-Metallen. *Nachrichten a. d. Chemie*: 647

Glossar

Hinweis: *Kursiv* gesetzte Begriffe in der Erläuterung weisen darauf hin, dass das betreffende Stichwort in diesem Glossar enthalten ist.

α-Strahlung: Zweifach positive Partikel, die beim radioaktiven Zerfall bestimmter Isotope emittiert werden. Sie sind identisch mit den Atomkernen des Heliums ($_2^4$He).

Abschirmung: Verringerung der auf äußere Elektronen wirkenden Kernladung durch Elektronen, die sich näher am Atomkern befinden.

Absorption: 1) Energieaufnahme, insbesondere Aufnahme elektromagnetischer Strahlung. 2) Aufnahme von Gasen durch Flüssigkeiten oder Feststoffe, die – im Gegensatz zur *Adsorption* – zu einer gleichmäßigen Verteilung (Lösung) im Innern des Absorptionsmittels führt (z.B. Aufnahme von Wasserdampf durch konzentrierte Schwefelsäure).

Absorptionsspektrum: Grafische Darstellung der Energieaufnahme eines Stoffs als Funktion der Energie, Wellenlänge oder Frequenz der eingestrahlten elektromagnetischen Strahlung.

Adsorption: Aufnahme von gasförmigen oder gelösten Teilchen durch Anlagerung an die Oberfläche eines festen (meist porösen) Stoffs. Wichtige Adsorptionsmittel sind Aktivkohle und Kieselgel.

Aerosil®: Amorphes Siliciumdioxid, das bei der Reaktion von Siliciumtetrachlorid mit den Verbrennungsgasen einer *Knallgas*flamme bei hohen Temperaturen gebildet wird. A.-Partikel enthalten an der Oberfläche OH-Gruppen, die ihm besondere Eigenschaften verleihen. A. wird unter anderem als Thixotropierungsmittel verwendet.

Akkumulator: Durch Anlegen einer äußeren Spannung wieder aufladbare elektrochemische Spannungsquelle, z.B. der als „Autobatterie" verwendete „Blei-Akku".

Aktivität: Eine exakte Berechnung von Gleichgewichtskonstanten erfordert die Verwendung der A. anstelle der Konzentration. Aktivität a und Konzentration c stehen in einer engen Beziehung zueinander: In stark verdünnten Lösungen stimmen sie praktisch überein. In konzentrierten Lösungen ist die Aktivität geladener Teilchen stets geringer als die Konzentration. Den Proportionalitätsfaktor zwischen beiden Größen nennt man den Aktivitätskoeffizienten γ; es gilt also: $a = \gamma \cdot c$.

Alaune: Doppelsalze der Zusammensetzung $M^I M^{III} (SO_4)_2 \cdot 12\,H_2O$. Namensgeber für diese Stoffklasse ist der „Kalium-Aluminium-Alaun" $KAl(SO_4)_2 \cdot 12\,H_2O$.

allgemeines Gasgesetz: Beschreibung des Zusammenhangs zwischen Stoffmenge n, Druck p, Volumen V und Temperatur T für ein *ideales Gas*: $p \cdot V = n \cdot R \cdot T$.

Aluminothermie: Verfahren zur Herstellung von Metallen, bei dem ein Metalloxid mit fein verteiltem Aluminium reduziert wird.

Alumosilicate: Silicate, in denen ein Teil der tetraedrischen SiO_4-Baugruppen durch AlO_4-Einheiten ersetzt sind. Der Ladungsausgleich erfolgt durch den Einbau zusätzlicher Kationen, meist Alkali- oder Erdalkali-Ionen. Ein typischer Vertreter der A. ist der Kalifeldspat $KAlSi_3O_8$.

Amphoterie: Eigenschaft eines Stoffs, sowohl als Säure wie auch als Base reagieren zu können. Amphotere Hydroxide wie $Al(OH)_3$ lösen sich deshalb nicht nur in Säuren, sondern auch in überschüssiger Natronlauge unter Bildung von Hydroxokomplexen (z.B.: $[Al(OH)_4]^-$).

angeregter Zustand: Zustand eines Atoms oder Moleküls, der eine höhere Energie aufweist als der energieärmste *Grundzustand*.

Anisotropie: Richtungsabhängigkeit bestimmter physikalischer Eigenschaften (z.B. Lichtabsorption oder Lichtbrechung), die bei manchen kristallinen Stoffen auftritt.

Anode: Allgemeine Bezeichnung für eine Elektrode, an der eine *Oxidation* abläuft. (Häufig auch nur für den Pluspol einer Elektrolysezelle verwendet.)

Äquivalenzpunkt: Punkt bei einer *Titration*, bei dem äquivalente Stoffmengen beider Reaktionspartner zusammengegeben wurden. Das Erreichen des Ä. wird in der Regel durch den Farbumschlag eines Indikators angezeigt.

atomare Masseneinheit u: Masseneinheit, in der die Masse von Atomen, Ionen oder Molekülen angegeben wird: $1\ u = \frac{1}{12}\ m(^{12}_{6}C) = 1{,}66 \cdot 10^{-24}$ g.

Atomisierungsenthalpie: Enthalpie, die aufgebracht werden muss, um einen Stoff in gasförmige Atome zu zerlegen.

Autoprotolyse: Protonenübertragung zwischen gleichartigen Molekülen, wobei ein Molekül protoniert, ein anderes deprotoniert wird.
Beispiel: $2\ H_2O(l) \rightleftharpoons H_3O^+(aq) + OH^-(aq)$.

Azeotrop: Gemisch (Lösung) mehrerer Flüssigkeiten, das sich durch Destillation nicht trennen lässt.

β-Strahlung: Aus Elektronen bestehende radioaktive Strahlung. Das Elektron stammt nicht aus der Elektronenhülle eines Atoms, sondern entsteht im Atomkern bei der Umwandlung eines Neutrons in ein Proton. Die Kernladungszahl nimmt durch den β-Zerfall also um eine Einheit zu.

Bändermodell: Quantenmechanische Beschreibung der Energie von Elektronen in Festkörpern. Diese besitzen keine ganz bestimmte Energie, sondern können eine beliebige Energie innerhalb der Bandbreite des Valenz- oder Leitungsbandes haben.

Basenkonstante K_B: Gleichgewichtskonstante für die Reaktion einer Base mit Wasser: $B(aq) + H_2O(l) \rightleftharpoons HB^+(aq) + OH^-(aq)$. Der negative dekadische Logarithmus des Zahlenwerts von K_B ist der pK_B-Wert.

basisches Salz: Salz, bei dem nicht alle OH-Ionen der salzbildenden Base durch Säureanionen ersetzt sind (z.B.: $Zn(OH)NO_3$). Zu den b. S. zählen auch Salze, die Oxid-Ionen enthalten, die an das Metall-Kation gebunden sind (z.B.: SbOCl).

Batterie: Heute meist als Bezeichnung für eine elektrochemische Spannungsquelle verwendet, die im Gegensatz zu einem *Akkumulator* nicht wieder aufgeladen werden kann. Im ursprünglichen Sinn besteht eine B. aus mehreren hintereinander oder parallel geschalteten *galvanischen Zellen*.

Bezugselektrode: Halbzelle, deren Potential gut reproduzierbar ist. Häufig verwendet wird die Silber/Silberchlorid-Elektrode.

Bildungsenthalpie: s. *Standard-Bildungsenthalpie*

Bindungsenergie: Energie, die bei 0 K erforderlich ist, um die Bindung zwischen zwei Atomen zu spalten. Häufig, wie auch in diesem Buch, werden jedoch (die geringfügig abweichenden) Bindungs*enthalpien* (für 298 K) angegeben, die sich unmittelbar aus tabellierten *Standard-Bildungsenthalpien* berechnen lassen.

Bindungsordnung: Anzahl der Bindungselektronenpaare zwischen zwei Atomen, die durch eine kovalente Bindung aneinander gebunden sind. Die B. ist zahlenmäßig gleich der Hälfte der Differenz zwischen der Anzahl der Elektronen in bindenden und der in antibindenden Molekülorbitalen.

Bohrsches Atommodell: Modellvorstellung, nach der sich die Elektronen auf festgelegten Bahnen um den Atomkern bewegen. Durch Energiezufuhr können Elektronen auf ein höheres Energieniveau angehoben werden. Beim Zurückfallen auf die ursprüngliche Bahn wird elektromagnetische Strahlung bestimmter Wellenlänge emittiert.

Boltzmann-Konstante k: Naturkonstante ($k = 1{,}38 \cdot 10^{-23}$ J·K^{-1}); der Wert ergibt sich als Quotient aus der allgemeinen Gaskonstanten R und der Avogadro-Konstanten N_A.

Brennstoffzellen: Elektrochemische Spannungsquellen, bei denen – im Unterschied zu *Batterien* und *Akkumulatoren* – die miteinander unter Energieabgabe reagierenden Stoffe kontinuierlich zugeführt und die Reaktionsprodukte abgeführt werden.

Brønsted-Basen: Teilchen, die Protonen aufnehmen können (Protonenakzeptoren).

Brønsted-Säuren: Teilchen, die Protonen abgeben können (Protonendonatoren).

Carbonyle: s. *Metallcarbonyle*.

CFK: Chlor-Fluor-Kohlenwasserstoffe. CFKs (oder CFKWs) wurden längere Zeit als Kältemittel und Treibmittel verwendet. Ihnen wird ein maßgeblicher Anteil am Abbau der Ozonschicht in der Stratosphäre zugeschrieben.

Chelatbildner: Ligand, der über mehrere *Ligatoratome* (als mehrzähniger Ligand) an ein Zentralion gebunden ist.

Chelateffekt: Erhöhte Stabilität eines *Chelatkomplexes* im Vergleich zu einem Komplex mit (chemisch ähnlichen) einzähnigen Liganden.

Chelatkomplex: *Komplex* mit mehrzähnigen Liganden (wird oft auch kurz als Chelat bezeichnet).

chemisches Gleichgewicht: Zustand bei einer reversiblen chemischen Reaktion, bei der Hin- und Rückreaktion mit gleicher Geschwindigkeit ablaufen.

Chloro-Komplex: Komplexe, in denen das Chlorid-Ion als Ligand gebunden ist (z.B.: $[AgCl_2]^-$).

Chromatographie: Trennverfahren, bei dem ein Stoffgemisch in gelöster oder gasförmiger Form mittels einer mobilen Phase über eine stationäre Phase geführt wird. Die unterschiedlich starken Wechselwirkungen der Bestandteile des Gemischs mit der stationären Phase bewirken die Trennung.

Cluster-Verbindungen: Große Gruppe von Verbindungen, in denen Bindungen zwischen drei oder mehr gleichartigen Atomen auftreten (z. B.: Mo_6Cl_{12} oder $Fe_3(CO)_{12}$). Häufig werden auch in sich abgeschlossene Baugruppen als C. bezeichnet, die keine Bindungen zwischen gleichartigen Atomen enthalten. Ein Beispiel hierfür ist der würfelförmige Fe_4S_4-Cluster im Enzym Nitrogenase.

Coulombsches Gesetz: Das C. G. beschreibt die Kraft F, die zwischen zwei punktförmigen geladenen Teilchen mit den Ladungen q_1 und q_2 wirkt, welche einen Abstand d voneinander haben:

$$F = -\frac{1}{4\pi \cdot \varepsilon_0} \cdot \frac{q_1 \cdot q_2}{d^2}$$

CVD-Verfahren: Abkürzung für **C**hemical **V**apor **D**eposition. Reaktion, bei der ein fester Stoff aus gasförmigen Edukten gebildet wird.
Beispiel: $BCl_3(g) + NH_3(g) \rightarrow BN(s) + 3\ HCl(g)$.
Durch CVD-Reaktionen werden insbesondere dünne Schichten aus *Hartstoffen* auf Werkzeuge (z. B. Bohrer) aufgebracht.

Dampfdruck: *Partialdruck* des Dampfes über einem flüssigen (oder festen) Stoff im Gleichgewicht bei einer bestimmten Temperatur.

d-Block-Element: Element, das im Grundzustand ein voll besetztes s-Orbital der Hauptquantenzahl n aufweist, während die d-Orbitale der Hauptquantenzahl n −1 teilweise oder voll besetzt sind.

Defektelektronen: Fehlende Elektronen (Elektronenlöcher) in einem Kristallgitter, insbesondere bei Halbleitern. Ursache ist der Einbau von Atomen oder Ionen, die ein Valenzelektron weniger besitzen als die regulären Gitterbausteine. Das Elektronendefizit ist über den Gitterverband delokalisiert, sodass sich eine gewisse elektrische Leitfähigkeit (p-Leitung) ergibt.

Dispersionskräfte: Zwischen allen Atomen bzw. Molekülen wirkende Anziehungskräfte, die auf die momentane Bildung von Dipolen zurückzuführen sind.

Disproportionierung: *Redoxreaktion*, bei der eine Atomart in eine höhere und eine niedrigere Oxidationsstufe übergeht.
Beispiel: $Cl_2^0(aq) + 2\ OH^-(aq) \rightleftharpoons Cl^-(aq) + Cl^{I}O^-(aq) + H_2O(l)$.

Doppelbrechung: In bestimmten kristallinen Stoffen wird ein einfallender Lichtstrahl unter zwei verschiedenen Brechungswinkeln gebrochen. D. tritt z.B. bei Calcit, einer $CaCO_3$-Modifikation auf.

Dotierung: Gezielter Einbau von Fremdatomen (bzw. Fremdionen) in einen kristallinen Feststoff. Durch D. wird beispielsweise die elektrische Leitfähigkeit von Halbleitern erhöht.

Dreizentrenbindung: s. *Mehrzentren-Bindungen*.

Edelgaskonfiguration: Elektronenkonfiguration (insbesondere von Ionen), die der Elektronenkonfiguration der Edelgase (mit 2 bzw. 8 Valenzelektronen) entspricht.

Edukte: Bezeichnung für die Ausgangsstoffe einer Reaktion.

effektive Kernladung: Die auf ein bestimmtes Elektron der Elektronenhülle tatsächlich wirkende Kernladung.

Eigendissoziation: Reaktion gleichartiger Teilchen einer Flüssigkeit, die zu Kationen und Anionen führt. *Beispiel:* $2\,BrF_3(l) \rightleftharpoons BrF_2^+(solv) + BrF_4^-(solv)$. (s. *Autoprotolyse*)

Eigenhalbleiter: Stoff, der ohne Dotierung halbleitende Eigenschaften, also einen positiven Temperaturkoeffizienten der elektrischen Leitfähigkeit aufweist.

Elektrodenpotential: Maß für das Redox-Verhalten eines Redox-Paars (Einheit: Volt). Das E. ist gleich der Spannung, die für dieses Redox-Paar in Kombination mit der *Standard-Wasserstoffelektrode* gemessen wird.

Elektrolyse: Chemische Reaktion, die in einer Lösung oder Schmelze durch einen Stromfluss bewirkt wird.

Elektrolyte: Elektrisch leitende Lösungen, Schmelzen oder Feststoffe, deren Leitfähigkeit auf der Bewegung von Ionen beruht.

Elektron/Loch-Paare: s. *Defektelektronen*.

Elektronegativität: Ein Maß für die Fähigkeit eines kovalent gebundenen Atoms, die Bindungselektronen anzuziehen. Ist die Elektronegativitätsdifferenz der Bindungspartner groß, werden ionische Verbindungen gebildet.

Elektronenaffinität: Energieumsatz, der mit der Aufnahme eines Elektrons durch ein gasförmiges Atom, Molekül oder Ion verbunden ist.

Elektronengas-Modell: Anschauliches Modell zur Beschreibung der elektrischen Leitfähigkeit von Metallen: Die Metall-Atome geben ihre Valenzelektronen ganz oder teilweise ab. Diese Elektronen sind weitgehend frei beweglich und bewirken elektrische Leitfähigkeit.

Elektronenkonfiguration: Verteilung der Elektronen eines Teilchens auf die verschiedenen Energieniveaus bzw. Orbitale.

Elektronenleitung: Durch Bewegung von Elektronen hervorgerufene elektrische Leitfähigkeit.

Elektronenloch: s. *Defektelektronen*.

Elektronenmangelverbindung: Verbindung, bei der für eine Atomart die Anzahl der Valenzelektronen kleiner ist als die Anzahl der Valenzorbitale (z.B.: $AlCl_3$, B_2H_6).

Elektronenpaarabstoßungsmodell: s. *VSEPR-Modell*.

Elektronenpaarbindung: s. *kovalente Bindung*.

Elementarladung e: Ladung des Elektrons bzw. des Protons: $e = 1{,}602 \cdot 10^{-19}\,C$.

Elementarreaktion: Reaktion, die ohne Zwischenschritte abläuft. Die langsamste E. bestimmt jeweils die Geschwindigkeit der Gesamtreaktion.

Elementarteilchen: Bausteine der Atome: Protonen, Neutronen, Elektronen.

Elementarzelle: Kleinster Ausschnitt aus einem Kristallgitter, der durch wiederholtes Aneinanderreihen einen makroskopischen Kristall ergeben würde. Die Kantenlängen der Elementarzelle nennt man die *Gitterkonstanten.*

Eloxal-Verfahren: Elektrolytische **Ox**idation von **Al**uminium; allgemein anodische Oxidation von Metalloberflächen unter Ausbildung von 10 bis 30 μm dicken Oxidschichten, insbesondere bei Aluminium und Magnesium. Hierzu wird z. B. ein Aluminium-Blech in eine schwefel- oder oxalsaure Lösung getaucht. Beim Durchgang eines Gleichstroms bildet sich auf dem Aluminium-Blech, das mit dem Plus-Pol der Spannungsquelle verbunden ist, eine Schicht von Aluminiumoxid, die vor Korrosion schützt und gleichzeitig dekorativ ist.

Emissionsspektrum: Grafische Darstellung der Intensität der von einem Stoff nach Anregung abgegebenen elektromagnetischen Strahlung als Funktion von Wellenlänge, Frequenz oder Energie.

endergonische Reaktion: Chemische Reaktion, bei der die *freie Standard-Reaktionsenthalpie* ΔG^0 positiv ist.

endotherme Reaktion: Chemische Reaktion, bei der die *Standard-Reaktionsenthalpie* ΔH^0 positiv ist.

Entartung (von Orbitalen): Energiegleichheit mehrer Orbitale.

Enthalpie *H*: Wärmemenge, die bei einer chemischen Reaktion bei konstantem Druck abgegeben oder aufgenommen wird.

Enthärter: Stoffe, welche die im Leitungswasser vorhandenen, für die *Wasserhärte* verantwortlichen Kationen (Ca^{2+}, Mg^{2+}) binden. Als E. werden Ionenaustauscher (z.B. Zeolithe) oder Komplexbildner verwendet.

Entropie *S*: Maß für die Unordnung in einem Stoffsystem bzw. Maß für die Wahrscheinlichkeit eines bestimmten Zustands.

Eutektikum: Punkt mit der niedrigsten Schmelztemperatur in einem Zweistoffsystem. Dieser ist durch die eutektische Zusammensetzung und die eutektische Temperatur charakterisiert.

exergonische Reaktion: Chemische Reaktion, bei der die *freie Standard-Reaktionsenthalpie* ΔG_R^0 negativ ist.

exotherme Reaktion: Chemische Reaktion, bei der Wärme frei wird. Die *Reaktionsenthalpie* ΔH_R ist also negativ.

Faraday-Konstante *F*: Die Faraday-Konstante entspricht der elektrischen Ladung von einem Mol Elektronen: $F = 96\,485 \; C \cdot mol^{-1}$.

Faradaysche Gesetze: Gesetze, die den Zusammenhang zwischen Stoffumsatz und Ladungstransport bei einer Elektrolyse beschreiben.

FCKW: s. *CFK.*

Ferrite: Magnetische Werkstoffe mit der Zusammensetzung $M^{II}Fe_2^{III}O_4$ („weiche Ferrite" (M = Mn, Fe, Co, Ni, Cu, Zn, Cd, Mg)) bzw. $M^{II}Fe_{12}^{III}O_{19}$ („harte Ferrite" (M = Sr, Ba, Pb)).

Flotation: Technisches Verfahren zur Anreicherung von Erzen (Schwimmaufbereitung): Das feingemahlene Mineralgemisch wird in Wasser suspendiert und mit Hilfsstoffen versetzt, die die Benetzbarkeit verändern. Beim Einblasen von Luft werden die Erzpartikel durch anhaftende Bläschen an die Oberfläche getragen.

Fluoreszenz: Eine Form der *Lumineszenz*. In einem Stoff werden Elektronen durch Energiezufuhr, meist elektromagnetische Strahlung, angeregt. Beim Übergang in den Grundzustand wird elektromagnetische Strahlung abgegeben. Erfolgt dies innerhalb von 10^{-9} bis 10^{-6} s nach der Anregung, spricht man von Fluoreszenz.

Formalladung: Ladungszahl, die sich für ein kovalent gebundenes Atom (oder Ion) in einem Molekül ergibt, wenn man ihm neben den freien Elektronen die bindenden Elektronen zur Hälfte zuordnet. Der Wert ist die Differenz aus der Anzahl der Valenzelektronen des neutralen Atoms und der Anzahl der dem gebundenen Atom zugeordneten Elektronen.

fraktionierte Destillation: Verfahren zur Trennung flüssiger, miteinander mischbarer Stoffe. Das Prinzip der f. D. ist ein wiederholtes Verdampfen des Gemischs und Kondensieren des gebildeten Dampfs. Bei jedem einzelnen Verdampfungsschritt reichert sich die leichter flüchtige Komponente im Dampf an. Die f. D. wird auch als Rektifikation bezeichnet.

fraktionierte Kristallisation: Verfahren zur Trennung fester Stoffe. Das Stoffgemenge wird in einem geeigneten Lösemittel gelöst. Die Lösung wird eingeengt oder abgekühlt, bis ein Teil der gelösten Stoffe auskristallisiert und abfiltriert werden kann. Hierbei reichern sich die schwerer löslichen Komponenten im Kristallisat an. Durch mehrfaches Wiederholen des Vorgangs erreicht man eine weitgehende Trennung.

freie Enthalpie ΔG_R: Maß für die bei einer chemischen Reaktion tatsächlich nutzbare bzw. benötigte Energie. ΔG_R wird meist als stoffmengenbezogene Größe (molare freie Enthalpie) in $kJ \cdot mol^{-1}$ angegeben.

Frost-Diagramm: Grafische Darstellung der relativen Stabilitäten verschiedener Oxidationsstufen eines Elements in seinen Verbindungen (Oxidationszustands-Diagramm). Dargestellt wird $\Delta z \cdot E^0$ als Funktion der Oxidationsstufe z.

Fullerene: Molekulare Modifikationen des Elements Kohlenstoff, bei denen käfigförmige Moleküle vorliegen. Das am besten untersuchte und am leichtesten zugängliche F. hat die Formel C_{60}. In diesem kugelförmigen Molekül sind Kohlenstoff-Fünf- und -Sechsringe miteinander verknüpft.

galvanische Zelle: Elektrochemische Spannungsquelle, die gebildet wird, wenn zwei Halbzellen durch eine Elektrolytbrücke miteinander verbunden werden.

Gaschromatographie: Chromatographisches Verfahren zur Trennung verdampfbarer oder gasförmiger Stoffe.

Gefriertemperaturerniedrigung: s. *Schmelztemperaturerniedrigung*.

Geschwindigkeitsgesetz: Mathematische Beschreibung des Zusammenhangs zwischen der Reaktionsgeschwindigkeit und den Konzentrationen der Reaktionspartner. (Proportionalitätsfaktor ist dabei die Geschwindigkeitskonstante k.)

Gibbs-Helmholtz-Gleichung: Verknüpfung zwischen *freier Enthalpie, Enthalpie, Entropie* und Temperatur: $\Delta G = \Delta H - T \cdot \Delta S$.

Gitterenthalpie: Energie, die frei wird, wenn aus den gasförmigen Bausteinen eines Kristallgitters (Atome, Moleküle oder Ionen) der kristalline feste Stoff gebildet wird. Die Gitterenthalpie wird in der Regel als stoffmengenbezogene Größe in $kJ \cdot mol^{-1}$ angegeben. Die für 0 K angegebenen Gitterenergien weichen nur geringfügig von diesen Werten ab.

Gitterkonstante: s. *Elementarzelle*.

Glas: Amorpher Festkörper, der aus einer Schmelze beim Abkühlen entstehen kann. Ein Glas weist im Gegensatz zu einem kristallinen Festkörper keine definierte Schmelz- bzw. Erstarrungstemperatur auf, sondern einen Schmelz- bzw. Erstarrungsbereich. Die ungeordnete Struktur von Gläsern ähnelt denen von Flüssigkeiten. Gläser sind thermodynamisch metastabil. Der wichtigste glasbildende Stoff ist Siliciumdioxid.

Glaskeramik: Werkstoffe, die aus glasartigen und kristallinen Anteilen bestehen. G. besitzen eine höhere mechanische Festigkeit als Gläser. Glaskeramische Werkstoffe werden aufgrund ihrer geringen Wärmeausdehnung z. B. als Herdplatten verwendet.

Grahamsches Gesetz: Strömt ein Gasgemisch aufgrund eines Druckgefälles durch eine Düse, reichert sich das Gas mit der geringeren molaren Masse wegen seiner größeren Strömungsgeschwindigkeit auf der Niederdruckseite an. Für das Verhältnis der Geschwindigkeiten gilt:

$$\frac{v_1}{v_2} = \sqrt{\frac{M_2}{M_1}}\ .$$

Grundzustand: Der energieärmste Zustand eines Atoms oder Moleküls; s. *angeregter Zustand*.

Halbleiter: Stoff, der den elektrischen Strom schlecht leitet, dessen Leitfähigkeit aber mit steigender Temperatur zunimmt.

Halbmetall: s. *Halbleiter*.

Halbwertszeit: Zeit, in der genau die Hälfte eines bestimmten Stoffes (bzw. einer Teilchenart) zerfallen ist. Der Begriff H. wird vorwiegend auf den radioaktiven Zerfall angewendet.

Halbzelle: Ein Redox-Paar einer galvanischen Zelle; häufig ein Metall, das in eine Lösung eines seiner Salze taucht. Falls kein Metall beteiligt ist, benötigt man eine am Redox-Prozess unbeteiligte Ableitelektrode.

Hartstoffe: Feststoffe, die sich durch eine besondere Härte auszeichnen und in der Werkzeugindustrie Verwendung finden. Beispiele für H. sind Diamant, Siliciumcarbid (SiC), Titannitrid (TiN) oder Bornitrid (BN).

Heisenbergsche Unschärferelation: Die H. U. besagt, dass von einem atomaren oder subatomaren Teilchen nicht gleichzeitig Ort und Impuls exakt bestimmbar sind.

Henderson-Hasselbalch-Gleichung: s. *Puffergleichung*.

Henrysches Gesetz: Für eine gegebene Temperatur ist die Konzentration eines in einer Flüssigkeit gelösten Gases proportional zum Druck des Gases: $c = k \cdot p$.

HOMO: *Highest Occupied Molecular Orbital*. Energiereichstes der in einem Molekül besetzten Molekülorbitale.

HSAB-Konzept: *Hard and Soft Acids and Bases*. Säure/Base-Konzept, bei dem Stoffe in harte und weiche Säuren bzw. Basen eingeteilt werden. Wesentliches Kriterium für diese Klassifizierung ist die Elektronendichte bzw. die Polarisierbarkeit der Teilchen.

Hundsche Regel: Energetisch gleiche Orbitale werden zunächst mit je einem Elektron besetzt, bevor die Besetzung mit einem zweiten Elektron erfolgt.

Hybridisierung: Mischung verschiedener Atomorbitale (ähnlicher Energie) unter Ausbildung von gleichartigen Hybridorbitalen mit gleicher Symmetrie und gleicher Energie. Aus s- und p-Orbitalen können beispielsweise sp^3-Hybridorbitale gebildet werden.

Hydratation: Umhüllung von Teilchen durch Wasser-Moleküle bei der Bildung einer wässerigen Lösung, insbesondere bei ionischen Verbindungen (Salz) und hydrophilen Molekülverbindungen.

Hydratationsenthalpie: Enthalpie, die bei der *Hydratation* eines (gasförmigen) Ions frei würde. In der Regel wird der stoffmengenbezogene Wert in $kJ \cdot mol^{-1}$ angegeben.

Hydrolysereaktion: Spaltung von (polaren) kovalenten Bindungen durch die Reaktion mit Wasser. *Beispiel:* $PCl_3(l) + 3\,H_2O(l) \rightarrow H_3PO_3(aq) + 3\,HCl(aq)$.
Auch die Reaktion ionischer Stoffe mit Wasser wird als H. bezeichnet, soweit das Anion als extrem starke Base durch Wasser vollständig protoniert wird.
Beispiel: $Mg_3N_2(s) + 6\,H_2O(l) \rightarrow 3\,Mg(OH)_2(s) + 2\,NH_3(g)$.

Hydronium-Ion: Hydratisiertes H_3O^+-Ion: $H_3O^+(aq)$; die Konzentration der H.-I. bestimmt den *pH-Wert* einer Lösung.

Hypervalenz: Oktettüberschreitung. Atome der dritten oder einer höheren Periode können mehr als vier kovalente Bindungen ausbilden (z.B.: PF_5, SF_6). Als Alternative wird zunehmend eine Beschreibung als **Hyperkoordination** (unter Erhaltung des Oktettprinzips) bevorzugt.

ideale Lösung: Lösung, bei der die *Aktivität* der gelösten Teilchen mit der Konzentration übereinstimmt (Aktivitätskoeffizient $\gamma = 1$). Stark verdünnte *Elektrolyt*-Lösungen verhalten sich nahezu ideal. (s. *reale Lösung*.)

ideales Gas: Gas, bei dem zwischen den einzelnen Gasteilchen keine Kräfte auftreten und bei dem das Eigenvolumen der Gasteilchen gegenüber dem Gasvolumen vernachlässigbar gering ist. Für das i. G. gilt das *allgemeine Gasgesetz*: $p \cdot V = n \cdot R \cdot T$.

Indikator: Stoff, der (in der Regel durch eine Farbänderung) den *Äquivalenzpunkt* einer *Titration* anzeigt.

Inert-Pair-Effekt: Beobachtung, dass es bei Atomen des p-Blocks der vierten und höherer Perioden energetisch relativ ungünstig ist, die s-Elektronen der Valenzschale zu entfernen. Die höchstmögliche Oxidationsstufe ist dementsprechend wenig stabil.

Inhibitor: Ein Stoff, der den Ablauf einer chemischen Reaktion verzögert oder praktisch vollständig hemmt.

Ionenleiter: Elektrisch leitender Feststoff, dessen Leitfähigkeit durch bewegliche Ionen zustande kommt.

Ionenprodukt: Produkt aus den Konzentrationen der Kationen und Anionen, die durch *Eigendissoziation* (bzw. *Autoprotolyse*) einer Flüssigkeit gebildet werden.

Ionenstärke: Maß für die elektrostatischen Wechselwirkungen zwischen den Ionen in einer (wässerigen) Lösung. Für jede Ionensorte ist dabei das Produkt aus der Konzentration c_i und dem Quadrat der Ladungszahl z_i zu berücksichtigen.
Definition: $I = \frac{1}{2} \sum c_i \cdot z_i^2$.

Ionisierungsenergie: Energie, die (bei 0 K) benötigt wird, um aus einem gasförmigen Teilchen ein Elektron zu entfernen. Die für 298 K angegebenen Ionisierungs*enthalpien* weichen nur geringfügig von den I.-Werten ab.

isoelektronisch: Zwei Teilchen sind i., wenn sie die gleiche Anzahl von Valenzelektronen aufweisen.

Isotope: Atome, deren Atomkerne die gleiche Zahl an Protonen, aber eine unterschiedliche Zahl an Neutronen enthalten.

IUPAC: *International Union for Pure and Applied Chemistry*. Internationale wissenschaftliche Vereinigung, deren Aufgaben u. a. in der Vereinheitlichung der chemischen Nomenklatur, in der Klärung von Fachbegriffen und in der Festlegung von symbolischen Schreibweisen liegen.

Joule-Thomson-Effekt: Der bei der Expansion der meisten realen Gase auftretende Abkühlungseffekt.

Katalysator: Stoff, der die Geschwindigkeit einer chemischen Reaktion erhöht, ohne dabei selbst verbraucht zu werden.

Kathode: Allgemeine Bezeichnung für eine Elektrode, an der eine *Reduktion* abläuft. (Häufig auch nur für den Minuspol einer Elektrolysezelle verwendet.)

Keramik: Werkstoff, der aus nichtmetallischen anorganischen Komponenten, häufig Metalloxiden, besteht. Keramische Materialien entstehen durch Sinterprozesse (s. *Sintern*). Charakteristische Eigenschaften sind hohe Druckbelastbarkeit, hohe Temperaturbeständigkeit, niedrige elektrische und thermische Leitfähigkeit, sprödes Verhalten. Ein Beispiel für Gebrauchskeramik ist *Porzellan*.

Kernbindungsenergie: Energie, durch welche die Bausteine der Atomkerne, die Protonen und Neutronen, zusammengehalten werden (s. *Massendefekt*).

Kernspaltung: Spaltung von schweren Atomkernen durch Beschuss mit Neutronen.

Kieselgel: Röntgenamorphe Polykieselsäuren mit unterschiedlichem Wassergehalt. Wichtiges Trockenmittel in Labor und Technik, das durch Erhitzen regeneriert werden kann.

Knallgas: Wasserstoff/Sauerstoff-Gemisch, das nach Zündung zu Wasserdampf reagiert und dabei sehr hohe Temperaturen erzeugt.

Knotenfläche: Fläche, auf welcher der Zahlenwert der *Wellenfunktion* Ψ für bestimmte Elektronen und damit auch die Elektronendichte gleich null ist.

Kohlensäure: Bezeichnung für eine Lösung von Kohlenstoffdioxid in Wasser. Die sauren Eigenschaften dieser Lösung kommen durch die Bildung von Hydronium-Ionen durch folgende Reaktion zustande: $CO_2(aq) + 2\,H_2O(l) \rightleftharpoons H_3O^+(aq) + HCO_3^-(aq)$.

Komplex: Teilchen, das aus einem Zentralatom (bzw. Zentralion) und Anionen oder Molekülen (als *Liganden*) aufgebaut ist.

Komplexometrie: Maßanalytisches Verfahren zur Bestimmung des Gehalts einer Versuchslösung an Metallionen. Die Ionen werden mithilfe von *Maßlösungen*, die *Komplexone* enthalten, in stabile *Chelate* überführt. Der Endpunkt der *Titration* wird durch den Farbumschlag eines *Metallindikators* angezeigt.

Komplexone: Sammelbezeichnung für *Chelatbildner* aus der Gruppe der Aminopolycarbonsäuren (z.B. EDTA). Wichtige Reagenzien für die *Komplexometrie*.

Komproportionierung: s. *Synproportionierung*.

Koks: Der beim Erhitzen von Kohle unter Luftabschluss verbleibende Rückstand. Besteht überwiegend aus Kohlenstoff (Graphit).

Kondensationsreaktion: Reaktion, durch die zwei Moleküle oder Ionen unter Abspaltung eines kleineren Moleküls (meist H_2O) zu einer größeren Einheit verknüpft werden. Beispiel: $2\,H_3PO_4(l) \xrightarrow{\Delta} H_4P_2O_7(s) + H_2O(g)$.

Konzentrationskette: *Galvanische Zelle*, bestehend aus zwei *Halbzellen*, die sich lediglich durch die Konzentration des Elektrolyten unterscheiden.

Koordinationszahl: Zahl der zu einem Atom oder Ion unmittelbar benachbarten Atome oder Ionen.

kovalente Bindung: Verknüpfung von Atomen durch gemeinsame Elektronenpaare (oder *Mehrzentrenbindungen*) zu Molekülen, mehratomigen Ionen oder Netzwerken. Für Atome der zweiten Periode gilt dabei die *Oktettregel*.

Kovalenzradius: Radius eines kovalent gebundenen Atoms. Die Summe der Kovalenzradien zweier kovalent aneinander gebundener Atome ist gleich dem Bindungsabstand.

Kreisprozess: Zurückführung des (gesamten) Energieumsatzes bei einer Reaktion auf die Energieumsätze der einzelnen Teilschritte.

kritischer Punkt: Punkt im *Zustandsdiagramm* eines Stoffs, an dem die flüssige und die gasförmige Phase ununterscheidbar werden. Der k. P. ist durch eine kritische Temperatur und einen kritischen Druck gekennzeichnet. Oberhalb der kritischen Temperatur kann ein Gas durch reine Druckerhöhung nicht verflüssigt werden.

Kronenether: Ringförmige Polyether, die im Zentrum des Rings Metall-Ionen binden können. Die Sauerstoff-Atome umgeben das gebundene Metall-Ion kronenförmig.

LCD: *Liquid Crystal Display*. Anzeigeelement aus Flüssigkristallen.

LED: *Light Emitting Diode*. Elektronisches Bauelement auf der Basis einer Halbleiterdiode, die sichtbares Licht aussendet. Blau leuchtende LEDs enthalten meist Indium/Gallium-Nitrid: $(In_{1-x}Ga_x)N$.

Leitungsband: s. *Bändermodell*.

Lewis-Base: Teilchen mit einem (oder mehreren) freien Elektronenpaar(en), z.B. NH$_3$ oder H$_2$O. Die freien Elektronenpaare der L.-B. können eine Bindung zu einer *Lewis-Säure* ausbilden (Elektronenpaardonator).

Lewis-Formel: Darstellung der Bindungsverhältnisse in einem Molekül durch sogenannte Valenzstriche; jeder Valenzstrich entspricht einem Elektronenpaar. (Man spricht deshalb auch von einer *Valenzstrichformel*.)

Lewis-Säure: Teilchen mit einer Elektronenlücke, in die sich ein freies Elektronenpaar einlagern kann (Elektronenpaarakzeptor), z.B. BCl$_3$.

Liganden: Anorganische oder organische Moleküle oder Ionen, die in *Komplex*verbindungen an ein Zentralion (bzw. Zentralatom) gebunden sind. Wichtige anorganische Liganden sind Wasser und Ammoniak.

Ligatoratom: Atom eines mehratomigen *Liganden*, das direkt an das Zentralion eines *Komplexes* gebunden ist.

Löcherleitung: Elektrische Leitfähigkeit eines Stoffes, die durch *Defektelektronen* hervorgerufen wird.

Löslichkeitsgleichgewicht: Heterogenes Gleichgewicht zwischen einem festen Bodenkörper und den daraus gebildeten gelösten Teilchen in der überstehenden gesättigten Lösung. Für ionische Verbindungen wird die Lage des L. durch das Löslichkeitsprodukt K_L beschrieben. *Beispiel:* $K_L = c(Ag^+) \cdot c(Cl^-)$.

Lumineszenz: Oberbegriff für Leuchterscheinungen von Stoffen. In einem Stoff werden Elektronen durch Energiezufuhr, meist elektromagnetische Strahlung, angeregt. Beim Übergang in den Grundzustand wird elektromagnetische Strahlung abgegeben. S. auch *Fluoreszenz*.

LUMO: *L*owest *U*noccupied *M*olecular *O*rbital. Energieärmstes der in einem Molekül nicht besetzten Molekülorbitale.

Massendefekt: Die exakte Masse eines Atomkerns ist um den Betrag des M. geringer als die Summe der Massen der Kernbausteine. Der M. ist unmittelbar mit der *Kernbindungsenergie* verknüpft.

Massenwirkungsgesetz: Mathematische Beschreibung des Zusammenhangs zwischen den Konzentrationen (bzw. *Partialdrücken*) von Edukten und Produkten einer chemischen Reaktion im chemischen Gleichgewicht durch eine (temperaturabhängige) reaktionsspezifische Gleichgewichtskonstante.

Maßanalyse: Titrationsverfahren zur Bestimmung der Konzentration einer Teilchenart in einer Probelösung. Neben einer geeigneten *Maßlösung* verwendet man meist *Indikatoren*, die durch einen Farbumschlag den Endpunkt der *Titration* anzeigen.

Maßlösung: Bei einer *Titration* verwendete Lösung mit genau bekannter Konzentration des gelösten Stoffs.

Mehrzentrenbindungen: Besondere Art der kovalenten Bindung, bei der ein Elektronenpaar nicht wie üblich für die Bindung zwischen zwei, sondern zwischen drei oder mehr Atomen verantwortlich ist. M. treten z. B. bei den Boranen auf.

Mesomerie: Verteilung der Valenzelektronen in einem Molekül oder mehratomigen Ion, die nicht sinnvoll durch eine einzige *Valenzstrichformel* beschrieben werden kann. Man zeichnet dann verschiedene sogenannte Grenzstrukturen und setzt einen Mesomerie-Pfeil ↔ dazwischen. Anstelle des Begriffs M. kann auch der Begriff der Resonanz verwendet werden.

Metallcarbonyle: Verbindungen zwischen Übergangsmetallen und Kohlenstoffmonoxid (z.B.: $Ni(CO)_4$).

Metallindikator: In der *Maßanalyse* verwendeter *Indikator* bei der Bestimmung des Gehalts von Metallionen. Es handelt sich dabei um *Chelatbildner*, die in freier Form eine andere Farbe aufweisen als in Form des *Komplexes*.

metastabile Stoffe: Stoffe (bzw. Gemische), die aus thermodynamischer Sicht nicht existenzfähig sind. M. S. werden durch eine Aktivierungsbarriere an der thermodynamisch erwarteten Reaktion gehindert.

Mischkristalle: Kristalline Verbindungen, in deren Gitter (Wirtsgitter) andere Atome oder Ionen eingebaut sind. Werden dabei Teilchen des Wirtsgitters ersetzt, spricht man von Substitutions-Mischkristallen, werden sie zusätzlich in Gitterlücken eingebaut, nennt man sie Einlagerungs-Mischkristalle. M. werden bevorzugt bei Metallen und bei Ionenverbindungen gebildet.

Molalität b: Gehaltsangabe für eine Lösung (Stoffmenge des gelösten Stoffs pro kg Lösemittel). Einheit: $mol \cdot kg^{-1}$.

molare Größen: Stoffmengenbezogene Größen, d. h. Größen, die als Quotient aus einer Grundgröße und der Stoffmenge n definiert sind.
Beispiel: **molare Masse** M ($M = m/n$).

molares Volumen V_m: Quotient aus Volumen und Stoffmenge eines Stoffs. Bei (idealen) Gasen ist das m. V. unabhängig von der Art der Teilchen; bei 25 °C und 1013 hPa gilt: $V_m \approx 24\, l \cdot mol^{-1}$.

Molarität: Traditionelle Bezeichnung für die Stoffmengenkonzentration (in $mol \cdot l^{-1}$).

Molekülorbital: Aufenthaltsbereich eines Elektrons in einem Molekül (s. *Orbital*).

Moseleysches Gesetz: Das M. G. beschreibt den Zusammenhang zwischen der Kernladungszahl und der Frequenz vergleichbarer Röntgenlinien: Die Frequenzen der emittierten Röntgenstrahlung sind jeweils proportional zum Quadrat der Ordnungszahl des betreffenden Elements.

Nernstsche Gleichung: Gesetzmäßigkeit zur Berechnung des *Elektrodenpotentials* E einer Halbzelle aus dem *Standardpotential* E_0 und der Elektrolyt-Konzentration. Für Redox-Paare des Typs M^+/M gilt:

$$E = E_0 + \frac{R \cdot T}{F} \lg(c(M^+)).$$

Nernstsches Verteilungsgesetz: Ein gelöster Stoff verteilt sich zwischen zwei miteinander nicht (oder unvollständig) mischbaren Flüssigkeiten 1 und 2 so, dass der Quotient der Konzentrationen c_1 und c_2 für eine gegebene Temperatur konstant ist. Dieser Quotient wird als Verteilungskoeffizient K bezeichnet: $K = c_1/c_2$.

Netzebene: Gedachte Ebene in einem Kristallgitter, in der die Mittelpunkte einer Anzahl von Gitterbausteinen (Atome, Ionen) liegen.

Nukleonen: Sammelbezeichnung für die Bausteine der Atomkerne: Protonen und Neutronen.

Oktaederlücke: Lücke zwischen sechs oktaedrisch angeordneten, sich berührenden Teilchen.

Oktettregel: Ordnet man einem Atom der zweiten Periode in Molekülen oder mehratomigen Ionen jeweils sämtliche Bindungselektronen und die freien Elektronen zu, so ergibt sich in der Regel eine Gesamtzahl von acht. Eine andere Formulierung ist die (8–N)-Regel: Die Atome der zweiten Periode bilden 8–N Bindungen aus, wobei N die Anzahl der Valenzelektronen ist.

Orbital: Mathematische Beschreibung des Energiezustands eines Elektrons in einem Atom, Ion oder Molekül durch eine *Wellenfunktion*. Anschaulich: Der Aufenthaltsbereich eines Elektrons.

Ordnungszahl: Anzahl der Protonen in einem Atom (Kernladungszahl).

Osmose: Diffusion von Lösemittelmolekülen durch eine *semipermeable Membran* zum Konzentrationsausgleich zwischen einer verdünnteren und einer konzentrierteren Lösung.

Ostwaldsches Verdünnungsgesetz: Quantitative Beschreibung des folgenden Sachverhalts: Mit zunehmender Verdünnung der wässerigen Lösung einer schwachen Säure oder Base nimmt der *Protolyse*grad zu.

Oxidation: Chemische Reaktion, bei der ein Reaktionsteilnehmer Elektronen abgibt bzw. die *Oxidationszahl* einer Atomart erhöht wird.

Oxidationszahl: Fiktive Ladung eines Atoms in einer Verbindung. Bei der Ermittlung der O. werden Bindungselektronen jeweils dem Bindungspartner mit der höheren Elektronegativität zugeordnet.

Oxidationszustands-Diagramm: s. *Frost-Diagramm*.

Oxonium-Ion: Das nicht hydratisierte H_3O^+-Ion, wie es in einigen kristallinen Verbindungen (z.B. $H_3O^+ClO_4^- \cong HClO_4 \cdot H_2O$) auftritt; s. auch *Hydronium-Ion*.

π-Bindung: *Kovalente Bindung*, bei der sich die bindenden Elektronen in zwei voneinander getrennten räumlichen Bereichen aufhalten; zwischen diesen befindet sich eine *Knotenfläche*, in der die Elektronendichte null beträgt.

Paramagnetismus: Magnetische Erscheinung, die bei Stoffen bzw. Teilchen mit ungepaarten Elektronen auftritt. Paramagnetische Stoffe werden in ein inhomogenes magnetisches Feld hinein gezogen.

Partialdruck: Druck, den eine Komponente einer Gasmischung in einem Behälter gegebenen Volumens ausüben würde, wenn sie als einzige vorhanden wäre.

Pauli-Prinzip: In einem Atom können nicht zwei Elektronen auftreten, die den gleichen Zustand besitzen; sie dürfen also nicht in allen Quantenzahlen übereinstimmen. Das Pauli-Prinzip gilt auch für Ionen und für Moleküle.

Periodensystem: Anordnung der Elemente nach Merkmalen des Baus der Elektronenhülle. Chemisch ähnliche Elemente stehen untereinander und bilden eine Gruppe des P.; die nebeneinander stehenden Elemente bilden eine Periode.

Phasendiagramm: Das P. (oder auch Zustandsdiagramm) ist eine grafische Darstellung der Existenzbereiche des festen, flüssigen oder gasförmigen Aggregatzustands eines Stoffs als Funktion von Druck und Temperatur.

Photon: Man kann Licht nicht nur als elektromagnetische Welle, sondern auch als Teilchenstrahlung auffassen. Das P. ist dann ein „Lichtteilchen".

pH-Wert: Der negative dekadische Logarithmus des Zahlenwertes der Konzentration hydratisierter H_3O^+-Ionen:
$$pH = -\lg \frac{c(H_3O^+)}{mol \cdot l^{-1}}$$

piezoelektrischer Effekt: Die bei bestimmten Kristallen (z.B. α-Quarz) bei mechanischer Verformung (durch Druck oder Zug) auftretende Ladungstrennung.

Plancksches Wirkungsquantum h: Naturkonstante. Die Energie einer elektromagnetischen Welle ist mit ihrer Frequenz über das P. W. verknüpft:
$E = h \cdot \nu$ ($h = 6{,}63 \cdot 10^{-34}$ J·s).

pOH-Wert: Der negative dekadische Logarithmus des Zahlenwerts der Konzentration hydratisierter OH^--Ionen:
$$pOH = -\lg \frac{c(OH^-)}{mol \cdot l^{-1}}$$

Polarisierung: Verschiebung von Elektronen innerhalb der Elektronenhülle.

Porzellan: Keramischer Werkstoff, der bei hoher Temperatur aus Kaolin, Siliciumoxid und Feldspat durch *Sinter*vorgänge gebildet wird.

potentiometrische Titration: Titration, bei der das elektrochemische Potential der Analysenlösung gemessen wird.

ppb: *parts per billion* ($1{:}10^9$).

ppm: *parts per million* ($1{:}10^6$).

Protolyse: Reaktion, bei der ein Protonenübergang zwischen zwei Teilchen stattfindet (Säure/Base-Reaktion). *Beispiel:* $NH_3(aq) + H_2O(l) \rightleftharpoons NH_4^+(aq) + OH^-(aq)$.

Puffergleichung: Mathematische Beziehung zur Berechnung des pH-Werts einer *Pufferlösung*:
$$pH = pK_S + \lg \frac{c(A^-)}{c(HA)}$$

Pufferlösungen: Lösungen, die ihren pH-Wert bei Zugabe von Säuren oder Laugen annähernd konstant halten. P. enthalten jeweils eine schwache (Brønsted-)Säure (HA) und die konjugierte Base (A^-) in vergleichbarer Konzentration.

Radikale: Teilchen mit ungepaarten Elektronen.

Radiokarbonmethode: Methode zur Altersbestimmung kohlenstoffhaltiger Proben: Aus dem Anteil an dem radioaktiven Isotop ^{14}C lassen sich aufgrund des Zerfallsgesetzes Rückschlüsse auf das Alter einer Probe ziehen.

Reaktionsenthalpie ΔH_R^0: Energie, die in Form von Wärme bei konstantem äußeren Druck bei einer chemischen Reaktion frei wird oder aufgenommen wird. Die R. wird üblicherweise stoffmengenbezogen in $kJ \cdot mol^{-1}$ angegeben (molare Reaktionsenthalpie). S. *Standard-Reaktionsenthalpie*.

Reaktionsgeschwindigkeit: Änderung der Konzentration eines Stoffs pro Zeiteinheit. Die R. kann auf die Abnahme der Konzentration eines Edukts oder Zunahme der Konzentration eines Produkts bezogen werden. Die R. hängt von der Temperatur und den Konzentrationen ab. Sind Feststoffe an der Reaktion beteiligt, spielt der Zerteilungsgrad eine Rolle. Die R. kann durch einen *Katalysator* wesentlich erhöht werden.

Reaktionsmechanismus: Modellhafte Beschreibung des Ablaufs einer Reaktion durch eine Folge von Reaktionsschritten (*Elementarreaktionen*).

reale Lösung: Lösung, bei der die *Aktivität* der gelösten Teilchen (aufgrund von Wechselwirkungen) meist merklich kleiner ist als ihre Konzentration (Aktivitätskoeffizient $\gamma < 1$). Bei *Elektrolyt*-Lösungen nimmt der Aktivitätskoeffizient mit wachsender *Ionenstärke* ab. (s. *ideale Lösung*.)

reales Gas: Im Gegensatz zum *idealen Gas* können bei einem r. G. die Kräfte zwischen den Teilchen und/oder deren Eigenvolumen nicht vernachlässigt werden.

Redox-Reaktion: Chemische Reaktion, bei der *Reduktion* und *Oxidation* gleichzeitig ablaufen.

Reduktion: Chemische Reaktion, bei der ein Reaktionsteilnehmer Elektronen aufnimmt bzw. die *Oxidationszahl* einer Atomart erniedrigt wird.

Reinelement: Element, das nur *ein* stabiles Isotop aufweist.

Rektifikation: s. *fraktionierte Destillation*.

Resonanz: s. *Mesomerie*.

Röntgenbeugung: Verfahren zur Bestimmung von Kristallstrukturen und Gitterkonstanten. Die Wechselwirkung von Röntgenstrahlen mit der kristallinen Probe führt zu Beugungseffekten; deren Auswertung ergibt die Abstände und die Anordnung der Atome.

σ-Bindung: Kovalente Bindung, bei der die Elektronendichte der bindenden Elektronen rotationssymmetrisch in Bezug auf die gerade Verbindungslinie zwischen den Atomen ist.

Säurekonstante K_S: Gleichgewichtskonstante für die Dissoziation (*Protolyse*) einer Säure.

saurer Regen: Gelangen Nichtmetalloxide wie Schwefeldioxid oder Stickstoffoxide in die Atmosphäre, entstehen daraus durch Reaktion mit Wasser und Luftsauerstoff Säuren, die den *pH-Wert* des Regenwassers absenken.

Schmelzdruckkurve: Kurve im *Phasendiagramm* eines Stoffs, welche die Druckabhängigkeit der Schmelztemperatur wiedergibt.

Schmelztemperaturerniedrigung: Löst man einen Stoff in einer Flüssigkeit auf, so kommt es in den meisten Fällen zu einer Erniedrigung der Schmelztemperatur der Flüssigkeit. Das Ausmaß der S. ist proportional zur *Molalität* des gelösten Stoffs.

Schrägbeziehung: Bezeichnung für eine gewisse chemische Ähnlichkeit zwischen zwei im Periodensystem schräg untereinander stehenden Elementen, z. B. Bor und Silicium oder Beryllium und Aluminium.

semipermeable Membran: Dünne Membran, die für bestimmte kleine Moleküle, insbesondere Lösemittelmoleküle, durchlässig ist.

Siedediagramm: Grafische Darstellung für ein Gemisch zweier flüssiger Stoffe, aus der sich die Siedetemperatur (bei konstantem äußeren Druck) und die Zusammensetzung des Dampfes in Abhängigkeit von der Zusammensetzung der flüssigen Phase ablesen lässt.

Siedetemperaturerhöhung: Eine Lösung weist in der Regel eine höhere Siedetemperatur auf als das reine Lösemittel. Das Ausmaß der S. ist proportional zur *Molalität* des gelösten Stoffs.

Silicone: Polymere Organosiliciumverbindungen, bei denen die Silicium-Atome über Sauerstoff-Atome zu Ketten oder Netzwerken verbunden sind. Die übrigen Bindungsstellen der Silicium-Atome sind durch organische Reste abgesättigt. Je nach Molekülgröße und Vernetzungsgrad erhält man S. in flüssiger Form (Siliconöle) oder als dauerelastische und relativ temperaturbeständige „feste" Silicone.

Sintern: Vereinigung von feinkristallinen oder pulverförmigen Feststoffen zu einem kompakten Material bei Temperaturen unterhalb der Schmelztemperatur. Die Geschwindigkeit von Sintervorgängen steigt mit zunehmender Temperatur und zunehmendem Druck.

Spannungsreihe: Tabellarische Zusammenstellung der Standard*elektrodenpotentiale* in der Reihenfolge ihrer Größe.

Spin: Dreht sich ein Elektron um seine eigene Achse, erzeugt es ein Magnetfeld. Hierbei sind nur zwei Zustände möglich, die anschaulich einer Rechts- bzw. Linksdrehung entsprechen. Diese beiden Zustände werden durch die magnetischen Spinquantenzahlen $m_s = +½$ und $m_s = -½$ charakterisiert.

Spinelle: Ternäre Metalloxide der allgemeinen Formel $M^{II}M_2^{III}O_4$, die in der kubischen Spinellstruktur kristallisieren. Im Allgemeinen besetzen die M^{II}-Ionen in geordneter Weise ein Achtel der Tetraederlücken und die M^{III}-Ionen die Hälfte der Oktaederlücken.

Spinpaarungsenergie: Besetzen zwei Elektronen (mit entgegengesetztem Spin) ein Orbital, so ist dies energetisch um die S. ungünstiger, als wenn beide Elektronen zwei verschiedene Orbitale (gleicher Energie) mit parallelem Spin besetzen.

Standard-Bildungsenthalpie ΔH_f^0: (Molare) Reaktionsenthalpie für die Bildung eines Stoffs aus den Elementen (in ihrem stabilsten Zustand) beim Standarddruck (1000 hPa). Tabelliert werden meist die Werte für 298 K (in kJ · mol^{-1}).

Standard-Reaktionsenthalpie ΔH_R^0: Die mithilfe der molaren *Standard-Bildungsenthalpien* ΔH_f^0 berechnete stoffmengenbezogene *Enthalpie*änderung bei einer chemischen Reaktion.

Standard-Wasserstoffelektrode: Historisch bedeutsame Halbzelle, bei der sich das Redoxpotential zwischen hydratisierten H_3O^+-Ionen (*Aktivität* 1) und Wasserstoffgas (p = 1 bar) an einer Ableitelektrode aus Platin einstellt. Diese Halbzelle war ursprünglich die *Bezugselektrode* für die Festlegung von *Elektrodenpotentialen*. Das Potential der S. ist definitionsgemäß gleich null Volt.

Stoffmengenanteil: Quotient aus der Stoffmenge (Einheit: Mol) eines Stoffs in einem Mehrstoffsystem und der Summe der Stoffmengen aller beteiligten Stoffe.

Subhalogenid: Halogenid eines Elements in einer ungewöhnlich niedrigen Oxidationsstufe (z.B. AlCl). S. sind häufig nur bei hohen Temperaturen im gasförmigen Zustand stabil.

Sublimation: Übergang eines Stoffs vom festen in den gasförmigen Zustand, ohne vorher zu schmelzen.

Supersäure: Säure, deren Azidität größer ist als die von wasserfreier Schwefelsäure.

Synproportionierung: *Redox-Reaktion*, bei der aus einer Atomart, die in zwei unterschiedlichen Oxidationsstufen vorliegt, eine einheitliche mittlere Oxidationsstufe gebildet wird. *Beispiel:* $Cl^IO^-(aq) + Cl^-(aq) + 2\,H^+(aq) \rightleftharpoons Cl_2^0(aq) + H_2O(l)$.

Tetraederlücke: Lücke zwischen vier tetraedrisch angeordneten, sich berührenden Teilchen.

Thermolumineszenz: *Lumineszenz*, die durch Temperaturerhöhung angeregt wird.

Thixotropie: Eigenschaft vieler Gele, durch Rühren oder Schütteln fließfähig zu werden. Die Gelstruktur wird nach kurzer Zeit zurückgebildet.

Tiegelzieh-Verfahren: Verfahren zur Kristallzucht. Beim T.-V. wird aus der in einem Tiegel befindlichen Schmelze eines Stoffs unter Verwendung eines Impfkristalls ein (großer) Einkristall (z. B. Silicium) gebildet.

Titration: Maßanalytisches Verfahren zur Gehaltsbestimmung einer Lösung.

Tracer: Stoffe, die in kleinen Mengen in einen physikalischen, chemischen oder biologischen Prozess eingebracht werden, um deren Ablauf zu untersuchen. Einzelne Atome in den als T. verwendeten Stoffe werden markiert, um ihren Verbleib verfolgen zu können. Die Markierung erfolgt in der Regel durch Einbau von stabilen oder radioaktiven Isotopen, die massenspektrometrisch oder mit Strahlungsdetektoren nachgewiesen werden können.

Transurane: Elemente, die höhere Ordnungszahlen als das Uran aufweisen.

Tripelpunkt: Punkt im Phasendiagramm eines Stoffs, an dem fester, flüssiger und gasförmiger Stoff nebeneinander im Gleichgewicht vorliegen.

Trockeneis: Festes Kohlenstoffdioxid; sublimiert bei −78 °C (unter normalem Druck).

Überspannung: Manche Elektrolysevorgänge laufen erst bei höheren Spannungen ab, als man aus den *Halbzellen*potentialen berechnet. Die Differenz zwischen diesen beiden Spannungen wird als Ü. bezeichnet.

Umkehrosmose: Umkehrung der *Osmose*. Lösemittel-Moleküle können bei Anwendung eines äußeren Drucks durch eine *semipermeable Membran* von einer konzentrierteren in eine verdünntere Lösung fließen. Die U. wird beispielsweise zur Entsalzung von Wasser genutzt.

Valenzband: s. *Bändermodell*.

Valenzstrichformel: s. *Lewis-Formel*.

Van-der-Waals-Radius: Zahlenangabe, welche die effektive Größe eines Atoms beschreibt, das nur durch die schwachen Van-der-Waals-Kräfte in Kontakt zu anderen Atomen gehalten wird.

Van-der-Waals-Wechselwirkungen: Schwache Anziehung, die zwischen allen Teilchen wirkt, insbesondere zwischen solchen mit hoher *Polarisier*barkeit und/oder mit polaren Bindungen.

Verteilungskoeffizient: s. *Nernstsches Verteilungsgesetz*.

Verwitterung: In den Geowissenschaften bezeichnet V. die Summe der Prozesse, die zur Veränderung der Gesteine und Mineralien durch Kontakt mit der Atmosphäre führt. In der Chemie wird auch die Abgabe von Kristallwasser als V. bezeichnet.

Viskosität: Widerstand, den eine Flüssigkeit oder ein Gas dem Fließen entgegensetzt.

VSEPR-Modell: *Valence Shell Electron Pair Repulsion*. Modellvorstellung zur Vorhersage des Aufbaus von Molekülen oder mehratomigen Ionen. Grundlage ist die Vorstellung, dass die einem Atom zugeordneten (bindenden und nichtbindenden) Elektronenpaare einen möglichst großen Abstand voneinander einnehmen.

Wafer: Einkristalline, dünne, polierte Scheibe aus einem Halbleitermaterial (in der Regel Silicium), aus der elektronische Bauelemente gefertigt werden.

Wärmekapazität: Wärmemenge, die notwendig ist, um einen Stoff um 1 Grad zu erwärmen. Die W. wird meist als stoffmengenbezogene Größe C (molare W.) mit der Einheit $J \cdot K^{-1} \cdot mol^{-1}$ angegeben.

wasserähnliche Lösemittel: Lösemittel, die teilweise in ein Kation und ein Anion zerfallen. *Beispiel:* $2\ NH_3(l) \rightleftharpoons NH_4^+(solv) + NH_2^-(solv)$.

Wasserhärte: Maß für den Gehalt an Ionen der Erdalkalimetalle (Mg^{2+}, Ca^{2+}) in Trinkwasser, Oberflächenwasser oder Brauchwasser. Angabe in $mmol \cdot l^{-1}$; gelegentlich noch in Deutschen Härtegraden °d ($1\ mmol \cdot l^{-1} = 5,6$ °d).

Wasserstoffbrückenbindungen: Relativ starke intra- oder intermolekulare Wechselwirkung zwischen einem kovalent gebundenen Wasserstoff-Atom mit positiver Partialladung und einem freien Elektronenpaar eines anderen Atoms.

Wellenfunktion ψ: Mathematische Beschreibung eines Elektrons bestimmter Energie als Welle. Das Quadrat des Funktionswerts für eine bestimmte Stelle ($\psi^2(x,y,z)$) ist proportional zur Elektronendichte.

Welle-Teilchen-Dualismus: Das Verhalten von Elektronen kann als Bewegung sehr kleiner Teilchen, aber auch als elektromagnetische Welle verstanden und beschrieben werden.

Zeitgesetz: s. *Geschwindigkeitsgesetz*.

Zentralatom: Das von *Liganden* umgebene Atom (bzw. Ion) im Zentrum eines *Komplexes*.

Zeolithe: Große Gruppe von natürlich vorkommenden oder synthetisch hergestellten *Alumosilicate*n, die Strukturen mit Hohlräumen unterschiedlicher Größe aufweisen. Zeolithe finden u. a. Verwendung als *Katalysatoren* und Wasserenthärtungsmittel.

Zerfallsgesetz: Mathematische Beziehung, die den Zerfall eines Stoffs als Funktion der Zeit beschreibt. Das Z. wird insbesondere auf den radioaktiven Zerfall angewendet: $N(t) = N_0 \cdot e^{-k \cdot t}$; k wird als Zerfallskonstante bezeichnet.

Zerfallsreihe: Reihe von Isotopen verschiedener Elemente, die durch radioktiven Zerfall eines instabilen Isotops gebildet werden. Am Ende jeder Zerfallsreihe steht immer ein stabiles Isotop eines Elements.

Zersetzungsspannung: Die Spannung, die mindestens notwendig ist, um einen nicht freiwillig ablaufenden elektrochemischen Vorgang ablaufen zu lassen. Beispiel: Zersetzung von Wasser in Wasserstoff und Sauerstoff.

Zintl-Phasen: Verbindungen zwischen den Alkali- oder Erdalkalimetallen und Halbmetallen. Die chemische Bindung in Z.-P. stellt einen Grenzfall zwischen metallischer und ionischer Bindung dar.

Zustandsdiagramm: s. *Phasendiagramm*.

Index

A

AAS 27
ABC-Pulver 505
Ableitelektrode 256
Abschirmung 52–55
Absorptionsspektrum 291
AB-Verbindungen, Aufbau 74–76
AB_2-Verbindungen, Aufbau 76f
Abwasser 534
Acetylaceton 289
Acetylen 383, 425
Achat 445
Acrylglas 440
Actinoide 739–743
   Elektronenkonfiguration 740
   Halbwertszeiten 739
Adenosintriphosphat 521–523
Adhäsionskräfte 753
ADP 522
Adsorption 188
Adsorptionsmittel 445
   Zeolithe 451
Aerosil 445f
Airbag 484
Akkumulatoren 269–271
aktivierter Komplex 315–318
Aktivierungsenergie 313–318
Aktivität 138, 204, 215, 228
Aktivitätskoeffizient 200–202, 259
Aktivkohle 422
π-Akzeptor-Liganden 633f
Alabaster 382
Alaune 407, 695
Albit 450
Alkali-Mangan-Batterie 270
Alkalimetallcarbonate 362
Alkalimetalle
   Eigenschaften 344f
   schwerlösliche Salze 351
allgemeine Gaskonstante 156
allgemeines Gasgesetz 156–158
Alnico-Magnetwerkstoffe 626
Alternativverbot 116
Altersbestimmung 20

Aluminium 385, 390f, 402–408
   Herstellung 404–406
Aluminiumcarbid 426
Aluminiumchlorid 406
Aluminiumhalogenide 406
Aluminiumhydroxid 404
Aluminium-Ion, Protolyse 232
Aluminium-Magnesium-Legierungen 375
Aluminiumoxid 403f
β-Aluminiumoxid 408
Aluminothermie 403
aluminothermische Reduktion 665
Alumosilicate 412, 446–452
Amalgam 663, 719
Amalgamverfahren 359f
ambidente Liganden 238
Amethyst 444f
Amidoschwefelsäure 495
Aminoessigsäure 288
Amminkomplexe 478
Ammoniak 477–482
Ammoniaksynthese 479–482
Ammoniumcarbonat 433
Ammoniumdichromat 479, 676
Ammoniumdiuranat 741
Ammoniummetavanadat 672
Ammoniummolybdatophosphat 502
Ammoniumnitrat 485, 493
Ammoniumperchlorat 589
Ammoniumphosphate 502, 505
Ammoniumpolysulfid 516
Ammoniumsalze 351, 478f
Amphibole 448
Ampholyt 216, 219
Ampholytlösungen, pH-Wert 221
amphotere Oxide 233
amphoteres Verhalten 216
Amplitude 755
Andrussow-Verfahren 439
Anfangsgeschwindigkeit 307, 311
angeregter Zustand 27
Anglesit 459, 558
Anhydrit 558

Anode 256
Anodenschlamm 663
anorganischer Kautschuk 514
anorganisches Benzol 401
Anorthit 450
Anthrachinonverfahren 543
antibindendes Molekülorbital 102
Antimon 470f, 515–517
Antimonit 516, 549
Antimonpentafluorid 236
Antioxidantien 319
Apatite 499
Aquamarin 373
äquatoriale Bindungen 90
Äquivalenzpunkt 222f
arachno-Borane 394f
Aragonit 378, 384
Arbeit 750
Arfvedson, J. A. 344
Argentit 713
Argon 603
Argyrodit 456
Arkel, A. E. van 664
Arrhenius, S. A. 62
Arrhenius-Gleichung 314f
Arrhenius-Konzept 214
Arsen 470f, 515f
Arsen(V)-chlorid 517f
Arsenolith 516
Arsenselenid 566
Arsenverbindungen 516f
Arsenvergiftung 299, 523
Asbest 398, 449
Asbestose 464
Asbestzement 449
Astat 574
Atacamit 384
Atmophile 240f
Atmungskette 298
Atomabsorptionsspektroskopie 27
atomare Masseneinheit 18
Atomisierungsenthalpie 139f
Atomkern 14
   Schalenmodell 48

Atommasseneinheit 6
Atomorbitaldiagramm 34f
Atomradius 51
Atomwaffen 23
ATP 522
Auer von Welsbach, C. 740
Auerstrumpf 740
Aufenthaltswahrscheinlichkeit 32f
Aufspaltungsschema
    Oktaederfeld 617
    Tetraederfeld 620
Auranofin 717
Auripigment 516, 549
Autoabgaskatalysatoren 475f
Autokatalyse 319
Autoprotolyse 214f, 234, 478
Avogadro, A. 144
Avogadro-Konstante 6, 8
axiale Bindungen 90
Azeotrope 179f
Azid-Ion 484
Azofarbstoffe 495
Azurit 709

B
Backpulver 364, 505
BAL 299
Balard, A. J. 574
Bananenbindungen 335
Bändermodell 123–127
Bandlücke 124
Bandsilicate 448
Bandstrukturen 125
Bariumhydroxid 377
Bariumnitrit 491
Bariumperoxid 376
Bariumsulfat 376
Bartlett, N. 604
Baryt (Schwerspat) 370, 384
Base 214
Basenkonstante 218
Basenstärke 217, 219f
basische Oxide 233
Basiseinheiten 4
Bastnäsit 733
Batterien 269–271
Bauxit 404
Bayer-Verfahren 404
Becquerel, A. H. 19
Bednorz, J. G. 713
Beer, A. 291
Beilstein 586
Belichten 714
Bent-Regel 539

Bergkristall 444
Berliner Blau 695
Berry-Pseudorotation 508f
Bertrandit 373
Bertrands Regel 58
Beryll 373, 411, 448, 450
Berylliose 373
Beryllium 373f, 385
    Legierungen 373
Berzelius, J. J. 2
Beschleunigung 748
Bethe, H. A. 614
BET-Methode 422
Beugungswinkel 166
Bezugselektrode 256, 261
Bildungsenthalpie 138
Biltz, W. E. 530f
bindendes Molekülorbital 102
π-Bindungen 100
σ-Bindungen 100
Bindungsdreieck 128f
Bindungsenergie 96
Bindungsenthalpie 139f
Bindungsisomerie 284, 647
Bindungslängen 484
Bindungsordnung 103, 107, 484
Bindungstetraeder 129
Bindungstypen 128–132
Bindungsverhalten, periodische Trends 130–132
Bindungsverhältnisse, Sauerstoffverbindungen 539–541
Bindungswinkel 472
bioanorganische Chemie 57
Biokatalysatoren 319f
Biominerale 384
Biotit 450
2,2,'-Bipyridin 289f
Bismut 470f, 515f
Bismutglanz 516
Bittersalz 381, 558
Blattgold 707
Blausäure 439f
Blei 459–463
    -Akku 270, 461
Blei(II)
    -acetat 416
    -chlorid 460f
    -nitrat 460
    -oxid 461
    -sulfat 460
    -sulfid 460
Blei(IV)
    -chlorid 461f

    -oxid 461
Bleiazid 484
Bleichmittel 392
Bleichromat 675f
Bleiglanz 459, 549
Bleiglas 452, 454
Bleimennige 461
Bleinitrit 494
Bleistifte 419
Bleivergiftungen 464f
Bleiweiß 543, 667
Bleizucker 416
Blomstrand, C. W. von 278
Blutpuffer 228
Boer, J. H. de 664
Bogenmaß 749
Bohr, N. 26
Bohrsches Atommodell 26f
Boltzmann, L. 150
Boltzmann-Konstante 150, 158
Boltzmann-Verteilung 312f
Bor 390–402
    /Wasserstoff-Bindung 392
Bor(III)-fluorid, Bindung 100f
Borane 307, 393
Borate 392, 411
Borax 391f
Borazin 401f
Borcarbid 426
Borhalogenide 398f
Borhydrid 335
Boride 392
Born, M. 29
Born-Haber-Kreisprozess 141f
Bornitrid 400f
Born-Landé-Gleichung 145
Bornsche Abstoßung 64, 144
Borosilicatglas 392, 452, 454
Borsäure 393, 411
Bortrifluorid 398f
Bosch, C. 480, 482
Boudouard-Gleichgewicht 658f
Boyle, R. 156
Brønsted, J. N. 215
Brønsted-Basen 217
Brønsted-Lowry-Konzept 215–229
Brønsted-Säuren 216
Brønsted-Supersäure 236
Bragg, W. H. 165
Bragg, W. L. 165
Brand, H. 470
Braunstein 686
Brechung 764
Brechungsindex 457

Brechzahl 764
Brennstab 741
Brennstoffzellen 331f
Broglie, L. de 28
Brom 575, 580, 597
　　Sauerstoffsäuren 590
Bromoxide 593
Bromwasser 576f
Bromwasserstoff 583
Bronze 707, 709
Brutreaktoren 24
Bruttostabilitätskonstanten 286
BSB_5-Wert 534
Bunsen, R. W. 26
Buntkupferkies 709
Butyllithium 354
n-Butyllithium 638

C
Cadmium 718–721
　　Toxizität 724
Cadmiumgelb 549
Cadmiumiodid-Struktur 77
Cadmiumorange 549
Cadmiumrot 549
Cadmiumsulfid 721
　　Einschlusspigmente 721
Caesium 344–347
Caesiumchlorid-Struktur 76
Calcit 378, 384, 386
Calciumacetylid 382
Calciumaluminat 411
Calciumcarbid 382f
Calciumcarbonat 378f
Calciumchlorid 382
Calciumhydrogencarbonat 377f
Calciumhydrogenphosphat 501
Calciummangel 386
Calciumoxid 376
Calciumphosphid 511f
Calciumsulfat 382
　　-Lösung 200
Calgon 504
Carbaborane 397
Carben-Komplexe 642
Carbide 425–427
Carbonate 432f
Carbonat-Ion 432
Carbonfasern 422
Carbonylate 635f
Carbonyle 428
Carbonyl-Kationen 635–637
Carbonylkomplexe 635–638
Carnallit 344, 374, 575

Cassiusscher Goldpurpur 716
Cavendish, H. 602
Cer(IV)-Verbindungen 737
Ceran 455
Cermets 455
Cer-Mischmetall 736
Cerussit 459
CFKs 437f
Chadwick, J. 15
Chalcopyrit 709
Chalkogene 529–569
Chalkogenide 530
Chalkophile 240f
Chalkopyrit 662
Charge-Transfer
　　-Komplexe 577
　　-Übergänge 631, 677, 694
Chelateffekt 290, 293
Chelatkomplexe 288
chemische Transportreaktionen 664f
chemische Verschiebung 327
Chemischer Vulkan 676
chemisches Gleichgewicht 193–210
Chemisorption 705
Chemolumineszenz 497f
Chemotherapie 524
Chilesalpeter 479
Chiralität 114
Chlor 575
　　-Alkali-Elektrolyse 357–360
　　als Giftgas 482
　　Verwendung 580
Chlorate 588f
Chlordioxid 592
Chlorfluorkohlenstoffe 435
Chlorfluorkohlenwasserstoffe 437f
Chlorige Säure 588
Chlornitrat 596
Chlorophyll 385
Chloroxide 591f
Chlorsäure 588
Chlorsilane 444
Chlorsulfane 544f
Chlorverbindungen im Schwimmbad 578
Chlorwasser 576f
Chlorwasserstoff 583–586
　　MO-Diagramm 110
Chlorylfluorid 592
Chrom
　　Gewinnung 674
　　-Nickel-Stahl 273
　　-Vanadium-Stahl 672
Chrom(II)-Verbindungen 680f

Chrom(III)
　　-Komplexe 645
　　-Verbindungen 677–679
Chrom(VI)
　　-peroxid 676
　　-Verbindungen 675
Chromat/Dichromat-Gleichgewicht 675
Chromate 675
　　quantitative Analyse 678
Chromatographie 186–190
Chromeisenstein 674
Chromstähle 660
Chromylchlorid 676
Chrysotil-Asbest 449
Cisplatin 706
cis-trans-Isomerie 283
Citrin 445
Clapeyron, B.-P.-E. 162
Clathrate 603
Claudetit 516
Claus, C.-F. 547
Clausius, R. 136
Clausius-Clapeyron-Gleichung 162, 181
Claus-Verfahren 547
closo-Borane 394f
Cluster 390f, 515, 717
　　-Verbindungen 682f
[14]C-Methode 20
CNTs 424
Cobalt 692, 698–700
Cobalt(II)-Verbindungen 700
Cobalt(III)
　　-Komplexe 645
　　-Verbindungen 698f
Cobaltglas 454
Coelestin 370, 558
Columbit 673
Coulomb, C. A. de 64
Coulomb-Energie 64, 143–145
Coulombsches Gesetz 64, 759
Courtois, B. 574
Covellin 709
Crafts, J. M. 406
Cram, D. J. 347
Cristobalit 445
　　-Typ 76
Crookes, W. 732
Crutzen, P. J. 538
Cupronickel 692
Cuprot 709
Curie, M. 19, 370
Curie, P. 19

Curie-Temperatur 626
CVD
 -Prozess 458
 -Verfahren 400
Cyanide 439f
Cyanid-Ion, Giftwirkung 440
Cyanidlaugerei 663, 713
Cyanidvergiftung 298
Cyanwasserstoff 439f
Cyclophosphazene 514

D

Dalton, J. 14
Dampfdruck 162–164
Dampfdruckdiagramm 175
Dampfdruckerniedrigung 176
Dampfdruckkurve 168
Daniell, J. F. 258
Daniell-Element 258
Davy, H. 344
d-Block-Elemente, Überblick 652–656
DDT 509f, 581
Debierne, A. L. 370
Degussa-Verfahren 439
Demokrit 14
Dentrifikation 519
Destillation 178, 181
Detonation 318
Deuterium 18, 324f
Deuteriumoxid 324–326
Devarda-Legierung 495
Diacetyldioxim 289
Diamagnetismus 623
Diamant 417f, 426
 -Gitter 94
Diamantfilmtechnologie 418
Diaphragmaverfahren 357
Diatomeenerde 464
Diätsalz 361
Diazen 520
Diazoniumsalze 491
Diboran 335, 397
Dichlordifluormethan 437f
Dichlordimethylsilan 455
Dichlorheptaoxid 593
Dichlormonoxid 592
Dichromate 675
dichteste Kugelpackungen 69–76, 127f
 Lücken 72
 Raumerfüllung 72
Dicyan 596f
Diethylzink 638, 720
Differenzthermoanalyse 185
Dihydrogenphosphate 502

Diimin 521
Dimaval 299
Dimethylamino-difluorphosphan 513
Dimethylglyoxim 289f, 701
Dimethylhydrazin 483
Dimethylsilandiol 456
Dimethylsulfid 436
Diode 127
Dioxine 581
Dioxygenylsalze 591
Diphosphan 511f
Diphosphorsäure 502f
Dipol/Dipol-Wechselwirkungen 98
Dipolmoment 760
Dirac, P. A. M. 30
Dirac-Gleichung 30
Dischwefeldichlorid 564
Dischwefelsäure 557
Disilan 443
Dispersion 766
Dispersionskräfte 94f
Disproportionierung 254, 264, 493
Dissoziationsgleichgewicht 214
Dissoziationsgrad 206
Distickstoffoxid 485
Distickstofftetraoxid 487f
Distickstofftrioxid 486f
Disulfidbrücken 568
Disulfide 550
Disulfit-Ion 551
Ditieren 441
DNA 339f
Döbereiner, J. W. 42
Dolomit 374, 380
π-Donor-Liganden 633
Doppelbrechung 378
Doppelkontaktverfahren 556f
Doppelsalz 407
d-Orbitale 33
Dotierung 124f, 738
Downs-Zelle 355
Drebbel, C. J. 530
Drehimpuls 750
Drehmoment 749
Drehspiegelung 113
Dreizentrenbindung 395f
Druck 752
Druckangaben 5
DTA 185
Düngekalk 378
Dünnsäure 557
Dünnschichtchromatographie 187f
Duran 392
Durchschnittsgeschwindigkeit 305f

E

ebullioskopische Konstante 175
Edelgase 601–609
 Verwendung 603f
Edelgaskonfiguration 36, 39
Edelgasverbindungen 604–608
Edelstahl 273, 660
Edison, T. A. 683
EDTA 293–296, 736
 -Komplexe 294–296
effektive Kernladung 52f, 62, 518
Ehrlich, P. 524
Eigen, M. 305
Eigendissoziation 214f
Eigenhalbleiter 124f
Einheitenzeichen 5
Einlagerungscarbide 427
Einlagerungsverbindungen 132f, 419, 475
Einschlussverbindungen 603
Einstein, A. 18
einzähnige Liganden 288
Eis 337
Eisen 691–698
 Gewinnung 656–660
 Nachweisreaktionen 695
 Redoxverhalten 694f
Eisen(II)
 -sulfid 696
 -Verbindungen 696
Eisen(III)
 -Halogenide 693
 -salze, wässerige Lösungen 693f
Eisen(VI)-Verbindungen 693
Eisenblau-Pigmente 695
Eisenlegierungen 660
Eisenoxide 696
Eisenoxid-Pigmente 692, 697
Eka-Silicium 43, 456
elastischer Stoß 751
elektrische Ladung 759
elektrische Spannung 761
elektrischer Widerstand 762
elektrisches Feld 759
elektrisches Potential 761
Elektrodenkohlen 422
Elektrodenpotentiale 256
 und Energieumsatz 262f
Elektrolyse 266–269
elektrolytische Dissoziation 62
Elektrolytkupfer 662f
Elektrolytmembran 331
elektromagnetische Strahlung 763f

Elektron/Loch-Paare 408
Elektronegativität 95–97
Elektronegativitätswerte 96f, 249
Elektronen 14
   solvatisierte 348
Elektronenaffinität 56
Elektronendichte 31
Elektronendichteverteilung, Natriumchlorid 63
Elektronengasmodell 122
Elektronenhülle, Aufbau 25
Elektronenkonfiguration 35–39
Elektronenmangelverbindungen 398
Elektronenpaar-Abstoßungsmodell 87–93
Elektronenpaarakzeptor 235
Elektronenpaardonator 235
18-Elektronen-Regel 614
elektrophile Kationen 608
elektrostatische Trennung von Salzen 361f
Elementarladung 8, 15, 759
Elementarreaktionen 310
Elementarteilchen 15
Elementarzelle 70–77, 164
Elemente
   Entstehung 46
   Häufigkeit 49
   Stabilität 46
Eloxal-Verfahren 402
Energieerhaltungssatz 149, 751
Energiesparlampen 684
Energieverteilungskurven 313
Enstatit 448
Entartung der d-Orbitale 617
Entgiftung 298f
Enthalpie 137–148
   freie, Lösungsvorgang 350
Enthärter 380
Entropie 148–150
   statische Deutung 150
Entropieeffekt 292
Entwickeln 714
Enzymaktivität 243
enzymatische Katalyse 319f
Enzyme 298
Erdalkalicarbonate, Zersetzungstemperatur 376f
Erdalkalimetalle
   Gruppentrends 370–373
   Hydroxide 377
   Mineralien 370
Erdalkalimetallsalze 381–383
   Löslichkeit 372f

Erdatmosphäre, Strahlungsabsorption 535f
Erdgas 439
Eriochromschwarz T 295f
erste Ionisierungsenergie 55
essentielle Elemente 57
essentielle Spurenelemente 297
Ethanolamin 547
Ethylendiamin-tetraessigsäure 293–296
Ethyl-*tert*-butylether 462
Etyhlendiamin 289f
Euler, L. 422
Eutektikum 183
eutektischer Punkt 182
Eutrophierung 504, 534
Explosion 317
Exponentialfunktionen 769
Extinktion 291
Extraktion 431
Eyring, H. 315

F
facial-Isomer 284
Fajans, K. 65
Fajans-Regeln 65f
Fällungskieselsäuren 447
Fällungstitration 678
Faraday, M. 107
Faraday-Konstante 8, 262
Faradaysche Gesetze 268
Farbe und Komplementärfarbe 630
Farbfernseher 738
Farbfotografie 715
Farbpigmente 697
Fasern 399
   anorganische 398
Faujasit 450
FCKs 438
FCKWs 437f
Federkraft 750
Fehling, H. C. von 711
Fehling-Probe 711
Feldspäte 450
Feldstärke 759
Ferredoxine 698
Ferrichrom 297f
Ferrihydrit 384
Ferrimagnetismus 627
Ferrite 407, 627, 697
Ferritine 698
Ferrocen 640f
Ferrochrom 675
ferroelektrische Stoffe 668f

Ferroin-Lösung 290
   Entfärbung 308f
Ferromagnetismus 626
Feuerlöscher 375
Feuerlöschmittel 438
Feuerverzinken 661
Fischer, E. O. 642
Fischer, W. 530, 736
Fixieren 287, 715
Fixiersalz 560
^{19}F-Kernresonanzspektroskopie 508f
Flammenfärbungen 346
Flammschutzmittel 505, 509
Flotation 361, 661f
Fluor 575, 591
   Gewinnung 579f
Fluorchlorkohlenwasserstoffe 437f
Fluoridapatit 386, 499
Fluoride, Löslichkeit 576
Fluoridierung 597
Fluorit-Struktur 77
Fluoroschwefelsäure 236
Fluorverbindungen 581–583
Fluorwasserstoff 405, 582–584
Flüssig/Flüssig
   -Chromatographie 189
   -Extraktion 736
Flüssigkeiten 161–163
   Mischbarkeit 174
   Struktur 163
Flüssigkristalle 167
Flusssäure 582, 584
f-Orbitale 33
Formalladung 86f, 251
Formalladungskriterium 86f
Formeleinheiten 3
Formelzeichen 4
fossile Brennstoffe 463f
fotografischer Prozess 560, 714f
fraktionierte Destillation 178
fraktionierte Kristallisation 183
Frankland, E. 638
Frasch, H. 546
Frasch-Verfahren 546f
Fraunhofer, J. von 27
freie Enthalpie 151
   Lösungsvorgang 350
freie Standard-Reaktionsenthalpie 263
Frenkel-Defekte 655
Freone 582
Frequenz 749, 754
Friedel, C. 406
Friedel-Crafts-Acylierung 641
Friedel-Crafts-Alkylierung 236

Friedel-Crafts-Reaktion 406
Frigene 582
Frost, A. 264
Frost-Diagramm 264–266
    Chlor 576
    der 3d-Metalle 654
    Kohlenstoffgruppe 417
    Mangan 686f
    Phosphorverbindungen 498
    Schwefel 544
    Stickstoffverbindungen 477
    Zinn und Blei 460
Fuller, R. B. 420
Fullerene 420–422
Furchgott, R. F. 486
Furnace-Ruß-Verfahren 423

G

Gadolin, J. 732
Gadolinit 733
Gallium 391
Galliumarsenid 127, 408
Galliumnitrid 475
galvanische Spannungsquellen 269–271
galvanische Zellen 255–262
Gaschromatographie 189f
Gase 156–161
Gasgemische 161
Gasglühlicht 740
Gashydrate 133
Gastrennung, Zeolithe 451
Gay-Lussac, J. L. 157
GC/NS-Kopplung 190
gebrannter Gips 382
gebrannter Kalk 376
gedämpfte Schwingung 756
Gefriertemperaturerniedrigung 175
Geiger-Müller-Zählrohr 19
gekoppelte Gleichgewichte 206–209
Geochemie 240f
Germanium 43, 456–459
Germanium(IV)-chlorid 458
Gerüstsilicate 449
Gesamthärte 296, 380
gesättigte Lösung 198
Geschwindigkeit 748
geschwindigkeitsbestimmender Schritt 309
Geschwindigkeitsgesetze 307
Geschwindigkeitskonstante 308–315
Geschwindigkeitsverteilung 158f, 312f
Gesetz von Boyle-Mariotte 156f
Gibbs, J. W. 136

Gibbs-Helmholtz-Gleichung 151, 293, 349f
Gichtgas 657
Giftwirkung 298f
Gillespie, J. 87
Gillespie, R. 652
Gips 382, 384, 558
Gitterenergie, Berechnung 143–145
Gitterenthalpie 140–142, 346
Gitterkonstanten 71
Gläser 166, 452–454
Glasherstellung 363
Glaskeramiken 455
Gleichgewichtskonstante 151, 203f
    Temperaturabhängigkeit 152
Gleichgewichtskonzentrationen, Berechnung 205–210
Gleichgewichtspfeil 3
Gleichgewichtsverschiebung 196
gleichioniger Zusatz 199
Glimmer 450
Glühlampe 683–685
Goeppert-Mayer, M. 48
Goethit 384
Gold 707f, 715
    Gewinnung 663
Goldrubinglas 454
Goldschmidt, V. M. 240
Goldverbindungen 715–717
Gouy-Methode 623f
Grad deutscher Härte 296, 380
Graham, T. 158
Grahamsches Gesetz 23, 158
Grahamsches Salz 504
Granit 233, 450
Graphen 424
Graphit 418f
Graphit/Kalium-Einlagerungsverbindungen 133
Grauspießglanz 516
Gravitationskraft 749
Grenzformeln 85–87
Grenzorbitale 105
Grignard, F. A. V. 375
Grignard-Reagenzien 375
Grignard-Verbindungen 638
Größen und Einheiten 4
Grundschwingung 758
Grundzustand 27
Gruppe 37
Gruppensilicate 448
Guldberg, C. M. 203
Gummi 423
Guyton de Morveau, L.-B. 248

H

Haber, F. 141, 479, 482
Haber-Bosch-Verfahren 479–481
Hafnium 670
Hahn, O. 21
Halbäquivalenzpunkt 224
Halbleiter 75, 124–127
Halbmetalle 51
Halbwertszeit 20
Halbzelle 256
Hall, C. M. 404
Halogene 573–598
    Eigenschaften 575
    Elementnamen 574
    Gewinnung 579–581
    -Kationen 596
    MAK-Werte 597
    Redoxverhalten 576
    Sauerstoffsäuren 587
    Verwendung 579–581
    Vorkommen 575
Halogenide
    Eigenschaften 577
    ionische 585f
    kovalente 586f
    Nachweis 586
Halogenlampen 684
Halogenokomplexe 587
Halogenoxide 591
Halogenwasserstoff, Eigenschaften 583
Hämatit 657, 696
Hämocyanine 717
Hämoglobin 568, 697f
harmonische Schwingung 754f
harmonischer Oszillator 754
Harnstoff 519
harte Basen 237
harte Säuren 237
Härtebereiche bei Trinkwasser 380
hartes Wasser 379
Hartferrite 697
Hartmann, H. 614
Hartstoffe 400
Hauptdrehachse 112
Hauptgruppenelemente 39, 44
Hauptquantenzahl 29–31
Hausmannit 689
Heisenberg, W. 28
Heisenbergsche Unschärferelation 28
Heißlöseverfahren 361
Helium 602f
Helmholtz, H. 151
Henderson-Hasselbalch-Gleichung 224, 228

Henry, W. 172
Henrysches Gesetz 172
Herdfrischverfahren 660
Héroult, P.-L. 404
Hertz 755
Hertz, H. 755
Hess, G. H. 141
heterogene Gleichgewichte 204
heterogene Katalyse 318, 705f
Heteropolysäuren 681f
Hexaaquaeisen(II)-Ion 618
Hexacyanoferrat(II)-Ion 618
Hexafluorosilicat-Anion 443
hexagonal-dichteste Kugelpackung 71
high-spin-Komplex 618f
Hochleistungskeramiken 455
Hochofen 657
Hochsiedegemisch 179f
Hochtemperatur-Supraleiter 712
Hoff, J. H. van't 152
Holzkohle 422
HOMO 235, 242, 632, 636
homogene Katalyse 318
homoleptisch 635
Hookesches Gesetz 750f
Hoppe, R. 604
HPLC 189
HSAB-Konzept 237–243
    Übergangsmetalle 646f
Hückel, E. 401
Hückel-Regel 401
Hund, F. 36
Hundsche Regel 36, 103
Hybridisierung 99–101, 615
Hybridorbitale 99–101
Hydratation 67
    von Ionen 542
Hydratationsenthalpie 146, 346
    Ligandenfeldeffekte 629
Hydrate 67
Hydratisomere 679
Hydratisomerie 284
Hydrazin 472f, 477, 483, 520
Hydrazinium-Salze 483
Hydrid-Anionen 333
Hydride
    ionische 333
    kovalente 333–336
    metallische 337
Hydrierung 643
Hydroborierungsreaktion 396
Hydrogencarbonate 345, 432
Hydrogencarbonat-Ion 430
Hydrogenphosphate 502

Hydrogensulfate 558
Hydrolyse 550
Hydronium-Ion 215f
Hydrothermalsynthese 173
Hydroxidapatit 384, 499
Hydroxide 540
Hydroxoaluminat 403
Hydroxo-Komplexe 281, 385
Hydroxoplumbat(II)-Ionen 460
8-Hydroxychinolin 289f
Hydroxylamin 477, 484
Hydroxyl-Radikal 489f
Hyperkonjugation 513
Hyperkoordination 84
hyperkoordinierte Verbindungen 443
Hyperoxide 356f
Hyperoxid-Ion, MO-Diagramm 356
hypervalente Moleküle 472
Hypervalenz 84
Hypochlorige Säure 587
Hypophosphorige Säure 500

I

ideale Lösung 138
    Siedeverhalten 178
ideales Gas 138, 156–159
Ignarro, L. J. 486
Ilmenit 663, 666
Iminodiessigsäure 289
Impuls 748
Impulserhaltungssatz 751
Indikator-Puffer-Tabletten 296
Indium 408
Industrieruße 423
induziertes Dipolmoment 761
inerte Komplexe 645
Inertgas 474, 603
Inert-Pair-Effekt 409
Infrarot-Spektroskopie 115–117
Infrarotspektrum, Atmosphäre 435
Inhibitoren 319
Interferenz 102, 165, 757
Interhalogenverbindungen 593f
Interkalationsverbindungen 132f, 419
intermolekulare Kräfte 94–98
Initialsprengstoff 484
inverser Spinell 627
Inversion 113
Iod 575, 581, 597
    -Lösungen 577
    Sauerstoffsäuren 590
    -Wasserstoff-Gleichgewicht 195
    Zustandsdiagramm 169
Iod(V)-oxid 593

iodiertes Speisesalz 597
Iodometrie 559, 595
Iodoxide 593
Iodsalz 574
Iodsäure 591
Iodstärke 595
Iodstickstoff 496
Iodwasser 576f
Iodwasserstoff 583
Ion/Dipol-Wechselwirkung 67
Ionenaustauscher 380, 449f
Ionenbindung 61–78
Ionengitter 68–79
Ionengleichung 3
Ionenleiter 163, 656, 671
Ionenprodukt des Wassers 214f
Ionenpumpen 365
ionensensitive Elektrode 586
Ionenstärke 201
Ionisationsisomerie 284
ionische Carbide 425f
ionische Flüssigkeiten 79f
Ionisierungsenergie 54
isoelektrische Ionen 62f
Isolierglasscheiben 451
Isomerie 283–285
Isopolykationen 232
Isopolysäuren 681f
Isotope 16
Isotopeneffekt 325
Isotopentrennung 23
Isotopenverhältnis 325
Itai-Itai-Krankheit 724
ITO 408
IUPAC 3, 44, 283, 289, 293, 470, 531, 698, 744
    -Regeln 9

J

Jahn, H. A. 622
Jahn-Teller-Effekt 621f
Jensen, H. D. 48
Joule, J. P. 137
Joule-Thomson-Effekt 159

K

Käfigstrukturen 511f
Kalibrierkurve 291
Kalibrierung 227
Kalifeldspat 344
Kalignost 351
Kalisalz-Lagerstätten 361
Kalium 344–347
Kaliumchlorat 589

Kaliumchlorid, Gewinnung 361f
Kaliumcyanid 439f
Kaliumhyperoxid 357
Kaliumiodid-Stärke-Papier 595
Kaliummanganat(VI) 687
Kaliumperchlorat 589
Kaliumpermanganat 687f
Kalk 452
Kalklöschen 376
Kalkmörtel 381
Kalk-Natron-Glas 452
Kalkseifen 379
Kalkspat 378
Kalkstein 378
Kalkstickstoff 383, 509
Kalkwasser 377, 430
Kalomel 723
   -Elektrode 256
Kältemittel 437, 475, 582
Kältepackungen 147
Kamerlingh Onnes, H. 712
Kampfstoffe, Nervengase 510
Kanalstrahlen 14
Kaolin 454
Kaolinit 449, 454
Kapazität 761
Kapillarkräfte 753
Karat 715
Kassiterit 461
Katalysator 236, 318
   Zeolithe 451
Katalysatorgifte 705
Katalyse 318
   heterogene 705f
Kathode 256
Kathodenstrahlen 14
Keramik 454f
Keramikprodukte 426f
Kernbindungsenergie 18f
Kernbrennstoff 740
   Wiederaufarbeitung 742f
Kernfusionsreaktionen 46
Kernit 391
Kernkraftwerk 24
Kernladung, effektive 52f
Kernladungszahl 16
Kernreaktionen 21
Kernresonanz-Spektroskopie 326–328
Kernspaltung 21–24
   Energiegewinnung 23–25
Kernspin 326f
   -Tomographie 328f
Kesselstein 378, 380
Kettenreaktion 22, 317

Kettensilicate 448
Kieselalgen 464
Kieselgel 445, 447
Kieselgur 464
Kieserit 558
kinetische Energie 748, 751
kinetische Gastheorie 158
Kirchhoff, G. R. 344
Klemm, W. K. 130
Kloepfer, H. 445
Knallgasreaktion 317
Knochen 384, 522
Knöllchenbakterien 519f
Knopfzellen 270
Knotenfläche 31
Kobaltblau 692
Kochsalz 361
Kohäsionskräfte 753
Kohlensäure 429f
Kohlenstoff
   Modifikationen 417–422
   -Nanoröhrchen 424
Kohlenstoffdioxid 428–432
      überkritisches Lösemittel 430f
Kohlenstoffdisulfid 435–437
Kohlenstoffgruppe 415–466
Kohlenstoffkreislauf 463f
Kohlenstoffmonoxid
   Giftwirkung 298
   MAK-Wert 427f
   MO-Diagramm 109f
Kohlenstoffoxidsulfid 436
Kohlenstoffsulfid 428
Kohlenstofftetrachlorid 436f
Koks 422
Kolloide 716
Komplementärfarbe 630
Komplexchemie, Grundbegriffe 279
Komplexometrie 293–296
Komplexone 293
Komplexreaktionen 277–300
Komplexverbindungen 279
   Nomenklatur 282f
Kompressibilität 161
Kompressibilitätsfaktor 159
Kondensationsreaktion 502f
Kondensator 761
kondensierte Phosphorsäuren 502–505
konditionelle Stabilitätskonstanten 294f
Königswasser 497, 708
konjugiertes Säure/Base-Paar 216
Konservierungsmittel 491, 551
Kontaktverfahren 556
Kontrastmittel 376

Konzentrations/Zeit-Diagramm 305f
Konzentrationsketten 260
Koordinationsisomerie 284
Koordinationsverbindungen 279
Koordinationszahl 70, 279f
koordinative Bindung 280
Korrosionsinhibitoren 319
Korrosionsschutz 273, 483, 502
Korund 403
kosmische Strahlung 326
kovalente Bindung 84–112
kovalente Carbide 426f
kovalente Netzwerke 93f
Kovalenzradius 51
Kraftkonstante 116, 756
Kreide 378, 386
Kreisbewegungen 749
Kreisfrequenz 755
Kristallfeldtheorie 614
Kristallisation 182–184
Kristallsoda 362
Kristallstrukturanalyse 165f
Kristallsysteme 164
kritische Masse 21
kritischer Punkt 169f
Krogmannsches Salz 704
Krokoit 459, 675
Krokydolith 448
Kroll-Verfahren 664
Kronenether 347f
Kroto, H. W. 421
Kryolith 404, 499
kryoskopische Konstante 176
Krypton 603
Kryptondifluorid 606
kubisch-dichteste Kugelpackung 71
Kugelpackungen, dichteste 69–76
Kupfer 707f
   Gewinnung 662f
   -Typ 706
Kupfer(I)-Verbindungen 711f
Kupfer(II)
   -Ammin-Komplexe 711
   -Verbindungen 709–711
Kupferarsenat 509
Kupferglanz 709
Kupferkies 549, 662, 709
Kupferlegierungen 707

L

labile Komplexe 645
Lachgas 485
Ladungsdichte 66, 237
Ladungszahl 15

Lambert, J. H. 291
Lambert-Beersches Gesetz 291
Landé, A. 145
Lanthanide 733
Lanthanoide 733–738
   Elektronenkonfiguration 734
   Halogenide 738
   Oxide 737
Lanthanoidenkontraktion 653, 734
Laser 679f
Laugengebäck 360
Lavoisier, A. L. de 248, 530
LCDs 167
LD_{50}-Wert 510
Le Chatelier, H. L. 194
Lebensmittel-Zusatzstoffe, Phosphate 504f
Leclanché, G. 269
Leclanché-Batterie 269f
LEDs 408
Lehn, J.-M. 347
Leistung 752
Leitungsband 124
Leitwert 762
Leuchtdioden 127
Leuchtstoffe 498, 684, 721, 738
Leuchtstoffröhren 684, 738
Lewis, G. N. 84
Lewis-Base 235f
Lewis-Formeln 84
Lewis-Säure 235f
Lewis-Säure/Base-Addukt 236
Libby, W. F. 423
Licht, sichtbares 630
Lichtabsorption 292
Lichtgeschwindigkeit 764
Lichtleitfasern 457
Lichtwellenleiter 457f, 766
Liganden 279
Ligandenaustauschreaktionen 280–282
Ligandenfeldstabilisierungsenergie 618, 628
Ligandenfeldtheorie 614, 616–631
Ligatoratom 284
Lindan 510
Linde, C. P. G. von 160
Linde-Verfahren 160
Linearkombination 101
Linienspektren 26
Lipscomb, W. N. 394
Liquidkurve 182
Lithium 344–347
   -Ionen-Batterien 132, 353f, 424
Lithiumhydroxid 352, 357

Lithiumsalz in der Medizin 366
Lithiumverbindungen 352
Lithophile 240f
Lithopone 549
Logarithmen 769–772
   natürliche 770
Logarithmusfunktionen 777
London, F. W. 94
Lonsdaleit 417, 426
Löslichkeit 199
   von Gasen 172
Löslichkeitsgleichgewicht 196, 198
   Alkalihalogenide 348–350
Löslichkeitsprodukt 199–202
Lösungen 172–174
Lösungsenthalpie 147, 197
Lowry, T. M. 215
low-spin-Komplex 618f
Luft, Zusammensetzung 474
Luftschadstoffe, Photochemie 489f
Luftverflüssigung 160
Luftverhältniszahl 476
Lumineszenz 684, 738
LUMO 235, 242, 636

M

Madelung, E. 144
Madelung-Konstante 144
Magische Säure 236
Magnéli-Phasen 672
Magnesium 374f
Magnesiumhydroxid 374
Magnesiumsilicid 443
Magnesiumsulfat 381
magnetische Eigenschaften 623–627
magnetische Momente 625f
magnetische Quantenzahl 29–31
magnetische Suszeptibilität 623f
Magnetit 384, 657, 697
Malachit 709
Malathion 510
Malonsäure 289f
Mangan, Oxidationsstufen 686–690
Mangan(II)-Verbindungen 689f
Mangan(IV)-oxid 688f
Mangan(VII)-oxid 688
Manganit 689
Manganknollen 690
Manganometrie 261
Manganoxide 66
Mariotte, E. 156
Marmor 378
Maskierung 285, 287
Massenanteil 7

Massendefekt 18
Massenkonzentration 7
Massenspektrometrie 16f
Massenwirkungsgesetz 203–210
Massenwirkungskonstante 210
Massenzahl 16, 46
Maßlösung 222
Materiewellen 28
Mechanik, Grundgleichung 749
medizinische Diagnostik 326
Meeresgold-Projekt 482
Meerwasser 177, 541f
mehrprotonige Säuren 224
   Säurestärke 231
mehrzähnige Liganden 288–299
Mehrzentrenbindung 395f
Membranverfahren 358
Mendeleev, D. I. 42
meridional-Isomer 284
Mesomerie 85–87
Messing 707, 709
meta-Form 501
Metall/Metall-Bindungen 682
Metallacarborane 397
Metallbrände 375, 428
Metallcarbonyle 635–638
   Bindung 636–638
Metalle, Struktur 127f
Metallgewinnung, Überblick 666
Metallhalogenide 585f
Metallindikatoren 293–296
metallische Bindung 121–128
metallische Carbide 427
Metallkationen, als Brønsted-Säuren 232
Metallocene 640f
Metalloenzyme 647
metallorganische Verbindungen 634–644
Metallsilicide 442
Metaphosphorsäuren 501, 503f
metastabile Stoffe 151
Methan 439
   in der Atmosphäre 435
Methanhydrate 133
Methode der Anfangsgeschwindigkeit 311
Methylcobalamin (Vitamin B_{12}) 634f
Methyllithium 638
Methylquecksilber-Vergiftung 724
Methylrot 226
Meyer, J. L. 42
Midgley, T. 437
Milchglas 454

Millikan, R. A. 15
Minamata-Krankheit 725
Mindestenergie 310, 313
Mineralisation 519
Mischkristalle 408, 450
Mischphasen, Gehaltsangaben 6f
Mittasch, P. A. 480
mixed-constant-pK_S-Werte 228
MOFs 133
Mohr, K. F. 678
Moissan, F. F. H. 426, 574
Moissanit 426
Mol 6
Molalität 7, 138
molare Leitfähigkeit 203
molare Masse 6
    Bestimmung 157f
molare Reaktionsenthalpie 6
molares Volumen 6, 157
Molekularsiebe 451
Molekülorbital-Diagramm 104–111
Molekülorbitale 101–112
Molekülorbitaltheorie 101, 112, 631–634
Molekülsymmetrie 112–115
Molina, M. J. 539
Molybdän 681–683
Molybdän(IV)-sulfid 681
Molybdänglanz 681
Momentangeschwindigkeit 306f
Monazit 733
Mond, L. 691
Mond-Langer-Verfahren 691
Monelmetall 692
Monophosphan 511
Montmorillonit 449
Moseley, H. G. J. 43
Moseleysches Gesetz 43
Müller, K. A. 713
Müller, P. H. 509
Müller-Rochow-Verfahren 455
Mulliken, R. S. 97
Mullit 454
Münzmetalle 706f
Murad, F. 486
Muskovit 448, 450

N

Nafion 582
    -Membran 358
Natrium 344–347
    Gewinnung und Verwendung 354f
Natrium/Schwefel-Batterie 408
Natriumamid 354
Natriumazid 354, 484
Natriumbismutat(V) 516, 688
Natriumboranat 397
Natriumborhydrid 397
Natriumcarbonat 362–364
Natriumchlorat 588
Natriumchlorid
    Gewinnung 361
    -Struktur 75
Natriumchlorit 588
Natriumdihydrogenphosphat 504
Natriumhexafluorosilicat 499
Natriumhydrid 354, 397
Natriumhydrogencarbonat 363f
Natriumhydroxid, Herstellung 357–360
Natriumhydroxostannat(II) 462
Natriumhypochlorit 588
Natriumnitrit 491
Natriumperborat 392
Natriumperoxid 354f
Natriumsilicat 447
Natriumsulfid 549
Natriumsulfit 551
Natriumtetrahydridoborat 393
Natriumtetrahydroborat 397
Natronlauge 360
Natta, G. 639
Naturkonstanten 8
Natursoda 363
Nebengruppenelemente 37, 39, 44, 613, 647, 651–726
Nebenquantenzahl 29–31
negative Hyperkonjugation 444, 513, 540
Neodym-Eisen-Bor-Magnete 736
Neodym-YAG-Laser 738
Neonröhren 603
Nernst, W. 479
Nernst, W. H. 258
Nernstsche Gleichung 257–260, 262, 288
Nernstsches Verteilungsgesetz 187
Neßler, J. 723
Neßlers Reagenz 723
Neutralisation 214f
Neutralisationsgrad 223
Neutronen 15
Neutroneneinfang 21
Newlands, J. A. 42
Newton, I. 25
nichtstöchiometrische Verbindungen 655f
nichtwässerige Lösemittel 234f

Nickel 700f
    -Cadmium-Akku 271
    -Gewinnung 691
    /Metallhydrid-Akkumulator 271, 701
Nickel(II)-Verbindungen 701
Nickelarsenid-Struktur 75f
Nickelmessing 692, 707
nido-Borane 394f
Niob 672
Niobit 673
Nitrate 493–495
    Nachweis 494f
    thermische Zersetzung 494
Nitride 475
Nitriersäure 492
Nitrifikation 519
Nitrilotriessigsäure 289
Nitrite 491
    Nachweis 494f
Nitrogenase 520–522, 685
Nitroglycerin 486
nitrose Gase 492
Nitrosylhalogenide 496f
Nitrosyl-Kation 485
Nitrylhalogenide 496f
Nitryl-Kation 488f, 492
nivellierender Effekt 216
NMR-Spektroskopie 326–328, 738
NO$_x$ 475
Nomenklatur 9
    Komplexverbindungen 282f
Nordisches Gold 706
Nukleonen 16
nukleophile Anionen 608
Nyholm, R. S. 87, 652
Nyos-See 431f

O

Oberflächenspannung 161f, 753
Oberschwingungen 758
Ocker 697
Ohmsches Gesetz 762
OH-Radikal 489f
Oklo-Phänomen 741f
Oktaederfeld, Aufspaltungsschema 617
Oktaederlücke 72–74
oktaedrische Komplexe 617–620
Oktanzahl 355
Oktettregel 84–87
Oktettüberschreitung 84, 111
Olah, G. A. 236
Olefin-Metathese 642, 644
Oleum 532, 557

Olivin 447
Opal 445
Opalglas 454
Opferanode 273
optische Isomere 114, 289
Orbitale 28
Orbitalenergien 37f
Ordnungszahl 16, 43
ortho-Form 501
Orthokieselsäure 446f
Orthoklas 450
Orthophosphorsäure 501–504
Osmium(VIII)-oxid 703
Osmose 177
Ostwald, W. 493
Ostwaldsches Verdünnungsgesetz 222
Ostwald-Verfahren 492f
Oxalsäure 289f
Oxidation, Definition 248
Oxidationsstufe 248
  der Übergangsmetalle 653
Oxidationszahl 248–252
Oxidationszustands-Diagramme 264–266
Oxin 290
Oxonium-Ion 215f
Oxoniumperchlorat 216
Oxosäuren, Säurestärke 231
Oxosynthese 428
Ozon 489, 536f
  Abbau 438
Ozonid-Ion 537
Ozonisator 536
Ozonschicht 537–539

P

Palladium 702f
Palladium(II)-chlorid 704
Papierchromatographie 187
Paramagnetismus 107, 623
Parathion 510
Partialdrücke 161, 197
Patina 709
Pauli, W. 34
Pauli-Prinzip 34
Pauling, L. C. 95
Pearson, R. G. 237
Pechblende 740
Pedersen, C. J. 347
Pentanatriumtriphosphat 504
Perbromat 590
Percarbonat 392
Perchlorsäure 589

Perey, M. 344
Periodate 591
Periodensystem 36, 39, 41–58
permanenter Dipol 95
Perowskit 667f
Peroxiddisulfate 560
Peroxide 543
Peroxid-Ion, MO-Diagramm 356
Peroxoborat-Anion 392
Peroxochromate 676
Pertechnetat-Ion 686
Pflanzenschutz 509
Phase 168
Phasendiagramm 168
Phasensymbole 3
phen 290
1,10-Phenanthrolin 289–291
Phlogiston-Hypothese 248
Phlogistontheorie 530
Phosgen 428
Phosphane 511f
Phosphate 502
  Nachweis 502
Phosphatlagerstätten 499
Phosphat-Puffer 228
Phosphazane 513f
Phosphazene 513f
Phosphide 512f
Phosphin 511
Phosphinsäure 500
Phosphonium-Ion 511
Phosphonsäure 500, 507
Phosphor 470f, 498
  Gewinnung 499f
  Modifikationen 497–500
Phosphor(III)
  -chlorid 500, 507
  -fluorid 506f
  -halogenide 506f
Phosphor(V)
  -bromid 508
  -chlorid 508
  -fluorid 508f
  -halogenide 508f
  -oxidchlorid 509f
  -sulfidchlorid 509f
Phosphor/Halogen-Verbindungen 506–509
Phosphorsäureester 510
Phosphor/Wasserstoff-Verbindungen 511
Phosphoreszenz 498
Phosphorige Säure 500, 507
Phosphorit 499

Phosphormolybdänblau-Methode 682
Phosphoroxide 505
Phosphorpentafluorid 472
Phosphorsäure 225f, 229, 501f
  kondensierte 502–505
Phosphorsulfide 506
Photochemie, Luftschadstoffe 489f
Photoelektronenspektroskopie 108f
Photometrie 290–292
Photonen 28, 763
Photosynthese 20, 325, 386, 423, 434, 463, 533, 690
pH-Skala 214f
pH-Wert 215
  Berechnung 219–221
physiologische Kochsalz-Lösung 178
Physisorption 705
piezoelektrische Stoffe 668
Pinksalz 462
pK_B-Wert 218f
pK_L-Wert 199f
pK_S-Wert 218f
Planck, M. 26
Plancksches Wirkungsquantum 26
plastischer Schwefel 545
Platin 476
Platinmetalle 702–706
  Eigenschaften 703
  Komplexe 703f
Plutonium 742
Pnictogene 470
p/n-Übergang 126
Polanyi, J. C. 315
polare Bindung 95–97
Polarisierbarkeit 95, 237
Polarisierung 65
Polonium 530
Polyacrylnitril 440
Polyhalit 558
Polyhalogenid-Ionen 594f
Polyhalonium-Ionen 596
Polykationen der Chalkogene 532f
Polykieselsäuren 447
Polykondensationsreaktion 456
Polyphosphazene 514
Polyphosphorsäuren 503f
Polysulfane 544f
p-Orbitale 32
Porphyrinkomplexe 647
Portland-Zement 381, 411
Porzellan 454f
Potentialdiagramm 268
Potentialdifferenz 761

Potentialverlauf 261
potentielle Energie 750
potentiometrische Titration 261f
Potenzfunktionen 773–775
Powell, C. F. 87
ppb (*part per billion*) 440
Priestley, J. 530, 722
Primärbatterien 270
Prinzip
    des kleinsten Zwangs 197
    von Le Chatelier 197
Promethium 734
Propylendiamon 289f
Protolysegrad 221f
Protolysereaktionen 217–229
Protolysestufen 225
Protonen 15
Protonenakzeptor 215
Protonendonator 215
Pseudohalogene 596f
Pseudohalogenide 596f
Pseudorotation 508f
Puffergleichung 224
Pufferkapazität 228
Pufferlösungen 224, 227–229
Punktgruppen 113f
PUREX-Verfahren 742f
Pyrex 392
Pyrit 549, 696
Pyrochlor 673
pyrogene Kieselsäure 445
Pyrolusit 688
pyrophore Metalle 533
Pyrophyllit 449
Pyroxene 448
Pyrrhotin 696

Q

quadratische Gleichungen 778f
quadratisch-planare Komplexe 621
qualitative Analyse, Trennungsgang
    239, 550
Quantenzahlen 27f
Quantenzahlkombinationen 29f
Quarz 444f, 668
α-Quarz, Hydrothermalsynthese 173
Quarzglas 445
Quarzsand 452
Quecksilber 717–725
    Toxizität 724
Quecksilber(I)-Verbindungen 723
Quecksilber(II)-Verbindungen 722
Quecksilberemission 360
Quecksilbersulfid, Löslichkeit 202

R

Radialverteilung 32
Radienquotient 74
Radienquotientenregel, Ausnahmen
    78
Radioaktivität 19
Radiokarbonmethode 423
Radionuklidbatterien 742
Radon 608f, 741
Raketentreibstoffe 473
Raman-Spektroskopie 115–117
Ramsay, W. 602
Raoult, F.-M. 175
Raoultsches Gesetz 175
rauchende Salpetersäure 492
rauchende Schwefelsäure 557
Rauchgasentschwefelung 232
Rauchgasentstickung 475
Rauchquarz 444
Rayleigh, J. W. 602
REA-Gips 232
Reaktion erster Ordnung 308f
Reaktionsenergie 137
Reaktionsenthalpie 137–148
Reaktionsentropie 149
Reaktionsgeschwindigkeit 195,
    303–320
Reaktionsgleichung 2
Reaktionsordnung 309
Reaktionsschema 2
Reaktionszeiten 304
reale Gase 159f
Realgar 516
Redox
    -Gleichungen 252
    -Indikator 678
    -Reaktionen 247–273
Reduktion, Definition 248
Reflexion 764
Reflexionsgesetz 765
Refraktärmetalle 671
Refraktometer 765
Regel von Bertrand 243
(8 − N)-Regel 131
Reinelement 16
relativistische Effekte 30, 53, 409
Relativitätstheorie 30, 749
Relaxationsverfahren 304f
Relaxationszeit 304
Remy, H. 531
Resonanzfrequenz 758
Retentionsfaktor 187
RGT-Regel 312
Rhenium(VI)-oxid 686

Rhodochrosit 689
Rhodonit 689
Ringprobe 495, 696
Ringsilicate 448
Ringspannung 292
Ritzhärte-Skala nach Mohs 403
RNA 339
Rockow, E. G. 97
Roheisen 660
Rohkupfer 662
Rohphosphate 499, 501
Röntgenstrahlbeugung 165f
Rosenquarz 445
Rösten 459, 516
Rotationsachse 112
Rotationsenergie 750
Rotschlamm 404f
Rowland, F. S. 539
Rubidium 344–347
Rubin 404, 679
Rubinlaser 680
Rückbindung 636f
Ruß 423
Rutherford, E. 21
Rutil 663, 666
    -Typ 77
Rydberg, J. R. 43

S

Salmiak 479
Salpeter 344
Salpeterkrieg 479
Salpetersäure 180, 477, 492f
Salpetrige Säure 491
Salvarsan 524
Salze 361f
Salzhydrate 279f
Salzlagerstätten 344
Salzsäure 584
Samarium 736
Sandwich-Verbindungen 640f
Saphir 404
Sarin 510, 582
Satz von Hess 141, 263
Sauerstoff 568
    elementarer 533–537
    -Ionenleiter 476
    -Ionenleitfähigkeit 656
    -Isotope 531
    -Molekül, MO-Diagramme 534f
Sauerstoffdifluorid 591
Sauerstoffverbindungen
    Bindungsverhältnisse 539–541
    chemisches Verhalten 540f

Säulenchromatographie 189
saure Oxide 233
Säure/Base
   -Begriffe 215
   -Eigenschaften 213–243
   -Gleichgewicht 217–229
   -Indikatoren 223, 226f
   -Paare 219
   -Reaktionen nach Lewis 235–243
   -Titration 222
   -Verhalten, Trends 229–233
Säurekonstante 217
saurer Regen 232, 430, 475
Säurestärke 216, 219f, 230–232
   mehrprotonige Säuren 231
   Oxosäuren 231
Scandium 734
Schäfer, H. 665
Schalenmodell, Atomkern 48
s-Charakter 472
Scheele, C. W. 574, 689
Scheelit 681
Schichtsilicate 448f
Schichtstruktur 77
Schleifmittel 426
Schlenk-Gleichgewicht 638
Schmelzdiagramm 182–184
Schmelzdruckkurve 168
Schmelzflusselektrolyse 404f
Schmelztemperaturen, Trends 65f
Schmelztemperaturerniedrigung 175
Schmirgel 404
schneller Brüter 25
Schönit 558
Schottky-Defekte 655
Schrägbeziehung 365, 385
   B/Si 410f
Schrödinger, E. 28
Schrödinger-Gleichung 28
schwache Säuren, pH-Wert 221
Schwefel 543–566, 568f
   Gewinnung 546
   Löslichkeit 544
   Modifikationen 544
   Oxosäuren 561
   Zustandsdiagramm 546
Schwefel/Stickstoff-Verbindungen 565
Schwefelchlorid 564
Schwefeldichlorid 564
Schwefeldioxid 551f
   Umwelt 552
Schwefelfluoride 562–564
Schwefelhalogenide 561–564
Schwefelhexafluorid 563

MO-Diagramm 111
Schwefelsäure 224f, 554–557
   Herstellung 556f
Schwefelsuboxide 553f
Schwefeltrioxid 553
Schwefelwasserstoff 548f
Schweflige Säure 224f, 551
Schweißen 383
schweres Wasser 324–326
   Gewinnung 548
Schwerkraftsensor 384
Schwermetallvergiftungen 298
Schwerpunktsatz 617
Schwerspat 383, 558
Schwingquarze 445
Schwingungsdauer 754
Scotch-tape-Verfahren 424
SCR-Verfahren 475
Seaborg, G. T. 732
Seebeck-Effekt 742
Seidekurve 178
Selen 566f
   biochemische Bedeutung 569
Selenide 566
Selensäure 567
seltene Erden 734
Seltenerdelemente 732f
semipermeable Membran 177
Senfgas 564
Seppelt, K. 517
Serpentin 448f
Shift-Reagenzien 738
Sicherheitszündhölzer 500
sichtbares Licht 763–766
Siderophile 240f
Sidgwick, N. V. 87
Siedediagramm 178
Siedetemperaturerhöhung 175
SI-Einheiten 4–8
Siemens 762
   -Martin-Verfahren 660
Silane 443
Silber 707f
Silberchlorid, Löslichkeit 208
Silberhalogenide 66f
   Löslichkeit 239
Silbernitrit 494
Silberphosphat 502
Silber-Silberchlorid-Elektrode 256
Silberverbindungen 713–715
Silene 443
Silicagel 445
Silicate 446–452
Silicatgesteine 233

Silicatgläser 452
Silicat-Ion 447
Silicide 442
Silicium 440–456, 464
   -Einkristalle 441
   /Schwefel-Verbindungen 446
   /Wasserstoff-Verbindungen 442f
Siliciumcarbid 398, 426
Siliciumdioxid 444–446
Siliciumdisulfid 446
Siliciumhalogenide 443f
Siliciumnitrid 455
Siliciumtetrachlorid, Hydrolyse 437
Silicone 455f, 639
Silicongel 456
Siliconkautschuk 456
Siliconöl 456
Singulett-Sauerstoff 535
Sintern 122, 455
SI-Vorsätze 4
Slater, J. C. 53
Slater-Regeln 53
Smalley, R. E. 421
Smaragd 373, 450
Snellius, W. 765
Soda 344, 362, 452
Soddy, F. 324
Soliduskurve 182
Solvay, E. 363
Solvay-Verfahren 363
λ-Sonde 476, 670
Sonne, Emissionsspektrum 538
s-Orbitale 31
Sørensen, S. P. L. 215
Spannungsreihe 254–257
Spektralphotometer 291
spektrochemische Reihe 620
spezifische Leitfähigkeit 203
spezifischer Widerstand 762
Spiegelbildisomerie 289
Spiegelung 113
Spin/Spin-Kopplung 328
Spinelle 407, 612
   Ligandenfeldeffekte 627
Spinpaarungsenergie 35, 618
Spinquantenzahl 29, 31
spin-verbotene Übergänge 629f
Spodumene 344
Sprengstoffe 317, 473
Spurenelemente 58
Stabilitätskonstanten 285–288
   Ermittlung 287
Stahl 660
Stahl, G. E. 248

Standard
  -Bildungsenthalpie 138f
  -Elektrodenpotentiale 256f
  -Wasserstoffelektrode 256
Standardpuffer 227
Standardzustand 138
Startreaktion 317
Steam-Reforming 331
stehende Wellen 757f
Steingut 454
Steinsalz 344
Sterlingsilber 713
Stickstoff 470–497
Stickstoffchlorid 496
Stickstoff(III)-chlorid 507
Stickstoffdioxid 474f, 487f
Stickstoffdünger 479–482
Stickstofffixierung 520
Stickstofffluorid 496
Stickstoffhalogenide 496
Stickstoffkomplexe 520
Stickstoffkreislauf 518f
Stickstoffmonoxid 474–476, 485
  biologische Bedeutung 486
Stickstoff(V)-oxid 488f
Stickstoffoxide 484–490
  in der Umwelt 475
Stickstoffoxidhalogenide 496f
Stickstoffwasserstoffsäure 483f
Stock, A. 394
Stoffmenge 6
Stoffmengenanteil 161
stoffmengenbezogene Größen 6
Stoffmengenkonzentration 6
Stoßtheorie 310
α-Strahlen 19
β-Strahlen 19
γ-Strahlen 19
Straßmann, F. W. 21
Strom/Spannungs-Kurve 266
Stromstärke 762
Strontianit 370
Subhalogenide 399
Sublimation 164
Sublimationsdruckkurve 168
Sulfate 558
Sulfide 549
Sulfidfällungen 550
Sulfite 551
Sulfonierung 555
Sulfosalicylsäure 295
Sulfurylchlorid 565
Superoxid 356
Superphosphat 501

Supersäuren 236, 517
Supraleiter 712f
Supraleitung 762
Sylvin 344, 575
Symbiose 646
Symmetrieelemente 112–114
Symmetrieoperationen 112
Symmetriesymbole 112
synergetischer Effekt 636f
Synproportionierung 254, 264
Synthesegas 428
π-System 398
Systox 510

T

Tabun 510
Talk 448f
Tantal 672
Tantalit 673
Taucherkrankheit 474
Taukurve 178
Technetium 686
Teer 423
Teilreaktionen 252
Teller, E. 622
Tellursäure 567
Tellut 566f
Temperaturangaben 5
temporärer Dipol 95
Tetracarbonylnickel 691
Tetraederfeld, Aufspaltungsschema 620
Tetraederlücke 73
tetraedrische Komplexe 620f
Tetraethylblei 355, 462, 638
Tetrafluoroborat 399
tetragonale Verzerrung 622
Tetrahalogenmethane 436f
Tetramethylsilan 327
Tetraphenylborat 351
Tetraphosphorsäure 503
Tetraphosphortrisulfid 500
Tetraschwefeltetranitrid 565
Tetrathionat-Ion 559
Thallium 408–410
Thallium(I)-Ion 410
Thallium(III)-halogenide 410
Theorie des Übergangszustandes 315f
thermische Analyse 185f
Thermit-Mischung 665
Thermochromie 710, 721f
Thermodynamik 135–152
thermodynamische pK_S-Werte 228
thermodynamische Temperatur 5
Thermolumineszenz 377

Thiazylhalogenide 497, 565
Thioarsenate 516
Thionylchlorid 565
Thioschwefelsäure 559
Thiosulfate 559f
Thiosulfat-Ion, Oxidationszahlen 250f
Thixotropie 446
Thompson, B. 136
Thomson, J. J. 14
Thorium 25
Thorium(IV)-oxid 740
Thortveitit 448
Thyroxin 597
Tiefsiedegemisch 179f
Tiegelziehverfahren 441
Titan 666
  Gewinnung 663f
Titan(III)
  -halogenide 669
  -Ion, Absorptionsspektrum 629
Titan(IV)
  -chlorid 663
  -oxid 667
Titanhalogenide 668
Titannitrid 400, 475
Titanweiß 667
Titanylsulfat 667
Titrationskurven 222–226
Ton 454
Tonminerale 449f
Torr 752
Totalreflexion 457, 765
Toxizität 243
Tracer 326
Trägheitsmoment 749
Transactinoide 744
trans-Effekt 703f
Transistor 127
Transurane 21
Treibhauseffekt 433–435
Treibmittel 438
Tremolit 448
Trennstellen 453f
Tributylzinnhydroxid 464
Tributylzinnoxid 639
Trichlorsilan 441
Tridymit 445
Triethylaluminium 639
trigonometrische Funktionen 778
Trimethylarsan 523
Tri-n-butylphosphat 509
Trinkwasser 762
  Aufbereitung 536, 592
  Grenzwerte 519, 597

Tripelphosphat 501
Tripelpunkt 168
Triphenylphosphan 511, 642
Triphosphorsäure 503
Triplett-Sauerstoff 535
Tritium 18, 324
Trivialnamen 10
Trockeneis 171, 429
Trockenmittel 445, 505
Trona 363
Tropfsteinhöhlen 379
Trouton, F. T. 162
Troutonsche Regel 162, 181
Tswett, M. 188
Tyndall, J. 716
Tyndall-Effekt 716

U
Überallzünder 500
Überdruck 752
Übergangselement 45
Übergangsmetallkomplexe
    Farben 628–631
    MO-Theorie 631–634
Übergangsmetallverbindungen,
    Bindungskonzepte 613–615
Übergangszustand 315–318
überkritischer Zustand 169
überkritisches Lösemittel, Kohlen-
    stoffdioxid 430f
überkritisches Wasser 173
Überspannung 267, 359, 661
umkehrbare Reaktionen 194
Umkehrosmose 177
Umkristallisieren 196
Uran 25
Uran(VI)
    -fluorid 23
    -Verbindungen 740f
Urease 702
Urey, H. C. 324
Urknall-Theorie 46
UV/VIS-Spektrometer 292

V
Valenzband 124
Valenzbindungstheorie 99–101, 615
Valenzfluktuation 512
Valenzstrichformeln 84
Vanadinit 459, 673
Vanadium 672
    biologische Bedeutung 673
    Oxidationsstufen 672f

Vanadium(IV)-oxidsulfat 672
Vanadium(V)-oxid 672
Van-Arkel-de-Boer-Verfahren 664
Van-der-Waals
    -Gleichung 159
    -Radius 51
    -Wechselwirkungen 98
Van't-Hoff-Gleichung 152, 209
Vaterit 378
VB-Theorie 99–101
Verbundwerkstoffe 424
Verschiebungsreagenzien 738
Verteilungschromatographie 187f
Verteilungskoeffizient 187
Viskosität 163, 753
Vitamin-B_{12} 700
Vleck, J. H. van 614
VSEPR-Modell 87–93
Vulkanisation 564

W
Waage, P. 203
Waals, J. D. van der 98
Wacker-Prozess 642, 644
Wärmepackungen 147, 382
Wasser 541f
    Phasendiagramm 338
wasserähnliche Lösemittel 234
Wasserenthärter 450
Wasserenthärtung 364, 504
Wassergas-Gleichgewicht 207
Wasserglas 447
Wasserhärte 379f
    Bestimmung 296
wässerige Lösungen, Eisen(III)-salze 693f
Wasserstoff
    elementarer 324–332
    Emissionsspektrum 26
    -Halbzelle 256
    Herstellung 330
    -Isotope 324–326
Wasserstoffbombe 326
Wasserstoffbrückenbindung 98, 334f, 337–340, 446, 541, 575
    MO-Modell 336
Wasserstoffperoxid 473, 542f
Wasserstoffspeicher-Legierung 271
Wasserstoffverbindungen 334
Wasservorräte 542
weiche Basen 237
weiche Säuren 237
Weichferrite 697

Weiss, P. E. 626
Weisssche Bezirke 626
Weißpigment 667
Wellen 756–758
Wellenfunktion 28
Wellenzahl 630, 756
Welle-Teilchen-Dualismus 28
Werner, A. 279
Widia 681, 692
Wilkinson, G. 642
Wilkonson-Katalysator 642f
Wilsonsche Krankheit 717
Wilsonsche Nebelkammer 20
Windfrischverfahren 660
Winkelbeschleunigung 749
Winkelgeschwindigkeit 749
Winkler, C. 456
Wirbelschicht 441
Wirt/Gast-Chemie 347
Witherit 370
Wöhler, F. 370, 390
Wolfram 681–685
    -Typ 673
Wolframbronze 655
Wolframcarbid 427, 681
Wolframit 681
Wollastonit 448
Wulfenit 459, 681
Wurtzit-Gitter 75
Wurzelfunktionen 775
Wüstit 655, 696

X
Xenon/Gold-Verbindungen 607
Xenondifluorid 605f
Xenonhexafluorid 605f
Xenonoxide 607
Xenontetrafluorid 606
Xenotim 733
Xerografie 566

Y
Yttrium 734

Z
Zähne 384, 386, 522
Zeeman, P. 27
Zeeman-Effekt 27
Zeise, W. C. 640
Zeise-Salz 640
Zeitgesetz 308
Zeitreaktionen 311
Zement 381
Zementation 661, 663

Zementit 427, 660
Zentralatom 279
Zeolithe 450–452
Zeolith A 340, 504
Zeolith X 450
Zeolith Y 450
Zerfallsgesetz 19
Zerfallskonstante 20
Zerfallsreihen 21
Zersetzungsspannung 266–268
Ziegelsteine 454
Ziegler, K. 639
Ziegler-Natta-Katalysator 639, 669
Zink 718–721
   -Elektrolyse 661
   Enyzme 723f
   Gewinnung 661
   -Kohle-Batterie 269f

Zinkblende 549, 721
   -Gitter 75
   -Struktur 408
Zinkoxid 721
Zinksalze 719–721
Zinksulfid 721, 738
Zinn 459–462
Zinn(II)
   -chlorid 461f
   -hydroxid 462
Zinn(IV)
   -chlorid 461
   -oxid 461
   -sulfid 462
Zinnober 549, 722
Zinnseifen 461
Zinnstein 461
Zinnverbindungen, Toxizität 464

Zintl, E. 130
Zintl-Phasen 130, 442
Zintl-Verbindungen 513
Zirconia 670
   kubischer 426
Zirconium 670
Zirconium(IV)-oxid 476
Zirconiumsilicat 446
Zirkon 446, 670
ZSM-5 452
Zündhölzer 470, 500
Zündsteine 736
Zustandsdiagramm 168–171
Zweielektronen-Dreizentren-Bindung 335
Zwischengitterplätze 655
Zwitterionen 288
Zyankali 439f

Die folgenden jeweils ca. 50 Farbfotos von chemischen Elementen, handelsüblichen Laborreagenzien und wichtigen Mineralien stehen Ihnen, in exportierbarer Form (JPEG), auf unserer Homepage (www.spektrum-verlag.de/978-3-8274-2533-1) und der Bild-DVD (ISBN 978-3-8274-2744-1) zur Verfügung:

Elemente (insgesamt 56 Fotos)

Aluminium (CD)
Antimon
Argon
Arsen
Beryllium (Fenster)
Bismut
Blei (Lettern)
Brom
Caesium
Calcium
Chlor
Chrom (Wasserhahn)
Cobalt
Eisen (Pfanne)
Fluor
Gallium
Gold (Münze/Stromdurchführung)
Helium
Iod
Kalium
Kohlenstoff (Diamantpulver/Graphit)
Kupfer (Draht/Münzen/Rohr)
Magnesium
Mangan
Natrium
Neon
Niob
Phosphor, roter
Platin (Tiegel)
Quecksilber
Rubidium
Sauerstoff (O_2/Ozon)
Scandium
Schwefel
Selen
Silber (Münze)
Silicium
Tellur
Titan
Vanadium
Wolfram (Draht/Halogenlampe)
Xenon (Hochdrucklampe)
Zink (Regenrinne/Granalien)
Zinn (Teller/Granalien)
Zirconium (Blech)

Laborreagenzien (insgesamt 49 Fotos)

Aktivkohle
$[(C_2H_5)_2NH_2]_2[CuCl_4]$
$[C_{12}H_{25}NH_3]_2[CuCl_4]$
$[(C_2H_5)_4N]_2[NiCl_4]$
CdS
$CdS_{0,7}Se_{0,3}$
CdSe
CeO_2
ClO_2
$CoCl_2 \cdot 6\,H_2O$
 $= [CoCl_2(H_2O)_4] \cdot 2\,H_2O$
cis- und trans-$[CoCl_2(NH_3)_4]Cl$
$[Co(NH_3)_5(H_2O)]Cl_3$
$[Co(NH_3)_6]Cl_3$
$Co(NO_3)_2 \cdot 6\,H_2O$
 $= [Co(H_2O)_6](NO_3)_2$
$[CoSO_4(NH_3)_4]_2SO_4$
$CrCl_3$ (wasserfrei)
$Cu_2[HgI_4]$
$[Cu(NH_3)_4]SO_4 \cdot H_2O$
Cu_2O
$CuSO_4 \cdot 5\,H_2O$
 $= [Cu(H_2O)_4]SO_4 \cdot H_2O$
$FeCl_3$(aq)
$FeCl_3 \cdot 6\,H_2O = [FeCl_2(H_2O)_4]Cl \cdot 2\,H_2O$
$Fe(NO_3)_3$(aq)
FeO(OH)
$FeSO_4 \cdot 7\,H_2O$
HgO
$KAl(SO_4)_2 \cdot 12\,H_2O$ (Alaun)
K_2CrO_4
$K_2Cr_2O_7$
$KCr(SO_4)_2 \cdot 12\,H_2O$ (Kaliumchrom-Alaun)
$K_3[Fe(CN)_6]$ (rotes Blutlaugensalz)
$K_4[Fe(CN)_6] \cdot 3\,H_2O$ (gelbes Blutlaugensalz)
$KMnO_4$
$K_4[Mo(CN)_8] \cdot 2\,H_2O$
KOH
$NiCl_2 \cdot 6\,H_2O$
 $= [NiCl_2(H_2O)_4] \cdot 2\,H_2O$
$[Ni(NH_3)_6]Cl_2$
$NiSO_4 \cdot 6\,H_2O = [Ni(H_2O)_6]SO_4$
PbO
PbO_2
Pb_3O_4 (Mennige)
PtF_6
V_2O_5
$VOSO_4 \cdot 5\,H_2O = [VO(H_2O)_5]SO_4$ (Vanadylsulfat)
XeF_2

Mineralien (insgesamt 46 Fotos)

Albit (Natronfeldspat), $Na[AlSi_3O_8]$
Amethyst, SiO_2
Antimonit (Grauspießglanz), Sb_2S_3
Aragonit, $CaCO_3$
Beryll (Aquamarin), $Be_3Al_2[Si_6O_{18}]$
Bleiglanz, PbS
Calcit, $CaCO_3$
Coelestin, $SrSO_4$
Colemanit, $Ca[B_3O_4(OH)_3] \cdot H_2O$
Doppelspat (Calcit), $CaCO_3$
Fluorit (Flussspat), CaF_2 (2)
Gips, $CaSO_4 \cdot 2\,H_2O$
Glaskopf, roter (Roteisenstein), Fe_2O_3
Granat, $Fe_3[Al_2Si_3O_{12}]$,
Granit (Feldspat, Quarz, Glimmer)
Hornblende, $NaCa_2(Mg,Fe)_4(Al,Fe)$ $[Al_2Si_6O_{22}(OH)_2]$
Krokoit, $PbCrO_4$
Kupferkies (Chalcopyrit), $CuFeS_2$
Lapislazuli (Lasurit), $Na_4[Al_3Si_3O_{12}]S_3$
Magnetit, Fe_3O_4
Malachit, $CuCO_3 \cdot Cu(OH)_2$
Molybdänit, MoS_2
Olivin, $(Fe,Mg)_2[SiO_4]$
Opal, SiO_2
Pyrit, FeS_2
Pyrolusit (Braunstein), MnO_2
Quarz (Bergkristall), SiO_2
Rhodochrosit (Himbeerspat), $MnCO_3$
Rhodonit, $MnSiO_3$
Rosenquarz, SiO_2
Rubin, Al_2O_3 mit Cr^{3+}-Ionen
Schwefel
Siderit (Eisenspat), $FeCO_3$
Silber
Spinell, $MgAl_2O_4$
Steinsalz, NaCl
Strontianit, $SrCO_3$
Sylvin, KCl
Turmalin, Borosilicate mit verschiedenen Kationen
Witherit, $BaCO_3$
Würfelzeolith (Chabasit), $(Ca,Na_2)[Al_2Si_4O_{12}] \cdot 6\,H_2O$
Wulfenit, $PbMoO_4$
Zinnober, HgS

Chemie – Wiederholen und vertiefen!

www.spektrum-verlag.de

Lerntafeln Chemie im Überblick

1. Aufl. 2010
6 S., mit farb. Abb.
€ [D] 6,95 / € [A] 7,41 / CHF 9,50

Allgemeine Chemie (978-3-8274-2642-0)
Anorganische Chemie I (978-3-8274-2643-7)
Anorganische Chemie II (978-3-8274-2645-1)
Organische Chemie I (978-3-8274-2625-3)
Organische Chemie II (978-3-8274-2626-0)
Physikalische Chemie (978-3-8274-2627-7)
Analytische Chemie (978-3-8274-2644-4)

Bachelorwissen im Überblick – damit der Einstieg klappt!

Bachelor-Studierende müssen sich schon in den ersten Semestern in viele Lehrmodule einarbeiten und Prüfungen ablegen. Die neuen handlichen „Lerntafeln im Überblick" bieten dabei eine großartige Orientierungshilfe, indem sie:

- alle Grundlagenfächer der Chemie behandeln
- die essenziellen Stichwörter und Fachbegriffe der Chemie zusammenfassen
- gesichertes Lehrwissen bereitstellen und Vorlesungsskripte ergänzen
- vor den Prüfungen als Repetitorien verwendet werden können.

Die Tafeln bestehen jeweils aus 6 zusammengeklappten Seiten. Die Laminierung macht sie widerstandsfähig, so können sie überall hin mitgenommen werden und stehen zur schnellen Wiederholung des Lernstoffes zur Verfügung.

---

3. Aufl. 2004
863 S., 797 farb. Abb., geb.
€ [D] 73,- / € [A] 75,04 / CHF 98,-
ISBN 978-3-8274-1579-0

Reinhard Brückner
Reaktionsmechanismen

Mechanistische Überlegungen nehmen heute einen festen Platz in der Organischen Chemie ein: Welche Faktoren beeinflussen die Reaktivität eines Moleküls? Welche typischen Reaktionsprinzipien und -muster gibt es, und in welchen Schritten verlaufen organisch-chemische Reaktionen? Anhand moderner und präparativ nützlicher Reaktionen erläutert der Autor die Reaktionsprinzipien. Durch die sorgfältige Konzeption, die zweifarbigen Abbildungen und die klare Text-Bild-Zuordnung hat sich das Lehrbuch zum Standardwerk der klassischen und modernen Reaktionsmechanismen und Synthesemethoden entwickelt.

---

1. Aufl. 2010
278 S., 150 farb. Abb., geb.
€ [D] 29,95 / € [A] 30,79 / CHF 40,50
ISBN 978-3-8274-2073-2

Arno Behr / David W. Agar / Jakob Jörissen
Einführung in die Technische Chemie

Dieses Einführungslehrbuch vermittelt in 19 Kapitel alle wesentlichen Grundlagen der Technischen Chemie. Der Stoff ist in vier große Teile gegliedert – Grundlagen, Reaktions- und Trenntechnik, Verfahrensentwicklung, Chemische Prozesse. Es richtet sich in erster Linie an Studierende der Chemie sowie des Chemie- und des Bioingenieurwesens und setzt lediglich Grundkenntnisse in Organischer, Anorganischer und Physikalischer Chemie voraus. Jedes Kapitel ist kompakt aufgebaut und mit Abbildungen, Gleichungen, Fließschemata und Tabellen, anschaulich gestaltet.

Spektrum AKADEMISCHER VERLAG

▶ Ausführliche Informationen unter www.spektrum-verlag.de